2019
MAUERWERK KALENDER

Bemessung
Bauwerkserhaltung
Schallschutz

Herausgegeben von
Wolfram Jäger, Dresden

44. Jahrgang

Hinweis des Verlages
Die Recherche zum Mauerwerk-Kalender ab Jahrgang 1976 steht im Internet zur Verfügung unter www.ernst-und-sohn.de

Titelbild: Kloster Hegne, Bodensee, Architekten Lederer, Ragnarsóttir, Oei (Foto: Zooey Braun)

Bibliografische Information der Deutschen Nationalbibliothek
Die Deutsche Nationalbibliothek verzeichnet diese Publikation in der Deutschen Nationalbibliografie; detaillierte bibliografische Daten sind im Internet über http://dnb.d-nb.de abrufbar.

© 2019 Wilhelm Ernst & Sohn,
Verlag für Architektur und technische Wissenschaften GmbH & Co. KG,
Rotherstraße 21, 10245 Berlin, Germany

Alle Rechte, insbesondere die der Übersetzung in andere Sprachen, vorbehalten. Kein Teil dieses Buches darf ohne schriftliche Genehmigung des Verlages in irgendeiner Form – durch Fotokopie, Mikrofilm oder irgendein anderes Verfahren – reproduziert oder in eine von Maschinen, insbesondere von Datenverarbeitungsmaschinen, verwendbare Sprache übertragen oder übersetzt werden.

All rights reserved (including those of translation into other languages). No part of this book may be reproduced in any form – by photoprinting, microfilm, or any other means – nor transmitted or translated into a machine language without written permission from the publisher.

Die Wiedergabe von Warenbezeichnungen, Handelsnamen oder sonstigen Kennzeichen in diesem Buch berechtigt nicht zu der Annahme, dass diese von jedermann frei benutzt werden dürfen. Vielmehr kann es sich auch dann um eingetragene Warenzeichen oder sonstige gesetzlich geschützte Kennzeichen handeln, wenn sie als solche nicht eigens markiert sind.

Umschlaggestaltung: Sonja Frank, Berlin
Herstellung: pp030 – Produktionsbüro Heike Praetor, Berlin
Satz: le-tex publishing services GmbH, Leipzig
Druck und Bindung: CPI books GmbH, Leck

Printed in the Federal Republic of Germany.
Gedruckt auf säurefreiem Papier.

ISSN 0170-4958
Print ISBN   978-3-433-03251-0
ePDF ISBN   978-3-433-60977-4
ePub ISBN   978-3-433-60978-1
oBook ISBN 978-3-433-60972-9

Vorwort

Liebe Leserinnen und Leser,

der Mauerwerk-Kalender 2019 beinhaltet neben weiteren Themen die Schwerpunkte Bemessung, Bauwerkserhaltung sowie Schallschutz. Insbesondere bei Änderungen in den technischen Regelungen ist es wichtig, verlässliche Quellen zu haben, die aktuell informieren und Hilfestellung bei der täglichen praktischen Anwendung geben. In der vor Ihnen liegenden Ausgabe betrifft das insbesondere den Schallschutz. Die Neuveröffentlichung der Norm erstreckte sich über einen längeren Zeitraum, deshalb freuen wir uns besonders, dass wir Ihnen diesen Beitrag nunmehr zur Verfügung stellen können.

Abwechslung und interessante Lektüre – auch über den reinen Mauerwerk-Fachteil hinaus – bieten immer wieder die Abhandlungen zu historischen Bauwerken, da dies doch nicht alltägliche Projekte sind, über die es sich zu berichten lohnt.

Der Mauerwerk-Kalender als jährlich erscheinendes Standardwerk hält sicher wieder für jede Interessenslage passende Informationen bereit:

– Im Bereich *Baustoffe · Bauprodukte* finden Sie den Beitrag über die Eigenschaftswerte von Mauersteinen, Mauermörtel, Mauerwerk und Putzen mit Angabe der zugrunde liegenden Quellen. Der Beitrag über den Mauerwerksbau mit allgemeiner bauaufsichtlicher Zulassung bzw. mit allgemeiner Bauartgenehmigung umfasst in dieser Ausgabe wieder die erteilten Zulassungen/Bauartgenehmigungen des Fachgebietes als vollständige aktuelle Übersicht. Der daran anschließende Aufsatz beschäftigt sich insbesondere mit experimentellen und numerischen Untersuchungen zum Drucktragverhalten von Mauerwerk. Ziel der umfangreichen Forschungen war, das Drucktragverhalten von Mauerwerk mithilfe numerischer Berechnungsmethoden zutreffend vorherbestimmen zu können.

– Die Abteilung *Konstruktion · Bauausführung · Bauwerkserhaltung* beginnt mit einem Bericht zu den statisch-konstruktiven Sicherungsarbeiten am westlichen Iwan der UNESCO-Welterbestätte Takht-e Soleyman im Iran. Schwerpunktmäßig wird bei der Schilderung der Sicherungsarbeiten auf die Herstellung von Hochbrandgips vor Ort im Feldofen und dessen Verwendung, die Entwicklung eines Injektionsmörtels auf der Grundlage des lokal hergestellten Gipses, Versuche an Testmauern und die eigentlichen Ertüchtigungsmaßnahmen eingegangen. Ein weiterer Beitrag zum Thema Bauwerkserhaltung und Sanierung schließt sich mit einem Bericht zum derzeitigen Stand der Bauerhaltung des Doms St. Marien in Zwickau an. Als Fortsetzung des Aufsatzes im Mauerwerk-Kalender 2017 zu diesem Thema steht nun die Ertüchtigung der Chorpfeiler M1 und M2 in den Jahren 2016 bis 2018 im Vordergrund. Tragverhalten und Tragfähigkeit von Injektionsdübeln werden in einem Beitrag für den speziellen Fall von Lochsteinen unter Berücksichtigung der Steingeometrie behandelt und ein Berechnungsmodell für Dübel unter Zug- und Querzugbelastung in Lochsteinen vorgestellt, mit dessen Hilfe die Bruchlasten anhand der Steingeometrie abgeschätzt werden können.

– Der Bereich *Bemessung* berichtet von einem aktuellen Forschungsvorhaben zur Bewertung der Tragfähigkeit von Injektionsdübeln in Mauerwerk im Rahmen von Baustellenversuchen, in welchem der Einfluss einer Vorbelastung sowie der Einfluss eines geringen Abstützdurchmessers auf das Tragverhalten von Dübeln in Mauerwerk näher untersucht worden ist. Die Ergebnisse sind in einer Technischen Regel „Durchführung und Auswertung von Versuchen am Bau" des DIBt ergänzt und die Durchführung von Versuchen am Bau besser beschrieben worden. Ein weiterer Beitrag beschäftigt sich mit der Tragfähigkeit ausfachender Mauerwerkswände unter Berücksichtigung der verformungsbasierten Membranwirkung und stellt ein nichtlineares Berechnungsmodell zur wirklichkeitsnahen Ermittlung der aufnehmbaren Horizontallast unbewehrter ausfachender einachsig gespannter Mauerwerkswände, in welchen durch definierte Lagerungsbedingungen vertikale Normalkräfte – sogenannte Membrandruckkräfte – entstehen, vor. Diese Membranwirkung wird in den bestehenden Normen und Veröffentlichungen sowie gegenwärtigen Untersuchungen lediglich rudimentär betrachtet. Der im Aufsatz über Aussteifungssysteme mit Mauerwerksscheiben vorgestellte Vergleich von zwei unterschiedlichen Berechnungsmethoden zeigt, dass bei geeigneter Modellbildung und Lastverteilung eine günstige Wechselwirkung zwischen den einzelnen Scheiben einer Aussteifungskonstruktion aus Mauerwerkswänden nachgewiesen werden kann.

– Die Abteilung *Bauphysik · Brandschutz* geht in einem umfangreichen Beitrag auf den Schallschutz im Mauerwerksbau ein. Sowohl die Grundlagen werden erläutert als auch die Regelungen bzw. Neuerungen der neuen DIN 4109 sowie andere Regelwerke für den baulichen Schallschutz vorgestellt. Es schließt sich ein Aufsatz über den vereinfachten Nachweis des Tauwasserschutzes an, ergänzt durch vollständig durchgerechnete Beispiele einer massiven Flachdach- und einer hölzernen Außenwandkonstruktion. Der Vergleich von konventionellen und aerogelhaltigen Dämmstoffen für die Innendämmung von historischem Mauerwerk ergänzt das Kapitel.

– Im Bereich *Normen · Zulassungen · Regelwerk* steht wie gewohnt ein Überblick über die aktuell geltenden Technischen Regeln für den Mauerwerksbau sowie der Zugriff auf sämtliche zulassungsbedürftige Neuentwicklungen des Fachgebietes in tabellarischen Übersichten, gegliedert nach dem Einsatzgebiet der jeweiligen Produkte, zur Verfügung. Dem Verzeichnis folgt eine Liste, geordnet nach Zulassungsnummern und mit Verweisen auf die entsprechenden Seiten dieses Beitrags sowie auf diejenigen des Beitrags A II „Mauerwerksbau mit allgemeiner bauaufsichtlicher Zulassung bzw. mit allgemeiner Bauartgenehmigung" aus dem Bereich *Baustoffe • Bauprodukte*.

– Die Abteilung *Forschung* schließt mit dem jährlichen Überblick über die aktuelle Forschungssituation im Mauerwerksbau den Kalender ab.

Ich danke allen Mitwirkenden für ihre tatkräftige Unterstützung bei der aktuellen Ausgabe des Mauerwerk-Kalenders und wünsche unseren verehrten Leserinnen und Lesern eine aufschlussreiche Lektüre zu spannenden Themen. Mögen die Erkenntnisse des vorliegenden 44. Jahrgangs Verwendung finden und Sie in der täglichen Arbeit mit Mauerwerk in Theorie und Praxis motivieren.

Dresden, Wolfram Jäger
im Januar 2019 ji@jaeger-ingenieure.de

Inhaltsübersicht

A Baustoffe · Bauprodukte

I   Eigenschaften von Mauersteinen, Mauermörtel, Mauerwerk und Putzen   3
    Wolfgang Brameshuber[†], Aachen

II Mauerwerksbau mit allgemeiner bauaufsichtlicher Zulassung (abZ)
    bzw. mit allgemeiner Bauartgenehmigung (aBg)   31
    Wolfram Jäger, Dresden und Roland Hirsch, Berlin

III Experimentelle und numerische Untersuchungen zum Drucktragverhalten von Mauerwerk   265
    Markus Graubohm, Aachen

B Konstruktion · Bauausführung · Bauwerkserhaltung

I   Statisch-konstruktive Sicherungsarbeiten am westlichen Iwan der UNESCO-Welterbestätte Takht-e Soleyman, Iran   295
    Toralf Burkert, Weimar, Christian Fuchs, Berlin und Robert Sobott, Naumburg

II Ev.-Luth. Hauptpfarrkirche Zwickaus – seit 1935 Dom St. Marien Zwickau   333
    Toralf Burkert, Weimar und Peter Schöps, Radebeul

III Tragverhalten und Tragfähigkeit von Injektionsdübeln in Lochsteinen unter Berücksichtigung der Steingeometrie   379
    Marina Stipetic und Jan Hofmann, Stuttgart

C Bemessung

I   Forschungsvorhaben zur Bewertung der Tragfähigkeit von Injektionsdübeln in Mauerwerk im Rahmen von Baustellenversuchen   413
    Rainer Becker, Dortmund, Jan Hofmann, Stuttgart, Catherina Thiele und Florian Wendel, Kaiserslautern

II Tragfähigkeit ausfachender Mauerwerkswände unter Berücksichtigung der verformungsbasierten Membranwirkung   431
    Michael Schmitt, Lauterbach und Carl-Alexander Graubner, Darmstadt

III Aussteifungssysteme mit Mauerwerksscheiben   461
    Werner Seim, Kassel und Kai Sommerlade, Lohfelden

D Bauphysik · Brandschutz

I   Schallschutz im Mauerwerksbau   481
    Heinz-Martin Fischer und Martin Schneider, Stuttgart

II Vereinfachter Nachweis des Tauwasserschutzes nach DIN 4108-3:2018   547
    Helmut Marquardt, Buxtehude

III Innendämmung eines historischen Mauerwerks mit konventionellen und aerogelhaltigen Dämmstoffen – Eine hygrothermische Analyse   591
    Karim Ghazi Wakili und Thomas Stahl, Winterthur, Schweiz

E Normen · Zulassungen · Regelwerk

I Geltende Technische Regeln für den Mauerwerksbau (Deutsche, Europäische und Internationale Normen) (Stand 31.05.2018)   611
   Peter Rauh, Berlin und Carola Hauschild, Radebeul

II Verzeichnis der allgemeinen bauaufsichtlichen Zulassungen/allgemeinen Bauartgenehmigungen für den Mauerwerksbau (Stand 31.05.2018)   631
   Wolfram Jäger, Dresden und Roland Hirsch, Berlin

III Die Anpassung des nationalen Bauproduktenrechts nach dem Urteil des EuGH vom 16. Oktober 2014   765
   Tina Gerschler, Berlin

F Forschung

I Übersicht über abgeschlossene und laufende Forschungsvorhaben im Mauerwerksbau   783
   Anke Eis, Dresden

Stichwortverzeichnis   789

Inhaltsverzeichnis

Vorwort III

Autoren XVII

A Baustoffe · Bauprodukte

I Eigenschaften von Mauersteinen, Mauermörtel, Mauerwerk und Putzen 3
Wolfgang Brameshuber[†], Aachen

1	Allgemeines	3	5.5	Biegezugfestigkeit und -tragfähigkeit ... 15
2	Eigenschaftskennwerte von		5.6	Verformungseigenschaften 18
	Mauersteinen	3	5.6.1	Allgemeines 18
2.1	Festigkeitseigenschaften	3	5.6.2	Druckbeanspruchung senkrecht
2.1.1	Längsdruckfestigkeit	3		zu den Lagerfugen 18
2.1.2	Zugfestigkeiten	3	5.6.2.1	Druck-E-Modul E_D 18
2.2	Verformungseigenschaften	5	5.6.2.2	Querdehnungszahl μ_D und Dehnung
2.2.1	Elastizitätsmodul senkrecht zur			bei Höchstspannung $\varepsilon_{u,D}$ 18
	Lagerfuge unter Druckbeanspruchung..	5	5.6.2.3	Völligkeitsgrad α_0 20
2.2.2	Elastizitätsmodul in Steinlängsrichtung		5.6.3	Druckbeanspruchung parallel
	unter Zugbeanspruchung.............	6		zu den Lagerfugen 20
2.2.3	Spannungs-Dehnungslinie	6	5.6.3.1	Druck-E-Modul $E_{D,p}$ 20
2.2.4	Querdehnungsmodul	6	5.6.3.2	Dehnung bei Höchstspannung $\varepsilon_{u,D,p}$ ... 20
2.3	Dehnung aus Schwinden und Quellen,		5.6.4	Zug-E-Modul E_Z (Zugbeanspruchung
	thermische Ausdehnungskoeffizienten ..	7		parallel zu den Lagerfugen) 20
3	Eigenschaftswerte von Mauermörteln ..	7	5.6.5	Feuchtedehnung ε_f, (Schwinden ε_s,
3.1	Allgemeines	7		irreversibles Quellen ε_q), Kriechen
3.2	Festigkeitseigenschaften	7		(Kriechzahl φ), Wärmedehnungs-
3.2.1	Zugfestigkeit β_Z	7		koeffizient α_T 21
3.2.2	Scherfestigkeit β_S	7	6	Feuchtigkeitstechnische Kennwerte
3.3	Verformungseigenschaften	7		von Mauersteinen, Mauermörtel
3.3.1	E-Modul (Längsdehnungsmodul) E	7		und Mauerwerk 22
3.3.2	Querdehnungsmodul E_q	7	6.1	Kapillare Wasseraufnahme 22
3.3.3	Feuchtedehnung (Schwinden ε_s)	8	6.2	Wasserdampfdurchlässigkeit 23
3.3.4	Kriechen (Kriechzahl φ)	9	7	Natursteine, Natursteinmauerwerk 23
4	Verbundeigenschaften zwischen Stein		8	Eigenschaftswerte von Putzen
	und Mörtel	9		(Außenputz) 24
4.1	Allgemeines	9	8.1	Allgemeines 24
4.2	Haftscherfestigkeit	9	8.2	Festigkeitseigenschaften 25
4.3	Haftzugfestigkeit	9	8.2.1	Druckfestigkeit β_D 25
			8.2.2	Zugfestigkeit β_Z 25
5	Eigenschaftswerte von Mauerwerk	9	8.3	Verformungseigenschaften 25
5.1	Allgemeines	9	8.3.1	Zug-E-Modul E_Z,
5.2	Druckfestigkeit senkrecht			dynamischer E-Modul dyn E 25
	zu den Lagerfugen	9	8.3.2	Zugbruchdehnung $\varepsilon_{Z,u}$ 25
5.2.1	Experimentelle Bestimmung	9	8.3.3	Zugrelaxation ψ 25
5.2.2	Rechnerische Bestimmung	10	8.3.4	Schwinden ε_s, Quellen ε_q 25
5.3	Druckfestigkeit parallel		8.4	Eigenschaftszusammenhänge 26
	zu den Lagerfugen	14		
5.4	Zugfestigkeit und -tragfähigkeit	14	9	Literatur 26

II Mauerwerksbau mit allgemeiner bauaufsichtlicher Zulassung (abZ) bzw. mit allgemeiner Bauartgenehmigung (aBg) 31
Wolfram Jäger, Dresden und Roland Hirsch, Berlin

0	Allgemeines	34
0.1	Nachweis der Mindestauflast	34
0.1.1	Mauerwerk nach DIN 1053-1	34
0.1.2	Nachweis der Mindestauflast – Mauerwerk nach DIN EN 1996 (Eurocode 6)	34
0.1.2.1	Vereinfachte Berechnungsmethoden nach DIN EN 1996-3	34
0.1.2.2	Weiter vereinfachte Berechnungsmethoden nach DIN EN 1996-3, Anhang A	34
0.2	Wände mit teilweise aufliegender Decke	34
0.2.1	Mauerwerk nach DIN 1053-1	34
0.2.2	Mauerwerk nach DIN EN 1996 (Eurocode 6)	34
0.3	Sonderregelungen zur Knicklänge	34
0.4	Gesonderte Regelungen zu Schlitzen ...	35
0.4.1	Vertikalschlitze	35
0.4.2	Horizontalschlitze	35
1	Mauerwerk mit Normal- oder Leichtmauermörtel	35
1.1	Mauerziegel	35
1.2	Verfüllziegel	51
1.3	Kalksandsteine	52
1.4	Betonsteine	54
1.4.1	Vollsteine und Vollblöcke	54
1.4.2	Hohlblocksteine	57
1.4.3	Hohlblocksteine mit integrierter Wärmedämmung	57
1.5	Sonstige Mauersteine	57
2	Mauerwerk mit Dünnbettmörtel	58
2.1	Plansteine üblichen Formates und dafür zugelassene Dünnbettmörtel	58
2.1.1	Planziegel	58
2.1.2	Planziegel mit integrierter Wärmedämmung	90
2.1.3	Planverfüllziegel	116
2.1.4	Kalksand-Plansteine	118
2.1.5	Porenbeton-Plansteine	121
2.1.6	Beton-Plansteine	126
2.1.6.1	Planvollsteine und Planvollblöcke	126
2.1.6.2	Planhohlblocksteine	132
2.1.6.3	Plansteine aus Leichtbeton mit integrierter Wärmedämmung	136
2.2	Planelemente und dafür zugelassene Dünnbettmörtel	149
2.2.1	Planziegel-Elemente	149
2.2.2	Kalksand-Planelemente	151
2.2.3	Porenbeton-Planelemente	158
2.2.4	Beton-Planelemente	158
2.3	Wandbauart aus Planelementen in drittel- oder halbgeschosshoher Ausführung	161
2.4	Weitere Dünnbettmörtel	163
3	Mauerwerk mit Mittelbettmörtel	166
4	Vorgefertigte Wandtafeln	167
4.1	Geschosshohe Mauertafeln	167
4.2	Drittel- oder halbgeschosshohe Mauertafeln	186
4.3	Verguss- und Verbundtafeln	187
5	Geschosshohe Wandtafeln	187
6	Schalungsstein-Bauarten	187
6.1	Konstruktion und Baustoffe	187
6.1.1	Konstruktion	187
6.1.2	Steine	188
6.1.3	Mörtel	189
6.1.4	Füllbeton	189
6.2	Herstellung des Mauerwerks auf der Baustelle, Konstruktion	189
6.3	Entwurf und Berechnung	190
6.4	Wärmeschutz	191
6.5	Brandschutz	191
7	Trockenmauerwerk	191
8	Mauerwerk mit PU-Kleber	198
8.1	Planziegel	198
8.2	Planverfüllziegel	204
8.3	Porenbeton-Plansteine	208
9	Bewehrtes Mauerwerk	211
9.1	Bewehrung für bewehrtes Mauerwerk ..	211
9.2	Hochlochziegel für bewehrtes Mauerwerk	211
9.3	Stürze	211
10	Ergänzungsbauteile	234
10.1	Mauerfuß-Dämmelemente	234
10.2	Anker zur Verbindung der Mauerwerksschalen von zweischaligen Außenwänden	239
10.3	Sonstige Ergänzungselemente	257
11	Literatur	262
12	Bildnachweis	264

III Experimentelle und numerische Untersuchungen zum Drucktragverhalten von Mauerwerk 265
Markus Graubohm, Aachen

1	Einleitung	265	2.5.4	Zusammenfassung	275
2	Experimentelle Untersuchungen		2.6	Untersuchungen an Verbundprüfkörpern	275
	zum Drucktragverhalten	266	2.6.1	Herstellung und Lagerung	275
2.1	Allgemeines	266	2.6.2	Haftscherfestigkeit	275
2.2	Versuchsprogramm und verwendete		2.7	Untersuchungen an Mauerwerkpfeilern	276
	Materialien	266	2.7.1	Herstellung und Lagerung	276
2.3	Untersuchungen an den Mauersteinen	266	2.7.2	Druckfestigkeit und Verformungs-	
2.3.1	Allgemeines	266		verhalten	276
2.3.2	Druckfestigkeit, Elastizitätsmodul		2.7.3	Vergleich der Versuchsergebnisse mit	
	und Querdehnzahl	266		analytischen Ansätzen	280
2.3.3	Zugfestigkeit	268	3	Numerische Untersuchungen	
2.3.4	Biegezugfestigkeit	270		zum Drucktragverhalten	282
2.3.5	Zusammenfassung	270	3.1	Vorgehensweise	282
2.4	Untersuchungen an Mauermörteln		3.2	Eingangsparameter	282
	ohne Kontakt zum Stein	270	3.3	Simulation der Druckversuche an	
2.4.1	Allgemeines	270		Mauerwerkpfeilern	282
2.4.2	Frisch- und Festmörteleigenschaften ...	271	3.3.1	Berechnungsvarianten und numerisches	
2.4.3	Statischer Elastizitätsmodul und			Modell	282
	Querdehnzahl	272	3.3.2	Vergleich der numerischen	
2.4.4	Zusammenfassung	274		Berechnungen mit Versuchsergebnissen	282
2.5	Untersuchungen an Mörtelproben		3.3.3	Rissbildung	284
	aus der Fuge	274	3.3.4	Exemplarische Analyse der Spannungs-	
2.5.1	Allgemeines/Herstellung	274		verteilung im Mauerwerkpfeiler	285
2.5.2	Trockenrohdichte und Fugendruck-		4	Zusammenfassung	290
	festigkeit	274			
2.5.3	Dynamischer Elastizitätsmodul	275	5	Literatur	291

B Konstruktion · Bauausführung · Bauwerkserhaltung

I Statisch-konstruktive Sicherungsarbeiten am westlichen Iwan der UNESCO-Welterbestätte Takht-e Soleyman, Iran 295
Toralf Burkert, Weimar, Christian Fuchs, Berlin und Robert Sobott, Naumburg

1	Einleitung	295	4.1.1	Herstellung von Hochbrandgips	
2	Der Takht-e Soleyman	295		vor Ort im Feldofen	304
2.1	Geschichtlicher Überblick	296	4.1.2	Begleitende naturwissenschaftliche	
2.2	Anmerkungen zur Forschungsgeschichte	298		Untersuchungen zur Herstellung und	
3	Der westliche Iwan	298		Verwendung von Hochbrandgipsmörtel	308
3.1	Dokumentation und Untersuchungen		4.1.3	Entwicklung eines Injektionsmörtels	
	Teil 1: Aufmaß und Kartierungen	298		auf der Grundlage des lokal	
3.2	Dokumentation und Untersuchungen			hergestellten Gipses	310
	Teil 2: Bauhistorische Befund-		4.1.4	Versuche an Testmauern auf dem Takht	
	dokumentation	299		in den Jahren 2016 und 2017	312
3.3	Dokumentation und Untersuchungen		4.1.5	Begleitende Festigkeitsprüfungen	314
	Teil 3: Erkundung des Bauzustands		4.2	Ertüchtigung des ilkhanidischen Strebe-	
	unter dem anstehenden Terrain	303		pfeilers auf der Nordseite der Nordwand	316
3.4	Kurze Restaurierungshistorie des		4.3	Ertüchtigung des gesamten Ostteils	
	Westiwans	303		der Nordwand des westlichen Iwans	
4	Sicherung der noch verbliebenen			im Jahr 2018	318
	Mauerwerksbereiche der Nordwand	303	5	Förderung	329
4.1	Vorbereitende praktische		6	Danksagung	329
	Untersuchungen und Maßnahmen	303	7	Literatur	330

II Ev.-Luth. Hauptpfarrkirche Zwickaus – seit 1935 Dom St. Marien Zwickau ... 333
Toralf Burkert, Weimar und Peter Schöps, Radebeul

1	Einführung	333
2	Messungen und Überwachungen	333
2.1	Langzeitmessungen	333
2.2	Laserscan	333
3	Statische Voruntersuchungen	334
4	Maßnahmen zur Ertüchtigung	335
4.1	Historische Maßnahmen	335
4.2	Aktuelle Vorhaben	335
5	Maßnahmen am Beispiel des Pfeilers M1	337
5.1	Baugrund	338
5.2	Arbeitsschritte	338
5.3	Bauzustände	338
5.4	Materialfestigkeiten	338
5.5	Ständige und veränderliche Einwirkungen	340
5.6	Außergewöhnliche Einwirkungen	340
5.7	Bautechnischer Brandschutz	341
5.8	Allgemeines zu den Statischen Nachweisen	341
5.9	Analytische Nachweise des Pfeilers	341
5.9.1	Bestand	342
5.9.2	Mit Vorspannung	342
5.10	Fundamentertüchtigung	349
5.11	Stabwerksmodell	351
5.12	Räumliches FE-Modell	355
6	Ergänzende Betrachtungen für Pfeiler M1 und M2	357
6.1	Fundamentertüchtigung	357
6.2	Lasteinleitung Zugglieder	359
6.3	Lasteinleitung in die Arkadenwand	363
6.4	Berücksichtigung der Temperatureinflüsse bei der Vorspannkraft	363
7	Ausführung der Sicherungsmaßnahmen am Bauwerk	368
7.1	Fundamentertüchtigung	368
7.2	Herstellen der Betonpolster auf den Arkadenwänden und der Ankerkanäle im Chorgewölbe	372
7.3	Einbau der Zugankersysteme	374
8	Ausblick	376
9	Zusammenfassung	376
10	Literatur	377

III Tragverhalten und Tragfähigkeit von Injektionsdübeln in Lochsteinen unter Berücksichtigung der Steingeometrie ... 379
Marina Stipetic und Jan Hofmann, Stuttgart

1	Einleitung	379
2	Mauersteine (Steinformate, Lochgeometrien)	379
3	Verankerungen im Mauerwerk	380
3.1	Befestigungsverfahren	380
3.2	Injektionsdübel für Mauerwerk	383
3.3	Injektionsdübel unter Zugbelastung	385
3.3.1	Tragverhalten von Injektionsdübeln unter Zugbelastung	385
3.3.2	Stand der Untersuchungen für Steinversagen bei zugbelasteten Injektionsdübeln in Lochsteinen	386
3.4	Injektionsdübel unter Querzugbelastung	388
3.4.1	Tragverhalten von Injektionsdübeln unter Querzugbelastung	388
3.4.2	Stand der Untersuchungen für Steinversagen bei querbelasteten Injektionsdübeln in Lochsteinen	388
4	Eigenes Berechnungsmodell für Injektionsdübel in Lochsteinen unter Zugbelastung – Versagen durch Steinausbruch	390
4.1	Herangehensweise	390
4.2	Tragverhalten und Tragfähigkeit bei Verankerung nur im Außensteg	391
4.3	Tragverhalten bei Verankerung in mehreren Stegen	397
4.4	Berechnungsbeispiele für die Verankerung unter Zugbelastung	400
4.4.1	Verankerung nur im Außensteg	400
4.4.2	Verankerung in mehreren Stegen	401
5	Berechnungsmodell für Injektionsdübel in Lochsteinen unter Querzugbelastung – Versagen durch Kantenbruch	403
5.1	Herangehensweise	403
5.2	Tragverhalten und Tragfähigkeit bei Verankerung unter Querzugbelastung	403
5.3	Berechnungsbeispiel für Verankerung unter Querzugbelastung	407
6	Zusammenfassung	409
7	Literatur	409

C Bemessung

I Forschungsvorhaben zur Bewertung der Tragfähigkeit von Injektionsdübeln in Mauerwerk im Rahmen von Baustellenversuchen 413
Rainer Becker, Dortmund, Jan Hofmann, Stuttgart, Catherina Thiele und Florian Wendel, Kaiserslautern

1	Einleitung	413
2	Technische Regel „Durchführung und Auswertung von Versuchen am Bau"	413
2.1	Einleitung	413
2.2	Auszugversuche	417
2.3	Probebelastungen	417
2.4	Abnahmeversuche	418
3	Forschungsvorhaben „Versuche am Bau"	419
3.1	Ziele des Forschungsvorhabens	419
3.2	Ermittlung der Schädigung von Befestigungen durch Probebelastung	419
3.3	Ermittlung des Einflusses des Abstützdurchmessers auf die Tragfähigkeit	421
3.4	Modifikation des Teilsicherheitsbeiwerts	425
4	Fazit	429
5	Literatur	429

II Tragfähigkeit ausfachender Mauerwerkswände unter Berücksichtigung der verformungsbasierten Membranwirkung 431
Michael Schmitt, Lauterbach und Carl-Alexander Graubner, Darmstadt

1	Einleitung	431
2	Grundlagen	431
2.1	Einführung	431
2.2	Systemmodelle für vorwiegend biegebeanspruchte Mauerwerkswände	433
2.3	Historische Entwicklung der Theorie der Membrandruckkräfte	435
3	Allgemeine Formulierungen zur Ermittlung der verformungsbasierten Membrandruckkraft	436
3.1	Beschreibung der Lagerungsbedingungen	436
3.2	Erläuterung der Systemzustände	437
3.3	Ermittlung der Membrandruckkraft	438
3.4	Abtrag der Membrandruckkräfte in den angrenzenden Bauteilen	439
4	Berechnung der Systemtragfähigkeit	440
4.1	Einleitung	440
4.2	Beschreibung des Modells	441
4.3	Analyse der Versagensarten	444
4.4	Iterative Berechnung der Systemtragfähigkeit	446
4.5	Verifizierung des Berechnungsverfahrens	447
4.6	Last-Verformungs-Verhalten der angrenzenden Stahlbetonbauteile	448
5	Bemessungsmodell	449
5.1	Ermittlung der aufnehmbaren Horizontallast	449
5.2	Auswertung der Tragfähigkeit ausfachender Mauerwerkswände	451
5.3	Sicherstellung der Mindestauflast bei tragenden Mauerwerkswänden	455
6	Zusammenfassung	458
7	Literatur	458

III Aussteifungssysteme mit Mauerwerksscheiben 461
Werner Seim, Kassel und Kai Sommerlade, Lohfelden

1	Einführung	461
2	Grundlagen der Berechnungsmethode	462
2.1	Spannungsfelder	462
2.2	Lasteinzugsflächen	463
2.3	Deckenauflager	464
2.4	Zentrierung	465
2.5	Gleichgewichtsbetrachtung	465
2.6	Nachweise nach EC 6	467
3	Rechenbeispiel	468
3.1	Baubeschreibung	468
3.2	Werkstoffe und Einwirkungen	468
3.3	Nachweise	469
3.3.1	Position 113	469
3.3.2	Position 108	470
3.4	Bewertung der Ergebnisse	470
4	Modellbildung mit finiten Elementen	470
4.1	Geometriedefinition und Diskretisierung	471
4.2	Modellierung von Wandscheiben ohne Zugfestigkeit	471
4.2.1	Kontaktelemente ohne Zugfestigkeit	471
4.2.2	Zugfreie Schalenelemente	472
5	Vergleich der Modellierungsvarianten	472
5.1	Rechenverfahren	473
5.2	Auswertung der Ergebnisse	473
6	Vergleich der Berechnungsmethoden	474
6.1	Strukturmodell	474
6.2	Vertikale Einwirkungen	475
6.3	Vertikale und horizontale Einwirkungen	476
7	Zusammenfassung und Ausblick	477
8	Literatur	477

D Bauphysik · Brandschutz

I Schallschutz im Mauerwerksbau 481
Heinz-Martin Fischer und Martin Schneider, Stuttgart

1	Grundbegriffe im Schallschutz	481	2.3.4	Nachweis für Geräusche gebäudetechnischer Anlagen	492
1.1	Schall, Luftschall, Körperschall, Trittschall	481	2.4	Neues Sicherheitskonzept der DIN 4109	492
1.2	Frequenz, Spektrum	481	2.5	Neuer Bauteilkatalog in DIN 4109	493
1.3	Schallpegel	481			
1.4	Die A-Bewertung	482	3	DIN 4109-1 und andere Regelwerke für den baulichen Schallschutz	493
1.5	Kenngrößen zur Beschreibung der schalltechnischen Eigenschaften	482	3.1	Regelwerke und deren Anwendungsbereich	493
1.5.1	Unterscheidung zwischen Bauteil- und Gebäudeeigenschaften	482	3.2	Anforderungen der DIN 4109-1	495
1.5.2	Kenngrößen zur Beschreibung von Bauteileigenschaften	483	3.2.1	Luft- und Trittschallschutz	496
			3.2.2	Außenlärm	496
1.5.2.1	Schalldämmung von Bauteilen: Schalldämm-Maß	483	3.2.3	Geräusche aus haustechnischen Anlagen und Betrieben	500
1.5.2.2	Bewertetes Schalldämm-Maß	483	3.2.3.1	Übertragung aus fremden Bereichen	500
1.5.2.3	(Bewertete) Verbesserung der Luftschalldämmung	484	3.2.3.2	Anlagen im eigenen Bereich	500
			3.3	Besondere Regelungen	500
1.5.2.4	Trittschalldämmung von Decken: Norm-Trittschallpegel	484	3.3.1	Anforderungen nach dem Fluglärm-Gesetz	500
1.5.2.5	Bewerteter Norm-Trittschallpegel	484	3.3.2	Anforderungen nach der TA-Lärm	500
1.5.2.6	(Bewertete) Trittschallminderung	484	4	Schalldämmung von Wänden	501
1.5.2.7	Äquivalenter bewerteter Norm-Trittschallpegel	485	4.1	Übersicht/Einführung	501
1.5.3	Kenngrößen zur Beschreibung von Gebäudeeigenschaften: Schallschutz zwischen Räumen	485	4.2	Einschalige Wände	502
			4.2.1	Schalldämmung einschaliger Bauteile: Grundlagen	502
1.5.3.1	Schallschutz und Schalldämmung	485	4.2.1.1	Massengesetz und Koinzidenz	502
1.5.3.2	(Bewertetes) Bau-Schalldämm-Maß	485	4.2.1.2	Einfluss der Randanbindung des Mauerwerks auf die Schalldämmung	502
1.5.3.3	(Bewertete) Standard-Schallpegeldifferenz	486	4.2.1.3	Randverluste und Verlustfaktor-Korrektur	504
1.5.3.4	(Bewerteter) Norm-Trittschallpegel im Bau	486	4.2.1.4	Unerwünschte Schwingungsformen	506
1.5.4	Spektrumanpassungswerte	486	4.2.2	Mauerwerkswände in DIN 4109-2 und DIN 4109-32	506
1.5.4.1	Spektrumanpassungswerte für den Luftschall	486	4.2.3	Praktisches Verhalten einschaliger Wände	508
1.5.4.2	Spektrumanpassungswerte für den Trittschall	487	4.2.3.1	Einschalige Wände mit Schalungssteinen	508
			4.2.3.2	Offenporige Wände	508
2	Von der europäischen Normung zur neuen DIN 4109	487	4.2.3.3	Übertragung durch Löcher, Schlitze und poröse Stoffe	509
2.1	Ausgangspunkt europäische Normung	487	4.2.3.4	Trockenputze auf einschaligem Mauerwerk	510
2.1.1	Änderungen bei Prüf- und Beurteilungsverfahren	487	4.2.3.5	Einflüsse von Fugen, Schlitzen und Zählerkästen	510
2.1.2	Neue Berechnungsverfahren für den baulichen Schallschutz	487	4.3	Mauerwerk aus Lochsteinen	512
2.1.3	Neuer Planungsansatz durch die europäische Normung	487	4.3.1	Grundlagen und Einführung	512
2.2	Aufbau und Inhalte der neuen DIN 4109	488	4.3.2	Wärmeschutztechnische Entwicklung von Hochlochziegeln	512
2.3	Neue Nachweisverfahren der DIN 4109-2	489	4.3.3	Ursache für die verminderte Direktdämmung	513
2.3.1	Luftschalldämmung	489	4.3.4	Lochsteinmauerwerk mit und ohne verminderte Direktdämmung	516
2.3.2	Trittschalldämmung	491			
2.3.3	Außenlärm	491	4.3.5	Verlustfaktorkorrektur bei Lochsteinen	518

4.3.6	Rechnerische Ermittlung der Schalldämmung von Lochsteinen aus Material- und Geometrie-Parametern	518
4.3.7	Messtechnische Ermittlung der Schalldämmung von Hochlochziegelmauerwerk außerhalb des Wandprüfstands	518
4.4	Verkleidungen an Massivwänden	519
4.4.1	Das physikalische Verhalten	519
4.4.2	Praktische Ausführungen	520
4.4.3	Wärmedämm-Verbundsysteme (WDVS)	521
4.4.3.1	Aufbau und Einflussgrößen	521
4.4.3.2	Berechnungsmodell nach E DIN 4109-34/A1	522
4.4.3.3	Berechnungsmodell unter Berücksichtigung der tiefen Frequenzen nach E DIN 4109-34/A1	523
4.5	Zweischalige Wände im Massivbau	523
4.5.1	Grundlagen	523
4.5.1.1	Wirkungsprinzip zweischaliger Wände	523
4.5.1.2	Schallbrücken, Randeinspannung	524
4.5.1.3	Mehr als zwei Schalen	525
4.5.2	Zweischalige gemauerte Haustrennwände	525
4.5.2.1	Anwendungsbereich	525
4.5.2.2	Konstruktive Auslegung	526
4.5.2.3	Behandlung in der DIN 4109-2 und DIN 4109-32	526
4.5.2.4	Fehlervermeidung	528
4.5.3	Zweischalige massive Wände mit durchlaufenden Decken und Wänden	529
4.6	Außenwände	529
4.6.1	Allgemeine Aspekte	529
4.6.2	Schalldämm-Maß zusammengesetzter Bauteile	530
4.6.3	Behandlung von Außenlärm in DIN 4109-2 und im Bauteilkatalog der DIN 4109	530
4.6.4	Zweischalige Außenwände aus Mauerwerk	531
4.6.5	Außenwände mit Wärmedämmverbundsystem	531
4.6.6	Außenwände mit innenseitiger Verkleidung	532
4.7	Installationswände	532
5	Flankierende Übertragung von Wänden	534
5.1	Grundsätzliche Aspekte	534
5.1.1	Schallschutz und Flankenübertragung	534
5.1.2	Flankendämmung und Stoßstellendämm-Maß	534
5.1.2.1	Methodischer Ansatz für die Flankendämmung	534
5.1.2.2	Das Stoßstellendämm-Maß	534
5.2	Die Bedeutung der Wände für die Flankendämmung	534
5.2.1	Einfluss der Wände	534
5.2.2	Einfluss leichter, massiver Innenwände	535
5.2.3	Einfluss von Wandverkleidungen	535
5.3	Flankendämmung bei Lochstein-Mauerwerk	536
5.3.1	Einfluss der Stoßstellengestaltung	536
5.3.2	Stoßstellendämm-Maße bei Lochsteinmauerwerk	537
5.4	Besonderheiten von Stoßstellen	539
5.4.1	Stumpfstoß und Stumpfstoßabriss	539
5.4.2	Stöße außerhalb des Bauteilkatalogs	539
5.4.3	Versetzte Stöße	540
5.4.4	Stöße mit unterschiedlichen flächenbezogenen Massen	540
5.4.5	Winkelstöße	541
6	Trittschalldämmung	541
7	Literatur	542

II Vereinfachter Nachweis des Tauwasserschutzes nach DIN 4108-3:2018 547
Helmut Marquardt, Buxtehude

1	Notwendigkeit des Feuchte- und Tauwasserschutzes	547
2	Grundlagen des Tauwasserschutzes	547
2.1	Feuchtetransport in porösen Baustoffen	547
2.2	Diffusion und Teildruck	548
2.3	Allgemeines Gasgesetz und Zustandsgleichung der Gase	549
2.4	Wasserdampfsättigung und relative Luftfeuchte	550
2.4.1	Definitionen	550
2.4.2	Beispiel: Tauwasserausfall bei Abkühlung eines Luftvolumens	552
2.5	Diffusion von Wasserdampf in Luft	552
2.6	Diffusion von Wasserdampf durch poröse Stoffe	552
2.7	Wasserdampf-Diffusionswiderstandszahl	554
3	Tauwasserausfall im Bauteilinnern	556
3.1	Notwendigkeit des Nachweises	556
3.2	DIN EN ISO 13788 und DIN 4108-3	557
3.3	Glaser-Verfahren	557
3.3.1	Grundgedanken	557
3.3.2	Tauwasserausfall in einem Bauteilbereich	559
3.3.3	Tauwasserausfall in einer oder zwei Bauteilebenen	561
3.3.4	Ausfallende Tauwassermasse	561
3.3.5	Mögliche Verdunstungswassermasse	563
3.4	Vereinfachter Nachweis des Tauwasserschutzes	565
3.4.1	Mögliche Nachweisverfahren	565
3.4.2	Anforderungen nach DIN 4108-3	565
3.4.3	Anforderungen nach DIN 68800-2	566
3.4.4	Randbedingungen nach DIN 4108-3	566
3.4.5	Nachweis mit dem vereinfachten Periodenbilanzverfahren nach DIN 4108-3	566

3.5	Bauteile nach DIN 4108-3 ohne rechnerischen Nachweis	569	3.6.2	Beispiel 2: Außenwand in Holztafel-/Holzrahmenbauart mit Mauerwerk-Vorsatzschale	577
3.5.1	Einführung	569	3.7	Weitergehende Untersuchungen mit aufwendigen EDV-Programmen	584
3.5.2	Außenwände ohne rechnerischen Nachweis	569	3.7.1	Fehler bei Nachweisen mit dem Periodenbilanzverfahren	584
3.5.3	Erdberührte Außenwände und Bodenplatten ohne rechnerischen Nachweis	572	3.7.2	EDV-Verfahren mit gekoppeltem Wärme- und Feuchtetransport	585
3.5.4	Dächer ohne rechnerischen Nachweis	572	3.7.3	EDV-Verfahren mit gekoppeltem Wärme-, Feuchte- und Lufttransport	587
3.5.5	Fenster und Fenstertüren	575	4	Zusammenfassung	587
3.6	Beispiele zum vereinfachten Perioden bilanzverfahren nach DIN 4108-3	575	5	Literatur	588
3.6.1	Beispiel 1: Massives Flachdach ohne Dampfsperre	576			

III Innendämmung eines historischen Mauerwerks mit konventionellen und aerogelhaltigen Dämmstoffen – Eine hygrothermische Analyse ... 591
Karim Ghazi Wakili und Thomas Stahl, Winterthur, Schweiz

1	Einleitung	591	4.3	Wassergehalt im 1. cm der Innendämmung	598
2	Bauphysikalische Eigenschaften von historischem Bruchsteinmauerwerk	591	4.4	Begrenzung der Wasseraufnahme von außen	602
3	Eindimensionale hygrothermische Simulationen	593	5	Zweidimensionale hygrothermische Simulationen	604
3.1	Ist-Zustand: Wandaufbau, Materialzuordnung und klimatische Randbedingungen	593	6	Resultate der 2-D-Simulationen	604
			6.1	Momentaufnahmen der Temperaturverteilung am 31. Januar	604
3.2	Für die Simulation verwendete Dämmstoffe	594	6.2	Wassergehalt am Holzbalkenkopf	605
4	Resultate der 1-D-Simulationen	596	7	Zusammenfassung	607
4.1	Innere Oberflächentemperaturen	596	8	Literatur	607
4.2	Temperatur- und Feuchtezustand hinter den Dämmschichten	598			

E Normen · Zulassungen · Regelwerk

I Geltende Technische Regeln für den Mauerwerksbau (Deutsche, Europäische und Internationale Normen) (Stand 31.05.2018) ... 611
Peter Rauh, Berlin und Carola Hauschild, Radebeul

1	Vorbemerkung	611	3	Regelwerk	613
2	EuGH-Urteil vom 16. Oktober 2014 (Rs. C-100/13)	612			

II Verzeichnis der allgemeinen bauaufsichtlichen Zulassungen/allgemeinen Bauartgenehmigungen für den Mauerwerksbau (Stand 31.05.2018) ... 631
Wolfram Jäger, Dresden und Roland Hirsch, Berlin

1	Mauerwerk mit Normal- oder Leichtmörtel	633	1.4.3	Hohlblocksteine mit integrierter Wärmedämmung	652
1.1	Mauerziegel	633	1.5	Sonstige Mauersteine	652
1.2	Verfüllziegel	646	2	Mauerwerk mit Dünnbettmörtel	652
1.3	Kalksandsteine	647	2.1	Plansteine üblichen Formates und dafür zugelassene Dünnbettmörtel	652
1.4	Betonsteine	649			
1.4.1	Vollsteine und Vollblöcke	649	2.1.1	Planziegel	652
1.4.2	Hohlblocksteine	651			

2.1.2	Planziegel mit integrierter Wärmedämmung	678	5	Geschosshohe Wandtafeln	736
2.1.3	Planverfüllziegel	689	6	Schalungsstein-Bauarten	736
2.1.4	Kalksand-Plansteine	693	7	Trockenmauerwerk	738
2.1.5	Porenbeton-Plansteine	696	8	Mauerwerk mit PU-Kleber	739
2.1.6	Beton-Plansteine	699	8.1	Planziegel	739
2.1.6.1	Planvollsteine und Planvollblöcke	699	8.2	Planverfüllziegel	741
2.1.6.2	Planhohlblocksteine	707	8.3	Porenbeton-Plansteine	743
2.1.6.3	Plansteine aus Leichtbeton mit integrierter Wärmedämmung	712	8.4	Vorgefertigte Wandtafeln	744
2.2	Planelemente und dafür zugelassene Dünnbettmörtel	719	9	Bewehrtes Mauerwerk	745
			9.1	Bewehrung für bewehrtes Mauerwerk	745
2.2.1	Planziegel-Elemente	719	9.2	Hochlochziegel für bewehrtes Mauerwerk	745
2.2.2	Kalksand-Planelemente	720			
2.2.3	Porenbeton-Planelemente	725	9.3	Stürze	745
2.2.4	Beton-Planelemente	726	10	Ergänzungsbauteile	747
2.3	Wandbauart aus Planelementen in drittel- oder halbgeschosshoher Ausführung	728	10.1	Mauerfuß-Dämmelemente	747
			10.2	Anker zur Verbindung der Mauerwerksschalen von zweischaligen Außenwänden	747
2.4	Weitere Dünnbettmörtel	729			
3	Mauerwerk mit Mittelbettmörtel	730	10.3	Sonstige Ergänzungselemente	749
4	Vorgefertigte Wandtafeln	731	11	Anhang	750
4.1	Geschosshohe Mauertafeln	731	11.1	Zulassungsübersicht	750
4.2	Drittel- oder halbgeschosshohe Mauertafeln	735			

III Die Anpassung des nationalen Bauproduktenrechts nach dem Urteil des EuGH vom 16. Oktober 2014 765
Tina Gerschler, Berlin

1	Vorbemerkungen	765	4.1	Nicht harmonisierte Bauprodukte	770
2	Bisheriges Zusammenspiel zwischen nationalem und europäischem Bauproduktenrecht	765	4.2	Lückenhaft harmonisierte Bauprodukte	770
			4.3	Bauarten	770
			5	Ablauf und Maßnahmen des Anpassungsprozesses	770
2.1	Europäische Vorgaben mittels der Bauproduktenverordnung	765			
2.1.1	Regelungsziele/Abgrenzung zur Bauproduktenrichtlinie	766	6	Das neue System des nationalen Bauproduktenrechts	772
2.1.2	Bewertung anhand Technischer Spezifikationen	766	6.1	Verwendbarkeitsnachweise für Bauprodukte	772
2.1.2.1	Harmonisierte Normen	766	6.1.1	Erforderlichkeit	772
2.1.2.2	Europäische Bewertungsdokumente/ Europäische Technische Bewertungen	766	6.1.1.1	Harmonisierte Bauprodukte	772
			6.1.1.2	Nicht harmonisierte Bauprodukte	772
2.2	Bisheriges Regelungssystem der Landesbauordnungen und der Bauregellisten	767	6.1.2	Allgemeine bauaufsichtliche Zulassung	774
			6.1.3	Allgemeines bauaufsichtliches Prüfzeugnis	775
2.2.1	Struktur der Landesbauordnungen	767	6.1.4	Zustimmung im Einzelfall	775
2.2.1.1	Bauprodukte	767	6.2	Anwendbarkeitsnachweise für Bauarten	776
2.2.1.2	Bauarten	767	6.2.1	Allgemeine und vorhabenbezogene Bauartgenehmigung	776
2.2.2	Struktur der Bauregellisten	767			
2.3	Lückenhaft harmonisierte Bauprodukte und nationale Zusatzanforderungen	769	6.2.2	Allgemeines bauaufsichtliches Prüfzeugnis für Bauarten	777
			6.3	Freiwillige Herstellererklärungen	777
3	Urteil des EuGH vom 16. Oktober 2014	769	6.4	Übersicht der Technischen Baubestimmungen nach alter und neuer Rechtslage	778
3.1	Inhalt	769			
3.2	Konsequenzen	770	6.5	Prioritätenliste	778
4	Notwendige Anpassungen des nationalen Bauproduktenrechts aufgrund des EuGH-Urteils	770	7	Ausblick	778
			8	Literatur	779

F Forschung

I Übersicht über abgeschlossene und laufende Forschungsvorhaben im Mauerwerksbau 783
Anke Eis, Dresden

1 Abgeschlossene Forschungsvorhaben ... 787   2 Laufende Forschungsvorhaben 787

Stichwortverzeichnis 789

Anbieterverzeichnis 805

Autoren

Neben der Nennung von Titulatur und Anschrift wird auf den jeweiligen Beitrag des Autors in diesem Mauerwerk-Kalender in Klammern verwiesen (Rubrik und Ordnungsnummer des Beitrags).

Becker, Rainer, Dipl.-Ing., fobatec GmbH, Edelstahlweg 5c, 44287 Dortmund (**C I**).

Brameshuber, Wolfgang, Prof. Dr.-Ing. († 2016), RWTH Aachen University, ibac-Institut für Bauforschung, Schinkelstraße 3, 52062 Aachen (**A I**).

Burkert, Toralf, Dr.-Ing., Jäger Ingenieure GmbH, Büro Weimar, Paul-Schneider-Straße 17, 99423 Weimar (**B I, B II**).

Eis, Anke, Dipl.-Ing. (FH), Jäger Ingenieure GmbH, Wichernstraße 12, 01445 Radebeul (**F I**).

Fischer, Heinz-Martin, Prof. Dr.-Ing., Hochschule für Technik Stuttgart, Studiengang Bauphysik, Schellingstraße 24, 70174 Stuttgart (**D I**).

Fuchs, Christian, Dipl.-Ing. Architekt, winterfuchs Bauforschung, Crellestraße 33, 10827 Berlin (**B I**).

Gerschler, Tina, LL.M., Deutsches Institut für Bautechnik (DIBt), Nationales Recht, Kolonnenstraße 30B, 10829 Berlin (**E III**).

Ghazi Wakili, Karim, Dipl.-Phys. ETHZ Dr., IABP Institut für angewandte Bauphysik, Rudolf-Diesel-Strasse 5, CH 8404 Winterthur (**D III**).

Graubner, Carl-Alexander, Prof. Dr.-Ing., Technische Universität Darmstadt, Institut für Massivbau, Franziska-Braun-Straße 3, 64287 Darmstadt (**C II**).

Graubohm, Markus, Dr.-Ing., Brameshuber + Uebachs INGENIEURE GmbH, Jakobstraße 12, 52064 Aachen (**A III**).

Hauschild, Carola, Dipl.-Ing., Jäger Ingenieure GmbH, Wichernstraße 12, 01445 Radebeul (**E I**).

Hirsch, Roland, Dr.-Ing., Deutsches Institut für Bautechnik Berlin DIBt, Kolonnenstraße 30 B, 10829 Berlin (**A II, E II**).

Hofmann, Jan, Prof. Dr.-Ing., Technische Universität Stuttgart, Institut für Werkstoffe im Bauwesen, Pfaffenwaldring 4, 70569 Stuttgart (**B III, C I**).

Jäger, Wolfram, Prof. Dr.-Ing., Technische Universität Dresden, Fakultät Architektur, Lehrstuhl Tragwerksplanung, Zellescher Weg 17, 01069 Dresden sowie Jäger Ingenieure GmbH, Wichernstraße 12, 01445 Radebeul (**A II, E II**).

Marquardt, Helmut, Prof. Dr.-Ing., Institut für Weiterbildung & Bauprüfung (IWB) e. V. an der Hochschule 21, Harburger Straße 6, 21614 Buxtehude (**D II**).

Rauh, Peter, Dipl.-Ing., DIN Deutsches Institut für Normung, Normenausschuss Bauwesen, Burggrafenstraße 6, Am DIN-Platz, 10787 Berlin (**E I**).

Schmitt, Michael, Dr.-Ing., bauart Konstruktions GmbH & Co. KG, Beratende Ingenieure, Spessartstraße 13, 36341 Lauterbach (**C II**)

Schneider, Martin, M.Sc. Dipl.-Ing. (FH), Hochschule für Technik Stuttgart, Studiengang Bauphysik, Schellingstraße 24, 70174 Stuttgart (**D I**).

Schöps, Peter, Dipl.-Ing., Jäger Ingenieure GmbH, 01445 Radebeul, Wichernstraße 12 (**B II**).

Seim, Werner, Prof. Dr.-Ing., Universität Kassel, Fachgebiet Bauwerkserhaltung und Holzbau, Kurt-Wolters-Straße 3, 34125 Kassel (**C III**).

Sobott, Robert, Prof. Dr., Labor für Baudenkmalpflege Naumburg, Domplatz 1, 06618 Naumburg (**B I**).

Sommerlade, Kai, M.Sc., EHS Beratende Ingenieure für Bauwesen GmbH, Am Alten Rathaus 5, 34253 Lohfelden (**C III**).

Stahl, Thomas, M.Sc., IABP Institut für angewandte Bauphysik, Rudolf-Diesel-Strasse 5, CH 8404 Winterthur (**D III**).

Stipetic, Marina, Dr.-Ing., Universität Stuttgart, Materialprüfungsanstalt (MPA), Pfaffenwaldring 4c, 70569 Stuttgart (**B III**).

Thiele, Catherina, Dr.-Ing., Technische Universität Kaiserslautern, Bauingenieurwesen, FG Massivbau und Baukonstruktion, Paul-Ehrlich-Straße 14, 67663 Kaiserslautern (**C I**).

Wendel, Florian, Dipl.-Ing., TU Kaiserslautern, Bauingenieurwesen, FG Massivbau und Baukonstruktion, Königstraße 13, 67655 Kaiserslautern (**C I**).

A Baustoffe ▪ Bauprodukte

I Eigenschaften von Mauersteinen, Mauermörtel, Mauerwerk und Putzen   3
Wolfgang Brameshuber[†], Aachen

II Mauerwerksbau mit allgemeiner bauaufsichtlicher Zulassung (abZ) bzw. mit allgemeiner Bauartgenehmigung (aBg)   31
Wolfram Jäger, Dresden und Roland Hirsch, Berlin

III Experimentelle und numerische Untersuchungen zum Drucktragverhalten von Mauerwerk   265
Markus Graubohm, Aachen

I Eigenschaften von Mauersteinen, Mauermörtel, Mauerwerk und Putzen

Wolfgang Brameshuber[†], Aachen

1 Allgemeines

Im Zuge der Ablösung der nationalen Bemessungsnorm DIN 1053-1 [1] bzw. DIN 1053-100 [2] durch den Eurocode 6 [3–6] inklusive der zugehörigen Nationalen Anhänge [7–9] führen die Rechenansätze zur Bemessung von Mauerwerk insofern eine Veränderung herbei, als auch europäische Steine und Mörtel mit teilweise anderen Eigenschaften ihr Einsatzgebiet in Deutschland finden. Daher sind die überwiegend deutschen Ausgangsstoffe und das daraus erstellte Mauerwerk mit den erzielten Eigenschaften in diesem jährlich aktualisierten Beitrag zusammengestellt, der somit die direkte Möglichkeit eines Vergleichs mit Materialien anderer Länder gibt.

Die in den nachfolgenden Abschnitten aufgeführten Eigenschaftswerte beziehen sich auf das tatsächliche Verhalten von Mauerstein, Mauermörtel, Mauerwerk und Putzen, womit deutlich wird, dass aufgrund der vielfältigen Materialien und Kombinationen eine große Bandbreite von Eigenschaften entsteht. Anforderungen aus Normen und allgemeinen bauaufsichtlichen Zulassungen sind Mindesteigenschaften. Die hier genannten Eigenschaftswerte gehen über Normanforderungen hinaus und sollen bei gesonderten Fragestellungen helfen, eine fachlich fundierte Antwort zu finden, wie z. B. bei der Beurteilung der Risssicherheit von Mauerwerk (Gebrauchstauglichkeitsnachweis), bei einer Schadensdiagnose oder aber bei genaueren Nachweisen für die Tragfähigkeit bestehender Bauwerke. In Grenzfällen kann ein ingenieurmäßig überdachter Ansatz geeigneter Kennwerte zusätzliche Sicherheit bieten. Die Zusammenstellung der Eigenschaftskennwerte bezieht sich in einigen Fällen auf frühere Beiträge des Mauerwerk-Kalenders. In anderen Fällen wurde eine Aktualisierung vorgenommen. Der Bezug bei einer unveränderten Datenlage ist dann der Artikel aus dem Mauerwerk-Kalender 2010 [10]. Wenn Materialkennwerte/Rechenwerte aus dem Eurocode 6 entnommen wurden, wird hierfür auf die Kommentierung zum EC6 [11] verwiesen, die noch weiterführende Erläuterungen enthält.

2 Eigenschaftskennwerte von Mauersteinen

2.1 Festigkeitseigenschaften

2.1.1 Längsdruckfestigkeit

Die Längsdruckfestigkeit von Mauersteinen wird überall dort benötigt, wo eine Biegebeanspruchung in Wandebene erfolgt, so z. B. bei Wänden auf sich durchbiegenden Decken oder Stürzen mit Übermauerung. Gemäß [10] ergibt sich nach Auswertung der Literatur [12–14] folgendes Bild: Für Hochlochziegel lässt sich kein Zusammenhang zwischen dem Nennwert der Steindruckfestigkeit und der Längsdruckfestigkeit angeben, unabhängig vom Lochanteil, genauso wenig für Leichtbeton. Dies hat im Wesentlichen den Einfluss der Loch-/Steganordnung als Ursache. Im Einzelfall wird empfohlen, den Nachweis experimentell zu führen. Für Kalksandvollsteine und Kalksandlochsteine ergibt sich nach [10] ein durchaus verwertbarer Zusammenhang. Für Mauerziegel, Kalksandvollsteine und Kalksandlochsteine ist das Verhältnis Längsdruck-/Mauersteindruckfestigkeit von der Steindruckfestigkeit weitgehend unabhängig. Der Unterschied zwischen Längsdruck-/Normdruckfestigkeit bei Vollsteinen entsteht zum einen dadurch, dass die Normdruckfestigkeit durch Umrechnung der Prüfwerte mittels Formfaktoren ermittelt und für die Längsdruckfestigkeit der Prüfwert ohne Formfaktor gewählt wurde. Zum anderen ist eine produktionsbedingte leichte Anisotropie möglich. Für Porenbeton ergibt sich eine Abnahme des Druckfestigkeitsverhältnisses gemäß dem Zusammenhang $\beta_{D,st,l}/\beta_{D,st} = 0{,}91 - 0{,}04 \cdot \beta_{D,st}$ [10]. Auch hier ist ein Teil auf die Umrechnung mit Formfaktoren zurückzuführen, aber auch auf eine leichte Anisotropie durch den Herstellprozess. In den Bildern 1a–d sind für verschiedene Steinsorten die Verhältnisse $\beta_{D,st,l}/\beta_{D,st}$ in Abhängigkeit von der Normdruckfestigkeit $\beta_{D,st}$ aufgetragen. Tabelle 1 gibt eine Zusammenfassung des derzeitigen Stands der Literatur wieder.

2.1.2 Zugfestigkeiten

Für Mauerwerk mit Dickbettfuge (Normal- und Leichtmörtel) ist bei Druckbeanspruchung senkrecht zur Lagerfuge bei bestimmten Verhältnissen Stein-/Mörteldruckfestigkeit wegen des entstehenden mehraxialen Spannungszustands die Zugfestigkeit der Mauersteine eine für die Druckfestigkeit von Mauerwerk

---

Mauerwerk-Kalender 2019: Bemessung, Bauwerkserhaltung, Schallschutz. Herausgegeben von Wolfram Jäger.
© 2019 Ernst & Sohn GmbH & Co. KG. Published 2019 by Ernst & Sohn GmbH & Co. KG.

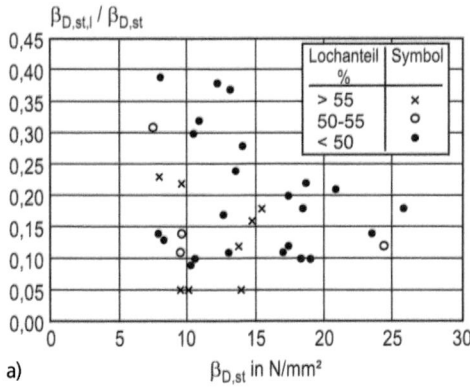
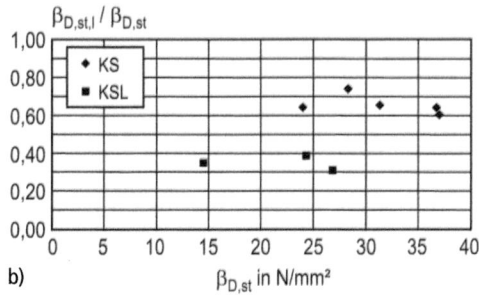
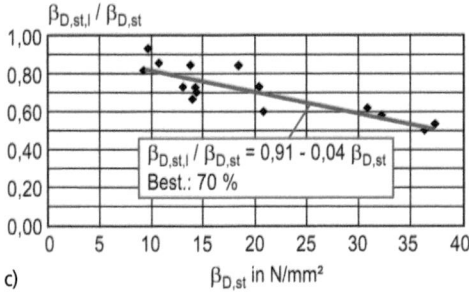
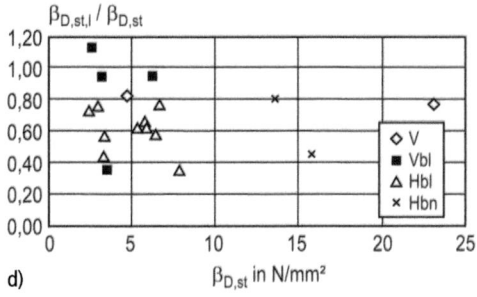

Bild 1. Steinlängs-($\beta_{D,st,l}$)/Normdruckfestigkeit ($\beta_{D,st}$) in Abhängigkeit von der Normdruckfestigkeit [10]; a) Leichthochlochziegel, b) Kalksandvollsteine, Kalksandlochsteine, c) Porenbeton-Blocksteine, Porenbeton-Plansteine, d) Leichtbetonsteine, Betonsteine

Tabelle 1. Verhältniswerte Steinlängs-($\beta_{D,st,l}$)/Normdruckfestigkeit ($\beta_{D,st}$), aus [10]

Mauerstein	n	$\beta_{D,st}$, Wertebereich	$\beta_{D,st,l}/\beta_{D,st}$		
			$\bar{x}$	min x	max x
		N/mm²			
Mz	2	21,9/22,7	0,67	0,64	0,70
HLz [1]	5	20 … 47	0,23	0,12	0,33
HLz [2]	37	7,4 … 26	0,18	0,05	0,39
KS	8	24,1 … 36,8	0,59	0,32	0,75
KS L	7	8,9 … 26,9	0,40	0,32	0,56
V	5	4,1 … 23,1	0,75	0,61	0,83
Vbl	5	2,7 … 3,6	0,90	0,36	1,13
Hbl	12	2,5 … 7,9	0,61	0,35	0,81
Hbn	1	15,8	0,46	–	–
PB, PP	15	2,3 … 9,4	0,70	0,50	0,92

1) Trockenrohdichte $\rho_d > 1{,}0$ kg/dm³
2) $\rho_d \leq 1{,}0$ kg/dm³

n Anzahl der Versuchsserien
$\bar{x}$ Mittelwert
min x Kleinstwert
max x Größtwert

maßgebende Größe. Für die Schubtragfähigkeit und die Biegezugfestigkeit in Wandebene kann die Steinzugfestigkeit maßgebend werden. Es ist daher sehr hilfreich, etwas detailliertere Angaben im Vergleich zu den Normangaben zu erhalten. Bislang gilt, und dies ist in DIN EN 1996-1-1/NA [7] auch so von DIN 1053-1 [1] übernommen worden (2. Spalte der Tabelle 2), die Einteilung nach Hohlblocksteinen, Hochlochsteinen, Steinen mit Grifflöchern oder Grifftaschen, Vollsteinen ohne Grifflöcher oder Grifftaschen. Hinzugenommen wurde in DIN EN 1996-1-1/NA [7] der Porenbetonstein.

Die Prüfung der Zugfestigkeit ist relativ aufwendig. Eine Prüfnorm oder -richtlinie existiert zurzeit nicht (siehe aber [15]). Meist werden die Mauersteine in Richtung Steinlänge geprüft. Wesentliche Eigenschaftsunterschiede zwischen Steinlänge und -breite ergeben sich vor allem bei Lochsteinen mit richtungsorientierten Lochungen. Zugfestigkeitswerte in Richtung Steinbreite liegen nur für HLz vor (8 Werte, Wertebereich $\beta_{z,b}/\beta_{D,st} = 0{,}003 \ldots 0{,}026$, Mittelwert: 0,009).

Sinnvollerweise werden die in Richtung Steinlänge bestimmten Zugfestigkeitswerte auf die in Richtung Steinhöhe geprüften Druckfestigkeitswerte bezogen als Verhältniswerte $\beta_{z,l}/\beta_{D,st}$ angegeben.

Tabelle 2 gibt den heutigen Stand der Auswertung [10, 16, 17] wieder.

Tabelle 2. Verhältniswerte Steinzug-/Steindruckfestigkeit

Steinart	$\delta_i = f_{bt,cal}/f_{st}$ DIN EN 1996-1-1/NA [7]	Mauerstein	$\beta_{z,l}/\beta_{D,st,prüf}$ [10]		
			Mittelwert	Wertebereich	Anzahl Versuchswerte
Hohlblocksteine	0,020	Hbl	0,08	0,05…0,13	8
		Hbl 2	0,09	0,07…0,13	5
		Hbl ≥ 4	0,07	0,06…0,10	3
		Hbn	0,08	0,06…0,09	2
Hochlochsteine	0,026	HLz	0,03	0,13…0,41	20
		LHLz	0,01	0,002…0,019	54
		KS L	0,035	0,026…0,055	19
Steine mit Grifflöchern und Grifftaschen	0,026	KS(GL)	0,045	0,027…0,065	24
Vollsteine ohne Grifflöcher oder Grifftaschen	0,032	KS	0,063	0,039…0,081	18
		Mz	0,04	0,01…0,08	9
		V, Vbl	0,08	0,04…0,21	23
		V2, Vbl2	0,11	0,06…0,18	16
		V, Vbl ≥ 4	0,07	0,05…0,09	7
Porenbeton	$\dfrac{0,082}{1,25} \cdot \dfrac{1}{0,7 + \left(\dfrac{f_{st}}{25}\right)^{0,5}}$	PB, PP	0,11	0,06…0,19	24
		PB2, PP2	0,18	0,13…0,20	7
		PB und PP 4, 6, 8	0,11	0,09…0,13	8

$f_{bt,cal}$ rechnerische Steinzugfestigkeit nach DIN EN 1996-1-1/NA
f_{st} umgerechnete mittlere Steindruckfestigkeit nach DIN EN 1996-1-1/NA
$\beta_{z,l}$ Prüfwert der Steinzugfestigkeit in Richtung Steinlänge
$\beta_{D,st,prüf}$ Prüfwert der Steindruckfestigkeit in Richtung Steinhöhe

Die beiden angeführten Verhältniswerte sind nicht direkt miteinander vergleichbar, da der Prüfwert jeweils noch mit Formbeiwerten zu versehen und näherungsweise beim Druck mit 0,8 und beim Zug mit 0,7 zu multiplizieren wäre, um auf die charakteristischen Werte zu kommen. Näherungsweise kann man aber die Verhältniswerte gleichsetzen (im Rahmen der hier vorliegenden Genauigkeit).

Für Vollsteine besteht wegen der versuchstechnisch sehr aufwendigen Bestimmung der einaxialen Längszugfestigkeit noch die Möglichkeit der Messung der Spaltzugfestigkeit. Allerdings gibt es für Mauersteine noch keinen einheitlichen Wert zur Umrechnung von der Spaltzugfestigkeit auf die Zugfestigkeit. Dieser Wert hängt erfahrungsgemäß von der Festigkeit ab. Näherungsweise gilt, dass das Verhältnis Spaltzugfestigkeit $\beta_{sz,l}$ zu Zugfestigkeit $\beta_{z,l}$ zwischen 1,1 und 1,3 liegt. Für Lochsteine ist nach Auffassung des Verfassers die Ermittlung der Spaltzugfestigkeit [18] aus Gründen des Spannungszustands nicht sinnvoll anzuwenden.

2.2 Verformungseigenschaften

2.2.1 Elastizitätsmodul senkrecht zur Lagerfuge unter Druckbeanspruchung

Der Elastizitätsmodul der Mauersteine beeinflusst die Steifigkeit des Mauerwerks maßgeblich, er muss in den Fällen, in denen sie eine Rolle spielt, im Einzelfall nachgewiesen werden.

Der E-Modul ist als Sekantenmodul bei 1/3 der Höchstspannung (Druckspannung senkrecht zu den Lagerfugen) und einmaliger Belastung definiert:

$$E_D = \frac{\max \sigma_D}{3 \cdot \varepsilon_1}$$

mit
ε_1 Längsdehnung bei 1/3 max σ_D

Nach [10] können für eine erste Abschätzung des Druck-E-Moduls folgende Beziehungen gewählt werden:

Kalksandstein: $\quad E_D = 230 \cdot \beta_{D,st}$

Porenbeton: $\quad E_D = 700 \cdot \beta_{D,St}^{0,74}$

Es empfiehlt sich, bei den wenigen Einzelfällen, wo der Elastizitätsmodul des Mauerwerks für Nachweise benötigt wird, z. B. Durchbiegung bei Brückenüberbauten, den Elastizitätsmodul von Steinen vor dem Vermauern bzw. bei bestehenden Bauwerken mittels Probenentnahme zu bestimmen und eine rechnerische Abschätzung vorzunehmen, wozu allerdings eine sehr große Erfahrung erforderlich ist.

2.2.2 Elastizitätsmodul in Steinlängsrichtung unter Zugbeanspruchung

Der Elastizitätsmodul der Mauersteine unter Zugbeanspruchung liegt erfahrungsgemäß in der gleichen Größenordnung wie der unter Druckbeanspruchung. Geringe Abweichungen sind in der Nichtlinearität der Spannungs-Dehnungslinien der Steinmaterialien begründet. Der Zug-E-Modul ist analog zum Druck-E-Modul als Sekantenmodul bei 1/3 der Höchstspannung (Zugfestigkeit) und einmaliger Belastung definiert. Zwischen dem Elastizitätsmodul und der Steinzugfestigkeit wurden folgende Zusammenhänge ermittelt [10] (Best.: Bestimmtheitsmaß):

Kalksandsteine (Prismen; 13 Mittelwerte)

$E_Z = 5800 \cdot \beta_{z,l}^{0,73}$ (Best.: 95 %)

Leichtbetonsteine (V, Vbl, Hbl; Prismen; Prüfung in Steinlängsrichtung; 35 Einzelwerte, große Streuung)

$E_Z = 6000 \cdot \beta_{z,l}$ (Best.: 77 %)

Porenbetonsteine

$E_Z = 3180 \cdot \beta_{z,l}$ (Best.: 78 %)

(Zylinder, Prismen; 21 Mittelwerte)

$E_Z = 1,01 \cdot E_D$ (Best.: 93 %)

(Zylinder; 11 Mittelwerte)

2.2.3 Spannungs-Dehnungslinie

In Bild 2 sind die Spannungs-Dehnungslinien von Ziegeln, Kalksandstein, Leichtbeton und Porenbeton, wie man sie am Vollmaterial ermittelt, beispielhaft dargestellt.

2.2.4 Querdehnungsmodul

Diese Kenngröße ist von maßgebender Bedeutung für die Drucktragfähigkeit von Mauerwerk. Bei einem ungünstigen Verhältnis der Querdehnungsmodulen von Mörtel und Stein wird letzterer stärker auf Zug beansprucht, was die Druckfestigkeit des Mauerwerks reduziert. Nach [10] können die Wertebereiche aus Tabelle 3

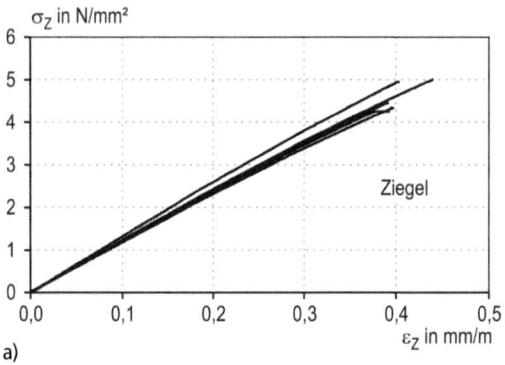

a)

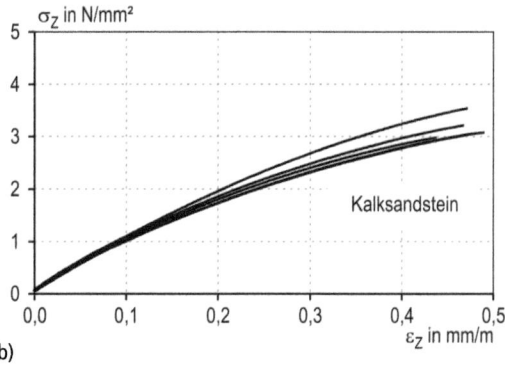

b)

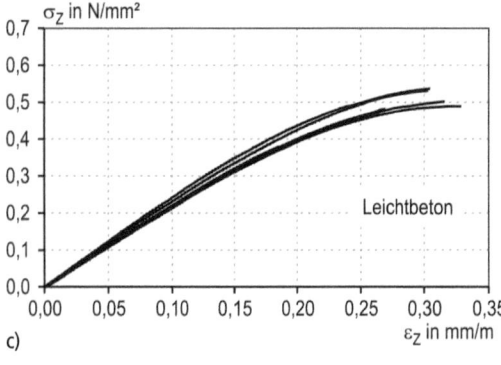

c)

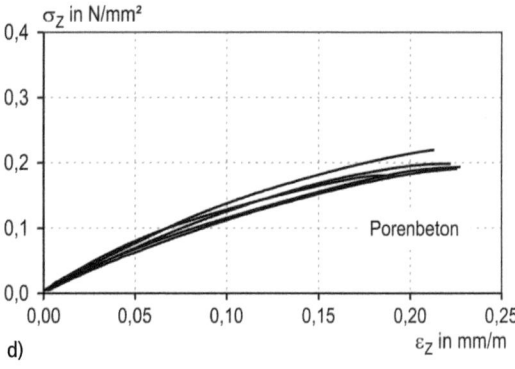

d)

Bild 2. Spannungs-Dehnungslinien von a) Ziegel, b) Kalksandstein, c) Leichtbeton und d) Porenbeton

Tabelle 3. Mauersteine; Querdehnungsmodul $E_{q,l}$ in 10^3 N/mm², Querdehnungszahl µ, Anhaltswerte [19–22], aus [10]

Mauerstein	Festig-keitsklasse	$E_{q,l}$		µ
		n	Wertebereich	
Hbl, Vbl	2 … 6	8	3,6 … 20	0,08 … 0,11
PB, PP	2 … 6	7	5,6 … 25	0,15
KS, KS L, KSHbl	8 … 28	12	12 … 100	
HLz	6	4	2,7 … 40	0,11 … 0,20
	8	8	12 … 59	
	12	4	31 … 55	
	48	–	133	

n Anzahl der Versuchswerte

für den Querdehnungsmodul von Mauersteinen angegeben werden.

2.3 Dehnung aus Schwinden und Quellen, thermische Ausdehnungskoeffizienten

Für die Steinmaterialien selbst werden eher selten Formänderungswerte aus lastunabhängiger Beanspruchung angegeben, siehe z. B. [23, 24]. Bei einem Verbundwerkstoff wie Mauerwerk hängen Formänderungswerte sehr stark ab von den jeweiligen Anteilen; z. B. schwindet großformatiges Mauerwerk mit Dünnbettfuge anders als kleinformatiges mit Dickbettfuge. Für Abschätzungen wird daher auf Abschnitt 5.6.5 verwiesen.

3 Eigenschaftswerte von Mauermörteln

3.1 Allgemeines

Mauermörtel wird durch den Kontakt mit den Steinen in mehr oder weniger starkem Umfang beeinflusst. In aller Regel wird dem Mörtel Wasser entzogen, sodass nach einer gewissen Phase der Konsolidierung – entspricht quasi einer echten Reduktion des Wasserzementwerts – der Wasserentzug leere Poren hinterlässt, die sich festigkeitsmindernd auswirken. Insofern können Eigenschaftswerte, die an nicht beeinflusstem Mörtel ermittelt werden, für weiterführende Analysen und Abschätzungen meist nicht verwendet werden. Die zur Verfügung stehenden Daten werden nachfolgend aufgeführt und sind [10] entnommen.

3.2 Festigkeitseigenschaften

3.2.1 Zugfestigkeit β_Z

Für Normalmörtel ergab sich mit 33 Versuchswerten (Mittelwerte) der folgende Zusammenhang zur Druckfestigkeit β_D:

$\beta_Z = 0{,}11 \cdot \beta_D$ \hspace{2em} (Best.: 91 %)

3.2.2 Scherfestigkeit β_S

Die Scherfestigkeit von Mauermörtel ist definiert als maximale Spannung bei einschnittiger Scherbeanspruchung. Ein genormtes Prüfverfahren existiert nicht. Üblicherweise wird die Scherfestigkeit an nach DIN EN 1015 hergestellten Mörtelprismen 160 mm × 40 mm × 40 mm geprüft. Dabei wird das Prisma senkrecht zur Prismenlängsachse auf Scheren beansprucht. Die Scherfestigkeit von Mauermörtel ist z. B. von Interesse bei der rechnerischen Berücksichtigung von mit Mauermörtel verfüllten Mauersteinkanälen (Verfüllziegel-Mauerwerk) und beim rechnerischen Nachweis von Verankerungen mit Haken, z. B. bei zweischaligem Mauerwerk.

Mit den für diese Auswertung vorliegenden 11 Versuchswerten für Werk-Trockenmörtel, Werk-Frischmörtel und Rezeptmörtel ergeben sich folgende Zusammenhänge zwischen der Scherfestigkeit β_S und der Normmörteldruckfestigkeit β_D, ermittelt nach DIN EN 1015-11 [25] (Bereich für β_D: 4 bis 18 N/mm²):

$\beta_S = 0{,}55 \cdot \beta_D^{0{,}68}$ \hspace{2em} (Best.: 89 %)

$\beta_S = 0{,}25 \cdot \beta_D$ \hspace{2em} (Best.: 76 %)

Die Auswertung einer Vielzahl von Festigkeitsprüfungen in [26] ergab

$\beta_S = 0{,}71 \cdot \beta_D^{0{,}57}$

$\beta_S = 2 \cdot \beta_Z$

3.3 Verformungseigenschaften

3.3.1 E-Modul (Längsdehnungsmodul) E

Der E-Modul wird in der Regel nach DIN 18555-4 [29] zusammen mit dem Querdehnungsmodul ermittelt. Nach den vorliegenden Versuchsergebnissen lassen sich folgende Beziehungen zwischen E und der Normdruckfestigkeit β_D angeben [30] (s. auch Bild 3):

a) Normalmauermörtel

$E = 2100 \cdot \beta_D^{0{,}7}$ bzw. $E \leq 700 \cdot \beta_D$

b) Leichtmauermörtel mit Gesteinskörnungen aus Blähton

$E = 1200 \cdot \beta_D^{0{,}6}$

c) Leichtmauermörtel mit Gesteinskörnungen aus Perliten

$E = 1200 \cdot \beta_D^{0{,}4}$

3.3.2 Querdehnungsmodul E_q

Ist der Querdehnungsmodul des Mauermörtels deutlich kleiner als der des Steins, so entstehen durch die größere Querverformbarkeit des Lagerfugenmörtels zusätzliche Querzugspannungen im Stein, wodurch die Mauerwerkdruckfestigkeit verringert werden kann. Dies ist besonders bei leichten Leichtmauermörteln mit sehr verformbaren Gesteinskörnungen der Fall.

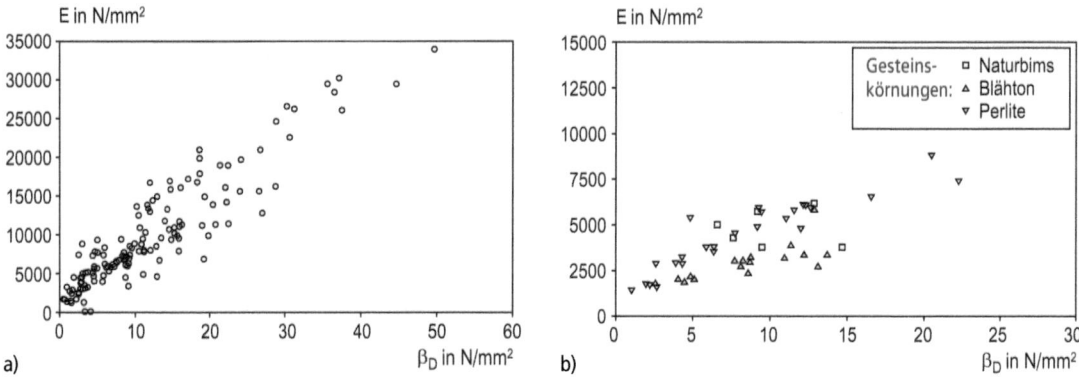

Bild 3. Mauermörtel; Elastizitätsmodul in Abhängigkeit von der Normdruckfestigkeit β_D [10]; a) Normalmörtel, b) Leichtmörtel

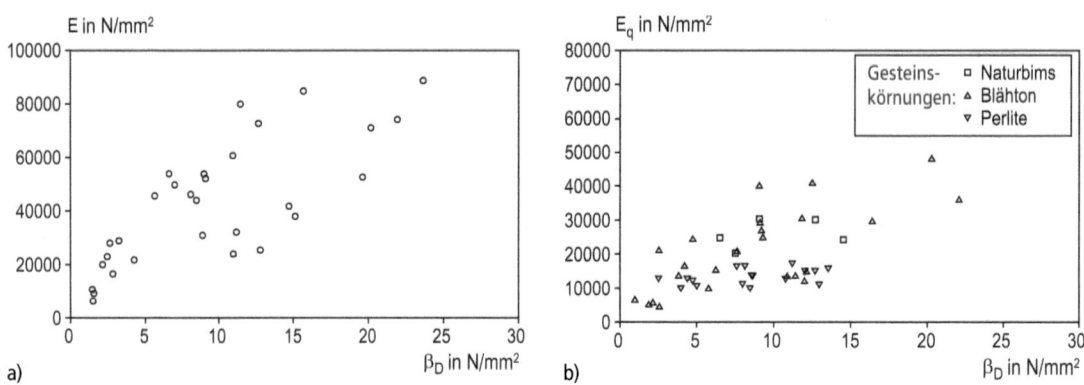

Bild 4. Mauermörtel; Querdehnungsmodul E_q in Abhängigkeit von der Normdruckfestigkeit β_D [10]; a) Normalmörtel, b) Leichtmörtel

Ein Zusammenhang zwischen E_q und der Normdruckfestigkeit β_D kann jeweils nur für Mörtel mit gleicher Gesteinskörnung (gefügedichter Sand, Blähton, Naturbims, Perlite usw.) erwartet werden (Bild 4).
In Tabelle 4 sind E_q-Werte angegeben. Für Leichtmauermörtel wurde der Zusammenhang zwischen Quer- und Längsdehnungsmodul (bei allerdings großer Streuung)

$$E_q = 4{,}92 \cdot E \qquad \text{(Best.: 67\%)}$$

ermittelt.

3.3.3 Feuchtedehnung (Schwinden ε_s)

Das Schwinden des Mauermörtels kann die Risssicherheit von Mauerwerk beeinflussen. Schnelles und starkes Schwinden führt gelegentlich im oberflächennahen Bereich zum Ablösen des Fugenmörtels vom Mauerstein. Das Schwinden kann nach DIN 52450 [31] an gesondert in Stahlschalung hergestellten Mörtelprismen ermittelt werden. Der Mörtel im Mauerwerk schwindet in der Regel weniger, weil der Mauerstein dem Mörtel einen Teil des Anmachwassers entzieht. Quantitative Aussagen dazu liegen bislang nicht vor.

Tabelle 4. Mauermörtel; Querdehnungsmodul E_q [27], aus [10]

Mörtelart	n	ρ_d	β_D	E_q
		kg/dm³	N/mm²	10³ N/mm²
Normalmörtel	49	1,1 … 1,9	1,5 … 24	1,2 … 116
Dünnbettmörtel	5	1,4 … 1,6	14 … 21	36 … 49
Leichtmörtel LM 21 (Zuschlag: Polystyrol, Perlite, Naturbims)	23	0,6 … 0,8	8,4 … 11,6	6,7 … 15
Leichtmörtel LM 36 (Zuschlag: Blähton, Naturbims, Blähschiefer)	36	0,8 … 1,2	4,0 … 21	16 … 48

n   Anzahl Versuchswerte
ρ_d Trockenrohdichte
β_D Normdruckfestigkeit

Tabelle 5. Mauermörtel; Endschwindwerte $\varepsilon_{S\infty}$, Normamörtel [28] – Anhaltswerte

Relative Luftfeuchte %	Rechenwerte	Wertebereich
	mm/m	
30	1,2	0,7 … 2,0
50	0,9	0,5 … 1,5
65	0,8	0,5 … 1,5
80	0,5	0,2 … 1,0

Schwindwerte $\varepsilon_{S\infty}$ (rechnerische Endwerte) für Normalmauermörtel sind in der Tabelle 5 in Abhängigkeit von der relativen Luftfeuchte des Schwindklimas angegeben. Endschwindwerte von Leichtmörteln können je nach verwendetem Leichtzuschlag bis etwa doppelt so groß sein.

3.3.4 Kriechen (Kriechzahl φ)

Das Kriechen kann wie das Schwinden die Risssicherheit von Mauerwerk beeinflussen. Es wird in analoger Weise wie bei Beton ermittelt. Für im Alter von 7 d mit einer Kriechspannung von etwa 1/3 der Prismendruckfestigkeit belastete Mörtelprüfkörper ergaben sich Endkriechzahlen φ_∞ im Bereich von rd. 5 bis 15, im Mittel von etwa 10 [32]. Auch hier gilt – wie beim Schwinden – dass sich das Kriechen des Mauermörtels im Mauerwerk wesentlich von dem der Mörtelprismen unterscheidet.

4 Verbundeigenschaften zwischen Stein und Mörtel

4.1 Allgemeines

Nahezu alle Festigkeitseigenschaften von Mauerwerk hängen von dem Verbund zwischen Stein und Mörtel ab. Erst wenn die Verbundfestigkeiten sehr hoch werden, kommt die Steinzugfestigkeit zum Tragen. In Abhängigkeit der Mörtelart und der Mörtelgruppe sind in DIN V 18580 [33] Mindestanforderungen an die Verbundfestigkeit im Alter von 28 Tagen angegeben. Geprüft wird die Haftscherfestigkeit entweder nach DIN 18555-5 [34] oder nach dem europäischen Verfahren in DIN EN 1052-3 [35]. Eine sehr detaillierte Zusammenfassung von Prüfmethoden und Kennwerten wurde in [17] veröffentlicht. In [37] wird auf die Beanspruchungsarten spezifisch eingegangen.

4.2 Haftscherfestigkeit

Das Institut für Bauforschung der RWTH Aachen hat im Rahmen eines Forschungsprojekts [38] eine sehr umfassende Auswertung von Haftscherfestigkeitsuntersuchungen durchgeführt und damit verdeutlicht, dass eine Differenzierung zwischen unterschiedlichen Stein-/Mörtelkombinationen bezüglich der tatsächlichen Werte sehr sinnvoll ist (s. Tabellen 6a–e).
In Tabelle 7 sind Anhaltswerte für die Haftscherfestigkeit angegeben. Dabei wurden die Versuchsergebnisse nach EN-Verfahren mit dem Faktor 2 multipliziert – in etwa ist dies zulässig, um auf den Wert nach dem DIN-Verfahren schließen zu können.
Bei der Biegezugbeanspruchung parallel zu den Lagerfugen kann zur Abschätzung der Biegezugfestigkeit bei Fugenversagen ersatzweise die Haftscherfestigkeit angesetzt werden (s. Abschnitt 5.5), obwohl hier die Drehbewegung des Steins einer Torsionsbeanspruchung entspricht. In [17] und [39] wird darauf speziell eingegangen.

4.3 Haftzugfestigkeit

Dieser Kennwert ist u. a. für die Biegezugfestigkeit senkrecht zu den Lagerfugen von Relevanz. Tabelle 8 ist [10] entnommen und stellt die aktuellen Daten dar. Eine deutsche Prüfnorm bzw. -richtlinie existiert derzeit nicht. Zwei häufig angewendete Prüfverfahren – die zentrische Beanspruchung und das sogenannte Bondwrench-Prüfverfahren – sind in [15] (s. auch [40]) beschrieben.

5 Eigenschaftswerte von Mauerwerk

5.1 Allgemeines

Die Eigenschaftswerte von Mauerwerk können aufgrund seiner ausgeprägten Anisotropie und Heterogenität in Abhängigkeit der zahlreichen in der Praxis vorkommenden Stein-Mörtel-Kombinationen sehr unterschiedlich sein und weichen zudem teilweise deutlich von denen anderer Baustoffe ab. Ähnlich wie Beton ist auch Mauerwerk ein Baustoff, der sich in erster Linie für druckbeanspruchte Bauteile eignet. Die Beanspruchbarkeit auf Zug, Biegezug und Schub ist wesentlich geringer als die auf Druck. Mauerwerk wird daher in erster Linie zum Abtrag von vertikalen Lasten herangezogen. Die nachfolgenden Abschnitte enthalten eine Übersicht über die für die unterschiedlichen Beanspruchungen maßgebenden Festigkeits- und Verformungseigenschaften von Mauerwerk.

5.2 Druckfestigkeit senkrecht zu den Lagerfugen

5.2.1 Experimentelle Bestimmung

Die Druckfestigkeit von Mauerwerk senkrecht zu den Lagerfugen kann sowohl experimentell als auch rechnerisch ermittelt werden.
Bei der experimentellen Bestimmung der Mauerwerkdruckfestigkeit werden kleine (sogenannte RILEM) Mauerwerkwände durch vertikale Lasten senkrecht zu den Lagerfugen gleichmäßig bis zum Bruch belas-

Tabelle 6a. Kalksandsteine; Haftscherfestigkeit β_{HS}

Mauerstein	Mauermörtel	PV	n (n$_i$)	h$_m$	min x̄	max x̄	x̄
				M.-%	N/mm²		
KS-Referenz	NM II	DIN	3 (>15)	3,0…12,1[1]	0,10	0,40	0,23
		EN	2 (9)	3,0…12,1	0,10	0,24	0,17
	NM IIa	DIN	23 (>129)	4,0…11,3[1]	0,02	0,60	0,19
		EN	10 (49)	5,5…11,3[1]	0,03	0,27	0,10
	NM IIIa	DIN	6 (30)	2,3…11,5	0,27	0,67	0,42
		EN	2 (10)	2,3…11,5	0,21	0,60	0,41
	LM 21	DIN	3 (>14)	5,1[1]	0,37	0,58	0,47
		EN	–	–	–	–	–
	LM 36	DIN	3 (30)	5,0[1]	0,12	0,82	0,43
		EN	–	–	–	–	–
	DM	DIN	21 (170)	3,4…5,0[1]	0,37	1,68	0,94
		EN	–	–	–	–	–
KS (ohne Referenz)	NM II	DIN	1 (–[2])	1,8	–	–	0,06
		EN	4 (40)	14,4	0,16	0,64	0,37
	NM IIa	DIN	21 (>76)	1,8…3,2[1]	0,01	0,51	0,20
		EN	21 (>67)	1,8…10,5[1]	0,02	0,31	0,13
	NM III	DIN	2 (–[2])	1,8…3,2	0,04	0,07	0,06
		EN	13 (>27)	1,5…13,2[1]	0,03	0,35	0,16
	LM 21	DIN	2 (10)	3,2…12,1	0,36	1,64	1,00
		EN	2 (10)	3,2…12,1	0,27	1,10	0,69
	DM	DIN	8 (45)	3,9…6,7[1]	0,46	1,07	0,78
		EN	12 (56)	2,7…6,8[1]	0,10	0,90	0,43

1) Feuchtegehalte liegen nicht bei allen Versuchsserien vor.
2) Anzahl der Einzelwerte nicht bekannt.

PV   Prüfverfahren
n   Anzahl der Versuchsserien
(n$_i$)   Anzahl der Einzelwerte
h$_m$ Feuchtegehalt der Mauersteine
min x̄   kleinster Mittelwert
max x̄   größter Mittelwert
x̄   Mittelwert

tet. Alternativ kann die vertikale Beanspruchbarkeit auch aus der Druckprüfung von geschosshohen Wandprüfkörpern hergeleitet werden. Die Mauerwerkdruckfestigkeit errechnet sich dabei in beiden Fällen aus der im Versuch ermittelten Höchstlast und der belasteten Mauerwerkquerschnittsfläche. Bei der Prüfung können durch kontinuierliche Verformungsmessungen (z. B. mit induktiven Wegaufnehmern) auch die Spannungs-Dehnungslinien und der Druck-E-Modul (siehe Abschnitt 5.6.2.1) mit bestimmt werden. Die Prüfung ist in der europäischen Norm DIN EN 1052-1 [41] beschrieben.

5.2.2 Rechnerische Bestimmung

Es ist inzwischen hinlänglich bekannt, dass die Druckfestigkeit von Mauerwerk nicht nur von den Festigkeitseigenschaften seiner Ausgangsstoffe abhängt, sondern von einer Vielzahl weiterer Parameter, u. a. den horizontalen Formänderungsunterschieden von Mauerstein und Mauermörtel sowie der hygrischen Wechselwirkung zwischen dem Wasserabsaugverhalten des Steins und dem Wasserrückhaltevermögen des Mörtels, beeinflusst wird. Ein theoretisch begründetes und abgesichertes Ingenieurmodell zur rechneri-

Tabelle 6b. Hochlochziegel; Haftscherfestigkeit β_{HS}

Mauerstein	Mauermörtel	PV	n (n$_i$)	h$_m$ M.-%	min $\bar{x}$	max $\bar{x}$	$\bar{x}$
					N/mm²		
HLz	NM II	DIN	2 (20)	0,1 … 10,9	0,43	0,47	0,45
		EN	4 (32)	0,1 … 10,9[1)]	0,23	0,35	0,30
	NM IIa	DIN	8 (43)	0 … 11,7[1)]	0,16	0,65	0,32
		EN	27 (>111)	0 … 21,0[1)]	0,08	0,67	0,25
	NM III	DIN	–	–	–	–	–
		EN	5 (>16)	0 … 0,1[1)]	0,12	0,64	0,37
	LM 21	DIN	1 (5)	2,0	–	–	0,49
		EN	7 (35)	0 … 19,0[1)]	0,06	0,38	0,17
	LM 36	DIN	2 (15)	0 … 17,0	0,35	0,80	0,58
		EN	15 (73)	0 … 21,0	0,12	0,51	0,25
	DM	DIN	–	–	–	–	–
		EN	12 (64)	0[1)]	0,18	0,93	0,43

Kurzzeichen siehe Tabelle 6a

Tabelle 6c. Vollziegel; Haftscherfestigkeit β_{HS}

Mauerstein	Mauermörtel	PV	n (n$_i$)	h$_m$ M.-%	min $\bar{x}$	max $\bar{x}$	$\bar{x}$
					N/mm²		
Mz	NM II	DIN	2 (10)	0,2 … 7,7	0,71	1,04	0,88
		EN	2 (10)	0,2 … 7,7	0,37	0,57	0,47
	NM IIa	DIN	15 (94)	0,1 … 8,0[1)]	0,07	1,06	0,31
		EN	11 (50)	0,1 … 8,0[1)]	0,04	0,73	0,20
	NM IIIa	DIN	2 (10)	0,1 … 6,9	1,34	2,05	1,70
		EN	2 (10)	0,1 … 6,9	0,97	1,00	0,99

Kurzzeichen siehe Tabelle 6a

Tabelle 6d. Porenbetonsteine (Blocksteine, Plansteine); Haftscherfestigkeit β_{HS}

Mauerstein	Mauermörtel	PV	n (n$_i$)	h$_m$ M.-%	min $\bar{x}$	max $\bar{x}$	$\bar{x}$
					N/mm²		
PB, PP	NM II	DIN	2 (10)	11,3 … 54,2	0,09	0,28	0,19
		EN	2 (10)	11,3 … 54,2	0,05	0,09	0,07
	NM IIa	DIN	2 (10)	10,4 … 54,7	0,17	0,35	0,26
		EN	6 (>10)	4,7 … 54,7	0,04	0,07	0,06
	LM 21	DIN	2 (9)	3,2 … 52,9	0,49	0,85	0,67
		EN	2 (10)	3,2 … 52,9	0,08	0,16	0,12
	DM	DIN	15 (111)	8,7 … 44,7[1)]	0,41	1,28	0,75
		EN	8 (>24)	4,9 … 29,0[1)]	0,18	0,58	0,39

Kurzzeichen siehe Tabelle 6a

Tabelle 6e. Betonsteine (Leicht- und Normalbeton); Haftscherfestigkeit β_{HS}

Mauerstein	Mauermörtel	PV	n (n$_i$)	h$_m$	min x̄	max x̄	x̄
				M.-%		N/mm²	
LB/BS	NM II	DIN	–	–	–	–	–
		EN	4 (21)	–	0,30	0,39	0,35
	NM IIa	DIN	11 (55)	0 ... 7,3 [1)]	0,42	0,76	0,62
		EN	21 (>89)	0 ... 7,9 [1)]	0,13	0,64	
	NM III	DIN	–	–	–	–	–
		EN	5 (>16)	3,1 [1)]	0,31	0,67	0,51
	LM 21	DIN	1 (4)	16,8	–	–	0,95
		EN	5 (>19)	2,8 ... 16,8 [1)]	0,18	0,63	0,39
	DM	DIN	8 (68)	5,1 [1)]	0,68	2,57	1,78
		EN	2 (10)	5,1 [1)]	0,17	1,18	0,68

Kurzzeichen siehe Tabelle 6a

Tabelle 7. Anhaltswerte für die Haftscherfestigkeit β_{HS} in N/mm²

Mauerstein	Mauermörtel				Werte für f_{vk0} nach DIN EN 1996-1-1/NA [7]			
	NM IIa	NM III	LM 36	DM	NM IIa	NM III	LM 36	DM
KS-Referenz	0,20	–	–	–	0,18	0,22	0,18	0,22
KS (ohne Referenzstein)	0,25	0,30	–	0,85				
HLz	0,45	–	0,50	–				
Mz	0,35	–						
PP	–			0,75				
Vbl, Hbl, Hbn	0,55			1,70				

schen Bestimmung der Mauerwerkdruckfestigkeit unter Berücksichtigung der wesentlichen Einflussparameter liegt jedoch trotz zahlreicher Untersuchungen zu dieser Thematik bislang nicht vor. Aus diesem Grund wird die Druckfestigkeit von Mauerwerk in den aktuellen europäischen Regelwerken weiterhin nur in grober Näherung auf Grundlage von Versuchsergebnissen mittels eines empirischen Modells aus den einaxialen Druckfestigkeitswerten der Einzelkomponenten Mauerstein und Mauermörtel abgeleitet.

Bislang wurde die Druckfestigkeit von Mauerwerk bei Berechnung nach der inzwischen abgelösten deutschen Mauerwerknorm DIN 1053-1 [1] durch die Grundwerte der zulässigen Druckspannungen σ_0 in Abhängigkeit von Steinfestigkeitsklassen, Mörtelarten und Mörtelgruppen festgelegt und tabellarisch angegeben. Diese Unterteilung wurde auch in der zwischenzeitlich vom globalen (deterministischen) Sicherheitskonzept auf das semiprobabilistische Teilsicherheitskonzept umgestellten DIN 1053-100 [2] übernommen. Eine Unterscheidung nach den verschiedenen in der Baupraxis vorkommenden Mauersteinarten war sowohl beim vereinfachten als auch beim genaueren Berechnungsverfahren bislang nicht vorgesehen. Zukünftig ist für die Bemessung und Ausführung von Mauerwerk nur noch die europäische Normenreihe DIN EN 1996 (auch bekannt als Eurocode 6 [3–6]) maßgebend, unter Beachtung der zugehörigen nationalen Anhänge [7–9], in denen länderspezifische Besonderheiten von den CEN-Mitgliedsstaaten geregelt werden. Wie bereits in DIN 1053-100 [2] basiert auch die Bemessung nach der europäischen Norm auf dem Teilsicherheitskonzept. Die Standsicherheitsnachweise für Mauerwerk werden nicht mehr wie früher in DIN 1053-1 [1] auf der Spannungsebene (vorh σ_D ≤ zul σ_D), sondern auf der Krafteebene geführt. Anstelle des bisherigen Grundwerts der zulässigen Druckspannungen σ_0 wird nun mit dem charakteristischen Wert f_k der Druckfestigkeit von Mauerwerk gerechnet. Es ist im Grenzzustand der Tragfähigkeit nachzuweisen, dass der Bemessungswert der einwirkenden Normalkraft nicht größer ist als der Bemessungswert des vertikalen Tragwiderstands (N_{Ed} ≤ N_{Rd}). Die Bemessungswerte der Einwirkung und des Tragwiderstands ergeben sich dabei aus den jeweiligen charakteristischen Größen und den entsprechenden Teilsicherheitsbeiwerten.

Tabelle 8. Stein/Mörtel; Haftzugfestigkeit β_{HZ}; Prüfalter im Allgemeinen mind. 14 d [10]

Mauerstein	Mauermörtel	Prüfverfahren [2]	n (n$_i$)	x̄	min x	max x
Art	Feuchtezustand [1]			N/mm²		
HLz	l	NM IIa	Z	16	0,48	[4]	[4]
	l, f	NM IIa	BW	5	0,44	0,23	0,58
	l	LM 21	BW	2	0,07	[4]	[4]
	f	LM 21	BW	2	0,17	[4]	[4]
	l	DM	BW	3 (15)	0,19	0,10	0,32
KS	l	NM IIa	BW	2	0,14	[4]	[4]
	f	NM IIa	BW	1	0,42	[4]	[4]
	l, f	DM	BW	20	0,61	0,43	[4]
	l	DM	Z	6 (30)	0,42	0,24	0,82
KS-PE	l	DM	Z	5	0,67	0,49	0,82
	l	DM	Z	5 [3]	0,29	0,26	0,36
PP	l, f	DM	Z	14	0,37	0,25	0,50

1) l, f lufttrocken, feucht
2) Z zentrisch (SM 3 in [15]); BW: Bondwrench (SM 4 in [15])
3) Prüfalter unter 14 d
4) Keine Angabe von Einzelwerten

n: Anzahl der Versuchsserien
(n$_i$): Anzahl der Einzelwerte
x̄, min x, max x: Mittelwert, Kleinstwert, Größtwert

Eine der wesentlichen Zielsetzungen bei der Erarbeitung des EC6 [3–6] und der zugehörigen nationalen Anhänge [7–9] war u. a. die differenziertere Beschreibung der Mauerwerkdruckfestigkeit in Abhängigkeit der unterschiedlichen Steinarten, um vorhandene Tragfähigkeitsreserven zukünftig besser nutzen zu können. Hierzu wurde am Institut für Bauforschung der RWTH Aachen (ibac) eine umfassende Auswertung von Mauerwerkdruckversuchen durchgeführt, die als Basis für die Ableitung der charakteristischen Druckfestigkeitswerte in den nationalen Anhängen zum EC6 gedient hat. Wesentliche verwendete Literaturstellen sind u. a. [42–47].

Für die in Deutschland gebräuchlichen Stein-Mörtel-Kombinationen sind die im vereinfachten Berechnungsverfahren für die Nachweisführung benötigten charakteristischen Werte f_k der Druckfestigkeit von Mauerwerk im Nationalen Anhang zu DIN EN 1996-3 [9], Anhang D tabellarisch angegeben. Zusätzlich bietet das genauere Berechnungsverfahren nach DIN EN 1996-1-1 [3] die Möglichkeit, die charakteristischen Werte f_k der Druckfestigkeit von Mauerwerk rechnerisch mit den nachfolgenden Rechenansätzen für Mauerwerk mit Normalmörtel in Gl. (1a) bzw. für Mauerwerk mit Leichtmörtel oder Dünnbettmörtel in Gl. (1b) und den in den Tabellen des Nationalen Anhangs zu DIN EN 1996-1-1 [7] in Abhängigkeit von der jeweiligen Stein-Mörtel-Kombination angegebenen Parametern zu ermitteln. Die Faktoren K sowie die Exponenten α und β sind dabei wie zuvor erläutert das Ergebnis der Auswertung von umfangreichen Versuchsdaten zur Bestimmung der Druckfestigkeit von Mauerwerk.

Nach dem Nationalen Anhang zu DIN EN 1996-1-1 [7] ist in Gl. (1a) bzw. (1b) nicht wie in DIN EN 1996-1-1 [3] angegeben die normierte Steindruckfestigkeit f_b, sondern die aus der jeweiligen Druckfestigkeitsklasse der Mauersteine umgerechnete mittlere Mindeststeindruckfestigkeit f_{st} einzusetzen.

$$f_k = K \cdot f_{st}^\alpha \cdot f_m^\beta \quad (1a)$$

$$f_k = K \cdot f_{st}^\alpha \quad (1b)$$

Dabei sind

f_k charakteristische Druckfestigkeit von Mauerwerk in N/mm² (Schlankheit λ = 5)

K, α, β über Regression bestimmte Faktoren und Exponenten

f_{st} umgerechnete mittlere Mindeststeindruckfestigkeit in Lastrichtung in N/mm² (um den Faktor 1,25 erhöhter Nennwert der Festigkeitsklasse gemäß Anwendungsnorm und/oder Restnorm)

f_m die der Mörtelgruppe zugeordnete Festigkeitsklasse des Mauermörtels gemäß DIN EN 998-2 in Verbindung mit DIN V 18580 in N/mm²

Die derzeit in den nationalen Anhängen zu DIN EN 1996-1-1 [7] bzw. DIN EN 1996-3 [9] angegebenen charakteristischen Werte f_k der Druckfestigkeit von Mau-

erwerk orientieren sich natürlich auf der sicheren Seite liegend an den unteren Grenzwerten.
Das nachfolgende Bild 5 zeigt beispielhaft anhand der Auswertung von Druckversuchen an Mauerwerk aus Kalksand-Vollsteinen und Kalksand-Blocksteinen in Kombination mit Normalmauermörtel der Mörtelgruppe IIa, wie unterschiedlich hoch die Druckfestigkeit von Mauerwerk im Versuch bei annähernd gleichen Steindruckfestigkeitswerten ausfallen kann. Dargestellt sind zum einen die auf eine einheitliche Schlankheit der Mauerwerkwände $\lambda = h_{ef}/t = 5$ umgerechneten Versuchswerte der Mauerwerkdruckfestigkeit $\beta_{D,mw}$ in Abhängigkeit der geprüften Steindruckfestigkeit inklusive Formfaktor $\beta_{D,st}$. Zusätzlich enthält das Diagramm die gemäß den nationalen Anhängen zum Eurocode [7, 9] ansetzbaren f_k-Werte in Abhängigkeit der aus der jeweiligen Steinfestigkeitsklasse umgerechneten mittleren Mindeststeindruckfestigkeit f_{st}. Diese Gegenüberstellung von reinen Versuchsdaten und normativ geregelten charakteristischen Festigkeitswerten verdeutlicht, dass es sich bei der Ableitung der Mauerwerkdruckfestigkeit aus den einaxialen Druckfestigkeitswerten der Einzelkomponenten Mauerstein und Mauermörtel in den meisten Fällen nur um eine sehr grobe Näherungslösung handeln kann. Anhand der grau markierten Versuchsdaten in Bild 5 ist nachvollziehbar, dass die Mauerwerkdruckfestigkeit einiger Mauerstein-Mauermörtel-Kombinationen deutlich über den gemäß der europäischen Norm ansetzbaren Druckfestigkeitswerten liegen kann, mit der Folge, dass die Materialien bislang teilweise nicht sinnvoll ausgenutzt werden.

5.3 Druckfestigkeit parallel zu den Lagerfugen

Bei biegedruckbeanspruchtem Mauerwerk kann die Längsdruckfestigkeit eine Rolle spielen. Für weiterführende Angaben wird auf [10, 48] verwiesen.

5.4 Zugfestigkeit und -tragfähigkeit

Die Zugfestigkeit von Mauerwerk parallel zu den Lagerfugen wird beim Nachweis der Gebrauchstauglichkeit benötigt, um z. B. die Gefahr einer Rissbildung abschätzen zu können. Dabei sind zwei Versagensarten zu untersuchen, nämlich das Steinversagen und das Fugenversagen.
Bei der Herleitung der Berechnungsansätze zur Bestimmung der Zugfestigkeit parallel zu den Lagerfugen (siehe Gln. (2), (3a), (3b)) wurde davon ausgegangen, dass in den vertikalen Stoßfugen, auch wenn sie vermörtelt sind, keine Zugspannungen übertragen werden können. Der Grund hierfür ist, dass die Stoßfugen nicht überdrückt sind und die Haftzugfestigkeit zwischen Mauerstein und Mauermörtel i. d. R. aufgrund des Mörtelschwindens und einer oftmals mangelhaften Ausführung vernachlässigbar klein ist.
Für den Fall Steinversagen bedeutet dies, dass die im Bereich einer Steinlage und Mörtelfuge auftretenden Zugspannungen parallel zu den Lagerfugen nur durch einen halben Mauerstein und die Mörtelfuge übertragen werden können. Da die Dicke der Mörtelfuge i. d. R. deutlich geringer ist als die Mauersteinhöhe, ist die Mauerwerkzugfestigkeit in diesem Fall näherungsweise halb so groß wie die Steinzugfestigkeit. Wesentliche Einflussgröße auf die Mauerwerkzugfestigkeit parallel zu den Lagerfugen bei Steinversagen ist daher die Steinzugfestigkeit in Richtung Steinlänge. Diese ist abhängig von der Steinart, dem Lochanteil und -bild.

$$f_t \approx f_{t,u}/2 \quad \text{für Steinzugversagen} \qquad (2)$$

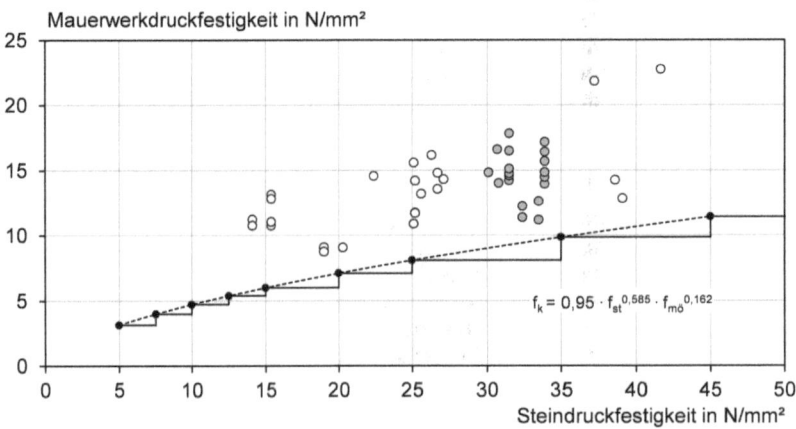

Bild 5. Druckfestigkeit von Mauerwerk aus Kalksand-Vollsteinen und Kalksand-Blocksteinen mit Normalmauermörtel der Mörtelgruppe IIa in Abhängigkeit von der Steindruckfestigkeit

Bei Fugenversagen müssen die im Bereich einer Steinlage und Mörtelfuge auftretenden Zugspannungen parallel zu den Lagerfugen über Schubspannungen in der Lagerfuge auf der Überbindelänge (l_{ol}) in die jeweilige nächste Steinlage übertragen werden. Die übertragbare Zugkraft in den Stoßfugen kann vernachlässigt werden, da die Haftzugfestigkeit zwischen Mauerstein und Mauermörtel i. d. R. gering ist (s. o.). Die Mauerwerkzugfestigkeit parallel zu den Lagerfugen ist in diesem Fall erreicht, wenn die in der Lagerfuge auftretenden Schubspannungen die Scherfestigkeit überschreiten. Die wesentlichen Einflussgrößen auf die Mauerwerkzugfestigkeit bei diesem Belastungs- und Versagensfall sind daher die auf die Mauersteinhöhe bezogene Überbindelänge und die Scherfestigkeit, die sich aus der Haftscherfestigkeit und dem auflastabhängigen Reibungsanteil zwischen Mauerstein und Mauermörtel zusammensetzt. Die Haftscherfestigkeit ist dabei abhängig von der Steinart, Lochung, Porenstruktur und dem Feuchtegehalt der Mauersteine sowie der Zusammensetzung des Mörtels. Der Reibungsbeiwert wird im Wesentlichen durch die Oberflächenstruktur, den Lochanteil sowie die Lochstruktur, d. h. der Verzahnung zwischen Mauerstein und Mauermörtel, beeinflusst.

$f_t \approx f_{v0} \cdot l_{ol}/h_u$ für Fugenversagen ohne Auflast (3a)

bzw.

$f_t \approx (f_{v0} + \mu \cdot \sigma_d) \cdot l_{ol}/h_u$
für Fugenversagen mit Auflast (3b)

mit
f_t Mauerwerkzugfestigkeit parallel zu den Lagerfugen

$f_{t,u}$ Zugfestigkeit des Steins in Längsrichtung
f_{v0} Haftscherfestigkeit
μ Reibungsbeiwert
σ_d Druckspannung senkrecht zur Lagerfuge
l_{ol} Überbindelänge
h_u Steinhöhe

Die zur Berechnung der Zugfestigkeit von Mauerwerk parallel zu den Lagerfugen erforderlichen Kenngrößen sind bereits in den vorhergehenden Abschnitten aufgeführt. Zur Durchführung von Versuchen zur Bestimmung der Zugfestigkeit von Mauerwerk wird auf [15] verwiesen. Untersuchungen zur Bestimmung der Zugfestigkeit senkrecht zu den Lagerfugen wurden bislang nur sehr wenige durchgeführt, sodass keine abgesicherten Werte angegeben werden können.
In Tabelle 9 sind die Bandbreiten der Werte aufgeführt. Neuere Erkenntnisse sind noch nicht eingearbeitet, verändern aber auch das Ergebnis nur unwesentlich. Tabelle 9 wurde [10] entnommen.

5.5 Biegezugfestigkeit und -tragfähigkeit

Die Biegezugfestigkeit von Mauerwerk ist von großer Bedeutung bei Ausfachungsflächen und Verblendschalen von zweischaligem Mauerwerk bei Einwirkung von Windlasten (Sog und Druck), aber auch bei mit Erddruck belasteten Kellerwänden. Bei dem anisotropen Baustoff Mauerwerk muss unterschieden werden zwischen der Beanspruchung senkrecht zur Lagerfuge und parallel zur Lagerfuge. In Ausfachungsflächen und bei Verblendschalen treten meist zweiaxiale Beanspruchungen auf, d. h., dass die Biegezugfestigkeiten parallel und senkrecht zu den Lagerfugen bekannt sein müssen.

Tabelle 9. Mauerwerk; Zugfestigkeit f_t in N/mm² – Zugbeanspruchung parallel zu den Lagerfugen [49–51], aus [10]

	Mauerstein			Mauermörtel		SF	n	f_t (Mittelwerte bzw. Einzelwerte)
Art, Sorte	Format		Festigkeitsklasse	Art	Gruppe			
Mz, KMz	NF		28, 60	NM	IIa, IIIa	vm	5	0,45; 0,51
HLz	2DF		12	NM	II … III	vm	8	0,12; 0,20; 0,21
HLz	2DF		60	NM	III	vm	3	0,82
KS, KS L	2DF, 5DF		12 … 36	NM	II … III	vm, um	30	0,07 … 0,41
KS	2DF		20	DM	III	vm	2	0,65
PB	2DF		2, 6	NM	IIa, IIIa	vm	6	0,09; 0,11
PP	2DF, 16DF		2	DM	III	um	4	0,04 … 0,14
PP	2DF		2	DM	III	vm	1	0,16
Vbl	10DF		2	LM21	IIa	um	1	0,03
V, Vbl	2DF, 8DF		2	NM	II, IIa	vm	6	0,16; 0,18; 0,24; 0,26
V	2DF		2	DM	III	vm, um	2	0,25; 0,21
V	2DF		12	NM	III	vm	3	0,58
Hbl	10DF		2	NM	IIa	vm	1	0,13
Hbl	10DF		2	LM36	IIa	vm	1	0,17

NM: Normalmauermörtel; DM: Dünnbettmörtel; LM: Leichtmauermörtel; SF: Stoßfugen
vm: vermörtelt; um: unvermörtelt; n: Anzahl der Einzelwerte

Ähnlich wie bei der Druckfestigkeitsprüfung von Mauerwerk, die an kleinen, repräsentativen Wandprüfkörpern durchgeführt wird, erfolgt auch die Biegezugprüfung an kleinen Mauerwerkkörpern. Dabei werden die einachsigen Biegezugfestigkeiten parallel und senkrecht zu den Lagerfugen an jeweils gesonderten Prüfkörpern ermittelt (s. dazu [44]). In der europäischen Prüfnorm DIN EN 1052-2 [53] ist die Bestimmung der Biegezugfestigkeit an solchen kleinen wandartigen Mauerwerkkörpern für beide Beanspruchungsrichtungen zusammen mit der Auswertung und Bewertung der Versuchsergebnisse beschrieben.

Bei der Biegezugfestigkeit senkrecht zu den Lagerfugen ist die Haftzugfestigkeit zwischen Stein und Mörtel ausschlaggebend. Eher selten ist die Steinzugfestigkeit in Steinhöhe geringer als die Haftzugfestigkeit zwischen Stein und Mörtel. In Bild 6 sind die verfügbaren Ergebnisse zu Untersuchungen der Biegezugfestigkeit senkrecht zur Lagerfuge dargestellt. Es fasst die Ergebnisse der Auswertung in [52, 54] zusammen. Neuere Erkenntnisse sind in [39] enthalten.

Die Bandbreite der Werte ist verhältnismäßig groß, was auf die Versuchsdurchführung einerseits und auf tatsächliche Materialstreuungen andererseits zurückzuführen ist. Für Mauerwerk mit Dünnbettmörtel wurde im Rahmen der Normungsarbeit ein charakteristischer Wert von 0,2 N/mm² diskutiert, der für Normalmörtel konnte bislang nicht festgelegt werden.

In den Bildern 7–9 sind Auswertungen von Untersuchungsergebnissen zur Bestimmung der Biegezugfestigkeit senkrecht zur Lagerfuge für Ziegelmauerwerk (Bild 7), Kalksandsteinmauerwerk (Bild 8) und Porenbetonmauerwerk (Bild 9) dargestellt. Die Ergebnisse machen deutlich, dass ein Wert zwischen 0,15 N/mm² und 0,20 N/mm² auch für Normalmauermörtel gerechtfertigt ist.

Für die Nachweisführung der Biegetragfähigkeit ist ein Wert zwingend erforderlich. In tragenden Wänden darf jedoch nach DIN EN 1996-1-1/NA [7] die Biegezugfestigkeit senkrecht zu den Lagerfugen f_{xk1} (mit einer Bruchebene parallel zu den Lagerfugen) nicht in Rechnung gestellt werden. Lediglich bei Wänden aus Planelementen, die kurzzeitig rechtwinklig zur Wandebene beansprucht werden, darf normgemäß ein Wert f_{xk1} = 0,2 N/mm² zugrunde gelegt werden.

Bei der Biegezugfestigkeit parallel zur Lagerfuge kann sowohl Steinzug- als auch Fugenversagen eintreten. Generell ist davon auszugehen, dass die Wanddicke und das Überbindemaß, neben den mechanischen Eigenschaften, Einfluss auf die Biegezugfestigkeit des Mauerwerks parallel zu den Lagerfugen ausüben. Eine genauere Analyse geometrischer Einflussgrößen auf die Biegezugfestigkeit parallel zu den Lagerfugen gibt [39]. Die charakteristische Biegezugfestigkeit parallel zu den Lagerfugen f_{xk2} (mit einer Bruchebene senkrecht zu den Lagerfugen) wird nach DIN EN 1996-1-1/NA [7] als Kleinstwert aus den Kriterien Fugen- und Steinversagen bestimmt. Die Berechnungsgleichungen (4a) und (4b) basieren auf den Berechnungsansätzen zur Bestimmung der Zugfestigkeit parallel zu den Lagerfugen gemäß Abschnitt 5.4.

$$f_{xk2} = 0{,}5 \cdot f_{bt,cal} \leq 0{,}7 \text{ in N/mm}^2$$
$$\text{für Steinzugversagen} \quad (4a)$$

$$f_{xk2} = \left(\alpha \cdot f_{vk0} + \mu \cdot \sigma_d\right) \cdot l_{ol}/h_u$$
$$\text{für Fugenversagen} \quad (4b)$$

mit
α Korrekturbeiwert zur Berücksichtigung des Einflusses der Stoßfugenvermörtelung (α = 1,0 für vermörtelte Stoßfugen, α = 0,5 für unvermörtelte Stoßfugen)

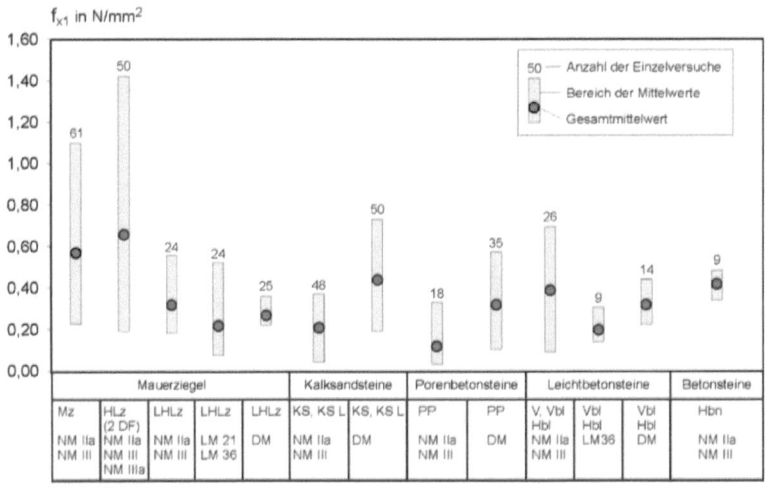

Bild 6. Bandbreite der Biegezugfestigkeitswerte senkrecht zur Lagerfuge, aus [54]

I Eigenschaften von Mauersteinen, Mauermörtel, Mauerwerk und Putzen

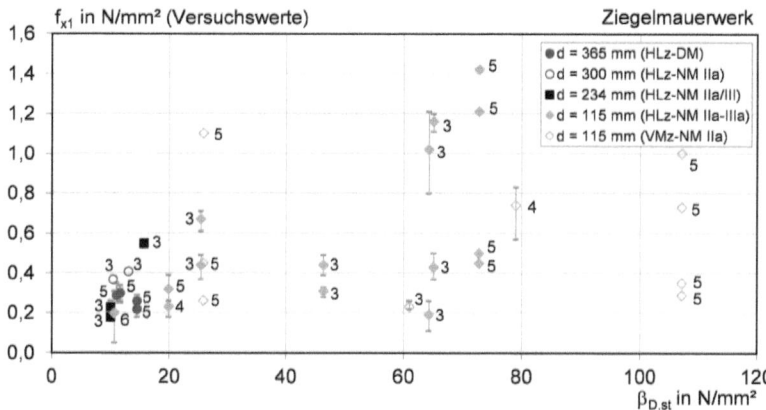

Bild 7. Biegezugfestigkeit senkrecht zu den Lagerfugen von Ziegelmauerwerk mit Normalmauer- und Dünnbettmörtel in Abhängigkeit von der Steindruckfestigkeit, Mittelwerte und Streubereich der Einzelwerte, Prüfkörperanzahl [55]

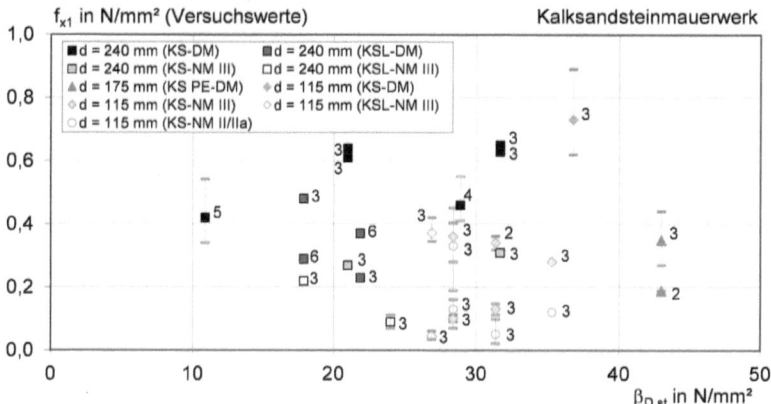

Bild 8. Biegezugfestigkeit senkrecht zu den Lagerfugen von Kalksandsteinmauerwerk mit Normalmauer- und Dünnbettmörtel in Abhängigkeit von der Steindruckfestigkeit, Mittelwerte und Streubereich der Einzelwerte, Prüfkörperanzahl [36]

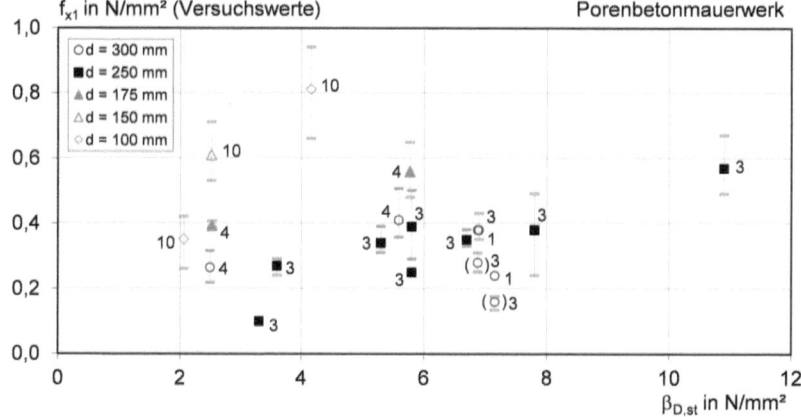

Bild 9. Biegezugfestigkeit senkrecht zu den Lagerfugen von Porenbetonmauerwerk mit Dünnbettmörtel in Abhängigkeit von der Steindruckfestigkeit, Mittelwerte und Streubereich der Einzelwerte, Prüfkörperanzahl [16]

Tabelle 10. Werte für die Haftscherfestigkeit f_{vk0} in N/mm² nach DIN EN 1996-1-1/NA [7]

Mörtelart, Mörtelgruppe	NM I	NM II	NM IIa LM 21 LM 36	NM III	NM IIIa	DM
f_{vk0}	–	0,08	0,18	0,22	0,26	0,22

Tabelle 11. Rechnerische Steinzugfestigkeit $f_{bt,cal}$ nach DIN EN 1996-1-1/NA [7]

Steinart	$f_{bt,cal}$
Hohlblocksteine	$0{,}020 \cdot f_{st}$
Hochlochsteine	$0{,}026 \cdot f_{st}$
Steine mit Grifflöchern oder Grifftaschen	$0{,}026 \cdot f_{st}$
Vollsteine ohne Grifflöcher oder Grifftaschen	$0{,}032 \cdot f_{st}$
Porenbeton der Länge ≥ 498 mm und der Höhe ≥ 248 mm	$\dfrac{0{,}082}{1{,}25} \cdot \dfrac{1}{\left(0{,}7 + \left(\dfrac{f_{st}}{25}\right)\right)^{0{,}5}} \cdot f_{st}$

f_{vk0} Haftscherfestigkeit nach Tabelle 10
μ Reibungsbeiwert: 0,6
σ_d Bemessungswert der zugehörigen Druckspannung rechtwinkelig zur Lagerfuge
l_{ol}/h_u Verhältnis Überbindelänge/Steinhöhe
$f_{bt,cal}$ rechnerische Steinzugfestigkeit nach Tabelle 11

Durch die Bestimmung von Anfangsscherfestigkeit und Steinlängszugfestigkeit der gewählten Kombination besteht die Möglichkeit, über die Anforderungswerte hinaus höhere Biegezugfestigkeiten zu ermöglichen. Hier muss dann dieser neu zu findende charakteristische Wert über das Verfahren der Zustimmung im Einzelfall abgesichert werden.

5.6 Verformungseigenschaften

5.6.1 Allgemeines

Die nachfolgenden Kennwerte wurden von *Schubert* [10] zusammengestellt und veröffentlicht. Da sich an der Datenlage nichts verändert hat, werden diese Daten inklusive der Bezeichnung der jeweiligen Kennwerte übernommen.

5.6.2 Druckbeanspruchung senkrecht zu den Lagerfugen

5.6.2.1 Druck-E-Modul E_D

Der Elastizitätsmodul ist als Sekantenmodul bei 1/3 der Höchstspannung (Druckspannung senkrecht zu den Lagerfugen) und einmaliger Belastung definiert.

$$E_D = \frac{\max \sigma_D}{3 \cdot \varepsilon_1}$$

mit
ε_1 Längsdehnung bei 1/3 max σ_D.

Er wird für bestimmte Bemessungsfälle und für die Beurteilung der Risssicherheit benötigt. Ermittelt wird der E-Modul nach DIN EN 1052-1 [41]. Bezogen auf die Mauerwerkdruckfestigkeit β_D ist im Mittel $E_D = 1000 \cdot \beta_D$. Je nach Stein-Mörtel-Kombination ergeben sich E_D-Werte im Bereich von etwa $500 \cdot \beta_D$ bis $1500 \cdot \beta_D$.
Aus z. T. veröffentlichten Auswertungen [43, 45–47, 56, 57] ergaben sich folgende Zusammenhänge:
– Mauerwerk aus Kalksandsteinen
  $E_D = 500 \cdot \beta_D$ Normalmauer-, Dünnbettmörtel
  (grobe Näherung, Streubereich der Einzelwerte etwa 50 %)
– Mauerwerk aus Leichtbetonsteinen
  $E_D = 1240 \cdot \beta_D^{0,77}$ Leichtmauermörtel
  $E_D = 1040 \cdot \beta_D$ Normalmauermörtel
  $E_D = 930 \cdot \beta_D$ Dünnbettmörtel bzw.
  $E_D = 600 \cdot \beta_{D,st}$ Dünnbettmörtel
  (Streubereich der Einzelwerte etwa ± 20 %)
– Mauerwerk aus Porenbetonsteinen
  $E_D = 520 \cdot \beta_D$ Normalmauermörtel bzw.
  $E_D = 570 \cdot \beta_{D,st}^{0,69}$ Normalmauermörtel
  (Streubereich der Einzelwerte etwa ± 50 %)
  $E_D = 560 \cdot \beta_D$ Dünnbettmörtel bzw.
  $E_D = 470 \cdot \beta_{D,st}^{0,86}$ Dünnbettmörtel bzw.
  $E_D = 350 \cdot \beta_{D,st}$ Dünnbettmörtel
  (Streubereich der Einzelwerte etwa ± 20 %)
– Mauerwerk aus Leichthochlochziegeln
  $E_D = 1480 \cdot \beta_D$ Leichtmauermörtel
  $E_D = 1170 \cdot \beta_D$ Normalmauermörtel
  $E_D = 1190 \cdot \beta_D$ Dünnbettmörtel bzw.
  $E_D = 460 \cdot \beta_{D,st}$ Dünnbettmörtel
  (Streubereich der Einzelwerte etwa ± 50 %)
$\beta_{D,st}$ Steindruckfestigkeit
E_D, β_D Bezogen auf Mauerwerk mit Schlankheit $\lambda = 10$

In Tabelle 12 sind unter Bezug auf die neuesten Auswertungen E_D-Werte für Mauerwerk aus Normalmauer-, Leichtmauer- und Dünnbettmörtel angegeben. Für die Berechnung der E_D-Werte wurden Stein- und Mörteldruckfestigkeitswerte zugrunde gelegt, die jeweils 10 % größer sind als die Mindestmittelwerte nach Norm.
Die Tabelle 13 enthält Werte für die Kennzahl K_E zur Bestimmung des E-Moduls nach DIN EN 1996-1-1/NA [7].

5.6.2.2 Querdehnungszahl μ_D und Dehnung bei Höchstspannung $\varepsilon_{u,D}$

Die Eigenschaftswerte μ_D und $\varepsilon_{u,D}$ für auf Druck senkrecht zu den Lagerfugen beanspruchtes Mauerwerk können bei der Prüfung nach DIN EN 1052-1 [41]

I Eigenschaften von Mauersteinen, Mauermörtel, Mauerwerk und Putzen

Tabelle 12. Mauerwerk; Druck-E-Modul E_D gerundet in 10^3 N/mm^2 (Druckbeanspruchung senkrecht zu den Lagerfugen) [43, 45–48, 57, 58]

Mauersteine			Mauermörtel						
Steinsorte	Norm	Festigkeits-klasse	Normalmauermörtel, Gruppe				Leichtmauer-mörtel	Dünnbett-mörtel
			II	IIa	III	IIIa		
HLz, Mz ($\rho_N \geq 1{,}2$)	DIN EN 771-1 DIN 105-100 DIN 20000-401 Zulassung	4 6 8 12 20 28 36 48 60	– – – 3,5 5,0 6,5 – – –	– – – 5,0 6,5 8,5 – – –	– – – 6,0 8,5 10,5 12,5 15,0 18,0	– – – 8,0 11,0 13,5 16,0 19,0 22,5	2,5 4,0 5,0 6,5 – 	4,0 4,5 5,5 –
Leichthochlochziegel ($\rho_N \leq 1{,}0$)		4 6 8 12 20	2,0 2,5 3,0 4,5 7,0	2,5 3,5 4,0 6,0 9,0	3,0 4,5 5,5 8,0 12,0	4,5 6,0 7,5 10,0 15,0	3,0 4,0 5,0 6,5 9,0	2,5 4,0 5,0 7,5 –
KS	DIN EN 771-2 DIN 106 DIN 20000-402 Zulassung	4 6 8 12 20 28 36 48 60	1,9 2,6 3,2 4,3 6,3 8,1 9,7 12,0 14,2	2,2 3,0 3,7 5,0 7,2 9,3 11,2 13,9 16,4	2,5 3,4 4,2 5,7 8,4 10,7 12,9 16,0 18,9	2,9 4,0 4,9 6,6 9,7 12,4 15,0 18,5 21,8	– – – – – 	– – – 8,0 10,0
KS L		12 20 28	3,2 5,0 6,1	3,7 5,8 7,0	4,2 6,6 8,0	4,9 7,7 9,3	– – –	– – –
Hbl	DIN EN 771-3 DIN V 18151-100 DIN 20000-403	2 4 6 8	2,2 3,5 4,6 5,6	2,2 3,6 4,8 5,9	2,3 3,8 5,0 6,1	– – – –	2,2 3,0 3,6 4,1	2,0 3,5 4,5 –
V, Vbl	DIN EN 771-3 DIN V 18152-100 DIN 20000-403	2 4 6 8	2,2 3,7 4,9 6,0	2,4 3,9 5,2 6,4	2,5 4,1 5,6 6,8	– – – –	2,0 3,0 3,7 4,3	1,6 3,3 5,0 6,6
Hbn	DIN EN 771-3 DIN V 18153-100 DIN 20000-403	4 6 8 12	4,5 5,8 6,9 8,8	5,8 7,5 9,0 11,5	7,6 9,8 11,7 15,0	– – 15,2 19,5	– – – –	– – – –
PB, PP	DIN EN 771-4 DIN V 4165-100 DIN 20000-404	2 4 6 8	1,1 1,8 2,4 3,0	– – – –	– – – –	– – – –	– – – –	1,1 2,0 2,9 3,7

Tabelle 13. Mauerwerk; Druck-E-Modul $E_D = K_E \cdot f_k$ gerundet in N/mm² in Abhängigkeit vom charakteristischen Wert f_k der Druckfestigkeit von Mauerwerk nach DIN EN 1996-1-1/NA [7]

Mauersteinart	Kennzahl K_E	
	Rechenwert	Wertebereich
Mauerziegel	1100	950 bis 1250
Kalksandsteine	950	800 bis 1250
Leichtbetonsteine	950	800 bis 1100
Betonsteine	2400	2050 bis 2700
Porenbetonsteine	550	500 bis 650

mitbestimmt werden. Vorliegende Zahlenwerte enthält Tabelle 14.

5.6.2.3 Völligkeitsgrad α_0

Der geometrische Völligkeitsgrad α_0 im Bereich der Spannungs-Dehnungs-Linie bis zur Höchstspannung (Druckfestigkeit $\beta_{D,mw}$) bzw. zur Dehnung bei Höchstspannung $\varepsilon_{u,D}$ ist ein Maß für die Nichtlinearität der σ-ε-Linie im ansteigenden Ast und kann aus

$$\alpha_0 = 1/(\varepsilon_{u,D} \cdot \beta_{D,mw}) \cdot \int_0^{\varepsilon_{u,D}} \sigma(\varepsilon) d\varepsilon$$

errechnet werden.
In Tabelle 14 sind α_0-Werte angegeben.

5.6.3 Druckbeanspruchung parallel zu den Lagerfugen

5.6.3.1 Druck-E-Modul $E_{D,p}$

Der E-Modul $E_{D,p}$ wird wie in Abschnitt 5.6.2.1 beschrieben ermittelt. Aus den wenigen vorliegenden auswertbaren Versuchsergebnissen lassen sich für Mauerwerk mit vermörtelten Stoßfugen folgende Zusammenhänge zwischen Druckfestigkeit parallel zu den Lagerfugen und dem E-Modul als *Anhaltswerte* herleiten:
- Mauerwerk aus Kalksandsteinen
  $E_{D,p} = 300 \cdot \beta_{D,p}$ (Kalksandvollsteine)
  $E_{D,p} = 700 \cdot \beta_{D,p}$ (Kalksandlochsteine)
  (Streubereich der Einzelwerte etwa ± 50 %)
- Dünnbettmauerwerk aus Porenbeton-Plansteinen
  $E_{D,p} = 600 \cdot \beta_{D,p}$
  (Streubereich der Einzelwerte etwa ± 30 %)

Der Zusammenhang entspricht etwa dem bei Druckbeanspruchung senkrecht zu den Lagerfugen. Für Mauerwerk mit unvermörtelten Stoßfugen ergaben sich, bei allerdings sehr wenigen Versuchswerten, etwa halb so hohe E-Modul-Werte wie bei Mauerwerk mit vermörtelten Stoßfugen.

5.6.3.2 Dehnung bei Höchstspannung $\varepsilon_{u,D,p}$

Anhaltswerte für $\varepsilon_{u,D,p}$ sind:
- Mauerwerk aus Hochlochziegeln: 2,3 mm/m,
- Mauerwerk aus Kalksandvollsteinen: 3,5 mm/m,
- Mauerwerk aus Kalksandlochsteinen: 2,2 mm/m,
- Dünnbettmauerwerk aus Porenbeton-Plansteinen: 2,8 mm/m.

Die $\varepsilon_{u,D,p}$-Werte für Mauerwerk mit unvermörtelten Stoßfugen sind deutlich höher als die von Mauerwerk mit vermörtelten Stoßfugen (rd. 30 bis 80 %).

5.6.4 Zug-E-Modul E_Z (Zugbeanspruchung parallel zu den Lagerfugen)

Der Zug-E-Modul wird analog zum Druck-E-Modul als Sekantenmodul bei 1/3 der Höchstspannung und der bei dieser Spannung auftretenden Dehnung definiert.

$$E_{Z,p} = \frac{\max \sigma_Z}{3 \cdot \varepsilon_{1,Z}}$$

Er wird vor allem für die Beurteilung der Risssicherheit benötigt. Nach Versuchsergebnissen, im Wesentlichen

Tabelle 14. Mauerwerk; Querdehnungszahl μ_D, Dehnungswerte bei Höchstspannung $\varepsilon_{u,D}$ in mm/m und Völligkeitsgrad α_0 (Druckbeanspruchung senkrecht zu den Lagerfugen, Normalmörtel) [21, 22, 56]

Mauersteine		μ_D		$\varepsilon_{u,D}$		α_0	
Steinsorte	Restnorm	Rechenwert	Wertebereich	Rechenwert	Wertebereich	Rechenwert	Wertebereich
HLz	DIN 105-100	0,1	0,05…0,23	1,8	1,0…2,6	0,55	0,51…0,65
KS, KS L	DIN 106	0,1	0,07…0,12	2,5	1,3…3,9	0,65	0,57…0,75
Hbl	DIN V 18151-100	0,2	0,11…0,34	1,6	0,9…2,5	0,60	0,57…0,68
V, Vbl	DIN V 18152-100			1,7	0,6…4,0		
Hbn	DIN V 18153-100	0,2	–	1,0	0,5…2,5	0,65	0,63…0,70
PB, PP	DIN V 4165-100	0,25	0,17…0,32	2,0	1,4…3,7	0,55	0,53…0,60
PP		–	–	1,8	1,5…2,2	–	–

aus [49, 50], kann $E_{Z,p}$ für Mauerwerk aus Normalmauermörtel mit vermörtelten Stoßfugen näherungsweise wie folgt aus der Mauerwerkzugfestigkeit $\beta_{Z,p}$ bestimmt werden [51] (Best.: Bestimmtheitsmaß):
- Mauerwerk aus Kalksandsteinen
  $E_{Z,p} = 24500 \cdot \beta_{Z,p}$ (Best.: 77%)
- Mauerwerk aus Mauerziegeln
  $E_{Z,p} = 15300 \cdot \beta_{Z,p}$ (Best.: 99%)
- Mauerwerk aus Leichtbetonsteinen
  $E_{Z,p} = 14800 \cdot \beta_{Z,p}$ (Best.: 99%)
- Mauerwerk aus Porenbeton-Plansteinen PP2 und Dünnbettmörtel
  $E_{Z,p} = 13000 \cdot \beta_{Z,p}$ (sehr unsicher)

Druck- und Zugelastizitätsmodul weichen etwas voneinander ab, da die σ-ε-Linien bei Druck- und Zugbeanspruchung unterschiedlich nichtlinear sind.
Der Sekantenmodul bei max. σ_Z ist bis auf sehr wenige Ausnahmen deutlich niedriger als $E_{Z,p}$, s. [51].

5.6.5 Feuchtedehnung ε_f, (Schwinden ε_s, irreversibles Quellen ε_q), Kriechen (Kriechzahl φ), Wärmedehnungskoeffizient α_T

Die Verformungskennwerte werden vorwiegend für die Beurteilung der Risssicherheit, z. T. aber auch für Bemessungsfälle, benötigt. Zur Ermittlung der Kennwerte existiert derzeit keine Prüfnorm bzw. Richtlinie. Einen Vorschlag für ein Schwindprüfverfahren für Mauersteine enthält [24].
In Tabelle 15 sind Endwerte für Feuchtedehnung ($\varepsilon_{f\infty}$) und Kriechen (φ_∞) sowie α_T-Werte als „Rechenwerte" (in etwa häufigste Werte) und in der Regel zutreffende Wertebereiche angegeben. Die Wertebereiche können in Ausnahmefällen größer sein. Die Werte gelten für Mauerwerk mit Normalmauermörtel. Sie können näherungsweise auch für Mauerwerk mit Leichtmauer- und Dünnbettmörtel angenommen werden. Empfohlen wird, für Leichtmauerwerk die in Tabelle 16 angegebenen Werte anzusetzen.

Tabelle 15. Mauerwerk; Endwerte der Feuchtedehnung $\varepsilon_{f\infty}$, Endkriechzahl φ_∞ und Wärmedehnungskoeffizient α_T [23, 28, 32] aus [10]

	Mauersteine	$\varepsilon_{f\infty}$ [1]		φ_∞		α_T	
Steinart	Restnorm	Rechenwert	Wertebereich [2]	Rechenwert	Wertebereich [2]	Rechenwert	Wertebereich [2]
		mm/m		–		10^{-6}/K	
Mauerziegel	DIN 105-100	0	+0,3 … –0,2 [3]	1,0	0,5 … 1,5	6	5 … 7
Kalksandsteine	DIN 106	–0,2	–0,1 … –0,3	1,5	1,0 … 2,0	8	7 … 9
Leichtbetonsteine	DIN V 18151-100 DIN V 18152-100	–0,4	–0,2 … –0,5	2,0	1,5 … 2,5	10; 8 [4]	8 … 12
Betonsteine	DIN V 18153-100	–0,2	–0,1 … –0,3	1,0	–	10	8 … 12
Porenbetonsteine	DIN V 4165-100	–0,2	+0,1 … –0,3	1,5	1,0 … 2,5	8	7 … 9

1) Vorzeichen minus: Schwinden, Vorzeichen plus: Quellen
2) Bereich üblicher Werte
3) Für Mauerwerk aus kleinformatigen Mauersteinen (≤ 2 DF), sonst –0,1
4) Für Leichtbetonsteine mit überwiegend Blähton als Gesteinskörnung

Tabelle 16. Leichtmauerwerk; Endwerte der Feuchtedehnung $\varepsilon_{f\infty}$, Endkriechzahlen φ_∞, Lagerungsklima 20/65 (s. auch [24, 26]), aus [10]

	Mauerstein	Mauermörtel	Anzahl d. Versuchsserien	$\varepsilon_{f\infty}$ [1]		φ_∞	
Steinart/-sorte	Restnorm			Rechenwert	Wertebereich [2]	Rechenwert	Wertebereich [2]
				mm/m			
HLz [3]	DIN 105-100	Leichtmörtel	4	+0,1	0 bis +0,3	2,0	1,1 bis 2,7
		Dünnbettmörtel	1	–	0	–	0,1
PP	DIN V 4165-100	Dünnbettmörtel	10	–0,1	–0,2 bis +0,1	0,5	0,2 bis 0,7
Vbl	DIN V 18151-100	Leichtmörtel	1	–	bis –0,6	–	2,3
		Dünnbettmörtel	1	–	bis –0,6	–	1,9

1) Vorzeichen minus: Schwinden, Vorzeichen plus: Quellen
2) Bereich der vorliegenden Versuchswerte
3) Rohdichteklassen $\rho_N \leq 1,0$

Die $\varepsilon_{f\infty}$- und α_T-Werte können sowohl in Richtung senkrecht zu den Lagerfugen als auch in Richtung parallel zu den Lagerfugen angesetzt werden. Die φ_∞-Werte gelten für Druckbeanspruchung senkrecht zu den Lagerfugen. Für Leichtmauerwerk mit Leicht- bzw. Dünnbettmörtel sind die Auswerteergebnisse neuester Versuche in Tabelle 16 zusammengestellt. Der Kenntnisstand über Feuchtedehnung, Kriechen und Wärmedehnung ist zusammen mit neuesten Auswerteergebnissen und Hinweisen für Prüfverfahren in [24] dargestellt. Die Tabellen 17 und 18 enthalten Endschwindwerte mit statistischen Kennzahlen aus [23].

Tabelle 17. Kalksandsteine und Kalksandsteinmauerwerk; Endschwindwerte $\varepsilon_{S\infty}$ in mm/m, Schwindklima 20/65 [10]

Statistischer Kennwert	Einzelsteine		Mauerwerk	
	H[1]	W[2]	H[1]	W[2]
n	8	146	8	11
x	0,14	0,30	0,16	0,26
min x	0,03	0,10	0,01	0,13
max x	0,22	0,52	0,29	0,42
x_{10}	–	0,18	–	0,07
x_{90}	0,31	0,42	0,42	0,46

1) H: Steine etwa herstellfeucht
2) W: wasservorgelagerte Steine; bei Einzelsteinen: 2 d Wasser; Steine für Mauerwerk: 2 d Wasser, 1 d Raumluft
n: Anzahl der Versuchsserien
x, min x, max x: Mittel-, Kleinst-, Größtwert
x_{10}, x_{90}: 10%-, 90%-Quantilwert

Tabelle 18. Leichtbetonsteine und Leichtbetonmauerwerk; Endschwindwerte $\varepsilon_{S\infty}$ in mm/m, Schwindklima 20/65, hoher Anfangsfeuchtegehalt der Steine (in der Regel Wasservorlagerung) [10]

Statistischer Kennwert	Hbl, V, Vbl		KLB[1]	
	Einzelsteine	Mauerwerk	Einzelsteine	Mauerwerk
n	19	24	3	9
x	0,40	0,41	0,25	0,32
min x	0,16	0,23	0,17	0,23
max x	0,67	0,57	0,33	0,49
x_{10}	0,11	0,24	–	0,09
x_{90}	0,67	0,58	–	0,55

1) Klimaleichtblöcke

6 Feuchtigkeitstechnische Kennwerte von Mauersteinen, Mauermörtel und Mauerwerk

6.1 Kapillare Wasseraufnahme

Die Wasseraufsaugfähigkeit von Mauersteinen, Mauermörtel und Putz kann durch die kapillare Wasseraufnahme bzw. den Wasseraufnahmekoeffizienten ω gekennzeichnet werden. Diese sind wichtige Kenngrößen für die Beurteilung des Wasserabsaugens aus dem Fugenmörtel bzw. aus dem Putzmörtel durch den Mauerstein, für die Wasseraufnahme von Sichtflächen bei Beregnung, vor allem bei Schlagregen ($\rightarrow$ Anforderungen an den Wasseraufnahmekoeffizienten von Außenputzen) sowie für die Beurteilung des Austrocknungsverhaltens.

Werden Mauersteine mit hoher Wasseraufsaugfähigkeit – gekennzeichnet durch hohe Wasseraufnahmekoeffizienten ω – vor dem Vermörteln nicht vorgenässt, so kann dem Mörtel nach dem Vermauern zu viel Wasser entzogen werden. Mögliche Folgen sind eine zu geringe Verbundfestigkeit zwischen Mauermörtel und Mauerstein (Haftscher- und Haftzugfestigkeit) und eine zu geringe Mörteldruckfestigkeit in der Fuge. Dies trifft stets für Mauersteine mit einem hohen Anteil an kleinen Kapillarporen und geringem Feuchtegehalt vor dem Vermörteln zu (Kalksandsteine). Die kapillare Wasseraufnahme wird i. d. R. nach DIN EN ISO 15148 [59] – bisher DIN 52617 – geprüft. Ausgehend vom getrockneten Zustand wird bei ständigem Wasserkontakt an der Saugfläche der zeitliche Verlauf der Wasseraufnahme ermittelt. Dieser ist im Allgemeinen im Wurzelmaßstab annähernd linear. Der Anstieg wird durch den Wasseraufnahmekoeffizienten ω in kg/(m^2·h^{0,5}) gekennzeichnet.

Tabelle 19 enthält ω-Werte von Mauersteinen. Die Ergänzung der Tabelle sowie Angaben für Putze sind in den folgenden Ausgaben vorgesehen.

Tabelle 19. Mauersteine; Wasseraufnahmekoeffizient ω ermittelt nach DIN 52617, aus [10]

Mauerstein	n	Mittlerer Wert	Wertebereich
		kg/(m^2·h^{0,5})	
Mauerziegel	36		4 … 16
Kalksandsteine	42	3	1,5 … 20
Porenbetonsteine	5		3 … 9
Leichtbetonsteine	7		1 … 2
Betonsteine	1		2

n: Anzahl der Versuchswerte

6.2 Wasserdampfdurchlässigkeit

Die Wasserdampfdurchlässigkeit kann durch die Wasserdampf-Diffusionswiderstandszahl µ gekennzeichnet werden. Der Wert µ gibt an, um wieviel mal größer der Diffusionswiderstand eines Materials ist als der einer gleichdicken Luftschicht. Die µ-Werte werden zur Beurteilung der Tauwasserbildung und der Austrocknung in Bauteilen – vor allem Außenbauteilen – benötigt. Die Wasserdampf-Diffusionswiderstandszahl wird i. d. R. nach DIN EN ISO 12572 [60] ermittelt.
Tabelle 20 enthält µ-Werte aus DIN 4108-4 [61].

7 Natursteine, Natursteinmauerwerk

Die Bedeutung von Natursteinmauerwerk im Vergleich zu Mauerwerk aus künstlichen Steinen ist für den Neubaubereich gering, jedoch für die Erhaltung von historischen Bauwerken groß. Gerade auch im letztgenannten Anwendungsbereich ist die Kenntnis der wichtigsten Festigkeits- und Verformungseigenschaften sowie feuchtetechnischer Kennwerte häufig wesentliche Voraussetzung für eine erfolgreiche Instandsetzung und Erhaltung der Bauwerke. Es ist deshalb sinnvoll, vorliegende Werteangaben über die Druck- und Biegezugfestigkeit, den Druck-E-Modul, den Schleifverschleiß

Tabelle 20. Mauerwerk; Wasserdampf-Diffusionswiderstand µ nach DIN 4108-4 [61]

Mauerwerk, einschließlich Mörtelfugen	ρ_N	µ
1) Mauerwerk aus Mauerziegeln nach DIN 105-100, DIN 105-5 und DIN 105-6 bzw. Mauerziegeln nach DIN EN 771-1 in Verbindung mit DIN 20000-401		
1.1) Vollklinker, Hochlochklinker, Keramikklinker	≥1,80 ≤2,40	50/100
1.2) Vollziegel, Hochlochziegel, Füllziegel	≥1,20 ≤2,40	5/10
1.3) Hochlochziegel HLzA, HLzB und HLzW	≥0,55 ≤1,00	5/10
2) Mauerwerk aus Kalksandsteinen nach DIN V 106 bzw. DIN EN 771-2 in Verbindung mit DIN 20000-402	≥1,00 ≤1,40	5/10
	≥1,60 ≤2,20	15/25
3) Mauerwerk aus Porenbeton-Plansteinen (PP) nach DIN EN 771-4 in Verbindung mit DIN 20000-404	≥0,35 ≤0,80	5/10
4) Mauerwerk aus Betonsteinen		
4.1) Hohlblöcke (Hbl) nach DIN V 18151-100, Gruppe 1	≥0,45 ≤1,60	5/10
4.2) Hohlblöcke (Hbl) nach DIN V 18151-100 und Hohlwandplatten nach DIN 18148, Gruppe 2	≥0,45 ≤1,60	5/10
4.3) Vollblöcke (Vbl, S-W) nach DIN 18152-100	≥0,45 ≤1,00	5/10
4.4) Vollblöcke (Vbl) und Vbl-S nach DIN 18152-100 aus Leichtbeton mit anderen leichten Zuschlägen als Naturbims und Blähton	≥0,45 ≤1,40	5/10
	≥1,60 ≤2,00	10/15
4.5) Vollsteine (V) nach DIN 18152-100	≥0,45 ≤1,40	5/10
	≥1,60 ≤2,00	10/15
4.6) Mauersteine nach DIN V 18153-100 aus Beton bzw. DIN EN 771-3 in Verbindung mit DIN V 20000-403	≥0,80 ≤1,20	5/15
	≥1,40 ≤2,40	20/30

ρ_N Rohdichteklasse Mauersteine

Tabelle 21. Natursteine; Druckfestigkeit β_D, Biegezugfestigkeit β_{BZ}, Druck-E-Modul E_D, Schleifverschleiß – Anhaltswerte, aus [10]

Naturstein	β_D	β_{BZ}	E_D	Schleifverschleiß
	N/mm²		10^3 N/mm²	cm³/50 cm²
Granit, Syenit	160...240	10...20	40...60	5...8
Diorit, Gabbro	170...300	10...22	100...120	
Porphyre	180...300	15...20	20...160	
Basalt	250...400	15...25	50...100	
Basaltlava	80...150	8...12		12...15
Diabas	180...250	15...25	60...120	5...8
Quarzit, Grauwacke	150...300	13...25	50...80	5...10
Quarzitische Sandsteine	120...200	12...20	20...70	
Sonstige Sandsteine	30...180	3...15	5...30	10...30
Dichte Kalksteine, Dolomite, Marmor	80...180	6...15	60...90	15...40
Sonstige Kalksteine	20...90	5...8	40...70	35...100
Travertin	20...60	4...10	20...60	
Vulkanische Tuffsteine	5...25	1...4	4...10	20...60
Gneise, Granulit	160...280	13...25	30...80	4...10
Serpentin	140...250	25...35		5...20

als Kennwert für das Abnutzungsverhalten, den Wärmedehnungskoeffizienten, die Schwind- und Quelldehnung sowie die Wasseraufnahme unter Atmosphärendruck und die Wasserdampfdiffusionswiderstandszahl zusammenzustellen (s. Tabellen 21–23). Die Zahlenangaben stammen im Wesentlichen aus [62–64]. Für vulkanische Tuffsteine lagen umfangreiche Untersuchungsergebnisse aus [65] vor.

Bemessungsgrundlagen, d. h. im Wesentlichen Angaben zur zulässigen Beanspruchung von Tuffsteinmauerwerk, können [66] entnommen werden. Informationen, die der weiteren Vervollständigung und Aktualisierung der Eigenschaftswerte dienen, werden gern berücksichtigt. Verschiedene Eigenschaftswerte finden sich auch in [67].

8 Eigenschaftswerte von Putzen (Außenputz)

8.1 Allgemeines

Der Außenputz als „Außenhaut" des Gebäudes soll vor allem ein Eindringen von Niederschlagsfeuchte sicher und dauerhaft verhindern, also den ausreichenden Feuchteschutz gewährleisten. Voraussetzung dafür ist, dass der Außenputz wasserabweisend eingestellt ist und frei von Rissen bleibt, über die Wasser in den Putzgrund eindringen kann. Derartige „schädliche" Risse mit einer Rissbreite ab meist 0,2 mm können die Funktionsfähigkeit der Gebäudehülle beein-

Tabelle 22. Natursteine; Wasseraufnahme bei Atmosphärendruck W_a und Wasserdampf-Diffusionswiderstandszahlen[1)]

Naturstein	W_a	μ (0/50)	μ (50/100)
	M.-%		
Granit, Syenit	0,2...0,5	>400	>20
Dionit, Gabbro	0,2...0,4		
Porphyre	0,2...0,7		
Basalt	0,1...0,3		
Basaltlava	4...10		
Diabas	0,1...0,4		
Trachyt			
Quarzit, Grauwacke	0,2...0,5	>400	>20
Quarzitische Sandsteine	0,2...0,6	20...50	8...20
Sonstige Sandsteine	0,2...9		
Dichte Kalksteine	0,2...0,6	50...200	20...40
Sonstige Kalksteine	0,2...10		
Travertin	2...5		
Vulkanische Tuffsteine	6...15	10	
Tonschiefer	0,5...0,6		
Gneise, Granulit	0,1...0,6		
Serpentin	0,1...0,7		

1) siehe auch DIN EN 12524 [68]
μ (0/50): Trockenbereich μ (50/100): Feuchtbereich

Tabelle 23. Natursteine; Wärmedehnungskoeffizient α_T, Schwind- und Quelldehnung ε_s, ε_q-Anhaltswerte, aus [10]

Naturstein	α_T 10^{-6}/K	ε_s, ε_q mm/m
Granit, Syenit	5...11	0...0,2
Diorit, Gabbro	4...8	
Porphyre	5	
Basalt	5...8	0,4
Basaltlava		
Diabas	4...7	0...0,2
Trachyt	12,5	
Quarzit, Grauwacke	10...12	0...0,1
Quarzitische Sandsteine, sonstige Sandsteine	8...12	0,3...0,7
Dichte Kalksteine, Dolomite, Marmor	5...10	
Sonstige Kalksteine	4...12	0,1...0,2
Travertin		
Vulkanische Tuffsteine	6...10	0,2...0,6
Gneise, Granulit		
Serpentin		0,1...0,2

trächtigen (Verringerung des Wärmeschutzes, Feuchteschäden, Frostschäden) und müssen deshalb sicher vermieden werden. Schädliche Risse können durch verschiedene Ursachen entstehen [69], so durch Unverträglichkeiten von Putz und Putzgrund. Grundsätzlich gilt, dass der Putz „weicher" als der Putzgrund sein muss, damit breitere, schädliche Risse vermieden werden. Um dies sicherzustellen, müssen die dafür wesentlichen mechanischen und physikalischen Putzeigenschaften bekannt sein. Diesbezügliche Prüfverfahren sind in [69, 70] aufgeführt. Die Beurteilung, ob schädliche Risse auftreten können, ist in guter Näherung rechnerisch möglich [63]. Nachfolgend werden die derzeit bekannten Eigenschaftswerte und Eigenschaftszusammenhänge angegeben. Da sich diese mehr oder weniger für Putzmörtel (ohne Kontakt zum Putzgrund) und Putz auf Putzgrund unterscheiden können, wird entsprechend differenziert.

8.2 Festigkeitseigenschaften

8.2.1 Druckfestigkeit β_D

Die Druckfestigkeit ist in DIN EN 998-1 [71] bzw. DIN EN 13914-1 [72] und DIN EN 13914-2 [73] in Verbindung mit DIN 18550-1 [74] und DIN 18550-2 [75] klassifiziert. Bei *Putzmörtel* nimmt β_D im Allgemeinen bis zum Alter von 28 d zu. Der Feuchtezustand beeinflusst β_D deutlich: Im nassen Zustand ist β_D im Mittel um rd. 25 % kleiner als im lufttrockenen Zustand. Die Druckfestigkeit von *Putz auf Putzgrund* kann sich – abhängig von Art und Feuchtezustand des Putzgrunds – wesentlich von der Druckfestigkeit des *Putzmörtels* unterscheiden.

8.2.2 Zugfestigkeit β_Z

Bei *Putzmörtel* nimmt β_Z meist bis zum Alter von 28 d zu. Der Einfluss des Feuchtezustandes ist geringer als bei der Druckfestigkeit: Im Mittel verringert sich β_Z um rd. 15 % vom lufttrockenen zum nassen Zustand.

8.3 Verformungseigenschaften

8.3.1 Zug-E-Modul E_Z, dynamischer E-Modul dyn E

Der Zug-E-Modul $E_{Z,33}$ von *Putzmörteln* ist im Mittel rd. 10 % höher als der E-Modul bei Höchstspannung, d. h. die Spannungs-Dehnungs-Linie ist leicht gekrümmt. Der dynamische E-Modul und $E_{Z,33}$ unterscheiden sich um maximal ± 10 %, im Mittel sind beide gleich groß.

8.3.2 Zugbruchdehnung $\varepsilon_{Z,u}$

Für *Putzmörtel* wurden folgende $\varepsilon_{Z,u}$-Werte in mm/m ermittelt [3]:
– Normalputz:
 0,15 bis 0,27; im Mittel: 0,21
– Leichtputz:
 0,11 bis 0,23; im Mittel: 0,18

8.3.3 Zugrelaxation ψ

Der Abbau von Zugspannungen durch Relaxation lässt sich mit der Relaxationszahl ψ kennzeichnen:

$$\psi = 1 - \frac{\sigma_t}{\sigma_0}; \quad \psi_\infty = 1 - \frac{\sigma_\infty}{\sigma_0}$$

σ_t, σ_∞ Zugspannung nach der Zeit t, nach t = ∞
σ_0 anfängliche Zugspannung

Zugspannungen im *Putzmörtel* verringern sich sehr schnell und in hohem Anteil durch Relaxation. Nach 100 h wurde ein Spannungsabbau um 20 bis 60 % festgestellt.
Die ψ-Werte betrugen bei allerdings sehr wenigen Versuchen [10]:
– Normalputz:
 0,12 (Spannungsabbau um rd. 90 %)
– Leichtputz:
 0,06 ... 0,27 (Spannungsabbau um rd. 90 bis 70 %).

8.3.4 Schwinden ε_s, Quellen ε_q

Schwind- und Quellwerte von *Putzmörteln* enthält Tabelle 24. Das Schwinden ist meist nach drei Monaten beendet. Das zweite Schwinden – nach dem Erstschwinden und darauffolgendem Quellen – ist deutlich kleiner als das Erstschwinden, nach vorliegenden Werten um etwa 50 %. *Putz auf Putzgrund* schwindet er-

Tabelle 24. Endschwindwerte und Quellwerte von Putzmörteln, aus [10]

Putzart	Endschwindwerte (Normalklima 20/65)	Quellwerte (nach 2 d Wasserlagerung)
	mm/m	
Normalputz		
– Kalk-Zement	0,56 … 1,20	0,12 … 0,41
– Zement	0,99/1,22	0,22/0,24
Leichtputz	0,88 … 2,22	0,14 … 0,58

heblich weniger als *Putzmörtel*; und zwar um 30 bis 80 %, meistens um 70 %.

8.4 Eigenschaftszusammenhänge

In Tabelle 25 sind Zusammenhänge zwischen verschiedenen Eigenschaften angegeben. Wie aus der Tabelle zu entnehmen ist, kann in erster grober Näherung davon ausgegangen werden, dass die Zusammenhänge für den *Putzmörtel* in etwa auch für den *Putz auf Putzgrund* gelten. Damit ergibt sich die Möglichkeit, von Ausgangskennwerten des *Putzmörtels* Anhaltswerte für Eigenschaftskennwerte des *Putzes auf Putzgrund* zu ermitteln. Durch Anwendung der Eigenschaftszusammenhänge lässt sich die Anzahl der jeweils durch Prüfung zu ermittelnden Eigenschaftswerte wesentlich verringern.

9 Literatur

[1] DIN 1053-1:1996-11 (1996) *Mauerwerk – Teil 1: Berechnung und Ausführung*, Beuth, Berlin.

[2] DIN 1053-100:2007-09 (2007) *Mauerwerk – Teil 100: Berechnung auf der Grundlage des semiprobabilistischen Sicherheitskonzepts*, Beuth, Berlin.

[3] DIN EN 1996-1-1:2013-02 (2013) *Eurocode 6: Bemessung und Konstruktion von Mauerwerksbauten – Teil 1-1: Allgemeine Regeln für bewehrtes und unbewehrtes Mauerwerk*, Beuth, Berlin.

[4] DIN EN 1996-1-2:2011-04 (2011) *Eurocode 6: Bemessung und Konstruktion von Mauerwerksbauten – Teil 1-2: Allgemeine Regeln – Tragwerksbemessung für den Brandfall*, Beuth, Berlin.

[5] DIN EN 1996-2:2010-12 (2010) *Eurocode 6: Bemessung und Konstruktion von Mauerwerksbauten – Teil 2: Planung, Auswahl der Baustoffe und Ausführung von Mauerwerk*, Beuth, Berlin.

[6] DIN EN 1996-3:2010-12 (2010) *Eurocode 6: Bemessung und Konstruktion von Mauerwerksbauten – Teil 3: Vereinfachte Berechnungsmethoden für unbewehrte Mauerwerksbauten*, Beuth, Berlin.

[7] DIN EN 1996-1-1/NA:2012-05 mit Änderungen A1:2014-03 und A2:2015-01 (2015) *Nationaler Anhang – National festgelegte Parameter – Eurocode 6: Bemessung und Konstruktion von Mauerwerksbauten – Teil 1-1: Allgemeine Regeln für bewehrtes und unbewehrtes Mauerwerk*, Beuth, Berlin.

[8] DIN EN 1996-2/NA:2012-01 (2012) *Nationaler Anhang – National festgelegte Parameter – Eurocode 6: Bemessung und Konstruktion von Mauerwerksbauten – Teil 2: Planung, Auswahl der Baustoffe und Ausführung von Mauerwerk*, Beuth, Berlin.

[9] DIN EN 1996-3/NA:2012-01 mit Änderungen A1:2014-03 und A2:2015-01 (2015) *Nationaler Anhang – National festgelegte Parameter – Eurocode 6: Bemessung und Konstruktion von Mauerwerksbauten – Teil 3: Vereinfachte Berechnungsmethoden für unbewehrte Mauerwerksbauten*, Beuth, Berlin.

[10] Schubert, P. (2010) Eigenschaftswerte von Mauerwerk, Mauersteinen, Mauermörtel und Putzen, in *Mauerwerk-Kalender 2010*, Ernst & Sohn, Berlin, S. 3–25.

Tabelle 25. Außenputze; Eigenschaftszusammenhänge, aus [10]

Zusammenhang zwischen	Putzmörtel (PM) Putz auf Putzgrund (PG)	Putzart Normalputz (NP) Leichtputz (LP)	Zusammenhang	Korrelationskoeffizient R^2
Zugfestigkeit β_Z – Druckfestigkeit β_D	PM	NP, LP	$\beta_Z = 0{,}15 \cdot \beta_D$	0,92
	PG	NP	$\beta_Z = 0{,}09 \cdot \beta_D$	0,89
		LP	$\beta_Z = 0{,}16 \cdot \beta_D$ [1)] $\beta_Z = 0{,}11 \cdot \beta_D$ [1)]	0,95 0,96
Zug-E-Modul $E_{Z,33}$ – Zugfestigkeit β_Z	PM	NP, LP	$E_{Z,33} = 6050 \cdot \beta_Z$	0,86
	PG	NP	$E_{Z,33} = 11150 \cdot \beta_Z^{0{,}73}$	0,90
		LP	$E_{Z,33} = 6500 \cdot \beta_Z$ [1)] $E_{Z,33} = 7000 \cdot \beta_Z$ [1)]	0,92 0,85

1) Ergebnisse aus zwei Forschungsarbeiten

[11] Alfes, C.; Brameshuber, W.; Graubner, C.-A. et al. (2013) *Der Eurocode 6 für Deutschland. DIN EN 1996: Bemessung und Konstruktion von Mauerwerksbauten mit Nationalen Anhängen.* Kommentierte Fassung, Beuth [u. a.].

[12] Glitza, H. (1988) Druckbeanspruchung parallel zur Lagerfuge, in *Mauerwerk-Kalender 1988*, Ernst & Sohn, Berlin, S. 489–496.

[13] Schubert, P.; Metzemacher, H. (1987) *Biegezugfestigkeit von Mauerwerk senkrecht und parallel zur Lagerfuge*, Institut für Bauforschung, Aachen, Forschungsbericht Nr. F 275.

[14] Schubert, P.; Hoffmann, G. (1994) Druckfestigkeit von Mauerwerk parallel zu den Lagerfugen, in *Mauerwerk-Kalender 1994*, Ernst & Sohn, Berlin, S. 715.

[15] Schubert, P. (1991) Prüfverfahren für Mauerwerk, Mauersteine und Mauermörtel. *Mauerwerk-Kalender 1991*, Ernst & Sohn, Berlin, S. 685–697.

[16] Schmidt, U.; Graubohm, M.; Brameshuber, W. (2008) *Porenbetoneigenschaften für DIN 1053-1*, Institut für Bauforschung, Aachen, Forschungsbericht Nr. F 7057.

[17] Brameshuber, W.; Graubohm, M.; Schmidt, U. (2006) Festigkeitseigenschaften von Mauerwerk, Teil 4: Scherfestigkeit, in *Mauerwerk-Kalender 2006*, Ernst & Sohn, Berlin, S. 193–225.

[18] Schubert, P.; Friede, H. (1980) Spaltzugfestigkeit von Mauersteinen, *Die Bautechnik* 57 (4), 117–122.

[19] Kirtschig, K.; Metje, W.-R. (1979) *Leichtzuschläge für Mauermörtel*, Institut für Baustoffkunde und Materialprüfung der Universität Hannover (Hrsg.), Forschungsbericht, September 1979.

[20] Schellbach, G.; Jung, E. (1983) *Verformungsverhalten und Tragfähigkeit von Mauerwerk mit Leichtmauermörteln*, Institut für Ziegelforschung (IZF), Essen, Forschungsbericht B II 3-80 01 77-27.

[21] Schubert, P.; Meyer, U. (1990) *Harmonisierung europäischer Baubestimmungen – Eurocode 6 Mauerwerksbau; Ermittlung von charakteristischen Spannungs-Dehnungs-Linien von Mauerwerk*, Institut für Bauforschung, Aachen, Forschungsbericht Nr. F 330.

[22] Schubert, P.; Meyer, U. (1991) *Verbesserung der Druckfestigkeit von Naturbimsbetonmauerwerk durch Optimierung der Mörteleigenschaften*, Institut für Bauforschung, Aachen, Forschungsbericht Nr. F 308.

[23] Schubert, P. (1992) Formänderungen von Mauersteinen, Mauermörtel und Mauerwerk, in *Mauerwerk-Kalender 1992*, Ernst & Sohn, Berlin, S. 623–637.

[24] Schubert, P. (2002) Schadensfreies Konstruieren mit Mauerwerk; Teil 1: Formänderungen von Mauerwerk – Nachweisverfahren, Untersuchungsergebnisse, Rechenwerte, in *Mauerwerk-Kalender 2002*, Ernst & Sohn, Berlin, S. 313–331.

[25] DIN EN 1015-11:2007-05 (2007) *Prüfverfahren für Mörtel für Mauerwerk – Teil 11: Bestimmung der Biegezug- und Druckfestigkeit von Festmörtel*, Beuth, Berlin.

[26] Siech, H. J. (2008) Scherfestigkeit, Haftscherfestigkeit und Fugendruckfestigkeit, *Mauerwerk* 12 (6), 340–345.

[27] Kirtschig, K.; Metje, W.-R. (1984) Auswertung von Versuchsergebnissen zur Überprüfung der Vorstellungen über den Bruchmechanismus von Mauerwerk und zur Festlegung von zulässigen Spannungen bei Verwendung von Leichtmauermörtel. Hannover: Institut für Baustoffkunde und Materialprüfung (Eigenverlag), in *Mitteilungen aus dem Institut für Baustoffkunde und Materialprüfung der Universität Hannover*, Nr. 53.

[28] Schubert, P. (1982) *Zur Feuchtedehnung von Mauerwerk*, Dissertation, RWTH Aachen.

[29] DIN 18555-4:1986-03 (1986) *Prüfung von Mörteln mit mineralischen Bindemitteln – Teil 4: Festmörtel; Bestimmung der Längs- und Querdehnung sowie von Verformungskenngrößen von Mauermörteln im statischen Druckversuch*, Beuth, Berlin.

[30] Schubert, P. (1985) Einfluss von Leichtmörtel auf die Tragfähigkeit und Verformungseigenschaften von Mauerwerk, *Ziegelindustrie International* 38 (6), 327–335.

[31] DIN 52450:1985-08 (1985) *Bestimmung des Schwindens und Quellens an kleinen Probekörpern; Prüfung anorganischer nichtmetallischer Baustoffe*, Beuth, Berlin (zurückgezogen).

[32] Glitza, H. (1984) *Kriechverhalten von Mauerwerk*, Institut für Bauforschung, Aachen, Forschungsbericht Nr. F 163 sowie Glitza, H. (1985) Zum Kriechen von Mauerwerk, *Die Bautechnik* 62 (12), 415–418.

[33] DIN V 18580:2007-03 (2007) *Mauermörtel mit besonderen Eigenschaften*, Beuth, Berlin.

[34] DIN 18555-5:1986-03 (1986) *Prüfung von Mörteln mit mineralischen Bindemitteln – Teil 5: Festmörtel; Bestimmung der Haftscherfestigkeit von Mauermörteln*, Beuth, Berlin (zurückgezogen).

[35] DIN EN 1052-3:2007-06 (2007) *Prüfverfahren für Mauerwerk – Teil 3: Bestimmung der Anfangsscherfestigkeit (Haftscherfestigkeit)*, Beuth, Berlin.

[36] Brameshuber, W.; Saenger, D. (2011) *Erarbeiten einer elektronischen Datenbank zu Biegezugfestigkeitsversuchen an Mauerwerk aus Kalksandsteinen sowie Auswertung der Daten*, Institut für Bauforschung, Aachen, RWTH Aachen University, Forschungsbericht Nr. F 7066.

[37] Schubert, P. (1987) Zur Haftscherfestigkeit zwischen Mörtel und Stein, in *Mauerwerk-Kalender 1987*, Ernst & Sohn, Berlin, S. 497–506.

[38] Brameshuber, W.; Schmidt, U.; Graubohm, M. (2005) *Auswertung Haftscherfestigkeit*, RWTH Aachen University, Institut für Bauforschung, Aachen, Forschungsbericht Nr. F 7018.

[39] Schmidt, U. (2015) *Bruchmechanischer Beitrag zur Biegezugfestigkeit von Mauerwerk*, Dissertation, in Schriftenreihe Aachener Beiträge zur Bauforschung, Institut für Bauforschung der RWTH Aachen, Nr. 19.

[40] DIN EN 1052-5:2005-06 (2005) *Prüfverfahren für Mauerwerk – Teil 5: Bestimmung der Biegehaftzugfestigkeit*, Beuth, Berlin.

[41] DIN EN 1052-1:1998-12 (1998) *Prüfverfahren für Mauerwerk – Teil 1: Bestimmung der Druckfestigkeit*, Beuth, Berlin.

[42] Schubert, P. (1993) *Druckfestigkeit von Mauerwerk aus Leichtbetonsteinen und Dünnbettmörtel; Auswertung von Untersuchungsergebnissen im Hinblick auf zulässige Grundspannungen nach DIN 1053-1:1990-02* (nicht veröffentlicht).

[43] Schubert, P.; Meyer, U. (1993) Druckfestigkeit von Porenbeton- und Leichtbetonmauerwerk. *Mauerwerk-Kalender 1993*, Ernst & Sohn, Berlin, S. 627–634.

[44] Kirtschig, K.; Meyer, J. (1987) Auswertung von Mauerwerksversuchen zur Festlegung von zulässigen Spannungen und charakteristischen Mauerwerksfestigkeiten; Teil 1: Auswertung. Institut für Baustoffkunde und Materialprüfung der Universität Hannover, in *Mitteilungen aus dem Institut für Baustoffkunde und Materialprüfung*, Nr. 54.

[45] Schubert, P.; Meyer, U. (1999) Druckfestigkeit von Mauerwerk mit Leichthochlochziegeln, *Das Mauerwerk* **3** (1), 34–41 sowie Schubert, P. (1998) Druckfestigkeit und Kennwerte der Spannungsdehnungslinie von Mauerwerk aus Leichthochlochziegeln mit Normal-, Leicht- und Dünnbettmörtel, Institut für Bauforschung, Aachen, Forschungsbericht Nr. F 632/1.

[46] Schubert, P. (2003) *Festigkeits- und Verformungseigenschaften von modernem Mauerwerk*. Bauhaus-Universität, Weimar, in 15. Internationale Baustofftagung – ibausil, 24.–27.09.2003, Weimar, S. 1043–1065.

[47] Schubert, P.; Beer, I.; Graubohm, M. (2004) Druckfestigkeit und E-Modul von Dünnbettmauerwerk; Teil 1: Dünnbettmauerwerk aus Porenbeton-Plansteinen, *Mauerwerk* **8** (5), 209–221.

[48] Schubert, P.; Graubohm, M. (2004) Druckfestigkeit von Mauerwerk parallel zu den Lagerfugen, *Mauerwerk* **8** (5), 198–208.

[49] Backes, H.-P. (1985) *Zum Verhalten von Mauerwerk bei Zugbeanspruchung in Richtung der Lagerfugen*, Dissertation, RWTH Aachen sowie auch Backes, H.-P. (1983): *Zugfestigkeit von Mauerwerk und Verformungsverhalten unter Zugbeanspruchung*, Institut für Bauforschung, Aachen, Forschungsbericht Nr. F 124.

[50] Metzemacher, H. (1987) *Verformungsverhalten von Mauerwerk unter Zugbeanspruchung (Zugspannungsrelaxation)*. Institut für Bauforschung, Aachen, Forschungsbericht Nr. F 225.

[51] Schubert, P. (2009) Festigkeit und Verformungseigenschaften von Mauerwerk unter Zugbeanspruchung parallel zu den Lagerfugen, *Mauerwerk* **13** (6), 364–370.

[52] Schubert, P. (1997) Biegezugfestigkeit von Mauerwerk – Untersuchungsergebnisse an kleinen Wandprüfkörpern, in *Mauerwerk-Kalender 1997*, Ernst & Sohn, Berlin, S. 611–628.

[53] DIN EN 1052-2:2016-08 (2016) *Prüfverfahren für Mauerwerk; Teil 2: Bestimmung der Biegezugfestigkeit*, Beuth, Berlin.

[54] Schmidt, U.; Schubert, P. (2004) Festigkeitseigenschaften von Mauerwerk; Teil 2: Biegezugfestigkeit, in *Mauerwerk-Kalender 2004*, Ernst & Sohn, Berlin, S. 31–63.

[55] Brameshuber, W.; Saenger, D. (2010) *Auswertung der Biegezugfestigkeit senkrecht zu den Lagerfugen von Ziegel-Mauerwerk mit Normalmauermörtel und Dünnbettmörtel*, Institut für Bauforschung, Aachen, RWTH Aachen University, Forschungsbericht Nr. F 7080.

[56] Schubert, P. (1993) E-Modul von Mauerwerk aus Leichtbeton- und Porenbetonsteinen. Expert, Ehningen, in *Werkstoffwissenschaften und Bausanierung*, Tagungsbericht des dritten Internationalen Kolloquiums. Wittmann, F. H.; Bartz, W. J. (Hrsg.), Teil 2, S. 1355–1365.

[57] Schubert, P. (2002) Mauerwerk aus Leichtbetonsteinen mit Dünnbettmörtel – Druckfestigkeit, Elastizitätsmodul und Bruchdehnung, *Mauerwerk* **6** (2), 55–61.

[58] Schubert, P. (1985) E-Moduln von Mauerwerk in Abhängigkeit von der Druckfestigkeit des Mauerwerks, der Mauersteine und des Mauermörtels, in *Mauerwerk-Kalender 1985*, S. 705–717, Ernst & Sohn, Berlin, sowie Schubert, P.; Glitza, H. (1983) *Mathematische Beschreibung der Abhängigkeit des Elastizitätsmoduls von Mauerwerk von Stein- und Mörteleigenschaften*, Institut für Bauforschung, Aachen, Forschungsbericht Nr. F 162.

[59] DIN EN ISO 15148:2016-12 (2016) *Bestimmung des Wasseraufnahmekoeffizienten bei teilweisem Eintauchen*, Beuth, Berlin.

[60] DIN EN ISO 12572:2017-05 (2017) Bestimmung der Wasserdampfdurchlässigkeit, Beuth, Berlin.

[61] DIN 4108-4:2017-03 (2017) *Wärmeschutz und Energie-Einsparung in Gebäuden – Teil 4: Wärme- und feuchteschutztechnische Bemessungswerte*, Beuth, Berlin.

[62] Mehling, G. (1981): *Naturstein-Lexikon*. Verlag Georg D. W. Callwey, München, 2. Auflage.

[63] DIN 52100:1939-07 (1939) *Prüfung von Naturstein; Richtlinien zur Prüfung und Auswahl von Naturstein* (zurückgezogen).

[64] Wendehorst, R.; Mutz, H.; Achten, H. et al. (1987) *Bautechnische Zahlentafeln*, 23. Aufl. Teubner, Stuttgart.

[65] Sybertz, F. (1986) *Ermittlung von Baustoffkennwerten von Tuffgestein und Möglichkeiten zur Erhöhung der Dauerhaftigkeit von Tuffsteinmauerwerk*, Institut für Bauforschung, Aachen, Forschungsbericht Nr. F 168.

[66] Schubert, P. (1992): Tuffsteinmauerwerk – Standsicherheit und Gebrauchsfähigkeit; Bemessungsgrundlagen, in *Mauerwerk aus Tuffstein*, Landesinstitut für Bauwesen und angewandte Bauschadensforschung (LBB), Aachen (Hrsg.), 1992.

[67] Siedel, H. (2004) Arten, Klassifizierung, technische Eigenschaften und Kennwerte von Naturstein, in *Mauerwerk-Kalender 2004*, S. 5–29, Ernst & Sohn, Berlin.

[68] DIN EN 12524:2000-07 (2000) *Wärme- und feuchteschutztechnische Eigenschaften – Tabellierte Bemessungswerte*, Beuth, Berlin (zurückgezogen).

[69] Schubert, P. (2006) Außenputz auf Leichtmauerwerk – Vermeiden schädlicher Risse, *Mauerwerk* **10** (3), 87–101.

[70] Schubert, P.; Beer, I. (2003) Außenputz auf Leichtmauerwerk – Einfluss der Putzgrundfeuchte auf die Putzeigenschaften, Teile 1 und 2, *Mauerwerk* **7** (2), 66–71, (3), 94–107.

[71] DIN EN 998-1:2017-02 (2017) *Festlegungen für Mörtel im Mauerwerksbau – Teil 1: Putzmörtel*, Beuth, Berlin.

[72] DIN EN 13914-1:2016-09 (2016) *Planung, Zubereitung und Ausführung von Innen- und Außenputzen – Teil 1: Außenputz*, Beuth, Berlin.

[73] DIN EN 13914-2:2016-09 (2016) *Planung, Zubereitung und Ausführung von Innen- und Außenputzen – Teil 2: Planung und wesentliche Grundsätze für Innenputz*, Beuth, Berlin.

[74] DIN 18550-1:2014-12 (2014) *Planung, Zubereitung und Ausführung von Innen- und Außenputzen – Teil 1: Ergänzende Festlegungen zu DIN EN 13914-1 für Außenputze*, Beuth, Berlin.

[75] DIN 18550-2:2015-06 (2015) *Planung, Zubereitung und Ausführung von Innen- und Außenputzen – Teil 2: Ergänzende Festlegungen zu DIN EN 13914-2 für Innenputze*, Beuth, Berlin.

11. Auflage des Standardwerks im Ingenieurholzbau

Mandy Peter, Claus Scheer
Holzbau-Taschenbuch
Bemessungsbeispiele nach Eurocode 5
11. Auflage
2015. 358 Seiten.
€ 89,–*
ISBN: 978-3-433-03082-0
Auch als  erhältlich.

Das Holzbau-Taschenbuch ist das Standardwerk im Ingenieurholzbau. Der Band „Bemessungsbeispiele" beinhaltet Berechnungen für alle wesentlichen Bauteile, Verbindungen und Konstruktionen des Holzbaus auf der Grundlage der Eurocodes. Darüber hinaus werden die Bemessungsregeln zum Nachweis für den Brandfall anhand von Beispielen veranschaulicht.

Der Band dient dem in der Praxis tätigen Ingenieur als Nachschlagewerk und ist für Studierende eine wertvolle Ergänzung zum Studium im Fach Ingenieurholzbau.

Online Bestellung: www.ernst-und-sohn.de

Ernst & Sohn
Verlag für Architektur und technische
Wissenschaften GmbH & Co. KG

Kundenservice: Wiley-VCH
Boschstraße 12
D-69469 Weinheim

Tel. +49 (0)6201 606-400
Fax +49 (0)6201 606-184
service@wiley-vch.de

* Der €-Preis gilt ausschließlich für Deutschland. Inkl. MwSt. zzgl. Versandkosten. Irrtum und Änderungen vorbehalten. 1081126_dp

II Mauerwerksbau mit allgemeiner bauaufsichtlicher Zulassung (abZ) bzw. mit allgemeiner Bauartgenehmigung (aBg)

Wolfram Jäger, Dresden und Roland Hirsch, Berlin

Vorbemerkungen

Aufgabe des Beitrags ist es, über Neu- und Weiterentwicklungen im Mauerwerksbau zu berichten, deren Verwendbarkeit durch allgemeine bauaufsichtliche Zulassungen und allgemeine Bauartgenehmigungen (im Weiteren abgekürzt mit abZ/aBg) nachgewiesen ist. Eine Übersicht über alle derzeit zugelassenen Mauerwerksprodukte und Mauerwerksbauarten mit statischen Kennwerten und Wärmeleitfähigkeitswerten sowie Datum der Zulassung/Bauartgenehmigung, evtl. vorliegende Änderungen/Ergänzungen/Verlängerungen und Gültigkeitsdauer wird in einem gesonderten Verzeichnis (Kapitel E II [1], ab S. 631 in diesem Mauerwerk-Kalender) gegeben. Die Hauptgliederungspunkte des vorliegenden Beitrags lehnen sich an dessen Struktur an. Innerhalb der Gliederungspunkte sind die Zulassungen/Bauartgenehmigungen zunächst alphabetisch nach dem Hersteller und dann chronologisch nach der Nummer sortiert. Aufgrund der Vielzahl der erteilten Bescheide in einigen Bereichen (Abschnitte 2.1.1, 2.1.3 und 2.2.2) weist die Zusammenstellung Lücken auf, da nur exemplarisch einige Zulassungen/Bauartgenehmigungen ausführlich behandelt werden konnten. Die statischen Kennwerte und Wärmeleitfähigkeitswerte für die verschiedenen Abmessungen der einzelnen Bescheide sind in dem genannten Verzeichnis E II [1] aufgelistet. **Ein Verzeichnis, geordnet nach der Zulassungsnummer, ist als Anhang zum Beitrag E II ab S. 750 zu finden.** Es enthält für jede Zulassungsnummer die Seitennummern, auf denen die jeweiligen Informationen zusammengestellt sind – sowohl die des folgenden Beitrags als auch die der tabellarischen Übersicht im Beitrag E II.

Mit Stand vom 31.05.2018 waren beim Deutschen Institut für Bautechnik[1] Berlin – DIBt – 334 gültige Zulassungen im Bereich des Mauerwerkbaus registriert. Eine abZ/aBg kann für nicht geregelte Bauprodukte und nicht geregelte Bauarten erteilt werden. Eine abZ/aBg wird auf Antrag z. B. des Herstellers oder auch des Erfinders oder jeder sonstigen natürlichen oder juristischen Person erteilt. Der Antrag ist an das Deutsche Institut für Bautechnik – DIBt – in Berlin zu richten. Das DIBt erteilt die Zulassungen/Bauartgenehmigungen dann mit bundesweiter Geltung. Grundlage für die Erteilung von Zulassungen/Bauartgenehmigungen sind in der Regel ausführliche Versuchsberichte der für den einzelnen Antrag vom DIBt bestimmten Prüfstellen über die von ihnen durchgeführten Prüfungen, ggf. auch Probeausführungen. Benötigt das DIBt dafür weitere Beratung, so schaltet es seine Sachverständigenausschüsse ein, im Mauerwerksbau den Sachverständigenausschuss „Wandbauelemente".

Für den Mauerwerksbau kann sich der Zulassungsgrund aus folgenden Bereichen der Weiter- und Neuentwicklung gegenüber den Normen ergeben: Mauersteine, Mauermörtel, Mauerwerksbauart, Anwendungsbereich der Bauart. Art und Umfang der Untersuchungen, aber auch der daraus folgenden Zulassung/Genehmigung richten sich nach Art und Umfang der wesentlichen Abweichungen von den technischen Regeln. Im Falle des zulassungsbedürftigen, nicht geregelten Bauprodukts (z. B. des nicht geregelten Steins) müsste die Zulassung also zumindest Anforderungen an das Bauprodukt enthalten, Prüfverfahren (wie diese Anforderungen nachgewiesen werden können) und Verfahren, wie die gleichmäßige Beschaffenheit des Bauprodukts während der Produktion überprüft werden kann (Überwachung).

Andererseits können aber auch ergänzende bzw. ändernde Angaben zu bestehenden Bestimmungen zur Bemessung und Ausführung des damit hergestellten Mauerwerks erforderlich sein oder gar neue Bemessungsverfahren, Konstruktionsregeln und Ausführungsbestimmungen. In den abZ/aBg sind nicht nur die „statischen", sondern auch die bauphysikalischen Belange zu berücksichtigen, da die Beurteilung des Brand-, Wärme- und Schallschutzes für die zulassungsbedürftigen, nicht geregelten Bauprodukte und Bauarten mit den entsprechenden Technischen Baubestimmungen mitunter nicht möglich ist. Wenn ein Zulassungs-/Genehmigungserfordernis besteht, so darf natürlich auch die Gebrauchstauglichkeit nicht außer Acht gelassen werden. Deshalb enthalten Zulassungen/Genehmigungen, die Gegenstände behandeln, für die dazu besondere Anmerkungen zu machen sind, entsprechende Hinweise.

In den Bescheiden sind in der Regel Bemessungswerte der Wärmeleitfähigkeit λ des Mauerwerks angegeben. In eine abZ kann eine Bauartgenehmigung integriert werden, wenn zudem Aspekte des Zusammenfügens, der Planung, Bemessung und Ausführung geregelt werden sollen (sogenannter „Kombi-Bescheid").

---

[1] Deutsches Institut für Bautechnik
Kolonnenstraße 30 L, 10829 Berlin
Telefon: +49 (030) 7 87 30-0
Telefax: +49 (030) 7 87 30-415
E-Mail: dibt@dibt.de

Mauerwerk-Kalender 2019: Bemessung, Bauwerkserhaltung, Schallschutz. Herausgegeben von Wolfram Jäger.
© 2019 Ernst & Sohn GmbH & Co. KG. Published 2019 by Ernst & Sohn GmbH & Co. KG.

Die Zulassungen/Bauartgenehmigungen können über die Homepage des Deutschen Instituts für Bautechnik unter der Adresse https://www.dibt.de/de/service/zulassungsshop/suche erworben werden. Natürlich kann man sich auch an die Antragsteller der Zulassungen/Bauartgenehmigungen wenden. Im Baufalle müssen die Bescheide ohnedies vorliegen.

Die nachstehende Aufstellung ist kein amtliches Verzeichnis. Sollten die Verfasser wider Erwarten z. B. eine wichtige Information nicht angegeben haben, so wird um einen entsprechenden Hinweis gebeten. Nicht zu jeder Zulassung/Genehmigung konnten Bilder, Tabellen und Texte in umfangreicher Form abgedruckt werden. Es ist hiermit keinerlei Wertung des Zulassungsgegenstandes verbunden. Einerseits sind es Platzgründe, die dazu geführt haben – andererseits sind auch nicht von allen Herstellern und Zulassungsgegenständen druckfähige Unterlagen vorhanden. Zusätzliche Informationen nimmt die Schriftleitung des Mauerwerk-Kalenders für folgende Ausgaben des Jahrbuchs jederzeit gern entgegen.

Mit dem Wechsel der Bemessung im Mauerwerksbau auf den Eurocode 6 war auch eine Umstellung der bauaufsichtlichen Zulassungen erforderlich. Mittlerweile liegt ein Großteil der Zulassungen vor, die eine Bemessung sowohl nach DIN 1053-1 als auch nach EC 6 ermöglichen. Außerdem gibt es einige Zulassungen, die schon vollständig auf den Eurocode 6 umgestellt sind und nur noch eine Bemessung nach EC 6 erlauben.

Im Zuge des EuGH-Urteils C-100/13 vom 16.10.2014 sind weitreichende Umstellungen für allgemeine bauaufsichtliche Zulassungen für Bauprodukte im Geltungsbereich harmonisierter Spezifikationen erforderlich geworden.

Die Bundesrepublik Deutschland wurde durch den Europäischen Gerichtshof in Luxemburg (EuGH) im Oktober 2014 verklagt. Bei den drei im Verfahren behandelten Produkten („Rohrleitungsdichtungen aus thermoplastischem Elastomer", „Dämmstoffe aus Mineralwolle" und „Tore, Fenster und Außentüren") ist eine zusätzliche bauaufsichtliche Ü-Zeichen-Pflicht nicht rechtens, die sich aus nationalen Restregelungen (DIN-Normen oder allgemeine bauaufsichtliche Zulassungen) zu harmonisierten Produktnormen ergibt und die in Deutschland ergänzend zum CE-Kennzeichen gefordert wird. Aus Sicht des EuGH behindern diese zusätzlichen Anforderungen den freien Warenverkehr von Bauprodukten in der Europäischen Union und müssen damit zurückgenommen werden.

Die zuständigen Gremien der Bauministerkonferenz haben die Auswirkungen des Urteils eingehend geprüft und nach Streichung der im Urteil benannten Regelungen in der Bauregelliste B Teil 1 die Novellierung der Bauordnungen der Länder und eine Änderung des Systems eingeleitet. Für die Umsetzung des EuGH-Urteils war ein angemessener Übergangszeitraum von 2 Jahren erforderlich, um die bisherige Verwaltungspraxis in einem geordneten Verfahren abzuändern. Die Umsetzungsfrist endete am 15.10.2016.

Dabei sah die Übergangslösung nach den Stellungnahmen des DIBt [3] für allgemeine bauaufsichtliche Zulassungen, die bei Bauprodukten mit der CE-Kennzeichnung nach der Bauproduktenverordnung (Verordnung (EU) Nr. 305/2011) zu einer CE+Ü-Kennzeichnung führen, folgende weitere Schritte vor:

1. Die Bauregelliste B Teil 1 wird aufgehoben, sobald die Verwaltungsvorschrift Technische Baubestimmungen (VV TB) in Kraft tritt. Dies kann nach dem Stand des Verfahrens frühestens nach Abschluss des gesetzlich vorgesehenen Notifizierungsverfahrens bei der Europäischen Kommission der Fall sein. Bis dahin bleibt die Bauregelliste B Teil 1 mit Ausnahme der Pflicht, allgemeine bauaufsichtliche Zulassungen zum Nachweis von Produktleistungen vorzulegen und Übereinstimmungsnachweise zu erbringen, in Kraft.
2. Für harmonisierte Bauprodukte mit der CE-Kennzeichnung nach der Bauproduktenverordnung sind ab dem 16.10.2016 für Produktleistungen allgemeine bauaufsichtliche Zulassungen oder sonstige nationale Verwendbarkeitsnachweise, Übereinstimmungsnachweise und zusätzliche Ü-Kennzeichnungen nicht mehr möglich. Für diese Bauprodukte werden die Regelungen zur Ü-Kennzeichnung nicht mehr vollzogen. Eine entsprechende amtliche Bekanntmachung des DIBt wird noch erfolgen.
3. Die den allgemeinen bauaufsichtlichen Zulassungen zugrunde liegenden Bewertungs- und Prüfungsergebnisse können als qualifizierte technische Dokumentation für die Beurteilung der Verwendbarkeit herangezogen werden, bis neue Erkenntnisse vorliegen.

Folgende Vorgehensweise ergibt sich nach den Informationen des DIBt vom 7.7.2017:

Die novellierten Rechtsvorschriften sehen eine strikte Abgrenzung zwischen Anforderungen an Bauprodukte – soweit europarechtlich zulässig – und Regelungen für das Zusammenfügen von Bauprodukten zu baulichen Anlagen, sogenannte Bauarten, vor. Statt der bisherigen allgemeinen bauaufsichtlichen Zulassung oder Zustimmung im Einzelfall für Bauarten wird es nunmehr für Bauarten eine allgemeine oder vorhabenbezogene Bauartgenehmigung geben.

Dies hat Auswirkungen auf die Bescheide, die vom DIBt ausgestellt werden. Bei der Bearbeitung neuer Anträge werden ab dem 15. Juli 2017 folgende Fälle unterschieden:

– Fall 1: Der Antrag enthält nur bauproduktbezogene Aspekte
  In diesem Fall wird wie bisher eine allgemeine bauaufsichtliche Zulassung für das Bauprodukt erteilt.
– Fall 2: Der Antrag enthält sowohl bauprodukt- als auch bauartbezogene Aspekte
  Anstelle der bisherigen allgemeinen bauaufsichtlichen Zulassung für Bauprodukt und Bauart wird zukünftig eine allgemeine bauaufsichtliche Zulassung für das Bauprodukt erteilt, die zugleich eine

Bauartgenehmigung umfasst. Ziffer 8 der Allgemeinen Bestimmungen weist auf diese Doppelfunktion des Bescheids hin.
- Fall 3: Der Antrag enthält nur bauartbezogene Aspekte
Die bisherige allgemeine bauaufsichtliche Zulassung für die Bauart wird durch eine allgemeine Bauartgenehmigung ersetzt.

Für bereits laufende Verfahren gilt eine Übergangsfrist. Wenn mit der Erstellung des Bescheids bereits vor dem 15. Juli 2017 begonnen wurde, kann das Deutsche Institut für Bautechnik zwischen dem 15. Juli 2017 und dem 15. Dezember 2017 auch noch Bescheide in der bisherigen Form erteilen.

Bereits erteilte Bescheide müssen während ihrer Geltungsdauer nicht geändert werden.

Für die Bundesländer, die die MBO 2016 [58] noch nicht umgesetzt haben, wird unter Ziffer 8 der Allgemeinen Bestimmungen sichergestellt, dass erteilte Bauartgenehmigungen auch als allgemeine bauaufsichtliche Zulassungen für die Bauart gelten.

Die notwendigen Überarbeitungen der Beiträge im Mauerwerk-Kalender werden sukzessive, nach erfolgter Umstellung durch das DIBt, von den Autoren vorgenommen.

Nachweis der Querkrafttragfähigkeit in Scheibenrichtung nach **DIN EN 1996-1-1**:

$$V_{Ed} \leq \alpha \cdot l_{cal} \cdot \frac{\min f_{vlt}}{\gamma_M} \cdot \frac{t}{c}$$

$f_{vlt} \leq f_{vk0} + 0{,}4 \cdot \sigma_{Dd}$ vermörtelte Stoßfuge

$f_{vlt} \leq 0{,}5 \cdot f_{vk0} + 0{,}4 \cdot \sigma_{Dd}$ unvermörtelte Stoßfuge

$f_{vlt} \leq 0{,}45 \cdot f_{bt,cal} \cdot \sqrt{1 + \frac{\sigma_{Dd}}{f_{bt,cal}}}$

Nachweis der Querkrafttragfähigkeit in Plattenrichtung nach **DIN EN 1996-1-1**:

$$V_{Ed} \leq \alpha \cdot t_{cal} \cdot \frac{\min f_{vlt}}{\gamma_M} \cdot \frac{l}{c}$$

$f_{vlt} \leq 0{,}6 \cdot \sigma_{Dd}$

$f_{vlt} \leq f_{vk0} + 0{,}6 \cdot \sigma_{Dd}$ vermörtelte Stoßfuge

$f_{vlt} \leq 2/3 \cdot f_{vk0} + 0{,}6 \cdot \sigma_{Dd}$ unvermörtelte Stoßfuge

l_{cal}, t_{cal}, γ_M, t, l, c, f_{vk0}, σ_{Dd} nach DIN EN 1996-1-1/NA, NDP zu 3.6.2 und NCI zu 6.2

Erläuterung Fußnote * der folgenden Tabellen:

Schubnachweis nach **DIN 1053-1**:

Vereinfachtes Berechnungsverfahren	Genaueres Berechnungsverfahren
zul $\tau \leq \alpha \cdot (\sigma_{0HS} + 0{,}2 \cdot \sigma_{Dm})$	$\gamma \cdot \tau \leq \alpha \cdot (\beta_{RHS} + \bar{\mu} \cdot \sigma)$
zul $\tau \leq \alpha \cdot \max \tau$	$\gamma \cdot \tau \leq \alpha \cdot \left(0{,}45 \cdot \beta_{RZ} \cdot \sqrt{1 + \frac{\sigma}{\beta_{RZ}}}\right)$
σ_{0HS}, σ_{Dm} nach DIN 1053-1, Abschnitt 6.9.5	γ, β_{RHS}, $\bar{\mu}$, σ nach DIN 1053-1, Abschnitt 7.9.5

Schubnachweis nach **DIN 1053-100**:

$$V_{Ed} \leq \alpha \cdot \alpha_s \cdot \frac{f_{vk}}{\gamma_M} \cdot \frac{d}{c}$$

Vereinfachtes Berechnungsverfahren	Genaueres Berechnungsverfahren
$f_{vk} \leq f_{vk0} + 0{,}4 \cdot \sigma_{Dd}$	$f_{vk} \leq f_{vk0} + \bar{\mu} \cdot \sigma_{Dd}$
$f_{vk} \leq \max f_{vk}$	$f_{vk} \leq 0{,}45 \cdot f_{bz} \cdot \sqrt{1 + \frac{\sigma_{Dd}}{f_{bz}}}$
α_s, γ_M, d, c, f_{vk0}, σ_{Dd} nach DIN 1053-100, Abschnitt 8.9.5	$\bar{\mu}$, f_{bz}, nach DIN 1053-100, Abschnitt 9.9.5

Erläuterung Fußnote ** der folgenden Tabellen:

Schubnachweis nach **DIN 1053-1**:

Vereinfachtes Berechnungsverfahren	Genaueres Berechnungsverfahren
zul $\tau \leq \alpha_1 \cdot (\sigma_{0HS} + 0{,}2 \cdot \sigma_{Dm})$	$\gamma \cdot \tau \leq \alpha_1 \cdot (\beta_{RHS} + \bar{\mu} \cdot \sigma)$
zul $\tau \leq \alpha_2 \cdot \max \tau$	$\gamma \cdot \tau \leq \alpha_2 \cdot \left(0{,}45 \cdot \beta_{RZ} \cdot \sqrt{1 + \frac{\sigma}{\beta_{RZ}}}\right)$
σ_{0HS}, σ_{Dm} nach DIN 1053-1, Abschnitt 6.9.5	γ, β_{RHS}, $\bar{\mu}$, σ nach DIN 1053-1, Abschnitt 7.9.5

0 Allgemeines

In manchen Zulassungen sind Sonderregelung zu bestimmten Normvorgaben bezüglich der Berechnung und Ausführung getroffen worden. Ein Hinweis auf diese Normabweichungen ist bei der jeweiligen Zulassung zu finden.

In der Regel darf das Zulassungsmauerwerk nicht als Schornsteinmauerwerk und nicht als bewehrtes Mauerwerk verwendet werden. Das Mauerwerk nach Zulassung darf ebenfalls nicht als vorgespanntes Mauerwerk und nicht als eingefasstes Mauerwerk nach DIN EN 1996-1-1 [40] verwendet werden.

Im Nachfolgenden sind häufig auftretende Forderungen aufgeführt, um einen mehrmaligen Abdruck ganzer Textteile zu vermeiden.

0.1 Nachweis der Mindestauflast

0.1.1 Mauerwerk nach DIN 1053-1

Für einen großen Anteil des Mauerwerks mit Dünnbettmörtel wird ein Nachweis der Mindestauflast gefordert. Ein entsprechender Hinweis ist bei den Zulassungen zu finden.

Für Wände, die als Endauflager für Decken oder Dächer dienen, durch Wind beansprucht werden und nach DIN 1053-1 [4], Abschnitt 6.9.1, nachgewiesen werden, ist zusätzlich ein Nachweis der Mindestauflast der Wände zu führen. Dieser darf vereinfacht nach Gleichung (1) erfolgen, sofern kein genauerer Nachweis geführt wird.

$$N_{hm} \geq \frac{3 \cdot w_e \cdot h^2 \cdot b}{16 \cdot \left(a - \frac{h}{200} - \frac{d}{4}\right)} \quad (1)$$

Dabei ist
h   die lichte Geschosshöhe
w_e der charakteristische Wert der Einwirkung aus Wind je Flächeneinheit
N_{hm} der Kleinstwert der vertikalen Belastung in Wandhöhenmitte
b   die Breite, über die die vertikale Belastung wirkt
a   die Deckenauflagertiefe
d   die Wanddicke

0.1.2 Nachweis der Mindestauflast – Mauerwerk nach DIN EN 1996 (Eurocode 6)

0.1.2.1 Vereinfachte Berechnungsmethoden nach DIN EN 1996-3

Bei Anwendung der vereinfachten Berechnungsmethoden nach DIN EN 1996-3 [48] in Verbindung mit DIN EN 1996-3/NA [49] ist zusätzlich Folgendes zu beachten:

Für Wände, die als Endauflager für Decken oder Dächer dienen und durch Wind beansprucht werden, ist ein Nachweis der Mindestauflast der Wände zu führen. Dieser darf vereinfacht nach Gl. (2) erfolgen, sofern kein genauerer Nachweis geführt wird.

$$N_{hm} \geq \frac{3 \cdot q_{Ewd} \cdot h^2 \cdot b}{16 \cdot \left(a - \frac{h}{300}\right)} \quad (2)$$

Dabei ist
q_{Ewd} der Bemessungswert der Windlast je Flächeneinheit
N_{hm} der Bemessungswert der kleinsten vertikalen Belastung in Wandhöhenmitte im betrachteten Geschoss

0.1.2.2 Weiter vereinfachte Berechnungsmethoden nach DIN EN 1996-3, Anhang A

Bei Anwendung der weiter vereinfachten Berechnungsmethoden nach DIN EN 1996-3 [48], Anhang A, in Verbindung mit DIN EN 1996-3/NA [49], NCI zu Anhang A, gilt abweichend:
Der Traglastfaktor von Gleichung A.1 in Anhang A.2 beträgt:
$c_A = 0,5$
$c_A = 0,33$ bei Wänden als Endauflager im obersten Geschoss, insbesondere unter Dachdecken.

Bei teilaufliegenden Decken muss bei Anwendung des Nachweisverfahrens nach DIN EN 1996-3 [48], Anhang A, die Wanddicke mindestens 36,5 cm betragen.

0.2 Wände mit teilweise aufliegender Decke

0.2.1 Mauerwerk nach DIN 1053-1

Bei Wänden mit nicht über die volle Wanddicke aufliegender Decke darf der Nachweis der Standsicherheit mit dem vereinfachten Verfahren nach DIN 1053-1 [4], Abschnitt 6.9.1, geführt werden, wenn abweichend bzw. zusätzlich Folgendes berücksichtigt wird. Anstelle des Faktors k_2 nach DIN 1053-1 [4], Abschnitt 6.9.1, ist zur Ermittlung der Traglastminderung durch Knicken k_2 nach Gl. (3) anzunehmen.

$$k_2 = 0,85 \cdot \left(\frac{a}{d}\right) - 0,0011 \cdot \lambda^2 \quad (3)$$

Für den Faktor k_3 nach DIN 1053-1 [4], Abschnitt 6.9.1, gilt zusätzlich

$$k_3 \leq a/d \quad (4)$$

Die Deckenauflagertiefe a muss mindestens die halbe Wanddicke betragen.

0.2.2 Mauerwerk nach DIN EN 1996 (Eurocode 6)

Bei teilaufliegenden Decken muss bei Anwendung des Nachweisverfahrens nach DIN EN 1996-3 [48], Anhang A, die Wanddicke mindestens 36,5 cm betragen.

0.3 Sonderregelungen zur Knicklänge

Beim Nachweis der Standsicherheit mit dem vereinfachten Verfahren ist die Knicklänge h_k bei dreiseitig und bei vierseitig gehaltenen Wänden abweichend

von DIN 1053-1, Abschnitt 6.7.2, Punkt b, wie folgt in Rechnung zu stellen:
a) bei dreiseitig gehaltenen Wänden (mit einem freien vertikalen Rand) als arithmetischer Mittelwert aus der lichten Geschosshöhe h_s und der mithilfe von DIN 1053-1, Tabelle 3, für eine dreiseitig gehaltene Wand ermittelten Knicklänge;
b) bei vierseitig gehaltenen Wänden mit $h_s \leq b$ (b = Mittenabstand der aussteifenden Wände) als arithmetischer Mittelwert aus der lichten Geschosshöhe h_s und der mithilfe von DIN 1053-1, Tabelle 3, für eine vierseitig gehaltene Wand ermittelten Knicklänge;
c) bei vierseitig gehaltenen Wänden mit $h_s > b$ (b = Mittenabstand der aussteifenden Wände) als arithmetischer Mittelwert aus der lichten Geschosshöhe h_s und dem halben Mittenabstand der aussteifenden Wände (b/2).

Beim Nachweis der Standsicherheit mit dem genaueren Verfahren ist die Knicklänge h_k bei dreiseitig und bei vierseitig gehaltenen Wänden abweichend von DIN 1053-1, Abschnitt 7.7.2, wie folgt in Rechnung zu stellen:
a) bei dreiseitig gehaltenen Wänden (mit einem freien vertikalen Rand) als arithmetischer Mittelwert aus der lichten Geschosshöhe h_s und der nach DIN 1053-1, Abschnitt 7.7.2, Punkt c, Gleichung (9a), errechneten Knicklänge;
b) bei vierseitig gehaltenen Wänden mit $h_s \leq b$ (b = Mittenabstand der aussteifenden Wände) als arithmetischer Mittelwert aus der lichten Geschosshöhe h_s und der nach DIN 1053-1, Abschnitt 7.7.2, Punkt d, Gleichung (9b), errechneten Knicklänge;
c) bei vierseitig gehaltenen Wänden mit $h_s > b$ (b = Mittenabstand der aussteifenden Wände) als arithmetischer Mittelwert aus der lichten Geschosshöhe h_s und dem halben Mittenabstand der aussteifenden Wände (b/2).

0.4 Gesonderte Regelungen zu Schlitzen

0.4.1 Vertikalschlitze

Vertikalschlitze ohne rechnerischen Nachweis sind zulässig, wenn
– die Schlitzbreite und Schlitztiefe 35 mm nicht übersteigt,
– dabei Werkzeuge verwendet werden, mit denen die Breite und Tiefe genau eingehalten werden,
– der Abstand der Schlitze von Öffnungen mindestens 150 mm beträgt,
– maximal ein solcher Schlitz pro m Wandlänge angeordnet wird und
– die Mindestlänge von Pfeilern und Wandabschnitten 1 m beträgt.

In Pfeilern und Wandabschnitten mit < 1 m Länge sind vertikale Schlitze unzulässig.

Schlitze sind nach Ausführung der Installationsarbeiten sorgfältig mit nichtbrennbaren Materialien zu verschließen.

0.4.2 Horizontalschlitze

Horizontalschlitze entsprechend Tabelle 10 von DIN 1053-1 [4] bzw. DIN EN 1996-1-1/NA [41], NDP zu 8.6.3 (1), sind zulässig, wenn diese bei der Bemessung berücksichtigt werden. Als rechnerischer Wandquerschnitt ist dabei die Steinbreite abzüglich der Dicke des Außenlängsstegs und der Breite der äußeren Kammerreihe anzunehmen.

1 Mauerwerk mit Normal- oder Leichtmauermörtel

1.1 Mauerziegel

Z-17.1-383
Mauerwerk aus Poroton-T-Hochlochziegeln

Antragsteller:
Deutsche POROTON GmbH
Kochstraße 6–7
10969 Berlin

Bescheid – Geltungsdauer:
2. Februar 2016 – 14. April 2020

Die abZ erstreckt sich auf die Herstellung bestimmter Hochlochziegel (bezeichnet als Poroton-T-Hochlochziegel) und deren Verwendung mit Leichtmauermörtel nach DIN V 18580 [15] der Gruppe LM 21 oder LM 36 oder mit Normalmauermörtel nach DIN V 18580 [15] der Mörtelgruppe II, IIa oder III für Mauerwerk nach DIN 1053-1 [4] ohne Stoßfugenvermörtelung und für Mauerwerk nach DIN EN 1996-1-1 [40] in Verbindung mit DIN EN 1996-1-1/NA [41] und DIN EN 1996-2 [46] mit DIN EN 1996-2/NA [47] ohne Stoßfugenvermörtelung.
Die Hochlochziegel sind LD-Ziegel nach DIN EN 771-1 [6] der Kategorie I mit den in der abZ genannten Eigenschaften (Lochbild siehe z. B. Bild 1).
Für die Hochlochziegel ist ein individueller Feuchteumrechnungsfaktor F_m gemäß DIN V 4108-4 [16], Anhang B, nachgewiesen.
Die Hochlochziegel haben eine Länge von 248 mm, 308 mm, 373 mm oder 498 mm, eine Breite von 175 mm, 240 mm, 300 mm, 365 mm, 425 mm oder 490 mm und eine Höhe von 238 mm. Sie werden mit Druckfestigkeiten und Brutto-Trockenrohdichten entsprechend Tabelle 1 hergestellt.
Für die Herstellung des Mauerwerks darf nur Normalmauermörtel nach DIN V 18580 [15] der Mörtelgruppe II, IIa oder III oder Leichtmauermörtel nach DIN V 18580 [15] der Gruppe LM 21 oder LM 36 verwendet werden.

Tabelle 1. Bemessungswerte für Mauerwerk aus Poroton-T-Hochlochziegeln (Z-17.1-383)

Rohdichteklasse	Bemessungswert der Wärmeleitfähigkeit λ in W/(m·K)		
	NM	LM 21	LM 36
0,8	0,24	0,18	0,21
0,9	0,24	0,21	0,21

Festigkeitsklasse	DIN 1053-1						
	Grundwert σ_0 MN/m²					max τ MN/m²	β_{RZ} MN/m²
	NM II	NM IIa	NM III	LM 21	LM 36		
4	0,7	0,8	0,9	0,5	0,7	0,040	0,100
6	0,9	1,0	1,2	0,7	0,9	0,060	0,150
8	1,0	1,2	1,4	0,8	1,0	0,800	0,200
10	1,1	1,4	1,6	0,8	1,0	0,100	0,250
12	1,2	1,6	1,8	0,9	1,1	0,120	0,300

Festigkeitsklasse	DIN EN 1996					
	char. Druckfestigkeit f_k MN/m²					$f_{bt,cal}$ MN/m²
	NM II	NM IIa	NM III	LM 21	LM 36	
4	1,8	2,1	2,3	1,3	1,8	0,100
6	2,3	2,6	3,1	1,8	2,3	0,150
8	2,6	3,1	3,7	2,1	2,6	0,200
10	2,9	3,7	4,2	2,1	2,6	0,250
12	3,1	4,2	4,7	2,3	2,9	0,300

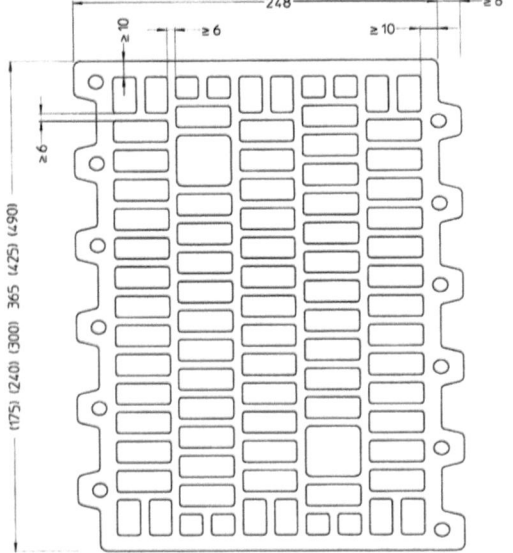
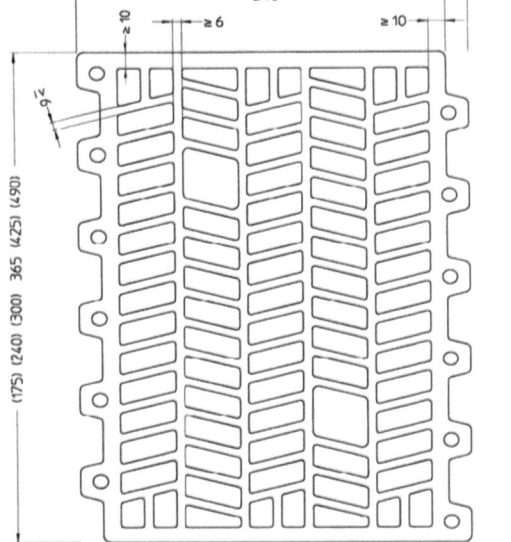

Bild 1. Poroton-T-Hochlochziegel, Variante 1 und 2 (Z-17.1-383)

Ausführung
Das Mauerwerk ist als Einstein-Mauerwerk ohne Stoßfugenvermörtelung auszuführen.
Die Hochlochziegel sind dicht aneinander („knirsch") zu stoßen, anzudrücken und lot- und fluchtgerecht in ihre endgültige Lage zu bringen.

Berechnung
Für die Grundwerte σ_0 der zulässigen Druckspannungen bzw. die charakteristische Druckfestigkeit f_k gilt Tabelle 1.
Für Wände, die als Endauflager für Decken oder Dächer dienen, durch Wind beansprucht werden und

nach DIN 1053-1, Abschnitt 6.9.1, nachgewiesen werden, ist zusätzlich ein Nachweis der Mindestauflast der Wände zu führen. Dieser darf vereinfacht nach Abschnitt 0.1.1 erfolgen, sofern kein genauerer Nachweis geführt wird.

Bei Wänden mit nicht über die volle Wanddicke aufliegender Decke darf der Nachweis der Standsicherheit mit dem vereinfachten Verfahren nach DIN 1053-1, Abschnitt 6.9.1 geführt werden, wenn abweichend bzw. zusätzlich die Regelungen nach Abschnitt 0.2.1 berücksichtigt werden. Dabei darf bei einer Wanddicke von 365 mm die Mindestauflagertiefe auf 0,45 d reduziert werden.

Beim Schubnachweis nach DIN 1053-1 [4], Abschnitt 6.9.5, gilt für max τ der Wert für Hohlblocksteine.

Beim Schubnachweis nach dem genaueren Verfahren nach DIN 1053-1 [4], Abschnitt 7.9.5, gilt für β_{RZ} ebenfalls der Wert für Hohlblocksteine.

Sofern gemäß DIN EN 1996-1-1/NA [41], NCI zu 5.5.3, bzw. DIN EN 1996-3/NA [49], NDP zu 4.1 (1)P, ein rechnerischer Nachweis der Schubtragfähigkeit erforderlich ist, ist dieser nach DIN EN 1996-1-1 [40], Abschnitt 6.2, in Verbindung mit DIN EN 1996-1-1/NA [41], NCI zu 6.2, zu führen. Für die Ermittlung der charakteristischen Schubfestigkeit f_{vlt2} nach DIN EN 1996-1-1 [40], Abschnitt 3.6.2, in Verbindung mit DIN EN 1996-1-1/NA [41], NDP zu 3.6.2, gilt für $f_{bt,cal}$ der Wert für Hohlblocksteine.

Z-17.1-489
Mauerwerk aus Poroton-Hochlochziegeln

Antragsteller:
Deutsche POROTON GmbH
Kochstraße 6–7
10969 Berlin

Bescheid – Geltungsdauer:
9. Dezember 2015 – 14. April 2020

Die abZ erstreckt sich auf die Herstellung bestimmter Hochlochziegel (bezeichnet als Poroton-Hochlochziegel) und deren Verwendung mit Leichtmauermörtel nach DIN V 18580 [15] der Gruppe LM 21 oder LM 36 oder mit Normalmauermörtel nach DIN V 18580 [15] der Mörtelgruppe II, IIa oder III für Mauerwerk nach DIN EN 1996-1-1 [40] in Verbindung mit DIN EN 1996-1-1/NA [41] und DIN EN 1996-2 [46] in Verbindung mit DIN EN 1996-2/NA [47] ohne Stoßfugenvermörtelung.

Die Hochlochziegel sind LD-Ziegel nach DIN EN 771-1:2015-11 der Kategorie I mit den in der abZ genannten Eigenschaften. Für die Hochlochziegel ist ein individueller Feuchteumrechnungsfaktor F_m gemäß DIN V 4108-4 [16], Anhang B, nachgewiesen.

Die Hochlochziegel haben eine Länge von 248 mm, 308 mm oder 373 mm, eine Breite von 175 mm, 240 mm, 300 mm, 365 mm, 425 mm oder 490 mm und eine Höhe von 238 mm und werden mit Druckfestigkeiten entsprechend Druckfestigkeitsklasse 6, 8, 10 oder 12 und Brutto-Trockenrohdichten entsprechend Rohdichteklasse 0,8 nach DIN 105-100 [29] hergestellt.

Z-17.1-673 (aBg)
Mauerwerk aus POROTON-Blockziegeln-T14 und POROTON-Blockziegeln-T16

Antragsteller:
Deutsche POROTON GmbH
Kochstraße 6–7
10969 Berlin

Bescheid – Geltungsdauer:
20. November 2017 – 30. November 2022

Gegenstand der aBg ist die Bemessung und Ausführung von Mauerwerk aus Hochlochziegeln (P-Ziegel der Kategorie I) mit CE-Kennzeichnung (AVCP-Verfahren 2+) nach DIN EN 771-1:2015-11 (bezeichnet als POROTON-Blockziegel-T14 und Poroton-Blockziegel-T16) und Normalmauermörtel nach DIN V 18580 [15] bzw. DIN EN 998-2 [35] in Verbindung mit DIN V 20000-412 [34] der Mörtelgruppe IIa oder Leichtmauermörtel nach DIN V 18580 [15] der Gruppe LM 21 oder LM 36.

Die Hochlochziegel haben eine Länge von 248 mm, 308 mm, 373 mm, 498 mm; eine Breite von 175 mm, 240 mm, 300 mm, 365 mm, 425 mm, 490 mm und eine Höhe von 238 mm und werden in die Rohdichteklassen 0,70 bzw. 0,75 und in die Druckfestigkeitsklassen 4, 6, 8, 10 sowie 12 nach DIN V 105-100 [17] eingestuft.

Das Mauerwerk darf als unbewehrtes Mauerwerk nach DIN EN 1996-1-1 [40] in Verbindung mit DIN EN 1996-1-1/NA [41] und DIN EN 1996-2 [46] in Verbindung mit DIN EN 1996-2/NA [47] verwendet werden. Das Mauerwerk darf nicht als eingefasstes Mauerwerk verwendet werden.

Z-17.1-871
Mauerwerk aus Hochlochziegeln Poroton-T14

Antragsteller:
Deutsche POROTON GmbH
Kochstraße 6–7
10969 Berlin

Bescheid – Geltungsdauer:
3. Dezember 2015 – 14. April 2020

Die abZ erstreckt sich auf die Herstellung bestimmter Hochlochziegel (bezeichnet als Poroton-T14) und deren Verwendung mit Leichtmauermörtel nach DIN V 18580 [15] der Gruppe LM 21 für Mauerwerk nach DIN EN 1996-1-1 [40] in Verbindung mit DIN EN 1996-1-1/NA [41] und DIN EN 1996-2 [46] in Verbindung mit DIN EN 1996-2/NA [47] ohne Stoßfugenvermörtelung.

Die Hochlochziegel sind LD-Ziegel nach DIN EN 771-1:2015-11 der Kategorie I mit den in der abZ genannten Eigenschaften. Für die Hochlochziegel ist ein individueller Feuchteumrechnungsfaktor F_m gemäß DIN V 4108-4 [16], Anhang B, nachgewiesen.

Die Hochlochziegel haben eine Länge von 248 mm, eine Breite von 300 mm, 365 mm, 425 mm oder 490 mm und eine Höhe von 238 mm und werden mit Druckfestigkeiten entsprechend Druckfestigkeitsklasse 4, 6, oder 8 und Brutto-Trockenrohdichten entsprechend Rohdichteklasse 0,70 nach DIN V 105-100 [17] hergestellt.

Die Hochlochziegel sind dicht aneinander („knirsch") gemäß DIN EN 1996-1-1/NA [41], NCl zu 8.1.5, zu stoßen.

Die Verwendung der Hochlochziegel der Höhe 113 mm ist nur in Ausgleichsschichten und nur in der obersten oder untersten Schicht der Wand zulässig.

Z-17.1-1126
Mauerwerk aus Leichthochlochziegeln (bezeichnet als Poroton Block-T9) mit Leichtmauermörtel LM 21

Antragsteller:
Deutsche POROTON GmbH
Kochstraße 6–7
10969 Berlin

Bescheid – Geltungsdauer:
23. Juni 2016 – 14. April 2020

Die abZ erstreckt sich auf die Herstellung Leichthochlochziegel (bezeichnet als „Poroton Block-T9") und deren Verwendung mit Leichtmauermörtel nach DIN V 18580 [15] der Gruppe LM 21 für Mauerwerk nach DIN 1053-1 [4] ohne Stoßfugenvermörtelung und für Mauerwerk nach DIN EN 1996-1-1 [40] in Verbindung mit DIN EN 1996-1-1/NA [41] und DIN EN 1996-2 [46] in Verbindung mit DIN EN 1996-2/NA [47] ohne Stoßfugenvermörtelung.

Die Leichthochlochziegel sind LD-Ziegel nach DIN EN 771-1 [6] der Kategorie I mit den in der abZ genannten Eigenschaften (Beispiel für Lochbild s. Bild 2).

Für die Leichthochlochziegel ist ein individueller Feuchteumrechnungsfaktor F_m gemäß DIN V [16], Anhang B, nachgewiesen.

Die Leichthochlochziegel haben eine Länge von 248 mm, eine Breite von 365 mm, 425 mm, 490 mm oder 500 mm und eine Höhe von 238 mm. Sie werden mit Druckfestigkeiten entsprechend Tabelle 2 hergestellt.

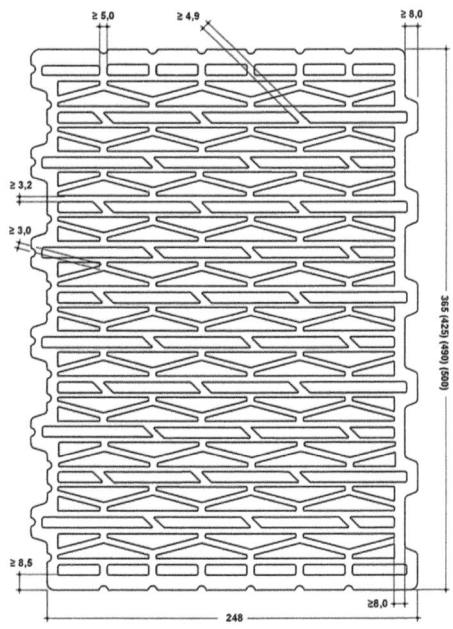

Bild 2. Poroton Block-T9 – Leichthochlochziegel (Z-17.1-1126)

Für die Herstellung des Mauerwerks darf nur Leichtmauermörtel nach DIN V 18580 [15] der Gruppe LM 21 verwendet werden.

Das Mauerwerk darf nur im Anwendungsbereich gemäß den in DIN 1053-1 [4], Abschnitt 6.1, bzw. DIN EN 1996-3 [48], Abschnitte 4.2.1.1 und 4.2.1.2, in Verbindung mit DIN EN 1996-3/NA [49], NCI zu 4.2.1.1 und 4.2.1.2, bestimmten Voraussetzungen für die Anwendung des vereinfachten Verfahrens für den Nachweis der Standsicherheit verwendet werden.

Ausführung

Das Mauerwerk ist als Einstein-Mauerwerk ohne Stoßfugenvermörtelung auszuführen.

Die Hochlochziegel sind dicht aneinander („knirsch") zu stoßen, anzudrücken und lot- und fluchtgerecht in ihre endgültige Lage zu bringen.

Tabelle 2. Bemessungswerte für Mauerwerk aus Poroton Block-T9-Leichthochlochziegeln (Z-17.1-1126)

Rohdichteklasse	Bemessungswert der Wärmeleitfähigkeit λ in W/(m·K)	Festigkeitsklasse	DIN 1053-1			DIN EN 1996-3		α^*
			Grundwert σ_0 MN/m²	max τ MN/m²	β_{RZ} MN/m²	char. DF f_k MN/m²	$f_{bt,cal}$ MN/m²	
0,60	0,09	4	0,3	0,048	0,132	0,9	0,130	0,33
		6	0,4	0,072	0,198	1,2	0,195	
		8	0,5	0,096	0,264	1,5	0,260	
		10	0,5	0,120	0,330	1,5	0,325	

Berechnung

Für die Grundwerte σ_0 der zulässigen Druckspannungen bzw. die charakteristische Druckfestigkeit f_k gilt Tabelle 2.

Für Wände, die als Endauflager für Decken oder Dächer dienen, durch Wind beansprucht werden und nach DIN 1053-1, Abschnitt 6.9.1, nachgewiesen werden, ist zusätzlich ein Nachweis der Mindestauflast der Wände zu führen. Dieser darf vereinfacht nach Abschnitt 0.1.1 erfolgen, sofern kein genauerer Nachweis geführt wird.

Bei Wänden mit nicht über die volle Wanddicke aufliegender Decke darf der Nachweis der Standsicherheit mit dem vereinfachten Verfahren nach DIN 1053-1, Abschnitt 6.9.1 geführt werden, wenn abweichend bzw. zusätzlich die Regelungen nach Abschnitt 0.2.1 berücksichtigt werden. Dabei darf bei einer Wanddicke von 365 mm die Mindestauflagertiefe auf 0,45 d reduziert werden.

Beim Schubnachweis nach DIN 1053-1 [4], Abschnitt 6.9.5, dürfen für zul τ und max τ nur 33 % des sich aus Abschnitt 6.9.5, Gleichung (6a), – mit σ_{0HS} nach DIN 1053-1 [4], Tabelle 5 (Wert für unvermörtelte Stoßfugen) – ergebenden Wertes in Rechnung gestellt werden.

Beim Schubnachweis nach dem genaueren Verfahren nach DIN 1053-1 [4], Abschnitt 7.9.5, dürfen nur 33 % der sich aus Abschnitt 7.9.5, Gleichungen (16a) und (16b), – mit σ_{0HS} für unvermörtelte Stoßfugen – ergebenden Werte in Rechnung gestellt werden.

Sofern gemäß DIN EN 1996-1-1/NA [41], NCI zu 5.5.3, bzw. DIN EN 1996-3/NA [49], NDP zu 4.1 (1)P, ein rechnerischer Nachweis der Schubtragfähigkeit erforderlich ist, ist dieser nach DIN EN 1996-1-1 [40], Abschnitt 6.2, in Verbindung mit DIN EN 1996-1-1/NA [41], NCI zu 6.2, zu führen, wobei für den minimalen Bemessungswert der Querkrafttragfähigkeit V_{Rdlt} nur 33 % des sich aus Gleichung (NA.19) bzw. Gleichung (NA.24) ergebenden Wertes in Rechnung gestellt werden dürfen.

Bei der Beurteilung eines Gebäudes hinsichtlich des Verzichts auf einen rechnerischen Nachweis der räumlichen Steifigkeit ist die geringere Schubtragfähigkeit zu beachten.

Z-17.1-328
klimaton ST-Ziegel für Mauerwerk
ohne Stoßfugenvermörtelung

Antragsteller:
Klimaton ZIEGEL Interessengemeinschaft e. V.
Nördlinger Straße 24
86609 Donauwörth

Bescheid – Geltungsdauer:
6. Juli 2016 – 14. April 2020

Die abZ erstreckt sich auf die Herstellung von Leichthochlochziegeln (bezeichnet als „klimaton ST-Ziegel") und deren Verwendung mit Leichtmauermörtel nach DIN V 18580 [15] der Gruppe LM 21 oder LM 36 oder mit Normalmauermörtel nach DIN V 18580 der Mörtelgruppe II oder IIa für Mauerwerk nach DIN 1053-1 [4] ohne Stoßfugenvermörtelung und für Mauerwerk nach DIN EN 1996-1-1 [40] in Verbindung mit DIN EN 1996-1-1/NA [41] und DIN EN 1996-2 [46] in Verbindung mit DIN EN 1996-2/NA [47] ohne Stoßfugenvermörtelung.

Die Leichthochlochziegel sind LD-Ziegel nach DIN EN 771-1 [6] der Kategorie I mit den in der abZ genannten Eigenschaften. Für die Leichthochlochziegel ist ein individueller Feuchteumrechnungsfaktor F_m gemäß DIN V 4108-4 [16], Anhang B, nachgewiesen.

Die Leichthochlochziegel haben eine Länge von 247 mm, 300 mm oder 372 mm; eine Breite von 175 mm, 240 mm, 300 mm, 365 mm, 425 mm oder 490 mm und eine Höhe von 238 mm und werden mit Druckfestigkeiten entsprechend der Druckfestigkeitsklassen 4, 6, 8, 10 oder 12 und einer Brutto-Trockenrohdichte entsprechend der Rohdichteklasse 0,8 nach DIN 105-100 [29] hergestellt.

Z-17.1-1048
Mauerwerk aus Hochlochziegeln
„ThermoBlock T10", „ThermoBlock T11",
„ThermoBlock T12" und „ThermoBlock T13"
und Leichtmauermörtel LM 21

Antragsteller:
Mein Ziegelhaus GmbH & Co. KG
Märkerstraße 44
63755 Alzenau

Bescheid – Geltungsdauer:
13. Mai 2015 – 14. April 2020

Die abZ erstreckt sich auf die Herstellung bestimmter Hochlochziegel (bezeichnet als „ThermoBlock T10", „ThermoBlock T11", „ThermoBlock T12" bzw. „ThermoBlock T13") und die Verwendung dieser Hochlochziegel mit Leichtmauermörtel nach DIN V 18580 [15] der Gruppe LM 21 für Mauerwerk nach DIN 1053-1 [4] ohne Stoßfugenvermörtelung und für Mauerwerk nach DIN EN 1996-1-1 [40] in Verbindung mit DIN EN 1996-1-1/NA [41] sowie DIN EN 1996-2 [46] in Verbindung mit DIN EN 1996-2/NA [47] ohne Stoßfugenvermörtelung.

Die Hochlochziegel sind LD-Ziegel nach DIN EN 771-1 [6] der Kategorie I mit den in der abZ genannten Eigenschaften.

Für die Hochlochziegel ist ein individueller Feuchteumrechnungsfaktor F_m gemäß DIN V 4108-4 [16], Anhang B, nachgewiesen.

Die Hochlochziegel haben eine Länge von 248 mm, eine Breite von 300 mm, 365 mm, 380 mm, 400 mm, 425 mm oder 490 mm und eine Höhe von 238 mm. Sie werden mit Druckfestigkeiten entsprechend Druckfestigkeitsklassen 4, 6, 8 und 10 und Brutto-Trockenrohdichten entsprechend den Rohdichteklassen 0,65 und 0,70 nach DIN V 105-100 [17] hergestellt.

Z-17.1-904
Mauerwerk aus Röben-T-Hochlochziegeln mit Stoßfugenverzahnung

Antragsteller:
Röben Klinkerwerke GmbH & Co. KG
Klein Schweinebrück 168
26340 Zetel

Bescheid – Geltungsdauer:
18. April 2016 – 14. April 2020

Die abZ erstreckt sich auf die Herstellung von bestimmter Hochlochziegel (bezeichnet als Röben-T-Hochlochziegel) und deren Verwendung mit Leichtmauermörtel nach DIN V 18580 [15] der Gruppe LM 21 oder LM 36 oder mit Normalmauermörtel nach DIN V 18580 [15] der Mörtelgruppe II, IIa oder III für Mauerwerk nach DIN 1053-1 [4] ohne Stoßfugenvermörtelung und für Mauerwerk nach DIN EN 1996-1-1 [40] in Verbindung mit DIN EN 1996-1-1/NA [41] sowie DIN EN 1996-2 [46] in Verbindung mit DIN EN 1996-2/NA [47] ohne Stoßfugenvermörtelung.
Die Hochlochziegel sind LD-Ziegel nach DIN EN 771-1 [6] der Kategorie I mit den in der abZ genannten Eigenschaften. Für die Hochlochziegel ist ein individueller Feuchteumrechnungsfaktor F_m gemäß DIN V 4108-4 [16], Anhang B, nachgewiesen.
Die Hochlochziegel haben eine Länge von 248 mm, 308 mm, 373 mm oder 498 mm, eine Breite von 140 mm bis 490 mm und eine Höhe von 238 mm und werden mit Druckfestigkeiten entsprechend den Druckfestigkeitsklassen 4, 6, 8, 10 und 12 und Brutto-Trockenrohdichten entsprechend den Rohdichteklassen 0,8 und 0,9 nach DIN 105-100 [29] hergestellt.

Z-17.1-420
Mauerwerk aus THERMOPOR-Ziegeln „R N+F" mit Rhombuslochung ohne Stoßfugenvermörtelung

Antragsteller:
THERMOPOR ZIEGEL-KONTOR ULM GMBH
Olgastraße 94
89073 Ulm

Bescheid – Geltungsdauer:
6. August 2015 – 14. April 2020

Die abZ erstreckt sich auf die Herstellung von Leichthochlochziegeln (bezeichnet als „THERMOPOR R N+F") und deren Verwendung mit Leichtmauermörtel nach DIN V 18580 [15] der Gruppe LM 21 oder LM 36 oder mit Normalmauermörtel nach DIN V 18580 der Mörtelgruppe II oder IIa für Mauerwerk nach DIN 1053-1 [4] ohne Stoßfugenvermörtelung und für Mauerwerk nach DIN EN 1996-1-1 [40] in Verbindung mit DIN EN 1996-1-1/NA [41] sowie DIN EN 1996-2 [46] in Verbindung mit DIN EN 1996-2/NA [47] ohne Stoßfugenvermörtelung.
Die Hochlochziegel sind LD-Ziegel nach DIN EN 771-1 [6] der Kategorie I mit den in der abZ genannten Eigenschaften. Für die Hochlochziegel ist ein individueller Feuchteumrechnungsfaktor F_m gemäß DIN V 4108-4 [16], Anhang B, nachgewiesen.
Die Hochlochziegel haben eine Länge von 247 mm, 307 mm oder 372 mm, eine Breite von 240 mm, 300 mm, 365 mm, 425 mm oder 490 mm und eine Höhe von 238 mm. Sie werden mit Druckfestigkeiten entsprechend den Druckfestigkeitsklassen 6, 8, 10 und 12 und Brutto-Trockenrohdichten entsprechend der Rohdichteklasse 0,8 nach DIN 105-100 [29] hergestellt.

Z-17.1-580
Mauerwerk aus THERMOPOR-Ziegeln mit Rhombuslochung (bezeichnet als „THERMOPOR T 014") ohne Stoßfugenvermörtelung

Antragsteller:
THERMOPOR ZIEGEL-KONTOR ULM GMBH
Olgastraße 94
89073 Ulm

Bescheid – Geltungsdauer:
14. September 2015 – 14. April 2020

Die abZ erstreckt sich auf die Herstellung von Hochlochziegeln (bezeichnet als „THERMOPOR T 014") und deren Verwendung mit Leichtmauermörtel nach DIN V 18580 [15] der Gruppe LM 21 oder LM 36 für Mauerwerk nach DIN 1053-1 [4] ohne Stoßfugenvermörtelung und für Mauerwerk nach DIN EN 1996-1-1 [40] in Verbindung mit DIN EN 1996-1-1/NA [41] sowie DIN EN 1996-2 [46] in Verbindung mit DIN EN 1996-2/NA [47] ohne Stoßfugenvermörtelung.
Die Hochlochziegel sind LD-Ziegel nach DIN EN 771-1 [6] der Kategorie I mit den in der abZ genannten Eigenschaften.
Für die Hochlochziegel ist ein individueller Feuchteumrechnungsfaktor F_m gemäß DIN V 4108-4 [16], Anhang B, nachgewiesen.
Die Hochlochziegel haben eine Länge von 247 mm oder 307 mm, eine Breite von 240 mm, 300 mm, 365 mm, 400 mm, 425 mm oder 490 mm und eine Höhe von 238 mm. Sie werden mit Druckfestigkeiten entsprechend den Druckfestigkeitsklassen 6 und 8 und Brutto-Trockenrohdichten entsprechend der Rohdichteklasse 0,70 nach DIN V 105-100 [17] hergestellt.

Z-17.1-697
Mauerwerk aus THERMOPOR ISO-Blockziegeln (bezeichnet als „THERMOPOR ISO-B")

Antragsteller:
THERMOPOR ZIEGEL-KONTOR ULM GMBH
Olgastraße 94
89073 Ulm

Bescheid – Geltungsdauer:
18. Dezember 2015 – 14. April 2020

Die abZ erstreckt sich auf die Herstellung bestimmter Hochlochziegel (bezeichnet als „THERMOPOR ISO-

Blockziegel") und die Verwendung dieser Hochlochziegel mit Leichtmauermörtel nach DIN V 18580 [15] der Gruppe LM 21 oder LM 36 für Mauerwerk nach DIN 1053-1 [4] ohne Stoßfugenvermörtelung und für Mauerwerk nach DIN EN 1996-1-1 [40] in Verbindung mit DIN EN 1996-1-1/NA [41] sowie DIN EN 1996-2 [46] in Verbindung mit DIN EN 1996-2/NA [47] ohne Stoßfugenvermörtelung.

Die Hochlochziegel sind LD-Ziegel nach DIN EN 771-1 [6] der Kategorie I mit den in der abZ genannten Eigenschaften.

Für die Hochlochziegel ist ein individueller Feuchteumrechnungsfaktor F_m gemäß DIN V 4108-4 [16], Anhang B, nachgewiesen.

Die Hochlochziegel haben eine Länge von 247 mm, 307 mm, 372 mm oder 497 mm, eine Breite von 240 mm, 300 mm, 365 mm, 400 mm, 425 mm oder 490 mm und eine Höhe von 238 mm. Sie werden mit Druckfestigkeiten entsprechend den Druckfestigkeitsklassen 4, 6 und 8 und Brutto-Trockenrohdichten entsprechend den Rohdichteklassen 0,60, 0,65, 0,70 und 0,75 nach DIN V 105-100 [17] hergestellt.

Z-17.1-808
THERMOPOR ISO-Blockziegel
(bezeichnet als „THERMOPOR ISO-B Plus")

Antragsteller:
THERMOPOR ZIEGEL-KONTOR ULM GMBH
Olgastraße 94
89073 Ulm

Bescheid – Geltungsdauer:
12. Oktober 2016 – 14. April 2020

Die abZ erstreckt sich auf die Herstellung bestimmter Hochlochziegel (bezeichnet als „THERMOPOR ISO-B Plus") und die Verwendung dieser Hochlochziegel mit Leichtmauermörtel nach DIN V 18580 [15] der Gruppe LM 21 oder LM 36 für Mauerwerk nach DIN 1053-1 [4] ohne Stoßfugenvermörtelung und für Mauerwerk nach DIN EN 1996-1-1 [40] in Verbindung mit DIN EN 1996-1-1/NA [41] sowie DIN EN 1996-2 [46] in Verbindung mit DIN EN 1996-2/NA [47] ohne Stoßfugenvermörtelung.

Die Hochlochziegel sind LD-Ziegel nach DIN EN 771-1:2015-11 der Kategorie I mit den in der abZ genannten Eigenschaften.

Für die Hochlochziegel ist ein individueller Feuchteumrechnungsfaktor F_m gemäß DIN V 4108-4 [16], Anhang B, nachgewiesen.

Die Hochlochziegel haben eine Länge von 247 mm, eine Breite von 300 mm, 365 mm, 400 mm, 425 mm oder 490 mm und eine Höhe von 238 mm. Sie werden mit Druckfestigkeiten entsprechend den Druckfestigkeitsklassen 4, 6 und 8 und Brutto-Trockenrohdichten entsprechend den Rohdichteklassen 0,55, 0,60, 0,65, 0,70 und 0,75 nach DIN V 105-100 [17] hergestellt.

Z-17.1-864
Mauerwerk aus Thermopor ISO-Blockziegeln
(bezeichnet als „THERMOPOR ISO-B Plus Objektziegel")

Antragsteller:
THERMOPOR ZIEGEL-KONTOR ULM GMBH
Olgastraße 94
89073 Ulm

Bescheid – Geltungsdauer:
18. November 2015 – 14. April 2020

Die abZ erstreckt sich auf die Herstellung bestimmter Hochlochziegel (bezeichnet als „THERMOPOR ISO-B Plus Objektziegel") und die Verwendung dieser Hochlochziegel mit Leichtmauermörtel nach DIN V 18580 [15] ohne Stoßfugenvermörtelung.

Die Hochlochziegel sind LD-Ziegel nach DIN EN 771-1:2005-05 – Festlegungen für Mauersteine – Teil 1: Mauerziegel – der Kategorie I mit den in der abZ genannten Eigenschaften.

Für die Hochlochziegel ist ein individueller Feuchteumrechnungsfaktor F_m gemäß DIN V 4108-4 [16], Anhang B, nachgewiesen.

Die Hochlochziegel haben eine Länge von 247 mm, 307 mm und 372 mm eine Breite von 300 mm, 365 mm, 400 mm, 425 mm oder 490 mm und eine Höhe von 238 mm. Sie werden mit Druckfestigkeiten entsprechend den Druckfestigkeitsklassen 4, 6, 8 und 10 und Brutto-Trockenrohdichten entsprechend den Rohdichteklassen 0,75, 0,80, 0,85 und 0,90 nach DIN V 105-100 [17] hergestellt.

Z-17.1-1070
Mauerwerk aus Hochlochziegeln
THERMOPOR HLz EBS

Antragsteller:
THERMOPOR ZIEGEL-KONTOR ULM GMBH
Olgastraße 94
89073 Ulm

Bescheid – Geltungsdauer:
27. März 2013 – 27. März 2018

Die abZ erstreckt sich auf die Verwendung bestimmter Hochlochziegel (bezeichnet als „THERMOPOR HLz EBS") mit Normalmauermörtel nach DIN V 18580 [15] der Mörtelgruppe IIa oder III für Mauerwerk nach DIN 1053-1 [4] – Mauerwerk – Teil 1: Berechnung und Ausführung – ohne Stoßfugenvermörtelung.

Die Hochlochziegel sind LD-Ziegel bzw. HD-Ziegel nach DIN EN 771-1 [6] der Kategorie I mit den in der abZ genannten Eigenschaften (Lochbild siehe z. B. Bild 3). Sie haben eine Länge von 247 mm, 307 mm, 372 mm oder 497 mm, eine Breite von 115 mm, 145 mm, 150 mm, 175 mm, 200 mm, 240 mm, 250 mm oder 300 mm und eine Höhe von 238 mm. Sie werden mit Druckfestigkeiten entsprechend der Druckfestigkeitsklasse 8, 10, 12, 16 oder 20 und einer Brutto-

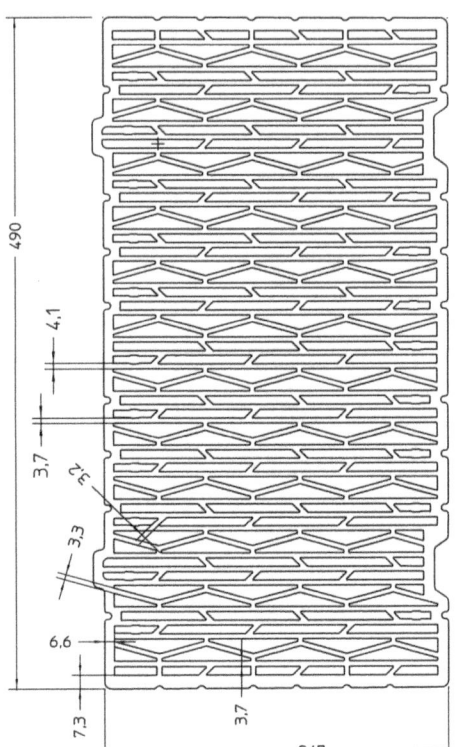

Bild 4. THERMOPOR SL 075 Block, Beispiel für Lochbild (Z-17.1-1132)

Bild 3. Thermopor HLz EBS, Beispiel für Lochbild (Z-17.1-1070)

Trockenrohdichte entsprechend der Rohdichteklasse 0,8, 0,9, 1,0, 1,2 oder 1,4 nach DIN V 105-100 [17] hergestellt.

Z-17.1-1132
Mauerwerk aus THERMOPOR SL 075 Blockziegeln (bezeichnet als „THERMOPOR SL 075 Block")

Antragsteller:
THERMOPOR ZIEGEL-KONTOR ULM GMBH
Olgastraße 94
89073 Ulm

Bescheid – Geltungsdauer:
8. Juni 2015 – 14. April 2020

Die abZ erstreckt sich auf die Herstellung bestimmter Hochlochziegel (bezeichnet als „THERMOPOR SL 075 Block") und die Verwendung dieser Hochlochziegel mit Leichtmauermörtel nach DIN V 18580 [15] der Gruppe LM 21 für Mauerwerk nach DIN 1053-1 [4] und für Mauerwerk nach DIN EN 1996-1-1 [40] in Verbindung mit DIN EN 1996-1-1/NA [41] und DIN EN 1996-2 [46] in Verbindung mit DIN EN 1996-2/NA [47] ohne Stoßfugenvermörtelung.
Die Hochlochziegel sind LD-Ziegel nach DIN EN 771-1 [6] der Kategorie I mit den in der abZ genannten Eigenschaften (Lochbild s. Bild 4).

Für die Hochlochziegel ist ein individueller Feuchteumrechnungsfaktor F_m gemäß DIN V 4108-4:2007-06, Anhang B, nachgewiesen.
Die Hochlochziegel haben eine Länge von 247 mm, eine Breite von 490 mm und eine Höhe von 238 mm. Sie werden mit Druckfestigkeiten entsprechend den Druckfestigkeitsklassen 4 und 6 und Brutto-Trockenrohdichten entsprechend der Rohdichteklasse 0,60 nach DIN V 105-100 [17] hergestellt.

Ausführung
Die Hochlochziegel sind mit Leichtmauermörtel nach DIN V 18580 [15] der Gruppe LM 21 zu vermauern. Das Mauerwerk ist als Einstein-Mauerwerk ohne Stoßfugenvermörtelung auszuführen.
Die Leichthochlochziegel sind dicht aneinander („knirsch") zu stoßen.

Berechnung
Für die Grundwerte σ_0 der zulässigen Druckspannungen bzw. die charakteristische Druckfestigkeit f_k gilt Tabelle 3.
Für Wände, die als Endauflager für Decken oder Dächer dienen, durch Wind beansprucht werden und nach DIN 1053-1 [4], Abschnitt 6.9.1, nachgewiesen werden, ist zusätzlich ein Nachweis der Mindestauflast der Wände zu führen. Dieser darf vereinfacht nach Ab-

Tabelle 3. Bemessungswerte für Mauerwerk aus THERMOPOR SL 075 Blockziegeln (Z-17.1-1132)

Rohdichteklasse	Bemessungswert der Wärmeleitfähigkeit λ in W/(m·K)	Festigkeitsklasse	DIN 1053-1			DIN EN 1996-3		α*
			Grundwert σ_0 MN/m²	max τ MN/m²	β_{RZ} MN/m²	char. DF f_k MN/m²	$f_{bt,cal}$ MN/m²	
0,60	0,075	4	0,3	0,048	0,132	0,8	0,130	0,33
		6	0,4	0,072	0,198	1,0	0,195	

schnitt 0.1.1 erfolgen, sofern kein genauerer Nachweis geführt wird.
Bei Wänden mit nicht über die volle Wanddicke aufliegender Decke darf der Nachweis der Standsicherheit mit dem vereinfachten Verfahren nach DIN 1053-1 [4], Abschnitt 6.9.1, geführt werden, wenn abweichend bzw. zusätzlich die Regelungen nach Abschnitt 0.2.1 berücksichtigt werden.
Beim Schubnachweis nach DIN 1053-1 [4], Abschnitt 6.9.5, dürfen für zul τ und max τ nur 33% des sich aus Abschnitt 6.9.5, Gleichung (6a), – mit σ_{0HS} nach DIN 1053-1 [4], Tabelle 5 (Wert für unvermörtelte Stoßfugen) – ergebenden Wertes in Rechnung gestellt werden.
Beim Schubnachweis nach dem genaueren Verfahren nach DIN 1053-1 [4], Abschnitt 7.9.5, dürfen nur 33% der sich aus Abschnitt 7.9.5, Gleichungen (16a) und (16b), – mit σ_{0HS} für unvermörtelte Stoßfugen – ergebenden Werte in Rechnung gestellt werden.
Sofern gemäß DIN EN 1996-1-1/NA [41], NCI zu 5.5.3, bzw. DIN EN 1996-3/NA [49], NDP zu 4.1 (1)P, ein rechnerischer Nachweis der Schubtragfähigkeit erforderlich ist, ist dieser nach DIN EN 1996-1-1 [40], Abschnitt 6.2, in Verbindung mit DIN EN 1996-1-1/NA [41], NCI zu 6.2, zu führen, wobei für den minimalen Bemessungswert der Querkrafttragfähigkeit V_{Rdlt} nur 33% des sich aus Gleichung (NA.19) bzw. Gleichung (NA.24) ergebenden Wertes in Rechnung gestellt werden dürfen.
Bei der Beurteilung eines Gebäudes hinsichtlich des Verzichts auf einen rechnerischen Nachweis der räumlichen Steifigkeit ist die geringere Schubtragfähigkeit zu beachten.

Z-17.1-1150
Mauerwerk aus THERMOPOR SL 08 Blockziegeln (bezeichnet als „THERMOPOR SL 08 Block")

Antragsteller:
THERMOPOR ZIEGEL-KONTOR ULM GMBH
Olgastraße 94
89073 Ulm

Bescheid – Geltungsdauer:
12. Oktober 2016 – 14. April 2020

Die abZ erstreckt sich auf die Herstellung bestimmter Hochlochziegel (bezeichnet als „THERMOPOR SL 08 Block") und die Verwendung dieser Hochlochziegel mit Leichtmauermörtel nach DIN V 18580 [15] der

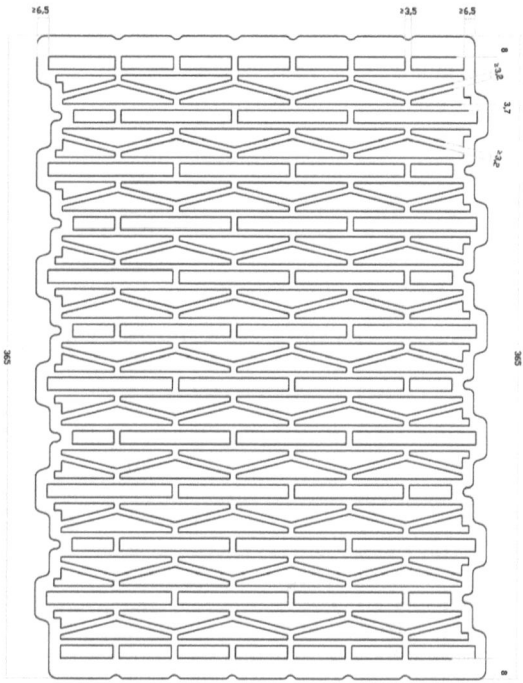

Bild 5. THERMOPOR SL 08 Blockziegel, Beispiel für Lochbild (Z-17.1-1150)

Gruppe LM 21 oder LM 36 für Mauerwerk nach DIN 1053-1 [4] ohne Stoßfugenvermörtelung und für Mauerwerk nach DIN EN 1996-1-1 [40] in Verbindung mit DIN EN 1996-1-1/NA [41] und DIN EN 1996-2 [46] in Verbindung mit DIN EN 1996-2/NA [47] ohne Stoßfugenvermörtelung.
Die Hochlochziegel sind LD-Ziegel nach DIN EN 771-1 [6] der Kategorie I mit den in der abZ genannten Eigenschaften (Lochbild siehe z. B. Bild 5).
Für die Hochlochziegel ist ein individueller Feuchteumrechnungsfaktor F_m gemäß DIN V 4108-4 [16], Anhang B, nachgewiesen.
Die Hochlochziegel haben eine Länge von 247 mm, eine Breite von 365 mm, 425 mm oder 490 mm und eine Höhe von 238 mm und werden in Druckfestigkeitsklassen und Brutto-Trockenrohdichten nach Tabelle 11 hergestellt.

Für die Herstellung des Mauerwerks ist Leichtmauermörtel nach DIN V 18580 [15] der Gruppe LM 21 oder LM 36 zu verwenden.

Ausführung
Das Mauerwerk ist als Einstein-Mauerwerk ohne Stoßfugenvermörtelung auszuführen.
Die Leichthochlochziegel sind dicht aneinander („knirsch") zu stoßen.

Berechnung
Für die Grundwerte σ_0 der zulässigen Druckspannungen bzw. die charakteristische Druckfestigkeit f_k gilt Tabelle 4.
Für Wände, die als Endauflager für Decken oder Dächer dienen, durch Wind beansprucht werden und nach DIN 1053-1, Abschnitt 6.9.1 ist zusätzlich ein Nachweis der Mindestauflast der Wände zu führen. Dieser darf vereinfacht nach Abschnitt 0.1.1 erfolgen, sofern kein genauerer Nachweis geführt wird.
Bei Wänden mit nicht über die volle Wanddicke aufliegender Decke darf der Nachweis der Standsicherheit mit dem vereinfachten Verfahren nach DIN 1053-1, Abschnitt 6.9.1 geführt werden, wenn abweichend bzw. zusätzlich die Regelungen nach Abschnitt 0.2.1 berücksichtigt werden. Dabei darf bei einer Wanddicke von 365 mm die Mindestauflagertiefe auf 0,45 d reduziert werden.
Beim Schubnachweis nach DIN 1053-1 [4], Abschnitt 6.9.5, dürfen für zul τ und max τ nur 33 % des sich aus Abschnitt 6.9.5, Gleichung (6a), – mit σ_{0HS} nach DIN 1053-1 [4], Tabelle 5 (Wert für unvermörtelte Stoßfugen) – ergebenden Wertes in Rechnung gestellt werden.
Beim Schubnachweis nach dem genaueren Verfahren nach DIN 1053-1 [4], Abschnitt 7.9.5, dürfen nur 33 % der sich aus Abschnitt 7.9.5, Gleichungen (16a) und (16b), – mit σ_{0HS} für unvermörtelte Stoßfugen – ergebenden Werte in Rechnung gestellt werden.
Sofern gemäß DIN EN 1996-1-1/NA [41], NCI zu 5.5.3, bzw. DIN EN 1996-3/NA [49], NDP zu 4.1 (1)P, ein rechnerischer Nachweis der Schubtragfähigkeit erforderlich ist, ist dieser nach DIN EN 1996-1-1 [40], Abschnitt 6.2, in Verbindung mit DIN EN 1996-1-1/NA [41], NCI zu 6.2, zu führen, wobei für den minimalen Bemessungswert der Querkrafttragfähigkeit V_{Rdlt} nur 33 % des sich aus Gleichung (NA.19) bzw. Gleichung (NA.24) ergebenden Wertes in Rechnung gestellt werden dürfen.
Bei der Beurteilung eines Gebäudes hinsichtlich des Verzichts auf einen rechnerischen Nachweis der räumlichen Steifigkeit ist die geringere Schubtragfähigkeit zu beachten.

Z-17.1-347
Mauerwerk aus UNIPOR-Z-Hochlochziegeln

Antragsteller:
UNIPOR Ziegel Marketing GmbH
Landsberger Straße 392
81241 München

Bescheid – Geltungsdauer:
6. August 2014 – 1. Januar 2018

Die abZ erstreckt sich auf die Herstellung von Leichthochlochziegeln (bezeichnet als UNIPOR-Z-Hochlochziegel) und deren Verwendung mit Leichtmauermörtel nach DIN V 18580 [15] der Gruppe LM 21 oder LM 36 oder mit Normalmauermörtel nach DIN V 18580 der Mörtelgruppe II, IIa oder III für Mauerwerk nach DIN 1053-1 [4] ohne Stoßfugenvermörtelung.
Die Hochlochziegel sind LD-Ziegel nach DIN EN 771-1 [6] der Kategorie I mit den in der abZ genannten Eigenschaften.
Für die Hochlochziegel ist ein individueller Feuchteumrechnungsfaktor F_m gemäß DIN V 4108-4 [16], Anhang B, nachgewiesen.
Die Hochlochziegel haben eine Länge von 247 mm, 307 mm, 372 mm oder 49 mm, eine Breite von 240 mm, 300 mm, 365 mm, 380 mm, 400 mm, 425 mm, 440 mm oder 490 mm und eine Höhe von 238 mm. Sie werden mit Druckfestigkeiten entsprechend den Druckfestigkeitsklassen 6, 8, 10 und 12 und Brutto-Trockenrohdichten entsprechend den Rohdichteklassen 0,8 nach DIN V 105-100 [17] hergestellt.

Tabelle 4. Bemessungswerte für Mauerwerk aus THERMOPOR SL 08 Blockziegeln nach Z-17.1-1150

Rohdichteklasse	Bemessungswert der Wärmeleitfähigkeit λ in W/(m·K)	Festigkeitsklasse	DIN 1053-1			DIN EN 1996-3		α^*
			Grundwert σ_0 MN/m^2	max τ MN/m^2	β_{RZ} MN/m^2	char. DF f_k MN/m^2	$f_{bt,cal}$ MN/m^2	
0,60	0,08 (LM 21) 0,10 (LM 36)	4	0,3	0,048	0,132	0,8	0,130	0,33
		6	0,4	0,072	0,198	1,0	0,195	
		8	0,5	0,096	0,264	1,3	0,260	
		10	0,6	0,120	0,330	1,5	0,325	

Z-17.1-636
Mauerwerk aus UNIPOR-NE-Hochlochziegeln

Antragsteller:
UNIPOR Ziegel Marketing GmbH
Landsberger Straße 392
81241 München

Bescheid – Geltungsdauer:
13. Oktober 2016 – 31. Dezember 2018

Die abZ erstreckt sich auf die Herstellung bestimmter Hochlochziegel (bezeichnet als „UNIPOR-NE-Hochlochziegel") und deren Verwendung mit Leichtmauermörtel nach DIN V 18580 [15] der Gruppe LM 21 oder LM 36 oder mit Normalmauermörtel nach DIN V 18580 [15] der Mörtelgruppe II, IIa oder III für Mauerwerk nach DIN 1053-1 [4] ohne Stoßfugenvermörtelung und für Mauerwerk nach DIN EN 1996-1-1 [40] in Verbindung mit DIN EN 1996-1-1/NA [41] und DIN EN 1996-2 [46] in Verbindung mit DIN EN 1996-2/NA [47] ohne Stoßfugenvermörtelung.
Die Hochlochziegel sind LD-Ziegel nach DIN EN 771-1 [6] der Kategorie I mit den in der abZ genannten Eigenschaften.
Für die Hochlochziegel ist ein individueller Feuchteumrechnungsfaktor F_m gemäß DIN V 4108-4 [16], Anhang B, nachgewiesen.
Die Hochlochziegel haben eine Länge von 247 mm, 307 mm, 372 mm oder 497 mm, eine Breite von 175 mm, 240 mm, 300 mm, 365 mm, 425 mm oder 490 mm und eine Höhe von 238 mm. Sie werden mit Druckfestigkeiten entsprechend Druckfestigkeitsklassen 4, 6, 8, 10 und 12 und Brutto-Trockenrohdichten entsprechend den Rohdichteklassen 0,65, 0,70 und 0,75 nach DIN V 105-100 [17] hergestellt.

Z-17.1-767
UNIPOR-Novapor-Ziegel

Antragsteller:
UNIPOR Ziegel Marketing GmbH
Landsberger Straße 392
81241 München

Bescheid – Geltungsdauer:
31. Juli 2014 – 1. Januar 2018

Die abZ erstreckt sich auf die Herstellung von Leichthochlochziegeln (bezeichnet als UNIPOR Novapor-Ziegel) und deren Verwendung mit Leichtmauermörtel nach DIN V 18580:2004-03 – Mauermörtel mit besonderen Eigenschaften – der Gruppe LM 21 oder LM 36 für Mauerwerk nach DIN 1053-1 [4] ohne Stoßfugenvermörtelung.
Die Leichthochlochziegel werden in den Druckfestigkeitsklassen 4, 6, 8, 10 und 12 in den Rohdichteklassen 0,60, 0,65 und 0,70 hergestellt.
Die Leichthochlochziegel haben eine Länge von 247 mm, 307 mm, 372 mm oder 497 mm, eine Breite von 240 mm, 300 mm, 365 mm, 425 mm oder 490 mm und eine Höhe von 238 mm.

Z-17.1-777
Mauerwerk aus ISOMEGA-Leichthochlochziegeln und Leichtmauermörtel LM 21

Antragsteller:
UNIPOR Ziegel Marketing GmbH
Landsberger Straße 392
81241 München

Bescheid – Geltungsdauer:
2. Juli 2015 – 14. April 2020

Die abZ erstreckt sich auf die Herstellung bestimmter Hochlochziegel (bezeichnet als ISOMEGA-Leichthochlochziegel) und deren Verwendung mit Leichtmauermörtel nach DIN V 18580 [15] der Gruppe LM 21 für Mauerwerk nach DIN 1053-1 [4] ohne Stoßfugenvermörtelung und für Mauerwerk nach DIN EN 1996-1-1 [40] in Verbindung mit DIN EN 1996-1-1/NA [41] und DIN EN 1996-2 [46] in Verbindung mit DIN EN 1996-2/NA [47] ohne Stoßfugenvermörtelung.
Die Hochlochziegel sind LD-Ziegel nach DIN EN 771-1 [6] der Kategorie I mit den in der abZ genannten Eigenschaften. Für die Hochlochziegel ist ein individueller Feuchteumrechnungsfaktor F_m gemäß DIN V 4108-4 [16], Anhang B, nachgewiesen.
Die Hochlochziegel haben eine Länge von 248 mm, eine Breite von 300 mm, 365 mm, 425 mm, 440 mm oder 490 mm und eine Höhe von 238 mm und werden mit Druckfestigkeiten entsprechend der Druckfestigkeitsklasse 6 oder 8 und Brutto-Trockenrohdichten entsprechend der Rohdichteklasse 0,7 nach DIN V 105-100 [17] hergestellt.

Z-17.1-818
Mauerwerk aus UNIPOR-WE-Ziegeln

Antragsteller:
UNIPOR Ziegel Marketing GmbH
Landsberger Straße 392
81241 München

Bescheid – Geltungsdauer:
13. Oktober 2016 – 1. Januar 2018

Die abZ erstreckt sich auf die Herstellung von Leichthochlochziegeln (bezeichnet als UNIPOR WE-Ziegel) und deren Verwendung mit Leichtmauermörtel nach DIN V 18580 [15] der Gruppe LM 21 oder LM 36 oder Normalmauermörtel nach DIN V 18580 der Mörtelgruppe II, IIa oder III für Mauerwerk nach DIN 1053-1 [4] ohne Stoßfugenvermörtelung und für Mauerwerk nach DIN EN 1996-1-1 [40] in Verbindung mit DIN EN 1996-1-1/NA [41] und DIN EN 1996-2 [46] in Verbindung mit DIN EN 1996-2/NA [47] ohne Stoßfugenvermörtelung.
Die Hochlochziegel sind LD-Ziegel nach DIN EN 771-1 der Kategorie I mit den in der abZ genannten Eigenschaften. Für die Hochlochziegel ist ein individueller Feuchteumrechnungsfaktor F_m gemäß DIN V 4108-4 [16], Anhang B, nachgewiesen.

Die Hochlochziegel haben eine Länge von 247 mm oder 307 mm, eine Breite von 300 mm, 365 mm oder 425 mm und eine Höhe von 238 mm. Sie werden mit Druckfestigkeiten entsprechend den Druckfestigkeitsklassen 6, 8, 10, 12 und 16 und Brutto-Trockenrohdichten entsprechend den Rohdichteklassen 0,80 und 0,85 nach DIN V 105-100 [17] hergestellt.

Z-17.1-886
Mauerwerk aus UNIPOR-ZD-Hochlochziegeln
Antragsteller:
UNIPOR Ziegel Marketing GmbH
Landsberger Straße 392
81241 München

Bescheid – Geltungsdauer:
28. Mai 2014 – 1. Januar 2018

Die abZ erstreckt sich auf die Herstellung bestimmter Hochlochziegel (bezeichnet als „UNIPOR-ZD-Hochlochziegel") und die Verwendung dieser Hochlochziegel mit Leichtmauermörtel nach DIN V 18580 [15] der Gruppe LM 21 oder LM 36 oder mit Normalmauermörtel nach DIN V 18580 [15] der Mörtelgruppe II, IIa oder III für Mauerwerk nach DIN 1053-1 [4] ohne Stoßfugenvermörtelung.
Die Hochlochziegel sind LD-Ziegel nach DIN EN 771-1 [6] der Kategorie I mit den in der abZ genannten Eigenschaften.
Für die Hochlochziegel ist ein individueller Feuchteumrechnungsfaktor F_m gemäß DIN V 4108-4 [16], Anhang B, nachgewiesen.
Die Hochlochziegel haben eine Länge von 247 mm, 307 mm, 372 mm oder 497 mm, eine Breite von 175 mm, 240 mm, 300 mm, 365 mm, 425 mm oder 490 mm und eine Höhe von 238 mm. Sie werden mit Druckfestigkeiten entsprechend den Druckfestigkeitsklassen 4, 6, 8, 10 und 12 und Brutto-Trockenrohdichten entsprechend der Rohdichteklasse 0,8 nach DIN V 105-100 [17] hergestellt.

Z-17.1-968
Mauerwerk aus UNIPOR-WH-Ziegeln
Antragsteller:
UNIPOR Ziegel Marketing GmbH
Landsberger Straße 392
81241 München

Bescheid – Geltungsdauer:
11. Oktober 2016 – 1. Januar 2018

Die abZ erstreckt sich auf die Herstellung bestimmter Hochlochziegel (bezeichnet als „UNIPOR-WH-Ziegel") und die Verwendung dieser Hochlochziegel mit Leichtmauermörtel nach DIN V 18580 [15] der Gruppe LM 21 für Mauerwerk nach DIN 1053-1 [4] ohne Stoßfugenvermörtelung und für Mauerwerk nach DIN EN 1996-1-1 [40] in Verbindung mit DIN EN 1996-1-1/NA [41] und DIN EN 1996-2 [46] in Verbindung mit DIN EN 1996-2/NA [47] ohne Stoßfugenvermörtelung.

Die Hochlochziegel sind LD-Ziegel nach DIN EN 771-1 [6] der Kategorie I mit den in der abZ genannten Eigenschaften.
Für die Hochlochziegel ist ein individueller Feuchteumrechnungsfaktor F_m gemäß DIN V 4108-4 [16], Anhang B, nachgewiesen.
Die Hochlochziegel haben eine Länge von 247 mm, 307 mm oder 372 mm, eine Breite von 300 mm, 365 mm, 425 mm oder 490 mm und eine Höhe von 238 mm. Sie werden mit Druckfestigkeiten entsprechend den Druckfestigkeitsklassen 4, 6 und 8 und Brutto-Trockenrohdichten entsprechend den Rohdichteklassen 0,60 und 0,65 nach DIN V 105-100 [17] hergestellt.

Z-17.1-986
Mauerwerk aus UNIPOR Novapor II-Ziegeln
Antragsteller:
UNIPOR Ziegel Marketing GmbH
Landsberger Straße 392
81241 München

Bescheid – Geltungsdauer:
12. Oktober 2016 – 1. Januar 2018

Die abZ erstreckt sich auf die Herstellung bestimmter Hochlochziegel (bezeichnet als UNIPOR Novapor II-Ziegel) und deren Verwendung mit Leichtmauermörtel nach DIN V 18580 [15] der Gruppe LM 21 oder LM 36 für Mauerwerk nach DIN 1053-1 [4] ohne Stoßfugenvermörtelung und für Mauerwerk nach DIN EN 1996-1-1 [40] in Verbindung mit DIN EN 1996-1-1/NA [41] und DIN EN 1996-2 [46] in Verbindung mit DIN EN 1996-2/NA [47] ohne Stoßfugenvermörtelung.
Die Hochlochziegel sind LD-Ziegel nach DIN EN 771-1 [6] der Kategorie I mit den in der abZ genannten Eigenschaften.
Für die Hochlochziegel ist ein individueller Feuchteumrechnungsfaktor F_m gemäß DIN V 4108-4 [16], Anhang B, nachgewiesen.
Die Hochlochziegel haben eine Länge von 247 mm, eine Breite von 240 mm, 300 mm, 365 mm, 425 mm oder 490 mm und eine Höhe von 238 mm. Sie werden mit Druckfestigkeiten entsprechend den Druckfestigkeitsklassen 4, 6, 8, 10 und 12 und Brutto-Trockenrohdichten entsprechend der Rohdichteklasse 0,65 nach DIN V 105-100 [17] hergestellt.

Z-17.1-991
Mauerwerk aus ISOMEGA-Plus BIOTON Leichthochlochziegeln und Leichtmauermörtel LM 21
Antragsteller:
UNIPOR Ziegel Marketing GmbH
Landsberger Straße 392
81241 München

Bescheid – Geltungsdauer:
21. Juli 2015 – 14. April 2020

Die abZ erstreckt sich auf die Verwendung bestimmter Hochlochziegel (bezeichnet als ISOMEGA-Plus BIOTON Leichthochlochziegel) mit Leichtmauermörtel nach DIN V 18580 [15] der Gruppe LM 21 für Mauerwerk nach DIN 1053-1 [4] ohne Stoßfugenvermörtelung und für Mauerwerk nach DIN EN 1996-1-1 [40] in Verbindung mit DIN EN 1996-1-1/NA [41] und DIN EN 1996-2 [46] in Verbindung mit DIN EN 1996-2/NA [47] ohne Stoßfugenvermörtelung.

Die Hochlochziegel sind LD-Ziegel nach DIN EN 771-1 [6] der Kategorie I mit den in der abZ genannten Eigenschaften. Für die Hochlochziegel ist ein individueller Feuchteumrechnungsfaktor F_m gemäß DIN V 4108-4 [16], Anhang B, nachgewiesen.

Die Hochlochziegel haben eine Länge von 247 mm, eine Breite von 300 mm, 365 mm, 400 mm, 425 mm, 440 mm oder 490 mm und eine Höhe von 238 mm und werden mit Druckfestigkeiten entsprechend den Druckfestigkeitsklassen 6, 8 und 10 und Brutto-Trockenrohdichten entsprechend den Rohdichteklassen 0,65 und 0,70 nach DIN V 105-100 [17] hergestellt.

Z-17.1-952
Mauerwerk aus ZMK-Blockziegeln WZ 11 und WZ 12

Antragsteller:
Ziegelsysteme Michael Kellerer mbH & Co. KG
Ziegeleistraße 13
82281 Oberweikertshofen

Bescheid – Geltungsdauer:
27. Oktober 2015 – 14. April 2020

Die abZ erstreckt sich auf die Herstellung bestimmter Hochlochziegel (bezeichnet als ZMK-Blockziegel WZ 11 und ZMK-Blockziegel WZ 12) und deren Verwendung mit Leichtmauermörtel nach DIN V 18580 [15] der Gruppen LM 21 und LM 36 für Mauerwerk nach DIN 1053-1 [4] ohne Stoßfugenvermörtelung und für Mauerwerk nach DIN EN 1996-1-1 [40] in Verbindung mit DIN EN 1996-1-1/NA [41] und DIN EN 1996-2 [46] in Verbindung mit DIN EN 1996-2/NA [47] ohne Stoßfugenvermörtelung.

Die Hochlochziegel sind LD-Ziegel nach DIN EN 771-1 [6] der Kategorie I mit den in der abZ genannten Eigenschaften. Für die Hochlochziegel ist ein individueller Feuchteumrechnungsfaktor F_m gemäß DIN V 4108-4 [16], Anhang B, nachgewiesen.

Die Hochlochziegel haben eine Länge von 247 mm, 307 mm, 372 mm oder 497 mm, eine Breite von 300 mm, 365 mm, 425 mm oder 490 mm und eine Höhe von 238 mm und werden mit Druckfestigkeiten entsprechend den Druckfestigkeitsklassen 4, 6, 8 und 10 und Brutto-Trockenrohdichten entsprechend den Rohdichteklassen 0,60 und 0,65 nach DIN V 105-100 [17] hergestellt.

Z-17.1-953
Mauerwerk aus ZMK Blockziegeln WZ 14 und WZ 16

Antragsteller:
Ziegelsysteme Michael Kellerer mbH & Co. KG
Ziegeleistraße 13
82281 Oberweikertshofen

Bescheid – Geltungsdauer:
3. November 2015 – 14. April 2020

Die abZ erstreckt sich auf die Herstellung bestimmter Hochlochziegel (bezeichnet als ZMK-Blockziegel WZ 14 und ZMK-Blockziegel WZ 16) und deren Verwendung mit Leichtmauermörtel nach DIN V 18580 [15] der Gruppen LM 21 oder LM 36 oder mit Normalmauermörtel nach DIN V 18580 [15] der Mörtelgruppe IIa oder III für Mauerwerk nach DIN 1053-1 [4] ohne Stoßfugenvermörtelung und für Mauerwerk nach DIN EN 1996-1-1 [40] in Verbindung mit DIN EN 1996-1-1/NA [41] und DIN EN 1996-2 [46] in Verbindung mit DIN EN 1996-2/NA [47] ohne Stoßfugenvermörtelung.

Die Hochlochziegel sind LD-Ziegel nach DIN EN 771-1 [6] der Kategorie I mit den in der abZ genannten Eigenschaften.

Für die Hochlochziegel ist ein individueller Feuchteumrechnungsfaktor F_m gemäß DIN V 4108-4 [16], Anhang B, nachgewiesen.

Die Hochlochziegel haben eine Länge von 247 mm, 307 mm, 372 mm oder 497 mm eine Breite von 175 mm, 240 mm, 300 mm, 365 mm, 425 mm oder 490 mm und eine Höhe von 238 mm und werden mit Druckfestigkeiten entsprechend den Druckfestigkeitsklassen 4, 6, 8, 10 und 12 und Brutto-Trockenrohdichten entsprechend den Rohdichteklassen 0,70 und 0,75 nach DIN V 105-100 [17] hergestellt.

Z-17.1-1148
Mauerwerk aus Hochlochziegeln (bezeichnet als „IMBREX Z7 Blockziegel")

Antragsteller:
Keller AG Ziegeleien
8422 Pfungen
Schweiz

Bescheid – Geltungsdauer:
16. März 2016 – 14. April 2020

Die abZ erstreckt sich auf die Herstellung Hochlochziegel (bezeichnet als „IMBREX Z7 Blockziegel") und deren Verwendung mit Leichtmauermörtel nach DIN V 18580 [15] der Gruppe LM 21 für Mauerwerk nach [4] ohne Stoßfugenvermörtelung und für Mauerwerk nach DIN EN 1996-1-1 [40] in Verbindung mit DIN EN 1996-1-1/NA [41] und DIN EN 1996-2 [46] in Verbindung mit DIN EN 1996-2/NA [47] ohne Stoßfugenvermörtelung.

Die Hochlochziegel sind LD-Ziegel nach DIN EN 771-1 [6] der Kategorie I mit den in der abZ genannten Eigenschaften (Beispiel für Lochbild s. Bild 6).

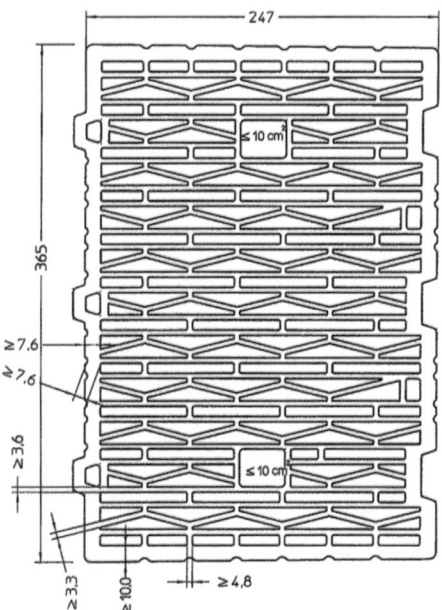

Bild 6. IMBREX Z7 Blockziegel (Z-17.1-1148)

Für die Hochlochziegel ist ein individueller Feuchteumrechnungsfaktor F_m gemäß DIN V 4108-4 [16], Anhang B, nachgewiesen.
Die Leichthochlochziegel haben eine Länge von 248 mm, eine Breite von 365 mm, 425 mm, 490 mm oder 500 mm und eine Höhe von 238 mm. Sie werden mit Druckfestigkeiten entsprechend Tabelle 5 hergestellt.

Ausführung
Das Mauerwerk ist als Einstein-Mauerwerk ohne Stoßfugenvermörtelung auszuführen.
Die Hochlochziegel sind dicht aneinander („knirsch") zu stoßen, anzudrücken und lot- und fluchtgerecht in ihre endgültige Lage zu bringen.

Berechnung
Für die Grundwerte σ_0 der zulässigen Druckspannungen bzw. die charakteristische Druckfestigkeit f_k gilt Tabelle 5.
Für Wände, die als Endauflager für Decken oder Dächer dienen, durch Wind beansprucht werden und nach DIN 1053-1, Abschnitt 6.9.1, nachgewiesen werden, ist zusätzlich ein Nachweis der Mindestauflast der Wände zu führen. Dieser darf vereinfacht nach Abschnitt 0.1.1 erfolgen, sofern kein genauerer Nachweis geführt wird.
Bei Wänden mit nicht über die volle Wanddicke aufliegender Decke darf der Nachweis der Standsicherheit mit dem vereinfachten Verfahren nach DIN 1053-1, Abschnitt 6.9.1 geführt werden, wenn abweichend bzw. zusätzlich die Regelungen nach Abschnitt 0.2.1 berücksichtigt werden. Dabei darf bei einer Wanddicke von 365 mm die Mindestauflagertiefe auf 0,45 d reduziert werden.
Beim Schubnachweis nach DIN 1053-1 [4], Abschnitt 6.9.5, dürfen für zul τ und max τ nur 30 % des sich aus Abschnitt 6.9.5, Gleichung (6a), – mit σ_{0HS} nach DIN 1053-1 [4], Tabelle 5 (Wert für unvermörtelte Stoßfugen) – ergebenden Wertes in Rechnung gestellt werden.
Beim Schubnachweis nach dem genaueren Verfahren nach DIN 1053-1 [4], Abschnitt 7.9.5, dürfen nur 30 % der sich aus Abschnitt 7.9.5, Gleichungen (16a) und (16b), – mit σ_{0HS} für unvermörtelte Stoßfugen – ergebenden Werte in Rechnung gestellt werden.
Sofern gemäß DIN EN 1996-1-1/NA [41], NCI zu 5.5.3, bzw. DIN EN 1996-3/NA [49], NDP zu 4.1 (1)P, ein rechnerischer Nachweis der Schubtragfähigkeit erforderlich ist, ist dieser nach DIN EN 1996-1-1 [40], Abschnitt 6.2, in Verbindung mit DIN EN 1996-1-1/NA [41], NCI zu 6.2, zu führen, wobei für den minimalen Bemessungswert der Querkrafttragfähigkeit V_{Rdlt} nur 30 % des sich aus Gleichung (NA.19) bzw. Gleichung (NA.24) ergebenden Wertes in Rechnung gestellt werden dürfen.
Bei der Beurteilung eines Gebäudes hinsichtlich des Verzichts auf einen rechnerischen Nachweis der räumlichen Steifigkeit ist die geringere Schubtragfähigkeit zu beachten.

Z-17.1-925
Mauerwerk aus Leichthochlochziegeln SX Pro

Antragsteller:
Ziegelwerk Bellenberg Wiest GmbH & Co. KG
Tiefenbacher Straße 1
89287 Bellenberg

Bescheid – Geltungsdauer:
11. Oktober 2016 – 14. April 2020

Tabelle 5. Bemessungswerte für Mauerwerk aus IMBREX Z7 Blockziegel (Z-17.1-1148)

Rohdichteklasse	Bemessungswert der Wärmeleitfähigkeit λ in W/(m·K)	Festigkeitsklasse	DIN 1053-1			DIN EN 1996-3		α*
			Grundwert σ_0 MN/m²	max τ MN/m²	β_{RZ} MN/m²	char. DF f_k MN/m²	$f_{bt,cal}$ MN/m²	
0,55	0,75	4	0,35	0,048	0,132	0,9	0,130	0,30
		6	0,45	0,072	0,198	1,2	0,195	

Die abZ erstreckt sich auf die Herstellung bestimmter Leichthochlochziegel (bezeichnet als „Leichthochlochziegel SX Pro") und deren Verwendung mit Leichtmauermörtel nach DIN V 18580 [15] der Gruppe LM 21 für Mauerwerk nach DIN 1053-1 [4] ohne Stoßfugenvermörtelung und für Mauerwerk nach DIN EN 1996-1-1 [40] in Verbindung mit DIN EN 1996-1-1/NA [41] und DIN EN 1996-2 [46] in Verbindung mit DIN EN 1996-2/NA [47] ohne Stoßfugenvermörtelung.

Die Leichthochlochziegel sind LD-Ziegel nach DIN EN 771-1 [6] der Kategorie I mit den in der abZ genannten Eigenschaften. Für die Leichthochlochziegel ist ein individueller Feuchteumrechnungsfaktor F_m gemäß DIN V 4108-4 [16], Anhang B, nachgewiesen.

Die Leichthochlochziegel haben eine Länge von 247 mm, eine Breite von 300 mm, 365 mm, 400 mm, 425 mm oder 490 mm und eine Höhe von 238 mm und werden mit Druckfestigkeiten entsprechend den Druckfestigkeitsklassen 4 und 6 und Brutto-Trockenrohdichten entsprechend den Rohdichteklassen 0,60, 0,65 und 0,70 nach DIN V 105-100 [17] hergestellt.

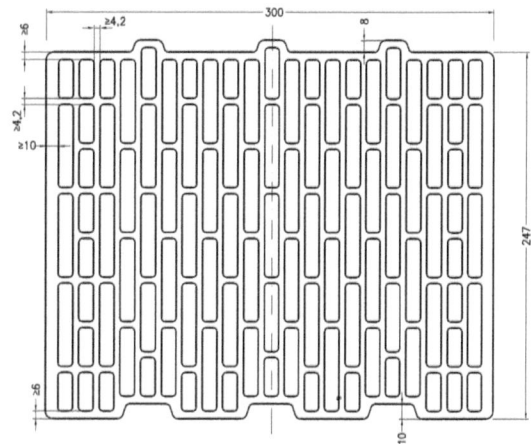

Bild 7. EDER Block 013-300, Beispiel für Lochbild (Z-17.1-1119)

Z-17.1-1119
Mauerwerk aus Leichthochlochziegeln (bezeichnet als „EDER Block 012", „EDER Block 013-300" und „EDER Block 014-240") und Leichtmauermörtel LM 21

Antragsteller:
Ziegelwerk Freital Eder GmbH
Wilsdruffer Straße 25
01705 Freital

Bescheid – Geltungsdauer:
6. Februar 2015 – 6. Februar 2020

Die abZ erstreckt sich auf die Herstellung bestimmter Leichthochlochziegel (bezeichnet als „EDER Block 012", „EDER Block 013-300" und „EDER Block 014-240") und deren Verwendung mit Leichtmauermörtel nach DIN V 18580 [15] der Gruppe LM 21 für Mauerwerk nach DIN 1053-1 [4] ohne Stoßfugenvermörtelung und für Mauerwerk nach DIN EN 1996-1-1 [40] in Verbindung mit DIN EN 1996-1-1/NA [41] und DIN EN 1996-2 [46] in Verbindung mit DIN EN 1996-2/NA [47] ohne Stoßfugenvermörtelung.

Die Leichthochlochziegel sind LD-Ziegel nach DIN EN 771-1 [6] der Kategorie I mit den in der abZ genannten Eigenschaften (Lochbild siehe z. B. Bild 7).
Für die Leichthochlochziegel ist ein individueller Feuchteumrechnungsfaktor F_m gemäß DIN V 4108-4:2007-06, Anhang B, nachgewiesen.
Die Leichthochlochziegel haben eine Länge von 247 mm, eine Breite von 240 mm, 300 mm, 365 mm, 425 mm oder 490 mm und eine Höhe von 238 mm. Sie werden mit Druckfestigkeiten und einer Brutto-Trockenrohdichte entsprechend Tabelle 6 hergestellt.

Ausführung
Die Hochlochziegel sind mit Leichtmauermörtel nach DIN V 18580 [15] der Gruppe LM 21 zu vermauern. Das Mauerwerk ist als Einstein-Mauerwerk ohne Stoßfugenvermörtelung auszuführen.
Die Leichthochlochziegel sind dicht aneinander („knirsch") zu stoßen.

Berechnung
Für die Grundwerte σ_0 der zulässigen Druckspannungen bzw. die charakteristische Druckfestigkeit f_k gilt Tabelle 6.

Tabelle 6. Bemessungswerte für Mauerwerk aus Leichthochlochziegeln (bezeichnet als „EDER Block 012", „EDER Block 013-300" und „EDER Block 014-240") und Leichtmauermörtel LM 21 (Z-17.1-1119)

Rohdichteklasse	Wanddicke mm	Bemessungswert der Wärmeleitfähigkeit λ in W/(m·K)	Festigkeitsklasse	DIN 1053-1			DIN EN 1996		α*
				Grundwert σ_0 MN/m²	max τ MN/m²	β_{RZ} MN/m²	char. DF f_k MN/m²	$f_{bt,cal}$ MN/m²	
0,75	240	0,14	8	0,4	0,096	0,264	1,2	0,260	0,33
	300	0,13	10	0,4	0,120	0,330	1,2	0,325	
	≥ 365	0,12	12	0,4	0,144	0,396	1,2	0,390	

Mauerwerk nach DIN 1053-1
Für Wände, die als Endauflager für Decken oder Dächer dienen, durch Wind beansprucht werden und nach DIN 1053-1, Abschnitt 6.9.1 ist zusätzlich ein Nachweis der Mindestauflast der Wände zu führen. Dieser darf vereinfacht nach Abschnitt 0.1.1 erfolgen, sofern kein genauerer Nachweis geführt wird.
Bei Wänden mit nicht über die volle Wanddicke aufliegender Decke darf der Nachweis der Standsicherheit mit dem vereinfachten Verfahren nach DIN 1053-1, Abschnitt 6.9.1 geführt werden, wenn abweichend bzw. zusätzlich die Regelungen nach Abschnitt 0.2.1 berücksichtigt werden. Bei einer Wanddicke von 365 mm darf die Mindestauflagertiefe auf 0,45 d reduziert werden.
Beim Schubnachweis nach DIN 1053-1 [4], Abschnitt 6.9.5, dürfen für zul τ und max τ nur 33 % des sich aus Abschnitt 6.9.5, Gleichung (6a), – mit σ_{0HS} nach DIN 1053-1 [4], Tabelle 5 (Wert für unvermörtelte Stoßfugen) – ergebenden Wertes in Rechnung gestellt werden.
Beim Schubnachweis nach dem genaueren Verfahren nach DIN 1053-1 [4], Abschnitt 7.9.5, dürfen ebenfalls nur 33 % des sich aus Abschnitt 7.9.5, Gleichungen (16a) und (16b), mit σ_{0HS} für unvermörtelte Stoßfugen ergebenden Werte in Rechnung gestellt werden.
Bei der Beurteilung eines Gebäudes hinsichtlich des Verzichts auf einen rechnerischen Nachweis der räumlichen Steifigkeit ist die geringere Schubtragfähigkeit zu beachten.

Mauerwerk nach DIN EN 1996
Für Wände, die als Endauflager für Decken oder Dächer dienen, durch Wind beansprucht werden und nach DIN EN 1996-3 in Verbindung mit DIN EN 1996-3/NA nachgewiesen werden, ist zusätzlich ein Nachweis der Mindestauflast der Wände zu führen. Dieser darf vereinfacht nach Abschnitt 0.1.2.1 erfolgen, sofern kein genauerer Nachweis geführt wird. Bei Anwendung der weiter vereinfachten Berechnungsmethoden nach DIN EN 1996-3, Anhang A, gilt abweichend Abschnitt 0.1.2.2. Dabei ist der Ansatz des Beiwertes $c_A = 0,5$ nur bis zu Deckenspannweiten $l_f \leq 5,5$ m zulässig.
Sofern gemäß DIN EN 1996-1-1/NA [41], NCI zu 5.5.3, bzw. DIN EN 1996-3/NA [49], NDP zu 4.1 (1)P, ein rechnerischer Nachweis der Schubtragfähigkeit erforderlich ist, ist dieser nach DIN EN 1996-1-1 [40], Abschnitt 6.2, in Verbindung mit DIN EN 1996-1-1/NA [41], NCI zu 6.2, zu führen, wobei für den minimalen Bemessungswert der Querkrafttragfähigkeit V_{Rdlt} nur 33 % des sich aus Gleichung (NA.19) bzw. Gleichung (NA.24) ergebenden Wertes in Rechnung gestellt werden dürfen.
Bei der Beurteilung eines Gebäudes hinsichtlich des Verzichts auf einen rechnerischen Nachweis der räumlichen Steifigkeit ist die geringere Schubtragfähigkeit zu beachten.

Z-17.1-865
Mauerwerk aus OTT klimatherm ST plus Leichthochlochziegeln

Antragsteller:
Ziegelwerk Ott Deisendorf GmbH
Ziegeleistraße 20
88662 Überlingen-Deisendorf

Bescheid – Geltungsdauer:
4. Oktober 2016 – 14. April 2020

Die abZ erstreckt sich auf die Herstellung bestimmter Leichthochlochziegel (bezeichnet als OTT klimatherm ST plus) und deren Verwendung mit Leichtmauermörtel nach DIN V 18580 [15] der Gruppe LM 21 für Mauerwerk nach DIN 1053-1 [4] ohne Stoßfugenvermörtelung und für Mauerwerk nach DIN EN 1996-1-1 [40] in Verbindung mit DIN EN 1996-1-1/NA [41] und DIN EN 1996-2 [46] in Verbindung mit DIN EN 1996-2/NA [47] ohne Stoßfugenvermörtelung.
Die Leichthochlochziegel sind LD-Ziegel nach DIN EN 771-1 [6] der Kategorie I mit den in der abZ genannten Eigenschaften. Für die Leichthochlochziegel ist ein individueller Feuchteumrechnungsfaktor F_m gemäß DIN V 4108-4 [16], Anhang B, nachgewiesen.
Die Leichthochlochziegel haben eine Länge von 247 mm, 307 mm oder 333 mm, eine Breite von 300 mm, 365 mm, 425 mm oder 490 mm und eine Höhe von 238 mm und werden mit Druckfestigkeiten entsprechend den Druckfestigkeitsklassen 4, 6 und 8 und Brutto-Trockenrohdichten entsprechend den Rohdichteklassen 0,60 und 0,65 nach DIN V 105-100 [17] hergestellt.
Das Mauerwerk darf nur im Anwendungsbereich gemäß den in DIN 1053-1 [4] Abschnitt 6.1, bestimmten Voraussetzungen für die Anwendung des vereinfachten Verfahrens für den Nachweis der Standsicherheit und nur bei lichten Geschosshöhen $h_s \leq 2,60$ m verwendet werden.

Z-17.1-866
Mauerwerk aus klimatherm plus-Ziegeln mit HV-Lochung

Antragsteller:
Ziegelwerk Ott Deisendorf GmbH
Ziegeleistraße 20
88662 Überlingen-Deisendorf

Bescheid – Geltungsdauer:
9. Juni 2016 – 14. April 2020

Die abZ erstreckt sich auf die Herstellung bestimmter Leichthochlochziegel (bezeichnet als klimatherm plus-Ziegel mit HV-Lochung) und deren Verwendung mit Leichtmauermörtel nach DIN V 18580 [15] der Gruppe LM 21 für Mauerwerk nach DIN 1053-1 [4] ohne Stoßfugenvermörtelung und für Mauerwerk nach DIN EN 1996-1-1 [40] in Verbindung mit DIN EN 1996-1-1/NA [41] und DIN EN 1996-2 [46] in Verbin-

dung mit DIN EN 1996-2/NA [47] ohne Stoßfugenvermörtelung.
Die Leichthochlochziegel sind LD-Ziegel nach DIN EN 771-1 [6] der Kategorie I mit den in der abZ genannten Eigenschaften. Für die Leichthochlochziegel ist ein individueller Feuchteumrechnungsfaktor F_m gemäß DIN V 4108-4 [16], Anhang B, nachgewiesen.
Die Leichthochlochziegel haben eine Länge von 247 mm, 307 mm oder 372 mm, eine Breite von 300 mm, 365 mm, 425 mm oder 490 mm und eine Höhe von 238 mm und werden mit Druckfestigkeiten entsprechend den Druckfestigkeitsklassen 4, 6, 8 und 10 und Brutto-Trockenrohdichten entsprechend den Rohdichteklassen 0,70, 0,75 und 0,80 nach DIN V 105-100 [17] hergestellt.

Z-17.1-944
Mauerwerk aus OTT Klimatherm ST Supra Leichthochlochziegeln

Antragsteller:
Ziegelwerk Ott Deisendorf GmbH
Ziegeleistraße 20
88662 Überlingen-Deisendorf

Bescheid – Geltungsdauer:
26. Februar 2016 – 14. April 2020

Die abZ erstreckt sich auf die Herstellung bestimmter Leichthochlochziegel (bezeichnet als OTT Klimatherm ST Supra) und deren Verwendung mit Leichtmauermörtel nach DIN V 18580 [15] der Gruppe LM 21 für Mauerwerk nach DIN 1053-1 [4] ohne Stoßfugenvermörtelung und für Mauerwerk nach DIN EN 1996-1-1 [40] in Verbindung mit DIN EN 1996-1-1/NA [41] und DIN EN 1996-2 [46] in Verbindung mit DIN EN 1996-2/NA [47] ohne Stoßfugenvermörtelung.
Die Leichthochlochziegel sind LD-Ziegel nach DIN EN 771-1 [6] der Kategorie I mit den in der abZ genannten Eigenschaften. Für die Leichthochlochziegel ist ein individueller Feuchteumrechnungsfaktor F_m gemäß DIN V 4108-4:2 [16], Anhang B, nachgewiesen.
Die Leichthochlochziegel haben eine Länge von 247 mm, eine Breite von 365 mm, 380 mm, 400 mm, 425 mm, 490 mm oder 500 mm und eine Höhe von 238 mm und werden mit Druckfestigkeiten entsprechend den Druckfestigkeitsklassen 4, 6 und 8 und Brutto-Trockenrohdichten entsprechend den Rohdichteklassen 0,60 und 0,65 nach DIN V 105-100 [17] hergestellt.
Das Mauerwerk darf nur im Anwendungsbereich gemäß den in DIN 1053-1 [4], Abschnitt 6.1, bestimmten Voraussetzungen für die Anwendung des vereinfachten Verfahrens für den Nachweis der Standsicherheit und nur bei lichten Geschosshöhen $h_S \leq 2{,}60$ m verwendet werden.

1.2 Verfüllziegel

Z-17.1-558
Mauerwerk aus THERMOPOR Schallschutz-Füllziegeln SFz G

Antragsteller:
THERMOPOR ZIEGEL-KONTOR ULM GMBH
Olgastraße 94
89073 Ulm

Bescheid – Änderung – Geltungsdauer:
1. Oktober 2014 – 29. Januar 2015 – 1. Januar 2018

Die abZ erstreckt sich auf die Verwendung bestimmter Verfüllziegel (bezeichnet als „THERMOPOR Schallschutz-Füllziegel SFz G")
– mit Normalmauermörtel nach DIN V 18580 [15] der Mörtelgruppen IIa und III für die Lagerfugen und als Verfüllmörtel für die dafür vorgesehenen Ziegellochungen oder
– mit Normalmauermörtel nach DIN V 18580 [15] der Mörtelgruppen IIa und III für die Lagerfugen und Füllbeton für die dafür vorgesehenen Ziegellochungen
für Mauerwerk nach DIN 1053-1 [4] und für Mauerwerk nach DIN EN 1996-1-1 [40] in Verbindung mit DIN EN 1996-1-1/NA [41] und DIN EN 1996-2 [46] in Verbindung mit DIN EN 1996-2/NA [47].
Die Verfüllziegel sind LD-Ziegel oder HD-Ziegel nach DIN EN 771-1 [6] der Kategorie I mit den in der abZ genannten Eigenschaften. Sie haben eine Länge von 247 mm, 372 mm oder 497 mm, eine Breite von 145 mm, 175 mm, 200 mm, 240 mm oder 300 mm und eine Höhe von 238 mm oder 113 mm und werden mit Druckfestigkeiten entsprechend den Druckfestigkeitsklassen 8, 10 und 12 und Brutto-Trockenrohdichten entsprechend den Rohdichteklassen 0,7, 0,8, 0,9, 1,0 und 1,2 nach DIN V 105-100 [17] hergestellt.
Das Mauerwerk wird schichtweise mit Normalmauermörtel der Mörtelgruppe IIa oder III nach DIN V 18580 [15] oder nach mehrschichtigem oder geschosshohem Aufbau mit Füllbeton verfüllt.
Als Füllbeton ist Normalbeton nach DIN EN 206-1 [23] sowie DIN EN 206-1/A1 [24] und DIN EN 206-1/A2 [25] in Verbindung mit DIN 1045-2 [27] der Ausbreitmaßklasse F4 oder F5 (Fließbeton) und mindestens der Festigkeitsklasse C12/15 zu verwenden.
Das Mauerwerk darf nur für tragendes oder aussteifendes Mauerwerk im Anwendungsbereich gemäß den in DIN 1053-1 [4], Abschnitt 6.1, bzw. DIN EN 1996-3 [48], Abschnitte 4.2.1.1 und 4.2.1.2, in Verbindung mit DIN EN 1996-3/NA [49], NCI zu 4.2.1.1 und 4.2.1.2, bestimmten Voraussetzungen für die Anwendung des vereinfachten Verfahrens für den Nachweis der Standsicherheit verwendet werden.

Z-17.1-462
Mauerwerk aus Schallschutz-Verfüllziegeln V 1 und V 2

Antragsteller:
UNIPOR Ziegel Marketing GmbH
Landsberger Straße 392
81241 München

und

Klimaton ZIEGEL Interessengemeinschaft e. V.
Ziegeleistraße 10
95145 Oberkotzau

Bescheid – Geltungsdauer:
17. Juni 2014 – 1. Januar 2018

Die abZ erstreckt sich auf die Verwendung bestimmter Verfüllziegel (bezeichnet als „Schallschutz-Verfüllziegel V 1" bzw. „Schallschutz-Verfüllziegel V 2") sowie die Verwendung dieser Verfüllziegel mit Normalmauermörtel nach DIN V 18580 [15] der Mörtelgruppen IIa und III für die Lagerfugen und Mörteltaschen und als Verfüllmörtel für die dafür vorgesehenen Ziegellochungen für Mauerwerk nach DIN 1053-1 [4].

Die Verfüllziegel sind LD-Ziegel und HD-Ziegel nach DIN EN 771-1 [6] der Kategorie I mit den in der abZ genannten Eigenschaften.

Sie haben eine Länge von 247 mm, 307 mm, 372 mm oder 497 mm, eine Breite von 175 mm, 200 mm, 240 mm oder 300 mm und eine Höhe von 238 mm oder 113 mm. Sie werden mit Druckfestigkeiten entsprechend den Druckfestigkeitsklassen 6, 8, 10 und 12 und Brutto-Trockenrohdichten entsprechend den Rohdichteklassen 0,8, 0,9, 1,0 und 1,2 nach DIN V 105-100 [17] hergestellt.

Für die Herstellung des Mauerwerks ist Normalmauermörtel nach DIN V 18580 [15] der Mörtelgruppe IIa oder III zu verwenden.

Die Löcher der Verfüllziegel und die Mörteltaschen sind schichtweise mit Normalmauermörtel nach DIN V 18580 [15] der Mörtelgruppe IIa oder III vollständig zu verfüllen. Für Lagerfugen- und Verfüllmörtel muss die gleiche Mörtelgruppe verwendet werden.

Die Verfüllziegel dürfen für tragendes oder aussteifendes Mauerwerk verwendet werden, jedoch nur im Anwendungsbereich gemäß den in DIN 1053-1 [4], Abschnitt 6.1, bestimmten Voraussetzungen für die Anwendung des vereinfachten Verfahrens für den Nachweis der Standsicherheit.

Z-17.1-520
Mauerwerk aus Schallschutz-Blockziegeln UNIPOR SZ 4109

Antragsteller:
UNIPOR Ziegel Marketing GmbH
Landsberger Straße 392
81241 München

Bescheid – Geltungsdauer:
17. Juni 2014 – 1. Januar 2018

Die abZ erstreckt sich auf die Verwendung bestimmter Verfüllziegel (bezeichnet als „Schallschutz-Blockziegel UNIPOR SZ 4109") mit Normalmauermörtel nach DIN V 18580 [15] der Mörtelgruppen IIa und III für die Lagerfugen und Füllbeton für die dafür vorgesehenen Ziegellochungen für Mauerwerk nach DIN 1053-1 [4].

Die Verfüllziegel sind LD-Ziegel nach DIN EN 771-1 [6] der Kategorie I mit den in der abZ genannten Eigenschaften.

Sie haben eine Länge von 372 mm oder 497 mm, eine Breite von 145 mm, 150 mm, 175 mm, 200 mm, 240 mm oder 300 mm und eine Höhe von 238 mm und werden mit Druckfestigkeiten entsprechend den Druckfestigkeitsklassen 8, 10, 12, 16 und 20 und Brutto-Trockenrohdichten entsprechend den Rohdichteklassen 0,8, 0,9 und 1,0 nach DIN V 105-100 [17] hergestellt.

Das Mauerwerk ist nach mehrschichtigem oder geschosshohem Aufbau (bei den Wanddicken 145 mm und 150 mm spätestens nach Verlegen von jeweils 3 Schichten) mit Normalbeton nach DIN EN 206-1 [23] sowie DIN EN 206-1/A1 [24] und DIN EN 206-1/A2 [25] in Verbindung mit DIN 1045-2 [27] der Ausbreitmaßklasse F4 oder F5 (Fließbeton) und mindestens der Festigkeitsklasse C12/15 zu verfüllen.

Die Verfüllziegel dürfen für tragendes oder aussteifendes Mauerwerk verwendet werden, jedoch nur im Anwendungsbereich gemäß den in DIN 1053-1 [4], Abschnitt 6.1, bestimmten Voraussetzungen für die Anwendung des vereinfachten Verfahrens für den Nachweis der Standsicherheit.

1.3 Kalksandsteine

Z-17.1-878
Mauerwerk aus Kalksandsteinen mit besonderer Lochung im Dickbettverfahren

Antragsteller:
Bundesverband Kalksandsteinindustrie e. V.
Entenfangweg 15
30419 Hannover

Bescheid – Geltungsdauer:
8. April 2016 – 14. April 2020

Die Kalksandsteine mit besonderer Lochung (Loch- und Hohlblocksteine) sind Kalksandsteine nach DIN EN 771-2:2015-11 – Festlegungen für Mauersteine – Teil 2: Kalksandsteine – der Kategorie I mit den in der abZ genannten Eigenschaften.

Die Kalksandsteine haben eine Länge von 248 mm, 300 mm, 373 mm oder 498 mm, eine Breite von 175 mm oder 240 mm (Steinbreite gleich Wanddicke) und eine Höhe von 113 mm oder 238 mm.

Sie werden als Loch- bzw. Hohlblocksteine mit Druckfestigkeiten entsprechend den Druckfestigkeitsklassen 12, 16 und 20 und Brutto-Trockenrohdichten entsprechend den Rohdichteklassen 1,2, 1,4, 1,6 und 1,8 nach DIN V 106 [18] hergestellt.

Die abZ regelt die Verwendung der Kalksandsteine mit Normalmauermörtel nach DIN V 18580 [15] der Mörtelgruppe IIa oder III für Mauerwerk nach DIN 1053-1 [4] mit oder ohne Stoßfugenvermörtelung und für Mauerwerk nach DIN EN 1996-1-1 [40] in Verbindung mit DIN EN 1996-1-1/NA [41] und DIN EN 1996-2 [46] in Verbindung mit DIN EN 1996-2/NA [47] mit oder ohne Stoßfugenvermörtelung.

Z-17.1-921
Kalksand-Plansteine mit besonderer Lochung

Antragsteller:
Bundesverband Kalksandsteinindustrie e. V.
Entenfangweg 15
30419 Hannover

Bescheid – Geltungsdauer:
8. April 2016 – 14. April 2020

Siehe Ausführungen in Abschnitt 2.1.4.

Z-17.1-772
Mauerwerk aus Kalksandsteinen in den Rohdichteklassen 2,4 bis 3,6 (bezeichnet als KS-Protect)

Antragsteller:
Kalksandsteinwerk Wemding GmbH
Harburger Straße 100
86650 Wemding

Bescheid – Geltungsdauer:
3. März 2014 – 25. Februar 2019

Die abZ erstreckt sich auf die Herstellung von Kalksandsteinen (Kalksandvoll- und -blocksteinen sowie Kalksand-Plansteinen), bezeichnet als „KS-Protect", in den in DIN V 106-1:2003-02 – Kalksandsteine: Teil 1: Voll-, Loch-, Hohlblock-, Plansteine, Planelemente, Fasensteine, Bauplatten, Formsteine – nicht geregelten Rohdichteklassen 2,4 bis 3,6 in den Festigkeitsklassen 12, 20 und 28 und die Verwendung dieser Kalksandsteine mit Normalmauermörtel nach DIN V 18580 [15] der Mörtelgruppen IIa, III und IIIa bzw. mit Dünnbettmörtel nach DIN V 18580 [15] für Mauerwerk nach DIN 1053-1 [4] mit oder ohne Stoßfugenvermörtelung. Für die Steinrohdichte gilt Tabelle 7.
Für die Rechenwerte der Eigenlast für das Mauerwerk gilt Tabelle 8.

Z-17.1-1043
Mauerwerk aus Kalksandsteinen in den Rohdichteklassen 2,4 bis 3,0 (bezeichnet als Silka HD)

Antragsteller:
Xella Deutschland GmbH
Düsseldorfer Landstraße 395
47259 Duisburg

Bescheid – Geltungsdauer:
7. Dezember 2015 – 14. April 2020

Tabelle 7. Stein-Rohdichte der Rohdichteklassen 2,4 bis 3,6 (Z-17.1-772)

Rohdichteklasse	Mittelwert der Stein-Rohdichte[1] kg/dm^3
2,4	2,21 bis 2,40
2,6	2,41 bis 2,60
2,8	2,61 bis 2,80
3,0	2,81 bis 3,00
3,2	3,01 bis 3,20
3,4	3,21 bis 3,40
3,6	3,41 bis 3,60

1) Einzelwerte dürfen die Klassengrenzen um nicht mehr als 0,1 kg/dm^3 unter- bzw. überschreiten.

Tabelle 8. Rechenwerte der Eigenlast (Z-17.1-772)

Rohdichteklasse	Rechenwert der Eigenlast kN/m^3
2,4	24
2,6	26
2,8	28
3,0	30
3,2	32
3,4	34
3,6	36

Die abZ erstreckt sich auf die Herstellung von Kalksandsteinen (Kalksandvoll- und -blocksteinen sowie Kalksand-Plansteinen), bezeichnet als „Silka HD", in den in DIN V 106-1:2003-02 – Kalksandsteine: Teil 1: Voll-, Loch-, Hohlblock-, Plansteine, Planelemente, Fasensteine, Bauplatten, Formsteine – nicht geregelten Rohdichteklassen 2,4 bis 3,0 in den Festigkeitsklassen 12, 20 und 28 und die Verwendung dieser Kalksandsteine mit Normalmauermörtel nach DIN V 18580 [15] der Mörtelgruppen IIa, III und IIIa bzw. mit Dünnbettmörtel nach DIN V 18580 [15] für Mauerwerk nach DIN 1053-1 [4] mit oder ohne Stoßfugenvermörtelung und für Mauerwerk nach DIN EN 1996-1-1 [40] in Verbindung mit DIN EN 1996-1-1/NA [41] und DIN EN 1996-2 [46] in Verbindung mit DIN EN 1996-2/NA [47] mit oder ohne Stoßfugenvermörtelung.

Z-17.1-1169
Mauerwerk aus Kalksandsteinen mit besonderer Lochung

Antragsteller:
Xella Deutschland GmbH
Düsseldorfer Landstraße 395
47259 Duisburg

Bescheid – Geltungsdauer:
8. August 2017 – 8. August 2022

Gegenstand der Zulassung ist die Bemessung und Ausführung von Mauerwerk aus Kalksand-Plansteinen mit besonderer Lochung (Hohlblocksteine) mit den in der Leistungserklärung nach EN 771-2 erklärten Leistungen gemäß Anlage 1 und Normalmauermörtel der Mörtelgruppe IIa oder III oder Dünnbettmörtel nach EN 998-2 in Verbindung mit DIN V 20000-412 bzw. DIN V 18580, hergestellt im Dickbett- oder Dünnbettverfahren.

Die Kalksand-Plansteine haben eine Länge von 246 mm, 373 mm oder 497 mm, eine Breite von 175 mm.

Die Kalksand-Plansteine sind in die Rohdichteklassen 1,2, 1,4, 1,6 und Druckfestigkeitsklassen 12, 16, 20 nach DIN 20000-402 eingestuft.

Das Mauerwerk darf als unbewehrtes Mauerwerk nach DIN EN 1996-1-1 in Verbindung mit DIN EN 1996-1-1/NA und DIN EN 1996-2 in Verbindung mit DIN EN 1996-2/NA verwendet werden.

Das Mauerwerk darf nicht als eingefasstes Mauerwerk verwendet werden.

1.4 Betonsteine

1.4.1 Vollsteine und Vollblöcke

Z-17.1-1002
Mauerwerk aus Leichtbeton-Vollblöcken (bezeichnet als Bisoclassic Super) mit Leichtmauermörtel LM 21

Antragsteller:
Bisotherm GmbH
Eisenbahnstraße 12
56218 Mülheim-Kärlich

Bescheid – Geltungsdauer:
30. September 2014 – 11. August 2019

Die abZ erstreckt sich auf die Herstellung bestimmter Leichtbetonsteine (Vollblöcke), bezeichnet als „Bisoclassic Super", und die Verwendung der Vollblöcke mit Leichtmauermörtel nach DIN V 18580 [15] der Gruppe LM 21 für Mauerwerk nach DIN 1053-1 [4] ohne Stoßfugenvermörtelung und für Mauerwerk nach DIN EN 1996-1-1 [40] in Verbindung mit DIN EN 1996-1-1/NA [41] und DIN EN 1996-2 [46] in Verbindung mit DIN EN 1996-2/NA [47] ohne Stoßfugenvermörtelung.

Die Vollblöcke sind Mauersteine aus Leichtbeton (Vollblöcke mit Schlitzen) nach DIN EN 771-3 [8] der

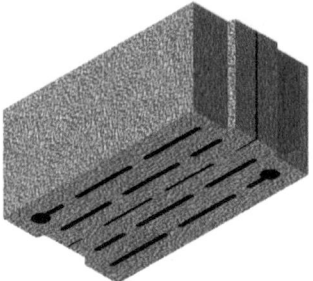

Bild 8. Beispiel für Bisoclassic Super Leichtbeton-Vollblock (Z-17.1-1002)

Kategorie I mit den in der abZ genannten Eigenschaften (Lochbild siehe z. B. Bild 8).

Für den Leichtbeton zur Herstellung dieser Vollblöcke gilt ein von DIN EN 1745 [28] abweichender Zusammenhang zwischen Betonrohdichte und Wärmeleitfähigkeit. Darüber hinaus ist für den Beton ein individueller Feuchteumrechnungsfaktor F_m gemäß DIN V 4108-4 [16], Anhang B, nachgewiesen.

Die Vollblöcke werden mit einer Länge von 247 mm oder 497 mm, einer Breite von 300 mm oder 365 mm und einer Höhe von 238 mm mit einer Druckfestigkeit entsprechend der Druckfestigkeitsklasse 2 und einer Brutto-Trockenrohdichte entsprechend den Rohdichteklassen 0,45, 0,50, 0,55, 0,60 oder 0,65 bzw. mit einer Druckfestigkeit entsprechend der Druckfestigkeitsklasse 4 und einer Brutto-Trockenrohdichte entsprechend der Rohdichteklasse 0,60 oder 0,65 nach DIN V 18152-100 [13] sowie mit einer in DIN V 18152-100 [13] nicht geregelten Druckfestigkeit entsprechend der Druckfestigkeitsklasse 1,6 und einer Brutto-Trockenrohdichte entsprechend der Rohdichteklasse 0,45 hergestellt.

Das Mauerwerk aus Vollblöcken mit einer Druckfestigkeit entsprechend der Druckfestigkeitsklasse 1,6 darf nur im Anwendungsbereich gemäß den in DIN 1053-1 [4], Abschnitt 6.1, bzw. DIN EN 1996-3 [48], Abschnitte 4.2.1.1 und 4.2.1.2, in Verbindung mit DIN EN 1996-3/NA [49], NCI zu 4.2.1.1 und 4.2.1.2, bestimmten Voraussetzungen für die Anwendung des vereinfachten Verfahrens für den Nachweis der Standsicherheit verwendet werden. Das Mauerwerk darf darüber hinaus nur für Wände angewendet werden, an die hinsichtlich des Feuerwiderstands keine Anforderungen gestellt werden.

Z-17.1-426
Mauerwerk aus KLB-Vollblöcken SW1 aus Leichtbeton (KLB-Superwärmedämmblöcke)

Antragsteller:
KLB Klimaleichtblock GmbH
Lohmannstraße 31
56626 Andernach

Bescheid – Geltungsdauer:
11. Juni 2015 – 14. April 2020

Die abZ erstreckt sich auf die Herstellung von Vollblöcken aus Leichtbeton (bezeichnet als KLB-Vollblöcke SW1) und die Verwendung der Vollblöcke mit Normalmauermörtel nach DIN V 18580 [15] der Mörtelgruppe II oder IIa oder mit Leichtmauermörtel nach DIN V 18580 [15] der Gruppe LM 21 oder LM 36 für Mauerwerk nach DIN 1053-1 [4] ohne Stoßfugenvermörtelung und für Mauerwerk nach DIN EN 1996-1-1 [40] in Verbindung mit DIN EN 1996-1-1/NA [41] und DIN EN 1996-2 [46] in Verbindung mit DIN EN 1996-2/NA [47] ohne Stoßfugenvermörtelung.

Die Vollblöcke sind Mauersteine aus Leichtbeton (Vollblöcke mit Schlitzen) nach DIN EN 771-3 [8] der Kategorie I mit den in der abZ genannten Eigenschaften. Für den Leichtbeton zur Herstellung dieser Vollblöcke gilt ein von DIN EN 1745 [28] abweichender Zusammenhang zwischen Betonrohdichte und Wärmeleitfähigkeit. Darüber hinaus ist für den Beton ein individueller Feuchteumrechnungsfaktor F_m gemäß DIN V 4108-4 [16], Anhang B, nachgewiesen.

Die Vollblöcke werden mit einer Länge von 247 mm oder 497 mm; einer Breite von 175 mm, 240 mm, 300 mm; 365 mm; 425 mm oder 490 mm und einer Höhe von 238 mm mit einer Druckfestigkeit entsprechend Druckfestigkeitsklasse 2 und einer Brutto-Trockenrohdichte entsprechend der Rohdichteklasse 0,45, 0,50, 0,55 oder 0,60, mit einer Druckfestigkeit entsprechend der Druckfestigkeitsklasse 4 und einer Brutto-Trockenrohdichte entsprechend der Rohdichteklasse 0,60, 0,65 oder 0,70 und mit einer Druckfestigkeit entsprechend der Druckfestigkeitsklasse 6 und einer Brutto-Trockenrohdichte entsprechend der Rohdichteklasse 0,80 nach DIN V 18152-100 [13] hergestellt.

Z-17.1-451
Mauerwerk aus Liapor-Super-K-Wärmedämmsteinen aus Leichtbeton

Antragsteller:
Liapor GmbH & Co. KG
Industriestraße 2
91352 Hallerndorf-Pautzfeld

Bescheid – Geltungsdauer:
9. Januar 2012 – 9. Januar 2017

Die abZ erstreckt sich auf die Herstellung bestimmter Leichtbetonsteine (bezeichnet als Liapor-Super-K-Wärmedämmsteine) und die Verwendung dieser Leichtbetonsteine mit Normalmauermörtel nach DIN V 18580 [15] der Mörtelgruppe II und IIa sowie Leichtmauermörtel nach DIN V 18580 [15] der Gruppe LM 21 und LM 36 für Mauerwerk nach DIN 1053-1 [4] ohne Stoßfugenvermörtelung.

Die Liapor-Super-K-Wärmedämmsteine sind Mauersteine aus Leichtbeton (Vollblöcke mit Schlitzen) nach DIN EN 771-3:2005-05 – Festlegungen für Mauersteine – Teil 3: Mauersteine aus Beton (mit dichten und porigen Zuschlägen) – der Kategorie I mit den in der abZ genannten Eigenschaften. Für den Leichtbeton zur Herstellung der Vollblöcke gilt ein von DIN EN 1745 [28] abweichender Zusammenhang zwischen Betonrohdichte und Wärmeleitfähigkeit.

Die Vollblöcke werden mit einer Länge von 495 mm, einer Breite von 240 mm, 300 mm oder 365 mm und einer Höhe von 238 mm mit Druckfestigkeiten entsprechend den Druckfestigkeitsklassen 2 und 4 nach DIN V 18152-100 [13] und mit Brutto-Trockenrohdichten entsprechend den in DIN V 18152-100 [13] nicht geregelten Rohdichteklassen 0,6 und 0,7 hergestellt.

Z-17.1-815
Mauerwerk aus Leichtbetonsteinen (bezeichnet als Liapor-Super-K Plus Wärmedämmsteine) und Normal- und Leichtmauermörtel

Antragsteller:
Liapor GmbH & Co. KG
Industriestraße 2
91352 Hallerndorf-Pautzfeld

Bescheid – Änderung/Ergänzung – Geltungsdauer:
21. Oktober 2014 – 18. März 2015 – 23. April 2019

Die abZ erstreckt sich auf die Herstellung bestimmter Leichtbetonsteine (bezeichnet als „Liapor-Super-K Plus Wärmedämmsteine") sowie auf die Herstellung des Leichtmauermörtels LM Ultra und die Verwendung der Liapor-Super-K Plus Wärmedämmsteine mit Normalmauermörtel nach DIN V 18580 [15] der Mörtelgruppe II oder IIa oder Leichtmauermörtel nach DIN V 18580 [15] der Gruppe LM 21 oder LM 36 oder dem Leichtmauermörtel LM Ultra nach der abZ für Mauerwerk nach DIN 1053-1 [4] ohne Stoßfugenvermörtelung und für Mauerwerk nach DIN EN 1996-1-1 [40] in Verbindung mit DIN EN 1996-1-1/NA [41] und DIN EN 1996-2 [46] in Verbindung mit DIN EN 1996-2/NA [47] ohne Stoßfugenvermörtelung.

Die Liapor-Super-K Plus Wärmedämmsteine sind Mauersteine aus Leichtbeton (Plan-Vollblöcke mit Schlitzen) nach DIN EN 771-3 [8] der Kategorie I mit den in der abZ genannten Eigenschaften. Für den Leichtbeton zur Herstellung der Liapor-Super-K Plus Wärmedämmsteine gilt ein von DIN EN 1745 [28] abweichender Zusammenhang zwischen Betonrohdichte und Wärmeleitfähigkeit. Darüber hinaus ist für den Beton ein individueller Feuchteumrechnungsfaktor F_m gemäß DIN V 4108-4 [16], Anhang B, nachgewiesen.

Die Liapor-Super-K Plus Wärmedämmsteine werden mit einer Länge von 247 mm, 372 mm oder 497 mm, einer Breite von 300 mm, 365 mm, 425 mm oder 490 mm und einer Höhe von 238 mm mit einer Druckfestigkeit entsprechend der Druckfestigkeitsklasse 2 und einer Brutto-Trockenrohdichte entsprechend der Rohdichteklasse 0,45, 0,50, 0,55, 0,60 oder 0,65 oder mit einer Druckfestigkeit entsprechend der Druckfestigkeitsklasse 4 und einer Brutto-Trockenrohdichte entsprechend der Rohdichteklasse 0,65 oder 0,70 nach DIN V 18152-100 [13] hergestellt.

Das Mauerwerk darf nur im Anwendungsbereich gemäß den in DIN 1053-1 [4], Abschnitt 6.1, bzw. DIN EN 1996-3 [48], Abschnitte 4.2.1.1 und 4.2.1.2, in Verbindung mit DIN EN 1996-3/NA [49], NCI zu 4.2.1.1 und 4.2.1.2, bestimmten Voraussetzungen für die Anwendung des vereinfachten Verfahrens bzw. der vereinfachten Berechnungsmethoden für den Nachweis der Standsicherheit verwendet werden.

Z-17.1-839
Mauerwerk aus Leichtbetonsteinen (bezeichnet als Liapor Compact Vollblöcke) und Leichtmauermörtel

Antragsteller:
Liapor GmbH & Co. KG
Industriestraße 2
91352 Hallerndorf-Pautzfeld

Bescheid – Geltungsdauer:
13. Oktober 2014 – 23. April 2019

Die abZ erstreckt sich auf die Herstellung bestimmter Leichtbetonsteine (bezeichnet als „Liapor Compact Vollblöcke") sowie auf die Herstellung des Leichtmauermörtels LM Ultra und die Verwendung der Liapor Compact Vollblöcke mit Leichtmauermörtel nach DIN V 18580 [15] der Gruppe LM 21 oder LM 36 oder dem Leichtmauermörtel LM Ultra nach der abZ für Mauerwerk nach DIN 1053-1 [4] ohne Stoßfugenvermörtelung und für Mauerwerk nach DIN EN 1996-1-1 [40] in Verbindung mit DIN EN 1996-1-1/NA [41] und DIN EN 1996-2 [46] in Verbindung mit DIN EN 1996-2/NA [47] ohne Stoßfugenvermörtelung.

Die Liapor Compact Vollblöcke sind Mauersteine aus Leichtbeton (Vollblöcke mit Schlitzen) nach DIN EN 771-3 [8] der Kategorie I mit den in der abZ genannten Eigenschaften. Für den Leichtbeton zur Herstellung der Liapor Compact Vollblöcke gilt ein von DIN EN 1745 [28] abweichender Zusammenhang zwischen Betonrohdichte und Wärmeleitfähigkeit. Darüber hinaus ist für den Beton ein individueller Feuchteumrechnungsfaktor F_m gemäß DIN V 4108-4 [16], Anhang B, nachgewiesen.

Die Liapor Compact Vollblöcke werden mit einer Länge von 247 mm, 372 mm oder 497 mm, einer Breite von 240 mm, 300 mm, 365 mm, 425 mm oder 490 mm und einer Höhe von 238 mm mit einer Druckfestigkeit entsprechend der Druckfestigkeitsklasse 2 und einer Brutto-Trockenrohdichte entsprechend der Rohdichteklasse 0,50, 0,55, 0,60 oder 0,65 oder mit einer Druckfestigkeit entsprechend der Druckfestigkeitsklasse 4 und einer Brutto-Trockenrohdichte entsprechend der Rohdichteklasse 0,65, 0,70 oder 0,80 nach DIN V 18152-100 [13] hergestellt.

Z-17.1-1032
Mauerwerk aus Vollblöcken aus Leichtbeton (bezeichnet als MEIER 10 Wärmedämmblock Mauersteine) und Leichtmauermörtel LM 21

Antragsteller:
MEIER Betonwerke und Baustoffhandel GmbH
Zur Schanze 2
92283 Lauterhofen

Bescheid – Geltungsdauer:
25. Februar 2015 – 25. Februar 2020

Die abZ erstreckt sich auf die Herstellung bestimmter Leichtbetonsteine (bezeichnet als „MEIER 10 Wärmedämmblock Mauersteine") sowie auf die Verwendung der MEIER 10 Wärmedämmblock Mauersteine mit Leichtmauermörtel nach DIN V 18580 [15] der Gruppe LM 21 für Mauerwerk nach DIN 1053-1 [4] ohne Stoßfugenvermörtelung und für Mauerwerk nach DIN EN 1996-1-1 [40] in Verbindung mit DIN EN 1996-1-1/NA [41] und DIN EN 1996-2 [46] in Verbindung mit DIN EN 1996-2/NA [47] ohne Stoßfugenvermörtelung.

Die MEIER 10 Wärmedämmblock Mauersteine sind Mauersteine aus Leichtbeton (Vollblöcke mit Schlitzen) nach DIN EN 771-3 [8] der Kategorie I mit den in der abZ genannten Eigenschaften. Für den Leichtbeton zur Herstellung der Vollblöcke gilt ein von DIN EN 1745 [28] abweichender Zusammenhang zwischen Betonrohdichte und Wärmeleitfähigkeit. Darüber hinaus ist für den Beton ein individueller Feuchteumrechnungsfaktor F_m gemäß DIN V 4108-4 [16], Anhang B, nachgewiesen.

Die Vollblöcke werden mit einer Länge von 247 mm, 372 mm oder 497 mm, einer Breite von 300 mm, 365 mm, 425 mm oder 490 mm und einer Höhe von 238 mm mit einer Druckfestigkeit entsprechend der Druckfestigkeitsklasse 2 und einer Brutto-Trockenrohdichte entsprechend der Rohdichteklasse 0,45, 0,50, 0,55, 0,60 oder 0,65 oder mit einer Druckfestigkeit entsprechend Druckfestigkeitsklasse 4 und einer Brutto-Trockenrohdichte entsprechend Rohdichteklasse 0,65 oder 0,70 nach DIN V 18152-100 [13] hergestellt.

Das Mauerwerk darf nur im Anwendungsbereich gemäß den in DIN 1053-1 [4], Abschnitt 6.1, bzw. DIN EN 1996-3 [48], Abschnitte 4.2.1.1 und 4.2.1.2, in Verbindung mit DIN EN 1996-3/NA [49], NCI zu 4.2.1.1

Bild 9. MEIER M10 Wärmedämmblock (Z-17.1-1032)

und 4.2.1.2, bestimmten Voraussetzungen für die Anwendung des vereinfachten Verfahrens bzw. der vereinfachten Berechnungsmethoden für den Nachweis der Standsicherheit verwendet werden.

1.4.2 Hohlblocksteine

Hergestellt werden die Hohlblocksteine in den Festigkeitsklassen 2, 4, 6 und 12 mit den Rohdichteklassen 0,6 bis 1,6. Sie sind zur Vermauerung mit Normalmauermörtel der Mörtelgruppen II, IIa und III oder mit Leichtmauermörtel der Gruppen LM 21 und LM 36 vorgesehen.

Z-17.1-262
Mauerwerk aus isobims-Hohlblöcken aus Leichtbeton

Antragsteller:
BBU Rheinische Bimsbaustoffunion GmbH
Sandkaulerweg 1
56564 Neuwied

Bescheid – Geltungsdauer:
11. September 2015 – 11. September 2020

Die abZ erstreckt sich auf die Verwendung bestimmter Leichtbetonsteine (Hohlblöcke), bezeichnet als isobims-Hohlblöcke, mit Normalmauermörtel nach DIN V 18580 [15] der Mörtelgruppe II, IIa oder III bzw. Leichtmauermörtel nach DIN V 18580 [15] der Gruppe LM 21 oder LM 36 für Mauerwerk nach DIN 1053-1 [4] mit oder ohne Stoßfugenvermörtelung und für Mauerwerk nach DIN EN 1996-1-1 [40] in Verbindung mit DIN EN 1996-1-1/NA [41] und DIN EN 1996-2 [46] in Verbindung mit DIN EN 1996-2/NA [47] mit oder ohne Stoßfugenvermörtelung.
Die isobims-Hohlblöcke sind Mauersteine aus Leichtbeton nach DIN EN 771-3 [8] der Kategorie I mit den in der abZ genannten Eigenschaften.
Die isobims-Hohlblöcke werden mit einer Länge von 240 mm, 247 mm, 307 mm, 372 mm, 495 mm oder 497 mm, einer Breite von 175 mm, 240 mm, 300 mm oder 365 mm und einer Höhe von 238 mm mit einer Druckfestigkeit entsprechend der Druckfestigkeitsklasse 2, 4 oder 6 und einer Brutto-Trockenrohdichte entsprechend den Rohdichteklassen 0,60 bis 1,40 nach DIN V 18151-l00 [12] hergestellt.
Das Mauerwerk aus den isobims-Hohlblöcken darf mit Ausnahme der Festlegungen im Abschnitt 4 der abZ nicht horizontal oder schräg geschlitzt werden.

Z-17.1-941
Mauerwerk aus Hohlblöcke aus Leichtbeton (bezeichnet als Jasto-Hbl)

Antragsteller:
Jakob Stockschläder GmbH & Co. KG
Koblenzer Straße 58
56299 Ochtendung

Bescheid – Geltungsdauer:
11. Mai 2015 – 11. Mai 2020

Die abZ erstreckt sich auf die Herstellung von Hohlblöcken aus Leichtbeton (bezeichnet als „Jasto-Hbl") und die Verwendung dieser Hohlblöcke mit Normalmauermörtel nach DIN V 18580 [15] der Mörtelgruppe IIa oder III oder Leichtmauermörtel nach DIN V 18580 [15] der Gruppe LM 21 für Mauerwerk nach DIN 1053-1 [4] ohne Stoßfugenvermörtelung und für Mauerwerk nach DIN EN 1996-1-1 [40] in Verbindung mit DIN EN 1996-1-1/NA [41] und DIN EN 1996-2 [46] in Verbindung mit DIN EN 1996-2/NA [47] mit oder ohne Stoßfugenvermörtelung.
Die Hohlblöcke sind Mauersteine aus Leichtbeton nach DIN EN 771-3 [8] der Kategorie I mit den in der abZ genannten Eigenschaften.
Die Hohlblöcke werden mit einer Länge von 247 mm oder 497 mm, einer Breite von 240 mm, 300 mm oder 365 mm und einer Höhe von 238 mm mit einer Druckfestigkeit entsprechend der Druckfestigkeitsklasse 2, 4 oder 6 und einer Brutto-Trockenrohdichte entsprechend der Rohdichteklasse 0,8, 0,9, 1,0 oder 1,2 hergestellt.

1.4.3 Hohlblocksteine mit integrierter Wärmedämmung

Diese Kategorie ist zurzeit nicht belegt.

1.5 Sonstige Mauersteine

Z-17.1-885
ILA-Holz-Zementsteine ohne oder mit integrierter Wärmedämmung für Ausfachungsmauerwerk in Gebäuden mit rahmenartigem Stahlbetontragwerk

Antragsteller:
ILA Bauen & Wohnen Ökologische Produkte und Bausysteme Vertriebsges. mbH
Fuldaweg 21+23
74172 Neckarsulm-Amorbach

Bescheid – Verlängerung – Änderung/Verlängerung – Geltungsdauer:
7. Juni 2011 – 24. Mai 2012 – 7. April 2014 – 28. April 2019

Die abZ erstreckt sich auf die Herstellung von Vollblöcken aus Holzspanbeton (bezeichnet als ILA-Holz-Zementsteine) sowie die Herstellung des Mörtels „Heck Baukleber" und die Verwendung dieser Holzspanbetonsteine und dieses Mörtels für nichttragende Außenwände (Ausfachungswände) nach DIN 1053-1 [4], Abschnitt 8.1.3.2, in Gebäuden mit rahmenartigem Stahlbetontragwerk mit einer Traufhöhe bis 8 m.
Die Holzspanbetonsteine haben eine Länge von 250 mm, eine Breite von 375 mm und eine Höhe von 249 mm (Normalsteine). Für die Herstellung der Druckglieder des Stahlbetonrahmenwerks werden Sondersteine mit innenliegender Aussparung 280 mm × 280 mm hergestellt, in denen nach der geschosshohen Errichtung des Mauerwerks bewehrte Be-

tonstützen ausgeführt werden. Zur Verbesserung der Wärmedämmung sind an der Außenseite der Aussparungen in den Sondersteinen 8 mm dicke Dämmstoff-Platten eingepasst.

Für die Herstellung des Mauerwerks darf nur der „Heck Baukleber" nach der abZ verwendet werden.

Das Mauerwerk wird zunächst geschosshoch aus den Holzspanbetonsteinen und dem „Heck Baukleber" nach DIN 1053-1 [4] errichtet, wobei im Bereich der Druckglieder des Stahlbetonrahmenwerks die Sondersteine angeordnet werden. Anschließend werden die Stahlbetonstützen und die Stahlbetondecken mit integrierten Stahlbetonriegeln hergestellt.

Entwurf, Bemessung und Ausführung des Stahlbetontragwerkes ist nicht Gegenstand der abZ.

Das Mauerwerk darf nur als Ausfachungsmauerwerk für nichttragende Außenwände von Gebäuden mit rahmenartigem Stahlbetontragwerk unter den nachstehenden Bedingungen verwendet werden:
– der maximale Achsabstand der tragenden Stahlbetonstützen beträgt ≤ 3,0 m,
– die maximale Geschosshöhe beträgt ≤ 3,0 m,
– die Traufhöhe der Gebäude beträgt nicht mehr als 8,0 m und
– der Anschluss des Ausfachungsmauerwerks an das tragende Stahlbetonrahmenwerk erfolgt nach den Bestimmungen der abZ.

Die für die Verwendung aus Brandschutzgründen zulässigen Gebäudeklassen ergeben sich aus den jeweils geltenden Brandschutzvorschriften der Länder für Außenwände.

2 Mauerwerk mit Dünnbettmörtel

2.1 Plansteine üblichen Formates und dafür zugelassene Dünnbettmörtel

2.1.1 Planziegel

Wegen der Vielzahl der inzwischen erteilten abZ wird nur in Kapitel E II in diesem Mauerwerk-Kalender eine vollständige Übersicht über die erteilten Bescheide gegeben. Darin sind alle Zulassungen mit den jeweiligen Kennwerten aufgeführt. Lediglich zu einer Reihe neu erteilter Zulassungen werden nachfolgend ausführlichere Angaben gemacht. Die Gliederung weist daher Lücken auf. Weitere Darstellungen zu einzelnen Bescheiden finden sich in früheren Ausgaben des Mauerwerk-Kalenders.

Z-17.1-490 (aBg)
Mauerwerk aus Poroton-T16 Planhochlochziegeln mit Stoßfugenverzahnung im Dünnbettverfahren

Antragsteller:
Deutsche POROTON GmbH
Kochstraße 6–7
10969 Berlin

Bescheid – Geltungsdauer:
11. Januar 2018 – 11. Januar 2023

Gegenstand der aBg ist die Bemessung und Ausführung von Mauerwerk aus Planhochlochziegeln (P-Ziegel der Kategorie I), bezeichnet als POROTON-T16 Planhochlochziegel, mit den in der Leistungserklärung nach DIN EN 771-1:2015-11 erklärten Leistungen, dem Dünnbettmörtel „Poroton-T-Dünnbettmörtel Typ M IV" mit den in der Leistungserklärung nach DIN EN 998-2 [35] erklärten Leistungen und dem Glasfilamentgewebe BASIS SK 34/68 tex gemäß Z-17.1-1177 hergestellt im Dünnbettverfahren. Die Dünnbettmörtelschicht ist mit speziellen Auftragsverfahren herzustellen.

Die Planhochlochziegel haben eine Länge von 248 mm, 308 mm oder 373 mm, eine Breite von 175 mm, 240 mm, 300 mm, 365 mm, 425 mm oder 490 mm und eine Höhe von 249 mm.

Die Planhochlochziegel sind in die folgende Rohdichteklasse 0,8 und die Druckfestigkeitsklassen 6, 8, 10 oder 12 nach DIN 105-100:2012-01 eingestuft.

Das Mauerwerk darf als unbewehrtes Mauerwerk nach DIN EN 1996-1-1 [40] in Verbindung mit DIN EN 1996-1-1/NA [41] und DIN EN 1996-2 [46] in Verbindung mit DIN EN 1996-2/NA [47] verwendet werden.

Z-17.1-625
Mauerwerk aus Poroton Planziegeln-T14 im Dünnbettverfahren

Antragsteller:
Deutsche POROTON GmbH
Kochstraße 6–7
10969 Berlin

Bescheid – Geltungsdauer:
7. April 2015 – 7. April 2020

Die abZ erstreckt sich auf die Herstellung bestimmter Planhochlochziegel (bezeichnet als Poroton Planziegel T14) sowie die Herstellung des Poroton-T-Dünnbettmörtels Typ I, Typ III, und Typ IV sowie des Glasfilamentgewebes BASIS SK 34/68 tex und die Verwendung dieser Planhochlochziegel und des Poroton-T-Dünnbettmörtels Typ I, Typ III und Typ IV oder des Poroton-T-Dünnbettmörtels Typ III bzw. des Poroton-T-Dünnbettmörtels Typ IV zusammen mit dem Glasfilamentgewebe BASIS SK 34/68 tex für Mauerwerk im Dünnbettverfahren (Mauerwerk mit Dünnbettmörtel) nach DIN EN 1996-1-1 [40] in Verbindung mit DIN EN 1996-1-1/NA [41] und DIN EN 1996-2 [46] in Verbindung mit DIN EN 1996-2/NA [47] ohne Stoßfugenvermörtelung.

Die Planhochlochziegel sind LD-Ziegel nach DIN EN 771-1 [6] der Kategorie I mit den in der abZ genannten Eigenschaften. Für die Planhochlochziegel ist ein individueller Feuchteumrechnungsfaktor F_m gemäß DIN V 4108-4 [16] Anhang B, nachgewiesen.

Die Planhochlochziegel haben eine Länge von 248 mm, eine Breite von 300 mm, 365 mm, 425 mm oder 490 mm und eine Höhe von 249 mm und werden mit Druckfestigkeiten entsprechend der Druckfestigkeitsklasse

4, 6, 8, 10 oder 12 und Brutto-Trockenrohdichten entsprechend der Rohdichteklasse 0,70 nach DIN V 105-100 [17] hergestellt.
Bei Vermauerung des Poroton-T-Dünnbettmörtels Typ III oder Typ M IV zusammen mit dem Glasfilamentgewebe BASIS SK 34/68 tex ist die speziell für dieses Verfahren entwickelte V.Plus-Mörtelrolle unter Berücksichtigung der Verarbeitungsrichtlinien des Herstellers zu verwenden.

Z-17.1-651
Mauerwerk aus POROTON-T14-, und POROTON-T16-Planhochlochziegeln im Dünnbettverfahren

Antragsteller:
Deutsche POROTON GmbH
Kochstraße 6–7
10969 Berlin

Bescheid – Geltungsdauer:
24. Juli 2015 – 14. April 2020

Die abZ erstreckt sich auf die Herstellung von Planhochlochziegeln (bezeichnet als POROTON-T14- und POROTON-T16-Planhochlochziegel) sowie die Herstellung des Poroton-T-Dünnbettmörtels Typ I, Typ III, Typ B I, Typ B III, Typ M I und Typ M IV sowie des Glasfilamentgewebes BASIS SK 34/68 tex und die Verwendung dieser Planhochlochziegel und Dünnbettmörtel bzw. der Poroton-T-Dünnbettmörtel Typ III, Typ B III oder Typ M IV zusammen mit dem Glasfilamentgewebe BASIS SK 34/68 tex für Mauerwerk im Dünnbettverfahren (Mauerwerk mit Dünnbettmörtel) nach DIN 1053-1 [4] ohne Stoßfugenvermörtelung und nach DIN EN 1996-1-1 [40] in Verbindung mit DIN EN 1996-1-1/NA [41] und DIN EN 1996-2 [46] in Verbindung mit DIN EN 1996-2/NA [47].
Die Planhochlochziegel sind LD-Ziegel nach DIN EN 771-1 [6] der Kategorie I mit den in der abZ genannten Eigenschaften. Für die Planhochlochziegel ist ein individueller Feuchteumrechnungsfaktor F_m gemäß DIN V 4108-4 [16], Anhang B, nachgewiesen.
Die Planhochlochziegel haben eine Länge von 248 mm oder 308 mm, eine Breite von 175 mm, 240 mm, 300 mm, 365 mm, 425 mm oder 490 mm und eine Höhe von 249 mm. Sie werden mit Druckfestigkeiten entsprechend den Druckfestigkeitsklassen 4, 6, 8, 10 und 12 und Brutto-Trockenrohdichten entsprechend den Rohdichteklassen 0,70 und 0,75 nach DIN V 105-100 [17] hergestellt.
Bei Vermauerung des Poroton-T-Dünnbettmörtels Typ III, Typ B III oder Typ M IV zusammen mit dem Glasfilamentgewebe BASIS SK 34/68 tex (nur bei Wanddicken ≥ 240 mm) ist die speziell für dieses Verfahren entwickelte V.Plus-Mörtelrolle unter Berücksichtigung der Verarbeitungsrichtlinien des Herstellers zu verwenden.

Z-17.1-889 (aBg)
Mauerwerk aus POROTON Planhochlochziegeln-T10/-T11 „Mz 33" im Dünnbettverfahren

Antragsteller:
Deutsche POROTON GmbH
Kochstraße 6–7
10969 Berlin

Bescheid – Geltungsdauer:
9. Februar 2018 – 9. Februar 2023

Gegenstand der aBg ist die Bemessung und Ausführung von Mauerwerk aus Planhochlochziegeln (P-Ziegel der Kategorie I), bezeichnet als POROTON Planhochlochziegel-T10 „Mz33" bzw. -T11 „Mz33" (Lochbild siehe z. B. Bild 10), mit den in der Leistungserklärung nach DIN EN 771-1:2015-11 erklärten Leistungen, dem Dünnbettmörtel „Poroton-T-Dünnbettmörtel Typ M IV" mit den in der Leistungserklärung nach DIN EN 998-2 [35] erklärten Leistungen und dem Glasfilamentgewebe BASIS SK 34/68 tex mit Ü-Zeichen nach Z-17.1-1177 hergestellt im Dünnbettverfahren. Die Dünnbettmörtelschicht ist mit speziellen Auftragsverfahren herzustellen.
Die Planhochlochziegel haben eine Länge von 248 mm oder 308 mm, eine Breite 240 mm, 300 mm, 365 mm, 425 mm oder 490 mm und eine Höhe von 249 mm und sind in die Rohdichteklassen 0,65 und 0,70 und Druckfestigkeitsklassen 6, 8, 10 und 12 nach DIN V 105-100 [17] eingestuft.

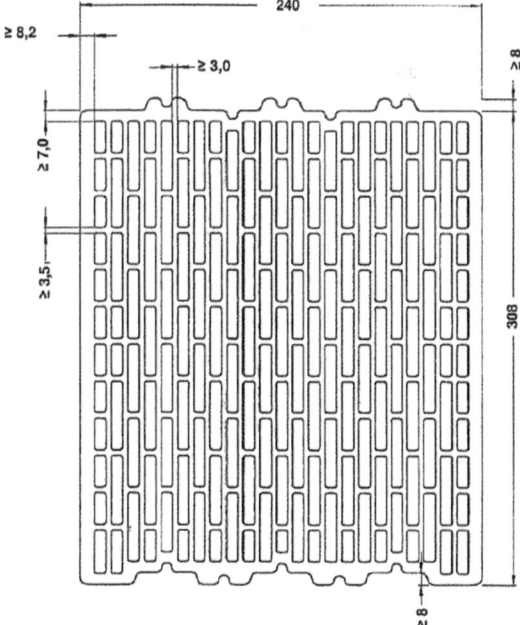

Bild 10. POROTON Planhochlochziegel T10/-T11 „Mz 33", Beispiel für Lochbild

Das Mauerwerk darf als unbewehrtes Mauerwerk im Dünnbettverfahren nach DIN EN 1996-1-1 [40] in Verbindung mit DIN EN 1996-1-1/NA [41] und DIN EN 1996-2 [46] in Verbindung mit DIN EN 1996-2/NA [47] verwendet werden.

Brandschutz
Mindestens 300 mm dicke tragende Wände aus Planhochlochziegeln nach der aBg erfüllen die Anforderungen an Brandwände nach DIN 4102-3 [54], wenn die Wände innen und außen mit einer mindestens 15 mm dicken Putzbekleidung der Putzmörtelgruppe P IV nach DIN V 18550:2005-04 versehen sind.

Z-17.1-1085
Mauerwerk aus POROTON Planhochlochziegeln U8 im Dünnbettverfahren

Antragsteller:
Deutsche POROTON GmbH
Kochstraße 6–7
10969 Berlin

Bescheid – Geltungsdauer:
26. Februar 2016 – 14. April 2020

Die abZ erstreckt sich auf die Herstellung bestimmter Planhochlochziegel (bezeichnet als „POROTON Planhochlochziegel U8") sowie die Herstellung des Poroton-T-Dünnbettmörtels Typ M IV sowie des Glasfilamentgewebes BASIS SK 34/68 tex und die Verwendung dieser Planhochlochziegel und des Poroton-T-Dünnbettmörtels Typ M IV bzw. des Poroton-T-Dünnbettmörtel Typ M IV zusammen mit dem Glasfilamentgewebe BASIS SK 34/68 tex für Mauerwerk im Dünnbettverfahren (Mauerwerk mit Dünnbettmörtel) nach DIN 1053-1[4] ohne Stoßfugenvermörtelung und nach DIN EN 1996-1-1 [40] in Verbindung mit DIN EN 1996-1-1/NA [41] und DIN EN 1996-2 [46] in Verbindung mit DIN EN 1996-2/NA [47] ohne Stoßfugenvermörtelung.
Die Planhochlochziegel sind LD-Ziegel nach DIN EN 771-1 [6] der Kategorie I mit den in der abZ genannten Eigenschaften (Lochbild siehe z. B. Bild 11). Für die Planhochlochziegel ist ein individueller Feuchteumrechnungsfaktor F_m gemäß DIN V 4108-4 [16] Anhang B, nachgewiesen.
Die Planhochlochziegel haben eine Länge von 248 mm, eine Breite von 365 mm, 425 mm, 490 mm oder 500 mm und eine Höhe von 249 mm. Sie werden mit Druck-

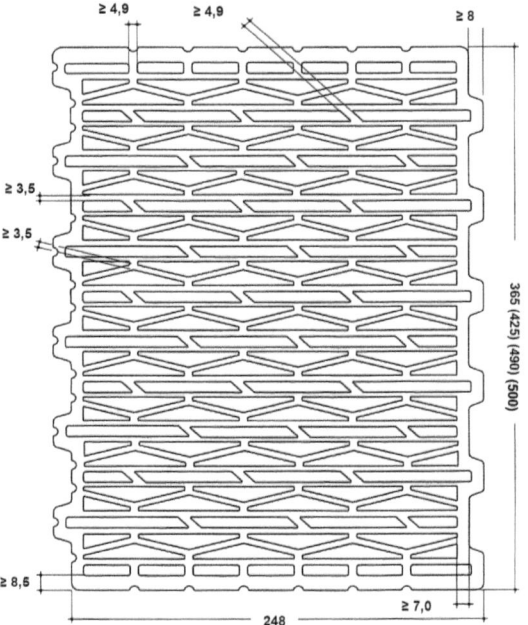

Bild 11. POROTON Planhochlochziegel U8 (Z-17.1-1085)

festigkeitsklassen und Brutto-Trockenrohdichten nach Tabelle 9 hergestellt.

Ausführung
Bei Verwendung der Poroton-T-Dünnbettmörtel Typ M IV ohne das Glasfilamentgewebe BASIS SK 34/68 tex ist der Dünnbettmörtel auf das staubfreie Planziegel-Mauerwerk mit den speziell hierfür entwickelten Mörtelschlitten so aufzutragen, dass eine Fugendicke von mindestens 1 mm und höchstens 3 mm entsteht. Die Planhochlochziegel dürfen auch in den Dünnbettmörtel getaucht (ca. 0,5 cm tief) und dann versetzt werden, wobei der Dünnbettmörtel an allen Stegen haften muss.
Bei Verwendung des Poroton-T-Dünnbettmörtels Typ M IV zusammen mit dem Glasfilamentgewebe BASIS SK 34/68 tex nach der abZ ist die speziell für dieses Verfahren entwickelte V.Plus-Mörtelrolle unter Berücksichtigung der Verarbeitungsrichtlinien des Herstellers zu verwenden. Für jede Wanddicke ist eine gesonderte Mörtelrolle mit der entsprechenden Breite zu verwenden. Die Planhochlochziegel müssen vom Staub

Tabelle 9. Bemessungswerte für Mauerwerk aus POROTON Planhochlochziegeln U8 nach Z-17.1-1085

Rohdichteklasse	Bemessungswert der Wärmeleitfähigkeit λ in W/(m·K)	Festigkeitsklasse	DIN 1053-1			DIN EN 1996-3		α^*
			Grundwert σ_0 MN/m²	max τ MN/m²	β_{RZ} MN/m²	char. DF f_k MN/m²	$f_{bt,cal}$ MN/m²	
0,60	0,08	4	0,40	0,048	0,132	1,0	0,130	0,33
		6	0,55	0,072	0,198	1,4	0,195	

gereinigt sein. Die Schichtdicke des Dünnbettmörtels auf und unter dem Glasgewebe soll jeweils ca. 1,0 mm betragen. Die vollflächige Auftragung des Mörtels auf der Oberseite und auf der Unterseite sowie die Schichtdicke sind zu kontrollieren. Der Antragsteller ist verpflichtet, alle mit der Ausführung seiner Bauart betrauten Personen über alle für eine einwandfreie Ausführung der Wandbauart erforderlichen weiteren Einzelheiten zu unterrichten.

Die Planhochlochziegel sind dicht aneinander („knirsch"), zu stoßen, anzudrücken und lot- und fluchtgerecht in ihre endgültige Lage zu bringen.

Berechnung

Für die Grundwerte σ_0 der zulässigen Druckspannungen bzw. die charakteristische Druckfestigkeit f_k gilt Tabelle 9.

Für Wände, die als Endauflager für Decken oder Dächer dienen, durch Wind beansprucht werden und nach DIN 1053-1, Abschnitt 6.9.1, nachgewiesen werden, ist zusätzlich ein Nachweis der Mindestauflast der Wände zu führen. Dieser darf vereinfacht nach Abschnitt 0.1.1 erfolgen, sofern kein genauerer Nachweis geführt wird.

Bei Wänden mit nicht über die volle Wanddicke aufliegender Decke darf der Nachweis der Standsicherheit mit dem vereinfachten Verfahren nach DIN 1053-1, Abschnitt 6.9.1 geführt werden, wenn abweichend bzw. zusätzlich die Regelungen nach Abschnitt 0.2.1 berücksichtigt werden. Dabei darf bei einer Wanddicke von 365 mm die Mindestauflagertiefe auf 0,45 d reduziert werden.

Beim Schubnachweis nach DIN 1053-1, Abschnitt 6.9.5, dürfen für zul τ und max τ nur 33 % des sich aus Abschnitt 6.9.5, Gleichung (6a) – mit σ_{0HS} nach DIN 1053-1, Tabelle 5 (Wert für unvermörtelte Stoßfugen) – ergebenden Wertes in Rechnung gestellt werden.

Beim Schubnachweis nach dem genaueren Verfahren nach DIN 1053-1, Abschnitt 7.9.5, dürfen ebenfalls nur 33 % der sich aus Abschnitt 7.9.5, Gleichungen (16a) und (16b) – mit σ_{0HS} für unvermörtelte Stoßfugen – ergebenden Werte in Rechnung gestellt werden.

Sofern gemäß DIN EN 1996-1-1/NA [41], NCI zu 5.5.3, bzw. DIN EN 1996-3/NA [49], NDP zu 4.1 (1)P, ein rechnerischer Nachweis der Schubtragfähigkeit erforderlich ist, ist dieser nach DIN EN 1996-1-1 [40], Abschnitt 6.2, in Verbindung mit DIN EN 1996-1-1/ NA [41], NCI zu 6.2, zu führen, wobei für den minimalen Bemessungswert der Querkrafttragfähigkeit V_{Rdlt} nur 33 % des sich aus Gleichung (NA.19) bzw. Gleichung (NA.24) ergebenden Wertes in Rechnung gestellt werden dürfen.

Bei der Beurteilung eines Gebäudes hinsichtlich des Verzichts auf einen rechnerischen Nachweis der räumlichen Steifigkeit gemäß DIN 1053-1, Abschnitt 6.4 bzw. Abschnitt 7.4, ist diese geringere Schubtragfähigkeit zu beachten.

Z-17.1-1141
Mauerwerk aus Planhochlochziegeln in der Rohdichteklasse 1,4 (bezeichnet als Poroton-Planhochlochziegel-T 20-1,4) im Dünnbettverfahren

Antragsteller:
Deutsche POROTON GmbH
Kochstraße 6–7
10969 Berlin

Bescheid – Geltungsdauer:
27. Oktober 2015 – 14. April 2020

Die abZ erstreckt sich auf die Herstellung von Planhochlochziegeln (bezeichnet als „Poroton Planhochlochziegel-T 20-1,4"), des Poroton-T-Dünnbettmörtels Typ M IV sowie des Glasfilamentgewebes BASIS SK 34/68 tex und die Verwendung dieser Planhochlochziegel und des Poroton-T-Dünnbettmörtels Typ M IV bzw. des Poroton-T-Dünnbettmörtels Typ M IV zusammen mit dem Glasfilamentgewebe BASIS SK 34/68 tex für Mauerwerk im Dünnbettverfahren (Mauerwerk mit Dünnbettmörtel) nach DIN 1053-1 [4] ohne Stoßfugenvermörtelung und für Mauerwerk im Dünnbettverfahren nach DIN EN 1996-1-1 [40] in Verbindung mit DIN EN 1996-1-1/NA [41] und DIN EN 1996-2 [46] in Verbindung mit DIN EN 1996-2/NA [47] ohne Stoßfugenvermörtelung.

Die Planhochlochziegel sind HD-Ziegel nach DIN EN 771-1 [6] der Kategorie I mit den in der abZ genannten Eigenschaften (Lochbild siehe z. B. Bild 12).

Die Planhochlochziegel haben eine Länge von 308 mm, eine Breite von 175 mm oder 240 mm und eine Höhe von 249 mm.

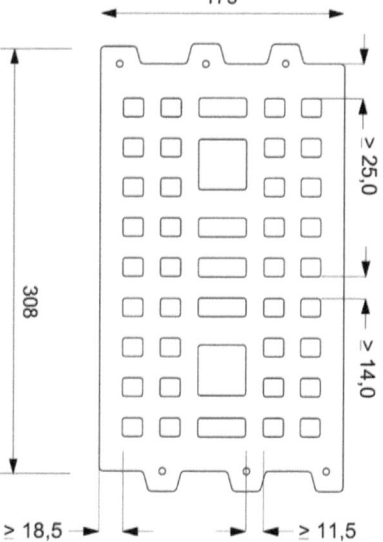

Bild 12. Poroton-Planhochlochziegel-T 20-1,4, Beispiel für Lochbild (Z-17.1-1141)

Tabelle 10. Bemessungswerte für Mauerwerk aus Poroton-Planhochlochziegel-T 20-1,4 nach Z-17.1-1141

Rohdichteklasse	Bemessungswert der Wärmeleitfähigkeit λ in W/(m·K)	Festigkeitsklasse	DIN 1053-1			DIN EN 1996-3		α*
			Grundwert σ_0 MN/m²	max τ MN/m²	β_{RZ} MN/m²	char. DF f_k MN/m²	$f_{bt,cal}$ MN/m²	
1,4	0,58	20	3,6	0,240	0,660	10,2	0,650	1,0

Die Planhochlochziegel werden in Druckfestigkeitsklassen und Brutto-Trockenrohdichten nach Tabelle 10 hergestellt.
Bei Vermauerung mit dem Poroton-T-Dünnbettmörtel Typ M IV zusammen mit dem Glasfilamentgewebe BASIS SK 34/68 tex (nur bei der Wanddicke 240 mm) ist die speziell für dieses Verfahren entwickelte V.Plus-Mörtelrolle unter Berücksichtigung der Verarbeitungsrichtlinien des Herstellers zu verwenden.

Ausführung
Bei Verwendung des Poroton-T-Dünnbettmörtels Typ M IV ohne das Glasfilamentgewebe BASIS SK 34/68 tex ist der Dünnbettmörtel auf die Lagerflächen (Stegquerschnitte) der staubfreien Planhochlochziegel aufzutragen und gleichmäßig so zu verteilen, dass eine Fugendicke von mindestens 1 mm und höchstens 3 mm entsteht. Die Planhochlochziegel dürfen auch in den Dünnbettmörtel getaucht (ca. 0,5 cm tief) und dann versetzt werden, wobei der Dünnbettmörtel an allen Stegen haften muss.
Bei Verwendung des Poroton-T-Dünnbettmörtels Typ M IV zusammen mit dem Glasfilamentgewebe BASIS SK 34/68 tex nach der abZ (zulässig bei der Wanddicke 240 mm) ist die speziell für dieses Verfahren entwickelte V.Plus-Mörtelrolle unter Berücksichtigung der Verarbeitungsrichtlinien des Herstellers zu verwenden. Die Planhochlochziegel müssen vom Staub gereinigt sein. Die Schichtdicke des Dünnbettmörtels auf und unter dem Glasgewebe soll jeweils ca. 1 mm betragen. Die vollflächige Auftragung des Mörtels auf der Oberseite und auf der Unterseite und die Schichtdicke sind zu kontrollieren. Der Antragsteller ist verpflichtet, alle mit der Ausführung seiner Bauart betrauten Personen über alle für eine einwandfreie Ausführung der Wandbauart erforderlichen weiteren Einzelheiten zu unterrichten.
Die Planhochlochziegel sind dicht aneinander („knirsch") zu stoßen, anzudrücken und lot- und fluchtgerecht in ihre endgültige Lage zu bringen.

Berechnung
Für die Grundwerte σ_0 der zulässigen Druckspannungen bzw. die charakteristische Druckfestigkeit f_k gilt Tabelle 10.
Für Wände, die als Endauflager für Decken oder Dächer dienen, durch Wind beansprucht werden und nach DIN 1053-1, Abschnitt 6.9.1 nachgewiesen werden, ist zusätzlich ein Nachweis der Mindestauflast der Wände zu führen. Dieser darf vereinfacht nach Abschnitt 0.1.1 erfolgen, sofern kein genauerer Nachweis geführt wird.
Bei Wänden mit nicht über die volle Wanddicke aufliegender Decke darf der Nachweis der Standsicherheit mit dem vereinfachten Verfahren nach DIN 1053-1, Abschnitt 6.9.1 geführt werden, wenn abweichend bzw. zusätzlich die Regelungen nach Abschnitt 0.2.1 berücksichtigt werden. Dabei muss die Deckenauflagertiefe a mindestens die halbe Wanddicke, jedoch mehr als 100 mm betragen.
Beim Schubnachweis nach DIN 1053-1 [4], Abschnitt 6.9.5, gilt für max τ der Wert für Hochlochsteine.
Beim Schubnachweis nach dem genaueren Verfahren nach DIN 1053-1 [4], Abschnitt 7.9.5, gilt für β_{RZ} ebenfalls der Wert für Hochlochsteine.
Sofern gemäß DIN EN 1996-1-1/NA [41], NCI zu 5.5.3, bzw. DIN EN 1996-3/NA [49], NDP zu 4.1 (1)P, ein rechnerischer Nachweis der Schubtragfähigkeit erforderlich ist, ist dieser nach DIN EN 1996-1-1 [40], Abschnitt 6.2, in Verbindung mit DIN EN 1996-1-1/NA [41], NCI zu 6.2, zu führen. Für die Ermittlung der charakteristischen Schubfestigkeit f_{vlt2} nach DIN EN 1996-1-1 [40], Abschnitt 3.6.2, in Verbindung mit DIN EN 1996-1-1/NA [41], NDP zu 3.6.2, gilt für $f_{bt,cal}$ der Wert für Hochlochsteine.

Z-17.1-769
Mauerwerk aus Planhochlochziegel im Dünnbettverfahren (bezeichnet als „Thermo Planziegel")

Antragsteller:
JUWÖ POROTON-Werke Ernst Jungk & Sohn GmbH
Ziegelhüttenstraße 42
55597 Wöllstein

Bescheid – Geltungsdauer:
22. November 2012 – 22. November 2017

Die abZ erstreckt sich auf die Herstellung bestimmter Planhochlochziegel (bezeichnet als „Thermo Planziegel") sowie die Herstellung des Dünnbettmörtels maxit mur 900 und die Verwendung dieser Planhochlochziegel und dieses Dünnbettmörtels für Mauerwerk im Dünnbettverfahren (Mauerwerk mit Dünnbettmörtel) nach DIN 1053-1 [4] ohne Stoßfugenvermörtelung.
Die Planhochlochziegel sind LD-Ziegel nach DIN EN 771-1 [6] der Kategorie I mit den in der abZ genannten Eigenschaften.

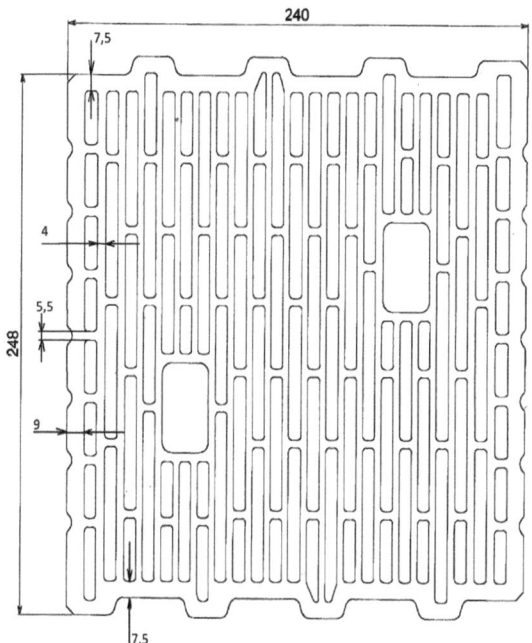

Bild 13. Thermo Planziegel, Beispiel für Lochbild (Z-17.1-769)

Bescheid – Geltungsdauer:
16. März 2016 – 14. April 2020

Die abZ erstreckt sich auf die Herstellung bestimmter Planhochlochziegel (bezeichnet als „IMBREX Z 7 Planziegel") sowie die Herstellung des Dünnbettmörtels 900 D und die Verwendung dieser Planhochlochziegel und dieses Dünnbettmörtels für Mauerwerk im Dünnbettverfahren (Mauerwerk mit Dünnbettmörtel) nach DIN 1053-1 [4] ohne Stoßfugenvermörtelung und für Mauerwerk im Dünnbettverfahren nach DIN EN 1996-1-1 [40] in Verbindung mit DIN EN 1996-1-1/ NA [41] und DIN EN 1996-2 [46] in Verbindung mit DIN EN 1996-2/NA [47] ohne Stoßfugenvermörtelung.

Die Planhochlochziegel sind LD-Ziegel nach DIN EN 771-1 [6] der Kategorie I mit den in der abZ genannten Eigenschaften. Für die Planhochlochziegel ist ein individueller Feuchteumrechnungsfaktor F_m gemäß DIN V 4108-4 [16], Anhang B, nachgewiesen.

Die Planhochlochziegel haben eine Länge von 247 mm, eine Breite von 365 mm, 425 mm oder 490 mm und eine Höhe von 249 mm. Sie werden mit Druckfestigkeiten entsprechend den Druckfestigkeitsklassen 4 und 6 und Brutto-Trockenrohdichten entsprechend der Rohdichteklasse 0,55 nach DIN V 105-100 [17] hergestellt.

Die Planhochlochziegel haben eine Länge von 248 mm oder 308 mm, eine Breite von 190 mm, 240 mm, 300 mm, 365 mm oder 425 mm und eine Höhe von 249 mm. Sie werden mit Druckfestigkeiten entsprechend den Druckfestigkeitsklassen 6, 8 und 10 und Brutto-Trockenrohdichten entsprechend den Rohdichteklassen 0,60, 0,65 und 0,70 nach DIN V 105-100 [17] hergestellt.

Ausführung
Für die Herstellung des Mauerwerks darf nur der Dünnbettmörtel maxit mur 900 nach der abZ verwendet werden. Die Verarbeitungsrichtlinien für den Dünnbettmörtel sind zu beachten.
Der Dünnbettmörtel ist auf die Lagerflächen (Stegquerschnitte) der staubfreien Planhochlochziegel so aufzutragen, dass eine Fugendicke von mindestens 1 mm und höchstens 3 mm entsteht.
Die Planhochlochziegel dürfen auch in den Dünnbettmörtel getaucht (ca. 0,5 cm tief) und dann versetzt werden, wobei der Dünnbettmörtel an allen Stegen haften muss.

Z-17.1-1077
Mauerwerk aus Planhochlochziegeln (bezeichnet als „IMBREX Z 7 Planziegel") im Dünnbettverfahren mit gedeckelter Lagerfuge

Antragsteller:
Keller AG Ziegeleien
8422 Pfungen
Schweiz

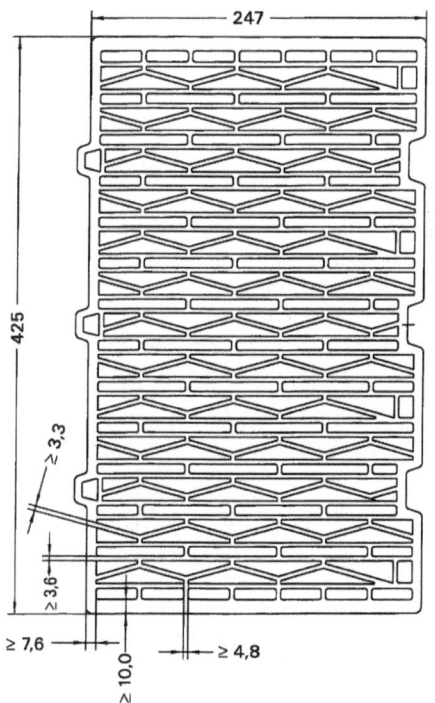

Bild 14. IMBREX Z 7 Planziegel, Beispiel für Lochbild (Z-17.1-1077)

Ausführung
Der Dünnbettmörtel ist auf die Lagerflächen (Stegquerschnitte) der staubfreien Planhochlochziegel unter Berücksichtigung der Verarbeitungsrichtlinien des Herstellers mit dem speziell hierfür entwickelten Mörtelschlitten als geschlossenes Mörtelband aufzutragen, dass ein geschlossenes Mörtelband mit einer Fugendicke von mindestens 1 mm und höchstens 3 mm entsteht. Das geschlossene Mörtelband muss dauerhaft auch im Bereich der Löcher sichergestellt sein.

Z-17.1-715
Mauerwerk aus klimaton-Planhochlochziegeln mit Stoßfugenverzahnung im Dünnbettverfahren

Antragsteller:
Klimaton ZIEGEL Interessengemeinschaft e. V.
Ziegeleistraße 10
95145 Oberkotzau

Bescheid – Geltungsdauer:
22. September 2015 – 14. April 2020

Die abZ erstreckt sich auf die Verwendung bestimmter Planhochlochziegel (bezeichnet als klimaton-Planhochlochziegel) sowie die Herstellung des klimaton-Dünnbettmörtels, des Dünnbettmörtels ZP 99, des Dünnbettmörtels maxit mur 900 und des Dünnbettmörtels 900 D und die Verwendung dieser Planhochlochziegel und Dünnbettmörtel für Mauerwerk im Dünnbettverfahren (Mauerwerk mit Dünnbettmörtel) nach DIN 1053-1 [4] ohne Stoßfugenvermörtelung und für Mauerwerk im Dünnbettverfahren nach DIN EN 1996-1-1 [40] in Verbindung mit DIN EN 1996-1-1/NA [41] und DIN EN 1996-2 [46] in Verbindung mit DIN EN 1996-2/NA [47] ohne Stoßfugenvermörtelung.

Die Planhochlochziegel sind LD-Ziegel bzw. HD-Ziegel nach DIN EN 771-1 [6] der Kategorie I mit den in der abZ genannten Eigenschaften.

Die Planhochlochziegel haben eine Länge von 247 mm, 307 mm, 372 mm oder 497 mm, eine Breite von 115 mm, 145 mm, 175 mm, 240 mm, 300 mm oder 365 mm und eine Höhe von 249 mm und werden mit Druckfestigkeiten entsprechend der Druckfestigkeitsklasse 6, 8, 10, 12, 16 oder 20 und Brutto-Trockenrohdichten entsprechend den Rohdichteklassen 0,8, 0,9, 1,0, 1,2, 1,4 und 1,6 nach DIN V 105-100 [17] hergestellt.

Bei Herstellung des Mauerwerks mit dem Dünnbettmörtels 900 D ist dieser mit dem speziell hierfür entwickelten Mörtelschlitten als geschlossenes Mörtelband aufzutragen.

Z-17.1-1013
Mauerwerk aus Planhochlochziegeln „ThermoPlan S8" und „ThermoPlan S9" im Dünnbettverfahren mit gedeckelter Lagerfuge

Antragsteller:
Mein Ziegelhaus GmbH & Co. KG
Märkerstraße 44
63755 Alzenau

Bescheid – Geltungsdauer:
20. Mai 2015 – 14. April 2020

Die abZ erstreckt sich auf die Herstellung bestimmter Planhochlochziegel (bezeichnet als „ThermoPlan S8" bzw. „ThermoPlan S9") sowie die Herstellung der Dünnbettmörtel „Mein Ziegelhaus Typ I", „Mein Ziegelhaus Typ III", „ZiegelPlan ZP 99", „maxit mur 900", „ZiegelPlanmörtel ZP Typ III, Dünnbettmörtel 900 D (auch bezeichnet als „Deckelnder Dünnbettmörtel 900 D") und Dünnbettmörtel quick-mix DBM-L (auch bezeichnet als „Deckelnder Dünnbettmörtel quick-mix DBM-L") sowie des Glasfilamentgewebes BASIS SK und die Verwendung dieser Planhochlochziegel und dieser Dünnbettmörtel bzw. des Dünnbettmörtels „Mein Ziegelhaus Typ III" oder „ZiegelPlanmörtel ZP Typ III" zusammen mit dem Glasfilamentgewebe BASIS SK 34/68 tex und die Verwendung dieser Planhochlochziegel und dieser Dünnbettmörtel bzw. des Dünnbettmörtels 900 D zusammen mit dem Glasfilamentgewebe BASIS SK 34/68 tex für Mauerwerk nach DIN 1053-1 [4] ohne Stoßfugenvermörtelung und für Mauerwerk im Dünnbettverfahren nach DIN EN 1996-1-1 [40] in Verbindung mit DIN EN 1996-1-1/NA [41] und DIN EN 1996-2 [46] in Verbindung mit DIN EN 1996-2/NA [47] ohne Stoßfugenvermörtelung.

Die Planhochlochziegel sind LD-Ziegel nach DIN EN 771-1 [6] der Kategorie I mit den in der abZ genannten Eigenschaften. Für die Planhochlochziegel ist ein individueller Feuchteumrechnungsfaktor F_m gemäß DIN V 4108-4 [16], Anhang B, nachgewiesen.

Die Planhochlochziegel haben eine Länge von 248 mm, eine Breite von 300 mm, 365 mm, 380 mm, 400 mm, 425 mm, 490 mm oder 500 mm und eine Höhe von 249 mm. Sie werden mit Druckfestigkeiten entsprechend den Druckfestigkeitsklassen 4, 6, 8 und 10 und Brutto-Trockenrohdichten entsprechend den Rohdichteklassen 0,60 und 0,65 nach DIN V 105-100 [17] hergestellt.

Bei Herstellung des Mauerwerks mit dem Dünnbettmörtel „Mein Ziegelhaus Typ I" oder dem Dünnbettmörtel „Mein Ziegelhaus Typ III" ist der Dünnbettmörtel vollflächig mittels der speziell hierfür entwickelten „VD Mörtelwalze" auf das Planziegelmauerwerk unter Berücksichtigung der Verarbeitungsrichtlinien des Herstellers als geschlossenes Mörtelband aufzutragen.

Bei Herstellung des Mauerwerks mit dem Dünnbettmörtel „ZiegelPlan ZP 99" oder dem Dünnbettmörtel „ZiegelPlanmörtel ZP Typ III" ist der Dünnbettmörtel vollflächig mit dem speziell hierfür entwickelten Bayosan Deckelmörtelauftragsgerät als geschlossenes Mörtelband aufzutragen.

Bei Herstellung des Mauerwerks mit dem Dünnbettmörtel „maxit mur 900" oder dem Dünnbettmörtel 900 D ist der Dünnbettmörtel vollflächig mit dem speziell hierfür entwickelten Mörtelschlitten als geschlossenes Mörtelband aufzutragen.

Bei Vermauerung des Dünnbettmörtels „Mein Ziegelhaus Typ III" oder „ZiegelPlanmörtel ZP Typ III" zusammen mit dem Glasfilamentgewebe BASIS SK ist die speziell für dieses Verfahren entwickelte V.Plus-Mörtelrolle unter Berücksichtigung der Verarbeitungsrichtlinien des Herstellers zu verwenden.

Z-17.1-1037 (aBg)
Mauerwerk im Dünnbettverfahren aus Planhochlochziegeln ThermoPlan TS²

Antragsteller:
Mein Ziegelhaus GmbH & Co. KG
Märkerstraße 44
63755 Alzenau

Bescheid – Geltungsdauer:
10. April 2018 – 10. April 2023

Die aBg erstreckt sich auf die Bemessung und Ausführung von Mauerwerk aus Planhochlochziegeln (P-Ziegel der Kategorie I), bezeichnet als „ThermoPlan TS²", mit den in der Leistungserklärung nach DIN EN 771-1:2015-11 erklärten Leistungen (Lochbild siehe z. B. Bild 15), dem Dünnbettmörtel maxit mur 900, Maxit mur 900 D, ZiegelPlan ZP 99 oder ZiegelPlanmörtel Typ III mit den in der Leistungserklärung nach DIN EN 998-2 [35] erklärten Leistungen und ggf. dem Glasfilamentgewebe BASIS SK 34/68 tex (nur bei Wanddicke ≥ 240 mm) gemäß Z-17.1-1178, hergestellt im Dünnbettverfahren. Die Dünnbettmörtelschicht ist mit speziellen Auftragsverfahren herzustellen.

Die Planhochlochziegel haben eine Länge von 248 mm, 308 mm, 373 mm oder 498 mm, eine Breite von 115 mm, 145 mm, 150 mm, 175 mm, 200 mm, 240 mm, 250 mm oder 300 mm und eine Höhe von 249 mm werden in der Rohdichteklasse 0,8 und den Druckfestigkeitsklassen 8, 10, 12, 16 oder 20 nach DIN 105-100 [17] hergestellt.

Das Mauerwerk darf als unbewehrtes Mauerwerk im Dünnbettverfahren nach DIN EN 1996-1-1 [40] in Verbindung mit DIN EN 1996-1-1/NA [41] und DIN EN 1996-2 [46] in Verbindung mit DIN EN 1996-2/NA [47] verwendet werden. Das Mauerwerk darf nicht als eingefasstes Mauerwerk verwendet werden.

Bei Vermauerung des Dünnbettmörtels „Mein Ziegelhaus Typ III" oder „ZiegelPlanmörtel ZP Typ III" zusammen mit dem Glasfilamentgewebe BASIS SK (nur bei Wanddicken ≥ 240 mm) ist die speziell für dieses Verfahren entwickelte V.Plus-Mörtelrolle unter Berücksichtigung der Verarbeitungsrichtlinien des Herstellers zu verwenden.

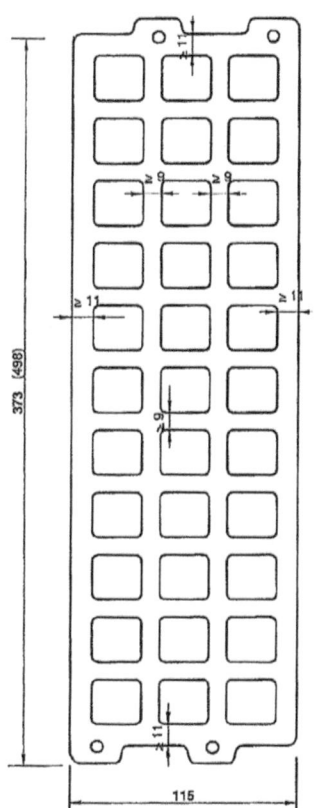

Bild 15. Planhochlochziegel ThermoPlan TS² für Mauerwerk im Dünnbettverfahren, Beispiel für Lochbild (Z-17.1-1037)

Z-17.1-1047
Mauerwerk aus Planhochlochziegeln „ThermoPlan T10", „ThermoPlan T11", „ThermoPlan T12" und „ThermoPlan T13" im Dünnbettverfahren mit gedeckelter Lagerfuge

Antragsteller:
Mein Ziegelhaus GmbH & Co. KG
Märkerstraße 44
63755 Alzenau

Bescheid – Geltungsdauer:
22. Mai 2015 – 14. April 2020

Die abZ erstreckt sich auf die Herstellung bestimmter Planhochlochziegel (bezeichnet als „ThermoPlan T10", „ThermoPlan T11", „ThermoPlan T12" bzw. „ThermoPlan T13") sowie die Herstellung der Dünnbettmörtel „Mein Ziegelhaus Typ I", „Mein Ziegelhaus Typ III", „ZiegelPlan ZP 99", „maxit mur 900", „ZiegelPlanmörtel ZP Typ III", Dünnbettmörtel 900 D (auch bezeichnet als „Deckelnder Dünnbettmörtel 900 D") und Dünnbettmörtel quick-mix DBM-L (auch bezeichnet als „Deckelnder Dünnbettmörtel quick-mix DBM-L") sowie des Glasfilamentgewebes BASIS SK 34/68 tex und die Verwendung dieser Planhochlochziegel und dieser Dünnbettmörtel bzw. des Dünnbettmörtels 900 D zusammen mit dem Glasfilamentgewebe BASIS SK 34/68 tex für Mauerwerk nach DIN 1053-1 [4] ohne Stoßfugenvermörtelung und für Mauerwerk im Dünnbettverfahren nach DIN EN 1996-1-1 [40] in Verbindung mit DIN EN 1996-1-1/NA [41] und DIN EN 1996-2 [46] in Verbindung mit DIN EN 1996-2/NA [47] ohne Stoßfugenvermörtelung.

Die Planhochlochziegel sind LD-Ziegel nach DIN EN 771-1 [6] der Kategorie I mit den in der abZ genannten Eigenschaften. Für die Planhochlochziegel ist ein individueller Feuchteumrechnungsfaktor F_m gemäß DIN V 4108-4 [16], Anhang B, nachgewiesen.

Die Planhochlochziegel haben eine Länge von 248 mm, eine Breite von 240 mm, 300 mm, 365 mm, 380 mm, 400 mm, 425 mm oder 490 mm und eine Höhe von 249 mm. Sie werden mit Druckfestigkeiten entsprechend den Druckfestigkeitsklassen 4, 6, 8 und 10 und Brutto-Trockenrohdichten entsprechend den Rohdichteklassen 0,65 und 0,70 nach DIN V 105-100 [17] hergestellt.

Bei Herstellung des Mauerwerks mit dem Dünnbettmörtel „Mein Ziegelhaus Typ I" oder dem Dünnbettmörtel „Mein Ziegelhaus Typ III" ist der Dünnbettmörtel vollflächig mittels der speziell hierfür entwickelten „VD Mörtelwalze" auf das Planziegelmauerwerk unter Berücksichtigung der Verarbeitungsrichtlinien des Herstellers als geschlossenes Mörtelband aufzutragen.

Bei Herstellung des Mauerwerks mit dem Dünnbettmörtel „ZiegelPlan ZP 99" oder dem Dünnbettmörtel „ZiegelPlanmörtel ZP Typ III" ist der Dünnbettmörtel vollflächig mit dem speziell hierfür entwickelten Bayosan Deckelmörtelauftragsgerät als geschlossenes Mörtelband aufzutragen.

Bei Herstellung des Mauerwerks mit dem Dünnbettmörtel „maxit mur 900", dem Dünnbettmörtel 900 D oder dem Dünnbettmörtel quick-mix DBM-L ist der Dünnbettmörtel vollflächig mit dem speziell hierfür entwickelten Mörtelschlitten als geschlossenes Mörtelband aufzutragen.

Bei Vermauerung des Dünnbettmörtel 900 D zusammen mit dem Glasfilamentgewebe BASIS SK 34/68 tex ist die speziell für dieses Verfahren entwickelte V.Plus-Mörtelrolle zu verwenden.

Z-17.1-1107
Mauerwerk aus ThermoPlan TS 12 Planhochlochziegeln und Dünnbettmörtel mit gedeckelter Lagerfuge

Antragsteller:
Mein Ziegelhaus GmbH & Co. KG
Märkerstraße 44
63755 Alzenau

Bescheid – Änderung/Ergänzung – Änderung/Ergänzung – Geltungsdauer:
30. April 2014 – 27. Mai 2015 – 14. August 2015 – 30. April 2019

Die abZ erstreckt sich auf die Herstellung bestimmter Planhochlochziegel (bezeichnet als „ThermoPlan TS 12 Planhochlochziegel") sowie die Herstellung der Dünnbettmörtel „Mein Ziegelhaus Typ I", „Mein Ziegelhaus Typ III", „Ziegel-Plan ZP 99", „maxit mur 900", „ZiegelPlanmörtel ZP Typ III" und Dünnbettmörtel 900 D sowie des Glasfilamentgewebes BASIS SK und die Verwendung dieser Planhochlochziegel und dieser Dünnbettmörtel bzw. des Dünnbettmörtels „Mein Ziegelhaus Typ III" oder „Ziegel-Planmörtel ZP Typ III" zusammen mit dem Glasfilamentgewebe BASIS SK für Mauerwerk nach DIN 1053-1 [4] ohne Stoßfugenvermörtelung und für Mauerwerk im Dünnbettverfahren nach DIN EN 1996-1-1 [40] in Verbindung mit DIN EN 1996-1-1/NA [41] und DIN EN 1996-2 [46] in Verbindung mit DIN EN 1996-2/NA [47].

Die Planhochlochziegel sind LD-Ziegel nach DIN EN 771-1 [6] mit den in der abZ genannten Eigenschaften (Lochbild siehe z. B. Bild 16). Für die Planhochlochziegel ist ein individueller Feuchteumrechnungsfaktor F_m gemäß DIN V 4108-4 [16], Anhang B, nachgewiesen.

Die Planhochlochziegel haben eine Länge von 248 mm, eine Breite von 240 mm, 300 mm, 365 mm, 380 mm,

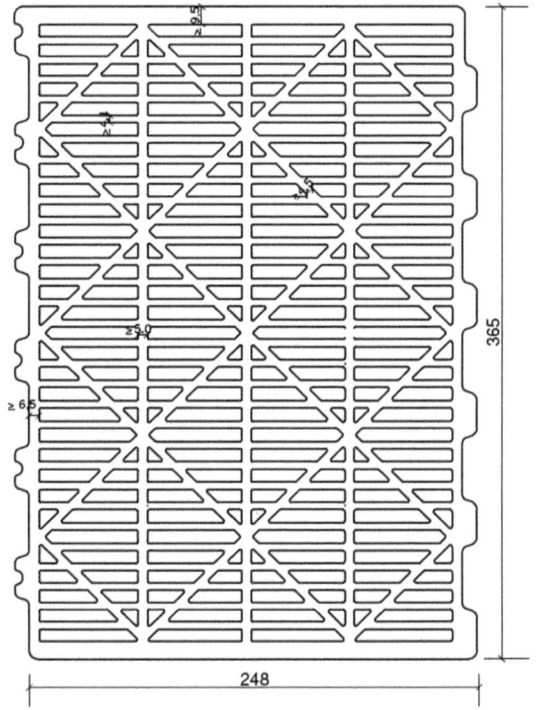

Bild 16. Lochbild ThermoPlan TS 12 Planhochlochziegel 248 mm × 365 mm × 249 mm (Z-17.1-1107)

400 mm, 425 mm oder 490 mm und eine Höhe von 249 mm. Sie werden mit Druckfestigkeiten entsprechend den Druckfestigkeitsklassen 6, 8, 10 und 12 und Brutto-Trockenrohdichten entsprechend der Rohdichteklasse 0,75 nach DIN V 105-100 [17] hergestellt.
Bei Herstellung des Mauerwerks mit dem Dünnbettmörtel „Mein Ziegelhaus Typ I" ist der Dünnbettmörtel vollflächig mittels der speziell hierfür entwickelten „VD Mörtelwalze" auf das Planziegelmauerwerk unter Berücksichtigung der Verarbeitungsrichtlinien des Herstellers als geschlossenes Mörtelband aufzutragen.
Bei Herstellung des Mauerwerks mit dem Dünnbettmörtel „ZiegelPlan ZP 99" ist der Dünnbettmörtel vollflächig mit dem speziell hierfür entwickelten Bayosan Deckelmörtelauftragsgerät als geschlossenes Mörtelband aufzutragen.
Bei Herstellung des Mauerwerks mit dem Dünnbettmörtel „maxit mur 900" oder dem Dünnbettmörtel 900 D ist der Dünnbettmörtel vollflächig mit dem speziell hierfür entwickelten Mörtelschlitten als geschlossenes Mörtelband aufzutragen.
Bei Vermauerung des Dünnbettmörtels „Mein Ziegelhaus Typ III" oder „ZiegelPlanmörtel ZP Typ III" zusammen mit dem Glasfilamentgewebe BASIS SK ist die speziell für dieses Verfahren entwickelte V.Plus-Mörtelrolle unter Berücksichtigung der Verarbeitungsrichtlinien des Herstellers zu verwenden.

Berechnung
Mauerwerk nach DIN 1053-1
Für Wände, die als Endauflager für Decken oder Dächer dienen, durch Wind beansprucht werden und nach DIN 1053-1, Abschnitt 6.9.1, nachgewiesen werden, ist zusätzlich ein Nachweis der Mindestauflast der Wände zu führen. Dieser darf vereinfacht nach Abschnitt 0.1.1 erfolgen, sofern kein genauerer Nachweis geführt wird.
Bei Wänden mit nicht über die volle Wanddicke aufliegender Decke darf der Nachweis der Standsicherheit mit dem vereinfachten Verfahren nach DIN 1053-1, Abschnitt 6.9.1 geführt werden, wenn abweichend bzw. zusätzlich die Regelungen nach Abschnitt 0.2.1 berücksichtigt werden. Dabei darf bei einer Wanddicke von 365 mm die Mindestauflagertiefe auf 0,45 d reduziert werden.
Beim Schubnachweis nach DIN 1053-1 [4], Abschnitt 6.9.5, dürfen für zul τ und max τ nur 50 % des sich aus Abschnitt 6.9.5, Gleichung (6a), mit σ_{0HS} nach DIN 1053-1 [4], Tabelle 5 (Wert für unvermörtelte Stoßfugen), ergebenden Wertes in Rechnung gestellt werden.

Mauerwerk nach DIN EN 1996 (Eurocode 6)
Bei Anwendung der vereinfachten Berechnungsmethoden nach DIN EN 1996-3 [48] in Verbindung mit DIN EN 1996-3/NA [49] ist zusätzlich Folgendes zu beachten:
Für Wände, die als Endauflager für Decken oder Dächer dienen und durch Wind beansprucht werden, ist ein Nachweis der Mindestauflast der Wände zu führen. Dieser darf vereinfacht nach Gl. (5) erfolgen, sofern kein genauerer Nachweis geführt wird.

$$N_{hm} \geq \frac{3 \cdot q_{Ewd} \cdot h^2 \cdot b}{16 \cdot \left(a - \dfrac{h}{300}\right)} \quad (5)$$

Dabei ist
q_{Ewd} der Bemessungswert der Windlast je Flächeneinheit
N_{hm} der Bemessungswert der kleinsten vertikalen Belastung in Wandhöhenmitte im betrachteten Geschoss

Bei Anwendung der weiter vereinfachten Berechnungsmethoden nach DIN EN 1996-3 [48], Anhang A, in Verbindung mit DIN EN 1996-3/NA [49], NCI zu Anhang A, gilt abweichend:
Der Traglastfaktor von Gleichung A.1 in Anhang A.2 beträgt:
$c_A = 0,5$ für $h_{ef}/t_{ef} \leq 18$
$c_A = 0,33$ für $18 < h_{ef}/t_{ef} \leq 21$ sowie generell bei Wänden als Endauflager im obersten Geschoss, insbesondere unter Dachdecken.

Bei teilaufliegenden Decken muss bei Anwendung des Nachweisverfahrens nach DIN EN 1996-3 [48], Anhang A, die Wanddicke mindestens 36,5 cm betragen.

Ausführung
Der Dünnbettmörtel ist auf die Lagerflächen (Stegquerschnitte) der staubfreien Planhochlochziegel so aufzutragen, dass eine Fugendicke von mindestens 1 mm und höchstens 3 mm entsteht.
Der Dünnbettmörtel „Mein Ziegelhaus Typ I" ist vollflächig mittels der speziell hierfür entwickelten „VD Mörtelwalze" auf das Planziegelmauerwerk als geschlossenes Mörtelband mit einer durchschnittlichen Dicke von ca. 2 mm aufzutragen, wobei das geschlossene Mörtelband bei dieser Auftragstechnik gewissermaßen auf dem Planziegelmauerwerk „abgelegt" wird.
Der Dünnbettmörtel „ZiegelPlan ZP 99" ist mit dem speziell hierfür entwickelten Bayosan Deckelmörtelauftragsgerät, bestehend aus einem Mörtelaufgabetrichter und einer Auftragswalze, die über zwei Zahnräder angetrieben wird, auf das Planziegelmauerwerk als geschlossenes Mörtelband aufzutragen.
Bei Herstellung des Mauerwerks mit dem Dünnbettmörtel „maxit mur 900" oder dem „Deckelnden Dünnbettmörtel 900 D" ist der Dünnbettmörtel vollflächig mit dem speziell hierfür entwickelten Mörtelschlitten als geschlossenes Mörtelband aufzutragen.
Für jede Wanddicke ist eine gesonderte „VD Mörtelwalze" bzw. ein gesondertes Mörtelauftragsgerät mit der entsprechenden Breite zu verwenden.
Bei Verwendung des Dünnbettmörtels „Mein Ziegelhaus Typ III" oder des Dünnbettmörtels „ZiegelPlanmörtel ZP Typ III" zusammen mit dem Glasfilamentgewebe BASIS SK nach der abZ ist die speziell für dieses Verfahren entwickelte V.Plus-Mörtelrolle unter Berücksichtigung der Verarbeitungsrichtlinien des

Herstellers zu verwenden. Für jede Wanddicke ist eine gesonderte Mörtelrolle mit der entsprechenden Breite zu verwenden. Die Schichtdicke des Dünnbettmörtels auf und unter dem Glasgewebe soll jeweils ca. 1 mm betragen. Die vollflächige Auftragung des Mörtels auf der Oberseite und auf der Unterseite und die Schichtdicke sind zu kontrollieren.

Die Planhochlochziegel sind auf dem vorbeschriebenen Mörtelband dicht aneinander („knirsch") gemäß DIN 1053-1 [4], Abschnitt 9.2.2, zu stoßen, anzudrücken und lot- und fluchtgerecht in ihre endgültige Lage zu bringen. Das geschlossene Mörtelband muss dauerhaft auch im Bereich der Löcher sichergestellt sein.

Z-17.1-1128
Mauerwerk aus Lücking Planziegeln T14 im Dünnbettverfahren

Antragsteller:
Mein Ziegelhaus GmbH & Co. KG
Märkerstraße 44
63755 Alzenau

Bescheid – Geltungsdauer:
14. Oktober 2016 – 14. April 2020

Die abZ erstreckt sich auf die Herstellung von Planhochlochziegeln (bezeichnet als „Lücking Planziegel T14") sowie die Herstellung des Dünnbettmörtels ZiegelPlan ZP 99 und des Dünnbettmörtels maxit mur 900 und die Verwendung dieser Planhochlochziegel und dieser Dünnbettmörtel für Mauerwerk nach DIN 1053-1 [4] und für Mauerwerk im Dünnbettverfahren nach DIN EN 1996-1-1 [40] in Verbindung mit DIN EN 1996-1-1/NA [41] und DIN EN 1996-2 [46] in Verbindung mit DIN EN 1996-2/NA [47].

Die Planhochlochziegel sind LD-Ziegel nach DIN EN 771-1 [6] der Kategorie I mit den in der abZ genannten Eigenschaften (Lochbild siehe z. B. Bild 17). Für die Planhochlochziegel ist ein individueller Feuchteumrechnungsfaktor F_m gemäß DIN V 4108-4 [16], Anhang B, nachgewiesen.

Die Planhochlochziegel haben eine Länge von 247 mm, 307 mm, 372 mm oder 497 mm, eine Breite von 175 mm, 240 mm, 300 mm, 365 mm, 425 mm oder 490 mm und eine Höhe von 249 mm. Sie werden in

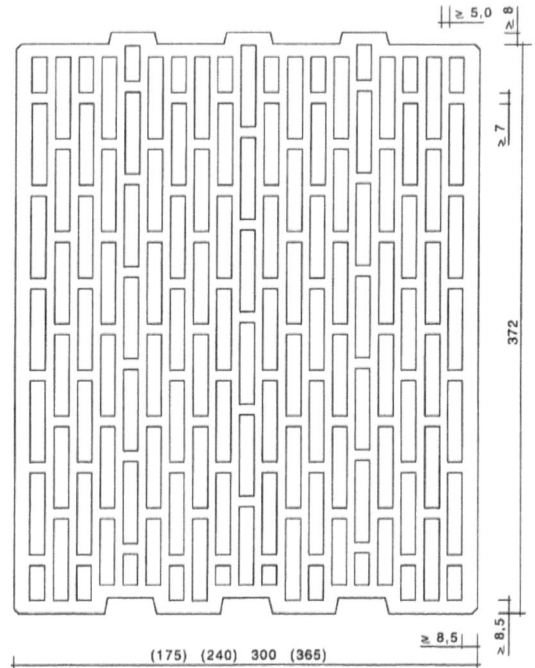

Bild 17. Lücking Planziegel T14, Beispiel für Lochbild (Z-17.1-1128)

Druckfestigkeitsklassen und Brutto-Trockenrohdichten nach Tabelle 11 hergestellt.

Ausführung
Das Mauerwerk ist als Einstein-Mauerwerk im Dünnbettverfahren ohne Stoßfugenvermörtelung auszuführen.
Der Dünnbettmörtel ist auf die Lagerflächen (Stegquerschnitte) der vom Staub gereinigten Planhochlochziegel aufzutragen und gleichmäßig so zu verteilen, dass eine Fugendicke von mindestens 1 mm und höchstens 3 mm entsteht.
Die Planhochlochziegel dürfen auch in den Dünnbettmörtel getaucht (ca. 0,5 cm tief) und dann versetzt werden, wobei der Dünnbettmörtel an allen Stegen haften muss.

Tabelle 11. Bemessungswerte für Mauerwerk aus Lücking Planziegeln T14 nach Z-17.1-1128

Rohdichteklasse	Bemessungswert der Wärmeleitfähigkeit λ in W/(m·K)	Festigkeitsklasse	DIN 1053-1			DIN EN 1996-3		α*
			Grundwert σ_0 MN/m^2	max τ MN/m^2	β_{RZ} MN/m^2	char. DF f_k MN/m^2	$f_{bt,cal}$ MN/m^2	
0,70	0,14/0,15 [1)]	4	0,6	0,048	0,132	1,5	0,130	0,5
		6	0,8	0,072	0,198	2,1	0,195	
		8	0,9	0,096	0,264	2,3	0,260	
		10	k. A.	0,120	0,330	k. A.	0,325	
		12	k. A.	0,144	0,396	k. A.	0,390	

1) Wert gilt für eine Wanddicke von 175 mm.

Die Planhochlochziegel sind dicht aneinander („knirsch") zu stoßen, anzudrücken und lot- und fluchtgerecht in ihre endgültige Lage zu bringen.

Berechnung

Für die Grundwerte σ_0 der zulässigen Druckspannungen bzw. die charakteristische Druckfestigkeit f_k gilt Tabelle 11.

Für Wände, die als Endauflager für Decken oder Dächer dienen, durch Wind beansprucht werden und nach DIN 1053-1, Abschnitt 6.9.1 ist zusätzlich ein Nachweis der Mindestauflast der Wände zu führen. Dieser darf vereinfacht nach Abschnitt 0.1.1 erfolgen, sofern kein genauerer Nachweis geführt wird.

Bei Wänden mit nicht über die volle Wanddicke aufliegender Decke darf der Nachweis der Standsicherheit mit dem vereinfachten Verfahren nach DIN 1053-1, Abschnitt 6.9.1 geführt werden, wenn abweichend hiervon zusätzlich die Regelungen nach Abschnitt 0.2.1 berücksichtigt werden. Dabei darf bei einer Wanddicke von 365 mm die Mindestauflagertiefe auf 0,45 d reduziert werden.

Beim Schubnachweis nach DIN 1053-1 [4], Abschnitt 6.9.5, dürfen für zul τ und max τ nur 50 % des sich aus Abschnitt 6.9.5, Gleichung (6a), – mit σ_{0HS} nach DIN 1053-1 [4], Tabelle 5 (Wert für unvermörtelte Stoßfugen) – ergebenden Wertes in Rechnung gestellt werden.

Beim Schubnachweis nach dem genaueren Verfahren nach DIN 1053-1 [4], Abschnitt 7.9.5, dürfen nur 50 % der sich aus Abschnitt 7.9.5, Gleichungen (16a) und (16b), – mit σ_{0HS} für unvermörtelte Stoßfugen – ergebenden Werte in Rechnung gestellt werden.

Sofern gemäß DIN EN 1996-1-1/NA [41], NCI zu 5.5.3, bzw. DIN EN 1996-3/NA [49], NDP zu 4.1 (1)P, ein rechnerischer Nachweis der Schubtragfähigkeit erforderlich ist, ist dieser nach DIN EN 1996-1-1 [40], Abschnitt 6.2, in Verbindung mit DIN EN 1996-1-1/NA [41], NCI zu 6.2, zu führen, wobei für den minimalen Bemessungswert der Querkrafttragfähigkeit V_{Rdlt} nur 50 % des sich aus Gleichung (NA.19) bzw. Gleichung (NA.24) ergebenden Wertes in Rechnung gestellt werden dürfen. Für die Ermittlung der charakteristischen Schubfestigkeit f_{vlt2} nach DIN EN 1996-1-1, Abschnitt 3.6.2, in Verbindung mit DIN EN 1996-1-1/NA, NDP zu 3.6.2, gilt für $f_{bt,cal}$ der Wert für Hochlochsteine.

Bei der Beurteilung eines Gebäudes hinsichtlich des Verzichts auf einen rechnerischen Nachweis der räumlichen Steifigkeit ist die geringere Schubtragfähigkeit zu beachten.

Z-17.1-1129
Mauerwerk aus Lücking Planziegeln W12 im Dünnbettverfahren mit gedeckelter Lagerfuge

Antragsteller:
Mein Ziegelhaus GmbH & Co. KG
Märkerstraße 44
63755 Alzenau

Bescheid – Geltungsdauer:
14. Oktober 2016 – 14. April 2020

Die abZ erstreckt sich auf die Herstellung von Planhochlochziegeln (bezeichnet als „Lücking Planziegel W12") sowie die Herstellung des Dünnbettmörtels 900 D (auch bezeichnet als „Deckelnder Dünnbettmörtel 900 D") und die Verwendung dieser Planhochlochziegel und dieses Dünnbettmörtels für Mauerwerk nach DIN 1053-1 [4] und für Mauerwerk im Dünnbettverfahren nach DIN EN 1996-1-1 [40] in Verbindung mit DIN EN 1996-1-1/NA [41] und DIN EN 1996-2 [46] in Verbindung mit DIN EN 1996-2/NA [47].

Die Planhochlochziegel sind LD-Ziegel nach DIN EN 771-1 [6] der Kategorie I mit den in der abZ genannten Eigenschaften (Lochbild siehe z. B. Bild 18). Für die Planhochlochziegel ist ein individueller Feuchteumrechnungsfaktor F_m gemäß DIN V 4108-4 [16], Anhang B, nachgewiesen.

Die Planhochlochziegel haben eine Länge von 247 mm, 307 mm, 372 mm oder 497 mm, eine Breite von 240 mm, 300 mm, 365 mm, 425 mm oder 490 mm und eine Höhe von 249 mm. Sie werden in Druckfestigkeitsklassen und Brutto-Trockenrohdichten nach Tabelle 12 hergestellt.

Ausführung

Das Mauerwerk ist als Einstein-Mauerwerk im Dünnbettverfahren ohne Stoßfugenvermörtelung auszuführen.

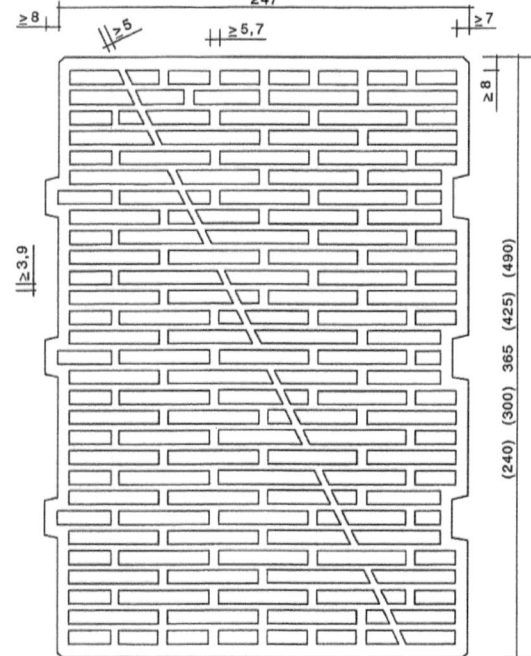

Bild 18. Lücking Planziegel W12, Beispiel für Lochbild (Z-17.1-1129)

Der Dünnbettmörtel ist auf die Lagerflächen der staubfreien Planhochlochziegel mit dem speziell hierfür entwickelten Mörtelschlitten so dick aufzutragen, dass sich im fertigen Mauerwerk ein geschlossenes Mörtelband mit einer Fugendicke von mindestens 1 mm und höchstens 3 mm ergibt. Das geschlossene Mörtelband muss dauerhaft auch im Bereich der Löcher sichergestellt sein.

Die Planhochlochziegel sind dicht aneinander („knirsch") zu stoßen, anzudrücken und lot- und fluchtgerecht in ihre endgültige Lage zu bringen.

Berechnung

Für die Grundwerte σ_0 der zulässigen Druckspannungen bzw. die charakteristische Druckfestigkeit f_k gilt Tabelle 12.

Für Wände, die als Endauflager für Decken oder Dächer dienen, durch Wind beansprucht werden und nach DIN 1053-1, Abschnitt 6.9.1, nachgewiesen werden, ist zusätzlich ein Nachweis der Mindestauflast der Wände zu führen. Dieser darf vereinfacht nach Abschnitt 0.1.1 erfolgen, sofern kein genauerer Nachweis geführt wird.

Bei Wänden mit nicht über die volle Wanddicke aufliegender Decke darf der Nachweis der Standsicherheit mit dem vereinfachten Verfahren nach DIN 1053-1, Abschnitt 6.9.1 geführt werden, wenn abweichend bzw. zusätzlich die Regelungen nach Abschnitt 0.2.1 berücksichtigt werden. Dabei darf bei einer Wanddicke von 365 mm die Mindestauflagertiefe auf 0,45 d reduziert werden.

Beim Schubnachweis nach DIN 1053-1 [4], Abschnitt 6.9.5, dürfen für zul τ und max τ nur 33 % des sich aus Abschnitt 6.9.5, Gleichung (6a), – mit σ_{0HS} nach DIN 1053-1 [4], Tabelle 5 (Wert für unvermörtelte Stoßfugen) – ergebenden Wertes in Rechnung gestellt werden.

Beim Schubnachweis nach dem genaueren Verfahren nach DIN 1053-1 [4], Abschnitt 7.9.5, dürfen nur 33 % der sich aus Abschnitt 7.9.5, Gleichungen (16a) und (16b), – mit σ_{0HS} für unvermörtelte Stoßfugen – ergebenden Werte in Rechnung gestellt werden.

Sofern gemäß DIN EN 1996-1-1/NA [41], NCI zu 5.5.3, bzw. DIN EN 1996-3/NA [49], NDP zu 4.1 (1)P, ein rechnerischer Nachweis der Schubtragfähigkeit erforderlich ist, ist dieser nach DIN EN 1996-1-1 [40], Abschnitt 6.2, in Verbindung mit DIN EN 1996-1-1/NA [41], NCI zu 6.2, zu führen, wobei für den minimalen Bemessungswert der Querkrafttragfähigkeit V_{Rdlt} nur 33 % des sich aus Gleichung (NA.19) bzw. Gleichung (NA.24) ergebenden Wertes in Rechnung gestellt werden dürfen.

Bei der Beurteilung eines Gebäudes hinsichtlich des Verzichts auf einen rechnerischen Nachweis der räumlichen Steifigkeit ist die geringere Schubtragfähigkeit zu beachten.

Z-17.1-1130
Mauerwerk aus Lücking Planziegeln W12 im Dünnbettverfahren

Antragsteller:
Mein Ziegelhaus GmbH & Co. KG
Märkerstraße 44
63755 Alzenau

Bescheid – Geltungsdauer:
31. Juli 2015 – 14. April 2020

Die abZ erstreckt sich auf die Herstellung von Planhochlochziegeln (bezeichnet als „Lücking Planziegel W12") sowie die Herstellung des Dünnbettmörtels ZiegelPlan ZP 99, des Dünnbettmörtels maxit mur 900 und des Dünnbettmörtels 900 D (auch bezeichnet als „Deckelnder Dünnbettmörtel 900 D") und die Verwendung dieser Planhochlochziegel und dieser Dünnbettmörtel für Mauerwerk nach DIN 1053-1 [4] und für Mauerwerk im Dünnbettverfahren nach DIN EN 1996-1-1 [40] in Verbindung mit DIN EN 1996-1-1/NA [41] und DIN EN 1996-2 [46] in Verbindung mit DIN EN 1996-2/NA [47].

Die Planhochlochziegel sind LD-Ziegel nach DIN EN 771-1 [6] der Kategorie I mit den in der abZ genannten Eigenschaften (Lochbild siehe z. B. Bild 18). Für die Planhochlochziegel ist ein individueller Feuchteumrechnungsfaktor F_m gemäß DIN V 4108-4 [16], Anhang B, nachgewiesen.

Die Planhochlochziegel haben eine Länge von 247 mm, 307 mm, 372 mm oder 497 mm, eine Breite von 240 mm, 300 mm, 365 mm, 425 mm oder 490 mm und eine Höhe von 249 mm. Sie werden in Druckfestigkeitsklassen und Brutto-Trockenrohdichten nach Tabelle 13 hergestellt.

Tabelle 12. Bemessungswerte für Mauerwerk aus Lücking Planziegeln W12 nach Z-17.1-1129

Rohdichteklasse	Bemessungswert der Wärmeleitfähigkeit λ in W/(m·K)	Festigkeitsklasse	DIN 1053-1			DIN EN 1996-3		α^*
			Grundwert σ_0 MN/m²	max τ MN/m²	β_{RZ} MN/m²	char. DF f_k MN/m²	$f_{bt,cal}$ MN/m²	
0,65	0,12	4	0,6	0,048	0,132	1,5	0,130	0,33
		6	0,8	0,072	0,198	2,1	0,195	
		8	1,0	0,096	0,264	2,6	0,260	
		10	1,2	0,120	0,330	3,1	0,325	
		12	1,4	0,144	0,396	3,7	0,390	

Ausführung

Das Mauerwerk ist als Einstein-Mauerwerk im Dünnbettverfahren ohne Stoßfugenvermörtelung auszuführen.
Der Dünnbettmörtel ist auf die Lagerflächen (Stegquerschnitte) der vom Staub gereinigten Planhochlochziegel aufzutragen und gleichmäßig so zu verteilen, dass eine Fugendicke von mindestens 1 mm und höchstens 3 mm entsteht.
Bei Verwendung des Dünnbettmörtels ZiegelPlan ZP 99 oder des Dünnbettmörtels maxit mur 900 dürfen die Planhochlochziegel auch in den Dünnbettmörtel getaucht (ca. 0,5 cm tief) und dann versetzt werden, wobei der Dünnbettmörtel an allen Stegen haften muss.
Bei der Herstellung des Mauerwerks mit dem Dünnbettmörtel 900 D ist der Dünnbettmörtel mit dem speziell hierfür entwickelten Mörtelschlitten als geschlossenes Mörtelband aufzutragen.
Die Planhochlochziegel sind dicht aneinander („knirsch") zu stoßen, anzudrücken und lot- und fluchtgerecht in ihre endgültige Lage zu bringen.

Berechnung

Für die Grundwerte σ_0 der zulässigen Druckspannungen bzw. die charakteristische Druckfestigkeit f_k gilt Tabelle 13.
Für Wände, die als Endauflager für Decken oder Dächer dienen, durch Wind beansprucht werden und nach DIN 1053-1, Abschnitt 6.9.1, nachgewiesen werden, ist zusätzlich ein Nachweis der Mindestauflast der Wände zu führen. Dieser darf vereinfacht nach Abschnitt 0.1.1 erfolgen, sofern kein genauerer Nachweis geführt wird.
Bei Wänden mit nicht über die volle Wanddicke aufliegender Decke darf der Nachweis der Standsicherheit mit dem vereinfachten Verfahren nach DIN 1053-1, Abschnitt 6.9.1 geführt werden, wenn abweichend bzw. zusätzlich die Regelungen nach Abschnitt 0.2.1 berücksichtigt werden. Dabei darf bei einer Wanddicke von 365 mm die Mindestauflagertiefe auf 0,45 d reduziert werden.
Beim Schubnachweis nach DIN 1053-1 [4], Abschnitt 6.9.5, dürfen für zul τ und max τ nur 33 % des sich aus Abschnitt 6.9.5, Gleichung (6a), – mit σ_{0HS} nach DIN 1053-1 [4], Tabelle 5 (Wert für unvermörtelte Stoßfugen) – ergebenden Wertes in Rechnung gestellt werden.
Beim Schubnachweis nach dem genaueren Verfahren nach DIN 1053-1 [4], Abschnitt 7.9.5, dürfen nur 33 % der sich aus Abschnitt 7.9.5, Gleichungen (16a) und (16b), – mit σ_{0HS} für unvermörtelte Stoßfugen – ergebenden Werte in Rechnung gestellt werden.
Sofern gemäß DIN EN 1996-1-1/NA [41], NCI zu 5.5.3, bzw. DIN EN 1996-3/NA [49], NDP zu 4.1 (1)P, ein rechnerischer Nachweis der Schubtragfähigkeit erforderlich ist, ist dieser nach DIN EN 1996-1-1 [40], Abschnitt 6.2, in Verbindung mit DIN EN 1996-1-1/NA [41], NCI zu 6.2, zu führen, wobei für den minimalen Bemessungswert der Querkrafttragfähigkeit V_{Rdlt} nur 33 % des sich aus Gleichung (NA.19) bzw. Gleichung (NA.24) ergebenden Wertes in Rechnung gestellt werden dürfen.
Bei der Beurteilung eines Gebäudes hinsichtlich des Verzichts auf einen rechnerischen Nachweis der räumlichen Steifigkeit ist die geringere Schubtragfähigkeit zu beachten.

Z-17.1-1131
Mauerwerk aus Lücking Planziegeln T14 im Dünnbettverfahren mit gedeckelter Lagerfuge

Antragsteller:
Mein Ziegelhaus GmbH & Co. KG
Märkerstraße 44
63755 Alzenau

Bescheid – Geltungsdauer:
14. Oktober 2016 – 14. April 2020

Die abZ erstreckt sich auf die Herstellung von Planhochlochziegeln (bezeichnet als „Lücking Planziegel T14") sowie die Herstellung des Dünnbettmörtels 900 D (auch bezeichnet als „Deckelnder Dünnbettmörtel 900 D") und die Verwendung dieser Planhochlochziegel und des Dünnbettmörtels 900 D für Mauerwerk im Dünnbettverfahren (Mauerwerk mit Dünnbettmörtel) nach DIN 1053-1 [4] ohne Stoßfugenvermörtelung und für Mauerwerk im Dünnbettverfahren nach DIN EN 1996-1-1 [40] in Verbindung mit

Tabelle 13. Bemessungswerte für Mauerwerk aus Lücking Planziegeln W12 nach Z-17.1-1130

Rohdichteklasse	Bemessungswert der Wärmeleitfähigkeit λ in W/(m·K)	Festigkeitsklasse	DIN 1053-1			DIN EN 1996-3		α^*
			Grundwert σ_0 MN/m²	max τ MN/m²	β_{RZ} MN/m²	char. DF f_k MN/m²	$f_{bt,cal}$ MN/m²	
0,65	0,12	4	0,5	0,048	0,132	1,3	0,130	0,33
		6	0,6	0,072	0,198	1,5	0,195	
		8	0,8	0,096	0,264	2,1	0,260	
		10	0,9	0,120	0,330	2,3	0,325	
		12	1,1	0,144	0,396	2,9	0,390	

Tabelle 14. Bemessungswerte für Mauerwerk aus Lücking Planziegeln T14 nach Z-17.1-1131

Rohdichteklasse	Bemessungswert der Wärmeleitfähigkeit λ in W/(m·K)	Festigkeitsklasse	DIN 1053-1			DIN EN 1996-3		α*
			Grundwert σ_0 MN/m²	max τ MN/m²	β_{RZ} MN/m²	char. DF f_k MN/m²	$f_{bt,cal}$ MN/m²	
0,70	0,14/0,15 [1]	4	0,8	0,048	0,132	2,1	0,130	0,5
		6	0,8	0,072	0,198	2,1	0,195	
[1] Wert gilt für eine Wanddicke von 175 mm.		8	1,2	0,096	0,264	3,1	0,260	
		10	1,2	0,120	0,330	3,1	0,325	
		12	1,3	0,144	0,396	3,4	0,390	

DIN EN 1996-1-1/NA [41] und DIN EN 1996-2 [46] in Verbindung mit DIN EN 1996-2/NA [47].
Die Planhochlochziegel sind LD-Ziegel oder HD-Ziegel nach DIN EN 771-1 [6] der Kategorie I mit den in der abZ genannten Eigenschaften (Lochbild siehe z. B. Bild 17). Für die Planhochlochziegel ist ein individueller Feuchteumrechnungsfaktor F_m gemäß DIN V [16], Anhang B, nachgewiesen.
Die Planhochlochziegel haben eine Länge von 247 mm, 307 mm, 372 mm oder 497 mm, eine Breite von 175 mm, 240 mm, 300 mm, 365 mm, 425 mm oder 490 mm und eine Höhe von 249 mm. Sie werden in Druckfestigkeitsklassen und Brutto-Trockenrohdichten nach Tabelle 14 hergestellt.

Berechnung
Für die Grundwerte σ_0 der zulässigen Druckspannungen bzw. die charakteristische Druckfestigkeit f_k gilt Tabelle 14.
Für Wände, die als Endauflager für Decken oder Dächer dienen, durch Wind beansprucht werden und nach DIN 1053-1, Abschnitt 6.9.1, ist zusätzlich ein Nachweis der Mindestauflast der Wände zu führen. Dieser darf vereinfacht nach Abschnitt 0.1.1 erfolgen, sofern kein genauerer Nachweis geführt wird.
Bei Wänden mit nicht über die volle Wanddicke aufliegender Decke darf der Nachweis der Standsicherheit mit dem vereinfachten Verfahren nach DIN 1053-1, Abschnitt 6.9.1 geführt werden, wenn abweichend bzw. zusätzlich die Regelungen nach Abschnitt 0.2.1 berücksichtigt werden. Dabei darf bei einer Wanddicke von 365 mm die Mindestauflagertiefe auf 0,45 d reduziert werden.
Beim Schubnachweis nach DIN 1053-1 [4], Abschnitt 6.9.5, dürfen für zul τ und max τ nur 50 % des sich aus Abschnitt 6.9.5, Gleichung (6a), – mit σ_{0HS} nach DIN 1053-1 [4], Tabelle 5 (Wert für unvermörtelte Stoßfugen) – ergebenden Wertes in Rechnung gestellt werden.
Beim Schubnachweis nach dem genaueren Verfahren nach DIN 1053-1 [4], Abschnitt 7.9.5, dürfen nur 50 % der sich aus Abschnitt 7.9.5, Gleichungen (16a) und (16b), – mit σ_{0HS} für unvermörtelte Stoßfugen – ergebenden Werte in Rechnung gestellt werden.
Sofern gemäß DIN EN 1996-1-1/NA [41], NCI zu 5.5.3, bzw. DIN EN 1996-3/NA [49], NDP zu 4.1 (1)P, ein rechnerischer Nachweis der Schubtragfähigkeit erforderlich ist, ist dieser nach DIN EN 1996-1-1 [40], Abschnitt 6.2, in Verbindung mit DIN EN 1996-1-1/NA [41], NCI zu 6.2, zu führen, wobei für den minimalen Bemessungswert der Querkrafttragfähigkeit V_{Rdlt} nur 50 % des sich aus Gleichung (NA.19) bzw. Gleichung (NA.24) ergebenden Wertes in Rechnung gestellt werden dürfen. Für die Ermittlung der charakteristischen Schubfestigkeit f_{vlt2} nach DIN EN 1996-1-1, Abschnitt 3.6.2, in Verbindung mit DIN EN 1996-1-1/NA, NDP zu 3.6.2, gilt für $f_{bt,cal}$ der Wert für Hochlochsteine.
Bei der Beurteilung eines Gebäudes hinsichtlich des Verzichts auf einen rechnerischen Nachweis der räumlichen Steifigkeit ist die geringere Schubtragfähigkeit zu beachten.

Z-17.1-497
Mauerwerk aus Röben-T-Planhochlochziegeln mit Stoßfugenverzahnung im Dünnbettverfahren

Antragsteller:
Röben Klinkerwerke GmbH & Co. KG
Klein Schweinebrück 168
26340 Zetel

Bescheid – Geltungsdauer:
26. Juni 2015 – 14. April 2020

Die abZ erstreckt sich auf die Verwendung bestimmter Planhochlochziegel (bezeichnet als Röben-T-Planhochlochziegel) sowie auf die Herstellung des Röben-Dünnbettmörtels, des Dünnbettmörtels Ziegelplan ZP 99, des Dünnbettmörtels maxit mur 900 und des Dünnbettmörtels 900 D und die Verwendung dieser Dünnbettmörtel und dieser Planhochlochziegel für Mauerwerk im Dünnbettverfahren (Mauerwerk mit Dünnbettmörtel) nach DIN 1053-1 [4] ohne Stoßfugenvermörtelung und für Mauerwerk im Dünnbettverfahren nach DIN EN 1996-1-1 [40] in Verbindung mit DIN EN 1996-1-1/NA [41] und DIN EN 1996-2 [46] in Verbindung mit DIN EN 1996-2/NA [47].
Die Planhochlochziegel sind LD-Ziegel nach DIN EN 771-1 [6] der Kategorie I mit den in der abZ genannten Eigenschaften. Für die Planhochlochziegel ist ein indi-

vidueller Feuchteumrechnungsfaktor F_m gemäß DIN V [16], Anhang B, nachgewiesen.

Sie haben eine Länge von 248 mm, 308 mm, 373 mm oder 498 mm, eine Breite von 140 mm bis 425 mm und eine Höhe von 249 mm und werden mit Druckfestigkeiten entsprechend den Druckfestigkeitsklassen 6, 8, 10 und 12 und einer Brutto-Trockenrohdichte entsprechend der Rohdichteklasse 0,9 nach DIN V 105-100 [17] hergestellt.

Bei der Herstellung des Mauerwerks mit dem Dünnbettmörtel 900 D nach der abZ ist der Dünnbettmörtel mit dem speziell hierfür entwickelten Mörtelschlitten als geschlossenes Mörtelband aufzutragen.

Z-17.1-712
Mauerwerk aus Röben-Planhochlochziegeln T14 ohne Stoßfugenvermörtelung

Antragsteller:
Röben Klinkerwerke GmbH & Co. KG
Klein Schweinebrück 168
26340 Zetel

Bescheid – Geltungsdauer:
28. Mai 2015 – 14. April 2020

Die abZ erstreckt sich auf die Verwendung bestimmter Planhochlochziegel (bezeichnet als Röben-Planhochlochziegel T14) sowie auf die Herstellung des Röben-Dünnbettmörtels, des Dünnbettmörtels Ziegelplan ZP 99, des Dünnbettmörtels maxit mur 900 und des Dünnbettmörtels 900 D und die Verwendung dieser Dünnbettmörtel und dieser Planhochlochziegel für Mauerwerk nach DIN 1053-1 [4] ohne Stoßfugenvermörtelung und für Mauerwerk im Dünnbettverfahren nach DIN EN 1996-1-1 [40] in Verbindung mit DIN EN 1996-1-1/NA [41] und DIN EN 1996-2 [46] in Verbindung mit DIN EN 1996-2/NA [47].

Die Planhochlochziegel sind LD-Ziegel nach DIN EN 771-1 [6] der Kategorie I mit den in der abZ genannten Eigenschaften (Lochbild siehe z. B. Bild 19). Sie haben eine Länge von 248 mm oder 308 mm, eine Breite von 240 mm, 300 mm oder 365 mm und eine Höhe von 249 mm und werden mit Druckfestigkeiten entsprechend Druckfestigkeitsklasse 4, 6 und 8 und einer Brutto-Trockenrohdichte entsprechend der Rohdichteklasse 0,7 nach DIN V 105-100 [17] hergestellt.

Für die Planhochlochziegel ist ein individueller Feuchteumrechnungsfaktor F_m gemäß DIN V 4108-4 [16], Anhang B, nachgewiesen.

Bei der Herstellung des Mauerwerks mit dem Dünnbettmörtel 900 D nach der abZ ist der Dünnbettmörtel mit dem speziell hierfür entwickelten Mörtelschlitten als geschlossenes Mörtelband aufzutragen.

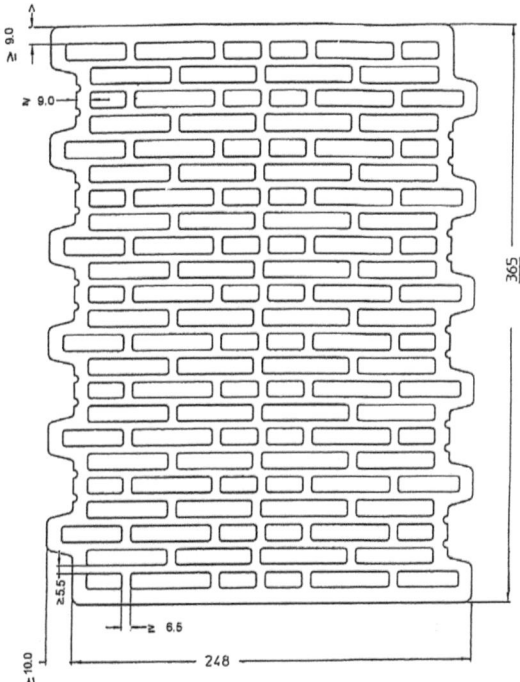

Bild 19. Röben-Planhochlochziegel T14 (Z-17.1-712)

Z-17.1-1133
Mauerwerk aus THERMOPOR SL 075 Planziegeln (bezeichnet als „THERMOPOR SL 075 Plan") im Dünnbettverfahren mit gedeckelter Lagerfuge

Antragsteller:
THERMOPOR ZIEGEL-KONTOR ULM GMBH
Olgastraße 94
89073 Ulm

Bescheid – Geltungsdauer:
12. Juni 2015 – 14. April 2020

Die abZ erstreckt sich auf die Herstellung bestimmter Planhochlochziegel (bezeichnet als „THERMOPOR SL 075 Plan") sowie die Herstellung des Dünnbettmörtels 900 D (auch bezeichnet als „Deckelnder Dünnbettmörtel 900 D") und die Verwendung dieser Planhochlochziegel und des Dünnbettmörtels 900 D für Mauerwerk nach DIN 1053-1 [4] und für Mauerwerk im Dünnbettverfahren nach DIN EN 1996-1-1:2013-02 in Verbindung mit DIN EN 1996-1-1/NA [41] und DIN EN 1996-2 [46] in Verbindung mit DIN EN 1996-2/NA [47].

Die Planhochlochziegel sind LD-Ziegel nach DIN EN 771-1 [4] der Kategorie I mit den in der abZ genannten Eigenschaften (Beispiel für Lochbild s. Bild 20).

Für die Planhochlochziegel ist ein individueller Feuchteumrechnungsfaktor F_m gemäß DIN V 4108-4 [16], Anhang B, nachgewiesen.

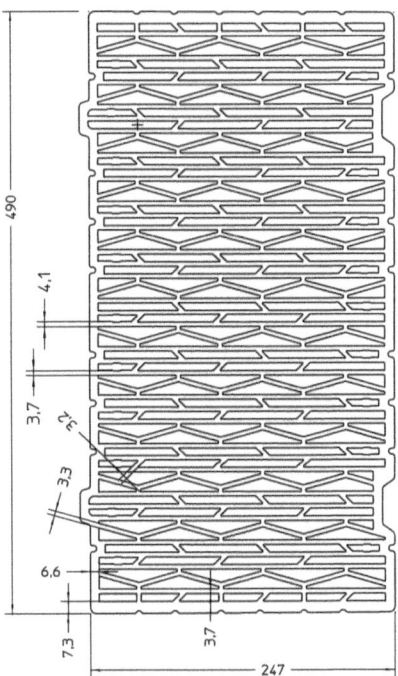

Bild 20. THERMOPOR SL 075 Planziegel (Z-17.1-1133)

Die Planhochlochziegel haben eine Länge von 247 mm, eine Breite von 490 mm und eine Höhe von 249 mm. Sie werden in Druckfestigkeits- und Rohdichteklassen entsprechend Tabelle 15 hergestellt.
Bei Herstellung des Mauerwerks ist der Dünnbettmörtel vollflächig mit dem speziell hierfür entwickelten Mörtelschlitten als geschlossenes Mörtelband aufzutragen.

Ausführung
Der Dünnbettmörtel 900 D ist mit dem speziell hierfür entwickelten Mörtelschlitten auf die Lagerflächen der staubfreien Planhochlochziegel so dick aufzutragen, dass sich im fertigen Mauerwerk ein geschlossenes Mörtelband mit einer Fugendicke von mindestens 1 mm und höchstens 3 mm ergibt.
Die Planhochlochziegel sind auf dem beschriebenen Mörtelband dicht aneinander („knirsch") zu stoßen, anzudrücken und lot- und fluchtgerecht in ihre endgültige Lage zu bringen. Das geschlossene Mörtelband muss dauerhaft auch im Bereich der Löcher sichergestellt sein.

Berechnung
Für die Grundwerte σ_0 der zulässigen Druckspannungen bzw. die charakteristische Druckfestigkeit f_k gilt Tabelle 15.
Für Wände, die als Endauflager für Decken oder Dächer dienen, durch Wind beansprucht werden und nach DIN 1053-1 [4], Abschnitt 6.9.1, nachgewiesen werden, ist zusätzlich ein Nachweis der Mindestauflast der Wände zu führen. Dieser darf vereinfacht nach Abschnitt 0.1.1 erfolgen, sofern kein genauerer Nachweis geführt wird.
Bei Wänden mit nicht über die volle Wanddicke aufliegender Decke darf der Nachweis der Standsicherheit mit dem vereinfachten Verfahren nach DIN 1053-1 [4], Abschnitt 6.9.1, geführt werden, wenn abweichend bzw. zusätzlich die Regelungen nach Abschnitt 0.2.1 berücksichtigt werden.
Beim Schubnachweis nach DIN 1053-1 [4], Abschnitt 6.9.5, dürfen für zul τ und max τ nur 33% des sich aus Abschnitt 6.9.5, Gleichung (6a), – mit σ_{0HS} nach DIN 1053-1 [4], Tabelle 5 (Wert für unvermörtelte Stoßfugen) – ergebenden Wertes in Rechnung gestellt werden.
Beim Schubnachweis nach dem genaueren Verfahren nach DIN 1053-1 [4], Abschnitt 7.9.5, dürfen nur 33% der sich aus Abschnitt 7.9.5, Gleichungen (16a) und (16b), – mit σ_{0HS} für unvermörtelte Stoßfugen – ergebenden Werte in Rechnung gestellt werden.
Sofern gemäß DIN EN 1996-1-1/NA [41], NCI zu 5.5.3, bzw. DIN EN 1996-3/NA [49], NDP zu 4.1 (1)P, ein rechnerischer Nachweis der Schubtragfähigkeit erforderlich ist, ist dieser nach DIN EN 1996-1-1:2013-02, Abschnitt 6.2, in Verbindung mit DIN EN 1996-1-1/NA [41], NCI zu 6.2, zu führen, wobei für den minimalen Bemessungswert der Querkrafttragfähigkeit V_{Rdlt} nur 33% des sich aus Gleichung (NA.19) bzw. Gleichung (NA.24) ergebenden Wertes in Rechnung gestellt werden dürfen.
Bei der Beurteilung eines Gebäudes hinsichtlich des Verzichts auf einen rechnerischen Nachweis der räumlichen Steifigkeit ist die geringere Schubtragfähigkeit zu beachten.

Tabelle 15. Bemessungswerte für Mauerwerk aus THERMOPOR SL 075 Planziegeln (Z-17.1-1133)

Rohdichteklasse	Bemessungswert der Wärmeleitfähigkeit λ in W/(m·K)	Festigkeitsklasse	DIN 1053-1			DIN EN 1996-3		α^*
			Grundwert σ_0 MN/m²	max τ MN/m²	β_{RZ} MN/m²	char. DF f_k MN/m²	$f_{bt,cal}$ MN/m²	
0,60	0,075	4	0,3	0,048	0,132	1,3	0,130	0,33
		6	0,4	0,072	0,198	2,1	0,195	

Z-17.1-1149
Mauerwerk aus THERMOPOR SL 08 Planziegeln im Dünnbettverfahren mit gedeckelter Lagerfuge (bezeichnet als „THERMOPOR SL 08 Plan")

Antragsteller:
THERMOPOR ZIEGEL-KONTOR ULM GMBH
Olgastraße 94
89073 Ulm

Bescheid – Geltungsdauer:
12. Oktober 2016 – 14. April 2020

Die abZ erstreckt sich auf die Herstellung bestimmter Planhochlochziegel (bezeichnet als „THERMOPOR SL 08 Plan") sowie die Herstellung des Dünnbettmörtels 900 D (auch bezeichnet als „Deckelnder Dünnbettmörtel 900 D") und die Verwendung dieser Planhochlochziegel und des Dünnbettmörtels 900 D für Mauerwerk im Dünnbettverfahren (Mauerwerk mit Dünnbettmörtel) nach DIN 1053-1 [4] und für Mauerwerk im Dünnbettverfahren nach DIN EN 1996-1-1 [40] in Verbindung mit DIN EN 1996-1-1/NA [41] und DIN EN 1996-2 [46] in Verbindung mit DIN EN 1996-2/NA [47].

Die Planhochlochziegel sind LD-Ziegel nach DIN EN 771-1 [6] der Kategorie I mit den in der abZ genannten Eigenschaften (Lochbild siehe z. B. Bild 5).
Für die Planhochlochziegel ist ein individueller Feuchteumrechnungsfaktor F_m gemäß DIN V 4108-4 [16], Anhang B, nachgewiesen.
Die Planhochlochziegel haben eine Länge von 247 mm, eine Breite von 365 mm, 425 mm oder 490 mm und eine Höhe von 249 mm. Sie werden in Druckfestigkeitsklassen und Brutto-Trockenrohdichten nach Tabelle 16 hergestellt.

Berechnung
Für die Grundwerte σ_0 der zulässigen Druckspannungen bzw. die charakteristische Druckfestigkeit f_k gilt Tabelle 16.
Für Wände, die als Endauflager für Decken oder Dächer dienen, durch Wind beansprucht werden und nach DIN 1053-1, Abschnitt 6.9.1, nachgewiesen werden, ist zusätzlich ein Nachweis der Mindestauflast der Wände zu führen. Dieser darf vereinfacht nach Abschnitt 0.1.1 erfolgen, sofern kein genauerer Nachweis geführt wird.
Bei Wänden mit nicht über die volle Wanddicke aufliegender Decke darf der Nachweis der Standsicherheit mit dem vereinfachten Verfahren nach DIN 1053-1, Abschnitt 6.9.1 geführt werden, wenn abweichend bzw. zusätzlich die Regelungen nach Abschnitt 0.2.1 berücksichtigt werden. Dabei darf bei einer Wanddicke von 365 mm die Mindestauflagertiefe auf 0,45 d reduziert werden.
Beim Schubnachweis nach DIN 1053-1 [4], Abschnitt 6.9.5, dürfen für zul τ und max τ nur 33 % des sich aus Abschnitt 6.9.5, Gleichung (6a), – mit σ_{0HS} nach DIN 1053-1 [4], Tabelle 5 (Wert für unvermörtelte Stoßfugen) – ergebenden Wertes in Rechnung gestellt werden.
Beim Schubnachweis nach dem genaueren Verfahren nach DIN 1053-1 [4], Abschnitt 7.9.5, dürfen nur 33 % der sich aus Abschnitt 7.9.5, Gleichungen (16a) und (16b), – mit σ_{0HS} für unvermörtelte Stoßfugen – ergebenden Werte in Rechnung gestellt werden.
Sofern gemäß DIN EN 1996-1-1/NA [41], NCI zu 5.5.3, bzw. DIN EN 1996-3/NA [49], NDP zu 4.1 (1)P, ein rechnerischer Nachweis der Schubtragfähigkeit erforderlich ist, ist dieser nach DIN EN 1996-1-1 [40], Abschnitt 6.2, in Verbindung mit DIN EN 1996-1-1/NA [41], NCI zu 6.2, zu führen, wobei für den minimalen Bemessungswert der Querkrafttragfähigkeit V_{Rdlt} nur 33 % des sich aus Gleichung (NA.19) bzw. Gleichung (NA.24) ergebenden Wertes in Rechnung gestellt werden dürfen.
Bei der Beurteilung eines Gebäudes hinsichtlich des Verzichts auf einen rechnerischen Nachweis der räumlichen Steifigkeit ist die geringere Schubtragfähigkeit zu beachten.

Z-17.1-867
Mauerwerk aus UNIPOR W12 plus Planziegeln im Dünnbettverfahren mit gedeckelter Lagerfuge

Antragsteller:
UNIPOR Ziegel Marketing GmbH
Landsberger Straße 392
81241 München

Bescheid – Geltungsdauer:
28. Februar 2014 – 1. Januar 2018

Tabelle 16. Bemessungswerte für Mauerwerk aus THERMOPOR SL 08 Planziegel nach Z-17.1-1149

Rohdichteklasse	Bemessungswert der Wärmeleitfähigkeit λ in W/(m·K)	Festigkeitsklasse	DIN 1053-1			DIN EN 1996-3		α*
			Grundwert σ_0 MN/m²	max τ MN/m²	β_{RZ} MN/m²	char. DF f_k MN/m²	$f_{bt,cal}$ MN/m²	
0,60	0,08	4	0,5	0,048	0,132	1,3	0,130	0,33
0,65	0,08	6	0,8	0,8	0,198	2,1	0,195	
		8	1,0	0,096	0,264	2,6	0,260	
		10	1,2	0,120	0,330	3,1	0,325	
		12	1,4	0,144	0,396	3,7	0,390	

Die abZ erstreckt sich auf die Herstellung bestimmter Planhochlochziegel (bezeichnet als „UNIPOR W12 plus Planziegel") sowie die Herstellung des Dünnbettmörtels 900 D und die Verwendung dieser Planhochlochziegel und des Dünnbettmörtels 900 D für Mauerwerk nach DIN 1053-1 [4] ohne Stoßfugenvermörtelung.
Die Planhochlochziegel sind LD-Ziegel nach DIN EN 771-1:2005-05 – Festlegungen für Mauersteine – Teil 1: Mauerziegel – der Kategorie I mit den in der abZ genannten Eigenschaften. Für die Planhochlochziegel ist ein individueller Feuchteumrechnungsfaktor F_m gemäß DIN V 4108-4 [16], Anhang B, nachgewiesen.
Die Planhochlochziegel haben eine Länge von 247 mm oder 307 mm, eine Breite von 300 mm, 365 mm oder 425 mm und eine Höhe von 249 mm. Sie werden mit Druckfestigkeiten entsprechend Druckfestigkeitsklassen 8, 10, 12 und 16 und Brutto-Trockenrohdichten entsprechend Rohdichteklassen 0,80 und 0,85 nach DIN V 105-100 [17] hergestellt.
Für die Herstellung des Mauerwerks darf nur der Dünnbettmörtel 900 D nach der abZ verwendet werden.
Bei Herstellung des Mauerwerks ist der Dünnbettmörtel vollflächig mit dem speziell hierfür entwickelten Mörtelschlitten als geschlossenes Mörtelband aufzutragen.

Z-17.1-1018 (aBg)
Mauerwerk aus UNIPOR W08 Novatherm Planziegeln im Dünnbettverfahren mit gedeckelter Lagerfuge

Antragsteller:
UNIPOR Ziegel Marketing GmbH
Landsberger Straße 392
81241 München

Bescheid – Geltungsdauer:
6. Dezember 2017 – 6. Dezember 2022

Gegenstand der aBg ist die Bemessung und Ausführung von Mauerwerk im Dünnbettverfahren aus Planhochlochziegeln (P-Ziegel der Kategorie I) mit CE-Kennzeichnung nach DIN EN 771-1:2015-11 (bezeichnet als „UNIPOR W08 Novatherm Planziegel") und dem werkmäßig hergestellten Dünnbettmörtel 900 D oder quick-mix DBM-L (Trockenmörtel) nach Eignungsprüfung mit CE-Kennzeichnung nach DIN EN 998-2:2017-02 oder alternativ mit den Trockenmörtelplatten „maxit mörtelpads" mit Übereinstimmungszeichen (Ü-Zeichen) nach Z-17.1-1134.
Die Dünnbettmörtelschicht ist mit speziellen Auftragsverfahren herzustellen.
Die Planhochlochziegel haben eine Länge von 247 mm, eine Breite von 365 mm, 425 mm oder 490 mm und eine Höhe von 249 mm. Sie werden mit Druckfestigkeiten entsprechend Druckfestigkeitsklassen 4, 6 und 8 und Brutto-Trockenrohdichten entsprechend Rohdichteklasse 0,60 nach DIN V 105-100 [17] hergestellt.

Das Mauerwerk darf als unbewehrtes Mauerwerk im Dünnbettverfahren nach DIN EN 1996-1-1 [40] in Verbindung mit DIN EN 1996-1-1/NA [41] und DIN EN 1996-2 [46] in Verbindung mit DIN EN 1996-2/NA [47] verwendet werden.
Das Mauerwerk darf nicht als eingefasstes Mauerwerk verwendet werden.

Z-17.1-1042
Mauerwerk aus UNIPOR-WH09- und UNIPOR-WH10-Planziegeln im Dünnbettverfahren mit gedeckelter Lagerfuge

Antragsteller:
UNIPOR Ziegel Marketing GmbH
Landsberger Straße 392
81241 München

Bescheid – Geltungsdauer:
15. September 2015 – 14. April 2020

Die abZ erstreckt sich auf die Herstellung bestimmter Planhochlochziegel (bezeichnet als „UNIPOR-WH09 Planziegel" und „UNIPOR-WH10 Planziegel") sowie die Herstellung des Dünnbettmörtels 900 D (auch bezeichnet als „Deckelnder Dünnbettmörtel 900 D") und des Dünnbettmörtels „quick-mix DBM-L" (auch bezeichnet als „Deckelnder Dünnbettmörtel quick-mix DBM-L") und die Verwendung der Planhochlochziegel mit diesen Dünnbettmörteln oder mit den „maxit mörtelpads" nach Z-17.1-1134 für Mauerwerk im Dünnbettverfahren (Mauerwerk mit Dünnbettmörtel) nach DIN 1053-1 [4] und für Mauerwerk im Dünnbettverfahren nach DIN EN 1996-1-1 [40] in Verbindung mit DIN EN 1996-1-1/NA [41] und DIN EN 1996-2 [46] in Verbindung mit DIN EN 1996-2/NA [47].
Die Planhochlochziegel sind LD-Ziegel nach DIN EN 771-1 [6] der Kategorie I mit den in der abZ genannten Eigenschaften (Beispiel für Lochbild siehe z. B. Bild 21). Für die Planhochlochziegel ist ein individueller Feuchteumrechnungsfaktor F_m gemäß DIN V 4108-4 [16], Anhang B, nachgewiesen.
Die Planhochlochziegel haben eine Länge von 247 mm, eine Breite von 300 mm, 365 mm, 425 mm oder 490 mm und eine Höhe von 249 mm. Sie werden mit den Druckfestigkeiten entsprechend den Druckfestigkeitsklassen 4, 6 und 8 und Brutto-Trockenrohdichten entsprechend den Rohdichteklassen 0,60 und 0,65 nach DIN V 105-100 [17] hergestellt.
Bei Herstellung des Mauerwerks ist der Dünnbettmörtel 900 D oder der Dünnbettmörtel „quick-mix DBM-L" vollflächig mit einem speziell hierfür entwickelten Mörtelschlitten als geschlossenes Mörtelband aufzutragen.
Anstelle der vorgenannten Dünnbettmörtelfugen dürfen die Lagerfugen auch aus den „maxit mörtelpads" nach der abZ Nr. Z-17.1-1134 hergestellt werden. Die Mörtelplatten werden in trockenem Zustand auf die Lagerflächen der Planhochlochziegel aufgelegt und im

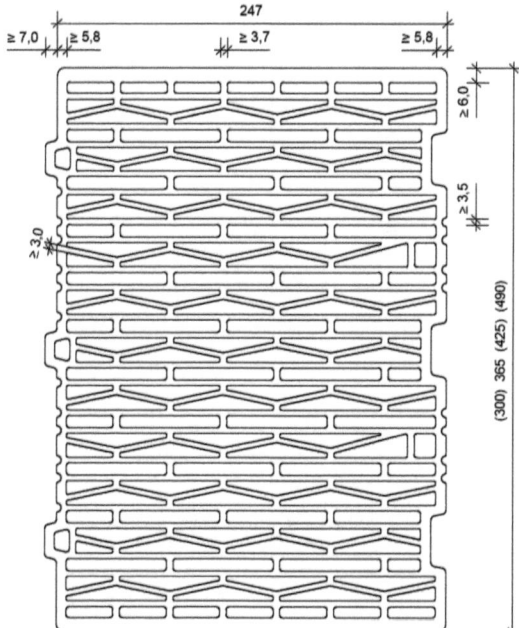

Bild 21. UNIPOR-WH09- und UNIPOR-WH10-Planziegel, Beispiel für Lochbild (Z-17.1-1042)

Anschluss mit einer speziellen Bewässerungsvorrichtung mit einer festgelegten Menge Wasser aktiviert. Nach dem Einziehen des Wassers in die „maxit mörtelpads" werden die Planhochlochziegel der nächsten Ziegellage mit einem Gummihammer mit platzierten Schlägen in das Mörtelbett eingearbeitet. Die speziellen Ausführungsregeln sind der abZ Nr. Z-17.1-1134 zu entnehmen.

Z-17.1-1056
Mauerwerk aus UNIPOR W07 CORISO Planziegeln im Dünnbettverfahren mit gedeckelter Lagerfuge

Antragsteller:
UNIPOR Ziegel Marketing GmbH
Landsberger Straße 392
81241 München

Bescheid – Geltungsdauer:
11. Oktober 2016 – 14. April 2020

Die abZ erstreckt sich auf die Herstellung von Planhochlochziegeln (bezeichnet als „UNIPOR W07 CORISO") sowie die Herstellung des Dünnbettmörtels 900 D (bezeichnet als „Deckelnder Dünnbettmörtel 900 D") und des Dünnbettmörtels „quick-mix DBM-L" (auch bezeichnet als „Deckelnder Dünnbettmörtel quick-mix DBM-L") und die Verwendung dieser Planhochlochziegel mit diesen Dünnbettmörteln oder mit den „maxit mörtelpads" nach Z-17.1-1134 für Mauerwerk im Dünnbettverfahren (Mauerwerk mit Dünnbettmörtel) nach DIN 1053-1 [4] ohne Stoßfugenvermörtelung und für Mauerwerk im Dünnbettverfahren nach DIN EN 1996-1-1 [40] in Verbindung mit DIN EN 1996-1-1/NA [41] und DIN EN 1996-2 [46] in Verbindung mit DIN EN 1996-2/NA [47] ohne Stoßfugenvermörtelung.

Die Lochungen der Planhochlochziegel werden zur Verbesserung der Wärmedämmung vollständig mit einer Dämmstofffüllung aus loser Mineralwolle nach der abZ (bezeichnet als unipor CORISO Mineralwolle) hergestellt.

Die Planhochlochziegel werden in den Druckfestigkeitsklassen 4, 6 und 8 in der Rohdichteklassen 0,60 und 0,65 hergestellt.

Die Planhochlochziegel haben eine Länge von 247 mm; eine Breite von 365 mm, 425 mm oder 490 mm und eine Höhe von 249 mm.

Für die Herstellung des Mauerwerks darf nur der Dünnbettmörtel 900 D oder der Dünnbettmörtel „quick-mix DBM-L" verwendet werden. Der Dünnbettmörtel ist mit dem speziell hierfür entwickelten Mörtelschlitten als geschlossenes Mörtelband aufzutragen.

Anstelle der vorgenannten Dünnbettmörtelfugen dürfen die Lagerfugen auch aus den „maxit mörtelpads" nach Z-17.1-1134 hergestellt werden. Die Mörtelplatten werden in trockenem Zustand auf die Lagerflächen der Planhochlochziegel aufgelegt und im Anschluss mit einer speziellen Bewässerungsvorrichtung mit einer festgelegten Menge Wasser aktiviert. Nach dem Einziehen des Wassers in die „maxit mörtelpads" werden die Planhochlochziegel der nächsten Ziegellage mit einem Gummihammer mit platzierten Schlägen in das Mörtelbett eingearbeitet. Die speziellen Ausführungsregeln sind der abZ Nr. Z-17.1-1134 zu entnehmen.

Das Mauerwerk darf nur im Anwendungsbereich gemäß den in DIN 1053-1 [4], Abschnitt 6.1, bzw. DIN EN 1996-3 [48], Abschnitte 4.2.1.1 und 4.2.1.2, in Verbindung mit DIN EN 1996-3/NA [49] NCI zu 4.2.1.1 und 4.2.1.2, bestimmten Voraussetzungen für die Anwendung des vereinfachten Verfahrens für den Nachweis der Standsicherheit verwendet werden.

Z-17.1-1059
Mauerwerk aus Planhochlochziegeln (bezeichnet als ISOMEGA-Plus BIOTON Planhochlochziegel) im Dünnbettverfahren

Antragsteller:
UNIPOR Ziegel Marketing GmbH
Landsberger Straße 392
81241 München

Bescheid – Geltungsdauer:
21. Juli 2015 – 14. April 2020

Die abZ erstreckt sich auf die Herstellung bestimmter Planhochlochziegel (bezeichnet als ISOMEGA-Plus BIOTON Planhochlochziegel) sowie die Herstellung des Dünnbettmörtels 900 D (auch bezeichnet als „Deckelnder Dünnbettmörtel 900 D") und die Verwendung dieser Planhochlochziegel und des Dünnbettmörtels 900 D für Mauerwerk im Dünnbettverfahren (Mauerwerk mit Dünnbettmörtel) nach DIN 1053-1 [4] ohne Stoßfugenvermörtelung und für Mauerwerk im Dünnbettverfahren nach DIN EN 1996-1-1 [40] in Verbindung mit DIN EN 1996-1-1/NA [41] und DIN EN 1996-2 [46] in Verbindung mit DIN EN 1996-2/NA [47] ohne Stoßfugenvermörtelung.

Die Planhochlochziegel sind LD-Ziegel nach DIN EN 771-1 [6] der Kategorie I mit den in der abZ genannten Eigenschaften (Beispiel für Lochbild siehe z. B. Bild 22). Für die Planhochlochziegel ist ein individueller Feuchteumrechnungsfaktor F_m gemäß DIN V 4108-4 [16], Anhang B, nachgewiesen.

Die Planhochlochziegel haben eine Länge von 247 mm, eine Breite von 300 mm, 365 mm, 400 mm, 425 mm, 440 mm oder 490 mm und eine Höhe von 249 mm und werden in Druckfestigkeits- und Rohdichteklassen entsprechend Tabelle 17 hergestellt.

Berechnung
Für die Grundwerte σ_0 der zulässigen Druckspannungen bzw. die charakteristische Druckfestigkeit f_k gilt Tabelle 17.

Für Wände, die als Endauflager für Decken oder Dächer dienen, durch Wind beansprucht werden und nach DIN 1053-1, Abschnitt 6.9.1, nachgewiesen werden, ist zusätzlich ein Nachweis der Mindestauflast der Wände zu führen. Dieser darf vereinfacht nach Abschnitt 0.1.1 erfolgen, sofern kein genauerer Nachweis geführt wird.

Bei Wänden mit nicht über die volle Wanddicke aufliegender Decke darf der Nachweis der Standsicherheit mit dem vereinfachten Verfahren nach DIN 1053-1, Abschnitt 6.9.1 geführt werden, wenn abweichend bzw. zusätzlich die Regelungen nach Abschnitt 0.2.1 berücksichtigt werden. Dabei darf bei einer Wanddicke von 365 mm die Mindestauflagertiefe auf 0,45 d reduziert werden.

Beim Schubnachweis nach DIN 1053-1 [4], Abschnitt 6.9.5, dürfen für zul τ und max τ nur 33 % des sich aus Abschnitt 6.9.5, Gleichung (6a), – mit σ_{0HS} nach DIN 1053-1, Tabelle 5 (Wert für unvermörtelte Stoßfugen) – ergebenden Wertes in Rechnung gestellt werden.

Beim Schubnachweis nach dem genaueren Verfahren nach DIN 1053-1, Abschnitt 7.9.5, dürfen nur 33 % der sich aus Abschnitt 7.9.5, Gleichungen (16a) und

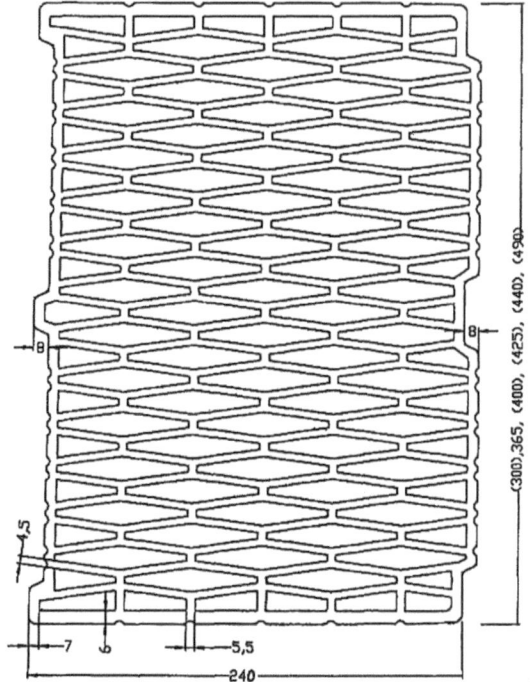

Bild 22. Planhochlochziegel ISOMEGA-Plus BIOTON, Beispiel für Lochbild (Z-17.1-1059)

(16b), – mit σ_{0HS} für unvermörtelte Stoßfugen – ergebenden Werte in Rechnung gestellt werden.

Sofern gemäß DIN EN 1996-1-1/NA [41], NCI zu 5.5.3, bzw. DIN EN 1996-3/NA [49], NDP zu 4.1 (1)P, ein rechnerischer Nachweis der Schubtragfähigkeit erforderlich ist, ist dieser nach DIN EN 1996-1-1 [40], Abschnitt 6.2, in Verbindung mit DIN EN 1996-1-1/NA [41], NCI zu 6.2, zu führen, wobei für den minimalen Bemessungswert der Querkrafttragfähigkeit V_{Rdlt} nur 33 % des sich aus Gleichung (NA.19) bzw. Gleichung (NA.24) ergebenden Wertes in Rechnung gestellt werden dürfen.

Bei der Beurteilung eines Gebäudes hinsichtlich des Verzichts auf einen rechnerischen Nachweis der räumlichen Steifigkeit gemäß DIN 1053-1, Abschnitt 6.4 bzw. Abschnitt 7.4, ist diese geringere Schubtragfähigkeit zu beachten.

Tabelle 17. Bemessungswerte für Mauerwerk aus THERMOPOR SL 075 Planziegeln (Z-17.1-1133)

Rohdichteklasse	Bemessungswert der Wärmeleitfähigkeit λ in W/(m·K)	Festigkeitsklasse	DIN 1053-1			DIN EN 1996-3		α*
			Grundwert σ_0 MN/m²	max τ MN/m²	β_{RZ} MN/m²	char. DF f_k MN/m²	$f_{bt,cal}$ MN/m²	
0,65	0,09[1)]/0,10	6	0,8	0,072	0,198	2,3	0,195	0,33
0,70	0,11	8	1,0	0,096	0,264	2,9	0,260	

1) Wert gilt für Wanddicken ≥ 365 mm.

Z-17.1-1066
Mauerwerk aus Planhochlochziegeln UNIPOR WS09 CORISO im Dünnbettverfahren mit gedeckelter Lagerfuge

Antragsteller:
UNIPOR Ziegel Marketing GmbH
Landsberger Straße 392
81241 München

Bescheid – Geltungsdauer:
12. Oktober 2016 – 14. April 2020

Die abZ erstreckt sich auf die Herstellung von Planhochlochziegeln (bezeichnet als „UNIPOR WS09 CORISO") sowie die Herstellung des Dünnbettmörtels 900 D (bezeichnet als „Deckelnder Dünnbettmörtel 900 D") und des Dünnbettmörtels „quick-mix DBM-L" (auch bezeichnet als „Deckelnder Dünnbettmörtel quick-mix DBM-L") und die Verwendung dieser Planhochlochziegel mit diesen Dünnbettmörteln oder mit den „maxit mörtelpads" nach der abZ Nr. Z-17.1-1134 für Mauerwerk nach DIN 1053-1 [4] ohne Stoßfugenvermörtelung und für Mauerwerk im Dünnbettverfahren nach DIN EN 1996-1-1 [40] in Verbindung mit DIN EN 1996-1-1/NA [41] und DIN EN 1996-2 [46] in Verbindung mit DIN EN 1996-2/NA [47] ohne Stoßfugenvermörtelung.

Die Lochungen der Planhochlochziegel werden zur Verbesserung der Wärmedämmung vollständig mit einer Dämmstofffüllung aus loser Mineralwolle nach der abZ (bezeichnet als unipor CORISO Mineralwolle) hergestellt (Lochbild siehe z. B. Bild 23).

Die Planhochlochziegel werden in den Druckfestigkeitsklassen 6, 8, 10 und 12 in der Rohdichteklasse 0,80 hergestellt.

Die Planhochlochziegel haben eine Länge von 247 mm, eine Breite von 365 mm, 425 mm oder 490 mm und eine Höhe von 249 mm.

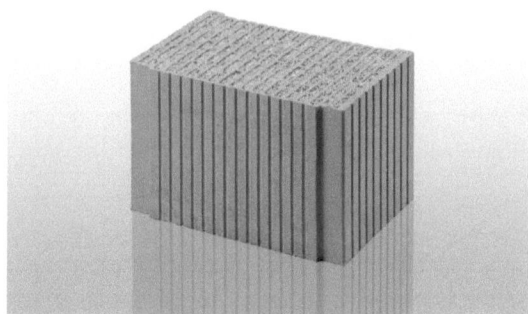

Bild 23. UNIPOR WS09 CORISO Planhochlochziegel, Beispiel für Lochbild (Z-17.1-1066)

Ausführung
Der Dünnbettmörtel ist auf die Lagerflächen der staubfreien Planhochlochziegel mit dem speziell hierfür entwickelten
– Mörtelschlitten „unirolli" mit einer motorbetriebenen, sich bewegenden Abziehschiene,
– dem Mörtelschlitten „Unimaxx" oder
– der „Collomix Mörtelrolle MR"
so dick aufzutragen, dass sich im fertigen Mauerwerk ein geschlossenes Mörtelband mit einer Fugendicke von mindestens 1 mm und höchstens 3 mm ergibt.

Die Planhochlochziegel sind auf dem beschriebenen Mörtelband dicht aneinander („knirsch") zu stoßen, anzudrücken und lot- und fluchtgerecht in ihre endgültige Lage zu bringen. Das geschlossene Mörtelband muss dauerhaft auch im Bereich der Löcher sichergestellt sein.

Anstelle der vorgenannten Dünnbettmörtelfuge nach 4.1.3 darf die Lagerfuge auch aus den „maxit mörtelpads" nach der allgemeinen bauaufsichtlichen Zulassung Z-17.1-1134 hergestellt werden.

Für die Ausführung dieses Mauerwerks gelten die Bestimmungen der abZ Nr. Z-17.1-1134. Der Antragsteller ist verpflichtet, alle mit der Ausführung dieser Bauart Betrauten über die Bestimmungen der abZ Nr. Z-17.1-1134 und alle für eine einwandfreie Ausführung der Bauart erforderlichen Einzelheiten zu unterrichten.

Z-17.1-1074
Mauerwerk aus UNIPOR WS07 CORISO Planziegeln im Dünnbettverfahren mit gedeckelter Lagerfuge

Antragsteller:
UNIPOR Ziegel Marketing GmbH
Landsberger Straße 392
81241 München

Bescheid – Geltungsdauer:
12. Oktober 2016 – 14. April 2020

Die abZ erstreckt sich auf die Herstellung von Planhochlochziegeln (bezeichnet als „UNIPOR WS07 CORISO") sowie die Herstellung des Dünnbettmörtels 900 D (bezeichnet als „Deckelnder Dünnbettmörtel 900 D") und des Dünnbettmörtels „quick-mix DBM-L" (auch bezeichnet als „Deckelnder Dünnbettmörtel quick-mix DBM-L") und die Verwendung dieser Planhochlochziegel mit diesen Dünnbettmörteln oder mit den „maxit mörtelpads" nach der abZ Nr. Z-17.1-1134 für Mauerwerk im Dünnbettverfahren (Mauerwerk mit Dünnbettmörtel) nach DIN 1053-1 [4] ohne Stoßfugenvermörtelung und für Mauerwerk im Dünnbettverfahren nach DIN EN 1996-1-1 [40] in Verbindung mit DIN EN 1996-1-1/NA [41] und DIN EN 1996-2 [46] in Verbindung mit DIN EN 1996-2/NA [47] ohne Stoßfugenvermörtelung.

Die Lochungen der Planhochlochziegel werden zur Verbesserung der Wärmedämmung vollständig mit einer Dämmstofffüllung aus loser Mineralwolle nach der abZ (bezeichnet als unipor CORISO Mineralwolle) hergestellt (Lochbild siehe z. B. Bild 24).

Die Planhochlochziegel werden in den Druckfestigkeitsklassen 4, 6 und 8 in den Rohdichteklassen 0,60 und 0,65 hergestellt.

Die Planhochlochziegel haben eine Länge von 247 mm, eine Breite von 365 mm, 425 mm oder 490 mm und eine Höhe von 249 mm.

Für die Herstellung des Mauerwerks darf nur der Dünnbettmörtel 900D oder der Dünnbettmörtel „quick-mix DBM-L" nach der abZ verwendet werden. Bei Herstellung des Mauerwerks ist der Dünnbettmörtel vollflächig mit einem speziell hierfür entwickelten Mörtelschlitten als geschlossenes Mörtelband aufzutragen.

Anstelle der vorgenannten Dünnbettmörtelfugen dürfen die Lagerfugen auch aus den „maxit mörtelpads" nach der abZ Nr. Z-17.1-1134 hergestellt werden. Die Mörtelplatten werden in trockenem Zustand auf die Lagerflächen der Planhochlochziegel aufgelegt und im Anschluss mit einer speziellen Bewässerungsvorrichtung mit einer festgelegten Menge Wasser aktiviert. Nach dem Einziehen des Wassers in die „maxit mörtelpads" werden die Planhochlochziegel der nächsten Ziegellage mit einem Gummihammer mit platzierten Schlägen in das Mörtelbett eingearbeitet. Die speziellen Ausführungsregeln sind der abZ Nr. Z-17.1-1134 zu entnehmen.

Das Mauerwerk darf nur im Anwendungsbereich gemäß den in DIN 1053-1 [4], Abschnitt 6.1, bzw. DIN EN 1996-3 [48], Abschnitte 4.2.1.1 und 4.2.1.2, in Verbindung mit DIN EN 1996-3/NA [49] NCI zu 4.2.1.1 und 4.2.1.2, bestimmten Voraussetzungen für die Anwendung des vereinfachten Verfahrens für den Nachweis der Standsicherheit verwendet werden.

Ausführung

Die Verarbeitungsrichtlinien für den jeweiligen Dünnbettmörtel sind zu beachten.

Der Dünnbettmörtel ist auf die Lagerflächen der von Staub gereinigten Planhochlochziegel mit dem speziell hierfür entwickelten
– Mörtelschlitten „unirolli" mit einer motorbetriebenen, sich bewegenden Abziehschiene,
– dem Mörtelschlitten „Unimaxx" oder
– der „Collomix Mörtelrolle MR"
so dick aufzutragen, dass sich im fertigen Mauerwerk ein geschlossenes Mörtelband mit einer Fugendicke von mindestens 1 mm und höchstens 3 mm ergibt.

Die Planhochlochziegel sind auf dem beschriebenen Mörtelband dicht aneinander („knirsch") gemäß DIN 1053-1 [4], Abschnitt 9.2.2, zu stoßen, anzudrücken und lot- und fluchtgerecht in ihre endgültige Lage zu bringen. Das geschlossene Mörtelband muss dauerhaft auch im Bereich der Löcher sichergestellt sein.

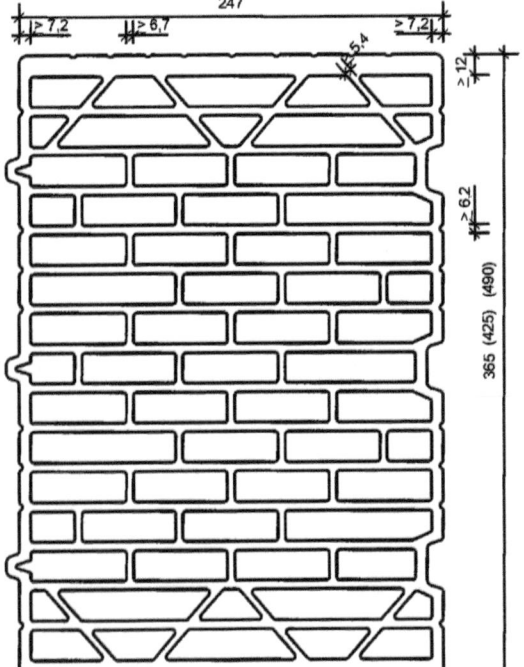
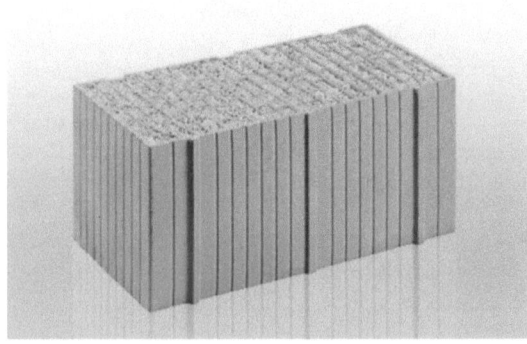

Bild 24. UNIPOR WS07 CORISO Planziegel, Beispiel für Lochbild (Z-17.1-1074)

Für jede Wanddicke ist ein gesondertes Mörtelauftragsgerät mit der entsprechenden Breite zu verwenden.
Anstelle der vorgenannten Dünnbettmörtelfuge darf die Lagerfuge auch aus den „maxit mörtelpads" nach der abZ Nr. Z-17.1-1134 hergestellt werden.

Z-17.1-1162
Mauerwerk aus UNIPOR W07 SILVACOR Planziegeln im Dünnbettverfahren mit gedeckelter Lagerfuge

Antragsteller:
UNIPOR Ziegel Marketing GmbH
Landsberger Straße 392
81241 München

Bescheid – Geltungsdauer:
12. Oktober 2016 – 14. April 2020

Der „Unipor W07 Silvacor" ermöglicht dank seiner Holzfaserfüllung die Erstellung von hochwärmedämmendem Mauerwerk mit besonderen ökologischen Ansprüchen.
Die abZ erstreckt sich auf die Herstellung von Planhochlochziegeln (bezeichnet als „UNIPOR W07 SILVACOR") – Lochbild siehe z. B. Bild 25 – sowie die Herstellung des Dünnbettmörtels 900 D (auch bezeichnet als „Deckelnder Dünnbettmörtel 900 D") und des Dünnbettmörtels „quick-mix DBM-L" (auch bezeichnet als „Deckelnder Dünnbettmörtel quick-mix DBM-L") und die Verwendung dieser Planhochlochziegel mit diesen Dünnbettmörteln oder mit den „maxit mörtelpads" nach der abZ Nr. Z-17.1-1134 für Mauerwerk im Dünnbettverfahren (Mauerwerk mit Dünnbettmörtel) nach DIN 1053-1 [4] ohne Stoßfugenvermörtelung und für Mauerwerk im Dünnbettverfahren nach DIN EN 1996-1-1 [40] in Verbindung mit DIN EN 1996-1-1/NA [41] und DIN EN 1996-2 [46] in Verbindung mit DIN EN 1996-2/NA [47] ohne Stoßfugenvermörtelung.
Die Lochungen der Planhochlochziegel werden zur Verbesserung der Wärmedämmung vollständig mit einer Dämmstofffüllung aus losen Holzfasern nach der abZ Nr. Z-23.11-1120 (bezeichnet als „STEICO Zell" oder „LIGNOZell") hergestellt.
Die Planhochlochziegel werden in Druckfestigkeitsklassen und Brutto-Trockenrohdichten nach Tabelle 18 hergestellt.
Die Planhochlochziegel haben eine Länge von 247 mm, eine Breite von 365 mm, 425 mm oder 490 mm und eine Höhe von 249 mm.
Für die Herstellung des Mauerwerks darf nur der Dünnbettmörtel 900 D oder der Dünnbettmörtel „quick-mix DBM-L" nach der abZ verwendet werden.
Bei Herstellung des Mauerwerks ist der Dünnbettmörtel vollflächig mit einem speziell hierfür entwickelten Mörtelschlitten als geschlossenes Mörtelband aufzutragen.

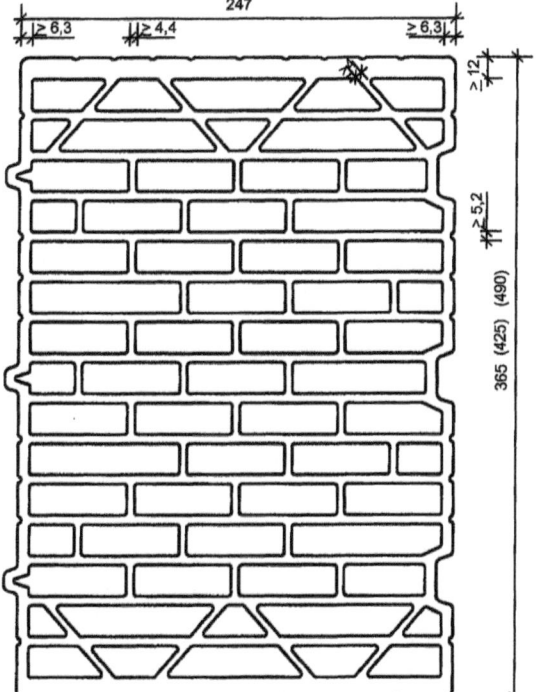
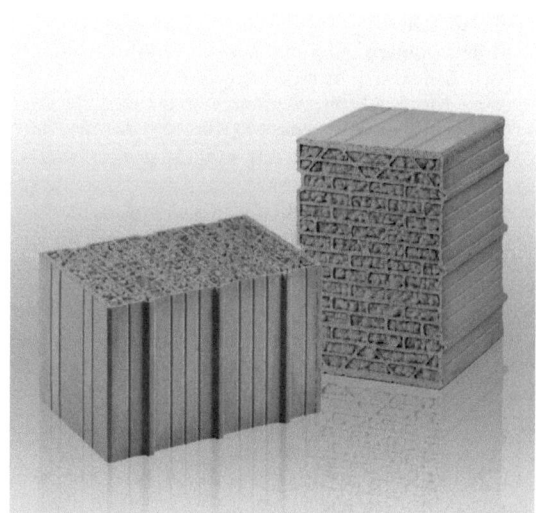

Bild 25. UNIPOR W07 SILVACOR Planziegel, Beispiel für Lochbild (Z-17.1-1162)

Tabelle 18. Bemessungswerte für Mauerwerk aus UNIPOR W07 SILVACOR Planziegeln nach Z-17.1-1162

Rohdichteklasse	Bemessungswert der Wärmeleitfähigkeit λ in W/(m·K)	Festigkeitsklasse	DIN 1053-1			DIN EN 1996-3		α*
			Grundwert σ_0 MN/m²	max τ MN/m²	β_{RZ} MN/m²	char. DF f_k MN/m²	$f_{bt,cal}$ MN/m²	
0,55	0,07	4	0,6	0,048	0,132	1,5	0,130	0,30
0,65	0,07	6	0,85	0,072	0,198	2,2	0,195	
		8	1,0	0,096	0,264	2,6	0,260	

Anstelle der vorgenannten Dünnbettmörtelfugen dürfen die Lagerfugen auch aus den „maxit mörtelpads" nach der abZ Nr. Z-17.1-1134 hergestellt werden. Die Mörtelplatten werden in trockenem Zustand auf die Lagerflächen der Planhochlochziegel aufgelegt und im Anschluss mit einer speziellen Bewässerungsvorrichtung mit einer festgelegten Menge Wasser aktiviert. Nach dem Einziehen des Wassers in die „maxit mörtelpads" werden die Planhochlochziegel der nächsten Ziegellage mit einem Gummihammer mit platzierten Schlägen in das Mörtelbett eingearbeitet. Die speziellen Ausführungsregeln sind der abZ Nr. Z-17.1-1134 zu entnehmen.

Das Mauerwerk darf nur im Anwendungsbereich gemäß den in DIN 1053-1 [4], Abschnitt 6 1 bzw. DIN EN 1996-3 [48], Abschnitte 4.2.1.1 und 4.2.1.2, in Verbindung mit DIN EN 1996-3/NA [49] NCI zu 4.2.1.1 und 4.2.1.2, bestimmten Voraussetzungen für die Anwendung des vereinfachten Verfahrens für den Nachweis der Standsicherheit verwendet werden.

Ausführung

Das Mauerwerk ist als Einstein-Mauerwerk im Dünnbettverfahren ohne Stoßfugenvermörtelung auszuführen.
Der Dünnbettmörtel ist auf die Lagerflächen der staubfreien Planhochlochziegel mit dem speziell hierfür entwickelten
– Mörtelschlitten „unirolli" mit einer motorbetriebenen, sich bewegenden Abziehschiene,
– dem Mörtelschlitten „Unimaxx" oder
– der „Collomix Mörtelrolle MR"
so dick aufzutragen, dass sich im fertigen Mauerwerk ein geschlossenes Mörtelband mit einer Fugendicke von mindestens 1 mm und höchstens 3 mm ergibt.
Bei Verwendung des Dünnbettmörtels ZiegelPlan ZP 99 oder des Dünnbettmörtels maxit mur 900 dürfen die Planhochlochziegel auch in den Dünnbettmörtel getaucht (ca. 0,5 cm tief) und dann versetzt werden, wobei der Dünnbettmörtel an allen Stegen haften muss.
Bei der Herstellung des Mauerwerks mit dem Dünnbettmörtel 900 D ist der Dünnbettmörtel mit dem speziell hierfür entwickelten Mörtelschlitten als geschlossenes Mörtelband aufzutragen.
Die Planhochlochziegel sind auf dem beschriebenen Mörtelband dicht aneinander („knirsch") zu stoßen, anzudrücken und lot- und fluchtgerecht in ihre endgültige Lage zu bringen. Das geschlossene Mörtelband muss dauerhaft auch im Bereich der Löcher sichergestellt sein. Für jede Wanddicke ist ein gesondertes Mörtelauftragsgerät mit der entsprechenden Breite zu verwenden.
Anstelle der vorgenannten Dünnbettmörtelfuge darf die Lagerfuge auch aus den „maxit mörtelpads" nach der abZ Nr. Z-17.1-1134 hergestellt werden.

Berechnung

Für die Grundwerte σ_0 der zulässigen Druckspannungen bzw. die charakteristische Druckfestigkeit f_k gilt Tabelle 18.
Für Wände, die als Endauflager für Decken oder Dächer dienen, durch Wind beansprucht werden und nach DIN 1053-1, Abschnitt 6.9.1, nachgewiesen werden, ist zusätzlich ein Nachweis der Mindestauflast der Wände zu führen. Dieser darf vereinfacht nach Abschnitt 0.1.1 erfolgen, sofern kein genauerer Nachweis geführt wird.
Bei Wänden mit nicht über die volle Wanddicke aufliegender Decke darf der Nachweis der Standsicherheit mit dem vereinfachten Verfahren nach DIN 1053-1, Abschnitt 6.9.1, geführt werden, wenn abweichend bzw. zusätzlich die Regelungen nach Abschnitt 0.2.1 berücksichtigt werden. Dabei darf bei einer Wanddicke von 365 mm die Mindestauflagertiefe auf 0,45 d reduziert werden.
Beim Schubnachweis nach DIN 1053-1 [4], Abschnitt 6.9.5, dürfen für zul τ und max τ nur 30 % des sich aus Abschnitt 6.9.5, Gleichung (6a), – mit σ_{0HS} nach DIN 1053-1 [4], Tabelle 5 (Wert für unvermörtelte Stoßfugen) – ergebenden Wertes in Rechnung gestellt werden.
Beim Schubnachweis nach dem genaueren Verfahren nach DIN 1053-1 [4], Abschnitt 7.9.5, dürfen nur 30 % der sich aus Abschnitt 7.9.5, Gleichungen (16a) und (16b), – mit σ_{0HS} für unvermörtelte Stoßfugen – ergebenden Werte in Rechnung gestellt werden.
Sofern gemäß DIN EN 1996-1-1/NA [41], NCI zu 5.5.3, bzw. DIN EN 1996-3/NA [49], NDP zu 4.1 (1)P, ein rechnerischer Nachweis der Schubtragfähigkeit erforderlich ist, ist dieser nach DIN EN 1996-1-1 [40], Abschnitt 6.2, in Verbindung mit DIN EN 1996-1-1/NA [41], NCI zu 6.2, zu führen, wobei für den minimalen Bemessungswert der Querkrafttragfähigkeit V_{Rdlt} nur 30 % des sich aus Gleichung (NA.19) bzw. Gleichung (NA.24) ergebenden Wertes in Rechnung gestellt werden dürfen.

Bei der Beurteilung eines Gebäudes hinsichtlich des Verzichts auf einen rechnerischen Nachweis der räumlichen Steifigkeit ist die geringere Schubtragfähigkeit zu beachten.

Z-17.1-1163
Mauerwerk aus UNIPOR-WH09- und UNIPOR-WH-10-Planziegeln R/T im Dünnbettverfahren

Antragsteller:
UNIPOR Ziegel Marketing GmbH
Landsberger Straße 392
81241 München

Bescheid – Geltungsdauer:
12. Oktober 2016 – 14. April 2020

Die abZ erstreckt sich auf die Herstellung von Planhochlochziegeln (bezeichnet als „UNIPOR-WH09 Planziegel" und „UNIPOR-WH10 Planziegel") sowie die Herstellung des Dünnbettmörtels maxit mur 900 und des quick-mix Dünnbettmörtels Typ I und die Verwendung der Planhochlochziegel mit diesen Dünnbettmörteln für Mauerwerk im Dünnbettverfahren (Mauerwerk mit Dünnbettmörtel) nach DIN 1053-1 [4] und für Mauerwerk im Dünnbettverfahren nach DIN EN 1996-1-1 [40] in Verbindung mit DIN EN 1996-1-1/NA [41] und DIN EN 1996-2 [46] in Verbindung mit DIN EN 1996-2/NA [47].
Die Planhochlochziegel sind LD-Ziegel nach DIN EN 771-1 [6] der Kategorie I mit den in der abZ genannten Eigenschaften (Lochbild siehe z. B. Bild 26). Für die Planhochlochziegel ist ein individueller Feuchteumrechnungsfaktor F_m gemäß DIN V 4108-4 [16], Anhang B, nachgewiesen.
Die Planhochlochziegel haben eine Länge von 247 mm, eine Breite von 300 mm, 365 mm, 425 mm oder 490 mm und eine Höhe von 249 mm und werden in Druckfestigkeitsklassen und Brutto-Trockenrohdichten nach Tabelle 19 hergestellt.
Für die Herstellung des Mauerwerks darf nur der Dünnbettmörtel 900 D oder der Dünnbettmörtel „quick-mix DBM-L" nach der abZ verwendet werden.
Bei Herstellung des Mauerwerks ist der Dünnbettmörtel vollflächig mit einem speziell hierfür entwickelten Mörtelschlitten als geschlossenes Mörtelband aufzutragen.

Bild 26. UNIPOR-WH09 Planziegel, Beispiel für Lochbild (Z-17.1-1163)

Ausführung
Das Mauerwerk ist als Einstein-Mauerwerk im Dünnbettverfahren ohne Stoßfugenvermörtelung auszuführen.
Der Dünnbettmörtel ist auf die Lagerflächen (Stegquerschnitte) der staubfreien Planhochlochziegel so aufzutragen, dass eine Fugendicke von mindestens 1 mm und höchstens 3 mm entsteht.
Die Planhochlochziegel dürfen auch in den Dünnbettmörtel getaucht (ca. 0,5 cm tief) und dann versetzt werden, wobei der Dünnbettmörtel an allen Stegen haften muss. Der Dünnbettmörtel darf auch mit dem Mörtel-Walz-Verfahren mit einer Rolle unter Beachtung der Verarbeitungshinweise des Herstellers auf die Lagerflächen der Planhochlochziegel aufgetragen werden.
Die Planhochlochziegel sind dicht aneinander („knirsch") zu stoßen, anzudrücken und lot- und fluchtgerecht in ihre endgültige Lage zu bringen.

Berechnung
Für die Grundwerte σ_0 der zulässigen Druckspannungen bzw. die charakteristische Druckfestigkeit f_k gilt Tabelle 19.
Für Wände, die als Endauflager für Decken oder Dächer dienen, durch Wind beansprucht werden und nach DIN 1053-1, Abschnitt 6.9.1, nachgewiesen werden, ist zusätzlich ein Nachweis der Mindestauflast der Wände zu führen. Dieser darf vereinfacht nach Abschnitt 0.1.1 erfolgen, sofern kein genauerer Nachweis geführt wird.
Bei Wänden mit nicht über die volle Wanddicke aufliegender Decke darf der Nachweis der Standsicherheit

Tabelle 19. Bemessungswerte für Mauerwerk aus UNIPOR-WH09- und UNIPOR-WH-10-Planziegeln nach Z-17.1-1163

Rohdichteklasse	Bemessungswert der Wärmeleitfähigkeit λ in W/(m·K)	Festigkeitsklasse	DIN 1053-1			DIN EN 1996-3		α*
			Grundwert σ_0 MN/m²	max τ MN/m²	β_{RZ} MN/m²	char. DF f_k MN/m²	$f_{bt,cal}$ MN/m²	
0,60	0,09	4	0,3	0,048	0,132	0,85	0,130	0,33
0,65	0,10	6	0,4	0,072	0,198	1,15	0,195	
		8	0,5	0,096	0,264	1,4	0,260	

mit dem vereinfachten Verfahren nach DIN 1053-1, Abschnitt 6.9.1 geführt werden, wenn abweichend bzw. zusätzlich die Regelungen nach Abschnitt 0.2.1 berücksichtigt werden. Dabei darf bei einer Wanddicke von 365 mm die Mindestauflagertiefe auf 0,45 d reduziert werden.
Beim Schubnachweis nach DIN 1053-1 [4], Abschnitt 6.9.5, dürfen für zul τ und max τ nur 33% des sich aus Abschnitt 6.9.5, Gleichung (6a), – mit σ_{0HS} nach DIN 1053-1 [4], Tabelle 5 (Wert für unvermörtelte Stoßfugen) – ergebenden Wertes in Rechnung gestellt werden.
Beim Schubnachweis nach dem genaueren Verfahren nach DIN 1053-1 [4], Abschnitt 7.9.5, dürfen nur 33% der sich aus Abschnitt 7.9.5, Gleichungen (16a) und (16b), – mit σ_{0HS} für unvermörtelte Stoßfugen – ergebenden Werte in Rechnung gestellt werden.
Sofern gemäß DIN EN 1996-1-1/NA [41], NCI zu 5.5.3, bzw. DIN EN 1996-3/NA [49], NDP zu 4.1 (1)P, ein rechnerischer Nachweis der Schubtragfähigkeit erforderlich ist, ist dieser nach DIN EN 1996-1-1 [40], Abschnitt 6.2, in Verbindung mit DIN EN 1996-1-1/NA [41], NCI zu 6.2, zu führen, wobei für den minimalen Bemessungswert der Querkrafttragfähigkeit V_{Rdlt} nur 33% des sich aus Gleichung (NA.19) bzw. Gleichung (NA.24) ergebenden Wertes in Rechnung gestellt werden dürfen.
Bei der Beurteilung eines Gebäudes hinsichtlich des Verzichts auf einen rechnerischen Nachweis der räumlichen Steifigkeit ist die geringere Schubtragfähigkeit zu beachten.

Z-17.1-1063
Mauerwerk aus Planhochlochziegeln mit Quadratlochung

Antragsteller:
Wienerberger Ziegelindustrie GmbH
Oldenburger Allee 26
30659 Hannover
und
Schlagmann-Baustoffwerke GmbH & Co. KG
Ziegeleistraße 1
84367 Zeilarn

Bescheid – Änderung/Ergänzung – Geltungsdauer: 17. April 2012 – 6. August 2012 – 17. April 2017

Die abZ erstreckt sich auf die Herstellung bestimmter Planhochlochziegel (bezeichnet als „Planhochlochziegel mit Quadratlochung") – Lochbild siehe z. B. Bild 27 – sowie die Herstellung der Poroton-T-Dünnbettmörtel Typ I, Typ III, Typ B I, Typ B III, Typ M I und Typ M IV sowie des Glasfilamentgewebes BASIS SK 34/68 tex und die Verwendung dieser Planhochlochziegel und Dünnbettmörtel bzw. des Poroton-T-Dünnbettmörtels Typ III, Typ B III oder Typ M IV zusammen mit dem Glasfilamentgewebe BASIS SK 34/68 tex für Mauerwerk im Dünnbettverfahren (Mauerwerk mit Dünnbettmörtel) nach DIN 1053-1 [4].

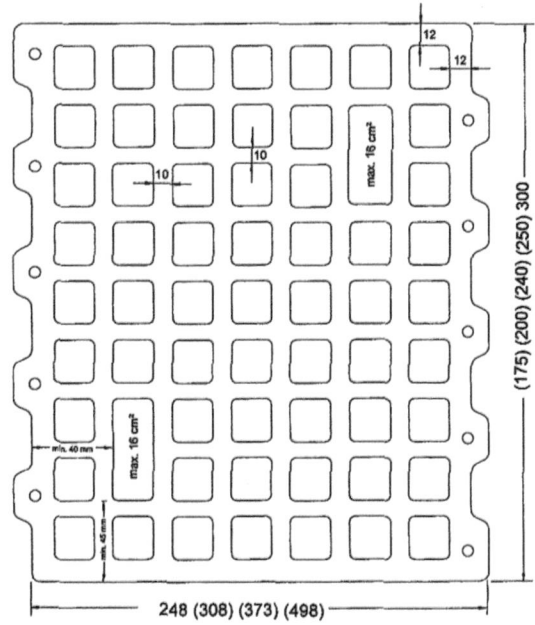

Bild 27. Planhochlochziegel mit Quadratlochung, Beispiel für Lochbild (Z-17.1-1063)

Die Planhochlochziegel sind LD-Ziegel oder HD-Ziegel nach DIN EN 771-1 [6] der Kategorie I mit den in der abZ genannten Eigenschaften.
Die Planhochlochziegel haben eine Länge von 248 mm, 308 mm, 373 mm oder 498 mm, eine Breite von 115 mm, 145 mm, 150 mm, 200 mm, 240 mm, 250 mm oder 300 mm und eine Höhe von 249 mm. Sie werden mit Druckfestigkeiten entsprechend den Druckfestigkeitsklassen 8, 10, 12, 16 und 20 und Brutto-Trockenrohdichten entsprechend der Rohdichteklasse 0,9, 1,0, 1,2 oder 1,4 nach DIN V 105-100 [17] hergestellt.
Bei Vermauerung des Poroton-T-Dünnbettmörtels Typ III, Typ B III oder Typ M IV zusammen mit dem Glasfilamentgewebe BASIS SK 34/68 tex (nur bei Wanddicken ≥ 240 mm) ist die speziell für dieses Verfahren entwickelte V.Plus-Mörtelrolle unter Berücksichtigung der Verarbeitungsrichtlinien des Herstellers zu verwenden.

Ausführung
Für die Herstellung des Mauerwerks dürfen nur die Poroton-T-Dünnbettmörtel Typ I, Typ III, Typ B I, Typ B III, Typ M I und Typ M IV nach der abZ verwendet werden.
Bei der Herstellung des Mauerwerks mit dem Poroton-T-Dünnbettmörtel Typ M IV ohne das Glasfilamentgewebe BASIS SK 84/68 tex ist der Dünnbettmörtel mit dem speziell hierfür entwickelten Mörtelschlitten als geschlossenes Mörtelband aufzutragen.
Bei Vermauerung des Poroton-T-Dünnbettmörtels Typ III, Typ B III oder Typ M IV zusammen mit

dem Glasfilamentgewebe BASIS SK 34/68 tex (nur bei Wanddicken ≥ 240 mm) ist die speziell für dieses Verfahren entwickelte V.Plus-Mörtelrolle unter Berücksichtigung der Verarbeitungsrichtlinien des Herstellers zu verwenden. Für jede Wanddicke ist eine gesonderte Mörtelrolle mit der entsprechenden Breite zu verwenden. Die Planhochlochziegel müssen vom Staub gereinigt sein. Die Schichtdicke des Dünnbettmörtels auf und unter dem Glasgewebe soll ca. 1,0 mm auf der Oberseite und 1,0 mm auf der Unterseite betragen. Die vollflächige Auftragung des Mörtels auf der Oberseite und auf der Unterseite und die Schichtdicke sind zu kontrollieren.

Berechnung
Beim Schubnachweis nach DIN 1053-1, Abschnitt 6.9.5, gilt für max τ die Festlegung für Hochlochsteine. Beim Schubnachweis im Rahmen einer genaueren Bemessung nach DIN 1053-1, Abschnitt 7.9.5, gilt für β_{Rz} ebenfalls der Wert für Hochlochsteine.

Z-17.1-951
Mauerwerk aus ZMK-Planziegeln mit Stoßfugenverzahnung im Dünnbettverfahren

Antragsteller:
Ziegelsysteme Michael Kellerer mbH & Co. KG
Ziegeleistraße 13
82281 Oberweikertshofen

Bescheid – Geltungsdauer:
27. Oktober 2015 – 14. April 2020

Die abZ erstreckt sich auf die Verwendung bestimmter Planhochlochziegel (bezeichnet als ZMK-Planziegel) sowie auf die Herstellung des Dünnbettmörtels ZP 99 und des Dünnbettmörtels 900 D und die Verwendung dieser Dünnbettmörtel und Planhochlochziegel für Mauerwerk im Dünnbettverfahren (Mauerwerk mit Dünnbettmörtel) nach DIN 1053-1 [4] ohne Stoßfugenvermörtelung und für Mauerwerk im Dünnbettverfahren nach DIN EN 1996-1 -1 [40] in Verbindung mit DIN EN 1996-1-1/NA [41] und DIN EN 1996-2 [46] in Verbindung mit DIN EN 1996-2/NA [47] ohne Stoßfugenvermörtelung.
Die Planhochlochziegel sind LD-Ziegel oder HD-Ziegel nach DIN EN 771-1 [6] der Kategorie I mit den in der abZ genannten Eigenschaften. Sie haben eine Länge von 307 mm, 372 mm oder 497 mm, eine Breite von 115 mm, 145 mm, 150 mm, 175 mm, 200 mm, 240 mm oder 300 mm und eine Höhe von 249 mm und werden mit Druckfestigkeiten entsprechend Druckfestigkeitsklasse 6, 8, 10, 12, 16 oder 20 und Brutto-Trockenrohdichten entsprechend den Rohdichteklassen 0,8, 0,9, 1,0, 1,2 und 1,4 nach DIN V 105-100 [17] hergestellt.

Z-17.1-813
Mauerwerk aus Planhochlochziegeln (bezeichnet als EDERPLAN XP 11) und Dünnbettmörtel mit gedeckelter Lagerfuge

Antragsteller:
Ziegelwerk Freital Eder GmbH
Wilsdruffer Straße 25
01705 Freital

Bescheid – Geltungsdauer:
16. März 2016 – 14. April 2020

Die abZ erstreckt sich auf die Herstellung bestimmter Planhochlochziegel (bezeichnet als EDERPLAN XP 11) sowie die Herstellung des Dünnbettmörtels 900 D (auch bezeichnet als „Deckelnder Dünnbettmörtel 900 D") und die Verwendung dieser Planhochlochziegel und dieses Dünnbettmörtels für Mauerwerk nach DIN 1053-1 [4] ohne Stoßfugenvermörtelung und für Mauerwerk im Dünnbettverfahren nach DIN EN 1996-1 -1 [40] in Verbindung mit DIN EN 1996-1-1/NA [41] und DIN EN 1996-2 [46] in Verbindung mit DIN EN 1996-2/NA [47] ohne Stoßfugenvermörtelung.
Die Planhochlochziegel sind LD-Ziegel nach DIN EN 771-1 [6] der Kategorie I mit den in der abZ genannten Eigenschaften. Für die Planhochlochziegel ist ein individueller Feuchteumrechnungsfaktor F_m gemäß DIN V 4108-4 [16], Anhang B, nachgewiesen.
Die Planhochlochziegel haben eine Länge von 200 mm, eine Breite von 300 mm, 365 mm oder 425 mm und eine Höhe von 249 mm und werden mit Druckfestigkeiten entsprechend Druckfestigkeitsklasse 8 oder 10 und Brutto-Trockenrohdichten entsprechend Rohdichteklasse 0,70 nach DIN V 105-100 [17] hergestellt.
Der Dünnbettmörtel 900 D ist mit dem speziell hierfür entwickelten Auftragsgerät („Deckelmörtelrolle") als geschlossenes Mörtelband aufzutragen.

Z-17.1-892
Mauerwerk aus Planhochlochziegeln (bezeichnet als EDERPLAN XP 09, EDERPLAN XP 10 und EDERPLAN XP 11-300) und Dünnbettmörtel mit gedeckelter Lagerfuge

Antragsteller:
Ziegelwerk Freital Eder GmbH
Wilsdruffer Straße 25
01705 Freital

Bescheid – Geltungsdauer:
27. Juli 2017 – 27. Juli 2022

Gegenstand der abZ ist die Bemessung und Ausführung von Mauerwerk aus den Planhochlochziegeln (P der Kategorie I) (bezeichnet als EDERPLAN XP09, EDERPLAN XP10 und EDERPLAN XP11-300) mit den in der Leistungserklärung nach DIN EN 771-1:2015-11 erklärten Leistungen sowie dem Dünnbettmörtel 900 D mit den in der Leistungserklärung nach DIN EN 998-2 [35] erklärten Leistungen hergestellt im Dünnbettverfahren. Die Dünnbettmörtel-

schicht ist mit einem speziellen Auftragsverfahren herzustellen.
Die Planhochlochziegel haben eine Länge von 200 mm, eine Breite von 300 mm, 365 mm, 425 mm oder 490 mm und eine Höhe von 249 mm und werden mit Druckfestigkeiten entsprechend der Druckfestigkeitsklasse 8, 10 oder 12 und Brutto-Trockenrohdichten entsprechend der Rohdichteklasse 0,70 nach DIN V 105-100 [17] hergestellt.
Der Dünnbettmörtel 900 D ist mit dem speziell hierfür entwickelten Auftragsgerät (bezeichnet als „Deckelmörtelrolle") als geschlossenes Mörtelband aufzutragen.
Das Mauerwerk darf als unbewehrtes Mauerwerk im Dünnbettverfahren nach DIN EN 1996-1-1 [40] in Verbindung mit DIN EN 1996-1-1/NA [41] und DIN EN 1996-2 [46] in Verbindung mit DIN EN 1996-2/NA [47] verwendet werden. Das Mauerwerk darf nicht als eingefasstes Mauerwerk verwendet werden.

Z-17.1-970
Mauerwerk aus Planhochlochziegeln Typ EDER XP 8 (bezeichnet als EDERPLAN XP 8) und Dünnbettmörtel mit gedeckelter Lagerfuge

Antragsteller:
Ziegelwerk Freital Eder GmbH
Wilsdruffer Straße 25
01705 Freital

Bescheid – Geltungsdauer:
7. Juli 2016 – 14. April 2020

Die abZ erstreckt sich auf die Herstellung bestimmter Planhochlochziegel (bezeichnet als EDERPLAN XP 8) sowie die Herstellung des Dünnbettmörtels 900 D und die Verwendung dieser Planhochlochziegel und des Dünnbettmörtels 900 D für Mauerwerk im Dünnbettverfahren (Mauerwerk mit Dünnbettmörtel) nach DIN 1053-1 [4] ohne Stoßfugenvermörtelung und für Mauerwerk im Dünnbettverfahren nach DIN EN 1996-1 -1 [40] in Verbindung mit DIN EN 1996-1-1/NA [41] und DIN EN 1996-2 [46] in Verbindung mit DIN EN 1996-2/NA [47] ohne Stoßfugenvermörtelung.
Die Planhochlochziegel sind LD-Ziegel nach DIN EN 771-1 [6] der Kategorie I mit den in der abZ genannten Eigenschaften. Für die Planhochlochziegel ist ein individueller Feuchteumrechnungsfaktor F_m gemäß DIN V 4108-4 [16], Anhang B, nachgewiesen.
Die Planhochlochziegel haben eine Länge von 200 mm, eine Breite von 425 mm oder 490 mm und eine Höhe von 249 mm und werden mit Druckfestigkeiten entsprechend der Druckfestigkeitsklasse 8, 10 oder 12 und Brutto-Trockenrohdichten entsprechend der Rohdichteklasse 0,70 nach DIN V 105-100 [17] hergestellt.
Der Dünnbettmörtel 900 D ist mit dem speziell hierfür entwickelten Auftragsgerät (bezeichnet als „Deckelmörtelrolle") als geschlossenes Mörtelband aufzutragen.

Z-17.1-1098
Mauerwerk aus Planhochlochziegeln (bezeichnet als „EDER P 012", „EDER P 013-300" und „EDER P 014-240") und Dünnbettmörtel mit gedeckelter Lagerfuge

Antragsteller:
Ziegelwerk Freital Eder GmbH
Wilsdruffer Straße 25
01705 Freital

Bescheid – Geltungsdauer:
16. September 2013 – 16. September 2018

Die abZ erstreckt sich auf die Herstellung bestimmter Planhochlochziegel (bezeichnet als „EDER P 012", „EDER P 013-300" und „EDER P 014-240") sowie die Herstellung des Dünnbettmörtels 900 D (auch bezeichnet als „Deckelnder Dünnbettmörtel 900 D") und die Verwendung dieser Planhochlochziegel und des Dünnbettmörtels 900 D für Mauerwerk im Dünnbettverfahren (Mauerwerk mit Dünnbettmörtel) nach DIN 1053-1 [4] ohne Stoßfugenvermörtelung.
Die Planhochlochziegel sind LD-Ziegel nach DIN EN 771-1 [6] der Kategorie I mit den in der abZ genannten Eigenschaften (Lochbild siehe z. B. Bild 28). Für die Planhochlochziegel ist ein individueller Feuchteumrechnungsfaktor F_m gemäß DIN V 4108-4 [16], Anhang B, nachgewiesen.

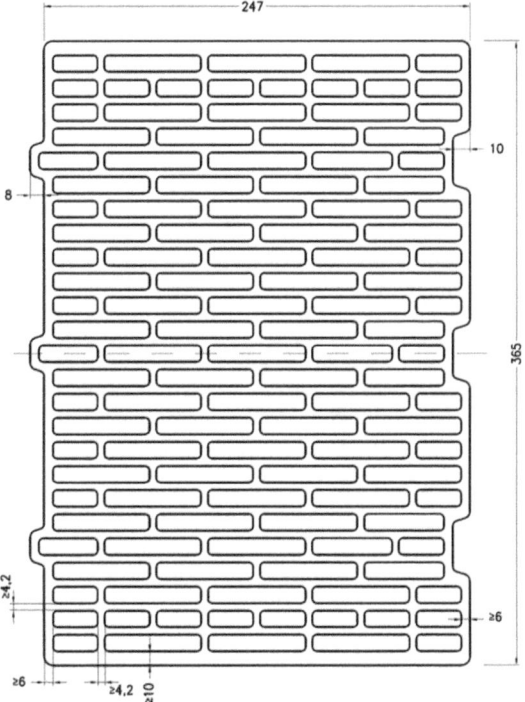

Bild 28. Lochbild EDER P 012, Länge 247 mm, Breite 365 mm (Z-17.1-1098)

Die Planhochlochziegel haben eine Länge von 247 mm, eine Breite von 240 mm, 300 mm, 365 mm, 425 mm oder 490 mm und eine Höhe von 249 mm. Sie werden mit Druckfestigkeiten entsprechend den Druckfestigkeitsklassen 8, 10 und 12 und einer Brutto-Trockenrohdichte entsprechend der Rohdichteklasse 0,75 nach DIN V 105-100 [17] hergestellt.
Der Dünnbettmörtel 900 D ist mit dem speziell hierfür entwickelten Auftragsgerät als geschlossenes Mörtelband aufzutragen.

Z-17.1-857
Mauerwerk aus OTT klimatherm ST plus Planhochlochziegeln im Dünnbettverfahren

Antragsteller:
Ziegelwerk Ott Deisendorf GmbH & Co. Besitz KG
Ziegeleistraße 20
88662 Überlingen-Deisendorf

Bescheid – Geltungsdauer:
19. Mai 2016 – 14. April 2020

Die abZ erstreckt sich auf die Herstellung bestimmter Planhochlochziegel (bezeichnet als OTT klimatherm ST plus) sowie die Herstellung des Dünnbettmörtels ZP 99 und des Dünnbettmörtels 900 D und die Verwendung dieser Planhochlochziegel und Dünnbettmörtel für Mauerwerk im Dünnbettverfahren (Mauerwerk mit Dünnbettmörtel) nach DIN 1053-1 [4] ohne Stoßfugenvermörtelung und für Mauerwerk im Dünnbettverfahren nach DIN EN 1996-1-1 [40] in Verbindung mit DIN EN 1996-1-1/NA [41] und DIN EN 1996-2 [46] in Verbindung mit DIN EN 1996-2/NA [47] ohne Stoßfugenvermörtelung.
Die Planhochlochziegel sind LD-Ziegel nach DIN EN 771-1 [6] der Kategorie I mit den in der abZ genannten Eigenschaften. Für die Planhochlochziegel ist ein individueller Feuchteumrechnungsfaktor F_m gemäß DIN V 4108-4 [16], Anhang B, nachgewiesen.
Die Planhochlochziegel haben eine Länge von 247 mm, 307 mm oder 333 mm, eine Breite von 300 mm, 365 mm, 380 mm, 400 mm, 425 mm oder 490 mm und eine Höhe von 249 mm und werden mit Druckfestigkeiten entsprechend den Druckfestigkeitsklassen 4, 6 und 8 und Brutto-Trockenrohdichten entsprechend den Rohdichteklassen 0,60 und 0,65 nach DIN V 105-100 [17] hergestellt.
Bei der Herstellung des Mauerwerks mit dem Dünnbettmörtel 900 D nach der abZ ist der Dünnbettmörtel mit dem speziell hierfür entwickelten Mörtelschlitten als geschlossenes Mörtelband aufzutragen.

Z-17.1-860
Mauerwerk aus OTT klimatherm ST plus Planhochlochziegeln und Dünnbettmörtel mit gedeckelter Lagerfuge

Antragsteller:
Ziegelwerk Ott Deisendorf GmbH & Co. Besitz KG
Ziegeleistraße 20
88662 Überlingen-Deisendorf

Bescheid – Geltungsdauer:
19. Mai 2016 – 14. April 2020

Die abZ erstreckt sich auf die Herstellung bestimmter Planhochlochziegel (bezeichnet als OTT klimatherm ST plus) sowie die Herstellung des Dünnbettmörtels ZP 99 und des Dünnbettmörtels 900 D und die Verwendung dieser Planhochlochziegel und Dünnbettmörtel für Mauerwerk im Dünnbettverfahren (Mauerwerk mit Dünnbettmörtel) nach DIN 1053-1 [4] ohne Stoßfugenvermörtelung und für Mauerwerk im Dünnbettverfahren nach DIN EN 1996-1-1 [40] in Verbindung mit DIN EN 1996-1-1/NA [41] und DIN EN 1996-2 [46] in Verbindung mit DIN EN 1996-2/NA [47] ohne Stoßfugenvermörtelung.
Die Planhochlochziegel sind LD-Ziegel nach DIN EN 771-1 [6] der Kategorie I mit den in der abZ genannten Eigenschaften. Für die Planhochlochziegel ist ein individueller Feuchteumrechnungsfaktor F_m gemäß DIN V 4108-4 [16], Anhang B, nachgewiesen.
Die Planhochlochziegel haben eine Länge von 247 mm, 307 mm oder 333 mm, eine Breite von 300 mm, 365 mm, 380 mm, 400 mm, 425 mm oder 490 mm und eine Höhe von 249 mm und werden mit Druckfestigkeiten entsprechend den Druckfestigkeitsklassen 4, 6 und 8 und Brutto-Trockenrohdichten entsprechend den Rohdichteklassen 0,60 und 0,65 nach DIN V 105-100 [17] hergestellt.
Bei der Herstellung des Mauerwerks mit dem Dünnbettmörtel ZP 99 ist der Dünnbettmörtel vollflächig mit dem speziell hierfür entwickelten Bayosan Deckelmörtelauftragsgerät als geschlossenes Mörtelband unter Berücksichtigung der Verarbeitungsrichtlinien des Herstellers aufzutragen.
Bei der Herstellung des Mauerwerks mit dem Dünnbettmörtel 900 D ist der Dünnbettmörtel vollflächig mit dem speziell hierfür entwickelten Mörtelschlitten als geschlossenes Mörtelband aufzutragen.

Z-17.1-869
Mauerwerk aus OTT klimatherm plus-Planhochlochziegeln und Dünnbettmörtel mit gedeckelter Lagerfuge

Antragsteller:
Ziegelwerk Ott Deisendorf GmbH & Co. Besitz KG
Ziegeleistraße 20
88662 Überlingen-Deisendorf

Bescheid – Geltungsdauer:
21. Juli 2015 – 14. April 2020

Die abZ erstreckt sich auf die Herstellung bestimmter Planhochlochziegel (bezeichnet als OTT klimatherm plus-Planhochlochziegel) sowie die Herstellung des Dünnbettmörtels ZP99 (bezeichnet als „ZiegelPlan ZP99") und des Dünnbettmörtels 900 D und die Verwendung dieser Planhochlochziegel und Dünnbettmörtel für Mauerwerk im Dünnbettverfahren (Mauerwerk mit Dünnbettmörtel) nach DIN 1053-1 [4] ohne Stoßfugenvermörtelung und für Mauerwerk im Dünnbettverfahren nach DIN EN 1996-1-1 [40] in Verbindung mit DIN EN 1996-1-1/NA [41] und DIN EN 1996-2 [46] in Verbindung mit DIN EN 1996-2/NA [47] ohne Stoßfugenvermörtelung.

Die Planhochlochziegel sind LD-Ziegel nach DIN EN 771-1 [6] der Kategorie I mit den in der abZ genannten Eigenschaften. Für die Planhochlochziegel ist ein individueller Feuchteumrechnungsfaktor F_m gemäß DIN V 4108-4 [16], Anhang B, nachgewiesen.

Die Planhochlochziegel haben eine Länge von 247 mm, 307 mm oder 372 mm, eine Breite von 300 mm, 365 mm, 380 mm, 400 mm, 425 mm oder 490 mm und eine Höhe von 249 mm. Sie werden mit Druckfestigkeiten entsprechend den Druckfestigkeitsklassen 4, 6, 8 und 10 und Brutto-Trockenrohdichten entsprechend den Rohdichteklassen 0,70, 0,75 und 0,80 nach DIN V 105-100 [17] hergestellt.

Bei Herstellung des Mauerwerks mit dem Dünnbettmörtels 900 D ist dieser mit dem speziell hierfür entwickelten Mörtelschlitten als geschlossenes Mörtelband aufzutragen. Bei Herstellung des Mauerwerks mit dem Dünnbettmörtel ZP 99 ist der Dünnbettmörtel vollflächig mit dem speziell hierfür entwickelten Bayosan Deckelmörtelauftragsgerät als geschlossenes Mörtelband aufzutragen.

Z-17.1-1140
Mauerwerk aus Planhochlochziegeln OTT klimatherm PL Supra 75 im Dünnbettverfahren

Antragsteller:
Ziegelwerk Ott
Deisendorf GmbH & Co. Besitz KG
Ziegeleistraße 20
88662 Überlingen-Deisendorf

Bescheid – Änderung/Ergänzung – Geltungsdauer:
11. August 2015 – 13. Oktober 2016 – 14. April 2020

Die abZ erstreckt sich auf die Herstellung von Planhochlochziegeln (bezeichnet als OTT klimatherm PL Supra 75) sowie die Herstellung des Dünnbettmörtels ZP 99 und des Dünnbettmörtels 900 D und die Verwendung dieser Planhochlochziegel und dieser Dünnbettmörtel für Mauerwerk im Dünnbettverfahren (Mauerwerk mit Dünnbettmörtel) nach DIN 1053-1 [4] ohne Stoßfugenvermörtelung und für Mauerwerk im Dünnbettverfahren nach DIN EN 1996-1-1 [40] in Verbindung mit DIN EN 1996-1-1/NA [41] und DIN EN 1996-2 [46] in Verbindung mit DIN EN 1996-2/NA [47] ohne Stoßfugenvermörtelung.

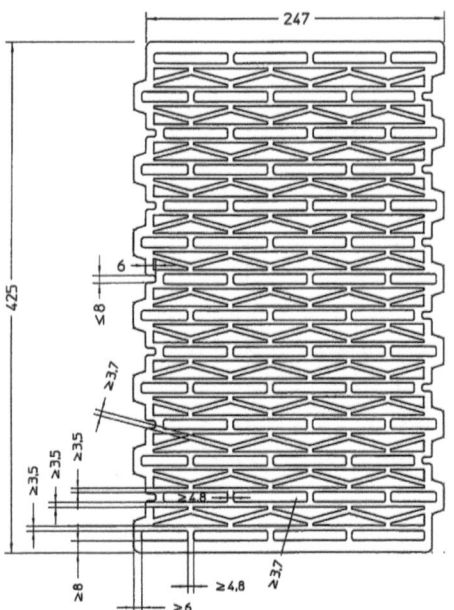

Bild 29. OTT klimatherm PL Supra 75, Beispiel für Lochbild (Z-17.1-1140 und Z-17.1-1147)

Die Planhochlochziegel sind LD-Ziegel nach DIN EN 771-1 [6] der Kategorie I mit den in der abZ genannten Eigenschaften (Lochbild siehe z. B. Bild 29). Für die Planhochlochziegel ist ein individueller Feuchteumrechnungsfaktor F_m gemäß DIN V 4108-4 [16], Anhang B, nachgewiesen.

Die Planhochlochziegel haben eine Länge von 247 mm, eine Breite von 425 mm, 490 mm oder 500 mm und eine Höhe von 249 mm und werden in Druckfestigkeitsklassen und Brutto-Trockenrohdichten nach Tabelle 20 hergestellt.

Bei Herstellung des Mauerwerks mit dem Dünnbettmörtel 900 D nach der abZ ist der Dünnbettmörtel vollflächig mit dem speziell hierfür entwickelten Mörtelschlitten als geschlossenes Mörtelband aufzutragen.

Ausführung

Das Mauerwerk ist als Einstein-Mauerwerk im Dünnbettverfahren ohne Stoßfugenvermörtelung auszuführen.

Der Dünnbettmörtel ist auf die Lagerflächen (Stegquerschnitte) der vom Staub gereinigten Planhochlochziegel aufzutragen und gleichmäßig so zu verteilen, dass eine Fugendicke von mindestens 1 mm und höchstens 3 mm entsteht.

Bei Verwendung des Dünnbettmörtels ZiegelPlan ZP 99 dürfen die Planhochlochziegel auch in den Dünnbettmörtel getaucht (ca. 0,5 cm tief) und dann versetzt werden, wobei der Dünnbettmörtel an allen Stegen haften muss. Der Dünnbettmörtel darf auch mit dem Mörtel-Walz-Verfahren mit einer Rolle unter Be-

Tabelle 20. Bemessungswerte für Mauerwerk aus Planhochlochziegeln OTT klimatherm PL Supra 75 nach Z-17.1-1140

Rohdichteklasse	Bemessungswert der Wärmeleitfähigkeit λ in W/(m·K)	Festigkeitsklasse	DIN 1053-1			DIN EN 1996-3		α^*
			Grundwert σ_0 MN/m²	max τ MN/m²	β_{RZ} MN/m²	char. DF f_k MN/m²	$f_{bt,cal}$ MN/m²	
0,60	0,075	4	0,5	0,048	0,132	1,3	0,130	0,33
		6	0,6	0,072	0,198	1,5	0,195	

achtung der Verarbeitungshinweise des Herstellers auf die Lagerflächen der Planziegel aufgetragen werden.

Bei der Herstellung des Mauerwerks mit dem Dünnbettmörtel 900 D ist der Dünnbettmörtel mit dem speziell hierfür entwickelten Mörtelschlitten als geschlossenes Mörtelband aufzutragen.

Die Planhochlochziegel sind dicht aneinander („knirsch") zu stoßen, anzudrücken und lot- und fluchtgerecht in ihre endgültige Lage zu bringen.

Berechnung

Für die Grundwerte σ_0 der zulässigen Druckspannungen bzw. die charakteristische Druckfestigkeit f_k gilt Tabelle 20.

Für Wände, die als Endauflager für Decken oder Dächer dienen, durch Wind beansprucht werden nach DIN 1053-1, Abschnitt 6.9.1, nachgewiesen werden, ist zusätzlich ein Nachweis der Mindestauflast der Wände zu führen. Dieser darf vereinfacht nach Abschnitt 0.1.1 erfolgen, sofern kein genauerer Nachweis geführt wird.

Bei Wänden mit nicht über die volle Wanddicke aufliegender Decke darf der Nachweis der Standsicherheit mit dem vereinfachten Verfahren nach DIN 1053-1, Abschnitt 6.9.1 geführt werden, wenn abweichend bzw. zusätzlich die Regelungen nach Abschnitt 0.2.1 berücksichtigt werden.

Beim Schubnachweis nach DIN 1053-1 [4], Abschnitt 6.9.5, dürfen für zul τ und max τ nur 50 % des sich aus Abschnitt 6.9.5, Gleichung (6a), – mit σ_{0HS} nach DIN 1053-1 [4], Tabelle 5 (Wert für unvermörtelte Stoßfugen) – ergebenden Wertes in Rechnung gestellt werden.

Beim Schubnachweis nach dem genaueren Verfahren nach DIN 1053-1 [4], Abschnitt 7.9.5, dürfen nur 50 % der sich aus Abschnitt 7.9.5, Gleichungen (16a) und (16b), – mit σ_{0HS} für unvermörtelte Stoßfugen – ergebenden Werte in Rechnung gestellt werden.

Sofern gemäß DIN EN 1996-1-1/NA [41], NCI zu 5.5.3, bzw. DIN EN 1996-3/NA [49], NDP zu 4.1 (1)P, ein rechnerischer Nachweis der Schubtragfähigkeit erforderlich ist, ist dieser nach DIN EN 1996-1-1 [40], Abschnitt 6.2, in Verbindung mit DIN EN 1996-1-1/ NA [41], NCI zu 6.2, zu führen, wobei für den minimalen Bemessungswert der Querkrafttragfähigkeit V_{Rdlt} nur 50 % des sich aus Gleichung (NA.19) bzw. Gleichung (NA.24) ergebenden Wertes in Rechnung gestellt werden dürfen.

Bei der Beurteilung eines Gebäudes hinsichtlich des Verzichts auf einen rechnerischen Nachweis der räumlichen Steifigkeit ist die geringere Schubtragfähigkeit zu beachten.

Z-17.1-1147
Mauerwerk aus Planhochlochziegeln OTT klimatherm PL Supra 75 mit gedeckelter Lagerfuge

Antragsteller:
**Ziegelwerk Ott
Deisendorf GmbH & Co. Besitz KG**
Ziegeleistraße 20
88662 Überlingen-Deisendorf

Bescheid – Geltungsdauer:
2. Februar 2016 – 14. April 2020

Die abZ erstreckt sich auf die Herstellung von Planhochlochziegeln (bezeichnet als OTT klimatherm PL Supra 75) sowie die Herstellung des Dünnbettmörtels ZP 99 und des Dünnbettmörtels 900 D und die Verwendung dieser Planhochlochziegel und dieser Dünnbettmörtel für Mauerwerk im Dünnbettverfahren (Mauerwerk mit Dünnbettmörtel) nach DIN 1053-1 [4] ohne Stoßfugenvermörtelung und für Mauerwerk im Dünnbettverfahren nach DIN EN 1996-1-1 [40] in Verbindung mit DIN EN 1996-1-1/ NA [41] und DIN EN 1996-2 [46] in Verbindung mit DIN EN 1996-2/NA [47] ohne Stoßfugenvermörtelung.

Die Planhochlochziegel sind LD-Ziegel nach DIN EN 771-1 [6] der Kategorie I mit den in der abZ genannten Eigenschaften (Lochbild siehe z. B. Bild 29). Für die Planhochlochziegel ist ein individueller Feuchteumrechnungsfaktor F_m gemäß DIN V 4108-4 [16], Anhang B, nachzuweisen.

Die Planhochlochziegel haben eine Länge von 247 mm, eine Breite von 425 mm, 490 mm oder 500 mm und eine Höhe von 249 mm und werden in Druckfestigkeitsklassen und Brutto-Trockenrohdichten nach Tabelle 21 hergestellt.

Bei Herstellung des Mauerwerks mit dem Dünnbettmörtel 900 D nach der abZ ist der Dünnbettmörtel vollflächig mit dem speziell hierfür entwickelten Mörtelschlitten als geschlossenes Mörtelband aufzutragen.

Tabelle 21. Bemessungswerte für Mauerwerk aus Planhochlochziegeln OTT klimatherm PL Supra 75 nach Z-17.1-1140

Rohdichteklasse	Bemessungswert der Wärmeleitfähigkeit λ in W/(m·K)	Festigkeitsklasse	DIN 1053-1			DIN EN 1996-3		α^*
			Grundwert σ_0 MN/m^2	max τ MN/m^2	β_{RZ} MN/m^2	char. DF f_k MN/m^2	$f_{bt,cal}$ MN/m^2	
0,60	0,075	4	0,5	0,048	0,132	1,3	0,130	0,50
		6	0,7	0,072	0,198	1,8	0,195	

Berechnung

Für die Grundwerte σ_0 der zulässigen Druckspannungen bzw. die charakteristische Druckfestigkeit f_k gilt Tabelle 21.

Für Wände, die als Endauflager für Decken oder Dächer dienen, durch Wind beansprucht werden und nach DIN 1053-1, Abschnitt 6.9.1, nachgewiesen werden, ist zusätzlich ein Nachweis der Mindestauflast der Wände zu führen. Dieser darf vereinfacht nach Abschnitt 0.1.1 erfolgen, sofern kein genauerer Nachweis geführt wird.

Bei Wänden mit nicht über die volle Wanddicke aufliegender Decke darf der Nachweis der Standsicherheit mit dem vereinfachten Verfahren nach DIN 1053-1, Abschnitt 6.9.1, geführt werden, wenn abweichend bzw. zusätzlich die Regelungen nach Abschnitt 0.2.1 berücksichtigt werden.

Beim Schubnachweis nach DIN 1053-1 [4], Abschnitt 6.9.5, dürfen für zul τ und max τ nur 50 % des sich aus Abschnitt 6.9.5, Gleichung (6a), - mit σ_{0HS} nach DIN 1053-1 [4], Tabelle 5 (Wert für unvermörtelte Stoßfugen) – ergebenden Wertes in Rechnung gestellt werden.

Beim Schubnachweis nach dem genaueren Verfahren nach DIN 1053-1 [4], Abschnitt 7.9.5, dürfen nur 50 % der sich aus Abschnitt 7.9.5, Gleichungen (16a) und (16b), - mit σ_{0HS} für unvermörtelte Stoßfugen – ergebenden Werte in Rechnung gestellt werden.

Sofern gemäß DIN EN 1996-1-1/NA [41], NCI zu 5.5.3, bzw. DIN EN 1996-3/NA [49], NDP zu 4.1 (1)P, ein rechnerischer Nachweis der Schubtragfähigkeit erforderlich ist, ist dieser nach DIN EN 1996-1-1 [40], Abschnitt 6.2, in Verbindung mit DIN EN 1996-1-1/NA [41], NCI zu 6.2, zu führen, wobei für den minimalen Bemessungswert der Querkrafttragfähigkeit V_{Rdlt} nur 50 % des sich aus Gleichung (NA.19) bzw. Gleichung (NA.24) ergebenden Wertes in Rechnung gestellt werden dürfen.

Bei der Beurteilung eines Gebäudes hinsichtlich des Verzichts auf einen rechnerischen Nachweis der räumlichen Steifigkeit ist die geringere Schubtragfähigkeit zu beachten.

Z-17.1-663
Mauerwerk aus klimaton ST-Planhochlochziegeln im Dünnbettverfahren ohne Stoßfugenvermörtelung

Antragsteller:
Ziegelwerk Stengel GmbH & Co. KG
Nördlinger Straße 24
86609 Donauwörth-Berg

Bescheid – Geltungsdauer:
27. August 2015 – 14. April 2020

Die abZ erstreckt sich auf die Herstellung bestimmter Planhochlochziegel (bezeichnet als klimaton ST-Planhochlochziegel) sowie die Herstellung des klimaton-Dünnbettmörtels und die Verwendung dieser Planhochlochziegel und des klimaton-Dünnbettmörtels für Mauerwerk nach DIN 1053-1 [4] ohne Stoßfugenvermörtelung und für Mauerwerk im Dünnbettverfahren nach DIN EN 1996-1-1 [40] in Verbindung mit DIN EN 1996-1-1/NA [41] und DIN EN 1996-2 [46] in Verbindung mit DIN EN 1996-2/NA [47] ohne Stoßfugenvermörtelung.

Die Planhochlochziegel sind LD-Ziegel nach DIN EN 771-1 [6] der Kategorie I mit den in der abZ genannten Eigenschaften. Für die Planhochlochziegel ist ein individueller Feuchteumrechnungsfaktor F_m gemäß DIN V 4108-4 [16], Anhang B, nachgewiesen.

Die Planhochlochziegel haben eine Länge von 247 mm, 300 mm oder 372 mm, eine Breite von 175 mm, 240 mm, 300 mm, 365 mm, 425 mm oder 490 mm und eine Höhe von 249 mm. Sie werden mit Druckfestigkeiten entsprechend den Druckfestigkeitsklasse 6, 8, 10 und 12 und Brutto-Trockenrohdichten entsprechend Rohdichteklasse 0,70 nach DIN V 105-100 [17] hergestellt.

2.1.2 Planziegel mit integrierter Wärmedämmung

Z-17.1-674
Mauerwerk aus Planhochlochziegeln mit integrierter Wärmedämmung (bezeichnet als POROTON-T9-Planziegel) im Dünnbettverfahren

Antragsteller:
Deutsche POROTON GmbH
Kochstraße 6–7
10969 Berlin

Bescheid – Geltungsdauer:
28. Juli 2014 – 28. Juli 2018

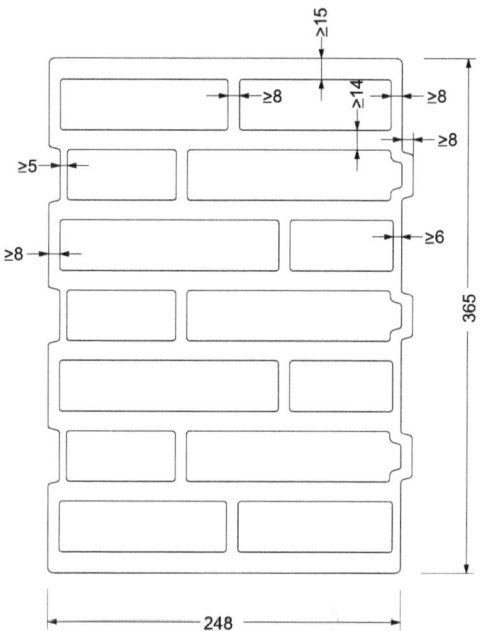

Bild 30. POROTON-T9-Planziegel mit Dämmstoff aus gebundenem, hydrophobiertem Perlite-Leichtzuschlag (Z-17.1-674)

Die abZ erstreckt sich auf die Herstellung bestimmter Planhochlochziegel mit integrierter Wärmedämmung (bezeichnet als Poroton-T9-Planziegel) sowie die Herstellung der Poroton-T-Dünnbettmörtel Typ I, Typ III, Typ B I, Typ B III, Typ M I und Typ M IV sowie des Glasfilamentgewebes BASIS SK 34/68 tex und die Verwendung dieser Planhochlochziegel und Dünnbettmörtel bzw. der Poroton-T-Dünnbettmörtel Typ III, Typ B III oder Typ M IV zusammen mit dem Glasfilamentgewebe BASIS SK 34/68 tex für Mauerwerk im Dünnbettverfahren (Mauerwerk mit Dünnbettmörtel) nach DIN EN 1996-1-1 [40] in Verbindung mit DIN EN 1996-1-1/NA [41] und DIN EN 1996-2 [48] in Verbindung mit DIN EN 1996-2/NA [49] ohne Stoßfugenvermörtelung.

Die Ziegel werden mit einer Druckfestigkeit von mindestens 4 N/mm² (entsprechend Druckfestigkeitsklasse 4) oder mindestens 6 N/mm² hergestellt. Die Kammern der Planhochlochziegel werden werkseitig mit einem Dämmstoff aus gebundenem, hydrophobiertem Perlite-Leichtzuschlag versehen. Die Steine entsprechen in verfülltem Zustand der Rohdichteklasse 0,65. Sie haben eine Länge von 248 mm oder 373 mm, eine Breite von 240, 300, 365 oder 490 mm und eine Höhe von 249 mm.

Bild 30 zeigt einen Planziegel mit der Breite von 365 mm und 7 Kammerreihen, Bild 31 das zugehörige vermaßte Lochbild.

Bei Vermauerung des Poroton-T-Dünnbettmörtels Typ III, Typ B III oder Typ M IV zusammen mit dem Glasfilamentgewebe BASIS SK ist die speziell für dieses Verfahren entwickelte V.Plus-Mörtelrolle unter Berücksichtigung der Verarbeitungsrichtlinien des Herstellers zu verwenden.

Die Bilder 32 bis 34 zeigen die Vermauerung mit dem V.Plus-System.

Das Mauerwerk darf nur im Anwendungsbereich gemäß den in DIN EN 1996-3 [48], Abschnitte 4.2.1.1 und 4.2.1.2, in Verbindung mit DIN EN 1996-3/NA [49], NCI zu 4.2.1.1 und 4.2.1.2, bestimmten Voraussetzungen für die Anwendung des vereinfachten Verfahrens für den Nachweis der Standsicherheit verwendet werden. Das Mauerwerk darf nicht als vorgespanntes Mauerwerk und nicht als eingefasstes Mauerwerk DIN EN 1996-1-1 [40] verwendet werden.

Das Mauerwerk darf nur dort angewendet werden, wo die Verwendung von Baustoffen der Baustoffklasse BII nach DIN 4102-1 im Innern von Wänden nach den bauaufsichtlichen Vorschriften (z. B. Richtlinien über die Verwendung brennbarer Baustoffe im Hochbau) gestattet ist.

Bild 31. Lochbild des POROTON-T9-Planziegels mit der Breite 365 mm (Z-17.1-674)

Bild 32. Anlegen der ersten Schicht in Normalmauermörtel

Bild 33. Auftragen des Dünnbettmörtels

Bild 34. Versetzen der POROTON-T9-Planziegel

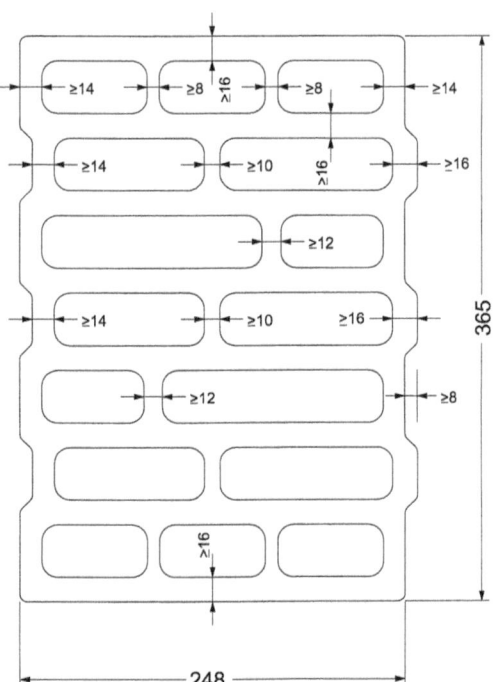

Bild 35. POROTON-S11-Planziegel (Z-17.1-812)

Mindestens 300 mm dicke tragende raumabschließende Wände aus Planhochlochziegeln mit einer Druckfestigkeit ≥ 6 N/mm², vermauert mit Poroton-T-Dünnbettmörtel Typ III, Typ B III oder Typ M IV jeweils zusammen mit dem Glasfilamentgewebe BASIS SK 34/68 tex nach der abZ erfüllen die Anforderungen an die Feuerwiderstandsklasse F 90 – Benennung F 90-AB – nach DIN 4102-2 [53], wenn die Wände innenseitig mit mindestens 15 mm dickem Putz der Putzmörtelgruppe P IV und außenseitig mit mindestens 20 mm dickem Putz der Putzmörtelgruppe P II oder 20 mm dickem Leichtputz nach DIN V 18550:2005-04 versehen sind.

Z-17.1-812
Mauerwerk aus POROTON Planhochlochziegeln mit integrierter Wärmedämmung (bezeichnet als POROTON S11-0,8 bzw. POROTON S11-0,9) im Dünnbettverfahren

Antragsteller:
Deutsche POROTON GmbH
Kochstraße 6–7
10969 Berlin

Bescheid – Geltungsdauer:
22. Mai 2014 – 22. Mai 2019

Die Kammern der Planhochlochziegel POROTON S11-0,8 bzw. S11-0,9 sind wie die vorgenannten POROTON-T9-Planziegel werkseitig mit einem Dämmstoff aus gebundenem, hydrophobiertem Perlite-Leichtzuschlag versehen, jedoch haben diese dickere Stege und können daher auch mit höheren Druckfestigkeiten hergestellt werden. Als Formate sind vorgesehen (L/B/H in mm): 248/300, 365/249.

Bild 35 zeigt das Lochbild eines Ziegels der Länge 248 mm und der Breite 365 mm mit 7 Kammerreihen. Die POROTON S11-Planziegel werden in den Druckfestigkeitsklassen 8 und 10 hergestellt und entsprechen in verfülltem Zustand der Rohdichteklasse 0,9.

Das Mauerwerk darf nur im Anwendungsbereich gemäß den in DIN EN 1996-3 [48], Abschnitte 4.2.1.1 und 4.2.1.2, in Verbindung mit DIN EN 1996-3/NA [49], NCI zu 4.2.1.1 und 4.2.1.2, bestimmten Voraussetzungen für die Anwendung des vereinfachten Verfahrens für den Nachweis der Standsicherheit verwendet werden. Das Mauerwerk darf nicht als vorgespanntes Mauerwerk und nicht als eingefasstes Mauerwerk DIN EN 1996-1-1 [40] verwendet werden.

Für Wände, die als Endauflager für Decken oder Dächer dienen, durch Wind beansprucht werden und nach DIN EN 1996-3 in Verbindung mit DIN EN 1996-3/NA nachgewiesen werden, ist zusätzlich ein Nachweis der Mindestauflast der Wände zu führen. Dieser darf vereinfacht nach Abschnitt 0.1.2.1 erfolgen, sofern kein genauerer Nachweis geführt wird. Bei Anwendung der weiter vereinfachten Berechnungsme-

thoden nach DIN EN 1996-3, Anhang A gilt abweichend Abschnitt 0.1.2.2.
Es gelten die Regelungen zu Schlitzen nach Abschnitt 0.4.

Z-17.1-982
Mauerwerk aus POROTON Planhochlochziegeln mit integrierter Wärmedämmung (bezeichnet als POROTON-T8-Planziegel) im Dünnbettverfahren

Antragsteller:
Deutsche POROTON GmbH
Kochstraße 6–7
10969 Berlin

Bescheid – Änderung/Ergänzung/Verlängerung –
Geltungsdauer:
11. Dezember 2014 – 14. Oktober 2016 –
14. Oktober 2020

Die POROTON-T8-Planziegel sind hinsichtlich der Lochbilder und Festigkeits- und Rohdichteklassen solche wie die POROTON-T9-Planziegel nach der abZ Nr. Z-17.1-674. Abweichend sind jedoch andere Anforderungen an die Wärmeleitfähigkeit des Ziegelscherbens und ein anderer Bemessungswert der Wärmeleitfähigkeit λ geregelt.

Z-17.1-1017
Mauerwerk aus POROTON Planhochlochziegeln mit integrierter Wärmedämmung (bezeichnet als POROTON S10) im Dünnbettverfahren

Antragsteller:
Deutsche POROTON GmbH
Kochstraße 6–7
10969 Berlin

Bescheid – Geltungsdauer:
22. Mai 2014 – 22. Mai 2019

Die abZ erstreckt sich auf die Herstellung von Planhochlochziegeln mit integrierter Wärmedämmung (bezeichnet als POROTON S10) sowie auf die Herstellung der Poroton-T-Dünnbettmörtel Typ I, Typ III, Typ B I, Typ B III, Typ M I und Typ M IV sowie des Glasfilamentgewebes BASIS SK 34/68 tex und die Verwendung dieser Planhochlochziegel und Dünnbettmörtel bzw. der Poroton-T-Dünnbettmörtel Typ III, Typ B III oder Typ M IV zusammen mit dem Glasfilamentgewebe BASIS SK 34/68 tex für Mauerwerk im Dünnbettverfahren (Mauerwerk mit Dünnbettmörtel) nach DIN EN 1996-1-1 [40] in Verbindung mit DIN EN 1996-1-1/NA [41] und DIN EN 1996-2 [48] in Verbindung mit DIN EN 1996-2/NA [49] ohne Stoßfugenvermörtelung.
Die Planhochlochziegel haben eine Länge von 248 mm, eine Breite von 300 mm, 365 mm, 425 mm oder 490 mm und eine Höhe von 249 mm.
Die Planhochlochziegel werden in den Festigkeitsklassen 6, 8 und 10 in der Rohdichteklasse 0,70 oder 0,75 (einschließlich Dämmstofffüllung) hergestellt.

Die Kammern der Planhochlochziegel werden werkseitig mit einem Dämmstoff aus gebundenem, hydrophobiertem Perlite-Leichtzuschlag versehen.
Bei Vermauerung des Poroton-T-Dünnbettmörtels Typ III, Typ B III oder Typ M IV zusammen mit dem Glasfilamentgewebe BASIS SK 34/68 tex ist die speziell für dieses Verfahren entwickelte V.Plus-Mörtelrolle unter Berücksichtigung der Verarbeitungsrichtlinien des Herstellers zu verwenden.
Das Mauerwerk darf nur im Anwendungsbereich gemäß den in DIN EN 1996-3 [48], Abschnitte 4.2.1.1 und 4.2.1.2, in Verbindung mit DIN EN 1996-3/NA [49], NCI zu 4.2.1.1 und 4.2.1.2, bestimmten Voraussetzungen für die Anwendung des vereinfachten Verfahrens für den Nachweis der Standsicherheit verwendet werden.

Berechnung
Bei Anwendung der vereinfachten Berechnungsmethoden nach DIN EN 1996-3 [48] in Verbindung mit DIN EN 1996-3/NA [49] ist zusätzlich Folgendes zu beachten:
Für Wände, die als Endauflager für Decken oder Dächer dienen und durch Wind beansprucht werden, ist ein Nachweis der Mindestauflast der Wände zu führen. Dieser darf vereinfacht nach Abschnitt 0.1.2.1 erfolgen, sofern kein genauerer Nachweis geführt wird.
Bei Anwendung der weiter vereinfachten Berechnungsmethoden nach DIN EN 1996-3, Anhang A gilt abweichend Abschnitt 0.1.2.2.
Vertikalschlitze ohne rechnerischen Nachweis sind unter den in Abschnitt 0.4 genannten Bedingungen zulässig. Horizontalschlitze entsprechend den Vorgaben nach Abschnitt 0.4 sind zulässig, wenn diese bei der Bemessung berücksichtigt werden.

Z-17.1-1034
Mauerwerk aus POROTON Planhochlochziegeln mit integrierter Wärmedämmung (bezeichnet als POROTON-FZ 10 Objekt-Planziegel) im Dünnbettverfahren

Antragsteller:
Deutsche POROTON GmbH
Kochstraße 6–7
10969 Berlin

Bescheid – Geltungsdauer:
30. Juli 2014 – 30. Juli 2019

Die abZ erstreckt sich auf die Herstellung von Planhochlochziegeln mit integrierter Wärmedämmung (bezeichnet als POROTON-FZ 10 Objekt-Planziegel) sowie auf die Herstellung des Poroton-T-Dünnbettmörtels Typ I, Typ III, Typ B I, Typ B III, Typ M I und Typ M IV sowie des Glasfilamentgewebes BASIS SK 34/68 tex und die Verwendung dieser Planhochlochziegel und Dünnbettmörtel bzw. der Poroton-T-Dünnbettmörtel Typ III, Typ B III oder Typ M IV zusammen mit dem Glasfilamentgewebe BASIS SK 34/68

tex für Mauerwerk im Dünnbettverfahren (Mauerwerk mit Dünnbettmörtel) nach DIN EN 1996-1-1 [40] in Verbindung mit DIN EN 1996-1-1/NA [41] und DIN EN 1996-2 [48] in Verbindung mit DIN EN 1996-2/NA [49] ohne Stoßfugenvermörtelung.
Die Planhochlochziegel haben eine Länge von 248 mm, eine Breite von 300 mm, 365 mm, 425 mm oder 490 mm und eine Höhe von 249 mm.
Die Planhochlochziegel werden in den Festigkeitsklassen 6, 8 und 10 in der Rohdichteklasse 0,70 oder 0,75 (einschließlich Dämmstofffüllung) hergestellt.
Die Kammern der Planhochlochziegel werden werkseitig mit vorkonfektionierten nichtbrennbaren Mineralfaserdämmstoff-Formteilen gefüllt.
Bei Vermauerung der Poroton-T-Dünnbettmörtels Typ III, Typ B III oder Typ M IV zusammen mit dem Glasfilamentgewebe BASIS SK 34/68 tex ist die speziell für dieses Verfahren entwickelte V.Plus-Mörtelrolle unter Berücksichtigung der Verarbeitungsrichtlinien des Herstellers zu verwenden.
Das Mauerwerk darf nur im Anwendungsbereich gemäß den in DIN EN 1996-3 [48], Abschnitte 4.2.1.1 und 4.2.1.2, in Verbindung mit DIN EN 1996-3/NA [49], NCI zu 4.2.1.1 und 4.2.1.2, bestimmten Voraussetzungen für die Anwendung des vereinfachten Verfahrens für den Nachweis der Standsicherheit verwendet werden.

Z-17.1-1035
Mauerwerk aus POROTON Planhochlochziegeln mit integrierter Wärmedämmung (bezeichnet als POROTON-FZ 7-Planziegel) im Dünnbettverfahren

Antragsteller:
Deutsche POROTON GmbH
Kochstraße 6–7
10969 Berlin

Bescheid – Verlängerung – Geltungsdauer:
19. August 2014 – 5. November 2015 – 14. April 2020

Die abZ erstreckt sich auf die Herstellung von Planhochlochziegeln mit integrierter Wärmedämmung (bezeichnet als POROTON-FZ 7-Planziegel) sowie die Herstellung der Poroton-T-Dünnbettmörtels Typ I, Typ III I, Typ B I, Typ B III, Typ M I und Typ M IV sowie des Glasfilamentgewebes BASIS SK 34/68 tex und die Verwendung dieser Planhochlochziegel und Dünnbettmörtel bzw. der Poroton-T-Dünnbettmörtel Typ III, Typ B III oder Typ M IV zusammen mit dem Glasfilamentgewebe BASIS SK 34/68 tex für Mauerwerk im Dünnbettverfahren (Mauerwerk mit Dünnbettmörtel) nach DIN EN 1996-1-1 [40] in Verbindung mit DIN EN 1996-1-1/NA [41] und DIN EN 1996-2 [48] in Verbindung mit DIN EN 1996-2/NA [49] ohne Stoßfugenvermörtelung.
Die Planhochlochziegel haben eine Länge von 248 mm, eine Breite von 365 mm, 425 mm oder 490 mm und eine Höhe von 249 mm.

Die Planhochlochziegel werden mit einer Druckfestigkeit von mindestens 4,0 N/mm² (entsprechend Festigkeitsklasse 4) oder mindestens 6,0 N/mm² hergestellt.
Die Kammern der Planhochlochziegel werden werkseitig mit vorkonfektionierten nichtbrennbaren Mineralfaserdämmstoff-Formteilen gefüllt. Die Steine entsprechen in verfülltem Zustand der Rohdichteklasse 0,60.
Bei Vermauerung des Poroton-T-Dünnbettmörtels Typ III, Typ B III oder Typ M IV zusammen mit dem Glasfilamentgewebe BASIS SK 34/68 ist die speziell für dieses Verfahren entwickelte V.Plus-Mörtelrolle unter Berücksichtigung der Verarbeitungsrichtlinien des Herstellers zu verwenden.
Das Mauerwerk darf nur im Anwendungsbereich gemäß den in DIN EN 1996-3 [48], Abschnitte 4.2.1.1 und 4.2.1.2, in Verbindung mit DIN EN 1996-3/NA [49], NCI zu 4.2.1.1 und 4.2.1.2, bestimmten Voraussetzungen für die Anwendung des vereinfachten Verfahrens für den Nachweis der Standsicherheit verwendet werden.

Z-17.1-1041
Mauerwerk aus Planhochlochziegeln mit integrierter Wärmedämmung (bezeichnet als POROTON Planhochlochziegel T8 MW) im Dünnbettverfahren mit gedeckelter Lagerfuge

Antragsteller:
Deutsche POROTON GmbH
Kochstraße 6–7
10969 Berlin

Bescheid – Geltungsdauer:
15. Oktober 2015 – 14. April 2020

Die abZ erstreckt sich auf die Herstellung von Planhochlochziegeln mit integrierter Wärmedämmung (bezeichnet als POROTON Planhochlochziegel T8 MW) sowie auf die Herstellung des POROTON-T-Dünnbettmörtels Typ IV und des POROTON-T-Dünnbettmörtels Typ M IV und die Verwendung dieser Planhochlochziegel und dieser Dünnbettmörtel für Mauerwerk im Dünnbettverfahren (Mauerwerk mit Dünnbettmörtel) nach DIN 1053-1 [4] ohne Stoßfugenvermörtelung und nach DIN EN 1996-1-1 [40] in Verbindung mit DIN EN 1996-1-1/NA [41] und DIN EN 1996-2 [48] in Verbindung mit DIN EN 1996-2/NA [49] ohne Stoßfugenvermörtelung.
Die Planhochlochziegel haben eine Länge von 248 mm, eine Breite von 240 mm, 300 mm, 365 mm, 425 mm oder 490 mm und eine Höhe von 249 mm.
Die Planhochlochziegel werden in den Festigkeitsklassen 6 und 8 in der Rohdichteklasse 0,65 (einschließlich Dämmstofffüllung) hergestellt.
Die Kammern der Planhochlochziegel werden werkseitig mit vorkonfektionierten nichtbrennbaren Mineralfaserdämmstoff-Formteilen versehen.
Das Mauerwerk darf nur im Anwendungsbereich gemäß den in DIN 1053-1 [4], Abschnitt 6.1, bzw. in DIN EN 1996-3 [48], Abschnitte 4.2.1.1 und 4.2.1.2, in Ver-

bindung mit DIN EN 1996-3/NA [49], NCI zu 4.2.1.1 und 4.2.1.2, bestimmten Voraussetzungen für die Anwendung des vereinfachten Verfahrens für den Nachweis der Standsicherheit verwendet werden.

Z-17.1-1057
Mauerwerk aus POROTON Planhochlochziegeln mit integrierter Wärmedämmung (bezeichnet als POROTON-T7-MD-Planziegel) im Dünnbettverfahren

Antragsteller:
Deutsche POROTON GmbH
Kochstraße 6–7
10969 Berlin

Bescheid – Geltungsdauer:
28. Juli 2014 – 28. Juli 2019

Die abZ erstreckt sich auf die Herstellung von Planhochlochziegeln mit integrierter Wärmedämmung (bezeichnet als POROTON-T7-MD-Planziegel) sowie auf die Herstellung des Poroton-T-Dünnbettmörtels Typ I, Typ III, Typ B I, Typ B III, Typ M I und Typ M IV sowie des Glasfilamentgewebes BASIS SK 34/68 tex und die Verwendung dieser Planhochlochziegel und Dünnbettmörtel bzw. der Poroton-T-Dünnbettmörtel Typ III, Typ B III oder Typ M IV zusammen mit dem Glasfilamentgewebe BASIS SK 34/68 tex für Mauerwerk im Dünnbettverfahren (Mauerwerk mit Dünnbettmörtel) nach DIN EN 1996-1-1 [40] in Verbindung mit DIN EN 1996-1-1/NA [41] und DIN EN 1996-2 [48] in Verbindung mit DIN EN 1996-2/NA [49] ohne Stoßfugenvermörtelung.

Die Planhochlochziegel haben eine Länge von 248 mm, eine Breite von 365 mm, 425 mm oder 490 mm und eine Höhe von 249 mm.

Die Planhochlochziegel werden mit einer Druckfestigkeit von mindestens 4,0 N/mm^2 (entsprechend Festigkeitsklasse 4) oder mindestens 6,0 N/mm^2 hergestellt.

Die Kammern der Planhochlochziegel werden werkseitig mit einem Dämmstoff aus gebundenem, hydrophobiertem Perlite versehen. Die Steine entsprechen in verfülltem Zustand der Rohdichteklasse 0,55 oder 0,60.

Bei Vermauerung des Poroton-T-Dünnbettmörtels Typ III, Typ B III oder Typ M IV zusammen mit dem Glasfilamentgewebe BASIS SK 34/68 tex ist die speziell für dieses Verfahren entwickelte V.Plus-Mörtelrolle unter Berücksichtigung der Verarbeitungsrichtlinien des Herstellers zu verwenden.

Das Mauerwerk darf nur im Anwendungsbereich gemäß den in DIN EN 1996-3 [48], Abschnitte 4.2.1.1 und 4.2.1.2, in Verbindung mit DIN EN 1996-3/NA [49], NCI zu 4.2.1.1 und 4.2.1.2, bestimmten Voraussetzungen für die Anwendung des vereinfachten Verfahrens für den Nachweis der Standsicherheit verwendet werden.

Z-17.1-1058
Mauerwerk aus POROTON Planhochlochziegeln mit integrierter Wärmedämmung (bezeichnet als POROTON-S9-Planziegel) im Dünnbettverfahren

Antragsteller:
Deutsche POROTON GmbH
Kochstraße 6–7
10969 Berlin

Bescheid – Geltungsdauer:
16. November 2017 – 16. November 2022

Gegenstand der abZ ist die Herstellung von Planhochlochziegeln mit integrierter Wärmedämmung (bezeichnet als POROTON-S9-Planziegel) sowie die Bemessung und Ausführung von Mauerwerk im Dünnbettverfahren aus POROTON-S9-Planziegeln, dem werkmäßig hergestellten Poroton-T-Dünnbettmörtel Typ M IV (Trockenmörtel) nach Eignungsprüfung mit CE-Kennzeichnung (AVCP-Verfahren 2+) nach DIN EN 998-2 [35] und optional dem Glasfilamentgewebe BASIS SK 34/68 tex.

Die Dünnbettmörtelschicht ist mit speziellen Auftragsverfahren herzustellen.

Die Planhochlochziegel haben eine Länge von 248 mm, eine Breite von 300 mm, 365 mm, 425 mm oder 490 mm und eine Höhe von 249 mm.

Die rechtwinklig zur Lagerfläche durchgehenden Kammern der Planhochlochziegel werden werkseitig mit einem Dämmstoff aus gebundenem, hydrophobiertem Perlite-Leichtzuschlag versehen.

Die Planhochlochziegel werden in den Festigkeitsklassen 6, 8 und 10 in den Rohdichteklassen 0,70 und 0,75 hergestellt.

Das Mauerwerk darf als unbewehrtes Mauerwerk nach DIN EN 1996-1-1 [40] in Verbindung mit DIN EN 1996-1-1/NA [41] und DIN EN 1996-2 [46] in Verbindung mit DIN EN 1996-2/NA [47], jedoch nicht als eingefasstes Mauerwerk nach DIN EN 1996-1-1 [40] verwendet werden.

a)

b)

Bild 36. POROTON-T7-MD-Planziegel; a) T7-365, b) T7-425 (Z-17.1-1057)

Berechnung

Sofern gemäß DIN EN 1996-1-1/NA [41], NCI zu 5.5.3, bzw. DIN EN 1996-3/NA [49], NDP zu 4.1 (1)P, ein rechnerischer Nachweis der Schubtragfähigkeit erforderlich ist, ist dieser nach DIN EN 1996-1-1 [40], Abschnitt 6.2, in Verbindung mit DIN EN 1996-1-1/ NA [41], NCI zu 6.2, zu führen, wobei für den minimalen Bemessungswert der Querkrafttragfähigkeit V_{Rdlt} nur 50 % des sich aus Gleichung (NA.19) bzw. Gleichung (NA.24) ergebenden Wertes in Rechnung gestellt werden dürfen. Für die Ermittlung der charakteristischen Schubtragfähigkeit f_m nach DIN EN 1996-1-1/ NA, NDP zu 3.6.2 (3), gilt für $f_{bt,cal}$ der Wert für Hohlblocksteine.

Bei der Beurteilung eines Gebäudes hinsichtlich des Verzichts auf einen rechnerischen Nachweis der räumlichen Steifigkeit ist die geringere Schubtragfähigkeit zu beachten.

Vertikalschlitze ohne rechnerischen Nachweis sind unter den in Abschnitt 0.4 genannten Bedingungen zulässig. Horizontalschlitze entsprechend den Vorgaben nach Abschnitt 0.4 sind zulässig, wenn diese bei der Bemessung berücksichtigt werden.

Z-17.1-1060
Mauerwerk aus POROTON Planhochlochziegeln mit integrierter Wärmedämmung (bezeichnet als POROTON FZ7-LB2010 Planziegel) im Dünnbettverfahren

Antragsteller:
Deutsche POROTON GmbH
Kochstraße 6–7
10969 Berlin

Bescheid – Geltungsdauer:
19. August 2014 – 19. August 2019

Die abZ erstreckt sich auf die Herstellung von Planhochlochziegeln mit integrierter nichtbrennbarer Wärmedämmung (bezeichnet als POROTON-FZ7-LB2010-Planziegel) sowie auf die Herstellung des Poroton-T-Dünnbettmörtels Typ M IV und des Glasfilamentgewebes BASIS SK 34/68 tex und die Verwendung dieser Planhochlochziegel und des Poroton-T-Dünnbettmörtels Typ M IV oder des Poroton-T-Dünnbettmörtels Typ M IV zusammen mit dem Glasfilamentgewebe BASIS SK 34/68 tex für Mauerwerk im Dünnbettverfahren (Mauerwerk mit Dünnbettmörtel) nach DIN EN 1996-1-1 [40] in Verbindung mit DIN EN 1996-1-1/NA [41] und DIN EN 1996-2 [48] in Verbindung mit DIN EN 1996-2/NA [49] ohne Stoßfugenvermörtelung.

Die Planhochlochziegel haben eine Länge von 248 mm, eine Breite von 365 mm, 425 mm oder 490 mm und eine Höhe von 249 mm. Die Planhochlochziegel werden in den Druckfestigkeitsklassen 6 und 8 hergestellt.

Die Kammern der Planhochlochziegel werden werkseitig mit vorkonfektionierten nichtbrennbaren Mineralfaserdämmstoff-Formteilen gefüllt. Die Steine entsprechen in verfülltem Zustand der Rohdichteklasse 0,55.

Das Mauerwerk darf nur im Anwendungsbereich gemäß den in DIN EN 1996-3 [48], Abschnitte 4.2.1.1 und 4.2.1.2, in Verbindung mit DIN EN 1996-3/NA [49], NCI zu 4.2.1.1 und 4.2.1.2, bestimmten Voraussetzungen für die Anwendung des vereinfachten Verfahrens für den Nachweis der Standsicherheit verwendet werden.

Vertikalschlitze ohne rechnerischen Nachweis sind unter den in Abschnitt 0.4 genannten Bedingungen zulässig. Horizontalschlitze entsprechend den Vorgaben nach Abschnitt 0.4 sind zulässig, wenn diese bei der Bemessung berücksichtigt werden.

Z-17.1-1100
Mauerwerk aus POROTON-Planhochlochziegeln mit integrierter Wärmedämmung (bezeichnet als POROTON-FZ 9i) im Dünnbettverfahren

Antragsteller:
Deutsche POROTON GmbH
Kochstraße 6–7
10969 Berlin

Bescheid – Geltungsdauer:
14. Oktober 2016 – 14. April 2020

Die abZ erstreckt sich auf die Herstellung von Planhochlochziegeln mit integrierter Wärmedämmung (bezeichnet als POROTON FZ 9i) sowie auf die Herstellung des Poroton-T-Dünnbettmörtels Typ I, Typ III, Typ B I, Typ B III, Typ M I und Typ M IV sowie des Glasfilamentgewebes BASIS SK 34/68 tex und die Verwendung dieser Planhochlochziegel und Dünnbettmörtel, bzw. des Poroton-T-Dünnbettmörtels Typ III, Typ B III oder Typ M IV zusammen mit dem Glasfilamentgewebe BASIS SK 34/68 tex für Mauerwerk im Dünnbettverfahren (Mauerwerk mit Dünnbettmörtel) nach DIN EN 1996-1-1 [40] in Verbindung mit DIN EN 1996-1-1/NA [41] und DIN EN 1996-2 [48] in Verbindung mit DIN EN 1996-2/NA [49] ohne Stoßfugenvermörtelung.

Die Planhochlochziegel werden in der Druckfestigkeitsklasse 8 oder 10 hergestellt.
Sie haben eine Länge von 248 mm, eine Breite von 300 mm, 365 mm oder 425 mm und eine Höhe von 249 mm. Die Kammern der Planhochlochziegel werden werkseitig mit einem Dämmstoff aus Mineralwolle versehen.

Die Planhochlochziegel entsprechen in verfülltem Zustand der Rohdichteklasse 0,9.

Bei der Herstellung des Mauerwerks mit dem Poroton-T-Dünnbettmörtel Typ M IV ohne das Glasfilamentgewebe BASIS SK 34/68 tex ist der Dünnbettmörtel mit dem speziell hierfür entwickelten Mörtelschlitten als geschlossenes Mörtelband aufzutragen.

Bei Vermauerung des Poroton-T-Dünnbettmörtels Typ III, Typ B III oder Typ M IV zusammen mit dem Glasfilamentgewebe BASIS SK 34/68 tex ist die speziell für dieses Verfahren entwickelte V.Plus-Mörtelrolle unter Berücksichtigung der Verarbeitungsrichtlinien des Herstellers zu verwenden.

Vertikalschlitze ohne rechnerischen Nachweis sind unter den in Abschnitt 0.4 genannten Bedingungen zulässig. Horizontalschlitze entsprechend den Vorgaben nach Abschnitt 0.4 sind zulässig, wenn diese bei der Bemessung berücksichtigt werden.

Z-17.1-1101
Mauerwerk aus Poroton-Planhochlochziegeln mit integrierter Wärmedämmung (bezeichnet als POROTON S10 MW) im Dünnbettverfahren

Antragsteller:
Deutsche POROTON GmbH
Kochstraße 6–7
10969 Berlin

Bescheid – Geltungsdauer:
24. November 2015 – 14. April 2020

Die abZ erstreckt sich auf die Herstellung von Planhochlochziegeln mit integrierter Wärmedämmung (bezeichnet als POROTON S10 MW) sowie auf die Herstellung des Poroton-T-Dünnbettmörtels Typ M IV und die Verwendung dieser Planhochlochziegel und des Dünnbettmörtels für Mauerwerk im Dünnbettverfahren (Mauerwerk mit Dünnbettmörtel) nach DIN 1053-1 [4] ohne Stoßfugenvermörtelung und für Mauerwerk im Dünnbettverfahren nach DIN EN 1996-1-1 [40] in Verbindung mit DIN EN 1996-1-1/NA [41] und DIN EN 1996-2 [48] in Verbindung mit DIN EN 1996-2/NA [49] ohne Stoßfugenvermörtelung.

Die Planhochlochziegel werden in der Druckfestigkeitsklasse 8, 10 oder 12 hergestellt.

Sie haben eine Länge von 248 mm, eine Breite von 300 mm, 365 mm oder 425 mm und eine Höhe von 249 mm. Die Kammern der Planhochlochziegel werden werkseitig mit vorkonfektionierten nichtbrennbaren Mineralfaserdämmstoff-Formteilen versehen. Die Planhochlochziegel entsprechen in verfülltem Zustand der Rohdichteklasse 0,80.

Bei der Herstellung des Mauerwerks mit dem Poroton-T-Dünnbettmörtel Typ M IV ist der Dünnbettmörtel mit dem speziell hierfür entwickelten Mörtelschlitten als geschlossenes Mörtelband aufzutragen.

Das Mauerwerk darf nur im Anwendungsbereich gemäß den in DIN 1053-1 [4], Abschnitt 6.1, bzw. DIN EN 1996-3 [48], Abschnitte 4.2.1.1 und 4.2.1.2, in Verbindung mit DIN EN 1996-3/NA [49], NCI zu 4.2.1.1 und 4.2.1.2, bestimmten Voraussetzungen für die Anwendung des vereinfachten Verfahrens bzw. der vereinfachten Berechnungsmethoden für den Nachweis der Standsicherheit verwendet werden.

Für Wände, die als Endauflager für Decken oder Dächer dienen, durch Wind beansprucht werden und nach DIN 1053-1 [4], Abschnitt 6.9.1, nachgewiesen werden, ist zusätzlich ein Nachweis der Mindestauflast der Wände zu führen. Dieser darf vereinfacht nach Abschnitt 0.1.1 erfolgen, sofern kein genauerer Nachweis geführt wird.

Bei Wänden mit nicht über die volle Wanddicke aufliegender Decke darf der Nachweis der Standsicherheit mit dem vereinfachten Verfahren nach DIN 1053-1 [4], Abschnitt 6.9.1, geführt werden, wenn abweichend bzw. zusätzlich die Regelungen nach Abschnitt 0.2.1 berücksichtigt werden. Dabei darf bei einer Wanddicke von 365 mm die Mindestauflagertiefe auf 0,45 d reduziert werden.

Beim Schubnachweis nach DIN 1053-1 [4], Abschnitt 6.9.5, dürfen für zul τ und max τ nur 50 % des sich aus Abschnitt 6.9.5, Gleichung (6a), – mit σ_{0HS} nach DIN 1053-1 [4], Tabelle 5 (Wert für unvermörtelte Stoßfugen) – ergebenden Wertes in Rechnung gestellt werden.

Beim Schubnachweis nach dem genaueren Verfahren nach DIN 1053-1 [4], Abschnitt 7.9.5, dürfen nur 50 % der sich aus Abschnitt 7.9.5, Gleichungen (16a) und (16b), – mit σ_{0HS} für unvermörtelte Stoßfugen – ergebenden Werte in Rechnung gestellt werden.

Sofern gemäß DIN EN 1996-1-1/NA [41], NCI zu 5.5.3, bzw. DIN EN 1996-3/NA [49], NDP zu 4.1 (1)P, ein rechnerischer Nachweis der Schubtragfähigkeit erforderlich ist, ist dieser nach DIN EN 1996-1-1 [40], Abschnitt 6.2, in Verbindung mit DIN EN 1996-1-1/NA [41], NCI zu 6.2, zu führen, wobei für den minimalen Bemessungswert der Querkrafttragfähigkeit V_{Rdlt} nur 50 % des sich aus Gleichung (NA.19) bzw. Gleichung (NA.24) ergebenden Wertes in Rechnung gestellt werden dürfen.

Vertikalschlitze ohne rechnerischen Nachweis sind unter den in Abschnitt 0.4 genannten Bedingungen zulässig. Horizontalschlitze entsprechend den Vorgaben nach Abschnitt 0.4 sind zulässig, wenn diese bei der Bemessung berücksichtigt werden.

Z-17.1-1102
Mauerwerk aus POROTON Planhochlochziegeln mit integrierter Wärmedämmung (bezeichnet als POROTON-T8-Planziegel) im Dünnbettverfahren

Antragsteller:
Deutsche POROTON GmbH
Kochstraße 6–7
10969 Berlin

Bescheid – Geltungsdauer:
17. Dezember 2013 – 17. Dezember 2018

Die abZ erstreckt sich auf die Herstellung von Planhochlochziegeln mit integrierter Wärmedämmung (bezeichnet als POROTON-T8-Planziegel) sowie auf die Herstellung der Poroton-T-Dünnbettmörtel Typ I, Typ III, Typ B I, Typ B III, Typ M I und Typ M IV sowie des Glasfilamentgewebes BASIS SK 34/68 tex und die Verwendung dieser Planhochlochziegel und Dünnbettmörtel bzw. des Poroton-T-Dünnbettmörtels Typ III, Typ B III oder Typ M IV zusammen mit dem Glasfilamentgewebe BASIS SK 34/68 tex für Mauerwerk im Dünnbettverfahren (Mauerwerk mit Dünnbettmörtel) nach DIN 1053-1 [4] ohne Stoßfugenvermörtelung.

Die Planhochlochziegel haben eine Länge von 248 mm, eine Breite von 300 mm, 365 mm, 425 mm oder 490 mm und eine Höhe von 249 mm. Die Planhochlochziegel werden mit einer Druckfestigkeit von mindestens 4,0 N/mm² (entsprechend Festigkeitsklasse 4) oder mindestens 6,0 N/mm² hergestellt.

Die Kammern der Planhochlochziegel werden werkseitig mit einem Dämmstoff aus gebundenem, hydrophobiertem Perlite-Leichtzuschlag versehen. Die Steine entsprechen in verfülltem Zustand der Rohdichteklasse 0,55 oder 0,60.

Bei der Herstellung des Mauerwerks mit dem Poroton-T-Dünnbettmörtel Typ M IV ohne das Glasfilamentgewebe BASIS SK 34/68 tex ist der Dünnbettmörtel mit dem speziell hierfür entwickelten Mörtelschlitten als geschlossenes Mörtelband aufzutragen.

Bei Vermauerung des Poroton-T-Dünnbettmörtels Typ III, Typ B III oder Typ M IV zusammen mit dem Glasfilamentgewebe BASIS SK 34/68 tex ist die speziell für dieses Verfahren entwickelte V.Plus-Mörtelrolle unter Berücksichtigung der Verarbeitungsrichtlinien des Herstellers zu verwenden.

Das Mauerwerk darf nur im Anwendungsbereich gemäß den in DIN 1053-1 [4], Abschnitt 6.1, bestimmten Voraussetzungen für die Anwendung des vereinfachten Verfahrens für den Nachweis der Standsicherheit verwendet werden.

Vertikalschlitze ohne rechnerischen Nachweis sind unter den in Abschnitt 0.4 genannten Bedingungen zulässig. Horizontalschlitze entsprechend den Vorgaben nach Abschnitt 0.4 sind zulässig, wenn diese bei der Bemessung berücksichtigt werden.

Z-17.1-1103
Mauerwerk aus POROTON Planhochlochziegeln T7 PF mit integrierter Wärmedämmung im Dünnbettverfahren mit gedeckelter Lagerfuge

Antragsteller:
Deutsche POROTON GmbH
Kochstraße 6–7
10969 Berlin

Bescheid – Geltungsdauer:
3. April 2014 – 3. April 2019

Die abZ erstreckt sich auf die Herstellung von Planhochlochziegeln mit integrierter Wärmedämmung (bezeichnet als POROTON Planhochlochziegel T7 PF) sowie auf die Herstellung des POROTON-T-Dünnbettmörtels Typ M IV und die Verwendung dieser Planhochlochziegel und dieses Dünnbettmörtels für Mauerwerk im Dünnbettverfahren (Mauerwerk mit Dünnbettmörtel) nach DIN 1053-1 [4] und für Mauerwerk im Dünnbettverfahren nach DIN EN 1996-1-1 [40] in Verbindung mit DIN EN 1996-1-1/NA [41] und DIN EN 1996-2 [46] in Verbindung mit DIN EN 1996-2/NA [47] ohne Stoßfugenvermörtelung.

Die Planhochlochziegel haben eine Länge von 248 mm, eine Breite von 365 mm, 425 mm oder 490 mm und eine Höhe von 249 mm.

Die Planhochlochziegel werden in den Festigkeitsklassen 4 und 6 hergestellt.

Die Lochungen der Planhochlochziegel werden werkseitig vollständig mit einem Dämmstoff aus gebundenem, hydrophobiertem Perlite-Leichtzuschlag verfüllt. Die Steine entsprechen in verfülltem Zustand der Rohdichteklasse 0,50 oder 0,55.

Der Dünnbettmörtel ist mit dem speziell hierfür entwickelten Mörtelschlitten als geschlossenes Mörtelband aufzutragen.

Wände aus Planhochlochziegeln nach der abZ dürfen nur für tragendes oder aussteifendes Mauerwerk im Anwendungsbereich gemäß den in DIN 1053-1 [4], Abschnitt 6.1, bzw. DIN EN 1996-3 [48], Abschnitte 4.2.1.1 und 4.2.1.2, in Verbindung mit DIN EN 1996-3/NA [49], NCI zu 4.2.1.1 und 4.2.1.2, bestimmten Voraussetzungen für die Anwendung des vereinfachten Verfahrens für den Nachweis der Standsicherheit verwendet werden.

Berechnung
Mauerwerk nach DIN 1053-1

Für Wände, die als Endauflager für Decken oder Dächer dienen, durch Wind beansprucht werden und nach DIN 1053-1 [4], Abschnitt 6.9.1, nachgewiesen werden, ist zusätzlich ein Nachweis der Mindestauflast der Wände zu führen. Dieser darf vereinfacht nach Abschnitt 0.1.1 erfolgen, sofern kein genauerer Nachweis geführt wird.

Bei Wänden mit nicht über die volle Wanddicke aufliegender Decke darf der Nachweis der Standsicherheit mit dem vereinfachten Verfahren nach DIN 1053-1 [4], Abschnitt 6.9.1, geführt werden, wenn abweichend bzw. zusätzlich die Regelungen nach Abschnitt 0.2.1 berücksichtigt werden. Dabei darf bei einer Wanddicke von 365 mm die Mindestauflagertiefe auf 0,45 d reduziert werden.

Beim Schubnachweis nach DIN 1053-1 [4], Abschnitt 6.9.5, dürfen für zul τ und max τ nur 30% des sich aus Abschnitt 6.9.5, Gleichung (6a), – mit σ_{0HS} nach DIN 1053-1 [4], Tabelle 5 (Wert für unvermörtelte Stoßfugen) – ergebenden Wertes in Rechnung gestellt werden.

Beim Schubnachweis nach dem genaueren Verfahren nach DIN 1053-1 [4], Abschnitt 7.9.5, dürfen nur 30% der sich aus Abschnitt 7.9.5, Gleichungen (16a) und (16b), – mit σ_{0HS} für unvermörtelte Stoßfugen – ergebenden Werte in Rechnung gestellt werden.

Bei der Beurteilung eines Gebäudes hinsichtlich des Verzichts auf einen rechnerischen Nachweis der räumlichen Steifigkeit ist die geringere Schubtragfähigkeit zu beachten.

Mauerwerk nach DIN EN 1996 (Eurocode 6)
Bei Anwendung der vereinfachten Berechnungsmethoden nach DIN EN 1996-3 [48] in Verbindung mit DIN EN 1996-3/NA [49] ist zusätzlich Folgendes zu beachten:
Für Wände, die als Endauflager für Decken oder Dächer dienen und durch Wind beansprucht werden, ist ein Nachweis der Mindestauflast der Wände zu führen. Dieser darf vereinfacht nach Abschnitt 0.1.2.1 erfolgen, sofern kein genauerer Nachweis geführt wird.
Bei Anwendung der weiter vereinfachten Berechnungsmethoden nach DIN EN 1996-3, Anhang A, gilt abweichend Abschnitt 0.1.2.2. Der Ansatz des Beiwertes $c_A = 0,5$ ist für Mauerwerk aus Planhochlochziegeln der Druckfestigkeitsklasse 4 nur bis zu Deckenspannweiten $l_f \leq 5,5$ m zulässig.
Sofern gemäß DIN EN 1996-1-1/NA [41], NCI zu 5.5.3, bzw. DIN EN 1996-3/NA [49], NDP zu 4.1 (1)P, ein rechnerischer Nachweis der Schubtragfähigkeit erforderlich ist, ist dieser nach DIN EN 1996-1-1 [40], Abschnitt 6.2, in Verbindung mit DIN EN 1996-1-1/NA [41], NCI zu 6.2, zu führen, wobei für den minimalen Bemessungswert der Querkrafttragfähigkeit V_{Rdlt} nur 30% des sich aus Gleichung (NA.19) bzw. Gleichung (NA.24) ergebenden Wertes in Rechnung gestellt werden dürfen.
Bei der Beurteilung eines Gebäudes hinsichtlich des Verzichts auf einen rechnerischen Nachweis der räumlichen Steifigkeit ist die geringere Schubtragfähigkeit zu beachten.

Z-17.1-1104
Mauerwerk aus POROTON-Plan-Hochlochziegeln mit integrierter Wärmedämmung im Dünnbettverfahren (bezeichnet als POROTON-FZ8-Objekt)

Antragsteller:
Deutsche POROTON GmbH
Kochstraße 6–7
10969 Berlin

Bescheid – Geltungsdauer:
25. August 2015 – 12. Februar 2019

Die abZ erstreckt sich auf die Herstellung von Planhochlochziegeln mit integrierter Wärmedämmung (bezeichnet als POROTON-FZ8-Objekt) sowie auf die Herstellung des Poroton-T-Dünnbettmörtels Typ I, Typ III, Typ B I, Typ B III, Typ M I und Typ M IV und des Glasfilamentgewebes BASIS SK 34/68 tex und die Verwendung dieser Planhochlochziegel und Dünnbettmörtel bzw. des Poroton-T-Dünnbettmörtels Typ III, Typ B III oder Typ M IV zusammen mit dem Glasfilamentgewebe BASIS SK 34/68 tex für Mauerwerk im Dünnbettverfahren (Mauerwerk mit Dünnbettmörtel) nach DIN EN 1996-1-1 [40] in Verbindung mit DIN EN 1996-1-1/NA [41] und DIN EN 1996-2 [46] in Verbindung mit DIN EN 1996-2/NA [47] ohne Stoßfugenvermörtelung.

Die Planhochlochziegel haben eine Länge von 248 mm, eine Breite von 365 mm, 425 mm oder 490 mm und eine Höhe von 249 mm.
Die Planhochlochziegel werden in den Druckfestigkeitsklassen 8, 10 und 12 hergestellt.
Die Kammern der Planhochlochziegel werden werkseitig mit vorkonfektionierten nichtbrennbaren Mineralfaserdämmstoff-Formteilen gefüllt. Die Steine entsprechen in verfülltem Zustand der Rohdichteklasse 0,70 oder 0,75.
Bei der Herstellung des Mauerwerks mit dem Poroton-T-Dünnbettmörtel Typ M IV ohne das Glasfilamentgewebe BASIS SK 34/68 tex ist der Dünnbettmörtel mit dem speziell hierfür entwickelten Mörtelschlitten als geschlossenes Mörtelband aufzutragen.
Bei Vermauerung des Poroton-T-Dünnbettmörtels Typ III, Typ B III oder Typ M IV zusammen mit dem Glasfilamentgewebe BASIS SK 34/68 tex ist die speziell für dieses Verfahren entwickelte V.Plus-Mörtelrolle unter Berücksichtigung der Verarbeitungsrichtlinien des Herstellers zu verwenden.
Das Mauerwerk darf nur im Anwendungsbereich gemäß den in DIN EN 1996-3 [48], Abschnitte 4.2.1.1 und 4.2.1.2, in Verbindung mit DIN EN 1996-3/NA [49], NCI zu 4.2.1.1 und 4.2.1.2, bestimmten Voraussetzungen für die Anwendung des vereinfachten Verfahrens für den Nachweis der Standsicherheit verwendet werden.

Berechnung
Sofern gemäß DIN EN 1996-1-1/NA [41], NCI zu 5.5.3, bzw. DIN EN 1996-3/NA [49], NDP zu 4.1 (1)P, ein rechnerischer Nachweis der Schubtragfähigkeit erforderlich ist, ist dieser nach DIN EN 1996-1-1 [40], Abschnitt 6.2, in Verbindung mit DIN EN 1996-1-1/NA [41], NCI zu 6.2, zu führen, wobei bei der Ermittlung des minimalen Bemessungswertes der Querkrafttragfähigkeit V_{Rdlt} nur 40% des sich nach Gleichung (NA.19) bzw. Gleichung (NA.24) ergebenden Wertes in Rechnung gestellt werden dürfen. Für die Ermittlung der charakteristischen Schubtragfähigkeit f_{vlt2} nach DIN EN 1996-1-1/NA [41], NDP zu 3.6.2 (3), gilt für $f_{bt,cal}$ der Wert für Hohlblocksteine.
Bei der Beurteilung eines Gebäudes hinsichtlich des Verzichts auf einen rechnerischen Nachweis der räumlichen Steifigkeit ist dies entsprechend zu berücksichtigen.
Vertikalschlitze ohne rechnerischen Nachweis sind unter den in Abschnitt 0.4 genannten Bedingungen zulässig. Horizontalschlitze entsprechend den Vorgaben nach Abschnitt 0.4 sind zulässig, wenn diese bei der Bemessung berücksichtigt werden. Als rechnerischer Wandquerschnitt ist dabei die Steinbreite abzüglich der Dicke des Außenlängsstegs und der Breite der äußeren Kammerreihe anzunehmen.

Z-17.1-1109
Mauerwerk aus POROTON Planhochlochziegeln mit integrierter Wärmedämmung (bezeichnet als POROTON S8) im Dünnbettverfahren

Antragsteller:
Deutsche POROTON GmbH
Kochstraße 6–7
10969 Berlin

Bescheid – Änderung/Ergänzung – Geltungsdauer:
9. September 2014 – 28. August 2015 –
9. September 2019

Die abZ erstreckt sich auf die Herstellung von Planhochlochziegeln (Lochbild s. Bild 37) mit integrierter Wärmedämmung (bezeichnet als POROTON-S8) sowie auf die Herstellung des Poroton-T-Dünnbettmörtels Typ I, Typ III, Typ B I, Typ B III, Typ M I und Typ M IV und des Glasfilamentgewebes BASIS SK 34/68 tex und die Verwendung dieser Planhochlochziegel und Dünnbettmörtel bzw. des Poroton-T-Dünnbettmörtels Typ III, Typ B III oder Typ M IV zusammen mit dem Glasfilamentgewebe BASIS SK 34/68 tex für Mauerwerk im Dünnbettverfahren (Mauerwerk mit Dünnbettmörtel) nach DIN EN 1996-1-1 [40] in Verbindung mit DIN EN 1996-1-1/NA [41] und DIN EN 1996-2 [46] in Verbindung mit DIN EN 1996-2/NA [47] ohne Stoßfugenvermörtelung.

Die Planhochlochziegel haben eine Länge von 248 mm, eine Breite von 300 mm, 365 mm, 425 mm oder 490 mm und eine Höhe von 249 mm.

Die Planhochlochziegel werden in Druckfestigkeitsklassen nach Tabelle 22 hergestellt.

Die Kammern der Planhochlochziegel werden werkseitig mit einem Dämmstoff aus gebundenem, hydrophobiertem Perlite-Leichtzuschlag versehen. Die Steine entsprechen in verfülltem Zustand der Rohdichteklasse 0,70 oder 0,75.

Bei der Herstellung des Mauerwerks mit dem Poroton-T-Dünnbettmörtel Typ M IV ohne das Glasfilamentgewebe BASIS SK 34/68 tex ist der Dünnbettmörtel mit dem speziell hierfür entwickelten Mörtelschlitten als geschlossenes Mörtelband aufzutragen.

Bei Vermauerung des Poroton-T-Dünnbettmörtels Typ III, Typ B III oder Typ M IV zusammen mit dem Glasfilamentgewebe BASIS SK 34/68 tex ist die speziell für dieses Verfahren entwickelte V.Plus-Mörtelrolle unter Berücksichtigung der Verarbeitungsrichtlinien des Herstellers zu verwenden.

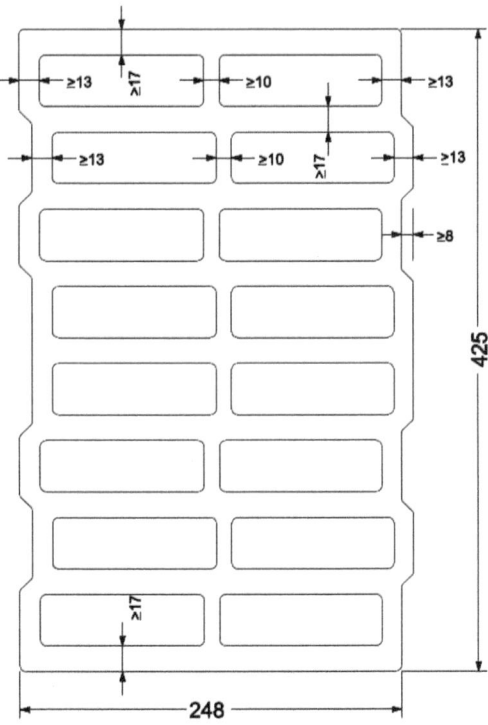

Bild 37. POROTON Planhochlochziegel mit integrierter Wärmedämmung (bezeichnet als POROTON S8), Beispiel für Lochbild (Z-17.1-1109)

Das Mauerwerk darf nur im Anwendungsbereich gemäß den in DIN EN 1996-3 [48], Abschnitte 4.2.1.1 und 4.2.1.2, in Verbindung mit DIN EN 1996-3/NA [49], NCI zu 4.2.1.1 und 4.2.1.2, bestimmten Voraussetzungen für die Anwendung des vereinfachten Verfahrens für den Nachweis der Standsicherheit verwendet werden.

Berechnung
Bei Anwendung der vereinfachten Berechnungsmethoden nach DIN EN 1996-3 [48] in Verbindung mit DIN EN 1996-3/NA [49] ist der Nachweis der Mindestauflast nach Abschnitt 0.1.2.1 zu führen. Bei Anwendung der weiter vereinfachten Berechnungsmethoden nach DIN EN 1996-3, Anhang A gilt abweichend Abschnitt 0.1.2.2.

Tabelle 22. Bemessungswerte für Mauerwerk aus POROTON Planhochlochziegeln mit integrierter Wärmedämmung (bezeichnet als POROTON S8) nach Z-17.1-1109

Rohdichteklasse	Bemessungswert der Wärmeleitfähigkeit λ in W/(m·K)
0,70	0,08
0,75	0,08

Festigkeitsklasse	Charakt. Druckfestigkeit f_k MN/m^2	$f_{bt,cal}$ MN/m^2	α^*
8	2,5	0,200	0,4
10	3,0	0,250	
12	3,4	0,300	

Sofern gemäß DIN EN 1996-1-1/NA [41], NCI zu 5.5.3, bzw. DIN EN 1996-3/NA [49], NDP zu 4.1 (1)P, ein rechnerischer Nachweis der Schubtragfähigkeit erforderlich ist, ist dieser nach DIN EN 1996-1-1 [40], Abschnitt 6.2, in Verbindung mit DIN EN 1996-1-1/NA [41], NCI zu 6.2, zu führen, wobei bei der Ermittlung des minimalen Bemessungswertes der Querkrafttragfähigkeit V_{Rdlt} nur 40 % des sich nach Gleichung (NA.19) bzw. Gleichung (NA.24) ergebenden Wertes in Rechnung gestellt werden dürfen. Für die Ermittlung der charakteristischen Schubtragfähigkeit f_{vlt2} nach DIN EN 1996-1-1/NA [41], NDP zu 3.6.2 (3), gilt für $f_{bt,cal}$ der Wert für Hohlblocksteine.
Bei der Beurteilung eines Gebäudes hinsichtlich des Verzichts auf einen rechnerischen Nachweis der räumlichen Steifigkeit ist dies entsprechend zu berücksichtigen.
Vertikalschlitze ohne rechnerischen Nachweis sind unter den in Abschnitt 0.4 genannten Bedingungen zulässig. Horizontalschlitze entsprechend den Vorgaben nach Abschnitt 0.4 sind zulässig, wenn diese bei der Bemessung berücksichtigt werden.

Z-17.1-1120
Mauerwerk aus POROTON Planhochlochziegeln mit integrierter Wärmedämmung (bezeichnet als POROTON-S8-Mikroverzahnung) im Dünnbettverfahren

Antragsteller:
Deutsche POROTON GmbH
Kochstraße 6–7
10969 Berlin

Bescheid – Geltungsdauer:
12. März 2015 – 12. März 2020

Die abZ erstreckt sich auf die Herstellung von Planhochlochziegeln (Lochbild s. Bild 38) mit integrierter Wärmedämmung (bezeichnet als POROTON-S8-Mikroverzahnung) sowie auf die Herstellung des Poroton-T-Dünnbettmörtels Typ I, Typ III, Typ B I, Typ B III, Typ M I und Typ M IV und des Glasfilamentgewebes BASIS SK 34/68 tex und die Verwendung dieser Planhochlochziegel und Dünnbettmörtel bzw. des Poroton-T-Dünnbettmörtels Typ III, Typ B III oder Typ M IV zusammen mit dem Glasfilamentgewebe BASIS SK 34/68 tex für Mauerwerk im Dünn-

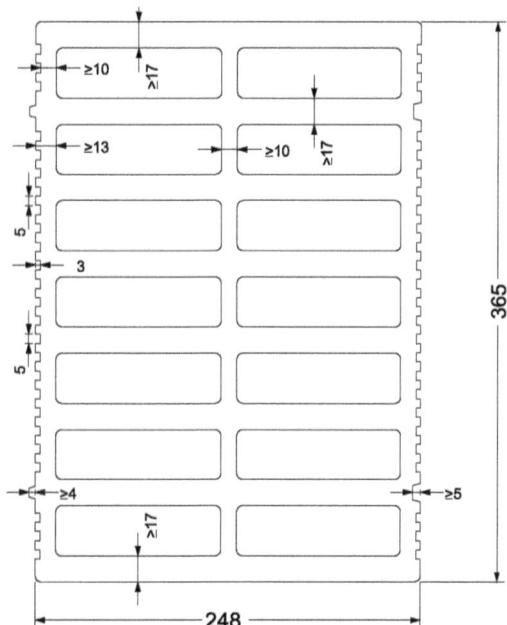

Bild 38. POROTON Planhochlochziegel mit integrierter Wärmedämmung (bezeichnet als POROTON S8), Beispiel für Lochbild (Z-17.1-1120)

bettverfahren (Mauerwerk mit Dünnbettmörtel) nach DIN EN 1996-1-1 [40] in Verbindung mit DIN EN 1996-1-1/NA [41] und DIN EN 1996-2 [46] in Verbindung mit DIN EN 1996-2/NA [47] ohne Stoßfugenvermörtelung.
Die Planhochlochziegel haben eine Länge von 248 mm, eine Breite von 365 mm, 425 mm oder 490 mm und eine Höhe von 249 mm.
Die Planhochlochziegel werden in Druckfestigkeitsklassen nach Tabelle 23 hergestellt.
Die Kammern der Planhochlochziegel werden werkseitig mit einem Dämmstoff aus gebundenem, hydrophobiertem Perlite-Leichtzuschlag versehen. Die Steine entsprechen in verfülltem Zustand der Rohdichteklasse 0,70 oder 0,75.
Bei der Herstellung des Mauerwerks mit dem Poroton-T-Dünnbettmörtel Typ M IV ohne das Glasfilamentgewebe BASIS SK 34/68 tex ist der Dünnbettmörtel

Tabelle 23. Bemessungswerte für Mauerwerk aus POROTON Planhochlochziegeln mit integrierter Wärmedämmung (bezeichnet als POROTON S8) nach Z-17.1-1120

Rohdichteklasse	Bemessungswert der Wärmeleitfähigkeit λ in W/(m·K)	Festigkeitsklasse	Charakt. Druckfestigkeit f_k MN/m²	$f_{bt,cal}$ MN/m²	α*
0,70	0,08	8	2,5	0,200	0,4
0,75	0,08	10	3,0	0,250	
		12	3,4	0,300	

mit dem speziell hierfür entwickelten Mörtelschlitten als geschlossenes Mörtelband aufzutragen.
Bei Vermauerung des Poroton-T-Dünnbettmörtels Typ III, Typ B III oder Typ M IV zusammen mit dem Glasfilamentgewebe BASIS SK 34/68 tex ist die speziell für dieses Verfahren entwickelte V.Plus-Mörtelrolle unter Berücksichtigung der Verarbeitungsrichtlinien des Herstellers zu verwenden.
Das Mauerwerk darf nur im Anwendungsbereich gemäß den in DIN EN 1996-3 [48], Abschnitte 4.2.1.1 und 4.2.1.2, in Verbindung mit DIN EN 1996-3/NA [49], NCI zu 4.2.1.1 und 4.2.1.2, bestimmten Voraussetzungen für die Anwendung des vereinfachten Verfahrens für den Nachweis der Standsicherheit verwendet werden.

Berechnung
Sofern gemäß DIN EN 1996-1-1/NA [41], NCI zu 5.5.3, bzw. DIN EN 1996-3/NA [49], NDP zu 4.1 (1)P, ein rechnerischer Nachweis der Schubtragfähigkeit erforderlich ist, ist dieser nach DIN EN 1996-1-1:2013-02, Abschnitt 6.2, in Verbindung mit DIN EN 1996-1-1/NA [41], NCI zu 6.2, zu führen, wobei bei der Ermittlung des minimalen Bemessungswertes der Querkrafttragfähigkeit V_{Rdlt} nur 40 % des sich nach Gleichung (NA.19) bzw. Gleichung (NA.24) ergebenden Wertes in Rechnung gestellt werden dürfen. Für die Ermittlung der charakteristischen Schubtragfähigkeit f_{vlt2} nach DIN EN 1996-1-1/NA [41], NDP zu 3.6.2 (3), gilt für $f_{bt,cal}$ der Wert für Hohlblocksteine.
Bei der Beurteilung eines Gebäudes hinsichtlich des Verzichts auf einen rechnerischen Nachweis der räumlichen Steifigkeit ist dies entsprechend zu berücksichtigen.
Vertikalschlitze ohne rechnerischen Nachweis sind unter den in Abschnitt 0.4 genannten Bedingungen zulässig. Horizontalschlitze entsprechend den Vorgaben nach Abschnitt 0.4 sind zulässig, wenn diese bei der Bemessung berücksichtigt werden.

Z-17.1-1144
Mauerwerk aus POROTON Planhochlochziegeln S9 PF mit integrierter Wärmedämmung im Dünnbettverfahren mit gedeckelter Lagerfuge

Antragsteller:
Deutsche POROTON GmbH
Kochstraße 6–7
10969 Berlin

Bescheid – Geltungsdauer:
11. Dezember 2015 – 14. April 2020

Die abZ erstreckt sich auf die Herstellung von Planhochlochziegeln mit integrierter Wärmedämmung (bezeichnet als POROTON Planhochlochziegel S9 PF) – Lochbild siehe z. B. Bild 39 – sowie die Herstellung des POROTON-T-Dünnbettmörtels Typ M IV und die Verwendung dieser Planhochlochziegel und dieses Dünnbettmörtels für Mauerwerk im Dünnbettverfahren (Mauerwerk mit Dünnbettmörtel) nach

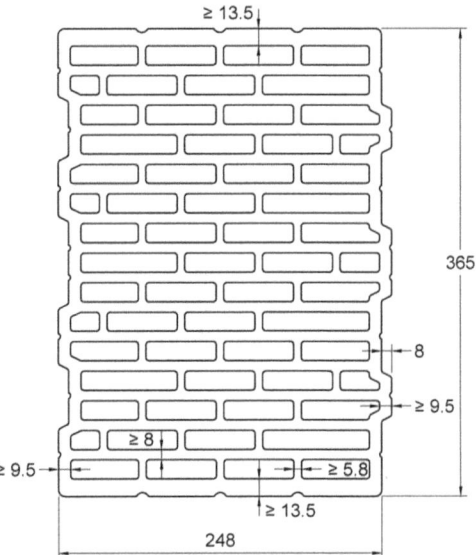

Bild 39. POROTON Planhochlochziegel S9 PF mit integrierter Wärmedämmung, Beispiel für Lochbild (Z-17.1-1144)

DIN 1053-1 [4] ohne Stoßfugenvermörtelung und für Mauerwerk im Dünnbettverfahren nach DIN EN 1996-1-1 [40] in Verbindung mit DIN EN 1996-1-1/NA [41] und DIN EN 1996-2 [46] in Verbindung mit DIN EN 1996-2/NA [47] ohne Stoßfugenvermörtelung.
Die Planhochlochziegel haben eine Länge von 248 mm, eine Breite von 365 mm, 425 mm oder 490 mm und eine Höhe von 249 mm und werden in Druckfestigkeitsklassen und Brutto-Trockenrohdichten nach Tabelle 24 hergestellt. Die Lochungen der Planhochlochziegel werden werkseitig vollständig mit einem Dämmstoff aus gebundenem, hydrophobiertem Perlite-Leichtzuschlag verfüllt.
Der POROTON-T-Dünnbettmörtel Typ M IV ist mit dem speziell hierfür entwickelten Mörtelschlitten als geschlossenes Mörtelband aufzutragen.

Ausführung
Das Mauerwerk ist als Einstein-Mauerwerk im Dünnbettverfahren ohne Stoßfugenvermörtelung auszuführen.
Der Dünnbettmörtel ist auf das staubfreie Planziegel-Mauerwerk mit dem speziell hierfür entwickelten Mörtelschlitten so aufzutragen, dass ein geschlossenes Mörtelband mit einer Fugendicke von mindestens 1 mm und höchstens 3 mm entsteht.
Die Planhochlochziegel sind auf dem beschriebenen Mörtelband dicht aneinander („knirsch") zu stoßen, anzudrücken und lot- und fluchtgerecht in ihre endgültige Lage zu bringen.

Tabelle 24. Bemessungswerte für Mauerwerk aus POROTON Planhochlochziegeln S9 PF mit integrierter Wärmedämmung nach Z-17.1-1144

Rohdichteklasse	Bemessungswert der Wärmeleitfähigkeit λ in W/(m·K)	Festigkeitsklasse	DIN 1053-1			DIN EN 1996-3		α^*
			Grundwert σ_0 MN/m²	max τ MN/m²	β_{RZ} MN/m²	char. DF f_k MN/m²	$f_{bt,cal}$ MN/m²	
0,70	0,09	8	1,4	0,096	0,264	3,9	0,260	0,50
0,75	0,09	10	1,7	0,120	0,330	4,6	0,325	
		12	1,9	0,144	0,396	5,2	0,390	

Berechnung

Für die Grundwerte σ_0 der zulässigen Druckspannungen bzw. die charakteristische Druckfestigkeit f_k gilt Tabelle 24.

Für Wände, die als Endauflager für Decken oder Dächer dienen, durch Wind beansprucht werden und nach DIN 1053-1, Abschnitt 6.9.1, nachgewiesen werden, ist zusätzlich ein Nachweis der Mindestauflast der Wände zu führen. Dieser darf vereinfacht nach Abschnitt 0.1.1 erfolgen, sofern kein genauerer Nachweis geführt wird.

Bei Wänden mit nicht über die volle Wanddicke aufliegender Decke darf der Nachweis der Standsicherheit mit dem vereinfachten Verfahren nach DIN 1053-1, Abschnitt 6.9.1, geführt werden, wenn abweichend bzw. zusätzlich die Regelungen nach Abschnitt 0.2.1 berücksichtigt werden. Dabei darf bei einer Wanddicke von 365 mm die Mindestauflagertiefe auf 0,45 d reduziert werden.

Beim Schubnachweis nach DIN 1053-1 [4], Abschnitt 6.9.5, dürfen für zul τ und max τ nur 50 % des sich aus Abschnitt 6.9.5, Gleichung (6a), – mit σ_{0HS} nach DIN 1053-1 [4], Tabelle 5 (Wert für unvermörtelte Stoßfugen) – ergebenden Wertes in Rechnung gestellt werden.

Beim Schubnachweis nach dem genaueren Verfahren nach DIN 1053-1 [4], Abschnitt 7.9.5, dürfen nur 50 % der sich aus Abschnitt 7.9.5, Gleichungen (16a) und (16b), – mit σ_{0HS} für unvermörtelte Stoßfugen – ergebenden Werte in Rechnung gestellt werden.

Sofern gemäß DIN EN 1996-1-1/NA [41], NCI zu 5.5.3, bzw. DIN EN 1996-3/NA [49], NDP zu 4.1 (1)P, ein rechnerischer Nachweis der Schubtragfähigkeit erforderlich ist, ist dieser nach DIN EN 1996-1-1 [40], Abschnitt 6.2, in Verbindung mit DIN EN 1996-1-1/NA [41], NCI zu 6.2, zu führen, wobei für den minimalen Bemessungswert der Querkrafttragfähigkeit V_{Rdlt} nur 50 % des sich aus Gleichung (NA.19) bzw. Gleichung (NA.24) ergebenden Wertes in Rechnung gestellt werden dürfen.

Bei der Beurteilung eines Gebäudes hinsichtlich des Verzichts auf einen rechnerischen Nachweis der räumlichen Steifigkeit ist die geringere Schubtragfähigkeit zu beachten.

Z-17.1-1145
Mauerwerk aus Poroton-Planhochlochziegeln mit integrierter Wärmedämmung (bezeichnet als POROTON S9 MW) im Dünnbettverfahren

Antragsteller:
Deutsche POROTON GmbH
Kochstraße 6–7
10969 Berlin

Bescheid – Geltungsdauer:
11. Dezember 2015 – 14. April 2020

Die abZ erstreckt sich auf die Herstellung von Planhochlochziegeln mit integrierter Wärmedämmung (bezeichnet als POROTON S9 MW) – Lochbild siehe z. B. Bild 40 – sowie die Herstellung des POROTON-T-Dünnbettmörtels Typ M IV und die Verwendung dieser Planhochlochziegel und des Dünnbettmörtels für Mauerwerk im Dünnbettverfahren (Mauerwerk mit Dünnbettmörtel) nach DIN 1053-1 [4] ohne Stoßfugenvermörtelung und für Mauerwerk im Dünnbettverfahren nach DIN EN 1996-1-1 [40] in Verbindung mit DIN EN 1996-1-1/NA [41] und DIN EN 1996-2 [46] in Verbindung mit DIN EN 1996-2/NA [47] ohne Stoßfugenvermörtelung.

Sie haben eine Länge von 248 mm, eine Breite von 300 mm, 365 mm oder 425 mm und eine Höhe von 249 mm und werden in Druckfestigkeitsklassen und Brutto-Trockenrohdichten nach Tabelle 26 hergestellt.

Die Lochungen der Planhochlochziegel werden werkseitig vollständig mit einem Dämmstoff aus gebundenem, hydrophobiertem Perlite-Leichtzuschlag verfüllt.

Der POROTON-T-Dünnbettmörtel Typ M IV ist mit dem speziell hierfür entwickelten Mörtelschlitten als geschlossenes Mörtelband aufzutragen.

Das Mauerwerk darf nur im Anwendungsbereich gemäß den in DIN 1053-1 [4], Abschnitt 6.1, bzw. DIN EN 1996-3 [48], Abschnitte 4.2.1.1 und 4.2.1.2, in Verbindung mit DIN EN 1996-3/NA [49], NCI zu 4.2.1.1 und 4.2.1.2, bestimmten Voraussetzungen für die Anwendung des vereinfachten Verfahrens bzw. der vereinfachten Berechnungsmethoden für den Nachweis der Standsicherheit verwendet werden.

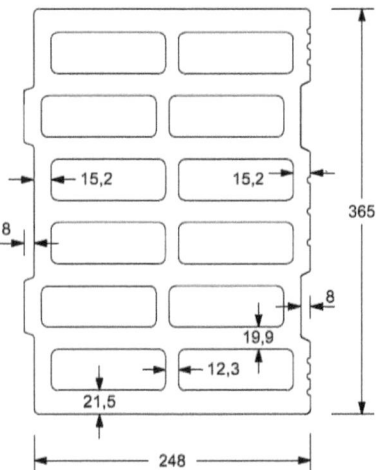

Bild 40. Poroton-Planhochlochziegel mit integrierter Wärmedämmung (bezeichnet als POROTON S9 MW), Beispiel für Lochbild (Z-17.1-1145 und Z-17.1-1151)

Ausführung

Das Mauerwerk ist als Einstein-Mauerwerk im Dünnbettverfahren ohne Stoßfugenvermörtelung auszuführen.

Der Dünnbettmörtel ist auf die Lagerflächen der staubfreien Planhochlochziegel einschließlich der Dämmstoffbereiche mit dem speziell hierfür entwickelten Mörtelschlitten als geschlossenes Mörtelband mit einer Fugendicke von mindestens 1 mm und höchstens 3 mm aufzutragen.

Die Planhochlochziegel sind auf dem beschriebenen Mörtelband dicht aneinander („knirsch") zu stoßen, anzudrücken und lot- und fluchtgerecht in ihre endgültige Lage zu bringen.

Es gelten die Regelungen zu Schlitzen nach Abschnitt 0.4.

Bei der Ausführung von zweischaligem Mauerwerk ist die gemauerte Außenschale mit dem Mauerwerk aus den Planhochlochziegeln nach DIN 1053-1 [4], Abschnitt 8.4.3, bzw. nach DIN EN 1996-2/NA [47], Abschnitt NA.D.1, zu verbinden.

Dafür dürfen entsprechend DIN 1053-1, Abschnitt 8.4.3.1, Punkt e, Absatz 5 bzw. DIN EN 1996-2/NA, Abschnitt NA.D.1, Punkt g), die Luftschichtanker DUO nach der abZ Nr. Z-17.1-1062 verwendet werden. Die Fugendicke der Innenschale soll 2 mm betragen. Das Mörtelauftragsverfahren ist auf diese Fugendicke abzustimmen.

Abweichend von den Festlegungen der Tabelle 1 von Z-17.1-1062 gilt für die Mindestanzahl der Luftschichtanker DUO die Tabelle 25. Die Tabellenwerte gelten für Gebäudeabmessungen h/d ≤ 2 (h/d siehe DIN EN 1991-1-4 [36], Abschnitt 7.2.2). Bei Verhältniswerten h/d > 2 ist die Anzahl der Anker um jeweils 1 Stück/m² zu erhöhen.

Ansonsten gelten die Bestimmungen der abZ für die Luftschichtanker DUO.

Berechnung

Für die Grundwerte σ_0 der zulässigen Druckspannungen bzw. die charakteristische Druckfestigkeit f_k gilt Tabelle 26. Eine Erhöhung der zulässigen Druckspannungen nach DIN 1053-1, Abschnitt 6.9.3, ist nicht zulässig. Die Annahme einer erhöhten Teilflächenpressung nach DIN EN 1996-1-1, Abschnitt 6.1.3, ist unzulässig.

Tabelle 25. Mindestanzahl der Luftschichtanker DUO je m² Wandfläche (Windzonen nach DIN EN 1991-1-4/NA:2010-12)

Gebäudehöhe	Windzonen 1 bis 3, Windzone 4 Binnenland	Windzone 4 Küste der Nord- und Ostsee und Inseln der Ostsee	Windzone 4 Inseln der Nordsee
h ≤ 10 m	8[1]	8	9
10 m < h ≤ 18 m	8[2]	9	10
18 m < h ≤ 20 m	8	9	–

1) In Windzone 1 und Windzone 2 Binnenland: 6 Anker/m²
2) In Windzone 1: 6 Anker/m²

Tabelle 26. Bemessungswerte für Mauerwerk aus Poroton-Planhochlochziegeln mit integrierter Wärmedämmung (bezeichnet als POROTON S9 MW) nach Z-17.1-1145

Rohdichteklasse	Bemessungswert der Wärmeleitfähigkeit λ in W/(m·K)	Festigkeitsklasse	DIN 1053-1			DIN EN 1996-3		α^*
			Grundwert σ_0 MN/m²	max τ MN/m²	β_{RZ} MN/m²	char. DF f_k MN/m²	$f_{bt,cal}$ MN/m²	
0,80	0,09	8	1,4	0,096	0,264	3,9	0,260	0,50
		10	1,6	0,120	0,330	4,6	0,325	
		12	1,9	0,144	0,396	5,2	0,390	

Für Wände, die als Endauflager für Decken oder Dächer dienen, durch Wind beansprucht werden und nach DIN 1053-1, Abschnitt 6.9.1, nachgewiesen werden, ist zusätzlich ein Nachweis der Mindestauflast der Wände zu führen. Dieser darf vereinfacht nach Abschnitt 0.1.1 erfolgen, sofern kein genauerer Nachweis geführt wird.

Bei Wänden mit nicht über die volle Wanddicke aufliegender Decke darf der Nachweis der Standsicherheit mit dem vereinfachten Verfahren nach DIN 1053-1, Abschnitt 6.9.1 geführt werden, wenn abweichend bzw. zusätzlich die Regelungen nach Abschnitt 0.2.1 berücksichtigt werden. Dabei darf bei einer Wanddicke von 365 mm die Mindestauflagertiefe auf 0,45 d reduziert werden.

Beim Schubnachweis nach DIN 1053-1 [4], Abschnitt 6.9.5, dürfen für zul τ und max τ nur 50 % des sich aus Abschnitt 6.9.5, Gleichung (6a), – mit σ_{0HS} nach DIN 1053-1 [4], Tabelle 5 (Wert für unvermörtelte Stoßfugen) – ergebenden Wertes in Rechnung gestellt werden.

Beim Schubnachweis nach dem genaueren Verfahren nach DIN 1053-1 [4], Abschnitt 7.9.5, dürfen nur 50 % der sich aus Abschnitt 7.9.5, Gleichungen (16a) und (16b), – mit σ_{0HS} für unvermörtelte Stoßfugen – ergebenden Werte in Rechnung gestellt werden.

Sofern gemäß DIN EN 1996-1-1/NA [41], NCI zu 5.5.3, bzw. DIN EN 1996-3/NA [49], NDP zu 4.1 (1)P, ein rechnerischer Nachweis der Schubtragfähigkeit erforderlich ist, ist dieser nach DIN EN 1996-1-1 [40], Abschnitt 6.2, in Verbindung mit DIN EN 1996-1-1/NA [41], NCI zu 6.2, zu führen, wobei für den minimalen Bemessungswert der Querkrafttragfähigkeit V_{Rdlt} nur 50 % des sich aus Gleichung (NA.19) bzw. Gleichung (NA.24) ergebenden Wertes in Rechnung gestellt werden dürfen.

Bei der Beurteilung eines Gebäudes hinsichtlich des Verzichts auf einen rechnerischen Nachweis der räumlichen Steifigkeit ist die geringere Schubtragfähigkeit zu beachten.

Vertikalschlitze ohne rechnerischen Nachweis sind unter den in Abschnitt 0.4 genannten Bedingungen zulässig. Horizontalschlitze entsprechend den Vorgaben nach Abschnitt 0.4 sind zulässig, wenn diese bei der Bemessung berücksichtigt werden.

Z-17.1-1151
Mauerwerk aus Poroton-Planhochlochziegeln mit integrierter Wärmedämmung (bezeichnet als POROTON S9 MW (0,035)) im Dünnbettverfahren

Antragsteller:
Deutsche POROTON GmbH
Kochstraße 6–7
10969 Berlin

Bescheid – Geltungsdauer:
24. Mai 2016 – 14. April 2020

Die abZ erstreckt sich auf die Herstellung von Planhochlochziegeln mit integrierter Wärmedämmung (bezeichnet als POROTON S9 MW(0,035)) – Lochbild siehe z. B. Bild 40) – sowie die Herstellung des POROTON-T-Dünnbettmörtels Typ M IV und die Verwendung dieser Planhochlochziegel und des Dünnbettmörtels für Mauerwerk im Dünnbettverfahren (Mauerwerk mit Dünnbettmörtel) nach DIN 1053-1 [4] ohne Stoßfugenvermörtelung und für Mauerwerk im Dünnbettverfahren nach DIN EN 1996-1-1 [40] in Verbindung mit DIN EN 1996-1-1/NA [41] und DIN EN 1996-2 [46] in Verbindung mit DIN EN 1996-2/NA [47] ohne Stoßfugenvermörtelung.

Sie haben eine Länge von 248 mm, eine Breite von 300 mm, 365 mm oder 425 mm und eine Höhe von 249 mm und werden in Druckfestigkeitsklassen und Brutto-Trockenrohdichten nach Tabelle 20 hergestellt.

Die Kammern der Planhochlochziegel werden werkseitig mit vorkonfektionierten nichtbrennbaren Mineralfaserdämmstoff-Formteilen versehen.

Der POROTON-T-Dünnbettmörtel Typ M IV ist mit dem speziell hierfür entwickelten Mörtelschlitten als geschlossenes Mörtelband aufzutragen.

Das Mauerwerk darf nur im Anwendungsbereich gemäß den in DIN 1053-1 [4], Abschnitt 6.1, bzw. DIN EN 1996-3 [48], Abschnitte 4.2.1.1 und 4.2.1.2, in Verbindung mit DIN EN 1996-3/NA [49], NCI zu 4.2.1.1 und 4.2.1.2, bestimmten Voraussetzungen für die Anwendung des vereinfachten Verfahrens bzw. der vereinfachten Berechnungsmethoden für den Nachweis der Standsicherheit verwendet werden.

Ausführung

Das Mauerwerk ist als Einstein-Mauerwerk im Dünnbettverfahren ohne Stoßfugenvermörtelung auszuführen.

Der Dünnbettmörtel ist auf die Lagerflächen der staubfreien Planhochlochziegel einschließlich der Dämmstoffbereiche mit dem speziell hierfür entwickelten Mörtelschlitten als geschlossenes Mörtelband mit einer Fugendicke von mindestens 1 mm und höchstens 3 mm aufzutragen.

Die Planhochlochziegel sind auf dem beschriebenen Mörtelband dicht aneinander („knirsch") zu stoßen, anzudrücken und lot- und fluchtgerecht in ihre endgültige Lage zu bringen.

Es gelten die Regelungen zu Schlitzen nach Abschnitt 0.4.

Bei der Ausführung von zweischaligem Mauerwerk ist die gemauerte Außenschale mit dem Mauerwerk aus den Planhochlochziegeln nach DIN 1053-1 [4], Abschnitt 8.4.3, bzw. nach DIN EN 1996-2/NA [47], Abschnitt NA.D.1, zu verbinden.

Dafür dürfen entsprechend DIN 1053-1, Abschnitt 8.4.3.1, Punkt e, Absatz 5 bzw. DIN EN 1996-2/NA, Abschnitt NA.D.1, Punkt g), die Luftschichtanker DUO nach der abZ Nr. Z-17.1-1062 verwendet werden. Die Fugendicke der Innenschale soll 2 mm betragen. Das Mörtelauftragsverfahren ist auf diese Fugendicke abzustimmen.

Abweichend von den Festlegungen der Tabelle 1 von Z-17.1-1062 gilt für die Mindestanzahl der Luftschichtanker DUO die Tabelle 25. Die Tabellenwerte gelten für Gebäudeabmessungen h/d ≤ 2 (h/d siehe DIN EN 1991-1-4 [36], Abschnitt 7.2.2.2). Bei Verhältniswerten h/d > 2 ist die Anzahl der Anker um jeweils 1 Stück/m² zu erhöhen.
Ansonsten gelten die Bestimmungen der abZ für die Luftschichtanker DUO.

Berechnung
Für die Grundwerte σ_0 der zulässigen Druckspannungen bzw. die charakteristische Druckfestigkeit f_k gilt Tabelle 27. Eine Erhöhung der zulässigen Druckspannungen nach DIN 1053-1, Abschnitt 6.9.3, ist nicht zulässig. Die Annahme einer erhöhten Teilflächenpressung nach DIN EN 1996-1-1, Abschnitt 6.1.3, ist unzulässig.
Für Wände, die als Endauflager für Decken oder Dächer dienen, durch Wind beansprucht werden und nach DIN 1053-1, Abschnitt 6.9.1, nachgewiesen werden, ist zusätzlich ein Nachweis der Mindestauflast der Wände zu führen. Dieser darf vereinfacht nach Abschnitt 0.1.1 erfolgen, sofern kein genauerer Nachweis geführt wird.
Bei Wänden mit nicht über die volle Wanddicke aufliegender Decke darf der Nachweis der Standsicherheit mit dem vereinfachten Verfahren nach DIN 1053-1, Abschnitt 6.9.1, geführt werden, wenn abweichend bzw. zusätzlich die Regelungen nach Abschnitt 0.2.1 berücksichtigt werden. Dabei darf bei einer Wanddicke von 365 mm die Mindestauflagertiefe auf 0,45 d reduziert werden.
Beim Schubnachweis nach DIN 1053-1 [4], Abschnitt 6.9.5, dürfen für zul τ und max τ nur 50 % des sich aus Abschnitt 6.9.5, Gleichung (6a), – mit σ_{0HS} nach DIN 1053-1 [4], Tabelle 5 (Wert für unvermörtelte Stoßfugen) – ergebenden Wertes in Rechnung gestellt werden.
Beim Schubnachweis nach dem genaueren Verfahren nach DIN 1053-1 [4], Abschnitt 7.9.5, dürfen nur 50 % der sich aus Abschnitt 7.9.5, Gleichungen (16a) und (16b), – mit σ_{0HS} für unvermörtelte Stoßfugen – ergebenden Werte in Rechnung gestellt werden.
Sofern gemäß DIN EN 1996-1-1/NA [41], NCI zu 5.5.3, bzw. DIN EN 1996-3/NA [49], NDP zu 4.1 (1)P, ein rechnerischer Nachweis der Schubtragfähigkeit erforderlich ist, ist dieser nach DIN EN 1996-1-1 [40], Abschnitt 6.2, in Verbindung mit DIN EN 1996-1-1/NA [41], NCI zu 6.2, zu führen, wobei für den minimalen Bemessungswert der Querkrafttragfähigkeit V_{Rdlt} nur 50 % des sich aus Gleichung (NA.19) bzw. Gleichung (NA.24) ergebenden Wertes in Rechnung gestellt werden dürfen.
Bei der Beurteilung eines Gebäudes hinsichtlich des Verzichts auf einen rechnerischen Nachweis der räumlichen Steifigkeit ist die geringere Schubtragfähigkeit zu beachten.
Vertikalschlitze ohne rechnerischen Nachweis sind unter den in Abschnitt 0.4 genannten Bedingungen zulässig. Horizontalschlitze entsprechend den Vorgaben nach Abschnitt 0.4 sind zulässig, wenn diese bei der Bemessung berücksichtigt werden.

Z-17.1-1153
Mauerwerk aus POROTON Planhochlochziegeln mit integrierter Wärmedämmung (bezeichnet als POROTON S9 MV) im Dünnbettverfahren

Antragsteller:
Deutsche POROTON GmbH
Kochstraße 6–7
10969 Berlin

Bescheid – Geltungsdauer:
4. Oktober 2017 – 14. April 2020

Die abZ erstreckt sich auf die Herstellung der Planhochlochziegel mit integrierter Wärmedämmung (bezeichnet als POROTON S9 MV) – Lochbild siehe z. B. Bild 41 – sowie die Bemessung und Ausführung von Mauerwerk im Dünnbettverfahren aus den Planhochlochziegeln dem Dünnbettmörtel „Poroton-T-Dünnbettmörtel Typ M IV" mit den in der Leistungserklärung nach DIN EN 998-2 [35] erklärten Leistungen und dem Glasfilamentgewebe BASIS SK 34/68 tex.
Die Planhochlochziegel haben eine Länge von 248 mm, eine Breite von 365 mm, 425 mm oder 490 mm und eine Höhe von 249 mm. Sie werden in Druckfestigkeitsklassen und Brutto-Trockenrohdichten nach Tabelle 28 hergestellt. Die Lochungen der Planhochlochziegel sind mit Ausnahme der jeweils äußeren Lochreihe werkseitig mit einem Dämmstoff aus gebundenem, hydrophobiertem Perlite-Leichtzuschlag versehen.

Tabelle 27. Bemessungswerte für Mauerwerk aus Poroton-Planhochlochziegeln mit integrierter Wärmedämmung (bezeichnet als POROTON S9 MW) nach Z-17.1-1145

Rohdichteklasse	Bemessungswert der Wärmeleitfähigkeit λ in W/(m·K)	Festigkeitsklasse	DIN 1053-1			DIN EN 1996-3		α*
			Grundwert σ_0 MN/m²	max τ MN/m²	β_{RZ} MN/m²	char. DF f_k MN/m²	$f_{bt,cal}$ MN/m²	
0,80	0,09	8	1,4	0,096	0,264	3,9	0,260	0,50
		10	1,6	0,120	0,330	4,6	0,325	
		12	1,9	0,144	0,396	5,2	0,390	

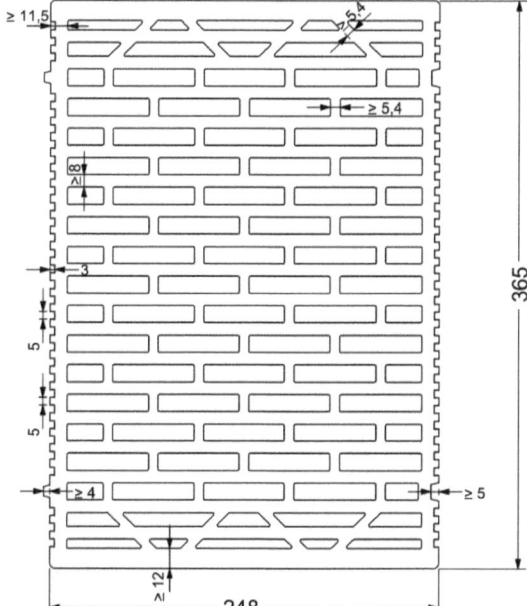

Bild 41. POROTON S9 MV Planhochlochziegel, Beispiel für Lochbild (Z-17.1-1153)

Die Dünnbettmörtelschicht ist mit speziellen Auftragsverfahren herzustellen.
Das Mauerwerk darf als unbewehrtes Mauerwerk nach DIN EN 1996, jedoch nicht als eingefasstes Mauerwerk verwendet werden.

Berechnung
Für die charakteristische Druckfestigkeit f_k gilt Tabelle 28.
Sofern gemäß DIN EN 1996-1-1/NA [41], NCI zu 5.5.3, bzw. DIN EN 1996-3/NA [49], NDP zu 4.1 (1)P, ein rechnerischer Nachweis der Schubtragfähigkeit erforderlich ist, ist dieser nach DIN EN 1996-1-1 [40], Abschnitt 6.2, in Verbindung mit DIN EN 1996-1-1/NA [41], NCI zu 6.2, zu führen, wobei für den minimalen Bemessungswert der Querkrafttragfähigkeit V_{Rdlt} nur 50 % des sich aus Gleichung (NA.19) bzw. Gleichung (NA.24) ergebenden Wertes in Rechnung gestellt werden dürfen.

Bei der Beurteilung eines Gebäudes hinsichtlich des Verzichts auf einen rechnerischen Nachweis der räumlichen Steifigkeit ist die geringere Schubtragfähigkeit zu beachten.

Z-17.1-1175
Planhochlochziegel EDERPLAN XV 7.5 S, EDERPLAN XV 8 S und EDERPLAN XV 9 S mit integrierter Wärmedämmung für Mauerwerk im Dünnbettverfahren

Antragsteller:
Ziegelwerk Eder GmbH & Co KG
Bruck 39
4722 Peuerbach
Österreich

Bescheid – Geltungsdauer:
7. Februar 2018 – 7. Februar 2023

Gegenstand der abZ ist die Herstellung von Planhochlochziegeln mit integrierter Wärmedämmung (bezeichnet als EDERPLAN XV 7.5 S, EDERPLAN XV 8 S, EDERPLAN XV 9 S) – Lochbild siehe z. B. Bild 42 – sowie die Bemessung und Ausführung von Mauerwerk im Dünnbettverfahren aus diesen Planhochlochziegeln dem werkmäßig hergestellten „Dünnbettmörtel 900 D" (Trockenmörtel) nach Eignungsprüfung mit CE-Kennzeichnung nach DIN EN 998-2.
Die Dünnbettmörtelschicht ist mit speziellen Auftragsverfahren herzustellen.
Die Planhochlochziegel weisen eine Länge von 200 mm, eine Breite von 300 mm, 365 mm, 425 mm oder 490 mm und eine Höhe von 249 mm auf.
Die Lochungen der Planhochlochziegel sind werkseitig mit einer speziellen Dämmstofffüllung aus loser Mineralwolle versehen.
Die Planhochlochziegel sind in die Rohdichteklasse und die Druckfestigkeitsklassen nach Tabelle 29 eingestuft.
Das Mauerwerk darf als unbewehrtes Mauerwerk im Dünnbettverfahren nach DIN EN 1996-1-1 in Verbindung mit DIN EN 1996-1-1/NA und DIN EN 1996-2 in Verbindung mit DIN EN 1996-2/NA verwendet werden. Das Mauerwerk darf nicht als eingefasstes Mauerwerk nach DIN EN 1996-1-1 verwendet werden.

Tabelle 28. Bemessungswerte für Mauerwerk aus POROTON S9 MV Planziegeln nach Z-17.1-1153

Rohdichteklasse	Bemessungswert der Wärmeleitfähigkeit λ in W/(m·K)	Festigkeitsklasse	DIN EN 1996		α*
			char. DF f_k MN/m²	$f_{bt,cal}$ MN/m²	
0,85	0,09	8	4,0	0,260	0,50
		10	4,7	0,325	
		12	5,3	0,390	

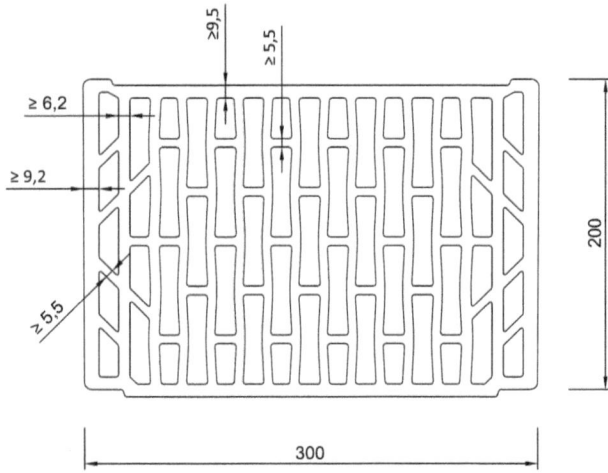

Bild 42. EDERPLAN XV 9 S Planhochlochziegel, Beispiel für Lochbild (Z-17.1-1175)

Tabelle 29. Bemessungswerte für Mauerwerk aus Planhochlochziegeln EDERPLAN XV 7.5 S, EDERPLAN XV 8 S und EDERPLAN XV 9 S mit integrierter Wärmedämmung nach Z-17.1-1175

Rohdichteklasse		Bemessungswert der Wärmeleitfähigkeit λ in W/(m·K)	Festigkeitsklasse	DIN EN 1996		α^*
				char. DF f_k MN/m^2	$f_{bt,cal}$ MN/m^2	
0,85	EDERPLAN XV 7.5 S	0,075	6	2,7	0,195	0,33
	EDERPLAN XV 8 S	0,08	8	3,3	0,260	
	EDERPLAN XV 9 S	0,09	10	3,9	0,325	

Berechnung

Sofern gemäß DIN EN 1996-1-1/NA, NCI zu 5.5.3, bzw. DIN EN 1996-3/NA, NDP zu 4.1 (1)P, ein rechnerischer Nachweis der Schubtragfähigkeit erforderlich ist, ist dieser nach DIN EN 1996-1-1, Abschnitt 6.2, in Verbindung mit DIN EN 1996-1-1/NA, NCI zu 6.2, zu führen, wobei für den minimalen Bemessungswert der Querkrafttragfähigkeit V_{Rdlt} nur 30 % des sich aus Gleichung (NA.19) bzw. Gleichung (NA.24) ergebenden Wertes in Rechnung gestellt werden dürfen.

Bei der Beurteilung eines Gebäudes hinsichtlich des Verzichts auf einen rechnerischen Nachweis der räumlichen Steifigkeit ist diese geringere Schubtragfähigkeit zu beachten.

Z-17.1-906
Mauerwerk aus Planhochlochziegeln mit integrierter Wärmedämmung (bezeichnet als ThermoPlan MZ8 Planhochlochziegel) und Dünnbettmörtel mit gedeckelter Lagerfuge

Antragsteller:
Mein Ziegelhaus GmbH & Co. KG
Märkerstraße 44
63755 Alzenau

Bescheid – Geltungsdauer:
6. Juni 2017 – 6. Juni 2022

Gegenstand der abZ ist die Herstellung der Planhochlochziegel sowie die Bemessung und Ausführung von Mauerwerk aus den Planhochlochziegeln mit integrierter nichtbrennbarer Wärmedämmung (bezeichnet als ThermoPlan MZ 8) mit dem Dünnbettmörtel Mein Ziegelhaus Typ I, Mein Ziegelhaus Typ III, ZiegelPlan ZP 99, maxit mur 900, ZiegelPlanmörtel ZP Typ III oder Dünnbettmörtel 900 D und ggf. dem Glasfilamentgewebe BASIS SK 34/68 tex, hergestellt im Dünnbettverfahren. Die Dünnbettmörtelschicht ist mit speziellen Auftragsverfahren herzustellen.

Bild 43. Planhochlochziegel ThermoPlan MZ 8 mit Mineralfaserdämmstoff (Z-17.1-906)

Die Kammern der Planhochlochziegel werden werkseitig mit vorkonfektionierten nichtbrennbaren Mineralfaserdämmstoff-Formteilen gefüllt.
Sie haben eine Länge von 248 mm, eine Breite von 240 mm, 300 mm, 365 mm, 425 mm oder 490 mm und eine Höhe von 249 mm und werden in den Druckfestigkeitsklassen 6, 8 und 10 hergestellt.
Die Steine entsprechen in verfülltem Zustand der Rohdichteklasse 0,60 oder 0,65.
Bild 43 zeigt einen Planziegel der Breite 300 mm mit Kammerreihen.

Z-17.1-1015
Mauerwerk aus Planhochlochziegeln mit integrierter Wärmedämmung (bezeichnet als „ThermoPlan MZ10 Planhochlochziegel") und Dünnbettmörtel mit gedeckelter Lagerfuge

Antragsteller:
Mein Ziegelhaus GmbH & Co. KG
Märkerstraße 44
63755 Alzenau

Bescheid – Geltungsdauer:
31. Mai 2017 – 31. Mai 2022

Die abZ erstreckt sich auf die Herstellung von Planhochlochziegeln mit integrierter nichtbrennbarer Wärmedämmung (bezeichnet als „ThermoPlan MZ10 Planhochlochziegel") sowie auf die Bemessung und Ausführung von Mauerwerk aus diesen Planhochlochziegeln, dem Dünnbettmörtel „Mein Ziegelhaus Typ I", „Mein Ziegelhaus Typ III", „ZiegelPlan ZP 99", „maxit mur 900", „ZiegelPlanmörtel ZP Typ III" oder Dünnbettmörtel 900 D sowie ggf. des Glasfilamentgewebes BASIS SK 34/68 tex hergestellt im Dünnbettverfahren. Die Dünnbettmörtelschicht ist mit speziellen Auftragsverfahren herzustellen.
Die Planhochlochziegel haben eine Länge von 248 mm, eine Breite von 240 mm, 300 mm, 365 mm oder 425 mm und eine Höhe von 249 mm. Die Kammern der Planhochlochziegel werden werkseitig mit vorkonfektionierten nichtbrennbaren Mineralfaserdämmstoff-Formteilen mit der Bezeichnung „Brickrock Plus" gefüllt.
Die Planhochlochziegel werden in den Druckfestigkeitsklassen 6, 8, 10 und 12 mit der Rohdichteklasse 0,75 oder 0,80 hergestellt.
Das Mauerwerk darf nur im Anwendungsbereich gemäß den in DIN EN 1996-3 [48], Abschnitte 4.2.1.1 und 4.2.1.2, in Verbindung mit DIN EN 1996-3/NA [49], NCI zu 4.2.1.1 und 4.2.1.2, bestimmten Voraussetzungen für die Anwendung der vereinfachten Berechnungsmethoden für den Nachweis der Standsicherheit verwendet werden.
Das Mauerwerk darf nicht als eingefasstes Mauerwerk nach DIN EN 1996-1-1 [40] verwendet werden.

Z-17.1-1084
Mauerwerk aus Planhochlochziegeln mit integrierter Wärmedämmung (bezeichnet als „ThermoPlan MZ 70") im Dünnbettverfahren

Antragsteller:
Mein Ziegelhaus GmbH & Co. KG
Märkerstraße 44
63755 Alzenau

Bescheid – Geltungsdauer:
30. Mai 2017 – 30. Mai 2022

Die abZ erstreckt sich auf die Herstellung von Planhochlochziegeln mit integrierter nichtbrennbarer Wärmedämmung (bezeichnet als Planhochlochziegel „ThermoPlan MZ 70") – Lochbild siehe z. B. Bild 44 – sowie die Bemessung und Ausführung von Mauerwerk aus den Planhochlochziegeln, dem Dünnbettmörtel „Mein Ziegelhaus Typ I", „Mein Ziegelhaus Typ III", „ZiegelPlan ZP 99", „maxit mur 900", „ZiegelPlanmörtel ZP Typ III" und Dünnbettmörtel 900 D ggf. mit dem Glasfilamentgewebe BASIS SK 34/68 tex im Dünnbettverfahren.
Die Planhochlochziegel haben eine Länge von 248 mm, eine Breite von 240 mm, 300 mm, 365 mm, 425 mm oder 490 mm und eine Höhe von 249 mm.
Die Planhochlochziegel werden in den Druckfestigkeitsklassen 6 und 8 mit der Rohdichteklasse 0,50 oder 0,55 hergestellt. Die Kammern der Planhochlochziegel werden werkseitig mit vorkonfektionierten nichtbrennbaren Mineralfaserdämmstoff-Formteilen gefüllt.
Das Mauerwerk darf nur im Anwendungsbereich gemäß den in DIN EN 1996-3 [48], Abschnitte 4.2.1.1 und 4.2.1.2, in Verbindung mit DIN EN 1996-3/NA [49], NCI zu 4.2.1.1 und 4.2.1.2, bestimmten Voraussetzungen für die Anwendung der vereinfachten Berechnungsmethoden für den Nachweis der Standsicherheit verwendet werden.
Das Mauerwerk darf nicht als eingefasstes Mauerwerk nach DIN EN 1996-1-1 [40] verwendet werden.

Bild 44. ThermoPlan MZ 70 Planhochlochziegel mit integrierter Wärmedämmung (Z-17.1-1084)

Z-17.1-1086
Mauerwerk aus Planhochlochziegeln mit integrierter Wärmedämmung (bezeichnet als ThermoPlan MZ 65) im Dünnbettverfahren

Antragsteller:
Mein Ziegelhaus GmbH & Co. KG
Märkerstraße 44
63755 Alzenau

Bescheid – Geltungsdauer:
31. Mai 2017 – 31. Mai 2022

Die abZ erstreckt sich auf die Herstellung von Planhochlochziegeln mit integrierter nichtbrennbarer Wärmedämmung (bezeichnet als Planhochlochziegel „ThermoPlan MZ 65") sowie die Bemessung und Ausführung von Mauerwerk aus den Planhochlochziegeln, dem Dünnbettmörtel „Mein Ziegelhaus Typ I", „Mein Ziegelhaus Typ III", „ZiegelPlan ZP 99", „maxit mur 900", „ZiegelPlanmörtel ZP Typ III" und Dünnbettmörtel 900 D ggf. mit dem Glasfilamentgewebe BASIS SK 34/68 tex im Dünnbettverfahren.

Die Planhochlochziegel haben eine Länge von 248 mm, eine Breite von 240 mm, 300 mm, 365 mm, 425 mm oder 490 mm und eine Höhe von 249 mm.

Die Planhochlochziegel werden in den Druckfestigkeitsklassen 6 und 8 mit der Rohdichteklasse 0,50 oder 0,55 hergestellt. Die Kammern der Planhochlochziegel werden werkseitig mit vorkonfektionierten nichtbrennbaren Mineralfaserdämmstoff-Formteilen gefüllt.

Das Mauerwerk darf nur im Anwendungsbereich gemäß den in DIN EN 1996-3 [48], Abschnitte 4.2.1.1 und 4.2.1.2, in Verbindung mit DIN EN 1996-3/NA [49], NCI zu 4.2.1.1 und 4.2.1.2, bestimmten Voraussetzungen für die Anwendung der vereinfachten Berechnungsmethoden für den Nachweis der Standsicherheit verwendet werden.

Das Mauerwerk darf nicht als eingefasstes Mauerwerk nach DIN EN 1996-1-1 [40] verwendet werden.

Vertikalschlitze ohne rechnerischen Nachweis sind unter den in Abschnitt 0.4 genannten Bedingungen zulässig. Horizontalschlitze entsprechend den Vorgaben nach Abschnitt 0.4 sind zulässig, wenn diese bei der Bemessung berücksichtigt werden.

Z-17.1-1087
Mauerwerk aus Planhochlochziegeln mit integrierter Wärmedämmung (bezeichnet als ThermoPlan MZ 80 G und ThermoPlan MZ 90 G) im Dünnbettverfahren mit gedeckelter Lagerfuge

Antragsteller:
Mein Ziegelhaus GmbH & Co. KG
Märkerstraße 44
63755 Alzenau

Bescheid – Geltungsdauer:
22. Juni 2017 – 22. Juni 2022

Bild 45. Planhochlochziegel ThermoPlan MZ 90 G (Z-17.1-1087)

Die abZ erstreckt sich auf die Herstellung von Planhochlochziegeln mit integrierter nichtbrennbarer Wärmedämmung (bezeichnet als Planhochlochziegel ThermoPlan MZ 80 G und ThermoPlan MZ 90 G) sowie die Bemessung und Ausführung von Mauerwerk aus den Planhochlochziegeln, dem Dünnbettmörtel „Mein Ziegelhaus Typ I", „Mein Ziegelhaus Typ III", „ZiegelPlan ZP 99", „maxit mur 900", „ZiegelPlanmörtel ZP Typ III" und Dünnbettmörtel 900 D ggf. mit dem Glasfilamentgewebe BASIS SK 34/68 tex im Dünnbettverfahren.

Die Dünnbettmörtelschicht ist mit speziellen Auftragsverfahren herzustellen.

Die Planhochlochziegel haben eine Länge von 248 mm, eine Breite von 240 mm, 300 mm, 365 mm, 425 mm oder 490 mm und eine Höhe von 249 mm.

Die Planhochlochziegel werden in den Druckfestigkeitsklassen 6, 8, 10 und 12 und in den Rohdichteklassen 0,65 und 0,70 hergestellt.

Die Kammern der Planhochlochziegel werden werkseitig mit vorkonfektionierten nichtbrennbaren Mineralfaserdämmstoff-Formteilen gefüllt.

Die Planhochlochziegel ThermoPlan MZ 80 G und ThermoPlan MZ 90 G (Lochbild siehe z. B. Bild 45) bieten aufgrund ihrer kräftigen Stegstruktur eine sehr gute Stabilität und eine außergewöhnliche Bearbeitbarkeit, zum Beispiel durch den doppelten Außensteg in Bezug auf seine Schlitzfähigkeit.

Das Mauerwerk darf nur im Anwendungsbereich gemäß den in DIN EN 1996-3 [48], Abschnitte 4.2.1.1 und 4.2.1.2, in Verbindung mit DIN EN 1996-3/NA [49], NCI zu 4.2.1.1 und 4.2.1.2, bestimmten Voraussetzungen für die Anwendung der vereinfachten Berechnungsmethoden für den Nachweis der Standsicherheit verwendet werden.

Das Mauerwerk darf nicht als eingefasstes Mauerwerk nach DIN EN 1996-1-1 [40] verwendet werden.

Vertikalschlitze ohne rechnerischen Nachweis sind unter den in Abschnitt 0.4 genannten Bedingungen zulässig. Horizontalschlitze entsprechend den Vorgaben nach Abschnitt 0.4 sind zulässig, wenn diese bei der Bemessung berücksichtigt werden.

Z-17.1-1005
Mauerwerk aus THERMOPOR-Planhochlochziegeln mit integrierter Wärmedämmung (bezeichnet als THERMOPOR TV 7-Plan und THERMOPOR TV 8-Plan) im Dünnbettverfahren mit gedeckelter Lagerfuge

Antragsteller:
THERMOPOR ZIEGEL-KONTOR ULM GMBH
Olgastraße 94
89073 Ulm

Bescheid – Änderung – Geltungsdauer:
26. Mai 2014 – 14. Oktober 2014 – 23. Januar 2019

Die abZ erstreckt sich auf die Herstellung von Planhochlochziegeln mit integrierter nichtbrennbarer Wärmedämmung (bezeichnet als „THERMOPOR TV 7 – Plan" bzw. „THERMOPOR TV 8 – Plan") – sowie die Herstellung des Dünnbettmörtels 900 D und die Verwendung dieser Planhochlochziegel und des Dünnbettmörtels für Mauerwerk im Dünnbettverfahren (Mauerwerk mit Dünnbettmörtel) nach DIN 1053-1 [4] und für Mauerwerk im Dünnbettverfahren nach DIN EN 1996-1-1 [40] in Verbindung mit DIN EN 1996-1-1/NA [41] und DIN EN 1996-2 [46] in Verbindung mit DIN EN 1996-2/NA [47] ohne Stoßfugenvermörtelung.

Die Planhochlochziegel haben eine Länge von 247 mm, eine Breite von 240 mm, 300 mm, 365 mm, 425 mm oder 490 mm und eine Höhe von 249 mm.
Die Planhochlochziegel werden in den Druckfestigkeitsklassen 4 und 6 hergestellt.
Die Kammern der Planhochlochziegel werden werkseitig mit vorkonfektionierten nichtbrennbaren Mineralfaserdämmstoff-Formteilen gefüllt. Die Planhochlochziegel „THERMOPOR TV 7 – Plan" entsprechen in verfülltem Zustand der Rohdichteklasse 0,50. Die Planhochlochziegel „THERMOPOR TV 8 – Plan" entsprechen in verfülltem Zustand der Rohdichteklasse 0,55.
Für die Herstellung des Mauerwerks darf nur der Dünnbettmörtel 900 D nach der abZ verwendet werden. Der Dünnbettmörtel ist mit dem speziell hierfür entwickelten Mörtelschlitten als geschlossenes Mörtelband aufzutragen.
Wände aus Planhochlochziegeln nach der abZ dürfen nur für tragendes oder aussteifendes Mauerwerk im Anwendungsbereich gemäß den in DIN 1053-1 [4], Abschnitt 6.1, bzw. DIN EN 1996-3 [48], Abschnitte 4.2.1.1 und 4.2.1.2, in Verbindung mit DIN EN 1996-3/NA [49], NCI zu 4.2.1.1 und 4.2.1.2, bestimmten Voraussetzungen für die Anwendung des vereinfachten Verfahrens für den Nachweis der Standsicherheit verwendet werden.

Berechnung
Vertikalschlitze ohne rechnerischen Nachweis sind unter den in Abschnitt 0.4 genannten Bedingungen zulässig. Horizontalschlitze entsprechend den Vorgaben nach Abschnitt 0.4 sind zulässig, wenn diese bei der Bemessung berücksichtigt werden.

Mauerwerk nach DIN 1053-1
Für Wände, die als Endauflager für Decken oder Dächer dienen, durch Wind beansprucht werden und nach DIN 1053-1 [4], Abschnitt 6.9.1, nachgewiesen werden, ist zusätzlich ein Nachweis der Mindestauflast der Wände zu führen. Dieser darf vereinfacht nach Abschnitt 0.1.1 erfolgen, sofern kein genauerer Nachweis geführt wird.
Bei Wänden mit nicht über die volle Wanddicke aufliegender Decke darf der Nachweis der Standsicherheit mit dem vereinfachten Verfahren nach DIN 1053-1, Abschnitt 6.9.1, geführt werden, wenn abweichend bzw. zusätzlich die Regelungen nach Abschnitt 0.2.1 berücksichtigt werden. Dabei darf bei einer Wanddicke von 365 mm die Mindestauflagertiefe auf 0,45 d reduziert werden.

Mauerwerk nach DIN EN 1996 (Eurocode 6)
Bei Anwendung der vereinfachten Berechnungsmethoden nach DIN EN 1996-3 [48] in Verbindung mit DIN EN 1996-3/NA [49] ist der Nachweis der Mindestauflast nach Abschnitt 0.1.2.1 zu führen. Bei Anwendung der weiter vereinfachten Berechnungsmethoden nach DIN EN 1996-3, Anhang A, gilt abweichend Abschnitt 0.1.2.2.

Ausführung
Bei der Ausführung von zweischaligem Mauerwerk dürfen zur Verbindung der gemauerten Außenschale mit dem Mauerwerk aus den Planhochlochziegeln die Luftschichtanker DUO nach der abZ Nr. Z-17.1-1062 verwendet werden. Die Fugendicke der Innenschale soll 2 mm betragen. Das Mörtelauftragsverfahren ist auf diese Fugendicke abzustimmen.
Für die zulässigen Schalenabstände, die Anzahl der Luftschichtanker und die Ausführung gelten die Bestimmungen der abZ für die Luftschichtanker DUO.

Z-17.1-1006
Mauerwerk aus THERMOPOR-Planhochlochziegeln mit integrierter Wärmedämmung (bezeichnet als THERMOPOR TV 9-Plan) im Dünnbettverfahren mit gedeckelter Lagerfuge

Antragsteller:
THERMOPOR ZIEGEL-KONTOR ULM GMBH
Olgastraße 94
89073 Ulm

Bescheid – Änderung – Geltungsdauer:
22. Mai 2014 – 14. Oktober 2014 – 23. Januar 2019

Die abZ erstreckt sich auf die Herstellung von Planhochlochziegeln mit integrierter nichtbrennbarer Wärmedämmung (bezeichnet als „THERMOPOR TV 9 – Plan" bzw. „THERMOPOR TV 10 – Plan") sowie die Herstellung des Dünnbettmörtels 900 D und die Verwendung dieser Planhochlochziegel und des Dünnbettmörtels für Mauerwerk im Dünnbettverfahren (Mauerwerk mit Dünnbettmörtel) nach DIN 1053-1 [4] und für Mauerwerk im Dünnbettverfahren nach DIN EN

1996-1-1 [40] in Verbindung mit DIN EN 1996-1-1/NA [41] und DIN EN 1996-2 [46] in Verbindung mit DIN EN 1996-2/NA [47] ohne Stoßfugenvermörtelung.
Die Planhochlochziegel haben eine Länge von 247 mm, eine Breite von 240 mm, 300 mm, 365 mm, 425 mm oder 490 mm und eine Höhe von 249 mm.
Die Planhochlochziegel werden in den Druckfestigkeitsklassen 4, 6, 8, 10 und 12 hergestellt.
Die Kammern der Planhochlochziegel werden werkseitig mit vorkonfektionierten nichtbrennbaren Mineralfaserdämmstoff-Formteilen gefüllt. Die Planhochlochziegel „THERMOPOR TV 9 – Plan" entsprechen in verfülltem Zustand der Rohdichteklasse 0,65.
Die Planhochlochziegel „THERMOPOR TV 10 – Plan" entsprechen in verfülltem Zustand der Rohdichteklasse 0,70 oder der Rohdichteklasse 0,75.
Der Dünnbettmörtel ist mit dem speziell hierfür entwickelten Mörtelschlitten als geschlossenes Mörtelband aufzutragen.
Wände aus Planhochlochziegeln nach der abZ dürfen nur für tragendes oder aussteifendes Mauerwerk im Anwendungsbereich gemäß den in DIN 1053-1 [4], Abschnitt 6.1, bzw. DIN EN 1996-3 [48], Abschnitte 4.2.1.1 und 4.2.1.2, in Verbindung mit DIN EN 1996-3/NA [49], NCI zu 4.2.1.1 und 4.2.1.2, bestimmten Voraussetzungen für die Anwendung des vereinfachten Verfahrens für den Nachweis der Standsicherheit verwendet werden.
Die Berechnung und Ausführung von Mauerwerk nach DIN 1053-1 bzw. DIN EN 1996 erfolgt analog zu Z-17.1-1005.

Z-17.1-1082
Mauerwerk aus THERMOPOR Planhochlochziegeln mit integrierter Wärmedämmung (bezeichnet als „THERMOPOR TV 9 – Plan GMS" und „THERMOPOR TV 10 – Plan GMS") im Dünnbettverfahren mit gedeckelter Lagerfuge

Antragsteller:
THERMOPOR ZIEGEL-KONTOR ULM GMBH
Olgastraße 94
89073 Ulm

Bescheid – Geltungsdauer:
11. April 2014 – 8. März 2018

Die abZ erstreckt sich auf die Herstellung von Planhochlochziegeln mit integrierter nichtbrennbarer Wärmedämmung (bezeichnet als „THERMOPOR TV 9 – Plan GMS" und „THERMOPOR TV 10 – Plan GMS") sowie die Herstellung des Dünnbettmörtels 900 D und die Verwendung dieser Planhochlochziegel und des Dünnbettmörtels für Mauerwerk im Dünnbettverfahren (Mauerwerk mit Dünnbettmörtel) nach DIN 1053-1 [4] und für Mauerwerk im Dünnbettverfahren nach DIN EN 1996-1-1 [40] in Verbindung mit DIN EN 1996-1-1/NA [41] und DIN EN 1996-2 [46] in

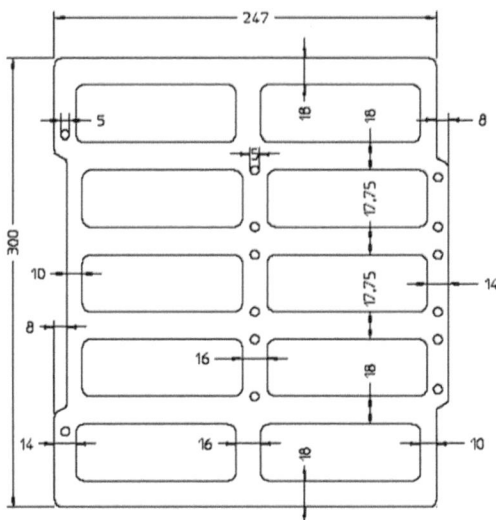

Bild 46. THERMOPOR TV 9 – Plan GMS, Beispiel für Lochbild (Z-17.1-1082)

Verbindung mit DIN EN 1996-2/NA [47] ohne Stoßfugenvermörtelung.
Die Planhochlochziegel haben eine Länge von 247 mm, eine Breite von 300 mm, 365 mm, 425 mm oder 490 mm und eine Höhe von 249 mm.
Die Planhochlochziegel werden in den Druckfestigkeitsklassen 4, 6, 8, 10 und 12 hergestellt.
Die Kammern der Planhochlochziegel werden werkseitig mit nichtbrennbarem Geolyth Mineralschaum (GMS) gefüllt. Die Planhochlochziegel „THERMOPOR TV 9 – Plan GMS" entsprechen in verfülltem Zustand der Rohdichteklasse 0,65 oder 0,70, die Planhochlochziegel „THERMOPOR TV 10 – Plan GMS" entsprechen in verfülltem Zustand der Rohdichteklasse 0,75.
Der Dünnbettmörtel ist mit dem speziell hierfür entwickelten Mörtelschlitten als geschlossenes Mörtelband aufzutragen.
Wände aus Planhochlochziegeln nach der abZ dürfen nur für tragendes oder aussteifendes Mauerwerk im Anwendungsbereich gemäß den in DIN 1053-1 [4], Abschnitt 6.1, bzw. DIN EN 1996-3 [48], Abschnitte 4.2.1.1 und 4.2.1.2 in Verbindung mit DIN EN 1996-3/NA [49], NCI zu 4.2.1.1 und 4.2.1.2 bestimmten Voraussetzungen für die Anwendung des vereinfachten Verfahrens für den Nachweis der Standsicherheit verwendet werden.
Die Berechnung und Ausführung von Mauerwerk nach DIN 1053-1 bzw. DIN EN 1996 erfolgt analog zu Z-17.1-1005.

Z-17.1-1114
Mauerwerk aus UNIPOR WS08 CORISO Planziegeln im Dünnbettverfahren mit gedeckelter Lagerfuge

Antragsteller:
UNIPOR Ziegel Marketing GmbH
Landsberger Straße 392
81241 München

Bescheid – Geltungsdauer:
13. Oktober 2016 – 10. Dezember 2019

Die abZ erstreckt sich auf die Herstellung von Planhochlochziegeln (bezeichnet als „UNIPOR WS08 CORISO") – Lochbild siehe z. B. Bild 47 – sowie die Herstellung des Dünnbettmörtels 900 D und des Dünnbettmörtels „Deckelnder Dünnbettmörtel quick-mix DBM-L" und die Verwendung dieser Planhochlochziegel und dieser Dünnbettmörtel für Mauerwerk im Dünnbettverfahren (Mauerwerk mit Dünnbettmörtel) nach DIN 1053-1 [4] ohne Stoßfugenvermörtelung und für Mauerwerk im Dünnbettverfahren nach DIN EN 1996-1-1 [40] in Verbindung mit DIN EN 1996-1-1/NA [41] und DIN EN 1996-2 [46] in Verbindung mit DIN EN 1996-2/NA [47] ohne Stoßfugenvermörtelung.
Die Lochungen der Planhochlochziegel werden zur Verbesserung der Wärmedämmung vollständig mit einer Dämmstofffüllung aus loser Mineralwolle nach der abZ (bezeichnet als unipor CORISO Mineralwolle) hergestellt.
Die Planhochlochziegel werden in Druckfestigkeitsklassen nach Tabelle 30 in der Rohdichteklasse 0,70 hergestellt.
Die Planhochlochziegel haben eine Länge von 247 mm, eine Breite von 300 mm, 365 mm, 425 mm oder 490 mm und eine Höhe von 249 mm.

Berechnung
Für die Grundwerte σ_0 der zulässigen Druckspannungen bzw. die charakteristische Druckfestigkeit f_k gilt Tabelle 30.

Mauerwerk nach DIN 1053-1
Für Wände, die als Endauflager für Decken oder Dächer dienen, durch Wind beansprucht werden und nach DIN 1053-1, Abschnitt 6.9.1, nachgewiesen werden, ist zusätzlich ein Nachweis der Mindestauflast der

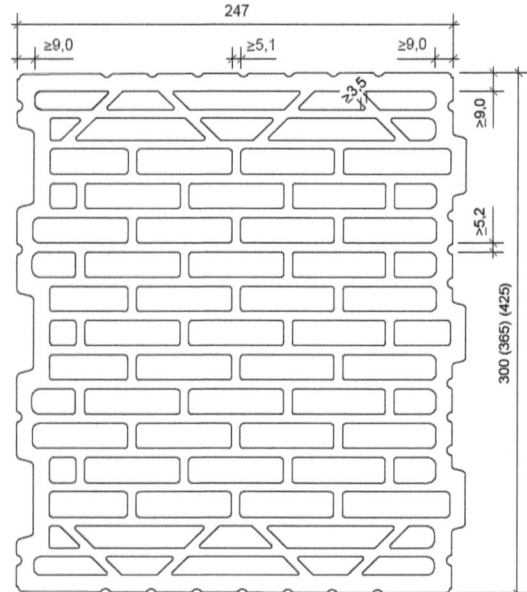

Bild 47. UNIPOR WS08 CORISO Planhochlochziegel mit Mehrfachverzahnung, Beispiel für Lochbild (Z-17.1-1114)

Wände zu führen. Dieser darf vereinfacht nach Abschnitt 0.1.1 erfolgen, sofern kein genauerer Nachweis geführt wird.
Bei Wänden mit nicht über die volle Wanddicke aufliegender Decke darf der Nachweis der Standsicherheit mit dem vereinfachten Verfahren nach DIN 1053-1, Abschnitt 6.9.1, geführt werden, wenn abweichend bzw. zusätzlich die Regelungen nach Abschnitt 0.2.1 berücksichtigt werden. Bei einer Wanddicke von 365 mm darf die Mindestauflagertiefe auf 0,45 d reduziert werden.
Beim Schubnachweis nach DIN 1053-1, Abschnitt 6.9.5, dürfen für zul τ und max τ nur 30 % des sich aus Abschnitt 6.9.5, Gleichung (6a), – mit σ_{0HS} nach DIN 1053-1, Tabelle 5 (Wert für unvermörtelte Stoßfugen) – ergebenden Wertes in Rechnung gestellt werden.
Beim Schubnachweis nach dem genaueren Verfahren nach DIN 1053-1, Abschnitt 7.9.5, dürfen nur 30 % der sich aus Abschnitt 7.9.5, Gleichungen (16a) und

Tabelle 30. Bemessungswerte für UNIPOR WS08 CORISO Planziegel im Dünnbettverfahren nach Z-17.1-1114

Rohdichteklasse	Bemessungswert der Wärmeleitfähigkeit λ in W/(m·K)	Festigkeitsklasse	DIN 1053-1			DIN EN 1996-3		α*
			Grundwert σ_0 MN/m²	max τ MN/m²	β_{RZ} MN/m²	char. DF f_k MN/m²	$f_{bt,cal}$ MN/m²	
0,70	0,08	6	0,8	0,072	0,198	2,3	0,195	0,3
		8	1,0	0,096	0,264	2,9	0,260	
		10	1,2	0,120	0,330	3,4	0,325	
		12	1,4	0,144	0,396	3,8	0,390	

(16b), – mit σ_{0HS} für unvermörtelte Stoßfugen – ergebenden Werte in Rechnung gestellt werden.
Bei der Beurteilung eines Gebäudes hinsichtlich des Verzichts auf einen rechnerischen Nachweis der räumlichen Steifigkeit ist diese geringere Schubtragfähigkeit zu beachten.

Mauerwerk nach DIN EN 1996
Sofern gemäß DIN EN 1996-1-1/NA, NCI zu 5.5.3, bzw. DIN EN 1996-3/NA, NDP zu 4.1 (1)P, ein rechnerischer Nachweis der Schubtragfähigkeit erforderlich ist, ist dieser nach DIN EN 1996-1-1, Abschnitt 6.2, in Verbindung mit DIN EN 1996-1-1/NA, NCI zu 6.2, zu führen, wobei für den minimalen Bemessungswert der Querkrafttragfähigkeit V_{Rdlt} nur 30 % des sich aus Gleichung (NA.19) bzw. Gleichung (NA.24) ergebenden Wertes in Rechnung gestellt werden dürfen.
Bei der Beurteilung eines Gebäudes hinsichtlich des Verzichts auf einen rechnerischen Nachweis der räumlichen Steifigkeit ist diese geringere Schubtragfähigkeit zu beachten.

Z-17.1-1067
Mauerwerk aus Planhochlochziegeln mit integrierter Wärmedämmung (bezeichnet als ZMK X6 bzw. ZMK X6,5 Planhochlochziegel) im Dünnbettverfahren mit gedeckelter Lagerfuge

Antragsteller:
Ziegelsysteme Michael Kellerer GmbH & Co. KG
Ziegeleistraße 13
82281 Oberweikertshofen

Bescheid – Geltungsdauer:
11. September 2015 – 14. April 2020

Die abZ erstreckt sich auf die Herstellung von Planhochlochziegeln mit integrierter Wärmedämmung (bezeichnet als ZMK X6- bzw. ZMK X6,5 Planhochlochziegel) sowie die Herstellung des Dünnbettmörtels 900 D (bezeichnet als „Deckelnder Dünnbettmörtel 900 D") und die Verwendung dieser Planhochlochziegel und dieses Dünnbettmörtels für Mauerwerk im Dünnbettverfahren (Mauerwerk mit Dünnbettmörtel) nach DIN 1053-1 [4] ohne Stoßfugenvermörtelung und für Mauerwerk im Dünnbettverfahren nach DIN EN 1996-1-1 [40] in Verbindung mit DIN EN 1996-1-1/NA [41] und DIN EN 1996-2 [46] in Verbindung mit DIN EN 1996-2/NA [47] ohne Stoßfugenvermörtelung.
Die Planhochlochziegel haben eine Länge von 247 mm, eine Breite von 300 mm, 365 mm, 425 mm oder 490 mm und eine Höhe von 249 mm. Die Planhochlochziegel werden in den Druckfestigkeitsklassen 4 und 6 hergestellt.
Die Kammern der Planhochlochziegel werden werkseitig mit einem speziellen Polystyrol-Partikelschaum-Granulat (EPS) gefüllt. Die Steine entsprechen in verfülltem Zustand der Rohdichteklasse 0,50 oder 0,55.
Das Mauerwerk darf nur im Anwendungsbereich gemäß den in DIN 1053-1 [4], Abschnitt 6.1, bzw. DIN EN 1996-3 [48], Abschnitte 4.2.1.1 und 4.2.1.2, in Verbindung mit DIN EN 1996-3/NA [49], NCI zu 4.2.1.1 und 4.2.1.2, bestimmten Voraussetzungen für die Anwendung des vereinfachten Verfahrens bzw. der vereinfachten Berechnungsmethoden für den Nachweis der Standsicherheit verwendet werden.
In Wänden aus den Planhochlochziegeln nach der abZ dürfen waagerechte und schräge Schlitze nicht ausgeführt werden.
Vertikalschlitze ohne rechnerischen Nachweis sind unter den in Abschnitt 0.4 genannten Bedingungen zulässig.
In Ausnahmefällen dürfen zur Anordnung von Steckdosen unmittelbar von Vertikalschlitzen abgehende, ≤ 0,4 m oberhalb der Rohdecke liegende Horizontalschlitze bis 200 mm Länge ohne rechnerischen Nachweis angeordnet werden. Der Abstand solcher Horizontalschlitze von Öffnungen muss mindestens 150 mm betragen und pro 2 m Wandlänge darf höchstens ein solcher Horizontalschlitz angeordnet werden. Schlitze sind sorgfältig mit nichtbrennbarem Material zu verschließen.

Z-17.1-1068
Mauerwerk aus Planhochlochziegeln mit integrierter Wärmedämmung (bezeichnet als ZMK TX8 Planhochlochziegel) im Dünnbettverfahren mit gedeckelter Lagerfuge

Antragsteller:
Ziegelsysteme Michael Kellerer GmbH & Co. KG
Ziegeleistraße 13
82281 Oberweikertshofen

Bescheid – Änderung/Ergänzung – Geltungsdauer:
18. August 2015 – 18. April 2016 – 14. April 2020

Die abZ erstreckt sich auf die Herstellung von Planhochlochziegeln mit integrierter Wärmedämmung (bezeichnet als ZMK TX8 Planhochlochziegel) sowie die Herstellung des Dünnbettmörtels 900 D (bezeichnet als „Deckelnder Dünnbettmörtel 900 D") und die Verwendung dieser Planhochlochziegel und dieses Dünnbettmörtels für Mauerwerk im Dünnbettverfahren (Mauerwerk mit Dünnbettmörtel) nach DIN 1053-1 [4] ohne Stoßfugenvermörtelung und für Mauerwerk im Dünnbettverfahren nach DIN EN 1996-1-1 [40] in Verbindung mit DIN EN 1996-1-1/NA [41] und DIN EN 1996-2 [46] in Verbindung mit DIN EN 1996-2/NA [47] ohne Stoßfugenvermörtelung.
Die Planhochlochziegel haben eine Länge von 247 mm, eine Breite von 300 mm, 365 mm, 425 mm oder 490 mm und eine Höhe von 249 mm. Die Planhochlochziegel werden in den Druckfestigkeitsklassen 6, 8 und 10 hergestellt.
Die Kammern der Planhochlochziegel werden werkseitig mit einem speziellen Polystyrol-Partikelschaum-Granulat (EPS) gefüllt. Die Steine entsprechen in verfülltem Zustand der Rohdichteklasse 0,65.

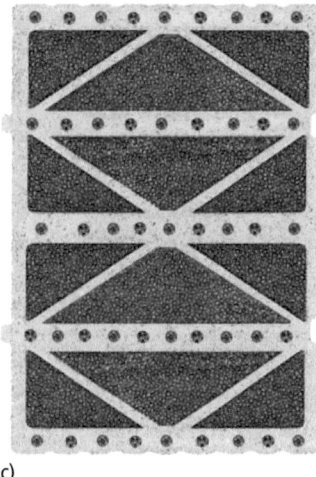

a) b) c)

Bild 48. a) ZMK X6 Planhochlochziegel mit integrierter Wärmedämmung (Z-17.1-1067). Kernfest verbundenes Dämmmaterial aus grafitbeschichtetem und wasserabweisendem EPS. b) Eine aus der Kammer genommene Füllung bleibt am Stück. Der Dämmstoff zerfällt oder zerbröselt nicht, sondern füllt auch geschnitten den Ziegel aus. c) Lochbild

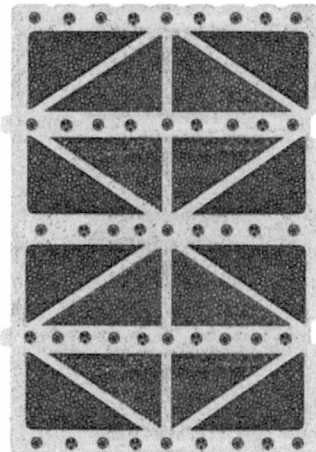

Bild 49. ZMK TX8 Planhochlochziegel mit integrierter Wärmedämmung (Z-17.1-1068)

Der Dünnbettmörtel ist mit dem speziell hierfür entwickelten Mörtelschlitten als geschlossenes Mörtelband aufzutragen.
Das Mauerwerk darf nur im Anwendungsbereich gemäß den in DIN 1053-1 [4], Abschnitt 6.1, bzw. DIN EN 1996-3 [48], Abschnitte 4.2.1.1 und 4.2.1.2, in Verbindung mit DIN EN 1996-3/NA [49], NCI zu 4.2.1.1 und 4.2.1.2, bestimmten Voraussetzungen für die Anwendung des vereinfachten Verfahrens bzw. der vereinfachten Berechnungsmethoden für den Nachweis der Standsicherheit verwendet werden.
In Wänden aus den Planhochlochziegeln nach der abZ dürfen waagerechte und schräge Schlitze nicht ausgeführt werden.

Vertikalschlitze ohne rechnerischen Nachweis sind unter den in Abschnitt 0.4 genannten Bedingungen zulässig.
In Ausnahmefällen dürfen zur Anordnung von Steckdosen unmittelbar von Vertikalschlitzen abgehende, ≤ 0,4 m oberhalb der Rohdecke liegende Horizontalschlitze bis 200 mm Länge ohne rechnerischen Nachweis angeordnet werden. Der Abstand solcher Horizontalschlitze von Öffnungen muss mindestens 150 mm betragen und pro 2 m Wandlänge darf höchstens ein solcher Horizontalschlitz angeordnet werden. Schlitze sind sorgfältig mit nichtbrennbarem Material zu verschließen.

Z-17.1-1025
Mauerwerk aus Planhochlochziegeln mit integrierter Wärmedämmung (bezeichnet als OTT SUPRA PH 6, OTT SUPRA WO 7 und OTT SUPRA PS 7) im Dünnbettverfahren mit gedeckelter Lagerfuge

Antragsteller:
Ziegelwerk Ott Deisendorf GmbH & Co. Besitz KG
Ziegeleistraße 20
88662 Überlingen-Deisendorf

Bescheid – Geltungsdauer:
8. Juni 2017 – 8. Juli 2022

Die abZ erstreckt sich auf die Herstellung von Planhochlochziegeln mit integrierter Wärmedämmung aus Phenolharzschaum (bezeichnet als OTT SUPRA PH 6) mit integrierter Wärmedämmung aus Mineralwolle (bezeichnet als OTT SUPRA WO 7) oder mit integrierter Wärmedämmung aus expandiertem Polystyrol (bezeichnet als OTT SUPRA PS 7) sowie die Bemessung und Ausführung von Mauerwerk aus den Planhochlochziegeln und dem Dünnbettmörtel 900 D hergestellt im Dünnbettverfahren. Die Dünnbettmörtelschicht ist mit dem speziellen Auftragsverfahren als geschlossenes Mörtelband aufzutragen.

Die Planhochlochziegel werden in den Festigkeitsklassen 6, 8 und 10 mit der Rohdichteklasse 0,50 in verfülltem Zustand hergestellt. Sie haben eine Länge von 248 mm, eine Breite von 300 mm, 365 mm, 425 mm oder 490 mm und eine Höhe von 249 mm.

Das Mauerwerk darf nur im Anwendungsbereich gemäß den DIN EN 1996-3 [48], Abschnitte 4.2.1.1 und 4.2.1.2, in Verbindung mit DIN EN 1996-3/NA [49], NCI zu 4.2.1.1 und 4.2.1.2, bestimmten Voraussetzungen für die Anwendung der vereinfachten Berechnungsmethoden für den Nachweis der Standsicherheit verwendet werden.

Das Mauerwerk darf nicht als eingefasstes Mauerwerk nach DIN EN 1996-1-1 [40] verwendet werden.

Das Mauerwerk darf nur für Wände angewendet werden, an die hinsichtlich der Feuerwiderstandsfähigkeit keine Anforderungen gestellt werden.

In Wänden aus diesen Planhochlochziegeln dürfen waagerechte und schräge Schlitze nicht ausgeführt werden.

Vertikalschlitze ohne rechnerischen Nachweis sind unter den in Abschnitt 0.4 genannten Bedingungen zulässig.

Zur Anordnung von Steckdosen dürfen maximal 500 mm lange und 20 mm tiefe, von Vertikalschlitzen abgehende Horizontalschlitze ausgeführt werden.

Z-17.1-962
Mauerwerk aus Planhochlochziegeln mit integrierter Wärmedämmung (bezeichnet als Klimaton-SZ 9 Planziegel) im Dünnbettverfahren

Antragsteller:
Ziegelwerk Stengel GmbH & Co. KG
Nördlinger Straße 24
86609 Donauwörth-Berg

Bescheid – Änderung/Ergänzung/Verlängerung –
Geltungsdauer:
12. November 2007 – 6. Dezember 2012 –
12. November 2017

Die Ziegel mit integrierter Wärmedämmung (bezeichnet als Klimaton-SZ 9 Planziegel) sind Leichthochlochziegel mit größeren Kammern, die werkseitig mit nichtbrennbarem Mineralfaserdämmstoff nach DIN EN 13162 des Anwendungstyps WAB nach DIN V 4108-10 ausgefüllt werden. Der Dämmstoff ist wasserabweisend behandelt.

Die Ziegel werden in der Festigkeitsklasse 6 mit der Rohdichteklasse 0,60 und in der Festigkeitsklasse 8 mit der Rohdichteklasse 0,60 hergestellt. Sie haben eine Länge von 247 mm, eine Breite von 365 mm und eine Höhe von 249 mm. Sie sind für die Vermauerung mit dem Dünnbettmörtel 900 D vorgesehen.

Das Mauerwerk darf nur im Anwendungsbereich gemäß den in DIN 1053-1 [4], Abschnitt 6.1, bestimmten Voraussetzungen für die Anwendung des vereinfachten Verfahrens für den Nachweis der Standsicherheit und nur für Wohngebäude mit maximal zwei Vollgeschossen verwendet werden.

Das Mauerwerk darf nur für Wände angewendet werden, an die hinsichtlich der Feuerwiderstandsfähigkeit keine Anforderungen gestellt werden.

Z-17.1-1021
Mauerwerk aus Planhochlochziegeln UNIPOR-WS 10 CORISO im Dünnbettverfahren mit gedeckelter Lagerfuge

Antragsteller:
Ziegelwerke Leipfinger-Bader KG
Ziegeleistraße 15
84172 Buch am Erlbach

Bescheid – Geltungsdauer:
12. Oktober 2016 – 14. April 2020

Die abZ erstreckt sich auf die Herstellung von Planhochlochziegeln (bezeichnet als „UNIPOR-WS 10 CORISO") – Lochbild siehe z. B. Bild 50 – sowie die Herstellung des Dünnbettmörtels 900 D (bezeichnet als „Deckelnder Dünnbettmörtel 900 D") und des Dünnbettmörtels „quick-mix DBM-L" (auch bezeichnet als „Deckelnder Dünnbettmörtel quick-mix DBM-L") und die Verwendung dieser Planhochlochziegel mit diesen Dünnbettmörteln oder mit den „maxit mörtelpads" nach der abZ Nr. Z-17.1-1134 für Mauerwerk im Dünnbettverfahren (Mauerwerk mit Dünnbettmörtel) nach DIN 1053-1 [4] ohne Stoßfugenvermörtelung und für Mauerwerk im Dünnbettverfahren nach DIN EN 1996-1-1 [40] in Verbindung mit DIN EN 1996-1-1/NA [41] und DIN EN 1996-2 [46] in Verbindung mit DIN EN 1996-2/NA [47] ohne Stoßfugenvermörtelung.

Die Lochungen der Planhochlochziegel werden zur Verbesserung der Wärmedämmung vollständig mit einer Dämmstofffüllung aus loser Mineralwolle (bezeichnet als unipor CORISO Mineralgranulat) hergestellt.

Die Planhochlochziegel werden in den Druckfestigkeitsklassen 6, 8, 10 und 12 in der Rohdichteklasse 0,90 hergestellt.

Die Planhochlochziegel haben eine Länge von 247 mm, eine Breite von 300 mm, 365 mm oder 425 mm und eine Höhe von 249 mm.

Der Dünnbettmörtel ist mit dem speziell hierfür entwickelten Mörtelschlitten „unirolli" mit einer elektrisch betriebenen beweglichen Abziehschiene oder dem Mörtelauftragsgerät „unimaxX" als geschlossenes Mörtelband aufzutragen.

2.1.3 Planverfüllziegel

Wegen der Vielzahl der inzwischen erteilten abZ wird nur in Kapitel E II in diesem Mauerwerk-Kalender eine

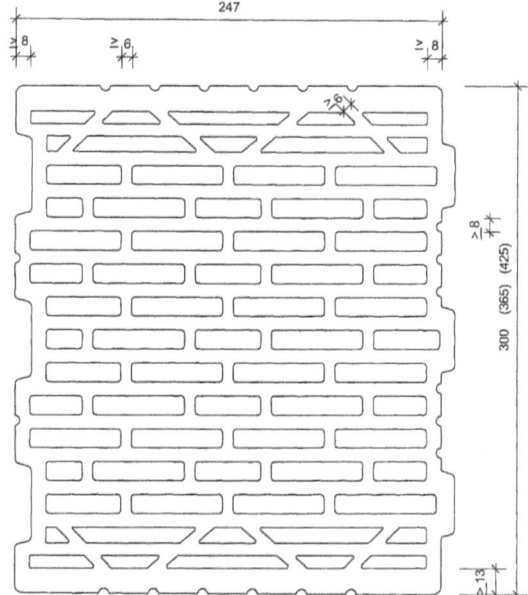

Bild 50. Unipor-WS 10 CORISO Planziegel, Beispiel für Lochbild (Z-17.1-1021)

Bild 51. Unipor-WS 10 CORISO Planziegel (Z-17.1-1021)

Bild 52. Mörtelschlitten zum Auftrag von Dünnbettmörtel

Übersicht über die erteilten Bescheide gegeben. Darin sind alle Zulassungen mit den jeweiligen Kennwerten aufgeführt. Lediglich zu einer neu erteilten Zulassung werden nachfolgend ausführlichere Angaben gemacht. Die Gliederung weist daher Lücken auf. Ausführliche Darstellungen zu einzelnen Bescheiden finden sich in früheren Ausgaben des Mauerwerk-Kalenders.

Z-17.1-604
Mauerwerk aus Schallschutz-Planziegeln SZ 4109

Antragsteller:
UNIPOR Ziegel Marketing GmbH
Landsberger Straße 392
81241 München

Bescheid – Geltungsdauer:
12. Oktober 2016 – 1. Januar 2018

Die abZ erstreckt sich auf die Verwendung bestimmter Planfüllziegel (bezeichnet als Schallschutz-Planziegel SZ 4109) sowie die Herstellung des Dünnbettmörtels „unipor ZP 99", des Dünnbettmörtels „maxit mur 900" und des quick-mix Dünnbettmörtels Typ I und die Verwendung dieser Planfüllziegel und dieser Dünnbettmörtel und des Dünnbettmörtels „Vario" nach der abZ Nr. Z-17.1-671 für die Lagerfugen und Füllbeton für die dafür vorgesehenen Ziegellochungen für Mauerwerk im Dünnbettverfahren (Mauerwerk mit Dünnbettmörtel) nach DIN 1053-1 [4] ohne Stoßfugenvermörtelung und für Mauerwerk im Dünnbettverfahren nach DIN EN 1996-1-1 [40] in Verbindung mit DIN EN 1996-1-1/NA [41] und DIN EN 1996-2 [46] in Verbindung mit DIN EN 1996-2/NA [47] ohne Stoßfugenvermörtelung.

Die Planfüllziegel sind LD-Ziegel nach DIN EN 771-1 [6] der Kategorie I mit den in der abZ genannten Eigenschaften.
Sie haben eine Länge von 372 mm oder 497 mm, eine Breite von 145 mm, 150 mm, 175 mm, 200 mm, 240 mm oder 300 mm und eine Höhe von 249 mm und werden mit Druckfestigkeiten entsprechend den Druckfestigkeitsklassen 8, 10, 12, 16 und 20 und Brutto-Trockenrohdichten entsprechend den Rohdichteklassen 0,8, 0,9 und 1,0 nach DIN 105-100 [29] hergestellt.
Als Füllbeton ist Normalbeton nach DIN EN 206-1 [23] sowie DIN EN 206-1/A1 [24] und DIN EN 206-1/A2 [25] in Verbindung mit DIN 1045-2 [27] der Ausbreitmaßklasse F4 oder F5 (Fließbeton) und mindestens der Festigkeitsklasse C12/15 zu verwenden.
Vertikale Schlitze und Aussparungen sind nur bei Wanddicken ≥ 175 mm mit einer Schlitztiefe ≤ 25 mm und Einzelschlitzbreiten nach DIN 1053-1 [4], Tabelle 10, Spalte 5, bzw. nach DIN EN 1996-1-1/NA [41], Tabelle NA.19, Spalte 3, und einer Gesamtbreite von Schlitzen nach DIN 1053-1 [4], Tabelle 10, Spalte 7, bzw. nach DIN EN 1996-1-1/NA, Tabelle NA.19, Spalte 5, im Mauerwerk zulässig. Sie dürfen ohne Berücksichtigung bei der Bemessung des Mauerwerks ausgeführt werden.
Horizontale und schräge Schlitze sind nur bei Wanddicken ≥ 175 mm mit einer maximalen Schlitztiefe ≤ 25 mm und einer Schlitzlänge ≤ 1,25 m unter Berücksichtigung von DIN 1053-1 [4], Tabelle 10, Fußnoten 1) und 2) bzw. DIN EN 1996-1-1/NA [41], Tabelle NA.20, Fußnoten a und b, zulässig. Sie dürfen ohne Berücksichtigung bei der Bemessung des Mauerwerks ausgeführt werden.

Z-17.1-884
Mauerwerk aus OTT Plan-Füllziegeln

Antragsteller:
Ziegelwerk Ott Deisendorf GmbH & Co. Besitz KG
Ziegeleistraße 20
88662 Überlingen-Deisendorf

Bescheid – Geltungsdauer:
6. November 2015 – 14. April 2020

Die abZ erstreckt sich auf die Verwendung bestimmter Planhochlochziegel (bezeichnet als Ott-Plan-Füllziegel) sowie auf die Herstellung des Dünnbettmörtels ZP 99 und des Dünnbettmörtels maxit mur 900 und die Verwendung dieser Planfüllziegel und dieser Dünnbettmörtel für die Lagerfugen und Füllbeton für die dafür vorgesehenen Ziegellochungen für Mauerwerk im Dünnbettverfahren (Mauerwerk mit Dünnbettmörtel) nach DIN 1053-1 [4] ohne Stoßfugenvermörtelung und für Mauerwerk im Dünnbettverfahren nach DIN EN 1996-1-1 [40] in Verbindung mit DIN EN 1996-1-1/NA [41] und DIN EN 1996-2 [46] in Verbindung mit DIN EN 1996-2/NA [47] ohne Stoßfugenvermörtelung.

Die Planfüllziegel sind LD-Ziegel nach DIN EN 771-1 [6] der Kategorie I mit den in der abZ genannten Eigenschaften. Sie haben eine Länge von 373 mm oder 498 mm, eine Breite von 175 mm, 200 mm, 240 mm oder 300 mm und eine Höhe von 249 mm und werden mit Druckfestigkeiten entsprechend den Druckfestigkeitsklassen 6, 8, 10 und 12 und Brutto-Trockenrohdichten entsprechend den Rohdichteklassen 0,6 und 0,7 nach DIN V 105-100 [17] hergestellt.

Als Füllbeton ist Normalbeton nach DIN EN 206-1 [23] sowie DIN EN 206-1/A1 [24] und DIN EN 206-1/A2 [25] in Verbindung mit DIN 1045-2 [27] der Ausbreitmaßklasse F4 oder F5 (Fließbeton) und mindestens der Festigkeitsklasse C12/15 zu verwenden.

Vertikale Schlitze und Aussparungen sind nur
– bei Wanddicken ≥ 175 mm mit einer Schlitztiefe ≤ 15 mm,
– bei der Wanddicke 240 mm mit einer Schlitztiefe ≤ 20 mm und
– bei der Wanddicke 300 mm mit einer Schlitztiefe ≤ 25 mm

und Einzelschlitzbreiten nach DIN 1053-1 [4], Tabelle 10, Spalte 5, bzw. DIN EN 1996-1-1/NA [41], Tabelle NA.19, Spalte 3 und einer Gesamtbreite von Schlitzen nach DIN 1053-1, Tabelle 10, Spalte 7, bzw. DIN EN 1996-1-1/NA, Tabelle NA.19, Spalte 5, im Mauerwerk zulässig. Sie dürfen ohne Berücksichtigung bei der Bemessung des Mauerwerks ausgeführt werden.

Horizontale und schräge Schlitze sind nur
– bei Wanddicken ≥ 175 mm mit einer Schlitztiefe ≤ 15 mm,
– bei der Wanddicke 240 mm mit einer Schlitztiefe ≤ 20 mm und
– bei der Wanddicke 300 mm mit einer Schlitztiefe ≤ 25 mm

und einer Schlitzlänge ≤ 1,25 m unter Berücksichtigung von DIN 1053-1 [4], Tabelle 10, Fußnoten 1) und 2) bzw. DIN EN 1996-1-1/NA [41], Tabelle NA.20, Fußnoten a und b, zulässig. Sie dürfen ohne Berücksichtigung bei der Bemessung des Mauerwerks ausgeführt werden.

2.1.4 Kalksand-Plansteine

Z-17.1-893
Kalksand-Plansteine mit besonderer Lochung für Mauerwerk im Dünnbettverfahren

Antragsteller:
Bundesverband Kalksandsteinindustrie e. V.
Entenfangweg 15
30419 Hannover

Bescheid – Geltungsdauer:
8. April 2016 – 14. April 2020

Die abZ regelt Kalksand-Plansteine mit besonderer Lochung (Loch- und Hohlblocksteine) sind Kalksandsteine nach DIN EN 771-2:2015-11 der Kategorie I.
Die Kalksand-Plansteine werden in den Druckfestigkeitsklassen 12, 16 und 20 und in den Rohdichteklassen 1,2, 1,4, 1,6 und 1,8 nach DIN V 106 [18] hergestellt.
Die Kalksand-Plansteine sind für die Vermauerung mit Dünnbettmörtel nach DIN V 18580 [15] oder einem für die Vermauerung von allgemein bauaufsichtlich zugelassenen Kalksand-Plansteinen allgemein bauaufsichtlich zugelassenen Dünnbettmörtel nach DIN 1053-1 [4] mit oder ohne Stoßfugenvermörtelung und für Mauerwerk im Dünnbettverfahren nach DIN EN 1996-1-1 [40] in Verbindung mit DIN EN 1996-1-1/NA [41] und DIN EN 1996-2 [46] in Verbindung mit DIN EN 1996-2/NA [47] mit oder ohne Stoßfugenvermörtelung vorgesehen.

Z-17.1-921
Kalksand-Plansteine mit besonderer Lochung

Antragsteller:
Bundesverband Kalksandsteinindustrie e. V.
Entenfangweg 15
30419 Hannover

Bescheid – Geltungsdauer:
8. April 2016 – 14. April 2020

Die Kalksand-Plansteine mit besonderer Lochung (Hohlblocksteine) sind Kalksandsteine nach DIN EN 771-2:2015-11 der Kategorie I.
Die Kalksand-Plansteine werden mit Druckfestigkeiten entsprechend den Druckfestigkeitsklassen 12, 16 und 20 und Brutto-Trockenrohdichten entsprechend den Rohdichteklassen 1,2, 1,4 und 1,6 nach DIN V 106 [18] hergestellt.
Die Kalksand-Plansteine haben eine Länge 248 mm oder 373 mm, eine Breite 175 mm und eine Höhe von 238 mm oder 248 mm.

Die 248 mm hohen Steine sind für die Vermauerung mit Dünnbettmörtel nach DIN V 18580 [15] oder einem für die Vermauerung von allgemein bauaufsichtlich zugelassenen Kalksand-Plansteinen allgemein bauaufsichtlich zugelassenen Dünnbettmörtel, die 238 mm hohen Steine sind für die Vermauerung mit Normalmauermörtel nach DIN V 18580 [15] der Mörtelgruppe IIa und III nach DIN 1053-1 [4] mit oder ohne Stoßfugenvermörtelung und für Mauerwerk im Dünnbettverfahren nach DIN EN 1996-1-1 [40] in Verbindung mit DIN EN 1996-1-1/NA [41] und DIN EN 1996-2 [46] in Verbindung mit DIN EN 1996-2/NA [47] mit oder ohne Stoßfugenvermörtelung vorgesehen.

Z-17.1-874
Mauerwerk aus Kalksand-Fasensteinen (Blocksteine, Hohlblocksteine und Verblender) im Dünnbettverfahren

Antragsteller:
Emsländer Baustoffwerke GmbH Co. KG
Rakener Straße 18
49733 Haren/Ems

Bescheid – Geltungsdauer:
26. Juni 2017 – 26. Juni 2022

Die abZ regelt die Bemessung und Ausführung von Mauerwerk aus Kalksand-Fasensteinen (Kalksand-Blocksteine, -Hohlblocksteine, -Vormauersteine und -Verblender) mit den in der Leistungserklärung nach DIN EN 771-2 [7] erklärten Leistungen und Dünnbettmörtel bzw. Normalmauermörtel der Mörtelgruppe IIa (nur bei 115 mm breiten und 238 mm hohen Verblendern) nach DIN EN 998-2 [35] in Verbindung mit DIN V 20000-412 [34] bzw. DIN V 18580 [15], hergestellt im Dünnbett- bzw. Dickbettverfahren.
Die Kalksand-Fasensteine weisen eine Länge von 248 mm, eine Breite von 115 mm, 175 mm oder 240 mm und eine Höhe von 248 mm bzw. 238 mm (nur bei einer Breite von 115 mm) auf.
Die Kalksand-Fasensteine sind umlaufend oder nur an den Sichtseiten mit einer Fase von maximal 7 mm versehen.
Die Kalksand-Blocksteine werden in den Druckfestigkeitsklassen 12, 16 und 20 und in den Rohdichteklassen 1,6, 1,8 und 2,0 hergestellt.
Die Kalksand-Hohlblocksteine werden in den Druckfestigkeitsklassen 12, 16 und 20 und in den Rohdichteklassen 1,4 hergestellt.
Das Mauerwerk darf als unbewehrtes Mauerwerk nach DIN EN 1996-1-1 [40] in Verbindung mit DIN EN 1996-1-1/NA [41] und DIN EN 1996-2 [46] in Verbindung mit DIN EN 1996-2/NA [47] verwendet werden. Kalksand-Fasensteine dürfen nur mit einer Breite ≥ 175 mm als tragendes oder aussteifendes Mauerwerk verwendet werden.
Das Mauerwerk darf nicht als eingefasstes Mauerwerk verwendet werden.

Für Sichtmauerwerk, das dauerhaft der Witterung ausgesetzt ist, und eine unverputzte Außenschale von zweischaligem Mauerwerk dürfen nur frostbeständige Dünnbettmörtel verwendet werden. Dieses Mauerwerk ist stets mit Stoßfugenvermörtelung auszuführen.

Z-17.1-987
Mauerwerk aus Kalksand-Plansteinen mit mineralischer Wärmedämmplatte (bezeichnet als Twinstone® strong) im Dünnbettverfahren

Antragsteller:
Greisel Vertrieb GmbH
Deichmannstraße 2
91555 Feuchtwangen

Bescheid – Geltungsdauer:
15. November 2013 – 12. August 2018

Die abZ erstreckt sich auf die Herstellung von Kalksand-Plansteinen mit werkmäßig angeklebter mineralischer Wärmedämmplatte (bezeichnet als „Twinstone® strong") (nachfolgend kurz Wärmedämmsteine genannt) und deren Verwendung mit Dünnbettmörtel für Mauerwerk im Dünnbettverfahren (Mauerwerk mit Dünnbettmörtel) nach DIN 1053-1 [4] ohne Stoßfugenvermörtelung.
Die Wärmedämmsteine bestehen aus 150 mm, 175 mm, 200 mm oder 240 mm breiten tragenden Kalksandsteinen der Festigkeitsklasse 12 oder 20, an denen 60 mm bis 325 mm breite Wärmedämmplatten nach der abZ Nr. Z-23.11-1383 mit einem bestimmten Dünnbettmörtel angeklebt sind.
Für die Herstellung des Mauerwerks ist Dünnbettmörtel nach DIN V 18580 [15] oder Dünnbettmörtel nach DIN EN 998-2:2003-09 – Festlegungen für Mörtel im Mauerwerksbau – Teil 2: Mauermörtel – in Verbindung mit DIN V 20000-412 [34] oder für die Vermauerung von Kalksand-Plansteinen allgemein bauaufsichtlich zugelassener Dünnbettmörtel zu verwenden.
Baustellenseits ist das Mauerwerk mit dem in der abZ geregelten Putzsystem zu versehen. Die Oberflächen der so geputzten Außenwände sind schwerentflammbar (Baustoffklasse DIN 4102-B1). Die aus Brandschutzgründen für die Verwendung zulässigen Gebäudeklassen ergeben sich aus den jeweils geltenden Brandschutzvorschriften der Länder.
Die Bauart darf nur im Anwendungsbereich gemäß den in DIN 1053-1 [4], Abschnitt 6.1, bestimmten Voraussetzungen für die Anwendung des vereinfachten Verfahrens für den Nachweis der Standsicherheit und Gebäuden bis zu maximal vier Vollgeschossen (einschließlich ausgebautes Dachgeschoss) zuzüglich Kellergeschoss in anderer Bauart verwendet werden.
Die Bauart darf angewendet werden in Gebieten der Windzonen 1 bis 3 und im Binnenland der Windzone 4 nach DIN 1055-4 [20].

Z-17.1-820
Mauerwerk aus Kalksandfasensteinen mit Lochung im Dünnbettverfahren

Antragsteller:
Kalksandsteinwerk Bienwald Schencking
GmbH & Co. KG
An der L 540
76767 Hagenbach

Bescheid – Geltungsdauer:
8. September 2014 – 8. September 2019

Die abZ regelt die Herstellung von Kalksand-Plansteinen mit Lochung nach DIN EN 771-2 [7] der Kategorie I.
Die Kalksand-Fasensteine haben eine Breite von 175 mm bzw. 240 mm (Steinbreite gleich Wanddicke), eine Länge von 373 mm und eine Höhe von 248 mm. Die Steine sind umlaufend mit einer Fase von maximal 8 mm versehen, die oberen und unteren Kanten der Stirnflächen sind jedoch ohne Fasen ausgebildet.
Die Kalksand-Fasensteine werden mit drei durchgehenden konisch zulaufenden Löchern von 40 mm/ 43 mm Durchmesser entlang der Mittelachse der Steine sowie weiteren, symmetrisch zur Mittelachse angeordneten gedeckelten Löchern hergestellt.
Die Kalksand-Fasensteine werden mit einer Druckfestigkeit entsprechend Druckfestigkeitsklasse 12 und Brutto-Trockenrohdichten entsprechend Rohdichteklassen 1,4 und 1,6 nach DIN V 106 [18] hergestellt.
Diese abZ regelt die Verwendung der Kalksand-Fasensteine mit Dünnbettmörtel nach DIN V 18580 [15] oder einem für die Vermauerung von allgemein bauaufsichtlich zugelassenen Kalksand-Plansteinen allgemein bauaufsichtlich zugelassenen Dünnbettmörtel für Mauerwerk im Dünnbettverfahren (Mauerwerk mit Dünnbettmörtel) nach DIN 1053-1 [4] mit oder ohne Stoßfugenvermörtelung und für Mauerwerk im Dünnbettverfahren nach DIN EN 1996-1-1 [40] in Verbindung mit DIN EN 1996-1-1/NA [41] und DIN EN 1996-2 [46] in Verbindung mit DIN EN 1996-2/NA [47] mit oder ohne Stoßfugenvermörtelung.
Die Kalksand-Fasensteine dürfen darüber hinaus nicht für Vormauerschalen von zweischaligem Mauerwerk nach DIN 1053-1 [4] bzw. nach DIN EN 1996-1-1 [40] verwendet werden.
Als rechnerische Wanddicke ist die vermörtelbare Aufstandsbreite (Steinbreite abzüglich der beidseitigen Fasen) anzunehmen.

Z-17.1-858
Mauerwerk aus Kalksand-Fasensteinen (Blocksteine, Vormauersteine, Verblender) im Dünnbettverfahren

Antragsteller:
KS Produktions GmbH & Co. KG
Schäfereistraße 75a
66787 Wadgassen

Bescheid – Geltungsdauer:
19. Mai 2016 – 14. April 2020

Die Kalksand-Fasensteine (Kalksand-Blocksteine, -Vormauersteine und -Verblender) sind Kalksandsteine nach DIN EN 771-2 [7] der Kategorie I mit den in dieser abZ genannten Eigenschaften.
Die Kalksand-Fasensteine haben eine Länge von 123 mm (nur Endsteine), 248 mm oder 373 mm, eine Breite von 115 mm, 120 mm, 175 mm oder 240 mm (Steinbreite gleich Wanddicke) und eine Höhe von 123 mm oder 248 mm. Die Steine sind an den Sichtseiten mit einer Fase von maximal 7 mm versehen.
Die Kalksand-Fasensteine werden mit Druckfestigkeiten entsprechend den Druckfestigkeitsklassen 12, 16 und 20 und Brutto-Trockenrohdichten entsprechend den Rohdichteklassen 1,6, 1,8 und 2,0 nach DIN V 106 [18] hergestellt.
Die abZ regelt die Verwendung der Kalksand-Fasensteine mit Dünnbettmörtel nach DIN V 18580 [15] oder mit einem für die Vermauerung von allgemein bauaufsichtlich zugelassenen Kalksand-Plansteinen allgemein bauaufsichtlich zugelassenen Dünnbettmörtel für Mauerwerk im Dünnbettverfahren (Mauerwerk mit Dünnbettmörtel) nach DIN 1053-1 [4] mit oder ohne Stoßfugenvermörtelung und für Mauerwerk im Dünnbettverfahren nach DIN EN 1996-1-1 [40] in Verbindung mit DIN EN 1996-1-1/NA [41] und DIN EN 1996-2 [46] in Verbindung mit DIN EN 1996-2/ NA [47] mit oder ohne Stoßfugenvermörtelung.
Die 115 mm und 120 mm breiten Kalksand-Fasensteine dürfen jedoch nicht für tragendes oder aussteifendes Mauerwerk nach DIN 1053-1 [4] bzw. nach DIN EN 1996 [40] verwendet werden.
Für Sichtmauerwerk, das dauerhaft der Witterung ausgesetzt ist, und für unverputzte Außenschalen von zweischaligem Mauerwerk dürfen nur frostbeständige Dünnbettmörtel verwendet werden.
Aus den 115 mm und 120 mm breiten Kalksand-Fasensteinen (Vormauersteine und Verblender) nach dieser abZ dürfen nichttragende Außenschalen von zweischaligem Mauerwerk (Verblend- bzw. Vormauerschalen) im Dünnbettverfahren hergestellt werden, wenn die Verbindung solcher Verblend- bzw. Vormauerschalen mit der Hintermauerschale mit Verbindungsmitteln erfolgt, deren Brauchbarkeit durch eine abZ nachgewiesen ist und wenn bei Entwurf und Ausführung des zweischaligen Mauerwerks die besonderen Anwendungsbedingungen für das jeweilige Verbindungsmittel eingehalten werden.
Als rechnerische Wanddicke darf nur die vermörtelbare Aufstandsbreite der Fasensteine angenommen werden.

**Z-17.1-996
Mauerwerk aus Kalksand-Fasensteinen
(Hohlblocksteine, Vormauersteine und Verblender)
bezeichnet als „Silka Fasensteine"
im Dünnbettverfahren**

Antragsteller:
Xella Deutschland GmbH
Düsseldorfer Landstraße 395
47259 Duisburg

Bescheid – Geltungsdauer:
4. April 2016 – 24. Oktober 2019

Die Kalksand-Fasensteine (Kalksand-Hohlblocksteine, -Vormauersteine und -Verblender), bezeichnet als „Silka Fasensteine", sind Kalksandsteine nach DIN EN 771-2:2005-05 – Festlegungen für Mauersteine – Teil 2: Kalksandsteine – der Kategorie I mit den in der abZ genannten Eigenschaften.
Die Kalksand-Fasensteine haben eine Länge von 123 mm (nur Endsteine), 248 mm oder 373 mm, eine Breite von 115 mm, 175 mm oder 240 mm (Steinbreite gleich Wanddicke) und eine Höhe von 123 mm oder 248 mm. Die Steine sind an den Sichtseiten mit einer Fase von 4 mm versehen.
Die Kalksand-Fasensteine werden als Hohlblocksteine bzw. Blocksteine mit Druckfestigkeiten entsprechend den Druckfestigkeitsklassen 12, 16 und 20 und Brutto-Trockenrohdichten entsprechend Rohdichteklassen 1,6, 1,8 und 2,0 nach DIN V 106 [18] hergestellt.
Die abZ regelt die Verwendung der Kalksand-Fasensteine mit Dünnbettmörtel nach DIN V 18580 [15] oder mit einem für die Vermauerung von allgemein bauaufsichtlich zugelassenen Kalksand-Plansteinen allgemein bauaufsichtlich zugelassenen Dünnbettmörtel für Mauerwerk im Dünnbettverfahren nach DIN 1053-1 [4] mit oder ohne Stoßfugenvermörtelung und für Mauerwerk im Dünnbettverfahren nach DIN EN 1996-1-1 [40] in Verbindung mit DIN EN 1996-1-1/NA [41] und DIN EN 1996-2 [46] in Verbindung mit DIN EN 1996-2/NA [47] mit oder ohne Stoßfugenvermörtelung. Die 115 mm breiten Kalksand-Fasensteine dürfen jedoch nicht für tragendes oder aussteifendes Mauerwerk nach DIN 1053-1 [4] bzw. nach DIN EN 1996 [40] verwendet werden.
Für Sichtmauerwerk, das dauerhaft der Witterung ausgesetzt ist, und für unverputzte Außenschalen von zweischaligem Mauerwerk dürfen nur frostbeständige Dünnbettmörtel verwendet werden.
Aus den 115 mm breiten und 248 mm hohen Kalksand-Fasensteinen (Vormauersteine und Verblender) nach dieser abZ dürfen nichttragende Außenschalen von zweischaligem Mauerwerk (Verblend- bzw. Vormauerschalen) im Dünnbettverfahren hergestellt werden, wenn die Verbindung solcher Verblend- bzw. Vormauerschalen mit der Hintermauerschale mit Verbindungsmitteln erfolgt, deren Brauchbarkeit durch eine abZ nachgewiesen ist und wenn bei Entwurf und Ausführung des zweischaligen Mauerwerks die besonderen Anwendungsbedingungen für das jeweilige Verbindungsmittel eingehalten werden.
Als rechnerische Wanddicke darf nur die vermörtelbare Aufstandsbreite der Fasensteine angenommen werden.

**Z-17.1-1043
Mauerwerk aus Kalksandsteinen
der Rohdichteklasse 2,4 bis 3,0
(bezeichnet als Silka HD)**

Antragsteller:
Xella Deutschland GmbH
Düsseldorfer Landstraße 395
47259 Duisburg

Bescheid – Geltungsdauer:
7. Dezember 2015 – 14. April 2020

Die abZ erstreckt sich auf die Herstellung von Kalksandsteinen (Kalksandvoll- und -blocksteine sowie Kalksand-Plansteine), bezeichnet als „Silka HD", in den in DIN V 106-1:2003-02 nicht geregelten Rohdichteklassen 2,4 bis 3,0, die unter Verwendung von speziellen Zusatzstoffen (Schwerzuschläge) erreicht werden, in den Druckfestigkeitsklassen 12, 20 und 28 und die Verwendung dieser Kalksandsteine mit Normalmauermörtel nach DIN V 18580 [15] der Mörtelgruppen IIa, III und IIIa bzw. mit Dünnbettmörtel nach DIN V 18580 für Mauerwerk nach DIN 1053-1 [4] mit oder ohne Stoßfugenvermörtelung und für Mauerwerk im Dünnbettverfahren nach DIN EN 1996-1-1 [40] in Verbindung mit DIN EN 1996-1-1/NA [41] und DIN EN 1996-2 [46] in Verbindung mit DIN EN 1996-2/NA [47] mit oder ohne Stoßfugenvermörtelung.

**Z-17.1-1169
Mauerwerk aus Kalksandsteinen
mit besonderer Lochung**

Antragsteller:
Xella Deutschland GmbH
Dr.-Hammacher-Straße 49
47119 Duisburg

Bescheid – Geltungsdauer:
8. August 2017 – 8. August 2022

Siehe Abschnitt 1.3.

2.1.5 Porenbeton-Plansteine

Die Zulassungen erstrecken sich auf die in DIN V 4165 nicht geregelten Festigkeitsklasse-Rohdichteklasse-Kombinationen P1,6/0,30; P1,6/0,35; P4/0,50 und P6/0,60.

Z-17.1-543
Porenbeton-Plansteine der Rohdichteklasse 0,50 in der Festigkeitsklasse 4

Antragsteller:
Bundesverband Porenbetonindustrie
Kochstraße 6–7
10969 Berlin

Bescheid – Änderung/Ergänzung/Verlängerung –
Geltungsdauer:
12. September 2014 – 29. Juni 2016 – 14. April 2020

Die Porenbeton-Plansteine sind Porenbetonsteine nach DIN EN 771-4 [9] der Kategorie I mit den in der abZ genannten Eigenschaften.
Die Porenbeton-Plansteine werden mit Längen von 249 mm bis 624 mm, Breiten von 115 mm bis 500 mm und Höhen von 124 mm (123 mm) bis 249 mm (248 mm) hergestellt.
Die Porenbeton-Plansteine werden als Vollsteine (ohne Lochung) mit Druckfestigkeiten entsprechend Druckfestigkeitsklasse 4 und Brutto-Trockenrohdichten entsprechend Rohdichteklasse 0,50 nach DIN V 4165-100 [11] bzw. DIN V 20000-404 [33] hergestellt.
Die abZ regelt die Verwendung der Porenbeton-Plansteine mit Dünnbettmörtel nach DIN V 18580 [15] oder einem für die Vermauerung von Porenbeton allgemein bauaufsichtlich zugelassenen Dünnbettmörtel für Mauerwerk im Dünnbetterfahren (Mauerwerk mit Dünnbettmörtel) nach DIN 1053-1 [4] mit oder ohne Stoßfugenvermörtelung und für Mauerwerk im Dünnbettverfahren nach DIN EN 1996-1-1 [40] in Verbindung mit DIN EN 1996-1-1/NA [41] und DIN EN 1996-2 [46] in Verbindung mit DIN EN 1996-2/NA [47] mit oder ohne Stoßfugenvermörtelung.

Z-17.1-1117
Mauerwerk aus Porenbeton-Plansteinen der Druckfestigkeitsklasse 4 und der Rohdichteklasse 0,50

Antragsteller:
DOMAPOR Baustoffwerke GmbH & Co. KG
Liepener Straße 1
17194 Hohen Wangelin

Bescheid – Geltungsdauer:
8. Januar 2015 – 8. Januar 2020

Die Porenbeton-Plansteine sind Porenbetonsteine nach DIN EN 771-4 [9] der Kategorie I mit den in der abZ genannten Eigenschaften.
Die Porenbeton-Plansteine werden mit Längen von 249 mm bis 624 mm, Breiten von 115 mm bis 500 mm und Höhen von 124 mm (123 mm) bis 249 mm (248 mm) hergestellt.
Die Porenbeton-Plansteine werden als Vollsteine (ohne Lochung) mit Druckfestigkeiten entsprechend der Druckfestigkeitsklasse 4 und Brutto-Trockenrohdichten entsprechend der Rohdichteklasse 0,50 nach DIN V 4165-100 [11] bzw. DIN V 20000-404 [33] hergestellt.
Die abZ regelt die Verwendung der Porenbeton-Plansteine mit Dünnbettmörtel nach DIN V 18580 [15] oder einem für die Vermauerung von Porenbeton Plansteinen allgemein bauaufsichtlich zugelassenen Dünnbettmörtel für Mauerwerk im Dünnbettverfahren nach DIN 1053-1 [4] mit oder ohne Stoßfugenvermörtelung und für Mauerwerk im Dünnbettverfahren nach DIN EN 1996-1-1 [40] in Verbindung mit DIN EN 1996-1-1/NA [41] und DIN EN 1996-2 [46] in Verbindung mit DIN EN 1996-2/NA [47] mit oder ohne Stoßfugenvermörtelung.

Berechnung
Für die Grundwerte σ_0 der zulässigen Druckspannungen bzw. die charakteristische Druckfestigkeit f_k gilt Tabelle 31.
Für Wände, die als Endauflager für Decken oder Dächer dienen, durch Wind beansprucht werden und nach DIN 1053-1, Abschnitt 6.9.1, bzw. nach DIN EN 1996-3 in Verbindung mit DIN EN 1996-3/NA nachgewiesen werden, ist zusätzlich ein Nachweis der Mindestauflast der Wände zu führen. Dieser darf vereinfacht nach Abschnitt 0.1.1 bzw. Abschnitt 0.1.2 erfolgen, sofern kein genauerer Nachweis geführt wird.
Bei Wänden mit nicht über die volle Wanddicke aufliegender Decke darf der Nachweis der Standsicherheit mit dem vereinfachten Verfahren nach DIN 1053-1, Abschnitt 6.9.1 bzw. nach DIN EN 1996-3, Anhang A, in Verbindung mit DIN EN 1996-3/NA, NCI zu Anhang A, geführt werden, wenn abweichend bzw. zusätzlich die Regelungen nach Abschnitt 0.2.1 bzw. Abschnitt 0.2.2 berücksichtigt werden.
Für nichttragende Außenwände ohne rechnerischen Nachweis (größte zulässige Werte von Ausfachungsflächen) gilt anstelle von DIN 1053-1 [4], Abschnitt

Tabelle 31. Bemessungswerte für Mauerwerk aus Porenbeton-Plansteinen im Dünnbettverfahren nach Z-17.1-1117

Rohdichteklasse	Bemessungswert der Wärmeleitfähigkeit λ in W/(m·K)	Festigkeitsklasse	DIN 1053-1			DIN EN 1996-3		α^*
			Grundwert σ_0 MN/m²	max τ MN/m²	β_{RZ} MN/m²	char. DF f_k MN/m²	$f_{bt,cal}$ MN/m²	
0,50		4	1,0	0,056	0,160	2,6	0,155/ 0,286[1)]	

[1)] Wert gilt für Porenbetonplansteine mit l ≥ 498 mm und h ≥ 248 mm.

8.1.3.2, die Norm DIN EN 1996-3/NA [49], NCI Anhang NA.C.
Die vereinfachte Berechnungsmethode für Mauerwerkswände unter Erddruck nach DIN EN 1996-3 [48], Abschnitt 4.5, ist nur zulässig, wenn die Wanddicke t ≥ 240 mm beträgt.

Z-17.1-1044
Mauerwerk aus Porenbeton-Plansteinen mit integrierter Wärmedämmung (bezeichnet als Klimanorm PLUS)

Antragsteller:
Greisel Vertrieb GmbH
Deichmannstraße 2
91555 Feuchtwangen

Bescheid – Änderung – Geltungsdauer:
21. September 2016 – 14. April 2020

Die abZ erstreckt sich auf die Herstellung von gelochten Plansteinen aus Porenbeton mit integrierter Wärmedämmung aus Mineralfaserdämmstoff (bezeichnet als Klimanorm PLUS) sowie die Herstellung des Greisel Plansteinmörtels Plus und die Verwendung dieser Plansteine und dieses Dünnbettmörtels für Mauerwerk im Dünnbettverfahren (Mauerwerk mit Dünnbettmörtel) nach DIN 1053-1 [4] ohne Stoßfugenvermörtelung und für Mauerwerk im Dünnbettverfahren nach DIN EN 1996-1-1 [40] in Verbindung mit DIN EN 1996-1-1/NA [41] und DIN EN 1996-2 [46] in Verbindung mit DIN EN 1996-2/NA [47] ohne Stoßfugenvermörtelung.

Die mit Dämmstoff verfüllten Plansteine werden in der Festigkeitsklasse 1,6 in der Rohdichteklasse 0,30 hergestellt. Sie haben eine Länge von 624 mm, eine Breite von 300 mm, 365 mm, 400 mm, 425 mm oder 500 mm und eine Höhe von 249 mm. Die Lochungen in den Plansteinen werden werkseitig mit vorkonfektionierten Formteilen aus Mineralfaserdämmstoff gefüllt.
Wände aus Plansteinen nach der abZ dürfen nur für tragendes oder aussteifendes Mauerwerk in maximal zwei übereinander angeordneten Vollgeschossen und nur im Anwendungsbereich gemäß den in DIN 1053-1 [4], Abschnitt 6.1, bzw. DIN EN 1996-3 [48], Abschnitte 4.2.1.1 und 4.2.1.2, in Verbindung mit DIN EN 1996-3/NA [49], NCI zu 4.2.1.1 und 4.2.1.2, bestimmten Voraussetzungen für die Anwendung des vereinfachten Verfahrens bzw. der vereinfachten Berechnungsmethoden für den Nachweis der Standsicherheit verwendet werden.

Z-17.1-1096
Mauerwerk aus Hebel Porenbeton-Plansteinen der Rohdichteklassen 0,50 und 0,55 in der Festigkeitsklasse 4 und der Rohdichteklasse 0,65 in der Festigkeitsklasse 6

Antragsteller:
Xella Aircrete Systems GmbH
Roßdörfer Straße 52
64409 Messel

Bescheid – Geltungsdauer:
2. Februar 2016 – 1. November 2018

Die Hebel Porenbeton-Plansteine sind Porenbetonsteine nach DIN EN 771-4:2015-11 der Kategorie I mit den in der abZ genannten Eigenschaften.
Die Porenbeton-Plansteine werden mit Längen von 374 mm (376 mm) bis 624 mm (626 mm), Breiten von 115 mm bis 500 mm und Höhen von 199 mm (198 mm) und 249 mm (248 mm) hergestellt.
Die Porenbeton-Plansteine werden als Vollsteine (ohne Lochung) mit Druckfestigkeiten entsprechend der Druckfestigkeitsklasse 4 und Brutto-Trockenrohdichten entsprechend den Rohdichteklassen 0,50 und 0,55 sowie Druckfestigkeiten entsprechend der Druckfestigkeitsklasse 6 und Brutto-Trockenrohdichten entsprechend der Rohdichteklasse 0,65 nach DIN V 4165-100 [11] bzw. DIN V 20000-404 [33] hergestellt.
Die abZ regelt die Verwendung der Porenbeton-Plansteine mit Dünnbettmörtel nach DIN V 18580 [15] oder einem für die Vermauerung von Porenbeton-Plansteinen allgemein bauaufsichtlich zugelassenen Dünnbettmörtel für Mauerwerk im Dünnbettverfahren (Mauerwerk mit Dünnbettmörtel) nach DIN 1053-1 [4] mit oder ohne Stoßfugenvermörtelung und für Mauerwerk im Dünnbettverfahren nach DIN EN 1996-1-1 [40] in Verbindung mit DIN EN 1996-1-1/NA [41] und DIN EN 1996-2 [46] in Verbindung mit DIN EN 1996-2/NA [47] mit oder ohne Stoßfugenvermörtelung.

Z-17.1-540
Mauerwerk aus Ytong Porenbeton-Plansteinen der Rohdichteklassen 0,50 und 0,55 in der Festigkeitsklasse 4 und der Rohdichteklassen 0,60 und 0,65 in der Festigkeitsklasse 6

Antragsteller:
Xella Deutschland GmbH
Dr.-Hammacher-Straße 49
47119 Duisburg

Bescheid – Geltungsdauer:
14. Dezember 2015 – 14. April 2020

Die Ytong Porenbeton-Plansteine sind Porenbetonsteine nach DIN EN 771-4 [9] der Kategorie I mit den in der abZ genannten Eigenschaften.
Die Porenbeton-Plansteine werden mit Längen von 374 mm (376 mm) bis 624 mm (626 mm); Breiten von 115 mm bis 500 mm und Höhen von 199 mm (198 mm) und 249 mm (248 mm) hergestellt.
Die Porenbeton-Plansteine werden als Vollsteine (ohne Lochung) mit Druckfestigkeiten entsprechend der Druckfestigkeitsklasse 4 mit Brutto-Trockenrohdichten entsprechend den Rohdichteklassen 0,50 und 0,55 sowie Druckfestigkeiten entsprechend der Druckfestigkeitsklasse 6 und Brutto-Trockenrohdichten entsprechend den Rohdichteklassen 0,60 und 0,65 nach DIN V 4165-100 [11] bzw. DIN V 20000-404 [33] hergestellt.

Die abZ regelt die Verwendung der Porenbeton-Plansteine mit Dünnbettmörtel nach DIN V 18580 [15] oder einem für die Vermauerung von Porenbeton-Plansteinen allgemein bauaufsichtlich zugelassenen Dünnbettmörtel für Mauerwerk im Dünnbettverfahren (Mauerwerk mit Dünnbettmörtel) nach DIN 1053-1 [4] mit oder ohne Stoßfugenvermörtelung und für Mauerwerk im Dünnbettverfahren nach DIN EN 1996-1-1 [40] in Verbindung mit DIN EN 1996-1-1/NA [41] und DIN EN 1996-2 [46] in Verbindung mit DIN EN 1996-2/NA [47] mit oder ohne Stoßfugenvermörtelung.

Z-17.1-1064
Ytong Porenbeton-Plansteine mit einer Trockenrohdichte von 0,25 kg/dm³ und einem Mittelwert der Druckfestigkeit von mindestens 2,3 N/mm²

Antragsteller:
Xella Deutschland GmbH
Dr.-Hammacher-Straße 49
47119 Duisburg

Bescheid – Geltungsdauer:
24. Mai 2012 – 24. Mai 2017

Die abZ erstreckt sich auf die Herstellung bestimmter Porenbeton-Plansteine (bezeichnet als Ytong Porenbeton-Plansteine) und deren Verwendung mit einem Dünnbettmörtel nach der abZ für Mauerwerk im Dünnbettverfahren (Mauerwerk mit Dünnbettmörtel) nach DIN 1053-1 [4] und DIN 1053-100 [5] ohne Stoßfugenvermörtelung.
Die Porenbeton-Plansteine werden mit Längen von 499 mm, 599 mm und 624 mm, Breiten von 240 mm bis 500 mm und einer Höhe von 249 mm hergestellt.
Sie werden als Vollsteine (ohne Lochung) mit einem Mittelwert (MW) der Druckfestigkeit von mindestens 2,3 N/mm² und Brutto-Trockenrohdichten von etwa 0,25 kg/dm³ hergestellt.
Das Mauerwerk aus Porenbeton-Plansteinen nach der abZ darf nur im Anwendungsbereich gemäß den in DIN 1053-1, Abschnitt 6.1, bestimmten Voraussetzungen für die Anwendung des vereinfachten Verfahrens für den Nachweis der Standsicherheit verwendet werden.

Z-17.1-1116
Mauerwerk aus Dreischicht-Porenbeton-Plansteinen (bezeichnet als YTONG Energy+) im Dünnbettverfahren

Antragsteller:
Xella Deutschland GmbH
Düsseldorfer Landstraße 395
47259 Duisburg

Bescheid – Geltungsdauer:
14. April 2015 – 14. April 2020

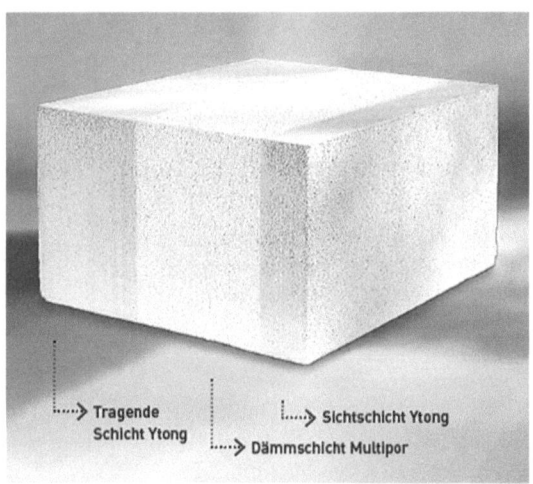

Bild 53. YTONG Energy+ (Z-17.1-1116)

Die abZ erstreckt sich auf die Herstellung von Dreischichtsteinen (bezeichnet als Ytong Dreischichtstein Energy+) und deren Verwendung mit einem Dünnbettmörtel nach der abZ für Mauerwerk im Dünnbettverfahren nach DIN EN 1996-1-1:2013-02 in Verbindung mit DIN EN 1996-1-1/NA [41] und DIN EN 1996-2 [46] in Verbindung mit DIN EN 1996-2/NA [47] mit Stoßfugenvermörtelung.
Die Dreischichtsteine bestehen aus einer 175 mm breiten Tragschale und einer 60 mm bis 75 mm breiten Außenschale aus Porenbeton der Festigkeitsklasse 2 in der Rohdichteklasse 0,35, zwischen denen eine Dämmstoffplatte mit der Bezeichnung „Multipor Mineraldämmplatte" mit Breiten von 175 mm bis 260 mm angeordnet ist (s. Bild 53).
Die Dreischichtsteine haben eine Länge von 499 mm, in Abhängigkeit von der Kombination von Dämmstoff- und Außenschalendicke Breiten von 415 mm bis 500 mm und eine Höhe von 249 mm und werden als Vollsteine (ohne Lochung und ohne Grifftaschen) hergestellt.
Das Mauerwerk aus den Dreischichtsteinen darf nur für tragendes und aussteifendes Mauerwerk im Anwendungsbereich gemäß den in DIN EN 1996-3 [48], Abschnitte 4.2.1.1 und 4.2.1.2, in Verbindung mit DIN EN 1996-3/NA [49], NCI zu 4.2.1.1 und 4.2.1.2, bestimmten Voraussetzungen für die Anwendung der vereinfachten Berechnungsmethoden für den Nachweis der Standsicherheit verwendet werden, wobei abweichend die Gebäude maximal zwei Vollgeschosse zuzüglich ausgebautes oder nicht ausgebautes Dachgeschoss und Kellergeschoss in anderer Bauart haben dürfen.
Darüber hinaus müssen die Gebäude der Gebäudeklasse 1 oder 2 nach den Landesbauordnungen entsprechen.

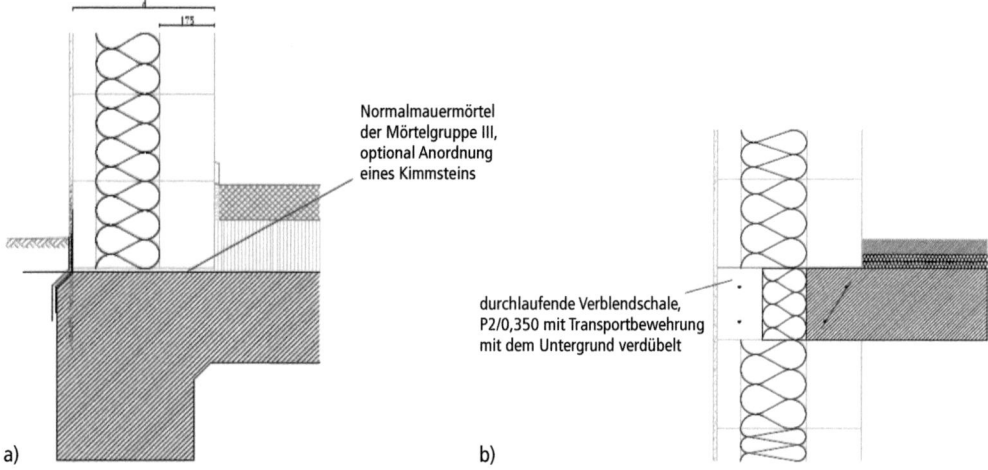

Bild 54. Detail Fußpunktausbildung und Deckenanschluss YTONG Energy+ (Z-17.1-1116); a) Fußpunkt, b) Deckenanschluss

Ausführung
Die erste Steinlage ist in ein Mörtelbett aus Normalmauermörtel nach DIN V 18580 [15] der Mörtelgruppe III zu verlegen (s. Bild 54, Ausbildung des Fußpunkts).
Das Mörtelbett ist als planebene waagerechte Lagerfläche herzustellen. Die Steinlage ist sorgfältig hinsichtlich ihrer planebenen waagerechten Lage über die gesamte Geschossfläche auszurichten. Nach dem Setzen der ersten Lage ist so lange zu warten, bis der Mörtel für die Weiterarbeit ohne Gefahr für die Standsicherheit der ersten Lage ausreichend erhärtet ist.
Alternativ darf als erste Lage auch eine Kimmschicht mit einer Höhe ≤ OK Fußboden aus Porenbeton-Plansteinen mindestens der Festigkeitsklasse 2 angeordnet werden, deren Breite in der Wand der Breite der Wärmedämmsteine entspricht.

Auf der so nivellierten ersten Steinlage ist das aufgehende Mauerwerk vollflächig mit dem Dünnbettmörtel in den Lager- und Stoßfugen zu vermauern, wobei in den Lagerfugen ein Gewebe nach Abschnitt 2.4 der abZ einzulegen ist.
Hierzu ist der Dünnbettmörtel entweder mit einer Zahnkelle größerer Zahnung (≥ 10 mm) aufzubringen und nach dem Einlegen (Eindrücken) des Gewebes nochmals mit einer Zahnkelle üblicher Zahnung abzuziehen oder mit einer Zahnkelle üblicher Zahnung in zwei Schritten (vor und nach dem Einlegen des Gewebes) aufzubringen. Gewebestöße dürfen ohne Überlappung ausgeführt werden und sollten etwa in halber Steinlänge angeordnet werden.

Tabelle 32. Bemessungswerte für Mauerwerk aus Dreischicht-Porenbeton-Plansteinen (bezeichnet als YTONG Energy+) nach Z-17.1-1116

Breite Wärmedämmplatte mm	Breite Dreischichtstein mm	Äquivalente Wärmeleitfähigkeit λ_{equ} in W/(m·K) Dünnbettmörtel		Festigkeitsklasse	Nachweise	Charakt. Druckfestigkeit f_k MN/m²
		DBM-N	Ytong Energy+			
180	415	0,070	0,067	2	im EG	1,6
175	425	0,071	0,068		im darüber liegenden Geschoss und DG	1,3
200	435	0,069	0,066			
220	455	0,068	0,065			
240	475	0,067	0,064			
240	480	0,067	0,064			
230	480	0,068	0,065			
260	495	0,066	0,063			
250	500	0,067	0,064			

Berechnung

Für die charakteristische Druckfestigkeit f_k gilt Tabelle 32. Als rechnerische Wanddicke ist die Breite der Tragschale mit 175 mm in Rechnung zu stellen.

2.1.6 Beton-Plansteine

2.1.6.1 Planvollsteine und Planvollblöcke

Z-17.1-1073
Mauerwerk aus thermolith Plan-Vollblöcken SW „Super-Plus" aus Leichtbeton im Dünnbettverfahren

Antragsteller:
Aktiengesellschaft für Steinindustrie
Sohler Weg 34
56564 Neuwied

Geltungsdauer:
19. Juli 2012 – 19. Juli 2017

Die abZ erstreckt sich auf die Herstellung bestimmter Leichtbetonsteine (Plan-Vollblöcke mit Schlitzen), bezeichnet als thermolith Plan-Vollblöcke SW „SuperPlus", und die Verwendung dieser Plan-Vollblöcke mit dem Dünnbettmörtel „Vario" nach der abZ Nr. Z-17.1-671 für Mauerwerk im Dünnbettverfahren (Mauerwerk mit Dünnbettmörtel) nach DIN 1053-1 [4] ohne Stoßfugenvermörtelung.

Die Plan-Vollblöcke sind Mauersteine aus Beton nach DIN EN 771-3 [8] der Kategorie I mit den in der abZ genannten Eigenschaften.
Für den Leichtbeton der Plan-Vollblöcke gilt ein von DIN EN 1745 [28] abweichender Zusammenhang zwischen Betonrohdichte und Wärmeleitfähigkeit.
Die Plan-Vollblöcke werden mit einer Länge von 247 mm oder 497 mm, einer Breite von 300 mm oder 365 mm und einer Höhe von 249 mm mit einer Druckfestigkeit entsprechend Druckfestigkeitsklasse 2 und einer Brutto-Trockenrohdichte entsprechend der Rohdichteklasse 0,45 nach DIN V 18152-100 [13] hergestellt.
Das Mauerwerk aus den Plan-Vollblöcken darf mit Ausnahme der Außenschale von mehrschaligen Hausschornsteinen nicht für Schornsteinmauerwerk verwendet werden. Die Plan-Vollblöcke dürfen nicht für bewehrtes Mauerwerk verwendet werden.

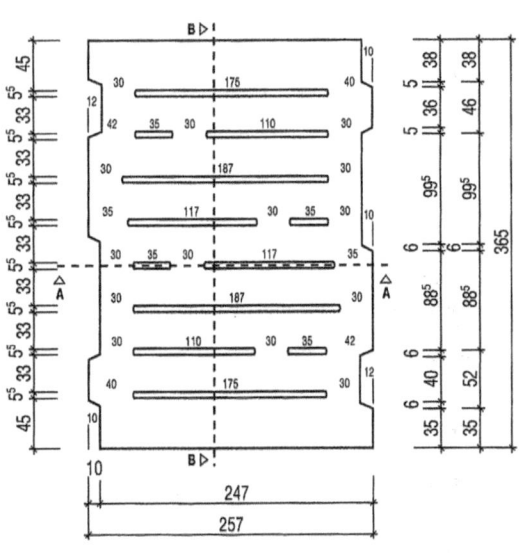

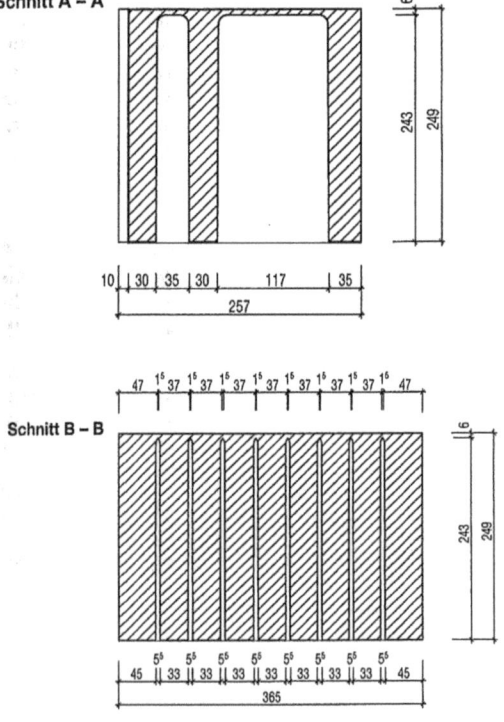

Bild 55. thermolith Plan-Vollblöcke SW „Super-Plus", Beispiel für Form und Ausbildung (Z-17.1-1073)

Z-17.1-481
Mauerwerk aus Liaplan-Steinen im Dünnbettverfahren

Antragsteller:
Birkenmeier Stein + Design GmbH & Co. KG
Industriestraße 1
79206 Breisach

Bescheid – Geltungsdauer:
7. Juli 2016 – 14. April 2020

Die abZ erstreckt sich auf die Herstellung bestimmter Leichtbetonsteine (bezeichnet als Liaplan-Steine) und eines Dünnbettmörtels (bezeichnet als Liaplan Ultra-Dünnbettmörtel) und die Verwendung der Liaplan-Steine und dieses Dünnbettmörtels für Mauerwerk im Dünnbettverfahren nach DIN 1053-1 [4] ohne Stoßfugenvermörtelung und für Mauerwerk im Dünnbettverfahren nach DIN EN 1996-1-1 [40] in Verbindung mit DIN EN 1996-1-1/NA [41] und DIN EN 1996-2 [46] in Verbindung mit DIN EN 1996-2/NA [47] ohne Stoßfugenvermörtelung.

Die Liaplan-Steine sind Mauersteine aus Leichtbeton (Plan-Vollblöcke mit Schlitzen) nach DIN EN 771-3 [8] der Kategorie I mit den in der abZ genannten Eigenschaften. Für den Leichtbeton zur Herstellung der Plan-Vollblöcke gilt ein von DIN EN 1745:2012-07 abweichender Zusammenhang zwischen Betonrohdichte und Wärmeleitfähigkeit. Darüber hinaus ist für den Beton ein individueller Feuchteumrechnungsfaktor F_m gemäß DIN V 4108-4 [16], Anhang B, nachgewiesen.
Die Plan-Vollblöcke werden mit einer Länge von 247 mm, einer Breite von 240 mm, 300 mm oder 365 mm und einer Höhe von 249 mm mit einer Druckfestigkeit entsprechend der Druckfestigkeitsklasse 2 und einer Brutto-Trockenrohdichte entsprechend der Rohdichteklasse 0,5 oder 0,6, mit einer Druckfestigkeit entsprechend der Druckfestigkeitsklasse 4 und einer Brutto-Trockenrohdichte entsprechend der Rohdichteklasse 0,7 und mit einer Druckfestigkeit entsprechend der Druckfestigkeitsklasse 6 und einer Brutto-Trockenrohdichte entsprechend Rohdichteklasse 0,8 in Anlehnung an DIN V 18152-100 [13] hergestellt.

Bild 56. Beispiel für Normaplan Vollblock

abZ für Mauerwerk im Dünnbettverfahren (Mauerwerk mit Dünnbettmörtel) nach DIN 1053-1 [4] mit oder ohne Stoßfugenvermörtelung.
Die Planvollblöcke sind Mauersteine aus Leichtbeton oder Beton nach DIN EN 771-3 [8] der Kategorie I mit den in der abZ genannten Eigenschaften.
Die Planvollblöcke haben eine Länge von 250 mm oder 497 mm bzw. 498 mm, eine Breite von 115 mm, 150 mm, 175 mm, 200 mm oder 240 mm und eine Höhe von 249 mm und werden mit einer Druckfestigkeit entsprechend den Druckfestigkeitsklassen 2 und 4 und einer Brutto-Trockenrohdichte entsprechend der Rohdichteklasse 0,7, 0,8, 0,9, 1,0, 1,2 oder 1,4, einer Druckfestigkeit entsprechend der Druckfestigkeitsklasse 6 und einer Brutto-Trockenrohdichte entsprechend der Rohdichteklasse 1,0, 1,2, 1,4, 1,6 oder 1,8, einer Druckfestigkeit entsprechend der Druckfestigkeitsklasse 8 und einer Brutto-Trockenrohdichte entsprechend der Rohdichteklasse 1,2, 1,4, 1,6, 1,8 oder 2,0, einer Druckfestigkeit entsprechend der Druckfestigkeitsklasse 12 und einer Brutto-Trockenrohdichte entsprechend der Rohdichteklasse 1,6, 1,8 oder 2,0 und einer Druckfestigkeit entsprechend der Druckfestigkeitsklasse 20 und einer Brutto-Trockenrohdichte entsprechend der Rohdichteklasse 1,8, 2,0 oder 2,2 nach DIN V 18152-100 [13] hergestellt.

Z-17.1-722
Mauerwerk aus Planvollblöcken aus Leichtbeton oder Beton (bezeichnet als „NORMAPLAN") im Dünnbettverfahren

Antragsteller:
Bisotherm GmbH
Eisenbahnstraße 12
56218 Mülheim-Kärlich

Bescheid – Geltungsdauer:
22. Mai 2012 – 22. Mai 2017

Die abZ erstreckt sich auf die Verwendung bestimmter Planvollblöcke aus Leichtbeton oder Beton (bezeichnet als „NORMAPLAN") mit Bisoplan-Dünnbettmörtel T oder Bisoplan-Dünnbettmörtel grau nach der

Z-17.1-1003
Mauerwerk aus Plan-Vollblöcken aus Leichtbeton (bezeichnet als Bisoplan Tec Super) im Dünnbettverfahren

Antragsteller:
Bisotherm GmbH
Eisenbahnstraße 12
56218 Mülheim-Kärlich

Bescheid – Geltungsdauer:
4. November 2014 – 11. August 2019

Die abZ erstreckt sich auf die Herstellung bestimmter Leichtbetonsteine (Plan-Vollblöcke), bezeichnet als „Bisoplan^{Tec} Super", sowie auf die Herstellung des Bisoplan-Dünnbettmörtels T und des Bisoplan-Dünn-

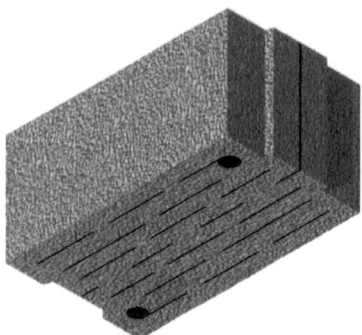

Bild 57. Beispiel für Bisoplan Tec Super Plan-Vollblock aus Leichtbeton

bettmörtels S und die Verwendung der Plan-Vollblöcke mit diesen Dünnbettmörteln für Mauerwerk im Dünnbettverfahren (Mauerwerk mit Dünnbettmörtel) nach DIN 1053-1 [4] ohne Stoßfugenvermörtelung und für Mauerwerk im Dünnbettverfahren nach DIN EN 1996-1-1 [40] in Verbindung mit DIN EN 1996-1-1/NA [41] und DIN EN 1996-2 [46] in Verbindung mit DIN EN 1996-2/NA [47] ohne Stoßfugenvermörtelung.

Die Plan-Vollblöcke sind Mauersteine aus Leichtbeton (Vollblocke mit Schlitzen) nach DIN EN 771-3 [8] der Kategorie I mit den in der abZ genannten Eigenschaften.

Für den Leichtbeton zur Herstellung dieser Plan-Vollblöcke gilt ein von DIN EN 1745 [28] abweichender Zusammenhang zwischen Betonrohdichte und Wärmeleitfähigkeit. Darüber hinaus ist für den Beton ein individueller Feuchteumrechnungsfaktor F_m gemäß DIN V 4108-4 [16], Anhang B, nachgewiesen.

Die Plan-Vollblöcke werden mit einer Länge von 247 mm oder 497 mm, einer Breite von 300 mm, 365 mm, 425 mm oder 490 mm und einer Höhe von 249 mm mit einer Druckfestigkeit entsprechend der Druckfestigkeitsklasse 2 und einer Brutto-Trockenrohdichte entsprechend der Rohdichteklasse 0,45, 0,50, 0,55 oder 0,60, mit einer Druckfestigkeit entsprechend der Druckfestigkeitsklasse 4 und einer Brutto-Trockenrohdichte entsprechend der Rohdichteklasse 0,60, 0,65 oder 0,70 bzw. mit einer Druckfestigkeit entsprechend Druckfestigkeitsklasse 6 und einer Brutto-Trockenrohdichte entsprechend Rohdichteklasse 0,70 oder 0,80 nach DIN V 18152-100 [13] sowie mit einer in DIN V 18152-100 [13] nicht geregelten Druckfestigkeit entsprechend Druckfestigkeitsklasse 1,6 und einer Brutto-Trockenrohdichte entsprechend Rohdichteklasse 0,40 oder 0,45 hergestellt.

Das Mauerwerk aus Plan-Vollblöcken mit einer Druckfestigkeit entsprechend der Druckfestigkeitsklasse 1,6 darf nur für tragendes oder aussteifendes Mauerwerk im Anwendungsbereich gemäß den in DIN 1053-1 [4], Abschnitt 6.1, bzw. DIN EN 1996-3 [48], Abschnitte 4.2.1.1 und 4.2.1.2, in Verbindung mit DIN EN 1996-3/NA [49], NCI zu 4.2.1.1 und 4.2.1.2, bestimmten Voraussetzungen für die Anwendung des vereinfachten Verfahrens für den Nachweis der Standsicherheit verwendet werden. Das Mauerwerk darf darüber hinaus nur für Wände angewendet werden, an die hinsichtlich des Feuerwiderstands keine Anforderungen gestellt werden.

Z-17.1-778
Mauerwerk aus Plan-Vollsteinen und Plan-Vollblöcken aus Leichtbeton im Dünnbettverfahren

Antragsteller:
Bundesverband Leichtbeton e. V.
Sandkauler Weg 1
56564 Neuwied

Bescheid – Geltungsdauer:
24. März 2015 – 08. Mai 2019

Die abZ regelt die Verwendung von Plan-Vollsteinen und Plan-Vollblöcken aus Leichtbeton, nachfolgend auch als Leichtbeton-Plansteine bezeichnet, mit einem Dünnbettmörtel nach der abZ oder dem Dünnbettmörtel „Vario" nach der abZ Nr. Z-17.1-671 für Mauerwerk im Dünnbettverfahren (Mauerwerk mit Dünnbettmörtel) nach DIN 1053-1 [4] mit oder ohne Stoßfugenvermörtelung und für Mauerwerk im Dünnbettverfahren nach DIN EN 1996-1-1 [40] in Verbindung mit DIN EN 1996-1-1/NA [41] und DIN EN 1996-2 [46] in Verbindung mit DIN EN 1996-2/NA [47] mit oder ohne Stoßfugenvermörtelung.

Die Plan-Vollsteine und Plan-Vollblöcke (mit oder ohne Schlitze) sind Mauersteine aus Leichtbeton nach DIN EN 771-3 [8] der Kategorie I mit den in der abZ genannten Eigenschaften, wobei in folgende Steintypen unterschieden wird:
– Plan-Vollsteine (V-P) und Plan-Vollblöcke (Vbl-P): sechsseitig geschlossene Mauersteine ohne Kammern oder Schlitze mit einer Sollhöhe ≤ 249 mm;
– Plan-Vollblöcke (Vbl S-P): vier- oder fünfseitig geschlossene Mauersteine mit Schlitzen senkrecht zur Lagerfläche mit einer Sollhöhe ≤ 249 mm; bei fünfseitig geschlossenen Mauersteinen mit einer Abdeckung mit einer Dicke von mindestens 10 mm oberhalb der Schlitze;
– Plan-Vollblöcke (Vbl SW-P): Fünfseitig geschlossene Mauersteine mit Schlitzen senkrecht zur Lagerfläche mit einer Sollhöhe ≤ 249 mm und einer Abdeckung mit einer Dicke von mindestens 10 mm oberhalb der Schlitze, die ausschließlich unter Verwendung von Naturbims (NB) oder Blähton (BT) oder aus einem Gemisch aus diesen (NB/BT) hergestellt werden.

Plan-Vollsteine V-P und Plan-Vollblöcke Vbl-P dürfen mit Druckfestigkeiten entsprechend den Druckfestigkeitsklassen 2 bis 20 und Brutto-Trockenrohdichten entsprechend den Rohdichteklassen 0,45 bis 2,0 nach DIN V 18152-100 [13] hergestellt werden.

Plan-Vollblöcke Vbl S-P und Vbl SW-P dürfen mit Druckfestigkeiten entsprechend den Druckfestigkeitsklassen 2 bis 12 und Brutto-Trockenrohdichten entsprechend den Rohdichteklassen 0,45 bis 2,0 bei Planvollblöcken Vbl S-P und Brutto-Trockenrohdichten entsprechend den Rohdichteklassen 0,45 bis 0,80 bei Planvollblöcken Vbl SW-P nach DIN V 18152-100 [13] hergestellt werden.

Das Mauerwerk aus den Leichtbeton-Plansteinen darf mit Ausnahme der Außenschale von mehrschaligen Hausschornsteinen nicht für Schornsteinmauerwerk verwendet werden. Das Mauerwerk darf nicht als bewehrtes Mauerwerk, nicht als vorgespanntes Mauerwerk und nicht als eingefasstes Mauerwerk nach DIN EN 1996-1-1 [40] verwendet werden.

Für Wände, die als Endauflager für Decken oder Dächer dienen, durch Wind beansprucht werden und nach DIN 1053-1 [4], Abschnitt 6.9.1, nachgewiesen werden, ist zusätzlich ein Nachweis der Mindestauflast der Wände zu führen. Dieser darf vereinfacht nach Abschnitt 0.1.1 erfolgen, sofern kein genauerer Nachweis geführt wird.

Bei Wänden mit nicht über die volle Wanddicke aufliegender Decke darf der Nachweis der Standsicherheit mit dem vereinfachten Verfahren nach DIN 1053-1 [4], Abschnitt 6.9.1, geführt werden, wenn abweichend bzw. zusätzlich die Regelungen nach Abschnitt 0.2.1 berücksichtigt werden. Die Deckenauflagertiefe a muss mindestens die halbe Wanddicke betragen. Bei einer Wanddicke von 365 mm darf die Mindestauflagertiefe auf 0,45 d reduziert werden.

Z-17.1-1023
Mauerwerk aus Plan-Voll- und Plan-Hohlblöcken aus Leichtbeton (bezeichnet als GisoPlan-Blöcke) im Dünnbettverfahren

Antragsteller:
**GISOTON Wandsysteme Baustoffwerke
Gebhart & Söhne GmbH & Co. KG**
Hochstraße 2
88317 Aichstetten

Bescheid – Geltungsdauer:
15. April 2015 – 5. März 2020

Die abZ regelt die Verwendung von Plan-Hohlblöcken und Plan-Vollblöcken aus Leichtbeton (bezeichnet als GisoPlan-Blöcke) mit dem Dünnbettmörtel „Extraplan" nach der abZ für Mauerwerk im Dünnbettverfahren (Mauerwerk mit Dünnbettmörtel) nach DIN 1053-1 [4] ohne Stoßfugenvermörtelung und für Mauerwerk im Dünnbettverfahren nach DIN EN 1996-1-1 [40] in Verbindung mit DIN EN 1996-1-1/NA [41] und DIN EN 1996-2 [46] in Verbindung mit DIN EN 1996-2/NA [47] ohne Stoßfugenvermörtelung.

Die Plan-Vollblöcke – mit Ausnahme von Griffhilfen ohne Lochung versehen – und die Plan-Hohlblöcke sind Mauersteine aus Leichtbeton nach DIN EN 771-3 [8] der Kategorie I mit den in der abZ genannten Eigenschaften.

Die Plan-Vollblöcke werden mit einer Breite von 115 mm, 150 mm, 175 mm, 200 mm und 240 mm, einer Länge von 300 mm und einer Höhe von 248 mm mit Druckfestigkeiten entsprechend den Druckfestigkeitsklassen 8 und 12 und Brutto-Trockenrohdichten entsprechend den Rohdichteklassen 1,2, 1,6 und 2,0 nach DIN V 18152-100 [13] hergestellt.

Die Plan-Hohlblöcke werden mit einer Breite von 175 mm oder 240 mm, einer Länge von 300 mm und einer Höhe von 248 mm mit Druckfestigkeiten entsprechend der Druckfestigkeitsklasse 6 und Brutto-Trockenrohdichten entsprechend der Rohdichteklasse 1,0 nach DIN V 18151-100 [13] hergestellt.

Das Mauerwerk darf mit Ausnahme der Außenschale von mehrschaligen Hausschornsteinen nicht für Schornsteinmauerwerk verwendet werden. Das Mauerwerk darf nicht als vorgespanntes Mauerwerk und nicht als eingefasstes Mauerwerk nach DIN EN 1996-1-1 [40] verwendet werden.

Z-17.1-862
Mauerwerk aus Plansteinen aus Beton (bezeichnet als „IBS plan") im Dünnbettverfahren

Antragsteller:
Hornick GmbH
Mainzer Str. 23
64579 Gernsheim

Bescheid – Geltungsdauer:
3. Juli 2012 – 3. Juli 2017

Die abZ erstreckt sich auf die Verwendung von Plan-Vollblöcken bzw. -Vollsteinen aus Beton (Normalbeton) mit dem Dünnbettmörtels „Vario" nach der abZ Nr. Z-17.1-671 für Mauerwerk im Dünnbettverfahren (Mauerwerk mit Dünnbettmörtel) nach DIN 1053-1 [4] ohne Stoßfugenvermörtelung.

Die Plan-Vollblöcke und Plan-Vollsteine sind Mauersteine aus Beton nach DIN EN 771-3 [8] der Kategorie I mit den in der abZ genannten Eigenschaften.

Die Plan-Vollblöcke werden mit einer Länge von 247 mm, mit einer Breite von 115 mm, 150 mm, 175 mm, 240 mm, 300 mm oder 365 mm und einer Höhe von 248 mm, die Plan-Vollsteine mit einer Länge von 248 mm, einer Breite von 115 mm, 175 mm, 240 mm, 300 mm oder 365 mm und einer Höhe von 60 mm, 81 mm oder 123 mm mit einer Druckfestigkeit entsprechend der Druckfestigkeitsklasse 4, 6, 8, 12, 20 oder 28 und einer Brutto-Trockenrohdichte entsprechend der Rohdichteklasse 1,40, 1,60, 1,80, 2,00, 2,20 oder 2,40 nach DIN V 18153-100 [14] hergestellt.

Z-17.1-730
Mauerwerk aus Plan-Vollblöcken aus Leichtbeton (bezeichnet als KLB-P-Superdämmblöcke SW1) im Dünnbettverfahren

Antragsteller:
KLB Klimaleichtblock GmbH
Lohmannstraße 31
56626 Andernach

Bescheid – Geltungsdauer:
29. Januar 2015 – 29. Januar 2020

Die abZ erstreckt sich auf die Herstellung bestimmter Leichtbetonsteine (bezeichnet als KLB-P-Superdämmblöcke SW1) sowie die Herstellung der Dünnbettmörtel KLB Dünnbettmörtel DBM-L, KLB Dünnbettmörtel S-L, KLB LB P 99 und KLB LB P 980 und die Verwendung dieser Leichtbetonsteine mit dieser Dünnbettmörtel oder des Dünnbettmörtels „Vario" nach der abZ Nr. Z-17.1-671 für Mauerwerk im Dünnbettverfahren (Mauerwerk mit Dünnbettmörtel) nach DIN 1053-1 [4] ohne Stoßfugenvermörtelung und für Mauerwerk im Dünnbettverfahren nach DIN EN 1996-1-1 [40] in Verbindung mit DIN EN 1996-1-1/NA [41] und DIN EN 1996-2 [46] in Verbindung mit DIN EN 1996-2/NA [47] ohne Stoßfugenvermörtelung.

Die KLB-P-Superdämmblöcke SW1 sind Mauersteine aus Leichtbeton (Plan-Vollblöcke mit Schlitzen) nach DIN EN 771-3 [8] der Kategorie I mit den in der abZ genannten Eigenschaften. Für den Leichtbeton zur Herstellung der Plan-Vollblöcke gilt ein von DIN EN 1745 [28] abweichender Zusammenhang zwischen Betonrohdichte und Wärmeleitfähigkeit. Darüber hinaus ist für den Beton ein individueller Feuchteumrechnungsfaktor F_m gemäß DIN V 4108-4 [16], Anhang B, nachgewiesen.

Die Plan-Vollblöcke werden mit einer Länge von 247 mm oder 497 mm, einer Breite von 175 mm, 240 mm, 300 mm, 365 mm, 425 mm oder 490 mm und einer Höhe von 249 mm mit einer Druckfestigkeit entsprechend Druckfestigkeitsklasse 2 und einer Brutto-Trockenrohdichte entsprechend Rohdichteklasse 0,45, 0,50, 0,55, 0,60 oder 0,65, mit einer Druckfestigkeit entsprechend der Druckfestigkeitsklasse 4 und einer Brutto-Trockenrohdichte entsprechend der Rohdichteklasse 0,60, 0,65 oder 0,70 und mit einer Druckfestigkeit entsprechend der Druckfestigkeitsklasse 6 und einer Brutto-Trockenrohdichte entsprechend der Rohdichteklasse 0,80 nach DIN V 18152-100 [12] hergestellt.

Z-17.1-766
Mauerwerk aus Plan-Hohlblöcken aus Leichtbeton (bezeichnet als KLB-P-Wärmedämmblöcke W3) im Dünnbettverfahren

Antragsteller:
KLB Klimaleichtblock GmbH
Lohmannstr. 31
56626 Andernach

Bescheid – Geltungsdauer:
9. Juli 2015 – 14. April 2020

Die abZ erstreckt sich auf die Herstellung bestimmter Leichtbetonsteine (bezeichnet als KLB-P-Wärmedämmblöcke W3) sowie die Herstellung des Dünnbettmörtels KLB-Dünnbettmörtel DBM-L und die Verwendung dieser Leichtbetonsteine mit diesem Dünnbettmörtel oder dem Dünnbettmörtel „Vario" nach der abZ Nr. Z-17.1-671 für Mauerwerk im Dünnbettverfahren (Mauerwerk mit Dünnbettmörtel) nach DIN 1053-1 [4] ohne Stoßfugenvermörtelung und für Mauerwerk im Dünnbettverfahren nach DIN EN 1996-1-1 [40] in Verbindung mit DIN EN 1996-1-1/NA [41] und DIN EN 1996-2 [46] in Verbindung mit DIN EN 1996-2/NA [47] ohne Stoßfugenvermörtelung.

Die KLB-P-Wärmedämmblöcke W3 sind Mauersteine aus Leichtbeton (Plan-Hohlblöcke) nach DIN EN 771-3 [8] der Kategorie I mit den in der abZ genannten Eigenschaften. Für den Leichtbeton zur Herstellung der Plan-Hohlblöcke gilt ein von DIN EN 1745 [28] abweichender Zusammenhang zwischen Betonrohdichte und Wärmeleitfähigkeit. Darüber hinaus ist für den Beton ein individueller Feuchteumrechnungsfaktor F_m gemäß DIN V 4108-4 [16], Anhang B, nachgewiesen.

Die Plan-Hohlblöcke werden mit einer Länge von 247 mm oder 497 mm, einer Breite von 175 mm, 240 mm, 300 mm oder 365 mm und einer Höhe von 249 mm mit einer Druckfestigkeit entsprechend der Druckfestigkeitsklasse 2 und einer Brutto-Trockenrohdichte 0,45, 0,50, 0,55, 0,60 oder 0,65, mit einer Druckfestigkeit entsprechend der Druckfestigkeitsklasse 4 und einer Brutto-Trockenrohdichte entsprechend der Rohdichteklasse 0,70 und mit einer Druckfestigkeit entsprechend der Druckfestigkeitsklasse 6 und einer Brutto-Trockenrohdichte entsprechend der Rohdichteklasse 0,80 nach DIN V 18151-100 [12] hergestellt.

Z-17.1-870
Mauerwerk aus Liapor Super-K Plus Plansteinen und SAKRET-Liapor-Plansteinkleber im Dünnbettverfahren

Antragsteller:
Liapor GmbH & Co. KG
Industriestraße 2
91352 Hallerndorf-Pautzfeld

Bescheid – Geltungsdauer:
2. Dezember 2014 – 2. Dezember 2019

Die abZ erstreckt sich auf die Herstellung bestimmter Leichtbetonsteine (bezeichnet als Liapor Super-K Plus Plansteine) und eines Dünnbettmörtels (bezeichnet als SAKRET-Liapor-Plansteinkleber) und die Verwendung der Liapor Super-K Plus Plansteine mit dem SAKRET-Liapor-Plansteinkleber für Mauerwerk nach DIN 1053-1 [4] ohne Stoßfugenvermörtelung und für Mauerwerk im Dünnbettverfahren nach DIN EN

1996-1-1 [40] in Verbindung mit DIN EN 1996-1-1/ NA [41] und DIN EN 1996-2 [46] in Verbindung mit DIN EN 1996-2/NA [47] ohne Stoßfugenvermörtelung.

Die Liapor Super-K Plus Plansteine sind Mauersteine aus Leichtbeton (Plan-Vollblöcke mit Schlitzen) nach DIN EN 771-3 [8] der Kategorie I mit den in der abZ genannten Eigenschaften. Für den Leichtbeton zur Herstellung der Liapor Super-K Plus Plansteine gilt ein von DIN EN 1745 [28] abweichender Zusammenhang zwischen Betonrohdichte und Wärmeleitfähigkeit. Darüber hinaus ist für den Beton ein individueller Feuchteumrechnungsfaktor F_m gemäß DIN V 4108-4 [16], Anhang B, nachgewiesen.

Die Liapor Super-K Plus Plansteine werden mit einer Länge von 247 mm, 372 mm oder 497 mm, einer Breite von 300 mm, 365 mm, 425 mm oder 490 mm und einer Höhe von 248 mm mit einer Druckfestigkeit entsprechend der Druckfestigkeitsklasse 2 und einer Brutto-Trockenrohdichte entsprechend der Rohdichteklasse 0,45, 0,50, 0,55, 0,60 oder 0,65 oder mit einer Druckfestigkeit entsprechend der Druckfestigkeitsklasse 4 und einer Brutto-Trockenrohdichte entsprechend der Rohdichteklasse 0,65 oder 0,70 nach DIN V 18152-100 [13] hergestellt.

Das Mauerwerk darf für tragendes und aussteifendes Mauerwerk verwendet werden, jedoch nur im Anwendungsbereich gemäß den in DIN 1053-1 [4], Abschnitt 6.1, bzw. DIN EN 1996-3 [48], Abschnitte 4.2.1.1 und 4.2.1.2, in Verbindung mit DIN EN 1996-3/NA [49], NCI zu 4.2.1.1 und 4.2.1.2, bestimmten Voraussetzungen für die Anwendung des vereinfachten Verfahrens bzw. der vereinfachten Berechnungsmethoden für den Nachweis der Standsicherheit.

Z-17.1-963
Mauerwerk aus Plan-Vollblöcken und Plan-Hohlblöcken aus Beton (bezeichnet als „Meier Öko-Kalkstein® Plansteine") im Dünnbettverfahren

Antragsteller:
MEIER Betonwerke GmbH
Zur Schanze 2
92283 Lauterhofen

Bescheid – Geltungsdauer:
19. Januar 2016 – 20. März 2018

Die abZ erstreckt sich auf die Verwendung bestimmter Betonsteine (bezeichnet als „Meier Öko-Kalkstein® Plansteine") mit MEIER-Dünnbettmörtel nach der abZ oder Dünnbettmörtel „Vario" nach der abZ Nr. Z-17.1-671 für Mauerwerk im Dünnbettverfahren (Mauerwerk mit Dünnbettmörtel) nach DIN 1053-1 [4] ohne Stoßfugenvermörtelung und für Mauerwerk im Dünnbettverfahren nach DIN EN 1996-1-1 [40] in Verbindung mit DIN EN 1996-1-1/ NA [41] und DIN EN 1996-2 [46] in Verbindung mit DIN EN 1996-2/NA [47] ohne Stoßfugenvermörtelung.

Die „Meier Öko-Kalkstein® Plansteine" sind Mauersteine aus Beton nach DIN EN 771-3 [8] der Kategorie I mit den in der abZ genannten Eigenschaften.

Die Plan-Vollblöcke werden mit Längen von 240 mm bis 495 mm, Breiten von 115 mm bis 240 mm und einer Höhe von 248 mm mit Druckfestigkeiten entsprechend der Druckfestigkeitsklasse 12, 20 oder 28 und einer Brutto-Trockenrohdichte entsprechend der Rohdichteklasse 2,00 oder 2,20 nach DIN V 18153-100 [14] hergestellt.

Die Plan-Hohlblöcke werden mit Längen von 240 mm bis 490 mm, Breiten von 115 mm bis 365 mm und einer Höhe von 248 mm mit Druckfestigkeiten entsprechend den Druckfestigkeitsklassen 6 und 12 und Brutto-Trockenrohdichten entsprechend der Rohdichteklasse 1,20, 1,40 oder 1,60 nach DIN V 18153-100 [14] hergestellt.

Zur Vermeidung von Wärmebrücken dürfen bei Mauerwerk aus Plan-Vollblöcken in der untersten und/oder obersten Schicht Wärmedämmelemente (Isomur plus-Elemente) nach der abZ Nr. Z-17.1-811 angeordnet werden. Bei Einbau von Isomur plus-Elementen gelten zusätzlich die Besonderen Bestimmungen des Abschnitts 1 der abZ Nr. Z-17.1-811.

Z-17.1-912
Mauerwerk aus Plan-Vollblöcken aus Leichtbeton (bezeichnet als „Jasto Therm" bzw. „Jasto Super-Therm"-Plansteine) im Dünnbettverfahren

Antragsteller:
Jakob Stockschläder GmbH & Co. KG
Koblenzer Straße 58
56299 Ochtendung

Bescheid – Geltungsdauer:
13. Mai 2015 – 14. April 2020

Die abZ erstreckt sich auf die Herstellung von Plan-Vollblöcken aus Leichtbeton (bezeichnet als „Jasto Therm" bzw. „Jasto Super-Therm"-Plansteine) und die Herstellung des Jasto-Dünnbettmörtels, des Jasto-Dünnbettmörtels-S und des Dünnbettmörtels „Jasto Super-Therm" sowie die Verwendung dieser Plansteine und dieser Dünnbettmörtel für Mauerwerk im Dünnbettverfahren (Mauerwerk mit Dünnbettmörtel) nach DIN 1053-1 [4] ohne Stoßfugenvermörtelung und für Mauerwerk im Dünnbettverfahren nach DIN EN 1996-1-1 [40] in Verbindung mit DIN EN 1996-1-1/ NA [41] und DIN EN 1996-2 [46] in Verbindung mit DIN EN 1996-2/NA [47] ohne Stoßfugenvermörtelung.

Die „Jasto Therm"-Plansteine und „Jasto Super-Therm"-Plansteine sind Mauersteine aus Leichtbeton (Plan-Vollblöcke mit Schlitzen) nach DIN EN 771-3 [8] der Kategorie I mit den in der abZ genannten Eigenschaften. Für den Leichtbeton zur Herstellung der Plan-Vollblöcke gilt ein von DIN EN 1745 [28] abweichender Zusammenhang zwischen Betonrohdichte und Wärmeleitfähigkeit. Darüber hinaus ist für den

Beton ein individueller Feuchteumrechnungsfaktor F_m gemäß DIN V 4108-4 [16], Anhang B, nachgewiesen.
Die „Jasto Therm"-Plansteine werden mit einer Länge von 497 mm, einer Breite von 175 mm und einer Höhe von 249 mm mit einer Druckfestigkeit entsprechend der Druckfestigkeitsklasse 2 und einer Brutto-Trockenrohdichte entsprechend der Rohdichteklasse 0,45, 0,50, 0,55, 0,60 oder 0,65 und mit einer Druckfestigkeit entsprechend Druckfestigkeitsklasse 4 und einer Brutto-Trockenrohdichte entsprechend der Rohdichteklasse 0,55, 0,60 oder 0,65 nach DIN V 18152-100 [13] hergestellt.
Die „Jasto Super-Therm"-Plansteine werden mit einer Länge von 247 mm oder 497 mm, einer Breite von 240 mm, 300 mm oder 365 mm und einer Höhe von 249 mm mit einer Druckfestigkeit entsprechend der Druckfestigkeitsklasse 2 und einer Brutto-Trockenrohdichte entsprechend der Rohdichteklasse 0,45, 0,50, 0,55 oder 0,60 und mit einer Druckfestigkeit entsprechend der Druckfestigkeitsklasse 4 und einer Brutto-Trockenrohdichte entsprechend der Rohdichteklasse 0,55 oder 0,60 nach DIN V 18152-100 [13] hergestellt.

Z-17.1-846
Mauerwerk aus Plan-Vollblöcken aus Leichtbeton (bezeichnet als PUMIX-P-HW) im Dünnbettverfahren

Antragsteller:
Trasswerke Meurin Betriebsgesellschaft mbH
Kölner Straße 17
56626 Andernach

Bescheid – Geltungsdauer:
12. Oktober 2015 – 14. April 2020

Die abZ erstreckt sich auf die Herstellung bestimmter Leichtbetonsteine (Plan-Vollblöcke mit Schlitzen), bezeichnet als PUMIX-P-HW, sowie auf die Herstellung des „PUMIX-Dünnbettmörtel-Leicht", des „PUMIX-Dünnbettmörtels" und des „PUMIX-Dünnbettmörtels S" und die Verwendung dieser Plan-Vollblöcke und Dünnbettmörtel oder mit dem Dünnbettmörtel „Vario" nach der abZ Nr. Z-17.1-671 für Mauerwerk im Dünnbettverfahren (Mauerwerk mit Dünnbettmörtel) nach DIN 1053-1 [4] ohne Stoßfugenvermörtelung und für Mauerwerk im Dünnbettverfahren nach DIN EN 1996-1-1 [40] in Verbindung mit DIN EN 1996-1-1/NA [41] und DIN EN 1996-2 [46] in Verbindung mit DIN EN 1996-2/NA [47] ohne Stoßfugenvermörtelung.
Die Plan-Vollblöcke sind Mauersteine aus Leichtbeton nach DIN EN 771-3 [8] der Kategorie I mit den in der abZ genannten Eigenschaften.
Für den Leichtbeton der Plan-Vollblöcke gilt ein von DIN EN 1745 [28] abweichender Zusammenhang zwischen Betonrohdichte und Wärmeleitfähigkeit. Darüber hinaus ist für den Beton ein individueller Feuchteumrechnungsfaktor F_m gemäß DIN V 4108-4 [16], Anhang B, nachgewiesen.

Die Plan-Vollblöcke werden mit einer Länge von 245 mm, 247 mm, 495 mm oder 495 mm, einer Breite von 175 mm, 240 mm, 300 mm, 365 mm oder 425 mm und einer Höhe von 249 mm mit einer Druckfestigkeit entsprechend der Druckfestigkeitsklasse 2 und einer Brutto-Trockenrohdichte entsprechend der Rohdichteklasse 0,45, 0,50, 0,55, 0,60, 0,65, 0,70 oder 0,80, mit einer Druckfestigkeit entsprechend der Druckfestigkeitsklasse 4 und einer Brutto-Trockenrohdichte entsprechend der Rohdichteklasse 0,65, 0,70 oder 0,80 und mit einer Druckfestigkeit entsprechend der Druckfestigkeitsklasse 6 und einer Brutto-Trockenrohdichte entsprechend der Rohdichteklasse 0,80 nach DIN V 18152-100 [13] hergestellt.
Das Mauerwerk aus den Plan-Vollblöcken darf mit Ausnahme der Außenschale von mehrschaligen Hausschornsteinen nicht für Schornsteinmauerwerk verwendet werden.
Die Plan-Vollblöcke dürfen nicht für bewehrtes Mauerwerk verwendet werden. Das Mauerwerk darf nicht als vorgespanntes Mauerwerk und nicht als eingefasstes Mauerwerk nach DIN EN 1996-1-1 [40] verwendet werden.

2.1.6.2 Planhohlblocksteine

Z-17.1-842
Mauerwerk aus Plan-Hohlblöcken aus Leichtbeton (bezeichnet als isobims-Hohlblöcke P) im Dünnbettverfahren

Antragsteller:
BBU Rheinische Bimsbaustoff-Union GmbH
Sandkaulerweg 1
58564 Neuwied

Bescheid – Geltungsdauer:
1. Oktober 2015 – 15. Oktober 2019

Die abZ erstreckt sich auf die Verwendung bestimmter Leichtbetonsteine (Plan-Hohlblöcke), bezeichnet als „isobims-Hohlblöcke P", mit Dünnbettmörtel nach der abZ oder mit dem Dünnbettmörtel „Vario" nach der abZ Nr. Z-17.1-671 für Mauerwerk im Dünnbettverfahren (Mauerwerk mit Dünnbettmörtel) nach DIN 1053-1 [4] mit oder ohne Stoßfugenvermörtelung und für Mauerwerk im Dünnbettverfahren nach DIN EN 1996-1-1 [40] in Verbindung mit DIN EN 1996-1-1/NA [41] und DIN EN 1996-2 [46] in Verbindung mit DIN EN 1996-2/NA [47] mit oder ohne Stoßfugenvermörtelung.
Die Plan-Hohlblöcke sind Mauersteine aus Leichtbeton nach DIN EN 771-3 [8] der Kategorie I mit den in der abZ genannten Eigenschaften.
Die Plan-Hohlblöcke werden mit einer Länge von 240 mm, 247 mm, 307 mm oder 497 mm, einer Breite von 175 mm, 240 mm, 300 mm oder 365 mm und einer Höhe von 248 mm mit einer Druckfestigkeit entsprechend der Druckfestigkeitsklasse 2, 4 oder 6 und einer Brutto-Trockenrohdichte entsprechend der Roh-

dichteklasse 0,7, 0,8, 0,9, 1,0, 1,2 oder 1,4 nach DIN V 18151-100 [12] hergestellt.

Abweichend von DIN 1053-1 bzw. DIN EN 1996 dürfen horizontale und schräge Schlitze nur dann ausgeführt werden, wenn die in Tabelle 33 genannten Grenzwerte eingehalten werden.

Horizontale und schräge Schlitze sind nur zulässig in einem Bereich > 0,4 m ober- oder unterhalb der Rohdecke sowie jeweils nur an einer Wandseite.

Das Mauerwerk aus den Plan-Hohlblöcken darf mit Ausnahme der Außenschale von mehrschaligen Hausschornsteinen nicht für Schornsteinmauerwerk verwendet werden.

Das Mauerwerk darf nicht als bewehrtes Mauerwerk verwendet werden. Das Mauerwerk darf nicht als vorgespanntes Mauerwerk und nicht als eingefasstes Mauerwerk nach DIN EN 1996-1-1 [40] verwendet werden.

Die Planblöcke sind Mauersteine aus Beton nach DIN EN 771-3 [8] der Kategorie I mit den in der abZ genannten Eigenschaften.

Die Planblöcke haben eine Länge von 247 mm, eine Breite von 175 mm, 240 mm, 300 mm oder 365 mm und eine Höhe von 249 mm und werden mit einer Druckfestigkeit entsprechend den Druckfestigkeitsklassen 2 und 4 mit Brutto-Trockenrohdichten entsprechend den Rohdichteklassen 0,70, 0,80, 0,90, 1,00 und 1,20 und einer Druckfestigkeit entsprechend der Druckfestigkeitsklasse 6 mit Brutto-Trockenrohdichten entsprechend den Rohdichteklassen 1,00, 1,20, 1,40 oder 1,60 nach DIN V 18151-100 [12] hergestellt.

Abweichend von DIN 1053-1 dürfen horizontale und schräge Schlitze nicht ausgeführt werden. Für vertikale Schlitze ohne rechnerischen Nachweis gilt DIN 1053-1, Tabelle 10; Abschnitt 8.3, Absatz 2 der Norm darf jedoch nicht angewendet werden.

Z-17.1-753
Mauerwerk aus Planblöcken aus Leichtbeton mit horizontaler Lochung (bezeichnet als NORMAPLAN) im Dünnbettverfahren

Antragsteller:
Bisotherm GmbH
Eisenbahnstraße 12
56218 Mülheim-Kärlich

Bescheid – Geltungsdauer:
13. Februar 2013 – 13. Februar 2018

Die abZ erstreckt sich auf die Verwendung bestimmter Planblöcke aus Leichtbeton mit horizontaler Lochung (bezeichnet als „NORMAPLAN") mit Bisoplan Dünnbettmörtel grau oder Bisoplan-Dünnbettmörtel T nach der abZ für Mauerwerk im Dünnbettverfahren (Mauerwerk mit Dünnbettmörtel) nach DIN 1053-1 [4] ohne Stoßfugenvermörtelung.

Z-17.1-844
Mauerwerk aus Plan-Hohlblöcken aus Leichtbeton im Dünnbettverfahren

Antragsteller:
Bundesverband Leichtbeton e. V.
Sandkauler Weg 1
56564 Neuwied

Bescheid – Geltungsdauer:
8. Juni 2015 – 14. April 2020

Die abZ regelt die Verwendung von Plan-Hohlblöcken aus Leichtbeton mit einem Dünnbettmörtel nach der abZ oder dem Dünnbettmörtel „Vario" nach der abZ Nr. Z-17.1-671 für Mauerwerk im Dünnbettverfahren (Mauerwerk mit Dünnbettmörtel) nach DIN 1053-1 [4] mit oder ohne Stoßfugenvermörtelung und für Mauerwerk im Dünnbettverfahren nach DIN EN 1996-1-1 [40] in Verbindung mit DIN EN 1996-1-1/

Tabelle 33. Zulässige horizontale und schräge Schlitze

Wanddicke mm	Plan-Hohlblöcke nach Anlage	Horizontale und schräge Schlitze nachträglich hergestellt Schlitzlänge		
		unbeschränkt		≤ 1,25 m[1]
		Schlitztiefe mm	Schlitztiefe mm[2]	Schlitztiefe mm
175	2	–	–	10
	7	–	10	25
240	3	5	15	15
300	4 und 6	15	25	25
365	5 und 6	20	30	30

1) Mindestabstand in Längsrichtung von Öffnungen ≥ 490 mm, vom nächsten Horizontalschlitz zweifache Schlitzlänge.
2) Nur zulässig, wenn Werkzeuge verwendet werden, mit denen die Tiefe genau eingehalten werden kann.

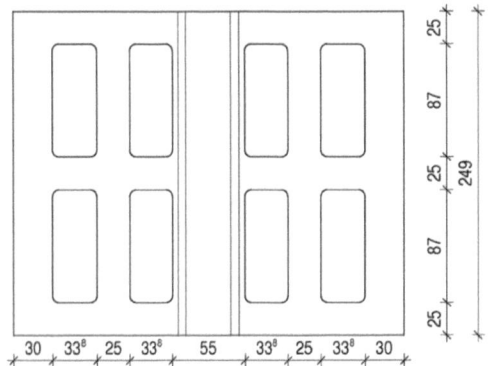
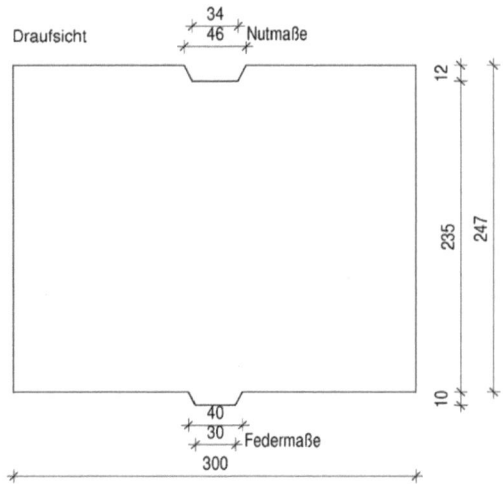

Bild 58. Planblock NORMAPLAN, Beispiel für Lochbild (Z-17.1-753)

NA [41] und DIN EN 1996-2 [46] in Verbindung mit DIN EN 1996-2/NA [47] mit oder ohne Stoßfugenvermörtelung.

Plan-Hohlblöcke (Hbl-P) sind fünfseitig geschlossene Mauersteine mit Kammern senkrecht zur Lagerfläche mit einer Sollhöhe ≤ 249 mm und einer Abdeckung (oberhalb der Kammern) mit einer Dicke von mindestens 10 mm.

Die Plan-Hohlblöcke sind Mauersteine aus Leichtbeton nach DIN EN 771-3 [8] der Kategorie I mit den in der abZ genannten Eigenschaften.

Die Plan-Hohlblöcke dürfen mit Druckfestigkeiten entsprechend den Druckfestigkeitsklassen 2 bis 12 und Brutto-Trockenrohdichten entsprechend den Rohdichteklassen 0,45 bis 1,60 nach DIN V 18151-100 [12] hergestellt werden.

Das Mauerwerk aus den Plan-Hohlblöcken darf mit Ausnahme der Außenschale von mehrschaligen Hausschornsteinen nicht für Schornsteinmauerwerk verwendet werden.

Das Mauerwerk darf nicht als bewehrtes Mauerwerk verwendet werden. Das Mauerwerk darf nicht als vorgespanntes Mauerwerk und nicht als eingefasstes Mauerwerk nach DIN EN 1996-1-1 [40] verwendet werden.

Z-17.1-845
Mauerwerk aus Plan-Hohlblöcken, Plan-Vollblöcken und Plan-Vollsteinen aus Beton im Dünnbettverfahren

Antragsteller:
Bundesverband Leichtbeton e. V.
Sandkauler Weg 1
56564 Neuwied

Bescheid – Geltungsdauer:
26. Februar 2016 – 14. April 2020

Die abZ regelt die Verwendung von Plan-Hohlblöcken, Plan-Vollblöcken und Plan-Vollsteinen aus Beton (Normalbeton) mit einem Dünnbettmörtel nach der abZ für Mauerwerk im Dünnbettverfahren (Mauerwerk mit Dünnbettmörtel) nach DIN 1053-1 [4] mit oder ohne Stoßfugenvermörtelung und für Mauerwerk im Dünnbettverfahren nach DIN EN 1996-1-1 [40] in Verbindung mit DIN EN 1996-1-1/NA [41] und DIN EN 1996-2 [46] in Verbindung mit DIN EN 1996-2/NA [47] mit oder ohne Stoßfugenvermörtelung.

Die Plan-Hohlblöcke, die Plan-Vollblöcke und die Plan-Vollsteine sind Mauersteine aus Beton nach DIN EN 771-3 [8] der Kategorie I mit den in der abZ genannten Eigenschaften, wobei in folgende Steintypen unterschieden wird:

- Plan-Hohlblöcke (Hbn-P): fünfseitig geschlossene Mauersteine mit Kammern senkrecht zur Lagerfläche mit einer Sollhöhe ≤ 249 mm und einer Abdeckung (oberhalb der Kammern) mit einer Dicke von mindestens 10 mm;
- Plan-Vollblöcke (Vbn-P) und Plan-Vollsteine (Vn-P): Mauersteine aus Beton ohne Kammern und Schlitze mit einer Sollhöhe ≤ 249 mm.

Die Plan-Hohlblöcke (Hbn-P) dürfen mit Druckfestigkeiten entsprechend den Druckfestigkeitsklassen 2 bis 12 und Brutto-Trockenrohdichten entsprechend den Rohdichteklassen 0,80 bis 2,00 nach DIN V 18153-100 [14] hergestellt werden.

Die Plan-Vollsteine (Vn-P) und Plan-Vollblöcke (Vbn-P) dürfen mit Druckfestigkeiten entsprechend Druckfestigkeitsklassen 4 bis 28 und Brutto-Trockenrohdichten entsprechend Rohdichteklassen 1,40 bis 2,40 nach DIN V 18153-100 [14] hergestellt werden.

Das Mauerwerk aus den Plan-Hohlblöcken darf mit Ausnahme der Außenschale von mehrschaligen Hausschornsteinen nicht für Schornsteinmauerwerk verwendet werden.

Das Mauerwerk darf nicht als bewehrtes Mauerwerk verwendet werden. Das Mauerwerk darf nicht als vorgespanntes Mauerwerk und nicht als eingefasstes Mauerwerk nach DIN EN 1996-1-1 [40] verwendet werden.

Z-17.1-1154
Mauerwerk aus Plan-Hohlblöcken aus Leichtbeton im Dünnbettverfahren

Antragsteller:
E. Knobel GmbH & Co. KG
Konrad-Adenauer-Straße 45
72461 Albstadt-Tailfingen

Bescheid – Geltungsdauer:
12. September 2016 – 14. April 2020

Die abZ erstreckt sich auf die Verwendung bestimmter Leichtbetonsteine (Plan-Hohlblöcke), bezeichnet als „Plan-Hohlblöcke Knobel", mit dem Dünnbettmörtel „SAKRET-Liapor-Plansteinkleber" nach der abZ für Mauerwerk im Dünnbettverfahren (Mauerwerk mit Dünnbettmörtel) nach DIN 1053-1 [4] mit oder ohne Stoßfugenvermörtelung und für Mauerwerk im Dünnbettverfahren nach DIN EN 1996-1-1 [40] in Verbindung mit DIN EN 1996-1-1/NA [41] und DIN EN 1996-2 [46] in Verbindung mit DIN EN 1996-2/NA [47] mit oder ohne Stoßfugenvermörtelung.

Die Plan-Hohlblöcke sind Mauersteine aus Leichtbeton nach DIN EN 771-3 [8] der Kategorie I mit den in der abZ genannten Eigenschaften (Lochbild siehe z. B. Bild 59).

Für die Planhochlochziegel ist ein individueller Feuchteumrechnungsfaktor F_m gemäß DIN V 4108-4 [16], Anhang B, nachgewiesen.

Die Plan-Hohlblöcke werden mit einer Länge von 247 mm oder 497 mm, einer Breite von 175 mm, 240 mm oder 300 mm und einer Höhe von 249 mm und in Druckfestigkeitsklassen und Brutto-Trockenrohdichten nach Tabelle 34 hergestellt.

Berechnung

Für die Grundwerte σ_0 der zulässigen Druckspannungen bzw. die charakteristische Druckfestigkeit f_k gilt Tabelle 34.

Für Wände, die als Endauflager für Decken oder Dächer dienen, durch Wind beansprucht werden und nach DIN 1053-1, Abschnitt 6.9.1 ist zusätzlich ein Nachweis der Mindestauflast der Wände zu führen. Dieser darf vereinfacht nach Abschnitt 0.1.1 erfolgen, sofern kein genauerer Nachweis geführt wird.

Bei Wänden mit nicht über die volle Wanddicke aufliegender Decke darf der Nachweis der Standsicherheit mit dem vereinfachten Verfahren nach DIN 1053-1, Abschnitt 6.9.1 geführt werden, wenn abweichend bzw. zusätzlich die Regelungen nach Abschnitt 0.2.1 berücksichtigt werden.

Beim Schubnachweis nach DIN 1053-1 [4], Abschnitt 6.9.5, gilt für max τ der Wert für Hohlblocksteine. Beim Schubnachweis im Rahmen einer genaueren Bemessung nach DIN 1053-1 [4], Abschnitt 7.9.5, sowie für die Ermittlung der charakteristischen Schubfestigkeit f_{vlt2} nach DIN EN 1996-1-1 [40], Abschnitt 3.6.2, in Verbindung mit DIN EN 1996-1-1/NA [41], NDP zu 3.6.2, gilt für β_{Rz} bzw. für $f_{bt,cal}$ ebenfalls der Wert für Hohlblocksteine.

Sofern gemäß DIN EN 1996-1-1/NA [41], NCI zu 5.5.3, bzw. DIN EN 1996-3/NA [49], NDP zu 4.1 (1)P,

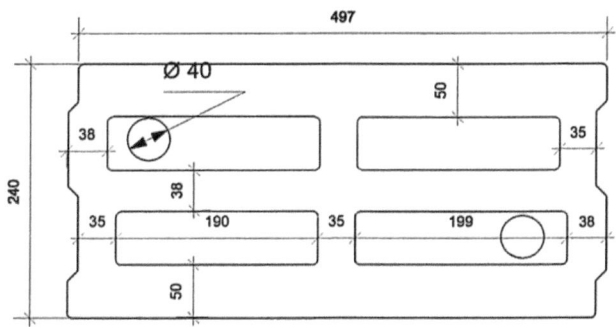

Bild 59. 2-Kammer-Hohlblockstein 497 mm × 240 mm × 249 mm aus Leichtbeton, Beispiel für Lochbild (Z-17.1-1154)

Tabelle 34. Bemessungswerte für Mauerwerk aus Plan-Hohlblöcken aus Leichtbeton nach Z-17.1-1154

Rohdichte-klasse	Bemessungswert der Wärmeleit-fähigkeit λ in W/(m·K)	Festigkeitsklasse	DIN 1053-1			DIN EN 1996-3	
			Grundwert σ_0 MN/m²	max τ MN/m²	β_{RZ} MN/m²	char. DF f_k MN/m²	$f_{bt,cal}$ MN/m²
0,6	0,24	2	0,5¹⁾/0,4	0,020	0,050	1,6¹⁾/1,4	0,050
0,7	0,28	4	0,8¹⁾/0,7	0,040	0,100	2,5¹⁾/2,2	0,100
0,8	0,31	6	1,0¹⁾/0,9	0,060	0,150	3,2¹⁾/2,9	0,150

1) Wert gilt für Plan-Hohlblöcke nach Anlage 4 der Zulassung (3-Kammer Hohlblockstein 497 mm × 240 mm × 249 mm).

ein rechnerischer Nachweis der Schubtragfähigkeit erforderlich ist, ist dieser nach DIN EN 1996-1-1 [40], Abschnitt 6.2, in Verbindung mit DIN EN 1996-1-1/NA [41], NCI zu 6.2, zu führen, wobei für den minimalen Bemessungswert der Querkrafttragfähigkeit V_{Rdlt} nur 50% des sich aus Gleichung (NA.19) bzw. Gleichung (NA.24) ergebenden Wertes in Rechnung gestellt werden dürfen.

Bei der Beurteilung eines Gebäudes hinsichtlich des Verzichts auf einen rechnerischen Nachweis der räumlichen Steifigkeit ist die geringere Schubtragfähigkeit zu beachten.

2.1.6.3 Plansteine aus Leichtbeton mit integrierter Wärmedämmung

Z-17.1-1052
Mauerwerk aus Planhohlblöcken aus Leichtbeton mit integrierter Wärmedämmung (bezeichnet als Liaplan Ultra-DS) im Dünnbettverfahren

Antragsteller:
Birkenmeier Stein + Design GmbH & Co. KG
Industriestraße 1
79206 Breisach

Bescheid – Geltungsdauer:
11. Oktober 2016 – 14. April 2020

Die abZ erstreckt sich auf die Herstellung von Plan-Hohlblöcken aus Leichtbeton mit integrierter Wärmedämmung aus werksgeschäumtem Polystyrol (bezeichnet als „Liaplan Ultra-DS") sowie die Herstellung des Liaplan Ultra-Dünnbettmörtels und die Verwendung dieser Plan-Hohlblöcke und des Liaplan Ultra-Dünnbettmörtels für Mauerwerk im Dünnbettverfahren (Mauerwerk mit Dünnbettmörtel) nach DIN 1053-1 [4] ohne Stoßfugenvermörtelung und für Mauerwerk im Dünnbettverfahren nach DIN EN 1996-1-1 [40] in Verbindung mit DIN EN 1996-1-1/NA [41] und DIN EN 1996-2 [46] in Verbindung mit DIN EN 1996-2/NA [47] ohne Stoßfugenvermörtelung.

Die Plan-Hohlblöcke werden mit einer Länge von 247 mm oder 498 mm, einer Breite von 240 mm, 300 mm, 365 mm oder 425 mm und einer Höhe von 249 mm mit einer Druckfestigkeit entsprechend der Druckfestigkeitsklasse 2 und einer Brutto-Trockenrohdichte entsprechend der Rohdichteklasse 0,45, 050 oder 0,55 oder mit einer Druckfestigkeit entsprechend der Druckfestigkeitsklasse 4 und einer Brutto-Trockenrohdichte entsprechend der Rohdichteklasse 0,60 hergestellt.

Das Mauerwerk darf für tragendes und aussteifendes Mauerwerk verwendet werden, jedoch nur im Anwendungsbereich gemäß den in DIN 1053-1 [4], Abschnitt 6.1, bzw. DIN EN 1996-3 [48], Abschnitte 4.2.1.1 und 4.2.1.2, in Verbindung mit DIN EN 1996-3/NA [49], NCI zu 4.2.1.1 und 4.2.1.2, bestimmten Voraussetzungen für die Anwendung des vereinfachten Verfahrens bzw. der vereinfachten Berechnungsmethoden für den Nachweis der Standsicherheit.

Vertikalschlitze ohne rechnerischen Nachweis sind unter den in Abschnitt 0.4 genannten Bedingungen zulässig. Horizontalschlitze entsprechend den Vorgaben nach Abschnitt 0.4 sind zulässig, wenn diese bei der Bemessung berücksichtigt werden.

In Ausnahmefällen dürfen zur Anordnung von Steckdosen unmittelbar von Vertikalschlitzen abgehende, ≤ 0,4 m oberhalb der Rohdecke liegende Horizontalschlitze bis maximal 50 cm Länge ohne rechnerischen Nachweis angeordnet werden. Der Abstand solcher Horizontalschlitze von Öffnungen muss mindestens 150 mm betragen und pro 2 m Wandlänge darf höchstens ein solcher Horizontalschlitz angeordnet werden. Die Schlitze sind vollständig mit nichtbrennbaren Materialien zu verschließen.

Für den Schubnachweis nach DIN 1053-1, Abschnitt 6.9.5, dürfen für zul τ und max τ (mit max τ für Hohlblocksteine) nur die 0,5-fachen Werte in Rechnung gestellt werden. Bei der Beurteilung eines Gebäudes hinsichtlich des Verzichts auf einen rechnerischen Nachweis der räumlichen Steifigkeit gemäß DIN 1053-1, Abschnitt 6.4, ist diese geringere Schubtragfähigkeit zu beachten.

Horizontalschlitze entsprechend den Vorgaben nach Abschnitt 0.4 sind zulässig, wenn diese bei der Bemessung berücksichtigt werden.

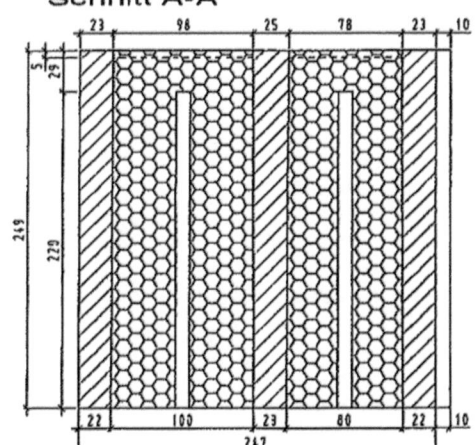

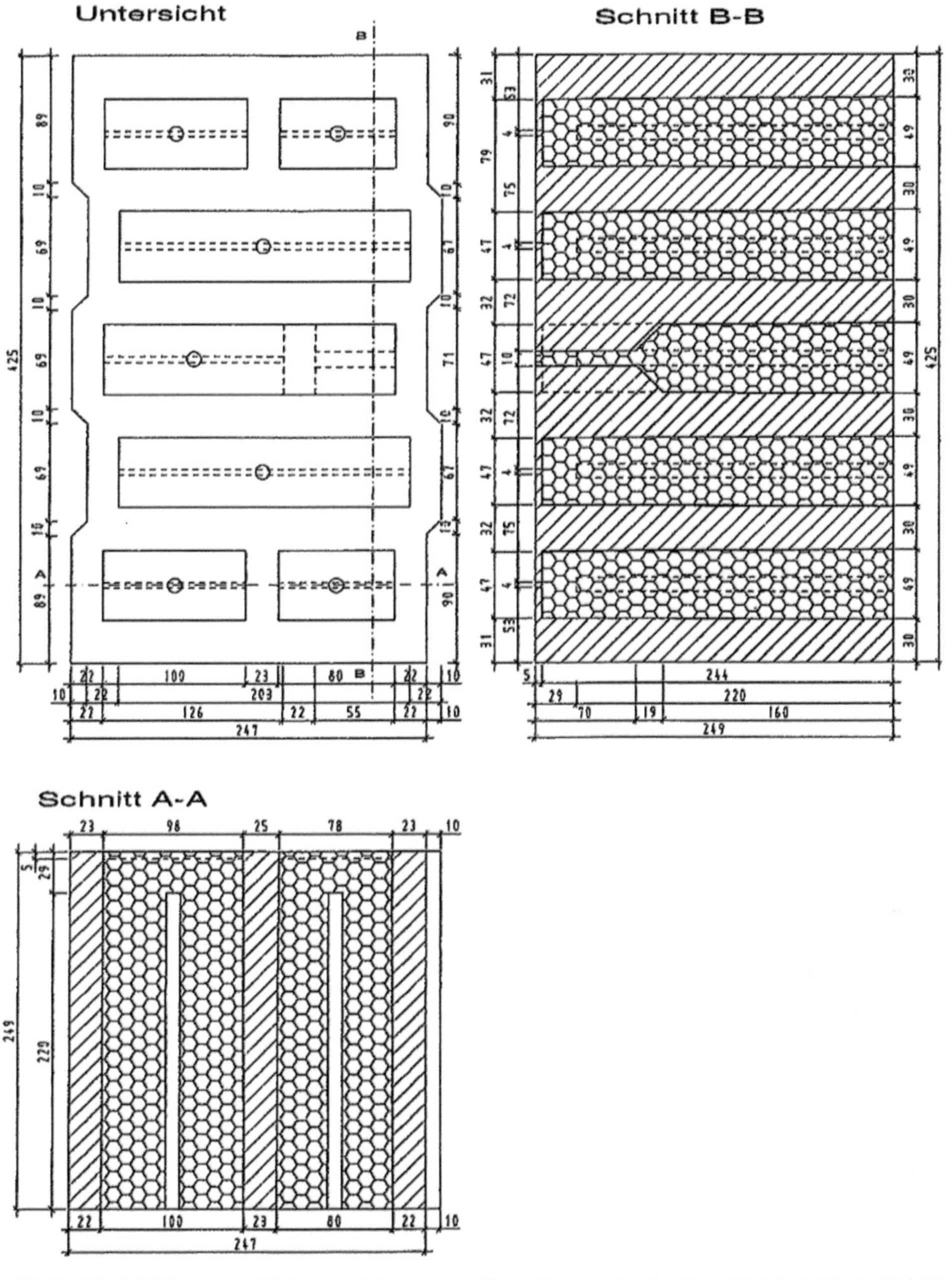

Bild 60. Planhohlblöcke aus Leichtbeton mit integrierter Wärmedämmung Liaplan Ultra-DS, Beispiel für Lochbild (Z-17.1-1052)

Z-17.1-1026
Mauerwerk aus BISOTHERM-Steinen mit integrierter Wärmedämmung (bezeichnet als „Bisomark mit Dämmstoff der WLG 022") im Dünnbettverfahren

Antragsteller:
Bisotherm GmbH
Eisenbahnstraße 12
56218 Mülheim-Kärlich

Bescheid – Geltungsdauer:
27. Oktober 2015 – 14. April 2020

Die abZ erstreckt sich auf die Herstellung von Plan-Hohlblöcken aus Leichtbeton mit integrierter Wärmedämmung aus Phenolharzschaum (bezeichnet als „Bisomark^{Tec} mit Dämmstoff der WLG 022") sowie die Herstellung des Bisoplan-Dünnbettmörtels T und Bisoplan Dünnbettmörtels S und die Verwendung dieser Plan-Hohlblöcke und dieser Dünnbettmörtel für Mauerwerk im Dünnbettverfahren (Mauerwerk mit Dünnbettmörtel) nach DIN 1053-1 [4] und für Mauerwerk im Dünnbettverfahren nach DIN EN 1996-1-1 [40] in Verbindung mit DIN EN 1996-1-1/NA [41] und DIN EN 1996-2 [46] in Verbindung mit DIN EN 1996-2/NA [47] ohne Stoßfugenvermörtelung.

Die Plan-Hohlblöcke werden in der Druckfestigkeitsklasse 1,6 in der Rohdichteklasse 0,35 oder 0,40, in der Druckfestigkeitsklasse 2 in der Rohdichteklasse 0,40, 0,45 oder 0,50 und in der Druckfestigkeitsklasse 4 in der Rohdichteklasse 0,45, 0,50 oder 0,55 hergestellt. Sie haben eine Länge von 247 mm oder 497 mm, eine Breite von 300 mm, 365 mm oder 425 mm und eine Höhe von 249 mm. Die Kammern der Plan-Hohlblöcke werden werkseitig mit vorkonfektionierten Formteilen aus Phenolharzschaum (auch bezeichnet als PF-Stecklinge) gefüllt.

Wände aus Plan-Hohlblöcken nach der abZ dürfen nur für tragendes oder aussteifendes Mauerwerk im Anwendungsbereich gemäß den in DIN 1053-1 [4], Abschnitt 6.1, bzw. DIN EN 1996-3 [48], Abschnitte 4.2.1.1 und 4.2.1.2, in Verbindung mit DIN EN 1996-3/NA [49], NCI zu 4.2.1.1 und 4.2.1.2, bestimmten Voraussetzungen für die Anwendung des vereinfachten Verfahrens bzw. der vereinfachten Berechnungsmethoden für den Nachweis der Standsicherheit verwendet werden.

In Wänden aus diesen Plan-Hohlblöcken dürfen waagerechte und schräge Schlitze nicht ausgeführt werden. Vertikalschlitze ohne rechnerischen Nachweis sind unter den in Abschnitt 0.4.1 genannten Bedingungen zulässig. Zur Anordnung von Steckdosen dürfen maximal 500 mm lange und 20 mm tiefe, von Vertikalschlitzen abgehende Horizontalschlitze ausgeführt werden.

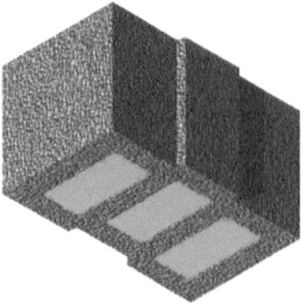

Bild 61. Beispiel für Bisomark mit integrierter Wärmedämmung (WLG 022)

Z-17.1-1029
Mauerwerk aus BISOTHERM-Steinen mit integrierter Wärmedämmung (bezeichnet als „Bisomark mit Dämmstoff der WLG 035") im Dünnbettverfahren

Antragsteller:
Bisotherm GmbH
Eisenbahnstraße 12
56218 Mülheim-Kärlich

Bescheid – Geltungsdauer:
27. Oktober 2015 – 14. April 2020

Die abZ erstreckt sich auf die Herstellung von Plan-Hohlblöcken aus Leichtbeton mit nichtbrennbarer integrierter Wärmedämmung aus Mineralfaserdämmstoff (bezeichnet als „Bisomark mit Dämmstoff WLG 035") sowie die Herstellung des Bisoplan-Dünnbettmörtels T und des Bisoplan Dünnbettmörtels S und die Verwendung dieser Plan-Hohlblöcke und dieser Dünnbettmörtel für Mauerwerk im Dünnbettverfahren (Mauerwerk mit Dünnbettmörtel) nach DIN 1053-1 [4] ohne Stoßfugenvermörtelung und für Mauerwerk im Dünnbettverfahren nach DIN EN 1996-1-1 [40] in Verbindung mit DIN EN 1996-1-1/NA [41] und DIN EN 1996-2 [46] in Verbindung mit DIN EN 1996-2/NA [47] ohne Stoßfugenvermörtelung.

Die Plan-Hohlblöcke werden in der Druckfestigkeitsklasse 1,6 in der Rohdichteklasse 0,35 oder 0,40, in der Druckfestigkeitsklasse 2 in der Rohdichteklasse 0,40, 0,45, 0,50 oder 0,55 und in der Druckfestigkeitsklasse 4 in der Rohdichteklasse 0,45, 0,50 oder 0,55 hergestellt. Sie haben eine Länge von 247 mm oder 497 mm; eine Breite von 300 mm, 365 mm oder 425 mm und eine Höhe von 249 mm. Die Kammern der Plan-Hohlblöcke werden werkseitig mit vorkonfektionierten Formteilen aus Mineralfaserdämmstoff gefüllt.

Wände aus Plan-Hohlblöcken nach der abZ dürfen nur für tragendes oder aussteifendes Mauerwerk im Anwendungsbereich gemäß den in DIN 1053-1 [4], Abschnitt 6.1, bzw. DIN EN 1996-3 [48], Abschnitte 4.2.1.1 und 4.2.1.2, in Verbindung mit DIN EN

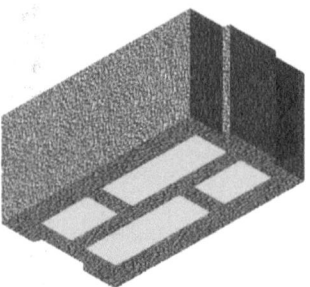

Bild 62. Beispiel für Bisomark mit integrierter Wärmedämmung (WLG 035)

1996-3/NA [49], NCI zu 4.2.1.1 und 4.2.1.2, bestimmten Voraussetzungen für die Anwendung des vereinfachten Verfahrens bzw. der vereinfachten Berechnungsmethoden bestimmten Voraussetzungen für die Anwendung des vereinfachten Verfahrens für den Nachweis der Standsicherheit verwendet werden.

In Wänden aus diesen Plan-Hohlblöcken dürfen waagerechte und schräge Schlitze nicht ausgeführt werden. Vertikalschlitze ohne rechnerischen Nachweis sind unter den in Abschnitt 0.4.1 genannten Bedingungen zulässig. Zur Anordnung von Steckdosen dürfen maximal 500 mm lange und 20 mm tiefe, von Vertikalschlitzen abgehende Horizontalschlitze ausgeführt werden.

Z-17.1-1072
Mauerwerk aus BISOTHERM-Steinen mit integrierter Wärmedämmung (bezeichnet als „BisomarkTec mit Dämmstoff der WLG 032") im Dünnbettverfahren

Antragsteller:
Bisotherm GmbH
Eisenbahnstraße 12
56218 Mülheim-Kärlich

Bescheid – Geltungsdauer:
13. April 2012 – 13. April 2017

Die abZ erstreckt sich auf die Herstellung von Plan-Hohlblöcken aus Leichtbeton mit integrierter Wärmedämmung aus Mineralfaserdämmstoff (bezeichnet als „Bisomark^{TEC} mit Dämmstoff der WLG 032") sowie die Herstellung des Bisoplan-Dünnbettmörtels T und die Verwendung dieser Plan-Hohlblöcke und dieses Dünnbettmörtels für Mauerwerk im Dünnbettverfahren (Mauerwerk mit Dünnbettmörtel) nach DIN 1053-1 [4] und DIN 1053-100 [5] ohne Stoßfugenvermörtelung.

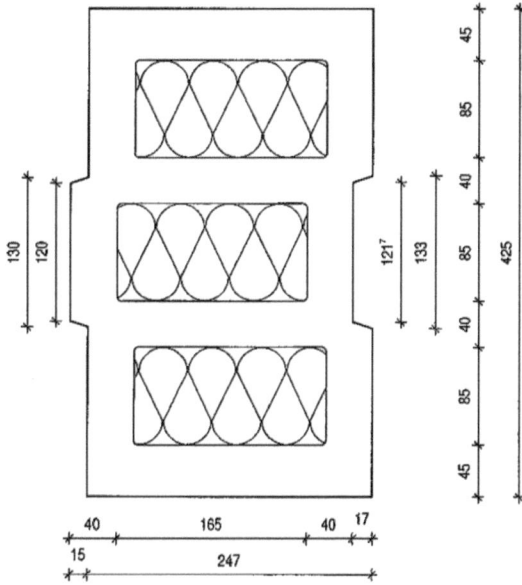

Bild 64. Bisomark P-Hbl, Beispiel für Lochbild (Z-17.1-1072)

Die Plan-Hohlblöcke werden in der Festigkeitsklasse 1,6 in der Rohdichteklasse 0,35, 0,40 oder 0,45, in der Festigkeitsklasse 2 in der Rohdichteklasse 0,40, 0,45 oder 0,50 und in der Festigkeitsklasse 4 in der Rohdichteklasse 0,45, 0,50 oder 0,55 hergestellt. Sie haben eine Länge von 247 mm oder 497 mm, eine Breite von 300 mm, 365 mm oder 425 mm und eine Höhe von 249 mm. Die Kammern der Plan-Hohlblöcke werden werkseitig mit vorkonfektionierten Formteilen aus Mineralfaserdämmstoff gefüllt.

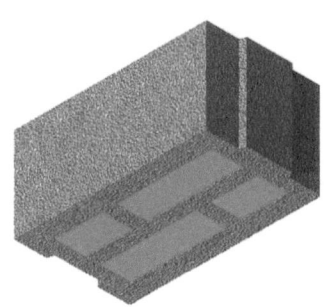

Bild 63. Bisomark P-Hbl mit integrierter Wärmedämmung

Wände aus Plan-Hohlblöcken nach der abZ dürfen nur für tragendes oder aussteifendes Mauerwerk im Anwendungsbereich gemäß den in DIN 1053-1, Abschnitt 6.1, bestimmten Voraussetzungen für die Anwendung des vereinfachten Verfahrens für den Nachweis der Standsicherheit verwendet werden.
In Wänden aus diesen Plan-Hohlblöcken dürfen waagerechte und schräge Schlitze nicht ausgeführt werden. Vertikalschlitze ohne rechnerischen Nachweis sind unter den in Abschnitt 0.4.1 genannten Bedingungen zulässig. Zur Anordnung von Steckdosen dürfen maximal 500 mm lange und 20 mm tiefe, von Vertikalschlitzen abgehende Horizontalschlitze ausgeführt werden.

Z-17.1-1081
Mauerwerk aus Plan-Hohlblöcken mit integrierter Wärmedämmung (bezeichnet als BisoRocket Objektstein Hbl) im Dünnbettverfahren

Antragsteller:
Bisotherm GmbH
Eisenbahnstraße 12
56218 Mülheim-Kärlich

Bescheid – Geltungsdauer:
28. Januar 2013 – 28. Januar 2018

Die abZ erstreckt sich auf die Herstellung von Plan-Hohlblöcken aus Leichtbeton mit integrierter Wärmedämmung aus Mineralfaserdämmstoff (bezeichnet als „BisoRocket Objektstein Hbl") sowie die Herstellung des Bisoplan-Dünnbettmörtels T und die Verwendung dieser Plan-Hohlblöcke und dieses Dünnbettmörtels für Mauerwerk im Dünnbettverfahren (Mauerwerk mit Dünnbettmörtel) nach DIN 1053-1 [4] ohne Stoßfugenvermörtelung.
Die Plan-Hohlblöcke werden in der Festigkeitsklasse 4 in der Rohdichteklasse 0,45, 0,50 oder 0,55 und in der Festigkeitsklasse 6 in der Rohdichteklasse 0,50, 0,55, 0,60, 0,65 oder 0,70 hergestellt. Sie haben eine Länge von 247 mm, eine Breite von 365 mm und eine Höhe von 249 mm.
Die Kammern der Plan-Hohlblöcke werden werkseitig mit vorkonfektionierten Formteilen aus Mineralfaserdämmstoff gefüllt.

In Wänden aus diesen Plan-Hohlblöcken dürfen waagerechte und schräge Schlitze nicht ausgeführt werden. Vertikalschlitze ohne rechnerischen Nachweis sind unter den in Abschnitt 0.4.1 genannten Bedingungen zulässig. Zur Anordnung von Steckdosen dürfen maximal 500 mm lange und 20 mm tiefe, von Vertikalschlitzen abgehende Horizontalschlitze ausgeführt werden.

Z-17.1-672
GISOPLAN-Therm Wandsystem

Antragsteller:
GISOTON Wandsysteme Baustoffwerke Gebhart & Söhne GmbH & Co. KG
Hochstraße 2
88317 Aichstetten

Bescheid – Geltungsdauer:
5. März 2015 – 5. März 2020

Die abZ erstreckt sich auf die Herstellung von Plansteinen mit integrierter Wärmedämmung aus Polystyrol-Hartschaum (bezeichnet als Gisotherm-Plan Steine) sowie die Herstellung des Dünnbettmörtels „Extraplan" und die Verwendung dieser Gisotherm-Plan Steine und dieses Dünnbettmörtels für Mauerwerk im Dünnbettverfahren (Mauerwerk mit Dünnbettmörtel) nach DIN 1053-1 [4] ohne Stoßfugenvermörtelung und für Mauerwerk im Dünnbettverfahren nach DIN EN 1996-1-1 [40] in Verbindung mit DIN EN 1996-1-1/NA [41] und DIN EN 1996-2 [46] in Verbindung mit DIN EN 1996-2/NA [47] ohne Stoßfugenvermörtelung; bezeichnet als GISOPLAN-Therm Wandsystem.
Die Gisotherm-Plan Steine bestehen aus tragenden Vollblöcken aus Leichtbeton, die mit einer mit Normalbeton C20/25 verfüllten, seitlichen Aussparung versehen sind, in der Polystyrol-Formteile verankert sind.
Die Gisotherm-Plan-Steine haben eine Länge von 300 mm und eine Höhe von 248 mm. Die Breite der tragenden Leichtbetonvollblöcke beträgt 150 mm oder 200 mm; die Breite der Polystyrol-Formteile beträgt 100 mm, 150 mm, 175 mm oder 225 mm.
Baustellenseits wird das Mauerwerk mit einem Putzsystem versehen, das allgemein bauaufsichtlich zuge-

Bild 65. BisoRocket P-Hbl (Z-17.1-1081)

Bild 66. GisoPlan-Therm (Z-17.1-672)

lassen ist für Wärmedämm-Verbundsysteme mit angeklebten Dämmstoffplatten aus Polystyrolpartikelschaum auf Mauerwerk oder Beton. Für den Nachweis des Brandverhaltens gilt die das verwendete Putzsystem enthaltene abZ. Die aus Brandschutzgründen für die Verwendung zulässigen Gebäudeklassen ergeben sich aus den jeweils geltenden Brandschutzvorschriften der Länder.

Das GISOPLAN-Therm Wandsystem darf nur für Außenwände verwendet werden.

Die Bauart darf angewendet werden für Gebäude, bei denen die Einwirkung aus Windsoglasten, ermittelt nach DIN EN 1991-1-4 [36] in Verbindung mit DIN EN 1991-1-4/NA [37], 2,2 kN/m^2 nicht überschreiten.

Z-17.1-974
Mauerwerk aus Plan-Hohlblöcken mit integrierter Wärmedämmung (bezeichnet als „JASTO Ultra Therm" und „JASTO Kombi") im Dünnbettverfahren

Antragsteller:
Jakob Stockschläder GmbH & Co. KG
Koblenzer Straße 58
56299 Ochtendung

Bescheid – Geltungsdauer:
11. Oktober 2016 – 10. Oktober 2018

Die abZ erstreckt sich auf die Herstellung von Plan-Hohlblöcken aus Leichtbeton mit integrierter Wärmedämmung (bezeichnet als „JASTO Ultra Therm" und „JASTO Kombi") sowie die Herstellung des Dünnbettmörtels „Jasto Super-Therm" und die Verwendung dieser Plan-Hohlblöcke und dieses Dünnbettmörtels für Mauerwerk im Dünnbettverfahren (Mauerwerk mit Dünnbettmörtel) nach DIN 1053-1 [4] ohne Stoßfugenvermörtelung und für Mauerwerk im Dünnbettverfahren nach DIN EN 1996-1-1 [40] in Verbindung mit DIN EN 1996-1-1/NA [41] und DIN EN 1996-2 [46] in Verbindung mit DIN EN 1996-2/NA [47] ohne Stoßfugenvermörtelung.

Die Plan-Hohlblöcke haben eine Länge von 247 mm oder 497 mm, eine Breite von 300 mm, 365 mm; 425 mm oder 490 mm und eine Höhe von 249 mm.

Die Plan-Hohlblöcke „JASTO Ultra Therm" werden in der Druckfestigkeitsklasse 2 in den Rohdichteklassen 0,40, 0,45 und 0,50 und in der Druckfestigkeitsklasse 4 in den Rohdichteklassen 0,55, 0,60 und 0,65 hergestellt.

Die Plan-Hohlblöcke „JASTO Kombi" werden in der Druckfestigkeitsklasse 2 in den Rohdichteklassen 0,40, 0,45, 0,50, 0,55 und 0,60 und in der Druckfestigkeitsklasse 4 in den Rohdichteklassen 0,55 und 0,60 hergestellt.

Die Kammern der Plan-Hohlblöcke „JASTO Ultra Therm" werden werkseitig mit vorkonfektionierten Dämmstoff-Formteilen aus Phenolharzschaum, Polyurethan Hartschaum, expandiertem Polystyrol oder Mineralfaserdämmstoff gefüllt, die Kammern der Plan-Hohlblöcke „JASTO Kombi" mit vorkonfektionierten Dämmstoff-Formteilen aus Mineralwolle.

Z-17.1-1039
Mauerwerk aus Plan-Hohlblöcken aus Leichtbeton mit integrierter Wärmedämmung (bezeichnet als „JASTO Ultra-Z-Therm" und JASTO-Z-Kombi") im Dünnbettverfahren

Antragsteller:
Jakob Stockschläder GmbH & Co. KG
Koblenzer Straße 58
56299 Ochtendung

Bescheid – Geltungsdauer:
3. Dezember 2015 – 14. April 2020

Die abZ erstreckt sich auf die Herstellung von Plan-Hohlblöcken aus Leichtbeton mit integrierter Wärmedämmung (bezeichnet als „JASTO Ultra-Z-Therm" und „JASTO-Z-Kombi") und die Herstellung des Dünnbettmörtels „JASTO Super-Therm" sowie die Verwendung dieser Plansteine und dieses Dünnbettmörtels für Mauerwerk im Dünnbettverfahren (Mauerwerk mit Dünnbettmörtel) nach DIN 1053-1 [4] ohne Stoßfugenvermörtelung und für Mauerwerk im Dünnbettverfahren nach DIN EN 1996-1-1 [40] in Verbindung mit DIN EN 1996-1-1/NA [41] und DIN EN 1996-2 [46] in Verbindung mit DIN EN 1996-2/NA [47] ohne Stoßfugenvermörtelung.

Die Plan-Hohlblöcke werden in der Druckfestigkeitsklasse 2 in den Rohdichteklassen 0,40; 0,45 und 0,50 und in der Druckfestigkeitsklasse 4 in den Rohdichteklassen 0,55 und 0,60 hergestellt.

Sie haben eine Länge von 365 mm oder 425 mm, eine Breite von 365 mm oder 425 mm und eine Höhe von 249 mm. Die Kammern der Plan-Hohlblöcke „JASTO Ultra-Z-Therm" werden werkseitig mit vorkonfektionierten Dämmstoff-Formteilen aus Phenolharzschaum, Polyurethan Hartschaum oder Mineralfaserdämmstoff gefüllt; die Kammern der Plan-Hohlblöcke „JASTO-Z-Kombi" mit vorkonfektionierten Dämmstoff-Formteilen aus Phenolharzschaum oder Mineralfaserdämmstoff.

Wände aus Plan-Hohlblöcken nach der abZ dürfen nur für tragendes oder aussteifendes Mauerwerk im Anwendungsbereich gemäß den in DIN 1053-1, Abschnitt 6.1, bzw. DIN EN 1996-3 [48], Abschnitte 4.2.1.1 und 4.2.1.2, in Verbindung mit DIN EN 1996-3/NA [49], NCI zu 4.2.1.1 und 4.2.1.2, bestimmten Voraussetzungen für die Anwendung des vereinfachten Verfahrens bzw. der vereinfachten Berechnungsmethoden für den Nachweis der Standsicherheit verwendet werden.

Mauerwerk aus Plan-Hohlblöcken nach der abZ darf nicht für Wände verwendet werden, an die Anforderungen hinsichtlich ihrer Feuerwiderstandsfähigkeit gestellt werden.

Bild 67. Beispiel für JASTO Ultra-Z Therm

In Wänden aus Plan-Hohlblöcken „JASTO Ultra-Z-Therm" dürfen waagerechte und schräge Schlitze nicht ausgeführt werden. Vertikalschlitze ohne rechnerischen Nachweis sind unter den in Abschnitt 0.4.1 genannten Bedingungen zulässig. Zur Anordnung von Steckdosen dürfen maximal 500 mm lange und 20 mm tiefe, von Vertikalschlitzen abgehende Horizontalschlitze ausgeführt werden.

Die Auflagertiefe der Decken muss bei Wänden mit einer Steinbreite von 365 mm mindestens 225 mm betragen. Bei Wänden mit einer Steinbreite von 425 mm muss die Auflagertiefe der Decken mindestens 255 mm betragen.

Z-17.1-1053
Mauerwerk aus dreischaligen Leichtbeton-Plansteinen mit integrierter Wärmedämmung (bezeichnet als BACHL NeoStone Wärmedämmsteine) im Dünnbettverfahren

Antragsteller:
Karl Bachl GmbH & Co. KG
Deching 3
94133 Röhrnbach

Bescheid – Änderung/Ergänzung/Verlängerung –
Geltungsdauer:
16. Januar 2015 – 4. April 2016 – 14. April 2020

Die abZ erstreckt sich auf die Herstellung von dreischaligen Leichtbeton-Plansteinen mit einer innen liegenden, durchgehenden Wärmedämmung (bezeichnet als BACHL NeoStone Wärmedämmsteine) und eines Dünnbettmörtels (bezeichnet als SAKRET-Liapor-Plansteinkleber) und die Verwendung dieser Wärmedämmsteine mit dem SAKRET-Liapor-Plansteinkleber für Mauerwerk im Dünnbettverfahren (Mauerwerk mit Dünnbettmörtel) nach DIN 1053-1 [4] ohne Stoßfugenvermörtelung und für Mauerwerk im Dünnbettverfahren nach DIN EN 1996-1-1 [40] in Verbindung mit DIN EN 1996-1-1/NA [41] und DIN EN 1996-2 [46] in Verbindung mit DIN EN 1996-2/NA [47] ohne Stoßfugenvermörtelung.

Die Wärmedämmsteine bestehen aus 175 mm breiten tragenden Plan-Vollblöcken aus Leichtbeton der Festigkeitsklasse 2 in der Rohdichteklasse 0,55, 0,60, oder 0,70 oder der Festigkeitsklasse 4 in der Rohdichteklasse 0,70, 0,75, 0,80 oder 0,90 sowie einer 40 mm dicken Putzträgerschale aus Leichtbeton der gleichen Rohdichteklasse, zwischen denen 150 mm oder 210 mm breite Polystyrolformteile angeordnet sind (s. Bild 67).

Die mechanische Verbindung zwischen der Kerndämmung und dem Leichtbeton ist u. a. durch die beidseitige Profilierung der Dämmung besonders gut. Der Dämmstoff ist durch die Verwendung als Kerndämmung vor allem mechanisch gut geschützt. Die wesentlichen Vorteile des Systems sind der schnelle Baufortschritt und der hohe Wärmeschutz durch die nahezu wärmebrückenfreie Bauweise.

Die Wärmedämmsteine werden mit einer Länge von 247 mm, einer Breite von 365 mm oder 425 mm und einer Höhe von 249 mm hergestellt.

Die Bauart darf nur im Anwendungsbereich gemäß den in DIN 1053-1 [2], Abschnitt 6.1, bzw. DIN EN 1996-3 [48], Abschnitte 4.2.1.1 und 4.2.1.2 in Verbindung mit DIN EN 1996-3/NA [49], NCI zu 4.2.1.1 und 4.2.1.2, bestimmten Voraussetzungen für die Anwendung des vereinfachten Verfahrens bzw. der vereinfachten Berechnungsmethoden für den Nachweis der Standsicherheit bei Gebäuden verwendet werden. Des Weiteren müssen die Gebäude aus Brandschutzgründen der Gebäudeklasse 1, 2 oder 3 nach den Landes-

Bild 68. Liapor NeoStone (Z-17.1-1028) bzw. BACHL NeoStone (Z-17.1-1053) Wärmedämmstein

bauordnungen entsprechen und darüber hinaus eine maximale Höhe von 6,0 m bzw. 9,0 m im Bereich der Giebelwände aufweisen; erdberührte Wände sind stets in anderer Bauart unter Beachtung der geltenden Technischen Baubestimmungen auszuführen.

Z-17.1-959
Mauerwerk aus Planhohlblöcken aus Leichtbeton mit integrierter Wärmedämmung aus Steinwollestecklingen (bezeichnet als KLB-Kalopor Plus-Planblöcke)

Antragsteller:
KLB Klimaleichtblock GmbH
Lohmannstraße 31
56626 Andernach

Bescheid – Geltungsdauer:
4. Mai 2015 – 20. April 2020

Die abZ erstreckt sich auf die Herstellung von Planhohlblöcken aus Leichtbeton mit nichtbrennbarer integrierter Wärmedämmung aus Mineralfaserdämmstoff (bezeichnet als KLB-Kalopor Plus-Planblöcke) sowie die Herstellung der Dünnbettmörtel KLB Dünnbettmörtel S-L, KLB LB P 99 und KLB LB P 980 und die Verwendung dieser Planhohlblöcke und dieser Dünnbettmörtel oder dem Dünnbettmörtel „Vario" nach der abZ Nr. Z-17.1-671 für Mauerwerk im Dünnbettverfahren (Mauerwerk mit Dünnbettmörtel) nach DIN 1053-1 [4] ohne Stoßfugenvermörtelung und für Mauerwerk im Dünnbettverfahren nach DIN EN 1996-1-1 [40] in Verbindung mit DIN EN 1996-1-1/NA [41] und DIN EN 1996-2 [46] in Verbindung mit DIN EN 1996-2/NA [47] ohne Stoßfugenvermörtelung.

Die Plan-Hohlblöcke werden in der Druckfestigkeitsklasse 2 in der Rohdichteklasse 0,35, 0,40, 0,45, 0,50, 0,55 oder 0,60 und in der Druckfestigkeitsklasse 4 in der Rohdichteklasse 0,60 hergestellt. Sie haben eine Länge von 247 mm oder 497 mm, eine Breite von 300 mm, 365 mm oder 425 mm und eine Höhe von 249 mm.

Die Kammern der Planhohlblöcke werden werkseitig mit vorkonfektionierten Formteilen aus Steinwolle (nachfolgend als Steinwollestecklinge bezeichnet) gefüllt. In den Außenquerstegen der Planhohlblöcke sind 55 mm breite Nuten vorgesehen, in die beim Errichten des Mauerwerks aus diesen Steinen ca. 90 mm lange, 55 mm breite und 249 mm hohe Steinwollestecklinge in jeder Steinlage einzubringen sind. Die Steinwollestecklinge werden in der erforderlichen Anzahl zusammen mit den Steinen auf die Baustelle geliefert.

Das Mauerwerk darf nur im Anwendungsbereich gemäß den in DIN 1053-1 [4], Abschnitt 6.1, bzw. DIN EN 1996-3 [48], Abschnitte 4.2.1.1 und 4.2.1.2, in Verbindung mit DIN EN 1996-3/NA [49], NCI zu 4.2.1.1 und 4.2.1.2, bestimmten Voraussetzungen für die Anwendung des vereinfachten Verfahrens bzw. der vereinfachten Berechnungsmethoden für den Nachweis der Standsicherheit verwendet werden.

In Wänden aus diesen Plan-Hohlblöcken dürfen waagerechte und schräge Schlitze nicht ausgeführt werden. Vertikalschlitze ohne rechnerischen Nachweis sind unter den in Abschnitt 0.4.1 genannten Bedingungen zulässig. Zur Anordnung von Steckdosen dürfen maximal 500 mm lange und 20 mm tiefe, von Vertikalschlitzen abgehende Horizontalschlitze ausgeführt werden.

Z-17.1-1020
Mauerwerk aus Plan-Hohlblöcken aus Leichtbeton mit integrierter Wärmedämmung (bezeichnet als KLB-Kalopor M-Planblöcke)

Antragsteller:
KLB Klimaleichtblock GmbH
Lohmannstraße 31
56626 Andernach

Bescheid – Geltungsdauer:
20. März 2015 – 3. März 2020

Die abZ erstreckt sich auf die Herstellung von Planhohlblöcken aus Leichtbeton mit nichtbrennbarer integrierter Wärmedämmung aus Mineralfaserdämmstoff (bezeichnet als KLB-Kalopor M-Planblöcke) sowie die Herstellung der Dünnbettmörtel KLB Dünnbettmörtel DBM-L und KLB Dünnbettmörtel S-L und die Verwendung dieser Plan-Hohlblöcke und dieser Dünnbettmörtel für Mauerwerk im Dünnbettverfahren (Mauerwerk mit Dünnbettmörtel) nach DIN 1053-1 [4] ohne Stoßfugenvermörtelung und für Mauerwerk im Dünnbettverfahren nach DIN EN 1996-1-1 [40] in Verbindung mit DIN EN 1996-1-1/NA [41] und DIN EN 1996-2 [46] in Verbindung mit DIN EN 1996-2/NA [47] ohne Stoßfugenvermörtelung.

Die Plan-Hohlblöcke werden in der Druckfestigkeitsklasse 2 hergestellt und entsprechen in verfülltem Zustand der Rohdichteklasse 0,35 oder 0,40. Sie haben eine Länge von 247 mm oder 497 mm, eine Breite von 300 mm, 365 mm oder 425 mm und eine Höhe von 249 mm.

Die Kammern der Planhohlblöcke werden werkseitig mit vorkonfektionierten Formteilen aus Mineralfaserdämmstoff (auch als Glaswolle- bzw. Steinwollestecklinge bezeichnet) gefüllt. In den Außenquerstegen der Planhohlblöcke sind 55 mm breite Nuten vorgesehen, in die beim Errichten des Mauerwerks aus diesen Steinen ca. 90 mm lange, 55 mm breite und 249 mm hohe Glaswolle- bzw. Steinwollestecklinge in jeder Steinlage einzubringen sind. Die Stecklinge werden in der erforderlichen Anzahl zusammen mit den Steinen auf die Baustelle geliefert.

Das Mauerwerk darf nur im Anwendungsbereich gemäß den in DIN 1053-1 [4], Abschnitt 6.1, bzw. DIN EN 1996-3 [48], Abschnitte 4.2.1.1 und 4.2.1.2, in Verbindung mit DIN EN 1996-3/NA [49], NCI zu 4.2.1.1 und 4.2.1.2, bestimmten Voraussetzungen für die Anwendung des vereinfachten Verfahrens bzw. der vereinfachten Berechnungsmethoden für den Nachweis der Standsicherheit verwendet werden.

In Wänden aus diesen Plan-Hohlblöcken dürfen waagerechte und schräge Schlitze nicht ausgeführt werden. Vertikalschlitze ohne rechnerischen Nachweis sind unter den in Abschnitt 0.4.1 genannten Bedingungen zulässig. Zur Anordnung von Steckdosen dürfen maximal 500 mm lange und 20 mm tiefe, von Vertikalschlitzen abgehende Horizontalschlitze ausgeführt werden.

Z-17.1-1075
Mauerwerk aus KLB-Plan-Hohlblöcken mit integrierter Wärmedämmung (bezeichnet als KLB-ISOSTAR) im Dünnbettverfahren

Antragsteller:
KLB Klimaleichtblock GmbH
Lohmannstraße 31
56626 Andernach

Bescheid – Geltungsdauer:
2. Februar 2016 – 3. März 2020

Die abZ erstreckt sich auf die Herstellung von Plan-Hohlblöcken aus Leichtbeton mit integrierter Wärmedämmung aus Mineralfaserdämmstoff (bezeichnet als KLB-ISOSTAR) sowie die Herstellung des Quick-Mix Dünnbettmörtel DBM-L und die Verwendung dieser Plan-Hohlblöcke und dieses Dünnbettmörtels für Mauerwerk im Dünnbettverfahren (Mauerwerk mit Dünnbettmörtel) nach DIN 1053-1 [4] ohne Stoßfugenvermörtelung und für Mauerwerk im Dünnbettverfahren nach DIN EN 1996-1-1 [40] in Verbindung mit DIN EN 1996-1-1/NA [41] und DIN EN 1996-2 [46] in Verbindung mit DIN EN 1996-2/NA [47] ohne Stoßfugenvermörtelung.

Die Plan-Hohlblöcke werden in der Druckfestigkeitsklasse 2 in der Rohdichteklasse 0,40, 0,45, oder 0,50 und in der Druckfestigkeitsklasse 4 in der Rohdichteklasse 0,50, 0,55 oder 0,60 hergestellt. Sie haben eine Länge von 247 mm, eine Breite von 365 mm oder 425 mm und eine Höhe von 249 mm. Die Kammern der Plan-Hohlblöcke werden werkseitig mit vorkonfektionierten Formteilen aus Mineralfaserdämmstoff gefüllt. In Wänden aus diesen Plan-Hohlblöcken dürfen waagerechte und schräge Schlitze nicht ausgeführt werden. Vertikalschlitze ohne rechnerischen Nachweis sind unter den in Abschnitt 0.4.1 genannten Bedingungen zulässig. Zur Anordnung von Steckdosen dürfen maximal 500 mm lange und 20 mm tiefe, von Vertikalschlitzen abgehende Horizontalschlitze ausgeführt werden.

Z-17.1-1078
Mauerwerk aus KLB-SK(MW)-Plansteinen im Dünnbettverfahren

Antragsteller:
KLB Klimaleichtblock GmbH
Lohmannstraße 31
56626 Andernach

Bescheid – Geltungsdauer:
1. November 2017 – 14. April 2020

Gegenstand der abZ ist die Herstellung von Plan-Hohlblöcken aus Leichtbeton sowie die Bemessung und Ausführung von Mauerwerk im Dünnbettverfahren aus den Plan-Hohlblöcken aus Leichtbeton mit integrierter Wärmedämmung aus Mineralwolle (Stein- oder Glaswolle) (bezeichnet als KLB-

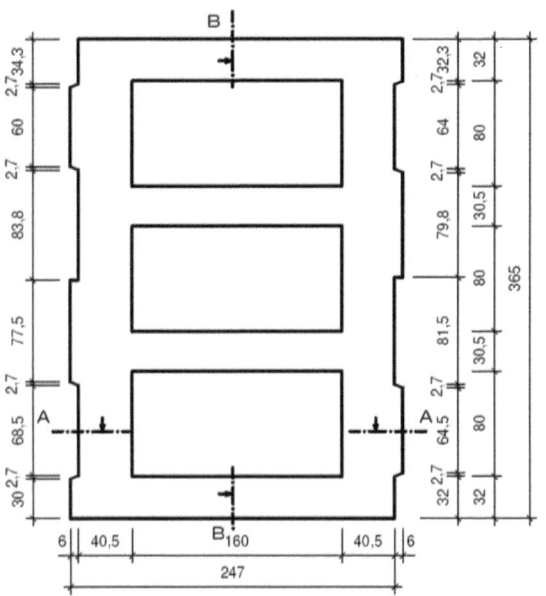

Bild 69. KLB-ISOSTAR (Z-17.1-1075)

Bild 70. KLB-SK09-Planstein (Z-17.1-1078)

SK(MW)-Plansteine) – siehe z. B. Bild 70 – und dem werkmäßig hergestellten Dünnbettmörtel (Trockenmörtel) KLB Dünnbettmörtel S-L oder KLB Dünnbettmörtel DBM-L nach Eignungsprüfung mit CE-Kennzeichnung (AVCP-Verfahren 2+) nach DIN EN 998-2 [35].
Die Plan-Hohlblöcke werden in der Druckfestigkeitsklasse 2 mit der Rohdichteklasse 0,35, 0,40, 0,45 oder 0,50 und in der Druckfestigkeitsklasse 4 mit der Rohdichteklasse 0,50, 0,55 oder 0,60 hergestellt. Sie haben eine Länge von 247 mm oder 497 mm, eine Breite von 240 mm, 300 mm, 365 mm, 425 mm oder 490 mm und eine Höhe von 249 mm. Die Kammern der Plan-Hohlblöcke werden werkseitig mit vorkonfektionierten Dämmstoff-Formteilen aus Mineralwolle gefüllt.
Für die Herstellung des Mauerwerks darf nur der Quick-Mix Dünnbettmörtel DBM-L nach der abZ verwendet werden.
Das Mauerwerk darf als unbewehrtes Mauerwerk nach DIN EN 1996-1-1 [40] in Verbindung mit DIN EN 1996-1-1/NA [41] und DIN EN 1996-2 [46] in Verbindung mit DIN EN 1996-2/NA [47] verwendet werden.
Das Mauerwerk darf nicht als eingefasstes Mauerwerk verwendet werden.
Die Auflagertiefe der Decken muss bei Wänden aus Plan-Hohlblöcken mit einer Steinbreite von 425 mm mindestens 255 mm und bei Wänden aus Plan-Hohlblöcken mit einer Steinbreite von 490 mm mindestens 280 mm betragen.
KLB-SK-Plansteine ermöglichen den monolithischen Bau von Außenwänden aufgrund des geringen Wärmedurchgangskoeffizienten (U-Wert) von nur 0,23 W/(m²·K) (verputzt, innen mit 15 mm Gips-Leichtputz λ_R = 0,35 W/m·K, außen mit 20 mm mineralischem Faser-Leichtputz λ_R = 0,31 W/m·K) und sind deshalb besonders für die wirtschaftliche Realisierung von KfW-Effizienzhäusern konzipiert.

Z-17.1-817
Mauerwerk aus Plan-Hohlblöcken aus Leichtbeton mit integrierter Wärmedämmung
(bezeichnet als Liapor SL-P Wärmedämmsteine)
und SAKRET-Liapor-Plansteinkleber
im Dünnbettverfahren

Antragsteller:
Liapor GmbH & Co. KG
Industriestraße 2
91352 Hallerndorf-Pautzfeld

Bescheid – Geltungsdauer:
9. März 2015 – 9. März 2020

Die abZ erstreckt sich auf die Herstellung von Plan-Hohlblöcken aus Leichtbeton mit integrierter Wärmedämmung aus anorganisch gebundener Perlitefüllung oder anorganisch gebundenem Silikat-Leicht-Schaum (bezeichnet als „Liapor SL-P Wärmedämmsteine") sowie die Herstellung des SAKRET-Liapor-Plansteinklebers und die Verwendung der Liapor SL-P Wärmedämmsteine mit diesem SAKRET-Liapor-Plansteinkleber für Mauerwerk im Dünnbettverfahren (Mauerwerk mit Dünnbettmörtel) nach DIN 1053-1 [4] ohne Stoßfugenvermörtelung und für Mauerwerk im Dünnbettverfahren nach DIN EN 1996-1-1 [40] in Verbindung mit DIN EN 1996-1-1/NA [41] und DIN EN 1996-2 [46] in Verbindung mit DIN EN 1996-2/NA [47] ohne Stoßfugenvermörtelung.
Die Liapor SL-P Wärmedämmsteine werden mit einer Länge von 247 mm oder 372 mm, einer Breite von 300 mm, 365 mm oder 425 mm und einer Höhe von 248 mm mit einer Druckfestigkeit entsprechend der Druckfestigkeitsklasse 2 und einer Brutto-Trockenrohdichte entsprechend den Rohdichteklassen 0,45, 0,50 und 0,55 oder mit einer Druckfestigkeit entsprechend Druckfestigkeitsklasse 4 und einer Brutto-Trockenrohdichte entsprechend Rohdichteklasse 0,55 nach DIN V 18151:2003-10 – Hohlblöcke aus Leichtbeton – hergestellt.
Das Mauerwerk darf nur im Anwendungsbereich gemäß den in DIN 1053-1 [4], Abschnitt 6.1, bzw. DIN EN 1996-3 [48], Abschnitte 4.2.1.1 und 4.2.1.2, in Verbindung mit DIN EN 1996-3/NA [49], NCI zu 4.2.1.1 und 4.2.1.2, bestimmten Voraussetzungen für die Anwendung des vereinfachten Verfahrens bzw. der vereinfachten Berechnungsmethoden für den Nachweis der Standsicherheit verwendet werden.
Für die Anordnung und Ausführung von Schlitzen und Aussparungen gilt DIN 1053-1 [4], Abschnitt 8.3, bzw. DIN EN 1996-1-1 [40], Abschnitt 8.6, in Verbindung mit DIN EN 1996-1-1/NA [41], NCI bzw. NDP zu 8.6. Abweichend hiervon sind Horizontalschlitze nur entsprechend Tabelle 10 von DIN 1053-1 [4] bzw. DIN EN 1996-1-1/NA [41], Tabelle NA.20, zulässig und nur, wenn diese bei der Bemessung berücksichtigt werden. Als Wanddicke ist dabei näherungsweise die Steinbreite abzüglich der Dicke des Außenlängsstegs und der Breite der äußeren Kammerreihe anzunehmen. Verti-

kalschlitze ohne rechnerischen Nachweis sind entsprechend Tabelle 10 von DIN 1053-1 [4] bzw. DIN EN 1996-1-1/NA [41], Tabelle NA.19, zulässig. Schräge Schlitze sind unzulässig.

Das Mauerwerk darf nur für Wände angewendet werden, an die hinsichtlich ihrer Feuerwiderstandsfähigkeit keine Anforderungen gestellt werden.

Z-17.1-998
Mauerwerk aus Plan-Hohlblöcken aus Leichtbeton mit integrierter Wärmedämmung aus PUR-Hartschaum (bezeichnet als Liapor SL Plus) im Dünnbettverfahren

Antragsteller:
Liapor GmbH & Co. KG
Industriestraße 2
91352 Hallerndorf-Pautzfeld

Bescheid – Geltungsdauer:
19. August 2016 – 14. April 2020

Die abZ erstreckt sich auf die Herstellung von Plan-Hohlblöcken aus Leichtbeton mit integrierter Wärmedämmung aus einem speziellen PUR-Hartschaum (bezeichnet als „Liapor SL Plus"), auch als Liapor Wärmedämmsteine bezeichnet, und die Herstellung eines Dünnbettmörtels (bezeichnet als SAKRET-Liapor-Plansteinkleber) und die Verwendung dieser Plansteine mit dem SAKRET-Liapor-Plansteinkleber für Mauerwerk im Dünnbettverfahren (Mauerwerk mit Dünnbettmörtel) nach DIN 1053-1 [4] ohne Stoßfugenvermörtelung und für Mauerwerk im Dünnbettverfahren nach DIN EN 1996-1-1 [40] in Verbindung mit DIN EN 1996-1-1/NA [41] und DIN EN 1996-2 [46] in Verbindung mit DIN EN 1996-2/NA [47] ohne Stoßfugenvermörtelung.

Die Liapor-Wärmedämmsteine werden in der Druckfestigkeitsklasse 2 mit der Rohdichteklasse 0,45, 0,50 oder 0,55 und in der Druckfestigkeitsklasse 4 mit der Rohdichteklasse 0,55, 0,60, 0,65 oder 0,70 und in der Druckfestigkeitsklasse 6 mit der Rohdichteklasse 0,70, 0,80 oder 0,90 hergestellt.

Sie haben eine Länge von 247 mm oder 497 mm, eine Breite von 240 mm, 300 mm, 365 mm oder 425 mm und eine Höhe von 248 mm.

Für die Anordnung und Ausführung von Schlitzen und Aussparungen gilt DIN 1053-1 [4], Abschnitt 8.3, bzw. DIN EN 1996-1-1 [40] in Verbindung mit DIN EN 1996-1-1/NA [41]. Abweichend hiervon sind Horizontalschlitze nur entsprechend Tabelle 10 von DIN 1053-1 [4] bzw. DIN EN 1996-1-1/NA [41], NDP zu 8.6.3 (1), zulässig und nur, wenn diese bei der Bemessung berücksichtigt werden. Als Wanddicke ist dabei näherungsweise die Steinbreite abzüglich der Dicke des Außenlängsstegs und der Breite der äußeren Kammerreihe anzunehmen. Vertikalschlitze ohne rechnerischen Nachweis sind entsprechend Tabelle 10 von DIN 1053-1 bzw. DIN EN 1996-1-1/NA [41], NDP zu 8.6.2 (1), zulässig. Schräge Schlitze sind unzulässig.

Z-17.1-1139
Mauerwerk aus Plan-Hohlblöcken mit integrierter Wärmedämmung (bezeichnet als MEIER mineral 08-, MEIER mineral 09- und MEIER mineral 10-Plansteine) im Dünnbettverfahren

Antragsteller:
MEIER Betonwerke GmbH
Zur Schanze 2
92283 Lauterhofen

Bescheid – Geltungsdauer:
28. Juli 2015 – 14. April 2020

Die abZ erstreckt sich auf die Herstellung von Plan-Hohlblöcken aus Leichtbeton mit integrierter Wärmedämmung (s. Bild 71) aus nichtbrennbarem Mineralschaum (bezeichnet als MEIER mineral 08-, MEIER mineral 09- bzw. MEIER mineral 10-Plansteine) sowie die Herstellung des SAKRET-Liapor-Plansteinklebers und die Verwendung dieser Plan-Hohlblöcke und dieses Dünnbettmörtels für Mauerwerk im Dünnbettverfahren (Mauerwerk mit Dünnbettmörtel) nach DIN 1053-1 [4] ohne Stoßfugenvermörtelung und für Mauerwerk im Dünnbettverfahren nach DIN EN 1996-1-1 [40] in Verbindung mit DIN EN 1996-1-1/ NA [41] und DIN EN 1996-2 [46] in Verbindung mit DIN EN 1996-2/NA [47] ohne Stoßfugenvermörtelung.

Sie haben eine Länge von 247 mm, eine Breite von 365 mm und eine Höhe von 248 mm und werden in Druckfestigkeitsklassen und Brutto-Trockenrohdichten nach Tabelle 35 hergestellt. Die Kammern der Plan-Hohlblöcke werden werkseitig mit nichtbrennbarem Geolyth Mineralschaum (GMS) gefüllt.

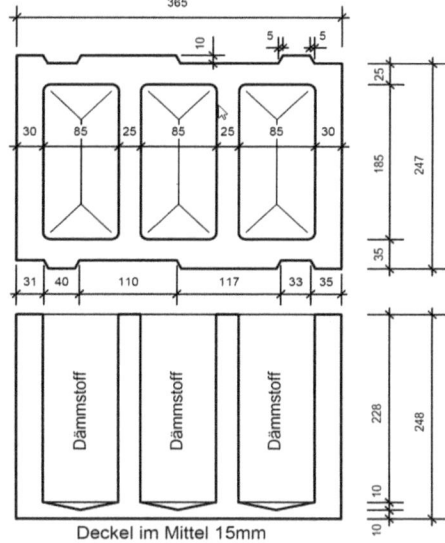

Bild 71. Plan-Hohlblöcke mit integrierter Wärmedämmung (bezeichnet als MEIER mineral 08-, MEIER mineral 09- und MEIER mineral 10-Plansteine) (Z-17.1-1139)

Tabelle 35. Bemessungswerte für Mauerwerk aus Plan-Hohlblöcken mit integrierter Wärmedämmung (bezeichnet als MEIER mineral 08-, MEIER mineral 09- und MEIER mineral 10-Plansteine) nach Z-17.1-1139

Rohdichteklasse	Bemessungswert der Wärmeleitfähigkeit λ in W/(m·K)	Festigkeits-klasse	DIN 1053-1			DIN EN 1996-3		α^*
			Grundwert σ_0 MN/m²	max τ MN/m²	β_{RZ} MN/m²	char. DF f_k MN/m²	$f_{bt,cal}$ MN/m²	
0,35	0,08	1,6	0,30	0,016	0,040	0,8	0,040	0,50
0,40	0,08	2	0,35	0,020	0,050	1,2	0,050	
0,45	0,09	4	0,50	0,040	0,100	1,6	0,100	
0,50	0,10							

Der POROTON-T-Dünnbettmörtel Typ M IV ist mit dem speziell hierfür entwickelten Mörtelschlitten als geschlossenes Mörtelband aufzutragen.

Wände aus Plan-Hohlblöcken nach der abZ dürfen nur gemäß den in DIN 1053-1 [4], Abschnitt 6.1, bzw. DIN EN 1996-3 [48], Abschnitte 4.2.1.1 und 4.2.1.2, in Verbindung mit DIN EN 1996-3/NA [49], NCI zu 4.2.1.1 und 4.2.1.2, bestimmten Voraussetzungen für die Anwendung des vereinfachten Verfahrens bzw. der vereinfachten Berechnungsmethoden für den Nachweis der Standsicherheit verwendet werden.

Waagerechte und schräge Schlitze dürfen in Wänden aus diesen Plan-Hohlblöcken nicht ausgeführt werden. Für vertikale Schlitze gelten die Regelungen nach Abschnitt 0.4. Zur Anordnung von Steckdosen dürfen maximal 500 mm lange und 20 mm tiefe, von Vertikalschlitzen abgehende Horizontalschlitze ausgeführt werden.

Berechnung

Für die Grundwerte σ_0 der zulässigen Druckspannungen bzw. die charakteristische Druckfestigkeit f_k gilt Tabelle 35.

Für Wände, die als Endauflager für Decken oder Dächer dienen, durch Wind beansprucht werden und nach DIN 1053-1, Abschnitt 6.9.1, nachgewiesen werden, ist zusätzlich ein Nachweis der Mindestauflast der Wände zu führen. Dieser darf vereinfacht nach Abschnitt 0.1.1 erfolgen, sofern kein genauerer Nachweis geführt wird.

Bei Wänden mit nicht über die volle Wanddicke aufliegender Decke darf der Nachweis der Standsicherheit mit dem vereinfachten Verfahren nach DIN 1053-1, Abschnitt 6.9.1 geführt werden, wenn abweichend bzw. zusätzlich die Regelungen nach Abschnitt 0.2.1 berücksichtigt werden. Dabei muss die Deckenauflagertiefe a mindestens 0,45 d betragen.

Beim Schubnachweis nach DIN 1053-1 [4], Abschnitt 6.9.5, gilt für max τ der Wert für Hohlblocksteine, bzw. nach dem genaueren Verfahren nach DIN 1053-1 [4], Abschnitt 7.9.5, gilt für β_{RZ} ebenfalls der Wert für Hohlblocksteine.

Sofern gemäß DIN EN 1996-1-1/NA [41], NCI zu 5.5.3, bzw. DIN EN 1996-3/NA [49], NDP zu 4.1 (1)P, ein rechnerischer Nachweis der Schubtragfähigkeit erforderlich ist, ist dieser nach DIN EN 1996-1-1 [40], Abschnitt 6.2, in Verbindung mit DIN EN 1996-1-1/NA [41], NCI zu 6.2, zu führen. Für die Ermittlung der charakteristischen Schubfestigkeit f_{vlt2} nach DIN EN 1996-1-1 [40], Abschnitt 3.6.2, in Verbindung mit DIN EN 1996-1-1/NA [41], NDP zu 3.6.2, gilt für $f_{bt,cal}$ der Wert für Hohlblocksteine.

Z-17.1-993
Mauerwerk aus Planhochlochziegeln mit quadratischer Lochung (bezeichnet als „ThermoPlan EB") im Dünnbettverfahren

Antragsteller:
Mein Ziegelhaus GmbH & Co. KG
Märkerstraße 44
63755 Alzenau

Bescheid – Geltungsdauer:
7. September 2015 – 14. April 2020

Die abZ erstreckt sich auf die Verwendung bestimmter Planhochlochziegel (bezeichnet als „ThermoPlan EB") sowie die Herstellung und Verwendung der Dünnbettmörtel „Mein Ziegelhaus Typ I", „Mein Ziegelhaus Typ III", „ZiegelPlan ZP 99", „maxit mur 900" und „ZiegelPlanmörtel ZP Typ III" für Mauerwerk im Dünnbettverfahren (Mauerwerk mit Dünnbettmörtel) nach DIN 1053-1 [4] ohne Stoßfugenvermörtelung und für Mauerwerk im Dünnbettverfahren nach DIN EN 1996-1-1 [40] in Verbindung mit DIN EN 1996-1-1/NA [41] und DIN EN 1996-2 [46] in Verbindung mit DIN EN 1996-2/NA [47] ohne Stoßfugenvermörtelung.

Die Planhochlochziegel sind LD-Ziegel bzw. HD-Ziegel nach DIN EN 771-1 [6] der Kategorie I mit den in der abZ genannten Eigenschaften. Sie haben eine Länge von 248 mm, 308 mm, 373 mm oder 498 mm, eine Breite von 115 mm, 145 mm, 150 mm, 175 mm, 200 mm, 240 mm, 250 mm oder 300 mm und eine Höhe von 249 mm und werden mit Druckfestigkeiten entsprechend der Druckfestigkeitsklasse 8, 10, 12, 16 oder 20 und einer Brutto-Trockenrohdichte entsprechend der Rohdichteklasse 0,9, 1,0, 1,2 oder 1,4 nach DIN V 105-100 [17] hergestellt.

Z-17.1-1152
Rausch Therm-Planhohlblöcke aus Leichtbeton mit integrierter Wärmedämmung für Mauerwerk im Dünnbettverfahren

Antragsteller:
Rausch Therm-Stein GmbH
Auf dem Teich 10
56645 Nickenich

Bescheid – Geltungsdauer:
20. Februar 2018 – 20. Februar 2023

Gegenstand der abZ ist die Herstellung von Planhohlblöcken aus Leichtbeton mit integrierter Wärmedämmung (bezeichnet als Rausch Therm-Planhohlblöcke) sowie die Bemessung und Ausführung von Mauerwerk im Dünnbettverfahren aus den Rausch Therm-Planhohlblöcken (Lochbild s. Bild 72) und dem Dünnbettmörtel „RTS Leichtmörtel 0,30" (Trockenmörtel) mit den in der Leistungserklärung nach DIN EN 998-2 [35] erklärten Leistungen.

Die Planhohlblöcke haben eine Länge 247 mm, eine Breite von 365 mm und eine Höhe 249 mm und werden in der Druckfestigkeitsklasse 2 in die Rohdichteklasse 0,45, 0,50 oder 0,55 und in der Druckfestigkeitsklasse 4 in die Rohdichteklasse 0,55 eingestuft.

Die rechtwinklig zur Lagerfläche durchgehenden Kammern der Planhohlblöcke sind werkseitig mit dem Dämmstoff LithoPore 75 versehen.

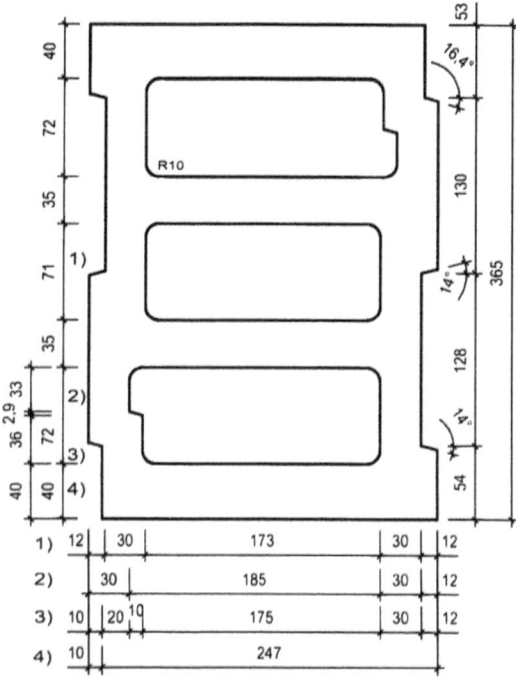

Bild 72. Rausch Therm-Planhohlblöcke aus Leichtbeton mit integrierter Wärmedämmung (Z-17.1-1152)

Das Mauerwerk darf als unbewehrtes Mauerwerk für tragendes oder aussteifendes Mauerwerk im Anwendungsbereich gemäß den in DIN EN 1996-3 [48], Abschnitte 4.2.1 1 und 4.2.1.2, in Verbindung mit DIN EN 1996-3/NA [49], NCI zu 4.2.1.1 und 4.2.1.2, bestimmten Voraussetzungen für die Anwendung der vereinfachten Berechnungsmethoden für den Nachweis der Standsicherheit verwendet werden.

Das Mauerwerk darf nicht als eingefasstes Mauerwerk nach DIN EN 1996-1-1 verwendet werden.

Z-17.1-834
Plan-Hohlblöcke aus Leichtbeton mit integrierter Wärmedämmung (bezeichnet als PUMIX (P)-thermolith-MD) für Mauerwerk im Dünnbettverfahren

Antragsteller:
Traßwerke Meurin Betriebsgesellschaft mbH
Kölner Straße 17
56626 Andernach

und

Aktiengesellschaft für Steinindustrie
Sohler Weg 34
56564 Neuwied

Bescheid – Geltungsdauer:
1. Februar 2018 – 1. Februar 2023

Gegenstand der abZ ist die Herstellung von Plan-Hohlblöcken aus Leichtbeton mit integrierter Wärmedämmung (bezeichnet als PUMIX (P)-thermolith-MD) sowie die Bemessung und Ausführung von Mauerwerk im Dünnbettverfahren aus den PUMIX (P)-thermolith-MD und einem der werksmäßig hergestellten Dünnbettmörtel (Trockenmörtel) „Pumix-Dünnbettmörtel-Leicht", „Pumix-Dünnbettmörtel Leicht M" und „Dünnbettmörtel Vario" nach Eignungsprüfung mit CE-Kennzeichnung nach DIN EN 998-2 [35].

Die Plan-Hohlblöcke haben eine Länge von 247 mm und 497 mm, eine Breite von 240 mm, 300 mm und 365 mm und eine Höhe 249 mm und werden in der Druckfestigkeitsklasse 2 in die Rohdichteklasse 0,45, 0,55, 0,60 oder 0,80, in der Druckfestigkeitsklasse 4 in die Rohdichteklasse 0,55, 0,60 oder 0,80 und in der Druckfestigkeitsklasse 6 in die Rohdichteklasse 0,80 eingestuft.

Die Kammern der Plan-Hohlblöcke sind werkseitig mit dem Dämmstoff aus einer anorganisch gebundenen Perlitefüllung versehen.

Das Mauerwerk darf als unbewehrtes Mauerwerk im Dünnbettverfahren nach DIN EN 1996-1-1 [40] in Verbindung mit DIN EN 1996-1-1/NA [41] und DIN EN 1996-2 [46] in Verbindung mit DIN EN 1996-2/NA [47] verwendet werden.

Das Mauerwerk darf nicht als eingefasstes Mauerwerk nach DIN EN 1996-1-1 verwendet werden.

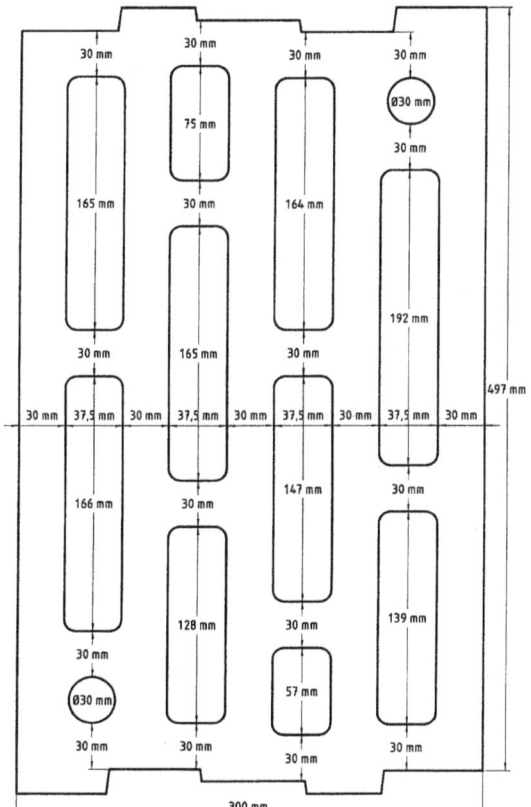

Bild 73. PUMIX (P)-thermolith-MD
(497 mm × 300 mm × 249 mm) (Z-17.1-834)

Bild 73 zeigt das Lochbild des Steins mit der Länge 497 mm und der Breite 300 mm mit 4 Kammerreihen. Die Steine haben eine Abdeckung von 10 mm.

Z-17.1-1118
Mauerwerk aus Plan-Hohlblöcken mit wärmedämmender Kammerfüllung (bezeichnet als PUMIX CALORIT-P SW) im Dünnbettverfahren

Antragsteller:
Trasswerke Meurin
Betriebsgesellschaft mbH
Kölner Straße 17
56626 Andernach

Bescheid – Geltungsdauer:
6. März 2015 – 6. März 2020

Die abZ erstreckt sich auf die Herstellung von Plan-Hohlblöcken aus Leichtbeton mit integrierter Wärmedämmung (bezeichnet als PUMIX Calorit-P SW) und die Herstellung der Dünnbettmörtel „Pumix-Dünnbettmörtel-Leicht" und „Pumix-Dünnbettmörtel S" sowie die Verwendung dieser Plansteine und dieser Dünnbettmörtel für Mauerwerk im Dünnbettverfahren (Mauerwerk mit Dünnbettmörtel) nach DIN 1053-1 [4] ohne Stoßfugenvermörtelung und für Mauerwerk im Dünnbettverfahren nach DIN EN 1996-1-1 [40] in Verbindung mit DIN EN 1996-1-1/NA [41] und DIN EN 1996-2 [46] in Verbindung mit DIN EN 1996-2/NA [47] ohne Stoßfugenvermörtelung.

Die Plan-Hohlblöcke werden mit den Druckfestigkeits- und Rohdichteklassen nach Tabelle 36 hergestellt. Sie haben eine Länge von 247 mm, eine Breite von 365 mm oder 425 mm und eine Höhe von 249 mm. Die Kammern der Plan-Hohlblöcke werden werkseitig mit vorkonfektionierten Dämmstoff-Formteilen aus Mineralfaserdämmstoff gefüllt.

Berechnung
Für die Grundwerte σ_0 der zulässigen Druckspannungen bzw. die charakteristische Druckfestigkeit f_k gilt Tabelle 36.

Für Wände, die als Endauflager für Decken oder Dächer dienen, durch Wind beansprucht werden und nach DIN 1053-1, Abschnitt 6.9.1, nachgewiesen werden, ist zusätzlich ein Nachweis der Mindestauflast der Wände zu führen. Dieser darf vereinfacht nach Abschnitt 0.1.1 erfolgen, sofern kein genauerer Nachweis geführt wird.

Bei Wänden mit nicht über die volle Wanddicke aufliegender Decke darf der Nachweis der Standsicherheit mit dem vereinfachten Verfahren nach DIN 1053-1, Abschnitt 6.9.1, geführt werden, wenn abweichend bzw. zusätzlich die Regelungen nach Abschnitt 0.2.1 berücksichtigt werden.

Für den Schubnachweis gilt der Wert für Hohlblocksteine.

2.2 Planelemente und dafür zugelassene Dünnbettmörtel

2.2.1 Planziegel-Elemente

Z-17.1-600
Mauerwerk aus unipor-Planelementen (bezeichnet als „unipor-PE") im Dünnbettverfahren

Antragsteller:
Unipor Ziegel Marketing GmbH
Landsberger Straße 392
81241 München

Bescheid – Geltungsdauer:
13. Februar 2015 – 13. Februar 2020

Die abZ erstreckt sich auf die Herstellung bestimmter Ziegel-Planelemente (bezeichnet als „UNIPOR-Planelemente" oder „UNIPOR-PE") sowie die Herstellung des Dünnbettmörtels „unipor ZP 99", des Dünnbettmörtels HP 580, des Dünnbettmörtels „maxit mur 900" und des Dünnbettmörtels 900 D und die Verwendung dieser Ziegel-Planelemente und dieser Dünnbettmörtel oder des Dünnbettmörtels „Vario" nach der abZ Nr. Z-17.1-671 für Mauerwerk nach

Tabelle 36. Bemessungswerte für Mauerwerk aus Plan-Hohlblöcken mit wärmedämmender Kammerfüllung (bezeichnet als PUMIX CALORIT-P SW) im Dünnbettverfahren nach Z-17.1-1118

Rohdichteklasse	Bemessungswert der Wärmeleitfähigkeit λ in W/(m·K)	Festigkeits-klasse	DIN 1053-1			DIN EN 1996-3		α^*
			Grundwert σ_0 MN/m^2	max τ MN/m^2	β_{RZ} MN/m^2	char. DF f_k MN/m^2	$f_{bt,cal}$ MN/m^2	
0,40	0,08	2	0,4	0,020	0,050	1,0	0,050	1,0
0,45	0,09	4	0,6	0,040	0,100	1,5	0,100	
0,50	0,10							
0,55	0,10							

Bild 74. unipor-Planelement (Z-17.1-600)

Bild 75. Versetzen der unipor-Planelemente (Z-17.1-600)

DIN 1053-1 [4] ohne Stoßfugenvermörtelung und für Mauerwerk im Dünnbettverfahren nach DIN EN 1996-1-1 [40] in Verbindung mit DIN EN 1996-1-1/NA [41] und DIN EN 1996-2 [46] in Verbindung mit DIN EN 1996-2/NA [47] ohne Stoßfugenvermörtelung.
Die Ziegel-Planelemente sind LD-Ziegel und HD-Ziegel nach DIN EN 771-1 [6] der Kategorie I mit den in der abZ genannten Eigenschaften.
Die Ziegel-Planelemente haben eine Länge von 497 mm, eine Breite von 115 mm, 150 mm, 175 mm, 200 mm, 240 mm, 300 mm und eine Höhe von 499 mm. Sie werden mit einer Druckfestigkeit entsprechend der Druckfestigkeitsklasse 12 und Brutto-Trockenrohdichten entsprechend den Rohdichteklassen 0,9, 1,0 und 1,2 nach DIN V 105-100 [17] hergestellt.
Der Aufbau der Wand aus den Ziegel-Planelementen muss stets im Verband erfolgen. Das Überbindemaß ü muss mindestens 125 mm betragen.
Die Bilder 74 und 75 zeigen die unipor-Planelemente „unipor-PE".

Berechnung
Für Wände, die als Endauflager für Decken oder Dächer dienen, durch Wind beansprucht werden und nach DIN 1053-1, Abschnitt 6.9.1, nachgewiesen werden, ist zusätzlich ein Nachweis der Mindestauflast der Wände zu führen. Dieser darf vereinfacht nach Abschnitt 0.1.1 erfolgen, sofern kein genauerer Nachweis geführt wird.
Bei Wänden mit nicht über die volle Wanddicke aufliegender Decke darf der Nachweis der Standsicherheit mit dem vereinfachten Verfahren nach DIN 1053-1, Abschnitt 6.9.1, geführt werden, wenn abweichend bzw. zusätzlich die Regelungen nach Abschnitt 0.2.1 berücksichtigt werden.
Beim Nachweis der Standsicherheit mit dem vereinfachten Verfahren ist die Knicklänge h_k bei dreiseitig und bei vierseitig gehaltenen Wänden abweichend von DIN 1053-1, Abschnitt 6.7.2, Punkt b, wie folgt in Rechnung zu stellen:
a) bei dreiseitig gehaltenen Wänden (mit einem freien vertikalen Rand) als arithmetischer Mittelwert aus der lichten Geschosshöhe h_s und der mithilfe von

DIN 1053-1, Tabelle 3, für eine dreiseitig gehaltene Wand ermittelten Knicklänge;
b) bei vierseitig gehaltenen Wänden mit $h_s \leq b$ (b = Mittenabstand der aussteifenden Wände) als arithmetischer Mittelwert aus der lichten Geschosshöhe h_s und der mithilfe von DIN 1053-1, Tabelle 3, für eine vierseitig gehaltene Wand ermittelten Knicklänge;
c) bei vierseitig gehaltenen Wänden mit $h_s > b$ (b = Mittenabstand der aussteifenden Wände) als arithmetischer Mittelwert aus der lichten Geschosshöhe h_s und dem halben Mittenabstand der aussteifenden Wände (b/2).

Beim Nachweis der Standsicherheit mit dem genaueren Verfahren ist die Knicklänge h_k bei dreiseitig und bei vierseitig gehaltenen Wänden abweichend von DIN 1053-1, Abschnitt 7.7.2, wie folgt in Rechnung zu stellen:
a) bei dreiseitig gehaltenen Wänden (mit einem freien vertikalen Rand) als arithmetischer Mittelwert aus der lichten Geschosshöhe h_s und der nach DIN 1053-1, Abschnitt 7.7.2, Punkt c, Gleichung (9a), errechneten Knicklänge;
b) bei vierseitig gehaltenen Wänden mit $h_s \leq b$ (b = Mittenabstand der aussteifenden Wände) als arithmetischer Mittelwert aus der lichten Geschosshöhe h_s und der nach DIN 1053-1, Abschnitt 7.7.2, Punkt d, Gleichung (9b), errechneten Knicklänge;
c) bei vierseitig gehaltenen Wänden mit $h_s > b$ (b = Mittenabstand der aussteifenden Wände) als arithmetischer Mittelwert aus der lichten Geschosshöhe h_s und dem halben Mittenabstand der aussteifenden Wände (b/2).

Bei Pfeilern und Wänden ist die Annahme von erhöhten zulässigen Druckspannungen sowie die Annahme der Lastverteilung unter 60° nach DIN 1053-1 [4], Abschnitt 6.9.3, sowie die Annahme für Lastausbreitung und die erhöhte zulässige Teilflächenpressung nach DIN 1053-1 [4], Abschnitt 7.9.3, unzulässig.

Ausführung

Der Aufbau der Wand muss stets im Verband erfolgen. Das Überbindemaß muss mindestens 125 mm betragen.
Der Aufbau der Wand muss aus Regelelementen (Länge 497 mm, Höhe 499 mm) erfolgen. Die Verwendung der Passelemente (Länge ≥ 247 mm und ≤ 497 mm, Höhe 499 mm) ist nur am Ende einer Wand bzw. eines Pfeilers zulässig. Zur Herstellung der Passelemente sind geeignete Sägeeinrichtungen zu verwenden.
An Wand- bzw. Pfeilerenden und unter Stürzen ist eine zusätzliche Lagerfuge in jeder zweiten Schicht zum Längen- und Höhenausgleich gemäß DIN 1053-1, Bild 13 c), zulässig, sofern die Aufstandsfläche der Steine mindestens 240 mm lang ist und hierfür allgemein bauaufsichtlich zugelassene Planziegel mindestens der Druckfestigkeitsklasse 12 verwendet werden, für die mindestens die gleiche Mauerwerksfestigkeit wie im übrigen Mauerwerk nachgewiesen wurde.

2.2.2 Kalksand-Planelemente

In Kapitel E II in diesem Mauerwerk-Kalender wird eine Übersicht über die erteilten Bescheide gegeben. Darin sind alle Zulassungen mit den jeweiligen Kennwerten aufgeführt. Lediglich zu einigen Zulassungen werden nachfolgend exemplarisch ausführlichere Angaben gemacht. **Die Gliederung weist daher Lücken auf.** Weitere Darstellungen zu einzelnen Bescheiden finden sich in früheren Ausgaben des Mauerwerk-Kalenders.

Z-17.1-1095
Mauerwerk aus Kalksand-Planelementen (bezeichnet als KS-EASY-Rasterelemente) im Dünnbettverfahren

Antragsteller:
Bundesverband Kalksandsteinindustrie e. V.
Entenfangweg 15
30419 Hannover

Bescheid – Geltungsdauer:
18. Juni 2013 – 18. Juni 2018

Die Kalksand-Planelemente (bezeichnet als KS-EASY-Rasterelemente) sind großformatige Kalksandsteine nach DIN EN 771-2 [7] der Kategorie I mit den in der abZ genannten Eigenschaften.
Die Kalksand-Planelemente haben eine Breite von 115 mm bis 240 mm (Elementbreite gleich Wanddicke), eine Länge von 498 mm (Regelelemente) und eine Höhe von 498 mm. Zum Längenausgleich werden Ergänzungselemente mit einer Länge von 373 mm und 248 mm hergestellt. Die Planelemente werden auf der Baustelle mit einer Versetzhilfe im Verband versetzt.
Die Kalksand-Planelemente werden mit einer Druckfestigkeit entsprechend den Druckfestigkeitsklassen 12, 16, 20 und 28 und Brutto-Trockenrohdichten entsprechend den Rohdichteklassen 1,8, 2,0 und 2,2 nach DIN V 106 [18] hergestellt.
Die Kalksand-Planelemente sind entlang der Mittelachse der Elemente mit zwei an der Oberseite angeordneten Hantierungslöchern versehen.

Ausführung

Die Kalksand-Planelemente dürfen mit Ausnahme der Passelemente auf der Baustelle nicht mehr in ihren Maßen verändert werden. Das Zuschneiden der Passelemente darf nur mit dafür geeigneten Steintrennsägen erfolgen.
Ein eventueller Höhenausgleich darf nur durch Ausgleichselemente am Wandkopf und/oder am Wandfuß erfolgen. Dabei müssen die Ausgleichselemente die gleiche oder eine höhere Festigkeitsklasse wie die Planelemente der jeweiligen Wand haben.
Die zusätzliche Anordnung einer Lage Kalksand-Wärmedämmsteine bzw. -Elemente (Kimmsteine) mit abZ als unterste und/oder oberste Schicht einer Wand ist zulässig, wenn dies beim Standsicherheitsnachweis berücksichtigt wurde und in den Ausführungsunterlagen angegeben ist.

Bei statisch erforderlichen Wandeinbindungen von Wänden, in denen Steine geringerer Höhe verwendet werden, muss die Steinhöhe so gewählt werden, dass die Höhe mehrerer Steinschichten genau einer Schicht der mit den Kalksand-Planelementen hergestellten Wand entspricht.
Der Aufbau der Wand aus den Kalksand-Planelementen muss stets im Verband erfolgen.
Für das Überbindemaß gilt DIN 1053-1, Abschnitt 9.3; für die Planelement-Höhe von 498 mm beträgt das Überbindemaß ü somit mindestens 200 mm. In Ausnahmefällen darf dieses Überbindemaß bis 125 mm unterschritten werden, wenn dies in der statischen Berechnung berücksichtigt wurde und in den Ausführungsunterlagen (Positions- bzw. Versetzpläne) angegeben ist.
Der Aufbau der Wand muss aus Regelelementen (Länge 498 mm) erfolgen. Die Verwendung von Ergänzungselementen (Länge 373 m bzw. 248 mm) und Passelementen ist nur am Ende einer Wand bzw. eines Pfeilers oder an Wandaussparungen angrenzend zulässig. Zur Gewährleistung eines Überbindemaßes ü von mindestens 125 mm ist in Ausnahmefällen auch die Verwendung von Ergänzungs- bzw. Passelementen in Wandmitte zulässig.
Pfeiler und Wände mit einer Länge ≤ Regelelementlänge dürfen nur aus Regelelementen oder Passelementen mit einer Länge entsprechend der Pfeiler- bzw. Wandlänge errichtet werden.
Bei der Ausführung von zweischaligem Mauerwerk für Außenwände ist die gemauerte Außenschale mit dem Mauerwerk aus den Kalksand-Planelementen (Innenschale) nach DIN 1053-1, Abschnitt 8.4.3, zu verbinden. Dabei sind jedoch Ankerformen entsprechend den dünnen Lagerfugen zu verwenden, deren Brauchbarkeit gemäß DIN 1053-1, Abschnitt 8.4.3.1, Punkt e, Absatz 2, durch eine abZ nachgewiesen ist. Die Mindestanzahl der anzuordnenden Anker richtet sich nach der betreffenden abZ.

Berechnung
Beim Nachweis der Standsicherheit mit dem vereinfachten Verfahren ist die Knicklänge h_k bei dreiseitig und bei vierseitig gehaltenen Wänden abweichend von DIN 1053-1, Abschnitt 6.7.2, Punkt b, wie folgt in Rechnung zu stellen:
a) bei dreiseitig gehaltenen Wänden (mit einem freien vertikalen Rand) als arithmetischer Mittelwert aus der lichten Geschosshöhe h_s und der mithilfe von DIN 1053-1, Tabelle 3, für eine dreiseitig gehaltene Wand ermittelten Knicklänge;
b) bei vierseitig gehaltenen Wänden mit $h_s \leq b$ (b = Mittenabstand der aussteifenden Wände) als arithmetischer Mittelwert aus der lichten Geschosshöhe h_s und der mithilfe von DIN 1053-1, Tabelle 3, für eine vierseitig gehaltene Wand ermittelten Knicklänge;
c) bei vierseitig gehaltenen Wänden mit $h_s > b$ (b = Mittenabstand der aussteifenden Wände) als arithmetischer Mittelwert aus der lichten Geschosshöhe h_s und dem halben Mittenabstand der aussteifenden Wände (b/2).

Beim Nachweis der Standsicherheit mit dem genaueren Verfahren ist die Knicklänge h_k bei dreiseitig und bei vierseitig gehaltenen Wänden abweichend von DIN 1053-1, Abschnitt 7.7.2, wie folgt in Rechnung zu stellen:
a) bei dreiseitig gehaltenen Wänden (mit einem freien vertikalen Rand) als arithmetischer Mittelwert aus der lichten Geschosshöhe h_s und der nach DIN 1053-1, Abschnitt 7.7.2, Punkt c, Gleichung (9a), errechneten Knicklänge;
b) bei vierseitig gehaltenen Wänden mit $h_s \leq b$ (b = Mittenabstand der aussteifenden Wände) als arithmetischer Mittelwert aus der lichten Geschosshöhe h_s und der nach DIN 1053-1, Abschnitt 7.7.2, Punkt d, Gleichung (9b), errechneten Knicklänge;
c) bei vierseitig gehaltenen Wänden mit $h_s > b$ (b = Mittenabstand der aussteifenden Wände) als arithmetischer Mittelwert aus der lichten Geschosshöhe h_s und dem halben Mittenabstand der aussteifenden Wände (b/2).

Beim Schubnachweis nach DIN 1053-1, Abschnitt 6.9.5, darf für zul τ nur 60 % des sich aus Abschnitt 6.9.5, Gleichung (6a), – mit σ_{0HS} nach DIN 1053-1, Tabelle 5 (Wert für unvermörtelte Stoßfugen) – ergebenden Wertes bzw. des sich für max τ ergebenden Wertes in Rechnung gestellt werden.
Beim Schubnachweis nach dem genaueren Verfahren nach DIN 1053-1, Abschnitt 7.9.5, dürfen nur 60 % des sich aus Abschnitt 7.9.5, Gleichungen (16a) und (16b), mit σ_{0HS} für unvermörtelte Stoßfugen ergebenen Werte in Rechnung gestellt werden.
Bei der Beurteilung eines Gebäudes hinsichtlich des Verzichts auf einen rechnerischen Nachweis der räumlichen Steifigkeit gemäß DIN 1053-1, Abschnitt 6.4 bzw. Abschnitt 7.4, ist diese geringere Schubtragfähigkeit zu beachten.
Werden Kalksand-Wärmedämmsteine bzw. -Elemente (Kimmsteine) mit abZ am Wandfuß und/oder Wandkopf mit geringerer Festigkeit als die der Planelemente in der betreffenden Wand angeordnet, so ist beim Standsicherheitsnachweis bei Anwendung des vereinfachten Verfahrens grundsätzlich die Festigkeit der Wärmedämmelemente für die gesamte Wand maßgebend.
Beim Standsicherheitsnachweis nach dem genaueren Verfahren darf abweichend die an der jeweiligen Nachweisstelle vorhandene Mauerwerksfestigkeit zugrunde gelegt werden.

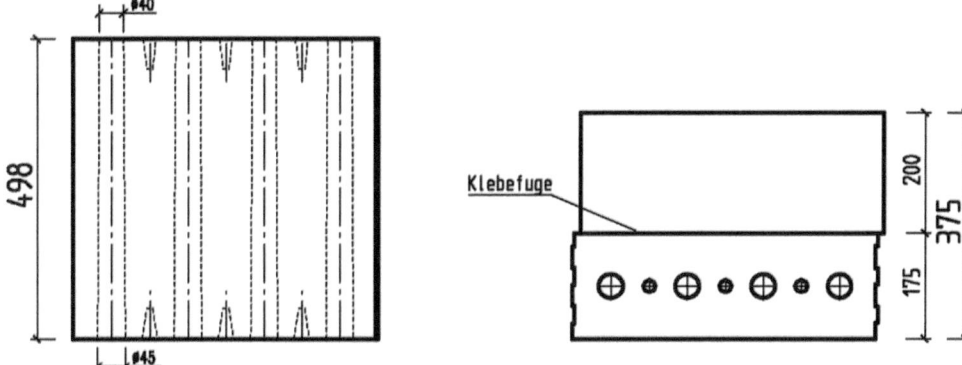

Bild 76. QUADRO CARBON PLUS, Beispiel für Lochbild (Z-17.1-1055)

Z-17.1-1055
Kalksandstein-Quadro E-Mauerwerk mit werkseitig aufgebrachter Wärmedämmung (bezeichnet als QUADRO CARBON PLUS)

Antragsteller:
Bundesverband Kalksandsteinindustrie e. V.
Entenfangweg 15
30419 Hannover

Bescheid – Geltungsdauer:
27. Februar 2013 – 22. Februar 2018

Die abZ erstreckt sich auf die Herstellung von Kalksand-Planelementen mit werkmäßig angeklebter Polystyrol-Hartschaumplatte (bezeichnet als QUADRO CARBON PLUS) (nachfolgend kurz Wärmedämmsteine genannt) und deren Verwendung mit Dünnbettmörtel für Mauerwerk im Dünnbettverfahren (Mauerwerk mit Dünnbettmörtel) nach DIN 1053-1 [4] ohne Stoßfugenvermörtelung.
Die Wärmedämmsteine bestehen aus 150 mm, 175 mm, 200 mm oder 240 mm breiten tragenden Kalksand-Planelementen der Festigkeitsklasse 12, 16, 20 oder 28 nach der abZ Nr. Z-17.1-551, an denen 100 mm, 120 mm, 160 mm, 200 mm, 250 mm oder 300 mm breite Wärmedämmplatten aus expandiertem Polystyrol-Hartschaum (Standard-EPS) nach der abZ Nr. Z-33.84-1074 mit einem bestimmten einkomponentigen Polyurethan-Schaum (bezeichnet als „Speed-Fix") nach der abZ Nr. Z-33.9-1030 angeklebt sind.
Baustellenseits ist das Mauerwerk mit einem in der abZ Nr. Z-33.84-1074 geregelten Putzsystem zu versehen.
Für den Nachweis des Brandverhaltens gilt die abZ Nr. Z-33.84-1074. Die aus Brandschutzgründen für die Verwendung zulässigen Gebäudeklassen ergeben sich aus den jeweils geltenden Brandschutzvorschriften der Länder.
Die Bauart darf angewendet werden für Gebäude, die mit einer Windlast von $w_e \leq -2{,}2$ kN/m^2 beansprucht werden. Die Windlasten ergeben sich aus DIN 1055-4 [20] und DIN 1055-4/A1 [21].

Bild 77. Verlegung QUADRO CARBON PLUS

Ausführung
Der Dünnbettmörtel darf nur auf dem tragenden Teil der Steine aufgetragen werden.
Ein eventueller Höhenausgleich darf nur durch Ausgleichsteine am Wandkopf und/oder am Wandfuß erfolgen. Dabei müssen die Kalksand-Planelemente der Ausgleichsteine die gleiche oder eine höhere Festigkeitsklasse wie die Kalksand-Planelemente der jeweiligen Wand haben. Die zusätzliche Anordnung einer Lage Kalksand-Wärmedämmsteine bzw. -Elemente (Kimmsteine) mit abZ als unterste und/oder oberste Schicht einer Wand ist zulässig, wenn dies beim Standsicherheitsnachweis berücksichtigt wurde und in den Ausführungsunterlagen angegeben ist.
Bei statisch erforderlichen Wandeinbindungen von Wänden, in denen Steine geringerer Höhe verwendet werden, muss die Steinhöhe so gewählt werden, dass die Höhe mehrerer Steinschichten genau einer Schicht

der mit den Wärmedämmsteinen hergestellten Wand entspricht. Die Stellen der Wandeinbindung sind nachträglich mit Dämmstoffplatten vollflächig mit dem Polyurethan-Schaum „Speed-Fix" nach der abZ Nr. Z-33.9-1030 zu verkleben.

Der Aufbau der Wand aus den Wärmedämmsteinen muss stets im Verband erfolgen. Für das Überbindemaß gilt DIN 1053-1, Abschnitt 9.3; für die Wärmedämmstein-Höhe von 498 mm beträgt das Überbindemaß ü somit mindestens 200 mm. Das Überbindemaß darf auf 125 mm verringert werden, wenn dies in der statischen Berechnung berücksichtigt wurde und in den Ausführungsunterlagen (Positions- bzw. Versetzpläne) angegeben ist.

Der Aufbau der Wand muss aus Normalsteinen (Länge 498 mm, Höhe 498 mm) erfolgen. Die Verwendung von Ergänzungssteinen (Länge 373 mm bzw. 248 mm, Höhe 498 mm) und Passelementen (Länge ≥ 123 mm, Höhe 498 mm) ist nur am Ende einer Wand bzw. eines Pfeilers zulässig.

Berechnung

Der statische Nachweis des Mauerwerks darf nach DIN 1053-1 [4] oder nach DIN 1053-100 [5] erfolgen. Als rechnerische Wanddicke darf nur der tragende Teil aus den Kalksand-Planelementen in Rechnung gestellt werden.

Abweichend von DIN 1053-1, Abschnitt 6.1, Tabelle 1, bzw. DIN 1053-100, Abschnitt 8.1, Tabelle 2, dürfen Wände aus QUADRO CARBON PLUS auch mit einer Dicke der Kalksand-Planelemente von 150 mm ausgeführt und mit dem vereinfachten Verfahren nach Abschnitt 6.9 von DIN 1053-1 bzw. Abschnitt 8.9 von DIN 1053-100 nachgewiesen werden. Dabei gelten die Voraussetzungen für 17,5 cm dicke Wände auch für 15 cm dicke Wände.

Werden Kalksand-Wärmedämmsteine bzw. -Elemente (Kimmsteine) mit abZ am Wandfuß und/oder Wandkopf mit geringerer Festigkeit als die der Planelemente in der betreffenden Wand angeordnet, so ist beim Standsicherheitsnachweis bei Anwendung des vereinfachten Verfahrens grundsätzlich die Festigkeit der Wärmedämmelemente für die gesamte Wand maßgebend.

Beim Standsicherheitsnachweis nach dem genaueren Verfahren darf abweichend die an der jeweiligen Nachweisstelle vorhandene Mauerwerksfestigkeit zugrunde gelegt werden.

– nach DIN 1053-1 [4]

Beim Nachweis der Standsicherheit mit dem vereinfachten Verfahren ist die Knicklänge h_k bei dreiseitig und bei vierseitig gehaltenen Wänden abweichend von DIN 1053-1, Abschnitt 6.7.2, Punkt b, wie folgt in Rechnung zu stellen:

a) bei dreiseitig gehaltenen Wänden (mit einem freien vertikalen Rand) als arithmetischer Mittelwert aus der lichten Geschosshöhe h_s und der mithilfe von DIN 1053-1, Tabelle 3, für eine dreiseitig gehaltene Wand ermittelten Knicklänge;

b) bei vierseitig gehaltenen Wänden mit $h_s \leq b$ (b = Mittenabstand der aussteifenden Wände) als arithmetischer Mittelwert aus der lichten Geschosshöhe h_s und der mithilfe von DIN 1053-1, Tabelle 3, für eine vierseitig gehaltene Wand ermittelten Knicklänge;

c) bei vierseitig gehaltenen Wänden mit $h_s > b$ (b = Mittenabstand der aussteifenden Wände) als arithmetischer Mittelwert aus der lichten Geschosshöhe h_s und dem halben Mittenabstand der aussteifenden Wände (b/2).

Beim Nachweis der Standsicherheit mit dem genaueren Verfahren ist die Knicklänge h_k bei dreiseitig und bei vierseitig gehaltenen Wänden abweichend von DIN 1053-1, Abschnitt 7.7.2, wie folgt in Rechnung zu stellen:

a) bei dreiseitig gehaltenen Wänden (mit einem freien vertikalen Rand) als arithmetischer Mittelwert aus der lichten Geschosshöhe h_s und der nach DIN 1053-1, Abschnitt 7.7.2, Punkt c, Gleichung (9a), errechneten Knicklänge;

b) bei vierseitig gehaltenen Wänden mit $h_s \leq b$ (b = Mittenabstand der aussteifenden Wände) als arithmetischer Mittelwert aus der lichten Geschosshöhe h_s und der nach DIN 1053-1, Abschnitt 7.7.2, Punkt d, Gleichung (9b), errechneten Knicklänge;

c) bei vierseitig gehaltenen Wänden mit $h_s > b$ (b = Mittenabstand der aussteifenden Wände) als arithmetischer Mittelwert aus der lichten Geschosshöhe h_s und dem halben Mittenabstand der aussteifenden Wände (b/2).

Bei Pfeilern und Wänden sind die Annahme von erhöhten zulässigen Druckspannungen sowie die Annahme der Lastverteilung unter 60° nach DIN 1053-1, Abschnitt 6.9.3, sowie die Annahme für Lastausbreitung und die erhöhte zulässige Teilflächenpressung nach DIN 1053-1, Abschnitt 7.9.3, unzulässig.

Beim Schubnachweis nach DIN 1053-1, Abschnitt 6.9.5, darf für zul τ nur 60 % des sich aus Abschnitt 6.9.5, Gleichung (6a), – mit σ_{0HS} nach DIN 1053-1, Tabelle 5 (Wert für unvermörtelte Stoßfugen) – ergebenden Wertes bzw. des sich für max τ ergebenden Wertes in Rechnung gestellt werden.

Beim Schubnachweis nach dem genaueren Verfahren nach DIN 1053-1, Abschnitt 7.9.5, dürfen nur 60 % der sich aus Abschnitt 7.9.5, Gleichungen (16a) und (16b), mit σ_{0HS} für unvermörtelte Stoßfugen ergebenden Werte in Rechnung gestellt werden.

Bei der Beurteilung eines Gebäudes hinsichtlich des Verzichts auf einen rechnerischen Nachweis der räumlichen Steifigkeit gemäß DIN 1053-1, Abschnitt 6.4 bzw. Abschnitt 7.4, ist diese geringere Schubtragfähigkeit zu beachten.

Der Ansatz zusammengesetzter Querschnitte für den Nachweis der Gebäudeaussteifung beim Schubnachweis nach DIN 1053-1, Abschnitt 7.9.5, ist entsprechend Abschnitt 3.2.2.5 der abZ zulässig, wobei jedoch abweichend stets nur 40 % der sich nach Abschnitt 6.8 von DIN 1053-1 ermittelten mitwirkenden Breite in Rechnung gestellt werden dürfen.

– *nach DIN 1053-100* [5]
Beim Nachweis der Standsicherheit mit dem vereinfachten sowie nach dem genaueren Verfahren ist die Knicklänge h_k bei dreiseitig und bei vierseitig gehaltenen Wänden abweichend von DIN 1053-100, Abschnitt 8.7.2 bzw. Abschnitt 9.7.2, wie folgt zu berechnen:
a) bei dreiseitig gehaltenen Wänden (mit einem freien vertikalen Rand) als arithmetischer Mittelwert aus der lichten Geschosshöhe h_s und der mithilfe von DIN 1053-100, Gleichung (6), für eine dreiseitig gehaltene Wand ermittelten Knicklänge;
b) bei vierseitig gehaltenen Wänden mit $h_s \leq b$ (b = Mittenabstand der aussteifenden Wände) als arithmetischer Mittelwert aus der lichten Geschosshöhe h_s und der mithilfe von DIN 1053-100, Gleichung (7), für eine vierseitig gehaltene Wand ermittelten Knicklänge;
c) bei vierseitig gehaltenen Wänden mit $h_s > b$ (b = Mittenabstand der aussteifenden Wände) als arithmetischer Mittelwert aus der lichten Geschosshöhe h_s und dem halben Mittenabstand der aussteifenden Wände (b/2).

Bei Pfeilern und Wänden sind die Annahme der Lastverteilung unter 60° nach DIN 1053-100, Abschnitt 8.9.3, sowie die Annahme für Lastausbreitungen und die erhöhten zulässigen Teilflächenpressungen nach DIN 1053-100, Abschnitt 8.9.3 sowie Abschnitt 9.9.3, unzulässig.

Beim Schubnachweis nach DIN 1053-100 [5], Abschnitt 8.9.5, dürfen für f_{vk} nur 60 % des sich aus Gleichung (24) – mit f_{vk0} nach Tabelle 6 (Wert für unvermörtelte Stoßfugen) – bzw. Gleichung (25) ergebenden Wertes in Rechnung gestellt werden.

Beim Schubnachweis nach dem genaueren Verfahren nach DIN 1053-100, Abschnitt 9.9.5, dürfen nur 60 % der sich aus Abschnitt 9.9.5, Gleichungen (36) und (37), mit f_{vk0} für unvermörtelte Stoßfugen ergebenden Werte in Rechnung gestellt werden.

Bei der Beurteilung eines Gebäudes hinsichtlich des Verzichts auf einen rechnerischen Nachweis der räumlichen Steifigkeit gemäß DIN 1053-100, Abschnitt 8.4 bzw. Abschnitt 9.4, ist diese geringere Schubtragfähigkeit zu beachten. So darf abweichend von DIN 1053-100 auf einen rechnerischen Nachweis der räumlichen Steifigkeit (Aufnahme von horizontalen Kräften z. B. Windlast) nur bei Geschossbauten bis zu drei Vollgeschossen mit zusätzlichem Keller- und ausgebautem oder nicht ausgebautem Dachgeschoss unter den in DIN 1053-100, Abschnitt 8.4, genannten Bedingungen verzichtet werden.

Z-17.1-551
Mauerwerk aus „KS-Quadro E" Planelementen im Dünnbettverfahren

Antragsteller:
Quadro Bausysteme GmbH
Malscher Straße 17
76448 Durmersheim

Bescheid – Geltungsdauer:
25. September 2014 – 25. September 2019

Die „KS-QUADRO E" Planelemente sind großformatige Kalksandsteine (nachfolgend als Kalksand-Planelemente bezeichnet) nach DIN EN 771-2 [7] der Kategorie I mit den in der abZ genannten Eigenschaften. Die Kalksand-Planelemente haben eine Breite von 115 mm bis 365 mm (Elementbreite gleich Wanddicke), eine Länge von 498 mm (Regelelemente) und eine Höhe von 498 mm. Zum Längenausgleich werden Ergänzungselemente mit einer Länge von 373 mm und 248 mm hergestellt. Diese Planelemente werden auf der Baustelle mit einer Versetzhilfe im Verband versetzt.

Die „KS-QUADRO E" Planelemente sind Elemente mit vier durchgehenden konisch zulaufenden Löchern von 40 mm/45 mm Durchmesser entlang der Mittelachse der Steine und jeweils drei oberseitig und unterseitig angeordneten 45 mm bzw. 50 mm tiefen konisch zulaufenden Löchern von 17,5 mm/13,5 mm Durchmesser (oberseitig) bzw. 26 mm/10 mm Durchmesser (unterseitig), vorgesehen für Zentrierbolzen als Verlegehilfe. Bei den Wanddicken 265 mm, 300 mm und 365 mm sind in zwei weiteren Achsen vier durchgehende Löcher angeordnet. Für durchgehende vertikale Lochkanäle ist hier ein 12,5-cm-Raster einzuhalten. Hierzu können Zentrierbolzen (Hohlkörper aus weichfederndem Material) als Verlegehilfe eingesetzt werden.

Die Kalksand-Planelemente werden als Vollelemente mit Druckfestigkeiten entsprechend den Druckfestigkeitsklassen 12, 16, 20 und 28 und Brutto-Trockenrohdichten entsprechend den Rohdichteklassen 1,6, 1,8, 2,0 und 2,2 nach DIN V 106 [18] hergestellt.

Die Bilder 78 und 79 zeigen den Mörtelauftrag und das Versetzen der Kalksand-Planelemente „KS-Quadro E".

Diese abZ regelt die Verwendung der Kalksand-Planelemente mit Dünnbettmörtel nach DIN V 18580 [15] oder einem für die Vermauerung von allgemein bauaufsichtlich zugelassenen Kalksand-Planelementen allgemein bauaufsichtlich zugelassenen Dünnbettmörtel für Mauerwerk im Dünnbettverfahren (Mauerwerk mit Dünnbettmörtel) nach DIN 1053-1 [4] mit oder ohne Stoßfugenvermörtelung nach DIN EN 1996-1-1 [40] in Verbindung mit DIN EN 1996-1-1/NA [41] und DIN EN 1996-2 [46] in Verbindung mit DIN EN 1996-2/NA [47] mit oder ohne Stoßfugenvermörtelung.

Bild 78. Mauerwerk aus Kalksand-Planelementen „KS-Quadro E" (Z-17.1-551)

Bild 79. Versetzen der Kalksand-Planelemente (Z-17.1-551)

Z-17.1-1115
Mauerwerk aus „Silka XL-E"-Planelementen

Antragsteller:
Xella Deutschland GmbH
Düsseldorfer Landstraße 395
47259 Duisburg

Bescheid – Geltungsdauer:
19. Dezember 2014 – 19. Dezember 2019

Die „Silka XL-E" Planelemente sind großformatige Kalksandsteine nach DIN EN 771-2 [7] der Kategorie I mit den in der abZ genannten Eigenschaften.
Die Kalksand-Planelemente haben eine Breite von 115 mm bis 365 mm (Elementbreite gleich Wanddicke).
Sie haben bei einer Länge von 498 mm eine Höhe von 498 mm und bei einer Länge von 998 mm eine Höhe von 498 mm, 598 mm oder 623 mm. Zum Längenausgleich werden Ergänzungselemente mit einer Länge von 373 mm und 248 mm hergestellt.
Die „Silka XL-E" Planelemente mit den Längen 498 mm und 998 mm sind Elemente mit vier bzw. acht durchgehenden konisch zulaufenden Löchern von 40 mm/45 mm Durchmesser entlang der Mittelachse der Steine und jeweils drei bzw. sieben oberseitig und unterseitig angeordneten 45 mm bzw. 50 mm tiefen konisch zulaufenden Löchern von 16 mm/12 mm Durchmesser (oberseitig) bzw. 26 mm/10 mm Durchmesser (unterseitig), vorgesehen für Zentrierbolzen als Verlegehilfe. Für durchgehende vertikale Lochkanäle ist hier ein 12,5 cm Raster einzuhalten. Hierzu können Zentrierbolzen (Hohlkörper aus weichfederndem Material) als Verlegehilfe eingesetzt werden.
Die Kalksand-Planelemente werden als Vollelemente mit Druckfestigkeiten entsprechend den Druckfestigkeitsklassen 12, 16, 20 und 28 und Brutto-Trockenrohdichten entsprechend den Rohdichteklassen 1,4, 1,6, 1,8 und 2,0 nach DIN V 106 [18] hergestellt.
Sie werden auf der Baustelle mit einer Versetzhilfe im Verband mit einem Überbindemaß von ü ≥ 0,4 h versetzt. Davon abweichend darf das Überbindemaß auch ü ≥ 125 mm betragen, wenn dies in den Ausführungsunterlagen (Positions- bzw. Versetzpläne) angegeben ist und bei der statischen Berechnung berücksichtigt wurde.
Diese abZ regelt die Verwendung der Kalksand-Planelemente mit Dünnbettmörtel nach DIN V 18580 [15] oder einem für die Vermauerung von allgemein bauaufsichtlich zugelassenen Kalksand-Planelementen allgemein bauaufsichtlich zugelassenen Dünnbettmörtel für Mauerwerk im Dünnbettverfahren (Mauerwerk mit Dünnbettmörtel) nach DIN 1053-1 [4] mit oder ohne Stoßfugenvermörtelung und für Mauerwerk im Dünnbettverfahren nach DIN EN 1996-1-1 [40] in Verbindung mit DIN EN 1996-1-1/NA [41] und DIN EN 1996-2 [46] in Verbindung mit DIN EN 1996-2/NA [47] mit oder ohne Stoßfugenvermörtelung.

Berechnung
Das Mauerwerk ist auch dann als Mauerwerk ohne Stoßfugenvermörtelung in Rechnung zu stellen, wenn die Stoßfugen vermörtelt sind.
Für Wände, die als Endauflager für Decken oder Dächer dienen, durch Wind beansprucht werden und nach DIN 1053-1, Abschnitt 6.9.1, bzw. nach DIN EN 1996-3 in Verbindung mit DIN EN 1996-3/NA nachgewiesen werden, ist zusätzlich ein Nachweis der Mindestauflast der Wände zu führen. Dieser darf vereinfacht nach Abschnitt 0.1.1 bzw. Abschnitt 0.1.2 erfolgen, sofern kein genauerer Nachweis geführt wird.
Bei Wänden mit nicht über die volle Wanddicke aufliegender Decke darf der Nachweis der Standsicherheit mit dem vereinfachten Verfahren nach DIN 1053-1, Abschnitt 6.9.1 bzw. nach DIN EN 1996-3, Anhang A, in Verbindung mit DIN EN 1996-3/NA, NCI zu Anhang A, geführt werden, wenn abweichend bzw. zusätzlich die Regelungen nach Abschnitt 0.2.1 bzw. Abschnitt 0.2.2 berücksichtigt werden.

Werden Kalksand-Wärmedämmsteine bzw. -Elemente (Kimmsteine) mit abZ am Wandfuß und/oder Wandkopf mit geringerer Festigkeit als die der Kalksand-Planelemente in der betreffenden Wand angeordnet, so ist beim Standsicherheitsnachweis bei Anwendung des vereinfachten Verfahrens bzw. der vereinfachten Berechnungsmethoden grundsätzlich die Festigkeit der Kalksand-Wärmedämmsteine bzw. -Elemente für die gesamte Wand maßgebend.

Beim Standsicherheitsnachweis nach dem genaueren Verfahren darf abweichend die an der jeweiligen Nachweisstelle vorhandene Mauerwerksfestigkeit zugrunde gelegt werden.

– *nach DIN 1053-1*
Die Annahme einer drei- oder vierseitigen Halterung zur Ermittlung der Knicklänge einer Wand ist nur dann zulässig, wenn neben den dafür in DIN 1053-1 getroffenen Bestimmungen die quer zueinander verlaufenden Wände im Verband versetzt sind, wobei bei Wandeinbindungen von Wänden, in denen Steine geringerer Höhe verwendet werden, die Steinhöhe so gewählt werden muss, dass die Höhe mehrerer Steinschichten genau einer Schicht der mit den Kalksand-Planelementen hergestellten Wand entspricht.

Für den Nachweis der Gebäudeaussteifung dürfen beim Schubnachweis nach DIN 1053-1, Abschnitt 7.9.5, zusammengesetzte Querschnitte unter den Voraussetzungen nach DIN 1053-1, Abschnitt 6.8, berücksichtigt werden, wobei jedoch abweichend die mitwirkende Breite in Abhängigkeit vom Überbindemaß in dem betrachteten zusammengesetzten Querschnitt (Verzahnung der überlappenden Planelemente) für
– ü ≥ 0,4 h mit 100 % des nach Anschnitt 6.8 von DIN 1053-1 ermittelten Wertes und
– ü = 125 mm mit 40 % des nach Anschnitt 6.8 von DIN 1053-1 ermittelten Wertes
in Rechnung zu stellen ist. Zwischenwerte dürfen geradlinig interpoliert werden.

Zusätzlich zum Nachweis an der Stelle der maximalen Schubspannung ist entsprechend DIN 1053-1, Abschnitt 7.9.5, auch der Nachweis am Anschnitt der Teilquerschnitte zu führen.

Für nichttragende Außenwände ohne rechnerischen Nachweis (größte zulässige Werte von Ausfachungsflächen) gilt anstelle von DIN 1053-1, Abschnitt 8.1.3.2, die Norm DIN EN 1996-3/NA, NCI Anhang NA.C. Die Anwendung von DIN EN 1996-3/NA, NCI Anhang NA.C ist jedoch nur zulässig, wenn das Überbindemaß ≥ 0,4 h_u beträgt.

Die Überbindemaße in den einzelnen Wänden und Pfeilern sind auch im Standsicherheitsnachweis und in den Ausführungsunterlagen (Positions- bzw. Versetzpläne) anzugeben.

Beim Nachweis der Standsicherheit ist die Knicklänge h_k bei dreiseitig und bei vierseitig gehaltenen Wänden abweichend von DIN 1053-1 nach Abschnitt 0.3 zu bestimmen.

Bei Pfeilern und Wänden sind die Annahme von erhöhten zulässigen Druckspannungen sowie die Annahme der Lastverteilung unter 60° nach DIN 1053-1 [4], Abschnitt 6.9.3, sowie die Annahme für Lastausbreitung und die erhöhte zulässige Teilflächenpressung nach DIN 1053-1 [4], Abschnitt 7.9.3, unzulässig.

Die Anwendung des Abschnitts 8.1.2.3, Gleichungen (19) und (20), und des Abschnitts 6.9.4, Sätze 2 und 3, der Norm DIN 1053-1 sowie die Anwendung des Abschnitts 7.9.4, Sätze 2, 3 und 4, ist unzulässig.

Beim Schubnachweis nach DIN 1053-1, Abschnitt 6.9.5, dürfen für zul τ nur 60 % des sich aus Abschnitt 6.9.5, Gleichung (6a), – mit σ_{0HS} nach DIN 1053-1, Tabelle 5 (Wert für unvermörtelte Stoßfugen) – ergebenden Wertes bzw. des sich für max τ ergebenden Wertes in Rechnung gestellt werden.

Beim Schubnachweis nach dem genaueren Verfahren nach DIN 1053-1 [4], Abschnitt 7.9.5, dürfen nur 60 % der sich aus Abschnitt 7.9.5, Gleichungen (16a) und (16b), mit σ_{0HS} für unvermörtelte Stoßfugen ergebenden Werte in Rechnung gestellt werden.

Bei der Beurteilung eines Gebäudes hinsichtlich des Verzichts auf einen rechnerischen Nachweis der räumlichen Steifigkeit gemäß DIN 1053-1, Abschnitt 6.4 bzw. Abschnitt 7.4, ist diese geringere Schubtragfähigkeit zu beachten.

Der Ansatz zusammengesetzter Querschnitte für den Nachweis der Gebäudeaussteifung beim Schubnachweis nach DIN 1053-1, Abschnitt 7.9.5, ist zulässig, wobei jedoch abweichend stets nur 40 % der sich nach Abschnitt 6.8 von DIN 1053-1 ermittelten mitwirkenden Breite in Rechnung gestellt werden dürfen.

– *nach DIN EN 1996*
Bei Anwendung der weiter vereinfachten Berechnungsmethoden nach DIN EN 1996-3 [48], Anhang A, in Verbindung mit DIN EN 1996-3/NA [49], NCI zu Anhang A, gilt abweichend:
Der Traglastfaktor von Gleichung A.1 in Anhang A.2 beträgt:
$c_A = 0,5$
$c_A = 0,33$ bei Wänden als Endauflager im obersten Geschoß, insbesondere unter Dachdecken.

Wenn eine Lastverteilung von 60° entsprechend DIN EN 1996-1-1 [40], Abschnitt 6.1.3 (6), nicht eingehalten ist, darf die Erhöhung der Teilflächenbelastung nach DIN EN 1996-1-1 [40], Abschnitt 6.1.3, nicht angesetzt werden.

Für den Nachweis von Mauerwerkswänden unter Erddruck nach DIN EN 1996-1-1 [40] in Verbindung mit DIN EN 1996-1-1/NA [41] ist die Anwendung des NCI zu 6.3.4, Gleichungen (NA.28) und (NA.29), bei Elementmauerwerk mit einem planmäßigen Überbindemaß ü < 0,4 h_u unzulässig.

Die vereinfachte Berechnungsmethode für Mauerwerkswände unter Erddruck nach DIN EN 1996-3 [48], Abschnitt 4.5, ist nur zulässig, wenn die Wanddicke t ≥ 240 mm beträgt.

Die Anwendung von DIN EN 1996-3/NA [49], NCI Anhang NA.C für die Ermittlung der größten zulässigen Werte von Ausfachungsflächen ist bei Elementmauerwerk nur zulässig, wenn das Überbindemaß ü ≥ 0,4 h_u beträgt.

2.2.3 Porenbeton-Planelemente

Z-17.1-484
Mauerwerk aus Porenbeton-Planelementen der Rohdichteklasse 0,50 in der Festigkeitsklasse 4 mit einem Überbindemaß von mindestens 0,4 h

Antragsteller:
Bundesverband Porenbetonindustrie e. V.
Kochstraße 6–7
10969 Berlin

Bescheid – Geltungsdauer:
13. Oktober 2016 – 14. April 2020

Die Porenbeton-Planelemente sind großformatige Porenbetonsteine nach DIN EN 771-4 [9] der Kategorie I mit den in der abZ genannten Eigenschaften.
Die Porenbeton-Planelemente werden mit Längen von 499 mm (501 mm) bis 1499 mm (1501 mm), Breiten von 115 mm bis 500 mm und Höhen von 374 mm (373 mm) bis 649 mm (648 mm) hergestellt, wobei die Elementhöhe jedoch nicht größer als die Elementlänge ist.
Die Planelemente werden im Werk gefertigt und auf der Baustelle, sofern erforderlich mit einer Versetzhilfe, im Verband mit einem Überbindemaß von mindestens 0,4 h versetzt.
Sie werden als Vollelemente (ohne Lochung) mit einer Druckfestigkeit entsprechend der Druckfestigkeitsklassen 4 und einer Brutto-Trockenrohdichte entsprechend der Rohdichteklasse 0,50 nach DIN 20000-404:2015-12 hergestellt.
Diese abZ regelt die Verwendung der Porenbeton-Planelemente mit Dünnbettmörtel nach DIN V 18580 [15] oder einem für die Vermauerung von Porenbeton-Plansteinen und -Planelementen allgemein bauaufsichtlich zugelassenen Dünnbettmörtel für Mauerwerk im Dünnbettverfahren (Mauerwerk mit Dünnbettmörtel) nach DIN EN 1996-1-1 [40] in Verbindung mit DIN EN 1996-1-1/NA [41] und DIN EN 1996-2 [46] in Verbindung mit DIN EN 1996-2/NA [47] mit oder ohne Stoßfugenvermörtelung.

Z-17.1-1137
Wandbauart aus Porenbeton-Planelementen (bezeichnet als Bausystem Ytong Jumbo HK) im Dünnbettverfahren

Antragsteller:
Xella Deutschland GmbH
Düsseldorfer Landstraße 395
47259 Duisburg

Bescheid – Geltungsdauer:
14. Januar 2016 – 14. April 2020

Die Porenbeton-Planelemente sind großformatige Porenbetonsteine nach DIN EN 771-4 [9] der Kategorie I mit den in der abZ genannten Eigenschaften.
Die Porenbeton-Planelemente werden mit Längen von 599 mm (601 mm) und 624 mm (626 mm), Breiten von 115 mm bis 500 mm und Höhen von 599 mm (598 mm) und 624 mm (623 mm) hergestellt.
Die Planelemente werden auf der Baustelle nach einem Versetzplan mit einer Versetzhilfe im Verband mit einem Überbindemaß von ü ≥ 0,4 h, welches in Ausnahmefällen bis 0,2 h bzw. 125 mm unterschritten werden darf, versetzt.
Sie werden als Vollelemente (ohne Lochung) mit Druckfestigkeiten entsprechend Druckfestigkeitsklassen 2, 4 und 6 und Brutto-Trockenrohdichten entsprechend den Rohdichteklassen 0,35, 0,40, 0,45, 0,50, 0,55, 0,60, 0,65, 0,70 und 0,80 nach DIN V 4165-100 [11] bzw. DIN V 20000-404 [33] hergestellt.
Diese abZ regelt die Verwendung der Porenbeton-Planelemente mit Dünnbettmörtel nach DIN V 18580 [15] oder einem für die Vermauerung von Porenbeton-Plansteinen und -Planelementen allgemein bauaufsichtlich zugelassenen Dünnbettmörtel für Mauerwerk im Dünnbettverfahren (Mauerwerk mit Dünnbettmörtel) nach DIN EN 1996-1-1 [40] in Verbindung mit DIN EN 1996-1-1/NA [41] und DIN EN 1996-2 [46] in Verbindung mit DIN EN 1996-2/NA [47] (bezeichnet als Bausystem Ytong Jumbo HK) mit oder ohne Stoßfugenvermörtelung.

2.2.4 Beton-Planelemente

Z-17.1-699
Mauerwerk aus BISOTHERM-Planelementen im Dünnbettverfahren

Antragsteller:
Bisotherm GmbH
Eisenbahnstraße 12
56218 Mülheim-Kärlich

Bescheid – Geltungsdauer:
9. Oktober 2012 – 9. Oktober 2017

Die abZ erstreckt sich auf die Herstellung von Planelementen aus Leichtbeton (bezeichnet als BISOTHERM-Planelemente) als Vollelemente sowie die Herstellung des Bisoplan-Dünnbettmörtels T und die Verwendung dieser Planelemente und dieses Bisoplan-Dünnbettmörtels T für Mauerwerk im Dünnbettverfahren (Mauerwerk mit Dünnbettmörtel) nach DIN 1053-1 [4] ohne Stoßfugenvermörtelung.
Die Planelemente sind Mauersteine aus Leichtbeton nach DIN EN 771-3 [8] der Kategorie I mit den in der abZ genannten Eigenschaften. Für den Leichtbeton zur Herstellung der Planelemente gilt ein von DIN EN 1745 [28] abweichender Zusammenhang zwischen Betonrohdichte und Wärmeleitfähigkeit. Darüber hinaus ist für den Leichtbeton ein individueller Feuchteumrechnungsfaktor F_m gemäß DIN V 4108-4 [16], Anhang B, nachgewiesen.

Die Planelemente werden mit einer Länge von 998 mm, einer Breite von 115 mm, 175 mm, 240 mm, 300 mm oder 365 mm (Elementbreite gleich Wanddicke) und einer Höhe von 498 mm oder 623 mm mit einer Druckfestigkeit entsprechend der Druckfestigkeitsklasse 2 und einer Brutto-Trockenrohdichte entsprechend den Rohdichteklassen 0,50, 0,55, 0,60, 0,65 und 0,70, mit einer Druckfestigkeit entsprechend der Druckfestigkeitsklasse 4 und einer Brutto-Trockenrohdichte entsprechend den Rohdichteklassen 0,60, 0,65, 0,70 und 0,80 und mit einer Druckfestigkeit entsprechend der Druckfestigkeitsklasse 6 und einer Brutto-Trockenrohdichte entsprechend den Rohdichteklassen 0,70 und 0,8 nach DIN V 18152-100 [13] hergestellt.

Z-17.1-702
Mauerwerk aus BISOPHON-Planelementen im Dünnbettverfahren

Antragsteller:
Bisotherm GmbH
Eisenbahnstraße 12
56218 Mülheim-Kärlich

Bescheid – Geltungsdauer:
1. August 2012 – 1. August 2017

Die abZ erstreckt sich auf die Herstellung bestimmter Planelemente aus Leichtbeton oder Beton (bezeichnet als BISOPHON-Planelemente) als Vollelemente sowie die Herstellung des Bisoplan-Dünnbettmörtels T und des Bisoplan Dünnbettmörtels grau und die Verwendung dieser Planelemente und dieser Dünnbettmörtel für Mauerwerk im Dünnbettverfahren (Mauerwerk mit Dünnbettmörtel) nach DIN 1053-1 [4] ohne Stoßfugenvermörtelung.
Die Planelemente sind Mauersteine aus Leichtbeton bzw. Beton nach DIN EN 771-3 [8] der Kategorie I mit den in der abZ genannten Eigenschaften. Für den Leichtbeton zur Herstellung der Planelemente gilt ein von DIN EN 1745 [28] abweichender Zusammenhang zwischen Betonrohdichte und Wärmeleitfähigkeit. Darüber hinaus ist für den Leichtbeton ein individueller Feuchteumrechnungsfaktor F_m gemäß DIN V 4108-4 [16], Anhang B, nachgewiesen.
Die Planelemente werden mit einer Länge von 998 mm, einer Breite von 115 mm, 150 mm, 175 mm, 200 mm, 240 mm, 300 mm oder 365mm und einer Höhe von 498 mm oder 623 mm mit einer Druckfestigkeit entsprechend den Druckfestigkeitsklassen 2 und 4 und einer Brutto-Trockenrohdichte entsprechend der Rohdichteklasse 0,80, 0,90, 1,00, 1,20 oder 1,40, mit einer Druckfestigkeit entsprechend der Druckfestigkeitsklasse 6 und einer Brutto-Trockenrohdichte entsprechend der Rohdichteklasse 1,00, 1,20, 1,40 oder 1,60, mit einer Druckfestigkeit entsprechend der Druckfestigkeitsklasse 8 und einer Brutto-Trockenrohdichte entsprechend der Rohdichteklasse 1,40, 1,60 oder 1,80, mit einer Druckfestigkeit entsprechend der Druckfestigkeitsklasse 12 und einer Brutto-Trockenrohdichte entsprechend der Rohdichteklasse 1,60, 1,80 oder 2,00 und mit einer Druckfestigkeit entsprechend der Druckfestigkeitsklasse 20 und einer Brutto-Trockenrohdichte entsprechend der Rohdichteklasse 1,80, 2,00 oder 2,20 nach DIN V 18152-100 [13] bzw. nach DIN V 18153-100 [14] hergestellt.

Z-17.1-863
Mauerwerk aus Planelementen aus Beton (bezeichnet als „IBS Big-plan") und aus Leichtbeton (bezeichnet als „Liapor Big-plan") im Dünnbettverfahren

Antragsteller:
Hornick GmbH
Mainzer Straße 23
64579 Gernsheim

Bescheid – Geltungsdauer:
22. Mai 2012 – 22. Mai 2017

Die abZ erstreckt sich auf die Herstellung von Planelementen aus Beton (Leichtbeton und Normalbeton), bezeichnet als „IBS Bigplan", und Planelementen aus einem speziellen Leichtbeton (Liapor-Leichtbeton), bezeichnet als „Liapor Big-plan", als Vollelemente und die Verwendung dieser Planelemente mit dem Dünnbettmörtel „Vario" nach der abZ Nr. Z-17.1-671 für Mauerwerk im Dünnbettverfahren (Mauerwerk mit Dünnbettmörtel) nach DIN 1053-1 [5] ohne Stoßfugenvermörtelung.
Die Planelemente „Liapor Big-plan" aus Liapor-Leichtbeton dürfen in den Druckfestigkeitsklassen 2, 4 und 6 in den Rohdichteklassen 0,6, 0,7 und 0,8, die Planelemente „IBS Big-plan" aus Leichtbeton. Beton dürfen in den Druckfestigkeitsklassen 6 bis 28 und in den Rohdichteklassen 1,4 bis 2,4 hergestellt werden. Die Planelemente (Regelelemente) haben eine Länge von 498 mm, 748 mm oder 998 mm; eine Breite von 115 mm bis 365 mm und eine Höhe von 498 mm. Planelemente aus Liapor-Leichtbeton dürfen nur mit Breiten ≥ 175 mm hergestellt werden.

Z-17.1-852
Mauerwerk aus KLBQUADRO-Planelementen aus Leichtbeton (bezeichnet als „KLBQUADRO Vbl-PE") oder Beton (bezeichnet als „KLBQUADRO Vbn-PE") im Dünnbettverfahren

Antragsteller:
KLB Klimaleichtblock GmbH
Lohmannstraße 31
56626 Andernach

Bescheid – Geltungsdauer:
8. Oktober 2014 – 17. August 2019

Die abZ erstreckt sich auf die Herstellung von KLB-QUADRO-Planelementen (bezeichnet als „KLBQUADRO Vbl-PE" bzw. „KLBQUADRO Vbn-PE") sowie auf die Herstellung bestimmter Dünnbettmörtel (bezeichnet als „KLB-P-Dünnbettmörtel, normal" und „KLB LB P 980") und die Verwendung der KLBQUADRO-Planelemente mit diesen Dünnbettmörteln oder mit dem Dünnbettmörtel „Vario" nach der abZ Nr. Z-17.1-671 für Mauerwerk im Dünnbettverfahren (Mauerwerk mit Dünnbettmörtel) nach DIN 1053-1 [4] ohne Stoßfugenvermörtelung und für Mauerwerk im Dünnbettverfahren nach DIN EN 1996-1-1 [40] in Verbindung mit DIN EN 1996-1-1/NA [41] und DIN EN 1996-2 [46] in Verbindung mit DIN EN 1996-2/NA [47] ohne Stoßfugenvermörtelung.

Die KLBQUADRO-Planelemente sind großformatige Mauersteine aus Leichtbeton nach DIN EN 771-3 [8] der Kategorie I mit den in der abZ genannten Eigenschaften. Die Regelelemente haben eine Breite von 115 mm bis 365 mm (Elementbreite gleich Wanddicke), eine Länge von 497 mm und eine Höhe von 498 mm. Entsprechende Passelemente werden mit einer Länge von 247 mm und 373 mm hergestellt.

Die KLBQUADRO-Planelemente werden auf der Baustelle mit einer Versetzhilfe (s. Bild 80) im Verband mit einem Überbindemaß ü ≥ 125 mm (ü ≥ 0,25 h_u) versetzt.

Sie werden als wärmedämmende Steine mit einer Druckfestigkeit entsprechend der Druckfestigkeitsklasse 2 und einer Brutto-Trockenrohdichte entsprechend der Rohdichteklasse 0,45, 0,50, 0,55, 0,60 oder 0,65, mit einer Druckfestigkeit entsprechend der Druckfestigkeitsklasse 4 und einer Brutto-Trockenrohdichte entsprechend der Rohdichteklasse 0,65, 0,70 oder 0,80 bzw. mit einer Druckfestigkeit entsprechend der Druckfestigkeitsklasse 6 und einer Brutto-Trockenrohdichte entsprechend der Rohdichteklasse 0,70, 0,80 oder 1,00 sowie als schalldämmende Steine mit einer Druckfestigkeit entsprechend der Druckfestigkeitsklasse 4 und einer Brutto-Trockenrohdichte entsprechend der Rohdichteklasse 1,20 oder 1,40 mit einer Druckfestigkeit entsprechend der Druckfestigkeitsklasse 6 und einer Brutto-Trockenrohdichte entsprechend der Rohdichteklasse 1,20, 1,40 oder 1,60, mit einer Druckfestigkeit entsprechend der Druckfestigkeitsklasse 12 und einer Brutto-Trockenrohdichte entsprechend der Rohdichteklasse 1,60 oder 1,80 bzw. mit einer Druckfestigkeit entsprechend der Druckfestigkeitsklasse 20 und einer Brutto-Trockenrohdichte entsprechend der Rohdichteklasse 2,00 nach DIN V 18152-100 [13] bzw. DIN V 18153-100 [14] hergestellt. Für den Leichtbeton zur Herstellung der wärmedämmenden KLBQUADRO-Planelemente gilt ein von DIN EN 1745 [28] abweichender Zusammenhang zwischen Betonrohdichte und Wärmeleitfähigkeit. Darüber hinaus ist für den Beton ein individueller Feuchteumrechnungsfaktor F_m gemäß DIN V 4108-4 [16], Anhang B, nachgewiesen.

Z-17.1-947
Mauerwerk aus MEIER-Plangroßblöcken im Dünnbettverfahren

Antragsteller:
MEIER Betonwerke und Baustoffhandel GmbH
Zur Schanze 2
92283 Lauterhofen

Bescheid – Geltungsdauer:
4. Oktober 2016 – 14. April 2020

Die abZ erstreckt sich auf die Herstellung von Planelementen aus Leichtbeton bzw. Beton (bezeichnet als MEIER-Plangroßblöcke) als Vollelemente sowie die Herstellung des MEIER-Dünnbettmörtels und die Verwendung dieser MEIER-Plangroßblöcke und dieses Dünnbettmörtels oder des Dünnbettmörtels „Vario" nach der abZ Nr. Z-17.1-671 für Mauerwerk im Dünnbettverfahren (Mauerwerk mit Dünnbettmörtel) nach DIN EN 1996-1-1 [40] in Verbindung mit DIN EN 1996-1-1/NA [41] und DIN EN 1996-2 [46] in Verbindung mit DIN EN 1996-2/NA [47] ohne Stoßfugenvermörtelung.

Die Planelemente sind Mauersteine aus Leichtbeton oder Beton nach DIN EN 771-3 der Kategorie I mit den in der abZ genannten Eigenschaften.

Die Planelemente werden mit einer Länge von 498 mm oder 998 mm, einer Breite von 115 mm, 150 mm, 175 mm, 200 mm, 240 mm, 300 mm oder 365 mm und einer Höhe von 498 mm oder 623 mm mit einer Druckfestigkeit entsprechend der Druckfestigkeitsklasse 2 oder 4 und einer Brutto-Trockenrohdichte entsprechend der Rohdichteklasse 1,20 oder 1 40 mit einer Druckfestigkeit entsprechend der Druckfestigkeitsklasse 6 und einer Brutto-Trockenrohdichte entsprechend der Rohdichteklasse 1,20, 1,40 oder 1,60, mit einer Druckfestigkeit entsprechend der Druckfestigkeitsklasse 8 und einer Brutto-Trockenrohdichte entsprechend der Rohdichteklasse 1,40, 1,60 oder 1,80, mit einer Druckfestigkeit entsprechend der Druckfestigkeitsklasse 12 und einer Brutto-Trockenrohdichte entsprechend der Rohdichteklasse 1,60, 1,80 oder 2,00, mit einer Druckfestigkeit entsprechend der Druckfestigkeitsklasse 20 und einer Brutto-Trockenrohdichte entsprechend der Rohdichteklasse 1,80, 2,00 oder 2,20

Bild 80. Versetzen von KLBQUADRO

Bild 81. Meier-Plangroßblöcke

und mit einer Druckfestigkeit entsprechend der Druckfestigkeitsklasse 28 und einer Brutto-Trockenrohdichte entsprechend der Rohdichteklasse 2,00 oder 2,20 nach DIN V 18152-100 [13] bzw. DIN V 18153-100 [14] hergestellt.

Die Planelemente werden auf der Baustelle nach einem Versetzplan mit einer Versetzhilfe im Verband mit einem Überbindemaß von $l_{ol} \geq 0,4\,h_u$, (h_u = Elementhöhe) versetzt. Davon abweichend darf das Überbindemaß auch $0,2\,h_u$ bzw. mindestens 125 mm betragen, wenn dies in den Ausführungsunterlagen (Positions- bzw. Versetzpläne) angegeben ist und bei der statischen Berechnung berücksichtigt wurde.

2.3 Wandbauart aus Planelementen in drittel- oder halbgeschosshoher Ausführung

Für diese Bauart gilt derzeit nur eine abZ.

Z-17.1-547
Mauerwerk aus Porenbeton-Planelementen (bezeichnet als HK-Elemente)

Antragsteller:
Bundesverband Porenbeton
Kochstraße 6–7
10969 Berlin

Bescheid – Geltungsdauer:
1. Dezember 2015 – 14. April 2020

Die Porenbeton-Planelemente mit einer Höhe ≥ Länge (bezeichnet als HK-Elemente) sind großformatige Porenbetonsteine nach DIN EN 771-4 [9] der Kategorie I mit den in dieser abZ genannten Eigenschaften.
Die Porenbeton-Planelemente werden mit Längen von 499 mm, 599 mm, 624 mm oder 749 mm, Breiten von 115 mm bis 500 mm und Höhen von 749 mm bis 999 mm hergestellt.
Diese Planelemente werden bezogen auf jedes einzelne Bauvorhaben im Werk gefertigt und auf der Baustelle nach einem Versetzplan mittels eines auf der jeweiligen Stockwerksebene verfahrbaren Versetzkrans oder eines auf der Baustelle vorhandenen Baustellenkrans im Verband mit einem Überbindemaß von mindestens 0,2 h (Elementhöhe) versetzt. Bild 82 zeigt schematisch die Ausführung des Mauerwerks.
Sie werden als Vollelemente (ohne Lochung) mit Druckfestigkeiten entsprechend den Druckfestigkeitsklassen 2, 4 und 6 und Brutto-Trockenrohdichten entsprechend den Rohdichteklassen 0,35, 0,40, 0,45, 0,50, 0,55, 0,60, 0,65, 0,70 und 0,80 nach DIN V 4165-100 [11] bzw. DIN V 20000-404 [33] hergestellt.
Die abZ regelt die Verwendung der Porenbeton-Planelemente mit Dünnbettmörtel nach DIN V 18580 [15] oder einem für die Vermauerung von Porenbeton-Plansteinen und -Planelementen allgemein bauaufsichtlich zugelassenen Dünnbettmörtel für Mauerwerk im Dünnbettverfahren (Mauerwerk mit Dünnbettmörtel) nach DIN 1053-1 [4] mit oder ohne Stoßfugenvermörtelung und für Mauerwerk im Dünnbettverfahren nach DIN EN 1996-1-1 [40] in Verbindung mit DIN EN 1996-1-1/NA [41] und DIN EN 1996-2 [46] in Verbindung mit DIN EN 1996-2/NA [47] mit oder ohne Stoßfugenvermörtelung.
Das Mauerwerk aus diesen Porenbeton-Planelementen darf nur im Anwendungsbereich gemäß den in DIN 1053-1 [4], Abschnitt 6.1, bzw. DIN EN 1996-3 [48], Abschnitte 4.2.1.1 und 4.2.1.2, in Verbindung mit DIN EN 1996-3/NA [49], NCI zu 4.2.1.1 und 4.2.1.2, bestimmten Voraussetzungen für die Anwendung des vereinfachten Verfahrens bzw. der vereinfachten Berechnungsmethoden für den Nachweis der Standsicherheit verwendet werden.
Die Verwendung für Ausfachungswände und für Kellerwände ist nur unter Berücksichtigung der zusätzlichen Bestimmungen dieser abZ zulässig.
Das Mauerwerk darf mit Ausnahme der Außenschale von mehrschaligen Hausschornsteinen nicht als Schornsteinmauerwerk und nicht als bewehrtes Mauerwerk verwendet werden.

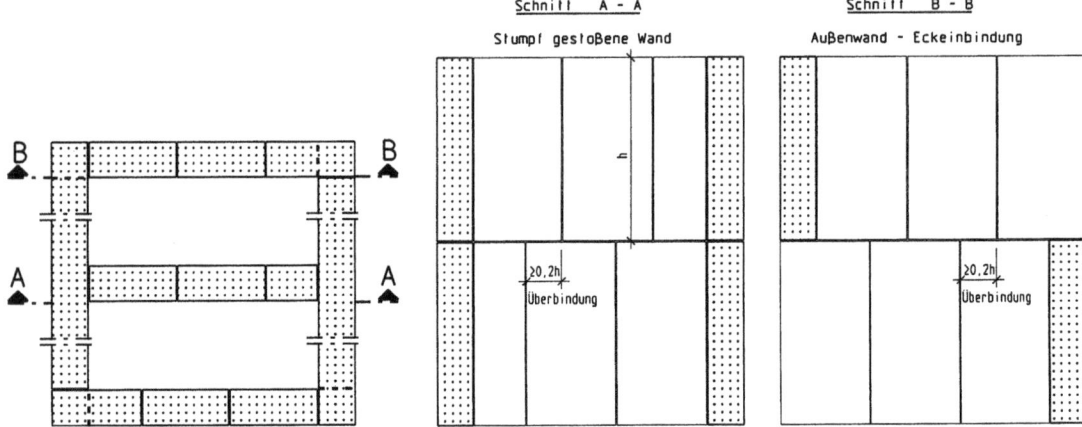

Bild 82. Mauerwerk aus HK-Elementen; Ausführung des Mauerwerks – Verband und Stumpfstoß (Z-17.1-547)

Wände in dieser Bauart müssen stets an ihrem oberen und unteren Ende gegen seitliches Ausweichen gehalten sein.
In jedem Geschoss sind über den Außenwänden, den tragenden Innenwänden und den aussteifenden Wänden Ringanker nach DIN 1053-1 [4] anzuordnen. Als Deckenkonstruktionen sind nur Massivdecken zulässig. Im Bereich von Deckenöffnungen, z. B. Treppenöffnungen, sind Ringbalken anzuordnen.

Berechnung
– nach DIN 1053-1
Das Mauerwerk ist auch dann als Mauerwerk ohne Stoßfugenvermörtelung in Rechnung zu stellen, wenn die Stoßfugen vermörtelt sind.
Der Nachweis der Standsicherheit darf nur mit dem vereinfachten Nachweisverfahren nach DIN 1053-1 [4], Abschnitt 6.9, erfolgen.
Der rechnerische Ansatz von zusammengesetzten Querschnitten (siehe z. B. DIN 1053-1 [4], Abschnitt 6.9.5) ist nicht zulässig.
Wände und Pfeiler dürfen nur als zweiseitig gehalten angenommen werden.
Abweichend von DIN 1053-1 [4], Abschnitt 6.7.2, Punkt a), ist für die Knicklängen stets die lichte Geschosshöhe h_s in Rechnung zu stellen.
Die Annahme einer drei- oder vierseitigen Halterung zur Ermittlung der Knicklänge nach DIN 1053-1 [4], Abschnitt 6.7.2, Punkt b), ist nicht zulässig.
Für den Abminderungsfaktor k_3 (Faktor zur Berücksichtigung der Traglastminderung durch den Deckendrehwinkel bei Endauflagerung von Decken) gilt abweichend von DIN 1053-1 [4], Abschnitt 6.9.1:
$k_3 = 1$ für $l \leq 3{,}5$ m
$k_3 = 1{,}7 - l/5$ für $3{,}5$ m $< l \leq 6$ m

mit l als Deckenstützweite in m.
Für Decken über dem obersten Geschoss, insbesondere bei Dachdecken, gilt:
$k_3 = 0{,}5$

Bei Wänden mit nicht über die volle Wanddicke aufliegender Decke müssen beim Nachweis der Standsicherheit abweichend bzw. zusätzlich die Regelungen nach Abschnitt 0.2.1 berücksichtigt werden. Bei einer Wanddicke von 365 mm darf die Mindestauflagertiefe auf 0,45 d reduziert werden.
Für Wände, die als Endauflager für Decken oder Dächer dienen, durch Wind beansprucht werden ist zusätzlich ein Nachweis der Mindestauflast der Wände zu führen. Dieser darf vereinfacht nach Abschnitt 0.1.1 geführt werden, sofern kein genauerer Nachweis geführt wird.
Die Anwendung von DIN 1053-1 [4], Abschnitt 8.1.3.2, ist unzulässig.
Abweichend von DIN 1053-1 [4], Abschnitt 8.1.2.3, darf der Nachweis von Kelleraußenwänden auf Erddruck nicht entfallen.
Die zulässigen Schubspannungen sind abweichend von DIN 1053-1 [4], Abschnitt 6.9.5, nach der folgenden Gleichung zu berechnen:

zul $\tau = 0{,}01 + 0{,}04 \sigma_{Dm} \leq$ max τ [N/mm²]

Abweichend von DIN 1053-1 [4] darf auf einen rechnerischen Nachweis der räumlichen Steifigkeit (Aufnahme von horizontalen Kräften, z. B. Windlast) nur bei Geschossbauten bis zu zwei Vollgeschossen mit zusätzlichem Kellergeschoss, jedoch ohne zusätzliches Dachgeschoss, oder bis zu zwei Vollgeschossen mit zusätzlichem ausgebautem oder nicht ausgebautem Dachgeschoss unter den in DIN 1053-1 [4], Abschnitt 6.4, genannten Bedingungen verzichtet werden.
Es dürfen nur Wände, deren Wandlänge oder Länge zwischen zwei Öffnungen größer als ihre Wandhöhe ist, für den Nachweis der Aussteifung des Gebäudes in Rechnung gestellt werden.
Beim Entwurf von Wänden aus den Porenbeton-Planelementen und bei der Ausarbeitung der Versetzpläne muss insbesondere beachtet werden, dass ein Überbindemaß der Elemente von mindestens dem 0,2-fachen

Wert der größten verwendeten Elementhöhe immer gewährleistet ist.

– nach DIN EN 1996-1-1
Für die Berechnung des Mauerwerks gelten die Bestimmungen der Norm DIN EN 1996-1-1 [40] in Verbindung mit DIN EN 1996-1-1/NA [41], DIN EN 1996-1-1/NA/A1 [42] und DIN EN 1996-1-1/NA/A2 [43] sowie DIN EN 1996-3 [48] in Verbindung mit DIN EN 1996-3/NA, [49] DIN EN 1996-3/NA/A1 [50] und DIN EN 1996-3/NA/A2 [51] für Mauerwerk im Dünnbettverfahren (Mauerwerk mit Dünnbettmörtel) ohne Stoßfugenvermörtelung.

Die Wände und Pfeiler dürfen nur als zweiseitig gehalten (oben und unten) angenommen werden.

Abweichend von DIN EN 1996-1-1 [40], Abschnitt 5.5.1.2, in Verbindung mit DIN EN 1996-1-1/NA [41], NCI zu 5.5.1.2, bzw. DIN EN 1996-3 [48], Abschnitt 4.2.2.4, in Verbindung mit DIN EN 1996-3/NA [49], NCI zu 4.2.2.4, ist für die Knicklängen stets die lichte Geschosshöhe h_s in Rechnung zu stellen.

Für die Traglastminderung infolge der Lastausmitte bei Endauflagern auf Außen- und Innenwänden Φ_1 gilt abweichend von DIN EN 1996-3/NA [49], NCI zu 4.2.2.3 (NA.2):

$$\Phi_1 = (1{,}6 - l/5) \leq 0{,}9 \cdot a/t$$

mit
l Deckenstützweite in m
a die Deckenauflagertief
t die Wanddicke

Sofern gemäß DIN EN 1996-1-1/NA [41], NCI zu 5.5.3, bzw. DIN EN 1996-3/NA [49], NDP zu 4.1 (1)P, ein rechnerischer Nachweis der Schubtragfähigkeit erforderlich ist, ist dieser nach DIN EN 1996-1-1 [40], Abschnitt 6.2, in Verbindung mit DIN EN 1996-1-1/NA [41], NCI zu 6.2, zu führen.

Die charakteristische Schubfestigkeit ist abweichend nach der folgenden Gleichung zu berechnen:

$$f_{vk} = 0{,}02 + 0{,}08\sigma_{Dd} \; [N/mm^2]$$

Bei der Beurteilung eines Gebäudes hinsichtlich des Verzichts auf einen rechnerischen Nachweis der räumlichen Steifigkeit ist dies entsprechend zu berücksichtigen.

Es dürfen nur Wände, deren Wandlänge oder Länge zwischen zwei Öffnungen größer als ihre Wandhöhe ist, für den Nachweis der Aussteifung des Gebäudes in Rechnung gestellt werden.

2.4 Weitere Dünnbettmörtel

Z-17.1-786
Dünnbettmörtel „DB KS-XXL" für Kalksandsteinmauerwerk im Dünnbettverfahren

Antragsteller:
Fels-Werke GmbH
Geheimrat-Ebert-Straße 12
38640 Goslar

Bescheid – Geltungsdauer:
17. Juli 2017 – 2. Juli 2022

Gegenstand der abZ ist die Herstellung des Dünnbettmörtels (bezeichnet als „DB KS-XXL") sowie die Bemessung und Ausführung von Mauerwerk aus Kalksand-Plansteinen oder Kalksand-Planelementen mit CE-Kennzeichnung (System zur Bewertung und Überprüfung der Leistungsbeständigkeit (AVCP) 2+) nach der Norm DIN EN 771-2 in Verbindung mit DIN 20000-402 und dem Dünnbettmörtel „DB KS-XXL" hergestellt im Dünnbettverfahren. Die Dünnbettmörtelschicht ist mit dem speziellen Auftragsverfahren herzustellen.

Das Mauerwerk darf als unbewehrtes Mauerwerk im Dünnbettverfahren nach DIN EN 1996-1-1 in Verbindung mit DIN EN 1996-1-1/NA und DIN EN 1996-2 in Verbindung mit DIN EN 1996-2/NA verwendet werden.

Z-17.1-1019
Dünnbettmörtel zur Herstellung von Mauerwerk aus Kalksand-Plansteinen und Kalksand-Planelementen (bezeichnet als „Silka Secure Dünnbettmörtel")

Antragsteller:
Fels-Werke GmbH
Geheimrat-Ebert-Straße 12
38640 Goslar

Bescheid – Geltungsdauer:
27. Oktober 2009 – 13. November 2019

Der Dünnbettmörtel „Silka Secure Dünnbettmörtel" ist ein werkmäßig hergestellter Dünnbettmörtel (Trockenmörtel) nach Eignungsprüfung mit CE-Kennzeichnung (Konformitätsbescheinigungsverfahren 2+) nach der Norm DIN EN 998-2 [35], mit den in der abZ genannten Eigenschaften.

Der „Silka Secure Dünnbettmörtel" ist ein speziell zusammengesetzter Dünnbettmörtel, der einen bestimmten Anteil eines künstlich hergestellten Zusatzstoffs mit der Bezeichnung Füller CSH-Granulat enthält. Der Füller CSH-Granulat ist ein Füller nach DIN EN 13055-1:2002-08 – Leichte Gesteinskörnungen – Teil 1: Leichte Gesteinskörnungen für Beton, Mörtel und Einpressmörtel – und der abZ.

Der „Silka Secure Dünnbettmörtel" darf wie ein Dünnbettmörtel nach DIN V 18580 [15] verwendet werden für Mauerwerk im Dünnbettverfahren (Mauerwerk mit Dünnbettmörtel) nach DIN 1053-1 [4] aus Kalksand-Plansteinen nach DIN V 106 [18] oder DIN EN 771-2 [7] in Verbindung mit DIN V 20000-402 [31] oder für Mauerwerk im Dünnbettverfahren (Mauerwerk mit Dünnbettmörtel) nach DIN EN 1996-1-1 [40] in Verbindung mit DIN EN 1996-1-1/NA [41] und nach DIN EN 1996-2 [46] in Verbindung mit DIN EN 1996-2/NA [47] aus Kalksand-Plansteinen oder -Planelementen nach DIN V 106 [18] oder DIN EN 771-2 [7] in Verbindung mit DIN V 20000-402 [31].

Der „Silka Secure Dünnbettmörtel" darf außerdem für Mauerwerk aus allgemein bauaufsichtlich zugelassenen Kalksand-Plansteinen oder allgemein bauaufsichtlich zugelassenen Kalksand-Planelementen verwendet werden, wenn in der betreffenden abZ für die Kalksand-Plansteine bzw. Kalksand-Planelemente neben der Verwendung eines Dünnbettmörtels nach DIN V 18580 auch die Verwendung eines allgemein bauaufsichtlich zugelassenen Dünnbettmörtels für Mauerwerk aus Kalksand-Plansteinen bzw. Kalksand-Planelementen geregelt ist.

Z-17.1-1134
„maxit mörtelpad" für die Herstellung von Mauerwerk mit bestimmten Unipor-Planhochlochziegeln im Dünnbettverfahren

Antragsteller:
Franken Maxit Mauermörtel GmbH & Co.
Azendorf 63
95359 Kasendorf

Bescheid – Geltungsdauer:
2. Juli 2015 – 2. Juli 2020

Die abZ erstreckt sich auf die Herstellung von Trockenmörtelplatten, bezeichnet als „maxit mörtelpad", und die Verwendung dieser Mörtelpads anstelle des Dünnbettmörtels 900 D bzw. des Dünnbettmörtels quick-mix DBM-L für UNIPOR-Planziegelmauerwerk in den folgenden abZ:

Zulassungsnummer	Zulassungsgegenstand
Z-17.1-1114	Mauerwerk aus UNIPOR WS08 CORISO Planziegeln im Dünnbettverfahren mit gedeckelter Lagerfuge
Z-17.1-1074	Mauerwerk aus UNIPOR WS07 CORISO Planziegeln im Dünnbettverfahren mit gedeckelter Lagerfuge
Z-17.1-1066	Mauerwerk aus Planhochlochziegeln WS09 CORISO im Dünnbettverfahren mit gedeckelter Lagerfuge
Z-17.1-1056	Mauerwerk aus UNIPOR W07 CORISO Planziegeln im Dünnbettverfahren mit gedeckelter Lagerfuge
Z-17.1-1042	Mauerwerk aus UNIPOR-WH-09- und UNIPOR-WH-10-Planziegeln im Dünnbettverfahren mit gedeckelter Lagerfuge
Z-17.1-1021	Mauerwerk aus Planhochlochziegeln UNIPOR-WS10 CORISO im Dünnbettverfahren mit gedeckelter Lagerfuge
Z-17.1-1018	Mauerwerk aus UNIPOR W08 Novatherm Planziegel im Dünnbettverfahren mit gedeckelter Lagerfuge
Z-17.1-935	Mauerwerk aus UNIPOR-WH08 CORISO Planziegeln und UNIPOR-WH07 CORISO Planziegeln im Dünnbettverfahren mit gedeckelter Lagerfuge

Bild 83. maxit mörtelpad (Z-17.1-1134)

Die Mörtelpads bestehen aus einem Glasfasergewebe und Trockenmörtel, welcher durch einen wasserlöslichen Schmelzkleber zusammengehalten wird.
Die Mörtelpads werden in 2 Größen hergestellt und sind für Mauerwerk mit den Wanddicken 300 mm, 365 mm, 425 mm und 490 mm verwendbar.
Das Mörtelpad mit der Länge 295 mm und der Breite 420 mm ist für die Wanddicke 425 mm und um 90° gedreht für die Wanddicke 300 mm vorgesehen.
Das Mörtelpad mit der Länge 240 mm und der Breite 360 mm ist für die Wanddicken 365 mm und 490 mm vorgesehen. Bei der Wanddicke 490 mm sind die 240 mm langen Mörtelpads um 90° gedreht zu verlegen, sodass die Lagerfuge hier aus zwei Mörtelpad-Reihen jeweils mit einer Breite 240 mm besteht.
Die Mörtelpads werden im trockenen Zustand auf die Lagerflächen der Planhochlochziegel aufgelegt und im Anschluss mit einer festgelegten Menge Wasser aktiviert.
Ist das Wasser in die Mörtelpads sichtbar eingezogen, werden in Abhängigkeit vom Umgebungsklima nach minimal einer Minute und maximal drei Minuten die Planhochlochziegel der nächsten Ziegellage aufgesetzt und mit einem Gummihammer mit platzierten Schlägen in das Mörtelbett eingearbeitet.

Z-17.1-671
Dünnbettmörtel „Vario" für Mauerwerk im Dünnbettverfahren

Antragsteller:
quick-mix Gruppe GmbH & Co. KG
Mühleneschweg 6
49090 Osnabrück

Bescheid – Geltungsdauer:
19. Dezember 2014 – 8. Dezember 2019

Der Dünnbettmörtel „Vario" ist ein werkmäßig hergestellter Dünnbettmörtel (Trockenmörtel) nach Eignungsprüfung mit CE-Kennzeichnung (Konformitätsbescheinigungsverfahren 2+) nach der Norm DIN EN 998-2 [35] mit den in der abZ genannten Eigenschaften.
Der Dünnbettmörtel „Vario" ist ein speziell zusammengesetzter Dünnbettmörtel, der abweichend von DIN V 18580 [15] bestimmte Anteile leichter Gesteinskörnungen (Leichtzuschlag) nach DIN EN 13055-1:2002-08 – Leichte Gesteinskörnungen – Teil 1: Leichte Gesteinskörnungen für Beton, Mörtel und Einpressmörtel – enthält.
Der Dünnbettmörtel eignet sich durch entsprechende Einstellung des Wassergehalts sowohl für die Verarbeitung mit einem Mörtelschlitten als auch für die Verarbeitung bestimmter Planhochlochziegel im Tauchverfahren.
Der Dünnbettmörtel „Vario" darf wie ein Dünnbettmörtel nach DIN V 18580 [15] verwendet werden für Mauerwerk im Dünnbettverfahren (Mauerwerk mit Dünnbettmörtel) nach DIN 1053-1 [4] aus
– Kalksand-Plansteinen nach DIN V 106 [18] oder DIN EN 771-2 [7] in Verbindung mit DIN V 20000-402 [31] und
– Porenbeton-Plansteinen nach DIN V 4165-100 [11] oder DIN EN 771-4 [9] in Verbindung mit DIN V 20000-404 [33].
oder für Mauerwerk im Dünnbettverfahren (Mauerwerk mit Dünnbettmörtel) nach DIN EN 1996-1-1 [40] in Verbindung mit DIN EN 1996-1-1/NA [41] und nach DIN EN 1996-2 [46] in Verbindung mit DIN EN 1996-2/NA [47] aus
– Kalksand-Plansteinen oder Kalksand-Planelementen nach DIN V 106 [18] oder DIN EN 771-2 [7] in Verbindung mit DIN V 20000-402 [31] und
– Porenbeton-Plansteinen oder Porenbeton-Planelementen nach DIN V 4165-100 [11]oder DIN EN 771-4 [9] in Verbindung mit DIN V 20000-404 [33].
Der Dünnbettmörtel „Vario" darf außerdem für Mauerwerk aus allgemein bauaufsichtlich zugelassenen Kalksand-Plansteinen oder Kalksand-Planelementen und Mauerwerk aus allgemein bauaufsichtlich zugelassenen Porenbeton-Plansteinen oder Porenbeton-Planelementen verwendet werden, wenn in der betreffenden abZ für die Plansteine bzw. Planelemente neben der Verwendung eines Dünnbettmörtels nach DIN V 18580 [15] auch die Verwendung eines allgemein bauaufsichtlich zugelassenen Dünnbettmörtels für Mauerwerk aus Kalksand-Plansteinen oder Kalksand-Planelementen bzw. Porenbeton-Plansteinen oder Porenbeton-Planelementen geregelt ist.
Der Dünnbettmörtel „Vario" darf darüber hinaus für Mauerwerk aus allgemein bauaufsichtlich zugelassenen Planziegeln oder aus allgemein bauaufsichtlich zugelassenen Plansteinen oder Planelementen aus Leichtbeton oder Beton verwendet werden, wenn in der betreffenden Zulassung für das Mauerwerk die Verwendung des Dünnbettmörtels „Vario" gesondert geregelt ist.

Z-17.1-1172 (aBg)
quick-mix Dünnbettmörtel SECON 1.0

Antragsteller:
quick-mix Gruppe GmbH & Co. KG
Mühleneschweg 6
49090 Osnabrück

Bescheid – Geltungsdauer:
1. Dezember 2017 – 1. Dezember 2022

Regelungsgegenstand der aBg ist die Bemessung und Ausführung von Mauerwerk im Dünnbettverfahren aus Dünnbettmörtel „SECON 1.0" mit
– Kalksand-Plansteinen und Kalksand-Planelementen mit CE-Kennzeichnung nach DIN EN 771-2:2015-11 in Verbindung mit DIN 20000-402 [31] und
– Porenbeton-Plansteinen und Porenbeton-Planelementen mit CE-Kennzeichnung nach DIN EN 771-4 [9] in Verbindung mit DIN 20000-404 [33].
Der Dünnbettmörtel „SECON 1.0" ist ein werkmäßig hergestellter Dünnbettmörtel (Trockenmörtel) nach Eignungsprüfung mit CE-Kennzeichnung (AVCP-Verfahren 2+) nach DIN EN 998-2:2017-02.
Für den Dünnbettmörtel „SECON 1.0" liegen aufgrund seiner Zusammensetzung keine nationalen Anwendungsregeln vor.
Das Mauerwerk darf als unbewehrtes Mauerwerk im Dünnbettverfahren nach DIN EN 1996-1-1 [40] in Verbindung mit DIN EN 1996-1-1/NA [41] und DIN EN 1996-2 [46] in Verbindung mit DIN EN 1996-2/NA [47] verwendet werden.
Für die Berechnung des Mauerwerks aus dem Dünnbettmörtel „SECON 1.0" und Kalksand-Plansteinen bzw. Kalksand-Planelementen oder Porenbeton-Plansteinen bzw. Porenbeton-Planelementen gelten die Bestimmungen der Norm DIN EN 1996-1-1 [40] in Verbindung mit DIN EN 1996-1-1/NA [41], DIN EN 1996-1-1/NA/A1 [42] und DIN EN 1996-1-1/NA/A2 [43] sowie DIN EN 1996-3 [48] in Verbindung mit DIN EN 1996-3/NA [49], DIN EN 1996-3/NA/A1 [50] und DIN EN 1996-3/NA/A2 [51] für Mauerwerk im Dünnbettverfahren (Mauerwerk mit Dünnbettmörtel) ohne Stoßfugenvermörtelung.

Z-17.1-759
Dünnbettmörtel „weber.mix 617 SK" für Kalksandsteinmauerwerk im Dünnbettverfahren

Antragsteller:
Saint-Gobain Weber GmbH
Schanzenstraße 84
40549 Düsseldorf

Bescheid – Geltungsdauer:
17. Oktober 2017 – 26. Mai 2022

Gegenstand der abZ ist die Bemessung und Ausführung von Dünnbettmörtel „weber.mix 617 SK" mit den in der Leistungserklärung nach DIN EN 998-2 [35] erklärten Leistungen.

Für den Dünnbettmörtel „weber.mix 617 SK" werden als weitere Handelsbezeichnungen „maxit mur 900 SK" und „Heidelberger KS Dünnbettmörtel M 10" verwendet. Zur Vereinfachung wird im Folgenden nur die Bezeichnung „weber.mix 617 SK" verwendet.
Der Dünnbettmörtel „weber.mix 617 SK" darf mit Kalksand-Plansteinen mit CE-Kennzeichnung (System zur Bewertung und Überprüfung der Leistungsbeständigkeit (AVCP) 2+) nach DIN EN 771-2:2015-11 in Verbindung mit DIN V 20000-402:2017-02 für unbewehrtes Mauerwerk im Dünnbettverfahren nach DIN EN 1996-1-1 [40] in Verbindung mit DIN EN 1996-1-1/NA [41] und DIN EN 1996-2 [46] in Verbindung mit DIN EN 1996-2/NA [47] verwendet werden.

Z-17.1-980
Sto KS Dünnbettmörtel für Kalksandsteinmauerwerk im Dünnbettverfahren

Antragsteller:
Sto SE & Co. KGaA
Ehrenbachstraße 1
79780 Stühlingen

Bescheid – Geltungsdauer:
5. August 2014 – 28. April 2018

Die abZ erstreckt sich auf die Herstellung eines Dünnbettmörtels, bezeichnet als „Sto KS Dünnbettmörtel", und die Verwendung dieses Dünnbettmörtels für Kalksandsteinmauerwerk im Dünnbettverfahren (Mauerwerk mit Dünnbettmörtel) nach DIN 1053-1 [4] ohne Stoßfugenvermörtelung oder für Kalksandsteinmauerwerk im Dünnbettverfahren (Mauerwerk mit Dünnbettmörtel) ohne Stoßfugenvermörtelung nach der Normenreihe DIN EN 1996 (Eurocode 6) mit zugehörigen nationalen Anhängen.
Der Sto KS Dünnbettmörtel ist ein speziell zusammengesetzter Dünnbettmörtel, der bestimmte Anteile leichter Gesteinskörnungen enthält, dessen Kornzusammensetzung Korngrößen > 2 mm aufweist.
Der Sto KS Dünnbettmörtel darf wie ein Dünnbettmörtel nach DIN V 18580 [15] verwendet werden für Mauerwerk im Dünnbettverfahren (Mauerwerk mit Dünnbettmörtel) nach DIN 1053-1 [4] aus Kalksand-Plansteinen nach DIN V 106 [18] oder DIN EN 771-2 [7] in Verbindung mit DIN V 20000-402 [31] oder für Mauerwerk im Dünnbettverfahren (Mauerwerk mit Dünnbettmörtel) nach DIN EN 1996-1-1 [40] in Verbindung mit DIN EN 1996-1-1/NA [41] und nach DIN EN 1996-2 [46] in Verbindung mit DIN EN 1996-2/NA [47] aus Kalksand-Plansteinen oder Kalksand-Planelementen nach DIN V 106 [18] oder DIN EN 771-2 [7] in Verbindung mit DIN V 20000-402 [31].
Der Sto KS Dünnbettmörtel darf außerdem für Mauerwerk aus allgemein bauaufsichtlich zugelassenen Kalksand-Plansteinen oder allgemein bauaufsichtlich zugelassenen Kalksand-Planelementen verwendet werden, wenn in der betreffenden abZ für die Kalksand-Plansteine bzw. Kalksand-Planelemente neben der Verwendung eines Dünnbettmörtels nach DIN V 18580 [15] auch die Verwendung eines allgemein bauaufsichtlich zugelassenen Dünnbettmörtels für Mauerwerk aus zugelassenen Kalksand-Plansteinen bzw. Kalksand-Planelementen geregelt ist.
Der Dünnbettmörtel ist entsprechend den Verarbeitungsrichtlinien mit ca. 28 M.-% Wasser anzumachen und mit einem speziellen Mörtelschlitten auf die vom Staub gereinigten Lagerflächen der Plansteine bzw. Planelemente so aufzubringen, dass eine Fugendicke von mindestens 1 mm und höchstens 3 mm entsteht.

3 Mauerwerk mit Mittelbettmörtel

Mit dem Begriff „Vermauern im Mittelbettverfahren" wird das Mauern mit einer Lagerfugendicke von 6 mm bezeichnet, d. h. baupraktisch zwischen 4 und 8 mm. Die Stoßfugen werden dabei entweder unvermörtelt oder nur in Mörteltaschen vermörtelt ausgeführt, sodass die Steine stets „knirsch" versetzt werden; eine „mitteldicke" Stoßfuge und damit andere Längenmaße der Steine gibt es nicht.
Die gezielte, sichere Ausführung von Lagerfugendicken von im Mittel 6 mm Dicke erfordert die Verwendung bestimmter, darauf eingestellter Geräte und Verarbeitungstechniken (siehe Zulassungsbescheide).

Z-17.1-739
Mauerwerk im Mittelbettverfahren aus Leichthochlochziegeln ZMK 9, ZMK 11 und ZMK 12 und Mittelbettmörtel maxit therm 828 oder Leicht-Mittelbettmörtel 828

Antragsteller:
Ziegelsysteme Michael Kellerer GmbH & Co. KG
Ziegeleistraße 13
82281 Egenhofen/OT Oberweikertshofen

Bescheid – Änderung/Ergänzung – Geltungsdauer:
13. Juli 2015 – 18. Mai 2016 – 14. April 2020

Die abZ erstreckt sich auf die Herstellung bestimmter Leichthochlochziegel (bezeichnet als ZMK 9, ZMK 11 bzw. ZMK 12) sowie die Herstellung des Mittelbettmörtels maxit therm 828 und des Leicht-Mittelbettmörtels 828 und die Verwendung dieser Leichthochlochziegel und dieser Mittelbettmörtel für Mauerwerk nach DIN 1053-1 [4] ohne Stoßfugenvermörtelung und für Mauerwerk nach DIN EN 1996-1-1 [40] in Verbindung mit DIN EN 1996-1-1/NA [41] und DIN EN 1996-2 [46] in Verbindung mit DIN EN 1996-2/NA [47] ohne Stoßfugenvermörtelung.
Die Leichthochlochziegel sind LD-Ziegel nach DIN EN 771-1 [6] der Kategorie I mit den in der abZ genannten Eigenschaften.
Für die Leichthochlochziegel ist ein individueller Feuchteumrechnungsfaktor F_m gemäß DIN V 4108-4 [16], Anhang B, nachgewiesen.

Die Leichthochlochziegel haben eine Länge von 247 mm, eine Breite von 240 mm (nur ZMK 11 und ZMK 12), 300 mm, 365 mm, 425 mm oder 490 mm und eine Höhe von 244 mm.
Leichthochlochziegel mit der Bezeichnung ZMK 9 werden mit Druckfestigkeiten entsprechend den Druckfestigkeitsklassen 4, 6 und 8 mit Brutto-Trockenrohdichten entsprechend der Rohdichteklasse 0,65 nach DIN V 105-100 [17] hergestellt.
Leichthochlochziegel mit der Bezeichnung ZMK 11 werden mit Druckfestigkeiten entsprechend den Druckfestigkeitsklassen 8, 10 und 12 mit Brutto-Trockenrohdichten entsprechend der Rohdichteklasse 0,85 nach DIN V 105-100 [17] hergestellt.
Leichthochlochziegel mit der Bezeichnung ZMK 12 werden mit Druckfestigkeiten entsprechend den Druckfestigkeitsklassen 8, 10 und 12 mit Brutto-Trockenrohdichten entsprechend der Rohdichteklasse 0,90 nach DIN V 105-100 [17] hergestellt.
Das Mauerwerk wird – abweichend von DIN 1053-1 – im Mittelbettverfahren mit einer Fugendicke von 6 mm ausgeführt. Diese wird mit einem besonderen Auftragsverfahren des Mörtels nach der abZ sichergestellt.

Z-17.1-1007
Mauerwerk im Mittelbettverfahren aus Leichthochlochziegeln ZMK 8 und Mittelbettmörtel maxit therm 828 oder Leicht-Mittelbettmörtel 828

Antragsteller:
Ziegelsysteme Michael Kellerer GmbH & Co. KG
Ziegeleistraße 13
82281 Egenhofen/OT Oberweikertshofen

Bescheid – Geltungsdauer:
18. Mai 2016 – 14. April 2020

Die abZ erstreckt sich auf die Verwendung bestimmter Hochlochziegel (bezeichnet als Leichthochlochziegel ZMK 8) sowie die Herstellung des Mittelbettmörtels maxit therm 828 und des Leicht-Mittelbettmörtels 828 und die Verwendung dieser Leichthochlochziegel und dieser Mittelbettmörtel für Mauerwerk nach DIN 1053-1 [4] ohne Stoßfugenvermörtelung und für Mauerwerk nach DIN EN 1996-1-1 [40] in Verbindung mit DIN EN 1996-1-1/NA [41] und DIN EN 1996-2 [46] in Verbindung mit DIN EN 1996-2/NA [47] ohne Stoßfugenvermörtelung.
Das Mauerwerk wird abweichend von DIN 1053-1 im Mittelbettverfahren mit einer Fugendicke von 6 mm ausgeführt. Diese wird mit einem besonderen Auftragsverfahren des Mörtels nach der abZ sichergestellt.
Die Leichthochlochziegel sind LD-Ziegel nach DIN EN 771-1 [6] der Kategorie I mit den In der abZ genannten Eigenschaften. Für die Leichthochlochziegel ist ein individueller Feuchteumrechnungsfaktor F_m gemäß DIN V 4108-4 [16], Anhang B, nachgewiesen.
Die Leichthochlochziegel haben eine Länge von 247 mm, eine Breite von 300 mm, 365 mm, 425 mm oder 490 mm und eine Höhe von 244 mm und werden mit Druckfestigkeiten entsprechend den Druckfestigkeitsklassen 4, 6 und 8 und einer Brutto-Trockenrohdichte entsprechend der Rohdichteklasse 0,65 nach DIN V 105-100 [17] hergestellt.

4 Vorgefertigte Wandtafeln

4.1 Geschosshohe Mauertafeln

Bei den zugelassenen Mauertafeln handelt es sich um geschosshohe und vorwiegend raumbreite Fertigbauteile, die mit von DIN 1053-4 – Mauerwerk – Teil 4: Fertigbauteile – abweichenden Stein- oder/und Mörtelarten hergestellt werden oder deren Transportsystem eine besondere konstruktive Ausbildung der Mauertafeln bedingt.
Eine Übersicht der in den jeweiligen Zulassungen geregelten Steinarten und Mörtelarten, die zulässigen Abmessungen der Mauertafeln sowie die für Transport und Montage vorgesehenen Sicherungsmaßnahmen einschließlich des zulässigen Transportsystems ist in Tabelle 37 enthalten.
Die Mauertafeln dürfen mit Ausnahme der Außenschale von mehrschaligen Schornsteinen nicht für Schornsteinmauerwerk und über die in den Zulassungen hinausgehenden Festlegungen hinsichtlich einer ggf. vorhandenen Bewehrung nicht für bewehrtes Mauerwerk verwendet werden.
Mauerwerk aus Mauertafeln darf nicht für Mauerwerk nach Eignungsprüfung, sondern nur als Rezeptmauerwerk verwendet werden.

Transportsysteme und Sicherungsmaßnahmen für Transport und Montage
Der Transport der Mauertafeln erfolgt entweder über Tragbolzen, die durch Bohrlöcher in der untersten Schicht der Steine geführt und über Aufhängungen (Kettengehänge) mit einer Traverse verbunden werden, oder mit Transportankern, die von der Oberseite der Mauertafeln in dafür vorgesehene Füllkanäle durch Vermörteln befestigt werden, oder mit vertikalen Hebebändern, welche die Tafeln völlig umschließen.
– Bei Transport und Montage der vorgefertigten Mauertafeln mit Tragbolzen werden Tragbolzen nach DGUV Grundsatz 301-003 – Prüfung und Beurteilung der Transport- und Montagesicherheit von Fertigbauteilen aus Mauerwerk, Ausgabe April 2004 des Fachausschusses „Bau" bei der Berufsgenossenschaftlichen Zentrale für Sicherheit und Gesundheit (BGZ) des Hauptverbandes der gewerblichen Berufsgenossenschaften mit einem Durchmesser von 28 mm verwendet. Die Tragbolzen werden im Abstand von höchstens 1,50 m in der untersten Schicht der Steine angeordnet. Der Abstand der Tragbolzen ist in Abhängigkeit vom Gewicht der Tafeln zu bemessen.

Tabelle 37. Geschosshohe Mauertafeln – Übersicht

Zulassungs-nummer	Steinart Mörtelart/-gruppe	Art der Transportbewehrung bzw. Transportsicherung	Art des Transportsystems	Abmessungen [mm] Länge	Dicke
Z-17.1-338	besondere Kalksand-block- und -hohlblock-steine Normalmauer-mörtel MG III	Betonstabstahl 2 ∅ 6 mm in unterster und oberster Lager-fuge, Drahtanker ∅ 4 mm zur Sicherung der unteren Steinlage	vertikale Transportanker Betonstabstahl ≥ ∅ 8 mm	≥ 1250[1] ≤ 7000	115 150 175 200 200 240 300 365
Z-17.1-608	Kalksand-Plansteine nach DIN V 106-1 oder besondere Kalksand-Plansteine Dünnbettmörtel	an der Unterseite sowie in unterster und oberster Lagerfuge „KS-Kunststoffgewebe" (Gittergewebe aus Aramidfasern)	Kettengehänge und Tragbolzen in unterster Steinlage oder vertikale Transport- bzw. Wellenanker Betonstabstahl ≥ ∅ 8 mm	≥ 1250[1] ≤ 6000	115 150 175 200 200 240 300 365
Z-17.1-631	THERMOPOR Ziegel Sockelelemente „THERMYSockel" Mörtel nach DIN V 18580	Tragbolzen in Hüllrohren im Thermy-Sockel	Aufhängungen an Traverse	≥ 1250[2] ≤ 7000	240 bis 425
Z-17.1-761	besondere Leichthoch-lochziegel (ZMB Mauertafelziegel) Leichtmauermörtel LM 21 und LM 36	Betonstabstahl ∅ 6 mm in unterster und oberster Lagerfuge	vertikale Transportanker Betonstabstahl ≥ ∅ 8 mm	≥ 1250 ≤ 7000	300 365 425
Z-17.1-899	Englert-MT-Ziegel	Betonstabstahl ∅ 6 mm in unterster und oberster Lagerfuge	vertikale Transportanker Betonstabstahl ≥ ∅ 8 mm	≥ 1250 ≤ 7000	300 365
Z-17.1-949	Blockziegel nach Z-17.1-347 Z-17.1-636 Z-17.1-763 Z-17.1-767 Z-17.1-818	Betonstabstahl 2 ∅ 6 mm in unterster und oberster Lagerfuge, Sicherung der untersten Steinlage durch Gewebe oder mit Flachstahlband	Kettengehänge und Tragbolzen in unterster Steinlage oder Flachstahlbänder	≥ 1250[2] ≤ 7000	175 bis 490
	Planziegel nach Z-17.1-652 Z-17.1-679 Z-17.1-756 Z-17.1-760 Z-17.1-791 Z-17.1-819 Z-17.1-867	Gewebe in unterster und oberster Lagerfuge und in Wandmitte, Sicherung der untersten Steinlage durch Gewebe oder mit Flachstahlband	Kettengehänge und Tragbolzen in unterster Steinlage oder Flachstahlbänder	≥ 1250[2] ≤ 7000	115 bis 490
	Blockziegel nach Z-17.1-720 Z-17.1-865 Z-17.1-866	Betonstabstahl 2 ∅ 6 mm in unterster und oberster Lagerfuge, Sicherung der untersten Steinlage durch Gewebe oder mit Flachstahlband	Flachstahlbänder	≥ 1250[2] ≤ 7000	300 bis 490

Tabelle 37. Geschosshohe Mauertafeln – Übersicht (Fortsetzung)

Zulassungs-nummer	Steinart Mörtelart/-gruppe	Art der Transportbewehrung bzw. Transportsicherung	Art des Transportsystems	Abmessungen [mm] Länge	Abmessungen [mm] Dicke
	Planziegel nach Z-17.1-720 Z-17.1-853 Z-17.1-857 Z-17.1-860 Z-17.1-869 Z-17.1-929 Z-17.1-935 Z-17.1-945 Z-17.1-946 Z-17.1-968	Gewebe in unterster und oberster Lagerfuge und in Wandmitte, Sicherung der untersten Steinlage durch Gewebe oder mit Flachstahlband	Flachstahlbänder	≥ 1250[2) ≤ 7000	300 bis 490
	Planziegel nach Z-17.1-635 Z-17.1-1018 Z-17.1-1056 Z-17.1-1021 Z-17.1-1057 Z-17.1-678 Z-17.1-728 Z-17.1-890 Z-17.1-715 Z-17.1-1025 Z-17.1-962 Z-17.1-1015 Z-17.1-1016	Gewebe in unterster und oberster Lagerfuge und in Wandmitte, Sicherung der untersten Steinlage durch Gewebe oder mit Flachstahlband	Flachstahlbänder	≥ 1250[2) ≤ 7000	115 bis 490
	Plan-Füllziegel nach Z-17.1-688 Z-17.1-537 Z-17.1-884	Sicherung der untersten Steinlage mit Flachstahlband	Flachstahlbänder	≥ 1250[2) ≤ 2250	145 bis 240
Z-17.1-1121	Planhochlochziegel Zweikomponenten-Polyurethan-Klebstoff (2K-PUR-Klebstoff) nach der Zulassung	Ankerstäbe mit Seilschlaufen	Ankerstäbe mit Seilschlaufen zum Anschlagen an eine Traverse am oberen Ende und zur Aufnahme eines Tragbolzens am unteren Ende	≥ 1250[2) ≤ 6000	115 bis 250
Z-17.1-1123	Planhochlochziegel mit integrierter Wärmedämmung Zweikomponenten-Polyurethan-Klebstoff (2K-PUR-Klebstoff) nach der Zulassung	Ankerstäbe mit Seilschlaufen	Ankerstäbe mit Seilschlaufen zum Anschlagen an eine Traverse am oberen Ende und zur Aufnahme eines Tragbolzens am unteren Ende	≥ 1250[2) ≤ 6000	365 425 490
Z-17.1-1124	Planhochlochziegel Zweikomponenten-Polyurethan-Klebstoff (2K-PUR-Klebstoff) nach der Zulassung	Ankerstäbe mit Seilschlaufen	Ankerstäbe mit Seilschlaufen zum Anschlagen an eine Traverse am oberen Ende und zur Aufnahme eines Tragbolzens am unteren Ende	≥ 1250[2) ≤ 6000	365 425 490
Z-17.1-1135	Planhochlochziegel mit integrierter Wärmedämmung Zweikomponenten-Polyurethan-Klebstoff (2K-PUR-Klebstoff) nach der Zulassung	Ankerstäbe mit Seilschlaufen	Ankerstäbe mit Seilschlaufen zum Anschlagen an eine Traverse am oberen Ende und zur Aufnahme eines Tragbolzens am unteren Ende	≥ 1250[2) ≤ 6000	300 365 425 490

Tabelle 37. Geschosshohe Mauertafeln – Übersicht (Fortsetzung)

Zulassungs-nummer	Steinart Mörtelart/-gruppe	Art der Transportbewehrung bzw. Transportsicherung	Art des Transportsystems	Abmessungen [mm] Länge	Dicke
Z-17.1-1136	Planhochlochziegel mit integrierter Wärmedämmung Zweikomponenten-Polyurethan-Klebstoff (2K-PUR-Klebstoff) nach der Zulassung	Ankerstäbe mit Seilschlaufen	Ankerstäbe mit Seilschlaufen zum Anschlagen an eine Traverse am oberen Ende und zur Aufnahme eines Tragbolzens am unteren Ende	≥ 1250[2)] ≤ 6000	240 300 365 490
Z-17.1-1157	Planhochlochziegel mit integrierter Wärmedämmung Zweikomponenten-Polyurethan-Klebstoff (2K-PUR-Klebstoff) nach der Zulassung	Ankerstäbe mit Seilschlaufen	Ankerstäbe mit Seilschlaufen zum Anschlagen an eine Traverse am oberen Ende und zur Aufnahme eines Tragbolzens am unteren Ende	≥ 1250[2)] ≤ 6000	365 425 490
Z-17.1-1158	Planhochlochziegel mit integrierter Wärmedämmung Zweikomponenten-Polyurethan-Klebstoff (2K-PUR-Klebstoff) nach der Zulassung	Ankerstäbe mit Seilschlaufen	Ankerstäbe mit Seilschlaufen zum Anschlagen an eine Traverse am oberen Ende und zur Aufnahme eines Tragbolzens am unteren Ende	≥ 1250[2)] ≤ 6000	300 365 425 490
Z-17.1-1159	Planfüllziegel Zweikomponenten-Polyurethan-Klebstoff (2K-PUR-Klebstoff) nach der Zulassung	Ankerstäbe mit Seilschlaufen	Ankerstäbe mit Seilschlaufen zum Anschlagen an eine Traverse am oberen Ende und zur Aufnahme eines Tragbolzens am unteren Ende	≥ 1250[2)] ≤ 6000	175 240 300
Z-17.1-1167	Kalksand-Plansteine oder -Planelemente Dünnbettmörtel	horizontales Flachstahlband zur Sicherung der untersten Schicht	Flachstahl-Hebebänder mit Formteil am Wandkopf zum Anschlagen an die Traverse	≥ 1250[2)] ≤ 6000	115 bis 365
Z-17.1-1182	Planhochlochziegel mit integrierter Wärmedämmung Zweikomponenten-Polyurethan-Klebstoff (2K-PUR-Klebstoff) nach der Zulassung	Ankerstäbe mit Seilschlaufen	Ankerstäbe mit Seilschlaufen zum Anschlagen an eine Traverse am oberen Ende und zur Aufnahme eines Tragbolzens am unteren Ende	≥ 1250[2)] ≤ 6000	365 425 490
Z-17.1-1183	Planhochlochziegel mit integrierter Wärmedämmung Zweikomponenten-Polyurethan-Klebstoff (2K-PUR-Klebstoff) nach der Zulassung	Ankerstäbe mit Seilschlaufen	Ankerstäbe mit Seilschlaufen zum Anschlagen an eine Traverse am oberen Ende und zur Aufnahme eines Tragbolzens am unteren Ende	≥ 1250[2)] ≤ 6000	300 365 425

1) Unterschreitung bei Pfeilern und Passstücken, Länge ≥ 498 mm.
2) Unterschreitung bei Pfeilern und Passstücken.

– Die entsprechenden Bohrarbeiten dürfen nur mit Kernbohrgeräten ausgeführt werden. Der Bohrlochdurchmesser muss gegenüber dem Bolzendurchmesser um 4 mm größer sein, d. h. 32 mm betragen. Beim Heben mit Tragbolzen muss der Lochleibungsdruck vom Stein sicher aufgenommen werden können. Dies ist für jedes Lochbild, jede Druckfestigkeitsklasse und jede Wanddicke nach den „Grundsätzen zur Prüfung und Beurteilung von Mauerwerkskörpern unter Lochleibungsbeanspruchung" nachzuweisen.

– Beim Transport mit Transportankern werden die Mauertafeln in Abhängigkeit vom Gewicht der Tafeln mit Betonstahl von mindestens ⌀ 8 B 500 B nach DIN 488-1 in vertikal durchlaufenden Kanälen bewehrt. Für die Herstellung der Mauertafeln müssen daher Steine mit entsprechenden Aussparungen verwendet werden, die beim Vermauern die erforder-

lichen vertikal fluchtenden Verfüllkanäle ergeben. Die vertikal durchlaufenden Kanäle mit Transportbewehrung werden mit dem in der jeweiligen Zulassung geregeltem Mörtel verfüllt, der hinsichtlich der Eigenschaften und Verarbeitbarkeit besondere Anforderungen erfüllen muss.
– Beim Transport der Mauertafeln mit Hebebändern, in der Regel Flachstahlhebebänder, werden die Hebebänder vertikal um die Mauertafeln gespannt. Bei Mauertafeln aus Lochsteinen kann zum Schutz der Steinkanten die zusätzliche Anordnung von Stahlkantenschutzblechen unter der untersten Steinlage erforderlich sein, sofern dies nicht durch ein besonderes Sockelelement sichergestellt ist.

Die Art der für die Transport- und Montagezustände erforderlichen Bewehrung bzw. Sicherungsmaßnahmen sind der Tabelle 37 zu entnehmen.

Für den Transport, für die Lagerung und für die Montage sind neben dem berufsgenossenschaftlichen Regelwerk (BGV C22 Unfallverhütungsvorschrift „Bauarbeiten"; BGG 964 „Prüfung und Beurteilung der Transport- und Montagesicherheit von Fertigbauteilen aus Mauerwerk", BGR 500 „Betreiben von Lastaufnahmeeinrichtungen im Hebezeugbetrieb", Kapitel 8) die einschlägigen Regeln, z. B. die Norm DIN EN 13155 „Krane – Sicherheit – Lose Lastaufnahmemittel" und die Norm DIN 1053-4, zu beachten. Die abZ erstrecken sich nicht auf die danach erforderlichen Nachweise.

Herstellung und Transport
Für jede Mauertafel werden exakte Planungsunterlagen mit Angabe der Aufhängepunkte erstellt. Die Herstellung der Mauertafeln erfolgt in stehender Fertigung.

Die Mauertafeln dürfen nur stehend gelagert und transportiert werden. Beim Transport ist eine Teilauflagerung der Mauertafeln unzulässig.

Ausführung
Für die Ausführung von Gebäuden oder Geschossen in dieser Bauart gilt DIN 1053-4:2013-04, soweit in den Zulassungen nichts Abweichendes geregelt ist.
Alle Angaben, die für die Bauausführung notwendig sind, müssen in einer Baubeschreibung enthalten und – soweit erforderlich – erläutert sein. Hierzu gehören unter anderem Angaben des Herstellers bzw. des Montagebetriebs über den Montagevorgang, die Montagereihenfolge, die Tragfähigkeit der einzusetzenden Hebezeuge und Art, Anzahl und erforderliche Tragfähigkeit von Montageabstützungen und Hilfskonstruktionen während des Montagezustands.

Die Mauertafeln werden nach einem Versetzplan vollflächig in ein waagerechtes Mörtelbett aus Normalmauermörtel nach DIN V 18580 der Mörtelgruppe III versetzt.

Bei allen quer zueinander verlaufenden Innenwänden (z. B. Wandkreuzungen) sind die Stoßfugen zu vermörteln (bei vorhandenen Füllkanälen in den Stoß-/Anschlussfugen durch Verfüllung der Füllkanäle; bei nicht vorhandenen Füllkanälen soll die vertikale Fuge zwischen den Mauertafeln 20 mm breit sein und vollständig vermörtelt werden). Infolge der Toleranzen der Mauertafeln entstehende Fugen sind ebenfalls vollständig zu vermörteln.

Bei Mauertafeln mit vertikalen Füllkanälen, z. B. Mauertafeln mit vertikalen Transportankern, können zur Aufnahme von horizontalen Kräften (z. B. Windlasten) in Wandebene mehrere Mauertafeln als eine zusammenwirkende Wandscheibe statisch in Rechnung gestellt werden, wenn die Füllkanäle der Mauertafelstöße bzw. die Stoß-/Anschlussfugen zwischen den Mauertafeln gemäß den Angaben in der Zulassung mit dem jeweils geregeltem Füllmörtel verfüllt werden.

Wände in dieser Bauart müssen stets an ihrer Ober- und Unterseite horizontal durch Ringbalken entsprechend DIN 1053-1:1996-11, Abschnitt 8.2.2, oder durch statisch gleichwertige Maßnahmen, z. B. aussteifende Deckenscheiben, gehalten sein. Außenwände sind mit einem Witterungsschutz zu versehen.

Berechnung
Hinsichtlich des Standsicherheitsnachweises wird auf die jeweilige Mauertafelzulassung verwiesen.

Wärmeschutz und Brandschutz
Die Regelungen zum rechnerischen Nachweis des Wärmeschutzes und zum Brandschutz (Einstufung der Wände in Feuerwiderstandsklassen und Brandwände) sind der nachfolgenden Zusammenstellung der Zulassungen bzw. der tabellarischen Auflistung in Kapitel E II [1] zu entnehmen.

Z-17.1-338
Vorgefertigte Mauertafeln aus Kalksandsteinen

Antragsteller:
Bundesverband Kalksandsteinindustrie e. V.
Entenfangweg 15
30419 Hannover

Bescheid – Geltungsdauer:
20. November 2014 – 2. November 2019

Die Mauertafeln sind vertikal und in den Lagerfugen mindestens gemäß Bild 84 bewehrt.
Die unterste Steinlage der Mauertafeln ist mit Drahtankern ∅ 4 mm in allen Stoßfugen und Füllkanälen gemäß Bild 85 bewehrt. Die Mörteltaschen der Stoßfugen und die Füllkanäle werden mit Normalmauermörtel der Mörtelgruppe III verfüllt. Alternativ dürfen auch Drahtanker ohne Haken eingelegt werden, wenn profilierter Stahl verwendet wird und die Anker voll in die zweite Steinschicht von unten eingeführt werden (s. Bild 86).

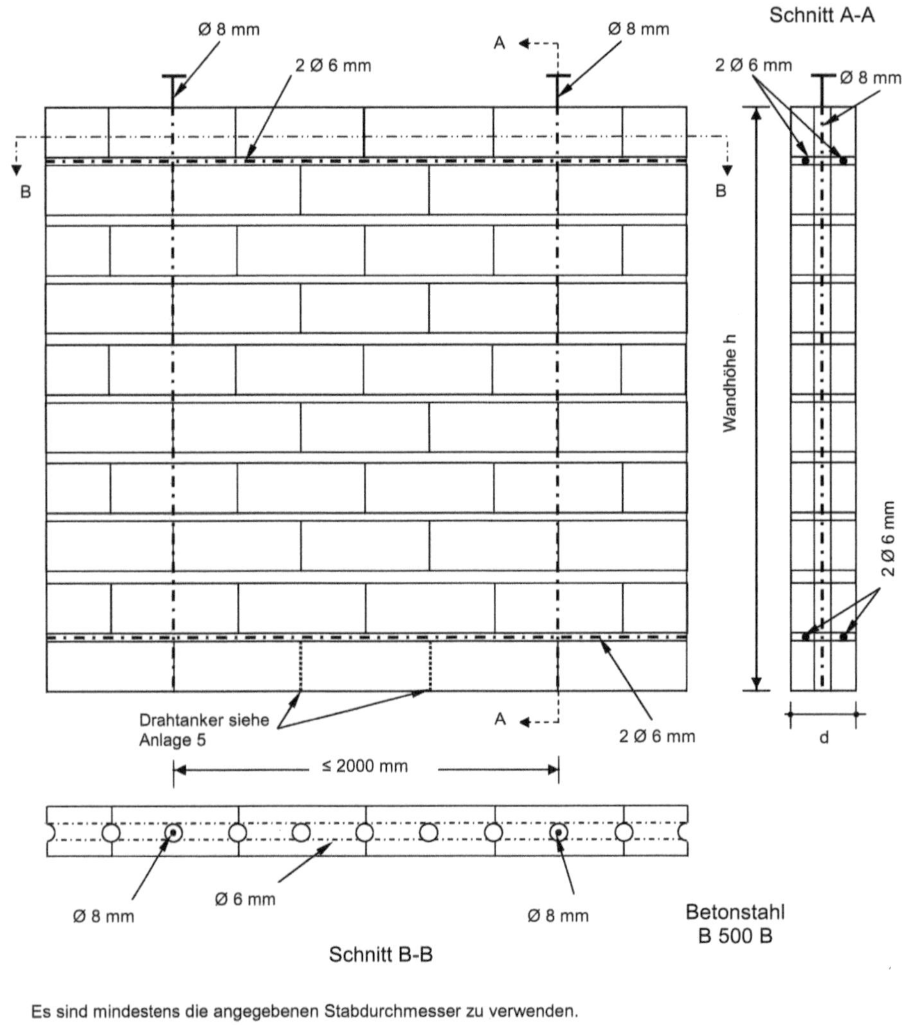

Bild 84. Konstruktive Durchbildung der Mauertafeln (Z-17.1-338)

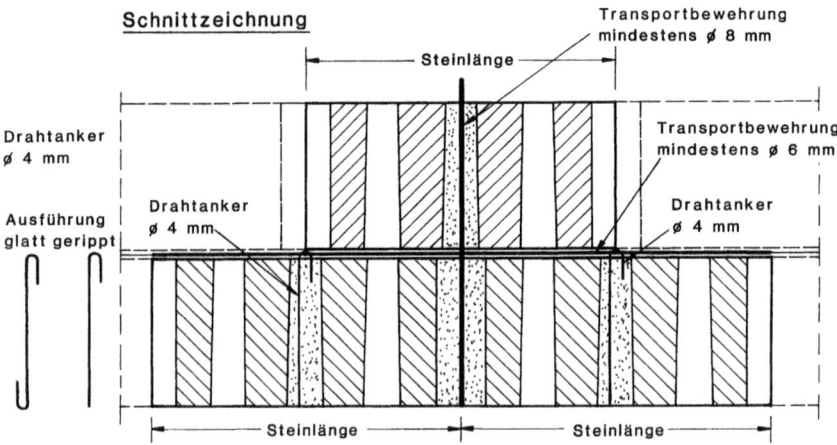

Bild 85. Drahtanker mit Endhaken zur Sicherung der untersten Steinschicht (Z-17.1-338)

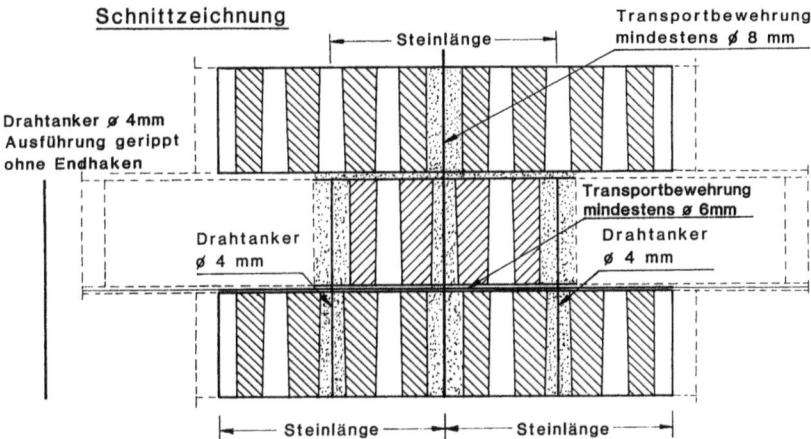

Bild 86. Drahtanker, gerippt, ohne Endhaken zur Sicherung der untersten Steinschicht (Z-17.1-338)

Wärmeschutz
Für den rechnerischen Nachweis des Wärmeschutzes gelten die Bestimmungen von DIN V 4108-4:2013-02 für Mauerwerk aus Kalksandsteinen.

Brandschutz
Für eine Klassifizierung von Wänden und Pfeilern aus Mauertafeln aus Kalksand-Blocksteinen bzw. Kalksand-Hohlblocksteinen nach DIN EN 13501-2 [57] gelten die Bestimmungen der Norm DIN EN 1996-1-2 [44] in Verbindung mit DIN EN 1996-1-2/NA [45] für das entsprechende nicht vorgefertigte Mauerwerk, sofern in der abZ nichts anderes bestimmt ist.

Wärmeschutz
Für den rechnerischen Nachweis des Wärmeschutzes gelten die Bestimmungen von DIN V 4108-4:2013-02, für Mauerwerk aus Kalksand-Plansteinen.

Brandschutz
Für eine Klassifizierung von Wänden und Pfeilern aus Mauertafeln aus Kalksand-Blocksteinen bzw. Kalksand-Hohlblocksteinen nach DIN EN 13501-2 [57] gelten die Bestimmungen der Norm DIN EN 1996-1-2 [44] in Verbindung mit DIN EN 1996-1-2/NA [45] für das entsprechende nicht vorgefertigte Mauerwerk, sofern in der abZ nichts anderes bestimmt ist.

Z-17.1-608
Vorgefertigte Mauertafeln aus Kalksand-Plansteinen

Antragsteller:
Bundesverband Kalksandsteinindustrie e. V.
Entenfangweg 15
30419 Hannover

Bescheid – Geltungsdauer:
6. August 2014 – 17. August 2019

Die Mauertafeln sind entweder für den Transport mit Wellenankern (Bild 87) oder mit Tragbolzen (Bild 88) durchgebildet.
An der Unterseite der Mauertafeln sowie in der ersten und letzten Lagerfuge wird ein spezielles Kunststoffgewebe (bezeichnet als KS-Kunststoffgewebe) über die gesamte Fugenfläche durchgängig eingelegt. Stöße des KS-Kunststoffgewebes sind unzulässig. Die unterste Gewebebahn ist seitlich an den Stirnflächen der Mauertafeln nach oben zu führen und in der Lagerfuge über der zweiten Schicht zu verankern (s. Bild 89). Die Einbindelänge muss mindestens 250 mm betragen.

Z-17.1-761
Mauerwerk aus Mauertafeln mit ZMB-Mauertafelziegeln

Antragsteller:
Güteschutz Ziegelmontagebau e. V.
Weidehofstraße 15
08451 Crimmitschau

Bescheid – Geltungsdauer:
16. Januar 2018 – 16. Januar 2023

Der Transport und die Montage der vorgefertigten Mauertafeln erfolgt mit Transport- bzw. Wellenankern, die von der Oberseite der Mauertafeln in dafür vorgesehene Vergusskanäle in den Leichthochlochziegeln durch Vermörteln befestigt werden.
Die Leichthochlochziegel mit wärmetechnisch optimiertem Lochbild werden in der Rohdichteklasse 0,70 hergestellt.

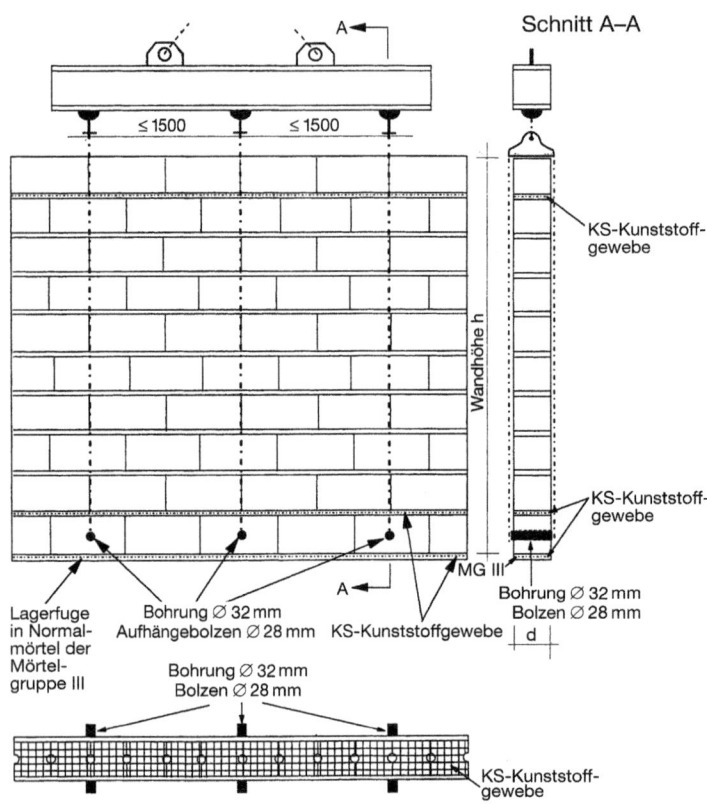

Bild 87. Vorgefertigte Mauertafeln aus Kalksand-Plansteinen – Transportsystem mit Wellenanker (Z-17.1-608)

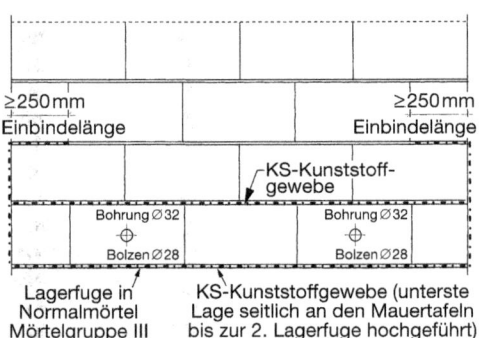

Bild 89. Vorgefertigte Mauertafeln aus Kalksand-Plansteinen – unterste Gewebebahn zur Sicherung der untersten Steinschicht (Z-17.1-608)

Brandschutz

Wände und Pfeiler aus Mauertafeln nach der abZ, an die brandschutztechnische Anforderungen gestellt werden, müssen stets beidseitig bzw. allseitig mit einem Putz mit den besonderen Anforderungen nach DIN 4102-4 [55] und DIN 4102-4 [56], Abschnitt 4.5.2.10, versehen sein.

Tragende raumabschließende Wände mit einer Wanddicke ≥ 300 mm erfüllen die Anforderungen der Feuerwiderstandsklasse F 90-A nach DIN 4102-2 [53].

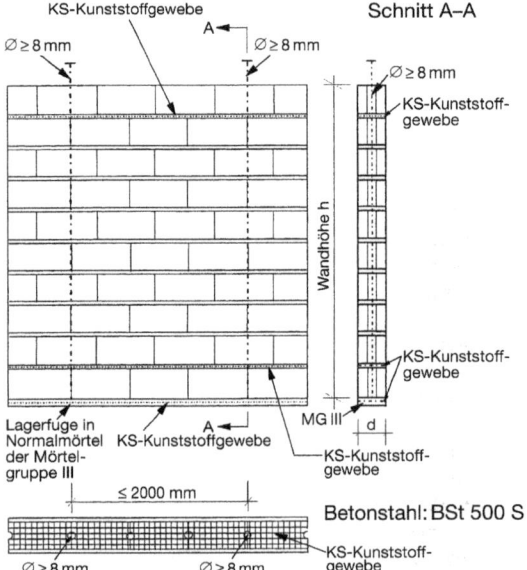

Bild 88. Vorgefertigte Mauertafeln aus Kalksand-Plansteinen – Transportsystem mit Kettengehänge und Bolzen (Z-17.1-608)

Tragende nichtraumabschließende Wände mit einer Wanddicke ≥ 300 mm, tragende Pfeiler und tragende nichtraumabschließende Wandabschnitte mit einer Wanddicke 300 mm und einer Mindestbreite 372 mm erfüllen die Anforderungen der Feuerwiderstandsklasse F 30-A nach DIN 4102-2 [53].
Die Verwendung der Mauertafeln für Brandwände ist nicht zugelassen.

Z-17.1-949
Mauerwerk aus Mauertafeln, hergestellt unter Verwendung allgemein bauaufsichtlich zugelassener Block-, Plan-Füll- und Planziegel

Antragsteller:
Güteschutz Ziegelmontagebau e. V.
Surmannskamp 7a
45661 Recklinghausen

Bescheid – Geltungsdauer:
19. März 2013 – 25. Februar 2018

Die abZ erstreckt sich auf die Herstellung und Verwendung von vorwiegend geschosshohen und vorwiegend raumgroßen vorgefertigten Mauertafeln aus Wärmedämmziegeln (Leichthochlochziegel bzw. Planhochlochziegel) nach den in der abZ genannten allgemeinen bauaufsichtlichen Zulassungen für diese Wärmedämmziegel und den in der jeweiligen abZ bestimmten Mörteln für Mauerwerk nach DIN 1053-1 [4].
Es dürfen nur Wärmedämmziegel gemäß Anlagen zu der abZ verwendet werden.
Die Mauertafeln aus Block- und Planziegeln dürfen mit Dicken von 115 mm bis 490 mm und Längen zwischen 1250 mm und 7000 mm hergestellt werden, Mauertafeln aus Plan-Füllziegeln mit Dicken von 145 mm bis 240 mm und Längen zwischen 1250 mm und 2250 mm. Die Mindestlänge von 1250 mm darf nur bei Pfeilern und Passstücken unterschritten werden.

Bild 91. Bolzen, Aufhängeöse und Splint (Z-17.1-949)

Der Transport und die Montage der vorgefertigten Mauertafeln erfolgt mit Aufhängungen nach DIN 1053-4:2004-02 – Mauerwerk – Teil 4: Fertigbauteile –, Abschnitt 9.2.2.3, mit Tragbolzen oder nach DIN 1053-4:2004-02, Abschnitt 9.2.2.4, mit Hebebändern (s. Bilder 90 bis 95).

Wärmeschutz
Für den rechnerischen Nachweis des Wärmeschutzes für das Mauerwerk gelten die Bestimmungen der betreffenden abZ für die verwendeten Ziegel.

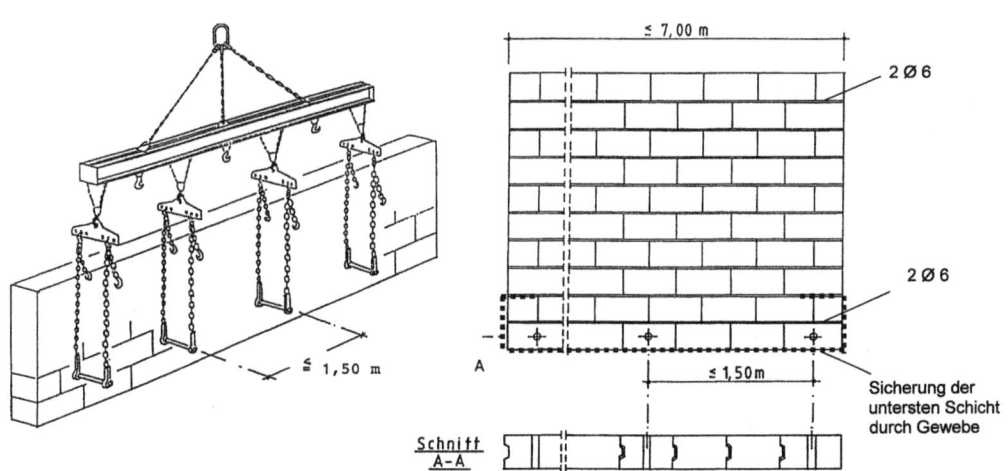

Bild 90. Mauertafel aus Blockziegeln – Transport mit Kettengehänge (Z-17.1-949)

Bild 92. Befestigungsvorrichtung in Bohrung des Ziegels (Z-17.1-949)

Brandschutz

Für die Einstufung von Wänden aus Mauertafeln mit den allgemein bauaufsichtlich zugelassenen Leichthochlochziegeln bzw. Planhochlochziegeln in Feuerwiderstandsklassen nach DIN 4102-2 [53] gelten die Bestimmungen der betreffenden abZ für die verwendeten Ziegel.

Z-17.1-1167
Mauertafeln aus Kalksand-Plansteinen und Kalksand-Planelementen

Antragsteller:
Güteschutz Ziegelmontagebau e. V.
Surmannskamp 7a
45661 Recklinghausen

Bescheid – Geltungsdauer:
29. März 2017 – 29. März 2020

Der Transport und die Montage der Mauertafeln erfolgt mittels Flachstahl-Hebebändern, an denen am Wandkopf ein Formteil zum Anschlagen an die Traverse angeordnet ist (s. Bild 96).

Ausführung

Die Mauertafeln sind nach einem Versetzplan vollflächig in ein waagerechtes Mörtelbett aus Normalmauermörtel nach DIN EN 998-2 [35] in Verbindung mit DIN V 20000-412 [34] bzw. DIN V 18580 [15] der Mörtelgruppe III zu versetzen. Die Dicke der Ausgleichsschicht muss mindestens 5 mm betragen und darf 30 mm nicht überschreiten.
Sollen zur Aufnahme von horizontalen Kräften (z. B. Windlasten) in Wandebene mehrere Mauertafeln als eine zusammenwirkende Wandscheibe statisch in Rechnung gestellt werden, so sind die Stoß-/Anschlussfugen in den Mauertafelstößen gemäß Positionsplan und Standsicherheitsnachweis stets mit Normalmauermörtel der Mörtelgruppe III zu verfüllen. Für den Füllmörtel und dessen Verarbeitung gelten die Bestimmungen der Norm DIN 1053-4:2013-04, Abschnitt 8.2.4.3.
Die Wände müssen stets an ihrer Ober- und Unterseite horizontal durch Ringbalken oder durch statisch gleichwertige Maßnahmen, z. B. aussteifende Deckenscheiben, gehalten sein.

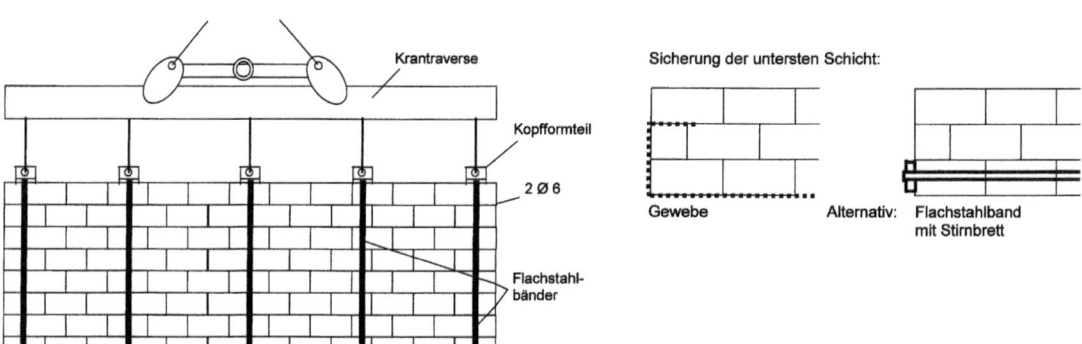

Bild 93. Mauertafel aus Blockziegeln – Transport mit Flachstahlbändern (Z-17.1-949)

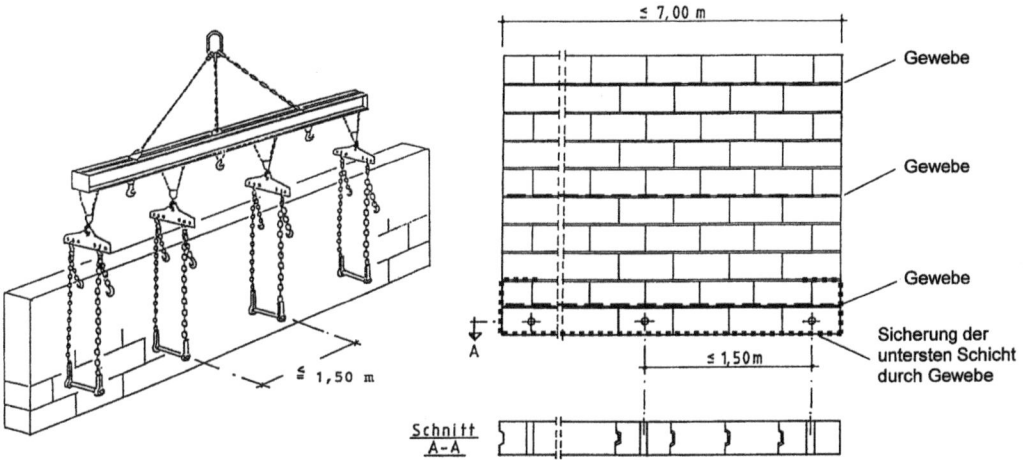

Bild 94. Mauertafel aus Planziegeln – Transport mit Kettengehänge (Z-17.1-949)

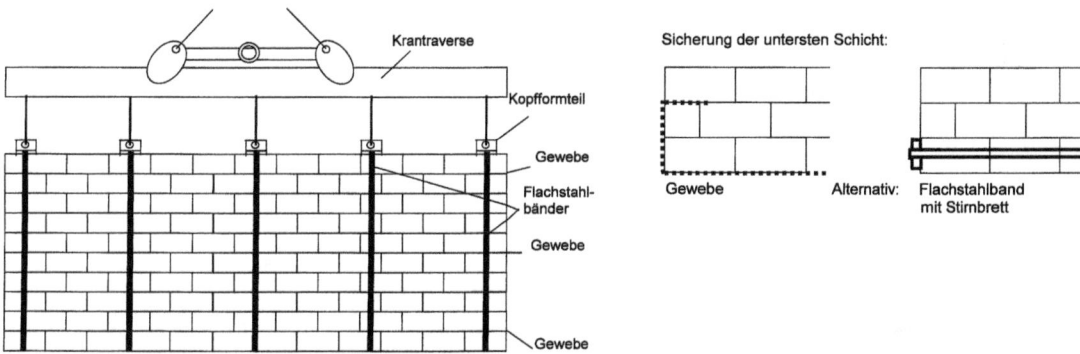

Bild 95. Mauertafel aus Planziegeln – Transport mit Flachstahlbändern (Z-17.1-949)

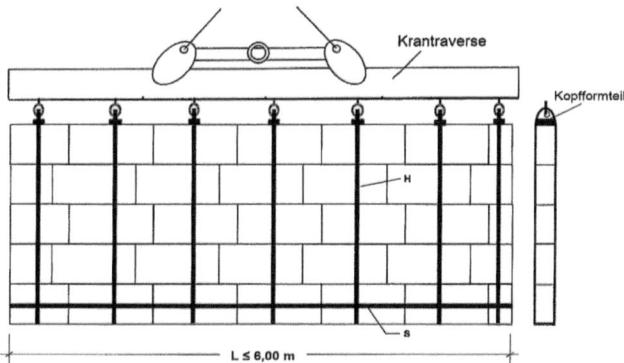

Bild 96. Mauertafel mit KS-Planelementen nach Z-17.1-1167, Steinlängen ≥ 898 mm; Sicherung durch Flachstahlbänder

Tabelle 38. Bemessungswerte für Mauertafeln aus Kalksand-Plansteinen und Kalksand-Planelementen nach Z-17.1-1167

Rohdichte-klasse	Bemessungswert der Wärmeleitfähigkeit λ in W/(m·K)	Festigkeitsklasse	DIN EN 1996		
			charakt. Druckfestigkeit f_k MN/m²		$f_{bt,cal}$ MN/m²
			Kalksand-Plansteine	Kalksand-Planelemente	
1,4	0,70	12	7,0	9,4	0,390
1,6	0,79	16	8,8	11,2	0,520
1,8	0,99	20	10,5	12,9	0,650
2,0	1,10	28	13,8	16,0	0,910
2,2	1,30				

Berechnung

Für die Grundwerte σ_0 der zulässigen Druckspannungen bzw. die charakteristische Druckfestigkeit f_k gilt Tabelle 38.
Das Mauerwerk darf nur als zweiseitig gehalten in Rechnung gestellt werden.
Sollen zur Aufnahme von horizontalen Kräften (z. B. Windlasten) in Wandebene mehrere Mauertafeln als eine zusammenwirkende Wandscheibe statisch in Rechnung gestellt werden, so gelten für Mauertafeln aus Kalksand-Plansteinen bzw. -Planelementen die Bestimmungen der Norm DIN 1053-4, Abschnitt 7.1.3, wobei die zulässige Schubspannung in den vertikalen Tafelstößen nicht höher angesetzt werden darf als die zulässige Schubspannung in der Mauertafel selbst. Die Stoß-/Anschlussfugen zwischen den Mauertafeln sind mit Normalmauermörtel nach DIN V 18580 der Mörtelgruppe III zu verfüllen. Es dürfen nur Mauertafeln mit einer Breite mindestens gleich der Geschosshöhe in Rechnung gestellt werden.
Bei nicht raumbreiten Mauertafeln, die rechtwinklig zu ihrer Ebene belastet werden, dürfen Biegezugspannungen nicht in Rechnung gestellt werden. Ist ein rechnerischer Nachweis der Aufnahme dieser Belastung erforderlich, so darf eine Tragwirkung nur rechtwinklig zu den Lagerfugen unter Ausschluss von Biegezugspannungen angenommen werden.
Bei raumbreiten, seitlich gehaltenen Mauertafeln dürfen Biegezugfestigkeiten parallel zur Lagerfuge in Rechnung gestellt werden. Biegezugfestigkeiten rechtwinklig zur Lagerfuge dürfen nicht angesetzt werden.
Bei Kellerwänden dürfen die vereinfachten Berechnungsverfahren nach DIN EN 1996-1-1/NA, NCI zu 6.3.4, und DIN EN 1996-3, Abschnitt 4.5, nur angewendet werden, wenn die Mauertafeln raumbreit sind.
Bei der Bemessung der Mauertafeln sind die Beanspruchungen aus Lagerung, Transport, Montage und Bauzuständen zu berücksichtigen.

Z-17.1-1121
Vorgefertigtes Mauerwerk im Klebeverfahren (bezeichnet als „Redbloc Systemwand (Typ PHLzB)")

Antragsteller:
Redbloc Beteiligungsgesellschaft m.b.H.
Eferdingerstraße 175
4600 Wels
Österreich

Bescheid – Geltungsdauer:
22. August 2017 – 19. Juni 2020

Die abZ erstreckt sich auf die Herstellung und Verwendung von vorwiegend geschosshohen und vorwiegend raumgroßen vorgefertigten Mauertafeln aus besonderen Planhochlochziegeln und einem Zweikomponenten-Polyurethan-Klebstoff (2K-PUR-Klebstoff) nach der abZ im Klebeverfahren (bezeichnet als „Redbloc Systemwand (Typ PHLzB)").
Angaben zu Abmessungen, Steinen, Mörtel und Transportsystem sind in Tabelle 37 zusammengestellt.
Der Transport und die Montage der Mauertafeln erfolgt über Ankerstäbe, welche am oberen Ende mit Seilschlaufen zum Anschlagen an eine Traverse und am unteren Ende mit einer Seilschlaufe zur Aufnahme eines Tragbolzens versehen sind.
Das Mauerwerk „Redbloc Systemwand (Typ PHLzB)" darf nur im Anwendungsbereich gemäß den in DIN EN 1996-3 [48], Abschnitte 4.2.1.1 und 4.2.1.2, in Verbindung mit DIN EN 1996-3/NA [49], NCI zu 4.2.1.1 und 4.2.1.2, bestimmten Voraussetzungen für die Anwendung der vereinfachten Berechnungsmethoden für den Nachweis der Standsicherheit verwendet werden.
Das Mauerwerk darf nicht als eingefasstes Mauerwerk, als erddruckbelastetes Mauerwerk und nichttragende Außenschale von zweischaligem Mauerwerk nach DIN EN 1996-1-1 verwendet werden.
Das Mauerwerk darf nur in Erdbebengebieten der Zonen 0 und 1 nach DIN 4149 [10] angewendet werden.
Das Mauerwerk „Redbloc Systemwand (Typ PHLzB)" sollte wegen der gegenüber herkömmlichem Mauerwerk hohen plastischen Initialverformung innerhalb eines Geschosses nur zusammen mit tragenden oder

Tabelle 39. Bemessungswerte für Redbloc Systemwände (Typ PHLzB) nach Z-17.1-1121

Rohdichteklasse	Bemessungswert der Wärmeleitfähigkeit λ in W/(m·K)	Festigkeitsklasse	Charakt. Druckfestigkeit f_k MN/m²	$f_{bt,cal}$ MN/m²	α^*
0,8	0,39	8	2,5	0,260	0,5
0,9	0,42	10	3,0	0,325	
1,0	0,45	12	3,4	0,390	
1,2	0,50	16	4,2	0,520	
1,4	0,58	20	4,9	0,650	

aussteifenden Wänden oder Pfeilern aus Redbloc Systemwänden mit abZ verwendet werden. Dabei müssen die Wände stumpf gestoßen werden.

Berechnung

Für die Grundwerte σ_0 der zulässigen Druckspannungen bzw. die charakteristische Druckfestigkeit f_k gilt Tabelle 39.
Abweichend von DIN EN 1996-1-1/NA [41], Tabelle NA.1, ist als Teilsicherheitsbeiwert für das Material im Grenzzustand der Tragfähigkeit $\gamma_M = 1,8$ anzunehmen.
Das Mauerwerk muss am unteren und oberen Ende in jedem Geschoss gegen seitliches Ausweichen gehalten sein.
Für die Ermittlung der Knicklänge darf nur eine zweiseitige Halterung der Wände in Rechnung gestellt werden; dabei darf eine Abminderung der Knicklänge nach DIN EN 1996-1-1, Abschnitt 5.5.1.2, Gleichung (5.3), nicht angenommen werden; es gilt $h_{ef} = h$.
Die Annahme einer erhöhten Teilflächenpressung nach DIN EN 1996-1-1:2013-02, Abschnitt 6.1.3, ist unzulässig.
Sofern gemäß DIN EN 1996-1-1/NA, NCI zu 5.5.3, bzw. DIN EN 1996-3/NA, NDP zu 4.1 (1)P, ein rechnerischer Nachweis der Schubtragfähigkeit erforderlich ist, ist dieser nach DIN EN 1996-1-1, Abschnitt 6.2, in Verbindung mit DIN EN 1996-1-1/NA, NCI zu 6.2, zu führen, wobei für den minimalen Bemessungswert der Querkrafttragfähigkeit V_{Rdlt} nur 50 % des sich aus Gleichung (NA.19) bzw. Gleichung (NA.24) mit $f_{vk0} = 0,045$ MN/m² ergebenden Wertes in Rechnung gestellt werden dürfen. Für die Ermittlung der charakteristischen Schubfestigkeit f_{vlt2} nach DIN EN 1996-1-1/NA [41], NDP zu 3.6.2 (3), gilt für $f_{bt,cal}$ der Wert für Hochlochsteine.
Bei der Beurteilung eines Gebäudes hinsichtlich des Verzichts auf einen rechnerischen Nachweis der räumlichen Steifigkeit ist diese geringere Schubtragfähigkeit zu beachten.
Für die Ermittlung der charakteristischen Schubfestigkeit f_{vlt2} nach DIN EN 1996-1-1/NA, NDP zu 3.6.2 (3) gilt für $f_{bt,cal}$ der Wert für Hochlochsteine.
In Wandtafelverbindungen dürfen keine Schubkräfte in Ansatz gebracht werden.

Bei der Bemessung der Mauertafeln sind die Beanspruchungen aus Lagerung, Transport, Montage und Bauzuständen zu berücksichtigen.

Z-17.1-1123
Vorgefertigtes Mauerwerk im Klebeverfahren (bezeichnet als „Redbloc Systemwand (Typ T7 MD)")

Antragsteller:
Redbloc Beteiligungsgesellschaft m.b.H.
Eferdingerstraße 175
4600 Wels
Österreich

Bescheid – Geltungsdauer:
15. August 2017 – 19. Juni 2020

Angaben zu Abmessungen, Steinen, Mörtel und Transportsystem sind in Tabelle 37 zusammengestellt.
Die Ausführungen zu Z-17.1-1121 gelten analog.
Für die Grundwerte σ_0 der zulässigen Druckspannungen bzw. die charakteristische Druckfestigkeit f_k gilt Tabelle 40.
Sofern gemäß DIN EN 1996-1-1/NA, NCI zu 5.5.3, bzw. DIN EN 1996-3/NA, NDP zu 4.1 (1)P, ein rechnerischer Nachweis der Schubtragfähigkeit erforderlich ist, ist dieser nach DIN EN 1996-1-1, Abschnitt 6.2, in Verbindung mit DIN EN 1996-1-1/NA, NCI zu 6.2, zu führen, wobei für den minimalen Bemessungswert der Querkrafttragfähigkeit V_{Rdlt} nach Gleichung (NA.19) bzw. Gleichung (NA.24) die charakteristische Schubfestigkeit nur mit $f_{vk} = 0,04$ MN/m² in Rechnung gestellt werden darf.
Es gelten die Regelungen zu Schlitzen nach Abschnitt 0.4.

Z-17.1-1124
Vorgefertigtes Mauerwerk im Klebeverfahren (bezeichnet als „Redbloc Systemwand (Typ U9/U10/U11)")

Antragsteller:
Redbloc Beteiligungsgesellschaft m.b.H.
Eferdingerstraße 175
4600 Wels
Österreich

Bescheid – Geltungsdauer:
22. August 2017 – 19. Juni 2020

Tabelle 40. Bemessungswerte für Redbloc Systemwände (Typ T7 MD) nach Z-17.1-1123

Rohdichteklasse	Bemessungswert der Wärmeleitfähigkeit λ in W/(m·K)	Druckfestigkeit der Planhochlochziegel N/mm²	charakt. Druckfestigkeit f_k MN/m²	f_{vk} MN/m²
0,55	0,070	≥ 4	1,0	0,04
0,60	0,070	≥ 6	3,0	0,04

Angaben zu Abmessungen, Steinen, Mörtel und Transportsystem sind in Tabelle 37 zusammengestellt.
Die Ausführungen zu Z-17.1-1121 gelten analog.
Das Mauerwerk „Redbloc Systemwand Typ U9/U10/U11" darf nicht für Wände verwendet werden, an die Anforderungen hinsichtlich ihrer Feuerwiderstandsfähigkeit gestellt werden.
Für die Grundwerte σ_0 der zulässigen Druckspannungen bzw. die charakteristische Druckfestigkeit f_k gilt Tabelle 41.
Sofern gemäß DIN EN 1996-1-1/NA, NCI zu 5.5.3, bzw. DIN EN 1996-3/NA, NDP zu 4.1 (1)P, ein rechnerischer Nachweis der Schubtragfähigkeit erforderlich ist, ist dieser nach DIN EN 1996-1-1, Abschnitt 6.2, in Verbindung mit DIN EN 1996-1-1/NA, NCI zu 6.2, zu führen, wobei für den minimalen Bemessungswert der Querkrafttragfähigkeit V_{Rdlt} nur 33 % des sich aus Gleichung (NA.19) bzw. Gleichung (NA.24) mit f_{vk0} = 0,09 MN/m² ergebendes Wertes in Rechnung gestellt werden dürfen.
Bei der Beurteilung eines Gebäudes hinsichtlich des Verzichts auf einen rechnerischen Nachweis der räumlichen Steifigkeit ist diese geringere Schubtragfähigkeit zu beachten.

Z-17.1-1135
Vorgefertigtes Mauerwerk im Klebeverfahren (bezeichnet als „Redbloc Systemwand (Typ T8)")

Antragsteller:
Redbloc Beteiligungsgesellschaft m.b.H.
Eferdingerstraße 175
4600 Wels
Österreich

Bescheid – Geltungsdauer:
11. Oktober 2017 – 16. Juli 2020

Angaben zu Abmessungen, Steinen, Mörtel und Transportsystem sind in Tabelle 37 zusammengestellt.
Die Ausführungen zu Z-17.1-1121 gelten analog.
Für die Grundwerte σ_0 der zulässigen Druckspannungen bzw. die charakteristische Druckfestigkeit f_k gilt Tabelle 42.
Sofern gemäß DIN EN 1996-1-1/NA, NCI zu 5.5.3, bzw. DIN EN 1996-3/NA, NDP zu 4.1 (1)P, ein rechnerischer Nachweis der Schubtragfähigkeit erforderlich ist, ist dieser nach DIN EN 1996-1-1, Abschnitt 6.2, in Verbindung mit DIN EN 1996-1-1/NA, NCI zu 6.2, zu führen, wobei für den minimalen Bemessungswert der Querkrafttragfähigkeit V_{Rdlt} nach Gleichung (NA.19) bzw. Gleichung (NA.24) die charakteristische Schubfestigkeit nur mit f_{vk} = 0,04 MN/m² in Rechnung gestellt werden darf.
Vertikalschlitze ohne rechnerischen Nachweis und Horizontalschlitze sind unter den in Abschnitt 0.4 genannten Bedingungen zulässig.

Z-17.1-1136
Vorgefertigtes Mauerwerk im Klebeverfahren (bezeichnet als „Redbloc Systemwand (Typ T9)")

Antragsteller:
Redbloc Beteiligungsgesellschaft m.b.H.
Eferdingerstraße 175
4600 Wels
Österreich

Bescheid – Geltungsdauer:
4. Oktober 2017 – 4. Oktober 2022

Die Ausführungen zu Z-17.1-1121 gelten analog.
Angaben zu Abmessungen, Steinen, Mörtel und Transportsystem sind in Tabelle 37 zusammengestellt.
Für die Grundwerte σ_0 der zulässigen Druckspannungen bzw. die charakteristische Druckfestigkeit f_k gilt Tabelle 43.

Tabelle 41. Bemessungswerte für Redbloc Systemwände (Typ U9/U10/U11) nach Z-17.1-1124

Rohdichteklasse	Bemessungswert der Wärmeleitfähigkeit λ in W/(m·K)	Festigkeitsklasse	Charakt. Druckfestigkeit f_k MN/m²	$f_{bt,cal}$ MN/m²	α*
0,65	0,09	6	1,5	0,195	0,33
0,70	0,10	8	1,8	0,260	
0,75	0,11	10	2,1	0,325	
		12	2,4	0,390	

Tabelle 42. Bemessungswerte für Redbloc Systemwände (Typ T8) nach Z-17.1-1135

Rohdichteklasse	Bemessungswert der Wärmeleitfähigkeit λ in W/(m·K)	Druckfestigkeit Planhochlochziegel N/mm²	charakt. Druckfestigkeit f_k MN/m²	$f_{bt,cal}$ MN/m²	α^*
0,60	0,08	≥ 4	1,0	0,130	1,0
		≥ 6	1,25	0,195	

Tabelle 43. Bemessungswerte für Redbloc Systemwände (Typ T9) nach Z-17.1-1136

Rohdichteklasse	Bemessungswert der Wärmeleitfähigkeit λ in W/(m·K)	Druckfestigkeit Planhochlochziegel N/mm²	charakt. Druckfestigkeit f_k MN/m²	$f_{bt,cal}$ MN/m²	α^*
0,60	0,09	≥ 4	1,0	0,130	1,0
0,65	0,09	≥ 6	1,25	0,195	

Sofern gemäß DIN EN 1996-1-1/NA, NCI zu 5.5.3, bzw. DIN EN 1996-3/NA, NDP zu 4.1 (1)P, ein rechnerischer Nachweis der Schubtragfähigkeit erforderlich ist, ist dieser nach DIN EN 1996-1-1, Abschnitt 6.2, in Verbindung mit DIN EN 1996-1-1/NA, NCI zu 6.2, zu führen, wobei für den minimalen Bemessungswert der Querkrafttragfähigkeit V_{Rdlt} nach Gleichung (NA.19) bzw. Gleichung (NA.24) die charakteristische Schubfestigkeit nur mit $f_{vk} = 0{,}04$ MN/m² in Rechnung gestellt werden darf.
Bei der Beurteilung eines Gebäudes hinsichtlich des Verzichts auf einen rechnerischen Nachweis der räumlichen Steifigkeit ist diese geringere Schubtragfähigkeit zu beachten.
Vertikalschlitze ohne rechnerischen Nachweis und Horizontalschlitze sind unter den in Abschnitt 0.4 genannten Bedingungen zulässig.

Z-17.1-1157
Vorgefertigtes Mauerwerk im Klebeverfahren (bezeichnet als „Redbloc Systemwand (Typ S8)")

Antragsteller:
Redbloc Beteiligungsgesellschaft m.b.H.
Eferdingerstraße 175
4600 Wels
Österreich

Bescheid – Geltungsdauer:
14. Juli 2017 – 14. Juli 2022

Angaben zu Abmessungen, Steinen, Mörtel und Transportsystem sind in Tabelle 37 zusammengestellt.
Die Ausführungen zu Z-17.1-1121 gelten analog.
Für die Grundwerte σ_0 der zulässigen Druckspannungen bzw. die charakteristische Druckfestigkeit f_k gilt Tabelle 44.
Sofern gemäß DIN EN 1996-1-1/NA, NCI zu 5.5.3, bzw. DIN EN 1996-3/NA, NDP zu 4.1 (1)P, ein rechnerischer Nachweis der Schubtragfähigkeit erforderlich ist, ist dieser nach DIN EN 1996-1-1, Abschnitt 6.2, in Verbindung mit DIN EN 1996-1-1/NA, NCI zu 6.2, zu führen, wobei für den minimalen Bemessungswert der Querkrafttragfähigkeit V_{Rdlt} nach Gleichung (NA.19) bzw. Gleichung (NA.24) die charakteristische Schubfestigkeit nur mit $f_{vk} = 0{,}04$ MN/m² in Rechnung gestellt werden darf.
Bei der Beurteilung eines Gebäudes hinsichtlich des Verzichts auf einen rechnerischen Nachweis der räumlichen Steifigkeit ist diese geringere Schubtragfähigkeit zu beachten.
Vertikalschlitze ohne rechnerischen Nachweis und Horizontalschlitze sind unter den in Abschnitt 0.4 genannten Bedingungen zulässig.

Z-17.1-1158
Vorgefertigtes Mauerwerk im Klebeverfahren (bezeichnet als „Redbloc Systemwand (Typ S9)")

Antragsteller:
Redbloc Beteiligungsgesellschaft m.b.H.
Eferdingerstraße 175
4600 Wels
Österreich

Bescheid – Geltungsdauer:
17. Juli 2017 – 17. Juli 2022

Angaben zu Abmessungen, Steinen, Mörtel und Transportsystem sind in Tabelle 37 zusammengestellt.
Die Ausführungen zu Z-17.1-1121 gelten analog.
Für die Grundwerte σ_0 der zulässigen Druckspannungen bzw. die charakteristische Druckfestigkeit f_k gilt Tabelle 45.
Sofern gemäß DIN EN 1996-1-1/NA, NCI zu 5.5.3, bzw. DIN EN 1996-3/NA, NDP zu 4.1 (1)P, ein rechnerischer Nachweis der Schubtragfähigkeit erforderlich ist, ist dieser nach DIN EN 1996-1-1, Abschnitt 6.2, in Verbindung mit DIN EN 1996-1-1/NA, NCI zu 6.2, zu führen, wobei für den minimalen Bemessungswert der Querkrafttragfähigkeit V_{Rdlt} nach Gleichung (NA.19) bzw. Gleichung (NA.24) die charakteristische Schub-

Tabelle 44. Bemessungswerte für Redbloc Systemwände (Typ S8) nach Z-17.1-1157

Rohdichteklasse	Bemessungswert der Wärmeleitfähigkeit λ in W/(m·K)	Festigkeitsklasse	charakt. Druckfestigkeit f_k MN/m²	$f_{bt,cal}$ MN/m²	α*
0,70	0,08	8	2,2	0,260	1,0
0,75	0,08	10	2,6	0,325	
		12	2,9	0,390	

Tabelle 45. Bemessungswerte für Redbloc Systemwände (Typ S9) nach Z-17.1-1158

Rohdichteklasse	Bemessungswert der Wärmeleitfähigkeit λ in W/(m·K)	Festigkeitsklasse	charakt. Druckfestigkeit f_k MN/m²	$f_{bt,cal}$ MN/m²	α*
0,70	0,08	6	1,8	0,195	1,0
		8	2,2	0,260	
		10	2,6	0,325	

festigkeit nur mit f_{vk} = 0,04 MN/m² in Rechnung gestellt werden darf.
Bei der Beurteilung eines Gebäudes hinsichtlich des Verzichts auf einen rechnerischen Nachweis der räumlichen Steifigkeit ist diese geringere Schubtragfähigkeit zu beachten.
Vertikalschlitze ohne rechnerischen Nachweis und Horizontalschlitze sind unter den in Abschnitt 0.4 genannten Bedingungen zulässig.

Z-17.1-1159
Vorgefertigtes Mauerwerk im Klebeverfahren (bezeichnet als „Redbloc Systemwand (Typ S-PZ)")

Antragsteller:
Redbloc Beteiligungsgesellschaft m.b.H.
Eferdingerstraße 175
4600 Wels
Österreich

Bescheid – Geltungsdauer:
17. Juli 2017 – 17. Juli 2022

Angaben zu Abmessungen, Steinen, Mörtel und Transportsystem sind in Tabelle 37 zusammengestellt.
Die Ausführungen zu Z-17.1-1121 gelten analog.
Für die Grundwerte σ_0 der zulässigen Druckspannungen bzw. die charakteristische Druckfestigkeit f_k gilt Tabelle 46.
Sofern gemäß DIN EN 1996-1-1/NA, NCI zu 5.5.3, bzw. DIN EN 1996-3/NA, NDP zu 4.1 (1)P, ein rechnerischer Nachweis der Schubtragfähigkeit erforderlich ist, ist dieser nach DIN EN 1996-1-1, Abschnitt 6.2, in Verbindung mit DIN EN 1996-1-1/NA, NCI zu 6.2, zu führen. Für die Ermittlung der charakteristischen Schubtragfähigkeit f_{vlt2} nach DIN EN 1996-1-1, Abschnitt 3.6.2, in Verbindung mit DIN EN 1996-1-1/NA, NDP zu 3.6.2, gilt für $f_{bt,cal}$ der Wert für Hochlochsteine.

Bei der Beurteilung eines Gebäudes hinsichtlich des Verzichts auf einen rechnerischen Nachweis der räumlichen Steifigkeit ist diese geringere Schubtragfähigkeit zu beachten.
Vertikalschlitze ohne rechnerischen Nachweis und Horizontalschlitze sind unter den in Abschnitt 0.4 genannten Bedingungen zulässig.

Z-17.1-1182
Vorgefertigte Mauertafeln aus Mauerwerk im Klebeverfahren (bezeichnet als „Redbloc Systemwand (Typ S9 MV)")

Antragsteller:
Redbloc Beteiligungsgesellschaft m.b.H.
Eferdingerstraße 175
4600 Wels
Österreich

Bescheid – Geltungsdauer:
6. April 2018 – 6. April 2023

Angaben zu Abmessungen, Steinen, Mörtel und Transportsystem sind in Tabelle 37 zusammengestellt.
Die Ausführungen zu Z-17.1-1121 gelten analog.
Das Mauerwerk darf nicht für Wände verwendet werden, an die Anforderungen hinsichtlich ihrer Feuerwiderstandsfähigkeit gestellt werden.
Für die Grundwerte σ_0 der zulässigen Druckspannungen bzw. die charakteristische Druckfestigkeit f_k gilt Tabelle 47.
Sofern gemäß DIN EN 1996-1-1/NA, NCI zu 5.5.3, bzw. DIN EN 1996-3/NA, NDP zu 4.1 (1)P, ein rechnerischer Nachweis der Schubtragfähigkeit erforderlich ist, ist dieser nach DIN EN 1996-1-1, Abschnitt 6.2, in Verbindung mit DIN EN 1996-1-1/NA, NCI zu 6.2, zu führen, wobei für den minimalen Bemessungswert der Querkrafttragfähigkeit V_{Rdlt} nur 33% des sich aus der Gleichung (NA.19) bzw. Gleichung (NA.24) mit

Tabelle 46. Bemessungswerte für Redbloc Systemwände (Typ S-PZ) nach Z-17.1-1159

Rohdichteklasse	Bemessungswert der Wärmeleitfähigkeit λ in W/(m·K)	Festigkeitsklasse	charakt. Druckfestigkeit f_k MN/m²	$f_{bt,cal}$ MN/m²	α*
0,7	–	6	3,1	0,195	1,0
0,8	–	8	4,4	0,260	
0,9	–	10	5,0	0,325	
		12	5,8	0,390	
		16	6,8	0,520	
		20	7,9	0,650	

Tabelle 47. Bemessungswerte für Redbloc Systemwände (Typ S8 MV) nach Z-17.1-1182

Rohdichteklasse	Bemessungswert der Wärmeleitfähigkeit λ in W/(m·K)	Festigkeitsklasse	charakt. Druckfestigkeit f_k MN/m²	$f_{bt,cal}$ MN/m²	α*
0,85	0,09	8	3,2	0,260	0,33
		10	3,8	0,325	
		12	4,3	0,390	

$f_{vk0} = 0,09$ MN/m² ergebenden Wertes in Rechnung gestellt werden dürfen.
Bei der Beurteilung eines Gebäudes hinsichtlich des Verzichts auf einen rechnerischen Nachweis der räumlichen Steifigkeit ist diese geringere Schubtragfähigkeit zu beachten.

Z-17.1-1183
Vorgefertigte Mauertafeln aus Mauerwerk im Klebeverfahren (bezeichnet als „Redbloc Systemwand (Typ T10)")

Antragsteller:
Redbloc Beteiligungsgesellschaft m.b.H.
Eferdingerstraße 175
4600 Wels
Österreich

Bescheid – Geltungsdauer:
14. März 2018 – 14. März 2023

Angaben zu Abmessungen, Steinen, Mörtel und Transportsystem sind in Tabelle 37 zusammengestellt.
Die Ausführungen zu Z-17.1-1121 gelten analog.
Das Mauerwerk darf nicht für Wände verwendet werden, an die Anforderungen hinsichtlich ihrer Feuerwiderstandsfähigkeit gestellt werden.
Für die Grundwerte σ_0 der zulässigen Druckspannungen bzw. die charakteristische Druckfestigkeit f_k gilt Tabelle 48.
Sofern gemäß DIN EN 1996-1-1/NA, NCI zu 5.5.3, bzw. DIN EN 1996-3/NA, NDP zu 4.1 (1)P, ein rechnerischer Nachweis der Schubtragfähigkeit erforderlich ist, ist dieser nach DIN EN 1996-1-1, Abschnitt 6.2, in Verbindung mit DIN EN 1996-1-1/NA, NCI zu 6.2, zu führen, wobei bei der Ermittlung des minimalen Bemessungswertes der Querkrafttragfähigkeit V_{Rdlt} nur 28 % des sich aus der Gleichung (NA.19) bzw. Gleichung (NA.24) ergebenden Wertes in Rechnung gestellt werden dürfen.
Bei der Beurteilung eines Gebäudes hinsichtlich des Verzichts auf einen rechnerischen Nachweis der räumlichen Steifigkeit ist diese geringere Schubtragfähigkeit zu beachten.

Z-17.1-631
Mauerwerk aus Mauertafeln mit THERMOPOR-Ziegeln und THERMY-Sockel

Antragsteller:
THERMOPOR ZIEGEL-KONTOR ULM GMBH
Olgastraße 94
89073 Ulm

Bescheid – Geltungsdauer:
25. August 2015 – 25. August 2020

Die abZ erstreckt sich auf die Herstellung und Verwendung von vorwiegend geschosshohen und vorwiegend raumbreiten vorgefertigten Mauertafeln aus in der abZ festgelegten allgemein bauaufsichtlich zugelassenem Mauerwerk aus THERMOPOR Ziegeln (Z-17.1-420, -522, -558, -559, -580, -601, -697, -698, -752, -779, -808, -840, -843) und den in der jeweiligen abZ bestimmten Mauermörteln und besonderen Sockelelementen (bezeichnet als „THERMY-Sockel").
Die vorgefertigten Mauertafeln dürfen für Mauerwerk nach DIN 1053-1 [4] und für Mauerwerk nach DIN EN 1996-1-1 [40] in Verbindung mit DIN EN 1996-1-1/NA [41] und DIN EN 1996-2 [46] in Verbindung mit DIN EN 1996-2/NA [47] verwendet werden.

Tabelle 48. Bemessungswerte für Redbloc Systemwände (Typ S8 MV) nach Z-17.1-1182

Rohdichteklasse	Bemessungswert der Wärmeleitfähigkeit λ in W/(m·K)	Festigkeitsklasse	charakt. Druckfestigkeit f_k MN/m²	$f_{bt,cal}$ MN/m²	α^*
0,65	0,10	6	1,8	0,195	0,28
0,70	0,11	8	2,3	0,260	
		10	2,9	0,325	
		12	3,4	0,390	

Der THERMY-Sockel wird bei Mauertafeln für Außenwände mit Breiten von 300 mm, 365 mm und 425 mm als bewehrte Ziegelschale mit einem mittig angeordneten Polystyrol-Formteil und bei Mauertafeln für Innenwände mit einer Breite von 300 mm ausschließlich mit Betonverfüllung und mit einer Breite von 240 mm ebenfalls nur mit Betonverfüllung ausgeführt.

Der Transport und die Montage der vorgefertigten Elemente erfolgt über Tragbolzen, die durch Hüllrohre im Abstand von höchstens 1,50 m im THERMY-Sockel geführt und über Aufhängungen mit einer Traverse verbunden sind.

Für den Transport, für die Lagerung und für die Montage sind neben dem berufsgenossenschaftlichen Regelwerk die einschlägigen Regeln, z. B. die Norm DIN EN 13155 „Krane – Sicherheit – Lose Lastaufnahmemittel" und die Norm DIN 1053-4 zu beachten.

Ausführung
Bei allen quer zueinander verlaufenden Wänden (z. B. Wandkreuzungen) und in Wandebene vorhandenen Stoßfugen sind diese so auszuführen, dass die bauphysikalischen Anforderungen hinsichtlich Brandschutz, Wärmeschutz und Schallschutz erfüllt werden. Dabei soll die vertikale Fuge zwischen den Mauertafeln mindestens 20 mm, jedoch höchstens 40 mm, breit sein.
Die vorhandenen Bohrlöcher zur Aufnahme der Tragbolzen für Transport und Montage sind nach der Montage der Mauertafeln mit Mörtel oder Steinwolle zu verfüllen.
Die Wände müssen stets an ihrer Ober- und Unterseite horizontal durch Ringbalken oder durch statisch gleichwertige Maßnahmen, z. B. aussteifende Deckenscheiben, gehalten sein.

Berechnung
Für die Grundwerte σ_0 der zulässigen Druckspannungen bzw. die charakteristische Druckfestigkeit f_k gilt Tabelle 49 bzw. für die abZ Nr. Z-17.1-522, -558, -559, -779, -843 gelten die Bestimmungen der betreffenden abZ für die jeweils verwendete Steinfestigkeitsklasse, jedoch höchstens bis zur Steinfestigkeitsklasse 12. Bei Verwendung höherer Steinfestigkeitsklassen dürfen nur die Werte für Steinfestigkeitsklasse 12 in Rechnung gestellt werden.

Das Mauerwerk muss am unteren und oberen Ende in jedem Geschoss gegen seitliches Ausweichen gehalten sein.
Bei Mauertafeln mit Mauerwerk nach Tabelle 49 gelten beim Schubnachweis nach dem vereinfachten und genaueren Verfahren die in Tabelle 49 angegebenen Werte, sofern nicht für das aufgehende Mauerwerk ein geringerer Wert maßgebend wird.
Bei Mauertafeln mit Mauerwerk nach Z-17.1-522, -558, -559, -779 und -843 dürfen beim Schubnachweis nach DIN 1053-1 nach dem vereinfachten Verfahren für max τ höchstens 0,12 MN/m² sowie beim Schubnachweis nach dem genaueren Verfahren für β_{RZ} höchstens 0,3 MN/m² und beim Schubnachweis nach DIN EN 1996 für $f_{bt,cal}$ höchstens 0,24 MN/m² in Rechnung gestellt werden, sofern nicht für das aufgehende Mauerwerk ein geringerer Wert maßgebend wird.
Bei der Bemessung der Mauertafeln sind die Beanspruchungen aus Lagerung, Transport, Montage und Bauzuständen zu berücksichtigen.

Wärmeschutz
Für den rechnerischen Nachweis des Wärmeschutzes gelten für das über dem Sockelelement der Mauertafeln aufgehende Mauerwerk die Bestimmungen der betreffenden abZ für das Mauerwerk.
Für das Sockelelement selbst ist jeweils ein gesonderter Nachweis zu führen.

Z-17.1-899
Mauerwerk aus Mauertafeln mit Englert-MT-Ziegeln

Antragsteller:
Ziegelwerk Englert GmbH
Krautheimer Straße 8
97509 Zeilitzheim

Bescheid – Geltungsdauer:
18. Dezember 2017 – 18. Dezember 2022

Die Mauertafeln sind mit vertikalen Transportankern Betonstahl mindestens ⌀ 8 B 500 B nach DIN 488-1 in Abhängigkeit vom Gewicht der Tafeln bewehrt, außerdem im Fuß- und Kopfbereich entsprechend DIN 1053-4:2013-04, Abschnitt 8.2.

Tabelle 49. Bemessungswerte für Mauertafeln mit THERMOPOR-Ziegeln und THERMY-Sockel nach Z-17.1-631

Zulassung/ Bezeichnung der Ziegel	Steinfestig- keitsklasse	DIN 1053-1				max τ MN/m²	β_{RZ} MN/m²
		Grundwert σ_0 MN/m²					
		NM II	NM IIa	LM 21	LM 36		
Z-17.1-420 THERMOPOR RN+F	6	0,7	0,8	0,5	0,6	0,080	0,200
	8	0,8	1,0	0,6	0,7	0,800	0,200
	10	0,9	1,0	0,6	0,7	0,080	0,200
	12	1,0	1,1	0,6	0,8	0,080	0,200

	Steinfestig- keitsklasse	DIN EN 1996				$f_{bt,cal}$ MN/m²
		charakt. Druckfestigkeit f_k MN/m²				
		NM II	NM IIa	LM 21	LM 36	
	6	1,7	2,0	1,2	1,5	0,160
	8	2,0	2,5	1,5	1,8	0,160
	10	2,2	2,6	1,5	1,8	0,160
	12	2,4	2,9	1,5	2,0	0,160

Zulassung/ Bezeichnung der Ziegel	Steinfestig- keitsklasse	DIN 1053-1		max τ MN/m²	β_{RZ} MN/m²	DIN EN 1996		$f_{bt,cal}$ MN/m²
		Grundwert σ_0 der zul. Druckspannung MN/m²				charakt. Druckfestigkeit f_k MN/m²		
Z-17.1-580 THERMOPOR T 014 Rhombuslochung		LM21	LM36			LM21	LM36	
	6	0,4		0,800	0,200	1,0		0,160
	8	0,5		0,800	0,200	1,2		0,160
Z-17.1-601 THERMOPOR P 016 Rhombuslochung		DM				DM		
	6	0,7		0,800	0,200	1,8		0,160
	8	0,8		0,800	0,200	2,1		0,160
	10	0,9		0,800	0,200	2,3		0,160
	12	1,0		0,800	0,200	2,5		0,160
Z-17.1-697 und Z-17.1-808 THERMOPOR ISO-B und ISO-B Plus		LM21	LM36			LM21	LM36	
	4	0,4		0,800	0,200			0,160
	6	0,5		0,800	0,200			0,160
	8	0,6		0,800	0,200			0,160
Z-17.1-698 THERMOPOR ISO-P		DM				DM		
	4	0,5		0,800	0,200	1,0		0,160
	6	0,6		0,800	0,200	1,3		0,160
	8	0,8		0,800	0,200	1,5		0,160
Z-17.1-752 und Z-17.1-840 THERMOPOR ISO-PD und ISO-PD Plus		DM mit gedeckelter Lagerfuge				DM mit gedeckelter Lagerfuge		
	4	0,4		0,800	0,200	1,5		0,160
	6	0,5		0,800	0,200	2,0		0,160
	8	0,6		0,800	0,200	2,5		0,160

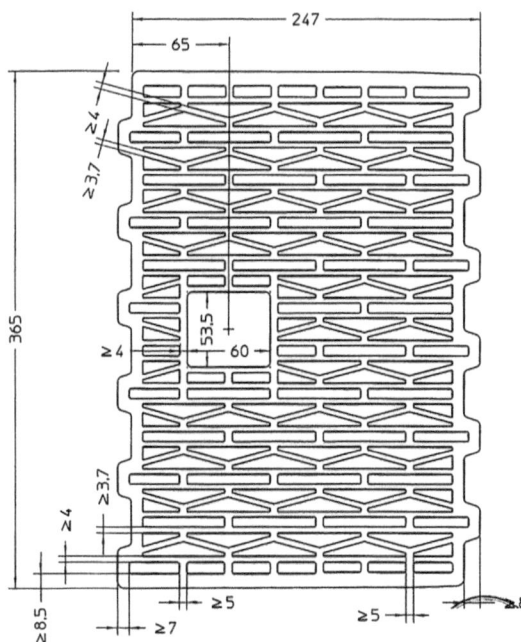

Bild 97. Englert-MT-Ziegel (Z-17.1-899)

Die Vergusskanäle mit vertikaler Transportbewehrung werden mit Leichtmauermörtel nach DIN V 18580 [15] der Gruppe LM 21 verfüllt.
Bild 97 zeigt die Englert MT-Ziegel der Länge 247 mm und der Breite 365 mm mit den entsprechenden Vergusskanälen.
Für die Grundwerte σ_0 der zulässigen Druckspannungen bzw. die charakteristische Druckfestigkeit f_k gilt Tabelle 50.

Brandschutz
Tragende raumabschließende Wände mit einer Wanddicke 300 mm, tragende nichtraumabschließende Wände mit einer Wanddicke 300 mm und tragende Pfeiler und tragende nichtraumabschließende Wandabschnitte mit einer Wanddicke 300 mm und einer Mindestbreite 472 mm erfüllen die Anforderungen der Feuerwiderstandsklasse F 30-A nach DIN 4102-2 [53], wenn sie beidseitig bzw. allseitig mit einem Putz mit den besonderen Anforderungen nach DIN 4102-4 [55], Abschnitt 4.5.2.10, versehen sind.
Tragende raumabschließende Wände mit einer Wanddicke 300 mm erfüllen die Anforderungen an die Feuerwiderstandsklasse F 90-A nach DIN 4102-2 [53], wenn sie beidseitig bzw. allseitig mit einem Putz mit den besonderen Anforderungen nach DIN 4102-4 [55], Abschnitt 4.5.2.10, versehen sind.
Die Verwendung von Mauerwerkswänden als Brandwände nach DIN 4102-3 [54] ist nicht geregelt.

4.2 Drittel- oder halbgeschosshohe Mauertafeln

Z-17.1-1027
**Mauerwerk aus vorgefertigten Wandelementen aus Planhochlochziegeln
(bezeichnet als POROTHERM Wall-System)**

Antragsteller:
Wienerberger GmbH
Oldenburger Allee 26
30659 Hannover

Bescheid – Geltungsdauer:
15. April 2011 – 15. April 2016

Die abZ erstreckt sich auf die Herstellung von 750 mm bis 1500 mm hohen und 1250 mm bis 4000 mm langen Wandelementen mit Dicken von 115 mm, 150 mm, 175 mm und 240 mm aus bestimmten Planhochlochziegeln und die Herstellung des POROTHERM Mauermörtels und die Verwendung dieser Wandelemente und dieses Mauermörtels für Mauerwerk nach DIN 1053-1 [4] ohne Stoßfugenvermörtelung (bezeichnet als POROTHERM Wall-System).
Die Mindestlänge von 1250 mm und Mindesthöhe von 750 mm darf nur bei Pfeilern und Passstücken unterschritten werden. In der untersten Steinlage der Wandelemente ist eine durchgehende bewehrte, betonverfüllte Nut angeordnet.
Für die Herstellung des Mauerwerks darf nur der POROTHERM Mauermörtel nach der abZ verwendet werden.
Das Mauerwerk darf nur im Anwendungsbereich gemäß den in DIN 1053-1 [4], Abschnitt 6.1, bestimmten Voraussetzungen für die Anwendung des vereinfachten Verfahrens für den Nachweis der Standsicherheit für Gebäude mit bis zu zwei Vollgeschossen mit zusätz-

Tabelle 50. Bemessungswerte für Mauertafeln mit Englert-MT-Ziegeln nach Z-17.1-899

Rohdichteklasse	Bemessungswert der Wärmeleitfähigkeit λ in W/(m·K)	Festigkeitsklasse	charakt. Druckfestigkeit f_k MN/m^2	$f_{bt,cal}$ MN/m^2	α^*
0,70	0,11	4	1,0	0,130	0,50
0,75	0,12	6	1,5	0,195	
		8	1,8	0,260	
		10	1,8	0,325	

lichem ausgebauten oder nicht ausgebauten Dachgeschoss verwendet werden.

Der Transport und die Montage der Wandelemente erfolgt mit speziellen Greifklammern mit Stahldornen, die in der untersten Steinschicht in Bohrlöcher unterhalb der betonverfüllten Nut eingeführt werden.

Für den Transport, für die Lagerung und für die Montage der Wandelemente gelten die Unfallverhütungsvorschriften der Berufsgenossenschaften, insbesondere die Unfallverhütungsvorschrift „Bauarbeiten" und der BG-Grundsatz des Fachausschusses „Bau" der BGZ „Prüfung und Beurteilung der Transport- und Montagesicherheit von Fertigbauteilen aus Mauerwerk" (BGG 964), Ausgabe April 2004, sowie die Unfallverhütungsvorschrift „Lastaufnahmeeinrichtungen im Hebezeugbetrieb". Die abZ erstreckt sich nicht auf die danach erforderlichen Nachweise.

4.3 Verguss- und Verbundtafeln

Kategorie derzeit nicht belegt.

5 Geschosshohe Wandtafeln

Kategorie derzeit nicht belegt.

6 Schalungsstein-Bauarten

6.1 Konstruktion und Baustoffe

6.1.1 Konstruktion

Die Schalungsstein-Bauart ist als eine zwischen dem Mauerwerksbau und dem Ortbetonbau stehende Bauart anzusehen, wobei je nach Überwiegen der Kriterien der einen oder anderen Bauart im Folgenden von einer Sonderbauart des Mauerwerksbaus oder des Betonbaus gesprochen wird.

Das Grundprinzip der Schalungsstein-Bauart besteht darin, dass Hohlkörper im Verband trocken verlegt und nach Erreichen einer bestimmten Wandabschnittshöhe mit Beton verfüllt werden, wobei die damit entstehenden einzelnen vertikalen Betonsäulen durch ein Querfließen des Betons über in den Hohlkörpern vorhandene seitliche Öffnungen miteinander verbunden sind. Der Begriff „Schalungsstein" entstammt den Anfängen der Bauart, als die Hohlkörper ausschließlich den Hohlblocksteinen sowohl hinsichtlich des Baustoffs als auch der Abmessungen ähnelten und gleichzeitig Schalung (für den Füllbeton) und Stein (für die Belastungsaufnahme) waren. Der Zulassungsgrund ergibt sich technisch aus den Bereichen Mauerstein und Mauerwerksbauart.

Die vorstehend als Sonderbauarten des Mauerwerksbaus bzw. des Betonbaus bezeichneten Schalungsstein-Bauarten unterscheiden sich nicht im Grundprinzip. Ihre Unterscheidungsmerkmale liegen

a) in der Art der Bemessung einer Wand und
b) in der aus Punkt a) resultierenden Konstruktionsart der Details.

Die bei der Schalungsstein-Bauart als Sonderbauart des Betonbaus gewählte Bemessung in Anlehnung an DIN 1045 ergab sich zwingend, als statt der steinartigen Schalungssteine auch Hohlkörper aus anderen Baustoffen (z. B. Holzspanbeton, Schaumkunststoff) verwendet wurden. Dies führte dann zwangsläufig auch zu höheren Anforderungen an den Füllbeton und an die Verfüllkanäle sowie zu bestimmten Detaillösungen. Da der „Schalungsstein" bei dieser Bemessungsart ausschließlich Schalungskörper ist, hat er auch nur noch Anforderungen aus dieser Funktion zu erfüllen. Diese Möglichkeit wurde auch von den Herstellern von steinartigen Schalungskörpern, die darin einen für sie wirtschaftlichen Nutzen sehen, aufgegriffen, sodass es nun auch zugelassene Bauarten aus steinartigen Schalungskörpern gibt, die in Anlehnung an den Betonbau ausgeführt und bemessen werden, wobei ihrer bisherige Bauart entsprechend die dafür maßgebenden Anforderungen modifiziert werden mussten. Mit der durch die reine Schalungsfunktion dieser Hohlkörper gegebenen Möglichkeit der Verdünnung der Wandungen der Schalungskörper, der „Abmagerung" ihrer Stege bis zu stabförmigen Abstandhaltern und der Vergrößerung der Schalungskörperabmessungen sowie damit auch ggf. der Abstände der „Stege" besteht von der Schalungs„stein"-Bauart als Sonderbauart des Betonbaus ein gleitender Übergang über die Mantelbetonbauarten bis hin zur üblichen Schaltechnik. Trotz dieser für alle Bauarten mit steinartigen Schalungssteinen gegebenen prinzipiellen Möglichkeit der Ausführung und Bemessung in Anlehnung an den Betonbau, hat die Schalungsstein-Bauart als Sonderbauart des Mauerwerksbaus ihre Bedeutung wohl vor allem aus folgenden Gründen erhalten:

– wegen der üblichen Steinproduktion entsprechenden Anforderungen an die Schalungssteine,
– der einfachen Ausführungsanforderungen und
– der einfachen Bemessungsregeln.

Auf dem Gebiet der Schalungsstein-Bauart als Sonderbauart des Mauerwerksbaus existieren zahlreiche Detailvarianten des o. g. Grundprinzips. Die Variation liegt im Wesentlichen in folgenden Punkten:

– Steinart (Baustoff, Rohdichte, Druckfestigkeit, Gestalt, Abmessungen),
– Füllbeton (Betonart, Festigkeit, Rohdichte),
– Versetzart der Steine (Verbände, Passgenauigkeit, Versetzhilfen) und
– Art des Verfüllens der Steine (Verfüllhöhe).

Bei beiden Bauarten gibt es Systeme, bei denen der Schalungsstein mit einer integrierten Wärmedämmstoffschicht auf die Baustelle kommt, vorzugsweise aber bei der Sonderbauart des Betonbaus.

In den nachfolgenden Abschnitten wird auf die Schalungsstein-Bauarten als Sonderbauart des Mauerwerksbaus näher eingegangen. Eine Zusammenstellung der abZ von Schalungs-Bauarten als Sonderbauart des Mauerwerksbaus enthält der Beitrag E II [1].

6.1.2 Steine

Baustoff

Die Schalungssteine für die sich an den Mauerwerksbau anlehnende Bauart bestehen entweder aus haufwerksporigem Leichtbeton oder aus Normalbeton. Als Leichtbeton treten dabei die gleichen Betone auf, die die Norm DIN V 18151 – Hohlblöcke aus Leichtbeton – umfasst. Für Normalbeton-Schalungssteine (Beton mit geschlossenem Gefüge) werden als Zuschläge Sand und Kies oder Splitt mit Korngrößen bis zu höchstens 16 mm verwendet. Als Bindemittel wird in der Regel Normalzement nach DIN EN 197-1:2011-11 – Zement – Teil 1: Zusammensetzung, Anforderungen und Konformitätskriterien von Normalzement – verwendet.

Druckfestigkeit

Die Druckfestigkeiten liegen bei den Schalungssteinen aus Leichtbeton bei einem Mittelwert von 5 N/mm² und einem kleinsten Einzelwert von 4 N/mm². Dahingegen liegen die Druckfestigkeiten der Schalungssteine aus Normalbeton in der Regel höher, nämlich bei Mittelwerten von 7,5 bzw. 10 N/mm² und kleinsten Einzelwerten von 6 bzw. 8 N/mm².

Die Druckfestigkeit der Schalungssteine ist nicht nur auf die Beanspruchbarkeit der fertigen Wände von Einfluss, sondern interessiert auch für die Schadensanfälligkeit der Steine beim Transport und beim Verlegen sowie für die mit der Druckfestigkeit einhergehenden anderen Festigkeitseigenschaften, die das Verfüllen der Schalungssteine bis zu bestimmten Wandabschnittshöhen unter gleichzeitigen mechanischen Verdichtungsmaßnahmen gestatten, ohne dass die Steine beschädigt werden (Reißen, Brechen).

Gestalt

In Bild 98 sind einige typische Schalungssteine beispielhaft dargestellt. Es handelt sich dabei jeweils um den Normalstein, der im Rahmen des Wandverbands, des Wandabschlusses und weiterer Wandanschlüsse noch eines – je nach System – mehr oder weniger großen

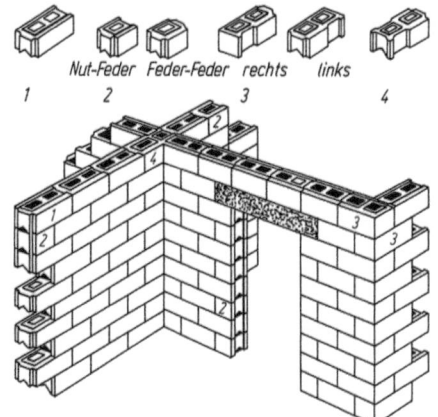

1 Normalstein
2 Halbstein (mit den Varianten: Nut-Feder, Feder-Feder)
3 Eckstein (mit den Varianten: links, rechts)
4 Verbundstein
Ausgleichstein (hier nicht angegeben)
Abschlußstein (hier nicht angegeben)

Bild 99. Schalungsstein-Programm einer Schalungsstein-Bauart

Ergänzungsprogramms von Sondersteinen bedarf. Üblicherweise sind dies Eck- und Schlusssteine. Bei einigen Systemen kommen dazu noch Einbindesteine, Ergänzungssteine (auch in der Form von Teilungssteinen), Anschlagsteine und Schlitzsteine. Manche Hersteller verzichten auf Ecksteine und lassen dafür in den Schlussstein den übereck verlaufenden Querkanal vor Ort einsägen. Ein solches komplettes Steinformen-Programm ist für ein bestimmtes System in Bild 99 wiedergegeben.

Die Formenvielfalt der Schalungssteine ist eine Funktion des Steinmaterials, der Fertigungsmöglichkeiten im Herstellwerk, der gedachten Verlegetechnik im Rahmen des Gesamtsystems, dem Grad der Verlegeleichtigkeit auf der Baustelle (bis hin zum „narrensicheren" Selbstbau), der Stabilität der unverfüllten Wand und der angestrebten Verfüllhöhe (dreischichtig bis geschosshoch). Steinform und Wandungs- bzw. Stegdicke der Steine stehen in unmittelbarem Zusammenhang. Diese Dicken liegen im Allgemeinen zwischen 25

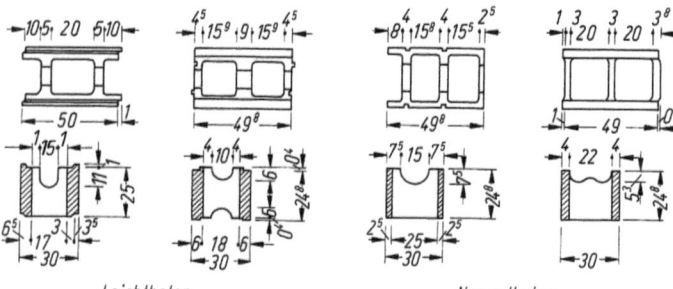

Leichtbeton   Normalbeton

Bild 98. Schalungssteine (Beispiele für Normalsteine)

und 50 mm, wobei die Außenschale je nach Steinbreite und Bearbeitungsform der Außenschale (z. B. Nut und Feder) auch noch etwas dicker sein kann.

Die Kontaktflächen der Schalungssteine zueinander erfahren je nach System unterschiedlichste Gestaltung. Dies reicht von allseitig glatten Flächen über Nut-Feder-Ausbildungen an den Stirnseiten oder in den Lagerflächen bis zu allseitigen Nut-Feder-Führungen. Selbstverständlich sind diese Lösungen von wesentlichem Einfluss auf die Leichtigkeit aber auch Genauigkeit der Wandherstellung sowie der möglichen Beanspruchbarkeit.

Eine große Vielfalt zeigt sich bei der Ausbildung der Querkanäle der Schalungssteine. Hier treten rechteckige, trapezförmige, kreisförmige und noch anders geformte Aussparungen an der Oberkante, an der Unterkante oder an beiden Kanten des Querstegs auf. Ihre Form und Querschnittsgröße ist prinzipiell von wesentlichem Einfluss auf die mögliche Verfüllhöhe einer Schalungssteinwand sowie auf die in der Wand aufnehmbaren Schubkräfte.

Die primär verfüllten senkrechten Vergusskanäle zeigen bei allen Systemen etwa die gleiche Form. Ihre Querschnittsflächen liegen bei Systemen mit vergleichbaren zulässigen Druckspannungen und gleicher Wanddicke im gleichen Größenbereich. Die Größe und Art der senkrechten Vergusskanäle beeinflusst, sowohl die Tragfähigkeit der Schalungsstein-Wände als auch wiederum die mögliche Verfüllhöhe.

Abmessungen

Die Schalungssteine (Normalsteine) werden in der Regel mit folgenden Außenmaßen gefertigt:
– Breite: 175 bis 365 mm,
  abgestuft in den üblichen Mauerwerksdicken (Ausnahme: 250 mm in einzelnen Fällen);
– Länge: 497 bis 998 mm;
– Höhe: 175 bis 249 mm.

175 mm breite Schalungssteine dürfen für tragende Wände jedoch nur verwendet werden, wenn die Breite der Betonverfüllung in Richtung Wanddicke (Kernbetondicke) mindestens 100 mm beträgt, ansonsten dürfen die daraus hergestellten Wände nur als nichttragende und knickaussteifende Wände verwendet werden (s. a. Abschnitt 6.3).

Die Steine bewegen sich nahezu alle in den gleichen Toleranzbereichen:
– zulässige Breitenabweichung: ± 2 mm,
– zulässige Längenabweichung: ± 3 mm,
– zulässige Höhenabweichung: ± 2 mm.

Das angestrebte Rastermaß für die Länge beträgt in allen Fällen 50 cm (in Ausnahmen 62,5 und 100 cm) und für die Höhe 25 cm (in Ausnahmen 17,5 und 20 cm). Einige Schalungssteinarten halten geringere Toleranzen ein (für die Breite ± 1 mm – hier allerdings einige auch nur ± 3 mm –, für die Länge ± 2 mm und für die Höhe ± 1 mm oder sogar ± 0,5 mm mit planparallel gefrästen Lagerflächen). Diese genaueren Passungen, insbesondere im Höhen- und Lagerflächenbereich, sind bei der Sonderbauart des Mauerwerksbaus auch auf die Tragfähigkeit der Wände von Einfluss.

6.1.3 Mörtel

Die Schalungssteine werden nur in der ersten Lage in ein Mörtelbett versetzt, das Unebenheiten ausgleicht, eine waagerechte Arbeitsfläche schafft und einen satten, dichten Kontakt am Wandfußpunkt herstellt. Dieses Mörtelbett wird je nach System und zulässiger Druckspannung der Wände in Normalmauermörtel der Gruppen II oder III hergestellt.

6.1.4 Füllbeton

Als Beton zum Verfüllen der Schalungssteine werden sowohl Normalbetone als auch Leichtbetone verwendet. Für die Schalungsstein-Bauart als Sonderbauart des Mauerwerksbaus kommen dafür Betone der Festigkeitsklassen ≥ C12/15 zur Anwendung.

Der Füllbeton stellt nicht nur die wesentliche Tragkomponente der Schalungsstein-Bauart dar, sondern ist auch von Einfluss auf das bauphysikalische Verhalten dieser Wände (Wärmeschutz, Schallschutz, Brandschutz).

Herstellung, Verwendung und Überwachung des Füllbetons richten sich nach den einschlägigen Vorschriften des Betonbaus. Die Konsistenz des Frischbetons ist in Abhängigkeit vom jeweiligen System unter Berücksichtigung der Festigkeitsklasse des Betons, der Verfüllmethode und der mechanischen Verdichtungsmaßnahmen im Hinblick auf die angestrebte Verfüllhöhe festgelegt. Als übliche Konsistenz des Frischbetons wird K 2 bis K 3 gewählt. Das geschosshohe Verfüllen einer Schalungsstein-Wand geschieht mit Fließbeton. Für die Füllbetone sind nur Betonzuschläge mit Körnungen bis höchstens 16 mm zulässig.

6.2 Herstellung des Mauerwerks auf der Baustelle, Konstruktion

Eine Wand in Schalungsstein-Bauart wird errichtet, indem die unterste Schicht der Schalungssteine auf ebener Unterfläche im Mörtelbett versetzt wird. Danach werden die folgenden Schichten trocken, d. h. ohne Mörtel, neben- und übereinander, in einem dem einfachen Läuferverband entsprechenden Verband (s. Bild 100) verlegt, wobei ggf. vorhandene Nut- und Feder-Ausbildungen der Stoß- bzw. Lagerflächen gut ineinander sitzen müssen. Neben diesen Passhilfen (Führungs- und Montagehilfe) bieten manche Systeme noch durch die Formgebung des Normalsteins bzw. der Eck- oder Schlusssteine (z. B. Richtungswechsel der Feder) eine zwangsläufige Umkehrung der Schichtenführung, wodurch der erforderliche Läuferverband automatisch eingehalten wird.

Nach Erreichen einer bestimmten Wandhöhe werden die vertikalen Verfüllkanäle durch Schaufel, Eimer, Füllkasten, Schüttrohr oder Pumpbetonleitung mit dem Füllbeton verfüllt. Dabei wird durch Stochern,

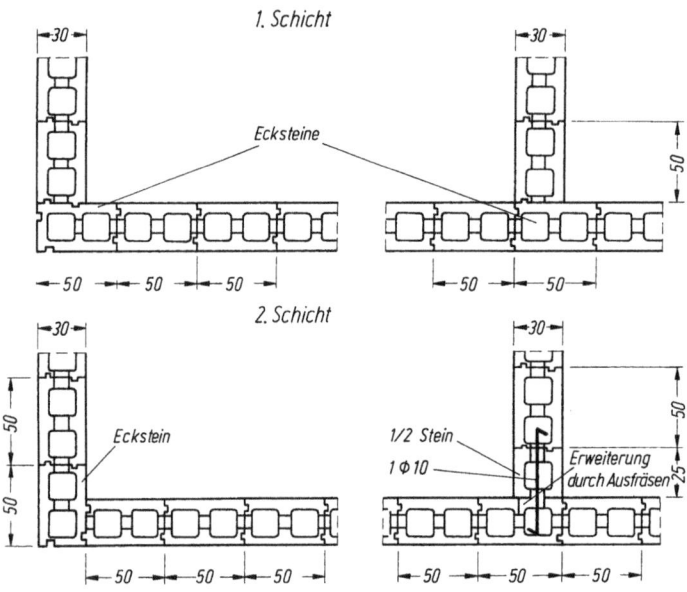

Bild 100. Wandverband einer Schalungsstein-Bauart

Stampfen oder Rütteln (Innenrüttler) eine vollständige Ausfüllung und Verdichtung aller senkrechten und waagerechten Hohlräume angestrebt. Die Anzahl der mit den Schalungssteinen errichteten Schichten (Verfüllhöhe), ab der spätestens das Verfüllen erfolgen muss, ist abhängig von der Steinform, der Größe und Maßgenauigkeit der Verfüll- und der Querkanäle, der Führung der Schalungssteine, der Wandungs- und Stegdicken der Steine, der Art des Füllbetons und des Schalungssteinmaterials sowie der Technik des Verfüllens. Diese maximal zulässige Verfüllhöhe ist in den Zulassungsbescheiden angegeben. Soweit nicht offensichtlich, werden Versuche durchgeführt, bei denen in der Bauart errichtete Probepfeiler und -wände durch Abschlagen der Außenwandungen der Schalungssteine nach Erhärten des Füllbetons auf vollkommene Verfüllung und erreichte Betonfestigkeit untersucht werden. Die verschiedenen Systeme lassen unterschiedliche Verfüllhöhen zu. Dies beginnt beim dreischichtigen Verfüllen (Abschnittshöhe $\leq 0,75$ m) und geht über vierschichtiges (Abschnittshöhe $\leq 1,0$ m), fünfschichtiges (Abschnittshöhe $\leq 1,25$ m) bis geschosshohes Verfüllen (Wandhöhe $\leq 3,0$ m).

Wände in Schalungsstein-Bauart erfordern über allen Außenwänden und über den Querwänden, die als vertikale Scheiben der Abtragung horizontaler Lasten (z. B. Wind) dienen, durchgehende Ringanker. Die Ringanker sind nach DIN 1053-1 [4], Abschnitt 8.2.1, Absätze 2 bis 4 bzw. nach DIN EN 1996-1-1 [40], Abschnitt 8.5.1.4, in Verbindung mit DIN EN 1996-1-1/NA [41], NCI zu 8.5.1.4, auszuführen.

Die weitere Ausführung von Wänden in Schalungsstein-Bauart (z. B. Aussteifung) richtet sich nach der Mauerwerksnorm DIN 1053-1 bzw. DIN EN 1996. Als maßgebende Dicke der Wände bzw. Pfeiler gilt die Breitenabmessung der Schalungssteine. Abweichend von der Mauerwerksnorm wird als Mindestbreite für Pfeiler 50 cm oder auch in Abhängigkeit von der Steinform 75 cm gefordert. Ebenso ist das Aussparen sogenannter Baudurchgänge nicht gestattet. Die Wandbauart ist für Schornsteinmauerwerk nicht zulässig.

6.3 Entwurf und Berechnung

Wände üblicher Schalungsstein-Bauarten (Wanddicken $\geq$ 175 mm) werden auf die gleiche Art wie die klassischen Wände des Mauerwerksbaus bemessen. Hinsichtlich der zulässigen Verwendung gilt allgemein Folgendes:

– Die Wandbauarten dürfen für tragendes oder aussteifendes Mauerwerk verwendet werden, jedoch nur im Anwendungsbereich gemäß den in DIN 1053-1 [4], Abschnitt 6.1, bzw. DIN EN 1996-3 [48], Abschnitte 4.2.1.1 und 4.2.1.2, in Verbindung mit DIN EN 1996-3/NA [49], NCI zu 4.2.1.1 und 4.2.1.2, bestimmten Voraussetzungen für die Anwendung des vereinfachten Verfahrens bzw. der vereinfachten Berechnungsmethoden für den Nachweis der Standsicherheit. In Einzelfällen darf hiervon abweichend eine größere lichte Geschosshöhe ausgeführt werden.
– Die Wandbauarten dürfen nicht für Mauerwerk nach Eignungsprüfung, sondern nur als Rezeptmauerwerk verwendet werden.
– Die Wandbauarten dürfen nicht zur Herstellung von Schornsteinmauerwerk und als bewehrtes Mauerwerk verwendet werden.
– Die Wandbauarten dürfen nicht als vorgespanntes Mauerwerk und nicht als eingefasstes Mauerwerk nach DIN EN 1996-1-1 verwendet werden.

175 mm dicke Wände dürfen jedoch nur als nichttragende Wände oder als knickaussteifende Wände verwendet werden.
In Einzelfällen ist die Verwendung solcher Wände auch als tragende Wände zugelassen, wenn die Betonkerndicke mindestens 100 mm beträgt und darüber hinaus folgende einschränkende Bedingungen eingehalten sind:
– Die Wände dürfen nicht für Kelleraußenwände, die durch Erddruck belastet werden, verwendet werden.
– Die Decken müssen stets so ausgebildet werden, dass sie als Scheiben wirken können. Die Bewehrung der Decken soll bis an die Außenkante des Betonquerschnitts der Wand reichen. Bei Gebäuden bis zu zwei Vollgeschossen dürfen abweichend hiervon Decken ohne Scheibenwirkung verwendet werden, wenn die Wände in einem Abstand von ≤ 4,50 m ausgesteift werden und die horizontale Aussteifung nach DIN 1053-1 [4], Abschnitt 8.2.2, bzw. DIN EN 1996-1-1 [40], Abschnitt 8.5.1.4, in Verbindung mit DIN EN 1996-1-1/NA [41], NCI zu 8.5.1.4, erfolgt.
– Die Anordnung von horizontalen und schrägen Schlitzen ist unzulässig. Vertikale Schlitze sind unter den in DIN 1053-1 [4], Abschnitt 8. 3, bzw. DIN EN 1996-1-1 [40], Abschnitt 8.6.2, in Verbindung mit DIN EN 1996-1-1/NA [41], NCI bzw. NDP zu 8.6.2, genannten Bedingungen zulässig, jedoch darf die Schlitztiefe höchstens die Schalungssteinwanddicke (in manchen Zulassungen auch weniger) betragen, auch wenn die Schlitze bei der Bemessung der Wand berücksichtigt werden.

Der rechnerische Ansatz von zusammengesetzten Querschnitten ist nicht zulässig.
Beim Spannungsnachweis und bei Bestimmungen, in denen Wanddicken genannt sind, darf als Wanddicke die Gesamtdicke der Wand angesetzt werden.
Bei Wanddicken, die nicht in der Norm genannt sind, ist stets die nächstniedrigere Wanddicke des Oktametermauerwerks maßgebend.
Für die Ermittlung der Knicklänge dürfen die Wände nur als zweiseitig gehalten in Rechnung gestellt werden.
Bei Mauerwerk, das rechtwinklig zu seiner Ebene belastet wird, dürfen Biegezugspannungen nicht in Rechnung gestellt werden. Ist ein rechnerischer Nachweis der Aufnahme dieser Belastung erforderlich, so darf eine Tragwirkung nur senkrecht zu den Lagerfugen unter Ausschluss von Biegezugspannungen angenommen werden.
Für einen Schubnachweis nach DIN 1053-1 bzw. DIN EN 1996 werden die hierbei in Rechnung zu stellenden Werte in den Zulassungen angegeben (s. Beitrag E II [1] in diesem Mauerwerk-Kalender).
Die zulässigen Schubspannungen richten sich nach dem Querschnitt (Höhe und Breite) der zwischen den einzelnen vertikalen Betonsäulen vorhandenen Querverbindungen, die beim Verfüllen der Schalungssteine durch die in den Querstegen vorhandenen Aussparungen entstehen, die Lage der Querstege im Verband (Querstege in jeder Schicht übereinander oder erst in jeder zweiten) und natürlich nach der Güte der Betonverfüllung. Wände, in denen die Querstege der Schalungssteine nur in jeder zweiten Schicht übereinanderstehen, können größere Schubkräfte als solche mit in jeder Schicht übereinanderstehenden Querstegen übertragen, da neben den betonverfüllten Querkanälen in jeder zweiten Schicht hierfür der volle Betonquerschnitt zur Verfügung steht.
Für den Nachweis der Gebäudeaussteifung sollen nur Wände, deren Wandlänge größer als ihre Wandhöhe ist, in Rechnung gestellt werden.

6.4 Wärmeschutz

Bei Schalungsstein-Bauarten kann der Wandaufbau in horizontaler Wärmestromrichtung aus Baustoffen mit unterschiedlicher Wärmeleitfähigkeit bestehen (z. B. Außenwandung Schalungsstein aus Leichtbeton – Betonkern aus Normalbeton – Innenwandung Schalungsstein aus Leichtbeton.
Der Bemessungswert der Wärmeleitfähigkeit ist in der jeweiligen Zulassung angegeben.

6.5 Brandschutz

Die Einstufung von Wänden in Schalungsstein-Bauart in Feuerwiderstandsklassen nach DIN 4102-2 [53] erfolgt, sofern kein genauerer Nachweis (z. B. Brandprüfung) vorliegt, in Anlehnung an die Klassifizierungen von Wänden aus Betonsteinen bzw. Wände aus unbewehrtem Beton, wie folgt.
Dies gilt jedoch nicht für Wände aus Schalungssteinen mit integrierter Dämmschicht; hierzu wird auf die Regelungen in den betreffenden Zulassungen verwiesen.
– 175 mm dicke tragende raumabschließende Wände, beidseitig mit einem Putz nach DIN 4102-4 [55] und DIN 4102-4/A1 [56], Abschnitt 4.5.2.10 versehen, Feuerwiderstandsklasse F 90-A,
– 200 mm tragende nichtraumabschließende Wände beidseitig mit einem Putz nach DIN 4102-4 [55] und DIN 4102-4/A1 [56], Abschnitt 4.5.2.10 versehen, Feuerwiderstandsklasse F 30-A,
– tragende Pfeiler und tragende nichtraumabschließende Wandabschnitte mit einer Mindestdicke von 200 mm und einer Mindestbreite von 498 mm beidseitig mit einem Putz nach DIN 4102-4 [55] und DIN 4102-4/A1 [56], Abschnitt 4.5.2.10 versehen, Feuerwiderstandsklasse F 30-A.

Schalungsstein-Mauerwerkswände mit Betonkerndicken ≥ 200 mm können in der Regel ohne Nachweis als Brandwände nach DIN 4102-3 [54] eingestuft werden. Maßgebend sind jedoch die Bestimmungen in der jeweiligen Zulassung.

7 Trockenmauerwerk

Trockenmauerwerk ist ein Mauerwerk, das durch Versetzen von dafür mit besonders geringen Abweichungen vom Höhen-Sollmaß sowie ebenen und parallelen Lagerflächen hergestellten Steinen im Verband ohne Mauermörtel in den Stoß- und Lagerfugen errichtet wird.

Die Idee, Steine ohne Mörtel zu versetzen, ist sehr alt, wenn man an Naturstein-Mauerwerk denkt. Trockenmauerwerk aus natürlichen Steinen ist auch heute noch in DIN 1053-1 [4], Abschnitt 12.2.2 bzw. DIN EN 1996-1-1 [40] inkl. DIN EN 1996-1-1/NA [41] Anhang NA.L, allerdings nur für Schwergewichtsmauern, geregelt.

Nachdem vor Jahrzehnten diese Bauart in Deutschland auch mit künstlichen Steinen ausprobiert wurden und dann wieder in Vergessenheit geraten war, lebte die Idee in den 1990er Jahren wieder auf, zunächst unter Verwendung von Porenbeton-Plansteinen.

Das Herstellen von Wänden mit Trockenmauerwerk aus künstlichen Steinen ist aber immer noch unter den heutigen Gegebenheiten der Baupraxis und der Nutzung eher eine Ausnahme und auf kleinere Bauvorhaben beschränkt, sodass ein hinreichender Erfahrungsschatz mit dieser Bauart nicht vorliegt. Über abZ wird derzeit hauptsächlich Schwergewichtsmauerwerk geregelt.

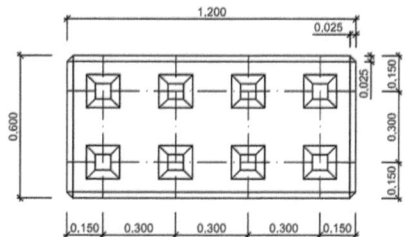

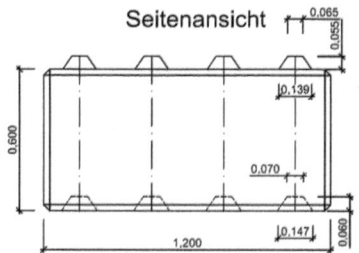

Bild 101. Beispiel für BS-Steine (Z-17.1-1125)

Z-17.1-1125
Schwergewichtsmauerwerk aus Betonelementen (bezeichnet als „BS-Steine")

Antragsteller:
B.S.R.V. GmbH
Grimolzhausener Straße 16
86529 Schrobenhausen

Bescheid – Geltungsdauer:
4. Mai 2015 – 4. Mai 2020

Die abZ erstreckt sich auf die Herstellung von Betonelementen (bezeichnet als BS-Steine) aus Normalbeton der Festigkeitsklasse ≥ C25/30 nach DIN EN 206-1 [23] in Verbindung mit DIN 1045-2 [27] und deren Verwendung als Schwergewichtsmauerwerk z. B. für Lagerboxen.

Das Schwergewichtsmauerwerk wird durch Versetzen der dafür mit besonders geringen Abweichungen von den Sollmaßen hergestellten Elemente im Verband ohne Mauermörtel in den Stoß- und Lagerfugen errichtet. Die Höhe des so errichteten Mauerwerks darf 6 m nicht überschreiten.

Das Schwergewichtsmauerwerk wird als Einsteinmauerwerk in der Dicke von 600 mm ausgeführt.

Das Schwergewichtsmauerwerk darf unter den in dieser abZ festgelegten Voraussetzungen als Brandwand verwendet werden.

Ausführung
Die Elemente sind ohne Vermörtelung der Stoßfugen dicht (knirsch) aneinanderzustoßen.
Die erste Elementlage ist in ein Mörtelbett aus Normalmauermörtel nach DIN V 18580 [15] der Mörtelgruppe III zu versetzen und sorgfältig hinsichtlich ihrer Lage, insbesondere bezüglich einer ebenen waagerechten Lagerfläche, auszurichten. Nach dem Setzen der ersten Lage ist so lange zu warten, bis der Mörtel für die Weiterarbeit ohne Gefahr für die Standsicherheit der ersten Lage ausreichend erhärtet ist. Die weiteren Elementlagen sind ohne Vermörtelung der Lagerfugen trocken zu versetzen.

Berechnung
Für Entwurf und Bemessung gelten die Technischen Baubestimmungen.
Für den Nachweis der Standsicherheit der Schwergewichtsmauern ist als charakteristischer Wert der Eigenlast 24 kN/m³ in Rechnung zu stellen. Im Grenzzustand der Gebrauchstauglichkeit darf rechnerisch eine klaffende Fuge höchstens bis zum Schwerpunkt auftreten.
Als Reibungsbeiwert in den unvermörtelten Lagerfugen darf $\mu = 0{,}5$ angenommen werden.

Z-17.1-933
Zweischalige Außenwände mit Verblendschalen aus trocken gestapelten Ziegeln mit besonderem Befestigungssystem (bezeichnet als ClickBrick-System)

Antragsteller:
daas ClickBrick bv
Terborgseweg 12
7038 Ex Zeddam
Niederlande

Bescheid – Geltungsdauer:
11. Juli 2012 – 11. Juli 2017

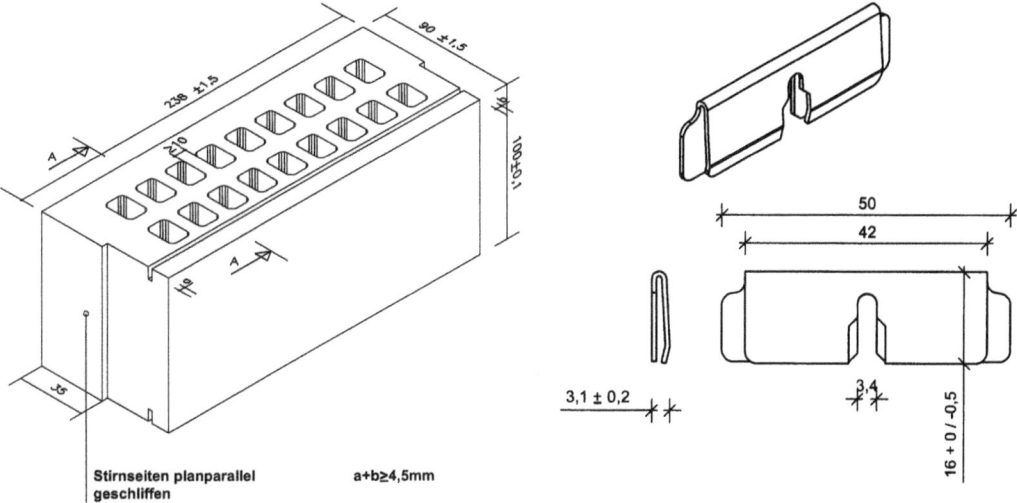

Bild 102. Ansicht Verblender **Bild 103.** Clip

Die abZ Nr. Z-17.1-933 regelt zweischaliges Mauerwerk mit Verblendschalen aus trocken gestapelten Ziegeln, die besonders verbunden bzw. gehalten werden.
Die Verblendschale wird aus speziell geformten Verblendern im Halbsteinverband als Trockenmauerwerk ausgeführt werden. Die Form und die Lochanordnung der Verblender sind in Bild 102 dargestellt.
Die Verblender sind mit einer einseitig angeordneten Nut mit einer Breite von 2,7 mm und einer Tiefe von 9,5 mm (s. Bild 102) versehen. Die Stirnseiten der Verblender sind planparallel geschliffen.
Die Verblender werden untereinander in jeder Stoßfuge mit Clips in den Nuten der Steine verbunden.
Die Clips bestehen aus 0,65 mm dickem, kaltgewalztem Blech nach DIN EN 10088-2:1995-08 aus nichtrostendem Stahl der Werkstoff-Nr. 1.4401 oder 1.4571. Form und Abmessungen der Clips sind in Bild 103 dargestellt.
Die Mauerwerksschalen werden mit speziell bearbeiteten Drahtankern mit einem Nenndurchmesser 4 mm aus nichtrostendem Stahl und den zugehörigen Dübelhülsen miteinander verbunden. Bild 104 zeigt einen Vertikalschnitt der zweischaligen Wand und Bild 105 einen Horizontalschnitt. In Bild 106 ist ein Horizontalschnitt der Eckausbildung dargestellt.
Es dürfen nur bestimmte allgemein bauaufsichtlich zugelassene Drahtanker Durchmesser 4 mm und die zugehörigen Dübelhülsen für das ClickBrick-System verwendet werden. Eine Zusammenstellung enthält Tabelle 51.
Die Drahtanker sind zusätzlich zur einseitigen Ausbildung der Anker für die Befestigung in der Innenschale gemäß der betreffenden abZ auf der anderen Seite mit einer ca. 55 mm langen Profilierung zur Befestigung in den Clips versehen. Bild 107 zeigt beispielhaft einen so ausgebildeten Drahtanker (gemäß Anlage 6 der Zulassung Z-17.1-933) mit der zusätzlichen Profilierung zur Befestigung im Clip.

Ausführung

Am Fußpunkt jedes zweischaligen Wandabschnitts wird die erste Lage Verblender in einem Mörtelbett Normalmauermörtel nach DIN V 18580:2004-03 der Mörtelgruppe III als Kimmschicht verlegt. Das Anlegen der Kimmschicht muss so erfolgen, dass eine ebene, fluchtgerechte und waagerechte Lagerfläche über die gesamte Wandlänge sichergestellt ist. Vor der Weiterarbeit muss so lange gewartet werden, bis der Mörtel ausreichend erhärtet ist.
Danach werden die Verblender im Halbsteinverband trocken gestapelt, wobei die Steine nicht knirsch gestoßen werden sollen. Die Breite der Stoßfugen soll 2 mm nicht überschreiten. Dabei ist laufend die planmäßig waagerechte und lotrechte Lage der Steine zu kontrollieren. Die Lagerflächen müssen ggf. vor dem Versetzen der nächsten Steinlage abgefegt werden.
In jeder Stoßfuge ist ein Clip zur Verbindung der Verblender anzuordnen. Die Clips sind so tief in den Nuten der Steine zu befestigen, dass die darüber liegende Steinlage nicht auf diesen „reitet".
Die Anker werden entsprechend dem für das jeweilige Bauvorhaben erstellten Verankerungsplan gemäß Einbauanweisung des Herstellers angeordnet.
Der Einbau der Anker muss waagerecht und so erfolgen, dass die Anker auf den Steinen der Verblendschale zur Einhaltung des Halbsteinverbands mittig aufliegen (s. Bilder 105 und 106). Hierzu ist es zu empfehlen, entsprechende, vom Hersteller vorgehaltene Bohrschablonen zu benutzen, mit denen die erforderliche Position der Anker in der Tragschale kennzeichnet werden kann. Der Einbau der Anker und des jeweiligen Befestigungsmittels in der Tragschale haben nach den

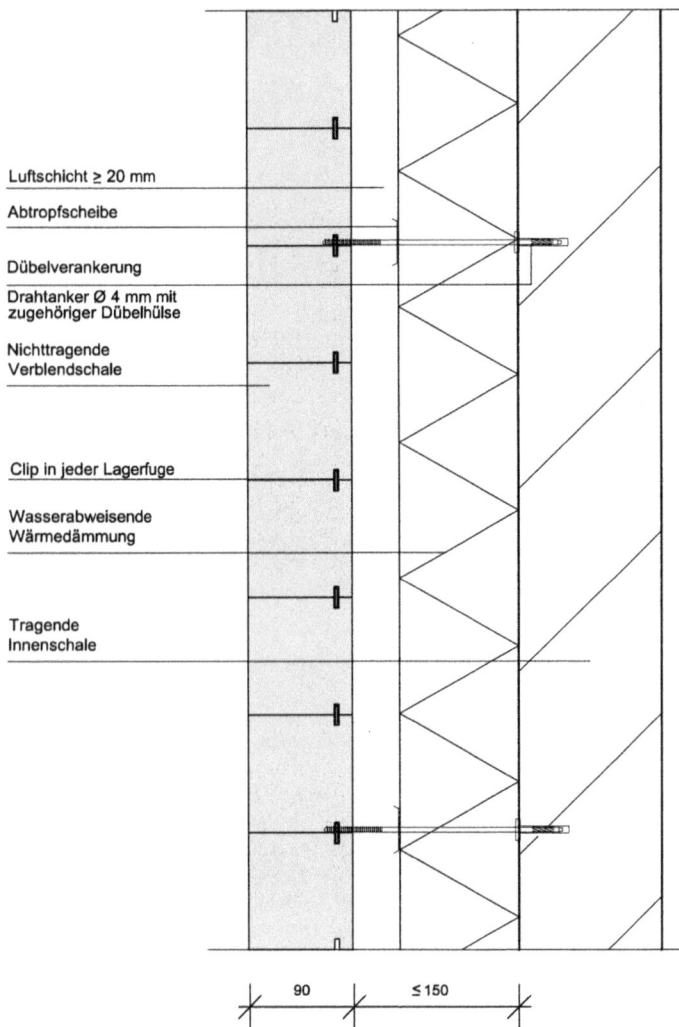

Bild 104. Vertikalschnitt zweischalige Wand

Bestimmungen der betreffenden abZ für das Verankerungssystem (s. Tabelle 51) zu erfolgen.
Die Anker sind anschließend mit einem Clip in den Nuten der Verblender zu befestigen. Auch hier ist darauf zu achten, dass der Clip so tief in der Nut sitzt, dass die nächste Steinlage nicht auf diesem „reitet".
Die letzten drei Steinlagen sind entsprechend der Einbauanleitung des Herstellers mit einem speziellen Kleber (bezeichnet als ClickBrickFix) zu verkleben. Dies gilt insbesondere für die letzten drei Giebelschichten, die letzten drei Schichten unterhalb von Öffnungen und die Randsteine im Bereich des Dachstuhls.
Durch die Drahtanker darf keine Feuchtigkeit von der Außenschale zur Innenschale gelangen.
Dies ist bei Ausführung der zweischaligen Außenwände nur mit Luftschicht durch Aufschieben von geeigneten Abtropfscheiben auf den Ankern in einem Abstand von ca. 5 mm von der Oberfläche der Innenschale sicherzustellen.

Bei Anordnung einer Wärmedämmung sind kombinierte Befestigungs-/Abtropfscheiben unmittelbar über der Wärmedämmung anzuordnen.

Entwurf und Bemessung
Für die Anzahl und Anordnung der Drahtanker zur Verbindung der Verblendschale mit der Tragschale gelten die Bestimmungen von DIN 1053-1 [4], Abschnitt 8.4.3.1, für Drahtanker mit Durchmesser 4 mm mit flächenförmiger Verankerung. Im Bereich von Küsten und Inseln der Windzone 4 nach DIN 1055-4 [20] sind jedoch abweichend stets 7 Anker pro m² anzuordnen, wobei zusätzlich die Gebäudehöhe auf Inseln der Nordsee 10 m nicht überschreiten darf.
An allen freien Rändern (von Öffnungen, an Gebäudeecken, entlang von Dehnungsfugen und an den oberen Enden der Verblendschale) sind entsprechend DIN 1053-1 [4] zusätzlich drei Anker pro m Randlänge anzuordnen.

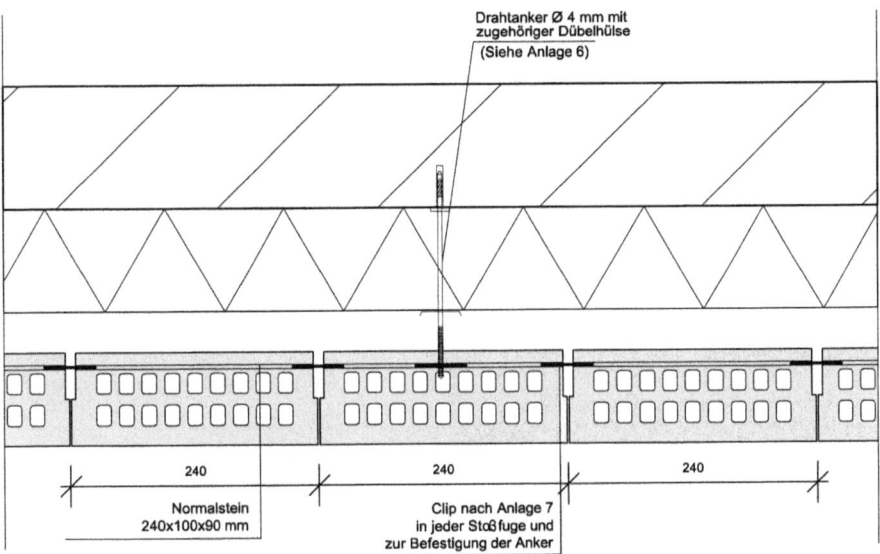

Bild 105. Horizontalschnitt zweischalige Wand

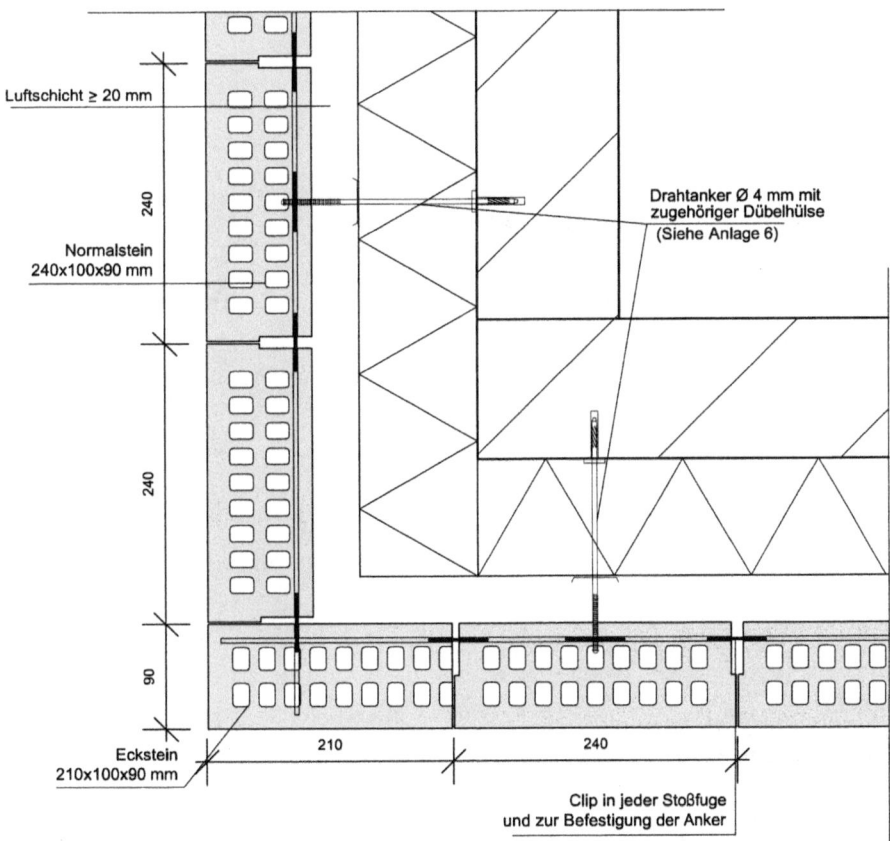

Bild 106. Eckausbildung

Tabelle 51. Drahtanker Durchmesser 4 mm und zugehörige Dübelhülsen, die für das ClickBrick-System verwendet werden dürfen

Bezeichnung der Verankerung	Zulassungsnummer	Dübel-/Verankerungsart		Verankerungsgrund[1]
Reuß-Luftschichtanker	Z-21.2-941	Dübelhülse aus Polyamid	Drahtanker 4 mm mit Einschlaggewinde	Normalbeton Festigkeitsklasse ≥ C12/15 bzw. ≥ B 15, Mauerwerk aus ungelochten Vollziegeln oder ungelochten Kalksandsteinen Steinfestigkeitsklasse ≥ 12
BEVER-Dübelanker Typ ZV	Z-21.2-1009	Dübelhülse aus Polyamid	Drahtanker 4 mm mit Einschlaggewinde	Normalbeton Festigkeitsklasse ≥ C12/15 bzw. ≥ B 15, Mauerwerk aus ungelochten Vollziegeln oder ungelochten Kalksandsteinen Steinfestigkeitsklasse ≥ 12
BEVER-Porenbeton-Luftschichtanker PB 10	Z-21.2-1546	Dübelhülse aus Polyamid mit Außengewinde	Drahtanker 4 mm mit aufgerolltem Gewinde[2]	Porenbetonmauerwerk Steinfestigkeitsklasse ≥ 4 oder Porenbetonbauteile Festigkeitsklasse ≥ 3,3
H & R Luftschichtdübelanker FD LDZ	Z-21.2-1732	Dübelhülse aus Polyamid	Drahtanker 4 mm mit Einschlaggewinde	Normalbeton Festigkeitsklasse ≥ C12/15 bzw. ≥ B 15, Mauerwerk aus ungelochten Vollziegeln oder ungelochten Kalksandsteinen Steinfestigkeitsklasse ≥ 12

1) Nähere Angaben sind der betreffenden allgemeinen bauaufsichtlichen Zulassung zu entnehmen.
2) Abweichend von der allgemeinen bauaufsichtlichen Zulassung ist statt der Welle zur Verankerung in der Vormauerschale der Anker gerade auszuführen.

Für jedes Bauvorhaben ist ein Verankerungsplan zu erstellen, bei dem sichergestellt ist, dass sowohl die in der abZ für die Drahtanker festgelegten Randabstände als auch die planmäßige Lage der Anker in der Verblendschale nach den Bildern 104 und 105 eingehalten werden können.
Die erforderlichen Drahtankerlängen für den jeweiligen Schalenabstand sind so zu bemessen, dass unter Berücksichtigung der Toleranzen der Bauausführung bei dem größten möglichen Schalenabstand die Befestigung der Drahtanker in den Nuten der Verblender so erfolgen kann, dass hinter dem Clip mindestens noch 10 mm des profilierten Ankerendes überstehen.
Auf die Anordnung von Lüftungsöffnungen nach DIN 1053-1 [4], Abschnitt 8.4.3.2, darf verzichtet werden, wenn am Fußpunkt eines zweischaligen Wandabschnitts, z. B. auch über Öffnungen, durch geeignete konstruktive Maßnahmen sichergestellt ist, dass in den Schalenzwischenraum eingedrungenes Wasser schadensfrei abgeführt wird.
Die Bauart darf im Hinblick auf den Schlagregenschutz bis Beanspruchungsgruppe III (starke Schlagregenbeanspruchung) gemäß DIN 4108-3:2001-07 – Wärmeschutz und Energie-Einsparung in Gebäuden – Teil 3: Klimabedingter Feuchteschutz, Anforderungen, Berechnungsverfahren und Hinweise für Planung und Ausführung – verwendet werden.
Für den Schallschutz (Schutz gegen Außenlärm) gilt, sofern ein Nachweis zu erbringen ist, DIN 4109:1989-11 Schallschutz im Hochbau; Anforderungen und Nachweise.
Der Rechenwert des bewerteten Schalldämmmaßes ist jedoch ohne Berücksichtigung der Verblendschale nach Beiblatt 1 zu DIN 4109, Abschnitt 2.2, zu ermitteln.
Über und seitlich von Öffnungen ist der Zwischenraum zwischen Trag- und Verblendschale mit nichtbrennbaren Baustoffen, z. B. durch Ausmauerung, so zu verschließen, dass eine Brandausbreitung ausreichend lang begrenzt wird.

Z-17.1-1105
Betonelemente „LegioBlock"
für Schwergewichtsmauerwerk

Antragsteller:
Jansen Beton- u. Granitwerke GmbH
Steinweg 17
01662 Meißen

Bescheid – Geltungsdauer:
4. März 2014 – 4. März 2019

Die abZ erstreckt sich auf die Herstellung von Betonelementen (bezeichnet als LegioBlock) aus Normalbeton nach DIN EN 206-1 [23] sowie DIN EN 206-1/A1 [24] und DIN EN 206-1/A2 [25] in Verbindung mit DIN 1045-2 [27] mindestens der Festigkeitsklasse C20/25 und deren Verwendung als Schwergewichtsmauerwerk z. B. für Lagerboxen.

II Mauerwerksbau mit allgemeiner bauaufsichtlicher Zulassung (abZ) bzw. mit allgemeiner Bauartgenehmigung (aBg)

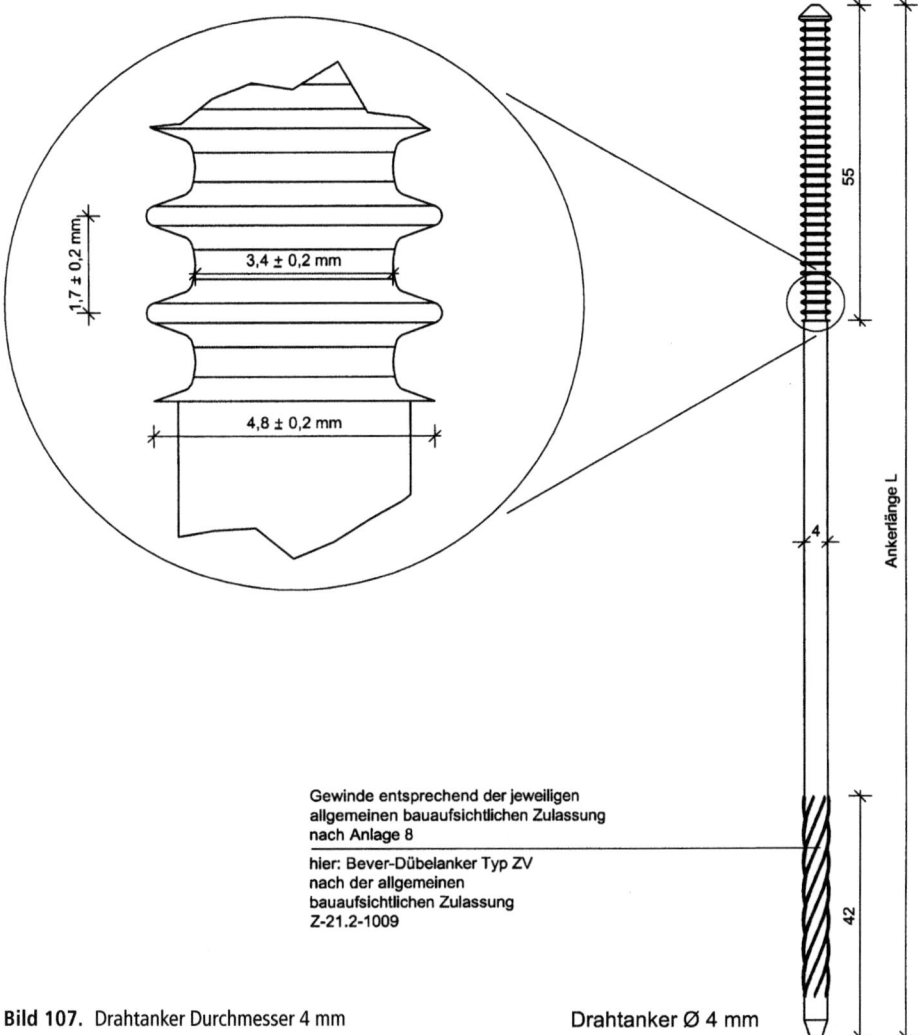

Bild 107. Drahtanker Durchmesser 4 mm

Das Schwergewichtsmauerwerk wird durch Versetzen der dafür mit besonders geringen Abweichungen von den Sollmaßen hergestellten Elemente im Läuferverband ohne Mauermörtel in den Stoß- und Lagerfugen mit einem Überbindemaß von mindestens 400 mm errichtet.

Das Schwergewichtsmauerwerk wird als Einsteinmauerwerk in der Dicke von 400 mm oder 800 mm ausgeführt.

Z-17.1-1050
Betonelemente HeyBlock für Schwergewichtsmauerwerk

Antragsteller:
Matthias Heyer Straßenbaustoffe GmbH
Krefelder Straße 170
41063 Mönchengladbach

Bescheid – Verlängerung – Geltungsdauer:
20. Dezember 2010 – 20. November 2015 –
21. Dezember 2020

Die abZ erstreckt sich auf die Herstellung von Betonelementen (bezeichnet als Heyblock) aus Normalbeton nach DIN EN 206-1 [23] sowie DIN EN 206-1/A1 [24] und DIN EN 206-1/A2 [25] in Verbindung mit DIN 1045-2 [27] mindestens der Festigkeitsklasse C20/25 und deren Verwendung als Schwergewichtsmauerwerk z. B. für Lagerboxen.

Das Schwergewichtsmauerwerk wird durch Versetzen der dafür mit besonders geringen Abweichungen von den Sollmaßen hergestellten Elemente im Verband ohne Mauermörtel in den Stoß- und Lagerfugen errichtet.

Das Schwergewichtsmauerwerk wird als Einsteinmauerwerk in der Dicke von 800 mm ausgeführt.

8 Mauerwerk mit PU-Kleber

Eine Zusammenstellung der Kennwerte zu Druckfestigkeiten, Rohdichteklassen und zur Wärmeleitfähigkeit sind in Kapitel E II in diesem Mauerwerk-Kalender zu finden.

8.1 Planziegel

Z-17.1-1088
Wienerberger DRYFIX Mauerwerk aus POROTON-Planhochlochziegeln-T10 DRYFIX und POROTON DRYFIX Planziegel-Kleber

Antragsteller:
Deutsche POROTON GmbH
Kochstraße 6–7
10969 Berlin

Bescheid – Geltungsdauer:
12. Oktober 2016 – 14. April 2020

Die abZ erstreckt sich auf die Herstellung von Planhochlochziegeln (bezeichnet als POROTON-Planhochlochziegel-T10 DRYFIX), eines feuchtigkeitshärtenden Einkomponenten-Schaumklebers auf PU-Basis (bezeichnet als POROTON DRYFIX Planziegel-Kleber) und des POROTON Anlege- und Systemmörtels und die Verwendung der Planhochlochziegel zusammen mit dem POROTON DRYFIX Planziegel-Kleber und dem POROTON Anlege- und Systemmörtel oder Normalmauermörtel nach DIN V 18580 [15] der Mörtelgruppe III oder der Mörtelgruppe IIa als Ausgleichsschicht für Wienerberger DRYFIX Mauerwerk. Die Planhochlochziegel sind LD-Ziegel nach DIN EN 771-1:2015-10 der Kategorie I mit den in der abZ genannten Eigenschaften (Lochbild s. Bild 108).

Für die Planhochlochziegel ist ein individueller Feuchteumrechnungsfaktor F_m gemäß DIN V 4108-4: 2013-02 nachgewiesen.

Die Planhochlochziegel haben eine Länge von 248 mm, eine Breite von 300 mm, 365 mm, 425 mm oder 490 mm und eine Höhe von 249 mm. Sie werden mit Druckfestigkeiten entsprechend den Druckfestigkeitsklassen 6, 8, 10 und 12 und Brutto-Trockenrohdichten entsprechend der Rohdichteklasse 0,65 nach DIN V 105-100 [17] hergestellt.

Die Planhochlochziegel haben besonders geringe Toleranzen bei der Ziegelhöhe und der Ebenheit und Planparallelität der Lagerflächen.

Die Planhochlochziegel werden im Verband ohne Stoßfugenvermörtelung versetzt. In den Lagerfugen werden die Ziegel mit dem POROTON DRYFIX Planziegel-Kleber verklebt. Das Verkleben der Ziegel mit dem Kleber darf bei Temperaturen zwischen −5 °C und +35 °C erfolgen.

Als Ausgleichsschicht für die unterste Steinlage dient ein Mörtelbett aus Normalmauermörtel nach DIN V 18580 der Mörtelgruppe III oder Mörtelgruppe IIa.

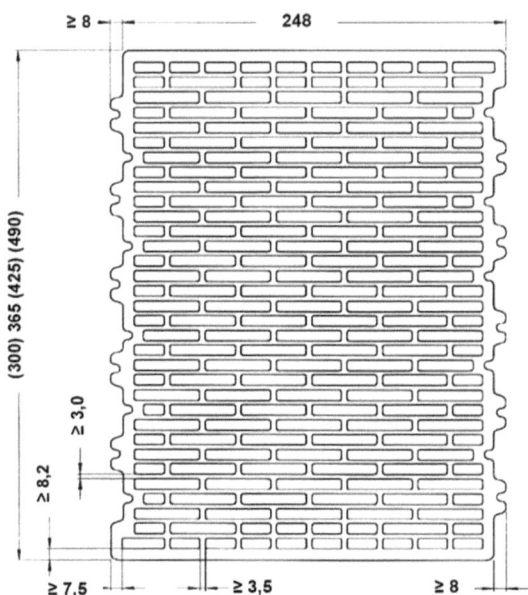

Bild 108. Lochbild POROTON Planhochlochziegel-T10 DRYFIX (Z-17.1-1088)

Die Ausgleichsschicht darf auch bei Temperaturen zwischen 2 und 5 °C und < +5 °C hergestellt werden, wenn hierfür der POROTON Anlege- und Systemmörtel verwendet wird. Bei der Herstellung der Ausgleichsschicht mit diesem Mörtel sind besondere Verarbeitungsvorschriften gemäß der abZ zu beachten.

Das Wienerberger DRYFIX Mauerwerk darf nur im Anwendungsbereich gemäß den in DIN 1053-1 [4], Abschnitt 6.1, bzw. DIN EN 1996-3 [48], Abschnitte 4.2.1.1 und 4.2.1.2, in Verbindung mit DIN EN 1996-3/NA [49], NCI zu 4.2.1.1 und 4.2.1.2, bestimmten Voraussetzungen für die Anwendung des vereinfachten Verfahrens bzw. der vereinfachten Berechnungsmethoden für den Nachweis der Standsicherheit verwendet werden. Das Wienerberger DRYFIX Mauerwerk darf darüber hinaus nur für Wände von Geschossbauten bis zu drei Vollgeschossen mit zusätzlichem Kellergeschoss jedoch ohne zusätzliches Dachgeschoss oder Geschossbauten bis zu zwei Vollgeschossen mit zusätzlichem Keller- und ausgebautem oder nicht ausgebautem Dachgeschoss angewendet werden. Die Gebäudehöhe über Oberkante Gelände darf 10 m nicht überschreiten. Das Wienerberger DRYFIX Mauerwerk darf nur bis zu einer lichten Geschosshöhe h_s bzw. h (nach DIN 1053-1 [4], Abschnitt 6.7, bzw. DIN EN 1996-1-1 [40], Abschnitt 5.5.1.2) von 3,0 m ausgeführt werden.

Die Stützweite der Decken darf 6,0 m nicht überschreiten; bei zweiachsig gespannten Decken gilt als Stützweite die kürzere der beiden Stützweiten.

Wienerberger DRYFIX Mauerwerk darf nicht angewendet werden für
a) nichttragende Außenschalen von zweischaligem Mauerwerk,
b) bewehrtes Mauerwerk,
c) erddruckbelastetes Mauerwerk,
d) Gewölbe, Bogen und gewölbte Kappen,
e) Schornsteinmauerwerk.
Die Bauart darf nicht in Erdbebengebieten der Zonen 2 und 3 nach DIN 4149 [10] angewendet werden.
Wienerberger DRYFIX Mauerwerk aus POROTON Planhochlochziegeln-T10 DRYFIX sollte wegen der gegenüber herkömmlichem Mauerwerk hohen plastischen Initialverformung innerhalb eines Geschosses zusammen nur mit tragenden oder aussteifenden Wänden oder Pfeilern aus Wienerberger DRYFIX Mauerwerk mit abZ verwendet werden. Dabei müssen die Wände stumpf gestoßen werden.
Eine Feuerwiderstandsfähigkeit für tragende nichtraumabschließende Wände und tragende Pfeiler bzw. nichtraumabschließende Wandabschnitte und die Eignung von Wänden als Brandwände sind nicht nachgewiesen.

Berechnung
Abweichend von DIN EN 1996-1-1/NA [41], Tabelle NA.1, ist als Teilsicherheitsbeiwert für das Material im Grenzzustand der Tragfähigkeit $\gamma_M = 1,8$ anzunehmen.
Bei Mauerwerk, das rechtwinklig zu seiner Ebene belastet wird, dürfen Biegezugspannungen nicht in Rechnung gestellt werden. Ist ein rechnerischer Nachweis der Aufnahme dieser Belastung erforderlich, so darf eine Tragwirkung nur senkrecht zu den Lagerfugen unter Ausschluss von Biegezugspannungen angenommen werden.
Abweichend hiervon darf bei Ausfachungswänden von Fachwerk-, Skelett- und Schottensystemen auf einen statischen Nachweis verzichtet werden, wenn die Wände vierseitig gehalten sind und die Bedingungen nach Tabelle 52 erfüllt sind.
Das Mauerwerk muss am unteren und oberen Ende in jedem Geschoss gegen seitliches Ausweichen gehalten sein.

Für die Ermittlung der Knicklänge darf nur eine zweiseitige Halterung der Wände in Rechnung gestellt werden; dabei darf eine Abminderung der Knicklänge nach DIN 1053-1 [4], Abschnitt 6.7.2, Punkt a) bzw. DIN EN 1996-1-1 [40], Abschnitt 5.5.1.2, Gleichung (5.3), nicht angenommen werden; es gilt $h_k = h_s$ bzw. $h_{ef} = h$.
Eine Erhöhung der zulässigen Druckspannungen nach DIN 1053-1 [4], Abschnitt 6.9.3, ist nicht zulässig; es gelten auch in diesen Fällen die sonst zulässigen Druckspannungen.
Für Wände, die als Endauflager für Decken oder Dächer dienen, durch Wind beansprucht werden und nach DIN 1053-1, Abschnitt 6.9.1, nachgewiesen werden, ist zusätzlich ein Nachweis der Mindestauflast der Wände zu führen. Dieser darf vereinfacht nach Abschnitt 0.1.1 erfolgen, sofern kein genauerer Nachweis geführt wird.
Bei Wänden mit nicht über die volle Wanddicke aufliegender Decke darf der Nachweis der Standsicherheit mit dem vereinfachten Verfahren nach DIN 1053-1, Abschnitt 6.9.1, geführt werden, wenn abweichend bzw. zusätzlich die Regelungen nach Abschnitt 0.2.1 berücksichtigt werden.
Beim Schubnachweis nach DIN 1053-1 [4], Abschnitt 6.9.5, dürfen für zul τ und max τ nur 28 % des sich aus Abschnitt 6.9.5, Gleichungen (6a) und (6b) ergebenden Wertes mit $\sigma_{OHS} = 0,045$ MN/m² in Rechnung gestellt werden.
Sofern gemäß DIN EN 1996-1-1/NA [41], NCI zu 5.5.3, bzw. DIN EN 1996-3/NA [49], NDP zu 4.1 (1)P, ein rechnerischer Nachweis der Schubtragfähigkeit erforderlich ist, ist dieser nach DIN EN 1996-1-1 [40], Abschnitt 6.2, in Verbindung mit DIN EN 1996-1-1/NA [41], NCI zu 6.2, zu führen, wobei für den minimalen Bemessungswert der Querkrafttragfähigkeit V_{Rdlt} nur 28 % des sich aus Gleichung (NA.19) bzw. Gleichung (NA.24) mit $f_{vk0} = 0,09$ MN/m² ergebenden Wertes in Rechnung gestellt werden dürfen.
Bei der Beurteilung eines Gebäudes hinsichtlich des Verzichts auf einen rechnerischen Nachweis der räumlichen Steifigkeit ist die geringere Schubtragfähigkeit zu beachten.

Tabelle 52. Größte zulässige Werte der Ausfachungsflächen A_{w0} in m² für vierseitig gehaltene Wände

Wanddicke [mm]	Größte Werte der Ausfachungsflächen AWO in m² für den Bemessungswert der Windlast[1] $w_{d0} = 1,0$ kN/m²								
	H/L[2] (Verhältnis der Wandhöhe zur Wandlänge)								
	0,30	0,50	0,75	1,00	1,25	1,50	1,75	2,00	
300	18,3	11,8	9,8	9,4	9,7	10,2	10,9	11,6	
365	23,1	14,8	12,3	11,9	12,3	12,9	13,7	14,6	
425	27,5	17,7	14,7	14,2	14,7	15,3	16,3	17,3	

1) Bei abweichenden Windlasten ist der Tabellenwert durch den Bemessungswert der Windlast w_d zu teilen: Tabellenwert/w_d [kN/m²].
2) Zwischenwerte dürfen geradlinig interpoliert werden.

Z-17.1-1090
Wienerberger DRYFIX Mauerwerk aus POROTON-Planhochlochziegeln-T DRYFIX und POROTON DRYFIX Planziegel-Kleber

Antragsteller:
Deutsche POROTON GmbH
Kochstraße 6–7
10969 Berlin

Bescheid – Geltungsdauer:
18. Dezember 2015 – 14. April 2020

Die abZ erstreckt sich auf die Herstellung eines feuchtigkeitshärtenden Einkomponenten-Schaumklebers auf PU-Basis (bezeichnet als POROTON DRYFIX Planziegel-Kleber) und des POROTON Anlege- und Systemmörtels und die Verwendung bestimmter Planhochlochziegel (bezeichnet als POROTON-Planhochlochziegel-T DRYFIX) zusammen mit dem POROTON DRYFIX Planziegel-Kleber und dem POROTON Anlege- und Systemmörtel oder Normalmauermörtel nach DIN V 18580 [15] der Mörtelgruppe III oder der Mörtelgruppe IIa als Ausgleichsschicht für Wienerberger DRYFIX Mauerwerk.

Die Planhochlochziegel sind LD-Ziegel bzw. HD-Ziegel nach DIN EN 771-1 [6] der Kategorie I mit den in der abZ genannten Eigenschaften.

Die Planhochlochziegel haben eine Länge von 308 mm, 373 mm oder 498 mm, eine Breite von 115 mm, 145 mm, 150 mm, 175 mm, 200 mm, 240 mm oder 250 mm und eine Höhe von 249 mm. Sie werden mit Druckfestigkeiten entsprechend den Druckfestigkeitsklassen 8, 10, 12, 16 und 20 und Brutto-Trockenrohdichten entsprechend den Rohdichteklassen 0,8, 0,9, 1,0, 1,2 und 1,4 nach DIN 105-100 [29] hergestellt.

Die Planhochlochziegel haben besonders geringe Toleranzen bei der Ziegelhöhe und der Ebenheit und Planparallelität der Lagerflächen.

Die Anwendungsbedingungen und Festlegungen für die Berechnung des Wienerberger DRYFIX Mauerwerks aus POROTON-Planhochlochziegeln-T DRYFIX gleichen denen der abZ Nr. Z-17.1-1088.

Bei Ausfachungswänden darf bei Fachwerk-, Skelett- und Schottensystemen auf einen statischen Nachweis verzichtet werden, wenn die Wände vierseitig gehalten sind und die Bedingungen nach Tabelle 53 erfüllt sind.
Beim Schubnachweis nach DIN 1053-1 [4], Abschnitt 6.9.5, dürfen für zul τ und max τ nur 50 % des sich aus Abschnitt 6.9.5, Gleichungen (6a) und (6b) ergebenden Wertes mit σ_{OHS} = 0,045 MN/m^2 in Rechnung gestellt werden.
Beim Schubnachweis im Rahmen einer genaueren Bemessung nach DIN 1053-1, Abschnitt 7.9.5, dürfen nur 50 % des sich aus Abschnitt 7.9.5, Gleichungen (16a) und (16b) mit β_{RHS} = 0,09 MN/m^2 ergebenden Wertes in Rechnung gestellt werden.
Sofern gemäß DIN EN 1996-1-1/NA [41], NCI zu 5.5.3, bzw. DIN EN 1996-3/NA [49], NDP zu 4.1 (1)P, ein rechnerischer Nachweis der Schubtragfähigkeit erforderlich ist, ist dieser nach DIN EN 1996-1-1 [40], Abschnitt 6.2, in Verbindung mit DIN EN 1996-1-1/NA [41], NCI zu 6.2, zu führen, wobei für den minimalen Bemessungswert der Querkrafttragfähigkeit V_{Rdlt}, nur 50 % des sich aus Gleichung (NA.19) bzw. Gleichung (NA.24) mit f_{vk0} = 0,09 MN/m^2 ergebenden Wertes in Rechnung gestellt werden dürfen.

Z-17.1-1094
Wienerberger DRYFIX Mauerwerk aus POROTON-Planhochlochziegeln-T18 DRYFIX und POROTON DRYFIX Planziegel-Kleber

Antragsteller:
Deutsche POROTON GmbH
Kochstraße 6–7
10969 Berlin

Bescheid – Geltungsdauer:
12. Oktober 2016 – 14. April 2020

Die abZ erstreckt sich auf die Herstellung von Planhochlochziegeln (bezeichnet als POROTON-Planhochlochziegel-T18 DRYFIX), eines feuchtigkeitshärtenden Einkomponenten-Schaumklebers auf PU-Basis (bezeichnet als POROTON DRYFIX Planziegel-Kle-

Tabelle 53. Größte zulässige Werte der Ausfachungsflächen A_{w0} in m^2 für vierseitig gehaltene Wände

Wanddicke [mm]	Größte Werte der Ausfachungsflächen AWO in m^2 für den Bemessungswert der Windlast[1] w_{d0} = 1,0 kN/m^2							
	H/L[2] (Verhältnis der Wandhöhe zur Wandlänge)							
	0,30	0,50	0,75	1,00	1,25	1,50	1,75	2,00
175	9,2	5,9	4,9	4,7	4,8	5,2	5,4	5,7
200	11,0	7,1	5,9	5,7	5,8	6,1	6,5	6,9
240	13,9	8,9	7,4	7,2	7,4	7,8	8,2	8,7
250	14,6	9,4	7,8	7,6	7,8	8,2	8,7	9,2

1) Bei abweichenden Windlasten ist der Tabellenwert durch den Bemessungswert der Windlast w_d zu teilen: Tabellenwert/w_d [kN/m^2].
2) Zwischenwerte dürfen geradlinig interpoliert werden.

ber) und des POROTON Anlege- und Systemmörtels und die Verwendung der Planhochlochziegel zusammen mit dem POROTON DRYFIX Planziegel-Kleber und dem POROTON Anlege- und Systemmörtel oder Normalmauermörtel nach DIN V 18580 [15] der Mörtelgruppe III oder der Mörtelgruppe IIa als Ausgleichsschicht für Wienerberger DRYFIX Mauerwerk. Die Planhochlochziegel sind LD-Ziegel nach DIN EN 771-1 [6] der Kategorie I mit den in der abZ genannten Eigenschaften.

Die Planhochlochziegel haben eine Länge von 248 mm, 308 mm, 373 mm oder 498 mm, eine Breite von 175 mm, 240 mm, 300 mm, 365 mm, 425 mm oder 490 mm und eine Höhe von 249 mm. Sie werden mit Druckfestigkeiten entsprechend den Druckfestigkeitsklassen 4, 6, 8, 10 und 12 und Brutto-Trockenrohdichten entsprechend der Rohdichteklasse 0,8 nach DIN 105-100 [29] hergestellt.

Die Planhochlochziegel haben besonders geringe Toleranzen bei der Ziegelhöhe und der Ebenheit und Planparallelität der Lagerflächen.

Die Anwendungsbedingungen und Festlegungen für die Berechnung des Wienerberger DRYFIX Mauerwerks aus POROTON-Planhochlochziegeln-T18 DRYFIX gleichen denen der abZ Nr. Z-17.1-1090.

Bei Ausfachungswänden darf bei Fachwerk-, Skelett- und Schottensystemen auf einen statischen Nachweis verzichtet werden, wenn die Wände vierseitig gehalten sind und die Bedingungen nach Tabelle 54 erfüllt sind.

Z-17.1-1110
DRYFIX Mauerwerk aus POROTON Planhochlochziegeln-T9/-T10/-T11 „DR 34" DRYFIX und POROTON DRYFIX Planziegel-Kleber

Antragsteller:
Deutsche POROTON GmbH
Kochstraße 6–7
10969 Berlin

Bescheid – Geltungsdauer:
17. August 2017 – 17. August 2022

Gegenstand der abZ ist die Herstellung des POROTON Anlege- und Systemmörtels sowie die Bemessung und Ausführung von Mauerwerk (bezeichnet als „DRYFIX Mauerwerk") aus Planhochlochziegeln (P-Ziegel der Kategorie I), bezeichnet als POROTON Plan-T9 „DR34" DRYFIX, POROTON Plan-T10 „DR34" DRYFIX oder POROTON Plan-T11 „DR34" DRYFIX, mit den in der Leistungserklärung nach DIN EN 771-1:2015-10 erklärten Leistungen, eines feuchtigkeitshärtenden Einkomponenten-Schaumklebers auf PU-Basis (bezeichnet als POROTON DRYFIX Planziegel-Kleber) und dem POROTON Anlege- und Systemmörtel oder einem Normalmauermörtel nach DIN EN 998-2 [35] in Verbindung mit DIN V 18580 [15] der Mörtelgruppe III oder der Mörtelgruppe IIa als Ausgleichsschicht für DRYFIX Mauerwerk hergestellt im Klebeverfahren.

Die Planhochlochziegel haben eine Länge von 248 mm, eine Breite von 365 mm, 425 mm oder 490 mm und eine Höhe von 249 mm. Sie werden mit Druckfestigkeiten entsprechend den Druckfestigkeitsklassen 6, 8, 10 und 12 und Brutto-Trockenrohdichten entsprechend den Rohdichteklassen 0,65, 0,70 und 0,75 nach DIN V 105-100 [17] hergestellt.

Das Mauerwerk darf nur im Anwendungsbereich gemäß den in DIN EN 1996-3 [48], Abschnitte 4.2.1.1 und 4.2.1.2, in Verbindung mit DIN EN 1996-3/NA [49], NCI zu 4.2.1.1 und 4.2.1.2, bestimmten Voraussetzungen für die Anwendung der vereinfachten Berechnungsmethoden für den Nachweis der Standsicherheit verwendet werden.

Das „DRYFIX Mauerwerk" darf darüber hinaus nur für Wände von Geschossbauten bis zu drei Vollgeschossen mit zusätzlichem Kellergeschoss jedoch ohne zusätzliches Dachgeschoss oder Geschossbauten bis zu zwei Vollgeschossen mit zusätzlichem Keller- und ausgebautem oder nicht ausgebautem Dachgeschoss angewendet werden. Die Gebäudehöhe über Oberkante Gelände darf 10 m nicht überschreiten.

Das „DRYFIX Mauerwerk" darf nur bis zu einer lichten Geschosshöhe h (DIN EN 1996-1-1 [40], Ab-

Tabelle 54. Größte zulässige Werte der Ausfachungsflächen A_{w0} in m² für vierseitig gehaltene Wände

Wanddicke [mm]	Größte Werte der Ausfachungsflächen AWO in m² für den Bemessungswert der Windlast[1] $w_{d0} = 1,0$ kN/m²							
	H/L[2] (Verhältnis der Wandhöhe zur Wandlänge)							
	0,30	0,50	0,75	1,00	1,25	1,50	1,75	2,00
175	9,2	5,9	4,9	4,7	4,8	5,2	5,4	5,7
240	13,9	8,9	7,4	7,2	7,4	7,8	8,2	8,7
300	18,3	11,8	9,8	9,4	9,7	10,2	10,9	11,6
365	23,1	14,8	12,3	11,9	12,3	12,9	13,7	14,6
425	27,5	17,7	14,7	14,2	14,7	15,3	16,3	17,3

1) Bei abweichenden Windlasten ist der Tabellenwert durch den Bemessungswert der Windlast w_d zu teilen: Tabellenwert/w_d [kN/m²].
2) Zwischenwerte dürfen geradlinig interpoliert werden.

schnitt 5.5.1.2) von 3,00 m ausgeführt werden. Die Stützweite der Decken darf 6,0 m nicht überschreiten; bei zweiachsig gespannten Decken gilt als Stützweite die kürzere der beiden Stützweiten.

Das Mauerwerk darf nicht als eingefasstes Mauerwerk, erdruckbelastetes Mauerwerk und nichttragende Außenschale von zweischaligem Mauerwerk nach DIN EN 1996-1-1 [40] verwendet werden.

Das Mauerwerk darf nur in Erdbebengebieten der Zone 0 und 1 nach DIN 4149 [10] angewendet werden.

Das „DRYFIX Mauerwerk" sollte wegen der gegenüber herkömmlichem Mauerwerk hohen plastischen Initialverformung innerhalb eines Geschosses zusammen nur mit tragenden oder aussteifenden Wänden oder Pfeilern aus „DRYFIX Mauerwerk" verwendet werden. Dabei müssen die Wände stumpf gestoßen werden.

Berechnung

Abweichend von DIN EN 1996-1-1/NA [41], Tabelle NA.1, ist als Teilsicherheitsbeiwert für das Material im Grenzzustand der Tragfähigkeit $\gamma_M = 1{,}8$ anzunehmen.

Das Mauerwerk muss am unteren und oberen Ende in jedem Geschoss gegen seitliches Ausweichen gehalten sein.

Für die Ermittlung der Knicklänge darf nur eine zweiseitige Halterung der Wände in Rechnung gestellt werden; dabei darf eine Abminderung der Knicklänge nach DIN EN 1996-1-1 [40], Abschnitt 5.5.1.2, Gleichung (5.3), nicht angenommen werden; es gilt $h_{ef} = h$.

Sofern gemäß DIN EN 1996-1-1/NA [41], NCI zu 5.5.3, bzw. DIN EN 1996-3/NA [49], NDP zu 4.1 (1)P, ein rechnerischer Nachweis der Schubtragfähigkeit erforderlich ist, ist dieser nach DIN EN 1996-1-1 [40], Abschnitt 6.2, in Verbindung mit DIN EN 1996-1-1/NA [41], NCI zu 6.2, zu führen, wobei für den minimalen Bemessungswert der Querkrafttragfähigkeit V_{Rdlt}, nur 28 % des sich aus Gleichung (NA.19) bzw. Gleichung (NA.24) ergebenden Wertes in Rechnung gestellt werden dürfen.

Bei der Beurteilung eines Gebäudes hinsichtlich des Verzichts auf einen rechnerischen Nachweis der räumlichen Steifigkeit ist die geringere Schubtragfähigkeit zu beachten.

Z-17.1-1111
POROTON DRYFIX Mauerwerk aus POROTON Planhochlochziegeln T7-MD DRYFIX mit integrierter Wärmedämmung und POROTON DRYFIX Planziegel-Kleber

Antragsteller:
Deutsche POROTON GmbH
Kochstraße 6–7
10969 Berlin

Bescheid – Geltungsdauer:
16. August 2017 – 16. August 2022

Gegenstand der abZ ist die Herstellung der Planhochlochziegel T7-MD DRYFIX mit integrierter Wärmedämmung und des POROTON Anlege- und Systemmörtels sowie die Bemessung und Ausführung von Mauerwerk (bezeichnet als „POROTON DRYFIX Mauerwerk") aus den Planhochlochziegeln einem feuchtigkeitshärtenden Einkomponenten-Schaumkleber auf PU-Basis (bezeichnet als POROTON DRYFIX Planziegel-Kleber) und dem POROTON Anlege- und Systemmörtel oder Normalmauermörtel nach DIN V 18580 [15] der Mörtelgruppe III oder der Mörtelgruppe IIa als Ausgleichsschicht hergestellt im Klebeverfahren.

Die Planhochlochziegel haben eine Länge von 248 mm, eine Breite von 365 mm, 425 mm oder 490 mm und eine Höhe von 249 mm. Sie werden mit Druckfestigkeiten von mindestens 4,0 N/mm^2 (Mittelwert $\geq$ 5,0 N/mm^2) entsprechend der Druckfestigkeitsklasse 4 oder mindestens 6,0 N/mm^2 (Mittelwert $\geq$ 7,0 N/mm^2) hergestellt. Die Kammern der Planhochlochziegel werden werkseitig mit einem Dämmstoff aus gebundenem, hydrophobiertem Perlite-Leichtzuschlag versehen. Die Steine entsprechen in verfülltem Zustand der Rohdichteklasse 0,55 oder 0,60 entsprechend DIN V 105-100 [17].

Die Anwendungsbedingungen und Festlegungen für die Berechnung des Wienerberger DRYFIX Mauerwerks aus POROTON-Planhochlochziegeln T7-MD DRYFIX mit integrierter Wärmedämmung gleichen denen der abZ Nr. Z-17.1-1110.

Bei Aufachungswänden darf von Fachwerk-, Skelett- und Schottensystemen auf einen statischen Nachweis verzichtet werden, wenn die Wände vierseitig gehalten sind und die Bedingungen nach Tabelle 54 erfüllt sind.

Sofern gemäß DIN EN 1996-1-1/NA [41], NCI zu 5.5.3, bzw. DIN EN 1996-3/NA [49], NDP zu 4.1 (1)P, ein rechnerischer Nachweis der Schubtragfähigkeit erforderlich ist, ist dieser nach DIN EN 1996-1-1 [40], Abschnitt 6.2, in Verbindung mit DIN EN 1996-1-1/NA [41], NCI zu 6.2, zu führen, wobei für den minimalen Bemessungswert der Querkrafttragfähigkeit V_{Rdlt}, nur 28 % des sich aus Gleichung (NA.19) bzw. Gleichung (NA.24) mit $f_{vk0} = 0{,}09$ MN/m^2 ergebenden Wertes in Rechnung gestellt werden dürfen.

Vertikalschlitze ohne rechnerischen Nachweis sind unter den in Abschnitt 0.4 genannten Bedingungen zulässig. Horizontalschlitze entsprechend den Vorgaben nach Abschnitt 0.4 sind zulässig, wenn diese bei der Bemessung berücksichtigt werden.

Z-17.1-1113
POROTON DRYFIX Mauerwerk aus POROTON Planhochlochziegeln S9 DRYFIX mit integrierter Wärmedämmung und POROTON DRYFIX Planziegel-Kleber

Antragsteller:
Deutsche POROTON GmbH
Kochstraße 6–7
10969 Berlin

Bescheid – Geltungsdauer:
21. November 2017 – 21. November 2022

Gegenstand der abZ ist die Herstellung der Planhochlochziegel S9 DRYFIX mit integrierter Wärmedämmung und des POROTON Anlege- und Systemmörtels sowie die Bemessung und Ausführung von Mauerwerk (bezeichnet als „POROTON DRYFIX Mauerwerk") aus den Planhochlochziegeln einem feuchtigkeitshärtenden Einkomponenten-Schaumkleber auf PU-Basis (bezeichnet als POROTON DRYFIX Planziegel-Kleber) und dem POROTON Anlege- und Systemmörtel oder Normalmauermörtel nach DIN V 18580 der Mörtelgruppe III oder der Mörtelgruppe IIa als Ausgleichsschicht hergestellt im Klebeverfahren.
Die Planhochlochziegel haben eine Länge von 248 mm, eine Breite von 300 mm, 365 mm, 425 mm oder 490 mm und eine Höhe von 249 mm. Sie werden mit Druckfestigkeiten entsprechend den Druckfestigkeitsklassen 6, 8 und 10 und Brutto-Trockenrohdichten entsprechend den Rohdichteklassen (einschließlich Dämmstofffüllung) 0,70 und 0,75 nach DIN V 105-100 [17] hergestellt.
Die Anwendungsbedingungen und Festlegungen für die Berechnung des Wienerberger DRYFIX Mauerwerks aus POROTON-Planhochlochziegeln T7-MD DRYFIX mit integrierter Wärmedämmung gleichen denen der abZ Nr. Z-17.1-1110.
Bei Ausfachungswänden darf bei Fachwerk-, Skelett- und Schottensystemen auf einen statischen Nachweis verzichtet werden, wenn die Wände vierseitig gehalten sind und die Bedingungen nach Tabelle 54 erfüllt sind. Sofern gemäß DIN EN 1996-1-1/NA [41], NCI zu 5.5.3, bzw. DIN EN 1996-3/NA [49], NDP zu 4.1 (1)P, ein rechnerischer Nachweis der Schubtragfähigkeit erforderlich ist, ist dieser nach DIN EN 1996-1-1 [40], Abschnitt 6.2, in Verbindung mit DIN EN 1996-1-1/NA [41], NCI zu 6.2, zu führen, wobei für den minimalen Bemessungswert der Querkrafttragfähigkeit V_{Rdlt}, nur 44 % des sich aus Gleichung (NA.19) bzw. Gleichung (NA.24) mit $f_{vk0} = 0{,}09$ MN/m^2 ergebenden Wertes in Rechnung gestellt werden dürfen.

Z-17.1-1092
Wienerberger DRYFIX Mauerwerk aus POROTON-Planhochlochziegeln-T8 MW DRYFIX mit integrierter Wärmedämmung und POROTON DRYFIX Planziegel-Kleber

Antragsteller:
Wienerberger GmbH
Oldenburger Allee 26
30659 Hannover
und
Schlagmann Poroton GmbH & Co. KG
Ziegeleistraße 1
84367 Zeilarn

Bescheid – Geltungsdauer:
29. August 2013 – 29. August 2018

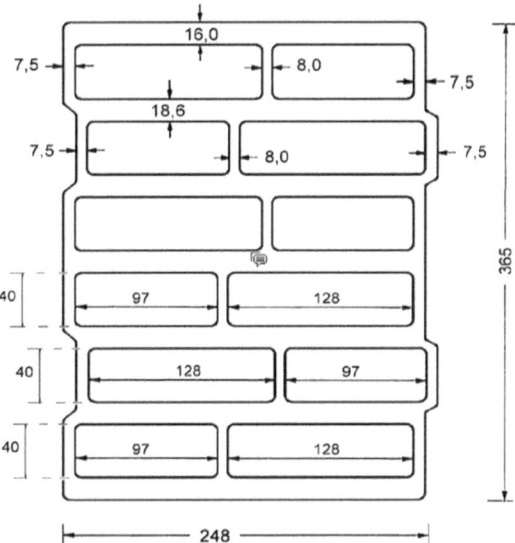

Bild 109. Beispiel für Lochbild POROTON Planhochlochziegel-T8 MW DRYFIX (Z-17.1-1092)

Die abZ erstreckt sich auf die Herstellung von Planhochlochziegeln mit integrierter Wärmedämmung (bezeichnet als „POROTON-Planhochlochziegel-T8 MW DRYFIX") – Lochbild siehe z. B. Bild 109 – und des „POROTON DRYFIX Planziegel-Klebers" und die Verwendung dieser Planhochlochziegel und des Klebers für Wienerberger DRYFIX Mauerwerk.
Die Planhochlochziegel haben eine Länge von 248 mm, eine Breite von 240 mm, 300 mm, 365 mm, 425 mm oder 490 mm und eine Höhe von 249 mm und werden in den Festigkeitsklassen 6 und 8 in der Rohdichteklasse 0,65 (einschließlich Dämmstofffüllung) hergestellt.
Die Kammern der Planhochlochziegel werden werkseitig mit vorkonfektionierten nichtbrennbaren Mineralfaserdämmstoff-Formteilen versehen.
Die Planhochlochziegel haben besonders geringe Toleranzen bei der Ziegelhöhe und der Ebenheit und Planparallelität der Lagerflächen.
Die Planhochlochziegel werden im Läuferverband ohne Stoßfugenvermörtelung versetzt. In den Lagerfugen werden die Ziegel mit dem POROTON Planziegel-Kleber verklebt.
Das Wienerberger DRYFIX Mauerwerk darf nur im Anwendungsbereich gemäß den in DIN 1053-1 [4], Abschnitt 6.1, bestimmten Voraussetzungen für die Anwendung des vereinfachten Verfahrens für den Nachweis der Standsicherheit verwendet werden. Das Wienerberger DRYFIX Mauerwerk darf darüber hinaus nur für Wände von Geschossbauten bis zu drei Vollgeschossen mit zusätzlichem Kellergeschoss jedoch ohne zusätzliches Dachgeschoss oder Geschossbauten bis zu zwei Vollgeschossen mit zusätzlichem Keller- und ausgebautem oder nicht ausgebautem Dachgeschoss angewendet werden. Die Gebäudehöhe über Oberkan-

te Gelände darf 10 m nicht überschreiten. Das Wienerberger DRYFIX Mauerwerk darf nur bis zu einer lichten Geschosshöhe h_s (nach DIN 1053-1 [4], Abschnitt 6.7) von 3,0 m ausgeführt werden.
Die Stützweite der Decken darf 6,0 m nicht überschreiten; bei zweiachsig gespannten Decken gilt als Stützweite die kürzere der beiden Stützweiten.
Wienerberger DRYFIX Mauerwerk darf nicht angewendet werden für
a) nichttragende Außenschalen von zweischaligem Mauerwerk,
b) bewehrtes Mauerwerk,
c) erddruckbelastetes Mauerwerk,
d) Gewölbe, Bogen und gewölbte Kappen,
e) Schornsteinmauerwerk.
Die Bauart darf nicht in Erdbebengebieten der Zonen 2 und 3 nach DIN 4149 [10] angewendet werden.
Wienerberger DRYFIX Mauerwerk aus POROTON Planhochlochziegeln-T8 DRYFIX sollte wegen der gegenüber herkömmlichem Mauerwerk hohen plastischen Initialverformung innerhalb eines Geschosses zusammen nur mit tragenden oder aussteifenden Wänden oder Pfeilern aus Wienerberger DRYFIX Mauerwerk mit abZ verwendet werden. Dabei müssen die Wände stumpf gestoßen werden.
Wienerberger DRYFIX Mauerwerk aus POROTON Planhochlochziegeln-T8 DRYFIX darf nicht für Wände und Pfeiler verwendet werden, an die Anforderungen hinsichtlich ihrer Feuerwiderstandsfähigkeit gestellt werden.
Der Nachweis der Standsicherheit darf nur mit dem vereinfachten Nachweisverfahren nach DIN 1053-1 [4], Abschnitt 6, geführt werden.
Bei nicht über die volle Wanddicke aufliegender Decke darf der Nachweis der Standsicherheit mit dem vereinfachten Verfahren nach DIN 1053-1 [4], Abschnitt 6.9.1, geführt werden, wenn abweichend bzw. zusätzlich Folgendes berücksichtigt wird.
Anstelle des Faktors k_2 nach DIN 1053-1 [4], Abschnitt 6.9.1, ist zur Berücksichtigung der Traglastminderung durch Knicken

$$k_2 = 1{,}14 \cdot a/d - 0{,}024\, \lambda \leq 0{,}9 \cdot a/d \qquad (6)$$

anzunehmen. (Die Gleichung gilt für $\lambda \leq 10$.)
Für den Faktor k_3 nach DIN 1053-1 [4], Abschnitt 6.9.1, gilt zusätzlich

$$k_3 \leq a/d$$

Eine Erhöhung der zulässigen Druckspannungen nach DIN 1053-1 [4], Abschnitt 6.9.3, ist nicht zulässig; es gelten auch in diesen Fällen die sonst zulässigen Druckspannungen.
Bei Ausfachungswänden darf bei Fachwerk-, Skelett- und Schottensystemen auf einen statischen Nachweis verzichtet werden, wenn die Wände vierseitig gehalten sind und die Bedingungen nach Tabelle 54 erfüllt sind.
Vertikalschlitze ohne rechnerischen Nachweis sind unter den in Abschnitt 0.4 genannten Bedingungen zulässig. Horizontalschlitze entsprechend den Vorgaben nach Abschnitt 0.4 sind zulässig, wenn diese bei der Bemessung berücksichtigt werden.

Z-17.1-1093
Wienerberger DRYFIX Mauerwerk aus POROTON-Planhochlochziegeln-FZ7-LB2010 DRYFIX mit integrierter Wärmedämmung und POROTON DRYFIX Planziegel-Kleber

Antragsteller:
Wienerberger GmbH
Oldenburger Allee 26
30659 Hannover
und
Schlagmann Poroton GmbH & Co. KG
Ziegeleistraße 1
84367 Zeilarn

Bescheid – Geltungsdauer:
29. August 2013 – 29. August 2018

Die abZ erstreckt sich auf die Herstellung von Planhochlochziegeln mit integrierter Wärmedämmung (bezeichnet als „POROTON-Planhochlochziegel-FZ7-LB2010 DRYFIX") – Lochbild siehe z. B. Anlage 1 – und des „POROTON DRYFIX Planziegel-Klebers" und die Verwendung dieser Planhochlochziegel und des Klebers für Wienerberger DRYFIX Mauerwerk.
Die Planhochlochziegel haben eine Länge von 248 mm, eine Breite von 365 mm, 425 mm oder 490 mm und eine Höhe von 249 mm.
Die Planhochlochziegel werden in den Druckfestigkeitsklassen 6 und 8 in der Rohdichteklasse 0,55 (einschließlich Dämmstofffüllung) hergestellt.
Die Kammern der Planhochlochziegel werden werkseitig mit vorkonfektionierten nichtbrennbaren Mineralfaserdämmstoff-Formteilen versehen.
Die Planhochlochziegel haben besonders geringe Toleranzen bei der Ziegelhöhe und der Ebenheit und Planparallelität der Lagerflächen.
Die Planhochlochziegel werden im Läuferverband ohne Stoßfugenvermörtelung versetzt. In den Lagerfugen werden die Ziegel mit dem POROTON DRYFIX Planziegel-Kleber verklebt.
Die Anwendungsbedingungen und Festlegungen für die Berechnung des Wienerberger DRYFIX Mauerwerks aus POROTON-Planhochlochziegeln-FZ7-LB2010 DRYFIX gleichen den Anwendungsbedingungen der abZ Nr. Z-17.1-1093.

8.2 Planverfüllziegel

Z-17.1-1000
Mauerwerk aus Planfüllziegeln „PFZ-PU" und Mapura PU-Ziegel-Klebeschaum, verfüllt mit Beton

Antragsteller:
Mein Ziegelhaus GmbH & Co. KG
Märkerstraße 44
63755 Alzenau

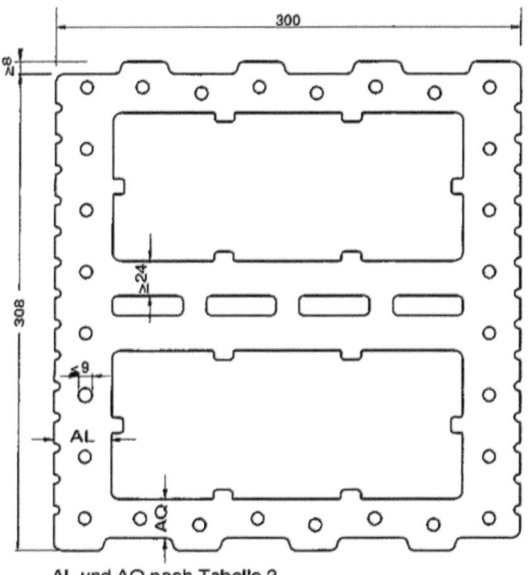

Bild 110. Planfüllziegel PFZ-PU, verklebt mit PU-Schaum und verfüllt mit Beton, Beispiel für Lochbild (Z-17.1-1000)

Bescheid – Änderung/Ergänzung – Geltungsdauer:
21. November 2017 – 21. November 2022

Gegenstand der abZ ist die Bemessung und Ausführung von Mauerwerk aus den Planhochlochziegeln (LD-Ziegel der Kategorie I) mit CE-Kennzeichnung (AVCP-Verfahren 2+) nach EN 771-1 [6] (bezeichnet als Planfüllziegel „PFZ-PU") und dem MAPURA PU-Ziegel-Klebeschaum für Verklebung der Lagerflächen der Planfüllziegel sowie Füllbeton für die dafür vorgesehenen Ziegellochungen für Verfüllziegelmauerwerk hergestellt.

Die Planhochlochziegel haben eine Länge von 308 mm, 373 mm oder 498 mm, eine Breite von 145 mm, 175 mm, 200 mm, 240 mm oder 300 mm und eine Höhe von 249 mm. Sie werden mit Druckfestigkeiten entsprechend den Druckfestigkeitsklassen 6, 8, 10, 12, 16 und 20 und Brutto-Trockenrohdichten entsprechenden Rohdichteklassen 0,70, 0,8 und 0,9 nach DIN V 105-100 [17] hergestellt.

Das Mauerwerk darf nur im Anwendungsbereich gemäß den in DIN EN 1996-3 [48], Abschnitte 4.2.1.1 und 4.2.1.2, in Verbindung mit DIN EN 1996-3/NA [49], NCI zu 4.2.1.1 und 4.2.1.2, bestimmten Voraussetzungen für die Anwendung der vereinfachten Berechnungsmethoden für den Nachweis der Standsicherheit verwendet werden.

Ausführung

Die Decken müssen vollflächig über die gesamte Wanddicke aufliegen. Die Planfüllziegel werden im Läuferverband ohne Stoßfugenvermörtelung mit ihren verzahnten Stirnflächen knirsch ineinander versetzt.

Beim Versetzen der Planfüllziegel ist darauf zu achten, dass die mit Beton zu verfüllenden Kammern senkrecht fluchten.

Die erste Ziegellage ist in ein Mörtelbett aus Normalmauermörtel nach DIN V 18580 [15] der Mörtelgruppe III zu verlegen. Das Mörtelbett ist als planebene waagerechte Lagerfläche herzustellen. Die Ziegellage ist sorgfältig hinsichtlich ihrer planebenen waagerechten Lage über die gesamte Geschossfläche auszurichten. Die Abweichung von der Ebenheit der Lagerfläche darf 1,0 mm je lfd. Meter Wandlänge nicht überschreiten. Nach dem Setzen der ersten Lage ist so lange zu warten, bis der Mörtel für die Weiterarbeit ohne Gefahr für die Standsicherheit der ersten Lage ausreichend erhärtet ist.

Auf dem so nivellierten Untergrund und auf die weiteren Planfüllziegel-Lagen werden zwei Klebestränge des MAPURA PU-Ziegel-Klebeschaums mit ca. 1 cm Durchmesser auf den Außenlängsstegen aufgetragen, jeweils 1 Strang in der Mitte jedes Außenlängssteges. Die Verarbeitungshinweise des Herstellers sind zu beachten. Das Aufsetzen und Andrücken der Planfüllziegel hat vor der Hautbildung des Klebers (abhängig von der Umgebungstemperatur und -feuchtigkeit) spätestens 3 Minuten nach dem Auftrag zu erfolgen. Unmittelbar nach dem Aufsetzen des Ziegels kann dieser noch geringfügig ausgerichtet werden. Bereits aufgesetzte Ziegel dürfen nicht mehr weggehoben bzw. verschoben werden. Es muss sichergestellt sein, dass die Planfüllziegel knirsch übereinander liegen.

Die Kleberaushärtung ist stark abhängig von der Umgebungstemperatur und Feuchtigkeit. Die Temperatur darf 0 °C nicht unterschreiten und 35 °C nicht überschreiten. Die Planfüllziegel müssen trocken sein.

Die weiteren Ziegellagen sind unter regelmäßiger Kontrolle der Maßgenauigkeit des Mauerwerks (insbesondere auch in den waagerechten Lagerfugen) zu versetzen. Die Ziegel müssen in beiden Wandaußenseiten bündig liegen. Die Lagerflächen müssen vor dem Auftragen des Klebers staubfrei abgefegt werden.

Als Füllbeton für die dafür vorgesehenen Ziegellöcher ist Normalbeton nach DIN EN 206-1 [23] sowie DIN EN 206-1/A1 [24] und DIN EN 206-1/A2 [25] in Verbindung mit DIN 1045-2 [27], Anwendungsregeln zu DIN EN 206-1 der Ausbreitmaßklasse F4 und F5 (Fließbeton) und mindestens der Festigkeitsklasse C12/15 zu verwenden. Der Füllbeton ist so auszuführen, dass eine vollständige Ausfüllung der senkrechten Kammern erreicht wird. Als Betonzuschlag für den Füllbeton dürfen nur Korngruppen bis 16 mm nach DIN EN 12620:2008-08 in Verbindung mit DIN 1045-2 [27], Tabelle U.1, verwendet werden. Das Größtkorn des Zuschlags muss mindestens 8 mm betragen. Das Verfüllen der Füllkanäle kann nach geschosshoher Aufmauerung der Wand erfolgen.

Vertikale Schlitze und Aussparungen sind im Mauerwerk nur zulässig
– bei Wanddicken ≥ 175 mm mit einer Schlitztiefe ≤ 15 mm,

– bei der Wanddicke 240 mm mit einer Schlitztiefe ≤ 20 mm und
– bei der Wanddicke 300 mm mit einer Schlitztiefe ≤ 25 mm

und Einzelschlitzbreiten nach DIN EN 1996-1-1/NA [41], Tabelle NA.19, Spalte 3, und einer Gesamtbreite von Schlitzen nach DIN EN1996-1-1/NA [41], Tabelle NA.19, Spalte 5. Sie dürfen ohne Berücksichtigung bei der Bemessung des Mauerwerks ausgeführt werden.
Horizontale und schräge Schlitze sind nur zulässig:
– bei Wanddicken ≥ 175 mm mit einer Schlitztiefe ≤ 15 mm,
– bei der Wanddicke 240 mm mit einer Schlitztiefe ≤ 20 mm und
– bei der Wanddicke 300 mm mit einer Schlitztiefe ≤ 25 mm

und einer Schlitzlänge ≤ 1,25 m unter Berücksichtigung von DIN EN 1996-1-1/NA [41], Tabelle NA.20, Fußnoten a und b. Sie dürfen ohne Berücksichtigung bei der Bemessung des Mauerwerks ausgeführt werden.

Z-17.1-1106
Mauerwerk aus Planfüllziegeln „PFZ-PU"
und Mein Ziegelhaus DRYFIX Planziegel-Kleber,
verfüllt mit Beton

Antragsteller:
Mein Ziegelhaus GmbH & Co. KG
Märkerstraße 44
63755 Alzenau

Bescheid – Geltungsdauer:
08. Mai 2014 – 08. Mai 2019

Die abZ erstreckt sich auf die Herstellung eines feuchtigkeitshärtenden Einkomponenten-Schaumklebers auf PU-Basis (bezeichnet als „Mein Ziegelhaus DRYFIX Planziegel-Kleber") und die Verwendung bestimmter Planhochlochziegel (bezeichnet als Planfüllziegel „PFZ-PU") zusammen mit diesem Kleber für die Verklebung der Lagerflächen der Planfüllziegel und Füllbeton für die dafür vorgesehenen Ziegellochungen für Mein Ziegelhaus DRYFIX Planfüllziegel-Mauerwerk (Beispiel Lochbild des Planfüllziegels s. Bild 110).
Die Planhochlochziegel sind LD-Ziegel nach DIN EN 771-1 [6] der Kategorie I mit den in der abZ genannten Eigenschaften.
Die Planhochlochziegel haben eine Länge von 308 mm, 373 mm oder 498 mm, eine Breite von 145 mm, 175 mm, 200 mm, 240 mm oder 300 mm und eine Höhe von 249 mm. Sie werden mit Druckfestigkeiten entsprechend den Druckfestigkeitsklassen 6, 8, 10, 12, 16 und 20 und Brutto-Trockenrohdichten entsprechend den Rohdichteklassen 0,70, 0,8 und 0,9 nach DIN V 105-100 [17] hergestellt.
Die Planhochlochziegel haben besonders geringe Toleranzen bei der Ziegelhöhe und der Ebenheit und Planparallelität der Lagerflächen.

Die Planfüllziegel werden im Läuferverband ohne Stoßfugenvermörtelung knirsch versetzt.
Beim Versetzen der Planfüllziegel ist darauf zu achten, dass die mit Beton zu verfüllenden Kammern senkrecht fluchten. In den Lagerfläche werden die Ziegel mit dem Mein Ziegelhaus DRYFIX Planziegel-Kleber nach der abZ verklebt.
Als Füllbeton für die dafür vorgesehenen Ziegellöcher ist Normalbeton nach DIN EN 206-1 [23] sowie DIN EN 206-1/A1 [24] und DIN EN 206-1/A2 [25] in Verbindung mit DIN 1045-2 [27] der Ausbreitmaßklasse F4 oder F5 (Fließbeton) und mindestens der Festigkeitsklasse C12/15 zu verwenden.
Das Mein Ziegelhaus DRYFIX Planfüllziegel-Mauerwerk darf nur im Anwendungsbereich gemäß den in DIN 1053-1 [4], Abschnitt 6.1, bzw. DIN EN 1996-3 [48], Abschnitte 4.2.1.1 und 4.2.1.2, in Verbindung mit DIN EN 1996-3/NA [49], NCI zu 4.2.1.1 und 4.2.1.2, bestimmten Voraussetzungen für die Anwendung des vereinfachten Verfahrens für den Nachweis der Standsicherheit verwendet werden.
Das Mein Ziegelhaus DRYFIX Planfüllziegel-Mauerwerk darf nur mit vollaufliegenden Decken (Auflagertiefe = Wanddicke) ausgeführt werden.
Das Mein Ziegelhaus DRYFIX Planfüllziegel-Mauerwerk darf innerhalb eines Geschosses nur zusammen mit herkömmlichem Mauerwerk aus Planhochlochziegeln und Dünnbettmörtel oder Mauerwerk aus Hochlochziegeln und Normalmauermörtel oder Leichtmauermörtel angewendet werden. Die Wände müssen stumpf gestoßen werden.
Die Bauart darf nicht in Erdbebengebieten der Zonen 2 und 3 nach DIN 4149 [10] angewendet werden.

Ausführung
Vertikale Schlitze und Aussparungen sind nur
– bei Wanddicken ≥ 175 mm mit einer Schlitztiefe ≤ 15 mm,
– bei der Wanddicke 240 mm mit einer Schlitztiefe ≤ 20 mm und
– bei der Wanddicke 300 mm mit einer Schlitztiefe ≤ 25 mm

und Einzelschlitzbreiten nach DIN 1053-1 [4], Tabelle 10, Spalte 5, und einer Gesamtbreite von Schlitzen nach DIN 1053-1 [4], Tabelle 10, Spalte 7, bzw. Einzelschlitzbreiten nach DIN EN 1996-1-1/NA [41], Tabelle NA.19, Spalte 3, und einer Gesamtbreite von Schlitzen nach DIN EN-1996-1-1/NA [41], Tabelle NA.19, Spalte 5, im Mauerwerk zulässig. Sie dürfen ohne Berücksichtigung bei der Bemessung des Mauerwerks ausgeführt werden.
Horizontale und schräge Schlitze sind nur
– bei Wanddicken ≥ 175 mm mit einer Schlitztiefe ≤ 15 mm,
– bei der Wanddicke 240 mm mit einer Schlitztiefe ≤ 20 mm und
– bei der Wanddicke 300 mm mit einer Schlitztiefe ≤ 25 mm

und einer Schlitzlänge ≤ 1,25 m unter Berücksichtigung von DIN 1053-1 [4], Tabelle 10, Fußnoten 1) und 2), bzw. von DIN EN 1996-1-1/NA [41], Tabelle NA.20, Fußnoten a und b, zulässig. Sie dürfen ohne Berücksichtigung bei der Bemessung des Mauerwerks ausgeführt werden.

Für die Ausführung der Schlitze dürfen nur Werkzeuge verwendet werden, mit denen die zulässige Schlitztiefe genau eingehalten werden kann.

Berechnung
Der Nachweis der Standsicherheit des Mauerwerks aus den Planfüllziegeln darf nach DIN 1053-1 [4] (siehe Abschnitt 3.2.2) oder nach DIN EN 1996 (siehe Abschnitt 3.2.3) erfolgen, sofern in der abZ nichts anderes bestimmt ist. Die Regeln von DIN 1053-1 dürfen mit den Regeln von DIN EN 1996 nicht kombiniert werden (Mischungsverbot).

Das Mauerwerk muss am unteren und oberen Ende in jedem Geschoss gegen seitliches Ausweichen gehalten sein, und die Decken müssen über die gesamte Wanddicke aufliegen.

Für Wände, die als Endauflager für Decken oder Dächer dienen, durch Wind beansprucht werden und nach DIN 1053-1 [4], Abschnitt 6.9.1, nachgewiesen werden, ist zusätzlich ein Nachweis der Mindestauflast der Wände zu führen. Dieser darf vereinfacht nach Abschnitt 0.1.1 erfolgen, sofern kein genauerer Nachweis geführt wird.

Der Teilsicherheitsbeiwert für das Material γ_M ist für den Nachweis im Grenzzustand der Tragfähigkeit abweichend von DIN EN 1996-1-1/NA [41], NDP zu 2.4.3 (1), Tabelle NA.1, für ständige und vorübergehende Bemessungssituationen mit 1,8 und für außergewöhnliche Bemessungssituationen mit 1,6 in Rechnung zu stellen.

Bei Anwendung der vereinfachten Berechnungsmethoden nach DIN EN 1996-3 [48] in Verbindung mit DIN EN 1996-3/NA [49] ist für Wände, die als Endauflager für Decken oder Dächer dienen und durch Wind beansprucht werden, ein Nachweis der Mindestauflast der Wände nach Abschnitt 0.1.2.1 zu führen. Bei Anwendung der weiter vereinfachten Berechnungsmethoden nach DIN EN 1996-3, Anhang A, gilt abweichend Abschnitt 0.1.2.2.

Bei Anwendung der weiter vereinfachten Berechnungsmethoden nach DIN EN 1996-3 [48], Anhang A, in Verbindung mit DIN EN 1996-3/NA [49], NCI zu Anhang A, gilt abweichend:
Der Traglastfaktor von Gleichung A.1 in Anhang A.2 beträgt:
$c_A = 0{,}5$ für $h_{ef}/t_{ef} \leq 18$
$c_A = 0{,}33$ für $18 < h_{ef}/t_{ef} \leq 21$ sowie generell bei Wänden als Endauflager im obersten Geschoss, insbesondere unter Dachdecken.

Z-17.1-1091
Wienerberger DRYFIX Mauerwerk aus POROTON-Planfüllziegeln-T DRYFIX und POROTON DRYFIX Planziegel-Kleber, verfüllt mit Beton

Antragsteller:
Wienerberger GmbH
Oldenburger Allee 26
30659 Hannover

und

Schlagmann Poroton GmbH & Co. KG
Ziegeleistraße 1
84367 Zeilarn

Bescheid – Geltungsdauer:
29. August 2013 – 29. August 2018

Die abZ erstreckt sich auf die Herstellung eines feuchtigkeitshärtenden Einkomponenten-Schaumklebers auf PU-Basis (bezeichnet als „POROTON DRYFIX Planziegel-Kleber") und die Verwendung bestimmter Planhochlochziegel (bezeichnet als „POROTON-Planfüllziegel-T DRYFIX") zusammen mit diesem Kleber für die Verklebung der Lagerflächen der Planfüllziegel und Füllbeton für die dafür vorgesehenen Ziegellochungen für Wienerberger DRYFIX Mauerwerk.

Die Planhochlochziegel sind LD-Ziegel nach DIN EN 771-1 [6] der Kategorie I mit den in der abZ genannten Eigenschaften.

Die Planhochlochziegel haben eine Länge von 248 mm, 308 mm, 373 mm oder 498 mm, eine Breite von 150 mm, 175 mm, 200 mm, 240 mm oder 300 mm und eine Höhe von 249 mm. Sie werden mit Druckfestigkeiten entsprechend den Druckfestigkeitsklassen 6, 8, 10, 12, 16 und 20 und Brutto-Trockenrohdichten entsprechend den Rohdichteklassen 0,7, 0,8 und 0,9 nach DIN V 105-100 [17] hergestellt.

Die Planfüllziegel werden im Läuferverband ohne Stoßfugenvermörtelung knirsch versetzt. Beim Versetzen der Planfüllziegel ist darauf zu achten, dass die mit Beton zu verfüllenden Kammern senkrecht fluchten. In den Lagerfugen werden die Ziegel mit dem POROTON DRYFIX Planziegel-Kleber verklebt. Als Füllbeton für die dafür vorgesehenen Ziegellöcher ist Normalbeton nach DIN EN 206-1 [23] sowie DIN EN 206-1/A1 [24] und DIN EN 206-1/A2 [25] in Verbindung mit DIN 1045-2 [27] der Ausbreitmaßklasse F4 oder F5 (Fließbeton) und mindestens der Festigkeitsklasse C12/15 zu verwenden.

Das Wienerberger DRYFIX Mauerwerk darf nur im Anwendungsbereich gemäß den in DIN 1053-1 [4] Abschnitt 6.1, bestimmten Voraussetzungen für die Anwendung des vereinfachten Verfahrens für den Nachweis der Standsicherheit verwendet werden. Das Wienerberger DRYFIX Mauerwerk darf darüber hinaus nur für Wände von Geschossbauten bis zu drei Vollgeschossen mit zusätzlichem Kellergeschoss, jedoch ohne zusätzliches Dachgeschoss, oder Geschossbauten bis zu zwei Vollgeschossen mit zusätzlichem Keller- und ausgebautem oder nicht ausgebautem Dachgeschoss angewendet werden. Die Gebäudehöhe über Oberkante Gelände darf 10 m nicht überschreiten. Das Wienerberger DRYFIX Mauerwerk darf nur bis zu einer lichten Geschosshöhe h_s (nach DIN 1053-1 [4], Abschnitt 6.7) von 3,00 m ausgeführt werden.

Die Stützweite der Decken darf 6,0 m nicht überschreiten; bei zweiachsig gespannten Decken gilt als Stützweite die kürzere der beiden Stützweiten.

Das Wienerberger DRYFIX Mauerwerk darf nicht angewendet werden für
a) nichttragende Außenschalen von zweischaligem Mauerwerk,
b) bewehrtes Mauerwerk,
c) erddruckbelastetes Mauerwerk,
d) Gewölbe, Bogen und gewölbte Kappen,
e) Schornsteinmauerwerk.

Die Bauart darf nicht in Erdbebengebieten der Zonen 2 und 3 nach DIN 4149 [10] angewendet werden.

Wienerberger DRYFIX Mauerwerk aus POROTON-Planfüllziegeln-T DRYFIX sollte wegen der gegenüber herkömmlichem Mauerwerk hohen plastischen Initialverformung innerhalb eines Geschosses zusammen nur mit tragenden oder aussteifenden Wänden oder Pfeilern aus Wienerberger DRYFIX Mauerwerk mit abZ verwendet werden. Dabei müssen die Wände stumpf gestoßen werden.

Es gelten die Festlegungen für vertikale, horizontale und schräge Schlitze sowie Aussparungen wie in Z-17.1-1106.

8.3 Porenbeton-Plansteine

Z-17.1-1080
Mauerwerk aus Porenbeton-Plansteinen und illbruck PU 700 Steinkleber

Antragsteller:
Tremco illbruck Productie B.V.
Vlietskade 1032
4241 WC Arkel
Niederlande

Bescheid – Geltungsdauer:
18. Januar 2013 – 8. Januar 2018

Die abZ erstreckt sich auf die Herstellung eines Polyurethan-Klebers (bezeichnet als „illbruck PU 700 Steinkleber") und die Verwendung dieses Klebers zusammen mit Porenbeton-Plansteinen mit besonderen Grenzabmaßen für Mauerwerk nach DIN 1053-1 [4] ohne Stoßfugenvermörtelung.

Die Porenbeton-Plansteine sind Porenbetonsteine nach DIN EN 771-4 [9] der Kategorie I mit den in der abZ genannten Eigenschaften.

Es dürfen Porenbeton-Plansteine mit Längen von 249 mm bis 624 mm, Breiten von 115 mm bis 500 mm und einer Höhe von 199 mm oder 249 mm mit Druckfestigkeiten entsprechend der Druckfestigkeitsklasse 2 mit Brutto-Trockenrohdichten entsprechend der Rohdichteklassen 0,35; 0,40; 0,45 und 0,50 und der Druckfestigkeitsklasse 4 mit Brutto-Trockenrohdichten entsprechend den Rohdichteklassen 0,55, 0,60, 0,65, 0,70 und 0,80 nach DIN V 4165-100 [11] verwendet werden.

Die Porenbeton-Plansteine werden im Verband ohne Stoßfugenvermörtelung versetzt. In den Lagerfugen werden die Porenbeton-Plansteine mit dem illbruck PU 700 Steinkleber verklebt.

Das Mauerwerk aus Porenbeton-Plansteinen und dem illbruck PU 700 Steinkleber wird als Einsteinmauerwerk unter Beachtung der Mindestwanddicken nach der abZ ausgeführt.

Das Mauerwerk aus Porenbeton-Plansteinen und dem illbruck PU 700 Steinkleber darf nur im Anwendungsbereich gemäß den in DIN 1053-1, Abschnitt 6.1, bestimmten Voraussetzungen für die Anwendung des vereinfachten Verfahrens für den Nachweis der Standsicherheit verwendet werden. Das Mauerwerk darf darüber hinaus nur für Wände von Geschossbauten bis zu drei Vollgeschossen mit zusätzlichem Kellergeschoss, jedoch ohne zusätzliches Dachgeschoss, oder Geschossbauten bis zu zwei Vollgeschossen mit zusätzlichem Keller- und ausgebautem oder nicht ausgebautem Dachgeschoss angewendet werden. Die Gebäudehöhe über Oberkante Gelände darf 10 m nicht überschreiten. Das Mauerwerk darf nur bis zu einer lichten Geschosshöhe h_s (nach DIN 1053-1, Abschnitt 6.7) von 3,00 m, bei erddruckbelasteten Wänden von 2,60 m ausgeführt werden, sofern nicht nach DIN 1053-1, Abschnitt 6.1, geringere lichte Wandhöhen einzuhalten sind.

Die Stützweite der Decken darf 6,0 m nicht überschreiten; bei zweiachsig gespannten Decken gilt als Stützweite die kürzere der beiden Stützweiten.

Das Mauerwerk aus Porenbeton-Plansteinen und illbruck PU 700 Steinkleber darf nicht angewendet werden für
a) Wände, die nicht durch Decken belastet oder nicht durch Decken horizontal gehalten sind; bereichsweise können Ersatzmaßnahmen hierfür vorgesehen werden,
b) Ausfachungswände von Fachwerk-, Skelett- und Schottensystemen,
c) Brüstungsmauerwerk bei Öffnungsbreiten (Rohbaumaß) über 1,25 m,
d) nichttragende Außenschalen von zweischaligem Mauerwerk,
e) bewehrtes Mauerwerk,
f) Gewölbe, Bogen und gewölbte Kappen,
g) Schornsteinmauerwerk.

Die Bauart darf nicht in Erdbebengebieten der Zonen 2 und 3 nach DIN 4149 [10] angewendet werden.

Das Mauerwerk aus Porenbeton-Plansteinen und dem illbruck PU 700 Steinkleber darf innerhalb eines Geschosses zusammen mit Mauerwerk aus Porenbeton-Plansteinen und Dünnbettmörtel (Mauerwerk im Dünnbettverfahren) nach der Norm DIN 1053-1 verwendet werden. Dabei müssen die Wände stumpf gestoßen werden.

Bild 111. Mauerwerk aus Porenbeton-Plansteinen und illbruck PU 700 Steinkleber (Z-17.1-1080)

Die Bauart darf nur bei Gebäuden mit vorwiegend ruhenden Nutzlasten gemäß DIN 1055-3 [19] bis zu Nutzlasten von 5 kN/m² angewendet werden, nicht jedoch bei Gebäuden mit einer Nutzung der Decken im Sinne von DIN 1055-3, Tabelle 1, Kategorie B3, C3, C4, C5, D2, D3 und E1, Kategorie F1 und F4 sowie unter Hubschrauberlandeplätzen.

Das Mauerwerk darf nicht für Wände verwendet werden, an das Anforderungen hinsichtlich ihrer Feuerwiderstandsfähigkeit gestellt werden.

Ausführung
Bezüglich der Mindestabmessungen des Mauerwerks gilt Folgendes:
– Außenwände müssen mindestens 240 mm dick sein.
– Zweischalige Haustrennwände dürfen 175 mm dick ausgeführt werden, wenn sie durch aussteifende Wände im Abstand von maximal 5,0 m gehalten sind; bezüglich der zulässigen Verkehrslast sind die Vorgaben in vorhergehende Abschnitt zu beachten.
– Die Breite von Pfeilern muss mindestens 500 mm betragen.
– Hinsichtlich der zulässigen lichten Geschosshöhe h_s siehe Vorgaben in vorhergehendem Abschnitt.

Das Mauerwerk muss auf seiner gesamten Länge durch Decken belastet sein. Bei durch die Decken nur einseitig belasteten Wänden muss die Deckenauflagertiefe mindestens über die halbe Wanddicke gehen und mindestens 120 mm betragen. Bei 175 m dicken zweischaligen Haustrennwänden ist die Decke auf der gesamten Wanddicke aufzulagern. Die Decken (auch Dachdecken) müssen als steife Scheibe ausgebildet sein; Ersatzmaßnahmen dafür, wie z. B. statisch nachgewiesene Ringbalken, sind unzulässig. Als Trennung zwischen Wand und Decke ist eine Bitumenbahn R500 vorzusehen.

Die Wände müssen mit Querwänden in den Abständen nach Tabelle 55 im Verband hergestellt werden. Der Verband muss durch gleichzeitiges Hochführen der Wände im Mauerwerksverband erfolgen; liegende oder stehende Verzahnung oder andere Maßnahmen sind unzulässig.

Tabelle 55. Maximale Abstände der aussteifenden Querwände

Dicke der auszusteifenden Wand [mm]	Maximaler Abstand der aussteifenden Wände [m]
≤ 150	4,5
175	6,0[1)]
200	7,0
≥ 240	8,0

1) bezüglich des maximalen Abstands bei zweischaligen Haustrennwänden mit 175 mm Wanddicke siehe vorhergehende Ausführung

Das Mauerwerk der einzelnen Geschosse muss übereinanderstehen. Auch bei Änderung in der Wanddicke muss das Mauerwerk so übereinanderstehen, dass der Querschnitt der dickeren Wand, die die untere sein muss, den Querschnitt der dünneren Wand umschreibt. Das Mauerwerk ist als Einstein-Mauerwerk im Läuferverband herzustellen. Die Steine sind ohne Vermörtelung der Stoßfugen so zu versetzen, dass sie dicht (knirsch) aneinanderstoßen.

Die erste Steinlage ist in ein Mörtelbett aus Normalmauermörtel nach DIN V 18580 [15] der Mörtelgruppe III zu verlegen. Das Mörtelbett ist dabei mithilfe des sogenannten Justierboys als planebene waagerechte Lagerfläche herzustellen. Die Steinlage ist sorgfältig hinsichtlich ihrer planebenen waagerechten Lage über die gesamte Geschossfläche auszurichten. Die Abweichung von der Ebenheit der Lagerfläche darf 1,0 mm je lfd. Meter Wandlänge nicht überschreiten. Nach dem Setzen der ersten Lage ist so lange zu warten, bis der Mörtel für die Weiterarbeit ohne Gefahr für die Standsicherheit der ersten Lage ausreichend erhärtet ist.

Auf dem so nivellierten Untergrund und auf die weiteren Steinlagen werden zwei Klebestränge des illbruck PU 700 Steinklebers mit ca. 3 cm Durchmesser mit einem Mittenabstand von 4 bis 5 cm aufgetragen und dann vollflächig mit einem geeigneten Werkzeug, z. B. Zahnspachtel, auf der Steinlage verteilt. Die Anzahl der Klebestränge ist abhängig von der Steinbreite. Die

Verarbeitungshinweise des Herstellers sind zu beachten. Der Steinkleber ist kollabierend eingestellt und darf etwas auf der Plansteinoberfläche verlaufen. Die vollflächige Kleberschicht sollte ca. 3 bis 5 mm dick sein. Das Aufsetzen und Andrücken der Porenbeton-Plansteine hat vor der Hautbildung des Steinklebers (abhängig von der Umgebungstemperatur und -feuchtigkeit) spätestens 5 Minuten nach dem Auftrag zu erfolgen. Unmittelbar nach dem Aufsetzen des Porenbeton-Plansteins kann dieser noch geringfügig ausgerichtet werden. Bereits aufgesetzte Porenbeton-Plansteine dürfen nicht mehr weggehoben bzw. verschoben werden. Es muss sichergestellt sein, dass die Porenbeton-Plansteine knirsch übereinander liegen.
Die Kleberaushärtung ist stark abhängig von der Umgebungstemperatur und Feuchtigkeit. Die Temperatur darf 0 °C nicht unterschreiten und 35 °C nicht überschreiten. Die Porenbeton-Plansteine müssen trocken sein.
Die weiteren Steinlagen sind unter regelmäßiger Kontrolle der Maßgenauigkeit des Mauerwerks auch in den waagerechten Lagerfugen zu versetzen. Die Steine müssen in beiden Wandaußenseiten bündig liegen. Die Lagerflächen müssen vor dem Auftragen des Klebers staubfrei abgefegt werden.
Das Mauerwerk aus Porenbeton-Plansteinen und dem illbruck PU 700 Steinkleber darf innerhalb eines Geschosses zusammen mit Mauerwerk aus Porenbeton-Plansteinen und Dünnbettmörtel (Mauerwerk im Dünnbettverfahren) nach der Norm DIN 1053-1 verwendet werden. Bei der Kombination mit Mauerwerk im Dünnbettverfahren müssen die Wände stumpf gestoßen werden.

Berechnung

Der Nachweis der Standsicherheit darf nur mit dem vereinfachten Nachweisverfahren nach DIN 1053-1, Abschnitt 6, geführt werden.
Abweichend von DIN 1053-1 ist die Standsicherheit des Mauerwerks in jedem Einzelfall nachzuweisen. Die Regeln der Norm, nach denen bestimmte Ausführungen ohne rechnerischen Nachweis erlaubt sind, gelten nicht.
Mauerwerk, das rechtwinklig zur Wandebene belastet wird (z. B. durch Erddruck, horizontale Einzellasten, aber auch durch Wind auf die Wandfläche), ist stets auch für diesen Lastfall rechnerisch nachzuweisen.
Die Rechenwerte der Eigenlast sind mit den Werten nach Tabelle 56 in Rechnung zu stellen (Werte ohne Putz). Die angegebenen oberen und unteren Grenzwerte sind bei der Berechnung so zu berücksichtigen, wie sie sich im ungünstigen Sinne auf die Bemessung des Mauerwerks auswirken.
Das Mauerwerk muss am unteren und oberen Ende in jedem Geschoss gegen seitliches Ausweichen gehalten sein (s. a. Abschnitt „Ausführung").
Für die Ermittlung der Knicklänge darf nur eine zweiseitige Halterung der Wände in Rechnung gestellt werden; dabei darf eine Abminderung der Knicklänge

Tabelle 56. Rechenwerte der Eigenlast, Werte ohne Putz (Z-17.1-1080)

Rohdichteklasse der Ziegel	Rechenwert der Eigenlast [kN/m³]	
	oberer Grenzwert	unterer Grenzwert
0,35	4,5	3,0
0,40	5,0	3,5
0,45	5,5	4,0
0,50	6,0	4,5
0,55	6,5	5,0
0,60	7,0	5,5
0,65	7,5	6,0
0,70	8,0	6,5
0,80	9,0	7,0

nach DIN 1053-1, Abschnitt 6.7.2, Punkt a) nicht angenommen werden, es gilt $h_k = h_s$.
Bei nicht über die volle Wanddicke aufliegender Decke darf der Nachweis der Standsicherheit mit dem vereinfachten Verfahren nach DIN 1053-1, Abschnitt 6.9.1, geführt werden, wenn abweichend bzw. zusätzlich Folgendes berücksichtigt wird:
Anstelle des Faktors k_2 nach DIN 1053-1, Abschnitt 6.9.1, ist zur Berücksichtigung der Traglastminderung durch Knicken

$$k_2 = (0{,}85 \cdot a/d) - 0{,}0011 \cdot \lambda^2$$

anzunehmen.
Hierbei ist
a Auflagertiefe der Decke
d Wanddicke λ Schlankheit der Wand mit h_k/d

Für den Faktor k_3 nach DIN 1053-1, Abschnitt 6.9.1, gilt zusätzlich

$$k_3 \leq a/d$$

Eine Erhöhung der zulässigen Druckspannungen nach DIN 1053-1, Abschnitt 6.9.3, ist nicht zulässig; es gelten auch in diesen Fällen die sonst zulässigen Druckspannungen.
Bei Wänden und Pfeilern, die rechtwinklig zu ihrer Ebene belastet werden, dürfen Biegezugspannungen nicht in Rechnung gestellt werden. Diese Wände und Pfeiler sind stets auch für diesen Lastfall nachzuweisen. Dabei darf die Tragwirkung nur senkrecht zu den Lagerfugen unter Ausschluss von Biegezugspannungen angenommen werden. Der Nachweis ist nach DIN 1053-1, Abschnitt 6.9.1, mit linearer Spannungsverteilung unter Ausschluss von Zugspannungen zu führen, wobei sich die Fugen rechnerisch höchstens bis zum Schwerpunkt des Querschnitts öffnen dürfen.
Für die Berechnung der dabei auftretenden Schubspannungen gilt DIN 1053-1, Abschnitt 6.9.5. Für die zulässige Schubspannung gilt abweichend davon

$$\text{zul } \tau = 0{,}12 \cdot \sigma_{Dm}$$

Wände, die für die Aufnahme von waagerechten Lasten (z. B. Windlasten) in Wandebene erforderlich sind (z. B. Windscheiben), sind abweichend von DIN 1053-1, Abschnitt 6.4, stets nach DIN 1053-1, Abschnitte 6.9.1 und 6.9.5, rechnerisch nachzuweisen. Für die zulässigen Schubspannungen gilt das weiter oben für rechtwinklig zu ihrer Ebene belastete Wände und Pfeiler Ausgeführte. Der rechnerische Ansatz von zusammengesetzten Querschnitten ist nicht zulässig.

Bei kombinierter Schubaussteifung des Gebäudes (s. Ende des Abschnitts „Ausführung") dürfen nur die Schubflächen zur Aussteifung des Gebäudes berücksichtigt werden, deren Lagerfugen vermörtelt sind. Abweichend von DIN 1053-1, Abschnitt 6.9.4, dürfen Zugspannungen und Biegezugspannungen nicht in Rechnung gestellt werden.

9 Bewehrtes Mauerwerk

9.1 Bewehrung für bewehrtes Mauerwerk

Bewehrtes Mauerwerk im Sinne der Norm DIN EN 1996-1-1 ist tragendes Mauerwerk, bei dem die Bewehrung statisch in Rechnung gestellt wird.

Z-17.1-541
MURFOR-Bewehrungselemente
aus nichtrostendem Stahl für Mauerwerksstürze in Verblendschalen

Antragsteller:
Bekaert GmbH
Siemensstraße 24
61267 Neu-Anspach

Bescheid – Geltungsdauer:
9. November 2015 – 2. Oktober 2020

Das MURFOR-Bewehrungssystem wird für Mauerwerksstürze in Verblendschalen aus Ziegelmauerwerk nach DIN 1053-1 [4] bzw. nach DIN EN 1996-1-1 [40] in Verbindung mit DIN EN 1996-1-1/NA [41] und DIN EN 1996-2 [46] in Verbindung mit DIN EN 1996-2/NA [47] verwendet. Es besteht aus MURFOR-Bewehrungselementen und sogenannten Sturzhaken aus austenitischem nichtrostenden Stahl. Die MURFOR-Bewehrungselemente sind gitterförmig ausgebildet mit Längsdrähten aus gerippten Bewehrungsstahl und Diagonaldrähten aus glattem Bewehrungsstahl, welche untereinander durch elektrisches Widerstandspunktschweißen verbunden werden. Es werden die Typen MURFOR GER/S, MURFOR +S/4,56 und MURFOR +S/3,65 unterschieden (s. Bild 112). Bewehrungselemente des Typs MURFOR GER/S bestehen aus Längsdrähten $\varnothing$ 5 mm und Diagonaldrähten $\varnothing$ 3,75 mm; Bewehrungselemente des Typs MURFOR +S/4,56 bestehen aus Längsdrähten $\varnothing$ 4,56 mm und Diagonaldrähten $\varnothing$ 3,75 mm; Bewehrungselemente des Typs MURFOR +S/3,65 bestehen aus Längsdrähten $\varnothing$ 3,65 mm und Diagonaldrähten $\varnothing$ 3,0 mm. Die Stürze dürfen nur mit untergehängter Grenadierschicht, die durch die Sturzhaken zu sichern ist, ausgebildet werden. Für 90 mm dicke Verblendschalen sind Sturzhaken LHK/S 150 und für 115 mm dicke Verblendschalen Sturzhaken LHKS 175 vorgesehen. Die lichte Weite der Stürze darf 3010 mm bei 115 mm dicken Verblendschalen und 2510 mm bei 90 mm dicken Verblendschalen nicht überschreiten. Die Ausführung der Stürze darf nur in Wandbereichen bis maximal 20 m über Gelände erfolgen.

Das MURFOR-Bewehrungssystem darf bei Umweltbedingungen entsprechend den Expositionsklassen XC1 bis XC4 sowie XF1 und XA1 gemäß DIN EN 206-1 [23] sowie DIN EN 206-1/A1 [24] und DIN EN 206-1/A2 [25] in Verbindung mit DIN 1045-2 [27] verwendet werden. Die MURFOR-Bewehrungselemente müssen in Normalmauermörtel nach DIN V 18580 [15] mindestens der Mörtelgruppe IIa oder in Normalmauermörtel nach DIN EN 998-2 [35] mit den in DIN V 20000-412 [34], Tabelle 1, geforderten Mörteleigenschaften mindestens für die Mörtelgruppe IIa eingebettet werden.

In der abZ ist darüber hinaus die Herstellung sogenannter Sturzhaken geregelt und die Verwendung der MURFOR-Bewehrungselemente zusammen mit den Sturzhaken für Stürze in nichttragenden Verblendschalen aus Ziegelmauerwerk. Bild 113 zeigt die Sturzausbildung mit Sturzhaken.

Hinsichtlich der Berechnung und Ausführung wird auf den Zulassungsbescheid verwiesen.

9.2 Hochlochziegel für bewehrtes Mauerwerk

In diesem Bereich gibt es derzeit keine gültigen bauaufsichtlichen Zulassungen.

9.3 Stürze

Die Richtlinie für die Bemessung und Ausführung von Flachstürzen aus dem Jahre 1977 wurde unter Federführung der Deutschen Gesellschaft für Mauerwerksbau (DGfM) 2005 überarbeitet (Umstellung auf das Teilsicherheitskonzept).

Wegen der im Schlussentwurf (Fassung Mai 2005) enthaltenen von DIN 1045-1 abweichenden Regelungen zum Korrosionsschutz der Bewehrung sollte dieser Entwurf in eine abZ überführt werden. Die ursprüngliche Absicht, dies über eine Verbandszulassung der DGfM zu realisieren, wurde jedoch wieder verlassen. Für die betroffenen Gruppen bzw. Hersteller wurden inzwischen jeweils eigene Zulassungen erteilt.

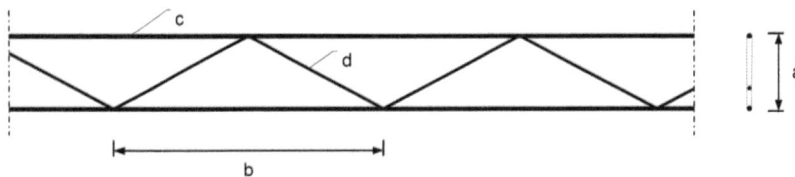

Elementtyp	Abmessungen			
	a [mm]	b [mm]	c [mm]	d [mm]
Murfor® GER/S/050	50 ± 5	406 ± 3%	5,0 ± 0,10	3,75 ± 0,10
Standardlänge: 3,05m - andere Längen möglich				

a)

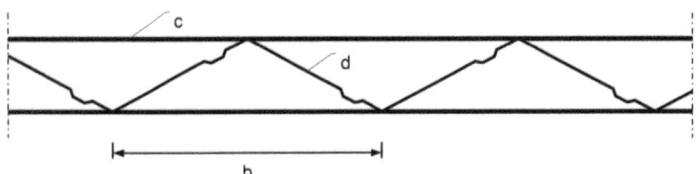

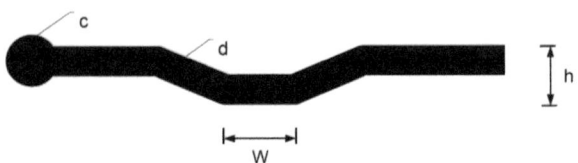

Elementtyp	Abmessungen			
	a [mm]	b [mm]	c [mm]	d [mm]
Murfor® + S/3,65/050	50 ± 5	406 ± 3%	3,65 ± 0,10	3,0 ± 0,10
Murfor® + S/4,56/050	50 ± 5	406 ± 3%	4,56 ± 0,10	3,75 ± 0,10
	W = 22 ± 2 mm h = 6 mm (indikativ)			
Standardlänge: 3,05 m - andere Längen möglich				

b)

Bild 112. MURFOR-Bewehrungselemente – Abmessungen

Z-17.1-973
Flachstürze mit bewehrten Zuggurten in Ziegel-Formsteinen

Antragsteller:
Arbeitsgemeinschaft Mauerziegel im Bundesverband der Deutschen Ziegelindustrie e. V.
Schaumburg-Lippe-Straße 4
53113 Bonn

Bescheid – Geltungsdauer:
4. August 2014 – 17. März 2018

Die Flachstürze bestehen aus vorgefertigten, bewehrten Zuggurten, die im Verbund mit einer örtlich hergestellten Druckzone aus Mauerwerk oder Beton oder beidem ihre Tragfähigkeit erlangen.

Die Zuggurte sind bewehrte Stahlbeton-Fertigteile, die in schalenförmigen Ziegel-Formsteinen hergestellt werden. Sie werden mit Breiten von 90 mm bis 240 mm und einer Höhe von 60 mm, 71 mm oder 113 mm hergestellt.
Die Flachstürze dürfen nur als Einfeldträger mit direkter Lagerung an ihrer Unterseite und mit einer größten effektiven Stützweite von 3,00 m verwendet werden. Die Mindestauflagerlänge beträgt 115 mm. Bei Balken-Rippendecken muss im Bereich der Stürze zur Lastverteilung ein Stahlbetonbalken angeordnet werden. Eine unmittelbare Belastung der Zuggurte durch Einzellasten ist unzulässig.
Es dürfen mehrere Zuggurte nebeneinander verlegt werden, wenn die Druckzone in ihrer Breite alle Zug-

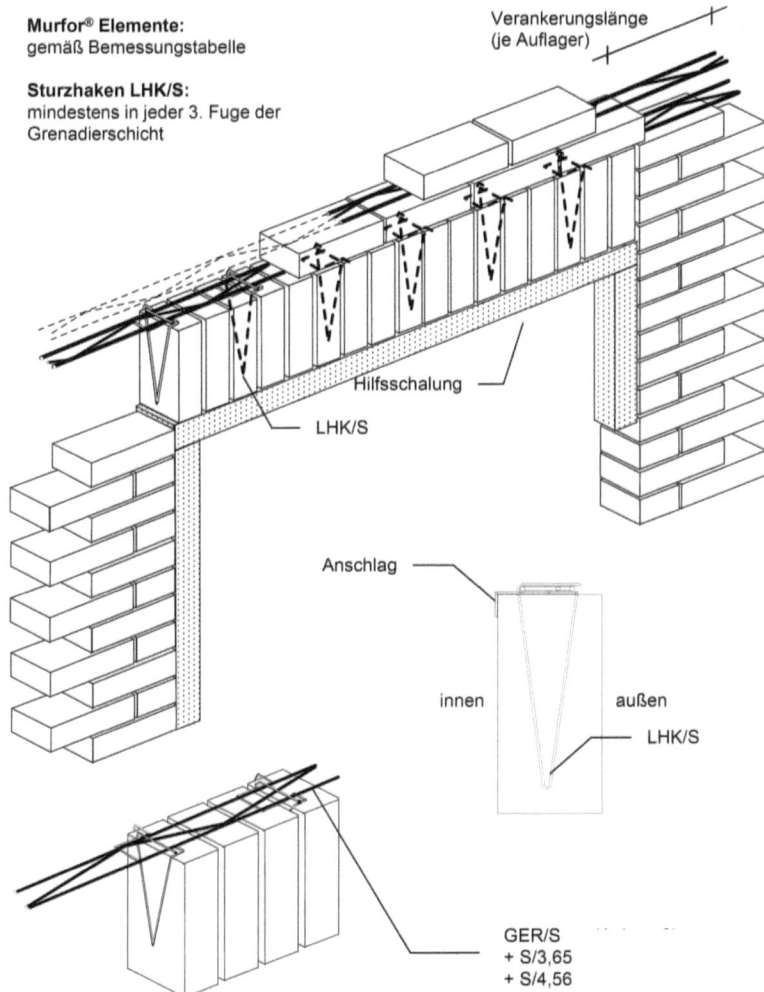

Bild 113. Sturzausbildung mit Sturzhaken

gurte erfasst. Die Breite der Zuggurte muss in der Summe der Wanddicke entsprechen.

Die Flachstürze dürfen nur in Gebäuden mit vorwiegend ruhenden Einwirkungen gemäß DIN EN 1992-1-1/NA [39], NCI zu 1.5.2, NA 1.5.2.6 und NA 1.5.2.7, verwendet werden.

Die Druckzone wird aus Einsteinmauerwerk im Verband nach DIN 1053-1 [4] bzw. nach DIN EN 1996-1-1 [40] in Verbindung mit DIN EN 1996-1-1/NA [41] und DIN EN 1996-2 [46] in Verbindung mit DIN EN 1996-2/NA [47] mit vollständig vermörtelten Stoß- und Lagerfugen oder aus Beton mindestens der Festigkeitsklasse C12/15 bzw. LC12/13 – sofern zur Einhaltung der Anforderungen an die Dauerhaftigkeit nicht eine höhere Betonfestigkeitsklasse erforderlich ist – oder aus Mauerwerk und Beton hergestellt.

Die Höhe der Druckzone muss mindestens 125 mm betragen.

Für die Druckzone aus Mauerwerk müssen die Steine mindestens die Anforderungen an die Druckfestigkeitsklasse 12 erfüllen. Es dürfen die folgenden Steine für Mauerwerk mit Normalmauermörtel verwendet werden:
– Voll- oder Hochlochziegel mit Lochung A nach DIN V 105-100 [17] bzw. DIN EN 771-1 [6] in Verbindung mit DIN 20000-401 [30], Tabelle A.1, wobei Hochlochziegel mit versetzten oder diagonal verlaufenden Stegen nur verwendet werden dürfen, wenn sie mindestens die Anforderungen an die Druckfestigkeitsklasse 20 erfüllen und der Querschnitt keine Grifföffnungen aufweist;
– Kalksand-Voll- und -Blocksteine nach DIN V 106 [18] bzw. DIN EN 771-2 [7] in Verbindung mit DIN V 20000-402 [31];
– Vollsteine und Vollblöcke aus Leichtbeton nach DIN V 18152-100 [13] bzw. DIN EN 771-3 [8] in Verbindung mit DIN V 20000-403 [32];

- Vollsteine und Vollblöcke aus Beton nach DIN V 18153-100 [14] bzw. DIN EN 771-3 [8] in Verbindung mit DIN V 20000-403 [32].

Für die Druckzone dürfen auch Kalksand-Loch- und -Hohlblocksteine nach DIN V 106 [18] bzw. DIN EN 771-2 [7] in Verbindung mit DIN V 20000-402 [31] verwendet werden, wenn sie mindestens die Anforderungen an die Druckfestigkeitsklasse 12 erfüllen.

Als Mörtel ist Normalmauermörtel nach DIN V 18580 [15] mindestens der Mörtelgruppe IIa oder ein Normalmauermörtel nach DIN EN 998-2 [35] mit den in DIN V 20000-412 [34], Tabelle 1, geforderten Mörteleigenschaften mindestens für die Mörtelgruppe IIa zu verwenden.

Sicherheitskonzept

Für die Bemessung der Flachstürze gilt das in DIN EN 1990:2010-12 in Verbindung mit DIN EN 1990/NA:2010-12 festgelegte Sicherheitskonzept mit den in DIN EN 1992-1-1/NA [39] genannten bauartspezifischen Festlegungen.

Die Teilsicherheitsbeiwerte für die Einwirkungen und die Kombinationsbeiwerte sind unter Berücksichtigung der in DIN EN 1992-1-1/NA [39] genannten bauartspezifischen Festlegungen DIN EN 1990 in Verbindung mit DIN EN 1990/NA zu entnehmen.

Als Teilsicherheitsbeiwerte zur Bestimmung des Tragwiderstands bei ständigen und vorübergehenden Bemessungssituationen sind für Beton und Mauerwerk $\gamma_c = \gamma_m = 1,5$ und für Betonstahl $\gamma_s = 1,15$ anzusetzen.

Biegetragfähigkeit

Die Biegetragfähigkeit der Flachstürze ist nach DIN EN 1992-1-1 [38] in Verbindung mit DIN EN 1992-1-1/NA [39] im Grenzzustand der Tragfähigkeit unter Berücksichtigung des nicht proportionalen Zusammenhangs zwischen Spannung und Dehnung nachzuweisen.

Bei der Bemessung darf vorausgesetzt werden, dass sich die Dehnungen der einzelnen Fasern des Querschnitts wie ihre Abstände von der Null-Linie verhalten. Der für die Bemessung maßgebende Zusammenhang zwischen Spannung und Dehnung darf wie folgt angesetzt werden:
- für Beton und vereinfachend auch für Mauerwerk entsprechend DIN EN 1992-1-1 [38], Abschnitt 3.1.6 und 3.1.7, in Verbindung mit DIN EN 1992-1-1/NA [39], NDP zu 3.1.6, wobei für Mauerwerk der Abminderungsbeiwert α mit 0,85 anzunehmen und die Dehnung ε_b auf $-2‰$ zu begrenzen ist;
- für Leichtbeton entsprechend DIN EN 1992-1-1 [38], Abschnitt 3.1.6 und 3.1.7, unter Berücksichtigung von DIN EN 1992-1-1 [38], Abschnitt 11.3.5 (1)P, in Verbindung mit DIN EN 1992-1-1/NA [39], NDP zu 11.3.5 (1)P;
- für Betonstahl entsprechend DIN EN 1992-1-1 [38], Abschnitt 3.2.7, in Verbindung mit DIN EN 1992-1-1/NA [39], wobei abweichend von NDP zu 3.2.7 (2) die Stahldehnung ε_s auf den Wert $\varepsilon_{ud} = 0,005$ zu begrenzen ist.

Die charakteristische Druckfestigkeit
- von Beton ist DIN EN 1992-1-1 [38], Tabelle 3.1, zu entnehmen, wobei rechnerisch höchstens die Festigkeit eines Betons C20/25 angenommen werden darf;
- von Leichtbeton ist DIN EN 1992-1-1 [38], Tabelle 11.3.1, zu entnehmen, wobei rechnerisch höchstens die Festigkeit eines Leichtbetons LC20/22 angenommen werden darf;
- von Mauerwerk aus Steinen der Druckfestigkeitsklassen ≥ 12 darf mit $f_k = 2,9$ N/mm² angenommen werden;
- von Mauerwerk aus Loch- bzw. Hohlblocksteinen der Druckfestigkeitsklassen ≥ 12 darf mit $f_k = 2,0$ N/mm² angenommen werden.

Bei Druckzonen aus Mauerwerk und Beton dürfen beide Baustoffe entsprechend den Dehnungen ihrer Spannungs-Dehnungslinien beansprucht werden. Hierbei darf über Decken oder Ringankern vorhandenes Mauerwerk oder Beton nicht in Rechnung gestellt werden. Die statische Nutzhöhe ist bei der Bemessung rechnerisch auf den Wert $d = l_{eff}/2,4$ zu begrenzen.

Dabei ist
d   die statische Nutzhöhe
l_{eff} die effektive Stützweite

Querkrafttragfähigkeit

Im Grenzzustand der Tragfähigkeit ist nachzuweisen:

$$V_{Ed} \leq V_{Rd}$$

Dabei ist
V_{Ed} der Bemessungswert der einwirkenden Querkraft
V_{Rd} der Bemessungswert der Querkrafttragfähigkeit

Der Bemessungswert der einwirkenden Querkraft ist für die rechnerische Auflagerlinie zu ermitteln. Für den Bemessungswert der Querkrafttragfähigkeit gilt:

$$V_{Rd} = f_{vdf} \cdot \frac{\lambda + 0,4}{\lambda - 0,4} \cdot b \cdot d$$

Dabei ist
f_{vdf} der Bemessungswert der Schubfestigkeit des Flachsturzes mit $f_{vdf} = 0,14$ N/mm²
λ die Schubschlankheit
b   die Sturzbreite
d   die statische Nutzhöhe mit $d \leq \frac{l_{eff}}{2,4}$

Für die Schubschlankheit gilt allgemein:

$$\lambda = \frac{\max M_{Ed}}{\max V_{Ed} \cdot d} \geq 0,6$$

Dabei ist
max M_{Ed} der Bemessungswert des größten Biegemoments
max V_{Ed} der zugehörige Bemessungswert der größten Querkraft

Tabelle 57. Feuerwiderstandsklassen nach DIN 4102-2 für Zuggurte mit schalenförmigen Ziegel-Formsteinen

Mindest- Zuggurthöhe h [mm]	Betondeckung c_{min} [mm]	Schalendicke s_{min} [mm]	Mindestbreite b in mm Feuerwiderstandsklasse-Benennung [1]			
			F 30-A	F 60-A	F 90-A	F 120-A
71	15	15	(115)[1]	(115)[1]	(115)[1]	–
113	20	15	115	115	175 (115)[1]	–

[1] Die ( )-Werte gelten für Stürze mit 3-seitigem Putz nach DIN 4102-4, Abschnitt 4.5.2.10. Auf den Putz an der Sturzunterseite kann bei Anordnung von vermörtelten Stahlzargen oder Holzzargen verzichtet werden.

Bei Gleichlast gilt für die Schubschlankheit vereinfacht:

$$\lambda = \frac{l_{eff}}{4 \cdot d} \geq 0{,}6$$

Wenn Einzellasten die einwirkende Querkraft beeinflussen, ist ein genauer Nachweis der Querkrafttragfähigkeit erforderlich.
Der Nachweis der Auflagerpressung ist in jedem Einzelfall zu führen.

Verankerung der Bewehrung

Die Verankerung der Bewehrung ist nach DIN EN 1992-1-1 [38] in Verbindung mit DIN EN 1992-1-1/ NA [39] nachzuweisen. Hierbei darf das Versatzmaß mit $a_1 = 0{,}75 \cdot d$ angesetzt werden.
Ist der mit dieser Annahme nach DIN EN 1992-1-1/ NA [39], Gleichung (9.3DE), ermittelte Bemessungswert der zu verankernden Zugkraft am Endauflager F_{Ed} größer als der an der Stelle des größten Biegemomentes vorhandene, darf die von der Bewehrung am Endauflager aufzunehmende Zugkraft angesetzt werden mit:

$$F_{Ed} = \frac{\max M_{Ed}}{z}$$

Dabei ist
$\max M_{Ed}$ Bemessungswert des Biegemoments
z der innere Hebelarm

Es dürfen die Bemessungswerte der Verbundspannung für gute Verbundbedingungen nach DIN EN 1992-1-1 [38], Abschnitt 8.4.2, angesetzt werden. Für Leichtbeton sind diese Werte mit dem Faktor η_1 nach DIN EN 1992-1-1 [38], Abschnitt 8.4.2, zu ermitteln.

Grenzzustand der Gebrauchstauglichkeit

Die Rissbreitenbeschränkung im Grenzzustand der Gebrauchstauglichkeit darf bei Flachstürzen, die nach der abZ bemessen und ausgeführt werden, als erfüllt angesehen werden, wenn die Querschnittsfläche der Bewehrung des Zuggurts nicht weniger als 0,05 % des wirksamen Flachsturz-Querschnitts beträgt, der sich aus dem Produkt der statischen Nutzhöhe d und der Breite b bestimmt.

Bei Flachstürzen, die nach der abZ bemessen und ausgeführt werden, darf im Allgemeinen davon ausgegangen werden, dass die vertikale Durchbiegung weder die ordnungsgemäße Funktion noch das Erscheinungsbild des Flachsturzes selbst oder angrenzender Bauteile beeinträchtigt. Die Biegeschlankheit beträgt mit den nach der abZ zulässigen Abmessungen $l_{eff}/d < 20$.

Brandschutz

Für die Einstufung von Flachstürzen in Feuerwiderstandsklassen nach DIN 4102-2 [53] gilt Tabelle 57, sofern nicht für das Mauerwerk nach DIN 4102-4 [55], Abschnitt 4.5, eine größere Breite erforderlich ist.

Z-17.1-981
Nichttragende Flachstürze aus Zuggurten in Ziegel-Formsteinen mit oder ohne Wärmedämmung und Ziegelmauerwerk mit unvermörtelten Stoßfugen

Antragsteller:
Arbeitsgemeinschaft Mauerziegel im Bundesverband der Deutschen Ziegelindustrie e. V.
Schaumburg-Lippe-Straße 4
53113 Bonn

Bescheid – Geltungsdauer:
1. August 2014 – 6. Dezember 2018

Die abZ erstreckt sich auf die Herstellung und Verwendung von nichttragenden Flachstürzen aus vorgefertigten, schlaff bewehrten Zuggurten, die im Verbund mit einer örtlich hergestellten Druckzone aus Ziegelmauerwerk mit unvermörtelten Stoßfugen ihre Tragfähigkeit erlangen. Die Zuggurte dürfen nur durch die Eigenlast des darüber liegenden Mauerwerks belastet werden. Dies ist ggf. durch eine entsprechende Ausbildung von Massivdecken oder Anordnung von Stahlbetonbalken im Bereich der Öffnungen sicherzustellen.
Die Zuggurte sind bewehrte Stahlbeton-Fertigteile, die in schalenförmigen Ziegel-Form-Steinen mit oder ohne Wärmedämmung hergestellt werden. Zuggurte ohne Wärmedämmung werden mit Breiten von 90 mm bis 240 mm und einer Höhe von 71 mm oder 113 mm hergestellt. Zuggurte mit Wärmedämmung werden mit ei-

ner Breite von 300 mm, 365 mm, 425 mm und 490 mm und einer Höhe von 113 mm hergestellt.
Für die Herstellung der Druckzone aus Ziegelmauerwerk dürfen nur Mauerziegel verwendet werden, die den in der abZ gestellten Anforderungen entsprechen, wobei eine Mindesthöhe der Übermauerung von 250 mm nicht unterschritten und eine maximale Höhe der Übermauerung von 1000 mm nicht überschritten werden darf. Abweichend hiervon darf die Druckzone mit einer Mindesthöhe von 125 mm ausgeführt werden, wenn 113 mm hohe Zuggurte mit Wärmedämmung nach Anlage 1 der abZ verwendet werden und die Druckzone aus Ziegeln der Rohdichteklasse ≤ 0,90 hergestellt wird. Dies gilt auch für 113 mm hohe Zuggurte ohne Wärmedämmung, die zusätzliche Anforderungen an den Mindestbetonquerschnitt und die Lage der Bewehrung erfüllen, wobei bei diesen auch bauseits zwischen den Zuggurten eine Wärmedämmung angeordnet werden darf.
Die Flachstürze dürfen nur als Einfeldträger mit direkter Lagerung an ihrer Unterseite und für Öffnungen mit einer lichten Weite von höchstens 2250 mm verwendet werden.
Die Mindestauflagerlänge beträgt 115 mm.
Es dürfen mehrere Zuggurte nebeneinander verlegt werden, wenn die Druckzone in ihrer Breite alle Zuggurte erfasst. Zuggurte mit Wärmedämmung dürfen entsprechend ihrer Breite in mindestens 300 mm, 365 mm, 425 mm bzw. 490 mm dicken Wänden verwendet werden. Bei Wanddicken größer als 365 mm dürfen auch Zuggurte mit Wärmedämmung zusammen mit mindestens 90 mm breiten Zuggurten ohne Wärmedämmung eingesetzt werden.
Die Flachstürze dürfen nur in Gebäuden mit vorwiegend ruhenden Einwirkungen gemäß DIN EN 1992-1-1/NA [39], NCI zu 1.5.2, NA 1.5.2.6 und NA 1.5.2.7, verwendet werden.
Die Flachstürze dürfen nicht verwendet werden in Vormauer- und Verblendschalen von zweischaligen Außenwänden.

Z-17.1-1076
Flachstürze mit bewehrten Zuggurten in Kalksand-Formsteinen

Antragsteller:
Baustoffwerke Löbnitz GmbH & Co. KG
Industriestraße 1
04509 Löbnitz

Bescheid – Geltungsdauer:
25. Januar 2018 – 12. Oktober 2022

Die abZ erstreckt sich auf die Herstellung und Verwendung von Flachstürzen aus vorgefertigten, bewehrten Zuggurten, die im Verbund mit einer örtlich hergestellten Druckzone aus Mauerwerk oder Beton oder beidem ihre Tragfähigkeit erlangen.
Die Zuggurte sind bewehrte Stahlbeton-Fertigteile, die in schalenförmigen Kalksand-Formsteinen hergestellt werden. Sie werden mit Breiten von 115 mm bis 240 mm und einer Höhe von 71 mm, 113 mm oder 123 mm hergestellt.
Für die Herstellung der Druckzone dürfen nur Baustoffe verwendet werden, die den in der abZ gestellten Anforderungen entsprechen.
Die Flachstürze dürfen nur als Einfeldträger mit direkter Lagerung an ihrer Unterseite und mit einer größten effektiven Stützweite von 3,00 m verwendet werden. Die Mindestauflagerlänge beträgt 115 mm. Bei Balken-Rippendecken muss im Bereich der Stürze zur Lastverteilung ein Stahlbetonbalken angeordnet werden. Eine unmittelbare Belastung der Zuggurte durch Einzellasten ist unzulässig.
Es dürfen mehrere Zuggurte nebeneinander verlegt werden, wenn die Druckzone in ihrer Breite alle Zuggurte erfasst. Die Breite der Zuggurte muss in der Summe der Wanddicke entsprechen.
Die Flachstürze dürfen nur in Gebäuden mit vorwiegend ruhenden Einwirkungen gemäß DIN EN 1992-1-1/NA [39], NCI zu 1.5.2, NA 1.5.2.6 und NA 1.5.2.7 verwendet werden.
Die im Hinblick auf die Dauerhaftigkeit der Zuggurte zulässigen Umgebungsbedingungen (Expositionsklassen) richten sich in Abhängigkeit von der Betondeckung und Betonfestigkeitsklasse nach den Anforderungen von DIN EN 1992-1-1 [38], Abschnitt 4, in Verbindung mit DIN EN 1992-1-1/NA [39], NCI bzw. NDP zu Abschnitt 4.

Ausführung

Es dürfen mehrere Zuggurte nebeneinander verlegt werden, wenn die Druckzone in ihrer Breite alle Zuggurte erfasst. Die Breite der Zuggurte muss in der Summe der Wanddicke entsprechen. Die Fugenbreite zwischen zwei Zuggurten darf höchstens 15 mm betragen.
Die Montagestützweite der Zuggurte beim Einbau darf höchstens 1,25 m betragen: Die Montageunterstützung darf erst entfernt werden, wenn die Druckzone eine ausreichende Festigkeit erreicht hat. Im Allgemeinen genügen 7 Tage. Bei Lufttemperaturen unter +5 °C ist die Ausschalfrist zu verlängern. Alle Lasten aus Fertigteildecken oder Schalungen für Ortbetondecken müssen bis dahin gesondert abgefangen werden.
Die Zuggurte sind am Auflager in ein Mörtelbett aus Normalmauermörtel nach der abZ bzw., wenn die auszugleichenden Toleranzen dies zu lassen, Dünnbettmörtel nach der abZ zu verlegen.
Beschädigte Zuggurte dürfen nicht verwendet werden. Die Oberseite der Zuggurte ist vor dem Aufmauern oder Aufbetonieren sorgfältig von Schmutz zu reinigen und anzunässen (mattfeucht).

Berechnung

Die Auflagertiefe muss mindestens 115 mm betragen, sofern für den Nachweis der Verankerung der Bewehrung oder für den Nachweis der Auflagerpressung nach der abZ nicht größere Werte erforderlich sind.

Bei teilaufliegenden Decken dürfen zur Bemessung der Stürze nur der Bereich der Druckzone sowie nur die Bewehrung angesetzt werden, welche direkt unterhalb der teilaufliegenden Decke liegen, sofern nicht unter Berücksichtigung der Verformungen am Wand-Decken-Knoten ein genauerer Nachweis unter Ausschuss einer Lastausbreitung über die unvermörtelten Stoßfugen bei mehreren nebeneinander liegenden Zuggurten erfolgt.

Anforderungen an die Druckzone:
– Die Druckzone ist aus Einsteinmauerwerk im Verband nach DIN EN 1996-1-1 in Verbindung mit DIN EN 1996-1-1/NA und DIN EN 1996-2 in Verbindung mit DIN EN 1996-2/NA mit vollständig vermörtelten Stoß- und Lagerfugen oder aus Beton mindestens der Festigkeitsklasse C12/15 bzw. LC12/13 – sofern zur Einhaltung der Anforderungen an die Dauerhaftigkeit nicht eine höhere Betonfestigkeitsklasse erforderlich ist – oder aus Mauerwerk und Beton herzustellen. Die Höhe der Druckzone muss mindestens 125 mm betragen.
– Für die Druckzone aus Mauerwerk müssen die Steine mindestens die Anforderungen an die Druckfestigkeitsklasse 12 erfüllen. Es dürfen die folgenden Steine verwendet werden:
  a) für Mauerwerk mit Normalmauermörtel in den Stoß- und Lagerfugen
  • Voll- oder Hochlochziegel mit Lochung A nach DIN 105-100:2012-01 bzw. DIN EN 771-1:2015-11 in Verbindung mit DIN 20000-401:2017-01, Tabelle A.1, wobei Hochlochziegel mit versetzten oder diagonal verlaufenden Stegen nur verwendet werden dürfen, wenn sie mindestens die Anforderungen an die Druckfestigkeitsklasse 20 erfüllen und der Querschnitt keine Grifföffnungen aufweist;
  • Kalksand-Voll- und -Blocksteine nach DIN EN 771-2:2015-11 in Verbindung mit DIN 20000-402:2017-01;
  • Vollsteine und Vollblöcke aus Leichtbeton nach DIN V 18152-100 [13] bzw. DIN EN 771-3:2015-11 in Verbindung mit DIN V 20000-403 [32];
  • Vollsteine und Vollblöcke aus Beton nach DIN V 18153-100 [14] bzw. DIN EN 771-3:2015-11 in Verbindung mit DIN V 20000-403 [32].
  b) für Mauerwerk mit Dünnbettmörtel in den Stoß- und Lagerfugen
  • Kalksand-Plansteine (Voll- und -Blocksteine) nach DIN EN 771-2:2015-11 in Verbindung mit DIN 20000-402:2017-01 oder nach DIN EN 771-2:2015-11 in Verbindung mit einer abZ bzw. einer aBg.
– Für die Druckzone aus Mauerwerk dürfen auch folgende Kalksand-Loch- und -Hohlblocksteine mindestens der Druckfestigkeitsklasse 12 verwendet werden:
  a) für Mauerwerk mit Normalmauermörtel in den Stoß- und Lagerfugen

  • Kalksand-Loch- und -Hohlblocksteine nach DIN EN 771-2:2015-11 in Verbindung mit DIN 20000-402-2017-01.
  b) für Mauerwerk mit Dünnbettmörtel in den Stoß- und Lagerfugen
  • Kalksand-Loch- und -Hohlblocksteine nach a) in der Ausführung als Plansteine.
– Für Mauerwerk mit Normalmauermörtel in den Stoß- und Lagerfugen ist Normalmauermörtel nach DIN V 18580 [15] mindestens der Mörtelgruppe IIa oder ein Normalmauermörtel nach DIN EN 998-2 [35] mit den in DIN V 20000-412 [34], Tabelle 1, geforderten Mörteleigenschaften mindestens für die Mörtelgruppe IIa zu verwenden.

Für Mauerwerk mit Dünnbettmörtel in den Stoß- und Lagerfugen ist Dünnbettmörtel nach DIN V 18580 bzw. DIN EN 998-2 in Verbindung mit DIN V 20000-412 oder ein für die Vermauerung von Kalksand-Planstinen allgemein bauaufsichtlich zugelassener Dünnbettmörtel zu verwenden. Für die Stoßfugenvermörtelung von Steinen mit Nut-Feder-Ausbildung der Stirnflächen sind für jede Wanddicke bzw. Stirnflächenausbildung die vom Hersteller der Mauersteine empfohlenen, geeigneten Werkzeuge (z. B. Stoßfugenkellen) zum Auftragen des Dünnbettmörtels zu verwenden, welche die vollflächige Vermörtelung über die gesamte Stirnfläche sicherstellen.

Für die Bemessung von Flachstürzen nach der abZ gilt das in DIN 1055-100 [22] festgelegte Sicherheitskonzept mit dem in DIN EN 1990 in Verbindung mit DIN EN 1990/NA festgelegten Sicherheitskonzept mit den in DIN EN 1992-1-1/NA genannten bauartspezifischen Festlegungen. Die Teilsicherheitsbeiwerte für die Einwirkungen und die Kombinationsbeiwerte sind unter Berücksichtigung der in DIN EN 1992-1-1/NA genannten bauartspezifischen Festlegungen DIN EN 1990 in Verbindung mit DIN EN 1990/NA zu entnehmen.

Als Teilsicherheitsbeiwerte zur Bestimmung des Tragwiderstands bei ständigen und vorübergehenden Bemessungssituationen sind für Beton und Mauerwerk $\gamma_c = \gamma_m = 1,5$ und für Betonstahl $\gamma_s = 1,15$ anzusetzen.

Montagelastfälle müssen nicht nachgewiesen werden, wenn die vorgeschriebenen Montagestützweiten eingehalten sind (s. Abschnitt „Ausführung" weiter oben).

Die Festlegungen der abZ zu den Zuggurten sowie zur Berechnung (hier nicht vollständig wiedergegeben) müssen eingehalten sein.

Der Nachweis der Auflagerpressung ist in jedem Einzelfall zu führen. Für den Nachweis ist als Wert der charakteristischen Druckfestigkeit der sich nach DIN EN 1996-1-1/NA/A1 bzw. DIN EN 1996-3/NA/A1 für das betreffende Mauerwerk ergebende Wert, jedoch höchstens $f_k = 5,0$ MN/m², in Rechnung zu stellen.

Für die Bemessung der vorgespannten Flachstürze können auch Bemessungstafeln nach einer Typenstatik verwendet werden, die von einem Bautechnischen Prüfamt geprüft sind.

Z-17.1-1165
Flachstürze mit Zuggurten aus bewehrtem Beton

Antragsteller:
**Beton- und Fertigteilwerk
Betonstein GmbH**
Würschnitzstraße 11
09125 Chemnitz

Bescheid – Geltungsdauer:
7. Februar 2017 – 7. Februar 2022

Die abZ erstreckt sich auf die Herstellung von Flachstürzen und deren Verwendung in Mauerwerk nach DIN EN 1996-1-1 [40] in Verbindung mit DIN EN 1996-1-1/NA [41] und DIN EN 1996-2 [46] in Verbindung mit DIN EN 1996-2/NA [47].
Die Flachstürze bestehen aus vorgefertigten, schlaff bewehrten Zuggurten aus Beton, die im Verbund mit einer örtlich hergestellten Druckzone aus Mauerwerk oder Beton oder beidem ihre Tragfähigkeit erlangen. Die Zuggurte sind bewehrte Stahlbeton-Fertigteile, die ohne schalenförmige Mauerwerks-Formsteine hergestellt werden.
Die Flachstürze dürfen nur als Einfeldträger mit direkter Lagerung an ihrer Unterseite und mit einer größten effektiven Stützweite von 3,00 m verwendet werden. Die Mindestauflagerlänge beträgt 115 mm. Bei Balken-Rippendecken muss im Bereich der Stürze zur Lastverteilung ein Stahlbetonbalken angeordnet werden. Eine unmittelbare Belastung der Zuggurte durch Einzellasten ist unzulässig.
Es dürfen mehrere Zuggurte nebeneinander verlegt werden, wenn die Druckzone in ihrer Breite alle Zuggurte erfasst. Die Breite der Zuggurte muss in der Summe der Wanddicke entsprechen.
Die Flachstürze dürfen nur in Gebäuden mit vorwiegend ruhenden Einwirkungen gemäß DIN EN 1992-1-1/NA [39], NCI zu 1.5.2, NA 1.5.2.6 und NA 1.5.2.7, verwendet werden.
Die Druckzone ist aus Einsteinmauerwerk im Verband nach DIN EN 1996-1-1 in Verbindung mit DIN EN 1996-1-1/NA und DIN EN 1996-2 in Verbindung mit DIN EN 1996-2/NA mit vollständig vermörtelten Stoß- und Lagerfugen oder aus Beton mindestens der Festigkeitsklasse C12/15 bzw. LC12/13 – sofern zur Einhaltung der Anforderungen an die Dauerhaftigkeit nicht eine höhere Betonfestigkeitsklasse erforderlich ist – oder aus Mauerwerk und Beton herzustellen.
Die Höhe der Druckzone muss mindestens 125 mm betragen.
Für die Druckzone aus Mauerwerk müssen die Steine mindestens die Anforderungen an die Druckfestigkeitsklasse 12 erfüllen. Es dürfen folgende Vollsteine und Vollblöcke verwendet werden:
a) für Mauerwerk mit Normalmauermörtel in den Lager- und Stoßfugen
   – Vollsteine und Vollblöcke aus Leichtbeton nach DIN V 18152-100 bzw. DIN EN 771-3 in Verbindung mit DIN V 20000-403
   – Vollsteine und Vollblöcke aus Beton nach DIN V 18153-100 bzw. DIN EN 771-3 in Verbindung mit DIN V 20000-403.
b) für Mauerwerk mit Dünnbettmörtel in den Lagerfugen und Normalmauermörtel in den Stoßfugen
   – Plan-Vollsteine und Plan-Vollblöcke aus Leichtbeton oder Beton nach abZ mit Nut-/Federanordnung an den Stirnflächen
c) für Mauerwerk mit Dünnbettmörtel in den Lager- und Stoßfugen
   – Plan-Vollsteine und Plan-Vollblöcke aus Leichtbeton oder Beton nach abZ mit ebenen Stirnflächen.

Als Mörtel ist Normalmauermörtel nach DIN V 18580 mindestens der Mörtelgruppe IIa oder ein Normalmauermörtel nach DIN EN 998-2 mit den in DIN V 20000-412, Tabelle 1, geforderten Mörteleigenschaften mindestens für die Mörtelgruppe IIa zu verwenden.
Bei Verwendung von Plansteinen nach b) bzw. c) ist für die Herstellung der Lagerfugen bzw. Stoßfugen der in der betreffenden allgemeinen bauaufsichtlichen Zulassung geregelte Dünnbettmörtel zu verwenden.

Ausführung
Werden zwei oder drei Zuggurte nebeneinander liegend eingebaut, so darf die Fugenbreite zwischen den Zuggurten höchstens 15 mm betragen.
Die Montagestützweite der Zuggurte beim Einbau darf höchstens 1,25 m betragen. Die Montageunterstützung darf erst entfernt werden, wenn die Druckzone eine ausreichende Festigkeit erreicht hat. Im Allgemeinen genügen 7 Tage. Alle Lasten aus Fertigteildecken oder Schalungen für Ortbetondecken müssen bis dahin gesondert abgefangen werden.
Die Zuggurte sind am Auflager in ein Mörtelbett aus Normalmauermörtel bzw., wenn die auszugleichenden Toleranzen dies zulassen, Dünnbettmörtel zu verlegen. Beschädigte Zuggurte dürfen nicht verwendet werden. Die Oberseite der Zuggurte ist vor dem Aufmauern oder Aufbetonieren sorgfältig von Schmutz zu reinigen und anzunässen.

Berechnung
Als Teilsicherheitsbeiwerte zur Bestimmung des Tragwiderstands bei ständigen und vorübergehenden Bemessungssituationen sind für Beton und Mauerwerk $\gamma_c = \gamma_m = 1,5$ und für Betonstahl $\gamma_s = 1,15$ anzusetzen.
Montagelastfälle müssen nicht nachgewiesen werden, wenn die Montagestützweiten nach Abschnitt 4.1 (2) eingehalten sind.

– *Biegetragfähigkeit*
Die Biegetragfähigkeit der Flachstürze ist nach DIN EN 1992-1-1 in Verbindung mit DIN EN 1992-1-1/NA im Grenzzustand der Tragfähigkeit unter Berücksichtigung des nicht proportionalen Zusammenhangs zwischen Spannung und Dehnung nachzuweisen.
Bei der Bemessung darf vorausgesetzt werden, dass sich die Dehnungen der einzelnen Fasern des Quer-

schnitts wie ihre Abstände von der Null-Linie verhalten. Der für die Bemessung maßgebende Zusammenhang zwischen Spannung und Dehnung darf wie folgt angesetzt werden:
- für Beton und vereinfachend auch für Mauerwerk entsprechend DIN EN 1992-1-1, Abschnitt 3.1.6 und 3.1.7, in Verbindung mit DIN EN 1992-1-1/NA, NDP zu 3.1.6, wobei für Mauerwerk der Abminderungsbeiwert α mit 0,85 anzunehmen und die Dehnung ε_b auf $-2\,‰$ zu begrenzen ist.
- für Leichtbeton entsprechend DIN EN 1992-1-1, Abschnitt 3.1.6 und 3.1.7, unter Berücksichtigung von DIN EN 1992-1-1, Abschnitt 11.3.5 (1)P, in Verbindung mit DIN EN 1992-1-1/NA, NDP zu 11.3.5 (1)P;
- für Betonstahl entsprechend DIN EN 1992-1-1, Abschnitt 3.2.7, in Verbindung mit DIN EN 1992-1-1/NA, wobei abweichend von NDP Zu 3.2.7 (2) die Stahldehnung ε_s auf den Wert $\varepsilon_{su} = 0,005$ zu begrenzen ist.

Die charakteristische Druckfestigkeit
- von Beton ist DIN EN 1992-1-1, Tabelle 3.1, zu entnehmen, wobei rechnerisch höchstens die Festigkeit eines Betons C20/25 angenommen werden darf;
- von Leichtbeton ist DIN EN 1992-1-1, Tabelle 11.3.1, zu entnehmen, wobei rechnerisch höchstens die Festigkeit eines Leichtbetons LC20/22 angenommen werden darf;
- von Mauerwerk aus Steinen der Druckfestigkeitsklassen ≥ 12 darf mit $f_k = 2,9$ N/mm² angenommen werden.

Bei Druckzonen aus Mauerwerk und Beton dürfen beide Baustoffe entsprechend den Dehnungen ihrer Spannungs-Dehnungslinien beansprucht werden. Hierbei darf über Decken oder Ringankern vorhandenes Mauerwerk oder Beton nicht in Rechnung gestellt werden. Die statische Nutzhöhe ist bei der Bemessung rechnerisch auf den Wert $d = l_{eff}/2,4$ zu begrenzen.
Dabei ist
d   die statische Nutzhöhe
l_{eff} die effektive Stützweite

– *Querkrafttragfähigkeit*
Im Grenzzustand der Tragfähigkeit ist nachzuweisen:

$$V_{Ed} \leq V_{Rd}$$

Dabei ist
V_{Ed} der Bemessungswert der einwirkenden Querkraft
V_{Rd} der Bemessungswert der Querkrafttragfähigkeit

Der Bemessungswert der einwirkenden Querkraft ist für die rechnerische Auflagerlinie zu ermitteln.
Für den Bemessungswert der Querkrafttragfähigkeit gilt:

$$V_{Rd} = f_{vdf} \cdot \frac{\lambda + 0,4}{\lambda - 0,4} \cdot b \cdot d$$

Dabei ist
f_{vdf} der Bemessungswert der Schubfestigkeit des Flachsturzes mit $f_{vdf} = 0,14$ N/mm²

λ   die Schubschlankheit
b   die Sturzbreite
d   die statische Nutzhöhe mit $d \leq \dfrac{l_{eff}}{2,4}$

Für die Schubschlankheit gilt allgemein:

$$\lambda = \frac{\max M_{Ed}}{\max V_{Ed} \cdot d} \geq 0,6$$

Dabei ist
max M_{Ed} der Bemessungswert des größten Biegemoments
max V_{Ed} der zugehörige Bemessungswert der größten Querkraft

Bei Gleichlast gilt für die Schubschlankheit vereinfacht:

$$\lambda = \frac{l_{eff}}{4 \cdot d} \geq 0,6$$

Wenn Einzellasten die einwirkende Querkraft beeinflussen, ist ein genauer Nachweis der Querkrafttragfähigkeit erforderlich.

– *Verankerung der Bewehrung*
Die Verankerung der Bewehrung ist nach DIN EN 1992-1-1 in Verbindung mit DIN EN 1992-1-1/NA, nachzuweisen. Hierbei darf das Versatzmaß mit $a_1 = 0,75 \cdot d$ angesetzt werden.
Ist der mit dieser Annahme nach DIN EN 1992-1-1/NA, Gleichung (9.3DE), ermittelte Bemessungswert der zu verankernden Zugkraft am Endauflager F_{Ed} größer als der an der Stelle des größten Biegemomentes vorhandene, darf die von der Bewehrung am Endauflager aufzunehmende Zugkraft angesetzt werden mit:

$$F_{Ed} = \frac{\max M_{Ed}}{z}$$

Dabei ist
max M_{Ed} Bemessungswert des Biegemomentes
z   der innere Hebelarm

Es dürfen die Bemessungswerte der Verbundspannung für gute Verbundbedingungen nach DIN EN 1992-1-1, Abschnitt 8.4.2, angesetzt werden.

– *Grenzzustand der Gebrauchstauglichkeit*
Die Rissbreitenbeschränkung im Grenzzustand der Gebrauchstauglichkeit darf als erfüllt angesehen werden, wenn die Querschnittsfläche der Bewehrung des Zuggurtes nicht weniger als 0,05 % des wirksamen Flachsturz-Querschnitts beträgt, der sich aus dem Produkt der statischen Nutzhöhe d und der Breite b bestimmt.
Es darf im Allgemeinen davon ausgegangen werden, dass die vertikale Durchbiegung weder die ordnungsgemäße Funktion noch das Erscheinungsbild des Flachsturzes selbst oder angrenzender Bauteile beeinträchtigt. Die Biegeschlankheit beträgt $l_{eff}/d \leq 20$.

Z-17.1-957
Vorgespannte Flachstürze „BKH"

Antragsteller:
Betonwerk Keienburg GmbH
Am Großmarkt 30
44653 Herne

Bescheid – Geltungsdauer:
14. November 2017 – 29. November 2022

Die abZ erstreckt sich auf die Herstellung und Verwendung von vorgespannten Flachstürzen (bezeichnet als vorgespannte Flachstürze „BKH") bestehend aus vorgefertigten, vorgespannten Zuggurten aus Normalbeton, die im Verbund mit einer örtlich hergestellten Druckzone aus Mauerwerk oder Beton oder beidem ihre Tragfähigkeit erlangen.
Die Zuggurte werden ohne schalenförmige Mauerwerks-Formsteine hergestellt.
Für die Herstellung der Druckzone dürfen nur Baustoffe verwendet werden, die den in der abZ gestellten Anforderungen entsprechen.
Die Flachstürze dürfen nur als Einfeldträger mit direkter Lagerung an ihrer Unterseite und mit einer größten effektiven Stützweite von 3,00 m verwendet werden. Die Mindestauflagerlänge beträgt 115 mm. Bei Balken-Rippendecken muss oberhalb der Stürze zur Lastverteilung ein Stahlbetonbalken angeordnet werden. Eine unmittelbare Belastung der Zuggurte durch Einzellasten ist unzulässig.
Es dürfen mehrere Zuggurte nebeneinander verlegt werden, wenn die Druckzone in ihrer Breite alle Zuggurte erfasst. Die Breite der Zuggurte muss in der Summe der Wanddicke entsprechen. Die Zuggurte mit einer Breite von 95 mm dürfen allein nur in nichttragenden Wänden verwendet werden.
Die Flachstürze dürfen nur in Gebäuden mit vorwiegend ruhenden Einwirkungen gemäß DIN EN 1992-1-1/NA, NCI zu 1.5.2, NA 1.5.2.6 und NA 1.5.2.7, verwendet werden.
Die im Hinblick auf die Dauerhaftigkeit der Zuggurte zulässigen Umgebungsbedingungen (Expositionsklassen) richten sich in Abhängigkeit von der Betondeckung und Betonfestigkeitsklasse nach den Anforderungen von DIN EN 1992-1-1, Abschnitt 4, in Verbindung mit DIN EN 1992-1-1/NA, NCI bzw. NDP zu Abschnitt 4.

Z-17.1-976
Flachstürze mit Zuggurten aus bewehrtem Beton oder Leichtbeton

Antragsteller:
Bundesverband Leichtbeton e. V.
Sandkauler Weg 1
56564 Neuwied

Bescheid – Geltungsdauer:
16. März 2016 – 14. April 2020

Die Flachstürze bestehen aus vorgefertigten, schlaff bewehrten Zuggurten aus Beton oder Leichtbeton, die im Verbund mit einer örtlich hergestellten Druckzone aus Mauerwerk oder Beton oder beidem ihre Tragfähigkeit erlangen.
Die Zuggurte sind bewehrte Stahlbeton-Fertigteile, die ohne schalenförmige Mauerwerks-Formsteine hergestellt werden (s. Bild 114).
Für die Druckzone aus Mauerwerk dürfen folgende Vollsteine und Vollblöcke mindestens der Druckfestigkeitsklasse 12 verwendet werden:
a) für Mauerwerk mit Normalmauermörtel in den Lager- und Stoßfugen
 – Vollsteine und Vollblöcke aus Leichtbeton nach DIN V 18152-100 [13] bzw. DIN EN 771-3 [8] in Verbindung mit DIN V 20000-403 [32];
 – Vollsteine und Vollblöcke aus Beton nach DIN V 18153-100 [14] bzw. DIN EN 771-3 [8] in Verbindung mit DIN V 20000-403 [32];
b) für Mauerwerk mit Dünnbettmörtel in den Lagerfugen und Normalmauermörtel in den Stoßfugen
 – Plan-Vollsteine und Plan-Vollblöcke aus Leichtbeton oder Beton nach abZ mit Nut-/Federanordnung an den Stirnflächen;
c) für Mauerwerk mit Dünnbettmörtel in den Lager- und Stoßfugen
 – Plan-Vollsteine und Plan-Vollblöcke aus Leichtbeton oder Beton nach abZ mit ebenen Stirnflächen.

Als Mörtel ist Normalmauermörtel nach DIN V 18580 [15] mindestens der Mörtelgruppe IIa oder ein Normalmauermörtel nach DIN EN 998-2 [35] mit den in DIN V 20000-412 [34], Tabelle 1, geforderten Mörteleigenschaften mindestens für die Mörtelgruppe IIa zu verwenden.
Bei Verwendung von Plansteinen ist für die Herstellung der Lagerfugen bzw. Stoßfugen der in der betreffenden abZ geregelte Dünnbettmörtel zu verwenden. Die Ausführung der Stoßfugenvermörtelung von Steinen mit Nut-/Federanordnung an den Stirnflächen hat jedoch stets mit Normalmauermörtel zu erfolgen.

Z-17.1-634
Porenbeton-Flachstürze W

Antragsteller:
Bundesverband Porenbeton
Kochstraße 6–7
10969 Berlin

Bescheid – Änderung/Ergänzung – Änderung/Verlängerung – Geltungsdauer:
30. Juni 2008 – 08. Juli 2010 – 18. Oktober 2013 – 30. Juni 2018

Die Porenbeton-Flachstürze bestehen aus einem Zuggurt oder zwei nebeneinanderliegenden Zuggurten aus bewehrtem, dampfgehärtetem Porenbeton der Festigkeitsklasse 4,4 in den Rohdichteklassen 0,55, 0,60, 0,65 und 0,70 sowie deren ein- oder mehrlagiger Übermaue-

115 mm und 175 mm breite Flachstürze

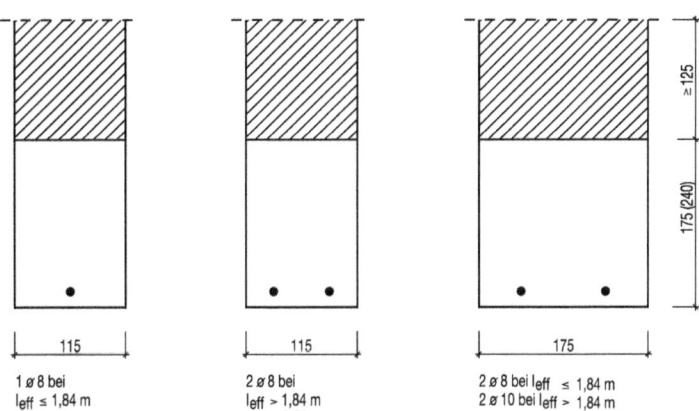

240 mm, 300 mm und 365 mm breite Flachstürze
mit 115 mm und 175 mm breiten Zuggurten

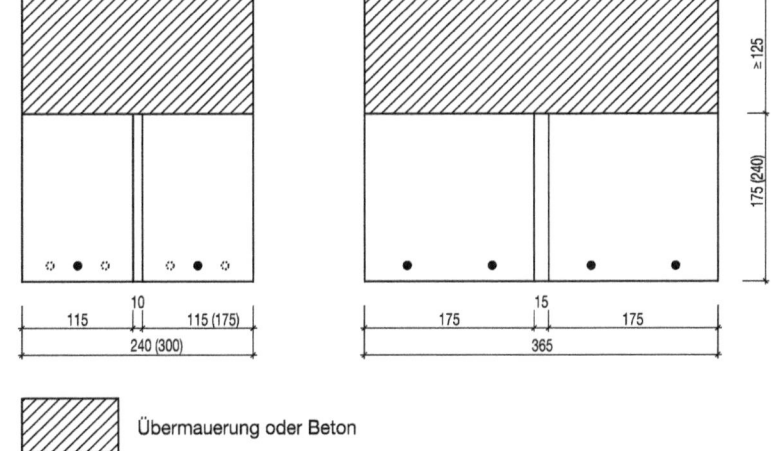

Bild 114. Flachstürze mit 175 mm und 240 mm hohen Zuggurten aus bewehrtem Beton oder Leichtbeton (Z-17.1-976)

rung aus Porenbeton-Plansteinen der Festigkeitsklasse ≥ 2 oder Kalksandplansteinen der Festigkeitsklasse ≥ 12; anstelle einer reinen Planstein-Übermauerung darf die Druckzone auch aus Plansteinen und Beton oder allein Beton mindestens der Festigkeitsklasse C12/15 bestehen.

Die aus Zuggurten und einer Übermauerung aus Porenbeton- bzw. Kalksand-Plansteinen bzw. aus einer Betondruckzone zusammengesetzten Flachstürze haben eine Breite von 115 mm bis 365 mm (Sturzbreite gleich Wanddicke), eine Gesamthöhe von 250 mm bis 875 mm bzw. von mindestens 265 mm (bei einer Betondruckzone) sowie eine Länge von höchstens 3,0 m (lichte Weite der überdeckten Öffnung ≤ 2,50 m). Zuggurte mit einer Breite von 100 mm dürfen, wenn sie allein eingesetzt werden, nur für nichttragende innere Trennwände verwendet werden.

Bei Expositionsklassen XC3 (ausgenommen Bauwerke wie offene Hallen), XC4, XD1 bis XD3, XS1 bis XS3, XF1 bis XF4, XA1 bis XA3, XM1 bis XM3 nach DIN 1045-1:2001-07, Tabelle 3, dürfen die Flachstürze nur dann verwendet werden, wenn sie durch geeignete Maßnahmen zusätzlich geschützt werden. Die Schutzmaßnahmen sind auf die Art der Einwirkung abzustimmen (z. B. Beschichtung bei erhöhter CO_2-Konzentration); sie müssen auf Dauer eine Beeinträchtigung der den Standsicherheits- sowie Wärmeschutznachweisen zugrunde liegenden Sturzeigenschaften (für Porenbeton und Bewehrung) verhindern. Als Bewehrung werden jeweils zwei geschweißte Leitern aus Bewehrungsdraht der Stahlsorte BSt 500 G nach DIN 488-4:1986-06 mit einem Korrosionsschutz oder aus nichtrostendem Stahl der Werkstoffnummer 1.4003, glatt oder profiliert nach der abZ

Nr. Z-1.4-130 – Nichtrostender Betonstahl in Ringen oder als gerichtete Stäbe mit den Werkstoffnummern 1.4003 und 1.4462 mit Durchmessern von 4 bis 14 mm – verwendet.

Z-17.1-950
Flachstürze „CBF" mit schlaffbewehrten Zuggurten aus Beton oder Leichtbeton

Antragsteller:
CHRISTOPH & Co. GmbH
Heisberger Straße 211
57258 Freudenberg

Bescheid – Geltungsdauer:
30. Mai 2016 – 14. April 2020

Die abZ erstreckt sich auf die Herstellung und Verwendung von Flachstürzen aus vorgefertigten, schlaff bewehrten Zuggurten aus Beton und Leichtbeton, die im Verbund mit einer örtlich hergestellten Druckzone aus Mauerwerk oder Beton oder beidem ihre Tragfähigkeit erlangen.
Die Zuggurte sind bewehrte Stahlbeton-Fertigteile, die ohne schalenförmige Mauerwerks-Formsteine hergestellt werden.
Für die Herstellung der Druckzone dürfen nur Baustoffe verwendet werden, die den in der abZ gestellten Anforderungen entsprechen.
Die Flachstürze dürfen nur als Einfeldträger mit direkter Lagerung an ihrer Unterseite und mit einer größten effektiven Stützweite von 3,00 m verwendet werden. Die Mindestauflagerlänge beträgt 115 mm. Bei Balken-Rippendecken muss im Bereich der Stürze zur Lastverteilung ein Stahlbetonbalken angeordnet werden. Eine unmittelbare Belastung der Zuggurte durch Einzellasten ist unzulässig.
Es dürfen mehrere Zuggurte nebeneinander verlegt werden, wenn die Druckzone in ihrer Breite alle Zuggurte erfasst. Die Breite der Zuggurte muss in der Summe der Wanddicke entsprechen.
Die Flachstürze dürfen nur in Gebäuden mit vorwiegend ruhenden Einwirkungen gemäß DIN EN 1992-1-1/NA [39], NCI zu 1.5.2, NA 1.5.2.6 und NA 1.5.2.7, verwendet werden.

Z-17.1-1009
DOMAPOR-Flachstürze mit bewehrten Zuggurten in Kalksand-Formsteinen (bezeichnet als DOMAPOR KS-Flachstürze)

Antragsteller:
DOMAPOR Baustoffwerke GmbH & Co. KG
Liepener Straße 1
17194 Hohen Wangelin

Bescheid – Geltungsdauer:
8. Oktober 2014 – 8. Oktober 2019

Die abZ erstreckt sich auf die Herstellung und Verwendung von Flachstürzen (bezeichnet als DOMAPOR KS-Flachstürze) aus vorgefertigten, bewehrten Zuggurten, die im Verbund mit einer örtlich hergestellten Druckzone aus Mauerwerk oder Beton oder beidem ihre Tragfähigkeit erlangen.
Die Zuggurte sind bewehrte Stahlbeton-Fertigteile, die in schalenförmigen Kalksand-Formsteinen hergestellt werden. Sie werden mit Breiten von 90 mm bis 240 mm und einer Höhe von 60 mm, 71 mm, 113 mm oder 123 mm hergestellt.
Für die Herstellung der Druckzone dürfen nur Baustoffe verwendet werden, die den in der abZ gestellten Anforderungen entsprechen.
Die Flachstürze dürfen nur als Einfeldträger mit direkter Lagerung an ihrer Unterseite und mit einer größten effektiven Stützweite von 3,00 m verwendet werden. Die Mindestauflagerlänge beträgt 115 mm. Bei Balken-Rippendecken muss im Bereich der Stürze zur Lastverteilung ein Stahlbetonbalken angeordnet werden. Eine unmittelbare Belastung der Zuggurte durch Einzellasten ist unzulässig.
Es dürfen mehrere Zuggurte nebeneinander verlegt werden, wenn die Druckzone in ihrer Breite alle Zuggurte erfasst. Die Breite der Zuggurte muss in der Summe der Wanddicke entsprechen.
Die Flachstürze dürfen nur in Gebäuden mit vorwiegend ruhenden Einwirkungen gemäß DIN EN 1992-1-1/NA [39], NCI zu 1.5.2, NA 1.5.2.6 und NA 1.5.2.7, verwendet werden.

Z-17.1-602
ELMCO®-Ripp Bewehrungssystem für Stürze aus bewehrtem Mauerwerk

Antragsteller:
Elmenhorst Bauspezialartikel GmbH & Co. KG
Adlerstraße 53
25462 Rellingen

Bescheid – Änderung/Ergänzung – Geltungsdauer:
5. Oktober 2007 – 9. Oktober 2012 –
8. Oktober 2017

Die abZ regelt die Herstellung des ELMCO-Ripp-Bewehrungssystems aus austenitischem oder austenitisch-ferritischem nichtrostenden Stahl und dessen Verwendung als horizontale Bewehrung nach DIN 1053-3:1990-02 – Mauerwerk – Teil 3: Bewehrtes Mauerwerk – in der untersten Lagerfuge von nichttragenden Stürzen aus Ziegelmauerwerk (Vormauerbzw. Verblendschalen) mit einer Dicke von 90 mm bis 115 mm.
Die lichte Weite der Stürze beträgt bei 115 mm breiten Stürzen höchstens 3010 mm und bei 90 mm breiten Stürzen höchstens 2510 mm. Ihre Höhe beträgt mindestens 250 mm zuzüglich einer unter der Bewehrung liegenden Grenadierschicht mit einer Höhe von 240 mm, Rollschicht mit einer Höhe von 115 mm oder Läuferschicht mit einer Höhe von 71 mm.
Das ELMCO-Ripp-Bewehrungssystem besteht aus dem ELMCO-Ripp-Bewehrungselement, den dazugehörigen Klemmbügeln (Unter- und Oberbügel) und

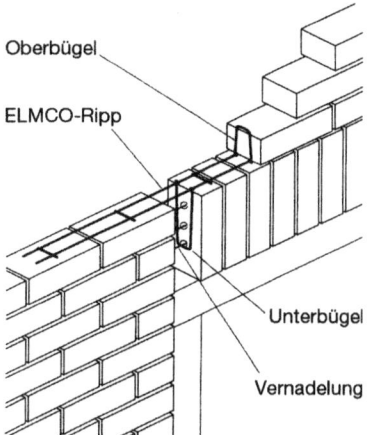

Bild 115. Sturz mit ELMCO-Ripp Bewehrungssystem

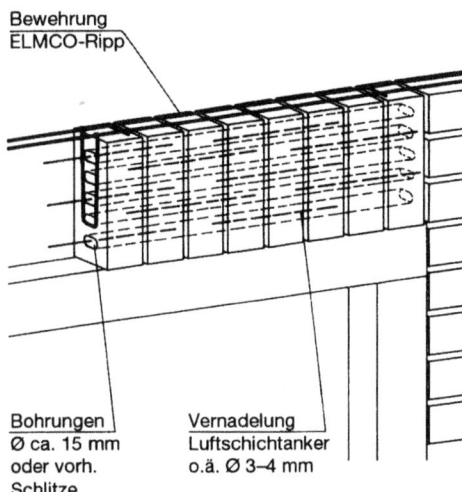

Bild 117. Sicherung der unteren Steinlage

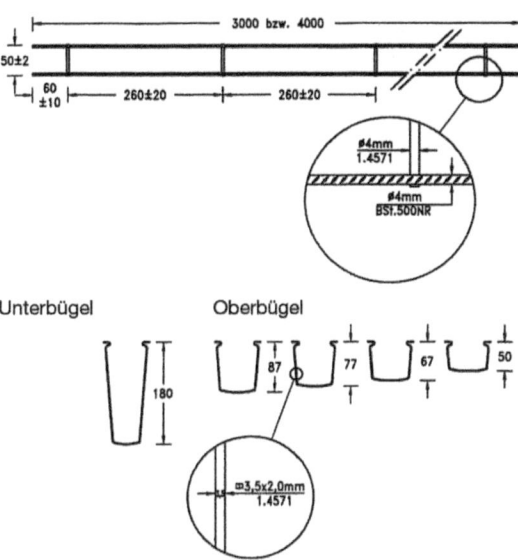

Bild 116. Bewehrungselemente

Drahtankern zur Vernadelung der Grenadier- oder Rollschicht bzw. Drahtstiften bei einer Läuferschicht zwischen den abgehängten Unterbügeln (s. Bild 115). Das ELMCO-Ripp-Bewehrungselement ist leiterförmig ausgebildet mit Längsstäben und rechtwinklig dazu angeordneten Querstäben Ø 4 mm (s. Bild 116). Die Stäbe sind miteinander durch Punktschweißung verbunden. Die systemzugehörigen Klemmbügel werden aus 2 mm dickem und 3,5 mm breitem Flachdraht hergestellt und sind an ihren offenen Enden mit Haken zur Fixierung am ELMCO-Ripp-Bewehrungselement ausgestattet.

Die Mauerwerksstürze bestehen aus Vormauerziegeln oder Klinkern nach DIN V 105-100 [17] mindestens der Druckfestigkeitsklasse 12, die mit Normalmauermörtel nach DIN V 18580 [15] der Mörtelgruppe IIa vermauert werden. Die statisch erforderliche Sturzhöhe muss mindestens 3 Schichten über der Bewehrungsfuge umfassen.

Unter der Bewehrungsfuge kann eine Grenadierschicht, Rollschicht oder Läuferschicht angeordnet werden. Die Grenadierschicht, Rollschicht oder Läuferschicht unter dem Bewehrungselement wird durch Unter- und Oberbügel und durch eine zusätzliche Vernadelung mit 250 mm langen Edelstahldrahtankern, bei einer Läuferschicht mit 50 mm langen Edelstahldrahtstiften, gesichert (s. Bild 117).

Die Oberbügel (Klemmbügel) werden in der über der Bewehrung liegenden Läuferschicht in jede Stoßfuge eingesetzt. Die Unterbügel werden bei einer Grenadier- oder Rollschicht in jede dritte senkrechte Fuge, der unter der Bewehrung angeordneten Steinlage, d. h. im Abstand von maximal 25 cm, eingesetzt. Bei einer Läuferschicht werden die Unterbügel in jeder senkrechten Fuge angeordnet.

Das ELMCO-Ripp-Bewehrungssystem darf nach DIN 1053-3:1990-02 für Stürze nur in Vormauer- bzw. Verblendschalen mit einer Dicke von 90 mm bis 115 mm eingesetzt werden. Die Stürze dürfen nicht durch weitere Lasten außer Eigenlasten beansprucht werden.

Das ELMCO-Ripp-Bewehrungssystem darf bei Umweltbedingungen entsprechend den Expositionsklassen XC4, XD1, XS1, XF1 und XA1 gemäß DIN 1045-1:2001-07 verwendet werden.

Z-17.1-621
Fertigteilstürze aus Kalksandelementen

Antragsteller:
Emsländer Baustoffwerke GmbH & Co. KG
Rakener Straße 18
49733 Haren/Ems

Bescheid – Geltungsdauer:
16. Juni 2016 – 14. April 2020

Die abZ erstreckt sich auf die Herstellung von bewehrten, tragenden Fertigteilstürzen und die Verwendung dieser Fertigteilstürze in Mauerwerk aus allgemein bauaufsichtlich zugelassenen Kalksand-Planelementen.
Die Fertigteilstürze bestehen aus Kalksandelementen (Vollelemente) der Druckfestigkeitsklasse 20 in der Rohdichteklasse 1,8, 2,0 oder 2,2, deren Stoßfugen mit einem speziellen Dünnbettmörtel, bezeichnet als FTS-Sturzmörtel, vermörtelt werden. An der Unterseite befinden sich eingelassene Stahlbetonzuggurte.
Die Fertigteilstürze haben eine Breite von 100 mm bis 365 mm (Sturzbreite gleich Wanddicke), wobei Stürze mit einer Breite von 100 mm jedoch nur in nichttragenden Wänden verwendet werden dürfen.
Die Fertigteilstürze werden mit Längen einschließlich Auflagerlänge von bis zu 2000 mm und Höhen von 248 mm, 373 mm, 480 mm, 498 mm und 648 mm hergestellt. Die Herstellung von Sonderhöhen zwischen 248 mm und 648 mm ist zulässig.
Die Fertigteilstürze werden im Werk gefertigt und auf der Baustelle mit einer Versetzhilfe eingebaut.
Die Fertigteilstürze dürfen nur als Einfeldträger mit direkter Lagerung an ihrer Unterseite verwendet werden. Sie dürfen nur durch Gleichstreckenlasten belastet werden. Die Mindestauflagerlänge beträgt 115 mm; d. h. die Stürze eignen sich für lichte Öffnungsweiten ≤ 1770 mm.
Die Flachstürze dürfen nur in Gebäuden mit vorwiegend ruhenden Einwirkungen gemäß DIN EN 1992-1-1/NA [39], NCI zu 1.5.2, NA 1.5.2.6 und NA 1.5.2.7, verwendet werden.

Z-17.1-932
Kalksandstein-Fertigteilstürze

Antragsteller:
Kalksandsteinwerk Bienwald Schencking GmbH & Co. KG
An der L 540
76767 Hagenbach

Bescheid – Änderung/Verlängerung – Geltungsdauer:
5. September 2007 – 26. September 2012 –
5. September 2017

Die abZ regelt die Herstellung von vorgefertigten, schlaff bewehrten Kalksandstein-Fertigteilstürzen mit geschlossenem Bewehrungskanal in der Zugzone (s. Bild 118) und die Verwendung dieser Fertigteilstürze in Mauerwerk im Dünnbettverfahren (Mauerwerk mit Dünnbettmörtel) nach DIN 1053-1 [4] aus Kalksand-Plansteinen oder Mauerwerk aus Kalksand-Planelementen.
Die Fertigteilstürze bestehen aus Kalksandvollsteinen der Druckfestigkeitsklasse 20 in der Rohdichteklasse 1,8, 2,0 oder 2,2 mit einem kreisrunden Loch Durchmesser 70 mm bis 73 mm (s. Bild 119).
Die Kalksandvollsteine werden mit einem speziellen Dünnbettmörtel (bezeichnet als „KS-Montagemörtel 800.35") vollfugig so vermörtelt, dass sich ein durchgehender Lochkanal, in dem die Bewehrung der Stürze angeordnet ist, ergibt (s. Bild 114).
Die Fertigteilstürze werden mit einer Breite von 115 mm, 150 mm, 175 mm, 200 mm, 240 mm oder 300 mm (Sturzbreite gleich Wanddicke) und einer Höhe von 248 mm, 298 mm, 373 mm, 498 mm oder 623 mm hergestellt. Zwischenhöhen sind möglich. Die Sturzlängen (einschließlich Auflagerlänge) betragen 1000 mm, 1125 mm, 1250 mm, 1375 mm und 1500 mm.
Die Fertigteilstürze werden im Werk gefertigt und auf der Baustelle mit einer Versetzhilfe eingebaut.
Die Fertigteilstürze dürfen nur als Einfeldträger mit direkter Lagerung an ihrer Unterseite verwendet werden. Sie dürfen nur durch Gleichstreckenlasten belastet werden. Die Mindestauflagerlänge beträgt 115 mm, d. h., die Stürze eignen sich für lichte Öffnungsweiten ≤ 1270 mm.
Die Fertigteilstürze dürfen nur in Gebäuden mit vorwiegend ruhenden Verkehrslasten gemäß DIN 1055-100 [22], Abschnitt 3.1.2.4.2, verwendet werden.
Die Stürze sind nur für die Verwendung in Umweltbedingungen gemäß Expositionsklasse XC1 nach DIN 1045-1:2001-07 geeignet.

Z-17.1-1065
Vorgespannte Flachstürze „Spannton"

Antragsteller:
Leitl Spannton GmbH
Leitl-Straße 1
4070 Eferding
Österreich

Bescheid – Geltungsdauer:
6. Juni 2017 – 6. Juni 2022

Die abZ erstreckt sich auf die Herstellung und Verwendung von vorgespannten Flachstürzen (bezeichnet als vorgespannte Flachstürze „Spannton") bestehend aus vorgefertigten, vorgespannten Zuggurten, die im Verbund mit einer örtlich hergestellten Druckzone aus Mauerwerk oder Beton oder beidem ihre Tragfähigkeit erlangen.
Die Zuggurte sind vorgespannte Fertigteile aus Normalbeton in schalenförmigen Ziegel-Formsteinen. Sie werden mit Breiten von 115 mm, 145 mm und 175 mm und einer Höhe von 71 mm hergestellt.
Für die Herstellung der Druckzone dürfen nur Baustoffe verwendet werden, die den in der abZ gestellten Anforderungen entsprechen.

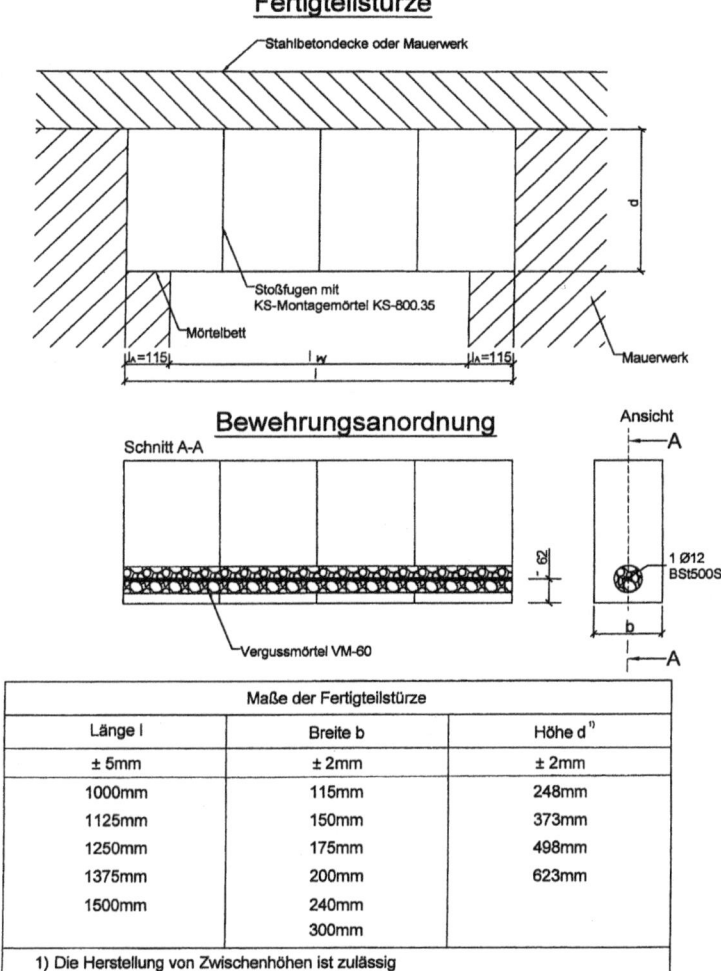

Bild 118. Kalksandstein-Fertigteilstürze, Maße und Bewehrungsanordnung

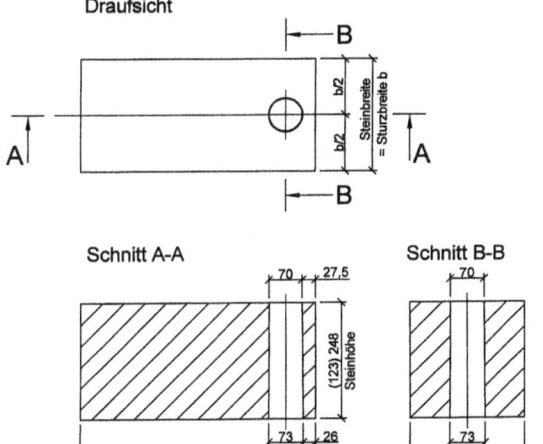

Bild 119. Kalksandstein-Fertigteilstürze, Ausbildung Kalksandsteine

Die Flachstürze dürfen nur als Einfeldträger mit direkter Lagerung an ihrer Unterseite und mit einer größten effektiven Stützweite von 3,00 m verwendet werden. Die Mindestauflagerlänge beträgt 115 mm. Bei Balken-Rippendecken muss oberhalb der Stürze zur Lastverteilung ein Stahlbetonbalken angeordnet werden. Eine unmittelbare Belastung der Zuggurte durch Einzellasten ist unzulässig.

Es dürfen mehrere Zuggurte nebeneinander verlegt werden, wenn die Druckzone in ihrer Breite alle Zuggurte erfasst. Die Breite der Zuggurte muss in der Summe der Wanddicke entsprechen.

Die Flachstürze dürfen nur in Gebäuden mit vorwiegend ruhenden Einwirkungen gemäß DIN EN 1992-1-1/NA [39], NCI zu 1.5.2, NA 1.5.2.6 und NA 1.5.2.7, verwendet werden.

Die Flachstürze dürfen in Umgebungsbedingungen entsprechend den Expositionsklassen X0 und XC1 bis XC3 nach DIN EN 1992-1-1 [38] verwendet werden.

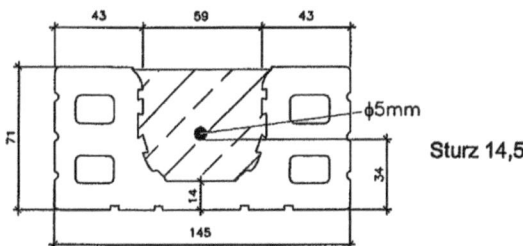

Bild 120. Querschnitt vorgespannter Flachsturz „Spannton" (Z-17.1-1065)

Ausführung

Es dürfen mehrere Zuggurte nebeneinander verlegt werden, wenn die Druckzone in ihrer Breite alle Zuggurte erfasst. Die Breite der Zuggurte muss in der Summe der Wanddicke entsprechen. Die Fugenbreite zwischen zwei Zuggurten darf höchstens 15 mm betragen. Die Montagestützweite der Zuggurte beim Einbau darf höchstens 1,25 m betragen: Die Montageunterstützung darf erst entfernt werden, wenn die Druckzone eine ausreichende Festigkeit erreicht hat. Im Allgemeinen genügen 7 Tage. Bei Lufttemperaturen unter +5 °C ist die Ausschalfrist zu verlängern. Alle Lasten aus Fertigteildecken oder Schalungen für Ortbetondecken müssen bis dahin gesondert abgefangen werden.

Die Zuggurte sind am Auflager in ein Mörtelbett aus Normalmauermörtel nach der abZ bzw., wenn die auszugleichenden Toleranzen dies zulassen, Dünnbettmörtel nach der abZ zu verlegen.

Beschädigte Zuggurte dürfen nicht verwendet werden. Die Oberseite der Zuggurte ist vor dem Aufmauern oder Aufbetonieren sorgfältig von Schmutz zu reinigen und anzunässen (mattfeucht).

Berechnung

Die Auflagertiefe muss mindestens 115 mm betragen, sofern für den Nachweis der Verankerung der Bewehrung oder für den Nachweis der Auflagerpressung nach der abZ nicht größere Werte erforderlich sind.

Anforderungen an die Druckzone:
– Die Druckzone ist aus Einsteinmauerwerk im Verband nach DIN EN 1996-1-1 [40] in Verbindung mit DIN EN 1996-1-1/NA [41] und DIN EN 1996-2 [46] in Verbindung mit DIN EN 1996-2/NA [47] mit vollständig vermörtelten Stoß- und Lagerfugen oder aus Beton mindestens der Festigkeitsklasse C12/15 bzw. LC12/13 – sofern zur Einhaltung der Anforderungen an die Dauerhaftigkeit nach DIN EN 1992-1-1 [38] in Verbindung mit DIN EN 1992-1-1/NA [39] nicht eine höhere Betonfestigkeitsklasse erforderlich ist – oder aus Mauerwerk und Beton herzustellen. Die Höhe der Druckzone muss mindestens 125 mm betragen.
– Für die Druckzone aus Mauerwerk müssen die Steine mindestens die Anforderungen an die Druckfestigkeitsklasse 12 erfüllen. Es dürfen die folgenden Steine verwendet werden:

a) für Mauerwerk mit Normalmauermörtel in den Stoß- und Lagerfugen
• Voll- oder Hochlochziegel mit Lochung A nach DIN 105-100:2012-01 bzw. DIN EN 771-1:2015-11 in Verbindung mit DIN 20000-401:2017-01, Tabelle A.1, wobei Hochlochziegel mit versetzten oder diagonal verlaufenden Stegen nur verwendet werden dürfen, wenn sie mindestens die Anforderungen an die Druckfestigkeitsklasse 20 erfüllen und der Querschnitt keine Grifföffnungen aufweist;
• Kalksand-Voll- und -Blocksteine nach DIN V 106 [18] bzw. DIN EN 771-2:2015-11 in Verbindung mit DIN 20000-402:2017-01;
• Vollsteine und Vollblöcke aus Leichtbeton nach DIN V 18152-100 [13] bzw. DIN EN 771-3:2015-11 in Verbindung mit DIN V 20000-403 [32];
• Vollsteine und Vollblöcke aus Beton nach DIN V 18153-100 [14] bzw. DIN EN 771-3:2015-11 in Verbindung mit DIN V 20000-403 [32];
b) für Mauerwerk mit Dünnbettmörtel in den Stoß- und Lagerfugen
• Kalksand-Plansteine (Voll- und -Blocksteine) nach DIN V 106 [18] bzw. DIN EN 771-2:2015-11 in Verbindung mit DIN 20000-402:2017-01.
– Für die Druckzone aus Mauerwerk dürfen auch folgende Kalksand-Loch- und -Hohlblocksteine mindestens der Druckfestigkeitsklasse 12 verwendet werden:

a) für Mauerwerk mit Normalmauermörtel in den Stoß- und Lagerfugen
• Kalksand-Loch- und -Hohlblocksteine nach DIN V 106 [18] bzw. DIN EN 771-2:2015-11 in Verbindung mit DIN 20000-402:2017-01;
b) für Mauerwerk mit Dünnbettmörtel in den Stoß- und Lagerfugen
• Kalksand-Loch- und -Hohlblocksteine nach a) in der Ausführung als Plansteine.

Für Mauerwerk mit Normalmauermörtel in den Stoß- und Lagerfugen ist Normalmauermörtel nach DIN V 18580 [15] mindestens der Mörtelgruppe IIa oder ein Normalmauermörtel nach DIN EN 998-2 mit den in DIN V 20000-412, Tabelle 1, geforderten Mörteleigenschaften mindestens für die Mörtelgruppe IIa zu verwenden.

Für Mauerwerk mit Dünnbettmörtel in den Stoß- und Lagerfugen ist Dünnbettmörtel nach DIN V 18580 bzw. DIN EN 998-2 in Verbindung mit DIN V 20000-412 oder ein für die Vermauerung von Kalksand-Plansteinen allgemein bauaufsichtlich zugelassener Dünnbettmörtel zu verwenden. Für die Stoßfugenvermörtelung von Steinen mit Nut-Feder-Ausbildung der Stirnflächen sind für jede Wanddicke bzw. Stirnflächenausbildung die vom Hersteller der Mauersteine empfohlenen, geeigneten Werkzeuge (z. B. Stoßfugenkellen) zum Auftragen des Dünnbettmörtels zu verwenden, welche die vollflächige Vermörtelung über die gesamte Stirnfläche sicherstellen.

Für die Bemessung von vorgespannten Flachstürzen nach der abZ gilt das in DIN EN 1990 in Verbindung mit DIN EN 1990/NA festgelegte Sicherheitskonzept mit den in DIN EN 1992-1-1/NA genannten bauartspezifischen Festlegungen. Die Teilsicherheitsbeiwerte für die Einwirkungen und die Kombinationsbeiwerte sind unter Berücksichtigung der in DIN EN 1992-1-1/NA genannten bauartspezifischen Festlegungen DIN EN 1990 in Verbindung mit DIN EN 1990/NA zu entnehmen.

Als Teilsicherheitsbeiwerte zur Bestimmung des Tragwiderstands bei ständigen und vorübergehenden Bemessungssituationen sind für Beton und Mauerwerk $\gamma_c = \gamma_m = 1{,}5$ und für Spannstahl $\gamma_s = 1{,}15$ anzusetzen.

Montagelastfälle müssen nicht nachgewiesen werden, wenn die vorgeschriebenen Montagestützweiten eingehalten sind (s. Abschnitt „Ausführung" weiter oben).

Der Nachweis der Mindestbewehrung zur Sicherung eines robusten Tragverhaltens nach DIN EN 1992-1-1, Abschnitt 9.2.1.1, in Verbindung mit DIN EN 1992-1-1/NA, NDP Zu 9.2.1.1 (1), darf entfallen, wenn die Festlegungen der abZ zu den Zuggurten sowie zur Berechnung (hier nicht vollständig wiedergegeben) eingehalten sind.

Der Nachweis der Auflagerpressung ist in jedem Einzelfall zu führen. Für den Nachweis ist als Wert der charakteristischen Druckfestigkeit der sich nach DIN EN 1996-1-1/NA/A1 bzw. DIN EN 1996-3/NA/A1 für das betreffende Mauerwerk ergebende Wert, jedoch höchstens $f_k = 7{,}2$ N/mm², in Rechnung zu stellen.

Für die Bemessung der vorgespannten Flachstürze können auch Bemessungstafeln nach einer Typenstatik verwendet werden, die von einem Bautechnischen Prüfamt geprüft sind.

Z-17.1-898
Leichtbeton-Flachstürze Meurin

Antragsteller:
Trasswerke Meurin Betriebsgesellschaft mbH
Kölner Straße 17
56626 Andernach

Bescheid – Geltungsdauer:
3. Mai 2016 – 14. April 2020

Die abZ erstreckt sich auf die Herstellung und Verwendung von Flachstürzen aus vorgefertigten, bewehrten Zuggurten aus Leichtbeton (bezeichnet als Leichtbeton-Flachstürze „Meurin"), die im Verbund mit einer örtlich hergestellten Druckzone aus Mauerwerk oder Beton oder beidem ihre Tragfähigkeit erlangen.

Die Zuggurte sind bewehrte Stahlbeton-Fertigteile, die ohne schalenförmige Mauerwerks-Formsteine hergestellt werden.

Für die Herstellung der Druckzone dürfen nur Baustoffe verwendet werden, die den in der abZ gestellten Anforderungen entsprechen.

Die Flachstürze dürfen nur als Einfeldträger mit direkter Lagerung an ihrer Unterseite und mit einer größten effektiven Stützweite von 3,00 m verwendet werden. Die Mindestauflagerlänge beträgt 115 mm.

Bei Balken-Rippendecken muss im Bereich der Stürze zur Lastverteilung ein Stahlbetonbalken angeordnet werden. Eine unmittelbare Belastung der Flachstürze durch Einzellasten ist unzulässig.

Es dürfen mehrere Zuggurte nebeneinander verlegt werden, wenn die Druckzone in ihrer Breite alle Zuggurte erfasst. Die Breite der Zuggurte muss in der Summe der Wanddicke entsprechen.

Die Flachstürze dürfen nur in Gebäuden mit vorwiegend ruhenden Einwirkungen gemäß DIN EN 1992-1-1/NA [39], NCI zu 1.5.2, NA 1.5.2.6 und NA 1.5.2.7, verwendet werden.

Z-17.1-978 (abZ/aBg)
Flachstürze mit bewehrten Zuggurten in Kalksand-Formsteinen

Antragsteller:
Werbegemeinschaft KS-Sturz
Bahnhofstraße 21
34593 Knüllwald

Bescheid – Geltungsdauer:
28. März 2018 – 18. März 2023

Der Regelungsgegenstand erstreckt sich auf die Herstellung und Verwendung von Flachstürzen aus vorgefertigten, bewehrten Zuggurten, die im Verbund mit einer örtlich hergestellten Druckzone aus Mauerwerk oder Beton oder beidem ihre Tragfähigkeit erlangen.

Die Zuggurte sind bewehrte Stahlbeton-Fertigteile, die in schalenförmigen Kalksand-Formsteinen hergestellt werden. Sie werden mit Breiten von 90 mm bis 240 mm und einer Höhe von 60 mm, 71 mm, 113 mm oder 123 mm hergestellt.

Für die Herstellung der Druckzone dürfen nur Baustoffe verwendet werden, die den in der abZ gestellten Anforderungen entsprechen.

Die Flachstürze dürfen nur als Einfeldträger mit direkter Lagerung an ihrer Unterseite und mit einer größten effektiven Stützweite von 3,00 m verwendet werden. Die Mindestauflagerlänge beträgt 115 mm. Bei Balken-Rippendecken muss im Bereich der Stürze zur Lastverteilung ein Stahlbetonbalken angeordnet werden. Eine unmittelbare Belastung der Zuggurte durch Einzellasten ist unzulässig.

Es dürfen mehrere Zuggurte nebeneinander verlegt werden, wenn die Druckzone in ihrer Breite alle Zuggurte erfasst. Die Breite der Zuggurte muss in der Summe der Wanddicke entsprechen.

Die Flachstürze dürfen nur in Gebäuden mit vorwiegend ruhenden Einwirkungen gemäß DIN EN 1992-1-1/NA [39], NCI zu 1.5.2, NA 1.5.2.6 und NA 1.5.2.7, verwendet werden.

Z-17.1-900
Wienerberger Flachstürze

Antragsteller:
Wienerberger GmbH
Oldenburger Allee 26
30659 Hannover

Bescheid – Geltungsdauer:
4. Juli 2014 – 18. Februar 2018

Die Flachstürze bestehen aus vorgefertigten, bewehrten Zuggurten, die im Verbund mit einer örtlich hergestellten Druckzone aus Mauerwerk oder Beton oder beidem ihre Tragfähigkeit erlangen. Die Zuggurte sind bewehrte Stahlbeton-Fertigteile, die in schalenförmigen Ziegel-Formsteinen mit oder ohne Wärmedämmung hergestellt werden. Zuggurte ohne Wärmedämmung werden mit Breiten von 90 mm bis 200 mm und einer Höhe von 60 mm, 71 mm oder 113 mm hergestellt. Zuggurte mit Wärmedämmung (s. Bild 121) werden mit einer Breite von 300 mm oder 365 mm und einer Höhe von 113 mm hergestellt.

Es dürfen mehrere Zuggurte nebeneinander verlegt werden, wenn die Druckzone in ihrer Breite alle Zuggurte erfasst. Die Breite der Zuggurte muss in der Summe der Wanddicke entsprechen. Zuggurte mit Wärmedämmung dürfen entsprechend ihrer Breite in mindestens 300 mm bzw. 365 mm dicken Wänden verwendet werden. Bei Wanddicken größer als 365 mm dürfen Zuggurte mit Wärmedämmung zusammen mit mindestens 90 mm breiten Zuggurten ohne Wärmedämmung eingesetzt werden.

Die Flachstürze dürfen nur in Gebäuden mit vorwiegend ruhenden Einwirkungen gemäß DIN EN 1992-1-1/NA [39], NCI zu 1.5.2, NA 1.5.2.6 und NA 1.5.2.7, verwendet werden.

Z-17.1-1083 (abZ/aBg)
Nichttragende Flachstürze aus Zuggurten in Ziegel-Formsteinen mit oder ohne Wärmedämmung und Ziegelmauerwerk mit unvermörtelten Stoßfugen

Antragsteller:
Wienerberger GmbH
Oldenburger Allee 26
30659 Hannover

Bescheid – Geltungsdauer:
4. April 2018 – 20. Februar 2023

Der Regelungsgegenstand erstreckt sich auf die Herstellung von nichttragenden Flachstürzen und deren Verwendung in Mauerwerk nach DIN EN 1996-1-1 [40] in Verbindung mit DIN EN 1996-1-1/NA [41] und DIN EN 1996-2 [46] in Verbindung mit DIN EN 1996-2/NA [47].

Die nichttragenden Flachstürze bestehen aus vorgefertigten, schlaff bewehrten Zuggurten, die im Verbund mit einer örtlich hergestellten Druckzone aus Ziegelmauerwerk mit unvermörtelten Stoßfugen ihre Tragfähigkeit erlangen. Die Zuggurte dürfen nur durch die Eigenlast des darüber liegenden Mauerwerks belastet werden. Dies ist ggf. durch eine entsprechende Ausbildung von Massivdecken oder Anordnung von Stahlbetonbalken im Bereich der Öffnungen sicherzustellen.

Die Zuggurte sind bewehrte Stahlbeton-Fertigteile, die in schalenförmigen Ziegel-Formsteinen mit oder ohne Wärmedämmung hergestellt werden.

Für die Herstellung der Druckzone aus Ziegelmauerwerk dürfen nur Mauerziegel verwendet werden, die den in der abZ/aBg gestellten Anforderungen entsprechen, wobei eine Mindesthöhe der Übermauerung von 250 mm nicht unterschritten und eine maximale Höhe der Übermauerung von 1000 mm nicht überschritten werden darf. Abweichend hiervon darf die Druckzone mit einer Mindesthöhe von 125 mm ausgeführt werden, wenn 113 mm hohe Zuggurte mit Wärmedämmung analog Bild 122a verwendet werden und die Druckzone aus Ziegeln der Rohdichteklasse ≤ 0,90 hergestellt wird. Dies gilt auch für 113 mm hohe Zuggurte ohne Wärmedämmung, die zusätzliche Anforderungen an den Mindestbetonquerschnitt und die Lage der Bewehrung erfüllen, wobei bei diesen auch bauseits zwischen den Zuggurten eine Wärmedämmung angeordnet werden darf.

Die Flachstürze dürfen nur als Einfeldträger mit direkter Lagerung an ihrer Unterseite und für Öffnungen mit einer lichten Weite von höchstens 2250 mm verwendet werden.

Die Mindestauflagerlänge beträgt 115 mm.

Es dürfen mehrere Zuggurte nebeneinander verlegt werden, wenn die Druckzone in ihrer Breite alle Zuggurte erfasst. Zuggurte mit Wärmedämmung dürfen entsprechend ihrer Breite in mindestens 300 mm, 365 mm, 425 mm bzw. 490 mm dicken Wänden verwendet werden.

Bei Wanddicken größer als 365 mm dürfen auch Zuggurte mit Wärmedämmung zusammen mit mindestens 90 mm breiten Zuggurten ohne Wärmedämmung eingesetzt werden.

Die Flachstürze dürfen nur in Gebäuden mit vorwiegend ruhenden Nutzlasten gemäß DIN EN 1992-1-1/NA [39], NCI zu 1.5.2, NA 1.5.2.6 und NA 1.5.2.7, verwendet werden.

Die Flachstürze dürfen nicht verwendet werden in Vormauer- und Verblendschalen von zweischaligen Außenwänden.

Ausführung

(1) Wird nur ein Zuggurt eingebaut, muss dessen Breite mindestens 115 mm betragen. Bei zwei oder mehr nebeneinander liegenden Zuggurten darf deren Breite auch 90 mm betragen. Die Fugenbreite zwischen zwei Zuggurten darf höchstens 15 mm betragen.

Zuggurte mit Wärmedämmung analog Bild 122a dürfen entsprechend ihrer Breite in mindestens 300 mm, 365 mm, 425 mm bzw. 490 mm dicken Wänden verwendet werden. Bei Wanddicken größer als 365 mm dürfen Zuggurte mit Wärmedämmung zusammen mit

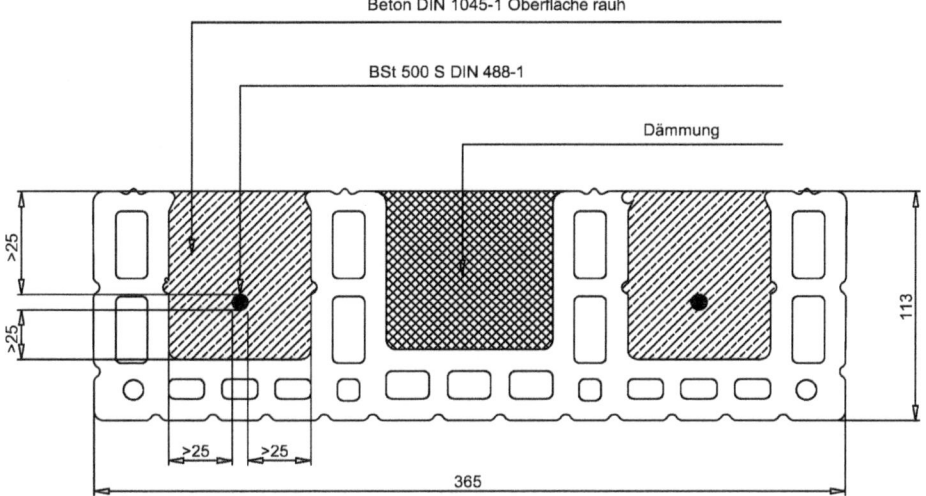

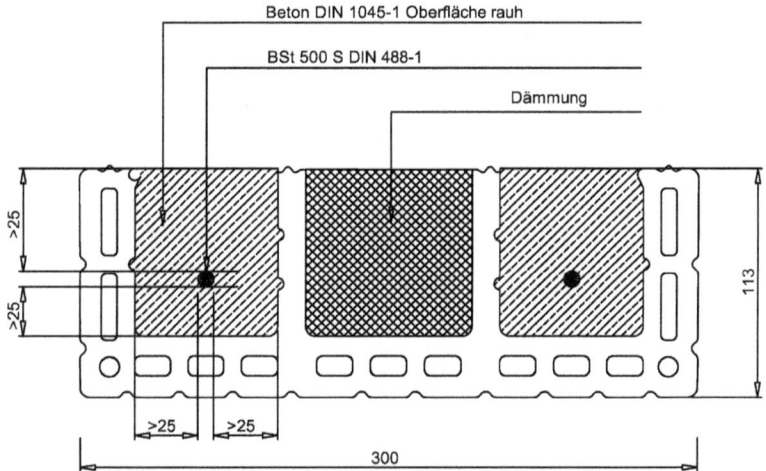

Bild 121. Wienerberger Wärmedämmstürze

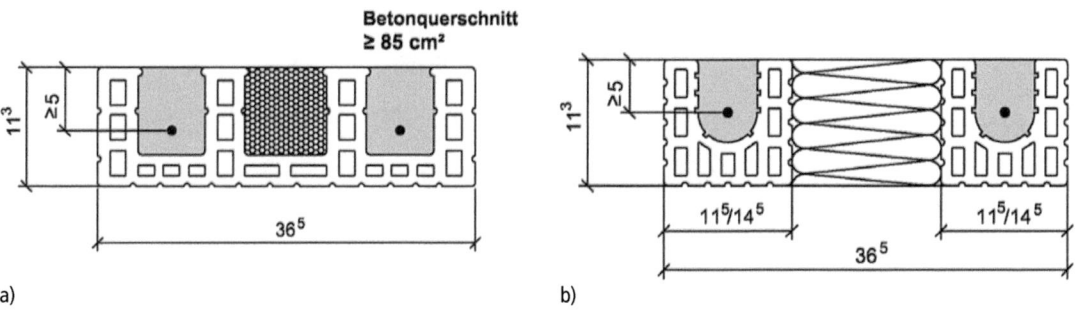

a)   b)

Bild 122. Zuggurt mit bauseitiger Wärmedämmung, Beispiele für Zuggurtanordnung (Z-17.1-1083)

mindestens 90 mm breiten Zuggurten ohne Wärmedämmung eingesetzt werden.
Bei 113 mm hohen Zuggurten ohne Wärmedämmung, bei denen zusätzlich die Anforderungen an den Mindestbetonquerschnitt und die Lage der Bewehrung nach Anlage 2 bzw. Anlage 3 der abZ/aBg eingehalten sind, darf bauseits zwischen den Zuggurten eine Wärmedämmung analog Bild 122b angeordnet werden.
(2) Die Montagestützweite der Zuggurte beim Einbau darf höchstens 1,13 m betragen.
Die Montageunterstützung darf erst entfernt werden, wenn die Druckzone eine ausreichende Festigkeit erreicht hat. Im Allgemeinen genügen 7 Tage. Zur Sicherstellung, dass die nichttragenden Stürze keine weiteren Lasten als aus ihrer Übermauerung aufnehmen müssen, sind geeignete konstruktive Maßnahmen auch für den Bauzustand vorzusehen.
(3) Die Zuggurte sind am Auflager in ein Mörtelbett aus Normalmauermörtel bzw., wenn die auszugleichenden Toleranzen dies zulassen, Dünnbettmörtel nach dem Abschnitt „Berechnung" zu verlegen.

Berechnung
Zur Sicherstellung, dass die nichttragenden Stürze keine weiteren Lasten als aus ihrer Übermauerung aufnehmen müssen, sind geeignete konstruktive Maßnahmen zwischen der Übermauerung und den darüber liegenden Bauteilen vorzusehen.
Die Auflagertiefe muss mindestens 115 mm betragen.
Anforderungen an die Druckzone
(1) Die Druckzone aus Ziegelmauerwerk ist als Einsteinmauerwerk im Verband nach DIN EN 1996-1-1 [40] in Verbindung mit DIN EN 1996-1-1/NA [41] und DIN EN 1996-2 [46] in Verbindung mit DIN EN 1996-2/NA [47] herzustellen. Auf eine Vermörtelung der Stoßfugen der Übermauerung darf nur unter den nachstehenden Bedingungen verzichtet werden:
– Flachstürze aus Zuggurten mit 71 mm oder 113 mm Höhe und einer mindestens 250 mm hohen und mindestens zweilagigen Übermauerung mit Mauerziegeln der Rohdichteklassen ≤ 1,40,
– Flachstürze aus 113 mm hohen Zuggurten mit Wärmedämmung nach Abschnitt 2.1.2 und Anlage 1 der abZ (analog Bild 122a) und einer mindestens 125 mm hohen, einlagigen Übermauerung mit Mauerziegeln der Rohdichteklassen ≤ 0,90 und
– Flachstürze aus 113 mm hohen Zuggurten mit bauseits angeordneter Wärmedämmung nach Abschnitt 2.1.2 und Anlage 2 bzw. Anlage 3 der abZ (analog Bild 122b) und einer mindestens 125 mm hohen, einlagigen Übermauerung mit Mauerziegeln der Rohdichteklassen ≤ 0,90.
Die Höhe der Übermauerung darf 1000 mm nicht überschreiten. Die Steine sind knirsch aneinanderzusetzen.
(2) Für die Druckzone aus Ziegelmauerwerk müssen die Mauerziegel mindestens der Druckfestigkeitsklasse 6 bei Flachstürzen aus Zuggurten mit 71 mm Höhe bzw. mindestens der Druckfestigkeitsklasse 4 bei Flachstürzen aus Zuggurten mit 113 mm Höhe entsprechen (hinsichtlich der zulässigen Rohdichteklassen siehe Punkt (1)). Es dürfen die folgenden Steine verwendet werden:
– Voll- oder Hochlochziegel mit Lochung A oder Lochung B nach DIN 105-100 [29] bzw. DIN EN 771-1:2015-11 in Verbindung mit DIN 20000-401:2017-01, Tabelle A.1 und
– Hochlochziegel oder Planhochlochziegel mit einer abZ oder aBg, sofern deren Verwendung für Druckzonen nicht ausdrücklich ausgeschlossen ist.
(3) Als Mörtel für die Lagerfugen dürfen verwendet werden:
– Normalmauermörtel nach DIN V 18580 [15] mindestens der Mörtelgruppe IIa oder Normalmauermörtel nach DIN EN 998-2 [35] mit den in DIN V 20000-412 [34], Tabelle 1, geforderten Mörteleigenschaften mindestens für die Mörtelgruppe IIa,
– Leichtmauermörtel nach DIN V 18580 [15] der Gruppe LM 21 oder LM 36 oder Leichtmauermörtel nach DIN EN 998-2 [35] mit den in DIN V 20000-412 [34], Tabelle 2, geforderten Mörteleigenschaften für Leichtmauermörtel der Gruppe LM 21 bzw. LM 36 und
– bei Übermauerung mit Planhochlochziegeln mit einer abZ oder aBg der in der betreffenden Zulassung bzw. Bauartgenehmigung geregelte Dünnbettmörtel für die Lagerfugen, wobei jedoch die erste Mörtelschicht oberhalb des Zuggurts mit Normalmauermörtel mindestens der Mörtelgruppe IIa zu erstellen ist.
Sofern im Auflagerbereich nicht nur Lasten aus der Übermauerung der Zuggurte aufzunehmen sind, ist ein Nachweis der Auflagerpressung zu führen.
Für den Nachweis ist als Wert der charakteristischen Druckfestigkeit der sich für die deklarierte Druckfestigkeitsklasse des Zuggurts und der verwendeten Mörtelgruppe (Normalmauermörtel MG IIa bzw. MG III) nach DIN EN 1996-3/NA [49], NDP zu Anhang D.1, Tabelle NA.D.1, ergebende Wert in Rechnung zu stellen, sofern nicht für das Mauerwerk ein geringerer Wert maßgebend wird.

Z-17.1-1099
Nichttragende Flachstürze aus Zuggurten in Ziegel-Formsteinen mit oder ohne Wärmedämmung und Übermauerung mit Wienerberger DRYFIX Mauerwerk

Antragsteller:
Wienerberger GmbH
Oldenburger Allee 26
30659 Hannover

Bescheid – Änderung/Ergänzung – Geltungsdauer:
17. Oktober 2013 – 26. Juni 2014 – 17. Oktober 2018

Die abZ erstreckt sich auf die Herstellung und Verwendung von nichttragenden Flachstürzen aus vorgefertigten, schlaff bewehrten Zuggurten, die im Verbund mit einer örtlich hergestellten Druckzone aus Wienerberger DRYFIX Mauerwerk mit abZ ihre Tragfähigkeit erlangen.

Die Flachstürze dürfen nur in Wänden aus Wienerberger DRYFIX Mauerwerk mit POROTON DRYFIX Planziegel-Kleber verwendet werden.

Die Zuggurte dürfen nur durch die Eigenlast des darüber liegenden Mauerwerks belastet werden. Dies ist ggf. durch eine entsprechende Ausbildung von Massivdecken oder Anordnung von Stahlbetonbalken im Bereich der Öffnungen sicherzustellen.

Die Zuggurte sind bewehrte Stahlbeton-Fertigteile, die in schalenförmigen Ziegel-Formsteinen mit oder ohne Wärmedämmung hergestellt werden. Zuggurte ohne Wärmedämmung werden mit Breiten von 90 mm bis 240 mm und einer Höhe von 71 mm oder 113 mm hergestellt. Zuggurte mit Wärmedämmung werden mit einer Breite von 300 mm, 365 mm, 425 mm und 490 mm und einer Höhe von 113 mm hergestellt.

Für die Herstellung der Druckzone darf nur Wienerberger DRYFIX Mauerwerk verwendet werden, das zusätzlich den in der abZ gestellten Anforderungen entspricht, wobei eine Mindesthöhe der Übermauerung von 250 mm nicht unterschritten und eine maximale Höhe der Übermauerung von 1000 mm nicht überschritten werden darf. Abweichend hiervon darf die Druckzone mit einer Mindesthöhe von 125 mm ausgeführt werden, wenn 113 mm hohe Zuggurte mit Wärmedämmung nach Anlage 1 der abZ verwendet werden und die Druckzone aus Ziegeln der Rohdichteklasse $\leq 0{,}90$ hergestellt wird. Dies gilt auch für 113 mm hohe Zuggurte ohne Wärmedämmung, die zusätzliche Anforderungen an den Mindestbetonquerschnitt und die Lage der Bewehrung erfüllen, wobei bei diesen auch bauseits zwischen den Zuggurten eine Wärmedämmung angeordnet werden darf.

Die Flachstürze dürfen nur als Einfeldträger mit direkter Lagerung an ihrer Unterseite und für Öffnungen mit einer lichten Weite von höchstens 2250 mm verwendet werden.

Die Mindestauflagerlänge beträgt 115 mm.

Es dürfen mehrere Zuggurte nebeneinander verlegt werden, wenn die Druckzone in ihrer Breite alle Zuggurte erfasst. Zuggurte mit Wärmedämmung dürfen entsprechend ihrer Breite in 300 mm, 365 mm, 425 mm bzw. 490 mm dicken Wänden verwendet werden. Bei Wanddicken größer als 365 mm dürfen auch Zuggurte mit Wärmedämmung zusammen mit mindestens 90 mm breiten Zuggurten ohne Wärmedämmung eingesetzt werden.

Die Flachstürze dürfen nicht bei dynamischen Einwirkungen entsprechend DIN EN 1991-1-1 [40]; Abschnitt 2.2, verwendet werden.

Die Flachstürze dürfen nicht verwendet werden in Vormauer- und Verblendschalen von zweischaligen Außenwänden.

Berechnung

Zur Sicherstellung, dass die nichttragenden Stürze keine weiteren Lasten als aus ihrer Übermauerung nach Abschnitt 3.2 aufnehmen müssen, sind geeignete konstruktive Maßnahmen zwischen der Übermauerung und den darüber liegenden Bauteilen vorzusehen.

Die Auflagertiefe muss mindestens 115 mm betragen.

Anforderungen an die Druckzone

(1) Für die Herstellung der Druckzone darf nur Wienerberger DRYFIX Mauerwerk mit abZ verwendet werden, wobei zusätzlich bzw. abweichend folgende Bedingungen einzuhalten sind:
– Druckfestigkeitsklassen
 Die Mauerziegel müssen mindestens der Druckfestigkeitsklasse 6 bei Flachstürzen mit 71 mm hohen Zuggurten bzw. mindestens der Druckfestigkeitsklasse 4 bei Flachstürzen mit 113 mm hohen Zuggurten entsprechen.
– Rohdichteklassen
 • Flachstürze aus Zuggurten mit 71 mm oder 113 mm Höhe und einer mindestens 250 mm hohen und mindestens zweilagigen Übermauerung: Es dürfen nur Mauerziegel mit Rohdichteklassen $\leq 1{,}40$ verwendet werden.
 • Flachstürze aus 113 mm hohen Zuggurten mit Wärmedämmung nach Abschnitt 2.1.2 und Anlage 1 der abZ und einer mindestens 125 mm hohen, einlagigen Übermauerung: Es dürfen nur Mauerziegel mit Rohdichteklassen $\leq 0{,}90$ verwendet werden.
 • Flachstürze aus 113 mm hohen Zuggurten mit bauseits angeordneter Wärmedämmung nach Abschnitt 2.1.2 und Anlage 2 bzw. Anlage 3 und einer mindestens 125 mm hohen, einlagigen Übermauerung: Es dürfen nur Mauerziegel mit Rohdichteklassen $\leq 0{,}90$ verwendet werden.

Die Höhe der Übermauerung darf 1000 mm nicht überschreiten. Die Steine sind knirsch aneinanderzusetzen.

(2) Die erste Ziegellage ist in Normalmauermörtel nach DIN V 18580 [15] mindestens der Mörtelgruppe IIa oder Normalmauermörtel nach DIN EN 998-2 1 mit den in DIN V 20000-412 [34], Tabelle 1, geforderten Mörteleigenschaften mindestens für die Mörtelgruppe IIa zu setzen.

Die weiteren Lagen sind entsprechend den Bestimmungen der jeweiligen abZ für das Wienerberger DRYFIX Mauerwerk herzustellen.

Sofern im Auflagerbereich nicht nur Lasten aus der Übermauerung der Zuggurte aufzunehmen sind, ist ein Nachweis der Auflagerpressung zu führen.

Z-17.1-603
MOSO-Lochband als Bewehrung für Stürze aus Mauerwerk

Antragsteller:
Wilhelm Modersohn GmbH & Co. KG
Eggeweg 2a
32139 Spenge

Bescheid – Änderung/Ergänzung/Verlängerung –
Geltungsdauer:
10. August 2007 – 15. August 2012 – 22. August 2017

Die abZ regelt die Herstellung des MOSO-Bewehrungssystems aus austenitischem oder austenitisch-ferritischem nichtrostenden Stahl und dessen Verwendung als horizontale Bewehrung nach DIN 1053-3: 1990-02 in der untersten Lagerfuge von nichttragenden Stürzen aus Ziegelmauerwerk (Vormauer- bzw. Verblendschalen) mit einer Dicke von 90 mm bis 115 mm. Die lichte Weite der Stürze beträgt höchstens 2510 mm; ihre Höhe beträgt mindestens 5 Schichten NF zuzüglich einer unter der Bewehrung liegenden Grenadierschicht mit einer Höhe von 240 mm (siehe Prinzipdarstellung Bild 123) oder Rollschicht mit einer Höhe von 115 mm.

Das Bewehrungssystem besteht aus dem MOSO-Lochband und dazugehörigen MOSO-Lochbandbügeln (s. Bild 124) oder aus dem MOSO-Lochband und dazugehörigen MOSO-Wellbügeln (s. Bild 125), Drahtankern zur Vernadelung der Grenadierschicht bzw. Rollschicht zwischen den abgehängten MOSO-Lochbandbügeln bzw. MOSO-Wellbügeln und zusätzlichen Bügeln aus Rundstahl oder Haken mit Wellung zur Rückverankerung des MOSO-Lochbandes im darüberliegenden Mauerwerk (s. Bild 126).

Das MOSO-Lochband besteht aus 0,5 mm dickem Blech und ist 50 mm breit. Es hat zwei parallel angeordnete Lochreihen mit einem Lochdurchmesser 13 mm. Die Lochprägung ist einseitig ausgewölbt.

Die Mauerwerksstürze bestehen aus Vormauerziegeln oder Klinkern nach DIN V 105-100 [17] mindestens der Druckfestigkeitsklasse 12, die mit Normalmauermörtel nach DIN V 18580 [15] der Mörtelgruppe IIa vermauert werden. Die statisch erforderliche Sturzhöhe muss mindestens 5 Schichten NF über der Bewehrungsfuge umfassen.

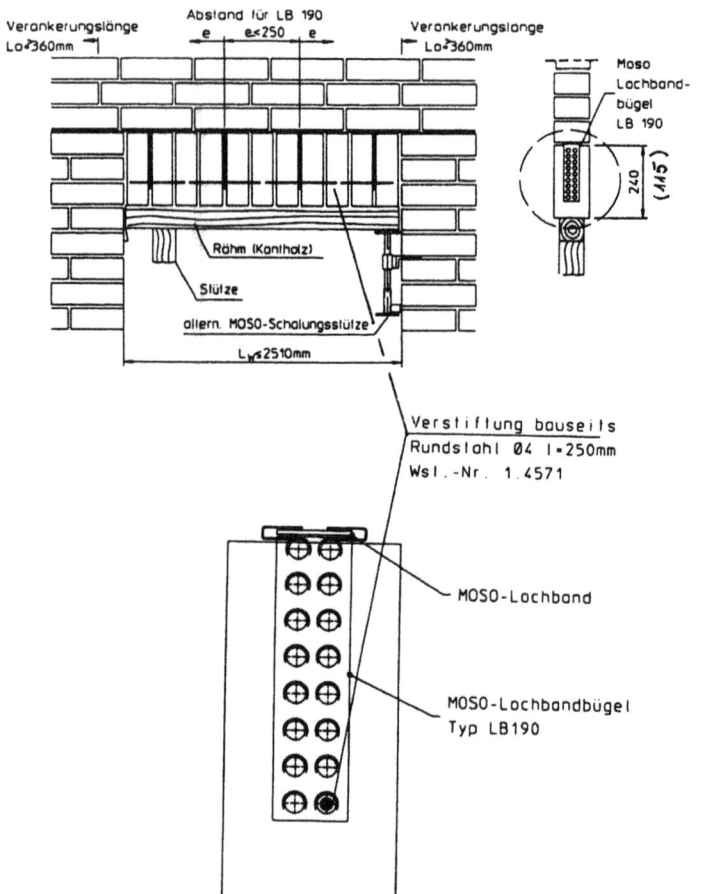

Bild 123. Sturz mit MOSO-Lochband und MOSO-Lochbandbügeln im Einbauzustand

II Mauerwerksbau mit allgemeiner bauaufsichtlicher Zulassung (abZ) bzw. mit allgemeiner Bauartgenehmigung (aBg)   233

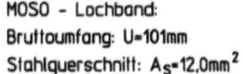
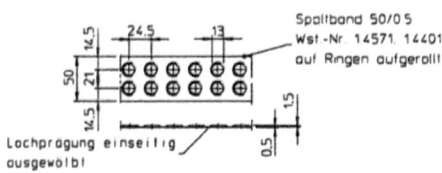
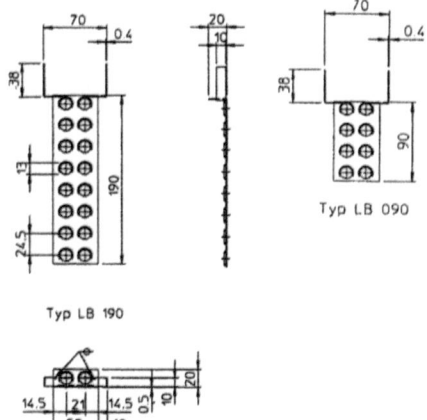

Bild 124. MOSO-Lochband und MOSO-Lochbandbügel

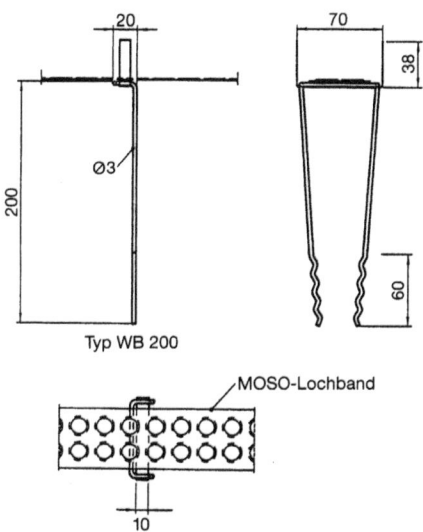

Typ WB 200

Bild 125. MOSO-Wellbügel

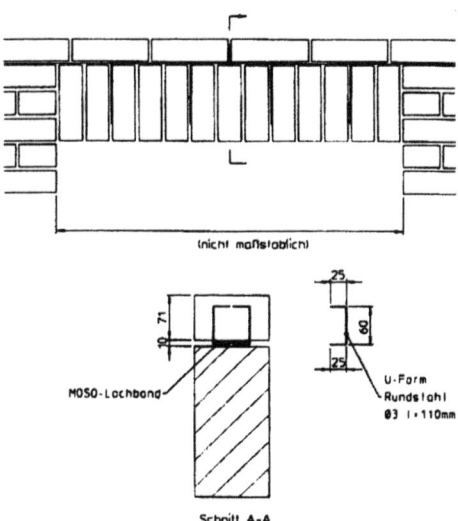

Bild 126. Rückverankerung des MOSO-Lochbands in der Druckzone mit Bügeln

Unter der Bewehrungsfuge kann eine Grenadier- oder Rollschicht angeordnet werden. Die Grenadier- oder Rollschicht unter dem MOSO-Lochband wird durch abgehängte MOSO-Lochbandbügel oder MOSO-Wellbügel und durch eine zusätzliche Vernadelung der untergehängten Steine mit 250 mm langen Edelstahldrahtankern gesichert. Die MOSO-Lochbandbügel bzw. die MOSO-Wellbügel werden in jede dritte senkrechte Fuge der unter dem MOSO-Lochband angeordneten Grenadier- oder Rollschicht, d. h., im Abstand von maximal 250 mm, eingesetzt (s. Bild 123).

Bei Stürzen mit lichten Weiten ≥ 1,51 m werden in der über dem MOSO-Lochband liegenden Läuferschicht in den Stoßfugen Bügel aus Rundstahl oder Haken mit Wellung mit einem Durchmesser 3 mm zur Rückverankerung des MOSO-Lochbandes im darüberliegenden Mauerwerk eingesetzt (s. Bild 126).

Das MOSO-Bewehrungssystem darf nach DIN 1053-3:1990-02 für Stürze nur in Vormauer- bzw. Verblendschalen mit einer Dicke von 90 mm bis 115 mm eingesetzt werden. Die Stürze dürfen nicht durch weitere Lasten außer Eigenlasten beansprucht werden.

Das MOSO-Bewehrungssystem darf bei Umweltbedingungen entsprechend den Expositionsklassen XC4, XD1, XS1, XF1 und XA1 gemäß DIN 1045-1:2001-07 verwendet werden.

10 Ergänzungsbauteile

10.1 Mauerfuß-Dämmelemente

Z-17.1-875
Kalksand-Wärmedämm-Ausgleichselemente „KIMMEX-12", „KIMMEX-16" und „KIMMEX-20" für Kalksandstein-Mauerwerk

Antragsteller:
Baustoffwerke Horsten GmbH & Co. KG
Hohemoor 59
26446 Friedeburg-Horsten

Bescheid – Änderung – Geltungsdauer:
16. Juli 2015 – 19. Mai 2016 – 14. April 2020

Die Wärmedämm-Ausgleichselemente dienen neben dem Höhenausgleich der Wärmedämmung im unteren und/oder oberen Bereich des Mauerwerks. Durch den Einbau dieser Elemente werden Wärmebrücken im Bereich von Decken und aufgehendem Mauerwerk vermieden.
Die Wärmedämm-Ausgleichselemente werden mit Höhen von 113 mm bis 175 mm, Breiten von 115 mm bis 240 mm und einer Länge von 498 mm hergestellt.
Die Elemente sind entsprechend ihrer Breite in Mauerwerkswänden mit gleicher Wanddicke zu verwenden.
Die Wärmedämm-Ausgleichselemente dürfen nur für Einsteinmauerwerk verwendet werden.
Die Kalksand-Wärmedämm-Ausgleichselemente werden als Vollsteine mit Druckfestigkeiten entsprechend der Druckfestigkeitsklasse 12 und einer Brutto-Trockenrohdichte entsprechend der Rohdichteklasse 1,0 („KIMMEX-12") und mit Druckfestigkeiten entsprechend der Druckfestigkeitsklasse 16 oder 20 und einer Brutto-Trockenrohdichte entsprechend der Rohdichteklasse 1,2 („KIMMEX-16" bzw. „KIMMEX-20") nach DIN V 106 [18] hergestellt.
Für tragendes Mauerwerk dürfen Kalksand-Voll-, Loch-, Block- und Hohlblocksteine bzw. Kalksand-Plansteine und – bei Mauerwerk nach DIN EN 1996 – auch Kalksand-Planelemente nach DIN V 106 [18] oder nach DIN EN 771-2 [7] in Verbindung mit DIN V 20000-402 [31] und Normalmauermörtel nach DIN V 18580 [15] der Mörtelgruppe IIa oder III bzw. Dünnbettmörtel nach DIN V 18580 [15] oder ein für die Vermauerung von allgemein bauaufsichtlich zugelassenen Kalksand-Plansteinen allgemein bauaufsichtlich zugelassener Dünnbettmörtel verwendet werden.
Die Kalksand-Wärmedämm-Ausgleichselemente dürfen außerdem für Mauerwerk aus allgemein bauaufsichtlich zugelassenen Kalksand-Planelementen verwendet werden, wenn in der betreffenden abZ für die Planelemente die Verwendung der Wärmedämm-Ausgleichselemente gesondert geregelt ist.
Als Bemessungswerte der Wärmeleitfähigkeit dürfen für die Wärmedämm-Ausgleichselemente
„KIMMEX 12" $\lambda = 0{,}27$ W/(m·K) und für
„KIMMEX 16" und $\lambda = 0{,}33$ W/(m·K) in Rechnung
„KIMMEX 20"   gestellt werden.

Z-17.1-961
Kalksand-Wärmedämmsteine (bezeichnet als „KS-ISO-Kimmsteine") für Kalksandstein-Mauerwerk

Antragsteller:
BMO KS-Vertrieb BIELEFELD-MÜNSTER-OSNABRÜCK GmbH & Co. KG
Averdiekstraße 9
49078 Osnabrück

Bescheid – Änderung/Ergänzung/Verlängerung – Geltungsdauer:
2. Februar 2015 – 11. Oktober 2016 – 14. April 2020

Die KS-ISO-Kimmsteine werden mit einer Höhe von 113 mm, 123 mm, 150 mm oder 175 mm, Breiten von 115 mm bis 365 mm und einer Länge von 498 mm hergestellt. Die Steine sind entsprechend ihrer Breite in Mauerwerkswänden mit gleicher Wanddicke zu verwenden.
Die Kalksand-Wärmedämmsteine werden als Vollsteine mit Druckfestigkeiten entsprechend der Druckfestigkeitsklasse 12, 16 oder 20 und einer Brutto-Trockenrohdichte entsprechend der Rohdichteklasse 1,2 nach DIN V 106 [18] hergestellt.
Die Kalksand-Wärmedämmsteine dienen neben dem Höhenausgleich der Wärmedämmung im unteren und/oder oberen Bereich des Mauerwerks. Durch den Einbau dieser Steine werden Wärmebrücken im Bereich von Decken und aufgehendem Mauerwerk vermieden.
Die abZ regelt die Verwendung der Kalksand-Wärmedämmsteine mit Normalmauermörtel der Mörtelgruppen IIa und III oder Dünnbettmörtel in der untersten und/oder obersten Schicht von Mauerwerk nach DIN 1053-1 bzw. DIN EN 1996 in Verbindung mit den jeweiligen nationalen Anhängen.
Die Kalksand-Wärmedämmsteine dürfen nur für Einsteinmauerwerk verwendet werden.
Für tragendes Mauerwerk dürfen Kalksand-Voll-, Loch,- Block- und Hohlblocksteine bzw. Kalksand-Plansteine und – bei Mauerwerk nach DIN EN 1996 – auch Kalksand-Planelemente nach DIN V 106 [18] oder nach DIN EN 771-2 [7] in Verbindung mit DIN V 20000-402 [31] und Normalmauermörtel nach DIN V 18580 [15] der Mörtelgruppe IIa oder III bzw. Dünnbettmörtel nach DIN V 18580 [15] oder ein für die Vermauerung von allgemein bauaufsichtlich zugelassenen Kalksand-Plansteinen allgemein bauaufsichtlich zugelassener Dünnbettmörtel verwendet werden.
Die Kalksand-Wärmedämmsteine dürfen außerdem für Mauerwerk aus Kalksand-Planelementen nach abZ verwendet werden, wenn in der betreffenden abZ für die Planelemente die Verwendung der Kalksand-Wärmedämmsteine gesondert geregelt ist.
Für die Kalksand-Wärmedämmsteine darf als richtungsunabhängiger Bemessungswert der Wärmeleitfähigkeit $\lambda = 0{,}33$ W/(m·K) in Rechnung gestellt werden.

Z-17.1-1127
Kalksand-Wärmedämmsteine (bezeichnet als KS-ISO-Kimmsteine) für Kalksandstein-Mauerwerk

Antragsteller:
Cirkel GmbH & Co. KG
Flaesheimer Straße 605
45721 Haltern am See

Bescheid – Geltungsdauer:
20. Mai 2015 – 14. April 2020

Die Kalksand-Wärmedämmsteine (bezeichnet als KS-ISO-Kimmsteine) sind Kalksandsteine nach DIN EN 771-2 [7] der Kategorie I mit den in der abZ genannten Eigenschaften. Für die Kalksand-Wärmedämmsteine ist ein individueller Feuchteumrechnungsfaktor F_m gemäß DIN V 4108-4 [16], Anhang B, nachgewiesen.
Die Kalksand-Wärmedämmsteine werden mit einer Höhe von 113 mm, 125 mm, 150 mm oder 175 mm, Breiten von 115 mm bis 365 mm und einer Länge von 498 mm hergestellt. Die Steine sind entsprechend ihrer Breite in Mauerwerkswänden mit gleicher Wanddicke zu verwenden.
Die Kalksand-Wärmedämmsteine werden als Vollsteine mit Druckfestigkeiten entsprechend Druckfestigkeitsklasse 12, 16 und 20 und einer Brutto-Trockenrohdichte entsprechend der Rohdichteklasse 1,2 nach DIN V 106 [18] hergestellt.
Die abZ regelt die Verwendung der Kalksand-Wärmedämmsteine mit Normalmauermörtel der Mörtelgruppen IIa und III oder Dünnbettmörtel in der untersten und/oder obersten Schicht von Mauerwerk nach DIN 1053-1 4 aus Kalksandsteinen und für Mauerwerk nach DIN EN 1996-1-1 [40] in Verbindung mit DIN EN 1996-1-1/NA [41] und DIN EN 1996-2 [46] in Verbindung mit DIN EN 1996-2/NA [47] aus Kalksandsteinen.
Die Kalksand-Wärmedämmsteine dienen neben dem Höhenausgleich der Wärmedämmung im unteren und/oder oberen Bereich des Mauerwerks. Durch den Einbau dieser Steine werden Wärmebrücken im Bereich von Decken und aufgehendem Mauerwerk vermieden.
Für die Verwendung der Kalksand-Wärmedämmsteine im Mauerwerk gilt, soweit in der abZ nichts anderes bestimmt ist, DIN 1053-1 [4] bzw. DIN EN 1996 in Verbindung mit den jeweiligen nationalen Anhängen.
Die Kalksand-Wärmedämmsteine dürfen nur für Einsteinmauerwerk verwendet werden. Für tragendes Mauerwerk dürfen Kalksand-Voll-, Loch-, Block- und Hohlblocksteine bzw. Kalksand-Plansteine und – bei Mauerwerk nach DIN EN 1996 – auch Kalksand-Planelemente nach DIN V 106 [18] oder nach DIN EN 771-2 [7] in Verbindung mit DIN V 20000-402 [31] und Normalmauermörtel nach DIN V 18580 [15] der Mörtelgruppe IIa oder III bzw. Dünnbettmörtel nach DIN V 18580 [15] oder ein für die Vermauerung von allgemein bauaufsichtlich zugelassenen Kalksand-Plansteinen allgemein bauaufsichtlich zugelassener Dünnbettmörtel verwendet werden.

Die Kalksand-Wärmedämmsteine dürfen außerdem für Mauerwerk aus Kalksand-Planelementen nach abZ verwendet werden, wenn in der betreffenden abZ für die Planelemente die Verwendung der Kalksand-Wärmedämmsteine gesondert geregelt ist.

Berechnung
Für die Berechnung des Mauerwerks gelten die Bestimmungen der Norm DIN 1053-1 [4] für Mauerwerk ohne Stoßfugenvermörtelung, in Verbindung mit Anlage 2.2/4 der Muster-Liste der Technischen Baubestimmungen, Fassung März 2014 bzw. DIN EN 1996-1-1 [40] in Verbindung mit DIN EN 1996-1-1/NA [41], DIN EN 1996-1-1/NA/A1 [42] und DIN EN 1996-1-1/NA/A2 [43] sowie DIN EN 1996-3 [48] in Verbindung mit DIN EN 1996-3/NA [49], DIN EN 1996-3/NA/A1 [50] und DIN EN 1996-3/NA/A2 [51] soweit in der abZ nichts anderes bestimmt ist.
Werden Kalksand-Wärmedämmsteine nach der abZ mit geringerer Festigkeit am Wandfuß und/oder Wandkopf als die der Kalksandsteine in der betreffenden Wand angeordnet, so ist beim Standsicherheitsnachweis bei Anwendung des vereinfachten Verfahrens nach DIN 1053-1 [4] bzw. nach DIN EN 1996-3 [48] in Verbindung mit DIN EN 1996-3/NA [49], DIN EN 1996-3/NA/A1 [50] und DIN EN 1996-3/NA/A2 [51] grundsätzlich die geringere Festigkeit der Wärmedämmsteine für die gesamte Wand in Rechnung zu stellen.
Beim Standsicherheitsnachweis nach dem genaueren Verfahren nach DIN 1053-1 [4] bzw. nach DIN EN 1996-1-1 [40] in Verbindung mit DIN EN 1996-1-1/NA [41], DIN EN 1996-1-1/NA/A1 [42] und DIN EN 1996-1-1/NA/A2 [43] darf abweichend die an der jeweiligen Nachweisstelle vorhandene Mauerwerksfestigkeit zugrunde gelegt werden.
Für den rechnerischen Nachweis des Wärmeschutzes gilt für das Mauerwerk über bzw. unter den Kalksand-Wärmedämmsteinen der Bemessungswert der Wärmeleitfähigkeit des entsprechenden Mauerwerks ohne die Kalksand-Wärmedämmsteine (z. B. nach DIN 4108-4:2007-06).
Für die Kalksand-Wärmedämmsteine darf als richtungsunabhängiger Bemessungswert der Wärmeleitfähigkeit $\lambda = 0{,}30$ W/(m·K) in Rechnung gestellt werden.

Z-17.1-960
Kalksand-Wärmedämmsteine (bezeichnet als „KS-ISO-Kimmsteine") für Kalksandstein-Mauerwerk

Antragsteller:
Kalksandstein-Werk Wemding GmbH
Harburger Straße 100
86650 Wemding

Bescheid – Geltungsdauer:
4. August 2016 – 14. April 2020

Die Kalksand-Wärmedämmsteine werden mit einer Höhe von 113 mm oder 123 mm, Breiten von 115 mm bis 365 mm und einer Länge von 498 mm hergestellt. Die Steine sind entsprechend ihrer Breite in Mauerwerkswänden mit gleicher Wanddicke zu verwenden.

Die Kalksand-Wärmedämmsteine werden als Vollsteine mit Druckfestigkeiten entsprechend Druckfestigkeitsklasse 12, 16 oder 20 und einer Brutto-Trockenrohdichte entsprechend der Rohdichteklasse 1,2 nach DIN V 106 [18] hergestellt.

Diese abZ regelt die Verwendung der Kalksand-Wärmedämmsteine mit Normalmauermörtel der Mörtelgruppen IIa und III oder Dünnbettmörtel in der untersten und/oder obersten Schicht von Mauerwerk nach DIN 1053-1 [4] aus Kalksandsteinen und für Mauerwerk nach DIN EN 1996-1-1 [40] in Verbindung mit DIN EN 1996-1-1/NA [41] und DIN EN 1996-2 [46] in Verbindung mit DIN EN 1996-2/NA [47] aus Kalksandsteinen. Die Kalksand-Wärmedämmsteine dienen neben dem Höhenausgleich der Wärmedämmung im unteren und/oder oberen Bereich des Mauerwerks.

Die Kalksand-Wärmedämmsteine dürfen nur für Einsteinmauerwerk verwendet werden.

Für tragendes Mauerwerk dürfen Kalksand-Voll-, Loch,- Block- und Hohlblocksteine bzw. Kalksand-Plansteine und – bei Mauerwerk nach DIN EN 1996 – auch Kalksand-Planelemente nach DIN V 106 [18] oder nach DIN EN 771-2 [7] in Verbindung mit DIN V 20000-402 [31] und Normalmauermörtel nach DIN V 18580 [15] der Mörtelgruppe IIa oder III bzw. Dünnbettmörtel nach DIN V 18580 [15] oder ein für die Vermauerung von allgemein bauaufsichtlich zugelassenen Kalksand-Plansteinen allgemein bauaufsichtlich zugelassener Dünnbettmörtel verwendet werden.

Die Kalksand-Wärmedämmsteine dürfen außerdem für Mauerwerk aus allgemein bauaufsichtlich zugelassenen Kalksand-Planelementen verwendet werden, wenn in der betreffenden abZ für die Planelemente die Verwendung der Kalksand-Wärmedämmsteine gesondert geregelt ist.

Für die Kalksand-Wärmedämmsteine darf als richtungsunabhängiger Bemessungswert der Wärmeleitfähigkeit $\lambda = 0{,}33$ W/(m·K) in Rechnung gestellt werden.

Z-17.1-709
Wärmedämmelement „Schöck Novomur"
für Mauerwerk aus Kalksandsteinen und Vollziegeln sowie Vormauer- und Verblendschalen

Antragsteller:
Schöck Bauteile GmbH
Vimbucher Straße 2
76534 Baden-Baden (Steinbach)

Bescheid – Geltungsdauer:
12. Mai 2017 – 28. März 2022

Die Wärmedämmelemente dienen der Wärmedämmung im unteren und/oder oberen Bereich des Mauerwerks. Durch den Einbau dieser Elemente werden Wär-

Bild 127. „Schöck Novomur" Dämmelement des Typs 20-17,5

mebrücken im Bereich von Decken und aufgehendem Mauerwerk vermieden.

Die Wärmedämmelemente haben eine Höhe von 113 mm, eine Breite von 115 mm, 150 mm, 175 mm, 200 mm oder 240 mm und eine Länge von 750 mm. Bild 127 zeigt das Dämmelement für die Wanddicke 175 mm.

Die Elemente sind entsprechend ihrer Breite in Mauerwerkswänden mit 115 mm, 150 mm, 175 mm, 200 mm oder 240 mm Dicke zu verwenden.

Die Wärmedämmelemente dürfen nur für Einsteinmauerwerk verwendet werden.

Die Wärmedämmelemente dürfen in Mauerwerk aus Kalksandvoll- und Kalksandblocksteinen, Kalksand-Plansteinen (Lochanteil ≤ 15 %) bzw. -Planelementen nach DIN V 106 [18] bzw. DIN EN 771-2:2015-11 in Verbindung mit DIN 20000-402:2016-03 der Druckfestigkeitsklasse ≥ 12 oder Vollziegel nach DIN 105-100 [29] bzw. DIN EN 771-1:2015-11 in Verbindung mit DIN 20000-401 [30] der Druckfestigkeitsklasse ≥ 12 und Normalmauermörtel der Mörtelgruppe IIa oder III bzw. Dünnbettmörtel nach DIN EN 998-2 [35] in Verbindung mit DIN V 20000-412 [34] bzw. DIN V 18580 [15] verwendet werden.

Die Wärmedämmelemente dürfen in der untersten und/oder obersten Schicht von tragendem oder aussteifendem Mauerwerk und am Fußpunkt nichttragender Außenschalen von zweischaligen Außenwänden nur im Anwendungsbereich gemäß den in DIN EN 1996-3 [48], Abschnitte 4.2.1.1 und 4.2.1.2, in Verbindung mit DIN EN 1996-3/NA [49], NCI zu 4.2.1.1 und 4.2.1.2, bestimmten Voraussetzungen für die Anwendung der vereinfachten Berechnungsmethoden für den Nachweis der Standsicherheit verwendet werden.

Das Mauerwerk darf nur unter den in der abZ bestimmten Voraussetzungen in Erdbebengebieten der Zonen 2 und 3 nach DIN 4149 verwendet werden.

Die tragende Struktur der Wärmedämmelemente wird aus Leichtbeton hergestellt. Die Polystyrol-Formteile sind schwerentflammbar (Baustoffklasse B1 nach DIN 4102-1) aus Polystyrol-Partikelschaum nach DIN EN 13163:2013-03. Für sie ist ein Bemessungswert der Wärmeleitfähigkeit von $\lambda = 0{,}040$ W/(m·K) nachgewiesen.

Berechnung

Für die Grundwerte σ_0 der zulässigen Druckspannungen wird auf den Beitrag E II verwiesen [1].
Für die Ermittlung der Knicklänge darf nur eine zweiseitige Halterung der Wände in Rechnung gestellt werden.
Die Annahme einer erhöhten Teilflächenpressung nach DIN EN 1996-1-1, Abschnitt 6.1.3, ist unzulässig.
Der charakteristische Wert f_k der Druckfestigkeit für den Nachweis der Auflagerpressung bei Einbau der Wärmedämmelemente in der Außenschale von zweischaligem Mauerwerk ist mit 2,6 MN/m² in Ansatz zu bringen.
Beim Schubnachweis der Wände nach DIN 1053-1 [4], Abschnitt 6.9.5, dürfen für zul τ nur 50% des sich aus Gleichung (6a) – mit σ_{0HS} für unvermörtelte Stoßfugen – für das verwendete Mauerwerk ergebenden Wertes und nur 50% des sich für max τ für das verwendete Mauerwerk ergebenden Wertes, jedoch höchstens 0,1 MN/m², in Rechnung gestellt werden.
Bei Gebäuden in Erdbebengebieten der Zonen 2 und 3 nach DIN 4149-1 dürfen Wände mit den Wärmedämmelementen nicht für die Gebäudeaussteifung berücksichtigt werden.

Wärmeschutz

Für den rechnerischen Nachweis des Wärmeschutzes gilt für das aufgehende Mauerwerk über Wärmedämmelementen der Bemessungswert der Wärmeleitfähigkeit des entsprechenden Mauerwerks ohne Wärmedämmelemente (z. B. nach DIN V 4108-4).

Brandschutz

Die Klassifizierung REI 30 bis REI 90 von tragenden raumabschließenden Mauerwerkswänden nach DIN EN 13501-2 [57] bzw. DIN EN 1996-1-2 [44] in Verbindung mit DIN EN 1996-1-2/NA [45] geht bei Einbau der Wärmedämmelemente nicht verloren, wenn folgende Brandschutzmaßnahmen ausgeführt werden:
– Einbau der Elemente innerhalb des Deckenaufbaus, sodass OK Element ≤ OK Estrich (Brandverhaltensklasse A) ist oder
– beidseitiges Verputzen der Elemente mit mindestens 15 mm dickem Putz gemäß DIN EN 1996-1-2, Abschnitt 4.2 (1) oder
– beidseitiges Anordnen von mindestens 12,5 mm dicken Gipskarton-Feuerschutzplattenstreifen (GKF) nach DIN 18180:2014-09 mindestens elementhoch.
Alternativ können der Putz oder die Gipskarton-Feuerschutzplattenstreifen einseitig durch Verblendmauerwerk ersetzt werden.
Die Klassifizierung R 30 bis R 90 von nichtraumabschließenden Mauerwerkswänden nach DIN EN 13501-2 bzw. DIN EN 1996-1-2 in Verbindung mit DIN EN 1996-1-2/NA geht bei Einbau der Wärmedämmelemente nicht verloren. Brandschutztechnische Zusatzmaßnahmen sind nicht erforderlich.
Für tragende Pfeiler und tragende nichtraumabschließende Wandabschnitte (Länge < 1 m) ist eine Feuerwiderstandsklasse nicht nachgewiesen. Die Verwendung der Wärmedämmelemente in Brandwänden ist unzulässig.

Z-17.1-749
Wärmedämmelement (bezeichnet als Schöck Novomur light) für Mauerwerk aus Kalksandsteinen und Vollziegeln sowie Vormauer- und Verblendschalen

Antragsteller:
Schöck Bauteile GmbH
Vimbucher Straße 2
76534 Baden-Baden (Steinbach)

Bescheid – Verlängerung – Geltungsdauer:
2. Februar 2016 – 22. August 2016 – 14. April 2020

Die Wärmedämmelemente „Schöck Novomur light" nach der abZ entsprechen hinsichtlich der Verwendung und den Abmessungen denen nach der abZ Nr. Z-17.1-709, jedoch handelt es sich um leichtere Elemente mit entsprechend geringerer Druckfestigkeit und somit geringeren Werten der zulässigen Druckspannungen bei vergleichbarem aufgehenden Mauerwerk. Für die Grundwerte σ_0 der zulässigen Druckspannungen wird auf den Beitrag E II verwiesen [1].

Z-17.1-811
Wärmedämmelemente (bezeichnet als Isomur plus-Elemente 20-11.5, 20-15, 20-17.5, 20-20 bzw. 20-24) für Mauerwerk aus Kalksandvollsteinen und Vollziegeln sowie Vormauer- und Verblendschalen

Antragsteller:
Stahlton Bauteile AG
Riesbachstraße 57
8008 Zürich
Schweiz

Bescheid – Verlängerung – Änderung – Geltungsdauer:
13. Dezember 2012 – 25. April 2013 – 9. Februar 2016 – 7. Mai 2018

Die Isomur plus-Elemente bestehen aus einer mineralischen, zementgebundenen Tragstruktur und Polystyrol-Hartschaum. Die Bilder 128 und 129 zeigen die Dämmelemente für die Wanddicke 150 mm und 240 mm.
Die Elemente dienen der Wärmedämmung im unteren und/oder oberen Bereich des Mauerwerks.
Sie haben eine Höhe von 113 mm, eine Nennbreite von 115 mm, 150 mm, 175 mm, 200 mm oder 240 mm und eine Länge von 600 mm. Die Elemente sind entsprechend ihrer Nennbreite in Mauerwerkswänden mit 115 mm, 150 mm, 175 mm, 200 mm oder 240 mm Dicke zu verwenden.
Die Wärmedämmelemente dürfen nur für Einsteinmauerwerk verwendet werden.
Für das tragende Mauerwerk dürfen nur Kalksandvoll- und Kalksandblocksteine (Lochanteil ≤ 15%) oder Vollziegel mindestens der Steinfestigkeitsklasse 12 und

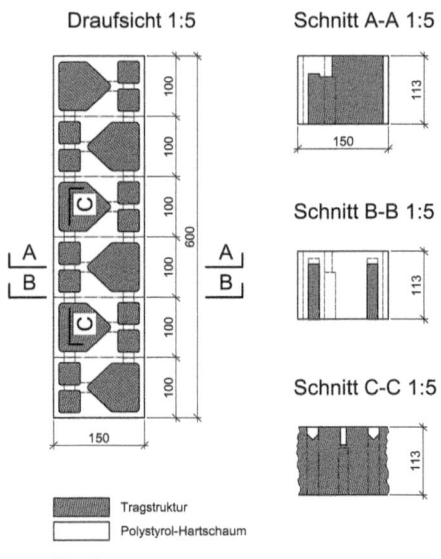

Bild 128. Isomur plus-Element 20-15

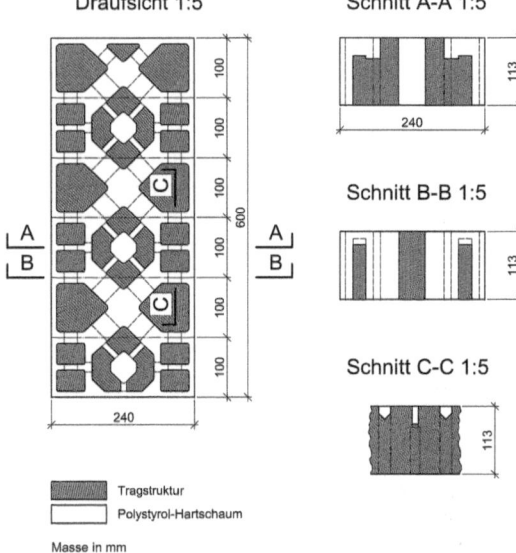

Bild 129. Isomur plus-Element 20-24

Normalmauermörtel der Mörtelgruppe IIa oder III oder Kalksand-Plansteine mit einem Lochanteil ≤ 15 % mindestens der Steinfestigkeitsklasse 12 und Dünnbettmörtel entsprechend den Bestimmungen der abZ verwendet werden.

Die Isomur plus-Elemente dürfen nur in der untersten und/oder obersten Schicht von tragendem oder aussteifendem Mauerwerk im Anwendungsbereich gemäß den in DIN 1053-1 [4], Abschnitt 6.1, bestimmten Voraussetzungen für die Anwendung des vereinfachten Verfahrens für den Nachweis der Standsicherheit eingesetzt werden, jedoch nicht in Wänden, die dauerhaft Erddrucklasten aufnehmen müssen.

Die Isomur plus-Elemente dürfen nicht eingebaut werden bei bewehrtem Mauerwerk nach DIN 1053-3:1990-02 und bei Schornsteinmauerwerk.

Zur Erzielung hoher Druckfestigkeiten der Elemente wird ein speziell zusammengesetzter Leichtbeton mit einer Druckfestigkeit von 55 N/mm² verwendet. Die hiermit hergestellten Elemente weisen Druckfestigkeiten entsprechend Steinfestigkeitsklasse 20 auf.

Berechnung

Für die Grundwerte σ_0 der zulässigen Druckspannungen wird auf den Beitrag E II verwiesen [1].

Bei Gebäuden in Erdbebengebieten der Zonen 2 und 3 nach DIN 4149-1 [10] dürfen Wände mit Isomur plus-Elementen nicht für die Gebäudeaussteifung berücksichtigt werden.

Wärmeschutz

Bei der typischen Einbausituation – Wärmedämmelemente über der Kellerdecke im Fußbereich aufgehenden Kalksandsteinmauerwerks mit Wärmedämmverbundsystem – dürfen die Isomur plus-Elemente für wärmeschutztechnische Nachweise näherungsweise als ideal homogen aufgebaute Elemente mit einem richtungsunabhängigen Bemessungswert der Wärmeleitfähigkeit $\lambda = 0{,}245$ W/(m·K) angenommen werden. Für abweichende Einbausituationen oder genauere Betrachtungen ist eine dreidimensionale Berechnung durchzuführen, wobei als Bemessungswert der Wärmeleitfähigkeit für den Leichtbeton $\lambda = 0{,}44$ W/(m·K) und als Bemessungswert der Wärmeleitfähigkeit für das Polystyrol-Formteil $\lambda = 0{,}040$ W/(m·K) zugrunde zu legen sind.

Brandschutz

Die Klassifizierung F 30 bis F 90 von raumabschließenden Mauerwerkswänden nach DIN 4102-2 [53] bzw. DIN 4102-4 geht bei Einbau von Isomur plus-Elementen nicht verloren, wenn folgende Brandschutzmaßnahmen ausgeführt werden:

– Einbau der Elemente innerhalb des Deckenaufbaus, sodass OK Element ≤ OK Estrich (Brandverhaltensklasse A) oder
– beidseitiges Verputzen der Elemente mit mindestens 15 mm dickem Putz gemäß DIN 4102-4, Abschnitt 4.5.2.10.

Alternativ kann der Putz bei Außenwänden auf der Außenseite auch durch Mineralwolle mit einem Schmelzpunkt ≥ 1000 °C als Wärmedämmung oder durch Verblendmauerwerk ersetzt werden.

Die Klassifizierung F 90 nach DIN 4102-2 [53] von mindestens 175 mm dicken, raumabschließenden Außenwänden geht ebenfalls nicht verloren, wenn der Einbau der Isomur plus-Elemente nur am Wandfuß und innerhalb des Deckenaufbaus so erfolgt, dass OK Element < OK Estrich (Brandverhaltensklasse A) und auf der Außenseite ein Wärmedämmverbundsystem mit mindestens schwerentflammbarem Dämmstoff aufgebracht ist.

Die Klassifizierung F 30 bis F 90 von nichtraumabschließenden Mauerwerkswänden nach DIN 4102-2 [53] bzw. DIN 4102-4 geht bei Einbau der Wärmedämmelemente nicht verloren. Brandschutztechnische Zusatzmaßnahmen sind nicht erforderlich.

Die Benennung der Wände bei Einbau der Isomur plus-Elemente lautet: F 30-AB, F 60-AB bzw. F 90-AB nach DIN 4102-2.

Für tragende Pfeiler und tragende nichtraumabschließende Wandabschnitte (Länge < 1 m) ist eine Feuerwiderstandsklasse nicht nachgewiesen.

Die Verwendung von Isomur plus-Elementen in Brandwänden ist unzulässig.

Z-17.1-927
Wärmedämmsteine der Festigkeitsklasse 20 (bezeichnet als Silka Therm) für Kalksandstein-Mauerwerk

Antragsteller:
Xella Deutschland GmbH
Dr.-Hammacher-Straße 49
47119 Duisburg

Bescheid – Geltungsdauer:
18. März 2015 – 11. Juli 2017

Die Kalksand-Wärmedämmsteine bezeichnet als „Silka Therm" sind Vollsteine der Druckfestigkeitsklasse 20 einer Brutto-Trockenrohdichte entsprechend der Rohdichteklasse 1,2.

Sie dienen neben dem Höhenausgleich der Wärmedämmung im unteren und/oder oberen Bereich des Mauerwerks.

Die Kalksand-Wärmedämmsteine werden mit einer Höhe von 113 mm, 125 mm, 150 mm oder 175 mm, Breiten von 115 mm bis 365 mm und einer Länge von 498 mm hergestellt. Die Steine sind entsprechend ihrer Breite in Mauerwerkswänden mit gleicher Wanddicke zu verwenden.

Die Wärmedämmsteine dürfen nur für Einsteinmauerwerk verwendet werden.

Für tragendes Mauerwerk dürfen Voll-, Loch-, Block- und Hohlblocksteine bzw. Kalksand-Plansteine und – bei Mauerwerk nach DIN EN 1996 – auch Kalksand-Planelemente nach DIN V 106 oder DIN EN 771-2 [7] in Verbindung mit DIN V 20000-402 [31] und Normalmauermörtel nach DIN V 18580 [15] der Mörtelgruppe IIa oder III bzw. Dünnbettmörtel nach DIN V 18580 [15] oder ein für die Vermauerung von allgemein bauaufsichtlich zugelassenen Kalksand-Plansteinen allgemein bauaufsichtlich zugelassener Dünnbettmörtel verwendet werden.

Die Wärmedämmsteine dürfen außerdem für Mauerwerk aus allgemein bauaufsichtlich zugelassenen Kalksand-Planelementen verwendet werden, wenn in der betreffenden abZ für die Planelemente die Verwendung der Wärmedämmsteine gesondert geregelt ist.

Berechnung
Für die Grundwerte σ_0 der zulässigen Druckspannungen wird auf den Beitrag E II verwiesen [1].

Wärmeschutz
Als Bemessungswert der Wärmeleitfähigkeit darf für die Wärmedämmsteine $\lambda = 0{,}33$ W/(m·K) in Rechnung gestellt werden.

Brandschutz
Die Klassifizierung Wänden und Pfeilern nach DIN 4102-2 [53] bzw. DIN 4102-4 und DIN 4102-4/A1 [55] sowie nach DIN EN 13501-2 [57] bzw. DIN EN 1996-1-2 [44] in Verbindung mit DIN EN 1996-1-2/NA [45] geht bei Einbau der Wärmedämmsteine nicht verloren.

10.2 Anker zur Verbindung der Mauerwerksschalen von zweischaligen Außenwänden

Z-17.1-633
„Multi-Luftschichtanker" für zweischaliges Mauerwerk

Antragsteller:
BEVER
Gesellschaft für Befestigungsteile
Verbindungselemente mbH
Auf dem niedern Bruch 12
57399 Kirchhundem-Würdinghausen

Bescheid – Geltungsdauer:
4. September 2013 – 2. Juli 2018

Die „Multi-Luftschichtanker" sind zugelassen für die Verbindung von Außen- und Innenschalen von zweischaligen Außenwänden mit Luftschicht oder mit Luftschicht und Wärmedämmung oder mit Kerndämmung nach DIN 1053-1 [4] bzw. nach DIN EN 1996-1-1 [40] in Verbindung mit DIN EN 1996-1-1/NA [41] und nach DIN EN 1996-2 [46] in Verbindung mit DIN EN 1996-2/NA [47].

Der „Multi-Luftschichtanker" wird aus 0,5 mm dickem Blech hergestellt. Er hat einen profilierten, mit durchgestanzten Öffnungen versehenen Flachstahlbereich, der in der Innenschale angeordnet wird und 90 mm in die Lagerfuge einbindet. Das andere Ende des „Multi-Luftschichtanker" ist aus dem Hohlquerschnitt des Ankerschafts gepresst und mit seitlichen, halbkreisförmigen Ausstanzungen versehen. Dieser Teil wird in der Außenschale mindestens 60 mm tief verankert. Der maximale Abstand von Innen- und Außenschale kann bei einer Gesamtankerlänge von 320 mm bis zu 170 mm betragen (s. Anlage 1 der abZ). Der mittlere Schalenabstand des Mauerwerks darf 100 mm nicht unterschreiten.

Die „Multi-Luftschichtanker" dürfen nur für Wandbereiche bis zu einer Höhe von 20 m über Gelände verwendet werden.

Die bauordnungsrechtlichen Bestimmungen zu Außenwänden, hier insbesondere zu den zu verwendenden Baustoffen und zu gegebenenfalls erforderlichen Vorkehrungen gegen die Brandausbreitung in Abhängigkeit von den Gebäudeklassen, sind zu beachten.

Bemessung

Die „Multi-Luftschichtanker" dürfen für die Verbindung von

a) nichttragenden Außenschalen (Verblendschalen oder geputzte Vormauerschalen) aus
   - Mauerziegeln (Vormauerziegel, Klinker) nach DIN 105-100 [29] oder
   - Kalksandsteinen (Vormauersteine und Verblender) nach DIN V 106 [18] und
   - Normalmauermörtel der Mörtelgruppe IIa nach DIN V 18580 [15] und

b) tragenden Innenschalen (Hintermauerschalen) aus
   - Vollziegeln und Hochlochziegeln nach DIN 105-100 [29],
   - Kalksandsteinen nach DIN V 106-1 [18],
   - Hohlblöcken aus Leichtbeton (mit einer Dicke der Außenlängsstege ≥ 50 mm) nach DIN V 18151-100 [18],
   - Vollsteinen und Vollblöcken aus Leichtbeton nach DIN V 18152-100 [13],
   - Hohlblöcken aus Beton (mit einer Dicke der Außenlängsstege von 50 mm) nach DIN V 18153-100 [14] oder
   - Vollsteinen und Vollblöcken aus Beton nach DIN V 18153-100 [14] und
   - Normalmauermörtel der Mörtelgruppe IIa oder III nach DIN V 18580 [15] oder
   - Leichtmauermörtel der Gruppe LM 21 oder LM 36 nach DIN V 18580 [15] oder aus
   - Kalksand-Plansteinen nach DIN V 106 [18] oder
   - Kalksand-Planelementen (gilt nur für Mauerwerk nach DIN EN 1996-1-1 [40] in Verbindung mit DIN EN 1996-1-1/NA [41]) nach DIN V 106 [18] oder
   - Porenbeton-Plansteinen nach DIN V 4165-100 [11] oder
   - Porenbeton-Planelementen (gilt nur für Mauerwerk nach DIN EN 1996-1-1 [40] in Verbindung mit DIN EN 1996-1-1/NA [41]) nach DIN V 4165-100 [11] und
   - Dünnbettmörtel nach DIN V 18580 [15] oder aus
   - allgemein bauaufsichtlich zugelassenen Steinen oder Elementen mit einer Elementhöhe bis 650 mm, wenn die Ausführung von zweischaligem Mauerwerk und die Verwendung dieser Anker in der betreffenden abZ für die Steine oder Elemente geregelt ist,

verwendet werden.

Für die Mindestanzahl der Anker je m² Wandfläche gilt Tabelle 58.

An allen freien Rändern (von Öffnungen, an Gebäudeecken, entlang von Dehnungsfugen und an den oberen

Tabelle 58. Mindestanzahl der Anker je m² Wandfläche (Windzonen nach DIN EN 1991-1-4/NA:2010-12) nach Z-17.1-633

Gebäudehöhe	Windzonen 1 bis 3, Windzone 4 Binnenland	Windzone 4 Küste der Nord- und Ostsee und Inseln der Ostsee	Windzone 4 Inseln der Nordsee
h ≤ 10 m	7[1]	8	9
10 m < h ≤ 18 m	7[2]	9	10
18 m < h ≤ 20 m	8	10	–

1) In Windzone 1 und Windzone 2 Binnenland: 5 Anker/m².
2) In Windzone 3 Küsten und Inseln der Ostsee: 8 Anker/m².

Tabelle 59. Zulässige Schalenabstände (Schalenzwischenräume)

Länge der Anker [mm]	Schalenabstand[1] (Schalenzwischenraum) [mm]	Ankereinbindung in der Außenschale [mm] bei einer Dicke d (mm) der Außenschale von	
		105 ≤ d ≤ 115[2]	90 ≤ d ≤ 105[2]
320	150 bis 170	80 bis 60	80 bis 60
300	130 bis 150	80 bis 60	80 bis 60
280	110 bis 130 100 bis 110	80 bis 60 90 bis 80	80 bis 60 –[3]
250	100	60	30

1) Der Größtwert darf an keiner Stelle überschritten werden.
2) Die Fugen der Sichtflächen sind in Fugenglattstrich auszuführen. Hiervon ausgenommen sind 115 mm dicke Außenschalen.
3) Die Verwendung der Anker ist nicht zulässig.

Enden der Außenschalen) sind zusätzlich zu Tabelle 58 drei Anker je m Randlänge anzuordnen.
Die zulässigen Schalenabstände (Schalenzwischenräume) sind in Abhängigkeit von der Länge der Anker in Tabelle 59 angegeben.
Die „Multi-Luftschichtanker" dürfen nur dort verwendet werden, wo ein waagerechter Einbau zwischen den Mauerwerksschalen möglich ist.
Bei Mauerwerk im Dünnbettverfahren soll die Fugendicke mindestens 2 mm betragen, sodass die Verankerungsteile vollständig in Mörtel eingebettet werden können.

– nach DIN 1053-1
Soweit nichts anderes bestimmt ist, gelten die Bestimmungen der Norm DIN 1053-1 [4] für Drahtanker mit einem Durchmesser 4 mm für flächenförmige Verankerung.

– nach DIN EN 1996
Soweit nichts anderes bestimmt ist, gelten die Bestimmungen der Norm DIN EN 1996-1-1 [40] in Verbindung mit DIN EN 1996-1-1/NA [41] und nach DIN EN 1996-2 [46] in Verbindung mit DIN EN 1996-2/NA [47].
Der vertikale Abstand der „Multi-Luftschichtanker" darf höchstens 500 mm und der horizontale Abstand höchstens 750 mm betragen.
Bei Einbau von Mauerankern in Innenschalen aus Kalksand-Planelementen nach DIN V 106 [18], Porenbeton-Planelementen nach DIN V 4165-100 [11] oder allgemein bauaufsichtlich zugelassenen Elementen darf der vertikale Abstand der Anker auch bis zu 650 mm betragen; der horizontale Abstand ist dann entsprechend zu verringern.

Ausführung
Die Anordnung der Anker muss so erfolgen, dass das mit der Aufschrift „B" gekennzeichnete Ende in die Lagerfugen der Innenschale von oben her lesbar und das andere Ende in die Lagerfugen der Außenschale eingesetzt wird. Zur Wasserabführung ist eine Kunststoffscheibe (bezeichnet als „ISO-Clip") vorgesehen.
Die Einbindelänge der Anker in die Fugen muss bei der Innenschale 90 mm und bei der Außenschale mindestens 60 mm betragen (s. hierzu auch Tabelle 59).
Das Einlegen der Anker in das Mörtelbett hat nach Auftragen des Mörtels zu erfolgen, wobei nach dem Einlegen auch die Oberseite der Anker mit dem Mörtel abzudecken ist. Bei Mauerwerk im Dünnbettverfahren soll die Fugendicke mindestens 2 mm betragen, sodass die Anker vollständig in Mörtel eingebettet werden.
Die Anker sind so einzubauen, dass sie sich im rechten Winkel zur Innen- und Außenschale befinden.

Z-17.1-825
Drahtanker mit Durchmesser 4 mm für zweischaliges Mauerwerk mit Schalenabständen bis 200 mm

Antragsteller:
BEVER
Gesellschaft für Befestigungsteile
Verbindungselemente mbH
Auf dem niedern Bruch 12
57399 Kirchhundem-Würdinghausen

Bescheid – Änderung/Ergänzung – Geltungsdauer:
18. November 2013 – 21. Juli 2015 – 2. Juli 2018

In der abZ sind zwei Arten von Ankern (Maueranker und Dübelanker) aus nichtrostendem Stahl und deren Verwendung für die Verbindung von Außen- und Innenschalen von zweischaligen Außenwänden (zweischaliges Mauerwerk) nach DIN 1053-1 [4] bzw. nach DIN EN 1996-1-1 [40] in Verbindung mit DIN EN 1996-1-1/NA [41] und nach DIN EN 1996-2 [46] in Verbindung mit DIN EN 1996-2/NA [47] geregelt.
Die Maueranker sind Drahtanker $\varnothing$ 4 mm und sind für die Verankerung in den Mörtelfugen der Außen- und Innenschale der zweischaligen Außenwände aus Mauerwerk vorgesehen. Die Maueranker werden in zwei Ausführungen – Verankerung in der Vormauerschale mit L-Haken (Typ „L-Form") oder Verankerung in der Vormauerschale mit Wellen (Typ „Well-L") hergestellt.
Die Dübelanker sind Drahtanker $\varnothing$ 4 mm, die in einer Außenschale aus Mauerwerk in den Mörtelfugen verankert werden; sie werden bei entsprechender einseitiger Ausbildung der Anker mit Dübeln gemäß der abZ Nr. Z-21.2-1009 oder Nr. Z-21.2-1546 in der Innenschale verankert. Für die Art der Innenschale der zweischaligen Außenwände und die Verwendung der Dübelverankerungen gilt die abZ für das betreffende Verankerungssystem. Die Dübelanker werden zur Verankerung in der Vormauerschale ebenfalls in zwei Ausführungen – Verankerung in der Vormauerschale mit L-Haken (Typ „ZV") oder Verankerung in der Vormauerschale mit Wellen (Typ „ZV" mit drei Wellen und Typ „UHSG – PB 10" mit zwei Wellen) – hergestellt.
Die Drahtanker dürfen für Schalenabstände bis 200 mm verwendet werden und für Wandbereiche bis zu einer Höhe von 25 m über Gelände.
Die bauordnungsrechtlichen Bestimmungen zu Außenwänden, hier insbesondere zu den zu verwendenden Baustoffen und zu gegebenenfalls erforderlichen Vorkehrungen gegen die Brandausbreitung in Abhängigkeit von den Gebäudeklassen, sind zu beachten.

Bemessung nach DIN 1053-1
Soweit nichts anderes bestimmt ist, gelten die Bestimmungen der Norm DIN 1053-1 [4] für Drahtanker mit einem Durchmesser 4 mm.
Bei Verwendung von **Mauerankern** muss die nichttragende Außenschale (Verblendschale oder geputzte Vormauerschale)

Tabelle 60. Mindestanzahl der Anker je m² Wandfläche (Windzonen nach DIN EN 1991-1-4/NA:2010-12) nach Z-17.1-825

Gebäudehöhe	Windzonen 1 bis 3, Windzone 4 Binnenland	Windzone 4 Küste der Nord- und Ostsee und Inseln der Ostsee	Windzone 4 Inseln der Nordsee
h ≤ 10 m	7[1]	7	8
10 m < h ≤ 18 m	7[2]	8	9
18 m < h ≤ 25 m	7	8[3]	–

1) In Windzone 1 und Windzone 2 Binnenland: 5 Anker/m²
2) In Windzone 1: 5 Anker/m²
3) Ist die Grundrisslänge kleiner h/4: 9 Anker/m²

a) bei Mauerankern des Typs „L-Form" eine nichttragende Außenschale nach DIN 1053-1 [4] mit Normalmauermörtel der Mörtelgruppe IIa nach DIN V 18580 [15] sein und
b) bei Mauerankern des Typs „Well-L" aus
 – Mauerziegeln (Vormauerziegel, Klinker) nach DIN 105-100 [29],
 – Kalksandsteinen (Vormauersteine und Verblender) nach DIN V 106 [18] oder
 – Vormauersteinen aus Beton (ohne Kammern) nach DIN V 18153-100 [14] und
 – Normalmauermörtel der Mörtelgruppe IIa nach DIN V 18580 [15]
bestehen.
Die tragende Innenschale (Hintermauerschale) muss aus Mauerwerk nach DIN 1053-1 [4] mit Normalmauermörtel mindestens der Mörtelgruppe IIa nach DIN V 18580 [15] bestehen.
Für die erforderliche Anzahl der Drahtanker gilt Tabelle 60.
An allen freien Rändern (von Öffnungen, an Gebäudeecken, entlang von Dehnungsfugen und an den oberen Enden der Außenschalen) sind zusätzlich zu Tabelle 60 drei Drahtanker je m Randlänge anzuordnen.
Dübelanker sind mit Dübeln gemäß der abZ Nr. Z-21.2-1009 bzw. Nr. Z-21.2-1546 in der Innenschale der zweischaligen Außenwände zu verankern. Die Art der Innenschale richtet sich nach der abZ für das Verankerungssystem.
Die Außenschale muss bei Verankerung in der Vormauerschale mit L-Haken (Typ „ZV") eine solche wie bei Mauerankern Punkt a), und bei Verankerung in der Vormauerschale mit Wellen (Typ „ZV-Welle" und Typ „UHSG – PB 10") eine solche wie bei Mauerankern Punkt b), sein. Für die erforderliche Anzahl der Dübelanker gilt Tabelle 60.
Die Drahtanker dürfen nur dort verwendet werden, wo ein waagerechter Einbau zwischen den Mauerwerksschalen möglich ist.

Bemessung nach DIN EN 1996
Bei Verwendung von **Mauerankern** muss die nichttragende Außenschale (Verblendschale oder geputzte Vormauerschale)

a) bei Mauerankern des Typs „L-Form" eine nichttragende Außenschale nach DIN EN 1996-2/NA [47], NCI Anhang NA.D.1, Abschnitt (4) c) mit Normalmauermörtel der Mörtelgruppe IIa nach DIN V 18580 [15] sein und
b) bei Mauerankern des Typs „Well-L" aus
 – Mauerziegeln (Vormauerziegel, Klinker) nach DIN 105-100 [29]
 – Kalksandsteinen (Vormauersteine und Verblender) nach DIN V 106 [18] oder
 – Vormauersteinen aus Beton (ohne Kammern) nach DIN V 18153-100 [14] und
 – Normalmauermörtel der Mörtelgruppe IIa nach DIN V 18580 [15]
bestehen.
Die tragende Innenschale (Hintermauerschale) muss aus Mauerwerk nach DIN EN 1996-1-1 [40] in Verbindung mit DIN EN 1996-1-1/NA [40] mit Normalmauermörtel mindestens der Mörtelgruppe IIa nach DIN V 18580 [15] bestehen.
Es gelten die Regelungen zu den Ankern für Mauerwerk nach DIN 1053-1 sinngemäß auch für Mauerwerk nach DIN EN 1996.

Z-17.1-888
Multi-Luftschichtanker Plus für mehrschaliges Mauerwerk mit Schalenabständen von 120 mm bis ca. 200 mm und Vormauer- bzw. Verblendschalen auch im Dünnbettverfahren

Antragsteller:
BEVER
Gesellschaft für Befestigungsteile
Verbindungselemente mbH
Auf dem niedern Bruch 12
57399 Kirchhundem-Würdinghausen

Bescheid – Geltungsdauer:
20. September 2013 – 2. Juli 2018

Die abZ erstreckt sich auf die Herstellung der „Multi-Luftschichtanker Plus" aus nichtrostendem Stahl und ihre Verwendung für die Verbindung von Außen- und Innenschalen von zweischaligen Außenwänden (zweischaliges Mauerwerk) nach DIN 1053-1 [4] bzw. nach DIN EN 1996-1-1 [40] in Verbindung mit DIN EN 1996-1-1/NA [41] und nach DIN EN 1996-2 [46] in Ver-

Bild 130. Anwendungsbeispiel Multi-Luftschichtanker Plus

bindung mit DIN EN 1996-2/NA [47] mit Schalenabständen von 120 mm bis ca. 200 mm.
Der „Multi-Luftschichtanker Plus" (s. Bild 130) wird aus 0,5 mm dickem Blech hergestellt. Er hat einen profilierten, mit ausgestanzten Löchern versehenen 17,5 mm breiten Flachstahlbereich, der in der Innenschale angeordnet wird und 90 mm in die Lagerfuge einbindet. Das andere Ende des „Multi-Luftschichtanker Plus" ist aus dem Hohlquerschnitt des Ankerschafts mit Durchmesser 6 mm gepresst und mit seitlichen, halbkreisförmigen Ausstanzungen versehen. Dieser Teil wird in der Mörtelfuge der Außenschale mindestens 50 mm tief verankert. Der größte planmäßige Abstand von Innen- und Außenschale kann bei einer Gesamtankerlänge von 360 mm ca. 200 mm betragen.
Die Verblend- bzw. Vormauerschalen können auch aus Kalksand-Plansteinen ohne oder mit Fasen bis 7 mm Breite unter Berücksichtigung der Bestimmungen der abZ im Dünnbettverfahren hergestellt werden. Die Verwendbarkeit von Kalksand-Fasensteinen für diese Bauart muss für Mauerwerk nach DIN 1053-1 [4] in einer abZ geregelt sein. Bei Entwurf und Ausführung solchen zweischaligen Mauerwerks ist, z. B. bei der Auswahl der Steinformate, zu beachten, dass ein planmäßig waagerechter Einbau der Anker möglich ist und die für die jeweilige Ankerlänge zulässigen kleinsten und größten Schalenabstände unter Berücksichtigung der Stein- und Ausführungstoleranzen eingehalten werden, da ein Ausgleich von Minustoleranzen des Schalenabstands durch Einführen des Ankerschafts in die Dünnbett-Mörtelfuge der Vormauer- bzw. Verblendschale nicht möglich ist (Länge des Ankerschafts = Mindestschalenabstand).
Die „Multi-Luftschichtanker" dürfen nur für Wandbereiche bis zu einer Höhe von 20 m über Gelände verwendet werden.

Die bauordnungsrechtlichen Bestimmungen zu Außenwänden, hier insbesondere zu den zu verwendenden Baustoffen und zu gegebenenfalls erforderlichen Vorkehrungen gegen die Brandausbreitung in Abhängigkeit von den Gebäudeklassen, sind zu beachten.

Z-17.1-924
Drahtanker 4 mm (Dübelanker Welle, Dübelanker gerade Ausführung und Universal Einschraubanker) zur Verbindung von Vormauer- bzw. Verblendschalen mit Wänden von Holzhäusern in Holzrahmenbauweise

Antragsteller:
BEVER
Gesellschaft für Befestigungsteile
Verbindungselemente mbH
Auf dem niedern Bruch 12
57399 Kirchhundem-Würdinghausen

Bescheid – Änderung/Ergänzung – Geltungsdauer:
26. September 2013 – 8. Mai 2014 – 8. September 2018

Die abZ erstreckt sich auf die Herstellung von Drahtankern ∅ 4 mm aus nichtrostendem Stahl (bezeichnet als „Dübelanker Welle", „Dübelanker gerade Ausführung" und „Universal Einschraubanker") und deren Verwendung für die Verbindung von Außenwänden von Holzhäusern in Holzrahmenbauweise mit Vormauer- bzw. Verblendschalen nach DIN 1053-1 [4] bzw. nach DIN EN 1996-1-1 [40] in Verbindung mit DIN EN 1996-1-1/NA [41] und nach DIN EN 1996-2 [46] in Verbindung mit DIN EN 1996-2/NA [47].
Die Dübelanker sind Drahtanker ∅ 4 mm, die für die Verankerung im Holzständerwerk der Holzhäuser mit einem Einschlaggewinde versehen sind. Bei den „Dübelankern Welle" erfolgt die Verankerung in den Mörtelfugen der Außenschale der mehrschaligen Außenwände mit einer Welle, bei den „Dübelankern gerade Ausführung" erfolgt die Verankerung in den Mörtelfugen der Außenschale entsprechend DIN 1053-1 [4] bzw. DIN EN 1996-2/NA [47], NCI Anhang NA.D, Bild NA.D 1 mittels mindestens 25 mm rechtwinkliger Abwinklung.
Die Einschraubanker sind Drahtanker ∅ 4 mm, die für die Verankerung in den Mörtelfugen der Außenschale der zweischaligen Außenwände mit einer Welle und zur Verankerung im Holzständerwerk der Holzhäuser mit einem Schraubgewinde versehen sind.
Für die Ausführung der Vormauer- bzw. Verblendschalen gilt DIN 1053-1 [4] bzw. DIN EN 1996-2/NA [47], NCI Anhang NA.D, unter Berücksichtigung der zusätzlichen Bestimmungen der abZ für die Ausführung der zweischaligen Außenwände.
Entwurf, Bemessung und Ausführung der Holzkonstruktion müssen den bekannt gemachten technischen Regeln entsprechen. Insbesondere müssen folgende Bedingungen eingehalten sein:
– Einbringen der Anker in Vollholz (Nadelholz, mindestens der Sortierklasse S 7 bzw. der Festigkeitsklasse C 16 nach DIN 4074-1:2003-06 oder

DIN EN 14081-1:2011-05 in Verbindung mit DIN 20000-5:2012-03 oder Brettschichtholz nach DIN 1052:2008-12),
- Abstand der vertikalen Holzständer ≤ 750 mm,
- Mindestbreite und Mindestdicke der Holzquerschnitte 60 mm,
- Dicke der äußeren Beplankung ≤ 25 mm,
- witterungsfeste Kennzeichnung der Vertikalachse der Holzständer auf der äußeren Beplankung, sofern diese nach Montage der Wände auf der Baustelle nicht mehr erkennbar ist.

Die „Dübelanker Welle" und „Dübelanker gerade Ausführung" dürfen für Schalenabstände (Schalenzwischenräume) von 40 mm bis 155 mm und für Wandbereiche bis zu einer Höhe von 20 m über Gelände verwendet werden. Die „Universal Einschraubanker" dürfen für Schalenabstände (Schalenzwischenräume) von 40 mm bis 200 mm und für Wandbereiche bis zu einer Höhe von 20 m über Gelände verwendet werden.
Die bauordnungsrechtlichen Bestimmungen zu Außenwänden, hier insbesondere zu den zu verwendenden Baustoffen und zu gegebenenfalls erforderlichen Vorkehrungen gegen die Brandausbreitung in Abhängigkeit von den Gebäudeklassen, sind zu beachten.

Z-17.1-1062
Luftschichtanker DUO für zweischaliges Mauerwerk

Antragsteller:
BEVER Gesellschaft für Befestigungsteile Verbindungselemente mbH
Auf dem niedern Bruch 12
57399 Kirchhundem-Würdinghausen

Bescheid – Verlängerung – Geltungsdauer:
18. Oktober 2013 – 21. September 2016 – 10. Oktober 2021

Die abZ erstreckt sich auf die Herstellung der Luftschichtanker DUO aus nichtrostendem Stahl und ihre Verwendung für die Verbindung von Außen- und Innenschalen von zweischaligen Außenwänden (zweischaliges Mauerwerk) nach DIN 1053-1 [4] bzw. nach DIN EN 1996-1-1 [40] in Verbindung mit DIN EN 1996-1-1/NA [41] und nach DIN EN 1996-2 [46] in Verbindung mit DIN EN 1996-2/NA [47].

Der Luftschichtanker DUO besteht aus zwei Komponenten – einem 0,7 mm dicken Blechteil zur Verankerung in der Mörtelfuge in der Innenschale und einem Drahtteil mit 4 mm Durchmesser zur Verankerung in der Mörtelfuge der Außenschale – die auf der Baustelle als Anker zur Verbindung der zwei Mauerwerksschalen zusammengebaut werden (s. Bilder 131 bis 133).

Das Blechteil ist im Bereich der Einbindung in die Mörtelfuge mit gestanzten Öffnungen versehen und verfügt über eine „Nase", die als Anschlag für den Einbau in die Innenschale dient. Im nicht eingemörtelten Bereich ist eine Öse angeordnet, in die nach dem Einbau des Blechteils das Drahtteil eingehängt wird. Am Ende des Blechteils befindet sich eine nach oben abgebogene Führungsöffnung zur Aufnahme des Drahtteils.

Das Blechteil bindet ca. 85 mm in die Lagerfuge der Innenschale ein; das Drahtteil wird in der Außenschale mindestens 50 mm tief verankert. Der maximale Abstand von Innen- und Außenschale darf bis zu 150 mm betragen.

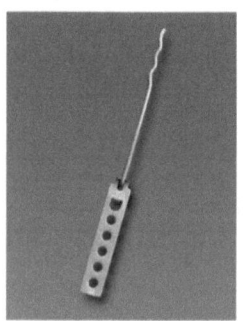

Bild 131. Luftschichtanker Typ DUO (Z-17.1-1062)

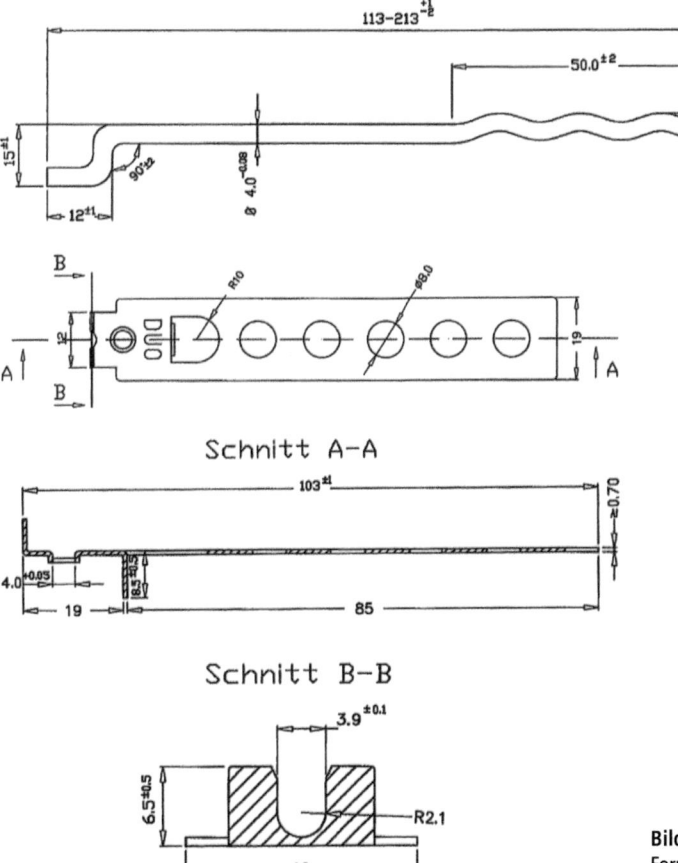

Bild 132. Luftschichtanker Typ DUO, Form und Maße Drahtteil (Z-17.1-1062)

Bild 133. Luftschichtanker Typ DUO, Form und Maße Blechteil (Z-17.1-1062)

Die Luftschichtanker DUO dürfen nur für Wandbereiche bis zu einer Höhe von 20 m über Gelände verwendet werden.

Die bauordnungsrechtlichen Bestimmungen zu Außenwänden, hier insbesondere zu den zu verwendenden Baustoffen und zu gegebenenfalls erforderlichen Vorkehrungen gegen die Brandausbreitung in Abhängigkeit von den Gebäudeklassen, sind zu beachten.

Ausführung

Die Einbindelänge der Anker in die Fugen muss bei der Innenschale ca. 85 mm und bei der Außenschale mindestens 50 mm betragen (s. hierzu auch Tabelle 62). Die zwei Komponenten der Luftschichtanker DUO sind zur Verbindung der zwei Mauerwerksschalen wie nachfolgend beschrieben zu verarbeiten bzw. zusammenzubauen.

Zunächst ist das Blechteil beim Errichten des Mauerwerks der Innenschale in das Mörtelbett einzulegen, wobei nach dem Einlegen auch die Oberseite des Blechteils mit dem Mörtel abzudecken ist. Bei Mauerwerk im Dünnbettverfahren soll die Fugendicke mindestens 2 mm betragen, sodass die Blechteile vollständig in Mörtel eingebettet werden.

Das Blechteil ist so anzuordnen, dass die aus dem Blechteil ausgestanzte „Nase" nach unten zeigt und knirsch an der Außenseite des Mauerwerks ansitzt. Es ist darauf zu achten, dass die im nicht eingemörtelten Bereich angeordnete Öse nicht verschmutzt (z. B. durch Mörtelreste).

Beim Errichten der Außenschale werden sukzessive die Drahtteile in die Ösen der Blechteile eingehängt, bis diese hörbar in der nach oben abgebogenen Führungsöffnung der Blechteile einrasten. Das Wellenende der Drahtteile ist in der Mörtelfuge der Außenschale mindestens 50 mm tief einzulegen.

Zur Wasserabführung und Fixierung der Dämmung an der Innenschale ist eine Kunststoffscheibe (bezeichnet als Iso-Clip) vorgesehen. Die Iso-Clip-Klemmscheibe wird direkt vor der Dämmung von oben auf den Anker geschoben. Die Anker sind so einzubauen, dass sie sich im rechten Winkel befinden.

Berechnung

Soweit nachfolgend nichts anderes bestimmt ist, gelten die Bestimmungen der Norm DIN 1053-1 [4] für zweischalige Außenwände mit flächenförmiger Verankerung durch Drahtanker.

Tabelle 61. Mindestanzahl der Anker je m² Wandfläche (Windzonen nach DIN EN 1991-1-4/NA:2010-12) nach Z-17.1-1062

Gebäudehöhe	Windzonen 1 bis 3, Windzone 4 Binnenland	Windzone 4 Küste der Nord- und Ostsee und Inseln der Ostsee	Windzone 4 Inseln der Nordsee
$h \leq 10$ m	7[1)2)]	9	10
10 m $< h \leq 18$ m	8[3)]	10	11
18 m $< h \leq 20$ m	9	11[4)]	–

1) In Windzone 1 und Windzone 2 Binnenland: 5 Anker/m²
2) In Windzone 3 Küsten und Inseln der Ostsee: 8 Anker/m²
3) In Windzone 3 Küsten und Inseln der Ostsee: 9 Anker/m²
4) Bei einem Verhältnis Gebäudehöhe/Gebäudegrundrisslänge ≤ 3: 10 Anker/m²

Tabelle 62. Zulässige Schalenabstände Luftschichtanker DUO (Z-17.1-1062)

Länge des Drahtteils mm	Schalenabstand mm	Ankereinbindung in der Außenschale[1)] mm
113	40 bis 60	70 bis 50
133	60 bis 80	70 bis 50
153	80 bis 100	70 bis 50
173	100 bis 120	70 bis 50
193	120 bis 140	70 bis 50
213	140 bis 150	70 bis 60

1) Die Fugen der Sichtflächen sind bei einer Dicke der Außenschale von 90 mm in Glattstrich auszuführen.

Die Luftschichtanker DUO dürfen für die Verbindung von
a) nichttragenden Außenschalen (Verblendschalen oder geputzte Vormauerschalen) aus
 – Mauerziegeln (Vormauerziegel, Klinker) nach DIN V 105-100 [17] oder
 – Kalksandsteinen (Vormauersteine und Verblender) nach DIN V 106 [18] und
 – Normalmauermörtel der Mörtelgruppe IIa nach DIN V 18580 [15]
und
b) tragenden Innenschalen (Hintermauerschalen) aus
 – Vollziegeln und Hochlochziegeln nach DIN V 105-100 [17]
 – Kalksandsteinen nach DIN V 106 [18]
 – Hohlblöcken aus Leichtbeton nach DIN V 18151-100 [12] mit einer Dicke der Außenlängsstege von ≥ 50 mm
 – Vollsteinen und Vollblöcken aus Leichtbeton nach DIN V 18152-100 [13]
 – Hohlblöcken aus Beton nach DIN V 18153-100 [14] mit einer Dicke der Außenlängsstege von ≥ 50 mm oder
 – Vollsteinen und Vollblöcken aus Beton nach DIN V 18153-100 [14] und
 – Normalmauermörtel der Mörtelgruppe IIa oder III nach DIN V 18580 [15] oder aus
 – Kalksand-Plansteinen nach DIN V 106 [18]
 – Kalksand-Planelementen nach DIN V 106 [18] oder
 – Porenbeton-Plansteinen nach DIN V 4165-100 [11]
 – Porenbeton-Planelementen nach DIN V 4165-100 [11] und
 – Dünnbettmörtel nach DIN V 18580 [15] oder aus
 – allgemein bauaufsichtlich zugelassenen Steinen oder Elementen mit einer Elementhöhe bis 650 mm, wenn die Ausführung von zweischaligem Mauerwerk und die Verwendung dieser Anker in der betreffenden abZ für die Steine oder Elemente geregelt ist,
verwendet werden.

Für die Mindestanzahl der Anker pro m² Wandfläche in Abhängigkeit von der Gebäudehöhe und der Windbeanspruchung gilt Tabelle 61.

An allen freien Rändern (von Öffnungen, an Gebäudeecken, entlang von Dehnungsfugen und an den oberen Enden der Außenschalen) sind zusätzlich zu Tabelle 61 drei Anker je Meter Randlänge anzuordnen.

Die zulässigen Schalenabstände sind in Abhängigkeit von der Länge des Drahtteiles der Anker Tabelle 62 zu entnehmen.

Die Luftschichtanker DUO dürfen nur dort verwendet werden, wo ein waagerechter Einbau zwischen den Mauerwerksschalen möglich ist. Bei Mauerwerk im Dünnbettverfahren soll die Fugendicke mindestens 2 mm betragen, sodass die Blechteile vollständig in Mörtel eingebettet werden können (s. a. Abschnitt „Ausführung").

Z-17.1-1138
Drahtanker mit Durchmesser 4 mm für zweischaliges Mauerwerk mit Schalenabständen > 200 mm bis 250 mm

Antragsteller:
BEVER
Gesellschaft für Befestigungsteile
Verbindungselemente mbH
Auf dem niedern Bruch 12
57399 Kirchhundem-Würdinghausen

Bescheid – Geltungsdauer:
3. August 2015 – 3. August 2020

Die abZ erstreckt sich auf die Herstellung von Drahtankern ⌀ 4 mm (siehe z. B. Bild 134) aus nichtrostendem Stahl (bezeichnet als Maueranker bzw. Dübelanker) und ihre Verwendung für die Verbindung von Außen- und Innenschalen von zweischaligen Außenwänden (zweischaliges Mauerwerk) nach DIN 1053-1 [4] bzw. nach DIN EN 1996-1-1 [40] in Verbindung mit DIN EN 1996-1-1/NA [41] und nach DIN EN 1996-2 [46] in Verbindung mit DIN EN 1996-2/NA [47].
Die Maueranker sind Drahtanker ⌀ 4 mm und sind für die Verankerung in den Mörtelfugen der Außen- und Innenschale zweischaliger Außenwände aus Mauerwerk vorgesehen. Die Maueranker werden in zwei Ausführungen – Verankerung in der Vormauerschale mit L-Haken (Typ „L-Form") oder Verankerung in der Vormauerschale mit Wellen (Typ „Well-L") – hergestellt.
Die Dübelanker sind Drahtanker ⌀ 4 mm, die in einer Außenschale aus Mauerwerk in den Mörtelfugen verankert werden; sie werden bei entsprechender einseitiger Ausbildung der Anker mit Dübeln gemäß der abZ Nr. Z-21.2-1009 oder Nr. Z-21.2-1546 in der Innenschale verankert. Für die Art der Innenschale der zweischaligen Außenwände und die Verwendung der Dübelverankerungen gilt die abZ für das betreffende Verankerungssystem. Die Dübelanker werden zur Verankerung in der Vormauerschale ebenfalls in zwei Ausführungen – Verankerung in der Vormauerschale mit L-Haken (Typ „ZV") oder Verankerung in der Vormauerschale mit Wellen (Typ „ZV" mit drei Wellen und Typ „UHSG – PB 10" mit zwei Wellen) – hergestellt.
Die Drahtanker dürfen für Schalenabstände > 200 mm bis 250 mm verwendet werden.
Das zweischalige Mauerwerk muss mit Kerndämmung – ohne verbleibende Luftschicht – ausgeführt werden; als Kerndämmung dürfen nur nichtbrennbare Dämmstoffe (Baustoffklasse A1 oder A2 nach DIN 4102-1 [52]) verwendet werden.
Die Drahtanker dürfen für Wandbereiche bis zu einer Höhe von 25 m über Gelände verwendet werden.
Die bauordnungsrechtlichen Bestimmungen zu Außenwänden, hier insbesondere zu den zu verwendenden Baustoffen und zu gegebenenfalls erforderlichen Vorkehrungen gegen die Brandausbreitung in Abhängigkeit von den Gebäudeklassen, sind zu beachten.

Ausführung
Der Einbau der Maueranker in der Innen- und Außenschale und der Einbau von Dübelankern in der Außenschale muss in den Mörtelfugen so erfolgen, dass sie mittig in der Fuge liegen und allseitig von Mörtel umschlossen sind.
Die Anker sind waagerecht einzubauen.
Die Ausführung des zweischaligen Mauerwerks muss mit Kerndämmung – ohne verbleibende Luftschicht – erfolgen; als Kerndämmung dürfen nur nichtbrennbare Dämmstoffe (Baustoffklasse A1 oder A2 nach DIN 4102-1 [52]) verwendet werden.
Für den Einbau von Dübelankern in der Innenschale gelten die Bestimmungen der abZ für das verwendete Verankerungssystem.

Berechnung
Bei Verwendung von Mauerankern Typ „Well-L" und „L-Form" muss die nichttragende Außenschale (Verblendschale oder geputzte Vormauerschale)
a) bei Mauerankern des Typs „L-Form" eine nichttragende Außenschale nach DIN 1053-1 [4] mit Normalmauermörtel der Mörtelgruppe IIa nach DIN V 18580 [15] bzw. DIN EN 998-2 [35] in Verbindung mit DIN V 20000-412 [34] sein bzw. nach DIN EN 1996-2/NA [47], NCI Anhang NA.D.1, Abschnitt (4) c) mit Normalmauermörtel der Mörtelgruppe IIa nach DIN V 18580 [15] sein und
b) bei Mauerankern des Typs „Well-L" aus
 – Mauerziegeln (Vormauerziegel, Klinker) nach DIN 105-100 [29] bzw. DIN EN 771-1 [6] in Verbindung mit DIN 20000-401 [30]
 – Kalksandsteinen (Vormauersteine und Verblender) nach DIN V 106 [18] bzw. DIN EN 771-2 [7] in Verbindung mit DIN V 20000-402 [31] oder
 – Vormauersteinen aus Beton (ohne Kammern) nach DIN V 18153-100 [14] bzw. DIN EN 771-3 [8] in Verbindung mit DIN V 20000-403 [32] und
 – Normalmauermörtel der Mörtelgruppe IIa nach DIN V 18580 [15] bzw. DIN EN 998-2 [35] in Verbindung mit DIN V 20000-412 [34] bestehen.
Die tragende Innenschale (Hintermauerschale) muss aus Mauerwerk nach DIN 1053-1 [4] bzw. DIN EN 1996-1-1 [40] in Verbindung mit DIN EN 1996-1-1/NA [41] mit Normalmauermörtel mindestens der Mörtelgruppe IIa nach DIN V 18580 [15] bzw. DIN EN 998-2 [35] in Verbindung mit DIN V 20000-412 [34] bestehen, wobei jedoch die Verwendung von Hohlblöcken aus Leichtbeton nach DIN V 18151-100 [12] und Hohlblöcken aus Beton nach DIN V 18153-100 [14]

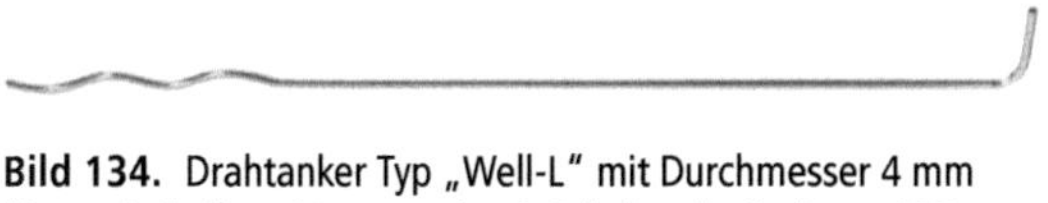

Bild 134. Drahtanker Typ „Well-L" mit Durchmesser 4 mm für zweischaliges Mauerwerk mit Schalenabständen > 200 mm bis 250 mm (Z-17.1-1138)

bzw. DIN EN 771-3 [8] in Verbindung mit DIN V 20000-403 [32] und Kalksand-Lochsteinen und -Hohlblocksteinen nach DIN V 106 [18] bzw. DIN EN 771-2 [7] in Verbindung mit DIN V 20000-402 [31] nicht zulässig ist.
Dübelanker Typ „ZV", Typ „UHSG – PB 10" und Typ „ZV" sind mit Dübeln gemäß der abZ Nr. Z-21.2-1009 bzw. Nr. Z-21.2-1546 in der Innenschale der zweischaligen Außenwände zu verankern. Die Art der Innenschale richtet sich nach der abZ für das Verankerungssystem.
Die Außenschale muss bei Verankerung in der Vormauerschale mit L-Haken (Typ „ZV") eine solche nach Punkt a) und bei Verankerung in der Vormauerschale mit Wellen (Typ „ZV-Welle" und Typ „UHSG – PB 10") eine solche nach Punkt b) sein.
Für die Mindestanzahl der Anker je m² Wandfläche gilt Tabelle 58.
An allen freien Rändern (von Öffnungen, an Gebäudeecken, entlang von Dehnungsfugen und an den oberen Enden der Außenschalen) sind zusätzlich zu Tabelle 58 drei Drahtanker je m Randlänge anzuordnen.
Dübelanker sind mit Dübeln gemäß der abZ Nr. Z-21.2-1009 bzw. Nr. Z-21.2-1546 in der Innenschale der zweischaligen Außenwände zu verankern. Die Art der Innenschale richtet sich nach der abZ für das Verankerungssystem.
Die Außenschale muss bei Verankerung in der Vormauerschale mit L-Haken (Typ „ZV") eine solche nach Abschnitt 3.1.2, Punkt a), und bei Verankerung in der Vormauerschale mit Wellen (Typ „ZV-Welle" und Typ „UHSG – PB 10") eine solche nach Abschnitt 3.1.2, Punkt b), sein.
Die Drahtanker dürfen nur dort verwendet werden, wo ein waagerechter Einbau zwischen den Mauerwerksschalen möglich ist.

Z-17.1-1155
Multi-Luftschichtanker Plus für zweischaliges Mauerwerk mit Schalenabständen > 200 mm bis 250 mm

Antragsteller:
**BEVER
Gesellschaft für Befestigungsteile
Verbindungselemente mbH**
Auf dem niedern Bruch 12
57399 Kirchhundem-Würdinghausen

Bescheid – Geltungsdauer:
21. Dezember 2016 – 21. Dezember 2021

Die „Multi-Luftschichtanker Plus" sind zugelassen für die Verbindung von Außen- und Innenschalen von zweischaligen Außenwänden mit Kerndämmung.
Der „Multi-Luftschichtanker Plus" wird mit Längen von 380 mm und 400 mm hergestellt und wie folgt ausgebildet (s. a. Bild 135):
– profilierter 17,5 cm breiter und 0,5 mm dicker Flachstahlbereich mit ausgestanzten Löchern für das Einlegen in die Hintermauerschale,

Bild 135. Multi-Luftschichtanker Plus

– Ankerschaft (Hohlquerschnitt aus 0,5 mm dickem Flachstahl) mit Durchmesser 6 mm für den Schalenzwischenraum,
– aus dem Ankerschaft gepresstes Spitzende mit einer Breite von 9 mm und einer Dicke von ca. 1,3 mm, mit seitlichen halbkreisförmigen Ausstanzungen für das Einlegen in die Vormauerschale.

Die „Multi-Luftschichtanker Plus" dürfen nur für Wandbereiche bis zu einer Höhe von 25 m über Gelände verwendet werden.
Das zweischalige Mauerwerk muss mit Kerndämmung – ohne verbleibende Luftschicht – ausgeführt werden; als Kerndämmung dürfen nur nichtbrennbare Dämmstoffe (Baustoffklasse A1 oder A2 nach DIN 4102-1) verwendet werden.
Die „Multi-Luftschichtanker Plus" dürfen für die Verbindung von
a) nichttragenden Außenschalen (Verblendschalen oder geputzte Vormauerschalen) aus
  – Mauerziegeln (Vormauerziegel, Klinker) nach DIN 105-100:2012-01 bzw. DIN EN 771-1 [6] in Verbindung mit DIN 20000-401 [30] oder
  – Kalksandsteinen (Vormauersteine und Verblender) nach DIN V 106 [18] bzw. DIN EN 771-2:2015-11 in Verbindung mit DIN 20000-402:2016-03
  und
  – Normalmauermörtel der Mörtelgruppe IIa nach DIN V 18580 [15] bzw. DIN EN 998-2 [35] in Verbindung mit DIN V 20000-412 [34]
und
b) tragenden Innenschalen (Hintermauerschalen) aus
  – Vollziegeln und Hochlochziegeln nach DIN 105-100:2012-01 bzw. DIN EN 771-1 [6] in Verbindung mit DIN 20000-401 [30],
  – Kalksandsteinen (Voll- und Blocksteinen) nach DIN V 106 [18] bzw. DIN EN 771-2:2015-11 in Verbindung mit DIN 20000-402:2016-03,
  – Vollsteinen und Vollblöcken aus Leichtbeton nach DIN V 18152-100 [13] bzw. DIN EN 771-3 [8] in Verbindung mit DIN V 20000-403 [32] oder
  – Vollsteinen und Vollblöcken aus Beton nach DIN V 18153-100 [14] bzw. DIN EN 771-3 [8] in Verbindung mit DIN V 20000-403 [32] und
  – Normalmauermörtel der Mörtelgruppe IIa oder III nach DIN V 18580 [15] bzw. DIN EN 998-2 [35] in Verbindung mit DIN V 20000-412 [34]
oder aus

- Kalksand-Plansteinen (Voll- und Blocksteine) nach DIN V 106 [18] bzw. DIN EN 771-2:2015-11 in Verbindung mit DIN 20000-402:2016-03 oder
- Kalksand-Planelementen nach DIN V 106 [18] bzw. DIN EN 771-2:2015-11 in Verbindung mit DIN 20000-402:2016-03 oder
- Porenbeton-Plansteinen nach DIN EN 771-4 [9] in Verbindung mit DIN 20000-404:2015-12 oder
- Porenbeton-Planelementen nach DIN EN 771-4 [9] in Verbindung mit DIN 20000-404:2015-12 und
- Dünnbettmörtel nach DIN V 18580 [15] bzw. DIN EN 998-2 [35] in Verbindung mit DIN V 20000-412 [34]

verwendet werden.

Bemessung

Die „Multi-Luftschichtanker Plus" dürfen nur dort verwendet werden, wo ein waagerechter Einbau zwischen den Mauerwerksschalen möglich ist.
Der vertikale Abstand der „Multi-Luftschichtanker Plus" darf höchstens 500 mm und der horizontale Abstand höchstens 750 mm betragen. Bei Einbau von Maueranker in Innenschalen aus Kalksand-Planelementen nach DIN V 106 bzw. DIN EN 771-2 in Verbindung mit DIN 20000-402 oder Porenbeton-Planelementen nach DIN EN 771-4 in Verbindung mit DIN 20000-404 darf der vertikale Abstand der Anker auch bis zu 650 mm betragen; der horizontale Abstand ist dann entsprechend der Mindestanzahl zu verringern.
Für die Mindestanzahl der Anker je m² Wandfläche gilt Tabelle 58.
An allen freien Rändern (von Öffnungen, an Gebäudeecken, entlang von Dehnungsfugen und an den oberen Enden der Außenschalen) sind zusätzlich zu Tabelle 58 drei Anker je m Randlänge anzuordnen.
Die zulässigen Schalenabstände (Schalenzwischenräume) und die Ankereinbindung in der Innen- und Außenschale sind in Abhängigkeit von der Länge der Anker in Tabelle 63 angegeben.

Ausführung

Die Anordnung der Anker muss so erfolgen, dass das mit der Aufschrift „B" gekennzeichnete Ende in die Lagerfugen der Innenschale von oben her lesbar und das andere Ende in die Lagerfugen der Außenschale eingesetzt wird. Zur Wasserabführung ist eine Kunststoffscheibe (bezeichnet als „ISO-Clip" bzw. „ISO-Clip-Maxi") vorgesehen.
Die Einbindelänge der Anker in die Fugen muss bei der Innenschale 90 mm und bei der Außenschale mindestens 60 mm betragen (s. hierzu auch Tabelle 63).
Das Einlegen der Anker in das Mörtelbett hat nach Auftragen des Mörtels zu erfolgen, wobei nach dem Einlegen auch die Oberseite der Anker mit dem Mörtel abzudecken ist. Bei Mauerwerk im Dünnbettverfahren soll die Fugendicke mindestens 2 mm betragen, sodass die Anker vollständig in Mörtel eingebettet werden.
Die Anker sind so einzubauen, dass sie sich im rechten Winkel zur Innen- und Außenschale befinden.

Z-17.1-933
Zweischalige Außenwände mit Verblendschalen aus trocken gestapelten Ziegeln mit besonderem Befestigungssystem (bezeichnet als ClickBrick-System)

Antragsteller:
daas ClickBrick bv
Terborgseweg 12
7038 Ex Zeddam
Niederlande

Diese Zulassung wird im Abschnitt 7 Trockenmauerwerk behandelt.

Z-17.1-463
Flachstahlanker zur Verbindung der Mauerwerksschalen von zweischaligen Außenwänden (bezeichnet als „PRIK"-Luftschichtanker)

Antragsteller:
Gebr. Bodegraven bv
Atoomweg 2
2421 LZ Nieuwkoop
Niederlande

Tabelle 63. Zulässige Schalenabstände (Schalenzwischenräume)

Länge der Anker [mm]	Schalenabstand [1)] (Schalenzwischenraum) [mm]	Ankereinbindung in der Innenschale [mm]	Ankereinbindung in der Außenschale [mm] bei einer Dicke d (mm) der Außenschale von	
			$105 \leq d \leq 115$ [2)]	$90 \leq d \leq 105$ [2)]
400	230 bis 250	90	80 bis 60	80 bis 60
380	210 bis 230	90	80 bis 60	80 bis 60
380	> 200 bis 210	90	90 bis 80	–[3)]

1) Der Größtwert darf an keiner Stelle überschritten werden.
2) Die Fugen der Sichtflächen sind in Fugenglattstrich auszuführen. Hiervon ausgenommen sind 115 mm dicke Außenschalen.
3) Nicht zulässig bei 90 mm dicken Außenschalen.

Bescheid – Geltungsdauer:
29. März 2017 – 2. Juli 2018

Die Zulassung erstreckt sich auf die Herstellung der „PRIK"-Luftschichtanker aus nichtrostendem Stahl und ihre Verwendung für die Verbindung von Außen- und Innenschalen von zweischaligen Außenwänden (zweischaliges Mauerwerk). Der „PRIK"-Luftschichtanker wird mit Längen von 250 mm bis 340 mm hergestellt und wie folgt ausgebildet:
- profilierten Flachstahlbereich mit einer Breite von 12,5 mm bzw. 14 mm und einer Dicke von 0,5 mm bzw. 0,6 mm für das Einlegen in die Hintermauerschale,
- Ankerschaft (Hohlquerschnitt aus 0,5 mm bzw. 0,6 mm Flachstahl) mit Durchmesser 4,5 mm bzw. 5,0 mm für den Schalenzwischenraum,
- aus dem Ankerschaft gepresstes Spitzende mit einer Breite von 6,2 mm, 6,5 mm bzw. 7,2 mm und einer Dicke von bis zu 2,3 mm bzw. 2,5 mm für das Einlegen in die Vormauerschale.

Der maximale Abstand von Innen- und Außenschale kann bei Ankern aus 0,6 mm dickem Blech mit einer Gesamtankerlänge von 340 mm bis 200 mm betragen. Der mittlere Schalenabstand des Mauerwerks darf 100 mm nicht unterschreiten.
Die „PRIK"-Luftschichtanker dürfen nur für Wandbereiche bis zu einer Höhe von 20 m über Gelände verwendet werden. Die erforderliche Anzahl der Anker pro m^2 Wandfläche richtet sich nach der Höhe des Gebäudes über Geländeoberkante und dem lichten Schalenabstand.

Z-17.1-1122
Drahtanker mit Durchmesser 4 mm (bezeichnet als GB-UNI-L- und GB-L-Formanker) für zweischaliges Mauerwerk mit Schalenabständen bis 200 mm

Antragsteller:
Gebr. Bodegraven bv
Atoomweg 2
2421 LZ Nieuwkoop
Niederlande

Bescheid – Geltungsdauer:
2. Juli 2015 – 2. Juli 2018

Die abZ erstreckt sich auf die Herstellung von Drahtankern $\varnothing$ 4 mm aus nichtrostendem Stahl (bezeichnet als GB-UNI-L Luftschichtanker und GB-L-Formanker) und ihre Verwendung für die Verbindung von Außen- und Innenschalen von zweischaligen Außenwänden (zweischaliges Mauerwerk) nach DIN 1053-1 [4] bzw. nach DIN EN 1996-1-1 [40] in Verbindung mit DIN EN 1996-1-1/NA [41] und nach DIN EN 1996-2 [46] in Verbindung mit DIN EN 1996-2/NA [47].
Die Drahtanker $\varnothing$ 4 mm sind für die Verankerung in den Mörtelfugen der Außen- und Innenschale zweischaliger Außenwände aus Mauerwerk vorgesehen.
Die Drahtanker werden in zwei Ausführungen – Verankerung in der Vormauerschale mit L-Haken (Typ „GB-L-Formanker") oder Verankerung in der Vormauerschale mit Welle (Typ „GB-UNI-L-Formanker") – hergestellt.
Die Drahtanker dürfen für Schalenabstände bis 200 mm verwendet werden und für Wandbereiche bis zu einer Höhe von 25 m über Gelände.
Die bauordnungsrechtlichen Bestimmungen zu Außenwänden, hier insbesondere zu den zu verwendenden Baustoffen und zu gegebenenfalls erforderlichen Vorkehrungen gegen die Brandausbreitung in Abhängigkeit von den Gebäudeklassen, sind zu beachten.

Ausführung
Der Einbau der Maueranker in der Innen- und Außenschale und der Einbau von Dübelankern in der Außenschale muss in den Mörtelfugen so erfolgen, dass sie mittig in der Fuge liegen und allseitig von Mörtel umschlossen sind.
Die Anker sind waagerecht einzubauen.

Berechnung
Bei Verwendung von Maueranker Typ „Well-L" und „L-Form" muss die nichttragende Außenschale (Verblendschale oder geputzte Vormauerschale)
a) bei Drahtankern des Typs „GB-L-Formanker" eine nichttragende Außenschale nach DIN 1053-1 [4] mit Normalmauermörtel der Mörtelgruppe IIa nach DIN V 18580 [15] sein bzw. nach DIN EN 1996-2/NA [47], NCI Anhang NA.D.1, Abschnitt (4) c) mit Normalmauermörtel der Mörtelgruppe IIa nach DIN V 18580 [15] sein und
b) bei Maueranker des Typs „GB-UNI-L-Formanker" aus
- Mauerziegeln (Vormauerziegel, Klinker) nach DIN 105-100 [29]
- Kalksandsteinen (Vormauersteine und Verblender) nach DIN V 106 [18] oder
- Vormauersteinen aus Beton (ohne Kammern) nach DIN V 18153-100 [14] und
- Normalmauermörtel der Mörtelgruppe IIa nach DIN V 18580 [15] bestehen.

Die tragende Innenschale (Hintermauerschale) muss aus Mauerwerk nach DIN 1053-1 [4] bzw. DIN EN 1996-1-1 [40] in Verbindung mit DIN EN 1996-1-1/NA [41] mit Normalmauermörtel mindestens der Mörtelgruppe IIa nach DIN V 18580 [15] bestehen.
Für die Mindestanzahl der Anker je m^2 Wandfläche gilt Tabelle 60.
An allen freien Rändern (von Öffnungen, an Gebäudeecken, entlang von Dehnungsfugen und an den oberen Enden der Außenschalen) sind zusätzlich zu Tabelle 60 drei Drahtanker je m Randlänge anzuordnen.
Die Drahtanker dürfen nur dort verwendet werden, wo ein waagerechter Einbau zwischen den Mauerwerksschalen möglich ist.

Z-17.1-1168
Flachstahlanker (bezeichnet als „PRIK"-Luftschichtanker) zur Verbindung von zweischaligen Außenwänden mit Schalenabständen > 200 mm bis 230 mm

Antragsteller:
Gebr. Bodegraven BV
Atoomweg 2
2421 LZ Nieuwkoop
Niederlande

Bescheid – Geltungsdauer:
22. Mai 2017 – 22. Mai 2022

Die „PRIK"-Luftschichtanker aus nicht rostendem Stahl mit CE-Kennzeichnung nach EN 845-1 sind zugelassen für die Verbindung von Außen- und Innenschalen von zweischaligen Außenwänden mit Kerndämmung.
Der „PRIK"-Luftschichtanker wird mit einer Länge von 370 mm hergestellt und wie folgt ausgebildet:
– profilierter Flachstahlbereich mit einer Breite von 14 mm und einer Dicke von 0,6 mm bzw. 0,7 mm für das Einlegen in die Hintermauerschale,
– Ankerschaft (Hohlquerschnitt aus 0,6 mm bzw. 0,7 mm dickem Flachstahl) mit Durchmesser 5 mm für den Schalenzwischenraum,
– aus dem Ankerschaft gepresstes Spitzende mit einer Breite von 7,2 mm und einer Dicke von 2,8 mm bzw. 3,0 mm für das Einlegen in die Vormauerschale.
Die „PRIK-Luftschichtanker" dürfen nur für Wandbereiche bis zu einer Höhe von 20 m über Gelände verwendet werden. Der maximale Abstand von Außenschale kann 230 mm betragen. Der minimale Schalenabstand des Mauerwerks darf 200 mm nicht unterschreiten.
Das zweischalige Mauerwerk muss mit Kerndämmung – ohne verbleibende Luftschicht – ausgeführt werden; als Kerndämmung dürfen nur nichtbrennbare Dämmstoffe (Baustoffklasse A1 oder A2 nach DIN 4102-1 [52]) verwendet werden.

Z-17.1-1170 (aBg)
Drahtanker mit Durchmesser 4 mm (bezeichnet als GB-UNI-L- und GB-L-Formanker) für zweischaliges Mauerwerk mit Schalenabständen > 200 mm bis 250 mm

Antragsteller:
Gebr. Bodegraven BV
Atoomweg 2
2421 LZ Nieuwkoop
Niederlande

Bescheid – Geltungsdauer:
25. September 2017 – 25. September 2022

Gegenstand der aBg ist die Bemessung und Ausführung von Luftschichtankern (Drahtankern) ⌀ 4 mm mit CE-Kennzeichnung (System zur Bewertung und Überprüfung der Leistungsbeständigkeit (AVCP) 2+) nach EN 845-1 (bezeichnet als GB-UNI-L- und GB-L-Formanker).
Die Drahtanker sind horizontale Maueranker aus nichtrostendem Stahl Werkstoff-Nr. 1.4401, 1.4571 oder 1.4362 nach DIN EN 10088-3. Die Verankerung in der Hintermauerschale erfolgt mittels L-Haken, die Verankerung in der Vormauerschale entweder mittels L-Haken (Typ „GB-L-Formanker") oder mittels Welle (Typ „GB-UNI-L-Formanker").
Die Drahtanker dürfen für die Verbindung von Außen- und Innenschalen von zweischaligen Außenwänden (zweischaliges Mauerwerk) nach DIN EN 1996-1-1 [40] in Verbindung mit DIN EN 1996-1-1/NA [41] und DIN EN 1996-2 [46] in Verbindung mit DIN EN 1996-2/NA [47] verwendet werden.
Das zweischalige Mauerwerk muss mit Kerndämmung – ohne verbleibende Luftschicht – ausgeführt werden; als Kerndämmung dürfen nur nichtbrennbare Dämmstoffe (Baustoffklasse A1 oder A2 nach DIN 4102-1 [52]) verwendet werden.
Die Drahtanker dürfen für Schalenabstände > 200 mm bis 250 mm und Wandbereiche bis zu einer Höhe von 25 m über Gelände verwendet werden.

Z-17.1-1176 (aBg)
UNI-Einschraubanker (Luftschichtanker) mit Holzschraubgewinde zur Verbindung von Vormauer- bzw. Verblendschalen mit Wänden in Holzrahmenbauweise

Antragsteller:
Gebr. Bodegraven BV
Atoomweg 2
2421 LZ Nieuwkoop
Niederlande

Bescheid – Geltungsdauer:
7. Februar 2018 – 7. Februar 2023

Gegenstand der aBg ist die Bemessung und Ausführung der Verbindung von Wänden in Holzrahmenbauweise mit Vormauer- bzw. Verblendschalen mit Luftschichtankern (Drahtankern) ⌀ 4 mm nach EN 845-1 (bezeichnet als „UNI-Einschraubanker").
Die Drahtanker sind horizontale Maueranker aus nichtrostendem Stahl Werkstoff-Nr. 1.4401, 1.4571 oder 1.4362 nach DIN EN 10088-3.
Die Verankerung der Drahtanker in dem Holzständerwerk erfolgt mittels Einschraubgewinde, die Verankerung in der Mörtelfuge der Vormauer- bzw. Verblendschale mittels Welle.
Es dürfen Schalenabstände (Schalenzwischenräume) von 40 mm bis 185 mm und Wandbereiche bis zu einer Höhe von 20 m über Gelände zur Anwendung kommen.
Soweit nachfolgend nichts anderes bestimmt ist, gelten die Bestimmungen von DIN EN 1996-1-1 [40] in Verbindung mit DIN EN 1996-1-1/NA [41], für Drahtanker nach Bild NA.9 und DIN EN 1996-2 [46] in Verbindung mit DIN EN 1996-2/NA [47] NCI Anhang NA.D, für Drahtanker nach Bild NA.D.1.

Tabelle 64. Mindestanzahl der Anker je m² Wandfläche (Windzonen nach DIN EN 1991-1-4/NA:2010-12) nach Z-17.1-1176

Gebäudehöhe	Windzonen 1 bis 3, Windzone 4 Binnenland	Windzone 4 Küste der Nord- und Ostsee und Inseln der Ostsee	Windzone 4 Inseln der Nordsee
h ≤ 10 m	7[1)]	7	8
10 m < h ≤ 18 m	7[2)]	8	9
18 m < h ≤ 20 m	7	8[3)]	–

1) In Windzone 1 und Windzone 2 Binnenland: 5 Anker/m²
2) In Windzone 1: 5 Anker/m²
3) Ist die Grundrisslänge kleiner h/4: 9 Anker/m²

Folgende Bedingungen müssen eingehalten sein:
– Holzrahmen aus Vollholz (Nadelholz mindestens der Festigkeitsklasse C 16 nach DIN 4074-1 oder DIN EN 14081-1:2011-05 in Verbindung mit DIN 20000-5:2012-03) oder Brettschichtholz nach DIN EN 14080:2013-09 in Verbindung mit DIN 20000-3:2015-02,
– Abstand der vertikalen Holzständer ≤ 750 mm,
– Mindestbreite und Mindestdicke der Holzquerschnitte 60 mm,
– Dicke der äußeren Beplankung ≤ 25 mm,
– witterungsfeste Kennzeichnung der Vertikalachse der Holzständer auf der äußeren Beplankung, sofern diese nach Montage der Wände auf der Baustelle nicht mehr erkennbar ist.

Die nichttragende Außenschale (Verblendschale oder geputzte Vormauerschale) muss aus
– Mauerziegeln (Vormauerziegel, Klinker) nach DIN EN 771-1:2015-11 in Verbindung mit DIN 20000-401 [30] bzw. DIN 105-100:2012-01,
– Kalksandsteinen (Vormauersteine und Verblender) DIN EN 771-2:2015-11 in Verbindung mit DIN 20000-402:2017-01 oder
– Vormauersteinen aus Beton (ohne Kammern) nach DIN EN 771-3:2015-11 in Verbindung mit DIN 20000-403 [32] bzw. DIN V 18153-100 [14] und
– Normalmauermörtel der Mörtelgruppe IIa nach DIN EN 998-2 [35] in Verbindung mit DIN V 20000-412 [34] bzw. DIN V 18580 [15] bestehen.

Für die Mindestanzahl der Einschraubanker je m² Wandfläche gilt Tabelle 64.
An allen freien Rändern (von Öffnungen, an Gebäudeecken, entlang von Dehnungsfugen und an den oberen Enden der Außenschalen) sind zusätzlich zu Tabelle 64 drei Drahtanker je m Randlänge anzuordnen.
Für die zulässigen kleinsten und größten Schalenabstände (Schalenzwischenräume) in Abhängigkeit von der Länge der Anker gilt Tabelle 65.
Bei der in Tabelle 65 angegebenen Einschraubtiefe für Einschraubanker ab Oberkante Beplankung ist eine Dicke der Beplankung bis 25 mm bereits berücksichtigt.

Tabelle 65. Zulässige Schalenabstände (Schalenzwischenräume) in Abhängigkeit von der Länge der Einschraubanker

Länge der Anker [mm]	Einschraubtiefe ab Oberkante Beplankung [mm]	Schalenabstand [mm]	Ankereinbindung in der Vormauer- bzw. Verblendschale [mm]
160	60	40 bis 45	55 bis 60
190	60	50 bis 75	55 bis 80[1)]
220	60	80 bis 105	55 bis 80[1)]
250	60	110 bis 135	55 bis 80[1)]
275	60	135 bis 160	55 bis 80[1)]
3000	60	160 bis 185	55 bis 80[1)]

1) Bei Einbindelängen ≥ 70 mm muss die Außenschale ≥ 105 mm dick sein.

Z-17.1-822
Drahtanker mit Durchmesser 3 mm und 4 mm für zweischaliges Mauerwerk mit Schalenabständen bis 200 mm

Antragsteller:
H & R GmbH
Corunnastraße 38
58636 Iserlohn

Bescheid – Geltungsdauer:
24. August 2015 – 2. Juli 2018

Die abZ erstreckt sich auf die Herstellung von Drahtankern mit ⌀ 3 mm und ⌀ 4 mm aus nichtrostendem Stahl (bezeichnet als Maueranker bzw. Dübelanker) und ihre Verwendung für die Verbindung der Außen- und Innenschale von zweischaligen Außenwänden (zweischaliges Mauerwerk) nach DIN 1053-1 [4] bzw. nach DIN EN 1996-1-1 [40] in Verbindung mit DIN EN 1996-1-1/NA [41] und nach DIN EN 1996-2 [46] in Verbindung mit DIN EN 1996-2/NA [47].

Die Maueranker sind Drahtanker mit ⌀ 3 mm bzw. ⌀ 4 mm und sind für die Verankerung in den Mörtelfugen der Außen- und Innenschale zweischaliger Außenwände aus Mauerwerk vorgesehen. Die Maueranker werden in zwei Ausführungen – Verankerung in der Vormauerschale mit L-Haken (Typ „L-Form") oder Verankerung in der Vormauerschale mit Wellen (Typ „Well-L-Form") – hergestellt.
Die Dübelanker sind Drahtanker mit ⌀ 3 mm bzw. ⌀ 4 mm, die in einer Außenschale aus Mauerwerk in den Mörtelfugen verankert werden; sie werden bei entsprechender einseitiger Ausbildung der Anker mit Dübeln gemäß der abZ Nr. Z-21.2-1732 in der Innenschale verankert. Für die Art der Innenschale der zweischaligen Außenwände und die Verwendung der Dübelverankerungen gilt die abZ Nr. Z-21.2-1732 für das Verankerungssystem. Die Dübelanker werden zur Verankerung in der Außenschale ebenfalls in zwei Ausführungen – Verankerung in der Vormauerschale mit L-Haken (Typ „L-Form") oder Verankerung in der Vormauerschale mit Wellen (Typ „Well-L-Form") – hergestellt.
Die Drahtanker ⌀ 3 mm dürfen für Schalenabstände (Schalenzwischenräume) ≤ 100 mm und für Wandbereiche bis zu einer Höhe von 10 m über Gelände verwendet werden, die Drahtanker ⌀ 4 mm für Schalenabstände ≤ 200 mm und für Wandbereiche bis zu einer Höhe von 25 m über Gelände.

Bemessung nach DIN 1053-1
Soweit nichts anderes bestimmt ist, gelten die Bestimmungen der Norm DIN 1053-1 [4] für Drahtanker mit einem Durchmesser 3 mm bzw. 4 mm.
Bei Verwendung von **Maueranker** gelten für die nichttragende Außenschale (Verblendschale oder geputzte Vormauerschale) die Anforderung analog wie für die Drahtanker nach Z-17.1-825.
Für die Mindestanzahl der Drahtanker ⌀ 4 mm je m² Wandfläche gilt Tabelle 60.
An allen freien Rändern (von Öffnungen, an Gebäudeecken, entlang von Dehnungsfugen und an den oberen Enden der Außenschalen) sind zusätzlich zu Tabelle 66 drei Drahtanker je m Randlänge anzuordnen.
Dübelanker sind mit Dübeln gemäß der abZ Nr. Z-21.2-1732 in der Innenschale der zweischaligen Außenwände zu verankern. Die Art der Innenschale richtet sich nach der abZ für das Verankerungssystem.

Tabelle 66. Mindestanzahl der Drahtanker ⌀ 3 mm je m² Wandfläche (Windzonen nach DIN EN 1991-1-4/NA:2010-12); Schalenabstand ≤ 100 mm nach Z-17.1-822

Gebäudehöhe	Windzonen 1 und 2, Windzone 3 Binnenland	Windzone 3 Küste und Inseln der Ostsee	Windzone 4 Binnenland
h ≤ 10 m	8	10	9

Die Außenschale muss bei Verankerung in der Vormauerschale mit L-Haken (Typ „L-Form") eine solche wie bei Maueranker Punkt a) und bei Verankerung in der Vormauerschale mit Wellen (Typ „Well-L-Form") eine solche wie bei Maueranker Punkt b) sein. Für die erforderliche Anzahl der Dübelanker gelten die Tabellen 60 und 66.
Die Drahtanker dürfen nur dort verwendet werden, wo ein waagerechter Einbau zwischen den Mauerwerksschalen möglich ist.

Bemessung nach DIN EN 1996
Bei Verwendung von **Maueranker** gelten für die nichttragende Außenschale (Verblendschale oder geputzte Vormauerschale) die Anforderung analog wie für die Drahtanker nach Z-17.1-825.
Die tragende Innenschale (Hintermauerschale) muss aus Mauerwerk nach DIN EN 1996-1-1 [40] in Verbindung mit DIN EN 1996-1-1/NA [40] mit Normalmauermörtel mindestens der Mörtelgruppe IIa nach DIN V 18580 [15] bestehen.
Es gelten die Regelungen zu den Ankern für Mauerwerk nach DIN 1053-1 sinngemäß auch für Mauerwerk nach DIN EN 1996.

Z-17.1-923
Drahtanker 3 mm und 4 mm (bezeichnet als H + R Universal Holzschraubanker) zur Verbindung von Vormauer- bzw. Verblendschalen mit Wänden von Holzhäusern in Holzrahmenbauweise

Antragsteller:
H & R GmbH
Corunnastraße 38
58636 Iserlohn

Bescheid – Änderung/Ergänzung – Geltungsdauer:
23. August 2013 – 7. Mai 2015 – 9. September 2018

Die abZ erstreckt sich auf die Herstellung von Drahtankern mit Nenndurchmesser 3 mm und 4 mm aus nichtrostendem Stahl (bezeichnet als H+R Universal Holzschraubanker) und ihre Verwendung für die Verbindung von Außenwänden von Holzhäusern in Holzrahmenbauweise mit Vormauer- bzw. Verblendschalen nach DIN 1053-1 [4] bzw. nach DIN EN 1996-1-1 [40] in Verbindung mit DIN EN 1996-1-1/NA [41] und nach DIN EN 1996-2 [46] in Verbindung mit DIN EN 1996-2/NA [47] (s. Bild 136).
Die Holzschraubanker sind Drahtanker, die für die Verankerung in den Mörtelfugen der Außenschale der zweischaligen Außenwände mit einer Welle und zur Verankerung im Holzständerwerk der Holzhäuser mit einem Schraubgewinde versehen sind.
Für die Ausführung der Vormauer- bzw. Verblendschalen gilt DIN 1053-1 bzw. DIN EN 1996-2/NA, NCI Anhang NA.D unter Berücksichtigung der zusätzlichen Bestimmungen der abZ für die Ausführung der zweischaligen Außenwände.

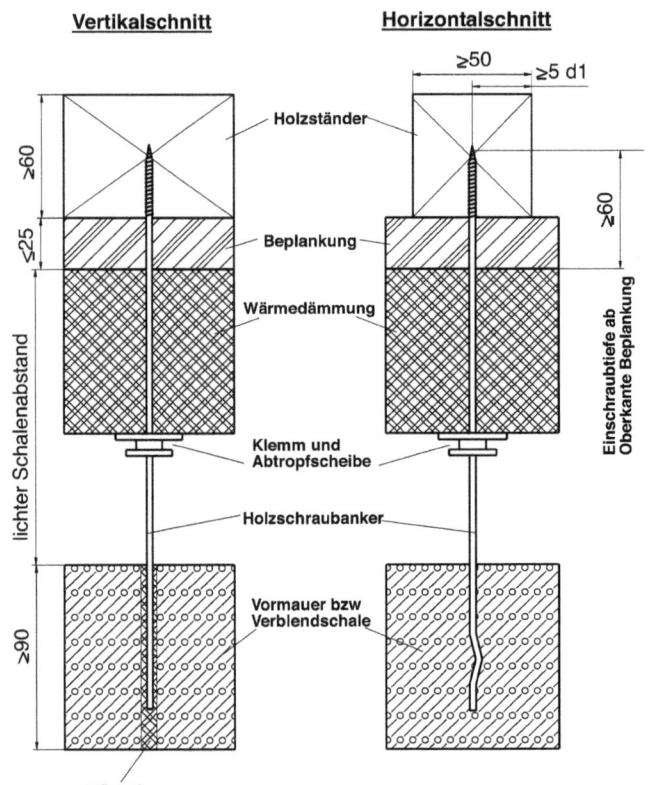

Bild 136. Holzschraubanker zur Verbindung von Verblendschalen mit Wänden in Holzrahmenbauweise

Entwurf, Bemessung und Ausführung der Holzkonstruktion müssen den bekannt gemachten technischen Regeln entsprechen. Insbesondere müssen folgende Bedingungen eingehalten sein:
- Einbringen der Anker in Vollholz (Nadelholz, mindestens der Sortierklasse S 7 bzw. der Festigkeitsklasse C 16 nach DIN 4074-1:2003-06 oder DIN EN 14081-1:2011-05 in Verbindung mit DIN 20000-5:2012-03 oder Brettschichtholz nach DIN 1052:2008-12),
- Abstand der vertikalen Holzständer ≤ 750 mm,
- Mindestbreite der Holzquerschnitte 50 mm, Mindestdicke der Holzquerschnitte 60 mm,
- Dicke der äußeren Beplankung ≤ 25 mm,
- witterungsfeste Kennzeichnung der Vertikalachse der Holzständer auf der äußeren Beplankung, sofern diese nach Montage der Wände auf der Baustelle nicht mehr erkennbar ist.

Die Holzschraubanker ⌀ 3 mm dürfen für Schalenabstände (Schalenzwischenräume) von 50 mm bis 100 mm und für Wandbereiche bis zu einer Höhe von 10 m über Gelände verwendet werden, die Holzschraubanker ⌀ 4 mm für Schalenabstände von 55 mm bis 200 mm und für Wandbereiche bis zu einer Höhe von 20 m über Gelände.

Die bauordnungsrechtlichen Bestimmungen zu Außenwänden, hier insbesondere zu den zu verwendenden Baustoffen und zu gegebenenfalls erforderlichen Vorkehrungen gegen die Brandausbreitung in Abhängigkeit von den Gebäudeklassen, sind zu beachten.

Bemessung

Die nichttragende Außenschale (Verblendschale oder geputzte Vormauerschale) muss aus Mauerziegeln (Vormauerziegel, Klinker) nach DIN V 105-100 [29] oder Kalksandsteinen (Vormauersteine und Verblender) nach DIN V 106 [18] oder Vormauersteinen aus Beton (ohne Kammern) nach DIN V 18153-100 [14] und Normalmauermörtel der Mörtelgruppe IIa nach DIN V 18580 bestehen.

Für die Mindestanzahl der Holzschraubanker ⌀ 3 mm je m² Wandfläche gilt Tabelle 67.
Für die Mindestanzahl der Holzschraubanker ⌀ 4 mm je m² Wandfläche gilt Tabelle 68.

Tabelle 67. Mindestanzahl der Anker je m² Wandfläche (Windzonen nach DIN EN 1991-1-4/NA) nach Z-17.1-923

Gebäudehöhe	Windzonen 1 und 2, Windzone 3 Binnenland	Windzone 3 Küste und Inseln der Ostsee	Windzone 4 Binnenland
h ≤ 10 m	7	9	8

Tabelle 68. Mindestanzahl der Anker je m² Wandfläche (Windzonen nach DIN EN 1991-1-4/NA:2010-12) nach Z-17.1-923

Gebäudehöhe	Windzonen 1 bis 3, Windzone 4 Binnenland	Windzone 4 Küste der Nord- und Ostsee und Inseln der Ostsee	Windzone 4 Inseln der Nordsee
h ≤ 10 m	7[1]	8	9
10 m < h ≤ 18 m	7[2]	9	10
18 m < h ≤ 20 m	8	10[3]	–

1) In Windzone 1 und Windzone 2 Binnenland: 5 Anker/m².
2) In Windzone 3 Küsten und Inseln der Ostsee: 8 Anker/m².
3) Bei einem Verhältnis Gebäudehöhe/Gebäudegrundrisslänge ≤ 3: 9 Anker/m².

Tabelle 69. Zulässige Schalenabstände in Abhängigkeit von der Länge der Anker

Nenndurchmesser der Anker mm	Länge der Anker mm	Einschraubtiefe ab Oberkante Beplankung mm	Schalenabstand (Schalenzwischenräume) mm	Ankereinbindung in der Vormauer- bzw. Verblendschale mm
3	180	60	50 bis 70	50 bis 70[1]
	210		70 bis 100	50 bis 80[1]
4	190	65	55 bis 75	50 bis 70[1]
	220		75 bis 105	50 bis 80[1]
	250		105 bis 135	50 bis 80[1]
	260		115 bis 145	50 bis 80[1]
	300		145 bis 165	70 bis 90[2]
	320		165 bis 185	70 bis 90[2]
	340		185 bis 200	75 bis 90[2]

1) Die Fugen der Sichtflächen sind in Fugenglattstrich auszuführen. Hiervon ausgenommen sind 115 mm dicke Außenschalen.
2) Nur zulässig bei 115 mm dicken Außenschalen.

An allen freien Rändern (von Öffnungen, an Gebäudeecken, entlang von Dehnungsfugen und an den oberen Enden der Außenschalen) sind zusätzlich zu Tabelle 67 bzw. Tabelle 68 drei Anker je m Randlänge anzuordnen.
Die zulässigen kleinsten und größten Schalenabstände in Abhängigkeit von der Länge der Anker sind in Tabelle 69 angegeben.
Bei der in Tabelle 69 angegebenen Einschraubtiefe der Anker ab Oberkante Beplankung ist eine Dicke der Beplankung bis 25 mm bereits berücksichtigt.

Ausführung
Der Einbau der Holzschraubanker muss waagerecht und so erfolgen, dass das Wellenende der Anker etwa mittig in der Fuge der Vormauer- bzw. Verblendschale liegt und allseitig von Mörtel umschlossen ist.
Für die Befestigung der Anker in der Holzkonstruktion gelten die Bestimmungen der Normen DIN 1052:2008-12 oder DIN EN 1995-1-1:2010-12 in Verbindung mit DIN EN 1995-1-1/NA:2010-12, soweit in der abZ nichts anderes bestimmt ist. Die Anwendbarkeit der Normen richtet sich nach den Bauordnungen und den technischen Baubestimmungen der Länder.
Die Anker sind durch die Beplankung der Holzkonstruktion hindurch in den Holzquerschnitten, dass die Mindestabstände untereinander und vom Rand eingehalten sind. Insbesondere ist der Mindestrandabstand von 5 d_1 zu beachten, wobei d_1 der Gewindeaußendurchmesser der Anker ist.
Das Einschrauben im Holzständerwerk muss ohne Vorbohren unter Verwendung der vom Hersteller empfohlenen Einschraubgeräte erfolgen. Die Einschraubtiefe ab Oberkante der Beplankung beträgt 60 mm bei Ankern mit Nenndurchmesser 3 mm und 65 mm bei Ankern mit Nenndurchmesser 4 mm.
Vor Beginn der Arbeiten hat sich die ausführende Firma davon zu überzeugen, dass das Setzen der Anker mit den erforderlichen Randabständen in den Holzquerschnitten erfolgen kann (witterungsfeste Kennzeichnung der Vertikalachse der Holzständer auf der äußeren Beplankung).
Durch die Holzschraubanker darf keine zusätzliche Feuchtigkeit von der Außenschale in die Holzunterkonstruktion eingetragen werden.
Dies ist bei Ausführung der zweischaligen Außenwände nur mit Luftschicht durch Aufschieben von geeigneten Tropfscheiben auf den Ankern in einem Abstand von ca. 5 mm vor der wasserableitenden Schicht der Holzunterkonstruktion sicherzustellen.
Bei zusätzlicher Anordnung einer Wärmedämmung sind kombinierte Befestigungs-/Abtropfscheiben unmittelbar über der Wärmedämmung anzuordnen.

Z-17.1-1142
Drahtanker mit Durchmesser 4 mm für zweischaliges Mauerwerk mit Schalenabständen > 200 mm bis 250 mm

Antragsteller:
H & R GmbH
Osemundstraße 4
58636 Iserlohn

Bescheid – Geltungsdauer:
29. September 2015 – 29. September 2020

Die abZ erstreckt sich auf die Herstellung von Drahtankern ⌀ 4 mm aus nichtrostendem Stahl (bezeichnet als Maueranker bzw. Dübelanker) und ihre Verwendung für die Verbindung von Außen- und Innenschalen von zweischaligen Außenwänden (zweischaliges Mauerwerk) nach DIN 1053-1 [4] bzw. nach DIN EN 1996-1-1 [40] in Verbindung mit DIN EN 1996-1-1/NA [41] und nach DIN EN 1996-2 [46] in Verbindung mit DIN EN 1996-2/NA [47].
Die Maueranker sind Drahtanker ⌀ 4 mm und sind für die Verankerung in den Mörtelfugen der Außen- und Innenschale zweischaliger Außenwände aus Mauerwerk vorgesehen. Die Maueranker werden in zwei Ausführungen – Verankerung in der Vormauerschale mit L-Haken (Typ „L-Form") oder Verankerung in der Vormauerschale mit Wellen (Typ „Well-L-Form") – hergestellt (s. Bild 137).
Die Dübelanker sind Drahtanker ⌀ 4 mm, die in einer Außenschale aus Mauerwerk in den Mörtelfugen verankert werden; sie werden bei entsprechender einseitiger Ausbildung der Anker mit Dübeln gemäß der abZ Nr. Z-21.2-1732 in der Innenschale verankert. Für die Art der Innenschale der zweischaligen Außenwände und die Verwendung der Dübelverankerungen gilt die abZ für das betreffende Verankerungssystem. Die Dübelanker werden zur Verankerung in der Vormauerschale ebenfalls in zwei Ausführungen – Verankerung in der Vormauerschale mit L-Haken (Typ „L-Form") oder Verankerung in der Vormauerschale mit Wellen (Typ „Well-L-Form") – hergestellt.
Die Drahtanker dürfen für Schalenabstände > 200 mm bis 250 mm verwendet werden.
Das zweischalige Mauerwerk muss mit Kerndämmung – ohne verbleibende Luftschicht – ausgeführt werden; als Kerndämmung dürfen nur nichtbrennbare Dämmstoffe (Baustoffklasse A1 oder A2 nach DIN 4102-1 [52]) verwendet werden.
Die Drahtanker dürfen für Wandbereiche bis zu einer Höhe von 25 m über Gelände verwendet werden.
Die bauordnungsrechtlichen Bestimmungen zu Außenwänden, hier insbesondere zu den zu verwendenden Baustoffen und zu gegebenenfalls erforderlichen Vorkehrungen gegen die Brandausbreitung in Abhängigkeit von den Gebäudeklassen, sind zu beachten.

Ausführung
Der Einbau der Maueranker in der Innen- und Außenschale und der Einbau von Dübelankern in der Außenschale muss in den Mörtelfugen so erfolgen, dass sie mittig in der Fuge liegen und allseitig von Mörtel umschlossen sind.
Die Anker sind waagerecht einzubauen.

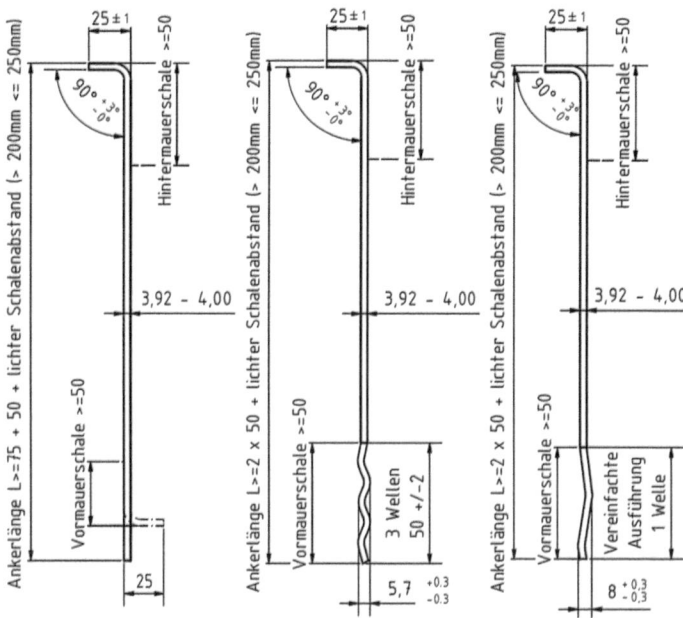

Bild 137. Drahtanker mit Durchmesser 4 mm für zweischaliges Mauerwerk; Maueranker Typ „L-Form" und Typ „Well-L-Form" (Z-17.1-1142)

Die Ausführung des zweischaligen Mauerwerks muss mit Kerndämmung – ohne verbleibende Luftschicht – erfolgen; als Kerndämmung dürfen nur nichtbrennbare Dämmstoffe (Baustoffklasse A1 oder A2 nach DIN 4102-1 [52]) verwendet werden.
Für den Einbau von Dübelankern in der Innenschale gelten die Bestimmungen der abZ für das verwendete Verankerungssystem.

Berechnung
Bei Verwendung von **Mauerankern** Typ „Well-L" und „L-Form" muss die nichttragende Außenschale (Verblendschale oder geputzte Vormauerschale)
a) bei Mauerankern des Typs „L-Form" eine nichttragende Außenschale nach DIN 1053-1 [4] mit Normalmauermörtel der Mörtelgruppe IIa nach DIN V 18580 [15] bzw. DIN EN 998-2 [35] in Verbindung mit DIN V 20000-412 [34] sein bzw. nach DIN EN 1996-2/NA [47], NCI Anhang NA.D.1, Abschnitt (4) c) mit Normalmauermörtel der Mörtelgruppe IIa nach DIN V 18580 [15] sein und
b) bei Mauerankern des Typs „Well-L" aus
– Mauerziegeln (Vormauerziegel, Klinker) nach DIN 105-100 [29] bzw. DIN EN 771-1 [6] in Verbindung mit DIN 20000-401 [30],
– Kalksandsteinen (Vormauersteine und Verblender) nach DIN V 106 [18] bzw. DIN EN 771-2 [7] in Verbindung mit DIN V 20000-402 [31] oder
– Vormauersteinen aus Beton (ohne Kammern) nach DIN V 18153-100 [14] bzw. DIN EN 771-3 [8] in Verbindung mit DIN V 20000-403 [32] und
– Normalmauermörtel der Mörtelgruppe IIa nach DIN V 18580 [15] bzw. DIN EN 998-2 [35] in Verbindung mit DIN V 20000-412 [34] bestehen.

Die tragende Innenschale (Hintermauerschale) muss aus Mauerwerk nach DIN 1053-1 [4] bzw. DIN EN 1996-1-1 [40] in Verbindung mit DIN EN 1996-1-1/NA [41] mit Normalmauermörtel mindestens der Mörtelgruppe IIa nach DIN V 18580 [15] bzw. DIN EN 998-2 [35] in Verbindung mit DIN V 20000-412 [34] bestehen, wobei jedoch der Verwendung von Hohlblöcken aus Leichtbeton nach DIN V 18151-100 [12] und Hohlblöcken aus Beton nach DIN V 18153-100 [14] bzw. DIN EN 771-3 [8] in Verbindung mit DIN V 20000-403 [32] und Kalksand-Lochsteinen und -Hohlblocksteinen nach DIN V 106 [18] bzw. DIN EN 771-2 [7] in Verbindung mit DIN V 20000-402 [31] nicht zulässig ist.

Für die Mindestanzahl der Anker je m² Wandfläche gilt Tabelle 70.

Dübelanker sind mit Dübeln gemäß der abZ Nr. Z-21.2-1732 in der Innenschale der zweischaligen Außenwände zu verankern. Die Art der Innenschale richtet sich nach der abZ für das Verankerungssystem. Die Außenschale muss bei Verankerung in der Vormauerschale mit L-Haken (Typ „L-Form") eine solche nach Punkt a), und bei Verankerung in der Vormauerschale mit Wellen (Typ „Well-L-Form") eine solche nach Punkt b), sein.

Für die Mindestanzahl der Anker je m² Wandfläche gilt Tabelle 70.

An allen freien Rändern (von Öffnungen, an Gebäudeecken, entlang von Dehnungsfugen und an den oberen Enden der Außenschalen) sind zusätzlich zu Tabelle 70 drei Drahtanker je m Randlänge anzuordnen.

Die Drahtanker dürfen nur dort verwendet werden, wo ein waagerechter Einbau zwischen den Mauerwerksschalen möglich ist.

10.3 Sonstige Ergänzungselemente

Als sonstige Ergänzungselemente für Mauerwerk sind verschiedene Mauerverbinder für die Verbindung von Wänden in Stumpfstoßtechnik zugelassen.

Die Zulassungen bzw. Bauartgenehmigungen für Mauerverbinder regeln deren Herstellung (Material, Form, Abmessungen usw.) und die Verwendung für die Verbindung von Mauerwerkswänden in Stumpfstoßtechnik, soweit diese für die miteinander verbundenen Wände statisch in Rechnung gestellt werden sollen. Werden Mauerverbinder nur konstruktiv für die Verbindung von Mauerwerkswänden in Stumpfstoßtechnik eingelegt, so bedürfen diese keiner abZ. Die Mauerverbinder werden aus 0,5 oder 0,7 mm dickem, kaltgewalztem Blech bzw. Band aus nichtrostendem Stahl hergestellt.

Für welche Mauerwerksarten die jeweiligen Mauerverbinder verwendet werden dürfen und welche Zugkräfte diese aufnehmen könne, ist in dem betreffenden Bescheid angegeben. Ebenso sind hier nähere Angaben zu Form und Abmessungen zu entnehmen.

Tabelle 70. Mindestanzahl der Anker je m² Wandfläche (Windzonen nach DIN EN 1991-1-4/NA:2010-12) nach Z-17.1-1142

Gebäudehöhe	Windzonen 1 bis 3, Windzone 4 Binnenland	Windzone 4 Küste der Nord- und Ostsee und Inseln der Ostsee	Windzone 4 Inseln der Nordsee
h ≤ 10 m	7[1]	8	9
10 m < h ≤ 18 m	7[2]	9	10
18 m < h ≤ 25 m	8	10	–

1) In Windzone 1 und Windzone 2 Binnenland: 5 Anker/m².
2) In Windzone 3 Küsten und Inseln der Ostsee: 8 Anker/m².

Z-17.1-748
Mauerverbinder für die Verbindung von Mauerwerkswänden in Stumpfstoßtechnik

Antragsteller:
BEVER
Gesellschaft für Befestigungsteile
Verbindungselemente mbH
Auf dem niedern Bruch 12
57399 Kirchhundem-Würdinghausen

Bescheid – Geltungsdauer:
9. Februar 2016 – 14. April 2020

Die abZ erstreckt sich auf die Herstellung von Mauerverbindern (bezeichnet als „Bever-Mauerverbinder MV"), (s. Bild 138), aus nichtrostendem Stahl und ihre Verwendung für die Verbindung von Mauerwerkswänden in Stumpfstoßtechnik.
Die Mauerverbinder dürfen für Mauerwerk nach DIN 1053-1 [4] bzw. DIN EN 1996-1-1 [40] in Verbindung mit DIN EN 1996-1-1/NA [41] und nach DIN EN 1996-2 [46] in Verbindung mit DIN EN 1996-2/NA [47] und den zusätzlichen Bestimmungen der abZ oder Mauerwerk aus allgemein bauaufsichtlich zugelassenen Steinen oder Elementen verwendet werden, wenn die Ausführung von stumpf gestoßenen Wänden unter Verwendung dieser Mauerverbinder in der betreffenden abZ für die Steine oder Elemente bzw. für das Mauerwerk geregelt ist.
Die Mauerverbinder bestehen aus 0,5 mm oder 0,7 mm dickem Blech; sind ca. 12 mm bis ca. 20 mm breit und 270 mm, 300 mm oder 400 mm lang.
Die Mauerverbinder nach der abZ dürfen für die Verbindung quer zueinander verlaufender Wände (Verbindung knickaussteifender Wände mit den auszusteifenden Wänden) im Sinne von DIN 1053-1 [4], Abschnitt 6.7.1, bzw. im Sinne von DIN EN 1996-1-1 [40], Abschnitt 5.5.1.2 (3) verwendet werden, wobei die Annahme einer unverschieblichen Halterung zur Ermittlung der Knicklänge der ausgesteiften (stumpf gestoßenen) Wand unter den in der abZ genannten Voraussetzungen zulässig ist.

Die knickaussteifenden Wände dürfen jedoch nicht als unverschieblich gehalten angesehen werden, da die Mauerverbinder nur Zugkräfte in Längsrichtung der Anker aufnehmen können, jedoch keine Kräfte rechtwinklig zu ihrer Längsrichtung (Querkräfte).

Z-17.1-1174 (aBg)
Mauerverbinder für die Verbindung von Mauerwerkswänden in Stumpfstoßtechnik

Antragsteller:
CATNIC GmbH
Am Leitzelbach 16
74889 Sinsheim

Bescheid – Geltungsdauer:
18. Januar 2018 – 18. Januar 2023

Gegenstand der aBg ist die Bemessung und Ausführung von Mauerverbindern mit CE-Kennzeichnung nach EN 845-1 (AVCP-Verfahren 3) und ihre Verwendung für die Verbindung von Mauerwerkswänden in Stumpfstoßtechnik.
Die Mauerverbinder werden aus kaltgewalztem Blech bzw. Band aus nichtrostendem Stahl Werkstoff-Nr. 1.4362 hergestellt.
Die Mauerverbinder werden mit einer Dicke von 0,5 mm, einer Breite von ca. 17,3 mm und einer Länge von 296 mm hergestellt.
Die Mauerverbinder dürfen für die Verbindung quer zueinander verlaufender Wände (Verbindung knickaussteifender Wände mit den auszusteifenden Wänden) im Sinne von DIN EN 1996-1-1 [40], Abschnitt 5.5.1.2 (3) verwendet werden, wobei die Annahme einer unverschieblichen Halterung zur Ermittlung der Knicklänge der ausgesteiften (stumpf gestoßenen) Wand unter den in der abZ genannten Voraussetzungen zulässig ist.
Die knickaussteifenden Wände dürfen nicht als unverschieblich gehalten angesehen werden, da die Mauerverbinder nur Zugkräfte in Längsrichtung aufnehmen können, jedoch keine Kräfte rechtwinklig zu ihrer Längsrichtung (Querkräfte).

Z-17.1-1177
Glasfilamentgewebe BASIS SK 34/68 tex zur Verwendung in Mauerwerk aus bestimmten POROTON-Planhochlochziegeln

Antragsteller:
Deutsche POROTON GmbH
Kochstraße 6–7
10969 Berlin

Bescheid – Geltungsdauer:
9. Februar 2018 – 9. Februar 2023

Gegenstand der abZ ist das werkseitig hergestellte Glasfilamentgewebe BASIS SK 34/68 tex zum Einbau in Lagerfugen im Mauerwerk aus bestimmten

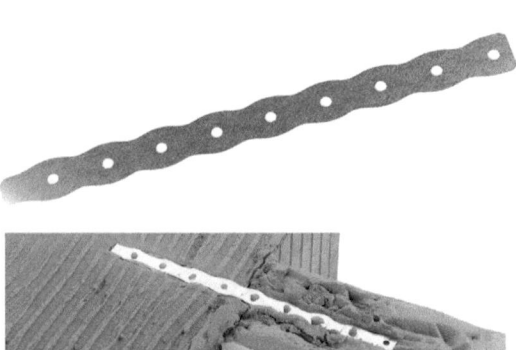

Bild 138. Bever-Mauerverbinder MV (Z-17.1-748)

Dünnbettmörteln mit bestimmten POROTON-Planhochlochziegeln.
Das Glasfilamentgewebe darf nur in Mauerwerk eingesetzt werden, wenn der Einsatz in einer aBg für das Mauerwerk geregelt ist.

Z-17.1-750
Mauerverbinder für die Verbindung von Mauerwerkswänden in Stumpfstoßtechnik

Antragsteller:
Gebr. Bodegraven bv
Atoomweg 2
2421 LZ Nieuw Koop
Niederlande

Bescheid – Geltungsdauer:
17. Januar 2017 – 1. Januar 2022

Gegenstand der abZ ist die Bemessung und Ausführung von Mauerverbindern unterschiedlicher Typen (bezeichnet als „OPTIMA 0,5"-, „OPTIMA 0,6"-, „ZIG-ZAG"-, „Lochband 0,6"-, „Lochband 0,7"-, „NOVO 20 0,5"-, „NOVO M 0,5"- bzw. „NOVO M 0,6"-Mauerverbinder) mit CE-Kennzeichnung nach EN 845-1 aus nichtrostendem Stahl und ihre Verwendung für die Verbindung von Mauerwerkswänden in Stumpfstoßtechnik [29].
Die Mauerverbinder weisen folgende Abmessungen auf:
– Dicke [mm]: 0,5, 0,6, 0,7,
– Breite [mm]: 17, 20, 22, 23,
– Länge [mm]: 269, 290, 297, 300.
Die Mauerverbinder dürfen für die Verbindung quer zueinander verlaufender Wände (Verbindung knickaussteifender Wände mit den auszusteifenden Wänden) im Sinne von DIN EN 1996-1-1, Abschnitt 5.5.1.2 (3) verwendet werden, wobei die Annahme einer unverschieblichen Halterung zur Ermittlung der Knicklängen der ausgesteiften (stumpf gestoßenen) Wand unter den in dieser abZ genannten Voraussetzungen zulässig ist.
Die knickaussteifenden Wände dürfen nicht als unverschieblich gehalten angesehen werden, da die Mauerverbinder nur Zugkräfte in Längsrichtung aufnehmen können, jedoch keine Kräfte rechtwinklig zu ihrer Längsrichtung (Querkräfte).
Die Mauerverbinder dürfen für die Verbindung von stumpfgestoßenen Wänden aus
a)
– Mauerziegeln nach DIN 105-100 [29] bzw. DIN EN 771-1:201511 in Verbindung mit DIN 20000-401:2012-11,
– Kalksandsteinen nach DIN V 106 [18] bzw. DIN EN 771-2:2015-11 in Verbindung mit DIN 20000-402:2016-03,
– Vollsteinen und Vollblöcken nach DIN V 18152-100 [13] oder DIN V 18153-100 [13] bzw. DIN EN 771-3:2015-11 in Verbindung mit DIN V 20000-403 [32] und

– Normalmörtel mindestens der Mörtelgruppe IIa oder
– Leichtmörtel der Gruppen LM 21 und LM 36 nach DIN V 18580 [15] bzw. DIN EN 998-2 [35] in Verbindung mit DIN V 20000-412

und
b)
– Kalksand-Plansteinen nach DIN V 106-1 [18] bzw. DIN EN 771-2:2015-11 in Verbindung mit DIN 20000-402:2016-03,
– Kalksand-Planelementen nach DIN V 106 [18] bzw. DIN EN 771-2:2015-11 in Verbindung mit DIN 20000-402:2016-03,
– Porenbeton-Plansteinen nach DIN EN 771-4:2015-11 in Verbindung mit DIN 20000-404:2015-12 oder
– Porenbeton-Planelementen nach DIN EN 771-4: 2015-11 in Verbindung mit DIN 20000-404: 2015-12 und
– Dünnbettmörtel nach DIN V 18580 [15] bzw. DIN EN 998-2 [35] in Verbindung mit DIN V 20000-412 [34]

verwendet werden.
Für die zulässigen Zugkräfte in den Mauerverbindern und die Mindesteinbindelänge in den Mörtelfugen gilt Tabelle 71.
Für die Annahme einer unverschieblichen Halterung der ausgesteiften (stumpf gestoßenen) Wand müssen die Mauerverbinder mindestens 1/100 der in der auszusteifenden Wand wirkenden vertikalen Last in jedem Drittelspunkt der Wandhöhe aufnehmen können. Die Anzahl der erforderlichen Mauerverbinder ist in Abhängigkeit von der aufzunehmenden Last und den zulässigen Kräften zu ermitteln.
Sind mehr als zwei Mauerverbinder je Drittelspunkt erforderlich, dürfen diese auch über die Geschosshöhe verteilt werden, z. B. auf jede zweite oder jede Lagerfuge.
Die knickaussteifenden Wände dürfen nicht als unverschieblich gehalten angesehen werden, da die Mauerverbinder nur Zugkräfte in Längsrichtung aufnehmen können, jedoch keine Kräfte rechtwinklig zu ihrer Längsrichtung (Querkräfte). Die miteinander verbundenen Wände dürfen jeweils nur als Rechteckquerschnitt und nicht als zusammengesetzter Querschnitt (s. DIN EN 1996-1-1 [40], Abschnitt 5.5.3) in Rechnung gestellt werden.

Ausführung
Je Wandverbindung sind in den Drittelspunkten der Wandhöhe mindestens je zwei Mauerverbinder anzuordnen. Bei Lochsteinen sind die Verbinder in Bereichen mit möglichst geringem Lochanteil anzuordnen.
Die Mauerverbinder sind so einzubauen, dass sie sich im rechten Winkel zwischen den Stirnflächen der miteinander zu verbindenden Wände befinden; die Mindesteinbindelänge nach Tabelle 71 ist einzuhalten. Das Einlegen der Mauerverbinder in das Mörtelbett hat nach Auftragen des Mörtels in halber Fugenhöhe zu

Tabelle 71. Zulässige Zugkräfte je Mauerverbinder

Mauerverbinder	Einbindelänge min	Zulässige Zugkräfte in kN		
		Punkt a)		Punkt b)
Typ	mm	Normalmauermörtel	Leichtmauermörtel	Dünnbettmörtel
„OPTIMA 0,5"	140	0,65		0,55
„OPTIMA 0,6"	140	0,65		0,55
„ZIG-ZAG"	130	0,45		
„Lochband 0,7" L-290/L-300	130	0,70		0,55
„Lochband 0,6"	130	0,65		0,55
„NOVO 20 0,5"	140	0,45		
„NOVO M 0,5"	140	0,45		
„NOVO M 0,6"	140	0,45		

erfolgen, wobei nach dem Einlegen auch die Oberseite der Anker mit dem Mörtel abzudecken ist. Bei Mauerwerk im Dünnbettverfahren soll die Fugendicke 2 mm bis 3 mm betragen, sodass die Mauerverbinder vollständig in Mörtel eingebettet werden.

Die Stoßfugen zwischen den quer zueinander verlaufenden Wänden sind stets über die volle Wanddicke zu vermörteln.

Z-17.1-711
H&R-Mauerverbinder für die Verbindung von Mauerwerkswänden in Stumpfstoßtechnik

Antragsteller:
H & R GmbH
Corunnastraße 38
58636 Iserlohn

Bescheid – Verlängerung – Geltungsdauer:
12. März 2010 – 23. Februar 2015 – 12. März 2020

Die abZ erstreckt sich auf die Herstellung von Mauerverbindern (bezeichnet als H&R-Mauerverbinder MV-I, MV-II oder MV-III) aus nichtrostendem Stahl und ihre Verwendung für die Verbindung von Mauerwerkswänden in Stumpfstoßtechnik.

Die Mauerverbinder dürfen für Mauerwerk nach DIN 1053-1 [4] und den zusätzlichen Bestimmungen der abZ oder Mauerwerk aus allgemein bauaufsichtlich zugelassenen Steinen oder Elementen verwendet werden, wenn die Ausführung von stumpf gestoßenen Wänden unter Verwendung dieser Mauerverbinder in der betreffenden abZ für die Steine oder Elemente bzw. für das Mauerwerk geregelt ist.

Die Mauerverbinder MV-I bestehen aus 0,5 mm oder 0,7 mm dickem Blech, sind 20 mm breit und 270 mm, 280 mm, 300 mm oder 400 mm lang.

Die Mauerverbinder MV-II bestehen aus 0,5 mm dickem Blech, sind 15 mm breit und 270 mm oder 300 mm lang.

Die Mauerverbinder MV-III bestehen aus 0,5 mm dickem Blech, sind 15 mm breit und 300 mm oder 400 mm lang.

Die Mauerverbinder nach der abZ dürfen für die Verbindung quer zueinander verlaufender Wände (Verbindung knickaussteifender Wände mit den auszusteifenden Wänden) im Sinne von DIN 1053-1 [4], Abschnitt 6.7.1, verwendet werden, wobei die Annahme einer unverschieblichen Halterung zur Ermittlung der Knicklängen der ausgesteiften (stumpf gestoßenen) Wand unter den in der abZ genannten Voraussetzungen zulässig ist.

Die knickaussteifenden Wände dürfen jedoch nicht als unverschieblich gehalten angesehen werden, da die Mauerverbinder nur Zugkräfte in Längsrichtung der Anker aufnehmen können, jedoch keine Kräfte rechtwinklig zu ihrer Längsrichtung (Querkräfte).

Z-17.1-1079
Mauerverbinder für die Verbindung von Mauerwerkswänden in Stumpfstoßtechnik

Antragsteller:
Marian Czaja
Stanz-, Press- und Ziehtechnik
Weimarische Straße 52c
99326 Stadtilm

Bescheid – Geltungsdauer:
31. Januar 2013 – 31. Januar 2018

Die abZ erstreckt sich auf die Herstellung von Mauerverbindern (s. Bild 139) aus nichtrostendem Stahl und deren Verwendung für die Verbindung von Mauerwerkswänden in Stumpfstoßtechnik.

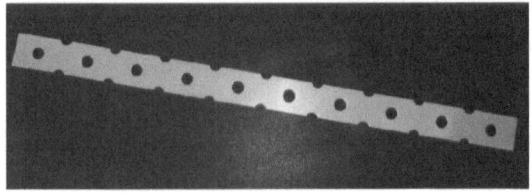

Bild 139. Form und Ausbildung Mauerverbinder (Z-17.1-1079)

Tabelle 72. Zulässige Zugkräfte je Mauerverbinder (Z-17.1-1079)

Einbindelänge min	Zulässige Zugkräfte in kN Mauerwerk nach		
	Punkt a)		Punkt b)
mm	Normalmauermörtel	Leichtmauermörtel	Dünnbettmörtel
140	0,6		0,5

Die Mauerverbinder dürfen für Mauerwerk aus Mauerziegeln und Normalmauermörtel oder Leichtmauermörtel und für Mauerwerk aus Porenbeton-Plansteinen und Dünnbettmörtel nach DIN 1053-1 [4] und den zusätzlichen Bestimmungen der abZ verwendet werden.
Die Mauerverbinder bestehen aus 0,5 mm dickem Blech, sind 20 mm breit und 300 mm lang.
Die Mauerverbinder nach der abZ dürfen für die Verbindung quer zueinander verlaufender Wände (Verbindung knickaussteifender Wände mit den auszusteifenden Wänden) im Sinne von DIN 1053-1, Abschnitt 6.7.1, verwendet werden, wobei die Annahme einer unverschieblichen Halterung zur Ermittlung der Knicklänge der ausgesteiften (stumpf gestoßenen) Wand unter den in der abZ genannten Voraussetzungen zulässig ist.
Die knickaussteifenden Wände dürfen jedoch nicht als unverschieblich gehalten angesehen werden, da die Mauerverbinder nur Zugkräfte in Längsrichtung der Anker aufnehmen können, jedoch keine Kräfte rechtwinklig zu ihrer Längsrichtung (Querkräfte).

Ausführung
Für die Ausführung des zweischaligen Mauerwerks gelten, soweit nachfolgend nichts anderes bestimmt ist, die Bestimmungen der Norm DIN 1053-1 [4].
Je Wandverbindung sind in den Drittelpunkten der Wandhöhe mindestens je zwei Mauerverbinder anzuordnen, sofern nicht nach Abschnitt „Berechnung" eine größere Anzahl erforderlich ist. Bei Lochsteinen sind die Verbinder in Bereichen mit möglichst geringem Lochanteil anzuordnen.
Die Mauerverbinder sind so einzubauen, dass sie sich im rechten Winkel zwischen den Stirnflächen der miteinander zu verbindenden Wände befinden; die Mindesteinbindelänge nach Tabelle 72 ist einzuhalten.
Das Einlegen der Mauerverbinder in das Mörtelbett hat nach Auftragen des Mörtels in halber Fugenhöhe zu erfolgen, wobei nach dem Einlegen auch die Oberseite der Verbinder mit dem Mörtel abzudecken ist. Bei Mauerwerk im Dünnbettverfahren soll die Fugendicke 2 mm bis 3 mm betragen, sodass die Mauerverbinder vollständig in Mörtel eingebettet werden.
Die Stoßfugen zwischen den quer zueinander verlaufenden Wänden sind stets über die volle Wanddicke zu vermörteln.

Berechnung
Soweit nachfolgend nichts anderes bestimmt ist, gelten für Mauerwerk nach DIN 1053-1 [4] die dortigen Bestimmungen.
Die Mauerverbinder dürfen für die Verbindung von stumpfgestoßenen Wänden aus
a)
– Mauerziegeln (Vormauerziegel, Klinker) nach DIN 105-100 [29] und
– Normalmauermörtel mindestens der Mörtelgruppe IIa nach DIN V 18580 [15] oder
– Leichtmauermörtel der Gruppen LM 21 und LM 36 nach DIN V 18580 [15]
und
b)
– Porenbeton-Plansteinen nach DIN V 4165-100 [11] und
– Dünnbettmörtel nach DIN V 18580 [15]
verwendet werden.
Für die zulässigen Zugkräfte in den Mauerverbindern und die Mindesteinbindelänge in den Mörtelfugen gilt Tabelle 72.
Für die Annahme einer unverschieblichen Halterung der ausgesteiften (stumpf gestoßenen) Wand müssen die Mauerverbinder mindestens 1/100 der in der auszusteifenden Wand wirkenden vertikalen Last in jedem Drittelpunkt der Wandhöhe aufnehmen können. Die Anzahl der erforderlichen Mauerverbinder ist in Abhängigkeit von der aufzunehmenden Last und den zulässigen Kräften nach Tabelle 72 unter Berücksichtigung des Abschnitts „Ausführung" zu ermitteln.
Sind mehr als zwei Mauerverbinder je Drittelpunkt erforderlich, dürfen diese auch über die Geschosshöhe verteilt werden, z. B. auf jede zweite oder jede Lagerfuge.
Die knickaussteifenden Wände dürfen jedoch nicht als unverschieblich gehalten angesehen werden, da die Mauerverbinder nur Zugkräfte in Längsrichtung aufnehmen können, jedoch keine Kräfte rechtwinklig zu ihrer Längsrichtung (Querkräfte).

Z-17.1-1178
Glasfilamentgewebe BASIS SK 34/68 tex zur Verwendung in Mauerwerk aus bestimmten Planhochlochziegeln

Antragsteller:
Mein Ziegelhaus GmbH & Co. KG

Märkerstraße 44
63755 Alzenau

Bescheid – Geltungsdauer:
8. März 2018 – 8. März 2023

Gegenstand der abZ ist das werkseitig hergestellte Glasfilamentgewebe BASIS SK 34/68 tex zum Einbau in Lagerfugen im Mauerwerk aus bestimmten Dünnbettmörteln mit bestimmten POROTON-Planhochlochziegeln.
Das Glasfilamentgewebe darf nur in Mauerwerk eingesetzt werden, wenn der Einsatz in einer aBg für das Mauerwerk geregelt ist.

11 Literatur

[1] Jäger, W., Hirsch, R. (2019) Verzeichnis der allgemeinen bauaufsichtlichen Zulassungen für den Mauerwerksbau, in *Mauerwerk-Kalender* 44, S. 631–764, Ernst & Sohn, Berlin.

[2] DIBt-Newsletter 1/2013; http://www.dibt.de/de/DIBt/data/Newsletter/01_2013.pdf.

[3] Stellungnahmen des DIBt zum EuGH-Urteil C-100/13 vom 13.4.15, 17.12.15 und 18.8.2016; https://www.dibt.de/de/DIBt/DIBt-EuGH-Urteil.html.

[4] DIN 1053-1:1996-11 (1996) *Mauerwerk – Teil 1: Berechnung und Ausführung*, NABau im DIN, Berlin.

[5] DIN 1053-100:2007-09 (2007) *Mauerwerk – Teil 100: Berechnung auf der Grundlage des semiprobabilistischen Sicherheitskonzepts*, NABau im DIN, Berlin.

[6] DIN EN 771-1:2011-07 (2011) *Festlegungen für Mauersteine – Teil 1: Mauerziegel*; Deutsche Fassung EN 7711:2011, NABau im DIN, Berlin.

[7] DIN EN 771-2:2011-07 (2011) *Festlegungen für Mauersteine – Teil 2: Kalksandsteine*; Deutsche Fassung EN 771-2:2011, NABau im DIN, Berlin.

[8] DIN EN 771-3:2011-07 (2011) *Festlegungen für Mauersteine – Teil 3: Mauersteine aus Beton (mit dichten und porigen Zuschlägen)*; Deutsche Fassung EN 771-3:2011, NABau im DIN, Berlin.

[9] DIN EN 771-4:2011-07 (2011) *Festlegungen für Mauersteine – Teil 4: Porenbetonsteine*; Deutsche Fassung EN 771-4:2011, NABau im DIN, Berlin.

[10] DIN 4149:2005-04 (2005) *Bauten in deutschen Erdbebengebieten; Lastannahmen, Bemessung und Ausführung üblicher Hochbauten*, NABau im DIN, Berlin.

[11] DIN V 4165-100:2005-10 (2005) *Porenbetonsteine – Teil 100: Plansteine und Planelemente mit besonderen Eigenschaften*, NABau im DIN, Berlin.

[12] DIN V 18151-100:2005-10 (2005) *Hohlblöcke aus Leichtbeton – Teil 100: Hohlblöcke mit besonderen Eigenschaften*, NABau im DIN, Berlin.

[13] DIN V 18152-100:2005-10 (2005) *Vollsteine und Vollblöcke aus Leichtbeton – Teil 100: Vollsteine und Vollblöcke mit besonderen Eigenschaften*, NABau im DIN, Berlin.

[14] DIN V 18153-100:2005-10 (2005) *Mauersteine aus Beton (Normalbeton) – Teil 100: Mauersteine mit besonderen Eigenschaften*, NABau im DIN, Berlin.

[15] DIN V 18580:2007-03 (2007) *Mauermörtel mit besonderen Eigenschaften*, NABau im DIN, Berlin.

[16] DIN V 4108-4:2007-06 (2007) *Wärmeschutz und Energie-Einsparung in Gebäuden – Teil 4: Wärme- und feuchteschutztechnische Bemessungswerte*, NABau im DIN, Berlin.

[17] DIN V 105-100:2005-10 (2005) *Mauerziegel – Teil 100: Mauerziegel mit besonderen Eigenschaften*, NABau im DIN, Berlin.

[18] DIN V 106:2005-10 (2005) *Kalksandsteine mit besonderen Eigenschaften*, NABau im DIN, Berlin.

[19] DIN 1055-3:2006-03 (2006) *Einwirkungen auf Tragwerke – Teil 3: Eigen- und Nutzlasten für Hochbauten*, NABau im DIN, Berlin.

[20] DIN 1055-4:2005-03 (2005) *Einwirkungen auf Tragwerke – Teil 4: Windlasten*, NABau im DIN, Berlin.

[21] DIN 1055-4/A1:2006-03: Einwirkungen auf Tragwerke – Teil 4: Windlasten, Berichtigungen zu DIN 1055-4:2005-03. NABau im DIN, Berlin 2006.

[22] DIN 1055-100:2001-03 (2001) *Einwirkungen auf Tragwerke – Teil 100: Grundlagen der Tragwerksplanung, Sicherheitskonzept und Bemessungsregeln*, NABau im DIN, Berlin.

[23] DIN EN 206-1:2001-07 (2001) *Beton – Teil 1: Festlegung, Eigenschaften, Herstellung und Konformität*; Deutsche Fassung EN 206-1:2000, NABau im DIN, Berlin.

[24] DIN EN 206-1/A1:2004-10 (2004) *Beton – Teil 1: Festlegung, Eigenschaften, Herstellung und Konformität*; Deutsche Fassung EN 206-1:2000/A1:2004, NABau im DIN, Berlin.

[25] DIN EN 206-1/A2:2005-09 (2005) *Beton – Teil 1: Festlegung, Eigenschaften, Herstellung und Konformität*; Deutsche Fassung EN 206-1:2000/A2:2005, NABau im DIN, Berlin.

[26] DIN 1045-1:2008-08 (2008) *Tragwerke aus Beton, Stahlbeton und Spannbeton – Teil 1: Bemessung und Konstruktion*, NABau im DIN, Berlin.

[27] DIN 1045-2:2008-08 (2008) *Tragwerke aus Beton, Stahlbeton und Spannbeton – Teil 2: Beton – Festlegung, Eigenschaften, Herstellung und Konformität, Anwendungsregeln zu DIN EN206-1*. NABau im DIN, Berlin.

[28] DIN EN 1745:2002-08 (2002) *Mauerwerk und Mauerwerksprodukte; Verfahren zur Ermittlung von Wärmeschutzrechenwerten*; Deutsche Fassung EN 1745:2002, NABau im DIN, Berlin.

[29] DIN 105-100:2012-01 (2012) *Mauerziegel – Teil 100: Mauerziegel mit besonderen Eigenschaften*, NABau im DIN, Berlin.

[30] DIN 20000-401:2012-11 (2012) *Anwendung von Bauprodukten in Bauwerken – Teil 401: Regeln für die Verwendung von Mauerziegeln nach DIN EN 771-1:2011-07*, NABau im DIN, Berlin.

[31] DIN V 20000-402:2005-06 (2005) *Anwendung von Bauprodukten in Bauwerken – Teil 402: Regeln für die Verwendung von Kalksandsteinen nach DIN EN 771-2: 2005-05*, NABau im DIN, Berlin.

[32] DIN V 20000-403:2005-06 (2005) *Anwendung von Bauprodukten in Bauwerken – Teil 403: Regeln für die Verwendung von Mauersteinen aus Beton nach DIN EN 771-3:2005-05*, NABau im DIN, Berlin.

[33] DIN V 20000-404:2006-01 (2006) *Anwendung von Bauprodukten in Bauwerken – Teil 404: Regeln für die Verwendung von Porenbetonsteinen nach DIN EN 771-4:2005-05*, NABau im DIN, Berlin.

[34] DIN V 20000-412:2004-03 (2004) *Anwendung von Bauprodukten in Bauwerken – Teil 412: Regeln für die Verwendung von Mauermörtel nach DIN EN 998-2:2003-09*, NABau im DIN, Berlin.

[35] DIN EN 998-2:2010-12: Festlegungen für Mörtel im Mauerwerksbau – Teil 2: Mauermörtel; Deutsche Fassung EN 998-2:2010. NABau im DIN, Berlin 2010.

[36] DIN EN 1991-1-4:2010-12 (2010) *Eurocode 1: Einwirkungen auf Tragwerke – Teil 1-4: Allgemeine Einwirkungen – Windlasten*, NABau im DIN, Berlin.

[37] DIN EN 1991-1-4/NA:2010-12 (2010) *Nationaler Anhang – National festgelegte Parameter – Eurocode 1: Einwirkungen auf Tragwerke – Teil 1-4: Allgemeine Einwirkungen – Windlasten*, NABau im DIN, Berlin.

[38] DIN EN 1992-1-1:2011-01 (2011) *Eurocode 2: Bemessung und Konstruktion von Stahlbeton- und Spannbetontragwerken – Teil 1-1: Allgemeine Bemessungsregeln und Regeln für den Hochbau*, NABau im DIN, Berlin.

[39] DIN EN 1992-1-1/NA:2013-04 (2013) *Nationaler Anhang – National festgelegte Parameter – Eurocode 2: Bemessung und Konstruktion von Stahlbeton- und Spannbetontragwerken – Teil 1-1: Allgemeine Bemessungsregeln und Regeln für den Hochbau*, NABau im DIN, Berlin.

[40] DIN EN 1996-1-1:2013-02 (2013) *Eurocode 6: Bemessung und Konstruktion von Mauerwerksbauten – Teil 1-1: Allgemeine Regeln für bewehrtes und unbewehrtes Mauerwerk; Deutsche Fassung EN 1996-1-1:2005 + A1:20012.* NABau im DIN, Berlin.

[41] DIN EN 1996-1-1/NA:2012-05 (2012) *Nationaler Anhang – National festgelegte Parameter – Eurocode 6: Bemessung und Konstruktion von Mauerwerksbauten – Teil 1-1: Allgemeine Regeln für bewehrtes und unbewehrtes Mauerwerk*, NABau im DIN, Berlin.

[42] DIN EN 1996-1-1/NA/A1:2014-03 (2014) *Nationaler Anhang – National festgelegte Parameter – Eurocode 6: Bemessung und Konstruktion von Mauerwerksbauten – Teil 1-1: Allgemeine Regeln für bewehrtes und unbewehrtes Mauerwerk; Änderung A1*, NABau im DIN, Berlin.

[43] DIN EN 1996-1-1/NA/A2:2015-01 (2015) *Nationaler Anhang – National festgelegte Parameter – Eurocode 6: Bemessung und Konstruktion von Mauerwerksbauten – Teil 1-1: Allgemeine Regeln für bewehrtes und unbewehrtes Mauerwerk; Änderung A2.* NABau im DIN, Berlin.

[44] DIN EN 1996-1-2:2011-04 (2011) *Eurocode 6: Bemessung und Konstruktion von Mauerwerksbauten – Teil 1-2: Allgemeine Regeln – Tragwerksbemessung für den Brandfall*, NABau im DIN, Berlin.

[45] DIN EN 1996-1-2/NA:2013-06 (2013) *Nationaler Anhang – National festgelegte Parameter – Eurocode 6: Bemessung und Konstruktion von Mauerwerksbauten – Teil 1-2: Allgemeine Regeln – Tragwerksbemessung für den Brandfall*, NABau im DIN, Berlin.

[46] DIN EN 1996-2:2010-12 (2010) *Eurocode 6: Bemessung und Konstruktion von Mauerwerksbauten – Teil 2: Planung, Auswahl der Baustoffe und Ausführung von Mauerwerk; Deutsche Fassung EN 1996-2:2006+AC:2009.* NABau im DIN, Berlin.

[47] DIN EN 1996-2/NA:2012-01 (2012) *Nationaler Anhang – National festgelegte Parameter – Eurocode 6: Bemessung und Konstruktion von Mauerwerksbauten – Teil 2: Planung, Auswahl der Baustoffe und Ausführung von Mauerwerk*, NABau im DIN, Berlin.

[48] DIN EN 1996-3:2010-12 (2010) *Eurocode 6: Bemessung und Konstruktion von Mauerwerksbauten – Teil 3: Vereinfachte Berechnungsmethoden für unbewehrte Mauerwerksbauten; Deutsche Fassung EN 1996-3:2006+ AC:2009.* NABau im DIN, Berlin.

[49] DIN EN 1996-3/NA:2012-01 (2012) *Nationaler Anhang – National festgelegte Parameter – Eurocode 6: Bemessung und Konstruktion von Mauerwerksbauten – Teil 3: Vereinfachte Berechnungsmethoden für unbewehrte Mauerwerksbauten*, NABau im DIN, Berlin.

[50] DIN EN 1996-3/NA/A1:2014-03 (2014) *Nationaler Anhang – National festgelegte Parameter – Eurocode 6: Bemessung und Konstruktion von Mauerwerksbauten – Teil 3: Vereinfachte Berechnungsmethoden für unbewehrte Mauerwerksbauten; Änderung A1*, NABau im DIN, Berlin.

[51] DIN EN 1996-3/NA/A2:2015-01 (2015) *Nationaler Anhang – National festgelegte Parameter – Eurocode 6: Bemessung und Konstruktion von Mauerwerksbauten – Teil 3: Vereinfachte Berechnungsmethoden für unbewehrte Mauerwerksbauten; Änderung A2*, NABau im DIN, Berlin.

[52] DIN 4102-1:1998-05 (1998) *Brandverhalten von Baustoffen und Bauteilen – Teil 1: Baustoffe – Begriffe, Anforderungen und Prüfungen*, NABau im DIN, Berlin.

[53] DIN 4102-2:1977-09 (1977) *Brandverhalten von Baustoffen und Bauteilen; Bauteile, Begriffe, Anforderungen und Prüfungen*, NABau im DIN, Berlin.

[54] DIN 4102-3:1977-09 (1977) Brandverhalten von *Baustoffen und Bauteilen; Brandwände und nichttragende Au-*

ßenwände, Begriffe, Anforderungen und Prüfungen, NABau im DIN, Berlin.

[55] DIN 4102-4:1994-03 (1994) *Brandverhalten von Baustoffen und Bauteilen; Zusammenstellung und Anwendung klassifizierter Baustoffe, Bauteile und Sonderbauteile*, NABau im DIN, Berlin.

[56] DIN 4102-4/A1:2004-11 – Brandverhalten von Baustoffen und Bauteilen – Teil 4: Zusammenstellung und Anwendung klassifizierter Baustoffe, Bauteile und Sonderbauteile; Änderung A. NABau im DIN, Berlin 2004.

[57] DIN EN 13501-2:2010-02 (2010) *Klassifizierung von Bauprodukten und Bauarten zu ihrem Brandverhalten – Teil 2: Klassifizierung mit den Ergebnissen aus den Feuerwiderstandsprüfungen, mit Ausnahme von Lüftungsanlagen*, NABau im DIN, Berlin.

[58] Musterbauordnung – MBO 2016 (2016) Fassung November 2002, zuletzt geändert durch Beschluss der Bauministerkonferenz vom 13.05.2016.

12 Bildnachweis

Die Bilder sind den Unterlagen der jeweiligen Hersteller entnommen.

III Experimentelle und numerische Untersuchungen zum Drucktragverhalten von Mauerwerk

Markus Graubohm, Aachen

1 Einleitung

Mauerwerk eignet sich aufgrund der im Vergleich zur Zug- und Biegezugtragfähigkeit relativ hohen Drucktragfähigkeit in erster Linie für druckbeanspruchte Bauteile und wird daher vor allem zum Abtrag vertikaler Lasten herangezogen. Maßgebende Kenngröße für die Beurteilung der Tragfähigkeit solcher Bauteile ist deren Druckfestigkeit. Diese kann entweder experimentell aus der Druckprüfung von in der Regel geschosshohen Wandprüfkörpern hergeleitet oder rechnerisch mittels empirischer bzw. theoretischer Modelle ermittelt werden. Grundlegende Untersuchungen von *Hilsdorf* [1, 2] über die Trag- und Bruchmechanismen von Mauerwerk unter Druckbeanspruchung haben gezeigt, dass die Mauerwerkdruckfestigkeit nicht nur von der Festigkeit der Ausgangsstoffe, sondern u. a. auch deutlich von deren unterschiedlichen Verformungsverhalten abhängt. Der Mörtel erfährt in der Regel eine wesentlich größere Querdehnung als der Mauerstein, die aber durch den Verbund zwischen Stein und Mörtel behindert wird. Hieraus resultieren senkrecht zur Beanspruchungsrichtung zusätzliche Druckspannungen im Mörtel und Zugspannungen im Stein. Dadurch ergibt sich ein dreiaxialer Spannungszustand im Stein, der in Abhängigkeit von der Größe der im Stein auftretenden Querzugspannungen und der Querverformbarkeit des Mörtels die Mauerwerkdruckfestigkeit maßgeblich herabsetzen kann. Das Druckversagen des Mauerwerks tritt deshalb meist durch Überschreiten der Steinzugfestigkeit infolge von Querzugspannungen auf.

Ein geeigneter Ansatz zur Berechnung der Mauerwerkdruckfestigkeit unter Berücksichtigung der wesentlichen Einflussparameter liegt trotz zahlreicher Untersuchungen zu dieser Thematik unter anderem auch aufgrund der Vielzahl von möglichen Material- und Festigkeitskombinationen und Einflüssen bislang nicht vor. In den europäischen Regelwerken wird deshalb die Druckfestigkeit von Mauerwerk derzeit nur näherungsweise auf Grundlage von Versuchsergebnissen mit einem empirischen Potenzansatz in Abhängigkeit der einaxialen Druckfestigkeitswerte der Einzelkomponenten Stein und Mörtel bestimmt [3, 4]. Die in den Potenzansatz einzusetzenden Parameter sind dabei Ergebnisse von Regressionsrechnungen zu vorhandenen Daten von experimentellen Wanddruckversuchen, die in Abhängigkeit der jeweiligen Stein-Mörtelkombination angegeben werden. Dabei ist in dem Ansatz die Normdruckfestigkeit des in Stahlschalungen erhärteten Mörtels einzusetzen, obwohl die Genauigkeit der Näherungslösung erwartungsgemäß höher ist, wenn die in der Fuge ermittelte Druckfestigkeit des Mörtels verwendet wird. Der in diesem Zusammenhang zu berücksichtigende Aspekt betrifft den Wasserhaushalt in der Mörtelfuge, der durch die hygrische Wechselwirkung zwischen dem Saugverhalten des Steins und dem Wasserrückhaltevermögen des Mörtels bestimmt wird und den Erhärtungsmechanismus sowie die Festigkeit des Mörtels in der Fuge wesentlich beeinflusst.

Insgesamt machen die zuvor beschriebenen Einflüsse deutlich, dass die Bestimmung der Mauerwerkdruckfestigkeit nur auf Basis der einaxialen Druckfestigkeitswerte von Stein und Mörtel zwangsläufig mit Abweichungen von der tatsächlichen Festigkeit verbunden sein muss.

Ziel umfangreicher am Institut für Bauforschung (ibac) der RWTH Aachen University durchgeführter Untersuchungen war es, Einflussparameter auf das Trag- und Verformungsverhalten von zentrisch druckbeanspruchtem Mauerwerk sowohl experimentell als auch numerisch zu untersuchen, um diese zukünftig bei der Ermittlung der Druckfestigkeit berücksichtigen zu können. Um die hinsichtlich des Materialverhaltens im Zuge einer umfangreichen Literaturrecherche in [5] gewonnenen Erkenntnisse überprüfen und erweitern zu können, sowie später die Mauerwerkdruckfestigkeit in einem ersten Schritt mithilfe numerischer Berechnungsmethoden zutreffend vorherbestimmen zu können, wurden zunächst grundlegende experimentelle Untersuchungen an ausgewählten Mauersteinen und Mauermörteln sowie an aus diesen Komponenten hergestellten, kleinen Mauerwerkpfeilern durchgeführt (s. Abschnitt 2). Zur Beschreibung des Tragverhaltens der Mauerwerkpfeiler wurde parallel ein numerisches Modell mithilfe der Finite-Elemente-Methode erstellt und anhand der experimentellen Untersuchungen kalibriert (s. Abschnitt 3). Abschnitt 4 enthält eine kurze Zusammenfassung der durchgeführten Untersuchungen.

Mauerwerk-Kalender 2019: Bemessung, Bauwerkserhaltung, Schallschutz. Herausgegeben von Wolfram Jäger.
© 2019 Ernst & Sohn GmbH & Co. KG. Published 2019 by Ernst & Sohn GmbH & Co. KG.

2 Experimentelle Untersuchungen zum Drucktragverhalten

2.1 Allgemeines

Zunächst wurden umfangreiche experimentelle Untersuchungen an ausgewählten Mauersteinen, Mauermörteln und aus diesen Einzelkomponenten hergestellten Mauerwerkpfeilern durchgeführt. Die hierfür verwendeten Materialien und das Versuchsprogramm sind in Abschnitt 2.2 beschrieben. Zur Charakterisierung der Mauersteine und der Mauermörtel wurden im ersten Schritt umfassende Untersuchungen an aus den Mauersteinen entnommenen Kleinprüfkörpern durchgeführt. Die Untersuchungen an den Steinmaterialien sind in Abschnitt 2.3, die an den Mauermörteln in den Abschnitten 2.4 (Mörtel ohne Kontakt zum Mauerstein) und 2.5 (Mörtelproben aus der Fuge) beschrieben. Die Untersuchungen zum Verbundverhalten zwischen Stein und Mörtel sind in Abschnitt 2.6 dargestellt. Abschnitt 2.7 enthält die Beschreibung der im letzten Schritt an kleinen Mauerwerkpfeilern durchgeführten Untersuchungen.

2.2 Versuchsprogramm und verwendete Materialien

Für die Untersuchungen wurden Kalksandsteine (KS) und Porenbetonsteine (PB) im Normalformat (NF: 240 mm × 115 mm × 71 mm) verwendet. Die Porenbetonprobekörper wurden dabei aus großformatigen Porenbetonblöcken (499 mm × 365 mm × 249 mm) ausgesägt, da Mauersteine aus Porenbeton üblicherweise nicht im Normalformat hergestellt werden. Als Mauermörtel kamen zwei Normalmauermörtel mit unterschiedlichen Druckfestigkeiten (Mörtelklasse M2,5 und M10) zum Einsatz. Mit diesen Materialkomponenten wurden umfangreiche Druckversuche an 9-Stein-Pfeilern durchgeführt. Dabei wurde neben Steinart und Mörtelfestigkeit auch die Dicke der Lagerfuge (12 mm und 18 mm) variiert, sodass sich die in Tabelle 1 aufgeführten Kombinationen ergaben. Als Eingangsparameter für die in Abschnitt 3 beschriebenen numerischen Simulationen wurden alle wesentlichen mechanischen Kennwerte der verwendeten Materialien bestimmt.

Die Materialkomponenten und deren Parameter wurden dabei bewusst so ausgewählt, dass aufgrund der unterschiedlichen Festigkeitsverhältnisse von Mauerstein und -mörtel und der variierenden Fugendicken verschiedene Versagensformen zu erwarten waren. Die Pfeiler aus Porenbeton wurden dabei ausschließlich in Kombination mit dem schwächeren Mörtel M2,5 hergestellt, da der Mörtel der Mörtelklasse M10 über eine wesentlich höhere Druckfestigkeit als jene der verwendeten Porenbetonsteine verfügt. Eine Kombination der Porenbetonsteine mit dem höherfesten Mörtel M10 hätte ein Versagen herbeigeführt, welches von jenem praxisüblicher Stein-Mörtel-Kombinationen grundsätzlich abgewichen wäre, und wurde aus diesem Grund nicht untersucht.

2.3 Untersuchungen an den Mauersteinen

2.3.1 Allgemeines

Zur Bestimmung der Materialeigenschaften wurden Untersuchungen an Zylindern, Würfeln und Prismen durchgeführt. Bei den Kalksandsteinen war es erforderlich, neben den Zugprüfkörpern auch die für die Bestimmung der Druckfestigkeit vorgesehenen Zylinder in Richtung Steinlänge aus dem Stein zu bohren, da eine Entnahme in Richtung Steinhöhe aufgrund des Kleinformats nicht möglich war. Um einen möglichen Richtungseinfluss auf die ermittelte Druckfestigkeit quantifizieren zu können, wurden zusätzlich zu den Zylindern auch jeweils zwei Würfel aus einem Kalksandstein entnommen und in Längs- und in Querrichtung geprüft. Für die Untersuchungen am Porenbetonmaterial konnten die Zylinder für die Bestimmung der Steindruckfestigkeit in Richtung Steinhöhe aus den ursprünglichen Blöcken entnommen werden. Die für die Bestimmung der Zugfestigkeit vorgesehenen Zylinder wurden in Richtung Steinlänge aus den Porenbetonblöcken gebohrt.

2.3.2 Druckfestigkeit, Elastizitätsmodul und Querdehnzahl

Die Zylinder zur Ermittlung der Druckfestigkeit wurden mittels Kernbohrung aus den Steinen in Richtung Steinlänge (KS) bzw. Steinhöhe (PB) entnom-

Tabelle 1. Versuchsprogramm (Untersuchungen an Mauerwerkpfeilern)

Versuchsserie	Mauersteine	Mauermörtel	Fugendicke [mm]	Prüfkörperanzahl
KS-M2,5-12 (KSI)	Kalksandsteine	M2,5	12	6
KS-M2,5-18 (KSII)	Kalksandsteine	M2,5	18	6
KS-M10-12 (KSIII)	Kalksandsteine	M10	12	6
KS-M10-18 (KSIV)	Kalksandsteine	M10	18	6
PB-M2,5-12 (PBI)	Porenbetonsteine	M2,5	12	6
PB-M2,5-18 (PBII)	Porenbetonsteine	M2,5	18	6

men. Die Proben wurden über die gesamte Steinlänge/-höhe ausgebohrt, dann senkrecht zur Belastungsachse auf die erforderliche Länge gesägt (Länge-Durchmesser-Verhältnis von 2,0) und plan geschliffen. Während des Druckversuchs wurden die Längsverformungen mit drei Wegaufnehmern des Typs DD1 kontinuierlich gemessen. Die Querverformungen wurden mit einer in Prüfkörpermitte angebrachten Messkette bestimmt. Bild 1 zeigt beispielhaft jeweils einen Zylinder aus Kalksandstein (Bild 1a) bzw. Porenbeton (Bild 1b) mit applizierter Messvorrichtung in der Prüfmaschine.

Die Ergebnisse der Druckversuche sind in Bild 2 in Form von Spannungs-Dehnungslinien für die aus den Kalksandsteinen (Bild 2a) und den Porenbetonsteinen (Bild 2b) entnommenen Zylinder dargestellt.

Neben der Festigkeit wurden im Rahmen der Druckversuche auch der Elastizitätsmodul und die Querdehnzahl bestimmt. Die Bestimmung dieser Kennwerte erfolgte nicht unmittelbar im Rahmen einer einmaligen Belastung der Zylinder bis zum Bruch, sondern in Anlehnung an die im Betonbau übliche Vorgehensweise nach DIN 1048-5 [6], bei der die Prüfkörper zunächst in drei Belastungszyklen jeweils bis zu einem Drittel der erwarteten Höchstlast und in einem vierten Belastungszyklus bis zum Erreichen der Bruchlast auf Druck beansprucht werden. Abweichend von [6] wurden die Prüfkörper im vorliegenden Fall jedoch nur zweimal bis zu einem Drittel der erwarteten Höchstlast und im dritten Belastungsast bis zur Hälfte der erwarteten Höchstlast belastet, um auf der einen Seite die Querdehnung über einen möglichst großen Bereich des Belastungsastes erfassen zu können, gleichzeitig aber auch, um nicht Gefahr zu laufen, die sensible Messtechnik der für die Erfassung der Querdehnungen eingesetzten Messkette im Falle eines spröden Versagens des Probekörpers zu beschädigen.

Anhand der Analyse ausgewählter Spannungs-Dehnungslinien (SDL) konnte ein deutlich unterschiedliches Verformungsverhalten der beiden Steinmaterialien festgestellt werden. In Bild 3a sind exemplarisch für die Kalksandsteine die Verläufe der SDL des Prüfkörpers Nr. 3 abgebildet. Bild 3b zeigt beispielhaft für

a) b)

Bild 1. Versuchseinrichtung und Prüfkörper zur Bestimmung der Zylinder-Druckfestigkeit

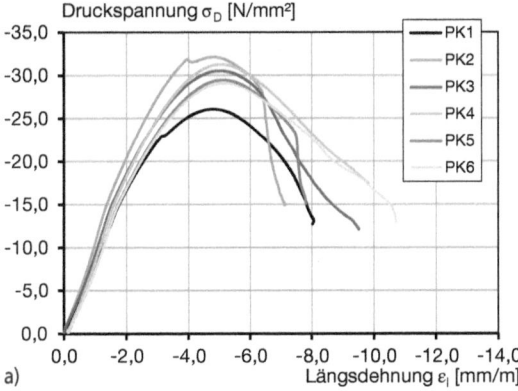
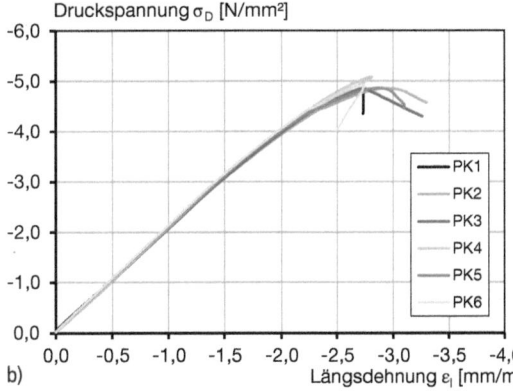

a) b)

Bild 2. Spannungs-Dehnungslinien; Ergebnisse der Druckversuche an Zylindern aus a) Kalksandstein und b) Porenbeton

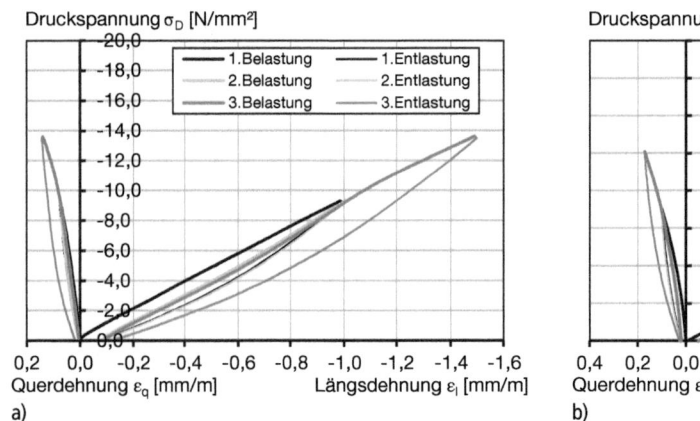
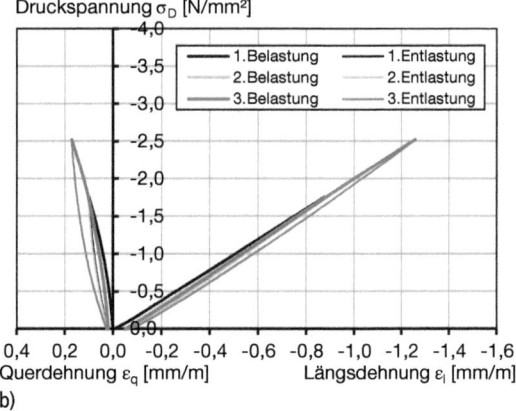

Bild 3. Exemplarischer Vergleich der Spannungs-Dehnungslinien der Be- und Entlastungszyklen am Beispiel von
a) PK3 aus Kalksandstein und b) PK6 aus Porenbeton

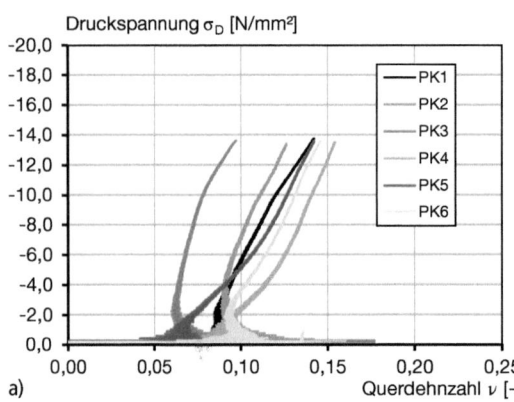
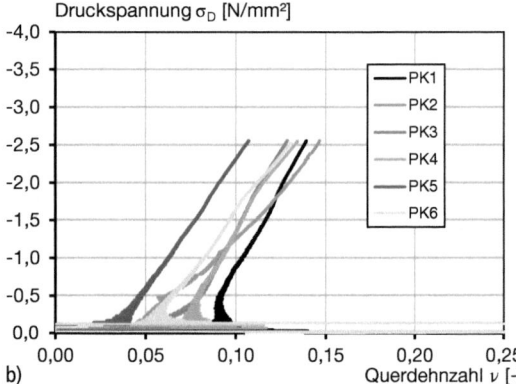

Bild 4. Querdehnzahl in Abhängigkeit der Druckspannung; Übersicht der Ergebnisse für die Zylinder aus
a) Kalksandstein und b) Porenbeton

Porenbeton die Spannungs-Dehnungslinien des Prüfkörpers Nr. 6. In Bild 3a ist zu erkennen, dass der Kalksandstein zwar nach der ersten Be- und Entlastung eine plastische Verformung aufweist, die SDL bei erneuter Be- und Entlastung allerdings wieder an den Ast der ersten Belastung anschließen. Die in Bild 3a dargestellten Verläufe der SDL des Kalksandsteins weisen dementsprechend im Anfangsbereich eine konvexe Krümmung bis zu dem Lastniveau auf, bis zu dem die Proben vorbelastet waren. Der Elastizitätsmodul der Kalksandsteine wurde deswegen am Erstbelastungsast bei einem Drittel der Höchstspannung ermittelt und beträgt $E_D = 9310$ N/mm². Die in Bild 3b für Porenbeton dargestellten Kurvenverläufe weisen dagegen auch bei Wiederbelastung eine leicht konkave Krümmung auf. Für die Werte des Elastizitätsmoduls ergaben sich beim Porenbeton keine wesentlichen Unterschiede zwischen den Belastungsästen, an denen der E-Modul bestimmt wurde. Der am Erstbelastungsast bei einem Drittel der Höchstlast ermittelte E-Modul beträgt $E_D = 2033$ N/mm², am dritten Belastungsast wurde ein Wert $E_D = 2091$ N/mm² berechnet.

Die Querdehnzahl ergibt sich aus dem Quotienten von Querdehnung und Längsdehnung. In Bild 4 ist die Querdehnzahl, jeweils bestimmt am dritten Belastungsast, in Abhängigkeit der Druckspannung für die Kalksandstein- (Bild 4a) und die Porenbetonprüfkörper (Bild 4b) dargestellt. Die Auswertung der Querdehnzahl erfolgte am dritten Belastungsast, da sich gezeigt hat, dass die Querdehnzahl weitestgehend unabhängig vom Erst- oder Wiederbelastungsast ist.

2.3.3 Zugfestigkeit

Die Zylinder zur Ermittlung der Zugfestigkeit wurden mittels Kernbohrung aus den Steinen in Richtung Steinlänge entnommen. Die Proben wurden zunächst über die gesamte Steinlänge ausgebohrt und dann senkrecht zur Belastungsachse analog zu den Prüfkörpern für die Bestimmung der Druckfestigkeit

a)   b)

Bild 5. Versuchseinrichtung und Prüfkörper zur Bestimmung der Zylinder-Zugfestigkeit

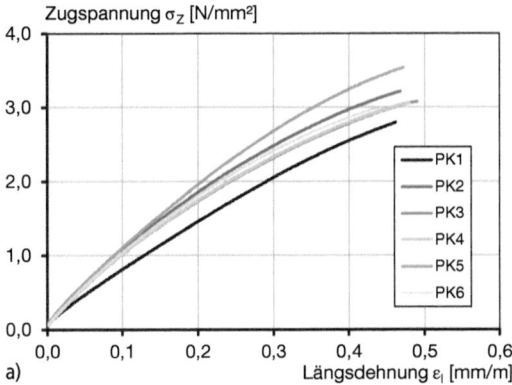 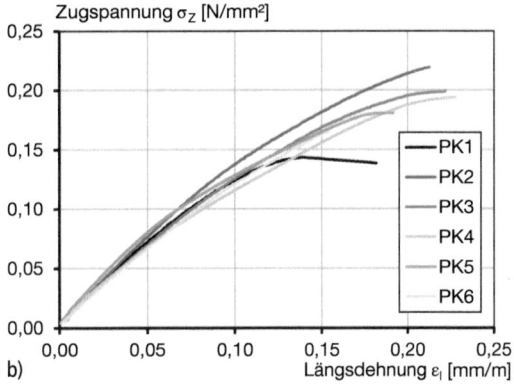

Bild 6. Spannungs-Dehnungslinien; Übersicht der Ergebnisse der Zugversuche an Zylindern aus a) Kalksandstein und b) Porenbeton

auf ein Länge-Durchmesser-Verhältnis von 2,0 gesägt. Die Lasteinleitungsflächen der Zylinder wurden mit einem feinen Sägeblatt etwa 2 bis 3 mm tief eingeritzt, um eine bessere Haftung zwischen der Steinoberfläche und den später mit einem Zweikomponentenkleber auf den Lasteinleitungsflächen zu applizierenden Stahlstempeln zu erreichen. Zur Gewährleistung einer zentrischen Einleitung der Zugkräfte erfolgte der Anschluss der Stahlstempel an die Prüfmaschine gelenkig über Ösenschrauben (s. Bild 5). Die Belastung wurde kraftgeregelt mit einer konstanten Belastungsgeschwindigkeit aufgebracht. Die Bestimmung der Längsverformungen erfolgte in den Drittelspunkten des Umfangs mit drei Wegaufnehmern des Typs DD1.

Die Ergebnisse der Zugversuche sind in Bild 6 in Form von Spannungs-Dehnungslinien für die aus den Kalksandsteinen (Bild 6a) und den Porenbetonsteinen (Bild 6b) entnommenen Zylinder dargestellt.

Der Zug-Elastizitätsmodul wurde bei einem Drittel der Höchstlast ermittelt und beträgt bei den Kalksandsteinen, ohne Berücksichtigung des Prüfkörpers Nr. 1, bei dem der Bruch außerhalb der Messlänge aufgetreten ist, $E_Z = 10455$ N/mm^2. Der Mittelwert der Zugfestigkeit liegt bei den Kalksandsteinen bei $\beta_Z = 3{,}1$ N/mm^2. Das Verhältnis von Druck-E-Modul zu Zug-E-Modul ergibt sich im vorliegenden Fall zu 0,89 und liegt damit im Rahmen der aus der Literatur bekannten Werte. Bei Ansatz der von *Schubert* in [7] für die Bestimmung der Druckfestigkeit, des Zug-E-Moduls und das Verhältnis von Druck- zu Zugfestigkeit angegebenen Zusammenhänge lässt sich auf Basis des Druck-E-Moduls ein Zug-E-Modul von rd. 11000 N/mm^2 ableiten. Der Mittelwert der Zugfestigkeit der Porenbetonprüfkörper beträgt 0,18 N/mm^2. Die Zugfestigkeit liegt mit einem Verhältniswert der Zug- zu Druckfestigkeit von 0,037 deutlich unter den in der Literatur bekannten Werten. So ist in [7] für Porenbetonsteine der Festigkeitsklasse 4 beispielsweise ein Verhältniswert der Zug- zu Druckfestigkeit von 0,092 angegeben. Auch der Zug-E-Modul weicht mit $E_Z = 1491$ N/mm^2 deutlich von dem im Druckversuch bestimmten Wert $E_D = 2033$ N/mm^2 ab. Beim Vergleich der Rohdichten der aus den Porenbetonblöcken entnommenen Kleinprüfkörper ist zu erkennen, dass die für die Druckversuche verwendeten Zylinder eine höhere Rohdichte aufwiesen als die Biegezugprismen, die wiederum eine höhere Rohdichte hatten als die Zylinder für die Prüfung der Zugfestigkeit. Aus diesem Grund ist zu vermuten, dass die vergleichsweise geringe Zugfestigkeit der Porenbetonzylinder zumindest teilweise mit der Lage der jeweiligen Entnahmestelle der Prüfkörper im Stein zusammenhängt, da die Rohdichte durch den Einfluss der Treibrichtung beim Herstellprozess über den Querschnitt nicht gleichmäßig ist.

2.3.4 Biegezugfestigkeit

Zur Bestimmung der bruchmechanischen Kennwerte und des Nachbruchverhaltens unter Zugbeanspruchung wurden Dreipunkt-Biegezugversuche mit einer Stützweite von $l_s = 200$ mm an ungekerbten und gekerbten Prismen durchgeführt, die aus den Kalksand- und den Porenbetonsteinen in Richtung Steinlänge (KS) bzw. Steinbreite (PB) ausgesägt wurden. Jeweils die Hälfte der entnommenen Prismen wurde vor der Prüfung mit einem feinen Sägeblatt trocken eingekerbt. Die Kerbtiefe a betrug hierbei 1/4 der Prismenhöhe.

Für die Prüfung wurden die Prismen auf zwei Rollenlagern (ein Festlager und ein Gleit-Kipplager) aufgelagert. Die Lasteinleitung an der Prismenoberseite erfolgte ebenfalls über eine in Prüfkörperbreite gelenkig gelagerte Rolle. Die Durchbiegung in Prüfkörpermitte wurde auf beiden Seiten der Prismen an der Stelle des maximalen Biegemoments mit induktiven Wegaufnehmern gemessen. Zusätzlich wurden die vertikalen Verformungen über den Auflagern auf beiden Seiten der Prismen ebenfalls mit induktiven Wegaufnehmern bestimmt. Hierdurch konnte ein Kippen der Prüfkörper sowie ggf. an den Auflagern auftretende Verformungen bei der Auswertung berücksichtigt werden. Um ebene Oberflächen für die Verformungsmessungen zu erhalten, wurden an den Aufsetzpunkten der Wegaufnehmer Stahlplättchen bzw. Messingstreifen mit einem Zweikomponenten-Kleber auf die Prismen appliziert. In Bild 7 ist die Versuchseinrichtung und exemplarisch ein Prüfkörper aus Kalksandstein zur Bestimmung der Biegezugfestigkeit inklusive der Messtechnik dargestellt.

Zunächst wurde händisch eine geringe Vorlast von F = 5 N aufgebracht. Die Belastung erfolgte anschließend verformungsgeregelt. Dabei wurde die Belastung bis zu einer Last von F = 25 N mit einer konstanten Traversengeschwindigkeit gesteigert, anschließend wurde der Versuch über den Mittelwert der in Prüfkörpermitte angeordneten Wegaufnehmer geregelt. Nach der Prüfung wurden an allen Prismen die Höhe und Breite der Ligamentfläche sowie die Karbonatisierungstiefe bestimmt. Für die Darstellung der Last-Durchbiegungskurven wurde zunächst die mittlere Durchbiegung der Prismen als Mittelwert der beiden in Prüfkörpermitte angeordneten Wegaufnehmer unter Berücksichtigung der mittels der vier weiteren Wegaufnehmer über den Auflagern bestimmten Verformungen berechnet. Anschließend wurden Korrekturen zur Berücksichtigung der Federkräfte der induktiven Wegaufnehmer sowie des Prismeneigengewichts vorgenommen.

Bild 7. Versuchseinrichtung und Prüfkörper zur Bestimmung der Biegezugfestigkeit

Die korrigierten Last-Durchbiegungskurven der gekerbten Prismen sind in Bild 8, die der ungekerbten Prismen in Bild 9 dargestellt.

Aus der Fläche unter den Last-Durchbiegungskurven wurde jeweils die Bruchenergie bestimmt, die sich für die gekerbten Prismen zu $G_F = 50,3$ N/m (KS) bzw. 6,2 N/m (PB) bei einer Biegezugfestigkeit von $\beta_{BZ,netto} = 3,5$ N/mm² (KS) bzw. 0,78 N/mm² (PB) ergibt. Die Kennwerte der ungekerbten Prismen wurden zu $G_F = 65,5$ N/m (KS) bzw. 9,8 N/m (PB) und $\beta_{BZ} = 4,7$ N/mm² (KS) bzw. $\beta_{BZ} = 0,93$ N/mm² (PB) bestimmt und sind damit erwartungsgemäß höher als die an den gekerbten Prismen bestimmten Werte.

2.3.5 Zusammenfassung

In Tabelle 2 sind die wesentlichen Ergebnisse der Untersuchungen an den Mauersteinen zusammengefasst. Besonders hervorzuheben sind dabei das Verhalten der Kalksandsteine unter zyklischer Belastung, die stark spannungsabhängige Querdehnzahl und die unerwartet geringe Zugfestigkeit der Porenbetonsteine. Dargestellt sind jeweils die Mittelwerte der Versuchsserien. Abgesehen von der zentrischen Zugfestigkeit der Porenbetonsteine liegen alle ermittelten Kennwerte im Rahmen der in der Literaturrecherche aufgezeigten Streubreiten.

2.4 Untersuchungen an Mauermörteln ohne Kontakt zum Stein

2.4.1 Allgemeines

Für die Herstellung der Mauerwerkpfeiler wurden zwei Normalmauermörtel als Werktrockenmörtel ausgewählt. Die Mörtel sollten gemäß den Angaben des Herstellers deutlich unterschiedliche Festigkeiten aufweisen und waren als Mörtel der Mörtelklasse M2,5

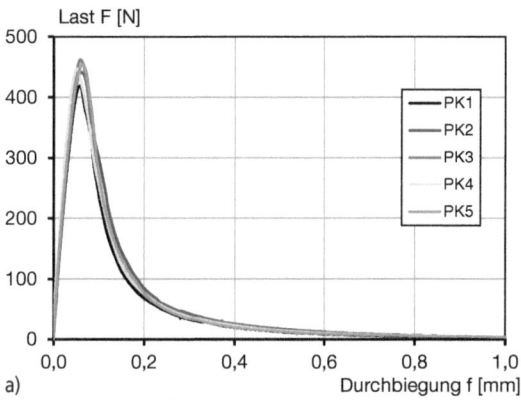
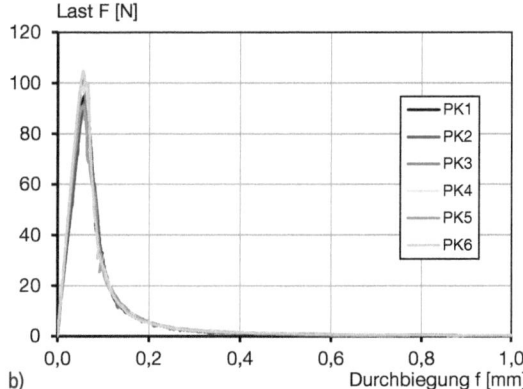

Bild 8. Last-Durchbiegungskurven; Ergebnisübersicht der Dreipunkt-Biegezugversuche an gekerbten Prismen aus a) Kalksandstein und b) Porenbeton

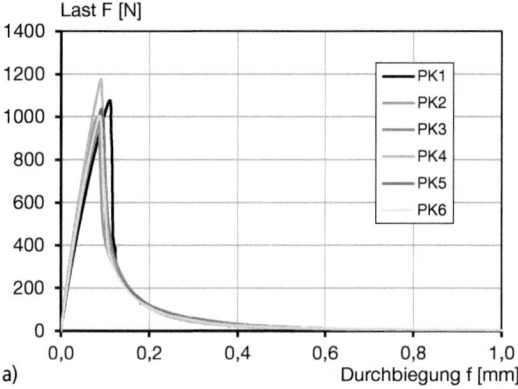
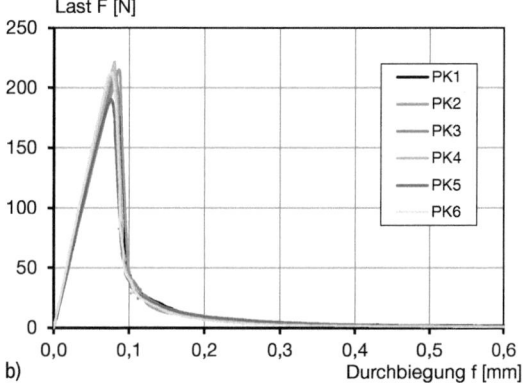

Bild 9. Last-Durchbiegungskurven; Ergebnisübersicht der Dreipunkt-Biegezugversuche an ungekerbten Prismen aus a) Kalksandstein und b) Porenbeton

Tabelle 2. Ergebnisübersicht der Untersuchungen an den Mauersteinen

Steinart	ρ_d	β_D	β_Z	$\beta_{BZ,netto}$	$E_{D,33}$	$E_{Z,33}$	ν_{33}	G_F
	kg/dm³			N/mm²			–	N/m
KS	1,78	30,5	3,10	3,5	9310	10455	0,12	50,3
PB	0,49	4,9	0,18	0,8	2033	1491	0,11	6,2

und M10 gekennzeichnet. Zur Charakterisierung der für die Herstellung der Pfeiler verwendeten Mörtelmischungen wurden zunächst deren Eigenschaften ohne Kontakt zu den Mauersteinen ermittelt. Neben den Frisch- und Festmörtelkennwerten wurden auch der Elastizitätsmodul und die Querdehnzahl der Mörtel in statischen Druckversuchen an Großprismen bestimmt.

2.4.2 Frisch- und Festmörteleigenschaften

Die Prüfung der Frischmörtelrohdichte erfolgte nach DIN EN 1015-6 [8]. Die Festmörteleigenschaften wurden nach DIN EN 1015-10 [9] (Trockenrohdichte) und DIN EN 1015-11 [10] (Biegezug- und Druckfestigkeit) bestimmt. Die in Stahlschalungen hergestellten Mörtelprismen lagerten bis zu einem Alter von 7 d (2 d eingeschalt, 5 d ausgeschalt) im Feuchtschrank bei 20 °C und 95 % relativer Luftfeuchte und im Anschluss daran bis zum Tag der Prüfung der Mauerwerkpfeiler im Labor bei rd. 20 °C und 65 % relativer Luftfeuchte. Die Untersuchungsergebnisse sind in Tabelle 3 enthalten.

Die Herstellung der Mörtelmischungen erfolgte mit Ausnahme der zweiten Mischung des M10 jeweils in einem 150-l-Zwangsmischer. Aufgrund eines Defekts an dem zuvor genannten Mischer musste die Mischung

Tabelle 3. Ergebnisübersicht der Frisch- und Festmörtelkennwerte

Mörtelart	Mischung	a	L	ρ_{fr}	ρ_d	β_{BZ}	β_D
		mm	%	kg/dm³		N/mm²	
M2,5	M2,5-1	180	25,0	1,62	1,51	1,2	2,7
	M2,5-2	186	26,0	1,65	1,49	1,2	2,6
M10	M10-1	176	17,0	1,79	1,64	3,5	15,2
	M10-2	172	12,5	1,86	1,71	5,0	22,7

M10-2 in einem kleineren Mischer (40 l) mit geringerer Mischenergie hergestellt werden. Der Luftgehalt der ersten drei Mörtelmischungen war, bedingt durch die höhere Mischenergie des großen Zwangsmischers, im Vergleich zu der letzten Mörtelmischung des M10 relativ hoch. Die Mischung M10-2 wies demzufolge auch eine höhere Frisch- und Trockenrohdichte als die übrigen Mischungen auf, wodurch sich auch die Unterschiede zwischen den Biegezug- und Druckfestigkeitswerten der Mischungen M10-1 und M10-2 erklären lassen.

2.4.3 Statischer Elastizitätsmodul und Querdehnzahl

Die Verformungskenngrößen der Mauermörtel wurden im statischen Druckversuch an jeweils vier Großprismen in Anlehnung an DIN 18555-4 [11] bestimmt. Während des Versuchs wurden die Längs- und Querverformungen mit je zwei Wegaufnehmern des Typs DD1 kontinuierlich gemessen. Bild 10a zeigt beispielhaft ein Großprisma mit applizierter Messtechnik in der Prüfmaschine.

Die Belastung erfolgte abweichend von [11] nach dem in Bild 10b dargestellten Schema in mehreren Zyklen, um die plastischen Anteile des Mörtels im Anfangsbereich der Belastung visualisieren zu können. Das Belastungsschema wurde in Anlehnung an DIN 1048-5 [6] festgelegt, wonach die Prüfkörper zunächst in drei Belastungsästen jeweils bis zu einem Drittel der erwarteten Maximallast und in einem vierten Belastungsast bis zum Erreichen der Bruchlast auf Druck beansprucht werden, mit dem Unterschied, dass die Prismen im vorliegenden Fall in den ersten drei Belastungsästen bis zur Hälfte der erwarteten Maximallast belastet wurden. Durch diese Vorgehensweise kann zum einen der E-Modul am ersten Belastungsast bei einem Drittel der Höchstlast gemäß [11] berechnet werden. Zum anderen ist es möglich auch Aussagen über die plastische Dehnung und den E-Modul bei Wiederbelastung zu treffen.

Die Ergebnisse der Druckversuche sind in Bild 11a und b in Form von Spannungs-Dehnungslinien für den Mörtel M2,5 und in Bild 11c für Mörtel M10 dargestellt.

Bei näherer Betrachtung der SDL der einzelnen Belastungszyklen zeigte sich, dass die Längsdehnungen im Verlauf des abfallenden Astes deutlich mehr zurückgehen als die zugehörigen Querdehnungen, wie in Bild 11d am Beispiel des Prüfkörpers Nr. 1 der Mischung M10-1 im Anfangsbereich der Kurven zu erkennen.

Bei der Ermittlung der Querdehnzahl wurden zwei verschiedene Ansätze verfolgt. Zum einen wurden diese anhand der Sekanten der Längs- und Querdehnungsmoduln durch den Ursprung berechnet (s. Bild 12a). Zusätzlich wurde die Querdehnzahl jeweils als Mittelwert der Querdehnzahlen in einem Bereich von 15 % bis 45 % der erwarteten Maximallast an den einzelnen Belastungsästen mit dem Ursprung im Minimum des jeweiligen Astes bestimmt, wodurch sich ein vom Belastungspfad und der Druckspannung nahezu unabhängiger Verlauf der Querdehnzahl ergibt (s. Bild 12b).

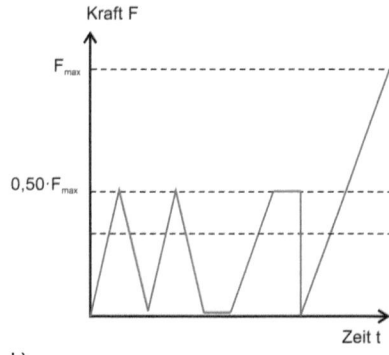

Bild 10. a) Prüfkörper inklusive Messtechnik und b) schematische Darstellung der Be- und Entlastungszyklen zur Bestimmung der Verformungskenngrößen

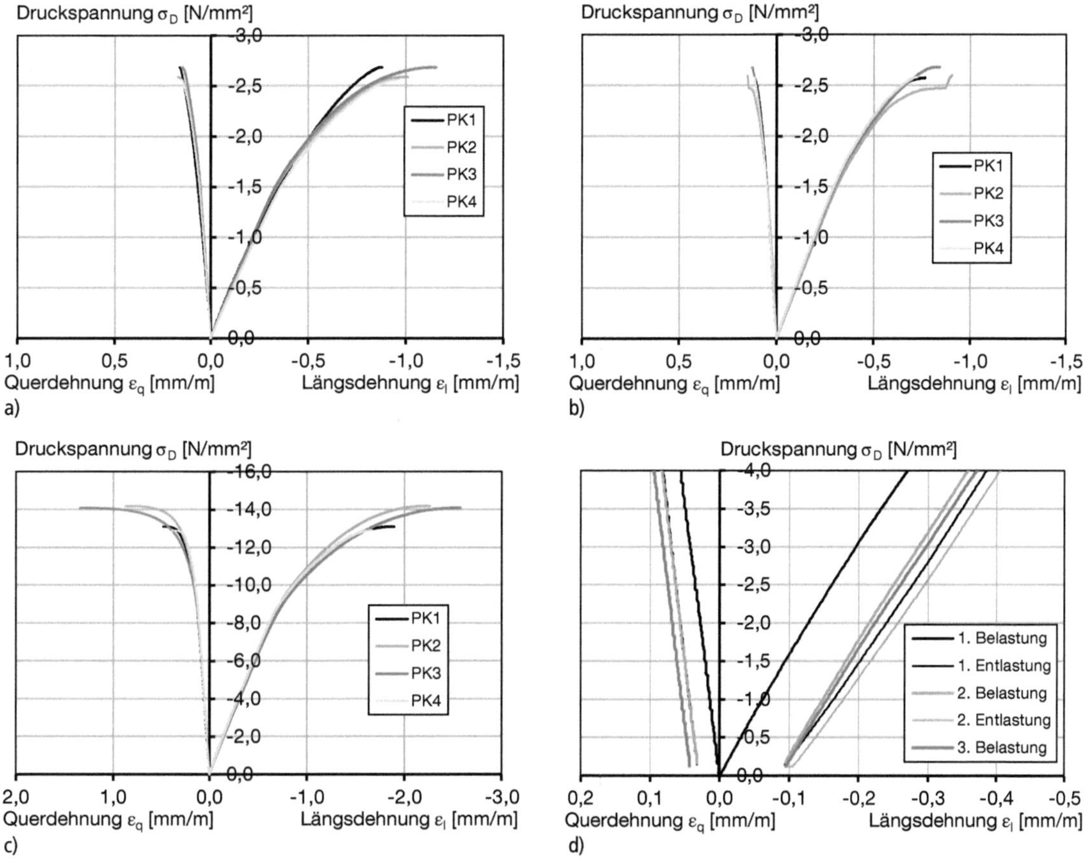

III Experimentelle und numerische Untersuchungen zum Drucktragverhalten von Mauerwerk

Bild 11. Spannungs-Dehnungslinien; Übersicht der Ergebnisse der statischen Druckversuche an Mörtel-Großprismen
a) Mischung M2,5-1, b) M2,5-2 und c) Mischung M10-1 sowie d) Vergleich der SDL der Be- und Entlastungszyklen am Beispiel von PK1 der Mischung M10-1

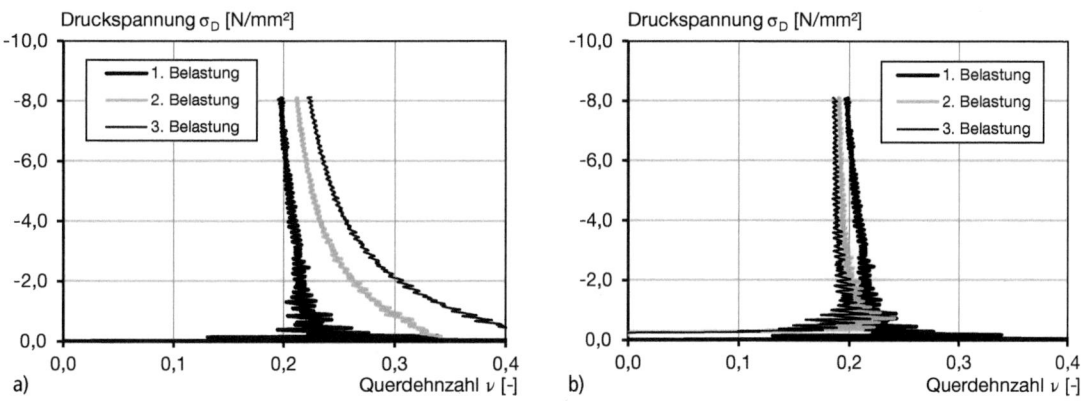

Bild 12. Exemplarischer Vergleich der Querdehnungsverläufe a) anhand der Sekanten durch den Ursprung bzw.
b) durch das Minimum des jeweiligen Belastungsastes am Beispiel von PK1 der Mischung M10-1

Tabelle 4. Mittelwerte der Versuchsserien

Mörtel	l	w	h	ρ_l	β_D	v_{33}	$v_{33,3.Bel.}$	$E_{D,33}$	$E_{D,33,3.Bel.}$
	mm			kg/dm³	N/mm²	–		N/mm²	
M2,5-1	99,3	99,2	199,0	1,52	2,6	0,19	0,17	4598	4866
M2,5-2	99,4	99,3	198,6	1,56	2,6	0,16	0,16	5231	5322
M10-1	99,4	99,4	199,1	1,77	13,6	0,19	0,18	14341	13959

2.4.4 Zusammenfassung

Die wesentlichen Ergebnisse der Untersuchungen an Mauermörteln ohne Kontakt zum Stein sind in Tabelle 4 zusammengefasst.

2.5 Untersuchungen an Mörtelproben aus der Fuge

2.5.1 Allgemeines/Herstellung

Neben den Versuchen an den in Stahlschalungen erhärteten Norm- und Großprismen wurde auch das Materialverhalten des Mörtels in der Fuge nach Kontakt zu den Mauersteinen untersucht, um den Einfluss des unterschiedlichen Saugverhaltens der beiden Steinsorten auf die wesentlichen Eigenschaften des Fugenmörtels sowie auf das Trag- und Verformungsverhalten der Mauerwerkpfeiler berücksichtigen zu können. Hierfür wurden von jeder Materialkombination zusätzlich vier 2-Steinkörper hergestellt. Parallel zu den in Abschnitt 2.7 beschriebenen Druckversuchen an den Mauerwerkpfeilern wurden aus jeder Fuge dieser 2-Steinkörper jeweils sechs quadratische Flachprismen mit einer Kantenlänge von etwa 50 Millimetern und einer Dicke, die der Lagerfugendicke entsprach, zur Bestimmung der Fugendruckfestigkeit nach DIN 18555-9 [12] und der Trockenrohdichte nach DIN EN 1015-10 [9] sowie zusätzlich ein längliches Mörtelprisma zur Bestimmung des dynamischen E-Moduls entnommen und geprüft.

2.5.2 Trockenrohdichte und Fugendruckfestigkeit

In Bild 13a sind die Verhältniswerte der Trockenrohdichte des Fugenmörtels zu der an Normprismen bestimmten Trockenrohdichte dargestellt. Während in der 12 mm dicken Fuge geringfügige Unterschiede im Vergleich zu der am Normprisma bestimmten Trockenrohdichte festzustellen sind, treten bei der Fugendicke von 18 mm keine signifikanten Änderungen gegenüber der Trockenrohdichte nach Norm [9] auf.

Bild 13b zeigt die Verhältniswerte der Fugendruckfestigkeit zu der an Normprismen bestimmten Festigkeit $\beta_{F,III}/\beta_{D,Norm}$. Es ist offensichtlich, dass die verwendeten Steinarten die Druckfestigkeit des Mörtels in der Fuge unterschiedlich stark beeinflussen. Die Auswirkungen auf die Festigkeit hängen außerdem von der Mörtelart und der Fugendicke ab. Die Beobachtungen bestätigen die Ergebnisse der Untersuchungen von *Schubert* [15], in denen bei einer Vergrößerung der Fugendicke von 12 mm auf 30 mm ein Anstieg der Fugendruckfestigkeit von 50 % bis 100 % festgestellt wurde. In den eigenen Untersuchungen liegt die maximale Steigerung bei etwa 50 % für die Mischung M1.1. Die Mörtelmischung M1.2 weist in der 18 mm starken Fuge eine um 30 % höhere Festigkeit auf, die Mischung M2.1 eine um 46 % höhere. Die Ergebnisse sind in Tabelle 5 in Abschnitt 2.5.4 zusammengefasst.

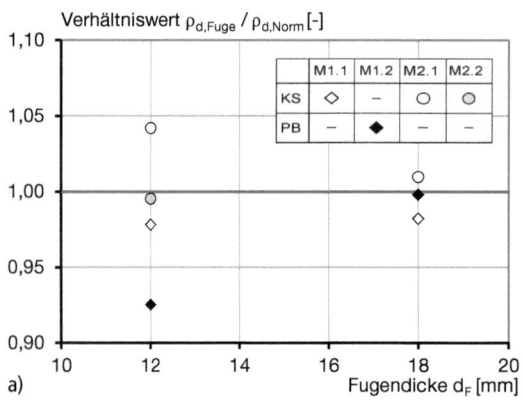
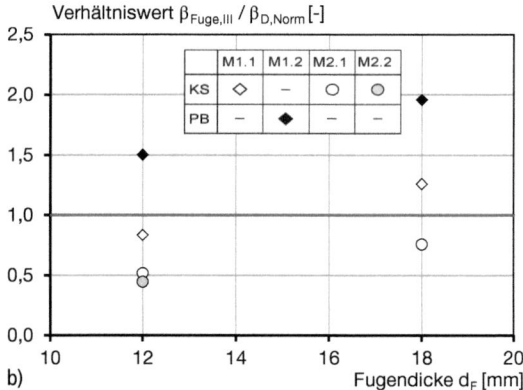

Bild 13. Verhältniswerte a) der Trockenrohdichte und b) der Druckfestigkeit des Fugenmörtels zu der an Normprismen bestimmten Trockenrohdichte bzw. Druckfestigkeit

Tabelle 5. Ergebnisübersicht der Untersuchungen an Mörtelproben aus der Fuge

Serie	Stein	Mörtel	Fugendicke mm	ρ_d kg/dm³	$\beta_{D,F,III}$ N/mm²	E_{dyn}
KSI	KS	M2,5	12	1,48	2,3	4541
KSII		M2,5	18	1,48	3,4	5059
KSIII-1		M10	12	1,68	7,9	9655
KSIII-2		M10	12	1,70	10,2	10675
KSIV			18	1,65	11,6	10416
PBI	PB	M2,5	12	1,49	3,9	6815
PBII			18	1,47	5,1	6849

2.5.3 Dynamischer Elastizitätsmodul

Für die Ermittlung des dynamischen E-Moduls des Fugenmörtels wurde im vorliegenden Fall das Impuls-Laufzeit-Verfahren gewählt. Bei diesem wird die zur Durchquerung des Mörtelprismas (in Längsrichtung) zwischen Impulsgeber und Impulsaufnehmer benötigte Laufzeit eines Ultraschallimpulses gemessen. Für eine bessere Vergleichbarkeit der Versuchsdaten untereinander wurde bei der Berechnung des dynamischen E-Moduls die Querdehnzahl einheitlich mit $\nu = 0,2$ angesetzt, da über die Querdehnzahl des Mörtels in der Fuge keine Erkenntnisse vorlagen. Die Ergebnisse sind ebenfalls in Tabelle 5 zusammengefasst.

2.5.4 Zusammenfassung

Die wesentlichen Ergebnisse der Untersuchungen an aus der Fuge der 2-Steinkörper entnommenen Mörtelproben sind in Tabelle 5 zusammengefasst.

2.6 Untersuchungen an Verbundprüfkörpern

2.6.1 Herstellung und Lagerung

Die Untersuchungen zum Verbundverhalten zwischen den Kalksand- und Porenbetonsteinen und den beiden Normalmauermörteln unter Scherbeanspruchung erfolgten an symmetrischen 2-Steinkörpern mit einer Lagerfuge nach dem deutschen Prüfverfahren in DIN 18555-5 [14]. Für die Prüfung der Haftscherfestigkeit wurden parallel zur Herstellung der Mauerwerkpfeiler je Stein-Mörtelkombination fünf 2-Steinkörper hergestellt und unter den gleichen Bedingungen wie die Pfeiler in einer geschlossenen Prüfhalle bei rd. 15°C bis 25°C und 40% bis 60% relativer Luftfeuchte gelagert.

2.6.2 Haftscherfestigkeit

Der Versuchsaufbau zur Bestimmung der Haftscherfestigkeit entsprach dem in Bild 14a dargestellten Schema. Bild 14b zeigt beispielhaft einen in die Prüfmaschine eingebauten 2-Steinkörper aus Kalksandstein inkl. Gegenkörper.
Die Prüfung erfolgte kraftgeregelt. Die Belastungsgeschwindigkeit wurde nach [14] so eingestellt, dass die Höchstlasten jeweils nach ca. 60 s bis 90 s erreicht wurden. Die Prüfergebnisse sind in Tabelle 6 zusammengestellt.
Insgesamt konnte bei den Untersuchungen an den Verbundprüfkörpern festgestellt werden, dass die Haftscherfestigkeit zwischen den Kalksand- und Porenbetonsteinen und den beiden Normalmauermörteln vergleichsweise gering war und die Versuchswerte innerhalb der einzelnen Serien stark gestreut haben. Bei der Serie KSI betrug die Haftscherfestigkeit nur 0,03 N/mm², wobei nur drei der fünf Prüfkörper geprüft werden konnten. Bei der Serie mit der größeren Fugendicke (KSII) war die Bestimmung der Haftscherfestigkeit überhaupt nicht möglich; hier war der Verbund zwischen Stein und Mörtel so gering, dass alle Prüfkörper bereits vor Beginn der Prüfung beim

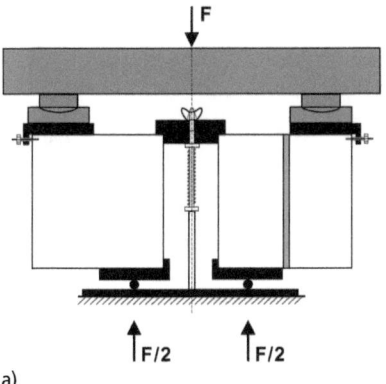

Bild 14. a) Schematische Darstellung des Versuchsaufbaus zur Bestimmung der Haftscherfestigkeit nach DIN 18555-5 und b) 2-Steinkörper in der Prüfmaschine

Tabelle 6. Ergebnisübersicht der Verbunduntersuchungen

Serie	Stein	Mörtel	Fugendicke	$\beta_{HS,DINI}$
			mm	N/mm²
KSI	KS	M2,5	12	0,03
KSII			18	–[1]
KSIII		M10	12	0,18
KSIV			18	0,09
PBI	PB	M2,5	12	0,08
PBII			18	0,04

[1] Versagen des Prüfkörpers beim Einbau bzw. beim Aufbringen der Vorlast

Einbau oder beim Aufbringen der Vorlast versagten. Die mit dem höherfesten Mörtel M10 hergestellten Prüfkörper erreichten erwartungsgemäß etwas höhere Haftscherfestigkeitswerte. Bei der Serie KSIII betrug die Haftscherfestigkeit $\beta_{HS} = 0{,}18$ N/mm², bei der Serie mit der dickeren Fuge (KSIV) $\beta_{HS} = 0{,}09$ N/mm², wobei die Prüfung auch in diesem Fall wieder nur an zwei von fünf 2-Steinkörpern durchgeführt werden konnte. Bei den mit Porenbetonsteinen in Kombination mit dem schwächeren Mörtel M2,5 hergestellten Verbundprüfkörpern ergaben sich für die Serie PBI eine Haftscherfestigkeit $\beta_{HS} = 0{,}08$ N/mm² und $\beta_{HS} = 0{,}04$ N/mm² für die Serie PBII. Bei den Serien mit der 18 mm dicken Fuge ergaben sich also etwa halb so große Haftscherfestigkeitswerte im Vergleich zu den Serien mit einer Sollfugendicke von $d_F = 12$ mm.

Untersuchungen zum Einfluss der Lagerfugendicke auf die Haftscherfestigkeit, anhand derer sich die eigenen Ergebnisse einordnen lassen, sind in der Literatur kaum zu finden. *Schubert* und *Glitza* [15] führten Haftscherversuche mit unterschiedlichen Fugendicken an Kalksandsteinen und Hochlochziegeln durch. Dabei ergaben sich bei den Prüfkörpern aus Kalksandsteinen, anders als bei den vorliegenden Untersuchungen, für die größere Fugendicke meist höhere β_{HS}-Werte. Bei den Hochlochziegeln wurde dagegen der umgekehrte Einfluss beobachtet. Hier waren die Haftscherfestigkeitswerte für die größere Fugendicke ausnahmslos niedriger. Es wurden jedoch i. Allg. nur wenige Prüfkörper je Stein-Mörtel-Kombination geprüft. Dadurch und auch aufgrund der in der Regel recht großen Streubreiten innerhalb der Versuchsserien sind allgemeingültige Aussagen zum Einfluss der Fugendicke auf die Haftscherfestigkeit für die große Bandbreite von möglichen Materialkombinationen nur schwer zu treffen. Wie in [5] im Zuge der Literaturrecherche dargestellt, wirkt sich der zeitabhängige Wasserentzug deutlich auf die Haftscherfestigkeit aus. Es ist naheliegend, dass die Fugendicke hierauf entscheidenden Einfluss hat und die Haftscherfestigkeit so je nach verwendeter Stein-Mörtel-Kombination deutlich variieren kann.

2.7 Untersuchungen an Mauerwerkpfeilern

2.7.1 Herstellung und Lagerung

Aus den in Abschnitt 2.2 aufgeführten Materialien wurden diverse Mauerwerkpfeiler mit den in Tabelle 1 aufgeführten Stein-Mörtel-Kombinationen und unterschiedlichen Fugendicken hergestellt. Die Herstellung der Pfeiler erfolgte so, dass die einzelnen Versuchsserien möglichst an einem Tag und mit einer Mörtelmischung aufgemauert werden konnten. In Bild 15 ist die Herstellung und Lagerung der Mauerwerkpfeiler beispielhaft dargestellt.

2.7.2 Druckfestigkeit und Verformungsverhalten

Neben der reinen Bestimmung der Druckfestigkeit war insbesondere auch das Verformungsverhalten der Pfeiler von Interesse. Aus diesem Grunde wurden zusätzlich zu den bei jedem Pfeiler erfassten Längs- (Messstellen L1 bis L4) und Querdehnungen (Messstellen Q5 und Q6) zahlreiche Verformungsmessungen u. a. mit Wegaufnehmern über der Fuge (Messstellen F7 bis F10) zur Ermittlung des Fugen-Elastizitätsmoduls durchgeführt. Die Anordnung der Messstellen an den Pfeilern ist schematisch in Bild 16a bis c dargestellt.
Vor der Druckprüfung, die in der Regel in einem Alter von mindestens 28 d erfolgte, wurden die Lasteinleitungsflächen der Pfeiler sorgfältig mit Gips abgeglichen. Die abgeglichenen Prüfkörper wurden am Tag der Prüfung in die Prüfeinrichtung eingebaut und die Vertikallast zentrisch aufgebracht. Die Versuchsdurchführung erfolgte kraftgeregelt mit einer konstanten Belastungsgeschwindigkeit. Bild 16d zeigt beispielhaft einen in die Prüfmaschine eingebauten Mauerwerkpfeiler vor Versuchsbeginn.
Eine Übersicht der Untersuchungsergebnisse gibt Bild 17. Gezeigt sind die Mittelwerte der Druckfestigkeit (Bild 17a) und des Elastizitätsmoduls (Bild 17b) der Mauerwerkpfeiler der sechs Versuchsserien sowie die Streubreite der einzelnen Versuche.
Anhand der Ergebnisse ist bei den Serien mit Kalksandstein der Einfluss sowohl der Mörtelfestigkeit als auch der Fugendicke auf die Pfeilerdruckfestigkeit zu erkennen. Die Pfeiler mit dem höherfesten Mörtel M10 versagten erst bei einer deutlich höheren Druckbeanspruchung als die mit dem schwächeren Mörtel M2,5 hergestellten Pfeiler. Weiterhin ist bei den Kalksandsteinpfeilern in Kombination mit beiden Mörteln zu beobachten, dass die Druckfestigkeit der Prüfkörper mit steigender Fugendicke abnimmt. Bei den Porenbetonserien wirkte sich dagegen die Steigerung der Fugendicke von $d_F = 12$ mm auf $d_F = 18$ mm nicht negativ auf die Tragfähigkeit der Pfeiler aus; hier versagten die Prüfkörper der beiden Serien bei ähnlichen Höchstlasten.
Insgesamt zeigte sich bei den einzelnen Versuchsserien je nach Materialkombination und Fugendicke ein deutlich voneinander abweichendes Verformungsverhalten. Dies ist in Bild 18 exemplarisch anhand je-

III Experimentelle und numerische Untersuchungen zum Drucktragverhalten von Mauerwerk 277

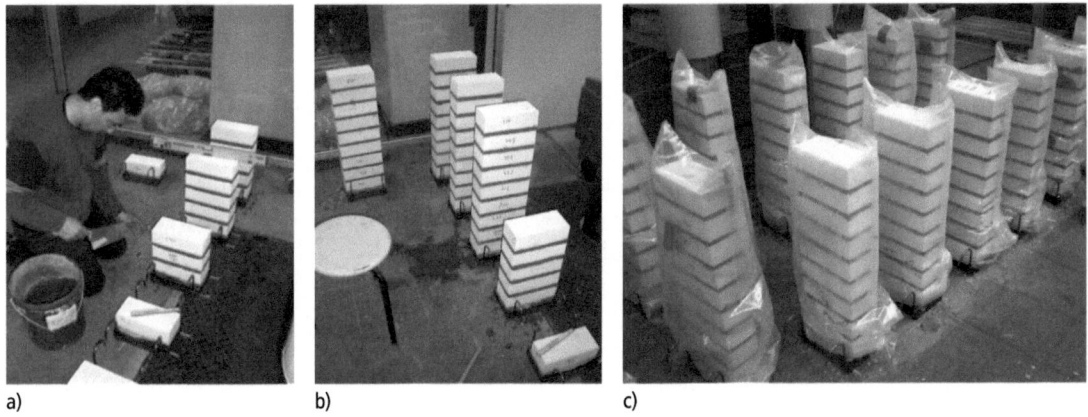

Bild 15. a), b) Herstellung und c) Lagerung der Mauerwerkpfeiler

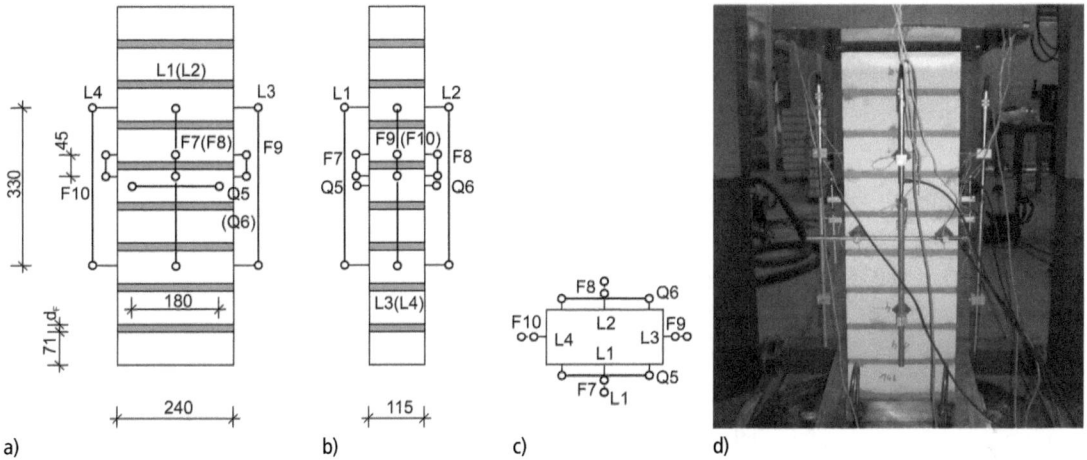

Bild 16. Messstellenanordnung und Prüfkörper; Ansichten a) der Längsseite und b) der Stirnseite, c) Draufsicht, d) Mauerwerkpfeiler inkl. Messtechnik in der Prüfmaschine

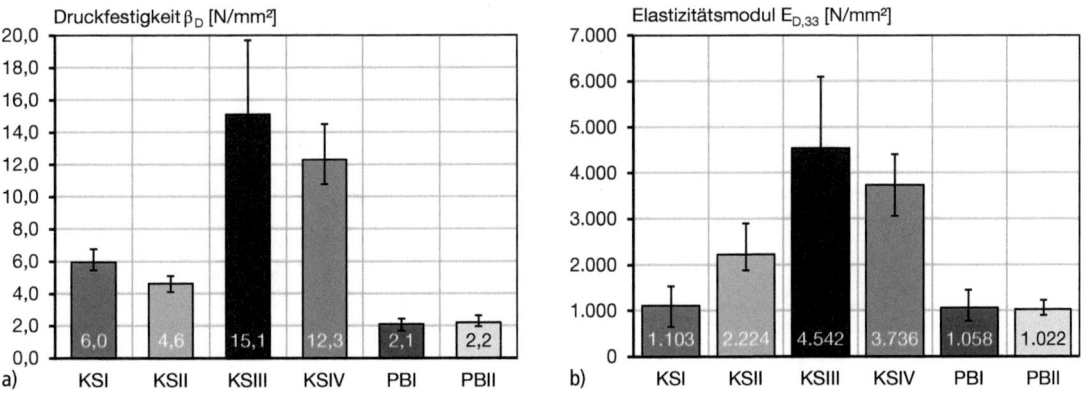

Bild 17. a) Druckfestigkeit und b) Elastizitätsmodul der Mauerwerkpfeiler

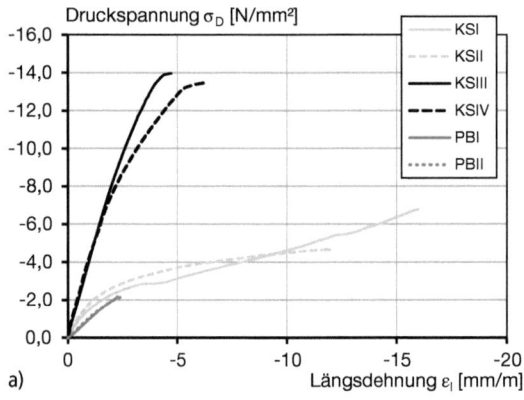
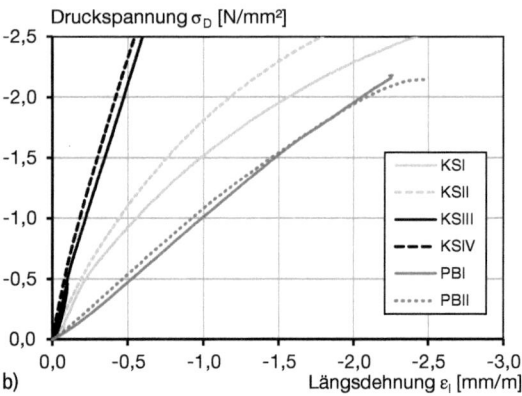

Bild 18. Darstellung von repräsentativen Spannungs-Dehnungslinien der Druckversuche an Mauerwerkpfeilern; a) vollständige SDL und b) Anfangsbereich der SDL aus Bild 18a

weils einer für jede Serie ausgewählten, repräsentativen Spannungs-Dehnungslinie dargestellt.
Die Kurven ergeben sich dabei jeweils aus den Mittelwerten der langen, vertikalen Messstellen L1 bis L4 (vgl. Bild 16). Die Spannungs-Dehnungslinien der Porenbetonpfeiler mit dem weichen Mörtel M2,5 (Serien PBI und PBII) verliefen unabhängig von der Fugendicke nahezu linear bis zum Bruch, siehe Ausschnitt in Bild 18b. Nur bei wenigen Prüfkörpern kündigte sich der Bruch bei etwa 80 % bis 90 % der Maximallast durch Risse im oberen Drittel der Pfeiler an. Auch die SDL der Kalksandsteinpfeiler mit dem festeren Mörtel M10 zeigten insbesondere mit der geringen Fugendicke (KSIII) einen weitgehend linearen Verlauf. Diese Pfeiler versagten äußerst spröde; die Rissbildung setzte erst unmittelbar vor dem Versagen ein. Die Kalksandsteinpfeiler mit dem niederfesten Mörtel M2,5 (KSI und KSII) versagten hingegen äußerst duktil bei sehr hohen Bruchdehnungen, verursacht durch ein frühes Ausbrechen des Mörtels im Randbereich und eine langsam fortschreitende Schädigung des Mörtels.
Der E-Modul der Pfeiler wurde jeweils als Sekantenmodul bei 1/3 der Höchstlast errechnet (s. Bild 17b). Zusätzlich wurde der E-Modul auch bei 50 % und 100 % der Höchstlast ausgewertet. Die bei den unterschiedlichen Lastniveaus bestimmten E-Moduln sind in Bild 19a und b für die Versuchsserien mit Kalksandstein und in Bild 19c für die Versuchsserien mit Porenbeton in Form von Balkendiagrammen einander gegenübergestellt.
Die Versuchsserie KSIII erreicht mit einem Mittelwert von $E_{D,33} = 4543$ N/mm^2 den höchsten E-Modul aller untersuchten Kombinationen und verhält sich somit am steifsten. Die Versuchsserie KSIV weist aufgrund der größeren Fugendicke von $d_F = 18$ mm einen etwas niedrigeren E-Modul auf ($E_{D,33} = 3736$ N/mm^2). Die Versuchsserien KSI und KSII sowie PBI und PBII zeigen ein deutlich weicheres Verformungsverhalten, wie auch anhand der im Vergleich zu den Serien KSIII und KSIV deutlich flacheren Steigungen der in Bild 18 dargestellten SDL zu erkennen ist. Der Kurvenverlauf der Se-

rien mit Porenbeton ist weitestgehend linear. Dies spiegelt sich auch in den nur geringfügig voneinander abweichenden Werten der E-Moduln bei 33 %, 50 % und 100 % der Höchstlast wider. Dagegen zeigen die SDL der Serien KSI und KSII ein ausgeprägt nichtlineares Verformungsverhalten.
Es fällt auf, dass die in den Versuchen bestimmten E-Moduln der Pfeiler im Verhältnis zu den an den Mauersteinen und Mauermörteln bestimmten Steifigkeitskennwerten vergleichsweise niedrig sind. Bei Ableitung der Gesamtsteifigkeit aus den E-Moduln der Einzelkomponenten müssten sich eigentlich höhere Werte für die Mauerwerkpfeiler ergeben. Setzt man beispielsweise im Fall der Versuchsserie KSIII für die Kalksandsteine den in Abschnitt 2.3.2 ermittelten E-Modul $E_{D,33} = 9310$ N/mm^2 und für den Mörtel der Mörtelklasse M10 den in Abschnitt 2.4.3 bestimmten Wert $E_{D,33} = 14341$ N/mm^2 an, so ergibt sich für die Pfeiler ein rechnerischer E-Modul von rd. 9800 N/mm^2, der damit doppelt so hoch ist wie der im Rahmen der Versuche an den Pfeilern bestimmte Wert. Um diese Differenz erklären zu können, wurden die an den Pfeilern mittels induktiver Wegaufnehmer (Messstellen F7 bis F10, s. Bild 16) über der Fuge gemessenen Verformungen herangezogen. Für die Berechnung des Fugen-E-Moduls wurden zunächst die Dehnungsanteile der Mauersteine aus den Messwerten herausgerechnet. Ein exemplarischer Vergleich der gemessenen Fugendehnung mit der um die Dehnungsanteile der Mauersteine bereinigten Fugendehnung ist in Bild 20 am Beispiel von KSII (a) und KSIV (b) dargestellt.
Die um die Dehnungsanteile der Steine bereinigten Fugendehnungen sowie die hieraus abgeleiteten Elastizitätsmodulen der Fugen (Mittelwerte der Versuchsserien) sind in Tabelle 7 zusammengefasst.
Einige Bruchbilder der aus den Kalksandsteinen hergestellten Prüfkörper sind beispielhaft in Bild 21 dargestellt. Bild 22 zeigt exemplarische Bruchbilder der mit dem schwächeren Mörtel M2,5 hergestellten Porenbetonpfeiler.

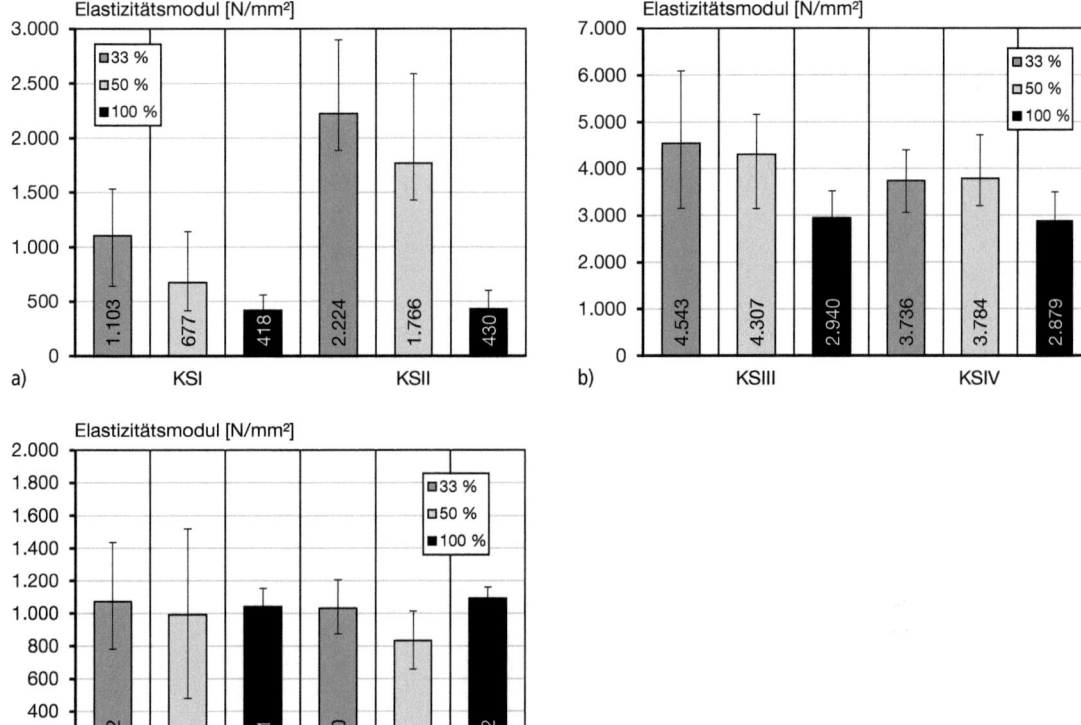

Bild 19. E-Modul der Mauerwerkpfeiler bei 33 %, 50 % und 100 % der Höchstlast; a) Serie KSI und KSII, b) Serie KSIII und KSIV, c) Serie PBI und PBII

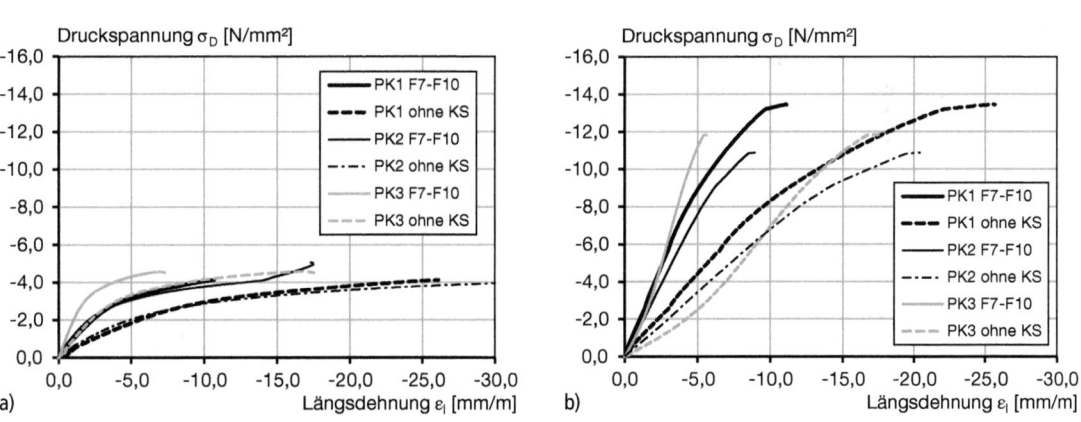

Bild 20. Exemplarischer Vergleich der gemessenen Fugendehnung (Messstelle F7-F10) mit der berechneten Fugendehnung ohne Steineinfluss am Beispiel von a) Serie KSII und b) Serie KSIV

Die Verhältniswerte von Pfeilerdruckfestigkeit zu Fugendruckfestigkeit waren bei den Versuchsserien mit einer Fugendicke von $d_F = 18$ mm aufgrund der geringeren Querstützung des Mörtels stets geringer als bei den dünneren Fugen (s. Bild 23a). Die große Differenz zwischen Fugen und Steindruckfestigkeit bei den Serien KSI und KSII (vgl. Bild 23c) führte bei den Mauerwerkpfeilern zu einem Versagensbild, das von einer deutlichen Schädigung des Mörtels geprägt war (s. Bild 21a und b). Die größere Fugendicke führte vor allem bei der Versuchsserie KSII dazu, dass hier die Steine in der Regel keine Risse aufwiesen. Die Prüfkörper der Serien KSIII und KSIV versagten vermutlich durch die Überschreitung der Querzug-

Tabelle 7. Ergebnisübersicht der Untersuchungen an Mauerwerkpfeilern; Fugendehnung und Fugen-E-Modul

Serie	Stein	Mörtel	$\varepsilon_{l,10}$	$\varepsilon_{l,33}$	$\varepsilon_{l,50}$	$\varepsilon_{l,u}$	$E_{D,10}$	$E_{D,33}$	$E_{D,50}$	$E_{D,u}$
			mm/m				N/mm²			
KSI	KS	M2,5	1,9	11,8	29,3	74,4	346	202	131	79
KSII			0,8	3,1	5,5	28,8	642	586	518	179
KSIII		M10	4,0	10,1	14,0	31,6	912	631	608	448
KSIV			2,1	5,8	8,3	21,3	832	716	743	576
PBI	PB	M2,5	1,0	3,0	4,4	14,7	302	278	272	149
PBII			1,2	4,0	5,6	10,2	203	191	199	220

 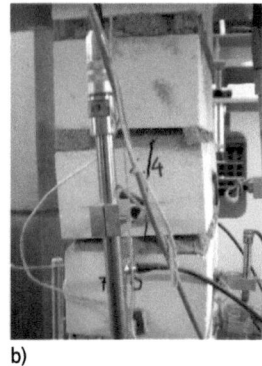  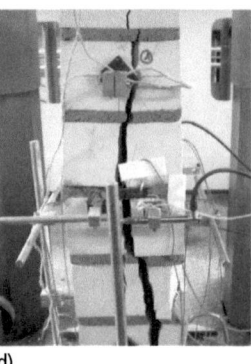

a) b) c) d)

Bild 21. Exemplarische Bruchbilder der aus Kalksandsteinen mit Mörtel M2,5 und M10 hergestellten Prüfkörper; Serie a) KSI, b) KSII, c) KSIII und d) KSIV

 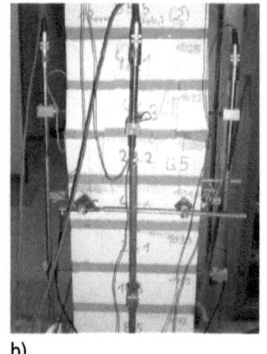

a) b)

Bild 22. Exemplarische Bruchbilder der aus Porenbeton mit Mörtel M2,5 hergestellten Prüfkörper; Serie a) PBI und b) PBII

festigkeit der Steine. Wie in Bild 21c und d zu erkennen, konnten sich bei diesen Prüfkörpern infolge des besseren Verbunds zwischen dem Mauermörtel und den Mauersteinen mehrere, zum Teil breite Risse in den Steinen ausbilden. Die für die Serien PBI und PBII verwendeten Porenbetonsteine wiesen Druckfestigkeitswerte auf, die in etwa der Fugendruckfestigkeit entsprachen bzw. auch darunter lagen (vgl. Bild 23c). Dies führte zu einem meist schlagartigen Versagen mit zahlreichen, feinen, über die Mauersteine verteilten Rissen (s. Bild 22a und b). Die Pfeilerdruckfestigkeit wurde hier vermutlich nicht maßgebend durch die Querzugfestigkeit, sondern durch eine Überschreitung der Steindruckfestigkeit bestimmt.

2.7.3 Vergleich der Versuchsergebnisse mit analytischen Ansätzen

Die zur Beschreibung der Mauerwerkdruckfestigkeit in der Vergangenheit entwickelten Ansätze sind in [5] ausführlich beschrieben. Ein Vergleich mit diesen Ansätzen zeigt, dass zum Teil erhebliche Unterschiede zwischen den rechnerisch bestimmten Festigkeiten und den Versuchsdaten bestehen. In Tabelle 8 sind die in den eigenen Versuchen bestimmten Festigkeitswerte der Pfeiler den mithilfe von verschiedenen analytischen Ansätzen berechneten Werten gegenübergestellt. Dabei wurden als Eingangsparameter die Mittelwerte der an Kleinprüfkörpern bestimmten Materialeigenschaften verwendet. Für die Mörtel wurden entsprechend den jeweiligen Ansätzen die an in der Stahlschalung erhärteten Mörtelprismen ermittelten Eigenschaften herangezogen. Beim Ansatz nach *Hilsdorf* [1] wurde die Steigung der Bruchgeraden des Mörtels zu 4,1 gewählt und der Ungleichförmigkeitsgrad für jede Versuchsserie so angepasst, dass die Abweichung zwischen den ex-

Tabelle 8. Vergleich der Versuchsergebnisse mit analytischen Ansätzen

Serie	Stein	Mörtel	$\beta_{D,mw,exp}$	Mann [16]	Hilsdorf [1]	Khoo [17]	Ohler [18]
				\multicolumn{4}{c}{$\beta_{D,mw,cal}$}
			\multicolumn{5}{c}{N/mm²}
KSI	KS	M2,5	6,0	9,5	11,2	3,7	14,0
KSII			4,6	9,5	10,0	4,7	12,3
KSIII		M10	15,1	13,3	13,4	5,3	19,3
KSIV			12,3	13,3	12,8	7,2	19,1
PBI	PB	M2,5	2,1	2,8	2,2	1,4	2,9
PBII			2,2	2,8	2,1	1,5	2,8

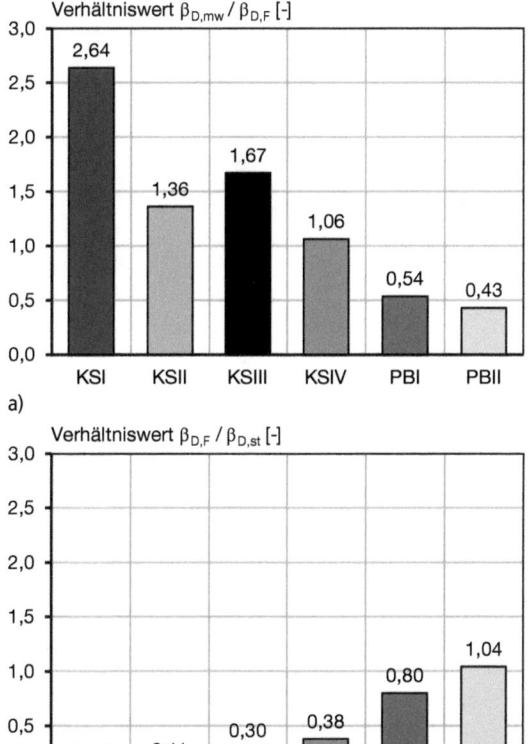

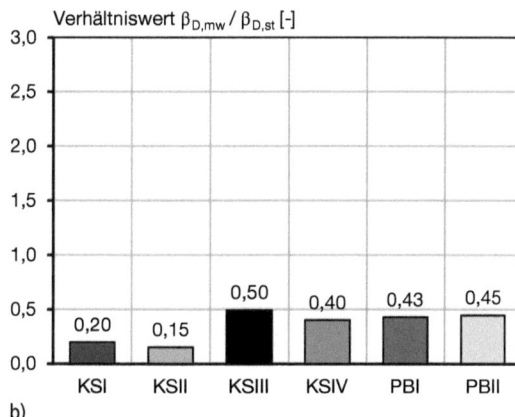

Bild 23. Verhältnis der Pfeilerdruckfestigkeit zur a) Fugendruckfestigkeit bzw. b) Steindruckfestigkeit sowie c) Verhältnis der Fugendruckfestigkeit zur Steindruckfestigkeit

perimentellen Daten und den rechnerisch bestimmten Festigkeiten möglichst klein war. In Ermangelung von Daten für die Bruchkurve von Porenbeton oder Kalksandstein wurde bei den Berechnungen nach *Khoo* und *Hendry* [17] die Bruchkurve des dort verwendeten Ziegels angesetzt. *Ohler* [18] hat bei seinen Berechnungen die Bruchkurve in drei konstante Bereiche unterteilt. Die eigenen Versuchsdaten fügten sich am besten in einen Bereich ein, in dem nach [18] keine Kennwerte liegen sollten, da er zu ungünstige Kombinationen von Stein und Mörtel beschreibt.

Anhand der in Tabelle 8 aufgeführten Werte wird deutlich, dass der Ansatz von *Hilsdorf* [1] die Druckfestigkeit der Serien mit Porenbeton sowie der Serien KSIII und KSIV vergleichsweise gut beschreibt, obwohl für die Steigung der Bruchgeraden der Mörtel ein Wert von 4,1 angenommen wurde. Anhand der Versuche von *Khoo* und *Hendry* [17] sowie *Bierwirth* [19] konnte gezeigt werden, dass sich die Neigung der Bruchkurve mit einem Wert von 2,0 zutreffender beschreiben lässt. Die geringe Festigkeit der Serien KSI und KSII wird nur durch den Ansatz von *Khoo* und *Hen-*

dry [17] annähernd treffend beschrieben. Bei den übrigen Ansätzen ist der Einfluss der Steindruckfestigkeit zu stark gewichtet. Allerdings unterschätzt die Berechnung nach [17] die Festigkeitswerte der restlichen Mauerwerkpfeiler etwa um 30 %. Die empirische Formel nach *Mann* [16] beschreibt besonders die Festigkeit der Serien KSIII und KSIV relativ gut, was damit zusammenhängt, dass dies eine durchaus übliche Stein-Mörtel-Kombination ist und daher entsprechend Eingang in die Ermittlung dieser Gleichungen fand. Die Serien KSI und KSII weisen hingegen ein äußerst ungewöhnliches Verhältnis von Stein- zu Mörteldruckfestigkeit auf und werden dementsprechend schlecht von den empirischen Formeln abgebildet. Die Differenzen zwischen den in den eigenen Versuchen bestimmten Druckfestigkeitswerten und den über die Ansätze berechneten Festigkeiten lagen für die Versuchsserien PBI und PBII einheitlich bei etwa 30 %.

3 Numerische Untersuchungen zum Drucktragverhalten

3.1 Vorgehensweise

Zur Beschreibung des Drucktragverhaltens der Mauerwerkpfeiler wurde ein numerisches Modell mithilfe der Finite-Elemente-Methode (FEM) erstellt und anhand der experimentellen Untersuchungen kalibriert. Die numerischen Untersuchungen erfolgten mit den zuvor bestimmten Materialkennwerten bzw. daraus abgeleiteten Stoffgesetzen der Mauersteine und des Fugenmörtels. Vor der Modellbildung für die eigentliche Nachrechnung der Druckversuche an den Mauerwerkpfeilern wurden in einem ersten Schritt zunächst die Druckversuche am Stein- und Mörtelmaterial numerisch modelliert, um die Eignung verschiedener zur Abbildung des Materialverhaltens infrage kommender Modelle zu überprüfen, siehe [5]. Die Simulation der Mauerwerkpfeiler und der Vergleich der numerischen Berechnungen mit den Ergebnissen der experimentellen Untersuchungen ist nachfolgend beschrieben.

Die Erstellung der Modelle für die numerische Berechnung der Druckversuche an den Kleinprüfkörpern und an den Mauerwerkpfeilern erfolgte zunächst mit dem Finite-Elemente-Programm ANSYS unter Verwendung von 20-Knoten-Volumenelementen. Anschließend wurden diese jeweils in eine dat-Datei konvertiert, die als Eingabedatei für das Finite-Elemente-Programm DIANA diente, mit dem die numerische Simulation der Versuche schließlich durchgeführt wurde.

3.2 Eingangsparameter

Die im Rahmen der Berechnungen verwendeten Eingangsparameter der Steinmaterialien, die überwiegend aus den eigenen Untersuchungen resultieren, sind in Tabelle 9 aufgeführt. Die entsprechenden Eingangsparameter des Fugenmörtels sind in Tabelle 10 zusammengestellt.

Tabelle 9. Eingangsparameter der Steinmaterialien

Steinart	β_D	β_Z	$E_{D,33}$	ν_{33}	G_F	$\varphi^{1)}$	$c^{2)}$
	N/mm²	–	N/mm²	–	N/m	°	N/mm²
KS	30,5	3,1	9310	0,12	50,3	60,3	4,04
PB	4,9	0,2	2033	0,11	6,2	71,1	0,41

1) Reibungswinkel
2) Kohäsion

Tabelle 10. Eingangsparameter des Fugenmörtels

Serie	Stein	Mörtel	$\beta_{D,F}$	$\beta_{Z,F}$	$E_{D,F}$	ν_{33}	G_F	φ	Ψ
			N/mm²			–	N/m	°	
KSI	KS	M2,5	2,3	0,56	346	0,19	35,0	20	0
KSII			3,4	0,84	642				
KSIII		M10	7,9	0,94	912				
KSIV			11,6	1,40	832				
PBI	PB	M2,5	3,9	0,98	302	0,17			
PBII			5,1	1,26	203				

3.3 Simulation der Druckversuche an Mauerwerkpfeilern

3.3.1 Berechnungsvarianten und numerisches Modell

Unter Ansatz der in den Tabellen 9 und 10 enthaltenen Eingangsparameter wurden die Druckversuche an den Mauerwerkpfeilern numerisch simuliert. Zusätzlich wurden FE-Berechnungen durchgeführt, bei denen die an den Norm- und Großprismen ohne Kontakt zu den Mauersteinen bestimmten Mörtelkennwerte angesetzt und/oder der Reibungswinkel variiert wurde. Die Eingangsparameter für die Mauersteine wurden dabei nicht verändert und entsprechen den Angaben in Tabelle 9. Ebenfalls konstant gehalten wurden die Querdehnzahl und die Bruchenergie der Mörtel (s. Tabelle 10). Die Berechnungsmatrix sowie die bei den einzelnen Berechnungen berücksichtigten Kennwerte sind in Tabelle 11 dargestellt.

Das Modell für die numerische Simulation der Druckversuche an den Mauerwerkpfeilern wurde aus Symmetriegründen auf ein Achtel der Prüfkörper beschränkt. Bild 24 zeigt eine schematische Darstellung des Prüfkörpers und die Diskretisierung des Modells.

3.3.2 Vergleich der numerischen Berechnungen mit Versuchsergebnissen

In Bild 25 ist ein Vergleich der experimentell bestimmten mit den numerisch berechneten Spannungs-Dehnungslinien exemplarisch für die Versuchsserien KSIII

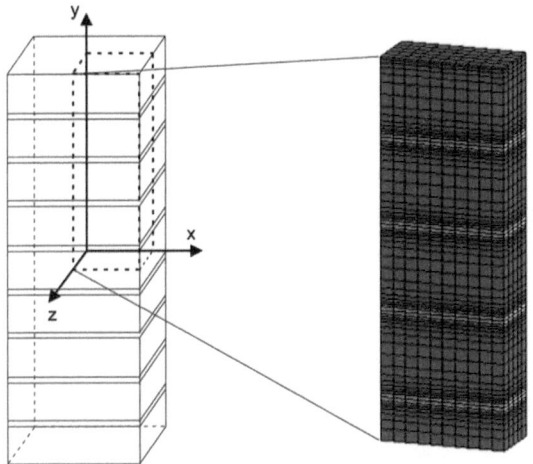

Bild 24. Schematische Darstellung eines Mauerwerkpfeilers und Diskretisierung des Modells

Tabelle 11. Übersicht über die durchgeführten Berechnungsvarianten und Eingangsparameter des Mörtels für die Simulation der Mauerwerkpfeiler

Simulation	Stein	Mörtel	$\beta_{D,F}$	$\beta_{Z,F}$	$E_{D,F}$	φ	Ψ
			\multicolumn{3}{c}{N/mm²}	°	
KSI-a	KS	M2,5	2,6	0,64	4866	44	20
KSI-b			2,3	0,56	346	20	0
KSII-a		M2,5	2,6	0,64	4866	44	20
KSII-b			3,4	0,84	642	20	0
KSII-c			3,4	0,84	642	44	0
KSII-d			3,4	0,84	642	10	0
KSIII-a		M10	13,6	1,86	13959	56	0
KSIII-b			7,9	0,94	912	20	0
KSIII-c			7,9	0,94	912	58	0
KSIV-a		M10	13,6	1,86	13959	20	0
KSIV-b			11,6	1,40	832	20	0
KSIV-c			11,6	1,40	832	58	0
PBI-a	PB	M2,5	2,6	0,65	5322	20	0
PBI-b			3,9	0,98	302	20	0
PBI-c			3,9	0,98	302	44	0
PBII-a		M2,5	2,6	0,65	5322	20	0
PBII-b			5,1	1,26	203	20	0
PBII-c			5,1	1,26	203	44	0

(a) und PBI (b) dargestellt. Neben den Ergebnissen der verschiedenen Berechnungsvarianten enthalten die beiden Diagramme jeweils zwei experimentell bestimmte SDL (schwarz gestrichelt), die den Streubereich innerhalb der jeweiligen Versuchsserie kennzeichnen.

Die Berücksichtigung des Fugen-E-Moduls und der Fugendruckfestigkeit in den numerischen Berechnungen führte bei den in Bild 25 dargestellten Versuchsserien zu einer guten Übereinstimmung zwischen Simulation (Varianten KSIII-b, KSIII-c bzw. PBI-b und PBI-c) und Versuch. Die Abweichungen lagen im Bereich der Streuung der Versuchsdaten. Dies lässt darauf schließen, dass die ermittelten Fugendehnungen das Materialverhalten des Fugenmörtels relativ gut abbilden. Bei Berücksichtigung der am unbeeinflussten Mörtel bestimmten Kennwerte (Varianten KSIII-a bzw. PBI-a) werden die Steifigkeiten und die Höchstlasten der Mauerwerkpfeiler dagegen deutlich überschätzt. Weiterhin ist zu erkennen, dass die mit einem Reibungswinkel $\varphi = 20°$ (Varianten KSIII-b und PBI-b) berechneten SDL deutlich besser mit den Versuchsdaten übereinstimmen als die mit größeren Reibungswinkeln bestimmten Kurven. Dabei sind die Unterschiede zwischen den numerisch und experimentell bestimmten Höchstlasten in Abhängigkeit des angesetzten Reibungswinkels nur bei den Serien mit Kalksandstein sehr groß, bei den Porenbetonserien treten bei Ansatz unterschiedlicher Winkel nur geringe Diffe-

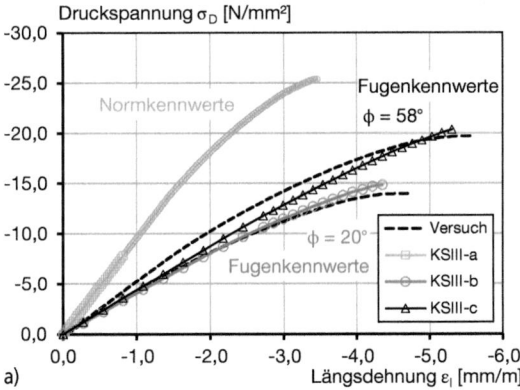

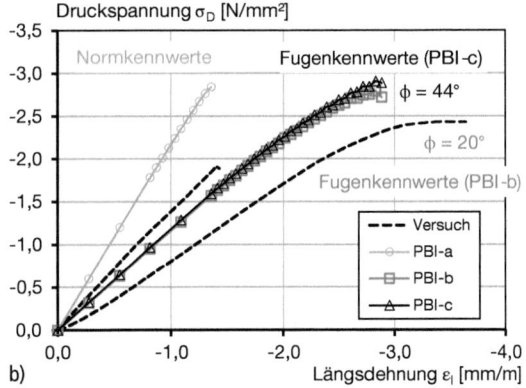

Bild 25. Vergleich der experimentellen Versuchsergebnisse mit der Simulation; a) KSIII und b) PBI

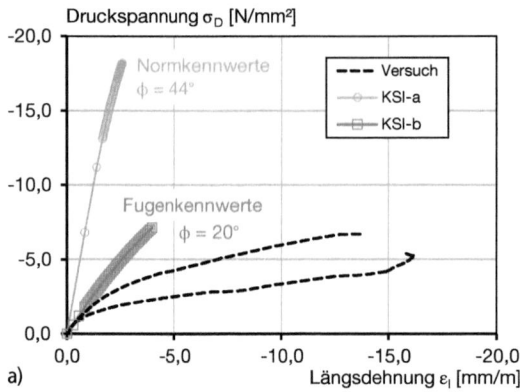 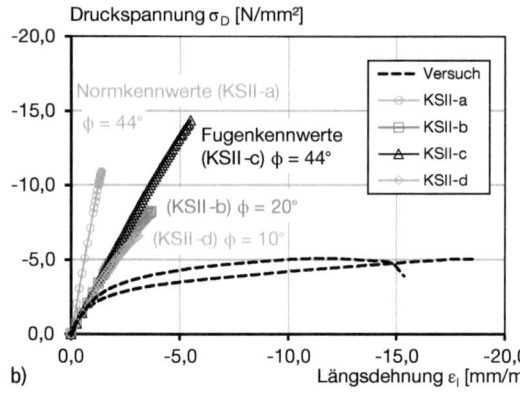

Bild 26. Vergleich der experimentellen Versuchsergebnisse mit der Simulation; a) KSI und b) KSII

renzen auf, was wahrscheinlich auf die geringe Auslastung des Mörtels bei dieser Materialkombination zurückzuführen ist.
Anders als bei den zuvor beschriebenen Versuchsserien konnte das Verformungsverhalten der Serien KSI und KSII in der numerischen Simulation nicht zutreffend abgebildet werden (s. Bild 26). Während die Steigung der simulierten SDL anfänglich noch recht gut mit der im Versuch beobachteten Steifigkeit übereinstimmt, konnte der bei höherem Lastniveau zunehmend nichtlineare Verlauf der Kurven nicht mehr in der Simulation abgebildet werden. Dies ist vermutlich darauf zurückzuführen, dass die Fugen im Versuch bei dieser Materialkombination deutlich geschädigt wurden und große Bereiche des Mörtels in den Randbereichen der Fugen ausgebröckelt sind. Diese Versagensart wird in der Berechnung durch die Annahme eines starren Verbunds ausgeschlossen.
Ein Vergleich der im Versuch bestimmten Druckfestigkeitswerte der Mauerwerkpfeiler mit den numerisch ermittelten Ergebnissen ist in Tabelle 12 dargestellt. Anhand der Verhältniswerte $\beta_{D,FE}/\beta_{D,exp}$ lässt sich zeigen, dass die Versuche in den meisten Fällen gut durch die Simulation abgebildet werden konnten. Die numerischen Berechnungen, bei denen die an den Norm- und Großprismen ohne Kontakt zu den Mauersteinen bestimmten Mörtelkennwerte angesetzt wurden (Berechnungsvarianten „a"), führten überwiegend zu erheblichen Abweichungen von den experimentellen Versuchsergebnissen.

3.3.3 Rissbildung

In Bild 27 sind ausgewählte Rissbilder der Simulation der Serien KSIV, PBI und KSII dargestellt. Auch hier konnten die verschiedenen Rissbilder zutreffend abgebildet werden (vgl. Bilder 21 und 22).
Während die Risse bei der Serie KSIV auf der Längsseite im äußeren Drittel und auf der Stirnseite in der Mitte als einzelne, breite Risse auftraten (s. Bild 27a), durchzogen bei der Serie PBI viele fein verteilte Risse

Tabelle 12. Vergleich der experimentellen Druckfestigkeitswerte mit der Simulation

Serie	Stein	Mörtel	Versuch $\beta_{D,exp}$			FE $\beta_{D,FE}$	Verhältnis $\beta_{D,FE}/\beta_{D,exp}$
			min	max	MW		
			N/mm²				–
KSI-a	KS	M2,5	5,5	6,8	6,0	18,2	3,03
KSI-b						7,1	1,20
KSII-a			4,1	5,1	4,6	10,9	2,37
KSII-b						8,2	1,77
KSII-c						14,4	3,10
KSII-d						6,6	1,42
KSIII-a		M10	10,3	19,7	15,1	7,8	0,52
KSIII-b						14,9	0,98
KSIII-c						20,4	1,35
KSIV-a			10,8	14,5	12,3	23,5	1,91
KSIV-b						13,6	1,11
KSIV-c						17,2	1,40
PBI-a	PB	M2,5	1,7	2,4	2,1	2,8	1,35
PBI-b						2,3	1,09
PBI-c						2,9	1,39
PBII-a			2,0	2,6	2,2	2,7	1,25
PBII-b						2,2	1,01
PBII-c						2,3	1,04

den gesamten Stein (s. Bild 27b). Wie in Bild 27c zu erkennen, wurde die Rissbildung im numerischen Modell auch bei der Serie KSII zutreffend beschrieben. Analog zum Versuch versagte hier nur der Mörtel; lediglich im Kontaktbereich zum Stein sind in der ersten Elementebene Risse im Stein zu erkennen. Beim Mörtel versagt nur die äußerste Elementreihe und davon nur die in-

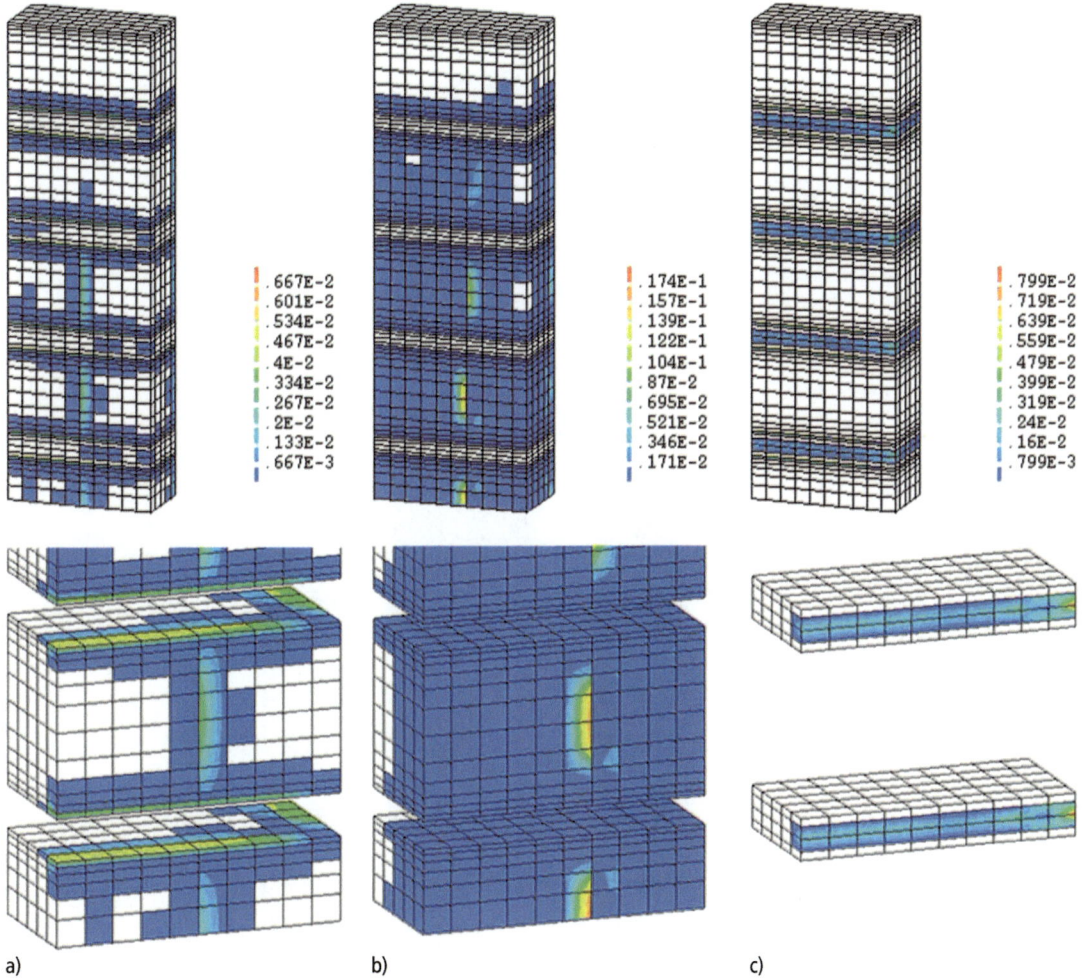

Bild 27. Exemplarische Darstellung numerisch ermittelter Bruchbilder; Serie a) KSIV, b) PBI und c) KSII

neren beiden Elementebenen. Direkt im Kontakt zum Stein und im Inneren der Fuge verhindern die mehraxialen Spannungszustände ein Ausbrechen des Mörtels. Diese Ergebnisse stimmen sehr gut mit den Beobachtungen im Versuch überein.

3.3.4 Exemplarische Analyse der Spannungsverteilung im Mauerwerkpfeiler

Nachfolgend werden ausgewählte Spannungsverläufe aus den numerischen Berechnungen ausgewertet und analysiert. Als Berechnungsvariante wurde die Serie KSIII-b gewählt, da diese aufgrund der Soll-Fugendicke von 12 mm und dem Verhältnis von Stein- zu Mörteldruckfestigkeit einer in der Praxis üblichen Materialkombination entspricht. Die dargestellten Spannungen beziehen sich jeweils auf den Lastschritt, bei dem etwa zwei Drittel der Maximallast aufgebracht und noch keine Risse vorhanden waren ($\sigma_D = 9{,}7$ N/mm^2).

Um eine Zuordnung der Bezeichnungen in den Diagrammen zu erleichtern, sind in Bild 28 die untersuchten Schichten und die Bezeichnungen von Stein und Fuge angegeben. Bei dem Export der Daten aus DIANA und der Darstellung in EXCEL sind die Ergebnisse gespiegelt worden. Zur Orientierung ist daher stets ein Koordinatensystem mit angegeben, das den Mittelpunkt von Stein bzw. Fuge markiert. Die Spannungen, die am FE-Modell gezeigt werden, orientieren sich stets an dem in Bild 24 angegebenen Koordinatensystem.

Die vertikale Verschiebung am oberen Auflager führt zu Druckspannungen im Modell. Bedingt durch das unterschiedliche Verformungsverhalten von Mauerstein und Mauermörtel entstehen Schubspannungen im Kontaktbereich, die zu Zugspannungen im Mauerstein und dreiaxialem Druck in der Mörtelfuge führen. Die resultierenden Spannungsverteilungen sind in Bild 29 für die Außenansicht des Pfeilers dargestellt.

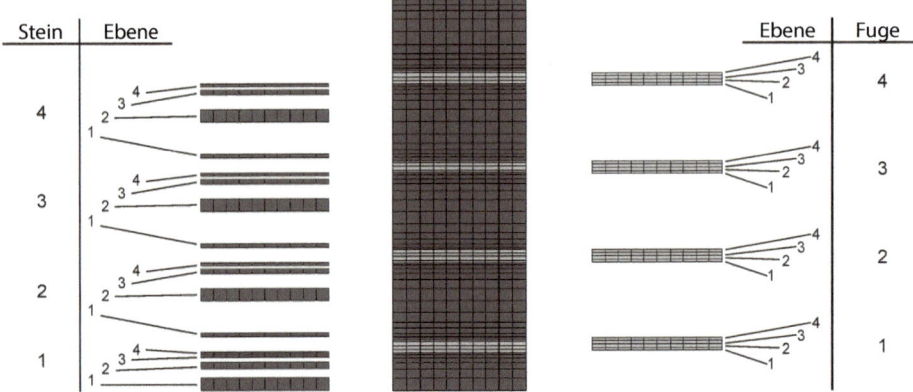

Bild 28. Zuordnung der Bezeichnungen der untersuchten Schichten des FE-Modells

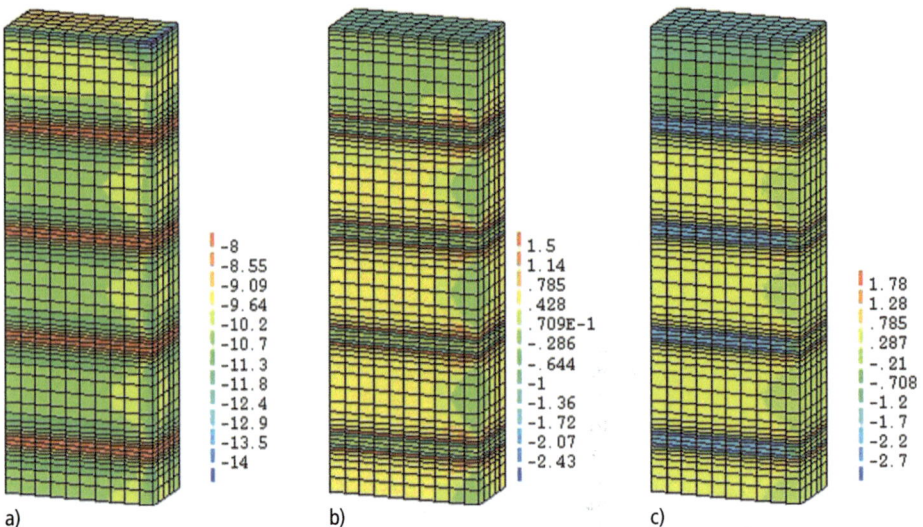

Bild 29. Verteilung der Hauptspannungen am Mauerwerkpfeiler; a) Hauptspannungen σ_3, b) Hauptspannungen σ_1 und c) Spannungen σ_{xx}

σ_3 steht dabei für die minimalen Hauptspannungen (negative Werte: Druckspannungen), σ_1 entspricht den maximalen Hauptspannungen (positive Werte: Zugspannungen).

Bei Betrachtung der σ_3-Verteilung in Bild 29a fällt ein Eckbereich mit verminderten Werten auf. Dieser Bereich ist auch bei den Hauptspannungen σ_1 in Bild 29b zu erkennen und ist gekennzeichnet durch deutlich geringere Spannungen als im Inneren des Steins. Die Ursache dieser reduzierten Spannungen im Eckbereich ist in Bild 29c anhand der Spannungen in x-Richtung verdeutlicht. Im Randbereich der Kontaktzone ist eine Konzentration der Zugspannungen zu erkennen. Diese werden über die Steinhöhe in den Stein eingeleitet und bauen sich erst in einem Abstand vom Rand, der etwa der halben Steinhöhe entspricht, in voller Größe auf. Die geringeren Druckspannungen des Mörtels in Bild 29a sind damit zu erklären, dass sich der dreiaxiale Spannungszustand im Randbereich nicht ausbilden kann und die Belastung bereits über der einaxialen Festigkeit des Mörtels von 7,9 N/mm² liegt. An dem oberen Stein ist auf allen drei Bildern der Einfluss der Querdehnungsbehinderung am oberen Auflager zu erkennen. Mit Ausnahme des lokal stark begrenzten Bereichs der Schubspannungseinleitung entstehen hier ausschließlich Druckspannungen, während in den übrigen Steinen bereits Zugspannungen vorherrschen. Die unteren Steine verhalten sich im Wesentlichen gleich, weshalb bei den folgenden Darstellungen an Stein und Mörtel meist nur die unteren beiden Steine und Fugen betrachtet werden.

III Experimentelle und numerische Untersuchungen zum Drucktragverhalten von Mauerwerk 287

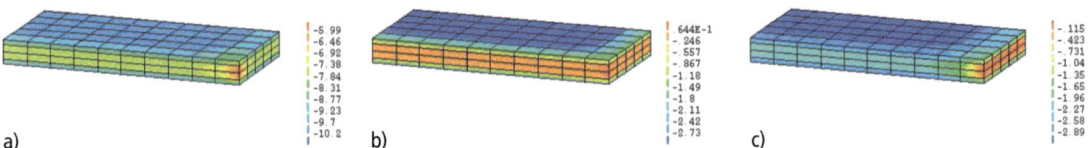

Bild 30. Verteilung der Hauptspannungen in der Fuge; a) Hauptspannungen σ_3, b) Hauptspannungen σ_1 und c) Spannungen σ_{xx}

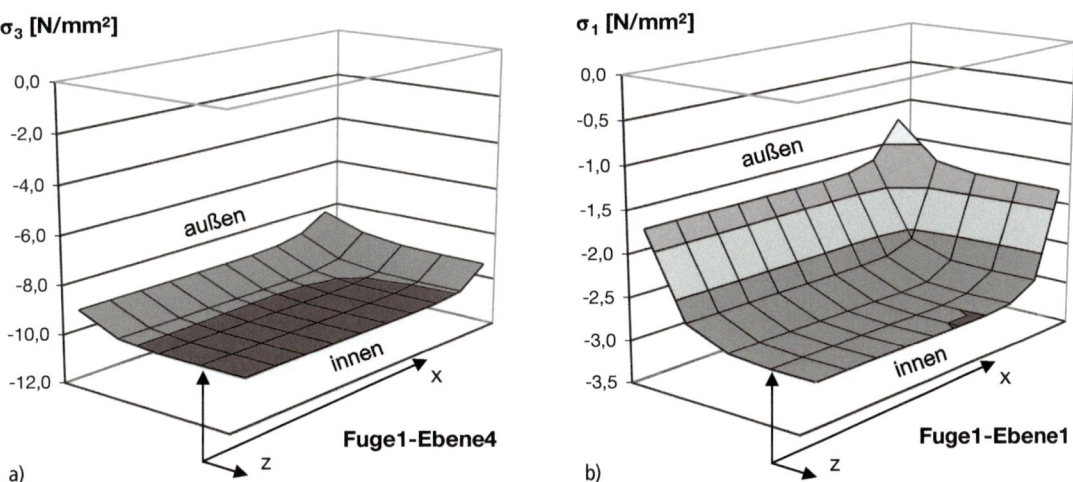

Bild 31. Verteilung der Hauptspannungen in der Fuge; a) Hauptspannungen σ_3 und b) Hauptspannungen σ_1

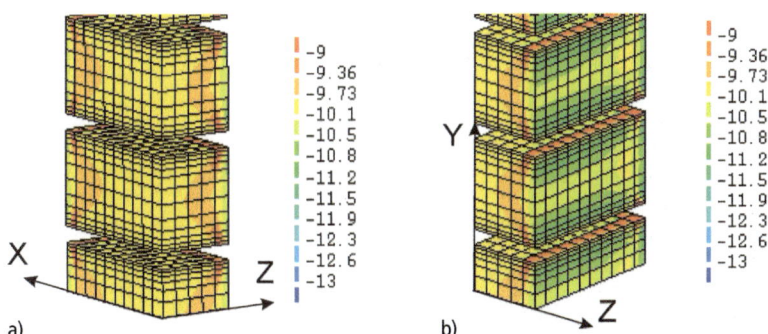

Bild 32. Verteilung der Hauptspannungen σ_3 im Stein bei $\sigma_D = 9{,}7$ N/mm²; a) Innenansicht und b) Seitenansicht

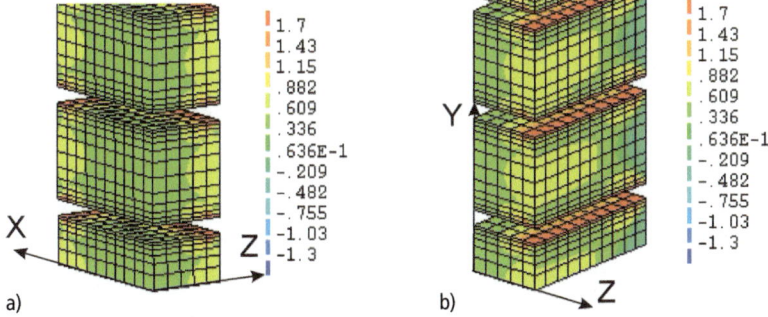

Bild 33. Verteilung der Hauptspannungen σ_1 im Stein bei $\sigma_D = 9{,}7$ N/mm²; a) Innenansicht und b) Seitenansicht

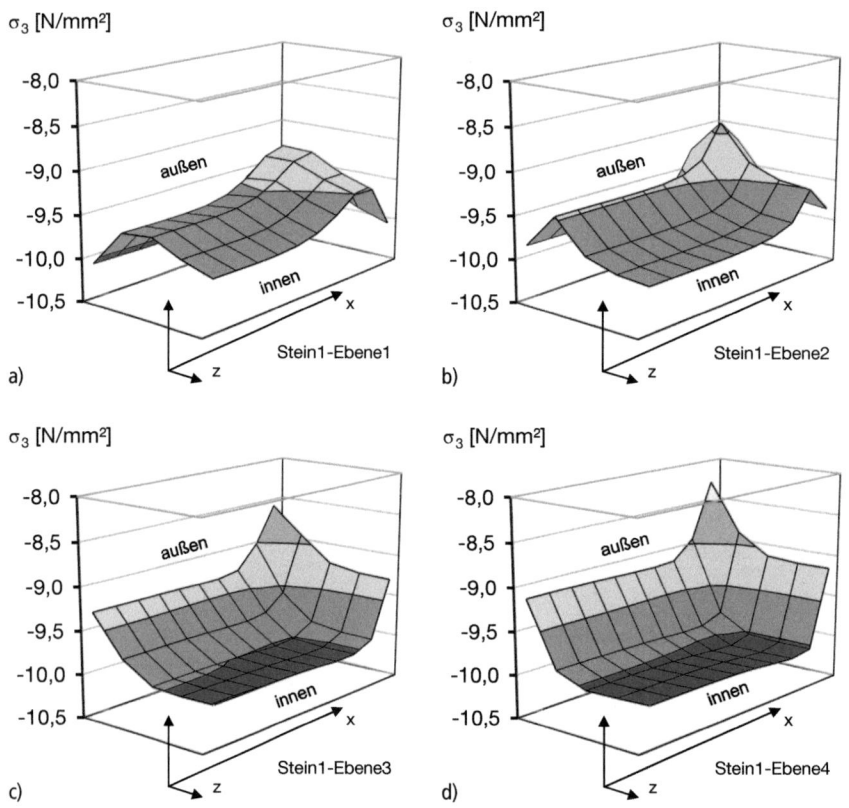

Bild 34. Verteilung der Hauptspannungen σ_3 im Stein 1 bei $\sigma_D = 9{,}7$ N/mm^2; a) Ebene 1, b) Ebene 2, c) Ebene 3 und d) Ebene 4

Durch die im Modell steife Verbindung zwischen Mauerstein und Mauermörtel baut sich im Randbereich der Fuge ein mehraxialer Druckspannungszustand auf und die aufnehmbaren Druckspannungen liegen über der einaxialen Festigkeit. Nur in der äußeren Ecke der Fuge kann sich dieser Zustand nicht ausbilden, wodurch hier die geringsten Spannungen auftreten. In Bild 30 sind exemplarisch die Spannungsverteilungen in der Fuge 1 am numerischen Modell gezeigt. Zur Zuordnung der Lage der betrachteten Ebene im Prüfkörper wird auf Bild 28 verwiesen.

Zusätzlich sind in Bild 31 exemplarisch die Verteilungen der Hauptspannungen σ_3 (a) und σ_1 (b) in der Fuge 1 (Ebene 1) anhand eines Oberflächendiagramms dargestellt. Dabei ist in Bild 31a zu erkennen, dass die Spannungen in der Fuge zum Rand hin nur geringfügig abfallen. Dies ist auf die geringe Gesamtspannung, die auf das System aufgebracht wurde, zurückzuführen. Hierdurch sind die Randbereiche der Fuge noch nicht weit über die einaxiale Druckfestigkeit belastet und übertragen noch einen Großteil der Spannungen. Der Unterschied zwischen den Spannungen am Rand und im mittleren Bereich ist bei σ_1 wesentlich stärker ausgeprägt (s. Bild 31b).

Während die Spannungen in der Fuge in den unterschiedlichen Ebenen weitestgehend gleichmäßig verteilt sind, ergibt sich beim Stein ein Spannungsbild, das deutlich von der betrachteten Ebene abhängt. In Bild 32 sind die Hauptspannungen σ_3, in Bild 33 die Hauptspannungen σ_1 am Modell abgebildet.

Die den Ebenen 1 bis 4 des Steins 1 zuzuordnenden Hauptspannungsverteilungen σ_3 sind in Bild 34 dargestellt.

Anhand der gezeigten Oberflächendiagramme lässt sich die Spannungsverteilung im Stein anschaulich analysieren. In der Kontaktzone zur Mörtelfuge in Ebene 4 (s. Bild 34d) nehmen die Druckspannungen zum Rand hin deutlich ab, bedingt durch die geringere übertragbare Spannung des Mörtels. Im Inneren des Steins wirkt eine Druckspannung von 10,1 N/mm^2. Besonders in der Außenecke, in der die Druckspannung auf 8,2 N/mm^2 zurückgeht, ist dieser Einfluss zu sehen. Mit steigendem Abstand zur Kontaktzone nimmt der Einfluss des Mörtels zur Steinmitte (Ebene 2) hin ab und kehrt sich um in eine zum Rand hin zunehmende Druckspannung. Lediglich im Eckbereich herrschen nach wie vor geringere Druckspannungen. Die in Bild 34 dargestellten Hauptspannungen σ_3 spiegeln

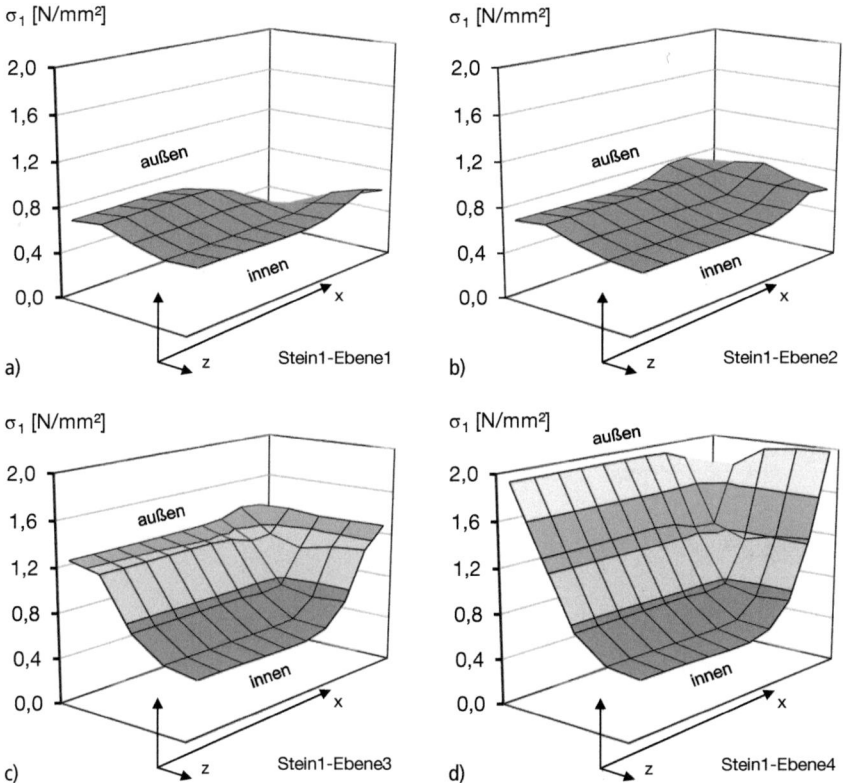

Bild 35. Verteilung der Hauptspannungen σ_1 im Stein 1 bei $\sigma_D = 9{,}7$ N/mm^2; a) Ebene 1, b) Ebene 2, c) Ebene 3 und d) Ebene 4

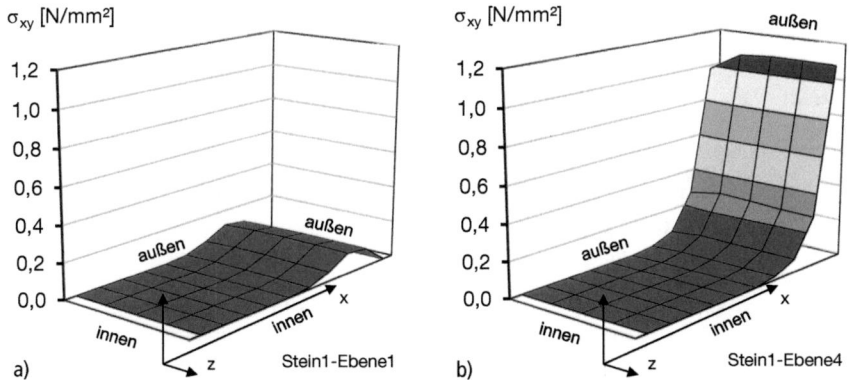

Bild 36. Verteilung der Hauptspannungen σ_{xy} im Stein 1 bei $\sigma_D = 9{,}7$ N/mm^2; a) Ebene 1 und b) Ebene 4

sich auch in den Zugspannungsverteilungen im Stein wider (s. Bild 35).
Im Kontakt mit der Fuge herrschen vor allem im Randbereich hohe Zugspannungen, die auf das unterschiedliche Verformungsverhalten von Stein und Mörtel zurückzuführen sind. In Ebene 4 beträgt die Randzugspannung ca. 2 N/mm^2, während in Ebene 2 vergleichsweise konstant über die Ebene verteilte Zugspannungen auftreten, die mit Werten zwischen 0,6 und 0,7 N/mm^2 deutlich niedriger sind. Zusätzlich ist anhand von Bild 36 zu erkennen, dass die Schubspannungen σ_{xy} sehr schnell gegen null tendieren und die Zugspannungen im Stein im Wesentlichen aus den in der Kontaktzone wirkenden Schubspannungen resultieren.
Die Verteilung der Zugspannungen in den markierten Elementen ist in Bild 37 über die Steinhöhe dargestellt.

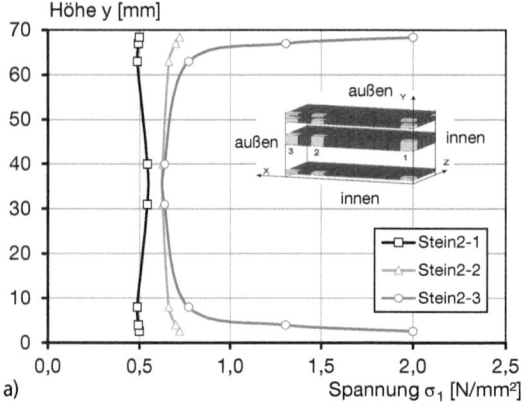
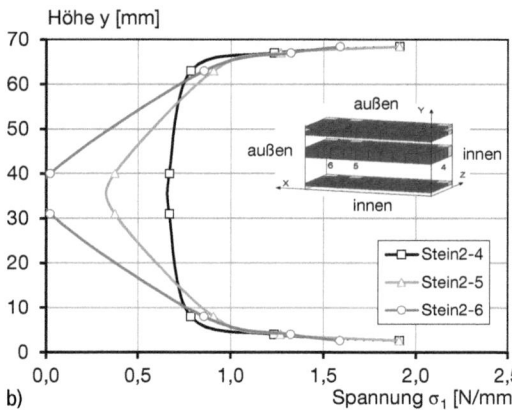
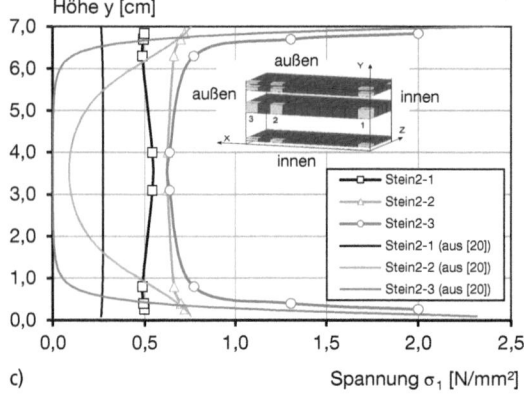

Bild 37. Hauptspannungen σ_1 im Stein; a) Elementreihen 1 bis 3, b) Elementreihen 4 bis 6 sowie c) Vergleich mit Berechnungen nach *Babilon* [20]

4 Zusammenfassung

Mit dem Ziel, das Drucktragverhalten von Mauerwerk mithilfe numerischer Berechnungsmethoden zutreffend vorherbestimmen zu können, wurden zunächst umfangreiche experimentelle Untersuchungen an Mauersteinen, Mauermörteln und Mauerwerkpfeilern durchgeführt. Auf Grundlage der in [5] im Rahmen einer Literaturrecherche zum Materialverhalten von Stein, Mörtel und Mauerwerk gewonnenen Erkenntnisse wurde ein Versuchsprogramm erarbeitet, mit dem die verschiedenen denkbaren Versagensformen von druckbeanspruchtem Mauerwerk versuchstechnisch abgebildet werden sollten.

In umfangreichen Voruntersuchungen wurden zunächst die mechanischen Kennwerte der verwendeten Materialien bestimmt. Besonders hervorzuheben ist an dieser Stelle, dass die Querdehnzahl der Steine stark spannungsabhängig ist und durch die Angabe eines Mittelwerts nur bedingt beschrieben werden kann. Außerdem wurden ausgewählte Eigenschaften des Mörtels in der Fuge, die Fugendruckfestigkeit und der dynamische E-Modul, an allen Materialkombinationen ermittelt. Dabei zeigte sich, dass die Fugendruckfestigkeit bei den Porenbetonpfeilern im Vergleich zu der Druckfestigkeit der an in Stahlschalungen erhärteten Normprismen deutlich anstieg, während sie bei den mit Kalksandsteinen hergestellten Pfeilern, bedingt durch das deutlich unterschiedliche kapillare Saugverhalten, gegenüber der Prismendruckfestigkeit deutlich abfiel. Zusätzlich konnte auch der Einfluss der Fugendicke auf die Druckfestigkeit gezeigt werden. Die Fugenmörtel der Prüfkörper mit 18 mm dicken Lagerfugen wiesen Druckfestigkeitswerte auf, die zwischen 30 % und 50 % höher waren als die der Prüfkörper mit den 12 mm dicken Fugen. Weiterhin wurden von sämtlichen Materialkombinationen auch die Verbundeigenschaften unter Scherbeanspruchung (Haftscherfestigkeit) bestimmt. Dabei ergab sich, dass die Haftscherfestigkeit zwischen den Kalksand- und Porenbetonsteinen und den beiden Mauermörteln vergleichsweise gering war und die Versuchswerte innerhalb der einzelnen Versuchsserien stark gestreut haben. Zudem führte die größere Fugendicke zu einer deutlichen Verschlechterung der Verbundeigenschaften.

Im Rahmen der Druckversuche an den Mauerwerkpfeilern wurden zahlreiche Verformungsmessungen durchgeführt. Dabei wurden zur Ableitung eines E-Moduls für den Fugenmörtel die Dehnungen des Mörtels mit induktiven Wegaufnehmern, die von Stein zu Stein über der Fuge angeordnet waren, bestimmt. Es zeigte sich, dass das Verhalten des Mörtels in der Fuge nicht nur in Bezug auf die Druckfestigkeit, sondern auch auf den E-Modul, sehr stark von den an Normprismen ermittelten Werten abweicht. Auch das Verformungsverhalten der Mauerwerkpfeiler unterschied sich in den Druckversuchen deutlich voneinander. Die Spannungs-Dehnungslinien der Porenbetonserien (PBI, PBII) verliefen nahezu linear bis zum Bruch. Bei den Kalksandsteinserien mit dem höherfesten Normalmauermörtel der Mörtelklasse M10 (KSIII, KSIV) war ebenfalls nur eine geringe Nichtlinearität der SDL zu beobachten. Das Versagen erfolgte bei diesen Serien vergleichsweise spröde ohne deutliche Ankündigung durch Rissbildung. Die Kalksandsteinserien mit dem schwächeren Normalmauermörtel der Mörtelklasse M2,5 (KSI, KSII) hingegen verhielten sich äußerst duktil und versagten erst bei sehr hohen Bruchdehnungen. Dieses Verhalten wurde vor allem verursacht durch ein starkes Ausbrechen des Mörtels im Randbereich der Fuge. Die Verhältniswerte von Pfeilerdruckfestigkeit zu Fugendruckfestigkeit waren bei den Serien mit 18 mm Fugendicke stets geringer als bei den dünneren Fugen. Dies wurde mit einer geringeren Querstützung des Mörtels in den dickeren Fugen begründet. Die große Differenz von Stein- zu Fugendruckfestigkeit bei den Serien KSI und KSII führte zu einem von einer deutlichen Schädigung des Mörtels geprägten Bruchbild. Die Serien KSIII und KSIV versagten vermutlich durch die Überschreitung der Querzugspannungen im Stein. Durch den besseren Verbund bei diesen Serien konnten sich mehrere, zum Teil breite Risse im Stein ausbilden. Die Serien PBI und PBII wiesen Steindruckfestigkeitswerte auf, die unterhalb der Fugendruckfestigkeit lag. Dies führte zu einem meist schlagartigen Versagen mit zahlreichen, im Stein verteilten feinen Rissen.

Zur weitergehenden Analyse des Drucktragverhaltens der Mauerwerkpfeiler wurde ein numerisches Modell entwickelt und anhand der durchgeführten experimentellen Untersuchungen kalibriert. Hierbei konnten sowohl die Tragfähigkeit als auch das Verformungsverhalten der Pfeiler in den meisten Fällen zutreffend beschrieben werden. Zunächst wurden allerdings die Materialeigenschaften der Mauersteine und des Mauermörtels durch Simulation der Druckversuche an den Steinzylindern und den Mörtelgroßprismen überprüft. Aufgrund der in diesen Berechnungen zutreffenden Beschreibung des Trag- und Verformungsverhaltens der Steine und des Mörtels wurde auch bei den numerischen Berechnungen der Mauerwerkpfeiler das Plastizitätsmodell nach *Drucker-Prager* in Verbindung mit dem Smeared Crack Model für das Versagen im Zugbereich verwendet. Der Reibungswinkel nach *Drucker-Prager* wurde für die Steine analytisch aus den einaxialen Festigkeitswerten bestimmt, für den Mauermörtel wurde entsprechend der Auswertung der Versuchsdaten von *Bierwirth* [19] ein Reibungswinkel von 20° angenommen. Als übrige Parameter des Mörtels wurden die tatsächlichen Kennwerte, d. h. die am Mörtel mit Kontakt zum Stein ermittelten, verwendet.

Vergleichend wurden auch numerische Berechnungen mit den Normkennwerten durchgeführt. Dabei konnte gezeigt werden, dass die Berücksichtigung des Fugen-E-Moduls und der Fugendruckfestigkeit bei den Serien KSIII, KSIV, PBI und PBII zu einer guten Übereinstimmung der Versuchsergebnisse mit den Ergebnissen der FE-Berechnung führte. Die Abweichungen vom Mittelwert lagen mit 1 % bis 11 % im Bereich der Streuung der Versuchsdaten. Die Berücksichtigung der Normkennwerte hingegen führte zu deutlich überschätzten Steifigkeits- und Tragfähigkeitswerten. Auch die in Abhängigkeit der jeweiligen Stein-Mörtel-Kombination stark variierenden Rissbilder konnten mit dem verwendeten Modell abgebildet werden. Lediglich das duktile Verhalten der Serien KSI und KSII konnte nicht zufriedenstellend simuliert werden. Zwar wurde die Anfangssteifigkeit der Pfeiler zutreffend beschrieben, das vom Versagen des Mörtels geprägte, stark nichtlineare Verhalten konnte aber nicht beschrieben werden. Abschließend wurden die Spannungszustände im Mauerwerk anhand der nichtlinearen FE-Berechnungen dargestellt.

Zusammenfassend konnte anhand der vorliegenden Untersuchungen gezeigt werden, dass sich sowohl die Tragfähigkeit als auch das in Abhängigkeit der jeweiligen Stein-Mörtel-Kombination stark variierende Verformungsverhalten der Mauerwerkpfeiler mithilfe numerischer Berechnungen in den meisten Fällen zutreffend beschreiben lassen. Auch die Spannungszustände im Mauerwerk lassen sich anhand der nichtlinearen FE-Berechnungen weitestgehend nachvollziehen. Die Berücksichtigung der tatsächlichen Mörtelkennwerte führt zu überwiegend guten Übereinstimmungen zwischen den experimentellen und numerischen Untersuchungen an den Mauerwerkpfeilern. Wesentlich ist in diesem Zusammenhang vor allem eine zutreffende Angabe des Fugen-E-Moduls. Die durchgeführten Versuche an den Einzelmaterialien und den Mauerwerkpfeilern sowie deren numerische Simulation bieten eine gute Basis für weiterführende Untersuchungen an anderen Materialkombinationen.

5   Literatur

[1] Hilsdorf, H. K. (1965) *Untersuchungen über die Grundlagen der Mauerwerksfestigkeit*, Materialprüfungsamt für das Bauwesen der Technischen Universität München, Bericht Nr. 40.

[2] Hilsdorf, H. K. (1969) *Investigation into the Failure Mechanism of Brick Masonry Loaded in Axial Compression*, Gulf Publishing Company, Houston, in: Designing Engineering and Constructing with Masonry.

[3] DIN EN 1996-1-1:2013-12 (2013) *Eurocode 6: Bemessung und Konstruktion von Mauerwerksbauten – Teil 1-1: Allgemeine Regeln für bewehrtes und unbewehrtes Mauerwerk*, Beuth, Berlin.

[4] DIN EN 1996-1-1/NA:2012-05 mit Änderungen A1:2014-03 und A2:2015-01 (2015) *Nationaler Anhang – National festgelegte Parameter – Eurocode 6: Bemessung und Konstruktion von Mauerwerksbauten – Teil 1-1: Allgemeine Regeln für bewehrtes und unbewehrtes Mauerwerk*, Beuth, Berlin.

[5] Graubohm, M. (2018) *Einfluss des Kontakts zwischen Mauerstein und Mauermörtel auf das Drucktragverhalten von Mauerwerk*, RWTH Aachen University, Fachbereich 3, Dissertation (eingereicht).

[6] DIN 1048-5:1991-06 (1991) *Prüfverfahren für Beton – Teil 5: Festbeton, gesondert hergestellte Probekörper*, Beuth, Berlin.

[7] Schubert, P. (2010) Eigenschaftswerte von Mauerwerk, Mauersteinen, Mauermörtel und Putzen, in *Mauerwerk-Kalender 2010*, (Hrsg. Jäger, W.) Ernst & Sohn, Berlin, S. 3–25.

[8] DIN EN 1015-6:2007-05 (2007) *Prüfverfahren für Mörtel für Mauerwerk – Teil 10: Bestimmung der Rohdichte von Frischmörtel*, Beuth, Berlin.

[9] DIN EN 1015-10:2007-05 (2007) *Prüfverfahren für Mörtel für Mauerwerk – Teil 10: Bestimmung der Trockenrohdichte von Festmörtel*, Beuth, Berlin.

[10] DIN EN 1015-11:2007-05 (2007) *Prüfverfahren für Mörtel für Mauerwerk – Teil 11: Bestimmung der Biegezug- und Druckfestigkeit von Festmörtel*, Beuth, Berlin.

[11] DIN 18555-4:1986-03 (1986) *Prüfung von Mörteln mit mineralischen Bindemitteln – Teil 4: Festmörtel; Bestimmung der Längs- und Querdehnung sowie von Verformungskenngrößen von Mauermörteln im statischen Druckversuch*, Beuth, Berlin.

[12] DIN 18555-9:1999-09 (1999) *Prüfung von Mörteln mit mineralischen Bindemitteln – Teil 9: Festmörtel; Bestimmung der Fugendruckfestigkeit*, Beuth, Berlin.

[13] Schubert, P., Bohne, D., Berndt, E. (2000) *Teil 1: Theoretische und praktische Untersuchungen zur rechnerischen Bestimmung der Druckfestigkeit von Mauerwerk; Teil 2: Baumechanische Analyse und Auswertung der Versuche und Begründung der wesentlichen Ergebnisse*, Institut für Bauforschung, Aachen, Forschungsbericht Nr. F 628.

[14] DIN 18555-5:1986-03 (1986) *Prüfung von Mörteln mit mineralischen Bindemitteln – Teil 5: Festmörtel; Bestimmung der Haftscherfestigkeit von Mauermörteln*, Beuth, Berlin.

[15] Schubert, P., Glitza, H. (1979) Festigkeits- und Verformungskennwerte von Mauersteinen und Mauermörtel, *Die Bautechnik* **56** (10), 332–341.

[16] Mann, W. (1983) Druckfestigkeit von Mauerwerk; Eine Statistische Auswertung von Versuchsergebnissen in geschlossener Darstellung mit Hilfe von Potenzfunktionen, in *Mauerwerk-Kalender 1983*, Ernst & Sohn, Berlin, S. 687–699.

[17] Khoo, C. L., Hendry, A. W. (1973) Ein Bruchkriterium für zentrisch belastetes Ziegelmauerwerk, in *Dokumentation der 3. Internationalen Mauerwerkskonferenz*, Essen, 08.–11.4.1973, Bundesverband der Deutschen Ziegelindustrie, Bonn, S. 139–145.

[18] Ohler, A. (1986) Zur Berechnung der Druckfestigkeit von Mauerwerk unter Berücksichtigung der mehrachsigen Spannungszustände in Stein und Mörtel, *Bautechnik* **63** (5), 163–169.

[19] Bierwirth, H., Stöckl, S., Kupfer, H. (1995) *Dreiachsige Druckversuche an Mörtelproben aus Lagerfugen von Mauerwerk*, Technische Universität, München, Institut für Tragwerksbau, Lehrstuhl für Massivbau, DFG-Forschungsbericht, Nr. Ku 239/74-1 und 74/2.

[20] Babilon, H. (1994) *Über die Auswirkung einer ungleichförmigen Fugengeometrie auf den Spannungs- und Verformungszustand im zentrisch gedrückten Mauerwerk*, Technische Universität, Berlin, Fachbereich 8, Dissertation, 1994.

B Konstruktion ▪ Bauausführung ▪ Bauwerkserhaltung

I   Statisch-konstruktive Sicherungsarbeiten am westlichen Iwan
    der UNESCO-Welterbestätte Takht-e Soleyman, Iran   295
    Toralf Burkert, Weimar, Christian Fuchs, Berlin und Robert Sobott, Naumburg

II Ev.-Luth. Hauptpfarrkirche Zwickaus – seit 1935 Dom St. Marien
    Zwickau   333
    Toralf Burkert, Weimar und Peter Schöps, Radebeul

III Tragverhalten und Tragfähigkeit von Injektionsdübeln in Lochsteinen
    unter Berücksichtigung der Steingeometrie   379
    Marina Stipetic und Jan Hofmann, Stuttgart

I Statisch-konstruktive Sicherungsarbeiten am westlichen Iwan der UNESCO-Welterbestätte Takht-e Soleyman, Iran

Toralf Burkert, Weimar, Christian Fuchs, Berlin und Robert Sobott, Naumburg

1 Einleitung

Im Oktober 2011 wurde im Rahmen einer Veranstaltung in Teheran ein Memorandum of Understanding (MoU) zwischen der Iranischen Kulturbehörde (ICHHTO), vertreten durch den damaligen Leiter der Welterbestätte, Herrn *Farhad Azizi* und Herrn Prof. *Wolfram Jäger*, Lehrstuhl für Tragwerksplanung der TU Dresden, unterzeichnet. Gegenstand dieses MoU war die Sicherung und der dauerhafte Schutz des westlichen Iwans der UNESCO-Welterbestätte Takht-e Soleyman. Infolge der Unterzeichnung wurde versucht, für dieses Projekt finanzielle Unterstützung in Deutschland und Europa zu akquirieren. Da diese Anstrengungen jedoch zunächst erfolglos blieben, wurde in einem ersten Schritt durch zwei Studenten der Fakultät Architektur der TU Dresden im Wintersemester 2011/2012 eine Diplomarbeit zu vorbereitenden Untersuchungen und Varianten zur Sicherung der noch stehenden Ruinenteile des westlichen Iwans erarbeitet [19]. Diese Arbeit, bei der die Studenten mehrere Tage vor Ort am Takht-e Soleyman arbeiten konnten, war eine wesentliche Grundlage für alle weiterführenden neuerlichen Aktionen am Takht. Die Bemühungen des Lehrstuhls für Tragwerksplanung, Gelder für die dringend notwendigen Sicherungsmaßnahmen zu akquirieren, führten letztlich zum Jahreswechsel 2015/2016 zum Erfolg. Das Kulturerhaltprogramm des Auswärtigen Amtes der Bundesrepublik Deutschland bewilligte der TU Dresden, Lehrstuhl für Tragwerksplanung, Prof. Dr.-Ing. *Wolfram Jäger*, eine Förderung und die Arbeiten an dem Projekt konnten beginnen. Bis heute wurde die Förderung durch das Auswärtige Amt fortgesetzt.

Im vorliegenden Beitrag wird über die im Jahr 2016 begonnenen Sicherungsarbeiten am UNESCO-Welterbe Takht-e Soleyman berichtet. Bei der Anlage handelt es sich um ein Feuerheiligtum, was auf die sassanidische Herrschaft bis ins 6. Jahrhundert n. Chr. zurückgeht. Die Anlage wurde im 13. Jh. durch die Ilkhaniden durch umfangreiche Instandsetzungs- und Baumaßnahmen überformt. Bis ins frühe 20. Jh. verfiel die Anlage. In den 1970er-Jahren wurde die Nordwand des Westiwans erstmals durch ein Stahlgerüst gesichert. In Zusammenarbeit des Lehrstuhls für Tragwerksplanung der TU Dresden und der Iranischen Kulturbehörde (ICHHTO) mit finanzieller Unterstützung durch das Kulturerhaltprogramm des Auswärtigen Amtes der Bundesrepublik Deutschland wird seit 2016 an der Stabilisierung des Westiwans gearbeitet. Die durchgeführten Voruntersuchungen und die bisherigen Arbeiten am Bauwerk werden nachfolgend näher erläutert.

2 Der Takht-e Soleyman

Die Welterbestätte des Takht-e Soleyman liegt rund 600 km westlich der Hauptstadt Teheran in den Gebirgen der Provinz West-Aserbaidschan. Die nächsten lokalen Siedlungszentren sind die Kleinstädte Takab und Dandy. Die Anlage liegt auf rund 2300 m Höhe in einer reizvollen Hochgebirgslage mit sanft abfallenden, grasbewachsenen Höhenzügen. Klimatisch weist die Region ausgeprägte jahreszeitliche Wetterlagen auf: Die Winter sind hart und können von Oktober bis März andauern. Während im Frühling die Landschaft mit sattem Grün überzogen ist, sorgen die regenlosen Sommer für ein Austrocknen der Bergwiesen. Die Region des Takht-e Soleyman, wörtlich übersetzt „Thron des Salomon" erfreut sich einer ganzen Reihe geologischer Auffälligkeiten, die nicht zuletzt raison d'être der frühen Besiedlung darstellen dürften. Zu diesen Auffälligkeiten ist der weithin sichtbare Bergkegel „Zendan-e Soleyman" zu zählen, dessen leerer Schlot sich wie ein erloschener Vulkan mehr als einhundert Meter über die ihn umgebende Landschaft erhebt. Tatsächlich handelt es sich nicht um einen Vulkan, sondern um einen ehemaligen, längst versiegten Quelltopf, dessen überlaufendes, stark mineralisches Quellwasser über die Jahrhunderte Sedimente ablagerte und den Bergkegel geformt hatte. Am Fuße des Zendan-e Soleyman liegen noch heute warme Mineralquellen. Auch der Takht-e Soleyman liegt auf einem Plateau, das durch einen Quelltopf geformt wurde. Allein die „Bewirtschaftung", d. h. das kanalisierte Abführen des Quellwassers durch zwei Wasserabläufe sorgt dafür, dass das extrem mineralienhaltige Wasser nicht durch Sedimentation zum weiteren Anwachsen des Quelltopfes führt (Bild 2). Die suggestive Kraft eines fast kreisrunden, scheinbar unergründlich tiefen Sees, aus dem ununterbrochen warmes Wasser strömt, ist enorm und erklärt, warum dieser Ort von den Sassaniden als Bauplatz für eines ihrer wichtigsten Heiligtümer gewählt wurde. Auch ein weiterer, südöstlich des Takht-e Soleyman liegender Berg ist ein ehemaliger, heute versiegter Quelltopf (Weiterfüh-

Mauerwerk-Kalender 2019: Bemessung, Bauwerkserhaltung, Schallschutz. Herausgegeben von Wolfram Jäger.
© 2019 Ernst & Sohn GmbH & Co. KG. Published 2019 by Ernst & Sohn GmbH & Co. KG.

Bild 1. Blick auf die Gesamtanlage des Takht-e Soleyman von Südosten

Bild 2. Blick über den Quellsee auf die Ruine des Westiwans aus südlicher Richtung mit einem der beiden Abläufe im Vordergrund

rende Informationen zur Geologie der Region bietet zum Beispiel [1]).
Die baulichen Anlagen des Takht-e Soleyman bestehen aus einer ovalen Wehrmauer mit 38 Bastionen und mit zwei Zugangstoren. Im Inneren des umwehrten Bezirks liegen die Ruinen einer weitläufigen Gebäudeagglomeration. Einige dieser Ruinen weisen noch heute eine beträchtliche Höhe auf; zu diesen beeindruckenden Gebäuderesten gehört der sogenannte Westliche Iwan, dessen Ertüchtigung hier in diesem Beitrag beschrieben werden soll (s. Bild 1, Mitte).

2.1 Geschichtlicher Überblick

Der Takht-e Soleyman ist im Kern ein Feuerheiligtum, dessen bauliche Anlagen sich um einen Quellsee gruppieren.
Erste Besiedlungen auf dem Takht lassen sich schon zu achämenidischer Zeit ab dem 5. Jahrhundert v. Chr. nachweisen. Es handelte sich jedoch um bescheidene Siedlungen, von denen sich lediglich Gräber und die Spuren von überschaubaren Häusern aus Lehmsteinen nachweisen ließen [1]. Erst in der zweiten Hälfte des 5. Jh. n. Chr. wird unter den Sassaniden ein zoroastrisches Feuerheiligtum mit dem Namen Adur Gushnasp errichtet. Das Feuerheiligtum ist von großer Bedeutung für die sassanidischen Herrscher und es ist anzunehmen, dass die Könige oft zu diesem Heiligtum gepilgert waren [3]. Entsprechend bedeutend sind auch die Bauten aus dieser Zeit. Hier sind in erster Linie das Feuerheiligtum selbst mit Nebenanlagen zu nennen, ein angegliederter Anahita Tempel sowie der bedeutende Bau des Westiwans, auch „Iwan des Khosrow" (persisch: eiwan-e Khosrow) genannt (Bild 3). Die Bauform des Iwans ist vereinfacht als eine auf drei Seiten geschlossene Halle zu bezeichnen. Die Iwane verfügen zumeist über ein Gewölbe und sind aufgrund ihrer Anordnung im Baugefüge sowie ihrer Größe als Bauform für Empfangs- und Repräsentationszwecke zu verstehen. Dies ist auch für den Westiwan dieser Anlage anzunehmen. Es handelte sich nicht um den einzigen Iwan der Anlage, aber um den zweifelsohne Größten. Mit der sassanidischen Bautätigkeit war die Grundlage alles weiteren baulichen Schaffens auf dem Takht im Grunde vorgegeben; noch heute geht die vorhandene Bebauung zum überwiegenden Teil auf die ausgedehnte Anlage der Sassaniden zurück und nutzte diese als Basis für spätere Instandsetzungen, Um- und Weiterbauten.

Mit dem Ende der sassanidischen Herrschaft im 7. Jh. n. Chr. und der Etablierung des muslimischen Glaubens in ihrem ehemaligen Herrschaftsgebiet verlor auch der zoroastrische Glauben und seine heiligen Stätten an Bedeutung. Dennoch wurde das Heiligtum nicht sofort aufgegeben; es blieb mindestens bis in das 10. Jh. in Nutzung [1], wenngleich auch stark eingeschränkt. Eine früh- und hochmittelalterliche Siedlung mit dem Namen Shiz ist zu muslimischer Zeit nachweisbar; von ihr sind aber – nach jetzigem Kenntnisstand – eher bedeutende keramische Funde überliefert [1], weniger aber bauliche Anlagen. Allmählich jedoch verloren die weitläufigen Anlagen ihre Nutzung als Heiligtum und wurden sukzessive umgenutzt oder gar aufgegeben. Als Folge des fehlenden Bauerhalts kommt es zum Einsturz der Anlagen; dieser Prozess lässt sich auch am Beispiel des Westiwans nachweisen. In [6] wird der arabische Schreiber *Yaqut* zitiert, der im Jahre 1225 davon schreibt, dass in der Siedlung Shiz ein Thronsaal lag, den der König *Khosrow* hatte erbauen lassen. Damit war der Westliche Iwan offenbar immerhin noch in so gutem Zustand, dass er noch als Thronsaal identifizierbar war. Der feststellbare Einsturz des Iwans kann also entweder noch nicht vollständig gewesen sein oder er erfolgte erst in der Zeit bis 1271, als die Ilkhaniden das Bauwerk überformten.
Die Siedlung Shiz innerhalb der sassanidischen Festungsrings blieb aber bis in das 13. Jh. erhalten.
Nach dem Mongolensturm ab 1221 etablierte sich in der frühen 2. Hälfte des 13. Jh. die mongolische Dynastie der Ilkhaniden auf dem Gebiet des heutigen Irans.

Bild 3. Historische Fotos des Westiwans; a) mit Teilen der noch fast vollständig erhaltenen Südwand (nach [2]), b) Blick auf die Nordwand aus Richtung Ost mit den drei Muqarnas (nach [4]), c) innerhalb der gesamten Anlage des Takht-e Soleyman (nach [2]) und d) ebenfalls noch mit beiden erhaltenen Torbauten – hier mit den auf beiden Seiten zugemauerten unteren Muqarnas (nach [5])

Wenngleich der Mongolensturm unter *Dschingis Khan* für weite Teile Irans kaum darstellbare Zerstörungen mit sich brachte, so verhalfen die mongolischen Ilkhaniden Iran zu einer frühen kulturellen und wirtschaftlichen Erholung und Blüte. Vor allem die Ilkhanidenherrscher *Abaqa Khan*, *Ghazan Khan* und *Oldschaitu* entfalteten zwischen den 1270er-Jahren und dem frühen 14. Jh. ein enorm ehrgeiziges Bauprogramm, das vor allem darauf abzuzielen schien, die jeweiligen Vorgänger in Pracht und schierer Bauwerksgröße zu übertreffen. Von diesem beispiellosen Schöpferdrang blieb auch der Takht-e Soleyman nicht unberührt. Anfang der 1270er-Jahre brach unter *Abaqa Khan* nun die zweite große Bauphase für die Anlage an. Zunächst wurde die Siedlung Shiz abgeräumt [3]. Dann wurden die Ruinen des sassanidischen Baukomplexes freigelegt und als Grundlage für die Schaffung eines Sommer- und Jagdpalastes weitergenutzt. Auch der bis dato offenbar bereits eingestürzte Westiwan wurde wieder aufgebaut und um einen Privatbereich mit zwei Oktogonen im Westen erweitert.

Bereits mit dem Tod des *Abaqa Khan* im Jahr 1282 verliert der Palast wieder an Bedeutung. Sein Nachfolger *Oldschaitu* zeigt wenig Interesse an der Anlage und konzentriert sich auf die Errichtung einer neuen Residenzstadt in Soltanieh in der Nähe der Stadt Zandschan. Dennoch zeigt das Bauwerk des Westiwans noch heute deutliche Spuren von mindestens einer Umbau- und Restaurierungsphase. Sie sind noch der Zeit der Ilkhaniden zuzurechnen und belegen, dass der Palast also in Nutzung blieb. Spätestens mit der Auflösung des Ilkhanidischen Reichs um 1340 endet die zweite und letzte Phase repräsentativer Nutzung des Takht-e Soleyman. Die archäologischen Untersuchungen ergaben, dass sich Keramiken jünger als das 15. Jh. nicht mehr nachweisen ließen. Es ist also davon auszugehen, dass die Besiedlungsaktivitäten auf dem Takht damit endeten [3].

2.2 Anmerkungen zur Forschungsgeschichte

Es ist in erster Linie britischen Reisenden und Forschern und ihren Reiseberichten zu verdanken, dass die Anlage im frühen 19. Jh. einem europäischen Publikum bekannt gemacht wurde (s. hierzu u. a. [7–9]). In der ersten Hälfte des 20. Jh. setzten erste Anstrengungen ein, die Stätte systematischer zu erfassen und zu dokumentieren. Hier seien zum Beispiel *Myron B. Smith* und *Arthur M. Pope* (1937) sowie *André Godard* (1938) genannt. Im Jahr 1959 nahm das Deutsche Archäologische Institut unter der Leitung von *Henning von der Osten* und *Rudolf Naumann* die Grabungsaktivitäten auf, die mit kleineren Unterbrechungen bis 1975 andauerten. Der heutige Forschungsstand beruht im Wesentlichen auf der umfangreichen Grabungsdokumentation dieser Kampagnen. In jüngerer Vergangenheit gab es wieder vermehrt Anstrengungen von iranischer Seite, die Grabungs-, vor allem aber die Restaurierungs- und Instandsetzungsarbeiten voranzutreiben. Ein Ergebnis der Grabung iranischer Archäologen ist zum Beispiel die Freilegung eines ilkhanidischen Hammams in der Nähe des Nordtors.

Die archäologischen Untersuchungen und Freilegungen im Westiwan begannen im Jahr 1961 an der Südwand, also jener Wand von der heute nur noch ein Sockel steht [10]. In den Folgejahren wurde dann die Ruine der ehemaligen Halle inklusive der südlich liegenden Nebenräume bearbeitet. In der Halle selbst beschränkte man sich bis auf punktuelle Sondagen auf eine Freilegung, die nur bis zum Ilkhanidischen Fußbodenniveau reichte. Dieses liegt immerhin noch über zwei Meter über dem sassanidischen Fußbodenniveau.

3 Der westliche Iwan

Der Westiwan ist noch heute das größte Bauwerk auf dem Takht-e Soleyman. Die Ruine der Nordwand dieser großen Thronhalle erreicht noch immer eine Höhe von ca. 17,50 m (Bild 4). Im ursprünglichen Zustand müssen die Abmessungen der sassanidischen Halle für die Zeitgenossen extrem beeindruckend gewesen sein: Die Halle war 11 m breit, 26 m tief und erreichte eine Scheitelhöhe von mindestens 18 m. Diese Scheitelhöhe bezieht sich allerdings auf das heutige Terrain; da das sassanidische Fußbodenniveau ca. 2 m tiefer lag, ist sogar von einer lichten Höhe des Bauwerks von 20 m auszugehen. Das sassanidische Bauwerk wurde im Grunde aus drei Materialien hergestellt: Das Sockelmauerwerk bestand bis zu einer Höhe von ca. 4 m (über sassanidischem Fußboden) aus großformatigen, behauenen Kalksteinblöcken, im Mittel ca. 55 cm hoch und ca. 25 cm stark. Sie wurden abwechselnd als Binder

Bild 4. Blick auf die Ruine der Nordwand des Westiwans von Südosten

und Läufer verbaut. Der Rest des Mauerwerks oberhalb dieser Sockelzone besteht aus Backsteinen. Versetzt ist das Mauerwerk in einem qualitätvollen Hochbrandgipsmörtel. Den sassanidischen Bautraditionen entsprechend, war die Halle mit einem paraboloiden Tonnengewölbe versehen. Der Gewölbeansatz auf ca. 5 bis 6 m besteht aus schichtweise leicht auskragenden Backsteinreihen, erst darüber setzte das echte Gewölbe an, bestehend aus ringförmig versetzten Backsteinen. Die mongolische Überformung des 13. Jh. lässt erkennen, dass die sassanidische Halle vor der Aufnahme der Wiederaufbaumaßnahmen eingestürzt war. Die neuen Baumeister nutzten das überkommene Mauerwerk der Sassaniden offenbar soweit, wie sie es für konstruktiv belastbar hielten. Alle Bauelemente der Ilkhaniden wurden aus Feld- und Bruchsteinen hergestellt, was dem Besucher eine Identifizierung der beiden Bauphasen am Iwan sehr erleichtert. Als Mörtel wurde wieder ein Hochbrandgipsmörtel verwendet.

3.1 Dokumentation und Untersuchungen Teil 1: Aufmaß und Kartierungen

Im Frühjahr 2016 wurden im Rahmen des gemeinsamen Restaurierungsprojekts der TU Dresden und der ICHHTO mit den Voruntersuchungen und der Grundlagenermittlung begonnen. Die Untersuchungen beinhalteten einen 3-D-Scan zur Herstellung von zuverlässigen Planunterlagen (s. Bild 5), eine Materialkartierung, eine Schadenskartierung (vgl. Bild 7) und eine Beprobung der historischen Baumaterialien. Im Auftrag des Lehrstuhls für Tragwerksplanung wurden die notwendigen mechanischen Kennwerte der verwendeten sassanidischen Baustoffe Backstein, Kalkstein, Gipsmörtel sowie der ilkhanidischen Baustoffe Bruchstein und Gipsmörtel ermittelt. Der immer noch beeindruckende Rest des Bauwerks und die vor Ort haptisch feststellbare Härte des Gipsmörtels konnte durch die Beprobung im Labor bestätigt werden: Die Werte ergaben durchschnittliche Festigkeiten von etwa

Bild 5. Teilausschnitt des 3-D-Laserscans der Gesamtanlage aus dem Jahr 2016

8,50 N/mm² (vgl. [27]). Nur so ist es letztlich auch zu verstehen, wie eine so zerklüftete Ruine die Jahrhunderte in extremer Witterung überdauern konnte.

Trotzdem sind die Schäden an dem Mauerwerk beträchtlich. Auffälligste Schadensbilder sind verschiedene Riss- und Schalenbildungen (Bild 6). Während die Rissbildung zum überwiegenden Teil auf den Einsturz und den daraus resultierenden Verlust der baulichen Kohärenz zurückzuführen ist, so ist die Schalenbildung in den meisten Fällen die Konsequenz einer unzureichenden Verzahnung der Mauerwerkspartien aus den zwei Bauphasen. Rissmarken aus Gips, die noch in den 1970er-Jahren auf einen der gravierendsten Vertikalrisse aufgesetzt wurden, sind zwar gebrochen, doch zeigen sie nur eine geringfügige Verformung. Aufschlussreich war auch der Abgleich eines 3-D-Scans aus den frühen 2000er-Jahren mit dem 3-D-Scan von 2016. Auch hier konnten keine auffälligen Verformungen und Bewegungen in der Ruine nachgewiesen werden. In einigen Bereichen ist auch der Verlust der inneren Mauerwerkkohäsion sichtbar; hier sind vor allem die oberen, exponierten Mauerwerkspartien, aber auch der ilkhanidische Strebepfeiler vor der Nordfassade zu nennen.

3.2 Dokumentation und Untersuchungen Teil 2: Bauhistorische Befunddokumentation

Zeitgleich wurde mit der bauhistorischen Dokumentation des Bauwerks begonnen, welche auf die Ergebnisse der Untersuchungen durch das Deutsche Archäologische Institut (DAI) aufbaute. Hier sei vor allem

a)

b)

Bild 6. a) Starke Schalenbildung im Bereich des westlichen Wandabschnitts der Nordwand und b) großer durchgängiger Riss in der Mitte des östlichen Wandbereichs

Bild 7. Kartierte Schäden auf der Südseite der Nordwand des Iwans nach [18] – im Detail Rissbildungen und starke Oberflächenabrasion in den hinterlegten Mauerwerkspartien

auf die Arbeit von Herrn Dr. *Huff* hingewiesen. Dieser stand dankenswerterweise auch für ein persönliches Gespräch am DAI in Berlin zur Verfügung. Eine umfassende Publikation der Ergebnisse zu den Forschungen auf dem Takht-e Soleyman ist in Vorbereitung. Die Ergebnisse dieser Dokumentation sind recht vielfältig und es erscheint sinnvoll, sich hier auf jene Befunde zu beschränken, die für die Konstruktion und die Ertüchtigungsmaßnahmen relevant sind. Deshalb soll zum einen kurz auf die Mauerwerkstechniken der Sassaniden sowie auf die vorbereitenden Maßnahmen der Ilkhaniden vor Baubeginn ihrer Halle eingegangen werden.

Wie bereits in der Baubeschreibung kurz erwähnt, war die Zahl der verwendeten Baumaterialien der Sassaniden sehr begrenzt: Das Sockelmauerwerk besteht aus großformatigen Kalksteinblöcken, die als Läufer und Binder alternierend versetzt sind (Es handelt sich im Grunde immer um das gleiche Format mit im Mittel ca. 55 cm Lagenhöhe und ca. 20 bis 30 cm Blockstärke. Daraus ergibt sich, dass es sich auch bei dem Kalksteinquadermauerwerk tatsächlich um ein Schalenmauerwerk handelt. Hinter der Schale aus Kalksteinblöcken liegt Mauerwerk aus Bruchsteinen, was bei der Ertüchtigung des Mauerwerks beim Bohren der Anker festgestellt werden konnte.), und darüber aus Backsteinen mit den Abmessungen 29 cm × 29 cm × 5 cm, die in einem Gipsmörtel versetzt wurden. Anders als zur späteren ilkhanidischen Bauphase, benutzten die Sassaniden keinen Putz – zumindest lässt sich ein Putzauftrag nicht nachweisen und die Fügetechnik scheint dies zu bestätigen. Die aufmerksame Betrachtung des Backsteinmauerwerks auf der Iwaninnenseite der Nordwand lässt deutliche Spuren von einer nachträglich erfolgten, großflächigen Abtragung der äußeren Mauerwerksschicht erkennen. Diese Abarbeitung erfolgte in recht grober Manier. Es handelt sich eindeutig um eine Maßnahme der ilkhanidischen Zeit, auf die später noch eingegangen wird. Doch was bezweckte sie und worauf lässt das schließen? Ziel dieser großflächigen Abarbeitung war offenbar, der Ansichtsfläche des Mauerwerks einen lotrechten Verlauf zu verleihen; die genaue Beschaffenheit der Wandoberfläche war dabei zweitrangig, denn der ilkhanidische Bau war vollflächig verputzt. Die Abarbeitung bezieht sich in erster Linie auf jene Bereiche im unmittelbaren Umfeld einer über die gesamte Gebäudetiefe durchlaufende Rollschicht im Backsteinmauerwerk. Diese Rollschicht markiert die ungefähre Lage des sassanidischen Gewölbekämpfers. Die Abarbeitung erstreckt sich auch auf diese Rollschicht. Die Tatsache, dass die Ilkhaniden diese Abarbeitung für nötig erachteten, belegt, dass die Sassaniden ihre andernorts auch angewendete Wölbetechnik auch hier zum Einsatz gebracht hatten: Anstelle einer eindeutigen Kämpferlage, die den Übergang zwischen vertikaler Wand und gekrümmtem Gewölbe markiert, ist der sassanidische Gewölbeansatz sehr allmählich und kaum verortbar. Er wird hergestellt durch auskragende Lagerschichten im Backsteinmauerwerk, die sich zunächst um ein kaum wahrnehmbares Maß hervorschieben. Auf diese Weise verjüngte sich der Raumquerschnitt bereits recht früh. Im Falle des Westiwans jedoch wurde der Effekt der leicht hervorkragenden Lagerschichten noch künstlich überhöht: Die Lagen der Backsteine weisen im Kern der Wand ein derart starkes Gefälle nach Norden auf (Bild 8), dass die sich gegeneinander verschiebenden Mauerwerkslagen – selbst bei insgesamt lotrechter Wandoberfläche – noch den Eindruck vermittelt haben müssen, dass sie bereits Teil des Gewölbes sind. Das extreme Gefälle nach Norden in den Lagen des Mauerwerks wird in der Bresche offenbar, die auf der Mitte der Nordwand liegt.

Bild 8. Das Kernmauerwerk der Sassanidischen Wand. Blick nach Osten. Die Backsteinlagen zeigen ein starkes Gefälle nach Norden. Auch das Durchhängen der Lagen, vor allem im Bereich der Rollschicht ist gut zu erkennen. Links schließt die Schale des ilkhanidischen Bruchsteinmauerwerks an; eine Verzahnung der beiden Mauerwerkstypen ist im Grunde nicht gegeben – man sieht deutlich eine starke Schalenbildung.

Was könnte der Grund für diese konstruktive Auffälligkeit sein? Auszuschließen ist eine Deformation oder gar ein Verkippen der gesamten Wand nach Norden. Dies lässt sich zweifelsfrei anhand der sauber und im Lot versetzten Kalksteinblöcke im Sockel nachweisen. Es handelt sich aber auch nicht um eine Technik, die sich durch statisch-konstruktive Notwendigkeiten erklären ließe. Eine gute Abtragung der Kräfte aus dem Gewölbe wäre durch Mauerwerkslagen bewerkstelligt, die orthogonal zur Kraftresultierenden verlaufen. Dies wäre genau entgegengesetzt zum gegebenen Gefälle. Schließt man schlichte Unaufmerksamkeit oder Gleichgültigkeit beim Aufmauern des Iwans als

Möglichkeit aus, dann bleibt in der Tat nur noch die Möglichkeit, dass hier eine bewusste Überhöhung des Kämpferbereichs beabsichtigt war. Diese Art des Mauerwerks führte dazu, dass optisch das Gewölbe früher ansetzte und dass es eine scheinbar stärkere Krümmung aufwies (Bild 9).

Leider lässt sich der Faktor der Nachlässigkeit hinsichtlich der sassanidischen Mauerwerkstechnik jedoch nicht ganz von der Hand weisen. Gerade in Anbetracht der Tatsache, dass auf einen Innenputz verzichtet wurde, sind erstaunliche Ungenauigkeiten beim Versetzen der Backsteine anzutreffen. Hier sei vor allem die Rollschicht genannt, die bereits oben erwähnt wurde und die sich über die gesamte Gebäudetiefe und die gesamte Wanddicke erstreckt. Sie diente offenbar dazu, die Kämpferzone optisch zu markieren. Sie stellt sich jedoch in weiten Teilen als unsauber gemauert, oft mit leicht lehnend versetzten Backsteinen dar. Offenbar stellten derartige Ungenauigkeiten für die Sehgewohnheiten ihrer Erbauer und Nutzer aber keine Störung dar.

In der Mitte der Nordwand führte der Einsturz des Gewölbes zu einer tiefen Bresche. Hier ist auch das Kernmauerwerk des sassanidischen Baus gut einsehbar. Es offenbart sich nicht nur das oben bereits behandelte starke Gefälle nach Nord in den Mauerwerkslagen, sondern darüber hinaus auch noch ein „Durchhängen" der Lagen. Der Versuch der Baumeister, diese Ungenauigkeit später zu korrigieren, führte zu Lagerfugen mit über 7 cm Dicke im Kern des Mauerwerks. Spätestens an diesem Punkt wird deutlich, dass möglicherweise weniger eine perfekte Fügetechnik wichtig war, als vielmehr vielleicht Schnelligkeit und Druck bei der Fertigstellung des ehrgeizigen Bauprogramms.

Soweit zu einigen Details der sassanidischen Bautechnik. Auch die ilkhanidische Überformung des 13. Jh. weist einige Besonderheiten auf, die hier kurz angesprochen werden sollen.

Die Betrachtung der heutigen Ruine der Nordwand ist hinsichtlich ihrer zwei Hauptbauphasen – der sassanidischen und der ilkhanidischen – leicht zu

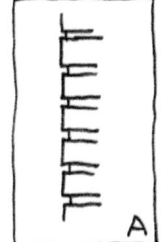 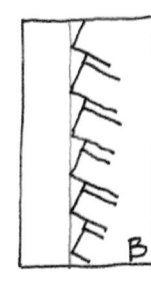 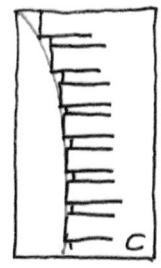 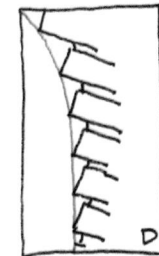

Bild 9. Schematische (und überhöhte) Darstellung des optischen Effekts, der durch die schiefen Mauerwerkslagen erzielt wird. Bild A zeigt eine Wand mit lotrechtem Mauerwerk und waagerechten Backsteinlagen. Bild B zeigt eine lotrechte Wand mit abfallenden Backsteinlagen; jede Schicht scheint optisch von unten betrachtet leicht hervorzukragen. Bild C zeigt einen Gewölbeansatz mit leicht hervorkragenden, horizontal versetzten Backsteinlagen. Bild D zeigt den gleichen Gewölbeansatz mit leicht hervorkragenden, aber abfallenden Backsteinlagen; der Effekt der sich hervorschiebenden Backsteinlagen ist optisch stark vergrößert.

interpretieren. Abweichend von den Sassaniden wählten die Ilkhaniden Bruchstein als nahezu ausschließliches Baumaterial für den Wiederaufbau des Westiwans. Der unregelmäßige Übergang vom sassanidischen zum ilkhanidischen Mauerwerk lässt vermuten, dass das Gewölbe der Halle vor Baubeginn in den 1270er-Jahren bereits eingestürzt war. Es ist ferner zu erkennen, dass die Ilkhaniden keinen geregelten Rückbau des Mauerwerks der Ruine auf eine einheitliche Höhe für nötig hielten. Ihnen reichte es offenbar, jene Bereiche des sassanidischen Mauerwerks abzutragen, welche sie als zu zerstört und deshalb nicht tragfähig erachteten. Betroffen waren damit wohl nur die obersten Lagen des bis heute erhaltenen Mauerwerks. Nur so lässt sich der scheinbar ungeregelte Übergang von sassanidischem Backsteinmauerwerk zu ilkhanidischem Bruchsteinmauerwerk erklären. Damit lässt sich auch näherungsweise herleiten, wie die Ruine der Nordwand vor dem ilkhanidischen Baubeginn ausgesehen haben dürfte: Das Mauerwerk aus Kalksteinblöcken war unbeschädigt; das darauf aufsitzende Mauerwerk aus Backsteinen war an den östlichen und westlichen Enden fast vollständig verloren, im Kern dürfte es noch hoch angestanden haben. Die Ilkhaniden waren ohne Zweifel an einer schnellen Fertigstellung ihres Bauprogramms interessiert. Dieser Anspruch an Schnelligkeit bei gleichzeitiger maximaler Prachtentfaltung des Bauwerks kann als charakteristisch für die Bautätigkeit der Ilkhane angesehen werden. Innerhalb der Thronfolgerreihe gab es kein Bestreben, Bauprogramme über die Regierungszeit eines Ilkhans hinaus fortzuführen. Vielmehr folgten die jeweiligen Regierenden dem Wunsch, stets eigene, neue Bauprojekte zu beginnen. Sie sollten sich in den Punkten Umfang und Prachtentfaltung, aber auch in der Wahl des Bauplatzes von ihren jeweiligen Regierungsvorgängern deutlich unterscheiden. So kann es *Abaqa Khan* nicht daran gelegen gewesen sein, beim Bau der neuen Halle allzu viel Zeit mit Rückbau zu verlieren; im Gegenteil. Direktive war es wahrscheinlich, so viel zu übernehmen, wie es irgend vertretbar war.

Dennoch waren gewisse Anpassungen an der übernommenen Bausubstanz vorzunehmen; nicht alle Vorgaben des Bestands passten zum ästhetischen Empfinden der neuen Bauherren. Dazu gehörte zum Beispiel die sassanidische Gewölbeform mit ihrem mittels Kragschichten extrem früh ansetzenden Gewölbekämpfer. Dabei muss man sich vor Augen halten, dass das anstehende Terrain in den Jahrhunderten zwischen dem Erlöschen der sassanidischen Nutzung und dem Baubeginn durch die Ilkhaniden um rund 2,10 m angestiegen ist und der Kämpfer nun also bei ca. 5 m über dem Terrain lag. Die Ilkhaniden ließen eine Spitztonne errichten, was eine deutlich höhere Lage des Kämpfers verlangte. Dieser ist heute noch an den Rüstlöchern für das Lehrgerüst für das Gewölbe auf rund 10 m über dem Terrain zu erkennen. Was war also zu tun? Die auskragenden Schichten des Backsteinmauerwerks waren abzuschlagen, bis eine vertikale Fläche

Bild 10. Detailaufnahme der Nordwand, südliche Ansicht. Die Spuren der nachträglichen Abarbeitung des sassanidischen Mauerwerks sind deutlich erkennbar.

entstand. Spuren dieses Vorgangs lassen sich noch heute gut erkennen (s. Bild 10 in der Mitte).
Sollten noch Teile der sassanidischen Ringschichten des Gewölbes existiert haben, so wurden diese vollständig abgetragen.
Die Unterschiede zwischen dem sassanidischen und dem ilkhanidischen Gewölbetyp sind in Bild 11 skizziert. Im Bild 11a ist eine hypothetische Rekonstruktion des sassanidischen Gewölbes dargestellt. Der Kämpfer liegt vergleichsweise tief und wird durch auskragende Mauerwerksschichten eingeleitet. Dagegen zeigt die dargestellte Skizze in Bild 11b das hypothetische ilkhanidische Gewölbe. Es handelt sich um eine Spitztonne; der Kämpfer ist weit nach oben verlagert. Damit das ilkhanidische Gewölbe auf die Reste des sassanidischen Baus aufgesetzt werden konnten, mussten die auskragenden Mauerwerksschichten begradigt und abgeschlagen werden (dunkel markierte Bereiche). Zur Zeit der Ilkhaniden lag der Laufhorizont, wie bereits zuvor beschrieben, deutlich höher.
Eine weitere Korrektur nahmen die Ilkhaniden vor: Die östliche Öffnung des Iwans war durch eine Lisene in den Seitenwänden von ca. 2 m Breite leicht eingeschnürt; sie sprang um ca. 50 cm vor. Diese Lisene ist heute nur noch unterhalb des heutigen Terrains nachweisbar. Sie wurde erstmalig 1975 publiziert (s. hierzu [13]). Eine Sondagegrabung im Jahr 2016 vermochte zu klären, dass dieser Vorsprung mit einer Art gleich breiten Schwelle auf dem sassanidischen Fußbodenniveau korrespondierte (vgl. hierzu [26]). Sehr wahrscheinlich lief sie in das Gewölbe hinein und fungierte dort als Gurtbogen. Diese Einschnürung mag zu sassanidischer Zeit auch zeremonielle Bedeutung gehabt haben, den gestalterischen Vorstellungen der Ilkhaniden entsprach sie nicht. Der Vorsprung wurde in den überirdisch liegenden Teilen der Wand vollständig geschliffen und im Anschluss überputzt. Zu erkennen ist die Kante des Abbruchs dieser Lisenen auf beiden Seiten heute noch.

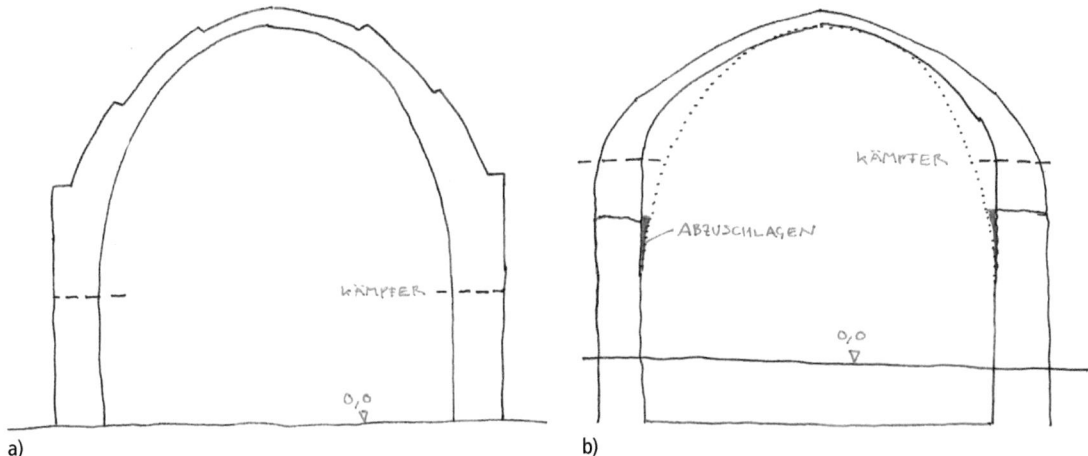

a)   b)

Bild 11. Schematische und leicht überhöhte Gegenüberstellung des sassanidischen und des ilkhanidischen Gewölbetyps

3.3 Dokumentation und Untersuchungen Teil 3: Erkundung des Bauzustands unter dem anstehenden Terrain

Aus den bereits durchgeführten archäologischen Untersuchungen durch das Deutsche Archäologische Institut war bekannt, dass sich ein beträchtlicher Teil der Seitenwände des Iwans heute unterhalb des anstehenden Terrains verbergen. So ist davon auszugehen, dass das sassanidische Fußbodenniveau rund 2 m unter dem heutigen Laufhorizont liegt. Dies wurde auch durch spätere iranische Grabungen im Jahr 2001 belegt (vgl. [25]). Aus dieser Erkenntnis und der Betrachtung des charakteristischen Vertikalrisses in der östlichen Hälfte der Nordwand ergab sich für das Sicherungskonzept die Fragestellung nach dem Zustand des Mauerwerks unterhalb der heutigen Sohle. In Abstimmung und Zusammenarbeit mit der Iranischen Kulturerbebehörde wurde deshalb eine Sondagegrabung am Fuß der Nordwand durchgeführt. Diese wurde auf der Südseite direkt in Verlängerung des Vertikalrisses positioniert (Bild 12).
Die Freilegung konnte zum einen den Rest der oben bereits beschriebenen Lisene nachweisen. Für die Schadensursachenforschung der Nordwand jedoch noch wichtiger war der Nachweis, dass die Rissbildung sich auch im Mauerwerk unterhalb des Erdreichs uneingeschränkt fortsetzte. Zwar ist die Bewegung, die diesen Riss hat entstehen lassen, wahrscheinlich zum Stillstand gekommen, doch gilt es auch in den verdeckten Bereichen Maßnahmen zur Wiederherstellung der statischen Gesamtwirkung des Baukörpers vorzunehmen.

3.4 Kurze Restaurierungshistorie des Westiwans

Die Restaurierungsgeschichte des Westiwans ist recht überschaubar. Im Jahr 1975 wurde nach erfolgter Schutträumung das Sockelmauerwerk der Nord-

wand stabilisiert und ausgemauert. Dies geschah vor allem deshalb, weil man das Kippen des östlichen Teils der Nordwand befürchtete. Diese Ausmauerung ist heute noch gut ablesbar. Im Sockelbereich war das Mauerwerk besonders stark beschädigt. Im Jahr 1977 kam es zu dem Bau des schon emblematischen Stützgerüstes für die Nordwand. Dies offenbar aus der Erkenntnis heraus, dass die Ausmauerung am Fuß der Wand der drohenden Ablösung der Ostfassade kein ausreichendes Widerlager bieten konnte. Restaurierungs- und Rekonstruktionsarbeiten in den 1990er-Jahren betrafen die westlichen Oktogone und das Gewölbe des nördlichen Seitenraums [11]. Im Jahr 2001 wurde eine archäologische Sondage am Fuße der Südwand des Iwans durchgeführt sowie der nördliche Seitenraum des Iwans ausgegraben [12].

4 Sicherung der noch verbliebenen Mauerwerksbereiche der Nordwand

4.1 Vorbereitende praktische Untersuchungen und Maßnahmen

Im Vorfeld der eigentlichen Ertüchtigungsmaßnahme am Westiwan wurden umfangreiche praktische Untersuchungen durchgeführt. Diese bezogen sich im Wesentlichen auf die Herstellung des Gipses an sich sowie um die Entwicklung eines Injektionsgutes für das stark geschädigte Mauerwerk. In Anbetracht der Tatsache, dass das gesamte Mauerwerk der Welterbestätte mit Hochbrandgips hergestellt wurde, mussten neben den konstruktiven und baustofflichen Aspekten auch technologische Problemstellungen gelöst werden.
Die Sicherungsarbeiten am Westiwan konnten natürlich nicht sofort mit Beginn der Förderung starten. Ziel war es, auf sicheren Kenntnissen zu Konstruktion, verwendeten und derzeit im Einsatz befindlichen Mate-

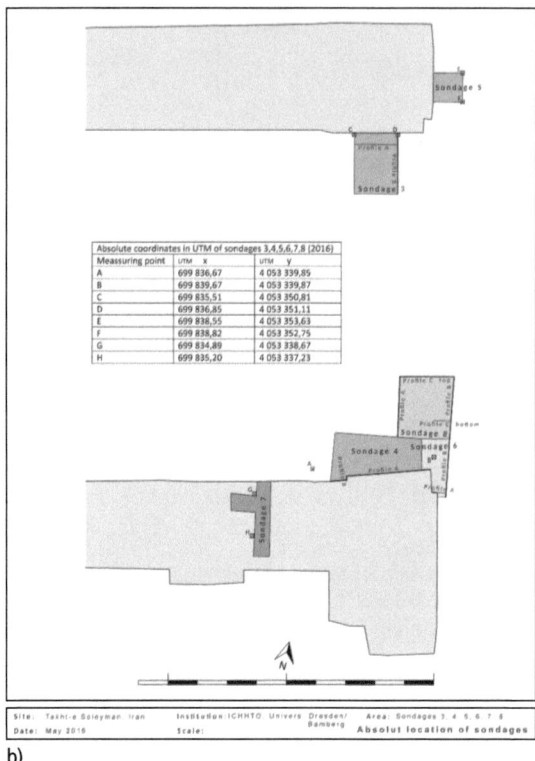

a) b)

Bild 12. a) Ansicht der Sondage 3 mit dem stark zerstörten Quadermauerwerk der Nordwand unterhalb der heutigen Sohle und b) Sondagenplan mit den Schürfen an der Iwan-Ruine nach [26]

rialien sowie den Umgebungsbedingungen aufbauend eine Strategie zur Sicherung der Ruinenteile zu entwickeln und umzusetzen.

Dabei mussten folgende Aspekte berücksichtigt werden:
- Entwicklung eines Konzeptes zur Stabilisierung der Ruinenteile mit Bauteilberechnung und ggf. notwendigen Maßnahmen an der Gründung, unter Verwendung von historisch hergestellten Baumaterialien (vgl. u. a. [32]),
- Anpassung der Bohrtechnik für die notwendigen Vernadelungs- und Verankerungsarbeiten an die gegebene Situation vor Ort (Aufgrund des mit Gips hergestellten Mauerwerks steht ein wassergespültes Bohrverfahren außer Frage. Stattdessen wurde eine luftgespültes Bohrverfahren mit speziellen Bohraufsätzen für trockenes Bohren gewählt. Ein sinnvolles und effektives Bohren über Längen von etwa 10 m erfordert ferner einen Hochleistungskompressor.),
- Anpassung der Injektionstechnik (in Abhängigkeit vom Injektionsmörtel, der Höhe der Wand, der Rissgröße, der Löcher und Hohlräume im Mauerwerk),
- Entwicklung eines angepassten Injektionsmörtels auf der Grundlage von lokalem Gips (vgl. u. a. [28, 29]),
- Wissenschaftliche Dokumentation und Analyse des traditionellen Gipsbrennens, um eine gleichbleibende Qualität zu erhalten (vgl. [21–23] sowie Abschnitt 4.1.1),
- Notwendigkeit eines temporären Stützgerüstes auf der Südseite des westlichen Teils der Wand (die Wand weist starke Schalenrisse parallel zur Oberfläche auf und neigt sich nach Süden, vgl. [31] und s. Bild 6a und Bild 13),
- Aufbau eines Arbeitsgerüstes zur sicheren Durchführung der Bohr- und Injektionsarbeiten (vgl. [30] und Bild 14),
- Sicherung von Bereichen mit historischem Gipsputz, Zierleisten, Überresten und der Stalaktitengewölbe aus Stuck (drei Nischen an der östlichen Stirnseite der Wand – die sogenannten „Muqarnas").

Auf die wichtigsten der vorgenannten Aspekte wird in den nachfolgenden Ausführungen vertiefend eingegangen.

4.1.1 Herstellung von Hochbrandgips vor Ort im Feldofen

Die chemische Verbindung Calciumsulfatdihydrat $CaSO_4 \cdot 2\,H_2O$ tritt in der Natur als das Mineral Gips

a) b)

Bild 13. Südlicher Bereich der Westseite der Nordwand a) mit Zustand der Notsicherung im April 2016 und b) mit berechnetem Stützgerüst im September 2018

a) b)

Bild 14. Arbeitsgerüst mit Bohlenbelag auf a) der Süd- und Ostseite und b) der Nordseite

auf. Der Name ist vom Griechischen „γυψοσ" bzw. vom Lateinischen „*gypsum*" abgeleitet. Ein anderer, im Altertum gebräuchlicher Name war „*Lapis specularis*" (Spiegelstein), deutsch Fraueneis oder Marienglas. Erst seit der 2. Hälfte des 18. Jahrhunderts stimmt der „*Gyps*" der Alten mit dem Gips der modernen mineralogischen Nomenklatur überein. Gips bildet monoklin-prismatische Kristalle im System 2/m. Kristalle mit prismatischem Habitus nach (120) (Bild 15) sind häufiger als solche mit tafeligem nach (010). Oft treten Zwillingsbildungen nach (100) („Schwalbenschwanz-zwillinge") und nach (101) („Montmatre-Zwillinge") auf. Die Kristallstruktur mit dem Raumgruppensymbol A2/a ist gekennzeichnet durch eine Aufeinanderfolge von $CaSO_4$-Doppelschichtpaketen parallel (010), die durch H_2O-Schichten miteinander verbunden sind. Strukturell bedingt weisen die Kristalle eine vollkommene Spaltbarkeit nach (010) auf. In der Härteskala nach MOHS zählt Gips mit einer Ritzhärte von 2 zu den weichen Mineralen.

Da von den vier die Verbindung Calciumsulfatdihydrat zusammensetzenden Elementen drei, nämlich Sauer-

Bild 15. Gipskristalle (Sammlung und Foto R. Sobott)

stoff, Calcium und Wasserstoff, zu den neun häufigsten chemischen Bausteinen der Erdkruste gehören, ist das Auftreten von Gips weit verbreitet. Er entsteht durch Calciumsulfatausscheidung aus Meerwasser, wobei die Art des entstehenden Calciumsulfats durch die Salzkonzentration und Temperatur bestimmt wird. Im Konzentration-Temperatur-Diagramm erfolgt die Gipsausfällung im Feld unterhalb einer Linie zwischen den Punkten dreifache Aufkonzentration, 50 °C und 9,5-fache Aufkonzentration, 20 °C, oberhalb dieser Linie ist das Stabilitätsfeld von Anhydrit.

Auf der Eigenschaft, beim Erhitzen Wasser abzugeben, und der Fähigkeit der entwässerten Produkte, Wasser wieder aufzunehmen, beruht die Bedeutung von Gips als Bindebaustoff. Beim Erhitzen auf Temperaturen zwischen 110 und 125 °C entstehen in Abhängigkeit vom herrschenden Wasserdampfpartialdruck die α- und β-Form des Halbhydrats $CaSO_4 \cdot 0,5 H_2O$, welches in der Natur selten vorkommt und als Mineral den Namen Bassanit hat. Die Unterscheidung von α- und β-Halbhydrat bedeutet nicht das Vorliegen zweier Modifikationen, sondern weist auf die unterschiedliche Kristallinität der Verbindungen hin. Das α-Halbhydrat besteht aus gut ausgebildeten prismatischen Kristallen, während das β-Halbhydrat in kryptokristalliner Form vorliegt. Das α-Halbhydrat ist dimorph und kristallisiert unterhalb 45 °C im rhombischen und oberhalb 45 °C im trigonal-trapezoedrischen System. Das Halbhydrat nimmt leicht wieder Wasser auf und erhärtet schnell zu Gips („Stuckgips").

Durch Erhitzen von Gips auf 200 bis 300 °C entsteht wasserfreies Calciumsulfat, welches in der Natur als Anhydrit vorkommt und in der Nomenklatur der Bindemittelindustrie als Anhydrit II oder „schwerlöslicher" Anhydrit bezeichnet wird und Wasser nur sehr langsam wieder aufnimmt. Zwischen 300 und 600 °C entsteht fast „unlöslicher" Anhydrit. Das Reaktionsvermögen des entwässerten Gipses nimmt mit steigender Brenntemperatur ab. Oberhalb von 600 °C dissoziiert Calciumsulfat teilweise zu Calciumoxid und Schwefeltrioxid. Die Mischung von $CaSO_4$ und CaO wird Estrichgips genannt, der aufgrund einer durch den CaO-Gehalt erhöhten Oberflächenaktivität schneller mit Wasser zu einem sehr festen Reaktionsprodukt abbindet. Anhydrit III, auch als löslicher Anhydrit bezeichnet, entsteht durch Dehydratation des Halbhydrats im Vakuum bei 50 °C oder bei Atmosphärendruck und 200 °C. Anhydrit I ist die Hochtemperaturmodifikation des Anhydrit II und nur oberhalb von 1180 °C stabil.

Gips und seine für das Bauen wichtigen Eigenschaften waren bereits im Altertum bekannt, wenngleich die Unterscheidung zwischen Kalk und Gips nicht immer eindeutig war, und die Namen auch für die gebrannten Produkte, welche ja eigenständige Minerale bzw. Verbindungen sind, verwendet wurden. So schreibt Theophrastos (um 320 v. Chr.): „Macht man ihn nass, so wird er wunderbar klebrig und warm", was auf schwach gebrannten Gips zutrifft, während die Beobachtung, dass man die Mischung mit Wasser wegen der Hitzentwicklung nicht mit der Hand, sondern mit Holz umrühren muss, auf gebrannten Kalk hinweist. Unter Alabaster im mineralogischen Sinn versteht man heute eine dichte Masse aus körnigen und faserigen Gipskristallen. Der Name leitet sich ab von den henkellosen ($α-λαβη$) Salbgefäßen im Altertum (gr. $αλαβαστρος$, lat. *alabastrum*), die entweder aus Alabaster im heutigen Sinne oder aus ähnlich aussehenden Kalksteinen hergestellt wurden. Aufgrund der schlechten Wärmeleitfähigkeit von Gips fühlt sich Alabaster im Gegensatz zum dichten Kalkstein warm an und lässt sich so von diesem unterscheiden.

Die Verwendung von Gipsmörtel ist geradezu charakteristisch für sassanidische Monumentalbauten aus Ziegel- und Natursteinmauerwerk. Die Gründe hierfür – die Verfügbarkeit des Rohstoffs vorausgesetzt – liegen auf der Hand: 1. die Herstellung eines einfachen Gipsmörtels erfordert das Aufrechterhalten einer Brenntemperatur zwischen 200 und 500 °C für 12 bis 24 Stunden je nach Rohstoffmenge, während für die Herstellung von Branntkalk, dem Vorprodukt des eigentlichen Bindemittels gelöschter Kalk (Portlandit) Brenntemperaturen von 800 bis 1000 °C über einen Zeitraum von 2 bis 3 Tagen benötigt wird und 2. die Verfestigung des Gipsmörtels erfolgt (ohne Zusatz von Abbindeverzögerer) in weniger als einer Stunde, während der Kalkmörtel mehrere Wochen zum Abbinden benötigt. Das Aufmauern von Gewölben in sassanidischer Bauweise unter Verzicht auf ein Lehrgerüst wäre ohne schnell abbindenden Gipsmörtel gar nicht möglich gewesen. Die großen Unterschiede im Herstellungsprozess und beim Verfestigen der beiden Bindebaustoffe sind bedingt durch die unterschiedliche Thermodynamik und Kinetik der entsprechenden Reaktionen. Während dem Gips in mehrstufigen, mäßig endothermen Reaktionen lediglich das Kristallwasser ausgetrieben wird, dissoziiert Calciumcarbonat erst bei Zufuhr einer ungefähr achtmal höheren Wärmemenge pro kg Formelumsatz zu Calciumoxid (Branntkalk) und Kohlendioxid. Im Vergleich zum Abbinden des Gipsmörtels durch Hydratation der teilweise oder vollständig entwässerten Brennprodukte α-, β-Halbhydrat und Anhydrit III und II zu Gips, verläuft die Verfestigung des Kalkmörtels durch Carbonatisierung des Portlandits zu Calcit sehr langsam, was zum einen am geringen CO_2-Partialdruck in der Luft und zum anderen an der Limitierung der Reaktion durch die Diffusion von CO_2 zur Reaktionsfront liegt.

Das positive Bild von Gipsmörtel als vergleichsweise leicht herzustellender Bindebaustoff mit günstigen Eigenschaften wird lediglich durch eine gegenüber Calcit deutlich höhere Löslichkeit von Gips in Wasser getrübt. Allerdings spielt diese Eigenschaft in ariden Regionen keine Rolle, und in den Ländern rund um den Persischen Golf spielt Gips deshalb seit Jahrtausenden eine überragende Rolle in der Architektur, sei es als Mauer- oder Stuckmörtel.

Wenn von der Löslichkeit des Gipses in Wasser (2,68 g in 1000 cm^3 bei 25 °C) gesprochen wird, bezieht man sich dabei auf ein Laborexperiment, bei dem Gipspulver unter Standardbedingungen in destilliertem Wasser gelöst wird, das mit der Situation von historischem Gipsmörtel an einer Gebäudefassade im Regen bis auf die chemische Formel des mit Wasser reagierenden Stoffes nichts gemeinsam hat. Tatsächlich liegen zwischen einer Gipsspachtelmasse aus dem Baumarkt und einem historischen Hochbrandgipsmörtel Welten.

Am Takht-e Soleyman wird für die Restaurierungsarbeiten am Westiwan ein nach historischem Vorbild hergestellter Hochbrandgips verwendet. Die gesamte Prozesskette von der Gewinnung des Rohstoffs über dessen Aufbereitung und Brand im Feldofen bis zur Qualitätsprüfung der abgebundenen Gipsmörtel waren und sind Gegenstand einer wissenschaftlichen Projektbegleitung, die gleichermaßen von der Beobachtungsgabe, Erfahrung und Geschicklichkeit der Handwerker und den Kenntnissen und Arbeitsmethoden der Bauingenieure und Naturwissenschaftler profitiert.

Eine ausführliche Beschreibung der Rohstoffgewinnung und des Gipsbrennens erfolgte von *A. Soleymani* und *M. Pirak* im Jahr 2012, aus der hier einige Punkte, soweit sie für die wissenschaftliche Projektbegleitung relevant sind, angeführt werden [20]. Das Rohmaterial stammt aus dem Yar Aziz Gipsbruch, der ca. 10 km vom Takht-e Soleyman entfernt liegt (Bild 16). Der Gipsstein fällt in einer graubläulichen und weißgelblichen Varietät an.

Die auf Beobachtung und Erfahrung beruhende Bevorzugung der graubläulichen Varietät durch die Gipsbrenner wird durch Untersuchungsergebnisse bestätigt, die zeigen, dass diese weniger porös ist und einen höheren Gipsanteil hat. Größere Gipssteine werden in einem kreisrunden, zur Verringerung von Wärmeverlust in einen Abhang gebauten Feldofen mit 2,9 m Innendurchmesser (Bild 17) dergestalt aufgeschichtet, dass ungefähr 2,7 m über der Ofensohle ein Kraggewölbe entsteht, dass durch Auffüllen des Zwischenraums zwischen Ofenwandung und Gewölbe mit kleineren Gipssteinen stabilisiert wird. In dem überwölbten Raum wird Pappelholz als Brennstoff angezündet und es werden ca. 18 t Gipsstein 9 Stunden gebrannt.

Der Brand erfolgt unkontrolliert und die Temperaturentwicklung wird maßgeblich durch den Kamineffekt bestimmt, bei dem kühlere Frischluft an der Beschickungsöffnung unten eingesogen wird, sich stark erwärmt, aufsteigt und am oberen Ende des Ofens mit Wasserdampf und Schwefeldioxid angereichert austritt. Nach Abschluss der Brennphase wird die Beschickungsöffnung zugesetzt, um die Wärme möglichst lange im Ofen zu halten.

M. Jafarpanah (2017/2018, vgl. u. a. [23]) hat den Temperaturverlauf während der Aufheiz- und Abkühlungsphase an mehreren Stellen gemessen und daraus eine zwiebelschalige Temperaturverteilung mit Peak-Temperaturen im unteren Gewölbebereich zwischen 800 und 1100 °C konstruiert (Bild 18). Nach etwa 30 Stun-

a)

b)

Bild 16. a) Gipslagerstätte des Yar Aziz und b) händische Gewinnung des Rohmaterials

Bild 17. Feldofen zum Brennen von Gips am Takht-e Soleyman

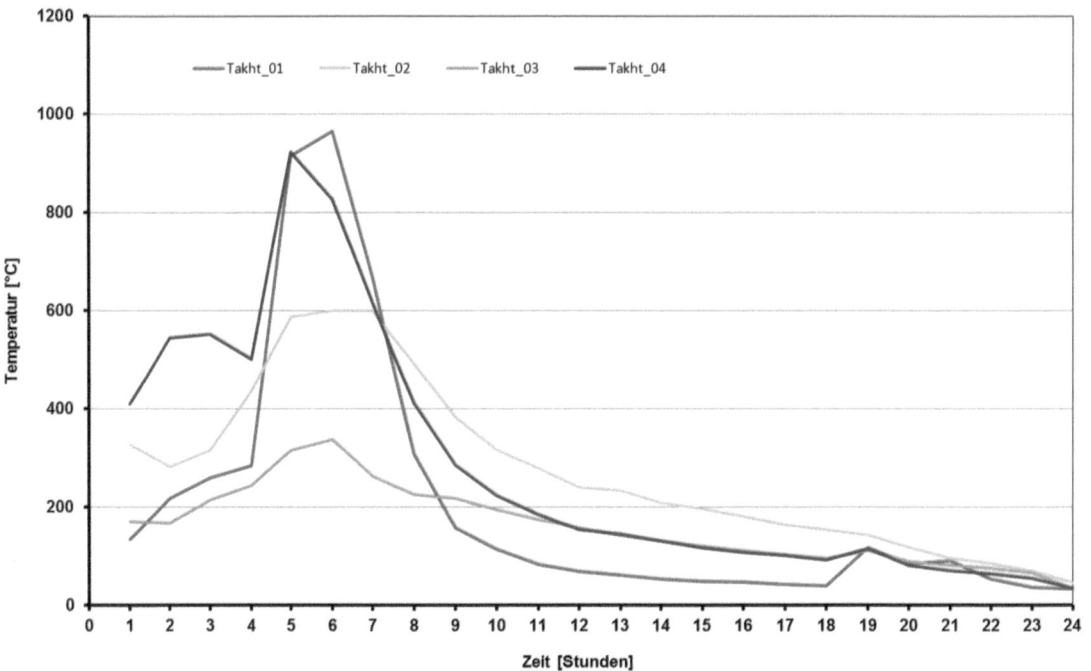

Bild 18. Temperaturverlauf im Feldofen während des Brennprozesses im Juli 2018 nach [23]

den Abkühlungszeit wird die Ofenfüllung ausgeräumt, ungebrannte Gipssteine werden aussortiert und der Rest mit Vorschlaghämmern zerkleinert, in Säcke abgefüllt und als Gipsmörtel bei den Restaurierungsarbeiten eingesetzt. Für die Verwendung als Injektionsmörtel werden Bestandteile größer als 1 mm ausgesiebt.

4.1.2 Begleitende naturwissenschaftliche Untersuchungen zur Herstellung und Verwendung von Hochbrandgipsmörtel

Im Rahmen der wissenschaftlichen Projektbegleitung wurden der Rohstoff, die Brennprodukte sowie historische und moderne Mörtel beprobt und hinsichtlich der mineralogischen und chemischen Zusammensetzung analysiert (vgl. u. a. [24]).

Der graubläuliche Gipsstein besteht zu etwa 95 M.-% aus Gips und Spuren von Anhydrit, die restlichen Massenanteile entfallen auf Quarz, Calcit und Schichtsilika-

Tabelle 1. Röntgendiffraktometrisch bestimmte Phasen in Rohgips- und gebrannten Gipsproben

Nr.	Probenmaterial	Max. Temperatur	Phasenzusammensetzung
1	graubläulicher Gipsstein	–	**Gips**, Anhydrit
2	weißgelblicher Gipsstein	–	**Gips**, Calcit, Kaolinit, Quarz, Anhydrit
3	gebrannter Gipsstein	130 °C	**Gips, Bassanit**, Quarz, Anhydrit, Kaolinit
4	gebrannter Gipsstein	300 °C	**Gips, Bassanit**, Quarz, Kaolinit
5	gebrannter Gipsstein	650 °C	**Anhydrit**, Quarz
6	gebrannter Gipsstein	840 °C	**Anhydrit**, Calcit, Quarz

te. Der Gipsgehalt der weißgelblichen Varietät ist um ca. 4,5 M.-% geringer und die Summe der anderen Bestandteile ist entsprechend höher. Der Al_2O_3-Gehalt, der beim Brennen theoretisch zur Bildung von Tricalciumaluminat und später durch Reaktion mit Calciumsulfat zur Ettringitbildung führen könnte, dürfte im eingesetzten, aus beiden Gipssteinvarietäten bestehenden Rohstoff unter 1 M.-% liegen.

Je nach der Temperatur, welcher der Gipsstein an seiner Position im Ofen ausgesetzt war, entstanden die teil- oder vollständig entwässerten Calciumsulfate Bassanit (β-Halbhydrat) und Anhydrit II. Zum Nachvollzug der während des Brandes im Ofen stattfindenden Reaktionen erfolgten an bis zu acht verschiedenen Stellen kontinuierliche Temperaturmessungen bis zum Ende der Abkühlungsphase. Beim Ausräumen des Ofens wurden Gipssteine aus der unmittelbaren Umgebung der Thermoelemente für röntgendiffraktometrische und durchlichtmikroskopische Untersuchungen entnommen. Auf diese Weise konnten die Ergebnisse der Temperaturmessung direkt mit den Befunden der Phasenanalyse korreliert und verifiziert werden. Dabei wurde festgestellt, dass die Umwandlung von Gips in die der Reaktionstemperatur entsprechende Phase nur bei höheren Temperaturen und kleineren Probestücken vollständig erfolgte. Bei größeren Probestücken blieb die Umwandlung auf den Randbereich beschränkt, während im Kernbereich Spuren des originalen Gipses und/oder Produkte einer unvollständigen Umwandlung erhalten blieben. In Tabelle 1 sind die röntgendiffraktometrisch bestimmten Phasenzusammensetzungen einiger Proben und die am Entnahmeort der Proben gemessene Maximaltemperatur aufgeführt.

Beispielsweise hat sich in Probe 3, die eine Maximaltemperatur von 130 °C erfahren hat, der Gips nur unvollständig in Bassanit (β-Halbhydrat) umgewandelt. Im Dünnschliff dieser Probe (s. Bild 19) lässt sich die unvollständige Umwandlung sehr gut erkennen: im größeren Teil (Bild 19b) treten unterschiedlich große, leistenförmige, NW-SO orientierte Gipskristalle auf, die im einfach polarisiertem Licht weiß, bei gekreuzten Polarisatoren grauschwarz erscheinen, während in der kleineren Darstellung (Bild 19a) sehr kleine, fiederförmige Bassanitkristalle vorliegen, die im einfach polarisierten Licht eine grünliche, bei gekreuzten Polarisatoren gelblich-bunte Farbe haben. Bei einer Temperatur von 300 °C sollte der Gips in Probe 4 vollständig in Bassanit und dieser zum größten Teil in Anhydrit umgewandelt sein. Die tatsächlich vorliegende Phasenvergesellschaftung von Gips und Bassanit lässt sich nur so erklären, dass die Probe nicht unmittelbar aus dem Bereich des Thermoelements, sondern aus einem näher an der Ofenwand gelegenen Bereich stammt. Im Falle von Probe 5 wurde der Gips, wie es die Temperatur von

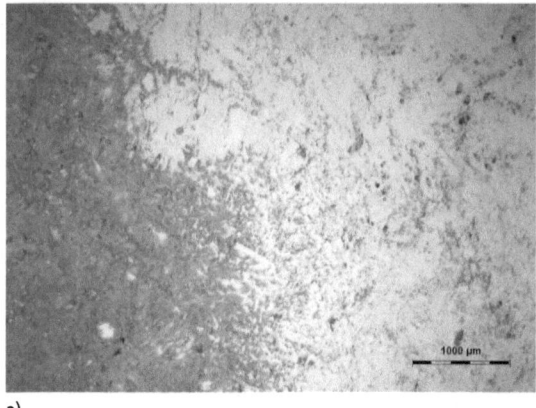 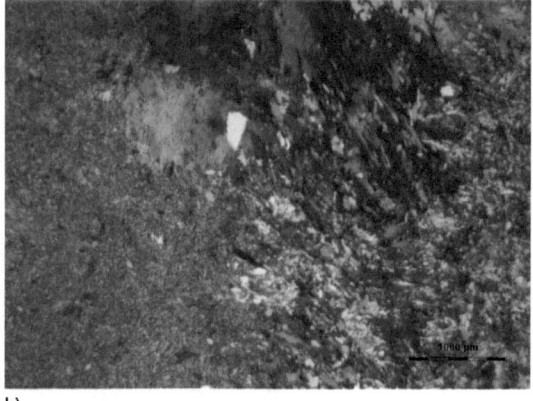

a) b)

Bild 19. Dünnschliffaufnahme der Probe 3 in a) einfach polarisiertem Licht und b) bei gekreuzten Polarisatoren. Nicht umgewandelter Gips ist im Bild 19a weiß, Bassanit blaugrünlich und im Bild 19b grauschwarz bzw. grünlich bunt.

Tabelle 2. Röntgendiffraktometrisch bestimmte Phasen in historischen und aktuellen Gipsmörteln vom Takht-e Soleyman

Nr.	Probenmaterial	Phasenzusammensetzung
7/1	Injektionsmörtel (20.10.2017)	**Gips**, Anhydrit
6/2	Sassanidischer Gipsmörtel, West Iwan, Südwand,	**Gips**, Calcit, Quarz
7/2	Ilkhanidischer Gipsmörtel, West Iwan, Südwand	**Gips, Bassanit**, Quarz, Anhydrit, Kaolinit
8/2	Ilkhanidischer Gipsmörtel, Muqarnas am West Iwan	**Gips, Bassanit**, Quarz, Kaolinit
13/2	Sassanidischer Gipsmörtel, Südosttor	**Anhydrit**, Calcit, Quarz

650 °C nahelegt, vollständig in Anhydrit umgewandelt. Einen indirekten Hinweis auf die Temperatur am Probenort liefert in Probe 6 das Auftreten von Calcit, der bei 700 °C beginnt in CaO und CO_2 zu dissoziieren. Entweder wurde die Peaktemperatur von 840 °C nur kurzzeitig gehalten, sodass keine nennenswerte Dissoziation stattfand, oder auch diese Probe befand sich vom Thermoelement entfernt in einem weniger heißen Bereich.

Da bei keiner der bisher durchgeführten Temperaturmessungen während des Brennens eine über 1100 °C hinausgehende Temperatur registriert wurde, ist es fraglich, ob beim Gipsbrennen unter den beschriebenen Bedingungen auch Anhydrit I entsteht. Zusammenfassend ist festzustellen, dass es sich bei dem Material, das zum Anmischen des Gipsmörtels verwendet wird, um eine von Gipsbrand zu Gipsbrand variable Phasenvergesellschaftung von β-Halbhydrat, Anhydrit II und Gips mit geringen Anteilen von Quarz, Calcit und Calciumoxid handelt. Reaktiv davon sind β-Halbhydrat, Anhydrit II und Calciumoxid, welches u. a. die Rehydratation von Anhydrit II anregt. Die Ergebnisse röntgendiffraktometrischer und chemischer Analysen (Tabellen 2 und 3) von sassanidischen und ilkhanidischen Gipsmörtelproben vom Takht-e-Soleyman belegen, dass der Freikalkanteil nicht sehr hoch war, was auch für die modernen Gipsmörtel zutrifft. Dies hat seinen Grund im geringen Calciumcarbonatgehalt des Rohstoffs, wie dies chemische Analysen von Gipsproben aus der Gipslagerstätte Yar Aziz zeigen (Tabelle 4).

Im Vergleich der chemischen Analysen der historischen Gipsmörtel und der Gipssteine von Yar Aziz fällt auf, dass sich durch Mischen der beiden Gipssteinvarietäten chemische Zusammensetzungen ergeben, die denen der sassanidischen und ilkhanidischen Gipsmörtel sehr nahe kommen. Daher ist die Annahme, dass die sassanidischen und ilkhanidischen Baumeister für die Herstellung des Gipsmörtels den Rohstoff einer Lagerstätte in der näheren Umgebung des Takht-e Soleyman verwendeten, die der gleichen geologischen Formation wie Yar Aziz angehört, wohl begründet.

4.1.3 Entwicklung eines Injektionsmörtels auf der Grundlage des lokal hergestellten Gipses

Im Zuge der Voruntersuchungen zur statisch-konstruktiven Ertüchtigung der noch stehen gebliebenen Ruinenteile wurde im Jahr 2016 eine Reihe von Versuchen zum Mörtel und vor allem zum Injektionsmörtel durchgeführt. Hintergrund der Untersuchungen war die materialtechnische und baustoffliche Anpassung des Injektionsmörtels an das Bestandsmauerwerk, um eine optimale Verträglichkeit der Baustoffe und Materialien gewährleisten zu können.

So wurde während der durchgeführten Kampagne im Frühjahr 2016 eine Charge von Gips in einem Feldofen in der Nähe vom Takht-e Soleyman gebrannt. Dabei erfolgte vor Ort schon durch Aussieben des dortigen Gipsmörtels (Korngrößen bis etwa 25 mm) die Herstellung verschiedener Injektionsmörtel, die anschließend an der TU Dresden weiter beprobt wurden. Auf der Basis des am Takht hergestellten Hochbrandgipses

Tabelle 3. Chemische Zusammensetzung sassanidischer und ilkhanidischer Gipsmörtelproben in M.-%

Probe Nr.	Na_2O	K_2O	MgO	CaO	Fe_2O_3	Al_2O_3	SiO_2	CO_2	SO_3	Total
6/2	0,05	0,48	0,56	37,44	0,99	1,98	5,48	1,21	51,93	100,00
7/2	0,12	0,43	1,17	36,77	0,55	2,01	6,44	0,00	52,51	100,00
8/2	0,34	0,48	1,04	38,53	0,39	0,91	3,67	1,16	53,58	100,00
13/2	0,17	0,53	0,69	35,33	1,00	3,66	8,27	0,24	50,14	100,00

Tabelle 4. Chemische Zusammensetzung von Gipsmörtelproben aus der Lagerstätte Yar Aziz in M.-%

Probe Nr.	Na_2O	K_2O	MgO	CaO	Fe_2O_3	Al_2O_3	SiO_2	CO_2	SO_3	Total
Graubläulicher Gipsstein	0,13	0,13	2,60	38,90	0,22	0,80	1,70	0,00	55,54	100,00
Weißgelblicher Gipsstein	0,17	0,30	0,15	37,38	0,83	2,11	5,71	0,07	53,29	100,00

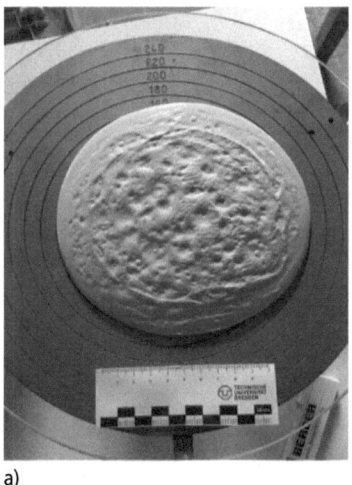  

a) b) c)

Bild 20. a) Ermittlung des Ausbreitmaßes zur Konsistenzbestimmung mittels Hägermanntisch, b) Versuche zur Fließfähigkeit mittels Desoi-Marsh-Trichter und c) Untersuchung des Erhärtungsverhaltens mittels Vicat-Nadel nach [28]

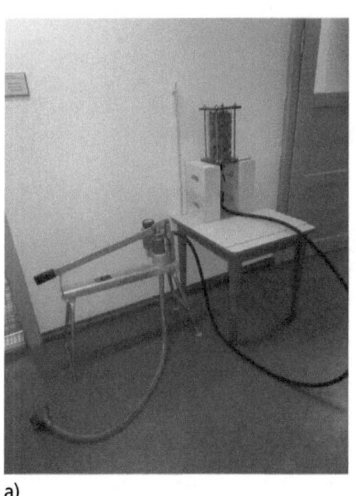  

a) b) c)

Bild 21. Verpressversuch nach Köberle [29]; a) Versuchsaufbau mit Handverpresspumpe und Versuchskörper, b) Versuchskörper, bestehend aus einem mit Ziegelsplitt gefülltem Plexiglasrohr, c) Versuchskörper beim aufsteigenden Verpressen mit Gipssuspension

wurden dann in Dresden weitere Mörtel- bzw. Injektionsmörtelmischungen unterschiedlicher Zusammensetzungen hergestellt und untersucht. Dabei wurden die Rohdichte, Festigkeitsparameter wie Druck- und Biegefestigkeit ermittelt und das Quellverhalten untersucht. Im Zuge der Optimierung der Materialeigenschaften des Injektionsmörtels und der Verarbeitbarkeit, insbesondere der Verarbeitungszeit, wurden verschiedene Versuchsreihen zur Konsistenzbestimmung, des Fließ- und Erhärtungsverhaltens durchgeführt und u. a. der Wasserbedarf durch Zugabe eines Hochleistungsfließmittels und eines Verzögerers reduziert (s. Bild 20).

Die so im Labor der TU Dresden optimierten Eigenschaften der Gipssuspension wurden zuerst innerhalb von einfachen Kleinversuchsreihen zur Injektionsfähigkeit (Untersuchung des Fließverhaltens) getestet [29]. An einem mit Ziegelsplitt gefüllten Plexiglasrohr konnte die Verarbeitbarkeit und das sehr gute Fließverhalten der Suspension nachgewiesen werden (s. Bild 21). Darüber hinaus wurde die Fließfähigkeit an einem einfachen Versuchsaufbau mit aus Mörtel hergestellten Rillen unterschiedlicher Breite und Oberflächenbeschaffenheit untersucht (s. Bild 22).
Wenn ein Injektionsgut in einer porösen Umgebung auf seine Fließfähigkeit getestet werden soll, dann haben sich u. a. Platten mit Rinnen aus mineralischem

 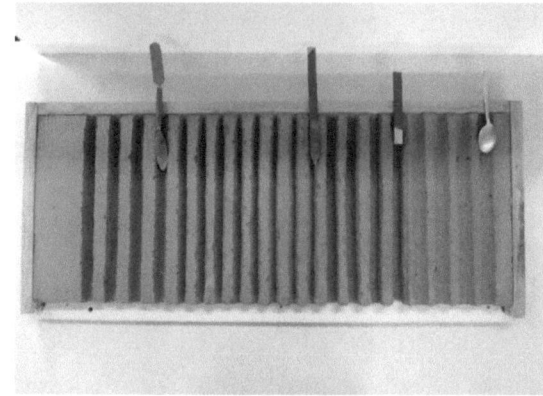

Bild 22. Versuch zur Überprüfung der Fließfähigkeit in poröser Umgebung

Material bewährt. Das Umgebungsmaterial ist dabei den vorhandenen Baumaterialien anzupassen. In [33] werden solche Tests vorgestellt. Diese konnten mit gutem Erfolg im Prüflabor des Lehrstuhls für Tragwerksplanung der Universität Dresden nachvollzogen werden (vgl. u. a. [17]). In Bild 22 ist auf einer Holzplatte ein etwa 3 cm dicker Putzauftrag zu sehen, der mit unterschiedlichen Werkzeugen rillenförmig ausgeschabt wurde. Die Rillengeometrien sind im Bild 22b zu sehen. Je nach Werkzeug wurden sie rund, keilförmig oder in Form eines rechteckigen Kanals ausgeführt. Im Praxistest wird die Platte gekippt aufgestellt, der Winkel ist dabei variabel. Es hat sich gezeigt, dass die getesteten Suspensionen, je nach Konsistenz, unterschiedlich weit fließen. Im Vergleich zu den Tests auf einer Glasplatte konnte ein Einfluss des porösen Untergrunds auf die Fließeigenschaften festgestellt werden. Der Test ist somit eher geeignet, um das Fließverhalten von Suspensionen zu beurteilen, weil er die tatsächlich im Mauerwerk vorhandenen Umgebungsbedingungen realitätsnaher widerspiegelt.

Letztlich mündeten die Versuche in einer Rezeptur, die an Modellversuchskörpern auf dem Takht-e Soleyman zum Einsatz kam und dort auf Baustellentauglichkeit untersucht wurde. Dafür wurden zwei Mauerwerksprüfkörper mit künstlich hergestellten Rissen von den iranischen Teammitgliedern aufgemauert und danach durchbohrt, verankert und anschließend verpresst (s. Bild 25 und Abschnitt 4.1.4). Dabei konnte die Rezeptur des Injektionsmörtels noch einmal modifiziert werden. Von den vor Ort hergestellten Injektionsmörteln wurden Probekörper hergestellt und anschließend wichtige mechanische Materialkennwerte ermittelt [16].

4.1.4 Versuche an Testmauern auf dem Takht in den Jahren 2016 und 2017

Im Oktober 2016 und Juni 2017 wurden erste praktische Tätigkeiten an den zwei aufgemauerten Versuchsmauern vor Ort durchgeführt. Eine Testmauer wurde aus gebrannten Ziegeln, eine weitere aus Bruchsteinmauerwerk mit vorgefertigten inneren Risssystemen hergestellt (s. Bilder 23 und 24). Die Mauern hatten Abmessungen in Länge, Breite und Höhe von etwa 2,10 m, 1,40 m und 1,95 m.

Ziele waren dabei:
– Feststellen der Tauglichkeit der vorgesehenen Bohrtechnik für das vorhandene Mauerwerk,
– Prüfen der Injektionstechnik für die notwendigen Verpressarbeiten,
– Prüfen des entwickelten Verpressmörtels auf Baustellentauglichkeit.

Die durchgeführten Tests verliefen erfolgreich. Die Bohrtests konnten zeigen, dass die für die Probemauern eingesetzte Technik (Dimension der Kernbohrmaschine und Druckluft zum Freispülen der Bohrkrone) zwar für die zwei Meter langen Testmauern ausreichte, jedoch für das Bohren der um die zehn Meter langen Anker in der Nordwand in Zukunft nicht genügen wird, was bei der späteren Anschaffung der Technik berücksichtigt wurde (stärker dimensioniertes luftgekühltes Bohraggregat und Kompressor mit Leistung von 10 m^3/min). Ferner erwiesen sich vor allem bei dem extrem harten Natursteinmauerwerk (vor allem ilkhanidische Bauphase) einige Bohrkronenbelegungen als nur bedingt tauglich. Auch diese sind beim Ankauf ausgeschlossen worden.

Sowohl die Membranhandpumpe für kleinere Verpresstätigkeiten als auch die Schneckenpumpe für die vorgesehenen Verpressarbeiten am Iwan funktionierten einwandfrei, solange dem Gips kein Zuschlag in Form von gesiebtem Sand beigegeben wurde. Dieser verstopfte z. B. die Membran in der Handpumpe. Es wurde deutlich, dass die Handpumpe nur für limitierte Verpressvorgänge ausreicht und eine Maschinenpumpe, wie die zur Ausführung gekommene Schneckenpumpe SP-2O von Desoi, für das Verpressen der großen Kavernen, Hohlräume und Risssysteme an der Nordwand des Westiwans zwingend notwendig ist.

Die entwickelte Gipssuspension ließ sich gut auf der Baustelle anmischen und verarbeiten. Soweit dies

Bild 23. Aufmauern der Testwand aus Ziegelmauerwerk mit vorgefertigten Risssystemen

Bild 24. Hergestellte Testmauern vor Ort auf dem Takht-e Soleyman

a)   b)

Bild 25. a) Trockenbohren des aufgemauerten Testkörpers aus gebrannten Ziegeln und
b) Verpressen der künstlichen Risse am Bruchsteintestkörper mit der Schneckenpumpe SP-20

Bild 26. Aufsteigendes Injektionsgut in den künstlich hergestellten Rissen der Prüfwand aus Naturstein

erkennbar war, konnte das Fließverhalten mit sehr gut eingeschätzt werden und sorgte für einen Verschluss der künstlich in den Testmauern vorgesehenen Risse und Fehlstellen (Bild 26). Der Verpressmörtel blieb lange genug fließfähig und die Menge des von der Umgebung abgezogenen Wassers hielt sich in Grenzen. Der Verpressvorgang gab ferner Aufschluss über Teilaspekte der Fassadenrestaurierung. Hier wird es wichtig sein, den Austritt der Suspension zu verhindern. Mauerwerksfehlstellen und offene Fugen in der Mauerwerksfassade sind ausreichend vorzubereiten und zu verschließen. Des Weiteren werden für den Verpressvorgang mindestens zwei Arbeitskräfte benötigt, die die Mauer ständig beobachten und sofort einspringen können, wenn Verpressgut austritt. Die Austrittsstellen müssen sofort nachbehandelt werden. Es wurde überdies deutlich, dass Mörtel und Suspension aufgrund ihrer sehr hellen Farbe ggf. eine Pigmentierung benötigen, sobald dieser für Fehlstellen in der Fassade oder zur Reparatur von historischen Putzmörteln gebraucht werden soll.

Noch im Sommer 2017 wurde die im Jahr zuvor verpresste Probemauer aus Ziegeln bis etwa 15 cm unterhalb der Ankerlage partiell aufgeschnitten, um die vollständige Ausbreitung der Suspension im Versuchskörper zu dokumentieren. Wie die nachfolgenden Bilder zeigen, wurden die künstlichen Risse und der gesamte Ankerkanal vollständig mit Injektionsgut ausgefüllt. Aufgrund der maximalen Korngröße der Suspension von < 1,5 mm kann man die vollständige Verfüllung der Risse im Nachhinein sehr gut nachvollziehen (Bild 27).

4.1.5 Begleitende Festigkeitsprüfungen

Darüber hinaus wurde die Entnahme von historischen Bestandsmörteln aus dem Mauerwerk der Ruine des Westiwans von iranischer Seite gestattet. Dies diente vorrangig dafür, die Festigkeit der Gipssuspension an den Bestandsmörtel anzupassen. Insgesamt konnten an 6 Stellen Festmörtelproben entnommen werden (Bild 28). Diese wurden in Deutschland präpariert (Herausschneiden von Würfeln) und anschließend die Rohdichte und die Mörtelfestigkeit bestimmt [27] (s. Bild 29). Ebenso erfolgte die Beprobung von den bei den beiden Versuchskörpern zum Einsatz gekommenen Mauermörteln.

Während der gesamten Versuchsphase an den beiden Testmauern, der im Oktober 2017 durchgeführten Ertüchtigung des Strebepfeilers auf der Nordseite sowie der im Sommer 2018 vollzogenen aufsteigenden Mauerwerksinjektion des östlichen Teils der Nordwand wurden Prismen vom verwendeten Injektionsgut entnommen und anschließend wichtige mechanische Festigkeitsparameter bestimmt (s. Bild 30). Je nach Menge der vorhandenen Prismen wurden Rohdichte, Druck- und Biegezugfestigkeit nach 7, 28, 56 und 90 Tagen oder mehr ermittelt [16].

Im Ergebnis der Mörtel- und Injektionsmörteluntersuchungen ist Folgendes festzustellen:
- Bei den im Mai 2016 auf dem Takht hergestellten verschiedenen Mörtelprismen ohne Zusatzmittel (Verflüssiger und Verzögerer) wurden nach etwa 4 Monaten (115 Tage) relativ hohe Festigkeiten (8 bis 16 N/mm^2) erreicht, jedoch zeigten die Prismen teilweise auch starke Expansionserscheinungen durch Quellvorgänge (bis 8 mm/m).
- Die originalen Mörtel, die im Oktober 2016 am Westiwan entnommen wurden, weisen Rohdichten zwischen 1,4 und 1,6 kg/dm^3 und Druckfestigkeiten zwischen 3,9 und 17,7 N/mm^2 auf, wobei die Werte im Wesentlichen bei 4,0 bis 4,8 N/mm^2 und 9,2 bis 9,5 N/mm^2 lagen, also von der Festigkeit nicht ganz so hoch wie die erreichten Maximalwerte [27]. Man sieht jedoch deutlich, dass die Festigkeiten der Mörtel am Bauwerk stark schwanken, was sicherlich auch auf die unterschiedlichen Bauphasen und Verwitterungserscheinungen zurückzuführen ist.
- Der in Dresden optimierte Injektionsmörtel mit Zugabe eines Verflüssigers und eines Verzögerers zeigt

I Statisch-konstruktive Sicherungsarbeiten am westlichen Iwan der UNESCO-Welterbestätte Takht-e Soleyman, Iran 315

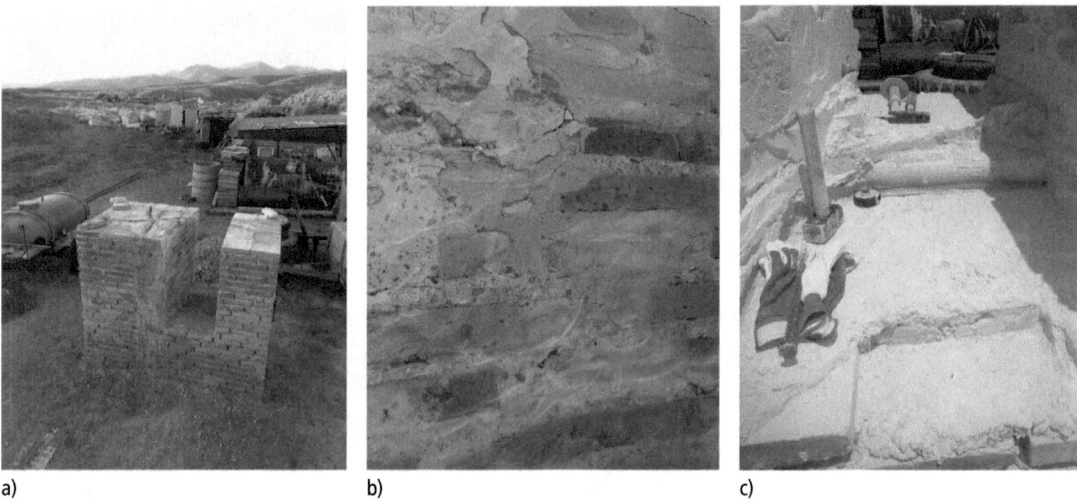

a)   b)   c)

Bild 27. Überprüfung des Verpresserfolgs an der Ziegel-Prüfwand; a) fertig aufgeschnittener Prüfkörper, b) deutlich sichtbare Bereiche der mit Suspension vollständig gefüllten Risse, c) freigelegter verpresster Ankerkanal

Bild 28. Entnommene historische Mörtelproben

Bild 29. Hergestellte Prüfkörper aus den historischen Mörtelproben und Druckfestigkeitsprüfung am Würfel an der FH Erfurt [27]

 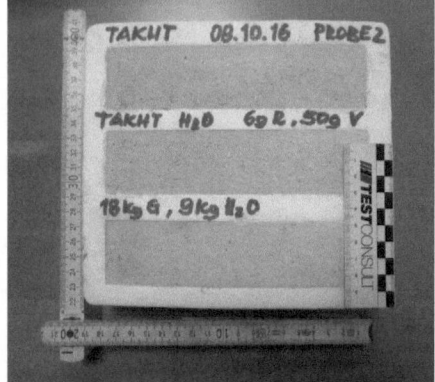 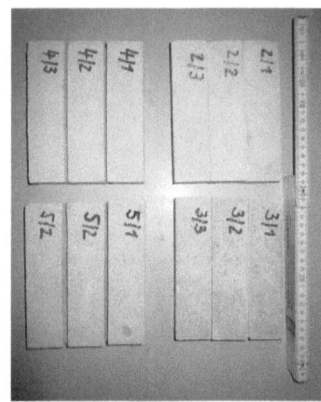

Bild 30. Von der Probenahme des Injektionsgutes auf der Baustelle bis zur Prüfung der erhärteten Prismen im Versuchslabor

nach 90 Tagen Festigkeiten im Bereich von 6 N/mm² [16]. Die Rohdichte sinkt im Laufe der Zeit von ca. 1,6 kg/dm³ nach 7 Tagen auf etwa 1,3 kg/dm³ nach 90 Tagen, was natürlich auf das Erhärtungsverhalten des Hochbrandgipses zurückzuführen ist. Die Festigkeiten des optimierten Injektionsgutes passen sich gut denen des Originalmörtels an. Wichtig ist vor allem, dass die Festigkeiten des neu entwickelten Injektionsleims nicht über den Werten des Bestandsmörtels liegen, um bei der Injektion des Bestandsmauerwerks keine „Steifigkeitslinsen" im Mauerwerk zu platzieren, die im Weiteren dann zu Schäden aufgrund von lokalen Überbelastungen führen könnten.

– Der bei den Vor-Ort-Versuchen im Herbst 2016 und Sommer 2017 an den beiden Modellwänden auf dem Takht noch einmal modifizierte Injektionsmörtel (wurde ohne Fließmittel ViscoCrete hergestellt) hat nach ca. 4 Monaten (132 Tagen) eine Druckfestigkeit von etwa 6,2 N/mm² bei einer Rohdichte von etwa 1,1 kg/dm³ [16]. Alle im Oktober 2016 vor Ort auf dem Takht hergestellten Injektionsleime weisen ein nur sehr geringes Quellverhalten auf. Die Suspensionen wurden auch nur mit Wasser vom See des Takhts hergestellt. Dieser Fakt ist sehr wichtig, da ein Anmischen der notwendigen Mengen Injektionsmörtel mit Trinkwasser am Takht ausgeschlossen ist. Die Menge an Trinkwasser steht nicht zur Verfügung, hingegen kann das Takht-Wasser jederzeit in großen Mengen verarbeitet werden.

– Bei dem im Frühsommer 2017 durchgeführten 2. Injektionsversuch an der anderen der beiden Versuchswände (Natursteinwand) wurde die Injektion mittels Schneckenpumpe erprobt. Der im Oktober 2016 durchbohrte, verankerte und vollständig injizierte Ziegel-Probekörper wurde noch mit einer Handmembranpumpe verpresst. Allerdings war für die Ertüchtigung des Westiwans der Einsatz einer Schneckenpumpe geplant und ist in Bezug auf die Fördermenge und Arbeitsleistung wesentlich effektiver als die Handpumpe. Durch den Schneckenvortrieb ist ein kontinuierlicher Materialfluss garantiert.

4.2 Ertüchtigung des ilkhanidischen Strebepfeilers auf der Nordseite der Nordwand

In einem weiteren Vorversuch sollte in der Oktoberkampagne 2017 mit den Sicherungsarbeiten am Be-

Bild 31. Ansicht der Nordwand des Westiwans vom Norden mit mittig eingerüstetem Strebepfeiler

standsmauerwerk des Westiwans begonnen werden. Dafür wurde in Abstimmung mit der ICHHTO und der örtlichen Bauleitung der stark zerstörte Strebepfeiler auf der Nordseite der Nordwand ausgewählt (vgl. hierzu ausführlich auch [34]). Dieser Strebepfeiler steht zwischen zwei Wandrudimenten, die orthogonal auf die Nordwand des Iwans stoßen (s. Bild 31). Die östliche Wand ist aus Bruchstein gefügt und kippt stark nach Osten. Sie ist Teil einer späteren ilkhanidischen Bauphase (frühes 14. Jh.), die westliche Wand aus Backsteinen ist bisher aufgrund ihrer Position und ihrer Herstellungstechnik als eine spätere sassanidische Bauphase (6. Jh. n. Chr.) interpretiert worden. Zwischen diesen beiden Wandsegmenten steht der Strebepfeiler, der aufgrund einer durchgehenden Bauteilfuge vermutlich erst später an die Nordwand ohne Verzahnung angebaut wurde. Der Bereich zwischen den beiden Wandsegmenten war mit Schutt (Bruchstein, wenig Backsteinfragmenten, Putzfragmenten) verfüllt. Um die unteren Bereiche des Bruchsteinmauerwerks des Strebepfeilers bei der Ertüchtigungsmaßnahme zu erreichen, musste ein Teil der Bauschuttverfüllung entfernt werden.

Das Mauerwerk des Strebepfeilers wies starke vertikale Risse und zahlreiche Löcher und Hohlräume im Inneren auf, die mit der entwickelten Gipssuspension vom Fuß bis zum Kopf der Wand verpresst wurden. Zuerst erfolgte entlang der Rissverläufe in Abständen von 30 bis 50 cm die Herstellung der Bohrlöcher zum Injizieren des Mauerwerks und die Kontrolle des Injektionsaustritts. Die Bohrungen hatten einen Durchmesser von 25 mm und Tiefen von 30 bis 80 cm und wurden vorrangig in der Fuge hergestellt. Nach Herstellen der Bohrungen wurde das gesamte Mauerwerk einschließlich der Risse für das anschließende aufsteigende Verpressen vorbereitet. Dafür wurden die Risse von Staub und losen Bestandteilen gesäubert und die rissnahen Bereiche auf der Mauerwerksfassade mit Lehmmörtel gesichert (Bild 32). Damit konnte beim Verpressen und dem zuvor stattgefundenen Vermörteln der Risse eine Verschmutzung des Bestandsmauerwerks im Wesentlichen verhindert werden. Anschließend wurde mit dem aufsteigenden Verpressen der Wand begonnen. Es war häufig so, dass ausgehend von einem Loch bis zu 1 m Höhe des vorhandenen Bruchsteinmauerwerks verpresst werden konnte. Dies zeugt von ausreichend Umläufigkeiten im Inneren des Mauerwerks, wodurch ein kontinuierliches Verpressen des gesamten Mauerwerksquerschnitts garantiert war. In der Ebene trat das Verpressgut an den verschiedenen Bohrlöchern rund um den Pfeiler aus.

Zusätzlich sind in der oberen Hälfte des Strebepfeilers in zwei Ebenen jeweils zwei Glasfaserstäbe in Querrich-

a)

b)

c)

Bild 32. a) Zum Verpressen vorbereiteter Strebepfeiler, b) Injizieren des Mauerwerks und c) Austreten von Verpressgut aus einem oberen Bohrloch

Bild 33. Herstellen der 2,40 m langen Bohrlöcher zum Einbringen der Schöck ComBAR-Stäbe mit Durchmesser 12 mm

a)   b)   c)

Bild 34. a) Verpressen der Nadelkanäle am Kopf des Strebepfeilers, b) Glasfasernadel kurz vor Eintreffen der Suspension und c) Füllen des Bohrlochs mit Suspension

tung zur Mauerwerksstabilisierung eingebracht worden. Dazu wurden mittels Spiralbohrverfahren vier Bohrlöcher mit einer Länge von etwa 2,40 m hergestellt (Bild 33). Die Löcher hatten einen Durchmesser von etwa 25 mm. Nach dem Trockenbohren der Löcher wurde zur Erhöhung der Verbundwirkung zwischen Suspension und Mauerwerk das Bohrloch kurz mit Wasser ausgespült, um das gesamte Bohrmehl aus dem Bohrloch zu entfernen. Danach wurde je Bohrloch mittig ein Glasfaser-Bewehrungsstab ComBAR ⌀ 12 mm der Firma Schöck Bauteile GmbH eingebaut und anschließend das gesamte Bohrloch verpresst (s. Bild 34).

4.3 Ertüchtigung des gesamten Ostteils der Nordwand des westlichen Iwans im Jahr 2018

Die Sicherungs- und Ertüchtigungsarbeiten für den kompletten Ostteils des westlichen Iwans wurden im Spätsommer und Herbst des Jahres 2018 durchgeführt. Damit wurde der erste Teil der Wand gesichert, im Anschluss daran soll dann im Frühjahr 2019 noch die Mauerkrone der Wand gesichert und im weiteren Verlauf des Jahres damit begonnen werden, den noch stärker geschädigten Westteil der Nordwand (s. Bild 6a und Bild 13) zu ertüchtigen.

I Statisch-konstruktive Sicherungsarbeiten am westlichen Iwan der UNESCO-Welterbestätte Takht-e Soleyman, Iran   319

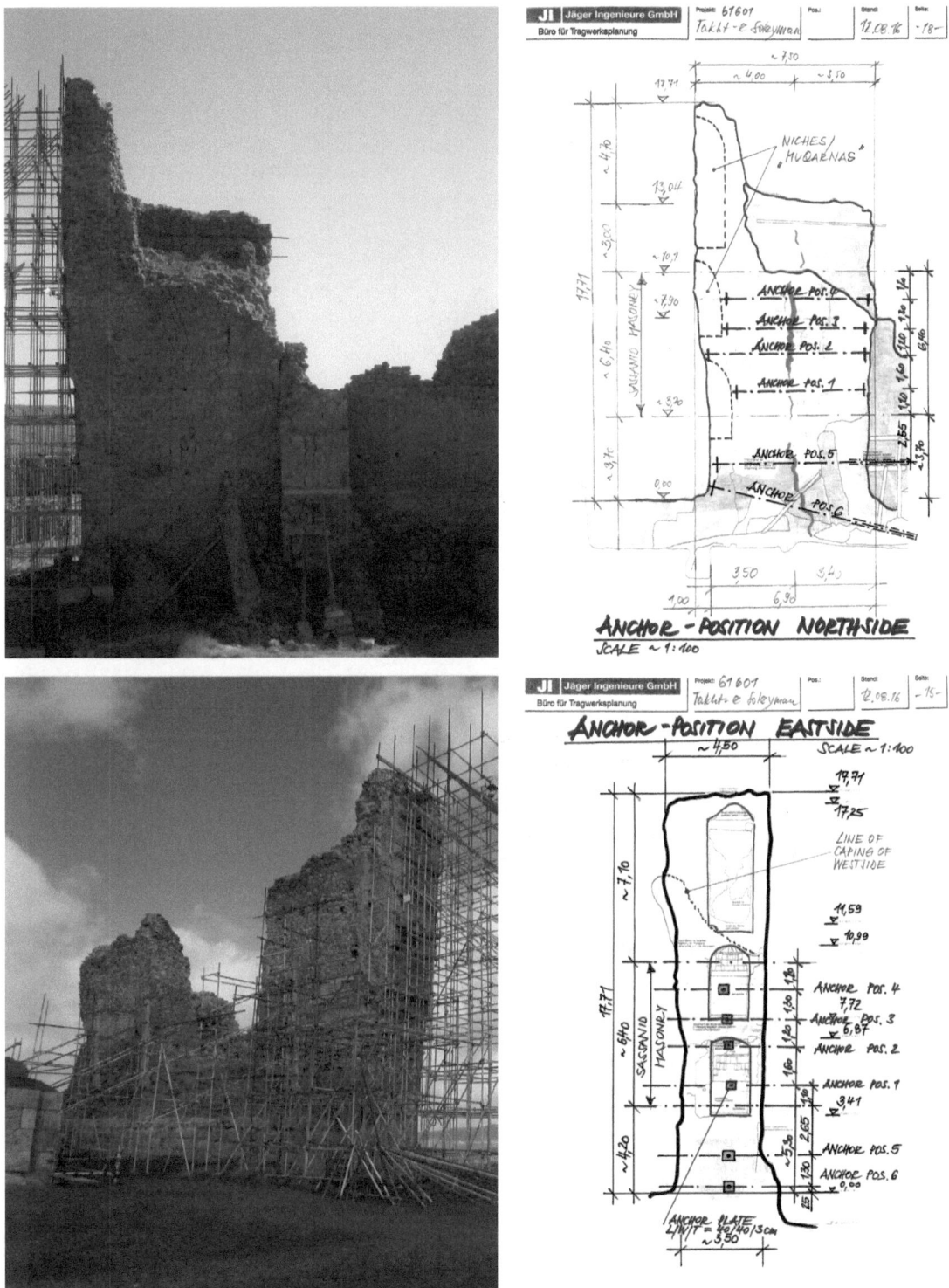

Bild 35. Ausschnitt aus der Statik zur Sanierungsplanung des Westiwans nach [32]

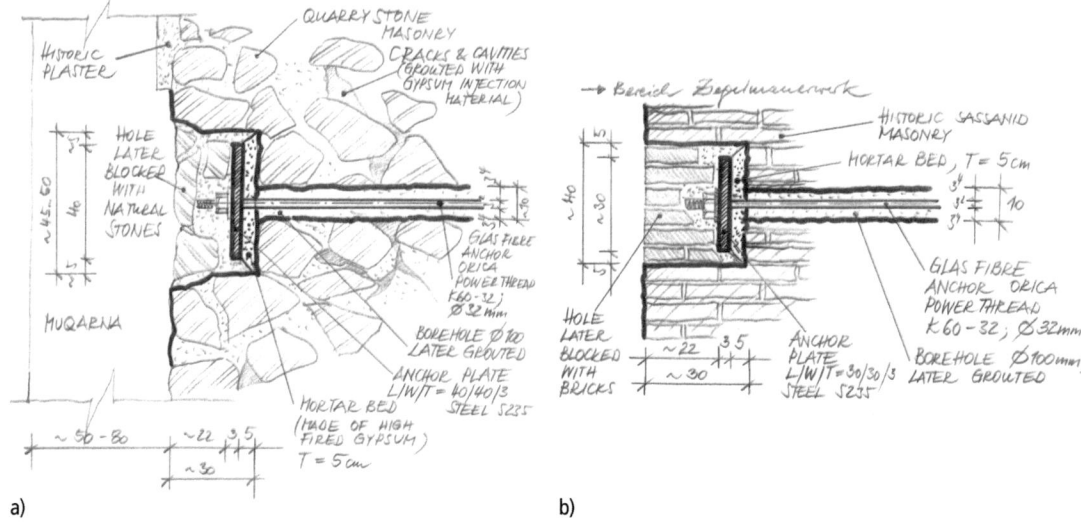

Bild 36. Details der Ankerköpfe für a) ilkhanidisches Bruchsteinmauerwerk und b) sassanidisches Ziegelmauerwerk nach [32]

Bild 37. a) Seitliches Anböschen einer relativ großen Putzfläche auf der Südfassade und b) Hinterfüllen von hohlen Bereichen mit feiner Gipssuspension über ein sogenanntes „Nest" aus Lehm

Gemäß statischer Berechnung der Jäger Ingenieure GmbH [32] und nochmaliger Abstimmung mit der ICHHTO Mitte Januar 2018 in Teheran sollten im Ostteil insgesamt 6 Glasfaseranker K60-32 mit einem Durchmesser ⌀ 32 mm von der Firma Minova Carbo Tech GmbH eingebaut werden. Die Lage der Anker ist in Bild 35 dargestellt. Die Anker 1 bis 4 erhalten an beiden Seiten Endauflagerplatten gemäß Bild 36.
Der zusätzliche horizontale Anker in Ankerlage 5 erhält im Bereich der Stirnseite/Ostseite eine Endauflagerplatte und wird auf der gegenüberliegenden Seite im Westen im Mauerwerk endverankert. Die gleiche Vorgehensweise soll bei dem Schräganker ins Fundament (Ankerlage 6) stattfinden.
Vor Beginn der Arbeiten im September 2018 wurden mit einem örtlichen Restaurator alle notwendigen Abstimmungen für die Sicherung der historischen Putzreste und der Stuckarbeiten in und an den „Muqarnas" (den Nischen an der Stirnseite/Ostseite der Wand) getroffen. Die Sicherungen wurden in der Zeit von Ende Juli bis Mitte September 2018 durchgeführt. Dabei wurden im Wesentlichen die z. T. starken Rissbildungen an den Reliefs der Muqarnas verfüllt und die wenigen an der Süd- und Nordfassade noch vorhan-

Bild 38. a) Gesicherte und bereits farblich angepasste Rissbildungen sowie b) frisch gesicherte Risse und seitlich angeböschte Putzflächen neben bereits farblich angepassten Rissen in der obersten Muqarnas

Bild 39. Absieben des zum Verpressen benötigten Gipses mit Korngröße von etwa 1 mm

denen Putzflächen aus der ilkhanidischen Bauphase gesichert (Bilder 37 und 38). Letztere wurden durch seitliches Anböschen mit feinem Stuckgips in ihrer Lage gehalten. Durch Abklopfen der Flächen konnte festgestellt werden, ob die Putzflächen hohl liegen. Wenn das der Fall war, wurden sie durch den Restaurator mit einer sehr feinen Gipssuspension hinterfüllt. Dafür wurde der hohl liegende Bereich von oben leicht angebohrt und anschließend ein Einlauftrichter, ein sogenanntes „Nest" aus Lehm hergestellt. Danach wurde der Hohlraum durch eine feine Gipsmilch verdämmt (s. Bild 37). Aus Sicherheitsgründen wurden größere Putzflächen beim anschließenden aufsteigenden Verpressen des Mauerwerks zusätzlich noch einmal durch eine Absteifung mittels Holzbohlen gesichert (s. Bild 41).

Bevor die eigentlichen Arbeiten beginnen konnten, musste das schon in seinen Grundzügen aufgebaute Arbeitsgerüst arbeitstauglich gemacht werden, d. h. die Arbeitsebenen noch beplankt und in jeder Ebene die erforderlichen Absturzsicherungen und Handläufe hergestellt werden. Bei dem Gerüst handelt es sich um ein Stahlrohrkupplungsgerüst. Die Beplankung erfolgte mit Holzbohlen. Durch die iranischen Partner wurden ausreichend Bohlen zur Verfügung gestellt, sodass gleichzeitig 5 bis 6 Ebenen in einer Mindestbreite von etwa 2 m eingerüstet werden konnten. An der östlichen Stirnseite der Wand unmittelbar vor den Muqarnas wurden die Arbeitsplattformen auf einer Breite von mindestens 3 m hergestellt, da von dieser Seite aus die Ankerlöcher gebohrt wurden (s. hierzu Bild 14).

a) b) c) d)

Bild 40. Herstellung der Injektionsbohrungen im Quader- und Bruchsteinmauerwerk einschließlich Bohrgutabsaugung im Raster von 50 bis 70 cm

Die erforderliche Gipsmenge für die Mauerwerkssuspension von geschätzten 5 bis 7 Tonnen wurde bereits seit dem Frühjahr im benachbarten Feldofen produziert (s. a. [23]) und dann kurz vor und während der Verpressarbeiten im September auf die erforderliche Partikelgröße von etwa 1 mm gesiebt (Bild 39).

Der weitere Verlauf der Arbeiten erfolgte nach der allgemein bekannten und erprobten Methodik, wobei die Arbeiten in zwei Kampagnen durchgeführt wurden. In der ersten Kampagne wurde das Mauerwerk durch aufsteigende Injektion zuerst vergütet und in der zweiten Kampagne dann die erforderlichen Ankerlöcher hergestellt und danach die Anker eingebaut.

Für die Vergütung des Mauerwerks wurden im Raster von etwa 50 bis 70 cm Injektionsbohrungen von beiden Längsseiten der Wand eingebracht (s. Bild 40). Diese hatten einen Durchmesser von 25 mm und eine Tiefe von etwa 2 m. Bei der Gesamtbreite der Wand von etwa 3,50 m überlappte sich somit die Tiefe der von beiden Seiten eingebrachten Bohrungen in Mauerwerksmitte um etwa 50 cm. Im Bereich des sassanidischen Quadermauerwerks am Wandfuß wurden die Injektionslöcher nur in den Fugenzwickeln gebohrt. Da das Ziegelmauerwerk von der konstruktiven Ausführung her als relativ gut einzuschätzen ist (das lässt sich vor allem auch an den beiden Bruchflächen in der Mitte der Gesamtwand an der fast vollständigen Ausfüllung

a)   b)

Bild 41. Verdämmen von Rissen, Hohlräumen und Fehlstellen mit Lehm; im Bild 41a zusätzliche Sicherung der großen Putzfläche mittels Bohlenabsteifung

Bild 42. Mischplatz, Anmischen des Injektionsgutes und Transport zur Schneckenpumpe, hier auf dem Gerüst

der Stoß- und Lagerfugen erkennen, vgl. hierzu auch Bild 8), wurden auf der Südseite der Wand im sassanidischen Ziegelmauerwerk nur Injektionslöcher entlang des starken Vertikalrisses und anderer sichtbarer Rissbildungen hergestellt. Auf der Nordseite der Wand, wo das sassanidische Ziegelmauerwerk über die gesamte Fassadenfläche durch das ilkhanidische Bruchsteinmauerwerk verblendet ist, wurde ein flächendeckendes Bohrraster für die Mauerwerksinjektion hergestellt (s. im Detail Bild 40d). Beim Bohren der Löcher konnten gleichzeitig wichtige Hinweise zum inneren Zustand des Mauerwerks gesammelt werden. So konnte man feststellen, dass sich der auf der nördlichen Seite befindliche Schalenriss zwischen sassanidischem und ilkhanidischem Mauerwerk sehr weit in Richtung Osten zog. Darüber hinaus konnten Mauerwerksbereiche mit größeren inneren Gefügestörungen und andererseits, z. B. am eher schweren Bohrfortschritt, Mauerwerksbereiche mit hoher innerer Gefügestabilität und Kompaktheit und demzufolge weniger Umläufigkeiten lokalisiert werden.

Als weitere vorbereitende Maßnahmen vor dem Verpressen mussten zusätzliche Arbeiten ausgeführt werden. Schon beim Bohren der Injektionslöcher wurden das Bohrgut und der beim Bohren auftretende Staub mittels Industriestaubsauger abgesaugt, um eine Verschmutzung der Fassade zu verhindern (s. Bild 40c). Ebenso wurden Risse, offene Fugen und sonstige

Bild 43. Verpressen des Mauerwerks mit Schneckenpumpe SP-20 von Desoi

Hohlstellen in der Fassadenoberfläche mit Lehm abgedichtet, um ein unkontrolliertes Austreten der Suspension während des Verpressvorgangs abzuwehren (s. Bild 41). Beim Verpressen selbst wurden die Bohrlöcher dann mit Lehm verschlossen, wenn die an anderer Stelle eingepresste und umläufige Suspension über sie austrat. Bereits ausgetretener Gips wurde zügig mit Wurzelbürste und klarem Wasser entfernt, um keine nachträglichen Schleier auf der Fassadenoberfläche zu hinterlassen.

Das Verpressgut, bestehend aus abgesiebtem Hochbrandgips und Wasser vom Takht-See mit Zugabe eines handelsüblichen Verzögerers für gipsbasierte Bindemittelsysteme, wurde analog der letzten Vorversuche an den beiden Testwänden und der Ertüchtigung des Strebepfeilers auf der Nordseite im Herbst 2017 mit einem Wasser/Bindemittelwert von etwa 0,6 hergestellt (Bild 42). Durch den Verzögerer betrug die Verarbeitungszeit der Suspension etwa 20 Minuten.

Die Injektionsarbeiten wurden in der Regel durch 3 bis 4 Personen ausgeführt. Wichtig dabei war, dass neben dem Mischer, dem Bediener der Schneckenpumpe und dem Verantwortlichen am Injektionsstutzen mindestens noch ein Arbeiter zur Beobachtung des Mauerwerks und für evtl. sofortige Reinigungsmaßnahmen auf der Fassadenoberfläche zur Verfügung stand, da die Suspension nach Austritt aus dem Mauerwerk relativ rasch abgebunden hat.

Das Mauerwerk des östlichen Teils wurde dann innerhalb von etwa 12 Tagen von unten nach oben aufsteigend verpresst (Bild 43). Wie bereits zuvor beschrieben, waren auf der Südseite im gesamten Bereich des Ziegelmauerwerks keine großen Hohlräume im Mauerwerk vorhanden und dementsprechend auch keine

Bild 44. Verschließen der Schalenfuge im Bereich der Nord-West-Ecke: a) im unteren Mauerbereich, b) im oberen Mauerbereich

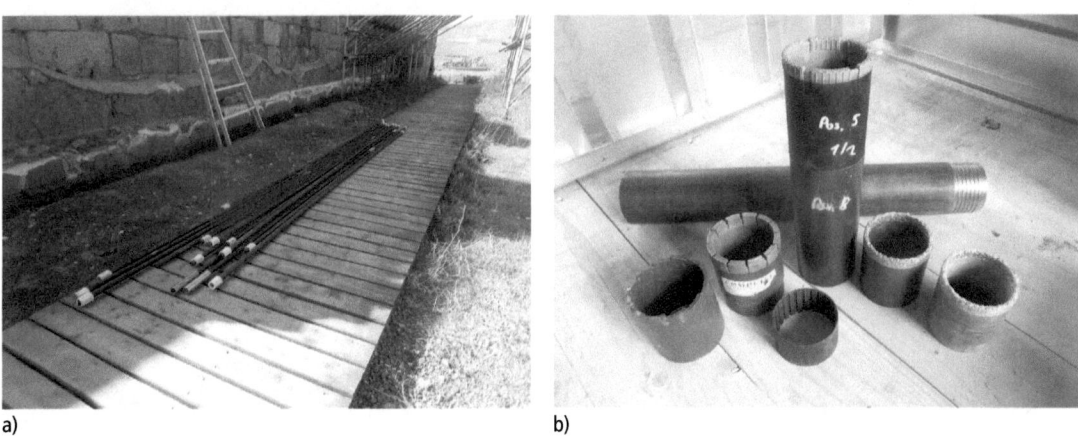

Bild 45. a) Glasfaseranker Durchmesser 32 mm von Minova Carbo Tech GmbH einschließlich Endmuttern und Verbindungsmuffen und b) Spezialbohrkronen, Verlängerung und Kernfangring von Comdrill

großen Mengen an Suspension in die Wand injiziert worden.

Dies änderte sich in den höheren Wandlagen und vor allem auf der Nordseite. Hier wurden aufgrund des großen Schalenrisses und mehrerer Hohlräume und Umläufigkeiten im Mauerwerksinneren etwa 2/3 der Gesamtmenge der Gipssuspension in das Mauerwerk eingebracht. Fast der gesamte Bereich des Schalenrisses konnte über das Einbringen des Injektionsgutes mittels eines 100er KG-Rohrs verfüllt werden (Bild 44). Der etwa 3 m hohe Riss wurde an der Westseite mit Bruchsteinen zugemauert und dann lagenweise zu je einem Meter unter Einbau kleinerer und größerer Steine gefüllt und anschließend noch einmal nachverpresst. Insgesamt wurden etwa 300 Mischungen an Gipssuspension in den östlichen Wandbereich der Nordwand des Westiwans verpresst. Eine Mischung entspricht in etwa 16 Liter, daher sind schätzungsweise etwa 4800 Liter Gipssuspension eingebracht wurden.

Nachdem durch die Fertigstellung der aufsteigenden Injektion des gesamten östlichen Wandquerschnitts bis Ende September 2018 die Voraussetzung für das Einbringen der Anker gegeben war, wurde Mitte Oktober 2018 mit dem Bohren der Ankerkanäle für die sechs Anker begonnen.

Aufgrund der Tatsache, dass das Bestandsmauerwerk mit Hochbrandgips errichtet wurde, ist planmäßig die gesamte Bohrtechnik auf Basis einer Luftspülung ausgelegt und beschafft worden. Der dafür erforderliche Kompressor ist wenige Tage vor Beginn der Kampagne zusammen mit den Glasfaserankern (Bild 45a) und weiterem zusätzlichen technischen Equipment,

Bild 46. Verwendetes Bohrzubehör und Werkzeug sowie Kernbohrgerät DD 250 von HILTI

Bild 47. Einbringen der Kernbohrungen a) für den Anker 5 und b) den Anker 1 in der unteren Muqarnas,
c) z. T. starke Staubentwicklung beim Trockenbohren und d) Ausblasen des fertig gebohrten Ankerkanals mit Druckluft

Statisch-konstruktive Sicherungsarbeiten am westlichen Iwan der UNESCO-Welterbestätte Takht-e Soleyman, Iran

a)

b)

Bild 48. a) Durchstoßpunkt der Bohrkrone auf der Westseite und b) Einlegen des Ankers in den Ankerkanal zum Längenabgleich

a)

b)

Bild 49. a) Anbau der Abstandhalter und b) Verbinden von Ankerstücken mit Edelstahlmuffe

wie ein Steinbrecher für die Zerkleinerung des rohen Hochbrandgipses, eine zusätzliche Schneckenpumpe SP-20, ein Wasserwerk und ein Baustellencontainer auf die Baustelle am Takht-e Soleyman geliefert worden.

Die für die Bohraufgabe erforderlichen Spezialkronen mit einem Durchmesser von 80 mm von der Firma Comdrill, Untereisesheim, kamen beim Bohren der Ankerkanäle zum Einsatz (Bild 45b). Die Trockenbohrungen hatten durchschnittliche Längen von 7,30 m, nur die beiden unteren Bohrungen für die Ankerlagen 5 und 6 waren mit über 8 bis 10 m etwas länger. Um ein möglichst erschütterungsarmes Bohren zu garantieren, wurden Bohrständer und Verlängerungsschiene am Gerüst befestigt (vgl. Bilder 46, 47). Dadurch wurden nur ganz geringe Vibrationen in das Mauerwerk der empfindlichen und mit Stuckelementen belegten Muqarnas eingeleitet. Durch einen langsamen und stetigen Bohrvortrieb und gleichbleibenden Luftdruck (zwischen 6 und 10 bar) konnten größere, ruckartige Erschütterungen im Bohrloch vermieden werden. Dies kann auftreten, wenn es z. B. bei einem Materialwechsel im Mauerwerksinneren am Bohrkronenkopf zu Verhakungen kommt, weil ein hartes Ergussgestein auf einen zuvor eingebauten weicheren Kalkstein folgt oder wenn Auflockerungen mit Hohlräumen und unterschiedlich festen Gesteinen im Bereich der Bohrstrecke anliegen.

Für den mittigen Einbau des Ankers in den Ankerkanal wurden im Abstand von 2 m Abstandhalter am Anker befestigt (Bild 49a). Die Längen der angelieferten Glasfaseranker betrugen 6 m, 5 m, 3,50 m und 1,50 m. Notwendige Verlängerungen wurden mittels Edelstahlmuffen realisiert (Bild 49b). Beim Einlegen des Ankers in den Ankerkanal wurde gleich ein Verpressschlauch mit eingelegt, der dann beim Verfüllen des Ankerkanals wieder gezogen wird (s. Bild 50). Dadurch wird sichergestellt, dass der Ankerkanal vollständig verpresst wird und sich im Bereich von Abstandhaltern und Verbindungsmuffen die Gips-

Bild 50. a) Einlegen des vorbereiteten Ankers mit Verpressschlauch, der beim Verpressen des Ankerkanals gezogen wird und b) fertig positionierter Anker

Bild 51. a) Ausgebaute gefüllte Bohrkrone und b) ausgelegter Bohrkern der Ankerlage 5

suspension nicht aufstaut und dann Hohlräume im Bohrloch verbleiben.

Das einzig etwas Unangenehme bei der Herstellung der Ankerkanäle war, dass beim Trockenbohrverfahren in Verbindung mit der notwendigen Druckluft z. T. eine relativ starke Staubentwicklung zu verzeichnen ist (Bild 47c, d). Beide Fachkräfte mussten während der Bohrarbeiten Staubmasken tragen.

Großes Augenmerk wurde auf das Einrichten des Bohrständers gelegt. Dazu wurde seitlich in der Flucht der Außenwandoberfläche in Ankerlängsrichtung eine Maurerschnur (Richtschnur) gespannt und parallel dazu der Ständer eingerichtet. Dadurch konnte sichergestellt werden, dass die Bohrungen relativ gerade verliefen und auf der Westseite des östlichen Mauerabschnitts ebenfalls mittig die Wand wieder verließen. Die gewonnenen Bohrkerne wurden ausgelegt, dokumentiert und danach eingelagert. An Mörtel- und Suspensionsstücken sollen dann im Weiteren noch Untersuchungen in Deutschland erfolgen (Bild 51).

Nach dem Bohren der Ankerkanäle wurden die Mauerwerkstaschen gemäß Bild 36 an den Ankerenden ausgearbeitet, die Ankerkanäle verpresst, die lastverteilenden Platten eingebaut, die Anker mittels der Ankermuttern handfest vorgespannt und danach die Endverankerungspunkte wieder mit Mauerwerk oder Naturstein geschlossen und je nach Lage verputzt (vgl. Bild 52). Damit endeten die Ertüchtigungsarbeiten am Westiwan des Takht-e Soleyman im Jahr 2018 (Bild 53).

Im folgenden Jahr 2019 muss dann noch die Mauerkrone dauerhaft gesichert werden, bevor mit den Ertüchtigungsmaßnahmen am Westteil der Nordwand fortgefahren wird.

a)   b)

Bild 52. a) Endverankerungsstellen mit ausgestemmten Mauerwerkstaschen und eingebauten Ankerplatten und b) wieder geschlossene Mauerwerksöffnung mit Bruchsteinmauerwerk

Bild 53. Blick auf die Baustelle am Westiwan am 18. Oktober 2018

5 Förderung

Das Forschungsprojekt „Sicherung des Westiwans des Takht-e Soleyman in Iran" wird am Lehrstuhl für Tragwerksplanung der Technischen Universität Dresden durchgeführt und vom Auswärtigen Amt der Bundesrepublik Deutschland über das Kulturerhaltprogramm gefördert. Die Förderung läuft bereits seit 2016.

6 Danksagung

Mit der Fertigstellung der Ertüchtigung des Ostteils der Nordwand des Westiwans auf dem Takht-e Soleyman wurde nach nur drei Jahren intensiver Forschungs- und Planungsarbeit sowie praktischer Ausführung am Objekt ein erster Meilenstein erreicht, der Hoffnung gibt für einen erfolgreichen Abschluss der noch vor uns stehenden, dringend notwendigen Arbeiten an dieser herausragenden UNESCO-Welterbestätte. Dies ist Anlass genug, Dank all jenen zu sagen, die bei diesem Projekt mitgewirkt und zu seinem bisherigen guten Gelingen beigetragen haben.

In erster Linie geht der Dank an das Auswärtige Amt der Bundesrepublik Deutschland für die gewährte großzügige Förderung des Projekts über die letzten drei Jahre und im Besonderen an die Stv. Leiterin des Arbeitsstabs Kulturerhalt, Frau *Renate Reichardt*, für die langjährige gute Zusammenarbeit.

Darüber hinaus gilt der Dank ebenfalls den iranischen Projektpartnern, namentlich genannt seien Herr *Farhad Azizi*, Leiter der Abteilung für Welterbeprojekte innerhalb der ICHHTO, Herr Dr. *Mohammad Hassan Talebian*, Leiter der Abteilung für Kulturerbe in der ICHHTO, Herr Prof. Dr. *Mozaffar Abbaszadeh* (Leiter der Welterbestätte Takht-e Soleyman), Herrn *Mohammad Fathi* (ehemaliger Leiter der Welterbestätte Takht-e Soleyman), Herr *Reza Taqavi* (Bauleiter auf der Welterbestätte Takht-e Soleyman), Herr *Mehdi Keramatfar* (Architekt in der Denkmalpflege) und Herr *Mohammed Jafarpanah* (Student an der Schahid-Beheschti-Universität, Teheran).

Dank gilt auch den vielen Kollegen und Spezialisten im deutschen Team, auch hier seien namentlich genannt Frau Dr. *Anja Heidenreich* (Otto-Friedrich-Universität, Bamberg), Frau *Sara Sobhau Sarbandy* (freiberufliche Architektin), die Architekten Frau *Beate Boekhoff*, Herr *Max Hansen*, Herr *Daniel Fucke* und Herr *Maximilian Bräunel* (TU Dresden), Herr *Thomas Köberle*

(TU Dresden), Frau *Angela Eckart* (Jäger Ingenieure GmbH) und die Mitarbeiter des Lehrstuhls für Tragwerksplanung der TU Dresden, der Jäger Ingenieure GmbH und die vielen Studenten, die uns direkt auf dem Takht oder durch die Bearbeitung von Seminar- und Bachelorarbeiten unterstützt haben.

Darüber hinaus sollen auch unsere Fachkräfte und Spezialisten der Ausführung nicht vergessen werden, die für die technisch exakte und praktische Umsetzung am Bauwerk gesorgt haben. Dafür sei Herrn *Thomas Decker* (Spezialtiefbaupolier Himmel u. Papesch Bauunternehmung GmbH & Co. KG), Herrn *Jörg Reichel* (Brücken- und Bauwerkserkundung), Herrn *Jörg Hampel* (ehemals Geschäftsführer Bausanierung Hampel GmbH) und Herrn *Ronny Triemer* recht herzlich gedankt.

Nicht zuletzt soll dem Mann gedankt werden, der durch sein unermüdliches Wirken und Werben und sein Streben nach Lösungen für die vielfältigen und interessanten Probleme an diesem einzigartigen historischen Bauwerk erst dafür gesorgt hat, dass wir diese große Herausforderung und schöne Aufgabe zusammen meistern durften, Herrn Prof. Dr.-Ing. *Wolfram Jäger* (Lehrstuhl für Tragwerksplanung der TU Dresden).

7 Literatur

[1] Naumann, R. (1977) *Die Ruinen des Takht-e Suleiman und Zendan-e Suleiman*, Berlin.

[2] Vali, A. (1900) *Album of photographs by Ali Khan Vali, 1879–1900*.

[3] Huff, D. (2006) The Ilkhanid Palace at Takht-i Sulayman: Excavation Results. In: Komaroff, Linda: Beyond the Legacy of Genghis Khan, in *Islamic History and Civilization* (Kadi, W. and Wielandt, R. (Eds.), Vol. 64, Leiden.

[4] N. N. (o. J.) Archiv der ICHHTO – *Iranian Cultural Heritage*, Handicrafts and Tourism Organisation.

[5] Afshar, H. G. (o. J.) *From his personal collection of photographs (former Khan of Takab City). Given from his progeny to the stuff of Takht-e Soleyman*. Year unknown.

[6] Schwarz, P. (1934) *Iran im Mittelalter nach den arabischen Geographen*, S. 1100.

[7] Sir Robert Ker Porter (1822) *Travels in Georgia, Persia, Armenia and Ancient Babylonia*, London.

[8] Colonel Monteith, W. (1833) Journal of a Tour through Azerbaijan, *Journal of the Royal Geographical Society of London* **3**, London.

[9] Sir Henry Rawlinson (1840) From Tabríz, Through Persian Kurdistán, to the Ruins of Takht i Soleïmán, and from Thence by Zenján and Țárom, to Gílán, *The Journal of the Royal Geographical Society of London* **10**, London.

[10] Naumann, R. (1962) Takht-i-Suleiman und Zendan-i-Suleiman. Vorläufiger Bericht über die Grabungen im Jahre 1961, *Archäologischer Anzeiger* (4).

[11] Rohani, A. L. (2008) *Tahghighate Fani-e Eivan-e Gharbi (Eivan-e Khosrow), Takht-e Soleyman* [Technical assessment of the Western Eivan (Eivan-e Khosrow) of the Takht-e Soleyman], unveröffentlicher Bericht aus dem Jahre 2008.

[12] N. N. (2001) Unveröffentlichter Tätigkeitsbericht der Arbeiten auf dem Takht-e Soleyman für das Jahr 1380.

[13] Naumann, R., Huff, D. (1975) Takht-e Soleyman – Bericht über die Ausgrabungen 1965–1973, *Archäologischer Anzeiger*, Berlin.

[14] Naumann, R. (1977) Die Ruinen von Tacht-e Suleiman und Zendan-e Suleiman und Umgebung, in *Führer zu archäologischen Plätzen in Iran – Band II* (Hrsg. Deutsches Archäologisches Institut, Abteilung Teheran), Dietrich Reimer Verlag, Berlin.

[15] Jäger, W., Korn, L., Fuchs, Ch., Burkert, T. (2018) *Stabilisation of the Western Iwan of Takht-e Soleyman, Iran*. Documentation and first steps. In: Proceedings of 11th Int. Conference on Structural Analysis of Historical Constructions, Cusco, Peru. 11.–13. September 2018.

[16] Burkert, T.; Hezel, W. (2018) *Begleitende Ermittlung der Druck- und Biegezugfestigkeit der für die Ertüchtigung des westlichen Iwans am Takht-e Soleyman entwickelten Gipssuspensionen in den Jahren 2016 bis 2018*. Jäger Ingenieure GmbH, Büro Weimar in Zusammenarbeit mit Fachhochschule Erfurt – University of Applied Sciences, Fakultät Bauingenieurwesen und Konservierung/Restaurierung, Fachrichtung Bauingenieurwesen, BG: Baustoffkunde und Bauwerksdiagnostik, Prüflabor. Unveröffentlicht, Weimar/Erfurt, November 2018.

[17] Jäger, W., Köberle, T. (2016) *Entwicklung einer zementfreien Injektionstechnologie auf Kalkbasis für historisch wertvolles, gipshaltiges Mauerwerk*. Zwischenbericht zum Forschungsvorhaben „IngiMa". Az.: II 3-F20-12-1-066. Technische Universität Dresden, Fakultät Architektur, Lehrstuhl für Tragwerksplanung. Prof. Dr.-Ing. Wolfram Jäger. Im Auftrag von: Bundesinstitut für Bau-, Stadt- und Raumforschung (BBSR) im Bundesamt für Bauwesen und Raumordnung (BBR), Deichmanns Aue 31–37, 53179 Bonn. 42 Seiten, Dresden, März 2016.

[18] Bräunel, M. (2016) *Takht-e Soleyman – Vertiefende Bestandsaufnahme der Ruinenteile des westlichen Iwans in Vorbereitung der notwendigen statisch-konstruktiven Sicherung*. Diplomarbeit. Technische Universität Dresden, Fakultät Architektur, Lehrstuhl für Tragwerksplanung. Dresden, 27. Juli 2016.

[19] Fucke, D., Hansen, M. (2012) *Takht-e Soleyman – Vorbereitende Untersuchungen und Varianten zur Sicherung der Ruinenteile des westlichen Iwans*. Diplomarbeit, Technische Universität Dresden, Fakultät Architektur, Lehrstuhl für Tragwerksplanung. Dresden, Februar 2012.

[20] Soleymani, A., Pirak, M. (2012) Nachstellung von halbgebranntem und halbzerstoßenen Gips. (Transkribiert aus dem Iranischen). *Quarterly Research Review of Razavi Architecture*, **1** (1), 61–71.

[21] Jaeger, W. (2016) *Burning process of gypsum in the kiln in Tahkt-e Soleyman*. Scientific Report. University of Technology Dresden, Faculty of Architecture, Chair for structural Design, 12 pages, 20.05.2016.

[22] Jafarpanah, M. (2017) *Burning process of gypsum in the kiln in Tahkt-e Soleyman* (2nd temperature measurement). Memo. Im Auftrag von: TU Dresden, Lehrstuhl für Tragwerksplanung, Prof. W. Jäger, 13 Seiten, 13.08.2017.

[23] Jafarpanah, M. (2018) *Burning process of gypsum in the kiln in Tahkt-e Soleyman* (3rd session temperature measurement). Scientific Report. Im Auftrag von: TU Dresden, Lehrstuhl für Tragwerksplanung, Prof. W. Jäger, 40 Seiten, 15.07.2018.

[24] Sobott, R. (2018) *Historic and modern gypsum mortar application at the Takht-e Soleyman*. Report about on-site studies and results of sample analyses. Im Auftrag von: TU Dresden, Lehrstuhl für Tragwerksplanung, Prof. W. Jäger. Labor für Baudenkmalpflege Naumburg, Domplatz 1, 06618 Naumburg. Unveröffentlicht, 25 Seiten, Naumburg/Saale, Januar 2018.

[25] Babapiri, J. (2001) *Gozaresh pashuheshi chahar gamaneh asmaishi*, unveröffentlichter Bericht zu Grabungen am Westiwan, Sommer 1380.

[26] Heidenreich, A. (2016) *Arbeitsbericht über die Durchführung und fachkundige Betreuung von Sondagegrabungen im Bereich der zu sichernden Nordwand des Westiwans der Welterbestätte Takht-e Soleyman, Iran*. Erarbeitet im Auftrag von: TU Dresden, Fak. Architektur, Lehrstuhl Tragwerksplanung, Prof. Jäger. Universität Bamberg, Islamische Kunstgeschichte und Archäologie. Unveröffentlicht, 29 Seiten, 38 Anhänge, Bamberg, 03.08.2016.

[27] Burkert, T. (2017) *Begleitende Untersuchungen am Bestandsmauerwerk des Westiwans am Takht-e Soleyman – Ermittlung von Festigkeitsparametern des historischen Bestandsmörtels*. Jäger Ingenieure GmbH, Büro Weimar in Zusammenarbeit mit Fachhochschule Erfurt – University of Applied Sciences, Fakultät Bauingenieurwesen und Konservierung/Restaurierung, Fachrichtung Bauingenieurwesen, BG: Baustoffkunde und Bauwerksdiagnostik, Prüflabor, Wolfgang Hezel. Unveröffentlicht, Weimar/Erfurt, Mai 2017.

[28] Borchardt, E., Penseler, M. (2016) *Injektionsmörtel mit Hochbrandgips*. Seminararbeit im Fach Sanierung historischer Bauwerke. TU Dresden, Fakultät Architektur, Lehrstuhl für Tragwerksplanung, Prof. W. Jäger. 102 Seiten. Unveröffentlicht. Dresden, November 2016.

[29] Köberle, Th. (2016) *Kleinversuche zum Verpressen von Mauerwerk mit einer Suspension auf der Basis von Hochbrandgips*. TU Dresden, Fakultät Architektur, Lehrstuhl für Tragwerksplanung, Prof. W. Jäger. Unveröffentlicht. Dresden, September, 2016.

[30] Burkert, T., Ranft, K. (2016) *Takht-e Soleyman (Islamische Republik Iran), Ertüchtigung West-Iwan, Teilprojekt: Einrüstung Bestandswand Ostseite – Bemessung Arbeitsgerüst*. Genehmigungsplanung, Proj.-Nr. 61601. Jäger Ingenieure GmbH, Büro Weimar. Im Auftrag von: TU Dresden, Fakultät Architektur, Lehrstuhl für Tragwerksplanung, Prof. W. Jäger. 8 Seiten, 5 Pläne, Weimar, 22.12.2016.

[31] Burkert, T., Werner, Ch. (2017) *Takht-e Soleyman (Islamische Republik Iran), Ertüchtigung West-Iwan, Teilprojekt: Einrüstung Bestandswand Westseite – Bemessung Stützgerüst/Gerüsterweiterung*. Genehmigungsplanung, Proj.-Nr. 61601. Jäger Ingenieure GmbH, Büro Weimar. Im Auftrag von: TU Dresden, Fakultät Architektur, Lehrstuhl für Tragwerksplanung, Prof. W. Jäger. 21 Seiten, 1 Plan, Weimar, 29.08.2017.

[32] Burkert, T. (2016) *Takht-e Soleyman, Ertüchtigung West-Iwan, Teilprojekt: Östlicher Wandbereich – Statische Berechnung/Sanierungsplanung*. Proj.-Nr. 61601. Jäger Ingenieure GmbH, Büro Weimar. Im Auftrag von: TU Dresden, Fakultät Architektur, Lehrstuhl für Tragwerksplanung, Prof. W. Jäger. 20 Seiten, Weimar, 08.09.2016.

[33] Biçer-Simsir, B., Rainer, L. (2013) *Evaluation of Lime-Based Hydraulic Injection Grouts for the Conservation of Architectural Surfaces*. A Manual of Laboratory and Field Test Methods. The Getty Conservation Institute. 1200 Getty Center Drive, Suite 700 Los Angeles, CA 90049-1684, United States. 120 pages, Los Angeles.

[34] Burkert, T., Fuchs, Chr., Schweinfurth, J. (2018) Sicherungsarbeiten am Unesco-Welterbe Takht-e Soleyman, Iran, *Mauerwerk* **22** (2), 91–102.

II Ev.-Luth. Hauptpfarrkirche Zwickaus – seit 1935 Dom St. Marien Zwickau

Bericht zum derzeitigen Stand der Bauerhaltung
Teil II Ertüchtigung der Pfeiler M1 und M2

Toralf Burkert, Weimar und Peter Schöps, Radebeul

1 Einführung

Der nachfolgende Beitrag zu dem vermutlich im Jahr 1118 begonnenen Bau des Doms St. Marien zu Zwickau informiert über die in den Jahren 2016 bis 2018 stattgefundenen Ertüchtigungsmaßnahmen an den beiden Chorpfeilern M1 und M2 (Bild 1). Die geschichtliche und wissenschaftlich-technische Basis für die hier niedergeschriebenen Ausführungen bildet der Beitrag von Herrn Dr. Michael Kühn im Mauerwerk-Kalender 2017 [2]. Zur historischen Vorgeschichte des Bauwerks informieren u. a. auch [1, 3] und [4].

In Ergänzung der Ausführungen nach [2] und zum besseren Verständnis des hier vorliegenden Beitrags wird im Folgenden auf einige der Vorleistungen noch einmal kurz eingegangen, bevor die aktuell durchgeführten Maßnahmen näher beschrieben werden.

2 Messungen und Überwachungen

2.1 Langzeitmessungen

Als Langzeitmessung sind hier im Wesentlichen einfache Verfahren, wie die Erfassung von Schiefstellungen über Lote zu verstehen, die über mehrere Jahrzehnte auch sehr anschaulich die Veränderungen des Gebäudes dokumentieren (Bild 2).

Wegen der durch den untertägigen Steinkohlebergbau verursachten zusätzlichen Veränderung der Gründungsebenen lösten sich Rippen aus dem Netzgewölbe. Die zur Überwachung angebrachten Schnurlote zeigten 1933 eine Schiefstellung des ursprünglich senkrechten Pfeilers 16 (M1) um 8 cm, die sich bis zum heutigen Tag ständig vergrößert und mittlerweile 20 cm über die Schnurlänge von 9 m beträgt. Seit 2014 ist auch am Pfeiler 26 (M2) eine gerissene Zugzone zu beobachten.

Die Verformungen und Schiefstellungen am Dom werden durch verschiedene Vermesser seit vielen Jahren überwacht und dokumentiert.

Für weitere Informationen sei hier auf [12] verwiesen.

2.2 Laserscan

Als Ergänzung zu den bisher durchgeführten tachymetrischen Messungen wurden mehrere Laserscans angefertigt und zu einem Gesamtmodell zusammengesetzt. Neben dem Außenbereich, der lediglich Schwarz-Weiß aufgenommen wurde, sind der Innenbereich farbig und das Dachtragwerk ebenfalls Schwarz-Weiß erfasst worden.

Für den Zwickauer Dom wurden die Laserscans mit einer Auflösung von ca. 1,0 mm durch die Volkswagen Sachsen GmbH Zwickau angefertigt. Durch die Punktwolke können beliebige Schnitte gelegt werden,

Bild 1. Der Dom St. Marien in Zwickau

Mauerwerk-Kalender 2019: Bemessung, Bauwerkserhaltung, Schallschutz. Herausgegeben von Wolfram Jäger.
© 2019 Ernst & Sohn GmbH & Co. KG. Published 2019 by Ernst & Sohn GmbH & Co. KG.

Bild 2. Lotabweichungen seit ca. 70 Jahren
(Foto: Michael Kühn)

z. B. für die Erstellung von aktuellen Plänen (siehe z. B. Bild 7). Die Scans haben den Vorteil, dass auch Bereiche erfasst werden, die für ein konventionelles Aufmaß nur schwer zu erreichen sind. Die Laserscandaten ersetzen damit ein verformungsgerechtes Aufmaß. Die Neigung jedes einzelnen Pfeilers kann mit räumlichem Bezug bestimmt werden. Ohne zusätzlichen Aufwand lassen sich auch Krümmungen erfassen. Somit können z. B. die von der idealen Form stark abweichenden Gewölbegeometrien bei entsprechenden statischen Simulationen berücksichtigt werden. Bild 3 zeigt beispielhaft einen Ausschnitt des Chorbereichs. Zur Verdeutlichung der Gewölberippen wurden die Punktwolken des Dachs ausgeblendet.

3 Statische Voruntersuchungen

Neben früheren „einfachen" ingenieurmäßigen Betrachtungen, wurde in den 90er-Jahren des 20. Jahrhunderts ein numerisches Stabwerkmodell von *Graf/Hoffmann* [11] erstellt. In dieses Modell sind die Messwerte aus den Setzungen und Schiefstellungen des Gebäudes eingeflossen und hinsichtlich ihrer Auswirkungen auf die Schnittkräfte in ausgewählten Bauteilen ausgewertet.

Entsprechend der damaligen Aufgabenstellung erfolgte die Ermittlung des Schnittkraft- und Verformungszustands nach Elastizitätstheorie I. und II. Ordnung. Zur Erfassung einer Vorspannwirkung, welche durch Rundstahlelemente entlang der Arkadenwände vorhanden ist, die Rundstahlelemente aber nicht im Turm verankert sind, wurde das Berechnungsmodell um ein System aus Bewehrungsstäben und Stäben zur Einleitung der Umlenkkräfte in die Pfeiler in den letzten Jahren ergänzt.

Für die Spannungen im Querschnitt des Pfeilers 16/M1 an der Oberfläche des Fundaments ergeben sich aus unterschiedlichen Lastfallkombinationen anzunehmende Maximalwerte:
– für Zugspannungen: 2,00 N/mm^2 und
– für Druckspannungen: –3,00 N/mm^2.

Damit wäre im Querschnitt der Sohlfuge des Pfeilers 16/M1 von einer gerissenen Zugzone auszugehen. Ebenso würde die Druckspannung im Randbereich des

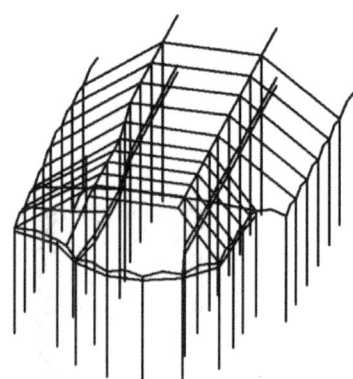

Bild 4. Stabwerkmodell nach [11]

Bild 3. Verformungsgerechtes „Aufmaß" in Form eines Laserscans (Grafik: Peter Schöps)

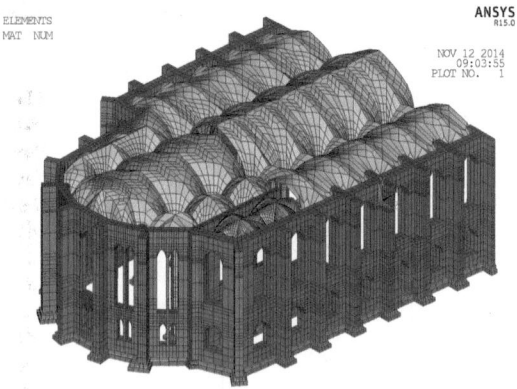

Bild 5. Volumenmodell des Kirchenschiffs
(Baugrund ausgeblendet) nach [12]

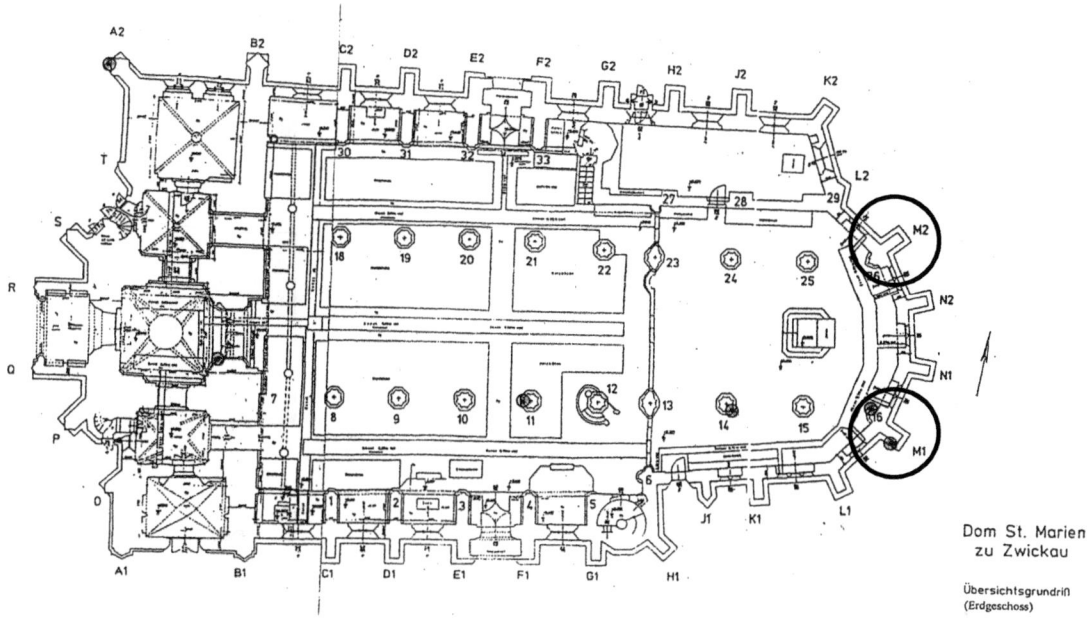

Bild 6. Grundriss mit den beiden maßgebenden Pfeilern

Pfeilers vom Fundament die zulässigen aufnehmbaren Werte überschreiten (Bild 4).

In Ergänzung zu den Berechnungen auf der Grundlage eines Stabwerkmodells wurde für den Pfeiler 16/M1 ein 3-D-Volumenmodell erstellt [12] (Bild 5).

Hierzu wurden zusätzlich die umliegenden Konstruktionen, wie beispielsweise Gewölbe und Außenwände mit abgebildet. Um im Modell die verringerte bzw. nicht vorhandene Zugtragfähigkeit zu berücksichtigen, sind entsprechende Materialeigenschaften und Kontaktelemente definiert worden.

Bei dem stark exzentrisch belasteten Fundament und gleichzeitig geringer Tragfähigkeit des Fundaments selbst führt das zu einer Verdrehung der Sohlfuge des aufstrebenden Pfeilers. Dadurch plastiziert die druckbelastete Außenkante und die Exzentrizität der Resultierenden ist begrenzt, sie kann den druckbelasteten äußeren Rand nicht erreichen. In [12] wird dies als „selbstzentrierender Mechanismus" bezeichnet. Es muss also zu einer Lastumlagerung verbunden mit einem Teilversagen des Bauteils Fundament kommen bzw. im Falle der Schiefstellung des Pfeilers 16/M1 schon gekommen sein. Dies wird auch bei Betrachtung der Baugeschichte des Gebäudes deutlich.

4 Maßnahmen zur Ertüchtigung

4.1 Historische Maßnahmen

Über die in der Vergangenheit bereits durchgeführten Ertüchtigungsmaßnahmen sei auf [12] verwiesen.

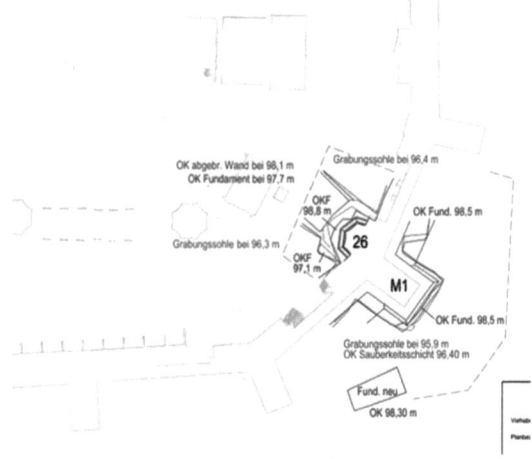

Bild 7. Schnitt durch die Punktwolke mit Eintragungen des Vermessers (Zeichnung: Sven Tröger, Peter Schöps)

4.2 Aktuelle Vorhaben

Da die bisherigen Versuche, die beiden maßgeblichen Pfeiler zu entlasten oder zu ertüchtigen, nicht den gewünschten Erfolg erbrachten und die Schiefstellungen weiter zunahmen, wurden in den letzten Jahren umfangreiche Ertüchtigungen geplant und durchgeführt. Die Sanierungsplanung für die Pfeiler M1 und M2 (s. markierte Bereiche in Bild 6), welche durch den Gewölbeschub besonders hoch beansprucht sind, verlangte eine genauere Abbildung der Geometrie zur

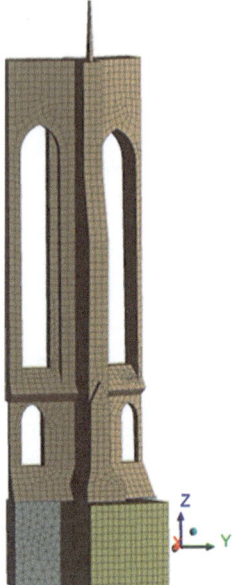

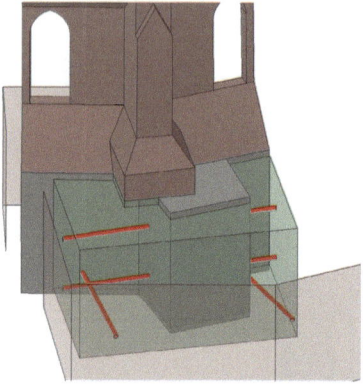

Bild 8. Teilmodell mit FEM-Netz (Grafik: Peter Schöps)

Bild 10. Detailansicht des äußeren Fußpunkts mit Spanngliedern und halbtransparent dargestelltem Stahlbetonkragen (Grafik: Peter Schöps)

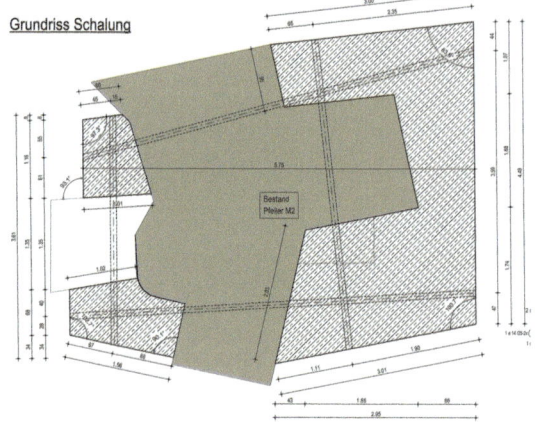

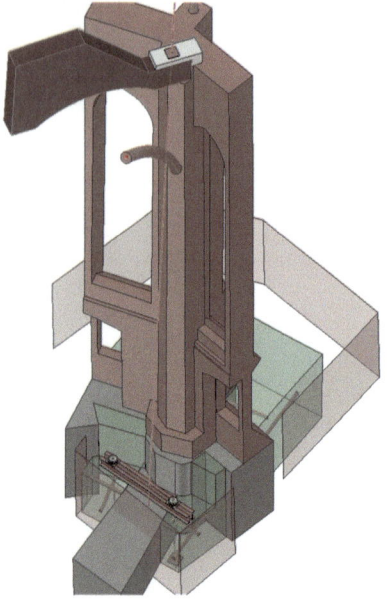

Bild 11. Pfeilerfundamt mit geplanter Vergrößerung (Grafik: Peter Schöps)

Bild 9. Gesamtansicht Pfeiler M2 mit vertikalem Zugglied (Grafik: Peter Schöps)

besseren Ermittlung der Schnittgrößen sowie für die Nachweise der Spannungen und Bodenpressungen. Somit können Tragreserven besser aufgezeigt und genutzt werden. Ergänzend zu den im Abschnitt 5 erläuterten Berechnungsmodellen sind Teilmodelle der beiden Pfeiler erstellt worden (s. Bild 8 als Beispiel für M1). Hierfür konnten als Grundlage die Laserscandaten verwendet werden. Die entsprechenden Teile der Punktwolke wurden eingelesen und mit Volumenkörpern manuell nachgebildet. Statisch nicht relevante Bereiche können so zur Erstellung einer sauberen Vernetzung vernachlässigt werden. Die beiden Modelle beinhalten somit auch die Schiefstellungen.

Im Rahmen des Standsicherheitsnachweises sind die einzelnen Lastschritte der Sanierung inkl. der temporären Stützmaßnahmen abgebildet worden.

Nach der Herstellung der Baugruben für die Fundamentertüchtigung der Pfeiler M1 und M2 erfolgte durch das Vermessungsbüro Tröger ein Aufmaß der Fundamentgeometrien. Hierbei wurden auch bisher unbekannte Innenfundamente erfasst. Zusammen mit einem aus der Punktwolke erzeugten Grundriss gelingt eine schnelle Lagebestimmung. Die archäologische Zuordnung zu einer Zeitepoche und einem Baukörper steht noch aus.

Die Ertüchtigung besitzt mehrere Komponenten (Bilder 9 bis 11). Neben einer Vergrößerung der Grün-

Bild 12. Bestandsfundament nach oberflächiger Reinigung (Foto: Michael Kühn)

bleibt. Weitere Schiefstellungen infolge einer Materialüberlastung sind somit ausgeschlossen.

Anschließend wird durch das Spannen des innenliegenden vertikalen Spannglieds die Lage der Resultierenden im Pfeiler nach innen verlagert und die bisher leicht gerissene Zugzone dauerhaft überdrückt. Hierbei ist zu beachten, dass die temporär vorgespannte Stützkonstruktion zeitgleich entspannt wird.

Im Bild 11 – Auszug aus dem Schalplan des Pfeilers M2 – ist die geplante Vergrößerung der Fundamentfläche zu erkennen. Gestrichelt ist die Lage der Spannglieder für die Generierung eines hydrostatischen Spannungszustands im Bestandsfundament dargestellt. Dieser Spannungszustand ist eine weitere Komponente bei der Erhöhung der Tragfähigkeit.

dungsfläche sollen das Bestandsfundament verfestigt und die Lage der Resultierenden im Pfeiler mithilfe von vorgespannten Zuggliedern etwas nach innen verschoben werden.

Um Arbeiten an den Fundamenten durchführen zu können (Bild 12), mussten diese zuerst entlastet werden. Hierfür wurde eine Stützkonstruktion an beiden Pfeilern angebracht und vorgespannt (Bild 13). Anschließend wurden der innere und der äußere Stahlbetonkragen zur Vergrößerung der Gründungsfläche hergestellt und darauffolgend erhielten die Bestandsfundamente eine Gefügeverbesserung durch Mauerwerksinjektion.

Neben der Vergrößerung der Fundamente ist auch ein Verspannen der Bestandsfundamente oder besser des alten Fundamentmauerwerks vorgesehen. Durch den so erzeugten hydrostatischen Spannungszustand erhöht sich die für die vertikale Belastung ansetzbare Festigkeit erheblich. Zusammen mit der Spannungsreduktion ist so sichergestellt, dass der Gebrauchstauglichkeitszustand im linear-elastischen Bereich ver-

5 Maßnahmen am Beispiel des Pfeilers M1

Die wesentliche Vorgehensweise soll am Beispiel des Pfeilers M1 erläutert werden.

Der Pfeiler M1 des Zwickauer St. Marien Doms neigt sich jedes Jahr weiter in Richtung Südosten. Vorangegangene Untersuchungen haben als Ursache hierfür eine unzureichende Gründung identifiziert. Ziel ist es, die Gründung und den Pfeiler so zu ertüchtigen, dass zum einen geringere Spannungen und Sohlpressungen auftreten und zum anderen die Festigkeit erhöht wird.

Zu diesem Zweck wird das Bestandsfundament injiziert und durch einen Stahlbetonkragen eingefasst. Der innere Teil des Pfeilers M1 erhält durch externe Zugglieder eine Vorspannung, die auf der Arkadenwand eingeleitet wird. Durch diese exzentrische Vorspannung wird die Kraftresultierende am Pfeilerfuß in Richtung Kirchenschiff verschoben und damit werden die Randspannungen reduziert. Die untere Verankerung der Zugglieder erfolgt an der Sohle des neu-

Bild 13. Temporäre Abstützung der Pfeiler M1 und M2 im Juni 2016

en Stahlbetonfundaments, was eine Kraftweiterleitung in den Bestand über die gesamte Fundamenthöhe ermöglicht. Hierzu und zur Erhöhung der Festigkeit im Bestandsfundament werden die beiden Stahlbetonabschnitte innen und außen gegeneinander verspannt. Dies ermöglicht einen mehraxialen Spannungszustand im alten Fundament und damit eine höhere Tragfähigkeit in vertikaler Richtung.

Um die geplanten Ertüchtigungsmaßnahmen durchführen zu können, wurde eine temporäre Abstützung installiert. Diese kompensiert den Gewölbeschub und entlastet den äußeren Fundamentabschnitt.

Durch die temporäre Abstützung und die geplante Vorspannung kommt es zu Lastumlagerungen im Pfeiler und im Fundament. Hierdurch kann es zu Rissbildungen oder Stauchungen kommen. Die jeweiligen Arbeitsschritte, wie Spannen der Zugglieder, Entfernen der temporären Abstützung, bereichsweiser Austausch von Material im Pfeiler und Fundament, wurden vom Tragwerksplaner baubegleitend überwacht.

Bei der Herstellung der Baugruben sind auf der Innenseite bisher unbekannte Fundamente entdeckt worden. Hierdurch wird der innere Stahlbetonkragen bei der Pfeiler M1 und M2 geteilt. Auf Wunsch des Bauherrn sollten die Zugglieder zwischen Gewölbe und Fundament nicht vor den Fenstern verlaufen. Es wurde angestrebt, dass kein Element vom Kirchenraum aus sichtbar ist bzw. nur ein Zugglied vor dem Innenpfeiler angeordnet wird.

5.1 Baugrund

Für die Ertüchtigung der vorhandenen Fundamente und das Anbinden der neuen Stahlbetonfundamente wurde die Fundamentsohle freigelegt. Dafür waren Sicherungsmaßnahmen in Form eines Verbaus erforderlich. Alle Verbaumaßnahmen wurden mit dem Baugrundgutachter Dr. *Hallbauer* abgestimmt.

Aufgrund dessen, dass die äußeren Pfeilerbereiche zum Teil auf alten Fundamenten gegründet wurden (z. B. Pechstein), erfolgten im Rahmen der Ausführungsarbeiten in Abstimmung mit der Jäger Ingenieure GmbH die Überprüfung der geometrischen Abgrenzung und im Weiteren die erforderlichen Festlegungen für die Mauerwerksinjektion des Bestandsfundaments.

5.2 Arbeitsschritte

Folgende Arbeitsschritte wurden geplant und am Bauwerk umgesetzt:
1. Schonendes Entfernen der Sockelverkleidung,
2. Abbruch des randnahen Füllmauerwerks im Pilgerschrittverfahren und Sicherung des dahinter befindlichen Bestandsmauerwerks durch Spritzbeton; Injektion des restlichen Füllmauerwerks,
3. Ertüchtigung des Fundaments durch Injektion und schrittweises Ausheben der Baugrube bis zur Sohle; eine Fundamentunterfangung war nicht geplant,
4. Herstellen der Bohrungen für die Verspannung im Bestandsfundament; Herstellen der Bohrungen im Chorgewölbe für die vertikalen Zugglieder,
5. Schalung, Bewehrung, Einbau der Ankerplatten und Hüllrohre für die Stahlbetonfundamente,
6. Betonieren des inneren und äußeren Fundamentkragens, Aufbau des Betonbanketts auf der Arkadenwand,
7. Aufbringen der Vorspannung nach Erhärten des Fundamentbetons,
8. Überprüfung der Vorspannung nach einem gewissen Zeitraum,
9. Verfüllen der Hüllrohre,
10. Einbau der Abspannkonstruktion auf der Arkadenwand,
11. Einbau und Spannen der vertikalen inneren Zugglieder mit Verformungskontrolle,
12. Schließen der Baugrube,
13. Restarbeiten.

5.3 Bauzustände

In Vorbereitung der Sanierungsmaßnahmen erfolgte eine temporäre Abstützung des Pfeilers M1. Diese Abstützung erhielt bereits eine Vorspannung von ca. 80 kN. Mit dieser Last sind die aus dem Gewölbe und dem Dach in den Pfeiler eingetragenen Horizontallasten teilweise kompensiert. Die entsprechenden Lastzustände waren Bestandteil der durchgeführten statischen Berechnungen. Infolge der Stützlast wurde dann das Fundament nahezu zentrisch belastet, war aber **nicht lastfrei**.

5.4 Materialfestigkeiten

Druckfestigkeit Pfeilermaterial

Nach DIN EN 1996-1-1/NA [46] lässt sich das Sandsteinmauerwerk in die Güteklasse N4 mit der kleinsten Steindruckfestigkeit (20 N/mm²) einordnen. Zusammen mit einer Mörtelgruppe MG I ergibt sich die charakteristische Mauerwerksdruckfestigkeit zu:

$f_k = 3{,}3 \text{ N/mm}^2$

Der Bemessungswert der Mauerwerksdruckfestigkeit ergibt sich dann zu.

GZT: $f_d = 3{,}3 \text{ N/mm}^2 / 1{,}5 \cdot 0{,}85 \cdot 0{,}8$
$= 1{,}5 \text{ N/mm}^2$

Neben dem Teilsicherheitsfaktor $\gamma_M = 1{,}5$ und dem Dauerstandsfaktor 0,85 wurde auch der Einfluss des Verbandsmauerwerks mit 0,8 berücksichtigt.

Für den unteren Randbereich (Granitverblendung) kann von einem Einsteinmauerwerk ausgegangen werden. Die Druckfestigkeit steigt hierbei auf

$f_d = 1{,}87 \text{ N/mm}^2$

ohne die Berücksichtigung einer höheren Steinfestigkeit.

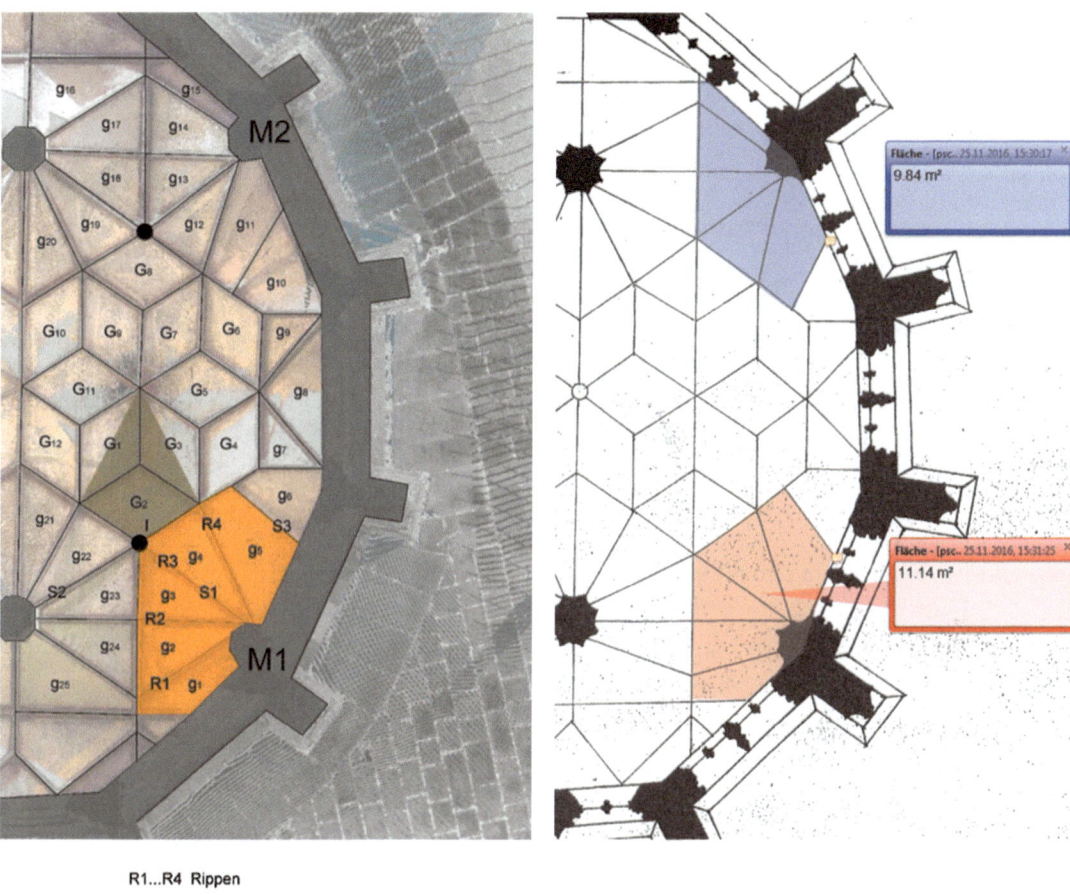

R1...R4 Rippen

S1...S3 Streberippe

I Luftauflager

$g_1 ... g_5$ Gewölbeeigengewicht direkt auf M1

$G_1 ... G_3$ Gewölbeeigengewicht über Streberippe I und II

Bild 14. Lasteinzugsflächen des Chorgewölbes nach [27]

Für den Nachweis der außergewöhnlichen Belastung kann der Dauerstandsfaktor entfallen und der Teilsicherheitsfaktor beträgt dann $\gamma_M = 1{,}3$.

GZA: $f_d = 3{,}3 \text{ N/mm}^2/1{,}3 \cdot 0{,}8$

$\qquad\quad = 2{,}03 \text{ N/mm}^2$

Die geringere Festigkeit im Inneren des Sockel- und Fundamentmauerwerks ließen sich nicht eindeutig klassifizieren.

Druckfestigkeit Arkadenwand
Für die Lasteinleitung der geplanten Vorspannung wird die Druckfestigkeit der Arkadenwand benötigt. Auf der sicheren Seite erfolgte die Einordnung der Vollziegel in die Steinfestigkeitsklasse 12 und des Mörtels in die Gruppe NM II.

$f_k = 5{,}4 \text{ N/mm}^2$

Der Bemessungswert der Mauerwerksdruckfestigkeit ergibt sich dann zu.

GZT: $f_d = 5{,}4 \text{ N/mm}^2/1{,}5 \cdot 0{,}85 \cdot 0{,}8$

$\qquad\quad = 2{,}45 \text{ N/mm}^2$

Beton
C25/30, XC 3, XA1, WA

$f_{ck} = 25{,}0 \text{ N/mm}^2$

5.5 Ständige und veränderliche Einwirkungen

Durch die komplexe Geometrie weichen die in den bisherigen Untersuchungen ermittelten Lasten voneinander ab. Die vertikale Last ist hauptsächlich durch das Eigengewicht bestimmt. Bei der folgenden Zusammenstellung sind daher auch die aus der Nutzlast resultierenden Anteile mit enthalten.
Zusammenstellung maßgebenden Belastungen aus den jüngsten Untersuchungen:

V_k = 1706 kN ... 2020 kN (*Graf/Hoffmann* nach [11]),
V_k = 1657 kN ... 1687 kN (*Jäger/Bakeer/Schöps* nach [12]),
V_k = 1325 kN (*Werner* nach [27]) und

für die horizontalen Einwirkungen sind in den Berechnungen die folgenden Werte angegeben:

H_k = 118 kN (*Graf/Hoffmann* nach [11]),
H_k = 94 kN (*Jäger/Bakeer/Schöps* nach [12]),
H_k = 145 kN (*Werner* nach [27]).

Für die folgenden Nachweise wird der jeweils ungünstigste Wert verwendet. Da die Biegetragfähigkeit und die Lage der Resultierenden von den vertikalen Lasten im Wesentlichen günstig beeinflusst werden, ist hier der kleinste Wert zu verwenden. Bei den horizontalen Lasten ist der größte Wert maßgebend.
Es gelten die Annahmen gemäß [48]. Allerdings ist die Lasteinzugsfläche ca. 10 % kleiner als beim Pfeiler M1. Hiervon betroffen sind die Dachlasten, die Gewölbe und Rippenlasten (jeweils H und V).

V_k = 1310 kN
H_k = 134 kN

Bei einer Auswertung des in [8] verwendeten Modells des ganzen Kirchenschiffs bezüglich der Schnittkräfte am Pfeiler M2 haben sich die folgenden Werte für den maßgebenden Lastfall 4 ergeben:

F_x =   –120,7 kN
F_y = –1524,6 kN
F_z =   –60,8 kN
M_x =   11,6 kNm
M_y =   –63,4 kNm
M_z =   144,7 kNm

Die resultierende Horizontalkraft ergibt sich zu:

$H_k = \sqrt{(120{,}7\ \text{kN})^2 + (60{,}8\ \text{kN})^2} = \underline{135{,}1\ \text{kN}} > 134\ \text{kN}$

Auf der sicheren Seite wurde mit den ungünstigsten Lasten gerechnet.

5.6 Außergewöhnliche Einwirkungen

Anprallasten
Anprallasten werden rechnerisch nicht weiter verfolgt. Der Pfeiler befindet sich im Fußgängerbereich. Die hier anzusetzenden Anprallasten sind gering und kleiner als die entgegengesetzt wirkende Querkraft aus dem Gewölbeschub.

Erdbebenlasten
Der Zwickauer Dom befindet sich in der Erdbebenzone 1.
Es ergeben sich die folgenden Antwortspektren (s. Bilder 15 und 16)

Antwortspektrum
a_g = 0,4 m/s²   Bemessungswert der Bodenbeschleunigung
γ_I = 1,2   Bedeutungsbeiwert
S = 1   Untergrundparameter
ξ = 5,0 %   Wert der viskosen Dämpfung
η = 1,00   Dämpfungskorrekturbeiwert
β_0 = 2,5   Verstärkungsbeiwert der Spektralbeschleunigung
q = 1,5   Verhaltensfaktor

Die maximale Spektralbeschleunigung horizontal wie auch vertikal beträgt 0,8 m/s². In Relation zum Eigengewicht entspricht dies einem Erhöhungsfaktor von 0,8/9,81 = 0,081. Für die weiteren Nachweise wurde dieser Faktor verwendet. Bei einer genaueren Bestimmung der Eigenfrequenz kann eine wesentlich geringere horizontale Last angesetzt werden.

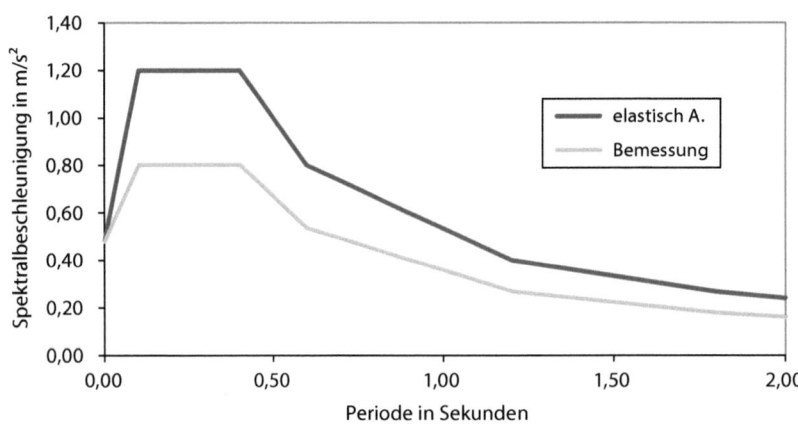

Bild 15. Antwortspektren für horizontale Anregung

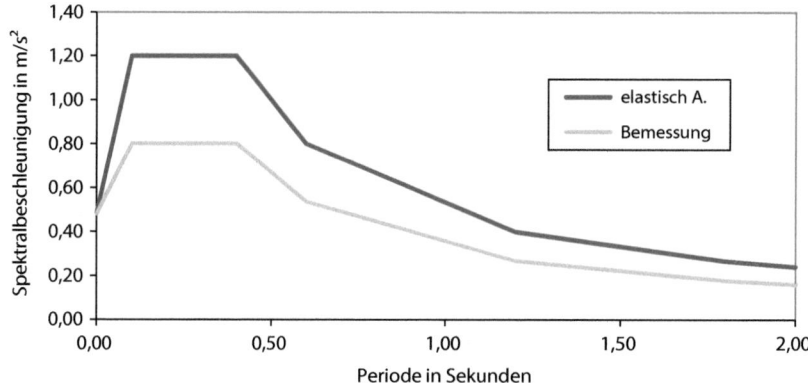

Bild 16. Antwortspektren für vertikale Anregung

5.7 Bautechnischer Brandschutz

Der Zwickauer Dom besteht aus Kohlesandstein, welcher im Nachweissinne brennbar ist. Brandschutztechnische Anforderungen sind somit nicht gegeben. Sämtliche für die Ertüchtigung verwendeten Materialien sind nichtbrennbar. Die Zugglieder erhalten konstruktiv eine Brandschutzbeschichtung. Da sich die Spannanker im öffentlich zugänglichen Bereich befinden, sind sie regelmäßig auf Schadstellen zu untersuchen.

5.8 Allgemeines zu den Statischen Nachweisen

Die Nachweisführung erfolgt mittels dreier Berechnungsvarianten.
1. Die eigentliche Bemessung und Nachweisführung wird **analytisch** durchgeführt.
2. Für die Betrachtung der Bauzustände erfolgt eine Erweiterung um eine Schnittkraftermittlung an einem einfachen Stabwerksmodell.
3. Zur Kontrolle und genaueren Identifizierung der für die Spannungen maßgebenden Stellen ist ein räumliches FE-Modell mit Berücksichtigung der Lastgeschichten verwendet worden.

5.9 Analytische Nachweise des Pfeilers

Die im Folgenden geführten analytischen Nachweise beziehen sich auf den Querschnitt am Stützenfuß und anschließend auf die Fundamentsohle, da dies die maßgebenden Querschnitte sind (Bild 17).
Die Schiefstellung wird hierbei berücksichtigt.
Sowohl die Annahme eines Kragarms als auch eines Rechteckquerschnitts mit einer Dicke t = 2,30 m und einer Breite von 86 cm liegen deutlich auf der sicheren Seite. Auf die Berücksichtigung einer Einspannfeder für das Fundament kann daher verzichtet werden. Dies erfolgte in der anschließenden 3-D-Berechnung. Mit den hier gewählten Parametern ergibt sich eine Schlankheit von:

$$\lambda = \frac{2 \cdot 13{,}6\,\text{m}}{2{,}3\,\text{m}} = \underline{11{,}8 < 20}$$

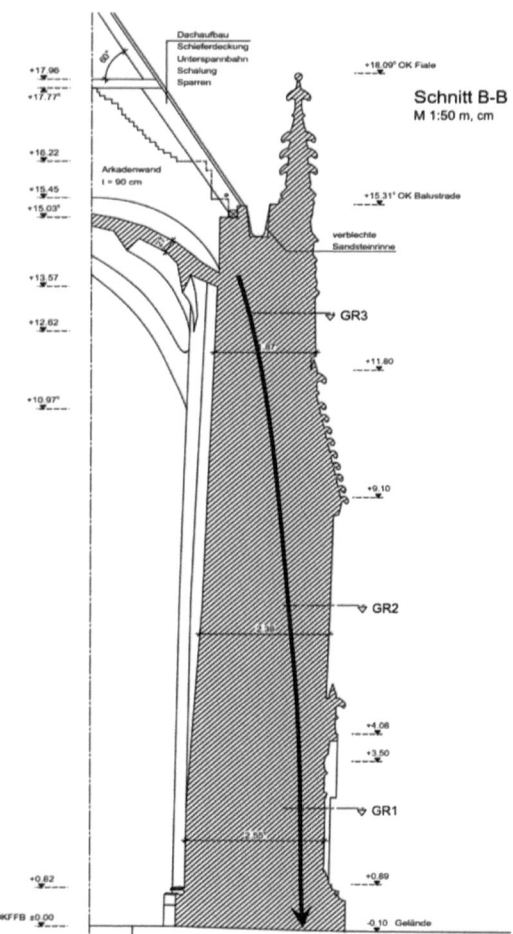

Bild 17. Prinzipielle Darstellung des Stützlinienverlaufs im Pfeiler

Nach DIN EN 1996-1-1/NA ergibt sich der Abminderungsfaktor zu:

$$\varphi_m = 1{,}14 \left(1 - 2\frac{e_{mk}}{t_{ef}}\right) - 0{,}024\frac{h_{ef}}{t}$$

$$= 1{,}14 \left(1 - 2\frac{e_{mk}}{t_{ef}}\right) - 0{,}283$$

Der Klammerausdruck entspricht hierbei dem Spannungsblock. Die Spannung bei Annahme eines Spannungsblocks beträgt somit:

$$\sigma_{Ed} = \frac{N_{Ed}}{\varphi_m}$$

Der so berücksichtigte Schlankheitseinfluss wird aufgrund der einbindenden Arkadenwand und der anschließenden gekrümmten Außenwände überschätzt. Ebenso ist die Annahme eines Spannungsblocks bei der Größe der überdrückten Fläche nicht ganz eindeutig. Aus den genannten Gründen erfolgt zusätzlich eine Auswertung mit linearer Spannungsverteilung am polygonalen Querschnitt (s. Bild 18).

5.9.1 Bestand

Als Vergleichswert wird hier für den Bestand die Spannung für die charakteristische Kombination ermittelt. Dies entspricht dem Lastfall 1 der räumlichen FE-Berechnung (Tabelle 1).
Mit Knickeinfluss (Theorie II. Ordnung) wird im GZT die Druckfestigkeit von $f_d = 1{,}5$ N/mm² überschritten. Dies gilt erst recht für das im unteren Bereich vorhandene Füllmauerwerk und das Fundament.

5.9.2 Mit Vorspannung

Es ist eine Vorspannung auf der Innenseite des Pfeilers vorgesehen.
Infolge der Vorspannung erhöht sich die Normalkraft im Pfeiler und die Resultierende verschiebt sich in Richtung des Schwerpunkts. Hierdurch vergrößert sich die überdrückte Fläche und die Spannungen können kleiner werden. Infolge der höheren Normalkraft kann es aber auch zu einer Erhöhung der Spannungen kommen. Dies ist der Fall, wenn beispielsweise bei einem bereits vollständig überdrückten Querschnitt ein Flächenzuwachs nicht mehr möglich ist. Durch die Variation der Vorspannkraft kann der günstigste Wert ermittelt werden (s. Bild 20).

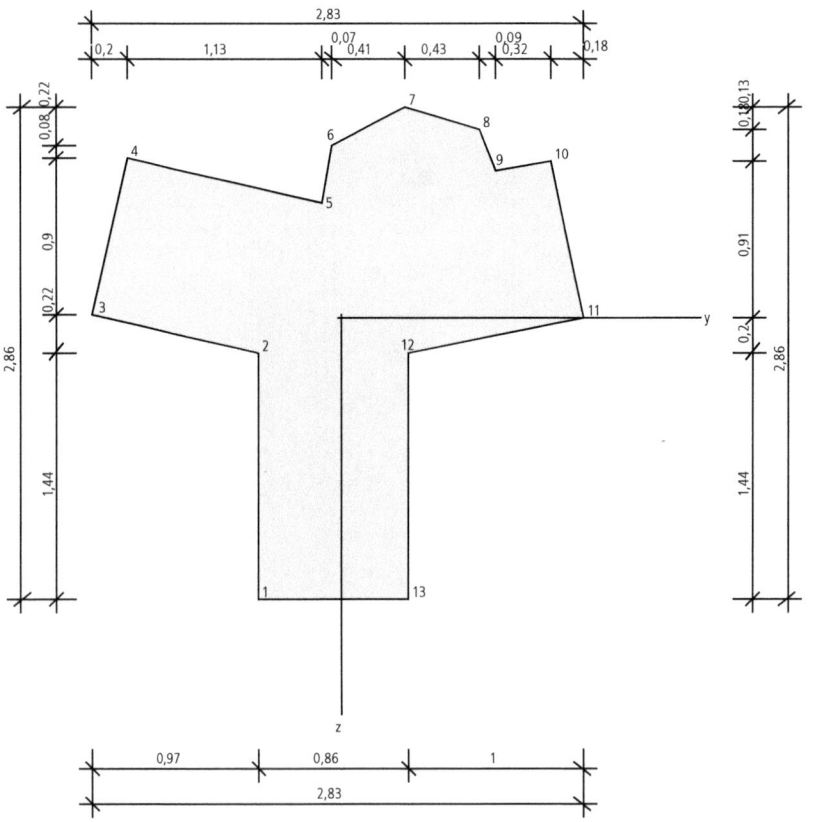

Bild 18. Querschnitt Pfeiler M1 am Fußpunkt mit Schwerpunkt

Tabelle 1. Lastfall 1 der räumlichen FE-Berechnung

Schwerpunktsabstand Kippkante
k = 1,63 m

Ersatzquerschnitt Rechteck
t = 2,86 m
b = 0,86 m

Faktor Erdbebenlast
F_{Erd} = 0,081

	V_k	H_k	z oder x	γ	M_{Ed}	N_{Ed}
	kN	kN	m		kNm	kN
V_{Dach}	60		−0,65	1,00	−39,00	60
H_{Dach}		−55	−15,1	1,00	830,50	0
H_{Wind}		−35	−6,8	1,00	238,00	0
V_{Arkade}	30		−0,75	1,00	−22,50	30
$V_{Gewölbe}$	55		−0,9	1,00	−49,50	55
$H_{Gewölbe}$		−40	−13,6	1,00	544,00	0
V_{rippen}	15		−1,45	1,00	−21,75	15
H_{Rippen}		−10	−12,6	1,00	126,00	0
V_{SRippe}	15		−1,5	1,00	−22,50	15
H_{SRippe}		−5	−11	1,00	55,00	0
V_{Fiale}	5		0,5	1,00	2,50	5
V_{GR1}	400		−0,6	1,00	−240,00	400
V_{GR2}	445		−0,45	1,00	−200,25	445
V_{GR3}	300		−0,55	1,00	−165,00	300
SUMME	1325	145			1035,50	1325

e = M/N	Exzentrizität	0,78	m
e/t =	bezogene Exzentrizität (auf Kippkante korr.)	0,20	
Spannung (Spannungsblock)		0,908	N/mm²
Spannung (Spannungsblock mit Knicken)		1,369	N/mm²

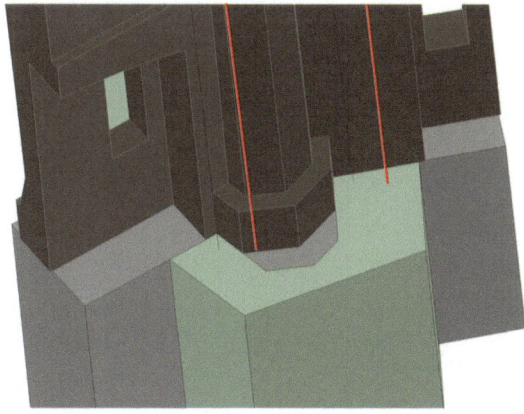

Bild 19. Lage der zusätzlichen Zugglieder

Wie in Bild 19 zu erkennen ist, war zu dem Planungszeitpunkt noch vorgesehen, beide Zugglieder bis in die Dachebene zu führen. Dies wurde im späteren Verlauf der Planung etwas abgewandelt, was weiter hinten im Text noch erläutert wird. Das statische Prinzip ist jedoch weitestgehend gleich geblieben.

In dieser Planungsphase wurde die Vorspannkraft der beiden Anker zusammen für die weitere Bemessung zu 500 kN festgelegt.

Nachweis in der Lastfallkombination GZG
Für den Grenzzustand der Gebrauchstauglichkeit ergibt sich inkl. Vorspannung eine Spannung von knapp 1,0 N/mm³ (Tabelle 2).
Im Zustand der Gebrauchstauglichkeit verringert sich die maximale Spannung um ca. 30 %.

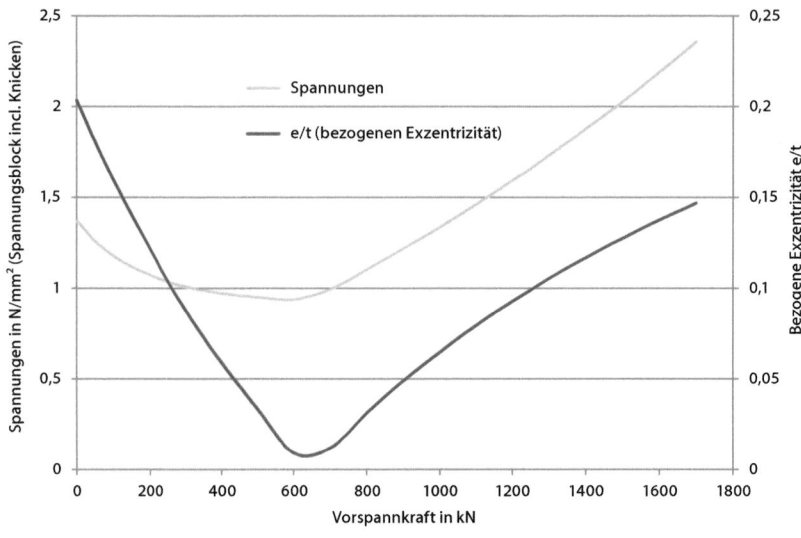

Bild 20. Abhängigkeit der Spannung und der Exzentrizität von der Vorspannkraft

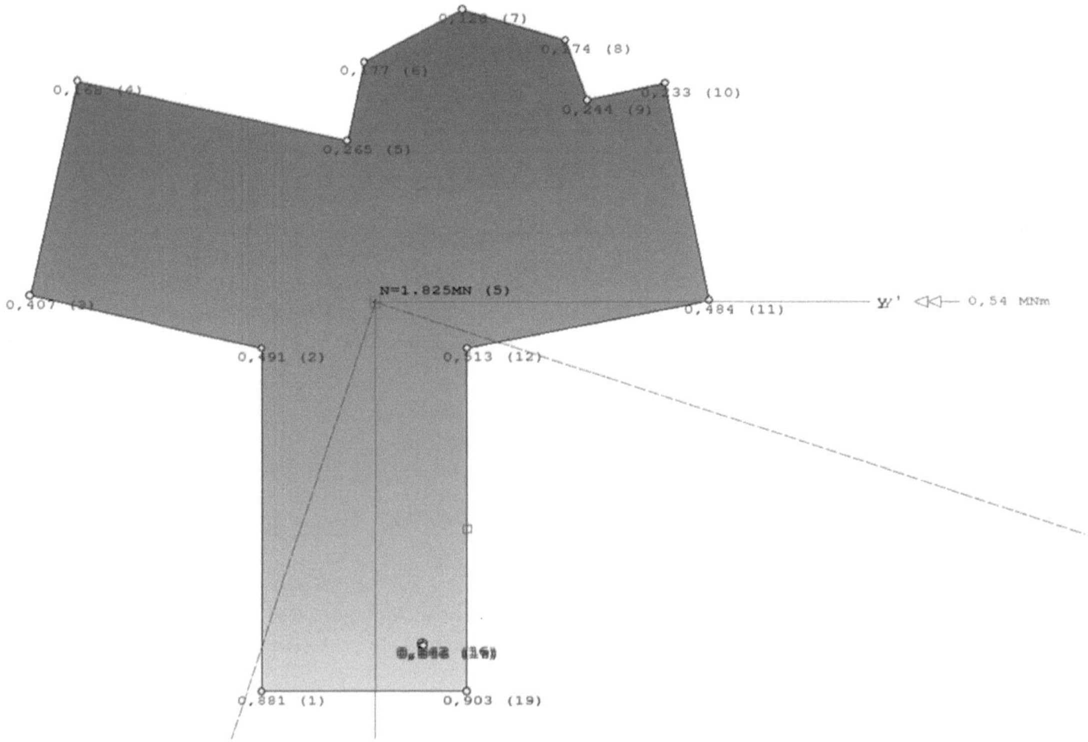

Bild 21. Spannungen im Querschnitt bei linearer Spannungsverteilung (GZG; Vorspannung)

Bei einer linearen Spannungsverteilung ergeben sich die in Bild 21 dargestellten Spannungen.
Der Querschnitt (Bild 22) ist vollständig überdrückt und weist eine maximale Randspannung von 0,90 N/mm² gegenüber 0,79 N/mm² beim Spannungsblock auf.

Im Übergang der Verblendschale zum Füllmauerwerk beträgt die Spannung im GZG ca. 0,84 N/mm² und im maßgebenden GZT ca. 1,35 N/mm².

Tabelle 2. Spannung im Grenzzustand der Gebrauchstauglichkeit

Schwerpunktsabstand Kippkante
k =   1,63 m
Ersatzquerschnitt Rechteck
t =   2,86 m
b =   0,86 m
Faktor Erdbebenlast
F_{Erd} =   0,081

GZG maßgebend

	V_k	H_k	z oder x	γ	M_{Ed}	N_{Ed}
	kN	kN	m		kNm	kN
V_{Dach}	60		−0,65	1,00	−39,00	60
H_{Dach}		−55	−15,1	1,00	830,50	0
H_{Wind}		−35	−6,8	1,00	238,00	0
V_{Arkade}	30		−0,75	1,00	−22,50	30
$V_{Gewölbe}$	55		−0,9	1,00	−49,50	55
$H_{Gewölbe}$		−40	−13,6	1,00	544,00	0
V_{rippen}	15		−1,45	1,00	−21,75	15
H_{Rippen}		−10	−12,6	1,00	126,00	0
V_{SRippe}	15		−1,5	1,00	−22,50	15
H_{SRippe}		−5	−11	1,00	55,00	0
V_{Fiale}	5		0,5	1,00	2,50	5
$V_{GR\,1}$	400		−0,6	1,00	−240,00	400
$V_{GR\,2}$	445		−0,45	1,00	−200,25	445
$V_{GR\,3}$	300		−0,55	1,00	−165,00	300
Vorspannung	500		−1	1,00	−500,00	500
SUMME	1325	145			535,50	1825
Exzentrizität	e = M/N				0,29	m
e/t =	bezogene Exzentrizität (auf Kippkante korr.)				0,03	
Spannung (Spannungsblock)					0,794	N/mm²
Spannung (Spannungsblock mit Knicken)					0,948	N/mm²

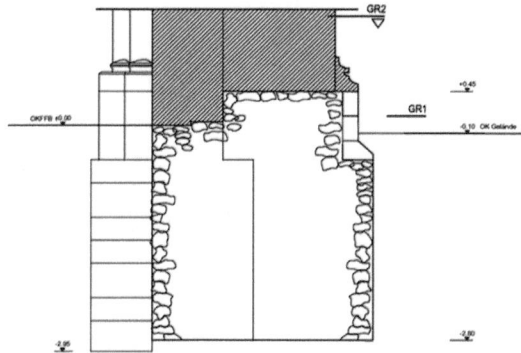

Bild 22. Prinzipieller Querschnitt mit Füllmauerwerk

Nachweis in den Lastfallkombinationen GZT (2 Varianten) und GZA
Für den Grenzzustand der Tragfähigkeit werden zwei Varianten nachgewiesen. Zum einen werden die Vertikallasten als günstig wirkend mit einem Teilsicherheitsfaktor von $\gamma_E = 1,0$ angesetzt und zum anderen als ungünstig wirkend mit $\gamma_E = 1,35$.
Für den Lastfall Erdbeben (GZA) werden vereinfachend aus dem Eigengewicht Horizontalkräfte berechnet und mit der Höhe des jeweiligen Schwerpunkts das Bemessungsmoment bestimmt (Tabelle 3).
Die Bilder 23 und 24 zeigen die Spannungsfläche aus der Berechnung ohne Zugfestigkeit der Bemessungslast.

Tabelle 3. Bemessungsmoment für den Lastfall Erdbeben (GZA)

Schwerpunktsabstand Kippkante
k = 1,63 m

Ersatzquerschnitt Rechteck
t = 2,86 m
b = 0,86 m

Faktor Erdbebenlast
F_{Erd} = 0,081

	V_k kN	H_k kN	z oder x m	GZT maßgebend (N = günstig; H = ungünstig)			GZT maßgebend (N = H = ungünstig)			GZA maßgebend					
				γ	M_{Ed} kNm	N_{Ed} kN	γ	M_{Ed} kNm	N_{Ed} kN	H_{Erd} kN	x_{Erd} m	γ	M_{Ed} kNm	N_{Ed} kN
V_{Dach}	60		−0,65	1,00	−39,00	60	1,35	−52,65	81	−4,9	−15,10	1,00	34,39	60
H_{Dach}		−55	−15,1	1,35	1121,18	0	1,35	1121,18	0	0,0		1,00	830,50	0
H_{Wind}		−35	−6,8	1,50	357,00	0	1,50	357,00	0	0,0		0,00	0,00	0
V_{Arkade}	30		−0,75	1,00	−22,50	30	1,35	−30,38	41	−2,4	−15,10	1,00	14,19	30
$V_{Gewölbe}$	55		−0,9	1,00	−49,50	55	1,35	−66,83	74	−4,5	−13,60	1,00	11,09	55
$H_{Gewölbe}$		−40	−13,6	1,35	734,40	0	1,35	734,40	0	0,0		1,00	544,00	0
V_{rippen}	15		−1,45	1,00	−21,75	15	1,35	−29,36	20	−1,2	−12,60	1,00	−6,44	15
H_{Rippen}		−10	−12,6	1,35	170,10	0	1,35	170,10	0	0,0		1,00	126,00	0
V_{SRippe}	15		−1,5	1,00	−22,50	15	1,35	−30,38	20	−1,2	−1,00	1,00	−21,29	15
H_{SRippe}		−5	−11	1,35	74,25	0	1,35	74,25	0	0,0		1,00	55,00	0
V_{Fiale}	5		0,5	1,00	2,50	5	1,35	3,38	7	−0,4	−18,00	1,00	9,79	5
$V_{GR\,1}$	400		−0,6	1,00	−240,00	400	1,35	−324,00	540	−32,4	−13,60	1,00	200,64	400
$V_{GR\,2}$	445		−0,45	1,00	−200,25	445	1,35	−270,34	601	−36,0	−7,75	1,00	79,10	445
$V_{GR\,3}$	300		−0,55	1,00	−165,00	300	1,35	−222,75	405	−24,3	−1,80	1,00	−121,26	300
Vorspannung	500		−1	1,00	−500,00	500	1,00	−500,00	500	0,0		1,00	−500,00	500
SUMME	1325	145			1198,93	1825		933,63	2289				1255,71	1825
Exzentrizität e = M/N					0,66			0,41					0,69	m
e/t = bezogene Exzentrizität (auf Kippkante korr.)					0,16			0,07					0,17	
Spannung (Spannungsblock)					1,090			1,089					1,126	N/mm²
Spannung (Spannungsblock mit Knicken)					1,506			1,346					1,586	N/mm²

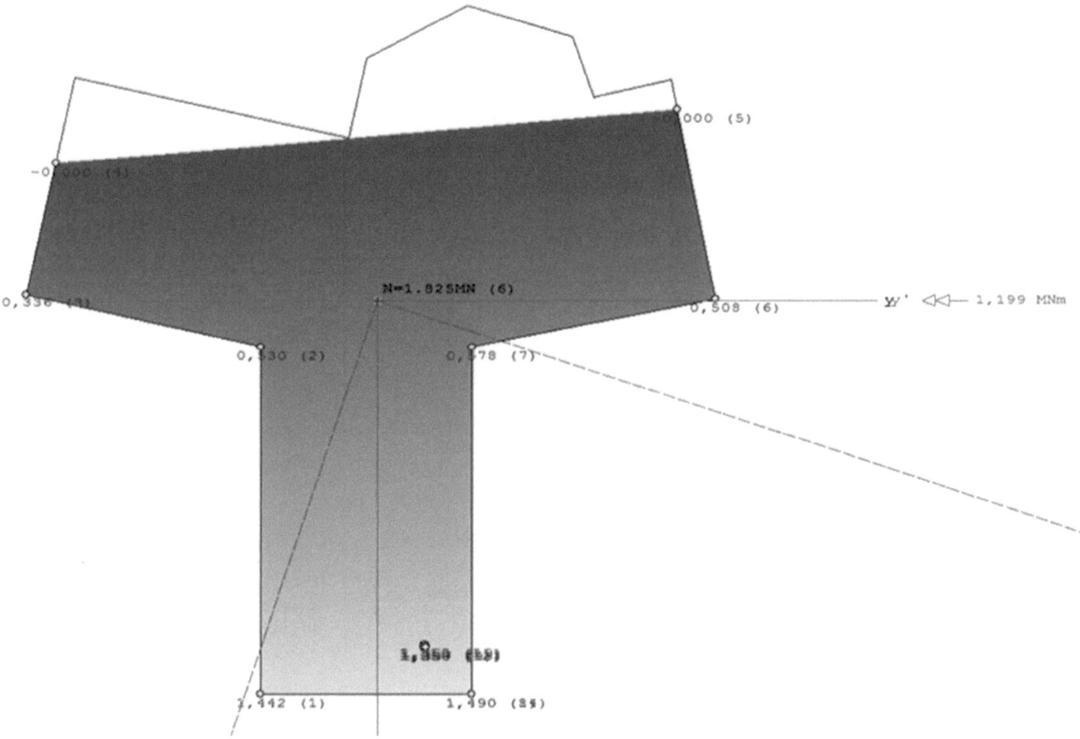

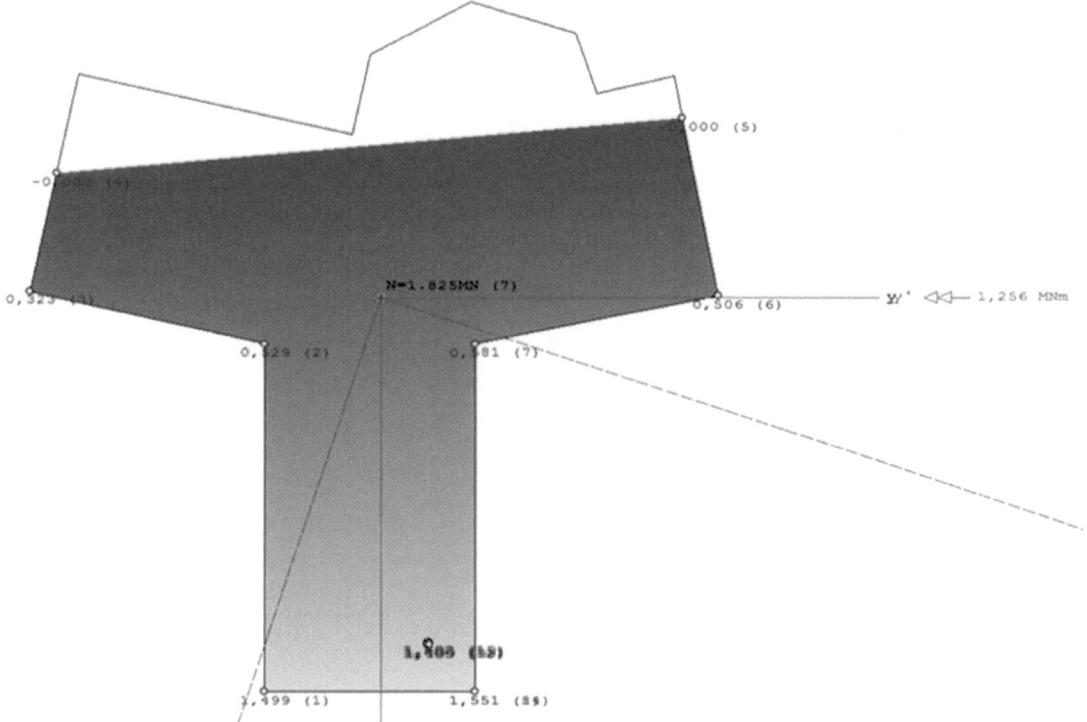

Bild 23. Spannungen im Querschnitt bei linearer Spannungsverteilung (GZT; Vorspannung)

Bild 24. Spannungen im Querschnitt bei linearer Spannungsverteilung (GZA; Vorspannung)

Zusammenfassender Nachweis

Auf einen genauen Nachweis der Querkraft kann aufgrund der vorwiegend vertikalen Belastung verzichtet werden.

$$\max Q_{Ed} = 145 \text{ kN} \times 1{,}5 = 218 \text{ kN}$$

$$V_{Ed} = \underline{218 \text{ kN} < 530 \text{ kN}} = 1325 \text{ N} \cdot 0{,}4$$

$$= N_{Ed} \cdot \mu = V_{Rd}$$

(ohne Haftscherfestigkeit und Vorspannung)

Normalspannungsnachweise:
Verbandsmauerwerk:

$$\frac{1{,}506 \text{ N/mm}^2}{1{,}5 \text{ N/mm}^2} = \underline{1{,}0 \leq 1{,}0}$$

Einsteinmauerwerk (Verblendung Sockel):

$$\frac{1{,}506 \text{ N/mm}^2}{1{,}87 \text{ N/mm}^2} = \underline{0{,}80 < 1{,}0}$$

Für die Lastfallkombination Erdbeben lautet der Nachweis:

$$\frac{1{,}586 \text{ N/mm}^2}{2{,}03 \text{ N/mm}^2} = \underline{0{,}78 < 1{,}0}$$

Im GZG ist die Forderung gemäß DIN EN 1996-1-1, dass der Querschnitt nur bis zur Hälfte aufreißen darf, ebenfalls eingehalten.

$$\frac{e}{t} = \underline{0{,}03 < 0{,}33}$$

Das Füllmauerwerk und der anschließende Fundamentbereich sollten auf einen Zielwert der Druckfestigkeit von

$$f_d = 1{,}35 \text{ N/mm}^2$$

ertüchtigt werden. Dies kann auch durch einen hydrostatischen Spannungszustand infolge einer horizontalen Vorspannung oder durch einen Materialaustausch erreicht werden.

Bild 25. Schematische Darstellung des alten Fundamentbereichs (dunkelgrau) und der Stahlbetonschürze (hellgrau)

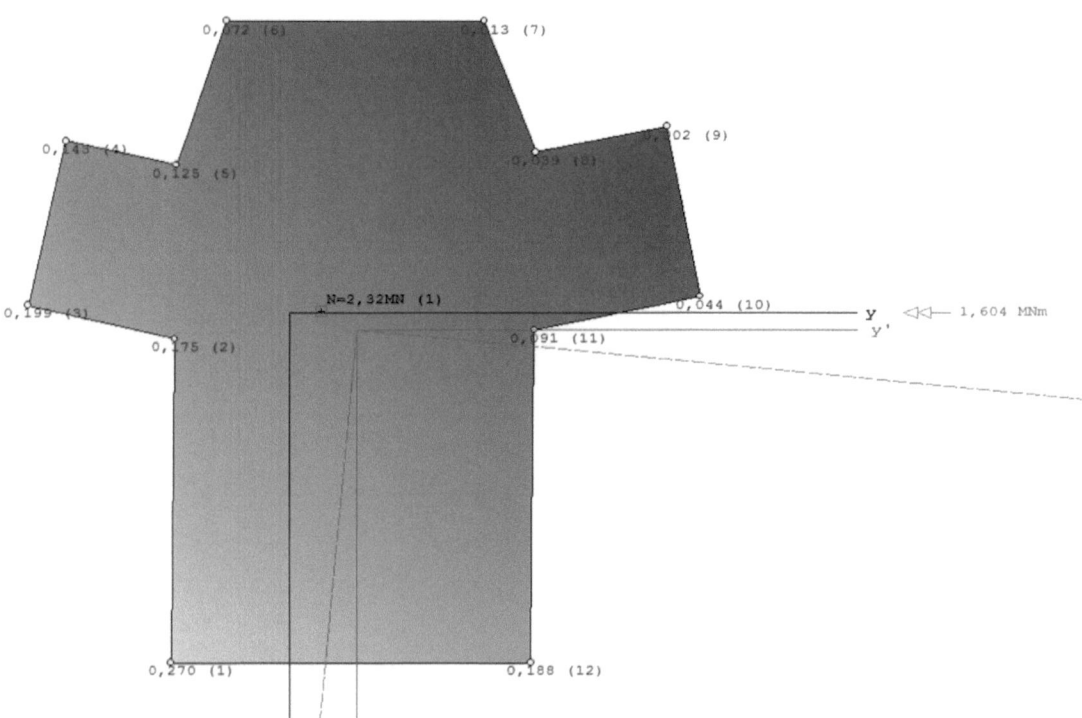

Bild 26. Sohlpressungen bei linearer Spannungsverteilung (GZT1, Vorspannung)

Im Bereich des Sockels wird die Verkleidung entfernt und der Randbereich des Füllmauerwerks durch Spritzbeton ersetzt. Anschließend erfolgt eine Vergütung des restlichen Füllmauerwerks durch Injektion.

5.10 Fundamentertüchtigung

Das Fundament des Pfeilers M1 soll sowohl innen als auch außen eine „Schürze" aus Stahlbeton erhalten (Bild 25). Diese dient zum einen zur Aufnahme der Zugglieder (innen) und zum andern zur Vergrößerung der Sohlfläche und Einfassung des Bestandsfundaments.
Aufgrund der Tiefe von ca. 3,0 m könnte das Fundament unbewehrt ausgeführt werden (Tabelle 4).

Tabelle 4. Bewehrungsnotwendigkeit des Pfeilers M1

Unbewehrtes Fundament
(EC2, 12.9.3)

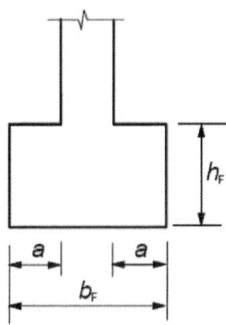

Beton:	C12/15	
$f_{ck} =$	12 N/mm²	
$f_{ctm} =$	1,6 N/mm²	
$f_{ctd} =$	0,6 N/mm²	$f_{ctd} = 0,7 \cdot f_{ctm}/\gamma_c$
Geometrie:		
$a =$	1,20 m	Überstand
$h_F =$	3,00 m	Fundamenthöhe
$b_F =$	5,20 m	Fundamentbreite
$d_F =$	2,89 m	Fundamentlänge
Belastung:		
$N_d =$	2289,0 kN	Stützenlast (γ-fach)
$N_{G,d} =$	1521,6 kN	$N_{G,d} = 1,35 \cdot 25 \cdot h_F b_F d_F$
$\sigma_{gd} =$	253,6 kN/m²	$\sigma_{gd} = \sum N/b_F d_F$
zul tan α =	1,12	$= (3\sigma_{gd}/f_{ctd})^{0,5}$
tan α =	2,13	$= 0,85 \cdot h_F/a$
$h_F/a =$	2,50	> 1,0 o.k.
tan α/zul tan α =	1,91	> 1,0 o.k.
	⇒ unbewehrt	

Der Nachweis der Sohlpressung ist erfüllt:

$$\sigma_D = 253 \frac{kN}{m^2} < 400 \frac{kN}{m^2} = \sigma_R$$

Unter Berücksichtigung der Lage der Resultierenden ergibt sich der in Tabelle 5 dargestellte Nachweis (siehe auch Bild 26).

Der Nachweis der Sohlpressung ist erfüllt:

$$\sigma_D = 270 \frac{kN}{m^2} < 400 \frac{kN}{m^2} = \sigma_R$$

GZG: $\frac{e}{t} = 0,07 < 0,33$

Neben einer Ertüchtigung durch Injektionen soll die Tragfähigkeit des Bestandsfundaments durch einen dreiaxialen Spannungszustand erhöht werden (Bild 27). Hierzu wird das Fundament durch die Stahlbetonerweiterung eingefasst und zusätzlich in beide horizontale Richtungen vorgespannt. An einem einfachen Stabwerksmodell werden im Folgenden die erforderlichen Vorspannkräfte abgeschätzt (Bild 28).
Es ist vorgesehen, den Fundamentbereich mit ca. 0,2 N/mm² vorzuspannen. Hierfür werden parallel zur Außenwand zwei Stabanker mit je 450 kN eingebaut und senkrecht dazu vier Stabanker zu je 450 kN.
Die geometrischen Vereinfachungen liegen deutlich auf der sicheren Seite. Gemäß räumlicher Berechnung (s. Abschnitt 5.12) sind die horizontalen Spannungen nahe null.
Die ermittelten horizontalen Zugkräfte werden durch die gewählte Vorspannung mit 900 kN je Höhenlage überdrückt. Zusätzlich wird das Stahlbetonfundament über Einklebebewehrung von 5∅12 je m² an das Bestandsfundament angeschlossen.

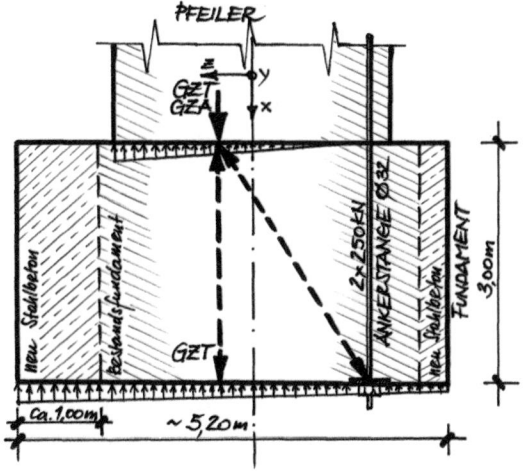

Bild 27. Prinzipskizze für Lösungsvorschlag im Fundamentbereich

Tabelle 5. Nachweis der Sohlpressung

Schwerpunktsabstand Kippkante
k =	2,83 m

Fundament Rechteck
t =	5,2 m
b =	2,9 m
h =	3,0 m
γ =	22,0 kN/m³

Faktor Erdbebenlast
F_{Erd} =	0,081

	V_k	H_k	M_k	z oder x	\multicolumn{3}{c}{GZT maßgebend (N = günstig: H = ungünstig)}	\multicolumn{3}{c}{GZT maßgebend (N = H = ungünstig)}
	kN	kN	kNm	m	γ	M_{Ed} kNm	N_{Ed} kN	γ	M_{Ed} kNm	N_{Ed} kN
V	1325		758	0	1,00	758,00	1325	1,35	1023,30	1789
H		145	−1793,5	−3	1,35	−3008,48	0	1,35	−3008,48	0
Fundament	995,28			0,65	1,00	646,93	995	1,35	873,36	1344
						0,00			0,00	
Vorspannung	0			−0,23	1,00	0,00	0	1,00	0,00	0
SUMME	2320,28	145	−1035,5			−1603,54	2320		−1111,82	3132
e = M/N	Exzentrizität					0,69			0,35	
e/t =	bezogene Exzentrizität					0,13			0,07	
Spannung (Spannungsblock)						187,0			218,2	

	\multicolumn{3}{c}{GZG maßgebend}	\multicolumn{2}{c}{Erdbeben GZA maßgebend}				
	γ	M_{Ed} kNm	N_{Ed} kN	H_{Erd} kN	a_{Erd} m	γ	M_{Ed} kNm	N_{Ed} kN	
	1,00	758,00	1325	107,3	−5,06	1,00	215,04	1325	
	1,00	−2228,50	0	0,0		1,00	−2228,50	0	
	1,00	646,93	995	0,0	0,00	1,00	646,93	995	
		0,00					0,00		
	1,00	0,00	0	0,0	0,00	1,00	0,00	0	
		−823,57	2320				−1366,53	2320	
		0,35					0,59		m
		0,07					0,11		
		161,6					178,5		kN/m²

Bei einer seitlichen Fläche von 4,5 m² ergibt sich eine horizontale Spannung infolge Vorspannung von ca.:

$$\sigma_p = \frac{900 \text{ kN}}{4,5 \text{ m}^2} = 0,2 \frac{\text{N}}{\text{mm}^2}$$

Nachweis Kraftübertragung
Die vertikale Vorspannung muss von der inneren Stahlbetonschürze in das Bestandsfundament übertragen werden. Neben der Verbindung über die Einklebebewehrung (Bild 29) erfolgt dies durch Reibung und Vorspannung. Für die raue Kontaktfläche (Bild 30) kann ein Reibungsbeiwert von 0,6 angenommen werden.

$$\tau_{Ed} = \frac{500 \text{ kN}}{4,0 \text{ m} \cdot 3,0 \text{ m}} = 0,041 \frac{\text{N}}{\text{mm}^2}$$

Nachweis ohne Haftscherfestigkeit und Vernadelung (sichere Seite)
Nur zwei Zuganker als aktiv angesetzt.

$$\frac{500 \text{ kN}}{900 \text{ kN} \cdot 0,6} = 0,93 < 1,0$$

Nachweis Ankerplatten
Der Nachweis erfolgt für einen Beton C25/30.

Vertikal: $\frac{250 \text{ kN}}{30 \text{ cm} \cdot 30 \text{ cm}}$
$= 2,8 \frac{\text{N}}{\text{mm}^2} < 14,2 \frac{\text{N}}{\text{mm}^2}$ (C25/30)

Horizontal: $\frac{450 \text{ kN}}{30 \text{ cm} \cdot 30 \text{ cm}}$
$= 5,0 \frac{\text{N}}{\text{mm}^2} < 14,2 \frac{\text{N}}{\text{mm}^2}$ (C25/30)

5.11 Stabwerksmodell

Hier werden lediglich ergänzend die Nachweise im Pfeiler geführt.
Die Arkadenwand liegt auf dem Innenpfeiler auf.
Die in den folgenden Nachweisen verwendeten Abstandsangaben beziehen sich auf den Schwerpunkt des Stützenquerschnitts im Fußpunkt des Pfeilers M1 (s. Bild 18).

Stabwerksmodell
Es werden die folgenden vier Systeme nachgewiesen:
1. + 2. Die ersten beiden Systeme sind Varianten des Bauzustands mit einer Stützlast von 140 kN.
3. Bestand.
4. Ertüchtigter Pfeiler mit 500 kN Vorspannung auf der Innenseite.

Lastannahmen
Die Lasten entsprechen denen aus den analytischen Nachweisen.

Schnittkräfte
Die Schnittkraftermittlung erfolgt nur für die maßgebende charakteristische Kombination (siehe Bilder 31

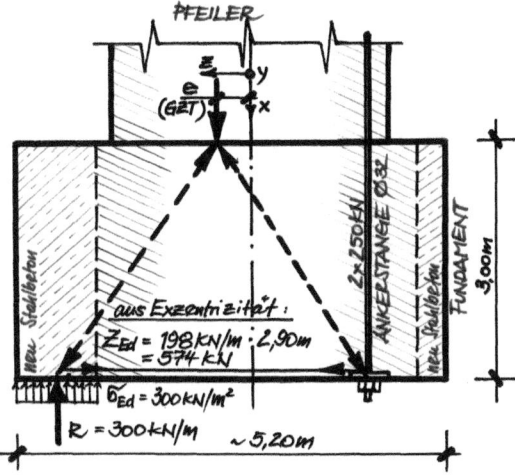

Bild 28. Fachwerkmodell zur Abschätzung der Fundamentvorspannung

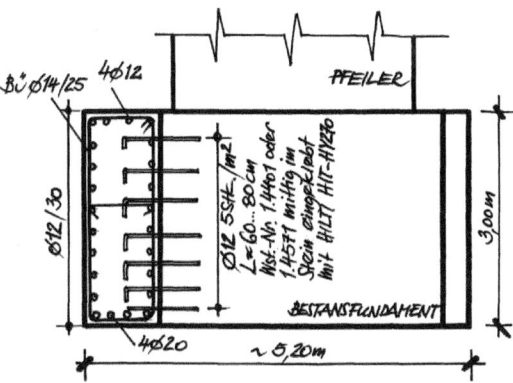

Bild 29. Konstruktive Sicherung des Schubverbunds zwischen Bestand und Fundamentverbreiterung

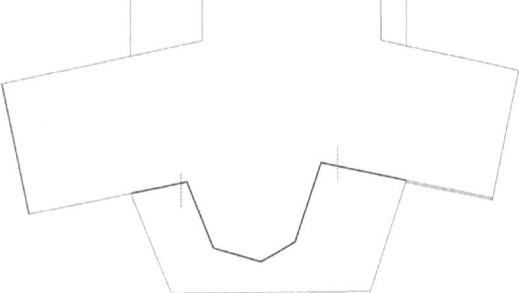

Bild 30. Kontaktfläche innen ca. 4,0 m × 3,0 m

bis 34). Eine weitere Differenzierung der Lastkombinationen mit Teilsicherheitsbeiwerten erfolgte im Rahmen der analytischen Betrachtung.
Das Eigengewicht wurde vereinfachend über die Geometrie und Wichte so angepasst, dass es den analy-

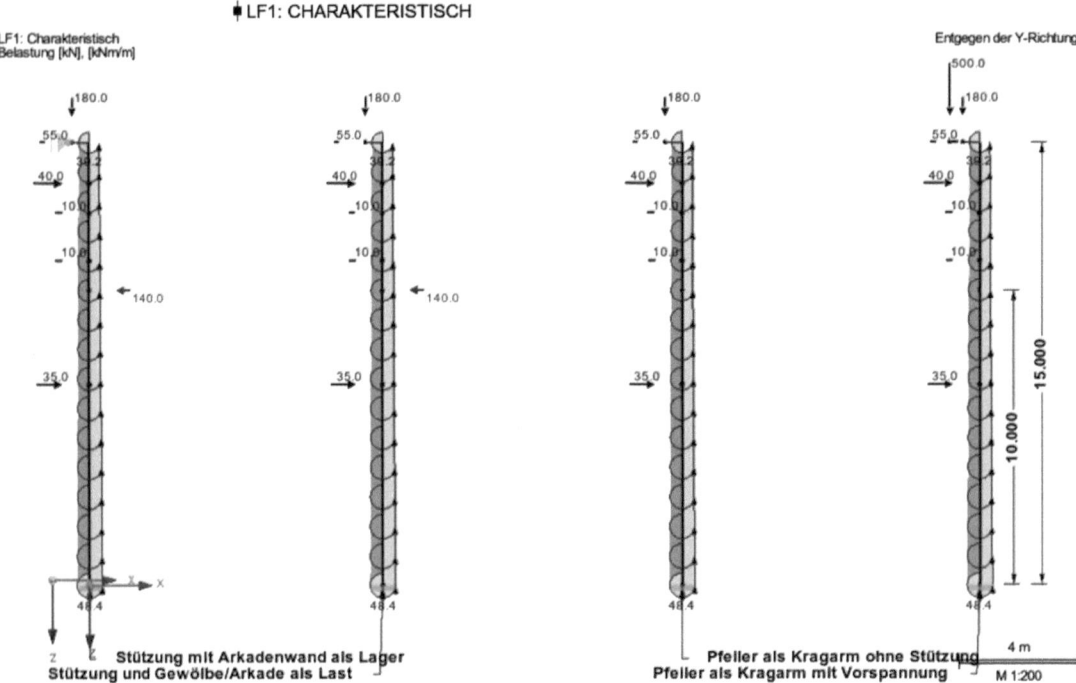

Bild 31. Charakteristische Belastung des Pfeilers

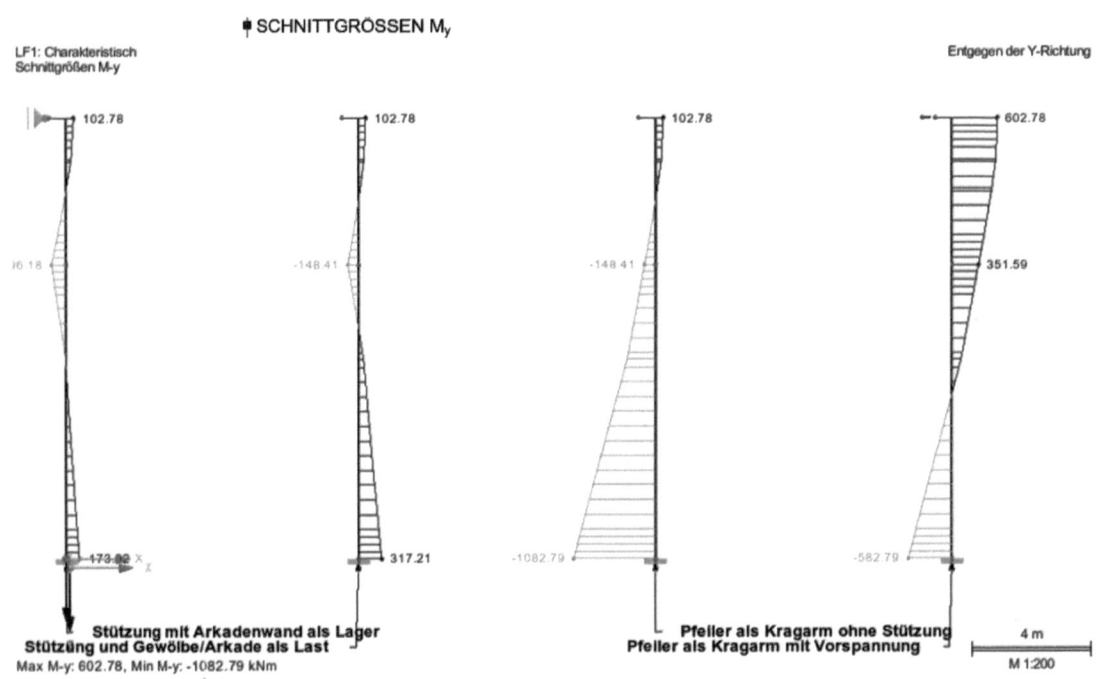

Bild 32. Charakteristische Schnittgröße M_y

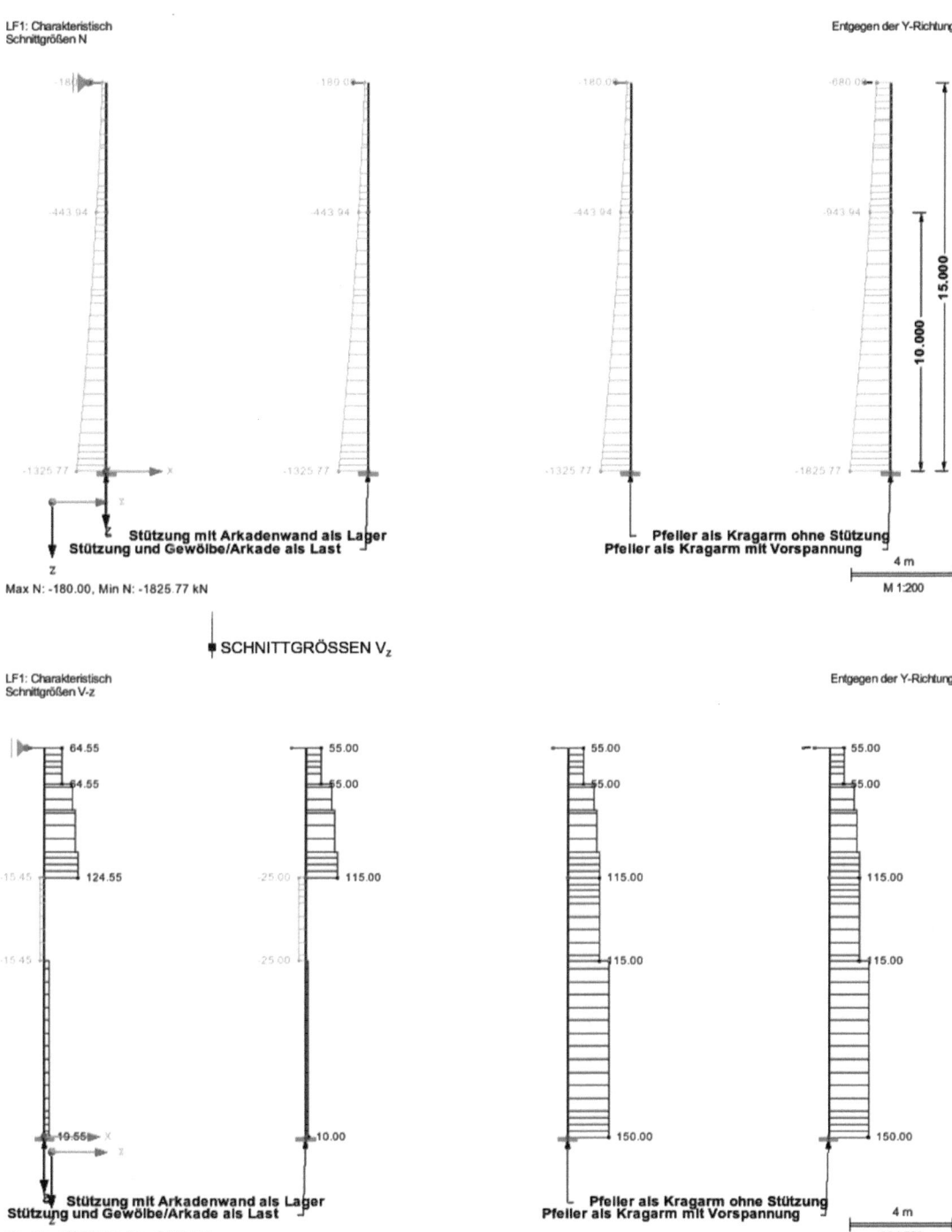

Bild 33. Charakteristische Schnittgrößen N und V_z

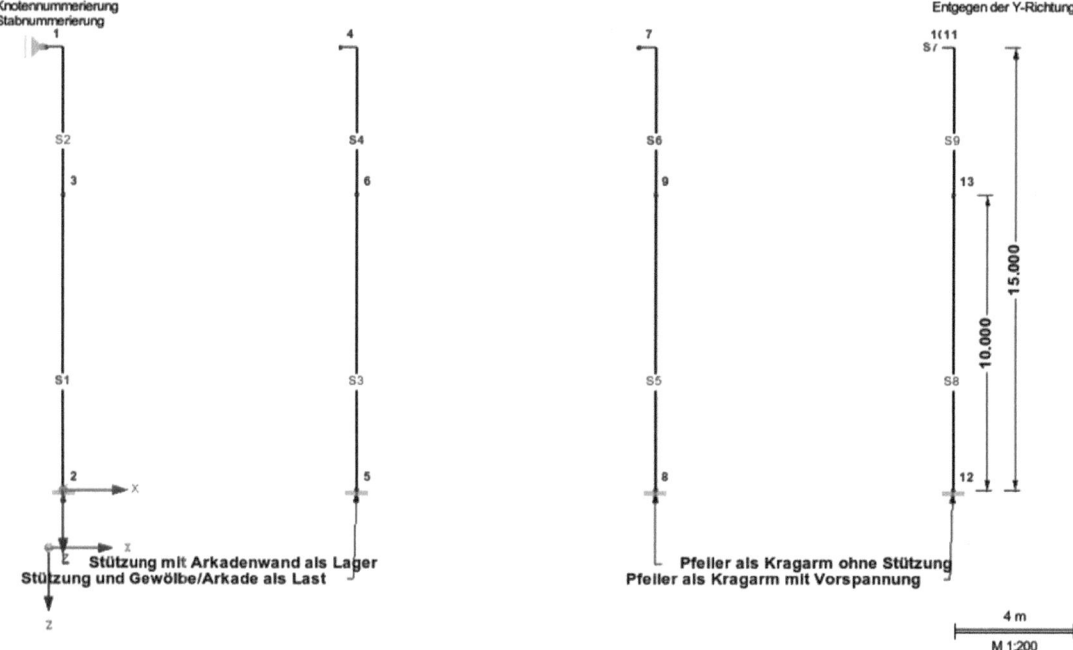

Bild 34. Knoten- und Stabnummern

Tabelle 6. Zusammenstellung der maßgebenden Schnittgrößen, Lage der Resultierenden und Spannungen für die vier betrachteten Zustände

System Nr	Stab Nr	Knoten Nr	Lage x [m]	Kräfte [kN] N	V_z	Momente [kNm] M_y	e [m]	Tiefe t [m]	Breite b [m]	e/t	Spannung N/mm²	Bemerkung
1	1	2	0,00	−1325,77	19,55	173,92	−0,13	2,30	0,86	−0,06	0,76	
		3	10,00	−443,94	−15,45	−196,18	0,44	2,00	0,66	0,22	0,60	
	2	3	0,00	−443,94	124,55	−196,18	0,44	1,80	0,66	0,25	0,73	
		1	5,00	−180,00	64,55	102,78	−0,57	1,70	0,66	**−0,34**	0,49	Lasteinleitung
2	3	5	0,00	−1325,77	10,00	317,21	−0,24	2,30	0,86	−0,10	0,85	
		6	10,00	−443,94	−25,00	−148,41	0,33	2,00	0,66	0,17	0,51	
	4	6	0,00	−443,94	115,00	−148,41	0,33	1,80	0,66	0,19	0,59	
		4	5,00	−180,00	55,00	102,78	−0,57	1,70	0,66	**−0,34**	0,49	Lasteinleitung
3	5	8	0,00	−1325,77	150,00	−1082,79	0,82	2,30	0,86	**0,36**	2,31	Überlastung im Bestand
		9	10,00	−443,94	115,00	−148,41	0,33	2,00	0,66	0,17	0,51	
	6	9	0,00	−443,94	115,00	−148,41	0,33	1,80	0,66	0,19	0,59	
		7	5,00	−180,00	55,00	102,78	−0,57	1,70	0,66	**−0,34**	0,49	Lasteinleitung
4	8	12	0,00	−1825,77	150,00	−582,79	0,32	2,30	0,86	0,14	1,28	
		13	10,00	−943,94	115,00	351,59	−0,37	2,00	0,66	−0,19	1,14	
	9	13	0,00	−943,94	115,00	351,59	−0,37	1,80	0,66	−0,21	1,36	s. Nachweis Lasteinleitung
		11	5,00	−680,00	55,00	602,78	−0,89	1,70	0,66	**−0,52**	−14,14	Lasteinleitung

tisch ermittelten Werten entspricht. Die Exzentrizität des Eigengewichts und das damit verbundene Moment wurden durch ein als Stablast aufgebrachtes Moment berücksichtigt.
Die Vorspannkraft wird exzentrisch eingeleitet.

5.12 Räumliches FE-Modell

Die Berechnungen mit dem räumlichen Volumenmodell erfolgten in Ergänzung zu den vorangegangen Nachweisen. Daher wurde auf die Berücksichtigung von Teilsicherheitsfaktoren verzichtet und mit charakteristischen Lasten gerechnet. Die maßgebenden Lastfälle wurden wie folgt festgelegt:

Lastfall	Bezeichnung	
LF 1	Bestand	mit Wind
LF 2	Stützung	ohne Wind
LF 3	Stützung + Vorspannung	ohne Wind
LF 4	Endzustand	mit Wind

Dem Modell liegt der eingangs erläuterte Laserscan zugrunde (Bild 35).

Ein Zugausfall wurde nur im Kontaktbereich zwischen Pfeiler und Fundament berücksichtigt. Die Materialien für Sandstein, Bestandsfundament und Stahlbetonfundament sind linear-elastisch mit unterschiedlicher Steifigkeit abgebildet. Die wichtigsten Ergebnisse der FE-Analyse sind in den Bildern 36 bis 44 dargestellt. Sowohl die Zugspannung auf der Innenseite als auch die Druckspannungsspitze außen im Pfeiler haben sich auf ca. 60 % von LF 1 auf LF 4 verringert. Im Bauzustand ergibt sich die größte Spannung mit Stützung und Vorspannung zu lokal $-1{,}55$ N/mm^2 auf der Innenseite. Da hier von einem Einsteinmauerwerk und ggf. einer höheren Mörtelgüte (ohne Auswaschung und Frost) ausgegangen werden kann, ist dieser Wert unkritisch. Die Bodenpressung hat sich auf weniger als 1/3 reduziert. Im Bestandsfundament sogar auf 1/8. Die im LF 4 dargestellte maximale Bodenpressung ist nur ein Spitzenwert. Der analytische Nachweis behält seine Gültigkeit.
Auf der Innenseite resultieren die Spannungswerte aus der Singularität der vertikalen Spannkrafteinleitung. Diese Werte sind zu vernachlässigen.

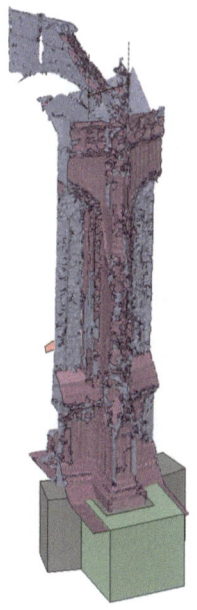
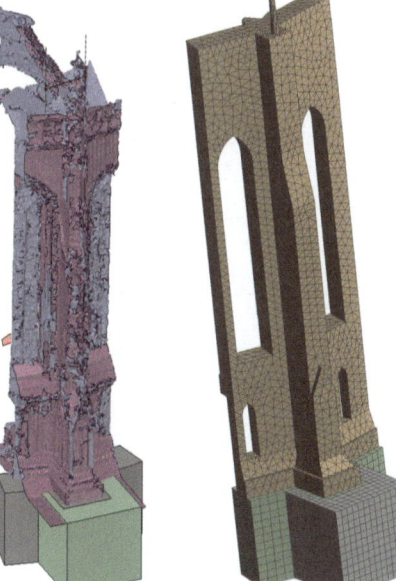
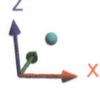

Bild 35. Aus dem Laserscan generiertes Modell des Pfeilers M1   **Bild 36.** Vernetztes Modell

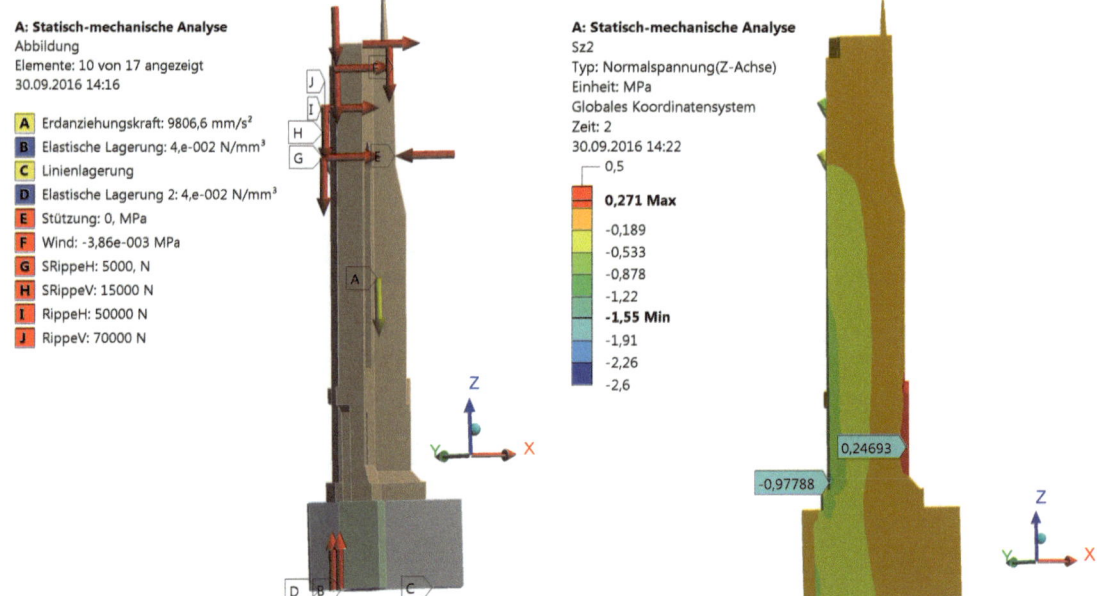

Bild 37. Lasten, Stützung mit 140 kN

Bild 39. Vertikale Spannungen mit Stützung in N/mm² (LF2)

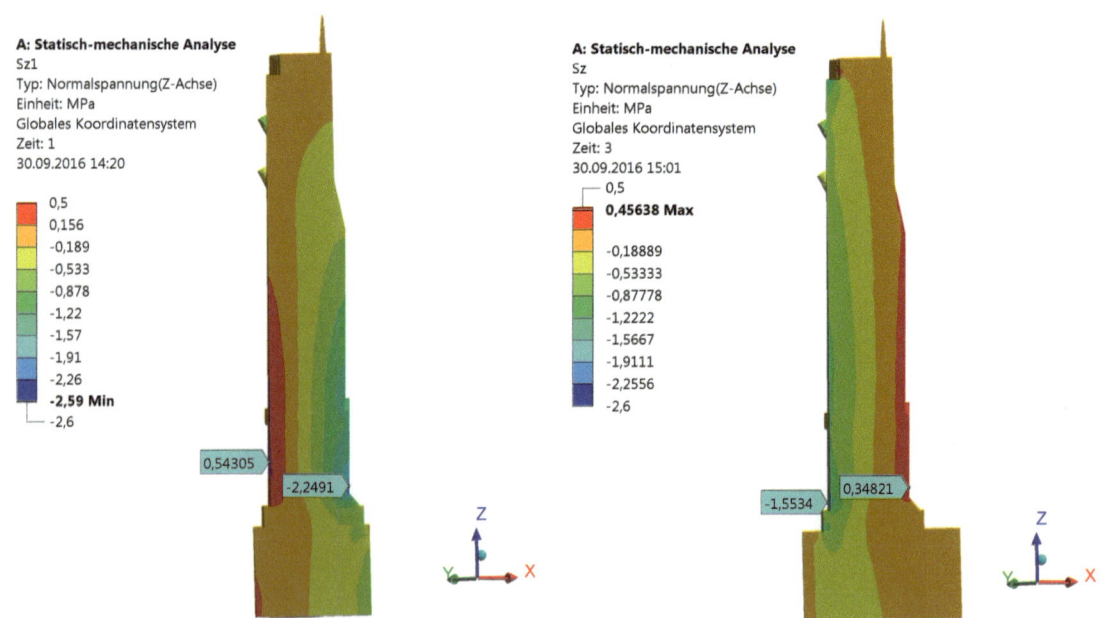

Bild 38. Vertikale Spannungen im Bestand in N/mm² (LF1)

Bild 40. Vertikale Spannungen mit Stützung und Vorspannung in N/mm² (LF3)

6 Ergänzende Betrachtungen für Pfeiler M1 und M2

6.1 Fundamentertüchtigung

Während der Ausführungen wurden bisher unbekannte Fundamente im Anschluss an die Innenpfeiler entdeckt. Dies hatte zur Folge, dass die innere Geometrie der Stahlbetonfundente sowie die Vorspannung überarbeitet werden musste.

Die Grundflächen der Fundamente haben sich gegenüber den ursprünglichen Berechnungen vergrößert (Bild 45). Daher wird hier auf einen erneuten Nachweis der Bodenpressungen verzichtet.

Die horizontalen Zugkräfte in der Fundamentsohle werden durch die gewählte Vorspannung überdrückt. Zusätzlich wird das Stahlbetonfundament über Einklebebewehrung von 5Ø12 je m² an das Bestandsfundament angeschlossen.

Nachweis Kraftübertragung

Die vertikale Vorspannung muss vom inneren Stahlbetonkragen in das Bestandsfundament übertragen werden. Neben der Verbindung über die Einklebebewehrung erfolgt dies durch Reibung und Vorspannung. Für die raue Kontaktfläche (Bild 46) kann ein Reibungsbeiwert von 0,6 angenommen werden.

$$\tau_{Ed} = \frac{500 \text{ kN}}{8,7 \text{ m}^2} = 0,057 \, \frac{\text{N}}{\text{mm}^2}$$

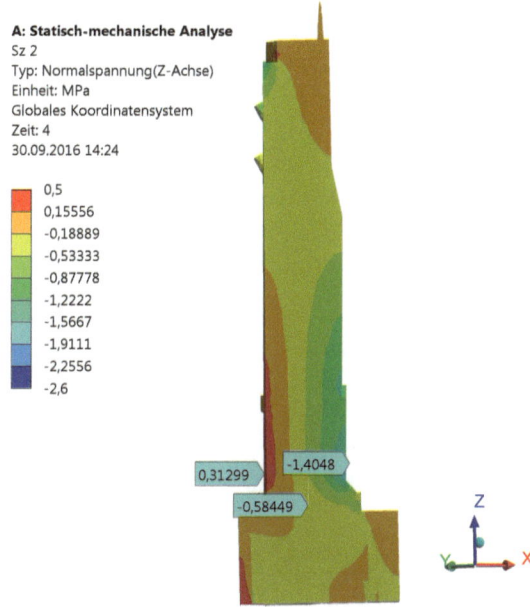

Bild 41. Vertikale Spannungen im Endzustand in N/mm² (LF4)

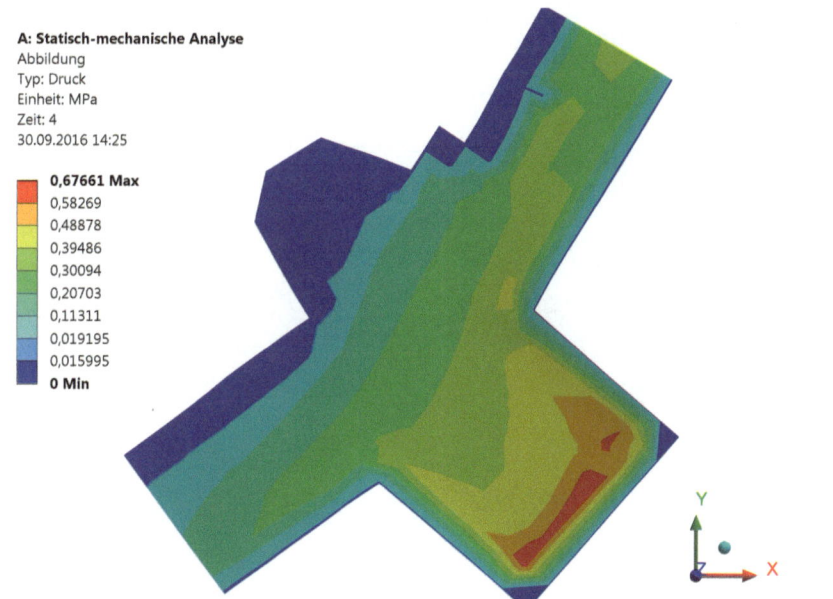

Bild 42. Vertikale Spannungen bzw. Kontaktspannungen im Endzustand in N/mm² (LF4; Druck = positiv)

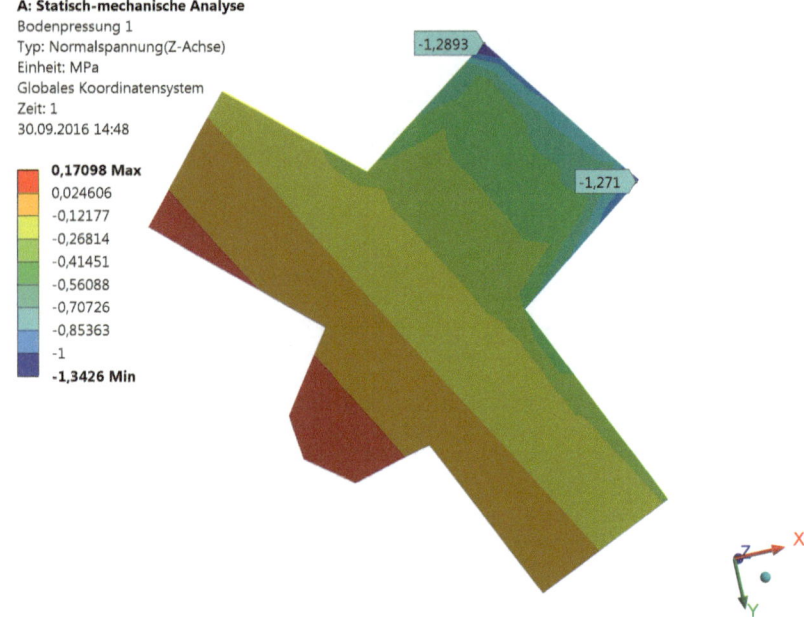

Bild 43. Bodenpressung im Bestand in N/mm² (LF1)

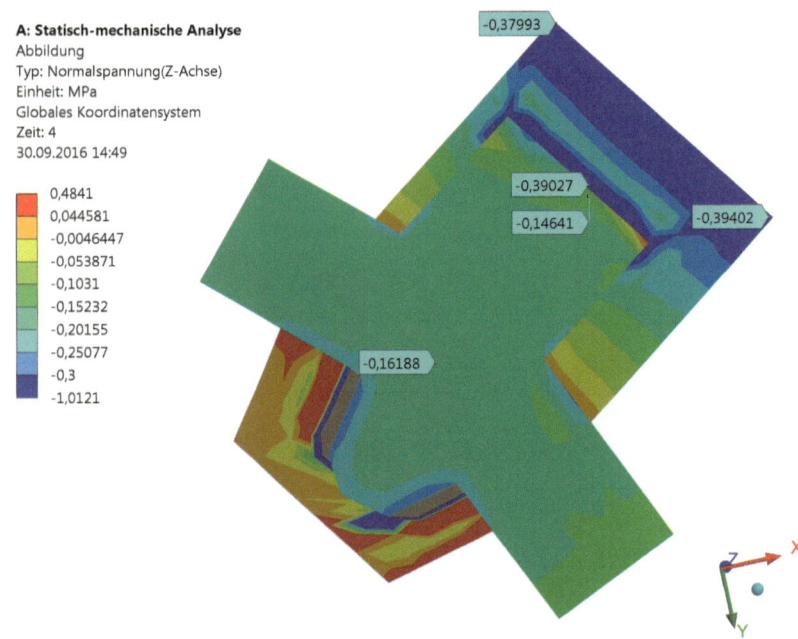

Bild 44. Bodenpressung im Endzustand in N/mm² (LF4)

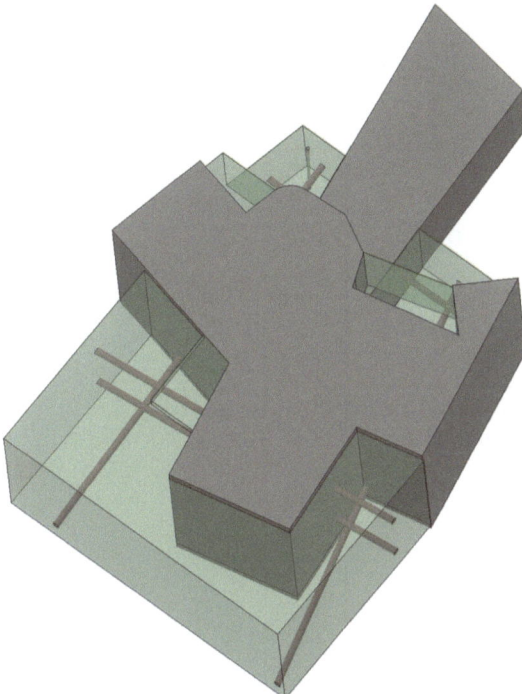

Bild 45. Schematische Darstellung des alten Fundamentbereichs und des Stahlbetonkragens

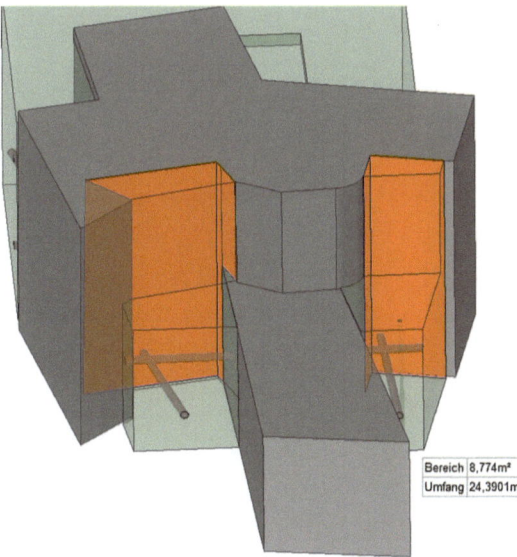

Bild 46. Darstellung der Kontaktfläche im Innenbereich der Pfeilerfundamente

Nachweis ohne Haftscherfestigkeit und Vernadelung (sichere Seite)

Nur zwei Zuganker als aktiv angesetzt.

$$\frac{500 \text{ kN}}{900 \text{ kN} \cdot 0,6} = 0,93 < 1,0$$

Nachweis Ankerplatten

Der Nachweis erfolgt für einen Beton C25/30.

$$\text{Vertikal:} \quad \frac{250 \text{ kN}}{30 \text{ cm} \cdot 30 \text{ cm}} = 2,8 \frac{\text{N}}{\text{mm}^2} < 14,2 \frac{\text{N}}{\text{mm}^2} \quad (C25/30)$$

$$\text{Horizontal:} \quad \frac{450 \text{ kN}}{30 \text{ cm} \cdot 30 \text{ cm}} = 5,0 \frac{\text{N}}{\text{mm}^2} < 14,2 \frac{\text{N}}{\text{mm}^2} \quad (C25/30)$$

6.2 Lasteinleitung Zugglieder

Die Lasteinleitung hat sich vereinfacht (Bilder 47 und 48). Durch die Ausführung mit **einem** Zugglied und dessen Führung in der Lage der Arkadenwand wird nur eine Kernbohrung durch das Arkadenmauerwerk und den oberen Abschnitt des Pfeilers erforderlich. Es gelten hierfür weiterhin die Nachweise aus [48] und [49].

Das Haupttragglied wird unterhalb der Fußbodenebene in zwei Teilstränge aufgeteilt und im Stahlbeton verankert. Die Verteilung der Vorspannkraft erfolgt über einen Träger aus 2 × U320, S355. Aufgrund der vorgegebenen Geometrie kann die Trägerbelastung unsymmetrisch ausfallen. Es werden daher zwei Laststellungen untersucht.

Zum Ausgleich von jahreszeitlichen Temperaturunterschieden und den damit verbundenen Längenänderungen und Vorspannungsschwankungen werden Tellerfedern eingesetzt.

Bild 47. Lasteinleitung der Vorspannung über die Arkadenwand (schematisch)

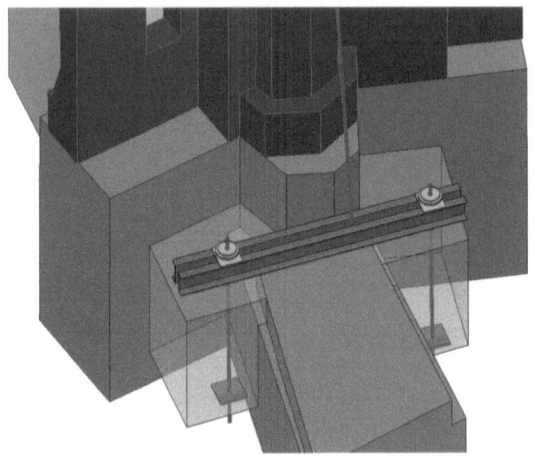

Bild 48. Ausbildung des Fußpunkts mit Einzelzugglied, Traverse und Zugstangen mit Lastverteilungsplatten im Fundament

Maßstab 1 : 20

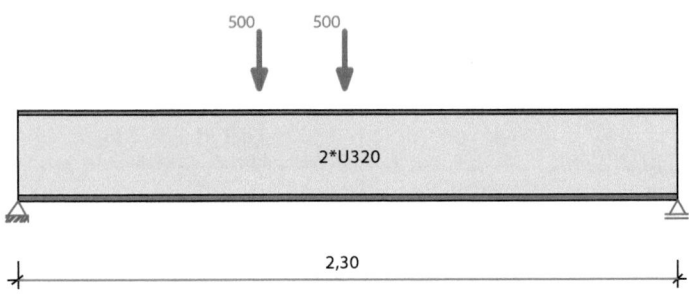

```
Stahlträger S355 DIN EN 1993-1-1/NA:2010-12
E-Modul E =210000 N/mm2

System    Länge              Querschnittswerte
------------------------------------------------------------------
Feld    L (m)             QNr.   I (cm4)   Wo (cm3)   Wu (cm3)
1       2.300 konstant     1     21740.0   1358.0     1358.0    2 U320

Belastung  Lasttyp:   1=Gleichlast über L     2=Einzellast bei a
(kN,m)                3=Einzelmoment bei a    4=Trapezlast von a-a+b
                      5=Dreieckslast über L   6=Trapezlast über L
------------------------------------------------------------------
Feld  Typ  EG  Gr   g_l/r    q_l/r    Faktor   Abstand  Länge  aus POS  Phi
1      2   42  _1   0.000    500.000  1.000    0.850
       2   42  _1   0.000    500.000  1.000    1.150
In der Spalte Grp sind alternative Lasten so: '_1' gekennzeichnet

Einwirkungen:
Nr Kl  Bezeichnung                       ψ0    ψ1    ψ2    γ
------------------------------------------------------------------
42  8  Vorspannung                       1.00  1.00  1.00  1.00
```

Schadensfolgeklasse CC 2 nach EN 1990 Tab. B1 -> K_{Fi} = 1.0 Tab. B3
In den folgenden Tabellen steht am Ende der Zeilen ein Verweis auf
die Nummer der zug. Überlagerung (siehe unten).
In Tabellen mit Gammafachen Schnittgrößen steht zusätzlich ein
Verweis auf die Leiteinwirkung.

Ergebnisse für 1-fache Lasten

Feldmomente Maximum   (kNm , kN)

Feld   Mf   M li   M re   V li   V re   komb
1   x0=1.150   287.50   0.00   0.00   250.00   -250.00   3

Stützmomente Maximum   (kNm , kN)

Stütze   M li   M re   V li   V re   max F   min F   komb
1   0.00   0.00   0.00   315.22   315.22   0.00   2
2   0.00   0.00   -250.00   0.00   250.00   0.00   3

Auflagerkräfte   (kN)

Stütze   aus g   max q   min q   Volllast   max   min
1   0.00   315.22   0.00   .   315.22   0.00
2   0.00   250.00   0.00   .   250.00   0.00
Summe: 0.00   565.22   0.00   .   565.22   0.00

Es gibt alternative Lasten, daher keine Ergebnisse für Volllast.

Auflagerkräfte   (kN)

          Stütze 1   Stütze 2
EG   max   min   max   min
g   0.0   0.0   0.0   0.0
42   315.2   0.0   250.0   0.0

Sum   315.2   0.0   250.0   0.0

Ergebnisse für γ-fache Lasten
Teilsicherheitsbeiwert γG*K_{Fi}=1.35 über Trägerlänge konstant

Feldmomente Maximum   (kNm , kN)

Feld   Mfd   Mdli   Mdre   V li   V re   komb
1   x0=1.150   287.50   0.00   0.00   250.00   -250.00   42   3

Stützmomente Maximum   (kNm , kN)

Stütze   Mdli   Mdre   Vdli   Vdre   max F   min F   komb
1   0.00   0.00   0.00   315.22   315.22   0.00   42   2
2   0.00   0.00   -250.00   0.00   250.00   0.00   42   3

Maßstab 1 : 20

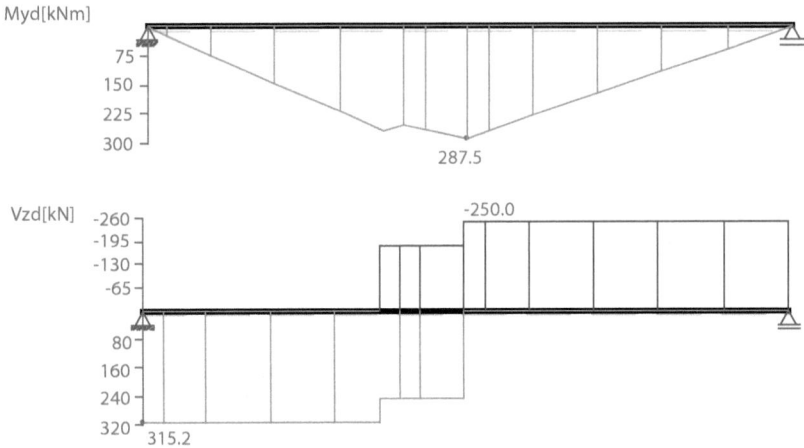

Querschnitte S355 fyk = 355 N/mm2

```
Art        Name      Npl      Mplyd     Vplzd     Mplzd     Vplyd
---------------------------------------------------------------------
6          U320      2691     293       949       54        598
```

Nachweis nach DIN EN 1993-1-1/NA:2010-12 6.2.1 (6.1)   γM0=1.00

```
Feld   x        QNr.   My,ed    Vz,ed   σv      τ       QKL   η
Nr.    (m)             (kNm)    (kN)    (N/mm2)                       komb
-------------------------------------------------------------------------
1      0.000    1      0.0      315.2   73      42      1     0.21    42  2
       0.849    1      267.7    315.2   202     25      1     0.57    42  2
       0.851    1      267.8    -184.8  199     15      1     0.56    42  2
       1.149    1      287.3    250.0   214     20      1     0.60    42  3
       1.150    1      287.5    250.0   214     20      1     0.60    42  3
       1.151    1      287.3    -250.0  214     20      1     0.60    42  3
       2.300    1      0.0      -250.0  58      33      1     0.16    42  3
```

Nachweis nach DIN EN 1993-1-1/NA:2010-12 6.2.1 (6.2)   γM0=1.00

```
Feld   x        My,ed    Vz,ed    QKL    ρ       M,Rd     η
Nr.    (m)      (kNm)    (kN)     (-)    (-)     (kNm)          komb
-------------------------------------------------------------------------
1      0.000    0.0      315.2    1      0.00    293.2    0.17   42  2
       0.849    267.7    315.2    1      0.00    293.2    0.46   42  2
       0.851    267.8    -184.8   1      0.00    293.2    0.46   42  2
       1.149    287.3    250.0    1      0.00    293.2    0.49   42  3
       1.150    287.5    250.0    1      0.00    293.2    0.49   42  3
       1.151    287.3    -250.0   1      0.00    293.2    0.49   42  3
       2.300    0.0      -250.0   1      0.00    293.2    0.13   42  3
```

Der Druckgurt ist kontinuierlich gehalten.
Nachweis Biegedrillknicken ist nicht erforderlich.

Zulässige Durchbiegungen :   im Feld   zul f = L/300
charakteristische Kombination

```
Feld    x       fg      ftot    f zul   f       η
Nr.     (m)     (cm)    (cm)    (cm)    (cm)            komb
----------------------------------------------------------------
1       1.149   0.00    0.28    0.278   0.767   0.36    3
```

In der folgenden Tabelle sind die Lasten mit der internen
Numerierung angegeben. Die anschließende Tabelle der gerechneten
Kombinationen referenziert auf diese Nummern.

```
Belastung  Lasttyp:   1=Gleichlast über L    2=Einzellast bei a
  (kN,m)              3=Einzelmoment bei a   4=Trapezlast von a-a+b
                      5=Dreieckslast über L  6=Trapezlast über L
----------------------------------------------------------------
Nr.  Feld  Typ  Grp   g1      q1      g2   q2   Faktor  Abstand  Länge
1    1     2    42    1_1     0.00    500.00         1.00    0.85
2    2     42   2_1   0.00    500.00                 1.00    1.15
```

In der Spalte Grp sind alternative Lasten so: '_1' gekennzeichnet
Gerechnete Kombinationen aus 2 Lasten

```
Last    K1   K2   K3
----------------------------------------------------------------
        g    g    g
1       .    x    .
2       .    .    x
```

Die vorstehenden Kombinationen werden wie folgt bearbeitet:
Beim Nachweis der Tragsicherheit werden die ständigen Lasten
alle gleichzeitig alternierend mit GammaG=1,00/1,35 beaufschlagt.
Wenn in einer Kombination p-Lasten aus unterschiedlichen Einwirkungen
vorhanden sind, dann wird jeweils untersucht, welche Einwirkung die
Leiteinwirkung ist.
Die Auswirkung der Lasteinwirkungsdauer wird ebenfalls geprüft.

Die Lasteinleitung erfolgt über Bleche mit t = 20 mm. Im Lasteinleitungsbereich sowie Auflagerbereich wurden konstruktiv Stegbleche mit t = 10 mm eingeschweißt. Im Lasteinleitungsbereich und gegenüber werden Bindebleche angeordnet.

6.3 Lasteinleitung in die Arkadenwand

Da die Lasteinleitung nahe an der Innenkante des Innenpfeilers erfolgt, soll im Folgenden der Einfluss auf die Arkadenwand untersucht werden. Der Abstand der Kernbohrung zur Auflagerkante beträgt in der Simulation ca. 4 cm. Der tatsächliche Abstand wird größer gewählt. Die Zugfestigkeit des Mauerwerks wurde auf 0,1 N/mm² begrenzt. Die Vorspannkraft beträgt 500 kN mit einer horizontalen Komponente von 60 kN (Bilder 49 und 50).
Die Last der Vorspannung erzeugt auf der Unterseite Zugspannungen. Diese überschreiten neben dem Auflager die vorgegebene Zugfestigkeit.
Die Hauptdruckspannung am Auflager übersteigt nicht die Festigkeit (Bild 51).

$$2{,}27 \; \frac{N}{mm^2} < 2{,}45 \; \frac{N}{mm^2} \quad \text{(Stfkl. 12 + MG II)}$$

Das Betonbankett ist bis an die Mauerwerksschräge heranzubetonieren.

6.4 Berücksichtigung der Temperatureinflüsse bei der Vorspannkraft

Das Aufbringen der Vorspannung erfolgt über die Kopplung am Hauptspannglied. Durch die geometrisch vorgegebene Aufteilung auf die beiden unteren Verankerungsstangen können sich dort unterschiedliche Lasten einstellen. Planmäßig ist eine Gleichverteilung vorgesehen.
Ziel ist es, den elastischen Weg beim Vorspannen zu vergrößern, um einen Spannungsabfall infolge Temperaturerhöhung zu minimieren. Zum einen wird dies durch eine möglichst hohe elastische Dehnung und somit kleinstmöglichen Durchmesser der Zugstangen erreicht und zum andern durch den Einbau von Federn (s. im Detail Bild 52).
Ausgelegt ist das System für eine maximale Vorspannkraft von 500 kN.
gewählt: Ø 48 mm

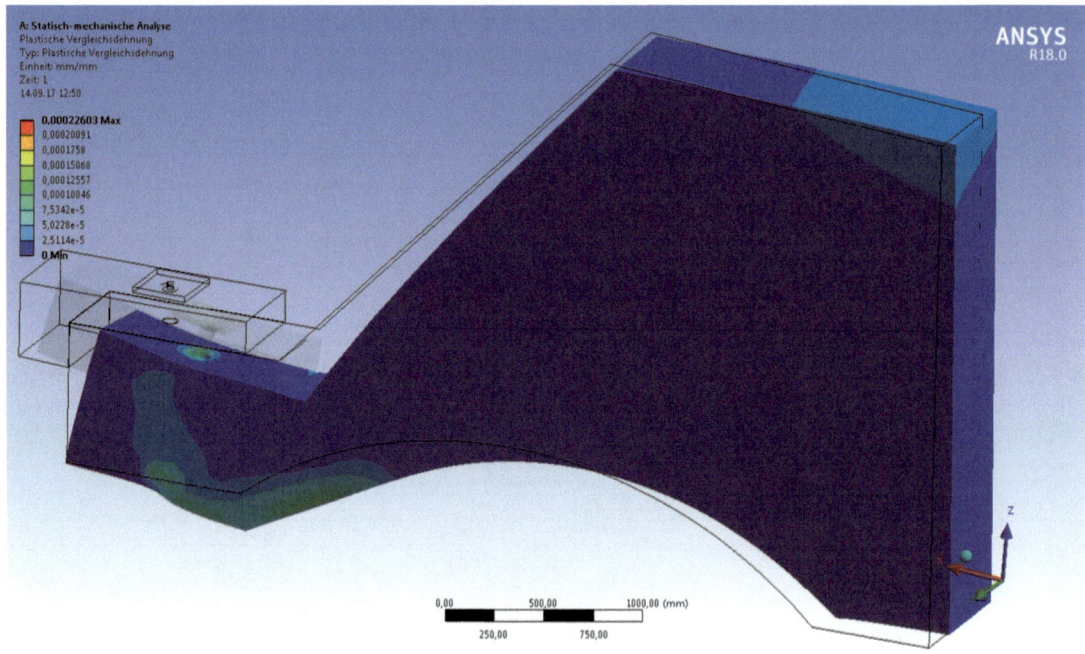

Bild 49. Plastische Vergleichsdehnungen

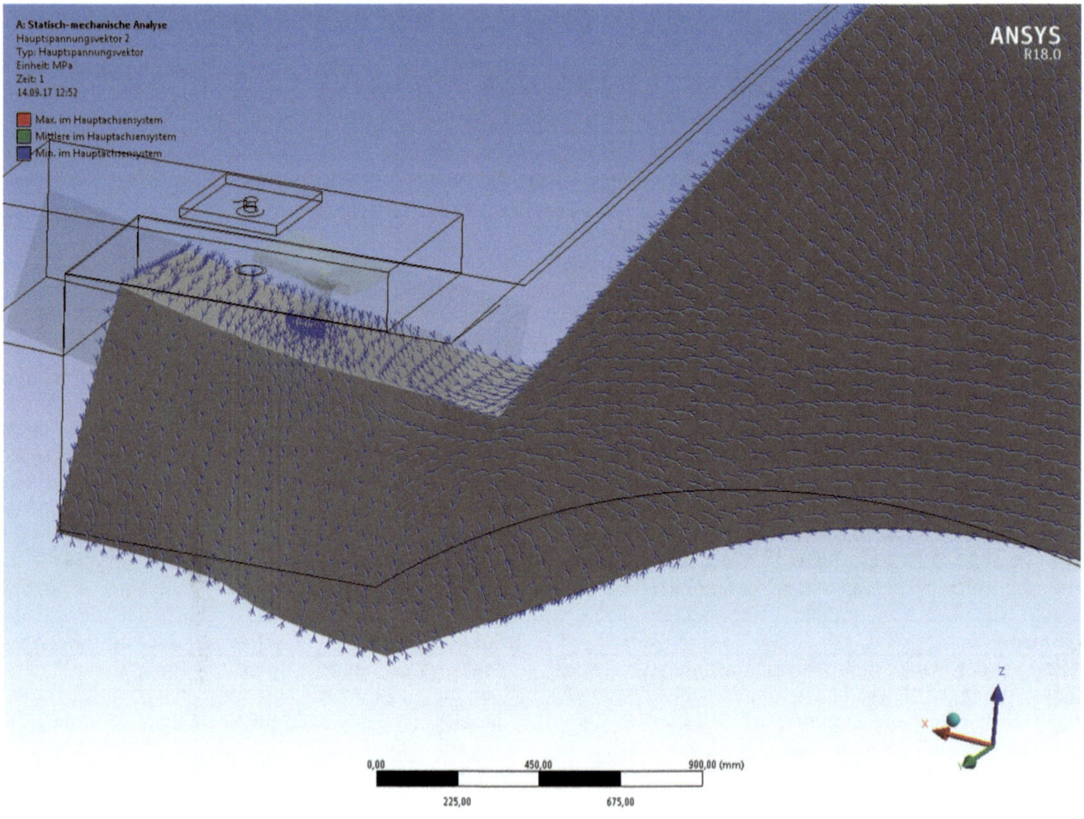

Bild 50. Trajektorien der Hauptdruckspannung

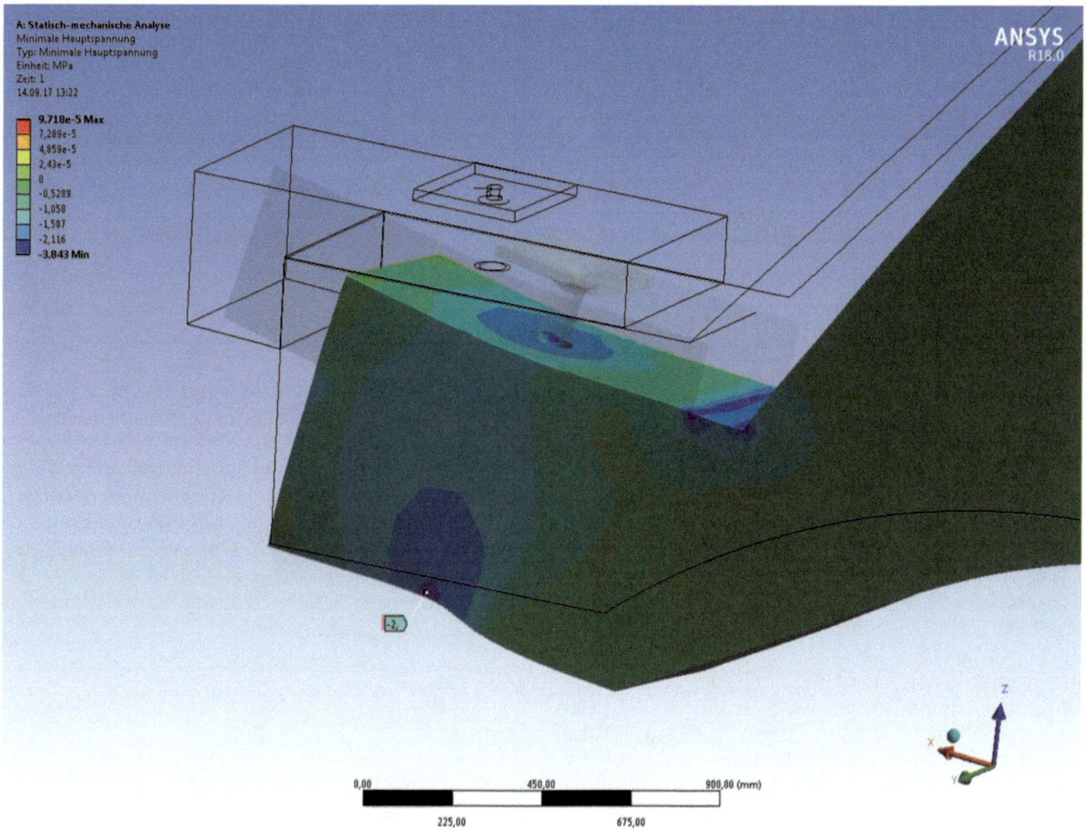

Bild 51. Hauptdruckspannungen

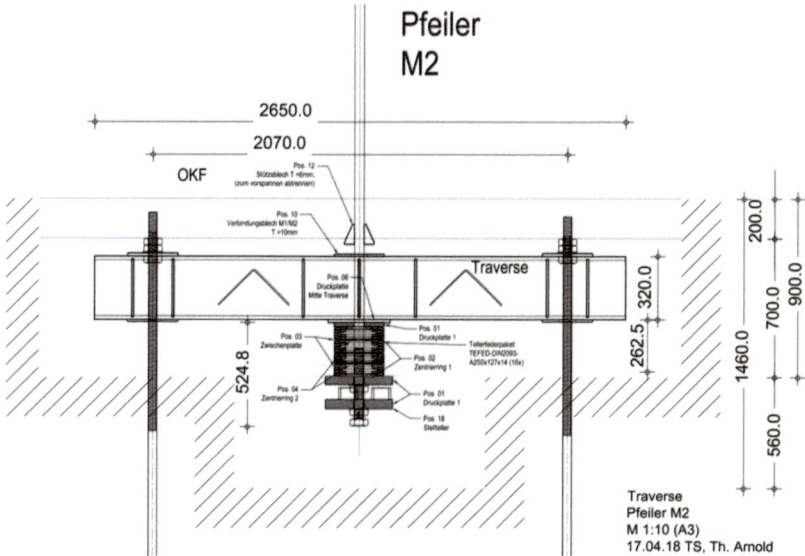

Bild 52. Traverse mit Tellerfedern für Pfeiler M2 (Fa. TechnoServ)

Mit dem gewählten Durchmesser ergeben sich die folgenden Kennwerte:

elastische Dehnung

$$\varepsilon_{el} = \frac{500 \text{ kN} \cdot \gamma_p \cdot 4}{(48 \text{ mm})^2 \cdot \pi \cdot 210000 \text{ N/mm}^2} = 1{,}32\text{‰}$$

Federsteifigkeit

$$C = \frac{210000 \text{ N/mm}^2 \cdot (48 \text{ mm})^2 \cdot \pi}{4 \cdot 16{,}8 \text{ m}} = 22{,}62 \text{ kN/mm}$$

Die Wahl der Tellerfedern (DIN 2093 [51]) erfolgt für die max. charakteristische Vorspannkraft.

Volllast	gewählte Tellerfedern	Federsteifigkeit
500,0	250 × 127 × 14 (Reihe A 2 · 248 kN; n = 2, i = 8)	15,9 kN/mm

Die Gesamtfedersteifigkeit beträgt ca. 9,4 kN/mm.
Unter und über den Tellerfedern ist eine lastverteilende Stahlplatte anzuordnen. Das in DIN 2093 empfohlene Spiel zwischen Führungselement und Tellerfeder ist einzuhalten.
Im folgenden Diagramm (Bild 53) ist der Temperaturjahresgang eines mittleren Jahres für Zwickau im Bereich des Doms dargestellt (Quelle der Daten: DWD; TRY2045_41705002665500_Jahr.dat).
Die hellgrauen Werte sind stündliche Werte. Die graue Line entspricht dem gleitenden Durchschnitt für eine Woche/7 Tage.
Da das dicke Außenmauerwerk und die Pfeiler durch ihre Wärmespeicherkapazität nur verzögert dem Verlauf der Lufttemperatur folgen, genügt für die folgende Betrachtung der Längenänderung der gleitende 7-Tage-Durchschnitt.
Die maximale Temperatur ergibt sich somit zu $T_{Sommer} = 23{,}6\,°C$ und die minimale zu $T_{Winter} = -1{,}4\,°C$.

Für den Innenraum werden die folgenden Temperaturen angenommen.
$T_{i,Sommer} = 20{,}0\,°C$
$T_{i,Winter} = 16{,}0\,°C$

Allgemein wird die Längenänderung wie folgt ermittelt:

$$\Delta l = l \cdot \alpha_T \cdot \Delta T$$

Aus dieser Beziehung ergeben sich die in Tabelle 7 aufgeführten Werte.
Nicht berücksichtigt ist die Verformungsänderung der Tellerfedern infolge Temperaturänderung.
Für die Berücksichtigung der Pfeilerkrümmung infolge unterschiedlicher Bauteiltemperatur über die Dicke wird im Folgenden an einem vereinfachten System (Bild 54) analytisch die Differenz der Längenänderung zwischen Pfeiler und Spannglied berechnet. Hierbei wird von einem linearen Zusammenhang zwischen Temperatur und Pfeilerverformung ausgegangen.
Durch die unterschiedliche Temperaturdehnung auf der Außen- und Innenseite der Pfeiler kommt es zu einer Krümmung. Die Krümmung wird als konstant über die Höhe angenommen:

$$k_P = \frac{\Delta T_{ia} \cdot \alpha_T}{d}$$

Tabelle 7. Relative Längenänderung der Zugglieder abhängig von der Einbautemperatur

		Pfeiler	Zugglied	Δl
α	je K	7,0E-06	1,2E-05	mm
Einbau	°C	18	20	0
Winter	°C	–1,4	16	–3,1
Sommer	°C	23,6	20	2,9

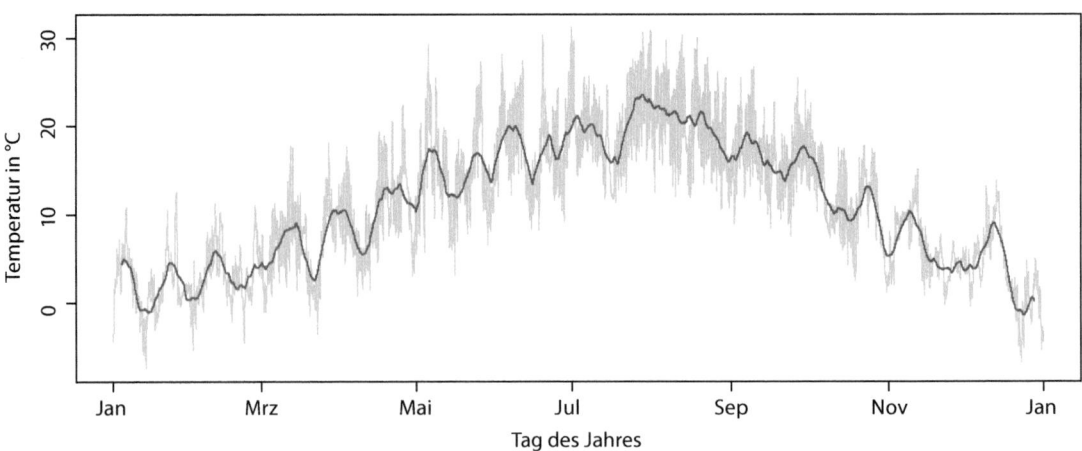

Bild 53. Temperaturjahresgang eines mittleren Jahres (Quelle: DWD)

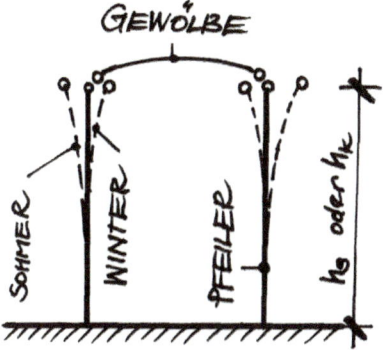

Bild 54. Vereinfachtes System

Tabelle 8. Relative Längenänderung infolge Pfeilerbiegung, Gesamtwert und resultierende Kraft

	ΔT_{ia}	φ_P	Δl_φ	$\Sigma \Delta l$	ΔF
α	K		mm	mm	kN
Einbau	−2,0	−0,000094	−0,12	−0,12	−1,1
Winter	22,1	0,001040	1,30	−1,77	−16,6
Sommer	−9,0	−0,000423	−0,53	2,41	22,5

Die für die Krümmung der Pfeiler maßgebende Differenztemperatur ergibt sich zu:

$$\Delta T_{ia} = \Delta T_i - \Delta T_a$$

Hier werden für die Außenseite die 12-Stunden-Werte verwendet, da nicht der ganze Pfeiler als Wärmespeicher fungiert.

Winter:

$$\Delta T_{ia} = 16\,°C + 6{,}1\,°C = 22{,}1 \text{ K}$$

Sommer:

$$\Delta T_{ia} = 20\,°C - 29\,°C = -9{,}0 \text{ K}$$

Die Gesamtverdrehung wird als Integral der Krümmung über die Höhe gebildet:

$$\varphi_P = k_P \cdot h_{K,S} = \frac{\Delta T_{ia} \cdot \alpha_T \cdot h_{K,S}}{d}$$

Hierbei sind:
$h_{K,S}$ rechnerische Höhe ca. 16,8 m
d rechnerische Dicke des Pfeilers ca. 2,5 m
ΔT_i Temperaturänderung innen
ΔT_a Temperaturänderung außen
k_P Krümmung des Pfeilers
φ_P Verdrehung des Pfeilers
α_T Wärmeausdehnungskoeffizient angenommen mit $6 \cdot 10^{-6}$/K

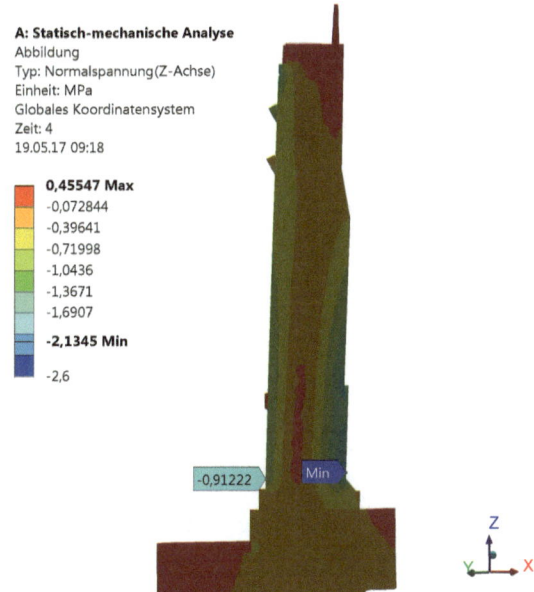

Bild 55. Vertikale Spannungen im Endzustand in N/mm² (LF4 bei P = 500 kN)

Der Anteil aus der horizontalen Kopfverschiebung wird hier vernachlässigt, da sich durch den fast parallelen Verlauf von Pfeiler und Zugglied eine nur sehr geringe Längendifferenz ergibt.

Das wesentliche Ziel der Vorspannung ist, die Innenseite des Pfeilers dauerhaft im überdrückten Zustand zu halten, um keine Risse entstehen zu lassen. Allerdings ergeben sich im Bauzustand infolge der äußeren Stützkraft größere Druckspannungen auf der Innenseite. Die Vorspannung soll daher nicht größer als nötig gewählt werden.

Für 500 kN Vorspannkraft ergibt sich gemäß Bild 55 eine Druckspannung von −0,91 N/mm². Es sind zwei weitere Varianten mit reduzierter Vorspannkraft gerechnet worden. Es haben sich auf der Innenseite die folgenden Spannungen ergeben:
−0,6 N/mm² bei einer Vorspannung von 400 kN und
−0,3 N/mm² bei einer Vorspannung von 300 kN.

Es zeigt sich ein linearer Zusammenhang zwischen Vorspannkraft und Druckspannung an der Innenseite. Ab einer Vorspannkraft von 200 kN können daher wieder Zugspannungen oder Risse auftreten. Zusammen mit der in Tabelle 8 angegebenen Spannbreite für die temperaturbedingte Spannkraft von ca. 38 kN und einer ausreichenden Reserve wird empfohlen, eine planmäßige Vorspannung von P = 300 kN aufzubringen.

7 Ausführung der Sicherungsmaßnahmen am Bauwerk

Wie bereits in den vorherigen Abschnitten beschrieben, sollten schwerpunktmäßig die Fundamente der Pfeiler M1 und M2 im Zusammenhang mit einem externen Zugglied, das auf der Arkadenwand rückverankert wird, ertüchtigt werden. Ziel war es, durch die exzentrische Vorspannung die Kraftresultierende am Pfeilerfuß in Richtung Kirchenschiff zu verschieben und damit die Randspannungen im Fundamentmauerwerk zu reduzieren. Die Verankerung der Zugglieder wurde daher an der Unterseite des neuen Stahlbetonfundaments geplant. Dadurch wird eine Kraftweiterleitung in den Bestand über die gesamte Fundamenthöhe ermöglicht. Die außen anbetonierten „Stahlbetonschürzen" und die im Inneren des Fundaments hergestellten Fundamenterweiterungen wurden miteinander verspannt. Dadurch wird die Festigkeit des Bestandsfundaments erhöht und ein mehraxialer Spannungszustand im alten Fundament und damit eine höhere Tragfähigkeit in vertikaler Richtung ermöglicht.

Um die geplanten Ertüchtigungsmaßnahmen durchführen zu können, wurde auf der Choraußenseite eine temporäre Abstützung in Form von zwei gewaltigen gebogenen Brettschichtholzbalken errichtet (s. Bild 13). Damit wurde im Frühsommer 2016 begonnen. Die gesamte Maßnahme dauerte etwa 2 Jahre und wurde im Sommer 2018 mit dem Vorspannen der beiden Zuganker auf der Innenseite der Pfeiler M1 und M2 beendet. Die Ausführung der Ertüchtigungsmaßnahmen am Mauerwerk erfolgte durch die Himmel und Papesch Bauunternehmung GmbH u. Co. KG, NL Spezialtiefbau Süd, Büro Chemnitz, die Stahlbauarbeiten einschließlich des Vorspannens der beiden Zuganker wurde von TS Technoserv GmbH, Zwickau, ausgeführt.

7.1 Fundamentertüchtigung

Die Ausführung der Fundamentertüchtigung erfolgte auf der Basis der von Jäger Ingenieure GmbH erarbeiteten Genehmigungs- und Ausführungsplanung. Die nachfolgenden Pläne zeigen am Beispiel von Pfeiler M2 die notwendigen Maßnahmen an den Fundamenten (s. Bilder 56 und 57). Die notwendigen Arbeitsschritte für die Ertüchtigungsarbeiten am Fundament sind kurz zusammengefasst die Folgenden:
1. Schonendes Entfernen der Sockelverkleidungen im Bereich der beiden Pfeiler,
2. Sicherung des dahinter befindlichen Bestandsmauerwerks durch Spritzbeton; Injektion des restlichen Füllmauerwerks,
3. Ertüchtigung des Fundaments durch Injektion und schrittweises Ausheben der Baugrube bis zur Sohle,
4. Herstellen der Bohrungen für die Verspannung im Bestandsfundament,
5. Herstellen Schalung, Bewehrung, Einbau der Ankerplatten und Hüllrohre für die Stahlbetonfundamente,
6. Betonieren der inneren und äußeren Fundamentschürze.

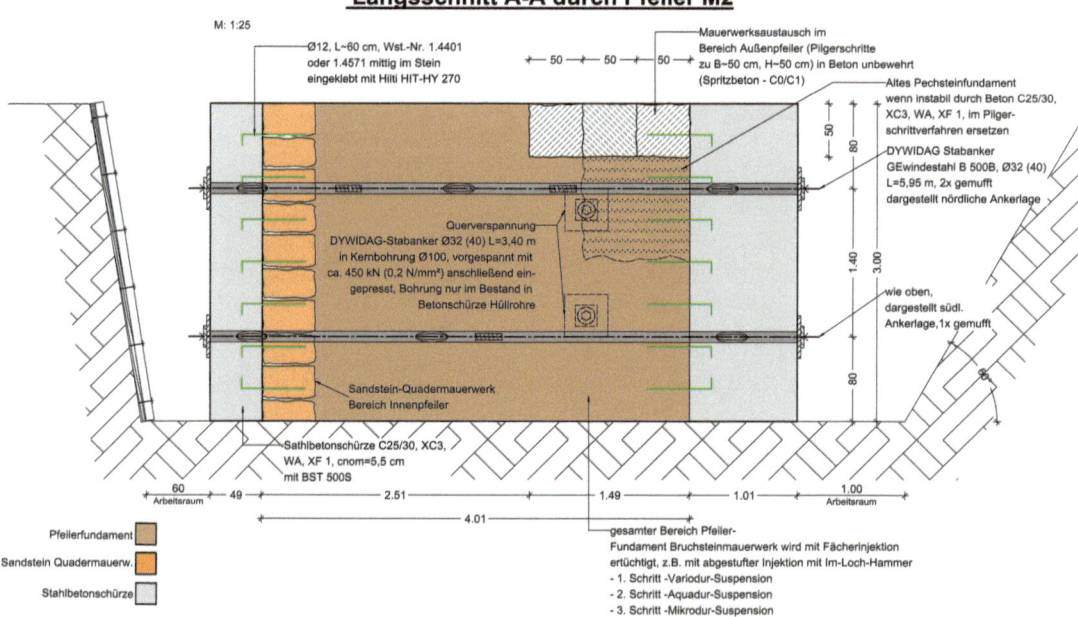

Bild 56. Längsschnitt durch das Pfeilerfundament mit den erforderlichen Ertüchtigungsmaßnahmen

In einem der ersten Arbeitsschritte mussten die historischen Fundamente von außen und innen freigelegt werden. Von außen stellte dies im Prinzip kein großes Problem dar, im Inneren des Gebäudes stand jedoch aufgrund der Tiefe der Fundamentsohle von etwa 3 m nur ein sehr beengter Arbeitsraum zur Verfügung, partiell mussten parallel auch Verbaumaßnahmen zur Sicherung der Baugrube realisiert werden. Bild 58 zeigt das freigelegte Fundament von Pfeiler M2 von außen und innen.

Die beengten Baugrubenverhältnisse im Inneren der Kirche stellten auch besonders hohe Ansprüche an die Ausführung der erforderlichen Bohrarbeiten für die Verankerung/Verspannung der neu herzustellenden Stahlbeton- mit den Bestandsfundamenten (Bild 59a, b). Ein Blick auf die bei den Bohrungen gewonnenen Bohrkerne lässt sehr gut die unterschiedlichen Mauerwerksqualitäten der Fundamente erkennen (vgl. hierzu Bild 59c, d).

Nach der Vergütung des Fundamentmauerwerks durch Injektion einer mauerwerksverträglichen Suspension und Herstellung der Ankerkanäle konnten die Fundamentschürze außen und die beiden Fundamentverbreiterungen auf der Innenseite bewehrt und geschalt werden. In Bild 60 sind die geplanten Stahlbetonfundamente in einer anschaulichen Isometrie dargestellt. Die Ausführung der Bewehrungsarbeiten in Verbindung mit dem Ankereinbau und dem Einbau einer konstruktiven Bewehrung zwischen Bestands- und Stahlbetonfundament (durch Einbohren von Edelstahlnadeln) ist in Bild 61 dargestellt.

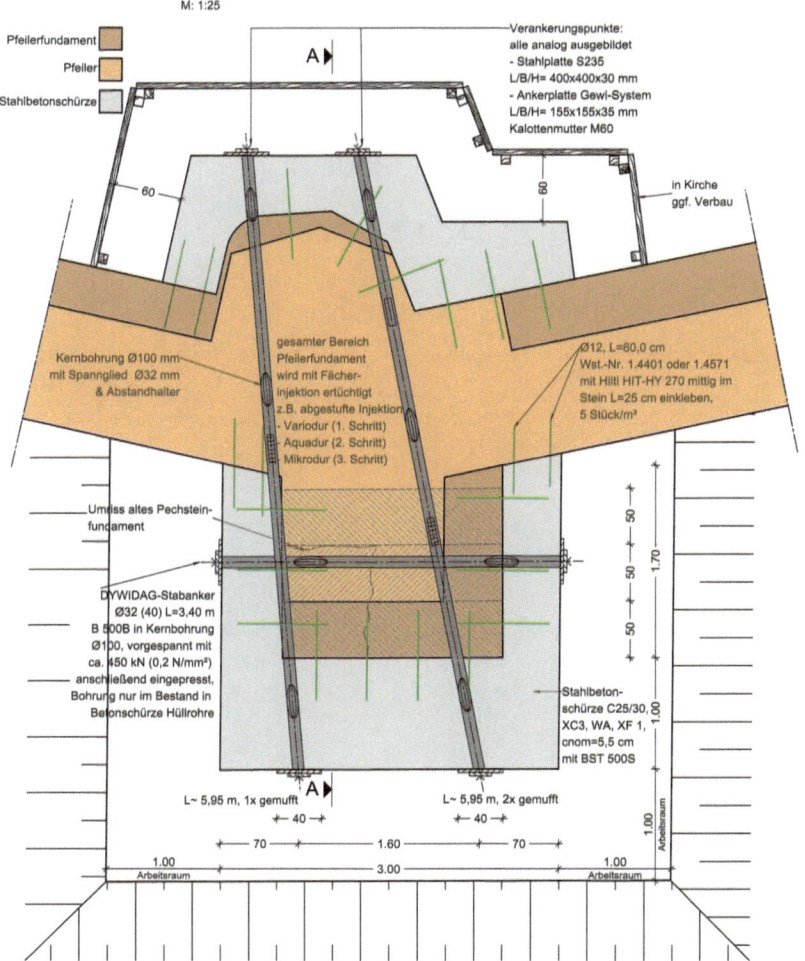

Bild 57. Grundrissdarstellung von Pfeiler M2 mit Stahlbetonschürze, konstruktiven Vernadelungen, Spannankern und Baugrubensicherung (Planung – bei der Ausführung kam es im Inneren der Kirche zu Modifizierungen)

a)

b)

c)

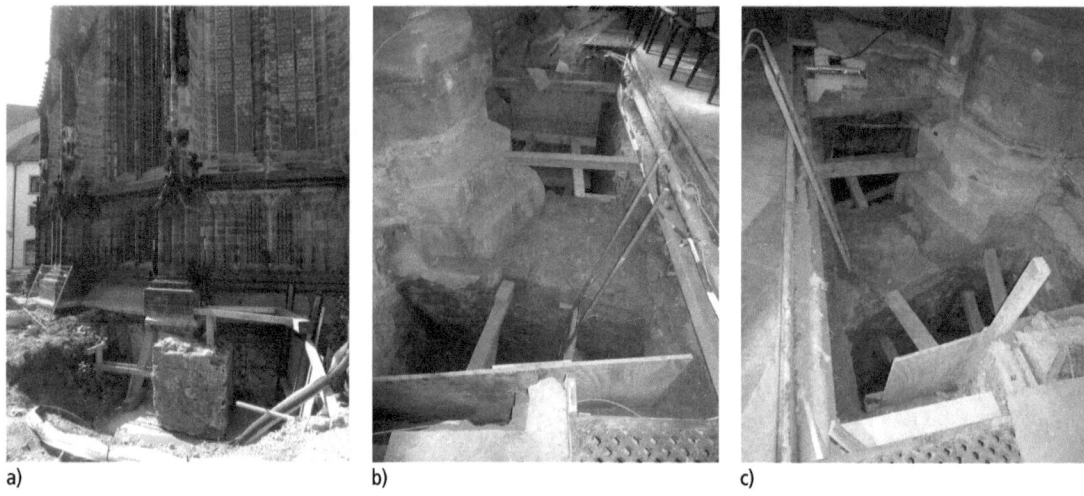

Bild 58. Das freigelegte Fundament des Pfeilers M2 a) von außen sowie b) und c) von innen

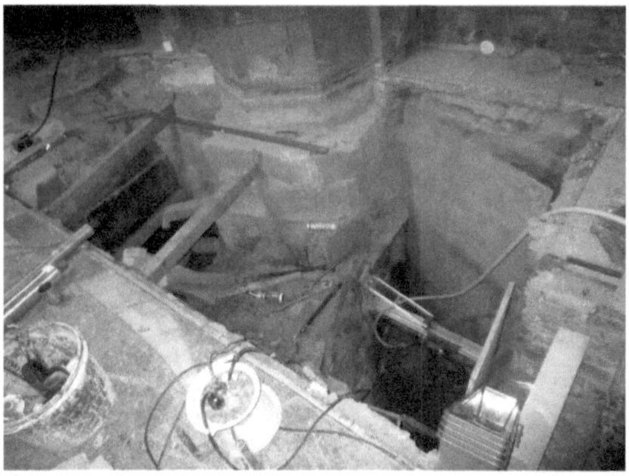
a)

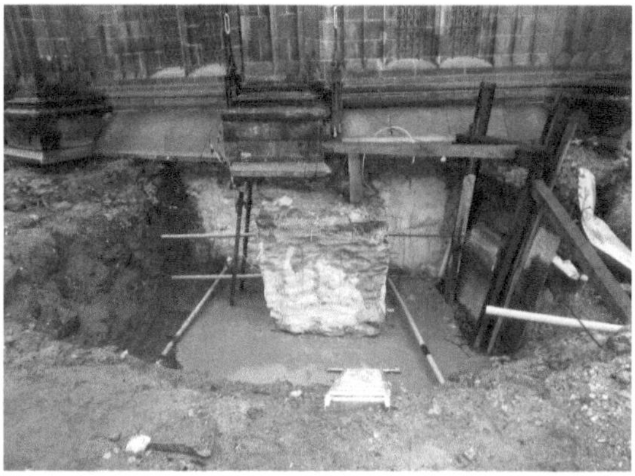
b)

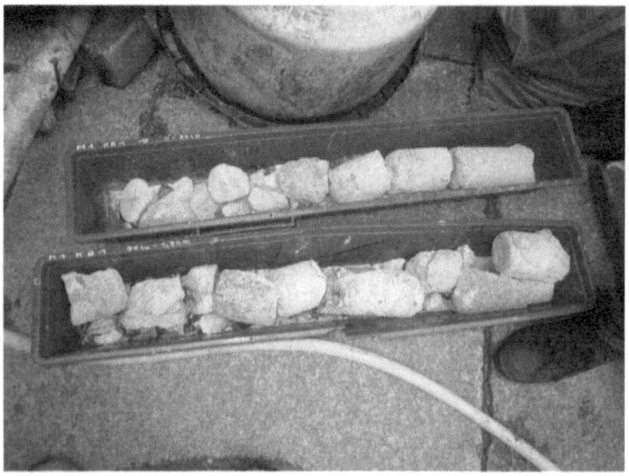
c)

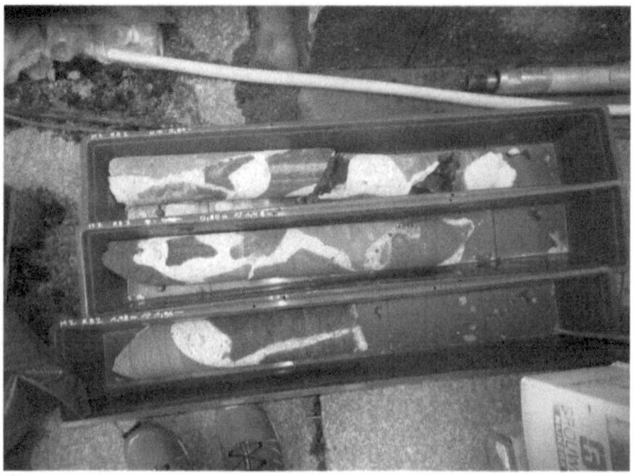
d)

Bild 59. Bohren der Ankerkanäle im Fundament von Pfeiler M2 a) innen und b) außen bereits mit Hüllrohr; Bohrkerne c) vom Fundament M1 im Wesentlichen aus Sandstein und d) vom Fundament M2 mit sehr gut vermörtelten Bruchsteinen aus Pechstein

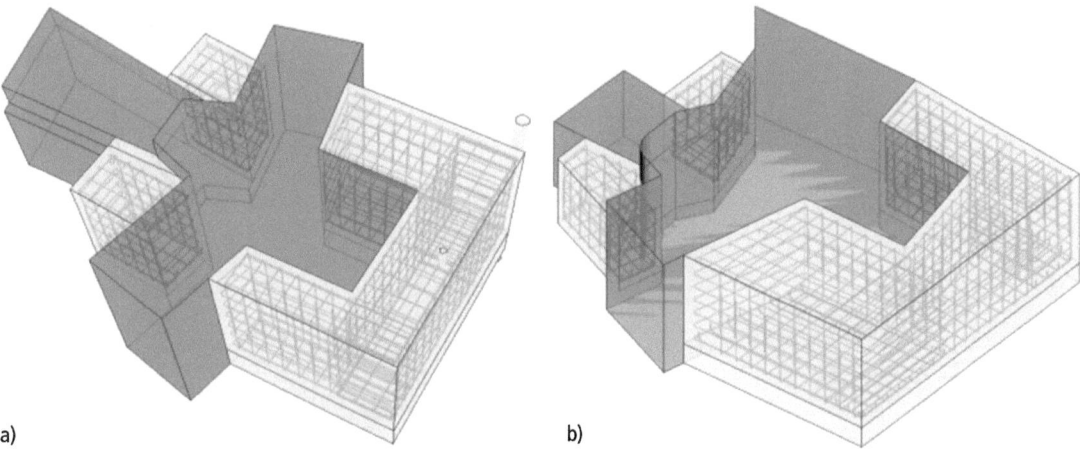

Bild 60. Isometrische Darstellung der Fundamentverbreiterungen a) am Fundament von M1 und b) von M2 mit Darstellung der Bewehrung

Bild 61. Eingebaute Bewehrung im Bereich der beiden „Fundamentschürzen" außen a) am Pfeiler M1 und b) M2, c) Detailansicht der äußeren Bewehrung von M2 mit eingehüllten Spannankern und konstruktiver Anschlussbewehrung im Bestandsmauerwerk, d) und e) mit Bewehrungskörben im Inneren mit bereits eingebauten Spannankern nach außen und den Zugstangen für die Jochkonstruktion des Zugankers

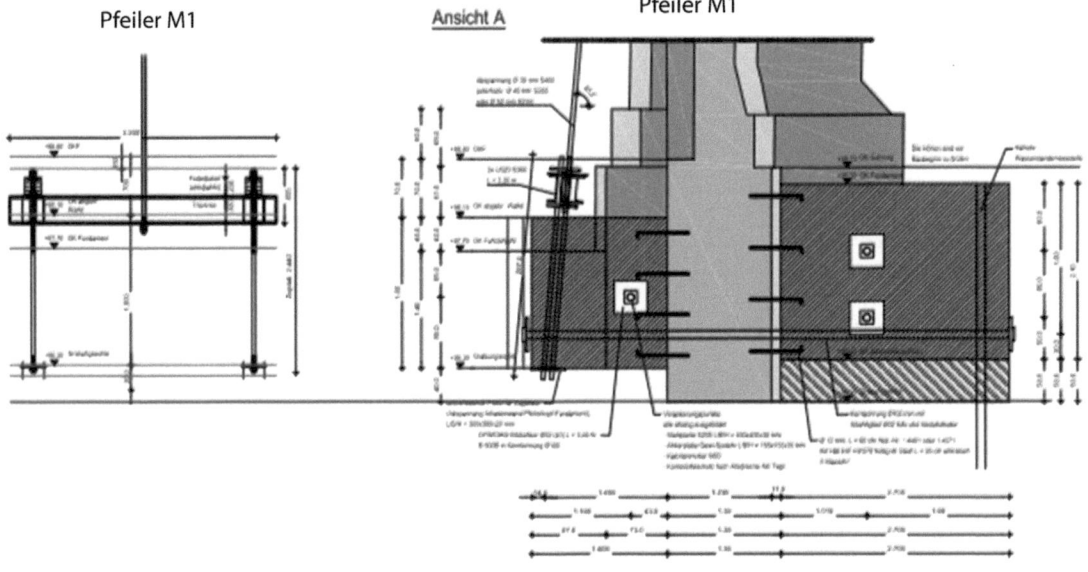

Bild 62. Auszug aus der Werkplanung für die Abspannkonstruktion am Pfeiler M1 nach [52]

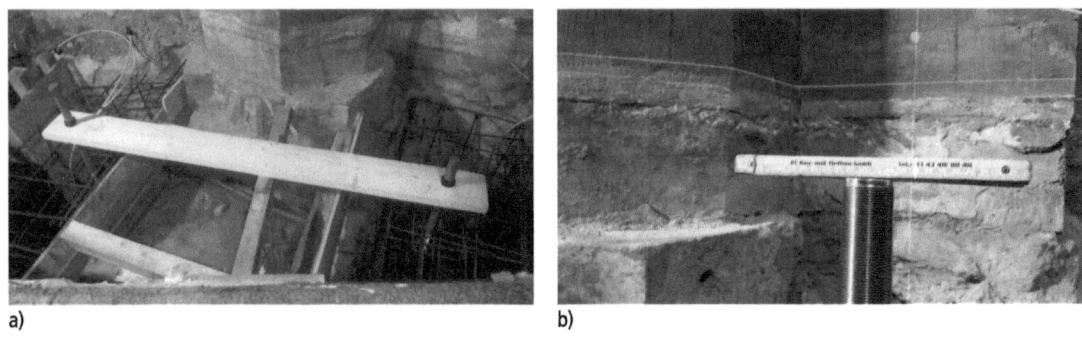

Bild 63. Exaktes Einmessen der beiden vertikalen Zuganker auf der Pfeilerinnenseite a) für den Abstand untereinander und b) in der Höhe

Für die in Bild 62 abgebildete Konstruktion der Verspannung mussten die Zugstäbe millimetergenau in den beiden Fundamentverbreiterungen auf der Innenseite der Pfeiler platziert werden, um den geplanten Lasteintrag der Spannanker in Fundament und Arkadenwand realisieren zu können (s. Bild 63).

Nach der Fertigstellung der Armierungen und durchgeführter Bewehrungsabnahme konnten die Fundamente betoniert werden. Sie wurden in insgesamt vier Betonierabschnitten hergestellt (je zwei Außen- und zwei Innenfundamente). Nach dem Betonieren wurden die Fundamentanker handfest vorgespannt und anschließend über die nach außen gelegten Verpressschläuche injiziert. Damit waren die Ertüchtigungsmaßnahmen an den Fundamenten abgeschlossen (Bild 64).

7.2 Herstellen der Betonpolster auf den Arkadenwänden und der Ankerkanäle im Chorgewölbe

Nachdem die Vorbereitungen im Fundamentbereich abgeschlossen waren, mussten die korrespondierenden Bereiche im Dachstuhl für den Einbau der Spannanker vorbereitet werden. Dafür mussten in einem ersten Schritt zunächst die Durchstoßpunkte durch das Gewölbe genau eingemessen werden. Das wurde durch das Vermessungsbüro Tröger in Zwickau realisiert. In Bild 65 sind die beiden Innenpfeiler M1 (Bild 65c) und M2 (Bild 65a) und ihre unmittelbare Anbindung an das Kreuzrippengewölbe über dem Chor abgebildet. Die unmittelbar darüber befindlichen Auflagerpunkte auf den Arkadenwänden im Dachstuhl zeigt Bild 66. Hier mussten zur besseren Lasteintragung zwei Betonpolster hergestellt werden.

Bild 64. Betonierte a) Außen- und b) Innenfundamente

Bild 65. Innenansicht; a) Pfeiler M2, b) Altarbereich mit dahinter sichtbarem Pfeiler M2 – M1 ist durch rechte Säule verdeckt und c) Ansicht Pfeiler M1

Bild 66. Hergestellte Betonpolster auf den Arkadenwänden im Dachstuhl des Doms; a) oberhalb M2 und b) M1

a)   b)

Bild 67. Einbringen der Kernbohrungen durch a) das Gewölbe und b) die Arkadenwand

a)   b)   c)

Bild 68. Hergestellter Durchstoßpunkt durch das Gewölbe am Pfeiler M2; a) und b) Detailaufnahmen und c) Übersichtsaufnahme mit Innenpfeiler und Gewölbeansatz

Die Herstellung der Ankerkanäle durch das Gewölbe war eine komplizierte und sehr anspruchsvolle Aufgabe. Sie wurde mittels Kernbohrverfahren vom Gerüst aus vom Innenraum in enger Zusammenarbeit mit dem Vermesser hergestellt (vgl. Bild 67). Wegen der Bohrarbeiten im Gewölbebereich musste bauseits zum Schutz des prachtvollen Wolgemut-Altars eine vollständige Schutzumhüllung von Retabel und Predella erfolgen.

7.3 Einbau der Zugankersysteme

Nach Fertigstellung der Durchstoßpunkte durch das Chorgewölbe (s. Bild 68) konnte mit dem Einbau der Zugstabsysteme begonnen werden (Bild 70). Im Fundamentbereich musste dafür die Traverse mit den beiden Fundamentankern verbunden werden. In Bild 69 ist sie bereits mit dem eingebauten Zuganker und der darunter befindlichen Tellerfeder zu sehen. Planung und Ausführung erfolgte durch Technoserv GmbH Zwickau. Die geplante Ausführung des Details ist in Bild 52 dargestellt. Mit dem Einbau der Tellerfedern soll der Spannungsabfall infolge Temperaturerhöhung im Zugstabsystem minimiert werden. Ausgelegt ist das System für eine maximale Vorspannkraft von 500 kN. Während des Vorspannprozesses wurden die Verformungen in den Zugstäben überwacht (Bild 71). Parallel zum Aufbringen der Vorspannung auf das Zugankersystem erfolgte die Entlastung der temporären Stützträger auf der Außenseite des Chors (s. Bild 72). Die Vorspannkraft soll dabei erreichen, dass der gesamte Mauerwerksquerschnitt des Strebepfeilers nur mit Druckspannung beaufschlagt ist. Die dafür rechnerisch ermittelte Zugkraft für die Pfeiler M1 und M2 wurde durch die Jäger Ingenieure GmbH ermittelt und beträgt 300 kN.

Bild 69. a) Eingebaute Traverse oberhalb der Fundamenterweiterung mit mittigem Zuganker und b) Detail Tellerfeder

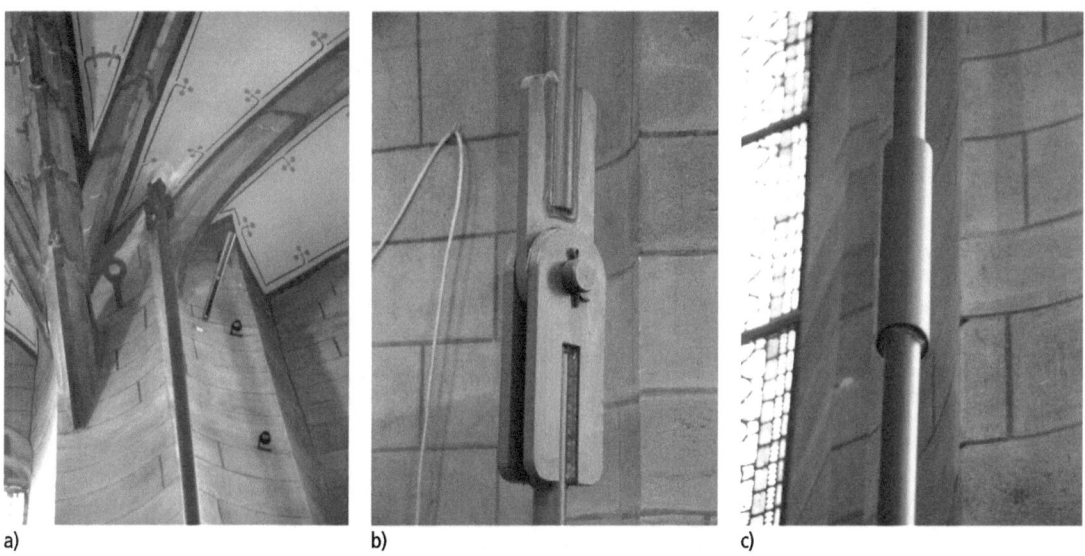

Bild 70. a) Eingebauter Anker am Pfeiler M1, b) Kopplungsstelle und c) Ankerverlängerung

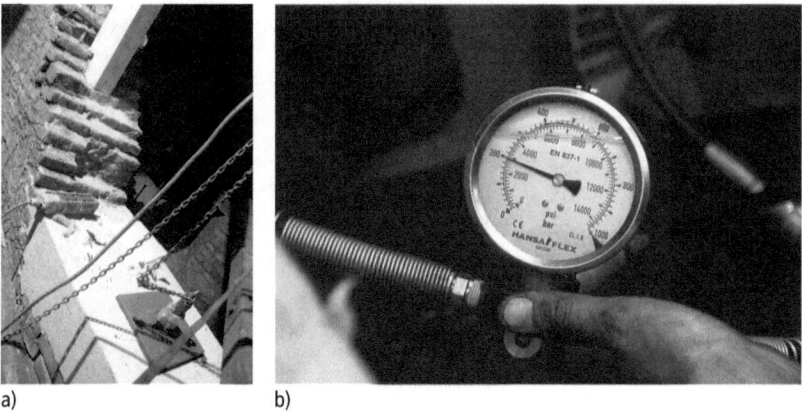

Bild 71. a) Endverankerung mit lastverteilender Platte auf der Arkadenwand und b) Überwachung der eingebrachten Vorspannkräfte

a)   b)

Bild 72. Entlastung der temporären Stützträger; a) Übersichtsbild des unteren Auflagers und b) Detailfoto mit Kraftmessdose und Messuhr

8 Ausblick

Mit der Sanierung der beiden Pfeiler M1 und M2 wurde die dringlichste Maßnahme am Zwickauer Dom in Angriff genommen. Durch die beschriebenen großräumigen Setzungen sind auch in anderen Bereichen weitere Risse vorhanden. Aus statischer Sicht ist als nächste dringende Aufgabe die Sanierung des Pfeilers H1 anzusehen. Weitere Maßnahmen werden folgen. Auch die Überwachung der Baugrundaktivitäten infolge des Bergbaus und sich in Zukunft ändernder Grundwasserverhältnisse wird weiterlaufen. Die Langzeitmessungen sind somit noch lange nicht abgeschlossen.

9 Zusammenfassung

Der hier vorliegende Beitrag zum Dom St. Marien zu Zwickau informiert über die in den Jahren 2016 bis 2018 stattgefundenen Ertüchtigungsmaßnahmen an den beiden Chorpfeilern M1 und M2. Er folgt damit den Ausführungen von Herrn Dr. *Kühn* zur Bauerhaltung im Kirchenschiff und Chorraum des Doms im Mauerwerk-Kalender 2017.
Durch den untertägigen Steinkohlebergbau in und um Zwickau ist die Geschichte des Doms eng mit Schäden infolge von Setzungen und Schiefstellungen verbunden. Die zur Überwachung eingebauten Schnurlote zeigten beispielsweise 1933 eine Schiefstellung des ursprünglich senkrechten Pfeilers 16 (M1) von 8 cm, die sich bis zum heutigen Tag ständig vergrößert hat und mittlerweile über die 9 m lange Schnurlänge auf 20 cm angewachsen ist. Seit 2014 ist auch am Pfeiler 26 (M2) eine gerissene Zugzone zu beobachten.
Daher sollten schwerpunktmäßig die Fundamente der Pfeiler M1 und M2 im Zusammenhang mit einem externen Zugglied, das auf der Arkadenwand und dem Fundament rückverankert wird, ertüchtigt werden.

Die statischen Berechnungen und die Sanierungsplanung dazu wurden von der Jäger Ingenieure GmbH in den Jahren 2016 und 2017 durchgeführt. Die Nachweisführung erfolgte dabei mittels dreier Berechnungsvarianten. Im ersten Schritt wurde die eigentliche Bemessung und Nachweisführung analytisch durchgeführt. Für die Betrachtung der Bauzustände erfolgte dann eine Erweiterung um eine Schnittkraftermittlung an einem einfachen Stabwerksmodell. Zur Kontrolle und genaueren Identifizierung der für die Spannungen maßgebenden Pfeilerstellen wurde ein räumliches FE-Modell mit Berücksichtigung der Lastgeschichten verwendet. Die dreidimensionale Geometrie der beiden Pfeiler und ihrer Anschlussbereiche konnte einem aktuellen 3-D-Laserscann entnommen werden.
Durch die exzentrische Vorspannung der beiden Pfeiler wurde die Kraftresultierende am Pfeilerfuß in Richtung Kirchenschiff verschoben und damit die Randspannungen im Fundamentmauerwerk reduziert. Die außen anbetonierten „Stahlbetonschürzen" und die im Inneren des Fundaments hergestellten Fundamenterweiterungen wurden miteinander verspannt. Dadurch wird die Festigkeit des Bestandsfundaments erhöht und ein mehraxialer Spannungszustand im alten Fundament und damit eine höhere Tragfähigkeit in vertikaler Richtung ermöglicht.
Um die geplanten Ertüchtigungsmaßnahmen durchführen zu können, wurde auf der Choraußenseite eine temporäre Abstützung in Form von zwei gebogenen Brettschichtholzbalken errichtet. Die Ertüchtigungsmaßnahmen an den beiden Bestandsfundamenten der im Dachbereich befindlichen Arkadenwände und dem Chorgewölbe wurden von Oktober bis zum Dezember 2017 durchgeführt und der Einbau der Spannglieder erfolgte dann im August 2018.

10 Literatur

[1] Francke, M., Mothes, O. (1891) *Baugeschichte der Marienkirche*. Druck von R. Zückler, Zwickau.

[2] Kühn, M. (2017) Ev.-Luth. Hauptpfarrkirche Zwickaus – seit 1935 Dom St. Marien Zwickau – Bericht zum derzeitigen Stand der Bauerhaltung, Teil I: Kirchenschiff und Chorraum, in *Mauerwerk-Kalender 2017* (Hrsg. Jäger, W.) Ernst & Sohn, Berlin, S. 161–179.

[3] Oelsner, N., Stoye, W., Walther, T. (1994) Marienkirche und Nikolaikirche in Zwickau. Neue Erkenntnisse zur Frühgeschichte der Stadt, in *Frühe Kirchen in Sachsen. Ergebnisse archäologischer und baugeschichtlicher Untersuchungen* (Hrsg. Oexle, J.), Veröffentlichungen des Landesamtes für Archäologie mit Landesmuseum für Vorgeschichte, Bd. 23, Konrad Theiss, Stuttgart, S. 150–165.

[4] Kühn, M. (2010) *Baugeschichte der St. Marienkirche Zwickau, seit 1935 „Dom St. Marien Zwickau"*. Dom St. Marien: Informationshefte (14), S. 4–16.

[5] Hertel, K. (1993) *Steinkohlenbergbau in Zwickau, Dokumentation der geologischen Struktur und der Abbaufolgen im Gebiet des Domes St. Marien in Zwickau*. Unveröffentlichter Bericht Arbeitskreis Steinkohle e. V. Zwickau.

[6] Kühn, M. (1993) *Bericht und Lösungsvorschlag zu den statisch-konstruktiven Problemen am Dom „St. Marien" Zwickau*, Stand September 1993. Dom St. Marien: Informationshefte (4).

[7] Brause, H., Hertel, K. (2002) *Abschließende Einschätzung zu bergbauinduzierten Höhenveränderungen am Dom St. Marien zu Zwickau*, DBU-Dokumentation.

[8] Gehler, W. (1933) *Zweites Gutachten über die Bauschäden an der Marienkirche in Zwickau*, Dresden.

[9] Tröger, S. (2014) *Erstellung eines Baugrundmodells im Bereich des Domes St. Marien zu Zwickau mittels Modellierungssoftware GOCAD-SKUA*, Bachelor-Arbeit, TU Bergakademie Freiberg.

[10] Baugrundbüro Dr. Hallbauer + Ebert (2014) *Geotechnischer Bericht 72/14 Dom St. Marien*, Abschlussbericht 20.11.2014.

[11] Graf, W., Hoffmann, A. (2014) *Statische Voruntersuchungen im Zuge der Sanierungen am Dom St. Marien Zwickau*, in GHS-Baustatik GbR, Abschlussbericht, 27.4.2014.

[12] Jäger, W., Bakeer, T., Schöps, P. (2014) *Untersuchungen zur Beurteilung des Schnittkraft- und Verformungszustandes des Zwickauer St. Marien Domes*, Zwischenbericht, Jäger Ingenieure GmbH, 17.11.2014.

[13] Tröger, A. (2014) *Bauwerksüberwachungsmessungen am Dom St. Marien Zwickau, Nov. 2012 bis Dez. 2013*, Abschlussbericht, TU Bergakademie Freiberg, 188 Seiten, 28.2.2014.

[14] Franke, D., Bartl, U. (1994) *Geotechnische Stellungnahme zu Problemen von Grundwasserstandsänderungen im Bereich des Domes St. Marien zu Zwickau*, Gutachten, TU Dresden – Institut für Geotechnik.

[15] Kögler, F. (o. J.) Bodengutachten. Hinweis: lag im Archiv des Vermessungs- und Ingenieurbüros U. Haller und Partner im Hause der ESTEG GmbH Zwickau vor.

[16] Fenk, J. (1998) *Komplexuntersuchung zu Auswirkungen des ehemaligen Steinkohlenbergbaues im Raum Oelsnitz – Zwickau*, LfUG, Sächsisches Oberbergamt, TU Bergakademie Freiberg, 1998.

[17] Gigla, B. (1992) *Der Dom St. Marien in Zwickau. Die statischen Sicherungsmaßnahmen in Langhaus und Chor*. Diplomarbeit, TU Braunschweig.

[18] Mohrmann, K. (1900) *Gutachten betreffend den baulichen Zustand der Marienkirche zu Zwickau*, Technische Hochschule Hannover, 27.2.1900.

[19] Pfefferkorn, S. (1998) *Der Einfluß des Steinkohlenbergbaues im Zwickauer Revier auf die übertägige Bausubstanz am Beispiel des Domes St. Marien zu Zwickau*. Dom St. Marien: Informationshefte (9), S. 17–20.

[20] Kühn, M. (2003) *Modellvorhaben zur Beseitigung und Verhütung bergbaubedingter Schäden am Dom St. Marien Zwickau (Sachsen)*. Dom St. Marien: Informationshefte (12), S. 4–33.

[21] Opitz, H., Suleiman, A. (1996) Ein Beispiel der experimentellen Kontrolle rechnerisch ermittelter statischer Größen am Dom St. Marien zu Zwickau (Hrsg. Curbach et al.) *Schriftenreihe des Instituts für Tragwerke und Baustoffe* (4) – Jahresmitteilungen 1996, TU Dresden, S. 102–112.

[22] Kutschke, D., Menzel, U., Grunert, S. (1994) Petrographische und gesteinstechnische Eigenschaften des Zwickauer Sandsteins (Hrsg. Curbach et al.) *Schriftenreihe des Instituts für Tragwerke und Baustoffe* (1) – Jahresmitteilungen 1994, TU Dresden, S. 81–88.

[23] Opitz, H., Popp, T. (2002) *Risssanierung der Pfeiler Nordseite am Dom St. Marien Zwickau*, TU Dresden, Institut für Tragwerke und Baustoffe.

[24] Kühn, M., Opitz, H. (2002) *Risssanierung der Pfeiler Nordseite/Südseite. Statische Berechnungen, Baubeschreibung*, Gutachten, unveröffentlicht.

[25] Teilniederschrift vom 24.11.1997, Az.: pl/836905, Stadtverwaltung Zwickau, Dez. Bauen und Wohnen, unveröffentlicht.

[26] Franke (1994) Geotechnische Stellungnahme zu Problemen von Grundwasserstandsänderungen im Bereich des Domes St. Marien zu Zwickau. TU Dresden, Institut für Geotechnik.

[27] Werner, C. (2016) *Statisch-konstruktive Ertüchtigung von zwei Außenpfeilern der Apsis- Dom St. Marien Zwickau*, Masterarbeit, FH Erfurt September 2016.

[28] Baugrundbüro Dr. Hallbauer + Ebert (2014) Geotechnischer Bericht Dom „St. Marien" Zwickau.

[29] Baugrundbüro Dr. Hallbauer + Ebert (2016) Geotechnischer Bericht zu den Pfeilern M1 und M2 des Dom „St. Marien" Zwickau, August 2016.

[30] Tröger, A. (2016) Schürfen an den Pfeilern M1 und M2, September 2016.

[31] Graf, W., Hoffmann, A. (2014) Statische Voruntersuchungen im Zuge der Sanierungen am Dom St. Marien Zwickau. Abschlussbericht. GHS-Baustatik, Dresden.

[32] Opitz, H., Suleiman, A. (1995) Statisch-konstruktive Untersuchungen am Dom St. Marien in Zwickau. Abschlussbericht. Beratende Ingenieure Specht, Opitz & Partner GmbH, Dresden.

[33] Frühwirt (2013) Laborbericht: Gesteinsphysikalische Laboruntersuchungen.

[34] Jäger, W., Bakeer, T., Schöps, P. (2015) Untersuchungen zur Beurteilung des Schnittkraft- und Verformungszustandes des Zwickauer St. Marien Domes, Radebeul, Mai 2015.

[35] DIN EN 1990:2010-12 (2010) *Eurocode: Grundlagen der Tragwerksplanung*, Beuth, Berlin.

[36] DIN EN 1990/NA:2010-12 (2010) *Eurocode: Nationaler Anhang – Grundlagen der Tragwerksplanung*, Beuth, Berlin.

[37] DIN EN 1990/NA/A1:2012-18 (2012) *Eurocode: Nationaler Anhang – Grundlagen der Tragwerksplanung*; Änderung A1, Beuth, Berlin.

[38] DIN EN 1991-1-1:2010-12 (2010) *Eurocode 1: Einwirkungen auf Tragwerke – Teil 1-1: Allgemeine Einwirkungen auf Tragwerke – Wichten, Eigengewicht und Nutzlasten im Hochbau*, Beuth, Berlin.

[39] DIN EN 1991-1-1/NA:2010-12 (2010) *Nationaler Anhang – National festgelegte Parameter Eurocode 1: Einwirkungen auf Tragwerke – Teil 1-1: Allgemeine Einwirkungen auf Tragwerke – Wichten, Eigengewicht und Nutzlasten im Hochbau*, Beuth, Berlin.

[40] DIN EN 1991-1-4:2010-12 (2010) *Eurocode 1: Einwirkungen auf Tragwerke – Teil 1-4: Allgemeine Einwirkungen – Windlasten*, Beuth, Berlin.

[41] DIN EN 1991-1-4/NA:2010-12 (2010) *Nationaler Anhang – National festgelegte Parameter – Eurocode 1: Einwirkungen auf Tragwerke – Teil 1-4: Allgemeine Einwirkungen – Windlasten*, Beuth, Berlin.

[42] DIN EN 1992-1-1:2011-01 (2011) *Eurocode 2: Bemessung und Konstruktion von Stahlbeton- und Spannbetontragwerken – Teil 1-1: Allgemeine Bemessungsregeln und Regeln für den Hochbau*, Beuth, Berlin.

[43] DIN EN 1992-1-1/NA:2011-01 (2011) *Nationaler Anhang – National festgelegte Parameter – Eurocode 2: Bemessung und Konstruktion von Stahlbeton- und Spannbetontragwerken – Teil 1-1: Allgemeine Bemessungsregeln und Regeln für den Hochbau*, Beuth, Berlin.

[44] DIN EN 1992-1-1/NA (2012) Berichtigung 1:2012-06: Berichtigung zu DIN EN 1992-1-1/NA:2011-01, Beuth, Berlin.

[45] DIN EN 1996-1-1:2013-02 (2013) *Eurocode 6: Bemessung und Konstruktion von Mauerwerksbauten – Teil 1-1: Allgemeine Regeln für bewehrtes und unbewehrtes Mauerwerk*, Beuth, Berlin.

[46] DIN EN 1996-1-1/NA:2012-05 (2012) *Nationaler Anhang – National festgelegte Parameter – Eurocode 6: Bemessung und Konstruktion von Mauerwerksbauten – Teil 1-1: Allgemeine Regeln für bewehrtes und unbewehrtes Mauerwerk*, Beuth, Berlin.

[47] DIN EN 1998-1/NA:2011-01 (2011) *Nationaler Anhang – National festgelegte Parameter – Eurocode 8: Auslegung von Bauwerken gegen Erdbeben – Teil 1: Grundlagen, Erdbebeneinwirkungen und Regeln für Hochbauten*, Beuth, Berlin.

[48] Burkert, T., Schöps, P. (2015) Ertüchtigung Pfeiler M1; Zwickauer St. Marien Dom. Jäger Ingenieure GmbH, Radebeul, September 2015.

[49] Burkert, T., Schöps, P. (2016) Ertüchtigung Pfeiler M2; Zwickauer St. Marien Dom. Jäger Ingenieure GmbH, Radebeul, Dezember 2016.

[50] Aufmaß Tröger: 28.03.2017.

[51] DIN 2093:2013-12 (2013) Tellerfedern – Qualitätsanforderungen – Maße, Beuth, Berlin.

[52] Arnold, T. (2017) Werkplanung für die Abspannung der Pfeiler M1 und M2 am Dom Zwickau. TS Technoserv GmbH, Brauereistr. 45, 08064 Zwickau. November 2017.

III Tragverhalten und Tragfähigkeit von Injektionsdübeln in Lochsteinen unter Berücksichtigung der Steingeometrie

Marina Stipetic und Jan Hofmann, Stuttgart

1 Einleitung

Für Verankerungen im Mauerwerk werden heutzutage häufig Injektionsdübel verwendet, da diese sehr flexibel eingesetzt werden können. Bei Verankerungen im Mauerwerk mit geringerem Rand- oder Achsabstand und hohen zu erwartenden Belastungen oder Befestigungen mit Einzeldübeln müssen Injektionsdübel verwendet werden. In diesem Fall ist die Verwendbarkeit mit einer Europäischen Technischen Bewertung (engl. European Technical Assessment) nachzuweisen. Für diese Bewertung wird das Europäische Bewertungsdokument (engl. European Assessment Document) EAD 330076-00-0604 [1] verwendet. Bei einer solchen Bewertung werden die charakteristischen Widerstände des Dübels für jede Versagensart ermittelt und berechnet (s. [2]).

Um die Vorgaben der Energieeinsparverordnung einzuhalten, wird immer häufiger mit Lochsteinen gebaut. Injektionsdübel versagen in Lochsteinen meist durch Steinversagen. Für diese Versagensart gibt es in Lochsteinen bisher keine Möglichkeit, die Tragfähigkeit zu berechnen und aus diesem Grund wird sie durch experimentelle Untersuchungen ermittelt. Aufgrund der großen Anzahl der am Markt verfügbaren Lochsteine ist dieses Verfahren sehr zeit- und kostenaufwendig.

Daher ist es von großem Interesse, ein Berechnungsmodell für die Tragfähigkeit von Injektionsdübeln in Lochsteinen zu entwickeln. In diesem Beitrag wird ein Berechnungsmodell für Dübel unter Zug- und Querzugbelastung in Lochsteinen vorgestellt, mit dessen Hilfe die Bruchlasten anhand der Steingeometrie abgeschätzt werden können. Es lässt sich damit die Bruchlast bei Steinversagen unter Zugbelastung und bei Kantenbruch unter Querzugbelastung berechnen. Der Vorteil des vorgeschlagenen Modells ist die Berücksichtigung einer beliebigen Steingeometrie (Abmessungen des Steins und Lochgeometrie). Darüber hinaus ist das entwickelte Berechnungsmodell für eine beliebige Setzposition und Verankerungstiefe anwendbar. Die Berechnung kann für Einzel- und Gruppenbefestigungen erfolgen.

Zunächst werden die Erkenntnisse der durchgeführten Untersuchungen dargestellt. Dabei werden die Rissbildung im Stein und die wichtigsten geometrischen Einflussgrößen auf die Tragfähigkeit beschrieben und aufgezeigt. Mithilfe der Versuche wird das Modell anschließend validiert und anhand von Berechnungsbeispielen erläutert.

2 Mauersteine (Steinformate, Lochgeometrien)

Künstliche Steine unterscheiden sich hinsichtlich der Materialeigenschaften und der Geometrie. Die häufigste Wandkonstruktion in Europa besteht aus Ziegel- und Kalksandsteinen. Künstliche Mauersteine sind im Vergleich zu natürlichen Mauersteinen leichter und weisen vor allem ein besseres bauphysikalisches Verhalten auf. Bei der Entwicklung der Mauersteine steht die Optimierung der Wärmeleitfähigkeit im Vordergrund. Diesbezüglich werden die neuentwickelten Steine mit immer dünneren Stegen und/oder größerem Lochanteil hergestellt. Dadurch werden die Steinrohdichte und die Wärmeleitfähigkeit des Steins stark reduziert. Die historische Entwicklung im Mauerwerksbau ist in [3–5] detailliert erläutert.

Die europäischen Produktnormen (DIN EN 771) bestimmen die Ausgangsstoffe, Herstellung, Produkteigenschaften, Gestalt und die Kennzeichnung des Steins. Die Steine dürfen dann auf den Markt der EU-Mitgliedstaaten gebracht werden, wenn sie die Anforderung dieser Produktnorm erfüllen. Die Steine sind auch in Deutschland einsetzbar, wenn sie den nationalen Anwendungsnormen (DIN 20000) entsprechen. Eine Übersicht der gültigen Normen ist in Tabelle 1 zusammengefasst. Mit den Anwendungsnormen und den „Restnormen" wird unter anderem die Steingeometrie detaillierter geregelt. Es werden Loch- und Steganteil, Lochbild und Stegdicken definiert (s. Tabelle 2). Wegen immer kürzerer Entwicklungszyklen kann es jedoch zu Abweichungen von der Norm kommen. Um ihre uneingeschränkte Vermarktung zu ermöglichen, werden diese Steine dann oft über eine allgemeine bauaufsichtliche Zulassung durch das Deutsche Institut für Bautechnik geregelt.

Die künstlichen Steine werden in Voll- und Lochsteine unterteilt. Unter Vollsteinen versteht man jene Steine, deren Querschnitt durch Lochung senkrecht zur Lagerfuge bis 15 % (bei Ziegel- und Kalksandlochsteinen) bzw. 10 % (bei Betonsteinen) verringert ist. Bei Lochsteinen kann der Querschnitt stärker reduziert werden. Bild 1 zeigt Beispiele unterschiedlicher Lochkonfiguration. Die Steine können quadratische, rechteckige oder runde Löcher haben. Die Hohlräume werden in der Regel größer ausgeführt, wenn sie mit Dämmmaterial gefüllt werden. Außerdem werden die Steine oft mit Grifflöchern oder verschiedenen Stoßflächen produziert (s. Bild 2).

Mauerwerk-Kalender 2019: Bemessung, Bauwerkserhaltung, Schallschutz. Herausgegeben von Wolfram Jäger.
© 2019 Ernst & Sohn GmbH & Co. KG. Published 2019 by Ernst & Sohn GmbH & Co. KG.

Tabelle 1. Übersicht der Normen für künstliche Steine in Deutschland (aus [6])

Europäische Normen	Nationale Normen	
Produktnormen DIN EN 771	Anwendungsnormen	„DIN-Restnormen"
Teil 1 – Mauerziegel [7]	DIN 20000-401:2017-01: Anwendung von Bauprodukten in Bauwerken – Teil 401: Regeln für die Verwendung von Mauerziegeln nach DIN EN 771-1:2015-11 [11]	DIN 105-100:2012-01: Mauerziegel – Teil 100: Mauerziegel mit besonderen Eigenschaften [15] DIN 105-5:2013-06: Mauerziegel – Teil 5: Leichtlanglochziegel und Leichtlanglochziegelplatten [16]
Teil 2 – Kalksandsteine [8]	DIN 20000-402:2017-01: Anwendung von Bauprodukten in Bauwerken – Teil 402: Regeln für die Verwendung von Kalksandsteinen nach DIN EN 771-2:2015-11 [12]	DIN V 106:2005-10: Kalksandsteine mit besonderen Eigenschaften [17]
Teil 3 – Mauersteine aus Beton (dichte und porige Zuschläge) [9]	DIN V 20000-403:2005-06: Anwendung von Bauprodukten in Bauwerken – Teil 403: Regeln für die Verwendung von Mauersteinen aus Beton nach DIN EN 771-3:2005-05 [13]	DIN V 18151-100:2005-10: Hohlblöcke aus Leichtbeton – Teil 100: Hohlblöcke mit besonderen Eigenschaften [18] DIN V 18152-100:2005-10: Vollsteine und Vollblöcke aus Leichtbeton – Teil 100: Vollsteine und Vollblöcke mit besonderen Eigenschaften [19] DIN V 18153-100:2005-10: Mauersteine aus Beton (Normalbeton) – Teil 100: Mauersteine mit besonderen Eigenschaften [20]
Teil 4 – Porenbetonsteine [10]	DIN 20000-404:2018-04: Anwendung von Bauprodukten in Bauwerken – Teil 404: Regeln für die Verwendung von Porenbetonsteinen nach DIN EN 771-4:2015-11 [14]	keine Norm vorhanden

Die Geometrie der Lochsteine kann stark variieren, vor allem bei Kalksand- und Ziegellochsteinen. Für eine systematische Parameterstudie zum Einfluss der Steingeometrie wird eine Zusammenstellung der bisher „üblichen" Abmessungen benötigt.
Dazu wurde die Geometrie aus einer Stichprobe von insgesamt 22 Ziegel- und 5 Kalksandlochsteinen vermessen und jeweils die Dicke der inneren und äußeren Längs- und Querstege sowie der Abstand zwischen den zwei nächstgelegenen Stegen ermittelt. Dabei sind der minimale, der maximale und der mittlere Wert bestimmt worden. Die Messwerte sind in Tabelle 3 zusammengefasst.
In der Norm DIN 4172 werden die Steinformate festgelegt. Die DF-Formate umfassen von DF (240 mm × 115 mm × 52 mm) bis 24DF (498 mm × 365 mm × 238 mm) alle Zwischenformate. Die DF-Formate beziehen sich dabei jeweils auf das Vielfache des kleinsten Formats DF (Fugendicke mitberücksichtigt). Zusätzlich sind noch Steine mit Normalformat NF (240 mm × 115 mm × 71 mm) und Planelementsteine verfügbar. Plansteine werden dabei meist direkt anhand ihrer Abmessungen bezeichnet.

3 Verankerungen im Mauerwerk

3.1 Befestigungsverfahren

Bild 3 zeigt die Einteilung der Befestigungsverfahren für Verankerung in Beton und Mauerwerk. Während in Beton alle Befestigungssysteme anwendbar sind, können im Lochstein-Mauerwerk nur Kunststoffdübel oder Injektionsdübel verwendet werden. In Porenbetonsteinen wird in der Regel eine Befestigung mit speziellen Gasbetondübeln realisiert, wobei auch ein Injektionssystem Anwendung finden kann. Im Gegensatz zu anderen Verankerungen ist im Mauerwerk nur der Injektionsdübel universell anwendbar. Die Vorteile des Injektionsdübels sind die Installation mit geringeren Rand- und Achsabständen (keine Spreizkräfte bei Installation), die relativ hohen Tragfähigkeiten und die uneingeschränkte Anwendung (z. B. Befestigung von Markisen, französischen Balkonen, Fassadenbekleidungen oder Vordächern) auch als Einzelbefestigung. Für sicherheitsrelevante Befestigungen dürfen jedoch nur europäisch technisch oder bauaufsichtlich zugelassene Dübel verwendet werden.

Tabelle 2. Anforderungen an die Ziegelgeometrie (Lochungsarten, Löcher und Stege) gemäß DIN 20000-401:2017-01 [11]

Art	Kurzzeichen Lochungsart	Gesamtlochquer-schnitt in % der Lagerfläche [a) b)]	Löcher Einzelquerschnitt [cm²]	Maße [c)] [mm]	Lochreihenanzahl	Stege
	VMz, KMz	≤ 15 [i)]	≤ 6 etwaige Grifflöcher nach DIN 20000-401 [11]	k ≤ 15d ≤ 20d' ≤ 18	keine Anforderungen	Außenstegdicke ≥ 10 mm (15 mm) [d)] Dicke der Außenstege an den Sichtseiten ≥ 20 mm
	VHLzA, KHLzA	> 15 und ≤ 50 (≤ 35) [d)]	≤ 2,5 etwaige Grifflöcher nach DIN 20000-401 [11]	keine Festlegungen		
	VHLzB, KHLzBB		≤ 6 etwaige Grifflöcher nach DIN 20000-401 [11]	k ≤ 15 h		
P-Ziegel	Mz, PMz	≤ 15 [i)]	≤ 6 etwaige Grifflöcher nach DIN 20000-401 [11]	k ≤ 15d ≤ 20d' ≤ 18		Außenstegdicke ≥ 10 mm Innenstegdicke von Planziegeln ≥ 6 mm
	HLzA	> 15 und ≤ 50	≤ 2,5 etwaige Grifflöcher nach DIN 20000-401 [11]	keine Festlegungen		Außenstege ≥ 10 mm [f)]
	HLzB, PHLzB		≤ 6 etwaige Grifflöcher nach DIN 20000-401 [11]	k ≤ 15 h	nach Tabelle A.3 der Norm DIN 20000-401 [11]	Außenstegdicke ≥ 10 mm [f)] Innenstegdicke ≥ 6 mm
	PHLzE, HLzE	> 15 und ≤ 45		j ≤ 25	nach Tabelle A.4 und A.5 der Norm DIN 20000-401 [11]	Außenstegdicke ≥ 12 mm Innenstegdicke ≥ 10 mm
	HLzW	≤ 50		k ≤ 15	nach Tabelle A.6 der Norm DIN 20000-401 [11]	Außenstegdicke ≥ 10 mm [g)]
P- und U-Ziegel	Lz	≤ 50 (bezogen auf die Stirnfläche)	≤ 6	k ≤ 15	keine Anforderungen	alle Stegdicken ≥ 10 mm

a) Lagerfläche: Länge × Breite des Mauerziegels.
b) Bei Ziegeln mit der Lochung A und W ausschließlich etwaiger Mörteltaschen und bei Ziegeln der Lochung B einschließlich etwaiger Mörteltaschen.
c) Dabei ist: k die kleinere Seitenlänge und j die größere Seitenlänge bei rechteckigen, d der Durchmesser bei kreisförmigen und d' der kleinere Durchmesser oder die kleinere Diagonale bei ellipsenförmigen oder rhombischen Lochquerschnitten.
d) Werte in Klammern gelten abweichend für hochfeste Klinker.
e) Mit durchgehenden Längs- und Querstegen.
f) Die Summe der Stegdicken senkrecht zur Wanddicke bzw. bezogen auf die Ziegellänge darf bei Ziegeln mit der Lochung A und B 260 mm/m nicht unterschreiten.
g) Die Summe der Stegdicken senkrecht zur Wanddicke bzw. bezogen auf die Ziegellänge muss bei Ziegeln mit der Lochung W ≥ 180 mm/m und ≤ 250 mm/m sein.
h) Die Messung erfolgt in Wandlängsrichtung.
i) Die Bestimmung des Gesamtlochquerschnitts in % der Lagerfläche erfolgt inklusive Mörteltaschen.

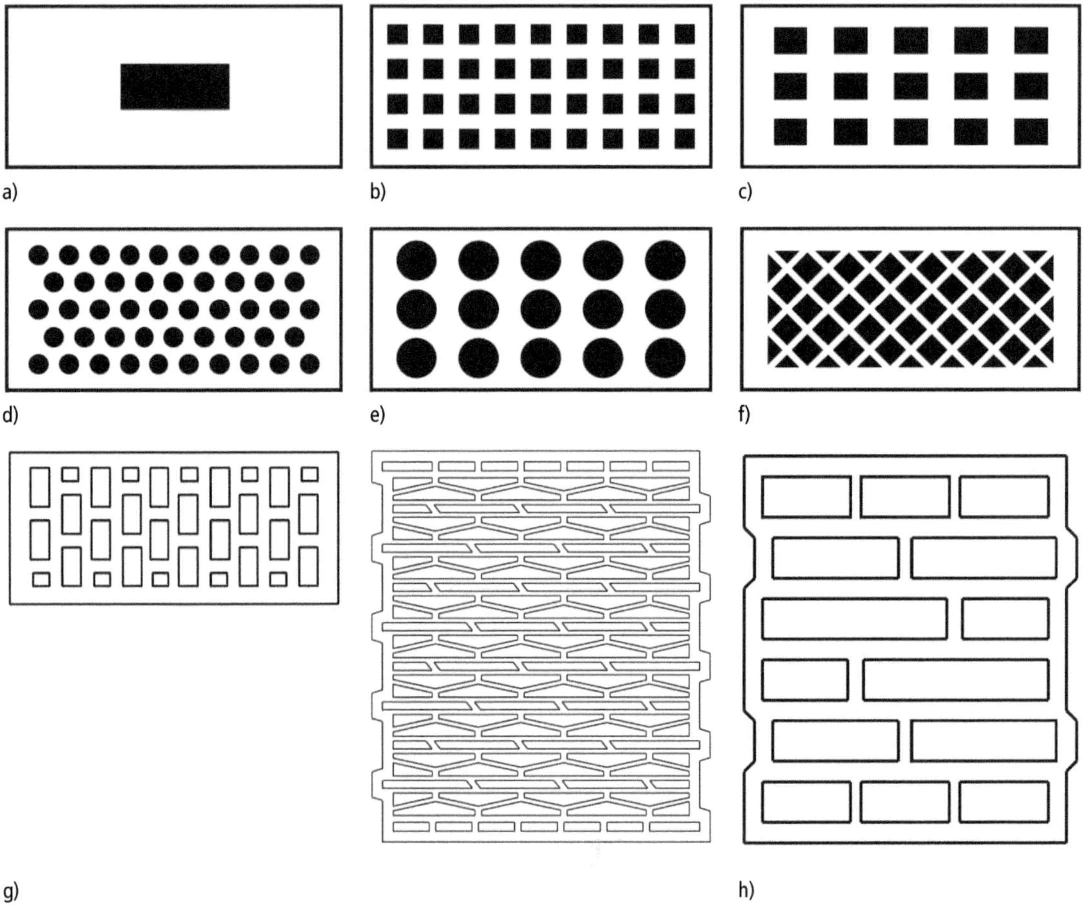

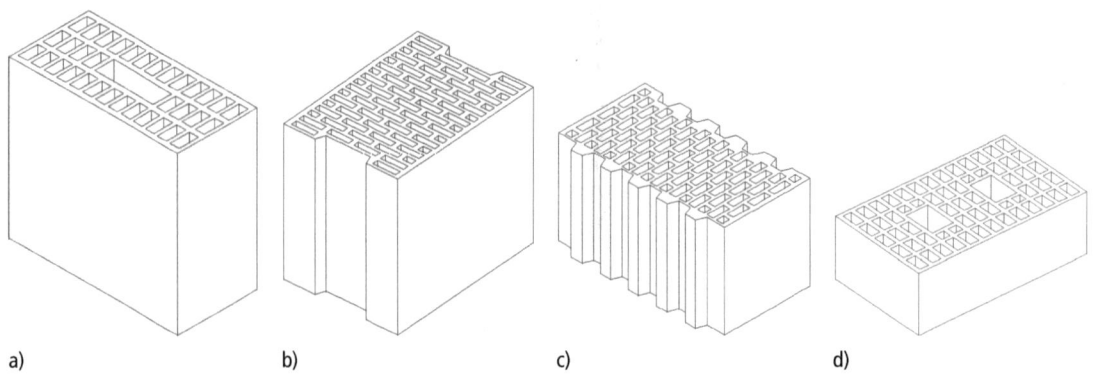

Bild 1. Beispiele der Lochbilder in künstlichen Steinen (aus [6, 21, 22]); a) Vollsteine, b) Lochstein – quadratische Löcher, c) Lochstein – rechteckige Löcher, d) Lochstein – wabenförmige Löcher, e) Lochstein – runde Löcher, f) Lochstein – gitterförmige Löcher, g) übliche Lochbilder bei Hochlochziegeln (HLz), h) Lochbild bei Ziegel mit integrierter Füllung

Bild 2. Beispiele für unterschiedliche, geometrische Abmessungen von Mauerwerkssteinen (aus [7]); a) Hochlochziegel, b) Hochlochziegel mit Mörteltasche, c) Hochlochziegel mit Nut- und Federsystem, d) Hochlochziegel mit Grifföffnungen

III Tragverhalten und Tragfähigkeit von Injektionsdübeln in Lochsteinen unter Berücksichtigung der Steingeometrie   383

Tabelle 3. Beispiele für unterschiedliche geometrische Abmessungen (Hochlochziegel HLz und Kalksandlochstein KSL), aus [6]

Stein	Messwert	Dicke Außensteg (Längssteg)	Dicke innerer Längssteg	Abstand zwischen Außensteg (Längssteg) und 1. inneren Längssteg	Abstand zwischen 2 inneren Längsstegen	Dicke Außensteg (Quersteg)	Dicke innerer Quersteg	Abstand zwischen Außensteg (Quersteg) und 1. inneren Quersteg	Abstand zwischen 2 inneren Querstegen
		[mm]	[mm]	[mm]	[mm]	[mm]	[mm]	[mm]	[mm]
HLz	Min. Wert	7,5	3,5	5,5	28,0	6,0	4,0	13,0	9,0
	Max. Wert	20,0	20,0	42,0	40,0	14,0	14,0	111,0	109,0
	Mittelwert	13,2	10,7	20,1	34,3	10,3	8,0	49,7	49,6
KSL	Min. Wert	16,0	13,0	25,0	–	16,0	12,0	25,0	–
	Max. Wert	36,0	68,0	70,0	–	45,0	28,0	70,0	–
	Mittelwert	22,3	37,0	46,7	–	30,8	19,8	46,7	–

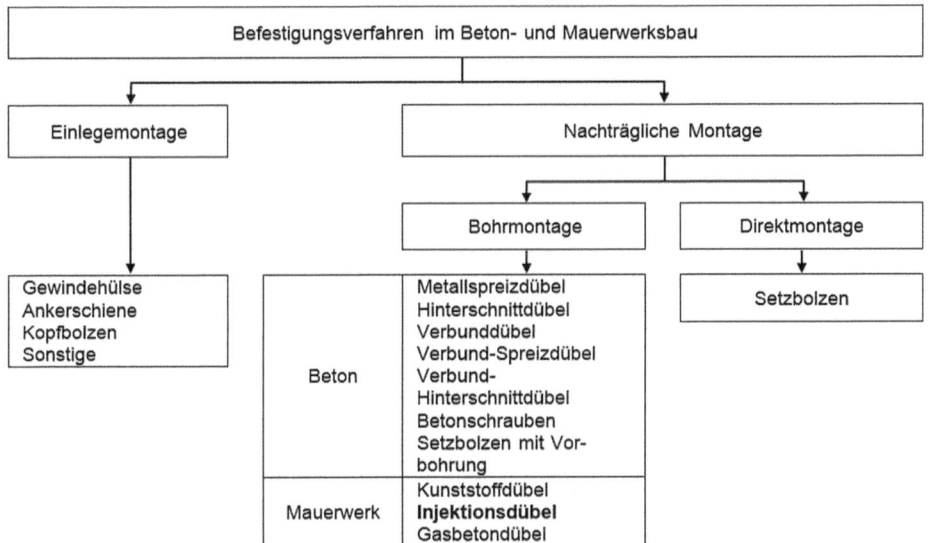

Bild 3. Befestigungsverfahren im Beton- und Mauerwerksbau, ergänzt nach [23]

3.2 Injektionsdübel für Mauerwerk

Injektionsdübel gehören zu den chemischen Befestigungen mit nachträglicher Montage. Ein Injektionssystem besteht aus einem Injektionsmörtel mit zugehörigem Statikmischer, einer Ankerstange aus Stahl und optional einer Siebhülse (s. Bild 4). Der Injektionsmörtel wird in Kartuschen geliefert, wobei sich das Harz und der Härter in jeweils getrennten Kammern befinden. Um die beiden Komponenten im vorgesehenen Mischungsverhältnis vermischen zu können, müssen passende Auspresspistolen und Statikmischer verwendet werden.
Als Befestigungsmittel kann eine Gewindestange, eine Innengewindestange oder eine speziell angefertigte Ankerstange verwendet werden. Die Montage in Vollsteinen kann entweder mit oder ohne Siebhülse erfolgen. In Lochsteinen muss zwingend eine Siebhülse verwendet werden, die aus einem rohrförmigen Kunststoff- oder Metallsieb besteht und die Bildung von Mörtelpropfen in den Hohlräumen des Steins ermöglicht. Heutzutage können Siebhülsen und Ankerstangen als Meterware geliefert und vor Ort auf die gewünschte Länge gekürzt werden. Dadurch kann ein Injektionsdübel optimal tief verankert und flexibel auf die Anwendung angepasst werden. Die Siebhülsen haben oft ein integriertes Reinigungselement, sodass das Bohrloch beim Einführen der Siebhülse automatisch gereinigt wird. Auf der oberen Seite der Siebhülse kann sich eine Zentrierhilfe befinden, um eine zentrische Anordnung der Ankerstange in der Siebhülse zu ermöglichen.

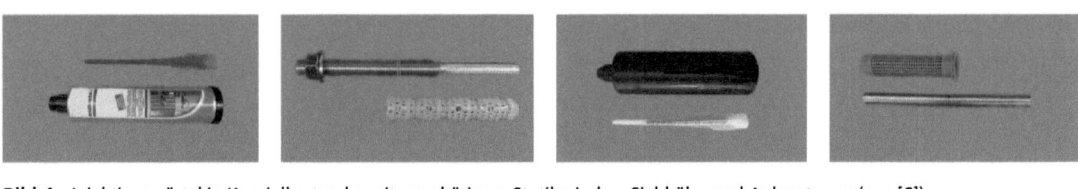

Bild 4. Injektionsmörtel in Koaxialkartusche mit zugehörigem Statikmischer, Siebhülse und Ankerstange (aus [6])

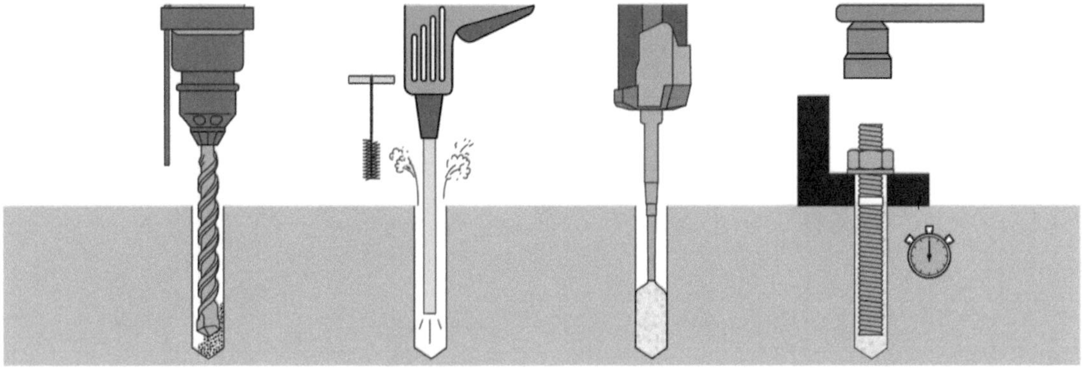

Bild 5. Montageanweisung für ein Injektionssystem in a) Vollstein und b) Lochstein (aus [24])

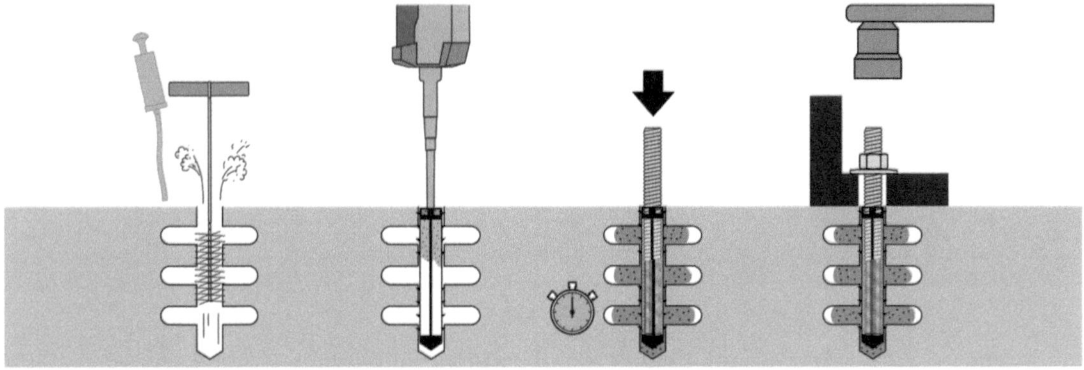

Ein Injektionssystem darf nur mit seinen original zugehörigen Bestandteilen verwendet werden. Auf diese Weise wird sowohl die Klebewirkung zwischen Dübel und Ankergrund als auch die sachgemäße Bildung der Mörtelpfropfen in Hohlräumen des Steins gewährleistet, da in der Regel die Viskosität des Mörtels und die Lochgröße der Siebhülse aufeinander abgestimmt sind.

Die Montage- und Installationsanweisung des Injektionssystems werden vom Hersteller zur Verfügung gestellt und sind in den technischen Spezifikationen des Produkts ausführlich beschrieben. Bild 5 zeigt beispielhaft die Montageanweisung für ein Injektionssystem in Voll- und Lochsteinen. Zuerst wird im Ankergrund ein Bohrloch erstellt. Die Bohrlochtiefe, der Bohrernenndurchmesser und das Bohrverfahren werden vom Hersteller festgelegt und sind in den technischen Unterlagen angegeben. Viele Lochsteine haben nur sehr dünne Stege und eine geringe Rohdichte, sodass diese beim Hammerbohren stark beschädigt werden könnten. Für solche Steine ist nur das Drehbohren erlaubt.

Nach der Bohrlocherstellung wird das Bohrloch üblicherweise durch Ausbürsten und Ausblasen gereinigt. In Lochsteinen wird teilweise auf eine Bohrlochreinigung verzichtet, weil die Lastübertragung aufgrund der dünnen Stege in Lochsteinen kaum über Stoffschluss (Klebewirkung) erfolgt. Erfahrungsgemäß bleiben die kleinen Steinscherben im Bohrloch stecken bzw. wird die vorhandene Steinfüllung um das Bohrloch herum aufgelockert. Dies kann ein vollständiges Einführen einer Siebhülse in das Bohrloch verhindern. Diese Problematik lässt sich durch die Bohrlochreinigung oder auch durch das Einstecken eines Metallbohrers in das Bohrloch verhindern.

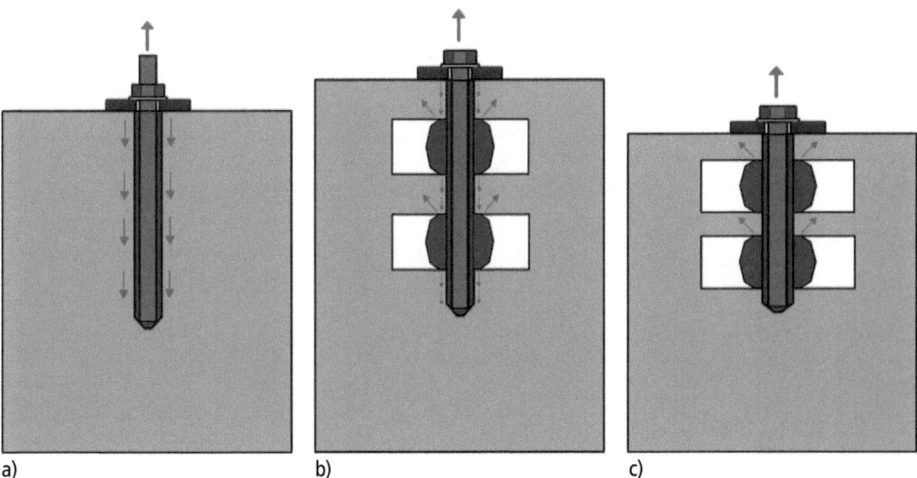

Bild 6. Lasteinleitung von Injektionsdübeln unter Zugbelastung (aus [6]); a) Injektionsdübel im Vollstein bzw. Beton, b) Injektionsdübel im Lochstein, c) Injektionsdübel im Lochstein mit sehr dünnen Stegen

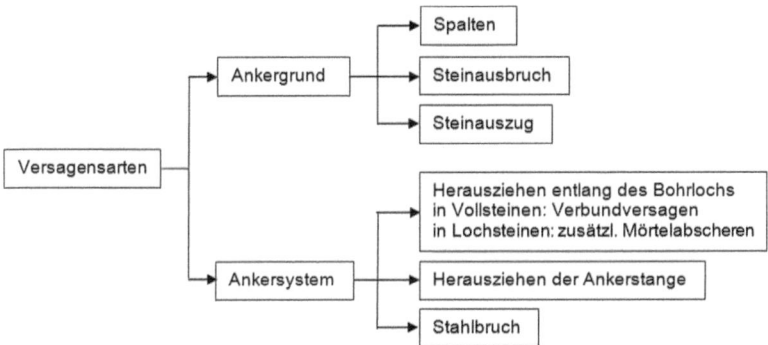

Bild 7. Versagensarten für Injektionsdübel in Mauerwerk unter zentrischer Zugbelastung (aus [25])

Im folgenden Schritt wird die Siebhülse in das Bohrloch eingesteckt und der Injektionsmörtel in die Siebhülse hineingepresst. Dabei muss die zugehörige Auspresspistole und der vorgeschriebene Statikmischer verwendet werden. Die Mörtelmenge hängt von der Verankerungstiefe und der Dübelgröße ab und wird vom Hersteller angegeben. Anschließend wird die Ankerstange durch eine leichte Drehbewegung in das Bohrloch eingeführt. Erst nach der vorgeschriebenen Aushärtezeit darf der Dübel belastet werden.

3.3 Injektionsdübel unter Zugbelastung

3.3.1 Tragverhalten von Injektionsdübeln unter Zugbelastung

Unter Zugbelastung kann ein Injektionsdübel im Mauerwerk durch Stoffschluss und/oder Formschluss die Lasten abtragen (s. Bild 6). Die Übertragung der Lasten in einem Vollstein erfolgt hauptsächlich durch Stoffschluss. Stoffschluss bezeichnet die Klebewirkung zwischen Dübel und Bohrlochwand. Das Dübeltragverhalten in Vollsteinen und im Beton ist daher vergleichbar und ähnlich.

Im Lochstein trägt der Injektionsdübel überwiegend durch Formschluss. Unter Formschluss versteht man die Verzahnung des Mörtelpfropfen in den Hohlräumen des Steins mit Stegen. Ein Lastabtrag durch Stoffschluss ist nur bei Lochsteinen mit dickeren Stegen und gereinigtem Bohrloch möglich.

Ein Injektionsdübel kann unter Zugbelastung im Mauerwerk durch Versagen des Ankergrunds oder durch Versagen des Ankersystems seine Höchstlast erreichen (s. Bild 7). Meyer [25] gibt eine detaillierte Übersicht über die möglichen Versagensarten unter Zugbelastung.

Bei Erreichen der Höchstlast des Ankersystems kommt es zum Stahlbruch bzw. zum Herausziehen der Ankerstange. Darüber hinaus kann der Injektionsdübel durch Spalten, Steinausbruch oder Steinauszug versagen. Einige Versagensarten sind mit dem Versagen im Beton [26–28] und im Naturstein (s. [29]) vergleichbar, sodass die Erkenntnisse hierfür übernommen werden können. Für Befestigungen in Lochsteinen liegen nur wenige Erkenntnisse vor [23, 25, 30]. Für die Verankerungen in Lochsteinen fehlt insbesondere eine systematische Untersuchung des Einflusses der vorhandenen Steingeometrie auf das Dübeltragverhalten. Daher wurde am Institut für Werkstoffe im Bauwesen (IWB) der Universität Stuttgart ein Forschungsvorhaben gestartet, mit dem diese Wissenslücke geschlossen werden soll.

3.3.2 Stand der Untersuchungen für Steinversagen bei zugbelasteten Injektionsdübeln in Lochsteinen

Die häufigste Versagensart in Lochsteinen ist das Steinversagen. Im Rahmen dieses Beitrags werden die neuen Erkenntnisse zum Tragverhalten von Injektionsdübeln in Lochsteinen unter Berücksichtigung der Steingeometrie vorgestellt. Aus diesem Grund wird hier nur die Versagensart „Steinversagen" bzw. „Steinausbruch" behandelt. Für die restlichen Versagensarten (Versagen des Ankersystems) wird auf [25] und [31] verwiesen.

Steinausbruch

Bei Versagen durch Steinausbruch (Bild 8) kommt es zur Bildung eines kegelförmigen Ausbruchs um den Dübel herum, wenn die Tragfähigkeit des Steins überschritten wird. In Lochsteinen ist dies die häufigste Versagensart insbesondere bei kleineren Verankerungstiefen, geringen Steinfestigkeiten oder dünnen Stegen.
Meyer [25] hat für die Berechnung der Tragfähigkeit für „Steinausbruch" mehrere Gleichungen vorgeschlagen. Dabei berechnet sich die Tragfähigkeit in Abhängigkeit der Steinsorte nach den Gln. (1) bis (3). Die Last

hängt jeweils von der Nettodruckfestigkeit und Nettotrockenrohdichte des Steins sowie der effektiven Verankerungslänge ab. Dabei ist der wichtigste Parameter die effektive Verankerungstiefe, die der Summe aller Stegdicken entlang der Verankerungstiefe entspricht. In Hochlochziegeln mit größeren Hohlkammern werden für die effektive Verankerungstiefe noch 50% der vorhandenen Kammerhöhe berücksichtigt.

$$N^0_{Rk,c} = 1{,}4 \cdot f_{c,\text{Netto}} \cdot h'^{1,5}_{ef} \quad [N] \quad (1)$$
für Kalksandstein

$$N^0_{Rk,c} = 5{,}5 \cdot f^{0,3}_{c,\text{Netto}} \cdot h'^{1,5}_{ef} \cdot \rho^{0,5}_{\text{Netto}} \quad [N] \quad (2)$$
für Leichtbetonstein

$$N^0_{Rk,c} = 11{,}4 \cdot f^{0,5}_{c,\text{Netto}} \cdot h'_{ef} \quad [N] \quad (3)$$
für Ziegelstein

mit
$f_{c,\text{Netto}}$ Nettodruckfestigkeit des Steins [N/mm^2]
h'_{ef} effektive Verankerungslänge nach [25] [mm]
ρ_{Netto} Nettotrockenrohdichte des Steins [kg/dm^3]

Steinspalten

Ein Versagen durch Steinspalten (Bild 9) tritt grundsätzlich bei kleinformatigen Steinen auf. Dabei verläuft der Spaltriss über die kürzere Steinseite. Nach [25] entsteht nach dem Spalten des Steins ein Lastplateau, da der Dübel aufgrund des Mörtelpfropfens an den Stegen festgehalten wird. Daher wird bei Lochsteinen die Dübeltragfähigkeit durch das Steinspalten nicht signifikant verringert.

Randnahe Dübel und Dübelgruppen

Meyer [25] hat den Einfluss der Dübelmontage am Lochsteinrand und als Gruppenbefestigung in Loch-

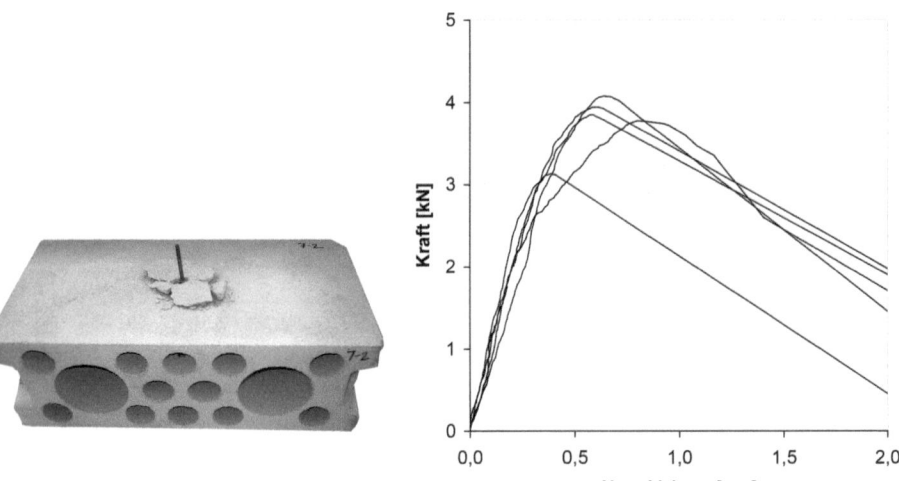

Bild 8. Typisches Versagensbild und Last-Verschiebungskurve bei Steinausbruch für Injektionsdübel in Mauerwerk unter zentrischer Zugbelastung (Diagramm aus [25])

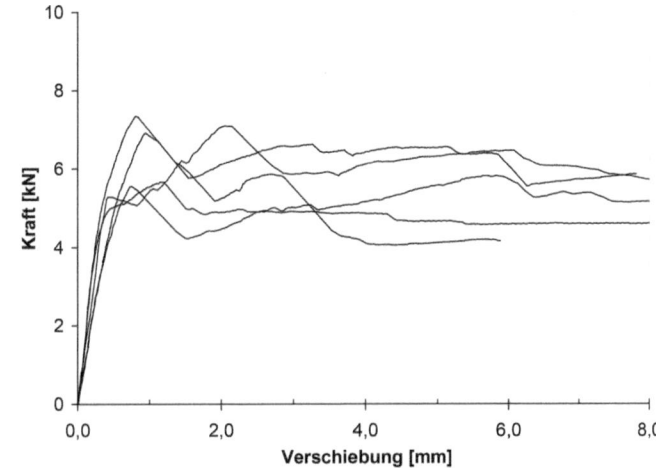

Bild 9. Typisches Versagensbild und Last-Verschiebungskurve bei Spalten für Injektionsdübel in Mauerwerk unter zentrischer Zugbelastung (Diagramm aus [25])

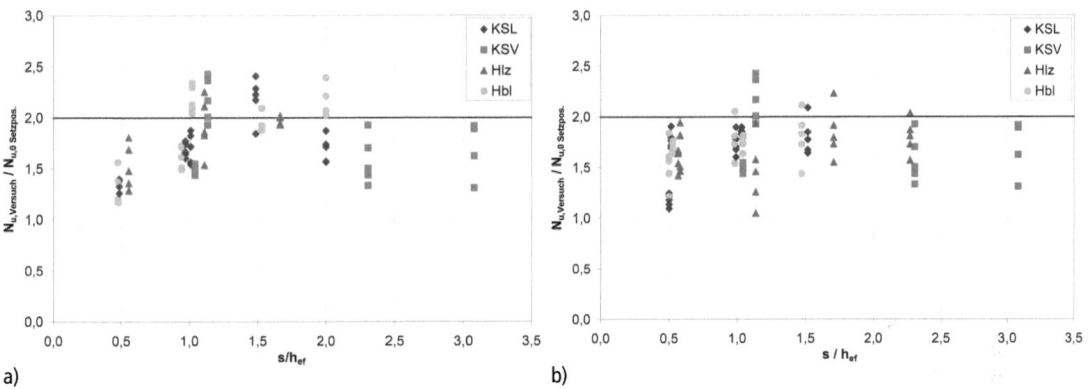

Bild 10. Einfluss des Achsabstands auf die Versagenslast von Zweifachbefestigungen mit Orientierung a) parallel und b) orthogonal zur Lagerfuge unter Zugbelastung (aus [25])

steinen untersucht. In den Untersuchungen wurde festgestellt, dass eine vermörtelte Lagerfuge die Lastübertragung auf die angrenzenden Steine ermöglicht. In diesem Falle ist keine Reduzierung der Dübeltragfähigkeit erkennbar. Unvermörtelte Stoßfugen sind jedoch als freier Rand zu berücksichtigen. *Meyer* [25] berichtet, dass die Doppelbefestigung mit der Orientierung parallel zur Lagerfuge etwas höhere Tragfähigkeiten als eine vergleichbare Doppelbefestigung mit der Orientierung orthogonal zur Lagerfuge besitzt (s. Bild 10). Um eine Berechnung der Tragfähigkeit zu vereinfachen, wurden die ermittelten Lasten auf die jeweiligen Referenzlasten bezogen. Unter der Referenzlast ist die Tragfähigkeit eines Dübels ohne Einfluss von Rand- und Achsabstand zu verstehen.
Die Tragfähigkeit für die randnahen Dübel und die Gruppenbefestigungen kann mit der von *Meyer* [25] vorgeschlagenen Gl. (4) ermittelt werden.

$$N_{Rk,c} = N^0_{Rk,c} \cdot \frac{A_{c,N}}{A^0_{c,N}} \cdot \Psi_{g,N} \text{ [N]}$$

für randnahe Dübel und Dübelgruppen (4)

mit
$N^0_{Rk,c}$ charakteristische Traglast einer Einzelbefestigung in der Fläche [N]
$A_{c,N}$ vorhandene projizierte Fläche des Ausbruchkörpers [mm²]
$A^0_{c,N}$ projizierte Fläche des Steinausbruchkörpers einer Einzelbefestigung bei vollständiger Ausbildung des Ausbruchkörpers [mm²]
$= (2 \cdot c_{cr,N})^2 = s^2_{cr,N}$

$c_{cr,N}$	kritischer Randabstand [mm]
	$= 1{,}5 \cdot h_{ef}$ für Steinausbruch
	$= 10 \cdot d \cdot \left(\dfrac{\tau_{Rk,2}}{10}\right)^{2/3}$ für Herausziehen
$s_{cr,N}$	kritischer Achsabstand bei Dübelgruppen [mm]
	$= 2 \cdot c_{cr,N}$
$\Psi_{g,N}$	Faktor zur Berücksichtigung des positiven Gruppeneffekts der Verbunddübel [–]
	$= \Psi_{g,N}^0 + \left(1 - \Psi_{g,N}^0\right) \cdot \left(\dfrac{s}{s_{cr,N}}\right) \geq 1{,}0$
$\Psi_{g,N}^0$	$= n^\alpha$ [–]
α	$0{,}7 \cdot \left(1 - \dfrac{\tau_{Rk,2}}{\tau_{Rk,2,max}}\right) \leq 0{,}5$ [–]
n	Anzahl der Dübel in der Gruppenbefestigung
$\tau_{Rk,2}$	charakteristische Verbundfestigkeit zwischen Mörtel und Ankergrund (aus Zugversuchen mit weiter Abstützung ermittelt) [N/mm²]
$\tau_{Rk,2,max}$	erforderliche Verbundfestigkeit zur Bildung eines vollständigen Ausbruchkörpers, abhängig von Druckfestigkeit und Rohdichte des Steins, effektiver Verankerungslänge und Bohrlochnenndurchmesser [N/mm²]

Für Injektionsdübel im Mauerwerk werden in den technischen Unterlagen minimale und kritische Rand- und Achsabstände angegeben. Diese Abstände werden normalerweise anhand von Versuchen ermittelt. Für eine 2-fach-Befestigung mit einem Achsabstand kleiner als der vorgegebene kritische Achsabstand darf nur die Tragfähigkeit der Einzelbefestigung berücksichtigt werden.

3.4 Injektionsdübel unter Querzugbelastung

3.4.1 Tragverhalten von Injektionsdübeln unter Querzugbelastung

Bild 11 zeigt die unterschiedlichen Lasteinleitungsmechanismen bei querbelasteten Injektionsdübeln in Voll- und Lochsteinen. Unter Querzugbelastung wird der Stein entlang der Verankerungstiefe lokal vor dem Dübel auf Druck beansprucht.
In Bild 12 sind die unterschiedlichen Versagensarten für Injektionsdübel in Mauerwerk unter Querzugbelastung dargestellt. Neben dem Ankersystem kann auch der Ankergrund versagen, indem es zu einem lokalen Materialversagen, Pryout-Versagen, Kantenbruch oder Spalten des Steins kommt. Eine Kombination mehrerer Versagensarten ist ebenfalls möglich. Von Welz werden in [32] die Versagensarten von querbelasteten Injektionsdübel ausführlich beschrieben.
Das Tragverhalten in Mauerwerk aus Vollsteinen ist vergleichbar mit dem in Beton und Naturstein. Daher können die Erkenntnisse dieser Untersuchungen (s. [33–35]) für Mauerwerk aus Vollsteinen übernommen werden.

3.4.2 Stand der Untersuchungen für Steinversagen bei querbelasteten Injektionsdübeln in Lochsteinen

In den Versuchen von *Welz* [32] wurde hauptsächlich das Versagen infolge „lokalen Materialversagens" untersucht. Darüber hinaus hat er ein Modell für die Berechnung der Dübeltragfähigkeit bei einem Versagen infolge Steinausbruchs vorgeschlagen. Der Einfluss der Steingeometrie (Steinabmessungen und Hohlkammergeometrie) wird zwar für das lokale Versagen berücksichtigt, nicht jedoch für ein Versagen infolge Steinkantenbruchs. In diesem Beitrag werden daher die neueren Erkenntnisse von *Stipetic* [6] über das Tragverhalten von Injektionsdübeln in Mauerwerk zusammengefasst und diskutiert.

Lokales Materialversagen
In Bild 13 ist das typische Versagensbild und die Last-Verschiebungskurve bei lokalem Materialversagen für Injektionsdübel in Mauerwerk unter Querzugbelastung dargestellt. Bei diesem Versagen wird der Ankergrund lokal vor dem Dübel stark auf Druck belastet. Das Versagen ist daher mit sehr großen Verschiebungen des Dübels verbunden und es können sich bei diesem Versagensmechanismus bis zu zwei plastische Gelenke ausbilden.
Welz [32] hat ermittelt, dass lokales Materialversagen bei Verankerungstiefen von $h_{ef} \geq 60$ mm und Verhältnissen zwischen Verankerungstiefe und Außendurchmesser des Dübels von $h_{ef}/d_s \leq 4$ auftritt. Die Untersuchungen von *Welz* [32] wurden mit einem dicken Anbauteil (Anbauteildicke $t_{fix} \geq 0{,}5 \cdot d_s$) bei gelenkiger Lagerung (s. Bild 14) und einem dünnen Anbauteil ($t_{fix} \leq 0{,}5 \cdot d_s$) mit biegesteifem Anschluss durchgeführt. Die Tragfähigkeit in Lochsteinen lässt sich mit den Gln. (5) und (6) berechnen. Die Tragfähigkeit des Dübels hängt vom Dübeldurchmesser, der Dübelfestigkeit, der Steinfestigkeit und den Stegdicken entlang der Verankerungstiefe ab.

$$V_{Rk,C1} = 0{,}75 \cdot d_B \cdot f_{1,k}$$
$$\cdot \left(\sqrt{2 \cdot (h_1 + h_2)^2 + 4 \cdot \left[(2 \cdot h_1 + h_2 + h_L) \cdot h_L + \dfrac{M_{Pl,S,k}}{d_B \cdot f_{1,k}}\right]} - (h_{ef} + h_L)\right) \text{ [N]} \quad (5)$$

$$V_{Rk,D1} = 0{,}75 \cdot d_B \cdot f_{1,k}$$
$$\cdot \left(\sqrt{2 \cdot h_1 \cdot h_L + h_L^2 + 2 \cdot (1 + \varphi_H) \cdot \dfrac{M_{Pl,S,k}}{d_B \cdot f_{1,k}}} - h_L\right) \text{ [N]} \quad (6)$$

mit
d_B Außendurchmesser des Dübels [mm]
$f_{1,k}$ lokale Druckfestigkeit des Steins [N/mm²]
$\phantom{f_{1,k}} = \alpha_{lokal} \cdot f_{c,k}$ (7)

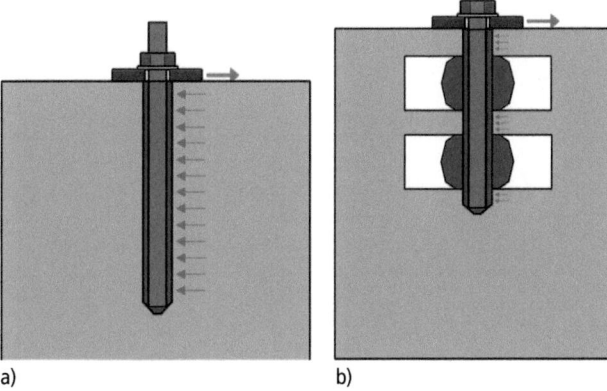

Bild 11. Lasteinleitung von Injektionsdübeln unter Querzugbelastung (aus [6]); a) Injektionsdübel im Vollstein, b) Injektionsdübel im Lochstein

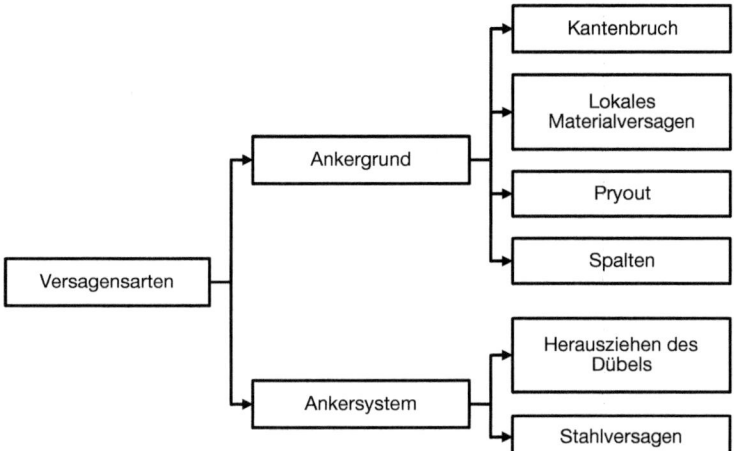

Bild 12. Versagensarten für Injektionsdübel in Mauerwerk unter Querzugbelastung

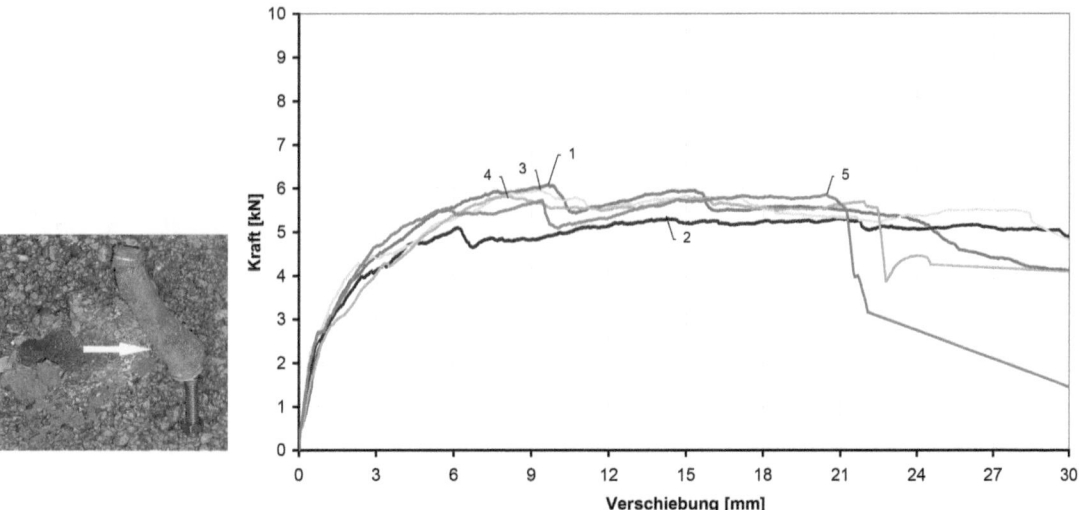

Bild 13. Typisches Versagensbild und Last-Verschiebungskurve bei lokalem Materialversagen für Injektionsdübel in Mauerwerk unter Querzugbelastung (aus [32])

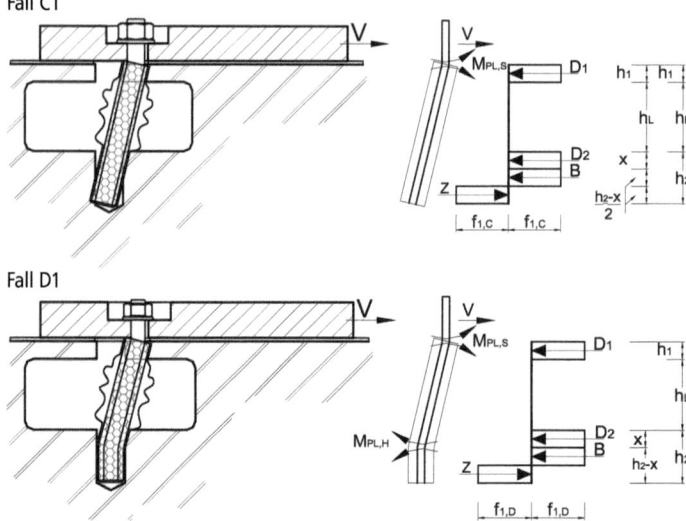

Bild 14. Berechnungsfälle für lokales Materialversagen im Lochstein bei Verankerung mit dickem Anbauteil im Außen- und 1. Innensteg nach [32]

α_{lokal} Faktor zur Umrechnung der Steindruckfestigkeit in die lokale Druckfestigkeit des Steins (aus Versuchen mit Ankerdorn ermittelt) [–]
h_1 Dicke des Außenstegs [mm]
h_2 Verankerungstiefe des Dübels im 1. Innensteg [mm]
h_L Tiefe der äußeren Steinkammer [mm]
h_{ef} Verankerungstiefe des Dübels im Mauerwerk [mm]
φ_H Faktor zur Umrechnung des plastischen Widerstandsmoments der Gewindestange auf das Dübelsystem [–]
$M_{Pl,S,k}$ charakteristisches plastisches Widerstandsmoment der Gewindestange [Nmm]

$$M_{Pl,S,k} = 1{,}7 \cdot W_{el} \cdot f_{yk} \tag{8}$$

f_{yk} Streckgrenze des Stahls [N/mm²]
W_{el} Widerstandsmoment für Spannungsquerschnitt [mm³]

Randnahe Dübel und Dübelgruppen

Welz [32] hat in seinen Versuchen mit randnahen Dübeln festgestellt, dass auch nicht vermörtelte Fugen und Fugen (vermörtelt) mit einer Breite größer als 5 mm als freier Rand anzunehmen sind, da der Dübel durch Kantenbruch (Bild 15) bzw. Spalten (Bild 16) des Steins (kleinere Steine) versagt.

Zudem hat *Welz* [32] den Einfluss der Steingeometrie auf die Tragfähigkeit des Dübels in Lochsteinen bei Versagen durch Steinkantenbruch nicht systematisch untersucht. Er schlägt für diese Versagensart in Lochsteinen eine allgemeingültige Obergrenze (siehe Gl. (9)) vor. Die vorgeschlagene Tragfähigkeit hängt dabei von der Belastungsrichtung des Dübels und dem vorhandenen Randabstand ab. Der minimale empfohlene Rand-

abstand beträgt $c_{min} = 100$ mm und der kritische Randabstand $c_{crit} = 250$ mm. Für Dübel mit einem Randabstand zwischen $c_{min} = 100$ mm und $c_{crit} = 250$ mm muss die Tragfähigkeit des Dübels linear interpoliert werden. Dieser Berechnungsansatz wurde in TR 054 [2] so auch festgelegt.

$V_{RK,c,\perp} = 1{,}25$ kN für eine Belastung zum freien Rand
     und $c_1 \geq 100$ mm

$V_{RK,c,\|} = 2{,}50$ kN für eine Belastung parallel
     zum freien Rand und
     $c_1 \geq 100$ mm $\geq 6 \cdot d_0$ für eine Belastung
     zum freien Rand und $c_1 \geq 250$ mm   (9)

mit
c_1 Randabstand des Dübels [mm]
d_0 Bohrernenndurchmesser [mm]

4 Eigenes Berechnungsmodell für Injektionsdübel in Lochsteinen unter Zugbelastung – Versagen durch Steinausbruch

4.1 Herangehensweise

In diesem Abschnitt wird das neu entwickelte Berechnungsmodell für Injektionsdübel in Lochsteinen unter Zugbelastung (s. [6]) beschrieben. Das Modell ermöglicht die Berechnung der Tragfähigkeit eines Dübels bei Steinversagen. Die Ableitung des Modells erfolgte über experimentelle und numerische Untersuchungen an Einzel- und Doppelbefestigungen in Hochlochziegeln und Kalksandlochsteinen.

Die verschiedenen Einflussparameter auf die Dübeltragfähigkeit in Lochstein wurde anhand einer aus-

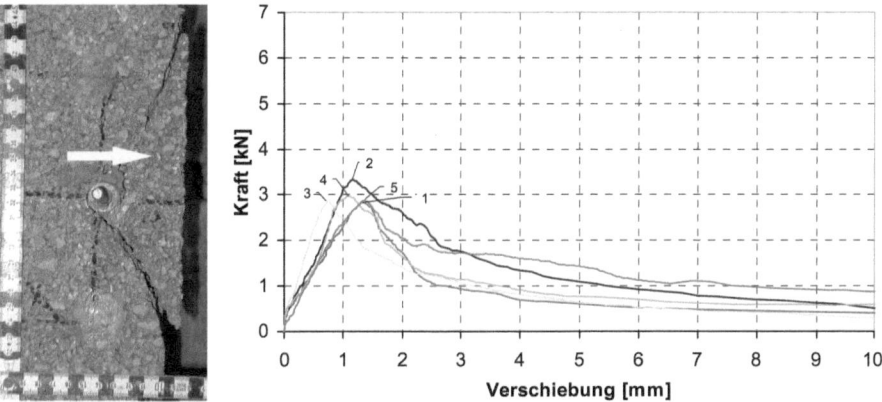

Bild 15. Typisches Versagensbild und Last-Verschiebungskurve bei Kantenbruch für Injektionsdübel in Mauerwerk unter Querzugbelastung (aus [32])

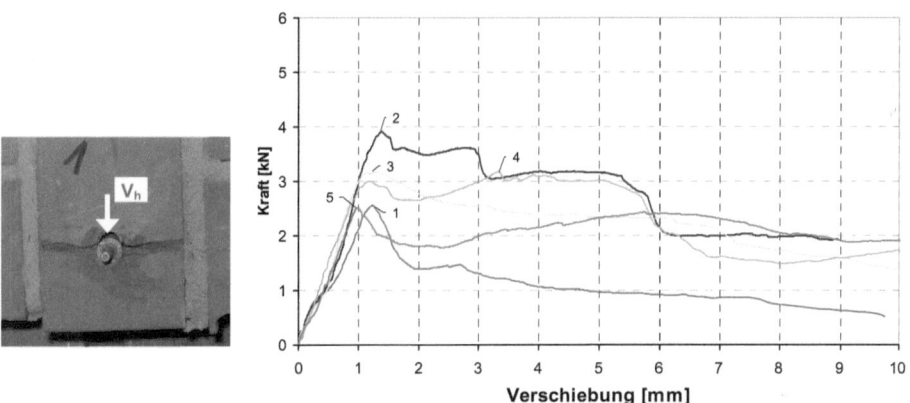

Bild 16. Typisches Versagensbild und Last-Verschiebungskurve bei Spalten für Injektionsdübel in Mauerwerk unter Querzugbelastung (aus [32])

führlichen Parameterstudie ermittelt. Die Parameterstudie erfolgte anhand von FE-Untersuchungen, die, wenn möglich, mit Versuchen validiert wurden. Ein wesentlicher Punkt der Parameterstudie ist die Untersuchung zum Einfluss der Steingeometrie auf die Tragfähigkeit, die nur anhand numerischer Untersuchungen systematisch ermittelt werden kann. Zusätzlich sollte sowohl der Einfluss der Druckfestigkeit als auch das Tragverhalten bei Verankerung am freien Rand untersucht werden. Der Einfluss des Achsabstands bei Gruppenbefestigung ist ein weiterer wichtiger Parameter.

Anhand der gewonnenen Erkenntnisse aus der Parameterstudie wurden Gleichungen zur Berechnung der Tragfähigkeit in Abhängigkeit der Steingeometrie und der Druckfestigkeit vorgeschlagen. Es werden Verankerungen unterschieden, die nur im Außensteg und in mehreren Stegen verankert sind.

4.2 Tragverhalten und Tragfähigkeit bei Verankerung nur im Außensteg

Eine Verankerung ausschließlich im Außensteg des Steins kann in Lochsteinen mit größeren Hohlkammern auftreten. Bei Ziegelsteinen handelt sich hierbei in der Regel um Lochsteine mit Dämmung als Füllmaterial in der Hohlkammer.

Für eine zugbelastete Verankerung ausschließlich im Außensteg werden in den Bildern 17 und 18 eine typische Last-Verschiebungskurve sowie das Risswachstum dargestellt. Bei der Höchstlast treten um den Dübel herum Risse auf. Diese verlaufen radial vom Anker ausgehend in Richtung Steinrand. Im weiteren Verlauf entstehen zusätzliche Risse, bis der Außensteg vom Stein getrennt wird.

Die in Bild 19 dargestellten Verformungen des Außenstegs deuten darauf hin, dass der Außensteg bei Höchstlast stark auf Biegung beansprucht wird. Anhand der FE-Simulation kann festgestellt werden, dass

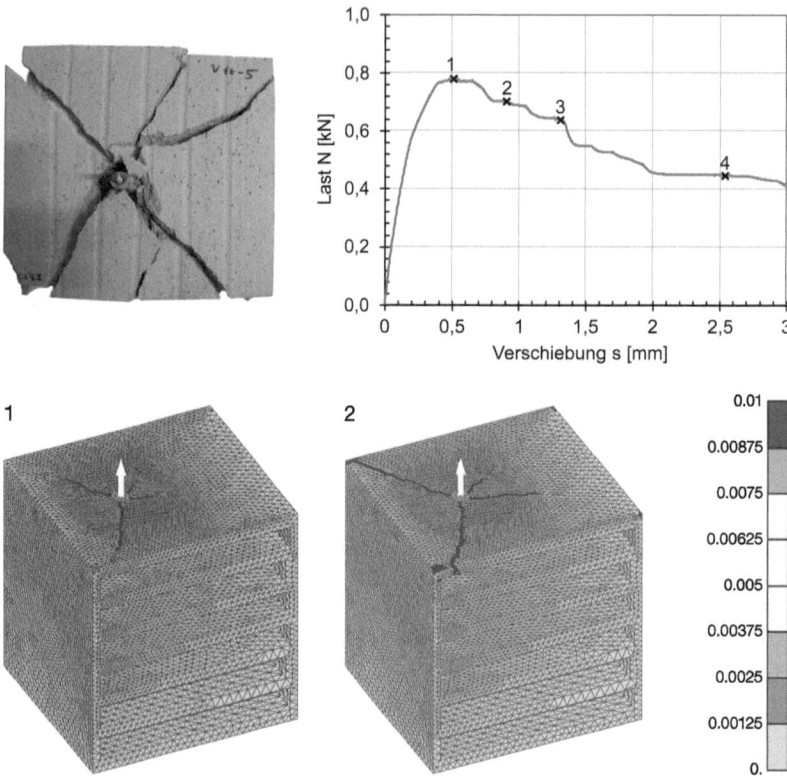

Bild 17. Typische Last-Verschiebungskurve und Hauptzugdehnungen (Rissbildung) im Mauerstein bei einem Zugversuch – Verankerung im Außensteg (FE-Simulation); Vergleich mit Versagensart (Nachbruch) in Versuchen (Teil 1/2), aus [6]

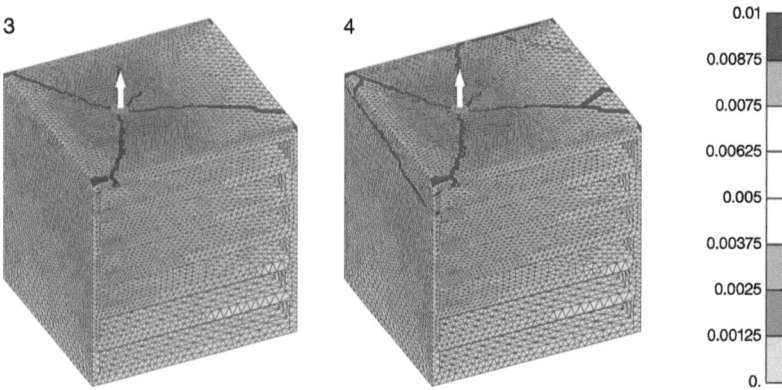

Bild 18. Typische Last-Verschiebungskurve und Hauptzugdehnungen (Rissbildung) im Mauerstein bei einem Zugversuch (s. Bild 17) – Verankerung im Außensteg (FE-Simulation); Vergleich mit Versagensart (Nachbruch) in Versuchen (Teil 2/2), aus [6]

der biegebeanspruchte Bereich einer Fläche mit den Abmessungen $L_A \times L_A$ entspricht. Die Länge L_A beträgt dabei annähend das 8-Fache der Außenstegdicke. Bild 20 zeigt die wesentlichen Einflussgrößen auf die Tragfähigkeit der Verankerung im Außensteg. Der wichtigste Einfluss ist demnach die Außenstegdicke. Die Parameterstudie zeigt eine überproportionale Zunahme der Tragfähigkeit mit zunehmender Außenstegdicke $((\sum t)^{1,5})$. Wie aus Bild 20b ersichtlich ist, nimmt zudem die Versagenslast proportional zur Wurzelfunktion der Nettodruckfestigkeit des Steins zu. Bei der Nettodruckfestigkeit handelt es sich um die geprüfte Druckfestigkeit des Steins bezogen auf die Netto-Auflagerfläche ohne Lochanteil (Scherbendruckfestigkeit).

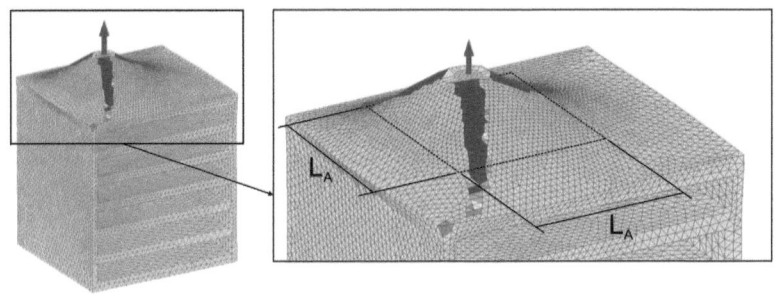

Bild 19. Deformation (stark überhöhte Darstellung) im Mauerstein bei Höchstlast (Zugversuch – Verankerung im Außensteg) – FE-Simulation, aus [6]

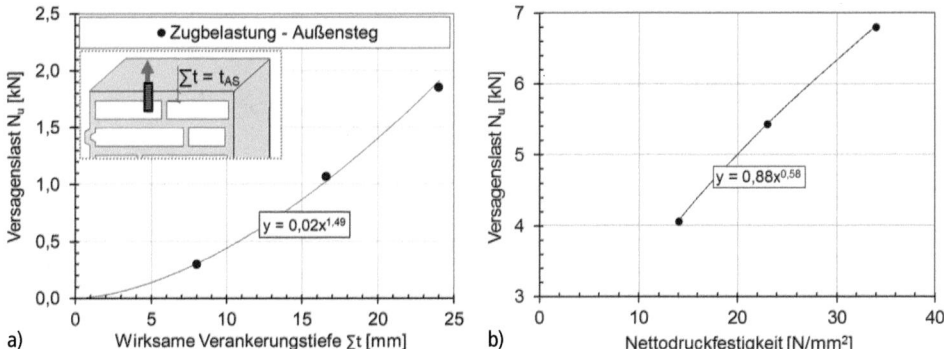

Bild 20. Abhängigkeit der Tragfähigkeit eines zugbelasteten Injektionsdübels (Verankerung im Außensteg) in Lochsteinen von a) der wirksamen Verankerungstiefe (Außenstegdicke) und b) der Druckfestigkeit des Steins (aus [6])

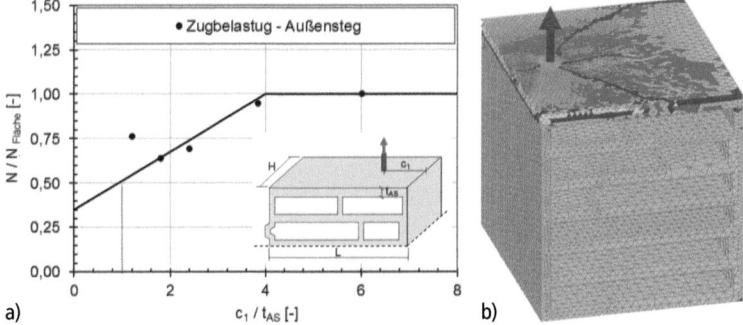

Bild 21. a) Abhängigkeit der Tragfähigkeit zugbelasteter Injektionsdübel (Verankerung im Außensteg) in Lochsteinen vom Randabstand zur Stoßfuge c_1 und b) typisches Versagensbild (Nachbruch) bei geringerem Randabstand c_1 (aus [6])

Bei der Untersuchung zum Einfluss von Rand- und Achsabstand (s. Bilder 21–24) wurde die Tragfähigkeit einer Einzelbefestigung ohne Randeinfluss als Referenzlast herangezogen. Alle ermittelten Lasten für die untersuchten Rand- und Achsabstände wurden im Folgenden auf die Referenzlast bezogen und normiert. Der vorhandene Rand- bzw. Achsabstand wurde dabei als Vielfaches der Außenstegdicke t_{AS} definiert. Dadurch kann der biegebeanspruchte Einflussbereich definiert und validiert werden.
In Bild 21 sind die ermittelten Versagenslasten in Abhängigkeit des Abstandes c_1 zur Stoßfuge dargestellt. Die durchgehende Linie verkörpert das angenommene Modell. Mit einer Reduzierung des Randabstands zur Stoßfuge c_1 nimmt auch die Tragfähigkeit ab. Der Anker kann die volle Last erst aufnehmen, wenn der Randabstand größer ist als die 4-fache Außenstegdicke. Für einen Randabstand $c_1 \approx t_{AS}$ liegt der äußere Quersteg relativ nahe am Außensteg. Dadurch kann sich der Außensteg an dieser Stelle wenig verformen, sodass die Kräfte direkt in den Quersteg eingeleitet werden. Dieser Effekt führt zu höheren Tragfähigkeiten, als für den Randabstand $c_1 \leq t_{AS}$ normalerweise erwartet wird.
In Bild 22 ist zu erkennen, dass das grundsätzliche Verhalten des Dübels für den Abstand c_2 zur Lagerfuge hin identisch ist.

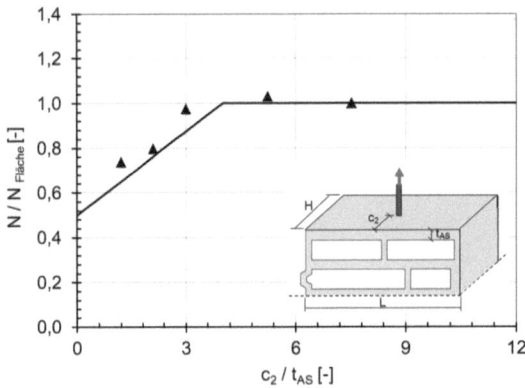

Bild 22. Abhängigkeit der Tragfähigkeit eines zugbelasteten Injektionsdübels (Verankerung im Außensteg) in Lochsteinen vom Randabstand zur Lagerfuge c_2 (aus [6])

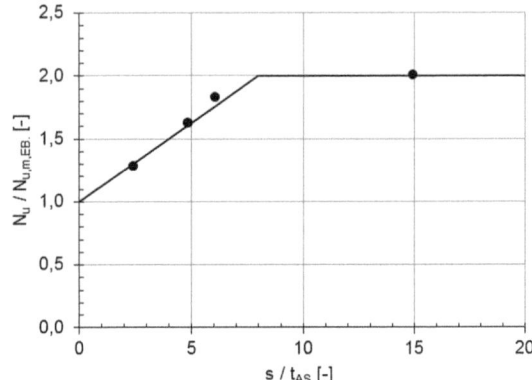

Bild 24. Abhängigkeit der Tragfähigkeit einer Doppelbefestigung (Verankerung im Außensteg) in Lochsteinen vom Achsabstand mit Orientierung senkrecht zur Lagerfuge (aus [6])

In Bild 23a und Bild 24 ist der Einfluss des Achsabstands einer Doppelbefestigung mit Orientierung parallel und orthogonal zur Lagerfuge dargestellt. Beide Achsabstände haben einen vergleichbaren Effekt auf das Tragverhalten einer 2er-Gruppe. Wie aus Bild 23b ersichtlich ist, überlappen sich bei der Höchstlast die biegebeanspruchten Flächen. Bei Achsabständen größer als die 8-fache Außenstegdicke wird in der Regel die doppelte Tragfähigkeit einer Einzelbefestigung erreicht. Beide Dübel können als Einzeldübel betrachtet werden (s. Bild 23c).

In [6] wird ein analytisches Modell zur Berechnung der Tragfähigkeit des zugbelasteten Injektionsdübels im Außensteg vorgeschlagen. Mit den Gln. (10) und (11) wird die Tragfähigkeit eines ungestörten Einzeldübels sowohl in Hochlochziegeln als auch in Kalksandlochsteinen berechnet. Mit diesen Gleichungen kann die Dübeltragfähigkeit für eine beliebige Setzposition sowie für alle Lochstein-Geometrien ermittelt werden. Die Bilder 25 und 26 zeigen die Eingangsparameter für die Gleichungen zur Berücksichtigung der Steingeometrie. Außer der Außenstegdicke und der Nettodruckfestigkeit hängt die Tragfähigkeit von den Querstegen innerhalb des biegebeanspruchten Bereichs ab. Dieser Einfluss wird mit dem Parameter k_{LX} berücksichtigt. Bei Kalksandlochsteinen muss zu-

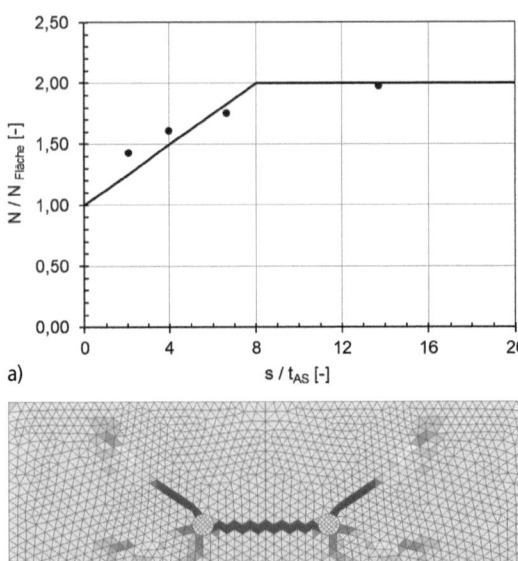

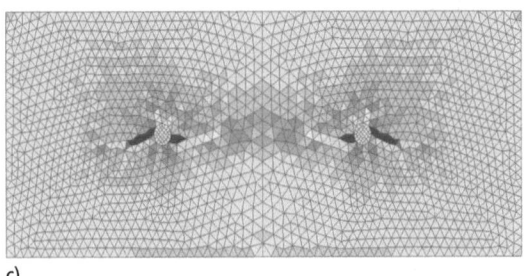

Bild 23. Einfluss vom Achsabstand mit Orientierung parallel zur Lagerfuge a) auf die Traglast von zugbelasteter Doppelbefestigung (Verankerung im Außensteg) in Lochsteinen und Rissbildung in Mauerstein bei Höchstlast für die Doppelbefestigung mit Achsabstand, b) $s < 8 \cdot t_{AS}$ und c) $s \geq 8 \cdot t_{AS}$ (aus [6])

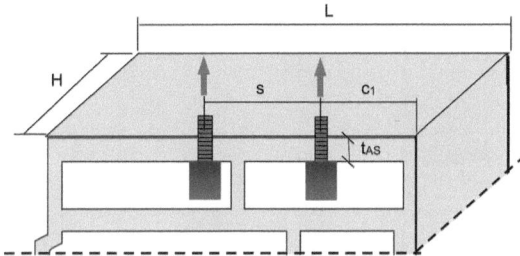

Bild 25. Definition der geometrischen Parameter im Außensteg (aus [6])

dem der Einfluss einer Verstärkung entlang der Auflagerfläche k_{Ly} beachtet werden. Dem Einfluss von Rändern und Gruppenbefestigung wird mit Gl. (12) Rechnung getragen.
Für Hochlochziegel:

$$N_{u,m}^0 = 5{,}6 \cdot f_{c,\text{Netto}}^{0,5} \cdot t_{AS}^{1,5} \cdot k_{Lx} \quad [N] \qquad (10)$$

Für Kalksandlochstein:

$$N_{u,m}^0 = 9{,}0 \cdot f_{c,\text{Netto}}^{0,5} \cdot t_{AS}^{1,5} \cdot k_{Lx} \cdot k_{Ly} \quad [N] \qquad (11)$$

mit
$f_{c,\text{Netto}}$ Nettodruckfestigkeit des Steins [N/mm²]

$$= \frac{F_{c,\text{Brutto}}}{A_{\text{Netto}}} = f_{c,\text{Brutto}} \cdot \frac{A_{\text{Brutto}}}{A_{\text{Netto}}}$$

$F_{c,\text{Brutto}}$ Versagenslast bei Prüfung der Steindruckfestigkeit in Richtung Steinhöhe H [N]
H Steinhöhe [mm]
A_{Netto} Nettoquerschnittsfläche (ohne Hohlkammer) [mm²]
$f_{c,\text{Brutto}}$ Bruttodruckfestigkeit des Steins (ohne Formfaktor) [N/mm²]
A_{Brutto} Bruttoquerschnittsfläche [mm²]
    $= L \cdot B$
L Steinlänge [mm]
B Steinbreite (Dicke) [mm]
t_{AS} Verankerungstiefe im Außensteg entlang der Dübelachse [mm]
k_{Lx} Beiwert zur Berücksichtigung der Querstege (innerhalb des biegebeanspruchten Bereichs $L_{A,x}^0$) entlang der Steinhöhe (Steg parallel zur Dübelachse)

Anmerkung: Falls kein Steg innerhalb $L_{A,x}^0$ vorhanden ist, ist die Dicke eines nächsten Stegs (bei 2 gleich weit entfernten Stegen ist der dünnere Steg relevant) anzusetzen [–]

$$= \left(\frac{\sum L_{x,1,j}}{h_{AS}} \right)^{0,5} \cdot \left(\frac{\sum L_{x,1+i}}{h_{AS}} \right)^{0,2} \quad [-]$$

für Hochlochziegel und Kalksandlochstein, wenn $L_{x,1,j} > h_{AS}$

$$= \left(\frac{\sum L_{x,i}}{h_{AS}} \right)^{0,2} \quad [-]$$

für Hochlochziegel, wenn $L_{x,1,j} < h_{AS}$

$$= \left(\frac{\sum L_{x,i}}{h_{AS}} \right)^{0,1} \quad [-]$$

für Kalksandlochstein, wenn $L_{x,1,j} < h_{AS}$

$\sum L_{x,1,j}$ Gesamtdicke der zum Anker am nächsten liegenden Querstege, die für die Lastabtragung aktiviert werden (nach Bild 27) [mm]
    $= L_{x,1.1}$ für $L_{x,1.1} < L_{x,1.2}$
    $= L_{x,1.1}$ für $a_1 < a_2$
    $= L_{x,1.1} + L_{x,1.2}$ für $L_{x,1.1} = L_{x,1.2}$ und $a_1 = a_2$

$\sum L_{x,1+i}$ Gesamtdicke der Querstege innerhalb $L_{A,x}^0$, wobei die zum Anker am nächsten liegenden Querstege (Dicke $\sum L_{x,1,j}$) ausgeschlossen werden (nach Bild 26) [mm]
    $= (L_{x,1.1} + L_{x,1.2} - \sum L_{x,1,j})$
    $+ \sum L_{x,2} + \sum L_{x,3} + \ldots + \sum L_{x,i}$

$\sum L_{x,i}$ Gesamtdicke der Querstege innerhalb $L_{A,x}^0$, nach Bild 26 [mm]
    $= L_{x,1.1} + L_{x,1.2} + \sum L_{x,2} + \sum L_{x,3} + \ldots + \sum L_{x,i}$

$L_{A,x}^0$ Länge des biegebeanspruchten Bereichs einer Einzelbefestigung in Richtung Steinlänge L bei vollständiger Ausbildung des Ausbruchkörpers (ohne Randeinfluss), nach Bild 26 [mm]
    $= 8 \cdot h_{AS}$

h_{AS} Außenstegdicke im Verankerungsbereich (minimale Dicke bei Kalksandlochstein), nach Bild 27 [mm]

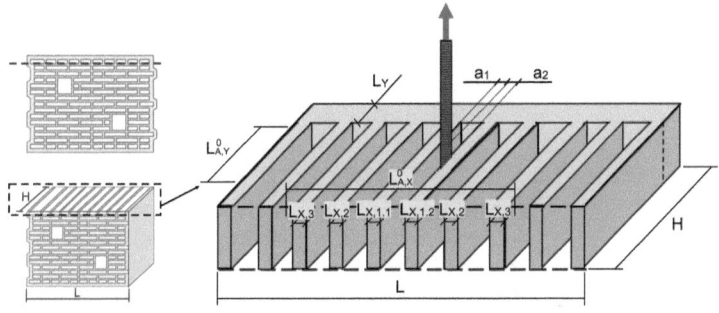

Bild 26. Definition der geometrischen Parameter im Querschnitt eines Mauersteines in Richtung Steinhöhe (aus [6])

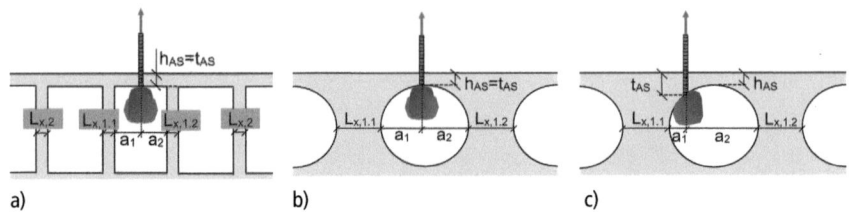

Bild 27. Definition der geometrischen Parameter für zugbelastete Verankerung im Außensteg; a) Dübel im Stein mit quadratischen Hohlkammern, b) zentrisch in Lochkammer gesetzter Dübel, Stein mit runden Hohlkammern und c) exzentrisch in Lochkammer gesetzter Dübel, Stein mit runden Hohlkammern (aus [6])

a_1 Abstand zwischen dem Anker und dem Quersteg mit der Dicke $L_{x,1.1}$

a_2 Abstand zwischen dem Anker und dem Quersteg mit der Dicke $L_{x,1.2}$

k_{Ly} Beiwert zur Berücksichtigung der Verstärkung entlang Auflagerfläche (Dicke L_Y), nach Bild 26 [–]

= 1,2 Verstärkung im Stein vorhanden

= 1,0 Verstärkung im Stein nicht vorhanden

Gruppenbefestigungen und Befestigungen am Steinrand:

$$N_{u,m} = N_{u,m}^0 \cdot \frac{L_{A,x}}{L_{A,x}^0} \cdot \frac{L_{A,y}}{L_{A,y}^0} \cdot \Psi_{s,x} \cdot \Psi_{g,x} \cdot \Psi_{g,y} [N] \quad (12)$$

mit

$N_{u,m}^0$ Traglast einer Einzelbefestigung in der Fläche, nach Gln. (10) und (11) [N]

$L_{A,x}^0, L_{A,y}^0$ Länge des biegebeanspruchten Bereichs einer Einzelbefestigung in Richtung Steinlänge (x-Richtung) bzw. Steinhöhe (y-Richtung) bei vollständiger Ausbildung des Ausbruchkörpers (ohne Randeinfluss) [mm]

$L_{A,x}^0 = 2 \cdot c_{1,cr}$

$L_{A,y}^0 = 2 \cdot c_{2,cr}$

$L_{A,x}, L_{A,y}$ vorhandene Länge des biegebeanspruchten Bereichs einer Einzelbefestigung in Richtung Steinlänge (x-Richtung) bzw. Steinhöhe (y-Richtung) [mm]

$c_{1,cr}$ kritischer Randabstand zur Stoßfuge [mm]
$= 4 \cdot h_{AS}$

$c_{2,cr}$ kritischer Randabstand zur Lagerfuge [mm]
$= 4 \cdot h_{AS}$

h_{AS} Außenstegdicke im Verankerungsbereich (minimale Dicke bei Kalksandlochstein), nach Bild 27 [mm]

$\Psi_{s,x}$ Faktor zur Berücksichtigung des Randeinflusses zur Stoßfuge [–], gültig wenn $c_1 \leq c_{1,cr}$
$= 0{,}7 + 0{,}3 \cdot \frac{c_1}{c_{1,cr}} \leq 1{,}0$

c_1, c_2 vorhandener Randabstand zur Stoßfuge bzw. Lagerfuge [mm]

$\Psi_{g,x}$ Faktor zur Berücksichtigung des Einflusses einer Gruppenbefestigung mit Orientierung parallel zur Lagerfuge [–], gültig wenn $s_{IILF} \leq s_{IILF,cr}$
$= 1 + \frac{s_{IILF}}{s_{IILF,cr}} \leq 2{,}0$

s_{IILF} vorhandener Achsabstand mit Orientierung parallel zur Lagerfuge bei Dübelgruppen [mm]

$s_{IILF,cr}$ benötigter Achsabstand mit Orientierung parallel zur Lagerfuge bei Dübelgruppen bei vollständiger Ausbildung des Ausbruchkörpers [mm]
$= 8 \cdot h_{AS}$

$\Psi_{g,y}$ Faktor zur Berücksichtigung des Einflusses einer Gruppenbefestigung mit Orientierung senkrecht zur Lagerfuge [–], gültig wenn $s_{\perp LF} \leq s_{\perp LF,cr}$
$= 1 + \frac{s_{\perp LF}}{s_{\perp LF,cr}} \leq 2{,}0$

$s_{\perp LF}$ vorhandener Achsabstand mit Orientierung senkrecht zur Lagerfuge bei Dübelgruppen [mm]

$s_{\perp LF,cr}$ benötigter Achsabstand mit Orientierung senkrecht zur Lagerfuge bei Dübelgruppen bei vollständiger Ausbildung des Ausbruchkörpers [mm]
$= 8 \cdot h_{AS}$

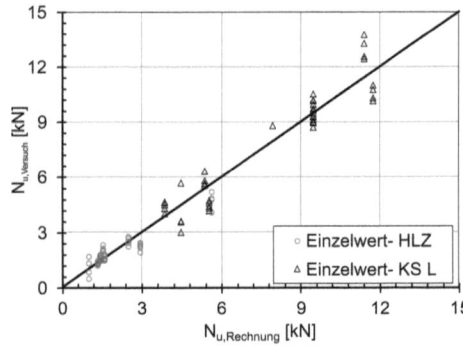

Bild 28. Vergleich der in den Versuchen ermittelten Tragfähigkeiten mit den rechnerischen Tragfähigkeiten für Hochlochziegel und Kalksandlochsteine bei Steinversagen (Verankerung in Außensteg), aus [6]

In Bild 28 werden die experimentell ermittelten Lasten mit den berechneten Lasten verglichen. Die Berechnung der Lasten erfolgte anhand der vorgeschlagenen Gleichungen. Bei den experimentellen Untersuchungen handelt es sich um insgesamt 95 Versuche in 8 unterschiedlichen Hochlochziegeln und 4 unterschiedlichen Kalksandsteinen. Der Vergleich zeigt eine gute Übereinstimmung mit im Mittel $F_{u,Test}/F_{u,Rechnung}$ = ca. 1,0 mit einem für Befestigungstechnik üblichem Variationskoeffizient von 20,8 % in Hochlochziegeln und von 14,9 % in Kalksandlochsteinen.

4.3 Tragverhalten bei Verankerung in mehreren Stegen

Injektionsverankerungen werden meistens in mehreren Stegen installiert, da die Verankerungslänge sehr flexibel angepasst werden kann. In Bild 29 ist das typische Last-Verschiebungsverhalten sowie die Rissbildung für eine zugbelastete Verankerung in mehreren Stegen dargestellt. Bei der Höchstlast versagt der Anker durch ein Spalten der Stege. Zunächst entstehen die Spaltrisse in den Längsstegen. Diese verlaufen orthogonal zur Richtung der größten Biegespannungen im Längssteg. Im Nachbruchbereich werden die Längsstege und Querstege dann an mehreren Stellen abgetrennt und die Verankerung versagt durch Steinausbruch.

In Bild 30 wird der Einfluss der „wirksame Verankerungstiefe" auf die Tragfähigkeit dargestellt. Die wirksame Verankerungstiefe ($\sum t$) entspricht der Summe aller Stegdicken entlang der Verankerungstiefe. Die wirksame Verankerungstiefe wurde für Verankerungen mit bis zu vier Längsstegen untersucht. Bis dahin lässt sich ein nahezu linearer Zusammenhang zwischen der Versagenslast und der wirksamen Verankerungstiefe erkennen. Dieser Zusammenhang deutet darauf hin, dass die Zuglast auf alle belasteten Längsstege gleichmäßig verteilt wird.

Mit den von *Stipetic* [6] vorgeschlagenen Gln. (13) und (14) wird die Tragfähigkeit einer in mehreren Stegen zugbeanspruchten Injektionsverankerung berechnet. Die in den Gleichungen angegebenen Parameter zur Berücksichtigung der Steingeometrie sind in den Bildern 31 und 32 dargestellt. Die Tragfähigkeit des Dübels hängt dabei sehr stark von der wirksamen Verankerungstiefe ab. Weiterhin haben die Nettodruckfestigkeit des Steins, die Gesamtdicke der Querstege innerhalb des biegebeanspruchten Bereichs und die Summe der Hohlkammerbreiten im Verankerungsbereich einen Einfluss auf die Höchstlast. Für Kalksandsteine muss zusätzlich der Einfluss einer vorhandenen Randverstärkung entlang der Auflagerfläche (Dicke L_Y) auf die Dübeltragfähigkeit berücksichtigt werden.

Für die Tragfähigkeit am Steinrand und/oder einer Gruppenverankerung wird von *Stipetic* [6] Gl. (15) vorgeschlagen. Die Länge des biegebeanspruchten Bereichs muss auch hier berücksichtigt werden. Bei geringen Randabständen zur Stoßfuge $c_1 < 4 \cdot t_{AS}$ bzw. zur Lagerfuge $c_2 < 4 \cdot t_{AS}$ kommt es zu einer Lastreduzierung.

Für eine 2-fache Befestigung mit Orientierung parallel zur Lagerfuge ist eine Mitwirkung der biegebe-

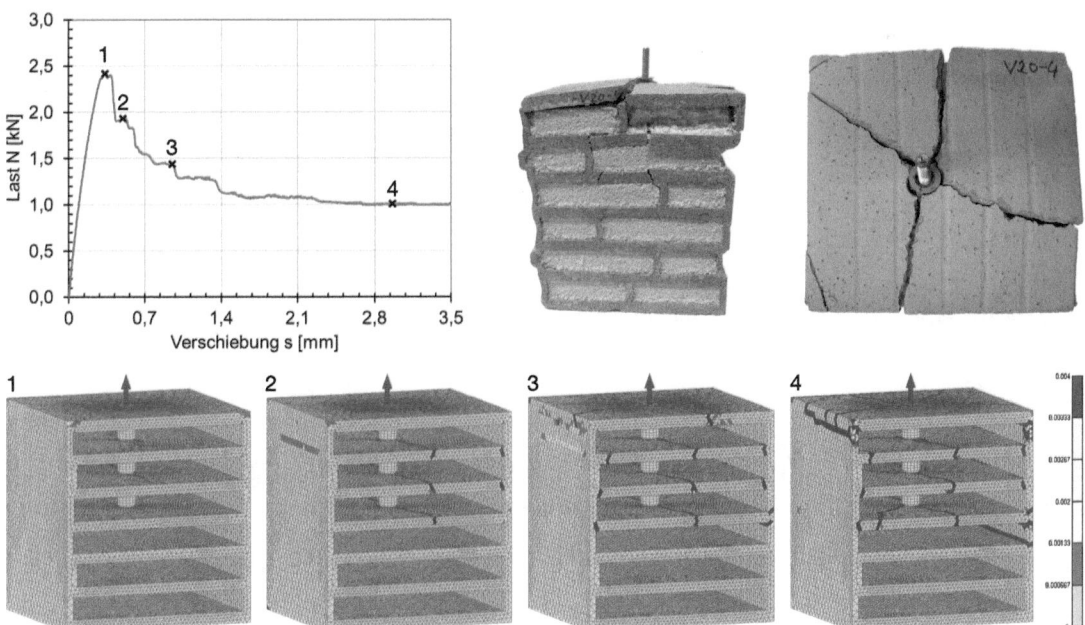

Bild 29. Typische Last-Verschiebungskurve und Hauptzugdehnungen (Rissbildung) im Mauerstein bei einem Zugversuch – Verankerung in mehreren Stegen (FE-Simulation); Vergleich mit Versagensart (Nachbruch) in Versuchen (aus [6])

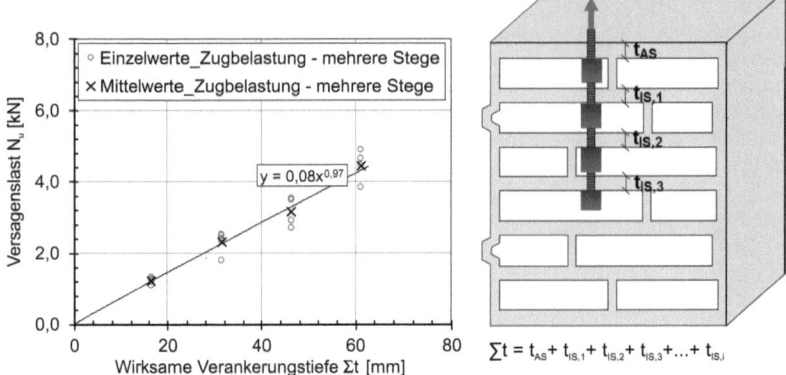

Bild 30. Abhängigkeit der Traglast von zugbelasteten Injektionsdübeln (Verankerung in mehreren Stegen) in Lochsteinen von der wirksamen Verankerungstiefe (aus [6])

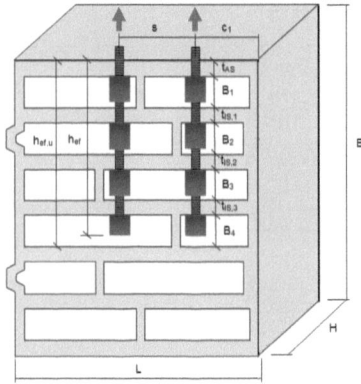

$\sum t = t_{AS} + t_{IS,1} + t_{IS,2} + t_{IS,3} + \ldots + t_{IS,i}$

$\sum B_x = h_{ef,u} - \sum t = B_1 + B_2 + B_3 + \ldots + B_i$ (Bereich $h_{ef,u}$)

Bild 31. Definition der geometrischen Parameter von Injektionsdübeln in Mauerstein (aus [6])

anspruchten Flächen (Lastabminderung) zu erwarten. Für einen Achsabstand $s_1 < 8 \cdot t_{AS}$ muss dieser ebenfalls berücksichtig werden. Zwischen den Dübeln einer 2-fachen Verankerung mit Orientierung orthogonal zur Lagerfuge tritt in der Regel ein Spaltriss auf, sodass keine Laststeigerung möglich ist.
Für Hochlochziegel:

$$N^0_{u,m} = 27 \cdot f^{0,5}_{c,Netto} \cdot \sum t \cdot \left(\frac{\sum L_x}{L_{A,x}}\right)^{0,5} \cdot \left(\sum B_x\right)^{0,3}$$
$$\cdot \left(\frac{H}{8 \cdot h_{ef,u}}\right)^{0,4} \quad [N] \qquad (13)$$

Für Kalksandlochstein:

$$N^0_{u,m} = 3,5 \cdot f^{0,5}_{c,Netto} \cdot \sum t \cdot \left(\sum B_x\right)^{0,6} \cdot k_{Ly} \quad [N] \qquad (14)$$

mit

$f_{c,Netto}$	Nettodruckfestigkeit des Steins [N/mm²]
	$= \dfrac{F_{c,Brutto}}{A_{Netto}} = f_{c,Brutto} \cdot \dfrac{A_{Brutto}}{A_{Netto}}$
$F_{c,Brutto}$	Versagenslast bei Prüfung der Steindruckfestigkeit in Richtung Steinhöhe H [N]
H	Steinhöhe [mm]
A_{Netto}	Nettoquerschnittsfläche (ohne Hohlkammer) [mm²]
$f_{c,Brutto}$	Bruttodruckfestigkeit des Steins (ohne Formfaktor) [N/mm²]
A_{Brutto}	Bruttoquerschnittsfläche [mm²]
	$= L \cdot B$
L	Steinlänge [mm]
B	Steinbreite (Dicke) [mm]
$\sum t$	effektive Verankerungstiefe entlang der Dübelachse [mm]
	$= t_{AS} + t_{IS,1} + t_{IS,2} + t_{IS,3} + \cdots + t_{IS,i}$
t_{AS}	Außenstegdicke entlang der Dübelachse, nach Bild 33 [mm]
$t_{IS,i}$	Dicke Innensteg ausgehend vom Außensteg (entlang der Dübelachse), nach Bild 33 [mm]
$\sum L_x$	Gesamtdicke der Querstege innerhalb $L^0_{A,x}$ bzw. Dicke des nächsten Stegs (für zwei nächste Stege mit gleichem Abstand vom Dübel ist der dünnere Steg relevant), falls kein Steg innerhalb $L^0_{A,x}$ vorhanden ist (s. Bild 32) [mm]
	$= L_{x,1.1} + L_{x,1.2} + \sum L_{x,2} + \sum L_{x,3} + \ldots + \sum L_{x,i}$
$L^0_{A,x}$	Länge des biegebeanspruchten Bereichs einer Einzelbefestigung in Richtung Steinlänge L bei vollständiger Ausbildung des Ausbruchkörpers (ohne Randeinfluss), nach Bild 32 [mm]
	$= 8 \cdot h_{AS}$
$L_{A,x}$	vorhandene Länge des biegebeanspruchten Bereichs einer Einzelbefestigung in Richtung Steinlänge L [mm]

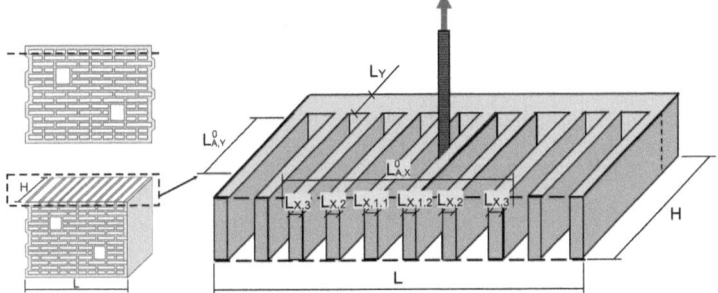

Bild 32. Definition der geometrischen Parameter im Querschnitt eines Mauersteins in Richtung Steinhöhe (aus [6])

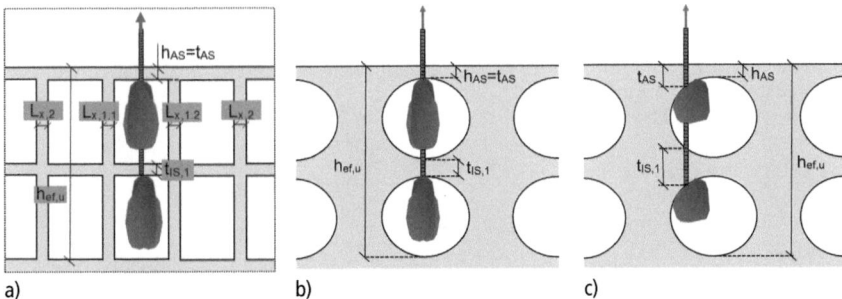

Bild 33. Definition der geometrischen Parameter für zugbelastete Verankerung in mehreren Stegen; a) Dübel im Stein mit quadratischen Hohlkammern, b) zentrisch in Lochkammer gesetzter Dübel, Stein mit runden Hohlkammern und c) exzentrisch in Lochkammer gesetzter Dübel, Stein mit runden Hohlkammern (aus [6])

h_{AS} Außenstegdicke im Verankerungsbereich (minimale Dicke bei Kalksandlochstein), nach Bild 33 [mm]

$\sum B_x$ Summe der Hohlkammerbreiten im Bereich $h_{ef,u}$ [mm]
$= h_{ef,u} - \sum t$

$h_{ef,u}$ Tiefe von der Steinoberfläche bis zum nächsten tieferliegenden Längssteg unter dem Verankerungsbereich [mm]

H   Steinhöhe [mm]
$= 8 \cdot h_{ef,u}$ wenn $H \geq 8 \cdot h_{ef,u}$

k_{Ly} Beiwert zur Berücksichtigung der Verstärkung (Dicke L_Y) entlang der Auflagerfläche, nach Bild 32 [–]

$= 1 + 0{,}1 \cdot \dfrac{L_Y}{h_{AS}}$

Verstärkung im Stein vorhanden

$= 1$

Verstärkung im Stein nicht vorhanden

L_y Dicke der Verstärkung entlang der Auflagerfläche, nach Bild 32 [mm]

Gruppenbefestigungen und Befestigungen am Steinrand:

$$N_{u,m} = N_{u,m}^0 \cdot \frac{L_{A,x}}{L_{A,x}^0} \cdot \frac{L_{A,y}}{L_{A,y}^0} \cdot \Psi_{s,x} \cdot \Psi_{g,x} \ [N] \qquad (15)$$

mit

$N_{u,m}^0$ Traglast einer Einzelbefestigung in der Fläche, nach Gln. (13) und (14) [N]

$L_{A,x}^0, L_{A,y}^0$ Länge des biegebeanspruchten Bereichs einer Einzelbefestigung in Richtung Steinlänge (x-Richtung) bzw. Steinhöhe (y-Richtung) bei vollständiger Ausbildung des Ausbruchkörpers (ohne Randeinfluss) [mm]

$L_{A,x}^0 = 2 \cdot c_{1,cr}$
$L_{A,y}^0 = 2 \cdot c_{2,cr}$

$L_{A,x}, L_{A,y}$ vorhandene Länge des biegebeanspruchten Bereichs einer Einzelbefestigung in Richtung Steinlänge (x-Richtung) bzw. Steinhöhe (y-Richtung) [mm]

$c_{1,cr}$ kritischer Randabstand zur Stoßfuge [mm]
$= 4 \cdot h_{AS}$

$c_{2,cr}$ kritischer Randabstand zur Lagerfuge [mm]
$= 4 \cdot h_{AS}$

h_{AS} Außenstegdicke im Verankerungsbereich (minimale Dicke bei Kalksandlochstein), nach Bild 33 [mm]

$\Psi_{s,x}$ Abminderungsfaktor zur Berücksichtigung des Randeinflusses zur Stoßfuge [–], gültig wenn $c_1 \leq c_{1,cr}$

$$= 0{,}7 + 0{,}3 \cdot \frac{c_1 - h_{AS}}{3 \cdot h_{AS}} \leq 1{,}0$$

c_1, c_2 vorhandener Randabstand zur Stoßfuge bzw. Lagerfuge [mm]

$c_{1,min}$ minimaler Randabstand des Dübels zur Stoßfuge [mm]
 $= h_{AS}$

$\Psi_{g,x}$ Faktor zur Berücksichtigung des Einflusses von Achsabstand einer Gruppenbefestigung parallel zur Lagerfuge [–], gültig wenn $s_{IILF} \leq s_{IILF,cr}$

$$= 1 + \frac{s_{IILF}}{s_{IILF,cr}} \leq 2{,}0$$

s_{IILF} vorhandener Achsabstand mit Orientierung parallel zur Lagerfuge bei Dübelgruppen [mm]

$s_{IILF,cr}$ benötigter Achsabstand mit Orientierung parallel zur Lagerfuge bei Dübelgruppen bei vollständiger Ausbildung des Ausbruchkörpers [mm]
 $= 8 \cdot h_{AS}$

Für das oben beschriebene Modell wurde die Tragfähigkeit in 10 unterschiedlichen Hochlochziegeln und 3 unterschiedlichen Kalksandlochsteinen berechnet und mit den Versuchsergebnissen verglichen. Die berechneten Lasten wurden mit insgesamt 498 Versuchen verglichen. Der Vergleich zwischen den berechneten und den experimentell ermittelten Lasten (s. Bild 34) zeigt eine gute Übereinstimmung. Das Verhältnis von Versuch zu Berechnung ergibt einen Mittelwert von 1,0 bei einem Variationskoeffizient von 23,6 % für Hochlochziegel und von 18,6 % für Kalksandlochsteine.

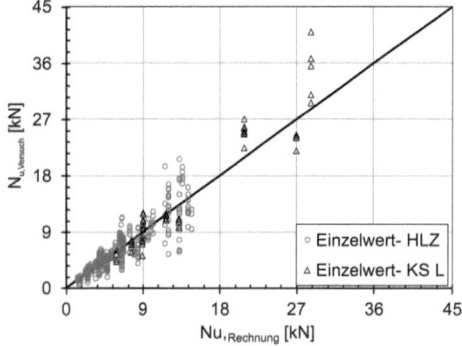

Bild 34. Vergleich der experimentell ermittelten Bruchlasten mit der vorgeschlagenen Gleichung für Hochlochziegel und Kalksandlochsteine bei Steinversagen (Verankerung in mehreren Stegen), aus [6]

4.4 Berechnungsbeispiele für die Verankerung unter Zugbelastung

4.4.1 Verankerung nur im Außensteg

In Bild 35 ist ein zugbelasteter Injektionsdübel dargestellt, der mit einer Verankerungstiefe $h_{ef} = 50$ mm in einem Hochlochziegel installiert wird. Der Dübel wurde bezogen auf die Steinhöhe mittig (c_2) und bezogen auf die Steinlänge mit dem Randabstand $c_1 = 70$ mm installiert.

Die Nettodruckfestigkeit $f_{c,Netto}$ wird mithilfe der gemessenen Bruttodruckfestigkeit (Prüfung der Steindruckfestigkeit) berechnet. Die Nettoquerschnittsfläche A_{Netto} entspricht der tatsächlich belasteten Querschnittsfläche bei der Prüfung der Steindruckfestigkeit (Bruttoquerschnittsfläche A_{Brutto} ohne Hohlkammer).
Nettodruckfestigkeit des Steins:

$$f_{c,Netto} = f_{c,Brutto} \cdot \frac{A_{Brutto}}{A_{Netto}}$$

$$= 9{,}0 \cdot \frac{365 \cdot 248}{(365 \cdot 248) - (6 \cdot 41 \cdot 68) - (2 \cdot 41 \cdot 97)}$$

$$\frac{1}{-(2 \cdot 41 \cdot 111) - (2 \cdot 41 \cdot 66) - (2 \cdot 41 \cdot 142)}$$

$$= 20{,}5 \text{ N/mm}^2$$

Verankerungstiefe im Außensteg entlang der Dübelachse bzw. Außenstegdicke im Verankerungsbereich:

$h_{AS} = t_{AS} = 17$ mm

Mit dem Faktor k_{Lx} werden die Querstege innerhalb des biegebeanspruchten Bereiches $L_{A,x}$ in Richtung der Lastabtragung berücksichtigt.
Kritischer Randabstand zur Stoßfuge:

$c_{1,cr} = 4 \cdot h_{AS} = 4 \cdot 17 = 68$ mm

Randabstand zur Stoßfuge:

$c_1 = 70$ mm

Vorhandene Länge des biegebeanspruchten Bereichs:

$c_1 > c_{1,cr} \rightarrow$ kein Randeinfluss

$L_{A,x} = L_{A,x}^0 = 2 \cdot c_{1,cr} = 136$ mm

In dem biegebeanspruchten Bereich befinden sich zwei Querstege. Dabei handelt es sich um Stege mit den Dicken $L_{x,1.1} = 8$ mm und $L_{x,1.2} = 12$ mm ($L_{x,1.2}$ = Anteil des äußeren Querstegs im biegebeanspruchten Bereich). Der Steg mit der Dicke $L_{x,1.1}$ liegt näher am Dübel ($a_1 < a_2$) als der zweite Steg ($L_{x,1.1} < L_{x,1.2}$). Daher wird angenommen: $L_{x,1.j} = L_{x,1.1} = 8$ mm.

$8{,}0 < 17{,}0 \rightarrow L_{x,1.j} < h_{AS} \rightarrow k_{Lx} = \left(\frac{\sum L_{x,i}}{h_{AS}}\right)^{0,2}$

Gesamtdicke der Querstege innerhalb $L_{A,X}$:

$\sum L_{x,i} = L_{x,1.1} + L_{x,1.2}$
$= 8 + 12 = 20$ mm

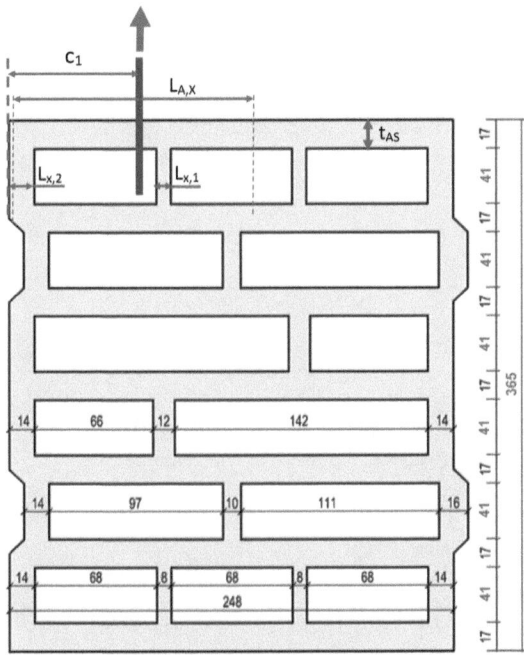

Bild 35. Verankerung im Außensteg (Hochlochziegel)

Montageparameter:

Dübelgröße (Siebhülse) [mm]	16 · 50
Verankerungstiefe [mm]	50
c_1/c_2 [mm]	70/124,5

Steinparameter:

Länge L [mm]	248
Breite (Dicke) B [mm]	365
Höhe H [mm]	249
$f_{c,Brutto}$ (Druckfestigkeit) [N/mm²]	9,0

Beiwert zur Berücksichtigung der Querstege:

$$k_{Lx} = \left(\frac{\sum L_{x,1}}{h_{AS}}\right)^{0,2} = \left(\frac{20}{17}\right)^{0,2} = 1,033$$

Die Tragfähigkeit des Dübels ohne Randeinfluss beträgt:

$$N^0_{u,m} = 5,6 \cdot f_{c,Netto}^{0,5} \cdot t_{AS}^{1,5} \cdot k_{Lx}$$

$$N^0_{u,m} = 5,6 \cdot 20,5^{0,5} \cdot 17^{1,5} \cdot 1,033 = 1836 \text{ N} = 1,84 \text{ kN}$$

Der Einfluss eines Randes zur Stoßfuge c_1 ist nicht gegeben. Der Randabstand zur Lagerfuge c_2 wird wie folgt berechnet:

$c_1 > c_{1,cr}$

Kritischer Randabstand zur Lagerfuge:

$c_{2,cr} = 4 \cdot h_{AS} = 4 \cdot 17 = 68$ mm

Randabstand zur Lagerfuge:

$c_2 = 124,5$ mm

$c_2 > c_{2,cr}$ → kein Randeinfluss

Damit ergibt sich die Bruchlast zu:

$N_{u,m} = N^0_{u,m} = 1,84$ kN

4.4.2 Verankerung in mehreren Stegen

Bild 36 zeigt eine 2-fach-Befestigung mit einem Achsabstand parallel zur Lagerfuge von $s_{IILF} = 70$ mm. Mit der Doppelbefestigung wird eine Stahlplatte, die zentrisch auf Zug beansprucht wird, an einem Hochlochziegelmauerwerk montiert.

Für die Doppelbefestigung wird zuerst die Tragfähigkeit des einzelnen Dübels berechnet. Der Dübel mit der geringeren Tragfähigkeit wird dann auf der sicheren Seite liegend für die Berechnung der Tragfähigkeit der 2-fach-Befestigung zugrunde gelegt.

Nettodruckfestigkeit des Steins:

$$f_{c,Netto} = f_{c,Brutto} \cdot \frac{A_{Brutto}}{A_{Netto}}$$

$$= 9,0 \cdot \frac{365 \cdot 248}{(365 \cdot 248) - (6 \cdot 41 \cdot 68) - (2 \cdot 41 \cdot 97)}$$

$$\frac{1}{-(2 \cdot 41 \cdot 111) - (2 \cdot 41 \cdot 66) - (2 \cdot 41 \cdot 142)}$$

$$= 20,5 \text{ N/mm}^2$$

Für die belasteten Anker gilt Folgendes:
Wirksame Verankerungstiefe:

$\sum t = t_{AS} + t_{IS,1} + t_{IS,2} = 17 + 17 + 17 = 51$ mm

Verankerungstiefe im Außensteg entlang der Dübelachse bzw. Außenstegdicke in Verankerungsbereich:

$h_{AS} = t_{AS} = 17$ mm

Kritischer Randabstand zur Stoßfuge:

$c_{1,cr} = 4 \cdot h_{AS} = 4 \cdot 17 = 68$ mm

Randabstand zur Stoßfuge (Anker Nr. 1):

$c_{1,1} = 70$ mm

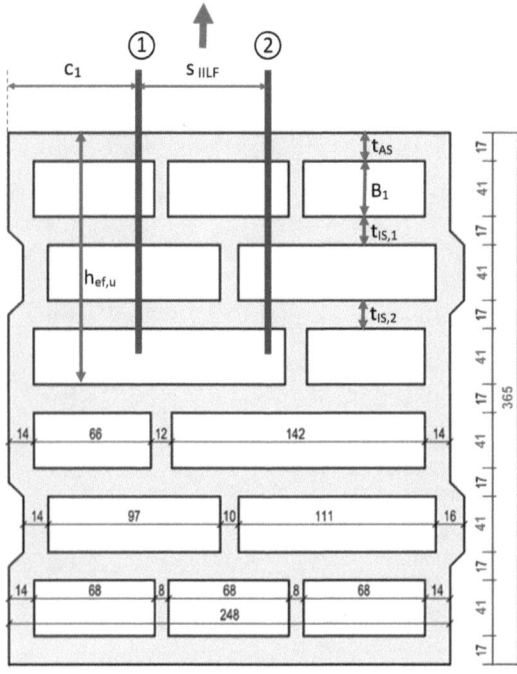

Montageparameter:	
Dübelgröße (Siebhülse) [mm]	18 · 150
Verankerungstiefe [mm]	150
c_1/c_2 [mm]	70/124,5
s_{IILF} [mm]	70
Steinparameter:	
Länge L [mm]	248
Breite (Dicke) B [mm]	365
Höhe H [mm]	249
$f_{c,Brutto}$ (Druckfestigkeit) [N/mm²]	9,0

Bild 36. Verankerung in mehreren Stegen (Hochlochziegel)

Randabstand zur Stoßfuge

(Anker Nr. 2): $c_{1,2} = L - c_{1,1} - s_{IILF}$

$c_{1,2} = 248 - 70 - 70$

$c_{1,2} = 108$ mm

Vorhandene Länge des biegebeanspruchten Bereichs:

$c_1 > c_{1,cr} \rightarrow$ kein Randeinfluss

$L_{A,x} = L_{A,x}^0 = 2 \cdot c_{1,cr} = 136$ mm

Summe der Hohlkammerbreiten im Bereich $h_{ef,u}$:

$\Sigma B_x = h_{ef,u} - \Sigma t = 174 - 51 = 123$ mm

Anker Nr. 1:
Im biegebeanspruchten Bereich befindet sich in jeder Hohlkammer mindestens ein Quersteg. Zur Berechnung der Tragfähigkeit wird die geringste Stegdicke angesetzt.
Gesamtdicke der Querstege innerhalb $L_{A,x}$: $\Sigma L_x = 12$ mm

$N_{u,m,1}^0 = 27 \cdot f_{c,Netto}^{0,5} \cdot \Sigma t \cdot \left(\frac{\Sigma L_x}{L_{A,x}}\right)^{0,5} \cdot (\Sigma B_x)^{0,3}$

$\cdot \left(\frac{H}{8 \cdot h_{ef,u}}\right)^{0,4}$

$N_{u,m,1}^0 = 27 \cdot 20{,}5^{0,5} \cdot 51 \cdot \left(\frac{12}{136}\right)^{0,5} \cdot 123^{0,3} \cdot \left(\frac{249}{8 \cdot 174}\right)^{0,4}$

$= 3941$ N $= 3{,}94$ kN

Anker Nr. 2:
Im biegebeanspruchen Bereich des Dübels Nr. 2 ist in jeder Hohlkammer ebenfalls mindestens ein Quersteg vorhanden. Die geringste Gesamtstegdicke beträgt $\Sigma L_x = 10$ mm und befindet sich in der zweiten Hohlkammerreihe ausgehend von der Oberfläche des Steins.
Gesamtdicke der Querstege innerhalb $L_{A,x}$: $\Sigma L_x = 10$ mm

$N_{u,m,2}^0 = 27 \cdot f_{c,Netto}^{0,5} \cdot \Sigma t \cdot \left(\frac{\Sigma L_x}{L_{A,x}}\right)^{0,5} \cdot (\Sigma B_x)^{0,3}$

$\cdot \left(\frac{H}{8 \cdot h_{ef,u}}\right)^{0,4}$

$N_{u,m,2}^0 = 27 \cdot 20{,}5^{0,5} \cdot 51 \cdot \left(\frac{10}{136}\right)^{0,5} \cdot 123^{0,3} \cdot \left(\frac{249}{8 \cdot 174}\right)^{0,4}$

$= 3600$ N $= 3{,}60$ kN

Für die beiden Anker gilt Folgendes:
Randabstand zur Stoßfuge:

$c_1 > c_{1,cr} \rightarrow$ kein Randeinfluss

Kritischer Randabstand zur Lagerfuge:

$c_{2,cr} = 4 \cdot h_{AS} = 4 \cdot 17 = 68$ mm

Randabstand zur Lagerfuge:

$c_2 = 124{,}5$ mm

III Tragverhalten und Tragfähigkeit von Injektionsdübeln in Lochsteinen unter Berücksichtigung der Steingeometrie

Vorhandene Länge des biegebeanspruchten Bereichs:

$c_2 > c_{2,cr} \rightarrow$ kein Randeinfluss

$L_{A,y} = L_{A,y}^0 = 2 \cdot c_{2,cr} = 136$ mm

Da kein Randabstand vorhanden ist, wird für die Berechnung der Doppelbefestigung die minimale Last von den beiden Dübeln in der Fläche verwendet.

$\min \left(N_{u,m,1}^0 ; N_{u,m,2}^0 \right) = \min (3{,}94; 3{,}60) = 3{,}60$ kN

Achsabstand: $s_{IILF} = 70$ mm

Kritischer Achsabstand: $s_{IILF,cr} = 8 \cdot h_{AS} = 8 \cdot 17$
$= 136$ mm

Faktor zur Berücksichtigung des Einflusses von Achsabstand einer Gruppenbefestigung parallel zur Lagerfuge: $s_{IILF} < s_{IILF,cr} \rightarrow$ Einfluss von Achsabstand einer Gruppenbefestigung parallel zur Lagerfuge vorhanden

$\Psi_{g,x} = 1 + \dfrac{s_{IILF}}{s_{IILF,cr}} = 1 + \dfrac{70}{136} = 1{,}51$

Damit ergibt sich die Bruchtragfähigkeit der Doppelbefestigung $N_{u,m}$ zu:

$N_{u,m} = N_{u,m,1}^0 \cdot \Psi_{g,x} = 3{,}60 \cdot 1{,}51 = 5{,}44$ kN

Die weiteren Berechnungsbeispiele zum Bemessungsmodell für zugbelastete Injektionsdübel bei Steinausbruch können [6] entnommen werden.

5 Berechnungsmodell für Injektionsdübel in Lochsteinen unter Querzugbelastung – Versagen durch Kantenbruch

5.1 Herangehensweise

Für das Dübeltragverhalten in Lochsteinen unter Querzugbelastung wurde eine vergleichbare Parameterstudie wie für die Verankerungen unter Zugbelastung durchgeführt (s. Abschnitt 4). Hierbei wurde das Versagen bei Steinkantenbruch untersucht.
Anhand der Parameterstudie wurde in [6] ein analytisches Modell zur Berechnung der querbelasteten Dübel (Versagensart Steinkantenbruch) abgeleitet. Mit dem Berechnungsmodell werden sowohl die Steingeometrie als auch unterschiedliche Geometrien (flexible Verankerungstiefe und Setzposition) berücksichtigt. Das Modell erlaubt die Ermittlung der Tragfähigkeit für Einzel- und Gruppenbefestigungen.

5.2 Tragverhalten und Tragfähigkeit bei Verankerung unter Querzugbelastung

In den Bildern 37 und 38 ist eine typische Last-Verschiebungskurve sowie die Rissbildung für die Versagensart „Kantenbruch" bei querbelasteten Dübeln in Lochsteinen dargestellt. Bei Höchstlast bildet sich ein vom Anker ausgehender Spaltriss im Außensteg, der annähernd parallel zu den Querstegen verläuft. Bei jedem weiteren lokalen Lastmaximum tritt ein weiterer Riss im nächsten tieferliegenden und noch nicht beschädigten Längssteg auf. Erst wenn alle Längsstege im Verankerungsbereich versagen, bildet sich der Kantenbruch auf der lastzugewandten Seite im Stein.
Der wichtigste geometrische Parameter bezüglich der Dübeltragfähigkeit ist die Außenstegdicke. Bild 39a zeigt den Zusammenhang zwischen Außenstegdicke und Tragfähigkeit eines Dübels. Die Parameterstudie wurde für Injektionsdübel durchgeführt, die nur im Außensteg und solche, die in drei Längsstegen verankert waren. Die Ereignisse zeigen, dass die Tragfähigkeit mit zunehmender Dicke des Außenstegs für die beiden untersuchten Verankerungsfälle vergleichbar ansteigt. Darüber hinaus werden die eingeleiteten Kräfte bis zum Erreichen der Höchstlast, zumindest teilweise, durch die Innenstege im Verankerungsbereich abgetragen. Wie aus Bild 39b ersichtlich ist, wurde dieser Einfluss für unterschiedliche Stegdicken und Verankerungstiefen untersucht. Die Lasten wurden hierzu auf die Tragfähigkeit eines Injektionsdübels bezogen, der nur im Außensteg verankert war. Daraus folgt, dass bis zu einer Gesamtdicke der Innenstege von 15 mm keine Lasterhöhung stattfindet. Bei einer Gesamtdicke der vorhandenen Innenstege größer als 30 mm sind um ca. 20 % höhere Lasten zu erwarten als bei einer Verankerung nur im Außensteg. Dazwischen kann die Tragfähigkeit linear interpoliert werden.
Im Mauerwerksverband können sich querkraftbeanspruchte Steine gegebenenfalls auf die davor befindlichen Steine abstützen. Daher wurde der Einfluss einer solchen Abstützung auf die Dübeltragfähigkeit näher untersucht und die Höhe der Abstützung auf der lastzugewandten Seite des Steins variiert. Bild 40 zeigt den Zusammenhang zwischen der Größe C_A und der Tragfähigkeit eines Dübels. Die Größe C_A stellt den prozentualen Anteil der Abstützhöhe zur Steinbreite B dar. Die Tragfähigkeit für jede Abstützungshöhe wird auf die Traglast bei der Abstützung mit $C_A = 33\%$ bezogen. Es hat sich gezeigt, dass durch eine höhere Abstützung eine bis zu fünffache Laststeigerung möglich ist. Aus diesem Grunde müssen Querzugversuche mit maximaler Abstützhöhe von 33 % bezogen auf den Stein durchgeführt werden. Die weiteren Details zum Einfluss der Bauteilabstützung können aus [6] entnommen werden.
Anhand der durchgeführten Parameterstudie in Lochsteinen wurde von *Stipetic* [6] ein Berechnungsmodell für Steinkantenbruch vorgeschlagen. Anhand der Gln. (16) und (17) kann die mittlere Bruchlast eines Injektionsdübels unter Querlastbeanspruchung am Steinrand berechnet werden (Hochlochziegel und Kalksandlochsteine).
Für das Modell wird der Einfluss der Steingeometrie und der Setzposition des Injektionsdübels berücksichtigt. Die zu berücksichtigenden geometrischen Parameter bezüglich der Tragfähigkeit des Dübels werden

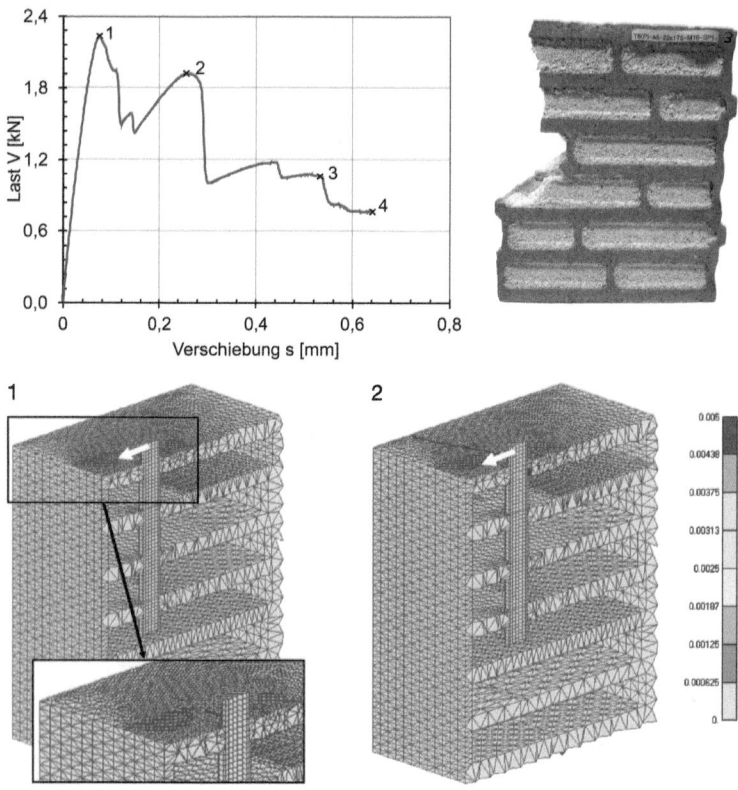

Bild 37. Hauptzugdehnungen (Rissbildung) in Mauerstein bei einem Querzugversuch (Schnitt) – FE-Simulation; Vergleich mit Versagensart (Nachbruch) in Versuchen (Teil 1/2), aus [6]

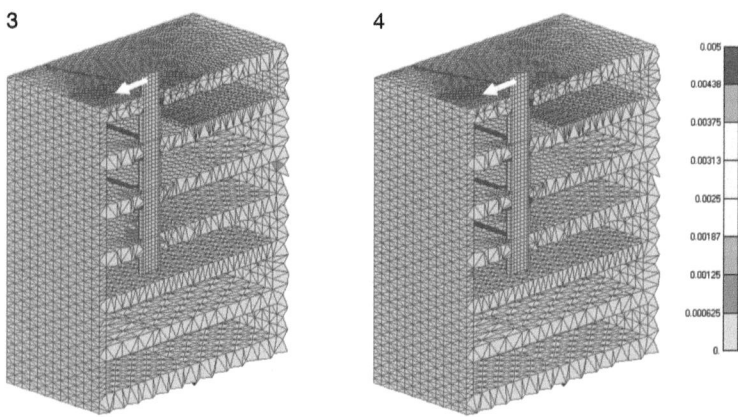

Bild 38. Hauptzugdehnungen (Rissbildung) in Mauerstein bei einem Querzugversuch (Schnitt) – FE-Simulation; Vergleich mit Versagensart (Nachbruch) in Versuchen (Teil 2/2), aus [6]

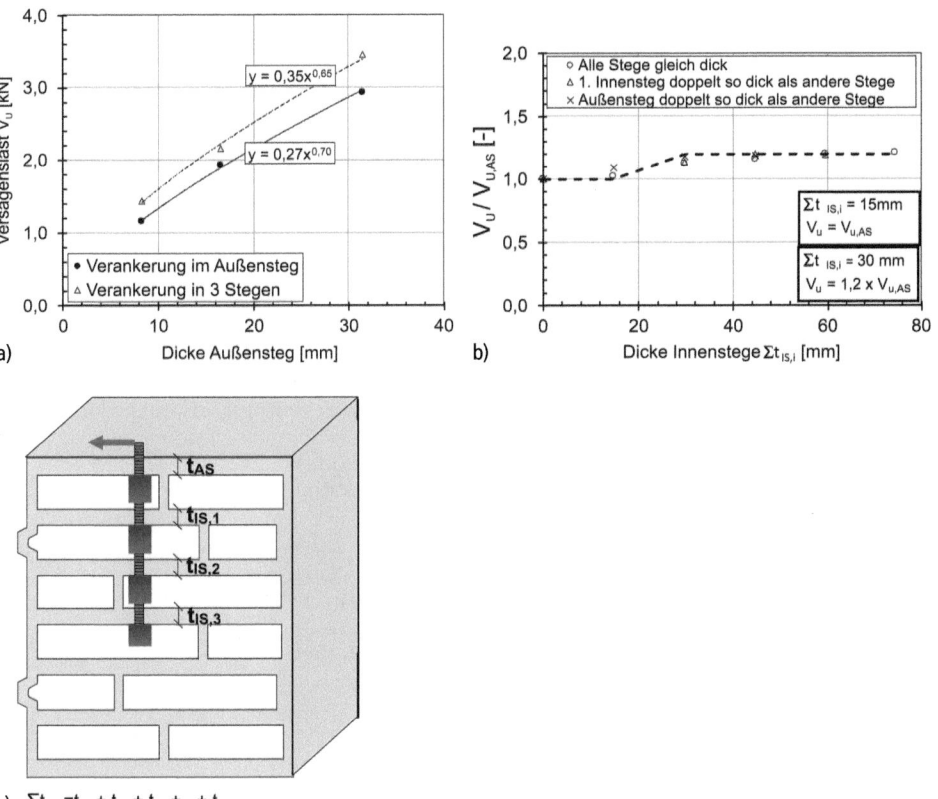

c) $\Sigma t_{IS,i} = t_{IS,1} + t_{IS,2} + t_{IS,3} + ... + t_{IS,i}$

Bild 39. Abhängigkeit der Tragfähigkeit eines quer zum Rand belasteten Injektionsdübels in Lochsteinen von a) Außenstegdicke (t_{AS}) und b) Gesamtdicke ($\Sigma t_{IS,i}$) der inneren Längsstege (Verankerungsbereich), c) Legende für Steingeometrie (aus [6])

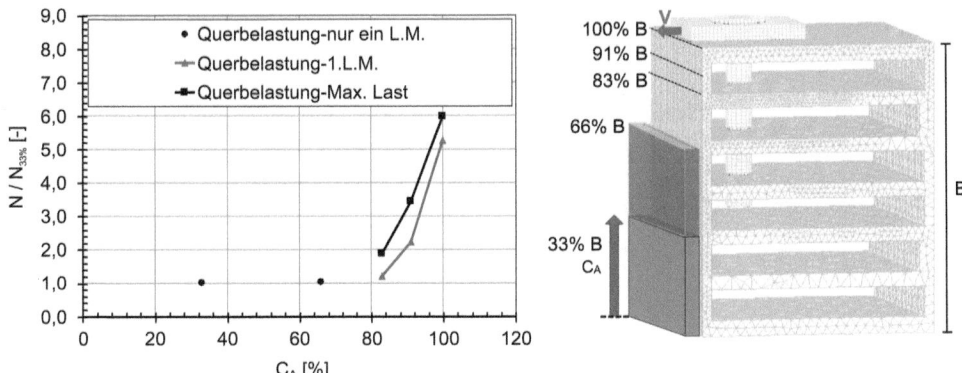

Bild 40. Einfluss der Höhe der Bauteilabstützung vor dem Stein bei Querlastversuchen auf das Versagen bei Kantenbruch (aus [6])

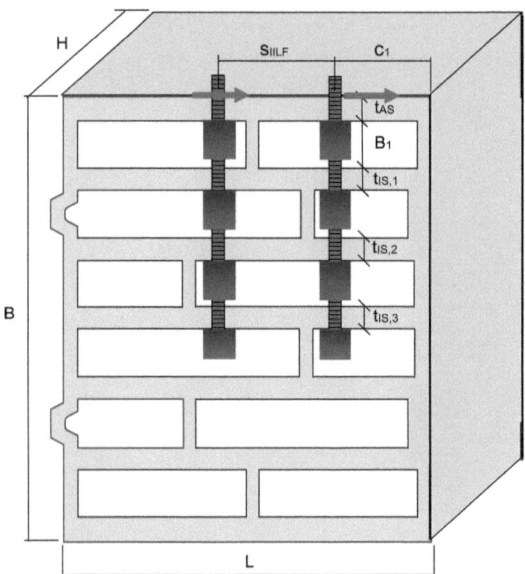

Bild 41. Zu berücksichtigende geometrische Parameter bei Injektionsdübeln in Mauerstein (aus [6])

in den Bildern 41 und 42 dargestellt. Die Tragfähigkeit unter Querzugbelastung wird durch die
- Nettodruckfestigkeit des Steins,
- Dicke der Längsstege im Verankerungsbereich,
- Breite der Hohlkammer zwischen dem äußeren und inneren Längssteg,
- Gesamtdicke der Querstege und
- Randabstände

beeinflusst.
Bei Kalksandlochstein kann eine Verstärkung entlang der Auflagerfläche (Dicke L_Y) vorhanden sein. Die Dicke L_Y muss daher ggf. mit dem Koeffizient k_{LY} im Berechnungsmodell berücksichtigt werden.
Gleichung (18) kann für die Berechnung einer Gruppenbefestigung mit Orientierung senkrecht zur Lagerfuge verwendet werden. Für die Tragfähigkeit einer Gruppenbefestigung mit Orientierung parallel zur Lagerfuge müssen, infolge des Lochspiels zwischen Anker und Anbauteil, drei Fälle (siehe Gln. (19)–(21)) betrachtet werden.

Für Hochlochziegel:

$$V_{u,m}^0 = 17,8 \cdot f_{c,Netto}^{0,5} \cdot t_{AS}^{0,5} \cdot k_{IS} \cdot \left(\frac{1}{B_1}\right)^{0,2} \cdot \left(\frac{\sum L_x}{L}\right)^{0,2}$$
$$\cdot c_1^{0,4} \cdot c_2^{0,3} \; [N] \qquad (16)$$

Für Kalksandlochstein:

$$V_{u,m}^0 = 8,9 \cdot f_{c,Netto}^{0,5} \cdot t_{AS}^{0,5} \cdot k_{IS} \cdot k_{Ly} \cdot c_1^{0,4} \cdot c_2^{0,3} \; [N] \qquad (17)$$

mit

$f_{c,Netto}$ Nettodruckfestigkeit des Steins [N/mm²]

$$= \frac{F_{c,Brutto}}{A_{Netto}} = f_{c,Brutto} \cdot \frac{A_{Brutto}}{A_{Netto}}$$

$F_{c,Brutto}$ Versagenslast bei Prüfung der Steindruckfestigkeit in Richtung Steinhöhe H [N]

H Steinhöhe [mm]

A_{Netto} Nettoquerschnittsfläche (ohne Hohlkammer) [mm²]

$f_{c,Brutto}$ Bruttodruckfestigkeit des Steins (ohne Formfaktor) [N/mm²]

A_{Brutto} Bruttoquerschnittsfläche [mm²]
$\quad = L \cdot B$

L Steinlänge [mm]

B Steinbreite (Dicke) [mm]

t_{AS} Außenstegdicke nach Bild 43 [mm]

k_{IS} Beiwert zur Berücksichtigung der Dicke von inneren Längsstegen im Verankerungsbereich [–]

$\quad = 1,0 \quad (\sum t_{IS} \leq 15 \text{ mm bzw.}$
$\qquad\qquad$ Verankerung nur im Außensteg)

$\quad = 1,2 \quad (\sum t_{IS} \geq 30 \text{ mm})$

$\quad = 1 + 0,2 \cdot \dfrac{(\sum t_{IS} - 15)}{15} \quad (15 \text{ mm} \leq \sum t_{IS} \leq 30 \text{ mm})$

$\sum t_{IS}$ Gesamtdicke der inneren Längsstege im Verankerungsbereich [mm]
$\quad = t_{IS,1} + t_{IS,2} + \ldots + t_{IS,i}$

$t_{IS,i}$ Dicke des inneren Längsstegs (i ≥ 1), nach Bild 41 [mm]

B_1 Breite der Hohlkammer zwischen dem Außensteg und dem ersten inneren Längssteg [mm]

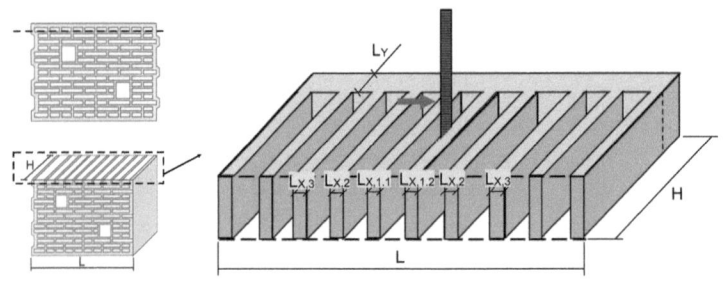

Bild 42. Zu berücksichtigende geometrische Parameter im Querschnitt eines Mauersteins in Richtung Steinhöhe (aus [6])

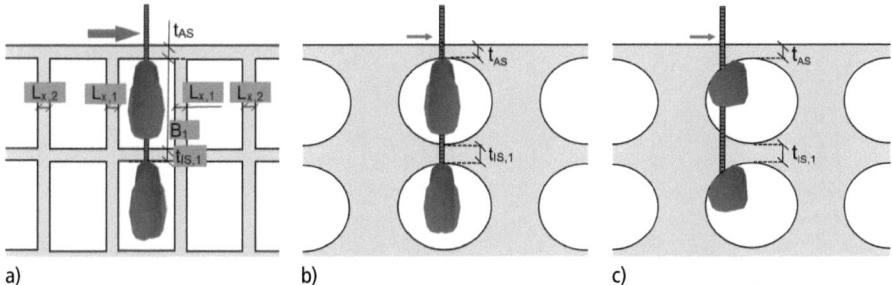

a) b) c)

Bild 43. Zu berücksichtigende geometrische Parameter für querbelastete Verankerung; a) Dübel im Stein mit quadratischen Hohlkammern, b zentrisch in Lochkammer gesetzter Dübel, Stein mit runden Hohlkammern und c) exzentrisch in Lochkammer gesetzter Dübel, Stein mit runden Hohlkammern (aus [6])

$\sum L_x$ Gesamtdicke der Querstege im Stein, nach Bild 42 [mm]
$= L_{x,1} + L_{x,2} + \ldots + L_{x,i}$

k_{Ly} Beiwert zur Berücksichtigung der Verstärkung entlang der Auflagerfläche [–]

$= 1 + 0{,}1 \cdot \dfrac{L_Y}{t_{AS}}$

(Verstärkung im Stein vorhanden)

$= 1$

(Verstärkung im Stein nicht vorhanden)

L_Y Dicke der Verstärkung entlang Auflagerfläche, nach Bild 42 [mm]
c_1 vorhandener Randabstand zur Stoßfuge [mm]
c_2 vorhandener Randabstand zur Lagerfuge [mm]

$= \dfrac{H}{2}$ mittig im Stein installierter Dübel

Für Gruppenbefestigung senkrecht zur Lagerfuge:

$V_{u,m} = V_{u,m}^0 \cdot \Psi_{g,x}$ [N] (18)

mit
$V_{u,m}^0$ Traglast einer Einzelbefestigung, nach Gln. (16) und (17) [N]
$\Psi_{g,x}$ Faktor zur Berücksichtigung einer Gruppenbefestigung senkrecht zur Lagerfuge [–]
$= 1{,}15$

Für Gruppenbefestigung parallel zur Lagerfuge:

$V_{u,m,1} = V_{u,m}^0$ Lochspiel am randferneren Dübel (19)

$V_{u,m,2} = V_{u,m}^0$ Lochspiel am randnahen Dübel (20)

(Anmerkung: Randabstand zur Stoßfuge $c_1 + s_{IILF}$ statt c_1 in Gln. (16) und (17) vorhanden)

$V_{u,m} = 2 \cdot \min\left(V_{u,m,1}; V_{u,m,2}\right)$ kein Lochspiel an beiden Dübeln (21)

$V_{u,m}^0$ Traglast einer Einzelbefestigung, nach Gln. (16) und (17) [N]

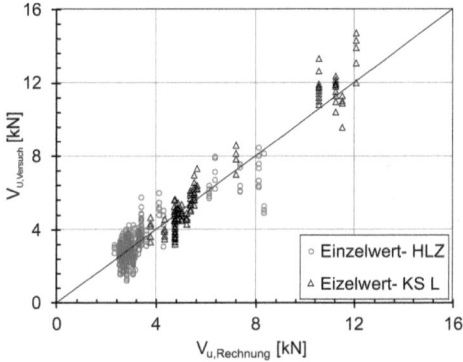

Bild 44. Vergleich der experimentell ermittelten Bruchlasten mit den rechnerischen Bruchlasten für Hochlochziegel und für Kalksandlochsteine bei Steinkantenbruch (aus [6])

c_1 vorhandener Randabstand des randnahen Dübels zur Stoßfuge (Gruppenbefestigung parallel zur Lagerfuge) [mm]
s_{IILF} vorhandener Achsabstand mit Orientierung parallel zur Lagerfuge bei Dübelgruppen [mm]

Insgesamt wurden 618 Versuche in 8 unterschiedlichen Hochlochziegeln und 3 unterschiedlichen Kalksandsteinen nachgerechnet. Der Vergleich (s. Bild 44) zeigt eine gute Übereinstimmung der experimentell ermittelten Lasten mit den vorgeschlagenen Gleichungen des Modells. Das Verhältnis beträgt im Mittel ca. 1,0 für beide Steinarten. Der Variationskoeffizient liegt bei 19,8 % in Hochlochziegeln und bei 12,8 % in Kalksandlochsteinen.

5.3 Berechnungsbeispiel für Verankerung unter Querzugbelastung

Die in Bild 45 dargestellte 2-fach-Verankerung wird quer in Richtung Stoßfuge (ohne Hebelarm) belastet. Die Dübel sind dabei parallel zur Lagerfuge angeordnet und haben einen Achsabstand von $s_{IILF} = 70$ mm.

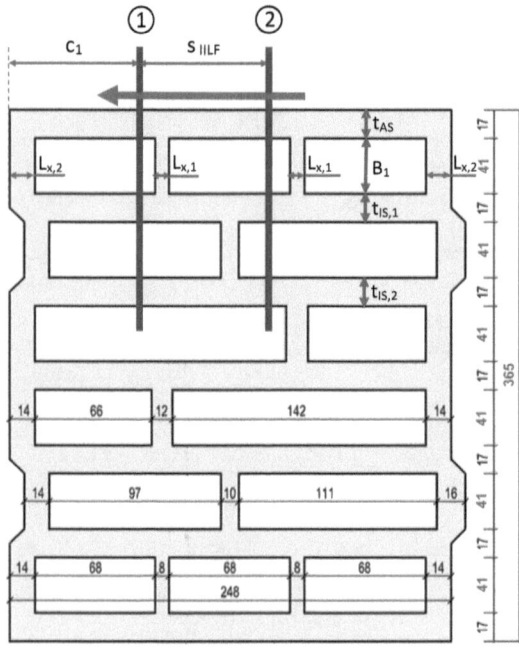

Montageparameter:

Dübelgröße (Siebhülse) [mm]	18 · 150
Verankerungstiefe [mm]	150
c_1/c_2 [mm]	70/124,5
s_{IILF} [mm]	70

Steinparameter:

Länge L [mm]	248
Breite (Dicke) B [mm]	365
Höhe H [mm]	249
$f_{c,Brutto}$ (Steindruckfestigkeit) [N/mm²]	9,0

Bild 45. Doppelbefestigung im Hochlochziegel

Für beide Anker gilt Folgendes:

Nettodruckfestigkeit des Steins:

$$f_{c,Netto} = f_{c,Brutto} \cdot \frac{A_{Brutto}}{A_{Netto}}$$

$$= 9,0 \cdot \frac{365 \cdot 248}{(365 \cdot 248) - (6 \cdot 41 \cdot 68) - (2 \cdot 41 \cdot 97)}$$

$$\frac{1}{-(2 \cdot 41 \cdot 111) - (2 \cdot 41 \cdot 66) - (2 \cdot 41 \cdot 142)}$$

$$= 20,5 \text{ N/mm}^2$$

Außenstegdicke:

$t_{AS} = 17$ mm

Breite der Hohlkammer zwischen dem Außensteg und dem ersten inneren Längssteg:

$B_1 = 41$ mm

Anteil von Gesamtdicke der Querstege in Bezug auf Steinlänge:

$$\frac{\sum L_x}{L} = \frac{(2 \cdot 8) + (2 \cdot 14)}{248} = 0,177$$

Gesamtdicke der inneren Längsstege im Verankerungsbereich:

$\sum t_{IS} = t_{IS,1} + t_{IS,2} = 17 + 17 = 34$ mm

Beiwert zur Berücksichtigung der Dicke von inneren Längsstegen im Verankerungsbereich:

$\sum t_{IS} = 34$ mm $\rightarrow k_{IS} = 1,2$

Anker Nr. 1 (Lochspiel am randfernen Dübel):

$$V_{u,m} = V_{u,m}^0 = 17,8 \cdot f_{c,Netto}^{0,5} \cdot t_{AS}^{0,5} \cdot k_{IS} \cdot \left(\frac{1}{B_1}\right)^{0,2}$$

$$\cdot \left(\frac{\sum L_x}{L}\right)^{0,2} \cdot c_1^{0,4} \cdot c_2^{0,3}$$

$$V_{u,m,1} = 17,8 \cdot 20,5^{0,5} \cdot 17^{0,5} \cdot 1,2 \cdot \left(\frac{1}{41}\right)^{0,2}$$

$$\cdot 0,177^{0,2} \cdot 70^{0,4} \cdot 124,5^{0,3} = 3121 \text{ N}$$

$V_{u,m,1} = 3,12$ kN

Anker Nr. 2 (Lochspiel am randnahen Dübel): Randabstand zur Stoßfuge:

$c_1 + s_{IILF} = 70 + 70 = 140$ mm

$$V_{u,m} = V_{u,m}^0 = 17,8 \cdot f_{c,Netto}^{0,5} \cdot t_{AS}^{0,5} \cdot k_{IS} \cdot \left(\frac{1}{B_1}\right)^{0,2}$$

$$\cdot \left(\frac{\sum L_x}{L}\right)^{0,2} \cdot (c_1 + s_{IILF})^{0,4} \cdot c_2^{0,3}$$

$$V_{u,m,2} = 17,8 \cdot 20,5^{0,5} \cdot 17^{0,5} \cdot 1,2 \cdot \left(\frac{1}{41}\right)^{0,2}$$

$$\cdot 0,177^{0,2} \cdot 140^{0,4} \cdot 124,5^{0,3} = 4118 \text{ N}$$

$V_{u,m,2} = 4,12$ kN

Kein Lochspiel an beiden Dübeln:

$V_{u,m} = 2 \cdot \min(V_{u,m,1}; V_{u,m,2}) = 2 \cdot \min(3,12; 4,12)$

$V_{u,m} = 2 \cdot V_{u,m,1} = 2 \cdot 3,12 = 6,24$ kN

Weitere Berechnungsbeispiele zum Bemessungsmodell für zugbelastete Injektionsdübel können [6] entnommen werden.

6 Zusammenfassung

Bisher konnte die Tragfähigkeit eines Injektionsdübels in Lochsteinen nur anhand von Versuchen ermittelt werden. Diese werden in der Regel im Rahmen eines Zulassungsverfahrens (Europäischen Technischen Bewertung) durchgeführt. Dies gilt für alle Steinversagensarten, da die Tragfähigkeit stark von den Materialeigenschaften und der Geometrie des Steins abhängt. Aufgrund der großen Anzahl an unterschiedlichen Steinarten und Steingeometrien muss der Dübel in jedem Stein getestet werden, um die Tragfähigkeit ermitteln zu können. Diese Vorgehensweise ist sehr zeitintensiv und aufwendig.

Um zukünftig die Tragfähigkeit abschätzen zu können, wurden zahlreiche experimentelle und numerische Untersuchungen durchgeführt, um den Einfluss der geometrischen Parameter zu quantifizieren. Dazu wurden die von *Meyer* [25] und *Welz* [32] entwickelten Berechnungsmodelle für die Injektionsdübel in Lochsteinen deutlich erweitert. Mit dem neuen Modell von *Stipetic* [6] kann die Tragfähigkeit in Abhängigkeit von der Steingeometrie und Setzposition sowohl für Einzel- als auch für Gruppenbefestigungen überschlägig berechnet werden. Der Vergleich der experimentellen Ergebnisse mit der Nachrechnung zeigt eine sehr gute Übereinstimmung.

Durch dieses Modell soll es zukünftig möglich sein auch ohne Versuche Tragfähigkeiten abzuschätzen. Allerdings ist zu beachten, dass die vorgeschlagenen Modelle nicht außerhalb der bisher untersuchten Randbedingungen validiert wurden. Dies muss in einem zweiten Schritt erfolgen. Das Modell berücksichtig zudem keine anderen Einflussfaktoren wie Feuchtigkeit, Reinigungsintensität usw. Solche Einflüsse müssen separat untersucht werden.

7 Literatur

[1] European Assessment Document EAD 330076-00-0604 (July 2014) *Metal injection anchors for use in masonry.* EOTA, Brüssel.

[2] Technical Report TR 054 (April 2016) *Design methods for anchorages with metal injection anchors for use in masonry.* EOTA, Brüssel.

[3] Pregartner, T., Eligehausen, R., Fuchs, W. (1998) *Mauerwerk – Geschichtliche Entwicklung und Tendenzen in Deutschland*, Bericht Nr. W3/4 – 98/2 (unveröffentlicht). Institut für Werkstoffe im Bauwesen, Universität Stuttgart.

[4] Meyer, A., Pregartner, T. (2000) *Mauerwerk in Europa*, Bericht Nr. 00/30 – 11/9 (unveröffentlicht). Institut für Werkstoffe im Bauwesen, Universität Stuttgart.

[5] Brameshuber, W., Saenger, D., Winkels B. (2014) Recent developments in masonry construction, Neuere Entwicklungen im Mauerwerkbau, *Mauerwerk* **18** (3), 151–163.

[6] Stipetic, M. (2018) *Zum Tragverhalten von Injektionsdübeln in ungerissenem und gerissenem Mauerwerk*, Dissertation, Institut für Werkstoffe im Bauwesen, Universität Stuttgart.

[7] DIN EN 771-1:2015-11 (2015) *Festlegungen für Mauersteine – Teil 1: Mauerziegel*; Deutsche Fassung EN 771-1:2011+A1:2015, Beuth, Berlin.

[8] DIN EN 771-2:2015-11 (2015) *Festlegungen für Mauersteine – Teil 2: Kalksandsteine*; Deutsche Fassung EN 771-2:2011+A1:2015, Beuth, Berlin.

[9] DIN EN 771-3:2015-11 (2015) *Festlegungen für Mauersteine – Teil 3: Mauersteine aus Beton (mit dichten und porigen Zuschlägen)*; Deutsche Fassung EN 771-3:2011+A1:2015, Beuth, Berlin.

[10] DIN EN 771-4:2015-11 (2015) *Festlegungen für Mauersteine – Teil 4: Porenbetonsteine*; Deutsche Fassung EN 771-4:2011+A1:2015, Beuth, Berlin.

[11] DIN 20000-401:2017-01 (2017) *Anwendung von Bauprodukten in Bauwerken – Teil 401: Regeln für die Verwendung von Mauerziegeln nach DIN EN 771-1:2015-11*, Beuth, Berlin.

[12] DIN 20000-402:2017-01 (2017) *Anwendung von Bauprodukten in Bauwerken – Teil 402: Regeln für die Verwendung von Kalksandsteinen nach DIN EN 771-2:2015-11*, Beuth, Berlin.

[13] DIN V 20000-403:2005-06 (2005) *Anwendung von Bauprodukten in Bauwerken – Teil 403: Regeln für die Verwendung von Mauersteinen aus Beton nach DIN EN 771-3:2005-05*, Beuth, Berlin.

[14] DIN 20000-404:2018-04 (2018) *Anwendung von Bauprodukten in Bauwerken – Teil 404: Regeln für die Verwendung von Porenbetonsteinen nach DIN EN 771-4:2015-11*, Beuth, Berlin.

[15] DIN 105-100:2012-01 (2012) *Mauerziegel – Teil 100: Mauerziegel mit besonderen Eigenschaften*, Beuth, Berlin.

[16] DIN 105-5:2013-06 (2013) *Mauerziegel – Teil 5: Leichtlanglochziegel und Leichtlanglochziegelplatten*, Beuth, Berlin.

[17] DIN V 106:2005-10 (2005) *Kalksandsteine mit besonderen Eigenschaften*, Beuth, Berlin.

[18] DIN V 18151-100:2005-10 (2005) *Hohlblöcke aus Leichtbeton – Teil 100: Hohlblöcke mit besonderen Eigenschaften*, Beuth, Berlin.

[19] DIN V 18152-100:2005-10 (2005) *Vollsteine und Vollblöcke aus Leichtbeton – Teil 100: Vollsteine und Vollblöcke mit besonderen Eigenschaften*, Beuth, Berlin.

[20] DIN V 18153-100:2005-10 (2005) *Mauersteine aus Beton (Normalbeton) – Teil 100: Mauersteine mit besonderen Eigenschaften*, Beuth, Berlin.

[21] Neroth, G., Vollenschaar, D. (2011) *Wendehorst Baustoffkunde. Grundlagen, Baustoffe, Oberflächenschutz*, 27. Aufl., Vieweg+Teubner Verlag/Springer Fachmedien Wiesbaden GmbH, Wiesbaden.

[22] Vollenschaar, D. (2004) *Wendehorst Baustoffkunde*. 26. Aufl. Vieweg+Teubner Verlag, Wiesbaden.

[23] Eligehausen, R., Mallée, R. (2000) *Befestigungstechnik im Beton- und Mauerwerkbau*, Ernst & Sohn, Berlin.

[24] Technische Daten Injektionsmörtel HFX. www.hilti.de. Hilti Corporation. Zugriff: 08-2018. URL: https://www.hilti.de/

[25] Meyer, A. (2006) *Zum Tragverhalten von Injektionsdübeln in Mauerwerk*, Dissertation, Institut für Werkstoffe im Bauwesen, Universität Stuttgart.

[26] Lehr B. (2003) *Tragverhalten von Verbunddübeln unter zentrischer Belastung im ungerissenen Beton – Gruppenbefestigungen und Befestigungen am Bauteilrand*, Dissertation, Institut für Werkstoffe im Bauwesen, Universität Stuttgart.

[27] Eligehausen, R., Appl, J., Mészároš, J., Lehr, B., Fuchs, W. (2004) Tragverhalten und Bemessung von Befestigungen mit Verbunddübeln unter Zugbeanspruchung, Teil 1. Einzeldübel mit großem Achs- und Randabstand, *Beton- und Stahlbetonbau* **99** (7), 561–571.

[28] Appl, J. J. (2009) *Tragverhalten von Verbunddübeln unter Zugbelastung*, Dissertation, Institut für Werkstoffe im Bauwesen, Universität Stuttgart.

[29] Tevesz, J. (2015) *Tragfähigkeit von Hinterschnittverankerungen in Natursteinplatten in Abhängigkeit der Materialeigenschaften*, Dissertation, Institut für Werkstoffe im Bauwesen, Universität Stuttgart.

[30] Eligehausen, R., Pregartner, T., Weber S. (2000) Befestigungen in Mauerwerk, *Mauerwerk-Kalender 2000* (Hrsg. Jäger, W.), Ernst & Sohn, Berlin, S. 361–385.

[31] Hofmann, J., Welz, G. (2017) Tragverhalten und Bemessung von Injektionsdübeln in Mauerwerk, *Mauerwerk Kalender 2017* (Hrsg. Jäger, W.), Ernst & Sohn, Berlin. S. 297–325.

[32] Welz, G. (2011) *Tragverhalten und Bemessung von Injektionsdübeln unter Quer- und Schrägzugbelastung im Mauerwerk*, Dissertation, Institut für Werkstoffe im Bauwesen, Universität Stuttgart.

[33] Fuchs, W. (1990) *Tragverhalten von Befestigungen unter Querlast in ungerissenem Beton*, Dissertation, Institut für Werkstoffe im Bauwesen, Universität Stuttgart.

[34] Hofmann, J. E. (2005) *Tragverhalten und Bemessung von Befestigungen unter beliebiger Querbelastung in ungerissenem Beton*, Dissertation, Institut für Werkstoffe im Bauwesen, Universität Stuttgart, 2005.

[35] Grosser, P. R. (2012) *Load-bearing behavior and design of anchorages subjected to shear and torsion loading in uncracked concrete*, Dissertation, Institut für Werkstoffe im Bauwesen, Universität Stuttgart.

C Bemessung

I Forschungsvorhaben zur Bewertung der Tragfähigkeit von Injektionsdübeln in Mauerwerk im Rahmen von Baustellenversuchen   413
Rainer Becker, Dortmund, Jan Hofmann, Stuttgart, Catherina Thiele und Florian Wendel, Kaiserslautern

II Tragfähigkeit ausfachender Mauerwerkswände unter Berücksichtigung der verformungsbasierten Membranwirkung   431
Michael Schmitt, Lauterbach und Carl-Alexander Graubner, Darmstadt

III Aussteifungssysteme mit Mauerwerksscheiben   461
Werner Seim, Kassel und Kai Sommerlade, Lohfelden

I Forschungsvorhaben zur Bewertung der Tragfähigkeit von Injektionsdübeln in Mauerwerk im Rahmen von Baustellenversuchen

Rainer Becker, Dortmund, Jan Hofmann, Stuttgart, Catherina Thiele und Florian Wendel, Kaiserslautern

1 Einleitung

Befestigungen in Mauerwerk werden im üblichen Hochbau sehr häufig ausgeführt, dies gilt sowohl in der Bauphase als auch nach der Errichtung, in der Nutzungsphase. Je nach Baujahr und energetischem Konzept des Gebäudes kommen dabei sehr unterschiedliche Mauerwerkssteine zur Anwendung (vgl. Bild 1). Diese Steine unterscheiden sich sowohl hinsichtlich ihres Materials (z. B. Ziegel, Kalksandsteine oder Steine aus Leicht- oder Normalbeton) als auch hinsichtlich ihrer Geometrie. Durch die Variation von Stegdicken, Kammertiefen, Scherbenrohdichten und des Füllmaterials der Kammern ergibt sich eine sehr große Anzahl unterschiedlicher verfügbarer Steine.

Die Tragfähigkeit von Verankerungen ist von Stein zu Stein unterschiedlich und auch nicht von einem Stein auf einen anderen übertragbar. Bislang konnte kein Bemessungskonzept gefunden werden, nach dem die Tragfähigkeit eines Dübels in einem beliebigen Stein ohne Versuche ermittelt werden kann. Erste Ansätze hierfür werden zwar von *Stipetic* in [15] vorgestellt, die umfassende Validierung solcher Modelle fehlt jedoch noch.

Einige Hersteller von Befestigungssystemen lassen daher im Zulassungsverfahren ihre Produkte in vielen Steinen untersuchen. Die ermittelten Tragfähigkeiten fließen dann in die Zulassung bzw. in die Europäische Technische Bewertung ein, sodass diese einen erheblichen Umfang erreichen. Trotzdem können nicht alle am Markt verfügbaren Steine in einer Zulassung aufgenommen werden. Darüber hinaus ist im Bestand der verwendete Stein nicht immer zweifelsfrei identifizierbar, sodass die Tragfähigkeit des Dübelsystems im vorhandenen Mauerwerk nicht direkt der Zulassung entnommen werden kann.

Bereits mit der Einführung von ETAG 020 [1] wurde für die Anwendung von Kunststoffdübeln, und mit ETAG 029 [2] auch für Injektionssysteme in Mauerwerk, jeweils im Anhang B der entsprechenden Leitlinie ein Konzept zur Durchführung von Versuchen auf der Baustelle eingeführt. Bei der Durchführung von Baustellenversuchen durften bisher die „beprobten" Dübel, sofern sie nicht ohnehin bis zum Versagen geprüft wurden, nicht für die eigentliche Befestigung verwendet werden.

Die vorhandenen Regeln sind daher in einer Technischen Regel „Durchführung und Auswertung von Versuchen am Bau" des DIBt [4] ergänzt und die Durchführung von Versuchen am Bau besser beschrieben worden. Im Rahmen der Erarbeitung dieser Technischen Regel sind in einem begleitenden Forschungsvorhaben der Einfluss einer Vorbelastung sowie der Einfluss eines geringen Abstützdurchmessers auf das Tragverhalten von Dübeln in Mauerwerk näher untersucht worden. Weiterhin wurden die Teilsicherheitsbeiwerte auf der Widerstandsseite für die Ermittlung der Tragfähigkeit mit Baustellenversuchen überarbeitet.

Im weiteren Verlauf wird vereinheitlichend von Zulassung gesprochen. Der Begriff Zulassung versteht sich dabei als Oberbegriff für nationale wie auch europäische technische Zulassungen sowie Europäische Technische Bewertungen.

2 Technische Regel „Durchführung und Auswertung von Versuchen am Bau"

2.1 Einleitung

Die Technische Regel „Durchführung und Auswertung von Versuchen am Bau" [4] bezieht sich nach dem derzeitigen Stand lediglich auf die Ermittlung der Tragfähigkeit von Injektionssystemen in nicht in der Zulassung aufgeführtem Mauerwerk. Das zu verwendende Injektionssystem muss dabei zwingend bereits bauaufsichtlich durch eine ETA oder abZ in Mauerwerk zugelassen sein, da dadurch die grundsätzliche Eignung für den vorgesehenen Anwendungszweck nachgewiesen ist.

Es ist zu beachten, dass die Anwendung eines Injektionssystems nur dann möglich ist, wenn das Basismaterial des Mauerwerks vor Ort bereits in der Zulassung geregelt ist. Enthält eine ETA beispielsweise nur Tragfähigkeiten für Kalksandsteine, ist eine Beurteilung in

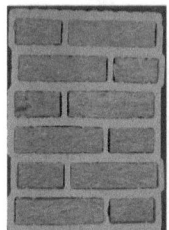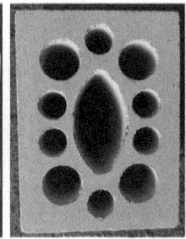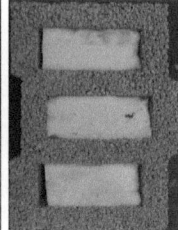

Bild 1. Auswahl marktüblicher Steine

Mauerwerk-Kalender 2019: Bemessung, Bauwerkserhaltung, Schallschutz. Herausgegeben von Wolfram Jäger.
© 2019 Ernst & Sohn GmbH & Co. KG. Published 2019 by Ernst & Sohn GmbH & Co. KG.

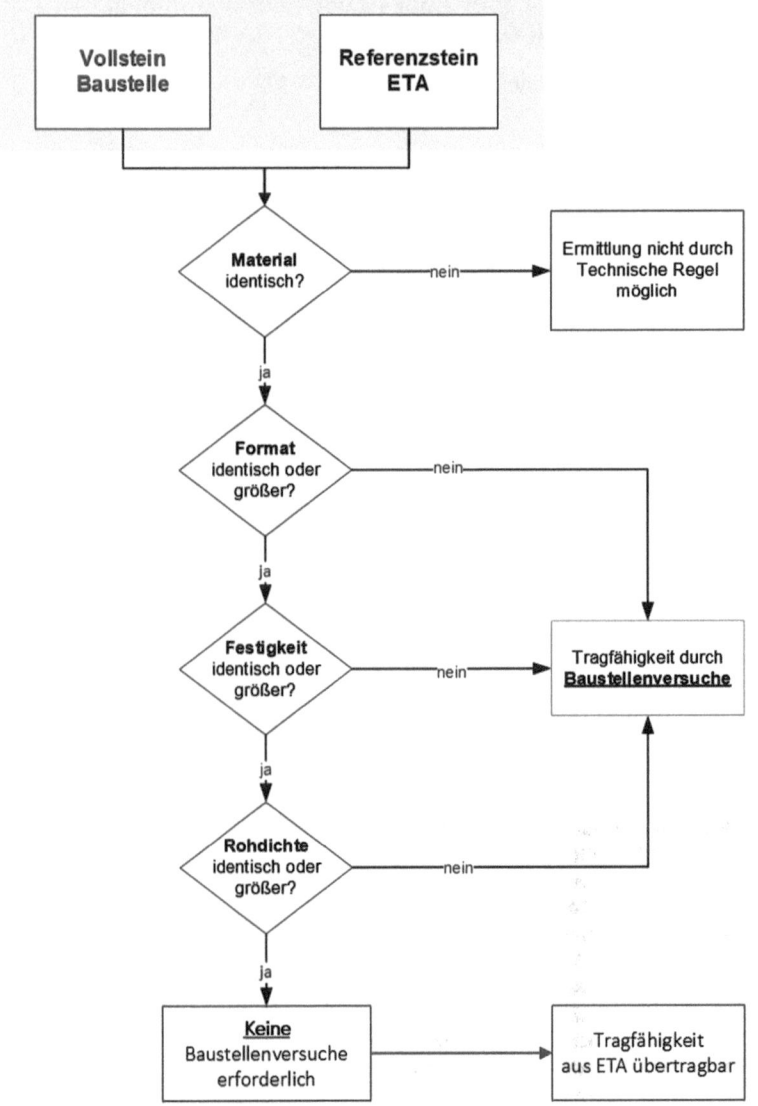

Bild 2. Auswahlschema bei Vollsteinen

Hochlochziegeln im Rahmen der o. g. Technischen Regel nicht möglich.
Vor der Durchführung von Baustellenversuchen muss daher aus der Zulassung ein sog. Referenzstein ausgewählt werden. Der auf der Baustelle angetroffene Stein soll dem Referenzstein in Bezug auf Material, Festigkeit und Rohdichte sowie die Geometrie möglichst ähnlich sein. Bei der Frage der Geometrie liegt der Fokus auf dem unmittelbaren Verankerungsbereich. Hier sind die Dicke der durchbohrten Stege und die Tiefe der Kammern zu beurteilen. Eine etwaige Füllung der Steinkammern durch Dämmmaterial kann die Verteilung des Injektionsmörtels behindern, sodass diese Art von Steinen separat zu beurteilen ist, z. B. im Rahmen von Zulassungsprüfungen. Abseits der Frage nach dem Basismaterial der jeweiligen Steine (Ziegel, Kalksand, Leichtbeton, Normalbeton, Porenbeton, etc.) lassen sich die folgenden drei Kategorien unterscheiden:
– Vollsteine,
– Loch- und Hohlsteine ohne Füllung und
– Loch- und Hohlsteine mit Füllung.
Die in der Zulassung genannten Tragfähigkeiten für Vollsteine können ohne weitere Untersuchungen auf Vollsteine am Bauvorhaben übertragen werden, wenn die Steine vor Ort das gleiche oder ein größeres Format, die gleiche oder eine höhere Dichte und die gleiche oder eine höhere Festigkeit aufweisen. Ist also beispielsweise in der Zulassung ein Kalksandvollstein des Formats 2DF mit einer Festigkeit von 20 N/mm^2 und einer Rohdichte von 2,0 kg/dm^3 geregelt, so lässt sich

Hans-Wolf Reinhardt
Ingenieurbaustoffe
2., vollst. überarb. Auflage
2010. 382 S.
€ 39,90*
ISBN 978-3-433-02920-6
Auch als ebook erhältlich

Eine Abhandlung der wichtigsten Werkstoffe

Dieses Buch behandelt die wichtigsten Werkstoffe des Konstruktiven Ingenieurbaus. Es ist dabei aber keine Enzyklopädie der Baustoffe, es ist vielmehr eine systematische Abhandlung mit Betonung auf den Grundlagen des Stoffverhaltens, um somit das Verständnis für die Abhängigkeiten der Werkstoffkonstanten, die eigentlich keine Konstanten sind, zu fördern.

Online Bestellung:
www.ernst-und-sohn.de

Ernst & Sohn
Verlag für Architektur und technische
Wissenschaften GmbH & Co. KG

Kundenservice: Wiley-VCH
Boschstraße 12
D-69469 Weinheim

Tel. +49 (0)6201 606-400
Fax +49 (0)6201 606-184
service@wiley-vch.de

* Der €-Preis gilt ausschließlich für Deutschland. Inkl. MwSt. zzgl. Versandkosten. Irrtum und Änderungen vorbehalten. 1017106_dp

IHR ZUVERLÄSSIGER PARTNER

... auch für die anspruchsvollsten Sanierungen

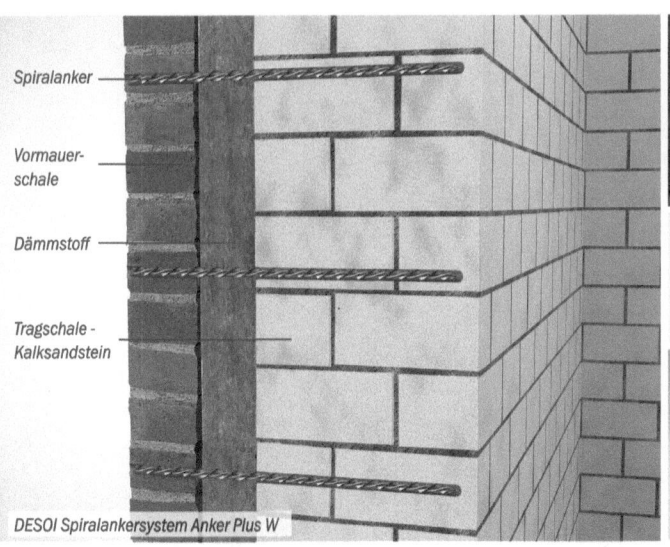

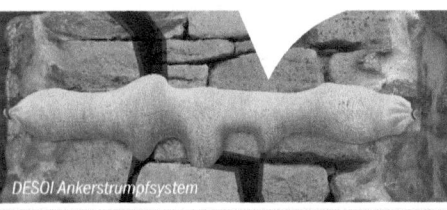

Nischenprodukte und Prototypentwicklung
Wir fertigen kundenspezifische Produkte,
die auf Ihre Anforderungen abgestimmt sind!

Hersteller von Injektionstechnik
DESOI GmbH | Gewerbestraße 16 | D-36148 Kalbach/Rhön | Tel.: +49 6655 9636-0 | info@desoi.de | www.desoi.de

Anleitung zum Hinsehen, Denken, Verstehen

Zur Beurteilung von Tragwerken bei Umnutzung, Einschätzung der Standsicherheit, Definition der Tragreserven und Gefahrenpotentiale historischer Konstruktionen: eine unverzichtbare Anleitung für Bauingenieure zum Hinsehen, Denken, Verstehen. Mit Beispielen. In zwei Bänden.

Stefan Holzer
Statische Beurteilung historischer Tragwerke
Mauerwerkskonstruktionen
2013. 322 S.
€ 55,–*
ISBN 978-3-433-02959-6
Auch als ebook erhältlich

Es werden die notwendigen Untersuchungen und Beobachtungen am Bauwerk ausführlich erläutert und nützliches Hintergrundwissen über Materialeigenschaften, Formen und Herstellungsverfahren historischer Bogen- und Gewölbekonstruktionen dargestellt. Dabei stehen die Bewertung der Standsicherheit von Gesamtsystemen und die Identifizierung von Gefahrenquellen im Fokus.

Stefan Holzer
Statische Beurteilung historischer Tragwerke
Holzkonstruktionen
2015. 302 S.
€ 55,–*
ISBN 978-3-433-03058-5
Auch als ebook erhältlich

Das Bauen im Bestand wird zu einem immer wichtigeren Teilbereich des Bauwesens. Gerade historische Holzkonstruktionen für Dachwerke sind für Umwelteinwirkungen und Überlastungssituationen anfällig und daher meist nicht schadensfrei. Bei realistischer Beurteilung können Tragreserven durch Reparaturmaßnahmen aktiviert und somit die Eingriffe auf ein Mindestmaß begrenzt werden, was besonders unter denkmalpflegerischen Randbedingungen erwünscht ist.

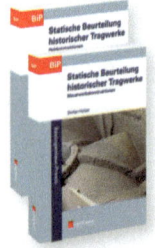

- Set-Angebot:
€ 98,–*
ISBN 978-3-433-03060-8

Online Bestellung:
www.ernst-und-sohn.de

Ernst & Sohn
Verlag für Architektur und technische
Wissenschaften GmbH & Co. KG

Kundenservice: Wiley-VCH
Boschstraße 12
D-69469 Weinheim

Tel. +49 (0)6201 606-400
Fax +49 (0)6201 606-184
service@wiley-vch.de

* Der €-Preis gilt ausschließlich für Deutschland. Inkl. MwSt. zzgl. Versandkosten. Irrtum und Änderungen vorbehalten. 1041116_dp

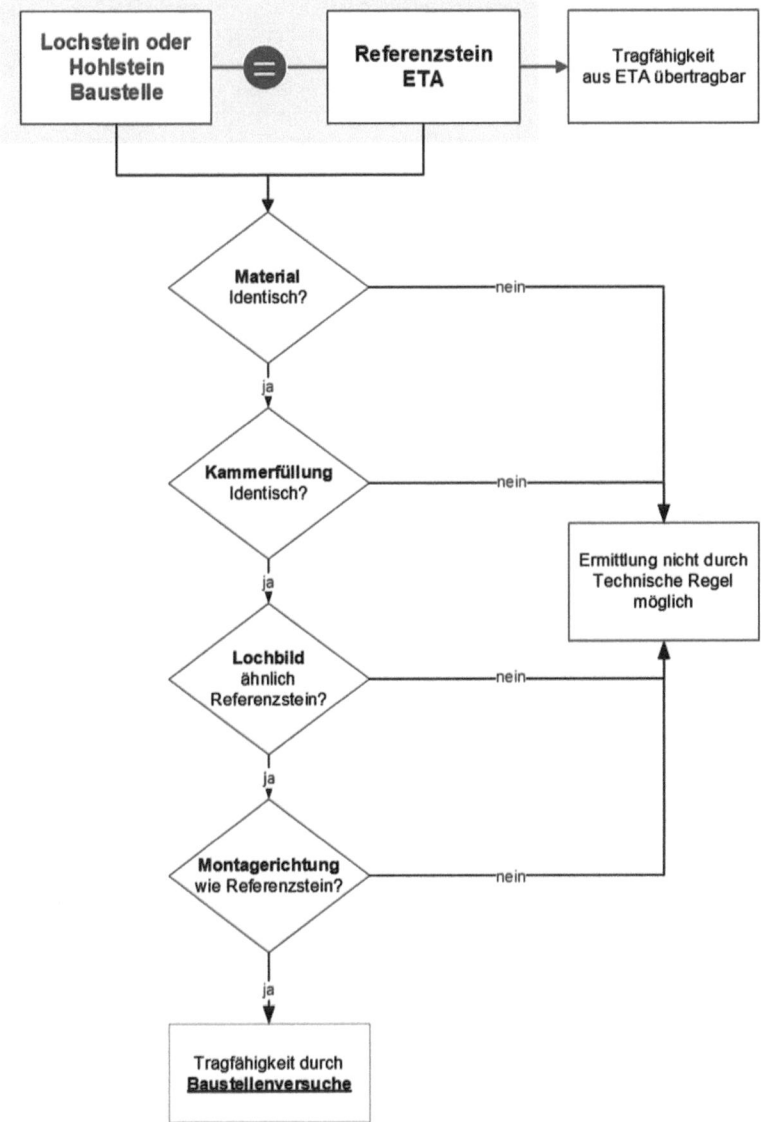

Bild 3. Auswahlschema bei Lochsteinen

die Tragfähigkeit des Injektionssystems in diesem Stein auf einen Kalksandvollstein des Formats 8DF bei gleicher Festigkeit und Rohdichte übertragen. Weist dieser 8DF-Kalksandvollstein jedoch nur eine Rohdichte von 1,8 kg/dm³ auf, ist die Tragfähigkeit durch Versuche am Bau zu ermitteln.

Ein Ablaufschema zur Beurteilung, ob Baustellenversuche möglich und nötig sind, zeigt Bild 2.

Die in einer Zulassung genannten Tragfähigkeiten für Loch- und Hohlsteine lassen sich nur für die dort angegebenen Steine verwenden. Bei Lochsteinen stellt die im Zulassungsverfahren ermittelte Tragfähigkeit den oberen Referenzwert dar. Die durch Baustellenversuche abgeleitete Tragfähigkeit wird daher durch diesen Referenzwert nach oben „gedeckelt".

Bei „unbekannten" Steinen am Bauwerk sollte zunächst eine möglichst gute Identifikation des Verankerungsgrunds erfolgen. Eine Möglichkeit bietet sich durch die Erstellung eines großen Bohrlochs, das Aufschluss über die innere Geometrie der vorhandenen Mauerwerkssteine gibt. Im Anschluss an die Identifikation muss, analog zu den Vollsteinen, ein Referenzstein aus der Zulassung des Injektionssystems ausgewählt werden. Neben den für Vollsteine genannten Kriterien ist die Anzahl, Dicke und der Abstand der vom Verankerungssystem durchdrungenen Stege von großer Bedeutung [11] bzw. [12]. Die Art der Füllung der Kammern (Luft oder Dämmung) ist ebenfalls wichtig. Sollte der Stein am Bauwerk eine Füllung mit Dämmmaterial aufweisen, sich in der Zulassung des Injektionssystems aber kein Stein mit Dämmung finden, so kann nicht von einer geringfügigen Abweichung von der Zulassung ausgegangen werden. Die Ermittlung der Tragfähigkeit auf der Basis von Baustellenversuchen ist dann nur im Rahmen einer Zustimmung im Einzelfall (ZiE) möglich.

Ein Ablaufschema für Lochsteine zur Beurteilung, ob Baustellenversuche möglich und nötig sind, zeigt Bild 3.

Aus den vorgenannten Gründen wird zur Auswahl ein Fachplaner vorgeschrieben, der einen geeigneten Referenzstein in der ETA ermittelt, aber auch die Methode zur Ermittlung der Tragfähigkeit festlegt. Der Fachplaner ist versiert im Bereich des Mauerwerkbaus sowie der Verankerungstechnik und kann aus dieser Erfahrung heraus beurteilen, welcher Stein der jeweiligen Befestigungszulassung am ehesten dem am Bauwerk befindlichen Stein entspricht. Er plant die Art und Durchführung der Versuche und bewertet die Ergebnisse. Außerdem ermittelt er die Höhe der Belastung im Versuch, sofern nicht bis zum Bruch geprüft wird. Der Abstützweite des Prüfgeräts kommt eine zentrale Rolle bei der Durchführung der Versuche zu [12, 14], sodass der Fachplaner auch an dieser Stelle entsprechende Vorgaben machen muss. Eine Beeinflussung der Versuchsergebnisse durch eine zu enge Abstützung ist zu vermeiden. Nähere Hinweise dazu finden sich in Abschnitt 3. Zusätzlich legt der Fachplaner die Anzahl und den Ort der Prüfstellen am Gebäude fest und hat zur Übertragbarkeit der Ergebnisse auf weitere Gebäudeteile Stellung zu nehmen. Schließlich ist durch die Zulassung des Injektionssystems das zu verwendende Bohrverfahren vorgegeben, das der Fachplaner entsprechend an den Monteur weiterzugeben hat.

Der Versuchsleiter überwacht die Versuche vor Ort oder führt diese durch. Aus diesem Grund ist gefordert, dass er in der Montage von Dübelverankerungen entsprechend [5] unterwiesen ist. Er übernimmt vor Ort die Klassifikation des Mauerwerks und sondiert ggf. durch Probebohrungen. Die Versuche sollten durch den Versuchsleiter durchgeführt und entsprechend den Anforderungen der Technischen Regel [4] dokumentiert werden. Die Funktion des Versuchsleiters kann durch den Fachplaner oder einen qualifizierten Vertreter des Inhabers der Dübelzulassung übernommen werden. Der Bauleiter des Bauvorhabens kann, eine entsprechende Qualifikation vorausgesetzt, diese Funktion ebenfalls übernehmen.

Das sachkundige Personal schließlich ist für die Montage der zu beprobenden Dübel verantwortlich. Er ist Mitarbeiter der Montagefirma und wird auch die weiteren, endgültigen Dübelmontagen vornehmen. Dementsprechend ist das sachkundige Personal ebenfalls nach [5] zu unterweisen. Bei der Montage des zu prüfenden Dübels, wie auch aller übrigen Verankerungen, ist die Montageanleitung des Dübelherstellers zu beachten.

Nach sorgfältiger Auswahl des Referenzsteins entsprechend der ETA des Befestigungssystems sind die Gültigkeit der Mindestachs- und Randabstände s_{min} und c_{min} auch für den Stein der Baustelle durch Baustellenversuche zu überprüfen. Zusätzlich können bei Zugbeanspruchung auch Randabstände zwischen c_{min} und c_{cr} durch Baustellenversuche beurteilt werden. Eine Querbeanspruchung bei einem Randabstand zwischen c_{min} und c_{cr} kann nicht durch Baustellenversuche beurteilt werden. Es gelten die Vorgaben von [2], Anhang C, Kap. 4.2.2.5 bzw. [3], Kap. 4.2.2.5. Nähere Hintergründe zur Quertragfähigkeit sind in [12] enthalten. Der Einfluss von veränderten Achsabständen, im Vergleich zum Referenzstein der ETA, können an Einzelankern durch Baustellenversuche nicht beurteilt werden. Der Grund dafür liegt in der Verteilung der Last auf die einzelnen Anker einer Gruppe entsprechend der Steifigkeit der Dübel und ist damit auch abhängig vom Lastniveau (Bruchlast, Gebrauchslast, Bemessungslast usw.).

Der Montageposition kommt zusätzlich eine wichtige Bedeutung zu, da insbesondere die Lochsteine sehr große geometrische Unterschiede aufweisen, je nachdem ob von der Leibungs- oder der Fassadenseite gesetzt wird. Bei der Auswahl des Referenzsteins ist daher auf die Montageposition zu achten. Sollte sich keine Angabe dazu in der ETA finden, kann von fassadenseitiger Montage, also senkrecht zur Ebene der Wand ausgegangen werden.

Eine Vergrößerung der Verankerungstiefen im Vergleich zum Referenzstein ist möglich, wenn die vergrößerte Verankerungstiefe für einen anderen Stein gleichen Typs (Steinmaterial, Hohlstein/Vollstein, Füllung) in der ETA beschrieben ist. Weist eine ETA beispielsweise zwei unterschiedliche Hochlochziegel mit Perlitefüllung auf, bei der Ziegel 1 eine maximale Verankerungstiefe von 130 mm und Ziegel 2 eine maximale Verankerungstiefe von 200 mm zugeordnet ist, kann ein Hochlochziegel mit Perlitefüllung auf der Baustelle, für den aber Ziegel 1 der Referenzstein ist, für eine Verankerungstiefe von 200 mm beurteilt werden. In jedem Fall dürfen auch bei größeren Verankerungstiefen für die Bemessung maximal die in der Zulassung angegebenen Widerstände angesetzt werden.

Der Einfluss möglicher Fugen im Verankerungsbereich ist entsprechend den Regelungen zum Referenzstein der Zulassung zu beurteilen. Sollten per Abnahmeversuch (s. Abschnitt 2.4) alle Verankerungen getestet werden, kann von Mindestabständen zu Fugen abgewichen werden. Diese Ausnahme wird durch die Prüfung aller verwendeten Verankerungen ermöglicht und gilt nur für diesen Sonderfall.

Für Verankerungen in norm- und zulassungskonformem Planziegelmauerwerk ist bei knirsch gestoßenen Steinen und Dünnbett- bzw. Mittelbettfugen der maximalen Dicke von 6 mm nicht mit einer Abminderung der Tragfähigkeit durch die Fuge im Vergleich zur Setzposition in Steinmitte zu rechnen. Daher kann bei verputztem Mauerwerk dieser Art die Tragfähigkeit durch Baustellenversuche ermittelt werden. Weitergehende Untersuchungen zum Einfluss von Fugen sind in [14] angegeben.

Die Technische Regel „Durchführung und Auswertung von Versuchen am Bau" [4] bietet drei unterschiedliche Methoden zur Ermittlung der Tragfähigkeit von Injektionssystemen in Mauerwerk, die in den folgenden Abschnitten näher erläutert werden.

2.2 Auszugversuche

Auszugversuche werden in [4] als zentrische Zugversuche beschrieben, bei denen der Dübel mit einer kontinuierlich steigenden Last bis zum Versagen beansprucht wird. Die Belastungsgeschwindigkeit ist so zu wählen, dass die Versagenslast frühestens nach einer Minute erreicht wird. Um ein Überschätzen der Tragfähigkeit zu vermeiden, das aus einer zu engen Abstützung und somit eines Verhinderns des freien Mauerwerkausbruchs resultieren kann, soll nach [4] mit einer Abstützbreite (entspricht dem doppelten lichten Abstand von Dübel zur Abstützung) von mindestens $3\,h_{ef}$ abgestützt werden. Der Einfluss der Abstützbreite wurde in [9] untersucht. Nähere Informationen siehe Abschnitt 3.3.
Soll die charakteristische Tragfähigkeit ausschließlich durch Auszugversuche ermittelt werden, sind mindestens n = 5 Versuche durchzuführen. Die charakteristische Tragfähigkeit N_{Rk1} wird als 5%-Quantil definiert und ist mit der Tragfähigkeit des Referenzsteins nach oben begrenzt, vgl. Gl. (1):

$$N_{Rk1} = N_{Rm} \cdot (1 - k_s \cdot v) \cdot \beta \leq N_{Rk,ETA} \quad (1)$$

mit
N_{Rm} Mittelwert der Bruchlasten
v Variationskoeffizient der Stichprobe
β produktabhängiger Faktor zur Berücksichtigung verschiedener Einflüsse gemäß ETA
k_s statistischer Faktor in Abhängigkeit der Anzahl der Versuche zur Ermittlung der 5%-Quantile einer Normalverteilung bei einem Vertrauensniveau von 90 % (s. Tabelle 1)
$N_{Rk,ETA}$ charakteristische Tragfähigkeit $N_{Rk,b}$ bzw. $N_{Rk,p}$ in der ETA für den Referenzstein

Liegen Ergebnisse aus n ≥ 15 Auszugversuchen vor, kann die charakteristische Tragfähigkeit aus dem 0,5-fachen Mittelwert der fünf Testergebnisse mit den kleinsten Bruchlasten nach Gl. (2) bestimmt werden:

$$N_{Rk1} = 0,5 \cdot N_1 \leq N_{Rk,ETA} \quad (2)$$

mit
N_1 Mittelwert der fünf Testergebnisse mit den kleinsten Bruchlasten
$N_{Rk,ETA}$ siehe Erläuterung von Gl. (1)

Die Verankerung kann nach Durchführung der Auszugversuche nicht mehr für die eigentliche Befestigung verwendet werden. Da bis zum Versagen der Verankerung geprüft wird, muss von einer sichtbaren Schädigung des Mauerwerks durch die Prüfung ausgegangen werden. Die Prüfung sollte nach Erreichen der Maximallast abgebrochen werden, um den Schaden für das bestehende Mauerwerk möglichst gering zu halten.

2.3 Probebelastungen

Bei Probebelastungen handelt es sich ebenfalls um zentrisch belastete Zugversuche. Im Gegensatz zu Auszugversuchen wird nicht bis zum Versagen belastet, sondern die Last auf den Dübel kontinuierlich bis zum Erreichen einer Probelast N_{pP} aufgebracht. Diese Last muss mindestens eine Minute gehalten werden. Die Höhe der Probelast wird nach Gl. (3) bestimmt.

$$N_{pP} \geq N_{Ed} \cdot \gamma_M \cdot 1/\beta \leq N_{Rk,ETA} \quad (3)$$

mit
N_{pP} gewählte Last für die Probebelastung
N_{Ed} Bemessungswert der Einwirkung ($N_{Ek} \cdot \gamma_F$)
γ_M Teilsicherheitsbeiwert der Tragfähigkeit
β produktabhängiger Faktor zur Berücksichtigung verschiedener Einflüsse gemäß ETA
$N_{Rk,ETA}$ charakteristische Tragfähigkeit $N_{Rk,b}$ bzw. $N_{Rk,p}$ in der ETA für den Referenzstein

Treten während der Haltedauer weder sichtbare Verschiebungen noch ein kritischer Lastabfall auf, kann die charakteristische Tragfähigkeit N_{Rk2} nach Gl. (4) ermittelt werden. Der obere Grenzwert ist durch die charakteristische Tragfähigkeit des Referenzsteins gegeben.

$$N_{Rk2} = N_{pP} \cdot \beta \leq N_{Rk,ETA} \quad (4)$$

mit
$N_{Rk,ETA}$ charakteristische Tragfähigkeit $N_{Rk,b}$ bzw. $N_{Rk,p}$ in der ETA für den Referenzstein
β produktabhängiger Faktor zur Berücksichtigung verschiedener Einflüsse gemäß ETA

Als kritischer Lastabfall wird ein Abfall der aufgebrachten Last bezeichnet, der 10 % der Probelast übersteigt. Lastabfälle unter 10 % können als Abfall durch Relaxation gedeutet werden. Sofern der Lastabfall 10 % übersteigt, kann einmalig die Probelast auf ihren ursprünglichen Wert korrigiert werden. In diesem Fall muss die Probelast nach Korrektur 10 Minuten gehalten werden. Wird während dieser Haltedauer ein wei-

Tabelle 1. k_s-Faktoren in Abhängigkeit der Versuchsanzahl [10]

n	5	6	7	8	9	10	11	12	13	14	15	20	25	30
k_s	3,40	3,09	2,89	2,75	2,65	2,57	2,50	2,45	2,40	2,36	2,33	2,21	2,13	2,08

terer Abfall von höchstens 5 % nicht überschritten und treten keine sichtbaren Verschiebungen auf, so darf die charakteristische Tragfähigkeit nach Gl. (4) bestimmt werden. Werden die Kriterien zum Lastabfall nicht eingehalten oder tritt eine sichtbare Verschiebung auf, so gilt der Versuch als nicht bestanden. Um dennoch charakteristische Tragfähigkeiten zu ermitteln, können Probelastversuche mit einer geringeren Probelast oder Auszugversuche durchgeführt werden.

Die Bedingungen für die Abstützung bei Probelastversuchen entsprechen denen der Auszugversuche.

Obwohl es nicht zum Versagen der Verankerung kommt, dürfen die geprüften Dübel nach Durchführung der Probelastversuche nicht weiter zur Befestigung verwendet werden, da eine Vorschädigung nicht ausgeschlossen werden kann. Ein Vorteil der Probelastversuche gegenüber den Auszugversuchen ist die zerstörungsfreie Durchführung, da nicht bis zum Versagen belastet wird.

2.4 Abnahmeversuche

Bei der Durchführung von Abnahmeversuchen muss die Tragfähigkeit des Dübels vor Ort möglichst genau ermittelt werden. Dies ist am besten durch eine hohe Anzahl an Auszugversuche bis zum Versagen möglich. Um eine übermäßige Schädigung und eine Reduzierung der Tragfähigkeit der Mauerwerkswand zu vermeiden, muss die Anzahl der Auszugversuche bis zum Versagen jedoch auf ein Minimum reduziert werden. Daher wird in [4] die folgende Vorgehensweise vorgeschlagen, um beiden Punkten gerecht zu werden.

Wenn die Bruchlasten relativ genau ermittelt wurden, kann auf Basis dieser Bruchlast eine „Abnahmelast" berechnet werden, die für die Prüfung der restlichen Dübel verwendet werden kann.

Es ist daher mindestens ein Versuch vor Ort auf der Baustelle als Auszugversuch bis zum Versagen durchzuführen. Alternativ kann dieser Versuch auch als Probebelastung durchgeführt werden, wenn die Höhe der Probebelastung als Versagenswert angenommen wird. Diese Vorgehensweise liegt auf der sicheren Seite, ist aber deutlich ungenauer. Diejenigen Injektionsanker, auf die eine Probebelastung aufgebracht wurde, dürfen nicht für die endgültige Befestigung verwendet werden, da eine Vorschädigung des Steins nicht ausgeschlossen werden kann [14]. Daher ist ein Auszugversuch in der Regel vorzuziehen.

Wenn bei einer solchen Probebelastung die Verankerung dennoch versagt, kann dieser Versuch als Auszugversuch verwendet werden. Die ermittelte Versagenslast $N_{u,1}$ (auf Basis von einem Versuch) oder der Mittelwert der Versagenslasten $N_{u,m}$ (auf Basis von mindestens 3 Versuchen) bzw. die aufgebrachte Probelast $N_{u,1}$ (auf Basis von einem Versuch) ist der Ausgangswert für die weitere Beurteilung.

Alle mit der berechneten Abnahmelast N_{pA} getesteten Injektionsanker dürfen für die endgültige Befestigung verwendet und wieder belastet werden. Dazu müssen jedoch die unten genannten Bedingungen (Lastabfall und Verschiebung) erfüllt sein.

Die Berechnung der Belastungshöhe N_{pA} für die Abnahmeversuche erfolgt nach Gl. (5) bzw. nach Gl. (6). Gleichung (5) gilt für die Probebelastung bzw. einen Auszugversuch, Gl. (6) entsprechend für mindestens drei Auszugversuche. Die Obergrenze der Tragfähigkeit ergibt sich aus der Tragfähigkeit im Referenzstein (s. Abschnitt 2.1 Auswahl Referenzsteine). Die Untergrenze der Belastung hingegen ergibt sich aus den Anforderungen der Tragwerksplanung (Nachweis der Standsicherheit).

$$N_{pA} = \alpha_{Probe} \cdot 0{,}5 \cdot N_{u,1} \leq \alpha_{Probe} \cdot N_{Rk,ETA} \cdot \frac{1}{\beta}$$
$$\geq N_{Ed} \cdot \gamma_M \cdot \frac{1}{\beta} \quad (5)$$

$$N_{pA} = \alpha_{Probe} \cdot 0{,}7 \cdot N_{u,m} \leq \alpha_{Probe} \cdot N_{Rk,ETA} \cdot \frac{1}{\beta}$$
$$\geq N_{Ed} \cdot \gamma_M \cdot \frac{1}{\beta} \quad (6)$$

N_{pA} Last für die Abnahmeversuche (Abnahmelast)

$N_{u,1}$ in einem Versuch ermittelte Versagenslast/Probelast

$N_{u,m}$ Mittelwert der Versagenslast/Probelast aus mindestens drei Versuchen

$N_{Rk,ETA}$ charakteristische Tragfähigkeit $N_{Rk,b}$ bzw. $N_{Rk,p}$ in der ETA für den Referenzstein

N_{Ed} Bemessungswert der Einwirkung ($N_{Ek} \cdot \gamma_F$)

γ_M Teilsicherheitsbeiwert der Tragfähigkeit, s. Abschnitt 3.4

β produktabhängiger Faktor zur Berücksichtigung verschiedener Einflüsse gemäß ETA

α_{Probe} = 0,5 bzw. 0,75 Faktor zur Vermeidung einer Vorschädigung gemäß [4] (Der Faktor ist abhängig von der Art und Geometrie des Steins.)

In allen Abnahmeversuchen darf während einer Haltedauer von mindestens 60 Sekunden keine sichtbare Verschiebung oder eine kritische Abnahme der Last auftreten. Sind beide Bedingungen erfüllt, kann die charakteristische Tragfähigkeit N_{Rk3} mit Gl. (7) berechnet werden.

$$N_{Rk3} = N_{pA} \cdot \beta \leq N_{Rk,ETA} \quad (7)$$

$N_{pA}, \beta, N_{Rk,ETA}$ siehe Definition nach Gln. (5) und (6)

Als kritischer Lastabfall wird ein Lastabfall von mehr als 10 % betrachtet. Bei einem größeren Lastabfall darf die Last einmalig wieder auf den Ausgangswert N_{pA} erhöht werden. Diese muss dann mindestens 10 Minuten und einem maximal zulässigen Lastabfall von 5 % gehalten werden. Wenn während dieser Zeit keine sichtbare Verschiebung auftritt, kann die charakteristische Tragfähigkeit N_{Rk3} ebenfalls nach Gl. (7) berechnet werden.

Wenn bei einem oder mehreren Versuchen eine sichtbare Verschiebung auftritt oder ein kritischer Lastabfall zu erkennen ist, muss die Abnahmebelastung auf einem geringeren Niveau durchgeführt werden. Das ursprünglich gewählte Niveau ist damit zu hoch und kann nicht für die Berechnung der charakteristischen Tragfähigkeit verwendet werden.

Hintergrund für diese Regelung ist, dass bei einer zunehmenden Verschiebung die Langzeittragfähigkeit durch die vorhandenen Kriechverformungen ggf. beeinträchtigt wird. Das heißt, die Verschiebungen nehmen mit der Zeit immer mehr zu, wodurch die Verankerungstiefe ggf. soweit reduziert werden kann, dass es zu einem Versagen der Verankerung auch nach längerer Zeit kommt. Daher darf bei einer Probebelastung die Verankerung keine sichtbare oder gar mit der Zeit zunehmende Verschiebung aufweisen.

Ist dies der Fall, sind entweder Auszugversuche nach Abschnitt 2.2 oder eine neue Abnahmebelastung mit einer geringeren gewählten Last durchzuführen. In diesem Fall sollte unbedingt ein Fachplaner hinzugezogen werden, um eine detaillierte Beurteilung der Verankerung vorzunehmen.

3 Forschungsvorhaben „Versuche am Bau"

3.1 Ziele des Forschungsvorhabens

Wie Abschnitt 2 zu entnehmen ist, existieren drei Versuchstypen zur Ermittlung der Tragfähigkeit von Injektionsdübeln in Mauerwerk durch Baustellenversuche. Werden Befestigungen durch die bereits in ETAG 029 Anhang B enthaltenen Auszugversuche oder Probebelastungen geprüft, darf die Befestigung für die eigentliche Verwendung nicht mehr eingesetzt werden. Bei Auszugversuchen ist dies ohnehin nicht möglich, da der Versuch bis zum Versagen durchgeführt wird. Bei Probebelastungen werden die Versuche nicht bis zum Versagen durchgeführt. Da allerdings eine Vorschädigung durch die Baustellenversuche nicht ausgeschlossen werden kann, dürfen auch durch Probebelastungen getestete Befestigungen nicht für den eigentlichen Zweck verwendet werden. Dies war Anlass dafür, in [4] die Abnahmeversuche als einen dritten Versuchstypen zu beschreiben, der eine zerstörungsfreie Durchführung von Baustellenversuchen ermöglicht und eine Vorschädigung ausschließen lässt, sodass der geprüfte Dübel nach dem Baustellenversuch für die eigentliche Befestigung verwendet werden darf.

Wie in Abschnitt 2.4 beschrieben, wird zur Berücksichtigung der in der oben genannten Technischen Regel [4] je nach Verankerungsgrund die Last für die Abnahmeversuche durch den Faktor α_{Probe} zur Vermeidung einer Vorschädigung reduziert.

Ziel des Forschungsvorhabens war es, die zunächst konservativ gewählten Werte für α_{Probe} zu verifizieren und gegebenenfalls neu zu definieren. Zur Untersuchung einer möglichen Schädigung der Verankerung bzw. des Verankerungsgrunds durch eine Vorbelastung wurden sogenannte Stufentests durchgeführt. Hierbei wurde eine definierte Belastungsfolge mit steigenden Laststufen auf die Injektionsanker bis zum Versagen aufgebracht. Genauere Erläuterungen zur Versuchsdurchführung und Auswertung der Ergebnisse enthält Abschnitt 3.2.

Um die Versuchsdurchführung bei Baustellenversuchen baustellentauglich zu gestalten, soll die Abstützbreite des Baustellenprüfgeräts kleinstmöglich gehalten werden. Eine zu klein gewählte Abstützbreite führt zu höheren Tragfähigkeiten, da der freie Ausbruch des Verankerungsgrunds verhindert wird. Aus diesem Grund wurde im Forschungsvorhaben durch Vergleichsversuche mit unterschiedlichen Abstützbreiten deren Einfluss auf die Versagenslast ermittelt. Ziel war die Definition eines zusätzlichen Faktors, der den Einfluss der gewählten Abstützbreite im Versuch auf die Tragfähigkeit berücksichtigt. Abschnitt 3.3 fasst die Resultate der Untersuchungen mit reduzierter Abstützbreite zusammen.

Die beschriebenen Versuche zur Ermittlung einer Vorschädigung sowie der Untersuchung des Einflusses der Abstützbreite wurden in Ziegel-, Kalksand- und Leichtbetonsteinen durchgeführt, wobei je Verankerungsgrund ein Vollstein und drei unterschiedliche Lochsteine untersucht wurden. Die Auswahl der Lochsteine wurde so getroffen, dass Tests in Steinen durchgeführt werden können, bei denen ein, zwei oder mehr als zwei Stege durch die Befestigung aktiviert werden.

Die Teilsicherheitsbeiwerte auf der Widerstandsseite für Injektionsanker in Mauerwerk betragen $\gamma_M = 2{,}5$ (Ziegel-, Kalksandsteine und Betonsteine) und $\gamma_M = 2{,}0$ für Porenbeton. Da bei der Durchführung von Baustellenversuchen die tatsächlichen Eigenschaften des Verankerungsgrunds bekannt sind, wurden im Forschungsvorhaben die genannten Teilsicherheitsbeiwerte für die Situation der Baustellenversuche analysiert und ggf. angepasst. Die Ergebnisse der Untersuchung werden in Abschnitt 3.4 dargestellt.

3.2 Ermittlung der Schädigung von Befestigungen durch Probebelastung

Eine zentrale Fragestellung im Forschungsvorhaben war die Beurteilung, ob eine Vorbelastung durch einen Baustellenversuch eine Vorschädigung verursacht und dadurch die Tragfähigkeit einer Verankerung im Stein herabsetzen kann. Dazu wurden sog. Stufentests durchgeführt. In diesen Tests wurde die Befestigung basierend auf den jeweils zuvor durchgeführten Referenzversuchen in mehreren Laststufen bis zum Versagen belastet. Die Laststufen betrugen dabei: 25 %, 50 %, 60 % und anschließend jeweils in 5%-Schritten erhöht, bezogen auf die mittlere Bruchlast aus den Referenzver-

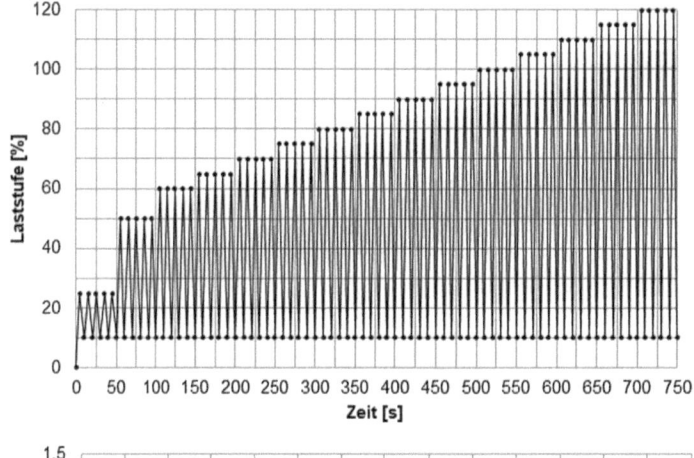

Bild 4. Belastungshistorie in den Stufentests

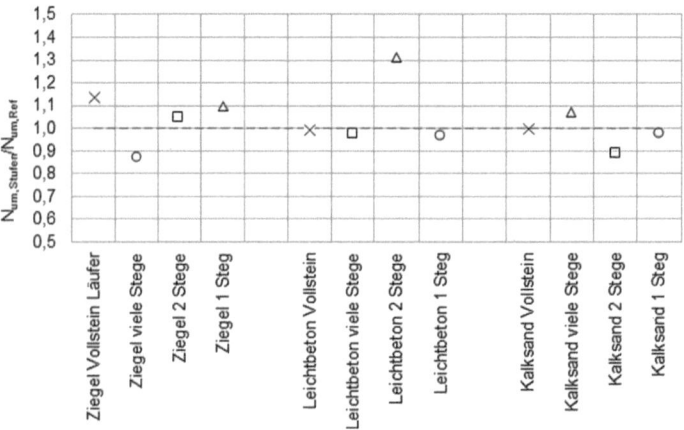

Bild 5. Ergebnisse der Stufentests

suchen. Jede Laststufe wurde fünfmal auf die Verankerung aufgebracht. Die Laststufen wurden so lange erhöht, bis ein Versagen eintrat. Bild 4 zeigt schematisch die aufgebrachte Belastung in den Stufentests. Die Lastniveaus wurden bis zum Versagen der Verankerung erhöht. Aufgrund der Streuung des Mauerwerkmaterials und eines „Trainingseffekts" wurden auch Lastniveaus über 100 % der Referenzlast geprüft.

Die Versuche wurden entweder im Mauerwerksverband oder auch am vorgespannten Einzelstein durchgeführt. Zum Teil wurde das Vorliegen eines Mauerwerksverbands durch eine Spanneinrichtung simuliert. Die Abstützung der Versuchseinrichtung erfolgte dann jeweils derart, dass ein Versagen des Steins nicht behindert wurde. Die Messmittel entsprachen den Leitlinien [2] und [3].

Bild 5 zeigt das Verhältnis aus dem Mittelwert der Stufentests $N_{um,Stufen}$ und dem Mittelwert der Referenzversuche $N_{um,Ref}$ für die einzelnen Steine.

Es wird deutlich, dass einige Verhältniswerte in Bild 5 größer als 1 sind und daher die mittlere Tragfähigkeit in den Stufentests die mittlere Tragfähigkeit der Referenzversuche überstieg. Einige Resultate in den Stufentests erreichen jedoch nicht das mittlere Niveau der Referenztests (insbesondere die Versuche in Ziegeln mit vielen Stegen und im Kalksandstein mit zwei Stegen). Es zeigt sich, dass die Referenzversuche in diesen Steinen einer größeren Streuung unterliegen als die Stufentests, aber aus statistischer Sicht der gleichen Grundgesamtheit entstammen. Bild 6 zeigt den Vergleich der Einzelergebnisse der Referenzversuche und der Stufenversuche.

Die Ergebnisse in Bild 6 zeigen, dass die Streuungen in den Stufentests und den zugehörigen Referenzversuchen sehr unterschiedlich sein können. Einzelne Ergebnisse der Stufentests liegen teilweise deutlich über dem Streubereich der Referenzversuche. Es kann daher davon ausgegangen werden, dass die Dübel durch die Belastungshistorie trainiert wurden. Dieser Effekt ist im Bereich der Befestigungstechnik bei Dübeln unter ermüdungsrelevanter Einwirkung bereits bekannt [8].

Ein weiterer Ansatz zur Bewertung des Einflusses einer Vorbelastung bezog sich auf den Vergleich der Last-Verformungscharakteristik. Bild 7 zeigt exemplarisch einen Vergleich der Last-Verschiebungskurven der Referenzversuche (Linien) mit einem Stufentest (Punktwerte).

Auch in diesem Vergleich zeigt sich kein eindeutiges Ergebnis. Die Last-Verformungskurven der Stufentests liegen häufig innerhalb der Last-Verschiebungskurven

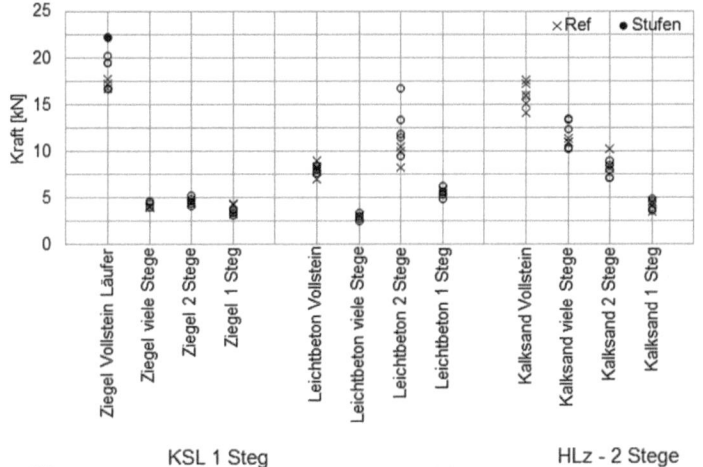

Bild 6. Einzelergebnisse der Stufentests

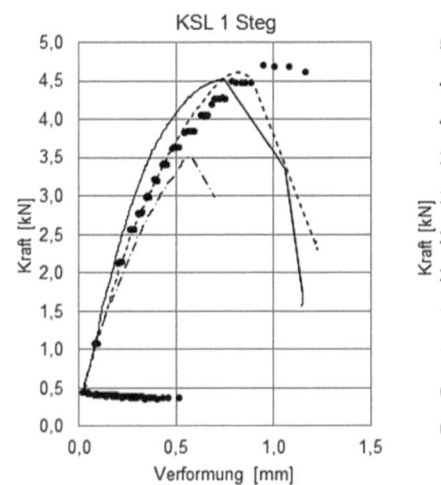
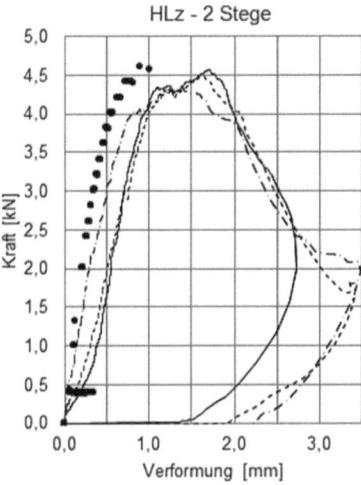

Bild 7. Vergleich zwischen Referenzversuchsschar und Stufentest

der Referenzversuche. Bei einigen Versuchen liegen sie jedoch auch oberhalb und zeigen ein steiferes Verhalten bzw. unterhalb mit einer entsprechenden geringeren Steifigkeit im Vergleich zu den Referenztests.

Eine weitere Möglichkeit der Identifikation einer Vorschädigung ist in der Zunahme der Verformungen vor dem Versagen zu suchen. Daher wurden die Verformungen, die an den jeweiligen Laststufen gemessen wurden, ausgewertet und die Standardabweichung dieser Werte bestimmt. Im Vergleich dazu wurden die Verformungen in den Referenzversuchen ausgewertet, die den Kräften entsprechend der Laststufen zugeordnet sind.

Die Bilder 8 und 9 zeigen die Entwicklung der Standardabweichung der ermittelten Verformungen in Abhängigkeit der Laststufen.

Die Ergebnisse in den Bildern 8 und 9 zeigen deutlich, dass die Verformungszunahme vor dem Versagen bei den Referenzversuchen geringer ausfällt und die Streuung kleiner ist als bei den zugehörigen Stufentests. Durch diese Analyse kann vermutet werden, dass durch die im Vergleich zu den Referenzversuchen erhöhte Zunahme der Streuung eine Schädigung stattfindet. In den Referenzversuchen zeigt sich ab etwa 80 bis 90 % ein leichter Anstieg der Streuung der Verformungen. Dieser Anstieg ist bei den Stufentests ebenfalls zu beobachten. Hier fällt dieser jedoch deutlich stärker aus, was auf eine Schädigung hindeutet.

Insgesamt zeigen die Ergebnisse der Referenz- und Stufenversuche, dass durch die Stufentests keine signifikante Reduktion der Bruchtragfähigkeit festgestellt werden kann. Scheinbar wurden die Verankerungen jedoch durch die Stufentests trainiert, wodurch mutmaßlich der o. g. Nachweis nicht geführt werden kann.

Für die Bewertung von Abnahmeversuchen am Bauwerk wird daher im Abschlussbericht zum Forschungsvorhaben [9] der Wert $\alpha_{Probe} = 0{,}9$ empfohlen.

3.3 Ermittlung des Einflusses des Abstützdurchmessers auf die Tragfähigkeit

Bei Auszugversuchen wird eine Reaktionslast (= Zuglast auf dem Dübel) vom Auszuggestell in den Verankerungsgrund eingeleitet. Diese Beanspruchung des Verankerungsgrundes ist versuchsbedingt und entspricht nicht der Belastungssituation in der Realität. Maßge-

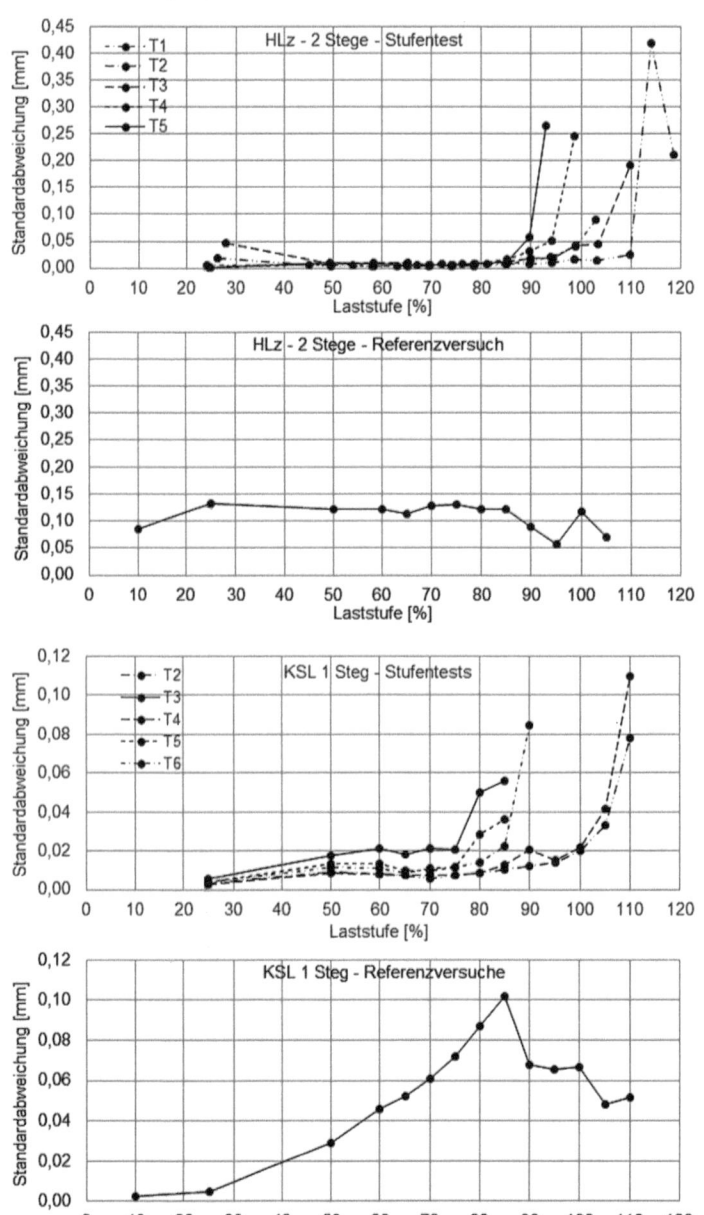

Bild 8. Vergleich der Standardabweichung der Verformungen zwischen Referenzversuchen und Stufentests – Ziegel

Bild 9. Vergleich der Standardabweichung der Verformungen zwischen Referenzversuchen und Stufentests – Kalksandstein

bender Parameter ist der Abstand der Abstützung des Auszuggestells zum Dübel. Je größer dieser Abstand ist, desto eher entspricht die Belastung im Baustellenversuch den realen Bedingungen. Weiterhin spielt die Verankerungstiefe des zu prüfenden Befestigungsmittels eine entscheidende Rolle, da der Durchmesser des Ausbruchkegels mit zunehmender Verankerungstiefe steigt. Bei Auszugversuchen sollte die Abstützbreite a_{dist} der Auszugvorrichtung an die Verankerungstiefe h_{ef} des Befestigungsmittels angepasst werden, da bei einer zu klein gewählten Abstützbreite die Versagenslast überschätzt werden kann. Dies ist damit zu begründen, dass bei zu kleiner Abstützbreite das freie Ausbrechen des Verankerungsgrundes behindert wird (s. Bild 10). Um ein ungehindertes Versagen des Verankerungsgrundes zu gewährleisten, sollte die Abstützbreite im Mauerwerk größer oder gleich der dreifachen Verankerungstiefe gewählt werden: $a_{dist} \geq 3\,h_{ef}$.

Baustellenversuche werden in der Regel mit Vorrichtungen durchgeführt, deren Abstützbreite nicht variabel einstellbar ist. Somit ist in der Praxis eine Einhal-

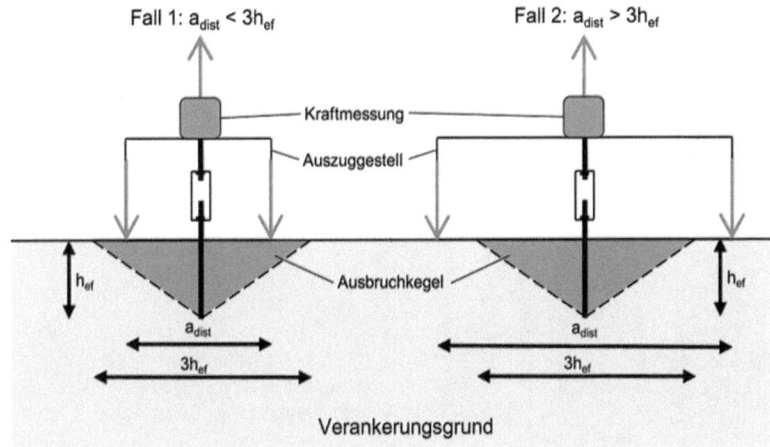

Bild 10. Belastungssituation beim Baustellenversuch

Tabelle 2. Versuchsparameter zur Ermittlung des Einflusses einer reduzierten Abstützbreite

Untergrund-material	Steintyp bzw. Anzahl der aktivierten Stege	Verankerungs-tiefe	Abstützbreite Referenzversuch	Verhältnis Abstützbreite Referenzversuch zu Verankerungstiefe	Reduzierte Abstützbreite	Verhältnis reduzierte Abstützbreite zu Verankerungstiefe
		h_{ef} [mm]	a_{dist_Ref} [mm]	$a_{dist\_Ref/hef}$ [−]	a_{dist_Bau} [mm]	$a_{dist/hef}$ [−]
Ziegelstein	Vollstein	80	320	4,0	150	1,9
	viele Stege	80	320	4,0	150	1,9
	2 Stege	80	320	4,0	150	1,9
	1 Steg	80	320	4,0	150	1,9
Kalksandstein	Vollstein	50	300	6,0	150	3,0
	viele Stege	130	450	3,5	150	1,2
	2 Stege	130	450	3,5	150	1,2
	1 Steg	85	450	5,3	150	1,8
Leichtbetonstein	Vollstein	50	115	2,3	–	–
	viele Stege	85	250	2,9	150	1,8
	2 Stege	110	240	2,2	150	1,4
	1 Steg	85	240	2,8	150	1,8

tung der oben genannten Bedingung nicht immer garantiert. Es ist also nicht auszuschließen, dass Baustellenversuche mit Abstützdurchmessern $a_{dist} < 3\,h_{ef}$ durchgeführt werden. Wird in diesen Fällen ein freies Ausbrechen des Steins verhindert, ist davon auszugehen, dass mit den Prüfungen die Tragfähigkeit der Befestigung überschätzt wird. Bei der Durchführung von Baustellenversuchen ist es allerdings nicht immer möglich, die genannte Abstützbreite einzuhalten. Dies war Grund dafür, im oben genannten Forschungsvorhaben den Einfluss einer im Verhältnis zur Verankerungstiefe zu klein gewählten Abstützbreite auf die Versagenslast zu ermitteln.

Hierzu wurden zentrische Auszugversuche mit unterschiedlichen Abstützdurchmessern durchgeführt. Grundsätzlich wurde differenziert zwischen Referenzversuchen (Ref) mit weiter Abstützung, die bereits die Basis für die Stufentests (Abschnitt 3.2) bildeten, und den sogenannten Baustellenversuchen (Bau) mit einer reduzierten Abstützbreite von $a_{dist} = 150$ mm, die Baustellenprüfgeräte mit kleiner Abstützbreite simulieren sollten. Tabelle 2 zeigt eine Übersicht mit den geprüften Verankerungstiefen je Stein sowie den in den Versuchen gewählten Abstützdurchmessern. Die genannten Werte wurden zusätzlich ins Verhältnis zueinander gesetzt.

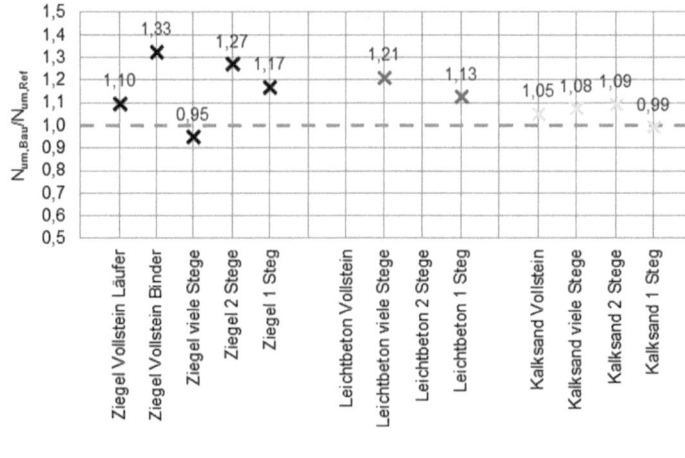

Bild 11. Darstellung der Versuchsergebnisse in allen Steinen als Verhältniswert $N_{um,Bau}/N_{um,Ref}$

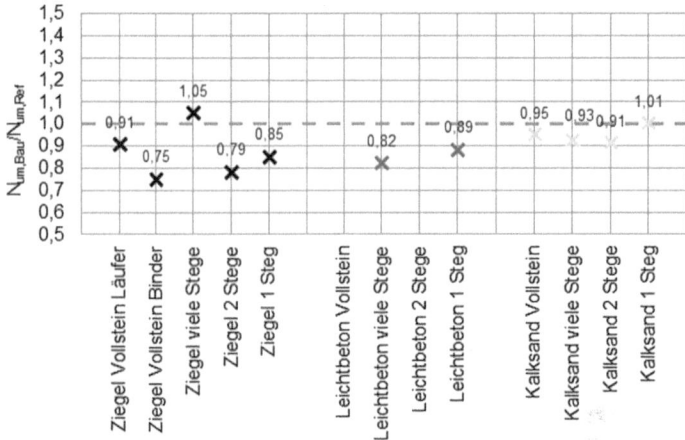

Bild 12. Darstellung der Versuchsergebnisse in alle Steinen als Verhältniswert $N_{um,Ref}/N_{um,Bau}$

Im Leichtbetonstein konnten die Tests mit 150 mm Abstützbreite aus versuchstechnischen Gründen nicht durchgeführt werden. Da ebenfalls im Leichtbetonstein die Aktivierung eines zweiten Stegs nur mit einer größeren Verankerungstiefe möglich war, konnte hier lediglich ein Verhältnis a_{dist_Ref}/h_{ef} von 2,2 erreicht werden. Die Ergebnisse der Versuche in den beiden genannten Leichtbetonsteinen wurden nicht zur Ermittlung des Einflusses einer reduzierten Verankerungstiefe hinzugezogen.

Die Mittelwerte der Versagenslasten aus den Referenzversuchen und der Versuche mit reduzierter Abstützbreite wurden in der Folge näher untersucht. Bild 11 zeigt das Verhältnis der mittleren Versagenslasten aus den Auszugversuchen mit kleinerer Abstützung zu den mittleren Versagenslasten aus den Referenzversuchen $N_{um,Bau}/N_{um,Ref}$ für jeden Stein. Ein Verhältnis $N_{um,Bau}/N_{um,Ref} = 1{,}0$ wäre so zu interpretieren, dass die Änderung der Abstützbreite in den Versuchen keine Auswirkung auf die Versagenslast hatte. Erwartungsgemäß lagen die Tragfähigkeiten bei reduzierter Abstützung tendenziell über den Tragfähigkeiten der Referenzversuche ($N_{um,Bau}/N_{um,Ref} > 1{,}0$). Im Kalksandstein wurden bei reduzierter Abstützbreite im Vergleich zu den Referenzversuchen maximal 9 % höhere Versagenslasten erzielt. Die höchste Tragfähigkeitssteigerung wurde in Ziegelsteinen mit 33 % erreicht.

Bei einer realen Belastungssituation muss von einem ungehinderten Ausbruch ausgegangen werden, welcher einer Abstützbreite a_{dist} von mindestens $3\,h_{ef}$ entspricht. Die Steigerung der Tragfähigkeit durch eine zu gering gewählte Abstützbreite ist nicht vernachlässigbar und muss durch einen Faktor korrigiert werden. Bild 12 zeigt die invertierten Werte aus Bild 11. Diese entsprechen einem Faktor, der die Tragfähigkeitssteigerung basierend auf einer reduzierten Abstützbreite auf die Werte für eine Abstützung, die freien Ausbruch gewährt, korrigiert.

Um das Sicherheitsniveau nicht zu verschlechtern, muss bei Abstützbreiten $a_{dist} < 3\,h_{ef}$ die im Versuch ermittelte Tragfähigkeit durch einen Faktor α_{dist} angepasst werden. Aus den Bildern 11 und 12 ist zu entnehmen, dass bei den durchgeführten Versuchen eine größte Tragfähigkeitssteigerung von 33 % und somit ein kleinster Abminderungsfaktor von 0,75 hervorgeht.

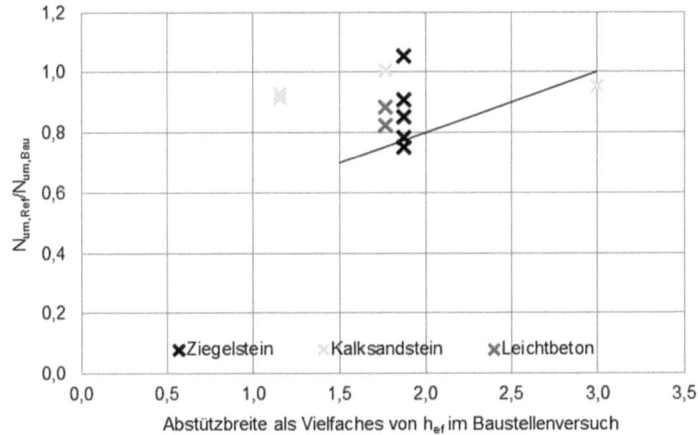

Bild 13. Darstellung der Versuchsergebnisse in allen Steinen als Verhältniswert $N_{um,Ref}/N_{um,Bau}$ über die Abstützbreite im Baustellenversuche als Vielfaches von h_{ef}

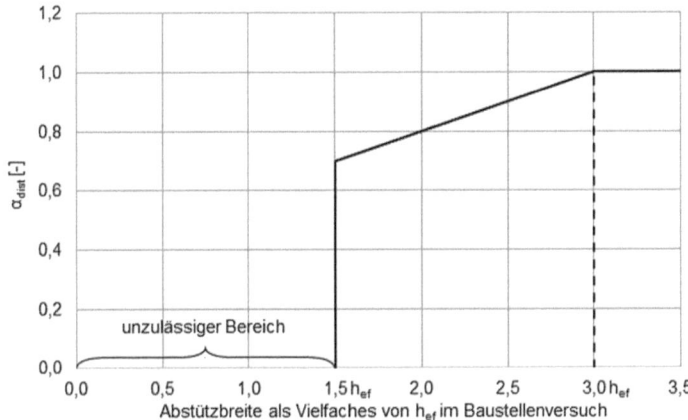

Bild 14. Abminderungsfaktor α_{dist} für Abstützbreiten kleiner $3\,h_{ef}$

Mit den durchgeführten Versuchsreihen wurde ein Bereich der Verhältnisse von Abstützdurchmesser und Verankerungstiefe für Versuche mit reduzierter Abstützung zwischen $1{,}2 \leq (a_{dist}/h_{ef}) \leq 3{,}0$ abgedeckt. Bild 13 stellt die in Bild 12 gezeigten Verhältnisse der Versagenslasten $N_{um,Ref}/N_{um,Bau}$ in Abhängigkeit der Abstützbreite im Baustellenversuch dar. Der Einfachheit halber wird ein linearer Zusammenhang zwischen $a_{dist} = 1{,}5\,h_{ef}$ und $a_{dist} = 3\,h_{ef}$ angenommen. Basierend auf den oben erläuterten Versuchsergebnissen kann der Abminderungsfaktor α_{dist} wie in Bild 14 und Gl. (8) für Abstützbreiten zwischen $a_{dist} = 1{,}5\,h_{ef}$ und $a_{dist} = 3\,h_{ef}$ linear interpoliert werden. Abstützbreiten $a_{dist} < 1{,}5\,h_{ef}$ sind nicht zulässig. Für Abstützbreiten $a_{dist} \geq 3h_{ef}$ ist keine Abminderung und keine Lasterhöhung vorzunehmen.

$$\alpha_{dist} = 0{,}4 + \frac{a_{dist}}{5 \cdot h_{ef}} \quad \text{für} \quad 1{,}5\,h_{ef} \leq a_{dist} < 3{,}0\,h_{ef} \quad (8)$$

α_{dist} Abminderungsfaktor durch kleine Abstützbreite
a_{dist} Abstützdurchmesser (doppelter Abstand Injektionsanker-Abstützpunkt)
h_{ef} Verankerungstiefe mit $h_{ef} \leq 150$ mm

Bei der durchgeführten Untersuchung wurde Bezug auf die nominelle Verankerungstiefe genommen. Für Lochsteine ist die Geometrie und Anordnung der Löcher von großer Bedeutung für den Einfluss der Abstützbreite. Bei genauer Kenntnis über die Steingeometrie kann eine vom Fachplaner angepasste Abstützbreite angesetzt werden.

Da die erläuterten Auswertungen auf Auszugversuchen von Befestigungen mit maximaler Verankerungstiefe von 130 mm basieren, können diese nach Ermessen der Autoren für Verankerungen bis 150 mm angewendet werden. Für größere Verankerungstiefen liegen bisher keine Versuchsergebnisse vor.

3.4 Modifikation des Teilsicherheitsbeiwerts

Der rechnerische Nachweis in den Grenzzuständen der Tragfähigkeit basiert auf einem Vergleich von Einwirkungen und Bauteilwiderstand nach Gl. (9). Das Sicherheitskonzept im Bauwesen basiert auf dem semi-probabilistischen Konzept. Bei diesem Konzept wird der Abstand der Bemessungseinwirkung E_d zum Bemessungswiderstand R_d so festgelegt, dass eine aus-

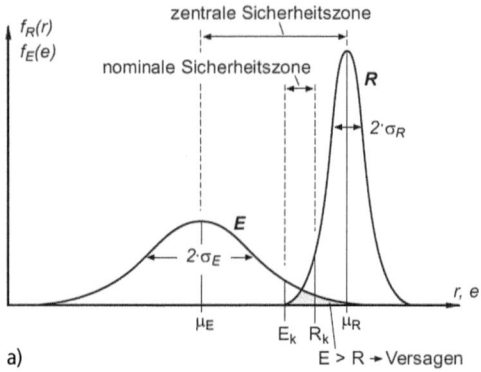 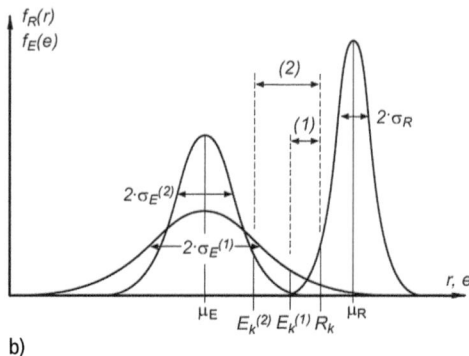

Bild 15. Definition der zentralen Sicherheitszone zwischen Einwirkung und Widerstand nach dem semi-probabilistischen Sicherheitskonzept im Bauwesen [16]; a) Definition der Sicherheitszonen, b) Auswirkungen veränderter Streuungen auf die Versagenswahrscheinlichkeit

reichend große Zuverlässigkeit β gewährleistet wird bzw. eine ausreichend kleine Versagenswahrscheinlichkeit p_f vorhanden ist.
Ist die Bemessungseinwirkung E_d größer als der Bemessungswiderstand R_d, kommt es zu einem Versagen (vgl. Bild 15). Um auf Bemessungsniveau ein Versagen zu vermeiden, muss Gl. (9) erfüllt sein:

$$E_d < R_d \qquad (9)$$

E_d Bemessungseinwirkung
R_d Bemessungswiderstand

Die Sicherheit bzw. die Zuverlässigkeit einer Verankerung wird durch die vorhandenen Streuungen auf der Seite der Einwirkung und der des Widerstands beeinflusst. Hierbei sind Materialstreuungen und systembedingte Streuungen zu berücksichtigen. Wegen des nichtlinearen Verhaltens von Befestigungen muss der Bemessungswiderstand anhand von Versuchen ermittelt werden.
Menschliches Fehlverhalten ist nicht durch ein Sicherheitskonzept zu erfassen, sondern muss durch zielgerichtete Maßnahmen wie z. B. der Prüfung (Prüfen von Einflüssen, Probebelastungen, regelmäßige Inspektionen usw.) bei der Herstellung und während der Nutzungszeit möglichst ausgeschlossen werden.
Die Basis des Sicherheitskonzepts bilden die Verteilungsfunktionen für die Einwirkung und den Widerstand. Für die Bemessungseinwirkung E_d und den Bemessungswiderstand R_d sind zudem die Teilsicherheitsbeiwerte auf der Einwirkungsseite γ_f und der Widerstandsseite γ_M zu definieren. Der Teilsicherheitswert γ_f erhöht die charakteristische Einwirkung E_k, der Teilsicherheitsbeiwert γ_M reduziert den charakteristischen Widerstand R_k so, dass die zentrale Sicherheitszone ausreichend groß ist (vgl. auch Bild 15).
Der Abstand von mittlerer Einwirkung $m_E = \mu_E$ und mittlerem Widerstand $m_R = \mu_R$ wird als zentrale Sicherheitszone γ_{ges} bezeichnet und den Überlappungsbereich beider Verteilungsfunktionen beschreibt die Versagenswahrscheinlichkeit bzw. der Zuverlässigkeitsindex β.
Die Verteilungen, die auf der Einwirkungsseite angesetzt werden können, sind komplex und hängen maßgeblich von der Art der Einwirkung ab. In DIN EN 1990 [17] werden daher charakteristische Lasten angegeben, die je nach Belastungsart der 50%-Quantile (Mittelwert), der 95%- oder 98%-Quantile entsprechen. Schneelasten und Windlasten werden zudem mittels Extremwertverteilungen beschrieben. Es sollte daher bei der Ermittlung der Einwirkungen auf Befestigungen in Mauerwerk auf die Vorgaben in DIN EN 1990 [17] zurückgegriffen werden.
Auf der Widerstandseite kann eine Normalverteilung oder logarithmische Normalverteilung angenommen werden. Eine logarithmische Verteilung ist vor allem bei großen Streuungen (Variationskoeffizient COV > 25%) anzunehmen, da ansonsten der rechnerische charakteristische Widerstand negativ wird, was physikalisch nicht möglich ist. Unter Annahme einer logarithmischen Normalverteilung werden negative Widerstände ausgeschlossen.
Die anzunehmenden Verteilungen und Teilsicherheitsbeiwerte auf der Widerstandsseite können auf Basis der Ergebnisse von Baustellenversuchen angepasst werden. Der Teilsicherheitsbeiwert auf der Widerstandsseite deckt dabei zwei „Unsicherheiten" ab. Dies sind die Unsicherheiten bei den repräsentativen Baustoffeigenschaften sowie die vorhandene Modellunsicherheit. Der gesamte Teilsicherheitsbeiwert auf der Widerstandsseite beträgt zwischen 1,05 und 2,5. Die Höhe hängt dabei hauptsächlich von der zu erwartenden Materialstreuung ab.
Nach derzeitigem Stand sind für Verankerungen in Mauerwerk ein Teilsicherheitsbeiwert von $\gamma_M = 2,5$ (Ziegel-, Kalksandsteine und Betonsteine) und $\gamma_M = 2,0$ für Porenbeton zu verwenden. Für Verankerungen in Beton kann ein Teilsicherheitsbeiwert von $\gamma_M = 1,5$ verwendet werden.

Für Beton muss in der Regel eine Streuung von COV = 15% bei Mauerwerk von ca. COV = 20% angenommen werden. Diese Streuung muss auch dann verwendet werden, wenn in Auszugversuchen (Stichprobe) eine geringere Streuung ermittelt wurde. Grund dafür ist, dass die Streuung einer Stichprobe nicht die generelle Materialstreuung für eine unbegrenzte Stichprobe repräsentiert und die Versuche nur in einer Materialcharge durchgeführt werden.

Im verwendeten Teilsicherheitsbeiwert ist auch die Modellunsicherheit für die Berechnung der Tragfähigkeiten enthalten. Dieser Anteil kann bei sehr geringer Modellunsicherheit reduziert werden, wenn diese z. B. durch Probebelastungen verringert wird.

Werden Auszugversuche nach Abschnitt 2.2 am Bauwerk durchgeführt, so entspricht dies der Vorgehensweise bei der Prüfung im Labor unter realen Baustellenbedingungen. Daher kann in diesem Fall die Modellunsicherheit nahezu unberücksichtigt bleiben. Der Teilsicherheitsbeiwert reduziert sich dann zu:

$$\gamma_M = 2{,}5 \quad \text{auf} \quad \gamma_M = \frac{2{,}5}{1{,}1} \approx 2{,}25 \quad (10)$$

Werden bei Abnahmeversuchen nach Abschnitt 2.4 alle Dübel am Bauwerk geprüft und ist die mittlere Bruchlast bekannt, kann davon ausgegangen werden, dass keine Modellunsicherheit mehr vorliegt. Dies kann damit begründet werden, dass ein Versagen unterhalb der Abnahmelast N_{pA} ausgeschlossen ist. Die Verteilungsfunktion kann auf diesem Lastniveau „abgeschnitten" werden. Dadurch verringert sich der Überlappungsbereich und die Zuverlässigkeit β der Verankerung nimmt zu. Somit ist es möglich einen Teilsicherheitsbeiwert anzusetzen, der geringer ist als $\gamma_M = 2{,}25$. Grundlage hierfür ist die Berechnung mit dem semi-probabilistischen Teilsicherheitskonzept.

Der Teilsicherheitsbeiwert für Mauerwerk kann wie folgt abgeschätzt werden:

$$\gamma_M = \frac{R_k}{R_d} = \frac{\mu_R (1 - k \cdot \delta_R)}{\mu_R (1 - \alpha_R \cdot \beta \cdot \delta_R)} = \frac{1 - k \cdot \delta_R}{1 - \alpha_R \cdot \beta \cdot \delta_R} \quad (11)$$

R_k charakteristischer Widerstand
R_d Bemessungswiderstand
μ_R Mittelwert des Widerstands
$k = 1{,}645$ Statistikfaktor für Normalverteilung
δ_R Streuung des mittleren Widerstands

Bei einer Annahme von $k = 1{,}645$, $\alpha_R = 0{,}8$ [16] mit einer Grundstreuung δ_R = COV ≤ 20% ergibt sich ein Teilsicherheitsbeiwert von $\gamma_M > 2{,}5$. Dabei wird von einem Zuverlässigkeitsindex von 4,75 bzw. einer Versagenswahrscheinlichkeit von ca. $1 \cdot 10^{-6}$ ausgegangen. Der Zuverlässigkeitsindex hängt sehr stark von der zu erwartenden Streuung des Widerstands ab. Daher wird im Folgenden die Zuverlässigkeit anhand der globalen Sicherheit berechnet.

Die Berechnung des Sicherheitsindex erfolgt unter Annahme einer globalen Sicherheit von $\gamma_{ges} = 8{,}0$ bezogen auf den Mittelwert der Einwirkung m_E und den Mittelwert des Widerstands m_R.

Die Gesamtsicherheit kann für eine Streuung des Widerstands von $COV_R = 20\%$ mit einem Teilsicherheitsbeiwert von $\gamma_M = 2{,}5$ und der Streuung der Einwirkung von $COV_E \leq 30\%$ und einem durchschnittlichen Teilsicherheitsbeiwert von $\gamma_f = 1{,}4$ wie folgt berechnet werden:

$$\gamma_{ges} = \gamma_f \cdot \gamma_M \frac{1 + 1{,}645 \cdot 0{,}30}{1 - 1{,}645 \cdot 0{,}20} = 1{,}4 \cdot 2{,}5 \cdot \frac{1{,}5}{0{,}7} \approx 7{,}8 \quad (12)$$

Werden Abnahmelasten auf einem bestimmten Lastniveau auf alle Dübel aufgebracht, so kann der Teilsicherheitsbeiwert reduziert werden, da die Streuung auf der Widerstandseite durch die Abnahmelast nach unten begrenzt wird und eine Mindesttragfähigkeit aller Dübel gewährleistet ist. Die Normalverteilung wird, abhängig von der Höhe der Abnahmelast, „abgeschnitten". Bild 16 zeigt den Unterschied in den Normalverteilungen.

Je nach Höhe der Abnahmelast (bezogen auf die zugehörige mittlere Bruchlast) ergibt sich dann eine andere Versagenswahrscheinlichkeit. Daraus kann dann der notwendige Teilsicherheitsbeiwert γ_M berechnet werden. Die Berechnungen für unterschiedlich hohe Abnahmelasten sind im Folgenden zusammengefasst:

$N_{pA} = 0{,}10 \, N_u \rightarrow P_f = 8{,}8 \cdot 10^{-7} \rightarrow$ Reduzierung des Teilsicherheitsbeiwerts auf 0,97 möglich

$N_{pA} = 0{,}15 \, N_u \rightarrow P_f = 6{,}8 \cdot 10^{-7} \rightarrow$ Reduzierung des Teilsicherheitsbeiwerts auf 0,92 möglich

$N_{pA} = 0{,}20 \, N_u \rightarrow P_f = 5{,}3 \cdot 10^{-7} \rightarrow$ Reduzierung des Teilsicherheitsbeiwerts auf 0,88 möglich

$N_{pA} = 0{,}25 \, N_u \rightarrow P_f = 5{,}0 \cdot 10^{-7} \rightarrow$ Reduzierung des Teilsicherheitsbeiwerts auf 0,86 möglich

$N_{pA} = 0{,}30 \, N_u \rightarrow P_f = 5{,}0 \cdot 10^{-7} \rightarrow$ Reduzierung des Teilsicherheitsbeiwerts auf 0,86 möglich

Für Abnahmelasten, höher als 25% der im Versuch ermittelten Tragfähigkeit ($N_{u,1}$ oder $N_{u,m}$), wird die Zuverlässigkeit nicht zusätzlich erhöht, da die Wahrscheinlichkeit für eine höhere Einwirkung als die Abnahmelast bereits sehr gering ist. Das heißt, wenn sowohl die Modellunsicherheit von 1,1 entfällt als auch eine Reduzierung des Teilsicherheitsbeiwerts mit dem Reduktionsfaktor 0,86 erfolgen kann, so ergibt sich ein resultierender Teilsicherheitsbeiwert gemäß Gl. (13).

$$\gamma_M = \frac{2{,}5}{1{,}1} \cdot 0{,}86 = 1{,}95 \quad (13)$$

Dieser Teilsicherheitsbeiwert kann angesetzt werden, wenn alle verbauten Dübel einer Abnahmelast von mindestens 30% der mittleren Bruchlast $N_{u,m}$ oder der einzelnen Bruchlast $N_{u,1}$ unterzogen werden. Zusammenfassend können die in Tabelle 3 für Mauerwerk aus Ziegel-, Kalksand-, Beton- oder Leichtbetonsteinen und Tabelle 4 für Mauerwerk aus Porenbeton aufgeführten Teilsicherheitsbeiwerte verwendet werden.

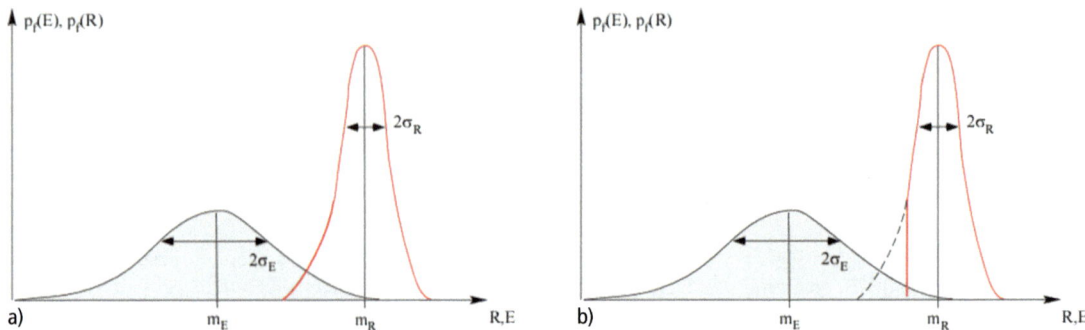

Bild 16. Angenommene Verteilungen der Einwirkung E(x) und des Widerstands R(x); a) ohne Abnahmelast und b) mit Abnahmelast bei 75 % der mittleren Bruchlast der Verankerung

Tabelle 3. Vorgeschlagene Teilsicherheitsbeiwerte in Abhängigkeit der Bauwerksuntersuchungen (Mauerwerk aus Ziegel-, Kalksand-, Beton- oder Leichtbetonsteinen)

Kap.-Nr. entsprechend [4]	Mögliche Szenarien für Versuche am Bauwerk	COV < [%]	β	α_R	Prüflast	γ_M	Modellunsicherheit eliminiert	Untere Widerstandsgrenze bekannt	Kommentare
3.2	5 × Auszug	20	4,7	0,8	–	2,25	ja	nein	wie Zulassungsversuch
3.3	15 × Probebelastung	20	4,7	0,8	N_{Ed}	2,50	nein	nein	
3.4a	1 × Auszug + alle prüfen mit Probebelastung	20	4,7	0,8	> 30 % N_u	1,95	ja	ja	
3.4b	3 × Auszug + alle prüfen mit Probebelastung	20	4,7	0,8	> 30 % N_u	1,95	ja	ja	Eingangswert höher, 3 Auszugversuche
3.4c	1 × Auszug + 15 prüfen mit Probebelastung	20	4,7	0,8	> 30 % N_u	2,25	ja	nein	
3.4d	3 × Auszug + 15 prüfen mit Probebelastung	20	4,7	0,8	> 30 % N_u	2,25	ja	nein	Eingangswert höher, 3 Auszugversuche

Tabelle 4. Vorgeschlagene Teilsicherheitsbeiwerte in Abhängigkeit der Bauwerksuntersuchungen (Mauerwerk aus Porenbeton)

Kap.-Nr. entsprechend [4]	Mögliche Szenarien für Versuche am Bauwerk	COV < [%]	β	α_R	Prüflast	γ_M	Modellunsicherheit eliminiert	Untere Widerstandsgrenze bekannt	Kommentare
3.2	5 × Auszug	20	4,7	0,8	–	1,8	ja	nein	wie Zulassungsversuch
3.3	15 × Probebelastung	20	4,7	0,8	N_{Ed}	2,0	nein	nein	
3.4a	1 × Auszug + alle prüfen mit Probebelastung	20	4,7	0,8	> 30 % N_u	1,56	ja	ja	
3.4b	3 × Auszug + alle prüfen mit Probebelastung	20	4,7	0,8	> 30 % N_u	1,56	ja	ja	Eingangswert höher, 3 Auszugversuche
3.4c	1 × Auszug + 15 prüfen mit Probebelastung	20	4,7	0,8	> 30 % N_u	1,8	ja	nein	
3.4d	3 × Auszug + 15 prüfen mit Probebelastung	20	4,7	0,8	> 30 % N_u	1,8	ja	nein	Eingangswert höher, 3 Auszugversuche

4 Fazit

Mit der Technischen Regel „Durchführung und Auswertung von Versuchen am Bau für Injektionsankersysteme im Mauerwerk mit ETA nach ETAG 029 bzw. nach EAD 330076-00-0604" [4] stellt das DIBt eine Ergänzung und Detaillierung zum Technical Report der EOTA [7] bereit. Unter anderem werden in dieser Technischen Regel [4] sog. Abnahmeversuche eingeführt, die bisher in [7] nicht geregelt waren. Durften bisher die Verankerungen, die am Bauwerk geprüft wurden, nicht weiterverwendet werden, gibt es mit den Abnahmeversuchen jetzt eine Prüfmethode, die eine Weiterverwendung der geprüften Dübel erlaubt.

Zunächst war zu klären, ob durch eine Probebelastung die Verankerung vorgeschädigt werden kann, sodass im Anschluss nicht mehr die volle Tragfähigkeit zur Verfügung steht. Außerdem sollte gezeigt werden, dass die Art der Abstützung des Prüfgeräts auf dem Mauerwerk während der Versuche die Tragfähigkeit signifikant beeinflussen kann. Schließlich sollte noch überprüft werden, ob eine Reduktion des Material-Teilsicherheitsbeiwerts möglich ist, wenn die Tragfähigkeit durch Versuche am Bau ermittelt wird.

In einem Forschungsvorhaben des DIBt zum Thema „Versuche am Bau" wurde der Einfluss einer Vorbelastung auf die Tragfähigkeit von Verankerungen durch sog. Stufentests untersucht. Die zunächst in der ersten Fassung der Technischen Regel [4] konservativ angesetzten Abminderungsfaktoren α_{Probe} = 0,75 bzw. α_{Probe} = 0,50 konnten nicht bestätigt werden. Die Ergebnisse der Untersuchungen zeigten lediglich einen geringen Einfluss, sodass der Wert zu α_{Probe} = 0,90 gewählt werden konnte.

Die Versuche zum Einfluss der Abstützweite hingegen zeigten einen deutlichen Einfluss, sodass sich aus diesen Ergebnissen eine weitere, bisher unberücksichtigte Abminderung ergab. Der Abminderungsfaktor α_{dist} ist dabei abhängig vom Verhältnis der Abstützweite und der Verankerungstiefe.

Schließlich konnte noch gezeigt werden, dass bei der Durchführung von Versuchen am Bau die Modellunsicherheit reduziert ist und daher eine Reduktion des Material-Teilsicherheitsbeiwerts möglich ist. Darüber hinaus ist eine weitere Reduktion möglich, wenn im Rahmen der Abnahmeversuche alle verwendeten Dübel geprüft werden.

5 Literatur

[1] ETAG 020 (2012) *Guideline for European technical approval of plastic anchors for multiple use in concrete and masonry for non-structural applications*, EOTA, Edition March 2006, amended version March 2012.

[2] ETAG 029 (2013) *Guideline for European technical approval of metal injection anchors for use in masonry*, EOTA, Edition April 2013.

[3] EAD 330076-00-0604 (2014) *Metal injection anchors for use in masonry*, EOTA, July 2014.

[4] Deutsches Institut für Bautechnik (2016) *Technische Regel Durchführung und Auswertung von Versuchen am Bau für Injektionsankersysteme im Mauerwerk mit ETA nach ETAG 029 bzw. nach EAD 330076-00-0604*, Dezember 2016, DIBt, Berlin.

[5] Deutsches Institut für Bautechnik (2010) *Hinweise für die Montage von Dübelverankerungen*, Oktober 2010, DIBt, Berlin.

[6] TR 054 (2016) *Design methods for anchorages with metal injection anchors for use in masonry*, April 2016, EOTA.

[7] TR 053 (2016) *Recommendations for job-site tests of metal injection anchors for use in masonry*, April 2016, EOTA.

[8] Block, K., Dreier, F. (2003) *Das Ermüdungsverhalten von Dübelbefestigungen*, DAfStb Heft **541**, Beuth Verlag, Berlin.

[9] Wendel, F., Thiele, C., Becker, R., Hofmann, J., Lieberum, K.-H. (2018) Abschlussbericht zum Forschungsvorhaben „Bewertung der Tragfähigkeit von Befestigungen im Mauerwerk durch Baustellenversuche".

[10] Robert E., Odeh, D., Owen, B. (1980) *Tables for normal tolerance limits, sampling plans and screening*.

[11] Stipetic, M., Hofmann, J. (2019) Tragverhalten und Tragfähigkeit von Injektionsdübeln in Lochsteinen unter Berücksichtigung der Steingeometrie, in *Mauerwerk-Kalender 2019* (Hrsg. Jäger, W.), Ernst & Sohn, Berlin.

[12] Hofmann, J., Welz, G. (2017) Tragverhalten und Bemessung von Injektionsdübeln in Mauerwerk, in *Mauerwerk-Kalender 2017* (Hrsg. Jäger, W.) Ernst & Sohn, Berlin, S. 297–324.

[13] Hofmann, J., Schmieder, P., Welz, G. (2012) Dübeltechnik praxisnah, Teil 1: Befestigungstechnik im Mauerwerksbau mit Bemessungsbeispielen, in *Mauerwerk-Kalender 2012* (Hrsg. Jäger, W.), Ernst & Sohn, Berlin, S. 241–273.

[14] Meyer, A. (2006) *Zum Tragverhalten von Injektionsdübeln im Mauerwerk*, Dissertation am Institut für Werkstoffe im Bauwesen, IWB-Mitteilungen 2006,1.

[15] Stipetic, M. (2018) *Zum Tragverhalten von Injektionsdübeln in ungerissenem und gerissenem Mauerwerk*, Dissertation am Institut für Werkstoffe im Bauwesen, 2018.

[16] Fischer, L. (2001) Das neue Sicherheitskonzept im Bauwesen, *Bautechnik*, Sonderheft 2001, Ernst & Sohn, Berlin.

[17] DIN EN 1990:2010-12 (2010) *Eurocode: Grundlagen der Tragwerksplanung*, Deutsche Fassung EN 1990:2002 + A1:2005 + A1:2005/AC:2010, Beuth, Berlin.

II Tragfähigkeit ausfachender Mauerwerkswände unter Berücksichtigung der verformungsbasierten Membranwirkung

Michael Schmitt, Lauterbach und Carl-Alexander Graubner, Darmstadt

1 Einleitung

Obwohl seit ca. 6000 Jahren Bauwerke und Brücken aus Mauerwerk mit künstlichen Steinen errichtet werden, berief man sich bei der Konstruktion bis weit in das 19. Jahrhundert hinein auf Erfahrungsberichte und Versuche. Regelungen für die Bemessung, Ausführung und Konstruktion wurden erst im 20. Jahrhundert entwickelt. Trotz dieser langen Erfahrungszeit und der vorhandenen normativen Regelungen sind einige Konstruktionssituationen sowie die dazugehörigen Versagensphänomene wissenschaftlich nicht ausgiebig und hinreichend genau erforscht. So fehlen immer noch verifizierte analytische Lösungsverfahren, welche auf geometrischen, mechanischen und mathematischen Grundsätzen basieren. Zu diesen nicht hinreichend erforschten Fällen zählt die Membranwirkung, die z. B. bei nichttragenden ausfachenden Mauerwerkswänden auftreten kann.

Planmäßig tragen nichttragende Mauerwerkswände keine Lasten aus anderen Bauteilen ab. Lediglich Einwirkungen, die direkt auf die Wand wirken, wie z. B. in horizontaler Richtung Wind, müssen aufgenommen und auf angrenzende tragende Bauteile abgeleitet werden. Wenn die Fugen zwischen Wand und Decke mit Mineralwolle und der Abschluss mit einem elastischen Werkstoff verfüllt werden, liegt dabei keine horizontale Halterung vor, welche jedoch durch die Anordnung von Stahlprofilen erreicht werden kann. Bei den nichttragenden Wänden ist im Versagensfall des Biegeversagens die Biegezugfestigkeit des Mauerwerks die maßgebende Werkstoffgröße.

Sind die Fugen zwischen Mauerwerkswand und angrenzenden Bauteilen jedoch vollflächig und kraftschlüssig z. B. mit Mörtel verfüllt, so können durch die entstehende Verformungsbehinderung Membrandruckkräfte in nennenswerter Größe aktiviert werden, welche zur Steigerung der Tragfähigkeit führen. Einen wesentlichen Einfluss auf diese Traglaststeigerung hat das Steifigkeitsverhältnis zwischen der Mauerwerkswand und den an Kopf und Fuß anschließenden Stahlbetondecken. Beachtenswert ist, dass sich die maßgebende Werkstoffkenngröße in membrandruckbeanspruchten Mauerwerkswänden von der Biegezugfestigkeit hin zur Mauerwerksdruckfestigkeit verschiebt.

Die auftretenden Versagensarten bei ausfachenden Mauerwerkswänden können neben dem Spannungsversagen nach Theorie II. Ordnung (Druckversagen des gerissenen Querschnitts) auch das Druckversagen der Wand sein. In diesem Fall verringert sich durch die Wanddurchbiegung der Hebelarm der Normalkräfte derart, dass das einwirkende Biegemoment infolge Windlast nicht mehr aufgenommen werden kann, obwohl die Querschnittstragfähigkeit im maßgebenden Schnitt noch nicht erreicht ist. Ein realitätsnahes Bemessungsmodell muss daher beide Versagensarten abdecken. Das Ziel der Forschungsarbeit [1] bestand darin, auf der Grundlage einer fundierten Analyse der Trag- und Versagensmechanismen von ausfachendem Mauerwerk ein nichtlineares Berechnungsverfahren und daraus ein Bemessungsmodell zur Ermittlung der Systemtragfähigkeit unter Berücksichtigung von Membrandruckkräften zu entwickeln.

2 Grundlagen

2.1 Einführung

Mit „Membranwirkung" wird im Gegensatz zum üblichen Sprachgebrauch nicht die Membranwirkung in Seilen oder biegeweichen Flächen, deren charakteristisches Merkmal auftretende Zugkräfte sind, verstanden, sondern eine aus Verformungsbehinderung entstehende Zwangsbeanspruchung innerhalb der Wand. Dabei ist die entstehende Normalkraft keine im klassischen Sinne verstandene Auflast, sondern eine durch Zwang entstehende vertikale Reaktionskraft, zu deren Entstehung jedoch horizontale Verformungen und dadurch entstehende vertikale Verschiebungen der Wand notwendig sind. Zu beachten ist, dass in diesem Fall eine in Plattenrichtung biegebeanspruchte Mauerwerkswand im Zuge der horizontalen Belastung zu einer zusätzlich in vertikaler Richtung normalkraftbelasteten Wand wird.

In den derzeit gültigen deutschen und europäischen Bemessungsnormen (s. [2] und [3]) dürfen keine auf die Tragfähigkeit der Wand positiv wirkenden Membrandruckspannungen aus Zwangsbeanspruchung in der Bemessung berücksichtigt werden. In der Vergangenheit wurden lediglich wenige Versuche durchgeführt, welche genau dieses vielschichtige Problem exakt untersuchten. Die versuchstechnische Erfassung der auftretenden Versagensmechanismen ist aufgrund der umfangreichen Parameter und Randbedingungen nicht trivial. Besonders die exakte Messung der entstehenden Normalkräfte bei gleichzeitiger vertikaler Verformungsmessung stellt die Wissenschaft regelmäßig vor

---

Mauerwerk-Kalender 2019: Bemessung, Bauwerkserhaltung, Schallschutz. Herausgegeben von Wolfram Jäger.
© 2019 Ernst & Sohn GmbH & Co. KG. Published 2019 by Ernst & Sohn GmbH & Co. KG.

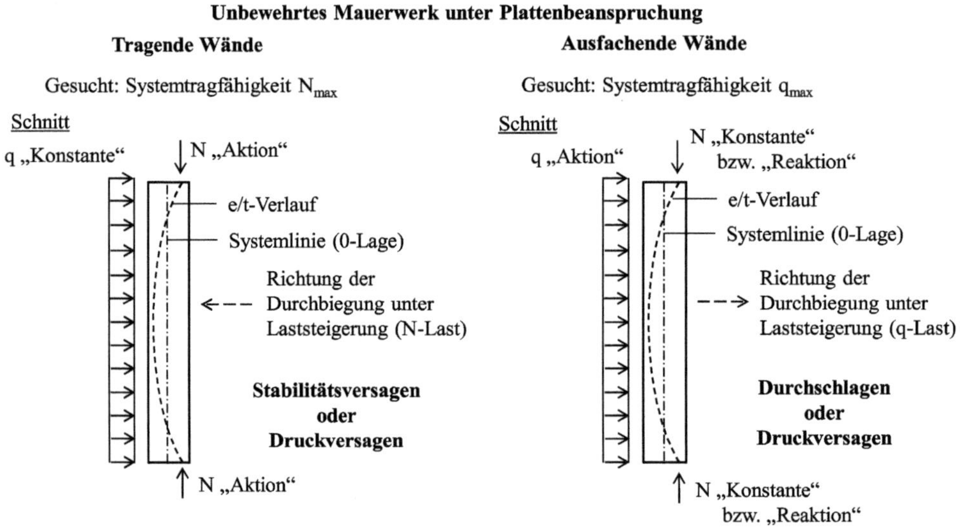

Unbewehrtes Mauerwerk unter Plattenbeanspruchung

Tragende Wände	Ausfachende Wände
Gesucht: Systemtragfähigkeit N_{max}	Gesucht: Systemtragfähigkeit q_{max}

Schnitt

q „Konstante"   ↓ N „Aktion"

– e/t-Verlauf
– Systemlinie (0-Lage)
← – – Richtung der Durchbiegung unter Laststeigerung (N-Last)

Stabilitätsversagen oder Druckversagen

↑ N „Aktion"

Schnitt

q „Aktion"   ↓ N „Konstante" bzw. „Reaktion"

– e/t-Verlauf
– Systemlinie (0-Lage)
– – → Richtung der Durchbiegung unter Laststeigerung (q-Last)

Durchschlagen oder Druckversagen

↑ N „Konstante" bzw. „Reaktion"

Bild 1. Vergleich der Lastkonfiguration für tragende und ausfachende Wände nach [1]

Probleme. Damit kann erklärt werden, warum lediglich sehr wenige und kaum verwertbare Ergebnisse experimenteller Untersuchungen vorliegen. Diese Tatsache eines fehlenden hinreichend genauen Bemessungsmodells führt weiterhin dazu, dass die Tragfähigkeitspotenziale ausfachender Wände gerade in der Stahlbetonskelettbauweise im Hoch-, Industrie- und Kraftwerksbau nicht ausgenutzt werden.

Zur Sensibilisierung des Themas sowie der daraus entstehenden und zu lösenden Probleme folgt in Bild 1 eine Gegenüberstellung der Lastkonfiguration tragender Mauerwerkswände, welche vorwiegend eine Normalkraftbeanspruchung erfahren, und ausfachender Mauerwerkswände, welche vorwiegend biegebeansprucht sind.

Bei tragenden Wänden ist die zu bestimmende Variable üblicherweise die maximal aufnehmbare Normalkraft N_{max} (Aktion). Dazu wird unter der aufgebrachten konstant einwirkenden Horizontallast q die Normalkraft N – welche zentrisch oder exzentrisch wirken kann – bis zum Versagen des Systems gesteigert. Es tritt eine Durchbiegung affin zur e/t-Kurve, jedoch gegen die horizontale Einwirkung gekrümmt, auf. Die e/t-Kurve beschreibt dabei das normierte Verhältnis von Biegemoment zur Normalkraft. Die auftretenden Versagensarten können in diesem Fall Druckversagen, wobei die Mauerwerksdruckfestigkeit erreicht wird, oder Stabilitätsversagen nach Theorie II. Ordnung, wobei die Mauerwerksdruckfestigkeit nicht erreicht wird, sein.

Im Gegensatz hierzu ist bei ausfachenden Mauerwerkswänden die bestimmende Variable, welche die Systemtragfähigkeit definiert, die aufnehmbare Horizontallast q_{max} (Aktion). Eine mögliche wirkende Normalkraft N am Wandkopf kann als Konstante (bzw. Reaktion) zentrisch oder exzentrisch wirken. Die Durchbiegung tritt in Richtung der wirkenden Horizontallast q auf und ist damit entgegen der e/t-Kurve gekrümmt. Die auftretenden Versagensarten können in diesem Fall Druckversagen oder Durchschlagen des Systems sein.

Die Versagensart Durchschlagen ist eine spezielle Form der Versagensart Stabilitätsversagen, wenn Stabilitätsversagen mit dem Nichterreichen der Mauerwerksdruckfestigkeit definiert wird. Die Unterscheidung zwischen den beiden Versagensarten kann durch den Verlauf der e/t-Kurve in Bezug auf die Verformung getroffen werden. Verformt sich das System affin zur e/t-Kurve, tritt Stabilitätsversagen auf, verformt sich das System entgegengesetzt zur e/t-Kurve, tritt Durchschlagen auf. Das System „schlägt" in diesem Fall in Bild 1 durch die Systemlinie (0-Lage). Tiefergreifende Erläuterungen zu den auftretenden Versagensarten werden in Abschnitt 4.3 gegeben.

In [1] wird für die Bestimmung der Tragfähigkeit als Ausgangspunkt das rechte System „Ausfachende Wände" aus Bild 1 verwendet. Wie noch zu zeigen ist, müssen die Auflagerbedingungen in vertikaler Richtung, z. B. eine aufliegende Stahlbetondecke, und ihre Wirkung auf die Systemtragfähigkeit berücksichtigt werden. Dieser Aspekt der vertikalen Verschiebung des Wandkopfes wird in Abschnitt 4.6 analysiert.

Auf der Einwirkungsseite beschränken sich die Untersuchungen auf Flächenlasten, wodurch die vorwiegend auftretenden Beanspruchungsarten Windlast oder auch kurzzeitig wirkende statische Ersatzflächenlasten infolge Explosionen abgedeckt sind. Nicht betrachtet werden dynamische Lasten wie Anprall oder Stoß.

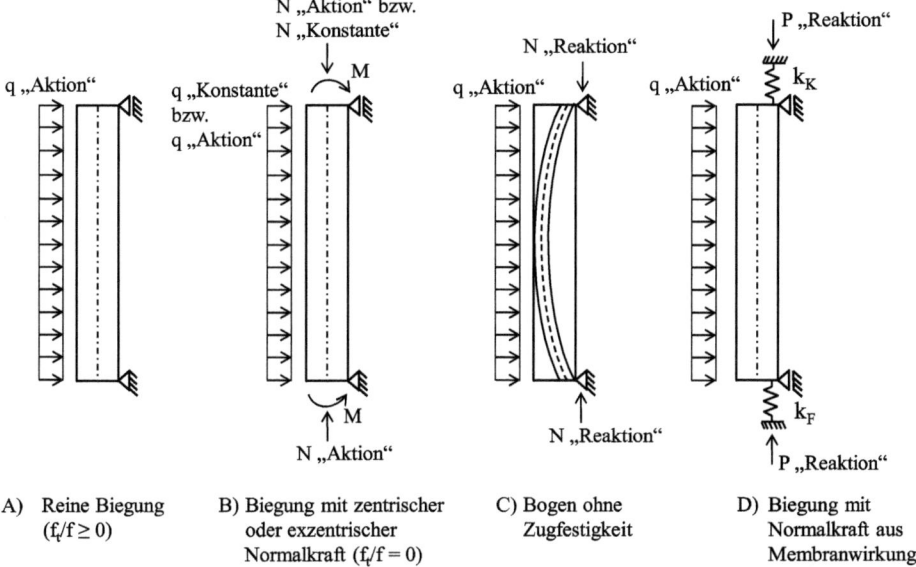

Bild 2. Systemmodelle zur Ermittlung der einachsigen Tragfähigkeit unbewehrter vorwiegend biegebeanspruchter Mauerwerkswände nach [1]

2.2 Systemmodelle für vorwiegend biegebeanspruchte Mauerwerkswände

Für die Bemessung vorwiegend in Plattenrichtung belasteter Mauerwerkswände existieren in der Literatur weltweit die unterschiedlichsten Berechnungsverfahren, welche teilweise auch in die nationale und internationale Normung Eingang finden. In diesem Beitrag wird ein kurzer Überblick über die verschiedenen Verfahren gegeben, um die sich bietenden Möglichkeiten, aber auch Grenzen der verschiedenen Modelle aufzuzeigen. In [1] sind ausführliche Erläuterungen enthalten. Unter den vorgestellten Berechnungsverfahren befinden sich neben analytischen auch empirische, aus Versuchsergebnissen abgeleitete, Verfahren. Daher werden zum besseren Überblick in Bild 2 die Verfahren zur Ermittlung der einachsigen Tragfähigkeit unbewehrter Mauerwerkswände unter vorwiegender Biegebeanspruchung nach Systemmodellen in vier Kategorien eingeteilt.

Das Modell A basiert auf der Elastizitätstheorie und eignet sich für Wände, welche ausschließlich horizontal beansprucht werden. Dieses Systemmodell mit Berücksichtigung der vorhandenen Biegezugfestigkeit findet bei den klassischen Modellen zur Berechnung der Tragfähigkeit nichttragender Mauerwerkswände Anwendung. Eine ausführliche Beschreibung der vorhandenen normativen Verfahren kann *Richter* [4] entnommen werden. Am bekanntesten ist das normative Verfahren zur Bemessung von nichttragenden Außenwänden nach Eurocode 6, z. B. DIN EN 1996-1-1 [2] Anhang E, welches auf der Bruchlinientheorie basiert. In Deutschland ist die Anwendung dieses Verfahrens jedoch nicht gestattet. Im Nationalen Anhang für Deutschland des Eurocode 6 [3] werden windbelastete nichttragende Außenwände mit Ausfachungswänden bezeichnet, welche sowohl durch Wind als auch durch Temperaturlasten beansprucht werden. Auf einen gesonderten statischen Nachweis kann nach DIN EN 1996-3/NA [3] bei nichttragenden Ausfachungsflächen verzichtet werden, wenn die Wände vierseitig durch Verzahnung, Versatz oder Anker gehalten sind und die Größe der Ausfachungsfläche nach der abgedruckten Tabelle eingehalten ist. Die angegebenen Werte gelten für Mauerwerk mit mindestens der Steindruckfestigkeitsklasse 4 mit Normalmauermörtel mindestens der Gruppe NM IIa und Dünnbettmörtel. Die definierten Maximalwerte der Ausfachungsflächen dürfen unter bestimmten Voraussetzungen – vorgeschriebenes Überbindemaß und Mörtelgruppe sowie Stoßfugenvermörtelung – erhöht werden. Ausführliche Angaben können [1] oder [5] entnommen werden.

Richter [4] entwickelte 2009 sowohl für windbelastete zweiachsig tragende Ausfachungswände als auch für nichttragende innere Trennwände ein nichtlineares Berechnungsverfahren sowie ein Bemessungsmodell. Auf Grundlage einer fundierten Analyse der Versagensarten, Spannungszustände und Tragmechanismen in einer vorwiegend biegebeanspruchten nichttragenden Mauerwerkswand konnte so ein nichtlineares Berechnungsverfahren zur Ermittlung der Systemtragfähigkeit erstellt werden. Eine Erläuterung des Verfahrens ist in [1] gegeben.

Das Modell B stellt eine Erweiterung des Modells A um eine zentrisch oder exzentrisch wirkende Normal-

kraft jedoch ohne Berücksichtigung einer Biegezugfestigkeit dar und kommt z. B. bei der Berechnung der Mindestauflast bei vertikal gering belasteten Wänden oder bei der Bemessung schlanker Druckstützen zum Einsatz. In diesem Stabmodell sind die Auswirkungen aus Theorie II. Ordnung zu berücksichtigen.
Nach den Vorgaben in DIN EN 1996-1-1 [2] ist neben der Tragfähigkeit vertikal und gleichzeitig horizontal belasteter Mauerwerkswände unter maximaler Einwirkungskombination auch die Tragfähigkeit unter minimalen Auflasten zu untersuchen (Systemmodell B nach Bild 2). Im vereinfachten Nachweisverfahren nach DIN EN 1996-3/NA [3] wird üblicherweise lediglich die Einwirkungskombination unter Ansatz der maximalen Vertikallasten betrachtet, sodass der Nachweis der Tragfähigkeit unter minimalen Auflasten bei gleichzeitig maximal wirkenden Horizontallasten gesondert zu führen ist. Nach *Schmitt* et al. [6] kann der Nachweis insbesondere dann bemessungsrelevant werden, wenn bei parallel zur Wand spannenden Decken lediglich geringe vertikale Auflasten auf die betrachtete Wand wirken. In diesen Fällen kann üblicherweise eine Lasteinzugsbreite der Decke von 1 m unterstellt werden. Die Erläuterungen beziehen sich grundsätzlich auf tragende, windbelastete Wände. Falls diese Wände jedoch z. B. bei Anordnung im obersten Geschoss lediglich durch geringe Auflasten beansprucht werden, gleicht das Tragverhalten ausfachenden Wänden.
DIN EN 1996-3 enthält aus vorgenannten Gründen einen Nachweis der erforderlichen Mindesttragfähigkeit winddruckbelasteter Mauerwerkswände, welcher auf der Theorie eines Stabmodells basiert und über eine erforderliche Mindestwanddicke t_{min} geführt wird. Im deutschen Nationalen Anhang zum Eurocode 6 Teil 3 (DIN EN 1996-3/NA) [3] wird dieser Nachweis in ähnlicher Form gefordert. Das zugrunde liegende Bemessungsmodell ist in Bild 3 dargestellt. Die Erläuterungen und Herleitungen sind in [1] angegeben.
In DIN EN 1996-3 ist die Gleichung nach der minimal erforderlichen Auflast $N_{Ed,min}$ umgestellt, wobei der Nachweis in Wandhöhenmitte zu führen ist, sodass das Eigengewicht der halben Wand angerechnet werden kann (s. Gl. (1)).

$$N_{Ed,min} = 1{,}0 \cdot N_{Gk} = 1{,}0 \cdot \left(N_{Gk,Decke} + \frac{h}{2} \cdot t \cdot \gamma_{MW} \right)$$

$$\geq \frac{3 \cdot w_{Ek} \cdot \gamma_Q \cdot h^2 \cdot 1}{16 \cdot \left(a - \frac{h}{300} \right)} \quad (1)$$

In normierter Darstellungsweise ergibt sich:

$$n_{Ed,min} \geq \frac{3 \cdot w_{Ed} \cdot \lambda^2}{16 \cdot f_d \cdot \left(\frac{a}{t} - \frac{\lambda}{300} \right)} \quad (2)$$

In [7] und [8] wurde Gl. (1) bereits für verschiedene Mauerwerksarten ausgewertet und die erforderlichen Mindestauflasten wurden in Tabellenform sowie Grafiken angegeben. Daraus ergibt sich, dass der Nachweis nach DIN EN 1996-3/NA in aller Regel lediglich in den Windzonen 3 und 4 sowie bei schlanken Mauerwerkswänden und gleichzeitig parallel zur Wand spannenden Stahlbetondecken bemessungsrelevant wird. Zu beachten ist ebenfalls, dass in diesen Nachweis die Mauerwerksdruckfestigkeit nicht eingeht und dadurch der Sicherheitsbeiwert lediglich durch die Sicherheit auf der Lastseite $\gamma_Q = 1{,}5$ beträgt.
Eines der ältesten Tragsysteme, welches im Mauerwerksbau Verwendung findet, ist der Bogen (Modell C). Mit ihm lassen sich große Spannweiten bei gleichzeitig geringem Materialeinsatz realisieren. Für die Beschreibung der Tragwirkung ist es zunächst unwesentlich, ob der Bogen wie bei einer Brücke in der Realität eine Bogenform besitzt, oder ob sich der Bogen innerhalb eines Querschnittes wie bei einer Wand, wie im Systemmodell C gezeigt, ausbildet. Ein wesentlicher Vorteil des Bogenmodells ist, dass bei exakter Ausbildung lediglich Druckkräfte vorhanden sind. Die Verbindungslinie aller Ausmitten erzeugt dabei die Bogenform. Diese definiert sich als Schwerelinie der überdrückten Querschnitte des Systems. Durch die starren oder mit einer Wegfeder modellierten Widerlager entstehen Druckkräfte, welche in Verbindung mit dem Bogenstich das gegen die einwirkende Horizontallast drehende Biegemoment bilden. Die Horizontallast q tritt hierbei als „Aktion", die Normalkräfte am Widerlager als „Reaktion" auf.
Nach *Jäger* [9] hat der Bogen einen veränderlichen Querschnitt und ist gegen die horizontale Last gekrümmt. Zugkräfte treten bei einer Bogenform, welche an die Stützlinie angepasst ist, nicht auf. Da der Bogen weiterhin momentenfrei ist, kann er gerade bei Werk-

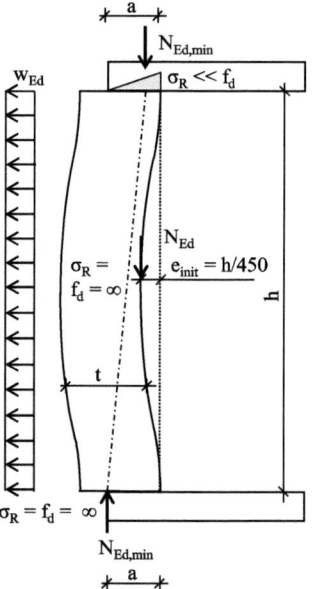

Bild 3. Modell zur Bestimmung der Mindestauflast nach DIN EN 1996-3/NA aus [1]

stoffen mit kleiner Zugfestigkeit wie Mauerwerk sinnvoll eingesetzt werden, sodass sich das Modell auch normativ in DIN EN 1996-1-1 [2] und BS 5628-1 [10] wiederfindet. Neuere Untersuchungen zum Bogenmodell veröffentlichten *Jäger* [9] und *Jäger* et al. [11], worin insbesondere auf die Versagensarten Druckversagen, Durchschlagen und Stabilitätsversagen eingegangen wird.

Die Gemeinsamkeit der Modelle A und B besteht darin, dass die Systeme statisch bestimmt sind und die Normalkraft N und die Horizontallast q unabhängig voneinander wirken. Es kann keine Korrelation zwischen den beiden Einwirkungen („Aktion") erfasst werden. Systemmodell C ist bei starrer Lagerung ebenfalls statisch bestimmt, da sich die Normalkraft über die Gleichgewichtsbedingung der Kräfte und Momente aus der einwirkenden Horizontallast ergibt.

Im Gegensatz dazu steht das Modell D, welches ein statisch unbestimmtes System mit gerader Stabachse darstellt, an dem die Schnittkräfte M, N und Q berücksichtigt werden. Als Einwirkung tritt die Horizontallast q auf („Aktion"). Die Normalkraft P entsteht aus der verformungsbasierten Membranwirkung und stellt einen Widerstand („Reaktion") dar. Es besteht ein Zusammenhang zwischen Einwirkung und Widerstand. Diese Interaktion wird in Abschnitt 3 erläutert. Aufgrund der horizontalen Verformungen sind in diesem Modell Auswirkungen aus Theorie II. und III. Ordnung zu berücksichtigen.

2.3 Historische Entwicklung der Theorie der Membrandruckkräfte

Seit Mitte des 20. Jahrhunderts beschäftigt sich die Forschung weltweit mit der Tragfähigkeit von Mauerwerkswänden nach der Rissbildung. Begünstigt durch die von *Johansen* [12] aufgestellte Bruchlinientheorie, mit welcher jedoch noch keine Membrandruckkräfte berücksichtigt werden können, wurde die Erforschung der Tragmechanismen von Beton und Mauerwerk vorangetrieben. *Ockleston* [13] erwähnte als Erster in einem Bericht eine Steigerung der Tragfähigkeit durch die Berücksichtigung der Lagerungsbedingungen. Im Zuge eines Abrisses eines dreigeschossigen Gebäudes belastete *Ockleston* [13] eine leicht bewehrte, zweiachsig gespannte Stahlbeton-Innenwand bis zum Erreichen des vollständigen Bauteilversagens. Die erreichte Traglast lag um den Faktor zwei höher als die nach der Bruchlinientheorie von *Johansen* [12] errechnete Last. Bild 4 zeigt diese erste wissenschaftliche Erwähnung der Membrandruckkraft nach *Ockleston* [13].

Im Bereich A in Bild 4 verhält sich die Mauerwerkswand wie ein gewöhnliches Biegebauteil. Nach der Rissbildung (Bereich B) tritt eine Versteifung der Wand durch die entstehende Normaldruckkraft auf. Diese Bogentragwirkung (Kurvenverlauf A – B – C – D) liegt oberhalb der klassischen Bruchlinientheorie (Kurvenverlauf A – B – D) mit ideal-plastischem Werkstoffverhalten.

Nach *Ockleston* [13] veröffentlichten kurze Zeit später *McDowell* et al. [14] eine Theorie zur Bestimmung der einachsigen Tragfähigkeit, welche in [1] ausführlich erläutert wird. Nach dem Berechnungsansatz von *Park* [15] konnte auch eine zweiachsig gespannte Wand berechnet werden. Er erkannte weiterhin die grundlegende Bedeutung der Steifigkeit der Lagerungen auf die maximale Tragfähigkeit (s. Bild 5).

Essenziell für die Anwendung derartiger Theorien ist die Abschätzung der Durchbiegung der Wand, auf deren Grundlage hin eine traglaststeigernde Membrandruckkraft berechnet werden kann. *Park* [15] gibt als Anhaltswert eine Durchbiegung von 40 bis 50 % der Wanddicke an. Im Gegensatz dazu benötigen *Gamble* et al. [16] in ihrem Ansatz zwar keine Abschätzung der Durchbiegung, jedoch eine Abschätzung der sich einstellenden Membrandruckkraft, welche dann wiederum als Startwert in die Berechnung eingeht. Auch dieser Ansatz kann durch die Schätzung des Eingangswerts lediglich als Näherungslösung dienen. *Park* und *Gamble* [17] stellten fest, dass die Durchbiegung bei dicken Wänden lediglich 3 bis 30 % der Wanddicke betrug. Dieser Wertebereich liegt eindeutig un-

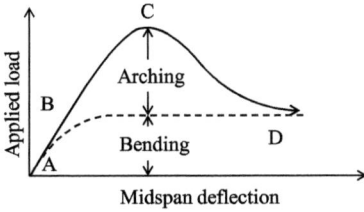

Bild 4. Last-Verformungskurve unter Berücksichtigung von Membrandruckspannungen nach *Ockleston* [13]

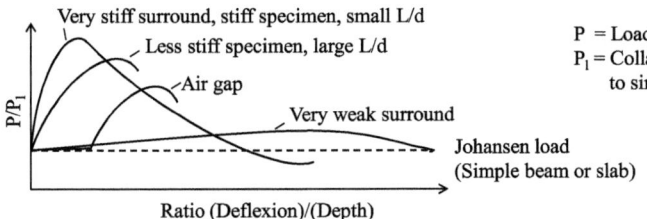

Bild 5. Auswirkungen der Steifigkeiten der Lagerungen nach *Park* [15]

terhalb dem bis dahin veröffentlichten. Ihre Theorie liefert zufriedenstellende Ergebnisse für die maximale Traglast bei einachsig gespannten Wänden. Es konnte so nun eine Membrankraft abgeschätzt werden und als Eingangsgröße für die Berechnung der maximalen Traglast dienen. Interessant ist, dass keine der nachfolgend vorgestellten Theorien bis heute Eingang in die verschiedenen normativen Regelungen fand. In [1] werden weiterhin experimentelle Untersuchungen von *Anstötz* [18] vorgestellt, in welchen die sich einstellende Membrandruckkraft mittels Druckmessdosen gemessen und analysiert wurde. Die Versuchsergebnisse dienen in Abschnitt 4.5 als Grundlage zur Verifizierung des erstellten Berechnungsverfahrens.

3 Allgemeine Formulierungen zur Ermittlung der verformungsbasierten Membrandruckkraft

3.1 Beschreibung der Lagerungsbedingungen

Um das Last-Verformungs-Verhalten ausfachender Mauerwerkswände wirklichkeitsnah erfassen zu können, ist zunächst die exakte Beschreibung und Berücksichtigung der ausgebildeten Lagerungen von Bedeutung. Da nach dem derzeitigen Stand der gültigen Bemessungsvorschriften für ausfachende Wände lediglich die Biegetragwirkung berücksichtigt werden darf, wird in DIN EN 1996-3/NA nur eine Halterung gegen horizontale Verschiebung gefordert. Für das Ziel der Berücksichtigung von innerhalb der Wand entstehenden Druckkräften ist eine umfängliche, alle Grenzfälle betrachtende, Untersuchung und Charakterisierung der Lagerungsart unumgänglich.

In der Praxis werden nach *Graubner* und *Schmitt* [5] Lagerungsarten mit teilweise stark unterschiedlichen Eigenschaften ausgeführt (s. Bild 6). Hierzu gehören ein Auffüllen der Fuge zwischen Wand und Decke mit Mineralwolle und der Abschluss mit einem elastischen Werkstoff an den Außenseiten, was jedoch keine horizontale Halterung gewährleistet und die Verformung in vertikaler Scheibenrichtung nicht behindert. Eine Halterung in horizontaler Richtung kann ebenfalls durch die Anordnung von Stahlprofilen (L-Winkel) erreicht werden.

Weiterhin kann aus Gründen des Schallschutzes die Anordnung eines Schallentkopplungsprofils sinnvoll sein. Diese bestehen z. B. aus extrudiertem Polystyrolschaum und gewährleisten im Zusammenhang mit dem nachher aufgebrachten Wandputz eine schallschutztechnisch perfekte Verbindung sowie gleichzeitig eine Halterung in horizontaler, jedoch nicht in vertikaler Richtung. Eine in Scheibenrichtung optimale Lagerung wird durch die Verfüllung der Fugen mit Mörtel gewährleistet. Auch wenn der Mörtel sich durch Schwinden verkürzen sollte, stellt diese Variante die mit Abstand größte Steifigkeit in Scheibenrichtung dar, was auf das Tragverhalten einen maßgeblichen Einfluss hat und nachfolgend genauer betrachtet wird.

Bezüglich der Bauweisen im Knotenpunkt Mauerwerkswand – Stahlbetondecke muss grundsätzlich zwischen monolithischer und der Bauweise mit zusätzlich angebrachter außenliegender Wärmedämmung in Form eines Wärmedämmverbundsystems (WDVS) unterschieden werden. In der Bauweise mit zusätzlich außenliegendem Wärmedämmverbundsystem liegt die Decke vollflächig auf der Wand auf. Im Gegensatz dazu steht die monolithische Bauweise, bei welcher wärmedämmendes, ggf. gefülltes, Ziegelmauerwerk zum Einsatz kommt. Dabei muss im Bereich der Decke eine zusätzliche Dämmung angebracht werden, um eine Wärmebrücke zu vermeiden, was zu einer Teilauflagerung der Decke auf der Wand führt.

Der Ausdruck „teilaufliegende Decke" kann an dieser Stelle und im Zusammenhang mit dem in diesem Beitrag analysierten Problem zu Unklarheiten führen. Bei ausfachenden Wänden muss mit teilaufliegenden Decken nicht, wie bei tragenden Wänden, die direkte Lagerung inkl. Lastabtrag der Decke auf die Wand, sondern lediglich nach Bild 7 der Versatz zwischen der Außenkante der Wand und der Außenkante der Decke oder des Lagerbalkens verstanden werden.

Aus statischer Sicht ergeben sich bez. der zwei Systeme diverse Unterschiede, welche in dem zu erstellenden Berechnungsverfahren zu berücksichtigen sind. Während bei vollaufliegender Decke zur Aufnahme und Abtragung von Normalkräften die vollständige Wanddicke zur Verfügung steht, vermindert sich bei teilaufliegender Decke die zur Verfügung stehende Auflagertiefe um den Versatz durch die angebrachte Wärmedämmung. In diesem Fall muss nach Bild 7 die

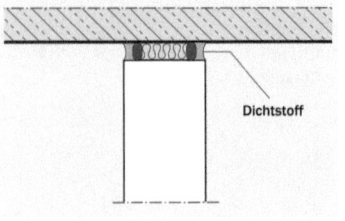
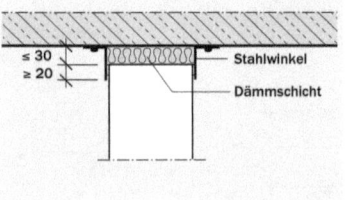
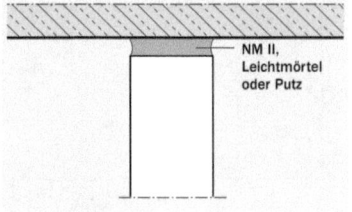

Bild 6. Wand-Deckenanschlüsse für ausfachende Mauerwerkswände nach *Graubner* und *Schmitt* [5]

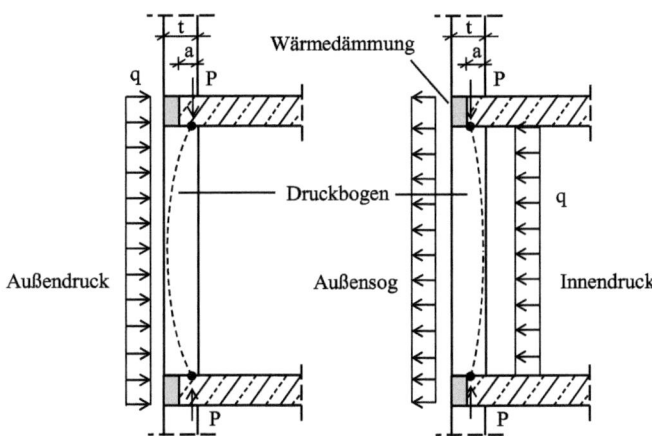

Bild 7. Darstellung der Auflagerdetails bei voll- und teilaufliegenden Decken sowie Auswirkung der Richtung der horizontalen Einwirkung nach [1]

Richtung der horizontalen Einwirkung betrachtet werden.
Unter Außendruck entsteht der Kontakt zwischen Wand und Decke, wie bereits gezeigt, auf der Innenseite der Wand, sodass eine Teilauflagerung keine Auswirkungen auf das Tragverhalten des Systems hat. Bei Innendruck oder Sog von außen hingegen entsteht ein Kontakt auf der Außenseite der Wand. Durch die zurückgezogene Decke oder den Lagerbalken kann der Kontakt nach Bild 7 lediglich an der Deckenkante und nicht an der Außenkante der Wand entstehen. Dadurch verringert sich die Lastexzentrizität an Wandkopf und -fuß, was sich wiederum auf das Tragverhalten auswirkt.

Auch bei der Ermittlung der Membrandruckkraft muss eine Teilauflagerung berücksichtigt werden. Durch den zurückgezogenen Auflagerpunkt kann die aus der Wandverdrehung entstehende vertikale Verformung nicht vollständig zur Erzeugung von Membrandruckkräften ausgenutzt werden. Bei Teilauflagerung liegen die üblichen Verhältnisse von Auflagertiefe und Wanddicke zwischen $a/t = 0{,}85$ und $a/t = 0{,}50$. Im analytischen Modell ist folglich zwischen den zwei vorgestellten Systemen sowie zwischen Außen- und Innendruck zu unterscheiden.

3.2 Erläuterung der Systemzustände

In diesem Abschnitt werden zunächst allgemeine Formulierungen zur Ermittlung der verformungsbasierten Membrandruckkraft angegeben, welche in Abschnitt 4 als Basis für die Bestimmung der Systemtragfähigkeit dienen. Grundsätzlich muss für die Ermittlung der Membrandruckkraft nach Bild 8 zwischen unterschiedlichen Systemzuständen unterschieden werden, welche im Verlauf der Belastungssteigerung nacheinander auftreten können. Diese Differenzierung wird aufgrund der unterschiedlichen Beziehungen zwischen Verformung, Querschnittskrümmung für den ungerissenen und gerissenen Querschnitt und die damit verbundene differenzierte Ermittlung der entstehenden Membrandruckkraft erforderlich.

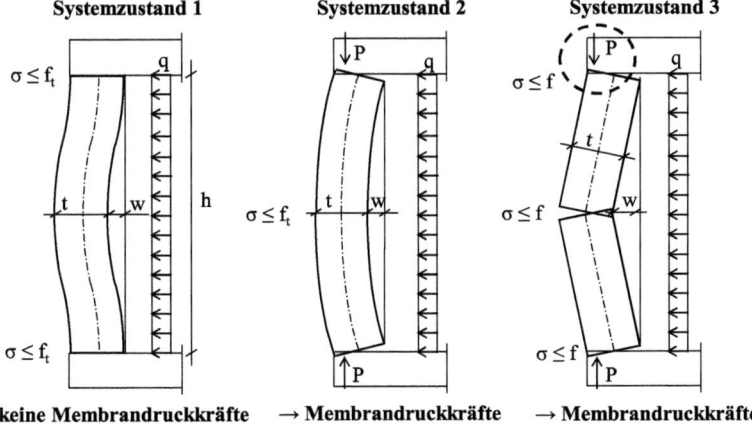

Bild 8. Darstellung der sich einstellenden Systemzustände nach [1]

Der Systemzustand 1 beschreibt den beidseitig eingespannten Biegestab ohne Normalkraftbelastung, welcher sich bei Vorhandensein von ansetzbaren Biegezugfestigkeiten am Kopf und Fuß der Wand einstellt. Die Tragfähigkeit dieses Systems kann mit den bekannten Gleichungen der Elastizitätstheorie beschrieben werden (s. [1]). Bedingt durch die beidseitige Einspannung und das vollständig ungerissene System entstehen keine verformungsbedingten Membrandruckkräfte.

Nach Überschreiten der Biegezugfestigkeit an Wandkopf und -fuß durch die gesteigerte Horizontallast liegt der Systemzustand 2 vor. Durch die Rissbildung an Kopf und Fuß der Wand können verformungsbedingte Membrandruckkräfte P auftreten, welche durch die in [1] aufgeführten Gleichungen ermittelt werden können. In Wandmitte ist das System zu diesem Zeitpunkt ungerissen.

Nach Überschreiten der Biegezugfestigkeit in Wandhöhenmitte stellt sich der Systemzustand 3 ein, welcher sich vereinfacht durch ein Sprengwerk modellieren lässt. Die vorwiegend horizontale Belastung der Mauerwerkswand führt zu einer horizontalen Wandverformung, welche ihrerseits wiederum nach Bild 9 zu einer vertikalen Ausdehnung der Wand führt. Die maximalen vertikalen Wandverformungen treten über den Querschnitt gesehen nicht in der Wandachse, sondern an der auf Zug beanspruchten Wandseite – der lastabgewandten Seite – auf. Da durch die Rissbildung in Wandhöhenmitte keine lineare Beziehung zwischen Spannung und Dehnung gilt, ist es nicht möglich, den Bezug zwischen Querschnittskrümmung, Verdrehung des Auflagers und den Schnittgrößen herzustellen. In der Berechnung wird dazu in einem ersten Schritt die Verteilung der Krümmung bzw. der Stauchung der Randfaser angenommen und anschließend iterativ die exakte Verformung ermittelt.

3.3 Ermittlung der Membrandruckkraft

Als System wird in Anlehnung an und in Weiterführung von *McDowell* et al. [14] ein Starrkörpersystem mit Riss in Wandmitte und zwei Wandhälften angesetzt (s. Bild 9). Zunächst wird angenommen, dass die beiden Wandhälften biegesteif sind und sich nicht verkrümmen. Durch die Verdrehung der beiden Wandhälften verkürzt sich die Systemachse nach Bild 9. Auf der lastabgewandten Seite jedoch verformen sich die Wandhälften vertikal am Wandkopf nach oben und am Wandfuß nach unten. Die vollständigen Verdrehungen treten in diesem Fall in den drei maßgeblichen Schnitten Wandkopf, -mitte und -fuß auf. Die vertikale Wandverformung $u_{\theta,1}$ lässt sich nach Bild 9 über geometrische Beziehungen herleiten.

Rein theoretisch kann bei Ansatz eines Starrkörpermodells keine Querschnittskrümmung bestimmt werden, da die Wandhälften als biegesteif angesehen werden. Da jedoch in einem nächsten Schritt vom Starrkörpermodell auf ein Modell mit Biegestab geschlossen wird, wird an dieser Stelle die Querschnittskrümmung κ verwendet. Wie bereits von *Glock* [19] gezeigt werden konnte, unterscheiden sich die Krümmungsverläufe eines vertikal lediglich gering belasteten Systems im ungerissenen und gerissenen Zustand. Vor Rissbildung verläuft die Krümmung in Parabelform über die Systemhöhe. Durch die Rissbildung in Wandmitte konzentrieren sich die Krümmungen in den gerissenen Querschnitten in Wandmitte und am Wandkopf. Die Krümmungen im gerissenen Querschnitt wachsen stark an, wohingegen die Krümmungen in den ungerissenen Systembereichen gering bleiben. Gerade bei geringen einwirkenden Normalkräften kann der Krümmungsverlauf über die Systemhöhe vollständig durch den Ansatz der Krümmung in den Rissquerschnitten ausgedrückt werden. Folglich kann nun die Verdrehung in den Rissquerschnitten über die Krümmung in selbigen bestimmt werden. Zugrunde gelegt wird in diesem Fall eine unendlich große Biegesteifigkeit des Stabs.

Die Gleichungen zur Bestimmung der entstehenden verformungsbasierten Membrandruckkraft werden nachfolgend angegeben. Bild 9 zeigt den in Bild 8 markierten relevanten Ausschnitt am Wandkopf inkl. der sich darüber befindenden Stahlbetondecke zunächst in der unverformten Null-Lage.

Durch die in der Realität nicht starren Auflager am Wandkopf treten in vertikaler Richtung nicht zu vernachlässigende Verformungen $u_{k,1}$ auf (s. Bild 9), welche mithilfe einer linearen Wegfeder mit der Federsteifigkeit k_K erfasst werden (s. Abschnitt 4.5). Am Fuß der Wand wird ein starres Lager angesetzt, da lediglich die vertikalen Relativverschiebungen zwischen Wandkopf und -fuß für die weitere Berechnung von Bedeutung sind. Zusätzlich zu dem sich einstellenden Federweg ist die Wandverkürzung $u_{e,1}$ zu betrachten, welche je nach dem angesetzten Werkstoffverhalten über die Fläche des gestauchten Bereichs ermittelt werden kann. Durch die aufgebrachte horizontale Einwirkung q und die damit verbundene horizontale Durchbiegung w verformt sich die linke Wandecke vertikal nach oben. Durch die Federwirkung der Decke verschiebt sich diese ebenfalls vertikal nach oben und es ergibt sich in Bild 9 die grau hinterlegte gestauchte Fläche.

Durch die definierte Verhinderung der Verdrehung an den Auflagern sowie die Symmetrie wird für die Ermittlung der Membrandruckspannungen angenommen, dass die Querschnittskrümmung an den Auflagern identisch mit der Querschnittskrümmung in Wandmitte ist. Zu diesem Berechnungszeitpunkt ist jedoch der exakte Verlauf der Krümmung über die Systemhöhe nicht bekannt. Wenn jedoch die Krümmungsverteilung nicht bekannt ist, kann auch die Stauchungsverteilung über die Wandhöhe nicht definiert werden, sodass diese zunächst über einen Völligkeitsfaktor Y_3 erfasst wird. Die Stauchungsverteilung wird für die Ermittlung der Membrandruckkraft benötigt (vgl. [1]).

Geometrie

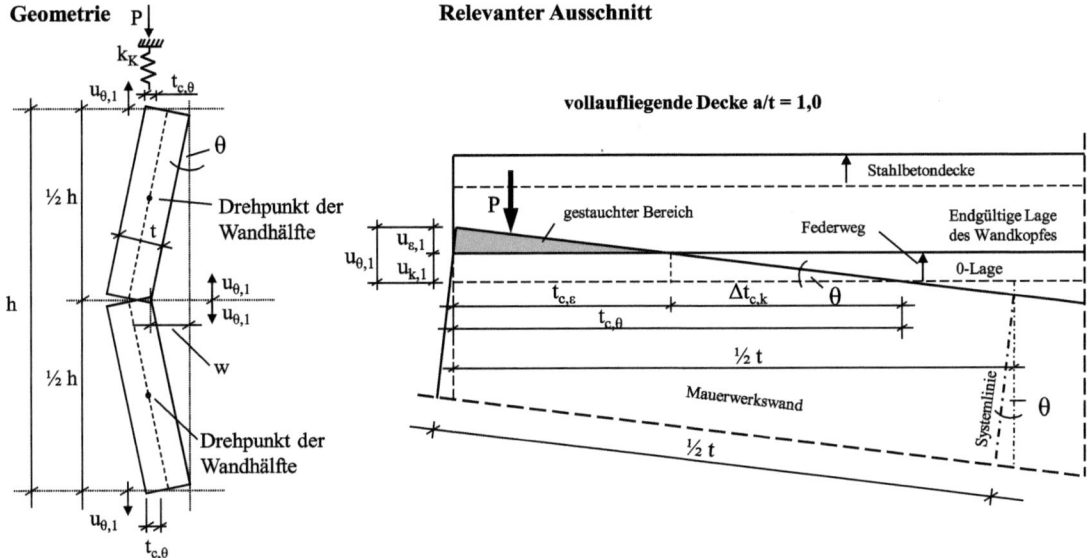

Bild 9. Geometrische Beziehungen zwischen vertikalen Verformungen und überdrückten Längen für vollaufliegende Decken im Systemzustand 3 nach [1]

Auf Grundlage der Gleichgewichtsbedingung der vertikalen Verformungen (siehe Gl. (3) und Bild 9) lässt sich nach umfangreicher Umformung mit Gl. (4) die auftretende normierte Membrandruckkraft n in Abhängigkeit der horizontalen Wandverformung in Form der normierten Wandverkrümmung $\bar{\kappa} = \kappa \cdot t$ sowie in Abhängigkeit von Geometriewerten für linear-elastisches Werkstoffverhalten bestimmen. Angemerkt sei an dieser Stelle, dass die Normierung auf den Mittelwert der Mauerwerksdruckfestigkeit f erfolgt.

$u_{k,1} + u_{\varepsilon,1} = u_{\theta,1}$ bzw.

$$\frac{1}{4} \cdot \frac{n}{\bar{k}_K \cdot \lambda} + \frac{n \cdot Y_3 \cdot \varepsilon_f}{k_{x,\theta} - \frac{n}{2 \cdot Y_3 \cdot \bar{\kappa} \cdot \bar{k}_K \cdot \lambda}} = \frac{1}{2} \cdot Y_3 \cdot \bar{\kappa} \cdot k_{x,\theta} \quad (3)$$

$$n = Y_3 \cdot \bar{\kappa} \cdot \bar{k}_K \cdot \lambda$$

$$\cdot \left[\left(4 \cdot Y_3 \cdot \lambda \cdot \varepsilon_f \cdot \bar{k}_K + 1 - Y_3 \cdot \frac{\bar{\kappa}}{8} \cdot \lambda^2 \right) \right.$$
$$\left. - \sqrt{\left(4 \cdot Y_3 \cdot \lambda \cdot \varepsilon_f \cdot \bar{k}_K + 1 - Y_3 \cdot \frac{\bar{\kappa}}{8} \cdot \lambda^2 \right)^2 - \left(1 - Y_3 \cdot \frac{\bar{\kappa}}{8} \cdot \lambda^2 \right)^2} \right]$$

(4)

mit

$n = \frac{P}{t \cdot f}$; $\bar{\kappa} = \kappa \cdot t$; $\bar{k}_K = \frac{k_K}{f}$; $\lambda = \frac{h}{t}$

mit $f = \frac{1}{0,85} \cdot f_k$

Die Modelle und Gleichungen zur Bestimmung der Membrandruckkraft unter Ansatz von bilinearem oder starr-plastischem Werkstoffverhalten sowie die Gleichungen zur Berücksichtigung von teilaufliegenden Decken nach Abschnitt 3.1 sind ausführlich in [1] hergeleitet und beschrieben.

3.4 Abtrag der Membrandruckkräfte in den angrenzenden Bauteilen

Die Systemgrenzen sind in diesem Modell mit der Beschreibung der Lagerungsbedingungen der an die ausfachende Mauerwerkswand angrenzenden lastabtragenden Bauteile definiert. Dennoch sind die Lastweiterleitung der Membrandruckkräfte sowie deren Abtrag an die Gründung zu betrachten. Daher werden nachfolgend qualitativ die Auswirkungen der Membrandruckkräfte auf die Schnittgrößen des Gesamtsystems analysiert. Die in der ausfachenden Mauerwerkswand erzeugten Membrandruckkräfte, welche zunächst über die Biegetragwirkung von der Decke aufgenommen werden, sind an den Deckenauflagern wieder in die vertikalen und aussteifenden Bauteile einzuleiten und bis auf die Gründung abzutragen. Bild 10 zeigt eine vereinfachte schematische Darstellung des Abtrags der Membrandruckkräfte im Gesamtsystem des Gebäudes. Die entstehenden Membrandruckkräfte liegen bei den üblichen Deckensystemen nach den Auswertungen in [1] im geringen zweistelligen Kilonewton-Bereich. Die Auflagerkräfte der Stahlbetondecken aus ständigen Lasten sind jedoch in der Regel größer als die abzutragenden Membrandruckkräfte. Trotzdem ist in der Anwendung im Einzelfall die Lastweiterleitung zu überprüfen. Der in [1] gezeigte Einfluss der Deckenbreite auf die Federsteifigkeit wirkt sich gleichfalls auf die Verteilung der Lagerkräfte der Decke aus den Membrandruckkräften aus (s. a. Abschnitt 4.6). Je breiter das Deckensystem, desto weiter verteilen sich die Membrandruckkräfte über die Deckenauflagerbreite der tragenden Wände. Die somit aus den Membrandruckkräften erzeugten Zugkräfte

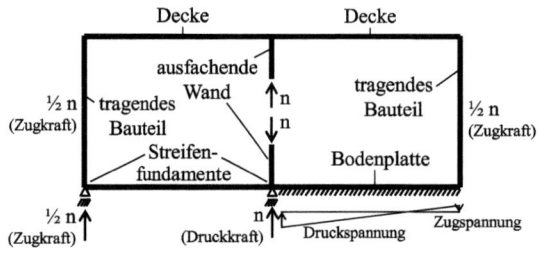

Bild 10. Vereinfachte Darstellung des Abtrags der Membrandruckkräfte im Gesamtsystem des Gebäudes nach [1]

reduzieren die vertikalen Druckkräfte aus den ständigen Lasten in den tragenden Wänden. Die tragenden Wände sind jedoch weiterhin auf Druck beansprucht, sodass diese nach den einschlägigen Normen zu bemessen sind. Die in der ausfachenden Mauerwerkswand vertikal nach unten gerichtete Membrandruckkraft erzeugt im darunterliegenden Bauteil, z. B. in der Gründungsplatte, eine zusätzliche Druckbeanspruchung. Je nach Gründungsart und Untergrundbeschaffenheit schließt sich diese Druckkraft über die Biegetragwirkung des Gründungsbauteils mit den erzeugten Zugkräften in den tragenden Wänden (s. o.) kurz oder die Kräfte werden direkt über die Gründungsbauteile (z. B. Streifenfundamente) in den Untergrund eingeleitet.

4 Berechnung der Systemtragfähigkeit

4.1 Einleitung

Die in Abschnitt 3 definierten allgemeinen Formulierungen zur Ermittlung der verformungsbasierten Membrandruckkraft sind essenzielle Voraussetzungen für die Bestimmung der Systemtragfähigkeit, welche in diesem Abschnitt erfolgt. Dazu wird ein nichtlineares analytisches Berechnungsverfahren entwickelt, welches die auftretenden Verformungen nach Theorie II. und Theorie III. Ordnung und die Versagensarten berücksichtigt. Im Fall vorwiegend biegebeanspruchter Mauerwerkswände unter Berücksichtigung von Membranwirkungen ergibt sich die horizontale Verformung aus der aufgebrachten Horizontallast sowie der aus Membranwirkung entstehenden exzentrischen Normalkraft. Daraus lässt sich schließen, dass das zu erstellende Berechnungsverfahren die Wandverformungen realistisch erfassen muss, um so die daraus resultierenden Schnittgrößen, z. B. exzentrische Normalkräfte, in die Bemessung mit einfließen lassen zu können. Die Grundlagen über das Tragverhalten normalkraftbelasteter Stützen und Wände sowie die Berechnungsansätze zur Bestimmung der Last-Verformungs-Beziehungen und damit der Tragfähigkeit von *Euler* und *Engesser* werden in *Glock* [19] und *Graubner* et al. [20] ausführlich beschrieben und daher an dieser Stelle lediglich kurz erläutert.

Unter Verwendung der Bernoulli-Hypothese vom Ebenbleiben des Querschnitts können für einen „homogenen" Baustoff unter Ansatz einer einaxialen Spannungs-Dehnungs-Linie die maßgebenden Gleichgewichtszustände beschrieben werden. Zu beachten ist, dass ein nichtlineares Last-Verformungs-Verhalten bereits aufgrund der Rissbildung auftritt, weshalb bei unbewehrten Mauerwerkswänden zunächst stets zwischen Querschnittsversagen nach Theorie II. Ordnung, wobei der Querschnitt auf Druck versagt, und Stabilitätsversagen, wobei die Mauerwerksdruckfestigkeit nicht erreicht wird, zu unterscheiden ist. Bild 11 zeigt in Anlehnung an *Lumpe* und *Gensichen* [21] qualitativ die nach den Stabwerkstheorien berechneten unterschiedlichen Verformungen eines Sprengwerks mit flachem Stich unter steigender Last. In diesem Beispiel sind die horizontalen Lager durch Federn dargestellt.

Die Querschnittstragfähigkeit wird im Last-Verformungs-Diagramm durch die umhüllende Kurve dargestellt, sodass ein Gleichgewichtszustand zwischen Systemwiderstand und Beanspruchung bei jeder Lastkombination innerhalb der Kurve erfüllt ist. Bei reiner Beanspruchung aus Theorie I. Ordnung (Kurve 1) liegt ein linearer Zusammenhang zwischen einwirkender Normalkraft und auftretendem Biegemoment vor, sodass die Druckkraft bis zum Erreichen der Querschnittstragfähigkeit gesteigert werden kann. Werden hingegen die Verformungen infolge Theorie II. Ordnung berücksichtigt, vergrößert sich das auftretende Biegemoment mit steigender Normalkraft. Da die Zusatzbeanspruchung von der einwirkenden Normalkraft abhängt, nimmt diese mit steigender Normalkraft überproportional zu. Bei geringer bis mäßiger Schlankheit entstehen relativ geringe Zusatzbeanspruchungen infolge Theorie II. Ordnung, sodass auch in diesem Fall die Normalkraft bis zum Erreichen des Versagenszustands der Querschnittstragfähigkeit gesteigert werden kann (Kurve 2).

Die Versagensart des Stabilitätsversagens tritt bei schlanken Wänden auf, bei denen bedingt durch die reduzierte Biegesteifigkeit infolge Rissbildung große Verformungen entstehen. Stabilitätsversagen ist dadurch gekennzeichnet, dass die Beanspruchung des höchst beanspruchten Wandquerschnitts unterhalb der Querschnittstragfähigkeit liegt (Kurve 3), wodurch das Potenzial des Werkstoffs Mauerwerk – in diesem Fall die Druckfestigkeit – nicht vollständig ausgenutzt wird.

In diesem speziellen System kann neben den bereits erwähnten Versagensarten auch die Versagensart Durchschlagen (Kurve 4) auftreten. Es ist deutlich zu erken-

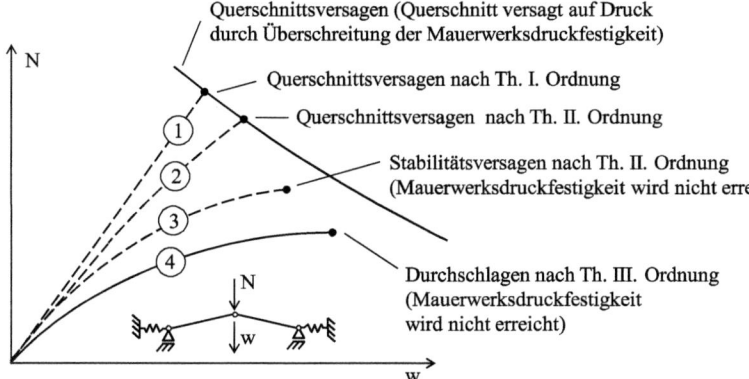

Bild 11. Last-Verformungskurven eines Sprengwerks mit flachem Stich in Anlehnung an [21]

nen, dass die Ergebnisse der Theorie II. Ordnung (Kurven 2 und 3) nicht ausreichen, da die Druckkräfte in den Stäben bis zum Knicken des Einzelstabs ermittelt werden und nicht das Gesamtsystem mit durch die Federn auftretenden horizontalen Lagerverformungen beachtet wird. Für eine realistische Traglastanalyse durchschlaggefährdeter Systeme müssen die Auswirkungen der Theorie III. Ordnung zwingend berücksichtigt werden. Bezeichnend für ein Versagen nach Theorie III. Ordnung ist, dass – wie auch bei Theorie II. Ordnung – die Querschnittstragfähigkeit nicht ausgenutzt ist.

Durchschlagprobleme können bei Stützsystemen mit großer Spreizung z. B. bei sehr flachen Bögen und Sprengwerken auftreten. Durch die auf das System einwirkenden Lasten und daraus entstehenden Normalkräfte staucht sich das Tragsystem und der Stich und somit der vorhandene Hebelarm verringern sich bei gleichzeitig steigender horizontaler Belastung überproportional zum ansteigenden Widerstand, sodass es vor Erreichen der Querschnittstragfähigkeit zum Durchschlagen des Bogens kommt. Weiterhin können auch nachgiebige Auflager zum Durchschlagen des Bogens beitragen (s. [22]). Dieser Fall tritt ein, wenn unter endlichen Verformungen das Tragsystem der Zunahme des Biegemoments der äußeren Kräfte nicht durch eine gleichgroße Zunahme des Biegemoments der inneren Kräfte entgegenwirken kann. Aufgrund der notwendigen Berücksichtigung endlicher Formänderungen (z. B. Stauchung in Stablängsrichtung) treten nichtlineare Verformungsbeziehungen auf.

Durch die in Abschnitt 3 entwickelten Beziehungen zur Bestimmung der entstehenden Normalkraft in Abhängigkeit der Querschnittskrümmung, kann diese im Berechnungsverlauf unter Einbeziehung der auftretenden Verformungen als externe Last auf das System wirkend berücksichtigt werden, wodurch eine Berechnung nach Theorie III. Ordnung nicht notwendig und die Berechnung auf die Theorie II. Ordnung reduziert wird. Durch ein verformungsgesteuertes Vorgehen ist sichergestellt, dass alle auftretenden Verformungen integral erfasst und berücksichtigt werden.

4.2 Beschreibung des Modells

Als Ausgangslage für die Berechnung der Systemtragfähigkeit vorwiegend biegebeanspruchten Mauerwerks wird die von *Glock* [19] angesetzte Kragstütze herangezogen (s. Bild 12). Diese verwendet den halben Ersatzstab, welcher sich aus dem vollständigen System des Einfeldträgers ergibt. Obwohl das System sowie die Vorgehensweise zur Erlangung der Systemtragfähigkeit seinen Ursprung in planmäßig normalkraftbelasteten Stützen hat, kann es ohne Abstriche ebenso für den in dieser Arbeit behandelnden Fall der verformungsbasierten Normalkraft verwendet werden. Denn auch die aus Zwang entstehende exzentrische Normalkraft führt im System zu Biegemomenten und Verformungen, welche durch die in [19] bereitgestellten Abhängigkeiten zwischen Normalkraft, Biegemoment und Querschnittskrümmung vollständig dargestellt werden können. Für teilaufliegende Decken sowie für bilineares Werkstoffverhalten wurden die Beziehungen für die Beschreibung der Querschnittstragfähigkeit sowie der Biegetragfähigkeit in [1] hergeleitet.

Der Einfluss des in Wirklichkeit in diesem System vorhandenen oberen vertikalen Auflagers (s. Bild 12) wird durch die in der Feder entstehenden anzusetzenden äußeren Lasten n ersetzt. Zu beachten ist, dass die Exzentrizität $e_{I,n}/t$, welche gleichzeitig die Lage der Feder darstellt, nicht konstant ist und sich im Zuge des Belastungsfortschritts durch die ansteigende Normalkraft reduziert. Diese Exzentrizität bestimmt sich über die Resultierende der sich einstellenden Spannungsfläche.

Das maßgebende Biegemoment an der höchstbelasteten Stelle in Wandhöhenmitte, welches sich aus vier Anteilen zusammensetzt, kann nach Gl. (5) in normierter Form bestimmt werden zu:

$$m_{II} = m_{I,\bar{q}} - m_{I,n} + \Delta m_{II,n} + m_{init}$$

$$= \frac{1}{8} \cdot \bar{q} \cdot \lambda^2 - n \cdot \frac{e_{I,n}}{t} + n \cdot \frac{e_{init}}{t} + n \cdot \frac{\Delta e_{II}}{t} \quad (5)$$

mit

$$\bar{q} = \frac{q}{f} \; ; \quad n = \frac{P}{t \cdot f} \; ; \quad m = \frac{M}{t^2 \cdot f} \quad \text{mit} \quad f = \frac{1}{0{,}85} \cdot f_k$$

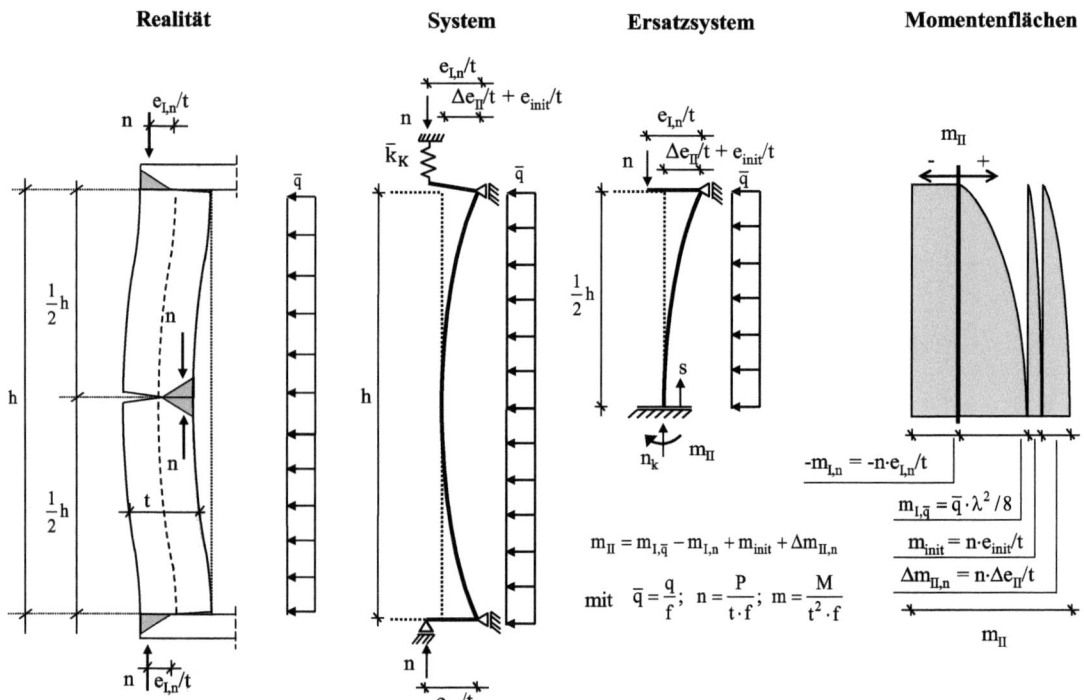

Bild 12. System zur Bestimmung der Tragfähigkeit nach [1] (Darstellung in normierter Form)

Neben dem Biegemoment aus Theorie I. Ordnung aus der Horizontallast $\bar{q}$ wirkt ein entgegendrehendes Biegemoment nach Theorie I. Ordnung, welches aufgrund der Membrandruckkraft n mit der Exzentrizität $e_{I,n}/t$ entsteht, sowie ein Biegemoment aus ungewollter Ausmitte. Die Schnittgrößen infolge Theorie II. Ordnung, welche aus der zusätzlichen Wandverformung resultieren, können aus der Krümmung des Systems ermittelt werden (siehe Gl. (6)). Wie in [19] bereits ausführlich dargestellt, kann bei vorwiegend normalkraftbelasteten Wänden der Verlauf der Wandkrümmung über die Wandhöhe mithilfe des Integrationsfaktors C_3 sehr genau abgeschätzt werden. Dadurch reduziert sich die Berechnung der Systemtragfähigkeit auf die Analyse der maßgebenden Gleichgewichtszustände des kritischen Wandquerschnitts. Die dort vorliegende Querschnittskrümmung bestimmt sowohl das einwirkende Biegemoment $\Delta m_{II,n}$ sowie auch den Querschnittswiderstand.

$$\Delta m_{II,n} = n \cdot \frac{e_{II}}{t} = n \cdot C_3 \cdot \lambda^2 \cdot \bar{\kappa} \qquad (6)$$

Für das gerissene System kann aufgrund der nicht vorhandenen linearen Zusammenhänge zwischen Spannungen und Dehnungen sowie der in Abschnitt 3.3 beschriebenen Abhängigkeiten zwischen Krümmung und Stauchung die Integrationskonstante C_3 nicht geschlossen bestimmt werden. Bild 13 zeigt die Momenten- sowie die Krümmungsverläufe. Bedingt durch die im Vergleich zu den geringen vertikalen relativ hohen horizontalen Einwirkungen wird ein einzelner Riss in Wandhöhenmitte entstehen. Weiterhin muss beachtet werden, dass nach dieser Rissbildung infolge des nichtlinearen Zusammenhangs zwischen Biegemoment und Querschnittsverkrümmung der Krümmungsverlauf nicht affin zum Momentenverlauf verläuft. Gerade unter geringen vertikalen Lasten und Rissbildung in Wandmitte ergibt sich zu der konvexen Momentenlinie eine konkave Krümmungsverteilung.

Aus dem Starrsystem heraus (s. Abschnitt 3.3) wird angenommen, dass jeweils am Wandkopf und am Wandfuß die identischen Querschnittskrümmungen und somit die identischen Biegemomente vorliegen. Dies entspricht einer Teileinspannung mit einer Verteilung der Momente an Kopf, Mitte und Fuß der Wand mit dem Faktor 1/16. Für die beiden Grenzfälle können nun die Gleichungen zur Bestimmung der Zusatzausmitte durch Integration der Krümmungsflächen aufgestellt werden. Dazu werden aufgrund der Nichtlinearität zwischen Biegemoment und Querschnittskrümmung die einzelnen Anteile der Gesamtkrümmungskurve zweifach integriert. Durch die Rissbildung, die gleichzeitig relativ geringe Normalkraft im System und den „Einschnürungseffekt" in Wandmitte sowie an Kopf und Fuß der Wand, ist die pauschale Annahme einer durchschlagenden Parabel für den Krümmungsverlauf für alle auftretenden Fälle nicht exakt genug. Die Größe des Integrationsfaktors C_3 hängt nach Bild 13 weiterhin maßgeblich von der Steifigkeit des

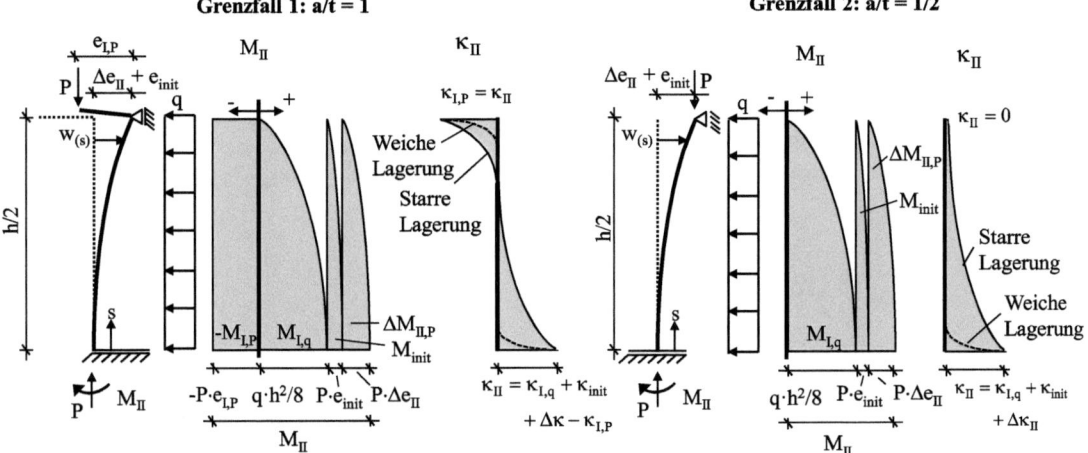

Bild 13. Darstellung des Ersatzsystems (Kragstütze) mit Darstellung der Krümmung im Bruchzustand für den Systemzustand 3 nach [1]

Auflagers am Wandkopf ab. Bei nahezu starrer Lagerung entsteht eine durchschlagende Parabel, bei weicher Federung und dadurch bedingten geringeren Normalkräften im System konzentriert sich die Krümmung sehr stark auf die maßgeblichen Rissbereiche an den Auflagern und in Wandmitte. Daher kann nach [1] lediglich der obere Grenzwert des Integrationsfaktors C_3 bei starrer Lagerung für Voll- und Teilauflagerung zu 1/15 angegeben werden. Bei weicher Lagerung mittels Auflagerfeder ist der Faktor iterativ zu bestimmen (s. Abschnitt 4.4). Ausführliche Erläuterungen zur exakten Ermittlung der Zusatzbeanspruchung aus Theorie II. Ordnung können *Schmitt* [1] entnommen werden.

Im Gegensatz zu *Glock* [19] ist in dem in dieser Arbeit untersuchten System eine Abschätzung des Verlaufs der Wandkrümmung über die Wandhöhe im Regelfall nicht möglich. Lediglich in Grenzfällen können eindeutige Krümmungsverläufe angegeben werden. In allen anderen Fällen wird aufgrund der nichtlinearen Abhängigkeit zwischen der horizontalen Einwirkung und der entstehenden vertikalen Membrandruckkraft eine exakte Berechnung des Krümmungsverlaufs über die Wandhöhe notwendig. Durch die iterative Vorgehensweise kann jedoch in Anlehnung an *Glock* [19] ebenso die Systemtragfähigkeit durch die Analyse der maßgebenden Gleichgewichtszustände des kritischen Wandquerschnitts bestimmt werden. Ausführliche Erläuterungen können [1] entnommen werden. Durch die im Abschnitt 3 entwickelten Beziehungen können die entstehende Normalkraft n sowie der dazugehörige Hebelarm $e_{I,n}/t$ in Abhängigkeit der Querschnittskrümmung bestimmt werden und in die Ermittlung der Systemtragfähigkeit einfließen.

Um die Entstehung der sich einstellenden Last-Verformungskurve in Abhängigkeit der Federsteifigkeit verständlicher zu machen, werden in Bild 14 zwei Grenzfälle der System- und Belastungskonfiguration betrachtet. Der linke Fall beschreibt eine vorwiegend horizontal belastete Wand ohne Auflagerfeder, bei der keine Membrandruckkräfte entstehen können. Die in diesem statisch bestimmten System wirkenden Normalkräfte bestehen lediglich aus der extern aufgebrachten Auflast n_0. Die System- und Lastkonfiguration auf der rechten Seite hingegen zeigt das bereits vorgestellte System der ausfachenden Wände mit Feder und entstehender Membrandruckkraft n.

Der grundlegende Unterschied zwischen den Fällen besteht also in der während der Steigerung der horizontalen Belastung wirkenden Normalkraft. Dies hat maßgeblichen Einfluss auf die Last-Verformungskurve, die Systemtragfähigkeit sowie die sich einstellende Momenten-Krümmungs-Kurve. Da sich im linken System die Normalkraft n_0 nicht ändert, kann die m-κ-Beziehung durch eine einzige Kurve, beschrieben werden. Die zur Beschreibung dieser Momenten-Krümmungs-Beziehung verwendeten Gleichungen können [1] entnommen werden.

Im rechten System stellt sich durch die verändernde Normalkraft ein grundlegend differenzierter Verlauf ein. Die Momenten-Krümmungs-Beziehung wird aus einer Kurvenschar von einzelnen Momenten-Krümmungs-Kurven ermittelt. Mit steigender Krümmung vergrößert sich die wirkende Normalkraft ebenfalls, sodass zu jeder Querschnittskrümmung eine Momenten-Krümmungs-Kurve gehört. Von den einzelnen m-κ-Kurven gilt jedoch lediglich das Biegemoment, was sich zu der betreffenden Krümmung und dazugehörender Membrandruckkraft n einstellt, wobei zu jeder Krümmung des Querschnitts genau ein Punkt auf einer Kurve gehört. Aus den einzelnen Punkten setzt sich anschließend die sich einstellende Momenten-Krümmungs-Beziehung zur Beschreibung des Querschnittswiderstands zusammen.

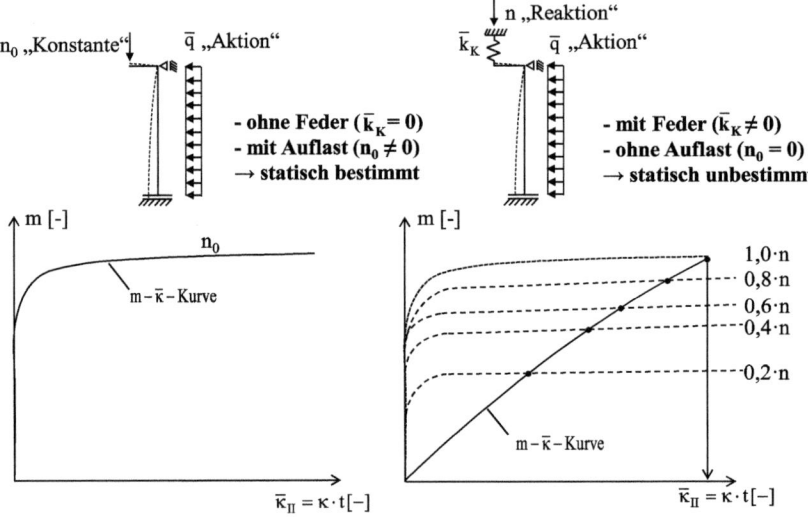

Bild 14. Momenten-Krümmungs-Verläufe der beiden System- und Lastkonfigurationen ($f_t/f = 0$) nach [1]

Bild 15 zeigt die Momenten-Krümmungs-Beziehung mit vollständiger Gleichgewichtsbedingung und den wirkenden Momentenanteilen. Dazu gehört neben dem Moment infolge Theorie II. Ordnung $\Delta m_{II,n}$ auch das „rückdrehende" Kopfmoment $m_{I,n}$, welches aufgrund der übersichtlicheren Darstellungsweise um das Moment aus ungewollter Ausmitte m_{init} verringert wird, sowie schließlich das Biegemoment $m_{I,\bar{q}}$, welches durch die einwirkende Horizontallast $\bar{q}$ erzeugt wird. Wie bereits erläutert, besteht die sich einstellende Momenten-Krümmungs-Beziehung aus einzelnen Punkten einer Kurvenschar. In Bild 15 sind lediglich die maßgebenden Punkte der Kurvenschar dargestellt.

4.3 Analyse der Versagensarten

Aufbauend auf den in Abschnitt 2 genannten Versagensarten sowie der Darstellung der Ermittlung der Membrandruckkräfte in Abschnitt 3 werden die in Bild 16 dargestellten Versagensarten unter Angabe der möglichen Momenten-Krümmungs-Diagramme aus dem Systemzustand 3 definiert. Eingezeichnet sind jeweils die Momentenlinien aus Theorie II. Ordnung, die Widerstandskurve (Momenten-Krümmungs-Kurve), das Querschnittsversagen sowie die maßgebenden maximalen Grenzkrümmungen. Die Systemtragfähigkeit wird nach Gl. (5) durch den Berührungspunkt bzw. Schnittpunkt der Kurve der Momente aus Th. II. Ordnung und der Widerstandskurve beschrieben. Die Entwicklung der Widerstandskurve unter steigernder Querschnittskrümmung unter veränderlicher Normalkraft wurde bereits in Abschnitt 4.2 ausführlich erläutert.
Die Versagensart des Druckversagens der gerissenen Wand ergibt sich in Bild 16 durch den Schnittpunkt der Momentengerade aus Th. II. Ordnung mit der Kurve des Querschnittsversagens. Aus Gl. (5) zur Beschreibung des Momentengleichgewichts kann unter Verwendung der einzelnen Gleichungen der Momentenanteile Gl. (7) hergeleitet werden. Damit lässt sich das Biegemoment aus der Horizontallast $\bar{q}$ und damit auch Horizontallast $\bar{q}$ zurückrechnen. Dies geschieht durch die Auftragung der Biegemomente aus Th. I. Ordnung

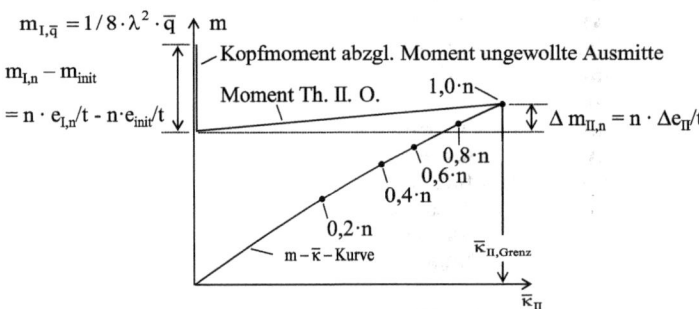

Bild 15. Qualitativer Momenten-Krümmungsverlauf zur Bestimmung der Systemtragfähigkeit nach [1]

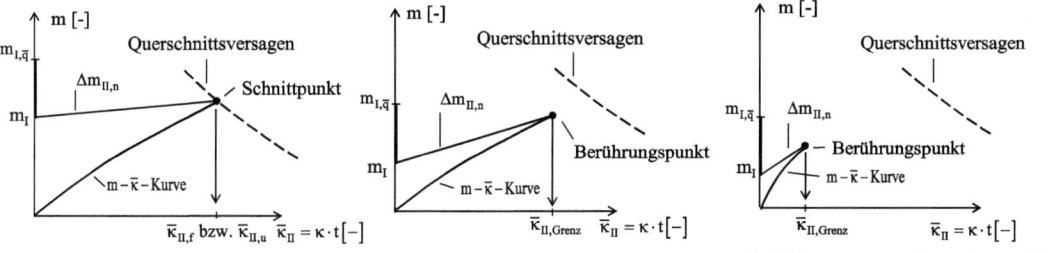

Bild 16. Darstellung der Versagensarten im Systemzustand 3 nach [1]

auf der Ordinate. Die Membrandruckkraft n, welche in Gl. (7) eingeht, ergibt sich nach Gl. (4) in Abhängigkeit der Wandkrümmung $\bar{\kappa} = \kappa \cdot t$.

$$n \cdot \left(\frac{1}{2} - \sqrt{\frac{2}{9} \cdot \frac{\varepsilon_f}{\bar{\kappa}} \cdot n} \right) = \frac{1}{8} \cdot \lambda^2 \cdot \bar{q} - n$$

$$\cdot \left(\frac{a}{t} - \frac{1}{2} - \sqrt{\frac{2}{9} \cdot \frac{\varepsilon_f}{\bar{\kappa}} \cdot n} - C_3 \cdot \bar{\kappa} \cdot \lambda^2 - \frac{\lambda}{450} \right) \quad (7)$$

Während in diesem Versagensfall die Querschnittstragfähigkeit erreicht wird, ist dies beim Durchschlagen bei größeren Wandschlankheiten und geringeren Federsteifigkeiten nicht der Fall. Durch die größere Schlankheit und damit geringere Biegesteifigkeit bedingt, nimmt die Wandverformung mit steigender Krümmung gegenüber dem Querschnittswiderstand sowie der entstehenden Membrandruckkraft schneller zu, wobei der Endpunkt der Momenten-Krümmungs-Beziehung nicht durch die maximale Krümmung $\bar{\kappa}$ bestimmt wird. In diesem Fall bestimmt sich die Systemtragfähigkeit durch den Berührungspunkt der Momentengeraden aus Theorie II. Ordnung und der Widerstandsgeraden. Die Systemtragfähigkeit kann in beiden Versagensarten lediglich iterativ bestimmt werden (s. Abschnitt 4.4).

Hingegen kann für das System mit über den Belastungsverlauf konstant bleibender Normalkraft ohne Membranwirkung der Berührungspunkt durch die Ableitung der m-$\bar{\kappa}$-Kurve sowie der Kurve des Moments aus Theorie II. Ordnung geschlossen gelöst angegeben werden. Die genaue Lösung sowie eine einfache Näherungsgleichung wurden bereits in *Schmitt* et al. [6] veröffentlicht und werden nachfolgend dargestellt. Bild 17 zeigt das verwendete System mit den angesetzten Werkstoffgesetzen. An Wandkopf und -fuß wird ein starr-plastisches Werkstoffverhalten mit einem Spannungsblock angesetzt. Über die entstehende Exzentrizität der Normalkraft $e_{I,n}/t$ bestimmen sich das rückdrehende Kopf- und Fußmoment. In Wandmitte hingegen wird ein linear-elastisches Werkstoffverhalten angesetzt. Dies hat den Vorteil, dass über die Definition der Krümmung über die Wandhöhe die Verformung der Wand bestimmt werden kann.

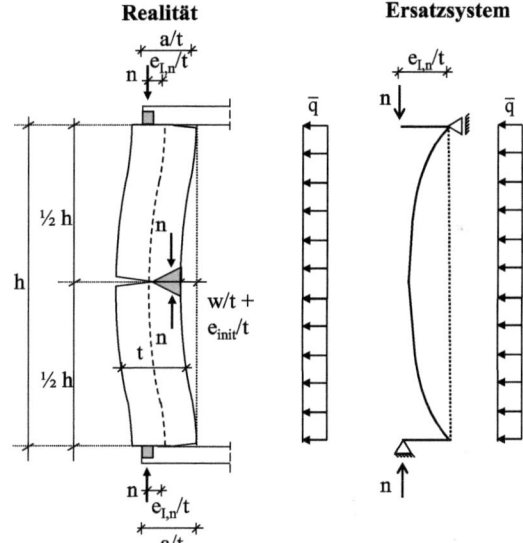

Bild 17. System unter konstanter Normalkraft nach [6]

Bei dieser System- und Lastkonfiguration tritt, wie bereits erläutert, stets die Versagensart des Stabilitätsversagens der gerissenen Wand auf. Wie in Bild 16 gezeigt, ist dazu der Berührungspunkt der Widerstands- und Einwirkungskurve zu bestimmen, was wiederum durch Gleichsetzen der Steigungen der beiden Kurven erfolgen kann. Durch den Ansatz von linear-elastischem Werkstoffverhalten muss nicht der aufwendige Weg der abschnittsweisen Ermittlung der Steigung der Widerstandskurve gewählt werden. Ausgehend von der Gleichung der Momenten-Krümmungs-Beziehung eines gerissenen Querschnitts unter Vernachlässigung der Biegezugfestigkeit nach [1] bzw. [19] kann die m-$\bar{\kappa}$-Kurve direkt abgeleitet werden (s. Gl. (8)):

$$m = n \cdot \left(\frac{1}{2} - \sqrt{\frac{2}{9} \cdot \frac{\varepsilon_f}{\bar{\kappa}} \cdot n} \right) \quad \text{und}$$

$$m_{II}' = \frac{1}{2 \cdot \bar{\kappa}} \cdot n \cdot \sqrt{\frac{2}{9} \cdot \frac{\varepsilon_f}{\bar{\kappa}} \cdot n} \quad (8)$$

Die Gleichung sowie die Ableitung der Kurve des Moments aus Theorie II. Ordnung lauten für diesen Fall:

$$\Delta m_{II} = n \cdot \frac{e_{II,t}}{t} = n \cdot C_3 \cdot \lambda^2 \cdot \bar{\kappa} \quad \text{und} \quad \Delta m_{II}' = n \cdot C_3 \cdot \lambda^2 \tag{9}$$

Wie bereits in [20] gezeigt, lässt sich bei linear-elastischem Werkstoffverhalten für die zum Berührungspunkt gehörende Grenzkrümmung $\bar{\kappa}_{II,Grenz}$ eine geschlossene Beziehung in Abhängigkeit der Normalkraft und der Bruchstauchung bestimmen. Die von Graubner et al. [20] entsprechend angegebene Gleichung besitzt ihre Gültigkeit für Systeme, welche lediglich mit einer zentrischen oder exzentrischen Normalkraft belastet werden. Wichtig dabei ist, dass die Exzentrizität der Normalkraft $e_{I,n}/t$ während der Belastungssteigerung konstant bleibt und stets die Beziehung $m_I/n = e_I/t$ gilt. Diese Bedingung liegt jedoch in dem in dieser Arbeit untersuchten speziellen Fall nicht vor. Durch die horizontale Einwirkung q enthält das Biegemoment m_I einen Anteil, der normalkraftunabhängig ist. Entscheidend ist auch, dass im System nach [20] die Normalkraft n die Variable und im in dieser Arbeit untersuchten System die Normalkraft lediglich eine Konstante, die Horizontallast q jedoch die Variable ist. Aus diesen Gründen kann die Gleichung zur Bestimmung der Grenzkrümmung nach [20] nicht übernommen werden.

Die sich hier einstellende Grenzkrümmung ergibt sich durch Gleichsetzen der Ableitungen der Momentengeraden aus Theorie II. Ordnung und der Widerstandsgeraden und anschließendes Auflösen. Auch diese Beziehung wurde bereits in [6] vorgestellt.

$$\bar{\kappa}_{II,Grenz} = \sqrt[3]{\frac{1}{18} \cdot \frac{n \cdot \varepsilon_f}{C_3^2 \cdot \lambda^4}} \tag{10}$$

Angegeben werden kann für dieses System mit Gl. (11) die Bestimmungsgleichung zur Ermittlung der aufnehmbaren Horizontallast.

$$\bar{q} = 8 \cdot \frac{1}{\lambda^2} \cdot n \cdot \left(\frac{a}{t} - \frac{1}{2} \cdot n - \sqrt[3]{\frac{3}{2} \cdot C_3 \cdot \lambda^2 \cdot n \cdot \varepsilon_f} - \frac{\lambda}{450} \right) \tag{11}$$

Informativ sei erwähnt, dass eine geschlossene Beziehung für die erforderliche Mindestnormalkraft n in Abhängigkeit der einwirkenden Horizontallast $\bar{q}$ aufgrund des nichtlinearen Zusammenhangs nicht formuliert werden kann. Daher wird nachstehend eine bereits in [6] hergeleitete einfache, jedoch hinreichend genaue Näherungslösung zur Bestimmung der Mindestauflast vorgeschlagen. Dafür werden die Einflüsse aus Theorie II. Ordnung und ungewollter Ausmitte zu einem gemeinsamen Abzugsterm in Abhängigkeit der Wandschlankheit λ zusammengefasst. In normierter Darstellungsweise und in der Schreibweise in Anlehnung an die normativen Regelungen ergibt sich Gl. (12)
(vgl. Gl. (2)).

$$n_{Ed,min} \geq \frac{w_{Ed} \cdot \lambda^2}{8 \cdot f_d \cdot \left(\frac{a}{t} - \frac{\lambda}{150} \right)} \tag{12}$$

In nicht normierter Darstellungsweise lässt sich mit dem dargestellten Näherungsansatz (vgl. [6]) für den Fall ohne Auflagerfeder mit konstanter Auflast und somit ohne Membrandruckkräfte die erforderliche Mindestauflast je lfm. Wandlänge in Wandmitte einfach und praxisnah nach Gl. (13) bestimmen (vgl. Gl. (1)):

$$N_{Ed,min} = 1{,}0 \cdot N_{Gk} = 1{,}0 \cdot \left(N_{Gk,Decke} + \frac{h}{2} \cdot t \cdot \gamma_{MW} \right)$$
$$\geq \frac{w_k \cdot \gamma_Q \cdot h^2 \cdot 1}{8 \cdot \left(a - \frac{h}{150} \right)} \tag{13}$$

Die Modelle und Gleichungen zur Bestimmung der Systemtragfähigkeit unter Ansatz von bilinearem oder starr-plastischem Werkstoffverhalten sowie die Gleichungen zur Berücksichtigung von teilaufliegenden Decken nach Abschnitt 3.1 sind ausführlich in [1] hergeleitet und beschrieben.

4.4 Iterative Berechnung der Systemtragfähigkeit

Durch die beschriebenen Abhängigkeiten kann die Systemtragfähigkeit lediglich in wenigen Grenzfällen analytisch geschlossen bestimmt werden. Daher wurde in [1] ein EDV-basiertes Berechnungsverfahren entwickelt, welches mittels iterativer Vorgehensweise die einachsige Tragfähigkeit von vorwiegend biegebeanspruchtem Mauerwerk unter Berücksichtigung der Membranwirkung ermittelt. Für die Lastaufbringung wird eine weggesteuerte Lösung gewählt, wobei die zunehmende Verformung über die Querschnittskrümmung in Wandmitte als Laufvariable definiert wird. Für den Integrationsfaktor zur Beschreibung der Krümmungsverteilung über die Wandhöhe wird ein Startwert gewählt. Für jeden Wert der Querschnittskrümmung wird unter Ansatz des gewählten Krümmungsverlaufs mit den Gleichungen aus Abschnitt 3 die entstehende Membrandruckkraft n ermittelt. Anschließend wird das rückdrehende Kopf- bzw. Fußmoment ermittelt, die Durchbiegung mithilfe des gewählten Startwerts abgeschätzt, das Momentengleichgewicht am verformten System inkl. der einzelnen Momentenanteile nach Gl. (5) erstellt und die aufnehmbare Horizontallast $\bar{q}$ ermittelt. Zu diesem Zeitpunkt ist durch einen Vergleich der Steigung der m-κ-Beziehung mit der Steigung aus der Momentengerade aus Theorie II. Ordnung zu überprüfen, ob die Versagensfälle Durchschlagen oder Druckversagen des gerissenen Querschnitts vorliegen. Falls die Versagensarten nicht vorliegen, wird die Querschnittskrümmung in Schritten gesteigert, bis ein Versagen eintritt.
Nach Erreichen der Systemtragfähigkeit werden mit der angenommenen Krümmungsverteilung über die

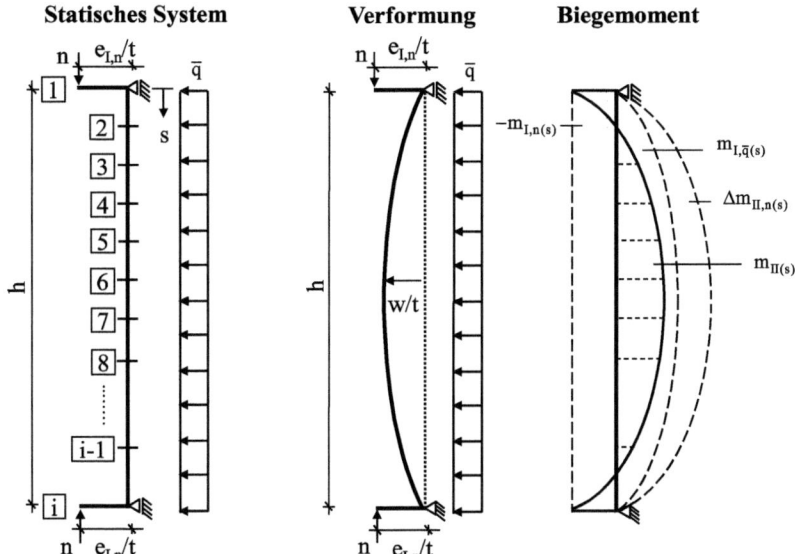

Bild 18. Unterteilung des Ersatzstabs zur iterativen Berechnung des Momentenverlaufs nach Theorie II. Ordnung nach [1]

Wandhöhe der Momentenverlauf sowie unter Verwendung der angesetzten Momenten-Krümmungs-Beziehung der Krümmungsverlauf über die Wandhöhe ermittelt und anschießend durch doppelte Integration des Krümmungsverlaufs die exakte horizontale Verformung der Wand bestimmt (s. Bild 18).
Dazu wird das System über die Wandhöhe in 100 Abschnitte geteilt. Nun kann der Integrationsfaktor über die ermittelte Durchbiegung zurückgerechnet werden. Liegt dieser gegenüber dem zunächst gewählten Wert unterhalb der definierten Toleranz von $\pm \Delta 0{,}0001$ ist die Systemtragfähigkeit $\bar{q}_3$ erreicht. Ansonsten ist der Integrationsfaktor anzupassen, bis die für die Berechnung der Membrandruckkraft angenommene Krümmungsverteilung der Verteilung über die Wandhöhe, welche durch die Momenten-Krümmungs-Beziehung bestimmt wird, übereinstimmt. Anschließend wird überprüft, welche Tragfähigkeit aus den drei berechneten Systemzuständen die Maßgebliche ist. Durch eine Wiederholung der Berechnung der Systemtragfähigkeit für verschiedene Systemparameter ergibt sich diese als Funktion der Wandschlankheit für verschiedene Auflagersteifigkeiten.
Wie beschrieben, verwendet das vorgestellte Berechnungsverfahren die numerische Integration zur Ermittlung der Querschnittskrümmung über die Wandhöhe und bildet somit das wirklichkeitsnahe Momenten-Krümmungs-Verhalten numerisch genau ab. Dies bedeutet in dem Zusammenhang, dass das Ergebnis des iterativen Lösungsverfahrens im Grenzfall unendlicher Iterationen und Stababschnitte die gleiche Lösung wie die theoretisch exakte Lösung liefert.

4.5 Verifizierung des Berechnungsverfahrens

Die Verifizierung des analytischen Berechnungsverfahrens erfolgte mittels Versuchsergebnissen aus der Literatur von *Anstötz* [18] und den Ergebnissen eigener FE-Simulationen. Diese komfortable Situation des Ergebnisvergleichs mit zwei unabhängigen Methoden erhöht die Qualität der Verifizierung. Hinzu kommt die Anzahl der zu vergleichenden Ergebniswerte. Neben der aufnehmbaren Horizontallast q und der dazugehörigen horizontalen Verformung der Wand w kann zusätzlich die entstehende Membrandruckkraft P in allen drei Modellen verglichen werden. Anschließend werden in einer Parameterstudie unter Variation von Wandhöhe, Wanddicke sowie Federsteifigkeit am Wandkopf die Ergebnisse zwischen analytischem Modell und FE-Modellierung von weiteren Wänden verglichen.
Das Diagramm in Bild 19 zeigt beispielsweise einen Vergleich der aufnehmbaren Horizontallast zwischen analytischem Modell und der FE-Simulation der durchgeführten Parameterstudie. Es kann eine gute Übereinstimmung der Ergebnisse erkannt werden. Die Tafel zeigt den Verhältniswert der Ergebnisse zwischen analytischem Modell und Versuchen sowie zwischen analytischem Modell und FE-Simulation. Die Werte der FE-Simulation passen exakter zu dem analytischen Modell, als die Werte der Versuche nach *Anstötz* [18]. Die abweichenden Versuchswerte werden damit begründet, dass sowohl im Versuchsaufbau als auch in der -durchführung wahrscheinlich nicht exakt zu beziffernde Unwägbarkeiten und Ungenauigkeiten aufgetreten sind, welche die Ergebnisse maßgeblich beeinflusst haben, wie z. B. nicht vollständig und perfekt vermörtelte Lagerfugen.

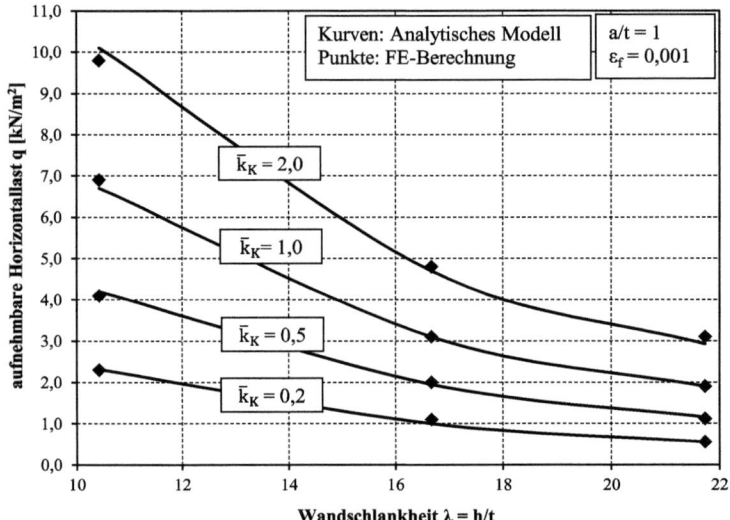

Bild 19. Ergebnisvergleich zur Verifizierung des erstellten Berechnungsmodells nach [1]

Zusammenfassend kann festgestellt werden, dass die Auswertung der verschiedenen Ergebnisse eine gute und für die Bemessung der Wände hinreichend genaue Übereinstimmung zeigt. Für die aufnehmbare Horizontallast ergibt sich eine mittlere Abweichung zwischen Versuchs-, FE-Simulations- und Modellergebnissen von 3,5 %. Daher wird in der Bemessung der aufnehmbaren Horizontallast eine auf der sicheren Seite liegende Modellunsicherheit von 10 % berücksichtigt.

4.6 Last-Verformungs-Verhalten der angrenzenden Stahlbetonbauteile

In der Einleitung wurde bereits beschrieben, dass das Last-Verformungs-Verhalten und damit die Tragfähigkeit der Wand maßgeblich von der Steifigkeit der Auflager abhängen. Daher wird deren Verformungsverhalten nachfolgend genauer untersucht. Ziel ist es, im analytischen Modell sowie im numerischen Verifizierungsmodell realistische Werte für die Federsteifigkeiten der angrenzenden Bauteile ansetzen zu können. Anzumerken ist, dass lediglich parallel zur Mauerwerkswand spannende Stahlbetondecken untersucht werden, die planmäßig keine vertikalen Lasten auf die ausfachenden Wände abtragen. Bild 20 zeigt auf der linken Seite die isometrische Darstellung des untersuchten Deckensystems. Auf der rechten Seite sind ein Schnitt sowie das statische Ersatzsystem dargestellt.
Für die Parameterstudie sind die Geometriewerte der Stahlbetondecke nach einer Vorgehensweise, welche von *Graubner* et al. in [23] ausgiebig erläutert wird, ermittelt worden. Diese berücksichtigt neben den Nachweisen im Grenzzustand der Tragfähigkeit ebenfalls die Anforderungen nach DIN EN 1992-1-1/NA [24] an die zulässige Verformung durch Begrenzung der Biegeschlankheit der Decke im Grenzzustand der Gebrauchstauglichkeit. Die exakten Werkstoff-, Geometrie- und Lastparameter sowie Belastungskonfiguration können [1] entnommen werden. Um verlässliche und realitätsnahe Aussagen über das Last-Verformungs-Verhalten der Stahlbetondecken und damit der ansetzbaren Federsteifigkeit machen zu können, ist zunächst das Finite-Elemente-Programm Atena von *Červenka* et al. [25] durch Nachmodellierung experimenteller Untersuchungen zum Last-Verformungs-Verhalten von Stahlbetondecken verifiziert worden. Mithilfe von FE-Simulationen wurden anschließend Last-Verformungskurven der von parallel zur Wand spannenden Stahlbetondecken unter aufgebrachter Linienlast am Deckenrand ermittelt. Last und Verformung sind in Bild 20 dargestellt. In den FE-Untersuchungen ist besonderes Augenmerk auf die Belastungsreihenfolge gelegt worden. Wie Bild 21 zeigt, wirkt im Belastungsschritt 1 lediglich das Eigengewicht der Stahlbetondecke. Die volle Verkehrslast auf die Decke kommt in Belastungsschritt 2 hinzu. Da die Decke auf diese maximale Belastung bemessen wurde, entstehen senkrecht zur ausfachenden Wand Biegerisse an der Unterseite der Decke. Für die Untersuchung der Biegesteifigkeit der Decke wird im Belastungsschritt 3 die Verkehrslast wieder entfernt und lediglich das Eigengewicht berücksichtigt.
Üblicherweise wird in der Praxis davon ausgegangen, dass zunächst die tragenden Bauteile hergestellt werden und nachträglich die ausfachenden Mauerwerkswände ausgemauert werden. Aus diesem Grund wird die ausfachende Wand erst in Belastungsschritt 4 eingefügt und die nach oben gerichtete, sich steigernde vertikale Last P_1 im Bereich des Wandkopfes aufgebracht. Der Belastungsschritt i steht für die ansteigen-

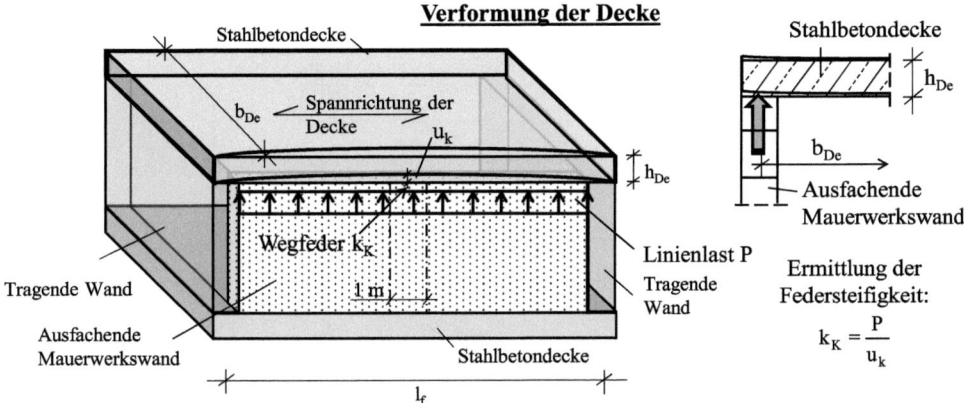

Bild 20. Isometrische Darstellung des Deckensystems und statisches Ersatzsystem nach [1]

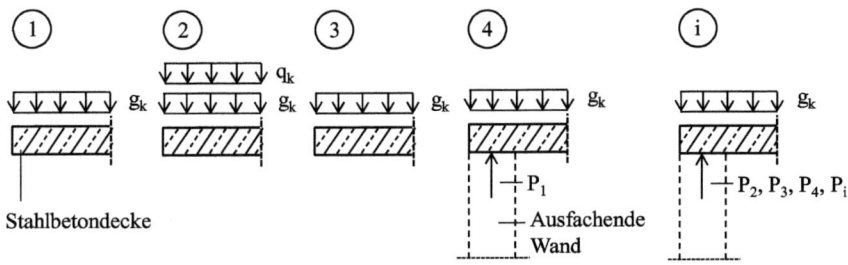

Bild 21. Belastungsreihenfolge einer parallel zur nichttragenden Wand spannenden Stahlbetondecke nach [1]

de vertikale Last P_i. Aufgrund der Verformungsberechnung werden die Einwirkungen im Grenzzustand der Gebrauchstauglichkeit mit dem Teilsicherheitsbeiwert $\gamma_g = \gamma_q = 1{,}0$ verwendet.
Die Federsteifigkeit der Decke wird anschließend durch Auswertung des Last-Verformungs-Verlaufs ermittelt und hängt maßgeblich von der Biegesteifigkeit der Stahlbetondecke, welche sich aufgrund der Rissbildung mit ansteigender Verformung vermindert, und der Deckenspannweite ab. Ein weiterer Einflussfaktor ist die Deckenbreite. Da die Belastung lediglich am Deckenrand und nicht flächig unter der Decke wirkt, erhöht sich bei konstanter Last mit steigender Breite der Decke die Biegesteifigkeit und damit die Federsteifigkeit. Tabelle 1 zeigt eine Übersicht über die ermittelten Federsteifigkeiten für verschiedene Spannweiten und Deckenbreiten.
Angemerkt seien die in der Untersuchung konservativ angesetzten Parameter:
– Die Decke wurde in Spannrichtung als Einfeldträger modelliert. Durch mögliche vorhandene Einspannungen an den Auflagern kann sich die Steifigkeit erhöhen.
– Für die weitere Bemessung von ausfachenden Mauerwerkswänden wird lediglich die in Wandlängenmitte minimal vorhandene Biegesteifigkeit der Decke berücksichtigt. Zu den Auflagern hin erhöht sich die Biegesteifigkeit signifikant.

Aus den genannten Punkten ist ersichtlich, dass die angegebenen Deckensteifigkeiten auf der sicheren Seite liegende Minimalwerte sind. In der Praxis können durchaus größere Deckensteifigkeiten erreicht werden.

5 Bemessungsmodell

5.1 Ermittlung der aufnehmbaren Horizontallast

Bei Anwendung des im Eurocode 6 [2] verankerten Teilsicherheitskonzepts ist die strikte Trennung zwischen Einwirkung und Widerstand ein wesentlicher Punkt. Wenn jedoch die Einwirkungen durch die hervorgerufenen Verformungen Einfluss auf den Widerstand des Tragsystems nehmen und zusätzlich die Auswirkungen infolge Theorie II. Ordnung realitätsnah berücksichtigt werden müssen, stellt die strikte Anwendung des Teilsicherheitskonzepts keine empfehlenswerte Lösung dar. Hinzu kommt die nichtlineare Berechnung des Tragwiderstands in Abschnitt 4.4, wobei sich die Nichtlinearität auf die Werkstoff- sowie die Systemeigenschaften bezieht. Neben der physikalischen Nichtlinearität durch Berücksichtigung vereinfachter, jedoch gleichzeitig realitätsnaher Spannungs-Dehnungsbeziehungen sowie der Rissentwicklung werden auch die Auswirkungen auf die Schnittgrößen aus zusätzlichen Tragwerksverformungen durch Theorie II. Ordnung,

Tabelle 1. Federsteifigkeit am Wandkopf k_K [MN/m/m] in Abhängigkeit der Deckendicke sowie der Deckenspannweite nach [1]

Deckendicke h_{De} [cm]	Deckenbreite b_{De} [m]	Deckenspannweite l_f [m] [1) 2)]						
		3,0	3,5	4,0	4,5	5,0	5,5	6,0
20	1,0	11,9	6,4	3,8	2,3	1,6	–	–
	3,0	17,2	10,5	7,0	4,3	3,3	–	–
22	1,0	14,2	7,7	4,5	2,8	1,8	1,4	–
	3,0	22,2	13,7	9,0	5,6	3,6	2,9	–
25	1,0	17,6	9,5	5,6	3,5	2,3	1,3	1,1
	3,0	30,6	16,5	12,5	7,8	5,1	2,9	2,6

Anmerkung: Die angegebenen Steifigkeiten der Decken sind Anhaltswerte und daher mit den Gegebenheiten vor Ort zu vergleichen und ggf. anzupassen.
1) Eine Interpolation der Ergebniswerte ist nicht zulässig. Es ist jeweils der geringere Wert anzusetzen.
2) Systemkonfiguration: Stahlbetondecke Einfeldträger; Betongüte: C20/25

der geometrischen Nichtlinearität, erfasst. Aus den aufgezeigten Gründen wird daher mit Gl. (14) ein Bemessungsmodell vorgeschlagen, welches echte Mittelwerte der Baustoffeigenschaften verwendet.
Die Sicherheitsfaktoren für die Einwirkungen und die Werkstoffe werden zunächst auf der Einwirkungsseite berücksichtigt, sodass auf der Widerstandsseite der Systemwiderstand, in Form der normierten aufnehmbaren Horizontallast q_{sys}/f steht. Der Faktor 0,85 in Gl. (14) berücksichtigt das Verhältnis zwischen charakteristischem Wert und Mittelwert der Werkstoffeigenschaften, in diesem Fall der Mauerwerksdruckfestigkeit (vgl. [26] und [27]). Bild 22 zeigt die Eingangswerte für das Bemessungsmodell.

$$E_k \cdot \frac{\gamma_F \cdot \gamma_M}{0,85} = \frac{q_{Ek}}{f} \cdot \frac{\gamma_F \cdot \gamma_M}{0,85} \leq R_m = \frac{q_{Sys}}{f} = Y_M$$

mit $\frac{f_k}{f} = 0,85$ \hfill (14)

Über einen dimensionslosen Traglastfaktor Y_M kann der Bezug zwischen der nichtlinearen Berechnung mit Mittelwerten der Baustoffeigenschaften, dem Systemwiderstand q_{Sys}/f und einer einfachen und praxisnahen Bemessungsgleichung hergestellt werden (s. Gl. (15)). Der Traglastfaktor Y_M, welcher maßgeblich von den dargestellten System- und Geometriewerten abhängt, wird vom erstellten EDV-Programm wie vorgestellt iterativ ermittelt. In normierter Form ergibt sich die Bemessungsgleichung zu:

$$\frac{q_{Ed}}{f_d} \leq \frac{q_{Rd}}{f_d} = Y_M \left\{ \bar{k}_K; \varepsilon_f; \lambda; \frac{a}{t} \right\} \quad \text{mit} \quad f_d = \frac{f_k}{\gamma_M} \quad (15)$$

Für den Nachweis der Querkrafttragfähigkeit in Plattenrichtung wird auf die geltenden normativen Regelungen nach Eurocode 6 [2] zurückgegriffen. Die Gleichungen werden stets in der iterativen Ermittlung der Systemtragfähigkeit mit ausgewertet.
Nach DIN EN 1996-1-1/NA müssen neben den Nachweisen im Grenzzustand der Tragfähigkeit grundsätzlich auch die Nachweise im Grenzzustand der Gebrauchstauglichkeit für Risse und Verformungen eingehalten werden. Im Allgemeinen gilt im Mauerwerksbau die Gebrauchstauglichkeit als erfüllt, wenn der Nachweis im Grenzzustand der Tragfähigkeit geführt werden. Hinzu kommt bei Beanspruchung aus vertikalen Lasten mit oder ohne horizontale Einwirkungen senkrecht zur Wandebene die Begrenzung der Lastausmitte in der charakteristischen Bemessungssituation auf 1/3 der Wanddicke. Ist die Lastausmitte infolge der Knotenmomente am Wandkopf bzw. -fuß größer als 1/3 der Wanddicke, so darf diese zu 1/3 · t angenommen werden. In diesem Fall können infolge der auftretenden Deckenverdrehung Risse entstehen, welchen durch geeignete Maßnahmen (z. B. Kantennut, Kellenschnitt, konstruktive Zentrierung mittels weichem Randstreifen oder entsprechende Ausbildung der Außenhaut) entgegenzuwirken ist. Bezüglich der Begrenzung der Verformungen werden in DIN EN 1996-1-1/NA keine detaillierteren Angaben gemacht.
Im vorliegenden Fall ist es möglich, dass, bedingt durch das unbestimmte statische System trotz Einhaltung des Grenzzustands der Tragfähigkeit größere, die Gebrauchstauglichkeit der Wand beeinträchtigende Verformungen auftreten. Aus Mangel an Vorgaben be-

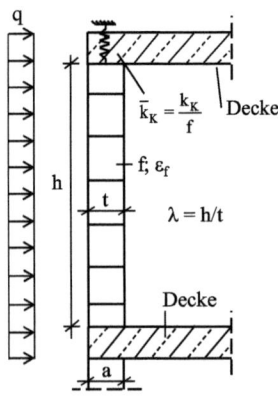

Bild 22. Eingangswerte in das Bemessungsmodell nach [1]

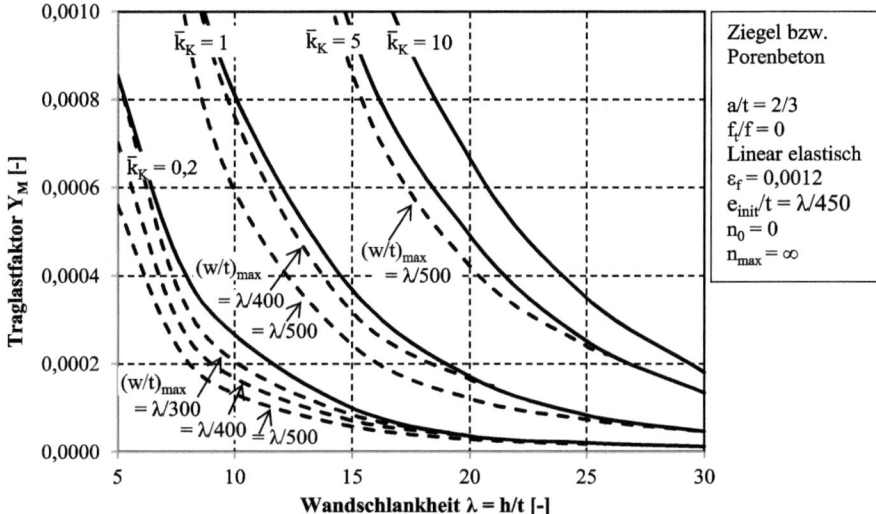

Bild 23. Systemtragfähigkeit für Mauerwerk aus Ziegel bzw. Porenbeton in Abhängigkeit der Schlankheit, der Federsteifigkeit sowie der Durchbiegungsbeschränkung nach [1]

züglich Grenzwerten der horizontalen Verformungen von Mauerwerkswänden werden nachfolgend eigene Grenzwerte definiert.

Für den Nachweis der Gebrauchstauglichkeit ist zunächst zwischen den verschiedenen Anwendungsbereichen des Bemessungsmodells zu unterscheiden. Für die ausfachenden Mauerwerkswände unter Windbelastung müssen grundsätzlich auch die Nachweise im Grenzzustand der Gebrauchstauglichkeit nach Eurocode 6 oder eigenen definierten strengeren Grenzwerten eingehalten werden. Bei ausfachenden Wänden, welche durch Explosionslasten beansprucht werden, kann auf einen Nachweis der Gebrauchstauglichkeit im außergewöhnlichen Lastfall verzichtet werden. Ein Anwendungsfall besteht z. B. bei Traforäumen in Kraftwerken oder bei jeglichen Räumen mit Explosionsgefahr.

Bild 23 zeigt als Beispiel die Systemtragfähigkeit für Ziegel- oder Porenbetonmauerwerk in Abhängigkeit der Wandschlankheit sowie der Federsteifigkeit am Wandkopf für verschiedene Begrenzungen der Durchbiegung (w/t)$_{max}$. Es zeigt sich, dass bei hohen Federsteifigkeiten eine Traglastabminderung durch die Begrenzung der Durchbiegung entweder nicht notwendig ist ($\bar{k}_K = 10$), oder erst bei Begrenzungen (w/t)$_{max}$ = $\lambda/500$ greifen ($\bar{k}_K = 5$). Je geringer die Federsteifigkeiten werden, umso größer wird der Einfluss der Begrenzung der Durchbiegung, sodass beispielsweise bei $\bar{k}_K = 0{,}2$ bereits eine Durchbiegungsbeschränkung von (w/t)$_{max}$ = $\lambda/300$ die Systemtragfähigkeit abmindert. Im Abschnitt 5.2 wird die Begrenzung der Verformung je nach Anforderung in den Bereichen (w/t)$_{max}$ = $\lambda/500$ bis $\lambda/2000$ berücksichtigt.

5.2 Auswertung der Tragfähigkeit ausfachender Mauerwerkswände

Es folgt die Auswertung der Systemtragfähigkeit für zwei praxisrelevante Stein-Mörtel-Kombinationen nach Tabelle 2. Es wird ein Kalksandstein mit einem bilinearen Werkstoffverhalten sowie ein Ziegel bzw. Porenbetonstein mit linear-elastischem Werkstoffverhalten untersucht. Eine Betrachtung der Systemtragfähigkeit für teilaufliegende Decken soll an dieser Stelle aufgrund der hohen Praxisrelevanz lediglich für Ziegelmauerwerk mit der üblichen Auflagertiefe a/t = 2/3 erstellt werden. Für die folgende praxisnahe Auswertung werden keine Biegezugfestigkeit und keine Schwindfugen, jedoch eine Modellunsicherheit von 10 %, welche in Abschnitt 4.5 ermittelt wurde, berücksichtigt. Im Grenzzustand der Gebrauchstauglichkeit (GZG)

Tabelle 2. Geometrie- und Werkstoffkonfigurationen nach [1]

Werkstoff	Kalksandstein	Ziegel bzw. Porenbeton
$\bar{k}_K = k_K/f$ [–]	0,05–50	0,2–50
a/t [–]	1,0	2/3
λ = h/t [–]	5–30	
Werkstoffansatz	bilinear	linear-elastisch
$\varepsilon_f/\varepsilon_u$ [–]	2,0 ‰/3,5 ‰	1,2 ‰/–
Ungewollte Ausmitte e_{init}/t [–]	$\lambda/450$	
Begrenzung der Durchbiegung im GZG (w/t)$_{max}$ [–]	$\lambda/500$ bis $\lambda/2000$	

Tabelle 3. Normierte Federsteifigkeit $\bar{k}_K$ [–] in Abhängigkeit der Mauerwerksdruckfestigkeit sowie der Federsteifigkeit am Wandkopf in Verbindung mit der Systemkonfiguration der Decke [1][2] nach [1]

Deckendicke h_{De} [cm][3]	Deckenbreite b_{De} [m]	Mauerwerk		Deckenspannweite l_f [m]						
				3,0	3,5	4,0	4,5	5,0	5,5	6,0
20	1,0	Federsteifigkeit k_K [MN/m/m]		11,9	6,4	3,8	2,3	1,6	–	–
		Normierte Federsteifigkeit $\bar{k}_K$ [–]	Porenbeton[4]	3,4	1,8	1,1	0,7	0,5		
			Ziegel[5]	2,2	1,2	0,7	0,4	0,3	–	–
			Kalksandstein[6]	1,8	1,0	0,6	0,3	0,2		
	3,0	Federsteifigkeit k_K [MN/m/m]		17,2	10,5	7,0	4,3	3,3	–	–
		Normierte Federsteifigkeit $\bar{k}_K$ [–]	Porenbeton[4]	4,9	3,0	2,0	1,2	0,9		
			Ziegel[5]	3,1	1,9	1,3	0,8	0,6	–	–
			Kalksandstein[6]	2,6	1,6	1,1	0,6	0,5		
22	1,0	Federsteifigkeit k_K [MN/m/m]		14,2	7,7	4,5	2,8	1,8	1,4	–
		Normierte Federsteifigkeit $\bar{k}_K$ [–]	Porenbeton[4]	4,0	2,2	1,3	0,8	0,5	0,4	
			Ziegel[5]	2,6	1,4	0,8	0,5	0,3	0,3	–
			Kalksandstein[6]	2,2	1,2	0,7	0,4	0,3	0,2	
	3,0	Federsteifigkeit k_K [MN/m/m]		22,2	13,7	9,0	5,6	3,6	2,9	–
		Normierte Federsteifigkeit $\bar{k}_K$ [–]	Porenbeton[4]	6,3	3,9	2,6	1,6	1,0	0,8	
			Ziegel[5]	4,0	2,5	1,6	1,0	0,7	0,5	–
			Kalksandstein[6]	3,4	2,1	1,4	0,9	0,5	0,4	
25	1,0	Federsteifigkeit k_K [MN/m/m]		17,6	9,5	5,6	3,5	2,3	1,3	1,1
		Normierte Federsteifigkeit $\bar{k}_K$ [–]	Porenbeton[4]	5,0	2,7	1,6	1,0	0,7	0,4	0,3
			Ziegel[5]	3,2	1,7	1,0	0,6	0,4	0,2	0,2
			Kalksandstein[6]	2,7	1,4	0,9	0,5	0,3	0,2	0,2
	3,0	Federsteifigkeit k_K [MN/m/m]		30,6	16,5	12,5	7,8	5,1	2,9	2,6
		Normierte Federsteifigkeit $\bar{k}_K$ [–]	Porenbeton[4]	8,7	4,7	3,5	2,2	1,5	0,8	0,7
			Ziegel[5]	5,5	3,0	2,3	1,4	0,9	0,5	0,5
			Kalksandstein[6]	4,6	2,5	1,9	1,2	0,8	0,4	0,4

Anmerkung: Die angegebenen Steifigkeiten der Decken sind Anhaltswerte und daher mit den Gegebenheiten vor Ort zu vergleichen und ggf. anzupassen.
1) Hinweis: Eine Interpolation der Ergebniswerte ist nicht zulässig. Es ist jeweils der geringere Wert anzusetzen.
2) Systemkonfiguration: Stahlbetondecke Einfeldträger); Betongüte: C20/25
3) $\bar{k}_K = k_K/f$ mit $f = f_k/0{,}85$
4) Porenbeton PP4 $f_k = 3{,}0$ MN/m² ($f = 3{,}5$ MN/m²)
5) Ziegel HLZ Plan-T-09 $f_k = 4{,}7$ MN/m² ($f = 5{,}5$ MN/m²)
6) Kalksandstein L-R P 12 $f_k = 5{,}6$ MN/m² ($f = 6{,}6$ MN/m²)

können die horizontalen Wandverformungen, wie in Abschnitt 5.1 erläutert, je nach Anforderung auf den Wert $(w/t)_{max} \leq \lambda/500$ bis $\lambda/2000$ begrenzt werden. Tabelle 2 zeigt als Beispiel die Eingangswerte für die nachfolgend dargestellten Bemessungsdiagramme an.
Tabelle 3 verbindet die üblichen charakteristischen Mauerwerksdruckfestigkeiten für ausfachende Wände von drei ausgewählten Stein-Mörtel-Kombinationen mit den in Abschnitt 4.5 ermittelten und in Tabelle 1 dargestellten Mindestwerten der Federsteifig-

keiten von Stahlbetondecken. Angegeben wird die Federsteifigkeit der Decke nach Gl. (16) in der bereits in Abschnitt 3.3 eingeführten normierten Form $\bar{k}_K$. Da in der Gleichung der Mittelwert der Mauerwerksdruckfestigkeit f verwendet wird, ist eine Umrechnung mit dem Faktor 0,85 vom üblicherweise verwendeten charakteristischen Wert der Mauerwerksdruckfestigkeit erforderlich.

$$\bar{k}_K = \frac{k_K}{f} \quad \text{mit} \quad f = \frac{1}{0{,}85} \cdot f_k \tag{16}$$

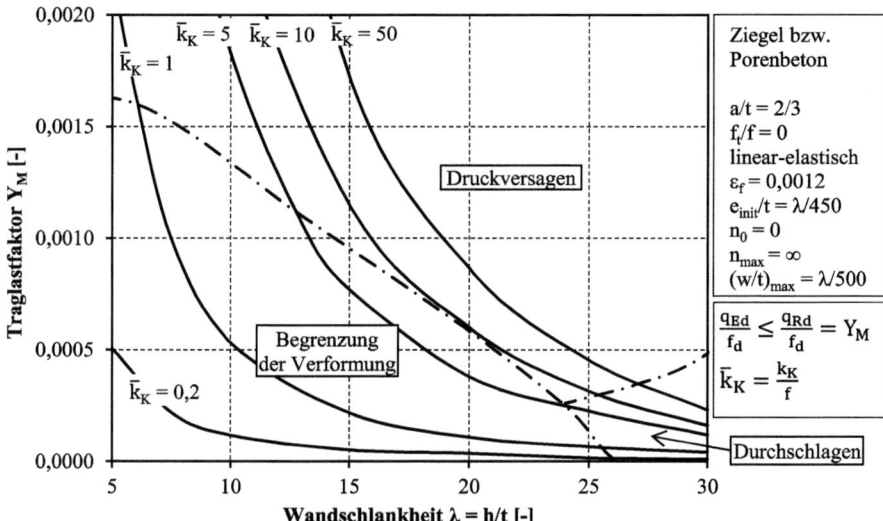

Bild 24. Systemtragfähigkeit für Mauerwerk aus Ziegel bzw. Porenbeton für verschiedene Federsteifigkeiten unter Begrenzung der Verformung auf $(w/t)_{max} \leq \lambda/500$ nach [1]

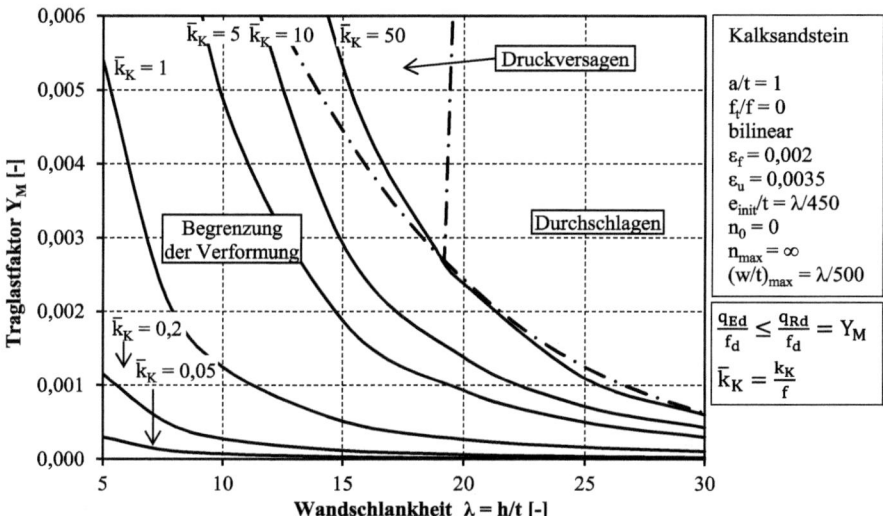

Bild 25. Systemtragfähigkeit für Kalksandsteinmauerwerk für verschiedene Federsteifigkeiten unter Begrenzung der Verformung auf $(w/t)_{max} \leq \lambda/500$ nach [1]

Für Bauteile mit höherer Biegesteifigkeit wie z. B. Stahlbetonbalken kann die Federsteifigkeit mittels Verformungsberechnungen der in der Praxis verwendeten Stabstatik-Programme bestimmt werden. Anschließend kann die normierte Federsteifigkeit in Abhängigkeit der charakteristischen Mauerwerksdruckfestigkeit für beliebige Stein-Mörtel-Kombinationen ermittelt werden.

Die Bilder 24 und 25 zeigen den Traglastfaktor Y_M in Abhängigkeit der Wandschlankheit für verschiedene normierte Federsteifigkeiten für Ziegel- und Porenbetonmauerwerk sowie für Kalksandsteinmauerwerk und die Abgrenzungen der Versagensarten. So kann zwischen den Versagensarten Druckversagen des gerissenen Querschnitts und Durchschlagen unterschieden werden. Weiterhin sind die Bereiche gekennzeichnet, wo die Begrenzung der Verformung mit dem Wert $(w/t)_{max} \leq \lambda/500$ die Systemtragfähigkeit determiniert. Für Ziegel- und Porenbetonmauerwerk ist in Bild 24 zu erkennen, dass erst bei einer normierten Federsteifigkeiten $\bar{k}_K < 10$ in Abhängigkeit der Schlankheit der Wand die Begrenzung der Verformung greift. Bei größeren Federsteifigkeiten versagen die Systeme in Abhängigkeit der Wandschlankheit auf Druck so-

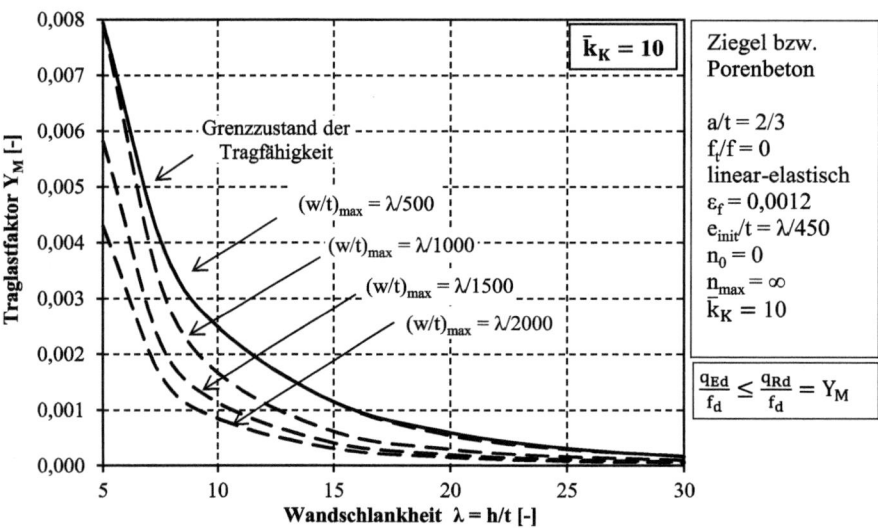

Bild 26. Systemtragfähigkeit für Mauerwerk aus Ziegel bzw. Porenbeton für eine Federsteifigkeit des Auflagers $\bar{k}_K = 10{,}0$ [–] nach [1]

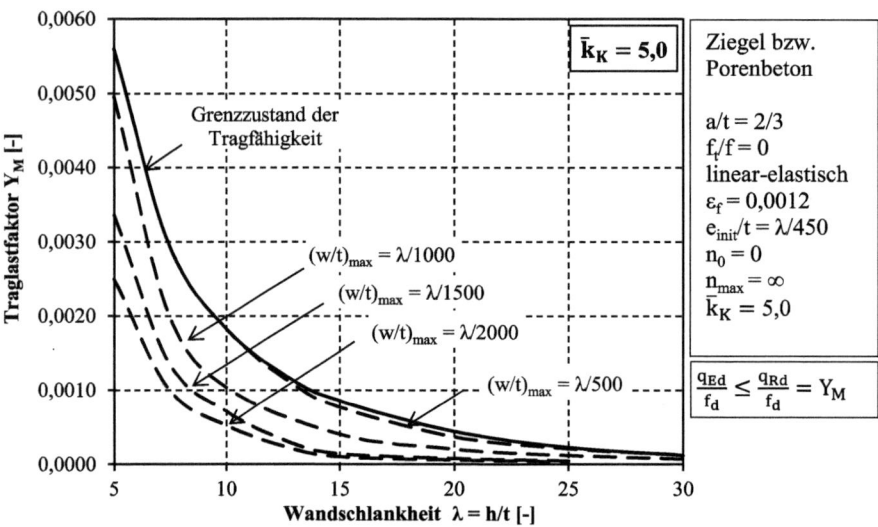

Bild 27. Systemtragfähigkeit für Mauerwerk aus Ziegel bzw. Porenbeton für eine Federsteifigkeit des Auflagers $\bar{k}_K = 5{,}0$ [–] nach [1]

wie auf Durchschlagen. Je kleiner die Federsteifigkeiten werden, desto größer wird der Bereich der Wandschlankheiten, in denen die Begrenzung der Verformung die maßgebende Größe darstellt. Für Kalksandsteinmauerwerk zeigt sich ein differenziertes Bild. Die Begrenzung der Verformung wird bereits bei Federsteifigkeiten $\bar{k}_K < 50$ maßgebend (s. Bild 25).
Um in Bezug auf den Nachweis der Gebrauchstauglichkeit dem Anwender die Möglichkeit einer anforderungsbezogenen Bemessung zu ermöglichen, werden nachfolgend in den Bemessungsdiagrammen neben dem Grenzzustand der Tragfähigkeit auch die Bemessungskurven bei Berücksichtigung einer Verformungsbegrenzung $(w/t)_{max}$ angegeben. Mit dieser Darstellung ist es möglich, die Systemtragfähigkeit sowohl für den Grenzzustand der Tragfähigkeit als auch für den Grenzzustand der Gebrauchstauglichkeit für die Werte $(w/t)_{max} = \lambda/500, \lambda/1000, \lambda/1500, \lambda/2000$ zu bestimmen. Diese Darstellungsart hat den Vorteil, dass bei einer Bemessung im Grenzzustand der Tragfähigkeit der Wand auf eine Einwirkung, welche unterhalb der Systemtragfähigkeit liegt, die sich einstellende Verformung im Grenzzustand der Gebrauchstauglichkeit angegeben werden kann. Als Beispiel zeigen die Bilder 25 bis 31 die Systemtragfähigkeiten für Mauerwerk aus Ziegel bzw. Porenbeton und für Mauerwerk

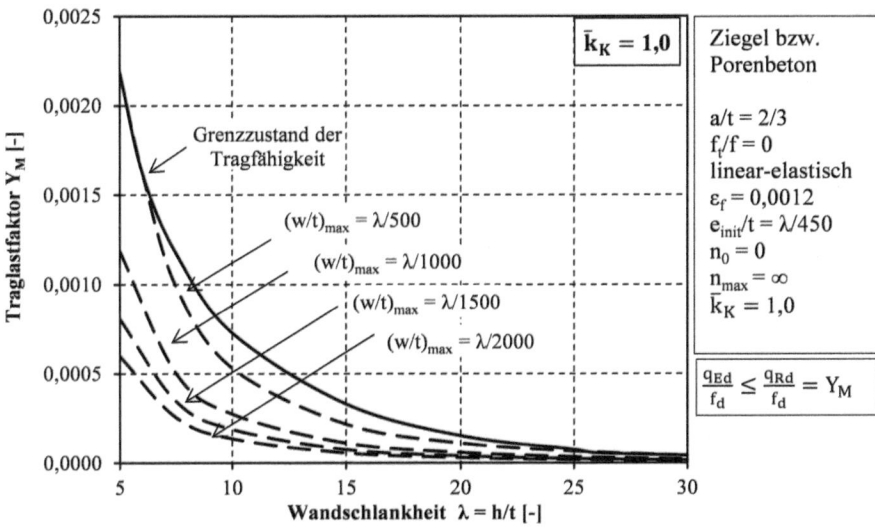

Bild 28. Systemtragfähigkeit für Mauerwerk aus Ziegel bzw. Porenbeton für eine Federsteifigkeit des Auflagers $\bar{k}_K = 1{,}0$ [–] nach [1]

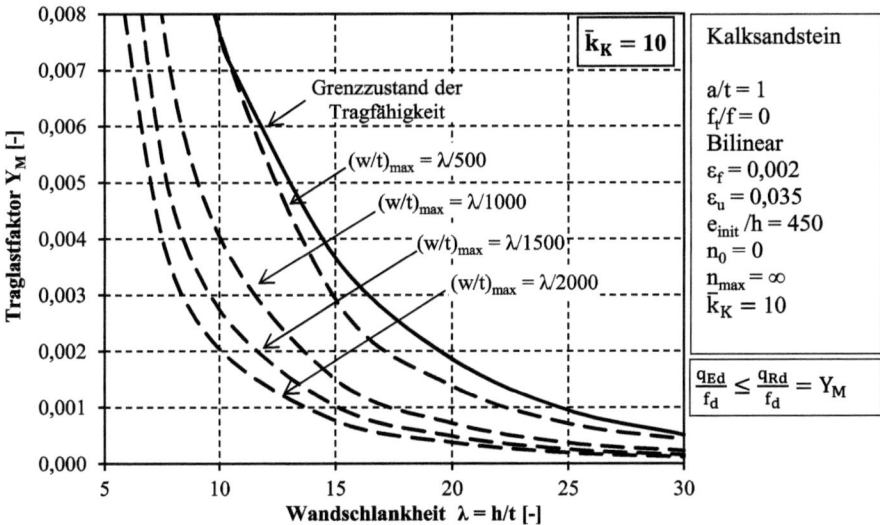

Bild 29. Systemtragfähigkeit für Kalksandsteinmauerwerk für eine Federsteifigkeit des Auflagers $\bar{k}_K = 10{,}0$ [–] nach [1]

aus Kalksandstein für Federsteifigkeiten von $\bar{k}_K = 1{,}0$ bis $\bar{k}_K = 10{,}0$. Für die in [1] untersuchten Federsteifigkeiten $\bar{k}_K = 0{,}2$ bis $\bar{k}_K = 50{,}0$ sind die Tragfähigkeiten in Form des normierten Traglastfaktors Y_M in vergrößerter Darstellung sowie die normierte entstehende Membrandruckkraft n in [1] angegeben. Anzumerken ist, dass bei Anwendung zu überprüfen ist, ob die angrenzenden Bauteile die Normalkräfte in der Realität aufnehmen können (s. Abschnitt 3.4). Die dargestellten Bemessungsdiagramme gelten sowohl für geringe Einwirkungen wie Windlasten auf Hochbauten mit Anforderungen an die Gebrauchstauglichkeit als auch gleichermaßen für höhere Einwirkungen wie Lasten aus Gasexplosion im Industrie- und Kraftwerksbau, wo lediglich die Systemtragfähigkeit maßgebend ist.

5.3 Sicherstellung der Mindestauflast bei tragenden Mauerwerkswänden

In Abschnitt 2.2 wurde erläutert, dass die zur Deckenspannrichtung parallel verlaufenden tragenden Mauerwerkswände lediglich planmäßig durch eine geringe Auflast belastet werden und daher dem Nachweis der Mindestauflast genügen müssen. Die Tragwirkung sowie das Last-Verformungs-Verhalten dieser tragen-

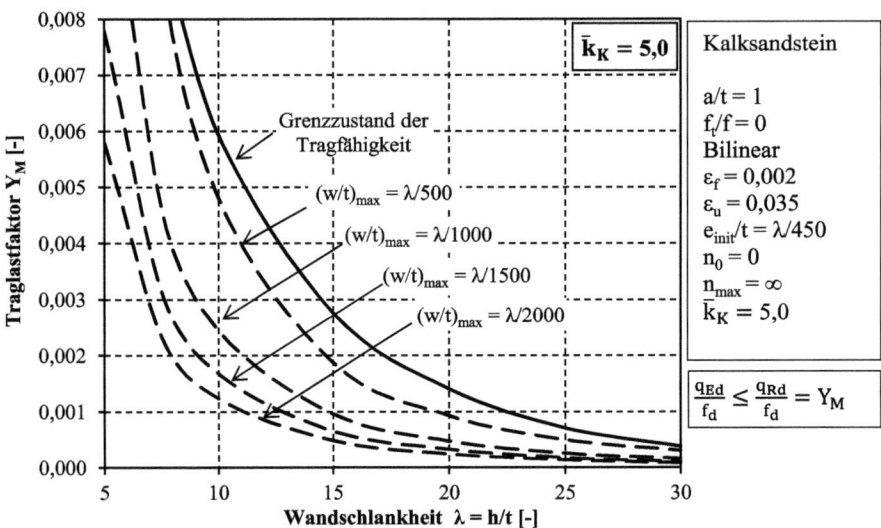

Bild 30. Systemtragfähigkeit für Kalksandsteinmauerwerk für eine Federsteifigkeit des Auflagers $\bar{k}_K = 5{,}0$ [–] nach [1]

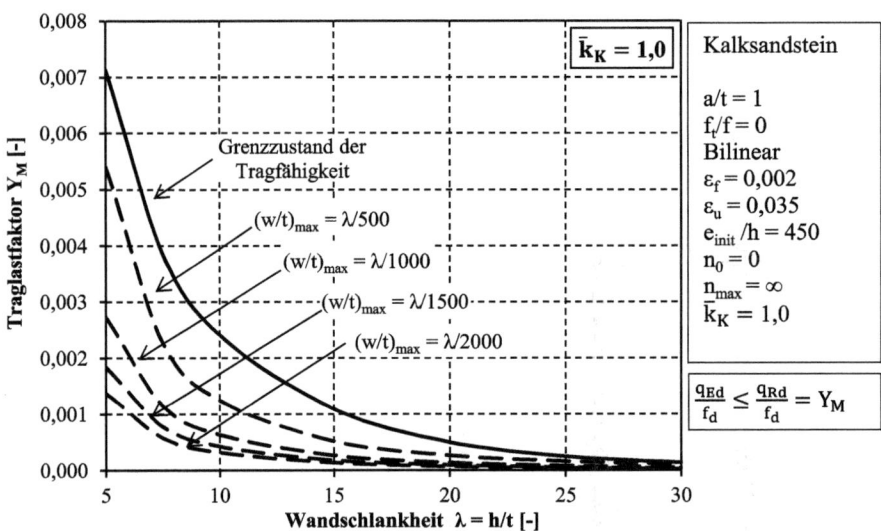

Bild 31. Systemtragfähigkeit für Kalksandsteinmauerwerk für eine Federsteifigkeit des Auflagers $\bar{k}_K = 1{,}0$ [–] nach [1]

den Mauerwerkswände gleichen denen von ausfachenden Mauerwerkswänden. Neben der Belastungssituation sowie des statischen Systems kann bei beiden Wänden – durch die parallel zur Wand spannende Decke – die Verdrehung der Decke am Wandkopf vernachlässigt werden. Weiterhin sind die Versagensmechanismen identisch. Diese Erkenntnisse führen dazu, dass das in dieser Arbeit erstellte Berechnungsverfahren zur Bestimmung der Tragfähigkeit ausfachender Mauerwerkswände unter Berücksichtigung der Membranwirkung auch zur Bestimmung der Tragfähigkeit von tragenden Mauerwerkswänden mit planmäßig geringen Auflasten angewandt werden kann.

Die beschriebene einachsig spannende Decke wird die zur Deckenspannrichtung parallel verlaufende Mauerwerkswand üblicherweise lediglich mit einer 1-m-Streifenlast belasten. Diese minimale, ständig vorhandene Auflast liegt bei einer angenommenen Deckendicke von $h_{De} = 0{,}2$ m in einer Größenordnung von $g_k = 5$ kN/m. Da die Nachweise laut den normativen Vorgaben in Wandmitte geführt werden, kommt das halbe Wandeigengewicht hinzu. In Abschnitt 2.2 wurden bereits die normativ vorhandenen Bemessungsmodelle zur Bestimmung dieser Mindestauflast erwähnt und auf eine ausführliche Erläuterung in [1] verwiesen. Wie bereits an dieser Stelle erläutert, wird dazu die

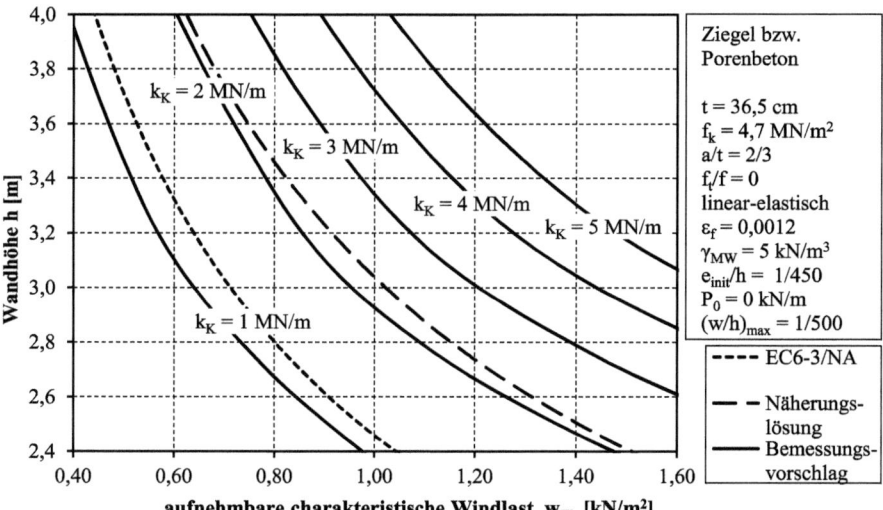

Bild 32. Maximale Wandhöhe in Abhängigkeit der charakteristischen Horizontallast für Ziegel- und Porenbetonmauerwerk (t = 36,5 cm) nach [1]

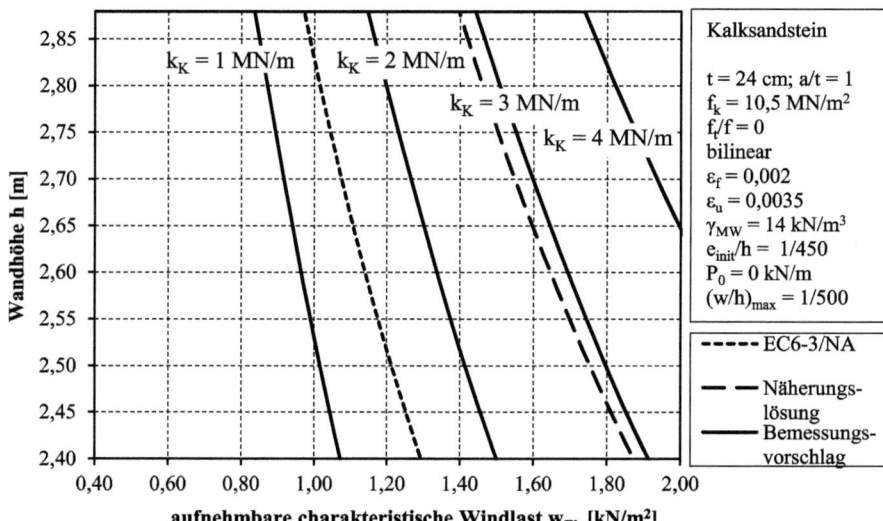

Bild 33. Maximale Wandhöhe in Abhängigkeit der charakteristischen Horizontallast für Kalksandsteinmauerwerk (t = 24,0 cm) nach [1]

Deckenlast als stets vorhandene Normalkraft – „Aktion" – und nicht erst als sich entwickelnde Membrandruckkraft – „Reaktion" – angegeben.
Mit dem entwickelten Modell soll nun gezeigt werden, ob diese Mindestauflast unter den üblicherweise in der Praxis vorhandenen Deckensteifigkeiten in zahlreichen Fällen aktiviert werden kann. Auf der sicheren Seite liegende Ergebnisse liefernd ist nicht der Fall berücksichtigt, dass sich die parallel zur Wand spannende Stahlbetondecke durch Schwind- und Krieheinflüsse auf die Wand auflegt und so zusätzliche Lasten über die Wand abgetragen werden. Im Gegensatz zu den normativen Bemessungsregeln nach Abschnitt 2.2, bei denen eine erforderliche Mindestauflast auf der Wand angegeben wird, ist in dem in dieser Arbeit entwickelten Berechnungsverfahren die in der Wand wirkende Normalkraft nur ein Zwischenergebnis. Als endgültiges Ergebnis ergibt sich die maximal aufnehmbare Horizontallast. Daher wird nachfolgend diese direkt mit der einwirkenden Horizontallast aus Windbelastung verglichen.
Als Teilsicherheitsbeiwerte werden auf der Materialseite $\gamma_M = 1{,}50$ und auf der Lastseite $\gamma_F = 1{,}50$ ange-

setzt. Einberechnet wird ebenfalls die in Abschnitt 4.5 ermittelte Modellunsicherheit von 10% sowie eine ungewollte Ausmitte von $(e_{init}/h) = 1/450$. Um auch den Nachweis im Grenzzustand der Gebrauchstauglichkeit zu erfüllen, wird die zulässige Durchbiegung für die tragenden Wände auf $(w/h)_{max} = 1/500$ begrenzt.

Die Bilder 32 und 33 zeigen neben der normativen Regelung nach Eurocode 6 [3] und der Näherungslösung nach Gl. (12) auch den Bemessungsvorschlag nach [1] für Kalksandstein und Ziegelmauerwerk. Angegeben ist die maximal erreichbare Wandhöhe in Abhängigkeit der aufnehmbaren charakteristischen Horizontallast für verschiedene Federsteifigkeiten am Wandkopf.

Die im Regelfall maximal auftretende charakteristische Windlast in Windzone 4 auf den Inseln der Nordsee beträgt bei Gebäudehöhen bis 18 m $w_k = 1,12$ kN/m². Es ist zu erkennen, dass ab Federsteifigkeiten $k_K = 2,6$ MN/m, welche nach Auswertung in der Regel ab Deckenbreiten von $b_{De} = 3,0$ m und -spannweiten $l_f \leq 6,0$ m vorliegen (s. Abschnitt 4.6), die üblicherweise erforderlichen Wandhöhen $h \leq 3,0$ m erreicht werden können. Dies gilt für Ziegel- bzw. Porenbetonmauerwerk ab Wandstärken $t \geq 36,5$ cm und für Kalksteinmauerwerk ab Wandstärken $t \geq 24,0$ cm.

6 Zusammenfassung

Im vorliegenden Beitrag wird ein nichtlineares Berechnungsmodell zur wirklichkeitsnahen Ermittlung der aufnehmbaren Horizontallast unbewehrter ausfachender einachsig gespannter Mauerwerkswände, in welchen durch definierte Lagerungsbedingungen vertikale Normalkräfte – sogenannte Membrandruckkräfte – entstehen, entwickelt. Diese Membranwirkung wird in den bestehenden Normen und Veröffentlichungen sowie gegenwärtigen Untersuchungen lediglich rudimentär, aber nicht hinreichend genau betrachtet. Aus diesem Grund wurde mit dem erstellten analytischen nichtlinearen Berechnungsverfahren ein praxistaugliches Bemessungsmodell entwickelt. Durch die formale Einbeziehung der realen Lagerungsbedingungen ist es gelungen, die bestehende Lücke zwischen vorhandenen Berechnungsverfahren und den in der Praxis verwendeten Systemen zu schließen. Somit können zukünftig vorwiegend flächenbelastete – Windlasten und Explosionslasten – Mauerwerkswände, unter der Berücksichtigung der Lagerungsbedingungen und somit unter Berücksichtigung der verformungsbasierten Membrandruckkraft, realitätsnah bemessen werden.

Ein entscheidender Vorteil des Bemessungsmodells ist, dass es durch die konsequent angewandte normierte Darstellung und die damit verbundene allgemeingültige Formulierung möglich ist, verschiedenste Geometrie- und Werkstoffkonfigurationen zu berücksichtigen. Für die Berechnungen reduziert sich mithilfe der EDV-basierten iterativen Vorgehensweise der Aufwand erheblich. Weiterhin wurden für die praxisrelevanten Geometrie- und Werkstoffkonfigurationen zahlreiche Bemessungsdiagramme erstellt, sodass für eine Vielzahl der Anwendungsfälle keine iterativen Berechnungen mehr nötig sind.

Ein interessanter Anwendungsbereich ergibt sich beim Nachweis der Tragfähigkeit von tragenden Mauerwerkswänden unter geringer vertikaler Auflast. Hierbei konnte gezeigt werden, dass die erforderliche Mindestauflast mit dem in dieser Arbeit entwickelten Berechnungsverfahren sowie dem dazugehörigen Bemessungsmodell in den üblichen Praxisfällen nachgewiesen werden kann. In Abhängigkeit von den Auflagersteifigkeiten durch die Decken und den Wandstärken sind die Nachweise für alle Windlastenzonen möglich.

Abschließend und zusammenfassend kann festgehalten werden, dass der Beitrag und die zugrunde liegende Forschungsarbeit eine Vielzahl der bestehenden Fragestellungen zur Membranwirkung in ausfachenden unbewehrten Mauerwerkswänden beantwortet und demzufolge einen Beitrag zum besseren Verständnis dieser Tragwirkung leistet. Durch die konsequente auf geometrischen und mechanischen Grundsätzen aufbauende analytische Herleitung kann das Berechnungsverfahren weiterhin als Ausgangspunkt für zukünftige Forschungsaktivitäten in diesem Bereich dienen. Das entwickelte nichtlineare Berechnungsverfahren in Verbindung mit dem vorangestellten Bemessungsmodell ermöglicht dabei auf einfache praxisnahe Art und Weise die Berechnung der aufnehmbaren Horizontallast für einachsig gespannte Mauerwerkswände unter Berücksichtigung der entstehenden Membrandruckkräfte im Bereich von windbelasteten Hochbauten sowie explosionsgefährdeten Industrie- und Kraftwerksbauten.

7 Literatur

[1] Schmitt, M. (2017) *Tragfähigkeit ausfachender Mauerwerkswände unter Berücksichtigung der verformungsbasierten Membranwirkung*. Dissertation, TU Darmstadt, Institut für Massivbau, Heft **39**, ISBN: 978-3-942886-16-1, Eigenverlag Darmstadt, Darmstadt.

[2] DIN EN 1996-1-1:2010-12 (2010) *Eurocode 6: Bemessung und Konstruktion von Mauerwerksbauten – Teil 1-1: Allgemeine Regeln für bewehrtes und unbewehrtes Mauerwerk*; in Verbindung mit: DIN EN 1996-1-1/NA:2012-05 + A1-Änderung + A2-Änderung – Nationaler Anhang. Beuth, Berlin.

[3] DIN EN 1996-3:2010-12 (2010) *Eurocode 6: Bemessung und Konstruktion von Mauerwerksbauten – Teil 3: Vereinfachte Berechnungsmethoden für unbewehrte Mauerwerksbauten*; in Verbindung mit: DIN EN 1996-3/NA:2012-01 + A1-Änderung + A2-Änderung 2010-12: Nationaler Anhang. Beuth, Berlin.

[4] Richter, L. (2009) *Tragfähigkeit nichttragender Wände aus Mauerwerk*. Dissertation TU Darmstadt, Institut für Massivbau, Heft **18**, ISBN: 978-3-9811881-5-8, Eigenverlag Darmstadt, Darmstadt.

[5] Graubner, C.-A., Schmitt, M. (2014) *Kapitel 5 – Nicht tragende Wände*. In: Kalksandstein Planungshandbuch, S. 91–106, Hrsg.: Bundesverband Kalksandsteinindustrie eV, ISBN: 978-3-7640-0591-7, Verlag Bau+Technik GmbH, Düsseldorf, Hannover.

[6] Schmitt, M., Graubner, C.-A., Förster, V. (2015) Mindestauflast auf Mauerwerkswänden – Eine realitätsnahe Betrachtung/Minimum vertical load on masonry walls – a realistic view. *Mauerwerk* **19** (4), 245–257.

[7] Graubner, C.-A., Schmitt, M. (2014) *Kalksandstein Statikhandbuch*. Hrsg.: Bundesverband Kalksandsteinindustrie e. V., 3. überarbeitete Auflage, Verlag Bau+Technik GmbH, Düsseldorf, Hannover.

[8] Graubner, C.-A., Schmitt, M., Förster, V. (2016) *Tragfähigkeitstafeln für unbewehrtes Mauerwerk nach DIN EN 1996-3/NA*. In: Mauerwerksbau – Praxishandbuch für Tragwerksplaner. Graubner, C.-A., Rast, R. (Hrsg.), Bauwerk Beuth Verlag, Berlin.

[9] Jäger, W. (2015) Tragfähigkeit von normalkraftbeanspruchten Wänden unter Berücksichtigung geringer Auflasten, in *Mauerwerk-Kalender 2015* (Hrsg. Jäger, W.) Ernst & Sohn, Berlin, S. 449–557.

[10] BS 5628-1 (2005) *British Standard – Code of practise for the use of masonry – Part 1: Structural use of unreinforced masonry*. British Standard Institution BSI, London.

[11] Jäger, W., Hauschild, C., Montazerolghaem, M. (2015) Minimum surcharge load of URM walls under flexure and axial force – Mindestauflast bei Biegung mit Normalkraft, *Mauerwerk* **19** (4), 258–276.

[12] Johansen, K. W. (1943) *Brudineie teorier – Yield Line Theory*. Copenhagen, Cement and Concrete Association, 1943; Übersetzt im Jahr 1962 durch Cement and Concrete Association, London.

[13] Ockleston, A. J. (1955) Load test on a three-stiry reinforced building in Johannesburg, *Structural Engineer* **33** (10), 304–322.

[14] McDowell, E. L., McKee, K. E., Sevin, E. (1956) Arching action theory of masonry walls, *Journal of Structural Division* **82**, (ST 2), 915.1–915.18, American Society of Civil Engineers (ASCE), Reston.

[15] Park, R. (1964) Ultimate strength of rectangular concrete slabs under short-term uniform loading with edges restrained against lateral movement. In: Proceedings – Institute of Civil Engineering, 1964, *Engineering* **28**, pp. 125–150.

[16] Gamble, W. L., Flug, H., Sozen, M. A. (1970) *Strength of slabs subjected to multiaxial bending and compression*. Civil engineering studies, Structural Research Series No. **369**, University of Illinois, Urbana.

[17] Park, R., Gamble, W. L. (1980) *Reinforced concrete slabs*. Wiley, New York.

[18] Anstötz, W. (1990) *Zur Ermittlung der Biegetragfähigkeit von Kalksand-Plansteinmauerwerk*. Forschungsbericht Heft **61**, Institut für Baustoffkunde und Materialprüfung, Universität Hannover, Hannover.

[19] Glock, C. (2004) *Traglast unbewehrter Beton- und Mauerwerkswände*. Dissertation TU Darmstadt, Institut für Massivbau, Heft **9**, ISBN: 3-9808875-6-1, Eigenverlag Darmstadt, Darmstadt.

[20] Graubner, C.-A., Glock, C., Jäger, W., Pflücke, T. (2002) Knicksicherheit von Mauerwerk, in *Mauerwerk-Kalender 2002* (Hrsg. Irmschler; Schubert), Ernst & Sohn, Berlin, S. 381–443.

[21] Lumpe, G., Gensichen, V. (2014) *Evaluierung der linearen und nichtlinearen Stabstatik in Theorie und Software: Prüfbeispiele, Fehlersuche, genaue Theorie* (Bauingenieur Praxis), Ernst & Sohn, Berlin.

[22] Petersen, C. (1982) *Statik und Stabilität der Baukonstruktionen*. 2., durchgesehene Auflage 1982, Friedr. Vieweg & Sohn Verlagsgesellschaft mbH, Braunschweig/Wiesbaden.

[23] Graubner, C.-A., Schmitt, M., Förster, V. (2014) Erweiterte Anwendungsgrenzen von DIN EN 1996-3/NA für Ziegelmauerwerk bei weit gespannten, teilaufliegenden Decken, *Mauerwerk* **18** (6), 357–364.

[24] DIN EN 1992-1-1:2011-01 (2011) *Eurocode 2: Bemessung und Konstruktion von Stahlbeton- und Spannbetontragwerken – Teil 1-1: Allgemeine Bemessungsregeln und Regeln für den Hochbau*. Deutsche Fassung EN 1992-1-1:2004 + AC:2010; In Verbindung mit DIN EN 1992-1-1/NA:2011-01 – Nationaler Anhang, Beuth, Berlin.

[25] Červenka, V., Jendele, L., Červenka, J. (2012) *ATENA – Nonlinear Finite Element Simulation of Concrete and Reinforced Concrete Structures; Program Documentation – Part 1: Theory*. Version: 4.3.1, Červenka Consulting, Prague (Czech Republic).

[26] Glowienka, S. (2007) *Zuverlässigkeit von Mauerwerkswänden aus großformatigen Steinen*. Dissertation TU Darmstadt, Institut für Massivbau, Heft **13**, ISBN: 978-3-9811881-0-3, Eigenverlag Darmstadt, Darmstadt.

[27] Brehm, E. (2011) *Reliability of Unreinforced Masonry Bracing Walls*. Dissertation TU Darmstadt, Institut für Massivbau, Heft **24**, ISBN: 978-3-942886-02-4, Eigenverlag Darmstadt, Darmstadt.

III Aussteifungssysteme mit Mauerwerksscheiben[1]

Werner Seim, Kassel und Kai Sommerlade, Lohfelden

1 Einführung

Jedem Touristen, der mit offenen Augen in New York unterwegs ist, fällt auf, dass nicht Stahl, Beton oder Glas die dominierenden Baustoffe für Wohn- und Geschäftsbauten sind, sondern ganz überwiegend Mauerwerk. Mauerwerk war bis zu Beginn des 20. Jahrhunderts der dominierende Baustoff für tragende Wände und Stützen in der alten und in der neuen Welt. Dabei erreichten die Gebäude in den USA und in Kanada nicht selten Höhen von 10 bis 12 Geschossen. Das bereits in den 1890er-Jahren fertiggestellte Monadnock Building in Chicago zählt mit 60 m Höhe und 17 Geschossen bis heute zu den höchsten Gebäuden der Welt aus tragendem Mauerwerk (Bild 1).

Diese Situation hat sich in den vergangenen Jahrzehnten verändert. Nach wie vor ist der Baustoff Mauerwerk vor allem im Bereich des Ein- und Mehrfamilienhausbaus als Wandbaustoff dominierend. Für größere Bauvorhaben, mit mehr als vier Geschossen, wird die Option einer Ausführung in Mauerwerk allerdings häufig erst gar nicht in Erwägung gezogen. Das liegt möglicherweise auch daran, dass sich die Nachweisführung von der Einhaltung einfacher konstruktiver Regeln (Bild 2) hin zu einer ingenieurmäßigen Modellbildung und rechnerischen Nachweisformaten verlagerte. Häufig wird bei der ersten geringfügigen Überschreitung rechnerischer Festigkeiten von Mauerwerk auf Stahlbeton „umgestellt". Geradezu gedrängt zu dieser Entscheidung wird man durch Computerprogramme, die die Bewehrungsführung bei tragenden Wandscheiben quasi vollautomatisch generieren.

Im Gegensatz zu bewehrten Stahlbetonbauteilen kann Mauerwerk aufgrund der vorgegebenen Fugenstruktur nur sehr geringe Zugkräfte aufnehmen, die bei der Berechnung üblicherweise nicht angesetzt werden. Zum Abtrag von Biegemomenten aus Wind- und Erddruckbelastung, exzentrisch eingetragenen Vertikallasten und aus der Verdrehung der Decken sind daher rückstellende Normalkräfte in den Wandscheiben erforderlich.

Die rechnerische Tragfähigkeit von Mauerwerkskonstruktionen hängt somit nicht nur von den Materialwerten der verwendeten Komponenten ab, sondern auch ganz entscheidend von der Qualität der Strukturberechnung und dem zugrunde gelegten Modell.

Bauwerke aus tragendem Mauerwerk sind meist komplexe, dreidimensionale Strukturen, in denen Wand- und Deckenscheiben als ebene Flächentragwerke beim Lastabtrag zusammenwirken. Für die Bemessung werden üblicherweise Einzelelemente und -systeme aus der Struktur herausgelöst und als Stabtragwerke betrachtet.

Die DIN EN 1996-1-1 (EC 6) schlägt für die Berechnung der Schnittgrößen horizontal und vertikal belasteter Wandscheiben (Aussteifungsscheiben) zwei Verfahren vor:
– eine Ermittlung anhand des Kragarmmodells mit der Einspannebene des Gebäudes in Höhe der Kellerdecke oder
– eine Ermittlung der Schnittgrößen, die die positiven Effekte der Einspannwirkung sowie rückstellende Kräfte berücksichtigt (Anhang K der DIN EN 1996-1-1).

Im informativen Anhang K wird ein konkretes Berechnungsverfahren vorgeschlagen, es wird aber auch darauf verwiesen, dass geeignete andere Modelle angewendet werden dürfen.

Bild 1. Monadnock Building, Chicago [1]

---

[1] Der Beitrag ist eine überarbeitete Zusammenstellung von vier Aufsätzen, welche 2016 in der Zeitschrift Mauerwerk abgedruckt wurden [1–4].

Mauerwerk-Kalender 2019: Bemessung, Bauwerkserhaltung, Schallschutz. Herausgegeben von Wolfram Jäger.
© 2019 Ernst & Sohn GmbH & Co. KG. Published 2019 by Ernst & Sohn GmbH & Co. KG.

```
*519. Thickness of Walls and Columns—Construction—Width—Height.) (a)
Brick, stone, and solid concrete walls, except as otherwise provided, shall be of
the thickness in inches indicated in the following table:
                    Base-  ─────────────Stories─────────────
                    ment.  1   2   3   4   5   6   7   8   9  10  11  12
One-story ..............12  12
Two-story ..............16  12  12
Three-story ............16  16  12  12
Four-story .............20  20  16  16  12
Five-story .............24  20  20  16  16  16
Six-story ..............24  20  20  20  16  16  16
Seven-story ............24  20  20  20  20  16  16  16
Eight-story ............24  24  24  20  20  20  16  16  16
Nine-story .............28  24  24  24  20  20  20  16  16  16
Ten-story ..............28  28  28  24  24  24  20  20  20  16  16
Eleven-story ...........28  28  28  24  24  24  20  20  20  16  16  16
Twelve-story ...........32  28  28  28  24  24  24  20  20  20  16  16  16
```

Bild 2. Wanddicke in [Inch] in Abhängigkeit der Geschossanzahl nach der Bauordnung von Chicago 1913 [6]

Im Folgenden wird eine Methodik vorgestellt, die auf einfache und anschauliche Art und Weise die günstige Wechselwirkung zwischen den Wand- und Deckenscheiben beim Abtrag von horizontalen und vertikalen Einwirkungen berücksichtigt. Dabei wird ausschließlich auf grundlegende Definitionen der technischen Mechanik und auf Berechnungsgrundsätze des EC 6 zurückgegriffen.

In einem Rechenbeispiel wird anschließend gezeigt, wie mithilfe dieser Berechnungsmethode die Beanspruchungen in einem mehrgeschossigen Wandsystem ermittelt und die Nachweise der Tragfähigkeit nach EC 6 geführt werden können.

Darüber hinaus wurde im Rahmen eines Forschungsvorhabens im Fachgebiet Bauwerkserhaltung und Holzbau der Universität Kassel untersucht, wie mit einem praxisgerechten FE-Berechnungsmodell die wichtigsten, mauerwerksspezifischen Struktureigenschaften berücksichtigt werden können. Dabei standen die Modellierung der strukturellen Nichtlinearität infolge der Wand-Decken-Interaktion sowie die realitätsnahe Modellierung des Lastflusses und des Verformungsverhaltens bei einem mehrgeschossigen Mauerwerksbau mithilfe eines kommerziellen Rechenprogramms im Vordergrund.

Zwei Modellierungsvarianten werden in den Abschnitten 4 und 5 vorgestellt und anschließend auf ihre Vor- und Nachteile hin untersucht.

Abschließend wird die Modellierungsmethode auf ein viergeschossiges Gebäude aus Ziegelmauerwerk angewendet und die Ergebnisse aus der FE-Modellierung werden den Ergebnissen gegenübergestellt, welche nach der Methode der Kraftzentrierung berechnet wurden.

2 Grundlagen der Berechnungsmethode

2.1 Spannungsfelder

Der Lastabtrag von Scheibentragwerken aus Mauerwerk kann sehr anschaulich mit streben- und fächerförmigen Spannungsfeldern erfasst werden [7]. Im Sinne der Plastizitätstheorie stellt ein Spannungsfeld einen statisch zulässigen Spannungszustand dar, der die Gleichgewichtsbedingungen erfüllt und die Fließbedingungen an keiner Stelle verletzt.

Vor allem in der Schweiz ist eine auf Spannungsfeldern basierende Betrachtung von Mauerwerk weit verbreitet und keineswegs neu. Die bereits 1984 von *Ganz* [8] entwickelten Bruchbedingungen für Mauerwerk unter zweiachsiger Beanspruchung legten den Grundstein für die Anwendung der Plastizitätstheorie im Mauerwerksbau. Diese bilden die Grundlage zur Berechnung der Tragfähigkeit von Mauerwerksscheiben unter kombinierter Beanspruchung durch Normalkraft und Schub in der Schweizer Norm SIA 266 [9].

Bei kombiniert beanspruchten Mauerwerksscheiben bildet sich infolge der gleichzeitig einwirkenden Normalkraft N und der Schubkraft V ein streben- oder fächerförmiges Druckspannungsfeld aus (Bild 3).

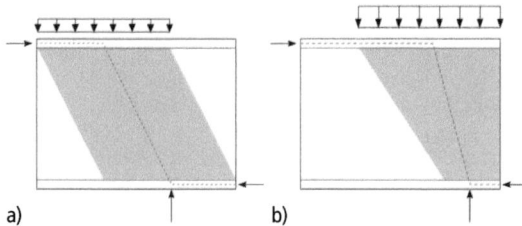

Bild 3. Spannungsfelder und Neigung der Druckstrebe bei unterschiedlicher Auflast; a) Strebe, b) Fächer

Da nur in der überdrückten Fuge horizontale Kräfte aufgenommen werden können, hängt die Schubtragfähigkeit von Mauerwerk entscheidend von der Auflast bzw. der Neigung der aus dem Spannungsfeld resultierenden Druckstrebe ab. Eine hohe Auflast bewirkt einen steilen Neigungswinkel und folglich geringere Exzentrizitäten am Wandfuß und einen höheren Reibungswiderstand.

Somit kommt dem vertikalen Lastfluss und damit der Größe und Lage der Auflagerkräfte der Decken eine entscheidende Bedeutung für den Abtrag der horizontalen Lasten zu.

2.2 Lasteinzugsflächen

Bereits die erste Fassung der DIN 1045:1943-03 enthält klare und einfache Regeln zur Ermittlung von Auflagerkräften: „Stützkräfte, die von gleichmäßig belasteten rechteckigen, kreuzweise bewehrten Platten auf die Balken abgegeben werden [...] dürfen aus den Lastanteilen berechnet werden, die sich aus der Zerlegung der Grundrissfläche in Trapeze und Dreiecke [...] ergeben." [10]

In Abhängigkeit von den Auflagerbedingungen kann bei zwei sich schneidenden Lagerlinien die Lastfläche folgendermaßen konstruiert werden:
- Bei gleichartigen Lagerungsbedingungen (gelenkig/gelenkig oder eingespannt/eingespannt) teilt sich die Last über die Winkelhalbierende (Bild 4).
- Bei unterschiedlichen Lagerungsbedingungen (gelenkig/eingespannt) zieht das eingespannte, steifere Lager mehr Last an. Die Last verteilt sich im Verhältnis 1 : 2. Der Winkel der Linie zum steiferen Lager beträgt 60° (bzw. 2/3 des eingeschlossenen Winkels).
- Bei Platten mit teilweiser Einspannung darf der Winkel zwischen 45° und 60° angenommen werden.

Im nächsten Schritt kann davon ausgegangen werden, dass die Lage der Schwerachse der Lasteinzugsfläche und die Lage der resultierenden Einwirkung am Wandkopf übereinstimmen. Aus der Resultierenden kann dann nach der Elastizitätstheorie eine lineare Verteilung der Spannungen am Wandkopf ermittelt werden (Bild 5a). Da im EC 6 bei allen Nachweisen im Grenzzustand der Tragfähigkeit ein starr-plastisches Materialverhalten zugrunde gelegt wird, kann auch ein ideal-plastischer Spannungsblock zur Aufnahme der Resultierenden angesetzt werden (Bild 5b).

Der EC 6 geht für die Ermittlung der kleinsten, den Schubwiderstand ausmachenden Normalkraft sogar noch einen Schritt weiter und erlaubt im Abschnitt 5.5.3 bei zweiachsig gespannten Decken eine „gleichmäßige Verteilung" der vertikalen Last auf die darunter liegenden Wände. Gemäß der kommentierten Fassung des EC 6 [14] ist eine gleichmäßige Verteilung so zu verstehen, „dass die gesamte Vertikallast aus der Decke durch die Gesamtlänge der belasteten Wände dividiert werden kann". Eine derartig gleichmäßige Verteilung wird sich jedoch nur bei kontinuierlicher Lagerung der Deckenscheibe einstellen. Bei offenen Grundrissen oder stark unsymmetrischen Wandanordnungen können die Auflagerkräfte der Decke entlang einer Wand erheblich variieren. Die im EC 6 vorgeschlagene Methode führt bei zeitgemäßen, offenen Grundrissen somit zu fragwürdigen Ergebnissen.

Durch eine konsequente Umsetzung des im Bild 5 dargestellten Prinzips können die Beanspruchungen einzelner Wandscheiben durch vertikale Lasten einfach und anschaulich ermittelt werden. Eine neue Herausforderung bei der Anwendung ergibt sich jedoch, wenn

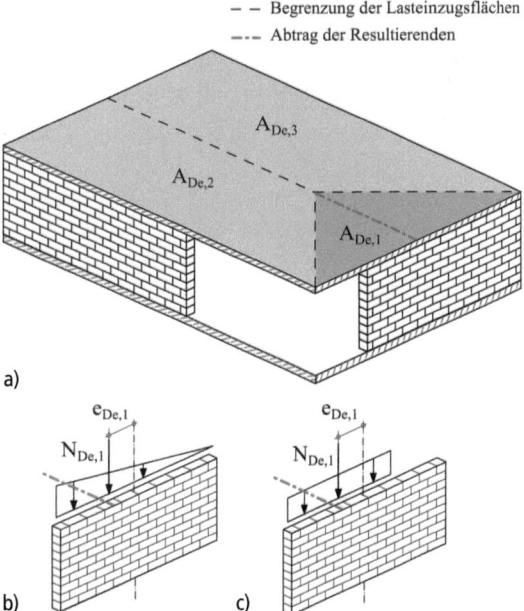

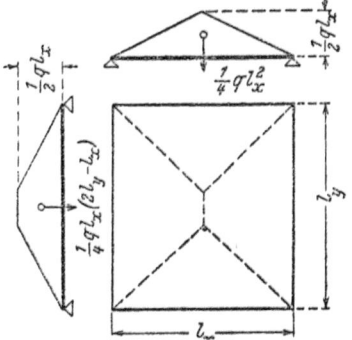

Bild 4. Lastflächen nach DIN 1045:1943-03 für eine allseitig gelenkig gelagerte Platte [10]

Bild 5. Verteilung der Vertikallasten; a) Lasteinzugsfläche, b) lineare Spannungsverteilung, c) Spannungsblock

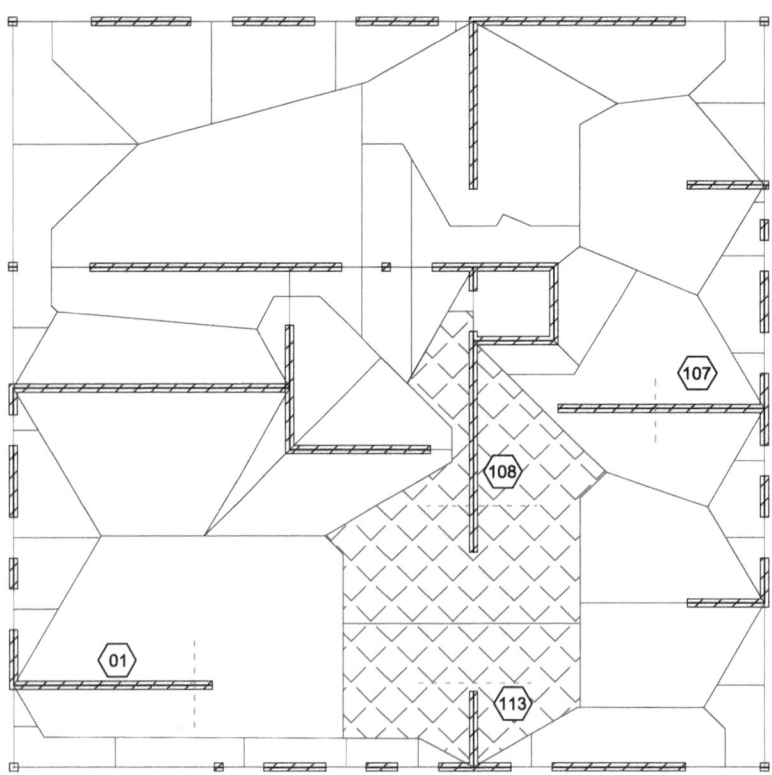

Bild 6. Lasteinzugsflächen und Lage der Resultierenden bei einem beispielhaften unregelmäßigen Grundriss

die Wirkungslinie der Resultierenden außerhalb des Wandquerschnitts liegt (siehe Pos. 113 in Bild 6).
In diesem Fall führt eine Projektion des Schwerpunkts der Lasteinleitung in Richtung Wand „ins Leere" und die Berechnungsmethode ist um den im folgenden Abschnitt beschriebenen Schritt zu erweitern.

2.3 Deckenauflager

Die vertikalen Lasten auf der Stahlbetondecke werden durch Plattenbiegung der Stahlbetondecke auf den Wandkopf übertragen. Größe und Lage der Resultierenden hängen dabei von der Geometrie der Lastfläche ab. Da Aussteifungsscheiben überwiegend in Längsrichtung beansprucht werden, wird für die nachfolgenden Betrachtungen die Exzentrizität um die schwache Achse vernachlässigt.
Wenn die Wirkungslinie außerhalb des Querschnitts verläuft, müssen zusätzliche Überlegungen angestellt werden. In direkter Anlehnung an die Rücksetzregel (NA.C.1 Abs. 4) ergibt sich die Fläche, die zur Aufnahme der Auflagerkraft der Decken notwendig ist, aus dem Spannungsblock bei voller Plastifizierung des Mauerwerks am Scheibenrand (Bild 7).
Außerdem muss zusätzlich die Biegetragfähigkeit der Stahlbetondecke nachgewiesen werden, um die Lastweiterleitung der Stahlbetondecke auf den Wandkopf der Mauerwerksscheibe zu gewährleisten.

Die für den Versatz der Auflagerkraft erforderliche Querbiegung der Stahlbetondecke ist bei der Bemessung zu berücksichtigen.
Die erforderliche Länge ℓ_c zur Aufnahme der Auflagerkraft mit dem Ansatz des Spannungsblocks und die zugehörige Exzentrizität am Wandkopf ergeben sich nach folgender Beziehung:

$$\ell_c = \frac{N_{De}}{f_d \cdot t} \tag{1}$$

mit
N_{De} resultierende Auflagerkraft der Decke
f_d Bemessungswert der Mauerwerksdruckfestigkeit
t Dicke der Wand

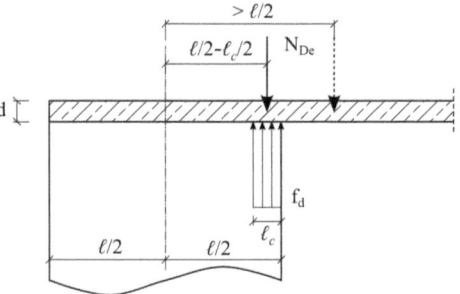

Bild 7. Lasteinleitung der Auflagerkraft mithilfe der Rücksetzregel

2.4 Zentrierung

Damit von mehreren übereinander angeordneten Wandscheiben weitere exzentrische Vertikallasten oder auch ungünstig wirkende horizontale Lasten aufgenommen werden können, ist es erforderlich, die am Rand angreifenden Kräfte zu zentrieren. Dies erfolgt durch das Zusammenspiel von Wand- und Deckenscheibe (Bild 8).

Aus Gleichgewichtsgründen muss dafür eine Horizontalkraft H_{De} am Wandkopf aktiviert werden. Die Breite des Spannungsfelds und die daraus resultierende Exzentrizität am Wandfuß $e_{De,u}$ ergeben sich aus geometrischen Randbedingungen:
- Die Resultierende der Druckstrebe darf nicht flacher als ein bestimmter Grenzwinkel β_{GR} geneigt sein und
- der Bereich, der zur Aufnahme der Auflagerkraft im darunterliegenden Geschoss erforderlich ist, muss unbelastet bleiben.

Die zur Zentrierung benötigte Haltekraft H_{De} muss nach dem Prinzip „actio = reactio" am Wandkopf und am Wandfuß eine entsprechende Gegenkraft finden.
Bei mehrgeschossigen Scheibensystemen ist diese Horizontalkraft am oberen Rand der obersten Scheibe und am unteren Rand der untersten Scheibe über die Deckenscheibe mit einer entsprechenden Kraft einer benachbarten Scheibe ins Gleichgewicht zu setzen. In den übrigen Deckenebenen erfolgt eine „Selbstzentrierung" ohne Mitwirkung benachbarter Scheiben (Bild 9), wenn die Auflagerkräfte der Decken gleich groß sind und sich der Neigungswinkel der Diagonalen nicht ändert.

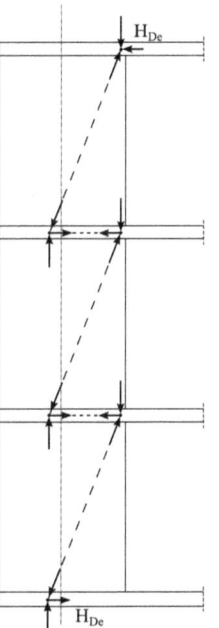

Bild 9. Gegenseitiges Abstützen der Wandscheiben

Die zusätzliche Scheibenbeanspruchung der Decken infolge der Haltekräfte ist gering und kann in der Regel ohne weitere Maßnahmen von der ohnehin vorhandenen Bewehrung aufgenommen werden.

2.5 Gleichgewichtsbetrachtung

Für eine konsequente Gleichgewichtsbetrachtung wird nun die Wandhöhe am oberen und unteren Rand jeweils um eine halbe Deckendicke erhöht. Die rechnerische Wandhöhe wird somit von Mittelebene zu Mittelebene der Geschossdecken gemessen. Das Eigengewicht der Wand kann vereinfachend als am Wandkopf wirkend berücksichtigt werden.

Für die Gleichgewichtsbetrachtung werden alle vertikalen Lastkomponenten mit ihren zugehörigen Exzentrizitäten berücksichtigt. Am Wandkopf wirkt neben der Auflagerkraft der Decke aus dem angrenzenden Geschoss und dem Eigengewicht der Wand auch noch eine Normalkraft aus Lasten, die oberhalb der angrenzenden Deckenebene angreifen (Bild 10a).

Wenn sich die Größe der in den einzelnen Geschossen angreifenden vertikalen Kräfte nicht ändert und auch im untersten Geschoss der Neigungswinkel β der Diagonalen beibehalten wird, dann ergeben sich in allen Geschossen die gleichen geometrischen Bedingungen (s. Bild 9). Somit ergibt sich für die unterste Wandscheibe ohne Eigengewicht der Wand

$$H_1 \cdot (h + d) = N_{De} \cdot (e_o + \ell/2 - \ell_c/2) \qquad (2)$$

$$H_1 = \frac{N_{De} \cdot (2 \cdot e_o + \ell - \ell_c)}{2 \cdot (h + d)} \qquad (3)$$

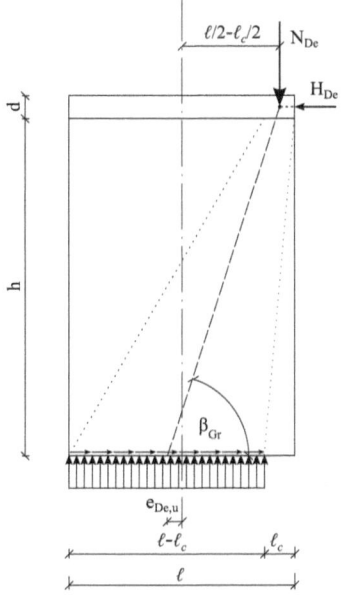

Bild 8. Zentrierung

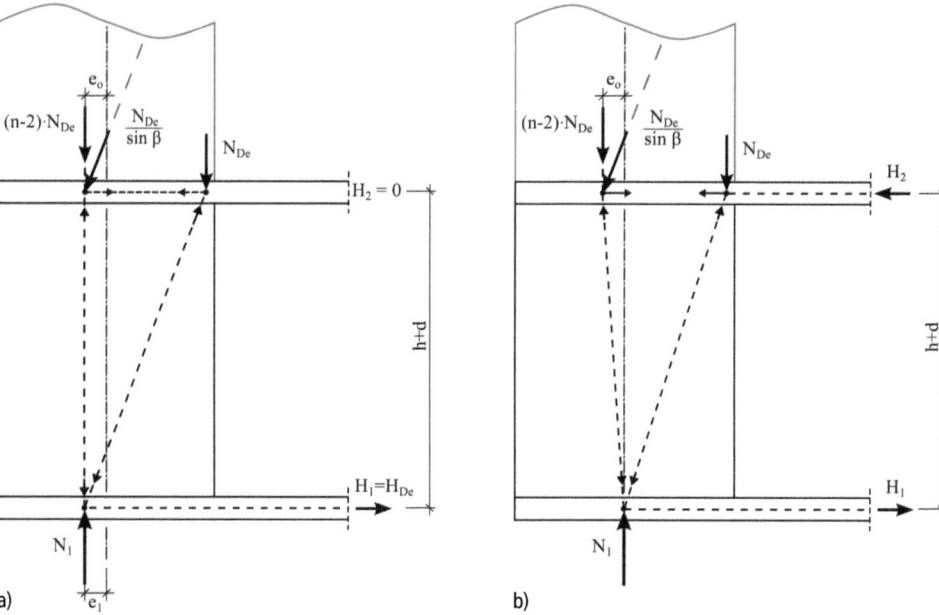

Bild 10. Lastfluss innerhalb der Wandscheibe im untersten Geschoss; a) mit gleichbleibenden geometrischen Randbedingungen, b) mit Zentrierung auf den Wandschwerpunkt

Bei konstanter Neigung der Druckstrebe gilt

$$e_o = e_1 = \frac{\ell_c}{2} \qquad (4)$$

und damit

$$H_1 = \frac{N_{De} \cdot \ell}{2 \cdot (h+d)} \qquad (5)$$

bzw. mit Eigengewicht der Wand

$$H_1 = \frac{N_{De} \cdot \ell + N_{g,w} \cdot \ell_c}{2 \cdot (h+d)} = H_{De} \qquad (6)$$

mit
N_{De} resultierende Auflagerkraft der Decke je Geschoss
$N_{g,w}$ Wandeigengewicht je Geschoss
e_o Exzentrizität der oberhalb der Deckenebene angreifenden Normalkraft
ℓ Länge der Wandscheibe
ℓ_c plastifizierte Länge zur Aufnahme der Auflagerkraft der Decke
h lichte Höhe der Wandscheibe
d Deckendicke
n Anzahl der Geschosse

Allerdings bietet es sich an, in der untersten Fuge eine möglichst günstige Zentrierung zu erreichen. In dem in Bild 10 dargestellten Beispiel können die vertikalen Kräfte in den Schwerpunkt der Wand zentriert werden, wenn der Neigungswinkel der untersten Wandscheibe steiler gewählt wird (Bild 10b). Allerdings ist es nun erforderlich, die horizontalen Haltekräfte am Wandfuß

und am Wandkopf zu ermitteln und deren Weiterleitung über die Stahlbetondecken in benachbarte Wände sicherzustellen.

$$H_2 = \frac{-n \cdot \ell_c \cdot (N_{De} + N_{g,w})}{2 \cdot (h+d)} \qquad (7)$$

$$H_1 = \frac{-N_{g,w} \cdot \ell_c \cdot (n-1) + N_{De} \cdot (\ell - \ell_c \cdot n)}{2 \cdot (h+d)} \qquad (8)$$

Die Gln. (2) bis (8) ergeben sich aus einfachen Gleichgewichtsbetrachtungen. Eine Anpassung an Situationen mit unterschiedlichen Lasten pro Geschoss ist somit ohne Weiteres möglich.
Bei der bisherigen Betrachtung ohne äußere horizontale Einwirkung ergibt sich die zur Zentrierung benötigte Haltekraft aus geometrischen Randbedingungen und Überlegungen zur Spannungsverteilung am Wandfuß.
Die Haltekraft H_{De} ist dabei erforderlich, um die vertikalen Lasten zu zentrieren. Bei mehrgeschossigen Scheibensystemen ist diese Horizontalkraft am oberen Rand der obersten Scheibe und am unteren Rand der untersten Scheibe über die Deckenscheibe mit einer entsprechenden Kraft einer benachbarten Scheibe ins Gleichgewicht zu setzen. In den übrigen Deckenebenen erfolgt eine „Selbstzentrierung" ohne Mitwirkung benachbarter Scheiben, wenn die Auflagerkräfte der Decken gleich groß sind und sich der Neigungswinkel der Diagonalen in den einzelnen Geschossen nicht ändert.
Diese Betrachtungsweise soll nun um horizontale Einwirkungen ergänzt werden. Geht man vom einfachen

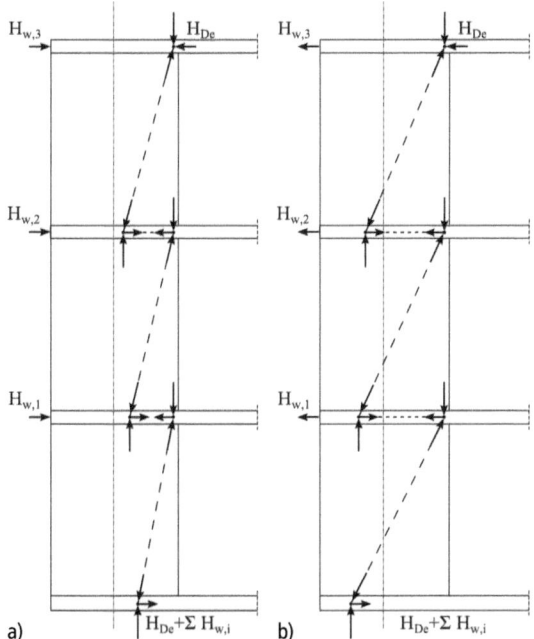

a) b)

Bild 11. Lastfluss über die Geschosse mit horizontaler Einwirkung; a) von links, b) von rechts

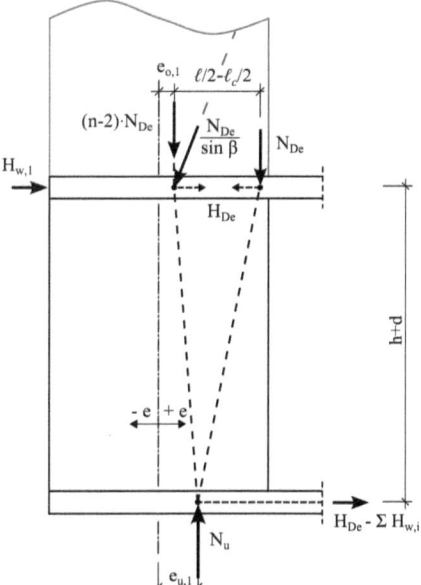

Bild 12. Lastfluss innerhalb der Wandscheibe im untersten Geschoss unter zusätzlicher horizontaler Einwirkung (Wind von links)

Fall einer konstanten Neigung der Druckstrebe aus, dann ergibt sich der in Bild 11 dargestellte Lastabtrag. Durch die Überlagerung der Zentrierung vertikaler mit äußeren horizontalen Einwirkungen ändert sich der Neigungswinkel β der Diagonalen. Folglich muss die Ausmitte am Wandfuß für jedes Geschoss neu berechnet werden und es muss erneut überprüft werden, ob der Winkel $β_{Gr}$ eingehalten wird. Die Summe der äußeren Einwirkungen H_w wird am Wandfuß des untersten Geschosses aufgenommen und überlagert sich je nach Wirkungsrichtung mit der Haltekraft H_{De} (Bild 11). In einem ersten Schritt ist die resultierende Windlast zum Beispiel anhand der Steifigkeitsverhältnisse auf die einzelnen Scheiben des Aussteifungssystems zu verteilen. Die Zentrierkraft H_{De} wird am „ungestörten" System ohne horizontale Einwirkung berechnet.
Unter der Annahme, dass die Auflagerkräfte der Decken gleich groß sind, kann dann die Ausmitte am Wandfuß (Bild 12) in jedem Geschoss berechnet werden.

$$e_{u,1} = \frac{n \cdot N_{De} \cdot \frac{\ell - \ell_c}{2} - H_{De} \cdot n \cdot (h+d) \pm \sum_{i=1}^{n} i \cdot H_{w,i} \cdot (h+d)}{n \cdot (N_{De} + N_{g,w})}$$

(9)

mit
N_{De} resultierende Auflagerkraft der Decke
$N_{g,w}$ Wandeigengewicht
H_{De} Zentrierkraft am Wandkopf
$H_{w,i}$ Horizontallast aus äußerer Einwirkung
ℓ Länge der Wandscheibe

ℓ_c plastifizierte Länge zur Aufnahme der Auflagerkraft der Decke
h lichte Höhe der Wandscheibe
d Deckendicke
i betrachtete Deckenebene
n Anzahl der oberhalb der Deckenebene befindlichen Geschosse

Mit der vorgestellten Methode kann der Lastfluss klar nachvollzogen und die Schnittgrößen können mit den zugehörigen Exzentrizitäten am Wandkopf und am Wandfuß über alle Geschosse berechnet werden. Damit sind alle für die Nachweise der Tragsicherheit erforderlichen Eingangswerte bekannt.

2.6 Nachweise nach EC 6

Für die Nachweisführung unter Querkraftbeanspruchung müssen sowohl der horizontale als auch der vertikale Tragwiderstand untersucht werden.
Bei der Berechnung der aus der Schubfestigkeit f_{vk} abgeleiteten Querkrafttragfähigkeit V_{Rdlt} wird zwischen einem voll überdrückten Wandquerschnitt und einem gerissenen Querschnitt unterschieden. Unter Berücksichtigung eines linear-elastisches Materialverhaltens ergibt sich die überdrückte Wandlänge am Wandfuß in Abhängigkeit von der Ausmitte e_w (s. Bild 13).
Für die Nachweise am Wandfuß sind die Exzentritäten in jedem Geschoss bekannt und es gilt $e_{w,i} = e_{u,i}$.
Für die mit dieser Exzentrizität ermittelte überdrückte Querschnittsfläche wird dann die Tragfähigkeit nach EC 6 ermittelt.

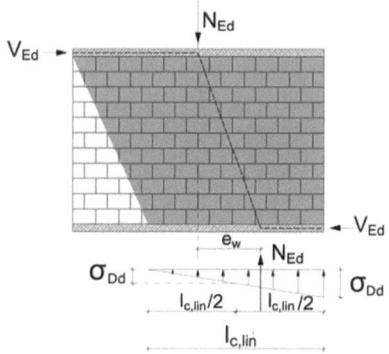

Bild 13. Überdrückte Querschnittslänge nach EC 6

$$V_{Rd} = \ell_{cal} \cdot \frac{f_{vk}}{\gamma_M} \cdot \frac{t}{c} \quad (10)$$

ℓ_{cal} rechnerische Wandlänge
t   Dicke der nachzuweisenden Wand
f_{vk} charakteristischer Wert der Schubfestigkeit
γ_M Teilsicherheitsbeiwert für das Material
c   Schubspannungsverteilungsfaktor

Der Bemessungswert der horizontalen Einwirkung V_{Ed} ergibt sich in jedem Geschoss aus der horizontalen Resultierenden im jeweiligen Schnitt (Bilder 11 und 12).
Für die Ermittlung des Bemessungswerts der horizontalen Einwirkung V_{Ed} der stützenden Wandscheibe müssen alle Stützkräfte sowie äußere Einwirkungen berücksichtigt werden.
Bei querkraftbeanspruchten Wandscheiben ist zudem auch der Biegedrucknachweis um die starke Achse zu führen.

$$N_{Rd} = \phi \cdot A \cdot f_d \quad (11)$$

mit
ϕ Abminderungsfaktor
A   Querschnittsfläche der Wand
f_d Bemessungswert der Druckfestigkeit des Mauerwerks

Die Nachweise sind auf diese Art und Weise immer für alle Wandscheiben zu führen. Es ist nicht von vornherein ersichtlich, welche Wirkungsrichtung der äußeren horizontalen Einwirkung zu den maßgebenden Beanspruchungen führt. Untersucht werden deshalb sowohl der Fall, dass äußere Einwirkung und Zentrierkraft in dieselbe Richtung wirken, als auch der umgekehrte Fall.

Zu untersuchen sind in der Regel zwei Einwirkungskombinationen, wobei die Horizontallast $Q_{k,w}$ immer mit $\gamma_F = 1,5$ beaufschlagt wird.

EWK 1: max N_{Ed} und $1,5 \cdot Q_{k,w}$ (12)

EWK 2: min N_{Ed} und $1,5 \cdot Q_{k,w}$ (13)

mit
max $N_{Ed} = 1,35 \, N_{Gk} + 1,5 \, N_{Qk}$
min $N_{Ed} = 1,0 \, N_{Gk}$

3 Rechenbeispiel

3.1 Baubeschreibung

Für die Anwendung der vorgestellten Methode wird beispielhaft ein im Jahr 2010 errichtetes Mehrfamilienhaus herangezogen. Bei dem Projekt handelt es sich um ein Mehrfamilienhaus mit modernen offenen Grundrissen (Bild 6). Das Gebäude besteht aus sieben Geschossen, mit einer Gesamthöhe von etwa 21 m. Es war für einen Interessentenkreis mit gehobenen Ansprüchen konzipiert worden. Auf einer etwa quadratischen Grundfläche (ca. 19,00 m × 19,00 m) sind pro Geschoss drei bis vier Wohneinheiten vorhanden. Die Verbindung von zwei einzelnen Wohnungen zu einer größeren Einheit ist durch nichttragende Wände vorbereitet. Das heißt, es ergibt sich ein hohes Maß an Flexibilität nicht nur für die späteren Bewohner einzelner Wohnungen, sondern auch für den Investor, um auch nach Beginn der Bauarbeiten noch auf die Wünsche nach unterschiedlichen Wohnungsgrößen eingehen zu können.

3.2 Werkstoffe und Einwirkungen

Alle Decken, auch die Dachdecke, werden in Stahlbeton mit einer Dicke d = 20 cm konzipiert. Die Spannweiten der Decken betragen bis zu etwa 6,00 m. Bei der Festlegung der Wandaufbauten sind neben den statisch-konstruktiven Anforderungen auch die Belange des Schallschutzes, des Wärmeschutzes und des Brandschutzes zu berücksichtigen.
Bei den Wandaufbauten wurden die zwei Varianten Kalksandstein- und Ziegelmauerwerk (Poroton) untersucht. Die wesentlichen mechanischen Kennwerte für die beispielhaften Nachweise können Tabelle 1 entnommen werden.
Die Ermittlung der Einwirkungen folgt den normativen Regeln der DIN EN 1991. Als Verkehrslast für

Tabelle 1. Mechanische Kennwerte – Mauerwerk

	KS-XL 20-2,0-(240) DM	HLz Plan T-20-1,4-(240) DM [1]
Charakteristischer Wert der Druckfestigkeit f_k	12,9	10,2
Haftscherfestigkeit f_{vk0}	0,22	0,22
Rechnerische Steinzugfestigkeit $f_{bt,cal}$	0,65	0,65

[1] nach allgemeiner bauaufsichtlicher Zulassung Nr. Z-17.1-1141 [15]

die Decken wurden 1,5 kN/m² zuzüglich eines Trennwandzuschlags von 0,8 kN/m² angesetzt.
Die Berechnung der Windeinwirkungen auf das Gebäude erfolgte gemäß DIN EN 1991-1-4 nach dem „Vereinfachten Verfahren für Bauwerke geringer Höhe bis 25 m".
Die Ermittlung der Schneelast auf das Dach des Gebäudes wurde nach DIN EN 1991-1-3 durchgeführt. Es wurde ein Standort des Gebäudes im norddeutschen Tiefland angenommen (Windzone 2, Schneelastzone 2).

3.3 Nachweise

Exemplarisch werden die Nachweise für einachsigen Biegedruck um die starke Achse und die Querkrafttragfähigkeit geführt. Als besonders stark beanspruchte Scheiben werden die Position 113 und die für die Zentrierung zugehörige Position 108 untersucht (Bild 6). Die Schnittgrößen werden in den Lastfallkombinationen EWK 1 mit maximalem Moment und maximaler Normalkraft sowie EWK 2 mit maximalem Moment und minimaler Normalkraft ermittelt. Zusätzlich zu den gezeigten Nachweisen muss die aus der Zentrierkraft hervorgehende Beanspruchung der Decken nachgewiesen werden. Die horizontalen Lasten H_w auf die Wandscheiben wurden in einer separaten Aussteifungsberechnung ermittelt. Für die Nachweise ist die Vorzeichendefinition nach Bild 14 zu beachten.

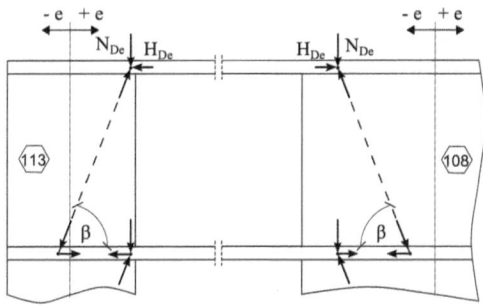

Bild 14. Vorzeichendefinition von e und β

3.3.1 Position 113

Die Tabellen 2 und 3 zeigen geschossweise die Schnittgrößen und zugehörigen Exzentrizitäten für Position 113 in EWK 1 und den Fall, dass äußere Einwirkung und Zentrierkraft in dieselbe Richtung wirken. Dabei werden folgende Eingangswerte berücksichtigt.

Wanddicke	t = 24 cm
Lichte Wandhöhe	h = 2,65 m
Wandlänge	ℓ = 1,95 m
Deckendicke	d = 20 cm
Lasteinzugsfläche	Â = 16,4 m²
Wandeigengewicht	N_{Gk} = 27 kN (Kalksandstein)
	N_{Gk} = 21 kN (Poroton)

Tabelle 2. Schnittgrößen und Exzentrizitäten Position 113 (EWK 1), Variante Poroton Mauerziegel

i	N_{De} [kN]	e_o [m]	$H_{De} + \Sigma H_{w,i}$ [kN]	$H_{w,i}$ [kN]	N_u [kN]	e_u [m]	β [°]
7	189	0,90	67,2	2,1	210	−0,10	70
6	198	0,38	70,0	2,8	429	−0,10	71
5	198	0,21	72,4	2,5	648	−0,11	70
4	198	0,12	74,9	2,5	867	−0,13	69
3	198	0,06	77,4	2,5	1085	−0,14	69
2	198	0,02	79,3	2,0	1304	−0,15	68
1	198	−0,02	81,3	2,0	1523	−0,17	68

Tabelle 3. Schnittgrößen und Exzentrizitäten Position 113 (EWK 1), Variante Kalksandstein

i	N_{De} [kN]	e_o [m]	$H_{De} + \Sigma H_{w,i}$ [kN]	$H_{w,i}$ [kN]	N_u [kN]	e_u [m]	β [°]
7	189	0,92	67,2	2,1	216	−0,08	73
6	198	0,40	70,0	2,8	441	−0,08	73
5	198	0,23	72,4	2,5	666	−0,09	72
4	198	0,14	74,9	2,5	891	−0,10	72
3	198	0,08	77,4	2,5	1115	−0,12	71
2	198	0,04	79,3	2,0	1340	−0,13	71
1	198	0,01	81,3	2,0	1565	−0,14	70

Tabelle 4. Nachweise in der maßgebenden Einwirkungskombination (EWK) für Position 113

Nachweis	Variante	EWK	Ausnutzung
Querkrafttragfähigkeit	KS-XL	1	0,38
	HLz	1	0,38
Biegedruck einachsig	KS-XL	1	0,46[1)]
	HLz	1	0,58

1) Bei acht Geschossen wird eine Ausnutzung von 0,52 erreicht.

Da die als Flachdach ausgeführte Dachdecke vom Aufbau der restlichen Geschossdecken abweicht, ergeben sich unterschiedliche Exzentrizitäten für die Auflagerkraft des Dachgeschosses und der Regelgeschosse.
Am Wandfuß wird der Nachweis der Querkrafttragfähigkeit geführt mit V_{Ed} = 81,3 kN.
Mit der Ausmitte am Wandfuß des Erdgeschosses ergibt sich der Bemessungswert der Querkrafttragfähigkeit. In Tabelle 4 sind die exemplarischen Nachweise für die Wandscheibe Pos. 113 zusammengefasst.

3.3.2 Position 108

Analog zur Position 113 werden die Schnittgrößen über die Geschosse mit folgenden Eingangswerten berechnet. Als zusätzliche horizontale Einwirkung werden die horizontalen Kräfte H_{De} von Scheibe 113 angesetzt, die nötig sind, um die Gleichgewichtsbedingungen zu erfüllen (Abschnitt 2.4). Da die Zentrierlasten an Scheibe 113 unabhängig von der horizontalen Einwirkung auftreten, tritt für Scheibe 108 der ungünstigere Fall dann ein, wenn die beiden horizontalen Kräfte in entgegengesetzte Richtungen wirken (Tabellen 5 und 6).

Wanddicke $\quad t = 24$ cm
Lichte Wandhöhe $\quad h = 2{,}65$ m
Wandlänge $\quad \ell = 5{,}375$ m
Deckendicke $\quad d = 20$ cm
Lasteinzugsfläche $\quad \hat{A} = 28{,}9$ m²
Wandeigengewicht $\quad N_{Gk} = 74$ kN (Kalksandstein)
$\quad N_{Gk} = 57$ kN (Poroton)

Mit den Ausmitten am Wandfuß können die Bemessungswerte der Tragwiderstände N_{Rd} und V_{Rd} berechnet werden.
In Tabelle 7 sind die exemplarischen Nachweise für die stützende Wandscheibe Pos. 108 zusammengefasst.

Tabelle 5. Schnittgrößen und Exzentrizitäten Position 108 (EWK 1), Variante Poroton Mauerziegel

i	N_{De} [kN]	e_o [m]	$H_{De} - \Sigma H_{w,i}$ [kN]	$H_{w,i}$ [kN]	N_u [kN]	e_u [m]	β [°]
7	333	−1,59	37,7	27,5	410	−1,01	84
6	349	−1,27	5,0	32,7	836	−1,14	89
5	349	−1,26	−27,7	32,7	1263	−1,25	−85
4	349	−1,32	−60,4	32,7	1689	−1,36	−80
3	349	−1,40	−93,1	32,7	2115	−1,47	−75
2	349	−1,49	−119,7	26,6	2542	−1,57	−71
1	349	−1,57	−146,3	26,6	2968	−1,67	−67

Tabelle 6. Schnittgrößen und Exzentrizitäten Position 108 (EWK 1), Variante Kalksandstein

i	N_{De} [kN]	e_o [m]	$H_{De} - \Sigma H_{w,i}$ [kN]	$H_{w,i}$ [kN]	N_u [kN]	e_u [m]	β [°]
7	333	−1,59	37,7	27,5	432	−0,96	85
6	349	−1,23	5,0	32,7	881	−1,08	89
5	349	−1,22	−27,7	32,7	1330	−1,19	−86
4	349	−1,27	−60,4	32,7	1778	−1,29	−82
3	349	−1,34	−93,1	32,7	2227	−1,40	−78
2	349	−1,42	−119,7	26,6	2675	−1,50	−75
1	349	−1,50	−146,3	26,6	3124	−1,59	−72

Tabelle 7. Nachweise in der maßgebenden Einwirkungskombination (EWK) für Position 108

Nachweis	Variante	EWK	Ausnutzung
Querkrafttragfähigkeit	KS-XL	2	0,48
	HLz	2	0,54
Biegedruck einachsig	KS-XL	1	0,69[1]
	HLz	1	0,91

[1] Bei acht Geschossen wird eine Ausnutzung von 0,91 erreicht.

3.4 Bewertung der Ergebnisse

Der Nachweis für Biegedruck um die starke Achse wird für beide Wandpositionen maßgebend. Um weitere Reserven nutzbar zu machen, könnte beispielsweise eine höhere Steindruckfestigkeitsklasse für die Schubwände gewählt oder die Wandstärke in den unteren Geschossen erhöht werden. Zudem wurde von der Möglichkeit, die Nutzlast in den unteren Geschossen abzumindern, kein Gebrauch gemacht.

4 Modellbildung mit finiten Elementen

Es ist eine fast schon triviale Tatsache, dass Mauerwerk aufgrund der vorgegebenen Fugenstruktur nur sehr geringe Zugkräfte aufnehmen kann, die bei der Berechnung in der Regel nicht angesetzt werden. Im Gegensatz zu Stahlbetonbauten, in denen die Geschossdecken monolithisch, d. h. zugfest, mit Stützen, Wänden und Gründung verbunden sind, müssen bei der computergestützten Berechnung von Mauerwerksbauten gesonderte Überlegungen angestellt werden (Bild 15).
Neben der physikalischen Nichtlinearität im Material Mauerwerk selbst, treten auch strukturelle nichtli-

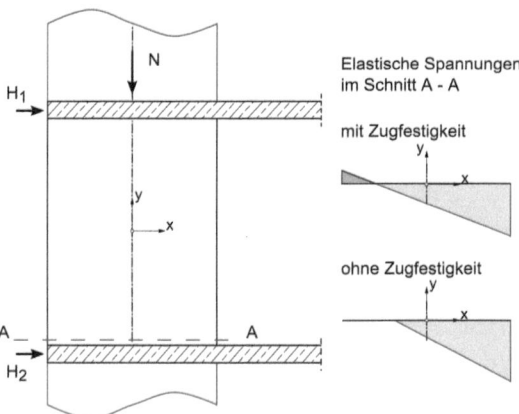

Bild 15. Elastische Spannungen für Wandscheibe mit und ohne Zugfestigkeit

neare Effekte durch die fehlende Zugkraftübertragung zwischen den Wand- und Deckenscheiben auf, die eine iterative FE-Berechnung erforderlich machen. Das für die Handrechnung an sich einfach zu berücksichtigende Problem der klaffenden Fuge stellt für FE-Programme eine gewisse Herausforderung dar.

Die Anwendung der Methode der finiten Elemente ist mittlerweile zum festen Bestandteil des Ingenieuralltags geworden. Mit ihr können Systeme, welche hinsichtlich der Geometrie, des Materialverhaltens und der Lagerungsbedingungen für einfache Handrechnungen zu komplex wären oder für die sich keine adäquaten „Ersatzsysteme" finden lassen, schnell und effektiv berechnet werden.

Während in den Anfangszeiten der Computerstatik ganz im Sinne der Positionsstatik nur einzelne Teilsysteme, wie Stahlbetondecken oder elastisch gebettete Gründungen mit einem entsprechenden Rechenprogramm berechnet wurden, werden Tragwerke heutzutage vermehrt als Gesamtsystem mithilfe von räumlichen FE-Modellen abgebildet. Oft treten dadurch Überlegungen zum Lastfluss und zur Lastweiterleitung in den Hintergrund.

Für eine realitätsnahe Modellbildung sind Vorüberlegungen zum Lastfluss und dem Materialverhalten unter verschiedenen Beanspruchungen jedoch unabdingbar. Deshalb sollen in diesem Abschnitt einige Möglichkeiten zur realitätsnahen Modellbildung von räumlichen Tragstrukturen mit Mauerwerkswänden aufgezeigt werden.

Für die Modellierung wird beispielhaft das Programm RFEM [16] der Firma Dlubal verwendet.

4.1 Geometriedefinition und Diskretisierung

Die grundlegende Frage, die am Anfang aller Vorüberlegungen zur Modellierung stehen sollte, ist die Umsetzung einer möglichst realitätsnahen Abbildung der Struktur mit den verfügbaren Mitteln. Bauwerke aus tragendem Mauerwerk sind üblicherweise komplexe, dreidimensionale Strukturen, in denen Wand- und Deckenscheiben als ebene Flächentragwerke beim Lastabtrag zusammenwirken. Für flächige Tragelemente können Platten-, Scheiben- oder Schalenelemente verwendet werden.

Um den Modellierungs- und Rechenaufwand möglichst gering zu halten, werden ausschließlich linearelastische Materialgesetze für isotrope Werkstoffe verwendet. Von der Möglichkeit, die elastische Anisotropie des Mauerwerks zu berücksichtigen, wurde kein Gebrauch gemacht.

Die Methode der Finiten Elemente (FEM) liefert Näherungslösungen, deren Güte entscheidend von der Anzahl bzw. Größe der verwendeten Elemente abhängt. Für die Modellierung werden vierknotige ebene Schalenelemente nach der Reissner/Mindlin-Theorie verwendet, da auch Belastungen senkrecht zur Wandebene, beispielsweise infolge Winddrucks, auftreten können. Die Elemente besitzen 6 Freiheitsgrade und übertragen sowohl Biegemomente als auch Membrankräfte. Als Richtwert für die maximale Seitenlänge der einzelnen Elemente wurden 200 mm gewählt. Das entspricht der Dicke der Stahlbetondecke (vgl. [17] und [18]).

4.2 Modellierung von Wandscheiben ohne Zugfestigkeit

Die geringe bzw. fehlende Zugfestigkeit des Mauerwerks senkrecht zu den Lagerfugen kann auf unterschiedliche Art und Weise berücksichtigt werden.

Zum einen kann die strukturelle Nichtlinearität auf ein Kontaktproblem zurückgeführt werden. Bei einem Kontaktproblem berühren sich zwei Körper entlang einer Kontaktfläche, in der nur Druckspannungen und Reibung übertragen werden können (Bild 16a).

Entsprechende Kontaktelemente sind in den in der Ingenieurpraxis genutzten Rechenprogrammen verfügbar. Bei einer sehr genauen Modellierung würde man diese Elemente in jeder Lagerfuge „einbauen". Im folgenden Abschnitt wird gezeigt, dass ausreichend genaue Ergebnisse auch dann erzielt werden, wenn die Kontaktelemente nur jeweils im Übergang zwischen Wandscheibe und Stahlbetondecke bzw. -gründung angeordnet werden.

Eine zweite Möglichkeit besteht darin, die fehlende Zugfestigkeit des Mauerwerks als anisotrope Materialeigenschaft zu berücksichtigen (Bild 16b). Allerdings steht diese – hinsichtlich des Modellierungsaufwands bequeme – Methode nur bei wenigen Rechenprogrammen zur Verfügung.

Bild 18 illustriert die unterschiedlichen Vorgehensweisen am Beispiel des Auflagerbereichs aus Bild 17.

4.2.1 Kontaktelemente ohne Zugfestigkeit

Durch die Verwendung von ebenen Schalenelementen, die durch ihre Mittelebene repräsentiert werden, ist die Kontaktfläche zwischen Decke und Wand als Linie definiert. Entlang dieser Linie werden an den Decken- und Wandscheiben Knoten eingefügt. Zwischen diesen Knoten werden je Knoten zwei Stäbe angebracht, die die Kontaktbedingungen abbilden und deren Länge der halben Deckenstärke entspricht.

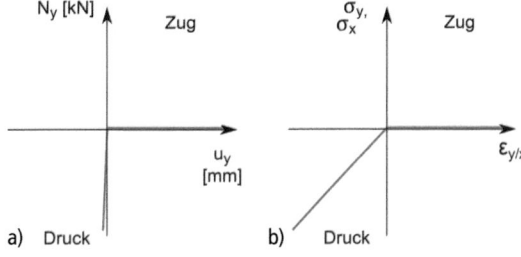

Bild 16. Nichtlineare Kraft-Verformungsbeziehungen; a) Kontaktelemente mit Zugausfall, b) zugfreie Schalenelemente

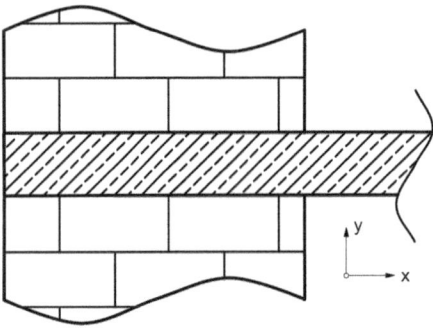

Bild 17. Auflagerbereich im Mauerwerksbau

Diese Kontaktstäbe fallen beim Auftreten von Zugkräften aus (Bild 18a). RFEM bietet die Möglichkeit, nichtlineare Eigenschaften, wie den Ausfall bei Zug, direkt bei der Definition des „Stabtyps" festzulegen. Aber auch mit anderen Programmen könnten solche Stäbe durch einfache Federelemente und Vorgabe einer Kraft-Verformungsbeziehung erzeugt werden (Bild 16a).

Die biegesteife Verbindung der Stäbe mit der Geschossdecke sichert die Schubkraftübertragung von den Decken- in die Wandscheiben. Der Anschluss an die Wandscheiben erfolgt mit Momentengelenken, um eine normalkraftbasierte Lasteinleitung gewährleisten zu können. Da die Stäbe einzig dazu dienen, den Verformungsmechanismus bzw. die Kontaktbedingungen abzubilden, erfolgte die Eingabe in RFEM durch sehr steife Kopplungsstäbe („Starrstab").

Der Zugausfall ist reversibel. Das heißt, wenn innerhalb einer Iterationsschleife negative Verformungen auftreten, dann werden am Knoten wieder Druckkräfte übertragen.

Durch die Festlegung einer maximalen Anzahl an Reaktivierungen kann eine Endlosschleife bei der Iteration unterbunden werden. Das Stabelement wird nach Erreichen dieser Schranke endgültig entfernt.

4.2.2 Zugfreie Schalenelemente

Von Schalenelementen werden sowohl Momente als auch Membrankräfte übertragen. Wenn für diese Elemente ein anisotropes Materialgesetz ohne Zugfestigkeit definiert wird, so wird bei der Berechnung in mehreren Iterationen untersucht, welche Elemente wegen des Ausfallkriteriums spannungslos werden. RFEM setzt bei der Berechnung aus Gründen der numerischen Stabilität bei Zugversagen einen Wert für die Zugfestigkeit von 10^{-11} N/mm^2 an. Minimale Zugspannungen sind daher nicht ganz auszuschließen.

Als zweite Variante wird die Nichtlinearität durch die Wahl von zugfreien Schalenelementen abgebildet (Bild 18b). Bei Zug erfolgt ein Ausfall der betroffenen Flächenelemente. Bei der Berechnung wird dann in mehreren Iterationen untersucht, welche finiten Elemente wegen des Ausfallkriteriums spannungslos werden.

5 Vergleich der Modellierungsvarianten

Um die beiden unterschiedlichen Modellierungsmethoden hinsichtlich ihrer Vor- und Nachteile zu bewerten, wurde ein viergeschossiges Referenzgebäude mit Wänden aus Ziegelmauerwerk genauer untersucht.

Für den Vergleich der Berechnungsergebnisse wurde die Innenwand beim Treppenhaus gewählt, da diese sowohl hohe – in Scheibenrichtung exzentrische – vertikale als auch horizontale Lasten abtragen muss (Bild 19). Spannungen und Schnittgrößen wurden als charakteristische Größen für die in Bild 19 dargestellten Einwirkungen ermittelt und die Windlast w_k auf Höhe der Geschossdecken angesetzt.

Tabelle 8 dokumentiert die Bauteildicken und die elastischen Kennwerte für Decken und Wände.

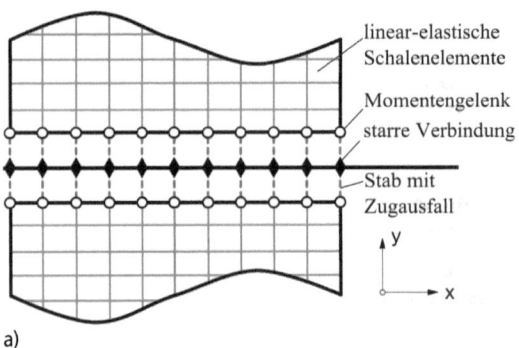
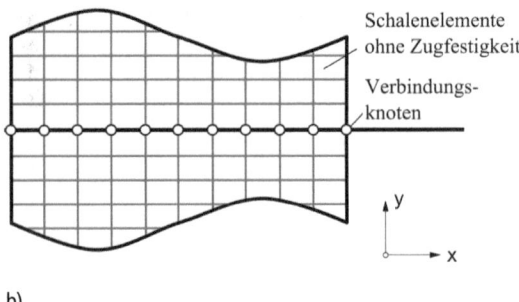

Bild 18. Modellierungsvarianten; a) zugfreie Kontaktstäbe, b) zugfreie Schalenelemente

Tabelle 8. Elastische Kennwerte für Decken und Wände

	E-Modul E [N/mm²]	Schubmodul G [N/mm²]	Poisson'sche Zahl υ
Stahlbetondecken C25/30 (d = 200 mm)	31000	12917	0,2
Außenwände S10-P 10-0,75-(d = 365 mm) Dünnbettmörtel	3960	1800	0,1
Innenwände HLz 20-1,4-(d = 240 mm) Dünnbettmörtel	6930	3150	0,1

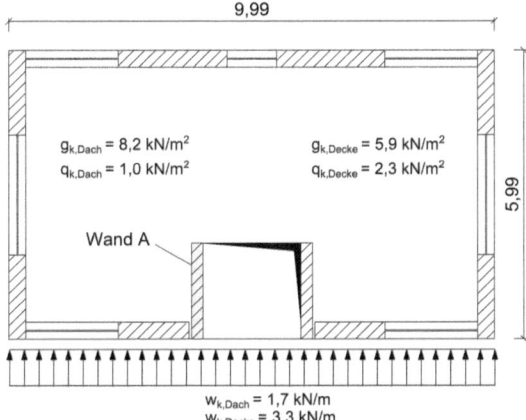

Bild 19. Grundriss des Referenzgebäudes mit charakteristischen Einwirkungen

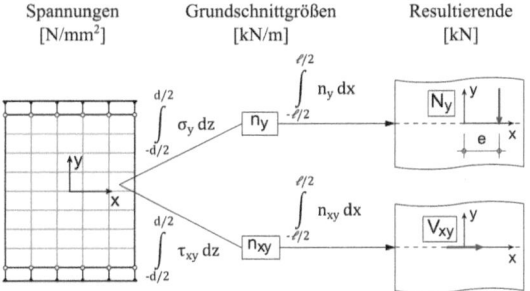

Bild 20. Auswertung der Ergebnisse

Tabelle 9. Vergleich von Lage und Betrag der Resultierenden für die Wand A und den Lastfall Eigengewicht und Wind in positive x-Richtung

		$N_{y,o}$ [kN]	$e_{z,o}$ [m]	$N_{y,u}$ [kN]	$e_{z,u}$ [m]	V_{xy} [kN]
3. OG	Kontaktstäbe	−90	0,69	−110	0,03	−23,3
	Zugfreie Schalenelemente	−79	0,73	−95	−0,08	−22,8
2. OG	Kontaktstäbe	−166	0,20	−187	0,10	−6,5
	Zugfreie Schalenelemente	−137	0,14	−154	0,01	−6,7
1. OG	Kontaktstäbe	−248	0,19	−270	0,20	−3,6
	Zugfreie Schalenelemente	−205	0,13	−221	0,11	−0,3
EG	Kontaktstäbe	−335	0,27	−354	0,34	11,1
	Zugfreie Schalenelemente	−277	0,18	−294	0,27	10,3

5.1 Rechenverfahren

Für die Lösung des nichtlinearen Gleichungssystems kommt ein Sekantenverfahren zur Anwendung. Dabei wird die tangentiale Steifigkeitsmatrix durch einen Sekantenansatz approximiert (Quasi-Newton-Methode) [19]. Die Lasten wurden in fünf Laststufen aufgebracht, wobei die maximale Anzahl der Iterationen auf 100 begrenzt wurde.

5.2 Auswertung der Ergebnisse

Die beiden wichtigsten Kriterien zum Vergleich der beiden Modellierungsvarianten sind zum einen der Verlauf der vertikalen Spannungen und zum anderen

die daraus abzuleitende Resultierende und deren Lage. RFEM ermittelt in einem ersten Schritt durch Integration der Spannungen über die Flächendicke die längenbezogenen Schnittgrößen n_x, n_y, n_{xy} unter Bezug auf das lokale Koordinatensystem der Flächen (s. Bild 20). Für eine spätere Bemessung sind vor allem die Schnittgrößenverläufe der Normalkraft n_y in Richtung der lokalen y-Achse und der Schubfluss n_{xy} von Relevanz. Durch ein zweites Integrieren der längenbezogenen Schnittgrößen über die Wandlänge können N_y bzw. V_{xy} und deren Lage ermittelt werden. Dabei ist die Ausmitte e mit der lokalen x-Achse positiv definiert und die Normalkraft N_y mit negativem Vorzeichen versehen, sofern sie entgegen der positiven y-Achse als Druckkraft wirkt (Tabelle 9).
Wenn die Größe und die Lage der resultierenden Schnittkräfte bekannt sind, dann können alle erforderlichen Nachweise der Tragsicherheit nach den einschlägigen normativen Regeln geführt werden.
In Bild 21 sind die Verläufe der bezogenen Normalkraft in y-Richtung der unterschiedlichen Modellierungsvarianten am Wandkopf vergleichend gegenübergestellt.
Tabelle 9 und Bild 21 dokumentieren die wichtigsten Berechnungsergebnisse für die Wand A im Vergleich.

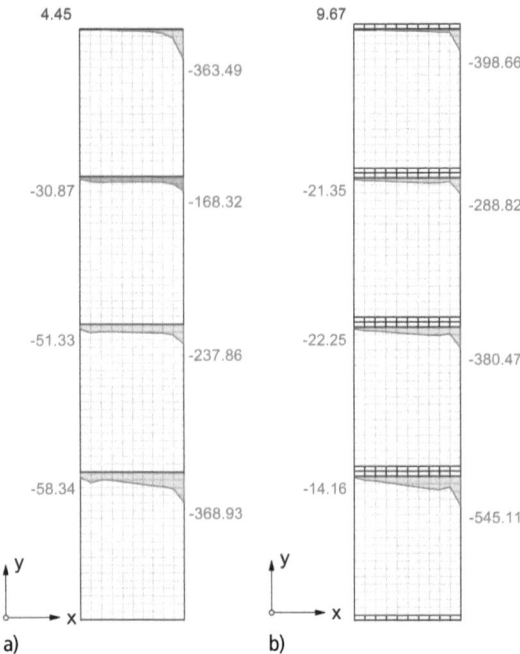

Bild 21. Normalkraftverläufe n_y [kN/m] der Wand A im Schnitt unterhalb der Geschossdecken (Wandkopf) für den Lastfall Eigengewicht und Wind in positive x-Richtung berechnet mit a) zugfreien Kontaktstäben und b) zugfreien Schalenelementen

Sowohl die resultierende Größe als auch der längenbezogene Verlauf der Normalkraftunterschiede sind erkennbar. Mit zugfreien Schalenelementen ergibt sich gegenüber dem Modell mit Kontaktstäben eine knapp 20 % geringere Normalkraft. Dies lässt sich dadurch erklären, dass bei zugfreien Schalenelementen die Steifigkeit der Wand über die gesamte Wandhöhe reduziert wird, was zu einer Lastumlagerung im Gesamttragwerk führt, während sich die Steifigkeitsreduktion bei Kontaktelementen auf die Fuge zwischen Decke und Wand beschränkt.

Interessanterweise wirkt sich dieses Phänomen nicht auf den Querkraftverlauf aus. Allerdings erstaunt hier, dass die größten Werte im 3. OG und nicht – wie vielleicht erwartet – im Bereich des EG auftreten. Dies ist kein Rechenfehler, sondern eine Bestätigung des in Abschnitt 2 beschriebenen Phänomens der Kraftzentrierung für vertikale Einwirkungen. Darauf wird im folgenden Abschnitt nochmals eingegangen.

Die vergleichsweise hohen Spannungsspitzen bei der Variante mit Kontaktstäben ist auf numerische Ansätze bei der elementbezogenen Spannungsermittlung zurückzuführen. Die Berechnung sollte deshalb immer auf der Grundlage der aus der Spannungsintegration ermittelten Schnittgrößen erfolgen. Ein Vergleich von Spannungsspitzen mit Festigkeiten macht keinen Sinn. Ein weiteres wichtiges Kriterium, um unterschiedliche Modellierungsvarianten zu vergleichen, ist die Berech-

nungszeit und eng damit verknüpft das Konvergenzverhalten der Näherungslösung. Während die Variante mit zugfreien Elementen in allen fünf Laststufen jeweils 11 Iterationen benötigt, konvergiert das Modell mit den Kontaktstäben in allen Laststufen erheblich schneller. Bei der Modellierung mit Kontaktstäben tritt eine etwas größere maximale Horizontalverschiebung der Struktur auf. Die entsprechenden Werte beziehen sich auf die äußeren Knoten der Dachdecke.

6 Vergleich der Berechnungsmethoden

6.1 Strukturmodell

Auf Basis der Modellierungsmethode mit Kontaktelementen wurde das viergeschossige Gebäude als räumliche Struktur modelliert (Bild 23).
Bild 22 zeigt die einzelnen Wandpositionen mit ihren zugehörigen Lasteinzugsflächen. Für die relevanten Positionen wurde die Lage der Resultierenden im Flächenschwerpunkt eingestrichelt.
Die Werte für die Verformungseigenschaften von Mauerwerk, wie E-Modul, Schubmodul etc., wurden nach EC 6 [11] berechnet und bilden die Grundlage für eine verschmierte Betrachtung des eigentlichen Verbundwerkstoffs (Makromodellierung). Analog wurden für den Stahlbeton die elastischen Materialkennwerte nach DIN EN 1992-1-1 (EC 2) [13] verwendet.
Der Abtrag der vertikalen Lasten erfolgt über die Dach- bzw. Geschossdecken auf die Wände und von dort über alle Geschosse direkt und ohne Abfangungen zu den Fundamenten und in den Baugrund. Es wurde ein starrer Gründungskörper angenommen und die Bodenplatte des EG wurde vollflächig aufgelagert.
An vertikalen Kontaktflächen wurden die senkrecht zueinander stehenden Innenwände und Außenwände entkoppelt, sodass keine Kraftübertragung stattfindet. Das heißt, alle Wandquerschnitte sind recht-

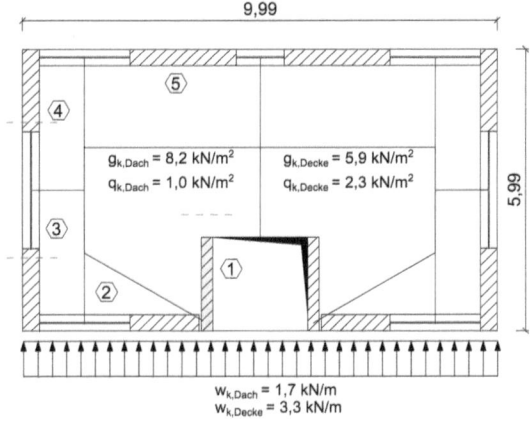

Bild 22. Grundriss mit Lasteinzugsflächen und charakteristischen Einwirkungen

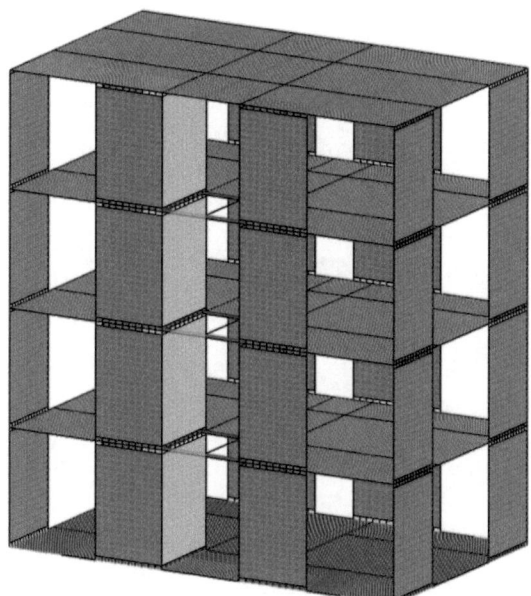

Bild 23. Isometrie des Strukturmodells mit Wandposition 1 (hellgrau)

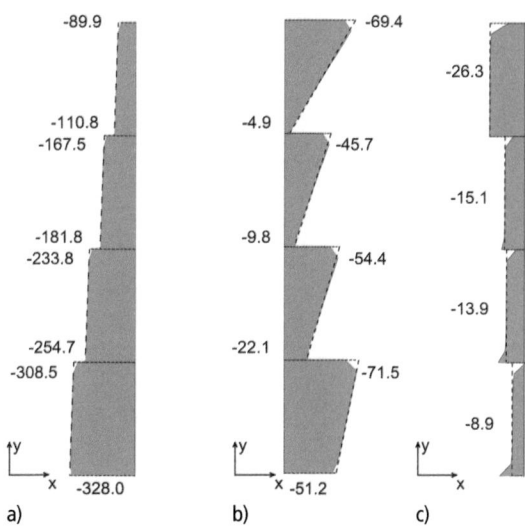

Bild 24. Schnittgrößen aus dem Lastfall Eigengewicht für Pos. 1; a) Normalkraft N_y [kN], b) Biegemoment M_z [kNm], c) Querkraft V_{xy} [kN]

eckig. Fenster- und Türöffnungen werden als über die Geschosshöhe durchgehend angenommen. Auf Sturzübermauerungen bzw. Brüstungen wurde im Sinne eines zeitgemäßen Entwurfs verzichtet.
Da die wesentliche Tragwirkung der aussteifenden Bauteile in Scheibenebene erfolgt, werden die horizontalen Lasten aus Wind als Linienlasten direkt in die Deckenscheiben eingeleitet.
Im Vergleich dazu wurde die in den Abschnitten 2 und 3 auf der Grundlage von Stabwerksmodellen entwickelte und vorgestellte Methode angewandt. Die folgenden beiden Abschnitte dokumentieren die Berechnungsergebnisse im direkten Vergleich.

6.2 Vertikale Einwirkungen

Das Programm Dlubal RFEM bietet die Möglichkeit, Stabschnittgrößen direkt aus den Flächenelementen zu berechnen. Diese Vorgehensweise wurde bereits in Abschnitt 5 beschrieben.
Allerdings ergeben sich in den Bereichen unmittelbar ober- und unterhalb des Deckenauflagers Werte, die offensichtlich nicht plausibel sind. Für den Vergleich mit der Methode der Kraftzentrierung wurden die numerischen Schnittgrößenverläufe daher im Deckenbereich korrigiert. Dabei wurde folgendermaßen vorgegangen.
Die stimmigen Verläufe der Schnittgrößen im mittleren Wandbereich werden für die Normalkraft N_y und das Biegemoment M_z linear in den Auflagerbereich extrapoliert. Für die Querkraft V_{xy} ergibt sich mit diesem Vorgehen ein über die Geschosshöhe konstanter Verlauf.

Bild 24 zeigt die angepassten Stabschnittgrößen aus dem Lastfall Eigengewicht für Position 1.
Obwohl im Lastfall Eigengewicht eine reine vertikale Beanspruchung vorliegt, treten offensichtlich auch horizontale Kräfte auf, was durch den Querkraftverlauf anschaulich belegt wird (Bild 24c). Dies ist eine Bestätigung für die Annahme, dass es eine günstige Wechselwirkung der Wandscheiben untereinander gibt.
Zur Erfüllung der Gleichgewichtsbedingungen müssen die auf die Pos. 1 wirkenden Zentrierkräfte von einer benachbarten Wandscheibe aufgenommen werden. Im Fall von Pos. 1 übernimmt dies die Wandscheibe Pos. 4 (Bild 22).
Zur ersten Überprüfung der Plausibilität der Ergebnisse kann die Normalkraft im 3. OG herangezogen werden. Diese wurde für das Stabwerkmodell aus den Lasteinzugsflächen (Bild 24a) ermittelt. Die Abweichung vom Ergebnis der FE-Berechnung beträgt rund 10 %.
Bild 25 zeigt, wie sich die Querkräfte von Pos. 1 und Pos. 4 im FE-Modell „kurzschließen" und bestätigt damit eine grundlegende für die Stabwerksmodellierung getroffene Annahme. Die Differenz aus Pos. 1 und Pos. 4 wird durch sehr kleine Querkräfte in den übrigen Wandscheiben aufgenommen. Durch die über die Geschosse abnehmende Querkraft ergeben sich für beide Wandscheiben günstige, d. h. geringe, Ausmitten am Wandfuß des Erdgeschosses.
In Tabelle 10 sind die Ergebnisse für den Lastfall Eigengewicht gegenübergestellt. Für das Stabwerkmodell wurde die stützende Horizontalkraft so gewählt, dass sie von der „Partnerwand" Pos. 4 ohne Probleme aufgenommen werden kann.

Tabelle 10. Vergleich der Ergebnisse Stabwerkmodell und FE-Modell für den Lastfall Eigengewicht

		$N_{y,o}$ [kN]	$e_{z,o}$ [m]	V_{xy} [kN]	$N_{y,u}$ [kN]	$e_{z,u}$ [m]	β [°]
3. OG	FE	−90	0,77	−26,3	−111	0,04	74
	Stabwerk	−100	0,94	−8,0	−118	0,60	85
2. OG	FE	−168	0,28	−15,1	−182	0,05	73
	Stabwerk	−190	0,73	−8,0	−209	0,56	84
1. OG	FE	−234	0,23	−13,9	−255	0,09	75
	Stabwerk	−281	0,66	−8,0	−299	0,55	84
EG	FE	−309	0,23	−8,9	−328	0,15	81
	Stabwerk	−371	0,63	−8,0	−389	0,54	84

Tabelle 11. Vergleich der Ergebnisse Stabwerkmodell und FE-Modell für die Lastkombination Eigengewicht und Wind

		$N_{y,o}$ [kN]	$e_{z,o}$ [m]	V_{xy} [kN]	$N_{y,u}$ [kN]	$e_{z,u}$ [m]	β [°]
3. OG	FE	−90	0,65	−22,8	−110	0,01	76
	Stabwerk	−100	0,94	−3,7	−118	0,50	88
2. OG	FE	−168	0,15	−2,1	−189	0,12	87
	Stabwerk	−190	0,67	4,8	−209	0,45	−86
1. OG	FE	−255	0,18	8,3	−277	0,25	−83
	Stabwerk	−281	0,58	13,3	−299	0,51	−79
EG	FE	−348	0,28	22,4	−368	0,43	−73
	Stabwerk	−371	0,60	21,8	−389	0,60	−73

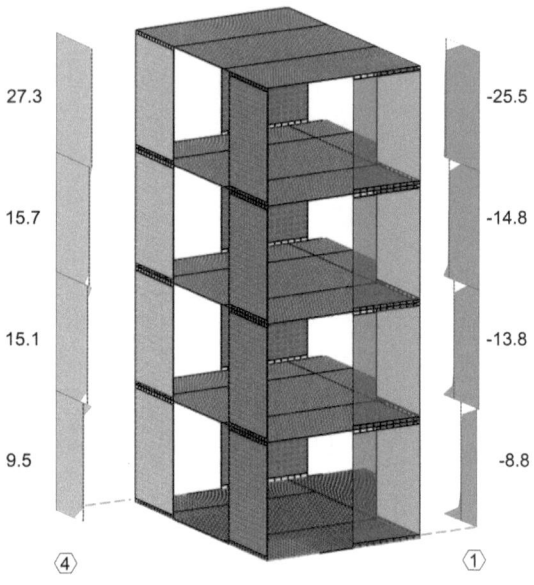

Bild 25. Wechselwirkung der Querkräfte [kN] zwischen Pos. 1 und Pos. 4

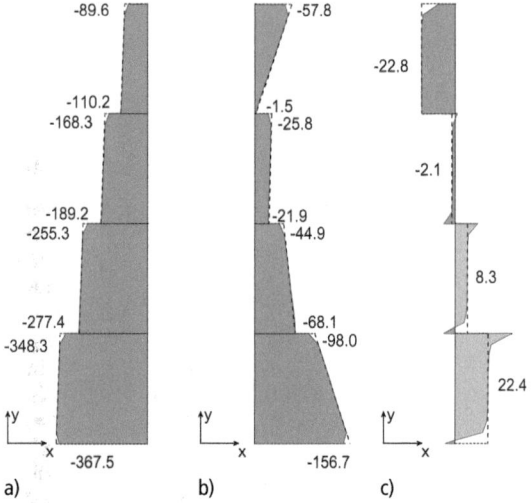

Bild 26. Schnittgrößen für die Lastkombination Eigengewicht und Wind; a) Normalkraft N_y [kN], b) Biegemoment M_z [kNm], c) Querkraft V_{xy} [kN]

6.3 Vertikale und horizontale Einwirkungen

Die in Bild 26 dargestellten, korrigierten Schnittgrößen (vgl. Abschnitt 6.2) zeigen, dass der Verlauf sehr stark vom häufig angewendeten Kragarmmodell abweicht. Mit einer realitätsnahen Modellierung kann gezeigt werden, dass sich aufgrund stützender Horizontalkräfte wesentlich geringere Exzentrizitäten einstellen.

Die Methode der Kraftzentrierung erfasst das sich einstellende Kräftespiel ähnlich gut, wie eine FE-Berechnung. Im vorliegenden Fall war für die Festlegung der maximal aktivierbaren Stützkraft die Tragfähigkeit der Wandscheibe Pos. 4 maßgebend.

In Tabelle 11 werden die Lage und die Neigung der resultierenden Druckstreben aus der FE-Berechnung und dem Stabwerkmodell mit Lastzentrierung für den Fall gegenübergestellt, dass Wind und Zentrierkraft in entgegensetzte Richtung zeigen. Die Exzentrizität der Resultierenden am Wandfuß des EG fällt beim Stabwerkmodell deutlich größer aus als im FE-Modell. Die Methode liefert in diesem Fall bei nahezu gleichen Druckstrebenneigungen somit konservative Ergebnisse.

7 Zusammenfassung und Ausblick

Der vorgestellte Vergleich von zwei unterschiedlichen Berechnungsmethoden zeigt, dass bei geeigneter Modellbildung und Lastverteilung eine günstige Wechselwirkung zwischen den einzelnen Scheiben einer Aussteifungskonstruktion aus Mauerwerkswänden nachgewiesen werden kann. Selbst stark ausmittige Deckenauflagerkräfte können unter Annahme des plastischen Spannungsblocks und Ansatz einer horizontalen Haltekraft zentriert werden. Als zusätzliche Beanspruchung der Decken treten ausschließlich Normalkräfte in der Scheibenebene und keine Biegemomente auf. Diese sind gering und können in den allermeisten Fällen ohne weitere Maßnahmen aufgenommen werden. Die erforderliche horizontale Haltekraft kann beim Nachweis der „stützenden" Wandscheibe auf einfache Art und Weise berücksichtigt werden. Dabei werden auch Horizontallasten erfasst, welche aus dem Zusammenwirken von Wand- und Deckenscheiben unter reiner vertikaler Beanspruchung entstehen.

Die Betrachtung der „kritischen" Positionen zeigt, dass moderne, offene Grundrisse auch bei sieben oder acht Geschossen mit Mauerwerk realisiert werden können. Mit der vorgestellten Methode können somit selbst Häuser an der Hochhausgrenze einfach nachgewiesen werden. Das auf Stabwerksmodellen basierende Verfahren ist einfach und transparent und kann mithilfe von CAD- und Tabellenkalkulationsprogrammen auch sehr effizient eingesetzt werden.

Eine gewisse Unsicherheit besteht noch bei der Definition des maximalen Neigungswinkels der Druckstrebe β_{Gr}. Welcher maximale Neigungswinkel β_{Gr} der geneigten Druckstrebe möglich ist, muss in weiterführenden Untersuchungen geklärt werden. Um verlässliche Aussagen über den Neigungswinkel treffen zu können, werden sowohl numerische Studien als auch experimentelle Untersuchungen notwendig sein.

Die für den Mauerwerksbau angepasste Anwendung eines kommerziellen FE-Programms zeigte, dass die Spannungsverteilungen für keine der untersuchten Modellierungsvarianten gänzlich frei von Zugkräften waren. Das mauerwerksspezifische Phänomen der klaffenden Lagerfuge konnte allerdings in beiden Modellierungsvarianten gut abgebildet werden. Dadurch können die rechnerischen Auflagerpunkte der Decke auf den Wandscheiben mit den zugehörigen Exzentrizitäten am Wandkopf und -fuß zuverlässig bestimmt werden. Unter Einbezug des Konvergenzverlaufs lässt sich sagen, dass die Variante mit Kontaktstäben aufgrund der geringeren Anzahl an Iterationen die bessere Modellierungsvariante darstellt. Ein Vorteil dieser Variante ist zudem die gute Verfügbarkeit der erforderlichen Kontakt- bzw. Stabelemente in den in der Praxis angewandten FE-Programmen.

Das Auftreten von Zentrierkräften, wie sie bei der Handrechenmethode angenommen werden, konnte durch die FE-Berechnungen bestätigt werden. Diese nehmen jedoch, anders als beim ursprünglichen Stabwerkmodell angenommen, über die Geschosse ab. Der Vergleich der Druckstrebenneigung zeigt eine gute Übereinstimmung. Des Weiteren konnte gezeigt werden, dass beide Modelle eine wirklichkeitsnähere Ermittlung der Schnittgrößen in den Grenzen der Elastizitätstheorie ermöglichen und dass bei Anwendung des Kragarmmodells die Beanspruchung einzelner Wandscheiben eher überschätzt wird.

Das Stabwerkmodell mit Zentrierung liefert gegenüber der realitätsnahen FE-Modellierung konservative Ergebnisse. Ob die Methode auch für andere Konfigurationen konservative Ergebnisse liefert, kann nur durch weitere Studien an numerischen Modellen mit einer systematischen Auswertung der Ergebnisse geklärt werden. Zukünftige Forschungsvorhaben sollten sich daher unbedingt mit einer Zuverlässigkeitsanalyse befassen.

Danksagung

Die Entwicklung der vorgestellten Berechnungsmethode wurde finanziell unterstützt durch den Bundesverband Kalksandstein Industrie e. V. und die Deutsche Poroton GmbH.

8 Literatur

[1] Seim, W., Sommerlade, K. (2016) Mauerwerksbauten an der Hochhausgrenze – Teil 1: Lastabtrag mit Lasteinzugsflächen und Spannungsfeldern *Mauerwerk* **20** (2), 138–146.

[2] Sommerlade, K., Seim, W. (2016) Mauerwerksbauten an der Hochhausgrenze – Teil 2: Lastabtrag mit Lasteinzugsflächen und Spannungsfeldern *Mauerwerk* **20** (3), 243–250.

[3] Sommerlade, K., Seim, W. (2016) Aussteifungssysteme aus Mauerwerk – Teil 1: Einfache Anwendung von FE-Programmen, *Mauerwerk* **20** (4), 313–320.

[4] Sommerlade, K., Seim, W. (2016) Aussteifungssysteme im Mauerwerksbau – Teil 2: Berechnungsmodelle im Vergleich, *Mauerwerk* **20** (5), 364–368.

[5] URL (2015) http://jcandersoninc.com/jcanderson/wp-content/uploads/wp-image-slider-with-lightbox/TimeLine_hFeature_Early1900s11.jpg, zuletzt abgerufen 08.10.2015, mit freundlicher Genehmigung von JC Anderson Inc.

[6] Connery, F. D. (1913) *Revised building ordinances of the city of Chicago*, J. F. Higgins, Chicago.

[7] Muttoni, A., Schwartz, J., Thürlimann, B. (1996) *Bemessung von Betontragwerken mit Spannungsfeldern*, Birkhäuser, Basel.

[8] Ganz, H. R. (1985) *Mauerwerksscheiben unter Normalkraft und Schub*, Dissertation, ETH Zürich, Nr. 7849.

[9] SIA 266:2003 (2003) *Mauerwerk*, Schweizerischer Ingenieur und Architekten-Verein, Zürich.

[10] DIN 1045:1943-04 (1943) *Bestimmungen des Deutschen Ausschusses für Stahlbeton; A. Bestimmungen für Ausführung von Bauwerken aus Stahlbeton*, Beuth, Berlin.

[11] DIN EN 1996-1-1:2013-02 (2013) *Eurocode 6: Bemessung und Konstruktion von Mauerwerksbauten – Teil 1-1: Allgemeine Regeln für bewehrtes und unbewehrtes Mauerwerk*, Deutsche Fassung EN 1996-1-1:2005 +A1:2012, Beuth, Berlin.

[12] DIN EN 1996-1-1/NA:2012-05 (2012) *Nationaler Anhang – National festgelegte Parameter – Eurocode 6: Bemessung und Konstruktion von Mauerwerksbauten – Teil 1-1: Allgemeine Regeln für bewehrtes und unbewehrtes Mauerwerk*, Beuth, Berlin.

[13] DIN EN 1992-1-1:2011-01 (2011) *Eurocode 2: Bemessung und Konstruktion von Stahlbeton- und Spannbetontragwerken – Teil 1-1: Allgemeine Bemessungsregeln und Regeln für den Hochbau*; Deutsche Fassung EN 1992-1-1:2004 + AC:2010, Beuth, Berlin.

[14] Alfes, C., Brameshuber, W., Graubner, C.-A., Jäger, W., Seim, W. (2013) *Der Eurocode 6 für Deutschland – Kommentierte Fassung*. Hrsg.: Deutsche Gesellschaft für Mauerwerks- und Wohnungsbau e. V., Arbeitsgemeinschaft für zeitgemäßes Bauen e. V., Zentralverband Deutsches Baugewerbe, Bundesvereinigung der Prüfingenieure für Bautechnik e. V., Verband Beratender Ingenieure (VBI). Beuth sowie Ernst & Sohn, Berlin.

[15] Allgemeine bauaufsichtliche Zulassung (2015) Nr. Z-17.1-1141 vom 27.10.2015: *Mauerwerk aus Planhochlochziegeln in der Rohdichteklasse 1,4 – bezeichnet als Poroton-Planhochlochziegeln-T 20-1,4 – im Dünnbettverfahren*. Gültig bis 14.04.2020. Deutsches Institut für Bautechnik, Berlin.

[16] Ingenieur Software Dlubal GmbH (2013) *RFEM 5 – Räumliche Tragwerke nach der Finiten Elemente Methode*, Fassung Juni 2013.

[17] Werkle, H. (2008) *Finite Elemente in der Baustatik*, 3. Auflage, Vieweg, Wiesbaden.

[18] Rombach, G. (2006) *Anwendung der Finite-Elemente-Methode im Betonbau – Fehlerquellen und ihre Vermeidung*, Ernst & Sohn, Berlin.

[19] Borst, R. de et al. (2014) *Nichtlineare Finite-Elemente-Analyse von Festkörpern und Strukturen*, Wiley-VCH, Weinheim.

D   Bauphysik ▪ Brandschutz

I   Schallschutz im Mauerwerksbau   481
Heinz-Martin Fischer und Martin Schneider, Stuttgart

II Vereinfachter Nachweis des Tauwasserschutzes
nach DIN 4108-3:2018   547
Helmut Marquardt, Buxtehude

III Innendämmung eines historischen Mauerwerks
mit konventionellen und aerogelhaltigen Dämmstoffen –
Eine hygrothermische Analyse   591
Karim Ghazi Wakili und Thomas Stahl, Winterthur, Schweiz

I Schallschutz im Mauerwerksbau

Heinz-Martin Fischer und Martin Schneider, Stuttgart

1 Grundbegriffe im Schallschutz

1.1 Schall, Luftschall, Körperschall, Trittschall

Schwingungen, die im Hörbereich des Menschen liegen, werden als Schall bezeichnet. Von Körperschall wird gesprochen, wenn feste Körper schwingen, z. B. eine Maschine, oder der Schall als Schwingung in festen Körpern weitergeleitet wird, z. B. in den Wänden eines Gebäudes. Von Luftschall ist die Rede, wenn sich der Schall als Welle in der Luft ausbreitet. Neben der Hörwahrnehmung kann Schall auch unmittelbar als Vibration wahrgenommen werden. Eine spezielle Art des Körperschalls ist der Trittschall, der beim Begehen von Decken durch Personen entsteht.

1.2 Frequenz, Spektrum

Schallereignisse können Klänge oder Geräusche sein. Von einem Klang spricht man dann, wenn lauter reine Töne zusammenwirken (z. B. der Klang eines Musikinstruments). Geräusche zeichnen sich durch ein unregelmäßiges Zusammenwirken meist vieler verschiedener Töne aus (z. B. Verkehrsgeräusche, Rauschen einer Lüftungsanlage). Als wesentliche Merkmale von Tönen werden die Tonhöhe und die Lautstärke betrachtet. Die Tonhöhe wird durch die Frequenz beschrieben, die sich aus der Anzahl von Schwingungen pro Sekunde ergibt, angegeben in der Einheit Hertz (Hz) bzw. Kilohertz (kHz). Tiefe Töne haben eine niedrige Frequenz, hohe Töne eine hohe Frequenz. Um das Klangbild einer Geräuschquelle zu charakterisieren, wird ihr Frequenzspektrum angegeben. Darunter versteht man die Zusammensetzung eines Klangs oder Geräuschs aus den verschiedenen Frequenzanteilen mit der zugehörigen Signalstärke. Als Maß für die Stärke in der Akustik meistens der Schalldruckpegel (s. Abschnitt 1.3) angegeben. Frequenzspektren werden als Diagramm dargestellt, bei dem die entsprechenden Pegel über der Frequenzachse aufgetragen werden. Um diese sehr informationshaltige Darstellung zu vereinfachen, wird die Frequenzdarstellung für Frequenzbereiche einer bestimmten Breite zu sogenannten Terz- oder Oktavbändern zusammengefasst und deren Pegel als Terz- oder Oktavpegel über der Frequenz dargestellt. Der hörbare Frequenzbereich des Menschen umfasst ca. 20 Hz bis 20 kHz. In der Bauakustik werden normalerweise die Frequenzen 100 Hz bis 5000 Hz berücksichtigt. Höhere Frequenzen spielen praktisch keine Rolle, weil sie in natürlichen Geräuschen i. d. R. nur schwach vertreten sind und die Schalldämmung bei hohen Frequenzen meistens ohnehin höher als erforderlich ist. Zunehmend werden in der Bauakustik allerdings Frequenzen bis 50 Hz hinab betrachtet, da viele technische Schallquellen in diesem Frequenzbereich starke Pegelanteile enthalten, wie z. B. innerstädtischer Straßenverkehr und Flugverkehr in der Nähe von Flugplätzen, haustechnische Anlagen und Industriegeräusche, und andererseits systematische Schalldämmschwächen vieler Bauteile gerade in diesem Frequenzbereich liegen. Aus physikalischen Gründen sind allerdings mit sinkender Frequenz zunehmende Messstreuungen unvermeidlich.

1.3 Schallpegel

Schallschwingungen in Luft führen zu kleinen Luftdruckschwankungen, von deren Größe der Lautstärkeeindruck abhängt. Unser Gehör bewertet dabei logarithmisch. Das heißt, das Verhältnis der Amplituden und nicht deren Differenz bestimmt unseren Eindruck vom Lautstärkezuwachs eines Geräuschs. Als physikalische Beschreibung für die Stärke des Schalls wird deshalb der Schalldruckpegel verwendet:

$$L = 20 \cdot \lg(p/p_0) \quad [dB]$$

Dabei ist p die Amplitude des Schalldrucks und p_0 der international festgelegte Bezugswert $2 \cdot 10^{-5}$ Pa. Die Einheit dB heißt Dezibel. Meistens wird der Schalldruckpegel vereinfacht als Schallpegel bezeichnet. Als Hörereignis wahrnehmbar sind Pegel zwischen der Hörschwelle, die bei 1 kHz bei etwa 0 dB liegt und der Schmerzgrenze, die bei etwa 130 dB liegt. Gleichgroße Pegeldifferenzen werden ungefähr als gleichstarke Lautstärkeunterschiede empfunden. Als vereinfachende Näherung können 10 dB Pegelzunahme als Verdopplung der empfundenen Lautstärke bezeichnet werden. Ein Unterschied von 3 dB gilt im Schallimmissionsschutz als wesentliche Änderung. Pegelunterschiede von weniger als 1 dB sind kaum wahrnehmbar.

Der Nachteil der Pegeldarstellung liegt darin, dass physikalisch einfache Gesetze wie z. B. die Addition der Schallleistungen zweier Quellen mathematisch aufgrund der logarithmischen Rechnung eine etwas kompliziertere Form annehmen. Hier kann man sich folgende Werte merken: Erzeugen zwei Schallquellen an einem Ort jeweils für sich allein den Schalldruckpegel L, beträgt der Gesamtpegel L + 3 dB (nicht etwa

---

Mauerwerk-Kalender 2019: Bemessung, Bauwerkserhaltung, Schallschutz. Herausgegeben von Wolfram Jäger.
© 2019 Ernst & Sohn GmbH & Co. KG. Published 2019 by Ernst & Sohn GmbH & Co. KG.

das Doppelte!). Zehn solcher Quellen addieren sich zu L + 10 dB, hundert zu L + 20 dB. Wird umgekehrt von zwei gleichstarken Quellen eine beseitigt, wird es nur um 3 dB leiser. Dieser Fall liegt z. B. dann vor, wenn zwischen zwei benachbarten Räumen die Schallübertragung zur Hälfte durch die Trennwand und zur Hälfte über die flankierenden Bauteile erfolgt. Eine noch so große Verbesserung der Trennwand allein oder der flankierenden Bauteile könnte die Schallübertragung aus dem Nachbarraum jeweils nur um maximal 3 dB senken. Liegen die Pegel zweier Schallquellen um mehr als 10 dB auseinander, zählt bei der Summe praktisch nur noch der lautere von beiden. Rechnerisch führte das Verschwinden der leiseren Quelle zu einer Pegelsenkung von weniger als 0,5 dB.

Neben dem Schalldruckpegel gibt es auch noch den Schallleistungspegel. Während der Schalldruckpegel aussagt, wie stark ein Geräusch an einer bestimmten Stelle ist, beschreibt der Schallleistungspegel die Stärke der insgesamt von einer Schallquelle verursachten Schallabstrahlung in alle Richtungen zusammen. Zwischen der Schallleistung einer Quelle und dem Schallpegel an einem bestimmten Ort gibt es nur für wenige Fälle einen einfach zu beschreibenden Zusammenhang, z. B. bei der gleichmäßigen Abstrahlung in alle Richtungen im Freien (Freifeld) oder bei der Abstrahlung in einem halligen Raum (Diffusfeld). Der letzte Fall wird vereinfachend in der Bauakustik vorausgesetzt und führt zu einfachen Annahmen für den Schallpegel im Raum und für die Schalldämmung.

1.4 Die A-Bewertung

Ein Schallpegelmessgerät sollte im gesamten Frequenzbereich mit derselben Empfindlichkeit arbeiten, um eine physikalisch richtige Beschreibung eines Schallsignals zu liefern. Eine solche Geräuschanalyse entspricht allerdings nicht der Wahrnehmung durch das menschliche Gehör. Dieses reagiert bei sehr hohen und sehr tiefen Tönen zum Teil wesentlich unempfindlicher als für Töne mittlerer Frequenz um 1000 Hz. Dem wird dadurch Rechnung getragen, dass man die vom Messgerät erfassten Pegel entsprechend dem Empfindlichkeitsverlauf des Ohrs zunächst abmindert, bevor man sie zu einem Gesamtpegel zusammenfasst. Man spricht von einer Bewertung der Pegel, die frequenzabhängig vorgenommen wird. Die Art der Bewertung hängt allerdings auch vom Schallpegel ab, sodass man eigentlich bei unterschiedlich starken Schallsignalen auch unterschiedliche Bewertungen bräuchte, um die Wahrnehmung durch das Gehör geeignet nachzubilden. Zur Vereinfachung wird fast ausnahmslos auf die sogenannte A-Bewertung zurückgegriffen, die der Gehörcharakteristik bei Pegeln um 60 dB entspricht. Die früher verwendete Bezeichnung dB(A) zur Kennzeichnung derart bewerteter Pegel ist mittlerweile nicht mehr vorgesehen. Stattdessen wird die Bewertung als Index A bei der kennzeichnenden Größe für den Pegel angegeben. Der A-bewertete Schallpegel L_A in dB ist somit die entsprechende Kenngröße. Sie wird in der Bauakustik verwendet, um die Anforderungen gegenüber Geräuschen gebäudetechnischer Anlagen oder aus Betrieben zu formulieren. Tabelle 1 enthält einige Beispiele für solche A-bewerteten Schallpegel.

Tabelle 1. Beispiele für A-bewertete Schallpegel verschiedener Geräuschquellen [50]

Art des Schalls	A-bewerteter Schalldruckpegel L_A in dB etwa
Hörschwelle überdurchschnittlich gut hörender Personen	0
Selten unterschrittener Schalldruckpegel in ruhigen Räumen	20
Ticken eines Weckers in 0,5 m Entfernung	30
Haushaltskühlschrank in Küchen	40
Halblaute Unterhaltung in 2 m Abstand	50
Unterhaltungssprache in 2 m Entfernung	60
Schreibmaschine in 1 m Entfernung	70
Innengeräusche in Pkw	80
Innengeräusche in U-Bahnen	90
Webereien	100
Presslufthammer in 3 m Abstand	110
Düsenflugzeug in 100 m Entfernung	120

1.5 Kenngrößen zur Beschreibung der schalltechnischen Eigenschaften

1.5.1 Unterscheidung zwischen Bauteil- und Gebäudeeigenschaften

Kenngrößen des baulichen Schallschutzes werden benötigt, um die akustische Leistungsfähigkeit von Bauteilen oder eines Gebäudes zu beschreiben und Anforderungen an den Schallschutz zu stellen. Sie dienen der Beschreibung der Luftschall- und Trittschallübertragung. Gemäß der Bauproduktenrichtlinie von 1988 [47], die der europäischen Vereinheitlichung der Normen des Baubereichs zugrunde liegt, ist konsequent zwischen Bauteileigenschaften auf der einen Seite und Gebäudeeigenschaften auf der anderen Seite zu unterscheiden. Mit den Kenngrößen für die Bauteileigenschaften soll ausschließlich die schalltechnische Leistungsfähigkeit eines Bauteils hinsichtlich einer bestimmten akustischen Eigenschaft (z. B. Luftschall- oder Trittschalldämmung) beschrieben werden. Einflüsse benachbarter Bauteile sollen dabei unberücksichtigt bleiben. Bauteileigenschaften werden durch Laborprüfungen ermittelt.

Bei den Gebäudeeigenschaften wird die schalltechnische Leistungsfähigkeit des Gebäudes oder eines Teils davon hinsichtlich einer bestimmten Eigenschaft des

Das neue Standardwerk für den Schallschutz im Hochbau

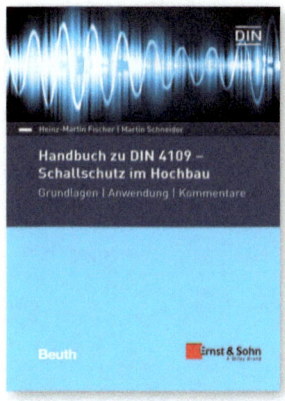

Heinz-Martin Fischer, Martin Schneider
Handbuch zu DIN 4109 – Schallschutz im Hochbau
Grundlagen – Anwendung – Kommentare
2019. ca. 450 Seiten.
ca. € 86,–*
ISBN 978-3-433-01835-4
Auch als ebook erhältlich.

BUNDLE ebook + Print!
ca. € 111,80*   ISBN 978-3-433-03230-5

www.ernst-und-sohn.de

Ernst & Sohn
Verlag für Architektur und technische
Wissenschaften GmbH & Co. KG

Kundenservice:
Wiley-VCH   Tel. +49 (0)6201 606-400
Boschstraße 12   Fax +49 (0)6201 606-184
D-69469 Weinheim   service@wiley-vch.de

*Der €-Preis gilt ausschließlich für Deutschland. Inkl. MwSt. Die Versandkosten für Deutschland, Österreich, Schweiz, Liechtenstein und Luxemburg entfallen. Für alle anderen Länder gilt der Preis zzgl. Versandkosten. Irrtum und Änderungen vorbehalten.

Hart im Nehmen. DER NEUE S9.

Der Trend im mehrgeschossigen Wohnungsbau geht zum Ziegel. Aus gutem Grund: der ist wohngesund.

Und der neu entwickelte POROTON®-S9® hält auch noch richtig was aus: Druckfestigkeit f_k 5,3 MN/m².

Das macht ihn zum stabilsten perlitgefüllten Objektziegel. Für Wohnanlagen mit einschaliger Außenwand bis zu 9 Etagen. Mit sicherem Brandschutz, hervorragender Wärmedämmung und gutem Schallschutz, in einem natürlichen Baustoff vereint.

Mehr Informationen unter: www.schlagmann.de

Einsatzbereich	optimal für den Objektbau	
Wärmeleitzahl	0,09 W/(mK)	0,09 W/(mK)
Wanddicke	36,5 cm	42,5 cm
U-Wert (mit Leichtputz)	0,23 W/(m²K)	0,20 W/(m²K)
Druckfestigkeit f_k	**5,3 MN/m²**	**5,3 MN/m²**
Schallschutz $R_{w, Bau, ref.}$	52,2 dB	50,1 dB
Brandschutzklasse	F90-AB	F90-AB

POROTON®-S9®
Der Objektziegel.

Mauerwerk – European Journal of Masonry

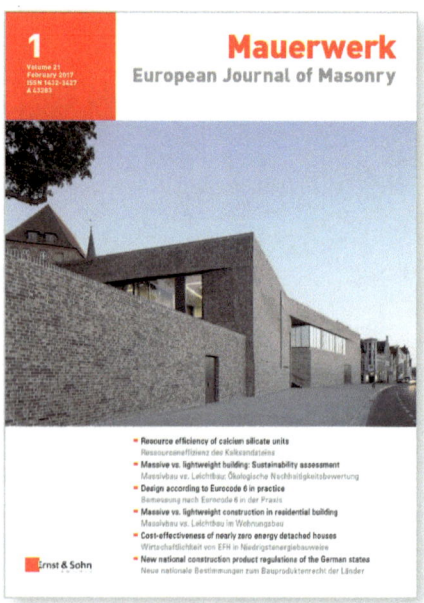

Mauerwerksbau in allen Facetten, zusammengeführt in einer Fachzeitschrift für Europa. Technische Entwicklungen, neueste Forschungsergebnisse und die praktische Anwendung von Mauerwerksprodukten werden mit Fachaufsätzen, Berichten und ergänzenden Informationen und Neuigkeiten begleitet. **Mauerwerk** ist darüber hinaus die einzige Zeitschrift, die diese gesamte Bandbreite abdeckt.
Seit 2015 erscheint die Zeitschrift zweisprachig in Deutsch und Englisch.

Hrsg.: Ernst & Sohn
Mauerwerk
European Journal of Masonry
22. Jahrgang 2018
6 Hefte / Jahr
ISSN 1432-3427 print
ISSN 1437-1022 online
Auch als ejournal erhältlich.

Weitere Zeitschriften:

- Bautechnik
- Bauphysik

Online Bestellung:
www.ernst-und-sohn.de/mauerwerk

Ernst & Sohn
Verlag für Architektur und technische
Wissenschaften GmbH & Co. KG

Kundenservice: Wiley-VCH
Boschstraße 12
D-69469 Weinheim

Tel. +49 (0)800 1800-536
Fax +49 (0)6201 606-184
cs-germany@wiley.com

Schallschutzes (z. B. Übertragung von Luft- oder Trittschall, Außenlärm oder Geräuschen gebäudetechnischer Anlagen) betrachtet. Es geht dabei stets um das resultierende Verhalten des Gebäudes und nicht um die Eigenschaften einzelner Bauteile. Eine Vermischung von Bauteil- und Gebäudeeigenschaften, wie sie in DIN 4109:1989 bei den Ausführungsbeispielen des Beiblatts 1 [2] für den Massivbau ($R'_{w,R}$ und $L'_{n,w,R}$) noch bestand, ist somit nicht mehr möglich. Das war ein wesentlicher Grund für die Überarbeitung der DIN 4109:1989 [1]. Im Folgenden werden deshalb Kennwerte zur Beschreibung der Bauteileigenschaften und der Gebäudeeigenschaften separat dargestellt.

1.5.2 Kenngrößen zur Beschreibung von Bauteileigenschaften

1.5.2.1 Schalldämmung von Bauteilen: Schalldämm-Maß

Das Schalldämm-Maß R eines Bauteils beschreibt dessen Fähigkeit, auftreffende Schallwellen zurückzuhalten. Es ist definiert als

$$R = 10 \cdot \lg(P_1/P_2) \quad [dB]$$

wobei als P_1 die auf das Bauteil auftreffende und als P_2 die durchgelassene Schallleistung einzusetzen sind. In der Praxis wird die Schalldämmung eines Bauteils bei Einbau zwischen zwei Räumen gemessen (s. Bild 1) und bestimmt aus der Beziehung

$$R = L_1 - L_2 + 10 \cdot \lg(S/A) \quad [dB]$$

L_1 ist der Schalldruckpegel im Senderaum, wo mittels Lautsprecher Schall angeregt wird. L_2 ist der Schalldruckpegel im Empfangsraum. Durch Berücksichtigung der Fläche S des geprüften Bauteils und der äquivalenten Schallabsorptionsfläche A des Empfangsraums werden die Einflüsse der speziellen Prüfanordnung herauskorrigiert. Die genannte Beziehung setzt in den Sende- und Empfangsräumen diffuse Schallfelder voraus.
Da es um die Kennzeichnung des Bauteils geht, darf im Labor außer dem Schalldurchgang durch das Prüfobjekt keinerlei Schallausbreitung über andere flankierende Bauteile oder Nebenwege (s. Bild 1) erfolgen. Da die Schalldämmung von der Frequenz abhängt, wird die Labormessung nach DIN EN ISO 10140-2 [26] in Terzbändern im Frequenzbereich zwischen 100 Hz und 5000 Hz (optional auch ab 50 Hz) durchgeführt. Inzwischen wurden bei einem internationalen Ringversuch an einem Mauerwerk erhebliche Einflüsse der Labors auf die Schalldämmung massiver Bauteile festgestellt, die daher rühren, dass die umgebenden Laborwände unterschiedlich viel Schallenergie aus dem geprüften Mauerwerk abführen können, wodurch sich dessen Schalldämmung verändert [51]. Die Unterschiede können mehrere dB betragen. Um diesen Einfluss abzuschätzen, wird bei der Schalldämmungsmessung von massiven Bauteilen auch der Gesamtverlustfaktor der Prüfobjekte im Einbauzustand (über die Körperschallnachhallzeit) bestimmt. Anhand des gemessenen Verlustfaktors wird für die gemessenen Schalldämm-Maße nach DIN 4109-4 [14] eine sogenannte Verlustfaktor-Korrektur durchgeführt. Das korrigierte Schalldämm-Maß ist die relevante Größe für die rechnerischen Schallschutznachweise.

1.5.2.2 Bewertetes Schalldämm-Maß

Als Ergebnis einer Schalldämmungsmessung liegt das Terzspektrum des Schalldämm-Maßes vor. Für eine einfache Charakterisierung des schalldämmenden Verhaltens, aber auch zum Vergleich mit Anforderungen, werden die ermittelten Terzwerte der Schalldämmung im Frequenzbereich von 100 Hz bis 3150 Hz zu einem sogenannten Einzahlwert, dem bewerteten Schalldämm-Maß R_w, zusammengefasst. Die Vorgehensweise erfolgt nach DIN EN ISO 717-1 [22]. Wie in Bild 2 dargestellt, wird hierbei eine genormte Bezugskurve

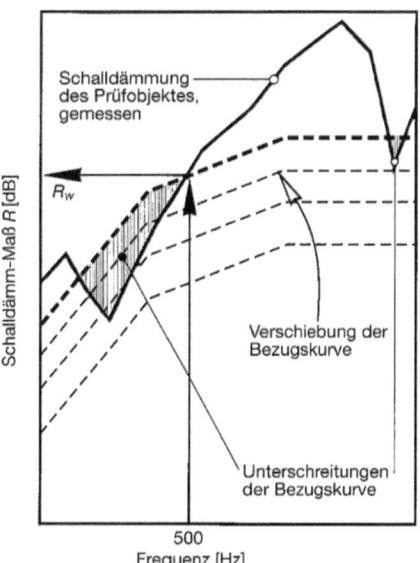

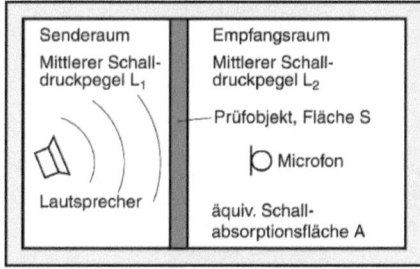

Bild 1. Laboranordnung zur Messung des Schalldämm-Maßes

Bild 2. Verfahren zur Bestimmung des bewerteten Schalldämm-Maßes R_w aus dem gemessenen Frequenzgang des Schalldämm-Maßes R

über die gemessene Schalldämmkurve gelegt und so lange zu höheren Schalldämmwerten hin verschoben, bis die Messkurve die Bezugskurve im Mittel um gerade 2 dB unterschreitet. Das bewertete Schalldämm-Maß ist dann als der Schalldämmwert der verschobenen Bezugskurve bei 500 Hz abzulesen.

Dieses Verfahren berücksichtigt die frequenzabhängige Gehörempfindlichkeit ebenso wie die Tatsache, dass eine schlechte Schalldämmung bei einigen Frequenzen hinsichtlich der Störwirkung nicht durch eine übergroße Schalldämmung in anderen Frequenzbereichen weggemittelt werden kann.

1.5.2.3 (Bewertete) Verbesserung der Luftschalldämmung

Vorsatzschalen dienen im Massivbau der Verbesserung der Luftschalldämmung einer Wand oder Decke. Die Kenngröße zur Beschreibung ihrer Wirkung ist die Verbesserung der Luftschalldämmung ΔR. Sie wird messtechnisch nach DIN EN ISO 10140-1 [25] ermittelt, indem die Differenz aus den Schalldämm-Maßen des Grundbauteils mit (with) und ohne (without) Vorsatzschale für jedes Terzband gebildet wird:

$$\Delta R = R_{with} - R_{without} \quad [dB]$$

Auch hier kann ein Einzahlwert gebildet werden, die bewertete Verbesserung der Luftschalldämmung ΔR_w. Das anzuwendende Bewertungsverfahren wird ebenfalls in DIN EN ISO 10140-1 beschrieben.

1.5.2.4 Trittschalldämmung von Decken: Norm-Trittschallpegel

Der Norm-Trittschallpegel soll das Verhalten von begehbaren Konstruktionen wie Decken oder Treppen bei direkter Körperschallanregung beschreiben, z. B. beim Begehen, Stühlerücken oder Herunterfallen von Gegenständen. Bei der Messung nach [27, 35] wird das untersuchte Bauteil durch ein Normhammerwerk angeregt. Dabei fallen 500 g schwere Hämmer aus 4 cm Höhe auf das Bauteil. Im Labor wird nach DIN EN ISO 10140-3 [27] grundsätzlich ohne Flankenübertragung gemessen und ausgewertet nach der Formel

$$L_n = L + 10 \cdot \lg(A/A_0) \quad [dB]$$

Dabei ist L der gemessene (Terz-)Pegel, der im betroffenen Raum durch die vom Normhammerwerk verursachte Schallübertragung entsteht. Mit A/A_0 wird das Ergebnis von der tatsächlich vorhandenen Schallabsorptionsfläche A auf $A_0 = 10 \text{ m}^2$ umgerechnet.

1.5.2.5 Bewerteter Norm-Trittschallpegel

Um den Norm-Trittschallpegel eines Bauteils, der als Terzspektrum angegeben wird, zu einem einzigen Zahlenwert zusammenzufassen, wird ein Bewertungsverfahren wie beim Schalldämm-Maß durchgeführt: Gegenüber der gemessenen L_n-Kurve wird eine genormte Bezugskurve so lange zu niedrigeren Pegeln hin verschoben, bis die Überschreitung durch die Messkurve

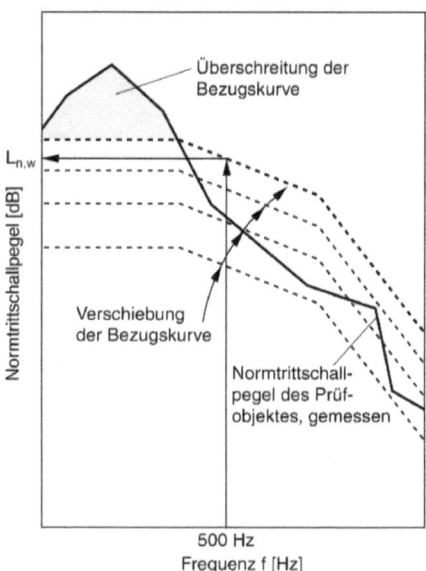

Bild 3. Verfahren zur Bestimmung des bewerteten Norm-Trittschallpegels $L_{n,w}$ aus dem gemessenen Frequenzgang des Norm-Trittschallpegels L_n

im Mittel 2 dB beträgt. Dann wird der Wert der Bezugskurve bei 500 Hz als bewerteter Norm-Trittschallpegel $L_{n,w}$ des Bauteils angegeben (s. Bild 3).

1.5.2.6 (Bewertete) Trittschallminderung

Die Trittschallminderung ΔL, auch Trittschall-Verbesserungsmaß genannt, kennzeichnet die Fähigkeit einer Deckenauflage (z. B. Teppich, schwimmender Estrich), den Trittschallpegel einer Decke zu senken. Die Trittschallminderung wird im Labor nach DIN EN ISO 10140-1 [25] auf einer Betondecke bestimmt, indem die Differenz der Norm-Trittschallpegel ohne (L_{n0}) und mit Deckenauflage (L_n) terzweise gemessen wird:

$$\Delta L = L_{n0} - L_n \quad [dB]$$

Als Einzahlwert wird die bewertete Trittschallminderung ΔL_w nach dem Bewertungsverfahren in DIN EN ISO 717-2 [23] angegeben.

Im Massivbau besteht eine „gebrauchsfertige Decke" aus Trittschallgründen aus einer massiven Rohdecke und einer trittschallmindernden Deckenauflage. Der Norm-Trittschallpegel einer beliebigen Kombination aus Massiv-Decke mit Deckenauflage kann auf einfache Weise ermittelt werden:

$$L_{n,w} = L_{n,eq,0,w} - \Delta L_w \quad [dB]$$

Dabei bedeuten $L_{n,w}$ der Norm-Trittschallpegel der gebrauchsfertigen Decke, $L_{n,eq,0,w}$ der äquivalente bewertete Norm-Trittschallpegel der Rohdecke (s. Abschnitt 1.5.2.7) und ΔL_w die bewertete Trittschallminderung der Deckenauflage. Es ist zu beachten, dass ΔL_w auf leichten Decken wie beispielsweise Holzbalkendecken wesentlich geringer ausfallen kann als auf der Labordecke aus Beton. Ein genormtes Messverfahren für die Trittschallminderung von Deckenauflagen auf leichten Decken wird in DIN EN ISO 10140-1 [25] beschrieben. Die zu verwendenden leichten Referenzdecken werden in DIN EN ISO 10140-5 [29] festgelegt. Wenn kombinierte Deckenauflagen, z. B. Teppich auf schwimmendem Estrich, verwendet werden, ist zu beachten, dass die Gesamt-Verbesserung wesentlich geringer ausfällt als die Summe ihrer bewerteten Trittschallminderungen.

1.5.2.7 Äquivalenter bewerteter Norm-Trittschallpegel

Der äquivalente bewertete Norm-Trittschallpegel $L_{n,eq,0,w}$ ist für den Schallschutznachweis der maßgebliche Norm-Trittschallpegel-Wert einer Decke, wenn sie als Rohdecke mit einer zusätzlichen Deckenauflage eingesetzt werden soll. Vom „normalen" Norm-Trittschallpegel unterscheidet sich dieser Wert dadurch, dass bei der Bestimmung des Einzahlwerts eine nach DIN EN ISO 717-2 [23] ermittelte Korrektur dafür angebracht worden ist, wie gut oder schlecht die Rohdecke durch eine genormte Bezugsdeckenauflage verbesserbar ist. Die Verwendung des äquivalenten bewerteten Norm-Trittschallpegels setzt stillschweigend schwere, massive Rohdecken voraus.

1.5.3 Kenngrößen zur Beschreibung von Gebäudeeigenschaften: Schallschutz zwischen Räumen

1.5.3.1 Schallschutz und Schalldämmung

Wenn vom Schallschutz im Hochbau gesprochen wird, sind zwei Aspekte zu betrachten:
- die Schutzwirkung des Gebäudes gegenüber Lärm von außen (z. B. Verkehrslärm, Industrie- und Gewerbelärm, Sport- und Freizeitlärm),
- die Schutzwirkung des Gebäudes gegen Lärm von innen (Nachbarschaftsgeräusche, gebäudetechnische Anlagen).

Unter Schallschutz versteht man einerseits Maßnahmen gegen die Schallentstehung (Primärmaßnahmen) und andererseits Maßnahmen, die die Schallübertragung von einer Schallquelle zum Hörer vermindern (Sekundärmaßnahmen). Bei den Sekundärmaßnahmen für den Schallschutz muss unterschieden werden, ob sich Schallquelle und Hörer in verschiedenen Räumen oder in demselben Raum befinden. Im ersten Fall wird Schallschutz hauptsächlich durch Schalldämmung, im zweiten Fall durch Schallabsorption erreicht. In der Bauakustik geht es im Wesentlichen um Maßnahmen zur Schalldämmung. Man nutzt dazu die Möglichkeiten, den Schall an der Ausbreitung zu hindern, z. B. durch schwere oder mehrschalige Bauteile, Trennfugen und elastische Zwischenschichten.
Beim Mauerwerksbau steht der Schallschutz gegenüber Luftschallübertragung im Vordergrund. Zu dessen Beschreibung gibt es zwei unterschiedliche Philosophien. Im ersten Fall beschreibt man (physikalisch korrekt) den Schallschutz durch die Schalldämmung zwischen den Räumen (Kenngröße: R'_w). Man spricht auch von einer bauteilbezogenen Beschreibung und stellt die Anforderungen an die (trennenden) Bauteile (Wände und Decken). Dieses Konzept liegt der DIN 4109 zugrunde. Im anderen Fall interessiert man sich für die Schallpegel in den Räumen, da nur diese die vom Menschen wahrgenommene Größe sind, und beschreibt den Schallschutz durch eine Pegeldifferenz zwischen zwei Räumen (Kenngröße: $D_{nT,w}$). Man spricht auch von raumbezogenen Kenngrößen und stellt die Anforderungen an die Pegeldifferenz zwischen den Räumen. Dieses Konzept wird in der VDI 4100 [39] angewendet. Die bauteilbezogenen und raumbezogenen Kenngrößen können unter Kenntnis des Raumvolumens und der Nachhallzeit des betrachteten schutzbedürftigen Raums ineinander umgerechnet werden, führen je nach Raumgröße aber zu einer unterschiedlichen Dimensionierung der aus akustischer Sicht notwendigen Maßnahmen.

1.5.3.2 (Bewertetes) Bau-Schalldämm-Maß

Auch zwischen zwei Räumen in einem Gebäude kann nach DIN EN ISO 16283-1 [34] ein Schalldämm-Maß gemessen werden entsprechend der Formel

$$R' = L_1 - L_{2,ges} + 10 \cdot \lg(S/A) \quad [dB]$$

Gewöhnlich gelangt der Schall hierbei nicht nur durch das gemeinsame Trennbauteil, sondern auch auf weiteren Wegen in den Nachbarraum (s. Bild 4): nämlich entlang der flankierenden Bauteile, z. B. durchlaufende Wände, und über Nebenwege, wie z. B. Lüftungskanäle oder Flure.
Jeder dieser Übertragungswege hat sein eigenes Schalldämm-Maß. Im Empfangsraum addieren sich die übertragenen Schallleistungen zum Gesamtpegel $L_{2,ges}$. Dadurch wird das scheinbare Schalldämm-Maß R' zwischen den Räumen kleiner als alle an der Übertragung beteiligten Einzelschalldämm-Maße. R' wird „Bau-Schalldämm-Maß" genannt. Mit dem in Abschnitt 1.5.2.2 beschriebenen Bewertungsverfahren wird als Einzahlwert das bewertete Bau-Schalldämm-Maß R'_w ermittelt.

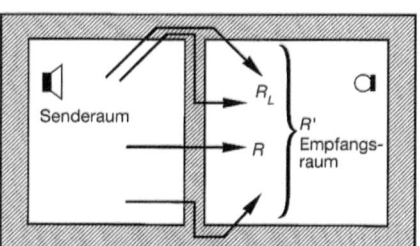

Bild 4. Schallausbreitung zwischen Räumen

Es ist unbedingt zu beachten, dass R' und R'_w nicht das Trennbauteil kennzeichnen, sondern die Gesamtheit der Übertragungswege. Ein zu niedriges Schalldämm-Maß R' besagt nicht automatisch, dass die Schalldämmung R bzw. R_w des Trennbauteils unzureichend ist. Zu einer entsprechenden Fehlinterpretation kann es dadurch kommen, dass in der DIN 4109 mit der Kenngröße R'_w die Anforderungen an das trennende Bauteil gestellt werden, obwohl in der Kenngröße auch alle vorhandenen Übertragungswege zu berücksichtigen sind. Das Schalldämm-Maß R_w des Trennbauteils (nur die Direktübertragung über das Trennbauteil allein ohne zusätzliche Flankenübertragung) kann am Bau nur bestimmt werden, indem alle anderen Übertragungswege beispielsweise durch Vorsatzschalen unterdrückt werden.

In der Vergangenheit wurde die Schalldämmung von Bauteilen in Deutschland in sogenannten „Prüfständen mit (genormter) bauähnlicher Flankenübertragung" gemessen und unglücklicherweise auch noch mit R' bzw. R'_w bezeichnet. Im Beiblatt 1 der alten DIN 4109:1989 wurden diese Kenngrößen für die Ausführungsbeispiele des Massivbaus herangezogen. So bestand stets die Gefahr, dass die auf die Bauteile bezogenen Größen R'_w und die für die Anforderungen geltenden Größen erf. R'_w immer wieder verwechselt wurden, obwohl sie etwas Unterschiedliches bezeichnen sollten. Dahinter stand die Idee, die am Bau zu erwartende Flankenübertragung bereits in den Prüfstandswert des Bauteils mit hineinzumessen, sodass dieser dann direkt für die Situation am Bau mit den dort bestehenden Flankenübertragungen gültig wäre. Wegen zu vieler unterschiedlicher Bauweisen konnte sich diese Regelung bei der Erarbeitung gemeinsamer europäischer Normen für den baulichen Schallschutz in der internationalen Normung nicht durchsetzen, sodass auch in Deutschland schon seit langer Zeit nur noch flankenübertragungsfreie Labormessungen durchgeführt werden. Die in DIN 4109-2:2016 [6] neu eingeführten Berechnungsverfahren verwenden im Gegensatz zur alten DIN 4109:1989 ausschließlich nur noch R_w-Werte für die Bauteile, sodass (wenn man den Beistrich nicht übersieht) die Verwechslungsgefahr der Kenngrößen für das Bauteil und für das Gebäude nicht mehr gegeben ist.

1.5.3.3 (Bewertete) Standard-Schallpegeldifferenz

Während auch nach der neuen DIN 4109-1 [5] der Schallschutz zwischen zwei Räumen durch das bewertete Bau-Schalldämm-Maß R'_w beschrieben werden muss und so auch die Anforderungen formuliert werden, gestatten die europäischen Vorgaben [22] dafür außerdem auch die bewertete Norm-Schallpegeldifferenz $D_{n,w}$ oder die bewertete Standard-Schallpegeldifferenz $D_{nT,w}$, die als Einzahlwerte aus den wie folgt zu ermittelnden Werten D_n bzw. D_{nT} bestimmt werden:

$$D_n = L_1 - L_2 - 10\lg(A/A_0) \quad [dB]$$
(A_0 Bezugs-Absorptionsfläche 10 m²)

$$D_{nT} = L_1 - L_2 + 10\lg(T/T_0) \quad [dB]$$
(T_0 Bezugs-Nachhallzeit 0,5 s)

Noch im Normentwurf zu DIN 4109-1 aus dem Jahr 2006 war vorgesehen, die Anforderungen der DIN 4109 auf die sogenannte „nachhallzeitbezogene" Kenngröße $D_{nT,w}$ für den Luftschallschutz (und entsprechend auf $L'_{nT,w}$ für den Trittschallschutz) umzustellen. Auf die grundsätzlichen und methodischen Vorteile dieses Konzepts wird in [52] ausführlich eingegangen. Der für die DIN 4109 zuständige Normenausschuss machte zum Normentwurf zu DIN 4109-2:2013 dieses Konzept rückgängig, sodass auch die aktuelle DIN 4109 wie schon immer die Anforderungen bauteilbezogen (R'_w und $L'_{n,w}$) formuliert.

1.5.3.4 (Bewerteter) Norm-Trittschallpegel im Bau

Am Bau wird der Norm-Trittschallpegel einschließlich Flankenübertragung ermittelt und das Ergebnis mit L'_n bezeichnet. Die Messung erfolgt nach DIN EN ISO 16283-2 [35]. Mit dem in Abschnitt 1.5.2.5 beschriebenen Bewertungsverfahren nach DIN EN ISO 717-2 [23] kann auch hier als Einzahlwert der bewertete Norm-Trittschallpegel im Bau $L'_{n,w}$ ermittelt werden. Wird am Bau ein zu hoher Wert des $L'_{n,w}$ festgestellt, muss dies nicht an einer mangelhaften Ausführung des begehbaren Bauteils liegen, es können auch die zusätzlichen Übertragungswege Ursache sein.

1.5.4 Spektrumanpassungswerte

1.5.4.1 Spektrumanpassungswerte für den Luftschall

Alternativ zum bewerteten Schalldämm-Maß kann als Einzahlangabe der Schalldämmung auch die Differenz der A-Schallpegel vor und hinter dem Bauteil verwendet werden. Um Verwechslungen mit R_w zu vermeiden, hat man sich allerdings entschlossen, statt eines A-bewerteten Schalldämm-Maßes sogenannte Spektrumanpassungswerte C einzuführen, die zu R_w hinzugezählt die vom Bauteil bewirkte A-Schallpegeldifferenz ergeben. Die A-Schallpegeldifferenz hängt vom Frequenzspektrum der Schallquelle ab. Es wurden daher in DIN EN ISO 717-1 [22] Spektrumanpassungswerte für „Wohngeräusche" (C) und Verkehrsgeräusche (C_{tr}) genormt. Spektrumanpassungswerte können für verschiedene Frequenzbereiche angewendet werden, sodass z. B. auch der tiefe Frequenzbereich zwischen 50 und 100 Hz besonders berücksichtigt werden kann. Die genannten Spektrumanpassungswerte können sowohl für die Bauteileigenschaften (R_w) als auch die Gebäudeeigenschaften (R'_w) angewendet und auch bei der bewerteten Standard-Schallpegeldifferenz $D_{nT,w}$ angesetzt werden.

1.5.4.2 Spektrumanpassungswerte für den Trittschall

Das Norm-Hammerwerk als Trittschallquelle unterscheidet sich in seinen Geräuscheigenschaften deutlich von natürlichen Gehgeräuschen. Um den bewerteten Norm-Trittschallpegel $L_{n,w}$ bei Hammerwerksanregung in einen gehgeräuschrichtigen, A-Schallpegelähnlichen Einzahlwert zu übersetzen, kann der Spektrumanpassungswert C_I als ein zu $L_{n,w}$ hinzuzuaddierender Korrekturwert angegeben werden. C_I berechnet sich nach DIN EN ISO 717-2 [23] zu

$$C_I = L_{n,sum} - 15 \text{ dB} - L_{n,w} \quad [\text{dB}]$$

$L_{n,sum}$ ist der Gesamtpegel des Hammerwerk-Geräuschs in den Terzbändern von 100 bis 2500 Hz. C_I ist so festgelegt, dass sein Wert für massive Decken mit wirkungsvollen Deckenauflagen etwa 0 dB beträgt. Für Holzbalkendecken mit überwiegend tieffrequenten Spitzen nimmt es positive Werte an. Für Betondecken ohne oder mit kaum wirksamen Deckenauflagen liegt es im Bereich von −15 dB bis 0 dB. Der zu erwartende absolute Gehgeräuschpegel kann aus $L_{n,w} + C_I$ allerdings nicht ersehen werden. Auch für die bewertete Trittschallminderung wird in [23] ein Spektrumanpassungswert $C_{I,\Delta}$ vorgeschlagen. Wohl wegen der komplizierten Handhabung hat sich dieser Wert in der Praxis bisher nicht durchgesetzt.

2 Von der europäischen Normung zur neuen DIN 4109

2.1 Ausgangspunkt europäische Normung

Als durch die Bauproduktenrichtlinie von 1988 [47] und das Grundlagendokument Schallschutz [48] die Vorgaben für die europäische Harmonisierung der Normen des Bausektors festgelegt wurden, war das ein weitreichender Eingriff in die deutsche Normungspraxis im baulichen Schallschutz, wie sie mit der DIN 4109:1989 [1] und ihrem Beiblatt 1 [2] sowie den dazu gehörenden Messverfahren nach DIN 52210 [15,16] bestand. Zwar waren die Anforderungswerte von den Änderungen ausdrücklich nicht betroffen, doch berührten insbesondere harmonisierte Prüfverfahren und Berechnungsmethoden Konzept und Inhalt der DIN 4109 und deren Beiblatt 1 derart gravierend, dass der NABau-Ausschuss zu DIN 4109 eine komplette Überarbeitung der DIN 4109 und ihres Beiblatts 1 in die Wege leitete.

2.1.1 Änderungen bei Prüf- und Beurteilungsverfahren

Die einschneidendste Veränderung ergab sich für den Mauerwerksbau durch die Abschaffung der nur in Deutschland gebräuchlichen „Prüfstände mit bauähnlicher Flankenübertragung". Damit entfiel als kennzeichnende Größe für die Schalldämmung massiver Bauteile das in DIN 4109:1989 verwendete bewertete Schalldämm-Maß R'_w (mit bauähnlicher Flankenübertragung). Stattdessen war das in einem nebenwegfreien Prüfstand ermittelte bewertete Schalldämm-Maß R_w als Bauteilkenngröße anzuwenden. Da die flankierende Übertragung nun nicht mehr unter den Bedingungen des alten Prüfstands in das Prüfergebnis mit hineingemessen werden konnte, war sie ausschließlich nur noch durch Berechnung zu ermitteln. Konsequent war damit zwischen den reinen Bauteileigenschaften (beschrieben durch R_w) und dem Schallschutz im Gebäude (beschreibbar durch das bewertete Bau-Schalldämm-Maß R'_w oder die bewertete Standard-Schallpegeldifferenz $D_{nT,w}$) zu unterscheiden. Damit waren für den Massivbau nicht nur die auf den R'_w-Werten des alten Prüfstands basierenden Ausführungsbeispiele des Beiblatts 1 zu DIN 4109 hinfällig, sondern auch das Nachweisverfahren der DIN 4109 konnte unter diesen Voraussetzungen nicht mehr angewendet werden. Schon vor Jahren wurden die früher in DIN 52210 („Bauakustische Prüfungen, Luft- und Trittschalldämmung") [15] geregelten Mess- und Beurteilungsverfahren durch die entsprechenden europäischen Normen ersetzt. Die für den Mauerwerksbau wesentlichen Prüfverfahren finden sich nun in [25–29, 34–37]. Die für die Luft- und Trittschalldämmung heranzuziehenden Beurteilungsverfahren zur Gewinnung von Einzahlwerten wurden durch [22] und [23] ersetzt.

2.1.2 Neue Berechnungsverfahren für den baulichen Schallschutz

Im Rahmen der europäischen Harmonisierung sollten nicht nur die Produkteigenschaften einheitlich gekennzeichnet werden, sondern auch die Berechnungsverfahren für den baulichen Schallschutz sollten gemeinsamen Grundsätzen folgen. Für die Prognose des Schallschutzes in Gebäuden wurden deshalb im Rahmen der Normenserie DIN EN 12354 folgende Berechnungsverfahren erarbeitet:
– Teil 1: Luftschalldämmung zwischen Räumen [30],
– Teil 2: Trittschalldämmung zwischen Räumen [31],
– Teil 3: Luftschalldämmung gegen Außenlärm [32],
– Teil 4: Schallübertragung von Räumen ins Freie [33],
– Teil 5: Installationsgeräusche [20],
– Teil 6: Schallabsorption in Räumen [21].

Für die Planungspraxis des Mauerwerksbaus sind die Teile 1 und 2 von besonderer Bedeutung. Sie sind die Grundlage für die neuen Nachweisverfahren der DIN 4109-2 [6].

2.1.3 Neuer Planungsansatz durch die europäische Normung

Die Rechenverfahren der EN 12354 folgen im Wesentlichen den physikalisch nachvollziehbaren Gegebenheiten. Berücksichtigt werden alle Übertragungswege, deren einzelne Beiträge zur gesamten Schallübertragung aufsummiert werden. Besondere Beachtung wird der flankierenden Übertragung beigemessen. Den physikalischen Gegebenheiten folgend werden nicht die Eigenschaften des einzelnen Bauteils, sondern auch die akustischen Eigenschaften von Bauteilverbindungen (Stoßstellen) einbezogen. Auf dem Hintergrund der bisherigen DIN 4109 ist das für den deutschen Anwender eine neue Vorgehensweise. Gezielt wird nun die flankierende Übertragung in die Berechnung aufgenommen, sodass die Eigenschaften der Flankenwege für die Berechnung bekannt sein müssen. Wie dies in der Berechnung umzusetzen ist, wird in Abschnitt 2.3.1 erläutert.

Die Rechenverfahren verwenden als Eingangsdaten diejenigen Kenngrößen, die auch in den Bauteilprüfungen nach harmonisierten Prüfverfahren ermittelt werden. Damit ist die Verwendung eines R'_w zur Kennzeichnung der Schalldämmung von Bauteilen des Massivbaus nicht mehr möglich, wie es in DIN 4109:1989 noch der Fall war. In sogenannten „Detaillierten Modellen" wird die Rechnung frequenzabhängig durchgeführt. Benötigt werden deshalb auch frequenzabhängige Eingangsdaten. Zusätzlich zu diesen frequenzabhängigen Berechnungen gibt es alternativ sogenannte „Vereinfachte Modelle", in denen die Berechnung auf Einzahlangaben basiert. Bei der Umsetzung auf deutscher Ebene hat man sich dafür entschieden, die Schallschutznachweise der neuen DIN 4109 mit den Vereinfachten Verfahren durchzuführen. Bauteilsammlungen, die wie in Beiblatt 1 zu DIN 4109 [2] eine umfangreiche Zusammenstellung von Ausführungsbeispielen beinhalten, sind in den Dokumenten der EN 12354 nicht vorgesehen. Jedoch enthalten sogenannte „informative Anhänge" eine Anzahl von Beispielen, die aber nicht den Anspruch auf repräsentative Darstellung erheben wollen und können. Ein „Europäischer Bauteilkatalog" ist somit nicht verfügbar. Für die Anwendung der europäischen Rechenverfahren im Rahmen der neuen DIN 4109 wurde deshalb ein neuer Bauteilkatalog erarbeitet, der sich in den Teilen DIN 4109-31 bis DIN 4109-36 [7–13] befindet (s. Abschnitt 2.2).

Mit den neuen europäischen Verfahren für die Prognose des Schallschutzes wurden in umfangreichen Forschungsvorhaben Erfahrungen gesammelt und die Voraussetzungen für die Umsetzung im Rahmen der neuen DIN 4109 geschaffen. Insbesondere für den Mauerwerksbau konnten die für die Berechnung erforderlichen Schalldämm- und Stoßstellendämm-Maße abgesichert und die Anwendung des Berechnungsmodells für den Luftschallschutz verifiziert werden [53–59]. Auch das für die Ermittlung des Stoßstellendämm-Maßes anzuwendende Prüfverfahren [37] konnte für die Bedingungen des Mauerwerkbaus überprüft und erprobt werden [60–62]. Damit kann der Massivbau auf der Basis einer sorgfältigen Validierung in der neuen DIN 4109 behandelt werden.

2.2 Aufbau und Inhalte der neuen DIN 4109

DIN 4109 kennt für ihren Anwendungsbereich folgende Themenbereiche: Anforderungen an den baulichen Schallschutz, rechnerische Nachweise der Erfüllung der Anforderungen, Daten für die Berechnungen („Ausführungsbeispiele") und Nachweise durch bauakustische Prüfungen. Diese Bereiche wurden in der neuen DIN 4109 inhaltlich getrennt und in separaten Dokumenten dargestellt. Daraus ergibt sich die folgende Gliederung:
– DIN 4109-1: Mindestanforderungen [5],
– DIN 4109-2: Rechnerische Nachweise der Erfüllung der Anforderungen [6],
– DIN 4109-3: Daten für die rechnerischen Nachweise des Schallschutzes (Bauteilkatalog),
– DIN 4109-4: Bauakustische Prüfungen [14].

Der Bauteilkatalog des Teils 3 wiederum gliedert sich in 6 einzelne Teile. Angesichts neuer, bislang nicht erforderlicher Daten (z. B. für die Direktdämmung im Massivbau oder die Stoßstellendämmung) und der Aktualisierung der Daten (insbesondere für den Holz-, Leicht- und Trockenbau) erreichte der neue Bauteilkatalog einen solchen Umfang, dass eine thematische Aufteilung in die folgenden 6 Teile vorgenommen wurde:
– DIN 4109-31: Rahmendokument [7],
– DIN 4109-32: Massivbau [8],
– DIN 4109-33: Holz-, Leicht- und Trockenbau [9],
– DIN 4109-34: Vorsatzkonstruktionen vor massiven Bauteilen [10],
– DIN 4109-35: Elemente [12],
– DIN 4109-36: Gebäudetechnische Anlagen [13].

In dieser Form wurden die insgesamt neun Normteile im Juli 2016 als Normenpaket unter dem alten Gesamttitel „Schallschutz im Hochbau" veröffentlicht.

Mit der neuen DIN 4109:2016 sind die Nachweis- und Planungsmöglichkeiten weiter gefasst, als es mit der alten DIN 4109 der Fall war. Dennoch konnten nicht alle ins Auge gefassten Anwendungsbereiche bis zur Veröffentlichung des Normentwurfs 2013 bearbeitet werden. In DIN 4109-2 und im Bauteilkatalog DIN 4109-31 bis 36 finden sich deshalb an einigen Stellen „Platzhalter", die im weiteren Verlauf der Normungsarbeit mit Inhalt gefüllt werden sollen. Darüber hinaus sollen in diesen beiden Normteilen Aktualisierungen möglich sein, wenn sich das aus der Weiterentwicklung der Berechnungsverfahren in DIN EN 12354 oder aus der Anpassung an aktuelle Bauweisen ergibt. Beide Normteile verstehen sich deshalb als „dynamische Dokumente", deren Weiterentwicklung im zuständigen Normenausschuss verfolgt wird. Als erste Ergänzungen sind mit der Behandlung von Wärmedämmverbundsystemen für DIN 4109-34 [11] und mit der Behandlung von Vorhangfassaden für DIN 4109-35 [12] im Oktober 2018 entsprechende Normentwürfe veröffentlicht worden.

Ein Pedant zum Beiblatt 2 der DIN 4109 [3] mit Vorschlägen für einen erhöhten Schallschutz und Empfehlungen für den eigenen Wohn- und Arbeitsbereich gibt es in der neuen DIN 4109 nicht mehr. Nachdem ein Normentwurf [4] zum erhöhten Schallschutz im zuständigen Normungsgremium nicht konsensfähig war, wurde der erhöhte Schallschutz aus dem Aufgabenbereich der DIN 4109 gestrichen. Die neue DIN 4109 enthält deshalb keine Angaben zum erhöhten Schallschutz mehr. Allerdings beschloss das Lenkungsgremium zu DIN 4109 im Oktober 2016, dass unter Würdigung von DIN 4109 Beiblatt 2:1989-11 und DIN SPEC 91314 [17] höhere Anforderungen an den Schallschutz erarbeitet werden, bei denen „der Schallschutz wahrnehmbar besser sein soll, als in DIN 4109-1 festgelegt". Unter dem voraussichtlichen Titel „Schallschutz im Hochbau – Erhöhte Anforderungen" soll sich ein neuer Teil 5 der DIN 4109 mit dieser Thematik beschäftigen.

Schon relativ kurz nach Erscheinen des Normenpakets vom Juli 2016 wurden für DIN 4109-1:2016 und DIN 4109-2:2016 Änderungen in die Wege geleitet. Dabei ging es um einige inhaltliche Änderungen zu den Anforderungen, die aufgrund von Vorgaben aus Schlichtungsverhandlungen erforderlich wurden, um Änderungen zur Behandlung des Außenlärms von Schienenverkehr, um Korrekturen und redaktionelle Überarbeitungen. Beim Deutschen Institut für Normung entschloss man sich, keine zusätzlichen Änderungsblätter, sondern sogenannte konsolidierte Fassungen herauszugeben, die die gesamten Normteile mit den vorgenommenen Änderungen enthalten. Die geänderten Fassungen beider Normteile erschienen im Januar 2018 als DIN 4109-1:2018 und DIN 4109-2:2018.

2.3 Neue Nachweisverfahren der DIN 4109-2

2.3.1 Luftschalldämmung

Grundprinzip

Ausgangspunkt für das Nachweisverfahren in DIN 4109-2 ist das vereinfachte Berechnungsmodell für die Luftschalldämmung in DIN EN 12354-1. Bei den eingehenden Untersuchungen zur Anwendbarkeit des Verfahrens auf die deutsche Bausituation wurden einige Modifikationen vorgenommen, allerdings ohne die Grundsätze des Verfahrens zu ändern.

Wenn Schall in Gebäuden von einem Raum in einen anderen übertragen wird (s. Bild 5), geschieht dies nicht nur als Luftschall durch das gemeinsame Trennbauteil (Weg Dd), sondern auch
- als Luftschall über weitere schallübertragende Elemente im Trennbauteil (Undichtigkeiten, Schlitze, eingebaute Elemente wie z. B. Lüfter): Weg „e"
- als Luftschall über Nebenwege (Flure, Kanäle, durchlaufende abgehängte Unterdecken): Weg „s" und
- als Körperschall über die flankierenden Bauteile: Wege Ff, Df und Fd.

Unter Flankenübertragung oder auch Schall-Längsleitung wird die letztgenannte Übertragungsart verstanden. Sie spielt für den Mauerwerksbau eine wichtige Rolle. An jeder Kante eines Trennbauteils gibt es dabei drei unterschiedliche Flankenwege:
- vom Flankenbauteil im Senderaum in das flankierende Bauteil im Empfangsraum (der sogenannte Weg Ff),

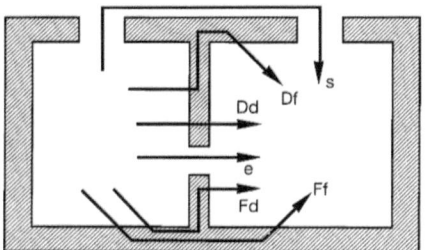

Dd durch das Trennbauteil
Df, Fd, Ff über Flankenbauteile
e durch Öffnungen in der Trennwand
s über Nebenwege

Bild 5. Schallübertragung zwischen Räumen in Gebäuden

- vom Flankenbauteil im Senderaum in das Trennbauteil (Weg Fd) und
- vom Trennbauteil in das flankierende Bauteil im Empfangsraum (Weg Df).

Für die Kurzbezeichnungen der Wege – meist als Indizes für die entsprechenden Schalldämmanteile benutzt – gilt: f = flankierendes Bauteil, d = direkt übertragendes Bauteil (= Trennbauteil), Großbuchstabe für Senderaum, Kleinbuchstabe für Empfangsraum.

Besondere Rolle der Flankenübertragung

Insgesamt gibt es bei einer Trennwand die direkte Übertragung durch die Wand und zwölf „primäre" Flankenwege. Insbesondere im Massivbau kann keiner dieser Flankenwege von vornherein vernachlässigt werden. Häufig wird über die Flankenwege zusammen etwa so viel Schall übertragen wie über das trennende Bauteil selbst. Neben den primären Flankenwegen gibt es noch solche über mehr als eine Stoßstelle hinweg, die wegen ihrer großen Anzahl trotz der geringen Einzelbeiträge insgesamt bedeutsam sein können. Allerdings müssen diese unter üblichen Massivbaubedingungen nicht gesondert berücksichtigt werden, da sie auf empirische Weise bei den rechnerischen Ansätzen zur Flankenübertragung bereits miterfasst werden.

Während bei einer Berechnung des Schallschutzes zwischen zwei Räumen die Wege „e" und „s" nur bei Bedarf einzubeziehen sind, müssen die Wege über die flankierenden Bauteile im Massivbau grundsätzlich immer berücksichtigt werden, und zwar jeder Weg für sich. In diesem Punkt unterscheidet sich das neue Berechnungsverfahren grundsätzlich von der bisherigen Vorgehensweise nach Beiblatt 1 zu DIN 4109:1989 [2]. Dort enthielt das Schalldämm-Maß des trennenden Bauteils ($R'_{w,R}$) schon eine (hineingemessene) flankierende Übertragung, die lediglich noch korrigiert werden musste, wenn die mittlere flächenbezogene Masse der Flankenbauteile von 300 kg/m² abwich oder wenn Vorsatzschalen bei der Übertragung beteiligt waren. Eine detaillierte Betrachtung der einzelnen Flankenwege war nicht vorgesehen. Im neuen Berechnungsverfahren ist bei der Berechnung des Schallschutzes zwi-

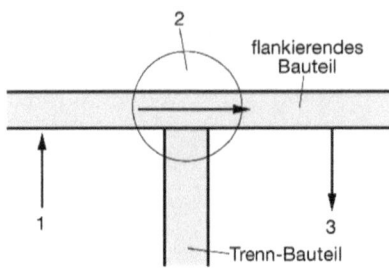

1 Luftschallanregung
2 Körperschallübertragung über die Stoßstelle
3 Luftschallabstrahlung

flankierendes Bauteil (Sendeseite)
Bauteilkombination

flankierendes Bauteil (Empfangsseite)

1 und 3 kann durch das Schalldämm-Maß $R_{i,w}$ bzw. $R_{j,w}$ des flankierenden Bauteils beschrieben werden

2 wird durch das Stoßstellendämm-Maß k_{ij} beschrieben; dieses ist eine Eigenschaft der Bauteilkombination

Bild 6. Flankierende Schallübertragung nach DIN EN 12354-1 am Beispiel eines T-Stoßes (Weg Ff)

schen zwei Räumen die Bestimmung der Flankenübertragung dagegen eine zentrale Aufgabe.

Bild 6 zeigt dazu, wie im Rahmen des Berechnungsmodells die flankierende Übertragung durch das Schalldämm-Maß des flankierenden Bauteils und das sog. Stoßstellendämm-Maß K_{ij} beschrieben werden kann.

Für die Körperschallübertragung am Knotenpunkt (Stoßstelle) wird als neue Größe das Stoßstellendämm-Maß K_{ij} definiert. Dieses beschreibt die Verminderung des Körperschalls bei seinem Weg über die Stoßstelle hinweg, die durch die Energieverzweigung auf mehrere Bauteile und die Reflexion an der Stoßstelle zustande kommt. Sie hängt ab von der individuellen Beschaffenheit der aufeinanderstoßenden Bauteile und der Art ihrer Verbindung.

Jeder flankierende Übertragungsweg wird durch ein eigenes Schalldämm-Maß, das sogenannte Flankenschalldämm-Maß $R_{ij,w}$, definiert. Dieses beschreibt die Dämmung auf dem Übertragungsweg ij, wobei i das angeregte Bauteil im Senderaum und j das abstrahlende Bauteil im Empfangsraum bezeichnet. Dafür gilt dann

$$R_{ij,w} = (R_{i,w}+R_{j,w})/2 + \Delta R_{ij,w} + K_{ij} + 10 \cdot \lg(S_s/l_0 l_f) \quad [dB]$$

Es bedeuten:

$R_{i,w}, R_{j,w}$ die bewerteten Schalldämm-Maße der Bauteile i und j, im direkten Schalldurchgang

$\Delta R_{ij,w}$ die gesamte bewertete Verbesserung der Luftschalldämmung durch Vorsatzschalen auf den Bauteilen i oder j

K_{ij} der Einzahlwert des Stoßstellendämm-Maßes für den Schallübergang vom Bauteil i zum Bauteil j

S_s die Fläche des trennenden („separating") Bauteils

l_f die gemeinsame Kopplungslänge der Verbindungsstelle zwischen dem trennenden Bauteil und den flankierenden Bauteilen

l_0 die Bezugs-Kopplungslänge, $l_0 = 1$ m

Die Formel besagt, dass sich die Schalldämmung für den Weg ij zusammensetzt aus dem Mittelwert der Schalldämm-Maße der beiden „schallführenden" Bauteile, erhöht um die Verbesserung etwa vorhandener Vorsatzschalen und die Dämmung der Stoßstelle selbst. Der letzte Term in der obigen Formel bereinigt lediglich die Tatsache, dass die vorangegangenen Ausdrücke auf unterschiedliche Flächen bezogen sind. Der Ansatz macht deutlich, dass die Schallausbreitung entlang der beteiligten Bauteile und die Vorgänge an den Verbindungsstellen verschiedene Dinge sind. Ein ungünstiges Längsleitungsverhalten eines Bauteils kann beispielsweise durch eine geeignete Stoßstellenausbildung (z. B. mit Fuge) ausgeglichen werden. Andererseits kann das Abreißen der Trennwand von den Außenwänden die Schalllängsleitung auf dem Weg Ff durch Verringerung der Stoßstellendämmung beträchtlich erhöhen (s. dazu Abschnitt 5.4.1). Die genannte Gleichung enthält alles, was zur Behandlung der flankierenden Übertragung bekannt sein muss und liefert zu deren Dimensionierung quasi eine Handlungsanleitung.

Berechnung der Schalldämmung

Die resultierende Schalldämmung zwischen zwei Räumen (Bau-Schalldämm-Maß) ergibt sich durch die Summe der auf den einzelnen Wegen übertragenen Schallleistungen, was in Schalldämm-Maßen ausgedrückt folgende Form annimmt:

$$R'_w = -10 \cdot \lg \left[10^{-R_{Dd,w}/10} + \sum_{i,j} 10^{-R_{ij,w}/10} \right] \quad [dB]$$

$R_{Dd,w}$ ist hierbei das bewertete Direkt-Schalldämm-Maß des Trennbauteils einschließlich der Wirkung etwaiger Vorsatzschalen im Sende- oder Empfangsraum. Für die Summation der Flankenwege werden bei nebeneinanderliegenden quaderförmigen Räumen üblicherweise 12 Wege berücksichtigt. Naheliegenderweise wird man diesen Berechnungsgang mit geeigneten Berechnungsprogrammen durchführen, von denen mehrere kommerzielle und nicht kommerzielle Versionen auf dem Markt verfügbar sind.

Berücksichtigung von Vorsatzschalen

Sowohl bei der Direktdämmung als auch bei der Flankendämmung können Vorsatzschalen auf den Bauteilen berücksichtigt werden. Dies geschieht dadurch, dass die bewertete Verbesserung der Luftschalldämmung ΔR_w (s. Abschnitt 1.5.2.3) einer Vorsatzschale

zum bewerteten Schalldämm-Maß des Grundbauteils addiert wird.
Ist eine Massivwand beidseitig mit Vorsatzschalen verkleidet, werden deren bewertete Verbesserungen nicht addiert, sondern zur bewerteten Verbesserung der „besseren" Vorsatzschale nur die halbe bewertete Verbesserung der „schlechteren" Schale hinzugezählt:

$$\Delta R_{w,ges} = \Delta R_{w,\text{größer von beiden}} + \Delta R_{w,\text{kleiner von beiden}}/2 \quad [dB]$$

In DIN 4109-2 [6] und DIN 4109-34 [10] wird weiterhin angenommen, dass die Verbesserungen der Schalldämmung einer Trennwand ΔR_w und einer flankierenden Wand i durch dieselbe Vorsatzschale gleichgroß sind:

$$\Delta R_{i,w} = \Delta R_w \quad [dB]$$

Befinden sich Vorsatzschalen auf einer flankierenden Wand sowohl im Sende- als auch im Empfangsraum, wird wiederum zur bewerteten Verbesserung der besseren Vorsatzschale nur die Hälfte der bewerteten Verbesserung der schlechteren Wand addiert, um die resultierende Verbesserung beider Schalen zu erhalten:

$$\Delta R_{ij,w} = \Delta R_{i,w} + \Delta R_{j,w}/2 \quad [dB]$$

Hierbei wird angenommen, dass die Vorsatzschale vor der Wand i die bessere von beiden ist.

Nachweis für zweischalige massive Haustrennwände
DIN 4109-2 enthält auch ein Berechnungsverfahren für die Schalldämmung zweischaliger massiver Haustrennwände. Dieses weicht jedoch von den Prinzipien des zuvor beschriebenen neuen Verfahrens ab. Es wird in Abschnitt 4.5.2 erläutert.

2.3.2 Trittschalldämmung

In Abschnitt 1.5.2.6 wird beschrieben, wie der bewertete Norm-Trittschallpegel $L_{n,w}$ einer „gebrauchsfertigen" Decke aus dem äquivalenten bewerteten Norm-Trittschallpegel $L_{n,eq,0,w}$ der Rohdecke und der bewerteten Trittschallminderung ΔL_w einer Deckenauflage ermittelt werden kann. Für die Berechnung der Trittschallübertragung im Gebäude (vertikale Übertragung in den darunterliegenden Raum) muss dann noch die flankierende Trittschallübertragung berücksichtigt werden. Im Gegensatz zur Berechnung der Luftschalldämmung (s. Abschnitt 2.3.1) wird jedoch keine detaillierte Berechnung der einzelnen Flankenwege durchgeführt. Vielmehr wird aus der mittleren flächenbezogenen Masse der Flankenbauteile ein pauschaler Korrekturwert K ermittelt, der sich in Abhängigkeit von den flächenbezogenen Massen des Trennbauteils und der (gemittelten) Flankenbauteile ergibt. Daraus folgt für den bewerteten Norm-Trittschallpegel im Bau $L'_{n,w}$

$$L'_{n,w} = L_{n,eq,0,w} - \Delta L_w + K \quad [dB]$$

Dieses in DIN 4109-2 als Nachweisverfahren für den Trittschall vorgesehene Verfahren entspricht dem vereinfachten Verfahren der DIN EN 12354-2:2000.

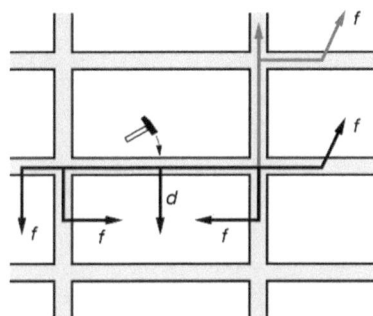

Bild 7. Trittschallausbreitung in Gebäuden (nach [63])

Trittschall macht sich in einem Gebäude nicht nur unmittelbar unterhalb der angeregten Decke bemerkbar, sondern auch in horizontaler, diagonaler oder vertikal aufsteigender Richtung (s. Bild 7).
Eine wirkliche Berechnung dieser Übertragungssituationen ist mit dem Ansatz aus DIN 4109-2 nicht möglich. Durch eine Korrektur mit dem Korrekturwert K_T, der die Ausbreitungsverhältnisse zwischen der Anregestelle und dem schutzbedürftigen Raum berücksichtigt, kann jedoch der für die vertikale Übertragung definierte $L_{n,w}$ (ohne Flankenübertragung) auf die anderen Situationen umgerechnet werden. Dafür berechnet sich der bewertete Norm-Trittschallpegel zu

$$L'_{n,w} = L_{n,eq,0,w} - \Delta L_w - K_T \quad [dB]$$

Tabelle 2 nennt für die infrage kommenden Übertragungssituationen die entsprechenden Korrekturwerte K_T.

2.3.3 Außenlärm

Die gegenüber Außenlärm erforderliche Schalldämmung des Außenbauteils ergibt sich nach DIN 4109-1 [5] aus dem maßgeblichen Außenlärmpegel L_a. Dieser muss entsprechend der örtlichen Lärmbelastung des Gebäudes (Verkehrslärm, Industrielärm etc.) nach den Vorgaben in DIN 4109-2 (falls L_a berechnet wird, was der übliche Fall ist) oder nach den Vorgaben der DIN 4109-4 [14] (falls in Sonderfällen L_a durch Messung bestimmt wird) ermittelt werden. Für das gesamte bewertete Bau-Schalldämm-Maß $R'_{w,ges}$ der Außenbauteile schutzbedürftiger Räume gilt dann nach DIN 4109-1:

$$R'_{w,ges} = L_a - K_{Raumart} \quad [dB]$$

Dabei ist
$K_{Raumart} = 25$ dB für Bettenräume in Krankenanstalten und Sanatorien
$K_{Raumart} = 30$ dB für Aufenthaltsräume in Wohnungen, Übernachtungsräume in Beherbergungsstätten, Unterrichtsräume u. Ä.
$K_{Raumart} = 35$ dB für Büroräume u. Ä.

Tabelle 2. Korrekturwert K_T zur Ermittlung des bewerteten Norm-Trittschallpegels $L'_{n,w}$ für verschiedene räumliche Zuordnungen von Anregeraum (lauter Raum, LR) zum Empfangsraum („schutzbedürftiger Raum", SR) nach DIN 4109-2 [6]

Zeile	Lage der schutzbedürftigen Räume (SR)		K_T [dB]
1	unmittelbar unter dem lauten Raum (LR)		0
2	neben oder schräg unter dem lauten Raum (LR)		+5
3	wie Zeile 2, jedoch ein Raum dazwischenliegend		+10
4	über dem lauten Raum (LR) (Gebäude mit tragenden Wänden)		+10
5	über dem lauten Raum (LR) (Skelettbau)		+20
6	neben oder schräg unter dem lauten Raum (LR), jedoch durch Haustrennfuge (d ≥ 50 mm) getrennt		+15

Auf diese Weise kann entsprechend der Nutzung der schutzbedürftigen Räume der entsprechende Anforderungswert für die Schalldämmung bestimmt werden. Diese Vorgehensweise ermittelt die erforderliche Schalldämmung „dB-genau", während bei der früheren Vorgehensweise nach DIN 4109:1989 [1] die in 5-dB-Stufen unterteilten Lärmpegelbereiche maßgebend waren.

Zu beachten ist, dass $R'_{w,ges}$ die resultierende Schalldämmung der Fassade ist, die sich nach den Angaben in Abschnitt 4.6.2 aus den Schalldämm-Maßen der einzelnen Fassadenteile (Wand, Fenster, Rollladenkästen usw.) ermitteln lässt. Zu beachten ist weiterhin, dass entsprechend den Erläuterungen in Abschnitt 4.6.3 der so bestimmte Wert $R'_{w,ges}$ noch mit einer Korrektur K_{AL} versehen werden muss, die die geometrischen Verhältnisse des jeweiligen schutzbedürftigen Raums berücksichtigt.

2.3.4 Nachweis für Geräusche gebäudetechnischer Anlagen

Für Geräusche gebäudetechnischer Anlagen werden zwar in DIN 4109-1 Anforderungen gestellt, jedoch findet sich in DIN 4109-2 (Rechnerische Nachweise) kein Verfahren, mit dem ein rechnerischer Nachweis geführt werden könnte. Stattdessen wird in DIN 4109-36 [13] auf sogenannte Musterinstallationswände verwiesen, die für einen Nachweis ohne bauakustische Messungen herangezogen werden können. Auch für den Massivbau wird eine entsprechende Musterinstallationswand definiert sowie die dafür geltenden Randbedingungen festgelegt. In Abschnitt 4.7 wird darauf eingegangen.

2.4 Neues Sicherheitskonzept der DIN 4109

In den Schallschutznachweisen der DIN 4109:1989 waren die Kennwerte der Ausführungsbeispiele in Beiblatt 1 zu DIN 4109:1989 als „Rechenwerte" deklariert. Sie enthielten bereits ein Vorhaltemaß von 2 dB. Wenn Messwerte aus Prüfzeugnissen für die Nachweise herangezogen wurden, musste beim Prüfstandswert ebenfalls das Vorhaltemaß berücksichtigt werden. Das sollte beim Schallschutznachweis dazu führen, dass die Sicherheit zur Erfüllung der nachzuweisenden Anforderungen erhöht wurde.

Die neue DIN 4109 hat sich vom Vorhaltemaß, das den Werten der trennenden Bauteile zugeschlagen wurde, verabschiedet und stattdessen ein völlig neues Sicherheitskonzept eingeführt, das auf grundlegenden Untersuchungen in [64, 65] beruht. Grundsätzlich werden zwei getrennte Schritte durchgeführt: die Prognoserechnung nach DIN 4109-2 und die dazugehörige Ermittlung der Sicherheitsbeiwerte nach den Vorgaben in DIN 4109-2, 5.3.3 oder Anhang C. Die ermittelte Unsicherheit wird dann dem Prognosewert zugeschlagen, sodass ein Abgleich mit den gestellten Anforderungen erfolgen kann. Für bauaufsichtliche Nachweise sind die Sicherheitsbeiwerte vereinfacht als pauschale Sicherheitsbeiwerte heranzuziehen. Es gilt dann für die Luftschalldämmung von trennenden Bauteilen im Gebäude:

$$R'_w - 2 \text{ dB} \geq \text{erf. } R'_w \quad [\text{dB}]$$

Für die Trittschalldämmung gilt:

$$L'_{n,w} + 3 \text{ dB} \leq \text{zul. } L'_{n,w} \quad [\text{dB}]$$

2.5 Neuer Bauteilkatalog in DIN 4109

Der Bauteilkatalog der neuen DIN 4109 stellt für die rechnerischen Nachweise (Schallschutznachweise) der DIN 4109-2 die benötigten Eingangsdaten zur Verfügung. In großen Teilen wurde der Bauteilkatalog neu erarbeitet. Grundlage dafür waren zahlreiche Forschungsarbeiten und Untersuchungen, die neue, bislang nicht verfügbare Daten (z. B. für den Massivbau Schalldämm-Maße R_w und Stoßstellendämm-Maße K_{ij}) für den Bauteilkatalog zur Verfügung stellten und für eine Aktualisierung der Datensammlung sorgten. Alle Daten des Bauteilkatalogs können ohne jegliche Zu- oder Abschläge unmittelbar in den Berechnungsverfahren verwendet werden, da der Sicherheitsbeiwert erst beim Endergebnis der Prognoserechnung angesetzt wird. Die einzelnen Teile des Bauteilkatalogs sind nach Bauteilgruppen gegliedert, denen gemeinsame Konstruktionsmerkmale zugeordnet werden können. Für jede Bauteilgruppe finden sich neben den Daten für den rechnerischen Nachweis weitere Angaben: die Beschreibung der Bauteilgruppe, die Erläuterung der die Schalldämmung beeinflussenden Größen, Hinweise für Planung und Ausführung und Angaben zur Herkunft der Daten.

Von besonderer Bedeutung für den Mauerwerksbau sind die Teile DIN 4109-32 [8] und DIN 4109-34 [10]. In DIN 4109-32 finden sich alle Daten und Hinweise für die Luft- und Trittschalldämmung massiver Konstruktionen. Außerdem enthält er die Angaben für die Stoßstellendämm-Maße K_{ij}. Vorsatzkonstruktionen vor massiven Bauteilen (z. B. Vorsatzschalen oder schwimmende Estriche) werden als separate Bauteile behandelt, da sie (im Gegensatz zum Holz-, Leicht- und Trockenbau) mit ihren Verbesserungen ΔR_w und ΔL_w additiv mit den massiven Grundbauteilen (Wände, Decken) kombiniert werden können (s. Abschnitt 2.3.2). Die Angaben für die bewertete Verbesserung der Luftschalldämmung ΔR_w und für die bewertete Trittschallminderung ΔL_w finden sich in DIN 4109-34.

Die bauakustischen Verhältnisse im Massivbau führen dazu, dass die wesentlichen Zusammenhänge in DIN 4109-32 auf mathematisch einfache Art und Weise mit ausreichender Genauigkeit in Abhängigkeit von der flächenbezogenen Masse beschrieben werden können. Überall, wo solche analytischen Zusammenhänge vorhanden sind, nennt der Bauteilkatalog in DIN 4109-32 die entsprechenden Formeln. Das gilt für die „Massekurven", die den Zusammenhang zwischen der flächenbezogenen Masse eines massiven Bauteils und dessen Schalldämm-Maß R_w herstellen (s. Abschnitt 4.2.2) und für die Stoßstellendämm-Maße K_{ij}, die im Massivbau aus dem Verhältnis der flächenbezogenen Massen der beteiligten Bauteile ermittelt werden können (s. Abschnitt 5). Auch der Norm-Trittschallpegel massiver Decken lässt sich rechnerisch aus der flächenbezogenen Masse ermitteln. Die flächenbezogene Masse ist deshalb für den Schallschutz im Massivbau die Leitgröße, für deren Ermittlung in DIN 4109-32 ausführliche Festlegungen getroffen werden.

3 DIN 4109-1 und andere Regelwerke für den baulichen Schallschutz

3.1 Regelwerke und deren Anwendungsbereich

Anforderungen an den baulichen Schallschutz sind in der DIN 4109-1 [5] festgelegt. Durch die baurechtliche Einführung der DIN 4109-1 in den einzelnen Bundesländern sind die dort enthaltenen Schallschutzanforderungen öffentlich-rechtlich geschuldete Eigenschaften, die in jedem Fall erbracht werden müssen. Sie haben damit den Charakter von Mindestanforderungen. Dem trägt DIN 4109-1 dadurch Rechnung, dass sie (gegenüber der Vorgängernorm von 1989) nun auch den Namen „Schallschutz im Hochbau – Mindestanforderungen" führt. Diese Anforderungen gelten für den

– Schutz von Aufenthaltsräumen gegen Schallübertragung aus einem fremden Wohn- oder Arbeitsbereich (Luftschall- und Trittschalldämmung),
– Schutz gegen Geräusche aus haustechnischen Anlagen und Betrieben,
– Schutz gegen Außenlärm.

Ausdrücklich geht es bei den Anforderungen innerhalb eines Hauses nur um den Schutz gegen Schallübertragung aus einem fremden Wohn- oder Arbeitsbereich. Geräusche aus dem eigenen Wohn- oder Arbeitsbereich sind (mit einer Ausnahme, die noch angesprochen wird) nicht Gegenstand bauaufsichtlicher Anforderungen. DIN 4109-1 ist durch die bauaufsichtliche Einführung für die Festlegung der Anforderungen das einzige Regelwerk des baulichen Schallschutzes, das im bauordnungsrechtlichen Sinne anzuwenden ist. Darüber hinaus gibt es zur Bemessung des baulichen Schallschutzes eine Reihe anderer Regelwerke, deren Anwendung ausschließlich im zivilrechtlichen/vertragsrechtlichen Bereich liegt.

Dazu gehören
- Beiblatt 2 zu DIN 4109:1989 [3],
- VDI-Richtlinie 4100 [38, 39],
- DEGA-Memorandum BR 0101 „Die allgemein anerkannten Regeln der Technik in der Bauakustik" [42],
- DEGA-Empfehlung 103 Schallschutzausweis [43],
- DEGA-Memorandum BR 0104 Schallschutz im eigenen Wohnbereich [44],
- DIN SPEC 91314 [17],
- ISO/DIS 19488 [49].

Über die genannten Regelwerke hinaus gibt es noch verschiedene Empfehlungen einzelner Verbände zum (erhöhten) Schallschutz.
Die genannten Regelwerke betreffen verschiedene Aspekte des baulichen Schallschutzes. Für einen über die bauaufsichtlich verbindlichen (Mindest-) Anforderungen der DIN 4109 hinausgehenden Schallschutz hat sich der Begriff „erhöhter Schallschutz" eingebürgert. Er kann vertraglich vereinbart werden, kann sich aber auch direkt aus den Vertragsunterlagen ergeben. Festlegungen zu einem erhöhten Schallschutz finden sich im Beiblatt 2 zu DIN 4109:1989, in der VDI-Richtlinie 4100 und in der DIN SPEC 91314. Klassifizierungssysteme für den Schallschutz werden im DEGA-Schallschutzausweis und in der ISO/DIS 19488 behandelt. Angaben zum Schallschutz im eigenen Wohn- und Arbeitsbereich machen Beiblatt 2 zu DIN 4109:1989, die VDI 4100 und das DEGA-Memorandum BR 0104. Die vertragsrechtlich relevante Frage nach den anerkannten Regeln der Technik in der Bauakustik wird im DEGA-Memorandum BR 0104 behandelt.

Beiblatt 2 zu DIN 4109:1989

Beiblatt 2 von 1989 [3] enthält Vorschläge für einen erhöhten Schallschutz und Empfehlungen für den Schallschutz im eigenen Wohn- und Arbeitsbereich. Angesichts des rein zivilrechtlichen Charakters der in Beiblatt 2 vorgeschlagenen Werte heißt es dort: „Ein erhöhter Schallschutz einzelner oder aller Bauteile nach diesen Vorschlägen muss ausdrücklich zwischen dem Bauherrn und dem Entwurfsverfasser vereinbart werden...". Eine gleichlautende Formulierung findet sich auch für den eigenen Wohn- und Arbeitsbereich. Diese Formulierung kann rechtlich allerdings nicht so interpretiert werden, dass ein erhöhter Schallschutz nur dann geschuldet wird, wenn darüber ausdrückliche Vereinbarungen bestehen. Beispielsweise ist davon auszugehen, dass für Komfortwohnungen ein erhöhter Schallschutz erfüllt sein muss. Beiblatt 2 wurde häufig zur Festlegung eines erhöhten Schallschutzes herangezogen, war aber auch in der Kritik, da sich die Vorschläge für die Luftschalldämmung nur unzureichend von den Mindestanforderungen der DIN 4109:1989 abhoben.

Vorbereitung von DIN 4109-5

Im Oktober 2016 wurde im Normenausschuss Bau (NABau vom Fachbereichsbeirat KOA 05 beschlossen, den erhöhten Schallschutz in DIN 4109 wieder zu behandeln und das Beiblatt 2 zur DIN 4109:1989 [3] zu überarbeiten. Dabei ist geplant, die Teile zum erhöhten Schallschutz aus dem Beiblatt 2 in einen neuen Teil 5 der DIN 4109 zu überführen, wobei einerseits auch die DIN SPEC 91314 [17] zu berücksichtigen ist, andererseits der Schallschutz wahrnehmbar besser als in DIN 4109-1 sein soll. Hierzu sind Arbeiten im Gange und ein Entwurf soll voraussichtlich in der ersten Jahreshälfte von 2019 vorgelegt werden.

VDI 4100

Ziel der VDI 4100 ist die schalltechnische Klassifizierung von Wohnungen. Sie ist im Rahmen zivilrechtlicher Vereinbarungen anwendbar. Unterschieden werden drei Schallschutzstufen (SSt I, SSt II und SSt III). In den ersten beiden Ausgaben der VDI 4100 von 1994 und 2007 [38] stimmte SSt I mit den Mindestanforderungen der DIN 4109:1989 überein. Die SSt II nannte Werte, „bei deren Einhaltung die Bewohner... im allgemeinen Ruhe finden...". Für die SSt III hieß es: „Bei Einhaltung der Kennwerte der SSt III können die Bewohner ein hohes Maß an Ruhe finden." Die Schallschutzstufen der VDI 4100 schlossen auch den eigenen Wohn- und Arbeitsbereich ein. Die Neuausgabe der VDI 4100 von 2012 [39] hat ihr Anforderungskonzept auf raumbezogenen Kenngrößen ($D_{nT,w}$, $L'_{nT,w}$ und $L_{AF,max,nT}$), bezogen auf eine Nachhallzeit von T = 0,5 s, umgestellt (s. Abschnitt 1.5.3.1). Auch hat sie die Zuordnung ihrer Schallschutzstufen dahingehend geändert, dass nun schon SSt I einen gegenüber DIN 4109 erhöhten Schallschutz beschreibt. Diese Änderungen haben dazu geführt, dass die Anwendung von VDI 4100:2012 umstritten ist und stattdessen häufig auf VDI 4100:2007 zurückgegriffen wird.

DEGA-Empfehlung 103 Schallschutzausweis

Die DEGA-Empfehlung 103 [43] verfolgt im Wesentlichen folgende Zielsetzungen:
- Schaffung eines mehrstufigen Systems zur differenzierten Planung und Kennzeichnung des baulichen Schallschutzes zwischen Raumsituationen, unabhängig von der Art des Gebäudes.
- Entwicklung eines Punktesystems auf dieser Basis zur einfachen Kennzeichnung des Schallschutzes von ganzen Wohneinheiten oder Gebäuden.

Wohnungen werden entsprechend ihrer schalltechnischen Qualität 7 Klassen (A$^+$, A, B, C, D, E und F) zugeordnet, wobei die Anforderungen der Klasse D im Wesentlichen den Mindestanforderungen der DIN 4109 entsprechen. Die Klassen E und F sind dazu geeignet, Bestandsgebäude zu qualifizieren. Ein erhöhter Schallschutz wird dann durch die Klassen C, B, A und A$^+$ mit jeweils entsprechend höheren Anforderungen an die schalltechnische Qualität zwischen den Wohnungen beschrieben. Im Gegensatz zu den Anforderungen der DIN 4109-1, des Beiblatts 2 und der VDI 4100 wird beim Schallschutzausweis nicht zwischen dem mehrgeschossigen Wohnungsbau und Doppel- und Reihenhäusern unterschieden. Es gibt vielmehr eine einheitliche, von der Art des Gebäudes unabhängige Klassifizierung des Schallschutzes. Die in der DEGA-Empfehlung genannten Anforderungen für die verschiedenen Schallschutzklassen können auch als Planungsgrundlage für den Schallschutz bzw. den erhöhten Schallschutz verwendet werden.

DIN SPEC 91314

Die DIN SPEC 91314 [17] wurde im Januar 2017 veröffentlicht und ist wie alle DIN SPEC-Dokumente nicht Teil des deutschen Normenwerks. In diesem Papier werden Empfehlungen für einen erhöhten Schallschutz genannt, die eine über den üblichen Schallschutz hinausgehende Qualität sicherstellen sollen. Den Klassifizierungssystemen mit mehreren Stufen (VDI 4100, DEGA-Schallschutzausweis, ISO/DIS 19488) wird damit eine einzelne Stufe des erhöhten Schallschutzes gegenübergestellt, deren Anforderungswerte für den mehrgeschossigen Wohnungsbau den Standard bei üblichen Eigentumswohnungen markieren sollen. Die Anforderungen an die Luftschalldämmung zwischen Wohnräumen betragen dabei in horizontaler Richtung $R'_w \geq 55$ dB und in vertikaler Richtung $R'_w \geq 56$ dB und liegen damit nur 2 dB über den Mindestanforderungen der DIN 4109-1. Da unter Akustikern und Sachverständigen mit großer Mehrheit die Meinung vertreten wird, dass beim Luftschallschutz deutlich wahrnehmbare Unterschiede in der Schallschutzqualität erst bei Unterschieden der Schalldämmung von mindestens 3 dB beginnen, ist auch dieses Papier in Fachkreisen umstritten.

ISO/DIS 19488

Bestrebungen zur Klassifizierung des Schallschutzes haben auf internationaler Ebene zum Normentwurf ISO/DIS 19488 von 2017 [49] geführt. Dieses Dokument beschreibt (wie der DEGA-Schallschutzausweis) vorrangig die schalltechnische Klassifizierung von Wohnungen in mehreren Stufen, kann aber auch zur Festlegung von Anforderungswerten beim erhöhten Schallschutz herangezogen werden. Als Kenngrößen werden die auf eine Nachhallzeit von T = 0,5 s bezogenen Größen $D_{nT,w}$, $L'_{nT,w}$ und $L_{A,eq,nT}$ bzw. $L_{AF,max,,nT}$ verwendet. Für den Luftschall können auch die Spektrumanpassungswerte C und $C_{50-3150}$ und für den Trittschall der Spektrumanpassungswert $C_{I,50-2500}$ berücksichtigt werden.

DEGA-Memorandum BR 0104

Im Februar 2015 wurde vom DEGA-Fachausschuss Bau- und Raumakustik ein Memorandum zum „Schallschutz im eigenen Wohnbereich" [44] veröffentlicht. In diesem Papier werden drei Schallschutzstufen zum eigenen Wohnbereich (EW1, EW2 und EW3) definiert und mit den entsprechend abgestuften Anforderungen an den Luft- und Trittschallschutz sowie an Geräuschpegel von haustechnischen Anlagen versehen. Unterschieden wird zwischen Wänden ohne und mit Türen, da die Schalldämmung der Türen deutlich geringer ist. Neben den quantitativ festgelegten Anforderungswerten werden auch Empfehlungen zur Planung und Ausführung gegeben.

DEGA BR 0101

Unter dem Titel „Die allgemein anerkannten Regeln der Technik in der Bauakustik" nimmt das vom DEGA-Fachausschuss Bau- und Raumakustik veröffentlichte Memorandum BR 0101 [42] Stellung zur Frage, welcher Schallschutz geschuldet ist, welche Bedeutung den Anforderungen nach DIN 4109:1989 zukommt und ob sie als allgemein anerkannte Regeln der Technik (a.a.R.d.T.) gelten. In einer rechtlichen Betrachtung („Prüfung des geschuldeten Schallschutzes") wird die Rolle der a.a.R.d.T. herausgestellt. Eine technische Stellungnahme äußert sich zum Sachverhalt der BGH-Urteile vom 16.04.2007 [45] und 04.06.2009 [46], in denen in den anliegenden Streitfällen die Anforderungen der DIN 4109:1989 lediglich als Mindestanforderungen, nicht jedoch als ein üblicher Schallschutz bezeichnet werden. In einer Auflistung der Punkte, bei denen DIN 4109:1989 von den derzeitigen a.a.R.d.T. abweicht, werden mit entsprechenden Begründungen und der Nennung von Werten, die als a.a.R.d.T. betrachtet werden können, folgende Punkte aufgeführt: Schalldämmung zwischen Doppel- und Reihenhäusern, Schalldämmung von Gebäuden mit nicht mehr als zwei Wohnungen und Trittschalldämmung von Massivtreppenläufen und -podesten in Mehrfamilienhäusern. In DIN 4109-1 wurden für die angesprochenen Bereiche die Anforderungen angepasst.

3.2 Anforderungen der DIN 4109-1

DIN 4109-1 [5] als Anforderungsteil der neuen DIN 4109 trägt nun den Namen „Schallschutz im Hochbau – Mindestanforderungen" und macht damit deutlich, welchen realen Stellenwert die dort genannten Anforderungswerte haben. Entsprechend dieser Bestimmung werden folgende Schallschutzziele angegeben, die mit den Anforderungen dieser Norm als erfüllt betrachtet werden: Gesundheitsschutz, Schutz vor unzumutbaren Belästigungen und Schutz der Vertraulichkeit bei normaler Sprechweise. Wesentlich bei der Deklarierung dieser Schutzziele ist, dass bei deren Einhaltung ein Grundgeräuschpegel von $L_{AF,eq}$ = 25 dB vorausgesetzt wird. Die Abhängigkeit der Störwirkung vom Grundgeräuschpegel bedeutet, dass Geräusche sich umso mehr als störend bemerkbar machen, je niedriger das Umgebungsgeräusch ist. Ein Grundgeräuschpegel von 25 dB ist unter heutigen Verhältnissen nur in lauter Umgebung zu erwarten. Üblich sind in heutigen Wohnungen in den abendlichen und nächtlichen Zeiten dagegen Grundgeräuschpegel ≤ 20 dB. Die Annahme eines Grundgeräuschpegels von 25 dB in DIN 4109-1 bedeutet, dass es sich bei deren Anforderungen tatsächlich um einen Schallschutz auf einem unteren Niveau (Mindestanforderungen) handelt, der heute üblichen Wohnungen im Regelfall nicht mehr zugrunde gelegt werden sollte.

Von der Vorgängernorm DIN 4109:1989 [1] wurde nicht nur das Anforderungskonzept übernommen, bei welchem die Anforderungen mit R'_w und $L'_{n,w}$ an die (trennenden) Bauteile gestellt werden. Es wurden auch weitgehend ohne Änderungen die Anforderungswerte der alten Norm übernommen. Dies entsprach der vom zuständigen Normenausschuss getroffenen Festlegung, dass bei einer Überarbeitung der DIN 4109 das bisherige Anforderungsniveau „keine wesentlichen Änderungen" erfährt.

Ihren Anwendungsbereich definiert DIN 4109-1 folgendermaßen:
– Schutz gegen Geräusche aus fremden Räumen (z. B. Nachbarwohnungen), die bei deren bestimmungsgemäßer Nutzung entstehen;
– Schutz gegen Geräusche von Anlagen der technischen Gebäudeausrüstung sowie aus Gewerbe- und Industriebetrieben, die im selben oder in baulich damit verbundenen Gebäuden vorhanden sind;
– Schutz gegen Außenlärm, z. B. Verkehrslärm und Lärm aus Gewerbe- und Industriebetrieben, die nicht mit den schutzbedürftigen Aufenthaltsräumen baulich verbunden sind.

Als nicht zu ihrem Anwendungsbereich gehörend nennt DIN 4109-1 folgende Punkte:
– Aufenthaltsräume, in denen infolge ihrer Nutzung nahezu ständig Geräusche mit $L_{AF,95} \geq 40$ dB vorhanden sind;
– Fluglärm, soweit die Schallschutzmaßnahmen durch das FluLärmG (Gesetz zum Schutz gegen Fluglärm) [41] geregelt sind;
– tieffrequenter Schall nach DIN 45680;
– Schallschutz im eigenen Wohn- und Arbeitsbereich, ausgenommen der Schutz gegen Geräusche von Anlagen der Raumlufttechnik, die vom Nutzer nicht beeinflusst werden können;
– Trittschallübertragung und Geräusche aus gebäudetechnischen Anlagen in Küchen, sofern diese nicht als Aufenthaltsräume (Wohnküchen) vorgesehen sind, sowie in Flure, Bäder, Toilettenräume und Nebenräume;
– Luftschallübertragung in Küchen, Flure, Bäder, Toilettenräume und Nebenräume, sofern diese nicht als Aufenthaltsräume vorgesehen sind.

Die zahlenmäßigen Festlegungen der DIN 4109-1 richten sich nach dem Nutzungszweck der Gebäude. Unterschieden werden:
– Gebäude mit Wohn- oder Arbeitsbereichen: Mehrfamilienhäuser, Einfamilien-Reihen- und Einfamilien-Doppelhäuser, Bürogebäude und Gebäude mit gemischter Nutzung;
– Nichtwohngebäude: Hotels und Beherbergungsstätten, Krankenhäuser und Sanatorien, Schulen und vergleichbare Einrichtungen.

3.2.1 Luft- und Trittschallschutz

Tabelle 3 enthält die wichtigsten Anforderungen der DIN 4109-1:2018 [5] für den Luft- und Trittschallschutz.

3.2.2 Außenlärm

Zum Schutz gegen Außenlärm enthält die DIN 4109-1 [5] Anforderungen an die Schalldämmung der Außenbauteile. Wie in Abschnitt 2.3.2 näher beschrieben wird, wird ausgehend vom „maßgeblichen Außenlärmpegel" L_a in Abhängigkeit von der Nutzungsart des schutzbedürftigen Raums (ausgedrückt durch $K_{Raumart}$) das gesamte bewertete Bau-Schalldämm-Maß $R'_{w,ges}$ der Außenbauteile bestimmt:

$$R'_{w,ges} = L_a - K_{Raumart} \quad [dB]$$

Die aus DIN 4109:1989 vertraute Tabelle, in der entsprechend den maßgeblichen Außenlärmpegeln Lärmpegelbereiche (in 5-dB-Stufen) und dazugehörige nutzungsbezogene Anforderungswerte für das erforderliche Schalldämm-Maß angegeben waren, entfällt mit der neuen Formulierung durch die oben genannte Gleichung. Die Anforderungen werden somit nicht mehr abgestuft (in 5-dB-Stufen) sondern „dB-genau" festgelegt.

Die Anforderung richtet sich dabei an die dem Lärm ausgesetzten Außenflächen (Fassaden, Dächer, Decken), die sich in der Regel aus Bestandteilen unterschiedlicher Schalldämmung zusammensetzen (z. B. Wand mit Fenstern). Nach dem in Abschnitt 4.6.2 beschriebenen Verfahren wird aus den Schalldämm-Maßen der einzelnen Bestandteile das gesamte bewertete Bau-Schalldämm-Maß $R'_{w,ges}$ ermittelt. Es ist allerdings zu beachten, dass mit dem Anforderungswert $R'_{w,ges}$ noch nicht die erforderliche Dimensionierung der Außenflächen festgelegt ist, da auf diesen Wert noch eine raumabhängige Korrektur K_{AL} anzuwenden ist (s. Abschnitt 4.2.3).

Bei den Anforderungen gegen Außenlärm ist des Weiteren zu beachten, dass wesentliche Regelungen zur Bestimmung des maßgeblichen Außenlärmpegels in DIN 4109-2 [6] getroffen werden, die unmittelbare Auswirkungen auf die Höhe der Anforderungen haben. So muss z. B. der maßgebliche Außenlärmpegel getrennt für Tag und Nacht ermittelt werden. Für den nächtlichen Zeitraum muss zur Berücksichtigung der erhöhten nächtlichen Störwirkung ein Zuschlag vergeben werden. Maßgeblich für die Ermittlung der Anforderungen ist die Lärmbelastung derjenigen Tageszeit, die höhere Anforderung ergibt. Gegenüber DIN 4109-2:2016 haben sich in DIN 4109-2:2018 einige Änderungen ergeben, die den Schienenverkehrslärm betreffen.

Tabelle 3. Mindestanforderungen für den Luft- und Trittschallschutz nach DIN 4109-1

Zeile	Bauteile		Anforderungen		Bemerkungen
			R'_w [dB]	L'_{nw} [dB]	
1. Mehrfamilienhäuser, Bürogebäude, gemischt genutzte Gebäude (nach DIN 4109-1, Tabelle 2)					
1		Decken unter allgemein nutzbaren Dachräumen, z. B. Trockenböden, Abstellräumen und ihren Zugängen	≥ 53	≤ 52	
2		Wohnungstrenndecken (auch Treppen)	≥ 54	≤ 50 [a) b)]	
3		Decken über Kellern, Hausfluren, Treppenräumen unter Aufenthaltsräumen	≥ 52	≤ 50	Die Anforderung an die Trittschalldämmung gilt für die Trittschallübertragung in fremde Aufenthaltsräume in alle Schallausbreitungsrichtungen.
4		Decken über Durchfahrten, Einfahrten von Sammelgaragen und Ähnliches unter Aufenthaltsräumen	≥ 55	≤ 50	
5	Decken	Decken unter/über Spiel- oder ähnlichen Gemeinschaftsräumen	≥ 55	≤ 46	Wegen der verstärkten Übertragung tiefer Frequenzen können zusätzliche Maßnahmen zur Schalldämmung erforderlich sein.
6		Decken unter Terrassen und Loggien über Aufenthaltsräumen	–	≤ 50	
7		Decken unter Laubengängen	–	≤ 53	Die Anforderung an die Trittschalldämmung gilt für die Trittschallübertragung in fremde Aufenthaltsräume in alle Schallausbreitungsrichtungen.
8		Balkone	–	≤ 58	
9		Decken und Treppen innerhalb von Wohnungen, die sich über zwei Geschosse erstrecken	–	≤ 50	
10		Decken unter Bad und WC ohne/mit Bodenentwässerung	≥ 54	≤ 53	
11		Decken unter Hausfluren	–	≤ 50	
12	Treppen	Treppenläufe und -podeste	–	≤ 53	
13		Wohnungstrennwände und Wände zwischen fremden Arbeitsräumen	≥ 53	–	
14	Wände	Treppenraumwände und Wände neben Hausfluren	≥ 53	–	Für Wände mit Türen gilt die Anforderung $R'_{w(Wand)} = R_{w(Tür)} + 15$ dB.
15		Wände neben Durchfahrten, Sammelgaragen einschließlich Einfahrten	≥ 55	–	
16		Wände von Spiel- oder ähnlichen Gemeinschaftsräumen	≥ 55	–	
17		Schachtwände von Aufzugsanlagen an Aufenthaltsräumen	≥ 57	–	
18	Türen	Türen, die von Hausfluren oder Treppenräumen in geschlossene Flure und Dielen von Wohnungen und Wohnheimen oder Wohnhäusern oder von Arbeitsräumen führen	≥ 27	–	Bei Türen gilt R_w.
19		Türen, die von Hausfluren oder Treppenräumen unmittelbar in Aufenthaltsräume – außer Flure und Dielen – von Wohnungen führen	≥ 37	–	

Tabelle 3. Mindestanforderungen für den Luft- und Trittschallschutz nach DIN 4109-1 (Fortsetzung)

Zeile		Bauteile	Anforderungen		Bemerkungen
			R'_w [dB]	$L'_{n,w}$ [dB]	
2. Einfamilien-Doppelhäuser und Einfamilien-Reihenhäuser (nach DIN 4109-1, Tabelle 3)					
20	Decken	Decken	–	≤ 41	Die Anforderung an die Trittschalldämmung gilt nur für die Trittschallübertragung in fremde Aufenthaltsräume in waagerechter oder schräger Richtung.
21		Bodenplatte auf Erdreich bzw. Decke über Kellergeschoss	–	≤ 46	
22	Treppen	Treppenläufe und -podeste	–	≤ 46	
23	Wände	Haustrennwände zu Aufenthaltsräumen, die im untersten Geschoss (erdberührt oder nicht) eines Gebäudes gelegen sind	≥ 59	–	
24		Haustrennwände zu Aufenthaltsräumen, unter denen mindestens 1 Geschoss (erdberührt oder nicht) des Gebäudes vorhanden ist	≥ 62	–	
3. Hotels und Beherbergungsstätten (nach DIN 4109-1, Tabelle 4)					
25	Decken	Decken einschl. Decken unter Fluren	≥ 54	≤ 50	Die Anforderung an die Trittschalldämmung gilt für die Trittschallübertragung in Aufenthaltsräume in alle Schallausbreitungsrichtungen.
26		Decken unter Bad und WC ohne/mit Bodenentwässerung	≥ 54	≤ 53	
27		Decken unter/über Schwimmbädern, Spiel- oder ähnlichen Gemeinschaftsräumen zum Schutz gegenüber Schlafräumen	≥ 55	≤ 46	
28	Treppen	Treppenläufe und -podeste	–	≤ 58	Keine Anforderungen an Treppenläufe und Zwischenpodeste in Gebäuden mit Aufzug.
29	Wände	Wände zwischen Übernachtungsräumen sowie Fluren und Übernachtungsräumen	≥ 47	–	Gilt auch für Trennwände mit Türen zwischen fremden Übernachtungsräumen ($R'_{w,res}$).
30	Türen	Türen zwischen Fluren und Übernachtungsräumen	≥ 32	–	Bei Türen gilt R_w.
4. Krankenhäuser und Sanatorien (nach DIN 4109-1, Tabelle 5)					
31	Decken	Decken, einschl. Decken unter Fluren	≥ 54	≤ 53	Die Anforderung an die Trittschalldämmung gilt für die Trittschallübertragung in fremde Aufenthaltsräume in alle Schallausbreitungsrichtungen.
32		Decken unter/über Schwimmbädern, Spiel- oder ähnlichen Gemeinschaftsräumen	≥ 55	≤ 46	Wegen verstärkten Entstehens tieffrequenten Schalls können zusätzliche Maßnahmen zur Körperschalldämmung erforderlich sein.
33		Decken unter Bädern und WCs ohne/mit Bodenentwässerung	≥ 54	≤ 53	Die Anforderung an die Trittschalldämmung gilt für die Trittschallübertragung in fremde Aufenthaltsräume in alle Schallausbreitungsrichtungen
34	Treppen	Treppenläufe und -podeste	–	≤ 58	Keine Anforderungen an Treppenläufe und Zwischenpodeste in Gebäuden mit Aufzug.
35	Wände	Wände zwischen – Krankenräumen, – Fluren und Krankenräumen, – Untersuchungs- bzw. Sprechzimmern, – Fluren und Untersuchungs- bzw. Sprechzimmern – Krankenräumen und Arbeits- und Pflegeräumen	≥ 47	–	

Tabelle 3. Mindestanforderungen für den Luft- und Trittschallschutz nach DIN 4109-1 (Fortsetzung)

Zeile	Bauteile		Anforderungen		Bemerkungen
			R'_w [dB]	L'_{nw} [dB]	
36		Wände zwischen Räumen mit Anforderungen an erhöhtes Ruhebedürfnis und besondere Vertraulichkeit (Diskretion)	≥ 52	–	
37		Wände zwischen – Operations- bzw. Behandlungsräumen – Fluren und Operations- bzw. Behandlungsräumen	≥ 42	–	
38		Wände zwischen – Räumen der Intensivpflege – Fluren und Räumen der Intensivpflege	≥ 37	–	
39		Türen zwischen – Untersuchungs- bzw. Sprechzimmern – Fluren und Untersuchungs- bzw. Sprechzimmern	≥ 37	–	Bei Türen gilt R_w.
40	Türen	Türen zwischen Räumen mit Anforderungen an erhöhtes Ruhebedürfnis und besondere Vertraulichkeit (Diskretion)	≥ 37	–	
41		Türen zwischen – Fluren und Krankenräumen – Operations- bzw. Behandlungsräumen – Fluren und Operations- bzw. Behandlungsräumen	≥ 32	–	
5. Schulen und vergleichbare Einrichtungen (nach DIN 4109-1, Tabelle 6)					
42		Decken zwischen Unterrichtsräumen oder ähnlichen Räumen/Decken unter Fluren	≥ 55	≤ 53	Die Anforderung an die Trittschalldämmung gilt für die Trittschallübertragung in Aufenthaltsräumen in alle Schallausbreitungsrichtungen. Zu ähnlichen Räumen gehören auch solche Räume mit erhöhtem Ruhebedürfnis, z. B. Schlafräume.
43	Decken	Decken zwischen Unterrichtsräumen oder ähnlichen Räumen und „lauten" Räumen (z. B. Speiseräume, Cafeterien, Musikräume, Spielräume, Technikzentralen)	≥ 55	≤ 46	
44		Decken zwischen Unterrichtsräumen oder ähnlichen Räumen und z. B. Sporthallen, Werkräumen	≥ 60	≤ 46	
45		Wände zwischen Unterrichtsräumen oder ähnlichen Räumen untereinander und zu Fluren	≥ 47	–	Zu ähnlichen Räumen gehören auch solche Räume mit erhöhtem Ruhebedürfnis, z. B. Schlafräume.
46		Wände zwischen Unterrichtsräumen oder ähnlichen Räumen und Treppenhäusern	≥ 52	–	
47	Wände	Wände zwischen Unterrichtsräumen oder ähnlichen Räumen und „lauten" Räumen (z. B. Speiseräume, Cafeterien, Musikräume, Spielräume, Technikzentralen)	≥ 55	–	
48		Wände zwischen Unterrichtsräumen oder ähnlichen Räumen und z. B. Sporthallen, Werkräumen	≥ 60	–	

Tabelle 3. Mindestanforderungen für den Luft- und Trittschallschutz nach DIN 4109-1 (Fortsetzung)

Zeile	Bauteile		Anforderungen		Bemerkungen
			R'_w [dB]	L'_{nw} [dB]	
49	Türen	Türen zwischen Unterrichtsräumen oder ähnlichen Räumen und Fluren	≥ 32	–	Bei Türen gilt R_w.
50		Türen zwischen Unterrichtsräumen oder ähnlichen Räumen untereinander	≥ 37	–	

a) Im Falle von baulichen Änderungen von vor dem 1. Juli 2016 fertiggestellten Gebäuden liegt die Anforderung bei $L'_{n,w} \leq 53$ dB.
b) Beim Neubau von Gebäuden mit Deckenkonstruktionen, die DIN 4109-33:2016-07, Schallschutz im Hochbau – Teil 33: Daten für die rechnerischen Nachweise des Schallschutzes (Bauteilkatalog) – Holz-, Leicht- und Trockenbau, zuzuordnen sind, liegt die Anforderung bei $L'_{n,w} \leq 53$ dB.

Anmerkung: Nicht für alle gebräuchlichen Deckenkonstruktionen kann derzeit ein Anforderungswert $L'_{n,w} \leq 50$ dB nachgewiesen werden. Bis zum Vorliegen geeigneter Lösungen im Rahmen einer vorgesehenen Überarbeitung von DIN 4109-33 gilt deshalb die in Fußnote b) genannte Anforderung

3.2.3 Geräusche aus haustechnischen Anlagen und Betrieben

3.2.3.1 Übertragung aus fremden Bereichen

DIN 4109-1 stellt Anforderungen an Geräusche gebäudetechnischer Anlagen und baulich mit dem Gebäude verbundener Betriebe, die in Tabelle 4 dargestellt werden. Kennzeichnende Größe für die Anforderungen an gebäudetechnische Anlagen ist der maximale A-bewertete Norm-Schalldruckpegel $L_{AF,max,n}$, der bei den Anlagen der Sanitärtechnik den bisherigen Installations-Schallpegel L_{In} aus DIN 4109:1989 ersetzt. Als Norm-Pegel ist dieser Kennwert auf eine äquivalente Absorptionsfläche von 10 m² bezogen. Er berücksichtigt die auftretenden Pegelspitzen, bei den Anlagen der Sanitärtechnik allerdings nicht die Pegelspitzen der Betätigungsgeräusche, die beim Öffnen, Schließen, Umstellen oder Unterbrechen der Armaturen und Geräte entstehen. Kennzeichnende Größe für die Geräusche aus Betrieben ist der Beurteilungspegel L_r, der nach TA-Lärm [40] zu bestimmen ist. Weitere Angaben zum Beurteilungspegel finden sich in Abschnitt 3.3.2

3.2.3.2 Anlagen im eigenen Bereich

Neu ist in DIN 4109-1, dass nun auch Anforderungen an Geräusche von raumlufttechnischen Anlagen im eigenen Wohnbereich gestellt werden. Hintergrund für diese Regelung ist, dass derartige im eigenen Wohn- und Arbeitsbereich fest installierte Anlagen i. d. R. nicht vom Bewohner selbst betätigt bzw. in Betrieb gesetzt werden und damit den gebäudetechnischen Anlagen vergleichbar sind, deren Geräusche aus einem fremden Bereich in die schutzbedürftigen Räume übertragen werden. Anforderungsgröße ist auch hier der maximale A-bewertete Norm-Schalldruckpegel $L_{AF,max,n}$. Dafür gelten folgende Anforderungen:
– Wohn- und Schlafräume: $L_{AF,max,n} \leq 30$ dB,
– Küchen: $L_{AF,max,n} \leq 33$ dB.

Einzelne, kurzzeitige Geräuschspitzen, die beim Ein- und Ausschalten der Anlagen auftreten, dürfen die genannten Anforderungswerte um maximal 5 dB überschreiten.
Ergänzend sei darauf hingewiesen, dass in DIN 4109-1 für heiztechnische Anlagen im eigenen Wohnbereich ebenfalls Festlegungen getroffen wurden. Diese sind allerdings nur als Empfehlung formuliert. Es gelten dafür dieselben Werte wie für die zuvor genannten raumlufttechnischen Anlagen.

3.3 Besondere Regelungen

3.3.1 Anforderungen nach dem Fluglärm-Gesetz

Besondere Regelungen für den Luftschallschutz der Außenbauteile gelten in der Umgebung von Flughäfen. Das „Gesetz zum Schutz gegen Fluglärm" [41] und die zugehörige Schallschutzverordnung nennen Anforderungen, die beim Neubau innerhalb der festgelegten Fluglärmschutzzonen I und II eingehalten werden müssen.

3.3.2 Anforderungen nach der TA-Lärm

Immissionsrichtwerte für Einwirkungsorte außerhalb von Gebäuden werden in der Technischen Anleitung zum Schutz gegen Lärm (TA-Lärm) [40] festgelegt. Sie gelten für genehmigungsbedürftige oder nicht genehmigungsbedürftige Anlagen, die den Anforderungen des zweiten Teils des Bundes-Immissionsschutzgesetzes unterliegen, nicht aber für die im Anwendungsbereich der TA-Lärm genannten Ausnahmen wie z. B. Sportanlagen, Schießplätze, Baustellen. Mit Erscheinen der TA-Lärm in der Fassung von 1998 wurde die in der Vergangenheit für Gewerbelärm ebenfalls herangezogene VDI-Richtlinie 2058 Blatt 1 zurückgezogen. Maßgebend ist der sog. Beurteilungspegel L_r, der sich aus dem Mittelungspegel des zu beurteilenden Geräusches und gegebenenfalls aus Zuschlägen für Ton- und Informationshaltigkeit, für Impulshaltigkeit und

Tabelle 4. Maximal zulässige A-bewertete Schalldruckpegel in fremden schutzbedürftigen Räumen, erzeugt von gebäudetechnischen Anlagen und baulich mit dem Gebäude verbundenen Betrieben (nach DIN 4109-1, Tabelle 9)

Geräuschquellen		Maximal zulässige A-bewertete Schalldruckpegel dB	
		Wohn- und Schlafräume	Unterrichts- und Arbeitsräume
Sanitärtechnik/Wasserinstallationen (Wasserversorgungs- und Abwasseranlagen gemeinsam)		$L_{AF,max,n} \leq 30$ a) b) c)	$L_{AF,max,n} \leq 35$ a) b) c)
Sonstige hausinterne, fest installierte technische Schallquellen der technischen Ausrüstung, Ver- und Entsorgung sowie Garagenanlagen		$L_{AF,max,n} \leq 30$ c)	$L_{AF,max,n} \leq 35$ c)
Gaststätten einschließlich Küchen, Verkaufsstätten, Betriebe u. Ä.	tags 6 Uhr bis 22 Uhr	$L_r \leq 35\ L_{AF,max} \leq 45$	$L_r \leq 35\ L_{AF,max} \leq 45$
	nachts nach TA-Lärm	$L_r \leq 25\ L_{AF,max} \leq 35$	$L_r \leq 35\ L_{AF,max} \leq 45$

a) Einzelne kurzzeitige Geräuschspitzen, die beim Betätigen der Armaturen und Geräte nach DIN 4109-1/Tabelle 11 (Öffnen, Schließen, Umstellen, Unterbrechen) entstehen, sind derzeit nicht zu berücksichtigen.
b) Voraussetzungen zur Erfüllung des zulässigen Schalldruckpegels:
  – Die Ausführungsunterlagen müssen die Anforderungen des Schallschutzes berücksichtigen, d. h. zu den Bauteilen müssen die erforderlichen Schallschutznachweise vorliegen;
  – außerdem muss der verantwortliche Bauleitung benannt und zu einer Teilabnahme vor Verschließen bzw. Bekleiden der Installation hinzugezogen werden.
c) Abweichend von DIN EN ISO 10052:2010-10 [24], 6.3.3, wird auf Messung in der lautesten Raumecke verzichtet (s. a. DIN 4109-4 [14]).

Tabelle 5. Immissionsrichtwerte nach TA-Lärm für Immissionsorte außerhalb von Gebäuden

	Beurteilungspegel tags	Beurteilungspegel nachts
Industriegebiete	70 dB(A)	70 dB(A)
Gewerbegebiete	65 dB(A)	50 dB(A)
Kerngebiete, Dorfgebiete und Mischgebiete	60 dB(A)	45 dB(A)
allgemeine Wohngebiete und Kleinsiedlungsgebiete	55 dB(A)	40 dB(A)
reine Wohngebiete	50 dB(A)	35 dB(A)
Kurgebiete, für Krankenhäuser und Pflegeanstalten	45 dB(A)	35 dB(A)

Einzelne kurzzeitige Geräuschspitzen dürfen die Immissionsrichtwerte am Tage um nicht mehr als 30 dB und in der Nacht um nicht mehr als 20 dB überschreiten.

für Tageszeiten mit erhöhter Empfindlichkeit zusammensetzt. Die Immissionsrichtwerte für den Beurteilungspegel für Immissionsorte außerhalb von Gebäuden sind in Tabelle 5 wiedergegeben.
Die zur Beurteilung heranzuziehenden Geräusche beinhalten alle von einer Anlage ausgehenden Geräuschanteile. Insofern ist auch der von der Gebäudehülle selbst abgestrahlte Schall zu erfassen. Maßgebend dafür ist die Schalldämmung der Außenbauteile des Gebäudes.

4 Schalldämmung von Wänden

Bei der Schalldämmung von Wänden interessiert einerseits deren Verhalten bei der direkten Schallübertragung (Direktdämmung), andererseits das Verhalten bei der flankierenden Schallübertragung (Flankendämmung). Auf die Direktdämmung wird in diesem Abschnitt 4 eingegangen. Die flankierende Übertragung wird in Abschnitt 5 behandelt.

4.1 Übersicht/Einführung

Hinsichtlich der Schalldämmung wird nachfolgend zwischen einschaligen und zwei- bzw. mehrschaligen Konstruktionen unterschieden. Einschalige Bauteile können aus mehreren Lagen bestehen, wie z. B. verputzte Massivwände. Wichtig ist, dass die Lagen fest und vollflächig miteinander verbunden sind. Als mehrschalig werden solche Konstruktionen verstanden, deren Schalen durch eine so weiche Schicht miteinander verbunden sind, dass sich eine Resonanz der Schalen mit der dazwischenliegenden Federschicht innerhalb oder unterhalb des interessierenden Frequenzbereichs einstellt. Beispiele sind Metallständerwände mit Gipsplatten, Wände mit Vorsatzschalen, zweischalige Haustrennwände mit durchgehender Trennfuge, Wärmedämm-Verbundsysteme oder Trockenputz.
Zu unterscheiden sind außerdem biegeweiche und biegesteife Schalen. Davon hängt es ab, wie sich Schallbrücken, Randbefestigungen und Versteifungen auswirken und ob es im interessierenden Frequenzbereich weitere Schalldämmeinbrüche gibt. Metallständerwände mit Gipsplatten sind typischerweise biegeweich, Massivwände dagegen überwiegend biegesteif.
Es darf außerdem nicht vergessen werden, dass Schallübertragung auch durch Löcher und Schlitze oder durch poröses Wandmaterial selbst erfolgen kann. Dies betrifft z. B. Wand- und Deckenanschlüsse sowie Fugen oder poröse Steine bei Sichtmauerwerk. Die Wirkungen selbst kleiner Undichtigkeiten sind in der Regel verheerend.

4.2 Einschalige Wände

4.2.1 Schalldämmung einschaliger Bauteile: Grundlagen

4.2.1.1 Massengesetz und Koinzidenz

Nachfolgend wird der Einfachheit halber von Wänden gesprochen. Die Ausführungen gelten sinngemäß für alle einschaligen Bauteile, d. h. auch für Decken.
Die Schalldämmung dichter Wände wird im Wesentlichen durch ihre flächenbezogene Masse und die Lage ihrer Koinzidenzgrenzfrequenz bestimmt. Unter „Koinzidenz" wird der Effekt verstanden, dass es oberhalb einer bestimmten Frequenz – der Koinzidenz-Grenzfrequenz – zu den Biegewellen auf einer Platte Luftschallwellen passender Wellenlänge gibt, sodass sie Schall abstrahlen kann, und darunter nicht, sodass dort verhältnismäßig wenig Schall abgestrahlt wird. Betrachtet man den Verlauf des Schalldämm-Maßes über der Frequenz, sind drei Bereiche zu unterscheiden (s. Bild 8):

Bereich A – unterhalb der (Koinzidenz-) Grenzfrequenz f_g

Hier hängt die Schalldämmung im Wesentlichen nur von der flächenbezogenen Masse der Wand ab und berechnet sich nach *Heckl* [66] zu

$$R \approx 20 \lg (f \cdot m') - 45 \quad [dB]$$

Dabei bedeuten f die Frequenz in Hz und m' die flächenbezogene Masse der Wand in kg/m². Es ist zu beachten, dass für eine wesentliche Schalldämm-Verbesserung von 3 dB eine Massenerhöhung von über 40 % erforderlich ist. 1 cm mehr Putz würde sich bei schweren Wänden praktisch nicht bemerkbar machen.

Bereich B – in der Nähe der Grenzfrequenz f_g

Hier tritt eine resonanzartige Verschlechterung der Schalldämmung auf. Die Lage der Grenzfrequenz berechnet sich zu

$$f_g \approx \frac{6{,}4 \cdot 10^7}{d} \cdot \sqrt{\frac{\rho}{E}} \approx \frac{6{,}4 \cdot 10^4}{c_L \cdot d} \quad [Hz]$$

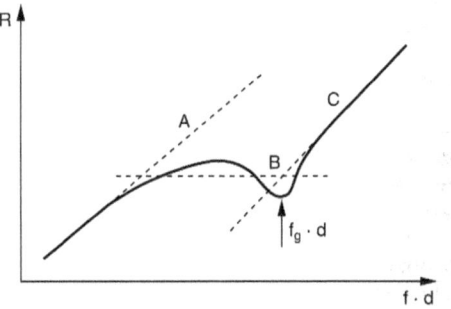

Bild 8. Schalldämm-Maß einer Wand in Abhängigkeit vom Produkt Frequenz × Wanddicke (nach [67])

Dabei ist für d die Wanddicke in m einzusetzen, für ρ die Dichte des Wandmaterials in kg/m³, für E der Elastizitätsmodul in Pa und für c_L die Ausbreitungsgeschwindigkeit von Longitudinalwellen im Wandmaterial (z. B. aus Tabellen in [63, 66, 68]) in m/s. Der Schalldämm-Einbruch ist umso tiefer, je geringer die Materialdämpfung der Wand ist und je mehr Luftschall-Wellenlängen bei der Grenzfrequenz auf die Wand passen. Liegt die Grenzfrequenz sehr tief, z. B. bei dicken Wänden, verringert sich der Einbruch zu einem ebenen Plateau. Es ist zu beachten, dass ersatzweise an kleinen Wandausschnitten durchgeführte Schalldämm-Messungen deutlich verringerte Koinzidenzeinbrüche aufweisen können. Es empfiehlt sich, die Grenzfrequenz wegen des damit verbundenen Schalldämm-Einbruchs aus dem bauakustisch wichtigsten Frequenzbereich – von rund 200 bis 1600 Hz – herauszuhalten. Bei Massivbauteilen besteht nur die Möglichkeit $f_g < 200$ Hz. Sie werden dann als „ausreichend biegesteif" bezeichnet. Solche Wände müssen eine vom Material abhängige Mindestdicke aufweisen. Diese beträgt beispielsweise bei Schwerbeton und Vollziegel ca. 10 cm, bei Leichtbeton eher 25 cm. „Ausreichend biegeweiche" Schalen sind hingegen solche mit $f_g > 1600$ Hz. Sie dürfen je nach Material eine Maximaldicke nicht überschreiten. Beispiele sind Glasscheiben (d < 6 mm) und Gipsplatten (d < 20 mm).

Bereich C – oberhalb der Grenzfrequenz f_g

Hier errechnet sich das Schalldämm-Maß nach [63, 66, 68] zu

$$R \approx 20 \cdot \lg (f \cdot m') + 10 \cdot \lg \sqrt{f/f_g} + 10 \cdot \lg \eta - 40 \quad [dB]$$

In diesem Bereich steigt die Schalldämmung nicht nur mit der flächenbezogenen Masse der Wand, sondern auch mit ihrem Verlustfaktor η. Bei schweren Massivwänden besteht dieser aus dem Verlustfaktor des Wandmaterials und den Verlusten über die angrenzenden, flankierenden Bauteile. Diese können ohne Weiteres einen Beitrag von 3 dB oder mehr zum Schalldämm-Maß leisten. Hinweise zur Berechnung und zur Berücksichtigung der Verluste finden sich in Abschnitt 4.2.3.1 und in [19].
Bild 9 zeigt die idealisierten Frequenzverläufe des Schalldämm-Maßes homogener Einfachwände in Abhängigkeit von ihrer flächenbezogenen Masse.

4.2.1.2 Einfluss der Randanbindung des Mauerwerks auf die Schalldämmung

Bei starrer Anbindung eines massiven Bauteils an die umgebenden massiven Bauteile bestimmen die Randverluste die Gesamtverluste und beeinflussen damit die zu erwartende Schalldämmung dieses Bauteils in einem weiten Frequenzbereich. Bei tiefen Frequenzen bestimmen allerdings das modale Verhalten des Bauteils, die sich daraus ergebenden Abstrahleigenschaften, die Anregbarkeit (Admittanz) der Wand und die Kopplung zwischen Raummoden und Strukturmoden die Schall-

I Schallschutz im Mauerwerksbau 503

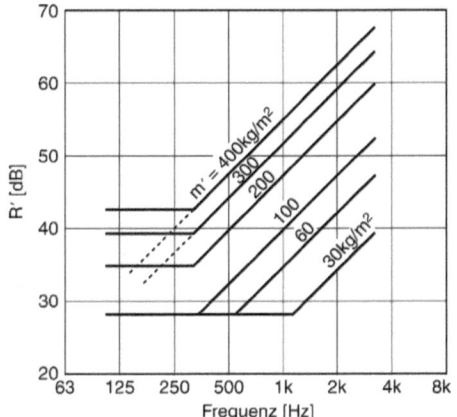

Bild 9. Idealisierter Frequenzverlauf des Schalldämm-Maßes homogener Einfachwände [67]

dämmung. Eine biegesteif an die umgebenden Bauteile angeschlossene Wand weist deshalb gegenüber einer „frei"-stehenden Wand bei tiefen Frequenzen meist eine höhere Schalldämmung auf. In dem nachfolgend dargestellten Beispiel wird gezeigt, wie sich das modale Verhalten der Wand und die Schalldämmung der Wand verändern, wenn die in einem Prüfstand eingebaute Wand von ihren umgebenden Bauteilen abgetrennt wird. Die dargestellten Eigenschwingungsformen wurden an zwei Wänden durch jeweils eine Modalanalyse vor und nach dem Trennen ermittelt. Wie zu erwarten veränderten sich im tiefen Frequenzbereich Schwingungsbild und Frequenzlage der gemessenen Eigenschwingungen der Wand. Die unterschiedliche Randeinspannung ist in Bild 10 deutlich zu erkennen. Hier werden für die vier dargestellten Schwingungen jeweils eine Draufsicht, eine 3-D-Ansicht, eine Frontansicht und eine Seitenansicht gezeigt. Die beiden oberen Bilder zeigen bei starrem Anschluss der

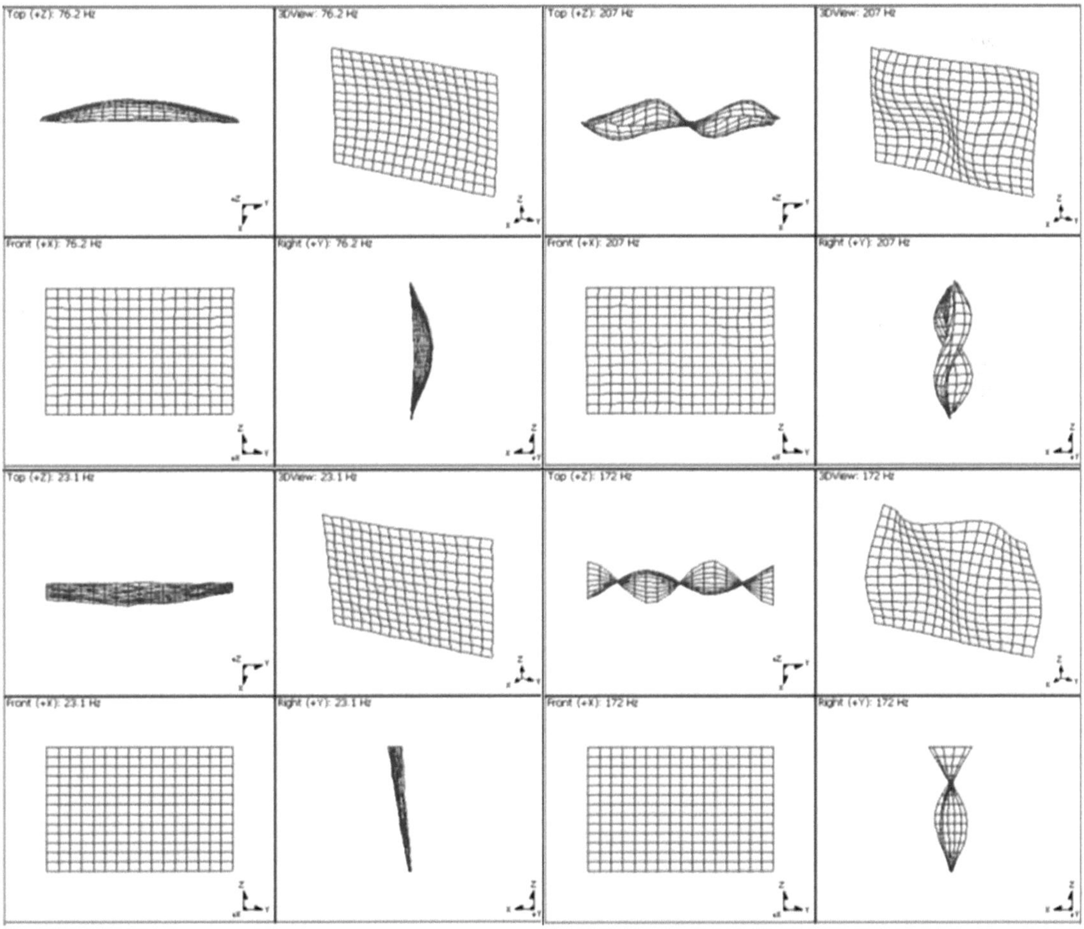

Bild 10. Schwingungsformen der Hochlochziegelwand bei biegesteifem Anschluss (oben) und bei dreiseitig elastischem Anschluss (unten) der Prüfwand an den Prüfstand

Prüfwand an den Prüfstand die erste Eigenschwingung bei 76 Hz und eine weitere Schwingung bei 207 Hz. Die beiden unteren Bilder zeigen zwei Schwingungen nach dem Aufsägen der Randanschlüsse. Links ist die erste Eigenschwingung der Wand bei 23 Hz und unten eine weitere Schwingung bei 176 Hz dargestellt. Die Unterschiede in der Auslenkung der Wand in den Randbereichen zeigen, wie sich durch das dreiseitige Trennen der Wand vom Prüfstand die Anbindung der Wand an den Prüfstand und damit das Schwingungsverhalten verändert.

Die Luftschalldämmung der untersuchten Hochlochziegelwände verändert sich in einem weiten Frequenzbereich durch die unterschiedliche Randanbindung der Massivwand an den Prüfstand. In Bild 11 ist beispielhaft für eine Hochlochziegelwand die Schalldämmkurve bei fester und elastischer Anbindung dargestellt. Die Unterschiede in der Schalldämmung aufgrund der unterschiedlichen Randanbindung sind erheblich. Im Frequenzbereich unter 250 Hz hängen diese Unterschiede maßgeblich mit den veränderten modalen Schwingungsformen der Wand und der Kopplung dieser Schwingungen mit den Eigenmoden des Luftraums der Prüfräume zusammen. In diesem Frequenzbereich liegt die Schalldämmung bei den meisten Terzwerten bei der freien Randanbindung niedriger, mit Ausnahme der 63-Hz-Terz, bei der sich eine höhere Schalldämmung einstellt. Im Frequenzbereich zwischen 200 Hz und 800 Hz ergibt sich eine beinahe konstante Verminderung der Schalldämmung um ca. 6 dB. Diese Verminderung aufgrund der unterschiedlichen Randanschlüsse lässt sich im Wesentlichen auf eine veränderte Schallabstrahlung im Bereich der Wandränder und auf die verminderte Energieableitung des Bauteils in den Prüfstand zurückführen. Bei Frequenzen oberhalb von 800 Hz ergibt sich keine signifikante Änderung des Schalldämm-Maßes. In diesem Frequenzbereich bestimmen Steinschwingungen, bei denen Wandvorder- und Wandrückseite nicht mehr in Phase schwingen, die Luftschalldämmung der Wand. Diese für Lochsteinwände typischen Schwingungen werden z. B. von *Gösele* [69] als „Dickenresonanzen" bezeichnet und vermindern die Schalldämmung dieser Wände. Aufgrund der andersartigen Schwingungsformen ist in diesem Frequenzbereich kein Einfluss der Randanbindung auf die Schalldämmung zu beobachten.

4.2.1.3 Randverluste und Verlustfaktor-Korrektur

Randverluste

Die Schalldämmung von Wänden kann durch die Einbausituation dadurch beeinflusst werden, dass die Wand einen Teil der auftreffenden Schallenergie an die benachbarten, flankierenden Bauteile abgeben kann. Diese Schallenergie steht dann auf der gegenüberliegenden Seite der Wand nicht mehr zur Abstrahlung zur Verfügung, sodass die Schalldämmung der Wand – entsprechend dem Verhältnis von auftreffender zu abgestrahlter Schallleistung – erhöht wird. Während dieser Energieaustausch bei leichten Ständerwänden in Massivbauumgebung vernachlässigbar ist, kann er zwischen massiven Bauteilen zu einer Veränderung der Schalldämmung um mehrere dB führen [51, 70]. Insbesondere weisen Wände, die durch Fugen oder Entkopplungsprofile vom übrigen Gebäude abgetrennt sind, eine geringere Schalldämmung auf. Dies ist insofern bemerkenswert, als Prüfstände für die Messung der Schalldämmung von Wänden nach DIN EN ISO 10140-5 [29] sowohl die volle Anbindung als auch die völlige Loslösung der zu prüfenden Wände erlauben und damit zu unterschiedlichen Ergebnissen führen. Eine Umrechnung der Schalldämmung einer Wand von einer Bausituation in die andere kann unter bestimmten Bedingungen über die dadurch hervorgerufene Änderung des Verlustfaktors erfolgen. Hiermit wäre es für die meisten Massivwände möglich, unterschiedliche Labormesswerte zum Zwecke gegenseitiger Vergleichbarkeit auf eine Standardeinbausituation umzurechnen. Die Messnorm zur Bestimmung der Schalldämmung in Prüfständen [28] sieht die ergänzende Messung der Körperschallnachhallzeit der Prüfobjekte vor, woraus der Gesamt-Verlustfaktor berechnet werden kann.

Bei der rechnerischen Prognose der Schalldämmung nach DIN 4109-2 [6] sind die geänderten Energieverluste entkoppelter Wände zu berücksichtigen. DIN 4109-32 enthält dazu Angaben, wie die Schalldämm-Maße entsprechend der Art der Entkopplung zu korrigieren sind. Je nach Anzahl der entkoppelten Kanten sind Verminderungen der Schalldämmung bis zu 6 dB möglich. In der Praxis können die Randverlust-

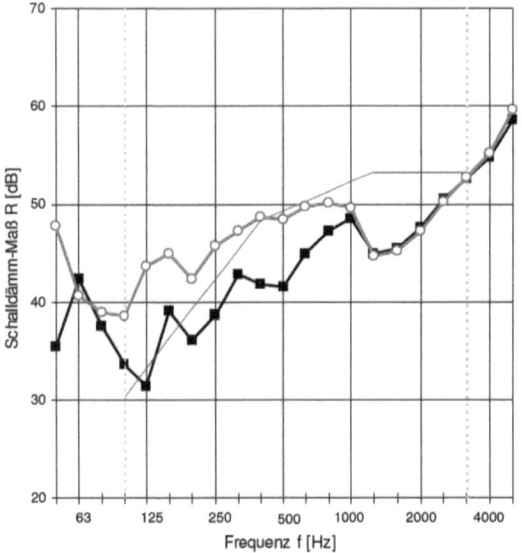

Bild 11. Schalldämm-Maß einer Hochlochziegelwand im Wandprüfstand der HFT Stuttgart bei massiver Anbindung der Wand an den Prüfstand (Kreise) und bei dreiseitiger Trennung der Wand vom Prüfstand (Quadrate)

effekte auch unbeabsichtigt Bedeutung erlangen, wenn nämlich infolge von Trocknungsprozessen Wände an ihren Rändern abreißen mit der Folge einer Abnahme der Dämpfung und damit der Schalldämmung dieser Wand.

Verlustfaktorkorrektur

Der Verlustfaktor η ist ein Maß für die Dissipation der in ein Bauteil eingeleiteten Schallenergie und lässt sich daher in Abhängigkeit von der Frequenz f gemäß

$$\eta_{tot} = \frac{2,2}{f \cdot T_s} \quad [-]$$

aus der gemessenen Körperschall-Nachhallzeit T_s bestimmen. Der Index „tot" (für total) weist hierbei darauf hin, dass es sich bei der derart ermittelten Größe um einen Gesamtwert handelt, der innere Verluste, Strahlungsverluste und Randverluste umfasst. Da zwischen Schalldämmung und Verlustfaktor folgender Zusammenhang [71] besteht

$$R = R_0 + 10\lg\left(\frac{2\eta_{tot}}{\pi}\right) \text{ dB}$$

(R_0 bezeichnet hierbei das Schalldämm-Maß des ungedämpften Bauteils), ergibt sich für das Schalldämm-Maß bei unterschiedlichen Einbaubedingungen – hier ohne Beschränkung der Allgemeinheit mit „lab" und „situ" bezeichnet – die Beziehung:

$$R_{situ} = R_{lab} + 10\lg\left(\frac{\eta_{tot,situ}}{\eta_{tot,lab}}\right) \text{ dB}$$

was der sogenannten In-situ-Korrektur nach DIN EN 12354-1 [19] entspricht. Damit kann das im Labor ermittelte Schalldämm-Maß R_{lab} auf die Schalldämmung R_{situ} in einer bestimmten Bausituation („in situ") umgerechnet werden, wenn die Gesamtverlustfaktoren im Labor ($\eta_{tot,lab}$) und im Bau ($\eta_{tot,situ}$) bekannt sind. Die Anwendung dieser Beziehung ist in der Praxis allerdings nur dann sinnvoll, wenn der Verlustfaktor – wie im Massivbau normalerweise der Fall – von den Energieverlusten an den Bauteilrändern bestimmt wird. Diese Voraussetzung ist jedoch nicht immer erfüllt, weshalb in DIN EN 12354-1 einige Fälle, wie z. B. Bauteile mit hoher innerer Dämpfung oder ohne feste Verbindung zu den Flankenbauteilen, von der Korrektur ausgenommen sind.

In DIN EN 12354-1 nicht explizit erwähnt, aber für die Anwendung der Verlustfaktor-Korrektur gleichfalls nicht geeignet, ist Mauerwerk, bei dem die Schallübertragung überwiegend durch Eigenschwingungen der einzelnen Steine erfolgt. Die Dämpfung der Steinschwingungen beeinflusst zwar die Schalldämmung, hängt aber im Gegensatz zu den Randverlusten nicht von den Einbaubedingungen ab, sodass eine In-situ-Korrektur bei diesem Mauerwerk ebenfalls nicht sinnvoll ist. Ein Beispiel hierfür ist gelochtes Ziegelmauerwerk, das im Vergleich zu gleich schweren massiven Wänden vielfach eine deutlich geringere Schalldämmung aufweist [72–74]. Dies gilt vor allem oberhalb der Resonanzfrequenz der Steine, die sich in der Schalldämmkurve häufig als ausgeprägter Dämmungseinbruch äußert. Bei Lochziegeln ist die Anwendbarkeit der Verlustfaktor-Korrektur deshalb auf den Bereich der Biegewellenübertragung unterhalb der ersten Resonanz beschränkt, während eine Korrektur bei hohen Frequenzen nicht zulässig ist. Hintergründe und Vorgehensweise zur Verlustfaktor-Korrektur bei Lochziegeln werden in [75] erläutert. Darauf wird in Abschnitt 4.3.5 eingegangen.

Zur Durchführung der In-situ-Korrektur wird der Verlustfaktor $\eta_{tot,situ}$ der betrachteten Wand am Bau benötigt, für den entsprechende Angaben zumeist nicht ohne Weiteres verfügbar sind. Umfangreiche Untersuchungen in Massivbauten unterschiedlicher Art zeigen jedoch, dass sich die Verlustfaktoren von Wänden in üblichen Wohngebäuden im Allgemeinen nur wenig voneinander unterscheiden [76, 77]. Aus diesem Grund wird als Referenzwert für den Einsatz am Bau ein einheitlicher Verlustfaktor verwendet. Dieser entspricht dem Mittelwert aus einer großen Anzahl von Messungen und wird als mittlerer Bauverlustfaktor $\eta_{Bau,ref}$ bezeichnet. Der mittlere Bauverlustfaktor gilt für alle Arten von Massivwänden und hängt lediglich von der flächenbezogenen Masse ab [78]:

$$10\lg(\eta_{Bau,ref}) = \left\{-12,4 - 3,3\lg\left(\frac{f}{100}\right)\right\} \text{ dB}$$
$$\text{für} \quad m' \geq 150 \text{ kg/m}^2$$

$$10\lg(\eta_{Bau,ref}) = \left\{-12,4 - 3,3\lg\left(\frac{f}{100}\right) + 10\lg\left(\frac{m'}{150}\right)\right\} \text{ dB}$$
$$\text{für} \quad m' < 150 \text{ kg/m}^2$$

In die beiden obigen Gleichungen sind die Frequenz f in Hz und die flächenbezogene Masse m' in kg/m² einzusetzen. Der nach dieser Gleichung berechnete Wert weist einen ähnlichen Frequenzverlauf wie der Mindest-Verlustfaktor η_{min} nach DIN EN ISO 10140-5 auf [29], liegt jedoch im Mittel 1,3 dB höher.

Im Rahmen der DIN 4109 wird die Verwendung eines einheitlichen Bauverlustfaktors in DIN 4109-4 [14] festgelegt. Er dient in erster Linie zur Vereinfachung der bauakustischen Planung und zur Verringerung des Berechnungsaufwands, kann aber auch dazu verwendet werden, die Ergebnisse von Schalldämm-Messungen, die unter verschiedenen baulichen Randbedingungen durchgeführt wurden, zu vereinheitlichen. So ist es mithilfe des auf den mittleren Bauverlustfaktor bezogenen Schalldämm-Maßes $R_{Bau,ref}$

$$R_{Bau,ref} = R_{lab} + 10\lg\left(\frac{\eta_{Bau,ref}}{\eta_{tot,lab}}\right) \text{ dB}$$

bzw. als Einzahlwert mit $R_{w,Bau,ref}$ möglich, Messwerte aus unterschiedlichen bauakustischen Prüfständen direkt miteinander zu vergleichen. Dies verbessert die

"normale" Biegeschwingungen

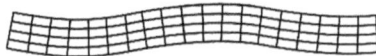

Dickenschwingungen

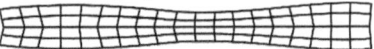

Auftreten oberhalb:

$$f \sim \frac{1}{d}\sqrt{\frac{E}{\rho}}$$

d Dicke der Wand
ρ Dichte des Wandmaterials
E Elastizitätsmodul des Wandmaterials

Bild 12. Biegeschwingungen und Dickenschwingungen bei plattenförmigen Bauteilen

Reproduzierbarkeit der Ergebnisse merklich [51, 79]. Gleichzeitig erhält man für die Schalldämmung einen praxisnahen Wert, wie er unter normalen Bedingungen in üblichen Wohngebäuden zu erwarten ist.

4.2.1.4 Unerwünschte Schwingungsformen

Bei vollen, massiven Steinen treten in den Wänden nur Biegewellen auf, deren Verhalten in Abschnitt 4.2.1.1 beschrieben ist. Mit der Entwicklung von Bauteilen mit höherer Wärmedämmung wurden jedoch die Steine porosiert bzw. durchlöchert und die Wände immer dicker. Dadurch rückten andere Wellentypen ins Bild, die zwar immer vorhanden sind, bislang aber bei uninteressant hohen Frequenzen. Hierzu gehören Dickenschwingungen der Wände (s. Bild 12).
Die unterste Frequenz f, bei der sie auftreten können, ist proportional zu

$$f = \frac{1}{2d}\sqrt{\frac{E}{\rho}} \quad [Hz]$$

d. h., die Dickenschwingungen geraten von hohen Frequenzen herkommend umso stärker in den wichtigen Frequenzbereich, je weicher der Stein im Verhältnis zu seiner Rohdichte und je dicker das Mauerwerk ist. Diese Wellenart tritt wohlgemerkt nur bei homogenen, lochlosen Mauerwerken auf (Beispiel s. Bild 13). Lochsteine weisen zusätzlich je nach Lochbild vielfältige Eigenschwingungsformen auf, die sich als Schalldämmeinbrüche oberhalb ca. 630 Hz bemerkbar machen. Dabei handelt es sich nicht nur um die sogenannten „Dickenschwingungen", sondern auch um andere Schwingungsformen, die im selben Frequenzbereich auftauchen und dort die Schalldämmung vermindern. Während die Schalldämmung homogener Wände auch im Bereich von Dickenschwingungen „verhältnismäßig einfach" berechnet werden kann [80], ist das Lochsteinverhalten gesondert zu betrachten. Einzelheiten hierzu sind im Abschnitt 4.3.4 zu finden.

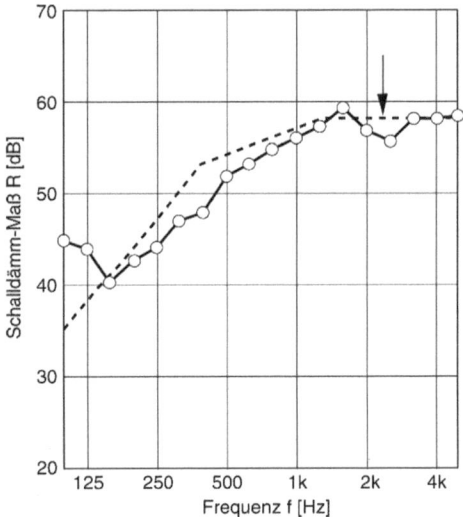

Bild 13. Dickenschwingung eines dicken, homogenen Mauerwerks

4.2.2 Mauerwerkswände in DIN 4109-2 und DIN 4109-32

Bei den Berechnungen nach DIN 4109-2 [6] (s. Abschnitt 2.3.1) werden für die einzelnen Schallübertragungswege, sowohl bei der Direkt- als auch bei der Flankenübertragung, die bewerteten Direktschalldämm-Maße R_w der an der Übertragung beteiligten Bauteile benötigt. Diese sind für einschalige massive Bauteile, die als homogen betrachtet werden können und auch für „quasi-homogene" Bauteile dem Bauteilkatalog DIN 4109-32 [8] zu entnehmen. Für Lochsteine, die nicht als quasi-homogen betrachtet werden können, müssen die benötigten Schalldämm-Maße Prüfzeugnissen entnommen werden. Außerdem werden die Stoßstellendämm-Maße K_{ij} benötigt, die sich an den aus den Bauteilen gebildeten Knotenpunkten ergeben und in die Berechnung der Flankenschalldämmung eingehen. Auch dafür finden sich die benötigten Daten in DIN 4109-32. DIN 4109-32 ist für den Mauerwerksbau somit der zentrale Teil des Bauteilkatalogs der neuen DIN 4109. Mit Ausnahme der Vorsatzkonstruktionen (z. B. Vorsatzschalen, schwimmende Estriche), die in DIN 4109-34 [10] behandelt werden, finden sich dort alle relevanten Angaben, die zur Dimensionierung des baulichen Schallschutzes im Massivbau und für die Schallschutznachweise benötigt werden.
Die nach DIN 4109-32 ermittelten Schalldämm-Maße massiver Bauteile können mit den bisherigen Werten aus Beiblatt 1 zu DIN 4109:1989 [2] nicht verglichen werden. Dort handelte es sich um R'_w-Werte mit bereits hineingemessener Flankenübertragung aus dem alten Prüfstand mit „bauähnlicher Flankenübertragung". Die neue Kenngröße ist in DIN 4109-32 R_w für die Direktdämmung der Bauteile ohne Flankenübertragung.

Da solche Daten für den Massivbau nicht verfügbar waren, mussten sie im Rahmen von Forschungsvorhaben neu ermittelt werden [58]. Da die neuen R_w-Werte keinen Anteil der Flankenübertragung mehr enthalten, sind sie (bei gleicher flächenbezogener Masse) höher als die bisherigen Werte aus Tabelle 1 des Beiblatts 1 zu DIN 4109:1989. Außerdem enthalten sie gegenüber Beiblatt 1 kein Vorhaltemaß von 2 dB mehr, sondern werden ohne Abschlag direkt in die rechnerischen Nachweise der DIN 4109-2 übernommen. Stattdessen wird beim Endergebnis der Prognoserechnung ein Sicherheitsbeiwert (2 dB bei der Luftschalldämmung) abgezogen. (s. dazu auch Abschnitt 2.4 zum Sicherheitskonzept der neuen DIN 4109).
Als einzige Einflussgröße wird im Massivbau für einschalige (homogene und quasi-homogene) Bauteile deren flächenbezogene Masse m' herangezogen. Obwohl aus physikalisch-akustischer Sicht auch Materialeigenschaften wie E-Modul, Rohdichte, Verlustfaktor und Wanddicke (und damit die Biegesteifigkeit) eine Rolle spielen, kann man sich für die Zwecke der DIN 4109 mit ausreichender Genauigkeit auf m' beschränken, sodass die relevanten Daten für die Luft- und Trittschalldämmung sowie die Stoßstellendämmung ausschließlich aus den flächenbezogenen Massen der Bauteile ermittelt werden können. Steinformate, Putzschichten (abgesehen von ihrer zusätzlichen Masse) und die Art der Vermauerung lassen bei homogenem Mauerwerk dagegen keine signifikanten Einflüsse erkennen. Der Einfluss von Putzschichten wird im Rahmen der DIN 4109-32 lediglich als Zuschlag zur flächenbezogenen Masse der unverputzten Wand berücksichtigt. Das ist auch berechtigt, da sich bei ausreichend schweren einschaligen Mauerwerkswänden (m' > ca. 120 kg/m²) der Putz nicht signifikant auf das Schwingungsverhalten der Wand auswirkt. Auch die Art der Vermauerung hat nur insofern Einfluss auf die Direktdämmung, als sie sich in der Ermittlung der flächenbezogenen Masse des Mauerwerks niederschlägt, je nachdem ob Normal-, Leicht- oder Dünnbettmörtel verwendet wird. Der Ermittlung der flächenbezogenen Masse massiver Bauteile und von Putzschichten wird in DIN 4109-32 deshalb breiter Raum eingeräumt.
Im Mittelpunkt stehen für den Mauerwerksbau die in DIN 4109-32 enthaltenen „Massekurven", die das bewertete Schalldämm-Maß homogener einschaliger Bauteile in Abhängigkeit von der flächenbezogenen Masse beschreiben. Gegenüber Beiblatt 1 zu DIN 4109:1989 wurde für die Schalldämm-Maße auch eine Differenzierung nach den Materialien der Bauteile vorgenommen. So finden sich in DIN 4109-32 nun verschiedene Massekurven. Für Beton und für Mauerwerk aus Betonsteinen, Kalksandsteinen, Mauerziegeln und Verfüllsteinen (ohne Lochsteine) ist folgende Massekurve angegeben:

$$R_w = 30,9 \lg \left(\frac{m'_{ges}}{m'_0} \right) - 22,2 \quad [dB],$$

für $65 \frac{kg}{m^2} \leq m'_{ges} < 720 \frac{kg}{m^2}$

Sie gilt im Bereich der flächenbezogenen Massen von m' = 65 kg/m² bis 720 kg/m². Für Mauerwerk aus Leichtbeton (ohne Lochsteine) gilt folgende Massekurve:

$$R_w = 30,9 \lg \left(\frac{m'_{ges}}{m'_0} \right) - 20,2 \quad [dB],$$

für $140 \frac{kg}{m^2} \leq m'_{ges} < 480 \frac{kg}{m^2}$

Diese Massekurve zeigt gegenüber der vorhergehenden Kurve eine um 2 dB höhere Schalldämmung. Sie ist im Bereich der flächenbezogenen Massen von m' = 140 kg/m² bis 480 kg/m² anzuwenden. Für Mauerwerk aus Porenbeton gelten folgende Massekurven:

$$R_w = 32,6 \lg \left(\frac{m'_{ges}}{m'_0} \right) - 22,5 \quad [dB],$$

für $50 \frac{kg}{m^2} \leq m'_{ges} < 150 \frac{kg}{m^2}$

$$R_w = 26,1 \lg \left(\frac{m'_{ges}}{m'_0} \right) - 8,4 \quad [dB],$$

für $150 \frac{kg}{m^2} \leq m'_{ges} < 300 \frac{kg}{m^2}$

In diesen Gleichungen ist m'_{ges} die flächenbezogene Masse der Wand mit ggf. vorhandenen Putzschichten. m'_0 hat als Bezugsgröße einen Wert von 1 kg/m². Eine grafische Darstellung der genannten Massekurven findet sich in Bild 14.
Zu beachten ist, dass die durch die Massekurven gegebenen Werte der Schalldämm-Maße bereits auf den mittleren Bauverlustfaktor korrigiert sind (s. Abschnitt 4.2.1.3) und ohne weitere Umrechnung in den Prognoserechnungen verwendet werden können. Für Schalldämm-Maße aus Prüfzeugnissen muss dagegen sichergestellt sein, dass die Verlustfaktorkorrektur gemäß den Angaben in DIN 4109-4 [14] durchgeführt wurde, bevor sie in den Prognoserechnungen verwendet werden.
Abweichungen von der nach der flächenbezogenen Masse zu erwartenden Schalldämmung ergeben sich bei bestimmten gelochten Steinen, bei denen es durch die von der Lochstruktur verursachten Resonanzen zu Einbrüchen der Schalldämmung im bauakustischen Frequenzbereich kommt. Für solche Steine kann die Schalldämmung nicht über die flächenbezogene Masse ermittelt werden. Sie ist durch Messungen in Prüfständen zu ermitteln. Ausführlich wird auf dieses Verhalten in Abschnitt 4.3 eingegangen.
DIN 4109-32 behandelt neben den massiven einschaligen Bauteilen auch massive zweischalige Bauteile. Dazu gehören zweischalige Haustrennwände aus zwei massiven Schalen (s. dazu Abschnitt 4.5), nicht aber einschalige massive Bauteile mit (biegeweichen) Vor-

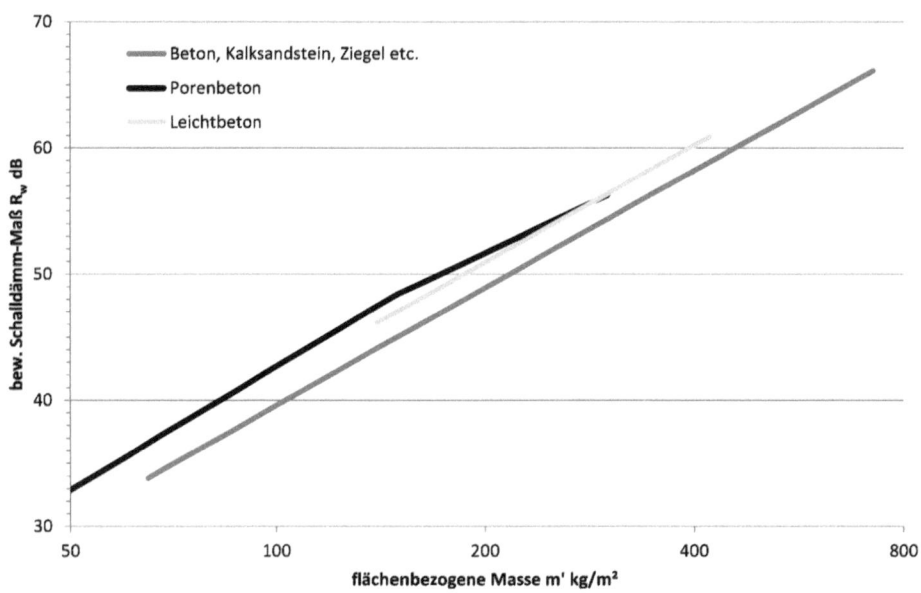

Bild 14. Bewertete Schalldämm-Maße R_w für unterschiedliche Baustoffe in Abhängigkeit von der flächenbezogenen Masse m'

satzschalen. Wie in den Abschnitten 2.3.1 und 4.4.1 erläutert wurde, können solche Konstruktionen aus dem separat ermittelten bewerteten Schalldämm-Maß R_w der massiven Grundwand und der bewerteten Verbesserung ΔR_w der Vorsatzschale durch Addition beider Größen ermittelt werden. DIN 4109-32 beschäftigt sich nur mit den Eigenschaften der massiven Grundbauteile. Die notwendigen Angaben zu den Vorsatzkonstruktionen liefert DIN 4109-34 [10].

4.2.3 Praktisches Verhalten einschaliger Wände

4.2.3.1 Einschalige Wände mit Schalungssteinen

Schalungssteine mit Betonfüllung kommen in unterschiedlicher Ausführung zum Einsatz. Gebräuchlich sind Schalungssteine aus Leichtbeton, gebundenen Holzfasern, Hartschaum oder Ziegeln (Füllziegeln).
Nach DIN 4109-32 kann die Direktdämmung von Wänden aus Beton-Schalungssteinen und Füllziegeln ebenfalls über die flächenbezogene Masse der Wand bestimmt werden. Es ist dabei die „Massekurve für schwere Materialien" zu verwenden. Die dort einzusetzende flächenbezogene Masse kann nach den für Schalungssteine festgelegten Vorgaben der DIN 4109-32 ermittelt werden. Schalungssteine anderer Materialien können über die genannte Massekurve der DIN 4109-32 nicht behandelt werden.
In bestimmten Fällen kann es bei solchen Steinen gegenüber den aus der flächenbezogenen Masse zu erwartenden Schalldämm-Maßen zu einer deutlichen Verminderung der Schalldämmung kommen. Im ersten Fall handelt es sich um Ausführungsfehler bei der Erstellung der Wand. Entweder werden die Schalungssteine nicht mit der notwendigen Sorgfalt mit Beton verfüllt, sodass die erforderliche flächenbezogene Masse nicht zustande kommt oder es wird mit zu trockenem Füllbeton gearbeitet, der sich nicht vollständig mit der Schalung verbindet. Dann kommt die rechnerisch vorhandene flächenbezogene Masse aufgrund der teilweisen Entkopplung akustisch nicht voll zur Geltung. In solchen Situationen konnte eine Verminderung der Schalldämmung um bis zu 6 dB festgestellt werden.
Im zweiten Fall sorgen unabhängig von der Ausführungsqualität Resonanzeffekte für eine Verminderung der Schalldämmung, wenn für die Schalung des Steins nachgiebige Materialien verwendet werden (z. B. PS-Hartschaum, zementgebundene Holzfaser). Akustisch bilden die Putzschichten und die Verfüllung als Massen und die elastische Schalung als Feder nach Bild 15 ein resonanzfähiges Schwingungssystem, das sich grundsätzlich so verhält wie die in Abschnitt 4.5.1 beschriebenen mehrschaligen Elemente. Durch die vergleichsweise kleinen Massen der Putzschichten und die relativ steifen Materialien der Schalung liegen die Dämmungseinbrüche der Resonanzfrequenz mitten im bauakustischen Frequenzbereich. Besonders ausgeprägt tritt dieser Effekt bei Schalungssteinen aus Hartschaum in Erscheinung. Ergänzend ist anzumerken, dass sich solche Dämmungseinbrüche nicht nur bei der Direktdämmung, sondern – vor allem bei Außenwänden – auch bei der flankierenden Dämmung bemerkbar machen.

4.2.3.2 Offenporige Wände

Offenporige Wände, z. B. aus unverputztem Bimsbeton, übertragen Schall durch die Luftkanäle im Ma-

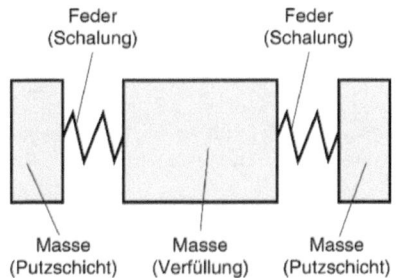

Bild 15. Resonanzfähiges Schwingungssystem bei Schalungssteinen mit schalltechnisch weicher Schale

terial. Die Schalldämmung wird dann durch den Strömungswiderstand der Wand bestimmt und ist oft wesentlich kleiner, als aufgrund der flächenbezogenen Masse der Wand zu erwarten wäre. Zur Verbesserung genügt eine einseitige Abdichtung der Wand durch Verputzen oder sogar nur Verschlämmen. Praktische Beispiele zeigen die Bilder 16 und 17 [81]. Es ist allerdings zu beachten, dass offenporige Wände andererseits geeignet sind, im „Senderaum" (in dem sich die Schallquelle befindet) durch großflächige, gleichmäßige Schallabsorption für ein angenehmes akustisches „Raumklima" mit niedrigen Schallpegeln zu sorgen.

4.2.3.3 Übertragung durch Löcher, Schlitze und poröse Stoffe

Durch Löcher, Schlitze oder poröse Wandflächen kann die Schalldämmung wesentlich herabgesetzt werden. Beispiele sind Bauteile mit durchgehenden Poren und Rissen (Sichtmauerwerke), Anschlussstellen von Decken und Wänden, Anschlüsse von Fassaden an Innenwände, Rohrdurchführungen, Kabelkanäle oder Funktionsfugen bei Fenstern und Türen, auch Schlüssellöcher. Wegen der dort auftretenden Schalldruckerhöhungen sind Schlitze und Löcher in den Raumecken ungünstiger als in den mittleren Wandbereichen. Die Schalldämmung von Schlitzen und Löchern hängt wesentlich vom Verhältnis der geometrischen Abmessungen zur Schallwellenlänge ab und kann sogar negative Werte annehmen. Die Auswirkungen von Löchern und Schlitzen werden deutlich, wenn man die resultierende Schalldämmung einer Wand mit beispielsweise R = 50 dB bei Hinzufügen einer Öffnung mit R = 0 dB für verschiedene Flächenanteile der Öffnung abschätzt: Bei 1 % Flächenanteil würde sich das Schalldämm-Maß auf 20 dB verringern, bei 0,1 % auf 30 dB, bei 0,01 % (entspricht einem 10-cm²-Schlitz in einer 10-m²-Wand) auf 40 dB. Abhilfe kann nachträglich durch Abdichtung geschaffen werden, wobei luftdicht schließende, elastische oder plastische Materialien zu verwenden sind, keine offenporigen Schäume. Trocknungsrisse an den Verbindungsstellen verschiedener Bauteile sollten vermieden werden. Poröse Wandflächen benötigen zur vollen Ausnutzung ihrer Schalldämmung eine völlig luftdichte Schicht. Dies

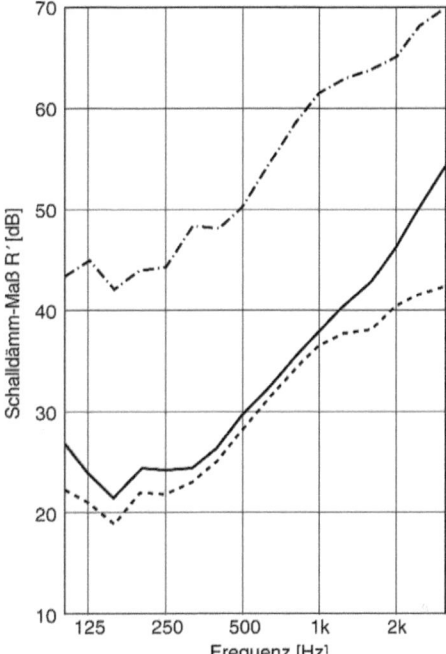

– · – · – R'_w = 56 dB Rand abgedichtet einseitig verputzt 365kg/m²

——— R'_w = 36 dB umlaufender Rand abgedichtet

– – – – R'_w = 33 dB Sichtmauerwerk 175mm, 350kg/m²

Bild 16. Einfluss der Abdichtung einer unverputzten Wand auf deren Schalldämmung

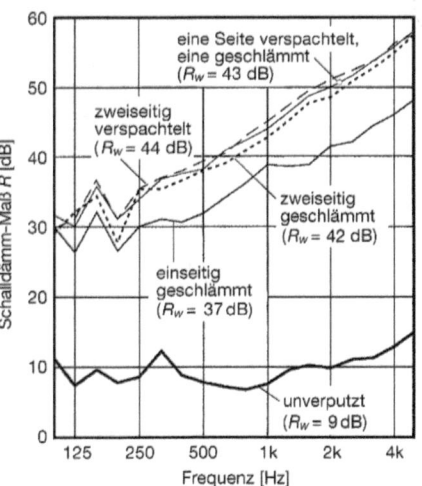

Bild 17. Einfluss der Abdichtung einer unverputzten Bimsbeton-Wand auf deren Schalldämmung [81]

kann durch (mindestens) einseitiges Verputzen geschehen. Die offenbleibende Wandseite sollte dabei dem Raum zugewandt sein, in dem eine Bedämpfung erwünscht ist, z. B. zur Senkung des Schallpegels oder zu Schaffung einer besseren Sprachverständlichkeit in diesem Raum. Wegen der großen Fläche der Raumbegrenzungen kann selbst bei mittleren Schallabsorptionsgraden der Wände insgesamt eine erhebliche Wirkung erzielt werden.

4.2.3.4 Trockenputze auf einschaligem Mauerwerk

Als Trockenputz wird eine Verkleidung von Mauerwerkswänden mit Gipsplatten verstanden, die mit Ansetzbinder unmittelbar auf der Rohwand angebracht werden. Den ausführungstechnischen Vorteilen stehen schalltechnische Nachteile gegenüber, die zu erheblichen Verschlechterungen der Schalldämmung zwischen Räumen führen können und deshalb im Einzelfall zu berücksichtigen sind. Da bei Trockenputz das Mauerwerk nicht die ansonsten übliche Putzschicht mit abdichtender Funktion erhält (s. Abschnitt 4.2.3.2), können nicht ausreichend dichte Fugen zwischen den Steinen zu verstärkter Schallübertragung führen. Ein weiterer schalltechnischer Effekt des Trockenputzes liegt darin, dass die Gipsplatten mit dem dahinterliegenden Luftpolster wie bei Vorsatzschalen (s. Abschnitt 4.4.1) ein schwingungsfähiges System bilden, welches bei der Resonanzfrequenz eine verminderte Schalldämmung besitzt. Im vorliegenden Fall liegt die Resonanzfrequenz durch die schalltechnisch ungünstige Dimensionierung der Vorsatzkonstruktion im bauakustischen Frequenzbereich. Gegenüber einer nass verputzten Wand treten Verschlechterungen zwischen 3 und 6 dB, in Einzelfällen sogar mehr als 10 dB auf. Zu beachten ist, dass sich die Verschlechterungen nicht nur bei der Direktdämmung, sondern auch bei der Längsdämmung bemerkbar machen. Die genannten Verschlechterungen können vermieden werden, wenn mindestens auf einer Seite die Gipsplatten auf Mineralfaserplatten (z. B. Mineralfaser-Verbundplatten) angebracht werden.

4.2.3.5 Einflüsse von Fugen, Schlitzen und Zählerkästen

Das nach den Massekurven der DIN 4109-32 aus der flächenbezogenen Masse zu erwartende Schalldämm-Maß einer Mauerwerkswand kann nur dann erreicht werden, wenn nicht Fugen, Schlitze, Undichtigkeiten oder Wandeinbauten die Schalldämmung verringern. Da derartige Einflüsse in der Baupraxis jedoch nicht auszuschließen sind, stellt sich die Frage, mit welchen Auswirkungen zu rechnen ist.

Fugen in Mauerwerkswänden

Bereits in Abschnitt 4.2.3.2 wurde gezeigt, dass offenporige Wände in unverputztem Zustand eine deutliche Verminderung der Schalldämmung aufweisen. Als probates Mittel zur Abhilfe erwies sich die akustische Abdichtung, z. B. durch eine Putzschicht. Ähnliche Verhältnisse gelten auch bei Mauerwerkswänden mit offenen Fugen.

Immer wieder wird vermutet, dass die Schalldämmung bei offenen Fugen auch deshalb leidet, weil die flächenbezogene Masse der Wand reduziert wird. Falls offene Fugen im Mauerwerk vorhanden sind, verringert sich die flächenbezogene Masse proportional zum Anteil der Fugenfläche an der Gesamtfläche. Selbst wenn offene Fugenflächen im ungünstigsten Fall einen Flächenanteil von 1 % haben sollten, fällt die Verminderung der flächenbezogenen Masse schalltechnisch nicht ins Gewicht, sodass dadurch keine Minderung der Schalldämmung zu berücksichtigen ist. Kritisch ist bei offenen Fugen vielmehr der direkte Schalldurchgang, der die Schalldämmung erheblich mindern kann. Offene Fugen sind deshalb auf jeden Fall zu vermeiden. Die Wand muss im schalltechnischen Sinne abgedichtet werden.

Untersuchungen belegen, dass für eine ausreichende schalltechnische Abdichtung von Wänden mit unvermörtelten Stoßfugen bereits dünne Putze auf beiden Seiten ausreichend sind. In [82] wird anhand von Laboruntersuchungen für eine KS-Wand (17,5 cm KS-Vollsteine, 12 DF, unvermörtelte Stoßfugen mit Nut-Feder-System) gezeigt, dass mit beidseitigem Spachtelputz (ca. 3 mm dick) die schalltechnische Dichtigkeit hergestellt werden kann. Bei dickeren Putzschichten steigt die Schalldämmung dann nur noch entsprechend dem Massezuwachs an, ohne dass die Dichtigkeit weiter erhöht würde. Die ausreichende Abdichtung mit dünnen Putzen setzt voraus, dass die Wand im Stoßfugenbereich sorgfältig und ohne unnötige Fugen aufgemauert wurde. Im Zweifelsfall sollte zumindest einseitig auf dickere Putzschichten (ca. 10 mm) zurückgegriffen werden.

Schlitze und Steckdosen in Mauerwerkswänden

Schlitze und Einbauten wie z. B. Steckdosen verringern die Wandstärke und damit die flächenbezogene Masse der Wand im Bereich der Einbaufläche, sodass die dort verbleibende Wand eine verringerte Schalldämmung aufweist. Formal kann eine solche Wand mit Einbauten wie ein zusammengesetztes Bauteil mit Teilflächen unterschiedlicher Schalldämmung betrachtet werden, für das die resultierende Schalldämmung nach der in Abschnitt 4.6.2 angegebenen Methode berechnet werden kann. Es zeigt sich, dass selbst mehrere Steckdosen aufgrund ihrer kleinen Teilfläche und der ausreichend hohen Restdämmung der im Dosenbereich verbleibenden Wand bei Wohnungstrennwänden ($m' > 410$ kg/m^2) die resultierende Schalldämmung nicht verringern. Es sollte aber vermieden werden, die Steckdosen auf beiden Wandseiten an derselben Stelle anzubringen.

Falls Wände für die Unterputzverlegung von Rohrleitungen geschlitzt werden, sind die einschlägigen Regeln der Mauerwerksnormen zu berücksichtigen. Die Zulässigkeit von Schlitzen in gemauerten Wänden ist in DIN EN 1996-1-1, DIN EN 1996-2 und DIN EN 1996-3 geregelt. Dem Schlitzen von Wänden sind damit deutlich engere Grenzen gesetzt, als es in der Praxis immer wieder zu beobachten ist. Aus akustischer Sicht gelten die zuvor schon erläuterten Bedingungen bei zusammengesetzten Bauteilen. Im Unterschied zu Steckdosen oder anderen kleinen Einbauten ist hier aber die Teilfläche mit verringerter Schalldämmung größer und die verbleibende Wandstärke kleiner, sodass die resultierende Schalldämmung verringert wird. Wird z. B. in einer 9 m² großen Wand (d = 240 mm, m′ > 410 kg/m², R'_w = 53 dB bei flankierenden Bauteilen von etwa 300 kg/m²) ein Schlitz von 100 mm Breite und 100 mm Tiefe über die gesamte Höhe der Wand angebracht, so liegt die Restschalldämmung der hinter dem Schlitz verbleibenden Wand bei etwa 47 dB und die resultierende Schalldämmung sinkt um 0,5 dB ab. Würde der Schlitz – entgegen den einschlägigen Regeln – dagegen mit 150 mm Tiefe und 150 mm Breite ausgeführt, so würde die resultierende Schalldämmung der Wand um ca. 2 dB vermindert werden. Rechnerisch wäre damit die Einhaltung der Schallschutzanforderungen an eine Wohnungstrennwand (erf. $R'_w \geq 53$ dB) nicht mehr gegeben. In Beiblatt 2 zu DIN 4109 [3] wurde in diesem Zusammenhang darauf verwiesen, dass bei der Verlegung von Abwasserleitungen in Wandschlitzen die flächenbezogene Masse der Restwand zum schutzbedürftigen Raum hin mindestens 220 kg/m² betragen sollte. Bei einer Wohnungstrennwand von 240 mm Dicke (Stein-Rohdichte 1,8) entspräche dies einer Restwanddicke von ca. 130 mm bzw. einer Schlitztiefe von ca. 110 mm.

Bei der Unterputzverlegung von Rohrleitungen besteht das schalltechnische Hauptproblem letztlich aber weniger in der Minderung der Schalldämmung als in der verstärkten Übertragung von Leitungsgeräuschen. Ohne vollständige und sorgfältig ausgeführte Körperschallisolierung in Form von geeigneten Rohrummantelungen kann nämlich nicht garantiert werden, dass die von den Rohrleitungen ausgeübten Schwingungen nicht über Körperschallbrücken auf die Wand übertragen werden. Eine verstärkte Übertragung der Installationsgeräusche und in der Regel eine Überschreitung der für Wasserinstallationen zulässigen Schallpegel im schutzbedürftigen Raum hinter der Wand sind die Folge. Bild 18 zeigt ein Gussrohr ohne körperschallisolierende Ummantelung mit Körperschallbrücken zwischen der Abdeckung des Schlitzes und dem Rohr [83]. Bei einer üblichen Abwassermenge von 2 l/s wird hinter der Installationswand (m′ = 220 kg/m²) ein A-bewerteter Schallpegel von etwa 35 dB gemessen. Im Falle von Bild 19 sinkt der Installations-Schallpegel durch die Ausschaltung der Körperschallbrücken auf etwa 21 dB [83]. Wenn eine körperschallbrückenfreie Unterputzmontage der Rohrleitungen nicht absolut sichergestellt werden kann, sollten Installationsleitungen wegen der Gefahr unkontrollierbarer Körperschallbrücken vor der Wand (Vorwand-Installation) angebracht

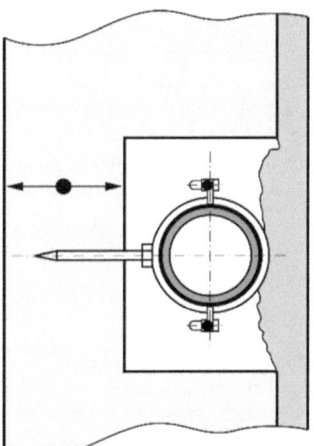

Bild 18. Verlegung eines Abwasserrohrs im Wandschlitz ohne Körperschallisolierung [83]

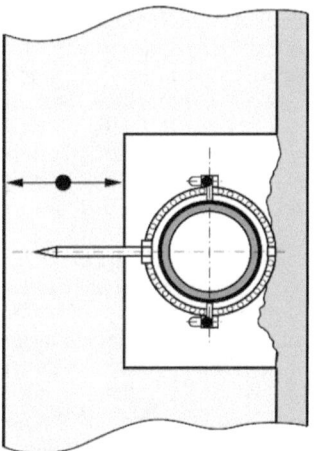

Bild 19. Verlegung eines Abwasserrohrs im Wandschlitz mit Körperschallisolierung [83]

werden, um die Einhaltung der Anforderungen nicht zu gefährden.

Zählerkästen in Mauerwerkswänden

Für Zählerkästen in Wänden gelten die bereits diskutierten Verhältnisse zusammengesetzter Bauteile unterschiedlicher Schalldämmung aufgrund der vergleichsweise großen Einbaufläche in besonderem Maße. Im folgenden Beispiel beträgt die Gesamtfläche einer Wohnungstrennwand (Mauerwerk, d = 240 mm, verputzt, R'_w = 53 dB bei flankierenden Bauteilen von etwa 300 kg/m²) 7,5 m². Die Nische des Elektroverteilers hat eine Fläche von 1 m² und eine Einbautiefe von 120 mm. Die Schalldämmung der Restwand beträgt damit ca. 45 dB und die resultierende Schalldämmung der gesamten Wand sinkt auf ca. 50 dB. Die Anforderungen an eine Wohnungstrennwand (erf.

$R'_w \geq 53$ dB) sind damit nicht eingehalten. Eine gewisse Verbesserung der Schalldämmung kann durch die bislang noch nicht berücksichtigte Tür des Elektroverteilers erwartet werden. Doch ist, je nach ihrer schalltechnischen Ausführung, nicht sichergestellt, dass eine ausreichende Schalldämmung erreicht wird. In Wohnungstrennwänden sollte deshalb von derartigen großflächigen Nischen abgesehen werden.

4.3 Mauerwerk aus Lochsteinen

4.3.1 Grundlagen und Einführung

Das bewertete Schalldämm-Maß von hochwärmedämmendem Lochsteinmauerwerk liegt wie in Bild 20 zu sehen aufgrund der Lochstruktur zum Teil deutlich unter dem rechnerisch aus der flächenbezogenen Masse zu erwartenden Wert.

Die damit verbundene erhöhte Schallübertragung über diese Außenwände führte in der Vergangenheit im mehrgeschossigen Wohnungsbau immer wieder zu einem verminderten Schallschutz von Trenndecken und -wänden. Hierdurch wurde die Berechnung der Schalldämmung von einschaligen Wänden und Decken mit solchen Außenwänden beim vereinfachten Berechnungsverfahren des Beiblatts 1 zu DIN 4109:1989 [2] ausgeschlossen. Im Beiblatt 1 hieß es hierzu: „Die Werte der Tabelle 13 (Schalldämm-Maß in Abhängigkeit von der flächenbezogenen Masse. Anm. d. Verf.) gelten nicht, wenn einschalige flankierende Außenwände in Steinen mit einer Rohdichteklasse ≤ 0,8 und in schallschutztechnischer Hinsicht ungünstiger Lochung verwendet werden."

Über die daraus resultierenden Fragestellungen: „Wann liegt eine schalltechnisch ungünstige Lochung vor? Wie kann der Schallschutz mit flankierenden Bauteilen aus Lochsteinen berechnet werden? Welche weiteren Parameter bestimmen die Schalldämmung?"

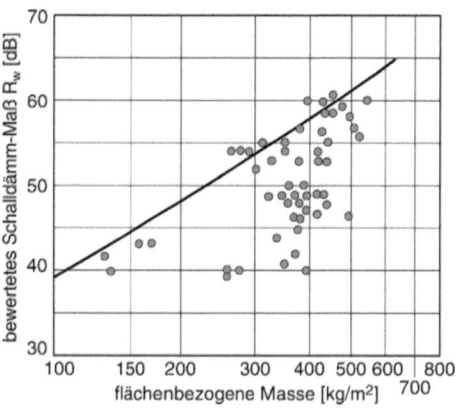

Bild 20. Bewertetes Schalldämm-Maß von Wänden aus Hohlziegeln in Abhängigkeit von der flächenbezogenen Masse [84]

wurde Anfang der 1990er-Jahre in [85] und [86] berichtet. Neue Entwicklungen im Bereich des Ziegels (z. B. veränderte Lochgeometrien, veränderte Rohdichten, die Verfüllung der Hohlräume etc.), neue Mauertechniken (Mittelbettmörtel, deckelnder Dünnbettmörtel), neue konstruktive Lösungen im Bereich der Stoßstellen (Stumpfstoß, elastische Zwischenschichten, Vormauerung im Bereich der Deckenauflager) warfen diese Fragestellungen jedoch immer wieder erneut auf.

4.3.2 Wärmeschutztechnische Entwicklung von Hochlochziegeln

Im Laufe der letzten 30 Jahre wurde der Wärmeschutz von wärmedämmendem Lochstein-Mauerwerk kontinuierlich verbessert. Lag die Wärmeleitfähigkeit Ende der 1980er-Jahre noch für hochwärmedämmende Lochsteine bei λ = 0,20–0,25 W/m²K, so liegt er heute für wärmedämmende Hochlochziegel bei λ = 0,06–0,08 W/m²K. Die verminderte Wärmeleitfähigkeit wurde in den 1980er- und 1990er-Jahren vor allem durch eine Reduzierung der Leitfähigkeit des Scherbens bzw. eine Verminderung der Scherbenrohdichte und des Scherbenanteils bzw. durch eine Erhöhung des Lochanteils sowie durch zusätzliche Stegreihen erreicht. Hierdurch wurden die Lochsteine immer filigraner. Zusätzlich wurde durch die Herstellung von Plansteinen in Verbindung mit Dünnbettmörtel der Wärmeschutz dieser Außenwände weiter verbessert. Einhergehend mit dieser Verbesserung bezüglich des Wärmeschutzes ergaben sich für die Mehrzahl dieser Steine allerdings deutliche Verschlechterungen in der Schalldämmung.

Anfang dieses Jahrhunderts tauchten dann immer mehr mit Dämmstoff gefüllte Lochsteine auf. Diese werden ebenfalls mit einer filigranen Lochung, aber auch als sogenannte Großkammersteine angeboten. Die Füllung erfolgt meist mit Mineralwolle sowohl in Form von Granulat als auch von Stecklingen. Es gibt allerdings auch Steine, die mit Perlite oder Polystyrol, das zum Teil sogar im Stein geschäumt wird, gefüllt sind.

Diese Veränderungen, in Tabelle 6 beispielhaft an unterschiedlichen Lochbildern für Hochlochziegelmauerwerk dargestellt, hatten weitreichende Folgen für die Schalldämmung dieser Mauerwerkswände. Das Mauerwerk wurde teilweise leichter (geringere Steinrohdichte) und zeigte aber auch durch die veränderte Steingeometrie ein sehr unterschiedliches schalltechnisches Verhalten. Während frühere Entwicklungen einseitig auf eine Erhöhung des Wärmeschutzes bedacht waren, bieten die Hersteller zwischenzeitlich auch schalltechnisch verbesserte Steine an, die für den Einsatz im mehrgeschossigen Wohnungsbau konzipiert sind. Extrem leichte (RDK = 0,6 und 0,7) und höchstwärmedämmende Hochlochziegel sind dann häufig nur noch für den Einsatz im Einfamilienhaus gedacht.

Eine vergleichbare Entwicklung durchliefen z. B. auch wärmedämmende Lochsteine aus Leichtbeton.

Tabelle 6. Lochbilder unterschiedlichster Hochlochziegel

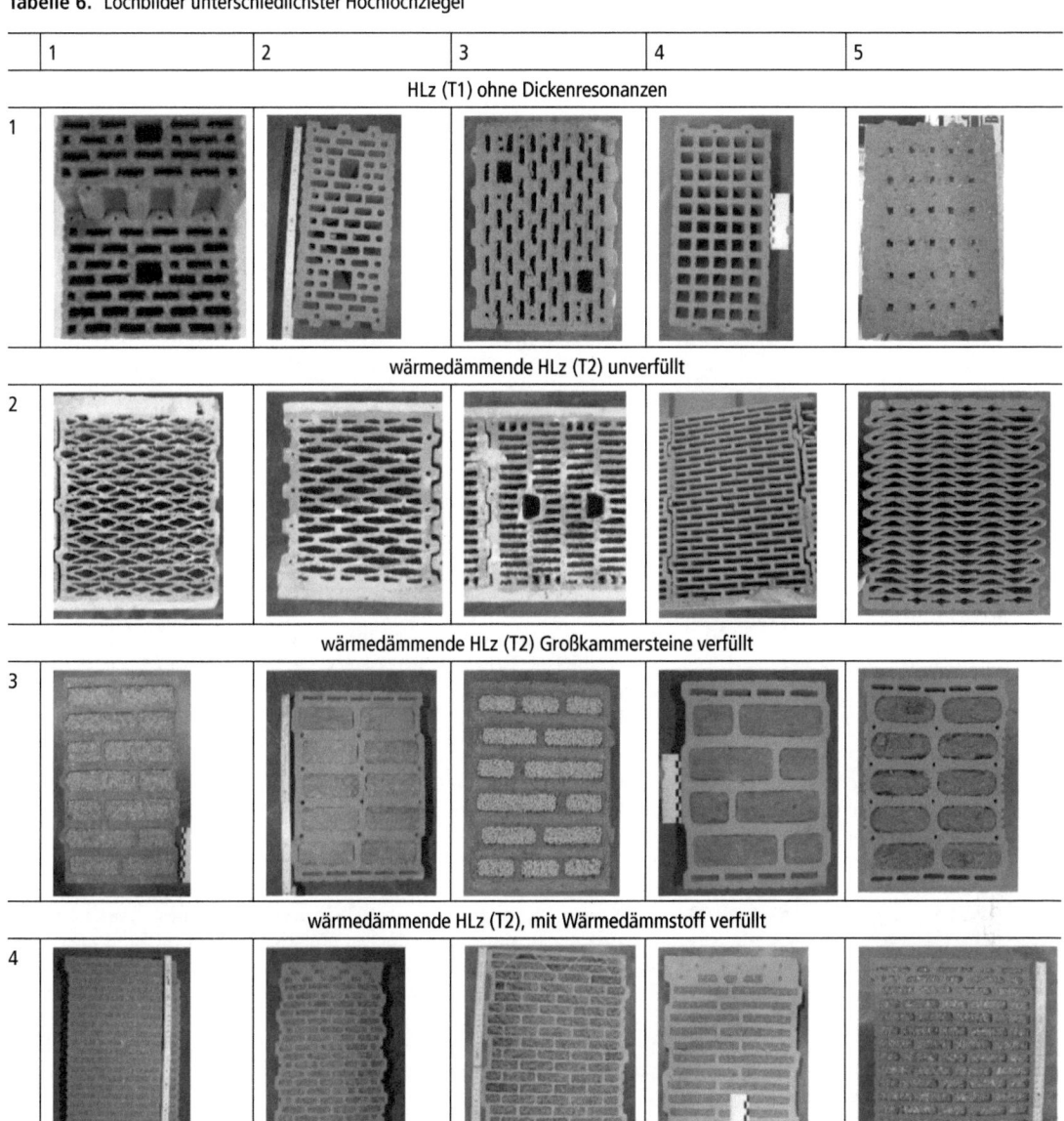

4.3.3 Ursache für die verminderte Direktdämmung

Schwingungseigenschaften des Einzelsteins

Die Schalldämmung von Mauerwerk aus hochwärmedämmenden Lochsteinen liegt häufig unter dem aus der flächenbezogenen Masse zu erwartenden Rechenwert [86, 87]. Im Frequenzverlauf des Schalldämm-Maßes dieser Wände ist meist ein Einbruch in der Schalldämmkurve im Frequenzbereich zwischen 630 Hz und 2 kHz zu erkennen. Die Lage und die Tiefe des Dämmungseinbruchs wird durch die Geometrie des Steins, das Lochbild, die Art der Vermörtelung und die Steifigkeit des Ziegelscherbens bestimmt. In Bild 21 ist das Schalldämm-Maß von drei Wänden aus HLz mit unterschiedlichem Lochbild bei sonst gleichen Parametern dargestellt. Gut zu erkennen ist der Dämmungseinbruch im Frequenzbereich zwischen 630 Hz und 2 kHz mit einem lokalen Minimum bei 1250 Hz bzw. 1600 Hz.

Das Schalldämm-Maß aller drei Wände weist einen ähnlichen Verlauf auf. Im tiefen Frequenzbereich (f < 200 Hz) zeigt sich eine für ihre flächenbezogen Masse hohe Luftschalldämmung mit starken Schwan-

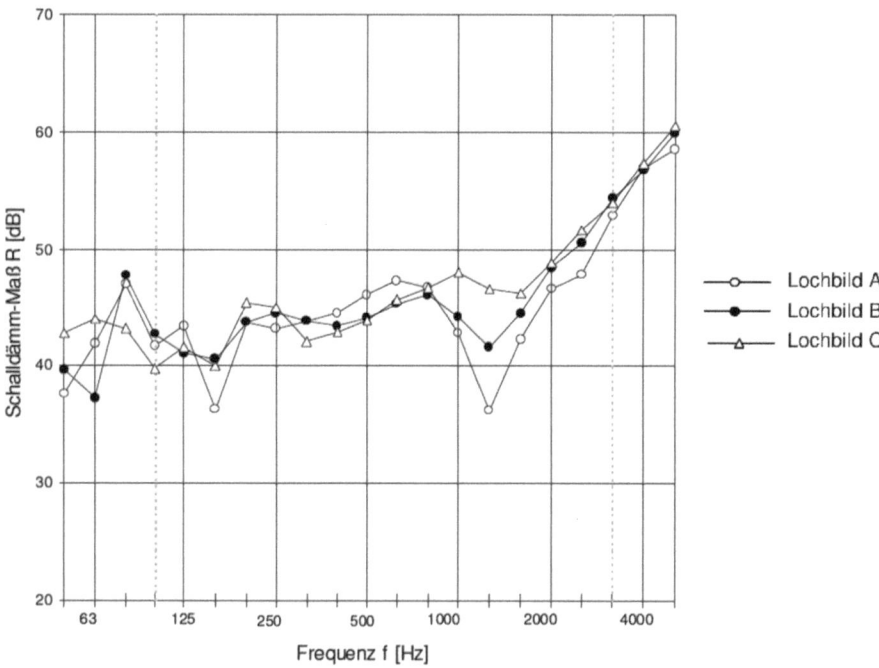

Bild 21. Schalldämm-Maß von drei Wänden aus HLz mit unterschiedlichem Lochbild (Lochbild A: Tabelle 6 Zeile 2 Spalte 1; Lochbild B: Tabelle 6 Zeile 2 Spalte 2; Lochbild C: Tabelle 6 Zeile 2 Spalte 3) bei sonst gleichen Parametern (Format, Scherbenrohdichte, Vermörtelung, Putz) (aus [88])

kungen durch das modale Schallfeld auf den Wänden und in den Prüfräumen. Im mittleren Frequenzbereich (200 Hz bis 1 kHz) zeigen die untersuchten Wände einen gegenüber anderem massiven Mauerwerk deutlich flacheren Anstieg des Schalldämm-Maßes mit der Frequenz. Die Steigung beträgt ca. 10 dB/Dekade bei dem untersuchten Lochsteinmauerwerk gegenüber den erwarteten 25 dB/Dekade für massives Mauerwerk oberhalb der Grenzfrequenz. Bei 1250 Hz (Lochbild A und B) bzw. 1600 Hz ist der für Lochsteine typische Dämmungseinbruch unterschiedlich stark ausgeprägt. Nur in diesem Frequenzbereich bestimmt das Lochbild der untersuchten Wände die Schalldämmung. In den bewerteten Einzahlangaben R_w ergeben sich hierdurch Unterschiede von 2 dB. Oberhalb des Dämmungseinbruchs steigt die Schalldämmung bei allen untersuchten Wänden steil an. Das Mauerwerk mit Lochbild A weist von den drei untersuchten Lochbildern den tiefsten Dämmungseinbruch auf, das Mauerwerk aus Steinen mit den versetzten Stegen (Lochbild B) zeigt einen deutlich geringeren Einbruch in der Schalldämmkurve. Schalltechnisch günstigster verhält sich der Stein mit den in Wärmestromrichtung durchgehenden Stegen (Lochbild C), dessen Schalldämmung im Frequenzbereich der Resonanzen nur wenig vermindert ist.

Die Verminderung des bewerteten Schalldämm-Maßes gegenüber dem aus den flächenbezogenen Massen zu erwartenden Rechenwert beträgt im Mittel für das Hochlochziegelmauerwerk ΔR_w ca. 5 bis 7 dB, kann aber in Einzelfällen bis zu 15 dB betragen. Diese Verminderung ergibt sich im Wesentlichen aus dem flachen Anstieg des Schalldämm-Maßes im mittleren Frequenzbereich. Aus diesen Ergebnissen kann geschlossen werden, dass die Unterscheidung in Beiblatt 1 zu DIN 4109:1989 in Bezug auf eine „schalltechnisch günstige" oder „ungünstige" Lochung nicht ausreicht, um Hochlochziegel akustisch zu charakterisieren.

Der Dämmungseinbruch selbst ergibt sich durch ein starkes Schwingen der äußeren Steinplatten. Lage und Tiefe des Dämmungseinbruchs wird durch eine Vielzahl unterschiedlicher Parameter, wie Lochbild, Steinformat, Vermörtelung und Materialeigenschaften etc. beeinflusst. Mithilfe einer Modalanalyse kann dieses Schwingungsverhalten entsprechend Bild 22 visualisiert werden.

Deutlich ist zu erkennen, dass bereits im Frequenzbereich unterhalb der ersten „Dickenschwingung" (Bild 22b) die Außenseiten nicht mehr in Phase schwingen. Während auf homogenen massiven Bauteilen im bauakustischen Frequenzbereich nahezu ausschließlich durch Biegewellen Schall abgestrahlt wird, zeigen die Lochsteine bereits deutlich unter ihrer Dickenresonanz ein anderes Schwingungsverhalten mit einer deutlich höheren Anregbarkeit und einer entsprechend geringeren Schalldämmung. Durch diesen Effekt kommt es zu dem deutlich flacheren Anstieg des Schalldämm-Maßes (s. Bild 21) mit einer dann zusätzlich bei der Dickenresonanz verminderten Schalldämmung.

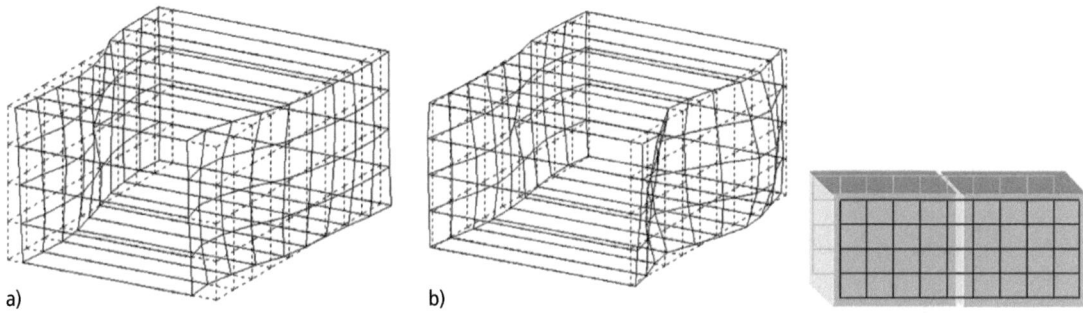

Bild 22. Schwingungsformen von zwei Einzelsteinen entsprechend der rechten Skizze, ermittelt durch Messung an einer Versuchswand (Lochbild: Tabelle 6 Zeile 2 Spalte 4) bei a) f = 926 Hz und b) f = 1518 Hz

Mittels Simulation, z. B. durch FEM, können die Schwingungsformen sichtbar gemacht werden. Mit diesem Werkzeug ist auch ein Blick in den Stein möglich, wie Bild 23 zeigt. Die Berechnung von Eigenfrequenzen und Schwingungsformen eines Hochlochziegels und damit eine akustische Charakterisierung ist damit prinzipiell möglich.

Allerdings zeigen sich bei der FEM-Berechnung auch Schwierigkeiten: Zum einen ist die Eingabe der Geometrie sehr aufwendig, aufgrund der filigranen Struktur ergibt sich eine große Anzahl an Elementen mit entsprechender Rechenzeit. Die Materialparameter (E-Modul des Scherbens) sind aufgrund des Strangpressens der Ziegel orthotrop und häufig unklar. Inhomogenitäten, wie sie aufgrund des Brennvorgangs bei Hochlochziegel immer wieder auftreten und jedem einzelnen Ziegel ein fast individuelles Schwingungsverhalten geben, können bei der Simulation nicht berücksichtigt werden. Problematisch für die Berechnung des Schalldämm-Maßes einer Wand ist vor allem, dass zwar einzelne Ziegel berechnet werden können, die Wand als Mauerwerk allerdings nur bedingt simuliert werden kann.

Mit der FEM können allerdings aufgrund von Zeichnungen die Eigenfrequenzen und Schwingungsformen von Lochsteinen schon im Entwurfsstadium berechnet werden. Die Auswirkungen von Variationen in der Lochgeometrie (Anzahl, Dicke oder Anordnung von Stegen) auf das Schwingungsverhalten des Einzelsteins und bedingt auch auf die zu erwartende Schalldämmung der Wand können damit abgeschätzt werden.

Ein gewisser Einfluss auf die Schalldämmung ist auch durch das Format der Steine gegeben. Die äußeren Abmessungen der Steine beeinflussen aufgrund der meist deutlich dickeren Randstege ihre Steifigkeit. Kürzere Steine weisen wie in Bild 24 zu sehen die höhere Schalldämmung auf.

Schwingungseigenschaften des Einzelsteins im Verbund

Neben Geometrie und Material des Einzelsteins können auch die Vermörtelung (Leichtmörtel, Dünnbettmörtel) sowie die Eigenschaften des aufgebrachten Putzes (Dicke und Steifigkeit) die Schwingungseigenschaften des Steins im Verbund und damit die Schalldämmung der Mauerwerkswand beeinflussen.

Aus schalltechnischer Sicht ist die Verwendung harten Mörtels vorzuziehen. Untersuchungen von *Lang* [89] ergaben eine Verbesserung der Durchgangsdämmung um bis zu 4 dB bei Einsatz von Kalkzementmörtel anstelle von Leichtmauermörtel LM 21 (s. Bild 25). Ebenfalls günstig verhält sich eine dicke Lagerfugen-Vermörtelung im Vergleich zu Dünnbett-Vermörtelung [86]. Allerdings werden seit einigen Jahren aufgrund der verminderten Wärmeleitfähigkeit der Wand nahezu nur noch Dünnbettmörtel eingesetzt.

Eine Vergrößerung der Putzstärke bewirkt eine Erhöhung der Schalldämmung. Die Schalldämmung wächst stärker, als es aufgrund der Massenerhöhung durch den Putz zu erwarten wäre. Die Verbesserung erfolgt hauptsächlich im Bereich der Dickenresonanz. Die Steigerung der Putzdicke von 12+12 mm auf 12+30 mm bringt im vorliegenden Beispiel um 7 dB erhöhtes bewertetes Schalldämm-Maß. Aus wirtschaftlichen Gründen finden allerdings dicke und steife Innenputze kaum Anwendung.

Zusammenfassend kann gesagt werden, dass die Schalldämmung und die Schalllängsdämmung von Lochstein-Mauerwerken keineswegs nur durch die Steine an sich oder sogar allein durch das Lochbild bestimmt werden. Vielmehr liegt ein komplexes Zusammenspiel von Stein- und Wandeigenschaften vor: Steinmaterial, Steinabmessungen, Lochanteil und -geometrie sowie Putz und Vermörtelung bestimmen die Schalldämmung. Die Schalldämmung von wärmedämmenden Außenwänden aus Lochstein-Mauerwerk kann nur mit erheblichen Unsicherheiten aus Material- und Geometriedaten berechnet oder auch aus Messungen an Einzelsteinen oder kleinen Steinverbünden ermittelt werden. Sie ist deshalb für verlässliche Angaben im Wandprüfstand zu ermitteln.

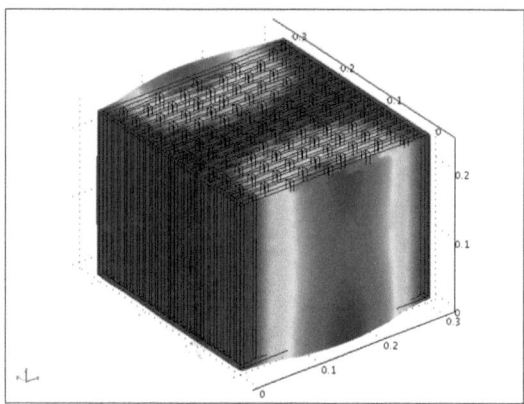
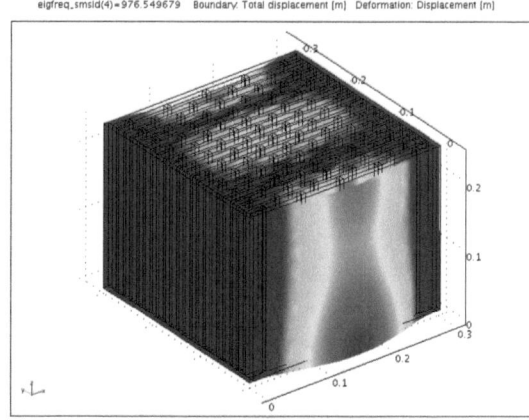
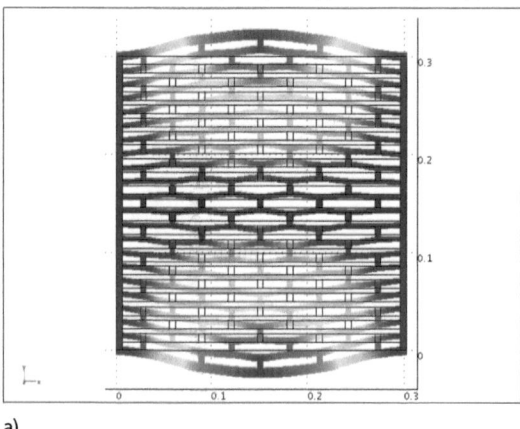
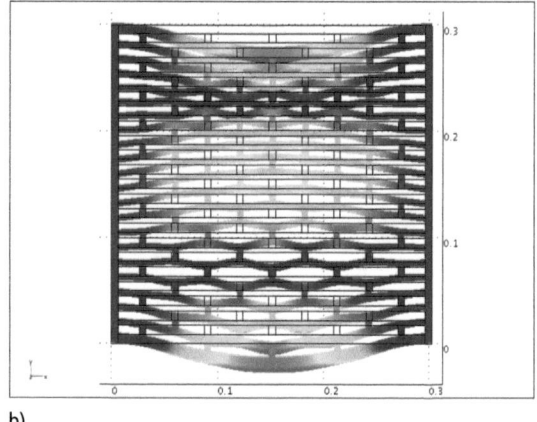

a) b)

Bild 23. Eigenschwingungsformen eines Hochlochziegels, ermittelt mittels FEM a) bei 711 Hz und b) bei 976 Hz

4.3.4 Lochsteinmauerwerk mit und ohne verminderte Direktdämmung

Nachfolgend wird der Einfluss der Wanddicke und der Rohdichte von Hochlochziegelmauerwerk auf die Schalldämmung erörtert. Mithilfe einfacher Parameter (Wanddicke, Rohdichteklasse) sollen die Hochlochziegel benannt werden, die aufgrund der Lochung eine verminderte Schalldämmung aufweisen können.

Wanddicke
Der für Ziegel mit wärmetechnisch optimiertem Lochbild typische Frequenzverlauf mit einem Einbruch in der Schalldämmung im Frequenzbereich von 500 Hz bis 1600 Hz wird meist bei Mauerwerk in einer Dicke von d > 240 mm festgestellt. Dieser Einbruch, häufig auch als „Dickenresonanz" bezeichnet, tritt im Geschosswohnungsbau bei einschaligem Außenmauerwerk auf.
Für Mauerwerk nach DIN 105-1 (z. B. Tabelle 6, Lochbilder in Zeile 1) kann davon ausgegangen werden, dass nur bei Hochlochziegeln mit einer Dicke von d > 240 mm eine relevante Verschlechterung der Schalldämmung auftritt.

Rohdichte
Die Rohdichte von wärmedämmendem Ziegelmauerwerk (DIN 105-2 in Verbindung mit bauaufsichtlicher Zulassung) liegt in der Regel unter ρ = 1000 kg/m^3. In DIN 4109, Beiblatt 1 aus dem Jahr 1989 wurde für Mauerwerk aus „Lochsteinen mit in schallschutztechnischer Hinsicht ungünstigem Lochbild ..." als Grenze die Rohdichteklasse 0,8 genannt. Zwischenzeitlich befinden sich Lochsteine der Rohdichteklasse 0,9 auf dem Markt, deren Schalldämmung aufgrund von Resonanzen gegenüber gleichschweren Massivwänden deutlich vermindert ist. Es kann nicht ausgeschlossen werden, dass zukünftig Hochlochziegel wärmetechnisch so weiterentwickelt werden, dass sie auch in einer Rohdichteklasse $\geq$ 1,0 und in einer Dicke von d $\geq$ 300 mm störende Resonanzen aufweisen. Inwieweit solche Entwicklungen zu betrachten sind, bleibt offen. Aufgrund obiger Kriterien kann die Schalldäm-

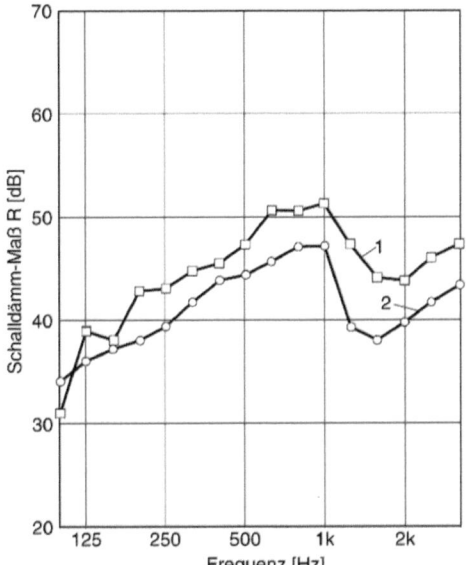

Bild 24. Beispiel für den Einfluss der Steinlänge auf die Schalldämmung (Hochlochziegel mit elliptischer Lochung und versetzten Stegen; Körperschallmessungen) [86]
(1) Steinformat (L × B × H in mm): 247 × 300 × 238, R_w = 47 dB
(2) Steinformat (L × B × H in mm): 372 × 300 × 238, R_w = 42 dB

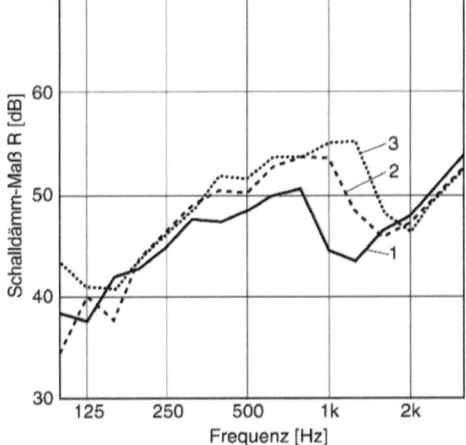

Bild 25. Beispiel für den Einfluss der Mörtelart auf die Schalldämmung [86] (1) Leichtmauermörtel LM 21, R_w = 48 dB (2) Leichtmauermörtel LM 36, R_w = 50 dB (3) Kalkzementmörtel, R_w = 52 dB

mung von Ziegelmauerwerk nicht aus der flächenbezogenen Masse bestimmt werden, wenn Hochlochziegel mit einer Dicke von d > 240 mm und einer Rohdichteklasse von ≤ 0,9 verwendet werden.
In DIN 4109-32 [8] werden die für die Berechnung der Schalldämmung von homogenen einschaligen Bauteilen erforderlichen Vorgaben gemacht. Gelochtes Mauerwerk kann dann als quasihomogen bezeichnet und damit über die flächenbezogene Masse berechnet werden, wenn die Schallabstrahlung der Bauteile im Wesentlichen durch Biegeschwingungen erfolgt bzw. wenn sich bei Lochsteinen aufgrund der Lochung im bauakustischen Frequenzbereich keine Resonanzen (Dickenschwingungen) ausbilden und die Schalldämmung vermindern.
Mauerwerk aus Lochsteinen kann nach DIN 4109-32 als quasihomogen betrachtet werden, wenn
– Hochlochziegel eine Dicke von ≤ 240 mm haben oder bei Wanddicken > 240 mm die Steine eine Rohdichteklasse ≥ 1,0 aufweisen.
– Hohl- oder Vollblöcke aus Leichtbeton eine Wanddicke ≤ 240 mm haben und die Steine eine Rohdichteklasse ≥ 1,0 aufweisen.
– Mauerwerk aus gelochten Mauersteinen aus Beton nach DIN V 18153-100 mit Wanddicken ≤ 240 mm und mit einer Rohdichteklasse ≥ 0,8 vorliegt.
– Mauerwerk aus Kalksandstein nach DIN 20000-402 mit einem Lochanteil ≤ 50 % (für runde Löcher) vorliegt, ausgenommen Steine mit Schlitzlochung, die gegeneinander von Lochebene zu Lochebene versetzte Löcher aufweisen.

Für Steine die nicht diesen Anforderungen genügen, kann das bewertete Schalldämm-Maß nicht aus der flächenbezogenen Masse berechnet werden, ist also durch eine bauakustische Prüfung zu ermitteln.
Die Schalldämmung dieses Mauerwerks kann entweder durch ein Prüfzeugnis nachgewiesen, oder mittels des Vorherberechnungsmodells nach [74] aus der Lochgeometrie ermittelt werden. Da diese Berechnung immer nur eine Annäherung an das durch eine Prüfung im Wandprüfstand ermittelte Schalldämm-Maß darstellt, sollten berechnete Werte mit entsprechenden Abschlägen versehen werden.
Um den Prüfungsaufwand für die Hersteller angesichts der vielen Mauerwerksvarianten (Format, Dicke Vermörtelung) zu begrenzen, wird vorgeschlagen, für Lochsteine, die sich z. B. in der Wanddicke unterscheiden, ausgehend von einer Prüfung im Wandprüfstand nach [74] die Unterschiede zwischen diesem Mauerwerk zu berechnen. Entsprechend dieser Differenz kann dann das im Wandprüfstand ermittelte Messergebnis korrigiert werden.
Wie im nachfolgenden Abschnitt erläutert, sollte in Prüfzeugnissen zur Schalldämmung von massivem Mauerwerk das Schalldämm-Maß auf einen Referenzwert des Verlustfaktors bezogen werden. Das gilt auch für Mauerwerk aus Lochsteinen. Hierbei ist zu beachten, dass nur über die Randverluste korrigiert wird. Lochsteine weisen im Frequenzbereich des Dämmungseinbruchs in der Regel sehr geringe Verluste auf, die sich aus den geringen Randverlusten ergeben. Eine Umrechnung der im Wandprüfstand ermittelten Schalldämm-Maße auf den Bau-Verlustfaktor ist deshalb für Lochsteine im Frequenzbereich des Dämmungseinbruchs und darüber nicht durchzuführen.

4.3.5 Verlustfaktorkorrektur bei Lochsteinen

Die Hintergründe zur Verlustfaktorkorrektur werden in Abschnitt 4.2.1.3 behandelt. Auch für Lochsteine ist eine Verlustfaktorkorrektur durchzuführen. Allerdings sind dabei einige Besonderheiten zu berücksichtigen. Die Schalldämmung von wärmedämmendem Hochlochziegelmauerwerk wird häufig aufgrund von Resonanzen im Frequenzbereich von 800 Hz bis 2 kHz vermindert. Im Frequenzverlauf des Schalldämm-Maßes ist bei Hochlochziegelmauerwerk mit Wanddicken größer als 240 mm und einer Rohdichteklasse kleiner oder gleich 0,9 häufig ein lochsteintypischer Einbruch zu erkennen [78]. Untersuchungen der Schwingungsformen zeigen, dass es sich bei diesen Resonanzen nicht mehr um Biegeschwingungen der Wand handelt, sondern dass sich die Wandinnenseite und die Wandaußenseite gegenphasig zueinander bewegen. Diese Schwingungen sind häufig aber nicht immer auf den Einzelstein begrenzt. In diesem von Resonanzen geprägten Frequenzbereich liegt der Verlustfaktor dieses Mauerwerks sowohl im Labor als auch am Bau deutlich unter dem für homogenes massives Mauerwerk zu erwartenden Wert. Für die Umrechnung des im Labor ermittelten Schalldämm-Maßes auf den am Bau zu erwartenden Wert stellt sich deshalb die Frage, wie für gelochtes Mauerwerk die Verlustfaktorkorrektur anzuwenden ist.

In einem an der HFT Stuttgart durchgeführten Forschungsvorhaben wurden deshalb die Schalldämmung und der Verlustfaktor von vier unterschiedlichen Hochlochziegelwänden im Labor unter verschiedenen Einbaubedingungen ermittelt. Hierdurch wurde der Einfluss der Randanbindung der Prüfwände auf die Schalldämmung und auf den Verlustfaktor erfasst und daraus konnte eine Prozedur zur Verlustfaktorkorrektur bei Hochlochziegelmauerwerk abgeleitet werden [90, 91]. Die Vorgehensweise zur Verlustfaktorkorrektur wurde auch in DIN 4109-4 [14] aufgenommen.

4.3.6 Rechnerische Ermittlung der Schalldämmung von Lochsteinen aus Material- und Geometrie-Parametern

Die Schalldämmung von Mauerwerk aus Lochsteinen kann entweder durch ein Prüfzeugnis nachgewiesen oder mit dem von *Weber* entwickelten Vorherberechnungsmodell [74] aus der Lochgeometrie ermittelt werden. Dieses Modell berechnet die Verminderung $\Delta R_{w,L}$ des bewerteten Schalldämm-Maßes von Lochsteinen gegenüber dem für massives Mauerwerk aus der flächenbezogenen Masse zu erwartenden Wert. Die Ermittlung von $\Delta R_{w,L}$ erfolgt in Abhängigkeit von der Steinlänge, Steinbreite (Wanddicke), Steifigkeitsmaß (aus Lochgeometrie: „Steinbreite B/kürzester Weg von der Vorder- zur Rückseite des Steins entlang der Stege"), Anzahl der Lochebenen, Anzahl der durchgehenden Querstege, der Dicke der durchgehenden Querstege sowie der Lager- und Stoßfugenvermörtelung.

Zur Berechnung der Schalldämmung R_w der Lochsteinwand wird die Schalldämmung einer gleich schweren homogenen Wand $R_{w,u}$ aus der flächenbezogenen Masse m' berechnet und über die Verminderung $\Delta R_{w,L}$ korrigiert.

In Bild 26 wurde die Verminderung der Schalldämmung von Lochsteinen aus 26 verschiedenen Zulassungen (2003 gültig) in Abhängigkeit von der flächenbezogenen Masse der Steine aufgetragen. Im Mittel ergibt sich dabei für die Lochsteine eine Verminderung von 10 dB.

Allerdings hat sich dieses Verfahren in der Praxis nicht durchgesetzt, da neue Entwicklungen im Bereich der Steingeometrie (z. B. mit Dämmstoff gefüllte Großkammmersteine) durch das Verfahren nicht oder nur unzureichend abgedeckt waren und das Verfahren doch eine relativ große Unsicherheit aufwies. Das Verfahren findet allerdings noch Anwendung, um z. B. das Schalldämm-Maß eines HLz anhand des messtechnisch ermittelten Schalldämm-Maßes des gleichen Typs aber mit unterschiedlichem Format abzuschätzen.

Da eine Berechnung, z. B. nach *Weber* [74], immer nur eine Annäherung an das durch eine Prüfung im Wandprüfstand ermittelte Schalldämm-Maß darstellt, sollten berechnete Werte mit entsprechenden Abschlägen versehen werden. Um den Prüfungsaufwand für die Hersteller angesichts der vielen Mauerwerksvarianten (Format, Dicke, Vermörtelung) zu begrenzen, können für Lochsteine, die sich z. B. in der Wanddicke unterscheiden, ausgehend von einer Prüfung im Wandprüfstand nach [74] die Unterschiede zwischen diesem Mauerwerk berechnet werden. Entsprechend dieser Differenz kann dann das im Wandprüfstand ermittelte Messergebnis korrigiert werden.

4.3.7 Messtechnische Ermittlung der Schalldämmung von Hochlochziegelmauerwerk außerhalb des Wandprüfstands

In den vergangenen 30 Jahren wurden immer wieder Verfahren gesucht, mit denen ohne den aufwendigen Einbau einer Prüfwand im Labor die schalltechnische Qualität des Mauerwerks beurteilt werden kann. Dabei wird versucht, die Schwingungen der Einzelsteine zu erfassen und anhand der Ergebnisse auf die Schalldämmung der Wand zu schließen. Hierzu wurden Einzelsteine meist elastisch gelagert und mittels Körperschallanregung (Shaker oder Impulshammer wie in Bild 27 zu sehen) zu Schwingungen angeregt. Dabei wurde meist die Transferfunktion aus eingeleiteter Kraft und auf der gegenüberliegenden Steinseite daraus resultierender Schallschnelle messtechnisch ermittelt und mit homogenen Steinen verglichen.

Aus der Frequenzlage und der Tiefe des ermittelten Resonanzeinbruchs wird dann auf die Verminderung der Schalldämmung des Einzelsteins in der Wand geschlossen.

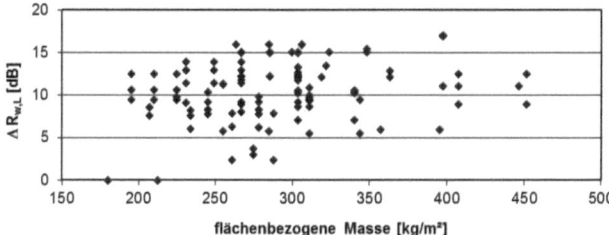

Bild 26. Berechnete Verminderung des bewerteten Schalldämm-Maßes $\Delta R_{w,L}$ von wärmedämmenden Hochlochziegeln gegenüber dem aus der flächenbezogenen Masse zu erwartendem Schalldämm-Maß in Abhängigkeit von der flächenbezogenen Masse

Bild 27. Elastisch gelagerter Einzelstein mit Körperschallaufnehmer an der Wandinnenseite zur Bestimmung der Transferfunktion Kraft-Schnelle bei Anregung mit einem Impulshammer

Der sehr geringe Aufbauaufwand erweist sich als Vorteil bei der Entwicklung von Lochbildern. Dem steht aber eine Reihe von Nachteilen gegenüber: Die Verminderung der Schalldämmung des Mauerwerks gegenüber einer gleichschweren homogenen Wand durch die Lochung kann nur qualitativ abgeschätzt werden. Weiterhin zeigt ein Einzelstein in der Wand ein anderes Schwingungsverhalten als ein frei gelagerter Stein. Der Mauerwerksmörtel und die umgebenden Steine beeinflussen das Schwingungsverhalten des Einzelsteins, wodurch sich die Lage des Resonanzeinbruchs um mehrere Terzen ändern kann. Auch eine Berücksichtigung der umgebenden Steine durch ein 7-Stein-Verfahren (hier werden 7 Steine zu einem Kleinverband, bestehend aus drei Lagen zu je 2, 3 und 2 Steinen verbunden) erhöht die Genauigkeit der Vorhersage nicht wesentlich. Der mittlere Stein ist dann wie in einer Wand vollständig eingeschlossen und weist entsprechend ähnlichere Eigenschwingungen auf. Allerdings können auch mit diesem Verfahren trotz aufwendiger Messtechnik und größerem Aufbau keine quantitativen Angaben zur Verminderung der Schalldämmung der Lochsteine gemacht werden, sodass sich dieses Verfahren nicht durchgesetzt hat und weiterhin die Schalldämmung von Mauerwerk aus Lochsteinen durch Messung der Luftschalldämmung im Wandprüfstand ermittelt wird.

4.4 Verkleidungen an Massivwänden

4.4.1 Das physikalische Verhalten

Vorsatzschalen bilden zusammen mit dem tragenden Bauteil (im Weiteren stellvertretend für Decken und Wände nur als „tragende Wände" bezeichnet) ein zweischaliges System. Vorsatzschale und Wand besitzen eine Resonanzfrequenz f_0, oberhalb derer eine schalltechnische Verbesserung ΔR durch die Vorsatzschale erreicht wird. Näherungsweise gilt:

$$\Delta R = \begin{cases} 0 \text{ dB} & f < f_0 \\ 0 \text{ bis } -10 \text{ dB} & f = f_0 \\ 40 \cdot \lg(f/f_0) \text{ dB} & f > f_0 \end{cases}$$

Wenn die Wand mindestens 5-mal schwerer als die Vorsatzschale ist, ergibt sich die Resonanzfrequenz näherungsweise allein aus der flächenbezogenen Masse m' der Vorsatzschale zu

$$f_0 = 160 \cdot \sqrt{\frac{s'}{m'}} = 500 \cdot \sqrt{\frac{1}{m' \cdot d_W}} \quad [\text{Hz}]$$

s' ist die flächenbezogene dynamische Steifigkeit der Dämmschicht, einzusetzen in MN/m³, d_W der Abstand in cm der Vorsatzschale von der Trägerwand, je nachdem, ob die Vorsatzschale gegenüber der tragenden Wand durch die Dämmschicht oder ein Luftpolster abgefedert wird. Untersuchungen [92] haben entgegen der bisher verbreiteten Meinung gezeigt, dass die Verbesserung der Schalldämmung durch die Vorsatzschale selbst bei schweren Trägerwänden nicht von dieser unabhängig ist. Die erwartete Verbesserung ΔR vermindert sich unterhalb der Koinzidenzfrequenz der tragenden Wand um einige – Größenordnung 5 – dB. Dies bedeutet, dass bei Trägerwänden mit hochliegender Koinzidenzgrenzfrequenz mit einer verringerten Verbesserung durch Vorsatzschalen gegenüber einer Massivwand mit niedriger Koinzidenzgrenzfrequenz zu rechnen ist.

Auf die messtechnische Ermittlung der Verbesserung der Luftschalldämmung ΔR und die Angabe eines Einzahlwerts ΔR_w (bewertete Verbesserung der Luftschalldämmung) wird in Abschnitt 1.5.2.3 eingegangen. Wie

Vorsatzschalen bei der Berechnung der Schalldämmung nach DIN 4109-2 [6] berücksichtigt werden, wird in Abschnitt 2.3.1 beschrieben. Daten für die bewertete Verbesserung von Vorsatzkonstruktionen finden sich im Bauteilkatalog in DIN 4109-34 [10].

4.4.2 Praktische Ausführungen

Die Vorsatzschalen sind an den Trägerwänden mit möglichst wenigen starren Verbindungen anzubringen. Dies erfolgt idealerweise, indem die Vorsatzschale freistehend auf eigenen Ständern vor der Trägerwand aufgebaut wird. Es können Holz- oder Stahlblechständer (C-Profile) verwendet werden. Der Hohlraum zwischen Massivwand und Vorsatzschale soll mindestens 50 mm, besser 80 mm tief sein und größtenteils mit Faserdämmstoff mit einem längenbezogenen Strömungswiderstand von mindestens 5 kNs/m^4 versehen sein, ohne jedoch dadurch eine flächenhafte, steife Verbindung zwischen Vorsatzschale und Massivwand zu verursachen. Die Vorsatzschalen können auch direkt auf genügend weiche Faserdämmplatten aufgeklebt und diese wiederum punktförmig oder streifenförmig an die Massivwand angesetzt werden. „Genügend weich" bedeutet hier eine flächenbezogene dynamische Steifigkeit der Dämmplatte $s' \leq 5$ MN/m^3 bei einer Dicke von mindestens 40 mm. Als Vorsatzschale sind 12,5 bis 15 mm starke Gipsplatten oder 10 bis 16 mm starke Spanplatten zu verwenden. Sind dickere Vorsatzschalen erforderlich, sollen sie aus mehreren dünnen Platten zusammengesetzt werden, um Schalldämm-Verluste durch eine ungünstige Lage der Koinzidenzgrenzfrequenz zu vermeiden. Die Ständerabstände sollen mindestens 500 mm betragen, da die Vorsatzschalen sonst in zu kleine Plattenfelder unterteilt werden, deren Resonanzfrequenzen die Schalldämmung merklich verringern. Werden alle genannten Punkte beachtet, kann bei Abwesenheit von sonstiger Flankenübertragung mit einer Verbesserung des bewerteten Schalldämm-Maßes R_w einer Massivwand um mindestens 15 dB gerechnet werden. In der Realität treten allerdings flankierende Schallübertragungen um die zu verbessernde Wand herum umso stärker in den Vordergrund, je höher die Schalldämmung dieser Wand ist.

Muss eine Vorsatzschale an der Massivwand befestigt werden, gelten folgende Grundsätze:
– möglichst weiche, elastische Befestigungen (federnde Befestigungselemente, Federschienen),
– möglichst wenige Befestigungsstellen,
– punktförmige statt linienförmige Befestigungen (z. B. durch gekreuzt angeordnete Befestigungslatten, die nur an den Kreuzungspunkten verbunden sind).

Zu steif oder zu leicht ausgeführte Vorsatzschalen können wegen der zu hohen Lage ihrer Resonanzfrequenz die Schalldämmung bzw. Schalllängsdämmung der tragenden Wand auch erheblich verschlechtern. Besonders krass fällt die Verschlechterung aus, wenn solche Vorsatzschalen spiegelbildlich in zwei benachbarten Räumen angeordnet sind, z. B. auf beiden Seiten der Trennwand oder als innere (wärmedämmende) Verkleidung auf einer gemeinsamen Außenwand. Die Minderung der Schalldämmung kann im Bereich der Resonanz 20 dB und mehr betragen, beim bewerteten Schalldämm-Maß 10 dB. Ein Beispiel aus [93] ist in Bild 28 dargestellt. Es ist dringend zu beachten, dass

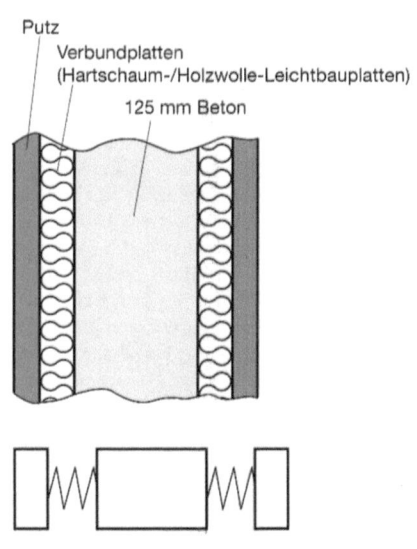
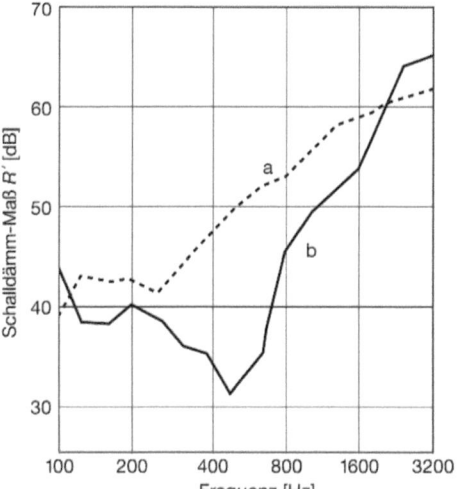
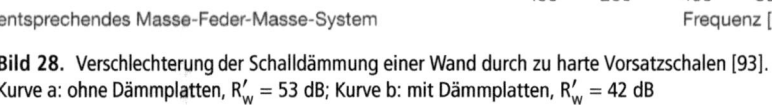

Bild 28. Verschlechterung der Schalldämmung einer Wand durch zu harte Vorsatzschalen [93].
Kurve a: ohne Dämmplatten, $R'_w = 53$ dB; Kurve b: mit Dämmplatten, $R'_w = 42$ dB

die Verbesserung der Schalldämmung durch Vorsatzschalen bei leichten, biegeweichen Trägerwänden nicht in dem Maße eintritt wie bei massiven Trägerwänden. Die Effekte sind leider nicht auf einfache Weise beschreibbar. Es ist zu raten, sich vor der Anwendung solcher Kombinationen durch eine Schalldämmungsmessung ein Bild von den Auswirkungen zu verschaffen.

4.4.3 Wärmedämm-Verbundsysteme (WDVS)

4.4.3.1 Aufbau und Einflussgrößen

Um die wärmetechnischen Anforderungen an Außenmauerwerk zu erfüllen, werden sehr häufig Wärmedämm-Verbundsysteme (WDVS) eingesetzt. Diese bilden mit der meist schweren Grundwand ein zweischaliges akustisches Resonanzsystem und können in Abhängigkeit von der Resonanzfrequenz die Schalldämmung der Außenwand deutlich verbessern, aber auch verschlechtern.
WDVS bestehen aus Dämmstoffplatten, meist Polystyrol oder Mineralwolle, und einer Putzschicht entsprechend Bild 29. Sie werden in der Regel auf die Grundwand aufgeklebt und falls notwendig zusätzlich verdübelt.
Die Steifigkeit der Dämmstoffplatte wirkt dabei entsprechend Bild 30 als Feder und das Mauerwerk sowie die aufgebrachte Putzschicht als Masse, die beide an die Feder angeschlossen sind und ein schwingungsfähiges System bilden.
Die akustischen Eigenschaften werden wie bei anderen Vorsatzkonstruktionen wesentlich von der Lage der Resonanzfrequenz f_0 bestimmt, die entsprechend

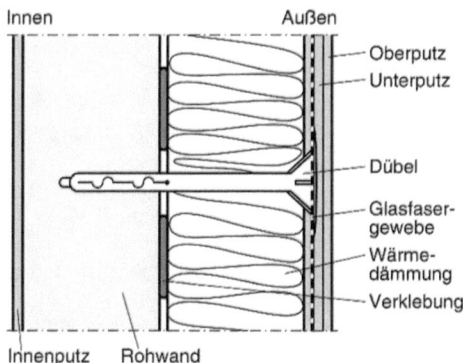

Bild 29. Aufbau von Wärmedämm-Verbundsystemen

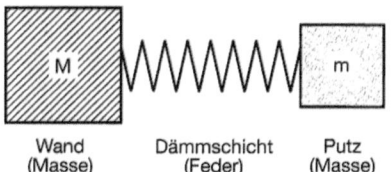

Bild 30. Schwingungsmodell für Trägerwand mit Wärmedämm-Verbundsystem

nachfolgender Gleichung berechnet werden kann.

$$f_0 = \frac{1}{2\pi}\sqrt{s'(\frac{1}{m'_P} + \frac{1}{m'_W})} \quad [Hz]$$

mit
m'_P flächenbezogene Masse der Putzschicht
m'_W flächenbezogene Masse der Grundwand
s' Steifigkeit der Dämmschicht $s' = E/d$

Die flächenbezogene Steifigkeit der Dämmschicht kann aus dem Elastizitätsmodul E und der Dicke der Dämmschicht berechnet werden. Da die flächenbezogene Masse der Grundwand meist deutlich über der flächenbezogenen Masse der Putzschicht liegt, kann obige Gleichung wie folgt vereinfacht werden:

$$f_0 = \frac{1}{2\pi}\sqrt{\frac{s'}{m'_P}} \quad [Hz]$$

Die dynamische Steifigkeit s' der Dämmschicht wird häufig in MN/m³ angegeben. Setzt man diesen Zahlenwert und die flächenbezogene Masse der Putzschicht in kg/m² ein, ergibt sich nachfolgende Zahlenwertgleichung:

$$f_0 \cong 160\sqrt{\frac{s'}{m'_P}} \quad [Hz]$$

Die akustische Wirkung des WDVS wird dann durch die Verbesserung des Schalldämm-Maßes ΔR der Grundwand mit WDVS R gegenüber dem Schalldämm-Maß der Grundwand R_0 beschrieben.

$$\Delta R = R - R_0 \quad [dB]$$

Die Verbesserung ΔR ist wie bei anderen Vorsatzkonstruktionen stark frequenzabhängig mit einer Verminderung der Schalldämmung im Bereich der Resonanzfrequenz f_0 und einer Verbesserung der Schalldämmung oberhalb dieser Frequenz. Da allerdings der schalltechnische Nachweis z. B. nach DIN 4109-2 [6] mit bewerteten Einzahlangaben zu führen ist, wird auch eine bewertete Verbesserung des Schalldämm-Maßes ΔR_w durch das WDVS wie folgt definiert:

$$\Delta R_w = R_w - R_{w,0} \quad [dB]$$

Liegt die Resonanzfrequenz deutlich unterhalb des bauakustischen Frequenzbereichs ($f_0 < 100$ Hz), so ergibt sich eine Verbesserung des bewerteten Schalldämm-Maßes, liegt sie im bauakustischen Bereich (z. B. $f_0 > 250$ Hz), so führt das WDVS zu einer Verminderung des bewerteten Schalldämm-Maßes der Grundwand.
Die Verbesserung des bewerteten Schalldämm-Maßes des WDVS hängt allerdings stark vom bewerteten Schalldämm-Maß der Grundwand $R_{w,0}$ ab. Für Wände mit hohen bewerteten Schalldämm-Maßen (schwere Grundwände) ergeben sich bei gleichen WDV-Systemen geringere Verbesserungen als bei leichten Grundwänden.

Weiterhin ist die Schalldämmung des WDVS von der **Verdübelung** abhängig. Die Dübel überbrücken die elastische Schicht, und versteifen damit die Dämmschicht, sodass die Verbesserung der Schalldämmung durch das WDVS vermindert wird. Gleichzeitig werden aber auch im Bereich der Resonanzfrequenzen die Schwingungen durch die Dübel behindert. Da WDV-Systeme meist nicht vollflächig aufgeklebt werden, vermindert eine teilflächige **Verklebung** die resultierende Steifigkeit der Dämmschicht. Wird nun nicht wie üblich eine teilflächige, sondern eine vollflächige Verklebung der Dämmschicht ausgeführt, erhöht sich die Steifigkeit. Die Resonanzfrequenz sinkt und die akustische Wirkung wird vermindert. Weiterhin ergeben sich Unterschiede im akustischen Verhalten von WDV-Systemen in Bezug auf den verwendeten Dämmstoff.

Aufgrund dieser Vielzahl von Einflussparametern wird die Verbesserung des bewerteten Schalldämm-Maßes von WDV-Systemen nicht wie bei anderen Vorsatzkonstruktionen allein aus der Resonanzfrequenz der Vorsatzkonstruktion ermittelt. Von *Weber* [94–96] wurde im Rahmen von verschiedenen Forschungsvorhaben ein Berechnungsalgorithmus entwickelt, der diese unterschiedlichen Einflussgrößen berücksichtigt. Dieser Algorithmus wird bislang in den Zulassungen der Hersteller verwendet, um die WDV-Systeme schalltechnisch zu charakterisieren. Zukünftig werden diese Berechnungen in DIN 4109-34 festgelegt. Hierzu wurde im Oktober 2018 ein Normentwurf für eine Ergänzung der DIN 4109-34 veröffentlicht [11]. In diesem Entwurf wird die bewertete Verbesserung der Luftschalldämmung für WDVS geregelt.

Schwere Außenwände mit einem WDVS weisen im Allgemeinen sehr hohe Schalldämm-Maße auf, sodass die resultierende Schalldämmung des gesamten Außenbauteils meist durch die vorhandenen Fenster begrenzt wird.

Die flankierende Übertragung zwischen Räumen wird bei durchlaufenden Massivwänden durch außenliegende WDVS nicht beeinflusst. Ist die Außenwand allerdings im Bereich der Stoßstelle getrennt, z. B. bei zweischaligen Haustrennwänden, ist zur Minderung der Schallübertragung auch das WDVS im Bereich der Stoßstelle durch ein entsprechendes Putzprofil zu trennen.

4.4.3.2 Berechnungsmodell nach E DIN 4109-34/A1

Nachfolgend wird beschrieben, wie die bewertete Verbesserung der Luftschalldämmung durch ein WDVS $\Delta R_{w,WDVS}$ ermittelt wird. Dieser Wert kann dann bei der Berechnung der Schalldämmung gegenüber Außenlärm nach DIN 4109-2 als bewertete Verbesserung der Luftschalldämmung ΔR_w in die entsprechenden Gleichungen auf den unterschiedlichen Übertragungswegen eingesetzt werden. Ausgehend von einer Verbesserung der Luftschalldämmung durch das WDVS unter Referenzbedingungen ($\Delta R_{w,S}$) werden zur Berechnung der bewerteten Verbesserung der Luftschalldäm-

Tabelle 7. Koeffizienten a und b zur Berechnung der bewerteten Verbesserung unter Referenzbedingungen $\Delta R_{w,S}$

Resonanzfrequenz f_0	Material der Dämmschicht			
	Schaumkunststoffe		Faserdämmstoffe	
	a	b	a	b
$f_0 < 125$ Hz	–35,1	79,9	–35,9	82,4
125 Hz $\leq f_0 < 250$ Hz	–26,7	62,0	–36,5	83,7
$f_0 \geq 250$ Hz	–2,4	3,8	5,4	–16,7

mung durch das WDVS ($\Delta R_{w,WDVS}$) Korrekturen für den Einfluss der Dübel (K_D), für den Klebeflächenanteil (K_K), für den Strömungswiderstand von Faserdämmstoffen (K_S) und für das bewertete Schalldämm-Maß der Trägerwand (K_{TW}) angegeben.

$$\Delta R_{w,WDVS} = \Delta R_{w,S} - K_D - K_K - K_S - K_{TW} \quad [dB]$$

Die bewertete Verbesserung unter Referenzbedingungen $\Delta R_{w,S}$ entspricht einem WDV-System, das mit 40 % Klebefläche ohne Dübel an einer Trägerwand mit einem bewerteten Schalldämm-Maß von $R_{w,0} = 53$ dB angebracht ist und berechnet sich aus der Resonanzfrequenz f_0 mittels der Koeffizienten a und b wie folgt:

$$\Delta R_{w,S} = a \lg(f_0) + b \quad [dB]$$

Die Koeffizienten a und b sind in Abhängigkeit von der Resonanzfrequenz f_0 für Schaumkunststoffe und Faserdämmstoffe in Tabelle 7 angegeben.

Falls das WDVS gedübelt wird, kann die Korrektur für Dübel KD wie folgt berechnet werden:

$$K_D = 0{,}34 \Delta R_{w,S} + 0{,}4 \quad [dB]$$

Die Korrektur für die Klebefläche K_K kann aus dem Anteil der Klebefläche F in Prozent ermittelt werden:

$$K_K = 0{,}052 \, F - 2{,}1 \quad [dB]$$

Die Korrektur für den Strömungswiderstand K_S wird nur bei Faserdämmstoffen angewendet und in Abhängigkeit von der Faserausrichtung entsprechend den nachfolgenden Gleichungen in Abhängigkeit vom längenbezogenen Strömungswiderstand r der Dämmplatten berechnet:

für Mineralwolle-Putzträgerplatten:

$$K_S = -0{,}11 \, r + 3{,}8 \quad [dB]$$

für Mineralwolle-Lamellenplatten:

$$K_S = -0{,}38 \, r + 9{,}8 \quad [dB]$$

Die Korrektur für das bewertete Schalldämm-Maß der Trägerwand K_{TW} kann aus der Resonanzfrequenz f_0 und dem bewerteten Schalldämm-Maß der Grundwand $R_{w,0}$ ermittelt werden:

$$K_{TW} = (-1{,}4 \lg(f_0) + 3{,}6)(R_{w,0} - 53) \quad [dB]$$

Beispiel

In nachfolgendem Beispiel wird die Schalldämmung einer massiven Außenwand mit Wärmedämm-Verbundsystem berechnet. Hierzu werden folgende **Materialdaten** definiert: Die Grundwand besteht aus 175 mm KSV RDK 1,8, Dünnbettmörtel, 10 mm Gipsputz (ρ = 1000 kg/m³); das WDVS aus: 140 mm EPS Wärmedämmung; s' = 12 MN/m³; Klebefläche 40%, flächenbezogene Masse des Putzes: m'_P = 22 kg/m², ohne Dübel.

Die **Berechnung** erfolgt dann ausgehend vom zu berechnenden bewerteten Schalldämm-Maß der Grundwand $R_{w,0}$:

m'_{TW} = 0,0175 m · 1700 kg/m³ + 0,01 · 1000

   = 342,5 kg/m²

$R_{w,0}$ = 30,9 lg (m'_{TW}) − 20,2 dB

   = 30,9 lg (342,5) − 20,2 dB

   = 56,1 dB

mit der Resonanzfrequenz

f_0 = 160 $\sqrt{(s'/m'_P)}$ = 160 $\sqrt{(12/22)}$ = 118 Hz

Die bewertete Verbesserung der Luftschalldämmung unter Referenzbedingungen $\Delta R_{W,S}$ ergibt sich zu:

$\Delta R_{w,S}$ = a lg (f_0) + b = −35,1 lg (118) + 79,7 = 7,0 dB

Die Korrektur der Trägerwand K_{TW} beträgt:

K_{TW} = (−1,4 lg (f_0) + 3,6)($R_{w,0}$ − 53)

   = (−1,4 lg (118) + 3,6)(56,1 − 53) = 2,2 dB

Damit ergibt sich die bewertete Verbesserung der Luftschalldämmung durch das WDVS $\Delta R_{w,WDVS}$ für die aktuelle Bausituation zu:

$\Delta R_{w,WDVS}$ = $\Delta R_{w,S}$ − K_D − K_K − K_S − K_{TW}

   = 7,0 − 0 − 0 − 2,2 dB = 4,8 dB

Das Direktschalldämm-Maß der Außenwand mit WDVS $R_{w,Dd}$ kann damit nun berechnet werden:
$R_{w,Dd}$ = $R_{w,0}$ + $\Delta R_{w,WDVS}$ = 56,1 + 4,8 = 60,9 dB.

4.4.3.3 Berechnungsmodell unter Berücksichtigung der tiefen Frequenzen nach E DIN 4109-34/A1

Im innerstädtischen Bereich findet sich bei Straßenverkehrslärm häufig ein tieffrequentes Außenlärmspektrum. Um den Einfluss des WDV-Systems auf die Übertragung solcher Außengeräusche abzuschätzen, werden im informativen Anhang A zu E DIN 4109-34/A1 [11] Angaben zur Berechnung der bewerteten Verbesserung der Luftschalldämmung $\Delta(R_w + C_{tr,50-5000})$ unter Berücksichtigung eines tieffrequenten Lärmspektrums für WDVS gemacht. Leider finden sich in DIN 4109-32 keine Angaben zur Berechnung des bewerteten Schalldämm-Maßes der Grundwand $R_w + C_{tr,50-5000}$ unter Berücksichtigung dieses tieffrequenten Lärmspektrums, sodass zwar die Verbesserung durch das WDVS, aber nicht die Schalldämmung der Gesamtkonstruktion bezüglich des tieffrequenten Außenlärms beurteilt werden kann.

Die Vorgehensweise zur Berechnung der bewerteten Verbesserung der Luftschalldämmung $\Delta(R_w + C_{tr,50-5000})$ unter Berücksichtigung eines tieffrequenten Lärmspektrums für WDVS ist gleich derjenigen zur Berechnung von $\Delta R_{w,WDVS}$: Es wird zunächst die bewertete Verbesserung unter Referenzbedingungen ermittelt. Dieser Wert wird dann durch entsprechende Korrekturen bezüglich des Klebeflächenanteils, des Strömungswiderstands, des bewerteten Schalldämm-Maßes der Trägerwand und bezüglich der Verdübelung auf die tatsächliche Bausituation umgerechnet. Die entsprechenden Gleichungen mit den neuen Koeffizienten finden sich im Anhang A zu E DIN 4109-34/A1.

4.5 Zweischalige Wände im Massivbau

4.5.1 Grundlagen

4.5.1.1 Wirkungsprinzip zweischaliger Wände

Unter zweischaligen Bauteilen sind Bauteile aus zwei biegesteifen oder zwei biegeweichen Schalen oder einer biegesteifen Schale mit einer biegeweichen Vorsatzschale zu verstehen. Beispiele hierfür sind Metallständerwände mit Gipsplatten, doppelschalige, massive Haustrennwände, massive Außenwände mit Wärmedämm-Verbundsystemen, Decken mit schwimmendem Estrich oder auch Holzbalkendecken mit unterseitiger Verkleidung. Die nachfolgenden Ausführungen beschränken sich auf Wände, gelten sinngemäß aber für alle zweischaligen Bauteile.

Im akustischen Sinne bestehen zweischalige Bauteile aus zwei getrennt aufgebauten Schalen mit entweder Luft oder einem Dämmstoff dazwischen und konstruktiven Verbindungen am Rand oder in der Wandfläche. Dementsprechend gibt es die in Bild 31 dargestellten Übertragungswege durch das Bauteil.

Je nach Anteil der Wege an der Schallübertragung kann sich die Wand ganz unterschiedlich verhalten. Der Zweck solcher Konstruktionen besteht darin, durch die Entkopplung der beiden Schalen ohne zusätzliches Gewicht einen Schalldämmungs-Gewinn zu erhalten. Prinzipiell gehen die Schalldämmungen der beiden beteiligten Schalen in die Gesamtschalldämmung der Doppelwand ein. Damit finden sich auch ihre schalltechnisch bedeutsamen Eigenschaften wie flächenbezogene Masse und Koinzidenzeinbruch im resultierenden Verhalten der Gesamtkonstruktion wieder. Da die beiden Schalen jedoch immer irgendwie miteinander gekoppelt sind, und sei es nur über die eingeschlossene Luft im Zwischenraum, darf die Schalldämmung der zweischaligen Wand nicht einfach aus der Summe der Schalldämm-Maße der Einzelschalen berechnet werden. Stattdessen ergibt sich der in Bild 32 dargestellte Frequenzverlauf des Schalldämm-Maßes.

Die Lage der Resonanzfrequenz f_0 einer Doppelwand ist für das Übertragungsverhalten entscheidend. Ihre

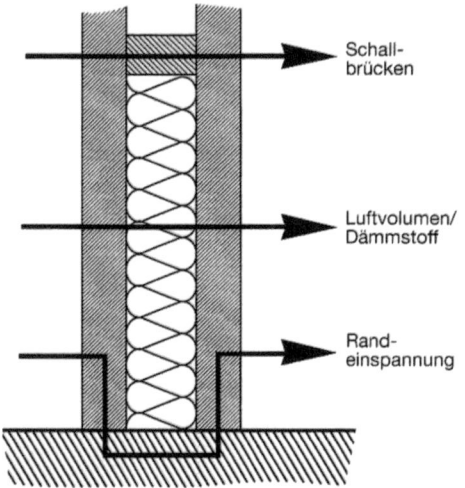

Bild 31. Schall-Übertragungswege bei Doppelwänden [97]

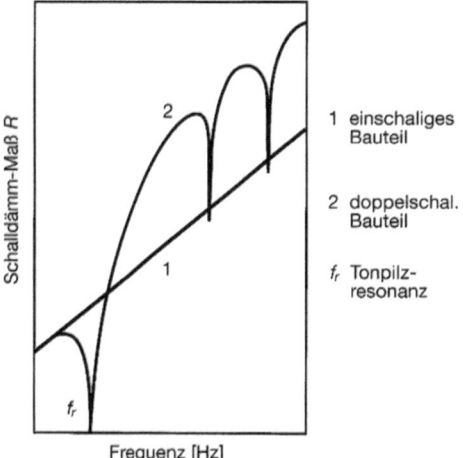

Bild 32. Vergleich der Frequenzverläufe des Schalldämm-Maßes zweischaliger und gleichschwerer einschaliger Wände

Lage wird durch die flächenbezogene Masse der beteiligten Schalen m'_1 und m'_2 und die Steifigkeit der dazwischenliegenden Schicht entsprechend nachfolgender Gleichung bestimmt:

$$f_0 = 160 \cdot \sqrt{\frac{m'_1 + m'_2}{m'_1 \cdot m'_2} \cdot s'} = 500 \cdot \sqrt{\frac{m'_1 + m'_2}{m'_1 \cdot m'_2} \cdot \frac{1}{d_W}} \quad [Hz]$$

Dabei ist s' die dynamische Steifigkeit in MN/m³ der dazwischenliegenden Dämmschicht, wenn eine solche die Schalen vollflächig als Feder verbindet, und d_W der Schalenabstand in cm bei „Luftfederung". Luftfederung liegt vor, wenn der Wandzwischenraum entweder leer ist oder eine hochporöse Dämmschicht enthält, die nicht beide Schalen gleichzeitig berührt. Eine weichere Feder als Luft ist im Wandzwischenraum

praktisch nicht realisierbar. Die leichtere der Schalen bestimmt die Resonanzfrequenz, das heißt, eine Erhöhung der Masse des schwereren Bauteils ist meistens unwirksam. Da Schalenmasse und Schalenabstand gemeinsam die Lage der Resonanzfrequenz bestimmen, werden tiefe Frequenzen nur erreicht, wenn beide Größen ausreichend dimensioniert werden. Als Vorsatzschalen mit ungünstig hoher Resonanzfrequenz wirken auch auf Massivwänden angebrachte Plattenverkleidungen, wenn zwischen Wand und Platte dünne Luftzwischenräume verbleiben. Durch solche „Vorsatzschalen" kann die Wand erheblich verschlechtert werden.

Bei Frequenzen unterhalb der Resonanzfrequenz verhält sich die Doppelwand wie eine gleichschwere Einfachwand. Bei der Resonanzfrequenz bricht die Schalldämmung auf Werte ein, die unter denen einer gleichschweren Einfachwand liegen. Der Einbruch kann bis zu 10 dB betragen. Erst bei Frequenzen deutlich oberhalb der Resonanzfrequenz können die beiden Schalen als voneinander entkoppelt angesehen werden. Hier steigt die Schalldämmung gegenüber einer Einfachschale im Idealfall um

$$\Delta R = 40 \cdot \lg(f/f_0) \quad [dB]$$

an, wobei für f die Frequenz und für f_0 die Resonanzfrequenz in Hz einzusetzen sind. Tatsächlich bleibt die Verbesserung aus zwei Gründen unter dem Idealwert: Einmal, weil die konstruktiven Verbindungen wie sie in Bild 31 skizziert sind zwischen den Schalen für eine zusätzliche Übertragung sorgen und zweitens, weil sich im Hohlraum stehende Luftschallwellen ausbilden. Dies geschieht bei Frequenzen f_λ oberhalb von etwa

$$f_\lambda = 17000/d_W \quad [Hz]$$

d_W ist hierbei der Schalenabstand in cm.

Doppelwände können erhebliche Vorteile hinsichtlich Gewichtseinsparung und Schalldämmung bieten, die aber durch Nachteile im Bereich tiefer Frequenzen erkauft werden müssen. Dies ist sorgfältig abzuwägen. Die Probleme verschwinden nicht dadurch, dass sie unter 100 Hz verschoben werden, wo sie rein formal das bewertete Schalldämm-Maß nicht mehr negativ beeinflussen können. Bild 33 zeigt dies am Beispiel einer Massivwand mit und ohne Vorsatzschale. Gegenüber Verkehrslärm wird die einfache Wand eindeutig als die leisere eingestuft, obwohl ihr bewertetes Schalldämm-Maß 8 dB unter dem der verkleideten Wand liegt. Bei Berücksichtigung der Spektrumanpassungswerte ergibt sich ein realistischeres Bild: ($R_w + C_{tr}$) beträgt 49 dB für die unverkleidete und 44 dB für die verkleidete Wand.

4.5.1.2 Schallbrücken, Randeinspannung

Alle steifen Verbindungen zwischen den Schalen verringern die erreichbare Schalldämmung. Die günstigsten Werte werden erreicht, wenn die Schalen freistehen und in ihrer Fläche keine Verbindung untereinander

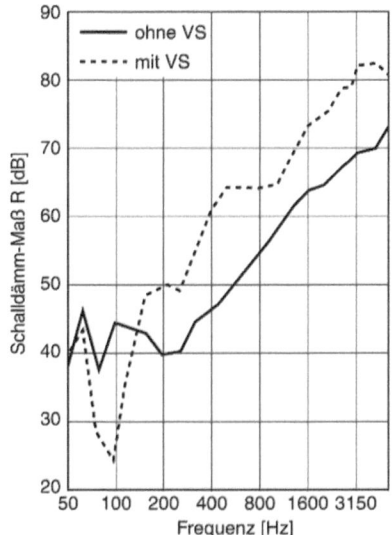

Massivwand	R_w	C_{tr}	$R_w + C_{tr}$
ohne Vorsatzschale	53	−4	49
mit Vorsatzschale	61	−17	44

Bild 33. Bewertetes Schalldämm-Maß R_w und Spektrumanpassungswerte C, C_{tr} einer Wand mit und ohne Vorsatzschale

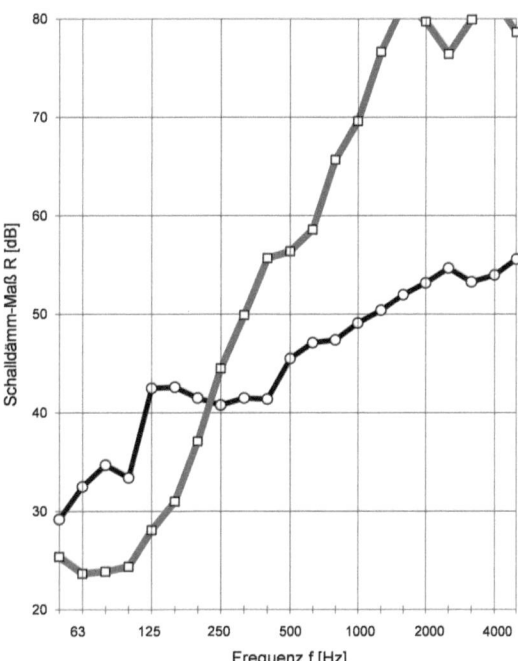

Bild 34. Schalldämm-Maß einer 200 mm starken HLz-Wand ohne und mit beidseitig ähnlicher Verkleidung aus Gipskartonplatten auf 20 mm bzw. 50 mm dicken Mineralfaserplatten; Kreise: Wand ohne Verkleidung; Quadrate: Wand mit Verkleidung

haben. Ebenso sind die Schallübertragungsmöglichkeiten an den Rändern gering zu halten. Handelt es sich um leichte, biegeweiche Schalen, sollten flankierende Wände ausreichend schwer oder im Bereich des Luftzwischenraums unterbrochen sein. Bei schweren biegesteifen Doppelwänden sollten die flankierenden Bauteile eine Trennfuge zwischen den Schalen aufweisen. Alternativ kann eine der Schalen ringsum durch eine elastisch ausgebildete Fuge vom Baukörper getrennt werden. Hierzu ist diese Schale auf eine hinreichend belastbare Federschicht oder auf Metalldämmbügel zu stellen. Da diese Maßnahme gleichzeitig die Flankenübertragung erhöht, sind Doppelwände aus biegesteifen Schalen ohne Trennfuge in den Flankenbauteilen aus schalltechnischer Sicht nicht besonders effektiv.
Für unvermeidbare Schallbrücken gilt: Wenige Schallbrücken sind besser als viele, d. h., Ständerabstände und Schraubabstände sollten möglichst weit sein. Kleinflächige Schallbrücken sind besser als große, punktförmige besser als linienförmige. Biegeweiche Schalen sind gegen Schallbrücken unempfindlicher als biegesteife.

4.5.1.3 Mehr als zwei Schalen

Aus Gründen des Wärme- oder Brandschutzes, gelegentlich auch mit schalltechnischen Absichten, werden Wände mit mehr als zwei Schalen erstellt. Bei gegebener Gesamtdicke bilden solche Wände mehrere dünne Doppelwandsysteme mit ungünstiger Lage der Resonanzfrequenzen, sodass aus akustischen Gründen nicht zu solchen Lösungen zu raten ist. Besonders ungünstig sind Massivwände, die beidseitig mit identischen Vorsatzschalen bekleidet sind. Ein Beispiel zeigt Bild 34. Hier führt der auf beiden Seiten ähnliche Resonanzeinbruch bei 100 Hz bzw. 160 Hz zu drastischen Schalldämm-Einbußen im Frequenzbereich zwischen 50 Hz und 200 Hz.

4.5.2 Zweischalige gemauerte Haustrennwände

4.5.2.1 Anwendungsbereich

Zweischalige gemauerte Wände werden im Wesentlichen als Haustrennwände bei Doppel- oder Reihenhäusern verwendet. Sie können dort als Standardkonstruktion bezeichnet werden und gelten für diesen Anwendungsbereich heutzutage als anerkannte Regel der Technik (siehe DEGA-Memorandum BR 0101 [42]). Sie kommen aber auch bei der Abtrennung besonders lärmintensiver Bereiche (z. B. doppelter Aufzugsschacht neben Wohn- oder Schlafräumen) und gelegentlich bei Treppenhauswänden zum Einsatz. Anfängliche Schwierigkeiten beim Schallschutz mit zweischaligen Haustrennwänden resultierten vor allem in der ungeeigneten Ausführung der Trennfuge: Schalenabstand lediglich 15 bis 20 mm und zu harte Dämmplatten in der Trennfuge, z. B. bituminierte Holzweichfaserplatten. Nachdem die wesentlichen Ausführungsdetails in Beiblatt 1 zu DIN 4109:1989 [2] vorgegeben wurden, sind die grundsätzlichen Probleme für die praktische Anwendung geklärt. Diese Vorgaben wurden in DIN 4109-32 übernommen. Wenn es dennoch immer wieder zu Schadensfällen kommt, dann sind i. d. R. Ausführungsfehler in Form von Schallbrücken zwischen den einzelnen Schalen (meist im Bereich der Deckenspiegel) dafür verantwortlich. Die Gestaltung der Trennfuge ist nach wie vor als Hauptproblem erkennbar.

Die für Reihen- und Doppelhäuser nach DIN 4109-1 geltenden (Mindest-)Anforderungen an den Luftschallschutz ($R'_w \geq 59$ dB für Aufenthaltsräume direkt über der Bodenplatte bzw. $R'_w \geq 62$ dB für Aufenthaltsräume mit mindestens einem weiteren Geschoss zur Bodenplatte) sind mit zweischaligen Haustrennwänden ohne Probleme erreichbar. Mängelfreie Ausführung vorausgesetzt sind auch deutlich höhere Anforderungen (z. B. der erhöhte Schallschutz nach Beiblatt 2 zu DIN 4109:1989 mit $R'_w \geq 67$ dB) mit zweischaligem Mauerwerk gut realisierbar.

4.5.2.2 Konstruktive Auslegung

Aus den in Abschnitt 4.5.1.1 dargestellten Grundlagen ist auch für zweischalige Haustrennwände ableitbar, dass die Resonanzfrequenz der zweischaligen Anordnung möglichst tief liegen sollte, damit ein möglichst großer Teil des bauakustischen Frequenzbereichs von der Verbesserung der zweischaligen Konstruktion gegenüber einer gleichschweren einschaligen Wand profitiert. Wie der dort dargestellte Zusammenhang erkennen lässt, scheint dies gleichermaßen durch Vergrößerung der flächenbezogenen Massen der Wandschalen oder durch Vergrößerung des Schalenabstands möglich zu sein. Anstatt aber (bei vorgegebener Gesamtdicke der Wand) die Schalen zulasten des Schalenabstands dicker (und damit schwerer) zu machen, empfiehlt sich ein größerer Schalenabstand mit dünneren Schalen. Der größere Schalenabstand sichert insbesondere die körperschallbrückenfreie Ausbildung des Hohlraums. Vorteilhaft sind Abstände von mindestens 50 mm.

Die Lage der Resonanzfrequenz liefert noch keine Aussage über das erreichbare Schalldämm-Maß. Dies kann mit einer von *Gösele* [98] abgeleiteten Formel in Abhängigkeit von der flächenbezogenen Masse der gesamten Wand sowie der Fugenbreite abgeschätzt werden:

$$R'_w = 50 \lg \frac{m'}{m'_0} + 20 \lg \frac{d_L}{d_0} + 56 \quad [\text{dB}]$$

Darin bedeuten
m'   flächenbezogene Masse der Gesamtwand [kg/m²]
m'_0 Bezugswert 300 kg/m²
d_L Schalenabstand [mm]
d_0 Bezugswert 10 mm

Bei dieser Formel ist zu berücksichtigen, dass die danach berechneten bewerteten Schalldämm-Maße die im Idealfall möglichen Werte wiedergeben, wenn Schallbrücken zwischen den Schalen völlig vernachlässigt werden. Für die praktische Dimensionierung sollte sie deshalb nicht herangezogen werden. Variiert man bei dieser Formel die Fugenbreite bei gleichbleibender Wandrohdichte, so erkennt man, dass der Einfluss des zunehmenden Schalenabstands den Einfluss der abnehmenden Wandmasse bis zu einer bestimmten Fugenbreite überwiegt. Es empfiehlt sich also, bei gleicher Gesamtdicke der zweischaligen Konstruktion, die Fuge breiter und die Wandschalen dünner zu machen. Bereits ab Mitte der 1980er-Jahre wurde deshalb in verschiedenen Veröffentlichungen [99–101] vorgeschlagen, für die Dicke der Einzelschalen an die Grenzen der DIN 1053 zu gehen und zweischalige Haustrennwände aus 115 mm starkem Mauerwerk mit einer 70 mm dicken Fuge auszuführen. Vorteil ist bei gleichzeitigem Wohnraumgewinn die Minderung der Schallbrückengefahr im Fugenhohlraum.

Obwohl in der Baupraxis kaum angewendet, kann es schalltechnisch von Vorteil sein, wenn beide Schalen nicht gleichartig, sondern bezüglich der Schalendicken oder der flächenbezogenen Massen unterschiedlich ausgeführt werden. Man vermeidet damit das Zusammenfallen von Wandresonanzen oder der Koinzidenzgrenzfrequenzen [102].

4.5.2.3 Behandlung in der DIN 4109-2 und DIN 4109-32

Zweischalige Haustrennwände werden in der neuen DIN 4109 in den Teilen 2 (rechnerische Nachweise) und 32 (Bauteilkatalog: Massivbau) behandelt. Eine vollständige Darstellung ergibt sich erst durch Berücksichtigung beider Teile. Wie in Beiblatt 1 zu DIN 4109 [2] ist auch in DIN 4109-2 [6] das bewertete Schalldämm-Maß $R'_{w,2}$ einer massiven zweischaligen Haustrennwand zu bestimmen, indem zuerst das Schalldämm-Maß $R'_{w,1}$ der gleichschweren einschaligen Wand (Summe beider Schalen und Berücksichtigung von Putzschichten) ermittelt wird. Dafür gilt nach DIN 4109-2:

$$R'_{w,1} = 28 \lg (m'_{Tr,ges}) - 18 \quad [\text{dB}]$$

Gegenüber Beiblatt 1 wird nun allerdings nicht pauschal 12 dB, sondern der sogenannte Zweischaligkeitszuschlag $\Delta R_{w,Tr}$ addiert. Dieser beträgt nach DIN 4109-2 zwischen 3 dB und 12 dB und ist wie in Tabelle 8 dargestellt abhängig von der konstruktiven Ausbildung des Fundaments bzw. der Bodenplatte und deren Lage bezüglich des betrachteten Sende- und Empfangsraums.

Für Porenbeton- und Leichtbeton-Mauerwerk ergeben sich bei der zweischaligen Wand bei gleicher flächenbezogener Masse gegenüber anderen massiven Bauteilen höhere Schalldämm-Maße. Deshalb dürfen entsprechend den Angaben in DIN 4109-2 bei Porenbetonmauerwerk je nach Übertragungssituation um 3 dB bzw. 6 dB erhöhte Zuschläge verwendet werden, falls

Tabelle 8. Zweischaligkeitszuschlag $\Delta R_{w,Tr}$ für zweischalige Haustrennwände in Abhängigkeit von der Fundamentausbildung und der Raumsituation (Bildquelle: KS Planungshandbuch [103])

Fall 1: gemeinsame Bodenplatte	Fall 2: getrennte Bodenplatten, gemeinsames Fundament	Fall 3: getrennte Bodenplatten, getrennte Fundamente	Fall 4: durchgehende Trennfuge bis zum Fundament
Räume direkt über der Bodenplatte	Räume direkt über den Bodenplatten	Räume direkt über den Bodenplatten	Räume mindestens 1 Etage über dem Fundament
$\Delta R_{w,Tr} = +6$ dB Bei durchgehenden Außenwänden ($m' \geq 575$ kg/m²) im Keller: $\Delta R_{w,Tr} = +3$ dB	$\Delta R_{w,Tr} = +6$ dB Es konnten deutlich höhere Werte gemessen werden [112], jedoch wurde wegen der noch geringen Datenmenge eine Erhöhung des Zuschlags um 3 dB noch nicht vorgenommen.	$\Delta R_{w,Tr} = +9$ dB [1]	$\Delta R_{w,Tr} = +12$ dB [1] Bei durchgehenden Außenwänden ($m' \geq 575$ kg/m²) im Keller: $\Delta R_{w,Tr} = +9$ dB [1]

[1] Bei einem Schalenabstand ≥ 50 mm und Ausfüllung des Schalenzwischenraums mit Mineralwolledämmplatten (Typ WTH gemäß DIN 4108-10) darf der Zuschlagswert $\Delta R_{w,Tr}$ um 2 dB erhöht werden.

die einzelnen Schalen nicht schwerer als 200 kg/m² sind. Bei Leichtbeton dürfen 2 dB höhere Werte angesetzt werden.

Voraussetzungen für die Anwendung des Zuschlags $\Delta R_{w,Tr}$ in diesem einfachen Berechnungsverfahren sind:
– Die flächenbezogene Masse der Einzelschale mit einem etwaigen Putz muss mindestens 150 kg/m² betragen.
– Die Trennfuge muss mindestens 30 mm dick sein.
– Falls die Trennfuge 50 mm dick oder größer ausgeführt wird, darf die flächenbezogene Masse der Einzelschale bis auf 100 kg/m² reduziert werden.
– Der Fugenhohlraum ist mit dicht gestoßenen und vollflächig verlegten Mineralwolledämmplatten auszufüllen.

Hintergrund für die Anwendung des Zweischaligkeitszuschlags ist die zusätzliche Schallübertragung über das Fundament, die bei den Annahmen in Beiblatt 1 zu DIN 4109:1989 nicht zum Tragen kam. Dort wurde nämlich stets von unterkellerten Gebäuden ausgegangen, und die schutzbedürftigen Räume mit Anforderungen waren erst ab dem EG zu berücksichtigen. Somit lag unter dem untersten schutzbedürftigen Raum immer ein weiteres Geschoss (KG) mit durchgehender Trennfuge bis zum Fundament. Diese Situation ist bei heutigen Bauweisen nicht mehr generell gegeben, da Doppel- und Reihenhäuser vermehrt nicht unterkellert erstellt werden. In diesen Fällen macht sich die Schallbrücke über Fundament und Bodenplatte für schutzbedürftige Räume, die direkt über der Bodenplatte liegen, verstärkt bemerkbar. Die entsprechenden Verhältnisse der Schallübertragung für unterkellerte und nicht unterkellerte Gebäude zeigt Bild 35. Ist die Trennfuge unter dem betrachteten Sende- und Empfangsraum weitergeführt, ergeben sich bei der Schallübertragung über das Fundament zusätzliche Stoßstellen (Bild 35a), die die Übertragung vermindern. Ist das Gebäude nicht unterkellert, fallen für die schutzbedürftigen Räume über der Bodenplatte die zusätzlichen Stoßstellen weg und die Körperschallübertragung über das Fundament bestimmt die erreichbare Schalldämmung (Bild 35b). In diesem Fall ist der Zweischaligkeitszuschlag entsprechend kleiner.

Neben der Übertragung über das Fundament erfolgt zusätzlich eine Schallübertragung über die mit den Wandschalen verbundenen Massivbauteile (flankierende Decken sowie Innen- und Außenwände). Diese flankierende Übertragung ist, wie beim Trittschall (s. Abschnitt 2.3.2), nach DIN 4109-2 durch den Korrekturwert K zu berücksichtigen. Damit ergibt sich folgende Gleichung zur Berechnung der Schalldämmung von zweischaligen Haustrennwänden:

$$R'_{w,2} = R'_{w,1} + \Delta R_{w,Tr} - K \quad [\text{dB}]$$

Beispiel:
Zweischalige Mauerwerkswand: Einzelschale 175 mm dick, Steinrohdichte 2,0 kg/dm³, Dünnbettmörtel, 10 mm Gipsputz, flächenbezogene Masse der Einzelschale: $m'_{Tr,1} = 342,5$ kg/m²; flächenbezogene Masse beider Schalen gemeinsam $m'_{Tr,ges} = 685$ kg/m²; Trenn-

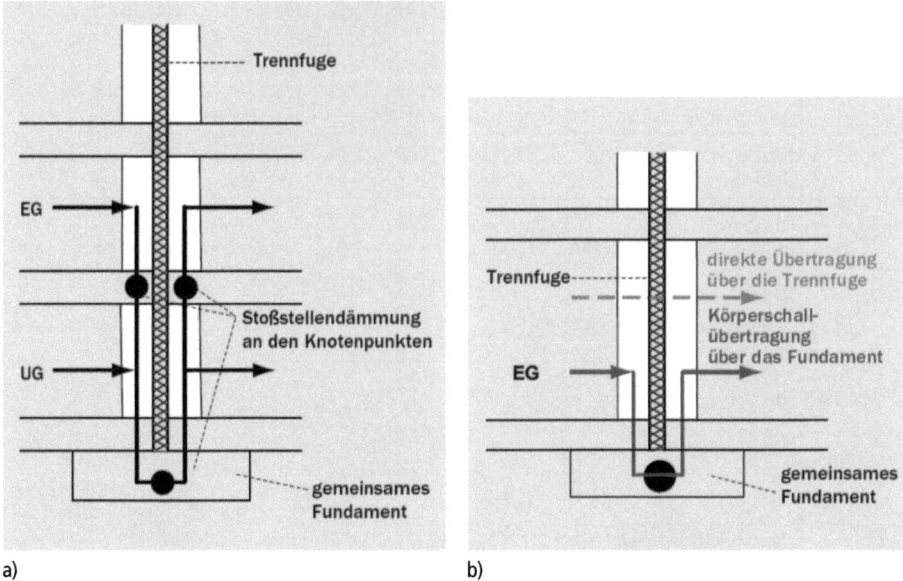

Bild 35. Direkte und flankierende Übertragung über eine zweischalige Haustrennwand mit Darstellung der Stoßstellen
a) für die Übertragung mit Untergeschoss und b) für einen schutzbedürftigen Raum über der Bodenplatte
(Bildquelle: KS Planungshandbuch [103])

fuge: 40 mm dick mit Mineralwolledämmplatten; flankierenden Bauteile: 22 cm Betondecke, 11,5 cm KSV 2,0 Innenwand und 175 mm KSV 2,0 Außenwand; mittlere flächenbezogene Masse der flankierenden Bauteile: $m'_{f,m}$ = 370 kg/m², Gebäude nicht unterkellert, Bodenplatte durchgehend.

$R'_{w,1} = 28 \lg(m'_{Tr,ges}) - 18$ dB = 61,4 dB

$K = 0$ (da $m'_{f,m} > m'_{Tr,1}$)

Im EG (Tabelle 8 Fall 2) gilt: $\Delta R_{w,Tr}$ = 6 dB

$R'_{w,2} = 61,4 + 6 - 0$ dB = 67,4 dB

Im OG (Tabelle 8 Fall 4) gilt: $\Delta R_{w,Tr}$ = 12 dB

$R'_{w,2} = 61,4 + 12 - 0$ dB = 73,4 dB

Zum Vergleich mit den Anforderungswerten sind die ermittelten Schalldämmwerte noch um den Sicherheitsbeiwert von 2 dB abzumindern.
Die so ermittelten Schalldämm-Maße setzen eine sorgfältige Ausbildung der Trennfuge voraus. Ist dies der Fall, werden in der Praxis allerdings oft deutlich höhere Werte erreicht, da den rechnerisch ermittelten Werten ein starker Sicherheitsspielraum eingeräumt wurde.

4.5.2.4 Fehlervermeidung

In der Baupraxis mindern Körperschallbrücken die maximal erreichbare Schalldämmung der zweischaligen Haustrennwand, sodass teilweise nicht mehr als bei einer gleichschweren einschaligen Wand, im schlimmsten Fall sogar nicht mehr als bei einer Wandschale allein erreicht wird. Generell geht es dabei um die schalltechnische Funktionsfähigkeit der Trennfuge, die keinerlei Körperschallbrücken erlaubt. Die Trennfuge muss von Oberkante Fundament bis zum Dach durchgehend durchgeführt werden. Bei Dächern über zweischaligen Haustrennwänden sind Konstruktionen zu wählen, deren bewertete Flankenschalldämm-Maße, berechnet aus der Norm-Flankenschallpegeldifferenz (s. DIN 4109-33 [9]) mindestens 5 dB über dem Anforderungswert der DIN 4109-1 liegen. Auch beim nachträglichen Dachgeschossausbau sind diese Vorgaben zu berücksichtigen.
Durchgehende Decken und Böden verbieten sich von selbst. So wäre für eine zweischalige Wand bei einer flächenbezogenen Masse von 200 kg/m² pro Wandschale (ohne Berücksichtigung der flankierenden Übertragung) $R'_w = (53 + 12)$ dB = 65 dB zu erwarten gewesen. Gemessen wurden wegen der durchlaufenden Decken aber nur 57 dB.
Rohrleitungen dürfen ebenfalls nicht durchgeführt werden. Zu vermeiden ist auch eine Überbrückung der Trennfuge durch Putzschichten auf den Außenwänden. Wärmedämmverbundsysteme sollten ebenfalls im Bereich der Trennfuge unterbrochen werden. Geeignete Fugenabdichtungen an der Gebäudeaußenseite sind vorzusehen. Dämmplatten im Fugenhohlraum vermeiden bei vollflächiger Verlegung Körperschallbrücken durch Mörtelreste, Bauschutt und dergleichen. Sie dürfen allerdings nicht zu steif sein. In DIN 4109-32 werden deshalb dicht gestoßene und vollflächig verlegte Mineralwolledämmplatten nach DIN EN 13162, Anwendungskurzzeichen WTH nach DIN 4108-10, vorgeschrieben. Früher häufig verwendete bituminierte

Weichfaserdämmplatten sind zu steif. Größere Fugendicken als die in Beiblatt 1 zu DIN 4109 mindestens vorgeschriebenen 30 mm sind nicht nur vom schalltechnischen Verhalten her, sondern auch zur Vermeidung von Körperschallbrücken vorteilhaft. Selbst bei größeren Fugen darf (entgegen der früheren Regelung in Beiblatt 1 zu DIN 4109:1989 [2]) nicht auf das Einlegen von Mineralfaserdämmplatten verzichtet werden. Bei Fugenhohlräumen größer als 30 mm ist eine Dämmstoffdicke von 30 mm ausreichend.

4.5.3 Zweischalige massive Wände mit durchlaufenden Decken und Wänden

Von zweischaligen Wänden wird erwartet, dass sie gegenüber der gleichschweren einschaligen Wand eine deutliche Verbesserung der Schalldämmung erbringen (s. Abschnitt 4.2.1.1). Zur Erhöhung des Schallschutzes zwischen schutzbedürftigen Räumen oder zur sicheren Einhaltung der Anforderungen wird deshalb gelegentlich versucht, auch Wohnungstrennwände zweischalig mit Mauerwerkswänden auszuführen. Die Erfahrungen mit solchen Lösungen sind aber in der Regel nicht sonderlich zufriedenstellend. Unbestritten ist, dass die gleichschwere zweischalige Wand bei richtiger Dimensionierung der Schalen und des Hohlraums eine starke Erhöhung der Direktdämmung bewirkt. Die Vorgaben für zweischalige Haustrennwände (s. Abschnitt 4.5.2.3) können sinngemäß angewendet werden. Vergessen wird aber bei der vorliegenden Lösung, dass die flankierenden Bauteile (Decken, Böden, Wände) durchlaufen und damit starke Körperschallbrücken darstellen, die bei der „echten" Doppelwand ausdrücklich vermieden werden (s. Bild 36). Die flankierende Übertragung der durchlaufenden Bauteile begrenzt deshalb die erreichbare Wirkung. Aus Untersuchungen geht hervor, dass meistens mehr als bei der gleichschweren einschaligen Wohnungstrennwand nicht erwartet werden darf. Teilweise wurden sogar geringere Schalldämm-Maße als bei der gleichschweren einschaligen Wand gemessen. Grundsätzlich bleibt es bei der bekannten Vorgabe, dass im Massivbau ein hoher Schallschutz nur bei konsequenter Unterdrückung der flankierenden Übertragung erreicht werden kann. Dafür sind für hohe Schalldämmungen, wie sie bei guten zweischaligen Konstruktionen erwartet werden, funktionierende Trennfugen unerlässlich. Die gemauerte zweischalige Wohnungstrennwand kann mit durchlaufenden Bauteilen deshalb nicht als zufriedenstellende Maßnahme betrachtet werden.

4.6 Außenwände

4.6.1 Allgemeine Aspekte

Direkte und flankierende Schalldämmung

In schalltechnischer Hinsicht interessieren bei Außenwänden zwei Eigenschaften: die direkte Schalldämmung beim Schutz gegen Außenlärm und die flankierende Übertragung beim Schallschutz im Gebäude. Bei Außenlärm kommt die direkte Schalldämmung zum Tragen. Hierbei sind die durch die DIN 4109-1 [5] gestellten Anforderungen an die Luftschalldämmung von Außenbauteilen zu berücksichtigen (s. Abschnitt 2.3.2). Die Anforderungen (DIN 4109-1, Tabelle 6) gelten nicht für die Wand allein, sondern für das gesamte Außenbauteil, das sich aus mehreren Teilflächen (Wand, Fenster, Türen, Lüftungseinrichtungen etc.) zusammensetzen kann. Maßgebend ist deshalb das sog. resultierende Schalldämm-Maß $R'_{w,res}$, das sich nach Abschnitt 4.6.2 aus den Schalldämm-Maßen der einzelnen Bauteile und deren Teilflächen ergibt. Beim Nachweis des erforderlichen Schallschutzes genügt es also nicht, nur die Schalldämmung der Außenwand festzulegen. Vielmehr sind es in der Regel Einbauten wie Fenster, Türen und Rollladenkästen, die mit ihrer geringeren Schalldämmung die resultierende Schalldämmung bestimmen und zu einer Verminderung ΔR_w der Schalldämmung der Wand führen. So bewirkt z. B. ein relativ gutes Fenster mit R_w = 35 dB und einem Fensterflächenanteil von 30 % bei einer einschaligen Außenwand mit R_w = 50 dB rechnerisch bereits eine Verminderung um 10,5 dB, sodass die resultierende Schalldämmung auf 39,5 dB sinkt. Die geringere Schalldämmung solcher Bauteile muss im Bedarfsfall durch eine entsprechend höhere Schalldämmung der Wand ausgeglichen werden, damit insgesamt das geforderte resultierende Schalldämm-Maß der Außenbauteile erreicht wird. Dieses liegt je nach maßgeblichem Außenlärmpegel bei Aufenthaltsräumen zwischen etwa 30 bis 50 dB. Auch die Wirkung von Wärmedämmverbundsystemen (WDVS) auf Außenwänden schlägt sich bei Anwesenheit von Fenstern nicht so stark nieder, wie es für eine Außenwand ohne Fenster zu erwarten wäre (s. dazu Abschnitt 4.6.5). Auch in diesem Fall sind es i. d. R. die Fenster, die das Gesamtverhalten der Außenwand bestimmen.

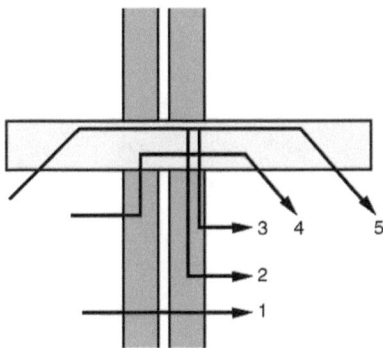

Zur Direktdämmung (Weg 1) kommt die flankierende Übertragung (Wege 2, 3, 4, 5) hinzu.

Bild 36. Übertragungswege bei zweischaligen Trennwänden mit durchlaufenden Bauteilen

Beim Schallschutz innerhalb des Gebäudes muss beachtet werden, dass auch die Außenwände in ihrer Funktion als flankierende Bauteile bei der schalltechnischen Planung zu berücksichtigen sind. Dies gilt sowohl in der horizontalen Richtung zwischen nebeneinanderliegenden als auch in vertikaler Richtung zwischen übereinanderliegenden Wohnungen. Besondere Beachtung verdienen monolithische Außenwände, die eine verstärkte Flankenübertragung aufweisen können. Eine grundsätzliche Behandlung dieses Themas findet sich in Abschnitt 2.3.1. Auf die besonderen Verhältnisse bei hochwärmedämmenden Außenwänden aus Ziegelmauerwerk wird in Abschnitt 5.2 eingegangen.

Belange des Schall- und Wärmeschutzes
Zur Erfüllung der wärmetechnischen Anforderungen werden bei Außenwänden aus Mauerwerk unterschiedliche konstruktive Maßnahmen, zum Teil auch in Kombination, eingesetzt:
– Verringerung der Rohdichte der Steine,
– Verwendung stark gelochter Steine,
– Vergrößerung der Steindicke,
– mehrschichtige Aufbauten (Wärmedämmverbundsysteme, innenseitige Dämmschichten).

Die aus wärmetechnischen Gründen getroffenen Maßnahmen haben auch Auswirkungen auf den Schallschutz, wobei sich wärme- und schalltechnische Belange oftmals konträr verhalten. Wärmetechnische Verbesserungen führen dann zu schalltechnischen Verschlechterungen. Ursache möglicher Verschlechterungen sind neben der Verringerung der flächenbezogenen Masse der Wand akustische Resonanzen der Wand- oder Steinstruktur, die bei den oben genannten wärmetechnischen Maßnahmen verstärkt in Erscheinung treten und die Schalldämmung beeinflussen. Auf Steinresonanzen, die als Dickenschwingungen auch bei homogenen, ungelochten Steinen im bauakustischen Frequenzbereich auftreten können, wird in Abschnitt 4.2.1.4 eingegangen. Die Abschnitte 4.3 und 5.2 behandeln die Besonderheiten gelochter Steine und in Abschnitt 4.4 werden die akustischen Eigenschaften mehrschichtiger Wandaufbauten erläutert. Der potenzielle Zielkonflikt zwischen schall- und wärmetechnischen Anforderungen bei der Außenwand sollte dem Planer bewusst sein, damit Planungsfehler vermieden werden.

4.6.2 Schalldämm-Maß zusammengesetzter Bauteile

In bestimmten Situationen muss die resultierende Schalldämmung einer vom Schall beaufschlagten Fläche betrachtet werden, die aus zwei oder mehr Bauteilen unterschiedlicher Schalldämmung gebildet wird. Das ist z. B. bei Außenwänden mit Fenstern oder Türen der Fall, die dem Außenlärm ausgesetzt sind. Auch bei Innenwänden mit Türen (z. B. Trennwände zwischen Büroräumen) tritt dieser Fall ein.

Das Schalldämm-Maß eines aus mehreren Teilflächen mit unterschiedlicher Schalldämmung zusammengesetzten Bauteils wird berechnet, indem die auf die Gesamtfläche auftreffende Schallenergie durch den Mittelwert der durchgelassenen Schallenergie geteilt wird. Wegen der logarithmischen Darstellung nimmt dies folgende Form an:

$$R_{w,res} = 10 \cdot \lg \left(\frac{1}{S_{ges}} \cdot \sum_{i=1}^{n} S_i \cdot 10^{-R_{w,i}/10} \right) \quad [dB]$$

Es ist $S_{ges} = \sum_{i=1}^{n} S_i$ die Fläche des gesamten Bauteils, S_i die i-te Teilfläche mit dem bewerteten Schalldämm-Maß $R_{w,i}$.
Als Beispiel wird eine Wand mit 15 m² Wandfläche ($R_{w,Wand}$ = 50 dB) mit einer Tür von 2 m² ($R_{w,Tür}$ = 27 dB) betrachtet. Die Gesamtfläche beträgt 17 m². Das resultierende Schalldämm-Maß der Wand mit Tür ergibt sich zu $R_{w,res}$ = 36 dB. Hätte die Wand stattdessen eine unendlich hohe Schalldämmung, ergäben sich dennoch unverändert 36 dB. Hätte die Wand 50 dB und die Tür wäre 5 dB besser ($R_{w,Tür}$ = 32 dB), ergäbe sich auch resultierend 5 dB besser, nämlich $R_{w,res}$ = 41 dB. Offenbar bringt die weitere Verbesserung der Wand nichts, während die Verbesserung der Tür voll als Verbesserung in das resultierende Schalldämm-Maß der Fläche eingeht. Daraus ist zu folgern: Eine schalltechnische Verbesserung einer zusammengesetzten Fläche muss bei der schwächsten Teilfläche ansetzen, alles andere ist vergeblicher Aufwand. Welches die schwächste Teilfläche ist, stellt man fest, indem man für alle Teilflächen $R_{w,i} + 10 \lg(S_{ges}/S_i)$ bildet und vergleicht. Im vorliegenden Fall wären das 50,5 dB für die Wand und 36,3 dB für die 27-dB-Tür. Die Tür ist damit das schwächste Glied. Sie könnte zunächst um (50,5 − 36,3) ≈ 14 dB verbessert werden, bevor Verbesserungen an der Wand wirkungsvoller werden. Der kleinste der Vergleichswerte gibt außerdem die unter diesen Umständen für die Gesamtfläche maximal erreichbare Schalldämmung an, hier also 36,3 dB.

4.6.3 Behandlung von Außenlärm in DIN 4109-2 und im Bauteilkatalog der DIN 4109

Für den rechnerischen Nachweis des Schutzes gegen Außenlärm muss nach DIN 4109-2 [6] gelten:

$$R'_{w,ges} - 2 \text{ dB} \geq \text{erf. } R'_{w,ges} + K_{AL} \quad [dB]$$

$R'_{w,ges}$ ist das ganze bewertete Bau-Schalldämm-Maß der Fassade, das im Endergebnis unter Berücksichtigung des Sicherheitsbeiwerts von 2 dB nachzuweisen ist. Das nach DIN 4109-1 in Abhängigkeit vom maßgeblichen Außenlärmpegel und der Raumart ermittelte Schalldämm-Maß erf. $R'_{w,ges}$ ist allerdings noch nicht der tatsächliche Anforderungswert, da noch raumbezogen eine Korrektur mit dem Korrekturwert K_{AL} durchzuführen ist. Zur Berechnung von $R'_{w,ges}$ wird zuerst die resultierende Schalldämmung der Fassade entsprechend den Ausführungen in Abschnitt 4.6.2 ermittelt. Für massive Außenwände werden die Schalldämm-Maße nach DIN 4109-32 ermittelt. WDVS können nach den Angaben in DIN 4109-34 (Entwurf der Ergänzung vom Oktober 2018) [11] berücksichtigt werden. Angaben zur Schalldämmung von Fenstern, Türen, Rollladenkästen und anderen Elementen finden sich in DIN 4109-35 [12].

Da die Anforderung an die Fassadendämmung als Bau-Schalldämm-Maß formuliert ist, bedeutet das grundsätzlich, dass auch die flankierende Übertragung des Außenlärms und nicht nur die Direktübertragung über die Fassade selbst berücksichtigt werden muss. In diesem Punkt unterscheidet sich das Vorgehen der DIN 4109-2 von demjenigen in Beiblatt 1 zu DIN 4109:1989. Die entsprechende Berechnung für die Flankenübertragung erfolgt so, wie es in Abschnitt 2.3.1 für das Flankenschalldämm-Maß R_{ij} beschrieben wurde. Der Einfluss der Flankenübertragung ist in vielen Fällen jedoch unbedeutend und muss deshalb nur in besonderen Fällen berechnet werden. Im Falle heute bauüblicher Fenster kann auf die Bestimmung der Flankenübertragung verzichtet werden, wenn $R'_{w,ges} \leq 40$ dB ist.

Noch ein weiterer Unterschied gegenüber Beiblatt 1 von 1989 ist zu berücksichtigen. Für Fenster- und Türelemente kann die resultierende Schalldämmung in eingebautem Zustand von den Einbaufugen beeinflusst werden. Sie muss bei schalltechnisch kritischen Einbausituationen unter Berücksichtigung der Fugen gemäß der Vorgehensweise für zusammengesetzte Bauteile in Abschnitt 4.6.2 berechnet werden. Dazu wird die Schalldämmung des Fenster- oder Türelements ohne Einbaufugen sowie das Fugenschalldämm-Maß eingesetzt. Die benötigten Daten finden sich in DIN 4109-35 [12]. Kritische Einbausituationen liegen vor, wenn Fenster- oder Türelemente im Bereich einer Dämmebene eingebaut werden. Dies kann sowohl im Massiv- als auch im Holz-, Leicht- und Trockenbau der Fall sein. Tabelle 5 in DIN 4109-2 zeigt beispielhaft verschiedene Einbausituationen für den Massivbau.

Für Planungszwecke außerhalb des Anwendungsbereichs der Mindestanforderungen von DIN 4109-1 können zur Berechnung der resultierenden Schalldämmung der Außenbauteile bei Bedarf zusätzlich auch die Spektrumanpassungswerte C oder C_{tr} verwendet werden, wenn die spektralen Eigenschaften des Außengeräuschs berücksichtigt werden sollen.

4.6.4 Zweischalige Außenwände aus Mauerwerk

Als zweischalige Außenwandkonstruktionen sind im Mauerwerksbau folgende Ausführungen üblich:
- zweischaliges Verblendmauerwerk mit Luftschicht,
- zweischaliges Verblendmauerwerk mit Luftschicht und Wärmedämmung,
- zweischaliges Verblendmauerwerk mit Kerndämmung.

Die ersten beiden Konstruktionen stellen wie zweischalige Haustrennwände ein zweischaliges System dar, das oberhalb seiner Resonanzfrequenz zu einer deutlichen Verbesserung der Schalldämmung führt. Diese kann wegen der verwendeten Drahtanker, die als zusätzliche Körperschallbrücken fungieren, allerdings nicht voll zur Geltung kommen. Trotzdem verhalten sich solche Wände günstiger als die gleichschwere einschalige Wand.

Nach DIN 4109-2 [6] könnte die Direktdämmung der Wand mit Verblendschale oder Vorsatzschicht $R_{Dd,w}$ aus der Schalldämmung der Wand ohne Verblendschale oder Vorsatzschicht $R_{s,w}$ und der bewerteten Verbesserung der Verblendschale oder Vorsatzschicht $\Delta R_{Dd,w}$ nach folgender Beziehung ermittelt werden:

$$R_{Dd,w} = R_{s,w} + \Delta R_{Dd,w} \quad [dB]$$

$R_{s,w}$ kann ohne Probleme für einschalige Massivwände nach den Massekurven in Abschnitt 4.2.2 aus der flächenbezogenen Masse ermittelt werden. Für die Luftschallverbesserung $\Delta R_{Dd,w}$ von massiven biegesteifen Verblendschalen aus Mauerwerk oder Vorsatzschichten aus Beton mit Luftschicht oder Dämmschicht liegen zurzeit allerdings keine abgesicherten Angaben vor. Geeignete Angaben werden in einem Forschungsvorhaben der HFT Stuttgart ermittelt [104].

Vorübergehend kann die Direktdämmung der gesamten Konstruktion mit dem in DIN 4109-32 ersatzweise genannten Verfahren bestimmt werden. Danach dürfen auf das Schalldämm-Maß der gleichschweren einschaligen Wand 5 dB zugeschlagen werden (bei der zweischaligen Haustrennwand betrug der Zuschlag 12 dB). Wenn die flächenbezogene Masse der auf die Innenschale der Außenwand anschließenden Trennwände größer als 50 % der flächenbezogenen Masse der inneren Schale der Außenwand beträgt, kann das Schalldämm-Maß sogar um 8 dB erhöht werden.

Bei der dritten Ausführungsart (Verblendmauerwerk mit Kerndämmung) wird der Hohlraum vollständig mit einem Hartschaumstoff ausgefüllt. Zwar handelt es sich auch hier um ein zweischaliges System, doch muss damit gerechnet werden, dass aufgrund der steifen Koppelung der Schalen keine wesentlichen Verbesserungen erreicht werden und im ungünstigsten Fall auch Verschlechterungen des bewerteten Schalldämm-Maßes gegenüber der gleichschweren einschaligen Konstruktion möglich sind.

4.6.5 Außenwände mit Wärmedämmverbundsystem

Außenwände mit WDVS stellen ebenfalls zweischalige, resonanzbehaftete Konstruktionen dar, deren grundsätzliches Verhalten in Abschnitt 4.4.3 behandelt wird. Zur Erhöhung des bewerteten Schalldämm-Maßes wird eine möglichst tiefe Resonanzfrequenz angestrebt. Resonanzen bei mittleren Frequenzen dagegen vermindern das bewertete Schalldämm-Maß der Konstruktion. Für die konstruktiv zu bemessenden Einflussgrößen (dynamische Steifigkeit der Dämmschicht und flächenbezogene Masse der Putzschicht) heißt das: dickere und damit schwerere Putzschichten wirken sich günstig auf das bewertete Schalldämm-Maß aus. Die Steifigkeit des Dämmmaterials sollte möglichst gering sein.

Lange Zeit galten WDVS aufgrund steifer Wärmedämmschichten (Hartschäume) und der damit verbundenen Verschlechterung des bewerteten Schalldämm-Maßes als schalltechnisch kritisch. Verschlechterungen bis zu 8 dB waren im Vergleich zur unverkleideten Massivwand möglich. Inzwischen sind Dämmschichten mit deutlich geringerer Steifigkeit verfügbar (Mineralfaserplatten, elastifizierte Hartschäume), die eine tiefere Resonanzfrequenz bewirken. Damit sind dann auch Verbesserungen des bewerteten Schalldämm-Maßes möglich, die je nach Dämmmaterial und Putzschicht 8 dB und mehr betragen können.

Für die praktische Anwendung stellt sich die Situation jedoch etwas komplizierter dar. Ob das gewählte WDVS nicht nur das bewertete Schalldämm-Maß, sondern tatsächlich auch den Schallschutz gegen Außenlärm verbessern kann, hängt auch von der konkreten Lärmsituation ab. Innerstädtischer Verkehrslärm z. B. hat seine dominierenden Geräuschanteile eher bei tiefen Frequenzen. Eine tiefliegende Resonanzfrequenz – die ansonsten gewünscht wird – kann dann zur Erhöhung des über die gedämmte Außenwand übertragenen Schalls führen. Die Geräuschsituation wird entgegen den Erwartungen schlechter. Hier kann ein hinsichtlich des bewerteten Schalldämm-Maßes eigentlich als ungünstiger bewertetes WDVS mit härteren Dämmschichten im Endergebnis zu einem günstigeren Gesamtresultat führen. Umgekehrt sind die Verhältnisse jedoch, wenn der auf die Außenwand auftreffende Lärm durch mittlere und höhere Frequenzen geprägt wird (z. B. Schienenverkehrslärm). Hier sind dann tatsächlich die WDVS mit weichen Dämmschichten auch im Endresultat günstiger. Wie in Abschnitt 4.4.3.3 gezeigt wird, können zur Beurteilung des erzielbaren Schallschutzes die Spektrumanpassungswerte angewendet werden. Unabhängig davon, ob nun eine Beurteilung des jeweiligen WDVS über das bewertete Schalldämm-Maß mit oder ohne Spektrumanpassungswerte erfolgt, darf nicht vergessen werden, dass es sich auch bei der Außenwand mit WDVS in den allermeisten Fällen um ein zusammengesetztes Bauteil handelt, bei welchem die Fenster mit ihrer in der Regel deutlich geringeren Schalldämmung das resultierende Schalldämm-Maß bestimmen. Dies soll durch das folgende Beispiel verdeutlicht werden: Eine einschalige Außenwand weise ohne Fenster und WDVS ein R_w = 50 dB auf. Fenster mit einem R_w = 35 dB und einem Fensterflächenanteil von 30 % vermindern die resultierende Schalldämmung $R'_{w,res}$ rechnerisch auf 39,5 dB. Wird nun die Wand mit einem WDVS versehen, durch welches ihr Schalldämm-Maß auf R'_w = 54 dB erhöht wird, so ändert sich $R'_{w,res}$ gegenüber dem Ausgangszustand nur geringfügig auf 40 dB. Wird stattdessen ein WDVS verwendet, durch welches sich das Schalldämm-Maß der Wand auf 46 dB vermindert, so verringert sich $R'_{w,res}$ lediglich auf 39 dB. Änderungen der Schalldämmung der Außenwand durch ein aufgebrachtes WDVS wirken sich demnach im resultierenden Schalldämm-Maß kaum aus.

4.6.6 Außenwände mit innenseitiger Verkleidung

Werden aus Wärmeschutzgründen innenseitige Verkleidungen auf der Außenwand angebracht, muss mit zum Teil erheblichen Verschlechterungen der Schalldämmung gerechnet werden. Dies liegt daran, dass in vielen Fällen mit schalltechnisch viel zu steifen Dämmschichten aus Hartschaum oder anderen Materialien gearbeitet wird, die zu einer ungünstigen Abstimmung des resonanzfähigen zweischaligen Systems führen. Dieser Effekt tritt auch bei Mehrschichtleichtbauplatten mit Hartschaumkern, Gipskarton-Hartschaum-Verbundplatten oder verputzten mineralischen Dämmstoffplatten auf. Es muss darauf hingewiesen werden, dass sich die möglichen Verschlechterungen auch nachteilig bei der flankierenden Übertragung über die Außenwand bemerkbar machen kann. Nur in Verbindung mit ausreichend weichen Dämmschichten (beispielsweise Mineralfaserdämmplatten) kann die Verschlechterung vermieden werden. Bei günstiger Auslegung der Verkleidung (s. hierzu Abschnitt 4.4) sind sogar Verbesserungen erzielbar.

4.7 Installationswände

Anforderungen an Wände mit Wasserinstallationen sind in der DIN 4109-1 [5] nicht direkt formuliert. Sie richten sich an einen A-bewerteten Schalldruckpegel $L_{AF,max,n}$, der in schutzbedürftigen Räumen 30 dB nicht überschreiten darf (s. Abschnitt 3.2.3). Die Einhaltung dieser Anforderung hängt von der vorhandenen Gesamtsituation ab. Hierzu gehören:
- die schalltechnischen Eigenschaften der verwendeten Installationen,
- die Montagebedingungen der Installationen (Ankopplung an den Baukörper),
- die schalltechnischen Eigenschaften der Installationswände,
- die Körperschallübertragung über flankierende Bauteile,
- die Grundrisssituation.

Die Installationswand kann deshalb hinsichtlich der Anforderungen nicht isoliert betrachtet werden. Aus schalltechnischer Sicht geht es bei der Installationswand darum, dass sie von den Komponenten der Wasserinstallation (Armaturen, Rohrleitungen der Trinkwasserversorgung und Abwasserentsorgung, Sanitärobjekte wie Dusch- oder Badewannen, Waschtische, Spülkästen etc.) möglichst wenig angeregt wird und dass möglichst wenig Schallenergie von der Installationswand auf benachbarte Bauteile weitergeleitet wird. Die erste Vorgabe betrifft im Wesentlichen die Schall-

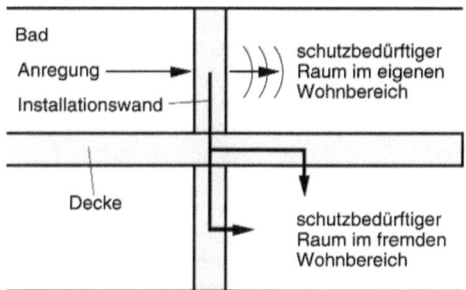

Bild 37. Übertragung von Installationsgeräuschen in benachbarte Räume

übertragung in direkt hinter der Installationswand liegende Räume. Diese sind nach Bild 37 in der Regel allerdings Räume des eigenen Wohnbereichs, sodass dafür die Anforderungen der DIN 4109-1 nicht gelten. Der diagonal unter der Installationswand liegende Raum ist dann der schalltechnisch nächste schutzbedürftige Raum im fremden Wohnbereich. Für solche Räume ist die zweite Vorgabe entscheidend, da sie nicht vom direkt abgestrahlten Schall der Installationswand, sondern nur über flankierende Bauteile erreicht werden können. Installationsgeräusche in fremden schutzbedürftigen Räumen sind deshalb in erster Linie ein Körperschallproblem. Erfahrungsgemäß kann unter üblichen Massivbaubedingungen davon ausgegangen werden, dass die Installationsgeräusche im diagonal unter der Installationswand liegenden Raum etwa 5 dB leiser als im direkt dahinter liegenden Raum sind.

Eine möglichst geringe Anregung der Installationswand kann dadurch erzielt werden, dass die Installationskomponenten von der Wand körperschallentkoppelt werden und die Wand mit einer möglichst hohen flächenbezogenen Masse der Anregung einen großen Widerstand entgegensetzt. Eine wirkungsvolle Körperschallentkopplung kann am ehesten bei der Vorwandinstallation erreicht werden. Die Einmauerung der Installationskomponenten ist dabei wegen unkontrollierter Körperschallbrücken aus schalltechnischer Sicht abzulehnen. Schalltechnisch sinnvoll dagegen ist die in Trockenbauweise ausgeführte Vorwandinstallation. Zur Körperschallentkopplung der Installationskomponenten selbst stehen mit elastischen Rohrschellen und körperschallisolierenden Rohrummantelungen, mit sog. Schallschutzsets für Bade- und Duschwannen sowie Waschtischen und mit kompletten Sanitärbausteinen inzwischen zahlreiche geeignete Produkte zur Verfügung. Sie sollten insbesondere dann zum Einsatz kommen, wenn erhöhte Anforderungen an den Schallschutz gestellt werden.

Eine möglichst geringe Anregung der Installationswand kann auch dadurch erzielt werden, dass die Wand mit einer möglichst hohen flächenbezogenen Masse der Anregung einen großen Widerstand entgegensetzt. In DIN 4109-36 [13] werden zum Nachweis ohne bauakustische Messungen sogenannte Musterinstallationswände als Referenzkonstruktionen aufgeführt, mit denen unter Einhaltung der beschriebenen Konstruktionsmerkmale und installationstechnischen sowie baulichen Randbedingungen der Nachweis zur Erfüllung der Anforderungen geführt werden kann. Als Referenzwand wird für den Massivbau eine einschalige Massivbau-Musterinstallationswand definiert, die aus massiven Baustoffen besteht und unter Berücksichtigung von Putzschichten eine flächenbezogene Masse von mindestens 220 kg/m² haben muss. Neben der massiven Referenzwand wird auch eine Leichtbau-Musterinstallationswand definiert. Der Nachweis über diese Musterinstallationswände kann nur für Installationswände durchgeführt werden, die nicht direkt an schutzbedürftige Räume angrenzen (diagonale Übertragung). Wenn diese Wände unmittelbar an schutzbedürftige Räume grenzen (direkte Übertragung), muss ein besonderer Nachweis mit bauakustischen Messungen geführt werden.

Musterinstallationen, die für komplette Sanitärinstallationen in Kombination mit einer bestimmten Installationswand im Installationsprüfstand geprüft werden [105], erlauben detaillierte Aussagen zum schalltechnischen Verhalten der Gesamtinstallation sowie eine Abschätzung zur Einhaltung der Anforderungen. Derartige Untersuchungen belegen, dass Mauerwerkswände in Verbindung mit schalltechnisch günstigen Installationen auch mit weniger als 220 kg/m² in der Lage sein können, die Anforderungen der DIN 4109-1 einzuhalten. Dies sollte allerdings stets durch aussagekräftige Prüfungen nachgewiesen werden.

Für die Übertragung des von Sanitärinstallationen verursachten Körperschalls in den diagonal nach unten gelegenen Raum spielt im Gegensatz zur Direktübertragung in den hinter der Installationswand liegenden Raum die flächenbezogene Masse der Installationswand eine zweitrangige Rolle. Es kann nämlich anhand der in [30] und [31] verfügbaren Berechnungsmethoden gezeigt werden, dass sich bei Verringerung der flächenbezogenen Masse die Körperschallübertragung zum Boden aufgrund der anwachsenden Stoßstellendämmung zwischen Installationswand und Boden verringert und damit der stärkeren Anregbarkeit der Wand entgegenwirkt. Die in DIN 4109 geforderte flächenbezogene Masse von mindestens 220 kg/m² ist für diese Grundrisssituation deshalb keine abschließende Festlegung. Es zeigt sich vielmehr, dass für die Unterdrückung der von der Installationswand ausgehenden Körperschallübertragung eine möglichst hohe Stoßstellendämmung gefordert werden sollte. Im heutigen Baugeschehen wird dies bereits von Metallständerwänden mit Gipsplatten realisiert, die deshalb als Installationswände ausgesprochen gute Eigenschaften aufweisen. Für Installationswände aus Mauerwerk könnte eine entsprechende Entkopplung durch rundumlaufende Dämmstreifen realisiert werden. Gute Ergebnisse wurden mit Installationswänden aus Gips-Wandbauplatten (m' = 90 kg/m² bis 120 kg/m²) mit umlaufenden entkoppelnden Randstreifen erzielt [106].

5 Flankierende Übertragung von Wänden

5.1 Grundsätzliche Aspekte

5.1.1 Schallschutz und Flankenübertragung

Beliebig hohe Schalldämm-Maße sind im Massivbau nicht zu erreichen, da die Flankenübertragung die erreichbaren Werte des Schalldämm-Maßes begrenzt (im konventionellen Massivbau auf etwa R'_w = 58 – 60 dB). Je höher die Anforderungen sind, desto stärker muss die flankierende Übertragung kontrolliert und beherrscht werden. An die flankierende Schallübertragung wird in den Regelwerken keine unmittelbare zahlenmäßige Anforderung gestellt. Da sie jedoch die resultierende Schallübertragung zwischen zwei Räumen maßgeblich beeinflussen kann, ist sie bei der Planung des geforderten Schallschutzes unbedingt zu berücksichtigen. Dies gilt sowohl in horizontaler als auch in vertikaler Richtung. Falsche Planung oder Ausführung kann zu einem Unterschreiten des geschuldeten Schallschutzes führen. Höherer Schallschutz, der über R'_w = 56 hinausgeht, sollte nur dann vertraglich vereinbart werden, wenn im Planungsstadium die sichere konstruktive Umsetzung aufgezeigt werden kann.

5.1.2 Flankendämmung und Stoßstellendämm-Maß

5.1.2.1 Methodischer Ansatz für die Flankendämmung

Das in Abschnitt 2.3.1 beschriebene und in Bild 5 dargestellte methodische Vorgehen nach DIN EN ISO 12354-1 [30] und DIN 4109-2 [6] zur Behandlung der flankierenden Übertragung macht die benötigten Zusammenhänge, die auch für Planung und Ausführung gelten, transparent: zu berücksichtigen sind die Eigenschaften der Wände selbst ($R_{i,w}$ und $R_{j,w}$), eventuell angebrachte Wandverkleidungen ($\Delta R_{ij,w}$) und das Stoßstellendämm-Maß K_{ij}. Daraus lassen sich unmittelbar die grundlegenden Prämissen für eine hohe Flankendämmung ableiten: möglichst hohe Schalldämm-Maße der flankierenden Bauteile (im Massivbau schwere Ausführung), möglichst hohe Stoßstellendämm-Maße und, falls notwendig, auch Verwendung von Vorsatzschalen auf den Flankenbauteilen. Der Ansatz macht deutlich, dass die Flankenübertragung über Wände nicht allein nur von den Wandeigenschaften abhängt. Insbesondere wird mit diesem Ansatz herausgestellt, dass das Geschehen an der Stoßstelle eine wesentliche Rolle spielt und einer eigenständigen Betrachtung bedarf.

5.1.2.2 Das Stoßstellendämm-Maß

Als neue Größe wurde mit den europäischen Berechnungsverfahren [19] zum baulichen Schallschutz das Stoßstellendämm-Maß K_{ij} eingeführt, welches die von der Stoßstelle verursachte Pegelminderung bei der flankierenden Übertragung beschreibt. Die Stoßstelle muss nach diesen Verfahren also explizit betrachtet werden und wird Gegenstand der schalltechnischen Planung. Das im jeweiligen Übertragungsweg zu berücksichtigende K_{ij} hängt von der Stoßstellengeometrie, der Art der aufeinanderstoßenden Bauteile und der Art des Übertragungswegs ab. Die Behandlung von Stoßstellen wird im Rahmen der neuen DIN 4109 in DIN 4109-2 (Rechnerische Nachweise) [6] und DIN 4109-32 (Bauteilkatalog: Massivbau) [8] geregelt. Obwohl die in der Praxis vorgefundenen Stoßstellendämm-Maße einer relativ großen Streuung unterliegen [58, 107], stellen die dort enthaltenen Angaben für die Berechnung eine ausreichende Beschreibung der im Massivbau vorgefundenen Verhältnisse dar [58, 59]. Einzige konstruktive Größe bei der Bestimmung des Stoßstellendämm-Maßes im Massivbau ist dabei das Verhältnis der flächenbezogenen Massen der beteiligten einschaligen Bauteile. Für die beiden wichtigsten Stoßstellentypen – den Kreuzstoß und den T-Stoß – werden in den Bildern 38 und 39 die entsprechenden Verhältnisse entsprechend der Darstellung in DIN EN 12354-1 [19] gezeigt. Eine hohe Stoßstellendämmung wird für den (durchlaufenden) Flankenweg Ff (Weg 1–3 in den Bildern 38 und 39) erreicht, wenn das trennende Bauteil (Bauteil 2 bzw. 2 und 4 in den Bildern 38 und 39) gegenüber dem flankierenden Bauteil eine möglichst große flächenbezogene Masse besitzt. Gegenüber dem Kreuzstoß weist der T-Stoß bei gleichen flächenbezogenen Massen der Bauteile eine um etwa 3 dB geringere Stoßstellendämmung auf. In der praktischen Anwendung bedeutet dies, dass die flankierende Übertragung über die Außenwand sowohl in horizontaler wie auch in vertikaler Richtung stärker zum Tragen kommt als bei gleichschweren Innenbauteilen und bei der schalltechnischen Planung besonderer Aufmerksamkeit bedarf.

5.2 Die Bedeutung der Wände für die Flankendämmung

5.2.1 Einfluss der Wände

Der Ansatz aus Abschnitt 2.3.1 besagt, dass die Direktdämmung des flankierenden Bauteils unmittelbar in die Flankendämmung eingeht. Dieser Zusammenhang gilt für homogenes Mauerwerk und Mauerwerk aus Lochsteinen. Bei homogenem Mauerwerk kommt eine Erhöhung der flächenbezogenen Masse nicht nur der Direktdämmung, sondern auch der Flankendämmung zugute. Am wirksamsten kann im konventionellen Massivbau die Flankenübertragung durch ausreichend schwere Bauteile kontrolliert werden. Leichte massive Wände, wie sie als Innenwände mit flächenbezogenen Massen bis zu etwa 70 kg/m² hinab und als monolithische Außenwände bis zu etwa 140 kg/m² hinab vorkommen, schließen einen erhöhten Schallschutz nahezu aus und können ohne geeignete Vorkehrungen (z. B. besonders schwere Decken, elastische Lagerung der Innenwände) sogar den Mindestschallschutz der DIN 4109-1 gefährden (s. Abschnitt 5.2.2).

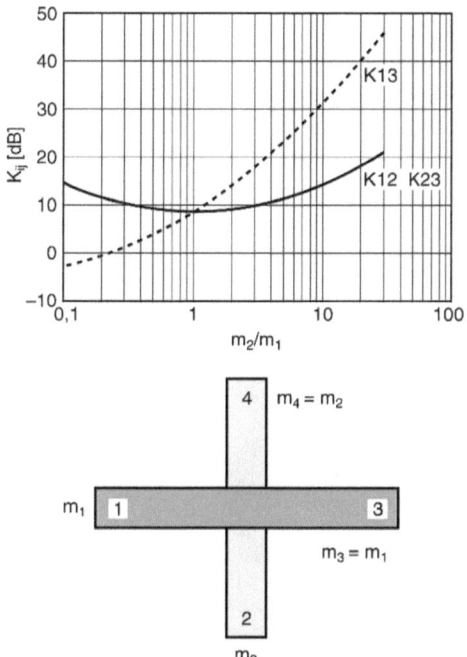

Bild 38. Stoßstellendämm-Maß K_{ij} für einen starren Kreuz-Stoß nach DIN EN 12354-1, Anhang E

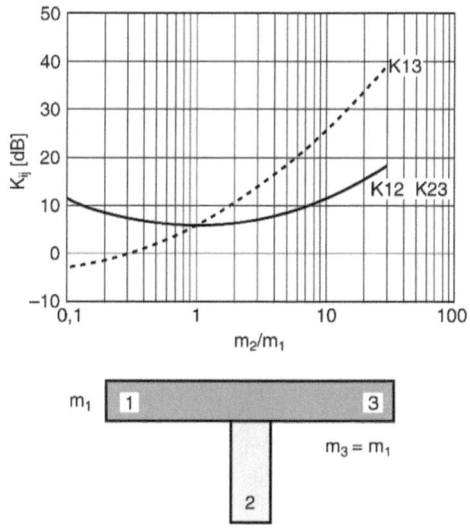

Bild 39. Stoßstellendämm-Maß K_{ij} für einen starren T-Stoß nach DIN EN 12354-1, Anhang E

Mit gewissen Modifikationen gilt der Zusammenhang zwischen direkter und flankierender Übertragung auch für Mauerwerk aus gelochten Steinen. Untersuchungen im Labor und in ausgeführten Gebäuden [86] belegen aber, dass dann, wenn durch ungünstiges Stein-

verhalten (s. Abschnitt 4.3) die Direktdämmung vermindert wird, auch mit einer Verminderung der Flankendämmung gerechnet werden muss. Gelochte Steine sind hinsichtlich der flankierenden Übertragung deshalb einer sorgfältigen Beurteilung zu unterziehen, da ansonsten mit erheblichen Verminderungen gegenüber der aus der flächenbezogenen Masse zu erwartenden Längsdämmung und in der Folge mit Planungsfehlern zu rechnen ist. Eingehend wird diese Thematik in Abschnitt 5.3 behandelt.

Als Besonderheit zeigt sich bei Mauerwerkswänden, dass auch die Art der Vermörtelung bei der Längsdämmung eine Rolle spielt. So ergaben Laboruntersuchungen an einer KS-Außenwand [82] vor allem im mittleren und höheren Frequenzbereich ein bis zu 8 dB höheres Schalllängsdämm-Maß für unvermörtelte Stoßfugen gegenüber vermörtelten Stoßfugen. Im Einzahlwert konnte die Längsdämmung um bis zu 3 dB verbessert werden. Während die Frage der Stoßfugenvermörtelung bei der Direktdämmung des Mauerwerks keine erkennbare Rolle spielt, ist die unvermörtelte Stoßfuge für die Längsdämmung offensichtlich von Vorteil. Eine Verminderung der in Längsrichtung stattfindenden Schallausbreitung konnte auch für andere Mauerwerkswände mit unvermörtelten Stoßfugen bestätigt werden [60].

5.2.2 Einfluss leichter, massiver Innenwände

Aus zahlreichen Baumessungen ist bekannt geworden, dass auch leichte massive Innenwände zu einer erhöhten Flankenübertragung und damit zur Unterschreitung der Anforderungen der DIN 4109-1 führen können. Dies gilt insbesondere in vertikaler Richtung. Aufgrund der geringen flächenbezogenen Masse bis zu etwa 70 kg/m² hinunter weisen solche Innenwände eine geringe Direktdämmung auf. Die große Masse der Trenndecke führt gegenüber der leichten Innenwand dagegen zu einer hohen Stoßstellendämmung. Dennoch ist die insgesamt sich einstellende Flankendämmung geringer als für schwere flankierende Bauteile, da die geringere Direktschalldämmung bei der Ermittlung des Flankenschalldämm-Maßes nicht durch die höhere Stoßstellendämmung ausgeglichen wird. Dieser Nachteil leichter, massiver Innenwände kann vermieden werden, wenn sie durch umlaufende weichfedernde Dämmstreifen von den angrenzenden Bauteilen entkoppelt werden. Alternativ wären die Innenwände ausreichend schwer auszulegen oder in Leichtbauweise auszuführen. Für Ständerwände mit biegeweicher Beplankung kann aufgrund der hohen Stoßstellendämmung die Flankenübertragung auf benachbarte massive Bauteile vernachlässigt werden.

5.2.3 Einfluss von Wandverkleidungen

Der im neuen Berechnungsverfahren für die flankierende Übertragung herangezogene Zusammenhang zeigt, dass Wandverkleidungen auf flankierenden Bauteilen auch einen Einfluss auf die Flankenübertragung

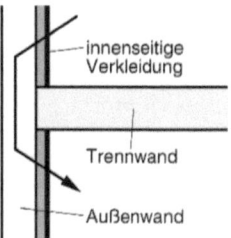

Bild 40. Flankierende Übertragung bei einer massiven Außenwand mit innenliegender Verkleidung

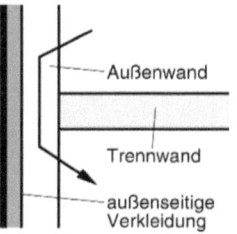

Bild 41. Flankierende Übertragung bei einer massiven Außenwand mit außenliegender Verkleidung

haben. Je nachdem, ob die bewertete Verbesserung der Luftschalldämmung $\Delta R_{ij,w}$ positive oder negative Werte annimmt, wirkt sich die Verkleidung verbessernd oder verschlechternd auf die Flankendämmung aus. Ausschlaggebendes Kriterium für die schalltechnisch richtige Dimensionierung ist eine ausreichend tief abgestimmte Resonanzfrequenz der Vorsatzkonstruktion. Weitergehende Hinweise finden sich in Abschnitt 4.4 Dort wird auch auf die Handhabung von Vorsatzkonstruktionen im Berechnungsmodell der DIN 4109-2 eingegangen. Dabei wird (als Näherung) angenommen, dass eine Vorsatzkonstruktion bei der Direkt- und bei der Flankendämmung mit demselben Luftschall-Verbesserungsmaß angesetzt werden kann. Grundsätzlich gilt aber, dass auch hinsichtlich der Flankenübertragung die an anderen Stellen gegebenen Hinweise (s. Abschnitt 4.4.2) ihre Gültigkeit haben. Insbesondere geht es auch hier um die Vermeidung von zu steifen Dämmschichten. Deren Resonanzfrequenzen liegen typischerweise im Bereich von einigen hundert Hz. Besonders störend machen sich diese steifen Dämmschichten bemerkbar, wenn sie auf der flankierenden Wand beiderseits der Trennwand angebracht werden. Dann tritt die Verschlechterung sowohl bei der Anregung der flankierenden Wand als auch bei der von ihr verursachten Abstrahlung im Nachbarraum auf. Der zwischen benachbarten Räumen vorhandene Schallschutz kann dadurch um mehrere dB gemindert werden.

Der Ansatz des europäischen Berechnungsmodells macht bei der Behandlung von Vorsatzkonstruktionen noch auf einen weiteren Sachverhalt aufmerksam. Für die flankierende Übertragung zwischen Räumen werden nämlich nur solche Vorsatzkonstruktionen berücksichtigt, die sich im jeweiligen Schallübertragungsweg befinden. Innenliegende Verkleidungen an Außenwänden sind deshalb auf der Sende- und Empfangsseite zu berücksichtigen, da sie unmittelbar mit der Anregung und Abstrahlung der Wand zu tun haben (s. Bild 40). Hingegen findet bei außenliegenden Verkleidungen von Außenmauerwerk nach Bild 41 die maßgebliche Schallübertragung nur über die schwere innenseitige Wandschale statt. Die Vorsatzkonstruktion muss deshalb bei der Berechnung der flankierenden Übertragung nicht berücksichtigt werden. Im Gegensatz zu falsch dimensionierten innenliegenden Dämmschichten hat deshalb ein akustisch ungünstig dimensioniertes WDVS keine schädlichen Auswirkungen auf die Schalllängsleitung.

Aus Untersuchungen [108] und [109] geht hervor, dass im Bereich der Resonanzfrequenz der Wandverkleidung sogar eine gewisse Verbesserung der Flankendämmung möglich ist. Die Eigenschaften der Massivwand können beim WDVS für die Schalllängsdämmung voll ausgeschöpft werden. Vorteilhaft sind dabei grundsätzlich Außenwände mit möglichst hoher flächenbezogener Masse, die für die Schalllängsdämmung unmittelbar genutzt werden kann. Die konstruktive Trennung von Wärmeschutz (durch das WDVS) und Schallschutz (durch die schwere Massivwand) erweist sich schalltechnisch als günstig.

5.3 Flankendämmung bei Lochstein-Mauerwerk

5.3.1 Einfluss der Stoßstellengestaltung

Um die Mindestanforderungen nach DIN 4109-1 an den Schallschutz von Wohnungstrennwänden ($R'_w \geq$ 53 dB) bzw. Wohnungstrenndecken ($R'_w \geq$ 54 dB) einzuhalten, muss die flankierende Übertragung über die Außenwände begrenzt werden. Besonders bei Eckräumen mit großen Außenwandflächen sollten im Wohnungsbau bei üblichen Stahlbetondecken in einer Dicke von d > 180 mm Außenwände aus Lochsteinen mindestens ein Direktschalldämm-Maß von $R_w \geq 48$ dB aufweisen.

Zum sicheren Erreichen eines erhöhten Schallschutzes (z. B. DIN SPEC [17], DEGA Schallschutzausweis Klasse C [43], VDI 4100 [39] SSt I) ist es notwendig, eine höhere Direktdämmung, aber auch akustisch verbesserte Konstruktionen im Bereich der Knotenpunkte Decke/Außenwand und Wohnungstrennwand/Außenwand zu planen. Von einer Ausführung des Stumpfstoßes im Bereich Außenwand/Trennwand ist in jedem Fall abzuraten (s. Abschnitt 5.4.1).

Die Berechnung der Flankenübertragung von Mauerwerk aus Lochsteinen erfolgt ähnlich wie die von homogenem Mauerwerk, mit Ausnahme der Berechnung der Stoßstellendämmung.

Hinsichtlich der Reduzierung der flankierenden Übertragung sind die Bauteilanschlüsse von Außenwänden mit Geschossdecken sowie mit Wohnungstrennwän-

Tabelle 9. Ausführungsvarianten von Außenwand-Decken-Knoten und qualitative Beurteilung der Stoßstellendämmung für den Weg Ff in Abhängigkeit von der konstruktiven Ausbildung

Stirndämmung aus Wärmedämmstoff	Deckenrandelement als Putzträger mit Dämmstoff	Deckenabmauerstein mit Wärmedämmung
Stoßstellendämmung für den Weg Ff		
hoch	mittel	gering

den von besonderem Interesse. Für einschalige, wärmedämmende HLz-Wände wurden deshalb umfangreiche Untersuchungen zur Stoßstellendämmung sowohl am Bau als auch unter Laborbedingungen an Versuchsaufbauten durchgeführt. Diese T-Stöße haben bei Wohnungstrennwänden und bei Wohnungstrenndecken in Eckräumen einen wesentlichen Einfluss auf die flankierende Übertragung. Die konstruktive Ausbildung der Geschossdeckenauflager an Außenwänden macht bei der Tragwerksplanung mit hohen Wandlasten im Geschosswohnungsbau im Regelfall eine etwa 2/3 Auflagertiefe der Decke auf der Außenwand erforderlich. Der verbleibende Bereich vor der Deckenstirnseite muss aus wärmeschutztechnischen Gründen mit einer Wärmedämmung versehen werden. Ein derartig ausgeführtes Deckenauflager zeichnet sich durch hohe Stoßstellendämm-Maße auf dem maßgeblichen Flankenweg Ff (Außenwand/Außenwand) aus. Die Verwendung von Abmauersteinen an der Außenseite des Deckenauflagers führt allerdings zu einer zusätzlichen Schallübertragung über diesen von der Decke durch die Wärmedämmung entkoppelten Abmauerstein und damit tendenziell zu unterdurchschnittlichen Stoßstellendämm-Maßen. Die Prinzipskizzen in Tabelle 9 zeigen typische Auflagersituationen und eine qualitative Beurteilung ihrer Stoßstellendämmung.

Bei der konstruktiven Anbindung schwerer Wohnungstrennwände an Außenwände aus HLz-Mauerwerk ist ebenfalls die Ausführung eines steifen Bauteilanschlusses für die Höhe der erreichbaren Stoßstellendämmung maßgeblich. Ein Stumpfstoß der Wohnungstrennwand führt trotz kraftschlüssiger Verbindung von Außen- und Trennwand dazu, dass eine reduzierte Biegesteifigkeit des Knotens vorliegt und besonders die Dickenschwingungen im Bereich der Resonanzfrequenz der flankierenden HLz-Außenwand an der Außenseite der Stoßstelle nur wenig reduziert werden. Dies hat eine verminderte Stoßstellendämmung zur Folge und wird bei der rechnerischen Ermittlung der Stoßstellendämm-Maße auf dem Übertragungsweg Ff in Form eines Abschlags bei HLz-Mauerwerk entsprechend Abschnitt 5.3.2 berücksichtigt. Eine Durchbindung einer Wohnungstrennwand bis nahe an die Außenseite erhöht dagegen die Stoßstellendämmung vergleichbar derjenigen eines tiefen Deckenauflagers und erfordert keine rechnerische Korrektur. Die Tabelle 10 zeigt anhand von Prinzipskizzen des Außenwand-Trennwand-Knotens eine qualitative Beurteilung der Stoßstellendämmung.

Die rechnerische Ermittlung der Stoßstellendämm-Maße von Bauteilanschlüssen in Massivbauweise erfolgt lediglich in Abhängigkeit von den flächenbezogenen Massen der aneinandergrenzenden Bauteile. Im Rahmen der Auswertung von Stoßstellendämm-Maßen aus über 80 in Laboraufbauten sowie in ausgeführten Bauten messtechnisch untersuchten Stoßstellen mit HLz-Mauerwerk fällt auf, dass die Höhe der Stoßstellendämmung horizontaler und vertikaler Bauteilverbindungen aber stark von der konstruktiven Ausbildung eines Bauteilanschlusses abhängt.

5.3.2 Stoßstellendämm-Maße bei Lochsteinmauerwerk

Wie bereits in Abschnitt 4.3 ausführlich dargelegt, weisen bestimmte hochwärmedämmende Lochsteine aufgrund von Steinresonanzen gegenüber Massivmauerwerk bei gleicher flächenbezogener Masse eine verminderte Direktschalldämmung auf. Neben diesem Effekt wird bei bestimmten konstruktiven Ausbildungen der Stoßstelle, z. B. beim Stumpfstoß, durch die auftretenden Steinresonanzen auch das Stoßstellendämm-Maß vermindert. Eine solche Verminderung tritt beim Stumpfstoß mit einer Außenwand aus Lochsteinmauerwerk dann auf, wenn die Wand nicht mehr als Ganzes schwingt, sondern die einzelnen Steine Reso-

Tabelle 10. Ausführungsvarianten von Außenwand-Trennwand-Knoten und qualitative Beurteilung der Stoßstellendämmung für den Weg Ff in Abhängigkeit von der konstruktiven Ausbildung

Durchbindung der Wohnungstrennwand	Einbindung der Wohnungstrennwand	Trennwandanschluss mit Stumpfstoß
Stoßstellendämmung für den Weg Ff		
hoch	mittel	gering

nanzschwingungen („Dickenschwingungen") aufweisen. In diesem Fall schwingen Vorder- und Rückseite des Steins unabhängig voneinander. Ein Festhalten des gelochten Steins durch die Trennwand auf der Vorderseite verhindert dann nicht mehr die ausgeprägten Schwingungen auf der Rückseite. Die gelochten Außenwandsteine gewährleisten keinen akustisch festen Verbund mehr zwischen Innen- und Außenschale des Steins. Eine deutliche Verminderung der Stoßstellendämmung ist die Folge.

Untersuchungen an Versuchsaufbauten zur Stumpfstoß-, Einbindungs- und Durchbindungsthematik zeigen, dass gegenüber der Durchbindung (Trennwand durchstößt Außenwand) eine Verminderung der Stoßstellendämmung sowohl bei der Einbindung der Trennwand in die Außenwand als auch beim Stumpfstoß auftritt. Die Verminderung der Stoßstellendämmung ΔK_{ij} für Lochsteine ist direkt von der Größe der Verminderung der Direktdämmung des Lochsteinmauerwerks $\Delta R_{w,L}$ gegenüber einem gleichschweren homogenen Stein abhängig. Ist $\Delta R_{w,L}$ klein, so vermindert sich auch die Stoßstellendämmung nur gering. Der zahlenmäßige Zusammenhang zwischen der Verminderung an der Stoßstelle und $\Delta R_{w,L}$ wurde empirisch ermittelt und entspricht der Hälfte der Verminderung des Direktschalldämm-Maßes des Lochsteins. Wenn dementsprechend keine Durchbindung ausgeführt wird, muss beim Knotenpunkt Lochsteinaußenwand/Trennwand die Verminderung des Stoßstellendämm-Maßes ΔK_{ij} zahlenmäßig wie folgt berechnet werden:

$$\Delta K_{ij} = \frac{\Delta R_{w,L}}{2} \quad [dB]$$

Das Stoßstellendämm-Maß auf dem Weg 1–3 beim Stumpfstoß oder der Einbindung der Trennwand für Lochsteinmauerwerk $K_{13,L}$ ist entsprechend nachfolgender Gleichung gegenüber dem Stoßstellendämm-Maß für massives Mauerwerk K_{13} um ΔK_{ij} zu mindern.

$$K_{13,L} = K_{13} - \Delta K_{ij} \quad [dB]$$

Häufig wird jedoch aufgrund der geringen Außenwandflächen (durch Fenster bzw. Türen), welche an die Wohnungstrennwand anschließen, die flankierende Übertragung über die Außenwand deutlich vermindert. Besonders bei resonanzbehaftetem Mauerwerk zeigt sich, dass die Eigenschwingungen, die zu der verminderten Schalldämmung führen, häufig auf den Einzelstein begrenzt und nur bedingt ausbreitungsfähig sind. Deshalb erscheint es notwendig, hier die Flankenlänge zu berücksichtigen.

Für den Übertragungsweg 1–3 beim Stoß Trennwand/Außenwand aus HLz wird aufgrund der Ausbreitungsdämpfung bei flankierenden Außenwänden aus Hochlochziegeln mit einer Fläche $S_i < 2{,}5\ m^2$ die Stoßstellendämmung wie folgt berechnet:

$$K_{13,L} = K_{13} - \frac{\Delta R_{w,L}}{2} + 10\lg\left[S_0\left(\frac{1}{S_1} + \frac{1}{S_3}\right)\right] \quad [dB]$$

Hierbei bedeuten

$K_{13,L}$ Stoßstellendämm-Maß auf dem Weg 1–3 bei Stumpfstoß Trennwand mit T2-HLz-Mauerwerk

K_{13} Stoßstellendämm-Maß auf dem Weg 1–3, berechnet aus den flächenbezogenen Massen

S_0 Bezugsfläche mit $S_0 = 1{,}25\ m^2$

S_1, S_3 Flächen der flankierenden Außenwände

In DIN 4109-32 [8] gibt es im Abschnitt 5.2.4.2.2 in Gleichung (42) einen Fehler:
Der Term $10\lg[S_0/(1/S_1+1/S_3)]$ ist von der Verminderung der Stoßstellendämmung $\Delta R_{w,L}/2$ zu subtrahieren und nicht entsprechend Gleichung (42) zu addieren. Für sehr kleine Außenwandflächen S_1 und S_3 ergeben sich hierdurch höhere Stoßstellendämm-Maße $K_{13,L}$ und entsprechend höhere Flankendämm-Maße. Die Flächenkorrektur $10\lg[S_0(1/S_1+1/S_3)]$ ist nur für positive Werte anzuwenden, z. B. wenn beide Flächen S_1 und S_3 kleiner sind als $2{,}5\ m^2$ oder eine der

Flächen kleiner als 2,5 m² und die Summe der Kehrwerte der beiden Flächen größer als 0,8 ist.
Diese Berechnung ist allerdings entsprechend DIN 4109-32 Abschnitt 5.2.4.2.2 nur für Lochsteinmauerwerk aus Ziegeln anzuwenden. Für Lochsteinmauerwerk aus Leichtbetonsteinen waren zum Zeitpunkt der Normerstellung keine Angaben zur Verminderung des Stoßstellendämm-Maßes verfügbar. Zwischenzeitlich gibt es hierzu allerdings eine Zulassung des DIBt (Z-23.22-2074), in der die Berechnung des Stoßstellendämm-Maßes für einige Leichtbeton-Lochsteine geregelt ist.
Nicht geregelt ist normativ, wie mit der Verminderung des Stoßstellendämm-Maßes ΔK_{ij} an Lochsteinaußenwänden mit sogenannten Winkelstößen umgegangen werden soll. Ein Winkelstoß bedeutet hier, dass bei versetzten Räumen die Außenwand an der Stoßstelle um einen 90° Winkel abknickt. Hier wird von den Autoren empfohlen, die Verminderung ebenfalls zu berücksichtigen.

5.4 Besonderheiten von Stoßstellen

5.4.1 Stumpfstoß und Stumpfstoßabriss

Im Bereich des Anschlusses der Trennwand an die Außenwand wurde in der Vergangenheit immer wieder über Probleme beim sogenannten Stumpfstoß von monolithischen Wänden berichtet. Bei dieser Ausführung wird die Wohnungstrennwand stumpf an die durchlaufende Außenwand angeschlossen. Zur Übertragung von statischen Kräften werden bei diesem Detail meist Mauerwerksanker zwischen Trennwand und Außenwand eingelegt. Der biegesteife Verbund zwischen Trennwand und Außenwand, notwendig für die Stoßstellendämmung, muss allerdings durch den Mauermörtel hergestellt werden.
Untersuchungen [82] zeigen, dass der Stumpfstoß zur selben Stoßstellendämmung wie der verzahnte Stoß führt, solange ein fester Kontakt zwischen den Wänden sichergestellt ist. Das ist jedoch nicht mehr der Fall, wenn z. B. der Mörtel in der Fuge fehlt oder die Wohnungstrennwand infolge von Schwinden von der flankierenden Außenwand abreißt. Dann tritt eine deutliche Verminderung der Flankendämmung auf dem Weg Ff und der resultierenden Dämmung zwischen den Räumen auf, da nun die Außenwand nicht mehr ausreichend von der Trennwand festgehalten werden kann. Die Planungsvoraussetzungen für den Schallschutz zwischen den benachbarten Wohnungen sind damit nicht mehr erfüllt. Die Ausführung des Stumpfstoßes mit Wandankern schafft hier keine Abhilfe, da bereits Haarrisse den Stumpfstoß akustisch als abgerissen erscheinen lassen. Die akustische Funktionsfähigkeit des Stumpfstoßes ist somit nicht grundsätzlich und dauerhaft garantiert. Viele Hersteller von Mauerwerkssteinen empfehlen deshalb in ihren Ausführungsdetails, die Trennwand mit der Außenwand verzahnt zu mauern oder die Trennwand nach außen zu führen, was allerdings ohne zusätzliche Wärmedämmung auf der Deckenstirnseite nur bei zusatzgedämmten Konstruktionen möglich ist. Ein Abreißen der Wände voneinander würde in diesem Fall sogar zu einer Erhöhung der Flankendämmung der Außenwand führen.

5.4.2 Stöße außerhalb des Bauteilkatalogs

Die Berechnung des Stoßstellendämm-Maßes erfolgt in DIN 4109-32 [8] für übliche Stöße in Abhängigkeit vom Verhältnis der flächenbezogenen Massen, unabhängig von der genauen konstruktiven Ausbildung der Stoßstelle. Für homogene Stöße, z. B. zwischen Betondecken und homogenem Mauerwerk, trifft dies zwar zu, jedoch gibt es eine Reihe üblicher Detailausbildungen, besonders im Bereich des Anschlusses der Trenndecke an wärmedämmende Außenwände, bei welchen das Stoßstellendämm-Maß von der Ausbildung der Stoßstelle bestimmt wird.
Für den Knotenpunkt Decke/Außenwand ergibt sich auch für monolithisches Mauerwerk eine Abhängigkeit des Stoßstellendämm-Maßes von der Knotenpunktausbildung. In Bild 42 sind 2 typische Ausführungsvarianten der Betondeckendämmung im Bereich der wärmedämmenden Außenwand dargestellt.
Messtechnische Untersuchungen an Versuchsaufbauten mit unterschiedlicher Knotenpunktausbildung zeigen, dass die Konstruktion der Stoßstelle (z. B. Lage der Wärmedämmung oder die Anordnung von Vormauerungen) die Stoßstellendämmung beeinflussen kann [110]. Durch die Anordnung der Wärmedämmung zwischen Vormauerung und Deckenstirnseite (Bild 42a) wird die Vormauerung von der Decke akustisch entkoppelt, und es kommt zu einer Schallübertragung über diese Vormauerung und damit zu einer gegenüber einem homogenen Stoß verminderten Stoßstellendämmung auf dem Übertragungsweg Ff. Diese Messergebnisse bestätigten Berechnungen

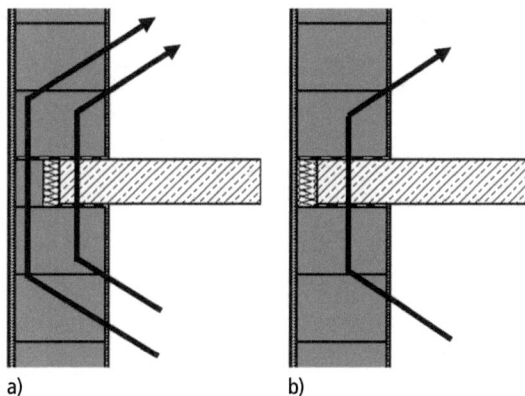

Bild 42. Typische Knotenpunktausbildung Decke-Außenwand für wärmedämmendes Mauerwerk; a) Wärmedämmung und Vormauerung vor der Betondecke, b) nur Wärmedämmung vor der Betondecke

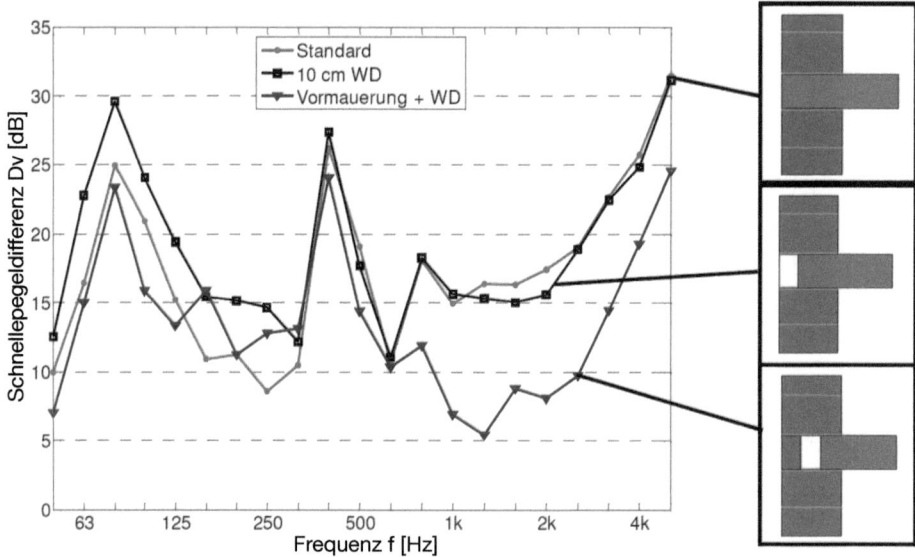

Bild 43. Mittels FEM berechnete Schnellepegeldifferenzen an der Stoßstelle Außenwand/Decke bei unterschiedlicher Ausbildung des Knotenpunkts

zum Stoßstellendämm-Maß mittels FEM (s. hierzu Bild 43) [111]. Bei dieser Untersuchung ergab sich für die Variante mit Vormauerung vor der Deckenstirnseite im Frequenzbereich oberhalb 800 Hz eine Verminderung der Schnellepegeldifferenz um ca. 5 dB.

Von Herstellern wärmedämmender Außenwandsteine wurde deshalb eine Reihe von Messungen an Versuchsaufbauten mit unterschiedlicher Konstruktion der Deckenauflager durchgeführt. Die ermittelten Stoßstellendämm-Maße hängen bei Lochsteinen nicht nur von der flächenbezogenen Masse der Stoßstellen und der konstruktiven Ausbildung, sondern auch vom Lochstein selbst bzw. dessen Schalldämm-Maß ab. Die messtechnisch ermittelten Stoßstellendämm-Maße werden dann von den Herstellern in den Berechnungsprogrammen hinterlegt, sodass in Abhängigkeit vom verwendeten Außenwandstein und der geplanten konstruktiven Ausbildung der Stoßstelle mit dem entsprechenden Stoßstellendämm-Maß gerechnet werden kann.

5.4.3 Versetzte Stöße

In Planunterlagen finden sich immer wieder Stoßstellen, bei welchen es unklar ist, ob es sich um einen T-Stoß oder um einen Kreuzstoß handelt, da der Versatz der gegenüberliegenden Bauteile wie in der mittleren Abbildung in Bild 44 gering ist. Zum Einfluss der Versatzgröße wurden FEM-Berechnungen an Stoßstellen durchgeführt und Schnellepegeldifferenzen zwischen den Bauteilen bei einem unterschiedlichen Versatz der Bauteile berechnet. Es zeigte sich, dass erst bei einem Versatz von 0,5 m im mittleren Frequenzbereich deutliche Pegelunterschiede auf dem Empfangsbauteil auftreten. Zwar ergibt sich mit steigendem Versatz der Bauteile eine kontinuierliche Zunahme der Schnellepegeldifferenz, vereinfachend wurde jedoch folgende Vorgehensweise für die Norm gewählt: Ist der Versatz kleiner als 0,5 m, wird er nicht berücksichtig. Beträgt der Versatz 0,5 m oder mehr, wird das Bauteil zwischen den versetzten Bauteilen zum Empfangsbauteil. Beispielhaft wird dies in Bild 44 für die Übertragung zwischen Senderaum (SR) und Empfangsraum (ER) bei einen Kreuzstoß dargestellt. Bei einem Versatz der gegenüberliegenden Wände von d < 0,5 m wird näherungsweise mit einem Kreuzstoß (und damit entsprechend der linken Abbildung) gerechnet und der Versatz bleibt gänzlich unberücksichtigt. Bei einem Versatz der gegenüberliegenden Wände von d ≥ 0,5 m wird wie in der rechten Abbildung dargestellt das Bauteil, an dem der Versatz auftritt, zum flankierenden Bauteil (f), und es entsteht ein T-Stoß mit dem entsprechend geringeren Stoßstellendämm-Maß.

In Bild 45 ist die Problematik des Versatzes für einen T-Stoß dargestellt. Hier entsteht bei einem Versatz von d ≥ 0,5 m ein neuer T-Stoß mit möglicherweise geänderten flächenbezogenen Massen, da das flankierende Bauteil (f) eine andere flächenbezogene Masse aufweisen kann.

5.4.4 Stöße mit unterschiedlichen flächenbezogenen Massen

Nach DIN 4109-32 [8] gelten für T- und Kreuz-Stöße die dort für K_{ij} genannten Gleichungen nur für Stoßstellen, bei denen die gegenüberliegenden Bauteile (sofern vorhanden) die gleiche flächenbezogene Masse aufweisen. Allerdings trifft diese Annahme im realen

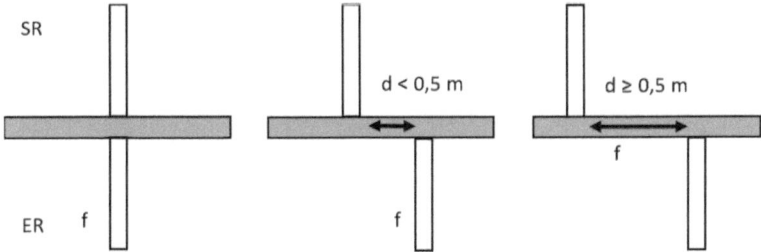

Bild 44. Stöße mit unterschiedlichem Versatz der gegenüberliegenden Bauteile bei einem Kreuzstoß

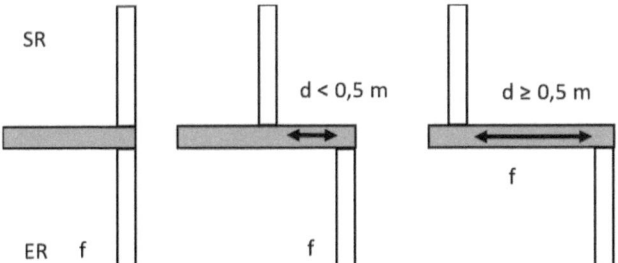

Bild 45. Stöße mit unterschiedlichem Versatz der gegenüberliegenden Bauteile bei einem T-Stoß

Baugeschehen nicht immer zu. Deshalb kann in einer ersten Näherung bei unterschiedlichen flächenbezogenen Massen der gegenüberliegenden Bauteile mit einer mittleren flächenbezogenen Masse gerechnet werden.

Beispiel

Kreuzstoß entsprechend Bild 38, allerdings mit $m_2 \neq m_4$. Folgende flächenbezogene Massen werden angesetzt: Betondecke $m_1 = m_3 = 480$ kg/m², Trennwand $m_2 = 470$ kg/m² und Innenwand $m_4 = 220$ kg/m². Für den Übertragungsweg 1–3 ergibt sich $M = \lg((470/2 + 220/2)/480) = -0{,}143$ und $K_{13} = 6{,}4$ dB. Für den Übertragungsweg 1–2 und 1–4 ergibt sich die gleiche Hilfsgröße M und damit $K_{12} = K_{14} = 1{,}8$ dB. Für den Übertragungsweg 2–4 ergibt sich $M = \lg(480/(470/2 + 220/2)) = 0{,}143$ und $K_{24} = 11{,}3$ dB. Für den Übertragungsweg 1–2 und 1–4 ergibt sich die gleiche Hilfsgröße M und $K_{21} = K_{23} = 1{,}8$ dB. Allerdings zeigt sich bei einer Grenzwertbetrachtung, wenn z. B. die flächenbezogene Masse eines Bauteils m'_i gegen 0 kg/m² strebt und damit aus dem Kreuz-Stoß ein T-Stoß wird, dass sich hier beträchtliche Unterschiede einstellen. Eine Mittelwertbildung ist deshalb nur in einem gewissen Rahmen, z. B. solange der Massenunterschied kleiner 50 % ist, sinnvoll.

5.4.5 Winkelstöße

In ausgeführten Bauten sind bei Stoßstellen zwischen Wohnungstrennwänden und Außenwänden (T-Stöße) häufig sogenannte „abknickende" Stoßstellen anzutreffen. Hierbei bilden die relativ leichten Außenwände (Bauteile 1 und 3) im Bereich der schweren Wohnungstrennwand (Bauteil 2) einen 90°-Winkel.

Für solche Stoßstellen ist es nicht mehr sinnvoll, mit der mittleren flächenbezogenen Masse (aus Bauteil 1 und Bauteil 2) das Stoßstellendämm-Maß entsprechend Abschnitt 5.4.4 zu ermitteln. Die in DIN 4109-32 [8] gewählte Vorgehensweise zur Berechnung des Stoßstellendämm-Maßes für „abknickende" Stöße ergibt sich aus einer gedachten 90°-Drehung des „abknickenden" Bauteils. Das Stoßstellendämm-Maß wird nun entsprechend den Gleichungen für T-Stöße aus dem Abschnitt 5.1.2.2 berechnet. Aufgrund der um 90° gedrehten Position des Bauteils 1 kann auf dem Weg 1–3 eine um 3 dB höhere Stoßstellendämmung angesetzt werden, während auf dem Weg 1–2 eine um 3 dB verminderte Stoßstellendämmung zu verwenden ist. Eine gleiche flächenbezogene Masse kann auch in solchen Fällen angesetzt werden, bei welchen sich die Bauteile nur geringfügig (z. B. um weniger als 10 %) unterscheiden.

6 Trittschalldämmung

Unter dem Begriff „Trittschall" werden wohnübliche Körperschallanregungen begehbarer Bauteile (Decken und Treppen) zusammengefasst. Der vom Norm-Hammerwerk erzeugte Norm-Trittschallpegel ist kein direktes Maß für die Wahrnehmung realer Gehgeräusche. Für die Wahrnehmung von „Trittschall" gelten nach [97] die in Tabelle 11 angegebenen Werte. Die Trittschalldämmung massiver Rohdecken – hierzu zählen auch schwere Hohlkörperdecken – kann nach DIN 4109-32 [8] folgendermaßen berechnet werden:

$$L_{n,eq,0,w} = 164 - 35 \lg(m'/m'_0) \quad [\text{dB}]$$

Tabelle 11. Wahrnehmung von „Trittschall" auf Decken mit unterschiedlichen bewerteten Norm-Trittschallpegeln (nach *Fasold* [97])

Bewerteter Norm-Trittschallpegel $L_{n,w}$ in dB	Gehen	Möbelrücken
75	gut hörbar	gut hörbar
65	hörbar	gut hörbar
55	schwach hörbar	hörbar
45	unhörbar	schwach hörbar

Dabei bedeuten m' die flächenbezogene Masse der Rohdecke in kg/m² und m'_0 der Bezugswert 1 kg/m². Mit dieser Größe kann nach Abschnitt 2.3.2 der Schallschutznachweis für die Trittschallübertragung geführt werden.

Eine Verdoppelung der Masse oder der Deckendicke bewirkt eine Verringerung des äquivalenten bewerteten Norm-Trittschallpegels um rund 10 dB. Rohdecken bieten i. Allg. keinen ausreichenden Trittschallschutz. Zur Verbesserung werden daher zusätzliche Deckenauflagen herangezogen, um die Anforderungen der DIN 4109-1 (z. B. $L'_{n,w} \leq 50$ dB bei Wohnungstrenndecken) zu erfüllen. Mit üblichen schwimmenden Estrichen sind i. d. R. jedoch deutlich bessere Werte erreichbar.

Trittschallmindernde, leicht austauschbare Bodenbeläge (z. B. weichfedernde Bodenbeläge sowie schwimmend verlegte Parkett- und Laminatbeläge) dürfen beim Nachweis im Wohnungsbau nicht angerechnet werden. Als verbessernde Fußbodenkonstruktion werden daher häufig schwimmende Estriche verwendet. Hierbei wird eine Gussasphalt- oder Zement-Estrichplatte auf eine weichfedernde Dämmschicht gebettet. Ein solcher schwimmender Estrich besitzt eine Resonanzfrequenz, deren Lage gegeben ist durch die flächenbezogene Masse der Estrichplatte, m' in kg/m², und die flächenbezogene dynamische Steifigkeit der Dämmschicht, s' in MN/m³, gemäß

$$f_0 = 160 \cdot \sqrt{s'/m'} \quad [\text{Hz}]$$

Unterhalb der Resonanzfrequenz ist keine Trittschallminderung zu erwarten, bei der Resonanz eine Verschlechterung je nach Dämpfung von Dämmschicht und Estrichmaterial, darüber jedoch eine Verbesserung, die mit der Frequenz f ansteigt entsprechend:

$$\Delta L = 40 \cdot \lg(f/f_0) \quad [\text{dB}]$$

Der steile Anstieg lässt jedoch nach ca. zwei Oktaven wegen anderer Einflüsse merklich nach. Die flächenbezogene dynamische Steifigkeit der Dämmschicht sollte weniger als 50 MN/m³ betragen, damit eine merkliche Verbesserung hervorgerufen wird. Wegen ihrer zu hohen Steifigkeit sind Korkplatten, Holzwolle-Leichtbauplatten oder Polystyrol-Hartschaumplatten für Wärmedämmzwecke i. Allg. nicht als Trittschalldämmplatten geeignet. Die trittschallmindernde Wirkung schwimmender Estriche hängt ganz entscheidend davon ab, dass sie keinerlei Schallbrücken aufweisen. Schallbrücken sind starre Verbindungsstellen zwischen der federnd gelagerten Estrichplatte und der Rohdecke oder den seitlich angrenzenden Wänden. Schallbrücken entstehen, wenn das noch flüssige Estrichmaterial in Ritzen in der Dämmstofflage oder an den Estrich-Rändern läuft, wenn in der Dämmschicht verlegte Rohre oder Leitungen eine steife Verbindung zwischen Estrich und Rohdecke verursachen oder wenn Rohre, die den Estrich durchdringen, mit diesem starr verbunden sind, anstatt sie durch eine elastische Ummantelung schalltechnisch zu trennen.

Ebenso können steife Bodenbeläge (Fliesen) und Fußleisten an den Estrichrändern für unzulässige Verbindungen an den Seitenwänden sorgen. Ein Beispiel aus [67] mag die schädliche Wirkung von Schallbrücken belegen:
- Decke mit schwimmendem Estrich
  ohne Schallbrücke $L_{n,w} = 52$ dB
  1 Schallbrücke $L_{n,w} = 63$ dB
  10 Schallbrücken $L_{n,w} = 70$ dB
- Decke ohne Estrich $L_{n,w} = 80$ dB

Bewertete Trittschallminderungen ΔL_w bis 10 dB gelten als unerheblich, bis ca. 25 dB als mäßig bis mittel, von 25 dB bis 35 dB als sehr gut. Solche sehr guten Werte können beispielsweise von dicken, schweren Teppichen oder schwimmenden Estrichen auf Mineralfaser- oder genügend weichen Hartschaumplatten erreicht werden. Mehrere trittschalldämmende Maßnahmen übereinander dürfen in ihrer verbessernden Wirkung jedoch keinesfalls addiert werden. So erhöht sich das Verbesserungsmaß eines schwimmenden Estrichs durch zusätzliche Auflage eines Teppichs mit einem Verbesserungsmaß von 20 dB nicht um diese 20 dB, sondern nur um etwa 2 bis 4 dB.

Eine andere Möglichkeit der Trittschallminderung besteht darin, die schallabstrahlende Fläche – z. B. die Unterseite der angeregten Decke – mit einer Vorsatzschale (Unterdecke) zu verkleiden. Da jedoch nicht nur Luftschall, sondern auch Trittschall über flankierende Bauteile übertragen werden kann, ist die Wirksamkeit je nach Anteil der flankierenden Übertragung begrenzt.

7   Literatur

DIN-Normen

[1] DIN 4109:1989-11 (1989) *Schallschutz im Hochbau, Anforderungen und Nachweise*, Beuth, Berlin.

[2] DIN 4109 Beiblatt 1:1989-11 (1989) *Schallschutz im Hochbau, Ausführungsbeispiele und Rechenverfahren*, Beuth, Berlin.

[3] DIN 4109 Beiblatt 2:1989-11 (1989) *Schallschutz im Hochbau, Hinweise für Planung und Ausführung; Vorschlä-

ge für einen erhöhten Schallschutz; Empfehlungen für den Schallschutz im eigenen Wohn- oder Arbeitsbereich, Beuth, Berlin.

[4] E DIN 4109-10:2000-06 (2000) *Schallschutz im Hochbau – Teil 10: Vorschläge für einen erhöhten Schallschutz von Wohnungen* (zurückgezogen), Beuth, Berlin.

[5] DIN 4109-1:2016-07 (2016) *Schallschutz im Hochbau – Teil 1: Mindestanforderungen* (ersetzt durch DIN 4109-1:2018-01), Beuth, Berlin.

[6] DIN 4109-2:2016-07 (2016) *Schallschutz im Hochbau – Teil 2: Rechnerische Nachweise der Erfüllung der Anforderungen* (ersetzt durch DIN 4109-2:2018-01), Beuth, Berlin.

[7] DIN 4109-31:2016-07 (2016) *Schallschutz im Hochbau – Teil 31: Daten für die rechnerischen Nachweise des Schallschutzes (Bauteilkatalog) – Rahmendokument*, Beuth, Berlin.

[8] DIN 4109-32:2016-07 (2016) *Schallschutz im Hochbau – Teil 32: Daten für die rechnerischen Nachweise des Schallschutzes (Bauteilkatalog) – Massivbau*, Beuth, Berlin.

[9] DIN 4109-33:2016-07 (2016) *Schallschutz im Hochbau – Teil 33: Daten für die rechnerischen Nachweise des Schallschutzes (Bauteilkatalog) – Holz-, Leicht- und Trockenbau*, Beuth, Berlin.

[10] DIN 4109-34:2016-07 (2016) *Schallschutz im Hochbau – Teil 34: Daten für die rechnerischen Nachweise des Schallschutzes (Bauteilkatalog) – Vorsatzkonstruktionen vor massiven Bauteilen*, Beuth, Berlin.

[11] E DIN 4109-34:2018-07/A1 (2018) *Schallschutz im Hochbau – Teil 34: Daten für die rechnerischen Nachweise des Schallschutzes (Bauteilkatalog) – Vorsatzkonstruktionen vor massiven Bauteilen, Änderung A1*, Beuth, Berlin.

[12] DIN 4109-35:2016-07 (2016) *Schallschutz im Hochbau – Teil 35: Daten für die rechnerischen Nachweise des Schallschutzes (Bauteilkatalog) – Elemente, Fenster, Türen, Vorhangfassaden*, Beuth, Berlin.

[13] DIN 4109-36:2016-07 (2016) *Schallschutz im Hochbau – Teil 36: Daten für die rechnerischen Nachweise des Schallschutzes (Bauteilkatalog) – Gebäudetechnische Anlagen*, Beuth, Berlin.

[14] DIN 4109-4:2016-07 (2016) *Schallschutz im Hochbau – Teil 4: Bauakustische Prüfungen*, Beuth, Berlin.

[15] DIN 52210 *Bauakustische Prüfungen*, Teile 1 bis 7 (zurückgezogen außer Teil 6), Beuth, Berlin.

[16] DIN 52210-6:2013-07 (2013) *Bauakustische Prüfungen – Luft- und Trittschalldämmung – Bestimmung der Schachtpegeldifferenz*, Beuth, Berlin.

[17] DIN SPEC 91314:2017-01 (2017) *Schallschutz im Hochbau – Anforderungen für einen erhöhten Schallschutz*, Beuth, Berlin.

DIN-EN-Normen

[18] DIN EN 12354 *Bauakustik – Berechnung der akustischen Eigenschaften von Gebäuden aus den Bauteileigenschaften*, Normenreihe mit den Teilen 1 bis 6 (siehe nachfolgende Nennungen), Beuth, Berlin.

[19] DIN EN 12354-1:2000-09 (2000) *Bauakustik – Berechnung der akustischen Eigenschaften von Gebäuden aus den Bauteileigenschaften – Teil 1: Luftschalldämmung zwischen Räumen* (ersetzt durch DIN EN ISO 12354-1:2017-11), Beuth, Berlin.

[20] DIN EN 12354-5:2009-10 (2009) *Bauakustik – Berechnung der akustischen Eigenschaften von Gebäuden aus den Bauteileigenschaften – Teil 5: Installationsgeräusche*, Beuth, Berlin.

[21] DIN EN 12354-6:2002-03 (2002) *Bauakustik – Berechnung der akustischen Eigenschaften von Gebäuden aus den Bauteileigenschaften – Teil 6: Schallabsorption in Räumen*, Beuth, Berlin.

DIN EN ISO-Normen

[22] DIN EN ISO 717-1:2013-06 (2013) *Akustik – Bewertung der Schalldämmung in Gebäuden und von Bauteilen – Teil 1: Luftschalldämmung*, Beuth, Berlin.

[23] DIN EN ISO 717-2:2013-06 (2013) *Akustik – Bewertung der Schalldämmung in Gebäuden und von Bauteilen – Teil 2: Trittschalldämmung*, Beuth, Berlin.

[24] DIN EN ISO 10052:2010-10 (2010) *Akustik – Messung der Luftschalldämmung und Trittschalldämmung und des Schalls von haustechnischen Anlagen in Gebäuden – Kurzverfahren*, Beuth, Berlin.

[25] DIN EN ISO 10140-1:2016-12 (2016) *Akustik – Messung der Schalldämmung von Bauteilen im Prüfstand – Teil 1: Anwendungsregeln für bestimmte Produkte*, Beuth, Berlin.

[26] DIN EN ISO 10140-2:2010-12 (2010) *Akustik – Messung der Schalldämmung von Bauteilen im Prüfstand – Teil 2: Messung der Luftschalldämmung*, Beuth, Berlin.

[27] DIN EN ISO 10140-3:2015-11 (2015) *Akustik – Messung der Schalldämmung von Bauteilen im Prüfstand – Teil 3: Messung der Trittschalldämmung*, Beuth, Berlin.

[28] DIN EN ISO 10140-4:2010-12 (2010) *Akustik – Messung der Schalldämmung von Bauteilen im Prüfstand – Teil 4: Messverfahren und Anforderungen*, Beuth, Berlin.

[29] DIN EN ISO 10140-5:2014-09 (2014) *Akustik – Messung der Schalldämmung von Bauteilen im Prüfstand – Teil 5: Anforderungen an Prüfstände und Messeinrichtungen*, Beuth, Berlin.

[30] DIN EN ISO 12354-1:2017-11 (2017) *Bauakustik – Berechnung der akustischen Eigenschaften von Gebäuden aus den Bauteileigenschaften – Teil 1: Luftschalldämmung zwischen Räumen*, Beuth, Berlin.

[31] DIN EN ISO 12354-2:2017-11 (2017) *Bauakustik – Berechnung der akustischen Eigenschaften von Gebäuden*

aus den Bauteileigenschaften – Teil 2: Trittschalldämmung zwischen Räumen, Beuth, Berlin.

[32] DIN EN ISO 12354-3:2017-11 (2017) *Bauakustik – Berechnung der akustischen Eigenschaften von Gebäuden aus den Bauteileigenschaften – Teil 3: Luftschalldämmung von Außenbauteilen gegen Außenlärm*, Beuth, Berlin.

[33] DIN EN ISO 12354-4:2017-11 (2017) *Bauakustik – Berechnung der akustischen Eigenschaften von Gebäuden aus den Bauteileigenschaften – Teil 4: Schallübertragung von Räumen ins Freie*, Beuth, Berlin.

[34] DIN EN ISO 16283-1:2018-04 (2018) *Akustik – Messung der Schalldämmung in Gebäuden und von Bauteilen am Bau – Teil 1: Luftschalldämmung*, Beuth, Berlin.

[35] DIN EN ISO 16283-2:2018-11 (2018) *Akustik – Messung der Schalldämmung in Gebäuden und von Bauteilen am Bau – Teil 2: Trittschalldämmung*, Beuth, Berlin.

[36] DIN EN ISO 16283-3:2016-09 (2016) *Akustik – Messung der Schalldämmung in Gebäuden und von Bauteilen am Bau – Teil 3: Fassadenschalldämmung*, Beuth, Berlin.

[37] DIN EN ISO 10848:2018-02 (2018) *Akustik – Messung der Flankenübertragung von Luftschall und Trittschall zwischen benachbarten Räumen in Prüfständen, Teile 1 bis 4*, Beuth, Berlin.

Sonstige Normen, Regelwerke, Verordnungen und Gerichtsurteile

[38] VDI 4100:2007-08 (2007) *Schallschutz von Wohnungen; Kriterien für Planung und Beurteilung*, Beuth, Berlin.

[39] VDI 4100:2012-10 (2012) *Schallschutz im Hochbau – Wohnungen – Beurteilung und Vorschläge für erhöhten Schallschutz*, Beuth, Berlin.

[40] TA Lärm (1998) *Sechste Allgemeine Verwaltungsvorschrift zum Bundes-Immissionsschutzgesetz (Technische Anleitung zum Schutz gegen Lärm – TA Lärm)*, 1998-08, veröffentlicht in: GMBl, 1998, Nr. 26, S. 503–515.

[41] Fluglärmschutzgesetz (2007) Neufassung des Gesetzes zum Schutz gegen Fluglärm vom 31.10.2007, BGBl. I 2007 Nr. 56, S. 2550–2556, Bonn 9. November 2007.

[42] DEGA Memorandum BR 0101 (2011) *Die allgemein anerkannten Regeln der Technik in der Bauakustik*, Deutsche Gesellschaft für Akustik e. V., Fachausschuss Bau- und Raumakustik, März 2011.

[43] DEGA-Empfehlung 103 (2018) *Schallschutz im Wohnungsbau – Schallschutzausweis*, Deutsche Gesellschaft für Akustik e. V., Fachausschuss Bau- und Raumakustik, Januar 2018.

[44] DEGA BR 0104 (2015) *Memorandum – Schallschutz im eigenen Wohnbereich*, Deutsche Gesellschaft für Akustik e. V., Fachausschuss Bau- und Raumakustik, Februar 2015.

[45] BGH-Entscheidung vom 14.06.2007, Az. VII ZR 45/06 zur DIN 4109/Schallschutz.

[46] BGH-Entscheidung vom 04.06.2009, Az. VII ZR 54/07 zur DIN 4109/Schallschutz.

[47] Dokument 89/106/EWG (1989) *Richtlinie des Rates vom 21. Dezember 1988 zur Angleichung der Rechts- und Verwaltungsvorschriften der Mitgliedsstaaten über Bauprodukte (Bauproduktenrichtlinie)*, Amtsblatt der Europäischen Gemeinschaften Nr. L40/12 vom 11. Februar 1989.

[48] Grundlagendokument 5 Schallschutz (1990) Endgültiger Entwurf des erläuternden Dokuments „Wesentliche Anforderungen Nr. 5 – Schallschutz", Dokument TC5/010 der Kommission der europäischen Gemeinschaften, November 1990.

[49] ISO/DIS 19488:2017-09 (2017) *Akustik – Akustisches Klassifizierungssystem für Wohngebäude*, Beuth, Berlin.

Literatur

[50] Heckl, M., Müller, H. A. (1975) *Taschenbuch der Technischen Akustik*, Springer-Verlag, Berlin, Heidelberg, New York.

[51] Schmitz, A., Meier, A., Raabe, G. (1999) Interlaboratory Test of Sound Insulation Measurements on Heavy Walls: Part I – Preliminary Test and Part II – Results of Main Test, *Journal of Building Acoustics*, **6** (2), 159–169, 171–186.

[52] Fischer, H.-M. (2014) Neufassung der DIN 4109 auf der Basis europäischer Regelwerke des baulichen Schallschutzes, in *Bauphysik-Kalender 2014* (Hrsg. Fouad, N. A.), Ernst & Sohn, Berlin.

[53] Schneider, M., Späh, M., Blessing, S., Fischer, H.-M. (2002) *Ermittlung und Verifizierung schalltechnischer Grundlagendaten für Wandkonstruktionen aus Kalksandstein-Mauerwerk auf der Grundlage neuer europäischer Normen*, Abschlussbericht Nr. 1370 zum gleichnamigen AIF-Forschungsvorhaben der Hochschule für Technik Stuttgart, Februar 2002.

[54] Blessing, S., Schneider, M., Späh, M., Fischer, H.-M. (2002) *Umsetzung der europäischen Normen des baulichen Schallschutzes für die Porenbetonindustrie*; Abschlussbericht Nr. 1371 zum gleichnamigen AIF-Forschungsvorhaben der Hochschule für Technik Stuttgart, Januar 2002.

[55] Späh, M., Schneider, M., Blessing, S., Fischer, H.-M. (2002) *Umsetzung der europäischen Normen des baulichen Schallschutzes für die Bims- und Leichtbetonindustrie*; Abschlussbericht Nr. 1372 zum gleichnamigen AIF-Forschungsvorhaben der Hochschule für Technik Stuttgart, Februar 2002.

[56] Schneider, M., Fischer, H.-M. (2005) *Umsetzung der europäischen Normen des baulichen Schallschutzes für die Ziegelindustrie*; Abschlussbericht Nr. 1373 zum gleichnamigen Forschungsvorhaben der Hochschule für Technik Stuttgart, April 2005.

[57] Ruff, A., Fischer, H.-M. (2009) *Umsetzung der europäischen Normen des baulichen Schallschutzes für das Bauen mit Gips-Wandbauplatten*; Abschlussbericht zum AIF-

Vorhaben 14656 N/1 der Hochschule für Technik Stuttgart, April 2009.

[58] Späh, M., Blessing, S., Fischer, H.-M. (2001) *Verifizierung des Rechenverfahrens für die Luftschalldämmung nach EN 12354-1 für den Massivbau; Teil 1: Einfluss von Eingangsgrößen*; Fortschritte der Akustik, DAGA 2001, Hamburg.

[59] Blessing, S., Späh, M., Fischer, H.-M., Schneider, M. (2001) *Verifizierung des Rechenverfahrens für die Luftschalldämmung nach EN 12354-1 für den Massivbau; Teil 2: Erreichbare Genauigkeit*; Fortschritte der Akustik, DAGA 2001, Hamburg.

[60] Schneider, M., Fischer, H.-M. (2001) *Messung und Anwendung des Stoßstellendämm-Maßes K_{ij} für Mauerwerkswände im Massivbau*, Bericht Nr. 1353-01 der Fachhochschule für Technik, Stuttgart, Juni 2001.

[61] Späh, M., Fischer, H.-M., Blessing, S., Schneider, M., Zobec, B. (2000) *Bestimmung des Stoßstellendämm-Maßes K_{ij} in Gebäuden aus Massivbauweise als Eingangsgröße für EN 12354*, Fortschritte der Akustik – DAGA 2000, Oldenburg.

[62] Schneider, M., Fischer, H.-M. (2000) *Messung des Stoßstellendämm-Maßes K_{ij} an Wänden aus Mauerwerk im Labor*, Fortschritte der Akustik – DAGA 2000, Oldenburg.

[63] Fasold, W., Veres, E. (1998) *Schallschutz und Raumakustik in der Praxis: Planungsbeispiele und konstruktive Lösungen*, Verlag für das Bauwesen, Berlin.

[64] Wittstock, V.; Scholl, W. (2008) *Berechnung der Prognoseunsicherheit nach DIN 4109*, Abschlussbericht der Physikalisch-Technischen Bundesanstalt Braunschweig zum gleichnamigen DIBt-Forschungsprojekt, Braunschweig, September 2008.

[65] Wittstock, V., SchoIL W. (2009) *Determination of the uncertainty of predicted values in building acoustics*. Proceedings of NAG/DAGA 09, Rotterdam 2009.

[66] Heckl, M. (1960) *Die Schalldämmung von homogenen Einfachwänden endlicher Größe*. Acustica 10, 98–108.

[67] Heckl, M., Müller, H. A. (1994) *Taschenbuch der Technischen Akustik*, 2. Auflage. Springer-Verlag, Berlin, Heidelberg, New York.

[68] Cremer, L., Heckl, M. (1996) *Körperschall*, Springer-Verlag, Berlin, Heidelberg, New York, 1967 (2. neu bearb. Auflage 1996).

[69] Gösele, K. (1990) *Verringerung der Luftschalldämmung von Wänden durch Dickenresonanzen*, Bauphysik **12** (6), 187–191.

[70] Scholl, W., Nicolai, M. (1996) *Berechnung des bewerteten Schalldämm-Maßes ohne Flankenübertragung aus Messwerten im Prüfstand mit bauähnlicher Flankenübertragung bei Massivwänden*, Bericht des Fraunhofer-Instituts für Bauphysik B-BA 3/1996, Stuttgart.

[71] Cremer, L. (1942) Theorie der Schalldämmung dünner Wände bei schrägem Schalleinfall, *Akustische Zeitschrift* (7), 81–104.

[72] Scholl, W., Weber, L. (1998) Einfluss der Lochung auf die Schalldämmung und Schall-Längsdämmung von Mauersteinen – Ergebnisse einer Literaturauswertung, *Bauphysik* **20** (2), 49–55.

[73] Weber, L., Bückle, A. (1998) Schalldämmung von Lochsteinwänden – neue Erkenntnisse, *Bauphysik* **20** (6), 239–245.

[74] Weber, L. (2003) *Kriterien für die schalltechnisch günstige Ausführung von Wänden aus gelochten Mauersteinen – 1. und 2. Projektabschnitt*. IBP-Berichte B-BA 3/2002 und 3/2003 im Auftrag des Deutschen Instituts für Bautechnik (DIBt), April 2002 und September 2003.

[75] Schneider, M., Fischer, H.-M. (2008) Einfluss des Verlustfaktors auf die Schalldämmung von Lochsteinmauerwerk, *Bauphysik* **30** (6), 453–462.

[76] Fischer, H.-M., Schneider, M., Blessing, S. (2001) *Einheitliches Konzept zur Berücksichtigung des Verlustfaktors bei Messung und Berechnung der Schalldämmung massiver Wände*, Fortschritte der Akustik – DAGA 2001, Hamburg.

[77] Späh, M., Fischer, H.-M. (2001) *Abgesicherte Eingangsdaten für die Berechnung des Schallschutzes nach DIN EN 12354-1*, Veröffentlichungen der Hochschule für Technik Stuttgart, Band **54** – Bauphysikertreffen 2001.

[78] Schneider, M., Fischer, H.-M. (2006) *Direkt- und Flankendämmung von Hochlochziegelmauerwerk – Teil 1: Neue Entwicklungen und normative Umsetzung*, Veröffentlichungen der Hochschule für Technik Stuttgart, Band **81** – Bauphysikertreffen 2006, S. 31–41.

[79] Meier, A., Schmitz, A., Raabe, G. (1999) Inter-laboratory Test of Sound Insulation Measurements on Heavy Walls, Part II – Results of Main Test. *Building Acoustics* (6), 281–295.

[80] Maysenhölder, W. (1999) *LAYERS – ein Werkzeug zur Untersuchung der Schalldämmung von Platten aus homogenen, anisotropen Schichten*, IBP-Mitteilung **26**, Nr. 347.

[81] Scholl, W., Benavent-Gil, M. (1993) *Bimsbeton-Mauerwerk – schalltechnische Abdichtung*, IBP-Mitteilung 233.

[82] Veres, E. (1988) *Einfluss der Vermauerungsart und der Knotenpunktausbildung auf die Längs-Schalldämmung von Kalksandsteinwänden*, Bericht des Fraunhofer-Instituts für Bauphysik, BS 181/88.

[83] Fischer, H.-M. (1993) Installationsgeräusche im Spannungsfeld zwischen Anforderungen und Machbarem, *Bauphysik* **15** (3).

[84] Weber, L., Scholl, W. (1996) *Literaturstudie über den Einfluss der Lochung auf die Schalldämmung und Schall-Längsdämmung von Mauersteinen*, Bericht des Fraunhofer-Instituts für Bauphysik, B-BA 6/1996.

[85] Lott, G., Lutz, P. (1991) *Einfluss der Dickenresonanzen leichter Außenwände auf die Schalllängsleitung*, Bauphysikertreffen 91, Veröffentlichungen der Fachhochschule für Technik Stuttgart, Band **132**.

[86] Schneider, M., Lutz, P. (1992) Konstruktive Maßnahmen zur Verringerung der Schall-Längsleitung bei leichten Außenwänden, Veröffentlichungen der Fachhochschule für Technik, Stuttgart, Band **16**, S. 78–103.

[87] Lang, J. (1990) *Messung der Schallängsleitung im Prüfstand*, Forschungsarbeit F1016 an der Versuchsanstalt für Wärme- und Schalltechnik (TGM), Wien.

[88] Schneider, M., Fischer, H.-M. (2001) *Schalldämmung von Mauerwerk aus Lochsteinen*, Fortschritte der Akustik – DAGA Hamburg 2001.

[89] Lang, J. (1991) Die neue ÖNORM B 8115, Teil 4 – Maßnahmen zur Erfüllung der schalltechnischen Anforderungen, *Neues vom Bau* **37** (1/2), 3–8 und (3/4), 1–9.

[90] Schneider, M., Fischer, H.-M. (2007) *Korrektur des Verlustfaktors bei der Schalldämmung von Ziegelwänden*, Bericht Nr. 122 004 05P-rev der HFT Stuttgart.

[91] Schneider, M., Weber, L., Fischer, H.-M., Müller, S., Gierga, M. (2010) Verlustfaktor-Korrektur der Schalldämmung bei gefülltem Ziegelmauerwerk, *Bauphysik* **32** (1), 17–26.

[92] Scholl, W., Maysenhölder, W. (1999) Impact Sound Insulation of Timber Floors: Interaction between Source, Floor Coverings and Load Bearing Floor, *Journal of Building Acoustics* **6** (1), 43–61.

[93] Gösele, K., Schüle, W., Künzel, H. (1997) *Schall, Wärme, Feuchte – Grundlagen, neue Erkenntnisse und Ausführungshinweise für den Hochbau*, 10. Auflage, Bauverlag, Wiesbaden.

[94] Weber, L., Brandstetter, D. (2003) *Einheitliche schalltechnische Bemessung von Wärmedämm-Verbundsystemen*, IBP-Bericht B-BA 6/2002 im Auftrag des DIBt und des Fachverbandes Wärmedämm-Verbundsysteme e. V.

[95] Weber, L. (2005) *Einheitliche schalltechnische Bemessung von Wärmedämm-Verbundsystemen – Ergänzung des Berechnungsverfahrens*, IBP-Bericht B-BA 4/2005 im Auftrag des DIBt.

[96] Weber, L., Zhang, Y., Brandstetter, D. (2003) *Untersuchung der Schall-Längsdämmung von Außenwänden mit Wärmedämm-Verbundsystemen*, IBP-Bericht B-BA 4/2002 im Auftrag des BBR.

[97] Fasold, W., Sonntag, E., Winkler, W. (1987) *Bauphysikalische Entwurfslehre – Bau- und Raumakustik*, Verlag für Bauwesen, Berlin.

[98] Gösele, K. (1980) Zur Berechnung der Luftschalldämmung von doppelschaligen Bauteilen (ohne Verbindung der Schalen), *Acustica*, (45).

[99] Focke, K. (2017) *Schallschutz bei zweischaligen Haustrennwänden von Doppel- und Reihenhäusern*, Mitteilungsblatt der Arbeitsgemeinschaft für zeitgemäßes Bauen e. V.

[100] Gösele, K. (1985) *Verbesserung der Schalldämmung von Haustrennwänden*, Fortschritte der Akustik, DAGA 1985, S. 16–20.

[101] Gösele, K. et al. (1985) *Verbesserung des Schallschutzes von Haustrennwänden bei gleichzeitiger Kostensenkung*, FBW-Blätter 3/85.

[102] Seidel, J. (2003) *Direktschalldämmung zweischaliger Haustrennwände im Wandprüfstand*, Fortschritte der Akustik, DAGA 2003, Aachen, S. 136–137.

[103] Kalksandstein Planungshandbuch (2017) Planung, Konstruktion Ausführung, Kapitel *Schallschutz*, 7. Auflage, Mai 2017, Bundesverband Kalksandsteinindustrie.

[104] Schneider, M., Ruff, A., Zeitler, B., Schäfers, M. (2018) *Schalldämmung von Massivwänden mit Vormauerschale – Labormessungen und DIN 4109-32*, Fortschritte der Akustik, DAGA 2018, München.

[105] Fischer, H.-M., Sohn, M. (1991) *Musterinstallationen im Installationsprüfstand – praxisgerechte Analyse des Geräuschverhaltens*, IBP-Mitteilung **214** (18).

[106] Ruff, A., Fischer, H.-M. (2014) Leicht und leistungsstark. Installationswände, *Trockenbau Akustik*, (4), 54–58.

[107] Späh, M., Fischer, H.-M. (2000) *Bestimmung des Stoßstellendämm-Maßes K_{ij} in Gebäuden aus Massivbauweise als Eingangsgröße für EN 12354*, Fortschritte der Akustik, DAGA 2000, Oldenburg.

[108] Scholl, W. (1999) Schalldämmung mit Wärmedämmverbundsystemen; Teil 1: Systeme mit elastifizierten Polystyrol-Dämmplatten, *Bauphysik* **21** (1), 20–28.

[109] Scholl, W. (1998) *Schallschutz mit Wärmedämm-Verbundsystemen aus elastifiziertem Polystyrol*, Bericht des Fraunhofer-Instituts für Bauphysik B-BA 2/1998, Stuttgart.

[110] Gierga, M., Schneider, M., Fischer, H.-M. (2016) Luftschalldämmung im mehrgeschossigen Wohnungsbau mit Hochlochziegelmauerwerk – Prognosen nach DIN 4109:2016 und Vergleich mit Messwerten, *Bauphysik* **38** (4), 183–192.

[111] Schneider, M., Schatz, R., Fischer, H.-M. (2006) *Berechnung des Stoßstellendämm-Maßes an Mauerwerkswänden mittels FEM*, Fortschritte der Akustik – DAGA 2006.

[112] Fischer, H.-M., Scheck, J., Schneider, M. (2007) *Vorläufiges Verfahren zur Schalldämm-Maß-Prognose von zweischaligen Haustrennwänden aus Kalksandstein unter Berücksichtigung einer unvollständigen Trennung*, Bericht Nr. 132-012 02P, Hochschule für Technik, Stuttgart.

II Vereinfachter Nachweis des Tauwasserschutzes nach DIN 4108-3:2018 [1)]

Helmut Marquardt, Buxtehude

1 Notwendigkeit des Feuchte- und Tauwasserschutzes

Der Tauwasserschutz – als Teilgebiet des Feuchteschutzes – soll zum konsequenten Schutz der Gebäude vor Wasser beitragen; ein solcher Feuchteschutz ist nach *Klopfer* [1] (s. dazu auch *Pohl* [2]) notwendig,
- um die *Nutzbarkeit der Räume* sicherzustellen (viele Raumnutzungen erfordern ein definiertes Raumklima, auch die Leistungsfähigkeit des Menschen ist nur in einem bestimmten Klimabereich optimal),
- um den *Wärmeschutz der Gebäude* zu gewährleisten (der Energieaufwand zur Beheizung hängt davon ab, ob ein Bauwerk trocken gehalten wird oder nicht, da die Wärmeleitfähigkeit der Baustoffe mit deren Feuchte ansteigt, darüber hinaus erfordern zu verdunstendes Wasser aus durchfeuchteten Baustoffen und die Abfuhr feuchter Raumluft einen erhöhten Energieaufwand) sowie
- um die *Bausubstanz* zu erhalten (eine der wichtigsten Ursachen für den allmählichen Zerfall von Bauwerken ist das Wasser; es ermöglicht verschiedene chemische, physikalische und biologische Prozesse, die bei Trockenheit nicht ablaufen können).

Gebäude sind nur dann funktionsfähig und dauerhaft, wenn bei der Planung und Ausführung die vielfältigen Erscheinungsformen des auf Gebäude einwirkenden Wassers berücksichtigt werden (Bild 1).
Üblicherweise werden die in Bild 1 genannten Einwirkungen in folgender Form einem Teilgebiet der Bauphysik bzw. der Baukonstruktionslehre zugeordnet:
- Wasser in flüssiger oder fester Form, das als Niederschlag (Regen, Schnee, Graupel, Hagel) auf ein Gebäude trifft, wird dem bauphysikalischen Teilgebiet *Witterungsschutz* (bei Außenwänden *Schlagregenschutz* genannt) zugeordnet.
- Wasser in flüssiger Form, das von außen über das Erdreich (als Bodenfeuchte, Sickerwasser oder Grundwasser) bzw. von innen nutzungsbedingt (als Brauchwasser) auf das Bauwerk einwirkt, wird im Teilgebiet *Bauwerksabdichtung* betrachtet.
- Wasser in Form von Wasserdampf, das sich möglicherweise auf raumseitigen Bauteiloberflächen (Bild 2a) oder innerhalb von Bauteilen (Bild 2b) als Tauwasser (d. h. in flüssiger Form) niederschlagen kann, ist Gegenstand des bauphysikalischen Teilgebietes *Tauwasserschutz*.

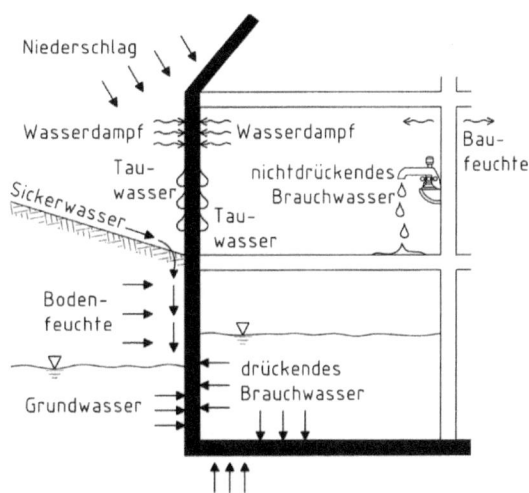

Bild 1. Bezeichnungen des auf Gebäude einwirkenden Wassers (aus [3] nach [1])

Im Folgenden wird nur der mögliche Ausfall von Tauwasser *innerhalb* von Bauteilen behandelt; die Vermeidung der sog. kritischen Oberflächenfeuchte auf raumseitigen Bauteiloberflächen wird im Rahmen des Mindestwärmeschutzes im Bereich von Wärmebrücken betrachtet (s. dazu z. B. [4], 2.9.2).
Die in Bild 1 ebenfalls dargestellte Baufeuchte wird i. d. R. nicht betrachtet, obwohl sie beträchtlich ist und – während einer Austrocknungszeit von mehreren Jahren nach Fertigstellung [6, 7] (Bild 3) – zu einem möglicherweise unbehaglichen Raumklima sowie einem erhöhten Heizwärmebedarf führen kann [8].

2 Grundlagen des Tauwasserschutzes

2.1 Feuchtetransport in porösen Baustoffen

Ein Feuchtetransport in porösen Baustoffen kann auf folgenden Wegen stattfinden [1]:
- Bei einer Strömung wird feuchte Luft oder Wasser infolge eines Druckunterschiedes Δp durch einen Baustoff transportiert. Voraussetzung für strömendes Wasser in einem Baustoff ist, dass die Poren vollständig oder zumindest weitgehend mit Wasser gefüllt sind, damit die Adsorptionskräfte nicht den Fließvorgang behindern.
- Die Kapillarwirkung ist gekennzeichnet von einer spezifischen Kraftwirkung der Porenwandungen auf

---

[1)] Der gleichnamige Beitrag aus dem Bauphysik-Kalender 2017 wurde für den Mauerwerk-Kalender 2019 aktualisiert und ergänzt.

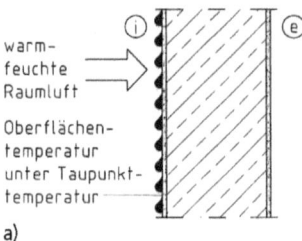
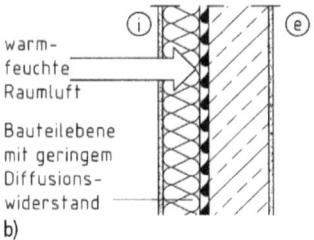

Bild 2. Tauwasserausfall (als Tropfen dargestellt, aus [3] nach [5]), a) auf einer kühlen raumseitigen Bauteiloberfläche, b) auf einer kühlen Bauteilschicht im Innern eines Bauteils

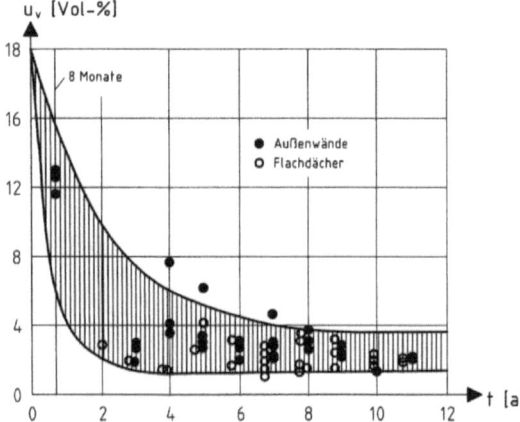

Bild 3. Volumenbezogener Feuchtegehalt u_V von Porenbeton-Außenbauteilen bewohnter Gebäude über der Zeit t (nach [9])

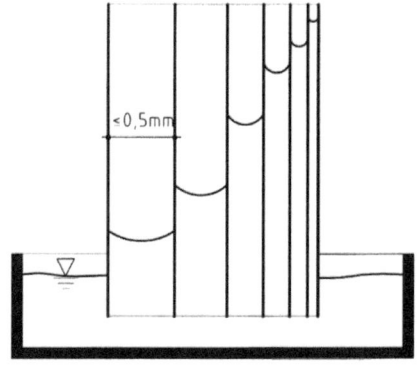

Bild 4. Idealisiertes Kapillarmodell zur Veranschaulichung der Steighöhen von Wasser infolge von Saugvorgängen (aus [3] nach [10])

die Wasseroberfläche – je geringer der Durchmesser der Kapillaren, desto größer wird die Kapillarwirkung (Bild 4), desto geringer wird allerdings auch die infolge Kapillarwirkung transportierte Wassermenge – sie ist bei Kapillaren mit d ≤ 0,1 mm nicht mehr von baupraktischer Bedeutung.
– Ein weiterer Transportmechanismus ist die Diffusion in Gasen oder Flüssigkeiten (Bild 5). Diffusion liegt vor, wenn sich die Wassermoleküle ohne äußere Druckunterschiede allein infolge der Molekularbewegung innerhalb des sie umgebenden Mediums, also im flüssigen oder im gasförmigen Zustand, bewegen (zur physikalischen Betrachtung der Diffusion siehe Abschnitt 2.2).

Die genannten Transportmechanismen bewirken zum Teil eine gleichgerichtete Feuchtebewegung durch das Bauteil – i. d. R. sind die Feuchtebewegungen jedoch gegenläufig gerichtet (s. Abschnitt 3.7.1). Bei Betrachtung des klimabedingten Feuchteschutzes – d. h. praktisch des Tauwasserschutzes – wird zurzeit in Europa der Feuchtebewegung infolge Diffusion die größte Beachtung geschenkt, da (s. a. Abschnitt 3.5)
– zum einen die Erfassung *nur* der Diffusion i. d. R. auf der sicheren Seite liegt und
– zum anderen eine genauere Untersuchung unter Einbeziehung der anderen genannten Transportvorgänge nur mit aufwendigen EDV-Programmen möglich ist (Abschnitt 3.7.2).

Die Verhinderung einer Wasserströmung im Bauteil gehört in das Gebiet der Bauwerksabdichtung, die Strömung feuchter Luft in Bauteilen wird nur in Ausnahmefällen betrachtet (s. Abschnitt 3.7.3). Allein anhand der Wasserdampfdiffusion wird deshalb gemäß DIN EN ISO 13788 [12] und DIN 4108-3 [13] abschätzend überprüft, ob es infolge Tauwasserausfall zu Feuchteschäden im Innern von Außenbauteilen kommen kann (s. Abschnitt 3).

2.2 Diffusion und Teildruck

In den bodennahen Schichten der Erdatmosphäre befindet sich grundsätzlich Wasserdampf. Wasserdampf ist ein unsichtbares Gas – sichtbare Wolken, die im allgemeinen Sprachgebrauch als „Dampf" bezeichnet werden, bestehen aus zu feinen Wassertröpfchen kondensiertem Wasserdampf.

Atmosphärische Luft kann vereinfacht als ein Gasgemisch aus trockener Luft und Wasserdampf betrachtet werden. Der Vorgang der Diffusion dieser beiden Gase soll an dem in Bild 6 dargestellten physikalischen Modell erläutert werden [15]:
– Im Anfangszustand t_0 befinden sich in den zwei Räumen eines mit einer dampfdichten Trennwand geteilten Gefäßes auf der linken Seite Wasserdampf (Index v = vapour) und auf der rechten Seite trockene Luft (Index a = air) bei gleichen, konstanten Wer-

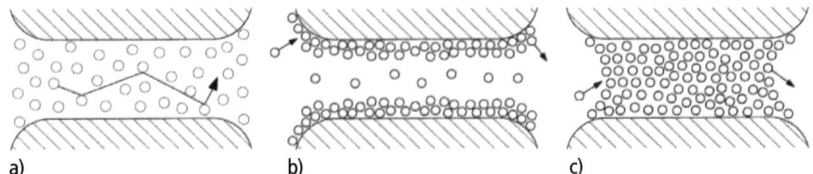

Bild 5. Feuchtetransport (hier von links nach rechts) durch poröse Bauteile infolge verschiedener Arten der Diffusion (aus [3] nach [11]), a) Gasdiffusion in trockenen Poren, b) Oberflächendiffusion im Wasserfilm auf einer Porenoberfläche, c) Lösungsdiffusion in wassergefüllten Poren

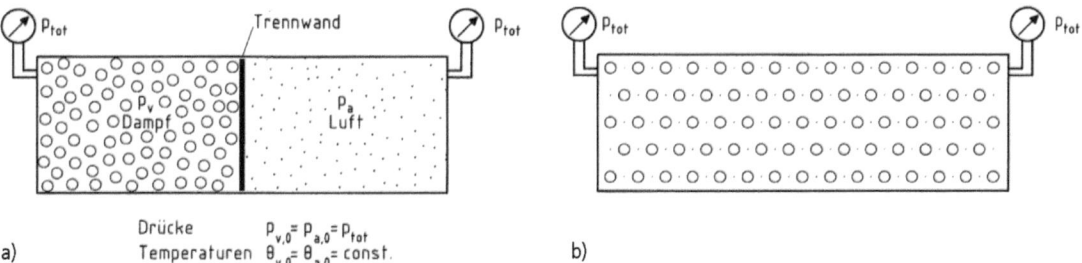

Bild 6. Physikalisches Modell zur Erläuterung der Diffusion von Wasserdampf (Index v = vapour, als Kreise dargestellt) und trockener Luft (Index a = air, als Punkte dargestellt) (nach [14, 15]), a) zum Zeitpunkt t_0 vor Entfernen der Trennwand, b) zum Zeitpunkt $t_1 > t_0$ nach Entfernen der Trennwand

ten der Drücke $p_{v,0} = p_{a,0}$ = const. und Temperaturen $\theta_{v,0} = \theta_{a,0}$ = const. (Bild 6a).
- Wird nun die dampfdichte Trennwand entfernt, so kann keine Strömung zwischen den beiden Räumen auftreten, da weder ein Druckgefälle Δp noch ein Temperaturgefälle $\Delta\theta$ (d. h. keine Thermik) vorhanden sind.
- Dennoch kann nach einer bestimmten Zeit $t_1 > t_0$ ein Austausch der Gasmoleküle zwischen den beiden Räumen festgestellt werden; ein allein auf der Molekularbewegung beruhender Vorgang, der als Diffusion bezeichnet wird (Bild 6b).

Physikalisch beschrieben werden kann dieser Vorgang durch Einführung des Begriffs Teildruck = Partialdruck im Gegensatz zum Gesamtdruck p_{tot} (Druck am Manometer):
- Im Anfangszustand t_0 war im linken Raum *nur* Wasserdampf und im rechten Raum *nur* trockene Luft vorhanden mit

links: $\quad p_{tot} = p_{v,0}$ = const. [Pa] $\quad$ (1)

rechts: $\quad p_{tot} = p_{a,0}$ = const. [Pa] $\quad$ (2)

- Nach Öffnen der dampfdichten Trennwand ergab sich zum Zeitpunkt t_1 ein Austausch ohne äußere Druckdifferenz, die Gase folgen dem Daltonschen Gesetz:

zusammen: $\quad p_{tot} = p_{v,1} + p_{a,1}$ = const. [Pa] $\quad$ (3)

Die Werte $p_{v,1}$ und $p_{a,1}$ – die jeweils geringer als der mit einem Manometer messbare Gesamtdruck p_{tot} sind – werden nun als Teildruck (Partialdruck) des Wasserdampfs (Index v = vapour) bzw. als Teildruck (Partialdruck) der trockenen Luft (Index a = air) bezeichnet. Damit ergibt sich folgende Aussage des beschriebenen, physikalischen Modells:
- Unterschiedliche Teildrücke (Partialdruckdifferenzen) eines Gases im Raum führen zu einer als *Diffusion* bezeichneten Ausgleichsbewegung dieses Gases, um möglichst Teildruckgleichgewicht (d. h. gleichmäßige Verteilung des entsprechenden Gases im Raum) zu erreichen.

2.3 Allgemeines Gasgesetz und Zustandsgleichung der Gase

Vereinfacht betrachtet man die in Abschnitt 2.2 genannten Gase „trockene Luft" und „Wasserdampf" als sog. ideale Gase mit verschwindendem Eigenvolumen der Moleküle und fehlenden Wechselwirkungskräften zwischen den Molekülen [16].
Für solche idealen Gase gilt das *Allgemeine Gasgesetz*: „Wenn man Druck, Temperatur und Volumen einer festen Gasmenge ändert, bleibt der Ausdruck p·V/T konstant" [17]. Dies gilt auch, wenn man dafür feste Bezugswerte p_0, V_0 und T_0 setzt [15]:

$$\frac{p}{T} \cdot V = \frac{p_0}{T_0} \cdot V_0 = \text{const.} \quad \left[\frac{\text{N·m}}{\text{K}}\right] \quad (4)$$

mit
p $\quad$ Druck der untersuchten Gasmasse [Pa = N/m²]
T $\quad$ thermodynamische Temperatur der Gasmasse [K] (T = θ + 273 K, d. h., die Celsius-Temperatur θ = 20 °C wird zu T = 20 °C + 273 K = 293 K)
V $\quad$ Volumen der Gasmasse [m³]

und
$p_0 = 1013{,}25$ hPa $= 101325$ Pa $=$ Normaldruck
$T_0 = 273$ K $(= 0\,°C) =$ Normaltemperatur
V_0 zu p_0 und T_0 zugehöriges Volumen [m³] der untersuchten Gasmasse m [g] (d. h. unter Normalbedingungen p_0 und T_0)

Mit dem – vom jeweiligen Gas abhängigen – Volumen V_0 könnte man mit dem Allgemeinen Gasgesetz Gl. (4) die fehlenden Zustandsgrößen p, T oder V eines idealen Gases bei Kenntnis der anderen beiden berechnen. Dies ist jedoch nicht üblich; stattdessen berücksichtigt man das Avogadrosche Gesetz, nach dem für alle idealen Gase ein konstantes Molvolumen V_0^* bei Normalbedingungen vorliegt, und stellt Gl. (4) damit auf das n_{Mol}-fache Molvolumen des Gases um:

$$\frac{p}{T} \cdot V = \frac{p_0}{T_0} \cdot V_0 = n_{Mol} \cdot \frac{p_0}{T_0} \cdot V_0^* \quad \left[\frac{N \cdot m}{K}\right] \quad (5)$$

mit
V_0^* 22,4 l/mol konstantes Molvolumen aller idealen Gase unter Normalbedingungen
n_{Mol} Anzahl der Mole im betrachteten Gasvolumen V_0 [mol]

Einem „Mol" entspricht die Molmasse m_{Mol} des betrachteten Gases [16]; z. B.
$m_{Mol,v} = 18{,}0$ g/mol für Wasser(dampf) oder
$m_{Mol,a} \approx 28{,}9$ g/mol für trockene Luft (vereinfacht berechneter Wert nur aus den Anteilen Stickstoff, Sauerstoff, Argon und Kohlendioxid).

Fasst man in Gl. (5) einige Faktoren zusammen und stellt die Gleichung um, so erhält man die sog. *Zustandsgleichung der Gase* [16]:

$$p \cdot V = n_{Mol} \cdot R^* \cdot T \quad [J = N \cdot m] \quad (6)$$

mit

$$R^* = \frac{p_0}{T_0} \cdot V_0^* = \frac{101325 \, N/m^2}{273 \, K} \cdot 22{,}4 \, \frac{l}{mol} \cdot \frac{1 \, m^3}{1000 \, l}$$

$$= 8{,}31 \, \frac{N \cdot m}{mol \cdot K} = 8{,}31 \, \frac{J}{mol \cdot K} = \text{allgemeine Gaskonstante}$$

Ingenieure rechnen allerdings ungern mit der – in der Chemie üblichen – Maßeinheit Mol, sondern lieber mit der Masse m des betrachteten Gases; entsprechend lässt sich die Zustandsgleichung der Gase umstellen [16]:

$$p \cdot V = m \cdot R \cdot T \quad [J = N \cdot m] \quad (7)$$

mit
m Masse des betrachteten Gases [g]

$$R = \frac{n_{Mol} \cdot R^*}{m} = \text{spezielle Gaskonstante}$$

Der in R enthaltene Wert n_{Mol}/m [mol/g] – die Anzahl der Mole bezogen auf die Masse des betrachteten Gases – entspricht mit der Definition $n_{Mol} = m/m_{Mol}$ dem Kehrwert der Molmasse m_{Mol} [g/mol], sodass man

auch schreiben kann:

$$R = \frac{n_{Mol} \cdot R^*}{m} \equiv \frac{R^*}{m_{Mol}} \quad \left[\frac{J}{g \cdot K}\right] \quad (8)$$

Für die hier interessierenden Gase „Wasserdampf" und „trockene Luft" wird damit die spezielle Gaskonstante (sie heißt „speziell", weil jedes Gas seinen speziellen Wert hat) für Wasserdampf zu

$$R_v = \frac{8{,}31 \, J/(mol \cdot K)}{18{,}0 \, g/Mol} = 0{,}4515 \, \frac{J}{g \cdot K}$$

und für trockene Luft zu

$$R_a = \frac{8{,}31 \, J/(mol \cdot K)}{28{,}9 \, g/Mol} = 0{,}2871 \, \frac{J}{g \cdot K}$$

Da bei den folgenden Diffusionsbetrachtungen sowohl die Summe aus Wasserdampfmasse m_v und Masse der trockenen Luft m_a pro Volumeneinheit als auch die Summe aus Wasserdampfteildruck p_v und Teildruck der trockenen Luft p_a als konstant angesehen werden, wird im Folgenden nur noch der Wasserdampf betrachtet, sodass – entsprechend DIN EN ISO 9346 [18] – der Index v entfallen kann.

2.4 Wasserdampfsättigung und relative Luftfeuchte

2.4.1 Definitionen

Wasserdampf entsteht über flüssigem Wasser, wenn es den Wassermolekülen gelingt, von der Wasseroberfläche in die Luft darüber zu verdunsten (Bild 7). Eine Verdunstung über einer Wasseroberfläche ist nur solange möglich, bis der von der jeweiligen Temperatur abhängige Wasserdampfsättigungsgehalt der Luft erreicht ist – damit ist die Aufnahmekapazität der Luft für Wasserdampf erschöpft. Der Wasserdampf-Sättigungsgehalt kann alternativ über den Wasserdampfsättigungsdruck oder die volumenbezogene Sättigungsluftfeuchte beschrieben werden:
– Den dem Wasserdampfsättigungsgehalt entsprechenden, bei einer bestimmten Temperatur in der Luft maximal möglichen Teildruck nennt man **Wasserdampfsättigungsdruck p_{sat}** (Index sat = saturated nach DIN EN ISO 9346 [18]).
– *Achtung:* Für wasserdampfgesättigte Luft gilt das Allgemeine Gasgesetz Gl. (4) – und damit auch die Zustandsgleichung der Gase Gl. (6) bzw. (7) – *nicht* mehr allgemein, wie folgendes Gedankenmodell zeigt:

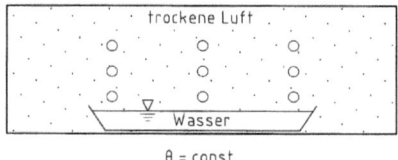

Bild 7. Verdunstung von Wassermolekülen (Kreise) in trockene Luft (Punkte) über einer freien Wasseroberfläche

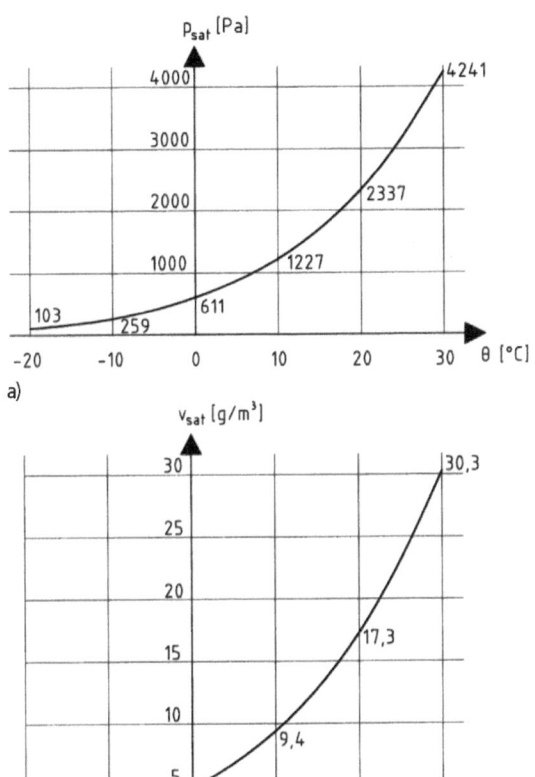

Bild 8. Wasserdampfsättigung in Abhängigkeit von der Lufttemperatur θ, dargestellt, a) als Wasserdampfsättigungsdruck p_{sat} (nach [14]), b) als volumenbezogene Sättigungsluftfeuchte v_{sat} (nach [19])

Wird vom Zeitpunkt t_1 zum Zeitpunkt t_2 bei konstanter Temperatur $T_1 = T_2$ = const. das Volumen des gesättigten Wasserdampfs von V_1 auf $V_2 < V_1$ verringert, so müsste der Dampfdruck nach Gl. (4) von p_1 auf p_2 ansteigen. Da hier jedoch $p_1 = p_{sat}$ ist, ist ein solcher Druckanstieg nicht möglich – es bleibt im Widerspruch zu Gl. (4) $p_1 \equiv p_2$ und ein Teil des Wasserdampfs kondensiert zu flüssigem Wasser (sog. „Tauwasser"):

$$\frac{p_1}{T_1} \cdot V_1 \neq \frac{p_2}{T_2} \cdot V_2 \qquad (9)$$

Mit zunehmender Temperatur steigt der Wasserdampfsättigungsdruck p_{sat} an, da aufgrund der größeren Bewegungsenergie der Wassermoleküle eine größere Wasserdampfmenge von der Luft aufgenommen werden kann (Bild 8a).
Die in Bild 8a dargestellte Funktion findet sich auch in Tabellenform in DIN EN ISO 13788 [12],

Anhang E, Tabelle E.1; in Deutschland verwendet man bevorzugt die detaillierten vertafelten Werte aus DIN 4108-3 [13], Anhang C, Tabelle C.1.
- Analog zum Wasserdampfsättigungsdruck kann – zur anschaulicheren Darstellung – auch die **volumenbezogene Sättigungsluftfeuchte v_{sat}** definiert werden (Bild 8b). Die in Bild 8b dargestellte Funktion findet sich auch in Tabellenform in DIN EN ISO 13788 [12], Anhang E, Tabelle E.2.

Die beiden Funktionen für den Wasserdampfsättigungsdruck p_{sat} und die volumenbezogene Sättigungsluftfeuchte v_{sat} in Bild 8 zeigen eine gewisse Ähnlichkeit; tatsächlich sind sie über folgende Gleichung gekoppelt [12, 19]:

$$p_{sat} = R_v \cdot T \cdot v_{sat} = 0{,}4615 \cdot (\theta + 293{,}15) \cdot v_{sat} \quad [\text{Pa}] \qquad (10)$$

mit
p_{sat} Wasserdampfsättigungsdruck [Pa]
R_v = 0,4615 J/(g·K) = spezielle Gaskonstante für Wasserdampf (vgl. Abschnitt 2.3)
T, θ Lufttemperatur als thermodynamische Temperatur T [K] bzw. als Celsius-Temp. θ [°C]
v_{sat} volumenbezogene Sättigungsluftfeuchte [g/m³]

Meistens liegt der tatsächliche Wasserdampfgehalt der Luft unter dem Sättigungsgehalt. Das Verhältnis von tatsächlichem Wasserdampfgehalt zum Sättigungsgehalt der Luft bei einer bestimmten Temperatur heißt relative Luftfeuchte φ; sie lässt sich nach DIN EN ISO 9346 [18] sowohl über die volumenbezogene Luftfeuchte als auch über den Wasserdampf(teil)druck beschreiben:

$$\phi = \frac{v}{v_{sat}} \equiv \frac{p}{p_{sat}} \quad [-] \qquad (11a)$$

bzw. in Deutschland üblich

$$\phi = \frac{v}{v_{sat}} \cdot 100 \equiv \frac{p}{p_{sat}} \cdot 100 \quad [\%] \qquad (11b)$$

mit
v tatsächliche volumenbezogene Luftfeuchte [g/m³]
p tatsächlicher Wasserdampf(teil)druck [Pa]

Dabei werden nach DIN EN ISO 9346 [18] bzw. DIN 4108-3 [13] auch bezeichnet
- die tatsächliche volumenbezogene Luftfeuchte v [g/m³] als volumenbezogene Masse der Luftfeuchte (absolute Luftfeuchte) v [g/m³] bzw. Teilmassendichte des Wasserdampfs ρ_v [g/m³] und
- der tatsächliche Wasserdampf(teil)druck p [Pa] kurz als Wasserdampf(teil)druck.

Dabei ist darauf zu achten, nicht die *volumenbezogene* mit der *massenbezogenen* Luftfeuchte x zu verwechseln, die in der Raumlufttechnik verwendet wird [18]:

$$x = \frac{m_v}{m_a} \quad \left[\frac{\text{kg}\,(H_2O)}{\text{kg}\,(\text{tr.\,Luft})}\right] \qquad (12)$$

mit
m_v Masse des Wasserdampfs [kg (H₂O)]
m_a Masse der trockenen Luft [kg (tr. Luft)]

2.4.2 Beispiel: Tauwasserausfall bei Abkühlung eines Luftvolumens

Aufgabe 1
Ein Volumen von $V = 20$ m³ wasserdampfgesättigter Luft mit der Temperatur $\theta_0 = +20\,°C$ zum Zeitpunkt t_0 wird auf $\theta_1 = +10\,°C$ zum Zeitpunkt t_1 abgekühlt. Wie viel Tauwasser fällt aus?

Lösung 1
Gemäß Bild 8b beträgt
- bei $\theta_0 = +20\,°C$ die volumenbezogene Sättigungsluftfeuchte $v_{sat,0} = 17{,}3$ g/m³,
- bei $\theta_1 = +10\,°C$ aber nur $v_{sat,1} = 9{,}4$ g/m³.

Die Differenz multipliziert mit dem Volumen fällt als Tauwassermasse M_c aus:

$$M_c = (v_{sat,0} - v_{sat,1}) \cdot V$$
$$= (17{,}3 \text{ g/m}^3 - 9{,}4 \text{ g/m}^3) \cdot 20 \text{ m}^3 = 7{,}9 \text{ g/m}^3 \cdot 20 \text{ m}^3$$
$$= 158 \text{ g}.$$

Aufgabe 2
Welche relative Feuchte dürfte die Luft zum Zeitpunkt t_0 maximal haben, damit zum Zeitpunkt t_1 kein Tauwasser ausfällt?

Lösung 2
Gemäß Bild 8b beträgt bei $\theta_1 = +10\,°C$ die volumenbezogene Sättigungsluftfeuchte $v_{sat,1} = 9{,}4$ g/m³ – diese volumenbezogene Luftfeuchte dürfte auch bei $\theta_0 = +20\,°C$ nicht überschritten werden. Bezieht man gemäß Gl. (11b) diesen Wert auf die volumenbezogene Sättigungsluftfeuchte $v_{sat,0} = 17{,}3$ g/m³ bei $\theta_0 = +20\,°C$, so erhält man die zulässige relative Luftfeuchte zum Zeitpunkt t_0:

$$\text{zul } \phi_0 = \frac{v_{sat,1}}{v_{sat,0}} \cdot 100 = \frac{9{,}4 \text{ g/m}^3}{17{,}3 \text{ g/m}^3} \cdot 100 = 54\,\%$$

2.5 Diffusion von Wasserdampf in Luft

Bei den folgenden Betrachtungen soll – analog zum Wärmeschutz (vgl. z. B. [4]) – vorausgesetzt werden,
- dass nur ebene Bauteile mit homogenen, parallelen Baustoffschichten vorliegen,
- dass die Wasserdampfdiffusion nur senkrecht zu dieser Bauteilebene erfolgt,
- dass der Wasserdampftransport stationär erfolgt, d. h., die transportierte Wasserdampfmasse proportional zur Zeit ist, und
- dass keine Feuchtequellen oder -senken im Bauteil vorhanden sind.

Unter diesen Voraussetzungen kann nun anhand von Bild 9 – dort ist erneut das physikalische Modell aus Abschnitt 2.2 dargestellt (vgl. Bild 6), allerdings mit ∞-großem angrenzenden Volumen der beiden Gase – die Diffusion von Wasserdampf in trockener Luft durch den Wasserdampfdiffusionsstrom G (praktisch nur als Feuchteproduktion im Raum vorkommend) in folgender Form beschrieben werden:

$$G = \frac{m}{t} \left[\frac{\text{kg}}{\text{s}}\right] \quad \text{bzw.} \quad \left[\frac{\text{g}}{\text{h}}\right] \quad (13)$$

mit
t   Betrachtungszeit [s] bzw. [h]
m   in der Betrachtungszeit t transportierte Wasserdampfmasse [kg] bzw. [g]

Hinweis: Im Gegensatz zu DIN EN ISO 9346 [18], DIN EN ISO 12572 [20] und DIN EN ISO 13788 [12] werden im Folgenden nicht die amtlichen SI-Einheiten [kg] und [s] verwendet, da sich bei Diffusionsberechnungen in Bauteilen bei Verwendung von [g] und [h] leichter handhabbare Zahlen ergeben!

Mit der Trennwandfläche aus Bild 9 ergibt sich die Definition der Wasserdampfdiffusionsstromdichte g für den eindimensionalen Fall zu [20]:

$$g = \frac{G}{A} = \frac{m}{A \cdot t} \quad \left[\frac{\text{g}}{\text{m}^2 \cdot \text{h}}\right] \quad (14)$$

mit
A   durchströmte Fläche [m²] (Trennwandfläche nach Entfernen der Trennwand in Bild 9)

Setzt man die Wasserdampfdiffusionsstromdichte g proportional zum Abfall der volumenbezogenen Luftfeuchte $\Delta v/x$ über dem Weg x (vgl. Bild 9), so erhält man das Erste Ficksche Gesetz für stationäre, eindimensionale Strömung [21]:

$$g = \frac{m}{A \cdot t} = D \cdot \frac{\Delta v}{x} \quad \left[\frac{\text{g}}{\text{m}^2 \cdot \text{h}}\right] \quad (15)$$

mit
$\Delta v/x$ Abfall der volumenbezogenen Luftfeuchte über dem Weg x [g/m⁴]
D   Wasserdampfdiffusionskoeffizient nach *Schirmer* (experimentell gefunden), für Wasserdampf in ruhender Luft gilt [1, 12, 20]:

$$D_0 = 0{,}083 \cdot \frac{p_0}{p} \cdot \left(\frac{T}{273}\right)^{1,81} \quad \left[\frac{\text{m}^2}{\text{h}}\right] \quad (16)$$

mit
p_0 = 101325 Pa = Normaldruck der Luft
p   tatsächlicher Luftdruck [Pa = N/m²]
T   thermodynamische Temperatur der Luft [K]

2.6 Diffusion von Wasserdampf durch poröse Stoffe

Die meisten Baustoffe sind porös und damit dampfdurchlässig. Der Feuchtetransport durch Bauteile aus solchen Baustoffen infolge verschiedener Arten der Diffusion wurde schematisch bereits in Bild 5 vorgestellt; eine anschauliche Darstellung dieses – der direkten Beobachtung entzogenen – Vorgangs bietet der in Bild 10 gezeigte Diffusionsversuch mit einer porösen Tonzelle:

1. Eine mit Luft gefüllte poröse Tonzelle (a) wird mit einem Glaskolben (b) gasdicht verbunden.

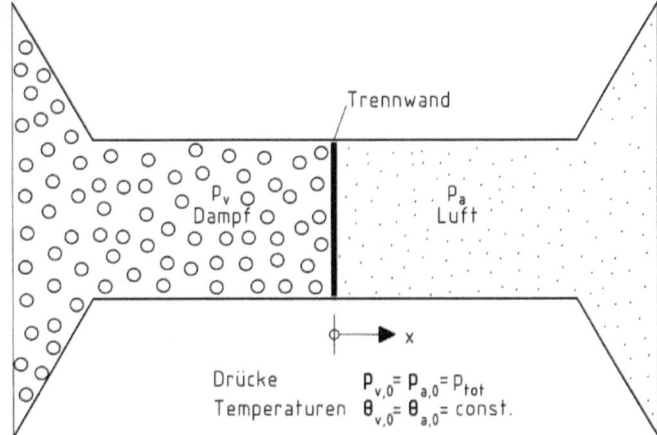

Bild 9. Physikalisches Modell zur Erläuterung der Diffusion von Wasserdampf (Index v = vapour, als Kreise dargestellt) in trockener Luft (Index a = air, als Punkte dargestellt) – beidseitig schließt jeweils ein ∞-großes Volumen des jeweiligen Gases an

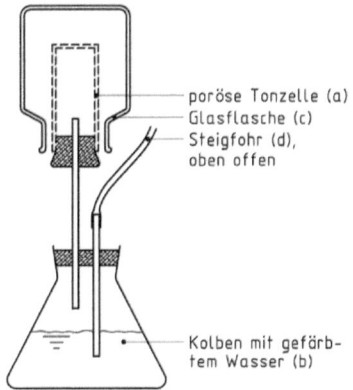

Bild 10. Diffusion durch eine poröse Tonzelle [15]

2. Stülpt man eine mit Erdgas (mit den Dichten $\rho_g < \rho_a$) gefüllte Glasflasche (c) über die Tonzelle (a), so diffundieren die leichteren Gasmoleküle schneller durch die poröse Tonzelle als die schwereren Luftmoleküle. Folge: in (a) und (b) entsteht Überdruck, der das gefärbte Wasser im Steigrohr (d) ansteigen lässt.
3. Nach kurzer Zeit gleichen sich Erdgas und Luft innerhalb der Glasflasche (c) und der Tonzelle (a) aus, sodass der Wasserspiegel im Steigrohr (d) auf den Nullstand sinkt.
4. Hebt man jetzt die Glasflasche (c) ab, so diffundieren die leichteren Moleküle des Luft-Erdgas-Gemisches schneller aus der Tonzelle heraus als die Luftmoleküle hinein. Folge: in (a) und (b) entsteht Unterdruck, sodass durch das Steigrohr (d) Luft angesaugt wird, die im gefärbten Wasser deutlich sichtbar als Bläschen aufsteigt [15].

Analog zum Wärmeschutz sollen nun einige weitere Begriffe der Wasserdampfdiffusion durch poröse Stoffe definiert werden (Tabelle 1); in Deutschland bezieht man sich dabei traditionell auf den Wasserdampf(teil)druck p und nicht auf die volumenbezogene Luftfeuchte v (vgl. dazu [19]):

– Für jede poröse Baustoffschicht j = 1, 2, ..., n kann z. B. der Wasserdampf-Diffusionsdurchlasskoeffizient $W_{p,j}$ (Index p bei Bezug auf den Wasserdampf(teil)druck) definiert werden (nach DIN EN ISO 12572 [20]):

$$W_{p,j} = \frac{g_j}{\Delta p_j} \quad \left[\frac{g}{m^2 \cdot h \cdot Pa}\right] \quad (17)$$

mit

g_j Wasserdampfdiffusionsstromdichte [g/(m²·h)] durch die Schicht j

Δp_j Wasserdampf-Teildruckdifferenz [Pa] über der Schicht j

– Daraus ergibt sich als Kehrwert der Wasserdampf-Diffusionsdurchlasswiderstand $Z_{p,j}$ der porösen Baustoffschicht j = 1, 2, ..., n (bezogen auf den Wasserdampf(teil)druck p) nach DIN EN ISO 12572 [20]:

$$Z_{p,j} = \frac{1}{W_{p,j}} \quad \left[\frac{m^2 \cdot h \cdot Pa}{g}\right] \quad (18)$$

– Der Wasserdampf-Diffusionsleitkoeffizient $\delta_{p,j}$ (wiederum bezogen auf den Wasserdampf(teil)druck p) ist eine Stoffeigenschaft der porösen Baustoffschicht j = 1, 2, ..., n, die sich nach DIN EN ISO 12572 [20] aus dem Versuch entsprechend Bild 11 ergibt zu:

$$\delta_{p,j} = W_{p,j} \cdot d_j \quad \left[\frac{g}{m \cdot g \cdot Pa}\right] \quad (19)$$

mit

$W_{p,j}$ Wasserdampf-Diffusionsdurchlasskoeffizient der untersuchten Baustoffprobe j [g/(m²·h·Pa)], ermittelt mit Gl. (17) und Gl. (14) aus dem im Versuch bestimmten Wasserdampfdiffusionsstrom G_j durch die Probe der Probenfläche A_j

d_j mittlere Probekörperdicke [m] der Baustoffprobe j

Tabelle 1. Analogie der wärmeschutztechnischen und feuchteschutztechnischen Größen (nach [15])

Wärmeschutz-technische Größe	Formel-zeichen	Übliche Einheit	Alternative Einheit	Feuchteschutztechnische Größe	Formel-zeichen	SI-Einheit (lt. DIN EN ISO 13788)	Hier verwendete Einheit
Temperaturdifferenz	$\Delta\theta$	K	K	Wasserdampf-Teildruckdifferenz	Δp	Pa	Pa
Wärmemenge	Q	J	J	Wasserdampfmasse	m	kg	g
Wärmestrom	Φ	$W = \frac{J}{s}$	$\frac{J}{h}$	Wasserdampfdiffusionsstrom	G	$\frac{kg}{s}$	$\frac{g}{h}$
Wärmestromdichte	q	$\frac{W}{m^2}$	$\frac{J}{m^2 \cdot h}$	Wasserdampfdiffusionsstromdichte	g	$\frac{kg}{m^2 \cdot s}$	$\frac{g}{m^2 \cdot h}$
Wärmedurchlasskoeffizient	Λ	$\frac{W}{m^2 \cdot K}$	$\frac{J}{m^2 \cdot h \cdot K}$	Wasserdampf-Diffusionsdurchlasskoeffizient	W_p	$\frac{kg}{m^2 \cdot s \cdot Pa}$	$\frac{g}{m^2 \cdot h \cdot Pa}$
Wärmedurchlasswiderstand	R	$\frac{m^2 \cdot K}{W}$	$\frac{m^2 \cdot h \cdot K}{J}$	Wasserdampf-Diffusionsdurchlasswiderstand	Z_p	$\frac{m^2 \cdot s \cdot Pa}{kg}$	$\frac{m^2 \cdot h \cdot Pa}{g}$
Wärmeleitfähigkeit	λ	$\frac{W}{m \cdot K}$	$\frac{J}{m \cdot h \cdot K}$	Wasserdampf-Diffusionsleitkoeffizient	δ_p	$\frac{kg}{m \cdot s \cdot Pa}$	$\frac{g}{m \cdot h \cdot Pa}$
Wärmeübergangskoeffizient	h_{si}, h_{se}	$\frac{W}{m^2 \cdot K}$	$\frac{J}{m^2 \cdot h \cdot K}$	Wasserdampfübergangskoeffizient	β_{pi}, β_{pe}	$\frac{kg}{m^2 \cdot s \cdot Pa}$	$\frac{g}{m^2 \cdot h \cdot Pa}$
Wärmedurchgangskoeffizient	U	$\frac{W}{m^2 \cdot K}$	$\frac{J}{m^2 \cdot h \cdot K}$	(Analogie entfällt, da β_{pi}, β_{pe} i. d. R. vernachlässigbar)	–	–	–

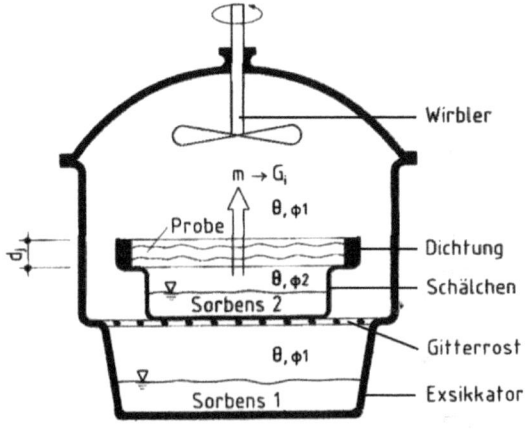

Bild 11. Versuchsanordnung zur Bestimmung des Wasserdampf-Diffusionsleitkoeffizienten $\delta_{p,j}$ einer Baustoffprobe der Dicke d_j (nach [1]); der Wasserdampfdiffusionsstrom G_j durch die Probe errechnet sich nach DIN EN ISO 12572 aus mehreren Wägungen der Probe über der Versuchsdauer

– Mithilfe der Wasserdampf-Diffusionsleitkoeffizienten $\delta_{p,j}$ kann nun der Wasserdampf-Diffusionsdurchlasswiderstand Z_p für Bauteile mit j = 1, 2, ..., n Schichten bestimmt werden:

$$Z_p = \sum_{j=1}^{n} \frac{d_j}{\delta_{p,j}} \quad \left[\frac{m^2 \cdot h \cdot Pa}{g}\right] \quad (20)$$

mit
d_j Schichtdicke der Bauteilschicht j [m]
$\delta_{p,j}$ Wasserdampf-Diffusionsleitkoeffizient des Baustoffs der Schicht j [g/(m·h·Pa)]

– Analog zum Wärmeschutz gibt es auch noch Wasserdampfübergangskoeffizienten [18], nämlich (bezogen auf den Wasserdampf(teil)druck)

β_{pi} innerer Wasserdampfübergangskoeffizient [g/(m²·h·Pa)]
β_{pe} äußerer Wasserdampfübergangskoeffizient [g/(m²·h·Pa)]

β_{pi} und β_{pe} sind im Vergleich zu Z_p wesentlich kleiner, sodass sie für baupraktische Berechnungen gemäß DIN EN ISO 13788 [12], 4.4.2, vernachlässigt werden dürfen (Näheres zu β_{pi} und β_{pe} s. in [22]).

2.7 Wasserdampf-Diffusionswiderstandszahl

Schaut man in DIN 4108-4 [23], Tabellen 1 bis 3, bzw. in DIN EN ISO 10456 [24], Tabellen 3 oder 4, so finden sich dort keine Wasserdampf-Diffusionsleitkoeffizienten δ_p, sondern Wasserdampf-Diffusionswiderstandszahlen μ als Baustoffeigenschaft. Diese sog. „μ-Werte" von Bauteilschichten j = 1, 2, ..., n sind dimensionslose Verhältniszahlen, die keine physikalische Größe kennzeichnen:

$$\mu_j = \frac{\delta_a}{\delta_{p,j}} \quad [-] \quad (21)$$

mit

$\delta_{p,j}$ Wasserdampf-Diffusionsleitkoeffizient des Baustoffs der Schicht j [g/(m·h·Pa)] gemäß Abschnitt 2.6

δ_a Wasserdampf-Diffusionsleitkoeffizient der ruhenden Luft (Index a = air) [g/(m·h·Pa)]

Darin unbekannt ist der Wasserdampf-Diffusionsleitkoeffizient der ruhenden Luft δ_a – er soll im Folgenden hergeleitet werden:

- Mit der Definition der volumenbezogenen Luftfeuchte $v = m/V$ [g/m³] wird aus Gl. (7), der Zustandsgleichung der Gase $p \cdot v = m \cdot R \cdot T$, für Wasserdampf:

$$v = \frac{m}{V} = \frac{p}{R_v \cdot T} \quad \left[\frac{g}{m^3}\right] \quad (22)$$

- Setzt man dieses in das Erste Ficksche Gesetz ein (Gl. (15)), so erhält man die Wasserdampfdiffusionsstromdichte (umgerechnet von der volumenbezogenen Luftfeuchte v auf den in Deutschland üblichen Wasserdampfteildruck p mit R_v = const., T ≈ const.) zu

$$g = \frac{m}{A \cdot t} = D \cdot \frac{\Delta v}{x} \quad \left[\frac{g}{m^2 \cdot h}\right] \quad (15)$$

$$= D_0 \cdot \frac{\Delta p / (R_v \cdot T)}{d_a} \approx \frac{D_0}{R_v \cdot T} \cdot \frac{\Delta p}{d_a} \quad \left[\frac{g}{m^2 \cdot h}\right] \quad (23)$$

mit

D $\equiv D_0$ für Diffusion von Wasserdampf in ruhender Luft nach Gl. (16)

x $\equiv d_a$ als Dicke der betrachteten ruhenden Luftschicht [m]

Δp Wasserdampf-Teildruckdifferenz über der ruhenden Luftschicht [Pa]

- Mit Gl. (17) wird daraus der Wasserdampf-*Diffusionsdurchlasskoeffizient* der ruhenden Luftschicht zu

$$W_{p,a} = \frac{g}{\Delta p} = \frac{D_0}{R_v \cdot T} \cdot \frac{\Delta p}{d_a} \cdot \frac{1}{\Delta p} \quad \left[\frac{g}{m^2 \cdot h \cdot Pa}\right] \quad (24)$$

und damit der Wasserdampf-*Diffusionsdurchlasswiderstand* dieser ruhenden Luftschicht zu

$$Z_{p,a} = \frac{1}{W_{p,a}} = \frac{R_v \cdot T}{D_0} \cdot d_a = \frac{1}{\delta_a} \cdot d_a \quad \left[\frac{m^2 \cdot h \cdot Pa}{g}\right] \quad (25)$$

mit

d_a Schichtdicke der Luft [m]

δ_a $= D_0/(R_v \cdot T) =$ Wasserdampf-Diffusionsleitkoeffizient in trockener Luft [g/(m·h·Pa)] mit dem Wasserdampfdiffusionskoeffizienten (s. o.)

$$D_0 = 0{,}083 \cdot \frac{p_0}{p} \cdot \left(\frac{T}{273}\right)^{1{,}81} \quad \left[\frac{m^2}{h}\right] \quad (16)$$

mit

p_0 = 101325 Pa = Normaldruck der Luft

p   tatsächlicher Luftdruck [Pa = N/m²]

T   thermodynamische Temperatur der Luft [K]

- Mit der speziellen Gaskonstante von Wasserdampf R_v = 0,462 J/(g·K) (vgl. Abschnitt 2.3) kann nun für Normaldruck p_0 der Wasserdampf-Diffusionsleitkoeffizient δ_a in trockener Luft berechnet werden, s. Tabelle 2.

Im bauüblichen Temperaturbereich ändert sich δ_a offensichtlich nur geringfügig, deshalb setzt DIN EN ISO 13788 [12], 6.2, vereinfacht für den *gesamten* Temperatur- und Luftdruckbereich den Wasserdampf-Diffusionsleitkoeffizienten zu

$$\delta_0 = 2 \cdot 10^{-10} \text{ kg/(m·s·Pa)}$$
$$= 2 \cdot 10^{-10} \text{ kg/(m·s·Pa)} \cdot 1000 \text{ g/kg} \cdot 3600 \text{ s/h}$$
$$= 0{,}000720 \text{ g/(m·h·Pa)} \quad (26)$$

Dieser Wert liegt – zumindest in Meereshöhe – am oberen Rand des mitteleuropäischen Temperaturbereichs (vgl. Tabelle 2), deshalb wurde für Nachweise in Deutschland in DIN 4108-3:1981 und DIN 4108-3:2001 der Kehrwert des Wasserdampf-Diffusionsleitkoeffizienten gesetzt zu

$$1/\delta_0 = 1{,}5 \cdot 10^6 \text{ m·h·Pa/kg}$$
$$= 1500 \text{ m·h·Pa/g} \quad (27)$$

was einem Wasserdampf-Diffusionsleitkoeffizienten von

$$\delta_0 = 1/1500 = 0{,}000667 \text{ g/(m·h·Pa)} \quad (28)$$

entsprach, der günstiger im mitteleuropäischen Temperaturbereich von Tabelle 2 liegt. Mit sinkendem Luftdruck, d. h. bei zunehmender Höhe des Bauortes über dem Meeresspiegel, wird allerdings der Wert aus DIN EN ISO 13788 besser – zur Abhängigkeit vom Luftdruck s. DIN EN ISO 12572 [20], Bild 2 (Abweichend von DIN EN ISO 13788 wird in DIN EN 998-1 [25]

$$\delta_0 = 1{,}94 \cdot 10^{-10} \text{ kg/(m·s·Pa)} = 0{,}000698 \cdot \text{g/(m·h·Pa)}$$

gesetzt).

Die baustoffspezifische Wasserdampf-Diffusionswiderstandszahl (µ-Wert) gibt für den bauüblichen Temperaturbereich an, um wieviel mal größer der Wasserdampf-Diffusionsdurchlasswiderstand $Z_{p,j}$ der Baustoffschicht j ist als der einer gleich dicken ruhenden Luftschicht $Z_{p,a}$. Da der Wasserdampf-Diffusionsdurchlasswiderstand von Baustoffen mindestens so groß ist wie der von ruhender Luft, ist immer $\mu_j \geq 1$! Schreibt man Gl. (25) statt für Luft analog für eine Bauteilschicht j und setzt Gl. (21) ein, so erhält man mit Gl. (26):

$$Z_{p,j} = \frac{1}{\delta_{p,j}} \cdot d_j = \frac{1}{\delta_0} \cdot \mu_j \cdot d_j \equiv \frac{1}{\delta_0} \cdot s_{d,j} \quad \left[\frac{m^2 \cdot h \cdot Pa}{g}\right]$$

$$= \frac{1}{0{,}000720} \frac{m \cdot h \cdot Pa}{g} \cdot s_{d,j} \quad (29)$$

mit

$s_{d,j}$ $= \mu_j \cdot d_j =$ diffusionsäquivalente Luftschichtdicke [m] der Bauteilschicht j (vgl. auch DIN EN ISO 12572 [20] bzw. DIN EN ISO 13788 [12])

Tabelle 2. Berechnung des Wasserdampf-Diffusionsleitkoeffizienten δ_a in trockener Luft für einige bauübliche Temperaturen bei Normaldruck p_0 (nach [15])

Celsius-Temperatur der Luft	Thermodynamische Temperatur der Luft T [K]	Wasserdampf-Diffusionskoeffizient	Wasserdampf-Diffusionsleitkoeffizient
θ [°C]	T [K]	D_0 [m²/h]	δ_a [g/(m·h·Pa)]
−10	263	0,0776	0,000639
+10	283	0,0886	0,000678
+30	303	0,1002	0,000716

Die diffusionsäquivalente Luftschichtdicke der Bauteilschicht j gibt an, welche Dicke d_a eine ruhende Luftschicht haben müsste, um den gleichen Wasserdampf-Diffusionsdurchlasswiderstand wie die Bauteilschicht der Dicke d_j zu haben.
Hinsichtlich der Diffusionsfähigkeit sind zu unterscheiden
- für diffundierende Wassermoleküle absolut dichte Werkstoffe wie Metalle, Glas und Keramikplatten (Fliesen) mit $\mu_j \to \infty$,
- einen luftgefüllten Porenraum umschließende poröse Baustoffe mit $1 < \mu < \infty$ in Abhängigkeit vom Verhältnis zwischen Luft und Festkörpergerüst und
- Mineralwolle mit $\mu \approx 1$, bei dem den Wassermolekülen praktisch nur noch die ruhende Luft als Hindernis entgegensteht [1].

Für praktische Nachweise des Tauwasserschutzes findet man die Wasserdampf-Diffusionswiderstandszahlen μ (μ-Werte) in DIN 4108-4 [23], Tabellen 1 bis 3, bzw. in DIN EN ISO 10456 [24], Tabellen 3 oder 4. Dabei werden
- in DIN 4108-4 häufig ohne nähere Erläuterung zwei Grenzwerte als Richtwerte der μ-Werte genannt,
- während in DIN EN ISO 10456 die μ-Werte für den Trockenbereich („dry cup" gemessen mit $\phi_1 = 50\%$ und $\phi_2 = 0\%$ in Bild 11) sowie für den Feuchtbereich („wet cup" gemessen mit $\phi_1 = 50\%$ und $\phi_2 = 93\%$ in Bild 11) aufgeführt werden (Näheres zu den Prüfbedingungen s. in DIN EN ISO 12572 [20]).

Materialien wie z. B. Bleche, den Durchgang von Wasserdampf vollständig verhindern, sollen nach DIN EN ISO 13788 [12], 6.4.1, mit $\mu \equiv 100000$ angesetzt werden, da bei korrektem Ansatz von $\mu \to \infty$ (s. o.) eine Berechnung unmöglich ist.
Für übliche Folien und Beschichtungen, deren Dicken gering (oder nicht im Detail bekannt) sind, finden sich diffusionsäquivalente Luftschichtdicken s_d (Wasserdampfdurchlasswiderstände) in DIN EN ISO 10456 [24], Tabelle 5. (Weitere diffusionsäquivalente Luftschichtdicken s_d, vor allem von Bodenbelägen, finden sich auch im BEB-Merkblatt „Hinweise zum Einsatz alternativer Abdichtungen unter Estrichen" [26] bzw. bei Klopfer [1].) Die diffusionsäquivalente Luftschichtdicke s_d von ruhenden Luftschichten ist nach DIN EN ISO 13788 [12], 4.1, bzw. DIN 4108-3 [13], A.2.3, wegen unvermeidlicher Konvektion unabhängig von ihrer Dicke zu $s_d \equiv 0,01$ m zu setzen.

Gemäß DIN 4108-3 [13], A.2.3, ist ferner bei Tauwassernachweisen zu beachten,
- dass bei Angabe mehrerer μ-Werte immer die für den Tauwasserausfall ungünstigeren μ-Werte anzuwenden sind (Näheres dazu in Abschnitt 3.4.5) und
- dass bei außenseitig auf Bauteilen bzw. außenseitig von Wärmedämmungen vorhandenen Bauteilschichten mit rechnerischem $s_d < 0,1$ m in der Berechnung $s_d \equiv 0,1$ m zu setzen ist, um die Messunsicherheit bei solch geringen s_d-Werten zu berücksichtigen.

3 Tauwasserausfall im Bauteilinnern

3.1 Notwendigkeit des Nachweises

In Jahrzehnte (wenn nicht Jahrhunderte) langer Erfahrung entstanden durch Erprobung („trial and error") traditionelle Baukonstruktionen, die
- den statischen Anforderungen,
- den Nutzungsanforderungen und
- den klimatischen Anforderungen

unter Verwendung der zur Verfügung stehenden Baustoffe gewachsen waren. Diese Baukonstruktionen erfüllen bei gleichen Anforderungen auch heute noch ihren Zweck – es haben sich aber die Nutzungsanforderungen allgemein geändert (s. auch [27]):
- Komfortstandard sind heute Zentralheizungen statt Einzelöfen, d. h., sämtliche Räume sind ganzjährig auf $\theta_i \approx 20$ °C temperiert.
- Zentralheizungen stellen aber raumluftunabhängige Heizungen dar, die luftdichte Außenbauteile ermöglichen (wie sie heute auch durch die Energieeinsparverordnung EnEV [28] gefordert werden), die – weil in genutzten Innenräumen immer Feuchte produziert wird – bei gleicher Nutzung im Winter die relative Luftfeuchte ϕ_i im Raum deutlich ansteigen lassen (Bild 12, s. auch [4,29]).
- Neben der Luftdichtheit gehören heute zum energetischen Standard auch hoch gedämmte Außenbauteile einschließlich hoch gedämmter Fenster mit der Folge, dass
  • solche Fenster nicht mehr als Kondensationsflächen dienen und
  • somit die relative Luftfeuchte ϕ_i im Raum noch weiter ansteigen lassen;

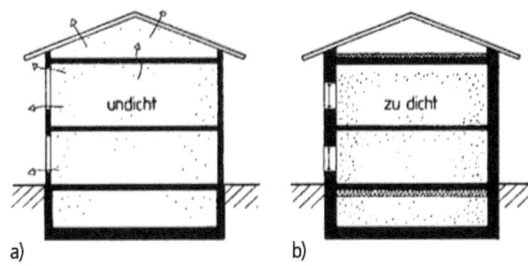

Bild 12. Relative Luftfeuchte in Gebäuden, dargestellt durch die Punktedichte (nach [30]), a) vor 1977 gebaut (d. h. vor der ersten Wärmeschutzverordnung), b) nach 1977 gebaut (zu dicht hier hinsichtlich der Tauwasserproblematik)

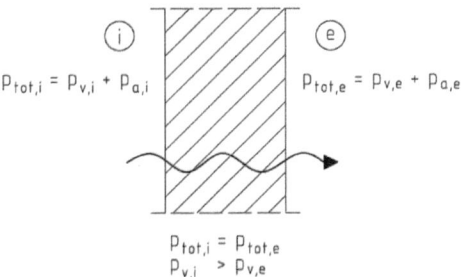

Bild 13. Eine Wasserdampf-Teildruckdifferenz $\Delta p_v = p_{v,i} - p_{v,e}$ führt bei beidseitig konstantem Gesamtdruck p_{tot} zur Wasserdampfdiffusion von innen nach außen durch ein – hier einschichtiges – Außenbauteil

3.2 DIN EN ISO 13788 und DIN 4108-3

Seit Ende 2014 liegen sowohl DIN EN ISO 13788:2013-05 [12] als auch DIN 4108-3:2014-11 – aktualisiert als DIN 4108-3:2018-10 [13] – als nationale Restnorm mit deutschen Randbedingungen vor. Im folgenden Abschnitt 3.3 wird zuerst das beiden Normen zugrunde liegende Berechnungsverfahren – das sog. Glaser-Verfahren – unabhängig von den nationalen Randbedingungen dargestellt. Danach folgen in Abschnitt 3.4 der national geregelte *vereinfachte* Nachweis mit Randbedingungen und Klimaannahmen nach DIN 4108-3 und in Abschnitt 3.5 die ebenfalls national genormten Bauteile *ohne* rechnerischen Nachweis (mit einigen Beispielen in Abschnitt 3.6).

In Abschnitt 3.7 werden schließlich über beide Normen hinausgehende genauere Untersuchungen mit aufwendigen EDV-Programmen vorgestellt.

Vereinfachte Bezeichnungsweise: Gemäß Abschnitt 2.3 kann bei reiner Betrachtung der Wasserdampfdiffusion bei entsprechenden Größen der Index v entfallen (der allerdings in Bild 13 zur Verdeutlichung noch neben dem Index a für trockene Luft verwendet wurde):

Wasserdampf(teil)druck: $p_v \rightarrow p$

Einige der genannten Größen können mit Indizes versehen werden, und zwar

i,e für die Raumluft (engl. internal) bzw. für die Außenluft (engl. external),
s für Oberfläche (engl. surface),
c für Tauwasser (engl. condensation) oder
ev für Verdunstung (engl. evaporation) bzw.
T für das gesamte Bauteil (engl. total).

3.3 Glaser-Verfahren

3.3.1 Grundgedanken

Im Jahre 1959 wurde von *Glaser* ein halbgrafisches Verfahren veröffentlicht [31], mit dem die in einer ebenen Konstruktion entstehende Tauwassermasse bei vorgegebenen Randbedingungen quantitativ bestimmt werden kann. Dieses Verfahren wird seit den sechziger Jahren des vorigen Jahrhunderts zur Beurteilung von Holzhäusern in Tafelbauart herangezogen [32] und ist seit 1981 Bestandteil von DIN 4108 (heute geregelt in DIN EN ISO 13788:2013-05 [12] und DIN 4108-3:2014-11 [13], vgl. Abschnitt 3.2). Diesem Glaser-Verfahren zur Untersuchung des Tauwasserausfalls in mehrschichtigen Bauteilen liegen folgende Überlegungen zugrunde [14, 15]:

– Da Tauwasser *nur dann* ausfallen kann, wenn der Wasserdampfsättigungsdruck p_{sat} erreicht wird, muss dieser an jeder Stelle des Bauteils bekannt sein. Da der Wasserdampfsättigungsdruck p_{sat} temperaturabhängig ist (vgl. Abschnitt 2.4), muss als erster Schritt – ausgehend von den vorgegebenen Raum- und Außenlufttemperaturen θ_i und θ_e – der Temperaturverlauf im Bauteil aufgezeichnet werden (s. z. B. [4]):

damit sind an beiden Seiten der Außenbauteile deutlich unterschiedliche Luftfeuchten $v_i \neq v_e$ bzw. Wasserdampf-Teildrücke $p_{v,i} \neq p_{v,e}$ zu erwarten. Dass ein daraus resultierender möglicher Tauwasserausfall im Bauteilinnern in zulässigen Grenzen bleibt, ist entsprechend DIN EN ISO 13788 [12] bzw. DIN 4108-3 [13], Anhang A, nachzuweisen.

Dieser Zusammenhang wird in Bild 13 näher erläutert: Zwar ist bei unseren Gebäuden der Gesamtdruck $p_{tot,i} = p_{tot,e}$ innen wie außen gleich. Da aber in genutzten Innenräumen immer Feuchte produziert wird (s. o.) und somit entsprechend den o. g. heutigen Nutzungsanforderungen auch bei regelmäßigem Lüften der innere Wasserdampf(teil)druck $p_{v,i}$ größer als der äußere Wasserdampf(teil)druck $p_{v,e}$ ist, entsteht eine raumseitige Erhöhung des Wasserdampf-Teildrucks gegenüber außen, d. h. eine Wasserdampf-Teildruckdifferenz $\Delta p_v = p_{v,i} - p_{v,e}$ zwischen der ein Bauteil umgebenden Innen- und Außenluft, sodass durch das Bauteil von innen nach außen Wasserdampf diffundieren kann. Dieser führt ggf. im Bauteil zum Tauwasserausfall, welcher in zulässigen Grenzen bleiben muss (s. u. Abschnitt 3.4).

– Mit den Gleichungen für die Wärmestromdichten q beim stationären Wärmeübergang am Bauteil

$q_i \equiv q = h_{si} \cdot (\theta_i - \theta_{si})$ [W/m²] (30)

$q_e \equiv q = h_{se} \cdot (\theta_{se} - \theta_e)$ [W/m²] (31)

darin
$h_{si/e}$ Wärmeübergangskoeffizient [W/(m²·K)]
θ Temperatur [°C]

werden die innere und äußere Oberflächentemperatur θ_{si} bzw. θ_{se} berechnet (Bild 14):

$q_i \equiv q = h_{si} \cdot (\theta_i - \theta_{si})$ [W/m²] (32)

$q_e \equiv q = h_{se} \cdot (\theta_{se} - \theta_e)$ [W/m²] (33)

darin
$R_{si/e} = 1/h_{si/e}$ = Wärmeübergangswiderstand [m²·K/W]
$q = U \cdot (\theta_i - \theta_e)$ = Wärmestromdichte durch das Bauteil [W/m²]

– Durch Anwendung der Gleichung für die stationäre Wärmeleitung im Bauteil

$q = \Lambda \cdot (\theta_{si} - \theta_{se}) = 1/R \cdot (\theta_{si} - \theta_{se})$ [W/m²] (34)

darin
Λ Wärmedurchlasskoeffizient des gesamten Bauteils [W/(m²·K)]
R Wärmedurchlasswiderstand des gesamten Bauteils [m²·K/W]

auf alle Bauteilschichten j = 1, 2, ..., n des Bauteils (vgl. Bild 14) – beim hier angesetzten stationären Wärmestrom ist die Wärmestromdichte in allen Bauteilschichten gleich – ergibt sich

$q = \Lambda_1 \cdot (\theta_{si} - \theta_1) = 1/R_1 \cdot (\theta_{si} - \theta_{se})$ [W/m²] (35a)

$q = \Lambda_2 \cdot (\theta_1 - \theta_2) = 1/R_2 \cdot (\theta_1 - \theta_2)$ [W/m²] (35b)

⋮

$q = \Lambda_n \cdot (\theta_{n-1} - \theta_n) = 1/R_n \cdot (\theta_{n-1} - \theta_n)$ [W/m²] (35c)

mit den Wärmedurchlasswiderständen der einzelnen Bauteilschichten j

$R_j = 1/\Lambda_j = d_j/\lambda_j$ [m²·K/W] (36)

– Daraus errechnen sich die in den Gln. (35a) bis (35c) unbekannten Trennflächentemperaturen $\theta_1, \theta_2, ..., \theta_n$ zu

$\theta_1 = \theta_{si} - R_1 \cdot q = \theta_{si} - \dfrac{d_1}{\lambda_1} \cdot q$ [°C] (37a)

$\theta_2 = \theta_1 - R_2 \cdot q = \theta_1 - \dfrac{d_2}{\lambda_2} \cdot q$ [°C] (37b)

⋮

$\theta_n = \theta_{n-1} - R_n \cdot q = \theta_{n-1} - \dfrac{d_n}{\lambda_n} \cdot q$ [°C] (37c)

Zur Rechenkontrolle muss am Ende $\theta_n \equiv \theta_{se}$ sein (vgl. $\theta_3 \equiv \theta_{se}$ für das dreischichtige Bauteil in Bild 14)! Die praktische Berechnung erfolgt am einfachsten in einer Tabelle, die berechneten Trennflächentemperaturen werden im Temperaturdiagramm entsprechend Bild 14 linear verbunden.

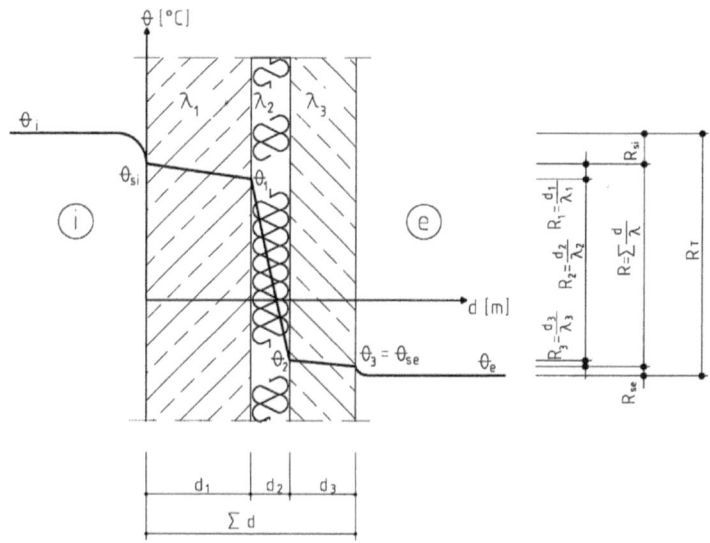

Bild 14. Temperaturverteilung über den Querschnitt eines mehrschichtigen Bauteils (dreischichtige Betonsandwichwand = „Plattenbau" als Beispiel); die Temperaturdifferenz über einer Schicht ist proportional zum Wärmeübergangswiderstand R_s bzw. zum Wärmdurchlasswiderstand R_j der Bauteilschicht j [4]

Hinweis: Im Gegensatz zu DIN EN ISO 13788 [12] wird gemäß DIN 4108-3 [13] in diesem Beitrag in allen Diagrammen die Innenseite *links* und die Außenseite *rechts* angeordnet, sodass – physikalisch bedeutungslos, aber der allgemeinen Vorstellung entgegenkommend – der Wasserdampf von links nach rechts durch das betrachtete Bauteil diffundiert!

– Als *zweiter Schritt* wird der Verlauf des Wasserdampfsättigungsdrucks p_{sat} im Bauteil dargestellt, indem für die Oberflächen- und die Grenzflächentemperaturen aus DIN EN ISO 13788 [12], Anhang E, Tabelle E.1, bzw. aus DIN 4108-3 [13], Anhang C, Tabelle C.1, der jeweilige Wasserdampfsättigungsdruck entnommen und (als Strichlinie) eingezeichnet wird (Bild 15 unten). Dabei ist zu beachten, dass der Wasserdampfsättigungsdruck p_{sat} nichtlinear temperaturabhängig ist (vgl. Bild 8a).
– Im Verhältnis der Wasserdampf-Diffusionsdurchlasswiderstände $Z_{p,j}$ der einzelnen Bauteilschichten j = 1, 2, …, n fällt nun in einem mehrschichtigen Bauteil die Wasserdampf-Teildruckdifferenz Δp im

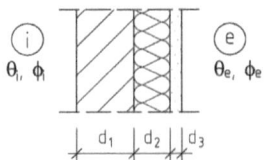

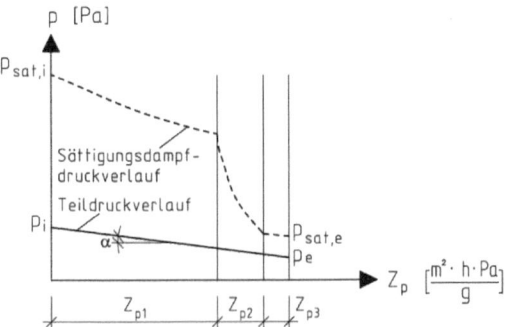

Bild 15. Glaser-Diagramm für ein mehrschichtiges Bauteil ohne Tauwasserausfall: Das oben dargestellte Bauteil wird dabei auf der Abszisse mit den jeweiligen Wasserdampfdiffusions-Durchlasswiderständen $Z_{p,j}$ der Bauteilschichten j = 1, 2, 3 verzerrt

Bauteil ab, und zwar ausgehend vom Teildruck in der Raumluft bzw. Außenluft

$$p_i = \phi_i \cdot p_{sat,i} \quad [Pa] \quad (38)$$

$$p_e = \phi_e \cdot p_{sat,e} \quad [Pa] \quad (39)$$

mit

ϕ_i, ϕ_e vorgegebene relative Luftfeuchte der Raum- bzw. Außenluft [–]

$p_{sat,i}, p_{sat,e}$ zur vorgegebenen Raum- bzw. Außenlufttemperatur θ_i bzw. θ_e gehöriger Wasserdampfsättigungsdruck [Pa] nach DIN EN ISO 13788 [12], Anhang E, Tabelle E.1, bzw. nach DIN 4108-3 [13] Anhang C, Tabelle C.1

Damit könnte man einen an jeder Schichtgrenze abknickenden Polygonzug als Wasserdampf(teil)druckverlauf über dem Bauteil auftragen. Die Idee von *Glaser* liegt nun darin, als dritten Schritt die einzelnen Bauteilschichten nicht mit ihren Schichtdicken d_j, sondern verzerrt mit ihren Wasserdampf-Diffusionsdurchlasswiderständen $Z_{p,j}$ an der Abszisse aufzutragen (als Volllinie); damit wird der Teildruckverlauf zu einer Geraden (siehe in Bild 15 unten). Im dargestellten Fall kommt es zu keinem Tauwasserausfall, da der Wasserdampf(teil)druck p im Bauteil an jeder Stelle geringer als der jeweilige Wasserdampfsättigungsdruck p_{sat} ist.

– Betrachtet man nun die Neigung tan α der Teildruck-Geraden, so entspricht sie – bei Einsetzen von Gl. (17) in Gl. (18) und Umstellung der Gleichung – der Wasserdampfdiffusionsstromdichte g:

$$\tan \alpha = \frac{p_i - p_e}{\sum_j Z_{p,j}} = g \quad \left[\frac{g}{m^2 \cdot h}\right] \quad (40)$$

mit

Δp = $p_i - p_e$ Wasserdampf-Teildruckdifferenz über dem Bauteil vom Rauminnern zur Außenluft [Pa]

$Z_{p,j}$ Wasserdampf-Diffusionsdurchlasswiderstand der Bauteilschicht j = 1, 2, …, n [m²·h·Pa/g]

3.3.2 Tauwasserausfall in einem Bauteilbereich

Im bisher dargestellten Fall (vgl. Bild 15) ist die Kombination aus Bauteilaufbau und Klimabedingungen so günstig, dass *kein* Tauwasser ausfällt. In Bild 16a ist nun ein einschichtiges Bauteil mit Tauwasserausfall in einem *Bereich* des Bauteilquerschnitts (kurz „Tauwasserausfall in einem Bauteilbereich") gezeigt. Dabei wurde der Teildruckverlauf mit Tangenten von unten an den Sättigungsdampfdruckverlauf angeschmiegt; dies ist gemäß folgender Überlegung sinnvoll [14, 15]:
– Würde man den Teildruckverlauf als Verbindungsgerade von p_i zu p_e zeichnen (in Bild 16a als Punktlinie dargestellt), würde der vorhandene Dampfdruck im Bauteil größer als der Wasserdampfsättigungsdruck p_{sat} werden – das ist physikalisch unmöglich!

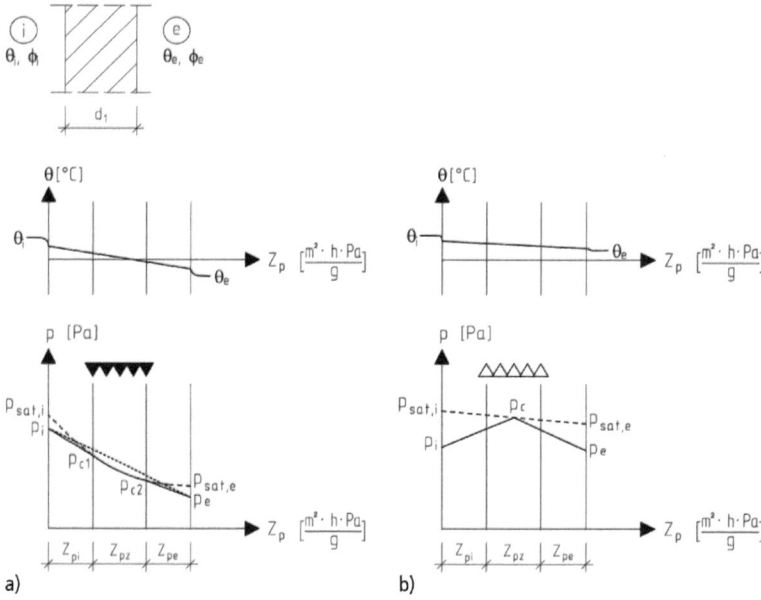

Bild 16. Glaser-Diagramme für ein einschichtiges Bauteil *mit* Tauwasserausfall in einem *Bauteilbereich:* Das oben dargestellte Bauteil wird dabei auf der Abszisse mit dem Wasserdampfdiffusions-Durchlasswiderstand Z_{p1} der hier einzigen Bauteilschicht verzerrt, a) in der Tauperiode (Bereich des Tauwasserausfalls durch gefüllte Dreiecke gekennzeichnet) – die als Punktlinie dargestellte Verbindungsgerade ist physikalisch unmöglich, b) in der Verdunstungsperiode (Bereich der Verdunstung durch ungefüllte Dreiecke gekennzeichnet)

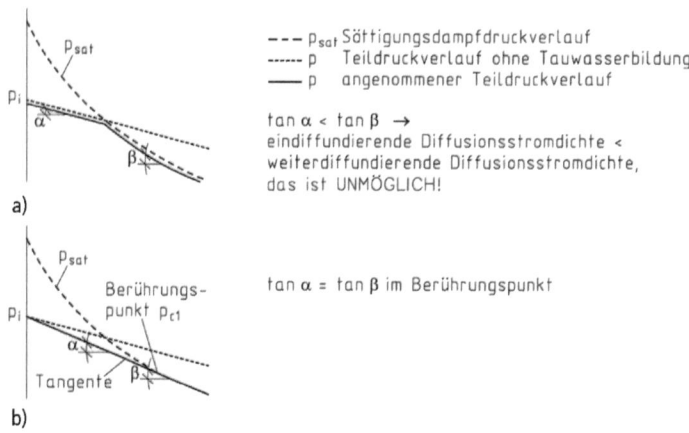

Bild 17. Ausschnitt aus dem Glaser-Diagramm für ein einschichtiges Bauteil *mit* Tauwasserausfall aus Bild 16a (nach [14, 15]), a) Annahme eines Abknickens des Teildruckverlaufs bei Berührung des Wasserdampfsättigungsdruckverlaufs, b) Tangentenkonstruktion

- Um dem zu entgehen, kann ein Abknicken des Teildruckverlaufs bei Berührung des Sättigungsdampfdruckverlaufs p_{sat} angenommen werden (Bild 17a); dabei wäre jedoch
  - die zu $\tan\alpha$ proportionale eindiffundierende Wasserdampfdiffusionsstromdichte g_1 kleiner als
  - die zu $\tan\beta$ proportionale im Bauteil weiterdiffundierende Wasserdampfdiffusionsstromdichte g_2.

Das würde allerdings eine Feuchtequelle im Bauteil am Knickpunkt voraussetzen, die nicht vorhanden ist.

- Da in einem anfangs trockenen Bauteil die eindiffundierende Wasserdampfdiffusionsstromdichte nie kleiner als die weiterdiffundierende Wasserdampfdiffusionsstromdichte sein kann, ist somit nur die in Bild 17b (und Bild 16a) dargestellte Tangentenkonstruktion möglich.

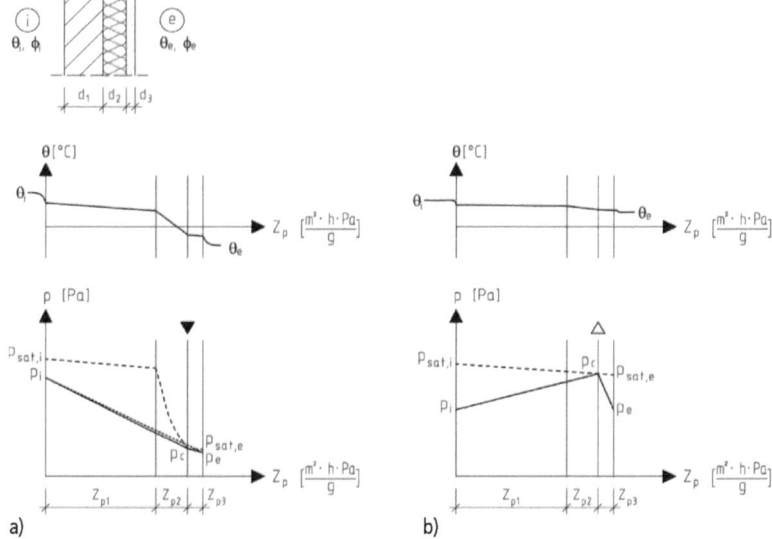

Bild 18. Glaser-Diagramme für ein dreischichtiges Bauteil *mit* Tauwasserausfall in einer *Bauteilebene*: Das oben dargestellte Bauteil wird dabei auf der Abszisse mit den Wasserdampfdiffusions-Durchlasswiderständen Z_{pj} der einzelnen Bauteilschichten j = 1, 2, 3 verzerrt, a) in der Tauperiode (Ebene des Tauwasserausfalls durch ein gefülltes Dreieck gekennzeichnet) – die als Punktlinie dargestellte Verbindungsgerade ist physikalisch unmöglich, b) in der Verdunstungsperiode (Ebene der Verdunstung durch ein ungefülltes Dreieck gekennzeichnet)

3.3.3 Tauwasserausfall in einer oder zwei Bauteilebenen

Alternativ zu Bild 16 mit Tauwasserausfall in einem Bauteilbereich kann auch Tauwasserausfall in einer Ebene des Bauteilquerschnitts (kurz „Tauwasserausfall in einer Bauteilebene") auftreten, wenn die Berührungspunkte der Tangenten in einem Punkt zusammenfallen – der in der Praxis häufigere Fall, wie er in Bild 18 beispielhaft am dreischichtigen Bauteil aus Bild 15 (allerdings mit ungünstigeren Klimarandbedingungen) dargestellt ist.

Weiter kann auch Tauwasserausfall in zwei Ebenen des Bauteilquerschnitts (kurz „Tauwasserausfall in zwei Bauteilebenen") auftreten – ein in der Praxis seltenerer Fall, wie er in Bild 19 beispielhaft an einem vierschichtigen Bauteil dargestellt ist.

Die vorher genannte Tangentenkonstruktion wird bei *Klopfer* als „Seilregel" bezeichnet: Man stelle sich vor, dass die Klimarandbedingungen p_i und p_e Rollen darstellen, über die ein Seil läuft (Punktlinie in Bild 20) – wird dieses Seil gegen den Sättigungsdampfdruckverlauf p_{sat} (Strichlinie in Bild 20) gespannt (Pfeile in Bild 20), entsteht die Tangentenkonstruktion des Teildruckverlaufs p (Volllinie in Bild 20).

3.3.4 Ausfallende Tauwassermasse

In der Regel geht man davon aus, dass *keine* generelle Tauwasserfreiheit der Konstruktion erforderlich ist (wie in Bild 15 dargestellt), sondern dass es ausreicht (vgl. Bilder 16, 18 und 19), wenn

– der im Winter ausfallende, flächenbezogene akkumulierte Feuchtegehalt M_a = flächenbezogene Tauwassermasse M_c ein gewisses Maß nicht überschreitet und
– die Verdunstung des Tauwassers im Sommer sichergestellt ist, um ein „Aufschaukeln" der Wandfeuchte über mehrere Jahre zu verhindern [32].

Dazu müssen allerdings die flächenbezogene Tauwassermasse und die mögliche flächenbezogene Verdunstungswassermasse berechnet werden.

In der Tauperiode (Wintermonat bzw. gesamter Winter) gelten nun folgende Berechnungsgleichungen:
– Bei Tauwasserausfall in einem **Bauteilbereich** (vgl. Bild 16a) werden mit Gl. (40) und Gl. (29) die Wasserdampfdiffusionsstromdichten raumseitig und außenseitig dieses Tauwasserbereichs nach DIN 4108-3 [13], A.2.5.5, zu

$$g_{c,i} = \frac{p_i - p_{c1}}{Z_{pi}} = \frac{p_i - p_{c1}}{1/\delta_0 \cdot (\sum s_{d,j})_i} = \delta_0 \cdot \frac{p_i - p_{c1}}{s_{d,c1}}$$

$$\left[\frac{g}{m^2 \cdot h}\right] \qquad (41)$$

$$g_{c,e} = \frac{p_{c2} - p_e}{Z_{pe}} = \frac{p_{c2} - p_e}{1/\delta_0 \cdot (\sum s_{d,j})_e} = \delta_0 \cdot \frac{p_{c2} - p_e}{s_{d,T} - s_{d,c2}}$$

$$\left[\frac{g}{m^2 \cdot h}\right] \qquad (42)$$

mit
$(\sum s_{d,j})_{i/e}$ Summe der diffusionsäquivalenten Luftschichtdicken [m] der Bauteilschichten j raumseitig (Index i) bzw.

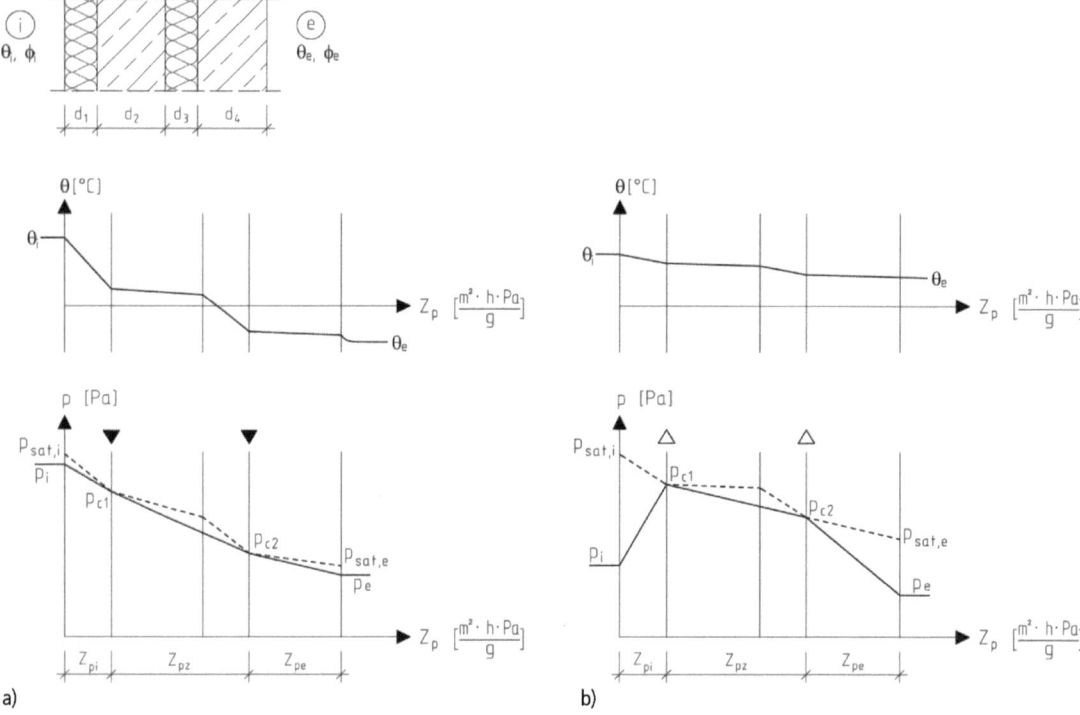

Bild 19. Glaser-Diagramme für ein vierschichtiges Bauteil mit Tauwasserausfall in zwei Bauteilebenen: Das oben dargestellte Bauteil wird dabei auf der Abszisse mit den Wasserdampfdiffusions-Durchlasswiderständen Z_{pj} der einzelnen Bauteilschichten j = 1, 2, 3, 4 verzerrt, a) in der Tauperiode (beide Ebenen des Tauwasserausfalls durch gefüllte Dreiecke gekennzeichnet), b) in der Verdunstungsperiode (beide Ebenen der Verdunstung durch ungefüllte Dreiecke gekennzeichnet)

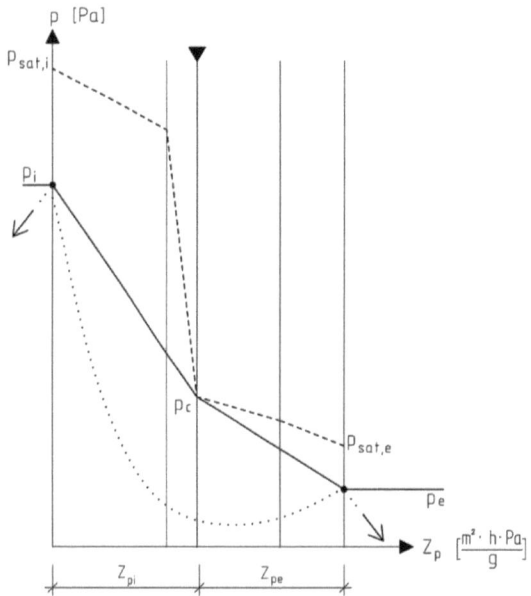

Bild 20. Seilregel zur Ermittlung des Teildruckverlaufs p, hier bei Tauwasserausfall in einer Bauteilebene (nach [1])

außenseitig (Index e) des Tauwasserbereichs

$s_{d,c1}$ diffusionsäquivalente Luftschichtdicke [m] der Bauteilschichten von der Raumseite bis zum Beginn c1 des Tauwasserbereichs (s. Bild 23a)

$s_{d,c2}$ diffusionsäquivalente Luftschichtdicke [m] der Bauteilschichten von der Raumseite bis zum Ende c2 des Tauwasserbereichs (s. Bild 23a)

$s_{d,T}$ diffusionsäquivalente Luftschichtdicke [m] sämtlicher Bauteilschichten (s. Bild 23a)

δ_0 $\equiv 0{,}000720$ g/(m·h·Pa) entsprechend Gl. (26)

Daraus ergibt sich die flächenbezogene Tauwassermasse nach DIN 4108-3 zu

$$M_c = g_c \cdot t_c = (g_{c,i} - g_{c,e}) \cdot t_c \quad [\text{g/m}^2] \qquad (43)$$

mit

g_c Tauwasserrate als Differenz der ein- und ausdiffundierenden Wasserdampfdiffusionsstromdichten in der Tauperiode [g/(m²·h)]

t_c Dauer der angesetzten Klimabedingungen der Tauperiode [h]

Tauwasserausfall in einem *Bauteilbereich* wird in DIN EN ISO 13788 [12] *nicht* betrachtet – mögliche Tauwasserbereiche in gut dämmenden Bauteilschichten mit R > 0,25 m²·K/W sollten nach DIN EN ISO 13788, 6.4.1, vereinfacht erfasst werden. Dies geschieht durch die Aufteilung dieser Bauteilschichten in mehrere separate Schichten mit jeweils R ≤ 0,25 m²·K/W, um die o. g. Berührungspunkte der Tangenten an diesen zusätzlichen Schichtgrenzen anzunähern und damit Tauwasserausfall in mehreren Bauteilebenen zu erhalten.

- Bei Tauwasserausfall in **einer Bauteilebene** fallen p_{c1} und p_{c2} zu p_c zusammen (vgl. Bild 18a), damit werden die Wasserdampfdiffusionsstromdichten raumseitig und außenseitig dieser Tauwasserebene nach DIN EN ISO 13788 [12], 6.4.6, und DIN 4108-3 [13], A.2.5.3, zu

$$g_{c,i} = \frac{p_i - p_c}{Z_{pi}} = \frac{p_i - p_c}{1/\delta_0 \cdot (\Sigma s_{d,j})_i} = \delta_0 \cdot \frac{p_i - p_c}{s_{d,c}}$$

$$\left[\frac{g}{m^2 \cdot h}\right] \qquad (44)$$

$$g_{c,e} = \frac{p_c - p_e}{Z_{pe}} = \frac{p_c - p_e}{1/\delta_0 \cdot (\Sigma s_{d,j})_e} = \delta_0 \cdot \frac{p_c - p_e}{s_{d,T} - s_{d,c}}$$

$$\left[\frac{g}{m^2 \cdot h}\right] \qquad (45)$$

mit
$(\Sigma s_{d,j})_{i/e}$ Summe der diffusionsäquivalenten Luftschichtdicken [m] der Bauteilschichten j raumseitig (Index i) bzw. außenseitig (Index e) der Tauwasserebene

$s_{d,c}$ diffusionsäquivalente Luftschichtdicke [m] der Bauteilschichten von der Raumseite bis zur Tauwasserebene (s. Bild 23a)

Die flächenbezogene Tauwassermasse M_c ergibt sich auch hier nach Gl. (43).

- Bei Tauwasserausfall in **zwei Bauteilebenen** (vgl. Bild 19a) werden die Wasserdampfdiffusionsstromdichten raumseitig der ersten Tauwasserebene, zwischen den beiden Tauwasserebenen und außenseitig der zweiten Tauwasserebene nach DIN EN ISO 13788 [12], 6.4.6, und DIN 4108-3 [13], A.2.5.4, zu

$$g_{c,i} = \frac{p_i - p_{c1}}{Z_{pi}} = \frac{p_i - p_{c1}}{1/\delta_0 \cdot (\Sigma s_{d,j})_i} = \delta_0 \cdot \frac{p_i - p_{c1}}{s_{d,c1}}$$

$$\left[\frac{g}{m^2 \cdot h}\right] \qquad (46)$$

$$g_{c,z} = \frac{p_{c1} - p_{c2}}{Z_{pz}} = \frac{p_{c1} - p_{c2}}{1/\delta_0 \cdot (\Sigma s_{d,j})_z} = \delta_0 \cdot \frac{p_{c1} - p_{c2}}{s_{d,c2} - s_{d,c1}}$$

$$\left[\frac{g}{m^2 \cdot h}\right] \qquad (47)$$

$$g_{c,e} = \frac{p_{c2} - p_e}{Z_{pe}} = \frac{p_{c2} - p_e}{1/\delta_0 \cdot (\Sigma s_{d,j})_e} = \delta_0 \cdot \frac{p_{c2} - p_e}{s_{d,T} - s_{d,c2}}$$

$$\left[\frac{g}{m^2 \cdot h}\right] \qquad (48)$$

mit
$(\Sigma s_{d,j})_{i/z/e}$ Summe der diffusionsäquivalenten Luftschichtdicken [m] der Bauteilschichten j raumseitig (Index i) der ersten Tauwasserebene, zwischen den beiden Tauwasserebenen (Index z) bzw. außenseitig (Index e) der zweiten Tauwasserebene

$s_{d,c1}$ diffusionsäquivalente Luftschichtdicke [m] der Bauteilschichten von der Raumseite bis zur ersten Tauwasserebene (Bild 23a)

$s_{d,c2}$ diffusionsäquivalente Luftschichtdicke [m] der Bauteilschichten von der Raumseite bis zur zweiten Tauwasserebene (Bild 23a)

Daraus ergibt sich die für die Bewertung maßgebende *gesamte* flächenbezogene Tauwassermasse nach DIN 4108-3 [13], 5.3.2, zu

$$M_c = (g_{c1} + g_{c2}) \cdot t_c = ((g_{c,i} - g_{c,z}) + (g_{c,z} - g_{c,e})) \cdot t_c$$
$$= (g_{c,i} - g_{c,e}) \cdot t_c \quad [g/m^2] \qquad (49)$$

mit
g_{c1} erste Tauwasserrate als Differenz der an der ersten Tauwasserebene ein- und ausdiffundierenden Wasserdampfdiffusionsstromdichten in der Tauperiode [g/(m²·h)]

g_{c2} zweite Tauwasserrate als Differenz der an der zweiten Tauwasserebene ein- und ausdiffundierenden Wasserdampfdiffusionsstromdichten in der Tauperiode [g/(m²·h)]

t_c Dauer der angesetzten Klimabedingungen der Tauperiode [h]

3.3.5 Mögliche Verdunstungswassermasse

In der Verdunstungsperiode (Sommermonat bzw. gesamter Sommer) geht man vereinfacht davon aus, dass zu Beginn der Verdunstungsperiode im Tauwasserbereich bzw. in der Tauwasserebene Wasser in flüssiger Form vorhanden ist, das dort zu einer relativen Luftfeuchte von $\phi_c = 100\,\%$ führt, welches wiederum (entsprechend Abschnitt 2.4) zum Sättigungsdampfdruck p_{sat} im Tauwasserbereich bzw. in der Tauwasserebene führt (Bild 16b, 18b und 19b).

Damit ergeben sich die Berechnungsgleichungen für die Verdunstungsperiode:

- Bei Tauwasserausfall in einem **Bauteilbereich** wird nach DIN 4108-3, A.2.6.5, vereinfacht angenommen, dass die Verdunstung von der Mitte dieses Tauwasserbereichs her erfolgt (sichere Seite, vgl. Bild 16b). Damit werden dann die *möglichen* Wasserdampfdiffusionsstromdichten raumseitig und außenseitig vom Tauwasserbereich mit Gl. (40) und

Gl. (29) zu

$$g_{ev,i} = \frac{p_c - p_i}{Z_{pi} + 0.5 \cdot Z_{pz}} = \frac{p_c - p_i}{1/\delta_0 \cdot \left(\left(\Sigma s_{d,j}\right)_i + 0.5 \cdot s_{d,z}\right)}$$

$$= \delta_0 \cdot \frac{p_c - p_i}{s_{d,c,m}} \quad \left[\frac{g}{m^2 \cdot h}\right] \quad (50)$$

$$g_{ev,e} = \frac{p_c - p_e}{Z_{pe} + 0.5 \cdot Z_{pz}} = \frac{p_c - p_e}{1/\delta_0 \cdot \left(\left(\Sigma s_{d,j}\right)_e + 0.5 \cdot s_{d,z}\right)}$$

$$= \delta_0 \cdot \frac{p_c - p_e}{s_{d,T} - s_{d,c,m}} \quad \left[\frac{g}{m^2 \cdot h}\right] \quad (51)$$

mit

$\left(\Sigma s_{d,j}\right)_{i/e}$ Summe der diffusionsäquivalenten Luftschichtdicken [m] der Bauteilschichten j raumseitig (Index i) bzw. außenseitig (Index e) des Tauwasserbereichs

$s_{d,z}$ diffusionsäquivalente Luftschichtdicke [m] des Tauwasserbereichs (vgl. Bild 16)

$s_{d,c,m}$ = $s_{d,c1}$ + 0,5 · ($s_{d,c2}$ − $s_{d,c1}$) diffusionsäquivalente Luftschichtdicke [m] der Bauteilschichten von der Raumseite bis zur Mitte des Tauwasserbereichs (s. Bild 23b)

Daraus ergibt sich die *mögliche* flächenbezogene Verdunstungswassermasse nach DIN 4108-3 [13] zu

$$M_{ev} = g_{ev} \cdot t_{ev} = \left(g_{ev,i} + g_{ev,e}\right) \cdot t_{ev} \quad [g/m^2] \quad (52)$$

mit

g_{ev} Verdunstungsrate als Summe der ausdiffundierenden Wasserdampfdiffusionsstromdichten in der Verdunstungsperiode [g/(m²·h)]

t_{ev} Dauer der angesetzten Klimabedingungen der Verdunstungsperiode [h]

Tauwasserausfall in einem Bauteilbereich wird in DIN EN ISO 13788 [12] nicht betrachtet s. o.).

– Bei Tauwasserausfall in **einer Bauteilebene** (vgl. Bild 18b) werden nach DIN EN ISO 13788, 6.4.7, und DIN 4108-3, A.2.6.3, die *möglichen* Wasserdampfdiffusionsstromdichten raumseitig und außenseitig dieser Tauwasserebene zu

$$g_{ev,i} = \frac{p_c - p_i}{Z_{pi}} = \frac{p_c - p_i}{1/\delta_0 \cdot \left(\Sigma s_{d,j}\right)_i} = \delta_0 \cdot \frac{p_c - p_i}{s_{d,c}}$$

$$\left[\frac{g}{m^2 \cdot h}\right] \quad (53)$$

$$g_{ev,e} = \frac{p_c - p_e}{Z_{pe}} = \frac{p_c - p_e}{1/\delta_0 \cdot \left(\Sigma s_{d,j}\right)_e} = \delta_0 \cdot \frac{p_c - p_e}{s_{d,T} - s_{d,c}}$$

$$\left[\frac{g}{m^2 \cdot h}\right] \quad (54)$$

mit

$\left(\Sigma s_{d,j}\right)_{i/e}$ Summe der diffusionsäquivalenten Luftschichtdicken [m] der Bauteilschichten j raumseitig (Index i) bzw. außenseitig (Index e) der *Tauwasserebene*

Die *mögliche* flächenbezogene Verdunstungswassermasse M_{ev} ergibt sich nach Gl. (52).

– Bei Tauwasserausfall in **zwei Bauteilebenen** (vgl. Bild 19b) werden nach DIN EN ISO 13788, 6.4.7, und DIN 4108-3, A.2.6.4, die *möglichen* Wasserdampfdiffusionsstromdichten raumseitig der ersten Tauwasserebene, zwischen den beiden Tauwasserebenen und außenseitig der zweiten Tauwasserebene zu

$$g_{ev,i} = \frac{p_{c1} - p_i}{Z_{pi}} = \frac{p_{c1} - p_i}{1/\delta_0 \cdot \left(\Sigma s_{d,j}\right)_i} = \delta_0 \cdot \frac{p_{c1} - p_i}{s_{d,c1}}$$

$$\left[\frac{g}{m^2 \cdot h}\right] \quad (55)$$

$$g_{ev,z} = \frac{p_{c1} - p_{c2}}{Z_{pz}} = \frac{p_{c1} - p_{c1}}{1/\delta_0 \cdot \left(\Sigma s_{d,j}\right)_z} = \delta_0 \cdot \frac{p_{c1} - p_{c2}}{s_{d,c2} - s_{d,c1}}$$

$$\left[\frac{g}{m^2 \cdot h}\right] \quad (56)$$

$$g_{ev,e} = \frac{p_{c2} - p_e}{Z_{pe}} = \frac{p_{c2} - p_e}{1/\delta_0 \cdot \left(\Sigma s_{d,j}\right)_e} = \delta_0 \cdot \frac{p_{c2} - p_e}{s_{d,T} - s_{d,c2}}$$

$$\left[\frac{g}{m^2 \cdot h}\right] \quad (57)$$

mit

$\left(\Sigma s_{d,j}\right)_{i/z/e}$ Summe der diffusionsäquivalenten Luftschichtdicken [m] der Bauteilschichten j raumseitig (Index i) der ersten Tauwasserebene, zwischen den beiden Tauwasserebenen (Index z) bzw. außenseitig (Index e) der zweiten Tauwasserebene

Daraus ergibt sich die für die Bewertung maßgebende *mögliche* flächenbezogene Verdunstungswassermasse vereinfacht zu

$$M_{ev} = \left(g_{ev,1} + g_{ev,2}\right) \cdot t_{ev} = \left(g_{ev,i} + g_{ev,e}\right) \cdot t_{ev} \quad [g/m^2] \quad (58)$$

mit

g_{ev1} erste Verdunstungsrate als von der ersten Tauwasserebene zum Raum hin ausdiffundierende Wasserdampfdiffusionsstromdichte in der Verdunstungsperiode [g/(m²·h)]

g_{ev2} zweite Verdunstungsrate als von der zweiten Tauwasserebene zur Außenluft hin ausdiffundierende Wasserdampfdiffusionsstromdichte in der Verdunstungsperiode [g/(m²·h)]

t_{ev} Dauer der angesetzten Klimabedingungen der Verdunstungsperiode [h]

Gl. (58) liegt auf der sicheren Seite, da sie davon ausgeht, dass die *raumseitige* Tauwasserebene nach Gl. (55) nur zum Raum hin und die *äußere* Tauwasserebene nach Gl. (57) nur zur Außenluft hin trocknet. Nicht berücksichtigt wird hierbei jedoch, dass bei Temperaturunterschieden zwischen Raum- und Außenluft ein Feuchtetransport von der wärmeren zur kälteren Tauwasserebene stattfindet und unabhängig davon i. d. R. eine Tauwasserebene vor der anderen austrocknet. In diesen Fällen findet ein Feuchteaustausch zwischen den beiden Tauwasserebenen statt, der dazu führt, dass die Austrocknung mit Gl. (58) unterschätzt wird (genauere Berechnungsansätze hierfür nennt DIN 4108-3, A.2.6.4).

3.4 Vereinfachter Nachweis des Tauwasserschutzes

3.4.1 Mögliche Nachweisverfahren

Gemäß DIN 4108-3 [13], A.2.4, kann der Nachweis des Tauwasserschutzes geführt werden
– generell nach dem Monatsbilanzverfahren der DIN EN ISO 13788 oder
– für Außenbauteile normal genutzter, nicht klimatisierter Räume nach dem vereinfachten Periodenbilanzverfahren der DIN 4108-3.

Dazu merkt DIN 4108-3, A.2.4, an: „*Bis zur nationalen Festlegung von Außenklima-Randbedingungen für das Monatsbilanzverfahren nach DIN EN ISO 13788 sollte für den Nachweis das nachfolgend beschriebene Periodenbilanzverfahren oder ein Verfahren nach Anhang D verwendet werden.*" (zu den Verfahren nach Anhang D der DIN 4108-3 s. Abschnitt 3.7). Eine nationale Festlegung von Außenklima-Randbedingungen für das Monatsbilanzverfahren ist nicht vorgesehen [33], deshalb wird in den folgenden Unterabschnitten *nur* das Periodenbilanzverfahren nach DIN 4108-3 [13] vorgestellt.

3.4.2 Anforderungen nach DIN 4108-3

Gemäß Abschnitt 1 muss die Tauwassermasse in einem Bauteil so begrenzt werden, dass
– keine Korrosion im Bauteil entsteht,
– die Wärmeleitfähigkeit der Baustoffe nicht unzulässig erhöht wird (zur Abhängigkeit der Wärmeleitfähigkeit von der Baustofffeuchte, siehe z. B. Bild 21) und
– Holz oder Holzwerkstoffe nicht verrotten.

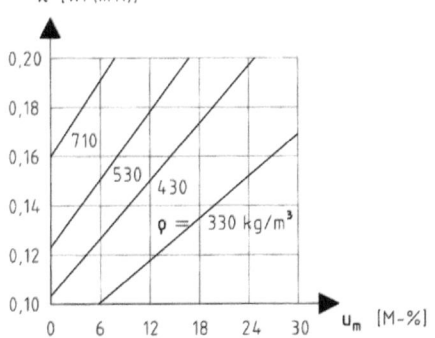

Bild 21. Abhängigkeit der Wärmeleitfähigkeit λ von Porenbeton unterschiedlicher Rohdichte vom massebezogenen Feuchtegehalt u_m (nach [9])

Dazu werden in DIN 4108-3 [13], 5.2.1 und 5.2.3, folgende Anforderungen festgelegt:
– Baustoffe, die mit Tauwasser in Berührung kommen, dürfen durch Korrosion, Pilzbefall o. Ä. nicht geschädigt werden.
– Die während der Tauperiode t_c ausfallende flächenbezogene Tauwassermasse M_c muss während der Verdunstungsperiode t_{ev} wieder abgegeben werden können – d. h., es muss sein:

$$M_c \leq M_{ev} \quad [g/m^2] \tag{59}$$

Bei Bauteilen *ohne* Tauwasserausfall gilt diese Anforderung ohne Ermittlung von M_{ev} als erfüllt.
– Die maximale flächenbezogene Tauwassermasse M_c in einem Bauteil am Ende der Tauperiode t_c wird begrenzt
  • im Allgemeinen auf $M_c \leq 1000$ g/m² und
  • an Berührungsflächen mit mindestens einer kapillar nicht wasseraufnahmefähigen Schicht auf $M_c \leq 500$ g/m²;
  • für Holzbauteile wird auf DIN 68800-2 verwiesen (s. Abschnitt 3.4.3).

Bei Bauteilen *ohne* Tauwasserausfall ist diese Anforderung o. w. N. erfüllt.

Der Grund für die strengere zweite Anforderung liegt darin, dass kapillar *nicht* wasseraufnahmefähige Schichten Tauwasser nicht kapillar ableiten können, sodass durch an der Berührungsfläche ablaufendes Wasser am Fußpunkt der Konstruktion Feuchteschäden auftreten können – eine Gefahr, die bei kapillar wasseraufnahmefähigen Schichten sowie bei Tauwasserausfall in einem *Bauteilbereich* nicht besteht:
  • Kapillar wasseraufnahmefähig sind offenporige mineralische Baustoffe wie Mauerwerk oder Mörtel und auch Holz;
  • nicht kapillar wasseraufnahmefähig sind Bitumen, Kunststoffe (auch geschäumt als Wärmedämmstoff), Glas (auch Mineralwolle) oder Metalle – auch andere Stoffe mit einem Wasseraufnahmekoeffizienten $W_w < 0,1$ kg/(m²·h^{0,5}) gelten als nicht kapillar wasseraufnahmefähig.
– Die Zunahme des massebezogenen Feuchtegehalts Δu_H wird begrenzt
  • für Holz auf $\Delta u_{H,max} = 5$ M-% bzw.
  • für Holzwerkstoffe auf $\Delta u_{H,max} = 3$ M-% (mit Ausnahme von mineralisch gebundenen Holzwolle- und Mehrschicht-Leichtbauplatten).

Dabei errechnet sich die Zunahme des massebezogenen Feuchtegehalts zu

$$\Delta u_H = \frac{M_c \; [kg/m^2]}{M_H} \cdot 100 \quad [M\text{-}\%] \tag{60}$$

mit
$M_H = d_H \cdot \rho_H =$ flächenbezogene Masse [kg/m²] der Holz- oder Holzwerkstoffschicht mit dem Ausgleichsfeuchtegehalt u nach DIN 4108-4 [23], Tabelle 4; bei Holz und Holzwerkstoffen ist u = 0,15 kg/kg = 15 M-%

darin

ρ_H Rohdichte [kg/m³] der Holz- oder Holzwerkstoffschicht

d_H Dicke [m] der Holz- oder Holzwerkstoffschicht

Setzt man in Gl. (60) $\Delta u_H \equiv \Delta u_{H,max}$ und $\Delta M_{H,max}$ statt M_c, so kann diese Gleichung nach der *maximal zulässigen* Erhöhung der Feuchte in der Holz- oder Holzwerkstoffschicht aufgelöst werden zu

$$\Delta M_{H,max} = \Delta u_{H,max} \cdot d_H \cdot \rho_H \quad [g/m^2] \quad (61)$$

Als Nachweis muss dann $M_c \leq \Delta M_{H,max}$ eingehalten sein. Bei Bauteilen ohne Tauwasserausfall ist diese Anforderung o. w. N. erfüllt.

Die Erhöhung der Wärmeleitfähigkeit der Baustoffe infolge Tauwasserausfalls braucht gemäß DIN 4108-3 [13] nicht untersucht zu werden – bei Einhaltung der o. g. Grenzwerte für M_c ist sie vernachlässigbar.

3.4.3 Anforderungen nach DIN 68800-2

Gebäude in Holzbauart werden heute i. d. R. ohne chemischen Holzschutz geplant und ausgeführt – zu beachten ist dabei DIN 68800-1 [34] und vor allem DIN 68800-2 [35]:
- Ein Nachweis des Tauwasserschutzes kann entfallen, wenn Konstruktionen aus DIN 68800-2, Anhang A, verwendet werden (s. Abschnitt 3.5).
- Wenn *andere* Konstruktionen verwendet werden, kann auch ein Nachweis des Tauwasserschutzes nach DIN 4108-3 geführt werden; bei beidseitig geschlossenen Konstruktionen ist dann jedoch zur Berücksichtigung
  • des konvektiven Feuchteintrags und
  • von Anfangsfeuchte (Baufeuchte)
  eine zusätzliche rechnerische Trocknungsreserve
  • von $\Delta M_c \geq 250$ g/m² bei Dächern und
  • von $\Delta M_c \geq 100$ g/m² bei Wänden und Decken
  nachzuweisen, d. h., der Nachweis der Austrocknung in der Verdunstungsperiode ist folgendermaßen zu führen (vgl. Gl. (59)):

$$M_c + \Delta M_c \leq M_{ev} \quad [g/m^2] \quad (62)$$

3.4.4 Randbedingungen nach DIN 4108-3

Während die Bemessungswerte für die Wärmeleitfähigkeit beim Nachweis des Tauwasserschutzes genauso wie bei den Wärmeschutznachweisen angesetzt werden, gilt dies für die *Wärmeübergangswiderstände* nach DIN 4108-3 [13], A.2.2, nicht. In Tabelle 3 sind die beim Periodenbilanzverfahren anzusetzenden Wärmeübergangswiderstände im Vergleich zu den Werten aus DIN EN ISO 6946 [36] dargestellt – sie liegen für den Nachweis des Tauwasserausfalls auf der sicheren Seite.

Nach DIN 4108-3 [13], 1, darf für nicht klimatisierte Wohn- und Büroräume (auch für wohnähnlich genutzte Räume in Schulen o. Ä.) vereinfacht das Periodenbilanzverfahren gemäß DIN 4108-3 [13], A.2.1, verwen-

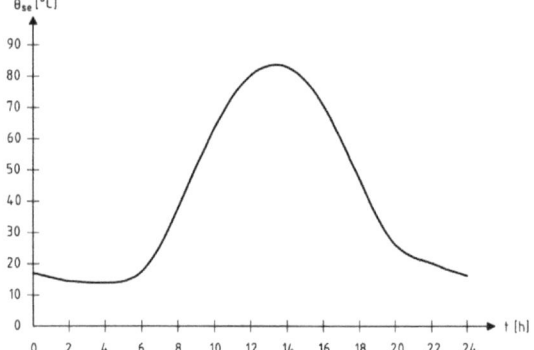

Bild 22. Tagesgang der Strahlungstemperatur eines Daches ($\alpha_s = 0{,}8$) an einem Sommertag (nach [38])

det werden. Dabei handelt es sich um das in Tabelle 4 zusammengestellte sog. Standardklima mit einer fest definierten Tau- und Verdunstungsperiode (= „Blockklima" [37]). Dabei darf für unterwohnte Dächer – ausgenommen verschattete Dächer oder solche mit sehr heller Oberfläche – in der Verdunstungsperiode ein höherer Sättigungsdampfdruck von $p_c = 2000$ Pa im Tauwasserbereich bzw. der Tauwasserebene angesetzt werden (entspricht einer Temperatur von $\theta_c \approx +17{,}5$ °C). Der Grund liegt in einer höheren äußeren Oberflächentemperatur, um den Einfluss der dort im Sommer erhöhten Strahlung zu berücksichtigen (Bild 22).

Das Periodenbilanzverfahren mit dem (bisherigen) Standardklima hat sich im mitteleuropäischen Klima zur feuchtetechnischen Abschätzung zur sicheren Seite hin bewährt und wurde daher nahezu unverändert beibehalten [33]; es ist bisher kein Fall bekannt geworden, bei dem eine mit dem Standardklima positiv bewertete Konstruktion Feuchteschäden infolge Wasserdampfdiffusion aufwies. Der tatsächliche Feuchtehaushalt in Bauteilen wird mit diesen Klimarandbedingungen allerdings nicht wiedergegeben [32] (s. a. DIN EN ISO 13788 [12] sowie Abschnitt 3.5 und 3.7).

3.4.5 Nachweis mit dem vereinfachten Periodenbilanzverfahren nach DIN 4108-3

Für die praktische Durchführung des Nachweises mit dem vereinfachten Periodenbilanzverfahren nach DIN 4108-3 wird das Glaser-Verfahren in DIN 4108-3 [13] (vgl. Abschnitt 3.3) leicht modifiziert:
- An der Abszisse der Diagramme werden – wie auch in DIN EN ISO 13788 [12] und DIN 4108-3 [13] – statt der Wasserdampfdiffusions-Durchlasswiderstände $Z_{p,j}$ der Bauteilschichten $j = 1, 2, \ldots, n$ die diffusionsäquivalenten Luftschichtdicken $s_{d,j}$ angeschrieben (Bild 23); dies ist möglich, da die beiden Werte proportional sind (vgl. Gl. (29)):

$$Z_{p,j} = \frac{1}{\delta_0} \cdot s_{d,j} \equiv \frac{1}{0{,}000720} \cdot s_{d,j} \quad \left[\frac{m^2 \cdot h \cdot Pa}{g}\right] \quad (63)$$

Tabelle 3. Wärmeübergangswiderstände R_{si}, R_{se} nach DIN EN ISO 6946 im Vergleich mit denen beim Periodenbilanzverfahren nach DIN 4108-3

		Richtung des Wärmestroms		
		aufwärts	horizontal[1]	abwärts
Wärmeübergangswiderstände R_{si}, R_{se} nach DIN EN ISO 6946:				
R_{si} [m²·K/W]	(bei Innenbauteilen beidseitig)	0,10	0,13	0,17
R_{se} [m²·K/W]	im Allgemeinen	0,04	0,04	0,04
	bei stark belüfteten Luftschichten	0,10	0,13	0,17
Wärmeübergangswiderstände R_{si}, R_{se} nach DIN 4108-3 für alle Richtungen des Wärmestroms:				
R_{si} [m²·K/W]	grundsätzlich	0,25		
R_{se} [m²·K/W]	im Allgemeinen	0,04		
	bei stark belüfteten Luftschichten[2]	0,04		

1) Werte für „horizontal" gelten für Richtungen des Wärmestroms von ±30° zur horizontalen Ebene.
2) Bauteile außenseitig der stark belüfteten Luftschicht und die Luftschicht selbst sind zu vernachlässigen.

Tabelle 4. Vereinfachte Klimabedingungen – sog. Standardklima – für den Nachweis des Tauwasserschutzes von Außenbauteilen nicht klimatisierter Räume nach DIN 4108-3, A.2.2

Periode		Innenklima	Außenklima[1]
Tauperiode von Dezember bis Februar:			
Lufttemperatur		$\theta_i = +20\,°C$	$\theta_e = -5\,°C$
relative Luftfeuchte		$\phi_i = 50\,\%$	$\phi_e = 80\,\%$
Wasserdampfteildruck		$p_i = 1168\,Pa$	$p_e = 321\,Pa$
Dauer		$t_c = 90\,d = 2160\,h$	
Verdunstungsperiode von Juni bis August:			
Lufttemperatur (nicht in DIN 4108-3 genannt)		$\theta_i = +15\,°C$	$\theta_e = +15\,°C$
relative Luftfeuchte (nicht in DIN 4108-3 genannt)		$\phi_i = 70\,\%$	$\phi_e = 70\,\%$
Wasserdampfteildruck		$p_i = 1200\,Pa$	$p_e = 1200\,Pa$
Sättigungsdampfdruck im Tauwasserbereich	Wände, die Aufenthaltsräume gegen Außenluft abschließen, und Decken unter nicht ausgebauten Dachräumen	$p_c = 1700\,Pa$	
	Dächer, die Aufenthaltsräume gegen Außenluft abschließen	$p_c = 2000\,Pa$	
Dauer		$t_{ev} = 90\,d = 2160\,h$	

1) gilt auch für nicht beheizte, belüftete Nebenräume (z. B. belüftete Dachräume, Garagen)

Dabei wird wie bisher – allerdings im Gegensatz zu DIN 4108-3 [13] – zur leichteren Handhabung der Zahlenwerte mit „g" statt „kg" gerechnet!
Um die Zeichengenauigkeit zu erhöhen, werden die Diffusionsdiagramme mit der auf den Gesamtwert $s_{d,T}$ bezogenen diffusionsäquivalenten Luftschichtdicke $(\sum s_d)_j/s_{d,T}$ nach jeder Schicht j = 1, 2, ..., n gezeichnet.

– Nach Bild 8a ist der Sättigungsdampfdruck p_{sat} *nichtlinear* von der Temperatur θ abhängig. Demnach wäre auch der Sättigungsdampfdruckverlauf grundsätzlich *nichtlinear* zu zeichnen (vgl. Bilder 15, 16 und 18). Dies darf jedoch vernachlässigt werden, sofern gut dämmende Bauteilschichten in Teilschichten mit genügend kleinem thermischen Widerstand (Empfehlung R ≤ 0,25 m²·K/W in DIN EN ISO 13788, 6.4.1) aufgeteilt werden.

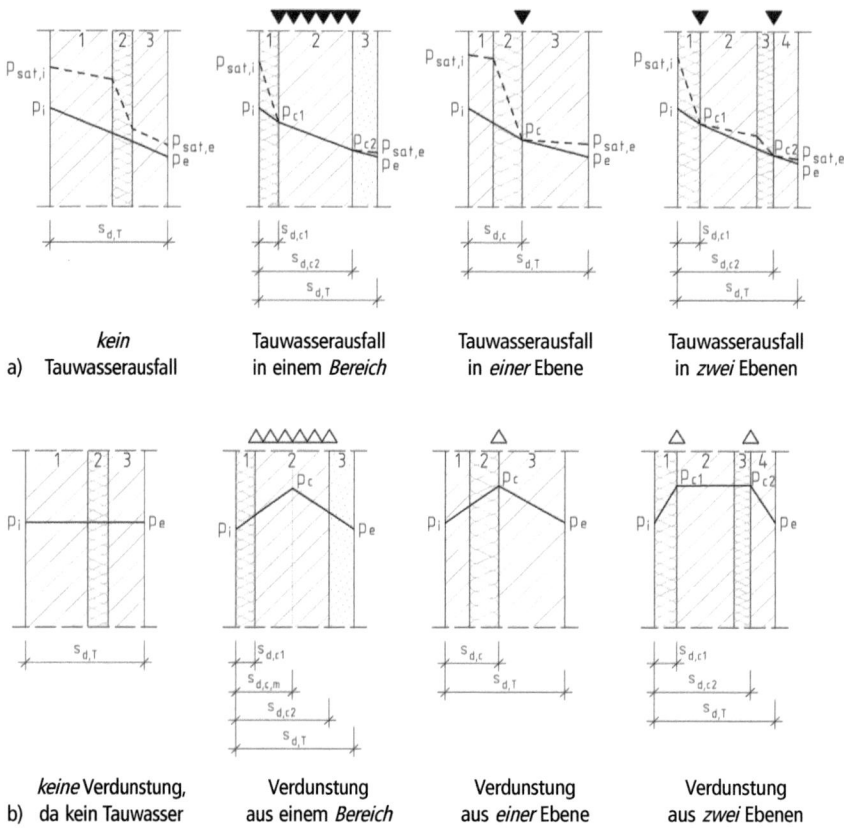

Bild 23. Darstellungs- und Bezeichnungsweise bei Nachweisen nach DIN 4108-3, a) für die Tauperiode, b) für die Verdunstungsperiode

Hinweis: Bei Handrechnungen nur die o. g. gut dämmenden Bauteilschichten in Teilschichten aufteilen, sofern sie an den zu erwartenden Tauwasserbereich bzw. an die zu erwartende Tauwasserebene grenzen – nur dort ist die dadurch höhere Genauigkeit sinnvoll! Dabei mindestens drei Teilschichten wählen, nur dann wird der Polygonzug der tatsächlichen Sättigungsdampfdruckkurve ausreichend gut angenähert!

– Für die Genauigkeit des Verfahrens ist es ausreichend, wenn
  • Temperaturwerte θ auf eine Nachkommastelle gerundet werden und
  • damit Sättigungsdampfdruckwerte p_{sat} ohne Nachkommastelle aus DIN 4108-3, Tabelle C.1, abgelesen werden.
– Feuchtetechnische Schutzschichten (z. B. Dachabdichtungen, Dampfsperren, Unterspann-/Unterdeckbahnen u. Ä.) dürfen für die Ermittlung der *Temperatur*verteilung vernachlässigt werden (nicht für den Tauwassernachweis!).

– Gemäß DIN 4108-3 [13], A.2.3, ist bei Tauwassernachweisen zu beachten, dass bei Angabe mehrerer μ-Werte immer die für den Tauwasserausfall ungünstigeren μ-Werte anzuwenden sind (vgl. Abschnitt 2.7).
Betrachtet man z. B. bei einem Bauteil mit Tauwasserausfall den Teildruckverlauf in der Tauperiode, so wird die flächenbezogene Tauwassermasse M_c, die proportional zur Differenz zwischen ein- und ausdiffundierender Wasserdampfdiffusionsstromdichte $g_i - g_e$ ist (vgl. Gl. (40)), dann am größten (ungünstigsten),
  • wenn einerseits zwischen *innerer* Bauteiloberfläche und Tauwasserebene bzw. -bereich der μ-Wert *möglichst gering* ist und damit die eindiffundierende Wasserdampfmasse *möglichst groß* wird,
  • wenn andererseits zwischen Tauwasserebene bzw. -bereich und *äußerer* Bauteiloberfläche der μ-Wert *möglichst groß* ist und damit die ausdiffundierende Wasserdampfmasse *möglichst gering* wird.
Die so gewählten μ-Werte (und die daraus ermittelten s_d-Werte) sind für den gesamten Nachweis bei-

zubehalten, d. h., für die Verdunstungsperiode ist nicht erneut die sichere Seite zu ermitteln. Analog ist auch eine evtl. Aufteilung von Bauteilschichten in Teilschichten in der Verdunstungsperiode beizubehalten.
In Abschnitt 3.6 folgen zwei Beispiele, in denen Bauteile nach dem Periodenbilanzverfahren mit dem Standardklima aus Tabelle 4 auf Tauwasserausfall und mögliche Austrocknung untersucht werden.

3.5 Bauteile nach DIN 4108-3 ohne rechnerischen Nachweis

3.5.1 Einführung

Das Glaser-Verfahren mit dem Standardklima gemäß Tabelle 4 in Abschnitt 3.4.4 (als Periodenbilanzverfahren) entstand ursprünglich in den 60er-Jahren des vorigen Jahrhunderts zur Beurteilung von Außenbauteilen in Holzbauart – aufgrund der nicht kapillar leitenden Mineralwolledämmung war in den Gefachen die Wasserdampfdiffusion der *einzige* relevante Mechanismus des Feuchtetransports. Die damals gewählten Randbedingungen mit 60-tägiger Winter- und 90-tägiger Sommerperiode mit jeweils ungünstigen Klimaannahmen haben sich für diesen Anwendungsfall bewährt; d. h., es ist nach *Künzel* [32] kein Fall bekannt geworden, in dem bei einer nach dem Glaser-Verfahren und den Randbedingungen des Standardklimas positiv bewerteten Wand- oder Deckenkonstruktion in Holzrahmen-/Holztafelbauart in der Praxis Feuchteschäden aufgetreten sind.
Bei kapillar leitenden Bauteilschichten liegt das Glaser-Verfahren jedoch auf der sicheren Seite (s. Abschnitt 3.7) und führt daher häufig zu Fehlinterpretationen. Deshalb ist gemäß DIN 4108-3 [13], 5.3, für die im Folgenden genannten Bauteile, sofern sie
– einen ausreichenden Wärmeschutz nach DIN 4108-2 [39] aufweisen,
– luftdicht ausgeführt sind nach DIN 4108-7 [40] und
– nicht klimatisierte Wohnräume sowie wohnähnlich genutzte Räume zur Außenluft abschließen,

kein rechnerischer Nachweis des Tauwasserausfalls infolge Wasserdampfdiffusion erforderlich, da nach praktischer Erfahrung kein Tauwasserrisiko besteht.

3.5.2 Außenwände ohne rechnerischen Nachweis

Außenwände (ohne erdberührte Kelleraußenwände) ohne rechnerischen Nachweis des Tauwasserausfalls sind in den Tabellen 5 und 6 zusammengestellt. Ergänzende Angaben zu den Außenwänden in Holzbauart (vgl. Tabelle 6):
– In einigen Fällen kann ein Nachweis des Tauwasserschutzes entfallen, wenn Konstruktionen aus DIN 68800-2 [35], Anhang A, verwendet werden. Bei der Außenwand mit Mauerwerk-Vorsatzschale in Bild 26d können dabei nach DIN 68800-2, Bild A.8,
• die äußere Bekleidung oder Beplankung entfallen und
• statt der Mineralwolle nach DIN EN 13162 mit $d \geq 40$ mm auch Holzfaserdämmplatten nach DIN EN 13171 mit $d \geq 18$ mm oder Dämmstoff mit entsprechender bauaufsichtlicher Zulassung verwendet werden;

dann gilt jedoch für die wasserableitende Schicht $0{,}3\ \text{m} \leq s_d \leq 1{,}0\ \text{m}$.

Tabelle 5. Massive Außenwände, für die *kein* rechnerischer Nachweis des Tauwasserausfalls erforderlich ist

Wandbauart
Wände aus Mauerwerk und Beton, und zwar – aus Mauerwerk nach DIN EN 1996-1-1, – aus Normalbeton nach DIN EN 206-1 bzw. DIN 1045-2, – aus gefügedichtem Leichtbeton nach DIN 1045-2, DIN EN 206-1 und DIN EN 1992-1-1, – aus haufwerksporigem Leichtbeton nach DIN 4213, DIN EN 992 und DIN EN 1520, jeweils **mit Innenputz** und **Außenschicht** – als wasserabweisender Außenputz, – als angemörtelte Außenwandbekleidung nach DIN 18515-1 mit Fugenanteil ≥ 5 % (Bild 24a) oder als Verblendmauerwerk nach DIN EN 1996-1-1, – als hinterlüftete Außenwandbekleidung nach DIN 18516-1 mit und ohne Wärmedämmung (Bild 24b), – als einseitig belüftete Außenwandbekleidung (Lüftungsöffnung $\geq 100\ \text{cm}^2/\text{m}$), – als kleinformatige luftdurchlässige Außenwandbekleidung mit und ohne Belüftung, – als Außendämmung nach DIN 4108-10 oder wasserabweisender Wärmedämmputz oder durch ein Wärmedämm-Verbundsystem nach DIN EN 13499 oder DIN EN 13500 (Bild 25)
Massive Wände (wie vor) **mit Innendämmung,** und zwar – Wände beliebiger vorgenannter Art ohne Schlagregenbeanspruchung mit • beliebiger Innendämmung mit $R_{Dä} \leq 0{,}5\ \text{m}^2 \cdot \text{K/W}$ oder • beliebiger Innendämmung mit $R_{Dä} \leq 1{,}0\ \text{m}^2 \cdot \text{K/W}$, sofern $s_{d,i} \geq 0{,}5\ \text{m}$ für die Innendämmung einschließlich raumseitiger Bekleidung beträgt (das Einströmen von Raumluft in bzw. hinter die Innendämmung ist konstruktiv zu verhindern)

Tabelle 6. Außenwände in Holzbauart, für die *kein* rechnerischer Nachweis des Tauwasserausfalls erforderlich ist

Wandbauart

Wände in Holzbauart nach DIN 68800-2, 8.2, als
- *beidseitig* bekleidete oder beplankte Wände in Holzbauart mit vorgehängter hinterlüfteter Außenwandbekleidung mit
  - raumseitiger *diffusionshemmender* Schicht mit $s_{d,i} \geq 2,0$ m und
  - außenseitiger *diffusionsoffener* Schicht mit $s_{d,e} \leq 0,3$ m (Bild 26a) oder aus Holzfaserdämmplatten nach DIN EN 13171,
- *beidseitig* bekleidete oder beplankte Wände in Holzbauart mit nicht belüfteter Außenwandbekleidung aus kleinformatigen Elementen mit
  - raumseitiger diffusionshemmender Schicht mit $s_{d,i} \geq 2,0$ m und
  - außenseitiger diffusionsoffener Schicht mit $s_{d,e} \leq 0,3$ m und zusätzlicher wasserableitender Schicht mit $s_{d,e} \leq 0,3$ m auf der äußeren Beplankung (Bild 26b),
- *beidseitig* bekleidete oder beplankte Wände in Holzbauart mit Wärmedämm-Verbundsystem aus mineralischem Faserdämmstoff nach DIN EN 13162 oder aus Holzfaserdämmplatten nach DIN EN 13171 und einem wasserabweisenden Putzsystem mit $s_d \leq 0,7$ m sowie
  - raumseitiger diffusionshemmender Schicht mit $s_{d,i} \geq 2,0$ m und
  - äußerer Bekleidung oder Beplankung mit $s_d \leq 0,3$ m (Bild 26c),
- nur *raumseitig* bekleidete oder beplankte Wände in Holzbauart mit Wärmedämm-Verbundsystem aus mineralischem Faserdämmstoff nach DIN EN 13162 oder aus Holzfaserdämmplatten nach DIN EN 13171 und einem wasserabweisenden Putzsystem mit $s_d \leq 0,7$ m sowie
  - raumseitiger diffusionshemmender Schicht mit $s_{d,i} \geq 2,0$ m und
  - ohne äußere Bekleidung oder Beplankung,
- *beidseitig* bekleidete oder beplankte Wandelemente in Holzbauart mit Wärmedämm-Verbundsystem aus Polystyrol nach DIN 68800-2:2012-02, Anhang A,
- *beidseitig* bekleidete oder beplankte Wandelemente in Holzbauart mit Mauerwerk-Vorsatzschale nach DIN 68800-2:2012-02, Anhang A (Bild 26d),
- Massivholzbauart mit vorgehängter Außenwandbekleidung oder Wärmedämm-Verbundsystem nach DIN 68800-2:2012-02, Anhang A

Holzfachwerkwände mit raumseitiger Luftdichtheitsschicht und
- wärmedämmender Ausfachung (Sichtfachwerk) sowie einer Innenbekleidung mit $1\text{ m} \leq s_{d,i} \leq 2\text{ m}$,
- Innendämmung (über Fachwerk und Gefach) auf Wänden ohne Schlagregenbeanspruchung
  - mit $R_{D\ddot{a}} \leq 0,5 \text{ m}^2\cdot\text{K/W}$ allgemein bzw.
  - mit $0,5\text{ m}^2\cdot\text{K/W} < R_{D\ddot{a}} \leq 1,0\text{ m}^2\cdot\text{K/W}$ und einem Diffusionswiderstand von Innendämmung einschließlich raumseitiger Bekleidung von $1\text{ m} \leq s_{d,i} \leq 2\text{ m}$
  (das Einströmen von Raumluft in bzw. hinter die Innendämmung ist konstruktiv zu verhindern),
- Außendämmung (über Fachwerk und Gefach) in Form eines Wärmedämmputzsystems oder eines genormten bzw. allgemein bauaufsichtlich zugelassenen Wärmedämm-Verbundsystems jeweils mit $s_{d,e} \leq 2$ m,
- Außendämmung (über Fachwerk und Gefach) mit hinterlüfteter Außenwandbekleidung

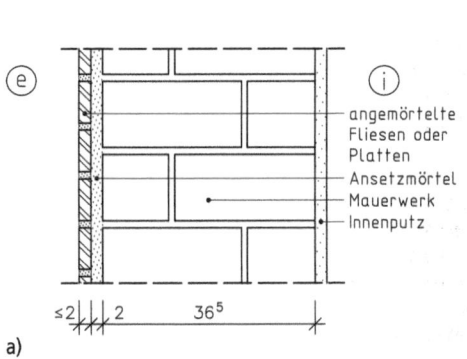

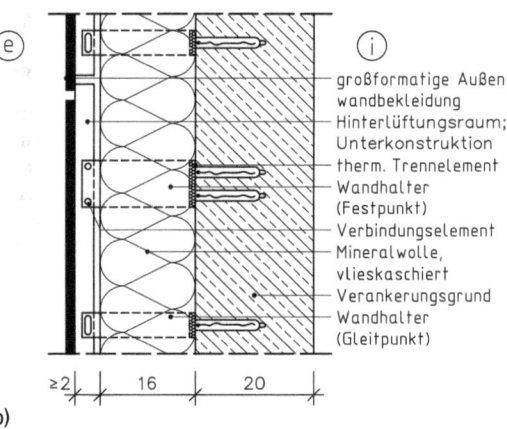

Bild 24. Beispiele massiver Außenwände [41], a) mit angemörtelter Bekleidung, b) mit hinterlüfteter Außenwandbekleidung

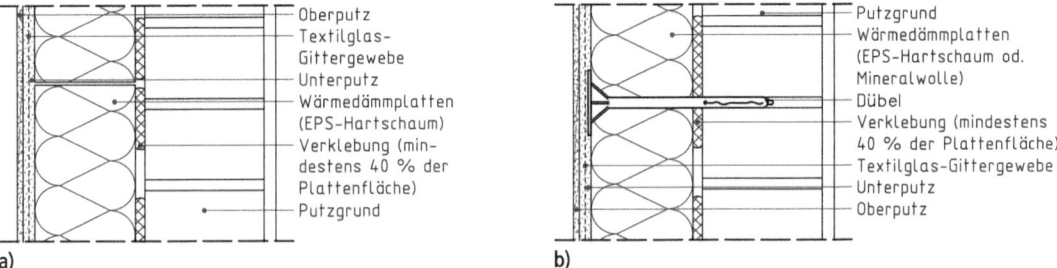

Bild 25. Beispiele massiver Außenwände mit Wärmedämm-Verbundsystem (WDVS), a) mit nur verklebten Dämmplatten aus expandiertem Polystyrol-Hartschaum (EPS), b) mit verklebten *und* verdübelten Dämmplatten aus expandiertem Polystyrol-Hartschaum (EPS) oder Mineralwolle

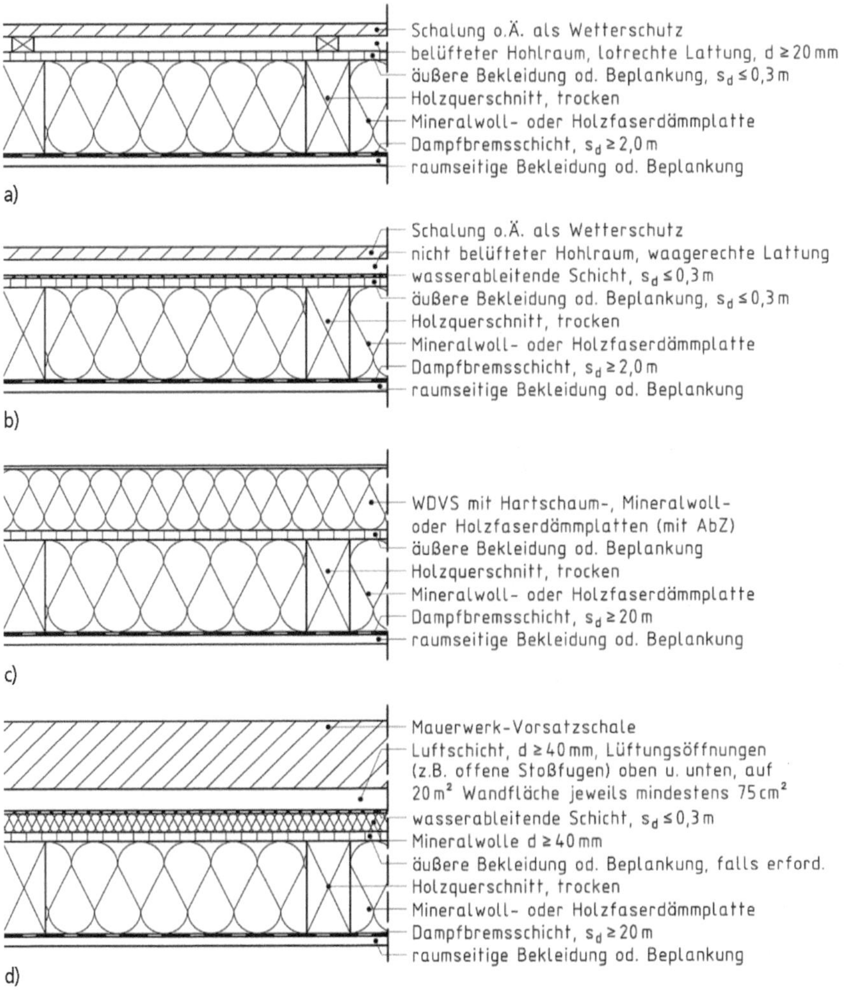

Bild 26. Beispiele hölzerner Außenwände, bei denen nach DIN 68800-2 die Bedingungen der Gebrauchsklasse 0 erfüllt sind, a) Horizontalschnitt durch eine Außenwand mit hinterlüfteter Außenwandbekleidung auf lotrechter Lattung (Außenseite oben), b) Horizontalschnitt durch eine Außenwand mit nicht hinterlüfteter Außenwandbekleidung auf waagerechter Lattung (Außenseite oben), c) Horizontalschnitt durch eine Außenwand mit Wärmedämm-Verbundsystem (WDVS), bauaufsichtliche Zulassung für diese Anwendung erforderlich (Außenseite oben), d) Horizontalschnitt durch eine Außenwand mit Mauerwerk-Vorsatzschale (Außenseite oben)

Tabelle 7. Erdberührte Bauteile, für die kein rechnerischer Nachweis des Tauwasserausfalls erforderlich ist

Bauteil
Erdberührte Kelleraußenwände mit Bauwerksabdichtung aus – einschaligem Mauerwerk oder – aus Beton mit außenliegender Perimeterdämmung nach DIN 4108-10 oder allgemeiner bauaufsichtlicher Zulassung
Bodenplatten mit Bauwerksabdichtung und Perimeterdämmung, wobei der Anteil der raumseitigen Schichten am Gesamtwärmedurchlasswiderstand der Bodenplatte nicht mehr als 20 % betragen darf

3.5.3 Erdberührte Außenwände und Bodenplatten ohne rechnerischen Nachweis

Erdberührte Kelleraußenwände und Bodenplatten ohne rechnerischen Nachweis des Tauwasserausfalls sind in Tabelle 7 zusammengestellt.

3.5.4 Dächer ohne rechnerischen Nachweis

Dächer werden grundsätzlich unterschieden in
– *nicht* belüftete Dächer, d. h. Dächer *ohne* belüftete Luftschicht direkt über der Wärmedämmung (Bild 27) und
– belüftete Dächer, d. h. Dächer *mit* belüfteter Luftschicht direkt über der Wärmedämmung (Bild 28).
Weiter werden Dächer unterschieden in
– Dächer mit *Dachdeckungen* (z. B. mit Dachziegeln, Dachsteinen, Schiefer, Metalldeckungen), die regensicher, aber nicht wasserdicht sind und die nicht belüftet (vgl. Bild 27b) oder belüftet (vgl. Bild 28b) sein können, sowie
– Dächer mit *Dachabdichtungen* (z. B. Bitumenbahnen, Kunststoff- oder Elastomerbahnen, Flüssigkunststoff), die bis zur Oberkante der An- und Abschlüsse wasserdicht sind und die ebenfalls nicht belüftet (vgl. Bild 27a) oder belüftet (vgl. Bild 28a) sein können.

Dabei ist zu beachten, dass die erstgenannte Definition teilweise von der Definition stark belüfteter Luftschichten für den Wärmeschutznachweis abweicht: Die in Bild 27b dargestellte Dachkonstruktion ist zwar hinsichtlich des Tauwasserschutzes *nicht* belüftet (s. o.), hinsichtlich des Wärmeschutznachweises jedoch belüftet, d. h., es ist außenseitig der Wärmeübergangswiderstand $R_{se} = 0{,}10$ W/(m²·K) für eine stark belüftete Luftschicht anzusetzen (vgl. Tabelle 3 oben)!

Nicht belüftete Dächer ohne rechnerischen Nachweis des Tauwasserausfalls finden sich in Tabelle 8 mit Tabelle 9; generell muss der Wärmedurchlasswiderstand der Bauteilschichten unterhalb dieser diffusionshemmenden Schicht ≤ 20 % des Gesamtwärmedurchlasswiderstandes betragen. Bei Dächern mit nebeneinander liegenden Bereichen ist der Gefachbereich zugrunde zu legen.

Belüftete Dächer ohne rechnerischen Nachweis des Tauwasserausfalls sind in Tabelle 10 mit Bild 29 zusammengestellt. Bei Nichteinhaltung der in Tabelle 10 bzw. Bild 29 genannten Lüftungsquerschnitte ist auch ein rechnerischer Nachweis der Belüftungswirkung in belüfteten Dächern möglich.

Bei ausgebauten Dächern *im Bestand* ist i. d. R. zu beachten, dass
– entweder *überhaupt keine* Dampf-/Luftsperre vorhanden ist

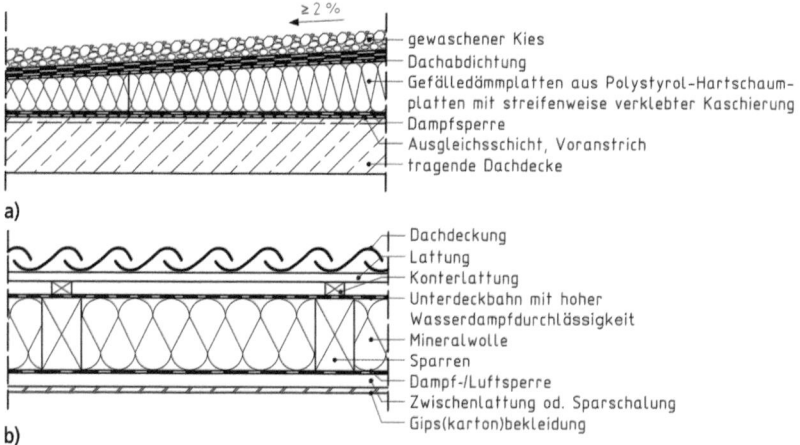

Bild 27. Beispiele von nicht belüfteten Dächern, a) nicht belüftetes Flachdach mit Dachabdichtung, b) nicht belüftetes geneigtes Dach mit Dachdeckung

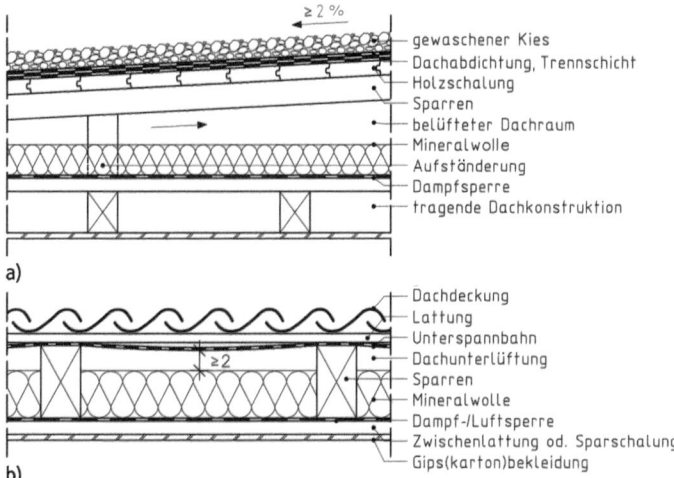

Bild 28. Beispiele von belüfteten Dächern, a) belüftetes Flachdach mit Dachabdichtung, b) belüftetes geneigtes Dach mit Dachdeckung

Tabelle 8. Nicht belüftete Dächer, für die *kein* rechnerischer Nachweis des Tauwasserausfalls erforderlich ist

Dachbauart
Nicht belüftete Dächer mit Dachabdichtung, und zwar – mit diffusionshemmender Schicht mit $s_{d,i} \geq 100$ m unterhalb der Wärmedämmschicht, wenn sich weder Holz noch Holzwerkstoffe zwischen Dachabdichtung und $s_{d,i}$ befinden – bei diffusionshemmenden Dämmstoffen mit $s_{d,i} \geq 100$ m oder diffusionsdichten Dämmstoffen (z. B. Schaumglas) darf auf die diffusionshemmende Schicht verzichtet werden, – aus Porenbeton nach DIN 4223-1 bis -5 ohne diffusionshemmende Schicht an der Unterseite und ohne zusätzliche Wärmedämmung, – als Umkehrdächer mit Wärmedämmung oberhalb der Dachabdichtung nach DIN 4108-2, DIN 4108-10 bzw. allgemeiner bauaufsichtlicher Zulassung, – mit zusätzlicher belüfteter Luftschicht unter der Dachabdichtung bei Einhaltung der wasserdampfdiffusionsäquivalenten Luftschichtdicken nach Tabelle 9 – die belüftete Luftschicht muss zusätzlich die Anforderungen aus Tabelle 10 einhalten
Nicht belüftete Dächer – mit belüfteter Dachdeckung oder – mit zusätzlich belüfteter Luftschicht unter nicht belüfteter Dachdeckung und einer nicht diffusionsdichten Wärmedämmung zwischen, unter und/oder über den Sparren [1] und zusätzlicher regensichernder Schicht bei Einhaltung der wasserdampfdiffusionsäquivalenten Luftschichtdicken nach Tabelle 9 [1] [2]

[1] Bei nicht belüfteten Dächern mit äußeren diffusionshemmenden Wärmedämmschichten mit $s_{d,e} \geq 2,0$ m kann erhöhte Baufeuchte oder später z. B. durch Undichtheiten eingedrungene Feuchte nur schlecht oder gar nicht austrocknen – daher ist darauf zu achten, dass Holz und Holzwerkstoffe zwischen den diffusionshemmenden Schichten nur bis zur jeweils zulässigen Materialfeuchte eingebaut werden.

[2] Alternativ ist auch eine diffusionsdichte reine Aufsparrendämmung zulässig, wenn z. B. bei $s_{d,e} > 0,5$ m innenseitig $s_{d,i} \geq 100$ m beträgt und sich dazwischen weder Holz noch Holzwerkstoffe befinden.

– oder die vorhandene Dampf-/Luftsperre *beschädigt* bzw. nicht an alle angrenzenden Bauteile *luftdicht angeschlossen* wurde.
Um dennoch den Innenausbau in den genutzten Räumen nicht verändern zu müssen, wird – z. B. im Zuge einer Neudeckung – das Dach i. d. R. von außen gedämmt. Eine Dampf-/Luftsperre *unterhalb* der Sparren kann deshalb nachträglich nicht angeordnet werden.
Vom Fraunhofer-Institut für Bauphysik wurde u. a. dafür eine feuchteadaptive Dampfbremse aus Polyamidfolie entwickelt, die die in Bild 30 gezeigten Eigenschaften hat (vermarktet als Klimamembran *isover Vario KM* oder *ProClima intello*), d. h. bei geringer Raumluftfeuchte im Winter wie eine Dampfbremse wirkt, bei hoher Raumluftfeuchte im Sommer dagegen relativ diffusionsoffen ist und dann eine Austrocknung auch nach innen ermöglicht.
Diese Eigenschaften können auch sinnvoll genutzt werden, wenn diese Bahn schlaufenförmig von *außen* über die Sparren gelegt wird (Bild 31), wobei diese feuchteadaptive Dampfbremse im Winter auf der *Raumseite* die in Bild 30 dargestellte Funktion übernimmt, während sie *oberhalb der Sparren* bei der dort hohen rela-

Tabelle 9. Anforderungen an den Tauwasserschutz von *nicht* belüfteten Dächern mit belüfteten Dachdeckungen nach DIN 4108-3 und DIN 68800-2 *ohne* rechnerischen Nachweis

	Kombinationen zulässiger wasserdampfdiffusionsäquivalenter Luftschichtdicken s_d		
außen[1]	$s_{d,e} \leq 0,1$ m	$0,1$ m $< s_{d,e} \leq 0,3$ m	$0,3$ m $< s_{d,e} \leq 2,0$ m [3]
innen[2]	$s_{d,i} \geq 1,0$ m	$s_{d,i} \geq 2,0$ m	$s_{d,i} \geq 6 \cdot s_{d,e}$ [3]

1) $s_{d,e}$ ist die Summe der Werte der wasserdampfdiffusionsäquivalenten Luftschichtdicken aller Schichten, die sich oberhalb der Wärmedämmschicht befinden bis zur ersten belüfteten Luftschicht.
2) $s_{d,i}$ ist die Summe der Werte der wasserdampfdiffusionsäquivalenten Luftschichtdicken aller Schichten, die sich unterhalb der Wärmedämmschicht bzw. unterhalb gegebenenfalls vorhandener Untersparrendämmungen befinden bis zur ersten belüfteten Luftschicht.
3) Bei diesen Bedingungen kann nach DIN 68800-2 nur bei werkseitiger Vorfertigung nach der Holztafelbaurichtlinie auf chemischen Holzschutz verzichtet werden.

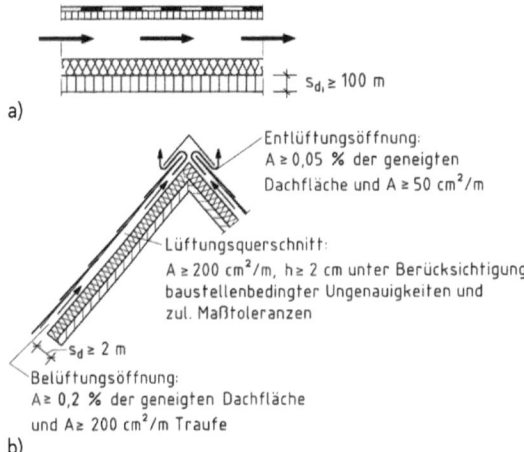

Bild 29. Anforderungen an belüftete Dächer ohne rechnerischen Nachweis des Tauwasserausfalls (aus [3] nach [14]), a) bei Dachneigungen $< 5°$ (der Wärmedurchlasswiderstand von Bauteilschichten unterhalb der diffusionshemmenden Schicht mit $s_{d,i} \geq 100$ m darf höchstens 20 % des Gesamtwärmedurchlasswiderstands betragen), b) bei Dachneigungen $\geq 5°$

Tabelle 10. Belüftete Dächer, für die *kein* rechnerischer Nachweis des Tauwasserausfalls erforderlich ist

Dachbauart

Belüftete Dächer mit Dachneigung $< 5°$ und diffusionshemmender Schicht mit $s_{d,i} \geq 100$ m unterhalb der Wärmedämmschicht, wobei der Wärmedurchlasswiderstand der Bauteilschichten unterhalb dieser diffusionshemmenden Schicht ≤ 20 % des Gesamtwärmedurchlasswiderstands betragen muss – für die belüftete Luftschicht gilt dabei, dass
- die Länge des Lüftungsraums ≤ 10 m beträgt,
- die Höhe des freien Lüftungsquerschnitts innerhalb des Dachbereichs über der Wärmedämmschicht $\geq 0,2$ % der zugehörigen geneigten Dachfläche (jedoch ≥ 5 cm) beträgt,
- der Mindestlüftungsquerschnitt an mindestens zwei gegenüber liegenden Dachrändern $\geq 0,2$ % der zugehörigen geneigten Dachfläche (jedoch ≥ 200 cm²/m) beträgt.

Belüftete Dächer mit Dachneigung $\geq 5°$, sofern
- die Höhe des freien Lüftungsquerschnitts innerhalb des Dachbereichs über der Wärmedämmschicht ≥ 2 cm beträgt (vgl. Bild 29b) – bedingt durch Bautoleranzen oder Einbauten darf diese freie Lüftungshöhe lokal eingeschränkt sein,
- der freie Lüftungsquerschnitt an den Traufen (bzw. an Traufe und Pultdachabschluss) $\geq 0,2$ % der zugehörigen geneigten Dachfläche (jedoch ≥ 200 cm²/m) beträgt,
- bei Satteldächern an Firsten und Graten freie Lüftungsquerschnitte $\geq 0,05$ % der zugehörigen geneigten Dachfläche (jedoch ≥ 50 cm²/m) beträgt [1] [2],
- die Bauteilschichten unterhalb der Belüftungsschicht in der Summe $s_d \geq 2$ m einhalten.

1) Bei klimatisch unterschiedlich beanspruchten Flächen eines Dachs (z. B. Nord-/Süd-Dachflächen) ist eine Abschottung der Belüftungsschicht im First sinnvoll.
2) Bei Kehlen sind Lüftungsöffnungen im Allgemeinen nicht möglich, solche Dachkonstruktionen – auch mit Dachgauben – sind daher zweckmäßiger ohne Belüftung auszuführen.

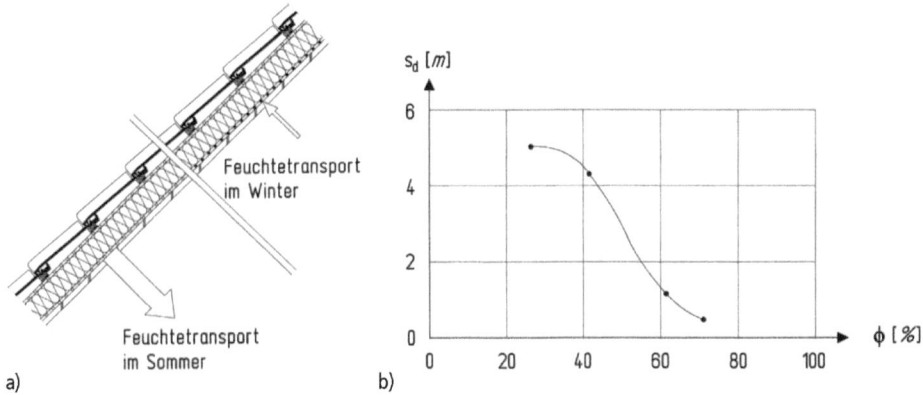

Bild 30. Funktionsweise der feuchteadaptiven Dampfbremsfolie, a) bei im Innenraum geringer relativer Luftfeuchte im Winter lässt die Polyamid-Folie nur geringfügig Wasserdampf durch, während sie bei hoher relativer Luftfeuchte im Sommer höher dampfdurchlässig wird (aus [42] nach [43]), b) entsprechende Messwerte der diffusionsäquivalenten Luftschichtdicke s_d in Abhängigkeit von der relativen Luftfeuchte (aus [42] nach [44])

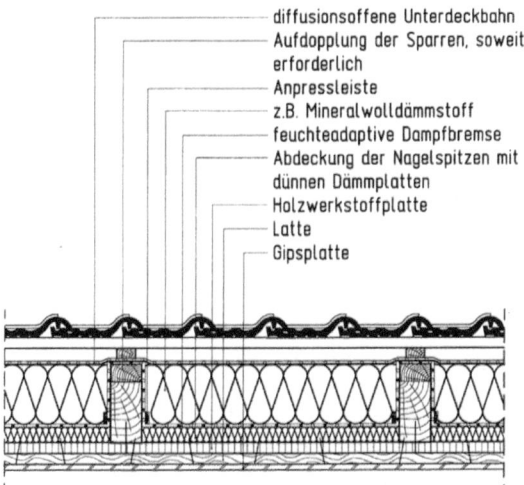

Bild 31. Dachinstandsetzung von außen mithilfe einer feuchteadaptiven Dampfbremse – hier mit Aufdopplung der Sparren, um einen Wärmeschutz entsprechend EnEV zu erreichen (aus [42] nach [45])

tiven Luftfeuchte eine niedrigere diffusionsäquivalente Luftschichtdicke (wie sonst im Sommer) hat und damit dort wie die darüber liegende diffusionsoffene Unterdeckbahn wirkt. Diese für Dächer im Bestand wichtige Bauart wird erstmalig in DIN 4108-3:2018-10, 5.3.3.2, als nachweisfrei aufgeführt.
Dabei unbedingt auf die dargestellte Abdeckung der Nagel- oder Schraubenspitzen aus der inneren Bekleidung achten!

3.5.5 Fenster und Fenstertüren

Für Fenster und Fenstertüren verweist DIN 4108-3 [13], 5.1.3, auf DIN EN ISO 13788 [12], 5.1 (gilt gemäß DIN 4108-2 [39], 6.1, analog für Pfosten-Riegel-Konstruktionen). Demnach kann ein Tauwasserausfall auf Oberflächen generell zu Schäden an ungeschützten feuchteempfindlichen Baustoffen führen. Er kann allerdings vorübergehend und in kleinen Mengen annehmbar sein, z. B. bei Fenstern und Fliesen in Badezimmern, sofern die Oberfläche die Feuchte nicht absorbiert und Vorkehrungen zur Vermeidung eines Kontaktes der Feuchte mit angrenzenden feuchteempfindlichen Baustoffen getroffen werden.

> **Hinweis**: Die weite Verbreitung des Glaser-Verfahrens hat dazu geführt, dass in DIN 4108-3 [13], 5.3, *nicht* genannte *kapillarporöse* Wand- und Deckenkonstruktionen mit dem Glaser-Verfahren unter Annahme des Standardklimas diffusionstechnisch untersucht und bewertet werden. Die Folge davon ist, dass die Rechenergebnisse häufig mit den Erfahrungen aus der Praxis nicht übereinstimmen [2, 32] – ein Problem, das erst seit den 1990er-Jahren mithilfe aufwendigerer EDV-Programme zur feuchtetechnischen Berechnung von Bauteilen gelöst wurde (s. Abschnitt 3.7).

3.6 Beispiele zum vereinfachten Periodenbilanzverfahren nach DIN 4108-3

Im Folgenden werden zwei Beispiele vorgestellt, anhand derer zuerst geprüft wird, ob nach Abschnitt 3.5 ein rechnerischer Nachweis überhaupt erforderlich ist (was jeweils der Fall ist), und dann mit dem vereinfachten Periodenbilanzverfahren nach DIN 4108-3 der

rechnerische Nachweis entsprechend Abschnitt 3.4 geführt wird.
Die Beispiele wurden so gewählt, dass die wichtigsten Varianten dargestellt sind:
- ein Dach (Beispiel 1) wie auch eine Außenwand (Beispiel 2) – die jeweils Aufenthaltsräume gegen Außenluft abschließen,
- eine Massivkonstruktion (Beispiel 1) wie auch eine Holzkonstruktion (Beispiel 2) und
- Tauwasserausfall sowohl in einer Bauteilebene (Beispiel 1) als auch in einem Bauteilbereich (Beispiel 2).

Die für die Berechnung und den Nachweis verwendeten Formblätter finden sich zum Download unter www.hmarquardt.de.

> **Hinweis:** In der Neufassung DIN 4108-3:2018 [13] wurde festgelegt, dass neben begrünten auch bekieste Dächer nicht mehr mit dem Periodenbilanzverfahren nachgewiesen werden dürfen (s. Abschnitt 3.7.2). Beim Beispiel 1 ist daher die Kiesschicht durch z. B. eine Besplittung der Oberlage der Dachabdichtung zu ersetzen. Da in Beispiel 1 die Kiesschicht sowieso vernachlässigt wurde, ändert sich nichts am Ergebnis.

3.6.1 Beispiel 1: Massives Flachdach ohne Dampfsperre

Das in Bild 32 dargestellte massive, nicht genutzte Flachdach eines nicht klimatisierten Bürogebäudes schließt einen Aufenthaltsraum gegen Außenluft ab; es ist versehentlich ohne Dampfsperre ausgeführt worden.

Aufgabe
a) Ist für dieses Flachdach ein rechnerischer Nachweis nach DIN 4108-3, 5.2, erforderlich?
b) Wenn ein rechnerischer Nachweis erforderlich wird, soll er als vereinfachter Nachweis des Tauwasserschutzes mit dem Periodenbilanzverfahren nach DIN 4108-3 geführt werden.

Lösung
a) Gemäß DIN 4108-3 [13], 5.3.1, kann grundsätzlich auf den rechnerischen Nachweis verzichtet werden

- bei Bauteilen mit ausreichendem Wärmeschutz nach DIN 4108-2 [39] – hier ist der Mindestwärmeschutz nach DIN 4108-2 erfüllt mit

$R = 0{,}16 \text{ m}/2{,}50 \text{ W/(m·K)}$
$\quad + 0{,}20 \text{ m}/0{,}035 \text{ W/(m·K)}$
$\quad + 0{,}01 \text{ m}/0{,}17 \text{ W/(m·K)}$
$\quad = 5{,}84 \text{ m}^2\text{·K/W} \geq 1{,}2 \text{ m}^2\text{·K/W}$,

- bei luftdichter Ausführung nach DIN 4108-7 [40] – die vorliegende Betondecke ist luftdicht – und
- bei nicht klimatisierten Wohnräumen und ähnlich genutzten Räumen – hier liegt ein ähnlich genutzter Büroraum vor.

Weiter sind vom vorliegenden nicht belüfteten Dach mit Dachabdichtung bauteilspezifische Anforderungen zu erfüllen nach DIN 4108-3, 5.3.3.2, bzw. Tabelle 8 dieses Beitrags, d. h.
- diffusionshemmende Schicht unterhalb der Wärmedämmschicht (16 cm Normalbeton angesetzt mit $\mu = 80$ als unterer Grenzwert auf der sicheren Seite) zu

$s_{d,i,real} = \mu_{min} \cdot d = 80 \cdot 0{,}16 \text{ m} = 12{,}8 \text{ m} < 100 \text{ m}$
$\quad = s_{d,i,min}$

Dieser Wert ist nicht eingehalten – damit ist ein rechnerischer Nachweis des Tauwasserschutzes erforderlich.

b) Die Berechnung und der Nachweis erfolgen in Formblättern in Tabelle 11. Die Kennwerte λ und μ von Normalbeton finden sich in DIN EN ISO 10456 [24], Tabelle 3; λ und μ von Bitumenbahnen und expandiertem Polystyrol-Hartschaum (EPS) werden aus DIN 4108-4 [23], Tabelle 1, entnommen. Dabei wird für den EPS-Hartschaum der Bemessungswert der Wärmeleitfähigkeit λ marktüblich entsprechend der in Bild 32 genannten Wärmeleitfähigkeitsstufe angesetzt.

Hinweis zur Berechnung: Der EPS-Hartschaum hat einen Wärmedurchlasswiderstand.

$R_j = d_j/\lambda_j = 0{,}20 \text{ m}/0{,}035 \text{ W/(m·K)}$
$\quad = 5{,}714 \text{ m}^2\text{·K/W} > 0{,}25 \text{ m}^2\text{·K/W}$.

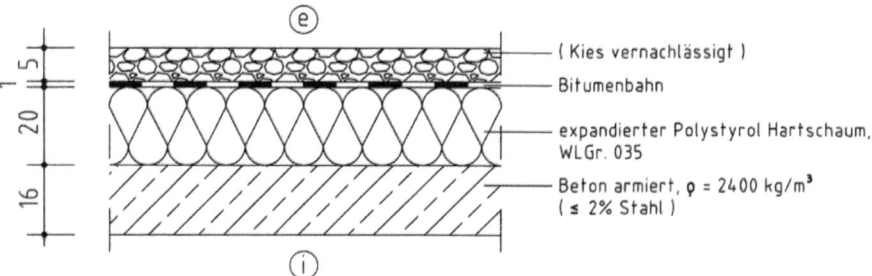

Bild 32. Massives, nicht genutztes Flachdach eines nicht klimatisierten Bürogebäudes, versehentlich ohne Dampfsperre ausgeführt

Gemäß DIN EN ISO 13788 [12] sollte diese Dämmschicht in Teilschichten (separate Schichten) mit R ≤ 0,25 m²·K/W unterteilt werden, d. h. n = R_j/R = 5,714/0,25 ≈ 23 separate Schichten. So viele separate Schichten lassen sich gar nicht zeichnen – gewählt daher nur vier separate Schichten mit jeweils R > 0,25 m²·K/W! Ferner wurden gemäß DIN 4108-3, A.2.3, bei Angabe mehrerer μ-Werte jeweils die für den Tauwasserausfall ungünstigeren μ-Werte gewählt (günstigere durchgestrichen).

Ergebnis des rechnerischen Nachweises
Es fällt in einer Bauteil*ebene* Tauwasser im zulässigen Rahmen aus, das im Jahresverlauf wieder verdunsten kann; d. h., das Flachdach erfüllt die Anforderungen an den Tauwasserschutz nach DIN 4108-3 auch ohne Dampfsperre!

3.6.2 Beispiel 2: Außenwand in Holztafel-/Holzrahmenbauart mit Mauerwerk-Vorsatzschale

Die in Bild 33 dargestellte Außenwand in Holztafel-/Holzrahmenbauart schließt einen Aufenthaltsraum gegen Außenluft ab; sie gehört zu einem nicht klimatisierten Wohngebäude und ist feuchtetechnisch zu beurteilen:

Aufgabe
a) Ist für diese Außenwand ein rechnerischer Nachweis nach DIN 4108-3, 5.2, erforderlich?
b) Wenn ein rechnerischer Nachweis erforderlich wird, soll er für den Gefachbereich als vereinfachter Nachweis des Tauwasserschutzes mit dem Periodenbilanzverfahren nach DIN 4108-3 geführt werden.

Lösung
a) Gemäß DIN 4108-3 [13], 5.3.1, kann grundsätzlich auf den rechnerischen Nachweis verzichtet werden
 – bei Bauteilen mit ausreichendem Wärmeschutz nach DIN 4108-2 [39] – hier ist der Mindestwärmeschutz nach DIN 4108-2 erfüllt mit (nur die Dämmung angesetzt, sichere Seite)

$R > 0,16 \text{ m}/0,035 \text{ W/(m·K)}$
$= 4,57 \text{ m}^2\text{·K/W} \geq 1,2 \text{ m}^2\text{·K/W} = R_{min}$,

– bei luftdichter Ausführung nach DIN 4108-7 [40] – die vorliegende OSB-Platte habe überklebte Fugen,
– bei nicht klimatisierten Wohnräumen und ähnlich genutzten Räumen – hier liegt ein solcher Wohnraum vor.

Weiter sind bauteilspezifische Anforderungen zu erfüllen gemäß DIN 4108-3, 5.3.2.3, bzw. Tabelle 6 dieses Beitrags: Bei Einhaltung der Anforderungen aus DIN 68800-2 [35] (vgl. Bild 26d), d. h.,
– raumseitiger diffusionshemmender Schicht mit $s_{d,i} \geq 20$ m und
– wasserableitender Schicht mit 0,3 m ≤ $s_{d,WA}$ ≤ 1,0 m (hier MDF mit entsprechender abZ statt Mineralwolle, s. o. die ergänzenden Angaben in Abschnitt 3.5.2)

darf auf einen rechnerischen Nachweis des Tauwasserschutzes verzichtet werden.
Die erste Anforderung ist mit

$s_{d,i,real} = 0,0125 \text{ m} \cdot 4 + 0,012 \text{ m} \cdot 350$
$= 0,05 \text{ m} + 4,20 \text{ m} = 4,25 \text{ m} \geq 20 \text{ m} = s_{d,i,min}$

nicht erfüllt; die zweite Anforderung ist bei der gewählten nackten Bitumenbahn als wasserableitender Schicht mit μ_{min} = 2000 und

$s_{d,WA,real} = \mu_{min} \cdot d = 2000 \cdot 0,001 \text{ m} = 2,0 \text{ m}$
$\leq 1,0 \text{ m} = s_{d,WA,min}$

ebenfalls nicht eingehalten, d. h., ein rechnerischer Nachweis des Tauwasserschutzes ist erforderlich!
b) Die in Bild 33 dargestellte Außenwand eines nicht klimatisierten Wohngebäudes in Holztafel-/Holzrahmenbauart würde die Anforderungen an den baulichen Holzschutz nach DIN 68800-2 erfüllen, sofern auch die Anforderungen an den Tauwasserschutz nach DIN 4108-3 erfüllt sind.
Für den Gefachbereich ist deshalb der vereinfachte Nachweis des Tauwasserschutzes mit dem Periodenbilanzverfahren nach DIN 4108-3 mit Trocknungsreserve nach DIN 68800-2 zu führen.

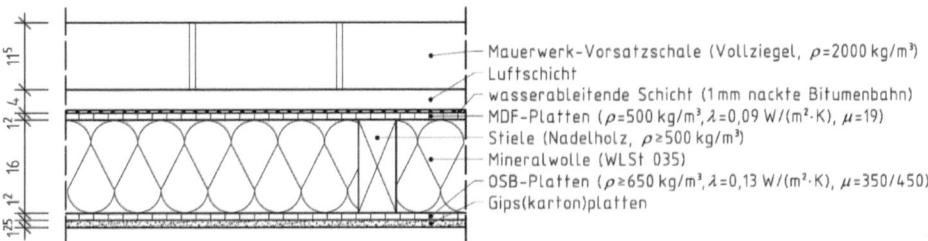

Bild 33. Horizontalschnitt (Außenseite oben) durch die zu untersuchende Außenwand in Holztafel-/Holzrahmenbauart mit Mauerwerk-Vorsatzschale und Luftschicht; Angaben zu den MDF- und OSB-Platten laut allgemeinen bauaufsichtlichen Zulassungen (abZ)

Tabelle 11. Berechnungsformular zu Beispiel 1

1. Aufbau des Bauteils

Beispiel 1:

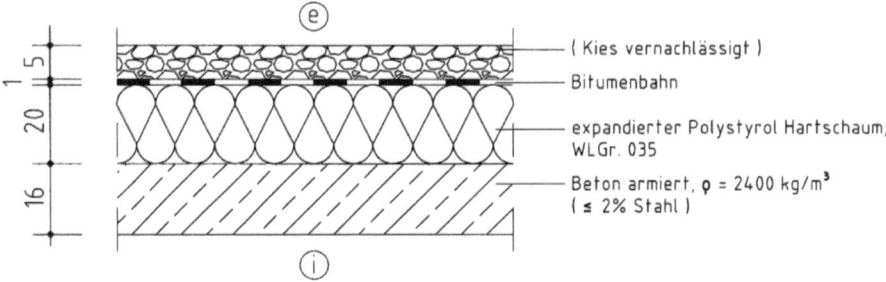

2. Berechnung für die *Tau*periode

Bauteilaufbau (von innen nach außen)	d_j [m]	λ_j $\left[\frac{W}{m \cdot K}\right]$	μ_j [–]	$s_{d,j} =$ $\mu_j \cdot d_j$ [m]	$\frac{(\Sigma s_d)_j}{s_{d,T}}$ [–]	$R_j = d_j/\lambda_j$ bzw. R_s [m²K/W]	$\Delta\theta$ [1] [K]	θ [°C]	p_{sat} [Pa]
Übergang innen	–	–	–	–	–	0,25	1,02	+20,0	–
Normalbeton	0,16	2,5	80/~~130~~	12,8	0,016	0,064	0,26	+19,0	2196
EPS-Hartschaum	0,05	0,035	20/~~100~~	1,0	0,017	1,429	5,83	+18,7	2155
EPS-Hartschaum	0,05	0,035	20/~~100~~	1,0	0,018	1,429	5,83	+12,9	1487
EPS-Hartschaum	0,05	0,035	20/~~100~~	1,0	0,019	1,429	5,83	+7,1	1008
EPS-Hartschaum	0,05	0,035	20/~~100~~	1,0	0,021	1,429	5,83	+1,2	666
Bitumenbahnen	0,01	0,17	~~10000~~/ 80000	800	1,000	0,059	0,24	–4,6	415
								–4,8	408
Übergang außen	–	–	–	–	–	0,04	0,16	–5,0	–
Summen $s_{d,T} = \sum s_{d,j}$ bzw. R_T bzw. $\sum \Delta\theta \equiv \theta_i - \theta_e$:				816,8	–	6,129	(25,00)		

1) $\Delta\theta_i = q \cdot R_{si}$ bzw. $\Delta\theta_e = q \cdot R_{se}$ bzw. $\Delta\theta_j = q \cdot R_j$ für alle Bauteilschichten j = 1, 2, ..., n mit

$U = 1/R_T = 1/\ \mathbf{6,129}\quad =\ \mathbf{0,163}\quad W/(m^2 \cdot K)$

$q = U \cdot (\theta_i - \theta_e) =\ \mathbf{0,163}\ \cdot (20 - (-5)) =\ \mathbf{4,079}\quad W/m^2$

Tabelle 11. Berechnungsformular zu Beispiel 1 (Fortsetzung)

3. Dampfdruckverlauf für die Tauperiode

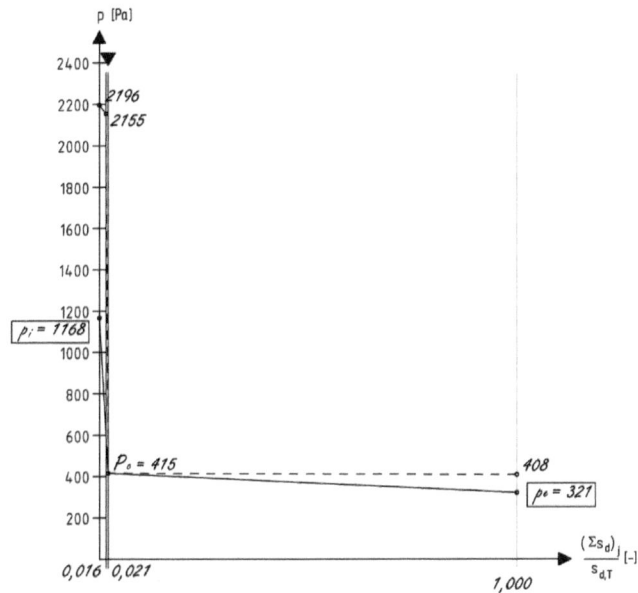

4. Dampfdruckverlauf für die Verdunstungsperiode

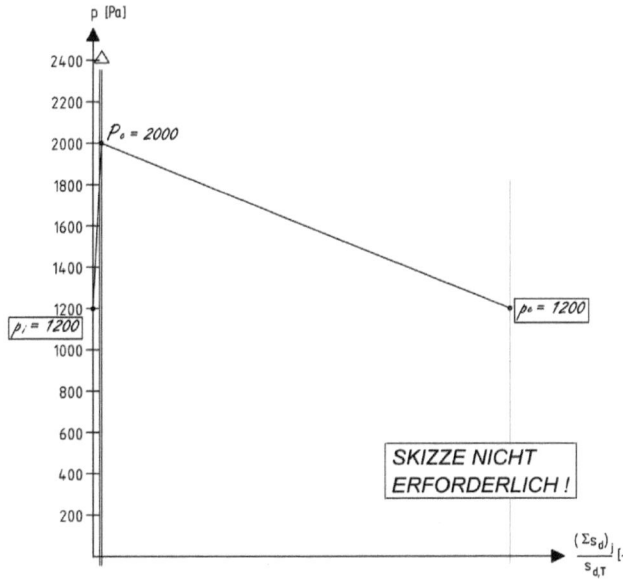

Tabelle 11. Berechnungsformular zu Beispiel 1 (Fortsetzung)

5. Nachweis für die Tauperiode

Diffusionsstromdichte vom Raum in das Bauteilinnere:

$$g_{c,i} = \delta_0 \cdot \frac{p_i - p_{c1}}{s_{d,c1}} = 0{,}000720 \cdot \frac{1168 - 415}{0{,}021 \cdot 816{,}8} = 0{,}03161 \quad \left[\frac{g}{m^2 \cdot h}\right]$$

Diffusionsstromdichte vom Bauteilinnern zur Außenluft:

$$g_{c,e} = \delta_0 \cdot \frac{p_{c2} - p_e}{s_{d,T} - s_{d,c2}} = 0{,}000720 \cdot \frac{415 - 321}{(1 - 0{,}021) \cdot 816{,}8} = 0{,}00008 \quad \left[\frac{g}{m^2 \cdot h}\right]$$

Mit der errechneten Tauwassermasse

$$M_c = (g_{c,i} - g_{c,e}) \cdot t_c = (0{,}03161 - 0{,}00008) \cdot 2160 = 68 \quad [g/m^2]$$

sowie **EPS** als angrenzende kapillar – nicht – wasseraufnahmefähige Berührungsfläche
und **Bitumenbahn** als angrenzende kapillar – nicht – wasseraufnahmefähige Berührungsfläche

wird die erste Anforderung mit $M_c \leq$ <u>500</u> ~~bzw. 1000~~ g/m² = $M_{c,max}$ – ~~nicht~~ – erfüllt [2)]

6. Nachweis für die Verdunstungsperiode

Diffusionsstromdichte vom Bauteilinnern zum Raum [2)]:

$$g_{ev,i} = \delta_0 \cdot \frac{p_{c1} - p_i}{s_{d,c1/m}} = 0{,}000720 \cdot \frac{\cancel{1700\ bzw.}\ 2000 - 1200}{0{,}021 \cdot 816{,}8} = 0{,}03358 \quad \left[\frac{g}{m^2 \cdot h}\right]$$

Diffusionsstromdichte vom Bauteilinnern zur Außenluft [2)]:

$$g_{ev,e} = \delta_0 \cdot \frac{p_{c2} - p_e}{s_{d,T} - s_{d,c2/m}} = 0{,}000720 \cdot \frac{\cancel{1700\ bzw.}\ 2000 - 1200}{(1 - 0{,}021) \cdot 816{,}8} = 0{,}00072 \quad \left[\frac{g}{m^2 \cdot h}\right]$$

Mit der möglichen Verdunstungswassermasse

$$M_{ev} = (g_{ev,i} + g_{ev,e}) \cdot t_{ev} = (0{,}03358 + 0{,}00072) \cdot 2160 = 74 \quad [g/m^2]$$

d. h. mit $M_{ev} \geq$ **68** g/m² = M_c wird die Anforderung an die mögliche Verdunstung – ~~nicht~~ – erfüllt [2)]

7. Rechnerische Trocknungsreserve bei Holzbauart

$M_c + \Delta M_c =$ **Entfällt, da keine Holzbauart!** $= M_{ev}$ [g/m²]

d. h. $\Delta M_c \geq 250$ g/m² bei Dächern bzw. $\Delta M_c \geq 100$ g/m² bei Wänden und Decken wird – nicht – erreicht [2)]

8. Erhöhung der Feuchte in einer angrenzenden Holz- oder Holzwerkstoffschicht

$\Delta M_{H,max} + \Delta u_{H,max} \cdot d_H \cdot \rho_H =$ **Entfällt, da keine Holzbauart!** [g/m²]

d. h. mit $\Delta M_{H,max} \geq$ g/m² = M_c ist diese Erhöhung – nicht – zulässig [2)]

9. Beurteilung

Die untersuchte Konstruktion erfüllt – ~~nicht~~ – die Anforderungen des Tauwasserschutzes [2)]
nach DIN 4108-3:2018-10 ~~und DIN 68800-2:2012-02~~

[2)] nicht Zutreffendes streichen, Zutreffendes <u>unter</u>streichen

Tabelle 12. Berechnungsformular zu Beispiel 2

1. Aufbau des Bauteils
Beispiel 2:

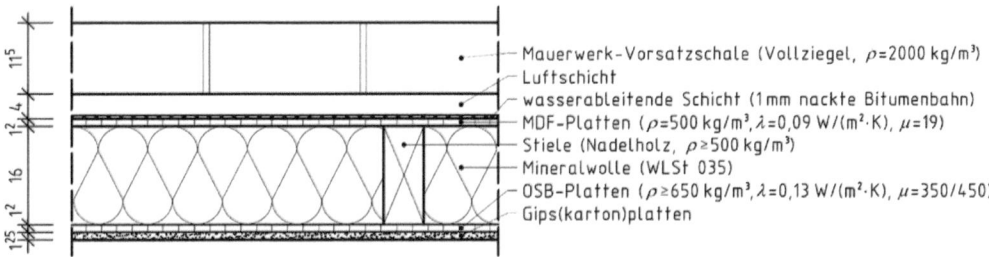

Mauerwerk-Vorsatzschale (Vollziegel, ρ=2000 kg/m³)
Luftschicht
wasserableitende Schicht (1mm nackte Bitumenbahn)
MDF-Platten (ρ=500 kg/m³, λ=0,09 W/(m²·K), μ=19)
Stiele (Nadelholz, $\rho \geq$500 kg/m³)
Mineralwolle (WLSt 035)
OSB-Platten ($\rho \geq$650 kg/m³, λ=0,13 W/(m²·K), μ=350/450)
Gips(karton)platten

2. Berechnung für die *Tau*periode

Bauteilaufbau (von innen nach außen)	d_j [m]	λ_j $\left[\frac{W}{m \cdot K}\right]$	μ_j [–]	$s_{d,j} = \mu_j \cdot d_j$ [m]	$\frac{(\Sigma s_d)_j}{s_{d,T}}$ [–]	$R_j = d_j/\lambda_j$ bzw. R_s [m²K/W]	$\Delta\theta$ [K]	θ [°C]	p_{sat} [Pa]
Übergang innen	–	–	–	–	–	0,25	1,22	+20,0	–
Gips(karton)pl.	0,0125	0,25	4/~~10~~	0,05	0,002	0,050	0,24	+18,8	1912
OSB-Platte	0,012	0,13	350/ ~~450~~	4,20	0,172	0,092	0,45	+18,5	1876
Mineralwolle	0,16	0,035	1	0,16	0,179	4,571	22,22	+18,1	1829
MDF-Platte	0,012	0,09	19	0,23	0,188	0,133	0,65	–4,1	433
nackte Bitumenbahn	0,001	0,17	~~2000~~/ 20000	20,0	1,000	0,006	0,03	–4,8	408
Luftschicht (stark belüftet)	–	–	–	–	–	–	–	–4,8	408
Übergang außen	–	–	–	–	–	0,04	0,19	–5,0	–
Summen $s_{d,T} = \sum s_{d,j}$ bzw. R_T bzw. $\sum \Delta\theta \equiv \theta_i - \theta_e$:				24,64	–	5,142	(25,00)		

1) $\Delta\theta_i = q \cdot R_{si}$ bzw. $\Delta\theta_e = q \cdot R_{se}$ bzw. $\Delta\theta_j = q \cdot R_j$ für alle Bauteilschichten j = 1, 2, ..., n mit

$U = 1/R_T = 1/$ **5,142** $=$ **0,194** W/(m²·K)

$q = U \cdot (\theta_i - \theta_e) =$ **0,194** $\cdot (20 - (-5)) =$ **4,862** W/m²

Tabelle 12. Berechnungsformular zu Beispiel 2 (Fortsetzung)

3. Dampfdruckverlauf für die Tauperiode

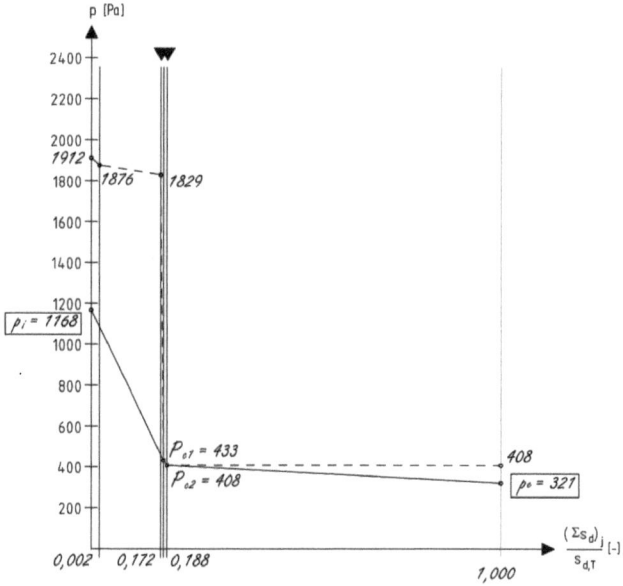

4. Dampfdruckverlauf für die Verdunstungsperiode

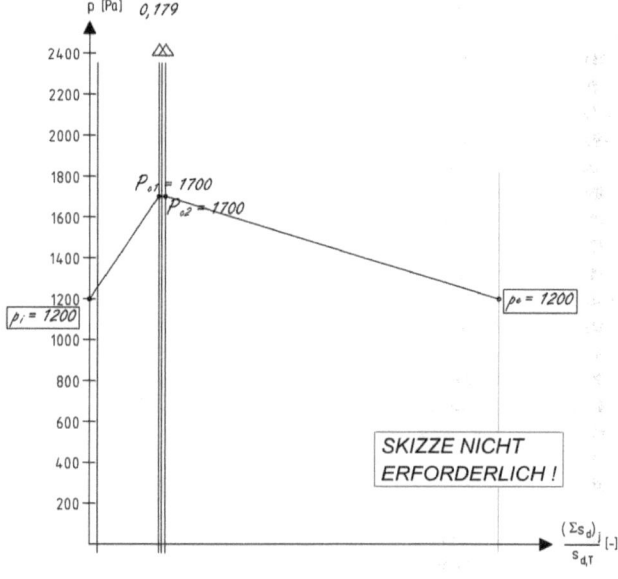

SKIZZE NICHT ERFORDERLICH!

Tabelle 12. Berechnungsformular zu Beispiel 2 (Fortsetzung)

5. Nachweis für die Tauperiode

Diffusionsstromdichte vom Raum in das Bauteilinnere:

$$g_{c,i} = \delta_0 \cdot \frac{p_i - p_{c1}}{s_{d,c1}} = 0{,}000720 \cdot \frac{1168 - 433}{0{,}179 \cdot 24{,}64} = 0{,}11998 \quad \left[\frac{g}{m^2 \cdot h}\right]$$

Diffusionsstromdichte vom Bauteilinnern zur Außenluft:

$$g_{c,e} = \delta_0 \cdot \frac{p_{c2} - p_e}{s_{d,T} - s_{d,c2}} = 0{,}000720 \cdot \frac{408 - 321}{(1 - 0{,}188) \cdot 24{,}24} = 0{,}00313 \quad \left[\frac{g}{m^2 \cdot h}\right]$$

Mit der errechneten Tauwassermasse

$$M_c = (g_{c,i} - g_{c,e}) \cdot t_c = (0{,}11998 - 0{,}00313) \cdot 2160 = 252 \quad [g/m^2]$$

sowie **Entfällt, da** als angrenzende kapillar – nicht – wasseraufnahmefähige Berührungsfläche
und **Tauwasserbereich!** als angrenzende kapillar – nicht – wasseraufnahmefähige Berührungsfläche

wird die erste Anforderung mit $M_c \leq$ ~~500 bzw.~~ 1000 g/m² = $M_{c,max}$ – ~~nicht~~ – erfüllt [2)]

6. Nachweis für die Verdunstungsperiode

Diffusionsstromdichte vom Bauteilinnern zum Raum [2)]:

$$g_{ev,i} = \delta_0 \cdot \frac{p_{c1} - p_i}{s_{d,c1/m}} = 0{,}000720 \cdot \frac{1700 \text{ bzw. 2000} - 1200}{0{,}18 \cdot 24{,}64} = 0{,}07940 \quad \left[\frac{g}{m^2 \cdot h}\right]$$

Diffusionsstromdichte vom Bauteilinnern zur Außenluft [2)]:

$$g_{ev,e} = \delta_0 \cdot \frac{p_{c2} - p_e}{s_{d,T} - s_{d,c2/m}} = 0{,}000720 \cdot \frac{1700 \text{ bzw. 2000} - 1200}{(1 - 0{,}184) \cdot 24{,}64} = 0{,}01790 \quad \left[\frac{g}{m^2 \cdot h}\right]$$

Mit der möglichen Verdunstungswassermasse

$$M_{ev} = (g_{ev,i} + g_{ev,e}) \cdot t_{ev} = (0{,}07940 + 0{,}01790) \cdot 2160 = 210 \quad [g/m^2]$$

d. h. mit $M_{ev} \not\geq 252$ g/m² = M_c wird die Anforderung an die mögliche Verdunstung – nicht – erfüllt [2)]

7. Rechnerische Trocknungsreserve bei Holzbauart

$M_c + \Delta M_c = 252 + 100 = 352 \not\leq 210 = M_{ev}$ [g/m²]

d. h. $\Delta M_c \geq 250$ g/m² bei Dächern bzw. $\Delta M_c \geq 100$ g/m² bei Wänden und Decken wird – nicht – erreicht [2)]

8. Erhöhung der Feuchte in einer angrenzenden Holz- oder Holzwerkstoffschicht

$\Delta M_{H,max} + \Delta u_{H,max} \cdot d_H \cdot \rho_H = 0{,}03 \cdot 0{,}012 \text{ m} \cdot 500000 \text{ g/m}^3 = 180$ [g/m²]

d. h. mit $\Delta M_{H,max} \not\geq 252$ g/m² = M_c ist diese Erhöhung – nicht – zulässig [2)]

9. Beurteilung

Die untersuchte Konstruktion erfüllt – nicht – die Anforderungen des Tauwasserschutzes [2)]
nach DIN 4108-3:2018-10 und DIN 68800-2:2012-02

[2)] nicht Zutreffendes streichen, Zutreffendes *unter*streichen

Die Berechnung und der Nachweis erfolgen in Formblättern, siehe Tabelle 12. Die Kennwerte λ und μ von Gips(karton)platten finden sich in DIN EN ISO 10456 [24], Tabelle 1, ruhende Luftschichten in DIN EN ISO 6946 [36]; die übrigen λ- und μ-Werte werden aus DIN 4108-4 [23], Tabelle 1 bzw. Tabelle 2, entnommen. OSB- und MDF-Platten sind allgemein bauaufsichtlich zugelassen (für λ und μ vgl. Bild 33). Für die Mineralwolle wird der Bemessungswert der Wärmeleitfähigkeit λ marktüblich entsprechend der in Bild 33 genannten Wärmeleitfähigkeitsstufe angesetzt. Vorab: Auf eine Aufteilung der Mineralwolle in Teilschichten (separate Schichten) wird trotz R = 4,57 m²·K/W ≥ 0,25 m²·K/W verzichtet (d. h. Empfehlung aus DIN EN ISO 13788 [12], vgl. Abschnitt 3.3.4, nicht eingehalten) – lässt sich zeichnerisch nicht darstellen! Ferner wurden gemäß DIN 4108-3, A.2.3, bei Angabe mehrerer μ-Werte jeweils die für den Tauwasserausfall ungünstigeren μ-Werte gewählt (günstigere durchgestrichen).

Ergebnis des rechnerischen Nachweises
Es fällt in einem Bauteilbereich Tauwasser im zulässigen Rahmen aus, das jedoch im Jahresverlauf nicht wieder verdunsten kann; d. h., die Außenwand erfüllt nicht die Anforderungen an den Tauwasserschutz nach DIN 4108-3. Ferner ist keine ausreichende Trocknungsreserve nach DIN 68800-2 vorhanden, auch wird nach DIN 4108-3 die Holzwerkstofffeuchte in der MDF-Platte (= Tauwasserbereich) unzulässig erhöht.

Der in Bild 33 dargestellte und in Beispiel 2 berechnete Außenwandaufbau entsprach einer in DIN 68800-2:1996-05 genannten Konstruktion *ohne* rechnerischen Nachweis des Tauwasserschutzes – dabei handelt es sich allerdings um eine nicht sinnvolle Bauart [46] (wurde in der Neufassung DIN 68800-2:2012-02 berichtigt)!

Hinweis: Der misslungene Nachweis einer gewählten Konstruktion
– sowohl durch Vergleich mit den nachweisfreien Konstruktionen nach DIN 4108-3, 5.3,
– als auch durch rechnerischen Nachweis mit dem Periodenbilanzverfahren nach DIN 4108-3, 5.2 mit Anhang A.2,
bedeutet noch nicht, dass die gewählte Konstruktion feuchtetechnisch nicht geeignet ist – es bleibt immer noch die Möglichkeit der hygrothermischen Simulation gemäß folgendem Abschnitt 3.7!

3.7 Weitergehende Untersuchungen mit aufwendigen EDV-Programmen

3.7.1 Fehler bei Nachweisen mit dem Periodenbilanzverfahren

Gemäß DIN EN ISO 13788 [12], 6.3, gibt es mehrere Fehlerquellen bei Feuchteschutznachweisen mit den beiden im Abschnitt 3.4.1 genannten Berechnungsverfahren (beim vereinfachten Periodenbilanzverfahren und beim Monatsbilanzverfahren):
– Die Annahme konstanter Baustoffeigenschaften ist eine Näherung.
– Die Wärmeleitfähigkeit von Baustoffen hängt von ihrem Feuchtegehalt ab (vgl. Bild 21), ferner wird Wärme durch Tauwasserausfall/Verdunstung freigesetzt bzw. verbraucht. Dies führt zu einer Änderung der Temperaturverteilung und damit der Wasserdampfsättigungsdrücke, wodurch die Tauwassermenge bzw. die Austrocknung beeinflusst werden.
– In vielen Baustoffen tritt neben Wasserdampfdiffusion auch Kapillartransport auf (vgl. Abschnitt 2.1), was zu einer vollkommen anderen Feuchteverteilung im Bauteil führen kann.
– Luftbewegungen in Baustoffen, Spalten, Fugen oder Luftschichten, Regen oder schmelzender Schnee sowie die auf die Bauteile auftreffende Sonnenstrahlung können die Feuchtebedingungen ebenfalls beeinflussen.
– Die tatsächlichen Klimarandbedingungen sind über einen Monat (DIN EN ISO 13788) bzw. drei Monate Tau- oder Verdunstungsperiode (DIN 4108-3) nicht konstant.
– Die meisten Baustoffe sind hygroskopisch, d. h., sie absorbieren Wasserdampf, sodass die Annahme von $\phi_c = 100\%$ im Tauwasserbereich nicht zutrifft.
– Der vorausgesetzte eindimensionale Feuchtetransport ist in vielen Praxisfällen nicht zutreffend (es gibt allerdings auch EDV-Programme zur zweidimensionalen Dampfdiffusionsberechnung [47]).

Aufgrund dieser vielen möglichen Fehlerquellen ist das Berechnungsverfahren nach DIN EN ISO 13788 [12] bzw. DIN 4108-3 [13] für bestimmte Bauteile und Klimate weniger geeignet. Daher merkt *Pohl* (s. a. DIN 4108-3 [13], 1) zum Glaser-Verfahren an, dass es keine Aussage darüber macht, wie der tatsächliche Feuchtehaushalt in einem Bauteil unter realen Bedingungen beschaffen ist. Er warnt deshalb vor dem Versuch, mithilfe des Glaser-Verfahrens den tatsächlichen Feuchtehaushalt beschreiben zu wollen, wie dies für die Ermittlung von Ursachen für Feuchteerscheinungen erforderlich ist, z. B. bei Bauschäden. Hierfür ist das Glaser-Verfahren ungeeignet – sowohl für den Fall, dass die realen Klimabedingungen des Standorts (Innen- und Außenklima) berücksichtigt werden können, als auch für den Fall, dass das Standardklima gemäß DIN 4108-3 angesetzt wird [2].

Der Grund liegt darin, dass – wie in Abschnitt 2.1 erläutert – der Feuchtetransport durch Bauteile auch aufgrund weiterer Transportmechanismen stattfindet –

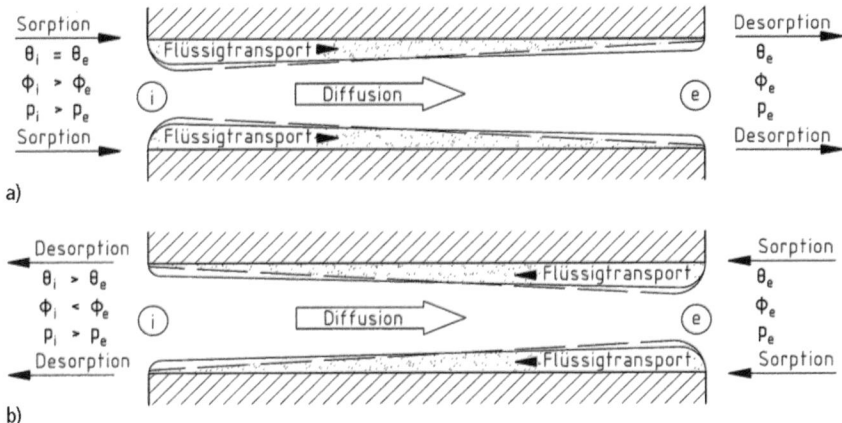

Bild 34. Modell für den überlagerten Flüssigkeitstransport und Dampftransport (= Diffusion) im Porenraum hygroskopischer Baustoffe (nach [51, 52]), a) gleichgerichteter Transport bei isothermen Randbedingungen (d. h. $\theta_e = \theta_i$), b) gegenläufiger Transport bei nicht isothermen Randbedingungen (hier $\theta_e < \theta_i$)

von denen die mit dem Glaser-Verfahren erfasste Wasserdampfdiffusion nur *einen* (wichtigen) Anteil darstellt. Bei kapillarporösen Stoffen (vor allem bei Mauerwerk) erfolgt der Feuchtetransport überwiegend durch Kapillarwirkung, sodass bei Außenbauteilen aus solchen Baustoffen die Anwendung des Glaser-Verfahrens *nicht* sinnvoll ist [32, 48–50].

Die Vernachlässigung des Feuchtetransports in der flüssigen Phase führt gemäß DIN EN ISO 13788, 6.3, i. d. R. zu einer Überbewertung des Risikos des Tauwasserausfalls im Bauteilinnern, da in der Tauperiode Diffusion und Kapillartransport gegenläufig gerichtet sind (Bild 34b), was darauf beruht,
- dass die Wasserdampfdiffusion durch eine Wasserdampf-Teildruckdifferenz Δp [Pa] bewirkt wird, wobei in der Tauperiode p_i in der Raumluft höher als p_e in der Außenluft ist (vgl. Bild 13),
- während der Kapillartransport auf einer Differenz der relativen Luftfeuchten $\Delta\phi$ basiert, wobei in der Tauperiode ϕ_e in der Außenluft höher als ϕ_i in der Raumluft ist.

Daraus resultiert eine kapillare Rückleitung mit anschließender Rückdiffusion, die beispielhaft für ein nicht belüftetes Porenbetondach ohne diffusionshemmende Schicht und ohne zusätzliche Wärmedämmung (nachweisfrei nach Tabelle 8) in Bild 35 dargestellt ist [9, 51].

3.7.2 EDV-Verfahren mit gekoppeltem Wärme- und Feuchtetransport

Aufgrund der in Abschnitt 3.7.1 genannten möglichen Fehler verweist DIN 4108-3 [13] im informativen Anhang D auf genauere numerische Berechnungsverfahren zur Berücksichtigung des gekoppelten Wärme- und Feuchtetransports, d. h. zur hygrothermischen Simulation. Zu nennen wären hier z. B. die deutschsprachigen EDV-Programme
- COND von *Häupl, Stopp, Strangfeld* [53–55],
- weiterentwickelt zu DIM/DELFIN von *Grunewald* [56, 57] sowie

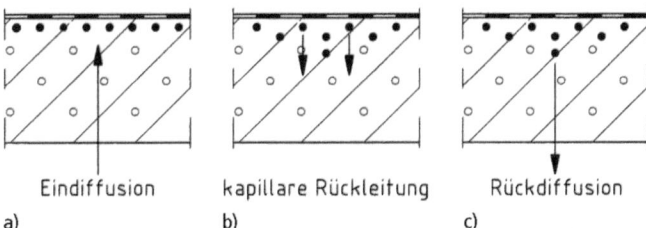

Bild 35. Schematische Darstellung des Feuchtetransports in nicht belüfteten Porenbetondächern ohne diffusionshemmende Schicht (nach [9]), a) aufgrund des Dampfdruckgefälles von innen nach außen diffundiert Wasserdampf nach außen, es fällt Tauwasser unterhalb der Dachabdichtung aus, b) infolge Kapillarleitung wird das Tauwasser in trockenere, tiefere und wärmere Bereiche mit höherem Sättigungsdampfdruck transportiert, c) sofern dieser Sättigungsdampfdruck höher ist als der Dampfdruck in der Raumluft, kann das Tauwasser von dort in den Raum zurück diffundieren – es stellt sich ein Feuchtegleichgewicht im Porenbeton ein

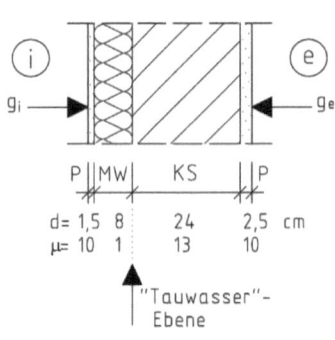
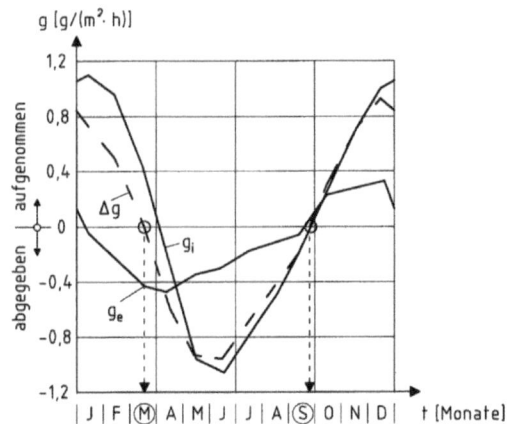
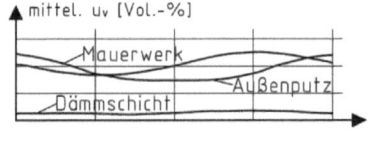
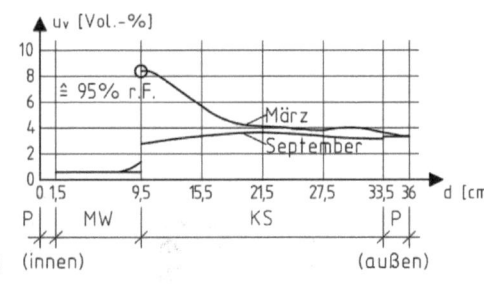

Nachweis mit dem Standardklima nach DIN 4108-3:1981/2001	
Tauperiode:	$g_i = 2{,}31\ g/(m^2 \cdot h)$ $g_e = -0{,}02\ g/(m^2 \cdot h)$ $\rightarrow M_c = 3300\ g/m^2$
Verdunstungsperiode:	$g_i = -1{,}20\ g/(m^2 \cdot h)$ $g_e = -0{,}08\ g/(m^2 \cdot h)$ $\rightarrow M_{ev} = 2780\ g/m^2$
Ergebnis:	unzulässig, da – $M_c > 500\ g/m^2$ und – $M_c > M_{ev}$

a)   b)

Bild 36. Berechnungsergebnisse für eine innenseitig mit 8 cm Mineralwolle (MW) gedämmte, beidseitig geputzte (P) Kalksandstein-Außenwand (KS) *ohne* Dampfsperre (nach [65]), a) mit dem Glaser-Verfahren und dem Standardklima nach DIN 4108-3:1981/2001 berechnet wird der Nachweis nicht erfüllt, b) mit dem auch Kapillarleitung erfassenden EDV-Programm von *Kießl* berechnet zeigt sich ein unproblematisches Feuchteverhalten

– WUFI von *Künzel* u. a. [58–60],
– kommerziell vertrieben z. B. als ESTHER von *Käser*.

Weitere englischsprachige Programme finden sich in [61].

Randbedingungen für die Berechnung wie auch Hinweise für die Beurteilung der mit solchen Programmen berechneten Feuchteübertragung durch die Bauteile der Gebäudehülle sind in DIN EN 15026 [62] geregelt. Näheres dazu findet sich z. B. bei *Sedlbauer* und *Künzel* u. a. im Bauphysik-Kalender 2015 [63, 64].

Um die Möglichkeiten solcher Programme beispielhaft aufzuzeigen, soll hier nur ein Ergebnis einer solchen genaueren Berechnung vorgestellt werden:

– Beurteilt man *massive* Außenwandaufbauten allein anhand des Tauwassernachweises nach *Glaser*, erweist sich z. B. eine Innendämmung *ohne* Dampfsperre als ungünstig – das Ergebnis einer solchen Tauwasserberechnung (noch mit den Randbedingungen nach DIN 4108-3:1981/2001) zeigt Bild 36a; zum Vergleich ist in Bild 36b eine genauere Berechnung von *Kießl* mit seinem Programm [65] (ein Vorgängerprogramm von WUFI) dargestellt.

– Dabei zeigt sich bei der genaueren Berechnung nach drei Jahren ein relativ unproblematisches, eingeschwungenes Feuchteverhalten, welches auch durch entsprechende Versuche bestätigt wurde [66].

– Zu beachten ist jedoch, dass sich (s. Bild 36b) Ende März im Kalksandstein zur Innendämmung hin eine Ausgleichsfeuchte von $\varphi = 95\% > 80\%$ zeigt – bei Vorhandensein von Schimmelsporen könnte sich an dieser Stelle Schimmel bilden! Sinnvoller wäre daher die Verwendung einer kapillarleitenden Innendämmung [67], z. B. auf Basis von Calciumsilikat-Platten.

Weitere Hinweise zur feuchtetechnischen Betrachtung der Innendämmung von Bauteilen finden sich z. B. in [64].

Aufgrund der dargestellten – wie auch weiterer – EDV-Berechnungen mit gekoppeltem Wärme- und Feuchtetransport weist DIN 4108-3:2018 [13], 5.2, darauf hin, dass bei folgenden Bauteilen das Periodenbilanzverfahren nicht anwendbar ist:
- Bauteile von Räumen, die unbeheizt, gekühlt oder mit hoher Feuchtelast beaufschlagt sind (wie Schwimmbäder),
- erdberührte Bauteile sowie Bauteile zu unbeheizten Nebenräumen und Kellern,
- begrünte und bekieste Dächer sowie solche mit Plattenbelägen und Holzrosten,
- einschalige Außenwände mit Innendämmung mit $R_{Dä} > 1{,}0$ m²·K/W (vgl. Tabelle 5), wenn die Außenwände ausgeprägte sorptive und kapillare Eigenschaften aufweisen,
- gedämmte, nicht belüftete hölzerne Dachkonstruktionen mit Metalldeckung oder mit Abdichtung auf Schalung oder Beplankung ohne Hinterlüftung der Abdichtungs- bzw. Deckunterlage.

Ferner ist das Periodenbilanzverfahren nicht anwendbar zur Berechnung des natürlichen Austrocknungsverhaltens z. B. bei der Abgabe von Baufeuchte oder der Aufnahme von Niederschlagswasser.

In allen vorab genannten Fällen verweist DIN 4108-3:2018 [13], 5.2, auf Anhang D, in dem erstmalig äußere wie raumseitige Randbedingungen für die Berechnung normiert und Hinweise zur Beurteilung der Simulationsergebnisse gegeben werden. Die verwendete Software muss den Vorgaben aus DIN EN 15026 [62] sowie aus dem WTA-Merkblatt 6-2 [68] entsprechen, d. h., die verwendeten Simulationsverfahren müssen u. a. die dortigen Testfälle nachvollziehen können.

3.7.3 EDV-Verfahren mit gekoppeltem Wärme-, Feuchte- und Lufttransport

In Gefachen von hochgedämmten Holztafel-/Holzrahmenbauten, die mit offenporigen Dämmstoffen gefüllt sind, wurden in der oberen äußeren Ecke Tauwasserschäden beobachtet, welche sich nicht mit den in Abschnitt 3.7.2 genannten EDV-Verfahren nachvollziehen ließen.

Deshalb hat *Riesner* neben entsprechenden Laboruntersuchungen auch Berechnungen mit gekoppeltem Wärme-, Feuchte- und Lufttransport mit dem schwedischen EDV-Programm WINHAM 2D an dem in Bild 37a dargestellten Modell mit natürlicher Konvektion im Dämmstoff durchgeführt, die den beobachteten Tauwasserausfall bestätigen konnten (Bild 37b) [69, 70]. Solche HAM-Modelle (Heat, Air and Moisture) sind allerdings sehr komplex, deshalb aufwendig zu programmieren und bisher nur für die Forschung, nicht jedoch für die Baupraxis verfügbar.

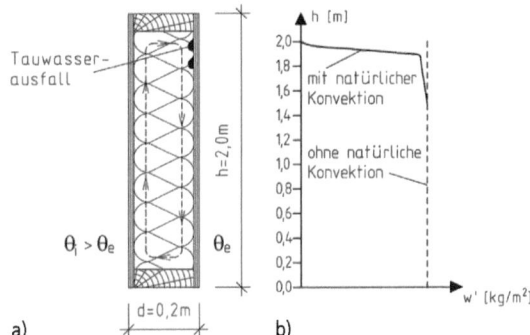

Bild 37. Tauwasserausfall in luftdichten Gefachen von Holztafel-/Holzrahmenbauten, die mit losen Dämmstoffen gefüllt sind (nach [70]), a) Modellierung mit thermischer Konvektion im Dämmstoff und dem beobachteten = berechneten Tauwasserausfall, b) mit gekoppeltem Wärme-, Feuchte- und Lufttransport berechnete Materialfeuchte der Dämmung direkt an der äußeren Beplankung

4 Zusammenfassung

In diesem Beitrag werden eingangs die bauphysikalischen Grundlagen des Tauwasserausfalls im Bauteilinnern vorgestellt.

Für den Nachweis des Tauwasserschutzes liegen seit Ende 2014 sowohl DIN EN ISO 13788:2013-05 als auch DIN 4108-3:2014-11 als nationale Restnorm mit deutschen Randbedingungen vor – zwischenzeitlich als DIN 4108-3:2018-10 aktualisiert. Nach Darstellung des beiden Normen zugrunde liegenden Berechnungsverfahrens – des sog. Glaser-Verfahrens – folgen der national geregelte *vereinfachte* Nachweis mit dem Periodenbilanzverfahren mit Randbedingungen und Klimaannahmen nach DIN 4108-3 sowie die ebenfalls national genormten Bauteile *ohne* rechnerischen Nachweis; beide ergänzt durch vollständig durchgerechnete Beispiele einer massiven Flachdach- und einer hölzernen Außenwandkonstruktion.

Schließlich werden über beide Normen hinausgehende genauere Untersuchungen mit aufwendigen EDV-Programmen kurz vorgestellt.

Damit ergibt sich in Anlehnung an DIN 4108-3:2018-10 folgende dreistufige Beurteilungsmethodik für den Nachweis der feuchtetechnischen Unbedenklichkeit von Baukonstruktionen:
1. Auswahl einer nachweisfreien Konstruktion aus Abschnitt 3.5.
2. Wenn das nicht möglich ist: vereinfachter Nachweis mit dem Periodenbilanzverfahren gemäß Abschnitt 3.4.
3. Wenn das nicht möglich ist: hygrothermische Simulation mit aufwendigen EDV-Programmen nach Abschnitt 3.7.

5 Literatur

[1] Klopfer, H. (2002) Feuchte, in *Lehrbuch der Bauphysik: Schall, Wärme, Feuchte, Licht, Brand, Klima* (Hrsg. Lutz, P. u. a.). 5. Aufl. B. G. Teubner, Stuttgart, S. 329–472.

[2] Pohl, W.-H. (2003) *Bauen – ein Kampf gegen das Wasser*. Kalksandstein-Bauseminar 2003, Hannover, KS-Info.

[3] Marquardt, H., Krawietz, R., Schwedler, A., Römhild, T. (2013) Bauphysik, in *Bauwesen-Taschenbuch* (Hrsg. Fouad, N. A., Zapke, W.), Fachbuchverlag Leipzig im Carl Hanser Verlag, Leipzig, S. 253–344.

[4] Marquardt, H. (2016) *Energiesparendes Bauen – Ein Praxisbuch für Architekten, Ingenieure und Energieberater – Wohngebäude nach EnEV und EEWärmeG*. 3. Aufl. Beuth (Bauwerk), Berlin.

[5] Bundesarbeitskreis Trockenbau (BAKT) im Zentralverband des Deutschen Baugewerbes (1999) *Wärme- und Feuchteschutz – Begriffe, Definitionen, Erläuterungen*, BAKT Info Technik WF1, Berlin, Januar 1999.

[6] Schubert, P. (1994) Feuchtegehalte von Mauerwerkbaustoffen und feuchtebeeinflußte Eigenschaften, in *Neubauprobleme – Feuchtigkeit und Wärmeschutz* (Hrsg. Oswald, R.), Aachener Bausachverständigentage 1994, Bauverlag, Wiesbaden, S. 79–85.

[7] Homann, M. (2006) Feuchteverhalten und Feuchteschutz von Außenwänden aus Porenbeton, *Der Bausachverständige* (1), 8–11.

[8] Krus, M. u. a. (2006) Mehrbedarf an Lüftung und Heizenergie bei vorhandener Baufeuchte, in *Fensterlüftung und Raumklima – Grundlagen, Ausführungshinweise, Rechtsfragen*, (Hrsg. Künzel, H.) Fraunhofer IRB, Stuttgart, S. 220–226.

[9] Künzel, H. (1996) *Porenbeton – Wärme- und Feuchteschutz*, Porenbeton Bericht 11, hrsg. vom Bundesverband Porenbetonindustrie e. V., BVP Porenbeton Informations-GmbH, Wiesbaden.

[10] Cziesielski, E. (2001) *Lufsky Bauwerksabdichtung*, 5. Aufl. B. G. Teubner, Stuttgart.

[11] Marquardt, H. (1992) *Korrosionshemmung in Betonsandwichwänden durch nachträgliche Wärmedämmung*, Dissertation an der Technischen Universität Berlin 1990, Berichte aus dem Konstruktiven Ingenieurbau, Heft 14. Publikationsstelle der Technischen Universität Berlin.

[12] DIN EN ISO 13788:2013-05 (2013) *Wärme- und feuchtetechnisches Verhalten von Bauteilen und Bauelementen – Raumseitige Oberflächentemperatur zur Vermeidung kritischer Oberflächenfeuchte und Tauwasserbildung im Bauteilinnern – Berechnungsverfahren*, Beuth, Berlin.

[13] DIN 4108-3:2018-10 (2018) *Wärmeschutz und Energie-Einsparung in Gebäuden – Teil 3: Klimabedingter Feuchteschutz – Anforderungen, Berechnungsverfahren und Hinweise für Planung und Ausführung*, Beuth, Berlin.

[14] Cziesielski, E., Friedmann, M., Raabe, B.(1982–1986) Bauphysik in Kürze – Tauwasserschutz, *Bauphysik* **4** (1982), (6), 227–228, *Bauphysik* **5** (1983), (2), 70–72, *Bauphysik* **6** (1984), (1), 34–36, (4), 155–156, *Bauphysik* **7** (1985), (3), 95–97, (4), 130–132, (6), 194–196, *Bauphysik* **8** (1986), (3), 98–101.

[15] Cziesielski, E., Marquardt, H. (1989) *Bauphysik II – Tauwasserschutz*, Studienskript an der Technischen Universität Berlin.

[16] Krawietz, R., Heimke, W. (2008) *Physik im Bauwesen*, Fachbuchverlag Leipzig im Carl Hanser Verlag, Leipzig.

[17] Dorn (1967) *Physik Oberstufe Ausgabe A*, 11. Aufl., Schroedel, Hannover.

[18] DIN EN ISO 9346:2008-02 (2008) *Wärme- und feuchtetechnisches Verhalten von Gebäuden und Baustoffen; Physikalische Größen für den Stofftransport*, Beuth, Berlin.

[19] Hagentoft, C.-E. (2001) *Introduction to Building Physics*, Studentlitteratur, Lund.

[20] DIN EN ISO 12572:2017-05 (2017) *Wärme- und feuchtetechnisches Verhalten von Baustoffen und Bauprodukten – Bestimmung der Wasserdampfdurchlässigkeit – Verfahren mit einem Prüfgefäß*, Beuth, Berlin.

[21] Tschegg, E., Heindl, W., Sigmund, A. (1984) *Grundzüge der Bauphysik: Akustik, Wärmelehre, Feuchtigkeit*, Springer, Wien.

[22] Illig, W. (1952) Die Größe der Wasserdampfübergangszahl bei Diffusionsvorgängen in Wänden von Wohnungen, Stallungen und Kühlräumen, *Gesundheits-Ingenieur* **73**, (7/8), 124–127.

[23] DIN 4108-4:2017-03 (2017) *Wärmeschutz und Energie-Einsparung in Gebäuden – Teil 4: Wärme- und feuchteschutztechnische Bemessungswerte*, Beuth, Berlin.

[24] DIN EN ISO 10456:2010-05 (2010) *Baustoffe und Bauprodukte – Wärme- und feuchtetechnische Eigenschaften – Tabellierte Bemessungswerte und Verfahren zur Bestimmung der wärmeschutztechnischen Nenn- und Bemessungswerte*, Beuth, Berlin.

[25] DIN EN 998-1:2017-02 (2017) *Festlegungen für Mörtel im Mauerwerksbau – Teil 1: Putzmörtel*, Beuth, Berlin.

[26] Bundesverband Estrich und Belag e. V. (BEB) (1997) *Hinweise zum Einsatz alternativer Abdichtungen unter Estrichen*, Troisdorf, Februar 1997.

[27] Künzel, H. (2004) Heizen und Lüften früher und heute, *ARCONIS & BIS* (1), 26–30.

[28] *Verordnung über energiesparenden Wärmeschutz und energiesparende Anlagentechnik bei Gebäuden (Energieeinsparverordnung – EnEV)* vom 24. Juli 2007. BGBl. I vom 26.07.2007, S. 1519 ff.
Verordnung zur Änderung der Energieeinsparverordnung vom 29. April 2009. BGBl. I vom 30.04.2009, S. 954 ff.
Zweite Verordnung zur Änderung der Energieeinsparverordnung vom 18. November 2013. BGBl. I vom 21. November 2013, S. 3951 ff.

[29] Cziesielski, E. (2006) Luftaustausch durch geschlossene Fenster, in *Fensterlüftung und Raumklima – Grund-*

lagen, Ausführungshinweise, Rechtsfragen, (Hrsg. Künzel, H.), Fraunhofer IRB, Stuttgart, S. 71–76.

[30] Tanner, Ch. (1993) Die Messung von Luftundichtigkeiten in der Gebäudehülle, in *Belüftete und unbelüftete Konstruktionen bei Dach und Wand*, (Hrsg. Schild, E., Oswald, R.), Aachener Bausachverständigentage 1993, S. 92–99. Bauverlag, Wiesbaden.

[31] Glaser, H. (1959) Graphisches Verfahren zur Untersuchung von Diffusionsvorgängen, *Kältetechnik* **11** (10), 345–349.

[32] Künzel, H. (1993) Zwölf Jahre Norm „Klimabedingter Feuchteschutz" DIN 4108 Teil 3, *Bautenschutz + Bausanierung* **16**, 119–121.

[33] Ackermann, T. (2013) DIN 4108 Teil 2, 3 – Neuerungen und Kritik, in *Messen, Planen, Ausführen* (Hrsg. BuFAS e. V.), 24. Hanseatische Sanierungstage, S. 197–212. Beuth, Berlin.

[34] DIN 68800-1:2011-10 (2011) *Holzschutz – Teil 1: Allgemeines*, Beuth, Berlin.

[35] DIN 68800-2:2012-02 (2012) *Holzschutz – Teil 2: Vorbeugende bauliche Maßnahmen im Hochbau*, Beuth, Berlin.

[36] DIN EN ISO 6946:2008-04 (2008) *Bauteile – Wärmedurchlasswiderstand und Wärmedurchgangskoeffizient – Berechnungsverfahren*, Beuth, Berlin.

[37] Zürcher, C., Frank, T. (2004) *Bauphysik. Leitfaden „Bau und Energie"*, Band 2. 2. Aufl., vdf Hochschulverlag, Zürich.

[38] Frank, T. (2000) Sommerlicher Wärmeschutz der Gebäudehülle, in *Die Gebäudehülle* (Hrsg. EMPA-Akademie) Fraunhofer IRB, Stuttgart, S. 59–69.

[39] DIN 4108-2:2013-02 (2013) *Wärmeschutz und Energie-Einsparung in Gebäuden – Teil 2: Mindestanforderungen an den Wärmeschutz*, Beuth, Berlin.

[40] DIN 4108-7:2011-01 (2011) *Wärmeschutz und Energie-Einsparung in Gebäuden – Teil 7: Luftdichtheit von Gebäuden, Anforderungen, Planungs- und Ausführungsempfehlungen sowie -beispiele*, Beuth, Berlin.

[41] Marquardt, H. (2017) Schlagregenschutz von Außenwänden nach DIN 4108-3:2014, in *Bauphysik Kalender 2017* (Hrsg. Fouad, N. A.), Ernst & Sohn, Berlin S. 223–235.

[42] Marquardt, H. (2013) Geneigte Dächer, in *Lehrbuch der Hochbaukonstruktionen* (Hrsg. Fouad, N. A.), 4. Aufl. Springer Vieweg, Wiesbaden, S. 393–446.

[43] Künzel, H. M. (1996) Ausgebremst – „Intelligente Dampfbremse" ermöglicht schadenfreies Dämmen auch in Problemfällen, *db Deutsche Bauzeitung* (12), 103–106.

[44] Künzel, H. M. (1995) *Feuchteadaptive Dampfbremse für Gebäudedämmungen*, IBP-Mitteilung 268 des Fraunhofer-Instituts für Bauphysik 22.

[45] Wilezich, N. (1998) *Dachgeschoßausbau*, Seminarvortrag im Rahmen des Weiterbildenden Studiums „Qualität im Bauwesen" der Fachhochschule Nordostniedersachsen in Buxtehude am 27.10.1998.

[46] Marquardt, H. (2002) *Feuchteschutz und Holzschutz von Außenwänden in Holztafel-/Holzrahmenbauart mit Mauerwerk-Vorsatzschale*. 11. Bauklimatisches Symposium, Dresden, 2002, Tagungsbeiträge Bd. 2, hrsg. von Häupl, P., Roloff, J., S. 605–614.

[47] Sommer Informatik GmbH (2003) Praxisnahe Software für zweidimensionale Dampfdiffusions- und Wärmestromberechnung, *Bauphysik* **25** (5), A10.

[48] Künzel, H. M. (2000) Dampfdiffusionsberechnung nach Glaser – quo vadis? IBP-Mitteilung 355 des Fraunhofer-Instituts für Bauphysik. *ARCONIS* **5** (2), 29–30.

[49] Kasper, F.-J., Käser, R., Rudolphi, R. (2003) Kurzer Abriß über die Geschichte des EDV-Einsatzes in der Bauphysik, *Bauphysik* **25** (5), 311–316.

[50] Käser, R. (1999) Grenzen der Standard-Verfahren in der Praxis – die Glaser-Geister, die ich rief ..., in *Praktische Beurteilung des Feuchteverhaltens von Bauteilen durch moderne Rechenverfahren* (Hrsg. Künzel, H. M.), WTA-Schriftenreihe, Heft **18**, S. 21–30. AEDIFICATIO, Freiburg/Br.

[51] Künzel, H. (1997) Feuchteschutz, in *Schall, Wärme, Feuchte* (Hrsg. Gösele, K., Schüle, W., Künzel, H.), 10. Aufl. Bauverlag, Wiesbaden, S. 211–244.

[52] DIN EN ISO 15148:2018-12 (2018) *Wärme- und feuchtetechnisches Verhalten von Baustoffen und Bauprodukten: Bestimmung des Wasseraufnahmekoeffizienten bei teilweisem Eintauchen*, Beuth, Berlin.

[53] Häupl, P., Stopp, H., Strangfeld, P. (1988) Feuchteprofilbestimmung in Umfassungskonstruktionen mit dem Bürocomputer unter Berücksichtigung der kapillaren Leitfähigkeit, *Bauzeitung* **42** (3), 113–118.

[54] Häupl, P., Stopp, H., Strangfeld, P. (1989) Softwarepaket COND zur Feuchteprofilbestimmung in Umfassungskonstruktionen, *Bautenschutz + Bausanierung* **12**, 53–56.

[55] Häupl, P. (2005) COND 2002 – ein einfaches Modell und Programm zum gekoppelten Wasserdampf- und Kapillarwassertransport in Umfassungskonstruktionen, *wksb* Neue Folge (53), 27–36.

[56] Grunewald, J. (1997) *Diffuser und konvektiver Stoff- und Energietransport in kapillarporösen Baustoffen*, Dissertation an der TU Dresden. Dresdner Bauklimatische Hefte, Heft 3, Dresden.

[57] Grunewald, J. (1999) *Numerical simulation program DIM 3.1 for coupled heat, air, salt and moisture transport*. 10. Bauklimatisches Symposium, Dresden, 27. bis 29.09.1999, Tagungsbeiträge Bd. 1 (hrsg. von P. Häupl und J. Roloff), S. 181–191. Eigenverlag der TU Dresden.

[58] Künzel, H. M. (1994) Verfahren zur ein- und zweidimensionalen Berechnung des gekoppelten Wärme- und

Feuchtetransports in Bauteilen mit einfachen Kennwerten, Dissertation an der Universität Stuttgart.

[59] Krus, M. (1995) *Feuchtetransport- und Speicherkoeffizienten poröser mineralischer Baustoffe – Theoretische Grundlagen und neue Meßtechniken*, Dissertation an der Universität Stuttgart.

[60] Künzel, H. M., Radon, J., Holm, A., Eitner, V., Schmidt, Th., Zirkelbach, D. (2002) *WUFI 3.2 Pro. Berechnung des hygrothermischen Verhaltens von Baukonstruktionen unter realen Bedingungen*, Fraunhofer-Institut für Bauphysik (IBP), Holzkirchen.

[61] Bednar, T., Dreyer, J. (1999) Die Genauigkeit von Simulationsprogrammen für den Wärme- und Feuchtehaushalt von Bauteilen, in *Praktische Beurteilung des Feuchteverhaltens von Bauteilen durch moderne Rechenverfahren* (Hrsg. Künzel, H. M.), WTA-Schriftenreihe, Heft **18**, S. 97–105. AEDIFICATIO, Freiburg/Br.

[62] DIN EN 15026:2007-07 (2007) *Wärme- und feuchtetechnisches Verhalten von Bauteilen und Bauelementen – Bewertung der Feuchteübertragung durch numerische Simulation*, Beuth, Berlin.

[63] Sedlbauer, K. P., Künzel, H. M. (2015) Feuchteschutzbeurteilung durch hygrothermische Bauteilsimulation, in *Bauphysik-Kalender 2015* (Hrsg. Fuad, N. A.), Ernst & Sohn, Berlin, S. 161–187.

[64] Künzel, H. M., Sedlbauer, K. P. (2015) Neufassung von DIN 4108-3 zur rechnerischen Feuchteschutzbeurteilung, *Bauphysik* **37** (2), 132–136.

[65] Kießl, K. (1992) Wärmeschutzmaßnahmen durch Innendämmung – Beurteilung und Anwendungsgrenzen aus feuchtetechnischer Sicht, in *Wärmeschutz – Wärmebrücken – Schimmelpilz* (Hrsg. Schild, E., Oswald, R.), Aachener Bausachverständigentage 1992, S. 115–124. Bauverlag, Wiesbaden.

[66] Achtziger, J. (1985) Praktische Untersuchung der Tauwasserbildung im Innern von Bauteilen mit Innendämmung, *Bauphysik* **7** (2), 60–62.

[67] Häupl, P., Fechner, H., Martin, R., Neue, J. (1999) Energetische Verbesserung der Bausubstanz mittels kapillaraktiver Innendämmung, *Bauphysik* **21** (4), 145–154.

[68] WTA-Merkblatt 6-2-14/D (2014) *Simulation wärme- und feuchtetechnischer Prozesse*, Wissenschaftlich-Technische Arbeitsgemeinschaft für Bauwerkserhaltung und Denkmalpflege e. V., Dezember 2014.

[69] Riesner, K. (2003) *Natürliche Konvektion in losen Außenwanddämmungen – Untersuchungen zum gekoppelten Wärme-, Luft- und Feuchtetransport*, Dissertation an der Universität Rostock 2003. Rostocker Berichte aus dem Fachbereich Bauingenieurwesen, Heft 12.

[70] Riesner, K., Mainka, G.-W. (2004) Probleme und Strategien des Wärme- und Feuchteschutzes bei großen Dämmstoffdicken, in *Aktuelles zur Fassadeninstandsetzung* (Hrsg. Venzmer, H.), Vorträge 15. Hanseatische Sanierungstage, Rostock-Warnemünde November 2004. Schriftenreihe Feuchte- und Altbausanierung e. V., Heft **15**, S. 283–302. Huss-Medien Verlag Bauwesen, Berlin.

III Innendämmung eines historischen Mauerwerks mit konventionellen und aerogelhaltigen Dämmstoffen – Eine hygrothermische Analyse

Karim Ghazi Wakili und Thomas Stahl, Winterthur, Schweiz

1 Einleitung

Gerade bei historischen und häufig denkmalgeschützten Gebäuden ist der Einsatz von Innendämmungen die einzige Möglichkeit, diese energetisch auf einen für die Bewohner akzeptablen Standard zu bringen. Der Anteil historischer Gebäude im Gesamtbestand der Schweiz ist recht bedeutend, wie Bild 1 eindrücklich zeigt. Um die Bausubstanz möglichst lange erhalten zu können, müssen diese auch bewohnt/benutzt werden. Die heutigen Anforderungen an den Wohnkomfort und Energieverbrauch unterscheiden sich aber deutlich von denen zu der Zeit, als die Gebäude errichtet wurden.

Moderne, leistungsfähige Dämmungen wie zum Beispiel aerogelhaltige Produkte gewinnen immer mehr an Bedeutung und Akzeptanz und müssen zukünftig auch im Denkmalbereich diskutiert werden. Oftmals bestehen bei der Einführung von neuartigen Materialien Unsicherheiten seitens der Denkmalbehörden, Planer und Anwender. Mit den folgenden bauphysikalischen Untersuchungen an aerogelhaltigen sowie an einem konventionellen Dämmstoff soll diesen Unsicherheiten begegnet werden.

Abschnitt 2 dieses Beitrags beschreibt die hygrothermischen Eigenschaften eines historischen Bruchsteinmauerwerks basierend auf Messungen. Die Resultate dieser Untersuchungen flossen als Input-Daten in sämtliche hygrothermische Simulationen der weiteren Ausführungen ein. In Abschnitt 3 werden die Resultate eindimensionaler hygrothermischer Analysen des Ist-Zustands (ungedämmt) an drei verschiedenen Standorten in der Schweiz (Zürich, Davos, Locarno) mit denjenigen Resultaten von gedämmten Varianten verglichen. Ein weiterer Abschnitt widmet sich der Analyse von zweidimensionalen Wärme- und Feuchteverteilungen eines Wandquerschnitts mit einbindendem Holzbalkenkopf unter verschiedenen Randbedingungen und Ausführungsvarianten.

2 Bauphysikalische Eigenschaften von historischem Bruchsteinmauerwerk

Aus einem historischen Gebäude der Gemeinde Rünenberg (Kanton BL) wurden Mörtelproben und Steinmuster entnommen und auf ihre bauphysikalischen Eigenschaften hin untersucht. Das stattliche Bauernhaus im Zentrum von Rünenberg ist 1787 im spätbarocken Stil erbaut und später mehrfach erweitert worden.

Die Wärmeleitfähigkeit und die feuchtebezogenen Eigenschaften, deren Abbildung durch die Sorptionsisotherme erfolgt, sind die wichtigsten, für die Simulationen benötigten Materialparameter. Da es sich um zeit-

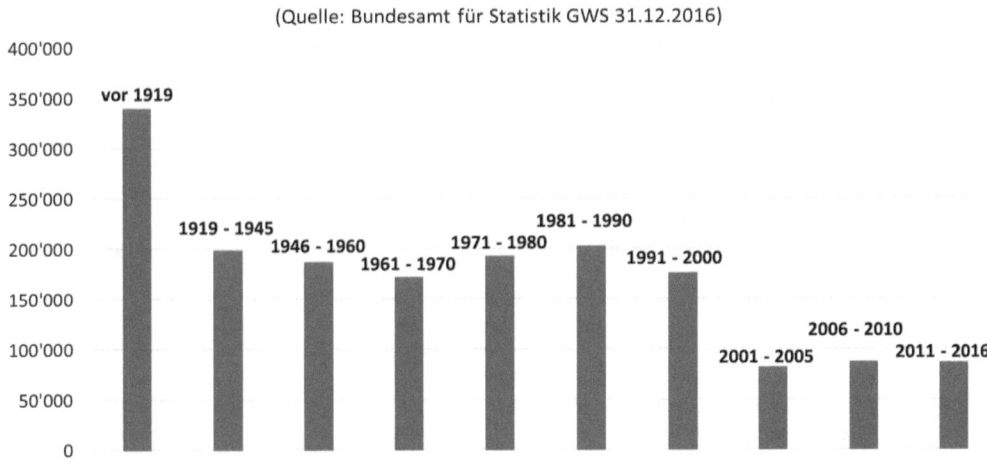

Bild 1. Gebäudebestand der Schweiz Stand 31.12.2016

Mauerwerk-Kalender 2019: Bemessung, Bauwerkserhaltung, Schallschutz. Herausgegeben von Wolfram Jäger.
© 2019 Ernst & Sohn GmbH & Co. KG. Published 2019 by Ernst & Sohn GmbH & Co. KG.

Bild 2. Naturstein (Hauptrogenstein)

Bild 3. Zugeschnittener Stein und Mörtel

Bild 4. Entnommener Mauermörtel

Tabelle 1. Thermische Materialkennwerte für die hygrothermische Simulation

Bezeichnung	Dichte [kg/m³]	Wärmeleitfähigkeit [W/(m K)]
Naturstein	2478	1,65 ± 0,02
Mauermörtel	1600	0,70

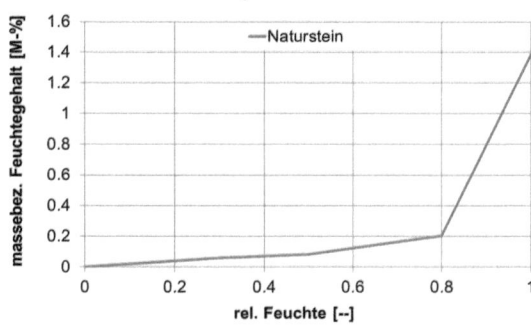

Bild 5. Sorptionsisotherme des historischen Natursteins

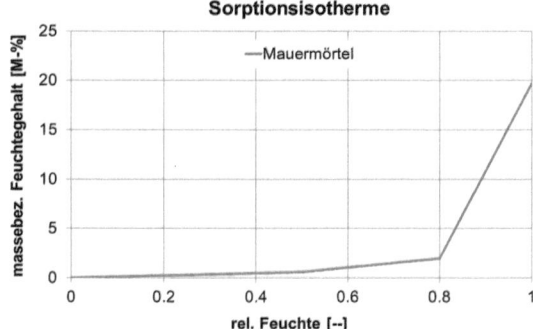

Bild 6. Sorptionsisotherme des historischen Mauermörtels

abhängige (instationäre) Simulationen handelt, werden auch die Dichte und die spezifische Wärmekapazität benötigt. Die Dichte wurde gemessen und die Wärmekapazität aus Literaturwerten übernommen, da diese für die meisten mineralischen Baumaterialien zwischen 900 und 1000 J/(kg K) liegen. Der betrachtete Temperaturbereich liegt zwischen −10 und +30 °C, daher können die erwähnten Materialparameter als konstant angenommen werden.

Die Bestimmung der Wärmeleitfähigkeit vom Naturstein (Hauptrogenstein) erfolgte an zugeschnittenen Proben (Bilder 2 und 3) mit einem „Thermal Hot Bridge"-Messgerät.

Vom Mauermörtel konnte die Wärmeleitfähigkeit nicht ermittelt werden, da die Probe zu klein war (Bild 4) und keine Probe in den benötigten Abmessungen entnommen werden konnte. Es wurde die Dichte bestimmt und die entsprechende Wärmeleitfähigkeit aus Literaturdaten entnommen. Dies ist näherungsweise zulässig, da bei mineralischen Baustoffen die Dichte mit der Wärmeleitfähigkeit eng zusammenhängt.

Die Mess- und Literaturdaten sind in Tabelle 1 aufgeführt.

Die für die hygrothermischen Simulationen benötigte Feuchtespeicherfunktion wird durch die Sorptionsisotherme abgebildet. Die Sorptionsisotherme gibt die Feuchtemenge an, die das Material bei verschiedenen relativen Luftfeuchten im Gleichgewichtszustand aufnimmt. Für den Naturstein als Hauptbestandteil des untersuchten Mauerwerks ist dies im Bild 5 dargestellt. Für die feuchtebedingte Zunahme der Wärmeleitfähigkeit des Natursteins wurden 8 %/M.-% angenommen. Auch vom Mauermörtel wurde die Sorptionsisotherme im Labor bestimmt. Diese wird in Bild 6 gezeigt.

Die feuchtebedingte Zunahme der Wärmeleitfähigkeit für den Mauermörtel wurde etwas höher mit 10 %/M.-% angenommen, da dieser eine höhere Porosität aufweist.

3 Eindimensionale hygrothermische Simulationen

Eine realitätsnahe Simulation der Feuchte- und Temperaturverteilung innerhalb von Konstruktionen, die einem zeitlich veränderlichen Klima unterworfen sind, kann nur unter Berücksichtigung einer instationären und gekoppelten Wärme- und Feuchtebilanz ausgeführt werden. Eine stationäre Betrachtung (z. B. *Glaser*), die keine Feuchtespeicherung und keine kapillare Verteilung berücksichtigt, stellt eine sehr starke Vereinfachung dar und ist insbesondere für Innendämmungen völlig ungeeignet. Aus diesem Grund sind die folgenden Betrachtungen mit der Software WUFI ausgeführt worden. In der Schweizer Norm SIA 180:2014 wird als Mindestwärmeschutz ein U-Wert von 0,4 W/(m² K) gefordert. Für die folgenden Simulationen wurde ein niedrigerer U-Wert von 0,35 W/(m² K) als strengere Zielvorgabe gewählt. Ein noch niedrigerer U-Wert führt bei innengedämmten historischen Gebäuden zu einer zu starken Abkühlung der Außenwand und demzufolge steigt das Schadensrisiko. Sollen trotzdem niedrigere U-Werte erreicht werden, so ist der Schlagregenschutz gezielt zu planen und gegebenenfalls zu verbessern. Dadurch muss verhindert werden, dass flüssiges Wasser in die nun kalte Mauer eindringt, weil diese nur noch erschwert austrocknen kann.

3.1 Ist-Zustand: Wandaufbau, Materialzuordnung und klimatische Randbedingungen

Als Wandaufbau wurde ein Bruchsteinmauerwerk mit 0,6 m Dicke gemäß Bild 7 gewählt [2]. Als repräsentativ gilt für das Verhältnis von Naturstein zu Mauermörtel für das Simulationsmodell der Querschnitt entlang der fett gestrichelten Linie.
Für die hygrothermische Simulation sind die relevanten Werte in Tabelle 2 zusammengestellt.
Der U-Wert der Wand im Ist-Zustand beträgt ca. 1,66 W/(m² K). Ausgehend davon wurden U-Wert-

Tabelle 2. Input-Daten der Materialien des Mauerwerks für die hygrothermische Simulation

Bezeichnung	Wärmeleitfähigkeit [W/(m K)]	μ-Wert [−]	Dichte [kg/m³]	w-Wert [kg/(m² √h)]
Kalkputz	0,7	7	1600	3,0
Naturstein	1,7	34	2478	2,0
Mauermörtel	0,7	20	1600	4,0

Berechnungen für drei verschiedene Materialien in Abhängigkeit der Dicke durchgeführt und im Bild 8 dargestellt. Zur Auswahl kamen ein Aerogel-Matten-System ($\lambda_{10,dry}$ = 0,017 W/(m K)), ein Aerogel-Hochleistungsdämmputz ($\lambda_{10,dry}$ = 0,027 W/(m K)) und eine Holzfaserplatte ($\lambda_{10,dry}$ = 0,044 W/(m K)). Um einen Soll-U-Wert von 0,35 W/(m² K) zu erreichen, werden entsprechende Dämmstoffdicken von 4, 6 und 10 cm benötigt (Schnittpunkt der gestrichelten Linie mit den Kurven in Bild 8).
Wie oben erwähnt, stellen die Klimadaten die Randbedingung für Temperatur, relative Luftfeuchte, Strahlung und Regen auf der Außenseite dar. Drei typische Klimastandorte der Schweiz (Zürich, Davos und Locarno) wurden für die folgenden Untersuchungen verwendet (Bild 9).
Ein Vergleich der Monatsmittelwerte für die Außenlufttemperaturen der drei Standorte Zürich, Davos und Locarno ist Bild 10 zu entnehmen. Deutlich zeigt sich das wärmere Klima von Locarno und das viel kältere Klima von Davos, was sich in den Resultaten der Simulationen deutlich bemerkbar macht. Somit ist nicht automatisch gewährleistet, dass eine schadensfreie Konstruktion z. B. in Zürich auch in Davos oder Locarno schadensfrei bleibt. Eine standortbezogene Betrachtung ist somit notwendig.
Für innengedämmte Konstruktionen ist die Menge und Richtung des Schlagregens (Regen plus Windkomponente) von großer Bedeutung, insbesondere im Hinblick auf die Wasseraufnahme der kälteren Fas-

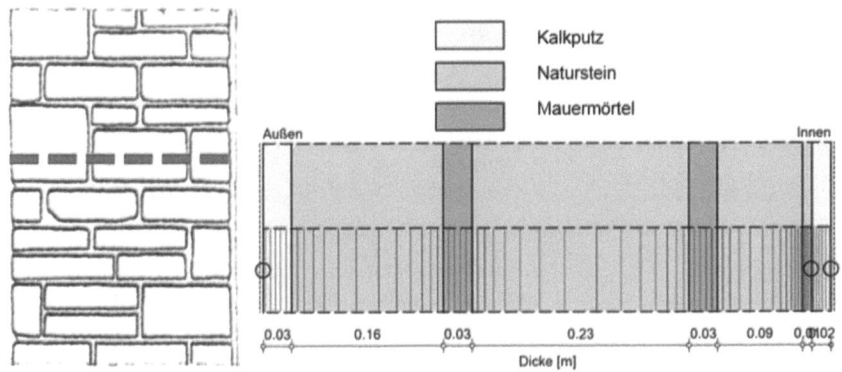

Bild 7. Bruchsteinmauerwerk; Simulationsmodell entspricht dem Querschnitt entlang der fetten schwarz gestrichelten Linie

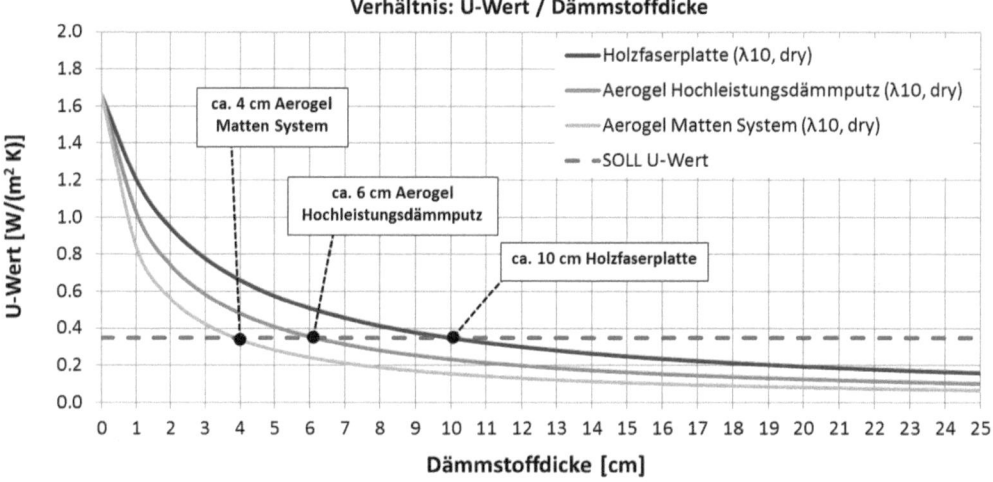

Bild 8. U-Wert in Abhängigkeit der Dicke und der Wärmeleitfähigkeit des Dämmstoffs

saden und der schlechteren Austrocknungsmöglichkeit bedingt durch den unterbrochenen Wärmefluss durch die Innendämmung. Wie Bild 11 verdeutlicht, besteht zum einen ein markanter Unterschied in der Regenmenge und ein noch größerer in der jeweiligen Richtung des Schlagregens. Während in Zürich die Hauptwetterrichtung West bis Südwest ist, kommt in Davos der Regen von Nord bis Nordost. Locarno hat hingegen eine ausgeprägte Doppelrichtung, nämlich Ost und West. Für die folgenden Betrachtungen wurden aus diesem Grund folgende Hauptwetterrichtungen ausgewählt: Zürich = West, Davos = Nord und Locarno = Ost. Die jährliche mittlere solare Einstrahlung beträgt für Zürich West ca. 630 kWh/(m² a) für Davos Nord ca. 500 kWh/(m² a) und für Locarno Ost ca. 730 kWh/(m² a).

3.2 Für die Simulation verwendete Dämmstoffe

Ziel der Untersuchung war es, den Einfluss der Innendämmung auf den Wärme- und Feuchtehaushalt in einem historischen Mauerwerk zu bestimmen. In den letzten Jahren wurden hocheffiziente Dämmmaterialien entwickelt und auch verbreitet verwendet. Deshalb wurden für die Simulationen zwei aus dieser Gruppe ausgesucht. Dabei handelt es sich um einen Aerogel-Hochleistungsdämmputz und um Aerogel-Matten. Im Vergleich dazu wurde ein konventionelles Material als Vergleichsvariante ausgewählt. Hierbei handelt es sich um eine Holzfaserplatte, da sie eine hohe Wärmespeicherfähigkeit besitzt und auch vorteilhafte hygrische Speichereigenschaften aufweist.

Aerogel Hochleistungsdämmputz:
Es handelt sich um einen kalkbasierten, kapillaraktiven Dämmputz mit Aerogel als Leichtzuschlag für den Innen- und Außenbereich. Der Wandaufbau für die Simulationen war dabei folgender:
– bestehender Untergrund innen,
– Vorspritzmörtel,
– Aerogel-Hochleistungsdämmputz,
– Spezial-Einbettmörtel,
– mineralischer Deckputz.

Aerogel Matte:
Beim Aerogel-Mattensystem handelt es sich um ein hochdämmendes Material aus Silica-Aerogelen, eingebettet in ein Faserstützgerüst. Dieses wird üblicherweise geklebt und zusätzlich mit speziellen Dübeln (im Modell vernachlässigt) im Untergrund befestigt. Zur Wärmebrückenvermeidung wird hierauf als zusätzliche Schicht ein herkömmlicher Dämmputz aufgebracht. Der verwendete Wandaufbau war folgender:
– bestehender Untergrund innen,
– mineralische Klebe- und Spachtelmasse,
– Aerogel-Matten,
– Dämmputz,
– mineralischer Deckputz.

Holzfaserdämmung:
Bei der Holzfaserdämmung handelt es sich um eine ökologische, kapillaraktive, hygroskopische Holzfaserplatte. Der Wandaufbau war folgender:
– bestehender Untergrund innen,
– mineralischer Klebespachtel,
– Holzfaserplatte,
– mineralischer Einbettmörtel,
– mineralischer Deckputz.

Die hygrothermischen Eigenschaften der drei verwendeten Innendämmmaterialien, die für die Simulationen verwendet wurden, sind in Tabelle 3 zusammengestellt.

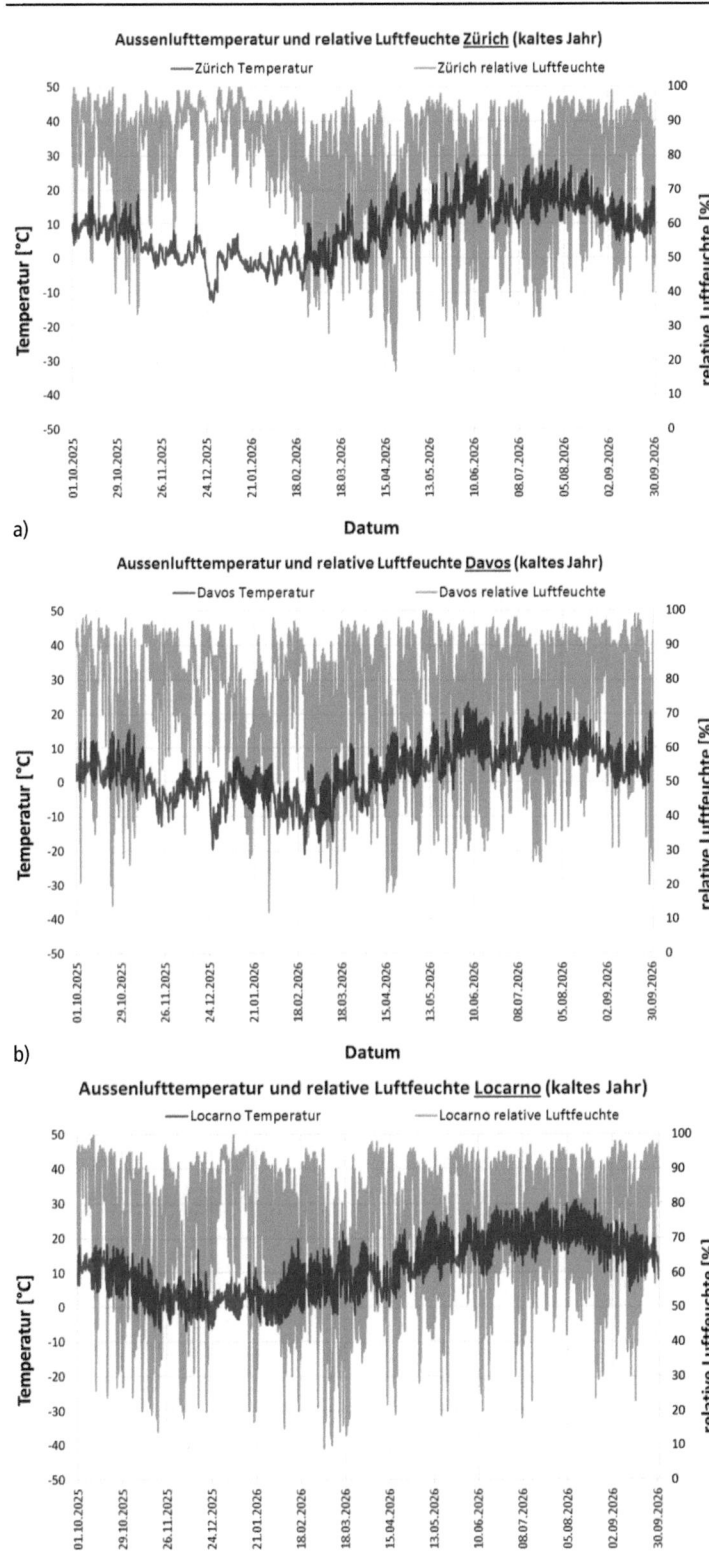

Bild 9. Stundenmittelwerte der Temperaturen (schwarz) und der relativen Luftfeuchten (hellgrau) über ein ganzes Jahr für die Standorte a) Zürich, b) Davos und c) Locarno

Tabelle 3. Input-Daten der Dämmmaterialien für die hygrothermische Simulation

Bezeichnung	Wärmeleitfähigkeit [W/(m K)]	µ-Wert [–]	Dichte [kg/m³]	w-Wert [kg/(m² √h)]
Aerogel-Dämmputz	0,027	4	200	5,0
Aerogel-Matte	0,017	4,7	146	0,024
Holzfaser	0,044	10	166	7,2

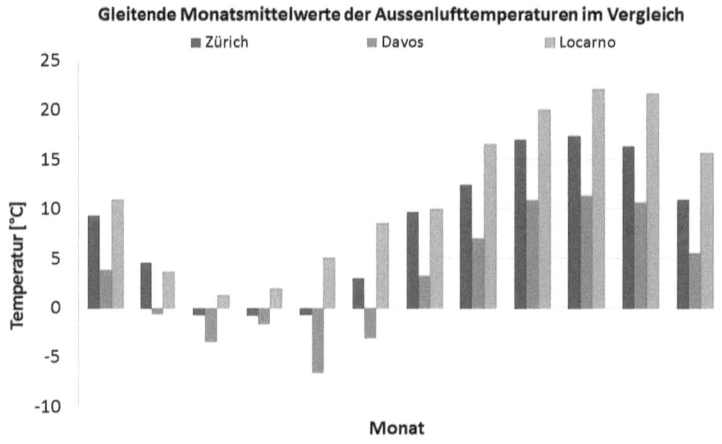

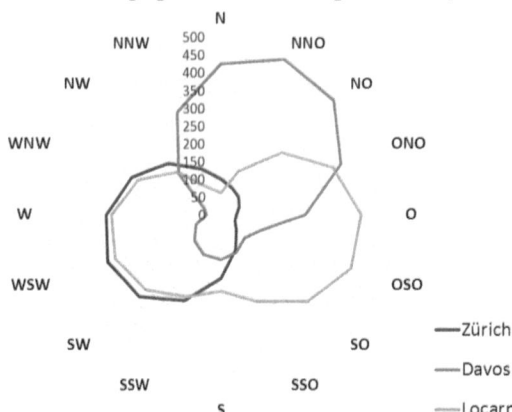

Bild 10. Monatsmittelwerte der Außenlufttemperatur für die drei Standorte im Vergleich

Bild 11. Jährliche Schlagregensummen der drei Klimastandorte und deren Himmelsrichtung

4 Resultate der 1-D-Simulationen

In den folgenden Abschnitten werden die aussagekräftigsten Resultate der eindimensionalen hygrothermischen Simulation gezeigt und bewertet. Der Fokus liegt bei allen Darstellungen immer auf der Hauptwetterrichtung am jeweiligen Standort. Als Parameter wird der Ist-Zustand ohne Dämmung mit den drei Dämmmaterialien verglichen.

4.1 Innere Oberflächentemperaturen

Durch die Darstellung der Häufigkeitsverteilung der Oberflächentemperaturen an den drei Standorten wird der Einfluss der unterschiedlichen Innendämmungen klar ersichtlich (Bilder 12 bis 14).
Die ungedämmte Variante **Zürich West** weist Oberflächentemperaturen auf, die hauptsächlich im Bereich zwischen 15 und 18 °C liegen. Bei allen gedämmten Varianten ist wie erwartet eine Verschiebung in der Häufigkeitsverteilung zu höheren Oberflächentemperaturen zu sehen. Beim Aerogel-Hochleistungsdämmputz liegen die Oberflächentemperaturen immer über 17 °C und mehrheitlich zwischen 18 und 19 °C. Nach der Anbringung der Aerogel-Matte liegt die Oberflächentemperatur immer über 18 °C und mehrheitlich bei 19 bis 20 °C. Bei der Holzfaserdämmung liegt die Oberflächentemperatur immer über 18 °C und mehrheitlich ebenfalls bei 19 bis 20 °C.
Die ungedämmte Variante **Davos Nord** zeigt Oberflächentemperaturen, die mehrheitlich zwischen 14 und 17 °C liegen. Durch das Anbringen von Aerogel-Dämmputz verlagern sich die Oberflächentemperaturen deutlich nach oben und liegen mehrheitlich zwischen 17 und 19 °C. Bei der Aerogel-Matte liegen die Oberflächentemperaturen mehrheitlich bei 19 bis 20 °C. Bei der Holzfaserdämmung ist ein gleichmäßiges Bild ohne große Schwankungen ersichtlich, was auf die höhere Wärmespeicherkapazität zurückzuführen ist. Dadurch liegt die Oberflächentemperatur zu fast 75 % bei 19 °C.

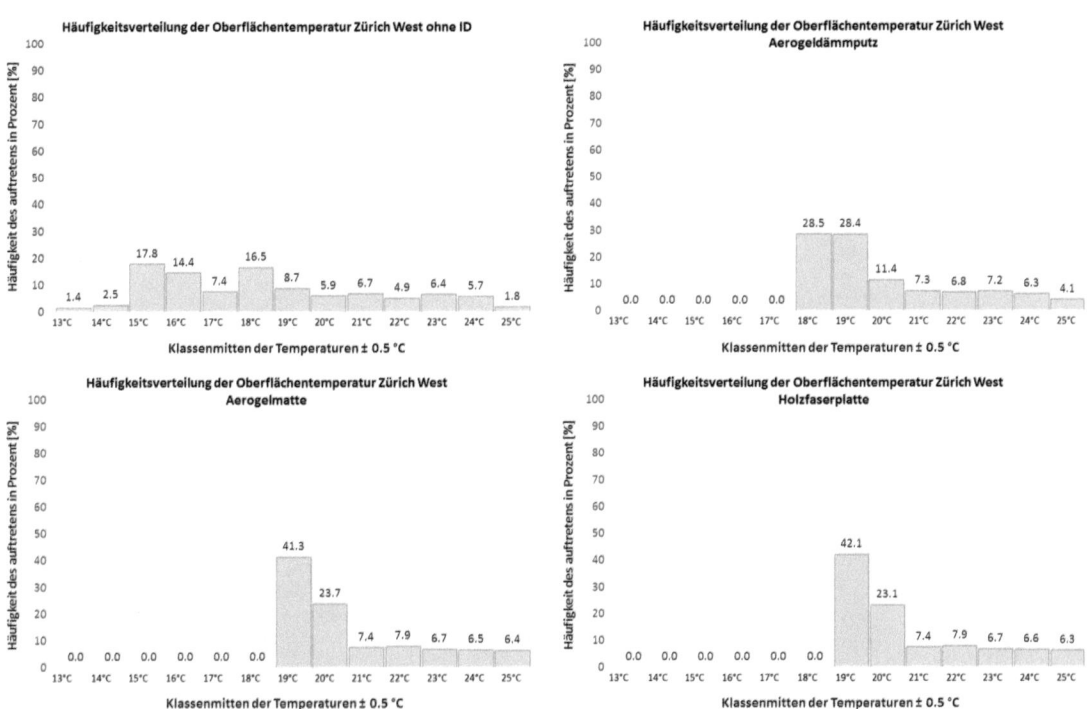

Bild 12. Häufigkeitsverteilung der Oberflächentemperaturen Zürich West ungedämmt und gedämmt

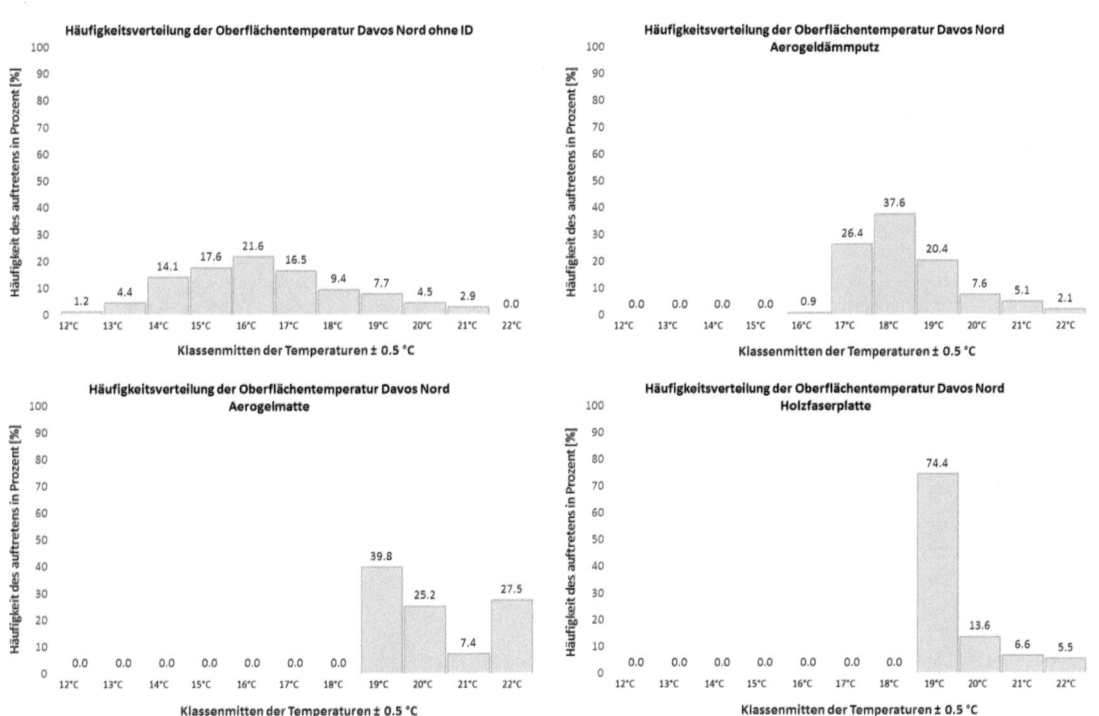

Bild 13. Häufigkeitsverteilung der Oberflächentemperaturen Davos Nord ungedämmt und gedämmt

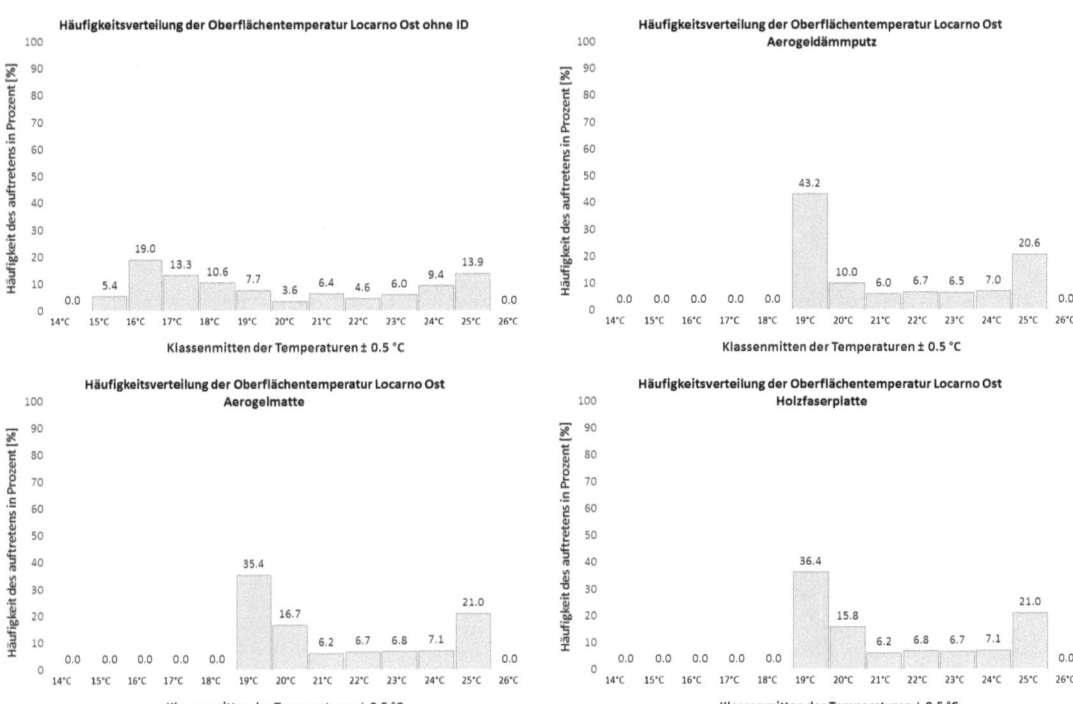

Bild 14. Häufigkeitsverteilung der Oberflächentemperaturen Locarno Ost ungedämmt und gedämmt

Für das Klima **Locarno mit Orientierung Ost** ist die Oberflächentemperatur im ungedämmten Zustand breit gestreut, mehrheitlich zwischen 16 und 17 °C (tendenziell Winter) sowie zwischen 24 und 25 °C (tendenziell Sommer). Durch die Innendämmung verschiebt sich der untere Teil bei allen Dämmvarianten auf über 19 °C.

Die obigen Auswertungen zeigen, dass bei einem gleichmäßigeren Aussenklima (in diesem Fall Locarno) der Einfluss der verschiedenen Dämmstoffe quasi identisch bleibt. Bei extremen Klimata (z. B. Davos) kommen die hygrothermischen Materialeigenschaften der Dämmstoffe (z. B. Wärmespeichereigenschaften, Feuchtespeichereigenschaften und Kapillarität) mehr zum Vorschein.

4.2 Temperatur- und Feuchtezustand hinter den Dämmschichten

Um eine Schadensanfälligkeit ausschließen zu können, sollen die Temperatur und die relative Feuchte hinter der Dämmschicht den Wert von −5 °C (gestrichelte Linie in den Bildern 15 bis 17) und 95 % nicht unter- bzw. überschreiten. Gemäß WTA Merkblatt 6.5, Ausgabe 04.2014/D, soll der Wassergehalt des Baustoffs bei einer Gleichgewichtsfeuchte den Wert von 95 % r. F. nicht überschreiten [3]. In der Simulation wurde der Temperatur- und Feuchteverlauf hinter der Innendämmung über das ganze Jahr ermittelt. Dieser stellt den kritischsten Punkt in Bezug auf die Temperatur und relative Feuchte auf der Warmseite des Kalksteins dar. Die Temperaturen sind bei allen drei Standorten und Dämmvarianten zwar deutlich unterhalb des Ist-Zustands, was für Innendämmung typischerweise zu erwarten ist, aber immer noch oberhalb der kritischen Temperatur von −5 °C. Für die Winterperiode von Zürich und besonders Davos ist die Situation kritischer als für Locarno. Es ist bei der Planung einer Innendämmung dementsprechend wichtig, die Lokalität und die Orientierung zu berücksichtigen. Der Unterschied zwischen den einzelnen Dämmvarianten ist in Davos und Zürich am größten. Der Aerogel-Dämmputz zeigt die höchsten Temperaturen an dieser Stelle, weil er noch am meisten Wärme in das Mauerwerk lässt. Die höhere Wärmespeicherkapazität der Holzfaserdämmung und die sehr niedrige Wärmeleitfähigkeit der Aerogel-Matte führen zu niedrigeren Temperaturen bis 6 K Unterschied (Bild 16). Durch das insgesamt wärmere Außenklima in Locarno fällt dieser Unterschied fast weg (Bild 17).

Tabelle 4 enthält die Bewertung der relativen Feuchte hinter der Innendämmung.

4.3 Wassergehalt im 1. cm der Innendämmung

Der erste Zentimeter der Innendämmung in Richtung ehemaliger Innenoberfläche ist der Bereich der Innendämmung mit dem höchsten Feuchtegehalt und ist des-

III   Innendämmung eines historischen Mauerwerks mit konventionellen und aerogelhaltigen Dämmstoffen

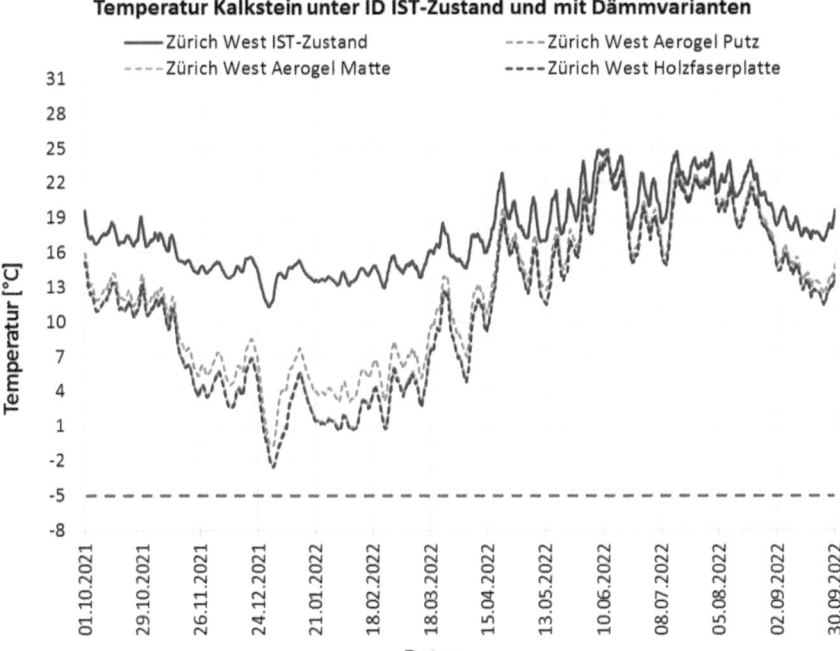

Bild 15. Temperaturen auf der Innenseite des Kalksteins Zürich West vor und nach der Innendämmung

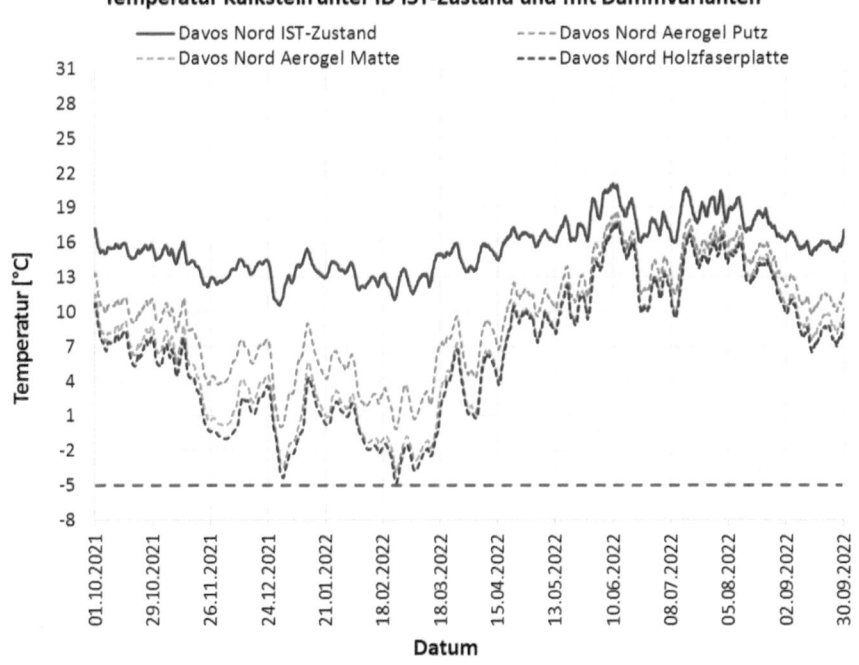

Bild 16. Temperaturen auf der Innenseite des Kalksteins Davos Nord vor und nach der Innendämmung

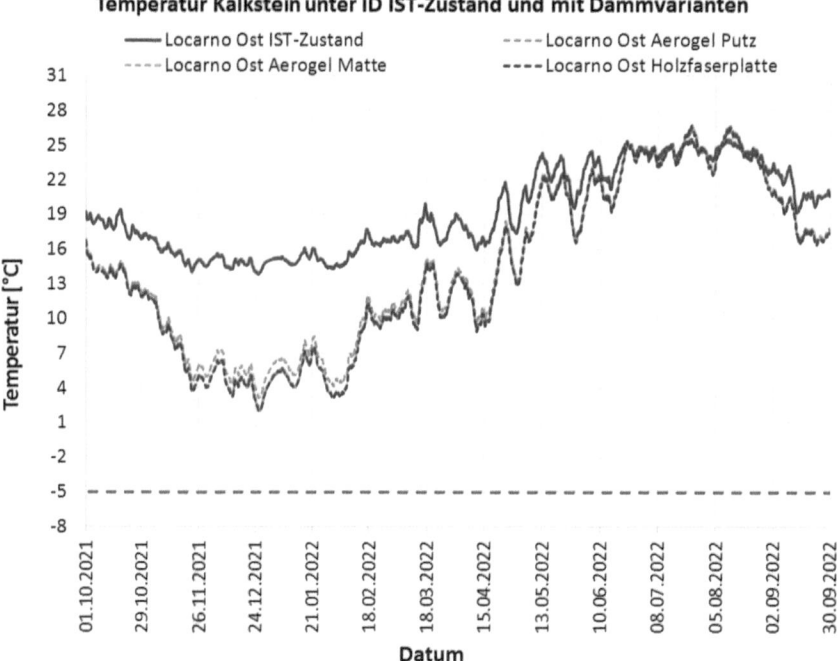

Bild 17. Temperaturen auf der Innenseite des Kalksteins Locarno Ost vor und nach der Innendämmung

Tabelle 4. Bewertung der relativen Feuchte hinter der Innendämmung für sämtliche Parameter

Zürich	Aerogel-Dämmputz	Nord	+	Davos	Aerogel-Dämmputz	−
		Ost	+			−
		Süd	+			+
		West	−			+
	Aerogel-Matte	Nord	+		Aerogel-Matte	−
		Ost	+			−
		Süd	+			+
		West	−			+
	Holzfaserdämmung	Nord	+		Holzfaserdämmung	−
		Ost	+			−
		Süd	+			+
		West	−			+
Locarno	Aerogel-Dämmputz	Nord	+	Begrenzung der relativen Feuchte hinter der Innendämmung für alle drei Standorte und alle Ausrichtungen. Minus bedeutet: eine relative Luftfeuchte von über 95 % über das ganze Jahr. Das bedeutet, dass die Wasseraufnahme über die Fassade mit geeigneten Maßnahmen begrenzt werden muss. Plus bedeutet: eine relative Luftfeuchte von unter 95 % über das ganze Jahr und somit unkritisch.		
		Ost	−			
		Süd	+			
		West	−			
	Aerogel-Matte	Nord	+			
		Ost	−			
		Süd	+			
		West	−			
	Holzfaserdämmung	Nord	+			
		Ost	−			
		Süd	+			
		West	−			

III   Innendämmung eines historischen Mauerwerks mit konventionellen und aerogelhaltigen Dämmstoffen

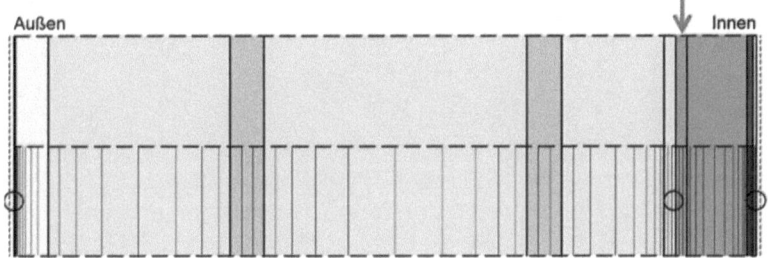

Bild 18. Wandaufbau mit Kennzeichnung des kritischen Zentimeters (Pfeil) am Beispiel von Aerogel-Dämmputz (andere Dämmvarianten entsprechend gleich)

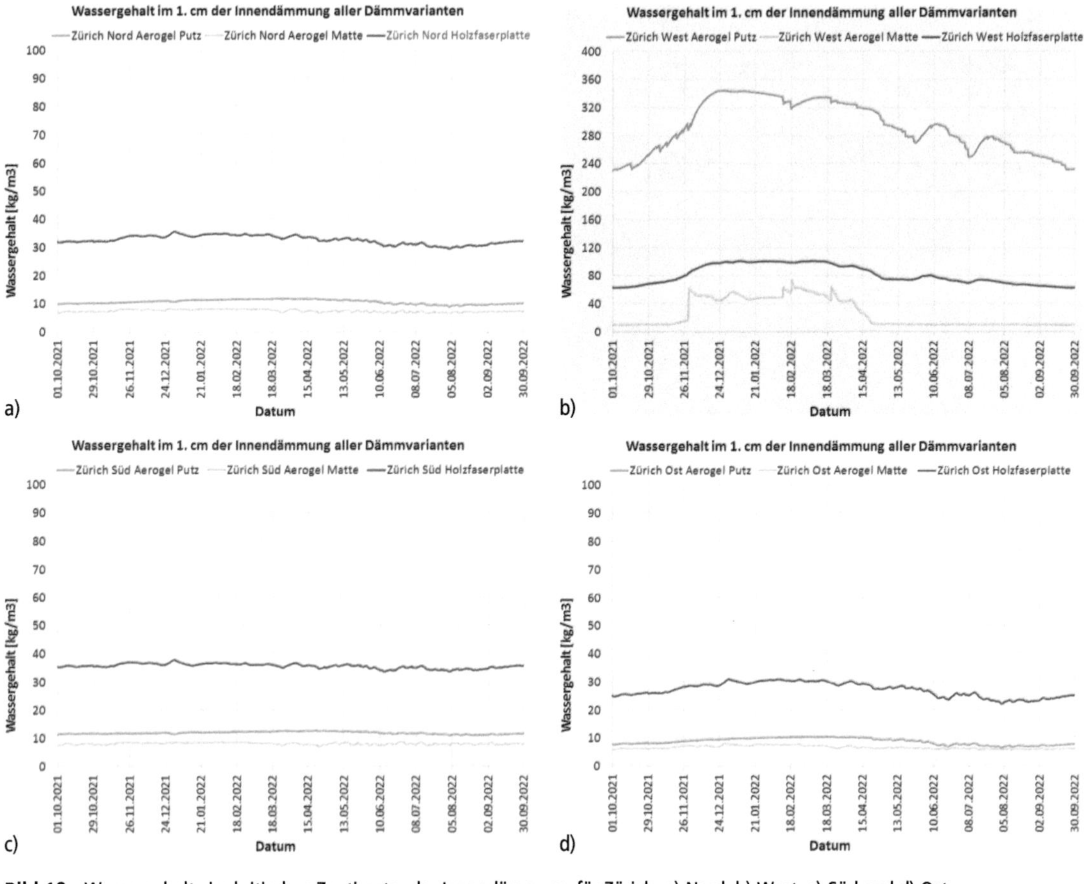

Bild 19. Wassergehalte im kritischen Zentimeter der Innendämmung für Zürich; a) Nord, b) West, c) Süd und d) Ost

wegen am kritischsten (Bild 18). Im Folgenden wird der Feuchtegehalt in kg/m³ für alle Dämmvarianten, Orientierungen und die drei Standorte Zürich, Davos und Locarno gezeigt.

Für den Standort **Zürich** ergibt sich für alle Seiten/Orientierungen, außer für die Wetterseite (Bild 19b), ein fast identisches Bild. Die beiden Aerogel-Dämmungen (Putz und Matte) weisen über das ganze Jahr einen Wert von ca. 10 kg/m³ auf, während die Holzfaser-

platte auch einen konstanten, aber höheren Wert von ca. 25 bis 35 kg/m³ aufweist. Die Feuchte kommt hier nicht vom Schlagregen, sondern ist vor allem auf den Diffusionsstrom von innen nach außen zurückzuführen. Bei der Holzfaserplatte wird die Feuchte gleichmäßig verteilt, bei den anderen beiden aerogelhaltigen Dämmungen bleibt die Feuchte hauptsächlich in den dem Raum zugewandten Schichten „hängen". Für die Hauptwetterseite (Bild 19b) liegt der Wassergehalt für

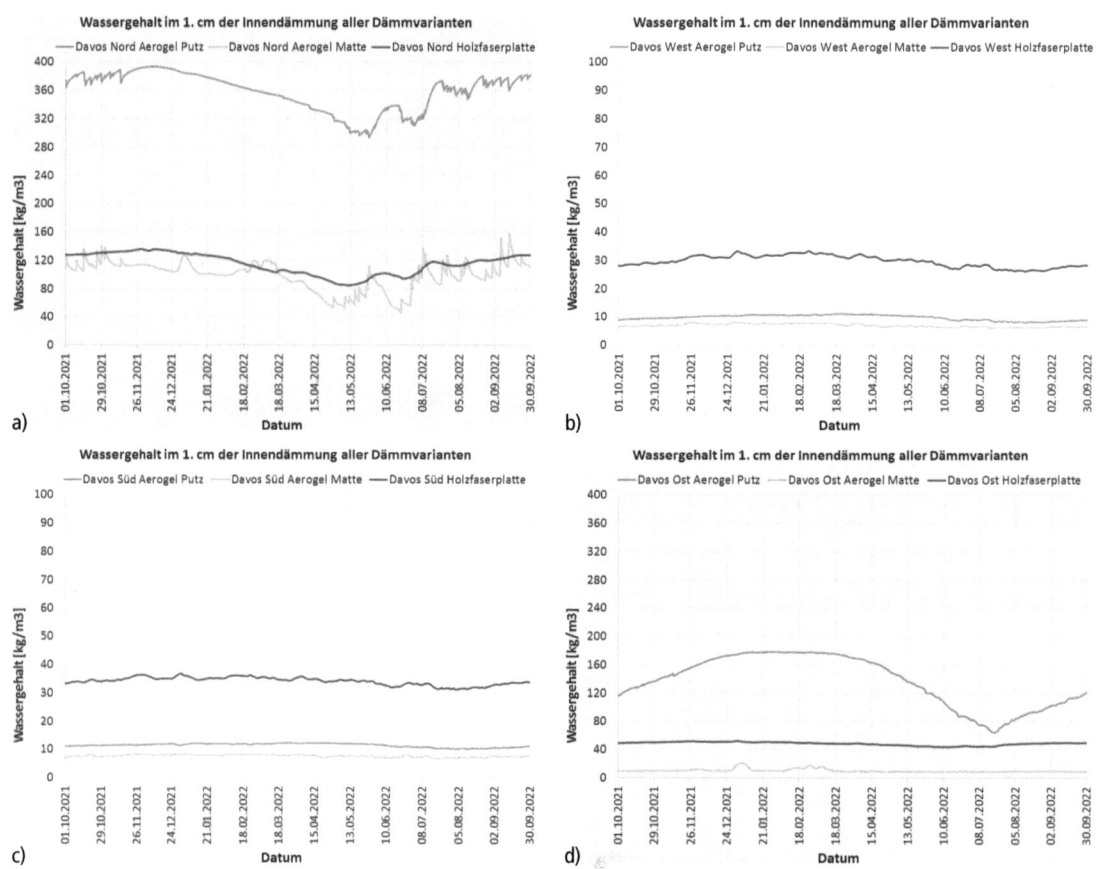

Bild 20. Wassergehalte im kritischen Zentimeter der Innendämmung für Davos; a) Nord, b) West, c) Süd und d) Ost

alle drei höher. Bei der Aerogel-Matte ist dies nur während der Winterperiode sichtbar, da es sich um ein stark hydrophobes Material handelt. Der auftretende Kapillarstrom, im Winter nach innen, sorgt aber trotzdem für eine gewisse Auffeuchtung. Bei der Holzfaserplatte ist der Wassergehalt höher als bei der Aerogel-Matte und die Zunahme im Winter abgeflachter. Dies ist auf die höhere Feuchtespeicherkapazität und die größere Dicke (10 cm) der Holzfaserplatte zurückzuführen. Der kapillaraktive Aerogel-Dämmputz weist an der Hauptwetterseite den höchsten Wassergehalt auf, weil der auftretende Kapillarstrom nach innen zu einer Auffeuchtung führt und die Feuchte sich auf nur 6 cm Dicke verteilen muss bei gleichzeitig niedrigerer Feuchtespeicherkapazität.

Dies zeigt die Wichtigkeit der Begrenzung der Wasseraufnahme bei Schlagregen auf der Hauptwetterseite durch geeignete Maßnahmen (Anstrich, Bekleidung etc.).

Für **Davos** sind die Orientierungen Nord (Hauptwetterseite) und Ost (auch beregnet) die mit den höchsten Feuchtegehalten im ersten Zentimeter des Dämmstoffs (Bild 20a und d). Die beiden anderen Orientierungen sind unproblematisch und verhalten sich fast identisch zu denen aus Zürich. Die Gründe für die höheren Feuchtegehalte, je nach Orientierung wurden bereits oben erwähnt.

Die Berechnungen für **Locarno** zeigen für die Orientierung West und Ost (Bild 21b und d) die höchsten Feuchtegehalte im ersten Zentimeter der Dämmungen. Für die Seiten ohne Schlagregen zeigen ebenfalls die Aerogel-Dämmungen die geringsten Feuchtegehalte. Die Gründe hierfür wurden bereits oben erläutert.

4.4 Begrenzung der Wasseraufnahme von außen

Die bisherigen Untersuchungen haben bestätigt, wie wichtig eine Begrenzung der Wasseraufnahme von außen an den Hauptwetterseiten ist. Für die Schweiz ist dabei die Berücksichtigung der Standorte unablässig, da diese stark variieren. Eine Konstruktion, die in Zürich problemlos funktioniert, kann in Davos oder Locarno zu Schäden führen. Häufig sind kleine Änderungen in der Konstruktion notwendig (z. B. Dämmstärke, Dampfdurchlässigkeit, Wärmeleitfähigkeit), um diesen vorzubeugen. Hygrothermische Simulationen sind

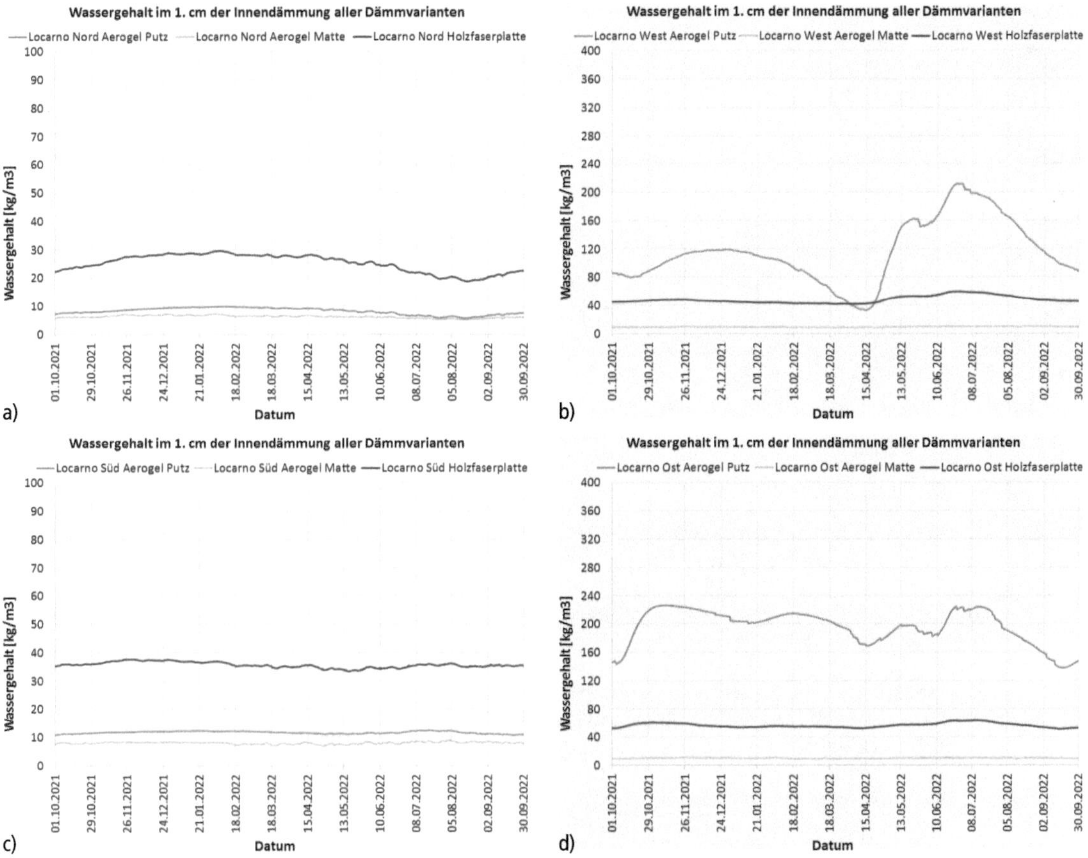

Bild 21. Wassergehalte im kritischen Zentimeter der Innendämmung für Locarno; a) Nord, b) West, c) Süd und d) Ost

bei Innendämmungen daher ein absolutes Muss, da man mit stationären Verfahren (z. B. *Glaser*) nicht zum Ziel kommt. Bei der Überlegung zu einer Innendämmung ist daher zu empfehlen, entweder die Hauptwetterseite durch eine Verkleidung zu schützen oder wasserabweisende, aber dampfdurchlässige Putze bzw. Anstriche einzusetzen. Das Diagramm in Bild 22 zeigt, wie die Eigenschaften sein sollten. Es wird empfohlen, den s_d-Wert (diffusionsäquivalente Luftschichtdicke) auf maximal 1,0 m und den w-Wert auf 0,2 kg/(m² $\sqrt{h}$) zu begrenzen. Das Produkt aus beiden Werten soll dabei nicht höher als 0,1 kg/(m $\sqrt{h}$) betragen.

Beispiel:

Anstrich mit s_d = 0,02 m   Wasseraufnahme 0,1 kg/(m² $\sqrt{h}$)

Das Ergebnis wäre demnach: $w \cdot s_d = 0{,}02 \cdot 0{,}1 = 0{,}002$ kg/(m $\sqrt{h}$)

Somit optimal als Möglichkeit zur Begrenzung der Wasseraufnahme beim Einsatz einer Innendämmung geeignet.

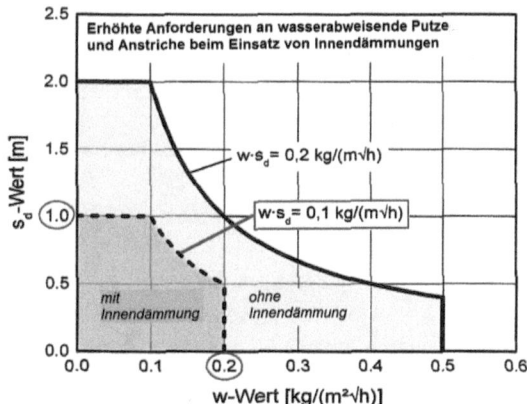

Bild 22. Erhöhte Anforderungen an wasserabweisende Putze und Anstriche beim Einsatz von Innendämmungen ([4] entnommen und angepasst)

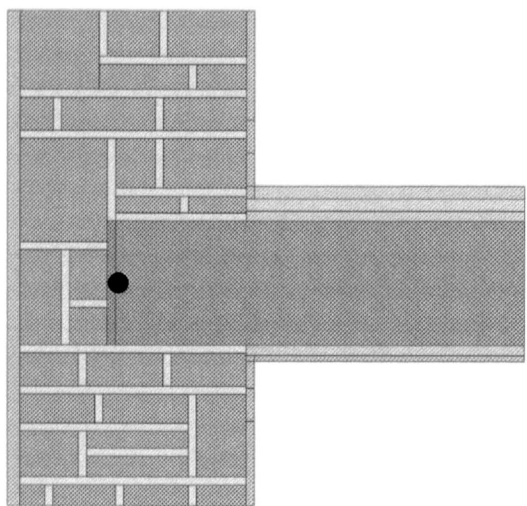

Bild 23. Betrachteter Punkt (schwarz) am Balkenkopf

5 Zweidimensionale hygrothermische Simulationen

Zur Anwendung kommt ein Bruchsteinmauerwerk wie in Bild 23 (0,6 m dick) mit einem Eichenholzbalkenkopf, der 35 cm im Mauerwerk aufliegt, und mit einzeln modellierten Bruchsteinen als Modell für eine zweidimensionale Wärme- und Feuchteanalyse (WUFI 2D). Als Innentemperatur sind 20 °C und für die Außenklimabedingungen wieder die drei Standorte Zürich, Davos und Locarno angenommen worden (Bild 9). Die Berechnungen wurden für jeden Standort ohne Dämmung, mit Aerogel-Dämmputz, mit Aerogel-Matte und mit Holzfaserplatte als Innendämmung durchgeführt. Vor dem Holzbalkenkopf befindet sich ein 2 cm dicker Lufthohlraum über den ganzen Querschnitt des Holzbalkens. Der Boden- bzw. Deckenaufbau besteht aus Holzdielen auf Lehmschüttung bzw. Kalkputz. Als Innenputz und Außenputz wurde ein Kalkputz verwendet. Die Wasseraufnahme des Außenputzes betrug für die Simulationen 0,5 kg/(m² $\sqrt{h}$). Obwohl es sich beim Balkenkopfanschluss eigentlich um ein dreidimensionales Problem handelt, kann dieses jedoch für Bauanwendungen mit ausreichender Genauigkeit zweidimensional approximiert werden.

Die Materialeigenschaften wurden analog den eindimensionalen Simulationen aus den Abschnitten 2 und 3 und die Materialparameter für das eingesetzte Eichenholz aus der WUFI Datenbank für Eichenholz übernommen.

6 Resultate der 2-D-Simulationen

Nachfolgend werden die aussagekräftigsten Resultate der zweidimensionalen hygrothermischen Simulation

Bild 24. Ist-Zustand Davos

Bild 25. Aerogel-Dämmputz Davos

gezeigt und bewertet. Der Fokus liegt im Abschnitt 6.1 bei allen Darstellungen auf dem Temperaturprofil am 31. Januar (Momentaufnahme), exemplarisch für den Standort Davos. Als Parameter wird der Ist-Zustand ohne Dämmung mit den drei Dämmmaterialien verglichen. Im Abschnitt 6.2 wird dann der Wassergehalt am ersten Millimeter des Holzbalkenkopfes für den Ist-Zustand und exemplarisch mit Aerogel-Dämmputz für die unterschiedlichen Standorte betrachtet. Der Fokus liegt hierbei jeweils auf den schlagregenbelasteten Ausrichtungen.

6.1 Momentaufnahmen der Temperaturverteilung am 31. Januar

Der in den Bildern 24 bis 27 gezeigte helle Bereich zeigt Temperaturen zwischen 10 und 12,5 °C in der Wandkonstruktion. In der ungedämmten Konstruktion liegt dieser Bereich mehr in Richtung außen, da von der Raumseite her Wärme zugeführt wird. Durch das Anbringen einer Innendämmung verlagert sich dieser Bereich mehr in Richtung warme Seite, was bedeutet, dass der Balkenkopf kälter wird. Hierbei spielt jedoch die

Bild 26. Aerogel-Matte Davos

Bild 27. Holzfaserplatte Davos

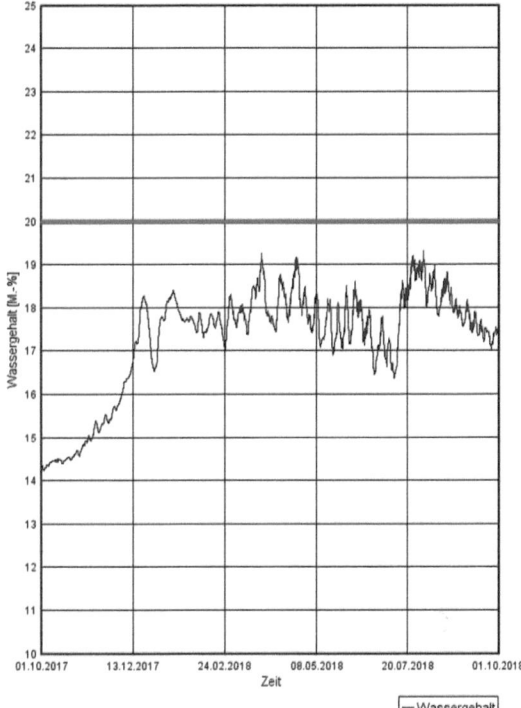

Bild 28. Wassergehalt Balkenkopf Zürich

Art des Dämmstoffs praktisch keine Rolle. Davos wurde deshalb ausgewählt, weil es das extremste Klima darstellt.

6.2 Wassergehalt am Holzbalkenkopf

Der Wassergehalt wurde balkenmittig in ca. 1 mm Tiefe am Balkenkopf für eine Periode von einem Jahr berechnet. Dieser Bereich kann als kritischster Punkt am Balkenkopf bezeichnet werden. Die folgenden Bilder 28 bis 30 zeigen den Ist-Zustand ohne Innendämmung. Die schwarze Linie bei 20 M.-% stellt den Übergang vom unkritischen zum kritischen Bereich der Feuchte im Holz dar. Der Wassergehalt für Zürich (Bild 28) ist auf einem unkritischen Niveau unter 20 M.-%. Die hygrothermischen Bedingungen am Balkenkopf sind unkritisch. Für Davos liegt der Wassergehalt knapp unterhalb des kritischen Niveaus von 20 M.-%. Die hygrothermischen Bedingungen am Balkenkopf sind gerade noch unkritisch. Anders ist der Fall Locarno. Da liegt der Wassergehalt während ca. 1/3 des Jahres über dem kritischen Niveau von 20 M.-%. Die hygrothermischen Bedingungen am Balkenkopf sind unter den angenommenen Randbedingungen bereits als kritisch zu bewerten.

Im Vergleich zum Ist-Zustand wird exemplarisch der Fall der gedämmten Wand mit Aerogel-Dämmputz für die drei Standorte betrachtet (Bilder 31 bis 33). Nun ist auch beim Standort Zürich der kritische Wassergehalt erreicht. Dieser liegt mehrheitlich bei ca. 20 M.-%. Die hygrothermischen Bedingungen am Balkenkopf sind dementsprechend bereits kritisch. Für Davos verschiebt sich die Kurve des Wassergehalts nach oben, sodass für rund 1/4 des Jahres diese die Grenze von 20 M.-% überschreitet. Diese Periode fällt in die Zeit zwischen Juli bis Oktober, da es sich hier um die regenreichste Zeit in Davos handelt. Die hygrothermischen Bedingungen am Balkenkopf sind deshalb ebenfalls kritisch. In Locarno liegt der Wassergehalt ca. für die Hälfte des Jahres über 20 M.-%. Auch hier sind die hygrothermischen Bedingungen am Balkenkopf als kritisch zu beurteilen.

Dies zeigt einerseits, dass auf schlagregenbelasteten Seiten selbst eine moderate Wasseraufnahme von $0{,}5 \text{ kg}/(m^2 \sqrt{h})$ zu mehrheitlich kritischen Wassergehalten am Balkenkopf führt. Daher muss der Begrenzung der Wasseraufnahme, wie in Abschnitt 4.4 beschrieben, eine besondere Betrachtung zuteil und diese entsprechend reduziert werden. Die Gültigkeit der obigen Aussage ist unabhängig vom eingesetzten Innendämmmaterial.

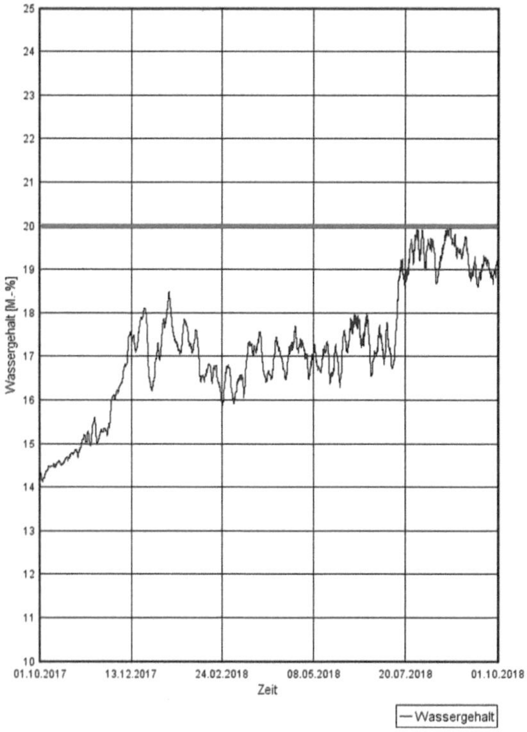

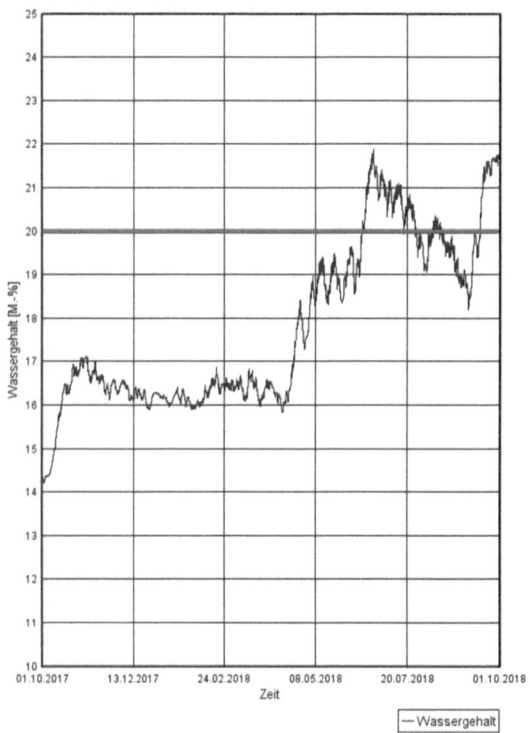

Bild 29. Wassergehalt Balkenkopf **Davos**

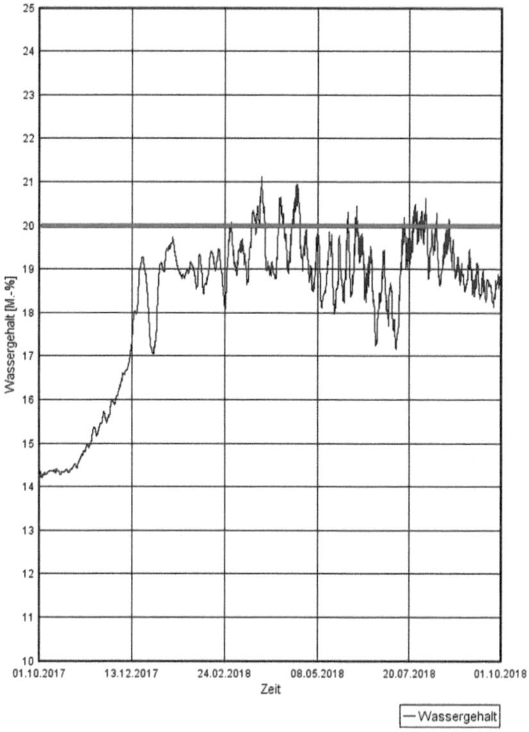

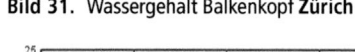

Bild 31. Wassergehalt Balkenkopf **Zürich**

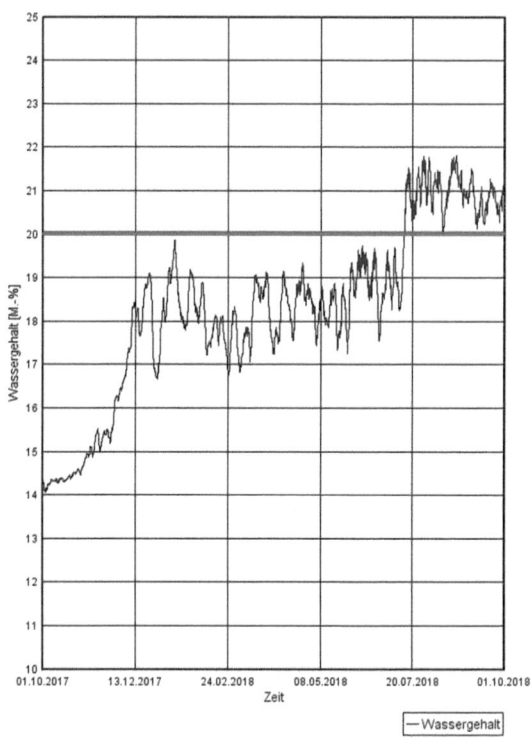

Bild 30. Wassergehalt Balkenkopf **Locarno**

Bild 32. Wassergehalt Balkenkopf **Davos**

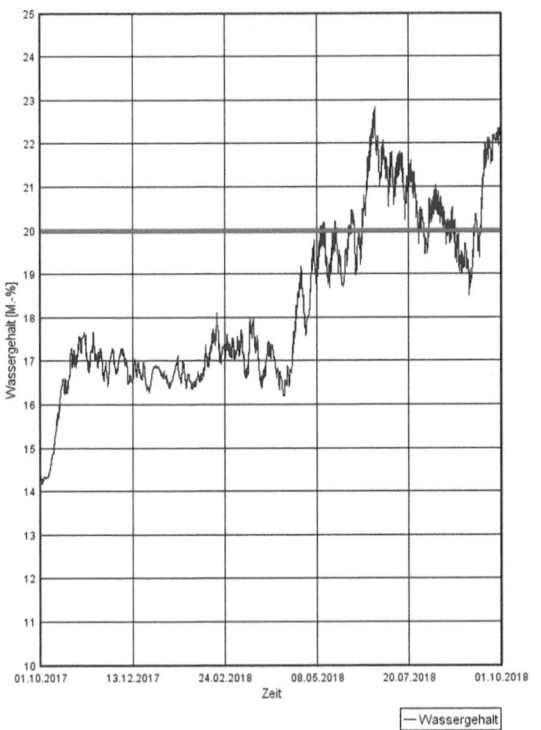

Bild 33. Wassergehalt Balkenkopf Locarno

7 Zusammenfassung

In dem beschriebenen Forschungsprojekt [1] ging es um die energetische Sanierung von historischen Gebäuden durch den Einsatz von Innendämmungen. Dies brachte vielerlei Fragen mit sich, die im Einzelnen anhand umfangreicher hygrothermischer Simulationen untersucht wurden. Um aus den Simulationen möglichst realitätsnahe Resultate zu erhalten, konnten Baumaterialien aus einem historischen Gebäude auf ihr hygrothermisches Verhalten hin untersucht werden. Die Messergebnisse flossen als Materialparameter in die Simulationen ein. Auch das Modell des Wandaufbaus wurde realitätsnah aus Stein und Mörtelschichten für 1-D- und 2-D-Berechnungen erstellt. Sowohl moderne aerogelhaltige Dämmstoffe als auch ein konventionelles Produkt fanden Berücksichtigung, um die Eignung moderner Materialien im Bereich der energetischen Sanierung historischer Gebäude aufzuzeigen. Um ein möglichst umfangreiches Bild erstellen zu können, wurde eine große Vielfalt an Randbedingungen für die Berechnungen in Betracht gezogen. Einer der wichtigsten dieser Parameter ist der Standort, der in der Schweiz mit einer zwar kleinen Fläche, aber großen klimatischen Vielfalt auf drei Klimaregionen aufgeteilt werden muss. Ebenso spielt am jeweiligen Standort auch die Wandorientierung aufgrund der unterschiedlichen Schlagregenbelastung eine entscheidende Rolle bei der Funktionalität einer Innendämmung.

Im Ergebnis kann gesagt werden, dass sich die untersuchten aerogelhaltigen Produkte nicht deutlich von dem konventionellen Produkt unterscheiden und somit zumindest aus bauphysikalischer Sichtweise problemlos eingesetzt werden können. Durch die günstigeren Dämmeigenschaften können sie häufig in dünneren Schichten ausgeführt werden. Da der Standort und die Bewitterung und demzufolge die Wasseraufnahme der äußersten Schicht maßgeblich die Feuchte- und Temperaturverteilung in der Wand beeinflussen, ist beim Einsatz einer Innendämmung eine sorgfältige Planung unter Zuhilfenahme von hygrothermischen Simulationen zwingend erforderlich.

8 Literatur

[1] Ghazi Wakili, K., Stahl, Th., Niederberger, W. (2017) *Forschungsbericht: Hygrothermische Analyse der energetischen Sanierung von historischem Mauerwerk durch Innendämmung mit konventionellen und aerogelhaltigen Hochleistungsdämmstoffen*, Stiftung zur Förderung der Denkmalpflege, Jahresthema 2017.

[2] Institut für Bauforschung e. V. Hannover (2004) *U-Werte alter Bauteile*, 1. Auflage, Fraunhofer IRB Verlag.

[3] WTA-Merkblatt 6.5 (2014) *Innendämmung nach WTA II Nachweis von Innendämmsystemen mittels numerischer Berechnungsverfahren*, Ausgabe 04.2014/D, Wissenschaftlich-Technische Arbeitsgemeinschaft für Bauwerkserhaltung und Denkmalpflege e. V. (WTA), Pfaffenhofen.

[4] Künzel, H. (2015) *Außenputze – früher und heute*, Wissenschaftliche Erkenntnisse, Praxis und Normung, Fraunhofer IRB Verlag, Stuttgart.

Mauerwerk-Kalender 2015

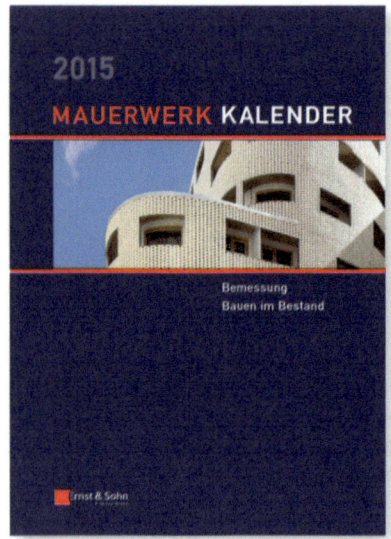

Die bauaufsichtliche Einführung des Eurocode 6 ist für 2015 geplant. Der Mauerwerk-Kalender 2015 befasst sich deshalb ergänzend zu den Ausgaben von 2012 und 2014 mit vertiefenden Fragestellungen der Bemessung. Einen weiteren Schwerpunkt bildet entsprechend seiner zunehmenden Bedeutung das Bauen im Bestand. Anspruchsvolle Instandsetzungsprojekte werden vorgestellt und das Tragverhalten historischer Bausubstanz wird erörtert. Daneben gibt ein Beitrag einen Ausblick auf die geplante Weiterentwicklung der Energieeinsparverordnung.

Wie gewohnt werden auch im 40. Jahrgang sämtliche zulassungsbedürftige Neuentwicklungen und die Baustoffeigenschaften aller Mauerwerkarten, Mauersteine und Mauermörtel mit der Aktualität eines Jahrbuches vorgestellt.

Hrsg.: Wolfram Jäger
Mauerwerk-Kalender 2015
Bemessung, Bauen im Bestand
2015. 856 Seiten.
€ 144,–*
ISBN 978-3-433-03106-3
Auch als ebook erhältlich.

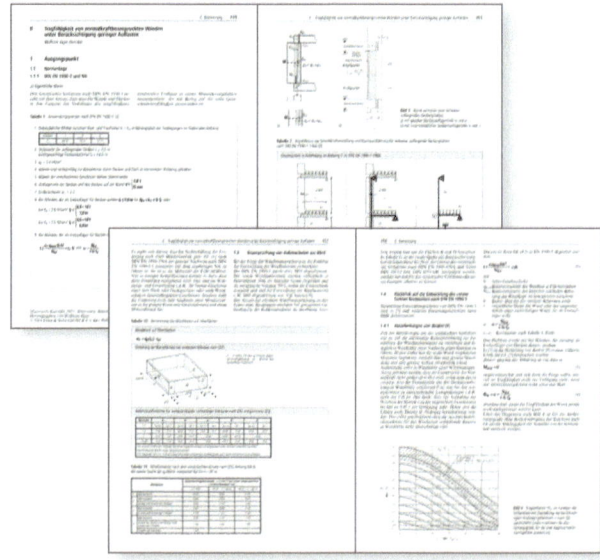

Online Bestellung: www.ernst-und-sohn.de

Ernst & Sohn
Verlag für Architektur und technische
Wissenschaften GmbH & Co. KG

Kundenservice: Wiley-VCH
Boschstraße 12
D-69469 Weinheim

Tel. +49 (0)6201 606-400
Fax +49 (0)6201 606-184
service@wiley-vch.de

* Der €-Preis gilt ausschließlich für Deutschland. Inkl. MwSt. zzgl. Versandkosten. Irrtum und Änderungen vorbehalten. 1105126_dp

E Normen ▪ Zulassungen ▪ Regelwerk

I   Geltende Technische Regeln für den Mauerwerksbau
    (Deutsche, Europäische und Internationale Normen)
    (Stand 31.05.2018)   611
    Peter Rauh, Berlin und Carola Hauschild, Radebeul

II Verzeichnis der allgemeinen bauaufsichtlichen
    Zulassungen/allgemeinen Bauartgenehmigungen
    für den Mauerwerksbau (Stand 31.05.2018)   631
    Wolfram Jäger, Dresden und Roland Hirsch, Berlin

III Die Anpassung des nationalen Bauproduktenrechts
    nach dem Urteil des EuGH vom 16. Oktober 2014   765
    Tina Gerschler, Berlin

I Geltende Technische Regeln für den Mauerwerksbau (Deutsche, Europäische und Internationale Normen) (Stand 31.05.2018)

Peter Rauh, Berlin und Carola Hauschild, Radebeul

1 Vorbemerkung

Der Begriff Norm wird in der Praxis oft umfassender verstanden, als dies in der Normung üblich ist. DIN EN 45020 „Normung und damit zusammenhängende Tätigkeiten – Allgemeine Begriffe" beschreibt Normen als im Konsens erstellte und von einer anerkannten Institution angenommene Dokumente, welche Regeln, Leitlinien oder Merkmale von Tätigkeiten für die allgemeine und wiederkehrende Anwendung enthalten. Dabei kommt dem Merkmal der Erarbeitung im Konsens eine besondere Bedeutung zu, denn nur solche Dokumente, die im Konsens unter Beteiligung aller an der Norm interessierten Kreise erarbeitet wurden, erfüllen die Anforderungen an die Bezeichnung als Norm.

Die auf den folgenden Seiten aufgeführten Technischen Regeln stellen dabei nicht nur Normen nach DIN EN 45020 dar, sondern auch weitere normative Dokumente, die in ihren Merkmalen von der angegebenen Begriffsdefinition abweichen (z. B. Vornormen, DIN V). Die nachfolgend tabellarisch aufgeführten Dokumente können dabei nationalen (z. B. DIN 1053), europäischen (z. B. DIN EN 1996) oder internationalen (z. B. DIN EN ISO 12571) Ursprungs sein.

DIN Deutsches Institut für Normung e. V. stellt als Regelsetzer Normen zur Verfügung, bei deren Erarbeitung das Ziel verfolgt wurde, den Stand der Technik abzubilden. Normen gelten als anerkannte Regeln der Technik, wenn sie von einer Mehrheit repräsentativer Fachleute als Wiedergabe des Stands der Technik angesehen werden (vgl. DIN EN 45020, 1.5). Das bei der Erarbeitung von Normen zugrunde gelegte Verfahren stellt den Einbezug dieser Fachleute sicher und begründet damit den hohen Grad der Anerkennung von Normen als Technische Regeln.

Die Anwendung von Normen ist auf freiwilliger Basis möglich. Werden Normen vom Gesetzgeber zur Konkretisierung von Gesetzen oder Verordnungen herangezogen, wird deren Einhaltung im Geltungsbereich dieser Gesetze oder Verordnungen verbindlich vorgeschrieben. Die Aufnahme von Normen oder normativen Dokumenten in die Bauregelliste (BRL) oder die Muster-Liste der Technischen Baubestimmungen (MLTB) bzw. die Muster-Verwaltungsvorschrift Technischen Baubestimmungen (MVV TB) entspricht diesem Vorgehen. Aus diesem Grund unterscheidet man bei Normen zum einen das Ausgabe- oder Erscheinungsdatum der Norm beim DIN und zum anderen, ob die Norm durch den Gesetzgeber ab einem bestimmten Zeitpunkt in Bezug genommen wurde. Die Tabellen 1–4 sowie 5–8 geben daher in der Spalte „Anmerkungen" an, welche Dokumente über die Bauregelliste (BRL) bzw. die Muster-Liste der Technischen Baubestimmungen (MLTB)/Muster-Verwaltungsvorschrift Technischen Baubestimmungen (MVV TB) bauaufsichtlich in Bezug genommen sind. Aufgrund des EuGH-Urteils vom 16. Oktober 2014 (Rechtssache C-100/13) ist eine umfangreiche Änderung des deutschen Systems im Bereich Allgemeiner bauaufsichtlicher Zulassungen für Bauprodukte im Geltungsbereich harmonisierter Spezifikationen eingeleitet worden (s. Abschnitt 2). Deshalb wurden in den vergangenen Jahren die üblichen Aktualisierungen der MLTB und BRL größtenteils ausgesetzt. Zum 31.08.2017 ist die Muster-Verwaltungsvorschrift Technische Baubestimmungen (MVV TB) mit Ausgabe 2017/1 erschienen, die die MLTB und die BRL ablösen soll. Ein Teil der Länder (Baden-Württemberg, Berlin, Hamburg, Sachsen) hat bereits die MVV TB in der jeweiligen VV TB umgesetzt. Ein Großteil der Länder wird die MVV TB in nächster Zeit umsetzen. Bis dahin erfolgt der Bezug jedoch noch auf die MLTB und die BRL. Die Angaben in den Tabellen 1–4 sowie 5–8 beziehen sich deshalb sowohl auf den letzten Stand der MLTB (Juni 2015 + Änderung Mai 2016) und der BRL (2015/2 + Änderungsmitteilung zu den Bauregellisten A und B 2016/1) als auch auf die MVV TB.

In der Baupraxis ist eine Umstellung von einer Norm zu deren Nachfolgedokument nicht immer kurzfristig möglich. Koexistenzperioden von Normen werden daher bereits in der Norm selbst, z. B. über den Anwendungsbeginn im Ersatzvermerk oder in nationalen Vorworten, angegeben. Spätestens nach Ablauf dieser Koexistenzperioden erfolgt die Zurückziehung des Vorgängerdokuments (der „alten" Norm). Dies ist zum Beispiel in vielen Bereichen bei der Umstellung von bestehenden nationalen Bemessungsnormen auf europäische Bemessungsnormen (Eurocodes) von großer Bedeutung. Übergangsphasen sind hier sowohl durch die Regelsetzer als auch im Rahmen der bauaufsichtlichen Inbezugnahme der Normen gegeben.

Die Eurocodes entsprechen der europäischen Normenreihe EN 1990 bis EN 1999 und decken umfangreiche Teile der Ingenieurbemessung ab. Die Eurocodes bestehen dabei aus einzelnen Normen, die unter anderem zu bestimmten Parametern Empfehlungen aussprechen. Die jeweiligen europäischen Mitgliedsstaaten können diesen Empfehlungen folgen oder in nationalen Anhängen eigene Werte für diese Parameter, sogenannte NDPs (en: Nationally Determined Parameters) festlegen. Für die Darstellung der geltenden technischen Regeln im Mauerwerksbau bedeutet dies, dass zur Bemessung neben bereits zurückgezogenen, aber noch bauaufsichtlich eingeführten Normen auch die europäischen Nachfolgedokumente mit ihren jeweiligen nationalen Anhängen zu berücksichtigen sind. Die Erläuterungen zur Anwendung des Eurocodes 6: „Bemessung und Konstruktion von Mauerwerksbauten" vor der Bekanntmachung als Technische Baubestimmung (Gleichwertigkeitserklärung) sind in Abschnitt 2 abgedruckt.

Die in diesem Beitrag enthaltenen Tabellen weisen zu einem Normungsgebiet das sowohl von DIN zuletzt veröffentlichte Dokument als auch das derzeit bauaufsichtlich eingeführte Dokument aus. Alle nachstehend aufgeführten Vornormen und Normen sind beim Beuth Verlag GmbH, Burggrafenstraße 6, 10787 Berlin, erhältlich.

2 EuGH-Urteil vom 16. Oktober 2014 (Rs. C-100/13) [1]

Der Europäische Gerichtshof hat einen Verstoß der Bundesrepublik Deutschland gegen die Bauproduktenrichtlinie (Richtlinie 89/106/EWG) darin gesehen, dass die Bauregellisten zusätzliche Anforderungen für den wirksamen Marktzugang und die Verwendung in Deutschland stellen, obwohl die betroffenen Bauprodukte von harmonisierten Normen erfasst wurden und mit der CE-Kennzeichnung versehen waren.

Für diese bereits europäisch harmonisierte Bauprodukte, die in Deutschland zusätzlich zum CE-Zeichen noch mit dem Ü-Zeichen versehen sind, stellen die zusätzlichen Anforderungen der Bauregellisten ein unzulässiges Handelshindernis dar. Zentraler Ausgangspunkt der Anpassungen ist das europarechtliche Marktbehinderungsverbot (Art. 8 (4) Bauproduktenverordnung).

Zunächst haben die zuständigen Gremien der Bauministerkonferenz die Auswirkungen des Urteils eingehend geprüft und nach Streichung der im Urteil benannten Regelungen in der Bauregelliste B Teil 1 die Novellierung der Bauordnungen der Länder und eine Änderung des Systems eingeleitet.

Als Übergangslösung wurden folgende Schritte vorgesehen:
- Die Bauregelliste B Teil 1 wird aufgehoben, sobald die Verwaltungsvorschrift Technische Baubestimmungen (VV TB) in Kraft tritt. Dies kann nach dem Stand des Verfahrens frühestens nach Abschluss des gesetzlich vorgesehenen Notifizierungsverfahrens bei der Europäischen Kommission der Fall sein. Bis dahin bleibt die Bauregelliste B Teil 1 mit Ausnahme der Pflicht, allgemeine bauaufsichtliche Zulassungen zum Nachweis von Produktleistungen vorzulegen und Übereinstimmungsnachweise zu erbringen, in Kraft.
- Für harmonisierte Bauprodukte mit der CE-Kennzeichnung nach der Bauproduktenverordnung sind seit dem 16.10.2016 für Produktleistungen allgemeine bauaufsichtliche Zulassungen oder sonstige nationale Verwendbarkeitsnachweise, Übereinstimmungsnachweise und zusätzliche Ü-Kennzeichnungen nicht mehr möglich. Für diese Bauprodukte werden die Regelungen zur Ü-Kennzeichnung nicht mehr vollzogen (s. DIBt-Mitteilungen vom 10. Oktober 2016, Ausgabe 2016/1, über Änderungen der Bauregelliste A Teil 1, Teil 2 und der Bauregelliste B Teil 1).
- Die den allgemeinen bauaufsichtlichen Zulassungen zugrunde liegenden Bewertungs- und Prüfungsergebnisse können als qualifizierte technische Dokumentation für die Beurteilung der Verwendbarkeit herangezogen werden, bis neue Erkenntnisse vorliegen.

Die seit dem 13.5.2016 vorliegende MBO-Novelle passt das geltende Recht an die im Urteil des EuGH vom 16.10.2014 enthaltenen Grundaussagen im Hinblick auf die Bauproduktenverordnung an. Künftig darf ein Bauprodukt, das die CE-Kennzeichnung trägt, verwendet werden, wenn die erklärten Leistungen den in diesem Gesetz oder aufgrund dieses Gesetzes festgelegten bauwerksseitigen Anforderungen für diese Verwendung entsprechen. Die MBO sieht u. a. vor, dass an die Stelle der Bauregellisten, der Liste C und der Liste der Technischen Baubestimmungen zukünftig die normkonkretisierende „Verwaltungsvorschrift Technische Baubestimmungen" (VV TB) tritt. Gleichwohl bleiben die materiellen Anforderungen an Bauwerke bestehen und Bauprodukte dürfen nur verwendet werden, wenn sie für die vorgesehene Verwendung geeignet sind. Bauaufsichtliche Berührungspunkte ergeben sich beispielsweise, wenn ein bautechnischer Nachweis für eine bauliche Anlage auf einer Angabe geprüft werden soll, die nicht aus der entsprechenden Leistungserklärung ersichtlich ist. Es ist dann zu beurteilen, ob das Bauprodukt trotzdem verwendet werden kann. Dabei ist zu berücksichtigen, ob die in der Leistungserklärung fehlenden Leistungen auf andere Weise nachgewiesen worden sind. Hierfür kann eine abZ oder ein abP während ihrer/seiner ausgewiesenen Geltungsdauer herangezogen werden oder der Hersteller kann Produktleistungen durch freiwillige Herstellerangaben in Form einer prüffähigen technischen Dokumentation vorlegen.

Mittlerweile hat die Europäische Kommission das gegen Deutschland laufende Vertragsverletzungsverfahren in Bezug auf Bauprodukte eingestellt. Damit erkennt die Kommission an, dass das 2014 zur damals geltenden Bauproduktenrichtlinie (89/106/EWG) ergangene Urteil des Gerichtshofs der Europäischen

---
[1] Nach https://www.dibt.de/de/DIBt/DIBt-EuGH-Urteil.html

Union (Rechtssache C-100/13) in Deutschland vollständig umgesetzt wird. Es konnte Einigkeit darüber erzielt werden, dass der Schutz der Bürgerinnen und Bürger im Hinblick auf Bauwerkssicherheit, Gesundheit und Umwelt oberste Priorität genießt. Deshalb soll es auch künftig in Deutschland eine Regelung geben, nach der das bisherige Brandschutzniveau erhalten werden kann und die Gefahren durch Glimmen oder Schwelen von Bauwerksteilen auch weiterhin berücksichtigt werden dürfen.[2]

3 Regelwerk

Die Zusammenfassung der geltenden Vornormen und Normen erfolgt in tabellarischer Form nach folgender Unterteilung:

1 Bemessung und Ausführung
2 Mauersteine, Mauermörtel und Putzmörtel
3 Mörtelbestandteile
4 Weitere Baustoffe
5 Prüfnormen
5.1 Prüfnormen für Mauerwerk
5.2 Prüfnormen für Mauersteine
5.3 Prüfnormen für Mörtel
5.4 Prüfnormen für Ergänzungsbauteile für Mauerwerk
5.5 Prüfnormen für Wärmeschutz
6 Bauphysik
7 Bauwerksabdichtungen
8 Weitere Normen, die für den Mauerwerksbau von Bedeutung sind

Tabelle 1. Bemessung und Ausführung

Norm-Nummer	Ausgabedatum	Titel	Anmerkungen
DIN 1045-2	2008-08	Tragwerke aus Beton, Stahlbeton und Spannbeton – Teil 2: Beton – Festlegung, Eigenschaften, Herstellung und Konformität – Anwendungsregeln zu DIN EN 206-1	BRL A Teil 1 BRL B Teil 1 MLTB MVV TB
DIN 1045-100	2017-09 2011-12[1]	Bemessung und Konstruktion von Stahlbeton- und Spannbetontragwerken – Teil 100: Ziegeldecken	BRL A Teil 1 MVV TB
DIN 1053-1	1996-11[1]	Mauerwerk – Teil 1: Berechnung und Ausführung	BRL A Teil 1 MLTB MVV TB
DIN 1053-4	2018-05 2013-04[1]	Mauerwerk – Teil 4: Fertigbauteile	BRL A Teil 1 MLTB MVV TB
DIN 1053-41	2018-05	Mauerwerk – Teil 41: Konformitätsnachweis für Fertigbauteile nach DIN 1053-4	
DIN 1054	2010-12 2005-01[1][2]	Baugrund – Sicherheitsnachweise im Erd- und Grundbau – Ergänzende Regelungen zu DIN EN 1997-1	MLTB MVV TB
DIN 1054/A1	2012-08	Baugrund – Sicherheitsnachweise im Erd- und Grundbau – Ergänzende Regelungen zu DIN EN 1997-1:2010; Änderung A1	MVV TB
DIN 1054/A2	2015-11	Baugrund – Sicherheitsnachweise im Erd- und Grundbau – Ergänzende Regelungen zu DIN EN 1997-1; Änderung A2	MVV TB
DIN 1055-2	2010-11	Einwirkungen auf Tragwerke – Teil 2: Bodenkenngrößen	
DIN 4149	2005-04[1]	Bauten in deutschen Erdbebengebieten – Lastannahmen, Bemessung und Ausführung üblicher Hochbauten	BRL A Teil 1 MLTB MVV TB
DIN 4242	1979-01	Glasbaustein-Wände; Ausführung und Bemessung	
DIN 18550-1	2018-01	Planung, Zubereitung und Ausführung von Innen- und Außenputzen – Teil 1: Ergänzende Festlegungen zu DIN EN 13914-1 für Außenputze	

---

2) Nach http://www.bmub.bund.de/pressemitteilung/europaeische-kommission-stellt-vertragsverletzungsverfahren-zu-bauprodukten-ein/

Tabelle 1. Bemessung und Ausführung (Fortsetzung)

Norm-Nummer	Ausgabedatum	Titel	Anmerkungen
DIN 18550-2	2018-01	Planung, Zubereitung und Ausführung von Innen- und Außenputzen – Teil 2: Ergänzende Festlegungen zu DIN EN 13914-2 für Innenputze	
DIN 20000-129	2014-10	Anwendung von Bauprodukten in Bauwerken – Teil 129: Regeln für die Verwendung von keramischen Zwischenbauteilen nach DIN EN 15037-3:2011-07	MVV TB
DIN 20000-401	2012-11 [1)]	Anwendung von Bauprodukten in Bauwerken – Teil 401: Regeln für die Verwendung von Mauerziegeln nach DIN EN 771-1:2011-07	MLTB MVV TB
DIN 20000-401	2017-01	Anwendung von Bauprodukten in Bauwerken – Teil 401: Regeln für die Verwendung von Mauerziegeln nach DIN EN 771-1:2015-11	
DIN V 20000-402	2005-06 [1)]	Anwendung von Bauprodukten in Bauwerken – Teil 402: Regeln für die Verwendung von Kalksandsteinen nach DIN EN 771-2:2005-05	MLTB MVV TB
DIN 20000-402	2017-01	Anwendung von Bauprodukten in Bauwerken – Teil 402: Regeln für die Verwendung von Kalksandsteinen nach DIN EN 771-2:2015-11	
DIN V 20000-403	2005-06	Anwendung von Bauprodukten in Bauwerken – Teil 403: Regeln für die Verwendung von Mauersteinen aus Beton nach DIN EN 771-3:2005-05	MLTB MVV TB
DIN V 20000-404	2006-01 [1)]	Anwendung von Bauprodukten in Bauwerken – Teil 404: Regeln für die Verwendung von Porenbetonsteinen nach DIN EN 771-4:2005-05	MLTB
DIN 20000-404	2015-12 [1)] 2018-04	Anwendung von Bauprodukten in Bauwerken – Teil 404: Regeln für die Verwendung von Porenbetonsteinen nach DIN EN 771-4:2015-11	MVV TB
DIN V 20000-412	2004-03	Anwendung von Bauprodukten in Bauwerken – Teil 412: Regeln für die Verwendung von Mauermörtel nach DIN EN 998-2:2003-09	MLTB MVV TB
DIN EN 1990	2010-12	Eurocode: Grundlagen der Tragwerksplanung	MLTB MVV TB
DIN EN 1990/NA	2010-12	Nationaler Anhang – National festgelegte Parameter – Eurocode: Grundlagen der Tragwerksplanung	MLTB MVV TB
DIN EN 1990/NA/A1	2012-08	Nationaler Anhang – National festgelegte Parameter – Eurocode: Grundlagen der Tragwerksplanung; Änderung A1	
DIN EN 1991-1-1	2010-12	Eurocode 1: Einwirkungen auf Tragwerke – Teil 1-1: Allgemeine Einwirkungen auf Tragwerke; Wichten, Eigengewicht und Nutzlasten im Hochbau	BRL A Teil 2 MLTB MVV TB
DIN EN 1991-1-1/NA	2010-12	Nationaler Anhang – National festgelegte Parameter – Eurocode 1: Einwirkungen auf Tragwerke – Teil 1-1: Allgemeine Einwirkungen auf Tragwerke – Wichten, Eigengewicht und Nutzlasten im Hochbau	BRL A Teil 2 MLTB MVV TB
DIN EN 1991-1-1/NA/A1	2015-05	Nationaler Anhang – National festgelegte Parameter – Eurocode 1: Einwirkungen auf Tragwerke – Teil 1-1: Allgemeine Einwirkungen auf Tragwerke – Wichten, Eigengewicht und Nutzlasten im Hochbau; Änderung A1	MLTB MVV TB
DIN EN 1991-1-2	2010-12	Eurocode 1 – Einwirkungen auf Tragwerke – Teil 1-2: Allgemeine Einwirkungen; Brandeinwirkungen auf Tragwerke	MLTB MVV TB
DIN EN 1991-1-2 Berichtigung 1	2013-08	Berichtigung zu DIN EN 1991-1-2:2010-12	MVV TB
DIN EN 1991-1-2/NA	2015-09	Nationaler Anhang – National festgelegte Parameter – Eurocode 1: Einwirkungen auf Tragwerke – Teil 1-2: Allgemeine Einwirkungen – Brandeinwirkungen auf Tragwerke	MLTB MVV TB

I Geltende Technische Regeln für den Mauerwerksbau (Deutsche, Europäische und Internationale Normen)

Tabelle 1. Bemessung und Ausführung (Fortsetzung)

Norm-Nummer	Ausgabedatum	Titel	Anmerkungen
DIN EN 1991-1-3	2010-12	Eurocode 1 – Einwirkungen auf Tragwerke – Teil 1-3: Allgemeine Einwirkungen, Schneelasten	BRL C MLTB MVV TB
DIN EN 1991-1-3/A1	2015-12	Eurocode 1 – Einwirkungen auf Tragwerke – Teil 1-3: Allgemeine Einwirkungen, Schneelasten	
DIN EN 1991-1-3/NA	2010-12	Nationaler Anhang – National festgelegte Parameter – Eurocode 1: Einwirkungen auf Tragwerke – Teil 1-3: Allgemeine Einwirkungen – Schneelasten	BRL C MLTB MVV TB
DIN EN 1991-1-4	2010-12	Eurocode 1: Einwirkungen auf Tragwerke – Teil 1-4: Allgemeine Einwirkungen, Windlasten	MLTB MVV TB
DIN EN 1991-1-4/NA	2010-12	Nationaler Anhang – National festgelegte Parameter – Eurocode 1: Einwirkungen auf Tragwerke – Teil 1-4: Allgemeine Einwirkungen – Windlasten	MLTB MVV TB
DIN EN 1991-1-5	2010-12	Eurocode 1: Einwirkungen auf Tragwerke – Teil 1-5: Allgemeine Einwirkungen – Temperatureinwirkungen	
DIN EN 1991-1-5/NA	2010-12	Nationaler Anhang – National festgelegte Parameter – Eurocode 1: Einwirkungen auf Tragwerke – Teil 1-5: Allgemeine Einwirkungen – Temperatureinwirkungen	
DIN EN 1991-1-6	2010-12	Eurocode 1: Einwirkungen auf Tragwerke – Teil 1-6: Allgemeine Einwirkungen, Einwirkungen während der Bauausführung	
DIN EN 1991-1-6 Berichtigung 1	2013-08	Berichtigung zu DIN EN 1991-1-6:2010-12	
DIN EN 1991-1-6/NA	2010-12	Nationaler Anhang – National festgelegte Parameter – Eurocode 1: Einwirkungen auf Tragwerke – Teil 1-6: Allgemeine Einwirkungen, Einwirkungen während der Bauausführung	
DIN EN 1991-1-7	2010-12	Eurocode 1: Einwirkungen auf Tragwerke – Teil 1-7: Allgemeine Einwirkungen – Außergewöhnliche Einwirkungen	MLTB MVV TB
DIN EN 1991-1-7/A1	2014-08	Eurocode 1: Einwirkungen auf Tragwerke – Teil 1-7: Allgemeine Einwirkungen – Außergewöhnliche Einwirkungen; Änderung A1	
DIN EN 1991-1-7/NA	2010-12	Nationaler Anhang – National festgelegte Parameter – Eurocode 1: Einwirkungen auf Tragwerke – Teil 1-7: Allgemeine Einwirkungen – Außergewöhnliche Einwirkungen	MLTB MVV TB
DIN EN 1996-1-1	2013-02	Eurocode 6: Bemessung und Konstruktion von Mauerwerksbauten – Teil 1-1: Allgemeine Regeln für bewehrtes und unbewehrtes Mauerwerk	MLTB MVV TB
DIN EN 1996-1-1/NA	2012-05	Nationaler Anhang – National festgelegte Parameter – Eurocode 6: Bemessung und Konstruktion von Mauerwerksbauten – Teil 1-1: Allgemeine Regeln für bewehrtes und unbewehrtes Mauerwerk	MLTB MVV TB
DIN EN 1996-1-1/NA/A1	2014-03	Nationaler Anhang – National festgelegte Parameter – Eurocode 6: Bemessung und Konstruktion von Mauerwerksbauten – Teil 1-1: Allgemeine Regeln für bewehrtes und unbewehrtes Mauerwerk; Änderung A1	MLTB MVV TB
DIN EN 1996-1-1/NA/A2	2015-01	Nationaler Anhang – National festgelegte Parameter – Eurocode 6: Bemessung und Konstruktion von Mauerwerksbauten – Teil 1-1: Allgemeine Regeln für bewehrtes und unbewehrtes Mauerwerk; Änderung A2	MVV TB

Tabelle 1. Bemessung und Ausführung (Fortsetzung)

Norm-Nummer	Ausgabedatum	Titel	Anmerkungen
DIN EN 1996-1-2	2011-04	Eurocode 6: Bemessung und Konstruktion von Mauerwerksbauten – Teil 1-2: Allgemeine Regeln – Tragwerksbemessung für den Brandfall	MLTB MVV TB
DIN EN 1996-1-2/NA	2013-06	Nationaler Anhang – National festgelegte Parameter – Eurocode 6: Bemessung und Konstruktion von Mauerwerksbauten – Teil 1-2: Allgemeine Regeln – Tragwerksbemessung für den Brandfall	MVV TB MLTB
DIN EN 1996-2	2010-12	Eurocode 6: Bemessung und Konstruktion von Mauerwerksbauten – Teil 2: Planung, Auswahl der Baustoffe und Ausführung von Mauerwerk	MLTB MVV TB
DIN EN 1996-2/NA	2012-01	Nationaler Anhang – National festgelegte Parameter – Eurocode 6: Bemessung und Konstruktion von Mauerwerksbauten – Teil 2: Planung, Auswahl der Baustoffe und Ausführung von Mauerwerk	MLTB MVV TB
DIN EN 1996-3	2010-12	Eurocode 6: Bemessung und Konstruktion von Mauerwerksbauten – Teil 3: Vereinfachte Berechnungsmethoden für unbewehrtes Mauerwerk	MLTB MVV TB
DIN EN 1996-3/NA	2012-01	Nationaler Anhang – National festgelegte Parameter – Eurocode 6: Bemessung und Konstruktion von Mauerwerksbauten – Teil 3: Vereinfachte Berechnungsmethoden für unbewehrte Mauerwerksbauten	MLTB MVV TB
DIN EN 1996-3/NA/A1	2014-03	Nationaler Anhang – National festgelegte Parameter – Eurocode 6: Bemessung und Konstruktion von Mauerwerksbauten – Teil 3: Vereinfachte Berechnungsmethoden für unbewehrte Mauerwerksbauten; Änderung A1	MLTB MVV TB
DIN EN 1996-3/NA/A2	2015-01	Nationaler Anhang – National festgelegte Parameter – Eurocode 6: Bemessung und Konstruktion von Mauerwerksbauten – Teil 3: Vereinfachte Berechnungsmethoden für unbewehrte Mauerwerksbauten; Änderung A2	MVV TB
DIN EN 1997-1	2009-09[1)] 2014-03	Eurocode 7: Entwurf, Berechnung und Bemessung in der Geotechnik – Teil 1: Allgemeine Regeln	MLTB MVV TB
DIN EN 1997-1/NA	2010-12	Nationaler Anhang – National festgelegte Parameter – Eurocode 7: Entwurf, Berechnung und Bemessung in der Geotechnik – Teil 1: Allgemeine Regeln	MLTB MVV TB
DIN EN 1998-1	2010-12	Eurocode 8: Auslegung von Bauwerken gegen Erdbeben – Teil 1: Grundlagen, Erdbebeneinwirkungen und Regeln für Hochbauten	
DIN EN 1998-1/A1	2013-05	Eurocode 8: Auslegung von Bauwerken gegen Erdbeben – Teil 1: Grundlagen, Erdbebeneinwirkungen und Regeln für Hochbauten: Änderung A1	
DIN EN 1998-1/NA	2011-01	Nationaler Anhang – National festgelegte Parameter – Eurocode 8: Auslegung von Bauwerken gegen Erdbeben – Teil 1: Grundlagen, Erdbebeneinwirkungen und Regeln für Hochbau	
DIN EN 13914-1	2016-09	Planung, Zubereitung und Ausführung von Innen- und Außenputzen – Teil 1: Außenputz	
DIN EN 13914-2	2016-09	Planung, Zubereitung und Ausführung von Innen- und Außenputzen – Teil 2: Planung und wesentliche Grundsätze für Innenputz	
DIN EN 13914-2 Berichtigung 1	2017-05	Berichtigung zu DIN EN 13914-2:2016-09	

1) Von DIN bereits zurückgezogen, aber noch bauaufsichtlich in Bezug genommen.
2) Einschließlich aller dazugehörigen Berichtigungen und Änderungen.

Tabelle 2. Mauersteine, Mauermörtel und Putzmörtel

Norm-Nummer	Ausgabedatum	Titel	Anmerkungen
DIN 105-5	2013-06	Mauerziegel – Teil 5: Leichtlanglochziegel und Leichtlanglochziegelplatten	
DIN 105-6	2013-06	Mauerziegel – Teil 6: Planziegel	
DIN 105-100	2012-01	Mauerziegel – Teil 100: Mauerziegel mit besonderen Eigenschaften	BRL A Teil 1 MLTB MVV TB
DIN V 106	2005-10	Kalksandsteine mit besonderen Eigenschaften	BRL A Teil 1 MLTB MVV TB
DIN 398	1976-06[1]	Hüttensteine; Vollsteine, Lochsteine, Hohlblocksteine	BRL A Teil 1
DIN V 4165-100	2005-10[1]	Porenbetonsteine – Teil 100: Plansteine und Planelemente mit besonderen Eigenschaften	MLTB MVV TB
DIN V 18151-100	2005-10	Hohlblöcke aus Leichtbeton – Teil 100: Hohlblöcke mit besonderen Eigenschaften	MLTB MVV TB
DIN V 18152-100	2005-10	Vollsteine und Vollblöcke aus Leichtbeton – Teil 100: Vollsteine und Vollblöcke mit besonderen Eigenschaften	MLTB MVV TB
DIN V 18153-100	2005-10	Mauersteine aus Beton (Normalbeton) – Teil 100: Mauersteine mit besonderen Eigenschaften	BRL A Teil 1 MLTB MVV TB
DIN 18558	1985-01	Kunstharzputze; Begriffe, Anforderungen, Ausführung	
DIN V 18580	2007-03	Mauermörtel mit besonderen Eigenschaften	MVV TB BRL A Teil 1
DIN 18945	2013-08	Lehmsteine – Begriffe, Anforderungen, Prüfverfahren	
DIN 18946	2013-08	Lehmmauermörtel – Begriffe, Anforderungen, Prüfverfahren	
DIN 18947	2013-08	Lehmputzmörtel – Begriffe, Anforderungen, Prüfverfahren	
DIN 18947/A1	2015-03	Lehmputzmörtel – Begriffe, Anforderungen, Prüfverfahren; Änderung A1	
DIN EN 771-1	2011-07[1] 2015-11	Festlegungen für Mauersteine – Teil 1: Mauerziegel	BRL A Teil 1 BRL B Teil 1 MLTB MVV TB
DIN EN 771-2	2011-07[1] 2015-11	Festlegungen für Mauersteine – Teil 2: Kalksandsteine	BRL A Teil 1 BRL B Teil 1 MLTB MVV TB
DIN EN 771-3	2011-07[1] 2015-11	Festlegungen für Mauersteine – Teil 3: Mauersteine aus Beton (mit dichten und porigen Zuschlägen)	BRL A Teil 1 BRL B Teil 1 MLTB MVV TB
DIN EN 771-4	2011-07[1] 2015-11	Festlegungen für Mauersteine – Teil 4: Porenbetonsteine	BRL A Teil 1 BRL B Teil 1 MLTB MVV TB
DIN EN 771-5	2011-07[1] 2015-11	Festlegungen für Mauersteine – Teil 5: Betonwerksteine	BRL A Teil 1 BRL B Teil 1 MLTB

Tabelle 2. Mauersteine, Mauermörtel und Putzmörtel (Fortsetzung)

Norm-Nummer	Ausgabedatum	Titel	Anmerkungen
DIN EN 771-6	2015-11	Festlegungen für Mauersteine – Teil 6: Natursteine	
DIN EN 998-1	2017-02	Festlegungen für Mörtel im Mauerwerksbau – Teil 1: Putzmörtel	
DIN EN 998-2	2010-12 [1)] 2017-02	Festlegungen für Mörtel im Mauerwerksbau – Teil 2: Mauermörtel	BRL B Teil 1 MLTB MVV TB
DIN EN 12059	2012-03	Natursteinprodukte – Steine für Massivarbeiten – Anforderungen	
DIN EN 13279-1	2008-11	Gipsbinder und Gips-Trockenmörtel – Teil 1: Begriffe und Anforderungen	
DIN EN 15824	2017-09	Festlegungen für Außen- und Innenputze mit organischen Bindemitteln	
DIN-Fachbericht CEN/TR 15123	2005-10	Planung, Zubereitung und Ausführung von Polymer-Innenputzsystemen	
DIN-Fachbericht CEN/TR 15124	2005-10	Planung, Zubereitung und Ausführung von Gipsinnenputzsystemen	
DIN-Fachbericht CEN/TR 15125	2005-10	Planung, Zubereitung und Ausführung von Kalk-, Zement- und Kalkzement-Innenputzsystemen	

1) Von DIN bereits zurückgezogen, aber noch bauaufsichtlich in Bezug genommen.

Tabelle 3. Mörtelbestandteile

Norm-Nummer	Ausgabedatum	Titel	Anmerkungen
DIN 1164-10	2013-03	Zement mit besonderen Eigenschaften – Teil 10: Zusammensetzung, Anforderungen und Übereinstimmungsnachweis von Zement mit niedrigem wirksamen Alkaligehalt	BRL A Teil 1
DIN 1164-11	2003-11	Zement mit besonderen Eigenschaften – Teil 11: Zusammensetzung, Anforderungen und Übereinstimmungsnachweis von Zement mit verkürztem Erstarren	BRL A Teil 1 MVV TB
DIN 1164-12	2005-06	Zement mit besonderen Eigenschaften – Teil 12: Zusammensetzung, Anforderungen und Übereinstimmungsnachweis von Zement mit einem erhöhten Anteil von organischen Bestandteilen	BRL A Teil 1 MVV TB
DIN 4301	2009-06	Eisenhüttenschlacke und Metallhüttenschlacke im Bauwesen	
DIN 51043	1979-08	Traß; Anforderungen, Prüfung	BRL A Teil 1 MVV TB
DIN EN 197-1	2011-11	Zement – Teil 1: Zusammensetzung, Anforderungen und Konformitätskriterien von Normalzement	BRL A Teil 1 MLTB MVV TB
DIN EN 413-1	2011-07	Putz- und Mauerbinder – Teil 1: Zusammensetzung, Anforderungen und Konformitätskriterien	
DIN EN 413-2	2016-12	Putz- und Mauerbinder – Teil 2: Prüfverfahren	
DIN EN 450-1	2012-10	Flugasche für Beton – Teil 1: Definition, Anforderungen und Konformitätskriterien	BRL A Teil 1 BRL B Teil 1
DIN EN 459-1	2015-07	Baukalk – Teil 1: Begriffe, Anforderungen und Konformitätskriterien	
DIN EN 459-2	2010-12	Baukalk – Teil 2: Prüfverfahren	
DIN EN 459-3	2015-07	Baukalk – Teil 3: Konformitätsbewertung	
DIN EN 934-2	2009-09 [1)] 2012-08	Zusatzmittel für Beton, Mörtel und Einpressmörtel – Teil 2: Betonzusatzmittel – Definitionen und Anforderungen, Konformität, Kennzeichnung und Beschriftung	BRL A Teil 1 MVV TB

Tabelle 3. Mörtelbestandteile (Fortsetzung)

Norm-Nummer	Ausgabedatum	Titel	Anmerkungen
DIN EN 934-3	2012-09	Zusatzmittel für Beton, Mörtel und Einpressmörtel – Teil 3: Zusatzmittel für Mauermörtel – Definitionen, Anforderungen, Konformität, Kennzeichnung und Beschriftung	
DIN EN 12620	2008-07	Gesteinskörnungen für Beton	BRL A Teil 1 BRL B Teil 1 MVV TB
DIN EN 13055	2016-11	Leichte Gesteinskörnungen; Deutsche Fassung EN 13055:2016	
DIN EN 13055-1	2002-08[1]	leichte Gesteinskörnungen – Teil 1: Leichte Gesteinskörnungen für Beton, Mörtel und Einpressmörtel	BRL A Teil 1 BRL B Teil 1
DIN EN 13055-1 Berichtigung 1	2004-12[1]	Berichtigungen zu DIN EN 13055-1:2002-08	BRL A Teil 1
DIN EN 13139	2002-08	Gesteinskörnungen für Mörtel	BRL A Teil 1 BRL B Teil 1 MLTB

[1] Von DIN bereits zurückgezogen, aber noch bauaufsichtlich in Bezug genommen.

Tabelle 4. Weitere Baustoffe

Norm-Nummer	Ausgabedatum	Titel	Anmerkungen
DIN 278	1978-09[1] 2017-03	Tonhohlplatten (Hourdis) – statisch beansprucht	BRL A Teil 1
DIN 4159	2014-05	Ziegel für Ziegeldecken und Vergusstafeln, statisch mitwirkend	BRL A Teil 1 MVV TB
DIN 4160	2000-04[1]	Ziegel für Decken, statisch nicht mitwirkend	BRL A Teil 1 MVV TB
DIN 4166	1997-10	Porenbeton-Bauplatten und Porenbeton-Planbauplatten	BRL A Teil 1 MVV TB
DIN 4223-100	2014-12	Anwendung von vorgefertigten bewehrten Bauteilen aus dampfgehärtetem Porenbeton – Teil 100: Eigenschaften und Anforderungen an Baustoffe und Bauteile	
DIN 4223-101	2014-12	Anwendung von vorgefertigten bewehrten Bauteilen aus dampfgehärtetem Porenbeton – Teil 101: Entwurf und Bemessung	MVV TB
DIN 4223-102	2014-12	Anwendung von vorgefertigten bewehrten Bauteilen aus dampfgehärtetem Porenbeton – Teil 102: Anwendung in Bauwerken	MVV TB
DIN 4223-103	2014-12	Anwendung von vorgefertigten bewehrten Bauteilen aus dampfgehärtetem Porenbeton – Teil 103: Sicherheitskonzept	MVV TB
DIN 18148	2000-10	Hohlwandplatten aus Leichtbeton	BRL A Teil 1 MVV TB
DIN 18159-2	1978-06	Schaumkunststoffe als Ortschäume im Bauwesen; Harnstoff-Formaldehydharz-Ortschaum für die Wärmedämmung; Anwendung, Eigenschaften, Ausführung, Prüfung	BRL A Teil 1 MLTB MVV TB
DIN 18162	2000-10	Wandbauplatten aus Leichtbeton, unbewehrt	BRL A Teil 1 MVV TB
DIN 18180	1989-09[1] 2014-09	Gipsplatten – Arten und Anforderungen	MLTB MVV TB

Tabelle 4. Weitere Baustoffe (Fortsetzung)

Norm-Nummer	Ausgabedatum	Titel	Anmerkungen
DIN 18184	2008-10	Gipsplatten-Verbundelemente mit Polystyrol- oder Polyurethan-Hartschaum als Dämmstoff	
DIN EN 520	2009-12	Gipsplatten – Begriffe, Anforderungen und Prüfverfahren	BRL B Teil 1
DIN EN 845-1	2008-06[1)] 2016-12	Festlegungen für Ergänzungsbauteile für Mauerwerk – Teil 1: Maueranker, Zugbänder, Auflager und Konsolen	BRL B Teil 1 MLTB
DIN EN 845-2	2003-08[1)] 2016-12	Festlegungen für Ergänzungsbauteile für Mauerwerk – Teil 2: Stürze	BRL B Teil 1 MLTB
DIN EN 845-3	2008-06[1)] 2016-12	Festlegungen für Ergänzungsbauteile für Mauerwerk – Teil 3: Lagerfugenbewehrung aus Stahl	BRL B Teil 1 MLTB
DIN EN 1051-1	2003-04	Glas im Bauwesen – Glassteine und Betongläser – Teil 1: Begriffe und Beschreibungen	
DIN EN 12602	2016-12	Vorgefertigte bewehrte Bauteile aus dampfgehärtetem Porenbeton	
DIN EN 13162	2013-03[1)] 2015-04	Wärmedämmstoffe für Gebäude – Werkmäßig hergestellte Produkte aus Mineralwolle (MW) – Spezifikation	BRL B Teil 1 MVV TB
DIN EN 13163	2013-03[1)] 2015-04[1)] 2017-02	Wärmedämmstoffe für Gebäude – Werkmäßig hergestellte Produkte aus expandiertem Polystyrol (EPS) – Spezifikation	BRL B Teil 1 MVV TB
DIN EN 13164	2013-03[1)] 2015-04	Wärmedämmstoffe für Gebäude – Werkmäßig hergestellte Produkte aus extrudiertem Polystyrolschaum (XPS) – Spezifikation	BRL B Teil 1
DIN EN 13165	2013-03[1)] 2016-09	Wärmedämmstoffe für Gebäude – Werkmäßig hergestellte Produkte aus Polyurethan-Hartschaum (PU) – Spezifikation	BRL B Teil 1
DIN EN 13166	2013-03[1)] 2016-09	Wärmedämmstoffe für Gebäude – Werkmäßig hergestellte Produkte aus Phenolharzschaum (PF) – Spezifikation	BRL B Teil 1
DIN EN 13167	2013-03[1)] 2015-04	Wärmedämmstoffe für Gebäude – Werkmäßig hergestellte Produkte aus Schaumglas (CG) – Spezifikation	BRL B Teil 1
DIN EN 13168	2013-03[1)] 2015-04	Wärmedämmstoffe für Gebäude – Werkmäßig hergestellte Produkte aus Holzwolle (WW) – Spezifikation	BRL B Teil 1
DIN EN 13169	2013-03[1)] 2015-04	Wärmedämmstoffe für Gebäude – Werkmäßig hergestellte Produkte aus Blähperlit (EPB) – Spezifikation	BRL B Teil 1
DIN EN 13170	2013-03[1)] 2015-04	Wärmedämmstoffe für Gebäude – Werkmäßig hergestellte Produkte aus expandiertem Kork (ICB) – Spezifikation	BRL B Teil 1
DIN EN 13171	2013-03[1)] 2015-04	Wärmedämmstoffe für Gebäude – Werkmäßig hergestellte Produkte aus Holzfasern (WF) – Spezifikation	BRL B Teil 1
DIN EN 14315-1	2013-04	Wärmedämmstoffe für das Bauwesen – An der Verwendungsstelle hergestellter Wärmedämmstoff aus Polyurethan (PUR)- und Polyisocyanurat (PIR)-Spritzschaum – Teil 1: Spezifikation für das Schaumsystem vor dem Einbau	BRL B Teil 1 MLTB MVV TB
DIN EN 14315-2	2013-04	Wärmedämmstoffe für das Bauwesen – An der Verwendungsstelle hergestellter Wärmedämmstoff aus Polyurethan (PUR)- und Polyisocyanurat (PIR)-Spritzschaum – Teil 2: Spezifikation für die eingebauten Produkte	
DIN EN 14318-1	2013-04	Wärmedämmstoffe für das Bauwesen – An der Verwendungsstelle hergestellter Wärmedämmstoff aus dispensiertem Polyurethan (PUR)- und Polyisocyanurat (PIR)-Hartschaum – Teil 1: Spezifikation für das Schaumsystem vor dem Einbau	BRL B Teil 1 MLTB MVV TB

Tabelle 4. Weitere Baustoffe (Fortsetzung)

Norm-Nummer	Ausgabedatum	Titel	Anmerkungen
DIN EN 14318-2	2013-04	Wärmedämmstoffe für das Bauwesen – An der Verwendungsstelle hergestellter Wärmedämmstoff aus dispensiertem Polyurethan (PUR)- und Polyisocyanurat (PIR)-Hartschaum – Teil 2: Spezifikation für die eingebauten Produkte	
DIN EN 14319-1	2013-04	Wärmedämmstoffe für die technische Gebäudeausrüstung und für betriebstechnische Anlagen in der Industrie – An der Verwendungsstelle hergestellter Wärmedämmstoff aus Polyurethan (PUR)- und Polyisocyanurat (PIR)-Gießschaum – Teil 1: Spezifikation für das Schaumsystem vor dem Einbau	BRL B Teil 1
DIN EN 14319-2	2013-04	Wärmedämmstoffe für die technische Gebäudeausrüstung und für betriebstechnische Anlagen in der Industrie – An der Verwendungsstelle hergestellter Wärmedämmstoff aus Polyurethan (PUR)- und Polyisocyanurat (PIR)-Gießschaum – Teil 2: Spezifikation für die eingebauten Produkte	
DIN EN 14320-1	2013-04	Wärmedämmstoffe für die technische Gebäudeausrüstung und für betriebstechnische Anlagen in der Industrie – An der Verwendungsstelle hergestellter Wärmedämmstoff aus Polyurethan (PUR)- und Polyisocyanurat (PIR)-Spritzschaum – Teil 1: Spezifikation für das Schaumsystem vor dem Einbau	BRL B Teil 1
DIN EN 14320-2	2013-04	Wärmedämmstoffe für die technische Gebäudeausrüstung und für betriebstechnische Anlagen in der Industrie – An der Verwendungsstelle hergestellter Wärmedämmstoff aus Polyurethan (PUR)- und Polyisocyanurat (PIR)-Spritzschaum – Teil 2: Spezifikation für die eingebauten Produkte	

1) Von DIN bereits zurückgezogen, aber noch bauaufsichtlich in Bezug genommen.

Tabelle 5.1. Prüfnormen für Mauerwerk

Norm-Nummer	Ausgabedatum	Titel
DIN EN 1052-1	1998-12	Prüfverfahren für Mauerwerk – Teil 1: Bestimmung der Druckfestigkeit
DIN EN 1052-2	2016-08	Prüfverfahren für Mauerwerk – Teil 2: Bestimmung der Biegezugfestigkeit
DIN EN 1052-3	2007-06	Prüfverfahren für Mauerwerk – Teil 3: Bestimmung der Anfangsscherfestigkeit (Haftscherfestigkeit)
DIN EN 1052-4	2000-09	Prüfverfahren für Mauerwerk – Teil 4: Bestimmung der Scherfestigkeit bei einer Feuchtesperrschicht
DIN EN 1052-5	2005-06	Prüfverfahren für Mauerwerk – Teil 5: Bestimmung der Biegehaftzugfestigkeit

Tabelle 5.2. Prüfnormen für Mauersteine

Norm-Nummer	Ausgabedatum	Titel
DIN 52252-1	1986-12	Prüfung der Frostwiderstandsfähigkeit von Vormauerziegeln und Klinkern; Allseitige Befrostung von Einzelziegeln
DIN 52252-2	1986-12	Prüfung der Frostwiderstandsfähigkeit von Vormauerziegeln und Klinkern; Befrostung von Ziegeln in Prüfblöcken
DIN V 52252-3	2005-02	Prüfung der Frostwiderstandsfähigkeit von Vormauerziegeln und Klinkern; Einseitige Befrostung von Prüfwänden

Tabelle 5.2. Prüfnormen für Mauersteine (Fortsetzung)

Norm-Nummer	Ausgabedatum	Titel
DIN EN 772-1	2016-05	Prüfverfahren für Mauersteine – Teil 1: Bestimmung der Druckfestigkeit
DIN EN 772-2	2005-05	Prüfverfahren für Mauersteine – Teil 2: Bestimmung des prozentualen Lochanteils in Mauersteinen aus Beton (mittels Papiereindruck)
DIN EN 772-3	1998-10	Prüfverfahren für Mauersteine – Teil 3: Bestimmung des Nettovolumens und des prozentualen Lochanteils von Mauerziegeln mittels hydrostatischer Wägung (Unterwasserwägung)
DIN EN 772-4	1998-10	Prüfverfahren für Mauersteine – Teil 4: Bestimmung der Dichte und der Rohdichte sowie der Gesamtporosität und der offenen Porosität von Mauersteinen aus Naturstein
DIN EN 772-5	2016-08	Prüfverfahren für Mauersteine – Teil 5: Bestimmung des Gehalts an aktiven löslichen Salzen von Mauerziegeln
DIN EN 772-6	2002-02	Prüfverfahren für Mauersteine – Teil 6: Bestimmung der Biegezugfestigkeit von Mauersteinen aus Beton
DIN EN 772-7	1998-10	Prüfverfahren für Mauersteine – Teil 7: Bestimmung der Wasseraufnahme von Mauerziegeln für Feuchteisolierschichten durch Lagerung in siedendem Wasser
DIN EN 772-9	2005-05	Prüfverfahren für Mauersteine – Teil 9: Bestimmung des Loch- und Nettovolumens von Mauerziegeln und Kalksandsteinen mittels Sandfüllung
DIN EN 772-10	1999-04	Prüfverfahren für Mauersteine – Teil 10: Bestimmung des Feuchtegehalts von Kalksandsteinen und Mauersteinen aus Porenbeton
DIN EN 772-11	2011-07	Prüfverfahren für Mauersteine – Teil 11: Bestimmung der kapillaren Wasseraufnahme von Mauersteinen aus Beton, Porenbetonsteinen, Betonwerksteinen und Natursteinen sowie der anfänglichen Wasseraufnahme von Mauerziegeln
DIN EN 772-13	2000-09	Prüfverfahren für Mauersteine – Teil 13: Bestimmung der Netto- und Brutto-Trockenrohdichte von Mauersteinen (außer Natursteinen)
DIN EN 772-14	2002-02	Prüfverfahren für Mauersteine – Teil 14: Bestimmung der feuchtebedingten Formänderung von Mauersteinen aus Beton und Betonwerksteinen
DIN EN 772-15	2000-09	Prüfverfahren für Mauersteine – Teil 15: Bestimmung der Wasserdampfdurchlässigkeit von Porenbetonsteinen
DIN EN 772-16	2011-07	Prüfverfahren für Mauersteine – Teil 16: Bestimmung der Maße
DIN EN 772-18	2011-07	Prüfverfahren für Mauersteine – Teil 18: Bestimmung des Frostwiderstands von Kalksandsteinen
DIN EN 772-19	2000-09	Prüfverfahren für Mauersteine – Teil 19: Bestimmung der Feuchtedehnung von horizontal gelochten großen Mauerziegeln
DIN EN 772-20	2005-05	Prüfverfahren für Mauersteine – Teil 20: Bestimmung der Ebenheit von Mauersteinen
DIN EN 772-21	2011-07	Prüfverfahren für Mauersteine – Teil 21: Bestimmung der Kaltwasseraufnahme von Mauerziegeln und Kalksandsteinen
DIN CEN/TS 772-22	2006-09	Prüfverfahren für Mauersteine – Teil 22: Bestimmung des Frost-Tau-Widerstands von Mauerziegeln

I Geltende Technische Regeln für den Mauerwerksbau (Deutsche, Europäische und Internationale Normen)

Tabelle 5.3. Prüfnormen für Mörtel

Norm-Nummer	Ausgabedatum	Titel
DIN 18555-4	1986-03	Prüfung von Mörteln mit mineralischen Bindemitteln; Festmörtel; Bestimmung der Längs- und Querdehnung sowie von Verformungskenngrößen von Mauermörteln im statischen Druckversuch
DIN 18555-6	1987-11	Prüfung von Mörteln mit mineralischen Bindemitteln; Festmörtel; Bestimmung der Haftzugfestigkeit
DIN 18555-7	1987-11	Prüfung von Mörteln mit mineralischen Bindemitteln; Frischmörtel; Bestimmung des Wasserrückhaltevermögens nach der Filterplattenmethode
DIN 18555-9	1999-09	Prüfung von Mörteln mit mineralischen Bindemitteln – Teil 9: Festmörtel; Bestimmung der Fugendruckfestigkeit
DIN EN 1015-1	2007-05	Prüfverfahren für Mörtel für Mauerwerk – Teil 1: Bestimmung der Korngrößenverteilung (durch Siebanalyse)
DIN EN 1015-2	2007-05	Prüfverfahren für Mörtel für Mauerwerk – Teil 2: Probenahme von Mörteln und Herstellung von Prüfmörteln
DIN EN 1015-3	2007-05	Prüfverfahren für Mörtel für Mauerwerk – Teil 3: Bestimmung der Konsistenz von Frischmörtel (mit Ausbreittisch)
DIN EN 1015-4	1998-12	Prüfverfahren für Mörtel für Mauerwerk – Teil 4: Bestimmung der Konsistenz von Frischmörtel (mit Eindringgerät)
DIN EN 1015-6	2007-05	Prüfverfahren für Mörtel für Mauerwerk – Teil 6: Bestimmung der Rohdichte von Frischmörtel
DIN EN 1015-7	1998-12	Prüfverfahren für Mörtel für Mauerwerk – Teil 7: Bestimmung des Luftgehalts von Frischmörtel
DIN EN 1015-9	2007-05	Prüfverfahren für Mörtel für Mauerwerk – Teil 9: Bestimmung der Verarbeitbarkeitszeit und der Korrigierbarkeitszeit von Frischmörtel
DIN EN 1015-10	2007-05	Prüfverfahren für Mörtel für Mauerwerk – Teil 10: Bestimmung der Trockenrohdichte von Festmörtel
DIN EN 1015-11	2007-05	Prüfverfahren für Mörtel für Mauerwerk – Teil 11: Bestimmung der Biegezug- und Druckfestigkeit von Festmörtel
DIN EN 1015-12	2016-12	Prüfverfahren für Mörtel für Mauerwerk – Teil 12: Bestimmung der Haftfestigkeit von erhärteten Putzmörteln
DIN EN 1015-17	2005-01	Prüfverfahren für Mörtel für Mauerwerk – Teil 17: Bestimmung des Gehalts an wasserlöslichem Chlorid von Frischmörteln
DIN EN 1015-18	2003-03	Prüfverfahren für Mörtel für Mauerwerk – Teil 18: Bestimmung der kapillaren Wasseraufnahme von erhärtetem Putzmörtel (Festmörtel)
DIN EN 1015-19	2005-01	Prüfverfahren für Mörtel für Mauerwerk – Teil 19: Bestimmung der Wasserdampfdurchlässigkeit von Festmörteln aus Putzmörteln
DIN EN 1015-21	2003-03	Prüfverfahren für Mörtel für Mauerwerk – Teil 21: Bestimmung der Verträglichkeit von Einlagenputzmörteln mit Untergründen

Tabelle 5.4. Prüfnormen für Ergänzungsbauteile für Mauerwerk

Norm-Nummer	Ausgabedatum	Titel
DIN EN 846-2	2000-08	Prüfverfahren für Ergänzungsbauteile für Mauerwerk – Teil 2: Bestimmung der Verbundfestigkeit vorgefertigter Lagerfugenbewehrung
DIN EN 846-3	2000-08	Prüfverfahren für Ergänzungsbauteile für Mauerwerk – Teil 3: Bestimmung der Schubtragfähigkeit von Schweißstellen in vorgefertigter Lagerfugenbewehrung

Tabelle 5.4. Prüfnormen für Ergänzungsbauteile für Mauerwerk (Fortsetzung)

Norm-Nummer	Ausgabedatum	Titel
DIN EN 846-4	2005-01	Prüfverfahren für Ergänzungsbauteile für Mauerwerk – Teil 4: Bestimmung der Festigkeit und der Last-Verformungseigenschaften von Bändern
DIN EN 846-5	2012-11	Prüfverfahren für Ergänzungsbauteile für Mauerwerk – Teil 5: Bestimmung der Zug- und Drucktragfähigkeit sowie der Steifigkeit von Mauerankern (Steinpaar-Prüfung)
DIN EN 846-6	2012-11	Prüfverfahren für Ergänzungsbauteile für Mauerwerk – Teil 6: Bestimmung der Zug- und Drucktragfähigkeit sowie der Steifigkeit von Mauerankern (Einseitige Prüfung)
DIN EN 846-7	2012-11	Prüfverfahren für Ergänzungsbauteile für Mauerwerk – Teil 7: Bestimmung der Schubtragfähigkeit und der Steifigkeit von Mauerverbindern (Steinpaar-Prüfung in Mörtelfugen)
DIN EN 846-8	2006-10	Prüfverfahren für Ergänzungsbauteile für Mauerwerk – Teil 8: Bestimmung der Tragfähigkeit und der Last-Verformungseigenschaften von Balkenauflagern
DIN EN 846-9	2016-08	Prüfverfahren für Ergänzungsbauteile für Mauerwerk – Teil 9: Bestimmung der Biege- und Schubwiderstandsfähigkeit von Stürzen
DIN EN 846-10	2000-08	Prüfverfahren für Ergänzungsbauteile für Mauerwerk – Teil 10: Bestimmung der Tragfähigkeit und der Last-Verformungseigenschaften von Konsolen
DIN EN 846-11	2000-08	Prüfverfahren für Ergänzungsbauteile für Mauerwerk – Teil 11: Bestimmung der Maße und der Überhöhung von Stürzen
DIN EN 846-13	2001-12	Prüfverfahren für Ergänzungsbauteile für Mauerwerk – Teil 13: Bestimmung der Schlagfestigkeit, des Abriebwiderstands und des Korrosionswiderstands von organischen Beschichtungen
DIN EN 846-14	2012-11	Prüfverfahren für Ergänzungsbauteile für Mauerwerk – Teil 14: Bestimmung der Anfangsscherfestigkeit des Verbunds zwischen dem vorgefertigten Teil eines teilweise vorgefertigten, bauseits ergänzten Sturzes und dem über dem Sturz befindlichen Mauerwerk

Tabelle 5.5. Prüfverfahren für Wärmeschutz

Norm-Nummer	Ausgabedatum	Titel	Anmerkungen
DIN EN 1934	1998-04	Wärmetechnisches Verhalten von Gebäuden – Messung des Wärmedurchlasswiderstands; Heizkastenverfahren mit dem Wärmestrommesser – Mauerwerk	
DIN EN 12664	2001-05	Wärmetechnisches Verhalten von Baustoffen und Bauprodukten – Bestimmung des Wärmedurchlasswiderstands nach dem Verfahren mit dem Plattengerät und dem Wärmestrommessplatten-Gerät – Trockene und feuchte Produkte mit mittlerem und niedrigem Wärmedurchlasswiderstand	
DIN EN 12667	2001-05	Wärmetechnisches Verhalten von Baustoffen und Bauprodukten – Bestimmung des Wärmedurchlasswiderstands nach dem Verfahren mit dem Plattengerät und dem Wärmestrommessplatten-Gerät – Produkte mit hohem und mittlerem Wärmedurchlasswiderstand	
DIN EN 12939	2001-02	Wärmetechnisches Verhalten von Baustoffen und Bauprodukten – Bestimmung des Wärmedurchlasswiderstands nach dem Verfahren mit dem Plattengerät und dem Wärmestrommessplatten-Gerät – Dicke Produkte mit hohem und mittlerem Wärmedurchlasswiderstand	
DIN EN ISO 8990	1996-09	Wärmeschutz – Bestimmung der Wärmedurchgangseigenschaften im stationären Zustand – Verfahren mit dem kalibrierten und dem geregelten Heizkasten	

Tabelle 5.5. Prüfverfahren für Wärmeschutz (Fortsetzung)

Norm-Nummer	Ausgabedatum	Titel	Anmerkungen
DIN EN ISO 12570	2018-07	Wärme- und feuchtetechnisches Verhalten von Baustoffen und Bauprodukten – Bestimmung des Feuchtegehalts durch Trocknen bei erhöhter Temperatur	
DIN EN ISO 12571	2000-04[1)] 2013-12	Wärme- und feuchtetechnisches Verhalten von Baustoffen und Bauprodukten – Bestimmung der hygroskopischen Sorptionseigenschaften	BRL A Teil 1 MVV TB
DIN EN ISO 15148	2016-12	Wärme- und feuchtetechnisches Verhalten von Baustoffen und Bauprodukten – Bestimmung des Wasseraufnahmekoeffizienten bei teilweisem Eintauchen	

1) Von DIN bereits zurückgezogen, aber noch bauaufsichtlich in Bezug genommen.

Tabelle 6. Bauphysik

Norm-Nummer	Ausgabedatum	Titel	Anmerkungen
DIN 4102-1	1998-05	Brandverhalten von Baustoffen und Bauteilen – Teil 1: Baustoffe; Begriffe, Anforderungen und Prüfungen	BRL A Teil 1 BRL A Teil 2 MLTB MVV TB
DIN 4102-2	1977-09	Brandverhalten von Baustoffen und Bauteilen; Bauteile; Begriffe, Anforderungen und Prüfungen	BRL A Teil 1 BRL A Teil 2 BRL A Teil 3 MLTB MVV TB
DIN 4102-3	1977-09	Brandverhalten von Baustoffen und Bauteilen; Brandwände und nichttragende Außenwände; Begriffe, Anforderungen und Prüfungen	BRL A Teil 2 BRL A Teil 3 MVV TB
DIN 4102-4	1994-03[1)] 2016-05	Brandverhalten von Baustoffen und Bauteilen; Zusammenstellung und Anwendung klassifizierter Baustoffe und Bauteile	BRL A Teil 1 BRL C MLTB MVV TB
DIN 4102-4/A1	2004-11[1)]	Brandverhalten von Baustoffen und Bauteilen – Teil 4: Zusammenstellung und Anwendung klassifizierter Baustoffe, Bauteile und Sonderbauteile; Änderung A1	BRL A Teil 1 MLTB
DIN 4102-5	1977-09	Brandverhalten von Baustoffen und Bauteilen; Feuerschutzabschlüsse, Abschlüsse in Fahrschachtwänden und gegen feuerwiderstandsfähige Verglasungen; Begriffe, Anforderungen und Prüfungen	MVV TB
DIN 4102-6	1977-09[1)]	Brandverhalten von Baustoffen und Bauteilen; Lüftungsleitungen; Begriffe, Anforderungen und Prüfungen	BRL A Teil 2 BRL A Teil 3 MVV TB
DIN 4102-7	1998-07	Brandverhalten von Baustoffen und Bauteilen – Teil 7: Bedachungen: Begriffe; Anforderungen und Prüfungen	BRL A Teil 3 MLTB MVV TB
DIN 4102-8	2003-10	Brandverhalten von Baustoffen und Bauteilen – Teil 8: Kleinprüfstand	
DIN 4102-9	1990-05	Brandverhalten von Baustoffen und Bauteilen; Kabelabschottungen; Begriffe, Anforderungen und Prüfungen	MVV TB

Tabelle 6. Bauphysik (Fortsetzung)

Norm-Nummer	Ausgabedatum	Titel	Anmerkungen
DIN 4102-11	1985-12	Brandverhalten von Baustoffen und Bauteilen; Rohrummantelungen, Rohrabschottungen, Installationsschächte und -kanäle sowie Abschlüsse ihrer Revisionsöffnungen; Begriffe, Anforderungen und Prüfungen	BRL A Teil 2 BRL A Teil 3 MVV TB
DIN 4102-12	1998-11	Brandverhalten von Baustoffen und Bauteilen – Teil 12: Funktionserhalt von elektrischen Kabelanlagen – Anforderungen und Prüfungen	BRL A Teil 2 BRL A Teil 3 MVV TB
DIN 4102-13	1990-05	Brandverhalten von Baustoffen und Bauteilen; Brandschutzverglasungen; Begriffe, Anforderungen und Prüfungen	MVV TB
DIN 4102-14	1990-05	Brandverhalten von Baustoffen und Bauteilen; Bodenbeläge und Bodenbeschichtungen; Bestimmung der Flammenausbreitung bei Beanspruchung mit einem Wärmestrahler	
DIN 4102-15	1990-05	Brandverhalten von Baustoffen und Bauteilen; Brandschacht	MVV TB
DIN 4102-16	2015-09	Brandverhalten von Baustoffen und Bauteilen – Teil 16: Durchführung von Brandschachtprüfungen	MVV TB
DIN 4102-17	1990-12 [1)] 2017-10	Brandverhalten von Baustoffen und Bauteilen; Schmelzpunkt von Mineralfaser-Dämmstoffen; Begriffe, Anforderungen, Prüfung	MVV TB
DIN 4102-18	1991-03	Brandverhalten von Baustoffen und Bauteilen; Feuerschutzabschlüsse; Nachweis der Eigenschaft „selbstschließend" (Dauerfunktionsprüfung)	BRL A Teil 2 MVV TB
DIN 4102-20	2016-03 (E) [1)] 2017-10	Brandverhalten von Baustoffen und Bauteilen – Teil 20: Ergänzender Nachweis für die Beurteilung des Brandverhaltens von Außenwandbekleidungen	MVV TB
DIN 4102-22	2004-11 [1)]	Brandverhalten von Baustoffen und Bauteilen – Teil 22: Anwendungsnorm zu DIN 4102-4 auf der Bemessungsbasis von Teilsicherheitsbeiwerten	BRL A Teil 1 MLTB MVV TB
DIN 4108 Beiblatt 2	2006-03	Wärmeschutz und Energie-Einsparung in Gebäuden – Wärmebrücken – Planungs- und Ausführungsbeispiele	
DIN 4108-2	2013-02	Wärmeschutz und Energie-Einsparung in Gebäuden – Teil 2: Mindestanforderungen an den Wärmeschutz	BRL A Teil 1 MLTB MVV TB
DIN 4108-3	2014-11	Wärmeschutz und Energie-Einsparung in Gebäuden – Teil 3: Anforderungen, Berechnungsverfahren und Hinweise für Planung und Ausführung	MLTB MVV TB
DIN 4108-4	2017-03	Wärmeschutz und Energie-Einsparung in Gebäuden – Teil 4: Wärme- und feuchteschutztechnische Bemessungswerte	BRL A Teil 1 MLTB MVV TB
DIN V 4108-6	2003-06	Wärmeschutz und Energie-Einsparung in Gebäuden – Teil 6: Berechnung des Jahresheizwärme- und des Jahresheizenergiebedarfs	
DIN V 4108-6 Berichtigung 1	2004-03	Berichtigungen zu DIN V 4108-6:2003-06	
DIN 4108-7	2011-01	Wärmeschutz – Teil 7: Luftdichtheit von Gebäuden – Anforderungen, Planungs- und Ausführungsempfehlungen sowie -beispiele	
DIN 4108-10	2008-06 [1)] 2015-12	Wärmeschutz und Energie-Einsparung in Gebäuden – Teil 10: Anwendungsbezogene Anforderungen an Wärmedämmstoffe – Werkmäßig hergestellte Wärmedämmstoffe	MLTB MVV TB

Tabelle 6. Bauphysik (Fortsetzung)

Norm-Nummer	Ausgabedatum	Titel	Anmerkungen
DIN 4109	1989-11[1)]	Schallschutz im Hochbau; Anforderungen und Nachweise	BRL A Teil 1 MLTB
DIN 4109/A1	2001-01[1)]	Schallschutz im Hochbau; Anforderungen und Nachweise; Änderung 1	MLTB
DIN 4109 Beiblatt 1	1989-11[1)]	Schallschutz im Hochbau; Ausführungsbeispiele und Rechenverfahren	BRL A Teil 1 MLTB MVV TB
DIN 4109 Beiblatt 1/A1	2003-09[1)]	Schallschutz im Hochbau; Ausführungsbeispiele und Rechenverfahren; Änderung 1	
DIN 4109 Beiblatt 1/A2	2010-02[1)]	Schallschutz im Hochbau – Beiblatt 1: Ausführungsbeispiele und Rechenverfahren; Änderung A2	
DIN 4109 Beiblatt 2	1989-11	Schallschutz im Hochbau; Hinweise für Planung und Ausführung; Vorschläge für einen erhöhten Schallschutz; Empfehlungen für den Schallschutz im eigenen Wohn- oder Arbeitsbereich	
DIN 4109 Berichtigung 1	1992-08[1)]	Berichtigungen zu DIN 4109:1989-11, DIN 4109 Bbl. 1:1989-11 und DIN 4109 Bbl. 2:1989-11	MLTB
DIN 4109 Beiblatt 3	1996-06[1)]	Schallschutz im Hochbau – Berechnung von $R'_{w,R}$ für den Nachweis der Eignung nach DIN 4109 aus Werten des im Labor ermittelten Schalldämm-Maßes R_w	MLTB
DIN 4109-1	2016-07[1)] 2018-01	Schallschutz im Hochbau – Teil 1: Mindestanforderungen	MVV TB
E DIN 4109-1/A1	2017-01[1)]	Schallschutz im Hochbau – Teil 1: Mindestanforderungen; Änderung A1	MVV TB
DIN 4109-2	2016-07[1)] 2018-01	Schallschutz im Hochbau – Teil 2: Rechnerische Nachweise der Erfüllung der Anforderungen	MVV TB
DIN 4109-4	2016-07	Schallschutz im Hochbau – Teil 4: Bauakustische Prüfungen	MVV TB
DIN 4109-31	2016-07	Schallschutz im Hochbau – Teil 31: Daten für die rechnerischen Nachweise des Schallschutzes (Bauteilkatalog) – Rahmendokument	MVV TB
DIN 4109-32	2016-07	Schallschutz im Hochbau – Teil 32: Daten für die rechnerischen Nachweise des Schallschutzes (Bauteilkatalog) – Massivbau	MVV TB
DIN 18005-1	2002-07	Schallschutz im Städtebau – Teil 1: Grundlagen und Hinweise für die Planung	
DIN 18005-1 Beiblatt 1	1987-05	Schallschutz im Städtebau; Berechnungsverfahren; Schalltechnische Orientierungswerte für die städtebauliche Planung	
DIN 18005-2	1991-09	Schallschutz im Städtebau; Lärmkarten; Kartenmäßige Darstellung von Schallimmissionen	
DIN EN 1745	2012-07	Mauerwerk und Mauerwerksprodukte – Verfahren zur Ermittlung von wärmeschutztechnischen Eigenschaften	
DIN EN 13501-1	2010-01	Klassifizierung von Bauprodukten und Bauarten zu ihrem Brandverhalten – Teil 1: Klassifizierung mit den Ergebnissen aus den Prüfungen zum Brandverhalten von Bauprodukten	BRL A Teil 1 BRL A Teil 2 BRL B Teil 1 BRL C MLTB MVV TB
DIN EN ISO 6946	2008-04[1)] 2018-03	Bauteile – Wärmedurchlasswiderstand und Wärmedurchgangskoeffizient – Berechnungsverfahren	MVV TB
DIN EN ISO 7345	2018-07	Wärmeschutz – Physikalische Größen und Definitionen (ISO 7345:2018)	
DIN EN ISO 10211	2008-04[1)] 2017-06	Wärmebrücken im Hochbau – Berechnung der Wärmeströme und Oberflächentemperaturen – Detaillierte Berechnungen	BRL A Teil 1 MVV TB

[1)] Von DIN bereits zurückgezogen, aber noch bauaufsichtlich in Bezug genommen.

Tabelle 7. Bauwerksabdichtungen

Norm-Nummer	Ausgabedatum	Titel	Anmerkungen
DIN 18195	2017-07	Abdichtung von Bauwerken – Begriffe	
DIN 18195 Beiblatt 2	2017-07	Abdichtung von Bauwerken – Beiblatt 2: Hinweise zur Kontrolle und Prüfung der Schichtdicken von flüssig verarbeiteten Abdichtungsstoffen	
DIN 18195-2	2009-04[1)]	Bauwerksabdichtungen – Teil 2: Stoffe	BRL A Teil 1 MVV TB
DIN 18531-1	2017-07	Abdichtung von Dächern sowie von Balkonen, Loggien und Laubengängen – Teil 1: Nicht genutzte und genutzte Dächer – Anforderungen, Planungs- und Ausführungsgrundsätze	
DIN 18531-2	2017-07	Abdichtung von Dächern sowie von Balkonen, Loggien und Laubengängen – Teil 2: Nicht genutzte und genutzte Dächer – Stoffe	
DIN 18531-3	2017-07	Abdichtung von Dächern sowie von Balkonen, Loggien und Laubengängen – Teil 3: Nicht genutzte und genutzte Dächer – Auswahl, Ausführung und Details	
DIN 18531-4	2017-07	Abdichtung von Dächern sowie von Balkonen, Loggien und Laubengängen – Teil 4: Nicht genutzte und genutzte Dächer – Instandhaltung	
DIN 18531-5	2017-07	Abdichtung von Dächern sowie von Balkonen, Loggien und Laubengängen – Teil 5: Balkone, Loggien und Laubengänge	
DIN 18533-1	2017-07	Abdichtung von erdberührten Bauteilen – Teil 1: Anforderungen, Planungs- und Ausführungsgrundsätze	
DIN 18533-2	2017-07	Abdichtung von erdberührten Bauteilen – Teil 2: Abdichtung mit bahnenförmigen Abdichtungsstoffen	
DIN 18533-3	2017-07	Abdichtung von erdberührten Bauteilen – Teil 3: Abdichtung mit flüssig zu verarbeitenden Abdichtungsstoffen	

1) Von DIN bereits zurückgezogen, aber noch bauaufsichtlich in Bezug genommen.

Tabelle 8. Weitere Normen, die für den Mauerwerksbau von Bedeutung sind

Norm-Nummer	Ausgabedatum	Titel	Anmerkungen
DIN 4103-1	1984-07[1)] 2015-06	Nichttragende innere Trennwände; Anforderungen, Nachweise	BRL A Teil 1 BRL A Teil 2 BRL A Teil 3 MVV TB
DIN 4103-2	2017-09	Nichttragende innere Trennwände; Trennwände aus Gips-Wandbauplatten	
DIN 4103-4	1988-11	Nichttragende innere Trennwände; Unterkonstruktionen in Holzbauart	
DIN 4420-1	2004-03	Arbeits- und Schutzgerüste – Teil 1: Schutzgerüste – Leistungsanforderungen, Entwurf, Konstruktion und Bemessung	BRL A Teil 1 MLTB MVV TB
DIN 4420-3	2006-01	Arbeits- und Schutzgerüste – Teil 3: Ausgewählte Gerüstbauarten und ihre Regelausführungen	
DIN 18200	2000-05	Übereinstimmungsnachweis für Bauprodukte – Werkseigene Produktionskontrolle, Fremdüberwachung und Zertifizierung von Produkten	BRL A Teil 1 MVV TB

Tabelle 8. Weitere Normen, die für den Mauerwerksbau von Bedeutung sind (Fortsetzung)

Norm-Nummer	Ausgabedatum	Titel	Anmerkungen
DIN 18515-1	2017-08	Außenwandbekleidungen – Grundsätze für Planung und Ausführung – Teil 1: Angemörtelte Fliesen oder Platten	
DIN 18516-1	2010-06	Außenwandbekleidungen, hinterlüftet – Teil 1: Anforderungen, Prüfgrundsätze	BRL A Teil 2 MLTB MVV TB
DIN 18516-3	2013-09[1)] 2018-03	Außenwandbekleidungen, hinterlüftet – Teil 3: Naturwerkstein – Anforderungen, Bemessung	MLTB MVV TB
DIN 18516-4	1990-02	Außenwandbekleidungen, hinterlüftet; Einscheiben-Sicherheitsglas; Anforderungen, Bemessungen, Prüfung	
DIN 18516-5	1999-12[1)] 2013-09	Außenwandbekleidungen, hinterlüftet – Teil 5: Betonwerkstein – Anforderungen, Bemessung	BRL A Teil 1 MVV TB
DIN EN 12810-1	2004-03	Fassadengerüste aus vorgefertigten Bauteilen – Teil 1: Produktfestlegungen	MVV TB
DIN EN 12810-2	2004-03	Fassadengerüste aus vorgefertigten Bauteilen – Teil 2: Besondere Bemessungsverfahren und Nachweise	
DIN EN 15037-3	2011-07	Betonfertigteile – Balkendecken mit Zwischenbauteilen – Teil 3: Keramische Zwischenbauteile	BRL B Teil 1 MVV TB
DIN EN 15368	2010-11	Hydraulisches Bindemittel für nichttragende Anwendungen – Definition, Anforderungen und Konformitätskriterien	

1) Von DIN bereits zurückgezogen, aber noch bauaufsichtlich in Bezug genommen.

II Verzeichnis der allgemeinen bauaufsichtlichen Zulassungen/allgemeinen Bauartgenehmigungen für den Mauerwerksbau (Stand 31.05.2018)

Wolfram Jäger, Dresden und Roland Hirsch, Berlin

Allgemeine bauaufsichtliche Zulassungen (abZ) beziehungsweise allgemeine Bauartgenehmigungen (aBg), so auch die im Bereich des Mauerwerkbaus, werden mit Gültigkeit für alle Länder der Bundesrepublik Deutschland durch das Deutsche Institut für Bautechnik (DIBt), Berlin erteilt. Sie stellen eine Beurteilung der Verwendbarkeit des Zulassungsgegenstandes im Hinblick auf die bauaufsichtlichen Anforderungen dar, wenn dieser noch nicht die CE-Kennzeichnung nach der Bauproduktenverordnung hat und auch nicht durch deutsche Normen oder Vorschriften geregelt ist, bzw. wenn bei der Verwendung eines CE-gekennzeichneten Bauprodukts in Abhängigkeit von der Bauart zusätzliche Anforderungen einzuhalten sind, siehe auch A II, S. 31.

Ausgangspunkt für das Verwaltungsverfahren ist der Antrag beim DIBt. Dieses schaltet ggf. den für Mauerwerksprodukte zuständigen Sachverständigenausschuss „Wandbauelemente" des DIBt ein und legt – falls erforderlich – ein Prüfprogramm sowie erforderliche Nachweise fest. Das Ende des Prozesses bildet die Erteilung des Bescheides. In diesem sind folgende Angaben enthalten:
– Nummer,
– Antragsteller,
– Gegenstand des Bescheids,
– Geltungsdauer,
– Bescheidumfang,
– Beschreibung des Gegenstandes,
– Anwendungsbereich,
– Bestimmungen für das Bauprodukt (Eigenschaften, Herstellung, Verpackung, Kennzeichnung, Übereinstimmungsnachweis) und
– Bestimmungen für Entwurf und Bemessung, für die Ausführung und für Nutzung, Unterhalt und Wartung.

In der Regel werden allgemeine bauaufsichtliche Zulassungen/allgemeine Bauartgenehmigungen für eine Frist von fünf Jahren erteilt. Auf Antrag können sie ergänzt, geändert und/oder verlängert werden. Bei Bedarf können die Bescheide kostenpflichtig beim DIBt bestellt werden (www.dibt.de). Eine Recherche im Zulassungsverzeichnis ist kostenlos. Mit Stand vom 31.05.2018 waren beim DIBt 334 gültige Zulassungen/allgemeine Bauartgenehmigungen im Bereich des Mauerwerkbaus registriert. Da es durch terminliche Überschneidungen zu nachträglichen Änderungen, Ergänzungen oder Verlängerungen kommen kann, sind im folgenden Beitrag auch Zulassungen enthalten, die vom Datum her bereits abgelaufen sind. Nachfragen sind im Einzelfall an den Hersteller oder das DIBt zu richten.

Mit der Umstellung der Bemessung im Mauerwerksbau auf den Eurocode 6 wurde auch eine Überarbeitung der gültigen bauaufsichtlichen Zulassungen erforderlich. Mittlerweile ermöglichen die meisten Zulassungen vor, die eine Bemessung sowohl nach DIN 1053-1 als auch nach EC 6. Mittlerweile erteilt das DIBt neben den allgemeinen bauaufsichtlichen Zulassungen (in der nunmehr nur bauproduktbezogene Aspekte geregelt werden) auch allgemeine Bauartgenehmigungen (Regelung von bauartbezogenen Aspekten). Insofern bauprodukt- als auch bauartbezogene Aspekte einer Regelung bedürfen, wird eine allgemeine bauaufsichtliche Zulassung für das Bauprodukt erteilt, die zugleich eine Bauartgenehmigung umfasst. In der nachfolgenden Zusammenstellung sind allgemeine Bauartgenehmigungen nach der Zulassungsnummer mit „aBg" gekennzeichnet.

Die Spalte „Verweis" stellt den Bezug zu weiterführenden Informationen im ausführlichen Zulassungsbeitrag A II in diesem Kalender her.

Mauerwerk-Kalender 2019: Bemessung, Bauwerkserhaltung, Schallschutz. Herausgegeben von Wolfram Jäger.
© 2019 Ernst & Sohn GmbH & Co. KG. Published 2019 by Ernst & Sohn GmbH & Co. KG.

Erläuterung Fußnote * der folgenden Tabellen:

Schubnachweis nach **DIN 1053-1**:

Vereinfachtes Berechnungsverfahren	Genaueres Berechnungsverfahren
zul·$\tau \leq \alpha \cdot (\sigma_{0HS} + 0{,}2 \cdot \sigma_{Dm})$	$\gamma \cdot \tau \leq \alpha \cdot (\beta_{RHS} + \bar{\mu} \cdot \sigma)$
zul·$\tau \leq \alpha \cdot \max \tau$	$\gamma \cdot \tau \leq \alpha \cdot \left(0{,}45 \cdot \beta_{RZ} \cdot \sqrt{1 + \dfrac{\sigma}{\beta_{RZ}}}\right)$
σ_{0HS}, σ_{Dm} nach DIN 1053-1, Abschnitt 6.9.5	γ, β_{RHS}, $\bar{\mu}$, σ nach DIN 1053-1, Abschnitt 7.9.5

Schubnachweis nach **DIN 1053-100**:

$$V_{Ed} \leq \alpha \cdot \alpha_s \cdot \frac{f_{vk}}{\gamma_M} \cdot \frac{d}{c}$$

Vereinfachtes Berechnungsverfahren	Genaueres Berechnungsverfahren
$f_{vk} \leq f_{vk0} + 0{,}4 \cdot \sigma_{Dd}$	$f_{vk} \leq f_{vk0} + \bar{\mu} \cdot \sigma_{Dd}$
$f_{vk} \leq \max f_{vk}$	$f_{vk} \leq 0{,}45 \cdot f_{bz} \cdot \sqrt{1 + \dfrac{\sigma_{Dd}}{f_{bz}}}$
α_s, γ_M, d, c, f_{vk0}, σ_{Dd} nach DIN 1053-100, Abschnitt 8.9.5	$\bar{\mu}$, f_{bz} nach DIN 1053-100, Abschnitt 9.9.5

Nachweis der Querkrafttragfähigkeit in Scheibenrichtung nach **DIN EN 1996-1-1**:

$$V_{Ed} \leq \alpha \cdot l_{cal} \cdot \frac{\min f_{vlt}}{\gamma_M} \cdot \frac{t}{c}$$

$f_{vlt} \leq f_{vk0} + 0{,}4 \cdot \sigma_{Dd}$	vermörtelte Stoßfuge
$f_{vlt} \leq 0{,}5 \cdot f_{vk0} + 0{,}4 \cdot \sigma_{Dd}$	unvermörtelte Stoßfuge
$f_{vlt} \leq 0{,}45 \cdot f_{bt,cal} \cdot \sqrt{1 + \dfrac{\sigma_{Dd}}{f_{bt,cal}}}$	

Nachweis der Querkrafttragfähigkeit in Plattenrichtung nach **DIN EN 1996-1-1**:

$$V_{Ed} \leq \alpha \cdot t_{cal} \cdot \frac{\min f_{vlt}}{\gamma_M} \cdot \frac{l}{c}$$

$f_{vlt} \leq 0{,}6 \cdot \sigma_{Dd}$	
$f_{vlt} \leq f_{vk0} + 0{,}6 \cdot \sigma_{Dd}$	vermörtelte Stoßfuge
$f_{vlt} \leq \dfrac{2}{3} \cdot f_{vk0} + 0{,}6 \cdot \sigma_{Dd}$	unvermörtelte Stoßfuge

l_{cal}, t_{cal}, γ_M, t, l, c, f_{vk0}, σ_{Dd} nach DIN EN 1996-1-1/NA, NDP zu 3.6.2 und NCI zu 6.2

Erläuterung Fußnote ** der folgenden Tabellen:

Schubnachweis nach **DIN 1053-1**:

Vereinfachtes Berechnungsverfahren	Genaueres Berechnungsverfahren
zul·$\tau \leq$ $\alpha_1 \cdot (\sigma_{0HS} + 0{,}2 \cdot \sigma_{Dm})$	$\gamma \cdot \tau \leq \alpha_1 \cdot (\beta_{RHS} + \bar{\mu} \cdot \sigma)$
zul·$\tau \leq \alpha_2 \cdot \max \tau$	$\gamma \cdot \tau \leq \alpha_2 \cdot \left(0{,}45 \cdot \beta_{RZ} \cdot \sqrt{1 + \dfrac{\sigma}{\beta_{RZ}}}\right)$
σ_{0HS}, σ_{Dm} nach DIN 1053-1, Abschnitt 6.9.5	γ, β_{RHS}, $\bar{\mu}$, σ nach DIN 1053-1, Abschnitt 7.9.5

Ä: Änderung
E: Ergänzung
V: Verlängerung der Geltungsdauer

1 Mauerwerk mit Normal- oder Leichtmörtel

1.1 Mauerziegel

	Zulassungs-nummer	Zulassungsgegenstand	Verweis	Bescheid	Geltungs-dauer	Roh-dichte-klasse	Ziegel-höhe mm	Bemessungswert der Wärmeleitfähigkeit λ W/(m·K)			Festig-keits-klasse	Grundwert σ_0 MN/m²					max τ MN/m²	β_{RZ} MN/m²	$\alpha^{*)}$
								Normal-mörtel	Leichtmörtel			Normalmörtel			Leichtmörtel				
									LM 21	LM 36		II	IIa	III	LM 21	LM 36			
		Deutsche POROTON GmbH	Kochstraße 6–7 10969 Berlin																
1	Z-17.1-383	Mauerwerk aus Poroton-T-Hochloch-ziegeln	S. 35	02.02.2016	14.04.2020	0,8 0,9	238 238	0,24 0,24	0,18 0,21	0,21 0,21	4 6 8 10 12	0,7 0,9 1,0 1,1 1,2	0,8 1,0 1,2 1,4 1,6	0,9 1,2 1,4 1,6 1,8	0,5 0,7 0,8 0,8 0,9	0,7 0,9 1,0 1,0 1,1	0,040 0,060 0,080 0,100 0,120	0,100 0,150 0,200 0,250 0,300	1,0
											EC 6	charakt. Druckfestigkeit f_k MN/m²						$f_{bt,cal}$ MN/m²	
											4 6 8 10 12	1,8 2,3 2,6 2,9 3,1	2,1 2,6 3,1 3,7 4,2	2,3 3,1 3,7 4,2 4,7	1,3 1,8 2,1 2,1 2,3	1,8 2,3 2,6 2,6 2,9		0,100 0,150 0,200 0,250 0,300	
2	Z-17.1-489	Mauerwerk aus Poroton-Hochlochziegeln	S. 37	09.12.2015	14.04.2020	0,8	238	0,19	0,16	0,17	EC 6	charakt. Druckfestigkeit f_k MN/m²						$f_{bt,cal}$ MN/m²	1,0
											6 8 10 12	2,3 2,6 2,9 3,1	2,6 3,1 3,7 4,2	3,1 3,7 4,2 4,7	1,8 2,1 2,1 2,3	2,3 2,6 2,6 2,9		0,150 0,200 0,250 0,300	
3	Z-17.1-673 (aBg)	Mauerwerk aus POROTON-Blockziegeln-T14 und POROTON-Block-ziegeln-T16	S. 37	30.11.2017	30.11.2022	0,70 0,75	238 238	0,18 0,21	0,14/ 0,16[1)] 0,16	0,16 0,18	EC 6	charakt. Druckfestigkeit f_k MN/m²						$f_{bt,cal}$ MN/m²	1,0
											4 6 8 10 12	– – – – –	1,5 2,1 2,3 2,6 2,9	– – – – –	1,0 1,5 1,8 1,8 2,1	1,3 1,8 2,1 2,1 2,3		0,100 0,150 0,200 0,250 0,300	

Zulassungs-nummer	Zulassungsgegenstand	Verweis	Bescheid	Geltungs-dauer	Roh-dichte-klasse	Ziegel-höhe mm	Bemessungswert der Wärmeleitfähigkeit λ W/(m·K)				Festig-keits-klasse	Grundwert σ_0 MN/m²					max τ MN/m²	β_{RZ} MN/m²	$\alpha^{*)}$
							Normal-mörtel	Leichtmörtel				Normalmörtel			Leichtmörtel				
								LM 21	LM 36			II	IIa	III	LM 21	LM 36			
												charakt. Druckfestigkeit f_k MN/m²							
4	Z-17.1-871	Mauerwerk aus Hochloch-ziegeln Poroton-T14	S. 37	03.12.2015	14.04.2020	0,70	238	–	–	–	EC 6							$f_{bt,cal}$ MN/m²	1,0
											4	–	–	–	1,0	–		0,100	
											6	–	–	–	1,5	–		0,150	
											8	–	–	–	1,8	–		0,200	
5	Z-17.1-1126	Mauerwerk aus Leicht-hochlochziegeln (bezeich-net als Poroton Block-T9) mit Leichtmauermörtel LM 21	S. 38	23.06.2015	14.04.2020	0,6	238	–	0,09	–	4	–	–	–	0,3	–	0,048	0,132	0,33
											6	–	–	–	0,4	–	0,072	0,198	
											8	–	–	–	0,5	–	0,096	0,264	
											10	–	–	–	0,5	–	0,120	0,330	
											EC 6	charakt. Druckfestigkeit f_k MN/m²						$f_{bt,cal}$ MN/m²	
											4	–	–	–	1,3	–		0,130	
											6	–	–	–	1,8	–		0,195	
											8	–	–	–	2,1	–		0,260	
											10	–	–	–	2,1	–		0,325	
Klimaton ZIEGEL Interessengemeinschaft e. V.			Nördlinger Straße 24 86609 Donauwörth																
6	Z-17.1-328	klimaton ST-Ziegel für Mauerwerk ohne Stoßfugenvermörtelung	S. 39	06.07.2016	14.04.2020	0,8	238	0,19	0,16	0,17	4	0,7	0,8	–	0,5	0,7	0,040	0,100	1,0
											6	0,9	1,0	–	0,6	0,8	0,060	0,150	
											8	0,9	1,0	–	0,6	0,8	0,080	0,200	
											10	1,0	1,2	–	0,6	0,8	0,100	0,250	
											12	1,2	1,4	–	0,6	0,8	0,120	0,300	
											EC 6	charakt. Druckfestigkeit f_k MN/m²						$f_{bt,cal}$ MN/m²	
											4	1,8	2,1	–	1,3	1,8		0,100	
											6	2,3	2,6	–	1,5	2,1		0,150	
											8	2,3	2,6	–	1,5	2,1		0,200	
											10	2,6	3,1	–	1,5	2,1		0,250	
											12	3,1	3,7	–	1,5	2,1		0,300	

II Verzeichnis der abZ/aBg für den Mauerwerksbau (Stand 31.05.2018)

	Zulassungs-nummer	Zulassungsgegenstand	Verweis	Bescheid	Geltungs-dauer	Roh-dichte-klasse	Ziegel-höhe mm	Bemessungswert der Wärmeleitfähigkeit λ W/(m·K)			Festig-keits-klasse	Grundwert σ_0 MN/m²						max τ MN/m²	β_{RZ} MN/m²	$\alpha^{*)}$
								Normal-mörtel	Leichtmörtel			Normalmörtel			Leichtmörtel					
									LM 21	LM 36		II	IIa	III	LM 21	LM 36				
Mein Ziegelhaus GmbH & Co. KG			Märkerstraße 44 63755 Alzenau																	
7	Z-17.1-909	Mauerwerk aus Thermo-Block-T16 Hochlochzie-geln	–	26.09.2012	31.03.2016	0,8	238	0,21	0,16	0,18	6 8 10 12	0,9 1,0 1,1 1,2	1,0 1,2 1,4 1,6	1,2 1,4 1,6 1,8	0,7 0,8 0,8 0,9	0,9 1,0 1,0 1,1	0,060 0,080 0,100 0,120	0,150 0,200 0,250 0,300	1,0
8	Z-17.1-910	Mauerwerk aus Hochloch-ziegeln ThermoBlock-T14 und ThermoBlock-T16	–	26.09.2012	31.03.2016	0,70 0,75	238 238	0,18 0,21	0,14²⁾ 0,16	0,16 0,18	4 6 8 10 12	– – – – –	0,6 0,8 0,9 1,0 1,1	– – – – –	0,4 0,6 0,7 0,7 0,8	0,5 0,7 0,8 0,8 0,9	0,048 0,072 0,096 0,120 0,144	0,132 0,198 0,264 0,330 0,396	0,5
9	Z-17.1-1048	Mauerwerk aus Hoch-lochziegeln „Thermo-Block T10", „ThermoBlock T11", „ThermoBlock T12" und „ThermoBlock T13" und Leichtmauermörtel LM 21	S. 39	13.05.2015	14.04.2020	0,65 0,65 0,70 0,70 0,70	238 238 238 238 238	– – – – –	T10: 0,10 T12: 0,12 T10: 0,10 T11: 0,11 T13: 0,13		4 6 8 10 EC 6 4 6 8 10	– – – – charakt. Druckfestigkeit f_k MN/m² – – – –	– – – – – – – –	– – – – – – – –	0,35 0,45 0,55 0,60 0,9 1,2 1,4 1,5	– – – – – – – –	0,048 0,072 0,096 0,120 	0,132 0,198 0,264 0,330 $f_{bt,cal}$ MN/m² 0,130 0,195 0,260 0,325	0,3

Zulassungs-nummer	Zulassungsgegenstand	Verweis	Bescheid	Geltungs-dauer	Roh-dichte-klasse	Ziegel-höhe mm	Bemessungswert der Wärmeleitfähigkeit λ W/(m·K)			Festig-keits-klasse	Grundwert σ_0 MN/m²					max τ MN/m²	β_{RZ} MN/m²	$\alpha^{*)}$
							Normal-mörtel	Leichtmörtel				Normalmörtel		Leichtmörtel				
								LM 21	LM 36		II	IIa	III	LM 21	LM 36			
Röben Klinkerwerke GmbH & Co. KG		Klein Schweinebrück 168 26340 Zetel																
10 Z-17.1-904	Mauerwerk aus Röben-T-Hochlochziegeln mit Stoßfugenverzahnung	S. 40	18.04.2016	14.04.2020	0,8 0,9	238 238	0,24 0,24	0,18[1)] 0,21	0,21 0,21	4 6 8 10 12	0,7 0,9 1,0 1,1 1,2	0,8 1,0 1,2 1,4 1,6	0,9 1,2 1,4 1,6 1,8	0,5 0,7 0,8 0,8 0,9	0,7 0,9 1,0 1,0 1,1	0,040 0,060 0,080 0,100 0,120	0,100 0,150 0,200 0,250 0,300	1,0
										EC 6	charakt. Druckfestigkeit f_k MN/m²						$f_{bt,cal}$ MN/m²	
										4 6 8 10 12	1,8 2,3 2,6 2,9 3,1	2,1 2,6 3,1 3,7 4,2	2,3 3,1 3,7 4,2 4,7	1,3 1,8 2,1 2,1 2,3	1,8 2,3 2,6 2,6 2,9		0,100 0,150 0,200 0,250 0,300	
THERMOPOR ZIEGEL-KONTOR ULM GMBH		Olgastraße 94 89073 Ulm																
11 Z-17.1-420	Mauerwerk aus THERMOPOR-Ziegeln „R N+F" mit Rhombuslochung ohne Stoßfugenvermörtelung	S. 40	06.08.2015	14.04.2020	0,8	238	0,21	0,16	0,18	6 8 10 12	0,9 1,0 1,1 1,2	1,0 1,2 1,3 1,4	– – – –	0,6 0,7 0,7 0,7	0,8 0,9 0,9 1,0	0,060 0,080 0,100 0,120	0,150 0,200 0,250 0,300	1,0
										EC 6	charakt. Druckfestigkeit f_k MN/m²						$f_{bt,cal}$ MN/m²	
										6 8 10 12	2,2 2,5 2,8 3,1	2,5 3,1 3,4 3,7	– – – –	1,5 1,8 1,8 1,8	2,1 2,3 2,3 2,6		0,150 0,200 0,250 0,300	

Zulassungs-nummer	Zulassungsgegenstand	Verweis	Bescheid	Geltungs-dauer	Roh-dichte-klasse	Ziegel-höhe mm	Bemessungswert der Wärmeleitfähigkeit λ W/(m·K) Normal-mörtel	Bemessungswert der Wärmeleitfähigkeit λ W/(m·K) Leichtmörtel LM 21	Bemessungswert der Wärmeleitfähigkeit λ W/(m·K) Leichtmörtel LM 36	Festig-keits-klasse	Grundwert σ_0 MN/m² Normalmörtel II	Grundwert σ_0 MN/m² Normalmörtel IIa	Grundwert σ_0 MN/m² Normalmörtel III	Grundwert σ_0 MN/m² Leichtmörtel LM 21	Grundwert σ_0 MN/m² Leichtmörtel LM 36	max τ MN/m²	β_{RZ} MN/m²	$\alpha^{*)}$
12 Z-17.1-580	Mauerwerk aus THERMO-POR-Ziegeln mit Rhom-buslochung (bezeichnet als „THERMOPOR T 014") ohne Stoßfugenvermörte-lung	S. 40	14.09.2015	14.04.2020	0,70	238	–	0,14	0,15	6 8	– –	– –	– –	0,5 0,6	0,5 0,6	0,060 0,080	0,150 0,200	1,0
										EC 6	charakt. Druckfestigkeit f_k MN/m²						$f_{bt,cal}$ MN/m²	
13 Z-17.1-697	Mauerwerk aus THERMOPOR ISO-Block-ziegeln (bezeichnet als „THERMOPOR ISO-B")	S. 40	18.12.2015	14.04.2020	0,60	238	–	0,11/ 0,12³⁾	0,12/ 0,13³⁾	6 8	– –	– –	– –	1,3 1,5	1,3 1,5		0,150 0,200	0,6
					0,65	238	–	0,12/ 0,13³⁾	0,13/ 0,14³⁾	4 6 8	– – –	– – –	– – –	0,4 0,5 0,7	0,4 0,5 0,7	0,048 0,072 0,096	0,132 0,198 0,264	
					0,70	238	–	0,13/ 0,14³⁾	0,14/ 0,15³⁾	EC 6	charakt. Druckfestigkeit f_k MN/m²						$f_{bt,cal}$ MN/m²	
					0,75	238	–	0,14/ 0,15³⁾	0,15/ 0,16³⁾	4 6 8	– – –	– – –	– – –	1,0 1,3 1,8	1,0 1,3 1,8		0,130 0,195 0,260	
14 Z-17.1-808	Mauerwerk aus THERMOPOR ISO-Block-ziegeln (bezeichnet als „THERMOPOR ISO-B Plus")	S. 41	12.10.2016	14.04.2020	0,55 0,60 0,65 0,70 0,75	238 238 238 238 238	– – – – –	0,10 0,11 0,11 0,12 0,13	0,11 0,12 0,12 0,13 0,14	4 6 8	– – –	– – –	– – –	0,4 0,5 0,7	0,4 0,5 0,7	0,048 0,072 0,096	0,132 0,198 0,264	0,6
										EC 6	charakt. Druckfestigkeit f_k MN/m²						$f_{bt,cal}$ MN/m²	
										4 6 8	– – –	– – –	– – –	1,0 1,3 1,8	1,0 1,3 1,8		0,130 0,195 0,260	
15 Z-17.1-864	Mauerwerk aus THERMOPOR ISO-Block-ziegeln (bezeichnet als „THERMOPOR ISO-B Plus Objektziegel") – nach Anlage 1, 3, 5 u. 8	S. 41	18.11.2015	14.04.2020	0,75 0,80 0,90	238 238 238	– – –	0,12 0,12 0,15	0,13 0,13 0,16	4 6 8 10	– – – –	– – – –	– – – –	0,4 0,5 0,7 0,7	0,4 0,5 0,7 0,7	0,048 0,072 0,096 0,120	0,132 0,198 0,264 0,330	0,6

Zulassungs-nummer	Zulassungsgegenstand	Verweis	Bescheid	Geltungs-dauer	Roh-dichte-klasse	Ziegel-höhe mm	Bemessungswert der Wärmeleitfähigkeit λ W/(m·K)			Festig-keits-klasse	Grundwert σ_0 MN/m²						max τ MN/m²	β_{RZ} MN/m²	α *)
							Normal-mörtel	Leichtmörtel				Normalmörtel			Leichtmörtel				
								LM 21	LM 36			II	IIa	III	LM 21	LM 36			
noch Z-17.1-864	– nach Anlage 2, 4 und 6				0,75 0,80 0,90	238 238 238	– – –	0,12 0,12 0,14	0,13 0,13 0,15	EC 6	charakt. Druckfestigkeit f_k MN/m²							$f_{bt,cal}$ MN/m²	
										4 6 8 10					1,0 1,3 1,8 1,8	1,0 1,3 1,8 1,8		0,130 0,195 0,260 0,325	
16 Z-17.1-919	Mauerwerk aus THERMOPOR SL Block-ziegeln (bezeichnet als „THERMOPOR SL Block")	–	10.08.2012	31.03.2016	0,65 0,70	238 238	– –	0,09 0,10	0,11 0,11	10 6 8 10	– – – –	– – – –	– – – –	0,3 0,4 0,5 0,6	0,3 0,4 0,5 0,6	0,048 0,072 0,096 0,120	0,132 0,198 0,264 0,330	0,33
17 Z-17.1-971	Mauerwerk aus THERMOPOR SL Plus Blockziegeln (bezeichnet als „THERMOPOR SL Plus Block")	–	09.08.2012	31.03.2016	0,60 0,70	238 238	– –	0,080 0,090	0,10 0,11	4 6 8 10	– – – –	– – – –	– – – –	0,3 0,4 0,5 0,6	0,3 0,4 0,5 0,6	0,048 0,072 0,096 0,120	0,132 0,198 0,264 0,330	0,33
18 Z-17.1-1070	Mauerwerk aus Hochloch-ziegeln THERMOPOR HLz EBS	S. 41	27.03.2013	27.03.2018	0,8 0,9 1,0 1,2 1,4	238 238 238 238 238	0,39 0,42 0,45 0,50 0,58	– – – – –	– – – – –	8 10 12 16 20	1,2 1,4 1,6 1,7 1,9	1,4 1,6 1,8 2,1 2,4	– – – – –	– – – – –	– – – – –	0,096 0,120 0,144 0,192 0,240	0,264 0,330 0,396 0,528 0,660	1,0
19 Z-17.1-1132	Mauerwerk aus THERMOPOR SL 075 Blockziegeln (bezeichnet als „THERMOPOR SL 075 Block")	S. 42	08.06.2015	14.04.2020	0,60	238	–	0,075	–	EC 6	charakt. Druckfestigkeit f_k MN/m²						0,048 0,072	$f_{bt,cal}$ MN/m²	
										4 6	– –	– –	– –	0,3 0,4	0,8 1,0	– –		0,132 0,198	0,33
																		0,130 0,195	

Zulassungs-nummer	Zulassungsgegenstand	Verweis	Bescheid	Geltungs-dauer	Roh-dichte-klasse	Ziegel-höhe mm	Bemessungswert der Wärmeleitfähigkeit λ W/(m·K)			Festig-keits-klasse	Grundwert σ_0 MN/m²					max τ MN/m²	β_{RZ} MN/m²	$\alpha^{*)}$
							Normal-mörtel	Leichtmörtel				Normalmörtel		Leichtmörtel				
								LM 21	LM 36		II	IIa	III	LM 21	LM 36			
20 Z-17.1-1150	Mauerwerk aus THERMOPOR SL 08 Block-ziegeln (bezeichnet als „THERMOPOR SL 08 Block")	S. 43	12.10.2016	14.04.2020	0,60	238	–	0,08	0,10	4 6 8 10	– – – –	– – – –	– – – –	0,3 0,4 0,5 0,6	0,3 0,4 0,5 0,6	0,048 0,072 0,096 0,120	0,132 0,198 0,264 0,330	0,33
										EC 6	charakt. Druckfestigkeit f_k MN/m²						$f_{bt,cal}$ MN/m²	
										4 6 8 10	– – – –	– – – –	– – – –	0,8 1,0 1,3 1,5	0,8 1,0 1,3 1,5		0,130 0,195 0,260 0,325	
UNIPOR Ziegel Marketing GmbH			Landsberger Straße 392 81241 München															
21 Z-17.1-347	Mauerwerk aus UNIPOR-Z-Hochlochziegeln	S. 44	06.08.2014	01.01.2018	0,8	238	0,21	0,16	0,18	6 8 10 12	0,8 1,0 1,1 1,2	0,9 1,1 1,2 1,4	1,1 1,3 1,4 1,6	0,6 0,7 0,7 0,8	0,9 1,0 1,0 1,1	0,060 0,080 0,100 0,120	0,150 0,200 0,250 0,300	1,0
22 Z-17.1-636	Mauerwerk aus UNIPOR-NE-Hochlochziegeln	S. 45	13.10.2016	31.12.2018	0,65 0,70	238 238	0,18 0,18	0,13 [4)] 0,14 [5)]	0,15 0,16	4 6 8 10 12	0,6 0,8 0,9 0,9 1,0	0,7 0,9 1,1 1,2 1,3	0,8 1,1 1,2 1,3 1,4	0,45 0,6 0,7 0,7 0,8	0,6 0,8 0,9 0,9 1,0	0,048 0,072 0,096 0,120 0,144	0,132 0,198 0,264 0,330 0,396	0,6
										EC 6	charakt. Druckfestigkeit f_k MN/m²						$f_{bt,cal}$ MN/m²	
										4 6 8 10 12	1,5 2,1 2,3 2,3 2,6	1,8 2,3 2,9 3,1 3,4	2,1 2,9 3,1 3,4 3,7	1,1 1,5 1,8 1,8 2,1	1,5 2,1 2,3 2,3 2,6		0,130 0,195 0,260 0,325 0,390	

	Zulassungs-nummer	Zulassungsgegenstand	Verweis	Bescheid	Geltungs-dauer	Roh-dichte-klasse	Ziegel-höhe mm	Bemessungswert der Wärmeleitfähigkeit λ W/(m·K)			Festig-keits-klasse	Grundwert σ_0 MN/m²					max τ MN/m²	β_{RZ} MN/m²	$\alpha^{*)}$
								Normal-mörtel	Leichtmörtel			Normalmörtel			Leichtmörtel				
									LM 21	LM 36		II	IIa	III	LM 21	LM 36			
23	Z-17.1-720	Mauerwerk aus UNIPOR-GZ-Hochlochziegeln	–	08.04.2013	31.03.2016	0,60 0,65	238 238	– –	0,11 0,12	0,12 0,13	4 6 8	– – –	– – –	– – –	0,4 0,5 0,5	0,6 0,8 0,9	0,048 0,072 0,096	0,132 0,198 0,264	0,5
24	Z-17.1-767	UNIPOR-Novapor-Ziegel	S. 45	31.07.2014	01.01.2018	0,65	238	–	0,12	0,13	4 6 8 10 12	– – – – –	– – – – –	– – – – –	0,4 0,5 0,7 0,8 0,9	0,5 0,6 0,8 0,9 1,0	0,048 0,072 0,096 0,120 0,144	0,132 0,198 0,264 0,330 0,396	0,5
25	Z-17.1-777	Mauerwerk aus ISOMEGA-Leichthochlochziegeln und Leichtmauermörtel LM 21	S. 45	02.07.2015	14.04.2020	0,7	238	–	0,14	–	6 8	– –	– –	– –	0,5 0,6	– –	0,072 0,096	0,198 0,264	0,5
											EC 6	charakt. Druckfestigkeit f_k MN/m²						$f_{bt,cal}$ MN/m²	
											6 8	– –	– –	– –	1,3 1,5	– –		0,195 0,260	
26	Z-17.1-818	UNIPOR-WE-Ziegel	S. 45	13.10.2016	01.01.2018	0,80 0,85	238 238	0,15 0,16	0,12 0,13	0,13 0,14	6 8 10 12 16	0,5 0,7 0,7 0,8 0,8	0,7 0,9 1,0 1,1 1,1	0,8 1,0 1,1 1,2 1,2	0,7 0,8 0,8 0,9 0,9	0,8 0,9 1,0 1,1 1,1	0,072 0,096 0,120 0,144 0,192	0,198 0,264 0,330 0,396 0,528	0,33
											EC 6	charakt. Druckfestigkeit f_k MN/m²						$f_{bt,cal}$ MN/m²	
											6 8 10 12 16	1,3 1,8 1,8 2,1 2,1	1,8 2,3 2,6 2,9 2,9	2,1 2,6 2,9 3,1 3,1	1,8 2,1 2,1 2,3 2,3	2,1 2,3 2,6 2,9 2,9		0,195 0,260 0,325 0,390 0,520	

	Zulassungs-nummer	Zulassungsgegenstand	Verweis	Bescheid	Geltungs-dauer	Roh-dichte-klasse	Ziegel-höhe mm	Bemessungswert der Wärmeleitfähigkeit λ W/(m·K)			Festig-keits-klasse	Grundwert σ_0 MN/m²						max τ MN/m²	β_{RZ} MN/m²	$\alpha^{*)}$
								Normal-mörtel	Leichtmörtel			Normalmörtel			Leichtmörtel					
									LM 21	LM 36		II	IIa	III	LM 21	LM 36				
27	Z-17.1-886	Mauerwerk aus UNIPOR-ZD-Hochlochziegeln	S. 46	28.05.2014	01.01.2018	0,8	238	0,24	0,18	0,21	4	0,7	0,8	0,9	0,5	0,7	0,040	0,100	1,0
											6	0,9	1,0	1,2	0,7	0,9	0,060	0,150	
											8	1,0	1,2	1,4	0,8	1,0	0,080	0,200	
											10	1,1	1,4	1,6	0,8	1,0	0,100	0,250	
											12	1,2	1,6	1,8	0,9	1,1	0,120	0,300	
28	Z-17.1-968	Mauerwerk aus UNIPOR-WH-Ziegeln	S. 46	11.10.2016	01.01.2018	0,60	238	–	0,09	–	4	–	–	–	0,3	–	0,048	0,132	0,33
						0,65	238	–	0,10	–	6	–	–	–	0,4	–	0,072	0,198	
											8	–	–	–	0,5	–	0,096	0,264	
											EC 6	charakt. Druckfestigkeit f_k MN/m²						$f_{bt,cal}$ MN/m²	
											4	–	–	–	0,8	–		0,130	
											6	–	–	–	1,0	–		0,195	
											8	–	–	–	1,3	–		0,260	
29	Z-17.1-986	Mauerwerk aus UNIPOR Novapor II-Ziegeln	S. 46	12.10.2016	01.01.2018	0,65	238	–	0,12	0,13	4	–	–	–	0,35	0,45	0,048	0,132	0,5
											6	–	–	–	0,5	0,6	0,072	0,198	
											8	–	–	–	0,6	0,7	0,096	0,264	
											10	–	–	–	0,7	0,8	0,120	0,330	
											12	–	–	–	0,8	0,9	0,144	0,396	
											EC 6	charakt. Druckfestigkeit f_k MN/m²						$f_{bt,cal}$ MN/m²	
											4	–	–	–	0,9	1,1		0,130	
											6	–	–	–	1,3	1,5		0,195	
											8	–	–	–	1,5	1,8		0,260	
											10	–	–	–	1,8	2,1		0,325	
											12	–	–	–	2,1	2,3		0,390	

642 E Normen · Zulassungen · Regelwerk

	Zulassungs-nummer	Zulassungsgegenstand	Verweis	Bescheid	Geltungs-dauer	Roh-dichte-klasse	Ziegel-höhe mm	Bemessungswert der Wärmeleitfähigkeit λ W/(m·K)			Festig-keits-klasse	Grundwert σ_0 MN/m²						max τ MN/m²	β_{RZ} MN/m²	$\alpha^{*)}$
								Normal-mörtel	Leichtmörtel			Normalmörtel			Leichtmörtel					
									LM 21	LM 36		II	IIa	III	LM 21	LM 36				
30	Z-17.1-991	Mauerwerk aus ISOMEGA-Plus BIOTON Leichthoch-lochziegeln und Leicht-mauermörtel LM 21	S. 46	21.07.2015	14.04.2020	0,65 0,70	238 238	– –	0,10[6]) 0,11	– –	6 8 10	– – –	– – –	– – –	0,4 0,5 0,6	– – –	0,072 0,096 0,120	0,198 0,264 0,330	0,33
											EC 6	charakt. Druckfestigkeit f_k MN/m²						$f_{bt,cal}$ MN/m²	
											6 8 10	– – –	– – –	– – –	1,0 1,3 1,5	– – –		0,195 0,260 0,325	
	Ziegelsysteme Michael Kellerer GmbH & Co. KG		Ziegeleistraße 13 82281 Egenhofen/OT Oberweikertshofen																	
31	Z-17.1-952	Mauerwerk aus ZMK Blockziegeln WZ 11 und WZ 12	S. 47	27.10.2015	14.04.2020	0,6 0,65	238 238	– –	0,11 0,12	0,12 0,13	4 6 8 10	– – – –	– – – –	– – – –	0,35 0,45 0,55 0,65	0,50 0,60 0,70 0,80	0,048 0,072 0,096 0,120	0,132 0,198 0,264 0,330	0,33
											EC 6	charakt. Druckfestigkeit f_k MN/m²						$f_{bt,cal}$ MN/m²	
											4 6 8 10	– – – –	– – – –	– – – –	0,9 1,2 1,5 1,7	1,3 1,5 1,8 2,1		0,130 0,195 0,260 0,325	
32	Z-17.1-953	Mauerwerk aus ZMK Blockziegeln WZ14 und WZ16 – Wanddicke ≥ 240 mm	S. 47	03.11.2015	14.04.2020	0,70 0,75	238 238	0,18 0,21	0,14 0,16	0,15 0,18	4 6 8 10 12	0,6 0,7 0,8 0,8 0,9	0,7 0,9 1,0 1,0 1,1	– – – – –	0,35 0,45 0,55 0,65 0,75	0,50 0,60 0,70 0,80 0,90	0,048 0,072 0,096 0,120 0,144	0,132 0,198 0,264 0,330 0,396	0,5

Zulassungs-nummer	Zulassungsgegenstand	Verweis	Bescheid	Geltungs-dauer	Roh-dichte-klasse	Ziegel-höhe mm	Bemessungswert der Wärmeleitfähigkeit λ W/(m·K)			Festig-keits-klasse	Grundwert σ_0 MN/m²					max τ MN/m²	β_{RZ} MN/m²	$\alpha^{*)}$
							Normal-mörtel	Leichtmörtel			Normalmörtel			Leichtmörtel				
								LM 21	LM 36		II	IIa	III	LM 21	LM 36			
noch Z-17.1-953	– Wanddicke 175 mm				0,70 0,75	238 238	0,18 0,21	0,15 0,18	0,16 0,21	EC 6	charakt. Druckfestigkeit f_k MN/m²						$f_{bt,cal}$ MN/m²	
										4	–	1,5	1,8	0,9	1,3		0,130	
										6	–	1,8	2,3	1,2	1,5		0,195	
										8	–	2,1	2,6	1,5	1,8		0,260	
										10	–	2,1	2,6	1,7	2,1		0,325	
										12	–	2,3	2,9	1,9	2,3		0,390	
33 Z-17.1-1148	Mauerwerk aus Hochloch-ziegeln (bezeichnet als „IMBREX Z7 Blockziegel")	S. 47	16.03.2016	14.04.2020	0,55	238	–	0,075	–	4	–	–	–	0,35	–	0,048	0,132	0,30
										6	–	–	–	0,45	–	0,072	0,198	
Ziegelwerk Bellenberg Wiest GmbH & Co. KG		Tiefenbacher Straße 1 89287 Bellenberg								EC 6	charakt. Druckfestigkeit f_k MN/m²						$f_{bt,cal}$ MN/m²	
										4	–	–	–	0,9	–		0,130	
										6	–	–	–	1,2	–		0,325	
34 Z-17.1-925	Mauerwerk aus Leicht-hochlochziegeln SX Pro	S. 48	11.10.2016	14.04.2020	0,60 0,65 0,70	238 238 238	– – –	0,10 0,11 0,12	– – –	4	–	–	–	0,5	–	0,048	0,132	0,5
										6	–	–	–	0,65	–	0,072	0,198	
										EC 6	charakt. Druckfestigkeit f_k MN/m²						$f_{bt,cal}$ MN/m²	
										4	–	–	–	1,3	–		0,130	
										6	–	–	–	1,7	–		0,195	

Zulassungs-nummer	Zulassungsgegenstand	Verweis	Bescheid	Geltungs-dauer	Roh-dichte-klasse	Ziegel-höhe mm	Bemessungswert der Wärmeleitfähigkeit λ W/(m·K)			Festig-keits-klasse	Grundwert σ_0 MN/m²					max τ MN/m²	β_{RZ} MN/m²	$\alpha^{*)}$
							Normal-mörtel	Leichtmörtel			Normalmörtel		Leichtmörtel					
								LM 21	LM 36		II	IIa	III	LM 21	LM 36			
Ziegelwerk Freital Eder GmbH		**Wilsdruffer Straße 25 01705 Freital**																
35 Z-17.1-1119	Mauerwerk aus Leicht-hochlochziegeln (be-zeichnet als „EDER Block 012", „EDER Block 013-300" und „EDER Block 014-240") und Leichtmauermörtel LM 21	S. 49	06.02.2015	06.02.2020	0,75	238	0,17		0,23	8 10 12	– – –	– – –	– – –	0,4 0,4 0,4	– – –	0,096 0,120 0,144	0,264 0,330 0,396	0,33
										EC 6	charakt. Druckfestigkeit f_k MN/m²						$f_{bt,cal}$ MN/m²	
										8 10 12	– – –	– – –	– – –	1,2 1,2 1,2	– – –	– – –	0,260 0,325 0,390	
Ziegelwerk Ott Deisendorf GmbH		**Ziegeleistraße 20 88662 Überlingen-Deisendorf**																
36 Z-17.1-577	Mauerwerk aus Klimaton ST 14 Ziegeln ohne Stoß-fugenvermörtelung	–	30.05.2011	30.05.2016	0,70	238	0,14		0,15	4 6 8 10 12	0,7 0,9 0,9 1,0 1,2	0,8 1,0 1,0 1,2 1,4	– – – – –	0,5 0,6 0,6 0,6 0,6	0,7 0,8 0,8 0,8 0,8	0,040 0,060 0,080 0,100 0,120	0,100 0,150 0,200 0,250 0,300	1,0
37 Z-17.1-620	Mauerwerk aus Leicht-hochlochziegeln (bezeich-net als OTT Gitterziegel)	–	01.06.2011	01.06.2016	0,60 0,65 0,70	238 238 238	0,14 0,15 –	0,11 0,12 0,13	0,12 0,13 –	6 8 10	0,8 1,0 1,1	– – –	– – –	0,5 0,6 0,7	0,5 0,7 0,8	0,072 0,096 0,120	0,198 0,264 0,330	0,5
38 Z-17.1-865	Mauerwerk aus OTT kli-matherm ST plus Leicht-hochlochziegeln	S. 50	04.10.2016	14.04.2020	0,60 0,65	238 238	– –	0,09 0,10	– –	4 6 8	– – –	– – –	– – –	0,4 0,5 0,6	– – –	0,048 0,072 0,096	– – –	0,5
										EC 6	charakt. Druckfestigkeit f_k MN/m²						$f_{bt,cal}$ MN/m²	
										4 6 8	– – –	– – –	– – –	1,0 1,3 1,5	– – –	– – –	0,130 0,195 0,260	

II Verzeichnis der abZ/aBg für den Mauerwerksbau (Stand 31.05.2018)

	Zulassungs-nummer	Zulassungsgegenstand	Verweis	Bescheid	Geltungs-dauer	Roh-dichte-klasse	Ziegel-höhe mm	Bemessungswert der Wärmeleitfähigkeit λ W/(m·K)			Festig-keits-klasse	Grundwert σ_0 MN/m²						max τ MN/m²	β_{RZ} MN/m²	α *)
								Normal-mörtel	Leichtmörtel			Normalmörtel			Leichtmörtel					
									LM 21	LM 36		II	IIa	III	LM 21	LM 36				
39	Z-17.1-866	Mauerwerk aus klima-therm plus-Ziegeln mit HV-Lochung	S. 50	09.06.2016	14.04.2020	0,70	238	–	0,11	–	4	–	–	–	0,4	–	0,048	0,132	0,5
						0,75	238	–	0,12	–	6	–	–	–	0,6	–	0,072	0,198	
						0,80	238	–	0,12	–	8	–	–	–	0,7	–	0,096	0,264	
											10	–	–	–	0,7	–	0,120	0,330	
											EC 6	charakt. Druckfestigkeit f_k MN/m²						$f_{bt,cal}$ MN/m²	
											4	–	–	–	1,0	–		0,130	
											6	–	–	–	1,5	–		0,195	
											8	–	–	–	1,8	–		0,260	
											10	–	–	–	1,8	–		0,325	
40	Z-17.1-944	Mauerwerk aus OTT Kli-matherm ST Supra Leicht-hochlochziegeln	S. 51	26.02.2016	14.04.2020	0,60	238	–	0,08	–	4	–	–	–	0,4	–	0,048	0,132	0,5
						0,65	238	–	0,09	–	6	–	–	–	0,5	–	0,072	0,198	
											8	–	–	–	0,6	–	0,096	0,264	
											EC 6	charakt. Druckfestigkeit f_k MN/m²						$f_{bt,cal}$ MN/m²	
											4	–	–	–	1,0	–		0,130	
											6	–	–	–	1,3	–		0,195	
											8	–	–	–	1,5	–		0,260	

*) Erläuterung Fußnote siehe Seite 632.
1) Für Wanddicken ≤ 175 mm ist λ = 0,21 W/(m·K).
2) Für Wanddicken ≤ 200 mm ist λ = 0,16 W/(m·K).
3) Wert gilt für eine Wanddicke von 240 mm.
4) Für die Wanddicke 175 mm ist λ = 0,14 W/(m·K).
5) Für die Wanddicke 175 mm ist λ = 0,15 W/(m·K).
6) Bei Hochlochziegeln gemäß Anlage 3 der Zulassung (Scherbenrohdichte ≤ 1530 kg/m³ und Ziegelbreite ≥ 365 mm) beträgt λ = 0,09 W/(m·K).

1.2 Verfüllziegel

Zulassungs-nummer	Zulassungsgegenstand	Verweis	Bescheid	Geltungs-dauer	Roh-dichte-klasse	Ziegel-höhe mm	Bemessungswert der Wärmeleitfähigkeit λ W/(m·K) Normalmörtel II	IIa	III	Festig-keits-klasse	Grundwert σ_0 MN/m² Normalmörtel II	IIa	III	max τ MN/m²	α [*]
	THERMOPOR ZIEGEL-KONTOR ULM GMBH Olgastraße 94 89073 Ulm														
1 Z-17.1-558	Mauerwerk aus THERMOPOR Schallschutz-Füllziegeln SFz G	S. 51	22.05.2014 Ä: 29.01.2015	01.01.2018	0,7 0,8 0,9 1,0 1,2	113 od. 238				8 10 12	– – –	1,0 1,1 1,3	1,1 1,3 1,5	0,080 0,100 0,120	0,5
										EC 6	charakt. Druckfestigkeit f_k MN/m² MG II	MG IIa	MG III	$f_{bt,cal}$ MN/m²	
										8 10 12	– – –	2,6 2,9 3,4	2,9 3,4 3,9	0,200 0,250 0,300	
	UNIPOR Ziegel Marketing GmbH Landsberger Straße 392 81241 München **Klimaton ZIEGEL Interessengemeinschaft e. V.** Ziegeleistraße 10 95145 Oberkotzau														
2 Z-17.1-462	Mauerwerk aus Schallschutz-Verfüllziegeln V1 und V2	S. 52	17.06.2014	01.01.2018	0,8 0,9 1,0 1,2	113 od. 238	–	0,8	0,9	6 8 10 12	– – – –	1,0 1,2 1,4 1,6	1,2 1,4 1,6 1,8	0,060 0,080 0,100 0,120	0,5
	UNIPOR Ziegel Marketing GmbH Landsberger Straße 392 81241 München														
3 Z-17.1-520	Mauerwerk aus Schallschutz-Blockziegeln UNIPOR SZ 4109	S. 52	17.06.2014	01.01.2018	0,8 0,9 1,0	238 238 238				8 10 12 16 20	– – – – –	1,2 1,4 1,6 1,7 1,9	1,4 1,6 1,8 2,1 2,4	0,080 0,100 0,120 0,160 0,200	0,5

[*] Erläuterung Fußnote siehe Seite 632.

1.3 Kalksandsteine

Zulassungs-nummer	Zulassungsgegenstand	Verweis	Bescheid	Geltungs-dauer	Roh-dichte-klasse	Bemessungswert der Wärmeleitfähigkeit λ W/(m·K) Normalmörtel	Festigkeits-klasse	Grundwert σ_0 MN/m² Normalmörtel			max τ MN/m²	β_{RZ} MN/m²
								IIa	III	IIIa		
Bundesverband Kalksandsteinindustrie e. V.			Entenfangweg 15 30419 Hannover									
1 Z-17.1-878	Mauerwerk aus Kalksandsteinen mit besonderer Lochung im Dickbettverfahren	S. 52	08.04.2016	14.04.2020	1,2 1,4 1,6 1,8	0,56 0,70 0,79 0,99	12 16 20	1,6 1,7 1,9	1,8 2,1 2,4	– – –	0,120 0,160 0,200	0,300 0,400 0,500
							EC 6	charakt. Druckfestigkeit f_k MN/m²				$f_{bt,cal}$ MN/m²
								MG IIa	MG III	MG IIIa		
							12 16 20	4,2 4,5 5,0	4,7 5,5 6,3	– – –		0,300 0,400 0,500
2 Z-17.1-921	Mauerwerk aus Kalksand-Plansteinen mit besonderer Lochung	S. 53, 118	08.04.2016	14.04.2020	1,2 1,4 1,6	0,56 0,70 0,799	12 16 20	1,2 1,4 1,6	1,6 1,7 1,9	– – –	0,120 0,160 0,200	0,300 0,400 0,500
							EC 6	charakt. Druckfestigkeit f_k MN/m²				$f_{bt,cal}$ MN/m²
								MG IIa	MG III	MG IIIa		
							12 16 20	3,2 3,7 4,2	4,2 4,5 5,0	– – –		0,300 0,400 0,500

Zulassungs-nummer	Zulassungsgegenstand	Verweis	Bescheid	Geltungs-dauer	Roh-dichte-klasse	Bemessungswert der Wärmeleitfähigkeit λ W/(m·K) Normalmörtel	Festigkeits-klasse	Grundwert σ_0 MN/m² Normalmörtel IIa			max τ MN/m²	β_{RZ} MN/m²
								IIa	III	IIIa		
Kalksandstein-Werk Wemding GmbH Harburger Straße 100 86650 Wemding												
3 Z-17.1-772	Mauerwerk aus Kalksandsteinen in den Roh-dichteklassen 2,4 bis 3,6 (bezeichnet als KS-Protect)	S. 53	27.08.2014	25.02.2019	2,4 – 3,6	Ausführliche Angaben s. Zulassung	12 20 28	1,6 1,9 2,3	1,8 2,4 3,0	1,9 2,0 3,5	0,168 0,280 0,392	0,480 0,800 1,120
							EC 6	charakt. Druckfestigkeit f_k MN/m²				$f_{bt,cal}$ MN/m²
								MG IIa	MG III	MG IIIa		
							12 20 28	6,0 8,1 9,9	6,7 9,1 11,0	7,5 10,1 12,4		0,465 0,775 1,085
Xella Deutschland GmbH Düsseldorfer Landstraße 395 47119 Duisburg												
4 Z-17.1-1043	Mauerwerk aus Kalksandsteinen in den Roh-dichteklassen 2,4 bis 3,0 (bezeichnet als Silka HD) Plansteine s. Abschnitt 2.1.4	S. 53, 121	07.12.2015	14.04.2020	2,4 2,6 3,0	–	12 20 28	1,6 1,9 2,3	1,8 2,4 3,0	1,9 3,0 3,5	0,144 0,240 0,336	0,396 0,660 0,924
							EC 6	charakt. Druckfestigkeit f_k MN/m²				$f_{bt,cal}$ MN/m²
							12 20 28	6,0 8,1 9,9	6,7 9,1 11,0	7,5 10,1 12,4		0,390 0,650 0,910
5 Z-17.1-1169	Mauerwerk aus Kalksandsteinen mit beson-derer Lochung Mit Dünnbettmörtel s. Abschnitt 2.1.4	S. 54, 121	08.08.2017	08.08.2022	1,2 1,4 1,6	0,56 0,70 0,79	EC 6	charakt. Druckfestigkeit f_k MN/m²				$f_{bt,cal}$ MN/m²
							12 16 20	4,2 4,5 5,0	4,7 5,5 6,3			0,300 0,400 0,500

1.4 Betonsteine
1.4.1 Vollsteine und Vollblöcke

Zulassungs-nummer	Zulassungsgegenstand	Verweis	Bescheid	Geltungs-dauer	Roh-dichte-klasse	Bemessungswert der Wärmeleitfähigkeit λ W/(m·K)			Festig-keits-klasse	Grundwert σ_0 MN/m²					max τ MN/m²	β_{RZ} MN/m²
					mm	Normal-mörtel	Leichtmörtel			Normalmörtel			Leichtmörtel			
							LM 21	LM 36		II	IIa	III	LM 21	LM 36		
Bisotherm GmbH			Eisenbahnstraße 12 56218 Mülheim-Kärlich													
1 Z-17.1-1002	Mauerwerk aus Leichtbeton-Vollblöcken (bezeichnet als Bisoclassic Super) mit Leicht-mauermörtel LM 21	S. 54	30.09.2014	11.08.2019	0,45	–	0,11	–	1,6 [2)]	–	–	–	0,3	–	0,016	–
					0,50	–	0,12	–	2	–	–	–	0,5	–	0,020	0,050
					0,55	–	0,13	–	4	–	–	–	0,7	–	0,040	0,100
					0,60	–	0,14 [1)]	–	EC 6	charakt. Druckfestigkeit f_k MN/m²						$f_{bt,cal}$ MN/m²
					0,65	–	0,14	–	1,6	–	–	–	0,95	–	0,019	0,040
									2	–	–	–	1,4	–	0,024	0,050
									4	–	–	–	2,2	–	0,048	0,100
KLB Klimaleichtblock GmbH			Lohmannstraße 31 56626 Andernach													
2 Z-17.1-426	KLB-Vollblöcke SW1 aus Leichtbeton (KLB-Super-wärmedämmblöcke)	S. 54	11.06.2015	14.04.2020	0,45	– [3)]	0,11	–	2	0,5	0,5	–	0,5	0,5	0,020	0,050
					0,50	0,15	0,12	0,13	4	0,7	0,8	–	0,7	0,8	0,040	0,100
					0,55	0,17	0,13	0,14	6	0,9	1,0	–	0,7	0,9	0,060	0,150
					0,60	0,18	0,14	0,15	EC 6	charakt. Druckfestigkeit f_k MN/m²						$f_{bt,cal}$ MN/m²
					0,65	0,19	0,15	0,16	2	1,3	1,3	–	1,3	1,3	–	0,050
					0,70	0,20	0,17	0,17	4	1,8	2,1	–	1,8	2,1	–	0,100
					0,80	0,24	0,19	0,20	6	2,4	2,6	–	1,8	2,4	–	0,150
Liapor GmbH & Co. KG			Industriestraße 2 91352 Hallerndorf-Pautzfeld													
3 Z-17.1-451	Mauerwerk aus Liapor-Super-K-Wärmedämmsteinen aus Leichtbeton	S. 55	09.01.2012	09.01.2017	0,6	0,21	0,13	0,19	2	0,5	0,5	–	0,5	0,5	0,020	0,050
					0,7	0,25	0,16	0,21	4	0,7	0,8	–	0,7	0,8	0,040	0,100

Zulassungs-nummer	Zulassungsgegenstand	Verweis	Bescheid	Geltungs-dauer	Roh-dichte-klasse mm	Bemessungswert der Wärmeleitfähigkeit λ W/(m·K)			Festig-keits-klasse	Grundwert σ_0 MN/m²					max τ MN/m²	β_{RZ} MN/m²
						Normal-mörtel	Leichtmörtel			Normalmörtel			Leichtmörtel			
							LM 21	LM 36		II	IIa	III	LM 21	LM 36		
4 Z-17.1-815	Mauerwerk aus Leichtbeton-steinen (bezeichnet als Liapor-Super-K-Plus Wärme-dämmsteine) und Normal- und Leichtmauermörtel	S. 55	21.10.2014 Ä/E: 18.03.2015	23.04.2019	0,45 0,50 0,55 0,60 0,65 0,70	0,15 0,16 0,16 0,17 0,18 0,19	0,12⁴⁾ 0,13⁵⁾ 0,13⁶⁾ 0,14⁶⁾ 0,15⁷⁾ 0,16⁸⁾	0,13 0,14 0,14 0,15 0,16 0,17	2 4 EC 6	0,4 0,6 charakt. Druckfestigkeit f_k MN/m²	0,4 0,7	– –	0,4⁹⁾ 0,6⁹⁾	0,4 0,7	0,020 0,040	0,050 0,100 $f_{bt,cal}$ MN/m²
5 Z-17.1-839	Mauerwerk aus Leichtbeton-steinen (bezeichnet als Liapor Compact Vollblöcke) und Leichtmauermörtel	S. 56	13.10.2014	23.04.2019	0,50 0,55 0,60 0,65 0,70 0,80	– – – – – –	0,13⁶⁾ 0,14⁶⁾ 0,15⁶⁾ 0,16⁶⁾ 0,18⁶⁾ 0,21⁶⁾	0,14 0,15 0,16 0,18 0,18 0,21	2 4 EC 6	NM MG II 1,0 1,5 – – charakt. Druckfestigkeit f_k MN/m²	NM MG IIa 1,0 1,7 – –	NM MG III – – – –	LM 21 1,0⁹⁾ 1,5⁹⁾ 0,5⁹⁾ 0,7⁹⁾ 1,4⁹⁾ 2,3⁹⁾	LM 36 1,0 1,7 0,5 0,8 1,4 2,3	0,020 0,040	0,050 0,100 0,050 0,100 $f_{bt,cal}$ MN/m² 0,050 0,100

MEIER Betonwerke GmbH — Zur Schanze 2, 92283 Lauterhofen

Zulassungs-nummer	Zulassungsgegenstand	Verweis	Bescheid	Geltungs-dauer	Roh-dichte-klasse	Normal-mörtel	LM 21	LM 36	Festig-keits-klasse	II	IIa	III	LM 21	LM 36	max τ	β_{RZ}
6 Z-17.1-1032	Mauerwerk aus Vollblöcken aus Leichtbeton (bezeichnet als MEIER 10 Wärmedämm-block Mauersteine) und Leichtmauermörtel LM 21	S. 56	25.02.2015	25.02.2020	0,45 0,50 0,55 0,60 0,65 0,70	– – – – – –	0,10 0,11 0,12 0,13 0,14 0,15	– – – – – –	2 4 EC 6	– – – –	– – – –	– – – –	0,4¹⁰⁾ 0,6 1,0 1,5	– – – –	0,020 0,040	0,050 0,100 $f_{bt,cal}$ MN/m²

1) λ = 0,13 W/(m·K) für Vollblöcke 497 × 300 × 238 (20 DF) nach Anlage 2 der Zulassung.
2) Verwendung nur unter den Voraussetzungen des vereinfachten Verfahrens nach DIN 1053-1 Abschnitt 6.1.
3) Für Steine nach Anlage 7 der Zulassung gilt λ = 0,15 W/(m·K) und für Steine nach Anlage 8 λ = 0,16 W/(m·K).
4) Mit Leichtmörtel LM Ultra ist λ = 0,11 W/(m·K).
5) Mit Leichtmörtel LM Ultra ist λ = 0,12 W/(m·K).
6) Mit Leichtmörtel LM Ultra gelten die gleichen Bemessungswerte der Wärmeleitfähigkeit λ wie mit Leichtmörtel LM 21.
7) Mit Leichtmörtel LM Ultra ist λ = 0,14 W/(m·K).
8) Mit Leichtmörtel LM Ultra ist λ = 0,15 W/(m·K).
9) Mit Leichtmörtel LM Ultra gelten die gleichen Grundwerte σ_0 wie mit Leichtmörtel LM 21.
10) Wert gilt nur für λ ≤ 10.

1.4.2 Hohlblocksteine

Zulassungs-nummer	Zulassungsgegenstand	Verweis	Bescheid	Geltungs-dauer	Roh-dichte-klasse	Bemessungswert der Wärmeleitfähigkeit λ W/(m·K)			Festig-keits-klasse	Grundwert σ_0 MN/m²					max τ MN/m²	β_{RZ} MN/m²
						Normal-mörtel	Leichtmörtel LM 21	Leichtmörtel LM 36		Normalmörtel II	IIa	III	Leichtmörtel LM 21	Leichtmörtel LM 36		
Hohlblocksteine																
	BBU Rheinische Bimsbaustoffunion GmbH		Sandkaulerweg 1 56564 Neuwied													
1 Z-17.1-262	Mauerwerk aus Isobims-Hohlblöcken aus Leichtbeton – 1K	S. 57	11.09.2015	11.09.2020	0,60 0,65 0,70 0,8 0,9 1,0 1,2 1,4	0,32 0,34 0,36 0,41 0,46 ≤0,50 ≤0,56 ≤0,70	0,27 0,29 0,30 0,34 0,37	0,28 0,30 0,32 0,36 0,40	2 4 6 EC 6	0,5 0,7 0,9 charakt. Druckfestigkeit f_k MN/m²	0,5 0,8 1,0	– 0,9 1,2	0,4 0,5 0,7	0,5/0,4 0,8/0,7 0,9	0,020 0,040 0,060	0,050 0,100 0,150 $f_{bt,cal}$ MN/m²
	Isobims-Hohlblöcke aus Leichtbeton – 2K, 3K, 4K				0,60 0,65 0,70 0,8 0,9 1,0 1,2 1,4	0,29 0,30 0,32 0,35 0,39 0,45 0,53 0,65	0,24 0,26 0,28 0,31 0,34	0,25 0,27 0,29 0,32 0,36	2 4 6	1,3 1,8 2,3	1,3 2,1 2,6	– 2,1 2,6	1,0 1,3 1,8	1,3 2,1 2,3		0,050 0,100 0,150
	Jakob Stockschläder GmbH & Co. KG		Koblenzer Straße 58 56299 Ochtendung													
2 Z-17.1-941	Mauerwerk aus Hohlblöcken aus Leicht-beton (bezeichnet als Jasto-Hbl)	S. 57	11.05.2015	11.05.2020	0,8 0,9 1,0 1,2	0,35 0,39 – –	0,31 0,34 – –	0,32 0,36 0,45 0,53	2 4 6 EC 6	– – – charakt. Druckfestigkeit f_k MN/m²	0,4 0,6 0,8	0,4 0,7 0,9	0,4 0,5 0,7	– – –	0,020 0,040 0,060	0,050 0,100 0,150 $f_{bt,cal}$ MN/m²
									2 4 6	– – –	1,0 1,6 2,1	1,0 1,8 2,3	1,0 1,3 1,8	– – –		0,050 0,100 0,150

1.4.3 Hohlblocksteine mit integrierter Wärmedämmung

Diese Kategorie ist zurzeit nicht belegt.

1.5 Sonstige Mauersteine

	Zulassungs-nummer	Zulassungsgegenstand	Verweis	Bescheid	Geltungs-dauer	Rohdichte-klasse	Ziegelhöhe mm	Bemessungswert der Wärmeleitfähigkeit λ W/(m·K)
		ILA Bauen & Wohnen Ökologische Produkte und Bausysteme Vertriebsges. mbH		Fuldaweg 21+23 74172 Neckarsulm-Amorbach				
1	Z-17.1-885	ILA-Holz-Zementsteine ohne oder mit integrierter Wärmedämmung für Ausfachungsmauerwerk in Gebäuden mit rahmenartigem Stahlbetontragwerk	S. 57	07.06.2011 Ä/V: 07.04.2014	28.04.2019	0,5 0,6	249 249	0,14/0,08[1] 0,16/0,09[1]

[1] Geringerer Wert für ILA-Holz-Zementsteine mit integrierter Wärmedämmung.

2 Mauerwerk mit Dünnbettmörtel

2.1 Plansteine üblichen Formates und dafür zugelassene Dünnbettmörtel

2.1.1 Planziegel

	Zulassungs-nummer	Zulassungsgegenstand	Verweis	Bescheid	Geltungs-dauer	Mörtel	Roh-dichte-klasse	Bemessungswert der Wärmeleitfähigkeit λ W/(m·K)	Festig-keits-klasse	Grundwert σ_0 MN/m²	max τ MN/m²	β_{RZ} MN/m²	$\alpha^{*)}$
		Deutsche POROTON GmbH		Kochstraße 6–7 10969 Berlin									
1	Z-17.1-490 (aBg)	Mauerwerk aus Poroton-T16 Plan-hochlochziegeln mit Stoßfugenverzahnung im Dünnbettverfahren	S. 58	11.01.2018	11.01.2023	Poroton-T-Dünnbettmörtel Typ M IV[1]	0,8	0,16	EC 6				
									6	3,1		0,150	
									8	3,7		0,200	
									10	4,2		0,250	
									12	4,7		0,300	1,0

charakt. Druckfestigkeit f_k MN/m²; $f_{bt,cal}$ MN/m²; α

Zulassungs-nummer	Zulassungsgegenstand	Verweis	Bescheid	Geltungs-dauer	Mörtel	Roh-dichte-klasse	Bemessungswert der Wärmeleitfähigkeit λ W/(m·K)	Festig-keits-klasse	Grundwert σ_0 MN/m²	max τ MN/m²	β_{RZ} MN/m²	α*⁾
2 Z-17.1-625	Mauerwerk aus Poroton Planziegeln T14 im Dünnbettverfahren	S. 58	07.04.2015	07.04.2020	Poroton-T-Dünnbettmörtel Typ I, Typ III¹⁾, Typ M IV¹⁾	0,7	0,14	EC 6 4 6 8 10 12	charakt. Druckfestigkeit f_k MN/m² 2,3 3,1 3,7 3,9 4,2		$f_{bt,cal}$ MN/m² 0,100 0,150 0,200 0,250 0,300	α 1,0
3 Z-17.1-651	Mauerwerk aus POROTON-T14- und POROTON-T16-Plan-hochlochziegeln im Dünnbettverfahren	S. 59	24.07.2015	14.04.2020	Poroton-T-Dünnbettmörtel Typ I, Typ III¹⁾, Typ B I, Typ B III¹⁾, Typ M I, Typ M IV¹⁾	0,70 0,75	0,14/0,16²⁾ 0,16	EC 6 4 6 8 10 12 EC 6 4 6 8 10 12	0,7 1,0 1,2 1,3 1,5 charakt. Druckfestigkeit f_k MN/m² 1,8 2,6 3,1 3,4 3,9	0,048 0,072 0,096 0,120 0,144	0,132 0,198 0,264 0,330 0,396 $f_{bt,cal}$ MN/m² 0,130 0,195 0,264 0,325 0,390	0,5
4 Z-17.1-678	Mauerwerk aus POROTON-Planhoch-lochziegeln-T im Dünnbettverfahren	–	23.11.2017	23.11.2022	Poroton-T-Dünnbettmörtel Typ M IV¹⁾	0,8 0,9	0,18 0,24	EC 6 4 6 8 10 12	charakt. Druckfestigkeit f_k MN/m² 2,3 3,1 3,7 4,2 4,7		$f_{bt,cal}$ MN/m² 0,100 0,150 0,200 0,250 0,300	1,0

Zulassungs-nummer	Zulassungsgegenstand	Verweis	Bescheid	Geltungs-dauer	Mörtel	Roh-dichte-klasse	Bemessungswert der Wärmeleitfähigkeit λ W/(m·K)	Festig-keits-klasse	Grundwert σ_0 MN/m²	max τ MN/m²	β_{RZ} MN/m²	$\alpha^{*)}$
5 Z-17.1-868	Mauerwerk aus Plan-hochlochziegeln (be-zeichnet als POROTON Planhochlochziegel-T) im Dünnbettverfahren	–	10.02.2015	10.02.2020	Poroton-T-Dünnbettmörtel	0,8 0,9 1,0 1,2 1,4	0,39 0,42 0,45 0,50 0,58	6 8 10 12 16 20	1,2 1,4 1,6 1,8 2,1 2,4	0,060 0,080 0,100 0,120 0,160 0,200	0,150 0,200 0,250 0,300 0,400 0,500	1,0
					Typ I, Typ III¹⁾, Typ B I, Typ B III¹⁾, Typ M I Typ M IV¹⁾			EC 6	charakt. Druckfestigkeit f_k MN/m²		$f_{bt,cal}$ MN/m²	
								6 8 10 12 16 20	3,1 3,7 4,2 4,7 5,5 6,3		0,195 0,260 0,325 0,390 0,520 0,650	
6 Z-17.1-877	Mauerwerk aus Wie-nerberger Planhoch-lochziegeln T11/T12 im Dünnbettverfahren	–	10.07.2015	14.04.2020	Poroton-T-Dünnbettmörtel	0,60 0,65	0,11 0,12	4 6 8 10 12	0,4 0,7 0,8 1,0 1,2	0,048 0,072 0,096 0,120 0,144	0,132 0,198 0,264 0,330 0,396	0,33
					Typ I, Typ III¹⁾, Typ B I, Typ B III¹⁾, Typ M I Typ M IV¹⁾			EC 6	charakt. Druckfestigkeit f_k MN/m²		$f_{bt,cal}$ MN/m²	
								4 6 8 10 12	1,0 1,8 2,1 2,6 3,1		0,130 0,195 0,264 0,325 0,390	

	Zulassungs-nummer	Zulassungsgegenstand	Verweis	Bescheid	Geltungs-dauer	Mörtel	Roh-dichte-klasse	Bemessungswert der Wärmeleitfähigkeit λ W/(m·K)	Festig-keits-klasse	Grundwert σ_0 MN/m²	max τ MN/m²	β_{RZ} MN/m²	α *)
7	Z-17.1-889 (aBg)	Mauerwerk aus POROTON Planhoch-lochziegeln-T10/-T11 „Mz 33" im Dünnbettverfahren	S. 59	09.02.2018	09.02.2023	Poroton-T-Dünnbettmörtel Typ M IV[1)]	0,65 0,70	0,10/0,11[7)] 0,11/0,12[7)]	EC 6	charakt. Druckfestigkeit f_k MN/m²		$f_{bt,cal}$ MN/m²	0,33
									6	1,8		0,195	
									8	2,3		0,260	
									10	2,9		0,325	
									12	3,4		0,390	
8	Z-17.1-890	Mauerwerk aus POROTON Planhoch-lochziegeln-T9/-T10/-T11 „DR 34" im Dünnbettverfahren	–	10.08.2017	10.08.2022	Poroton-T-Dünnbettmörtel Typ M IV[1)]	0,65 0,70 0,75	0,09 0,10 0,11	EC 6	charakt. Druckfestigkeit f_k MN/m²		$f_{bt,cal}$ MN/m²	0,33
									6	1,4		0,195	
									8	1,8		0,260	
									10	2,2		0,325	
									12	2,6		0,390	
9	Z-17.1-1085	Mauerwerk aus POROTON Planhoch-lochziegeln U8 im Dünnbettverfahren	S. 60	26.02.2016	14.04.2020	Poroton-T-Dünnbettmörtel Typ M IV[1)]	0,6	0,08	4	0,40	0,048	0,132	0,33
									6	0,55	0,072	0,198	
									EC 6	charakt. Druckfestigkeit f_k MN/m²		$f_{bt,cal}$ MN/m²	
									4	1,0		0,130	
									6	1,4		0,195	
10	Z-17.1-1141	Mauerwerk aus Plan-hochlochziegeln in der Rohdichteklasse 1,4 (bezeichnet als Poroton-Planhochloch-ziegel-T 20-1,4) im Dünnbettverfahren	S. 61	27.10.2015	14.04.2020	Poroton-T-Dünnbettmörtel Typ M IV[1)]	1,4	0,58	20	3,6	0,240	0,660	1,0
									EC 6	charakt. Druckfestigkeit f_k MN/m²		$f_{bt,cal}$ MN/m²	
									20	10,2		0,650	

Zulassungs-nummer	Zulassungsgegenstand	Verweis	Bescheid	Geltungs-dauer	Mörtel	Roh-dichte-klasse	Bemessungswert der Wärmeleitfähigkeit λ W/(m·K)	Festig-keits-klasse	Grundwert σ_0 MN/m²	max τ MN/m²	β_{RZ} MN/m²	α *)
EPIC Klimatherm GmbH		Ziegeleistraße 20 88662 Überlingen-Deisendorf										
11 Z-17.1-945 (aBg)	Mauerwerk aus OTT Klimatherm PL Ultra Planhochlochziegeln im Dünnbettverfahren	–	28.09.2017	28.09.2022	Dünnbettmörtel ZP 99 Dünnbettmörtel 900 D	0,60 0,65	0,08 0,09	EC 6	charakt. Druckfestigkeit f_k MN/m²		$f_{bt,cal}$ MN/m²	0,5
								4	1,3		0,130	
								6	1,5		0,195	
								8	1,8		0,260	
								10	2,1		0,325	
JUWÖ POROTON-Werke Ernst Jungk & Sohn GmbH		Ziegelhüttenstraße 42 55597 Wöllstein										
12 Z-17.1-769	Mauerwerk aus Plan-hochlochziegel im Dünnbettverfahren (be-zeichnet als „Thermo Planziegel")	S. 62	22.11.2012	22.11.2017	maxit mur 900	0,60 0,65 0,70	0,11/0,10 ³⁾ 0,12/0,11 ⁴⁾ 0,13/0,12 ⁴⁾	6 8 10	0,7 0,9/1,0 ⁵⁾ 1,0/1,1 ⁵⁾	0,072 0,096 0,120	– – –	0,33
Keller AG Ziegeleien		8422 Pfungen Schweiz										
13 Z-17.1-1077	Mauerwerk aus Plan-hochlochziegeln (be-zeichnet als „IMBREX Z 7 Planziegel") im Dünnbettverfahren mit gedeckelter Lagerfuge	S. 63	16.03.2016	14.04.2020	Dünnbettmörtel 900 D	0,55	0,075	4 6	0,45 0,65	0,048 0,072	0,132 0,198	0,30
								EC 6	charakt. Druckfestigkeit f_k MN/m²		$f_{bt,cal}$ MN/m²	
								4	1,3		0,130	
								6	1,8		0,195	

Zulassungsnummer	Zulassungsgegenstand	Verweis	Bescheid	Geltungsdauer	Mörtel	Rohdichteklasse	Bemessungswert der Wärmeleitfähigkeit λ W/(m·K)	Festigkeitsklasse	Grundwert σ_0 MN/m²	max τ MN/m²	β_{RZ} MN/m²	$\alpha^{*)}$
Klimaton ZIEGEL Interessengemeinschaft e. V.		Ziegeleistraße 10 95145 Oberkotzau										
14 Z-17.1-715	Mauerwerk aus Klimaton-Planhochlochziegeln mit Stoßfugenverzahnung im Dünnbettverfahren	S. 64	22.09.2015	14.04.2020	klimaton-Dünnbettmörtel ZiegelPlan ZP 99 maxit mur 900 Dünnbettmörtel 900 D	0,8 0,9 1,0 1,2 1,4 1,6	0,39 0,42 0,45 0,50 0,58 0,68	6 8 10 12 16 20	1,2 1,4 1,6 1,8 2,1 2,4	0,072 0,096 0,120 0,144 0,192 0,240	0,198 0,264 0,330 0,396 0,528 0,660	1,0
								EC 6	charakt. Druckfestigkeit f_k MN/m²		$f_{bt,cal}$ MN/m²	
								6 8 10 12 16 20	3,1 3,7 4,2 4,7 5,5 6,3		0,195 0,260 0,325 0,390 0,520 0,650	
Mein Ziegelhaus GmbH & Co. KG		Märkerstraße 44 63755 Alzenau										
15 Z-17.1-907 (aBg)	Mauerwerk aus Planhochlochziegeln (bezeichnet als ThermoPlan-T16) im Dünnbettverfahren	–	08.03.2018	08.03.2023	ZiegelPlan ZP 99 maxit mur 900 ZiegelPlanmörtel ZP Typ III¹⁾ maxit mur 900 D	0,75	0,16	EC 6	charakt. Druckfestigkeit f_k MN/m²		$f_{bt,cal}$ MN/m²	1,0
								6 8 10 12	3,1 3,7 4,2 4,7		0,195 0,260 0,325 0,390	
16 Z-17.1-908 (aBg)	Mauerwerk aus ThermoPlan T14 und ThermoPlan T16 Planhochlochziegeln im Dünnbettverfahren	–	08.03.2018	08.03.2023	ZiegelPlan ZP 99 maxit mur 900 ZiegelPlanmörtel ZP Typ III¹⁾ maxit mur 900 D	0,70	0,14⁶⁾	EC 6	charakt. Druckfestigkeit f_k MN/m²		$f_{bt,cal}$ MN/m²	0,5
								6 8 10 12	2,6 3,1 3,4 3,9		0,195 0,260 0,325 0,390	

	Zulassungs-nummer	Zulassungsgegenstand	Verweis	Bescheid	Geltungs-dauer	Mörtel	Roh-dichte-klasse	Bemessungswert der Wärmeleitfähigkeit λ W/(m·K)	Festig-keits-klasse	Grundwert σ_0 MN/m²	max τ MN/m²	β_{RZ} MN/m²	$\alpha^{*)}$
17	Z-17.1-913	Mauerwerk aus Plan-hochlochziegeln mit Stoßfugenverzahnung (bezeichnet als ThermoPlan HLZ) im Dünnbettverfahren	–	22.08.2016	14.04.2020	Mein Ziegelhaus Typ I Mein Ziegelhaus Typ III[1] ZiegelPlan ZP 99 maxit mur 900 Ziegelplanmörtel ZP Typ III[1]	0,8 0,9 1,0 1,2 1,4	0,39 0,42 0,45 0,50 0,58	6 8 10 12 16 20	1,2 1,4 1,6 1,8 2,1 2,4	0,072 0,096 0,120 0,144 0,192 0,240	0,198 0,264 0,330 0,396 0,528 0,660	1,0
									EC 6	charakt. Druckfestigkeit f_k MN/m²		$f_{bt,cal}$ MN/m²	
									6 8 10 12 16 20	3,1 3,7 4,2 4,7 5,5 6,3		0,195 0,260 0,325 0,390 0,520 0,650	
18	Z-17.1-914	Mauerwerk aus Plan-hochlochziegeln (bezeichnet als ThermoPlan TS Plan-hochlochziegel) und Dünnbettmörtel mit gedeckelter Lagerfuge	–	07.12.2012	31.03.2016	Mein Ziegelhaus Typ I Mein Ziegelhaus Typ III[1] ZiegelPlan ZP 99 maxit mur 900 Ziegelplanmörtel ZP Typ III[1] Dünnbettmörtel 900 D	0,75 0,80	0,13/0,15[7] 0,14/0,16[7]	6 8 10 12	1,0 1,2 1,4 1,5	0,072 0,096 0,120 0,144	0,198 0,264 0,330 0,396	0,5
19	Z-17.1-1013	Mauerwerk aus Plan-hochlochziegeln „ThermoPlan S8" und „ThermoPlan S9" im Dünnbettverfahren mit gedeckelter Lagerfuge	S. 64	20.05.2015	14.04.2020	Mein Ziegelhaus Typ I Mein Ziegelhaus Typ III ZiegelPlan ZP 99 maxit mur 900 Ziegelplanmörtel ZP Typ III Dünnbettmörtel 900 D[1] Dünnbettmörtel quick-mix DBM-L	0,65 0,65	S8: 0,08 S9: 0,09	4 6 8 10	0,5 0,7 0,9 1,0	0,048 0,072 0,096 0,120	0,132 0,198 0,264 0,330	0,3
									EC 6	charakt. Druckfestigkeit f_k MN/m²		$f_{bt,cal}$ MN/m²	
									4 6 8 10	1,3 1,8 2,3 2,6		0,130 0,195 0,260 0,325	

Zulassungs-nummer	Zulassungsgegenstand	Verweis	Bescheid	Geltungs-dauer	Mörtel	Roh-dichte-klasse	Bemessungswert der Wärmeleitfähigkeit λ W/(m·K)	Festig-keits-klasse	Grundwert σ_0 MN/m²	max τ MN/m²	β_{RZ} MN/m²	$\alpha^{*)}$
20	Z-17.1-1037 (aBg)	Mauerwerk im Dünn-bettverfahren aus Planhochlochziegeln ThermoPlan TS²	S. 65	10.04.2018	10.04.2023	ZiegelPlan ZP 99 maxit mur 900 maxit mur 900 D[1] Ziegelplanmörtel ZP Typ III[1]	0,80	0,39	EC 6	charakt. Druckfestigkeit f_k MN/m²		$f_{bt,cal}$ MN/m²	1,0
									8	3,7		0,260	
									10	4,2		0,325	
									12	4,7		0,390	
									16	5,5		0,520	
									20	6,3		0,650	
21	Z-17.1-1047	Mauerwerk aus Plan-hochlochziegeln „ThermoPlan T10", „ThermoPlan T11", „ThermoPlan T12" und „ThermoPlan T13" im Dünnbettverfahren mit gedeckelter Lagerfuge	S. 65	22.05.2015	14.04.2020	Mein Ziegelhaus Typ I Mein Ziegelhaus Typ III ZiegelPlan ZP 99 maxit mur 900 Ziegelplanmörtel ZP Typ III Dünnbettmörtel 900 D[1] Dünnbettmörtel quick-mix DBM-L	0,65 0,65 0,70 0,70	T10: 0,10 T12: 0,12 T11: 0,11 T13: 0,13	4 6 8 10	0,5 0,7 0,9 1,0	0,048 0,072 0,096 0,120	0,132 0,198 0,264 0,330	0,3
								EC 6	charakt. Druckfestigkeit f_k MN/m²		$f_{bt,cal}$ MN/m²	
								4	1,3		0,130	
								6	1,8		0,195	
								8	2,3		0,260	
								10	2,6		0,325	
22	Z-17.1-1107	Mauerwerk aus ThermoPlan TS 12 Plan-hochlochziegeln und Dünnbettmörtel mit gedeckelter Lagerfuge	S. 66	30.04.2014 Ä/E: 27.05.2015 Ä/E: 14.08.2015	30.04.2019	Mein Ziegelhaus Typ I Mein Ziegelhaus Typ III[1] ZiegelPlan ZP 99 maxit mur 900 Ziegelplanmörtel ZP Typ III[1] Dünnbettmörtel 900 D	0,75	0,12/0,14[7]	EC 6	charakt. Druckfestigkeit f_k MN/m²		$f_{bt,cal}$ MN/m²	0,5
									6	1,0	0,072	0,198	
									8	1,2	0,096	0,264	
									10	1,4	0,120	0,330	
									12	1,5	0,144	0,396	
								EC 6	charakt. Druckfestigkeit f_k MN/m²		$f_{bt,cal}$ MN/m²	α
								6	2,6		0,195	0,5
								8	3,1		0,260	
								10	3,7		0,325	
								12	4,0		0,390	

Zulassungs-nummer	Zulassungsgegenstand	Verweis	Bescheid	Geltungs-dauer	Mörtel	Roh-dichte-klasse	Bemessungswert der Wärmeleitfähigkeit λ W/(m·K)	Festig-keits-klasse	Grundwert σ_0 MN/m²	max τ MN/m²	β_{RZ} MN/m²	α *)
23 Z-17.1-1128	Mauerwerk aus Lücking Planziegeln T14 im Dünnbettverfahren	S. 68	14.10.2016	14.04.2020	ZiegelPlan ZP 99 maxit mur 900	0,70	0,14/0,15 [7]	4	0,6	0,048	0,132	0,5
								6	0,8	0,072	0,198	
								8	0,9	0,096	0,264	
								10	k.A.	0,120	0,330	
								12	k.A.	0,144	0,396	
								EC 6	charakt. Druckfestigkeit f_k MN/m²		$f_{bt,cal}$ MN/m²	
								4	1,5		0,130	
								6	2,1		0,195	
								8	2,3		0,260	
								10	k.A.		0,325	
								12	k.A.		0,390	
24 Z-17.1-1129	Mauerwerk aus Lücking Planziegeln W12 im Dünnbettverfahren mit gedeckelter Lagerfuge	S. 69	14.10.2016	14.04.2020	Dünnbettmörtel 900 D	0,65	0,12	4	0,6	0,048	0,132	0,33
								6	0,8	0,072	0,198	
								8	1,0	0,096	0,264	
								10	1,2	0,120	0,330	
								12	1,4	0,144	0,396	
								EC 6	charakt. Druckfestigkeit f_k MN/m²		$f_{bt,cal}$ MN/m²	
								4	1,5		0,130	
								6	2,1		0,195	
								8	2,6		0,260	
								10	3,1		0,325	
								12	3,7		0,390	

Zulassungs-nummer	Zulassungsgegenstand	Verweis	Bescheid	Geltungs-dauer	Mörtel	Roh-dichte-klasse	Bemessungswert der Wärmeleitfähigkeit λ W/(m·K)	Festig-keits-klasse	Grundwert σ_0 MN/m²	max τ MN/m²	β_{RZ} MN/m²	$\alpha^{*)}$
25 Z-17.1-1130	Mauerwerk aus Lücking Planziegeln W12 im Dünnbettverfahren	S. 70	31.07.2015	14.04.2020	ZiegelPlan ZP 99 maxit mur 900 Dünnbettmörtel 900 D	0,65	0,12	4	0,5	0,048	0,132	0,33
								6	0,6	0,072	0,198	
								8	0,8	0,096	0,264	
								10	0,9	0,120	0,330	
								12	1,1	0,144	0,396	
								EC 6	charakt. Druckfestigkeit f_k MN/m²		$f_{bt,cal}$ MN/m²	α
								4	1,3		0,130	
								6	1,5		0,195	
								8	2,1		0,260	
								10	2,3		0,325	
								12	2,9		0,390	
26 Z-17.1-1131	Mauerwerk aus Lücking Planziegeln T14 im Dünnbettverfahren mit gedeckelter Lagerfuge	S. 71	14.10.2016	14.04.2020	Dünnbettmörtel 900 D	0,70	0,14/0,15 [2)]	4	0,8	0,048	0,132	0,5
								6	1,1	0,072	0,198	
								8	1,2	0,096	0,264	
								10	1,2	0,120	0,330	
								12	1,3	0,144	0,396	
								16	1,6	0,192	0,528	
								EC 6	charakt. Druckfestigkeit f_k MN/m²		$f_{bt,cal}$ MN/m²	
								4	2,1		0,130	
								6	2,9		0,195	
								8	3,1		0,260	
								10	3,1		0,325	
								12	3,4		0,390	
								16	4,2		0,520	

Zulassungs-nummer	Zulassungsgegenstand	Verweis	Bescheid	Geltungs-dauer	Mörtel	Roh-dichte-klasse	Bemessungswert der Wärmeleitfähigkeit λ W/(m·K)	Festig-keits-klasse	Grundwert σ_0 MN/m²	max τ MN/m²	β_{RZ} MN/m²	α *)
Röben Klinkerwerke GmbH & Co. KG	Klein Schweinebrück 168 26340 Zetel											
27 Z-17.1-497	Mauerwerk aus Röben-T-Planhoch-lochziegeln mit Stoß-fugenverzahnung im Dünnbettverfahren	S. 72	26.06.2015	14.04.2020	Röben-Dünnbettmörtel ZiegelPlan ZP 99 maxit mur 900 Dünnbettmörtel 900 D	0,9	0,21/0,24 [8]	6 8 10 12	1,2 1,4 1,6 1,8	0,060 0,080 0,100 0,120	0,150 0,200 0,250 0,300	1,0
								EC 6	charakt. Druckfestigkeit f_k MN/m²		$f_{bt,cal}$ MN/m²	
								6 8 10 12	3,1 3,7 4,2 4,7		0,150 0,200 0,250 0,300	
28 Z-17.1-712	Mauerwerk aus Röben-Planhoch-lochziegeln T14 ohne Stoßfugenvermörtelung	S. 73	28.05.2015	14.04.2020	Röben-Dünnbettmörtel ZiegelPlan ZP 99 maxit mur 900 Dünnbettmörtel 900 D	0,7	0,14	4 6 8	0,5 0,7 0,9	0,040 0,060 0,080	0,100 0,150 0,200	1,0
								EC 6	charakt. Druckfestigkeit f_k MN/m²		$f_{bt,cal}$ MN/m²	
								4 6 8	1,5 2,1 2,5		0,100 0,150 0,200	
29 Z-17.1-895	Mauerwerk aus Röben-T16 und Röben-T18 Planhoch-lochziegeln mit Stoß-fugenverzahnung im Dünnbettverfahren	–	06.07.2016	14.04.2020	maxit mur 900 Dünnbettmörtel 900 D	0,7 0,8	0,16/0,18 [9] 0,18/0,21 [9]	4 6 8 10 12	0,8 1,0 1,3 1,5 1,7	0,040 0,060 0,080 0,100 0,120	0,100 0,150 0,200 0,250 0,300	1,0
								EC 6	charakt. Druckfestigkeit f_k MN/m²		$f_{bt,cal}$ MN/m²	
								4 6 8 10 12	2,1 2,6 3,4 3,9 4,4		0,100 0,150 0,200 0,250 0,300	

	Zulassungs-nummer	Zulassungsgegenstand	Verweis	Bescheid	Geltungs-dauer	Mörtel	Roh-dichte-klasse	Bemessungswert der Wärmeleitfähigkeit λ W/(m·K)		Festig-keits-klasse	Grundwert σ_0 MN/m^2	max τ MN/m^2	β_{RZ} MN/m^2	$\alpha^{*)}$
30	Z-17.1-896	Mauerwerk aus Röben-Planhochziegeln (BW) im Dünnbett-verfahren	–	26.07.2016	14.04.2020	maxit mur 900 Dünnbettmörtel 900 D	0,8 0,9 1,0 1,2 1,4 1,6	0,39 0,42 0,45 0,50 0,58 0,68		6 8 10 12 16 20	1,2 1,4 1,6 1,8 2,1 2,4	0,060 0,080 0,100 0,120 0,160 0,200	0,150 0,200 0,250 0,300 0,400 0,500	1,0
										EC 6	charakt. Druckfestigkeit f_k MN/m^2		$f_{bt,cal}$ MN/m^2	
										6 8 10 12 16 20	3,1 3,7 4,2 4,7 5,5 6,3		0,150 0,200 0,250 0,300 0,400 0,500	
	THERMOPOR ZIEGEL-KONTOR ULM GMBH		Olgastraße 94 89073 Ulm											
31	Z-17.1-522	Mauerwerk aus THERMOPOR-Planhoch-lochziegeln (bezeichnet als „THERMOPOR PHLz*") im Dünnbett-verfahren	–	23.05.2014	10.01.2018	THERMY-ZP 99 maxit mur 900 SAKRET-Dünnbettmörtel ZPK Dünnbettmörtel 900 D	0,8 0,9 1,0 1,2 1,4	Loch. B 0,39 0,42 0,45 0,50 0,58	Loch. W 0,26 0,27 0,29	6 8 10 12 16 20	1,2 1,4 1,6 1,8 2,1 2,4	0,060 0,080 0,100 0,120 0,160 0,200	0,150 0,200 0,250 0,300 0,400 0,500	1,0
32	Z-17.1-601	Mauerwerk aus THERMOPOR-Plan-hochlochziegeln mit Rhombuslochung ohne Stoßfugenvermörte-lung (bezeichnet als „THERMOPOR P 016")	–	15.09.2015	14.04.2020	THERMY-ZP 99 maxit mur 900 SAKRET-Dünnbettmörtel ZPK Dünnbettmörtel 900 D	0,8	0,16		6 8 10 12	0,9 1,0 1,1 1,2	0,060 0,080 0,100 0,120	0,150 0,200 0,250 0,300	1,0
										EC 6	charakt. Druckfestigkeit f_k MN/m^2		$f_{bt,cal}$ MN/m^2	
										6 8 10 12	2,3 2,6 2,9 3,1		0,150 0,200 0,250 0,300	

	Zulassungs-nummer	Zulassungsgegenstand	Verweis	Bescheid	Geltungs-dauer	Mörtel	Roh-dichte-klasse	Bemessungswert der Wärmeleitfähigkeit λ W/(m·K)	Festig-keits-klasse	Grundwert σ_0 MN/m²	max τ MN/m²	β_{RZ} MN/m²	α *)
33	Z-17.1-698	Mauerwerk aus THERMOPOR ISO-Plan-ziegeln (bezeichnet als „THERMOPOR ISO-P") im Dünnbettverfahren	–	18.12.2015	14.04.2020	THERMY-ZP 99 maxit mur 900 Dünnbettmörtel 900 D	0,65 0,70	0,12/0,13 [2] 0,13/0,14 [2]	4 6 8	0,6 0,8 1,0	0,048 0,072 0,096	0,132 0,198 0,264	0,6
									EC 6	charakt. Druckfestigkeit f_k MN/m²		$f_{bt,cal}$ MN/m²	
									4 6 8	1,5 2,1 2,6		0,130 0,195 0,260	
34	Z-17.1-752	Mauerwerk aus THERMOPOR ISO-Plan-Deckel-Ziegeln (bezeichnet als „THERMOPOR ISO-PD") im Dünnbettverfahren	–	18.12.2015	14.04.2020	Dünnbettmörtel 900 D	0,65 0,70	0,13 0,14	4 6 8	0,7 1,0 1,2	0,048 0,072 0,096	0,132 0,198 0,264	0,6
									EC 6	charakt. Druckfestigkeit f_k MN/m²		$f_{bt,cal}$ MN/m²	
									4 6 8	1,8 2,6 3,1		0,130 0,195 0,260	
35	Z-17.1-840	Mauerwerk aus THERMOPOR ISO-Plan-Deckel-Ziegeln (bezeichnet als „THERMOPOR ISO-PD Plus") im Dünnbettverfahren	–	23.04.2015	14.04.2020	Dünnbettmörtel 900 D	0,60 0,65 0,70 0,75	0,11 0,11 0,12 0,13	4 6 8	0,7 1,0 1,2	0,048 0,072 0,096	0,132 0,198 0,264	0,6
									EC 6	charakt. Druckfestigkeit f_k MN/m²		$f_{bt,cal}$ MN/m²	
									4 6 8	1,8 2,6 3,1		0,130 0,195 0,260	

	Zulassungs-nummer	Zulassungsgegenstand	Verweis	Bescheid	Geltungs-dauer	Mörtel	Roh-dichte-klasse	Bemessungswert der Wärmeleitfähigkeit λ W/(m·K)	Festig-keits-klasse	Grundwert σ_0 MN/m²	max τ MN/m²	β_{RZ} MN/m²	$\alpha^{*)}$
36	Z-17.1-843	Mauerwerk aus THERMOPOR-Planhoch-lochziegeln (bezeichnet als „THERMOPOR PHLz BW")	–	15.09.2015	14.04.2020	THERMY-ZP 99 maxit mur 900 SAKRET-Dünnbettmörtel ZPK Dünnbettmörtel 900 D	0,8 0,9 1,0 1,2 1,4	0,39 0,42 0,45 0,50 0,58	6 8 10 12 16 20	1,2 1,4 1,6 1,8 2,1 2,4	0,072 0,096 0,120 0,144 0,192 0,240	0,198 0,264 0,330 0,396 0,528 0,660	1,0
									EC 6	charakt. Druckfestigkeit f_k MN/m²		$f_{bt,cal}$ MN/m²	
									6 8 10 12 16 20	3,1 3,7 4,2 4,7 5,5 6,3		0,195 0,260 0,325 0,390 0,520 0,650	
37	Z-17.1-920	Mauerwerk aus THERMOPOR SL Plan-ziegeln im Dünn-bettverfahren mit gedeckelter Lager-fuge (bezeichnet als „THERMOPOR SL Plan")	–	19.08.2014	01.01.2018	Dünnbettmörtel 900 D	0,65 0,70	0,090 0,10	4 6 8 10 12	0,5 0,8 1,0 1,2 1,4	0,048 0,072 0,096 0,120 0,144	0,132 0,198 0,264 0,330 0,396	0,33
38	Z-17.1-972	Mauerwerk aus THERMOPOR SL Plus Planziegeln (bezeichnet als „THERMOPOR SL Plus Plan") im Dünn-bettverfahren mit gedeckelter Lagerfuge	–	19.08.2014	01.01.2018	Dünnbettmörtel 900 D	0,60 0,70	0,080 0,090	4 6 8 10 12	0,5 0,8 1,0 1,2 1,4	0,048 0,072 0,096 0,120 0,144	0,132 0,198 0,264 0,330 0,396	0,33

	Zulassungs-nummer	Zulassungsgegenstand	Verweis	Bescheid	Geltungs-dauer	Mörtel	Roh-dichte-klasse	Bemessungswert der Wärmeleitfähigkeit λ W/(m·K)	Festig-keits-klasse	Grundwert σ_0 MN/m²	max τ MN/m²	β_{RZ} MN/m²	$\alpha^{*)}$
39	Z-17.1-977	Mauerwerk aus THERMOPOR ISO-Plan-ziegeln (bezeichnet als „THERMOPOR ISO-PD Plus Objektziegel") im Dünnbettverfahren mit gedeckelter Lagerfuge	–	18.12.2015	14.04.2020	Dünnbettmörtel 900 D	0,80 0,85	0,12 0,14	4 6 8	0,7 1,0 1,2	0,048 0,072 0,096	0,132 0,198 0,264	0,6
									EC 6	charakt. Druckfestigkeit f_k MN/m²		$f_{bt,cal}$ MN/m²	
									4 6 8	1,85 2,6 3,1		0,130 0,195 0,260	
40	Z-17.1-1069	Mauerwerk aus Plan-hochlochziegeln THERMOPOR PHLz EBS im Dünnbettverfahren	–	27.03.2013	26.03.2017	THERMY-ZP 99 maxit mur 900 SAKRET-Dünnbettmörtel ZPK	0,8 0,9 1,0 1,2 1,4	0,39 0,42 0,45 0,50 0,58	8 10 12 16 20	1,4 1,7 1,9 2,3 2,6	0,096 0,120 0,144 0,192 0,240	0,264 0,330 0,396 0,528 0,660	1,0
41	Z-17.1-1133	Mauerwerk aus THERMOPOR SL 075 Planziegeln (bezeichnet als „THERMOPOR SL 075 Plan") im Dünn-bettverfahren mit gedeckelter Lagerfuge	S. 73	12.06.2015	14.04.2020	Dünnbettmörtel 900 D	0,6	0,075	4 6	0,5 0,8	0,048 0,072	0,132 0,198	0,33
									EC 6	charakt. Druckfestigkeit f_k MN/m²		$f_{bt,cal}$ MN/m²	
									4 6	1,3 2,1		0,130 0,195	
42	Z-17.1-1149	Mauerwerk aus THERMOPOR SL 08 Planziegeln im Dünn-bettverfahren mit gedeckelter Lager-fuge (bezeichnet als „THERMOPOR SL 08 Plan")	S. 75	12.10.2016	14.04.2020	Dünnbettmörtel 900 D	0,60 0,65	0,08 0,08	4 6 8 10 12	0,5 0,8 1,0 1,2 1,4	0,048 0,072 0,096 0,120 0,144	0,132 0,198 0,264 0,330 0,396	0,33
									EC 6	charakt. Druckfestigkeit f_k MN/m²		$f_{bt,cal}$ MN/m²	
									4 6 8 10 12	1,3 2,1 2,6 3,1 3,7		0,130 0,195 0,260 0,325 0,390	

II Verzeichnis der abZ/aBg für den Mauerwerksbau (Stand 31.05.2018)

	Zulassungs-nummer	Zulassungsgegenstand	Verweis	Bescheid	Geltungs-dauer	Mörtel	Roh-dichte-klasse	Bemessungswert der Wärmeleitfähigkeit λ W/(m·K)	Festig-keits-klasse	Grundwert σ_0 MN/m²	max τ MN/m²	β_{RZ} MN/m²	$\alpha^{*)}$
		UNIPOR Ziegel Marketing GmbH	Landsberger Straße 392 81241 München										
43	Z-17.1-635	Mauerwerk aus UNIPOR-Planziegeln mit Stoßfugen-verzahnung im Dünnbettverfahren	–	18.11.2015	14.04.2020	unipor-Dünnbettmörtel ZP 99 maxit mur 900 quick-mix Dünnbettmörtel Typ I Dünnbettmörtel 900 D	0,8 0,9 1,0 1,2 1,4	0,39 0,42 0,45 0,50 0,58	6 8 10 12 16 20	1,2 1,4 1,6 1,8 2,1 2,4	0,072 0,096 0,120 0,144 0,192 0,240	0,198 0,264 0,330 0,396 0,528 0,660	1,0
									EC 6	charakt. Druckfestigkeit f_k MN/m² 3,1 3,7 4,2 4,7 5,5 6,3		$f_{bt,cal}$ MN/m² 0,195 0,260 0,325 0,390 0,520 0,650	
44	Z-17.1-652	Mauerwerk aus UNIPOR-ZP-Planziegeln im Dünnbettverfahren	–	06.08.2013	01.01.2018	unipor-Dünnbettmörtel ZP 99 Dünnbettmörtel HP 580 maxit mur 900 Dünnbettmörtel 900D	0,75 0,80	0,16/0,18 [10] 0,18/0,21 [10]	4 6 8 10 12	0,6 0,8 1,0 1,2 1,4	0,040 0,060 0,080 0,100 0,120	0,100 0,150 0,200 0,250 0,300	1,0
45	Z-17.1-721	Mauerwerk aus Plan-hochlochziegeln (bezeichnet als UNIPOR-GPZ-Hochloch-planziegel) im Dünn-bettverfahren	–	06.08.2014	01.01.2018	unipor-Dünnbettmörtel ZP 99 Dünnbettmörtel HP 580 maxit mur 900 Dünnbettmörtel 900 D	0,60 0,65	0,11 0,12	4 6 8 10 12	0,5 0,6 0,7 0,8 0,9	0,048 0,072 0,096 0,120 0,144	0,132 0,198 0,264 0,330 0,396	0,5
46	Z-17.1-756	Mauerwerk aus Unipor Novapor-Planziegeln im Dünnbettverfahren mit gedeckelter Lagerfuge	–	06.08.2014	01.18.2018	Dünnbettmörtel 900 D	0,60 0,65	0,11/0,12 [11] 0,12/0,13 [11]	4 6 8 10 12	0,6 0,8 1,0 1,2 1,4	0,048 0,072 0,096 0,120 0,144	0,132 0,198 0,264 0,330 0,396	0,33

	Zulassungs-nummer	Zulassungsgegenstand	Verweis	Bescheid	Geltungs-dauer	Mörtel	Roh-dichte-klasse	Bemessungswert der Wärmeleitfähigkeit λ W/(m·K)	Festig-keits-klasse	Grundwert σ_0 MN/m²	max τ MN/m²	β_{RZ} MN/m²	$\alpha^{*)}$
47	Z-17.1-760	Mauerwerk aus UNIPOR-NE-Hochloch-planziegeln im Dünn-bettverfahren	–	07.08.2014	01.18.2018	unipor-Dünnbettmörtel ZP 99 Dünnbettmörtel HP 580 maxit mur 900	0,65 0,70	0,13/0,14²⁾ 0,14/0,15²⁾	4 6 8	0,6 0,8 0,9	0,048 0,072 0,096	0,132 0,198 0,264	0,5
48	Z-17.1-867	Mauerwerk aus UNIPOR W12 plus Plan-ziegeln im Dünnbettver-fahren mit gedeckelter Lagerfuge	S. 75	28.02.2014	01.01.2018	Dünnbettmörtel 900 D	0,80 0,85	0,12 0,12	8 10 12 16	0,9 1,1 1,2 1,4	0,096 0,120 0,144 0,192	0,264 0,330 0,396 0,528	0,33
49	Z-17.1-1018 (aBg)	Mauerwerk aus UNIPOR W08 Nova-therm Planziegeln im Dünnbettverfahren mit gedeckelter Lagerfuge	S. 76	06.12.2017	06.12.2022	Dünnbettmörtel 900 D Dünnbettmörtel quick-mix DBM-L maxit mörtelpad nach Z-17.1-1134	0,6	0,08	EC 6 4 6 8	charakt. Druckfestigkeit f_k MN/m² 1,5 2,1 2,6	0,130 0,195 0,260	$f_{bt,cal}$ MN/m² 0,130 0,195 0,260	0,33
50	Z-17.1-1042	Mauerwerk aus UNIPOR-WH09- und UNIPOR-WH10-Planziegeln im Dünnbettverfahren mit gedeckelter Lagerfuge	S. 76	15.09.2015	14.04.2020	Dünnbettmörtel 900 D quick-mix DBM-L maxit mörtelpads	0,60 0,65	0,09 0,10	4 6 8 EC 6 4 6 8	0,6 0,8 1,0 charakt. Druckfestigkeit f_k MN/m² 1,5 2,1 2,6	0,048 0,072 0,096	0,132 0,198 0,264 $f_{bt,cal}$ MN/m² 0,130 0,195 0,260	0,33
51	Z-17.1-1056	Mauerwerk aus UNIPOR W07 CORISO Planziegeln im Dünn-bettverfahren mit gedeckelter Lagerfuge	S. 77	11.10.2016	14.04.2020	Dünnbettmörtel 900 D Deckelnder Dünnbett-mörtel quick-mix DBM-L maxit mörtelpad nach Z-17.1-1134	0,60 0,65	0,07 0,07	4 6 8 EC 6 4 6 8	0,6 0,85 1,0 charakt. Druckfestigkeit f_k MN/m² 1,5 2,2 2,6	0,048 0,072 0,096	0,132 0,198 0,264 $f_{bt,cal}$ MN/m² 0,130 0,195 0,260	0,30

II Verzeichnis der abZ/aBg für den Mauerwerksbau (Stand 31.05.2018)

	Zulassungs-nummer	Zulassungsgegenstand	Verweis	Bescheid	Geltungs-dauer	Mörtel	Roh-dichte-klasse	Bemessungswert der Wärmeleitfähigkeit λ W/(m·K)	Festig-keits-klasse	Grundwert σ_0 MN/m²	max τ MN/m²	β_{RZ} MN/m²	$\alpha^{*)}$
52	Z-17.1-1059	Mauerwerk aus Plan-hochlochziegeln (be-zeichnet als ISOMEGA-Plus BIOTON Plan-hochlochziegel) im Dünnbettverfahren	S. 77	21.07.2015	14.04.2020	Dünnbettmörtel 900 D	0,65 0,70	0,09/0,10[11] 0,11	6 8	0,8 1,0	0,072 0,096	0,198 0,264	0,33
									EC 6	charakt. Druckfestigkeit f_k MN/m²		$f_{bt,cal}$ MN/m²	
									6 8	2,3 2,9		0,195 0,260	
53	Z-17.1-1066	Mauerwerk aus Planhochlochziegeln UNIPOR WS09 CORISO in Dünnbettverfahren mit gedeckelter Lagerfuge	S. 79	12.10.2016	14.04.2020	Dünnbettmörtel 900 D quick-mix DBM-L maxit mörtelpads nach Z-17.1-1134	0,80	0,09	6 8 10 12	0,95 1,2 1,4 1,6	0,072 0,096 0,120 0,144	0,198 0,264 0,330 0,396	0,35
									EC 6	charakt. Druckfestigkeit f_k MN/m²		$f_{bt,cal}$ MN/m²	
									6 8 10 12	2,5 3,1 3,7 4,2		0,195 0,260 0,325 0,390	
54	Z-17.1-1074	Mauerwerk aus UNIPOR WS07 CORISO Planziegeln im Dünn-bettverfahren mit gedeckelter Lagerfuge	S. 79	12.10.2016	14.04.2020	Dünnbettmörtel 900 D maxit mörtelpad nach Z-17.1-1134	0,60 0,65	0,07 0,07	4 6 8	0,6 0,85 1,0	0,048 0,072 0,096	0,132 0,198 0,264	0,30
									EC 6	charakt. Druckfestigkeit f_k MN/m²		$f_{bt,cal}$ MN/m²	
									4 6 8	1,5 2,2 2,6		0,130 0,195 0,260	
55	Z-17.1-1162	Mauerwerk aus UNIPOR WS07 SILVACOR Planziegeln im Dünnbettverfahren mit gedeckelter Lagerfuge	S. 81	12.10.2016	14.04.2020	Dünnbettmörtel 900 quick-mix DBM-L maxit mörtelpad nach Z-17.1-1134	0,55 0,60	0,07 0,07	4 6 8	0,6 0,85 1,0	0,048 0,072 0,096	0,132 0,198 0,264	0,30
									EC 6	charakt. Druckfestigkeit f_k MN/m²		$f_{bt,cal}$ MN/m²	
									4 6 8	1,5 2,2 2,6		0,130 0,195 0,260	

	Zulassungs-nummer	Zulassungsgegenstand	Verweis	Bescheid	Geltungs-dauer	Mörtel	Roh-dichte-klasse	Bemessungswert der Wärmeleitfähigkeit λ W/(m·K)	Festig-keits-klasse	Grundwert σ_0 MN/m²	max τ MN/m²	β_{RZ} MN/m²	$\alpha^{*)}$
56	Z-17.1-1163	Mauerwerk aus UNIPOR-WH09- und UNIPOR-WH-10-Planziegeln R/T im Dünnbettverfahren	S. 83	12.10.2016	14.04.2020	maxit mur 900 quick-mix DBM Typ I	0,60 0,65	0,09 0,10	4 6 8	0,3 0,4 0,5	0,048 0,072 0,096	0,132 0,198 0,264	0,33
									EC 6	charakt. Druckfestigkeit f_k MN/m²		$f_{bt,cal}$ MN/m²	
									4 6 8	0,85 1,15 1,4		0,130 0,195 0,260	
	Wienerberger Ziegelindustrie GmbH		Oldenburger Allee 26 30659 Hannover										
	Schlagmann-Baustoffe GmbH & Co. KG		Ziegeleistraße 1 84367 Zeilarn										
57	Z-17.1-728	Mauerwerk aus POROTON Planhoch-lochziegeln-T im Dünn-bettverfahren	–	27.03.2012 Ä/E: 03.08.2012	31.03.2016	Poroton-T-Dünnbettmörtel Typ I, Typ III[1)], Typ B I, Typ B III[1)], Typ M I, Typ M IV[1)]	0,8 0,9 1,0 1,2 1,4	0,39/0,26[13)] 0,42/0,27[13)] 0,45/0,29[13)] 0,50 0,58	6 8 10 12 16 20	1,2 1,4 1,6 1,8 2,1 2,4	0,060 0,080 0,100 0,120 0,160 0,200	0,150 0,200 0,250 0,300 0,400 0,500	1,0
58	Z-17.1-1063	Mauerwerk aus Plan-hochlochziegeln mit Quadratlochung	S. 84	17.04.2012 Ä/E: 06.08.2012	17.04.2017	Poroton-T-Dünnbettmörtel Typ I Typ III[1)] Typ B I Typ B III[1)] Typ M I Typ M IV[1)]	0,9 1,0 1,2 1,4	0,42 0,45 0,50 0,58	8 10 12 16 20	1,4 1,7 1,9 2,3 2,6	0,096 0,120 0,144 0,192 0,240	0,264 0,330 0,396 0,528 0,660	1,0

Zulassungs-nummer	Zulassungsgegenstand	Verweis	Bescheid	Geltungs-dauer	Mörtel	Roh-dichte-klasse	Bemessungswert der Wärmeleitfähigkeit λ W/(m·K)	Festig-keits-klasse	Grundwert σ_0 MN/m²	max τ MN/m²	β_{RZ} MN/m²	$\alpha^{*)}$
	Ziegelsysteme Michael Kellerer GmbH & Co. KG	Ziegeleistraße 13 82281 Egenhofen/OT Oberweikertshofen										
59 Z-17.1-951	Mauerwerk aus ZMK-Planziegeln mit Stoß-fugenverzahnung im Dünnbettverfahren	S. 85	27.10.2015	14.04.2020	Dünnbettmörtel ZP 99 Dünnbettmörtel 900 D	0,8 0,9 1,0 1,2 1,4	0,39 0,42 0,45 0,50 0,58	6 8 10 12 16 20	1,2 1,4 1,6 1,8 2,1 2,4	0,072 0,096 0,120 0,144 0,192 0,240	0,198 0,264 0,330 0,396 0,528 0,660	1,0
								EC 6	charakt. Druckfestigkeit f_k MN/m²		$f_{bt,cal}$ MN/m²	
								6 8 10 12 16 20	3,1 3,7 4,2 4,7 5,5 6,3		0,195 0,260 0,325 0,390 0,520 0,650	
60 Z-17.1-954	Mauerwerk aus ZMK-Planziegeln WZ11 und WZ12 mit Stoß-fugenverzahnung im Dünnbettverfahren mit gedeckelter Lagerfuge	–	05.11.2015	14.04.2020	Dünnbettmörtel 900 D	0,60 0,65	0,11 0,12	4 6 8 10	0,7 0,9 1,1 1,3	0,048 0,072 0,096 0,120	0,132 0,198 0,264 0,330	0,33
								EC 6	charakt. Druckfestigkeit f_k MN/m²		$f_{bt,cal}$ MN/m²	
								4 6 8 10	1,8 2,3 2,9 3,4		0,130 0,195 0,260 0,325	

	Zulassungs- nummer	Zulassungsgegenstand	Verweis	Bescheid	Geltungs- dauer	Mörtel	Roh- dichte- klasse	Bemessungswert der Wärmeleitfähigkeit λ W/(m·K)	Festig- keits- klasse	Grundwert σ_0 MN/m²	max τ MN/m²	β_{RZ} MN/m²	$\alpha^{*)}$
61	Z-17.1-955	Mauerwerk aus ZMK-Planziegeln WZ 14 und WZ 16 mit Stoß- fugenverzahnung im Dünnbettverfahren mit gedeckelter Lagerfuge	–	05.11.2015	14.04.2020	Dünnbettmörtel 900 D	0,70 0,75	0,14/0,15²⁾ 0,16/0,18²⁾	4 6 8 10 12	0,7 0,9 1,1 1,2 1,3	0,048 0,072 0,096 0,120 0,144	0,132 0,198 0,264 0,330 0,396	0,5
									EC 6	charakt. Druckfestigkeit f_k MN/m²		$f_{bt,cal}$ MN/m²	
									4 6 8 10 12	1,8 2,3 2,9 3,1 3,4		0,130 0,195 0,260 0,325 0,390	
62	Z-17.1-1012	Mauerwerk aus Plan- hochlochziegeln (be- zeichnet als ZMK-P 7,5, ZMK-P 8 und ZMK-P 9) im Dünnbettverfahren mit gedeckelter Lager- fuge	–	09.06.2016	14.04.2020	Dünnbettmörtel 900 D	0,60 0,65 0,65	ZMK-P 7,5: 0,075 ZMK-P 8: 0,08 ZMK-P 9: 0,09	4 6 8	0,6 0,8 1,0	0,048 0,072 0,096	0,132 0,198 0,264	0,3
									EC 6	charakt. Druckfestigkeit f_k MN/m²		$f_{bt,cal}$ MN/m²	
									4 6 8	2,0 2,6 3,1		0,130 0,195 0,260	
	Ziegelwerk Bellenberg Wiest GmbH & Co. KG	Tiefenbacher Straße 1 89287 Bellenberg											
63	Z-17.1-628	Mauerwerk aus Plan- hochlochziegeln SX im Dünnbettverfahren	–	11.10.2016	14.04.2020	Mein Ziegelhaus Typ I ZiegelPlan ZP 99 maxit mur 900 Dünnbettmörtel 900 D	0,60 0,65	0,11/012⁷⁾ 0,12	4 6	0,7 1,0	0,048 0,072	0,132 0,198	0,5
									EC 6	charakt. Druckfestigkeit f_k MN/m²		$f_{bt,cal}$ MN/m²	
									4 6	1,9 2,7		0,130 0,195	

II Verzeichnis der abZ/aBg für den Mauerwerksbau (Stand 31.05.2018)

	Zulassungs-nummer	Zulassungsgegenstand	Verweis	Bescheid	Geltungs-dauer	Mörtel	Roh-dichte-klasse	Bemessungswert der Wärmeleitfähigkeit λ W/(m·K)	Festig-keits-klasse	Grundwert σ_0 MN/m²	max τ MN/m²	β_{RZ} MN/m²	$\alpha^{*)}$
64	Z-17.1-738	Mauerwerk aus Plan-Leichthochlochziegeln „SX Plus" mit gedeckelter Lagerfuge (VD System)	–	03.11.2014	26.10.2016	Mein Ziegelhaus Typ I ZiegelPlan ZP 99 Dünnbettmörtel 900 D	0,60 0,65 0,75	0,09 0,11 0,12	4 6 8	0,5 0,65[14] 0,8	0,040 0,060 0,080	– – –	0,4
									EC 6	charakt. Druckfestigkeit f_k MN/m²		$f_{bt,cal}$ MN/m²	
									4 6 8	1,4 1,8[14] 2,2		0,130 0,195 0,260	
65	Z-17.1-926	Mauerwerk aus Plan-hochlochziegeln SX Pro im Dünnbettverfahren	–	11.10.2016	14.04.2020	Mein Ziegelhaus Typ I ZiegelPlan ZP 99 maxit mur 900 Dünnbettmörtel 900 D	0,60 0,65 0,70	0,10 0,11 0,12	4 6	0,7 1,0	0,048 0,072	0,132 0,198	0,5
									EC 6	charakt. Druckfestigkeit f_k MN/m²		$f_{bt,cal}$ MN/m²	
									4 6	1,9 2,7		0,130 0,195	
	Ziegelwerk Freital Eder GmbH		Wilsdruffer Straße 25 01705 Freital										
66	Z-17.1-813	Mauerwerk aus Plan-hochlochziegeln (bezeichnet als „EDER-PLAN XP 11") und Dünnbettmörtel mit gedeckelter Lagerfuge	S. 85	16.03.2016	14.04.2020	Dünnbettmörtel 900 D	0,70	0,11	8 10	1,0 1,2	0,096 0,120	0,264 0,330	0,4
									EC 6	charakt. Druckfestigkeit f_k MN/m²		$f_{bt,cal}$ MN/m²	
									8 10	2,7 3,2		0,260 0,325	
67	Z-17.1-892	Mauerwerk aus Plan-hochlochziegeln (bezeichnet als EDERPLAN XP 09, EDERPLAN XP 10 und EDERPLAN XP 11-300) und Dünnbettmörtel mit gedeckelter Lagerfuge	S. 85	27.07.2017	27.07.2022	Dünnbettmörtel 900 D	0,70	XP 9: 0,09 XP 10: 0,11 XP 11: 0,11	8 10 12	1,9 2,4 2,7		0,260 0,325 0,390	0,33
									EC 6	charakt. Druckfestigkeit f_k MN/m²		$f_{bt,cal}$ MN/m²	

	Zulassungs-nummer	Zulassungsgegenstand	Verweis	Bescheid	Geltungs-dauer	Mörtel	Roh-dichte-klasse	Bemessungswert der Wärmeleitfähigkeit λ W/(m·K)	Festig-keits-klasse	Grundwert σ_0 MN/m²	max τ MN/m²	β_{RZ} MN/m²	$\alpha^{*)}$
68	Z-17.1-970	Mauerwerk aus Plan-hochlochziegeln Typ EDER XP 8 (bezeich-net als „EDERPLAN XP 8") und Dünnbett-mörtel mit gedeckelter Lagerfuge	S. 86	14.05.2016	14.04.2020	Dünnbettmörtel 900 D	0,70	0,080	8 10 12	0,7 0,9 1,0	0,096 0,120 0,144	0,264 0,330 0,396	0,33
									EC 6	charakt. Druckfestigkeit f_k MN/m²		f_{bz} MN/m²	
									8 10 12	1,9 2,4 2,7		0,260 0,325 0,390	
69	Z-17.1-1098	Mauerwerk aus Plan-hochlochziegeln (be-zeichnet als „EDER P 012", „EDER P 013-300" und „EDER P 014-240") und Dünnbettmörtel mit gedeckelter Lagerfuge	S. 86	16.09.2013	16.09.2018	Dünnbettmörtel 900 D	0,75	t = 240 mm: 0,14 t = 300 mm: 0,13 t ≥ 365 mm: 0,12	8 10 12	0,9 1,1 1,3	0,128 0,160 0,192	0,264 0,330 0,396	0,33
	Ziegelwerk Ott Deisendorf GmbH Ziegeleistraße 20 88662 Überlingen-Deisendorf												
70	Z-17.1-821	Mauerwerk aus OTT-Planhochlochziegeln	–	14.10.2016	14.04.2020	Dünnbettmörtel ZP 99	0,8 0,9 1,0 1,2 1,4	0,39 0,42 0,45 0,50 0,58	6 8 10 12 16 20	1,2 1,4 1,6 1,8 2,1 2,4	0,060 0,080 0,100 0,120 0,160 0,200	0,150 0,200 0,250 0,300 0,400 0,500	1,0
									EC 6	charakt. Druckfestigkeit f_k MN/m²		f_{bz} MN/m²	
									6 8 10 12 16 20	3,1 3,7 4,2 4,7 5,5 6,3		0,150 0,200 0,250 0,300 0,400 0,500	

	Zulassungs-nummer	Zulassungsgegenstand	Verweis	Bescheid	Geltungs-dauer	Mörtel	Roh-dichte-klasse	Bemessungswert der Wärmeleitfähigkeit λ W/(m·K)	Festig-keits-klasse	Grundwert σ_0 MN/m²	max τ MN/m²	β_{RZ} MN/m²	α *)
71	Z-17.1-853	Mauerwerk aus OTT klimatherm plus Plan-hochlochziegeln im Dünnbettverfahren	–	16.06.2016	14.04.2020	Dünnbettmörtel ZP 99 Dünnbettmörtel 900 D	0,70 0,75 0,80	0,11 0,12 0,12	4 6 8 10	0,5 0,6 0,7 0,9	0,048 0,072 0,096 0,120	0,132 0,198 0,264 0,330	0,5
									EC 6	charakt. Druckfestigkeit f_k MN/m²		f_{bz} MN/m²	
									4 6 8 10	1,3 1,5 1,8 2,3		0,130 0,195 0,260 0,325	
72	Z-17.1-857	Mauerwerk aus OTT klimatherm ST plus Planhochlochziegeln im Dünnbettverfahren	S. 87	19.05.2016	14.04.2020	Dünnbettmörtel ZP 99 Dünnbettmörtel 900 D	0,60 0,65	0,09 0,10	4 6 8	0,5 0,6 0,7	0,048 0,072 0,096	0,132 0,198 0,264	0,5
									EC 6	charakt. Druckfestigkeit f_k MN/m²		$f_{bt,cal}$ MN/m²	
									4 6 8	1,3 1,5 1,8		0,130 0,195 0,260	
73	Z-17.1-860	Mauerwerk aus OTT klimatherm ST plus Planhochlochziegeln und Dünnbettmörtel mit gedeckelter Lagerfuge	S. 87	19.05.2016	14.04.2020	Dünnbettmörtel ZP 99 Dünnbettmörtel 900 D	0,60 0,65	0,09 0,10	4 6 8	0,5 0,7 0,9	0,048 0,072 0,096	0,132 0,198 0,264	0,5
									EC 6	charakt. Druckfestigkeit f_k MN/m²		$f_{bt,cal}$ MN/m²	
									4 6 8	1,3 1,8 2,3		0,130 0,195 0,260	

Zulassungs-nummer	Zulassungsgegenstand	Verweis	Bescheid	Geltungs-dauer	Mörtel	Roh-dichte-klasse	Bemessungswert der Wärmeleitfähigkeit λ W/(m·K)	Festig-keits-klasse	Grundwert σ_0 MN/m²	max τ MN/m²	β_{RZ} MN/m²	α *)
74 Z-17.1-869	Mauerwerk aus OTT klimatherm plus Plan-hochlochziegeln und Dünnbettmörtel mit gedeckelter Lagerfuge	S. 87	21.07.2015	14.04.2020	Dünnbettmörtel ZP 99 Dünnbettmörtel 900 D	0,70 0,75 0,80	0,11 0,12 0,12	4 6 8 10	0,6 0,8 1,0 1,2	0,048 0,072 0,096 0,120	0,132 0,198 0,264 0,330	0,5
								EC 6	charakt. Druckfestigkeit f_k MN/m²		$f_{bt,cal}$ MN/m²	
								4 6 8 10	1,6 2,1 2,6 3,1		0,130 0,195 0,260 0,325	
75 Z-17.1-929	Mauerwerk aus Plan-hochlochziegeln Klima-therm HV Ultra Plus im Dünnbettverfahren mit gedeckelter Lagerfuge	–	04.09.2012	04.09.2017		0,65	0,090	4 6 8	0,5 0,7 0,9	0,048 0,072 0,096	0,132 0,198 0,264	0,5
								EC 6	charakt. Druckfestigkeit f_k MN/m²		$f_{bt,cal}$ MN/m²	
								4 6 8	1,3 1,5 1,8		0,130 0,195 0,260	
76 Z-17.1-946	Mauerwerk aus OTT Klimatherm PL Ultra Planhochlochziegeln im Dünnbettverfahren mit gedeckelter Lagerfuge	–	08.08.2017	14.04.2020		0,60 0,65	0,080 0,090	4 6 8 10	1,5 2,1 2,6 3,1		0,130 0,195 0,260 0,325	0,5
77 Z-17.1-1140	Mauerwerk aus Plan-hochlochziegeln OTT klimatherm PL Supra 75 im Dünnbettverfahren	S. 88	11.08.2015 Ä+E: 13.10.2016	14.04.2020	Dünnbettmörtel ZP 99 Dünnbettmörtel 900 D	0,60	0,075	4 6	0,5 0,6	0,048 0,072	0,132 0,198	0,5
								EC 6	charakt. Druckfestigkeit f_k MN/m²		$f_{bt,cal}$ MN/m²	
								4 6	1,3 1,5		0,130 0,195	

II Verzeichnis der abZ/aBg für den Mauerwerksbau (Stand 31.05.2018)

	Zulassungs-nummer	Zulassungsgegenstand	Verweis	Bescheid	Geltungs-dauer	Mörtel	Roh-dichte-klasse	Bemessungswert der Wärmeleitfähigkeit λ W/(m·K)	Festig-keits-klasse	Grundwert σ_0 MN/m²	max τ MN/m²	β_{RZ} MN/m²	$\alpha^{*)}$
78	Z-17.1-1147	Mauerwerk aus Plan-hochlochziegeln OTT klimatherm PL Supra 75 mit gedeckelter Lagerfuge	S. 89	02.02.2016	14.04.2020	Dünnbettmörtel ZP 99 Dünnbettmörtel 900 D	0,60	0,075	4 6	0,5 0,7	0,048 0,072	0,132 0,198	0,5
									EC 6	charakt. Druckfestigkeit f_k MN/m²		$f_{bt,cal}$ MN/m²	
									4 6	1,3 1,8		0,130 0,195	
	Ziegelwerk Stengel GmbH & Co. KG	Nördlinger Straße 24 86609 Donauwörth-Berg											
79	Z-17.1-663	Mauerwerk aus klimaton ST-Planhoch-lochziegeln im Dünn-bettverfahren ohne Stoßfugenvermörtelung	S. 90	27.08.2015	14.04.2020	klimaton Dünnbettmörtel	0,7	0,16/0,18 ²⁾	6 8 10 12	0,9 1,2 1,3 1,4	0,060 0,080 0,100 0,120	0,150 0,200 0,250 0,300	1,0
									EC 6	charakt. Druckfestigkeit f_k MN/m²		$f_{bt,cal}$ MN/m²	
									6 8 10 12	2,3 3,1 3,4 3,7		0,150 0,200 0,250 0,300	

*) Erläuterung Fußnote siehe Seite 632.
1) Auch zusammen mit dem Glasfilamentgewebe BASIS SK 34/68 tex.
2) Wert gilt für die Wanddicke 175 mm.
3) Bei Rohdichteklasse 0,60 mit einer Wanddicke ≥ 365 mm gilt λ = 0,10 W/(m·K).
4) Wert gilt für eine Wanddicke von 190 mm.
5) Wert gilt bei Außenwänden mit Dicken ≥ 300 mm und lichten Geschosshöhen ≤ 2,625 m.
6) Bei Wanddicken von 175 mm, 190 mm und 200 mm ist λ = 0,16 W/(m·K).
7) Wert gilt für die Wanddicke 240 mm.
8) Wert gilt für die Wanddicke 140 mm.
9) Wert gilt für die Wanddicken von 140 mm und 175 mm.
10) Wert gilt für Wanddicken ≤ 200 mm.
11) Wert gilt für Wanddicken ≤ 240 mm.
12) Wert gilt für Planhochlochziegel mit Grifföffnungen bzw. für eine Wanddicke vom 300 mm.
13) Wert gilt für LD-Ziegel mit Lochung W (nach Anlage 3 der Zulassung).
14) σ_0 = 0,7 MN/m² bzw. f_k = 1,9 MN/m² bei lichten Geschosshöhen ≤ 2,625 m.

2.1.2 Planziegel mit integrierter Wärmedämmung

	Zulassungs-nummer	Zulassungsgegenstand	Verweis	Bescheid	Geltungs-dauer	Mörtel	Roh-dichte-klasse	Bemessungswert der Wärmeleitfähigkeit λ W/(m·K)	Festigkeits-klasse	Grundwert σ_0 MN/m^2	max τ MN/m^2	β_{RZ} MN/m^2	α *)
	Deutsche POROTON GmbH		Kochstraße 6–7 10969 Berlin										
1	Z-17.1-674	Mauerwerk aus Planhoch-lochziegeln mit integrierter Wärmedämmung (bezeichnet als POROTON-T9-Planziegel) im Dünnbettverfahren	S. 90	28.07.2014	28.07.2019	Poroton-T-Dünnbett-mörtel Typ I, Typ III$^{1)}$ Typ B I, Typ B III$^{1)}$ Typ M I, Typ M IV$^{1)}$	0,65	0,090	EC 6				
									Druckfestig-keit Ziegel N/mm^2	charakt. Druckfestig-keit f_k MN/m^2		f_{vlt} MN/m^2	
									≥ 4 ≥ 6	1,3 1,8		0,04 0,04	1,0
2	Z-17.1-812	Mauerwerk aus POROTON Planhochlochziegeln mit integrierter Wärmedäm-mung (bezeichnet als POROTON S11-0,9) im Dünnbettverfahren	S. 92	22.05.2014	22.05.2019	Poroton-T-Dünnbett-mörtel Typ I, Typ III$^{1)}$ Typ B I, Typ B III$^{1)}$ Typ M I, Typ M IV$^{1)}$	0,9	0,11	EC 6				
									Druckfestig-keit Ziegel N/mm^2	charakt. Druckfestig-keit f_k MN/m^2		$f_{bt,cal}$ MN/m^2	
									8 10	3,7 4,2		0,200 0,250	0,5
3	Z-17.1-982	Mauerwerk aus POROTON Planhochlochziegeln mit integrierter Wärmedäm-mung (bezeichnet als POROTON-T8-Planziegel) im Dünnbettverfahren	S. 93	11.12.2014 Ä/E/V 14.10.2016	14.10.2020	Poroton-T-Dünnbett-mörtel Typ I, Typ III$^{1)}$ Typ B I, Typ B III$^{1)}$ Typ M I, Typ M IV$^{1)}$	0,6	0,080	EC 6				
									Druckfestig-keit Ziegel N/mm^2	charakt. Druckfestig-keit f_k MN/m^2		f_{vlt} MN/m^2	
									≥ 4 ≥ 6	1,3 1,8		0,04 0,04	1,0
4	Z-17.1-1017	Mauerwerk aus POROTON Planhochlochziegeln mit integrierter Wärmedäm-mung (bezeichnet als POROTON-S10-Planziegel) im Dünnbettverfahren	S. 93	22.05.2014	22.05.2019	Poroton-T-Dünnbett-mörtel Typ I, Typ III$^{1)}$ Typ B I, Typ B III$^{1)}$ Typ M I, Typ M IV$^{1)}$	0,70 0,75	0,10 0,10	EC 6				
									Druckfestig-keit Ziegel N/mm^2	charakt. Druckfestig-keit f_k MN/m^2		$f_{bt,cal}$ MN/m^2	
									6 8 10	2,6 3,1 3,6		0,150 0,200 0,250	0,5

	Zulassungs-nummer	Zulassungsgegenstand	Verweis	Bescheid	Geltungs-dauer	Mörtel	Roh-dichte-klasse	Bemessungswert der Wärmeleitfähigkeit λ W/(m·K)	Festigkeits-klasse		Grundwert σ_0 MN/m²	max τ MN/m²	β_{RZ} MN/m²	$\alpha^{*)}$
5	Z-17.1-1034	Mauerwerk aus POROTON Planhochlochziegeln mit integrierter Wärmedämmung (bezeichnet als POROTON-FZ 10 Objekt-Planziegel) im Dünnbettverfahren	S. 93	30.07.2014	30.07.2019	Poroton-T-Dünnbett-mörtel Typ I, Typ III[1] Typ B I, Typ B III[1] Typ M I, Typ M IV[1]	0,70 0,75	0,10 0,10	EC 6 Druckfestigkeit Ziegel N/mm²	6 8 10	charakt. Druckfestigkeit f_k MN/m² 2,6 3,1 3,6		$f_{bt,cal}$ MN/m² 0,150 0,200 0,250	0,5
6	Z-17.1-1035	Mauerwerk aus POROTON Planhochlochziegeln mit integrierter Wärmedämmung (bezeichnet als POROTON-FZ 7 Planziegel) im Dünnbettverfahren	S. 94	19.08.2014 V: 05.11.2015	14.04.2020	Poroton-T-Dünnbett-mörtel Typ I, Typ III[1] Typ B I, Typ B III[1] Typ M I, Typ M IV[1]	0,6	0,070	EC 6 Druckfestigkeit Ziegel N/mm²	≥ 4 ≥ 6	charakt. Druckfestigkeit f_k MN/m² 1,3 1,8		f_{vit} MN/m² 0,04 0,04	1,0
7	Z-17.1-1041	Mauerwerk aus Planhochlochziegeln mit integrierter Wärmedämmung (bezeichnet als POROTON Planhochlochziegel T8 MW) im Dünnbettverfahren mit gedeckelter Lagerfuge	S. 94	15.10.2015	14.04.2020	Poroton-T-Dünnbett-mörtel Typ IV Typ M IV	0,65	0,08	EC 6	6 8	0,75 0,90	0,072 0,096	0,198 0,264	0,3
									charakt. Druckfestigkeit f_k MN/m²	6 8	charakt. Druckfestigkeit f_k MN/m² 2,1 2,6		$f_{bt,cal}$ MN/m² 0,195 0,260	
8	Z-17.1-1057	Mauerwerk aus POROTON Planhochlochziegeln mit integrierter Wärmedämmung (bezeichnet als POROTON-T7-MD-Planziegel) im Dünnbettverfahren	S. 95	28.07.2014	28.07.2019	Poroton-T-Dünnbett-mörtel Typ I, Typ III[1] Typ B I, Typ B III[1] Typ M I, Typ M IV[1]	0,55 0,60	0,07 0,07	EC 6 Druckfestigkeit Ziegel N/mm²	≥ 4 ≥ 6	charakt. Druckfestigkeit f_k MN/m² 1,3 1,8		f_{vit} MN/m² 0,04 0,04	1,0

	Zulassungs-nummer	Zulassungsgegenstand	Verweis	Bescheid	Geltungs-dauer	Mörtel	Roh-dichte-klasse	Bemessungswert der Wärmeleitfähigkeit λ W/(m·K)	Festigkeits-klasse		Grundwert σ_0 MN/m²	max τ MN/m²	β_{RZ} MN/m²	α *)
9	Z-17.1-1058	Mauerwerk aus POROTON Planhochlochziegeln mit integrierter Wärmedäm-mung (bezeichnet als POROTON-S9-Planziegel) im Dünnbettverfahren	S. 95	16.11.2017	16.11.2022	Poroton-T-Dünnbett-mörtel Typ M IV[1]	0,70 0,75	0,09 0,09	EC 6		charakt. Druckfestig-keit f_k MN/m²		$f_{bt,cal}$ MN/m²	
									Druckfestig-keit Ziegel N/mm²	6 8 10	2,6 3,1 3,6		0,150 0,200 0,250	0,5
10	Z-17.1-1060	Mauerwerk aus POROTON Planhochlochziegeln mit integrierter Wärme-dämmung (bezeichnet als POROTON-FZ7-LB2010 Planziegel) im Dünnbett-verfahren	S. 96	19.08.2014	19.08.2019	Poroton-T-Dünnbett-mörtel Typ M IV[1]	0,55	0,07	EC 6		charakt. Druckfestig-keit f_k MN/m²		f_{vlt} MN/m²	
									Druckfestig-keit Ziegel N/mm²	6 8	1,7 2,1		0,04 0,05	1,0
11	Z-17.1-1100	Mauerwerk aus POROTON-Planhochlochziegeln mit integrierter Wärme-dämmung (bezeichnet als POROTON-FZ 9i) im Dünnbettverfahren	S. 96	14.10.2016	14.04.2020	Poroton-T-Dünnbett-mörtel Typ I, Typ III[1] Typ B I, Typ B III[1] Typ M I, Typ M IV[1]	0,9	0,09	EC 6		charakt. Druckfestig-keit f_k MN/m²		$f_{bt,cal}$ MN/m²	
									Druckfestig-keit Ziegel N/mm²	8 10	3,7 4,2		0,260 0,325	0,5
										8 10 12	1,4 1,6 1,9	0,096 0,120 0,144	0,264 0,330 0,396	
12	Z-17.1-1101	Mauerwerk aus Poroton-Planhochlochziegeln mit integrierter Wärmedäm-mung (bezeichnet als POROTON S10 MW) im Dünnbettverfahren	S. 97	24.11.2015	14.04.2020	Poroton-T-Dünnbett-mörtel Typ M IV	0,80	0,10	EC 6		charakt. Druckfestig-keit f_k MN/m²		$f_{bt,cal}$ MN/m²	
										8 10 12	3,9 4,6 5,2		0,260 0,325 0,390	0,5

Zulassungs-nummer	Zulassungsgegenstand	Verweis	Bescheid	Geltungs-dauer	Mörtel	Roh-dichte-klasse	Bemessungswert der Wärmeleitfähigkeit λ W/(m·K)	Festigkeits-klasse	Grundwert σ_0 MN/m²	max τ MN/m²	β_{RZ} MN/m²	$\alpha^{*)}$
13 Z-17.1-1102	Mauerwerk aus POROTON Planhochlochziegeln mit integrierter Wärmedämmung (bezeichnet als POROTON-T8-Planziegel) im Dünnbettverfahren	S. 97	17.12.2013	17.12.2018	Poroton-T-Dünnbett-mörtel Typ I, Typ III[1]) Typ B I, Typ B III[1]) Typ M I, Typ M IV[1])	0,55 0,60	0,08 0,08	4 6	0,5 0,7	0,020 0,020	– –	1,0
14 Z-17.1-1103	Mauerwerk aus POROTON Planhochlochziegeln T7 PF mit integrierter Wärmedämmung im Dünnbettverfahren mit gedeckelter Lagerfuge	S. 98	03.04.2014	03.04.2019	Poroton-T-Dünnbett-mörtel Typ M IV	0,50 0,55	0,07 0,07	4 6	0,5 0,7	0,048 0,072	0,132 0,198	0,3
								EC 6 Druckfestig-keit Ziegel N/mm²	charakt. Druckfestig-keit f_k MN/m²		$f_{bt,cal}$ MN/m²	
								4 6	1,4 1,9		0,130 0,195	0,3
15 Z-17.1-1104	Mauerwerk aus POROTON-Plan-Hochlochziegeln mit integrierter Wärmedämmung im Dünnbettver-fahren (bezeichnet als POROTON-FZ8-Objekt)	S. 99	25.08.2015	12.02.2019	Poroton-T-Dünnbett-mörtel Typ I, Typ III[1]) Typ B I, Typ B III[1]) Typ M I, Typ M IV[1])	0,70 0,75	0,08 0,08	EC 6 charakt. Druckfestig-keit f_k MN/m²			$f_{bt,cal}$ MN/m²	
								8 10 12	2,5 3,0 3,4		0,200 0,250 0,300	0,4
16 Z-17.1-1109	Mauerwerk aus POROTON Planhochlochziegeln mit integrierter Wärmedämmung (bezeichnet als POROTON S8) im Dünn-bettverfahren	S. 100	09.09.2014 Ä/E: 28.08.2015	09.09.2019	Poroton-T-Dünnbett-mörtel Typ I, Typ III[1]) Typ B I, Typ B III[1]) Typ M I, Typ M IV[1])	0,70 0,75	0,08 0,08	EC 6 charakt. Druckfestig-keit f_k MN/m²			$f_{bt,cal}$ MN/m²	
								8 10 12	2,5 3,0 3,4		0,200 0,250 0,300	0,4

	Zulassungs-nummer	Zulassungsgegenstand	Verweis	Bescheid	Geltungs-dauer	Mörtel	Roh-dichte-klasse	Bemessungswert der Wärmeleitfähigkeit λ W/(m·K)	Festigkeits-klasse	Grundwert σ_0 MN/m²	max τ MN/m²	β_{RZ} MN/m²	α*)
17	Z-17.1-1120	Mauerwerk aus POROTON Planhochlochziegeln mit integrierter Wärmedämmung (bezeichnet als POROTON-S8-Mikroverzahnung) im Dünnbettverfahren	S. 101	12.03.2015	12.03.2020	Poroton-T-Dünnbettmörtel Typ I, Typ III[1]) Typ B I, Typ B III[1]) Typ M I, Typ M IV[1])	0,70 0,75	0,08 0,08	EC 6	charakt. Druckfestigkeit f_k MN/m²		$f_{bt,cal}$ MN/m²	0,4
									8 10 12	2,5 3,0 3,4		0,260 0,325 0,390	
18	Z-17.1-1144	Mauerwerk aus POROTON Planhochlochziegeln S9 PF mit integrierter Wärmedämmung im Dünnbettverfahren mit gedeckelter Lagerfuge	S. 102	11.12.2015	14.04.2020	Poroton-T-Dünnbettmörtel Typ M IV	0,70 0,75	0,09 0,09	8 10 12	1,4 1,7 1,9	0,096 0,120 0,144	0,264 0,330 0,396	0,5
									EC 6	charakt. Druckfestigkeit f_k MN/m²		$f_{bt,cal}$ MN/m²	0,5
									8 10 12	3,9 4,6 5,2		0,260 0,325 0,390	
19	Z-17.1-1145	Mauerwerk aus POROTON Planhochlochziegeln mit integrierter Wärmedämmung (bezeichnet als POROTON S9 MW) im Dünnbettverfahren	S. 103	11.12.2015	14.04.2020	Poroton-T-Dünnbettmörtel Typ M IV	0,80	0,09	8 10 12	1,4 1,7 1,9	0,096 0,120 0,144	0,264 0,330 0,396	0,5
									EC 6	charakt. Druckfestigkeit f_k MN/m²		$f_{bt,cal}$ MN/m²	0,5
									8 10 12	3,9 4,6 5,2		0,260 0,325 0,390	
20	Z-17.1-1151	Mauerwerk aus Poroton-Planhochlochziegeln mit integrierter Wärmedämmung (bezeichnet als POROTON S9 MW (0,035)) im Dünnbettverfahren	S. 105	24.05.2016	14.04.2020	Poroton-T-Dünnbettmörtel Typ M IV	0,80	0,09	8 10 12	1,4 1,7 1,9	0,096 0,120 0,144	0,264 0,330 0,396	0,5
									EC 6	charakt. Druckfestigkeit f_k MN/m²		$f_{bt,cal}$ MN/m²	0,5
									8 10 12	3,9 4,6 5,2		0,260 0,325 0,390	

Zulassungs-nummer	Zulassungsgegenstand	Verweis	Bescheid	Geltungs-dauer	Mörtel	Roh-dichte-klasse	Bemessungswert der Wärmeleitfähigkeit λ W/(m·K)	Festigkeits-klasse	Grundwert σ₀ MN/m²	max τ MN/m²	β_RZ MN/m²	α*)
21 Z-17.1-1153	Mauerwerk aus Poroton-Planhochlochziegeln mit integrierter Wärmedämmung (bezeichnet als POROTON S9 MV) im Dünnbettverfahren	S. 106	04.10.2017	14.04.2020	Poroton-T-Dünnbett-mörtel Typ M IV[1]	0,85	0,09	EC 6	charakt. Druckfestig-keit f_k MN/m²		$f_{bt,cal}$ MN/m²	0,5
								8	4,0		0,260	
								10	4,7		0,325	
								12	5,3		0,390	
Ziegelwerk Eder GmbH & Co KG	Bruck 39 4722 Peuerbach, Österreich											
22 Z-17.1-1175	Planhochlochziegel EDER-PLAN XV 7.5 S, EDER-PLAN XV 8 S und EDER-PLAN XV 9 S mit integrierter Wärmedämmung für Mauerwerk im Dünnbettverfahren	S. 107	07.02.2018	07.02.2023	Dünnbettmörtel 900 D	0,85	XV 7.5 S: 0,075 XV 8 S: 0,08 XV 9 S: 0,09	EC 6	charakt. Druckfestig-keit f_k MN/m²		$f_{bt,cal}$ MN/m²	0,33
								6	2,7		0,1995	
								8	3,3		0,260	
								10	3,9		0,325	
Ziegelwerk Freital Eder GmbH	Wilsdruffer Straße 25 01705 Freital											
23 Z-17.1-1156	Planhochlochziegel mit integrierter Wärmedämmung im Dünnbettverfahren (Nach Auskunft des Herstellers werden zz. nach dieser Zulassung keine Ziegel produziert)	–	13.10.2016	14.04.2020	Dünnbettmörtel 900 D	0,75 0,80	0,09 0,09	8 10 12	0,7 0,9 1,0	0,096 0,120 0,144	0,264 0,330 0,396	0,33
								EC 6	charakt. Druckfestig-keit f_k MN/m²		$f_{bt,cal}$ MN/m²	
								8	1,9		0,260	
								10	2,4		0,325	
								12	2,7		0,390	

Zulassungs-nummer	Zulassungsgegenstand	Verweis	Bescheid	Geltungs-dauer	Mörtel	Roh-dichte-klasse	Bemessungswert der Wärmeleitfähigkeit λ W/(m·K)	Festigkeits-klasse	Grundwert σ_0 MN/m²	max τ MN/m²	β_{RZ} MN/m²	α *)
Mein Ziegelhaus GmbH & Co. KG	Märkerstraße 44 63755 Alzenau											
24 Z-17.1-906	Mauerwerk aus Planhoch-lochziegeln mit integrierter Wärmedämmung (be-zeichnet als ThermoPlan MZ8 Planhochlochziegel) und Dünnbettmörtel mit gedeckelter Lagerfuge	S. 108	06.06.2017	06.06.2022	Mein Ziegelhaus Typ I, Typ III ZiegelPlan ZP 99 maxit mur 900 ZiegelPlanmörtel ZP Typ III Dünnbettmörtel 900 D[1]	0,60 0,65	0,080 0,080	EC 6 6 8 10	charakt. Druckfestig-keit f_k MN/m² 1,4 1,7 1,9		$f_{bt,cal}$ MN/m² 0,195 0,260 0,325	0,5
25 Z-17.1-1015	Mauerwerk aus Planhoch-lochziegeln mit integrierter Wärmedämmung (bezeich-net als „ThermoPlan MZ10 Planhochlochziegel") und Dünnbettmörtel mit gedeckelter Lagerfuge	S. 109	31.05.2017	31.05.2022	Mein Ziegelhaus Typ I, Typ III ZiegelPlan ZP 99 maxit mur 900 ZiegelPlanmörtel ZP Typ III Dünnbettmörtel 900 D[1]	0,75 0,80	0,10/0,11 [2] 0,10/0,11 [2]	EC 6 6 8 10 12	charakt. Druckfestig-keit f_k MN/m² 2,0 2,4 2,7 3,0		$f_{bt,cal}$ MN/m² 0,150 0,200 0,250 0,300	0,5
26 Z-17.1-1084	Mauerwerk aus Plan-hochziegeln mit integrierter Wärmedäm-mung (bezeichnet als „ThermoPlan MZ 70") im Dünnbettverfahren	S. 109	30.05.2017	30.05.2022	Mein Ziegelhaus Typ I, Typ III ZiegelPlan ZP 99 maxit mur 900 ZiegelPlanmörtel ZP Typ III Dünnbettmörtel 900 D[1]	0,50 0,55	0,070 0,070	EC 6 6 8	charakt. Druckfestig-keit f_k MN/m² 1,25 1,50		$f_{bt,cal}$ MN/m² 0,195 0,260	0,4
27 Z-17.1-1086	Mauerwerk aus Planhoch-lochziegeln mit integrierter Wärmedämmung (bezeich-net als ThermoPlan MZ 65) im Dünnbettverfahren	S. 110	31.05.2017	31.05.2022	Mein Ziegelhaus Typ I, Typ III ZiegelPlan ZP 99 maxit mur 900 ZiegelPlanmörtel ZP Typ III Dünnbettmörtel 900 D[1]	0,50 0,55	0,065 0,065	EC 6 6 8	charakt. Druckfestig-keit f_k MN/m² 1,25 1,50		$f_{bt,cal}$ MN/m² 0,195 0,260	0,4

Zulassungs-nummer	Zulassungsgegenstand	Verweis	Bescheid	Geltungs-dauer	Mörtel	Roh-dichte-klasse	Bemessungswert der Wärmeleitfähigkeit λ W/(m·K)	Festigkeits-klasse	Grundwert σ_0 MN/m²	max τ MN/m²	β_{RZ} MN/m²	$\alpha^{*)}$
28 Z-17.1-1087	Mauerwerk aus Planhochlochziegeln mit integrierter Wärmedämmung (bezeichnet als ThermoPlan MZ 80 G und ThermoPlan MZ 90 G Planhochlochziegel) im Dünnbettverfahren mit gedeckelter Lagerfuge	S. 110	22.06.2017	22.06.2022	Mein Ziegelhaus Typ I, Typ III ZiegelPlan ZP 99 maxit mur 900 ZiegelPlanmörtel ZP Typ III Dünnbettmörtel 900 D [1)]	0,65 0,70	0,08 0,08/0,09 [5)]	EC 6 6 8 10 12	charakt. Druckfestigkeit f_k MN/m² 2,4 3,0 3,5 3,9		0,195 0,260 0,325 0,390	0,5
Schlagmann-Baustoffwerke GmbH & Co. KG	Ziegeleistraße 1 84367 Zeilarn											
Wienerberger Ziegelindustrie GmbH	Oldenburger Allee 26 30659 Hannover											
29 Z-17.1-1061	Mauerwerk aus POROTON Planhochlochziegeln mit integrierter Wärmedämmung (bezeichnet als POROTON-FZ9-Objekt) im Dünnbettverfahren	–	19.08.2011	19.08.2016	Poroton-T-Dünnbettmörtel Typ I, Typ III [2)] Dünnbettmörtel 900 D [2)]	0,65 0,70	0,09 0,09	8 10	0,9 1,1	0,080 0,100	– –	0,4
THERMOPOR ZIEGEL-KONTOR ULM GMBH	Olgastraße 94 89073 Ulm											
30 Z-17.1-1005	Mauerwerk aus THERMOPOR Planhochlochziegeln mit integrierter Wärmedämmung (bezeichnet als „THERMOPOR TV-7-Plan" und „THERMOPOR TV-8-Plan") im Dünnbettverfahren mit gedeckelter Lagerfuge	S. 111	26.05.2014 Ä: 14.10.2014	23.01.2019	Dünnbettmörtel 900 D	TV 7: 0,5 TV 8: 0,55	0,070 0,080	4 6 EC 6 4 6	0,50 0,70 charakt. Druckfestigkeit f_k MN/m² 1,3 1,8	0,048 0,072	0,132 0,198 $f_{bt,cal}$ MN/m² 0,130 0,195	0,5 0,5

Zulassungs-nummer	Zulassungsgegenstand	Verweis	Bescheid	Geltungs-dauer	Mörtel	Roh-dichte-klasse	Bemessungswert der Wärmeleitfähigkeit λ W/(m·K)	Festigkeits-klasse	Grundwert σ_0 MN/m²	max τ MN/m²	β_{RZ} MN/m²	$\alpha^{*)}$
31 Z-17.1-1006	Mauerwerk aus THERMOPOR Planhochlochziegeln mit integrierter Wärmedämmung (bezeichnet als „THERMOPOR TV-9-Plan" und „THERMOPOR TV-10-Plan") im Dünnbettverfahren mit gedeckter Lagerfuge	S. 111	22.05.2014 Ä: 14.10.2014	23.01.2019	Dünnbettmörtel 900 D	0,65 0,70 0,75	0,09 0,10 0,10	4 6 8 10 12	0,70 1,0 1,2 1,35 1,5	0,048 0,072 0,096 0,120 0,144	0,132 0,198 0,264 0,330 0,396	0,5
								EC 6	charakt. Druckfestigkeit f_k MN/m²		$f_{bt,cal}$ MN/m²	
								4 6 8 10 12	1,8 2,6 3,1 3,5 3,9		0,130 0,195 0,260 0,325 0,390	0,5
32 Z-17.1-1082	Mauerwerk aus THERMOPOR Planhochlochziegeln mit integrierter Wärmedämmung (bezeichnet als „THERMOPOR TV 9-Plan GMS" und „THERMOPOR TV 10-Plan GMS") im Dünnbettverfahren mit gedeckter Lagerfuge	S. 112	11.04.2014 Ä: 14.10.2014	08.03.2018	Dünnbettmörtel 900 D	0,65 0,70 0,75	0,09 0,09 0,10	4 6 8 10 12	0,7 1,0 1,2 1,35 1,5	0,048 0,072 0,096 0,120 0,144	0,132 0,198 0,264 0,330 0,396	0,5
								EC 6	charakt. Druckfestigkeit f_k MN/m²		$f_{bt,cal}$ MN/m²	
								4 6 8 10 12	1,8 2,6 3,1 3,5 3,9		0,130 0,195 0,260 0,325 0,390	0,5
UNIPOR Ziegel Marketing GmbH			Landsberger Straße 392 81241 München									
33 Z-17.1-935	Mauerwerk aus UNIPOR-WH08 CORISO Planziegeln und UNIPOR-WH07 CORISO Planziegeln im Dünnbettverfahren mit gedeckelter Lagerfuge	–	13.07.2012	31.03.2016	Dünnbettmörtel 900 D	0,65 0,70 0,65 0,70	WH 08: 0,080 WH 08: 0,080 WH 07: 0,070[3] WH 07: 0,070[3]	4 6 8	0,6 0,8 1,0	0,048 0,072 0,096	0,132 0,198 0,264	0,33

Zulassungs-nummer	Zulassungsgegenstand	Verweis	Bescheid	Geltungs-dauer	Mörtel	Roh-dichte-klasse	Bemessungswert der Wärmeleitfähigkeit λ W/(m·K)	Festigkeits-klasse	Grundwert σ_0 MN/m²	max τ MN/m²	β_{RZ} MN/m²	$\alpha^{*)}$
34 Z-17.1-1114	Mauerwerk aus UNIPOR WS08 CORISO Planziegeln im Dünnbettverfahren mit gedeckelter Lagerfuge	S. 113	13.06.2016	10.12.2019	Dünnbettmörtel 900 D quick-mix DBM-L maxit mörtelpad nach Z-17.1-1134	0,70	0,080	6 8 10 12	0,8 1,0 1,2 1,4	0,072 0,096 0,120 0,144	0,198 0,264 0,330 0,396	0,30
								EC 6	charakt. Druckfestig-keit f_k MN/m²		$f_{bt,cal}$ MN/m²	
								6 8 10 12	2,3 2,9 3,4 3,8		0,195 0,260 0,325 0,390	0,35
Ziegelsysteme Michael Kellerer GmbH & Co. KG	Ziegeleistraße 13 82281 Egenhofen/OT Oberweikertshofen											
35 Z-17.1-1067	Mauerwerk aus Planhoch-lochziegeln mit integrierter Wärmedämmung (bezeich-net als ZMK X6 bzw. ZMK X6,5 Planhochlochziegel) im Dünnbettverfahren mit gedeckelter Lagerfuge	S. 114	11.09.2015	14.04.2020	Dünnbettmörtel 900 D	0,50 0,55	0,060 0,065	4 6	0,50 0,65	0,048 0,072	0,132 0,198	0,5
								EC 6	charakt. Druckfestig-keit f_k MN/m²		$f_{bt,cal}$ MN/m²	
								4 6	1,3 1,8		0,130 0,195	
36 Z-17.1-1068	Mauerwerk aus Planhoch-lochziegeln mit integrierter Wärmedämmung (bezeich-net als ZMK TX8 Planhoch-lochziegel) im Dünnbett-verfahren mit gedeckelter Lagerfuge	S. 114	18.08.2015 Ä+E: 18.04.2016	14.04.2020	Dünnbettmörtel 900 D	0,65	0,08	6 8 10	0,9 1,1 1,25	0,072 0,096 0,120	0,198 0,264 0,330	0,5
								EC 6	charakt. Druckfestig-keit f_k MN/m²		$f_{bt,cal}$ MN/m²	
								6 8 10	2,5 3,0 3,5		0,195 0,260 0,325	

Zulassungs-nummer	Zulassungsgegenstand	Verweis	Bescheid	Geltungs-dauer	Mörtel	Roh-dichte-klasse	Bemessungswert der Wärmeleitfähigkeit λ W/(m·K)	Festigkeits-klasse	Grundwert σ_0 MN/m²	max τ MN/m²	β_{RZ} MN/m²	α *)
Ziegelwerk Ott Deisendorf GmbH & Co. Besitz KG		Ziegeleistraße 20 88662 Überlingen-Deisendorf										
37 Z-17.1-1025	Mauerwerk aus Planhoch-lochziegeln mit integrierter Wärmedämmung (bezeich-net als OTT SUPRA PH 6, OTT SUPRA WO 7 und OTT SUPRA PS 7) im Dünnbett-verfahren mit gedeckelter Lagerfuge	S. 115	08.06.2017	08.07.2022	Dünnbettmörtel 900 D	0,50	0,070[4]	EC 6	charakt. Druckfestig-keit f_k MN/m²		$f_{bt,cal}$ MN/m²	0,3
								6	1,8		0,195	
								8	2,2		0,260	
								10	2,6		0,325	
Ziegelwerk Stengel GmbH & Co. KG		Nördlinger Straße 24 86609 Donauwörth-Berg										
38 Z-17.1-962	Mauerwerk aus Planhoch-lochziegeln mit integrierter Wärmedämmung (bezeich-net als Klimaton-SZ 9 Planziegel) im Dünnbett-verfahren	S. 116	12.11.2007 Ä/E/V: 06.12.2012	12.11.2017	Dünnbettmörtel 900 D	0,60	0,090	6	0,4	0,020	–	1,0
								8	0,5	0,020	–	
Ziegelwerke Leipfinger-Bader KG		Ziegeleistraße 15 84172 Buch am Erlbach										
39 Z-17.1-1021	Mauerwerk aus Planhoch-lochziegeln UNIPOR-WS10 CORISO im Dünnbettver-fahren mit gedeckelter Lagerfuge	S. 116	12.10.2016	14.04.2020	Dünnbettmörtel 900 D quick-mix DBM-L maxit mörtelpad nach Z-17.1-1134	0,90	0,10	6	1,1	0,072	0,198	0,5
								8	1,4	0,096	0,264	
								10	1,7	0,120	0,330	
								12	1,9	0,144	0,396	
								EC 6	charakt. Druckfestig-keit f_k MN/m²		$f_{bt,cal}$ MN/m²	
								6	2,9		0,195	
								8	3,7		0,260	
								10	4,4		0,325	
								12	5,0		0,390	

*) Erläuterung Fußnote siehe Seite 632.
1) Auch zusammen mit dem Glasfilamentgewebe BASIS SK 34/68 tex.
2) Wert gilt für eine Wanddicke von 240 mm.
3) Gilt nur für Wände aus 490 mm breiten Planhochlochziegeln ohne Grifflöcher.
4) Für OTT SUPRA PH 6 (Dämmstofffüllung aus Phenolharzschaum) gilt der Wert 0,060 W/(m·K).
5) Wert gilt für ThermoPlan MZ 90 G.

2.1.3 Planverfüllziegel

	Zulassungs-nummer	Zulassungsgegenstand	Verweis	Bescheid	Geltungs-dauer	Mörtel	Roh-dichte-klasse	Bemessungswert der Wärmeleitfähigkeit λ in W/(m·K)	Festig-keits-klasse	Grundwert σ_0 MN/m²	max τ MN/m²	β_{RZ} MN/m²	$\alpha^{*)}$
		Deutsche POROTON GmbH	Kochstraße 6–7 10969 Berlin										
1	Z-17.1-537	Mauerwerk aus POROTON Planfüll-ziegeln T mit Stoß-fugenverzahnung im Dünnbettverfahren	–	01.10.2014	01.10.2019	Poroton-T-Dünnbett-mörtel Typ I Typ III Typ B I Typ B III Typ M I Typ M IV	0,7 0,8 0,9		6 8 10 12 16 20 EC 6 6 8 10 12 16 20	1,2 1,7 1,9 2,2 2,7 3,2 charakt. Druckfestigkeit f_k MN/m² 3,1 4,4 5,0 5,8 7,1 8,4	0,072 0,096 0,120 0,144 0,192 0,240	0,198 0,264 0,330 0,396 0,528 0,660 $f_{bt,cal}$ MN/m² 0,195 0,260 0,325 0,390 0,520 0,650	1,0
		Mein Ziegelhaus GmbH & Co. KG	Märkerstraße 44 63755 Alzenau										
2	Z-17.1-911	Mauerwerk aus Planfüll-ziegeln (bezeichnet als Planfüllziegel PFZ) im Dünnbettverfahren	–	20.10.2014	20.10.2019	Mein Ziegelhaus Typ I ZiegelPlan ZP 99 maxit mur 900	0,7 0,8 0,9		6 8 10 12 16 20 EC 6 6 8 10 12 16 20	1,2 1,7 1,9 2,2 2,7 3,2 charakt. Druckfestigkeit f_k MN/m² 3,1 4,4 5,0 5,8 7,1 8,4	0,072 0,096 0,120 0,144 0,192 0,240	0,198 0,264 0,330 0,396 0,528 0,660 $f_{bt,cal}$ MN/m² 0,195 0,260 0,325 0,390 0,520 0,650	1,0

Zulassungs-nummer	Zulassungsgegenstand	Verweis	Bescheid	Geltungs-dauer	Mörtel	Roh-dichte-klasse	Bemessungswert der Wärmeleitfähigkeit λ in W/(m·K)	Festig-keits-klasse	Grundwert σ_0 MN/m²	max τ MN/m²	β_{RZ} MN/m²	α*)
UNIPOR Ziegel Marketing GmbH		Landsberger Straße 392 81241 München										
3 Z-17.1-604	Mauerwerk aus Schall-schutz-Planziegeln SZ 4109	S. 117	12.10.2016	01.01.2018	maxit mur 900 unipor ZP 99 quick-mix Dünnbettmörtel Typ I Dünnbettmörtel „Vario"	0,8 0,9 1,0	— — —	8 10 12 16 20	1,4 1,6 1,8 2,1 2,4	0,096 0,120 0,144 0,192 0,240	0,264 0,330 0,396 0,528 0,660	0,5
								EC 6	charakt. Druckfestigkeit f_k MN/m²		$f_{bt,cal}$ MN/m²	
								8 10 12 16 20	3,7 4,2 4,7 5,5 6,3		0,260 0,325 0,390 0,520 0,650	
4 Z-17.1-688	Mauerwerk aus UNIPOR-Planfüllziegeln	—	11.10.2016	14.04.2020	unipor-Dünnbettmörtel ZP 99 quick-mix Dünnbettmörtel Typ I Dünnbettmörtel HP 580 maxit Dünnbettmörtel „Vario"	0,6 0,7 0,8 0,9 1,0		6 8 10 12	1,2 1,4 1,6 1,8	0,072 0,096 0,120 0,144	0,198 0,264 0,330 0,396	1,0
								EC 6	charakt. Druckfestigkeit f_k MN/m²		$f_{bt,cal}$ MN/m²	
								6 8 10 12	3,1 3,7 4,2 4,7		0,195 0,260 0,325 0,390	
Schlagmann Poroton GmbH & Co. KG		Ziegeleistraße 1 84367 Zeilarn										
5 Z-17.1-999	Wärmedämmende Vor-satzschale aus Ziegeln mit Dämmstofffüllung (bezeichnet als POROTON WDF) für Außenwände von Bestandsgebäuden	—	07.01.2009 ÄV: 05.12.2014	07.01.2019	Quick-Mix Dünnbett-mörtel DBM-L	0,40	0,065	—	—	—	—	—

Zulassungs-nummer	Zulassungsgegenstand	Verweis	Bescheid	Geltungs-dauer	Mörtel	Roh-dichte-klasse	Bemessungswert der Wärmeleitfähigkeit λ in W/(m·K)	Festig-keits-klasse	Grundwert σ_0 MN/m²	max τ MN/m²	β_{RZ} MN/m²	$\alpha^{*)}$
THERMOPOR ZIEGEL-KONTOR ULM GMBH		Olgastraße 94 89073 Ulm										
6 Z-17.1-559	Mauerwerk aus THERMOPOR Planfüll-ziegeln (bezeichnet als PFz)	–	02.10.2014	01.01.2018	THERMY-ZP 99 SAKRET-Dünnbett-mörtel ZPK maxit mur 900	0,7 0,8 0,9 1,0 1,2		8 10 12 16 20	1,4 1,6 1,8 2,1 2,4	0,096 0,120 0,144 0,192 0,240	– – – – –	1,0
								EC 6	charakt. Druckfestigkeit f_k MN/m²		$f_{bt,cal}$ MN/m²	
								8 10 12 16 20	3,7 4,2 4,7 5,5 6,3		0,260 0,325 0,390 0,520 0,650	
7 Z-17.1-676	Wandbauart aus THERMOPOR Plan-Schalungsziegeln (bezeichnet als „THERMOPOR PSz")	–	21.05.2014	01.01.2018	THERMY-ZP 99 SAKRET-Dünnbettmörtel ZPK maxit mur 900	0,7 0,8 0,9 1,0 1,2		8 10 12 16 20	1,4 1,6 1,8 2,1 2,4	0,096 0,120 0,144 0,192 0,240	– – – – –	1,0
8 Z-17.1-779	Mauerwerk aus THERMOPOR Plan-Füll-ziegeln N+F (bezeichnet als „THERMOPOR PFz N+F")	–	02.10.2014	01.01.2018	THERMY-ZP 99 Dünnbettmörtel DTR SAKRET-Dünnbettmörtel ZPK maxit mur 900 Dünnbettmörtel „Vario"	0,8 0,9		6 8 10 12 16 20	1,2 1,7 1,9 2,2 2,7 3,2	0,072 0,096 0,120 0,144 0,192 0,240	0,198 0,264 0,330 0,396 0,528 0,660	1,0
								EC 6	charakt. Druckfestigkeit f_k MN/m²		$f_{bt,cal}$ MN/m²	
								6 8 10 12 16 20	3,1 4,4 5,0 5,8 7,1 8,4		0,195 0,260 0,325 0,390 0,520 0,650	

Zulassungs-nummer	Zulassungsgegenstand	Verweis	Bescheid	Geltungs-dauer	Mörtel	Roh-dichte-klasse	Bemessungswert der Wärmeleitfähigkeit λ in W/(m·K)	Festig-keits-klasse	Grundwert σ_0 MN/m²	max τ MN/m²	β_{RZ} MN/m²	α *)
Ziegelsysteme Michael Kellerer GmbH & Co. KG		Ziegeleistraße 13 82281 Egenhofen/OT Oberweikertshofen										
9 Z-17.1-956	Mauerwerk aus ZMK-Planfüllziegeln	–	04.11.2015	14.04.2020	Dünnbettmörtel ZP 99	0,6 0,7 0,8 0,9		6 8 10 12	1,2 1,6 1,8 2,1	0,072 0,096 0,120 0,144	0,198 0,264 0330 0,396	1,0
								EC 6	charakt. Druckfestigkeit f_k MN/m²		$f_{bt,cal}$ MN/m²	
								6 8 10 12	3,1 4,2 4,7 5,5		0,195 0,260 0,325 0,390	
Ziegelwerk Ott Deisendorf GmbH & Co. Besitz KG		Ziegeleistraße 20 88662 Überlingen-Deisendorf										
10 Z-17.1-884	Mauerwerk aus Ott Plan-Füllziegeln	S. 118	06.11.2015	14.04.2020	Dünnbettmörtel ZP 99 maxit mur 900	0,6 0,7		6 8 10 12	1,2 1,4 1,6 1,8	0,072 0,096 0,120 0,144	0,198 0,264 0330 0,396	1,0
								EC 6	charakt. Druckfestigkeit f_k MN/m²		$f_{bt,cal}$ MN/m²	
								6 8 10 12	3,1 3,7 4,2 4,7		0,195 0,260 0,325 0,390	

*) Erläuterung Fußnote siehe Seite 632.

2.1.4 Kalksand-Plansteine

Nr	Zulassungs-nummer	Zulassungsgegen-stand	Verweis	Bescheid	Geltungs-dauer	Mörtel	Roh-dichte-klasse	Bemessungswert der Wärmeleitfähigkeit λ in W/(m·K)	Festig-keits-klasse	Grundwert σ_0 MN/m²	max τ MN/m²	β_{RZ} MN/m²	$\alpha^{*)}$
	Bundesverband Kalksandstein-industrie e. V.		Entenfangweg 15 30419 Hannover										
1	Z-17.1-893	Mauerwerk aus Kalk-sand-Plansteinen mit besonderer Lochung im Dünnbettverfahren	S. 118	08.04.2016	14.04.2020	Dünnbettmörtel	1,2 1,4 1,6 1,8	0,56 0,70 0,79 0,99	12 16 20 EC 6	1,8 2,1 2,4 charakt. Druckfestigkeit f_k MN/m²	0,120 0,160 0,200	0,300 0,400 0,500 $f_{bt,cal}$ MN/m²	1,0
									12 16 20	4,7 5,5 6,3		0,300 0,400 0,500	
2	Z-17.1-921	Mauerwerk aus Kalk-sand-Plansteinen mit besonderer Lochung	S. 53, 118	08.04.2016	14.04.2020	Normalmauermörtel MG IIa Normalmauermörtel MG III und Dünnbettmörtel	1,2 1,4 1,6	0,56 0,70 0,79	12 16 20 EC 6	$1,6/1,2^{1)}$ $1,7/1,4^{1)}$ $1,9/1,6^{1)}$ charakt. Druckfestigkeit f_k MN/m²	0,120 0,160 0,200	0,300 0,400 0,500 $f_{bt,cal}$ MN/m²	0,5
									12 16 20	$4,2/3,2^{1)}$ $4,5/3,7^{1)}$ $5,0/4,2^{1)}$		0,300 0,400 0,500	
	Emsländer Baustoffwerke GmbH & Co. KG		Rakener Straße 18 49733 Haren/Ems										
3	Z-17.1-874	Mauerwerk aus Kalk-sand-Fasensteinen (Blocksteine, Hohl-blocksteine und Verblender)	S. 119	26.06.2017	26.06.2022	Dünnbettmörtel	1,4 1,6 1,8 2,0	0,70 0,79 0,99 1,1	12 16 20 EC 6	$5,6^{2)}$ $6,6^{2)}$ $7,6^{2)}$ charakt. Druckfestigkeit f_k MN/m²		$f_{bt,cal}$ MN/m² $0,300^{2)}$ $0,400^{2)}$ $0,500^{2)}$	1,0

Zulassungs-nummer	Zulassungsgegen-stand	Verweis	Bescheid	Geltungs-dauer	Mörtel	Roh-dichte-klasse	Bemessungswert der Wärmeleitfähigkeit λ in W/(m·K)	Festig-keits-klasse	Grundwert σ_0 MN/m²	max τ MN/m²	β_{RZ} MN/m²	$\alpha^{*)}$
Greisel Vertrieb GmbH		Deichmannstraße 2 91555 Feuchtwangen										
4 Z-17.1-987	Mauerwerk aus Kalk-sand-Plansteinen mit mineralischer Wärmedämmplatte (bezeichnet als Twinstone® strong) im Dünnbettverfahren	S. 119	15.11.2013	12.08.2018	Dünnbettmörtel		s. Zulassung Z-17.1-987	12 / 12 / 20	Hohlblocksteine: 1,8 Blocksteine: 2,2 Blocksteine: 2,5	–	–	–
Kalksandsteinwerk Bienwald Schencking GmbH & Co. KG		An der L 540 76767 Hagenbach										
5 Z-17.1-820	Mauerwerk aus Kalk-sand-Fasensteinen mit Lochung im Dünnbettverfahren	S. 120	08.09.2014	08.09.2019	Dünnbettmörtel	1,4 1,6	0,7 0,79	12 EC 6 12	1,8²⁾ charakt. Druckfestigkeit f_k MN/m² 5,6²⁾	0,120²⁾ $f_{bt,cal}$ MN/m²	0,300²⁾ 0,300²⁾	1,0
Kalksandsteinwerk Wemding GmbH		Harburger Straße 100 86650 Wemding										
6 Z-17.1-772	Mauerwerk aus Kalk-sandsteinen in den Rohdichteklassen 2,4 bis 3,6 (bezeichnet als KS-Protect)	S. 53	27.08.2014	25.02.2019	Dünnbettmörtel		Ausführliche Anga-ben s. Zulassung	12 20 28 EC 6 12 20 28	2,2 3,2 3,7 charakt. Druckfestigkeit f_k MN/m² 7,0 10,5 13,8	0,168 0,280 0,392 $f_{bt,cal}$ MN/m²	0,480 0,800 1,120 0,465 0,775 1,085	1,0

II Verzeichnis der abZ/aBg für den Mauerwerksbau (Stand 31.05.2018)

Zulassungs-nummer	Zulassungsgegenstand	Verweis	Bescheid	Geltungsdauer	Mörtel	Rohdichteklasse	Bemessungswert der Wärmeleitfähigkeit λ in W/(m·K)	Festigkeitsklasse	Grundwert σ_0 MN/m²	max τ MN/m²	β_{RZ} MN/m²	$\alpha^{*)}$
	KS Produktions GmbH & Co. KG	Schäfereistraße 75a 66787 Wadgassen										
7 Z-17.1-858	Mauerwerk aus Kalksand-Fasensteinen (Blocksteine, Vormauersteine, Verblender) im Dünnbettverfahren	S. 120	19.05.2016	14.04.2020	Dünnbettmörtel	1,6 1,8 2,0	0,79 0,99 1,1	12 16 20	2,2²⁾ 2,7²⁾ 3,2²⁾	0,168²⁾ 0,224²⁾ 0,280²⁾	0,480²⁾ 0,640²⁾ 0,800²⁾	1,0
								EC 6	charakt. Druckfestigkeit f_k MN/m²		$f_{bt,cal}$ MN/m²	
								12 16 20	7,0²⁾ 8,8²⁾ 10,5²⁾		0,465²⁾ 0,620²⁾ 0,775²⁾	
	Xella Deutschland GmbH	Düsseldorfer Landstraße 395 47259 Duisburg										
8 Z-17.1-996	Mauerwerk aus Kalksand-Fasensteinen (Hohlblocksteine, Blocksteine, Vormauersteine und Verblender) bezeichnet als „Silka Fasensteine" im Dünnbettverfahren	S. 121	04.04.2016	24.10.2019	Dünnbettmörtel	1,6 1,8 2,0	0,79 0,99 1,1	12 16 20	1,8²⁾ 2,1²⁾ 2,4²⁾	0,120³⁾ 0,160³⁾ 0,200³⁾	0,300³⁾ 0,400³⁾ 0,500³⁾	1,0
								EC 6	charakt. Druckfestigkeit f_k MN/m²		$f_{bt,cal}$ MN/m²	
								12 16 20	5,6²⁾ 6,6²⁾ 7,6²⁾		0,300³⁾ 0,400³⁾ 0,500³⁾	
9 Z-17.1-1043	Mauerwerk aus Kalksandsteinen in den Rohdichteklassen 2,4 bis 3,0 (bezeichnet als Silka HD) Voll- und Blocksteine s. Abschnitt 1.3	S. 53, 121	07.12.2015	14.04.2020	Dünnbettmörtel	2,4 2,6 3,0		12 20 28	2,2 3,2 3,7	0,144 0,240 0,336	0,396 0,660 0,924	1,0
								EC 6	charakt. Druckfestigkeit f_k MN/m²		$f_{bt,cal}$ MN/m²	
								12 20 28	7,0 10,5 13,8		0,390 0,650 0,910	

696 E Normen · Zulassungen · Regelwerk

Zulassungs-nummer		Zulassungs-gegenstand	Verweis	Bescheid	Geltungs-dauer	Mörtel	Roh-dichte-klasse	Bemessungswert der Wärmeleitfähigkeit λ in W/(m·K)	Festig-keits-klasse	Grundwert σ_0 MN/m²	max τ MN/m²	β_{RZ} MN/m²	$\alpha^{*)}$
10	Z-17.1-1169	Mauerwerk aus Kalk-sandsteinen mit be-sonderer Lochung Mit Normalmauer-mörtel s. Abschnitt 1.3	S. 54, 121	08.08.2017	08.08.2022	Dünnbettmörtel	1,2 1,4 1,6	0,56 0,70 0,79	EC 6	charakt. Druckfestigkeit f_k MN/m²		$f_{bt,cal}$ MN/m²	1,0
										4,7 5,5 6,3		0,300 0,400 0,500	

*) Erläuterung Fußnote siehe Seite 632.
1) Wert gilt für Normalmauermörtel MG IIa.
2) Rechnerisch in Ansatz zu bringende Wanddicke gleich vermörtelbarer Aufstandsbreite.
3) Wert gilt für Hohlblocksteine.

2.1.5 Porenbeton-Plansteine

Zulassungs-nummer		Zulassungs-gegenstand	Verweis	Bescheid	Geltungs-dauer	Mörtel	Roh-dichte-klasse	Bemessungswert der Wärmeleitfähigkeit λ in W/(m·K)	Festig-keits-klasse	Grundwert σ_0 MN/m²	max τ MN/m²	β_{RZ} MN/m²	$\alpha^{*)}$
	Bundesverband Porenbetonindustrie e. V.		Kochstraße 6–7 10969 Berlin										
1	Z-17.1-543	Porenbeton-Plansteine der Rohdichteklasse 0,50 in der Festigkeitsklasse 4	S. 122	12.09.2014 ÄE/V: 29.06.2016	14.04.2020	Dünnbettmörtel	0,50		4	1,0	0,056 (0,048)¹⁾	0,160 (0,132)¹⁾	–
									EC 6	charakt. Druckfestigkeit f_k MN/m²		$f_{bt,cal}$ MN/m²	
									4	2,6		0,130/ 0,286²⁾	
	DOMAPOR Baustoffwerke GmbH & Co. KG		Liepener Straße 1 17194 Hohen Wangelin										
2	Z-17.1-1117	Mauerwerk aus Porenbeton-Plansteinen der Druckfestig-keitsklasse 4 und der Roh-dichteklasse 0,50	S. 122	08.01.2015	08.01.2020	Dünnbettmörtel nach DIN V 18580 4	0,50		4	1,0	0,056	0,160	–
									EC 6	charakt. Druckfestigkeit f_k MN/m²		$f_{bt,cal}$ MN/m²	
									4	2,6		0,130/ 0,286²⁾	

Zulassungs-nummer	Zulassungsgegenstand	Verweis	Bescheid	Geltungs-dauer	Mörtel	Roh-dichte-klasse	Bemessungswert der Wärmeleitfähigkeit λ in W/(m·K)	Festig-keits-klasse	Grundwert σ_0 MN/m²	max τ MN/m²	β_{RZ} MN/m²	α *)
	Greisel Vertrieb GmbH	Deichmannstraße 2 91555 Feuchtwangen										
3	Mauerwerk aus Porenbeton-Plansteinen mit integrierter Wärmedämmung (bezeichnet als Klimanorm PLUS)	S. 123	21.09.2016	14.04.2020	Greisel Planstein-mörtel Plus	0,30	0,070	1,6 EC 6 1,6	0,30 charakt. Druckfestigkeit f_k MN/m² 0,80	0,016	0,040 f_{bz} MN/m² 0,040	1,0
	Xella Aircrete Systems GmbH	Roßdörfer Straße 52 64409 Messel										
4	Mauerwerk aus Hebel Poren-beton-Plansteinen der Roh-dichteklassen 0,50 und 0,55 in der Festigkeitsklasse 4 und der Rohdichteklasse 0,65 in der Festigkeitsklasse 6	S. 123	02.02.2016	01.11.2018	Dünnbettmörtel	0,50 0,55 0,65	s. Zulassung	4 6 EC 6 4 6	1,0 1,4 charakt. Druckfestigkeit f_k MN/m² 3,0/2,6 ³⁾ 4,1	0,048 0,072	0,132 0,198 $f_{bt,cal}$ MN/m² 0,130 0,195	1,0
	Xella Deutschland GmbH	Düsseldorfer Landstraße 395 47259 Duisburg										
5	Mauerwerk aus Ytong Poren-beton-Plansteinen der Roh-dichteklassen 0,50 und 0,55 in der Festigkeitsklasse 4 und der Rohdichteklassen 0,60 und 0,65 in der Festigkeits-klasse 6	S. 123	14.12.2015	14.04.2020	Dünnbettmörtel	0,50 0,55 0,60 0,65	s. Zulassung	4 6 EC 6 4 6	1,0 1,4 charakt. Druckfestigkeit f_k MN/m² 3,0/2,6 ³⁾ 4,1/3,7 ⁵⁾	0,056 (0,048) ⁴⁾ 0,084 (0,072) ⁴⁾	0,160 (0,132) ⁴⁾ 0,240 (0,198) ⁴⁾ $f_{bt,cal}$ MN/m² 0,130 ⁶⁾ 0,195 ⁶⁾	1,0
6	Ytong Porenbeton-Plansteine der Rohdichteklasse 0,30 und 0,35 in der Festigkeitsklasse 1,6	–	24.11.2014	25.09.2019	Dünnbettmörtel	0,30 0,35	0,08 0,09	1,6 EC 6 1,6	0,4 charakt. Druckfestigkeit f_k MN/m² 1,0	0,022	7) max f_{vlt} MN/m² ≤ 0,044	1,0

	Zulassungs-nummer	Zulassungsgegenstand	Verweis	Bescheid	Geltungs-dauer	Mörtel	Roh-dichte-klasse	Bemessungswert der Wärmeleitfähigkeit λ in W/(m·K)	Festig-keits-klasse	Grundwert σ_0 MN/m²	max τ MN/m²	β_{RZ} MN/m²	α*)
7	Z-17.1-1064	Ytong Porenbeton-Plansteine mit einer Trocken-Rohdich-te von 0,25 kg/dm³ und einem Mittelwert der Druck-festigkeit von mindestens 2,3 N/mm²	S. 124	24.05.2012	24.05.2017	Dünnbettmörtel nach Z-17.1-1064		0,07		0,28/0,30[8]	0,022	–	1,0
										charakt. Druck-festigkeit f_k MN/m²	max f_{vk} MN/m²	f_{bz} MN/m²	
										0,75/0,80[8]	0,032	–	
8	Z-17.1-1116	Mauerwerk aus Dreischicht-Porenbeton-Plansteinen (bezeichnet als YTONG Energy+) im Dünnbett-verfahren	S. 124	14.04.2015	14.04.2020	Dünnbettmörtel nach Z-17.1-1116		Nach Zulassung	EC 6	charakt. Druckfestigkeit f_k MN/m²			
									2,0	1,6[9]			
	H+H Deutschland GmbH		Industriestraße 3 23829 Wittenborn										
9	Z-17.1-1049	Mauerwerk aus dreischaligen Porenbeton-Plansteinen mit integrierter Wärmedämmung (bezeichnet als H+H Thermo-stein) im Dünnbettverfahren	–	08.02.2011	08.02.2016	Dünnbettmörtel	0,40 0,55	0,060 0,065	2 4	0,6 1,0	0,024 0,048	– –	1,0

*) Erläuterung Fußnote siehe Seite 632.
1) Klammerwerte gelten für Plansteine mit Grifföffnungen/Grifftaschen.
2) Wert gilt für Porenbetonplansteine mit l ≥ 498 mm und h ≥ 248 mm.
3) Wert gilt für Mauerwerk aus Porenbeton-Plansteinen in der Rohdichteklasse 0,50.
4) Die Klammerwerte gelten für Plansteine mit Grifföffnungen/Grifftaschen.
5) Wert gilt für Mauerwerk aus Porenbeton-Plansteinen der Rohdichteklasse 0,60.
6) Wert gilt für Steine mit Grifftaschen, für Vollsteine ohne Grifftaschen bzw. Steine mit l ≥ 498 mm und h ≥ 248 mm gelten höhere Werte.
7) Als Maximalwert für γ · τ ist 0,044 MN/m² in Rechnung zu stellen.
8) Wert gilt für Mauerwerk aus ≥ 365 mm breiten Steinen.
9) In über dem EG liegenden Geschossen und im Dachgeschoss gilt f_k = 1,3 MN/m².

2.1.6 Beton-Plansteine
2.1.6.1 Planvollsteine und Planvollblöcke

	Zulassungs-nummer	Zulassungsgegenstand	Verweis	Bescheid	Geltungs-dauer	Mörtel	Roh-dichte-klasse	Bemessungswert der Wärmeleitfähigkeit λ in W/(m·K)	Festig-keits-klasse	Grundwert σ_0 MN/m²	max τ MN/m²	β_{RZ} MN/m²
	Aktiengesellschaft für Steinindustrie		Sohler Weg 34 56564 Neuwied									
1	Z-17.1-1073	Mauerwerk aus thermolith Plan-Vollblöcken SW „Super-Plus" aus Leichtbeton im Dünnbettverfahren	S. 126	19.07.2012	19.07.2017	Dünnbettmörtel „Vario"	0,45	0,10	2	0,5	0,020	0,050
									DIN 1053-100	charakt. Druck-festigkeit f_k MN/m²	max f_{vk} MN/m²	f_{bz} MN/m²
									2	1,5	0,024	0,050
	Birkenmeier Stein + Design GmbH		Industriestraße 1 79206 Breisach									
2	Z-17.1-481	Mauerwerk aus Liaplan-Steinen im Dünnbettverfahren	S. 127	07.07.2016	14.04.2020	Liaplan Ultra-Dünnbett-mörtel	0,5 0,6 0,7 0,8	0,12 0,14 0,16 0,18	2 4 6	0,6 0,9 1,2	0,020 0,040 0,060	0,050 0,100 0,150
									EC 6	charakt. Druckfestigkeit f_k MN/m²	charakt. Druckfestigkeit f_k MN/m²	$f_{bt,cal}$ MN/m²
									2 4 6	1,3 2,3 3,1	0,050 0,100 0,150	

Zulassungs-nummer	Zulassungsgegenstand	Verweis	Bescheid	Geltungs-dauer	Mörtel	Roh-dichte-klasse	Bemessungswert der Wärmeleitfähigkeit λ in W/(m·K)	Festig-keits-klasse	Grundwert σ_0 MN/m²	max τ MN/m²	β_{RZ} MN/m²
Bisotherm GmbH	Eisenbahnstraße 12 56218 Mülheim-Kärlich										
3 Z-17.1-722	Mauerwerk aus Planvollblö-cken aus Leichtbeton (bezeich-net als „NORMA-PLAN") im Dünnbettverfahren	S. 127	22.05.2012	22.05.2017	Bisoplan-Dünnbett-mörtel T Bisoplan-Dünnbett-mörtel grau	0,7 0,8 0,9 1,0 1,2 1,4	0,27 0,29 0,32 0,34 0,49 0,57	2 4 6 8 12 20	0,6 1,0 1,4 1,6 2,2 3,2	0,028 0,056 0,084 0,112 0,168 0,280	0,080 0,160 0,240 0,320 0,480 0,800
						1,6 1,8 2,0 2,2	0,81/0,75[1] 1,1/0,92[1] 1,4/1,2[1] 1,7	DIN 1053-100	charakt. Druck-festigkeit f_k MN/m²	max f_{vk} MN/m²	f_{bz} MN/m²
								2 4 6 8 12 20	1,6 3,1 4,3 5,0 6,9 10,0	0,040 0,080 0,120 0,160 0,240 0,400	0,080 0,160 0,240 0,320 0,480 0,800
4 Z-17.1-1003	Mauerwerk aus Plan-Vollblö-cken aus Leichtbeton (bezeich-net als Bisoplan Tec Super) im Dünnbettverfahren	S. 127	04.11.2014	11.08.2019	Bisoplan-Dünnbett-mörtel T Bisoplan Dünnbett-mörtel S	0,40 0,45 0,50 0,55 0,60 0,65 0,70 0,80	0,09 0,10 0,11 0,12 0,13 0,14 0,15 0,17	1,6 2 4 6	0,3 0,5 0,9 1,2	0,016 0,020 0,040 0,060	0,040 0,050 0,100 0,150
								EC 6	charakt. Druckfestigkeit f_k MN/m²		$f_{bt,cal}$ MN/m²
								1,6 2 4 6	0,95 1,5 2,7 3,8		0,040 0,050 0,100 0,150

Zulassungs-nummer	Zulassungsgegenstand	Verweis	Bescheid	Geltungs-dauer	Mörtel	Roh-dichte-klasse	Bemessungswert der Wärmeleitfähigkeit λ in W/(m·K)	Festig-keits-klasse	Grundwert σ_0 MN/m²	max τ MN/m²	β_{RZ} MN/m²
Bundesverband Leichtbeton e. V.		Sandkauler Weg 1 56564 Neuwied									
Z-17.1-778	Mauerwerk aus Plan-Voll-steinen und Plan-Voll-blöcken aus Leichtbeton im Dünnbettverfahren – Vollsteine V-P	S. 128	24.03.2015	08.05.2019	Dünnbettmörtel nach Z-17.1-778	0,45	0,21	2	0,6	0,024	0,066
						0,50	0,22	4	1,0	0,048	0,132
						0,55	0,23	6	1,4	0,072	0,198
						0,60	0,24	8	1,6	0,096	0,264
						0,65	0,25	12	2,0/2,2[2]	0,144	0,396
						0,70	0,27	20[2]	3,2[2]	0,240[2]	0,660[2]
						0,80	0,30	EC 6	charakt. Druckfestigkeit f_k MN/m²		$f_{bt,cal}$ MN/m²
						0,90	0,33				
						1,0	0,36				
						1,2	0,54	2	1,5/1,6[2]		0,065
						1,4	0,63	4	2,7/3,1[2]		0,130
						1,6	0,81	6	3,8/4,3[2]		0,195
						1,8	1,10	8	4,5/5,0[2]		0,260
						2,0	1,40	12	5,7/6,9[2]		0,390
								20[2]	–/10,0[2]		0,650
	– Vollblöcke mit Schlitzen Vbl S-P – Vollblöcke ohne Schlitze Vbl-P					0,45	0,22				
						0,50	0,23				
						0,55	0,24				
						0,60	0,25				
						0,65	0,26				
						0,70	0,27				
						0,80	0,29				
						0,90	0,32				
						1,0	0,34				
						1,2	0,49				
						1,4	0,57				
						1,6	0,76				
						1,8	1,00				
						2,0	1,30				

Zulassungs-nummer	Zulassungsgegenstand	Verweis	Bescheid	Geltungs-dauer	Mörtel	Roh-dichte-klasse	Bemessungswert der Wärmeleitfähigkeit λ in W/(m·K)	Festig-keits-klasse	Grundwert σ_0 MN/m²	max τ MN/m²	β_{RZ} MN/m²
noch Z-17.1-778	– Vollblöcke mit Schlitzen Vbl SW-P (NB, BT, NB-BT)					0,45 0,50 0,55 0,60 0,65 0,70 0,80	0,14 0,15 0,16 0,17 0,18 0,19 0,21				
GISOTON Wandsysteme Baustoffwerke Gebhart & Söhne GmbH & Co. KG		**Hochstraße 2 88317 Aichstetten**									
6 Z-17.1-1023	Mauerwerk aus Plan-Voll- und Plan-Hohlblöcken aus Leicht-beton (bezeichnet als GisoPlan-Blöcke) im Dünnbett-verfahren	S. 129	15.04.2015	05.03.2020	Extraplan	1,0 1,2 1,6 2,0	0,54/0,5/0,45 [3] 0,49 1,1 1,4	6 8 12 EC 6 6 8 12	0,9 [4] 1,6 [5] 2,2 [5] charakt. Druckfestigkeit f_k MN/m² 2,9 [4] 5,0 [5] 6,9 [5]	0,060 [4] 0,112 [5] 0,168 [5]	0,150 [4] 0,320 [5] 0,480 [5] $f_{bt,cal}$ MN/m² 0,150 [4] 0,310 [5] 0,465 [5]
Hornick GmbH		**Mainzer Straße 23 64579 Gernsheim**									
7 Z-17.1-862	Mauerwerk aus Plansteinen aus Beton (bezeichnet als „IBS plan") im Dünnbettverfahren	S. 129	03.07.2012	03.07.2017	Dünnbettmörtel „Vario"	1,4 1,6 1,8 2,0 2,2 2,4	0,90 1,1 1,2 1,4 1,7 2,1	4 6 8 12 20 28	1,0 1,4 1,6 2,0 2,9 3,4	0,048 0,072 0,096 0,144 0,240 0,336	0,132 0,198 0,264 0,396 0,660 0,924

Zulassungs-nummer	Zulassungsgegenstand	Verweis	Bescheid	Geltungs-dauer	Mörtel	Roh-dichte-klasse	Bemessungswert der Wärmeleitfähigkeit λ in W/(m·K)	Festig-keits-klasse	Grundwert σ_0 MN/m²	max τ MN/m²	β_{RZ} MN/m²
KLB Klimaleichtblock GmbH		Lohmannstraße 31 56626 Andernach									
8 Z-17.1-459	Mauerwerk aus KLB-Planvoll-blöcken im Dünnbettverfahren	–	08.10.2014	13.09.2016	Dünnbettmörtel „Vario" KLB-P-Dünnbettmörtel, normal Dünnbettmörtel KLB LB P99 Dünnbettmörtel KLB LB P980	1,2 1,4 1,6 1,8 2,0	0,49 0,57 0,75 0,92 1,20	6 12 20 EC 6 6 12 20	1,4 2,2 3,2 charakt. Druckfestigkeit f_k MN/m² 4,3 6,9 10,0	0,084 0,168 0,280 $f_{bt,cal}$ MN/m²	0,240 0,480 0,800 0,233 0,465 0,775
9 Z-17.1-730	Mauerwerk aus Plan-Voll-blöcken aus Leichtbeton (be-zeichnet als KLB-P Super-dämmblöcke SW1) im Dünnbettverfahren	S. 130	29.01.2015	29.01.2020	KLB-P-Dünnbettmörtel, leicht KLB LB P99 KLB LB P980 Dünnbettmörtel „Vario"	0,45 0,50 0,55 0,60 0,65 0,70 0,80	0,10[6] 0,12 0,13 0,14 0,16 0,16 0,18	2 4 6 EC 6 2 4 6	0,5 0,9 1,2 charakt. Druckfestigkeit f_k MN/m² 1,5 2,7 3,8	0,020 0,040 0,060 $f_{bt,cal}$ MN/m²	0,050 0,100 0,150 0,050 0,100 0,150
10 Z-17.1-766	Mauerwerk aus Plan-Hohl-blöcken aus Leichtbeton (bezeichnet als KLB-P Wärmedämmblöcke W3) im Dünnbettverfahren	S. 130	09.07.2015	14.04.2020	KLB-P-Dünnbettmörtel DBM-L Dünnbettmörtel „Vario"	0,45 0,50 0,55 0,60 0,65 0,70 0,80	0,12 0,13[7] 0,14[8] 0,15[9] 0,16[10] 0,18 0,21	2 4 6 EC 6 2 4 6	0,5 0,8 1,0 charakt. Druckfestigkeit f_k MN/m² 1,3 2,1 2,6	0,020 0,040 0,060 $f_{bt,cal}$ MN/m²	0,050 0,100 0,150 0,050 0,100 0,150

Zulassungs-nummer	Zulassungsgegenstand	Verweis	Bescheid	Geltungs-dauer	Mörtel	Roh-dichte-klasse	Bemessungswert der Wärmeleitfähigkeit λ in W/(m·K)	Festig-keits-klasse	Grundwert σ_0 MN/m²	max τ MN/m²	β_{RZ} MN/m²
Liapor GmbH & Co. KG		Industriestraße 2 91352 Hallerndorf-Pautzfeld									
11 Z-17.1-870	Mauerwerk aus Liapor Super-K Plus Plansteinen und SAKRET-Liapor-Plansteinkleber im Dünnbettverfahren	S. 130	02.12.2014	02.12.2019	SAKRET-Liapor-Plansteinkleber	0,45 0,50 0,55 0,60 0,65 0,70	0,11 0,12 0,13 0,14 0,14 0,15	2 4	$0,4^{11)}$ 0,6	0,020 0,040	0,050 0,100
								EC 6	charakt. Druckfestigkeit f_k MN/m²	$f_{bt,cal}$ MN/m²	
								2 4	1,0 1,7		0,050 0,100
MEIER Betonwerke GmbH		Zur Schanze 2 92283 Lauterhofen									
12 Z-17.1-963	Mauerwerk aus Plan-Voll-blöcken und Plan-Hohlblöcken aus Beton (bezeichnet als „Meier Öko-Kalkstein® Plan-steine") im Dünnbettverfahren – Plan-Hohlblöcke	S. 131	19.01.2016	20.03.2018	MEIER-Dünnbettmörtel Dünnbettmörtel „Vario"	1,2 1,4 1,6	0,8 0,9 1,1	6 12	$0,9^{12)}/1,0^{13)}$ $1,2^{12)}/1,4^{13)}$	0,060 0,120	0,150 0,300
								EC 6	charakt. Druckfestigkeit f_k MN/m²		f_{vlt} MN/m²
								6 12	$2,3^{12)}/2,7^{13)}$ $3,5^{12)}/4,0^{13)}$		0,20 0,20
	– Plan-Vollblöcke					2,0 2,2	1,4 1,7	12 20 28	2,2 3,2 3,2	0,168 0,280 0,392	0,480 0,800 1,120
								EC 6	charakt. Druckfestigkeit f_k MN/m²		f_{vlt} MN/m²
								12 20 28	6,9 10,0 10,0		0,20 0,20 0,20

II Verzeichnis der abZ/aBg für den Mauerwerksbau (Stand 31.05.2018)

	Zulassungs-nummer	Zulassungsgegenstand	Verweis	Bescheid	Geltungs-dauer	Mörtel	Roh-dichte-klasse	Bemessungswert der Wärmeleitfähigkeit λ in W/(m·K)	Festig-keits-klasse	Grundwert σ_0 MN/m²	max τ MN/m²	β_{RZ} MN/m²
	noch Z-17.1-963	– Plan-Vollblöcke mit Isomur plus-Wärmedämm-elementen					2,0 2,2	1,4[14] 1,7[14]	12 20 28	1,8 2,4 2,4	0,100 0,100 0,100	– – –
									EC 6	charakt. Druckfestigkeit f_k MN/m²		f_{vlt} MN/m²
									12 20 28	4,7 6,3 6,3		0,20 0,20 0,20
	Jakob Stockschläder GmbH & Co. KG		Koblenzer Straße 58 56299 Ochtendung									
13	Z-17.1-659	Mauerwerk aus Plan-Voll-blöcken aus Beton im Dünn-bettverfahren (bezeichnet als Jastoplan)	–	19.01.2011 Ä: 03.07.2012	19.01.2016	Jasto-Dünnbettmörtel Jasto-Dünnbettmörtel S	1,6 1,8 2,0	0,75 0,92 1,20	12 20	2,0[15] 2,9[16]	0,168 0,280	0,480 0,800
									DIN 1053-100	charakt. Druck-festigkeit f_k MN/m²	max f_{vk} MN/m²	f_{bz} MN/m²
									12 20	6,2[15] 9,1[16]	0,240 0,400	0,480 0,800
14	Z-17.1-912	Mauerwerk aus Plan-Voll-blöcken aus Leichtbeton (bezeichnet als „Jasto Therm" bzw. „Jasto Super-Therm" - Plansteine) im Dünnbett-verfahren	S. 131	13.05.2015	14.04.2020	Jasto-Dünnbettmörtel Jasto-Dünnbettmörtel S Dünnbettmörtel Jasto Super-Therm			2 4	0,5 0,9	0,020 0,040	0,050 0,100
									EC 6	charakt. Druckfestigkeit f_k MN/m²		$f_{bt,cal}$ MN/m²
		– „Jasto Super-Therm" Plan-steine mit Jasto-Dünnbett-mörtel oder Jasto-Dünnbett-mörtel-S (nach Anlage 1 bis 3 der Zulassung)					0,50 0,55 0,60	0,11 0,12 0,13	2 4	1,3/1,5[17] 2,4/2,4[17]		0,050 0,100

Zulassungs-nummer	Zulassungsgegenstand	Verweis	Bescheid	Geltungs-dauer	Mörtel	Roh-dichte-klasse	Bemessungswert der Wärmeleitfähigkeit λ in W/(m·K)	Festig-keits-klasse	Grundwert σ_0 MN/m²	max τ MN/m²	β_{RZ} MN/m²
noch Z-17.1-912	– „Jasto Super-Therm" Plansteine mit Dünnbettmörtel Jasto Super-Therm (nach Anlage 1 bis 3 der Zulassung)					0,45 0,50 0,55 0,60	0,10 0,11 0,12 0,13				
	– „Jasto Therm"-Plansteine mit Jasto-Dünnbettmörtel oder Jasto-Dünnbettmörtel-S oder Dünnbettmörtel Jasto Super-Therm (nach Anlage 4 der Zulassung)					0,45 0,50 0,55 0,60 0,65	0,11 0,12 0,13 0,14 0,15				
Trasswerke Meurin Betriebsgesellschaft mbH		**Kölner Straße 17 56626 Andernach**									
15 Z-17.1-846	Mauerwerk aus Plan-Voll-blöcken aus Leichtbeton (bezeichnet als Pumix-P-HW) im Dünnbettverfahren	S. 132	12.10.2015	14.04.2020	Dünnbettmörtel "Vario" PUMIX-Dünnbettmörtel PUMIX-Dünnbettmörtel leicht PUMIX-Dünnbettmörtel S	0,45 0,50 0,55 0,60 0,65 0,70 0,80	0,10 bis 0,18 s. ausführliche Tabelle in Zulassung Z-17.1-846	2 4 6 EC 6 2 4 6	0,5 0,9 1,2 charakt. Druckfestigkeit f_k MN/m² 1,5 2,7 3,8	0,020 0,040 0,080	0,050 0,100 0,150 $f_{bt,cal}$ MN/m² 0,050 0,100 0,150

10) Für 247 mm lange und 240 mm breite Steine, sowie für 300 mm und 365mm breite Steine ist $\lambda = 0,18$ W/(m·K).
11) Gilt nur für $\lambda \leq 10$.
12) Wert gilt für Steine mit den Abmessungen nach Anlage 1 bis Anlage 4 der Zulassung.
13) Wert gilt für Steine mit den Abmessungen nach Anlage 5 und Anlage 6 der Zulassung.
14) Zusätzlich gilt Z-17.1-811, Abschnitt 3.3.
15) Bei Planvollblöcken ohne Grifftaschen beträgt $\sigma_0 = 2,2$ MN/m², bzw. $f_k = 6,9$ MN/m².
16) Bei Planvollblöcken ohne Grifftaschen beträgt $\sigma_0 = 3,2$ MN/m², bzw. $f_k = 10,0$ MN/m².
17) Wert gilt für Mauerwerk aus Plansteinen nach Anlage 4 der Zulassung.

1) Wert gilt für Planvollblöcke aus Beton mit porigen Zuschlägen.
2) Nur für Vollblöcke ohne Schlitze und Vollsteine (Vbl-P, V-P).
3) Wert gilt für Plan-Hohlblöcke (s. Zulassung).
4) Wert gilt für Plan-Hohlblöcke.
5) Wert gilt für Plan-Vollblöcke.
6) Bei Plan-Vollblöcken nach Anlage 2, 3, 7, 8 der Zulassung gilt $\lambda = 0,10$ W/(m·K), ausgenommen sind bei der Verwendung von KLB-P-Dünnbettmörtel leicht Plan-Vollblöcke nach Anl. 3, 7 oder 8.
7) Für 300 mm breite Steine ist $\lambda = 0,14$ W/(m·K).
8) Für 300 mm breite und 497 mm lange Steine ist $\lambda = 0,15$ W/(m·K).
9) Für 300 mm und 365 mm breite Steine ist $\lambda = 0,16$ W/(m·K).

2.1.6.2 Planhohlblocksteine

Zulassungs-nummer	Zulassungsgegenstand	Verweis	Bescheid	Geltungsdauer	Mörtel	Rohdichteklasse	Bemessungswert der Wärmeleitfähigkeit λ in W/(m·K)		Festigkeitsklasse	Grundwert σ_0 MN/m²	max τ MN/m²	β_{RZ} MN/m²
							d > 175 mm	d = 175 mm				
BBU Rheinische Bimsbaustoff-Union GmbH		**Sandkaulenweg 1**										
		56564 Neuwied										
1 Z-17.1-842	Mauerwerk aus Plan-Hohl-blöcken aus Leichtbeton (bezeichnet als isobims-Hohlblöcke P) im Dünnbettverfahren	S. 132	01.10.2015	15.10.2019	Dünnbettmörtel nach Z-17.1-842				2	0,5	0,020	0,050
									4	0,7	0,040	0,100
									6	0,9	0,060	0,150
					Dünnbettmörtel „Vario" nach Z-17.1-671	0,70	0,28	0,30	EC 6	charakt. Druckfestigkeit f_k MN/m²		$f_{bt,cal}$ MN/m²
						0,80	0,31	0,34				
						0,90	0,34	0,37				
						1,0	0,45	0,52	2	1,3		0,050
						1,2	0,53	0,60	4	2,0		0,100
						1,4	0,65	0,72	6	2,6		0,150
Bisotherm GmbH		**Eisenbahnstraße 12**										
		56218 Mülheim-Kärlich										
2 Z-17.1-753	Mauerwerk aus Planblöcken aus Leichtbeton mit horizontaler Lochung (bezeichnet als NORMAPLAN) im Dünnbettverfahren	S. 133	13.02.2013	13.02.2018	Bisoplan-Dünnbettmörtel T Bisoplan-Dünnbettmörtel grau	0,7	0,30		2	0,5	0,020	0,050
						0,8	0,34		4	0,9	0,040	0,100
						0,9	0,37		6	1,2	0,060	0,150
						1,0	0,52					
						1,2	0,60					
						1,4	0,72					
						1,6	0,76					

Zulassungs-nummer	Zulassungsgegenstand	Verweis	Bescheid	Geltungs-dauer	Mörtel	Roh-dichte-klasse	Bemessungswert der Wärmeleitfähigkeit λ in W/(m·K)	Festigkeits-klasse	Grundwert σ_0 MN/m^2	max τ MN/m^2	β_{RZ} MN/m^2
Bundesverband Leichtbeton e. V.		Sandkauler Weg 1 56564 Neuwied									
3 Z-17.1-844	Mauerwerk aus Plan-Hohl-blöcken aus Leichtbeton im Dünnbettverfahren – Hohlblöcke Typ I	S. 133	08.06.2015	14.04.2020	Dünnbettmörtel nach Z-17.1-844 Dünnbettmörtel „Vario" nach Z-17.1-671	0,45 0,50 0,55 0,60 0,65 0,70 0,80 0,90 1,0 1,2 1,4 1,6	0,20 0,22 0,23 0,24 0,26 0,28 0,31 0,34 0,45 0,53 0,65 0,74	2 4 6 8 10 12 DIN 1053-100 2 4 6 8 10 12	0,5 0,8 1,0 1,2 1,3 1,4 charakt. Druck-festigkeit f_k MN/m^2 1,6 2,5 3,2 3,9 4,1 4,3	0,020 0,040 0,060 0,080 0,100 0,120 max f_{vk} MN/m^2 0,024 0,048 0,072 0,096 0,120 0,144	0,050 0,100 0,150 0,200 0,250 0,300 f_{bz} MN/m^2 0,050 0,100 0,150 0,200 0,250 0,300
	– Hohlblöcke Typ II					0,45 0,50 0,55 0,60 0,65 0,70 0,80 0,90 1,0 1,2 1,4 1,6	0,22 0,24 0,26 0,27 0,29 0,30 0,34 0,37 0,52 0,60 0,72 0,76	2 4 6 8 10 12 DIN 1053-100 2 4 6 8 10 12	0,4 0,7 0,9 1,1 1,2 1,3 charakt. Druck-festigkeit f_k MN/m^2 1,4 2,2 2,9 3,5 3,7 4,0	0,020 0,040 0,060 0,080 0,100 0,120 max f_{vk} MN/m^2 0,024 0,048 0,072 0,096 0,120 0,144	0,050 0,100 0,150 0,200 0,250 0,300 f_{bz} MN/m^2 0,050 0,100 0,150 0,200 0,250 0,300

Zulassungs-nummer	Zulassungsgegenstand	Verweis	Bescheid	Geltungs-dauer	Mörtel	Roh-dichte-klasse	Bemessungswert der Wärmeleitfähigkeit λ in W/(m·K)	Festigkeits-klasse	Grundwert σ_0 MN/m²	max τ MN/m²	β_{RZ} MN/m²
4 Z-17.1-845	Mauerwerk aus Plan-Hohl-blöcken, Plan-Vollblöcken und Plan-Vollsteinen aus Beton im Dünnbettverfahren – Hohlblöcke Typ I	S. 134	26.02.2016	14.04.2020	Dünnbettmörtel nach Z-17.1-845 Dünnbettmörtel „Vario" nach Z-17.1-671	0,80 0,90 1,0 1,2 1,4 1,6 1,8 2,0	0,60 0,65 0,70 0,80 0,90 1,10 1,20 1,40	2 4 6 8 10 12	0,5 0,8 1,0 1,2 1,3 1,4	0,020 0,040 0,060 0,080 0,100 0,120	0,050 0,100 0,150 0,200 0,250 0,300
	– Hohlblöcke Typ II							2 4 6 8 10 12	0,4 0,7 0,9 1,0 1,1 1,2	0,020 0,040 0,060 0,080 0,100 0,120	0,050 0,100 0,150 0,200 0,250 0,300
	– Plan-Vollsteine (Vn-P) und Plan-Vollblöcke (Vbn-P)							4 6 8 10 12 16 20 28	1,0 1,4 1,6 1,8 2,0 2,4 2,9 3,4	0,048 0,072 0,096 0,120 0,144 0,192 0,240 0,336	0,132 0,198 0,264 0,330 0,396 0,528 0,660 0,924
								DIN 1053-100	charakt. Druck-festigkeit f_k MN/m²	max f_{vk} MN/m²	f_{bz} MN/m²
								Hohlblöcke Typ I: 2 3 6 8 10 12	1,4 2,1 2,7 3,2 3,6 4,0	0,024 0,048 0,072 0,096 0,120 0,144	0,050 0,100 0,150 0,200 0,250 0,300

Zulassungs-nummer	Zulassungsgegenstand	Verweis	Bescheid	Geltungs-dauer	Mörtel	Roh-dichte-klasse	Bemessungswert der Wärmeleitfähigkeit λ in W/(m·K)	Festigkeits-klasse	Grundwert σ_0 MN/m²	max τ MN/m²	β_{RZ} MN/m²
noch Z-17.1-845								DIN 1053-100	charakt. Druck-festigkeit f_k MN/m²	max f_{vk} MN/m²	f_{bz} MN/m²
								Hohlblöcke Typ II 2	1,2	0,024	0,050
								4	1,8	0,048	0,100
								6	2,3	0,072	0,150
								8	2,8	0,096	0,200
								10	3,2	0,120	0,250
								12	3,5	0,144	0,300
								DIN 1053-100	charakt. Druck-festigkeit f_k MN/m²	max f_{vk} MN/m²	f_{bz} MN/m²
								Plan-Vollsteine, -Vollblöcke 4	2,9	0,064	0,132
								6	3,7	0,096	0,198
								8	4,5	0,128	0,264
								10	5,1	0,160	0,330
								12	5,7	0,192	0,396
								16	6,8	0,256	0,528
								20	7,9	0,320	0,660
								28	9,7	0,448	0,924
E. Knobel GmbH & Co. KG		Konrad-Adenauer-Straße 45 72461 Albstadt-Tailfingen									
5 Z-17.1-1154	Mauerwerk aus Plan-Hohl-blöcken aus Leichtbeton im Dünnbettverfahren	S. 135	12.09.2016	14.04.2020	SAKRET-Liapor-Plansteinkleber	0,6	0,24	EC 6			
						0,7	0,28	2	0,5[1]/0,4	0,020	0,050
						0,8	0,31	4	0,8[1]/0,7	0,040	0,100
								6	1,0[1]/0,9	0,060	0,150
									charakt. Druckfestigkeit f_k MN/m²		$f_{bt,cal}$ MN/m²
								2	1,6[1]/1,4		0,050
								4	2,5[1]/2,2		0,100
								6	3,2[1]/2,9		0,150

Zulassungs-nummer	Zulassungsgegenstand	Verweis	Bescheid	Geltungs-dauer	Mörtel	Roh-dichte-klasse	Bemessungswert der Wärmeleitfähigkeit λ in W/(m·K)	Festigkeits-klasse	Grundwert σ_0 MN/m²	max τ MN/m²	β_{RZ} MN/m²
Jakob Stockschläder GmbH & Co. KG		Koblenzer Straße 58 56299 Ochtendung									
6 Z-17.1-734	Mauerwerk aus Planhohl-blöcken aus Leichtbeton im Dünnbettverfahren (bezeich-net als Jastoplan)	–	19.01.2011	19.01.2016	Jasto-Dünnbettmörtel Jasto-Dünnbettmörtel S	0,8 0,9 1,0 1,2	0,31 [2]/0,34 [3] 0,34 [2]/0,37 [3] 0,45 [2]/0,52 [3] 0,53 [2]/0,60 [3]	2 4 6 DIN 1053-100	0,5 [4]/0,4 [5] 0,8 [4]/0,7 [5] 1,0 [4]/0,9 [5] charakt. Druck-festigkeit f_k MN/m²	0,020 0,040 0,060 max f_{vk} MN/m²	0,050 0,100 0,150 f_{bz} MN/m²
								2 4 6	1,6 [4]/1,4 [5] 2,5 [4]/2,2 [5] 3,2 [4]/2,9 [5]	0,024 0,048 0,072	0,050 0,100 0,150
KLB Klimaleichtblock GmbH		Lohmannstraße 31 56626 Andernach									
7 Z-17.1-797	Mauerwerk aus KLB-Plan-Hohlblöcken im Dünnbettverfahren	–	14.10.2014	12.09.2016	Dünnbettmörtel KLB LB P 99 Dünnbettmörtel KLB LB P 980 Dünnbettmörtel „Vario"	0,8 0,9 1,0 1,2 1,4 1,6	0,31 [2]/0,34 [3] 0,34 [2]/0,37 [3] 0,45 [2]/0,52 [3] 0,53 [2]/0,60 [3] 0,65 [2]/0,72 [3] 0,74 [2]/0,76 [3]	2 4 6 8 12 EC 6	0,5 [6]/0,4 0,8 [6]/0,7 1,0 [6]/0,9 1,2 [6]/1,1 1,4 [6]/1,3 charakt. Druckfestigkeit f_k MN/m²	0,020 0,040 0,060 0,080 0,120	0,050 0,100 0,150 0,200 0,250 $f_{bt,cal}$ MN/m²
								2 4 6 8 12	1,6 [6]/1,4 2,5 [6]/2,2 3,2 [6]/2,9 3,9 [6]/3,5 4,3 [6]/4,0		0,050 0,100 0,150 0,200 0,250

1) Wert gilt für Plan-Hohlblöcke nach Anlage 4 der Zulassung.
2) Wert gilt für Hohlblöcke nach DIN 4108-4:2013-02, Tabelle 1, Zeile 4.5.1.
3) Wert gilt für Hohlblöcke nach DIN 4108-4:2013-02, Tabelle 1, Zeile 4.5.2.
4) Wert gilt für Steine der Länge 497 mm mit den Breiten 175 mm und 240 mm.
5) Wert gilt für Steine der Länge 247 mm mit den Breiten 240 mm, 300 mm, 365 mm und dem Stein Jastoplan Hbl 3 K.
6) Wert gilt für Hohlblöcke nach Anlage 3 (16 DF) und Anlage 5 (Typ I) der Zulassung.

2.1.6.3 Plansteine aus Leichtbeton mit integrierter Wärmedämmung

	Zulassungs-nummer	Zulassungsgegenstand	Verweis	Bescheid	Geltungs-dauer	Mörtel	Roh-dichte-klasse	Bemessungswert der Wärmeleitfähigkeit λ in W/(m·K)	Festig-keits-klasse	Grundwert σ_0 MN/m²	max τ MN/m²	β_{RZ} MN/m²	$\alpha^{*)}$
	Birkenmeier Stein + Design GmbH & Co. KG		Industriestraße 1 79206 Breisach										
1	Z-17.1-1052	Mauerwerk aus Planhohl-blöcken aus Leichtbeton mit integrierter Wärmedämmung (bezeichnet als Liaplan Ultra-DS) im Dünnbettverfahren	S. 136	11.10.2016	14.04.2020	Liaplan Ultra-Dünnbettmörtel	0,45 0,50 0,55 0,60	0,08 $0,08^{1)}$/0,09 $0,09/0,10^{2)}$ $0,09^{1)}$/0,10	2 4 EC 6 2 4	0,4 0,6 charakt. Druckfestigkeit f_k MN/m² 1,0 1,5	0,020 0,040	0,050 0,100 $f_{bt,cal}$ MN/m² 0,050 0,100	0,5
	Bisotherm GmbH		Eisenbahnstraße 12 56218 Mülheim-Kärlich										
2	Z-17.1-1026	Mauerwerk aus BISOTHERM-Steinen mit integrierter Wärmedämmung (bezeichnet als „BisomarkTec mit Dämmstoff der WLG 022") im Dünnbettverfahren	S. 137	27.10.2015	14.04.2020	Bisoplan-Dünnbett-mörtel T	0,35 0,40 0,45 0,50 0,55	$0,065$ $0,065^{3)}$ $0,070^{3)}$ $0,075^{3)}$ $0,09$	1,6 2 4 EC 6 1,6 2 4	0,35 0,4 $0,7^{4)}$ charakt. Druckfestigkeit f_k MN/m² 0,9 1,3 $2,0^{4)}$	0,016 0,020 0,040	0,040 0,050 0,100 $f_{bt,cal}$ MN/m² 0,040 0,050 0,100	1,0
3	Z-17.1-1029	Mauerwerk aus BISOTHERM-Steinen mit integrierter Wärmedämmung (bezeichnet als „Bisomark mit Dämmstoff der WLG 035") im Dünnbettverfahren	S. 138	27.10.2015	14.04.2020	Bisoplan-Dünnbett-mörtel T Bisoplan Dünnbett-mörtel S	0,35 0,40 0,45 0,50 0,55	0,075 $0,075^{3)}$ $0,08^{3)}$ 0,09 0,09	1,6 2 4 DIN 1053-100 1,6 2 4	0,35 0,4 $0,7^{4)}$ charakt. Druck-festigkeit f_k MN/m² 0,9 1,3 $2,0^{4)}$	0,016 0,020 0,040 max f_{vk} MN/m² 0,019 0,024 0,048	– – – f_{bz} MN/m² – – –	1,0

II Verzeichnis der abZ/aBg für den Mauerwerksbau (Stand 31.05.2018)

	Zulassungs-nummer	Zulassungsgegenstand	Verweis	Bescheid	Geltungs-dauer	Mörtel	Roh-dichte-klasse	Bemessungswert der Wärmeleitfähigkeit λ in W/(m·K)	Festig-keits-klasse	Grundwert σ_0 MN/m²	max τ MN/m²	β_{RZ} MN/m²	$\alpha^{*)}$
4	Z-17.1-1072	Mauerwerk aus BISOTHERM-Steinen mit integrierter Wärmedämmung (bezeichnet als „BisomarkTec mit Dämm-stoff der WLG 032") im Dünnbettverfahren	S. 139	13.04.2012	13.04.2017	Bisoplan-Dünnbett-mörtel T	0,35 0,40 0,45 0,50 0,55	0,070/0,075 [5] 0,075/0,08 [6] 0,08/0,09 [7] 0,08/0,09 [5] 0,09	1,6 2 4 DIN 1053-100	0,35 0,4 0,7 [4] charakt. Druck-festigkeit f_k MN/m²	0,016 0,020 0,040 max f_{vk} MN/m²	– – – f_{bz} MN/m²	1,0
5	Z-17.1-1081	Mauerwerk aus Plan-Hohl-blöcken mit integrierter Wärmedämmung (bezeichnet als BisoRocket Objektstein HbI) im Dünnbettverfahren	S. 140	28.01.2013	28.01.2018	Bisoplan-Dünnbett-mörtel T	0,45 0,50 0,55 0,60 0,65 0,70	0,08 0,09 0,09 0,10 0,11 0,11	1,6 2 4 4 6	0,9 1,3 2,0 [4] 0,7 0,9	0,019 0,024 0,048 0,040 0,060	– – – 0,100 0,150	1,0
	GISOTON Wandsysteme Baustoffwerke Gebhart & Söhne GmbH & Co. KG		Hochstraße 2 88317 Aichstetten										
6	Z-17.1-672	GISOPLAN-Therm Wand-system – Typ 25/10 – Typ 30/15 – Typ 30/10 – Typ 35/15	S. 140	05.03.2015	05.03.2020	Dünnbettmörtel „Extraplan"	1,4 1,4 1,4 1,4	0,080 0,070 0,090 0,080	10 DIN 1053-100 10	1,8 charakt. Druck-festigkeit f_k MN/m² 4,7	0,100 max f_{vk} MN/m² 0,120	0,250 f_{bz} MN/m² 0,250	1,0
7	Z-17.1-1054	Mauerwerk aus dreischaligen Leichtbeton-Plansteinen mit integrierter Wärmedämmung (bezeichnet als GisoDur) im Dünnbettverfahren – Typ 37,5/15 – Typ 45/22,5 – Typ 45/17,5	–	02.12.2011	02.12.2016	Dünnbettmörtel „Extraplan"		0,075 0,060 0,075	8 DIN 1053-100 8	1,8 charakt. Druck-festigkeit f_k MN/m² 4,7	0,080 max f_{vk} MN/m² 0,096	0,200 f_{bz} MN/m² 0,200	1,0

Zulassungs-nummer	Zulassungsgegenstand	Verweis	Bescheid	Geltungs-dauer	Mörtel	Roh-dichte-klasse	Bemessungswert der Wärmeleitfähigkeit λ in W/(m·K) 12 DF	20 DF	Festig-keits-klasse	Grundwert σ_0 MN/m²	max τ MN/m²	β_{RZ} MN/m²	$\alpha^{*)}$
	Jakob Stockschläder GmbH & Co. KG	Koblenzer Straße 58 56299 Ochtendung											
8	Z-17.1-974	S. 141	11.10.2016	10.10.2018	Dünnbettmörtel „Jasto Super-Therm"								1,0
	Mauerwerk aus Planhohl-blöcken mit integrierter Wär-medämmung (bezeichnet als „JASTO Ultra Therm" und „JASTO Kombi") im Dünn-bettverfahren					0,40 0,45 0,50 0,55	0,080 0,090 0,090 0,10	0,070 0,075 0,080 0,090	2 4	0,4/0,35[8] 0,6/0,55[8]	0,020 0,040	0,050 0,100	
	– JASTO Ultra Therm Dämmstofffüllung aus Phenolharzschaum								EC 6	charakt. Druckfestigkeit f_k MN/m²		$f_{bt,cal}$ MN/m²	
	– JASTO Ultra Therm Dämm-stofffüllung aus Polyurethan-Hartschaum					0,40 0,45 0,50 0,55	0,080 0,090 0,10 0,11	0,075 0,080 0,090 0,090	2 4	1,0 1,5		0,050 0,100	
	– JASTO Ultra Therm Dämm-stofffüllung aus expandier-tem Polystyrol					0,40 0,45 0,50 0,55 0,60 0,65	0,090 0,090 0,10 0,11 0,12 0,13	0,080 0,090 0,090 0,10 0,11 0,11					
	– JASTO Ultra Therm Dämm-stofffüllung aus Mineralwolle					0,40 0,45 0,50 0,55 0,60 0,65	0,090 0,10 0,10 0,11 0,12 0,13	0,080 0,090 0,090 0,10 0,11 0,11					
	– JASTO Kombi Dämmstoff-füllung aus Mineralwolle					0,40 0,45 0,50 0,55 0,60	Anl. 4 u. 7 0,08 0,09 0,10 0,11 0,11	Anl. 5 u. 6 0,09[9] 0,09 0,10 0,11 –					

	Zulassungs-nummer	Zulassungsgegenstand	Verweis	Bescheid	Geltungs-dauer	Mörtel	Roh-dichte-klasse	Bemessungswert der Wärmeleitfähigkeit λ in W/(m·K)	Festig-keits-klasse	Grundwert σ_0 MN/m²	max τ MN/m²	β_{RZ} MN/m²	α^*
9	Z-17.1-1039	Mauerwerk aus Plan-Hohl-blöcken aus Leichtbeton mit integrierter Wärmedämmung (bezeichnet als „JASTO Ultra-Z-Therm") im Dünn-bettverfahren (Dämmstofffüllung aus Mineralwolle, Polyurethan-Hartschaum oder Phenolharzschaum)	S. 141	03.12.2015	14.04.2020	Dünnbettmörtel Jasto Super-Therm	0,40 0,45 0,50 0,55 0,60	s. Zulassung	2 4 DIN 1053-100 2 4	0,4/0,35 [10] 0,65/0,60 [10] charakt. Druck-festigkeit f_k MN/m² 1,2/1,01 [10] 1,9/1,71 [10]	0,020 0,040 max f_{vk} MN/m² 0,024 0,048	0,050 0,100 f_{bz} MN/m² 0,050 0,100	1,0
	Karl Bachl GmbH & Co. KG		Deching 3 94133 Röhrnbach										
10	Z-17.1-1053	Mauerwerk aus dreischaligen Leichtbeton-Plansteinen mit integrierter Wärme-dämmung (bezeichnet als BACHL NeoStone Wärme-dämmsteine) im Dünnbettverfahren	S. 142	16.01.2015 Ä/E/V: 04.04.2016	14.04.2020	SAKRET-Liapor-Plan-steinkleber	0,55 0,60 0,70 0,75 0,80 0,90	0,065 [11] 0,065 [11] 0,070 [11] 0,070 [11] 0,075 [12]	2 4 EC 6 2 4	0,5 0,8 charakt. Druckfestigkeit f_k MN/m² 1,5 2,4	0,028 0,056 charakt. Druckfestigkeit f_k MN/m² 0,078 0,155	0,080 0,160 $f_{bt,cal}$ MN/m²	1,0
	KLB Klimaleichtblock GmbH		Lohmannstraße 31 56626 Andernach										
11	Z-17.1-959	Mauerwerk aus Planhohl-blöcken aus Leichtbeton mit integrierter Dämmung aus Steinwollestecklingen (bezeichnet als KLB-Kalopor Plus-Planblöcke)	S. 143	04.05.2015	20.04.2020	KLB Dünnbettmörtel S-L KLB LB P 99 KLB LB P 980 Dünnbettmörtel „Vario"	0,35 0,40 0,45 0,55 0,60	0,070–0,075	2 4 EC 6 2 4	0,35 0,6 charakt. Druckfestigkeit f_k MN/m² 0,9 1,7	0,020 0,040 max f_{vk} MN/m²	0,050 0,100 $f_{bt,cal}$ MN/m² 0,050 0,100	1,0
12	Z-17.1-1020	Mauerwerk aus Plan-Hohl-blöcken aus Leichtbeton mit integrierter Wärmedämmung (bezeichnet als KLB-Kalopor M Planblöcke)	S. 143	20.03.2015	03.03.2020	KLB Dünnbettmörtel DBML KLB Dünnbett-mörtel S-L	0,35 0,40		2 DIN 1053-100 2	0,35 charakt. Druck-festigkeit f_k MN/m² 0,9	0,020 max f_{vk} MN/m² 0,024	– f_{bz} MN/m² –	1,0

	Zulassungs-nummer	Zulassungsgegenstand	Verweis	Bescheid	Geltungs-dauer	Mörtel	Roh-dichte-klasse	Bemessungswert der Wärmeleitfähigkeit λ in W/(m·K)	Festig-keits-klasse	Grundwert σ_0 MN/m²	max τ MN/m²	β_{RZ} MN/m²	$\alpha^{*)}$
13	Z-17.1-1075	Mauerwerk aus KLB-Plan-Hohlblöcken mit integrierter Wärmedämmung (bezeich-net als KLB-ISOSTAR) im Dünnbettverfahren	S. 144	02.02.2016	03.03.2020	KLB Dünnbettmörtel DBM-L KLB Dünnbett-mörtel S-L	0,40 0,45 0,50 0,55 0,60	0,09 bis 0,12	2 4	0,40 0,60 [13]	0,020 0,040	0,050 0,100	1,0
									EC 6	charakt. Druckfestigkeit f_k MN/m²		$f_{bt,cal}$ MN/m²	
									2 4	1,1 1,7 [13]		0,050 0,100	
14	Z-17.1-1078	Mauerwerk aus KLB-SK(MW)-Plansteinen im Dünnbettverfahren	S. 144	01.11.2017	14.04.2020	KLB Dünnbettmörtel S-L KLB Dünnbettmör-tel DBM-L	0,35 0,40 0,45 0,50 0,55 0,60	s. Zulassung	EC 6	charakt. Druckfestigkeit f_k MN/m²		$f_{bt,cal}$ MN/m²	1,0
									2 4	1,0 [14]/0,90 [15]/0,80 1,6 [14]/1,5 [15]/1,4		0,050 0,100	
15	Z-17.1-1160	Mauerwerk aus KLB-SK(PF)-Plansteinen im Dünnbettver-fahren (Nach Auskunft des Herstellers werden zz. nach dieser Zulassung keine Steine produziert.)	–	14.10.2016	14.04.2020	KLB Dünnbettmörtel S-L KLB Dünnbettmörtel DBM-L	0,35 0,40 0,45 0,50 0,55 0,60	s. Zulassung	2 4	0,40 [14]/0,35 [15]/ 0,30 0,60 [14]/0,55 [15]/ 0,50	0,020 0,040	0,050 0,100	1,0
									EC 6	charakt. Druckfestigkeit f_k MN/m²		$f_{bt,cal}$ MN/m²	
									2 4	1,0 [14]/0,90 [15]/0,80 1,6 [14]/1,5 [15]/1,4		0,050 0,100	
16	Z-17.1-1161	Mauerwerk aus KLB-SK(PU)-Plansteinen im Dünnbettver-fahren (Nach Auskunft des Herstellers werden zz. nach dieser Zulassung keine Steine produziert.)	–	14.10.2016	14.04.2020	KLB Dünnbettmörtel S-L KLB Dünnbettmörtel DBM-L	0,35 0,40 0,45 0,50 0,55 0,60	s. Zulassung	2 4	0,40 [14]/0,35 [15]/ 0,30 0,60 [14]/0,55 [15]/ 0,50	0,020 0,040	0,050 0,100	1,0
									EC 6	charakt. Druckfestigkeit f_k MN/m²		$f_{bt,cal}$ MN/m²	
									2 4	1,0 [14]/0,90 [15]/0,80 1,6 [14]/1,5 [15]/1,4		0,050 0,100	

II Verzeichnis der abZ/aBg für den Mauerwerksbau (Stand 31.05.2018)

Zulassungs-nummer	Zulassungsgegenstand	Verweis	Bescheid	Geltungs-dauer	Mörtel	Roh-dichte-klasse	Bemessungswert der Wärmeleitfähigkeit λ in W/(m·K)	Festig-keits-klasse	Grundwert σ_0 MN/m²	max τ MN/m²	β_{RZ} MN/m²	$\alpha^{*)}$
Liapor GmbH & Co. KG						Industriestraße 2 91352 Hallerndorf-Pautzfeld						
17 Z-17.1-817	Mauerwerk aus Plan-Hohl-blöcken aus Leichtbeton mit integrierter Wärmedäm-mung (bezeichnet als Liapor SL-P Wärmedämmsteine) im Dünnbettverfahren	S. 145	09.03.2015	09.03.2020	SAKRET-Liapor-Plan-steinkleber	0,45 0,50 0,55	0,10[16] 0,10 0,10	2 4 EC 6	0,4 0,6 charakt. Druckfestigkeit f_k MN/m² 1,0 1,5	0,020 0,040	– – $f_{bt,cal}$ MN/m² 0,050 0,100	0,5
18 Z-17.1-998	Mauerwerk aus Plan-Hohl-blöcken aus Leichtbeton mit integrierter Wärmedämmung aus PUR-Hartschaum (be-zeichnet als Liapor SL Plus) im Dünnbettverfahren	S. 146	19.08.2016	14.04.2020	SAKRET-Liapor-Plan-steinkleber	0,45 0,50 0,55 0,60 0,65 0,70 0,80 0,90	0,080 0,090 0,090 0,10 0,10 0,11 0,12 0,13	2 4 6 EC 6 2 4 6	0,4 0,6 0,8 charakt. Druckfestigkeit f_k MN/m² 1,0 1,5 2,1	0,020 0,040 0,060	0,050 0,100 0,150 $f_{bt,cal}$ MN/m² 0,050 0,100 0,150	0,5
MEIER Betonwerke und Baustoffhandel GmbH						Zur Schanze 2 92283 Lauterhofen						
19 Z-17.1-1139	Mauerwerk aus Plan-Hohl-blöcken mit integrierter Wär-medämmung (bezeichnet als MEIER mineral 08-, MEIER mineral 09- und MEIER mineral 10-Plan-steine) im Dünnbettverfahren	S. 146	28.07.2015	14.04.2020	SAKRET-Liapor-Plan-steinkleber	0,35 0,40 0,45 0,50	0,08 0,08 0,09 0,10	1,6 2,0 4,0 EC 6 1,6 2,0 4,0	0,30 0,35 0,50 charakt. Druckfestigkeit f_k MN/m² 0,8 1,2 1,6	0,016 0,020 0,040	0,040 0,050 0,100 $f_{bt,cal}$ MN/m² 0,040 0,050 0,100	1,0

Zulassungs-nummer	Zulassungsgegenstand	Verweis	Bescheid	Geltungs-dauer	Mörtel	Roh-dichte-klasse	Bemessungswert der Wärmeleitfähigkeit λ in W/(m·K)	Festig-keits-klasse	Grundwert σ_0 MN/m²	max τ MN/m²	β_{RZ} MN/m²	$\alpha^{*)}$
Mein Ziegelhaus GmbH & Co. KG			Märkerstraße 44 63755 Alzenau									
20 Z-17.1-993	Mauerwerk aus Planhoch-ziegeln mit quadratischer Lochung (bezeichnet als „ThermoPlan EB") im Dünnbettverfahren	S. 147	07.09.2015	14.04.2020	Mein Ziegelhaus Typ I Mein Ziegelhaus Typ III ZiegelPlan ZP 99 maxit mur 900 Ziegelplanmörtel ZP Typ III	0,9 1,0 1,2 1,4	0,42 0,45 0,50 0,58	8 10 12 16 20	1,4 1,7 1,9 2,3 2,6	0,096 0,120 0,144 0,192 0,240	0,264 0,330 0,396 0,528 0,660	1,0
								EC 6	charakt. Druckfestigkeit f_k MN/m²		$f_{bt,cal}$ MN/m²	
								8 10 12 16 20	3,7 4,4 5,0 6,0 6,8		0,260 0,325 0,390 0,520 0,650	
Rausch Therm-Stein GmbH			Auf dem Teich 10 56645 Nickenich									
21 Z-17.1-1152	Rausch Therm-Planhohl-blöcke aus Leichtbeton mit integrierter Wärmedäm-mung für Mauerwerk im Dünnbettverfahren	S. 148	20.02.2018	20.02.2023	Dünnbettmörtel RTS Leichtmörtel 0,30	0,45 0,50 0,55		EC 6	charakt. Druckfestigkeit f_k MN/m²		$f_{bt,cal}$ MN/m²	1,0
								2 4	1,0 1,4		0,050 0,100	
Trasswerke Meurin Aktiengesellschaft für Steinindustrie			Sohler Weg 34 56564 Neuwied									
22 Z-17.1-834	Plan-Hohlblöcke aus Leicht-beton mit integrierter Wär-medämmung (bezeichnet als PUMIX (P)-thermolith-MD) für Mauerwerk im Dünnbettverfahren	S. 148	01.02.2018	01.02.2023	Dünnbettmörtel „Vario" PUMIX-Dünnbett-mörtel Leicht sowie Leicht M	0,45 0,55 0,60 0,80	0,09 [17]/0,10 0,11 [17]/0,12 0,11 [17]/0,12 0,15 [17]/0,16	EC 6	charakt. Druckfestigkeit f_k MN/m²		$f_{bt,cal}$ MN/m²	1,0
								2 4 6	1,4/1,6 [18] 2,2/2,5 [18] 2,9/3,2 [18]		0,050 0,100 0,150	

II Verzeichnis der abZ/aBg für den Mauerwerksbau (Stand 31.05.2018)

Zulassungs-nummer	Zulassungsgegenstand	Verweis	Bescheid	Geltungs-dauer	Mörtel	Roh-dichte-klasse	Bemessungswert der Wärmeleitfähigkeit λ in W/(m·K)	Festig-keits-klasse	Grundwert σ_0 MN/m²	max τ MN/m²	β_{RZ} MN/m²	$\alpha^{*)}$
	Trasswerke Meurin Betriebsgesellschaft mbH		Kölner Straße 17 56626 Andernach									
23 Z-17.1-1118	Mauerwerk aus Plan-Hohl-blöcken mit wärmedämmen-der Kammerfüllung (bezeich-net als PUMIX CALORIT-P SW) im Dünnbettverfahren	S. 149	06.03.2015	06.03.2020	Dünnbettmörtel „Vario" PUMIX-Dünnbett-mörtel Leicht sowie S	0,40 0,45 0,50 0,55	0,08 0,09 0,10 0,10	2 4 EC 6 2 4	0,4 0,6 charakt. Druckfestigkeit f_k MN/m² 1,0 1,5	0,020 0,040	0,050 0,100 $f_{bt,cal}$ MN/m² 0,050 0,100	1,0

Erläuterung Fußnote siehe Seite 632.

*)
1) Wert gilt für Hohlblöcke mit den Abmessungen 498 × 300 × 249 mm nach Anlage 3 der Zulassung.
2) Wert gilt für Hohlblöcke mit den Abmessungen 498 × 365/425 × 249 mm nach Anlage 4 bzw. 5 der Zulassung.
3) Werte gelten für 20DF. Für andere Formate sind die Angaben in der Zulassung zu beachten.
4) Für Mauerwerk aus Steinen nach Anlage 3 der Wanddicke 425 mm gilt $\sigma_0 = 0,65$ MN/m² bzw. $f_k = 1,8$ MN/m².
5) Wert gilt für 12DF- und 14DF-Steine.
6) Wert gilt für 12DF-Steine mit einer Steinrohdichte von 0,385 ± 0,010 kg/m³ sowie 14DF-Steine.
7) Wert gilt für 14DF-Steine.
8) Wert gilt für Wanddicken ≥ 425 mm.
9) Wert gilt für 12 DF-Steine nach Anlage 5 der Zulassung. Steine nach Anlage 6 sind nicht geregelt.
10) Wert gilt für JASTO Ultra-Z-Therm.
11) Für Mauerwerk aus Steinen nach Anlagen 2 und 4 der Zulassung (Steinbreite 425 mm) gilt $\lambda = 0,060$ W/(m·K).
12) Für Mauerwerk aus Steinen nach Anlagen 2 und 4 der Zulassung (Steinbreite 425 mm) gilt $\lambda = 0,065$ W/(m·K).
13) Für Mauerwerk aus Steinen nach Anlage 2 der Wanddicke 425 mm gilt $\sigma_0 = 0,65$ MN/m² bzw. $f_k = 1,8$ MN/m².
14) Wert gilt für eine Wanddicke von ≤ 365 mm.
15) Wert gilt für eine Wanddicke von 425 mm.
16) Mit Dämmstoff „Isokern 50 I" ist $\lambda = 0,090$ W/(m·K).
17) Bei der Verwendung von PUMIX-Dünnbettmörtel leicht oder PUMIX-Dünnbettmörtel S.
18) Für Hohlblöcke Typ I nach Anlage 3 und 4 der Zulassung.

2.2 Planelemente und dafür zugelassene Dünnbettmörtel
2.2.1 Planziegel-Elemente

Zulassungs-nummer	Zulassungsgegenstand	Verweis	Bescheid	Geltungs-dauer	Mörtel	Roh-dichte-klasse	Bemessungswert der Wärmeleitfähigkeit λ in W/(m·K)	Festig-keits-klasse	Grundwert σ_0 MN/m²	max τ MN/m²	β_{RZ} MN/m²	$\alpha^{*)}$
	UNIPOR Ziegel Marketing GmbH		Landsberger Straße 392 81241 München									
1 Z-17.1-600	Mauerwerk aus UNIPOR Planelementen (bezeich-net als „UNIPOR-PE") im Dünnbettverfahren	S. 149	13.02.2015	13.02.2020	unipor-Dünnbettmörtel ZP 99 Dünnbettmörtel HP 580 maxit mur 900 Dünnbettmörtel 900 D Dünnbettmörtel „Vario"	0,9 1,0 1,2	0,42 0,45 0,5	12 EC 6 12	1,8 charakt. Druckfestig-keit f_k MN/m² 4,7	0,120	0,300 $f_{bt,cal}$ MN/m² 0,300	0,6

*) Erläuterung Fußnote siehe Seite 632.

2.2.2 Kalksand-Planelemente

	Zulassungs-nummer	Zulassungsgegenstand	Verweis	Bescheid	Geltungs-dauer	Mörtel	Roh-dichte-klasse	Bemessungswert der Wärmeleitfähigkeit λ in W/(m·K)	Festig-keits-klasse	Grund-wert σ_0 MN/m²	α_1**)	max τ MN/m²	β_{RZ} MN/m²	α_2**)
		Bundesverband Kalksandsteinindustrie e. V.	Entenfangweg 15 30419 Hannover											
1	Z-17.1-1095	Mauerwerk aus Kalksand-Planelementen (bezeichnet als KS-EASY-Rasterelemente) im Dünnbettverfahren	S. 151	18.06.2013	18.06.2018	Dünnbettmörtel nach DIN V 18580	1,8 2,0 2,2	0,99 1,1 1,3	12 16 20 28	3,0 3,5 4,0 4,0	0,6	0,144 0,192 0,240 0,336	0,396 0,528 0,660 0,924	0,6
2	Z-17.1-332	Mauerwerk aus Kalksand-Planelementen	–	20.04.2016	14.04.2020	Dünnbettmörtel nach DIN V 18580	1,8 2,0 2,2 2,4	0,99 1,1 1,3 1,6	12 16 20 28	3,0 3,5 4,0 4,0	0,6	0,168 0,224 0,280 0,392	0,480 0,640 0,800 1,120	0,6
									DIN 1053-100	charakt. Druck-festigkeit f_k MN/m²		max f_{vk} MN/m²	f_{bz} MN/m²	α
									12 16 20 28	9,4 11,0 12,6 12,6		0,240 0,320 0,400 0,560	0,480 0,640 0,800 1,120	
3	Z-17.1-575	Mauerwerk aus Kalksand-Planelementen mit Zentrierhilfe	–	27.11.2014	12.11.2017	Dünnbettmörtel nach DIN V 18580	1,8 2,0 2,2 2,4 2,6	0,99 1,1 1,3 1,6 –	12 16 20 28	2,2 2,8 3,4 3,7	0,6	0,168 0,224 0,280 0,392	0,480 0,640 0,800 1,120	0,6
									EC 6	charakt. Druckfestigkeit f_k MN/m²			$f_{bt,cal}$ MN/m²	
									12 16 20 28	7,0 8,8 10,5 13,8			0,480 0,640 0,800 1,120	

II Verzeichnis der abZ/aBg für den Mauerwerksbau (Stand 31.05.2018)

	Zulassungs-nummer	Zulassungsgegenstand	Verweis	Bescheid	Geltungs-dauer	Mörtel	Roh-dichte-klasse	Bemessungswert der Wärmeleitfähigkeit λ in W/(m·K)	Festig-keits-klasse	Grund-wert σ_0 MN/m²	α_1**)	max τ MN/m²	β_{RZ} MN/m²	α_2**)
4	Z-17.1-650	Mauerwerk aus Kalksand-Planelementen (bezeichnet als KS XL-Rasterelemente)	–	28.03.2014	08.05.2019	Dünnbettmörtel nach DIN V 18580	1,8　2,0　2,2　2,4　2,6	0,99　1,1　1,3　1,6	12　16　20　28	3,0　3,5　4,0　4,0	0,6　0,6　0,6　0,6	0,168　0,224　0,280　0,392	0,480　0,640　0,800　1,120	0,6　0,4　0,4　0,4
									EC 6	charakt. Druckfestigkeit f_k MN/m²			$f_{bt,cal}$ MN/m²	
									12　16　20　28	9,4　11,2　12,9　16,0			0,465　0,620　0,775　1,085	
5	Z-17.1-989	Mauerwerk aus Kalksand-Planelementen	–	03.04.2014	08.05.2019	Dünnbettmörtel nach DIN V 18580	1,8　2,0　2,2　2,4　2,6	0,99　1,1　1,3　1,6	12　16　20　28	3,0　3,5　4,0　4,0	0,8	0,168　0,224　0,280　0,392	0,480　0,640　0,800　1,120	0,8
									EC 6	charakt. Druckfestigkeit f_k MN/m²			$f_{bt,cal}$ MN/m²	
									12　16　20　28	9,4　11,2　12,9　16,0			0,465　0,620　0,775　1,085	
	Kalksandsteinwerke Birkenmeier GmbH		Industriestraße 5　79206 Breisach-Niederrimsingen											
6	Z-17.1-1055	Kalksandstein-Quadro E-Mauerwerk mit werkseitig aufgebrachter Wärmedämmung (bezeichnet als QUADRO CARBON PLUS)	S. 153	27.02.2013	22.02.2018	Dünnbettmörtel nach DIN V 18580		n. Zulassung	12　16　20　28	2,2　2,7　3,2　3,7	0,6	0,168　0,224　0,280　0,392	0,480　0,640　0,800　1,120	0,6
									DIN 1053-100	charakt. Druck-festigkeit f_k MN/m²		max f_{vk} MN/m²	f_{bz} MN/m²	α
									12　16　20　28	6,9　8,5　10,0　11,6		0,240　0,320　0,400　0,560	0,480　0,640　0,800　1,120	

Zulassungs-nummer	Zulassungsgegenstand	Verweis	Bescheid	Geltungs-dauer	Mörtel	Roh-dichte-klasse	Bemessungswert der Wärmeleitfähigkeit λ in W/(m·K)	Festig-keits-klasse	Grund-wert σ_0 MN/m²	α_1**)	max τ MN/m²	β_{RZ} MN/m²	α_2**)
	Kalksandsteinwerk Krefeld-Rheinhafen GmbH & Co. KG	Bataverstraße 35 47809 Krefeld											
7	Z-17.1-640 Mauerwerk aus Kalksand-Planelementen „KS – 4 × 4/4 × 5, white star/KS-PlanQuader" im Dünnbettverfahren	–	07.05.2014	18.07.2018	Dünnbettmörtel nach DIN V 18580	1,8 2,0 2,2	0,99 1,1 1,3	12 16 20 28	3,0 3,5 4,0 4,0	0,6 0,6 0,6 0,6	0,168 0,224 0,280 0,392	0,480 0,640 0,800 1,120	0,6 0,4 0,4 0,4
								EC 6	charakt. Druckfestigkeit f_k MN/m²			$f_{bt,cal}$ MN/m²	
								12 16 20 28	9,4 11,2 12,9 16,0			0,465 0,620 0,775 1,085	
	KIMM Kalksandsteinwerk KG	Riedfeld 6 99189 Eixleben											
8	Z-17.1-805 Mauerwerk aus Kalksand-Planelementen mit Zentrierhilfe	–	29.01.2013	15.11.2017	Dünnbettmörtel nach DIN V 1858	1,8 2,0 2,2	0,99 1,1 1,3	12 16 20 28	2,2 2,7 3,2 3,7	0,6	0,144 0,192 0,240 0,336	0,396 0,528 0,660 0,924	0,6
								DIN 1053-100	charakt. Druck-festigkeit f_k MN/m²		max f_{vk} MN/m²	f_{bz} MN/m²	α
								12 16 20 28	6,9 8,8 10,7 11,6		0,192 0,256 0,320 0,448	0,396 0,528 0,660 0,924	

II Verzeichnis der abZ/aBg für den Mauerwerksbau (Stand 31.05.2018)

Zulassungs-nummer	Zulassungsgegenstand	Verweis	Bescheid	Geltungs-dauer	Mörtel	Roh-dichte-klasse	Bemessungswert der Wärmeleitfähigkeit λ in W/(m·K)	Festig-keits-klasse	Grund-wert σ_0 MN/m²	α_1**)	max τ MN/m²	β_{RZ} MN/m²	α_2**)
KS Plus Wandsystem GmbH		Averdiekstraße 9 49078 Osnabrück											
9 Z-17.1-1008	Mauerwerk aus Kalksand-Planelementen (bezeichnet als KS-Plus-Planelemente) – ohne Zentriernut	–	16.04.2014	08.05.2019	Dünnbettmörtel nach DIN V 18580	1,8 2,0 2,2 2,4 2,6	0,99 1,1 1,3 1,6	12 16 20 28	3,0 3,5 4,0 4,0	0,6	0,168 0,224 0,280 0,392	0,480 0,640 0,800 1,120	0,6
	– mit Zentriernut							12 16 20 28	2,2 2,8 3,4 3,7	0,6	0,168 0,224 0,280 0,392	0,480 0,640 0,800 1,120	0,6
								EC 6	charakt. Druckfestigkeit f_k MN/m²			$f_{bt,cal}$ MN/m²	α
									ohne Zentrier-nut	mit Zentrier-nut			
								12 16 20 28	9,4 11,2 12,9 16,0	7,0 8,8 10,5 13,8		0,465 0,620 0,775 1,085	1,0
KS-Quadro Bausysteme GmbH		Malscher Straße 17 76448 Durmersheim											
10 Z-17.1-551	Mauerwerk aus „KS-Quadro E" Planelementen für Mauerwerk im Dünnbettverfahren	S. 155	25.09.2014	25.09.2019	Dünnbettmörtel nach DIN V 18580	1,6 1,8 2,0 2,2	0,79 0,99 1,1 1,3	12 16 20 28	2,2 2,7 3,2 3,7	0,6	0,144 0,224 0,240 0,336	0,396 0,528 0,660 0,924	0,6
								EC 6	charakt. Druckfestigkeit f_k MN/m²			$f_{bt,cal}$ MN/m²	
								12 16 20 28	7,0 8,8 10,5 13,8			0,390 0,520 0,650 0,910	

Zulassungs-nummer	Zulassungsgegenstand	Verweis	Bescheid	Geltungs-dauer	Mörtel	Roh-dichte-klasse	Bemessungswert der Wärmeleitfähigkeit λ in W/(m·K)	Festig-keits-klasse	Grund-wert σ_0 MN/m²	α_1**)	max τ MN/m²	β_{RZ} MN/m²	α_2**)
Xella Deutschland GmbH		Düsseldorfer Landstraße 395 47259 Duisburg											
11 Z-17.1-997	Mauerwerk aus Kalksand-Planelementen (bezeich-net als „Silka XL") im Dünnbettverfahren	–	06.09.2016	07.04.2019	Dünnbettmörtel nach DIN V 18580	1,8 2,0 2,2	0,99 1,0 1,3	12 16 20 28	3,0 3,5 4,0 4,0	0,6	0,168 0,224 0,280 0,392	0,480 0,640 0,800 1,120	0,6
								EC 6	charakt. Druckfestigkeit f_k MN/m²			$f_{bt,cal}$ MN/m²	α
								12 16 20 28	9,4 11,2 12,9 16,0			0,465 0,620 0,775 1,085	1,0
12 Z-17.1-1115	Mauerwerk aus „Silka XL-E"-Planelementen	S. 156	19.12.2014	19.12.2019	Dünnbettmörtel nach DIN V 18580	1,4 1,6 1,8 2,0	0,70 0,79 0,99 1,1	12 16 20 28	2,2 2,7 3,2 3,7	0,6	0,168 0,224 0,280 0,392	0,480 0,640 0,800 1,120	0,6
								EC 6	charakt. Druckfestigkeit f_k MN/m²			$f_{bt,cal}$ MN/m²	α
								12 16 20 28	7,0 8,8 10,5 13,8			0,465 0,620 0,775 1,085	1,0
Xella Nederland BV		Mildijk 141 4214 DR Vuren/Niederlande											
13 Z-17.1-841	Mauerwerk aus Kalksand-Planelementen im Dünnbettverfahren	–	30.10.2014	27.05.2019	Dünnbettmörtel nach DIN V 18580	1,8 2,0 2,2	0,99 1,0 1,3	12 20 28	2,2 3,4 3,7	1,0 1,0 1,0	0,168 0,280 0,392	0,480 0,800 1,120	1,0
								EC 6	charakt. Druckfestigkeit f_k MN/m²			$f_{bt,cal}$ MN/m²	α
								12 20 28	7,0 10,5 13,8			0,465 0,775 1,085	1,0

**) Erläuterung Fußnote siehe Seite 632.

2.2.3 Porenbeton-Planelemente

Zulassungs-nummer	Zulassungsgegenstand	Verweis	Bescheid	Geltungs-dauer	Mörtel	Roh-dichte-klasse	Bemessungswert der Wärmeleitfähig-keit λ in W/(m·K)	Festig-keits-klasse	Grundwert σ_0 MN/m²	max τ MN/m²	β_{RZ} MN/m²	α*)
Bundesverband Porenbetonindustrie e. V.		Kochstraße 6–7 10969 Berlin										
1 Z-17.1-484	Mauerwerk aus Porenbeton-Planelementen der Rohdichte-klasse 0,50 in der Festigkeits-klasse 4 mit einem Überbinde-maß von mindestens 0,4 h	S. 158	13.10.2016	14.04.2020	Dünnbettmörtel nach DIN V 18580 oder ein für die Vermauerung von Porenbeton-Plan-steinen und -Plan-elementen allgemein bauaufsichtlich zuge-lassener Dünnbettmör-tel für Mauerwerk im Dünnbettverfahren	0,50	Nach DIN 4108-4 Anhang A	EC 6	charakt. Druckfestigkeit f_k MN/m²		$f_{bt,cal}$ MN/m²	1,0
								4	2,6		0,268	
Xella Deutschland GmbH		Düsseldorfer Landstraße 395 47259 Duisburg										
2 Z-17.1-692	Wandbauart aus Porenbeton-Planelementen (bezeichnet als Bausystem Ytong Jumbo) und Wandbauart aus Poren-beton-Planelementen, lang (bezeichnet als Bausystem Ytong Jumbo lang)	–	09.11.2011	09.11.2016	Dünnbettmörtel nach DIN V 18580	0,40 0,45 0,50 0,55 0,60 0,65 0,70	0,10 0,12 0,13 0,14 0,16 0,18 0,18	2 4 6	0,6 1,0 1,4	0,028 0,056 0,084	0,080 0,160 0,240	0,6 0,6 0,6
3 Z-17.1-1137	Wandbauart aus Porenbeton-Planelementen (bezeichnet als Bausystem Ytong Jumbo HK) im Dünnbettverfahren	S. 158	14.01.2016	14.04.2020	Dünnbettmörtel nach DIN V 18580	0,35 0,40 0,45 0,50 0,55 0,60 0,65 0,70 0,80	0,11 0,13 0,15 0,16 0,18 0,19 0,21 0,22 0,25	EC 6	charakt. Druckfestigkeit f_k MN/m²		$f_{bt,cal}$ MN/m²	1,0
								2 4 6	1,8 3,0[1] 4,1		0,161 0,286 0394	

*) Erläuterung Fußnote siehe Seite 632.
[1] Bei Festigkeitsklasse 4 und Rohdichteklasse 0,50 beträgt $f_k = 2,6$ MN/m².

2.2.4 Beton-Planelemente

Zulassungs-nummer	Zulassungsgegenstand	Verweis	Bescheid	Geltungs-dauer	Mörtel	Roh-dichte-klasse	Bemessungswert der Wärmeleitfähigkeit λ in W/(m·K)	Festig-keits-klasse	Grundwert σ_0 MN/m²	max τ MN/m²	β_{RZ} MN/m²	$\alpha^{*)}$
Bisotherm GmbH		Eisenbahnstraße 12 56218 Mülheim-Kärlich										
1 Z-17.1-699	Mauerwerk aus BISOTHERM-Planelementen im Dünnbett-verfahren	S. 158	09.10.2012	09.10.2017	Bisoplan-Dünnbett-mörtel T	0,5 0,55 0,60 0,65 0,70 0,80	0,12 0,13 0,14 0,15 0,16 0,19	2 4 6	0,6 1,0 1,4	0,028 0,056 0,084	0,080 0,160 0,240	1,0
2 Z-17.1-702	Mauerwerk aus BISOPHON-Planelementen im Dünnbett-verfahren	S. 159	01.08.2012	01.08.2017	Bisoplan-Dünnbett-mörtel T Bisoplan-Dünnbett-mörtel grau	0,8 0,9 1,0 1,2 1,4 1,6 1,8 2,0 2,2	0,18 0,22 0,27 0,36 0,45[1)] 0,55 0,65 0,75 1,70	2 4 6 8 12 20 DIN 1053-100 2 4 6 8 12 20	0,6 1,0 1,4 1,6 2,2 3,2 charakt. Druck-festigkeit f_k MN/m² 1,6 3,1 4,3 5,0 6,9 10,0	0,028 0,056 0,084 0,112 0,168 0,280 max f_{vk} MN/m² 0,040 0,080 0,120 0,160 0,200 0,400	0,080 0,160 0,240 0,320 0,480 0,800 f_{bz} MN/m² 0,080 0,160 0,240 0,320 0,480 0,800	1,0

II Verzeichnis der abZ/aBg für den Mauerwerksbau (Stand 31.05.2018)

	Zulassungs- nummer	Zulassungsgegenstand	Verweis	Bescheid	Geltungs- dauer	Mörtel	Roh- dichte- klasse	Bemessungswert der Wärmeleitfähigkeit λ in W/(m·K)	Festig- keits- klasse	Grundwert σ_0 MN/m²	max τ MN/m²	β_{RZ} MN/m²	$\alpha^{*)}$
	Hornick GmbH		Mainzer Straße 23 64579 Gernsheim										
3	Z-17.1-863	Mauerwerk aus Planelementen aus Beton (bezeichnet als „IBS Big-plan") und aus Leichtbeton (bezeichnet als „Liapor Big-plan") im Dünnbettverfahren	S. 159	22.05.2012	22.05.2017	Dünnbettmörtel „Vario"	0,6 0,7 0,8 1,4 1,6 1,8 2,0 2,2 2,4	0,16 0,18 0,21 0,9 1,1 1,2 1,4 1,7 2,1	2 4 6 8 12 20 28	0,6 1,0 1,4 1,6 2,2 3,2 3,4	0,028 0,056 0,084 0,112 0,168 0,280 0,392	0,080 0,160 0,240 0,320 0,480 0,800 1,120	0,6
	KLB Klimaleichtblock GmbH		Lohmannstraße 31 56626 Andernach										
4	Z-17.1-852	Mauerwerk aus KLBQUADRO-Planelementen aus Leichtbeton (bezeichnet als „KLBQUADRO Vbl-PE") oder Beton (bezeichnet als „KLBQUADRO Vbn-PE") im Dünnbettverfahren	S. 159	08.10.2014	17.08.2019	KLB-P-Dünnbett- mörtel, normal KLB LB P 980 Dünnbettmörtel „Vario"	0,45 0,50 0,55 0,60 0,65 0,70 0,80 1,00 1,20 1,40 1,60 1,80 2,00 2,20	0,11 0,12 0,14 0,15 0,16 0,18 0,21 0,27 0,45 0,60 0,80 1,00 1,20 1,70	2 4 6 12 20 EC 6 2 4 6 12 20	0,6 1,0 1,4 2,2 3,2 charakt. Druckfestigkeit f_k MN/m² 1,6 3,1 4,3 6,9 10,0	0,028 0,056 0,084 0,168 0,280	0,080 0,160 0,240 0,480 0,800 $f_{bt,cal}$ MN/m² 0,080 0,155 0,233 0,465 0,775	1,0

Zulassungs-nummer	Zulassungsgegenstand	Verweis	Bescheid	Geltungs-dauer	Mörtel	Roh-dichte-klasse	Bemessungswert der Wärmeleitfähigkeit λ in W/(m·K)	Festig-keits-klasse	Grundwert σ_0 MN/m²	max τ MN/m²	β_{RZ} MN/m²	$\alpha^{*)}$
MEIER Betonwerke GmbH					Zur Schanze 2 92283 Lauterhofen							
5 Z-17.1-947	Mauerwerk aus MEIER-PlangroßBlöcken im Dünnbettverfahren	S. 160	04.10.2016	14.04.2020	MEIER-Dünnbett-mörtel Dünnbettmörtel „Vario"	1,2 1,4 1,6 1,8 2,0 2,2	0,39 0,55 0,71 0,90 1,1 1,3	EC 6	charakt. Druckfestigkeit f_k MN/m²		$f_{bt,cal}$ MN/m²	1,0
								2	1,6		0,065	
								4	3,1		0,130	
								6	4,3		0,195	
								8	5,0		0,260	
								12	6,9		0,390	
								20	10,0		0,650	
								28	10,0		0,910	

*) Erläuterung Fußnote siehe Seite 632.
1) Bei Verwendung des Bisoplan-Dünnbettmörtel grau gilt $\lambda = 0,46$ W/(m·K).

2.3 Wandbauart aus Planelementen in drittel- oder halbgeschosshoher Ausführung

Zulassungs-nummer	Zulassungsgegenstand	Verweis	Bescheid	Geltungs-dauer	Rohdichteklasse der Planelemente	Bemessungswert der Wärmeleitfähigkeit λ in W/(m·K)	Festigkeitsklasse der Planelemente	Grundwert der zuläs-sigen Druckspannung MN/m²	charakt. Druckfes-tigkeit f_k MN/m²
Bundesverband Porenbeton					Kochstraße 6–7 10969 Berlin				
1 Z-17.1-547	Mauerwerk aus Porenbeton-Planelementen (bezeichnet als HK-Elemente)	S. 161	01.12.2015	14.04.2020	0,35 0,40 0,45 0,50 0,55 0,60 0,65 0,70 0,80	Ermittlung nach Zulassung	2 4 6	0,6 1,0 1,4	1,8 3,0[1)] 4,1

1) Bei Festigkeitsklasse 4 und Rohdichteklasse 0,50 beträgt $f_k = 2,6$ MN/m².

2.4 Weitere Dünnbettmörtel

	Zulassungs-nummer	Zulassungsgegenstand	Verweis	Bescheid	Geltungs-dauer
	FELS-Werke GmbHaw		Geheimrat-Ebert-Straße 12 38640 Goslar		
1	Z-17.1-786	Dünnbettmörtel „DB KS-XXL" für Kalksandsteinmauerwerk im Dünnbettverfahren	S. 163	17.07.2017	02.07.2022
2	Z-17.1-1019	Dünnbettmörtel zur Herstellung von Mauerwerk aus Kalksand-Plansteinen und Kalksand-Planelementen (bezeichnet als „Silka Secure Dünnbettmörtel")	S. 163	27.10.2014	13.11.2019
	Franken Maxit Mauermörtel GmbH & Co. KG		Azendorf 63 95359 Kasendorf		
3	Z-17.1-1134	„maxit mörtelpad" für die Herstellung von Mauerwerk mit bestimmten Unipor-Planhochlochziegeln im Dünnbettverfahren	S. 164	02.07.2015	02.07.2020
	quick-mix Gruppe GmbH & Co. KG		Mühleneschweg 6 49090 Osnabrück		
4	Z-17.1-671	Dünnbettmörtel „Vario" für Mauerwerk im Dünnbettverfahren	S. 164	19.12.2014	08.12.2019
5	Z-17.1-1172 (aBg)	quick-mix Dünnbettmörtel SECON 1.0	S. 165	01.12.2017	01.12.2022
	Saint-Gobain Weber GmbH		Schanzenstraße 84 40549 Düsseldorf		
6	Z-17.1-759	Dünnbettmörtel weber mix 617 SK für Kalksandsteinmauerwerk im Dünnbettverfahren	S. 165	17.10.2017	26.05.2022
	Sto SE & Co. KGaA		Ehrenbachstraße 1 79780 Stühlingen		
7	Z-17.1-980	Sto KS Dünnbettmörtel für Kalksandsteinmauerwerk im Dünnbettverfahren	S. 166	05.08.2014	28.04.2018

3 Mauerwerk mit Mittelbettmörtel

	Zulassungs-nummer	Zulassungsgegenstand	Verweis	Bescheid	Geltungs-dauer	Mörtel	Roh-dichte-klasse	Bemessungswert der Wärmeleitfähigkeit λ W/(m·K)	Festig-keits-klasse	Grundwert σ_0 MN/m²	max τ MN/m²	β_{RZ} MN/m²	α *)
	Ziegelsysteme Michael Kellerer GmbH & Co. KG		Ziegeleistraße 13 82281 Egenhofen/OT Oberweikertshofen										
1	Z-17.1-739	Mauerwerk im Mittelbettverfahren aus Leichthochlochziegeln ZMK9, ZMK 11 und ZMK12 und Mittelbettmörtel maxit therm 828 oder Leicht-Mittelbettmörtel 828	S. 166	13.07.2015 Ä/E: 18.05.2016	14.04.2020	Mittelbettmörtel maxit therm 828 Leicht-Mittelbett-mörtel 828	0,65[1] 0,85 0,90	0,09[1] 0,11 0,12	4 6 8 10 12	0,5 0,7 0,8 1,0 1,2	0,048 0,072 0,096 0,120 0,144	0,132 0,198 0,264 0,330 0,396	0,3
									EC 6	charakt. Druckfestigkeit f_k MN/m²		$f_{fbt,cal}$ MN/m²	
									4 6 8 10 12	1,6 2,1 2,5 3,0 3,4		0,132 0,198 0,264 0,330 0,396	
2	Z-17.1-1007	Mauerwerk im Mittelbettverfahren aus Leichthochlochziegeln ZMK8 und Mittelbettmörtel maxit therm 828 oder Leicht-Mittelbettmörtel 828	S. 167	18.05.2016	14.04.2020	Mittelbettmörtel maxit therm 828 Leicht-Mittelbett-mörtel 828	0,65	0,08	4 6 8	0,5 0,7 0,8	0,048 0,072 0,096	0,132 0,198 0,264	0,3
									EC 6	charakt. Druckfestigkeit f_k MN/m²		$f_{fbt,cal}$ MN/m²	
									4 6 8	1,5 2,0 2,5		0,130 0,195 0,260	

*) Erläuterung Fußnote siehe Seite 632.
[1]) Ziegelbreiten ≥ 300 mm.

4 Vorgefertigte Wandtafeln

4.1 Geschosshohe Mauertafeln

	Zulassungsnummer	Zulassungsgegenstand	Verweis	Bescheid	Geltungsdauer	Steinart Mörtelart/-gruppe	Art der Transportbewehrung bzw. Transportsicherung	Art des Transportsystems	Abmessungen [mm] Länge	Abmessungen [mm] Dicke
	Bundesverband Kalksandsteinindustrie e. V.			Entenfangweg 15 30429 Hannover						
1	Z-17.1-338	Vorgefertigte Mauertafeln aus Kalksandsteinen	S. 171	20.11.2014	02.11.2019	besondere Kalksandblock- und Kalksandhohlblocksteine Normalmörtel MG III	Betonstabstahl 2 × ⌀ 6 mm in unterster und oberster Lagerfuge, Drahtanker ⌀ 4 mm zur Sicherung der unteren Steinlage	vertikale Transportanker Betonstabstahl ≥ ⌀ 8 mm	≥ 1250[1]) ≤ 7000	115 150 175 200 200 240 300 365
2	Z-17.1-608	Vorgefertigte Mauertafeln aus Kalksand-Plansteinen	S. 173	06.08.2014	17.08.2019	Kalksand-Plansteine nach DIN V 106-1 oder besondere Kalksand-Plansteine Dünnbettmörtel	an der Unterseite sowie in unterster und oberster Lagerfuge „KS-Kunststoffgewebe" (Gittergewebe aus Aramidfasern)	Kettengehänge und Tragbolzen in unterster Steinlage oder vertikale Transport- bzw. Wellenanker Betonstabstahl ≥ ⌀ 8 mm	≥ 1250[1]) ≤ 6000	115 150 175 200 200 240 300 365
	Güteschutz Ziegelmontagebau e. V.			Weidehofstraße 15 08451 Crimmitschau						
3	Z-17.1-761	Mauerwerk aus Mauertafeln mit ZMB-Mauertafelziegeln	S. 173	16.08.2018	16.01.2023	Besondere Leichthochlochziegel (ZMB Mauertafelziegel) Leichtmauermörtel LM 21 und LM 36	Betonstabstahl ⌀ 6 mm in unterster und oberster Lagerfuge	vertikale Transport- bzw. Wellenanker Betonstabstahl ≥ ⌀ 8 mm	≥ 1250 ≤ 7000	300 365 425

Zulassungs-nummer	Zulassungsgegenstand	Verweis	Bescheid	Geltungsdauer	Steinart Mörtelart/-gruppe	Art der Transportbewehrung bzw. Transportsicherung	Art des Transportsystems	Abmessungen [mm] Länge	Abmessungen [mm] Dicke
Güteschutz Ziegelmontagebau e. V.		Surmannskamp 7 a 45661 Recklinghausen							
4 Z-17.1-949	Mauerwerk aus Mauertafeln, hergestellt unter Verwendung allgemein bauaufsichtlich zugelassener Block-, Plan-Füll- und Planziegel	S. 175	01.10.2015	25.02.2018	Blockziegel nach Z-17.1-347; Z-17.1-636; Z-17.1-720; Z-17.1-763; Z-17.1-767; Z-17.1-818; Z-17.1-865; Z-17.1-866; Z-17.1-944; Z-17.1-968; Z-17.1-991	Betonstabstahl 2 × ⌀ 6 mm in unterster und oberster Lagerfuge, Sicherung der untersten Steinlage durch Gewebe oder mit Flachstahlband	Kettengehänge und Tragbolzen in unterster Steinlage oder Flachstahlbänder	≥ 1250[2] ≤ 7000	175 bis 490
					Planziegel nach Z-17.1-490; Z-17.1-635; Z-17.1-652; Z-17.1-678; Z-17.1-679; Z-17.1-715; Z-17.1-721; Z-17.1-728; Z-17.1-756; Z-17.1-760; Z-17.1-791; Z-17.1-819; Z-17.1-853; Z-17.1-857; Z-17.1-860; Z-17.1-867; Z-17.1-868; Z-17.1-869 Z-17.1-877; Z-17.1-889; Z-17.1-890; Z-17.1-929; Z-17.1-913; Z-17.1-935; Z-17.1-945; Z-17.1-946; Z-17.1-962; Z-17.1-1015; Z-17.1-1016; Z-17.1-1018; Z-17.1-1021; Z-17.1-1025; Z-17.1-1042; Z-17.1-1056; Z-17.1-1066; Z-17.1-1074; Z-17.1-1084; Z-17.1-1087; Z-17.1-1100; Z-17.1-1114	Gewebe in unterster und oberster Lagerfuge und in Wandmitte Sicherung der untersten Steinlage durch Gewebe oder mit Flachstahlband	Kettengehänge und Tragbolzen in unterster Steinlage oder Flachstahlbänder	≥ 1250[2] ≤ 7000	115 bis 490
					Plan-Füllziegel nach Z-17.1-537; Z-17.1-688; Z-17.1-884	Sicherung der untersten Steinlage durch Flachstahlband	Flachstahlbänder	≥ 1250[2] ≤ 5540	145 bis 300

II Verzeichnis der abZ/aBg für den Mauerwerksbau (Stand 31.05.2018)   733

	Zulassungs-nummer	Zulassungsgegenstand	Verweis	Bescheid	Geltungs-dauer	Steinart Mörtelart/-gruppe	Art der Transportbewehrung bzw. Transportsicherung	Art des Transportsystems	Abmessungen [mm] Länge	Abmessungen [mm] Dicke
5	Z-17.1-1167	Mauertafeln aus Kalksand-Plansteinen und Kalksand-Planelementen	S. 176	29.03.2017	29.03.2022	Kalksand-Plansteine oder -Planelemente Dünnbettmörtel	horizontales Flachstahlband zur Sicherung der untersten Schicht	Flachstahl-Hebebänder mit Formteil am Wandkopf zum Anschlagen an die Traverse	≥ 1250²⁾ ≤ 6000	115 bis 365
	Redbloc Beteiligungsgesellschaft mbH		Eferdingerstraße 175 4600 Wels, Österreich							
6	Z-17.1-1121	Vorgefertigtes Mauerwerk im Klebeverfahren (bezeichnet als „Redbloc Systemwand (Typ PHLzB)")	S. 178	22.08.2017	19.06.2020	Planhochlochziegel Zweikomponenten-Polyurethan-Klebstoff (2K-PUR-Klebstoff) nach der Zulassung	Ankerstäbe mit Seilschlaufen	Ankerstäbe mit Seilschlaufen zum Anschlagen an eine Traverse am oberen Ende und zur Aufnahme eines Tragbolzens am unteren Ende	≥ 1250²⁾ ≤ 6000	115 bis 250
7	Z-17.1-1123	Vorgefertigtes Mauerwerk im Klebeverfahren (bezeichnet als „Redbloc Systemwand (Typ T7 MD)")	S. 179	15.08.2017	19.06.2020	Planhochlochziegel mit integrierter Wärmedämmung Zweikomponenten-Polyurethan-Klebstoff (2K-PUR-Klebstoff) nach der Zulassung	Ankerstäbe mit Seilschlaufen	Ankerstäbe mit Seilschlaufen zum Anschlagen an eine Traverse am oberen Ende und zur Aufnahme eines Tragbolzens am unteren Ende	≥ 1250²⁾ ≤ 6000	365 425 490
8	Z-17.1-1124	Vorgefertigtes Mauerwerk im Klebeverfahren (bezeichnet als „Redbloc Systemwand (Typ U9/U10/U11)")	S. 179	22.08.2017	19.06.2020	Planhochlochziegel Zweikomponenten-Polyurethan-Klebstoff (2K-PUR-Klebstoff) nach der Zulassung	Ankerstäbe mit Seilschlaufen	Ankerstäbe mit Seilschlaufen zum Anschlagen an eine Traverse am oberen Ende und zur Aufnahme eines Tragbolzens am unteren Ende	≥ 1250²⁾ ≤ 6000	365 425 490
9	Z-17.1-1135	Vorgefertigtes Mauerwerk im Klebeverfahren (bezeichnet als „Redbloc Systemwand (Typ T8)")	S. 180	11.10.2017	16.07.2020	Planhochlochziegel mit integrierter Wärmedämmung Zweikomponenten-Polyurethan-Klebstoff (2K-PUR-Klebstoff) nach der Zulassung	Ankerstäbe mit Seilschlaufen	Ankerstäbe mit Seilschlaufen zum Anschlagen an eine Traverse am oberen Ende und zur Aufnahme eines Tragbolzens am unteren Ende	≥ 1250²⁾ ≤ 6000	300 365 425 490

	Zulassungs-nummer	Zulassungsgegenstand	Verweis	Bescheid	Geltungs-dauer	Steinart Mörtelart/-gruppe	Art der Transportbewehrung bzw. Transportsicherung	Art des Transportsystems	Abmessungen [mm] Länge	Abmessungen [mm] Dicke
10	Z-17.1-1136	Vorgefertigtes Mauerwerk im Klebeverfahren (bezeichnet als „Redbloc Systemwand (Typ T9)")	S. 180	04.10.2017	04.10.2022	Planhochlochziegel mit integrierter Wärmedämmung Zweikomponenten-Polyurethan-Klebstoff (2K-PUR-Klebstoff) nach der Zulassung	Ankerstäbe mit Seilschlaufen	Ankerstäbe mit Seilschlaufen zum Anschlagen an eine Traverse am oberen Ende und zur Aufnahme eines Tragbolzens am unteren Ende	≥ 1250[2] ≤ 6000	240 300 365 490
11	Z-17.1-1157	Vorgefertigtes Mauerwerk im Klebeverfahren (bezeichnet als „Redbloc Systemwand (Typ S8)")	S. 181	14.07.2017	14.07.2022	Planhochlochziegel mit integrierter Wärmedämmung Zweikomponenten-Polyurethan-Klebstoff (2K-PUR-Klebstoff) nach der Zulassung	Ankerstäbe mit Seilschlaufen	Ankerstäbe mit Seilschlaufen zum Anschlagen an eine Traverse am oberen Ende und zur Aufnahme eines Tragbolzens am unteren Ende	≥ 1250[2] ≤ 6000	365 425 490
12	Z-17.1-1158	Vorgefertigtes Mauerwerk im Klebeverfahren (bezeichnet als „Redbloc Systemwand (Typ S9)")	S. 181	17.07.2017	17.07.2022	Planhochlochziegel mit integrierter Wärmedämmung Zweikomponenten-Polyurethan-Klebstoff (2K-PUR-Klebstoff) nach der Zulassung	Ankerstäbe mit Seilschlaufen	Ankerstäbe mit Seilschlaufen zum Anschlagen an eine Traverse am oberen Ende und zur Aufnahme eines Tragbolzens am unteren Ende	≥ 1250[2] ≤ 6000	300 365 425 490
13	Z-17.1-1159	Vorgefertigtes Mauerwerk im Klebeverfahren (bezeichnet als „Redbloc Systemwand (Typ S-PZ)")	S. 182	17.07.2017	17.07.2022	Planfüllziegel Zweikomponenten-Polyurethan-Klebstoff (2K-PUR-Klebstoff) nach der Zulassung	Ankerstäbe mit Seilschlaufen	Ankerstäbe mit Seilschlaufen zum Anschlagen an eine Traverse am oberen Ende und zur Aufnahme eines Tragbolzens am unteren Ende	≥ 1250[2] ≤ 6000	175 240 300
14	Z-17.1-1182 (abZ/aBg)	Vorgefertigte Mauertafeln aus Mauerwerk im Klebeverfahren (bezeichnet als „Redbloc Systemwand Typ S9 MV")	S. 182	06.04.2018	06.04.2023	Planhochlochziegel mit integrierter Wärmedämmung Zweikomponenten-Polyurethan-Klebstoff (2K-PUR-Klebstoff) nach der Zulassung	Ankerstäbe mit Seilschlaufen	Ankerstäbe mit Seilschlaufen zum Anschlagen an eine Traverse am oberen Ende und zur Aufnahme eines Tragbolzens am unteren Ende	≥ 1250[2] ≤ 6000	365 425 490

II Verzeichnis der abZ/aBg für den Mauerwerksbau (Stand 31.05.2018)

	Zulassungs-nummer	Zulassungsgegenstand	Verweis	Bescheid	Geltungsdauer	Steinart Mörtelart/-gruppe	Art der Transportbewehrung bzw. Transportsicherung	Art des Transportsystems	Abmessungen [mm] Länge	Abmessungen [mm] Dicke
15	Z-17.1-1183	Vorgefertigte Mauertafeln aus Mauerwerk im Klebeverfahren (bezeichnet als „Redbloc Systemwand Typ T10")	S. 183	14.03.2018	14.03.2023	Planhochlochziegel Zweikomponenten-Polyurethan-Klebstoff (2K-PUR-Klebstoff) nach der Zulassung	Ankerstäbe mit Seilschlaufen	Ankerstäbe mit Seilschlaufen zum Anschlagen an eine Traverse am oberen Ende und zur Aufnahme eines Tragbolzens am unteren Ende	≥ 1250[2]) ≤ 6000	300 365 425
	THERMOPOR ZIEGEL-KONTOR ULM GMBH		Olgastraße 94 89073 Ulm							
16	Z-17.1-631	Mauerwerk aus Mauertafeln mit THERMOPOR-Ziegeln und THERMY-Sockel	S. 183	25.08.2015	25.08.2020	THERMOPOR Ziegel Sockelelemente „THERMY-Sockel" Mörtel nach DIN V 18580	Tragbolzen in Hüllrohren im Thermy-Sockel	Aufhängungen an Traverse	≥ 1250[2]) ≤ 7000	240 bis 425
	Ziegelwerk Englert GmbH		Krautheimer Str. 8 97509 Zeilitzheim							
17	Z-17.1-899	Mauerwerk aus Mauertafeln mit Englert-MT-Ziegeln	S. 184	18.12.2017	18.12.2022	Englert-MT-Ziegel	Betonstabstahl ⌀ 6 mm in unterster und oberster Lagerfuge	vertikale Transportanker Betonstabstahl ≥ ⌀ 8 mm	≥ 1250 ≤ 7000	300 365

1) Unterschreitung bei Pfeilern und Passstücken Länge ≥ 498 mm.
2) Unterschreitung bei Pfeilern und Passstücken.

4.2 Drittel- oder halbgeschosshohe Mauertafeln

	Zulassungsnummer	Zulassungsgegenstand	Verweis	Bescheid	Geltungsdauer	Steinart Mörtelart/-gruppe	Art der Transportbewehrung bzw. Transportsicherung	Art des Transportsystems	Abmessungen [mm] Länge	Abmessungen [mm] Dicke
	Wienerberger Ziegelindustrie GmbH		Oldenburger Allee 26 30659 Hannover							
1	Z-17.1-1027	Mauerwerk aus vorgefertigten Wandelementen aus Planhochlochziegeln (bezeichnet als POROTHERM Wall-System)	S. 186	15.04.2011	15.04.2016	Planhochlochziegel nach Z-17.1-651, Z-17.1-678, Z-17.1-728, Z-17.1-868 POROTHERM Mauermörtel	Erste Steinlage mit Stahlbetonnut, Betonstabstahl ⌀ 14 mm	Greifklammern mit Stahldornen in der untersten Steinschicht in Bohrlöcher unterhalb der betonverfüllten Nut	≥ 1250 ≤ 4000	115 150 175 240

5 Geschosshohe Wandtafeln

Diese Kategorie ist zurzeit nicht belegt.

6 Schalungsstein-Bauarten

	Zulassungs-nummer	Zulassungsgegenstand	Verweis	Bescheid	Geltungs-dauer	Grundwert σ_0 MN/m²	zul τ MN/m²
	Abadian GmbH & Co. KG		Leiterberger Straße 1 87488 Betzigau				
1	Z-17.1-1024	Abadian-Schalungssteine aus Beton	S. 187 ff.	09.02.2015	19.02.2020	0,8	0,05
						EC 6	
						charakt. Druck-festigkeit f_k MN/m²	f_{vlt} MN/m²
						2,1	0,10
	Adolf Blatt GmbH & Co. KG		Am Neckar 1 74366 Kirchheim				
2	Z-17.1-11	Schalungssteine „Bütow" aus Beton	S. 187 ff.	05.11.2014	12.02.2019	0,9	0,05
	Betonwerk Lintel GmbH & Co. KG		Trifte 96 32657 Lemgo				
3	Z-17.1-1973	Mauerwerk aus „Lintel"-Schalungssteinen aus Beton	S. 187 ff.	27.07.2017	26.06.2022	EC 6	
						charakt. Druck-festigkeit f_k MN/m²	f_{vlt} MN/m²
						1,8	0,10
	Betonwerk Otto Pallmann u. Sohn		Veerenkamp 27 21739 Dollern				
4	Z-17.1-751	Wandbauart mit „Pallmann Schalungs-steinen" aus Beton und Leichtbeton	–	02.09.2011	02.09.2016	0,7	0,05
	Birkenmeier Stein + Design GmbH & Co. KG		Industriestraße 1 79206 Breisach				
5	Z-17.1-965	Schalungssteine „Liaplan" aus Beton	S. 187 ff.	20.05.2015	20.05.2020	0,9	0,05
						EC 6	
						charakt. Druck-festigkeit f_k MN/m²	f_{vlt} MN/m²
						2,3	0,10
	EBN-Betonwerk Neumünster GmbH		Hüttenkamp 3–13 24536 Neumünster				
6	Z-17.1-404	Schalungssteine „EBN" aus Beton	S. 187 ff.	05.06.2008 Ä/E: 18.06.2013	22.06.2018	0,8	0,05

	Zulassungsnummer	Zulassungsgegenstand	Verweis	Bescheid	Geltungsdauer	Grundwert σ_0 MN/m²	zul τ MN/m²
	FNZ Baustoffhandel Steffen Moosbauer		Bahnhofstraße 13 04509 Krostitz				
7	Z-17.1-1143	PSU-Schalen als Schalungssteine für die Herstellung von Ringankern oder Ringbalken in Mauerwerk aus Porenbeton-Plansteinen oder -Planelementen	S. 187 ff.	05.11.2015	05.11.2020	1,0	–
	Happy Beton GmbH & Co. KG Betonwerk Neustadt-Glewe		Brauereistraße 26 a 19306 Neustadt-Glewe				
8	Z-17.1-449	Schalungssteine aus Beton	S. 187 ff.	22.10.2014	06.04.2019	0,9	0,05[1]/ 0,04
	Rohloff Betonsteinwerk GmbH		Hamelner Straße 76 37619 Bodenwerder				
9	Z-17.1-1097	Wandbauart aus Rohloff Schalungssteinen aus Beton	S. 187 ff.	11.07.2013 Ä: 16.09.2013	11.07.2018	0,8	0,02
	STARK Betonwerk GmbH & Co. KG		Übrigshäuser Straße 13 74547 Untermünkheim-Kupfer				
10	Z-17.1-713	Wandbauart mit 175 mm und 200 mm breiten Schalungssteinen aus Beton (bezeichnet als Hohenloher Schalungssteine)	S. 187 ff.	27.08.2015	31.08.2020	0,7	0,04
						EC 6	
						charakt. Druckfestigkeit f_k MN/m²	f_{vlt} MN/m²
						1,8	0,08
	Sebastian Wochner GmbH & Co. Kommanditgesellschaft		Birkenstraße 22 72358 Dormettingen				
11	Z-17.1-638	Schalungssteine „Wochner" aus Beton	–	13.05.2011	13.05.2016	0,9	0,05[2]

1) Bei Mauerwerk aus ausschließlich 199 mm hohen Schalungssteinen.
2) Wert gilt für Wanddicken ≥ 20 cm. Bei einer Wanddicke von 17,5 cm beträgt die zulässige Schubspannung 0,02 MN/m².

7 Trockenmauerwerk

	Zulassungs-nummer	Zulassungsgegenstand	Verweis	Bescheid	Geltungs-dauer	Festigkeits-klasse	Grund-wert σ_0 MN/m^2	max τ MN/m^2
	B.S.R.V. GmbH		Grimolzhausener Straße 16 86529 Schrobenhausen					
1	Z-17.1-1125	Schwergewichtsmauerwerk aus Betonelementen (bezeichnet als „BS-Steine")	S. 192	04.05.2015	04.05.2020	$\geq$ C25/30	–	–
	daas ClickBrick bv		Terborgseweg 12 7038 EX Zeddam/Niederlande					
2	Z-17.1-933	Zweischalige Außenwände mit Verblendschalen aus trocken gestapelten Ziegeln mit besonderem Befestigungs-system (bezeichnet als ClickBrick-System) (s. a. Abschnitt 10.2)	S. 192, 249	11.07.2012	11.07.2017	–	–	–
	Jansen Beton- u. Granitwerke GmbH		Steinweg 17 01662 Meißen					
3	Z-17.1-1105	Betonelemente „LegioBlock" für Schwer-gewichtsmauerwerk	S. 196	04.03.2014	04.03.2019	C20/25	–	–
	N. V. Betonagglomeraten Gubbels		Steenweg naar As 4 3630 Maasmechelen/Belgien					
4	Z-17.1-1146	Betonelemente „MasterBloc" für Schwergewichtsmauerwerk		15.12.2015	15.12.2020	$\geq$ C25/30	–	–
	Matthias Heyer Straßenbaustoffe GmbH		Krefelder Straße 170 41063 Mönchengladbach					
5	Z-17.1-1050	Betonelemente Heyblock für Schwer-gewichtsmauerwerk	S. 197	20.12.2010 V: 20.11.2015	21.12.2020	–	–	–

8 Mauerwerk mit PU-Kleber

8.1 Planziegel

Zulassungsnummer	Zulassungsgegenstand	Verweis	Bescheid	Geltungsdauer	Kleber	Rohdichteklasse	Bemessungswert der Wärmeleitfähigkeit λ in W/(m·K)	Festigkeitsklasse	Grundwert σ_0 MN/m²	max τ MN/m²	β_{RZ} MN/m²	$\alpha^{*)}$
	Deutsche POROTON GmbH	Kochstraße 6–7 10969 Berlin										
1 Z-17.1-1088	Wienerberger DRYFIX Mauerwerk aus POROTON-Planhochlochziegeln-T10 DRYFIX und POROTON DRYFIX Planziegel-Kleber	S. 198	12.10.2016	14.04.2020	POROTON DRYFIX Planziegel-Kleber	0,65	0,10	6 / 8 / 10 / 12	0,4 / 0,5 / 0,6 / 0,7	0,072 / 0,096 / 0,120 / 0,144	– / – / – / –	0,28 (σ_{0HS} = 0,045 MN/m² bzw. f_{vk0} = 0,9 MN/m²)
								EC 6	charakt. Druckfestigkeit f_k MN/m²		$f_{bt,cal}$ MN/m²	
								6 / 8 / 10 / 12	1,1 / 1,3 / 1,6 / 1,8		0,195 / 0,260 / 0,325 / 0,390	
2 Z-17.1-1090	Wienerberger DRYFIX Mauerwerk aus POROTON-Planhochlochziegeln-T DRYFIX und POROTON DRYFIX Planziegel-Kleber	S. 200	18.12.2015	14.04.2020	POROTON DRYFIX Planziegel-Kleber	0,8 / 0,9 / 1,0 / 1,2 / 1,4	0,39 / 0,42 / 0,45 / 0,50 / 0,58	8 / 10 / 12 / 16 / 20	0,9 / 1,0 / 1,2 / 1,4 / 1,6	0,096 / 0,120 / 0,144 / 0,192 / 0,240	0,264 / 0,330 / 0,396 / 0,528 / 0,660	0,50 (σ_{0HS} = 0,045 MN/m², β_{RHS} = 0,09 MN/m² bzw. f_{vk0} = 0,9 MN/m²)
								EC 6	charakt. Druckfestigkeit f_k MN/m²		$f_{bt,cal}$ MN/m²	
								8 / 10 / 12 / 16 / 20	2,3[1)] / 2,6[1)] / 3,1[1)] / 3,7[1)] / 4,2[1)]		0,260 / 0,325 / 0,390 / 0,520 / 0,650	

Zulassungs-nummer	Zulassungsgegenstand	Verweis	Bescheid	Geltungs-dauer	Kleber	Roh-dichte-klasse	Bemessungswert der Wärmeleitfähigkeit λ in W/(m·K)	Festig-keits-klasse	Grundwert σ₀ MN/m²	max τ MN/m²	β_RZ MN/m²	α *)
3 Z-17.1-1094	Wienerberger DRYFIX Mauerwerk aus POROTON-Planhochlochziegeln-T18 DRYFIX und POROTON DRYFIX Planziegel-Kleber	S. 200	12.10.2016	14.04.2020	POROTON DRYFIX Planziegel-Kleber	0,8	0,18	4 6 8 10 12	0,5 0,65 0,75 0,9 1,0	0,048 0,072 0,096 0,120 0,144	0,132 0,198 0,264 0,330 0,396	0,5 (σ_OHS = 0,045 MN/m², β_RHS = 0,09 MN/m² bzw. f_vk0 = 0,9 MN/m²)
								EC 6	charakt. Druckfestigkeit f_k MN/m²		f_bt,cal MN/m²	
								4 6 8 10 12	1,5 2,1 2,4 2,8 3,1		0,130 0,195 0,260 0,325 0,390	
4 Z-17.1-1110	DRYFIX Mauerwerk aus POROTON Planhochlochziegeln-T9/-T10/-T11 „DR 34" DRYFIX und POROTON DRYFIX Planziegel-Kleber	S. 201	17.08.2017	17.08.2022	POROTON DRYFIX Planziegel-Kleber	0,65 0,70 0,75	0,09 0,10 0,11	EC 6	charakt. Druckfestigkeit f_k MN/m²		f_bt,cal MN/m²	0,28
								6 8 10 12	1,3 1,6 1,8 2,1		0,195 0,260 0,325 0,390	
5 Z-17.1-1111	POROTON DRYFIX Mauerwerk aus POROTON Planhochlochziegeln T7-MD DRYFIX mit integrierter Wärmedämmung und POROTON DRYFIX Planziegel-Kleber	S. 202	16.08.2017	16.08.2022	POROTON DRYFIX Planziegel-Kleber	0,55 0,60	0,07 0,07	EC 6	charakt. Druckfestigkeit f_k MN/m²		f_vk0 MN/m²	0,28
								Druck-festig-keit Ziegel N/mm²				
								≥ 4 ≥ 6	1,3 1,7		0,09 0,09	
6 Z-17.1-1113	POROTON DRYFIX Mauerwerk aus POROTON Planhochlochziegeln S9 DRYFIX mit integrierter Wärmedämmung und POROTON DRYFIX Planziegel-Kleber	S. 202	21.11.2017	21.11.2022	POROTON DRYFIX Planziegel-Kleber	0,70 0,75	0,09 0,09	EC 6	charakt. Druckfestigkeit f_k MN/m²		f_vk0 MN/m²	0,44
								6 8 10	1,7 2,0 2,3		0,09 0,09 0,09	

II Verzeichnis der abZ/aBg für den Mauerwerksbau (Stand 31.05.2018)

Zulassungs-nummer	Zulassungsgegenstand	Verweis	Bescheid	Geltungs-dauer	Kleber	Roh-dichte-klasse	Bemessungswert der Wärmeleitfähigkeit λ in W/(m·K)	Festig-keits-klasse	Grundwert σ_0 MN/m²	max τ MN/m²	β_{RZ} MN/m²	α *)
	Wienerberger GmbH		Oldenburger Allee 26 30659 Hannover									
	Schlagmann-Baustoffwerke GmbH & Co. KG		Ziegeleistraße 1 84367 Zeilarn									
7 Z-17.1-1092	Wienerberger DRYFIX Mauerwerk aus POROTON-Planhochlochziegeln-T8 MW DRYFIX mit integrierter Wärmedämmung und POROTON DRYFIX Planziegel-Kleber	S. 203	29.08.2013	29.08.2018	POROTON DRYFIX Planziegel Kleber	0,65	0,08	6 8	0,45 0,6	0,072 0,096	– –	0,28 (σ_{0HS} = 0,045 MN/m²)
8 Z-17.1-1093	Wienerberger DRYFIX Mauerwerk aus POROTON-Planhochlochziegeln-FZ7-LB2010 DRYFIX mit integrierter Wärmedämmung und POROTON DRYFIX Planziegel-Kleber	S. 204	29.08.2013	29.08.2018	POROTON DRYFIX Planziegel Kleber	0,55	0,07	6 8	0,35 0,45	0,072 0,096	– –	0,28 (σ_{0HS} = 0,045 MN/m²)

*) Erläuterung Fußnote siehe Seite 632.
1) Abweichend ist als Teilsicherheitsbeiwert für das Material im Grenzzustand der Tragfähigkeit γ_M = 1,8 anzunehmen.

8.2 Planverfüllziegel

Zulassungs-nummer	Zulassungsgegenstand	Verweis	Bescheid	Geltungs-dauer	Kleber	Rohdichte-klasse	Bemessungswert der Wärmeleitfähigkeit λ in W/(m·K)	Festigkeits-klasse	Grundwert σ_0 MN/m²	max τ MN/m²	β_{RZ} MN/m²	α *)
	Mein Ziegelhaus GmbH & Co. KG		Märkerstraße 44 63755 Alzenau									
1 Z-17.1-1000	Mauerwerk aus Planfüllziegeln „PFZ-PU" und Mapura PU-Ziegel-Klebeschaum, verfüllt mit Beton	S. 204	21.11.2017	21.11.2022	MAPURA PU-Ziegel-Klebeschaum			EC 6	charakt. Druckfestigkeit f_k MN/m²			$f_{bt,cal}$ MN/m²
								6	3,1	0,195	–	–
								8	4,4/3,6 1)	0,260	–	–
								10	5,0/4,2 1)	0,325	–	–
								12	5,8/4,7 1)	0,390	–	–
								16	6,85/5,5 1)	0,520	–	1,0
								20	7,9/6,3 1)	0,650	–	–

Zulassungs-nummer	Zulassungsgegenstand	Verweis	Bescheid	Geltungs-dauer	Kleber	Rohdichte-klasse	Bemessungswert der Wärmeleitfähigkeit λ in W/(m·K)	Festigkeits-klasse	Grundwert σ_0 MN/m²	max τ MN/m²	β_{RZ} MN/m²	α *)
2 Z-17.1-1106	Mauerwerk aus Planfüllziegeln „PFZ-PU" und Mein Ziegelhaus DRYFIX Planziegel-Kleber, verfüllt mit Beton	S. 206	08.05.2014	08.05.2019	Mein Ziegelhaus DRYFIX Planziegel-Kleber	0,7 0,8 0,9		6 8 10 12 16 20	1,2 1,7/1,4[1] 1,9/1,6[1] 2,2/1,8[1] 2,6/2,1[1] 3,0/2,4[1]	0,072 0,096 0,120 0,144 0,192 0,240	– – – – – –	1,0
	Wienerberger GmbH Oldenburger Allee 26 30659 Hannover Schlagmann-Baustoffwerke GmbH & Co. KG Ziegeleistraße 1 84367 Zeilarn							EC 6	charakt. Druckfestigkeit f_k MN/m² 3,1 4,4/3,7[1] 5,0/4,2[1] 5,8/4,7[1] 6,8/5,5[1] 7,9/6,3[1]	$f_{bt,cal}$ MN/m² 0,195 0,260 0,325 0,390 0,520 0,650	f_{vk0} MN/m² 0,09	
3 Z-17.1-1091	Wienerberger DRYFIX Mauerwerk aus POROTON-Planfüllziegeln-T DRYFIX und POROTON DRYFIX Planziegel-Kleber, verfüllt mit Beton	S. 207	29.08.2013	29.08.2018	POROTON DRYFIX Planziegel Kleber	0,7 0,8 0,9		6 8 10 12 16 20	1,2 1,7/1,4[2] 1,9/1,6[2] 2,2/1,8[2] 2,6/2,1[2] 3,0/2,4[2]	0,072 0,096 0,120 0,144 0,192 0,240	– – – – – –	1,0 σ_{OHS} = 0,045 MN/m²

*) Erläuterung Fußnote siehe Seite 632.
[1] Wert gilt für eine Wanddicke von 145 mm.
[2] Für Wandstärken < 175 mm.

8.3 Porenbeton-Plansteine

Zulassungs-nummer	Zulassungsgegenstand	Verweis	Bescheid	Geltungs-dauer	Kleber	Rohdichte-klasse	Bemessungswert der Wärmeleitfähigkeit λ in W/(m·K)	Festigkeits-klasse	Grundwert σ_0 MN/m²	max τ MN/m²	β_{RZ} MN/m²	α *⁾
	Tremco illbruck Productie B.V. Vlietskade 1032 4241 WC Arkel/Niederlande											
1 Z-17.1-1080	Mauerwerk aus Poren-beton-Plansteinen und illbruck PU 700 Stein-kleber	S. 208	18.01.2013	18.01.2018	illbruck PU 700 Steinkleber	0,35 0,40 0,45 0,50 0,55 0,60 0,65 0,70 0,80	0,11 0,13 0,15 0,16 0,18 0,19 0,21 0,22 0,25	2 4	0,30 0,55	0,12σ_{Dm} 0,12σ_{Dm}	– –	1,0

*⁾ Erläuterung Fußnote siehe Seite 632.

8.4 Vorgefertigte Wandtafeln

	Zulassungs-nummer	Zulassungsgegenstand	Verweis	Bescheid	Geltungs-dauer	Kleber
1	Z-17.1-1121	Vorgefertigtes Mauerwerk im Klebeverfahren (bezeichnet als „Redbloc Systemwand (Typ PHLzB)")	S. 178	22.08.2017	19.06.2020	s. Abschnitt 4.1 Geschosshohe Mauertafeln
2	Z-17.1-1123	Vorgefertigtes Mauerwerk im Klebeverfahren (bezeichnet als „Redbloc Systemwand (Typ T7 MD)")	S. 179	15.08.2017	19.06.2020	s. Abschnitt 4.1 Geschosshohe Mauertafeln
3	Z-17.1-1124	Vorgefertigtes Mauerwerk im Klebeverfahren (bezeichnet als „Redbloc Systemwand (Typ U9/U10/U11)")	S. 179	22.08.2017	19.06.2020	s. Abschnitt 4.1 Geschosshohe Mauertafeln
4	Z-17.1-1135	Vorgefertigtes Mauerwerk im Klebeverfahren (bezeichnet als „Redbloc Systemwand (Typ T8)")	S. 180	11.10.2017	16.07.2020	s. Abschnitt 4.1 Geschosshohe Mauertafeln
5	Z-17.1-1136	Vorgefertigtes Mauerwerk im Klebeverfahren (bezeichnet als „Redbloc Systemwand (Typ T9)")	S. 180	04.10.2017	04.10.2022	s. Abschnitt 4.1 Geschosshohe Mauertafeln
6	Z-17.1-1157	Vorgefertigtes Mauerwerk im Klebeverfahren (bezeichnet als „Redbloc Systemwand (Typ S8)")	S. 181	14.07.2017	14.07.2022	s. Abschnitt 4.1 Geschosshohe Mauertafeln
7	Z-17.1-1158	Vorgefertigtes Mauerwerk im Klebeverfahren (bezeichnet als „Redbloc Systemwand (Typ S9)")	S. 181	17.07.2017	17.07.2022	s. Abschnitt 4.1 Geschosshohe Mauertafeln
8	Z-17.1-1159	Vorgefertigtes Mauerwerk im Klebeverfahren (bezeichnet als „Redbloc Systemwand (Typ S-PZ)")	S. 182	17.07.2017	17.07.2022	s. Abschnitt 4.1 Geschosshohe Mauertafeln
9	Z-17.1-1182	Vorgefertigte Mauertafeln aus Mauerwerk im Klebeverfahren (bezeichnet als „Redbloc Systemwand Typ S9 MV")	S. 182	06.04.2018	06.04.2023	s. Abschnitt 4.1 Geschosshohe Mauertafeln
10	Z-17.1-1183	Vorgefertigte Mauertafeln aus Mauerwerk im Klebeverfahren (bezeichnet als „Redbloc Systemwand Typ T10")	S. 183	14.03.2018	14.03.2023	s. Abschnitt 4.1 Geschosshohe Mauertafeln

9 Bewehrtes Mauerwerk

9.1 Bewehrung für bewehrtes Mauerwerk

	Zulassungs-nummer	Zulassungsgegenstand	Verweis	Bescheid	Geltungs-dauer
	Bekaert GmbH		Siemensstraße 24 61267 Neu-Anspach		
1	Z-17.1-541	MURFOR-Bewehrungselemente aus nichtrostendem Stahl für Mauerwerksstürze in Verblendschalen	S. 211	09.11.2015	02.10.2020

9.2 Hochlochziegel für bewehrtes Mauerwerk

Diese Kategorie ist zurzeit nicht belegt.

9.3 Stürze

	Zulassungs-nummer	Zulassungsgegenstand	Verweis	Bescheid	Geltungs-dauer
	Arbeitsgemeinschaft Mauerziegel im Bundesverband der Deutschen Ziegelindustrie e. V.		Schaumburg-Lippe-Straße 4 53113 Bonn		
1	Z-17.1-973	Flachstürze mit bewehrten Zuggurten in Ziegelformsteinen	S. 212	04.08.2014	17.03.2018
2	Z-17.1-981	nichttragende Flachstürze aus Zuggurten in Ziegelformsteinen mit oder ohne Wärmedämmung und Ziegelmauerwerk mit unvermörtelten Stoßfugen	S. 215	01.08.2014	06.12.2018
	Baustoffwerke Löbnitz GmbH & Co. KG		Industriestraße 1 04509 Löbnitz		
3	Z-17.1-1076	Flachstürze mit bewehrten Zuggurten in Kalksand-Formsteinen	S. 216	25.01.2018	12.10.2022
	Beton- und Fertigteilwerk Betonstein GmbH		Würschnitzstraße 11 09125 Chemnitz		
4	Z-17.1-1165	Flachstürze mit Zuggurten aus bewehrtem Beton	S. 218	07.02.2017	07.02.2022
	Betonwerk Keienburg GmbH		Am Großmarkt 30 44653 Herne		
5	Z-17.1-957	Vorgespannte Flachstürze „BkH"	S. 220	14.11.2017	29.11.2022
	Bundesverband Leichtbeton e. V.		Sandkauler Weg 1 56564 Neuwied		
6	Z-17.1-976	Flachstürze mit Zuggurten aus bewehrtem Beton oder Leichtbeton	S. 220	16.03.2016	14.04.2020
	BUNDESVERBAND PORENBETON		Kochstraße 6–7 10969 Berlin		
7	Z-17.1-634	Porenbeton-Flachstürze W	S. 220	30.06.2008 Ä/E: 08.07.2010 Ä/V: 18.10.2013	30.06.2018
	CHRISTOPH & Co. GmbH		Heisberger Straße 211 57258 Freudenberg		
8	Z-17.1-950	Flachstürze „CBF" mit schlaffbewehrten Zuggurten aus Beton oder Leichtbeton	S. 222	30.05.2016	14.04.2020

	Zulassungs-nummer	Zulassungsgegenstand	Verweis	Bescheid	Geltungs-dauer
	DOMAPOR Baustoffwerke GmbH & Co. KG		Liepener Straße 1 17194 Hohen Wangelin		
9	Z-17.1-1009	DOMAPOR-Flachstürze mit bewehrten Zuggurten in Kalksand-Formsteinen (bezeichnet als DOMAPOR KS-Flachstürze)	S. 222	08.10.2014	08.10.2019
	Elmenhorst Bauspezialartikel GmbH & Co. KG		Adlerstraße 53 25462 Rellingen		
10	Z-17.1-602	ELMCO®-Ripp-Bewehrungssystem für Stürze aus bewehrtem Mauerwerk	S. 222	05.10.2007 Ä/V: 09.10.2012	08.10.2017
	Emsländer Baustoffwerke GmbH & Co. KG		Rakener Straße 18 49733 Haren/Ems		
11	Z-17.1-621	Fertigteilstürze aus Kalksandelementen	S. 224	16.06.2016	14.04.2020
	Kalksandsteinwerk Bienwald Schencking GmbH & Co. KG		An der L 540 76767 Hagenbach		
12	Z-17.1-932	Kalksandstein-Fertigteilstürze	S. 224	05.09.2007 Ä/V: 26.09.2012	05.09.2017
	Leitl Spannbeton GmbH		Leitl-Straße 1 4070 Eferding/Österreich		
13	Z-17.1-1065	Vorgespannte Flachstürze „Spannbeton"	S. 224	06.06.2017	06.06.2022
	Trasswerke Meurin Betriebsgesellschaft mbH		Kölner Straße 17 56626 Andernach		
14	Z-17.1-898	Leichtbeton-Flachstürze Meurin	S. 227	03.05.2016	14.04.2020
	Werbegemeinschaft KS-Sturz		Bahnhofstraße 21 34593 Knüllwald		
15	Z-17.1-978 (abZ/aBg)	Flachstürze mit bewehrten Zuggurten in Kalksand-Formsteinen	S. 227	28.03.2018	18.03.2023
	WIENERBERGER GmbH		Oldenburger Allee 26 30659 Hannover		
16	Z-17.1-900	Wienerberger Flachstürze	S. 228	04.07.2014	18.02.2018
17	Z-17.1-1083 (abZ/aBg)	Nichttragende Flachstürze aus Zuggurten in Ziegel-Formsteinen mit oder ohne Wärmedämmung und Ziegelmauerwerk mit unvermörtelten Stoßfugen	S. 228	04.04.2018	20.02.2023
18	Z-17.1-1099	Nichttragende Flachstürze aus Zuggurten in Ziegel-Formsteinen mit oder ohne Wärmedämmung und Übermauerung mit Wienerberger DRYFIX Mauerwerk	S. 230	17.10.2013 Ä/E: 26.06.2014	17.10.2018
	Wilhelm Modersohn GmbH & Co. KG		Eggeweg 2a 32139 Spenge		
19	Z-17.1-603	MOSO-Lochband als Bewehrung für Stürze aus Mauerwerk	S. 232	10.08.2007 Ä/E/V: 15.08.2012 Ä/E: 11.09.2015	22.08.2017
	Xella Deutschland GmbH		Düsseldorfer Landstraße 395 47259 Duisburg		
20	Z-17.1-1051	Ytong Porenbeton Flachstürze der Typenreihe Y-I und Y-II		08.05.2014	08.05.2019

10 Ergänzungsbauteile

10.1 Mauerfuß-Dämmelemente

	Zulassungs-nummer	Zulassungsgegenstand	Verweis	Bescheid	Geltungs-dauer
	Baustoffwerke Horsten GmbH & Co. KG		Hohemoor 59 26446 Friedeburg-Horsten		
1	Z-17.1-875	Kalksand-Wärmedämm-Ausgleichselemente „KIMMEX-12", „KIMMEX-16" und „KIMMEX-20" für Kalksandstein-Mauerwerk	S. 234	16.07.2015 Ä: 19.05.2016	14.04.2020
	BMO KS-Vertrieb BIELEFELD-MÜNSTER-OSNABRÜCK GmbH & Co. KG		Averdiekstraße 9 49078 Osnabrück		
2	Z-17.1-961	Kalksand-Wärmedämmsteine (bezeichnet als „KS-ISO-Kimmsteine") für Kalksandstein-Mauerwerk	S. 234	02.02.2015 Ä/E/V: 11.10.2016	14.04.2020
	Cirkel GmbH & Co. KG		Flaesheimer Straße 605 45721 Haltern am See		
3	Z-17.1-1127	Kalksand-Wärmedämmsteine für Kalksandstein-Mauerwerk	S. 235	18.04.2016	14.04.2020
	Kalksandstein-Werk Wemding GmbH		Harburger Straße 100 86650 Wemding		
4	Z-17.1-960	Kalksand-Wärmedämmsteine (bezeichnet als „KS-ISO-Kimmsteine") für Kalksandstein-Mauerwerk	S. 235	04.08.2016	14.04.2020
	Schöck Bauteile GmbH		Vimbucher Straße 2 76534 Baden-Baden (Steinbach)		
5	Z-17.1-709	Wärmedämmelement „Schöck Novomur" für Mauerwerk aus Kalksandsteinen und Vollziegeln sowie Vormauer- und Verblendschalen	S. 236	12.05.2017	28.03.2022
6	Z-17.1-749	Wärmedämmelement (bezeichnet als Schöck Novomur light) für Mauerwerk aus Kalksandsteinen und Vollziegeln sowie Vormauer- und Verblendschalen	S. 237	02.02.2016 V: 22.08.2016	14.04.2020
	Stahlton Bauteile AG		Hauptstraße 131 5070 Frick/Schweiz		
7	Z-17.1-811	Wärmedämmelemente (bezeichnet als Isomur plus-Elemente 20-11.5; 20-15; 20-17.5, 20-20 bzw. 20-24) für Mauerwerk	S. 237	13.12.2012 V: 25.04.2013 Ä: 09.02.2016	07.05.2018
	Xella Deutschland GmbH		Düsseldorfer Landstraße 395 47259 Duisburg		
8	Z-17.1-927	Wärmedämmsteine der Festigkeitsklasse 20 (bezeichnet als Silka Therm) für Kalksandstein-Mauerwerk	S. 239	18.03.2015	11.07.2017

10.2 Anker zur Verbindung der Mauerwerksschalen von zweischaligen Außenwänden

	Zulassungs-nummer	Zulassungsgegenstand	Verweis	Bescheid	Geltungs-dauer
	BEVER Gesellschaft für Befestigungsteile Verbindungselemente mbH		Auf dem niedern Bruch 12 57399 Kirchhundem-Würdinghausen		
1	Z-17.1-633	„Multi-Luftschichtanker" für zweischaliges Mauerwerk	S. 239	04.09.2013	02.07.2018
2	Z-17.1-825	Drahtanker mit Durchmesser 4 mm für zweischaliges Mauerwerk mit Schalenabständen bis 200 mm	S. 241	18.11.2013 Ä/E: 21.07.2015	02.07.2018

	Zulassungs-nummer	Zulassungsgegenstand	Verweis	Bescheid	Geltungs-dauer
3	Z-17.1-888	Multi-Luftschichtanker Plus für zweischaliges Mauerwerk mit Schalenabständen von 120 mm bis ca. 200 mm und Vormauer- bzw. Verblendschalen auch im Dünnbettverfahren	S. 242	20.09.2013	02.07.2018
4	Z-17.1-924	Drahtanker 4 mm (Dübelanker Welle, Dübelanker gerade Ausführung und Universal Einschraubanker) zur Verbindung von Vormauer- bzw. Verblendschalen mit Wänden von Holzhäusern in Holzrahmenbauweise	S. 243	26.09.2013 Ä/E: 08.05.2014	08.09.2018
5	Z-17.1-1062	Luftschichtanker DUO für zweischaliges Mauerwerk	S. 244	18.10.2013 V: 21.09.2016	10.10.2021
6	Z-17.1-1138	Drahtanker mit Durchmesser 4 mm für zweischaliges Mauerwerk mit Schalenabständen > 200 mm bis 250 mm	S. 247	03.08.2015	03.08.2020
7	Z-17.1-1155	Multi-Luftschichtanker Plus für zweischaliges Mauerwerk mit Schalenabständen > 200 mm bis 250 mm	S. 248	21.12.2016	21.12.2021
	daas ClickBrick bv			Terborgseweg 12 7038 EX Zeddam/Niederlande	
8	Z-17.1-933	Zweischalige Außenwände mit Verblendschalen aus trocken gestapelten Ziegeln mit besonderem Befestigungssystem (bezeichnet als „ClickBrick-System") (s. a. Abschnitt 7)	S. 192, 249	11.07.2012	11.07.2017
	Gebr. Bodegraven B. V. Metallwarenfabrik			Atoomweg 2 2421 LZ Nieuwkoop/Niederlande	
9	Z-17.1-463	Flachstahlanker zur Verbindung der Mauerwerksschalen von zweischaligen Außenwänden (bezeichnet als PRIK-Luftschichtanker)	S. 249	29.03.2017	02.07.2018
10	Z-17.1-1122	Drahtanker mit Durchmesser 4 mm (bezeichnet als GB-UNI-L- und GB-L-Formanker) für zweischaliges Mauerwerk mit Schalenabständen bis 200 mm	S. 250	02.07.2015	02.07.2018
11	Z-17.1-1168	Flachstahlanker (bezeichnet als „PRIK"-Luftschichtanker) zur Verbindung von zweischaligen Außenwänden mit Schalenabständen > 200 mm bis 230 mm	S. 251	22.05.2017	22.05.2022
12	Z-17.1-1170 (aBg)	Drahtanker mit Durchmesser 4 mm (bezeichnet als GB-UNI-L- und GB-L-Formanker) für zweischaliges Mauerwerk mit Schalenabständen > 200 mm bis 250 mm	S. 251	25.09.2017	25.09.2022
13	Z-17.1-1176 (aBg)	UNI-Einschraubanker (Luftschichtanker) mit Holzschraubgewinde zur Verbindung von Vormauer- bzw. Verblendschalen mit Wänden in Holzrahmenbauweise	S. 251	07.02.2018	07.02.2023
	H & R GmbH			Osemundstraße 4 58636 Iserlohn	
14	Z-17.1-822	Drahtanker mit Durchmesser 3 mm und 4 mm für zweischaliges Mauerwerk mit Schalenabständen bis 200 mm	S. 252	24.08.2015	02.07.2018
15	Z-17.1-923	Drahtanker 3 mm und 4 mm (bezeichnet als H+R Universal Holzschraubanker) zur Verbindung von Vormauer- bzw. Verblendschalen mit Wänden von Holzhäusern in Holzrahmenbauweise	S. 253	23.08.2013 Ä/E: 07.05.2015	09.09.2018
16	Z-17.1-1142	Drahtanker mit Durchmesser 4 mm für zweischaliges Mauerwerk mit Schalenabständen > 200 mm bis 250 mm	S. 256	29.09.2015	29.09.2020

10.3 Sonstige Ergänzungselemente

	Zulassungs-nummer	Zulassungsgegenstand	Verweis	Bescheid	Geltungs-dauer
	BEVER Gesellschaft für Befestigungsteile Verbindungselemente mbH		Auf dem niedern Bruch 12 57399 Kirchhundem-Würdinghausen		
1	Z-17.1-748	Mauerverbinder für die Verbindung von Mauerwerkswänden in Stumpf-stoßtechnik	S. 258	09.02.2016	14.04.2020
	CATNIC GmbH		Am Leitzelbach 16 74889 Sinsheim		
2	Z-17.1-1174 (aBg)	Mauerverbinder für die Verbindung von Mauerwerkswänden in Stumpf-stoßtechnik	S. 258	18.01.2018	18.01.2023
	Deutsche POROTON GmbH		Kochstraße 6–7 10969 Berlin		
3	Z-17.1-1177	Glasfilamentgewebe BASIS SK 34/68 tex zur Verwendung in Mauerwerk aus bestimmten POROTON-Planhochlochziegeln	S. 258	09.02.2018	09.02.2023
	Gebr. Bodegraven bv		Atoomweg 2 2421 LZ Nieuw Koop/Niederlande		
4	Z-17.1-750	Mauerverbinder für die Verbindung von Mauerwerkswänden in Stumpf-stoßtechnik	S. 259	17.01.2017	01.01.2022
	H & R GmbH		Corunnastraße 38 58636 Iserlohn		
5	Z-17.1-711	H & R-Mauerverbinder für die Verbindung von Mauerwerkswänden in Stumpfstoßtechnik	S. 260	12.03.2010 V: 23.02.2015	12.03.2020
	Marian Czaja Stanz-, Press- und Ziehtechnik		Weimarische Straße 52c 99326 Stadtilm		
6	Z-17.1-1079	Mauerverbinder für die Verbindung von Mauerwerkswänden in Stumpf-stoßtechnik	S. 260	31.01.2013	31.01.2018
	Mein Ziegelhaus GmbH & Co. KG		Märkerstraße 44 63755 Alzenau		
7	Z-17.1-1178	Glasfilamentgewebe BASIS SK 34/68 tex zur Verwendung in Mauerwerk aus bestimmten Planhochlochziegeln	S. 261	08.03.2018	08.03.2023

11 Anhang

11.1 Zulassungsübersicht

Zul.-Nr.	Zulassungsgegenstand	Seite
Z-17.1-11	Schalungssteine Bütow aus Beton	736
Z-17.1-262	Mauerwerk aus Isobims-Hohlblöcken aus Leichtbeton	57, 651
Z-17.1-328	klimaton ST-Ziegel für Mauerwerk ohne Stoßfugenvermörtelung	39, 634
Z-17.1-332	Mauerwerk aus Kalksand-Planelementen	720
Z-17.1-338	Vorgefertigte Mauertafeln aus Kalksandsteinen	171, 731
Z-17.1-347	Mauerwerk aus UNIPOR-Z-Hochlochziegeln	44, 639
Z-17.1-383	Mauerwerk aus Poroton-T-Hochlochziegeln	35, 633
Z-17.1-404	Schalungssteine EBN aus Beton	187 ff., 736
Z-17.1-420	Mauerwerk aus THERMOPOR-Ziegel – R N + F – mit Rhombuslochung Stoßfugenvermörtelung	40, 636
Z-17.1-426	Mauerwerk aus KLB-Vollblöcken SW1 aus Leichtbeton (KLB-Superwärmedämmblöcke)	54, 649
Z-17.1-449	Schalungssteine aus Beton	737
Z-17.1-451	Mauerwerk aus Liapor-Super-K-Wärmedämmsteinen aus Leichtbeton	55, 649
Z-17.1-459	Mauerwerk aus KLB-Planvollblöcken im Dünnbettverfahren	703
Z-17.1-462	Mauerwerk aus Schallschutz-Verfüllziegeln V1 und V2	52, 646
Z-17.1-463	Flachstahlanker zur Verbindung der Mauerwerksschalen von zweischaligen Außenwänden (bezeichnet als PRIK-Luftschichtanker)	249, 748
Z-17.1-481	Mauerwerk aus Liaplan-Steinen im Dünnbettverfahren	127, 699
Z-17.1-484	Mauerwerk aus Porenbeton-Planelementen der Rohdichteklasse 0,50 in der Festigkeitsklasse 4 mit einem Überbindemaß von mindestens 0,4 h	158, 725
Z-17.1-489	Mauerwerk aus Poroton-Hochlochziegeln	37, 633
Z-17.1-490	Mauerwerk aus Poroton-T16 Planhochlochziegeln mit Stoßfugenverzahnung im Dünnbettverfahren	58, 652
Z-17.1-497	Mauerwerk aus Röben-T-Planhochlochziegeln mit Stoßfugenverzahnung im Dünnbettverfahren	72, 662
Z-17.1-520	Mauerwerk aus Schallschutz-Blockziegeln UNIPOR SZ 4109	52, 646
Z-17.1-522	Mauerwerk aus THERMOPOR-Planhochlochziegeln (bezeichnet als THERMOPOR PHLz) im Dünnbettverfahren	663
Z-17.1-537	Mauerwerk aus POROTON-Planfüllziegeln T mit Stoßfugenverzahnung im Dünnbettverfahren	689
Z-17.1-540	Mauerwerk aus Ytong Porenbeton-Plansteinen der Rohdichteklassen 0,50 und 0,55 in der Festigkeitsklasse 4 und der Rohdichteklassen 0,60 und 0,65 in der Festigkeitsklasse 6	123, 697
Z-17.1-541	MURFOR-Bewehrungselemente aus nichtrostendem Stahl für Mauerwerksstürze in Verblendschalen	211, 745
Z-17.1-543	Porenbeton-Plansteine der Rohdichteklasse 0,50 in der Festigkeitsklasse 4	122, 696
Z-17.1-547	Mauerwerk aus Porenbeton-Planelementen (bezeichnet als HK-Elemente)	161, 728
Z-17.1-551	Mauerwerk aus KS-Quadro E Planelementen für Mauerwerk im Dünnbettverfahren	155, 723
Z-17.1-558	Mauerwerk aus THERMOPOR Schallschutz-Füllziegeln SFz G	51, 646
Z-17.1-559	Mauerwerk aus THERMOPOR Plan-Füllziegeln (bezeichnet als PFz)	691

Zul.-Nr.	Zulassungsgegenstand	Seite
Z-17.1-575	Mauerwerk aus Kalksand-Planelementen mit Zentrierhilfe	720
Z-17.1-577	Mauerwerk aus Klimaton ST 14 Ziegeln für Mauerwerk ohne Stoßfugenvermörtelung	644
Z-17.1-580	Mauerwerk aus THERMOPOR-Ziegeln mit Rhombuslochung (bezeichnet als THERMOPOR T 014) ohne Stoßfugenvermörtelung	40, 637
Z-17.1-600	Mauerwerk aus UNIPOR Planelementen (bezeichnet als UNIPOR-PE) im Dünnbettverfahren	149, 719
Z-17.1-601	Mauerwerk aus THERMOPOR-Planhochlochziegeln mit Rhombuslochung ohne Stoßfugenvermörtelung (bezeichnet als THERMOPOR P 016)	663
Z-17.1-602	ELMCO-Ripp®-Bewehrungssystem für Stürze aus bewehrtem Mauerwerk	222, 746
Z-17.1-603	MOSO-Lochband als Bewehrung für Stürze aus Mauerwerk	232, 746
Z-17.1-604	Mauerwerk aus Schallschutz-Planziegeln SZ 4109	117, 690
Z-17.1-608	Vorgefertigte Mauertafeln aus Kalksand-Plansteinen	173, 731
Z-17.1-620	Mauerwerk aus Leichthochlochziegeln (bezeichnet als OTT Gitterziegel)	644
Z-17.1-621	Fertigteilstürze aus Kalksandelementen	224, 746
Z-17.1-625	Mauerwerk aus Poroton Planziegeln-T14 im Dünnbettverfahren	58, 653
Z-17.1-628	Mauerwerk aus Planhochlochziegeln SX im Dünnbettverfahren	672
Z-17.1-631	Mauerwerk aus Mauertafeln mit THERMOPOR-Ziegeln und THERMY-Sockel	183, 735
Z-17.1-633	Multi-Luftschichtanker für zweischaliges Mauerwerk	239, 747
Z-17.1-634	Porenbeton-Flachstürze W	220, 745
Z-17.1-635	Mauerwerk aus unipor-Planziegeln mit Stoßfugenverzahnung im Dünnbettverfahren	667
Z-17.1-636	Mauerwerk aus UNIPOR-NE-Hochlochziegeln	45, 639
Z-17.1-638	Schalungssteine Wochner aus Beton	737
Z-17.1-640	Mauerwerk aus Kalksand-Planelementen KS – 4 × 4/4 × 5, white star/KS-PlanQuader im Dünnbettverfahren	722
Z-17.1-650	Mauerwerk aus Kalksand-Planelementen (bezeichnet als KS XL-Rasterelemente)	721
Z-17.1-651	Mauerwerk aus POROTON-T14- und POROTON-T16-Planhochlochziegeln im Dünnbettverfahren	59, 653
Z-17.1-652	Mauerwerk aus UNIPOR-ZP-Planziegeln im Dünnbettverfahren	667
Z-17.1-659	Mauerwerk aus Planvollblöcken aus Beton im Dünnbettverfahren (bezeichnet als Jastoplan)	705
Z-17.1-663	Mauerwerk aus klimaton ST-Planhochlochziegeln im Dünnbettverfahren ohne Stoßfugenvermörtelung	90, 677
Z-17.1-671	Dünnbettmörtel Vario für Mauerwerk im Dünnbettverfahren	164, 729
Z-17.1-672	GISOPLAN-Therm Wandsystem	140, 713
Z-17.1-673	Mauerwerk aus POROTON-Blockziegeln-T14 und POROTON-Blockziegeln-T16	37, 633
Z-17.1-674	Mauerwerk aus Planhochlochziegeln mit integrierter Wärmedämmung (bezeichnet als POROTON-T9-Planziegel) im Dünnbettverfahren	90, 678
Z-17.1-676	Wandbauart aus THERMOPOR Plan-Schalungsziegeln (bezeichnet als THERMOPOR PSz)	691
Z-17.1-678	Mauerwerk aus POROTON-Planhochlochziegeln-T im Dünnbettverfahren	653

Zul.-Nr.	Zulassungsgegenstand	Seite
Z-17.1-688	Mauerwerk aus UNIPOR-Planfüllziegeln	690
Z-17.1-692	Wandbauart aus Ytong Porenbeton-Planelementen (bezeichnet als Bausystem Ytong Jumbo) und Wandbauart aus Porenbeton-Planelementen, lang (bezeichnet als Bausystem Ytong Jumbo lang)	725
Z-17.1-697	Mauerwerk aus THERMOPOR ISO-Blockziegeln (bezeichnet als THERMOPOR ISO-B)	40, 637
Z-17.1-698	Mauerwerk aus THERMOPOR ISO-Planziegeln (bezeichnet als THERMOPOR ISO-P) im Dünnbettverfahren	664
Z-17.1-699	Mauerwerk aus BISOTHERM-Planelementen im Dünnbettverfahren	158, 726
Z-17.1-702	Mauerwerk aus BISOPHON-Planelementen im Dünnbettverfahren	159, 726
Z-17.1-709	Wärmedämmelement Schöck Novomur für Mauerwerk aus Kalksandsteinen und Vollziegeln sowie Vormauer- und Verblendschalen	236, 747
Z-17.1-711	H & R-Mauerverbinder für die Verbindung von Mauerwerkswänden in Stumpfstoßtechnik	260, 749
Z-17.1-712	Mauerwerk aus Röben-Planhochlochziegeln T14 ohne Stoßfugenvermörtelung	73, 662
Z-17.1-713	Wandbauart mit 175 mm und 200 mm breiten Schalungssteinen aus Beton (bezeichnet als Hohenloher Schalungssteine)	187 ff., 737
Z-17.1-715	Mauerwerk aus klimaton-Planhochlochziegeln mit Stoßfugenverzahnung im Dünnbettverfahren	64, 657
Z-17.1-720	UNIPOR-GZ-Hochlochziegel	640
Z-17.1-721	Mauerwerk aus Planhochlochziegeln (bezeichnet als UNIPOR-GPZ-Hochlochplanziegel) im Dünnbettverfahren	667
Z-17.1-722	Mauerwerk aus Planvollblöcken aus Leichtbeton oder Beton (bezeichnet als NORMAPLAN) im Dünnbettverfahren	127, 700
Z-17.1-728	Mauerwerk aus POROTON Planhochlochziegeln-T im Dünnbettverfahren	670
Z-17.1-730	Mauerwerk aus Plan-Vollblöcken aus Leichtbeton (bezeichnet als KLB-P-Wärmedämmblöcke SW1) im Dünnbettverfahren	130, 703
Z-17.1-734	Mauerwerk aus Planhohlblöcken aus Leichtbeton im Dünnbettverfahren (bezeichnet als Jastoplan)	711
Z-17.1-738	Mauerwerk aus Plan-Leichthochlochziegeln SX Plus mit gedeckelter Lagerfuge (VD System)	673
Z-17.1-739	Mauerwerk im Mittelbettverfahren aus Leichthochlochziegeln ZMK 9, ZMK 11 und ZMK 12 und Mittelbettmörtel maxit therm 828 oder Leicht-Mittelbettmörtel 828	166, 730
Z-17.1-748	Mauerverbinder für die Verbindung von Mauerwerkswänden in Stumpfstoßtechnik	258, 749
Z-17.1-749	Wärmedämmelement (bezeichnet als Schöck Novomur light) für Mauerwerk aus Kalksandsteinen und Vollziegeln sowie Vormauer- und Verblendschalen	237, 747
Z-17.1-750	Mauerverbinder für die Verbindung von Mauerwerkswänden in Stumpfstoßtechnik	259, 749
Z-17.1-751	Wandbauart mit Pallmann Schalungssteinen aus Beton und Leichtbeton	736
Z-17.1-752	Mauerwerk aus THERMOPOR ISO-Plan-Deckel-Ziegeln (bezeichnet als THERMOPOR ISO-PD) im Dünnbettverfahren	664
Z-17.1-753	Mauerwerk aus Planblöcken aus Leichtbeton mit horizontaler Lochung (bezeichnet als NORMAPLAN) im Dünnbettverfahren	133, 707
Z-17.1-756	Mauerwerk aus Unipor Novapor-Planziegeln im Dünnbettverfahren mit gedeckelter Lagerfuge	667

II Verzeichnis der abZ/aBg für den Mauerwerksbau (Stand 31.05.2018)

Zul.-Nr.	Zulassungsgegenstand	Seite
Z-17.1-759	Dünnbettmörtel weber mix 617 SK für Kalksandsteinmauerwerk im Dünnbettverfahren	165, 729
Z-17.1-760	Mauerwerk aus unipor-NE-Hochlochplanziegeln im Dünnbettverfahren	668
Z-17.1-761	Mauerwerk aus Mauertafeln mit ZMB-Mauertafelziegeln	173, 731
Z-17.1-766	Mauerwerk aus Plan-Hohlblöcken aus Leichtbeton (bezeichnet als KLB-P-Wärmedämmblöcke W3) im Dünnbettverfahren	130, 703
Z-17.1-767	UNIPOR-Novapor-Ziegel	45, 640
Z-17.1-769	Mauerwerk aus Planhochlochziegel im Dünnbettverfahren (bezeichnet als Thermo Planziegel)	62, 656
Z-17.1-772	Mauerwerk aus Kalksandsteinen in den Rohdichteklassen 2,4 bis 3,6 (bezeichnet als KS-Protect)	53, 648, 694
Z-17.1-777	Mauerwerk aus ISOMEGA-Leichthochlochziegeln und Leichtmauermörtel LM 21	45, 640
Z-17.1-778	Mauerwerk aus Plan-Vollsteinen und Plan-Vollblöcken aus Leichtbeton im Dünnbettverfahren	128, 701
Z-17.1-779	Mauerwerk aus THERMOPOR Plan-Füllziegeln N+F (bezeichnet als THERMOPOR PFz N+F)	691
Z-17.1-786	Dünnbettmörtel DB KS-XXL für Kalksandsteinmauerwerk im Dünnbettverfahren	163, 729
Z-17.1-797	Mauerwerk aus KLB-Plan-Hohlblöcken im Dünnbettverfahren	711
Z-17.1-805	Mauerwerk aus Kalksand-Planelementen mit Zentrierhilfe	722
Z-17.1-808	Mauerwerk aus THERMOPOR ISO-Blockziegeln (bezeichnet als THERMOPOR ISO-B Plus)	41, 637
Z-17.1-811	Wärmedämmelemente (bezeichnet als Isomur plus-Elemente 20-11.5; 20-15, 20-17.5, 20-20 bzw. 20-24) für Mauerwerk	237, 747
Z-17.1-812	Mauerwerk aus POROTON Planhochlochziegeln mit integrierter Wärmedämmung (bezeichnet als POROTON S11-0,9) im Dünnbettverfahren	92, 678
Z-17.1-813	Mauerwerk aus Planhochlochziegeln (bezeichnet als EDERPLAN XP 11) und Dünnbettmörtel mit gedeckelter Lagerfuge	85, 673
Z-17.1-815	Mauerwerk aus Leichtbetonsteinen (bezeichnet als Liapor-Super-K-Plus Wärmedämmsteine) und Normal- und Leichtmauermörtel	55, 650
Z-17.1-817	Mauerwerk aus Plan-Hohlblöcken aus Leichtbeton mit integrierter Wärmedämmung (bezeichnet als Liapor-SL-P Wärmedämmsteine) und SAKRET-Liapor-Plansteinkleber im Dünnbettverfahren	145, 717
Z-17.1-818	UNIPOR-WE-Ziegel	45, 640
Z-17.1-820	Mauerwerk aus Kalksand-Fasensteinen mit Lochung im Dünnbettverfahren	120, 694
Z-17.1-821	Mauerwerk aus OTT-Planhochlochziegeln	674
Z-17.1-822	Drahtanker mit Durchmesser 3 mm und 4 mm für zweischaliges Mauerwerk mit Schalenabständen bis 200 mm	252, 748
Z-17.1-825	Drahtanker mit Durchmesser 4 mm für zweischaliges Mauerwerk mit Schalenabständen bis 200 mm	241, 747
Z-17.1-828	Ytong Porenbeton-Plansteine der Rohdichteklasse 0,30 und 0,35 in der Festigkeitsklasse 1,6	697
Z-17.1-834	Plan-Hohlblöcke aus Leichtbeton mit integrierter Wärmedämmung (bezeichnet als PUMIX (P)-thermolith-MD) für Mauerwerk im Dünnbettverfahren	148, 718

Zul.-Nr.	Zulassungsgegenstand	Seite
Z-17.1-839	Mauerwerk aus Leichtbetonsteinen (bezeichnet als Liapor Compact Vollblöcke) und Leichtmauermörtel	56, 650
Z-17.1-840	Mauerwerk aus THERMOPOR ISO-Plan-Deckel-Ziegeln (bezeichnet als THERMOPOR ISO-PD Plus) im Dünnbettverfahren	664
Z-17.1-841	Mauerwerk aus Kalksand-Planelementen im Dünnbettverfahren	724
Z-17.1-842	Mauerwerk aus Plan-Hohlblöcken aus Leichtbeton (bezeichnet als iso-bims-Hohlblöcke P) im Dünnbettverfahren	132, 707
Z-17.1-843	Mauerwerk aus THERMOPOR-Planhochlochziegeln (bezeichnet als THERMOPOR PHLz BW)	665
Z-17.1-844	Mauerwerk aus Plan-Hohlblöcken aus Leichtbeton im Dünnbettverfahren	133, 708
Z-17.1-845	Mauerwerk aus Plan-Hohlblöcken, Plan-Vollblöcken und Plan-Vollsteinen aus Beton im Dünnbettverfahren	134, 709
Z-17.1-846	Mauerwerk aus Plan-Vollblöcken aus Leichtbeton (bezeichnet als Pumix-P-HW) im Dünnbettverfahren	132, 706
Z-17.1-852	Mauerwerk aus KLBQUADRO-Planelementen aus Leichtbeton im Dünnbettverfahren (bezeichnet als KLB-Quadro Vbl-PE)	159, 727
Z-17.1-853	Mauerwerk aus OTT Klimatherm plus -Planhochlochziegeln im Dünnbettverfahren	675
Z-17.1-857	Mauerwerk aus OTT Klimatherm ST plus Planhochlochziegeln im Dünnbettverfahren	87, 675
Z-17.1-858	Mauerwerk aus Kalksand-Fasensteinen (Blocksteine, Vormauersteine, Verblender) im Dünnbettverfahren	120, 695
Z-17.1-860	Mauerwerk aus OTT Klimatherm ST plus Planhochlochziegeln und Dünnbettmörtel mit gedeckelter Lagerfuge	87, 675
Z-17.1-862	Mauerwerk aus Plansteinen aus Beton (bezeichnet als IBS plan) im Dünnbettverfahren	129, 702
Z-17.1-863	Mauerwerk aus Planelementen aus Beton (bezeichnet als IBS Big-plan) und aus Leichtbeton (bezeichnet als Liapor Big-plan) im Dünnbettverfahren	159, 727
Z-17.1-864	THERMOPOR ISO-Blockziegel (bezeichnet als THERMOPOR ISO-B Plus Objektziegel)	41, 637
Z-17.1-865	Mauerwerk aus OTT klimatherm ST plus Leichthochlochziegeln	50, 644
Z-17.1-866	Mauerwerk aus klimatherm plus-Ziegeln mit HV-Lochung	50, 645
Z-17.1-867	Mauerwerk aus UNIPOR W12 plus Planziegeln im Dünnbettverfahren mit gedeckelter Lagerfuge	75, 668
Z-17.1-868	Mauerwerk aus POROTON Planhochlochziegeln (bezeichnet als Planhochlochziegel-T) im Dünnbettverfahren	654
Z-17.1-869	Mauerwerk aus OTT Klimatherm plus Planhochlochziegeln und Dünnbettmörtel mit gedeckelter Lagerfuge	87, 676
Z-17.1-870	Mauerwerk aus Liapor Super-K Plus Plansteinen und SAKRET-Liapor-Plansteinkleber im Dünnbettverfahren	130, 704
Z-17.1-871	Mauerwerk aus Hochlochziegel Poroton-T14	37, 634
Z-17.1-874	Mauerwerk aus Kalksand-Fasensteinen (Blocksteine, Hohlblocksteine und Verblender)	119, 693
Z-17.1-875	Kalksand-Wärmedämm-Ausgleichselemente KIMMEX-12, KIMMEX-16 und KIMMEX-20 für Kalksandstein-Mauerwerk	234, 747
Z-17.1-877	Mauerwerk aus Wienerberger Planhochlochziegeln T11/T12 im Dünnbettverfahren	654

Zul.-Nr.	Zulassungsgegenstand	Seite
Z-17.1-878	Mauerwerk aus Kalksandsteinen mit besonderer Lochung im Dickbettverfahren	52, 647
Z-17.1-884	Mauerwerk aus OTT Plan-Füllziegeln	118, 692
Z-17.1-885	ILA-Holz-Zementsteine ohne oder mit integrierter Wärmedämmung für Ausfachungsmauerwerk in Gebäuden mit rahmenartigem Stahlbetontragwerk	57, 652
Z-17.1-886	Mauerwerk aus UNIPOR-ZD-Hochlochziegeln	46, 641
Z-17.1-888	Multi-Luftschichtanker Plus für zweischaliges Mauerwerk mit Schalenabständen von 120 mm bis ca. 200 mm und Vormauer- bzw. Verblendschalen auch im Dünnbettverfahren	242, 748
Z-17.1-889	Mauerwerk aus POROTON Planhochlochziegeln-T10/-T11 Mz 33 im Dünnbettverfahren	59, 655
Z-17.1-892	Mauerwerk aus Planhochlochziegeln (bezeichnet als EDERPLAN XP 09, EDERPLAN XP 10 und EDERPLAN XP 11-300) und Dünnbettmörtel mit gedeckelter Lagerfuge	85, 673
Z-17.1-893	Mauerwerk aus Kalksand-Plansteinen mit besonderer Lochung im Dünnbettverfahren	118, 693
Z-17.1-895	Mauerwerk aus Röben-T16 und Röben-T18 Planhochlochziegeln mit Stoßfugenverzahnung im Dünnbettverfahren	662
Z-17.1-896	Mauerwerk aus Röben-Planhochlochziegeln (BW) im Dünnbettverfahren	663
Z-17.1-898	Leichtbeton-Flachstürze Meurin	227, 746
Z-17.1-899	Mauerwerk aus Mauertafeln mit Englert-MT-Ziegeln	184, 735
Z-17.1-900	Wienerberger Flachstürze	228, 746
Z-17.1-904	Mauerwerk aus Röben-T-Hochlochziegeln mit Stoßfugenverzahnung	40, 636
Z-17.1-906	Mauerwerk aus Planhochlochziegeln mit integrierter Wärmedämmung (bezeichnet als ThermoPlan MZ8 Planhochlochziegel) und Dünnbettmörtel mit gedeckelter Lagerfuge	108, 684
Z-17.1-907	Mauerwerk aus Planhochlochziegeln (bezeichnet als ThermoPlan-T16) im Dünnbettverfahren	657
Z-17.1-908	Mauerwerk aus ThermoPlan T14 und ThermoPlan T16 Planhochlochziegeln im Dünnbettverfahren	657
Z-17.1-909	Mauerwerk aus ThermoBlock-T16 Hochlochziegeln	635
Z-17.1-910	Mauerwerk aus Hochlochziegeln ThermoBlock-T14 und Thermo-Block-T16	635
Z-17.1-911	Mauerwerk aus Planfüllziegeln (bezeichnet als Planfüllziegel PFZ) im Dünnbettverfahren	689
Z-17.1-912	Mauerwerk aus Plan-Vollblöcken aus Leichtbeton (bezeichnet als Jasto Therm bzw. Jasto Super-Therm-Plansteine) im Dünnbettverfahren	131, 705
Z-17.1-913	Mauerwerk aus Planhochlochziegeln mit Stoßfugenverzahnung (bezeichnet als ThermoPlan HLZ) im Dünnbettverfahren	658
Z-17.1-914	Mauerwerk aus Planhochlochziegeln (bezeichnet als ThermoPlan TS Planhochlochziegel) und Dünnbettmörtel mit gedeckelter Lagerfuge	658
Z-17.1-919	Mauerwerk aus THERMOPOR SL Blockziegeln (bezeichnet als THERMOPOR SL Block)	638
Z-17.1-920	Mauerwerk aus THERMOPOR SL Planziegeln im Dünnbettverfahren mit gedeckelter Lagerfuge (bezeichnet als THERMOPOR SL Plan)	665
Z-17.1-921	Mauerwerk aus Kalksand-Plansteinen mit besonderer Lochung	53, 118, 647, 693

Zul.-Nr.	Zulassungsgegenstand	Seite
Z-17.1-923	Drahtanker 3 mm und 4 mm (bezeichnet als H+R Universal Holzschraubanker) zur Verbindung von Vormauer- bzw. Verblendschalen mit Wänden von Holzhäusern in Holzrahmenbauweise	253, 748
Z-17.1-924	Drahtanker 4 mm (Dübelanker Welle, Dübelanker gerade Ausführung und Universal Einschraubanker) zur Verbindung von Vormauer- bzw. Verblendschalen mit Wänden von Holzhäusern in Holzrahmenbauweise	243, 748
Z-17.1-925	Mauerwerk aus Leichthochlochziegeln SX Pro	48, 643
Z-17.1-926	Mauerwerk aus Planhochlochziegeln SX Pro im Dünnbettverfahren	673
Z-17.1-927	Wärmedämmsteine der Festigkeitsklasse 20 (bezeichnet als Silka Therm) für Kalksandstein-Mauerwerk	239, 747
Z-17.1-929	Mauerwerk aus Planhochlochziegeln Klimatherm HV Ultra Plus im Dünnbettverfahren mit gedeckelter Lagerfuge	676
Z-17.1-932	Kalksandstein-Fertigteilstürze	224, 746
Z-17.1-933	Zweischalige Außenwände mit Verblendschalen aus trocken gestapelten Ziegeln mit besonderem Befestigungssystem (bezeichnet als Click-Brick-System)	192, 249, 738, 748
Z-17.1-935	Mauerwerk aus UNIPOR-WH08 CORISO Planziegeln und UNIPOR-WH07 CORISO Planziegeln im Dünnbettverfahren mit gedeckelter Lagerfuge	686
Z-17.1-941	Hohlblöcke aus Leichtbeton (bezeichnet als Jasto-Hbl)	57, 651
Z-17.1-944	Mauerwerk aus OTT Klimatherm ST Supra Leichthochlochziegeln	51, 645
Z-17.1-945	Mauerwerk aus OTT Klimatherm PL Ultra Planhochlochziegeln im Dünnbettverfahren	656
Z-17.1-946	Mauerwerk aus OTT Klimatherm PL Ultra Planhochlochziegeln im Dünnbettverfahren mit gedeckelter Lagerfuge	676
Z-17.1-947	Mauerwerk aus MEIER-Plangroßblöcken im Dünnbettverfahren	160, 728
Z-17.1-949	Mauerwerk aus Mauertafeln, hergestellt unter Verwendung allgemein bauaufsichtlich zugelassener Wärmedämmziegel (Block- und Planziegel)	175, 732
Z-17.1-950	Flachstürze CBF mit schlaffbewehrten Zuggurten aus Beton oder Leichtbeton	222, 745
Z-17.1-951	Mauerwerk aus ZMK-Planziegeln mit Stoßfugenverzahnung im Dünnbettverfahren	85, 671
Z-17.1-952	Mauerwerk aus ZMK Blockziegeln WZ11 und WZ12	47, 642
Z-17.1-953	Mauerwerk aus ZMK Blockziegeln WZ14 und WZ16	47, 642
Z-17.1-954	Mauerwerk aus ZMK-Planziegeln WZ11 und WZ12 mit Stoßfugenverzahnung im Dünnbettverfahren mit gedeckelter Lagerfuge	671
Z-17.1-955	Mauerwerk aus ZMK-Planziegeln WZ14 und WZ16 mit Stoßfugenverzahnung im Dünnbettverfahren mit gedeckelter Lagerfuge	672
Z-17.1-956	Mauerwerk aus ZMK-Planfüllziegeln	692
Z-17.1-957	Vorgespannte Flachstürze BKH	220, 745
Z-17.1-959	Mauerwerk aus Planhohlblöcken aus Leichtbeton mit integrierter Dämmung aus Steinwollestecklingen (bezeichnet als KLB-Kalopor Plus-Planblöcke)	143, 715
Z-17.1-960	Kalksand-Wärmedämmsteine (bezeichnet als KS-ISO-Kimmsteine) für Kalksandstein-Mauerwerk	235, 747
Z-17.1-961	Kalksand-Wärmedämmsteine (bezeichnet als KS-ISO-Kimmsteine) für Kalksandstein-Mauerwerk	234, 747
Z-17.1-962	Mauerwerk aus Planhochlochziegeln mit integrierter Wärmedämmung (bezeichnet als Klimaton-SZ 9 Planziegel) im Dünnbettverfahren	116, 688

II Verzeichnis der abZ/aBg für den Mauerwerksbau (Stand 31.05.2018)

Zul.-Nr.	Zulassungsgegenstand	Seite
Z-17.1-963	Mauerwerk aus Plan-Vollblöcken und Plan-Hohlblöcken aus Beton (bezeichnet als Meier Öko-Kalkstein® Plansteine) im Dünnbettverfahren	131, 704
Z-17.1-965	Schalungssteine Liaplan aus Beton	736
Z-17.1-968	Mauerwerk aus UNIPOR-WH-Ziegeln	46, 641
Z-17.1-970	Mauerwerk aus Planhochlochziegeln Typ EDER XP 8 (bezeichnet als EDERPLAN XP 8) und Dünnbettmörtel mit gedeckelter Lagerfuge	86, 674
Z-17.1-971	Mauerwerk aus THERMOPOR SL Plus Blockziegeln (bezeichnet als THERMOPOR SL Plus Block)	638
Z-17.1-972	Mauerwerk aus THERMOPOR SL Plus Planziegeln (bezeichnet als THERMOPOR SL Plus Plan) im Dünnbettverfahren mit gedeckelter Lagerfuge	665
Z-17.1-973	Flachstürze mit bewehrten Zuggurten in Ziegel-Formsteinen	212, 745
Z-17.1-974	Mauerwerk aus Planhohlblöcken mit integrierter Wärmedämmung (bezeichnet als JASTO Ultra Therm und JASTO Kombi) im Dünnbettverfahren	141, 714
Z-17.1-976	Flachstürze mit Zuggurten aus bewehrtem Beton oder Leichtbeton	220, 745
Z-17.1-977	Mauerwerk aus THERMOPOR ISO-Planziegeln (bezeichnet als THERMOPOR ISO-PD Plus Objektziegel) im Dünnbettverfahren mit gedeckelter Lagerfuge	666
Z-17.1-978	Flachstürze mit bewehrten Zuggurten in Kalksand-Formsteinen	227, 746
Z-17.1-980	Sto KS Dünnbettmörtel für Kalksandsteinmauerwerk im Dünnbettverfahren	166, 729
Z-17.1-981	nichttragende Flachstürze aus Zuggurten in Ziegelformsteinen mit oder ohne Wärmedämmung und Ziegelmauerwerk mit unvermörtelten Stoßfugen	215, 745
Z-17.1-982	Mauerwerk aus POROTON Planhochlochziegeln mit integrierter Wärmedämmung (bezeichnet als POROTON-T8-Planziegel) im Dünnbettverfahren	93, 678
Z-17.1-986	UNIPOR Novapor II-Ziegel	46, 641
Z-17.1-987	Mauerwerk aus Kalksand-Plansteinen mit mineralischer Wärmedämmplatte (bezeichnet als Twinstone® strong) im Dünnbettverfahren	119, 694
Z-17.1-989	Mauerwerk aus Kalksand-Planelementen	721
Z-17.1-991	Mauerwerk aus ISOMEGA-Plus BIOTON Leichthochlochziegeln und Leichtmauermörtel LM 21	46, 642
Z-17.1-993	Mauerwerk aus Planhochziegeln mit quadratischer Lochung (bezeichnet als ThermoPlan EB) im Dünnbettverfahren	147, 718
Z-17.1-996	Mauerwerk aus Kalksand-Fasensteinen (Hohlblocksteine, Blocksteine, Vormauersteine und Verblender) bezeichnet als Silka Fasensteine im Dünnbettverfahren	121, 695
Z-17.1-997	Mauerwerk aus Kalksand-Planelementen (bezeichnet als Silka XL) im Dünnbettverfahren	724
Z-17.1-998	Mauerwerk aus Plan-Hohlblöcken aus Leichtbeton mit integrierter Wärmedämmung aus PUR-Hartschaum (bezeichnet als Liapor SL Plus) im Dünnbettverfahren	146, 717
Z-17.1-999	Wärmedämmende Vorsatzschale aus Ziegeln mit Dämmstofffüllung (bezeichnet als POROTON WDF) für Außenwände von Bestandsgebäuden	690
Z-17.1-1000	Mauerwerk aus Planfüllziegeln PFZ-PU und Mapura PU-Ziegel-Klebeschaum, verfüllt mit Beton	204, 741
Z-17.1-1002	Mauerwerk aus Leichtbeton-Vollblöcken (bezeichnet als Bisoclassic Super) mit Leichtmauermörtel LM 21	54, 649

Zul.-Nr.	Zulassungsgegenstand	Seite
Z-17.1-1003	Mauerwerk aus Plan-Vollblöcken aus Leichtbeton (bezeichnet als Bisoplan Tec Super) im Dünnbettverfahren	127, 700
Z-17.1-1005	Mauerwerk aus THERMOPOR-Planhochlochziegeln mit integrierter Wärmedämmung (bezeichnet als THERMOPOR TV-7-Plan und THERMOPOR TV-8-Plan) im Dünnbettverfahren mit gedeckter Lagerfuge	111, 685
Z-17.1-1006	Mauerwerk aus THERMOPOR Planhochlochziegeln mit integrierter Wärmedämmung (bezeichnet als THERMOPOR TV-9-Plan und THERMOPOR TV 10-Plan) im Dünnbettverfahren mit gedeckter Lagerfuge	111, 686
Z-17.1-1007	Mauerwerk im Mittelbettverfahren aus Leichthochlochziegeln ZMK 8 und Mittelbettmörtel maxit therm 828 oder Leicht-Mittelbettmörtel 828	167, 730
Z-17.1-1008	Mauerwerk aus Kalksand-Planelementen (bezeichnet als KS-Plus-Planelemente)	723
Z-17.1-1009	DOMAPOR-Flachstürze mit bewehrten Zuggurten in Kalksand-Formsteinen (bezeichnet als DOMAPOR KS-Flachstürze)	222, 746
Z-17.1-1012	Mauerwerk aus Planhochlochziegeln (bezeichnet als ZMK-P 7,5, ZMK-P 8 und ZMK-P 9) im Dünnbettverfahren mit gedeckelter Lagerfuge	672
Z-17.1-1013	Mauerwerk aus Planhochlochziegeln ThermoPlan S8 und ThermoPlan S9 im Dünnbettverfahren mit gedeckelter Lagerfuge	64, 658
Z-17.1-1015	Mauerwerk aus Planhochlochziegeln mit integrierter Wärmedämmung (bezeichnet als ThermoPlan MZ10 Planhochlochziegel) und Dünnbettmörtel mit gedeckelter Lagerfuge	109, 684
Z-17.1-1017	Mauerwerk aus POROTON Planhochlochziegeln mit integrierter Wärmedämmung (bezeichnet als POROTON S10) im Dünnbettverfahren	93, 678
Z-17.1-1018	Mauerwerk aus UNIPOR W08 Novatherm Planziegel im Dünnbettverfahren mit gedeckelter Lagerfuge	76, 668
Z-17.1-1019	Dünnbettmörtel zur Herstellung von Mauerwerk aus Kalksand-Plansteinen und Kalksand-Planelementen (bezeichnet als Silka Secure Dünnbettmörtel)	163, 729
Z-17.1-1020	Mauerwerk aus Plan-Hohlblöcken aus Leichtbeton mit integrierter Wärmedämmung (bezeichnet als KLB-Kalopor M Planblöcke)	143, 715
Z-17.1-1021	Mauerwerk aus Planhochlochziegeln UNIPOR-WS 10 CORISO im Dünnbettverfahren mit gedeckelter Lagerfuge	116, 688
Z-17.1-1023	Mauerwerk aus Plan-Voll- und Plan-Hohlblöcken aus Leichtbeton (bezeichnet als GisoPlan-Blöcke) im Dünnbettverfahren	129, 702
Z-17.1-1024	Abadian – Schalungssteine aus Beton	187 ff., 736
Z-17.1-1025	Mauerwerk aus Planhochlochziegeln mit integrierter Wärmedämmung (bezeichnet als OTT SUPRA PH 6, OTT SUPRA WO 7 und OTT SUPRA PS 7) im Dünnbettverfahren mit gedeckelter Lagerfuge	115, 688
Z-17.1-1026	Mauerwerk aus BISOTHERM-Steinen mit integrierter Wärmedämmung (bezeichnet als Bisomark mit Dämmstoff der WLG 022) im Dünnbettverfahren	137, 712
Z-17.1-1027	Mauerwerk aus vorgefertigten Wandelementen aus Planhochlochziegeln (bezeichnet als POROTHERM Wall-System)	186, 735
Z-17.1-1029	Mauerwerk aus BISOTHERM-Steinen mit integrierter Wärmedämmung (bezeichnet als Bisomark mit Dämmstoff der WLG 035) im Dünnbettverfahren	138, 712
Z-17.1-1032	Mauerwerk aus Vollblöcken aus Leichtbeton (bezeichnet als MEIER 10 Wärmedämmblock Mauersteine) und Leichtmauermörtel LM 21	56, 650

II Verzeichnis der abZ/aBg für den Mauerwerksbau (Stand 31.05.2018)

Zul.-Nr.	Zulassungsgegenstand	Seite
Z-17.1-1034	Mauerwerk aus POROTON Planhochlochziegeln mit integrierter Wärmedämmung (bezeichnet als POROTON-FZ 10 Objekt-Planziegel) im Dünnbettverfahren	93, 679
Z-17.1-1035	Mauerwerk aus POROTON Planhochlochziegeln mit integrierter Wärmedämmung (bezeichnet als POROTON-FZ 7 Planziegel) im Dünnbettverfahren	94, 679
Z-17.1-1037	Mauerwerk im Dünnbettverfahren aus Planhochlochziegeln ThermoPlan TS^2	65, 659
Z-17.1-1039	Mauerwerk aus Plan-Hohlblöcken aus Leichtbeton mit integrierter Wärmedämmung (bezeichnet als JASTO Ultra-Z-Therm und JASTO-Z-Kombi) im Dünnbettverfahren	141, 715
Z-17.1-1041	Mauerwerk aus Planhochlochziegeln mit integrierter Wärmedämmung (bezeichnet als POROTON Planhochlochziegel T8 MW) im Dünnbettverfahren mit gedeckelter Lagerfuge	94, 679
Z-17.1-1042	Mauerwerk aus UNIPOR-WH09- und UNIPOR-WH10-Planziegeln im Dünnbettverfahren mit gedeckelter Lagerfuge	76, 668
Z-17.1-1043	Mauerwerk aus Kalksandsteinen in den Rohdichteklassen 2,4 bis 3,0 (bezeichnet als Silka HD)	53, 121, 648, 695
Z-17.1-1044	Mauerwerk aus Porenbeton-Plansteinen mit integrierter Wärmedämmung (bezeichnet als Klimanorm PLUS)	123, 697
Z-17.1-1047	Mauerwerk aus Planhochlochziegeln ThermoPlan T10, ThermoPlan T11, ThermoPlan T12 und ThermoPlan T13 im Dünnbettverfahren mit gedeckelter Lagerfuge	65, 659
Z-17.1-1048	Mauerwerk aus Hochlochziegeln ThermoBlock T10, ThermoBlock T11, ThermoBlock T12 und ThermoBlock T13 und Leichtmauermörtel LM 21	39, 635
Z-17.1-1049	Mauerwerk aus dreischaligen Porenbeton-Plansteinen mit integrierter Wärmedämmung (bezeichnet als H + H Thermostein) im Dünnbettverfahren	698
Z-17.1-1050	Betonelemente Heyblock für Schwergewichtsmauerwerk	197, 738
Z-17.1-1051	Ytong Porenbeton Flachstürze der Typenreihe Y-I und Y-II	746
Z-17.1-1052	Mauerwerk aus Planhohlblöcken aus Leichtbeton mit integrierter Wärmedämmung (bezeichnet als Liaplan Ultra-DS) im Dünnbettverfahren	136, 712
Z-17.1-1053	Mauerwerk aus dreischaligen Leichtbeton-Plansteinen mit integrierter Wärmedämmung (bezeichnet als BACHL NeoStone Wärmedämmsteine) im Dünnbettverfahren	142, 715
Z-17.1-1054	Mauerwerk aus dreischaligen Leichtbeton-Plansteinen mit integrierter Wärmedämmung (bezeichnet als GisoDur) im Dünnbettverfahren	713
Z-17.1-1055	Kalksandstein-Quadro E-Mauerwerk mit werkseitig aufgebrachter Wärmedämmung (bezeichnet als QUADRO CARBON PLUS)	153, 721
Z-17.1-1056	Mauerwerk aus UNIPOR W07 CORISO Planziegeln im Dünnbettverfahren mit gedeckelter Lagerfuge	77, 668
Z-17.1-1057	Mauerwerk aus POROTON Planhochlochziegeln mit integrierter Wärmedämmung (bezeichnet als POROTON-T 7-MD-Planziegel) im Dünnbettverfahren	95, 679
Z-17.1-1058	Mauerwerk aus POROTON Planhochlochziegeln mit integrierter Wärmedämmung (bezeichnet als POROTON-S9-Planziegel) im Dünnbettverfahren	95, 680
Z-17.1-1059	Mauerwerk aus Planhochlochziegeln (bezeichnet als ISOMEGA-Plus BIOTON Planhochlochziegel) im Dünnbettverfahren	77, 669

Zul.-Nr.	Zulassungsgegenstand	Seite
Z-17.1-1060	Mauerwerk aus POROTON Planhochlochziegeln mit integrierter Wärmedämmung (bezeichnet als POROTON-FZ7-LB2010) im Dünnbettverfahren	96, 680
Z-17.1-1061	Mauerwerk aus POROTON Planhochlochziegeln mit integrierter Wärmedämmung (bezeichnet als POROTON-FZ9-Objekt) im Dünnbettverfahren	685
Z-17.1-1062	Luftschichtanker DUO für zweischaliges Mauerwerk	244, 748
Z-17.1-1063	Mauerwerk aus Planhochlochziegeln mit Quadratlochung	84, 670
Z-17.1-1064	Ytong Porenbeton-Plansteine mit einer Trocken-Rohdichte von 0,25 kg/dm^3 und einem Mittelwert der Druckfestigkeit von mindestens 2,3 N/mm^2	124, 698
Z-17.1-1065	Vorgespannte Flachstürze Spannton	224, 746
Z-17.1-1066	Mauerwerk aus Planhochlochziegeln UNIPOR WS09 CORISO im Dünnbettverfahren mit gedeckelter Lagerfuge	79, 669
Z-17.1-1067	Mauerwerk aus Planhochlochziegeln mit integrierter Wärmedämmung (bezeichnet als ZMK X6 bzw. ZMK X6,5 Planhochlochziegel) im Dünnbettverfahren mit gedeckelter Lagerfuge	114, 687
Z-17.1-1068	Mauerwerk aus Planhochlochziegeln mit integrierter Wärmedämmung (bezeichnet als ZMK TX8 Planhochlochziegel) im Dünnbettverfahren mit gedeckelter Lagerfuge	114, 687
Z-17.1-1069	Mauerwerk aus Planhochlochziegeln THERMOPOR PHLz EBS im Dünnbettverfahren	666
Z-17.1-1070	Mauerwerk aus Hochlochziegeln THERMOPOR HLz EBS	41, 638
Z-17.1-1072	Mauerwerk aus BISOTHERM-Steinen mit integrierter Wärmedämmung (bezeichnet als BisomarkTec mit Dämmstoff der WLG 032) im Dünnbettverfahren	139, 713
Z-17.1-1073	Mauerwerk aus thermolith Plan-Vollblöcken SW Super-Plus aus Leichtbeton im Dünnbettverfahren	126, 699
Z-17.1-1074	Mauerwerk aus UNIPOR WS07 CORISO Planziegeln im Dünnbettverfahren mit gedeckelter Lagerfuge	79, 669
Z-17.1-1075	Mauerwerk aus KLB-Plan-Hohlblöcken mit integrierter Wärmedämmung (bezeichnet als KLB-ISOSTAR) im Dünnbettverfahren	144, 716
Z-17.1-1076	Flachstürze mit bewehrten Zuggurten in Kalksand-Formsteinen	216, 745
Z-17.1-1077	Mauerwerk aus Planhochlochziegeln (bezeichnet als IMBREX Z 7 Planziegel) im Dünnbettverfahren mit gedeckelter Lagerfuge	63, 656
Z-17.1-1078	Mauerwerk aus KLB-SK(MW)-Plansteinen im Dünnbettverfahren	144, 716
Z-17.1-1079	Mauerverbinder für die Verbindung von Mauerwerkswänden in Stumpfstoßtechnik	260, 749
Z-17.1-1080	Mauerwerk aus Porenbeton-Plansteinen und illbruck PU 700 Steinkleber	208, 743
Z-17.1-1081	Mauerwerk aus Plan-Hohlblöcken mit integrierter Wärmedämmung (bezeichnet als BisoRocket Objektstein Hbl) im Dünnbettverfahren	140, 713
Z-17.1-1082	Mauerwerk aus THERMOPOR Planhochlochziegeln mit integrierter Wärmedämmung (bezeichnet als THERMOPOR TV 9-Plan GMS und THERMOPOR TV 10-Plan GMS) im Dünnbettverfahren mit gedeckelter Lagerfuge	112, 686
Z-17.1-1083	Wienerberger Flachstürze	228, 746
Z-17.1-1084	Mauerwerk aus Planhochlochziegeln mit integrierter Wärmedämmung (bezeichnet als ThermoPlan MZ 70) im Dünnbettverfahren	109, 684

II Verzeichnis der abZ/aBg für den Mauerwerksbau (Stand 31.05.2018)

Zul.-Nr.	Zulassungsgegenstand	Seite
Z-17.1-1085	Mauerwerk aus POROTON Planhochlochziegeln U8 im Dünnbettverfahren	60, 655
Z-17.1-1086	Mauerwerk aus Planhochlochziegeln mit integrierter Wärmedämmung (bezeichnet als ThermoPlan MZ 65) im Dünnbettverfahren	110, 684
Z-17.1-1087	Mauerwerk aus Planhochlochziegeln mit integrierter Wärmedämmung (bezeichnet als ThermoPlan MZ 80 G und ThermoPlan MZ 90 G Planhochlochziegel) im Dünnbettverfahren mit gedeckelter Lagerfuge	110, 685
Z-17.1-1088	Wienerberger DRYFIX Mauerwerk aus POROTON-Planhochlochziegeln-T10 DRYFIX und POROTON DRYFIX Planziegel-Kleber	198, 739
Z-17.1-1090	Wienerberger DRYFIX Mauerwerk aus POROTON-Planhochlochziegeln-T DRYFIX und POROTON DRYFIX Planziegel-Kleber	200, 739
Z-17.1-1091	Wienerberger DRYFIX Mauerwerk aus POROTON-Planfüllziegeln-T DRYFIX und POROTON DRYFIX Planziegel-Kleber, verfüllt mit Beton	207, 742
Z-17.1-1092	Wienerberger DRYFIX Mauerwerk aus POROTON-Planhochlochziegeln-T8 MW DRYFIX mit integrierter Wärmedämmung und POROTON DRYFIX Planziegel-Kleber	203, 741
Z-17.1-1093	Wienerberger DRYFIX Mauerwerk aus POROTON-Planhochlochziegeln-FZ7-LB2010 DRYFIX mit integrierter Wärmedämmung und POROTON DRYFIX Planziegel-Kleber	204, 741
Z-17.1-1094	Wienerberger DRYFIX Mauerwerk aus POROTON-Planhochlochziegeln-T18 DRYFIX und POROTON DRYFIX Planziegel-Kleber	200, 740
Z-17.1-1095	Mauerwerk aus Kalksand-Planelementen (bezeichnet als KS-EASY-Rasterelemente) im Dünnbettverfahren	151, 720
Z-17.1-1096	Mauerwerk aus Hebel Porenbeton-Plansteinen der Rohdichteklassen 0,50 und 0,55 in der Festigkeitsklasse 4 und der Rohdichteklasse 0,65 in der Festigkeitsklasse 6	123, 697
Z-17.1-1097	Wandbauart aus Rohloff Schalungssteinen aus Beton	737
Z-17.1-1098	Mauerwerk aus Planhochlochziegeln (bezeichnet als EDER P 012, EDER P 013-300 und EDER P 014-240) und Dünnbettmörtel mit gedeckelter Lagerfuge	86, 674
Z-17.1-1099	Nichttragende Flachstürze aus Zuggurten in Ziegel-Formsteinen mit oder ohne Wärmedämmung und Übermauerung mit Wienerberger DRYFIX Mauerwerk	230, 746
Z-17.1-1100	Mauerwerk aus POROTON-Planhochlochziegeln mit integrierter Wärmedämmung (bezeichnet als POROTON-FZ 9i) im Dünnbettverfahren	96, 680
Z-17.1-1101	Mauerwerk aus Poroton-Planhochlochziegeln mit integrierter Wärmedämmung (bezeichnet als POROTON S10 MW) im Dünnbettverfahren	97, 680
Z-17.1-1102	Mauerwerk aus POROTON Planhochlochziegeln mit integrierter Wärmedämmung (bezeichnet als POROTON-T8-Planziegel) im Dünnbettverfahren	97, 681
Z-17.1-1103	Mauerwerk aus POROTON Planhochlochziegeln T7 PF mit integrierter Wärmedämmung im Dünnbettverfahren mit gedeckelter Lagerfuge	98, 681
Z-17.1-1104	Mauerwerk aus POROTON-Plan-Hochlochziegeln mit integrierter Wärmedämmung im Dünnbettverfahren (bezeichnet als POROTON-FZ8-Objekt)	99, 681
Z-17.1-1105	Betonelemente LegioBlock für Schwergewichtsmauerwerk	196, 738
Z-17.1-1106	Mauerwerk aus Planfüllziegeln PFZ-PU, verklebt mit PU-Schaum und verfüllt mit Beton	206, 742
Z-17.1-1107	Mauerwerk aus ThermoPlan TS 12 Planhochlochziegeln und Dünnbettmörtel mit gedeckelter Lagerfuge	66, 659

Zul.-Nr.	Zulassungsgegenstand	Seite
Z-17.1-1109	Mauerwerk aus POROTON Planhochlochziegeln mit integrierter Wärmedämmung (bezeichnet als POROTON S8) im Dünnbettverfahren	100, 681
Z-17.1-1110	DRYFIX Mauerwerk aus POROTON Planhochlochziegeln -T9/-T10/-T11DR 34 DRYFIX und POROTON DRYFIX Planziegel-Kleber	201, 740
Z-17.1-1111	POROTON DRYFIX Mauerwerk aus POROTON Planhochlochziegeln T7-MD DRYFIX mit integrierter Wärmedämmung und POROTON DRYFIX Planziegel-Kleber	202, 740
Z-17.1-1113	POROTON DRYFIX Mauerwerk aus POROTON Planhochlochziegeln S9 DRYFIX mit integrierter Wärmedämmung und POROTON DRYFIX Planziegel-Kleber	202, 740
Z-17.1-1114	Mauerwerk aus UNIPOR WS08 CORISO Planziegeln im Dünnbettverfahren mit gedeckelter Lagerfuge	113, 687
Z-17.1-1115	Mauerwerk aus Silka XL-E-Planelementen	156, 724
Z-17.1-1116	Mauerwerk aus Dreischicht-Porenbeton-Plansteinen (bezeichnet als YTONG Energy +) im Dünnbettverfahren	124, 698
Z-17.1-1117	Mauerwerk aus Porenbeton-Plansteinen der Druckfestigkeitsklasse 4 und der Rohdichteklasse 0,50	122, 696
Z-17.1-1118	Mauerwerk aus Plan-Hohlblöcken mit wärmedämmender Kammerfüllung (bezeichnet als PUMIX CALORIT-P SW) im Dünnbettverfahren	149, 719
Z-17.1-1119	Mauerwerk aus Leichthochlochziegeln (bezeichnet als EDER Block 012, EDER Block 013-300 und EDER Block 014-240) und Leichtmauermörtel LM 21	49, 644
Z-17.1-1120	Mauerwerk aus POROTON Planhochlochziegeln mit integrierter Wärmedämmung (bezeichnet als POROTON-S8-Mikroverzahnung) im Dünnbettverfahren	101, 682
Z-17.1-1121	Vorgefertigtes Mauerwerk im Klebeverfahren (bezeichnet als Redbloc Systemwand (Typ PHLzB))	178, 733, 744
Z-17.1-1122	Drahtanker mit Durchmesser 4 mm (bezeichnet als GB-UNI-L- und GB-L-Formanker) für zweischaliges Mauerwerk mit Schalenabständen bis 200 mm	250, 748
Z-17.1-1123	Vorgefertigtes Mauerwerk im Klebeverfahren (bezeichnet als Redbloc Systemwand (Typ T7 MD))	179, 733, 744
Z-17.1-1124	Vorgefertigtes Mauerwerk im Klebeverfahren (bezeichnet als Redbloc Systemwand (Typ U9/U10/U11))	179, 733, 744
Z-17.1-1125	Schwergewichtsmauerwerk aus Betonelementen (bezeichnet als BS-Steine)	192, 738
Z-17.1-1126	Mauerwerk aus Leichthochlochziegeln (bezeichnet als Poroton Block-T9) mit Leichtmauermörtel LM 21	38, 634
Z-17.1-1127	Kalksand-Wärmedämmsteine für Kalksandstein-Mauerwerk	235, 747
Z-17.1-1128	Mauerwerk aus Lücking Planziegeln T14 im Dünnbettverfahren	68, 660
Z-17.1-1129	Mauerwerk aus Lücking Planziegeln W12 im Dünnbettverfahren mit gedeckelter Lagerfuge	69, 660
Z-17.1-1130	Mauerwerk aus Lücking Planziegeln W12 im Dünnbettverfahren	70, 661
Z-17.1-1131	Mauerwerk aus Lücking Planziegeln T14 im Dünnbettverfahren mit gedeckelter Lagerfuge	71, 661
Z-17.1-1132	Mauerwerk aus THERMOPOR SL 075 Blockziegeln (bezeichnet als THERMOPOR SL 075 Block)	42, 638
Z-17.1-1133	Mauerwerk aus THERMOPOR SL 075 Planziegeln (bezeichnet als THERMOPOR SL 075 Plan) im Dünnbettverfahren mit gedeckelter Lagerfuge)	73, 666

Zul.-Nr.	Zulassungsgegenstand	Seite
Z-17.1-1134	maxit mörtelpad für die Herstellung von Mauerwerk mit bestimmten Unipor-Planhochlochziegeln im Dünnbettverfahren	164, 729
Z-17.1-1135	Vorgefertigtes Mauerwerk im Klebeverfahren (bezeichnet als Redbloc Systemwand (Typ T8))	180, 733, 744
Z-17.1-1136	Vorgefertigtes Mauerwerk im Klebeverfahren (bezeichnet als Redbloc Systemwand (Typ T9))	180, 734, 744
Z-17.1-1137	Wandbauart aus Porenbeton-Planelementen (bezeichnet als Bausystem Ytong Jumbo HK) im Dünnbettverfahren	158, 725
Z-17.1-1138	Drahtanker mit Durchmesser 4 mm für zweischaliges Mauerwerk mit Schalenabständen > 200 mm bis 250 mm	247, 748
Z-17.1-1139	Mauerwerk aus Plan-Hohlblöcken mit integrierter Wärmedämmung (bezeichnet als MEIER mineral 08-, MEIER mineral 09- und MEIER mineral 10-Plansteine) im Dünnbettverfahren	146, 717
Z-17.1-1140	Mauerwerk aus Planhochlochziegeln OTT klimatherm PL Supra 75 im Dünnbettverfahren	88, 676
Z-17.1-1141	Mauerwerk aus Planhochlochziegeln in der Rohdichteklasse 1,4 (bezeichnet als Poroton-Planhochlochziegel-T 20-1,4) im Dünnbettverfahren	61, 655
Z-17.1-1142	Drahtanker mit Durchmesser 4 mm für zweischaliges Mauerwerk mit Schalenabständen > 200 mm bis 250 mm	256, 748
Z-17.1-1143	PSU-Schalen als Schalungssteine für die Herstellung von Ringanker oder Ringbalken in Mauerwerk aus Porenbeton-Plansteinen oder -Planelementen	187 ff., 737
Z-17.1-1144	Mauerwerk aus POROTON Planhochlochziegeln S9 PF mit integrierter Wärmedämmung im Dünnbettverfahren mit gedeckelter Lagerfuge	102, 682
Z-17.1-1145	Mauerwerk aus Poroton-Planhochlochziegeln mit integrierter Wärmedämmung (bezeichnet als POROTON S9 MW) im Dünnbettverfahren	103, 682
Z-17.1-1146	Betonelemente MasterBloc für Schwergewichtsmauerwerk	738
Z-17.1-1147	Mauerwerk aus Planhochlochziegeln OTT klimatherm PL Supra 75 mit gedeckelter Lagerfuge	89, 677
Z-17.1-1148	Mauerwerk aus Hochlochziegeln (bezeichnet als IMBREX Z7 Blockziegel)	47, 643
Z-17.1-1149	Mauerwerk aus THERMOPOR SL 08 Planziegeln im Dünnbettverfahren mit gedeckelter Lagerfuge (bezeichnet als THERMOPOR SL 08 Plan)	75, 666
Z-17.1-1150	Mauerwerk aus THERMOPOR SL 08 Blockziegeln (bezeichnet als THERMOPOR SL 08 Block)	43, 639
Z-17.1-1151	Mauerwerk aus Poroton-Planhochlochziegeln mit integrierter Wärmedämmung (bezeichnet als POROTON S9 MW(0,035)) im Dünnbettverfahren	105, 682
Z-17.1-1152	Rausch Therm-Planhohlblöcke aus Leichtbeton mit integrierter Wärmedämmung für Mauerwerk im Dünnbettverfahren	148, 718
Z-17.1-1153	Mauerwerk aus Poroton-Planhochlochziegeln mit integrierter Wärmedämmung (bezeichnet als POROTON S9 MV) im Dünnbettverfahren	106, 683
Z-17.1-1154	Mauerwerk aus Planhohlblöcken aus Leichtbeton im Dünnbettverfahren	135, 710
Z-17.1-1155	Multi-Luftschichtanker Plus für zweischaliges Mauerwerk mit Schalenabständen > 200 mm bis 250 mm	248, 748
Z-17.1-1156	Planhochlochziegel mit integrierter Wärmedämmung im Dünnbettverfahren	683
Z-17.1-1157	Vorgefertigtes Mauerwerk im Klebeverfahren (bezeichnet als Redbloc Systemwand (Typ S8))	181, 734, 744

Zul.-Nr.	Zulassungsgegenstand	Seite
Z-17.1-1158	Vorgefertigtes Mauerwerk im Klebeverfahren (bezeichnet als Redbloc Systemwand (Typ S9))	181, 734, 744
Z-17.1-1159	Vorgefertigtes Mauerwerk im Klebeverfahren (bezeichnet als Redbloc Systemwand (Typ S-PZ))	182, 734, 744
Z-17.1-1160	Mauerwerk aus KLB-SK(PF)-Plansteinen im Dünnbettverfahren	716
Z-17.1-1161	Mauerwerk aus KLB-SK(PU)-Plansteinen im Dünnbettverfahren	716
Z-17.1-1162	Mauerwerk aus UNIPOR W07 SILVACOR Planziegeln im Dünnbettverfahren mit gedeckelter Lagerfuge	81, 669
Z-17.1-1163	Mauerwerk aus UNIPOR-WH09- und UNIPOR-WH-10-Planziegeln R/T im Dünnbettverfahren	83, 670
Z-17.1-1165	Flachstürze mit Zuggurten aus bewehrtem Beton	218, 745
Z-17.1-1167	Mauertafeln aus Kalksand-Plansteinen und Kalksand-Planelementen	176, 733
Z-17.1-1168	Flachstahlanker (bezeichnet als PRIK-Luftschichtanker) zur Verbindung von zweischaligen Außenwänden mit Schalenabständen > 200 mm bis 230 mm	251, 748
Z-17.1-1169	Mauerwerk aus Kalksandsteinen mit besonderer Lochung	54, 121, 648
Z-17.1-1170	Drahtanker mit Durchmesser 4 mm (bezeichnet als GB-UNI-L- und GB-L-Formanker) für zweischaliges Mauerwerk mit Schalenabständen > 200 mm bis 250 mm	251, 748
Z-17.1-1172	quick-mix Dünnbettmörtel SECON 1.0	165, 729
Z-17.1-1174	Mauerverbinder für die Verbindung von Mauerwerkswänden in Stumpfstoßtechnik	258, 749
Z-17.1-1175	Planhochlochziegel EDERPLAN XV 7.5 S, EDERPLAN XV 8 S und EDERPLAN XV 9 S mit integrierter Wärmedämmung für Mauerwerk im Dünnbettverfahren	107
Z-17.1-1176	UNI-Einschraubanker (Luftschichtanker) mit Holzschraubgewinde zur Verbindung von Vormauer- bzw. Verblendschalen mit Wänden in Holzrahmenbauweise	251, 748
Z-17.1-1177	Glasfilamentgewebe BASIS SK 34/68 tex zur Verwendung in Mauerwerk aus bestimmten POROTON-Planhochlochziegeln	258, 749
Z-17.1-1178	Glasfilamentgewebe BASIS SK 34/68 tex zur Verwendung in Mauerwerk aus bestimmten Planhochlochziegeln	261, 749
Z-17.1-1182	Vorgefertigte Mauertafeln aus Mauerwerk im Klebeverfahren (bezeichnet als Redbloc Systemwand Typ S9 MV)	182, 734, 744
Z-17.1-1183	Vorgefertigte Mauertafeln aus Mauerwerk im Klebeverfahren (bezeichnet als Redbloc Systemwand Typ 10)	183, 735, 744
Z-17.1-1973	Mauerwerk aus „Lintel"-Schalungssteinen aus Beton	187 ff., 736

III Die Anpassung des nationalen Bauproduktenrechts nach dem Urteil des EuGH vom 16. Oktober 2014

Tina Gerschler, Berlin

1 Vorbemerkungen

Der Europäische Gerichtshof (EuGH) hat in seinem Urteil vom 16. Oktober 2014 in der Rechtssache C-100/13 anhand von drei verschiedenen Bauprodukten festgestellt, dass die in den deutschen Bauregellisten verankerten Zusatzanforderungen an harmonisierte Bauprodukte gegen die zum maßgeblichen Zeitpunkt noch geltende Bauproduktenrichtlinie verstießen. Es folgte eine Umsetzungsphase, in der zunächst die Mustervorschriften so angepasst werden mussten, dass der bisherige nationale Sicherheitsstandard trotz Abschaffung nationaler Zusatzanforderungen an harmonisierte Bauprodukte weiterhin gewährleistet werden konnte. Dies erforderte eine grundlegende Umstrukturierung der bisherigen bauproduktbezogenen landesrechtlichen Bestimmungen. Während zum einen Verwendbarkeits- und Übereinstimmungsnachweise für harmonisierte Bauprodukte nicht mehr gefordert werden konnten, mussten die bauaufsichtlichen Anforderungen zur Gewährleistung eines ausreichenden Sicherheitsstandards nunmehr insbesondere bauwerksbezogen formuliert werden. Die ersten wesentlichen Schritte wurden zwischenzeitlich mit der Anpassung der Musterbauordnung (MBO) durch die Bauministerkonferenz mit Beschluss vom 13. Mai 2016 sowie der Veröffentlichung der Muster-Verwaltungsvorschrift Technische Baubestimmungen (MVV TB) vom 31. August 2017 umgesetzt. Die nunmehr von der Bauministerkonferenz beschlossene Musterbauordnung wird von den Ländern als Grundlage zur Umsetzung in die jeweiligen Landesbauordnungen herangezogen. Die Muster-Verwaltungsvorschrift Technische Baubestimmungen soll den Ländern als Grundlage zur Konkretisierung der Anforderungen der Landesbauordnungen dienen und insoweit die bisher geltenden Bauregellisten und die Liste Technischer Baubestimmungen durch eine Implementierung in das jeweilige Landesrecht ablösen. Der folgende Beitrag befasst sich mit den auf dem Urteil des Europäischen Gerichtshofs beruhenden Änderungen und Anpassungen der den landesrechtlichen Regelungen zugrunde liegenden Musterbauordnung sowie der neu erstellten Muster-Verwaltungsvorschrift Technische Baubestimmungen. Hierbei wird zunächst das bisherige System des Bauproduktenrechts auf nationaler und europäischer Ebene dargestellt. Anschließend wird erläutert, warum und in welchem Ausmaß es aufgrund der gerichtlichen Entscheidung des Europäischen Gerichtshofs erforderlich wurde, das bisher vorhandene nationale System europarechtskonform umzugestalten. Im Anschluss hieran wird der Ablauf des Anpassungsprozesses dargestellt und die einzelnen Neuerungen der Musterbauordnung sowie die neu erstellte Muster-Verwaltungsvorschrift Technische Baubestimmungen werden näher erläutert.

2 Bisheriges Zusammenspiel zwischen nationalem und europäischem Bauproduktenrecht

2.1 Europäische Vorgaben mittels der Bauproduktenverordnung

Die Verordnung zur Festlegung harmonisierter Bedingungen für die Vermarktung von Bauprodukten und zur Aufhebung der Richtlinie 89/106/EWG (BauPVO) wurde im Jahr 2011 erlassen und ist nach einer Übergangszeit zum 1. Juli 2013 vollständig in Kraft getreten. Die bis dato geltende Richtlinie 89/106/EWG des Rates vom 21. Dezember 1988 zur Angleichung der Rechts- und Verwaltungsvorschriften der Mitgliedstaaten über Bauprodukte (Bauproduktenrichtlinie, BPR) [4] wurde damit vollständig ersetzt. Während die BPR zunächst von den Mitgliedstaaten in nationales Recht umgesetzt werden musste, ist eine Umsetzung der BauPVO in nationales Recht nicht erforderlich, sie gilt gemäß Artikel 288 Unterabs. 3 und Art. 288 Unterabs. 2 AEUV [1] vielmehr unmittelbar in allen Mitgliedstaaten. Europäische Richtlinien sind zwar hinsichtlich deren Zielsetzung für die Regierungen der Mitgliedstaaten verbindlich, jedoch steht diesen bei der Wahl der Form und Mittel der Umsetzung ein gewisser Gestaltungsspielraum zu. Auch die insoweit entstandenen Unterschiede bei der Umsetzung der BPR in den einzelnen Mitgliedstaaten gaben Anlass dazu, diese durch eine einheitlich geltende BauPVO zu ersetzen. Mit der BauPVO soll in allen Mitgliedstaaten ein einheitlicher Standard, insbesondere hinsichtlich einer gemeinsamen Fachsprache zur Ermittlung von Produktleistungen, geschaffen und damit der freie Warenverkehr im Binnenmarkt weiter erleichtert werden [2].

Mauerwerk-Kalender 2019: Bemessung, Bauwerkserhaltung, Schallschutz. Herausgegeben von Wolfram Jäger.
© 2019 Ernst & Sohn GmbH & Co. KG. Published 2019 by Ernst & Sohn GmbH & Co. KG.

2.1.1 Regelungsziele/Abgrenzung zur Bauproduktenrichtlinie

Die Zielsetzung der BauPVO wird in Artikel 1 BauPVO [3] aufgezeigt. Hiernach legt die BauPVO die Bedingungen für das Inverkehrbringen von Bauprodukten oder ihrer Bereitstellung auf dem Markt durch die Aufstellung harmonisierter Regeln über die Angabe von Leistungen von Bauprodukten in Bezug auf ihre Wesentlichen Merkmale sowie über die Verwendung der CE-Kennzeichnung fest. Das auf der BauPVO basierende System harmonisiert die Bedingungen für die Vermarktung von Bauprodukten dabei insbesondere durch die Einführung einheitlicher technischer Begriffe, mit denen die wesentlichen Merkmale in Bezug auf ihre Leistung in harmonisierten technischen Spezifikationen festgelegt werden, [2] S. 3. Dabei bleibt das übergeordnete Ziel der BauPVO gegenüber der BPR unverändert und besteht darin, technische Handelshemmnisse im Bauproduktensektor zu beseitigen und den freien Verkehr von Bauprodukten im Binnenmarkt zu verbessern. Zur Erreichung dieses gemeinsamen Ziels verfolgen die BauPVO und die BPR jedoch unterschiedliche Ansätze. Die BauPVO setzt im Rahmen der Harmonisierung auf eine gemeinsame Fachsprache aller Mitgliedstaaten und nicht auf eine Harmonisierung der technischen Anforderungen an Bauprodukte, [2] S. 6. Die BPR bediente sich hingegen normeneinheitlicher technischer Standards und stellte gemäß Artikel 4 Abs. 2 BPR [4] eine Brauchbarkeitsvermutung für die Produkte in ihrem Anwendungsbereich auf. Mit der BauPVO ändert sich insoweit die Bedeutung der CE-Kennzeichnung. Nach der BPR erbrachte der Hersteller mit der CE-Kennzeichnung den Nachweis der Übereinstimmung des Bauprodukts mit harmonisierten Spezifikationen. Nach der BauPVO hingegen erklärt der Hersteller lediglich, dass das Bauprodukt mit der in der Leistungserklärung angegebenen Leistung übereinstimmt. Die CE-Kennzeichnung steht folglich nur für die erklärten Leistungen des Produkts, jedoch nicht für die Einhaltung der Anforderungen der bauwerksbezogenen Leistungen in den Mitgliedstaaten.

2.1.2 Bewertung anhand Technischer Spezifikationen

Zur Verwirklichung der zuvor beschriebenen Zielsetzung der BauPVO werden technische Spezifikationen in Form von harmonisierten Normen und Europäischen Bewertungsdokumenten ausgearbeitet. Ist ein Bauprodukt von einer harmonisierten Norm erfasst oder entspricht es einer für dieses ausgestellten Europäischen Technischen Bewertung (ETA), so ist der Hersteller gemäß Artikel 4 Abs. 1 BauPVO zur Erstellung einer Leistungserklärung und nach Artikel 8 Abs. 2 Unterabs. 1 BauPVO zur CE-Kennzeichnung verpflichtet, wenn er das Bauprodukt in Verkehr bringen will (Bild 1). Aus Artikel 4 Abs. 3 und Artikel 8 Abs. 2 Unterabs. 3 BauPVO folgt, dass der Hersteller damit die Verantwortung für die Konformität des Bauprodukts mit der erklärten Leistung übernimmt. Ausnahmen von der Pflicht zur Erstellung einer Leistungserklärung sind in Artikel 5 BauPVO aufgeführt.

2.1.2.1 Harmonisierte Normen

Harmonisierte Normen enthalten gemäß Artikel 17 Abs. 3 BauPVO die Verfahren und Kriterien für die Bewertung der Leistung von Bauprodukten in Bezug auf ihre Wesentlichen Merkmale. Dabei bezieht sich die harmonisierte Norm auf einen bestimmten Verwendungszweck. Nach Artikel 17 Abs. 4 BauPVO wird ein System zur Bewertung und Überprüfung der Leistungsbeständigkeit festgelegt. Die harmonisierte Norm enthält die für die Anwendung des Systems erforderlichen technischen Angaben. Ein Verzeichnis der Fundstellen wird von der Europäischen Kommission im Amtsblatt der Europäischen Union veröffentlicht. Hierin werden unter anderem der Beginn und das Ende der Koexistenzperiode angegeben. Ab dem Tag des Beginns der Koexistenzperiode kann eine harmonisierte Norm gemäß Artikel 17 Abs. 5 Unterabs. 8 BauPVO verwendet werden, um eine Leistungserklärung für ein von dieser Norm erfasstes Bauprodukt zu erstellen.

2.1.2.2 Europäische Bewertungsdokumente/ Europäische Technische Bewertungen

Der Inhalt einer ETA (European Technical Assessment) wird in Artikel 26 Abs. 2 BauPVO dargestellt. Diese enthält die zu erklärenden Leistungen nach Stufen und Klassen oder in einer Beschreibung in Bezug auf die Wesentlichen Merkmale, auf die sich der Hersteller und die Technische Bewertungsstelle für den erklärten Verwendungszweck geeinigt haben, sowie die für die Anwendung des Systems zur Bewertung und Überprüfung der Leistungsbeständigkeit erforderlichen technischen Angaben.

Gemäß Artikel 26 Abs. 1 Unterabs. 1 BauPVO wird die ETA auf Antrag eines Herstellers von einer Technischen Bewertungsstelle auf Grundlage eines Europäischen Bewertungsdokuments erstellt, wenn das Bauprodukt nicht oder nicht vollständig von einer harmonisierten Norm erfasst ist und dessen Leistung in Bezug auf seine Wesentlichen Merkmale nicht vollständig anhand einer bestehenden harmonisierten Norm bewertet werden kann. Dies kann gemäß § 19 Abs. 1 lit. a) bis c) BauPVO insbesondere erforderlich sein, wenn das Bauprodukt nicht in den Anwendungsbereich einer bestehenden harmonisierten Norm fällt, das in der harmonisierten Norm vorgesehene Bewertungsverfahren für mindestens ein Wesentliches Merkmal des Bauprodukts nicht geeignet ist oder die harmonisierte Norm für mindestens ein Wesentliches Merkmal kein Bewertungsverfahren vorsieht. Gibt es noch kein Europäisches Bewertungsdokument für das betreffende Bauprodukt, so wird dieses nach Antragstellung zunächst erarbeitet. Die Technische Bewertungsstelle veranlasst in diesem Fall die Erstellung des Europäischen Bewertungsdokuments durch die Organisation Technischer Bewertungsstellen und erstellt anschließend die ETA für den Antragsteller (Bild 2).

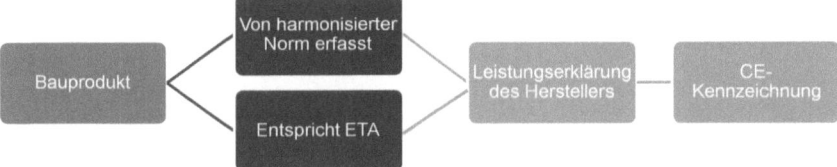

Bild 1. Anforderungen an harmonisierte Bauprodukte

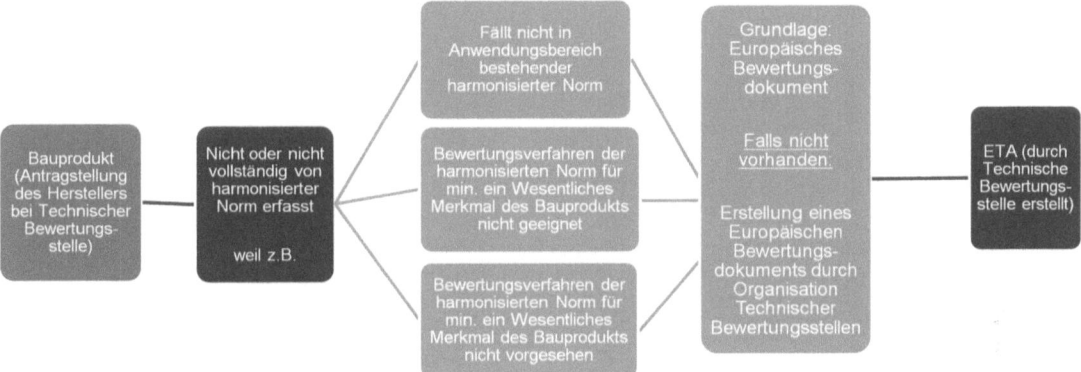

Bild 2. Voraussetzungen zur Ausstellung einer ETA

2.2 Bisheriges Regelungssystem der Landesbauordnungen und der Bauregellisten

2.2.1 Struktur der Landesbauordnungen

Das bisherige System der Landesbauordnungen hat zwischen
- geregelten, nicht geregelten und sonstigen Bauprodukten sowie
- geregelten Bauarten und solchen für die es allgemein anerkannte Regeln der Technik nicht gibt

unterschieden.

2.2.1.1 Bauprodukte

Die Unterscheidung zwischen geregelten und nicht geregelten Bauprodukten erfolgte nach § 17 Abs. 1 Nr. 1 MBO alt [5] durch eine konkrete Inbezugnahme der Bauregelliste A [6]. Ein Verwendbarkeitsnachweis war nur dann erforderlich, wenn das Bauprodukt nicht von der Bauregelliste A umfasst war oder wesentlich von den dortigen Bestimmungen abwich. Als Verwendbarkeitsnachweise sah die MBO alt die allgemeine bauaufsichtliche Zulassung gemäß § 18 MBO alt, das allgemeine bauaufsichtliche Prüfzeugnis gemäß § 19 MBO alt oder aber die Zustimmung im Einzelfall gemäß § 20 MBO alt vor. Daneben wurden in einer explizit in § 17 Abs. 2 Satz 2 MBO alt benannten Liste C [6] solche Bauprodukte aufgeführt, für die kein Verwendbarkeitsnachweis erforderlich war.
Geregelte sowie nicht geregelte Bauprodukte mit Verwendbarkeitsnachweis durften gemäß § 17 Abs. 1 Ziffer 1 MBO alt verwendet werden, wenn sie aufgrund des Übereinstimmungsnachweises nach § 22 MBO alt das Ü-Zeichen trugen. Des Weiteren durften Bauprodukte gemäß § 17 Abs. 1 Ziffer 2 i. V. m. Abs. 7 MBO alt verwendet werden, wenn sie nach der BauPVO, nach anderen unmittelbar geltenden Vorschriften oder nach Richtlinien der Europäischen Union, soweit diese die Grundanforderungen an Bauwerke nach Anhang I der BauPVO berücksichtigten, in den Verkehr gebracht und gehandelt werden durften, insbesondere die CE-Kennzeichnung trugen und dieses Zeichen die in Bauregelliste B Teil 2 [6] festgelegten Leistungsstufen oder -klassen auswies oder die Leistung des Bauprodukts angaben (Bild 3).

2.2.1.2 Bauarten

Ein Anwendbarkeitsnachweis für Bauarten war gemäß § 21 MBO alt dann erforderlich, wenn die Bauart von den in der Liste der Technischen Baubestimmungen [7] enthaltenen technischen Regeln wesentlich abwich oder es keine allgemein anerkannten Regeln der Technik gab (sogenannte nicht geregelte Bauarten). Die vorgesehenen Anwendbarkeitsnachweise entsprachen denen für Bauprodukte.

2.2.2 Struktur der Bauregellisten

Wie in Tabelle 1 dargestellt, wurden geregelte Bauprodukte in Bauregelliste A Teil 1 [6] aufgeführt. Bauregelliste A Teile 2 und 3 [6] enthielten nicht geregelte Bauprodukte und Bauarten, die lediglich eines bauaufsichtlichen Prüfzeugnisses bedurften, da deren

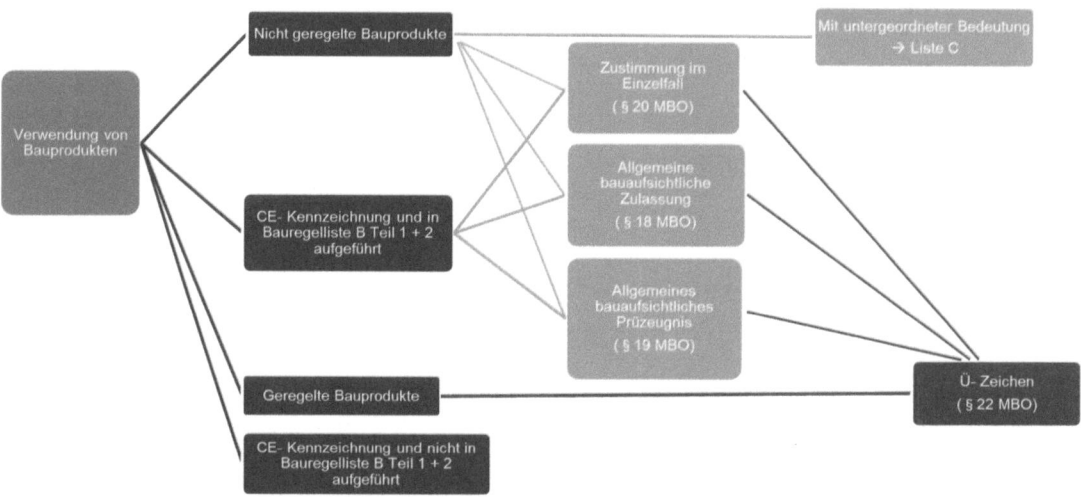

Bild 3. Bisherige nationale Anforderungen an Bauprodukte nach den Landesbauordnungen

Tabelle 1. Struktur der Bauregellisten und der Liste C

Bauregelliste A und B					Liste C
Teil A			Teil B		
A 1	A 2 und 3		B 1	B 2	Bauprodukte mit untergeordneter Bedeutung zur Erfüllung bauordnungsrechtlicher Anforderungen
Geregelte Bauprodukte	Nicht geregelte Bauprodukte und Bauarten mit Prüfzeugnis		Bauprodukte im Geltungsbereich harmonisierter Normen nach BauPVO	Bauprodukte nach europäischen Richtlinien, die nicht die Grundanforderungen nach Anhang I der BauPVO berücksichtigen	

Verwendung nicht der Erfüllung erheblicher Anforderungen an die Sicherheit baulicher Anlagen diente oder fehlende Anforderungen nach allgemein anerkannten Prüfverfahren beurteilt werden konnten. Bauprodukte im Geltungsbereich harmonisierter Normen und europäischer technischer Zulassungen nach der Bauproduktenverordnung konnten in Bauregelliste B Teil 1 [6] aufgenommen werden. Hier wurden gemäß § 17 Abs. 7 MBO alt Leistungsstufen und -klassen nach Art. 27 BauPVO oder den Vorschriften zur Umsetzung der Richtlinien der Europäischen Union festgelegt. In Bauregelliste B Teil 2 wurden dann die Anforderungen an solche Bauprodukte festgelegt, die aufgrund der Vorschriften zur Umsetzung anderer Richtlinien der Europäischen Gemeinschaften in den Verkehr gebracht und gehandelt werden, wenn die Richtlinien Grundanforderungen nach Art. 3 Abs. 1 der BauPVO nicht berücksichtigen. Um solche EG-Richtlinien handelt es sich beispielsweise in den folgenden Fällen:
– Richtlinie 89/686/EWG des Rates vom 21. Dezember 1989 zur Angleichung der Rechtsvorschriften der Mitgliedstaaten für persönliche Schutzausrüstungen. In Deutschland umgesetzt durch das Produktsicherheitsgesetz (ProdSG) und die 8. Verordnung zum Produktsicherheitsgesetz (Verordnung über die Bereitstellung von persönlichen Schutzausrüstungen auf dem Markt – 8. ProdSV).
– Richtlinie 2009/142/EG vom 30. November 2009 über Gasverbrauchseinrichtungen (EU-Gasgeräte-Richtlinie). In Deutschland umgesetzt durch das Produktsicherheitsgesetz (ProdSG) und die 7. Verordnung zum Produktsicherheitsgesetz (Gasverbrauchseinrichtungsverordnung – 7. ProdSV).
– Richtlinie 92/42/EWG über die Wirkungsgrade von mit flüssigen oder gasförmigen Brennstoffen beschickten neuen Warmwasserheizkesseln (Heizkesselwirkungsgradrichtlinie). In Deutschland umgesetzt durch das Bauproduktengesetz (BauPG) und die Verordnung über das Inverkehrbringen von Heizkesseln und Geräten nach dem BauPG (BauPG HeizkesselV), Energieeinspargesetz (EnEG) und die Verordnung über energiesparenden Wärmeschutz und energiesparende Anlagentechnik bei Gebäuden (Energieeinsparverordnung – EnEV).

Bauprodukte, die für die Erfüllung bauordnungsrechtlicher Anforderungen nur eine untergeordnete Bedeutung hatten, wurden in die Liste C aufgeführt. Bei diesen Produkten entfielen Verwendbarkeits- und Übereinstimmungsnachweise.

2.3 Lückenhaft harmonisierte Bauprodukte und nationale Zusatzanforderungen

Auf europäischer Normungsebene waren – und sind nach wie vor – einige wichtige Bauprodukte nicht umfassend hinsichtlich aller erforderlichen Wesentlichen Merkmale im Hinblick auf die Grundanforderungen an Bauwerke geregelt. Harmonisierten europäischen Produktnormen fehlen zuweilen wichtige harmonisierte Verfahren und Kriterien für die Bewertung der Leistungen der Bauprodukte in Bezug auf ihre Wesentlichen Merkmale, obwohl die betroffenen Wesentlichen Merkmale eindeutig im jeweiligen Anhang ZA der Norm ausgewiesen sind. Teilweise fehlen Wesentliche Merkmale, obwohl sie vom Normungsauftrag erfasst und für die Erfüllung der Grundanforderungen an Bauwerke in mehreren Mitgliedstaaten relevant sind. Hierdurch kann es zu erheblichen Regelungslücken für die Planung und Bemessung baulicher Anlagen, insbesondere im Bereich des Umwelt- und Gesundheitsschutzes kommen. Um diese Regelungslücken zu kompensieren und einen ausreichenden Schutz zu gewährleisten, wurden an diese „lückenhaft" harmonisierten Bauprodukte in der Bauregelliste B Teil 1 zusätzliche nationale Anforderungen gestellt. So forderte Bauregelliste B Teil 1 für einige Produkte neben der auf europäischer Ebene erforderlichen Leistungserklärung und CE-Kennzeichnung einen nationalen Verwendbarkeitsnachweis und zusätzlich die Ü-Kennzeichnung. Das bekannteste Beispiel ist das Glimmverhalten mineralischer Dämmstoffe. Die am Bau Beteiligten konnten sich durch das Ü-Zeichen darauf verlassen, dass der nationale Sicherheitsstandard gewahrt war. Diese Zusatzanforderungen an harmonisierte Bauprodukte waren letztlich Gegenstand und Anlass der Entscheidung des Europäischen Gerichtshofs aus dem Jahr 2014.

3 Urteil des EuGH vom 16. Oktober 2014

Der Europäische Gerichtshof (EuGH) hat nach einem vorausgehenden jahrelangen Vertragsverletzungsverfahren der Europäischen Kommission in seinem Urteil vom 16. Oktober 2014 einen Verstoß der Bundesrepublik Deutschland gegen die BPR darin gesehen, dass die Bauregellisten zusätzliche Anforderungen für den wirksamen Marktzugang und die Verwendung in Deutschland stellen, obwohl die betroffenen Bauprodukte von harmonisierten Normen erfasst und mit der CE-Kennzeichnung versehen waren.

3.1 Inhalt

Das EuGH-Urteil in der Rechtssache C-100/13 [8] bezieht sich auf Zusatzregelungen zu drei in der Bauregelliste B Teil 1 namentlich genannten Produkten. Dabei handelt es sich um Anforderungen an die Dauerhaftigkeit der Dichtwirkung von Rohrleitungsdichtungen aus thermoplastischen Elastomeren, um die Eigenschaft des Glimmens von Dämmstoffen aus Mineralwolle und um das Brandverhalten von Toren ohne Feuer- und Rauchschutzeigenschaften. Die Europäische Kommission kritisierte insbesondere, dass Deutschland zusätzlich zu der CE-Kennzeichnung ein Ü-Zeichen und eine allgemeine bauaufsichtliche Zulassung verlangte. Die Bundesregierung rechtfertigte das vorhandene System des „Lückenschlusses" gegenüber dem EuGH mit der sich aus dem ersten Erwägungsgrund der BPR abgeleiteten Pflicht der Mitgliedstaaten, sicherzustellen, „dass auf ihrem Gebiet die Bauwerke des Hoch- und Tiefbaus derart entworfen und ausgeführt werden, dass die Sicherheit der Menschen, der Haustiere und Güter nicht gefährdet und andere wesentliche Anforderungen im Interesse des Allgemeinwohls beachtet werden", [8] Rn. 50. Deutschland trug hierzu vor, dass die BPR nur die wesentlichen Anforderungen an Bauwerke und nicht an Bauprodukte enthalte, [8] Rn. 45. Den wesentlichen Anforderungen an Bauwerke gemäß Anhang I der BPR könne nur durch eine umfassende und vollständige Harmonisierung der Bauprodukte hinreichend Rechnung getragen werden. Lückenhafte harmonisierte Normen seien dem gänzlichen Fehlen einer harmonisierten Norm gleichzusetzen, da hier weder das Behinderungsverbot nach Art. 6 Abs. 1 BPR noch die Brauchbarkeitsvermutungswirkung des Art. 4 Abs. 2 BPR zum Tragen kommen könne, [8] Rn. 46, 47. Von der Brauchbarkeit eines Bauprodukts entsprechend Art. 4 Abs. 2 BPR könne nur dann ausgegangen werden, wenn dieses auch umfassend hinsichtlich aller erforderlichen Produktmerkmale geregelt sei. Bis zur Bekanntmachung einer vollständig harmonisierten Norm dürften die Mitgliedstaaten daher vorübergehend ergänzende nationale Anforderungen stellen und Bewertungs- und Prüfverfahren zur Schließung von Lücken in den harmonisierten Normen BPR festlegen, [8] Rn. 46. Dieser Ansicht folgte der EuGH jedoch nicht. Art. 4 Abs. 2 der BPR besage, dass mit der CE-Kennzeichnung von der Brauchbarkeit eines Bauprodukts auszugehen sei, wenn es mit einer harmonisierten Norm übereinstimme, [8] Rn. 53. Dies gelte ganz unabhängig vom Regelungsumfang der harmonisierten Norm. Vielmehr seien die Mitgliedstaaten bei einem Regelungsbedürfnis harmonisierter Normen auf die in Art. 5 und 21 BPR vorgesehenen Verfahren verwiesen. Die BPR treffe daher eine abschließende Regelung hinsichtlich der CE-Kennzeichnung und der Brauchbarkeitsvermutung des Bauprodukts.

3.2 Konsequenzen

Das EuGH-Urteil ist ein Feststellungsurteil, das die nach Auffassung des EuGH gegen Gemeinschaftsrecht verstoßenden nationalen Regelungen nicht aufhebt, sondern den Mitgliedstaat von sich aus und nach seiner Entscheidung verpflichtet, die sich aus dem Urteil ergebenden Maßnahmen zu ergreifen. Der EuGH legte bei der Beurteilung des Sachverhalts die BPR zugrunde, da diese im Zeitpunkt der behaupteten Rechtsverletzung bezüglich der drei betroffenen Bauprodukte noch gütig war und die BauPVO noch keine Anwendung fand, [8] Rn. 15. In den zuständigen Gremien der Bauministerkonferenz wurde daher intensiv beraten, inwieweit sich die auf Grundlage der BPR getroffenen Feststellungen des Urteils auf die BauPVO übertragen lassen und welche Konsequenzen in Hinblick auf das deutsche Bauproduktenrecht zu ziehen sind. Fraglich war insbesondere, ob aufgrund der unterschiedlichen Ausrichtung der BauPVO im Verhältnis zur BPR eine Anpassung der Musterbauordnung erforderlich werde. Da aber die Europäische Kommission den abschließenden Charakter der Ü-Kennzeichnung und Leistungserklärung nach der neuen BauPVO nicht abweichend zur BPR herausstellte[1]) und ein weiteres Vertragsverletzungsverfahren vermieden werden sollte, entschieden sich die Länder für eine umfassende Anpassung der nationalen Regelungen, um eventuellen Sanktionen durch die Europäische Union vorzubeugen. Ziel war nunmehr die uneingeschränkte Erfüllung der europarechtlichen Vorgaben bei gleichzeitiger Wahrung der Grundrechte der Bürger durch Erfüllung der in Anhang I der BauPVO aufgeführten Grundanforderungen an Bauwerke. Die Länder mussten daher das aktuelle nationale System des Bauproduktenrechts entsprechend an das EuGH-Urteil anpassen. Zusatzanforderungen an sogenannte lückenhaft harmonisierte Bauprodukte sollten weder in den Landesbauordnungen noch den Bauregellisten gestellt werden.

4 Notwendige Anpassungen des nationalen Bauproduktenrechts aufgrund des EuGH-Urteils

Künftig werden Produktleistungen eines nach der BauPVO CE-gekennzeichneten Produkts ausschließlich durch die Leistungserklärung ausgewiesen. Zusätzliche nationale Verwendbarkeitsnachweise wird es nicht mehr geben. Die nationalen materiellen Anforderungen an Bauwerke bleiben gleichwohl bestehen und werden allein durch die Mitgliedstaaten bestimmt. Der Bauherr, der Entwurfsverfasser und der Unternehmer werden daher trotz des EuGH-Urteils und der geänderten MBO nicht der gegenüber der Bauaufsicht nachzuweisenden Verpflichtung zur Einhaltung der öffentlich-rechtlich normierten Anforderungen an Anlagen entbunden. Die bauaufsichtlichen Regelungskompetenzen im Hinblick auf die Bauwerksanforderungen bleiben unberührt.

4.1 Nicht harmonisierte Bauprodukte

Verwendbarkeits- und Übereinstimmungsnachweise für Bauprodukte, die nicht in den Geltungsbereich harmonisierter Spezifikationen fallen, sind von dem EuGH-Urteil nicht betroffen. Es können daher weiterhin produktunmittelbare Anforderungen an nicht harmonisierte Bauprodukte gestellt werden – inhaltliche Änderungen sieht die MBO hier nicht vor. Der bisherige Begriff des Übereinstimmungsnachweises nach § 22 MBO alt wurde lediglich durch den Begriff der Übereinstimmungsbestätigung in § 21 MBO neu [11] ersetzt.

4.2 Lückenhaft harmonisierte Bauprodukte

Das vorhandene System in den Bauordnungen der Länder musste so angepasst werden, dass weder ein Nachweisverfahren noch eine zusätzliche Ü-Kennzeichnung bei bereits nach der BauPVO harmonisierten Bauprodukten gefordert wird. Zugleich war aber auch sicherzustellen, dass die Grundanforderungen an Bauwerke wie Bauwerkssicherheit, Gesundheit, Umweltschutz gewahrt bleiben. Dieses Ziel soll zukünftig durch einen ausgeprägten bauwerksbezogenen Ansatz für die Festlegung bauaufsichtlicher Anforderungen erreicht werden.

4.3 Bauarten

Die BauPVO bezieht sich ausschließlich auf Bauprodukte. Regelungen zur Planung, Bemessung und Ausführung baulicher Anlagen (Bauarten) bleiben dem nationalen Zuständigkeitsbereich vorbehalten.

5 Ablauf und Maßnahmen des Anpassungsprozesses

Bei der Europäischen Kommission wurde eine zweijährige Frist zur vollständigen Umsetzung des EuGH-Urteils angemeldet, um eine Abänderung der bisherigen Verwaltungspraxis in einem geordneten Verfahren sicherzustellen. Die aus dem Urteil folgenden erforderlichen Anpassungen der nationalen Regelungen mussten daher bis zum 16. Oktober 2016 umgesetzt werden.

---

1) Für die Übertragbarkeit der Konsequenzen aus dem EuGH Urteil von der BauPRL auf die BauPVO siehe beispielsweise die Auffassung der Kommission in ihrem Bericht an das Europäische Parlament und den Rat über die Durchführung der Verordnung (EU) Nr. 305/2011 des Europäischen Parlaments und des Rates vom 9. März 2011 zur Festlegung harmonisierter Bedingungen für die Vermarktung von Bauprodukten und zur Aufhebung der Richtlinie 89/106/EWG des Rates, S. 5.

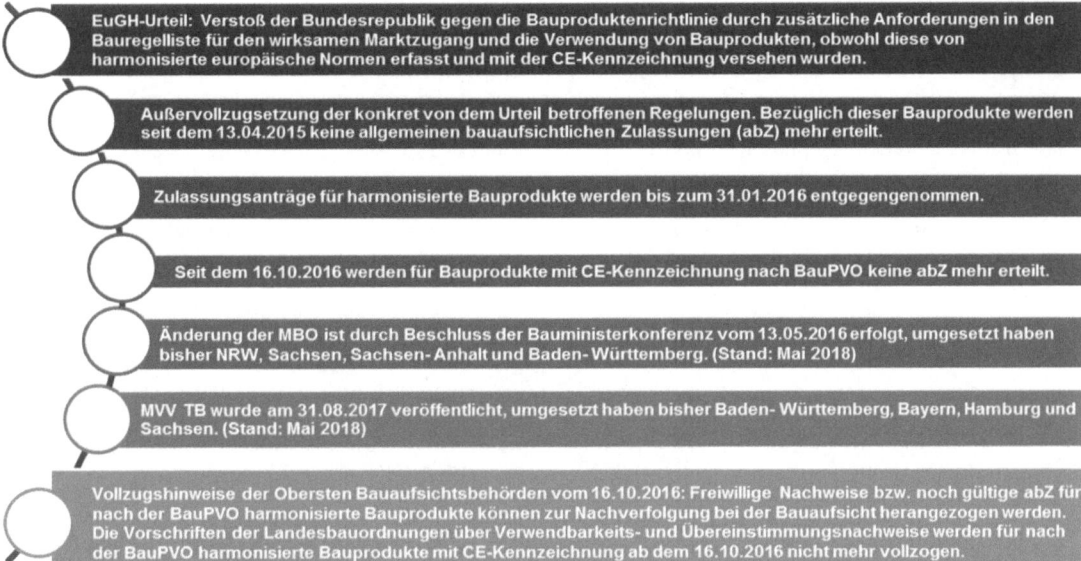

Bild 4. Umsetzung der aus dem Urteil des EuGH folgenden Konsequenzen

Im Rahmen des Umsetzungsprozesses (Bild 4) wurden zunächst die vom EuGH-Urteil direkt in Bezug genommenen Regelungen in den Anlagen 1/12.3 und 1/12.4 zur lfd. Nr. 1.12.10, Anlage 1/5.2 zur lfd. Nr. 1.5.1 und Anlage 1/6.1 zur lfd. Nr. 1.6.7 der Bauregelliste B Teil 1 außer Vollzug gesetzt. In diesen konkreten Fällen wurden allgemeine bauaufsichtliche Zulassungen ab dem 13. April 2015 nicht mehr erteilt. Kurzfristig erfolgte überdies eine Überarbeitung der Bauregellisten durch die Gremien der Bauministerkonferenz hinsichtlich sofort verzichtbar gewordener Zusatzanforderungen. Diese Änderungen wurden zunächst durch das Deutsche Institut für Bautechnik (DIBt) angekündigt und in den Änderungsmitteilungen „Änderungen der Bauregelliste B Teil 1 – Ausgabe 2015/1" vom 31. Juli 2015 [12] sowie „Änderungen der Bauregelliste A und B – Ausgabe 2016/1" vom 10. Januar 2016 [13] umgesetzt. Für die übrigen Bauprodukte im Geltungsbereich harmonisierter Spezifikationen nach der BauPVO galten die Bauregellisten und die Listen der Technischen Baubestimmungen zunächst fort und wurden vorläufig weiter vollzogen. Zulassungsanträge wurden noch bis zum 31. Januar 2016 entgegengenommen. Die Geltungsdauer der betroffenen Zulassungen orientierte sich dabei an den bei Zulassungserteilung bereits geltenden Zulassungen der betroffenen Sparte (Zulassungsgebiet). Auf diese Weise wurde die Geltungsdauer beschränkt und zugleich die Wettbewerbsgleichheit zwischen den Herstellern gewährleistet.

Daneben waren die Novellierung der MBO sowie die Ausarbeitung der MVV TB die wesentlichen Eckpfeiler zur Umsetzung des Urteils. Die überarbeitete und an das Urteil des EuGH angepasste Fassung der MBO liegt seit dem 13. Mai 2016 vor, die MVV TB wurde am 31. August 2017 veröffentlicht [9]. Die Länder müssen nun die neuen Regelungen der MBO sowie die neue MVV TB in Landesrecht umsetzen. Bisher haben Baden-Württemberg, Nordrhein-Westfalen, Sachsen, Sachsen-Anhalt, Hamburg und Berlin die Neuerungen der MBO in Landesrecht umgesetzt. Eine Verwaltungsvorschrift Technische Baubestimmungen gibt es bereits in Baden-Württemberg, Sachsen, Hamburg und Berlin. Auch wenn die landesrechtlichen Vorschriften noch nicht durch alle Länder angepasst wurden, haben sämtliche Länder darauf hingewiesen, dass die neuen Regelungen der MBO und MVV TB bis zur Umsetzung in Landesrecht bereits jetzt bauaufsichtlich beachtet werden sollen. Das ist dann möglich, wenn es lediglich um technische Standards, nicht aber um neue rechtliche Festlegungen zur Konkretisierung der MBO bzw. Landesbauordnungen geht.

Da die Erarbeitung der MVV TB sowie der Umsetzung in den jeweiligen Landesbauordnungen zum Ablauf der zweijährigen Umsetzungsfrist noch andauerte, erließen die Länder bauaufsichtliche Vollzugshinweise für harmonisierte Bauprodukte zur Umsetzung des EuGH-Urteils mit Wirkung zum 16. Oktober 2016 [10]. Zur Gewährleistung eines unionskonformen bauaufsichtlichen Vollzugs auch schon vor Inkrafttreten der notwendigen Änderungen der Landesbauordnungen werden für Bauprodukte, die die CE-Kennzeichnung nach der BauPVO tragen, die Bestimmungen der Landesbauordnungen über die Verwendbarkeitsnachweise für Produktleistungen sowie das „Ü-Zeichen" betreffenden Kennzeichnungspflichten seit dem 16. Oktober 2016 nicht mehr vollzogen. Soweit die vorhandenen Leistungserklärungen keine Leistungsangaben bezüglich bauaufsichtlicher

Anforderungen ausweisen, können die erforderlichen Produktleistungen auch durch freiwillige Herstellerangaben in Form einer prüffähigen technischen Dokumentation dargelegt und gegenüber der Bauaufsicht zur Nachweiserbringung herangezogen werden. Diese technischen Dokumentationen werden in der Regel anerkannt, wenn es eine allgemein anerkannte, bekannt gemachte bzw. durch Technische Baubestimmung eingeführte technische Regel gibt, in welcher das Prüfverfahren vollständig beschrieben ist und diese Prüfungen von einer anerkannten Prüfstelle nach Art. 43 BauPVO oder einer vergleichbar qualifizierten Stelle durchgeführt wurden oder soweit es keine allgemein anerkannte, bekannt gemachte bzw. durch Technische Baubestimmung eingeführte technische Regel gibt, die Drittprüfung von einer Stelle, die den Anforderungen an eine europäische Technische Bewertungsstelle nach Art. 30 BauPVO genügt oder eine vergleichbare Qualifikation aufweist, durchgeführt wurde und eine prüffähige Bescheinigung über die Einhaltung der Bauwerksanforderungen in Bezug auf die jeweilige Leistungsangabe enthält. Zudem trafen die Vollzugshinweise der Länder Regelungen zum Umgang mit noch gültigen Verwendbarkeitsnachweisen für harmonisierte Bauprodukte. Hiernach können trotz Außervollzugsetzung der entsprechenden Regelungen allgemeine bauaufsichtliche Zulassungen oder allgemeine bauaufsichtliche Prüfzeugnisse während ihrer ausgewiesenen Geltungsdauer zur Darlegung des bauaufsichtlichen Anforderungsniveaus weiterhin herangezogen werden. Von dem Nachweis der erforderlichen Leistung ist nach den Vollzugshinweisen der Länder regelmäßig auszugehen, wenn fest steht, dass die in der allgemeinen bauaufsichtlichen Zulassung oder dem allgemeinen bauaufsichtlichen Prüfzeugnis enthaltenen Bestimmungen weiterhin erfüllt sind.

6 Das neue System des nationalen Bauproduktenrechts

Eine für die Umsetzung der Forderungen aus dem EuGH-Urteil wichtige Anpassung wurde mit § 16c MBO neu aufgenommen. Hiernach gelten die §§ 17 bis 25 Abs. 1 MBO neu nicht für Bauprodukte, die die CE-Kennzeichnung aufgrund der BauPVO tragen. Dementsprechend sind die Regelungen über Verwendbarkeits- und Übereinstimmungsnachweise für nach der BauPVO harmonisierte Bauprodukte nicht anwendbar. Eine Ü-Kennzeichnung ist folglich nicht mehr zulässig (Bild 5).
Zudem wird das bisherige System der Bauregellisten, der Liste C und der Liste der Technischen Baubestimmungen durch die MVV TB ersetzt. Die jeweiligen Inhalte gehen unter Beachtung des EuGH-Urteils in der MVV TB auf. Dabei wurde insbesondere berücksichtigt, dass keine zusätzlichen Nachregelungen bereits harmonisierter Bauprodukte möglich und bauaufsichtliche Anforderungen bauwerksbezogen zu formulieren sind.
Wie bisher, wird auch nach dem neuen Konzept zwischen Bauprodukten und Bauarten unterschieden. Für Bauprodukte sind weiterhin die allgemeine bauaufsichtliche Zulassung, das allgemeine bauaufsichtliche Prüfzeugnis und die Zustimmung im Einzelfall als Verwendbarkeitsnachweise vorgesehen. Für die Anwendbarkeitsnachweise von Bauarten wurden hingegen neue Begriffe, die sogenannte allgemeine Bauartgenehmigung, das allgemeine bauaufsichtliche Prüfzeugnis für Bauarten und die vorhabenbezogene Bauartgenehmigung eingeführt (s. Bild 6). Zudem wurde die Bauart aus dem Abschnitt der Bauprodukte herausgelöst und ist nunmehr separat in § 16a MBO neu unter dem Abschnitt „Allgemeine Anforderungen an die Bauausführung" geregelt.

6.1 Verwendbarkeitsnachweise für Bauprodukte

Nach wie vor sind die allgemeine bauaufsichtliche Zulassung (§ 18 MBO neu), das allgemein anerkannte Prüfzeugnis (§ 19 MBO neu) und die Zustimmung im Einzelfall (§ 20 MBO neu) die vorgesehenen Verwendbarkeitsnachweise der MBO für Bauprodukte.

6.1.1 Erforderlichkeit

6.1.1.1 Harmonisierte Bauprodukte

Bei der grundlegenden Frage, ob überhaupt ein Verwendbarkeitsnachweis für ein Bauprodukt erforderlich ist, sollte zunächst geprüft werden, ob es sich um ein bereits harmonisiertes Bauprodukt handelt. Denn, gemäß § 16c Satz 2 MBO neu bedürfen nach der BauPVO harmonisierte Bauprodukte keines nationalen Verwendbarkeits- oder Übereinstimmungsnachweises. Die bisher in Bauregelliste B Teil 1 vorgesehenen Zusatzanforderungen und Nachweise an bzw. für harmonisierte Bauprodukte finden sich in der neuen MVV TB nicht wieder.

6.1.1.2 Nicht harmonisierte Bauprodukte

In dem neuen System der MBO wird begrifflich nicht mehr zwischen geregelten und nicht geregelten Bauprodukten und Bauarten unterschieden, auch werden keine konkreten Bauregellisten in Bezug genommen. Im Ergebnis sind die Voraussetzungen für das Erfordernis eines Verwendbarkeitsnachweises nach der MBO jedoch grundlegend gleich geblieben:
Nach § 17 MBO neu ist ganz allgemein festgelegt, wann für ein Bauprodukt ein Verwendbarkeitsnachweis erforderlich ist. Ein solcher ist nach wie vor immer dann erforderlich, wenn es keine Technischen Baubestimmungen und keine allgemein anerkannten Regeln der Technik gibt, das Bauprodukt von vorhandenen Technischen Baubestimmungen wesentlich abweicht oder es eine Verordnung nach anderen Rechtsvorschriften vor-

III Die Anpassung des nationalen Bauproduktenrechts nach dem Urteil des EuGH vom 16. Oktober 2014

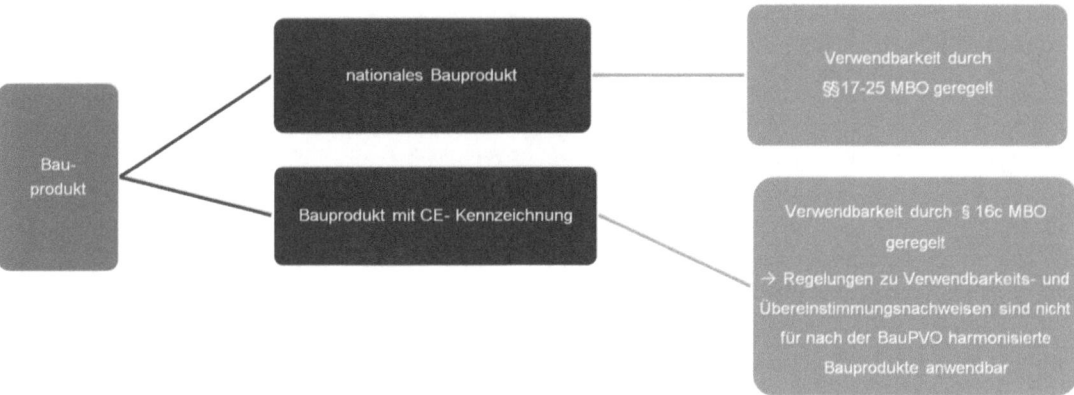

Bild 5. Nationale Anforderungen an Bauprodukte nach der neuen MBO

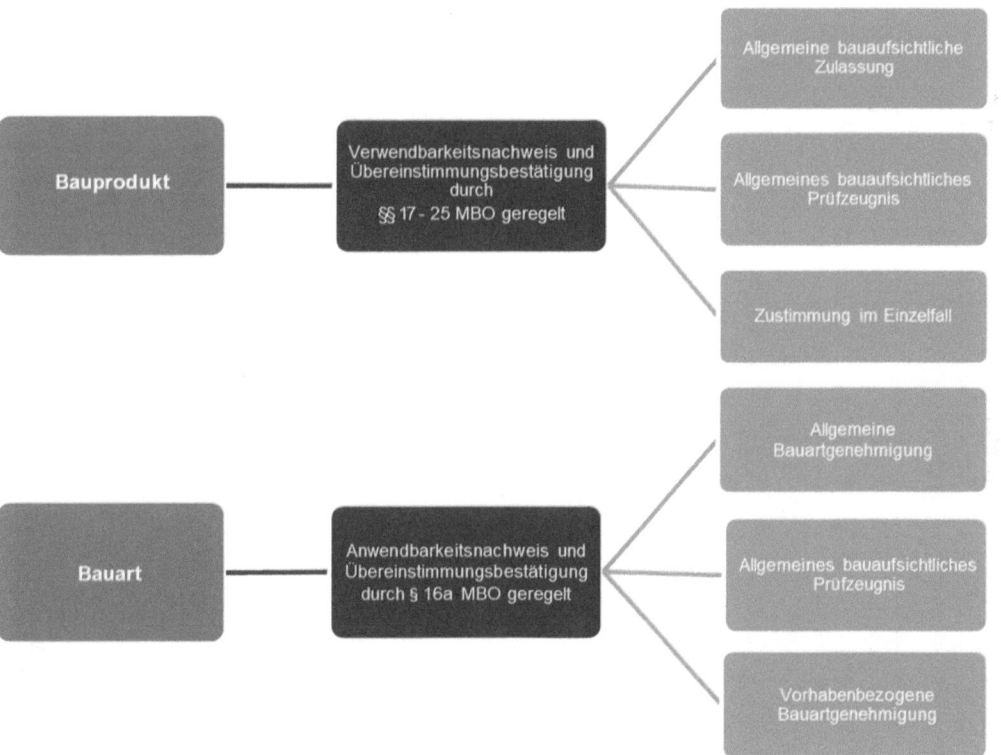

Bild 6. Bauaufsichtliche Nachweise für Bauprodukte und Bauarten, die noch nicht in Technischen Baubestimmungen beschrieben sind oder aber wesentlich von ihnen abweichen

Tabelle 2. Vergleich der neuen und alten Regelungen der MBO zum Erfordernis eines Verwendbarkeitsnachweises

	§17 MBO alt			§17 MBO neu	
Abs. 1 und 2	Abs. 1 Ziffer 2 und Abs. 7	Abs. 3	Abs. 4	Abs. 1	Abs. 2 und 3
Geregeltes Bauprodukt	Harmonisierte Bauprodukte	Nicht geregeltes Bauprodukt	Forderung aufgrund einer Rechtsverordnung	Verwendbarkeitsnachweis erforderlich	Verwendbarkeitsnachweis nicht erforderlich
– Ein Verwendbarkeitsnachweis ist bei einer wesentlichen Abweichung von den Technischen Regeln der BRL Teil A erforderlich.	– Ein Verwendbarkeitsnachweis ist erforderlich, soweit in der BRL B Teil 1 oder Teil 2 gefordert.	– Verwendbarkeitsnachweis erforderlich soweit: • keine Technische Baubestimmung, • keine a. a. R. d. T. oder bei • wesentlicher Abweichung von BRL Teil A – Ausnahme: Bauprodukte der Liste C.	– Verwendbarkeitsnachweis erforderlich, wenn Rechtsverordnung nach § 85 Abs. 4 a MBO mit Anforderungen nach anderen Rechtsvorschriften einen Verwendbarkeitsnachweis verlangt. – Forderung gemäß einer Rechtsverordnung nach § 85 Abs. 4 a MBO mit Anforderungen nach anderen Rechtsvorschriften.	– Keine Technische Baubestimmung, – keine a. a. R. d. T, – wesentliche Abweichung von vorhandenen Technischen Baubestimmungen oder	– Keine oder unwesentliche Abweichung von den Technischen Regeln der MVV TB, – Bauprodukt weicht von a. a. R. d. T. ab, – Bauprodukt nach Liste D der MVV TB.

sieht. Nicht erforderlich ist ein Verwendbarkeitsnachweis hingegen, wenn das Bauprodukt von einer allgemein anerkannten Regel der Technik abweicht oder von untergeordneter Bedeutung ist (Tabelle 2). § 85a MBO neu ist nunmehr die mit der MVV TB umgesetzte gemeinsame Rechtsgrundlage für Technischen Baubestimmungen zu Bauprodukten und Bauarten.

6.1.2 Allgemeine bauaufsichtliche Zulassung

Die bisherigen und neuen Regelungen zur allgemeinen bauaufsichtlichen Zulassung in § 18 MBO alt und neu sind inhaltlich identisch (Tabelle 3). Ist ein Verwendbarkeitsnachweis nach § 17 Abs. 1 MBO neu erforderlich, erteilt das DIBt eine allgemeine bauaufsichtliche Zulassung, wenn die Verwendbarkeit im Sinne des § 16b Abs. 1 MBO neu nachgewiesen werden kann. Die bisher in § 3 Abs. 2 MBO alt geregelten allgemeinen Anforderungen an Bauprodukte sind nunmehr gleichlautend in § 16b Abs. 1 MBO neu übernommen. Hiernach dürfen Bauprodukte [und Bauarten] nur verwendet werden, wenn bei ihrer Verwendung die baulichen Anlagen bei ordnungsgemäßer Instandhaltung während einer dem Zweck entsprechenden angemessenen Zeitdauer die Anforderungen dieses Gesetzes oder aufgrund dieses Gesetzes erfüllen und gebrauchstauglich sind.

Nicht harmonisierte Bauprodukte, für die es Technische Baubestimmungen gibt, waren bisher in der Bauregelliste A Teil 1 aufgeführt. Entsprechende Vorschriften gehen nunmehr in Kapitel C 2 der MVV TB [9] auf. Zu beachten ist, dass die Spalte „Verwendbarkeitsnachweis bei wesentlichen Abweichung von den technischen Regeln" nicht in die MVV TB übernommen wurde. Ob eine allgemeine bauaufsichtliche Zulassung erforderlich ist, muss nunmehr wie folgt geprüft werden: Grundlegend gilt, dass bei wesentlichen Abweichungen von den in Kapitel C 2 MVV TB aufgeführten Technischen Regeln eine allgemeine bauaufsichtliche Zulassung erforderlich ist. Dies gilt ausnahmsweise dann nicht, wenn das Bauprodukt in Kapitel C 3 MVV TB „Bauprodukte, die nur eines allgemeinen bauaufsichtlichen Prüfzeugnisses nach § 19 Abs. 1 Satz 2 MBO bedürfen" oder Kapitel D 2 MVV TB „Bauprodukte, die keines Verwendbarkeitsnachweises bedürfen" aufgeführt ist [9].

Spezielle Anforderungen sind zudem im Kapitel B 3 und 4 MVV TB enthalten [9]. Kapitel B 3 MVV TB umfasst Technische Anforderungen an Bauprodukte, welche die CE-Kennzeichnung nicht nach der BauPVO tragen. Diese beziehen sich auf Technische Gebäudeausrüstungen und ortsfest verwendete Anlagen und Anlagenteile in Lager-, Abfüll- und Umschlaganlagen (LAU-Anlagen) zum Umgang mit wassergefährdenden Stoffen sowie den Einbau, den Betrieb und die Wartung von Anlagen mit Bauprodukten zur Abwasserbehandlung. Bisher waren diese mit in Bauregelliste A Teil 1 und B Teil 1 geregelt. Kapitel B 4 MVV TB beinhaltet Technische Anforderungen für Bauproduk-

Tabelle 3. Allgemeine bauaufsichtlichen Zulassung nach der neuen MBO

Allgemeine bauaufsichtliche Zulassungen für Bauprodukte sind erforderlich, wenn	Ausgenommen sind Bauprodukte
– es keine Technischen Baubestimmungen und keine allgemein anerkannten Regeln der Technik gibt, – das Bauprodukt von einer Technischen Baubestimmung wesentlich abweicht oder – eine Rechtsverordnung nach § 85 Abs. 4a MBO dies für bestimmte Bauprodukte vorsieht, auch soweit sie Anforderungen nach anderen Rechtsverordnungen unterliegen (Kapitel B 4 MVV TB).	– die die CE-Kennzeichnung aufgrund der Bauproduktenverordnung tragen, – für die in Kapitel C 3 MVV TB festgelegt ist, dass sie anstelle einer allgemeinen bauaufsichtlichen Zulassung nur eines allgemeinen bauaufsichtlichen Prüfzeugnisses bedürfen oder – in Kapitel D 2 MVV TB enthalten sind.

Tabelle 4. Vergleich der neuen und alten Regelungen der MBO zum allgemeinen bauaufsichtlichen Prüfzeugnis

Alte Regelungen (§ 19 MBO alt)	Neue Regelungen (§ 19 MBO neu)
– Allg. bauaufsichtliches Prüfzeugnis genügt, wenn • Bauprodukt nach allg. anerkannten Prüfverfahren beurteilt werden kann oder • die Verwendung nicht der Erfüllung erheblicher Anforderungen an die bauliche Sicherheit dient.	– Allg. bauaufsichtliches Prüfzeugnis genügt, wenn das Bauprodukt nach allg. anerkannten Prüfverfahren beurteilt werden kann.
In Bauregelliste A Teil 2 Abschnitt 1 und 2 bekannt gemacht	In Kapitel C 3 MVV TB bekannt gemacht

Tabelle 5. Allgemeines bauaufsichtliches Prüfzeugnis nach der neuen MBO

Allgemeines bauaufsichtliches Prüfzeugnis ist erforderlich, wenn	Ausgenommen sind Bauprodukte
– es keine Technischen Baubestimmungen und keine allgemein anerkannten Regeln der Technik gibt oder – das Bauprodukt von einer Technischen Baubestimmung wesentlich abweicht und – in Kapitel C 3 MVV TB festgelegt ist, dass anstelle einer allgemeinen bauaufsichtlichen Zulassung nur ein allgemeines bauaufsichtlichen Prüfzeugnisses erforderlich ist.	– die die CE-Kennzeichnung aufgrund der Bauproduktenverordnung tragen oder – in Kapitel D 2 MVV TB enthalten sind.

te die Anforderungen nach anderen Rechtsvorschriften unterliegen.

6.1.3 Allgemeines bauaufsichtliches Prüfzeugnis

Nach § 19 MBO neu wird wie bisher anstelle einer allgemeinen bauaufsichtlichen Zulassung ein allgemeines bauaufsichtliches Prüfzeugnis erteilt, wenn das Bauprodukt nach einem allgemein anerkannten Prüfverfahren beurteilt werden kann (Tabelle 4). Der bisherige Anwendungsfall, dass die Verwendung nicht der Erfüllung erheblicher Anforderungen an die Sicherheit baulicher Anlagen dient, ist entfallen. Der bisherige Abschnitt 1 der Bauregelliste A Teil 2 entfällt daher zukünftig. Nunmehr wird in Kapitel C 3 MVV TB [9] festgelegt, für welche Bauprodukte ein allgemeines bauaufsichtliches Prüfzeugnis genügt (s. Tabelle 5). Hierin finden sich die bisherigen Regelungen aus der Bauregelliste A Teil 2 Abschnitt 2 wieder.

6.1.4 Zustimmung im Einzelfall

Gemäß § 20 MBO alt konnten Bauprodukte, die nach Vorschriften zur Umsetzung von Richtlinien oder auf Grundlage von unmittelbar geltendem Recht der Europäischen Union in Verkehr gebracht und gehandelt werden durften, hinsichtlich der nach § 17 Abs. 7 Nr. 2 MBO alt bekannt gemachten nicht berücksichtigten Grundanforderungen an Bauwerke und nicht geregelte Bauprodukte im Einzelfall und mit Zustimmung der obersten Bauaufsichtsbehörde verwendet werden, wenn die Verwendbarkeit im Sinne des § 3 Abs. 2 MBO alt nachgewiesen war.

Nunmehr kann ein Bauprodukt im Einzelfall und mit Zustimmung der obersten Bauaufsichtsbehörde verwendet werden, wenn ein Verwendbarkeitsnachweis nach § 17 Abs. 1 MBO neu erforderlich ist und die Verwendbarkeit allgemein im Sinne des § 16b MBO neu nachgewiesen ist.

Trotz des abweichenden Wortlauts ändert sich im Ergebnis nichts im Vergleich zu den bisherigen Bestimmungen (Tabelle 6). Die Forderung nach einem Verwendbarkeitsnachweis für vormals nicht geregelte Bauprodukte ist mit der nunmehr in § 17 Abs. 1 MBO neu geregelten Forderung inhaltlich gleich. Zwar werden die nach § 17 Abs. 7 Nr. 2 MBO alt bekannt gemachten nicht berücksichtigten Grundanforderungen harmonisierter Bauprodukte nicht mehr ausdrücklich erwähnt, jedoch kommt nach wie vor das gleiche System zur Anwendung: Kapitel B 3 MVV TB [9] enthält die Technischen Baubestimmungen zu harmonisierten Bauprodukten. Das heißt, dass die aufgeführten harmonisierten Bauprodukte die in Kapitel B 3 MVV TB festgelegten Technischen Baubestimmungen einhalten müssen. Weichen die Bauprodukte von diesen wesentlich ab, so bedürfen sie eines Verwendbarkeitsnachweises und daher ggf. statt einer allgemeinen bauaufsichtlichen Zustimmung einer Zustimmung im Einzelfall (Tabelle 7). Werden in der MVV TB keine Anforderungen an harmonisierte Bauprodukte gestellt, so können diese Bauprodukte entsprechend § 16c Satz 1 MBO neu ohne zusätzliche Verwendbarkeitsnachweise und Übereinstimmungsbestätigungen verwendet werden. Entsprechendes System war bisher in Bauregelliste B Teil 2 enthalten.

Nach wie vor kann die oberste Bauaufsichtsbehörde gemäß § 20 Satz 2 MBO neu auch erklären, dass ihre Zustimmung nicht erforderlich ist, wenn Gefahren für die öffentliche Sicherheit und Ordnung, insbesondere Leben und Gesundheit sowie die natürlichen Lebensgrundlagen nicht zu erwarten sind.

6.2 Anwendbarkeitsnachweise für Bauarten

Für Bauarten werden Nachweise nicht länger entsprechend den Regelungen zu Bauprodukten erteilt. Hierfür sieht § 16a Abs. 2 und 3 MBO neu nunmehr als Äquivalent eine allgemeine Bauartgenehmigung, eine vorhabenbezogene Bauartgenehmigung und ein allgemeines Prüfzeugnis für Bauarten vor.

6.2.1 Allgemeine und vorhabenbezogene Bauartgenehmigung

Bisher galt gemäß § 21 MBO alt, dass Bauarten, welche von Technischen Baubestimmungen wesentlich abweichen oder für die es allgemein anerkannte Regeln der Technik nicht gibt, nur dann angewendet werden dürfen, wenn eine allgemeine bauaufsichtliche Zulassung oder eine Zustimmung im Einzelfall erteilt worden ist. Die Vorschriften der § 18 MBO alt zur allgemeinen bauaufsichtlichen Zulassung und § 20 MBO alt zur Zustimmung im Einzelfall waren entsprechend

Tabelle 6. Vergleich der neuen und alten Regelungen der MBO zur Zustimmung im Einzelfall

Alte Regelung (§ 20 MBO alt)	Neue Regelung (§ 20 MBO neu)
Mit Zustimmung der obersten Bauaufsichtsbehörde können – Bauprodukte, die nach Vorschriften zur Umsetzung von Richtlinien oder auf Grundlage von unmittelbar geltendem Recht der EU in Verkehr gebracht und gehandelt werden hinsichtlich der nicht berücksichtigten Grundanforderungen an Bauwerke nach Bauregelliste B sowie – nicht geregelte Bauprodukte im Einzelfall verwendet werden, wenn die Verwendbarkeit nach § 3 Abs. 2 MBO nachgewiesen wurde.	Bauprodukte können mit Zustimmung der obersten Bauaufsichtsbehörde im Einzelfall verwendet werden, wenn – ein Verwendbarkeitsnachweis nach § 17 Abs. 1 MBO erforderlich ist und – die Verwendbarkeit nach § 16b MBO nachgewiesen wurde.
Ausnahme: Gemäß § 20 S. 2 MBO alt und neu können die obersten Bauaufsichtsbehörden erklären, dass ihre Zustimmungen nicht erforderlich sind, wenn Gefahren für öffentliche Sicherheit, Ordnung, Leben, Gesundheit und natürlichen Lebensgrundlagen nicht zu erwarten sind.	

Tabelle 7. Zustimmung im Einzelfall nach der neuen MBO

Zustimmung im Einzelfall genügt, wenn	Ausgenommen sind Bauprodukte
– es keine Technischen Baubestimmungen und keine allgemein anerkannten Regeln der Technik gibt oder – das Bauprodukt von einer Technischen Baubestimmung wesentlich abweicht oder – eine Rechtsverordnung dies für bestimmte Bauprodukte vorsieht, auch soweit sie Anforderungen nach anderen Rechtsverordnungen unterliegen und – das Bauprodukt für einen konkreten Einzelfall verwendet werden soll.	– die die CE-Kennzeichnung aufgrund der Bauproduktenverordnung tragen oder – in Kapitel D 2 MVV TB enthalten sind.

anwendbar. Unter den gleichen Voraussetzungen sind nunmehr gemäß § 16a Abs. 2 MBO neu entweder eine allgemeine Bauartgenehmigung oder eine vorhabenbezogene Bauartgenehmigung erforderlich. Die allgemeine Bauartgenehmigung ist das Gegenstück zur früheren allgemeinen bauaufsichtlichen Zustimmung und die vorhabenbezogene Bauartgenehmigung zur Zustimmung im Einzelfall (Tabellen 8 und 9).

Bezüglich der durch das DIBt zu erteilenden allgemeinen Bauartgenehmigung und durch die jeweilige oberste Bauaufsichtsbehörde zu erteilenden vorhabenbezogenen Bauartgenehmigung wird entsprechend auf die Regelungen zur allgemeinen bauaufsichtlichen Zulassung gemäß § 18 Abs. 2 bis 7 MBO neu verwiesen.

Für eine vorhabenbezogene Bauartgenehmigung ist erforderlich, dass zum einen ein Anwendbarkeitsnachweis erforderlich ist und sich die Bauartgenehmigung zum anderen auf ein bestimmtes Vorhaben bezieht. Eine Zustimmung im Einzelfall war auch bisher nur für nicht geregelte Bauarten möglich, es ändert sich daher grundlegend nichts im Vergleich zu den bisherigen Anforderungen.

Die Bauarten, für die es Technische Baubestimmungen gibt, sind in MVV TB Teil A geregelt. Bisher waren diese in der Liste der Technischen Baubestimmungen aufgeführt.

6.2.2 Allgemeines bauaufsichtliches Prüfzeugnis für Bauarten

Entsprechend den Regelungen zu allgemeinen bauaufsichtlichen Prüfzeugnissen für Bauprodukte ist der Anwendungsfall, dass die Bauart nicht der Erfüllung erheblicher Anforderungen an die Sicherheit baulicher Anlagen dient, entfallen. Ein allgemeines bauaufsichtliches Prüfzeugnis für Bauarten wird anstelle einer allgemeinen Bauartgenehmigung ebenfalls nur noch dann erteilt, wenn die Bauart nach allgemein anerkannten Prüfverfahren beurteilt werden kann.

In Bezug auf die Regelungen der MVV TB zu allgemeinen Prüfzeugnissen gilt daher Folgendes: Die Bauregelliste A Teil 3 Abschnitt 1 für Bauarten, deren Verwendung nicht der Erfüllung erheblicher Anforderungen an die Sicherheit baulicher Anlagen dient, entfällt ersatzlos. Die bisherigen Regelungen in der Bauregelliste A Teil 3 Abschnitt 2 für Bauarten, die nach allgemein anerkannten Prüfverfahren beurteilt werden können, gehen nunmehr in Kapitel C 4 der MVV TB „Bauarten, die nur eines allgemeinen bauaufsichtlichen Prüfzeugnisses nach § 16a Abs: 3 MBO bedürfen" auf (Tabelle 10).

6.3 Freiwillige Herstellererklärungen

Nach der neuen MBO sind weder Verwendbarkeits- noch Übereinstimmungsnachweise für nach der BauPVO harmonisierte Bauprodukte vorgesehen. Die erforderlichen bauaufsichtlichen Anforderungen werden nunmehr möglichst bauwerksbezogen formuliert. Zur Beurteilung der bauwerksbezogenen Anforderungen kann es erforderlich sein, dass die zu verwendenden Bauprodukte bestimmte Leistungswerte einhalten. Ohne nationale Zusatzanforderungen an harmonisierte Bauprodukte ist es daher möglich, dass in den Leistungserklärungen harmonisierter Bauprodukte erforderliche Leistungsangaben zur Beurteilung der Einhaltung nationaler Bauwerksanforderungen fehlen. Aus diesem Grund wurde Kapitel D 3 in die MVV TB [9] aufgenommen. Hierin wird darauf hingewiesen, dass bezüglich der Wesentlichen Merkmale eines Bauprodukts, die von der der CE-Kennzeichnung zugrunde liegenden harmonisierten technischen Spezifikation nicht erfasst sind, der Hersteller weitere freiwillige Angaben zu dem Produkt machen kann. Als ergänzenden Hinweis wird dem Hersteller zudem an die Hand gegeben, wie eine solche technische Dokumentation gestaltet sein muss, damit diese hinreichend zur Darlegung der Bauwerksanforderungen herangezogen werden kann. Je nach Produkt, Einbausituation und Verwendungszweck kann es erforderlich sein, in der Technischen Dokumentation anzugeben, welche technische Regel der Prüfung zugrunde gelegt wurde sowie ob

Tabelle 8. Allgemeine Bauartgenehmigung nach der neuen MBO

Allgemeine Bauartgenehmigungen für Bauarten sind erforderlich, wenn
– die Bauart von den Technischen Baubestimmungen wesentlich abweicht oder
– es keine allgemein anerkannte Regel der Technik gibt und
– kein allgemeines bauaufsichtliches Prüfzeugnis nach Kapitel C 4 MVV TB vorgesehen ist.

Tabelle 9. Vorhabenbezogene Bauartgenehmigung nach der neuen MBO

Vorhabenbezogene Bauartgenehmigungen sind erforderlich, wenn
– die Bauart von den Technischen Baubestimmungen wesentlich abweicht oder
– es keine allgemein anerkannte Regel der Technik gibt und
– sich auf ein konkretes Vorhaben bezieht.

Tabelle 10. Allgemeines bauaufsichtliches Prüfzeugnis für Bauarten nach der neuen MBO

Allgemeine bauaufsichtliche Prüfzeugnisse für Bauarten werden erteilt, wenn
– die Bauart von den Technischen Baubestimmungen wesentlich abweicht oder
– es keine allgemein anerkannte Regel der Technik gibt und
– in Kapitel C 4 MVV TB festgelegt ist, dass nur ein allgemeines bauaufsichtlichen Prüfzeugnisses erforderlich ist.

und welche Stellen eingeschaltet wurden. Zum Beispiel kann es insbesondere sinnvoll sein, eine entsprechend Art. 30 BauPVO qualifizierte Stelle einzuschalten, sofern es keine anwendbare, anerkannte technische Regel gibt oder eine entsprechend Art. 43 BauPVO qualifizierte Stelle, sofern lediglich eine unabhängige Drittprüfung anhand einer anwendbaren technischen Regel durchgeführt werden soll.

6.4 Übersicht der Technischen Baubestimmungen nach alter und neuer Rechtslage

Siehe folgende Tabelle.

6.5 Prioritätenliste

Das DIBt hat in Abstimmung mit den Ländern eine sogenannte Prioritätenliste veröffentlicht [14]. Hierin wird für ausgewählte Bauprodukte auf verwendungsspezifische Leistungsanforderungen zur Erfüllung der Bauwerksanforderungen hingewiesen, die den nach der BauPVO zu erstellenden Leistungserklärungen allein nicht entnommen werden können.

7 Ausblick

Bei der Neufassung der MBO und der Erstellung der MVV TB wurde versucht, die erforderlichen Änderungen möglichst gering zu halten. Die Anforderungen an Verwendbarkeitsnachweise und Übereinstimmungsbestätigungen für nicht harmonisierte Bauprodukte haben sich inhaltlich nicht geändert. Auch die inhaltlichen Anforderungen an Bauarten sind grundlegend gleich geblieben, es haben sich lediglich begriffliche Neuerungen ergeben. Die letztlich entscheidenden und doch erheblichen Änderungen beziehen sich auf nach der BauPVO harmonisierte Bauprodukte. Schwierigkeiten können sich insbesondere daraus ergeben, dass an diese keine Zusatzanforderungen gestellt und keine Verwendbarkeitsnachweise gefordert werden. Zugleich müssen die nationalen bauwerksbezogenen Anforderungen nach wie vor eingehalten werden, was auch dazu führt, dass die für die Bauart zu verwendenden Bauprodukte bestimmte Grenzwerte nicht überschreiten dürfen. Ohne Verwendbarkeitsnachweise müssen die nicht in der Leistungserklärung ausgewiesenen, aber zur Beurteilung der Bauwerksanforderungen erforderlichen Leistungen daher auf andere Weise dargelegt werden können. Diese fehlenden Leistungsangaben können nunmehr anhand einer Technischen Dokumentation nachgewiesen werden.

Für eine umfassende Harmonisierung ist es wichtig, die mangelhaften harmonisierten Normen zu ergänzen und neue harmonisierte Normen im Hinblick auf sämtliche Wesentliche Merkmale vollständig auszugestalten. Insoweit weist Deutschland die Europäische Kommission seit Jahren auf Unzulänglichkeiten in bestehenden harmonisierten Normen hin. Da es Deutschland mit dem EuGH-Urteil untersagt wurde, die fehlenden Anforderungen in harmonisierten Normen national zu regeln, leitete Deutschland 2015 Einwandsverfahren nach Art. 18 der Verordnung (EU) Nr. 305/2011 gegen zunächst sechs unvollständig harmonisierte Normen ein. Die ersten zwei auf Holzfußböden und Sportböden bezogenen Einwände wurden von der Europäischen Kommission zurückgewiesen. Die Kommission hält zusätzliche Produktanfor-

	Alte Regelung	Neue Regelung
Harmonisierte Bauprodukte nach der BauPVO	Bauregelliste B Teil 1	entfällt ersatzlos
Nicht nach der BauPVO harmonisierte Bauprodukte	Bauregelliste B Teil 2	MVV TB Kapitel B 3
Nicht harmonisierte Bauprodukte, für die es Technische Baubestimmungen gibt	Bauregelliste A Teil 1	MVV TB Kapitel C 2
Nicht harmonisierte Bauprodukte, die nur eines allgemeinen Prüfzeugnisses bedürfen	Bauregelliste A Teil 2	MVV TB Kapitel C 3
Bauprodukte, für die kein Verwendbarkeitsnachweis erforderlich ist	Liste C	MVV TB Kapitel D 2
Bauarten, für die es Technische Baubestimmungen gibt	Liste der Technischen Baubestimmungen	MVV TB Teil A
Bauarten, die nur eines allgemeinen Prüfzeugnisses bedürfen	Bauregelliste A Teil 3	MVV TB Kapitel C 4
Technische Anforderungen an Bauprodukte und Bauarten nach anderen Rechtsvorschriften	Bauregelliste A Teil 1 und B Teil 1	MVV TB Kapitel B 4

derungen in europäischen Normen für rechtswidrig und hat bisher noch vorhandene Hinweise auf nationale ergänzende Regelungen aus den Normen gestrichen. Deutschland erhob daraufhin Klage vor dem Gericht der Europäischen Union (EuG) mit dem Ziel, die Entscheidungen der Kommission bezüglich der von Deutschland vorgetragenen Einwände durch ein Urteil des EuG aufzuheben und nationale Ergänzungsregelungen rechtsverbindlich möglich zu machen. Die Entscheidung des EuG steht noch aus.

Um den Normungsprozess weiter voranzutreiben, bat zudem der Vorsitzende der Fachkommission Bautechnik der Bauministerkonferenz das Deutsche Institut für Normung (DIN) um Unterstützung bei der Überarbeitung defizitärer harmonisierter Normen, die harmonisierte Verfahren und Kriterien für die Bewertung der Leistungen dieser Bauprodukte in Bezug auf ihre „Wesentlichen Merkmale" vermissen lassen. Als Grundlage für die Zusammenarbeit übersandte der Vorsitzende der Fachkommission Bautechnik der Geschäftsleiterin des Bereichs Normung die in den Gremien abgestimmte Prioritätenliste. Eine intensivierte Zusammenarbeit mit dem DIN soll dazu beitragen, harmonisierte Normen schnellstmöglich so zu vervollständigen, dass all die Leistungen auf Basis der harmonisierten Normen erklärt werden können, die für die Erfüllung der deutschen Bauwerksanforderungen von Bedeutung sind. Die „Prioritätenliste – Ausgewählte verwendungsspezifische Leistungsanforderungen zur Erfüllung der Bauwerksanforderungen" ist hierfür ein wichtiger Orientierungspunkt.

8 Literatur

[1] AEUV (2008) Vertrag über die Arbeitsweise der Europäischen Union, Fassung aufgrund des am 1.12.2009 in Kraft getretenen Vertrages von Lissabon, bekanntgemacht im Amtsblatt EG Nr. C 115 vom 9.5.2008, S. 47.

[2] Bericht der Kommission an das Europäische Parlament und den Rat über die Durchführung der Verordnung (EU) Nr. 305/2011 des Europäischen Parlaments und des Rates vom 9. März 2011 zur Festlegung harmonisierter Bedingungen für die Vermarktung von Bauprodukten und zur Aufhebung der Richtlinie 89/106/EWG des Rates.

[3] BauPVO (2011) Verordnung zur Festlegung harmonisierter Bedingungen für die Vermarktung von Bauprodukten und zur Aufhebung der Richtlinie 89/106/EWG, veröffentlicht im Amtsblatt 2011 L88/5.

[4] BPR (1989) Richtlinie 89/106/EWG des Rates vom 21. Dezember 1988 zur Angleichung der Rechts- und Verwaltungsvorschriften der Mitgliedstaaten über Bauprodukte, veröffentlicht im Amtsblatt 1989 L40/12.

[5] MBO alt (2012) Musterbauordnung in der Fassung vom 1. November 2002, zuletzt geändert durch den Beschluss vom 21. September 2012, Stand bis zum 13. Mai 2016.

[6] Bauregelliste A, Bauregelliste B und Liste C, Ausgabe 2014/1 vom 07. März 2014.

[7] Muster-Liste der Technischen Baubestimmungen, Fassung vom Juni 2015.

[8] Urteil des EuGH vom 16.10.2014 in der Rechtssache C-100/13.

[9] MVV TB (2017) Muster-Verwaltungsvorschrift Technische Baubestimmungen, Ausgabe 2017/1 vom 31.08.2017, mit Druckfehlerberichtigung vom 11. Dezember 2017.

[10] www.dibt.de (2016) Rubrik „Aktuelles zur Novellierung des Bauordnungsrechts", Beitrag vom 20. Oktober 2016.

[11] MBO neu (2016) Musterbauordnung in der Fassung vom 1. November 2002, zuletzt geändert durch den Beschluss vom 13. Mai 2016.

[12] Änderungsmitteilungen des Deutschen Instituts für Bautechnik (2015) Änderungen der Bauregelliste B Teil 1, Ausgabe 2015/1 vom 31. Juli 2015, https://www.dibt.de/de/Geschaeftsfelder/Data/BRL_%20B_%20Teil_1_31072015.pdf [Zugriff am 25. Juni 2018].

[13] Änderungsmitteilungen des Deutschen Instituts für Bautechnik (2016),

[14] Änderungen der Bauregelliste A und B, Ausgabe 2016/1 vom 10. Januar 2016, http://www.dibt.de/de/geschaeftsfelder/data/BRL_2016_1_Aenderungsmitteilung.pdf [Zugriff am 25. Juni 2018].

[15] www.dibt.de (2018) Rubrik „Aktuelles zur Novellierung des Bauproduktenrechts", Beitrag vom 22. Mai 2018.

F Forschung

I Übersicht über abgeschlossene und laufende Forschungsvorhaben im Mauerwerksbau   783
Anke Eis, Dresden

I Übersicht über abgeschlossene und laufende Forschungsvorhaben im Mauerwerksbau

Anke Eis, Dresden

Vorbemerkung

Seit dem Mauerwerk-Kalender 2000 wird an dieser Stelle eine Übersicht über abgeschlossene und laufende Forschungsprojekte im Bereich Mauerwerksbau gegeben mit dem Ziel, das aktuelle Forschungsgeschehen bekannt zu machen und dadurch den zukünftigen Forschungsbedarf effizient bestimmen und die Mittel und Möglichkeiten rationell und zielorientiert einsetzen zu können. In dieser Ausgabe erfolgt lediglich eine Auflistung der Vorhaben. Für den nächsten Mauerwerk-Kalender ist wieder eine ausführlichere Variante des Beitrags mit Kurzberichten zu den einzelnen Vorhaben geplant.

Hinweise auf andere, hier bisher nicht berücksichtigte Einrichtungen und Projekte, die sich aktuell mit Forschungsvorhaben im Mauerwerksbau beschäftigen, nimmt die Schriftleitung des Mauerwerk-Kalenders gern entgegen (a.eis@jaeger-ingenieure.de) – herzlichen Dank dafür bereits an dieser Stelle.

Nach Angabe der Forschungsstellen (F) folgen die Abschnitte 1 „Abgeschlossene Forschungsvorhaben" und 2 „Laufende Forschungsvorhaben". Darin werden in je einer Übersichtsliste die Titel der Forschungsprojekte und die zugehörigen Forschungsstellen benannt – mit Angabe der letzten Veröffentlichung in früheren Ausgaben des Mauerwerk-Kalenders. Wiedergegeben ist der Stand vom Sommer 2018.

Forschungsstellen (F)

F1
Rheinisch Westfälische Technische Hochschule Aachen
Fakultät Bauingenieurwesen

F1.1
Institut für Bauforschung (ibac)
Prof. Dr.-Ing. Wolfgang Brameshuber (gest. 09/2016)
Prof. Dr.-Ing. Michael Raupach

F1.2
Lehrstuhl für Baustatik und Baudynamik
Prof. Dr.-Ing. habil. Sven Klinkel

F2
Technische Universität Braunschweig
Fakultät Architektur, Bauingenieurwesen und Umweltwissenschaften
Institut für Baustoffe, Massivbau und Brandschutz (IBMB)
Prof. Dr.-Ing. Harald Budelmann
sowie
Hochschule Ostwestfalen-Lippe
FB3 Bauingenieurwesen und Wirtschaftsingenieurwesen Bau
Fachgebiet Baustofftechnologie und Massivbau
Prof. Dr.-Ing. Erhard Gunkler

F3
Technische Universität Darmstadt
FB13 – Bau- und Umweltingenieurwissenschaften
Institut für Massivbau

F3.1
FG Massivbau
Prof. Dr.-Ing. Carl-Alexander Graubner

F3.2
FG Werkstoffe im Bauwesen
Prof. Dr. ir. Eddie Koenders
(ehem. Prof. Dr.-Ing. Harald Garrecht)

F4
Technische Universität Dortmund

F4.1
Fakultät Architektur und Bauingenieurwesen
Lehrstuhl Tragkonstruktionen
Prof. Dr.-Ing. Atilla Ötes

F4.2
Lehrstuhl Werkstoffe des Bauwesens
Prof. Dr. rer. nat. Bernhard Middendorf
(bis 30.09.2012)
Prof. Dr.-Ing. habil. Jeanette Orlowsky

F5
Technische Universität Dresden
Bereich Bau und Umwelt

F5.1
Fakultät Architektur
Lehrstuhl für Tragwerksplanung
Prof. Dr.-Ing. Wolfram Jäger

F5.2
entfällt (ehem. Institut für Baukonstruktion)

Mauerwerk-Kalender 2019: Bemessung, Bauwerkserhaltung, Schallschutz. Herausgegeben von Wolfram Jäger.
© 2019 Ernst & Sohn GmbH & Co. KG. Published 2019 by Ernst & Sohn GmbH & Co. KG.

F5.3
Fakultät Bauingenieurwesen
Institut für Statik und Dynamik der Tragwerke
Prof. Dr.-Ing. habil. Michael Kaliske
Prof. Dr.-Ing. Wolfgang Graf

F5.4
entfällt (ehem. Institut für Baubetriebswesen)

F6
Technische Universität Hamburg-Harburg
Institut für Baustoffe, Bauphysik und Bauchemie
Prof. Dr.-Ing. Frank Schmidt-Döhl

F7
Gottfried Wilhelm Leibniz Universität Hannover

F7.1
Fakultät für Bauingenieurwesen und Geodäsie
Institut für Baustoffe (IFB)
Prof. Dr.-Ing. Ludger Lohaus
Institut für Massivbau
Prof. Dr.-Ing. Steffen Marx
Geodätisches Institut (GIH)
Prof. Dr.-Ing. Ingo Neumann

F7.2
Naturwissenschaftliche Fakultät
Institut für Mineralogie
Prof. Dr. rer. nat. Josef-Christian Buhl

F8
Karlsruher Institut für Technologie KIT
(ehem. Universität Karlsruhe)

F8.1
Fakultät für Bauingenieur-, Geo- und Umweltwissenschaften
Institut für Massivbau und Baustofftechnologie (IMB)
Abt. Baustoffe und Betonbau
Prof. Dr.-Ing. Harald S. Müller
Abt. Massivbau
Prof. Dr.-Ing. Lothar Stempniewski

F8.2
Fakultät für Architektur
Institut Entwerfen und Bautechnik
FG Tragkonstruktionen
Prof. Dipl.-Ing. Matthias Pfeifer

F9
Universität Rostock
Agrar- und Umweltwissenschaftliche Fakultät
Prof. Dr. agr. habil. Peter Leinweber

F10
Technische Universität München

F10.1
Fakultät für Bauingenieur- und Vermessungswesen
Institut für Baustoffe und Konstruktion
Lehrstuhl für Massivbau
Prof. Dr.-Ing. Dipl.-Wirtsch.-Ing. Oliver Fischer

F10.2
Fakultät für Bauingenieur- und Vermessungswesen/
Centrum Baustoffe und Materialprüfung cbm
Lehrstuhl für Baustoffkunde und Werkstoffprüfung
Prof. Dr.-Ing. Christoph Gehlen
Lehrstuhl Zerstörungsfreie Prüfung
Prof. Dr.-Ing. habil. Dipl.-Geophys. Christian Große

F10.3
entfällt
(ehem. Institut für Entwerfen und Bautechnik)

F10.4
Fakultät für Bauingenieur- und Vermessungswesen
Lehrstuhl für Statik
Prof. Dr.-Ing. Kai-Uwe Bletzinger

F11
Universität Stuttgart

F11.1
Fakultät Bau- und Umweltingenieurwissenschaften
Institut für Werkstoffe im Bauwesen (IWB)
Prof. Dr.-Ing. Jan Hofmann

F11.2
Materialprüfungsanstalt Universität Stuttgart
(MPA Stuttgart, Otto-Graf-Institut – FMPA)
Prof. Dr.-Ing. Harald Garrecht

F11.3
Lehrstuhl für Bauphysik
Abt. Ganzheitliche Bilanzierung

F11.4
Fakultät Bau- und Umweltingenieurwissenschaften
Institut für Leichtbau Entwerfen und Konstruieren (ilek)
Prof. Dr.-Ing. Dr.-Ing. e. h. Werner Sobek

F12
Fraunhofer Institut für Bauphysik, Stuttgart
Prof. Dr.-Ing. Gerd Hauser (gest. 08/2015)
Prof. Dr. Philip Leistner
Prof. Dr.-Ing. Klaus Sedlbauer

F13
Bauhaus-Universität Weimar
Fakultät Bauingenieurwesen

F13.1
F. A. Finger-Institut für Baustoffkunde (FIB)
Prof. Dr.-Ing. Horst-Michael Ludwig

F13.2
Institut für Konstruktiven Ingenieurbau (IKI)
Holz- und Mauerwerksbau
Prof. Dr.-Ing. Karl Rautenstrauch
Earthquake Damage Analysis Center EDAC
Erdbebenzentrum
Dr.-Ing. Jochen Schwarz

F14
Hochschule Karlsruhe – Technik und Wirtschaft
Fakultät Architektur und Bauwesen

F15
Jade Hochschule
Fachbereich Bauwesen und Geoinformation
Abteilung Bauwesen
Prof. Dr.-Ing. Heinrich Wigger

F16
Fachhochschule Erfurt

F16.1
Fakultät Bauingenieurwesen
und Konservierung/Restaurierung
Fachbereich Bauingenieurwesen
Fachgebiete Baustoffkunde, Bauchemie
Prof. Dr.-Ing. Christel Nehring

F16.2
Fakultät Landschaftsarchitektur, Gartenbau und Forst
Fachrichtung Landschaftsarchitektur
Prof. Dipl.-Ing. Gert Bischoff

F17
Ruhr-Universität Bochum
Fakultät für Bau- und
Umweltingenieurwissenschaften
Lehrstuhl für Verkehrswegebau
Prof. Dr.-Ing. Martin Radenberg

F18
Universität Kassel
Fachbereich Bauingenieur- und
Umweltingenieurwesen – FB 14
Institut für Konstruktiven Ingenieurbau (IKI)

F18.1
Professur für Bauwerkserhaltung und Holzbau
Prof. Dr.-Ing. Werner Seim

F18.2
Professur für Massivbau
Prof. Dr.-Ing. Ekkehard Fehling

F18.3
Professur Werkstoffe des Bauwesens
(Prüfstelle FB 14 – Amtliche Materialprüfanstalt
für das Bauwesen)
Prof. Dr. rer. nat. Bernhard Middendorf

F19
FH Münster
Fachbereich Bauingenieurwesen
Prof. Dr.-Ing. Dietmar Mähner

F20
TU Kaiserslautern
Fachbereich Bauingenieurwesen
Fachgebiet Massivbau und Baukonstruktion
Prof. Dr.-Ing. Jürgen Schnell

F21
FH Aachen University of Applied Sciences
Fachbereich Energietechnik
Prof. Dr.-Ing. Christoph Butenweg

F22
entfällt (ehem. Georg-August-Universität Göttingen)

F23
TU Bergakademie Freiberg

F24
Hochschule Neubrandenburg
Institut für Bauwerkserhaltung e. V. (IBE)
Prof. Dr.-Ing. Winfried Malorny

F25
HTWK – Hochschule für Technik, Wirtschaft
und Kultur Leipzig
Fakultät Bauwesen
Prof. Dr.-Ing. Klaus Gaber

F26
Hochschule für Technik Stuttgart
Institut für Angewandte Forschung
Zentrum für akustische und thermische Bauphysik

F27
Technische Universität Clausthal
Institut für Nichtmetallische Werkstoffe
Prof. Dr. rer. nat. Albrecht Wolter

F28
Universität der Bundeswehr
Fakultät für Bauingenieurwesen
und Umweltwissenschaften
Institut für Werkstoffe des Bauwesens
Prof. Dr.-Ing. Karl-Christian Thienel

FZ1
Planungs- und Ingenieurbüro für Bauwesen
Prof. Dr.-Ing. Wolfram Jäger
Wichernstraße 12, 01445 Radebeul

FZ2
Grontmij GmbH (ehem. Grontmij BGS
Ingenieurgesellschaft mbH)
Dr.-Ing. Helmut Reeh (i. R.)
Dipl.-Ing. Jörg Duensing
Karl-Wiechert-Allee 1B, 30625 Hannover

FZ3
BAM Bundesanstalt für Materialforschung
und -prüfung
Unter den Eichen 87, 12205 Berlin

FZ3.1
Abteilung 8 – Zerstörungsfreie Prüfung
Fachbereich 8.4 – Akustische und elektromagnetische Verfahren
Thermografische Verfahren
Dr. rer. nat. Christiane Maierhofer

FZ3.2
Abteilung 7 – Bauwerkssicherheit
Fachbereich 7.1 – Baustoffe
Dr.-Ing. Patrick Fontana

FZ3.3
Abteilung 7 – Bauwerkssicherheit
Fachbereich 7.4 – Baustofftechnologie
Dr. rer. nat. Katrin Rübner

FZ4
Jäger & Bothe Ingenieure GmbH
Ingenieursozietät für Brückenbau und Hochbau
Haydnstraße 3, 09119 Chemnitz

FZ5
IAB – Institut für Angewandte Bauforschung Weimar
gemeinnützige GmbH
Über der Nonnenwiese 1, 99428 Weimar

FZ6
Jäger Ingenieure GmbH
Ingenieurbüro für Tragwerksplanung
Wichernstraße 12, 01445 Radebeul

FZ7
Dynardo GmbH Weimar
Dr.-Ing. Roger Schlegel
Steubenstraße 25, 99423 Weimar

FZ8
Bundesverband Kalksandsteinindustrie/
European Calcium Silicate Producers Association/
Forschungsvereinigung Kalk-Sand e. V.
Dipl.-Ing. Antonio Caballero González
Dr.-Ing. Wolfgang Eden
Entenfangweg 15, 30419 Hannover

FZ9
Bundesverband der Deutschen Ziegelindustrie e. V.,
Bonn/Forschungsgemeinschaft Ziegelindustrie e. V.,
Berlin
Reinhardtstraße 12–16, 10117 Berlin

FZ10
ARGE Mauerziegel im Bundesverband
der Dt. Ziegelindustrie e. V.
Dr.-Ing. Udo Meyer
Reinhardtstraße 12–16, 10117 Berlin

FZ11
Institut für Ziegelforschung Essen e. V.
Dr.-Ing. U. Knüpfer
Am Zehnthof 197–203, 45307 Essen

FZ12
Ingenieur- und Gutachterbüro Glitza
Dipl.-Ing. Horst Glitza
Am Römerberg 11, 56291 Kisselbach

FZ13
HAHN Consult (HC)
Ingenieurgesellschaft für Tragwerksplanung
und Baulichen Brandschutz mbH
Dipl.-Ing. Christiane Hahn
Gertigstraße 28, 22303 Hamburg
Baumschulenweg 2, 38104 Braunschweig

FZ14
Xella Technologie- und Forschungsgesellschaft mbH
Dipl.-Ing. Torsten Schoch
Hohes Steinfeld 1, 14797 Kloster Lehnin (Emstal)

FZ15
TragWerk Ingenieure
Dr.-Ing. Frank Purtak
Prellerstraße 9, 01309 Dresden

FZ16
WSGreenTechnologies GmbH
Albstraße 14, 70597 Stuttgart

FZ17
Materialprüfungs- und Versuchsanstalt (MPVA)
Neuwied GmbH
Forschungsinstitut für vulkanische Baustoffe
Sandkauler Weg 1, 56564 Neuwied
Dr.-Ing. Ulf Schmidt
Dr. rer. nat. Karl-Uwe Voss

FZ18
Bundesverband der Deutschen
Porenbetonindustrie e. V.
Dipl.-Ing. Georg Flassenberg
Kochstraße 6–7, 10969 Berlin

FZ19
Ingenieurgesellschaft mbH (PSI)
Vogelerweg 1, 28832 Achim

FZ20
Dr. rer nat. Gerd Kapphahn
Ingenieurgesellschaft für experimentelle Mechanik
GmbH (IFEM)
Edelweißweg 9, 04416 Markkleeberg

FZ21
Dipl.-Ing. Jürgen Götz
Ingenieurbüro Götz & Ilsemann (G & I)
Gravelottestraße 14, 31134 Hildesheim

FZ22
Forschungsinstitut für Wärmeschutz e. V. München
FIW München
Lochhamer Schlag 4, 82166 Gräfelfing

FZ23
Arbeitsgemeinschaft für zeitgemäßes Bauen
Walkerdamm 17, 24103 Kiel

FZ24
LCEE Life Cycle Engineering Experts GmbH
Berliner Allee 58, 64295 Darmstadt

FZ25
König u. Heunisch Planungsgesellschaft
Stresemannallee 30
60596 Frankfurt

1 Abgeschlossene Forschungsvorhaben

- Druckfestigkeit von Mauerwerk (ausführlich siehe Beitrag A III in diesem Mauerwerk-Kalender) – *F1.1*
- Lehmmauerwerk: Entwurfs- und Konstruktionsgrundsätze für eine Breitenanwendung im Wohnbau unter Berücksichtigung klimatischer Bedingungen gemäßigter Zonen am Beispielstandort Deutschland (ausführlich im Mauerwerk-Kalender 2017, Beitrag B VI) – *F5.1*
- EU-Projekt INSYSME: Innovative Techniken für erdbebensichere Ausfachungswände aus Ziegelmauerwerk in Stahlbetonrahmentragwerken (Mauerwerk-Kalender 2016, F II; Teilprojekt: Mauerwerk-Kalender 2017, Abschnitt 2.2.1) – *F1.2, FZ10, F18.2*

2 Laufende Forschungsvorhaben

- Vergleich der normativen Ansätze zum Nachweis von Aussteifungsscheiben im Gebäude nach DIN 1053-1/-100, EN 1996-1-1 und dem Forschungsvorhaben ESECMaSE hinsichtlich des Sicherheitsniveaus (Mauerwerk-Kalender 2011, F I, Abschnitt 2.2.4) – *F5.1*
- Entwicklung einer zementfreien Injektionstechnologie auf Kalkbasis für historisch wertvolles, gipshaltiges Mauerwerk – IngiMa (Mauerwerk-Kalender 2017, F I, Abschnitt 2.2.2.) – *F5.1*
- OptiHaP – Umsetzung einer optimierten Prüfung der Haftscherfestigkeit im Mauerwerksbau in Anlehnung an das bisherige europäische Verfahren nach DIN EN 1052-3 (Mauerwerk-Kalender 2018, F I, Abschnitt 2.2.1) – *F5.1*
- FaAnNa – Einsatz von Ankern und Nadeln aus Faserwerkstoffen bei der Sanierung historischer Bauwerke (Mauerwerk-Kalender 2017, F I, Abschnitt 2.2.4) – *F5.1*
- FBKM – Textile Bewehrung in der Lagerfuge von gemauerten Kellerwänden zur Erhöhung der Tragfähigkeit gegen Erddruck – Faserbewehrtes Kellermauerwerk (Mauerwerk-Kalender 2018, F I, Abschnitt 2.2.2) – *F5.1*
- ReDeMaM – Rezyklierbarer, Demontierbarer, Energiehocheffizienter und Massiver Musterbau (Mauerwerk-Kalender 2018, Abschnitt 2.2.3) – *F5.1*
- Sicherung des Westiwans des Takht-e Soleyman in Iran (ausführlich siehe Beitrag B I in diesem Mauerwerk-Kalender) – *F5.1*
- Eine Methode zur effizienten Simulation großer Mauerwerksscheiben unter exzentrischer und/oder zyklisch biaxialer Beanspruchung auf der Grundlage wirklichkeitsnaher Kleinkörperversuche (Mauerwerk-Kalender 2018, Abschnitt 2.2.5) – *F10.1, F10.4*
- Teilweise aufstehende Mauerwerksscheiben (Mauerwerk-Kalender 2018, Abschnitt 2.2.6) – *F18.2, FZ10*
- i_city – Schallschutz von energetisch optimierten Fassaden (Mauerwerk-Kalender 2018, F I, Abschnitt 2.2.7) – *FZ8*
- Einsatz von natürlichen Schwermineralsanden zur Steigerung der Rohdichte von Kalksandsteinen für einen hohen baulichen Schallschutz sowie zur Strahlungsabschirmung (AiF: 17798-N) (Mauerwerk-Kalender 2018, F I, Abschnitt 2.2.7) – *FZ8, F27*
- Optimierung von Kalk-Sand-Mischungen und Entwicklung eines Praxis-Prüfverfahrens zur Bewertung der Mischungsqualität (AiF: 18187-N) (Mauerwerk-Kalender 2018, F I, Abschnitt 2.2.8) – *FZ8, F18.3*
- Steigerung der Beschusssicherheit von Kalksandstein-Mauerwerk durch Optimierung der Gefügeauslegung (AiF: 18429-N) (Mauerwerk-Kalender 2018, F I, Abschnitt 2.2.9) – *FZ8*
- Einsatz von CSH-Phasen als Reaktionsbeschleuniger bei der Herstellung von Kalksandsteinen zur Reduzierung des Energieverbrauchs und der Umweltemissionen – Teil 2 (AiF: 18413-N) (Mauerwerk-Kalender 2018, F I, Abschnitt 2.2.10) – *FZ8, F18.3*
- Steigerung der Produktqualität und Reduktion der Produktionskosten bei der Kalksandsteinfertigung durch Einsatz unstetiger Gesteinskörnungen (Ausfallkörnungen) (AiF: 18896-N) (Mauerwerk-Kalender 2018, F I, Abschnitt 2.2.11) – *FZ8, F27*
- Optimierung des Autoklavierungsprozesses zur Reduzierung der Produktionskosten und Qualitätssteigerung von Kalksandsteinen mittels statistischer Versuchsplanung (AiF: 18570-N) (Mauerwerk-Kalender 2018, F I, Abschnitt 2.2.12) – *FZ8, F18.3*

Stichwortverzeichnis

3-D-Scan
– Westiwan (Takht-e Soleyman) 298
3-D-Volumenmodell
– Dompfeiler M1 (St. Marien Zwickau) 335, 355

A

Abdichtungen *siehe* Bauwerksabdichtungen
A-Bewertung
– Schalldruckpegel 482, 500
Abgekühlte Luft
– Tauwasserausfall 552
Abknickende Stöße *siehe* Winkelstöße
Abmessungen
– Westiwan (Takht-e Soleyman) 298
– *siehe auch* Geometrische Abmessungen
Abnahmelasten
– Injektionsdübel 427
Abnahmeversuche 418, 427
Abstützbreite
– Einfluss auf Tragfähigkeit 419, 421
Abstützen
– Dompfeiler (St. Marien Zwickau) 337, 338
– gegenseitiges von Wandscheiben 465
Abwasserrohr
– im Wandschlitz 511
abZ *siehe* Allgemeine bauaufsichtliche Zulassungen
Aerogel-Hochleistungsdämmputz 594, 601, 605
Aerogel-Matten 594, 601
Allgemeine Bauartgenehmigung 776
Allgemeine bauaufsichtliche Zulassungen (abZ)
– Allgemeines 631
– Beton-Hohlblocksteine 651
– Beton-Planelemente 726
– Beton-Vollsteine und -blöcke 649, 650
– bewehrtes Mauerwerk 745
– Dünnbettmörtel, Mauerwerk mit 652
– Ergänzungsbauteile 747
– geschosshohe Wandtafeln 736
– Kalksand-Planelemente 720
– Kalksand-Plansteine 693
– Kalksandsteine 647
– Leichtbeton-Plansteine 712
– Leichtmörtel, Mauerwerk mit 633
– Mauerfuß-Dämmelemente 747
– Mauerwerksschalen-Anker 747
– Mauerziegel 633
– MBO-Regelungen 774, 775
– Mittelbettmörtel, Mauerwerk mit 730
– Normalmörtel, Mauerwerk mit 633
– Planhohlblocksteine 707
– Planverfüllziegel 689, 741
– Planvollsteine und -blöcke 699
– Planziegel 652, 739
– Planziegel-Elemente 719
– Porenbeton-Planelemente 725
– Porenbeton-Plansteine 696, 743
– PU-Kleber, Mauerwerk mit 739
– Schalungsstein-Bauarten 736
– Stürze 745
– Trockenmauerwerk 738
– Übersicht 750
– Verfüllziegel 646
– vorgefertigte Wandtafeln 731, 744
Allgemeines bauaufsichtliches Prüfzeugnis 775, 777
Allgemeines Gasgesetz 549
Anker
– Dompfeiler (St. Marien Zwickau) 351, 359, 371, 374
– *siehe auch* Glasfaseranker; Mauerwerksschalen-Anker
Anstriche
– wasserabweisende beim Einsatz von Innendämmung 603
Anwendbarkeitsnachweise
– Bauarten 767, 772, 773, 776
Äquivalenter bewerteter Norm-Trittschallpegel 485
Arbeitsgerüst
– Westiwan (Takht-e Soleyman) 321
Arkadenwände (Dom St. Marien Zwickau)
– Betonpolster 373
– Druckfestigkeit 339
– Lasteinleitung 363
Auflager
– Mauerwerksbau 471
– *siehe auch* Deckenauflager
Ausbruch *siehe* Steinausbruch
Ausfachende Mauerwände
– Durchbiegung 435
– Lastkonfiguration 432
– Last-Verformungsverhalten 437, 438, 442, 446
– Systemmodelle 433
– Tragfähigkeit, Auswertung der 451
– Tragfähigkeit, Bemessungsmodell für 458
– Tragfähigkeit, Steigerung der 431
– Versagensarten 431
– Wand-Deckenanschlüsse für 436
Ausführung
– Normen 613
Außenbauteile
– Feuchtegehalt von Porenbeton- 548
– Schalldämmung 491, 496
– Tauwasserschutz 567
– *siehe auch* Außenwände; Dächer; Fenster; Türen
Außenlärm 491, 496, 523, 530
Außenlufttemperatur
– Klimastandorte Schweiz 593
– Zwickau 366
Außenseitige Verkleidung
– Außenwände 536
Außenstegdicke 403
Außenstegverankerung
– Tragfähigkeit von Injektionsdübeln mit 391, 400
Außenwände
– außenseitige Verkleidung 536
– Beton- 569
– Deckenauflager 537
– flankierende Schallübertragung 538
– hölzerne 569, 570, 577
– innenseitige Verkleidung 532, 536
– Kalksandstein- 586
– Mauerwerk- 569
– Schalldämmung 529
– Schallschutz 530
– Tauwasserausfall, ohne Nachweis des 569
– Wärmedämmung 539
– Wärmeschutz 530
– Wasseraufnahme-Begrenzung 602
– WDVS 523, 531, 570, 571
– *siehe auch* Erdberührte Außenwände; Zweischalige Außenwände
Auswertung
– Tragfähigkeit ausfachender Mauerwerkswände 451
Auszugversuche 417, 421, 427
Avogadrosches Gesetz 550

B

Balken *siehe* Holzbalken
Bauakustik *siehe* Schalldämmung; Schallschutz
Bauarten
- Anwendbarkeitsnachweise 767, 772, 773, 776
Bauaufsichtliche Nachweise *siehe* Anwendbarkeitsnachweise; Verwendbarkeitsnachweise
Bauaufsichtliche Zulassungen *siehe* Allgemeine bauaufsichtliche Zulassungen
Bauaufsichtliches Prüfzeugnis *siehe* Allgemeines bauaufsichtliches Prüfzeugnis
Bauernhaus (Rünenberg/Schweiz)
- bauphysikalische Eigenschaften 591
Bauhistorische Dokumentation
- Westiwan (Takht-e Soleyman) 299
Baukonstruktionen
- Nutzungsanforderungen 556
Bauordnung
- Chicago (1913) 462
- *siehe auch* Landesbauordnungen; Musterbauordnung
Bauphysik
- Normen 625
Bauphysikalische Eigenschaften
- Bauernhaus (Rünenberg/Schweiz) 591
Bauprodukte
- allgemeines bauaufsichtliches Prüfzeugnis 775
- Anforderungen 768, 773, 774
- Bewertung 766
- Einzelfallzustimmung 775
- freiwillige Herstellererklärungen 771, 777
- harmonisierte 772, 776, 777
- Kennzeichnung 612
- lückenhaft harmonisierte 769, 770
- nicht harmonisierte 770, 772
- Prioritätenliste 778
- prüffähige technische Dokumentationen 771
- Unterscheidung 767
- Verwendbarkeitsnachweise 772
- *siehe auch* Allgemeine bauaufsichtliche Zulassungen
Bauproduktenrecht
- Anpassungen 765, 770, 772, 778
- EuGH-Urteil zu 769, 770
- Umsetzung 770, 771

Bauproduktenrichtlinie (BPR)
- in EuGH-Urteil 769
- Vergleich mit BauPVO 765, 766
Bauproduktenverordnung (BauPVO)
- EG-Richtlinien ohne Anforderungen der 768
- Technische Spezifikationen 766
- Vergleich mit BPR 765, 766
- Ziele 766
Bauregellisten
- Änderungen 771
- Struktur 767
- Zusatzanforderungen 612, 769
Bau-Schalldämm-Maß 485, 491, 530
Baustellenversuche *siehe* Durchführung und Auswertung von Versuchen am Bau (Technische Regel); Versuche am Bau (Forschungsvorhaben)
Baustoffe
- bewertete Schalldämm-Maße 508
- Mauerwerk als dominierender 461
- Normen 617
- Westiwan (Takht-e Soleyman) 300
- *siehe auch* Dämmstoffe; Mauersteine; Mörtel; Poröse Baustoffe
Bautechnik-Institut *siehe* Deutsches Institut für Bautechnik
Bauteile
- Feuchtehaushalt 584
- Feuchtetransport durch 584
- flächenbezogene Massen 507, 508, 510, 518, 533, 540
- Kenngrößen der Eigenschaften 483
- Schalldämm-Maße 506, 523, 530
- Schalldämmung 483, 486, 530
- Tauwasserausfall auf 548
- Tauwasserausfall in 559, 561, 563, 565, 569
- Temperatur in 557
- Vorsatzschalen auf 490
- Wasserdampfsättigungsdruck in 559
- *siehe auch* Außenbauteile; Einschalige Bauteile; Ergänzungsbauteile; Mehrschalige Bauteile; Trennbauteile; Zweischalige Bauteile
Bauteilkatalog 493, 506
Bauwerksabdichtungen
- Normen 628

Befestigungsverfahren
- Injektionsdübel 380
- Injektionsdübel mit Verankerung in mehreren Stegen 397, 401
- *siehe auch* Außenstegverankerung
Beherbergungsstätten
- Luft- und Trittschallschutz 498
Belastung
- Dompfeiler M1 (St. Marien Zwickau) 352
- *siehe auch* Last
Belastungsversuche
- Mauerwerk 265, 290
- Mauerwerkpfeiler-Simulation 282, 291
- Vergleich mit analytischen Ansätzen 280
- *siehe auch* Durchführung und Auswertung von Versuchen am Bau (Technische Regel); Versuche am Bau (Forschungsvorhaben)
Belüftete Dächer 572, 573
Bemessung
- Horizontallast, aufnehmbare 450, 458
- Membrandruckkräfte 431, 439
- Mindestauflast nach DIN EN 1996-3 434
- Normen 613
Berechnung
- Belastungsversuche von Mauerwerkpfeilern 282
- gekoppelter Wärme- und Feuchtetransport 585
- gekoppelter Wärme-, Feuchte- und Lufttransport 587
- Glaser-Verfahren 557, 584, 587
- Innenwand-Last (Bsp.) 473
- Luftschalldämmung 522
- Mauerwerk 470
- Querkrafttragfähigkeit 467
- Schalldämmung 490, 517, 518, 523, 527, 531
- Schallschutz 487, 489
- Schwingungen 515
- Tauwasserschutz 581
- Tragfähigkeit von biegebeanspruchten Wänden 440, 441, 446, 447
- Trittschallübertragung 491
- Wandscheiben 461, 477
- Wasserdampf-Diffusionsleitkoeffizient 556
Berechnungsmodelle
- Injektionsdübel in Lochsteinen unter Querzugbelastung 403
- Injektionsdübel in Lochsteinen unter Zugbelastung 390

- Tragfähigkeit von Injektionsdübeln in Lochsteinen 379, 386
- siehe auch Finite-Elemente-Methode

Beton
- Außenwände aus 569
- siehe auch Leichtbeton; Porenbeton

Betondecken siehe Stahlbetondecken

Beton-Hohlblocksteine
- Zulassungen 651

Beton-Planelemente
- Zulassungen 726
- siehe auch Porenbeton-Planelemente

Beton-Plansteine
- Zulassungen 699
- siehe auch Leichtbeton-Plansteine; Planhohlblocksteine; Planvollblöcke; Planvollsteine; Porenbeton-Plansteine

Betonpolster
- Arkadenwände (Dom St. Marien Zwickau) 373

Beton-Schalungssteine 508

Betonsteine
- Druckfestigkeit 4
- Haftscherfestigkeit 12
- Teilsicherheitsbeiwerte bei Injektionsdübeln 428
- Zulassungen 649, 650
- siehe auch Beton-Hohlblocksteine; Beton-Plansteine; Beton-Vollsteine; Leichtbetonsteine; Porenbetonsteine

Beton-Vollblöcke
- Zulassungen 649, 650

Beton-Vollsteine
- Zulassungen 649, 650

Beton-Wände siehe Bimsbeton-Wand

Betriebe
- Geräusche von baulich mit Gebäude verbundener 500

Beurteilung siehe Bewertung

Bewehrtes Mauerwerk
- Zulassungen 745
- siehe auch Stürze

Bewertete Standard-Schallpegeldifferenz 486

Bewerteter Norm-Trittschallpegel 484, 486
- siehe auch Äquivalenter bewerteter Norm-Trittschallpegel

Bewertetes Schalldämm-Maß 483, 487, 508, 512, 524, 526, 531

Bewertung
- Bauprodukte 766
- siehe auch A-Bewertung; European Technical Assessment; Europäische Bewertungsdokumente

Biegebeanspruchte Mauerwerkswände
- Berechnung der Tragfähigkeit 440, 441, 446, 447
- einachsige Tragfähigkeit 433, 446

Biegedruck siehe Einachsiger Biegedruck

Biegemoment
- Innenwand (Bsp.) 475, 476

Biegeschwingungen 506

Biegetragfähigkeit
- Stahlbetondecken 464

Biegezugfestigkeit
- Kalksandsteine 270
- Mauerwerk 15, 16
- Natursteine 24
- Porenbetonsteine 270

Biegungen siehe Durchbiegungen; Krümmung

Bimsbeton-Wand 509

Blocksteine siehe Kalksand-Blocksteine; Porenbeton-Blocksteine

Bodenbeläge siehe Schwimmende Estriche

Bodenpressung
- Dompfeiler M1 (St. Marien Zwickau) 349, 358

Bogen (Tragsystem) 434

Bohrgeräte
- Westiwan (Takht-e Soleyman) 312, 325, 326

Bohrlocherstellung
- für Glasfaseranker 327
- für Injektionsmörtel 322
- für Injektionssystem 384
- in Dompfeiler (St. Marien Zwickau) 369
- in Gewölbe (Dom St. Marien Zwickau) 372, 374

Bohrtechnik siehe Bohrgeräte

BPR siehe Bauproduktenrichtlinie

Brandschutz
- Dom St. Marien (Zwickau) 341

Brennen
- von Gips 307, 309

Brüche
- Mauerwerkpfeiler 278
- siehe auch Steinausbruch; Steinkantenbruch

Bruchsteinmauerwerk
- Simulationsmodell 593

Bürogebäude
- Luft- und Trittschallschutz 497

C
CE-Kennzeichnung 766

Chicago
- Bauordnung (1913) 462
- Monadnock Building 461

D
Dachabdichtung
- nicht belüftete Dächer mit 573

Dächer
- Instandsetzung 575
- Tauwasserausfall, ohne Nachweis des 572
- Temperatur 566
- Unterscheidung 572
- siehe auch Belüftete Dächer; Massives Flachdach; Nicht belüftete Dächer; Porenbeton-Dächer

Dachneigung
- belüftete Dächer mit 574

Dämmstoffe
- Dicke 593
- Feuchtegehalt erster Zentimeter 598
- für hygrothermische Simulation 594
- hygrothermische Eigenschaften 594
- Oberflächentemperatur 596
- relative Feuchte hinter 598, 600
- Temperatur hinter 598
- Temperatur in Wand mit vs. ohne 604
- siehe auch Aerogel-Hochleistungsdämmputz; Aerogel-Matten; Holzfaserdämmung

Dämmtechnik siehe Mauerfuß-Dämmelemente; Wärmedämmung

Dampf siehe Wasserdampf

Dampfbremse siehe Feuchteadaptive Dampfbremse

Dampfsperre
- Kalksandstein-Außenwand ohne 586
- massives Flachdach ohne 576

Davos
- Außenlufttemperatur 593
- Feuchtegehalt am Holzbalkenkopf 605
- Feuchtegehalt am Holzbalkenkopf 605
- Feuchtegehalt erster Zentimeter von Dämmstoffen 602

- Kalkstein-Temperatur mit vs. ohne Dämmstoffe 599
- Oberflächentemperatur von Dämmstoffen 596
- relative Feuchte hinter Dämmstoffen 600
- relative Luftfeuchte 593
- Schlagregen 594
- Wand-Temperatur mit vs. ohne Dämmstoffe 604

Decken
- elastische Kennwerte (Bsp.) 473
- Trittschalldämmung 484, 491, 541
- siehe auch Stahlbetondecken; Teilaufliegende Decken; Vollaufliegende Decken; Wand-Deckenanschlüsse

Deckenauflagen 484
Deckenauflager 464, 537
Deformationen siehe Verformungen
DEGA-Empfehlung 103 494
DEGA-Memoranden 495
Dehnungen
- Fugen 278
- siehe auch Feuchtedehnung; Querdehnungsmodul; Spannungs-Dehnungslinien; Wärmedehnung

Denkmalpflege siehe Historische Gebäude
Deutsches Institut für Bautechnik (DIBt)
- Zulassungserteilung 631
Deutsches Institut für Normung (DIN)
- Zusammenarbeit mit 779
- siehe auch einzelne DIN-Normen
Dickenschwingungen 506
Diffusion
- Erläuterung 548
- Fähigkeit 556
- trockene Luft 548
- siehe auch Wasserdampfdiffusion
DIN siehe Deutsches Institut für Normung
DIN 1045 463
DIN 1053-1 632
DIN 1053-100 632
DIN 4108-3 557, 562, 565, 566, 569, 574, 575
DIN 4109 (alt)
- Anforderungen 496
- Auswirkungen der europäischen Harmonisierung auf 487
- Beiblatt 1 486, 506, 512
- Beiblatt 2 494
- Schallschutznachweise 492

DIN 4109 (neu)
- Änderungen 489
- Anforderungen 493, 495
- Anwendungsbereich 496
- Aufbau und Inhalte 488
- Bauteilkatalog 493, 506
- Entwurf 486
- erhöhter Schallschutz 494
- Luftschalldämmung-Berechnung 522
- Nachweise 489
- Schalldämm-Maß 506
- Sicherheitskonzept 492
- zweischalige Haustrennwände 526

DIN 4172 380
DIN 20000-401 381
DIN 68800-2 566, 569, 570, 574
DIN EN 1990 426
DIN EN 1991 468
DIN EN 1996-1-1
- Querkrafttragfähigkeit 632
DIN EN 1996-3 434
DIN EN 13162 570
DIN EN 13171 570
DIN EN 45020 611
DIN EN ISO 6946 567
DIN EN ISO 13788 557, 584
DIN SPEC 91314 495
Dokumentation siehe Bauhistorische Dokumentation
Dom St. Marien (Zwickau)
- Allgemeines 333
- Brandschutz 341
- Ertüchtigungsmaßnahmen 376
- Fundament 335
- Gewölbe 372, 374
- Grundriss 335
- Langzeitmessungen 333
- Stabwerkmodell 334, 351
- statische Voruntersuchungen 334
- Verformungen 333
- siehe auch Arkadenwände
Dompfeiler M1 (St. Marien Zwickau)
- 3-D-Volumenmodell 335, 355
- Abstützung 337, 338
- Anker 351, 359, 371, 374
- Ansicht 373
- Belastung 352
- Bodenpressung 349, 358
- Bohrlocherstellung 369
- Druckfestigkeit 338
- Ertüchtigungsmaßnahmen 335, 337, 368, 376
- Fundament 336, 337, 349, 357, 370
- Grenzzustand der Gebrauchstauglichkeit 343

- Grenzzustand der Tragfähigkeit 344
- Krümmung durch Temperaturänderung 366
- Last 340, 355
- Lasteinleitung 359
- Monitoring 333, 376
- Querkraft 348
- Querschnitt 342
- Schnittkräfte 351
- Spannungen 334, 342, 343, 345, 356, 367
- statische Nachweise 341
- Tellerfedern 363
- Verspannung 337
- Vorspannung 342, 349, 357, 363, 367

Dompfeiler M2 (St. Marien Zwickau)
- Abstützung 337
- Anker 371, 374
- Ansicht 336, 373
- Bohrlocherstellung 369
- Ertüchtigungsmaßnahmen 335, 368, 376
- Fundament 336, 368, 371
- Grundriss 369
- Verspannung 337

Doppelhäuser siehe Einfamilien-Doppelhäuser
Doppelwände
- Resonanzfrequenz 523
- Schallübertragung 524

Drittelgeschoßhohe Mauertafeln
- Zulassungen 735
Drittelgeschoßhohe Planelemente
- Zulassungen 728
Druck (Luft) siehe Sättigungsdruck; Teildruck
Druckfestigkeit
- Arkadenwand (Dom St. Marien Zwickau) 339
- Bestimmung 9, 10, 12, 13
- Dompfeiler (St. Marien Zwickau) 338
- Fugen 274, 281, 290, 291
- Kalksandsteine 266, 281
- Mauersteine 4, 5, 281
- Mauerwerk 265, 280
- Mauerwerkpfeiler 276, 281, 284
- Natursteine 24
- Normalmauermörtel 274
- Porenbetonsteine 266
- siehe auch Längsdruckfestigkeit

Druckspannungen
- Kalksandsteine 288
Druckversagen
- gerissene Wände 444

Stichwortverzeichnis

Druckversuche *siehe* Belastungsversuche
Dübel
- Tragfähigkeit 413
- *siehe auch* Injektionsdübel
Dübelgruppen 386, 390, 394, 396, 397, 399, 407
Dünnbettmörtel
- Zulassungen von Mauerwerk mit 652
Durchbiegungen
- ausfachende Mauerwerkswände 435
- *siehe auch* Biege...; Last-Durchbiegungskurven
Durchführung und Auswertung von Versuchen am Bau (Technische Regel)
- Abnahmeversuche 418
- Allgemeines 413
- Auszugversuche 417
- Fachplaner 416
- Fazit 429
- Probebelastungen 417, 418
- Referenzsteine 414
- Versuchsarten 419
- Versuchsleiter 416
Durchschlagen
- Erläuterung 432
- gerissene Wände 445
- unbewehrte Mauerwerkswände 440
Dynamischer Elastizitätsmodul
- Normalmauermörtel 275

E
EC *siehe* Eurocodes
EG-Richtlinien
- ohne BauPVO-Anforderungen 768
Eigengewicht
- Innenwand (Bsp.) 473, 475, 476
Eigenschaften
- Gips 306
- Mauermörtel 3, 7, 22
- Mauersteine 3, 22
- Mauerwerk 3, 7
- Putze 3, 24, 25
- *siehe auch* Bauphysikalische Eigenschaften; Festigkeit; Festmörteleigenschaften; Frischmörteleigenschaften; Gebrauchstauglichkeit; Hygrothermische Eigenschaften; Steifigkeit; Tragfähigkeit; Verbundeigenschaften; Verformungen; Wasseraufnahmefähigkeit

Eigenschwingungen
- Hochlochziegel 516
- Schallübertragung durch 505
Einachsige Tragfähigkeit
- biegebeanspruchte Wände 446
- unbewehrte Mauerwerkswände 433
Einachsiger Biegedruck
- Nachweise 469
Einfamilien-Doppelhäuser
- Luft- und Trittschallschutz 498
Einfamilien-Reihenhäuser
- Luft- und Trittschallschutz 498
Einschalige Bauteile
- praktisches Verhalten 508
- Schalldämmung 502
- Trockenputze auf 510
- vs. zweischalige 523
Einwirkungen *siehe* Last
Einzelfallzustimmung
- Bauprodukte 775
Elastische Kennwerte
- Decken und Wände (Bsp.) 473
Elastische Spannungen
- Wandscheiben 470
Elastizitätsmodul
- Fugen 278
- Kalksandsteine 267, 269
- Mauermörtel 7, 8
- Mauersteine 5
- Mauerwerk 18, 19
- Mauerwerkpfeiler 276, 278
- Natursteine 24
- Porenbetonsteine 267, 269
- *siehe auch* Dynamischer Elastizitätsmodul
EN-Normen *siehe* DIN EN
Equipment *siehe* Bohrgeräte
Erdbebenlasten
- Dompfeiler M1 (St. Marien Zwickau) 340
Erdberührte Außenwände
- Tauwasserausfall, ohne Nachweis des 572
Ergänzungsbauteile
- Prüfnormen 623
- Zulassungen 747
- *siehe auch* Mauerfuß-Dämmelemente; Mauerwerksschalen-Anker
Erhöhter Schallschutz 488, 494, 495
Erstes Ficksches Gesetz 552
Ertüchtigung
- Dom St. Marien (Zwickau) 376
- Dompfeiler (St. Marien Zwickau) 335, 337, 368, 376
Estriche *siehe* Schwimmende Estriche

ETA *siehe* European Technical Assessment
Eurocode 6 463, 467
Eurocodes 611
Europäische Bewertungsdokumente 766
Europäische Normen
- Schallschutz 487
Europäischer Gerichtshof (EuGH)
- Urteil zu Bauproduktenrecht 769
European Technical Assessment (ETA) 766

F
Fachplaner 416
Fassaden
- Bau-Schalldämm-Maß 530
- *siehe auch* Außenwände
Federn *siehe* Tellerfedern
Federsteifigkeit
- Stahlbetondecken 449, 452
- und Tragfähigkeit 455
- und Wandschlankheit 453
Fehlerquellen
- bei Feuchteschutznachweisen 584
Feldofen
- zum Gipsbrennen 307
FEM *siehe* Finite-Elemente-Methode
Fenster
- Schalldämmung 529, 531, 532
- Tauwasserausfall auf 575
Fenstertüren
- Tauwasserausfall auf 575
Festigkeit
- Mauermörtel 7
- Mauersteine 3
- Mörtel 314
- Putze 25
- *siehe auch* Druckfestigkeit; Scherfestigkeit; Zugfestigkeit
Festmörteleigenschaften 271
Feuchteadaptive Dampfbremse 573
Feuchtedehnung
- Mauermörtel 8, 9
- Mauerwerk 21
- Natursteine 25
Feuchtegehalt
- erster Zentimeter von Dämmstoffen 598
- Holz 565
- Holzbalkenkopf 605
- Porenbeton-Außenbauteile 548
- Porenbeton-Wärmeleitfähigkeit 565
- *siehe auch* Relative Feuchte; Sorptionsisotherme
Feuchtehaushalt
- in Bauteilen 584

Feuchteschutz
- Fehlerquellen bei Nachweisen 584
- Größen 554
- siehe auch Tauwasserschutz

Feuchtetransport
- durch Bauteile 584
- gekoppelter 585, 587
- in porösen Baustoffen 547
- siehe auch Diffusion; Kapillarwirkung

Feuerwiderstand siehe Brandschutz
Ficksche Gesetze siehe Erstes Ficksches Gesetz
Finite-Elemente-Methode (FEM) 282, 471, 515, 540
Flachdächer siehe Massives Flachdach

Flächenbezogene Massen
- von Bauteilen 507, 508, 510, 518, 533, 540

Flankendämmung 534, 536
- siehe auch Stoßstellendämmung

Flankenschalldämm-Maß 490
- siehe auch Stoßstellendämm-Maße

Flankierende Schallübertragung 487, 489, 531, 534, 536, 538

Fließfähigkeit
- Injektionsmörtel 311

Fluglärm 500

Forschungsgeschichte
- Takht-e Soleyman 298

Forschungsstellen 783

Forschungsvorhaben
- abgeschlossene 787
- Allgemeines 783
- laufende 787
- siehe auch Versuche am Bau

Freiwillige Herstellererklärungen 771, 777

Frequenzen
- Bereiche 481, 513
- Erläuterung 481
- tiefe 523
- siehe auch Koinzidenz-Grenzfrequenz; Resonanzfrequenz

Frequenzspektrum
- Anpassungswerte 486
- Erläuterung 481

Frischmörteleigenschaften 271

Fugen
- Dehnung 278
- Dicke 275
- Druckfestigkeit 274, 281, 290, 291
- Einfluss auf Injektionsdübel 416
- Einfluss auf Schalldämmung 510
- Elastizitätsmodul 278

- Mörtel-Belastungsversuche in 274
- Spannungen 288

Fundament
- Dom St. Marien (Zwickau) 335
- Dompfeiler (St. Marien Zwickau) 336, 337, 349, 357, 368, 370, 371
- Schallübertragung 527

G

Gase siehe Ideale Gase
Gaskonstante siehe Spezielle Gaskonstante

Gebäude
- einwirkendes Wasser auf 547
- Kenngrößen der Eigenschaften 482, 485
- Monadnock Building 461
- Nutzungszweck 496
- relative Luftfeuchte in 557
- Schallschutz 485, 530
- Schweiz (Bestand 2016) 591
- Trittschallübertragung 491
- viergeschossiges (Bsp.) 472
- siehe auch Bauernhaus; Bürogebäude; Dom; Einfamilien-Doppelhäuser; Einfamilien-Reihenhäuser; Gemischt genutzte Gebäude; Historische Gebäude; Hotels; Krankenhäuser; Mehrfamilienhäuser; Sanatorien; Schulen

Gebäudepfeiler siehe Dompfeiler
Gebäudetechnische Anlagen
- Geräusche 492, 500

Gebrauchstauglichkeit
- Grenzzustand 343, 450

Gefälle
- Nordwand des Westiwan (Takht-e Soleyman) 300

Gehgeräusche siehe Trittschall

Gekoppelter Wärme- und Feuchtetransport 585

Gekoppelter Wärme-, Feuchte- und Lufttransport 587

Gelochte Steine siehe Lochsteine

Gemischt genutzte Gebäude
- Luft- und Trittschallschutz 497

Geometrische Abmessungen
- Lochsteine 379, 518

Geräte siehe Bohrgeräte

Geräusche
- baulich mit Gebäude verbundener Betriebe 500
- gebäudetechnischer Anlagen 492, 500
- raumlufttechnischer Anlagen 500
- siehe auch Lärm; Schall...

Gerissene Wände
- Versagensarten 444

Gerüst siehe Arbeitsgerüst

Geschosshohe Mauertafeln
- Zulassungen 731

Geschosshohe Wandtafeln
- Zulassungen 736

Gewicht siehe Eigengewicht; Gleichgewicht

Gewölbe
- Dom St. Marien (Zwickau) 372, 374
- Westiwan (Takht-e Soleyman) 302

Gips
- Allgemeines 304
- Brennen von 307, 309
- Eigenschaften 306
- Kristalle 305
- Phasenzusammensetzungen 309
- siehe auch Hochbrandgips

Gipslagerstätte
- des Yar Aziz 307, 310

Gipsmörtel
- chemische Zusammensetzung 310
- Herstellung 306
- Phasenzusammensetzungen 310
- Westiwan (Takht-e Soleyman) 322, 324

Glaser-Diagramme 559–561
Glaser-Verfahren 557, 584, 587

Glasfaseranker
- Westiwan (Takht-e Soleyman) 320, 327

Glasfaserstäbe
- in Strebepfeiler 317

Gleichgewicht
- Mauerwerksscheiben 465

Globale Sicherheit 427

Grenzfrequenz siehe Koinzidenz-Grenzfrequenz

Grenzzustand
- der Gebrauchstauglichkeit 343, 450
- der Tragfähigkeit 344, 454

Gruppenbefestigung siehe Dübelgruppen

H

Haftscherfestigkeit 9–12, 275, 290
Haftzugfestigkeit 9, 13

Halbgeschosshohe Mauertafeln
- Zulassungen 735

Halbgeschosshohe Planelemente
- Zulassungen 728

Häuser siehe Gebäude

Haustechnische Anlagen siehe Gebäudetechnische Anlagen

Haustrennwände *siehe* Zweischalige Haustrennwände
Historische Gebäude
- Innendämmung 591, 607
- *siehe auch* Bauernhaus (Rünenberg/Schweiz); Dom St. Marien (Zwickau)

Hochbrandgips
- Herstellung 307, 308

Hochlochziegel
- Eigenschwingungen 516
- geometrische Abmessungen 382
- Haftscherfestigkeit 11, 276
- Länge 517
- Lochbilder 512
- Rohdichte 516
- Schalldämmung 518
- Tragfähigkeit von Injektionsdübeln 394
- Tragfähigkeit von Injektionsdübeln mit Außenstegverankerung 400
- Tragfähigkeit von Injektionsdübeln mit Verankerung in mehreren Stegen 398, 401
- Tragfähigkeit von Injektionsdübeln unter Querzugbelastung 403, 407
- *siehe auch* Leichthochlochziegel

Hochlochziegelwände
- Luftschalldämmung 504
- Schalldämm-Maß 504, 513, 525
- Schwingungen 503
- Stoßstellendämmung 537

Hohlblocksteine *siehe* Beton-Hohlblocksteine; Planhohlblocksteine
Hohlziegel *siehe* Lochsteine
Holz
- Außenwände aus 569, 570, 577
- Feuchtegehalt 565
- Tauwasserausfall von Bauten aus 587

Holzbalken
- Feuchtegehalt am Kopf von 605

Holzfaserdämmung 594, 601
Horizontale Verformung
- ausfachende Mauerwerkswände 438

Horizontallast
- aufnehmbare 449, 458
- und Wandhöhe 458
- Wandscheiben 466
- *siehe auch* Windbelastung

Hotels
- Luft- und Trittschallschutz 498

Hygrothermische Eigenschaften
- Dämmstoffe 594

Hygrothermische Simulation
- Allgemeines 593
- Dämmstoffe 594
- Resultate 596, 604
- Simulationsmodell 593
- Software 585
- thermische Materialkennwerte 592
- zweidimensionale 604

I

Ideale Gase
- Allgemeines Gasgesetz 549
- Avogadrosches Gesetz 550
- Zustandsgleichung der Gase 550
- *siehe auch* Trockene Luft; Wasserdampf

Identifikation
- Mauersteine 415

Injektionsdübel
- Abnahmelasten 427
- Befestigungsverfahren 380
- Berechnungsmodell 390
- Fugen-Einfluss 416
- Montage 416
- Randabstände 416
- Teilsicherheitsbeiwerte 419, 425
- Tragfähigkeit bei Abnahmeversuchen 418, 427
- Tragfähigkeit bei Auszugversuchen 417, 421, 427
- Tragfähigkeit bei Probebelastungen 417–419
- Tragfähigkeit in Lochsteinen 379
- unter Querzugbelastung 388, 403
- unter Zugbelastung 385
- Verankerungsschädigung 419
- Verankerungstiefe 397, 416
- Versagenslasten 424
- *siehe auch* Dübelgruppen; Randnahe Dübel

Injektionsmörtel
- Bohrungen 322
- Entwicklung 310
- Festigkeit 314
- in Strebepfeiler 317
- in Testmauern 312
- *siehe auch* Gipsmörtel

Injektionssystem
- Bestandteile 383
- Montage 384
- *siehe auch* Siebhülsen

Innendämmung
- historische Gebäude 591, 607
- wasserabweisende Putze und Anstriche beim Einsatz von 603
- *siehe auch* Dämmstoffe

Innenseitige Verkleidung
- Außenwände 532, 536

Innenwände
- flankierende Schallübertragung 535
- Last (Bsp.) 472–474

Installationswände
- Schallschutz 532
- *siehe auch* Musterinstallationswände; Rohrleitungen

Instandsetzung
- Dach 575

Integrierte Wärmedämmung
- Leichtbeton-Plansteine mit 712
- Planziegel mit 678

Iran *siehe* Takht-e Soleyman; Yar Aziz
ISO/DIS 19488 495

J

Jahreszeiten *siehe* Sommer; Winter
Juristische Aspekte *siehe* Allgemeine bauaufsichtliche Zulassungen; Bauordnung; Bauproduktenrecht; Europäischer Gerichtshof; Normen; Urteil

K

Kalksand-Blocksteine
- Druckfestigkeit 14

Kalksand-Lochsteine
- Druckfestigkeit 4

Kalksandlochsteine
- geometrische Abmessungen 383
- Tragfähigkeit von Injektionsdübeln 394
- Tragfähigkeit von Injektionsdübeln mit Verankerung in mehreren Stegen 398
- Tragfähigkeit von Injektionsdübeln unter Querzugbelastung 403

Kalksand-Planelemente
- Zulassungen 720

Kalksand-Plansteine
- Zulassungen 693

Kalksandstein-Außenwand
- ohne Dampfsperre 586

Kalksandsteine
- Abstützbreite-Einfluss auf Tragfähigkeit 423
- Belastungsversuche 266
- Biegezugfestigkeit 17, 270
- Brüche in Mauerwerkpfeilern aus 278
- Druckfestigkeit 266, 281
- Druckspannungen 288
- Elastizitätsmodul 267, 269
- Feuchtedehnung 22
- Haftscherfestigkeit 10, 276
- Last-Durchbiegungskurven 270

- Mehrfamilienhaus (Projekt) 469, 470
- Querdehnzahl 267, 268
- Risse 284
- Spannungen in Mauerwerkpfeilern aus 285
- Spannungs-Dehnungslinie 6, 267, 269, 278, 282, 291
- Teilsicherheitsbeiwerte bei Injektionsdübeln 428
- Verformungen von Injektionsdübeln 422
- Werkstoffverhalten 451
- Zugfestigkeit 268
- Zugspannungen 289
- Zulassungen 647

Kalksandstein-Mauerwerk
- Tragfähigkeit 453, 455
- Wandhöhe und Horizontallast 457

Kalksand-Vollsteine
- Druckfestigkeit 4, 14

Kalkstein
- Temperatur mit vs. ohne Dämmstoffe 599

Kantenbruch *siehe* Steinkantenbruch
Kapillarwirkung 547
Kelleraußenwände *siehe* Erdberührte Außenwände
Kennzeichnung
- Bauprodukte 612
- *siehe auch* CE-Kennzeichnung

Kirchen *siehe* Dom St. Marien (Zwickau)
Klassen *siehe* Schallschutzklassen
Klassifizierung *siehe* Schallschutzstufen
Klimabedingungen *siehe* Nicht klimatisierte Räume; Standardklima
Klimadaten *siehe* Außenlufttemperatur; Relative Luftfeuchte; Schlagregen
Koinzidenz-Grenzfrequenz 502
Kondensation *siehe* Tauwasser...
Konstante Normalkraft 445
Kontaktelemente 471
Kontaktstäbe *siehe* Zugfreie Kontaktstäbe
Körperschall *siehe* Trittschall
Körperschallübertragung 490
Kraft
- Zentrierung 465, 466
- *siehe auch* Normalkraft; Querkraft; Resultierende; Schnittkräfte; Spannungen

Kraft-Verformungsbeziehungen
- nichtlineare 471

Kragstütze 443
Krankenhäuser
- Luft- und Trittschallschutz 498

Kreuzstoß 534, 540, 541
Kriechen 9, 21
Kristalle
- Gips 305

Krümmung
- ausfachende Mauerwerkswände 438, 442, 446
- Dompfeiler M1 (St. Marien Zwickau) 366

Kulturdenkmäler *siehe* Takht-e Soleyman

L

Lagern
- Mauerwerkpfeiler 276

Lagerstätten *siehe* Gipslagerstätte
Lagerungen (Wände)
- Bedingungen 436
- Steifigkeit 435, 442
- *siehe auch* Teilaufliegende Decken; Vollaufliegende Decken

Landesbauordnungen
- Struktur 767

Längsdruckfestigkeit
- Mauersteine 3, 4

Langzeitmessungen
- Dom St. Marien (Zwickau) 333

Lärm
- Außenlärm 491, 496, 523, 530
- Fluglärm 500
- TA-Lärm 500
- *siehe auch* Geräusche

Laserscanning
- Dom St. Marien (Zwickau) 333
- *siehe auch* 3-D-Scan

Last
- DIN EN 1990 426
- Dompfeiler M1 (St. Marien Zwickau) 340, 355
- Innenwand (Bsp.) 472–474
- *siehe auch* Abnahmelasten; Belastung; Eigengewicht; Erdbebenlasten; Horizontallast; Mindestauflast; Probebelastungen; Versagenslasten; Vertikallast; Zugbelastung

Lastabfall 418
Last-Durchbiegungskurven 270
Lasteinleitung
- Arkadenwand (Dom St. Marien Zwickau) 363
- Dompfeiler M1 (St. Marien Zwickau) 359

Lasteinzugsflächen 340, 463, 474

Lastkonfiguration
- konstante Normalkraft 445
- tragende vs. ausfachende Wände 432

Last-Verformungskurven
- Membrandruckkräfte 435
- Sprengwerk 441

Last-Verformungsverhalten
- ausfachende Mauerwerkswände 437, 438, 442, 446
- Stahlbetondecken 448

Last-Verschiebungskurven
- Injektionsdübel bei Probebelastungen 420
- Injektionsdübel mit Außenstegverankerung 391
- Injektionsdübel mit Verankerung in mehreren Stegen 397
- lokales Materialversagen für Injektionsdübel 388
- Steinausbruch 386
- Steinspalten 387

Leichtbeton
- Spannungs-Dehnungslinie 6

Leichtbeton-Plansteine
- Zulassungen 712

Leichtbetonsteine
- Abstützbreite-Einfluss auf Tragfähigkeit 423, 424
- Druckfestigkeit 4
- Feuchtedehnung 22
- Haftscherfestigkeit 12
- Teilsicherheitsbeiwerte bei Injektionsdübeln 428

Leichthochlochziegel
- Druckfestigkeit 4

Leichtmauermörtel
- Elastizitätsmodul 8
- Querdehnungsmodul 8
- Zulassungen von Mauerwerk mit 633

Leitungen *siehe* Rohrleitungen
Lisenen
- Westiwan (Takht-e Soleyman) 302

Locarno
- Außenlufttemperatur 593
- Feuchtegehalt am Holzbalkenkopf 605
- Feuchtegehalt erster Zentimeter von Dämmstoffen 602
- Kalkstein-Temperatur mit vs. ohne Dämmstoffe 600
- Oberflächentemperatur von Dämmstoffen 598
- relative Feuchte hinter Dämmstoffen 600
- relative Luftfeuchte 593
- Schlagregen 594

Lochbilder
- in Hochlochziegeln 512
- in Voll- und Lochsteinen 382
Löcher
- Schallübertragung durch 509
Lochgeometrie
- Mauerziegelanforderungen 381
Lochsteine
- Baustellenversuche 415
- Berechnungsmodell für Injektionsdübel in 390, 403
- bewertetes Schalldämm-Maß 512
- Flankendämmung 536
- Injektionsdübel unter Querzugbelastung 388
- Lochbilder 382
- Material- und Geometrie-Parameter 518
- quasihomogene 517
- Schalldämm-Maß 518
- Schalldämmung 513
- Schallübertragung 512
- Schwingungen 515
- Stoßstellendämm-Maße 537
- Tragfähigkeit von Injektionsdübeln in 379
- Wärmeschutz 512
- *siehe auch* Hochlochziegel; Kalksandlochsteine
Lochsteinwände *siehe* Hochlochziegelwände
Lokales Materialversagen
- Injektionsdübel unter Querzugbelastung 388
Luft
- Wasserdampfsättigungsdruck 550
- Wasserdampfsättigungsgehalt 550
- *siehe auch* Abgekühlte Luft
Luftdruck *siehe* Sättigungsdruck; Teildruck
Luftfeuchte
- volumenbezogene Sättigungs- 551
- *siehe auch* Relative Luftfeuchte; Trockene Luft
Luftschall
- Spektrumanpassungswerte 486
Luftschalldämmung
- Berechnung 522
- Hochlochziegelwände 504
- Nachweis 489
- Verbesserung 484
Luftschallschutz
- Anforderungen 496
Lufttemperatur *siehe* Außenlufttemperatur
Lufttransport
- gekoppelter 587

M
Massekurven 507
Massen *siehe* Flächenbezogene Massen
Massengesetz 502
Massives Flachdach
- ohne Dampfsperre 576
Materialien *siehe* Baustoffe
Materialversagen *siehe* Lokales Materialversagen
Mauerfuß-Dämmelemente
- Zulassungen 747
Mauermörtel
- Eigenschaften 3, 7, 22
- Normen 617
- Probe aus historischem Bauernhaus 592
- Sorptionsisotherme 592
- *siehe auch* Dünnbettmörtel; Leichtmauermörtel; Mittelbettmörtel; Normalmauermörtel
Mauersteine
- Allgemeines 379
- Belastungsversuche 266, 270
- Druckfestigkeit 4, 5, 281
- Eigenschaften 3, 22
- Identifikation 415
- Normen 379, 380, 617
- Prüfnormen 621
- Referenzsteine für Baustellenversuche 414
- Unterschiede 413
- Zulassungen 413, 633
- *siehe auch* Betonsteine; Kalksandsteine; Lochsteine; Mauerziegel; Schalungssteine; Vollsteine
Mauerwerkpfeiler
- Belastungsversuche 266, 276, 282, 291
- Brüche 278
- Druckfestigkeit 276, 281, 284
- Elastizitätsmodul 276, 278
- FEM-Modell von Belastungsversuchen 282
- Herstellung und Lagerung 276
- Schichten des FE-Modells 285
- Spannungen 285
- Spannungs-Dehnungslinien 276
- Verformungen 276, 291
Mauerwerksschalen-Anker
- Zulassungen 747
Mauerwerksscheiben
- Deckenauflager 464
- Gleichgewicht 465
- Kraftzentrierung 465, 466
- Lasteinzugsflächen 463
- Mehrfamilienhaus (Projekt) 469
- Spannungsfelder 462

Mauerziegel
- Abstützbreite-Einfluss auf Tragfähigkeit 423
- Biegezugfestigkeit 17
- Lochgeometrieanforderungen 381
- Mehrfamilienhaus (Projekt) 469, 470
- Spannungs-Dehnungslinie 6
- Teilsicherheitsbeiwerte bei Injektionsdübeln 428
- Tragfähigkeit 451, 453, 454
- Verformungen von Injektionsdübeln 422
- Wandhöhe und Horizontallast 458
- Werkstoffverhalten 451
- Zulassungen 633
- *siehe auch* Hochlochziegel; Planziegel; Verfüllziegel; Vollziegel
MBO *siehe* Musterbauordnung
Mechanische Kennwerte
- Mauerwerk 468
Mehrfamilienhäuser
- Luft- und Trittschallschutz 497
- Projektbeispiel 468
Mehrschalige Bauteile 525
Membrandruckkräfte (Wände)
- Abtrag 439
- Bemessung 431, 439
- Ermittlung 437, 438
- historische Entwicklung der Theorie 435
Membranwirkung
- Erläuterung 431
Messgerät
- Schalldruckpegel 482
Messtechnische Ermittlung
- Schalldämmung 518
Messungen *siehe* Langzeitmessungen
Mindestauflast
- Bestimmung 446
- nach DIN EN 1996-3 434
- tragende Mauerwerkswände 455, 458
Mittelbettmörtel
- Zulassungen von Mauerwerk mit 730
Modellbildung
- FEM 471
Moleküle *siehe* Wassermoleküle
Molvolumen 550
Momenten-Krümmungs-Kurven 444, 445
Monadnock Building 461
Monitoring
- Dompfeiler M1 (St. Marien Zwickau) 333, 376

Montage
- Injektionsdübel 416
- Injektionssystem 384

Mörtel
- Festigkeit 314
- Prüfnormen 623
- Schalldämmung 515, 535
- Untersuchungen vom Westiwan (Takht-e Soleyman) 314
- siehe auch Injektionsmörtel; Mauermörtel; Putzmörtel

Mörtelbestandteile
- Normen 618

Musterbauordnung (MBO) 767, 771, 772, 775
- siehe auch Verwendbarkeitsnachweise

Musterinstallationswände 533

Muster-Verwaltungsvorschrift Technische Baubestimmungen (MVV TB) 771, 774

N

Nachweise
- einachsiger Biegedruck 469
- Feuchteschutz 584
- Querkrafttragfähigkeit 467, 469, 632
- Schalldämmung 489
- Schallschutz 492
- Tauwasserschutz 565, 566, 577, 578, 581
- siehe auch Anwendbarkeitsnachweise; Statische Nachweise; Verwendbarkeitsnachweise

Natursteine 23, 24, 592

Nicht belüftete Dächer 572

Nicht klimatisierte Räume
- Periodenbilanzverfahren 566
- Tauwasserschutz von Außenbauteilen 567

Nichtlineare Kraft-Verformungsbeziehungen 471

Nichttragende Mauerwerkswände 431
- siehe auch Ausfachende Mauerwerkswände

Normalkraft
- Innenwand (Bsp.) 474–476
- siehe auch Konstante Normalkraft

Normalmauermörtel
- Belastungsversuche 266, 270, 274, 275
- Druckfestigkeit 274
- dynamischer Elastizitätsmodul 275
- Elastizitätsmodul 8
- Festmörteleigenschaften 271

- Frischmörteleigenschaften 271
- Parameter 282
- Querdehnungsmodul 8
- Querdehnzahl 272
- Spannungs-Dehnungslinien 272
- Trockenrohdichte 274
- Verformungen 272, 290
- Zulassungen von Mauerwerk mit 633

Normen
- Allgemeines 611
- Bauphysik 625
- Baustoffe 617
- Bauwerksabdichtungen 628
- Bemessung und Ausführung 613
- europäische für Schallschutz 487
- harmonisierte 766, 778
- Mauersteine 379, 380
- weitere 628
- siehe auch Deutsches Institut für Normung; DIN EN; DIN; Eurocodes; Prüfnormen

Norm-Trittschallpegel 484, 492
- siehe auch Bewerteter Norm-Trittschallpegel

Nutzungszweck
- Gebäude 496

O

Oberflächentemperatur
- Dämmstoffe 596

Ofen siehe Feldofen

Offenporige Wände 508

P

Partialdruck siehe Teildruck

Pegel siehe Schalldruckpegel; Schallleistungspegel

Periodenbilanzverfahren 566, 575

Pfeiler siehe Dompfeiler; Mauerwerkpfeiler; Strebepfeiler

Planelemente
- Zulassungen 719
- siehe auch Beton-Planelemente; Kalksand-Planelemente; Planziegel-Elemente

Planhohlblocksteine
- Zulassungen 707

Plansteine
- Zulassungen 652
- siehe auch Beton-Plansteine; Kalksand-Plansteine; Planverfüllziegel; Planziegel

Planverfüllziegel
- Zulassungen 689, 741

Planvollblöcke
- Zulassungen 699

Planvollsteine
- Zulassungen 699

Planziegel
- Zulassungen 652, 739

Planziegel-Elemente
- Zulassungen 719

Polster siehe Betonpolster

Porenbeton
- Biegezugfestigkeit 17
- Spannungs-Dehnungslinie 6
- Teilsicherheitsbeiwerte bei Injektionsdübeln 426, 428
- Wärmeleitfähigkeit 565
- Werkstoffverhalten 451

Porenbeton-Außenbauteile
- Feuchtegehalt 548

Porenbeton-Blocksteine
- Druckfestigkeit 4
- Haftscherfestigkeit 11

Porenbeton-Dächer
- Feuchtetransport 585

Porenbeton-Mauerwerk
- Tragfähigkeit 451, 453, 454
- Wandhöhe und Horizontallast 458

Porenbeton-Planelemente
- Zulassungen 725

Porenbeton-Plansteine
- Druckfestigkeit 4
- Haftscherfestigkeit 11
- Zulassungen 696, 743

Porenbetonsteine
- Belastungsversuche 266
- Biegezugfestigkeit 270
- Brüche in Mauerwerkpfeilern aus 280
- Druckfestigkeit 266
- Elastizitätsmodul 267, 269
- Last-Durchbiegungskurven 270
- Querdehnzahl 267, 268
- Risse 284
- Spannungs-Dehnungslinie 267–269, 278, 282
- Zugfestigkeit 268

Poröse Baustoffe
- Feuchtetransport in 547
- Wasserdampfdiffusion durch 552

Poröse Wandflächen
- Schallübertragung durch 509

Poroton-Mauerziegel 469, 470

Prioritätenliste
- Bauprodukte 778

Prismen
- Biegezugfestigkeit 270

Probebelastungen 417–419

Probemauern siehe Testmauern

Programme (EDV) siehe Software

Prüfnormen
- Ergänzungsbauteile 623
- Mauersteine 621

– Mauerwerk 621
– Mörtel 623
Prüfungen
– Bauprodukte 771
– Schalldämmung 517
Prüfverfahren
– Wärmeschutz 624
Prüfzeugnis *siehe* Allgemeines bauaufsichtliches Prüfzeugnis
PU-Kleber
– Zulassungen 739
Putze
– Dicke für Schalldämmung 515
– Eigenschaften 3, 24, 25
– wasserabweisende beim Einsatz von Innendämmung 603
– *siehe auch* Trockenputze
Putzmörtel
– Normen 617

Q
Querdehnungsmodul 6–8
Querdehnzahl
– Kalksandsteine 267, 268
– Normalmauermörtel 272
– Porenbetonsteine 267, 268
Querkraft
– Dompfeiler M1 (St. Marien Zwickau) 348
– Innenwand (Bsp.) 475, 476
Querkrafttragfähigkeit
– Berechnung 467
– Nachweise 467, 469, 632
Querschnittsversagen
– unbewehrte Mauerwerkswände 440
Querzugbelastung
– Berechnungsmodell für Injektionsdübel in Lochsteinen unter 403
– Injektionsdübel unter 388

R
Randabstände
– Injektionsdübel 416
Randnahe Dübel 386, 390, 396, 399
Räume
– Norm-Trittschallpegel 492
– Schallschutz 485
– Schallübertragung 485, 489, 532
– *siehe auch* Nicht klimatisierte Räume
Raumlufttechnische Anlagen
– Geräusche 500
Rechtliche Aspekte *siehe* Allgemeine bauaufsichtliche Zulassungen; Bauordnung; Bauproduktenrecht; Europäischer Gerichtshof; Normen; Urteil

Referenzsteine
– für Baustellenversuche 414
Regelwerke
– Schallschutz 493
– *siehe auch* Normen
Regen *siehe* Schlagregen
Reihenhäuser *siehe* Einfamilien-Reihenhäuser
Relative Feuchte
– Dämmstoffe-Hinterseite 598, 600
Relative Luftfeuchte 551, 552, 557, 593
Reparatur *siehe* Instandsetzung
Resonanzfähiges Schwingungssystem 508
Resonanzfrequenz 519, 521, 523, 526, 542
Restaurierungshistorie
– Westiwan (Takht-e Soleyman) 303
Resultierende 464, 473
Richtlinien *siehe* Bauproduktenrichtlinie; EG-Richtlinien
Risse
– ausfachende Mauerwerkswände 442
– Grenzzustand der Gebrauchstauglichkeit 450
– Injektionsdübel mit Außenstegverankerung 391
– Injektionsdübel unter Querzugbelastung 404
– Kalksandsteine 284
– Porenbetonsteine 284
– Westiwan (Takht-e Soleyman) 320
– *siehe auch* Steinspalten
Rohdichte
– Hochlochziegel 516
– *siehe auch* Trockenrohdichte
Rohrleitungen
– Unterputzverlegung 510
– *siehe auch* Abwasserrohr
Rücksetzregel 464
Ruinen *siehe* Takht-e Soleyman
Rünenberg/Schweiz
– Bauernhaus, bauphysikalische Eigenschaften von 591

S
Sanatorien
– Luft- und Trittschallschutz 498
Sanierung *siehe* Ertüchtigung
Sanitärinstallationen 533
Sättigungsdruck
– Wasserdampf 550, 559

Schäden
– am Westiwan (Takht-e Soleyman) 299
– *siehe auch* Risse; Verankerungsschädigung; Verformungen
Schalen
– Übersicht 501
– *siehe auch* Einschalige Bauteile; Vorsatzschalen; Zweischalige Bauteile
Schalenelemente *siehe* Zugfreie Schalenelemente
Schall *siehe* Geräusche
Schallausbreitung *siehe* Schallübertragung
Schallbrücken 542
Schalldämm-Maße
– Bauteile 506, 530
– Erläuterung 483
– Hochlochziegelwände 504, 513, 525
– Lochsteine 518
– Wände 502, 530
– WDVS 521
– zw. Räumen 485
– zwei- vs. einschalige Bauteile 523
– zweischalige Haustrennwände 526
– *siehe auch* Bau-Schalldämm-Maß; Bewertetes Schalldämm-Maß; Flankenschalldämm-Maß
Schalldämmung
– Außenbauteile 491, 496
– Außenwände 529
– Außenwände mit WDVS 523
– Bauteile 483, 486, 530
– Berechnung 490, 517, 518, 523, 527, 531
– einschalige Bauteile 502
– Erläuterung 485
– Fenster 529, 531, 532
– Fugen 510
– Koinzidenz-Grenzfrequenz 502
– Lochsteine 513
– Massengesetz 502
– messtechnische Ermittlung 518
– Mörtel 515, 535
– Nachweise 489
– Prüfungen 517
– Putzdicke 515
– Randanbindung des Mauerwerks 502
– Randverluste 504
– Schlitze 510
– Türen 531
– Verlustfaktor-Korrektur 505, 518
– Vorsatzschalen 490, 520
– Wanddicke 516
– Wände 501

– WDVS 522
– Zählerkästen 511
– zweischalige Bauteile 524
– zweischalige Haustrennwände 528
– siehe auch Flankendämmung; Luftschalldämmung; Trittschalldämmung
Schalldruckpegel
– A-Bewertung 482, 500
– Erläuterung 481
– Messgerät 482
– siehe auch Norm-Trittschallpegel
Schall-Längsleitung siehe Flankierende Schallübertragung
Schallleistungspegel
– Erläuterung 482
Schallpegel siehe Schalldruckpegel
Schallpegeldifferenz siehe Bewertete Standard-Schallpegeldifferenz
Schallschutz
– Anforderungen 493, 495
– Außenlärm 530
– Außenwände 530
– Berechnung 487, 489
– erhöhter 488, 494, 495
– Erläuterung 485
– europäische Normen 487
– Gebäude 485, 530
– Grundbegriffe 481
– Installationswände 532
– Kenngrößen 482
– Nachweise 492
– Regelwerke 493
– Trennbauteile 536
– vs. Wärmeschutz 530
– zw. Räumen 485
– zweischalige Haustrennwände 525
– zweischalige Wohnungstrennwände 529
– siehe auch DIN 4109; Geräusche; Luftschallschutz; Lärm; Trittschallschutz
Schallschutzklassen 494
Schallschutzstufen 494, 495
Schallübertragung
– aus fremden Bereichen 500
– durch Eigenschwingungen 505
– durch Löcher und Schlitze 509
– durch Lochsteine 512
– durch poröse Wandflächen 509
– in Doppelwänden 524
– in offenporigen Wänden 508
– in zweischaligen Haustrennwänden 527
– zw. Räumen 485, 489, 532
– siehe auch Flankierende Schallübertragung; Körperschallübertragung; Trittschallübertragung
Schalungsstein-Bauarten
– Zulassungen 736
Schalungssteine 508
Scherfestigkeit
– Mauermörtel 7
– siehe auch Haftscherfestigkeit
Schlagregen
– Klimastandorte Schweiz 593
Schleifverschleiß
– Natursteine 24
Schlitze
– Einfluss auf Schalldämmung 510
– Schallübertragung durch 509
– siehe auch Wandschlitz
Schnittkräfte
– Dompfeiler M1 (St. Marien Zwickau) 351
Schubnachweise 632
Schubtragfähigkeit
– Mauerwerk 463
Schulen
– Luft- und Trittschallschutz 499
Schweiz
– Gebäude-Bestand (2016) 591
– siehe auch Davos; Locarno; Rünenberg; Zürich
Schwimmende Estriche 542
Schwinden siehe Feuchtedehnung
Schwingungen
– Berechnung 515
– Hochlochziegelwände 503
– Lochsteine 515
– tragende Wände mit WDVS 521
– unerwünschte 506
– siehe auch Biegeschwingungen; Dickenschwingungen; Eigenschwingungen; Resonanzfähiges Schwingungssystem
Seilregel 562
Sicherheit
– globale 427
– zentrale Sicherheitszone 426
– siehe auch Teilsicherheitsbeiwerte
Siebhülsen 383
Simulationen
– Belastungsversuche von Mauerwerkpfeilern 282, 291
– siehe auch Hygrothermische Simulation
Simulationsmodell
– Bruchsteinmauerwerk 593
Software
– hygrothermische Simulation 585
Sohlpressung siehe Bodenpressung
Sommer
– Tauwasserschutz, Nachweis des 580, 583
– Temperatur von Dach 566
– Verdunstungswasser 563
Sorptionsisotherme
– Mauermörtel 592
– Naturstein 592
Spalten siehe Risse
Spannungen
– Dompfeiler M1 (St. Marien Zwickau) 334, 342, 343, 345, 356, 367
– Fugen 288
– Mauerwerkpfeiler 285
– siehe auch Druckspannungen; Elastische Spannungen; Zugspannungen
Spannungs-Dehnungslinien
– Kalksandsteine 267, 269, 278, 282, 291
– Mauersteine 6
– Mauerwerkpfeiler 276
– Normalmauermörtel 272
– Porenbetonsteine 267–269, 278, 282
Spannungsfelder
– Mauerwerksscheiben 462
Spektrum siehe Frequenzspektrum
Spektrumanpassungswerte
– Luftschall 486
– Trittschall 487
Spezielle Gaskonstante 550
Sprengwerke
– Last-Verformungskurven 441
Stäbe siehe Glasfaserstäbe; Kontaktstäbe
Stabilitätsversagen
– gerissene Wände 445
– unbewehrte Mauerwerkswände 440
– siehe auch Durchschlagen
Stabschnittgrößen
– Innenwand (Bsp.) 475, 476
Stabwerkmodell
– Dom St. Marien (Zwickau) 334, 351
Stahlbetondecken
– Biegetragfähigkeit 464
– Federsteifigkeit 449, 452
– Last-Verformungsverhalten 448
Standardklima 566, 567
Standard-Schallpegeldifferenz siehe Bewertete Standard-Schallpegeldifferenz
Statische Nachweise
– Dompfeiler M1 (St. Marien Zwickau) 341
Statische Voruntersuchungen
– Dom St. Marien (Zwickau) 334
Steckdosen 510

Steifigkeit
- Lagerungen 435, 442
- *siehe auch* Federsteifigkeit
Stein *siehe* Mauersteine
Steinausbruch
- Injektionsdübel und Abstützbreite 424
- Injektionsdübel unter Zugbelastung 386
Steinkantenbruch
- Injektionsdübel unter Querzugbelastung 388, 391, 403
Steinlänge
- Hochlochziegel 517
Steinspalten
- Injektionsdübel unter Querzugbelastung 391, 403
- Injektionsdübel unter Zugbelastung 386
St.-Marien-Dom *siehe* Dom St. Marien
Stoßstellen
- Besonderheiten 539
- Gestaltung 536
- *siehe auch* Kreuzstoß; Stumpfstoß; T-Stoß; Versetzte Stöße; Winkelstöße
Stoßstellendämm-Maße 534, 537, 539
Stoßstellendämmung 537
Strebepfeiler
- Westiwan (Takht-e Soleyman) 316
Stumpfstoß 539
Stürze
- Zulassungen 745

T
Takht-e Soleyman (Kulturdenkmal)
- Forschungsgeschichte 298
- geographische Lage 295
- Geschichte 296
- *siehe auch* Westiwan
TA-Lärm 500
Tauperiode *siehe* Winter
Tauwasserausfall
- auf Bauteile 548
- auf Fenster und Fenstertüren 575
- bei abgekühlter Luft 552
- Holzbauten 587
- in Bauteilen 559, 561, 563, 565, 569
- Masse 561
Tauwasserschutz
- Außenbauteile 567
- Berechnung 581
- Nachweis 565, 566, 577, 578, 581
- nicht belüftete Dächer 574
- Notwendigkeit 547

- Wasserdampf-Diffusionswiderstandszahl 556
- *siehe auch* Feuchte...
Technische Anleitung *siehe* TA-Lärm
Technische Baubestimmungen
- Übersicht 778
- *siehe auch* Bauregellisten; Muster-Verwaltungsvorschrift Technische Baubestimmungen
Technische Bewertung *siehe* European Technical Assessment
Technische Dokumentationen
- prüffähige für Bauprodukte 771
Technische Regeln
- für Mauerwerksbau 611
- *siehe auch* Durchführung und Auswertung von Versuchen am Bau; Normen
Teilaufliegende Decken 436
Teildruck
- Wasserdampf 549, 557, 559
Teilsicherheitsbeiwerte
- Injektionsdübel 419, 425
Tellerfedern
- Dompfeiler M1 (St. Marien Zwickau) 363
Temperatur
- Dach 566
- Dämmstoffe-Hinterseite 598
- Dompfeiler M1 (St. Marien Zwickau), Einfluss auf 366
- Gipsbrennen 307, 309
- in Bauteilen 557
- Vorspannung, Einfluss auf 363
- Wand mit vs. ohne Dämmstoffe 604
- *siehe auch* Außenlufttemperatur; Oberflächentemperatur
Testmauern
- Westiwan (Takht-e Soleyman) 312
Theorie II. Ordnung 440, 446
Tiefe Frequenzen 523
Tonzelle
- Diffusion durch poröse 553
Tragende Mauerwerkswände
- Lastkonfiguration 432
- Mindestauflast 455, 458
Tragende Wände
- mit WDVS 521
- Resonanzfrequenz 519
Tragfähigkeit
- Abstützbreite, Einfluss von 419, 421
- ausfachende Mauerwerkswände 431, 451, 458
- Beeinträchtigung durch Verschiebungen 418

- biegebeanspruchte Wände 440, 441, 447
- Dübel 413
- Grenzzustand 344, 454
- Injektionsdübel bei Abnahmeversuchen 418, 427
- Injektionsdübel bei Auszugversuchen 417, 421, 427
- Injektionsdübel bei Probebelastungen 417–419
- Injektionsdübel in Lochsteinen 379
- Injektionsdübel mit Außenstegverankerung 391, 400
- Injektionsdübel mit Verankerung in mehreren Stegen 397, 401
- Injektionsdübel unter Querzugbelastung 388, 403
- Injektionsdübel unter Zugbelastung 385
- Kalksandstein-Mauerwerk 453, 455
- Lastabfall 418
- Mauerziegel 451, 453, 454
- Porenbeton-Mauerwerk 451, 453, 454
- und Federsteifigkeit 455
- *siehe auch* Biegetragfähigkeit; Einachsige Tragfähigkeit; Querkrafttragfähigkeit; Schubtragfähigkeit
Tragsysteme *siehe* Bogen
Transportmechanismen *siehe* Feuchtetransport; Wärmetransport
Trennbauteile
- Schallschutz 536
- Sicherheitskonzept 492
- *siehe auch* Decken; Wände
Trennwände *siehe* Zweischalige Haustrennwände; Zweischalige Wohnungstrennwände
Trittschall
- Minderung 484, 542
- Spektrumanpassungswerte 487
- Wahrnehmung 541
Trittschalldämmung
- Decken 484, 491, 541
Trittschallpegel *siehe* Norm-Trittschallpegel
Trittschallschutz
- Anforderungen 496
Trittschallübertragung
- Berechnung 491
- in Gebäuden 491
Trockene Luft
- Diffusion 548
- spezielle Gaskonstante 550

– Wasserdampfdiffusion in 552
– Wasserdampf-Diffusionsleitkoeffizient 556
Trockenmauerwerk
– Zulassungen 738
Trockenputze
– auf einschaligen Bauteilen 510
Trockenrohdichte
– Normalmauermörtel 274
T-Stoß 534, 540
Türen
– Schalldämm-Maß von Wand mit 530
– Schalldämmung 531

U
Überwachung *siehe* Monitoring
Unbewehrte Mauerwerkswände
– einachsige Tragfähigkeit 433
– Versagensarten 440
UNESCO-Welterbestätten *siehe* Takht-e Soleyman
Unterputzverlegung
– Rohrleitungen 510
Untersuchungen
– Hochbrandgips 308
– Mörtel vom Westiwan (Takht-e Soleyman) 314
– Westiwan (Takht-e Soleyman) 298, 303
– *siehe auch* Belastungsversuche; Voruntersuchung
Urteil
– des EuGH zu Bauproduktenrecht 769
USA *siehe* Chicago
U-Werte 593

V
VDI 4100 494
Verankerung *siehe* Anker; Befestigungsverfahren; Dübel
Verankerungsschädigung
– Injektionsdübel 419
Verankerungstiefe
– Injektionsdübel 397, 416
Verblendmauerwerk *siehe* Zweischalige Außenwände
Verbundeigenschaften 9
Verbundfestigkeit *siehe* Haftscherfestigkeit
Verbundprüfkörper
– Belastungsversuche 275
Verdunstung
– Wassermoleküle 550
Verdunstungsperiode *siehe* Sommer
Verdunstungswasser
– Masse 563, 564
Vereinigte Staaten *siehe* Chicago

Verformungen
– Dom St. Marien (Zwickau) 333
– Grenzzustand der Gebrauchstauglichkeit 450
– Injektionsdübel bei Probebelastungen 421
– Injektionsdübel mit Außenstegverankerung 393
– Mauermörtel 7
– Mauersteine 5
– Mauerwerk 18
– Mauerwerkpfeiler 276, 291
– Normalmauermörtel 272, 290
– Putze 25
– *siehe auch* Dehnungen; Durchbiegungen; Elastizitätsmodul; Horizontale Verformung; Kraft-Verformungsbeziehungen; Kriechen; Krümmung; Last-Verformungskurven; Last-Verformungsverhalten
Verformungsbasierte Membrandruckkraft *siehe* Membrandruckkräfte (Wände)
Verfüllziegel
– Zulassungen 646
– *siehe auch* Planverfüllziegel
Verkleidungen *siehe* Wandverkleidungen
Verordnungen *siehe* Bauproduktenverordnung
Verpressmörtel *siehe* Injektionsmörtel
Versagensarten
– Analyse 444
– ausfachende Mauerwerkswände 431
– Injektionsdübel unter Querzugbelastung 388
– Injektionsdübel unter Zugbelastung 386
– unbewehrte Mauerwerkswände 440
– *siehe auch* Brüche; Druckversagen; Dübelgruppen; Querschnittsversagen; Randnahe Dübel; Stabilitätsversagen; Steinspalten
Versagenslasten
– Injektionsdübel 424
Verschiebungen
– Beeinträchtigung der Tragfähigkeit durch 418
Versetzte Stöße 540
Verspannung
– Dompfeiler (St. Marien Zwickau) 337
Verstärkung *siehe* Ertüchtigung

Versuche am Bau (Forschungsvorhaben)
– Abstützbreite-Einfluss auf Tragfähigkeit 419, 421
– Fazit 429
– Mauersteinarten 419
– Probebelastungen 419
– Teilsicherheitsbeiwerte bei Injektionsdübeln 419, 425
– Verankerungsschädigung bei Injektionsdübeln 419
– Ziele 419
Versuchsleiter 416
Vertikallast
– Innenwand (Bsp.) 474, 475
– Wandscheiben 463
Vertikalverschiebungen *siehe* Durchbiegungen
Verwendbarkeitsnachweise
– Bauprodukte 772
– *siehe auch* Allgemeine bauaufsichtliche Zulassungen; Allgemeines bauaufsichtliches Prüfzeugnis; Einzelfallzustimmung
Viergeschossiges Gebäude (Bsp.) 472
Vollaufliegende Decken 437, 439
Vollblöcke *siehe* Beton-Vollblöcke
Vollsteine
– Baustellenversuche 414
– Injektionsdübel unter Querzugbelastung 388
– Lochbilder 382
– *siehe auch* Beton-Vollsteine; Kalksand-Vollsteine
Vollziegel
– Haftscherfestigkeit 11
Volumenbezogene Sättigungsluftfeuchte 551
Volumenmodell *siehe* 3-D-Volumenmodell
Vorgefertigte Wandtafeln
– Zulassungen 731, 744
– *siehe auch* Drittelgeschosshohe Mauertafeln; Geschosshohe Mauertafeln; Halbgeschosshohe Mauertafeln
Vorhabenbezogene Bauartgenehmigung 776
Vorsatzschalen
– Ausführungen 520
– Resonanzfrequenz 519
– Schalldämmung 490, 520
Vorspannung
– Dompfeiler M1 (St. Marien Zwickau) 342, 349, 357, 363, 367
– Temperatureinfluss auf 363

Voruntersuchung
- statische von Dom St. Marien (Zwickau) 334

W
Wand-Deckenanschlüsse
- für ausfachende Mauerwerkswände 436

Wanddicke
- Schalldämmung 516

Wände
- elastische Kennwerte (Bsp.) 473
- flankierende Schallübertragung 534
- Schalldämm-Maß 502, 530
- Schalldämmung 501
- Temperatur mit vs. ohne Dämmstoffe 604
- siehe auch Arkadenwände; Ausfachende Mauerwerkswände; Außenwände; Biegebeanspruchte Mauerwerkswände; Doppelwände; Gerissene Wände; Hochlochziegelwände; Innenwände; Installationswände; Lagerungen (Wände); Membrandruckkräfte (Wände); Nichttragende Mauerwerkswände; Offenporige Wände; Testmauern; Tragende Wände; Unbewehrte Mauerwerkswände

Wandflächen siehe Poröse Wandflächen

Wandhöhe
- und Horizontallast 458

Wandscheiben
- Berechnung 461, 477
- elastische Spannungen 470
- gegenseitiges Abstützen 465
- Horizontallast 466
- Modellierung 471
- Vertikallast 463
- Zugfestigkeit 470
- siehe auch Mauerwerksscheiben

Wandschlankheit
- und Federsteifigkeit 453

Wandschlitz
- Abwasserrohr im 511

Wandtafeln siehe Geschosshohe Wandtafeln; Vorgefertigte Wandtafeln

Wandverkleidungen
- flankierende Schallübertragung 535
- siehe auch Außenseitige Verkleidung; Innenseitige Verkleidung

Wärmedämmung
- Außenwände 539

- Wand/Decke-Knotenpunkt 436
- siehe auch Innendämmung; Integrierte Wärmedämmung

Wärmedämm-Verbundsysteme (WDVS)
- Aufbau 521
- Außenwände 523, 531, 570, 571
- Luftschalldämmung 522
- Resonanzfrequenz 521
- Schalldämm-Maß 521
- Schalldämmung 522
- tragende Wände mit 521

Wärmedehnung 21, 25

Wärmedurchgangskoeffizient siehe U-Werte

Wärmeleitfähigkeit
- Porenbeton 565

Wärmeschutz
- Außenwände 530
- Größen 554
- Lochsteine 512
- Prüfverfahren 624
- U-Werte 593
- vs. Schallschutz 530

Wärmetransport
- gekoppelter 585, 587

Wärmeübergangswiderstände 566

Wasser
- einwirkendes auf Gebäude 547
- siehe auch Feuchte...; Tauwasser...

Wasseraufnahme
- Begrenzung in Außenwänden 602

Wasseraufnahmefähigkeit 22, 24

Wasserdampf
- Durchlässigkeit 23, 24
- Sättigungsdruck 550, 559
- Sättigungsgehalt 550
- spezielle Gaskonstante 550
- Teildruck 549, 557, 559
- Übergangskoeffizienten 554

Wasserdampfdiffusion
- durch poröse Baustoffe 552
- Durchlasskoeffizient 553, 555
- Durchlasswiderstand 553–555
- Erläuterung 548
- in trockene Luft 552
- Leitkoeffizient 553–556
- Stromdichten 555, 559, 563, 564
- Widerstandszahl 554, 556

Wasserdampfdurchlässigkeit 23, 24

Wassergehalt siehe Feuchtegehalt

Wasserinstallationen siehe Installationswände

Wassermoleküle
- Verdunstung 550

WDVS siehe Wärmedämm-Verbundsysteme

Weltkulturerbe siehe Takht-e Soleyman

Werkstoffverhalten 451

Westiwan (Takht-e Soleyman)
- Abmessungen 298
- Arbeitsgerüst 321
- bauhistorische Dokumentation 299
- Bauphasen der Nordwand 301
- Baustoffe 300
- Bauzustand unter Terrain 303
- Bohrgeräte 312, 325, 326
- Bohrungen 322
- Bresche in Nordwand 301
- Forschungsgeschichte 298
- Gefälle der Nordwand 300
- Gipsmörtel 322, 324
- Glasfaseranker 320, 327
- Injektionsmörtel 310, 312, 317
- Mörteluntersuchungen 314
- Ostteil der Nordwand 318
- Restaurierungshistorie 303
- Risse 320
- Schäden 299
- Sicherungsarbeiten, Allgemeines zu 295
- Sicherungsarbeiten, Spezielle Aspekte zu 303
- Strebepfeiler an Nordwand 316
- Testmauern 312
- Untersuchungen 298, 303

Windbelastung
- aufnehmbare 458
- Innenwand (Bsp.) 473, 476

Winkelstöße 541

Winter
- Tauwasserausfall in Bauteilen 561
- Tauwasserschutz, Nachweis des 580, 583

Wohnungen
- Schallschutzklassen 494
- Schallschutzstufen 494, 495

Wohnungstrennwände siehe Zweischalige Wohnungstrennwände

Y
Yar Aziz
- Gipslagerstätte 307, 310

Z
Zählerkästen
- Einfluss auf Schalldämmung 511

Zentrale Sicherheitszone 426

Zentrierung
- Kraft 465, 466

Ziegel siehe Mauerziegel

Zugbelastung
- Berechnungsmodell für Injektionsdübel in Lochsteinen unter 390
- Injektionsdübel unter 385
- *siehe auch* Querzugbelastung

Zugfestigkeit
- Kalksandsteine 268
- Mauermörtel 7
- Mauersteine 3, 4
- Mauerwerk 14
- Porenbetonsteine 268
- Wandscheiben 470
- *siehe auch* Biegezugfestigkeit; Haftzugfestigkeit

Zugfreie Kontaktstäbe 472, 474
Zugfreie Schalenelemente 471, 472, 474

Zugspannungen
- Kalksandsteine 289

Zulassungen
- Mauersteine 413
- *siehe auch* Allgemeine bauaufsichtliche Zulassungen

Zürich
- Außenlufttemperatur 593
- Feuchtegehalt am Holzbalkenkopf 605
- Feuchtegehalt erster Zentimeter von Dämmstoffen 601
- Kalkstein-Temperatur mit vs. ohne Dämmstoffe 599
- Oberflächentemperatur von Dämmstoffen 596
- relative Feuchte hinter Dämmstoffen 600
- relative Luftfeuchte 593
- Schlagregen 594

Zustandsgleichung der Gase 550

Zuverlässigkeit
- globale Sicherheit 427

Zweischalige Außenwände 531
Zweischalige Bauteile 507, 523
- *siehe auch* Doppelwände

Zweischalige Haustrennwände
- Anwendungsbereich 525
- bewertetes Schalldämm-Maß 526
- Resonanzfrequenz 526
- Schalldämm-Maß 526
- Schalldämmung 528
- Schallschutz 525
- Schallübertragung 527
- Zweischaligkeitszuschlag 526

Zweischalige Wohnungstrennwände 529

Zweischaligkeitszuschlag 526

Zwickau
- Außenlufttemperatur 366
- *siehe auch* Dom St. Marien

Zylinder
- Druckfestigkeit 266
- Zugfestigkeit 268

Anbieterverzeichnis
Produkte und Dienstleistungen

Alphabetisch nach Stichworten geordnet.

**Diese Übersichten nennen nur bestellte Eintragungen;
sie können nicht den Anspruch auf Vollständigkeit erheben.**

Ankerschienen

M-SYSTEM Beton

Wilhelm Modersohn GmbH & Co. KG
Industriestraße 23
32139 Spenge
Tel. (0 52 25) 87 99-0
Fax (0 52 25) 87 99-382
E-Mail: info@modersohn.de
Internet: www.modersohn.eu

MOSO® MBA-CE Ankerschienen mit eigener Berechnungssoftware MOSOCONstructor
MOSO® Fertigteilbefestigungen
Fassadenplattenanker bis 70 kN

Baustoffe für die Mauerwerkssanierung

mit Sicherheit Qualität

Rubersteinwerk GmbH
Michelner Straße 7-9
09350 Lichtenstein
Tel. +49 (0) 37204 635 0
Fax +49 (0) 37204 635 21
E-Mail: info@ruberstein.de
www.ruberstein.de
www.spiralankersystem.de

Befestigungstechnik

JORDAHL GmbH
Nobelstraße 51, D-12057 Berlin
Tel. (0 30) 6 82 83-02
Fax (0 30) 6 82 83-4 97
e-mail: info@jordahl.de
Internet: www.jordahl.de
JORDAHL® Ankerschienen, JORDAHL® Schrauben, Abfangsysteme für Verblendmauerwerk,
JORDAHL® Einmörtelkonsolen JMK+, Gerüstanker, Mauerwerksbefestigungen

Fachliteratur

Ernst & Sohn
Verlag für Architektur und technische Wissenschaften GmbH & Co. KG
Rotherstraße 21
D-10245 Berlin
Tel. +49 (0)30 47031 200
Fax +49 (0)30 47031 270
E-Mail: info@ernst-und-sohn.de
Internet: www.ernst-und-sohn.de

Hersteller von Injektionstechnik

DESOI GmbH
Gewerbestraße 16
D-36148 Kalbach/Rhön
Tel.: +49 6655 9636-0
Fax: +49 6655 9636-6666
info@desoi.de
www.desoi.de

Maueranschluss-Schienen

HALFEN Vertriebsgesellschaft mbH
Liebigstraße 14, 40764 Langenfeld
Tel. +49 (0) 2173 970-201, Fax +49 (0) 2173 970-225
e-Mail: info@halfen.de
Internet: www.halfen.de
Maueranschlußschienen und -anker,
Verblendmauerwerks-Abfangungen,
Luftschichtanker und Zubehör

Mauersteine

Liapor GmbH & Co. KG
91352 Hallerndorf-Pautzfeld
E-mail: info@liapor.com
Internet: www.liapor.com

Mauerwerksabfangungen

M-SYSTEM Mauerwerk

Wilhelm Modersohn GmbH & Co. KG
Industriestraße 23
32139 Spenge
Tel. (0 52 25) 87 99-0
Fax (0 52 25) 87 99-97
E-Mail: info@modersohn.de
Internet: www.modersohn.eu

MOSO® Mauerwerksabfangungen
Konsolanker bis 25 kN
MOSO® Maueranschlussanker
MOSO® Fertigteilsturzbefestigungen
Mauerverbinder
MOSO® Windpost-Befestigungen
MOSO® Lochband
Mauerwerksbewehrung
Luftschichtanker
Gerüstverankerungen
MOSOTHERM,
druckübertragender Dämmstoff

Mauerwerksbewehrung

Bekaert GmbH
Siemensstraße 24, 61267 Neu-Anspach
Tel. +49 (0) 6081 44561-159
Fax +49 (0) 6081 44561-108
E-Mail: building.germany@bekaert.com
Internet: http://murfor.bekaert.com
Murfor®-Mauerwerksbewehrung, auch für statisch bewehrtes Mauerwerk zugelassen!

M-SYSTEM Mauerwerk

Wilhelm Modersohn GmbH & Co. KG
Industriestraße 23
32139 Spenge
Tel. (0 52 25) 87 99-0
Fax (0 52 25) 87 99-97
E-Mail: info@modersohn.de
Internet: www.modersohn.eu

MOSO® Lochband
Mauerwerksbewehrung
MOSO® Fassadenbefestigungen
Rippentorstahlbewehrung
Gewindestangen bis 3 m
Verbundmörtel und Dübelsysteme
Gerüstverankerungen

Software für Statik und Tragwerksplanung

FRILO
Software
A NEMETSCHEK COMPANY

Frilo Software GmbH
Stuttgarter Straße 40
70469 Stuttgart
Tel: +49 711 81 00 20
Fax: +49 711 85 80 20
www.frilo.de · info@frilo.eu

Verblendmauerwerks-Abfangungen

YOUR BEST CONNECTIONS

HALFEN Vertriebsgesellschaft mbH
Liebigstraße 14, 40764 Langenfeld
Tel. +49 (0) 2173 970-201, Fax +49 (0) 2173 970-225
e-Mail: info@halfen.de
Internet: www.halfen.de
Konsolanker für Verblendmauerwerk,
Luftschichtanker und Zubehör,
Verblendsturz-Aufhängungen

JORDAHL GmbH
Nobelstraße 51, D-12057 Berlin
Tel. (0 30) 6 82 83-02
Fax (0 30) 6 82 83-4 97
e-mail: info@jordahl.de
Internet: www.jordahl.de
JORDAHL® Ankerschienen, JORDAHL® Schrauben,
Abfangsysteme für Verblendmauerwerk,
JORDAHL® Einmörtelkonsolen JMK+, Gerüstanker,
Mauerwerksbefestigungen

Wandbaustoffe

Liapor GmbH & Co. KG
91352 Hallerndorf-Pautzfeld
E-mail: info@liapor.com
Internet: www.liapor.com

Ziegel

UNIPOR-Ziegel Marketing GmbH
Landsberger Straße 392
81241 München
Tel.: 089 74 98 67 0
Fax: 089 74 98 67 11
marketing@unipor.de
www.unipor.de

Anzeigen:
Wilhelm Ernst & Sohn
Verlag für Architektur
und technische Wissenschaften
GmbH & Co. KG
Anzeigenmarketing
Rotherstraße 21, D-10245 Berlin
Verantwortlich für den Anzeigenteil:
Sylvie Krüger,
Tel. 0 30/4 70 31-2 60, Fax 0 30/4 70 31-2 30
E-mail: sylvie.krueger@wiley.com

Ernst & Sohn
Verlag für Architektur und technische
Wissenschaften GmbH & Co. KG
Rotherstraße 21
D-10245 Berlin
Tel. +49 (0)30 47031 200
Fax +49 (0)30 47031 270
E-Mail: info@ernst-und-sohn.de
Internet: www.ernst-und-sohn.de